Gesamtverzeichnis des deutschsprachigen Schrifttums (GV) 1700 – 1910

Bearbeitet unter der Leitung von
Hilmar Schmuck und Willi Gorzny

Bibliographische und redaktionelle Beratung:
Hans Popst und Rainer Schöller

154

Wapf – Weim

K · G · Saur München · New York · London · Paris 1986

CIP-Kurztitelaufnahme der Deutschen Bibliothek

Gesamtverzeichnis des deutschsprachigen Schrifttums :
(GV). – München, New York, London, Paris : Saur.
Bd. 1 – 6 bearb. unter d. Leitung von Peter Geils
u. Willi Gorzny.
ISBN 3-598-30000-X

1700 – 1910 / bearb. unter d. Leitung von Hilmar
Schmuck u. Willi Gorzny. Bibliograph. u. red.
Beratung: Hans Popst u. Rainer Schöller

NE: Schmuck, Hilmar [Bearb.]

154. Wapf – Weim. – 1986.

Techn. Realisierung und Druck: Norbert Gaertner, Mainz-Kastel
Binden: Karl Schaumann, Darmstadt
Printed in the Federal Republic of Germany
ISBN 3-598-30000-X (Gesamtwerk)

W a p f , A[nton]. Der schweizer'sche Bauernkrieg oder der Kampf des Volkes gegen die Aristokratie im Jahre 1653. (S.A.) 8. Luzern 1879.

Wapf, A., ernste u. heitere Bilder aus dem Soldatenleben zur Zeit der Freischaarenzüge u. des Sonderbundes. Erinnerungen u. Erlebnisse eines alten luzerner Milizsoldaten. gr. 8. (99 S.) Luzern 878. (Prell.) n. — 80

W a p f , A[nton]. Politische und militarische Bilder aus den Zeiten der Werber. (SA.) 8. Luzern 1880.

Wapf, A., die Dampfschifffahrt auf dem Vierwaldstättersee. [Aus: „Der Eidgenosse".] 8. (14 S.) Luzern 879. (Prell.) — 30

W a p f , A[nton]. Erinnerungen aus dem Leben eines alten luzernischen Patrioten. Nach dem Nekrologe uber Anton Schnyder sel. von Sursee. ⟨SA.⟩ 8. [Luzern 1884.]

W a p f , A[nton]. Erinnerungen an traurige Zeiten. Vortrag (*°Heft 2:* Vortrage gehalten) in der Gesellschaft „Eintracht" in Luzern. 3 Hefte. 8. Luzern 1876–1878.

[Heft 1] *u. d. T.* Die Freischaarenzuge. Erinnerungen ... Aus den Erlebnissen und Zusammenstellungen eines Funfzigjahrigen.

Heft 2. Erlebnisse und Zusammenstellungen ... I. Dr (Jakob Robert) Steigers Befreiung aus dem Kesselthurm. II. Der Tod des Rathsherrn (Josef) Leu von Ebersoll.

Heft 3. Der Todesfall des Schultheissen (Franz Xaver) Keller und der grosse Gaunerhandel 1816–1826.

W a p f , A[nton]. Erinnerungen an vergangene Zeiten. Verschiedene (*Teil 2:* politische und militarische) Episoden aus der Periode der Jesuitenberufung, der Freischaarenzuge und des Sonderbundes. (*Teil 2:* 1845.) 2 [Theile]. [SA.] 8. Luzern 1884.

W a p f , A[nton]. Der Feldzug von 1815. (SA.) 8. Luzern 1879.

W a p f , A[nton]. Zur Geschichte des Tabaks. (SA.) 8. Luzern 1879.

W a p f , A[nton]. Der alte und der neue Gotthard. Ein Gedenkblatt zur Feier der Eröffnung der Gotthardbahn im Juni 1882. [SA.] 8. Luzern [1882].

W a p f , A[nton]. Die Graber der Napoleoniden. Kleine historische Studien in müssigen Stunden. (SA.) 8. [Luzern 1884.]

W a p f , A[nton]. Der Husar von Münster. Eine Erinnerung an vergangene Zeiten. [SA.] 8. Luzern 1880.

W a p f , A[nton]. Das Lowendenkmal in Luzern. Historische Skizze. (SA.) 8. Luzern 1879.

W a p f , A[nton]. Historische Notizen über das preussische Reich und sein Königshaus (*°Umschlag:* H' Zusammenstellungen aus der Geschichte des preussischen Staates mit Notizen über seine berühmtesten Staatsmänner und Militärpersonen). Vorträge in der Gesellschaft „Eintracht" in Luzern. 8. Luzern 1884.

—— wunderbare Schicksale und Irrfahrten einer alten Cremonesergeige. Von ihr selbst erzählt. 8. (32 S.) (Ebendas.) 878. *

(W[a]f[, A[nton].) Nach dreissig Jahren: Die letzten Tage des Sonderbundes. Gedenkblatt für die schweizerische Jugend. Aus den Erlebnissen und Zusammenstellungen eines Fünfzigjährigen. 8. Aarau 1877.

Wapf, A. Das Wirthschaftswesen des Kantons Luzern in alter und neuer Zeit. In-16°, 57 S. Luzern, Druck von Gebr. Bader. 1879.

Wapf, A., das Wirthschaftswesen der Stadt Luzern in alter und neuer Zeit. 8. (57 S.) Luzern 879. (Prell.)
Aus: Der Eidgenosse, besonders abgedruckt.

Wapf, A., das Wirthschaftswesen der Stadt Luzern in alter u. neuer Zeit. Durchgesehen u. neu hrsg. v. Ed. Guyer-Freuler unt. Mitwirkg. d. Vereins zur Förderg. des Fremden-Verkehrs am Vierwaldstätter-See. gr. 8. (62 S.) Zürich 896. Art. Institut Orell Füßli, Verl. n. 1. 20

Wapf, B., Grossrath, die luzernische Strafanstalt und ihre Leitung seit einem Vierteljahrhundert. Beitrag zur Kulturgesch. des Luzerner Volkes. 28 Stn. 8. Luzern, Buchdruckerei Bucher. 1877.

W a p i e n i k , *Adam* Elementare Ableitung der Gesetze für die Bewegung eines einfachen Pendels. 8 (S. 15–20).
Progr. Erstes Staats-G. *Graz* 1886.

W a p i e n i k , Adam Bemerkungen zum trigonometrischen Unterrichte an Mittelschulen. 12 S. **Progr.** *Freistadt Ostr* 1880

Wapienik, A., Lehrbuch der Arithmetik für die oberen Classen der Mittelschulen. 8. (144 S.) Wien 888. Graeser. geb. n. 1. 60

W a p i e n i k , A. Lehrbuch der Geometrie f. die oberen Classen der Mittelschulen. gr. 8. Wien 888, Manz. geb. * 2 10

— Lehrbuch der Mathematik f. die oberen Classen der Mittelschulen. gr. 8. (VIII, 355 S. m. eingedr. Fig.) Ebd. 887. geb. n. 3. 60

Wapler, Bernhard [cand. med., aus Lenzen '(Elbe)']: Beiträge zur Kenntniss der tetanischen Erregungsvorgänge am Froschmuskel ... Würzburg, kgl. Universitätsdr. v. H. Stürtz, 1890; 35 S., 4 Taf. 8.
Würzburg, Med. Fak., Inaug.-Diss. v. 1890

Wapler, E. H., Dispositionen der über die evangelischen Perikopen in den 10 Jahren 1855–1864 gehaltenen Predigten. Als Anh. Dispositionen der Fasten- und Hagelfeier-Predigten. gr. 8. (VI und 303 S.) Stendal 865, Franzen und Große. *

W a p l e r , Fr. Aug. Über die deutsche Dichtersprache. Erster Teil. 30 S.
Luckau, Progr. 1850

Wapler, Hans, zur Verständigg. noch einmal d. Grundsätze der modernen wissenschaftl. Homöopathie. Antwort auf d. Veröffentlichung d. Hrn. Geh. Med.-Raths Dr. O. Schwartz in Cöln: „Nochmals zur Frage der Errichtg. e. besond. Lehrstuhls f. Homöopathie". [Aus: „Allg. homöopath. Zeitung".] gr. 8. (16 S.) Leipzig 896. (G. Schlemminger.) n. — 60

Ⓑ **Wapler,** Hans, zur Verständigung noch einmal. 896.
Jetzt: Leipzig: Dr. W. Schwabe.

Wapler, Hans *Heinrich* [app. Arzt]: Über Versuche durch Strychnin bei Tieren Immunität gegen Tetanus herbeizuführen ... Leipzig, Druck v. A. Edelmann, Univ.-Buchdr., *1895*; 49 S. 8.
Leipzig, Med. Fak., Inaug.-Diss. v. 14. Apr. 1895

Nicht für den Austausch.

Wapler, Paul, a. Lenzen a. d. Elbe: Die geschichtlichen Grundlagen der Weltanschauung Schopenhauers. (Berlin 1905: G. Reimer.) (30 S.) 8° (Teil der eingereichten Arbeit; das Ganze erschien 1905 in: Archiv f. Geschichte der Philosophie, Bd 18.)

Berlin, Phil. Fak., Ref. Dilthey, Paulsen, Diss. v. 20. Mai 1905

[Geb. 28 Nov. 79 Lenzen a. d. Elbe; Heimatsort: Lenzen; Staatsangeh.: Preußen; Vorbildung: Joachimsthalsches Gymn. Berlin Reife O. 00; Studium: Tübingen 1, Marburg 1, Berlin 8 S.; Rig. 7 Juli 04.]

Wapler, Paul, Dr. phil.: Theologische Thesen ... zur Erwerbung des Grades eines Lizentiaten der Theologie ... Berlin (1910: G. Schade.) 2 Bl. 4°

Berlin, Theol. Thesen v. 11. Aug. 1910, Ref. Seeberg

[Geb. 28 Nov. 79 Lenzen a. E.; Wohnort: Stolp i. P.; Staatsangeh.: Preußen; Vorbildung: Joachimsth. Gymn. Berlin Reife O. 00; Studium: Tübingen 1, Marburg 1, Berlin 6 S.; Rig. 22 Febr. 10.] [U 10. 7

Wapler, Rich., Wallensteins letzte Tage. Ein historisch-krit. Gedenkblatt zum 25. Febr. 1884. Nach den besten neueren u. neuesten Quellen bearb. u. hrsg. Nebst e. Ansicht u. e. Grundriß d. Sterbehauses Wallensteins, sowie e. Blatt Facsim. gr. 8. (VIII, 146 u. Anh. 55 S.) Leipzig 884. Hösler. n. 4. —

Wapowski, s.: Vapovius.

Wappäus, Heinr., zur Lehre von den dem Rechtsverkehr entzogenen Sachen nach römischem u. heutigem Recht. Eine jurist. Abhandlung. Göttingen 867. Vandenhoeck & Ruprecht's Verlag. gr. 8. (VIII, 131 S.) n. 24 ngr.

Wappäus, Heinr., die Ortsrichtigkeit des Wechselprotestes. 8. (15 S.) Hamburg 882. Grädener in Comm. n.n. — 60

Wappäus, Johann Eduard

Wappäus, J. E., Amerika, } s. **Stein, C. G. D.,** und **Hörschelman, Handbuch der Geographie und Statistik.**

Wappäus, (J. E.), einige Andeutungen üb. Wahlrecht u. Wahlverfahren. Eine Anzeige v. Fr. Bülau's „Wahlrecht u. Wahlverfahren." [Abgedr. aus den Göttingischen gelehrten Anzeigen 1849.] gr. 12. (38 S.) Göttingen 849, Dieterich. 6 ngr.

Wappäus, J. E., deutsche Auswanderung u. Colonisation, s.a. **Auswanderung.**

Wappäus, J. E., Deutsche Auswanderung und Colonisation. 8°. Leipzig 1846. — 1. Forts. Deutsche Auswanderung nach Südamerika. 8°. Leipzig 1848.

Wappäus, J. E.: Dt. Auswanderung nach Süd-Amerika (Rio de la Plata). [Nach dem Spanischen des Domingo F. Sarmiento]. — Lpg: Hinrichs 1848. 169 S. (Wappäus: Dt. Auswanderung und Colonisation. Forts. 1.) (Beiträge zur Kunde von Süd-Amerika. H. 1.)

Wappäus, J. E., über den Begriff und die statistische Bedeutung der mittleren Lebensdauer. gr. 4. (40 S.) Göttingen 860, Dieterich'sche Buchh. *

Aus: Abhandlungen der k. Gesellschaft der Wissenschaften zu Göttingen, besonders abgedruckt.

Wappäus, J. E.: Beiträge zur Kunde von Süd-Amerika. Heft 1. Die Provinzen des Rio de la Plata und Bolivia. Leipzig 1848. II. 170 S.
→ Deutsche Auswanderung und Colonisation. Herausgegeben von J. E. Wappäus. Erste Fortsetzung. 8°

—— **allgemeine Bevölkerungsstatistik.** Vorlesungen. 2 Thle. gr. 8. Leipzig, Hinrichs'sche Verlagsbuchh. [1. Thl. (XVI und 352 S. mit 2 Stnt. in Farbendr.) 859. * 2 Thlr., 2. (XII und 583 S.) 861. * 3 Thlr. 20 Ngr.] *

Wappäus, J. E., Einleitung in das Studium der Statistik. Vorlesungen, geh. an der Universität Göttingen. Hrsg. von O. Gandil. gr. 8. (XIII, 252 S.) Leipzig 881. Hinrichs' Verl. n. 5. —

— **gelegentliche Gedanken über nationale Handelspolitik.** Ein Beitrag zur Orientirung in dem gegenwärtigen Streite über Freihandel u. Schutzzölle u. über den von Oesterreich vorgeschlagenen mitteleuropäischen Zollverein. gr. 8. (44 S.) Göttingen 851, Vandenhoeck & Ruprecht. ¼ ₰

Wappäus, J. E., Geographie von Europa, s. **Stein, Chrn. Gfr. Dan.,** und **Hörschelmann, Handbuch.**

— — von Mexiko, s. **Stein, Chrn. Gfr. Dan.,** und **Hörschelmann, Handbuch.**

— — Nordamerika, s. **Stein, Chrn. Gfr. Dan.,** und **Hörschelmann, Handbuch.**

Wappäus, J. E., Geographie und Statistik von Mexiko und Centralamerika. Lex.-8. (V und 368 S.) Leipzig 863, Hinrichs'sche Verlagsb.
Aus: Handbuch der Geographie und Statistik von Stein und Hörschelmann, 7. Aufl., besonders abgedruckt.

—— **Handbuch der Geographie und Statistik,** s.a. **Stein, C. G. D.**

Wappäus, J. E., **Handbuch der Geographie und Statistik des Kaiserreichs Brasilien.** Lex.-8. (XIII, 712 S.) Leipzig 871, Hinrichs' Verlag.
Aus: Stein's Handbuch der Geographie und Statistik, besonders abgedruckt.

— dasselbe, s.a. Stein, C. G. D. u. F. Hörschelmann, Handbuch der Geographie u. Statistik.

Wappäus, J. E.: Handbuch der Geographie und Statistik des ehemaligen spanischen Mittel- und Süd-Amerika nebst den europäischen Besitzungen. — Lpg: Hinrichs 1863—1870. IX, 1246 S. (Handbuch der Geographie und Statistik für die gebildeten Stände. 7. Aufl. Bd 1, Abth. 3.)

—— Handbuch der Geographie und Statistik von Nord-Amerika, } s.a. **Stein, C. G. D.,** und **Hörschelman, Handbuch der Geographie und Statistik.**

--Handbuch der Geog. u. Statistik v. N.-A. nebst einer allgemeinen Übersicht von Amerika. Lpz. 1855

Wappäus, J. E., **Mittel- u. Südamerika,** s. **Stein, C. G. D.,** u. **F. Hörschelmann,** Handbuch der Geographie.

— **Panama, Neu-Granada, Venezuela, Guayana, Ecuador, Peru, Bolivia u. Chile** geographisch u. statistisch dargestellt. [Aus: „Stein's Handbuch der Geographie u. Statistik."] Lex.-8. (IV, 526 S.) Leipzig 871. Hinrichs' Verl. 6. 60

— **die Republik Paraguay** geographisch u. statistisch dargestellt. [Aus: Handbuch der Geographie u. Statistik von Stein u. Hörschelmann.] Leipzig 867. Hinrichs'sche Verlagsb. Lex.-8. (XI, 60 S.) 15 ngr.

— **Patagonien, die argentinische Republik, Uruguay u. Paraguay** geographisch u. statistisch dargestellt. [Aus: „Stein's Handbuch der Geographie u. Statistik."] Lex.-8. (IV, 352 S.) Ebend. 871. 3. 60

Wappäus, Ergebenstes Promemoria, betreffend die Herstellung internationaler Einheit der Münzen, Maasse und Gewichte. Der VI. Section des internationalen statistischen Congresses zu Berlin überreicht. Berlin 1863.

—— die Republiken von Südamerika geograph.-statistisch, m. besond. Berücksichtig. ihrer Produktion u. ihres Handelsverkehrs, vornehmlich nach amtl. Quellen dargestellt. I. Abthl. gr. 8. (17⅞ B.) Göttingen 843, Vandenhoeck u. Ruprecht.

Wappäus, [illegible] Göttingen 1836. [illegible]

—— Untersuchungen üb. d. geograph. Entdeckungen der Portugiesen unter Heinrich dem Seefahrer. Ein Beitrag z. Geschichte des Seehandels u. d. Geographie im Mittelalter. I. Thl. Untersuchungen üb. die Negerländer der Araber u. üb. d. Seehandel der Italiener, Spanier u. Portugiesen im Mittelalter. gr. 8. (24 B.) Göttingen 842, Vandenhoeck u. Ruprecht.

Wappen, Das Braunschweig-Lüneburgische. Zur Feier des 1000jährigen Bestehens der Stadt Braunschweig im Jahre 1861. Hannover 1861. V: *Böttger, H.* (Löwe, Bibliogr. der Hann. u. Braunschw. Gesch. Hann. 1908. S. 159.)

Wappen der Bürgerschaft von St. Gallen. Zürich [1853]. V: *Kull, Johs.* (Cat. d. Stadtbibl. Zürich. Zürich 1864—97.)

Wappen vormals souverainer Dynastien u. Staaten v. Europa. — Armoiries de dynasties et d'états européens autrefois souverains. qu. gr. Fol. (1 Bl. in Farbendr.) Frankfurt a M. 875. Rommel. 5. —

Wappen, Das eidgenössische W. 4. *o. O.* [1890]

Wappen, Die, der deutschen freiherrlichen und adeligen Familien. Leipzig 1855—57. V: *Kneschke, Ernst Hnr.* (KA) (Ky)

Wappen, die, der deutschen freiherrlichen und adeligen Familien in genauer, vollständiger und allgemein verständlicher Beschreibung. Mit geschichtl. und urkundl. Nachweisen. Von dem Verf. des Werkes: „Deutsche Grafenhäuser der Gegenwart" (Ernst Heinr. Kneschke). 1—3. Bd. gr. 8. (XII und 911 S.) Leipzig 855—56, T. O. Weigel. à Bd. * 4 Thlr. Thlr. *

Wappen, die, der deutschen freiherrlichen und adeligen Familien in genauer, vollständiger und allgemein verständl. Beschreibung. Mit geschichtl. und urkundl. Nachweisen. Von dem Verf. des Werkes: „Deutsche Grafenhäuser der Gegenwart." (Ernst Heinr. Kneschke.) 4. Bd. gr. 8. (VI und 482 S.) Leipzig 857, T. O. Weigel. *

Wappen, Die, der Grafen und Herzoge von Geldern und die daraus entstandenen Wappen geldernscher Städte. Geldern [1902]. V: *Real, J.* (Berl)

Wappen des österreichischen Herrscherhauses. Von d. Orig.-Modellen im Besitze d. kunsthistor. Sammlungen d. Allerhöchsten Kaiserhauses abgedr. u. hrsg. m. Genehmigg. Sr. Exc. d. Hrn. Grafen Franz Folliot de Crenneville, Fzm., Oberstkämmerer Sr. Maj. des Kasers etc. etc. II. Aufl. Imp.-Fol. (29 Taf. m. 4 S. Text.) Wien 879. A. Holzhausen. 24. —

—— des Oesterreichischen Herrscherhauses von den Original-Modellen im Besitze der Kunsthistorischen Sammlungen des Allerhöchsten Kaiserhauses abgedruckt und mit Genehmigung Sr. Exc. des Grafen Franz Folliot de Grenneville hrsg. von Albert Ilg. 26 Taf. Fol. Mit Text. (4 S.) Wien 880, Holzhausen.

Wappen, Das Hohenlohische. Oehringen 1859. V: *Hohenlohe-Waldenburg-Schillingsfürst, Frdr. Carl Fürst zu.* (TübZ 14, 21)

Wappen der Stadt Kiel. [Nach den Bestimmungen des Heroldsamtes von 1901.] I. Hand [illegible] Kiel [1901]. 1 Bl. [illegible]

Wappen, die, aller souveränen Länder der Erde, sowie diejenigen der preuss. Provinzen, der österreichisch-ungar. Kronländer und der schweizer. Cantone. 12 Taf. mit 131 Abbild. in Farbendr. 3. vervollständigte Aufl. gr. 8. Leipzig 887, Ruhl. *ℳ* 2.50; geb.

Wappen, die, aller souveränen Länder der Erde, sowie diejenigen der preuss. Provinzen, der österr.-ungar Kronländer u. der schweizer Cantone. 12 Taf. m. 133 Abbildgn. in Farbendr. 4., neu bearb. Aufl. gr. 8. Leipzig 889. M. Ruhl. n. 2. 50; geb. n. 3. —

Wappen, Die, aller souveränen Länder der Erde, sowie diejenigen der preussischen Provinzen, der österreichisch-ungarischen Kronländer und der Schweizer Cantone. 12 Taf. mit 133 Abbild. in Farbendruck. 4., vollständig neu bearbeitete Aufl. 8. Leipzig (1891)

— die, aller souveränen Länder der Erde, sowie diejen. d. preuss. Provinzen, d. österr.-ungar. Kronländer u. d. schweiz. Cantone. 12 Taf. m. 133 Abb. in Farbendr. 5. Aufl. gr. 8. Leipzig 895. M. Ruhl. n. 2. 50; geb. n. 3. —

Wappen, die, aller souveränen Länder der Erde, sowie diejenigen d. preuss. Provinzen, der österreich.-ungar. Kronländer u. der schweizer Kantone. 12 Taf. m. 133 Abbildgn. in Farbendr. 8. Aufl. gr. 8. Leipzig (902). M. Ruhl. n. 2. 50; geb. in Leinw. n. 3. —

Wappen, die, aller souveränen Länder der Erde, sowie diejenigen der preuss. Provinzen, der österreich.-ungar. Kronländer u. der schweizer Kantone. 9., vollständig neu bearb. Aufl., verm. durch die Abbildgn. der Herrscher- u. Adelskronen, gezeichnet u. erläutert von Jos. v. Szirányi. (16 farb. Taf. m. 8 S. Text.) 8. Leipzig (907). M. Ruhl. 2.50; geb. n 3. —

Wappen, Das, der Stadt Magdeburg ... O. O. u. J. V: *Clericus, L.* (BMarsch 616)

Wappen der Ortschaften und Rhoden des Cantons Appenzell. Chromolithogr. qu. gr. 4. St. Gallen 881, Hausknecht.

Wappen, Ritterorden und Ehrenzeichen des Königl. Preuß. Hauses, abgebildet und beschrieben; nebst Beschreibung aller übrigen Europäischen Ritterorden und Ehrenzeichen. Mit dem ausgemalten großen Preuß. Wappen und 38 Ordensabbildd. (auf 3 illum. Blättern.) gr. 8. Berlin 836. Hayn. 1 ℛ

[Wappen von Schleswig-Holstein nach den Bestimmungen des Heroldsamtes vom 17. Nov. 1891.] [illegible] Tafeln [illegible] der Beschreibung. [illegible]

(Wappen von) **Schleswig** (und von) **Holstein.** L. Handorff. Kiel. [1903.] 2 Bl. Fol.

Wappen. – Die Wappen u. S i e g e l der Fürsten v. Siebenbürgen ..., s.a. B e d e u s von Scharberg, Josef Frhr.

Wappen und Siegel, Die, der Fürsten von Siebenbürgen und der einzelnen städtischen Nationen dieses Landes ... Hermannstadt 1838. V: *Bedeus von Scharberg, Joseph Freih. von.* (Trausch) (KU) (Pk)

Wappen und Siegel, die, der Fürsten von Siebenbürgen und d. einzelnen ständ. Nationen dieses Landes. Ein Versuch von J. B. v. S. gr. 8. (38 S. und 5 Stnt.) Hermannstadt 838. (Kronstadt, Nemeth.) *

Wappen und Siegel, Die, der Fürsten von Siebenbürgen und der einzelnen ständischen Nationen des Landes. Hermannstadt 1858. V: *Bedeus Freih. von Scharberg, Jos.* (Bibl. d. ev. Landeskirche in Siebenb. Hermannst. 1889.)

Wappen, die, aller souveränen Staaten der Welt. 16 Taf. m. 192 (farb.) Abbildgn. Mit Erklärgn. in deutscher, engl. u. französ. Sprache. Fol. Leipzig 893. J. F. Bösenberg. n. 2. —

Wappen, Die, der Mecklenburgischen Städte. Wismar 1892. V: *Crull, Friedrich.* (Berl)

Wappen, die, der wichtigsten Städte Europa's in chromolith. Abbildungen. 4. (12 Taf. m. 7 S. Text) Leipzig 887. Ruhl In Mappe. 4. —

— die, der wichtigsten Städte Europa's in chromolithograph. Abbildgn. 3. Aufl. 4. (12 Taf. m. VII S. Text.) Ebd. (902). n. 3. 50; in Halbleinw.-Mappe n. 4. —

Wappen und Titeln Seiner k. k. apostolischen Majestät Ferdinand des Ersten, Kaisers von Oesterreich. Fol Wien 1836.

—— und Titel des preussischen Königshauses erläutert durch eine Uebersicht des Wachsthums der Monarchie mit vorgedrucktem Wappen und einer historischen (chromolithogr.) Karte (in qu. Fol.) von H. F. hoch 4. (16 S.) Berlin 858, [Seehagen.]

Mit ill. Wappen

Wappen, Das, der Stadt Wien. Ein Versuch zur Feststellung der Geschichte dieses Wappens. Wien 1866. V: *Lind, Carl.* (EB)

Wappen, das, der Stadt Wien. Ein Versuch zur Feststellung der Geschichte dieses Wappens. Mit vielen Illustrationen. Lex. 8. (36 S.) Wien, Prandel in Comm. 1867. 80 kr.

Wappen- u. Siegelmarken-Album, illustrirtes. gr. 8. (VIII, 104 S.) Leipzig 892. J. F. Bösenberg. Geb. in Leinw. n. 1. 50

Wappen-Almanach der souverainen Regenten Europa's. (48 lithogr. u. 2 gedr. Blätter.) gr. 4. Rostock 840. Tiedemann. Colordruck-Umschlag cart. n. 3½ ₰ — Prachtausg. n. 13½ ₰

Wappen-Almanach der Souverainen Regenten Europa's. (Pracht-Ausg.) gr. 4. (50 lith. u. sauber gemalte Blätter, mit Inhalts-Verzeichniß u. elegantem Titel.) Rostock 841, Tiedemann. In gepreßt. Einband n. 13½ ₰

— ders. 2. Ausg. mit Geschlechts-Tabellen u. Wappenbeschreibungen vermehrt von G. M. C. Masch. gr. 4. (53 lith. Bl., Inhalt, Nachträge ꝛc. u. Tabellen.) Ebend. 842. 3⅔ ₰

— ders. in Prachtausgabe mit Gold u. Silber gedruckten u. den feinsten Farben ausgemalten Wappen u. Ordensabtheilungen. In Prachtband mit Goldschn. u. Futteral 15 ₰

Wappenbericht, od. Diction. heraldicum, m. K. 4. Wien Tendler.

[**Wappenbuch.** Handgezeichnete dänische Wappen.] — o. O. u. J. [17. Jhdt.] 63 gez. Bl. 4° [Hs.]

Wappen-Buch. Darinnen aller Geistlichen, Prelaten, Herrn und Landleut auch der Statt des löbl. Fürstenthumbs Steyer Wappen und Insignia, mit jhren Farben, nach ordnung, wie die im Landthauß zu Grätz angemahlt zu finden. Gedruckt zu Grätz durch Zachariam Bartsch Formschneider. 1567. Neu aufgelegt durch das steiermärk. Landes-Archiv. gr. 8. (4 S. und 140 Holzschntaf.) Graz 872. (Berlin, Mitscher und Röstell.) *

Wappen-Buch, darinen aller Geistlichen Prelaten Herre vnd Landleut auch der Stett des löblichen Fürstenthumbs Steyer Wappen vnd Insignia, mit jhren farben, nach ordnung, wie die im Landthauß zu Grätz angemahlt zu finden. Gedruckt zu Grätz durch Zachariam Bartsch, Formschneider. 1567. gr. 8. (XIV S., 168 Holzschntaf.; Nachwort 25 S.) Graz 881. (Wien, Gerold und Comp.) geb. **

— des gesammten Adels d. Königr. Baiern, aus d. Adelsmatrikel gezogen, herausgeg. von K. Tyroff. 1r—7r Bd., jeder aus 100 Tafeln bestehend. gr. 8 Nürnb., Tyroff.

Dazu gehört:

M. C. W. Wölkern, Beschreib. aller Wappen d. Fürstl. gräfl. Freiherrl. u. adelich., jetzt lebenden Familien im Königr. Baiern ꝛc. 1e Abthlg. gr. 8. Ebd. 1 Rthl. — Schreib-P.

Wappen-Buch d. mährischen Adels. Zeichnung v. C. Krahl. Hrsg. vom mähr. Gewerbe-Museum unter Leitg. v. A. Prokop. 1. Thl. Fol. (31 Taf.) Brünn 889, Mähr. Gewerbe-Museum. ** 20 —
Aus: Burgen u. Schlösser Mährens, besonders abgedruckt.

Wappenbuch, das erneuerte und vermehrte deutsche, etc. 5 Teile mit Anhang in 5 Bdn 4°, Registerband qu 8° Nürnberg 1657-67

WAPPENBUCH von den Ersten genannt „Codex Seffken". Der Urschrift aus dem Ende des 14. Jahrh. getreu nachgebildet von A. M. HILDEBRANDT. Berlin 1893. Eigenthum des Vereins Herold. quer 4°.

Wappenbuch v. den Ersten genannt „Codex Seffken". Der Urschrift aus dem Ende d. 14. Jahrh. getreu nachgebildet v. Ad. M. Hildebrandt. Mit e. Vorworte u. Bemerkgn. v. Gust. A. Seyler. qu. Fol. (1 Lichtdr.- u. 76 farb. Taf. m. 6 S. Text.) Berlin 893. (J. A. Stargardt.) n. 30. —

Wappenbuch sämmtl. z. esthländ. Adelsmatrikel gehöriger Familien, hrsg. v. P. E. Damier. 4. (..B.) Reval 837, [Eggers.] *

Wappenbuch sämtl. in d. Stadt Bern verburgerten Geschlechter. Nebst d. Stadt Bern u. derselben 13 Zünfte Wappen. Fol. (24 lith. Bl., jed. mit 12 Wappen gez. v. Wyss.) Bern 829, [Jenni, Sohn.]
6 Thlr. 8 Gr., ill. 16 Thlr., f. ill.

Wappenbuch, japanisches. qu kl 8° Berlin

Wappenbuch, Japanisches No 11801. (211 S) (Tokio)

Wappenbuch, Mecklenburgisches. Rostock [1838]. H: *Masch, Glieb Matthäus Carl.* (BrMm)

—— mecklenburgisches, hrsg. von J. G. Tiedemann. 4 Hfte. gr. 4. (...) Rostock 838, Tiedemann.

Wappenbuch, Mecklenburgisches, herausg. und verlegt von J. G. Tiedemann. 4 Hefte. (16 Heft 19 lithogr. Tafeln u. Text.) gr. 4. Rostock 838. (Leipzig, Wunder.) 10 ℛ

— d. Preuß. Monarchie, s. a. K. Tyroff.

— d. preuß. Monarchie. 1r Bd. 4 Hefte u. 2r Bd. 16—36 Heft. gr. 8. (Berl. 826. Enslin). à Heft 3 ℛ 3 gGr 21 ℛ 21 gGr Pracht-Ausg.: 43 ℛ 18 gGr

Wappenbuch der preussischen Monarchie. Nürnberg 1828—67. V: *Tyroff, Carl.* (BrMm)

Wappenbuch, Neues historisches W. der Stadt Zurich. 1869 u. 1869 s. a. Egli, Jean u. [Egli, Jean]

Wappenbuch, Neues historisches, der Stadt Zürich. [Zürich] 1869. 2. Aufl. 1869. V: *Egli, Jean.* (Cat. d. Stadtbibl. Zürich. Zürich 1864—97.)

— d. Preuß. Rheinprovinz, s. a. C. S. T. Bernd.

—— der Preuss. Rheinprovinzen. Mit Beschreib. d. Wappen hrsg. v. C. S. Th. Bernd. 1. u. 2. Thl. (od. 1—9. Hft.) Schmal gr. 4. (193 lith. Taf. m. 383 Abbild., 11¼ B. Text, 1 Taf.: Bezeichnung d. Farben u. Pelzwerke, u. 3 Titvign.) Bonn 833—35, Henry u. Cohen. Thlr.
Thl. 1. Wappen d. immatrikulirten Adels. 4 Hfte
- 2. Wappen d. nichtimmatrikulirten Adels. 5 Hfte.

Wappenbuch des Ordens St. Johannis etc., s. a. v. Briesen.

Wappenbuch des ritterlichen Ordens St. Johannis vom Spital zu Jerusalem Balley Brandenburg. Hrsg. von Alex. v. Briesen. 1. Lfg. Fol. (6 Holzschnt. in Tondr.) Leipzig 856, Selbstverlag adeliger Wappenwerke. **
Vlnp. **

Wappenbuch des ritterlichen Ordens St. Johannis vom Spital zu Jerusalem Balley Brandenburg. Hrsg. von Alex. v. Briesen. 2. Lfg. Fol. (6 Holzschnt. in Tondr. mit Titel in Holzschn.) Leipzig 858, (Hübner.) **
Vlnp. **

J. Siebmacher's grosses und allgemeines **Wappenbuch** in einer neuen, vollständig geordneten und reich vermehrten Auflage mit heraldischen und historisch-genealogischen Erläuterungen. Bd. A. Geschichte der Heraldik. Bearb. v. Gustav A. Seyler. Nürnberg. 1890. 4°. Auch u. d. T.:
Geschichte der Heraldik (Wappenwesen, Wappenkunst und Wappenwissenschaft). Nach den Quellen bearb. v. Gustav A. Seyler. Mit 520 in den Text gedruckten Abb. u. 14 Taf. Nürnberg. 1885—89. 4°.

J. Siebmacher's grosses und allgemeines **Wappenbuch** in einer neuen vollständig geordneten und reich vermehrten Auflage etc. Bd. I. 1. II. Die Deutschen Souveräne und Lande, bearb. v. Gustav A. Seyler. H. 1—4 od. Lfg. 430, 437, 443, 452. Nürnberg. 1898—1901. 4°.

Wappenbuch der Städte und Märkte der gefürsteten Grafschaft Tirol. Innsbruck 1894. V: *Fischnaler, Conr. & Carl Rickelt.* (Berl) (Ky) (Kat. d. Kostümbibl. Lipperheide II.)

Wappenbuch d. Städte u. Märkte d. gefürst. Grafschaft Tirol. (Von Conr. Fischnaler u. Karl Rickelt.) Hrsg. v. Museum Ferdinandeum. gr. 8. (XIII, 150 S. m. 13 Abb. u. farb. Wappen im Text.) Innsbruck 894. (Wagner.) n. 7. —

Wappenbuch, Der durchlauchtigsten Welt vollständiges, . . . Frankf. u. Leipzig 1768—77. H: *Seyfart, Johann Friedrich.* (ML) (BrMm) »1768—76.« (Ky)

— vollständ., d. durchlaucht. Welt, (v. J. Fr. Seyfert II.) 4 Bde. gr. 8. Nürnb. 768—76, Bauer u. Raspe. 8 ℛ ill. 30 ℛ

Wap(p)en-Gallerie d. höhern Adels d. gesammten Provinzen d. österreich. Kaiserstaates. Nach Zeichnn. d. etc. J. Schindler von e. Vereine mehr. Künstler gest. u. hrsg. 1—8. Hft. Lex.-8. (67 Bl.) Wien 836—39, [Leipzig,] Armbruster. à H.

Wappen-Gebrauch, Geistlicher. Görlitz 1726. II (Th. 1. 2): *Hermann, Abraham.* II (3 ff): *Hermann, Leonhard Daniel.* (Myl)

Wappengedicht, Das älteste, Deutschlands. O. O. [1880]. V: *Liebenau, Theod. v.* (Cat. d. Stadtbibl. Zürich. Zürich 1864—97.)

Wappenhaus, Friedrich (Hrsg.), s. Zeitschrift des Allgemeinen deutschen Sprachvereins.

Wappenkalender, baltischer. 1902. (1. Jahrg.) schmal Fol. (88 u. 10 S. m. farb. Wappen.) Riga, E. Bruhns.
Auf Büttenpap. n. 6. 50

— **deutscher,** f. d. J. 1903. Illustrierter herald. Kalender, m. 82 (farb.) Orig.-Zeichngn. v. Ad. Rolck. schmal Fol. (82 S.) Kahla, A. Weller. n. 1. —

Wappen-Kalender, deutscher 1904. (32 farb. S.) schmal Fol. Papiermühle b/Roda, Gebr. Vogt. n. 1. 50
Erscheint nicht mehr.

Wappen-Kalender, deutscher, 1911. (1 Bl. m. farb. Abb.) 27,5×89,5 cm. Papiermühle, Gebr. Vogt.
Mit Leisten — 50

Fortgesetzter Wappen = Calender auf das Jahr . . . oder jährliches Handbuch der neuesten Genealogie und Heraldik worinnen aller jetzigen europäischen Potentaten Stammtafeln und Wappen mit einer richtigen Beschreibung der Wappen befindlich sind.
Nürnberg: Rasp 1765. 8°
Anf. s. Der Durchlauchtigen Welt neu vermehrter und verbesserter Geschichts = Geschlechts = und Wappen = Calender . . .
1765: Welchem . . . Johann Christoph Gatterers . . . Abriß der Heraldik oder Wappenkunde . . . beygefügt worden . . . 8 Bl., 135 gez. Bl. mit Wappenkupf. u. S. 133[!]—184, 168 [vielm. 68] S., 2 Bl., 1 Titelkupf., 9 Kupfertaf.

[Des Malthesér-Ritter-Ordens Teutschen Gross Priorats **Wappen Calender.** 1779]
60 Taf. in Kupferst. von Fr. Klauber (Wappen), 12 Bl. gest. Kalendarium. 8°
Seit 1781 unregelmäßig erschienen.

[Des Kurfürstlich Baierischen hohen Ritterordens vom Heiligen Michael **Wappenkalender** München um 1767.]
54 Taf. in Kupferst. von Max. Jungwierth und Zimmermann. 8°

Des Kgl.-Baier. Hauses Hochadel. Ritterordens . . . des Heil. Erzengels Michael Wappen-Calender. Auf d. Schaltjahr 1808. München, mit Zangius . . . Schriften. 8°. Gutes Expl. im Orig.-Pp. . . . mit . . . Buntpapier . . . [illegible]
Mit vielen Wappen-Kpfrn. . . . Portr. des Grossmeisters d. Ordens in ganzer Figur. . . . Der Stifter d. Ordens . . . Joseph . . . [illegible]

Des Kgl.-Baier. Hauses-Hochedel. Ritterordens der Beschützer Göttlicher Ehre unter d. Schutze d. heil. Erzengels Michael Wappen-Calender. Auf d. Gemeinjahr 1810. Hrsg. auf höchsten Befehl d. Durchl. . . . Grossmeisters . . . Herzogs *Wilhelm* in Baiern etc. München, mit Zängl'schen Schriften. 8°. Orig.-Seidenbd., . . . Innen . . . sauber.
. . . typogr. Text . . . Calender . . . Kpf. Portr. u. Wappen, darunter Portr. des Grossmeisters in ganzer Figur.

Des Churbaier. Hohen Ritterordens s. Georgii Wappen Calender. Jahrg. 1803. München, gedr. bey Ant. Franz, churfl. Hof-Akad.- u. Landschaftsbuchdr. 8°. Braun. Lder.
2 Kupfert., 125 Kpfrn., meist Wappentaf. u. Portr. v. Jos. Ant. Zimmermann, J. M. Schramm, F. X. Jungwierth, G. M. Weissenhahn . . . [illegible] typogr. Text.

— der württembergischen Ritterschaft Sanct Georgenverein für das Jahr 1900 entworfen von G. A. Closs. fol. Stuttgart 1900

Wappenkalender, schweizer, 1892. Entworfen v. Rd. Münger u. Ad. Sulzberger. 4. (28 farb. S.) Bern, Schmid, Francke & Co. n. 1. 50

— dasselbe. 1893. 4. (24 farb. S.) Ebd. n. 1. 25

Wappenkron, Adolf u. Sidonie v., herausg. v. d. Frau v. Wallenrodt. 2 Bde. 8. Halle, Hendel. 796. (I. 1 Rthlr. 4 gr. II. 1 Rthlr. 6 gr.) 2 10

Wappenkunde. Heraldische Monatsschrift zur Veröffentlichg. v. nicht edirten Wappenwerken, hrsg. von Karl Frhr. v. Neuenstein. 1. Jahrg. Juli 1892—Decbr. 1893. 12 Hfte. (à Hft. ca. 12 S. m. Abbildgn.) Fol. Karlsruhe, (O. Nemnich). à Hft. n. 1. —

— dasselbe. 2. Jahrg. 1894. 12 Hfte. (à ca. 12 S.) Fol. Ebd. n. 12. —

Wappenkunde. Herald. Monatsschrift zur Veröffentlichg. v. nicht edierten Wappenwerken. Hrsg. v. Karl Frhr. v. Neuenstein. 3.-6. Jahrg. 1895—1898. à 12 Hfte. (à ca. 12 autograph. S. m. Abb.) Fol. Karlsruhe. (Wiesbaden, O. Nemnich.) à Hft. n. 1. —

Wappenkunde. Heraldische Monatsschrift zur Veröffentlichg. v. nicht edierten Wappenwerken, hrsg. v. Karl Frhr. v. Neuenstein. 7. Jahrg. 1899. 12 Hfte. Fol. (à ca. 12 autogr. S. m. Abbildgn.) Karlsruhe. (Wiesbaden, O. Nemnich.) à Hft. n. 1. —

Wappenkunde, neue, des französ. Kaiserreichs, mit 3 ill. Kpf. gr. 8. Rudolst. 812. (Hofbuchh.) 16 gr.

Wappenrolle, die, von Zürich. Ein herald. Denkmal des 14. Jahrh. Hrsg. von der antiquar. Gesellschaft in Zürich. Imp.-4. (VIII und 23 S. mit 25 Chromolithogr.) Zürich 860, (Meyer und Zeller's Verlag.) **

Wappensammler, der. Allgemeines Organ zum Austausch f. Wappensammler, Genealogen u. Heraldiker, sowie f. herald. Vereine. Unter Mitwirkg. hervorrag. Fachleute hrsg. 1. Jahrg. Juli 1900—Dezbr. 1901. 12 Nrn. gr. 8. (à ca. 16 S. m. z. Tl. farb. Taf.) Kahla, A. Weller. 3. —
Fortsetzg., s.: **Weller's Archiv f. Stamm- u. Wappenkunde.**

Wappenschmitt, Otto, approb. Arzt aus Passau: Aus d. pathol. Institute zu München. Über Landry'sche Paralyse. Mit 6 Abb. *Leipzig 1900: A. Pries.* (35 S.) 8°
München, Med. Diss. v. 1900

Wappensiegel-Sammler, der. Anleitung für die Jugend zum Anlegen, Einrichten u. Ordnen von Wappensiegel-Sammlungen. Mit 150 geprägten Wappensiegel Abbildgn. auf 10 Taf. Leipzig 861. E. Schäfer. gr. 8. (20 S.) n. 15 ngr.

Wappenstein, Der alte, des Linnicher Rathhauses. Ortsgeschichtliche Plauderei. [Linnich 1902.] V: *Oidtmann, Heinrich.* (Berl)

Wappen-Tafel sämmtlicher deutschen Bundestaaten u. der hauptsächlichsten Länder der Erde, mit Angabe der Schifffahrtsflaggen u. Cocarden. In Farbendr. ausgeführt von Klimsch u. Böhler. Chromolith. Frankfurt a. M. 866. Boselli'sche Buchh. Imp.-Fol. In Carton. 2 Thlr.

Wappentafel der schweizer. Eidgenossenschaft. Wohlfeile Ausgabe. Bern, J. Dalp'sche Buchh. (K. Schmid.) 1873. 5. —

Wappentafel der 22 schweizer. Kantone. Neue billige Ausgabe. gr. 8. Bern, J. Dalp'sche Buchh. (K. Schmid.) 1874. 3. —

Wappentafel, Die, der Kirche von Spiez . . . Zürich 1903. V: *Hahn, Otto.* (BBullschw 4, 1904)

Wappentafel, Coburger L. C. (Landsmannschaften). Farbendr. u. Golddr. 75×57 cm. Jena 892. C. Doebereiner Nachf. n. 12. —

Wappentafel der Schildner zum Schneggen in Zürich 1637. [Zürich 1904.] V: *Schulthess, Hans.* (Zuwachsverz. d. Bibl. in Zürich 1898 ff., 8.)

Wappentafeln. Enthaltend die Wappen aller souverainen Länder der Erde, sowie diejenigen der preuss. Provinzen, der österreichisch-ungar. Kronländer und der schweizer Cantone. 12 Taf. mit 130 Abbild. in Farbendr. 1. und 2. Aufl. gr. 8. Leipzig 885, Ruhl. *
3. Aufl. u. d. T.: Wappen, die, aller souverainen Länder der Erde etc. (s. oben).

Wappentafeln, neue. Enthaltend die Wappen aller souveränen Länder der Erde, sowie diejenigen der preussischen Provinzen, der österreichisch-ungarischen Kronländer und der Schweizer Kantone. Lex.-8°. 12 Tafeln mit 130 Wappen-Abbildungen in 12fachem lith. Farbendruck. Leipzig 1884, M. Ruhl. 3 35

Wappenwerk, Neues adeliches. Nürnberg 1798. V: *Tyroff, Conrad.* (CLZür Forts. III)

Wappenwerk, neues adeliches, herausgeg. v. K. Tyroff. 1r u. 2r Bd. 1r—3r Thl. u. 3r Bd. 1r Thl. Nebst Beschreib. 1r Bd. 1r u. 2r Abschn. 15 Hefte. gr. 4. Ebd., Ebd.

Wappenzeichnungen, Kaiserlich-Königliche, Königlich-Preussische . . ., heraldisch und historisch beschrieben. Zittau 1777 ff. V: *Hortzschansky, Joh.* (Ky)

Wappenzeichnungen, Kaiserl. Königl. (16 Blätter), Königl. Preußische (12 Blätter), Churfürstl. Sächsische (12 Blätter), Pfalz-Baierische (12 Blätter), Landgräfl. Hessen-Casselsche, Hessen-Darmstädt. u. herzogl. Braunschweigische (14 Blätter) des Herzogth. Schlesien (13 Blätter), herald. u. histor. beschrieben (v. J. Hortzschansky). 4. Zittau 777 u. ff. Neumann. (Schöps). 2 ₰

Wappenzeichnung, vollständ. Kaiserlich-Königliche, m. K. 4. Leipz. Heinsius. 780.

— vollständ. Königl. Preußische, m. K. 4. Ebend. 780.

— vollständ. Churfürstl. Sächsische, nebst herald. u. histor. Beschr. m. K. 4. Ebend. 778.

Wapperer, Joh., nützl. Unterricht f. d. Landmann z. Erzüglung e. guten Gattung Pferde. 8. Wien, Kaulfuß.

Wappes, Lor., Studien üb. die Grundbegriffe u. die Systematik der Forstwissenschaft. (73 S.) gr. 8. Berlin 909. P. Parey. 2. 50

[F.] **Wappes,** Lorenz [kgl. bayer. Forstamtsassess.]: Vergleichende Untersuchungen über die Waldeinteilung bei der Forsteinrichtung in einigen deutschen Staaten . . . Langensalza, Druck v. H. Beyer & Söhne, 1893; 1 Bl., 31 S., 1 Taf. 8.
München, Staatswirtsch. Fak., Inaug.-Diss. v. 1893

Wappler, A. F., Vom bergmännischen Bildschatze: Ernst Kaltofen in Dresden. Freiberg, 1907. 36 S. mit 16 Abb.

Wappler, A. F. (Hrsg.), s. Nachweisung und Statistik der zur Kenntnis der Königl. Bergpolizeibehörde gelangten Schlagwetterunfälle . . .

Wappler, A. F., Oberberghauptmann von Trebra und die drei ersten sächsischen Kunstmeister Mende, Baldauf und Brendel. Freiberg, 1906. 100 S. [Fa 139

Wappler, Ant., Geschichte der theologischen Facultät d. k. k. Universität zu Wien. Festschrift zur Jubelfeier ihres 500jähr. Bestehens. gr. 8. (XI, 494 S.) Wien 884. Braumüller. n. 6. —

—— Geschichte der katholischen Kirche. Für höhere Lehranstalten zunächst für die oberen Klassen der Realschulen. gr. 8. (XII und 271 S.) Wien 865, Braumüller. *

Wappler, Dr. Anton, Geschichte der katholischen Kirche. Lehrbuch für Ober-Gymnasien und Ober-Realschulen. 2. vermehrte Auflage. 1871. gr. 8. (XIV u. 251 S.) Wien, Braumüller. 1870. 1 fl. 50 kr.

—— Geschichte der katholischen Kirche. Lehrbuch für Ober-Gymnasien und Ober-Realschulen. 2. Aufl. (XIV, 282 S.) 1871. *M. 3., und 3. verm. Aufl. gr. 8. (XII, 290 S.) Ebendas. 874. *

—— Geschichte der katholischen Kirche. Lehrbuch für Ober-Gymnasien und Ober-Realschulen. 4. Aufl. gr. 8. (X, 273 S.) Ebendas. 882. *

—— Geschichte der göttlichen Offenbarung. Zum Gebrauche an Unter-Realschulen. 1. Aufl. 1863. und 2., verb. Aufl. gr. 8. (XII und 240 S.) Wien 868, Braumüller. *

Wappler, Anton, Geschichte der göttlichen Offenbarung. Zum Gebrauche an Unter-Realschulen. Wien, Braumüller, 1872, 8°, 3. Aufl., XII, 240 S., 3. Mk.
Recens. (2. Aufl.) von Rump, Litt. Handw. 1871, S. 429—430.

— Geschichte der göttlichen Offenbarung. Zum Gebrauche an Unter-Realschulen. 3. Aufl. gr. 8. (XII, 240 S.) Ebend. 873. n. 3. —

—— Geschichte der göttlichen Offenbarung. Zum Gebrauche an Unter-Realschulen. 4. Aufl. gr. 8. (XII, 240 S.) Ebendas. 878. *

Wappler, Ant., Kultus der katholischen Kirche. Zum Gebrauche an Untergymnasien und Unterrealschulen beschrieben und erklärt. gr. 8. (150 S.) Wien 861, Braumüller's Verlags-Conto.

Wappler, Ant., Cultus der katholischen Kirche. Zum Gebrauche an Unter-Gymnasien u. Unter-Realschulen beschrieben u. erklärt. 2. Aufl. 1865 u. 3. u. 4. Aufl. Wien 867,69. Braumüller. gr. 8. (XI, 158 S.) n. 15 ngr

Wappler, Ant., Cultus der katholischen Kirche. Zum Gebrauche an Unter-Gymnasien u. Unter-Realschulen beschrieben u. erklärt. 5. Aufl. gr. 8. (VIII, 155 S.) Wien 872. Braumüller. n. 1. 50

Wappler, Ant., Cultus der katholischen Kirche. Zum Gebrauche an Unter-Gymnasien und Unter-Realschulen beschrieben und erklärt. 6. Aufl. gr. 8. (VIII, 162 S.) Wien 877, Braumüller. *

Wappler, Ant., Cultus der katholischen Kirche. Zum Gebrauche an Unter-Gymnasien und Unter-Realschulen beschrieben und erklärt. 7. Aufl. gr. 8. (VIII, 162 S.) Wien 883, Braumüller. *

—— Lehrbuch der katholischen Religion für die oberen Klassen der Gymnasien. 3 Thle. gr. 8. Ebendas. *

Inhalt:
Thl. 1. Einleitung und der Beweis der Wahrheit der katholischen Religion. 1. Aufl. 1869. *M. 1,80., und 2. Aufl. (VIII, 184 S.) 874. *M. 2.
" 2. Die katholische Glaubenslehre. 1. Aufl. 1869. *M. 2., und 2. Aufl. (VIII, 238 S.) 874. *M. 3.
" 3. Die katholische Sittenlehre. 1. Aufl. 1869. *M. 2,30., und 2. Aufl. (XII, 244 S.) 874. *M. 3.

—— Lehrbuch der katholischen Religion für die oberen Klassen der Gymnasien. 3. Aufl. 3 Thle. gr. 8. Ebendas. 878. *

Inhalt:
Thl. 1. Einleitung und der Beweis der Wahrheit der katholischen Religion. (X, 190 S.) *M. 2.
" 2. Die katholische Glaubenslehre. (X, 243 S.) *M. 3.
" 3. Die katholische Sittenlehre. (XII, 245 S.) *M. 3.

—— Lehrbuch der katholischen Religion für die oberen Klassen der Gymnasien. 3 Thle. gr. 8. Ebendas. *

Inhalt:

Thl. 1. Einleitung und der Beweis der Wahrheit der katholischen Religion. 4. Aufl. (X, 190 S.) 880; 5. Aufl. (X, 188 S.) 882. *ℳ 2.; 6. Aufl. (X, 188 S.) 884. *ℳ 2,40.

" 2. Die katholische Glaubenslehre. 4. Aufl. (X, 243 S.) 881. *ℳ 3.; 5. Aufl. (X, 243 S.) 884. *ℳ 3,40.

" 3. Die katholische Sittenlehre. 4. Aufl. (XII, 245 S.) 883. *ℳ 3.

Wappler, Ant., Lehrbuch der katholischen Religion für die oberen Classen der Gymnasien. 3 Thle. gr. 8. Wien, Braumüller. geb. *

Inhalt:

Thl. 1. Einleitung und der Beweis der Wahrheit der kathol. Religion. 7. Aufl. (X, 188 S.) 886. geb. *ℳ 2.40.

" 2. Die kathol. Glaubenslehre. 6. Aufl. (X, 244 S.) 887. geb. *ℳ 2.80.

" 3. Die kathol. Sittenlehre. 5. Aufl. (XII, 246 S.) 887. geb. *ℳ 2.80.

Wappler, Dr. Anton, Lehrbuch der katholischen Religion für die oberen Classen der Gymnasien II. Theil: Die katholische Glaubenslehre. 7. Aufl. Wien 1891. Wilhelm Braumüller. (Min Erl. 2. Sept. 1891. Z. 18775) 1.20

Wappler, Ant., Lehrbuch der katholischen Religion f. die oberen Classen der Gymnasien. 3. Thl.: Die kathol. Sittenlehre. 6. Aufl. gr. 8. (XII, 246 S.) Wien 892. W. Braumüller. Geb. in Leinw. n.n. 2. 40

Wappler, Dr. Anton, Lehrbuch der katholischen Religion für die oberen Classen der Gymnasien. I. Theil: Einleitung und der Beweis der Wahrheit der katholischen Kirche. 8 Auflage. Wien 1893. W Braumüller. (Min.-Erl. v. 4. Januar 1893, Z. 28821 ex 1892.) Gebunden 1.— (gegen 1.20 der früheren Auflage).

Wappler, Dr. Anton, Lehrbuch der katholischen Religion für die oberen Klassen der Gymnasien. II. Teil. Die katholische Glaubenslehre. Wien 1903. W. Braumüller. Preis, gebunden 2 K 40 h.

Wappler, Ant., Lehrbuch der katholischen Religion f. die oberen Klassen der Gymnasien. 3. Tl. Die kathol. Sittenlehre. 7., im wesentlichen unveränd. Aufl. (VIII, 246 S.) gr. 8. Wien 908. W. Braumüller. Geb. in Leinw. n. 2. —

Wappler, Ant., Lehrbuch der katholischen Religion f. die oberen Klassen der Gymnasien. 1. Tl.: Einleitung u. d. Beweis der Wahrheit der kathol. Kirche. 9., im wesentlichen unveränd. Aufl. (IV, 190 S.) 8. Wien 906. W. Braumüller. Geb. 1. 80

Wappler, Ant., katholische Religionslehre. Für höhere Lehranstalten zunächst für die oberen Klassen der Realschulen. 2 Bde. I. Aufl. 1853. und 2., umgearb. Aufl. gr. 8. (VI und 421 S.) Wien 855, Braumüller.

WAPPLER, Anton: De redemptione generis humani. — (1850) 76 S. 8° (Handschr.) Diss. 93
Diss. Wien, Univ.

—— katholische Religionslehre. Für höhere Lehranstalten, zunächst für die oberen Klassen der Realschulen. 3., verb. Aufl. gr. 8. (IV und 428 S.) Wien (861)62, Braumüller's Verlags-Conto. *

—— katholische Religionslehre. Für höhere Lehranstalten. 5. Aufl. 1870, und 6. Aufl. gr. 8. (XII, 340 S.) Ebendas. 874. *

—— katholische Religionslehre. Für höhere Lehranstalten. 7. Aufl. gr. 8. (XII, 340 S.) Ebendas. 877. *

—— katholische Religionslehre. Für höhere Lehranstalten. 8. Aufl. gr. 8. (XII, 352 S.) Ebendas. 881. *

Wappler, August Friedrich: Oberberghauptmann Siegmund August Wolfgang Frh. v. Herder. Eine Gabe z. 100jähr. Todestage s. Vaters. Von Bergamtsrat [August Friedrich] Wappler in Freiberg. [Freiberg i. Sa. 1903.] (68 S.) 8° [Umschlagt. F.]
Aus: Mitteilungen d. Freiberger Altertumsvereins. H. 39

Wappler, Hermann Emil: Zur Geschichte der deutschen Algebra im 15. Jahrhundert. 4. (32 S.) Progr. G. Zwickau 1887. (519)

Wappler, Paul, Inquisition u. Ketzerprozesse in Zwickau zur Reformationszeit. Dargestellt im Zusammenhang m. der Entwicklg. d. Ansichten Luthers u. Melanchthons üb. Glaubens- u. Gewissensfreiheit. (IV, 219 S.) gr. 8. Leipzig 908. A. Heinsius Nachf. 5. 60

Wappler, Paul: Thomas Münzer in Zwickau und die 'Zwickauer Propheten.' Zwickau 1908: Zückler. 43 S. 4°
Zwickau, RG u. R OP 1908 (734) [S 08. 511

— Die Stellung Kursachsens u. des Landgrafen Philipp v. Hessen zur Täuferbewegung, s. a. Studien u. Texte, reformationsgeschichtliche. Heft 13. 14.

Die Stellung Kursachsens und des Landgrafen Philipp von Hessen zur Täuferbewegung von Prof. Dr. Paul Wappler. Münster i. W., Aschendorff 1910. XI, 254 S. 8°
(Reformationsgeschichtliche Studien u. Texte. H. 13/14.) 10. 1654 2

Wappler, Paul Georg [cand. rev. min. et paed. aus Auerbach i. V.]: Papst Benedikt VIII. 1012—1024 ... Leipzig, Druck v. Hartmann & Wolf, 1897. 103 S. 8.
Leipzig, Phil. Fak., Inaug.-Diss. v. [13. März] 1897.

Wappler, Paul Geo., Papst Benedikt VIII. 1012—1024. Diss. gr. 8. (103 S.) Leipzig 897. (Schäfer & Schönfelder.) n. 1. 50

Wappler, Th., Böblitz, s.: Grohmann, Max, das Obererzgebirge.

Wappmannsperger, Leop., Leben und Wirken des Papstes Pius IX. Ausführlich geschildert. 2 Abthlgn. Mit dem Portr. Pius' IX. (Holzschntaf.) gr. 8. Regensburg 878, Manz. [1. Abthl. (IV, S. 1—400.) ℳ 3,60.; 2. Abthl. (S. 401—1116.) ℳ 6,40.]

War denn das Mittelalter wirklich so finster?, s. Broschüren-Cyclus für das kathol. Deutschland.

War der Freyherr von Tettenborn gezwungen Hamburg mit seinem Corps . . . 1813 zu verlassen. O. O. 1814. V: *Oswald.* (schr) (schles)

— der Freih. v. Tettenborn gezwungen, Hamburg mit seinem Korps in d. Nacht v. 29. zum 30. Mai zu verlassen? ob. konnte er sich darinnen erhalten? Beantwortet von e. Officier in fein. Korps. 8. Altona 814. Hammerich. 12 gr.

War der hl. Petrus in Rom? Paderborn, Bonif.-Druckerei, 1888. 8. 8°. 10 Pf. (Bonif.-Broschüren Jahrg. 19, Heft 9.)

War es am Schlusse des 18. Jahrh. völlig erwiesen, ob die Erde um die Sonne, oder die Sonne um die Erde sich bewege? rc. 8. Zittau 802. Schöps. 3 gr.

War ich von Satan verblendet, da ich katholisch wurde? Für Jedermann eine Erklärung des Unterschiedes zwischen Katholisch-Sein und Protestantisch-Sein . . . 2. Aufl. . . . Gratz 1856. V: *Hasert, Johann J. C. Rudolph.* (zu)

War Jesus Gott oder nur Mensch? 8 S. 8. (Bern, N. Staub, [1907].) [fr. —. 10]

The Russo-Japanese **War** fully illustrated. No 1. Tokyo: Kinkodo Publ. Co.; Leipzig: O. Harrassowitz in Komm. 1904. 4° [illegible] 7

Warndein, Ed., neues vereinfachtes Homer-Wörterbuch nach der Reihenfolge der Verse. I. Odyssee. gr. 8. (VIII, 168 S.) Stuttgart 874. Metzler n. 2. 50

Warbanoff, Peter: Ein Beitrag zur Graviditas ovarica. München 1909: Ernst. 40 S. 8°
München, Med. Diss. v. 5. Febr. 1910, Ref. Doderlein
[Geb. 24. April 82 Orechovo; Wohnort: Orechovo; Staatsangeh.: Bulgarien; Vorbildung: Staats-Gymn. Varna Reife Juni 01; Studium: München 10 S.; Rig. 5. Febr. 10.] [U 10. 3599

Warbeck, od. der falsche König v. England, (v. G. K. Claudius). 8. Leipz. 782. Hamann. 12 gr.

Warbeck, falscher König von England; Geschichte . . . Leipzig 1792. V: *Claudius, Georg Carl.* (MGT) (Ky)

Warbeck, Veit, Historie von der schönen Magelone, s. **Volksbücher**, deutsche, von K. Simrock.

Warbeck, Veit, die schöne Magelone, s.: **Bibliothek älterer deutscher Übersetzungen.**

Warbek, od. der falsche König. 8. Lpz. Hamann. 792. — 12

Warbeke, John Martyn, Student der Philosophie: Das Homogenitätsprinzip in der Spencerschen Psychologie und die Beziehungen desselben zu der Erkenntnislehre der „First Principles". Leipzig: Dr. Seele & Co. 1907. (IV, 94 S.) 8°
Leipzig, Phil. Fak., Ref. Heinze-Wundt, Diss. v. 5. Aug. 1907
[Geb. 28. Mai 79 New-York; Wohnort: Williamstown (Mass.); Staatsangeh.: Vereinigte Staaten; Vorbildung: B. A. Princeton Univ. Juni 03; Studium: Chicago 6, Leipzig 6 S.; Rig. 26. Juli 06.]

Warberg, Paul, Religion u. Kultur. (Zeitgemäße Betrachtungen e. kathol. Theologen.) (IV, 88 S.) gr. 8. Würzburg 905. Stahel's Verl. n. 1. 50

Warbiz, ..., s. **Floia**, Cortum versicale de flois.

Warburg [Schlagwort]

Warburg, Kreis, s.a. **Minden, Reg.-Bez.**

Warburg, s.a. Preussen. **Messtischblätter.**

s.a. Rheinprovinz. Liebenow.

Warburg. — Vorländer, J. J., Karte vom Kreise Warburg im Reg.-Bez. Minden. Nach den Katasterkarten bearb. 1 : 80,000. 2. Aufl. Lithogr. und color. qu. gr. Fol. Leipzig 881, Siegismund und Volkening. * 1 50

Warburg, Kreis. Wandkarte des Kreises Warburg, Reg.-Bez. Minden. Bearb. nach den neuen Messtischblättern der kgl. preuss. Landes-Aufnahme. 1 : 35,000. 2 Blatt. à 47,5×100,5 cm. Farbdr. Berlin (903). D. Reimer. n. 10. —

Warburg [Verfasser]

Warburg, Aby

Warburg, A., s.: Beiträge, **kunstwissenschaftliche.**

Warburg, Aby: Bildniskunst und Florentinisches Bürgertum von (Dr.) . I. Leipzig: H. Seemann Nachf. (1901). 4°

Warburg, A., Bildniskunst u. florentinisches Bürgertum. I. Domenico Ghirlandajo in Santa Trinita. Die Bildnisse des Lorenzo de' Medici u. seiner Angehörigen. Mit 5 Lichtdr. u. 6 Textbildern. gr. 4. (38 S.) Leipzig (902). Berlin, H. Seemann Nachf. Kart. n. 6. —

(8) — Bildniskunst. 902. Jetzt: Berlin, J. Springer.

Warburg, Aby [Dr. phil.]: Sandro Botticellis „Geburt der Venus" und „Frühling". E. Untersuchg üb. d. Vorstellgn v. d. Antike in d. italien. Frührenaissance. *Frankfurt a. M., Druckerei v. A. Osterrieth, 1892;* 3 Bl., 49 S., 2 Taf. 8.
Strassburg, Phil. Fak., Inaug.-Diss. v. 1892

Warburg, A., Sandro Botticellis „Geburt der Venus" u. „Frühling". Eine Untersuchg. üb. die Vorstellgn. v. der Antike in der italien. Frührenaissance. Lex.-8. (V, 50 S. m. 8 Abbildgn.) Hamburg 893. L. Voss. n. 4. —; geb. n. 5. —

Der Tod des Orpheus. Bilder zu d. Vortrag über Dürer u. d. italienische Antike. Den Mitgliedern d. Archaeol. Sektion d. 48. Versammlung Deutscher Philologen u. Schulmänner zu Hamburg 1905, überreicht von A[by] Warburg. (Hamburg 1905, Bendschneider.) 5 Taf. 2° [Umschlagt.] [illegible]

Warburg, Daniel Rudolph, s.a. Warburg, Rudolph

Warburg D. R., die Hausthiere u. ihre Behandlung nach Tomlinson's domestic animals a. their treatment f. die deutsche Jugend bearb. Hrsg. vom Hamburg. Thierschutz-Verein. 2. verm. u. verb. Aufl. 8. (68 S.) Hamburg 873. O. Meißner. — 30

DANIEL RUDOLPH WARBURG, Versuch einer Geschichte des ärztlichen Vereins in Hamburg. Festschrift zur 50jährigen Jubelfeier des Vereins am 2. Januar 1866. Hamburg. 1866. Otto Meissner. 8°.

Warburg, (Daniel Rudolph) (Übers.):

s.: Wolf, W.L(eo): Das Abracadabra des 19. Jahrhunderts oder Hahnemanns Homöopathie. (Abracadabra of the nineteenth century... Dt.) Hamburg: 1836

JB 2.620

Warburg, Emil

— u. G. **Leithäuser**, über die Analyse d. Stickoxyde durch ihre Absorptionsspektra im Ultrarot. (6 S.) Lex. 8. Berlin 908. G. Reimer. — 50

Warburg, E. [illegible]

Separatabdruck

— Emil, Dr., Beobachtungen über den Einfluss der Temperatur auf die Elektrolyse. Berlin 1868.

— Bestimmung der Schallgeschwindigkeit in weichen Korpern. (Aus: Poggendorff's Ann., Bd. CXXXVI.)

Warburg, Emil, über die Bildung des Ozons bei der Spitzenentladung in Sauerstoff. gr. 8. (10 S. m. Fig.) Berlin 900. (G. Reimer.) n. — 50

— Ueber die Dämpfung der Töne fester Körper durch innere Widerstände. (Ausz. aus dem Monatsber. der Königl. Akad. der Wissensch. zu Berlin. 8. Juli 1869.)

Warburg, E., und G. Leithäuser: Über die Darstellung des Ozons aus Sauerstoff und atmosphärischer Luft durch stille Gleichstromentladung aus metallischen Elektroden. Leipzig 1906 (Mitteil. a. d. Physik.-Techn. Reichsanst.)

Warburg, E., und G. **Leithäuser**: Über die Darstellung des Ozons aus Sauerstoff und atmosphärischer Luft durch Ozonröhren. Leipzig 1909 (Mitteil. a. d. Physik.-Techn. Reichsanst.)

— über spontane Desozonisirung. gr. 8. (14 S. m. 1 Fig.) Ebd. 901. n. — 50

Warburg, E., und G. **Leithäuser**: Über den Einfluß der Feuchtigkeit auf die Ozonisierung des Sauerstoffs und der atmosphärischen Luft. Leipzig 1906 (Mitteil. a. d. Physik.-Techn. Reichsanst.)

— Ueber den Einfluss tönender Schwingungen auf den Magnetismus des Eisens. (Auszug aus dem Monatsber. der Königl. Akad. der Wissensch. zu Berlin 3. Dez. 1869.)

— über den Einfluss der Temperatur auf die Spitzenentladung. gr. 8. (6 S. m. Fig.) Ebd. 902. n. — 50
3 Sonderabdr. a.: „Sitzungsber. d. preuss. Akad. d. Wiss."

Warburg, Emil, üb. d. Entstehg. d. Spitzenentladung. [Aus: „Sitzungsber. d. k. preuss. Akad. d. Wiss."] gr. 8. (7 S.) Berlin 898. (G. Reimer.) n. — 50

— Ueber die Erwärmung fester Körper durch das Tönen. (Auszug aus dem Monatsber. der Kgl. Akad. der Wissensch. zu Berlin. 11. Febr. 1869.)

Warburg, Emil, Lehrbuch der Experimentalphysik f. Studirende. gr. 8. (XX, 382 S. m. 403 Abbildgn.) Freiburg i/B. 893. J. C. B. Mohr. n. 7. 60; geb. in Leinw. n. 8. 60

Lehrbuch der Experimentalphysik für Studirende von Dr. Emil **Warburg**, Prof. an d. Univ. Berlin. M. 404 Orig.-Abb. im Text. 2. verb. Aufl. (Hälfte 1.) *Freiburg i. B. & Leipzig: J. C. B. Mohr 1896.* 8. [illegible]

— Lehrbuch d. Experimentalphysik f. Studirende. Mit 405 Orig.-Abb. im Text. 3., verb. Aufl. gr. 8. (XX, 895 S.) Freiburg i/B. 897. Tübingen, J. C. B. Mohr. n. 7. —; geb. n.n. 8. —

Warburg, Emil: Lehrbuch der Experimentalphysik für Studirende von Dr. Emil Warburg, Prof. an d. Univ. Berlin. Mit 408 Orig.-Abb. im Text. 4. verb. u. verm. Aufl. Freiburg i.B., Leipzig & Tübingen: J. C. B. Mohr 1899. (XX, 400 S.) 8°

Lehrbuch der Experimentalphysik für Studirende von Dr. Emil **Warburg**, Prof., Berlin. M. 410 Orig.-Abb. 5. verb. u. verm. Aufl. *Tübingen & Leipzig: J. C. B. Mohr 1901.* (XX, 403 S.) 8° [illegible]

— Lehrbuch der Experimentalphysik f. Studirende. Mit zahlreichen Orig.-Abbildgn. im Text. 6. verb. u. verm. Aufl. gr. 8. (XX, 408 S.) Tübingen 902. J. C. B. Mohr. n. 7. —; geb. n.n. 8. —

Lehrbuch der Experimentalphysik für Studierende von Dr. Emil **Warburg**, Prof., Berlin. Mit 421 Orig.-Abb. 7. verb. u. verm. Aufl. *Tübingen & Leipzig: J. C. B. Mohr 1903.* (XX, 413 S.) 8° [illegible]

Lehrbuch der Experimentalphysik für Studierende von Dr. Emil **Warburg**. Mit 424 Orig.-Abb. 8. verb. u. verm. Aufl. Tübingen: J. C. B. Mohr 1905. (XX, 422 S.) 8° [illegible]

Warburg, Emil, Lehrbuch der Experimentalphysik für Studierende. Mit 428 Orig.-Abbildgn. im Text. 9., verb. u. verm. Aufl. (XXII, 430 S.) gr. 8. Tübingen 906. J. C. B. Mohr. n. 7. —; geb. n. 8. —

Lehrbuch der Experimentalphysik für Studierende von Dr. Emil **Warburg**, Prof. Mit 428 Orig.-Abb. 10. verb. u. verm. Aufl. Tübingen: J. C. B. Mohr 1908. (XXI, 432 S.) 8° [illegible]

Warburg, Emil, Lehrbuch der Experimentalphysik f. Studierende. Mit 432 Orig.-Abb. im Text. 11. verb. u. verm. Aufl. (XXIII, 450 S.) gr. 8. Tübingen 910. J. C. B. Mohr. 7.—; geb. 8. —

Warburg, E., und G. **Leithäuser**: Leistungsmessungen an Ozonröhren. Leipzig 1909

u. G. Leithäuser

— — Über die Oxydation des Stickstoffs bei der Wirkung der stillen Entladung auf atmosphärische Luft. (6 S.) Lex. 8. Ebd. 907. — 50
2 Sonderabdr. a.: „Sitzungsber. d. preuss. Akad. d. Wiss."

— über die Ozonisirung des Sauerstoffs durch stille elektrische Entladungen. (5 S.) gr. 8. Berlin 903. (G. Reimer.) n. — 50

— Referat über die Wärmeeinheit, erstattet in der gemeinschaftl. Sitzung der Sectionen f. Physik u. angewandte Mathematik u. Physik am 22. IX. 1899 auf der Naturforscherversammlg. in München. gr. 8. (19 S.) Leipzig 900. J. A. Barth. n. — 60

— üb. die Reflexion der Kathodenstrahlen an dünnen Metallblättchen. Nach Versuchen v. S. Williams mitgeteilt. (7 S. m. Fig.) Lex.-8. Ebd. 905. n. — 50

— Die physikalisch-technische Reichsanstalt in Charlottenburg. Vortrag, geh. in der Vollversammlg. des österr. Ingenieur- u. Architektenvereines am 28. III. 1908. (28 S. m. 7 Abb.) gr. 8. Ebd. 908. — 90
Sonderabdr. a.: „Ztschr. d. öst. Ingen.- u. Archit.-Ver."

— über positive u. negative Spitzenentladung in reinen Gasen. gr. 8. (9 S. m. 3 Fig.) Berlin 899. (G. Reimer.) n. — 50
Sonderabdr. aus: „Sitzungsber. d. preuss. Akad. d. Wiss."

Warburg, [illegible]

— Ueber tönende Systeme. (Aus. Poggend. Ann., Bd. CXXXVI.)

Warburg, Emil: Ueber die kinetische Theorie der Gase. Festrede, geh. am Stiftungstage d. Kaiser-Wilhelms-Akad. . . . 1900 von , Prof., Berlin. Berlin [1900]: O. Lange. (32 S.) 8°

— über die kinetische Theorie der Gase. Festrede, geh. am Stiftungstage der Kaiser Wilhelms-Akademie f. das militärärztliche Bildungswesen, 2. XII. 1900. gr. 8. (32 S.) Berlin 901. A. Hirschwald. n. — 80

— über die Ursache des Voltaeffekts. Nach Versuchen des Hrn. Greinacher mitgeteilt. (6 S. m. 1 Fig.) Lex.-8. Ebd. 904. n. — 50
3 Sonderabdrucke a.: „Sitzungsber. d. preuss. Akad. d. Wiss."

— üb. d. Verzögerung boi d. Funkenentladg. [Aus: „Sitzungsber. d. Akad. d. Wiss. zu Berlin".] gr. 8. (9 S.) Berlin 897. (G. Reimer.) n. — 50

Warburg, E., Dr., Ueber die Zerstreuung der Elektrizität in Gasen. (Aus: Poggendorff's Ann., Bd. CXLV.)

Warburg, Frau Baronin Emilie Eberhardine v., s.: Erhard, Emilie.

Warburg, Fritz *Karl Philipp Adalbert* [aus Köln]: Aus d. medicin. Klinik zu Bonn. Beiträge zur Kenntnis der Schleimhaut des menschlichen Magens ... Bonn, Druck v. F. Heydorn, *1894*; 32 S. 8.
Bonn, Med. Fak., Inaug.-Diss. v. [17. Febr.] 1894

Warburg, Fritz, Referendar: Das gesetzliche Konkurrenzverbot für Handlungsgehülfen nach altem und neuem Handelsgesetzbuch. *Hamburg: Verlagsanst. u. Druckerei A.-G. (1902)* (102 S.) 8°
Rostock, Jur. Diss. v. [15. Okt.] 1902

Warburg, H. G. v.

— s. Jäger, der, allgem. Jagdzeitung rc. 4. Jahrg.

Warburg, H. G. v., Magazin im Gebiete der Jägerei, s. Magazin.

v. Warburg, H. G., das Waldhorn. Eine Sammlung von Jagd-Liedern u. Gedichten. 8. Berlin 844, A. Duncker. 1½ ₰

Warburg, Hans, mein Aquarium. Eine kurzgefaßte Anleitg. zur Anlage u. Instandhaltg. e. Zimmeraquariums. (36 S. m. Abb.) kl. 8. Leipzig (909). S. Schnurpfeil. — 25

— Mein Seewasser-Aquarium. Eine kurzgefaßte Anleitg. zur Anlage u. Instandhaltg. e. Seewasser-Aquariums. (32 S. m. Abb.) kl. 8. Ebd. (909). — 25

— Mein Terrarium. (31 S. m. Abb.) kl. 8. Ebd. (909). — 25

Warburg, Harry, a. Nordhausen: Studien über den Nikotin- und Pyridingehalt des Tabakrauchs bei Verwendung schwerer und leichter, sowie „nikotinfreier" und „nikotinunschädlicher" Zigarren. Würzburg 1906: F. Staudenraus. (37 S.) 8°
Würzburg, Med. Fak., Ref. Lehmann, Diss. v. 27. Juni 1907
[Geb. 25. Juli 81 Nordhausen; Wohnort: Würzburg; Staatsangeh.: Preußen; Vorbildung: Gymn. Fulda Reife O. 01; Studium: München 6, Berlin 2, Würzburg 3 S.; Coll. 14. März 06; Approb. 8. März 06.]

Warburg, Hertha v., Türk Yasohaysohi. (Türkisches Leben.) Constantinopeler Typen. gr. Fol. (18 Bl. m. 8 S. Text.) Berlin (898). A. Schall.
In Leinw.-Mappe n. 20. —

Warburg, Jak., dissertatio inauguralis de paralysi. 4. Berl. 795. (Nauck). 6 ₰

Warburg, Isak Jer., medicinische Beobachtungen. 8. Bresl. 789, 90. W. G. Korn. 6 ₰ Schreibp. 10 ₰

Warburg, Isaac Jerem., Diss. de cephalaea periodica cum vomita periodico. 23 pp. Hal. 4°. 1771.

Warburg, Isaac Jm., Med. Beob. Jena. 4°. 1789

(Warburg, Karl): Pharmakologische Notizen über die Wirkung und den Gebrauch der Dr. Warburg'schen vegetabilischen Fieber-Tinctur. Als Anweisung für die in Gemässheit des hohen Hofkanzeli-Decretes vom 17. Juli 1846, Zahl 23,022 (n.ö. Regierungs-Verordnung Zahl 43,821) in den öffentlichen Spitälern Wiens vorzunehmenden Heilversuche. 24 S., gbd.

Wien: typ. Strauss & Sommer 1846

JB 1.598

Warburg, M., Prozeß wegen Geltendmachung zweier von der Erlfis von 1857 her uneingelöst gebliebenen Wechselaccepte. gr. 8. (29 S.) Altona 864, [Haendcke und Lehmkuhl.] *

Warburg, Otto, d. tropische Agrikultur, s.: Semler, Heinr.

Warburg, O. (Hrsg.), s. Altneuland.

— u. K. Reiche, Balsaminaceae, s.: Engler, A., u. K. Prantl, d. natürl. Pflanzenfamilien, III, 5.

Warburg, Otto [aus Hamburg]: Über Bau und Entwicklung des Holzes von Caulotretus heterophyllus. (Druck von Breitkopf & Härtel in Leipzig.) 1883. 4. 35 S. u. 1 Taf.

Warburg, über die Bedeutung der organischen Säuren für den Lebensprocess der Pflanzen (speciell der sog. Fettpflanzen), s. Untersuchungen aus dem botanischen Institut zu Tübingen.

Warburg, O., Begoniaceae, Datiscaceae. — Flacourtiaceae, s.: Engler, A., u. K. Prantl, die natürlichen Pflanzenfamilien.

— Bixaceae, Winteranaceae (Canellaceae), s.: Engler, O., u. K. Prantl, d. natürl. Pflanzenfamilien, III, 6.

Warburg, Otto, a. Freiburg (Baden): [1.] Über Derivate des Glycocolls, Alanins und Leucins. [2.] Über die l-Brompropionsäure und das l-Alanylglycin. (Berlin 1906: G. Schade.) (36 S.) 8°
Berlin, Phil. Fak., Ref. Fischer, Diss. v. 17. März 1906
[Geb. 8. Okt. 83 Freiburg i. B.; Wohnort: Berlin; Staatsangeh.: Preußen; Vorbildung: Friedr.-Werdersches Gymn. Berlin Reife M. 01; Studium: Freiburg i. B. 3, Berlin 5 S.; Rig. 29. Jan. 06.]

— die Kautschukpflanzen u. ihre Kultur. gr. 8. (V, 154 S. m. 9 Abbildgn.) Berlin 900. (E. S. Mittler & Sohn.) n. 8. —

Warburg, O., s.a. Kuene-Sambesi-Expedition H. Baum.

Kolonial-Wirtschaftl. Komitee. Kunene-Sambesi-Expedition. H. Baum. 1903. Im Auftr. d. Kolonial-Wirtschaftl. Komitees hrsg. von Prof. Dr. O[tto] Warburg. Mit 1 Buntdr., 12 Taf., 1 Karte u. 108 Abb. *Berlin: Kol.-Wirtsch. Kom. 1903.* (XI, 593 S.) 8° [F. u. Ant.]

— u. J. E. van Someren-Brand, Kulturpflanzen der Weltwirtschaft. Unter Mitwirkg. erster Fachleute hrsg. Mit 653 schwarzen u. 12 farb. Abb. nach Photographien. (XIV, 411 S.) Lex. 8. Leipzig (908). R. Voigtländer. Geb. in Leinw. 14. —

— Monographie d. Myristicaceen, s.a. Acta, nova, 68.

Monographie der Myristicaceen. Von Dr. O[tto] Warburg ... M. 25 Taf. Nr. 1—XXV. *Halle; (Leipzig: In Comm. b. W. Engelmann) 1897.* (4 Bl., 680 S., 25 Taf.) 1 Bd 4.
= Acta, Nova, Academiae Caes. Leopoldino-Carolinae Germ. naturae curiosorum. T. 68. [98. 2806 Ko

Warburg, O., Monsunia. Beiträge zur Kenntniss der Vegetation d. süd- u. ostasiat. Monsungebietes. 1. Bd. Fol. (VIII, 209 S. m. 11 Taf.) Leipzig 900. W. Engelmann. n. 40. —

Die Muskatnuss, ihre Geschichte, Botanik, Kultur, Handel u. Verwerthg, sowie ihre Verfälschgn u. Surrogate. Zugl. e. Beitr. z. Kulturgesch. d. Banda-Inseln v. Dr. O[tto] Warburg, Privatd. ... an d. Univ. Berlin ... M. 3 Heliogr., 4 lith. Taf., 1 Kt. u. 12 Abb. im Text. *Leipzig: W. Engelmann 1897.* (XII, 628 S., 7 Taf., 1 Kt.) 1 Bd 8. 97. 2632

— Pandanaceae. s.a. Pflanzenreich, das. 3. Hft.

Warburg, Otto: Pandanaceae mit 193 Einzelbild. in 22 Fig. von . Leipzig: W. Engelmann 1900. (97 S.) 8⁰ Pflanzenreich. H. 3. (IV, 9.)

Die aus den deutschen Kolonien exportirten Produkte und deren Verwerthung in der Industrie. Nach amtl. Statistiken u. Denkschriften, sowie nach Mittheilungen von Importeuren u. Fabrikanten. Von Dr. O[tto] Warburg, Lehrer am Oriental. Seminar. *Berlin: E. S. Mittler & Sohn 1896.* (32 S.) 8° [5.]
— Kolonialblatt, Deutsches. Jg. 7. No 10, Beil. 96. 13597

— Sabiaceae, s.: Engler, A., u. K. Prantl, d. natürl. Pflanzenfamilien, III, 5.

Warburg, Otto, Syrien als Wirtschafts- u. Kolonisationsgebiet, s.a. Schriften der deutsch-asiatischen Gesellschaft. 5. Heft.

Syrien als Wirtschafts- und Kolonisationsgebiet. Von Prof. Dr. O[tto] Warburg. Berlin: H. Paetel 1907. (36 S.) 8°
— Schriften d. Deutsch-Asiatischen Gesellschaft. H. 5. 07. 11415

— s.: Tropenpflanzer, der.

— Vegetationsbilder, s.: Meinecke, Gust., aus d. Lande d. Suaheli.

Warburg, Rudolf

Warburg, Daniel **Rudolphus:** Tentaminis historiae Elephantiasis pars prima. Fata morbi ad medium saeculum XIV usque adumbrans. Halae (1828): Gebauer. 63 S. 8°

Halle-Wittenberg, Med. Diss., nachgeliefert von dem am 31. Dez 1827 auf Thesen promovierten Verf.

[Beigedr.:] Dzondi, Carolus Henricus: Pathologiae systematis nervosi brevis adumbratio. (1828). vgl. Nr. 740

Geb. Altona (Holst.) bei Hamburg 17. 8. 1804. V.

Im Buchhandel 1827 bei Schwetschke in Halle.

***Warburg*, R., Tentaminis historiae elephantiasis Pars I. fata morbi ad medium saeculum XIV. usque adumbrans. Diss. inaug. antiquario-medica. 8maj. Halle 827. Schwetschke u. S. 4 gr**

Warburg, W. Br. v., Lord Russel. Trauerspiel in 5 Aufzügen. gr. 16. (IV und 140 S.) Berlin 858, Wagner. *

Warburg, W. G. Br., aus vergangenen Zeiten. Historische Novellen. 8. (265 S.) Berlin 864, Stilke und van Muyden.

Warburgs, Heinrich, Leben, nicht mehr und weniger als Roman, 2 Theile, mit 1 Kupf. 8. Frankfurt, 796. Behrens.

Warburton, E.

— die Ansiedler auf Darien, siehe: Lese-Cabinet, belletrist. 598—600. 634—639. Lfg.

Warburton, E., the crescent and the cross, siehe: Collection of British authors. Vol. 239. 240.

— Darien, siehe: Bibliothek, Europäische, 698—700. Bd.

— Darien, siehe: Collection of British authors. Vol. 252. 253.

Warburton, E., Reginald Hastings. Romantische Erzählung aus der Revolution des J. 164—. Aus dem Engl. übers. von H. Bertholdi. 3 Bde. 8. (728 S.) Leipzig 850, Kollmann. à Bd. 1 Thlr.

— Reginald Hastings. Romantische Erzählung aus der Revolution des Jahres 161—. Aus dem Englischen übersetzt von H. Bertholdi. 3 Bde. 8. (239. 262 u. 227 S.) Leipzig 851, Kollmann. (à 1 ß) 3 ß

Warburton, J., J. Whitelaw and Rob. Walsh, History of the City of Dublin from the earliest accounts to the present time etc. 2 vol. Mit Karten u. Planen u. Kupfrn. 4. London. 818. Rthlr.

Warburton, William

— krit. Abhandl. v. den Erdbeben u. Feuerflammen, wodurch des Kaisers Julians versuchter Tempelbau zu Jerusalem zernichtet worden. Aus d. Engl. übersezt v. Jh. Gbhrd Pfeil. 8. Gotha 754. Mevius. 10 gr

Warburton, W. Grundlehren der Religion: a. d. Engl. . . . Hof u. Leipzig 1760. Ü: *Schmidt, Joh. Chn.* (Ky)

— Grundlehren der Religion; aus d. Engl. mit Anmerkk. (von J. Chr. Schmid.). gr. 8. Hof u. Leipz. 760. Vierling. 1 ß 4 gr

— les pensées de Pope, avec un abrégé de sa vie, un extrait de l'Anglais. 8. Dresd. 791. (Levrault in Strassb.) 10 gr

— s. Alex. Pope, sämmtl. Werke.

Warburton, William. Göttliche Sendung Mosis . . . Frankf. u. Leipz. 1751—53. Ü: *Schmidt, Joh. Chn.* (Ky)

— göttl. Sendung Mosis, aus den Grundsätzen der Deisten bewiesen. 3 Thle. (1r Thl. ins Deutsche übers. mit Anmerkk. v. J. Chr. Schmidt. 2r u. 3r Thl. von ...) 8. Frankf. u. Leipz. (Bayr. u. Hof) 751—53. Vierling. 3 ß 4 gr

Warburton, W., üb. Julian's versuchten Tempelbau. deutsch von J. G. Pfeil. Gotha 1755. 8.

Warburton, Wlh., Unterricht von der Natur u. d. Endzweck des heil. Abendmahls; aus d. Engl. (v. S. W. Turner). 8. Danzig 768. (Jacobäer in Leipz.) 10 gr

Warburton, W. Vernünftiger Unterricht von der Natur und dem Endzwecke des heil. Abenmahls; a. d. Engl. Danzig 1768. Ü: *Turner, Samuel Wilhelm.* (MGT) (Ky)

Wärchtig: Füre Wärchtig
v. Oberländisches Volksblatt.

War Correspondence, the, of the „Daily News" 1877, s.a. **Collection of British Authors.**

The War Correspondence of the „Daily News". 3 v. (335, 335, 302) 8. Leipzig 1878.

Ward, Maria, u. das Institut der engländ. Fräulein in Augsburg, seit seiner Entstehung bis auf unsere Zeiten. 8. Augsb. 829. Doll. (Landsh., Krüll). 5 K

Ward, Maria, u. das Institut d. engländ. Fräulein in Augsburg, seit seiner Entstehung bis auf uns. Zeiten. 8. (5½ B.) Augsburg 829, N. Doll. (Regensburg, Manz.)

Ward, Mrs. Marschall, Claus Spencer u. Waddles. Zwei Erzählgn. f. Eltern u. Kinder. Aus dem Engl. v. **Conradine Thaetz.** 8. (88 S. m. 2 Holzschntaf.) Drossen 872. Knuth. 1. 50

Urtheil im Englischen Parlament (Consul **Ward** in seiner Denkschrift an Lord Russel) über die Streitfrage zwischen Deutschland und Dänemark. Auszug aus dem Blaubuche. (Preetz.) [1864?] 8°.

Ward, Adolphus William, Gross-Britannien u. Hannover. Betrachtungen über die Personalunion. Vorlesungen, geh. an der Universität zu Oxford. Berechtigte Uebersetzg. v. Kaethe Woltereck. (VI, 241 S.) 8. Hannover 906. Hahn. n. 4. —

Ward, Artemus, s. Asher's Continental Library.

—— Auswahl aus seinen Schriften, s. Humoristen, amerikanische.

Ward, Artemus, his Book, his Travels, s. Asher's Collection of English Authors.

Ward, Duren J. H.: How Religion arises: a psychological study
Boston, Geo. H. Ellis, 1888; 71 S.; 1 Bl. 8°
Leipzig, Phil. Fak., Inaug.-Diss. v. 12. Mai 1888

Ward, E. C., neue Mond-Tafeln zur Berichtigung der scheinbaren Distanz des Mondes von der Sonne, einem Fixstern oder Planeten hinsichtl. der Refraction und Parallaxe mit Regeln, Beispielen und Anweisungen zur Observirung der Mond-Distanz, nebst Bemerkungen über den Sextanten, und einer neuen Methode, die Breite auf See aus zwei Höhen und nach dem Haupt-Fixstern zu finden, mit dazu gehörigen Tabellen. In's Deutsche übertragen von E. F. J. Huwald. hoch 4. (45 S.) Hamburg 857, Schotte. (Leipzig, Gerhard.) geb. *

Ward, Frank G(ibson): **Darstellung und Würdigung der Ansichten Luthers vom Staate und seinen wirtschaftlichen Aufgaben.** *Halle a. S. 1898: (Lippert & Co., Naumburg a. S.).* (43 S.) 8° ¶(Erscheint vollst. als Bd 21 d. Sammlung nationalökonom. u. statist. Abhandlungen d. staatswiss. Seminars zu Halle a. d. S.)
Halle, Phil. Diss. v. 1898

Ward, Frank G., Darstellg. u. Würdigg. d. Ansichten Luthers v. Staat u. s. wirtschaftlichen Aufgaben, s.a. **Sammlung** nationalökonom. u. statist. Abhandlgn., Bd. 21.

Darstellung und Würdigung der Ansichten Luthers vom Staat und seinen wirtschaftlichen Aufgaben. Von Frank G. **Ward.** *Jena: G. Fischer 1898.* (2 Bl., 101 S.) 8.
= **Sammlung** nationalökon. u. statist. Abhandlungen d. staatswiss. Seminars zu Halle. Bd 21. [y8. 10891

Ward, H. G., gedrängtes Gemälde d. Zustandes v. Mexiko im J. 1827. Am umständlichsten im Bergwerkswesen u. in Beziehung auf d. Interessen d. deutschen Handels nach Mexiko u. deutscher Actionaire in d. mexikan. Bergwerken u. deren Hoffnungen, übertragen mit Anmerkn. u. Vorw. v. F. A. Rüder. gr. 8. (11½ B.) Leipzig 828, [Lehnhold.]

—— Mexico im Jahre 1827, s. Bibliothek, neue, d. wichtigsten Reisebeschreibungen, 49. Bd.

Ward, H. Snowden, das ABC der Theosophie. Aus dem Engl. übers. v. Jul. Sponheimer. 12. (29 S.) Leipzig 894. W. Friedrich. n. — 50

Ward, Herbert, fünf Jahre unter den Stämmen d. Kongo-Staates. Deutsch von H. v. Wobeser. Mit Abbildgn. nach Zeichngn. v. H. Ward, V. Perard u. W. B. Davis. Vom Verf. genehmigte Übersetzg. gr. 8. (XIX, 211 S.) Leipzig 891. C. F. Amelang. n. 7. 50; geb. in Leinw. n. 9. —

Ward, Ida Caroline: Handbook of the English intonation, s. Armstrong, Lilias Eveline

Ward, Lester Frank

Ward, L. F., Soziologie v. Heute. (Uebersetzung aus dem Engl.) (IV, 84 S.) **gr. 8. Innsbruck 904. Wagner.** n. 2. 20

Ward, Lester F., reine Soziologie. Eine Abhandlg. üb. den Ursprung u. die spontane Entwicklg. der Gesellschaft. Aus dem Engl. übers. v. J. V. Unger. 2 Bde. (XVI, 362 S. u. VI u. S. 363—717.) gr. 8. Innsbruck 907.09. Wagner. à 7. 20

Ward, Mary Augusta

Ward, Mrs. Humphry, Miss Bretherton, s.a. **Collection of British authors.**

Miss Bretherton. By Mrs. Humphry Ward [d. i. Mary Augusta **Ward**]. Copyright ed. Leipzig: Tauchnitz 1892. 287 S. 8°
(Collection of British authors. Tauchnitz Ed. Vol. 2838). [n 7898

Ward, Mrs. Humphry, canadian born, s.a. **Collection of British authors.**

Canadian born. By Mrs. Humphry Ward [d. i. Mary Augusta **Ward**]. Copyright ed. Leipzig: Tauchnitz 1910. 288 S. 8°
(Collection of British authors. Tauchnitz Ed. Vol. 4185.) [11. 8897

Ward, Mrs. Humphry, Fenwick's career, s.a. **Collection of British authors.**

Feenwick's Career. By Mrs. Humphrey Ward [d. i. Mary Augusta **Ward**]. Copyright ed. In 2 vol. Vol. 1. 2. Leipzig: Tauchnitz 1906. 8°
(Collection of British authors. Tauchnitz Ed. Vol. 3893/4.) [11. 8668

— **Daphne,** s.: **Engelhorn's** allgemeine Roman-Bibliothek.

— **Daphne; or, „Marriage à la mode",** s.a. **Collection of Brithish authors.**

Daphne or 'Marriage à la mode.' By Mrs. Humphry Ward [d. i. Mary Augusta **Ward**]. Copyright ed. Leipzig: Tauchnitz 1909. 295 S. 8°
(Collection of British authors. Tauchnitz Ed. Vol. 4125.) [11. 8843

— **Lady Rose's daugther,** s.a. **Collection of British authors.**

Lady Rose's daughter. By Mrs. Humphry **Ward**. Copyright ed. In 2 vols. Vol. 1. 2. *Leipzig: B. Tauchnitz 1903.* 2 Bde 8°
(Collection of Brit. authors. Tauchnitz Ed. Vol. 3613/4.) [04. 6316 10

Ward, Mrs. Humphry, Eleanor, s.a. **Collection of British authors.**

Eleanor. By Mrs. Humphry **Ward**. Copyright ed. In 2 vols. Vol. 1. 2. *Leipzig: B. Tauchnitz 1900.* 2 Bde 8°
(Collection of Brit. Authors. Tauchnitz Ed. Vol. 3467. 3468.) [04. 6749 10

Ward, Mrs. H., Robert Elsmere, s.a. **Collection of British Authors.**

—— Robert Elsmere. Mit Autoris. der Verf., deutsch von Therese Leo. 2 Bde. gr. 8. (VIII, 690; V, 598 S.) Berl. 889, Schorer. * 12 —; einfach geb. * 13 50; eleg. geb. * 15 —

— **Robert Elsmere. Mit Autoris. der Verf. deutsch v. Therese Leo. 2 Bde. 2. (Titel-)Aufl. 8. (VIII, 690 u. V, 598 S.) Berlin 894. Leipzig, P. List.** n. 12. —; geb. n.n. 13. 50; eleg. geb. n. 15. —

Ward, Humphry, Helbeck of Bannisdale, s.a. **Collection of British authors.**

Helbeck of Bannisdale. By Mrs. Humphry Ward [d. i. Mary Augusta **Ward**]. Copyright ed. In 2 vol. Vol. 1. 2. Leipzig: Tauchnitz 1898. 8°
(Collection of British authors. Tauchnitz Ed. Vol 3297/8.) [11. 8223

— The history of **David Grieve,** s.a. **Collection of British authors.**

The History of David Grieve. By Mrs. Humphry Ward [d. i. Mary Augusta **Ward**]. Copyright ed. In 3 vol. Vol. 1-3. Leipzig: Tauchnitz 1892. 8°
(Collection of British authors. Tauchnitz Ed. Vol. 2805–07.) [11. 7873

—— Lazare komm heraus, s. Phelps, El. St.

— **Liebe um Liebe, s.: Phelps, El. St.**

Ward, Mary Augusta: Diana Mallory, s.a. Collection of British authors.

Diana Mallory. By Mrs. Humphry Ward [d. i. Mary Augusta **Ward**]. Copyright ed. In 2 vol. Vol. 1. 2. Leipzig: Tauchnitz 1908. 8°
(Collection of British authors. Tauchnitz Ed. Vol 4075/7.) [11. 8868

— **Marcella,** s.a. Collection of British authors.

Marcella. By Mrs. Humphry Ward [d. i. Mary Augusta **Ward**]. Copyright ed. In 3 vol. Vol. 1-3. Leipzig: Tauchnitz 1894. 8°
(Collection of British authors. Tauchnitz Ed. Vol. 2980–82.) [11. 8004

Ward, Humphry, Marcella. Roman. Mit Autoris. d. Verf. deutsch v. E. Gottheiner. 3 Bde. 8. (289, 329 u. 304 S.) Leipzig 896. P. List. n. 9. —; in 2 Bde. geb. n. 12. —

— **the marriage of William Ashe,** s.a. **Collection of British authors.**

The marriage of William Ashe. By Mrs. Humphry **Ward**. In 2 vols. Vol. 1. 2. Leipzig: B. Tauchnitz 1905. 2 Bde 8°
(Collection of British authors. Tauchnitz Ed. Vol. 3803. 3804.) [05. 9156 10

Ward, Mrs. Humphrey: Milly and Olly or a holiday among the mountains. s. Unwin's library.

— **the story of Bessie Costrell,** s.a. **Collection of British authors.**

The Story of Bessie Costrell. By Mrs. Humphry Ward [d. i. Mary Augusta **Ward**]. Copyright ed. Leipzig: Tauchnitz 1895. 222 S. 8°
(Collection of British authors. Tauchnitz Ed. Vol. 3076.) [11. 8078

— **Sir George Tressady,** s.a. **Collection of British authors.**

Sir George Tressady. By Mrs. Humphry Ward [d. i. Mary Augusta **Ward**]. Copyright ed. In 2 vol. Vol. 1. 2. Leipzig: Tauchnitz 1890. 8°
(Collection of British authors. Tauchnitz Ed. Vol. 3106/7.) [11. 8138

— **George Tressady. Roman. Mit Autoris. der Verf. deutsch v. E. Gottheiner. 2 Bde. 8. (342 u. 387 S.) Leipzig 899. P. List.** n. 7. —; geb. n. 9. —

Ward, Richard E. 1893 [Pseud.]
s.a. **Stinde, Julius.** [11. 11196

Ward, Rich. E., Geschichten v. Drüben. Aus dem amerikan. Leben. 8. (V, 168 S.) Berlin 893. Freund & Jeckel. n. 2. —

(Ward, Robert Plumer)

Tremaine. Vom Verfasser des de Vere. Aus dem Engl. von H. Roberts. Th. 1-3.
Leipzig: Weber 1838. 8°

Sergius Baturin. Bilder aus d. russ. Leben d. neueren Zeit. [Verf.: Elisabeth **Ward** de Charrière.] Aus d. Franz. übertr. von M[arie] v. K[raut]. Mit e. Vorw. von Konsist. R. D. (Hermann) Dalton. Halle a. S.: J. Fricke 1894. (V, 288 S.) 8° [05. 2499

Warda, Wolfgang [app. Arzt aus Löbau '(Westpr.)']: Aus d. psychiatr. Klinik '(Prof. Binswanger)' zu Jena. Über die sensiblen und sensorischen Störungen bei der traumatischen Pschychoneurose [!] ... Jena, G. Neuenhahn Univ.-Buchdr., 1892; 53 S. 8.
Jena, Med. Fak., Inaug.-Diss. v. [20. Apr.] 1892

Wardale, Edith Elizabeth, '(St. Hugh's Hall, Oxford)': Darstellung des Lautstandes in den Psalmen Notkers nach der S. Galler Hs. [Englisch geschrieben]. (Hertford S. Austin & Sons Pr. 1893.). VIII. 66 S., 1 Bl. 8°.
Zürich, Phil. Diss. [v. 5. Sept. 1893].

Sawles **Warde**. Krit. Textausg. auf Grund aller Handschriften mit Einl., Anm. u. Glossar von Dr. Wilhelm Wagner. Bonn: P. Hanstein 1908. (LXXIII, 107 S.) 8° [08. 11313 2

Warden, W., statist.-polit. u. histor. Beschreib. d. vereinigten Staaten v. Nordamerika. Nach d. Engl. frei übers. v. J. G. F. Cannabich. gr. 8. Ilmenau 824. Voigt. 2 ₰

Warden, D. B., Déscription statistique, historique et politique des états-unis de l'Amerique septentrionale, depuis l'époque des premiers établissemens jusqu'à nos jours. Edition traduite sur celle d'Angleterre, ornée d'une Carte nouvelle et générale des états-unis, d'un plan du district de Columbia et d'une vue du Capitole. 5 vol. Paris. 820. 1

Warden, Florence, Fräulein Davison, s.: Kriminal-Romane aller Nationen.

— The dazzling Miss Davison, s.: Unwin's library.

— Die echte Frau Daybrook, s.: Universal-Bibliothek.

Warden, Florence, das Gasthaus am Strande, s.: Engelhorn's allgemeine Roman-Bibliothek. XIX, 25. 26.

— a young girl, s. Library, The English

Warden, Florence, das Haus am Moor, s.a. Engelhorn's Romanbibliothek.

Warden, Florence, das Haus im Moor. Roman. Aus dem Engl. 2 Bde. 8. (183 u. 180 S.) Basel 886. Bernheim. à n. 1. 50

— the mis-rule of three. (VIII, 308 S.) 8. London u. Leipzig 904. T. F. Unwin. 1. 50

— a passage through Bohemia, s.: Library, the English.

— Ralph Ryder of Brent, s.: Library, the English.

— Sea-Mew abbey, s.: Library, the English.

— a shock to society and Missing s.: Library, the English.

— pretty Miss Smith, s.: Library, the English.

— Der Unglücksschmuck, s.: Kriminal-Romane aller Nationen.

Warden, Thdr., 10 Jahre u. 1 Tag. Phantasieen in Dramenform üb. das Ende der Welt. 1. Buch. Aus dem Jenseits zurück. Ein Vorspiel u. 3 Aufzüge. (191 S.) 8. Straßburg 910. J. Singer. 2. 50

Warden, Will., Napoleon Bonaparte auf St. Helena, od. Briefe geschrieben am Bord d. brittischen Linienschiffs Northumberland u. aus St. Helena rc. Aus d. Engl. 2e Aufl. 8. Frankf. a. M. 817. Brönner. 20 gr.

— Lettres written on board His Majest. ship de Northumberland, ant at Saint Helena, in which the conduct and conversat. of Napoleon Buonaparte and his suite, during the Voyage, and the first Months of his residence in that Island, are saithfully described und velared. 8. Aachen 817. Mayer. 1 ℔

Wardenberg [Schlagwort]

Wardenberg, s.: **Preussen. Messtischblätter.**

Wardenberg [Verfasser]

(Wardenberg, Friedr. Wilh. Carl:) Geschichte der deutschen evangelischen St. Marien-Schule (gegr. 1708 im Savoy Palast) Cleveland Street Fitzroy Square, London, W. Ldn '08. 49 S. [Umschlagt.:] 200 Jahre dt. Schule in London. 1708—1908.

Wardenberg, Friedr[ich] W[ilhelm] Carl: Geschichte der dt. evangel. St. Marien-Schule (gegr. 1708 im Savoy-Palast) Cleveland Street Fitzroy Square, London W. — London 1908: Detloff. 49 S.

Wardenberg, J. H.: Diss. de morbis animi . . . , s. Alberti, M. [Praes.]

Wardenburg, C. v., die officiell u. nicht officiell aufgestellten Rassezeichen f. Hunde. 8. (VI, 49 S.) Hamburg 888. O. Meißner's Verl. n. 1. —

Wardenburg, F. v., die Delegation der freiwilligen Krankenpflege in Corbeil während d. deutsch-französischen Kriegs. gr. 8. (94 S.) Jena 886. Fischer. n. 2. —

Wardenburg, Georg (Übers.u.Comm.):

s.: Desault, P(ierre) J(oseph): Chirurgischer Nachlaß. (Oeuvres chirurgicales, ou exposé de la doctrine et de la pratique... Ed.par (François Marie) Xavier Bichat. Dt.) Bd 1 - 2. Göttingen: 1800

JB 3.290

Wardenburg, H., Pauca Ciceronis et Virgilii loca critice tentata vel illustrata. Ling. 799. 4.

Wardenburg, Jakob Georg Adam

— Bemerkung über die Vortragung d. gerichtl. Arzneikunde. 8. Götting. 799.

Wardenburg, Jak. Geo. Adm., († d. 20. März 1801.) Briefe e. Arztes, geschrieben zu Paris u. bei d. französ. Armeen 1796, 97, für Aerzte u. Statisten. 2 Bde. 8. Götting. 798—803. (Deuerlich). 2 ℔ 16 gr.

— s. J. P. Desault, chirurg. Nachlaß.

(v. Wardenburg.) Leben des Grossherzogl. Oldenburgischen General-Majors W. G. F. v. Wardenburg, Commandeur des Grossherzogl. Oldenburgischen Truppencorps und der 3. Brigade der 2. Division des 10. Bundes-Armee-Corps. Von einem Bruder des Verstorbenen. (19 B.) 8. Oldenburg 1842. 4,00.

— dissert. inaug. med. de cataractae extrahendae methodo nova. 4. Götting. 792. Dieterich. 2 gr.

— vorläufige Nachr. über das, neuerlich durch mich errichtete medicin.-chirurg. Privatklinikum. 8. Götting. 800.

— Neuigkeiten aus d. Staar-Operation, mit Kpf. 1r Bd. 1s Stck. 8. Götting. 801. Dieterich. 12 gr.

— von den verschied. Verbandarten z. Wiedervereinigung getrennter Achillis-Sehnen u. den Mitteln, sie zu vervollkommnen. 8. Götting. 793. Dieterich. 4 gr.

Wardenburg, Johann Heinrich (Oldenburg) A. S. 1278/2

Dissertatio inauguralis medica, de morbis animi ex anomaliis haemorrhagicis. Präs. Michael Alberti. Halle (Henckel) V. 1719. 46 S.

W. v.: Präs. 35816

Wardengg, s.: Gratzy Edler v. Wardengg.

Warder J.: Wehr- u. wahrhafte Amazonen, od. die Monarchie d. Bienen ... Diesem ist noch beygefüget eine curieuse Piece v. den Bienen [v. Marald]. Aus d. Engl. u. Franz. ... übers. Hanover [1718]. 350 S.

Wardi, H., Serbien in seinen politischen Beziehungen, insbesondere zu Rußland. Ein historisches Essay. gr. 8. (95 S.) Leipzig 877. Barth. n. 2. —

Wardlaw, Ralph, über den Ursprung und die allgem. Verpflichtung zur Feier des Tags des Herrn. Ein Wort an unsere Zeit. 8. (38 S.) Basel 848, Bahnmaier's Buchh.

Wardow, E., Bilder aus der Märchenwelt. Zeichnungen von F. Kolb. br. 8. (VII und 416 S. mit 6 ill. Stnt.) Hannover 862, Rümpler. cart. 1 !

Wardow, E., Krystalle. Neue Erzählungen und Märchen für die Jugend. br. 8. (VII und 215 S. mit Illustr., 5 Holzschnt. in Tondr.) München 861, Weiß.

Wardrop, James

Wardrop, J., über die Aneurismen, s. Handbibliothek, chirurg., 11. Bd.

James Wardrop's [Observations on fungus haematodes. Deutsch:] Beobachtungen über den fungus haematodes oder den weichen Krebs in verschiedenen der wichtigsten Organe des menschlichen Körpers nebst e. vergleichenden Ansicht des Baues des fungus haematodes und des Krebses. ... Aus d. Engl. übers. von Carl Gottlob Kühn. Leipzig: Baumgärtner 1817. VIII, 190 S. 8°

Wardrop, über Blutentziehungen in Krankheiten, s. Bibliothek von Vorlesungen rc., über Medicin. 14r Bd.

Wardrop, Jam., u. H. Clutterbuck, üb. die Regeln etc. u. Blutentziehungen, Vorlesungen, s. Bibliothek von Vorlesungen üb. Medizin, Bd. XIV.

Wardt, Duren J. H., how religion arises: a psychological study. Diss. Leipzig 1888, Gustav Fock. 8°. 74 S.

(Ware, H.,) Lebens- u. Charakterschilderungen z. Beförderung d. Christenthums, s. Lebens- u. Charakterschilderungen.

Ware, Jak., chirurg. Beobachtt. üb. d. Auge, nebst Anhang über die Einbringung d. Mannskatheders u. Behandl. d. Hämorrhoiden; aus d. Engl. von Jh. Geo. Runde, mit e. Vorr. u. Anmerkk. v. K. Himly. 2 Bde., mit 2 Kpf. gr. 8. Götting. 809. Dieterich. 2 ℔

— üb. die Ursachen des Mißlingens d. Ausziehung d. Staars, nebst prakt. Bemerkk. über verschiedene Augenkrankheiten. Aus dem Engl. mit Anmerkk. v. J. K. F. Leune. 8. Leipz. 799. Linke. 14 ℊ

Wäre der Beitritt Badens zum Preussischen Zollverein wünschenswerth? ... Konstanz 1834. V: *Wessenberg, Ign. Heinrich Carl Freih. von.* (Ky)

Wäre der Beitritt Badens zum Preuß. Zollverein wünschenswerth? Von e. Badner, (J. H. v. Wessenberg.) 8. Konstanz 834. Glückher u. Gebhard. 5 ℊ — 2e Aufl. 834. 1 ℔

Wäre es nicht einmal Zeit, mit Ernst an die Verbesserungen der kathol. Landschulen zu denken? 8. Bresl. 798. W. G. Korn. 4 ℊ

— es nicht Zeit, dem Unwesen der afrikanischen Raubstaaten endlich ein Ziel zu setzen? Ein Wort zur Beherzigung an alle hierbei interessirte Mächte. 8. Berl. 828. Duncker u. H. 8 ℊ

Waren [Schlagwort]

Waren, s.: Deutschland. Kürschner-Pelp.

Waren [Sachliches OW]

Waren ...., s.a. Waaren ....

Waren. Ein Führer durch die Stadt u. ihre Umgebungen. Mit 3 Kärtchen. 16. (68 S.) Waren 888. Kaibel's Nachf. n. 1. —; geb. n. 1. 50; ohne Karten n. — 75

Waren u. Rohstoffe, die, der Farben- u. Lack-Industrie als Objekte des deutschen Aussenhandels. Wichtig f. die Ein- u. Ausfuhr v. Farben, Farbwaren u. Lacken, sowie deren Rohstoffe. (109 S.) 17×24,5 cm. Dresden 907. Berlin, Union, Zweigniederlassg. 1. 50

— — die, der Stroh- u. Filzhutbranche als Objekte des deutschen Aussen-Handels. Wichtig f. die Ein- u. Ausfuhr v. Stroh- u. Filzhutwaren u. deren Rohstoffen. Beilage zur Strohhut-Zeitg. (24 S.) 17×25 cm. Ebd. 907. nn — 75

Die 5 verschiedenen Zonen der Erde. Begleitschrift zu Prof. Dr. Waren's Zonenbilder (5 Aquarelle im Format 104 : 75) gez. von Hugo d'Alesi. *Berlin: G. Winckelmann 1903.* (8 S.) 8° [Umschlagt.: J.]

Waren's Zonenbilder, gezeichnet v. Hugo d'Alési. 5 Bl. je 69×99,5 cm. Farbdr. Berlin 903. G. Winckelmann & Peters'sche Buchh. Auf Leinw. n.n. 16. 50; m. Oesen n.n. 17. 50; m. Stäben n.n. 22. 50; einzelne Blatt n.n. 3. 30; bezw. n.n. 3. 50 u. n.n. 4. 50; Begleitschrift. (8 S. m. Abbildgn.) n. — 20
Aegypten. — Grönland. — Italien. — Kongo. — Russland.

Waren-Agent, der. Organ des Centralverbandes deutscher Handlungsagenten-Vereine zur Wahrg. u. Förderg. der wirtschaftl. u. rechtl. Interessen der Mitglieder der deutschen Agenten-Vereine. Red.: Curt Podewils. 2.—4. Jahrg. 1904—1906. à 52 Nrn. (IV, 416, IV, 420 u. IV, 412 S.) gr. 4. Berlin, C. Heymann. à Jhrg. n. 4. —

Waren-Agent, der. Zeitschrift f. das gesamte Agenturgewerbe. Hrsg. vom Centralverbande deutsch. Handlungsagenten-Vereine. Red.: Kurt Podewils. 7. Jahrg. 1909. 52 Nrn. (à ca. 8 S.) 31,5×23,5 cm. Berlin (Georgenstr. 44), Centralverband deutscher Handlungsagenten-Vereine.
Nicht durch den Buchhandel zu beziehen. nnn 4. —

Warenberechnungen, Hamburgische, oder Sammlung richtiger und ausführlicher Calkulationen ... 2. Aufl. Hamburg 1782. V: *Engelbrecht, Joh. Andr.* (Schedel, Handb. d. Litt. f. Kaufleute. Leipz. 1796. S. 92.)

W. Warenberg, Die Rechtsverhältnisse im Staatsschuldenwesen des Königr. Hannover. Bremen 1859.

Warenbewegung in den österreichischen Häfen 1890 bis 1908 m. besond. Berücksicht. des Warenverkehres v. Triest. Für das vom ständ. Verkehrs- u. Tarif-Ausschusse des Industrierates zur Vorberatg. der Anträge betr. den Seeverkehr eingesetzte Subkomitee bearb. vom Seedepartement im k. k. Handelsministerium. (XXIII, 1109 S.) Lex.-8. Wien 904. (Hof- u. Staatsdruckerei.) n.n. 80.—

Warenbezeichnungen. Gesetz v. 12.5.94. (Gareis, Rges. 179) Giessen 1894

Warendorf [Schlagwort]

Warendorf, s.: **Deutschland. Karte.** (Abt. Preussen.)

s. Münster.

s. Westfalen. Grundkarte.

s. Westfalen. Wegekarte.

Warendorf [Verfasser]

Warendorf, F. v.: **Konversationsbücher**, s.: **Connor, James.**

Warendorff, Johann Christoph von (Holst.) A.S. 766/50

Disputatio juridica, de singularibus quibusdam obstagii juribus. Präs. Samuel Reyher. Kiel (Reuther) 17. V. 1709. 18 S. 35817

Waren-Ein- und Ausfuhr und Niederlage. Verkehr des deutschen Zollgebietes im 4. Quartal des Jahres 1874 und 75. 4° (Berlin 1876)

Wareneinfuhrliste, Hamburg-Altonaer. Jahrg. 1852. 2 Bde schmfol. Hamburg 1852

Waren-Fabrikaten- und Maschinen-Preis- und Beziehungsliste, allgemeine, von und für Deutschland. Mit Angabe der Preise und Namen der vorzüglichsten Erzeuger oder Versender. 4. (108 S.) Nürnberg 850, Leuchs und Comp.

Warenhäuser, Berliner. Berliner Grossstadtdokumente. Berlin 1908. V: *Colze (= Rosenberg), Leo.* (Brü I³, 433)

Aus den Warenhäusern beider Welten. Die Organisation d. grössten Berliner, Pariser u. Amerikan. Warenhäuser. 3. verb. Aufl. d. Buches: Was können wir von d. Warenhäusern lernen? Berlin: L. Schottlaender & Co. [1908]. (236 S.) 8°

Warenhaussteuergesetz vom 14. VIII. 1910. Besitzveränderungsabgabensteuergesetz vom 14. VIII. 1910 m. Vollzugsvorschriften vom 15. VIII. 1910. — Hundeabgabensteuergesetz vom 14. VIII. 1910. Je m. Einleitg. u. Sachregister. (83 S.) kl.8. Nürnberg (910). U. E. Sebald. — 50

Warenhaus-Umsatzsteuer, die, zum Schutz d. Kleinhandels u. Kleingewerbes. Denkschrift, nebst e. Vorschlage f. e. Umsatzsteuer, die der gesunden Entwicklung des Detailhandels keinen Abbruch thut. Hrsg. v. Bund der Handel- u. Gewerbetreibenden zu Berlin. gr. 8. (III, 67 S.) Berlin 899. Thormann & Goetsch. n. —60

Warenkunde, die. Zeitschrift f. Handel, Industrie u. Gewerbe. Hrsg. in Verbindg. m. hervorrag. Gelehrten u. Praktikern v. Alb. Stange. 1. Jahrg. Oktbr. bis Dezbr. 1905. 3 Nrn. (à ca. 64 S.) Lex.-8. Wangen, P. Kluge. n. 3.—; einz. Nrn. 1.30

Warenkunde, allgemeine. Redigiert von J Bersch. (949 S) Wien (1896)

—— Reginald Hastings, s. Lese-Cabinet, belletristisches.

Warenkunde, Nürnberger, s.a. Waaren-Kunde.

Warenkunde, nürnberger. Vollständiges Preis-Verzeichniss aller im nürnberger Warenhandel vorkommenden Waren mit Angabe der Sorten, Grössen, Preise, Nummerirungen und Abbildung der Fussmasse. 3 Abthlgn. (Gemischte Waren. — Waren von Metall. — Kinderspielwaren, Bilder und Jugendschriften.) gr. 8. (116 S. mit 1 Stnt. in qu. Fol.) Nürnberg 854, Leuchs und Comp.

Warenlager, G. C. Bohns, oder des wohleingerichteten Kaufmanns dritter Theil . . . Hamburg 1788. V: *Norrmann, Gerhard Philipp Heinrich.* (wö)

Waren-Lexicon, praktisches. Enthaltend alle Waren, die im Handel vorkommen, mit Angabe ihrer Preise und den Namen der Fabrikanten oder Versender. Zugleich Nachtrag zu Leuchs Waren-Lexikon und zu jedem andern. Nürnberg 857. Leuchs u. Co. 4. (98 S.) 12 ngr.

Waren-Makler- u. Waren-Agenten-Ordnung nebst Gebuhrentaxe. 4° Bremen 1849

Warens, der Frau von, und des Claude Anets, Geschichte, zur Vertheidigung gegen Rousseaus Bekenntnisse, 8. Gießen, 786. Krieger. 12 ggl.

Warens, der Frau von, und des Claude Anets, Gesch. zur Vertheidigung gegen Rousseaus Bekenntnisse. 8. Marburg, Krieger. 786. — 8

de Warens, Madame, s. *Mémoires.*

Waren-Usancen, die neuen, der Budapester Börse vom J. 1905. Aus dem ungar. Original übers. u. m. e. Vorwort versehen v. Aug. Félegyházy. 1. Heft. (V, 82 S.) kl. 8. Budapest 905. Grill. n. 1.—

Warenverkehr üb. d. Grenze zwischen Deutschl. u. d. Schweiz i. 1875-77. 4° Bern 1879

— d. deutschen Zollgebietes mit d. Auslande in den Jahren 1880-82. 85. 4° Berlin 1881-86

Warenverzeichnis, alphabet., zum österreichisch-ungarischen Zolltarif. Wien 1878

Warenverzeichnis, amtliches, zum Vereinszolltarif v. 1864. 65. 70. Berlin 1864. 65. 70

Waren-Verzeichnis, amtliches, zum Zolltarif für die Grossherzogtümer Mecklenburg-Schwerin und Mecklenburg-Strelitz. Schwerin 1863

— amtl., z. Zolltarif von 1879 mit Nachtrag 1881, 1896 mit Nachtrag I-III. Berlin 1879-99

Warenverzeichnis, amtliches, zum Zolltarif vom 1. 1. 1896. 2.—5. Nachtrag. gr. 8. Berlin (R. v. Decker). n. —90
2. (15 S.) 898. —15. — 3. (36 S.) 899. n. —35. — 4. (15 S.) 900. n. —20. — 5. (15 S.) 902. n. —20.
Hauptwerk u. 1. Nachtr. Ebd. 895. 896. n. 2.40

— Amtliches, zum Zolltarif vom 1.1.1896. Nachtrag 4-6. Berlin 1900-04

— amtliches, zum Zolltarif vom 1. I. 1896. 6. Nachtrag. (11 S.) gr. 8. Ebd. 904. n. — 20
Hauptwerk u. 1.—5. Nachtr. Ebd. 895—902. 3. 30.

Warenverzeichnis, statistisches. 2. Nachtrag zu dem im J. 1899 hrsg. Warenverzeichnis. Gültig vom 1. IX. 1903 ab. (Bundesratsbeschluß vom 25. VI. 1903.) (1 S.) gr. 8. Berlin 903. (R. v. Decker.) — 10

(F) Statistisches Warenverzeichnis für den auswärtigen Handel des österreichisch-ungarischen Zollgebietes. Giltig vom 1. Januar 1901 an. Wien. 1900. Hof- und Staatsdruckerei Lex.-8°. 100 S. K 1.–

Warenverzeichnis, statistisches, f. den auswärtigen Handel des österreichisch-ungarischen Zollgebietes. Gültig vom 1. VII. 1906 an. (III, 343 S.) Lex.-8. Wien 906. (Hof- u. Staatsdruckerei.) n. 2. —

Warenverzeichnis, statistisches, mit den Tarasätzen, sowie Verzeichnis der Massengüter. 1884. 95-99. Mit Nachtrag 1-3 (1897-99) 4° Berlin 1884. 95-99

— statistisches, m. den im Zolltarif angegebenen oder vom kaiserl. statist. Amt festgesetzten Tarasätzen zur Berechng. des Nettogewichts, sowie Verzeichniß der Massengüter, auf welche die Bestimmg. im § 11 Absatz 2 Ziffer 3 des Gesetzes vom 20. VII. 1879, betr. die Statistik des Waarenverkehrs, Anwendg. findet, nebst e. Verzeichniß der Länder der Herkunft u. Bestimmg. Gültig v. 1. I. 1900 ab. gr. 8. (66 S.) Ebd. 899. n. — 60; geb. in Leinw. n. 1. 20; Nachtrag. Gültig v. 1. I. 1901 ab. (9 Bl.) 900. n. — 20

— statistisches, u. Verzeichniß der Massengüter, auf welche die Bestimmung im § 11 Absatz 2 Ziffer 3 des Gesetzes vom 20. VII. 1879, betr. die Statistik d. Waarenverkehrs, Anwendung findet. 3. Nachtrag. Gültig vom 1. I. 1899 ab. gr. 8. (7 S.) Ebd. 898. — 15
Hauptwerk m. 1. u. 2. Nachtr. 895—897. n. 1. 10.

— statistisches, u. Verzeichniss der Massenguter, auf welche die Bestimmung im § 11 Absatz 2 Ziffer 3 des Gesetzes vom 20. VII. 1879, betr. die Statistik des Warenverkehrs, Anwendung findet, vom J. 1899. Nachtrag. Gültig vom 1. I. 1901 ab. gr. 8. (9 Bl.) Ebd. 1900 —. 20

Warenverzeichnis, Statistisches

— dasselbe, nebst Anlage A: Verzeichnis derjenig. Waren, f. welche in den Verkehrsnachweisgn. I, IA, II, IIA, IV u. IVA die statist. Nummer u. zugleich die handelsübl. Benenng. einzutragen sind, Anlage B: Verzeichnis derjenigen Waren, welche nach anderen Maßstäben als nach Gewicht od. neben dem Gewicht auch nach anderen Maßstäben anzumelden sind, Anlage C: Verzeichnis derjenigen Waren, f. welche neben den Mengen der Wert anzumelden ist, sowie Verzeichnis der Massengüter, ferner Verzeichnis der Länder der Herkunft u. der Bestimmg. Für die Zeit vom 1. III. 1906 ab. (IX, 236 S.) 4. Berlin 906. (R. v. Decker.) n. 1. 80

Warenverzeichnis zum Zolltarife. Für d. Zeit v. 1. März 1906 ab. [Nebst] Nachtrag. Berlin: R. v. Decker 1906-08. 2 Bde 4°(8°) [F.] [08. 5353

Warenverzeichnis zum Zolltarife. Hrsg. vom Reichsschatzamte. 1. u. 2. Nachtrag. Lex. 8. Berlin, R. v. Decker. 1. 40
1. (37 Bl.) 906. – 60. — 2. (56 Bl.) 910. – 80.
Hauptwerk Ebd. 906. 7. –; geb. 8. –.

Warenzeichenblatt. Nebst Gratisbeilage: Blatt f. Patent-, Muster- u. Zeichenwesen. Hrsg. vom kaiserl. Patentamt. 6.—9. Jahrg. 1899—1902. à 12 Hfte. Lex.-8. (à ca. 6 Bog. m. Abbildgn.) Berlin, P. Stankiewicz. à Jahrg. n n. 20. —

— dasselbe. Gesammt-Inhalts-Verzeichniß 1894—1898. Lex.-8. (III, 179 S.) Ebd. 899. n. 6; —

Warenzeichenblatt. Nebst Gratisbeilage: Blatt f. Patent-, Muster- u. Zeichenwesen. Hrsg. vom kaiserl. Patentamt. 10.—13. Jahrg. 1903—1906. à 12 Hefte. (1906. 1. Heft. 217 S. m. Abbildgn.) Lex.-8. Berlin, P. Stankiewicz. 1903 u. 1904 à n.n. 20. —; 1905 u. 1906 à n.n. 25. —

Warenzeichenblatt. Nebst Gratisbeilage: Blatt f. Patent-, Muster- u. Zeichenwesen. Hrsg. vom kaiserl. Patentamt. 14.—17. Jahrg. 1907—1910. à 12 Hefte. (à ca. 200 S. m. Abbildgn.) Lex. 8. Berlin, P. Stankiewicz. à Jahrg. nn 25. —

Warenzeichen-Korrespondenz, Hoppe's. — Hoppe's Warenzeichen-Korrespondenz. Berlin: F. A. Hoppe 1897–(1901). 8°
Red.: F. A. Hoppe.

Warfelmann, Fritz: Die althochdeutschen Bezeichnungen für die Gefühle der Lust und der Unlust. Greifswald 1906: F. W. Kunike. (88 S.) 8°
Greifswald, Phil. Fak., Ref. Reifferscheid, Diss. v. 12. Febr. 1906
[Geb. 10. Nov. 82 Minden i. W.; Wohnort: Minden; Staatsangeh.: Preußen; Vorbildung: Gymn. Minden Reife O. 01; Studium: Greifswald 4, Marburg 2, Greifswald 3 S.; Rig. 2. Aug. 05.]

Warfelmann, H., Lack-Schrift-Schule in 3 Heft. 23×32 cm. Hannover 908. C. Meyer. à 1. 20
1. Lehrgang der Pinselschrift f. Anfänger. D. R. G. M. 1. u. 2. Aufl. (16 bezw. 9 Bl. m. 1 Bl. Text.)
2. 3. Moderne Schriften u. ihre Anwendg. f. Fortgeschrittene (7 Bl. m. 1 Bl. Text u. 8 Bl.)

— Übungsblock zur Lackschrift-Schule. A u. B. (Je 25 Bl.) 23×32,5 cm. Ebd. (908). à — 60

Waerferth's, Bischof v. Worcester, Übersetzung der Dialoge Gregors des Grossen üb. das Leben u. üb. die Wundertaten italienischer Väter u. üb. die Unsterblichkeit der Seelen, s. a. Bibliothek der angelsächsischen Prosa. V.

Bischofs Wærferth von Worcester Übersetzung der Dialoge Gregors des Grossen über das Leben und die Wunderthaten italienischer Väter u. über d. Unsterblichkeit d. Seelen. Aus d. Nachl. von Julius Zupitza hrsg. von Hans Hecht. (Abt. [1.] 2.) Leipzig: G. H. Wigand 1900-07. 2 Bde 8°
[1.] 1900. 2. Einleitung von H. Hecht. 1907.
⇐ Bibliothek d. angelsächs. Prosa. Bd 5, Abt. [1.] 2. [07. 13267

Warg, Christina, schwedisches Koch- u. Haushaltungsbuch, nebst einem Unterricht auf Seide, Wolle u. Leinen zu färben, zum Nutzen junger Frauenzimmer; aus d. Schwed. gr. 8. Leipz. ... 4e A. 805. (Knobloch). 1 ℔ 18 gr

Warg, Hans: Der ehemalige Vogts- und Hochgerichtsbezirk Regnitzland und das spätere Amt Hof bis zum Jahre 1502. Plauen i. V. 1910: Neupert. 146 S., 1 Kt. 8° ¶ (Aus: Mitteilungen d. Altertumsvereins zu Plauen i. V. Jahresschr. 21 auf 1911.)
Leipzig, Phil. Diss. v. 26. Okt. 1910, Ref. Seeliger, Brandenburg
[Geb. 24. Juli 86 Plauen i. V.; Wohnort: Plauen; Staatsangeh.: Sachsen; Vorbildung: Gymn. Plauen Reife O. 06; Studium: Jena 2, Leipzig 6 S.; Rig. 28. Juli 10.] [U 11. 3330

Warg, Jos., die bekehrte Schwiegermutter od.: Eine ungewöhnliche Vereinssitzung. s.: Lustspiele, turnerische.

Warg, Walter, a. Plauen: Das Reichsgebiet Regnitzland bis zu seiner endgültigen Erwerbung durch die Burggrafen von Zollern-Nürnberg (1160—1373). Kap. 1. Jena 1907: G. Neuenhahn. (41 S.) 8° ¶ (Erscheint später vollst.)
Jena, Phil. Fak., Ref. Cartellieri, Diss. v. 13. Dez. 1907
[Geb. 6. Nov. 83 Hohenstein-Ernsttal; Wohnort: Plauen; Staatsangeh.: Sachsen; Vorbildung: Gymn. Plauen (Vogtl.) Reife O. 03; Studium: Jena 3, Leipzig 2, Jena 3 S.; Rig. 29. Juni 07.]

Warg, Walt., das Reichsgebiet Regnitzland bis zu seiner endgültigen Erwerbung durch die Burggrafen von Zollern-Nürnberg. (1160—1173.) (88 S. m. 1 Karte.) gr. 8. Weida 910. (Hof, R. Lion.) nn 2. 50
Sonderabdruck aus: „Jahresbericht d. altertumsforsch. Ver. zu Hohenleuben".

Warga, Franz, der praktische Wegweiser. Ein pädagog. Jahrbuch für Volksschullehrer. 1. Jahrg. 1859—60. 8. (76 S.) Fünfkirchen 861, (Weidinger und Sohn.)

—— dass. — 2. Jahrg. 1860—61. 8. (104 S.) Ebendas. 861.

WARGA, PETER: Vergissmeinnicht, oder Sammlung jener moralischer Sprüche, Lieder und Gebether, in welchen die Kinder in der Kleinkinder Bewahranstalt der innern Stadt Pesth geübt werden. Nebst einer kurzer Geschichte dieser Anstalt herausgegeben von Peter Warga. Pesth 1839: Landerer. 30 S. 190 mm

Wargaftig, Gregorius, a. Brest-Lit. (Rußland): Der augenblickliche Stand der Lehre von der Herkunft, der Physiologie und Pathologie des Fruchtwassers. Emmendingen: Druck- u. Verlags-Ges. vorm. Dölter 1907. (37 S.) 8°
Freiburg i. B., Med. Fak., Ref. Krönig, Diss. v. 1908
[Geb. 16. Febr. 84 Brest-Lit.; Wohnort: Brest-Lit.; Staatsangeh.: Rußland; Vorbildung: Gymn. Homel Reife Juni 02; Studium: Königsberg 4, Dorpat 2, Königsberg 2, Freiburg i. B. 2 S.; Rig. 20. Dez. 07.]

Wargas, Chr., neues Marionettentheater, nach italien., span., franzöf. u. deutschen Originalen. 2 Thle. Mit Kpf. gr. 8. Augsb. 826. v. Jenisch u. St. 1 ℛß 8 𝒦

Wargemont, de, Oeuvres diverses. gr. 8. Berne, Haller 783.

Wargentin, J. E., s. Gruppen des Lebens.

Wargentin's, ..., schwedische Mortalitätstabelle, erweitert von Ferd. A. Muhlert. gr. 4. Götting. 806. Vandenhöck u. R. 6 𝒦

Wargowo [Schlagwort]

Warzowo, s.: Geologische Karten. Preussen. 88.

Warhanek, C., Conserven, Extracte u. Fleischwaaren, s: Ausstellungs-Bericht, officieller.

Warhanek, Wilhelm Friedrich

Warhanek: Beitrag zur Charakteristik der österr. Volkswirtschaft. 31 S. 8° Wien OR.L., Progr. 1865

Warhanek W. F.: Kleine Beiträge zur Charakteristik der österr.-ungarischen Volkswirtschaft. 46. Wien R. III. 75.
Progr.

Warhanek, Wilh. Friedr., Bemerkungen über den Gebrauch des Leitfadens für den geografischen Unterricht an Unterrealschulen. 1. Heft: Bemerkungen über den Gebrauch des 1. Bdchns. 8. (VIII und 38 S.) Wien 861, Sallmayer und Comp. *

—— und W. Zdobinsky, Bilder aus der allgemeinen Geschichte zur Belebung des geographischen Unterrichts. Neue Ausg. 3 Curse. 8. Wien 876, Graeser. In 1 Bd. *
Inhalt:
Cursus 1. Nach der gruppirenden Methode. (160 S.) * 80 Pf.
„ 2. Nach der chorographischen Methode. I. Abthl. (144 S.) * 60 Pf. II. Abthl. (96 S.) * 80 Pf.
„ 3. Nach der biographisch-chronologischen Methode. (160 S.) * 80 Pf.

— und Wilh. Zdobinsky, Geschichtsbilder zur Belebung des geografischen Unterrichts an Unterrealschulen. In 3 Kursen. Wien 858. Sallmayer u. Co. 8. (1. Kurs.: VII, 152 S. n. 14 *ngr.*; 2. Kurs. 1. Abth.: II, 139 S. n. 14 *ngr.*; 2. Abth.: 3 Bl., 110 S. n. 12 *ngr.*; 3. Kurs.: V, 158 S. n. 14 *ngr.*) n. 1 *ℛß.* 24 *ngr.*

—— kurzgefasste Heimatkunde von Niederösterreich. Zur Einführung in den ersten geograf. Unterricht bearb. gr. 8. (56 S. mit 2 lithogr. Karten in 4.) Wien 858, (Sallmayer und Comp.)
Aus dem „7. Programme der k. k. Oberrealschule auf der Landstrasse in Wien" besonders abgedruckt.

—— Lehrbuch der Erdbeschreibung für Mittelschulen. 1. Thl.: Allgemeine Erdbeschreibung. 8. (VII und 168 S. mit eingedr. Holzschn., Tabellen und 6 lithogr. Karten.) Wien 857, Sallmayer und Comp.

—— dass. — 2. Thl.: Besondere Erdbeschreibung. 1. Abthl. 8. (VI und 174 S. mit 4 lithogr. Landschaftsbildern.) Ebendas. 857.

—— dass. — 3. Thl.: Besondere Erdbeschreibung. 2. Abthl. 8. (VI und 256 S.) Ebendas. 858.

—— Lehrbuch der Geografie, Geschichte und Alterthumskunde für die oberen Klassen der Real-, Handels- und Gewerbeschulen. (In 3 Thln.) 1. Thl.: Die vorchristliche Welt. 1. Abthl.: Die Urwelt und der Orient. gr. 8. (XI und 256 S.) Wien 858, Seidel und Sohn.

—— Leitfaden für den geografischen Unterricht an Unterrealschulen. 1. und 2. Bdchn. 8. Wien 861. 62, Sallmayer und Comp. à Bdchn. * 14 Ngr.
Inhalt:
Bdchn. 1. Allgemeine Erdbeschreibung. (IV und 120 S. mit Illustr. in eingedr. Holzschn., 11 Taf. und Kärtchen in Holzschn.)
„ 2. Besondere Erdbeschreibung. 1. Abthl.: Mitteleuropa. (IV und 131 S. mit in den Text gedr. Illustr. in Holzschn.)

Warhanek, W. F., Leitfaden für den geografischen Unterricht an Unterrealschulen. 3. Bdchn.: Besondere Erdbeschreibung. 2. Abthl.: West-, Süd- und Osteuropa. Asien. Afrika. Amerika. Australien. Die Oceane. 8. (183 S. mit in den Text eingedr. Illustr.) Wien 863, Sallmayer und Comp. *

Warhanek, W. F., Leitfaden für den geografischen Unterricht an Oberrealschulen. gr. 8. (284 S.) Wien 868, Sallmayer und Comp. *

Warhanek, W. F., Leitfaden für den geografischen Unterricht an Oberrealschulen. Verb. Ausg. 8. (IV, 290 S.) Wien 876, [Sallmayer und Comp.] Graeser. cart. *

— St.-R. III.: Die Landstraßer O.-R. in ihrem 25-jährigen Bestande von W. F. Warhanek. 46. 1876.
Progr.

Warhanek, W. F., das Kaiserth. Oesterreich, s. Hausschatz, der große österreichische.

—— und Adolf Schmidl, das Kaiserth. Oesterreich, s. Schmidl, Adolf.

Warhanek: Die hohe Tatra. Eine physikalisch-geographische Skizze. 23 S. 8° Wien OR.L., Progr. 1857

Warhanek: Die staatsrechtlichen Verhältnisse Oesterreichs seit Ferdinand I. 38 S. 8° Wien, OR. L., Progr. 1861.

Warhanek W.: Josef Weiser †. 6. Wien R. III. 82
Progr.

WARHEITEN (sic!), Satyrische, in Gespräche eingekleidet; und aus dem Französischen übersetzet, von C. F. W. Berlin, bey George Ludewig Winter. 1768. 8°. (1/4 Rthl.)

Warin [Sachliches OW]

Warin, s.a. Fulko Fitz Warin.

WARIN, Fulko Fritz. — Das Volksbuch von Fulko Fritz Warin. Deutsch von Leo Jordan. (Romanische Meistererzähler. Hrsg. von F. S. Krauss. Bd. VII.) Leipzig 1905. Gr. 8°. (Br. Mk. 2.50, eleg. gebd. 3.50; Ganzldr. 4.50.) (2 Mk. 50 Pfg., br. O. Rauthe, Berlin, 1909.)

Warin, Regnauld. Figaros Leben und Abentheuer. Neue Aufl. O. O. 1807. Ü: *Brückner, Johann Jacob.* (MGT)

Warin [Schlagwort]

Warin, s. Deutschland. Kürschner-Pelp.

Waring. Edw. John, Hütten-Hospitäler, ihre Zwecke, ihre Vorzüge, ihre Einrichtung. Mit e. Nachtrag v. W. Mencke. Nebst e. lith. Taf. gr. 8. (VI, 58 S.) Berlin 872. Th. Enslin. n. 1. 50

Wäringer, Der letzte. Historische Novelle . . . Suhl [u. Leipzig] 1835. V: *Goedsche, Hermann Ottomar Friedrich.* (Nowack, Schles. Schriftst.-Lex. Breslau 1836—43. III, 39.)

Warkentin, Roderich, Heinrich v. Kleist in seinen Briefen. Ein Vortrag, geh. am 24. X. 1898 im historisch-philosoph. Verein zu Heidelberg. gr. 8. (47 S.) Heidelberg 900. C. Winter. n. — 80

Warkentin, *Hermann* Roderich [aus Königsberg i. Pr.]: Nachklänge der Sturm- und Drangperiode in Faustdichtungen des achtzehnten und neunzehnten Jahrhunderts . . . [Erschien vollst. als Heft 1 von: Forsch. z. neueren Litteraturgesch. hrsg. v. F. Muncker.] München, E. Franke, 1896; 2 Bl., 45 S. 8.
München, Phil. Fak., Inaug.-Diss. v. 1896

Warkentin, Roderich, Nachklänge d. Sturm- u. Drangperiode d. Faustdichtungen d. 18. u. 19. Jahrh., s. a. Forschungen zur neueren Litteraturgeschichte, I.

Nachklänge der Sturm- und Drangperiode in Faustdichtungen des achtzehnten und neunzehnten Jahrhunderts. Von Dr. Roderich Warkentin. *München: Franke & Haushalter 1896.* (VI S., 1 Bl., 101 S.) 1 Bd 8. = Forschungen z. neueren Litteraturgeschichte. (II.) 1. [v6. 8835

Warker, Nikolaus

Warker, Nicolas: Heideblümchen. Gedichte. Arlon 1890.

Warker, Nicolas: Hiérschtblieder. Lidder a Gedichter. Arel: Poncin 1897.

Warker, Nicolas: Deutsches Lesebuch für die Primärschulen im deutschsprechenden Belgien. Dem Programme vom 1. Mai 1897 gemäss bearb. von N. W. und Fr. Perbal. Mittlere Stufe. Arel: Willems 1898. 160 S. 12°

Warker, N., Sagen des Luxemburgischen Volkes. Aus belgisch Luxemburg u. dem Eischthal. Neu bearb. u. hrsg. 8. (IV, 143 S.) Arlon 893. (J. H. Willems.) n. 1. 40

Warker, Nicolas: Der Schwanritter oder Der Ahnherr Gottfrieds von Bouillon. Eine Sage aus den Ardennen. Nacherzählt. Esch a. d. Alzette: Willems 1892. 16 S. 8°

Warker, Nicolas: Unsere Vorfahren, die Germanen. Arel: Willems 1899.

Warker, Nicolas: Wintergrün. Sagen, Geschichten, Legenden und Märchen aus der Provinz Luxemburg. Gesammelt und herausgegeben von Nikolaus Warker. Arlon: Willems 1889/1890. 149 S. 8°

Warker, N[ikolaus]: Wintergrün. Sagen, Geschichten, Legenden und Märchen aus der Provinz Luxemburg. 2. verm. Aufl. — Esch: Willems; Arlon: Willems-Ponsin 1890. XIV, 578 S. [1. Aufl. n. ermitt.]

– Dass. 2. bedeutend verm. Aufl. Esch a. d. Alzette: G. Willems 1892. 578 S. 8°

Warker, Nicolas: Die Familie Wolkammer. Novelle. Übersetzung aus dem Flämischen von Nikolaus Warker. Arlon 1890.

Warko, Alexander, Kand. d. Theol.: Johannes Mensings Lehre von der Erbsünde und Rechtfertigung. Mit einer Einl. ü. Mensings Leben u. Schriften. *Breslau 1903: Bresl. Genoss.-Buchdr.* (109 S.) 8°
Breslau, Evang.-theol. Diss. v. 16. Dez. 1903

Warkotsch, Osk. Frhr. v., Gedichte. 16. (XVI und 294 S.) Berlin 858, Bachmann. geb. ·

Warlett, W. Büchsenmacher Meister fordert die ihm vom Volke genommenen Gewehre zurück. Dringendes Gesuch. Am 14 d. M. Abends 7 Uhr ist in meiner Wohnung. — Druck von A. W. Hayn. 1 Bl. Fol.
Flugblatt. Berlin, 18. Juni 1848.

Warley, Sir, d. edle Fußgänger. 8. Prag, Diesbach. 803. — 20

* **Warley,** Sir, der edle Fußgänger. 8. Prag, Krammer. 803. — 8

Warlich, Aug. Rud., s. Geschichte aus Obersachsen.

Warlich, Hermann [aus Cassel]: Über Calciumoxalat in den Pflanzen. . . . Marburg, *Buchdr. v. J. Has in Cassel,* 1889; 26 S., 2 Bl., 2 Taf. 8°
Marburg, Phil. Fak., Inaug.-Diss. v. 17 Okt. 1890

Warlich, H., die Kohlenstaubfeuerung, ihre Entwickelg. u. ihr gegenwärt. Stand. gr. 8. (41 S.) Cassel 896. E. Hühn. — 75

Warlich, H., wie kann e. gesunder Körper u. e. gesunder Geist bei der Erziehung der deutschen Jugend gebildet werden? Eine prakt. Lösg. der Frage. gr. 8. (34 S. m. 1 Lichtdr.-Taf.) Cassel 894. E. Hühn. n. — 60

Warlich, Herm., s. a. Wohnung u. Hausrat.

Warlich H. Wohnung und Hausrat. (240 S.) 4° München 1908

Warlich v. Bubna, Jos. Frhr. Lieb und Freundschaft. Novelle in Versen. 12. (III, 159 S.) Wien 890, (Gerold's Sohn). * 2 40

Waerlich, C. F. C., De jejunio vero et ficto. Jen. 4°. 1794

Warlimont, Felix: Über die Oxydation der Sulfide und die Dissoc[i]ation der Su[l]fate von Eisen, Kupfer und Nickel und ein auf diese Versuche sich stützendes einfaches Verfahren zur Verhüttung Kupfer und Nickel führender Magnetkiese. Halle: Knapp 1909. 22 S. 4° ¶ Aus: Metallurgie. Jg. 6.
Aachen, Dr.-Ing.-Diss. v. 25. 8. 1909

Warlinger, S. Beiträge zum steiermärkischen Taxrechte. 8°. Graz 1828.

Warlitz, Christian

BIBEL. — Warlitz, C., Disquisitio medico-sacra de modestia Scripturae in rebus verecundis. Vitemb. 1702. 4°. (2 Mk. 50 Pfg. Julius Koppe, Nordhausen, 1907.)
Sehr interessante Zusammenstellungen und Erklärungen aller anstössigen Stellen der Bibel.

Warlitz, Christian A. S. 359/13

Disquisitio medico-sacra, de modestia scripturae in rebus verecundis.
Wittenberg (Schrödter) 1708. 112 S.

W. v.: Johann Deutschmann, Heinrich Leonhard Schurzfleisch. 35819

Chr. Warliz diatribe de morbis biblicis e prava diaeta animique affectibus resultantibus. Vitemb. 1714. 8.

-- scrutinium lacrymao medico-sacrum. 4. ibid. 705.

Warlitz, C., scrutinium lacrimarum Christi. Viteb. 1705. 4.

Chr. Warliz exerc. medica sacra de senio Salomonaeo. Lips. 1700. (1708.) 4.

— valetudinarium senum Salomoneum medico-sacrum. 4 Lips. Iunius. 708.

Warlitz, Johs., die Registratur im Grossbetriebe. Praktische Anleitg. zur systemat. Registratur-Einrichtg. u. -Führg., namentlich f. industrielle Grossbetriebe u. Handels-Gesellschaften. Auf Grund langjähr. Erfahrgn. bearb. (52 S. m. 5 Abb.) gr. 8. Stuttgart 908. Muth. 1. —

Warliz, s. Warlitz

Warlubien [Schlagwort]

Warlubien, s.: **Preussen. Messtischblätter.**

Warm, Onkel, u. sein schönes Mühmchen; e. Familiengesch. von Kurzbein. 2 Thle. 8. Prag, Polt. (Joachim in Leipz.) 801. 1 8

Warmann, Untersuchungen üb. das Wesen d. Lichtes u. der Farben. Mit 5 lith. Taf (in qu. Fol.) gr. 8. VIII, 374 S.) Leipzig 873. F. Fleischer. n. 8.

Warmbier, Ernestus [Posnaniensis]: Studia Heraclitea ... Berolini, Mayer & Mueller, *1891*; 2 Bl., 30 S., 1 Bl. 8.
Berlin, Phil. Fak., Inaug.-Diss. v. 23. Dez. 1891

Warmbier, Ernst, studia Heraclitea. Diss. gr. 8. (IV, 30 S.) Berlin 891. Mayer & Müller. n. 1. —

Warmbold, Fr.: Die Ansichten des Euripides vom Tode und Jenseits. 34 S. – Bernburg, Progr. 1871.

Warmbold, F., Beiträge zur Euripideischen Ethik. I. Pr. 1875. 20 S. 4°. 2.—

Warmbold, Hermann, a. Klein-Himstedt: Untersuchungen über die Biologie stickstoffbindender Bakterien. Ein Beitrag zur Kenntnis der Veränderungen im Stickstoffgehalte des unbebauten Ackerbodens. Merseburg 1905: F. Stollberg. (123 S.) 8°
Göttingen, Phil. Fak., Ref. Fleischmann, Koch, Diss v. 3. Dez. 1905.
[Geb. 21. April 70 Klein-Himstedt; Wohnort: Göttingen; Staatsangeh.: Preußen; Vorbildung: Realgymn. Hildesheim Reife M. 03; Studium: Göttingen 4, Bonn 1, Göttingen 4 S.; Rig. 12. Juli 05.]

Warmbold, Paul, Referendar in Hannover: Beitrag zum Rechte der Personenbeförderung auf Vollbahnen. Hannover 1904: F. Culemann. (47 S.) 8°
Jena, Jur. Fak., Ref. Rosenthal, Diss. v. 1904
[Geb. 6. Mai 78 Hannover; Wohnort: Hannover; Staatsangeh.: Preußen; Vorbildung: Gymn. Hannover Reife O. 97; Studium: Heidelberg 2, München 1, Berlin 2, Göttingen 2 S; Rig. 15. Nov. 04.]

Warmbrunn, Bad. Ein Führer durch den Ort u. seine nächste Umgebung. Für Fremde u. Einheimische. Mit e. lith. Plane v. Warmbrunn u. Ober-Herischdorf. 2. verm Aufl. 8. (III, 48 S. m. 1 Ansicht in Holzschn.) Warmbrunn 883. (Hirschberg, Kuh.) n. n. -- 50

Warmbrunn, Bad, im Riesengebirge. Ein Führer durch den Ort u. seine nächste Umgebg. Für Fremde u. Einheimische. Mit e. lith. Plane von Warmbrunn u. Ober-Herischdorf. 4. Aufl. 12. (III, 52 S.) Warmbrunn 890. (Leipelt.) n. — 50

Warmbrunn, Bad, im Riesengebirge. Ein Führer durch den Ort u. seine nächste Umgebg. Für Fremde u. Einheimische. Mit e. lithogr. Plane v. Warmbrunn u. Ober-Herischdorf. 5. Aufl. 12. (X, 58 S. m. 1 Titelbild.) Warmbrunn 893. (M. Leipelt.) n. — 50

Bad Warmbrunn im Riesengebirge. Hrsg. von d. Gräfl. Schaffgottsch'schen Bade-Verwaltung. (Warmbrunn: Bade-Verwaltung 1909.) 32 S. 8°

Warmbrunn i okolice jego w 38 obrazach zebranych w 12 wycieczkach przez pielgrzymkę w Sudetach. 12. (54 S. und 1 Stnt.) Breslau 850, Korn. *

Warmbrunn, Reinerz, Landeck, s. **Grieben's Reise-Bibliothek.**

Warmbrunn oder Schlesiens Paradies. Hirschberg 1841. V: *Lischke, Ch. Glieb.* (LVS)

Warmbrunn, David, Apotheker: **Beiträge** zur Kenntnis der Chlor- und Bromoxybehensäuren und ihrer Umsetzungsprodukte. *Königsberg i. Pr. 1905: H. Jaeger.* (40 S.) 8°
Königsberg, Phil. Diss. v. 20. Juli 1905

Warmbrunn, Georg Friedrich (Liegnitz) A. S. 1298/13

Dissertatio inauguralis medica de febri ephemera, ejusdemque existentia, essentia et therapia.
Präs. Johann Friedrich de Pre.
Erfurt (Grosch) 17. I. 1727. 40 S.

Gew.: Christian Ernst Schindler.
W. v.: Hieronymus Ludolff, Hiob Philipp Ludolff. 35820

Warmbrunn, Max, Referendar: Die Ersatzpflicht des Nothelfers. (§ 904 B.G.B.) Greifswald 1909: Abel. 63 S. 8°
Greifswald, Jur. Diss. v. 21. Okt. 1909, Ref. Jung.
[Geb. 10. Juli 84 Neiße; Wohnort: Neiße; Staatsangeh.: Preußen; Vorbildung: Gymn. Neiße Reife O. 03; Studium: Würzburg 1, München 1, Greifswald 1, München 1, Greifswald 3 S.; Rig. 5. Dez. 06.]

Warmbrunn, Paul, Referendar: Die rechtliche Natur und Bedeutung der Konzessionen und Approbationen insbesondere auf dem Gebiete des Gewerberechts. Borna-Leipzig 1909: Noske. VIII, 38 S. 8°
Breslau, Jur. Diss. v. 11. Dez. 1909, Ref. Brie, Gretener
[Geb. 25. Nov. 85 Neiße; Wohnort: Ottmachau; Staatsangeh.: Preußen; Vorbildung: Gymn. Neiße Reife O. 05; Studium: Heidelberg 1, Bonn 2, München 1, Breslau 2 S.; Rig. 25. Juli 08.] [U 10. 550

Warmbrunn, Quilitz & Co.: Preisliste über bakteriologische, mikroskopische und hygienische Apparate usw. Berlin (1909?)

Warmbrunn, Quilitz & Co.: Preis-Liste über chemische Apparate. Berlin (1903)

Warmbrunn, Quilitz & Co., Preis-Verzeichniss der Glashuttenwerke Jemmlitz und Tschornow, sowie chemischer, pharmaceutischer, physikalischer, meteorologischer, medizinisch-chirurgischer Apparate, Instrumente, Gerathschatten etc. von —. (Theil I.) Berlin 1860.

Warmburg, Georg [aus Peneun in Pomm.]: Ueber die Diagnose des carcinoma duodeni . . . Berlin, Druck v. E. Streisand, 1891: 23 S., 3 Bl. 8°
Berlin, Med. Fak., Inaug.-Diss. v. 10. Aug. 1891.

Warmburg, Geo., die Seekrankheit. Prakt. Winke f. Passagiere. 12. (28 S.) Berlin 898. Rosenbaum & Hart. n. — 60

Wärme u. Heizung. Hrsg. v. Constanz Schmitz. 1. Bd. April—Dezbr. 1904. 18 Nrn. (à ca. 8 S. m. Abbildgn.) gr. 4. Berlin (A. Seydel). n. 7. 50
Erscheint nicht mehr.

Warmelo, Dietlof van, Kriegsbilder aus Südafrika. Meine Erlebnisse im Felde, insonderheit im Guerillakriege. Autoris. Übersetzg. v. A. Schowalter. 8. (IV, 166 S.) Berlin 902. G. H. Meyer. n. 2. —; geb. n. 3. —

Warmer, Rich., la Bussière. Schauspiel in 4 Akten. gr. 8. (68 S.) Stolberg (Rh.) 888. (G. A. Bommüter.) n. — 40

Warmer, Rich., Prinz Carneval im Reiche d. Märchens. Ein Faschingssang in 6 Kapiteln. gr. 16. (74 S.) Köln 892. (J. G. Schmitz.) Kart. n.n. — 60

Warmer, Rich., das Losungswort od.: Kaiser u. Reich, s.a. Bloch's, Ludw., Militär-Festmappe, Nr. 45.

Das Losungswort oder: Kaiser und Reich. Festspiel von Richard **Warmer**. *Berlin: E. Bloch (1896).* (38 S.) 8° [F.]
= **Festspiele** f. höhere Knabenschulen u. Jünglingsvereine. No 4. [01. 9960

— dasselbe, s.a. Festspiele f. höh. Knabenschulen u. Jünglingsvereine, Nr. 4.

Polykrates. Tragödie in 5 Akten von Richard **Warmer**. Dresden: E. Pierson [um 1905]. (IV, 133 S.) 8° [F.] [07. 6824

Warmers, Johann Wilhelm (Lüneburg) A. S. 812/17

Dissertatio juridica inauguralis de onere probandi in actione negatoria. Präs. Christian Thomasius. Halle (Salfeld) 30. III. 1716. 64 S. 35821

Warmers, Johann Wilhelm (Lüneburg) A. S. 7/34

Dissertatio juridica inauguralis, de onere probandi in actione negatoria. Präs. Christian Thomasius. Rec. Halle (Salfeld) 1732. 66 S.

Diss. 30. III. 1716. 35822

Warmers, Johann Wilhelm (Lüneburg) U. S. Halle 1745/10

Dissertatio juridica inauguralis de onere probandi in actione negatoria. Präs. Christian Thomasius. Rec. Wittenberg (Scheffler) 1745. 70 S.

Diss. Halle 30. III. 1716. 35823

Wärmetechnik u. Signalwesen, s.: Handbuch der Elektrotechnik. XI.

Warme-Verbreitung, die. Physikalische Karte d. Monats- und Jahres-Isothermen von Ant. Steinhauser. Farbendruck. Q.-Folio. Wien, Artaria & C. 1870. 50 kr.

Warmholtz, C. G., Bibliotheca historica Sueo-Gothica. Register. 8. (V, 126 S.) Upsala 889. Leipzig, Harrassowitz. n.n. 5.

[Über Hugo **Warmholz.** Kleinere Schriften.]

Warmholz, Chr. Fr., von d. Pflichten gegen Selbstmörder; e. Predigt am Sonntage nach d. neuen Jahre 1806, in der Kirche zu Gelnhaer gehalten. Nebst e. Vorbericht u. e. Gesange über denselben Gegenstand. gr. 8. Büdingen 806.

— das Verhältniß der Thiere zu den Menschen. 8. Leipz. 806. Reinike. ...

Warmholz, Friedrich

Warmholz u. Kurths, erstes Lesebuch, Wandlesetafeln dazu, s.a. Stumvoll, R.

Warmholz u. **Kurths,** erstes Lesebuch, s.a. Wand-Lesetafeln.

Warmholz, Friedr., und Wilh. **Kurths,** erstes Lesebuch. 1—6. Aufl. Mit 1 Musik- und Zeichnen-Beilage für den Lehrer. Magdeburg 853—58. Creutz in Comm. 8. (IV, 120 S.) n. 4 ngr.

Warmholz, F., und W. Kurths, erstes Lesebuch. Ausg. B. 34. Aufl. gr. 8. (104 S.) Magdeburg 873, Creutz'sche Buchh. * 50 Pf.; geb. **

Warmholz, Fr., und W. Kurths, erstes Lesebuch [Fibel oder Unterstufe]. Ausg. A. 48. und 49. Aufl. 8. (IV, 120 S., wovon 16 lithogr.) Magdeburg 880, (Creutz'sche Buchh.) * geb. **

—— —— dass. — Ausg. B. 41. und 42. Aufl. 8. (104 S.) (Ebendas.) 880. ** 50 Pf.; geb. **

—— —— dass. — Ausg. C. Für Schwachsichtige. gr. 4. (76 S.) (Ebendas.) 880. *

Warmholz, Fr., und W. Kurths, erstes Lesebuch. [Fibel oder Unterstufe.] Ausg. A. 50.—60. Aufl. 8. (IV, 120 S., wovon 16 lithogr.) Magdeburg 880—89, (Creutz'sche Buchh.) * geb. **

—— dass. — Ausg. B. 43.—61. Aufl. 8. (104 S.) (Ebendas.) 880—89. ** 50 Pf.; geb. **

—— —— Lesetafeln zur Unterstützung des ersten Lese- und Schreib-Unterrichtes. 12 Bl. Imp.-Fol. Ebendas. 885. *

Warmholz, Fr., u. W. **Kurths,** erstes Lesebuch (Fibel od. Unterstufe). Ausg. D. Mithrsg. v. R. Stumvoll. 70., m. Bildern verseh. Aufl. gr. 8. (4, 18 u. 108 S.) Magdeburg 893. (Creutz.) n.n. — 55; geb. n.n. — 75

Erstes Lesebuch. Von Fr. **Warmholz** u. W. Kurths. Hrsg. von R[udolf] Stumvoll, Rektor in Magdeburg-Buckau. Ausg. D. 107. Aufl. *Magdeburg: Selbstverl.; Creutz in Komm. 1903.* (20, 108 S.) 8° [F.] [03 — 3

Erstes Lesebuch von Fr. **Warmholz** u. W. Kurths. Ausg. B. Hrsg. von R[udolf] Stumvoll. Mit Buchschmuck vom Maler Emil Schmidt-Leipzig. Magdeburg: Creutz 1907. (72 S.) 8° [F.] 108. 100:8

Erstes Lesebuch von Fr. **Warmholz** u. W. Kurths. Ausg. D. Hrsg. von R[udolf] Stumvoll. 127. Aufl. Magdeburg: Creutz 1907. (20, 108 S.) 8° [F.] 108. 10059 S

Warmholz, Fr., u. W. Kurths, erstes Lesebuch. (Fibel od. Unterstufe.) Hrsg. v. R. Stumvoll. Mit Buchschmuck v. Emil Schmidt. Ausg. A (ohne Lateinschrift). 128., der Neubearbeitg. 2. Aufl. (56 S. m. Abbildgn.) 8. Magdeburg 908. Creutz. Geb. nn — 50

Warmholz, Fr., u. W. Kurths, erstes Lesebuch. (Fibel od. Unterstufe.) Hrsg. v. R. Stumvoll. Mit Buchschmuck v. Emil Schmidt. Ausg. B. 128., der Neubearbeitg. 2. Aufl. (IV, 74 S. m. Abb.) 8. Magdeburg 908. Creutz. Geb. nn — 60

— — **dasselbe.** Ausg. D. 127. Aufl. (II, 108 S. m. Abb.) 8. Ebd. 907. Geb. nn — 75

Warmholz, Fr., und W. Kuhrts, Lesebuch für Volks- und **Bürgerschulen. Mittelstufe. Unter Mitwirkung der Rectoren** Zappe, **Bürger, Rudolph, Doering, Benecke** und Liebetruth. gr. 8. **(IV, 336 S.)** Magdeburg 879. **Friese.** *

—— —— Lesebuch für Volks- und Bürgerschulen. Oberstufe. Unter Mitwirkung von Zappe, Bürger, Rudolph, Döring, Benecke und Liebetruth. gr. 8. (III, 379 S.) Magdeburg 880, Friese. *

—— dass. — Mit genauer Berücksicht. der für preuß. Schulen durch Ministerial-Verfügung vom 21. Jan. 1880 vorgeschriebenen Orthographie. gr. 8. (IV, 396 S.) Ebendas. 881. **

Warmholz, Fr., u. W. **Kurths,** Lesetafeln zur Unterstützung d. ersten Lese- u. Schreib-Unterrichtes. **12 Blatt.** Imp.-Fol. Magdeburg 885. Creutz. n. 3. —

—— —— Tabellen zur Unterstützung des ersten Leseunterrichts in mehrstufigen Klassen mit einem kurzen erläuternden Vorwort und in Verbindung mit dem „Ersten Lesebuche." 17 Bog. in gr. Fol. Magdeburg 858, (Creutz'sche Buchh.) * –

—— —— kalligraphische Wandvorschriften. Zum Schulgebrauch hrsg. gr. Fol. (76 lithogr. Bl.) Magdeburg 859. (Creutz'sche Buchh.)

Warmholz, Hugo, Führer an der Kaiser Ferdinands-Nordbahn u. mähr.-schles. Nordbahn. Mit Schildergn. v. Land u. Leuten, Städtebildern u. histor. Erinnergn. Mit 24 Holzschn. Nebst e. Orientirungs-Kärtchen. 8. (VII, 277 S.) Wien, 885. v. Waldheim. geb. n. 1. —

— Führer an der österr. Nordwest-Bahn u. süd-norddeutschen Verbindungsbahn. Mit Schildergn. v. Land u. Leuten, Städtebildern u. histor. Erinnergn. Mit 25 Holzschn. nach Zeichngn. v. J. J. Kirchner u. Jul. Mařak, ausgeführt von R. v. Waldheim. Nebst e. Orientirungs-Kärtchen. 8. (VII, 262 S.) Ebend. 883. n. 2. —

***Warmholz,* Karl Gust., Bibliotheca historica sveo-gothica; eller fortekning uppå så val som hanskrifne Böcker, tractater och skrifter, hvilka handla om svenska historien etc. Tom. I—XV. 8. Stockh. u. Upsala 782—817. (Leipz., Weigel). 12 ℔**

Warmholz, Otto, **kurze Anleitung z. Gebr. d. in meinem Universalzeichnenbuche vorkomm. 8 Taf. perspectiv. Zeichnn.** gr. 8. (2 B. u. 8 Taf.) Eisleben 830. [Berlin, Hermes.]

— **kurze Anleitung zum Gebrauch der in meinem Universalzeichnenbuche vorkommenden 8 Tafeln perspectivischer Zeichnungen.** Mit 8 in kleinem Maaßstabe gefertigt. Tafeln perspectiv. Zeichnungen. gr. 8. Eisleben 836. Hermes in Berlin. 1/3 ℔

—— **ausführl. Anweisung z. Linearperspective u. Schattenconstruction. gr. 8. (6½ B. u. 72 Taf.) Eisleben 838. [Berlin, Hermes.]**

Warmholz, Otto, Arabesken. Vorlagen beim Zeichnenunterricht, sowie auch Musterblätter f. Baumeister, Eisengiessereien, Tischler, Töpfer etc. Hft. I. u. II. qu. gr. 4. (à 20 Stnt.) Berlin 842, Hermes à

Warmholz, Otto, Arabesken. Vorlagen beim Zeichnenunterricht, sowie auch Musterblätter für Baumeister, Eisengiessereien, Tischler, Töpfer etc. 2. Aufl. qu. 4. (40 Bl.) Berlin 847, Hermes.

—— **100 Musterblätter f. Zeichner. Neueste u. vollständ. Zeichenschule f. Lehrer u. z. Selbstunterr. Lithogr. qu. gr. 4. Eisleben 839. [Berlin, Hermes.]**

— 100 (lith.) Musterblätter für Zeichner. Neueste u. vollständ. Zeichnenschule für Lehrer u. zum Selbstunterricht. 2. Aufl. qu. gr. 4. Ebend. 844. 4 ℔

— Universalzeichnenbuch. Bestehend in 60 Musterblättern als Vorlagen z. Zeichnen in stufenweiser Folge. qu. ½ Fol. Eisleben 836. Hermes in Berlin. 3 ℔

—— Vorlagen beim Zeichnenunterricht, sowie auch Musterblätter f. Baumeister, Eisengiessereien, Tischler, Töpfer etc. 2 Hfte. 1. Aufl. 842. 1 Thlr. 10 Ngr. u. 2. Aufl. qu. gr. 4. (à 20 Stnt.) Berlin 847, Hermes.

—— Vorschule beim Zeichnenunterricht. qu. 4. (40 lith. Bl.) Eisleben 840. [Berlin, Hermes.]

—— Vorschule beim Zeichnenunterricht. 2. u. 3. Hft. qu. 4. (40 Stnt.) Berlin 841, Hermes.

—— dass. 1. Hft. 2. Aufl. qu. 4. (40 Stnt.) Ebds. 847.

—— **systemat. Zeichnenschule f. Zeichnenlehrer, sowie f. alle die, welche ohne Lehrer zeichnen lernen wollen. 72 Vorlegeblätter. (Neue Ausg.) VI Hfte. qu. gr. 4. (à 12 lith. Bl.) Eisleben 836, 37. [Berlin, Hermes.] à 8 Gr.**

—— systematische Zeichnenschule f. Zeichnenlehrer, so wie f. alle die, welche ohne Lehrer zeichnen lernen wollen. 72 Vorlegebl. 6 Hfte. 3., umgearb. u. verb. Aufl. qu. gr. 4. (à 12 Stnt.) Berlin 842—44, Hermes. à 10 Ngr.

Hft. 1. Die Anfänge des Zeichnens.
- 2. Das Blumenzeichnen.
- 3. Das Fruchtzeichnen.
- 4. Das Thierzeichnen.
- 5. Das Zeichnen menschl. Figuren.
- 6. Das Landschaftszeichnen.

—— **systematische Zeichnenschule. Lit. B. für Lehrer und zum Selbstunterricht. 2. Aufl. 6 Hefte. qu. 4. (à 12 Bl.) Berlin, Hermes. à Heft 10 Ngr.**

Heft 1. Anfänge des Zeichnens. 847.
- 2. Blumenzeichnen. 847.
- 3. Fruchtzeichnen. 847.
- 4. Thierzeichnen. 848.
- 5. Zeichnen menschlicher Figuren. 848.
- 6. Landschaftszeichnen. 847.

Vgl. 10. Bd. 2. Abthl. S. 402.

—— der fertige Zeichner. Eine Sammlung v. Vorlegeblättern f. geübte Zeichner. Nach d. Natur gezeichnet. I. Blumenbouquets. 1. Hft. ½ gr. Fol. (6 Stnt.) Berlin 842, Hermes.

4850. 1905. **Warmia.** Zeitung f. d. ermländ. Volk. Festgabe z. Feier d. 25j. Bestehens. Hrsg.: A. Wolff. Heilsberg, im Ermland, 2. Febr. 1905. (Heilsberg: Warmia 1905.) (15 S.) 4° [F.] 10

Warmiensis, Katholizismus u. Protestantismus in Ostpreußen, einst u. jetzt. gr. 8. (III, 97 S.) Braunsberg 898. E. Huye. n. 1. 50

Warming, Eugen

Warming, E., die Blüthe der Compositen, s. Abhandlungen, botanische.

Warming, E., Handbuch der systematischen Botanik. Deutsche Ausg. v. E. Knoblauch. Mit e. Einleitg. in die Morphologie u. Biologie von Blüte u. Frucht. Vom Verf. durchgeseh. u. ergänzte Aufl. gr. 8. (XII, 468 S. m. 573 Abbildgn.) Berlin 890. Gebr. Borntraeger. n. 8. —; geb. n. 9. —

Warming, Eug., Handbuch der systemat. Botanik. Deutsche Ausg. 2. Aufl. v. Mart. Möbius. Vom Verf. durchgeseh. u. ergänzte Ausg. gr. 8. (X, 467 S. m. 589 Abb.) Berlin 902. Gebr. Borntraeger. n. 8. —

(Eug.) **Warming**-(W.) Johannsen: Lehrbuch der allgemeinen Botanik [Den almindelige Botanik]. Nach d. 4. dän. Ausg. übers. u. hrsg. von Dr. E[mile] P[epe] Meinecke. (In 2 T.) Berlin: Borntraeger 19(07–)09. IV, IV, 667 S. 8° [11. 1607

Warming, Eugenius, Lehrbuch der ökologischen Pflanzengeographie. E. Einführg. in d. Kenntnis d. Pflanzenvereine. Deutsche, v. Verf. genehm., durchgeseh. u. verm. Ausg. v. Emil Knoblauch. gr. 8. (XII, 412 S.) Berlin 896. Gebr. Borntraeger. n. 7. —; geb. n. 8. —

— Lehrbuch der ökologischen Pflanzengeographie. Eine Einführg. in die Kenntniss der Pflanzenvereine. 2. Aufl. der deutschen Ausg., übers. v. Emil Knoblauch. Bearb. u. nach d. neuesten Litteratur vervollständigt v. Paul Graebner. gr. 8. (VIII, 442 S.) Ebd. 902. n. 7. —; geb. n. 8. —

Warming (E.). Pollenbildende Phyllome und Kaulome. Bonn. 1873. 8°.

Warming, E., Podostemaceae, s.: Engler, A., u. K. Prantl, die natürlichen Pflanzenfamilien.

— symbolarum ad floram Brasiliae centralis cognoscendam particula XXXIX, s.: Kiaerskou, Hjalmar, enumeratio Myrtacearum Brasiliensium.

Warming, E., Untersuchungen über Pollen bildende Phyllome und Kaulome, s. Abhandlungen, botanische.

Warming, Eug., u. Vilh. **Balslev,** botanische Wandtafeln. Nr. 1—16. à 73×102 cm. Farbdr. Kopenhagen 903. 905. Leipzig, K. F. Köhler. à n. 2. 50; Begleitwort zu Serie II—III. Mit Zugrundelegg. des dän. Textes v. H. Täuber (14 S.) gr. 8. n. — 35

Warming, Max (Hrsg.), s. Abstinenz-Blätter, Kaufmännische.

Warming, Max (Hrsg.), s. Abstinenz-Rundschau.

— s.: Jahrbuch f. Alkoholgegner.

Warming, Max, der Bremer Kongreß. 9. internationaler Kongreß gegen den Alkoholismus, 14.—19. IV. 1903. Berichte u. Stimmungsbilder. Mit e. Anh.: Stimmen der deutschen Presse. 2. Aufl. (64 S. m. Abbildgn.) gr. 8. Hamburg 903. Hanseat. Druck- u. Verlagsanstalt. n. — 30

Warmington, Edward *Augustus* [aus Dudley '(Engl.)']: Ueber Phenyluracil und analoge Verbindungen ... Leipzig, J. A. Barth, 1893; 23 S. 8.
Leipzig, Phil. Fak., Inaug.-Diss. v. [6. Febr.] 1893

Warminski, Emil, appr. Arzt: Klinisch-Statistische Übersicht über die Fälle von Typhus Abdominalis, welche vom 1. Januar 1888 bis zum 31. Dezember 1902 auf der Medizinischen Klinik zu Freiburg i. B. behandelt wurden. Freiburg i. B. 1904: K. Kuss. (52 S.) 8° [Ä. u. Ant.]
Freiburg i. B., Med. Fak., Ref. Bäumler, Diss. v. 1904
[Geb. 15. März 81 Bromberg; Wohnort: Posen; Staatsangeh.: Preußen; Vorbildung: Gymn. Bromberg Reife O. 99; Studium: Marburg 1, Freiburg 4, Berlin 1, Freiburg 5 S.; Coll. 16. Sept. 04.]

Warmiński, Stanislaus (geb. Sierakowo in Posen 8. 3. 1847): Die fehlerhaften Kindeslagen und Einiges über ihre Behandlung. Berlin (1872) (30 S.) 8°
Berlin, Med. Diss. v. 9. Febr. 1872

Warminski, Theodor

Warminski, Anleitg. zur Ertheilg. u. Beaufsichtigg. d. kathol. Religionsunterrichts in d. Volksschulen d. Erzdiöcesen Gnesen u. Posen bezw. d. Prov. Posen, nebst e. Zusammenstellung bezw. schulbehördl. Verordnungen, mehr. ausführl. Stoffvertheilungsplänen d. Religionslehre f. die 8jähr. Unterrichtszeit, e. Nachweisg. d. sonntägl. Evangelienperikopen, 3 geschichtl. Tabellen u. 2 Vertheilungsplänen d. in d. Volksschule einzuüb. Kirchenlieder. 3. [Titel-] Aufl. gr. 8. (III, 155 S.) Inowrazlaw 897. (Bromberg, Mittler.) n. 1. 50

Warminski, Thdr., urkundliche Geschichte d. ehemaligen Cistercienser-Klosters Paradies. Mit 4 Lichtdr.-Bildern. gr. 8. (323 S.) Meseritz 886. Wild. n. 3. 50

—— Stoffverteilungsplan für den katholischen Religionsunterricht in der ein- und dreiklassigen Uebungsschule des königl. Schullehrer-Seminars zu Paradies. 8. (25 S.) Schwiebus 885, (Wagner.) *

WARMINSKI, Theodor (Wreschen/Polen): Der Verfasser und die Abfassungszeit des Buches Koheleth. Eine biblisch-exegetische Abhandlung.- Ostrowo: Hoffmann (1864). 30 S.
4.6.1864 - Urk (Titel: De libri Coheleth auctore.); F 44
Diss. Ingolst.-Landsh.-Mchn.

Warmski, M. H. v., die grosspolnische Chronik. Eine Quellenuntersuchung. Inaugural-Dissertation. gr. 8. (V, 129 S.) Krakau 879. (Göttingen, Vandenhoeck und Ruprecht's Verlag.)

Warmski, M. St. v., die grosspolnische Chronik. Eine Quellenuntersuchung. Inaugural-Dissertation. gr. 8. (V, 129 S.) Krakau 879. (Göttingen, Vandenhoeck & Ruprecht.) n. 2. 40

Warmund, Arend, Döncken-Bök, s. Döncken-Bök.

Warmund, G. Z., Los vom Storch! od. Kindes Ursprung. Eine interessante, zugleich wirklich wahre u. lehrreiche Geschichte, vernünft. Kindern vorgetragen, nebst e. Vorwort an die Eltern. (68 S.) 8. Leipzig-Gohlis 908. Raschwitz b/Leipzig, B. Volger. 1. 50

Warmunt, Chrn., die evangelische Kirche als Hauptmacht des Staates gegen Rom. gr. 8. (44 S.) Breslau 882, Köhler. *

Warmuth, G.: Zur formellen Charakteristik des deutschen Volksliedes. 15 S. 4°.– Wien OR. Wied., Progr. 1871.

Warmuth, Gust., das Märchen von der schönen Melusine. Eilf Gedichte zur Erinnerung an Mor. v. Schwind. 16. (53 S.) Wien 872, Gerold's Sohn. cart. mit Goldschn. *

[Umschlagt.:] [F.] **Warmuth,** Hermann: Entwurf eines Leitfadens für den geschichtlichen Unterricht in Quarta unter Zugrundlegg d. Bestimmgn d. Lehrpläne v. 6. Jan. 1892. Landeshut, Schnellpressendr. v. Th. Schimoneck, 1895; III—XXIV S. 4.
Landeshut, RG, P 1895 (218)

Warmuth, Joseph, Rechtsprakt.: Der Tatbestand der Aussetzung ⟨§ 221 R.St.G.B.⟩ Würzburg 1909: Meixner. 120 S. 8°
Würzburg, Jur. Diss. v. 17. Aug. 1909, Ref. Oetker
[Geb. 12. März 81 Sömmersdorf; Wohnort: Würzburg; Staatsangeh.: Bayern; Vorbildung: Gymn. Würzburg Reife Juli 01; Studium: München 4, Würzburg 6 S.; Rig. 17. Mai 09.] [U 10. 1116

Warmuth, Kurt, Dresdner Dichterbuch. Dichtungen v. Ferd. Avenarius, Geo. Frhr. v. Ompteda, Wilh. v. Polenz, Adf. Stern u. Anderen, m. biograph. u. bibliograph. Notizen hrsg. gr. 8. (X, 234 S.) Dresden 903. W. Baensch. Geb. in Leinw. 4. —

— das religiös-ethische Ideal Pascals. gr. 8. (VI, 77 S.) Leipzig 901. G. Wigand. n. 1. 50

Warmuth, Kurt, kommt u. sehet! Festansprache, am Weihetag der erneuerten Annenkirche, dem 21. II. 1909, im Fest-Kindergottesdienst geh. (7 S. m. Titelbild.) 8. Dresden 909. C. L. Ungelenk. — 20

Warmuth, Kurt, Martin Luther im deutschen Lied, s. a. Flugschriften des Evangelischen Bundes.

Warmuth, Kurt: Martin Luther im deutschen Lied. Von Lic. Dr. phil. Kurth Warmuth in Dresden. Leipzig: E. Braun 1902. (32 S.) 8°
(Flugschriften d. Evangelischen Bundes. 193.)

— Sonnenfalter. Gedichte. 8. (VIII, 120 S.) Leipzig (901). H. Lautenschläger. n. 2. —; geb. m. Goldschn. n. 3. —

— Wissen u. Glauben bei Pascal. gr. 8. (VIII, 56 S.) Berlin 902. G. Reimer. n. 1. 50

Warmuth, L., kleiner geographischer Katechismus oder die unentbehrlichsten Fragen der allgemeinen Geographie für die Jugend zusammengedrängt beantwortet. gr. 16. (30 S.) Würzburg 859. Goldstein'sche Buchh.

Warmuth, Osw., Geschichte der Moorkultur in Bayern unter Kurfürst Karl Theodor m. besond. Berücksicht. der Kolonisierung. Auf archival. Grundlage bearb. Von der k. b. techn. Hochschule in München m. dem ersten Preise ausgezeichnet. (VIII, 217 S. m. 1 Bildnis.) Lex. 8. München 908. Th. Ackermann. 4. 80

— s.: Praxis, die, der Arbeitsschule.

Warmuth, Rich., Handbuch des deutschen Civilprozeßrechts. Die deutsche Civilprozeßordnung nebst den ergänzenden Reichsgesetzen erläutert. 1. Bd.: Den allgemeinen Theil enthaltend. gr. 8. (406 S.) Straßburg 881. Heinrich. n. 5. —

Warmwerde, Friedr., kurze, allgemein faßliche Anleitung, zweckmäßige Heiz-, so wie auch Heiz- und Kochöfen zu setzen oder setzen zu lassen, für Jedermann, namentlich für Hausbesitzer und Ofensetzer. Mit 7 Abbildungen. 8. (8 S. mit 1 Stnt. in qu. Fol.) Glogau 855, (Wagner'sche Buchh.)

Warn, Montana, im fernen Westen, s. a. Verein f. Verbreitung guter Schriften, Zürich.

Warn, Montana. Im fernen Westen. Aus dem Leben eines Ostschweizers. 104 S. 8. Zürich, Jacques Bollmann, Mai 1907. fr. —. 20
Verein für Verbreitung guter Schriften. (Zürich) No. 66. 1907.

(Warnack): Unsere Kolonialwirtschaft in ihrer Bedeutung für Industrie, Handel und Landwirtschaft. Nach Zsstell. d. Kais. Statist. Amtes hrsg. vom Kolonial-Wirtschaftl. Komitee 1910. Berlin (1910). 8°

Warnack, Max, a. Berlin: Die Entwicklung des Deutschen Banknotenwesens. ⟨T. 1.⟩ (Berlin 1905: E. Ebering.) (45 S.) 8° (Erschien vollst. 1905 als: Rechts- u. Staatswissensch. Studien, H. 27.)
Berlin, Phil. Fak., Ref. Wagner, Schmoller, Diss. v. 4. Febr. 1905
[Geb. 9. Mai 82 Berlin; Heimatsort: Berlin; Staatsangeh.: Preußen; Vorbildung: Königstädtisches Realgymn. Berlin Reife O. 01; Studium: Berlin 7 S.; Rig. 25. Juli 04.]

Warnack, May, die Entwicklung des deutschen Banknotenwesens, s. a. Studien, rechts- u. staatswissenschaftliche, 27. Hft.

Die Entwicklung des Deutschen Banknotenwesens. Von Max Warnack. Berlin: E. Ebering 1905. (250 S.) 8°
= Studien, Rechts- u. Staatswissenschaftliche. H. 27. [05. 6093 6

Warnatsch, Max

Warnatsch, M., ist e. v. dem Hauptvermiether gegen den Hauptmiether erstrittenes Räumungsurtheil auch gegen den Aftermiether vollstreckbar? Zugleich ein Beitrag zur Feststellg. d. Begriffs „der im Streit befangenen Sache" [res litigiosa] im Sinne der C. P. O. u. e. Kritik der Motive zu §§ 192, 516 d. Entwurfes e. bürgerl. Gesetzbuches f. das Deutsche Reich. gr. 8. (II, 23 S.) Bunzlau 889. Fernbach. — 80

Warnatsch, Max, s.: Stadtwohnung, die.

Warnatsch, Otto, Prof. Dr.: Beitrag zur Schillerfeier am 9. Mai 1905. Beziehungen Glogaus zur deutschen Dramatik bis Schiller. Gräfenhainichen 1905: W. Hecker. (39 S.) 8°
Glogau, k. kathol. G P 1905 (225)

Warnatsch, Otto [Dr.]: Beiträge zur germanischen Mythologie nebst Anh.: Nordische Sagen auf d. Gymnasium. Beuthen O.-S., Druck v. Haenel & Stratmann, *1895;* 20 S. 4.
Beuthen O.-S., k. G, OP 1895 (175)

Warnatsch, Otto *(geb Glatz 1 2 1857)*: Heinrich von dem Türlin, der Verfasser des Gedichtes vom Mantel. Breslau: W. Koebner 1883. (32 S.) 8° *(Vollst. ebenda 1883 als H. 2 der Germanist. Abhandlungen hrsg. v. K. Weinhold unt. d. T.: „Der Mantel. Bruchstück eines Lanzeletromans des Heinrich von dem Türlin".)*
Breslau, Phil. Diss. v. 16. Juni 1883

Warnatsch, O., der Mantel, Bruchstück e. Lanzeletromans d. Heinrich v. dem Türlin, s.: Abhandlungen, germanistische.

Warnatsch, Otto, Sif, s.: Abhandlungen, germanistische, 12. Hft.

Warnatsch, Thdr., Denkschrift über Schließung u. Verbot dreier katholischer Unterrichts-Anstalten in Frankfurt a. d. O. im Jahre 1869. Berlin 869. (Jansen.) 8. (VI, 146 S. mit 1 Holzschntaf.) n 10 ngr.

Warnatsch, Theodorus *[geb. Wittichenau in d. Lausitz 3 12 1820]*: Theses theologicae . . . pro licentiati in theologia honoribus rite impetrandis. Vratislaviae (1843). (2 Bl.) 8°
Breslau, Kath.-theol. Liz.-Thesen v. 2. Dez. 1843

Warnatz, Gust., die asiatische Cholera des Jahres 1866 im k. s. Regierungsbezirke Dresden. Amtlicher Bericht an das k. s. Ministerium des Innern. Leipzig 868. Duncker & Humblot. gr. 8. (VIII, 95 S.) n. 18 ngr.

Warnatz, Gust. Heinr., über das Glaukom. Neue Bearbeitung einer von der Redaction der Annales d'oculistique zu Brüssel gekrönten Preisschrift. gr. 8. (10½ B. u. 2 ill. Taf. m. 15 Fig.) Leipzig 844, Teubner.

[Rundschreiben] An die Meisterschaften der Logen des sächsischen Logenbundes. [Unterz.: Gust. Heinr.] Warnatz. [Dresden 1865: Heinrich.] 6 S. 2°. [Kopftit.]
Vorschläge des Grossmeisters betr. Stellung zu Kirche und Staat, Reformen usw.

Warnatz, Mathias, zur Geschichte der Hohenzollern. Eine histor. Studie. 8. (64 S.) Coburg 880, Sendelbach's Verlag. *

—— die Wartburg und Eisenach in Sage und Geschichte. Mit 1 Ansicht der Wartburg (in Lichtdr.). gr. 8. (VII, 143 S.) Wien 881, Braumüller. *

Warnbeck, Mathilde von, u. ihre Tochter Auguste, od. die veränderten Namen; ein Familiengemälde. 2 Bde. 8. Erf. Rudolphi. (Petersen in Altenb.) 802. 2 16

Warnbeck, Karl

Warnbeck, K., Ehrlich währt am längsten, s. Volksbibliothek, neue.

— im Goldlande, s.: Erzählungen, neue, für die Jugend.

— die Piraten, s.: Erzählungen, neue, für die Jugend.

Warnbeck, K., die Rache des Chinesen, s.: Volks- u. Jugend-Erzählungen.

—— die Rache des Negers, s. Volksbibliothek, neue.

—— der Schatzgräber, s. Erzählungen, neue, für die Jugend.

— die Schiffspiraten, s.: Volksbibliothek, neue.

—— Seleka, der Afrikaner, oder die Rache des Negers, s. Jugend-Bibliothek, neue.

— die Strandräuber, s.: Erzählungen, neue, für die Jugend.

—— die Strandräuber, s. Volksbibliothek, neue.

— die Strandräuber, s.: Volks- u. Jugend-Erzählungen.

Warnbeck, Karl, die Strandräuber, s.: Volkserzählungen, neue, Nr. 34.

Warnberg, K. Die befestigte Feldstellung im Dienste der Operation. Mit 1 Skz. Berlin 1906. 23 S.

Warnberg, die befestigte Feldstellung im Dienste der Operation, s.a. Militär-Wochenblatt.

Warnberg: Die befestigte Feldstellung im Dienste der Operation. Applikator. Vortrag von Warnberg, Hauptm. im Inf.-Regt. Nr. 60. (Mit Skizze.) Berlin: E. S. Mittler & Sohn 1906. (S. 290–312.) 8° [Umschlagt. F.]
(Militar-Wochenblatt. 1906, Beih. 8.)

Album Schleswig Holstein und Jütländischer-Ansichten v. Karl **Warnberg.** Regensburg. o. J. (nach 1848). 38 lithogr. Blätter, darunter 3 Bl. Text. Fol.

Warncke, Albert, a. Schwerin: Miss Mitfords und Bulwers englische Rienzibearbeitungen im Verhältnis zu ihren Quellen und zu einander. Rostock 1904: Adlers Erben. (74 S.) 8°
Rostock, Phil. Fak., Ref. Lindner, Diss. v. 20. Dez. 1904
[Geb. 24. Apr. 81 Schwerin; Wohnort: Schwerin; Staatsangeh.: Mecklenburg-Schw.; Vorbildung: Realgymn. Schwerin Reife M. 00; Studium München 2, Rostock 5 S.; Rig. 26. Nov. 04.]

Warncke, Alb., Miss Mitfords u. Bulwers englische Rienzibearbeitungen im Verhältnis zu ihren Quellen u. zu einander. Diss. (74 S.) 8. Rostock 905. (G. B. Leopold.) n. 2. —

Warncke, Bertha, „Liberta". System zum Selbsterlernen der Damenschneiderei, Reformschneiderei u. Wäscheanfertigung. Damenschneiderei. Fol. (II, 32 S. m. Abbildgn. u. 1 ausgestanzten Modell.) Dresden-Blasewitz (902). Selbstverlag. Geb. n. 12. —

— dasselbe. Die Reformkleidung. Fol. (18 S. m. Abb. u. 1 ausgestanzten Modell.) Ebd. (902). Geb. n. 10. —

Warncke, Elis., im Himmel. Lose Fragmente aus den hinterlassenen Papieren d. Grafen Oursel v. Chateauroux. 8. (VIII, 93 S.) Leipzig 884. Mutze. n. 1. 50

—— Graf Oursel v. Chateauroux. Eine wahre Geschichte in 5 Thln. 8. (336 S.) Berlin 883, [Steinitz und Comp.] Steinitz Verlag. *

Warncke, Franz, Pflanzen in Sitte, Sage und Geschichte. Für Schule und Haus. Leipzig 1878. 8.

Warncke, Gfried., Briefe für die Jugend. 2. Sammlung. gr. 8. (III und 132 S.) Lübeck 854, (v. Rohden'sche Buchh.) *
1. Samml. Ebendas. 1843. 15 Ngr.

Die Hundertjahrfeier des Lübecker Lehrervereins am 8. u. 9. Oktober 1909. Ein Festbericht, erstattet vom Vorsitzenden d. Festausschusses (Johannes **Warncke**). — Lübeck 1910: Schmidt. 86 S. 8°

Warncke, Paul, Festspiel zur Feier d. 25. Jahrestages der Gründung des Deutschen Reiches. 18. Jan. 1896. gr. 8. (10 S.) Berlin 896. F. Pfenningstorff. n. — 40

Warncke, Paul, Gedichte. 8. (VIII, 124 S.) Dresden 892. E. Pierson. n. 2. —; geb. in Leinw. m. Goldschn. n. 3. —

Warncke, Paul, snurrig Lüd. Snaksche Snurren ut Stadt un Land. In Rimels von W. De Biller hett Willem Müller-Schöneseld teikent. 8. (63 S.) Leipzig (900). R. Voigtländer. n. — 80

Snurrig Lüd. Snaksche Snurren ut Stadt un Land. In Rimels v. Paul **Warncke.** Leipzig. [1901.] 8°.

Warncke, Paul, s.: Meister, hundert, der Gegenwart in farbiger Wiedergabe.

Warncke, Paul
Peter Melander von Holzappel. Geschichte. Aus dem Lahnthal. Mit Federzeichnungen von Karl Röhling. Berlin: Pfenningstorff 1896. 290 S. 8°

— Fritz Reuter, woans hei lewt un schrewen hett, s.a. Volksbücher, biographische, Nr. 56—63.

Warncke, Paul: Fritz Reuter. Woans hei lewt un schrewen hett. Vertellt v. . M. 9 Biller. Leipzig: R. Voigtländer 1899. (310 S., 1 Bl., 1 Portr.) 1 Bd 8°
(Volksbücher, Biographische No 56. 63.)

— Fritz Reuter. Woans hei lewt un schrewen hett. 2. Uplag. Mit vele Biller. (IV, 319 S.) gr. 8. Stuttgart 906. Deutsche Verlags-Anstalt. Kart. n. 7.—; geb. n. 8.—

Warncke, Paul, Fritz Reuter. Woans hei lewt un schrewen hett. Vertellt. 3. Uplag. (II, 319 S. m. Abbildgn. u. Taf.) gr. 8. Berlin 910. Meyer & Jessen. In Pappbd. 3.—; geb. 4.—

— s.: Stubenrauch, Hans, Bilder zu Fritz Reuters Werken.

— s. a. Worpswede.

— Worpswede. 8. (48 S.) Berlin 902. [G. H. Meyer.] München, Geo. Müller. n. 1.—

— Worpswede. 2. [Titel-]Aufl. (43 S.) 8. München [902] 904. G. Müller. n. —50

Warncke, [Pedro]: Zur Behandlung von Schillers Braut von Messina. Myslowitz 1908: Rölle. 13 S. 4°
Myslowitz O.-S., G P 1908 (262) [S 08. 512

Warncke, Pedro, de dativo pluralis graeco. Dissertatio inauguralis philologica. gr. 8. (64 S.) Leipzig 880, (Hinrichs'sche Sortimentsh.) *

Warncke, Pedro, Dr.: Der Gebrauch des Dativ Plur. auf -εσσι bei Homer. (Umschlagt.: Der Dativ plur. ...) *Leipzig 1900: B. G. Teubner.* (12 S.) 4°
Schrimm, k. G, OP 1900 (178)

Warncke, (Pedro), Dr.: Die Klopstock-Lektüre auf höheren Lehranstalten. Ein Gedenkblatt. *(Schrimm 1903: H. Scheuntes.)* (15 S.) 4° [Kopft.]
Schrimm, k. G, OP 1903 (199)

Warncke, Pedro, Dr.: Zum ältesten deutschen Minnesang. T. 1. *Schrimm (1902): H. Scheuntes.* (S. 1—10.) 4°
Schrimm, k. G, OP 1902 (187)

Warncke, [Pedro], Dr.: Zum ältesten deutschen Minnesang. T. 2. Kattowitz O.-S. 1905: (S. 1—17.) 4° ¶ [Forts. d. P-Beil. 1902.]
Myslowitz O.-S., G i. E. P 1905 (236)

Warne, Frederick G., Georg Müller. Ein Glaubensapostel unserer Zeit. Aus dem Engl. übers. gr. 8. (237 S. m. 1 Bildnis.) Frankfurt a/M. (898). Bonn, J. Schergens. n. 1.50; geb. n. 2.40

Warneboldt, Willy, appr. Arzt a. Garmissen: Die Beziehungen der Muskelsehnen zu den Bändern des Fußes. Göttingen 1905: Dieterich. (34 S.) 8°
Göttingen, Med. Fak., Ref. Merkel, Diss. v. 30. Okt. 1905
[Geb. 25. April 78 Garmissen; Wohnort: Garmissen; Staatsangeh.: Preußen; Vorbildung: Gymn. Andreanum Hildesheim Reife O. 00; Studium: Göttingen 4, München 1, Leipzig 1, Göttingen 4 S.; Coll. 30. Okt. 05; Approb. 1. Okt. 05.]

Warneck, Eug., irdisches Nirwana. Eine naturwissenschaftlich-philosoph. Betrachtg. üb. das Wie u. Warum im All. (48 S.) gr. 8. Bamberg (903). Handels-Druckerei u. Verlagsh. n. 1.—

— das neueste Testament od. Gott oder Welt? Eine Kampfschrift gegen den Ultramontanismus u. Materialismus. Mit e. Nachtrag „Umsonst", zwei kleine Erzählgn. aus dem Leben. (86 S.) gr. 8. Berlin 904. Herm. Walther. n. 2.—

Warneck, F. S., Ehret die Frauen. Beiträge zum modernen Culturleben der Frauenwelt. 8. (VIII, 219 S.) Mitau 880, Behre's Verlag. *

—— dass. — 2. bedeutend verm. Aufl. 8. (281 S.) Leipzig 882, Reichardt Verlag. *

Warneck, F. S. [d. i. Fedor Schmidt-Warneck]: „Ehret die Frauen." Beiträge z. modernen Culturleben d. Frauenwelt. 2., bedeut. verm. Aufl. Neue Ausg. — Braunschweig & Leipzig: Wollermann 1904. 281 S. 8°

— die Nothwendigkeit einer socialpolitischen Propädeutik. gr. 8. (173 S.) Ebend. 882. n. 7.—

— das Princip der politischen Gleichberechtigung u. die modernen Emancipationsfragen. Skizzirung der leitenden Grundgedanken zur Systematisirung der einschlägigen Gesichtspunkte. gr. 8. (175 S.) Hamburg 881. Behre's Verl. n. 7.—

Warneck, F. W.: Flachsbereitungs-Maschinen der Eisengießerei und Maschinenfabrik. Oels in Schlesien 1896

Warneck, Gust., Abriß einer Geschichte der protestantischen Missionen von der Reformation bis auf die Gegenwart. [Aus der Real-Encyklopädie für protestantische Theologie und Kirche abgedr. und mit Nachträgen versehen.] gr. 8. (VIII, 158 S.) Leipzig 882, Hinrichs'sche Buchh. *

—— dass. — Ein Beitrag zur neueren Kirchengeschichte. [Aus der Real-Encyklopädie für protestant. Theologie und Kirche abgedr. und mit Nachträgen versehen.] 2. verm. und verb. Aufl. gr. 8. (VIII, 160 S.) Ebendas. 883. *

Warneck, G., Abriß e. Geschichte d. protestant. Missionen von d. Reformation bis auf d. Gegenwart. E. Beitrag zur neueren Kirchengeschichte. 2 Abteilungen. 3., gänzl. umgearb. Aufl. gr. 8. Berlin 898. M. Warneck. à n. 2.50
1. D. heimatl. Missionsleben. (VI, 133 S.)
2. D. evangel. Missionsgebiete. (S. 135—234.)

— dasselbe. 4. Aufl. gr. 8. (VI, 331 S.) Ebd. 898. n. 5.—; geb. n. 6.—

Warneck, Gust., Abriß e. Geschichte der protestantischen Missionen von der Reformation bis auf die Gegenwart. Ein Beitrag zur neueren Kirchengeschichte. 5. u. 6. Aufl. gr. 8. (VI, 356 bezw. VI, 385 S.) Berlin 899. 900. M. Warneck. n. 5.—; geb. n. 6.—

Warneck, Gustav. Abriss einer Geschichte der protestantischen Missionen von der Reformation bis auf die Gegenwart. Ein Beitrag zur neueren Kirchengeschichte. 7. Aufl. VIII + 410 S. 8. Berlin, Martin Warneck, 1901. [M. 5.—, geb. M. 6.—]

Warneck, Gust., Abriß e. Geschichte der protestantischen Missionen von der Reformation bis auf die Gegenwart. Mit e. Anh. üb. die kathol. Missionen. 8., verb. u. verm. Aufl. (IX, 508 S.) gr. 8. Berlin 905. M. Warneck. n. 6.—; geb. in Leinw. n. 7.—

Warneck, Gust., Abriß e. Geschichte der protestantischen Missionen von der Reformation bis auf die Gegenwart. Mit e. Anh. üb. die kathol. Missionen. 9. neu bearb. u. verm. Aufl. (IX, 567 S.) gr. 8. Berlin 910. M. Warneck. 6.—; geb. 7.—

Warneck, G., zur Abwehr u. Verständigung. Offener Brief an Hrn. Maj. v. Wissmann, Kaiserl. Reichskommissar. Ein Wort der Erwiderung auf seine Urteile über die Missionen beider christl. Konfessionen. 2. Aufl. gr. 8. (IV, 48 S.) Gütersloh 890. Bertelsmann. n. — 60

Warneck, G., zur Abwehr u. Verständigung. Offener Brief an Hrn. Major v. Wißmann, kaiserl. Reichskommissar. Ein Wort der Erwiderg. auf seine Urteile üb. die Missionen beider christl. Konfessionen. 3. Aufl., verm. durch die Besprechg. der Antwort des Hrn. Major v. Wißmann. gr. 8. (61 S.) Gütersloh 890. C. Bertelsmann. n. — 60

— die Aufgabe der Heidenmission u. ihre Trübungen in der Gegenwart. [Aus: „Allg. Missions-Zeitschrift".] gr. 8. (30 S.) Ebd. 891. n. — 40

Warneck, Gust., die Belebung des Missionssinnes in der Heimath. 8. (VI, 104 S.) Gütersloh 878, Bertelsmann. *

—— protestantische Beleuchtung der römischen Angriffe auf die evangelische Heidenmission. Ein Beitrag zur Charakteristik ultramontaner Geschichtschreibung. 1. Hälfte. gr. 8. (XII, 233 S.) Gütersloh 884, Bertelsmann.

Warneck, Gust., protestantische Beleuchtung der römischen Angriffe auf die evangelische Heidenmission. Ein Beitrag zur Charakteristik ultramontaner Geschichtschreibung. 2. Hälfte. gr. 8. (VII, S. 235—509.) Gütersloh 885, Bertelsmann. *

—— die gegenseitigen Beziehungen zwischen der modernen Mission und Cultur. Auch eine Culturkampfstudie. gr. 8. (XI, 326 S.) Ebendas. 879. *

Warneck, Gust., Briefe üb. innere Mission an die Aufrichtigen unter ihren Gegnern. 1. Hftchn. [Aus: „christl. Volksblatt."] gr. 8. (IV, 39 S.) Halle 872. Barthel. n. — 50

— Briefe üb. die Versammlung zu Brighton. Versuch e. zusammenhäng. Darstellg. u. Beleuchtg. der Grundgedanken der Smith'schen Bewegg. Den deutschen Christen zur Prüfg. nochmals dargeboten. gr. 8. (VIII, 172 S.) Hamburg 876. Walther. n. 1. 50

— der evangelische Bund u. seine Gegner. 8. (43 S.) Ebd. 889. n. — 50

[F.] Das Bürgerrecht der Mission im Organismus der theologischen Wissenschaft. Antrittsvorlesg an d. Univ. Halle-Wittenberg v. Gustav Warneck, Prof. u. Dr. d. Theologie. *Berlin: M. Warneck 1897.* (21 S.) 1 Bd 8. 97. 3885

— ultramontane Fechterkünste. Ein Zwiegespräch m. dem Verfasser der Gottlieb-Briefe der Germania. Samt e. doppelten Anh. gr. 8. (94 S.) Ebd. 889. n. 1. —

Warneck, G., s.: Geschichten u. Bilder aus der Mission.

—— die Heidenmission einer Großmacht in Knechtsgestalt. gr. 8. (32 S.) Halle 883, Fricke's Verlag. *
Aus: Allgemeine Missions-Zeitschrift, besonders abgedruckt.

—— Christiane Kähler. Eine Diakonissin auf dem Missionsfelde. 1. Aufl. 1873, und 2. verm. Aufl. 8. (XI, 290 S. mit 3 Abbild., Holzschntaf.) Barmen 874, Wiemann. cart. *

—— Christiane Kähler, eine Diakonissin auf dem Missionsfelde. 3. Aufl. 8. (299 S. mit 3 eingedr. Holzschn.-Abbild.) Barmen 882, (Wiemann.) cart.

Warneck, G., Kirchenmission oder freie Mission? Eine Antwort auf die Frage: Inwieweit ist die Eingliederung der Mission in den amtskirchl. Organismus berechtigt u. ausführbar? Vortrag. [Aus: „Allg. Missions-Zeitschr."] gr. 8. (31 S.) Gütersloh 888. Bertelsmann. n. — 50

Die gegenwärtige Lage der deutschen evangelischen Mission von Prof. D. G[ustav] Warneck. Vortrag auf d. Halleschen Missionskonf. 1905. (3. Taus.) Berlin: M. Warneck 1905. (22 S.) 8° [F.] 05. 12524

— Die Lebenskräfte des Evangeliums. Missionserfahrungen innerhalb des animist. Heidentums. 3. Aufl. (XV, 343 S.) gr. 8. Berlin 908. M. Warneck. 4.50; geb. in Leinw. 5. 50
1. Aufl. (XI, 327 S.) 908. 4.50; geb. 5. 50

— die apostolische u. die moderne Mission. Eine apologet. Parallele. 8. (92 S.) Gütersloh 876. Bertelsmann's Verl. n 1. —

— die chinesische Mission im Gerichte d. deutschen Zeitungspresse. 4.—6. Aufl. gr. 8. (à 38 S.) Berlin 900. M. Warneck. n. — 25

Warneck, Gustav: Die chinesische Mission im Gerichte der deutschen Zeitungspresse. Von D. G[ustav] Warneck, Prof. Mit e. Vor- u. doppeltem Nachw. 17. Aufl. Berlin: Warneck 1900. 48 S. 8°

Die chinesische Mission im Gerichte der deutschen Zeitungspresse. Von D. G[ustav] Warneck, Prof. Mit e. Vor- u. doppelten Nachw. 10. Aufl. Berlin: M. Warneck 1900. 48 S. 8° 1. 6318 4

— die christliche Mission. Ihre sachliche Begründung u. thatsächliche Ausführung in der Gegenwart. gr. 8. (36 S.) Halle 879. Fricke's Verl. n.n. — 25

— die christliche Mission u. die überseeische Politik. Vortrag auf der Missionskonferenz der Provinz Sachsen am 12. II. 1901 zu Halle. 2. Aufl. gr. 8. (37 S.) Ebd. 901. n. — 60

— d. Mission e. Geduldswerk, s. a. Missionstraktate, rhein.

Die Mission ein Geduldswerk. Von Dr. G[ustav] Warneck, Pastor zu Rothenschirmbach. 2. Aufl. *Barmen: Missionshaus 1893.* (19 S.) 8° [F.]
Aus: Beiblatt d. Allgem. Missions-Zeitschrift
= Missions-Traktate, Rheinische. No 3. 96. 4745

—— die Mission in der Schule. Ein Handbuch für den Lehrer. 1.—3. Aufl. (XII, 183 S.); 4. Aufl. gr. 8. (XII, 188 S.) Ebendas. 887. *M 2.—.; geb. *

—— Die Mission in der Schule. Ein Handbuch f. den Lehrer. 5. verb. Aufl. gr. 8. (XII, 187 S.) Ebd. 889. * 2 —; geb. * 2 50

— die Mission in der Schule. Ein Handbuch f. den Lehrer. 6., verb. Aufl. gr. 8. (XII, 189 S.) Gütersloh 893. C. Bertelsmann. n. 2. —; geb. n. 2. 50; m. der Missionskarte v. R. Heilmann. n. 2. 70; geb. n. 3. 20

— d. Mission in d. Schule. E. Handbuch f. d. Lehrer. 7., verb. Aufl. gr. 8. (XII, 189 S.) Gütersloh 896. C. Bertelsmann. n. 2. —; geb. n. 2. 50

— die Mission in der Schule. Ein Handbuch f. d. Lehrer. 8. u. 9. verb. Aufl. gr. 8. (XII, 197 bezw. XVI, 204 S.) Gütersloh 899. 901. C. Bertelsmann. n. 2. —; geb. n. 2. 50; m. 1 Missionskarte n. 2. 70; geb. n. 3. 20

— die Mission in der Schule. Ein Handbuch für den Lehrer. 10., verm. u. verb. Aufl. (XVI, 226 S.) gr. 8. Gütersloh 905. C. Bertelsmann. n. 2. —; geb. n. 2. 50; m. 1 Missionskarte n. 2. 70; geb. n. 3. 20

— Die Mission in der Schule. Ein Handbuch f. den Lehrer. 12., verm. u. verb. Aufl. (XIV, 236 S.) 8. Gütersloh 909. C. Bertelsmann. 2.—; geb. 2. 50; m. der (farb.) Missionskarte v. K. Heilmann 2.70; geb. 3. 20

Warneck, Gustav: Die Mission in der Schule. Ein Handbuch f. d. Lehrer. Von Gustav Warneck, Prof. 13 verm. u. verb. Aufl. Gütersloh: Bertelsmann 1911. XIV, 236 S. 8°

—— die Mission in der Volksschule. 3. Abdr. gr. 8. (19 S.) Gütersloh 883, Bertelsmann. *
Aus: Allgemeine Missions-Zeitschrift, besonders abgedruckt.

Warneck, G., d. deutschen evang. Missionen, s. a. Sammlung geograph. u. kolonialpolit. Schriften, Nr. 6.

[F.] Die deutschen evangelischen Missionen. Von Prof. D. G[ustav] Warneck. *Berlin: H. Paetel 1897.* (33 S.) 1 Bd 8.
= Sammlung geographischer u. kolonialpolit. Schriften. No 6. (97. 5970

— evangelische Missionslehre, s. a. Zimmer's Handbibliothek der praktischen Theologie.

Evangelische Missionslehre. Ein missionstheoret. Versuch von D. [Gustav] Warneck, (Prof.). Abt. 1–3. *Gotha: F. A. Perthes 1892–1903.* 5 Bde 8° [F.]
1. Die Begründung d. Sendung. 1892. 2. Die Organe d. Sendung. 1892.
3. Der Betrieb d. Sendung. Hälfte 1. 1897.
Hälfte 2. Die Missionsmittel. 1900.
Schlussabschn.: Das Missionsziel. 1. u. 2. Aufl. 1903.
= Handbibliothek, Zimmers, d. prakt. Theologie. Bd 17. 1916

Warneck, Gustav: Evangelische Missionslehre. Ein missionstheoret. Versuch von G[ustav] Warneck, Prof. Abt. 1–3. Gotha: F. A. Perthes 1897–1903. 5 Bde 8°
1. Die Begründung d. Sendung. 2. Aufl. 1897.
2. Die Organe d. Sendung. 2. Aufl. 1897.
3. Der Betrieb d. Sendung. Hälfte 1. 2. Aufl. 1902. Hälfte 2. Die Missionsmittel. 1900. Schlußabschn.: Das Missionsziel. 1. u. 2. Aufl. 1903.

— evangelische Missionslehre. Ein missionstheoret. Versuch. 3. Abteilg.: Der Betrieb der Sendg. 2. Hälfte: Die Missionsmittel. 2. Aufl. (VIII, 278 S.) 8. Gotha 905. F. A. Perthes. n. 4. —

— Missionsmotiv u. Missionsaufgabe nach der modernen religionsgeschichtlichen Schule. (45 S.) gr. 8. Berlin 907. M. Warneck. — 60

—— Missionsstunden. 1. Bd.: Die Mission im Lichte der Bibel. gr. 8. (X, 295 S.) Gütersloh 878, Bertelsmann. *

— Missionsstunden. 1. u. 2. Bd. 2. Aufl. gr. 8. Ebend. n. 9. 20
1. Die Mission im Lichte der Bibel. (XV, 310 S.) 883. n. 4. 20
2. Die Mission in Bildern aus ihrer Geschichte. 1. Abtlg.: Afrika u. die Südsee. (XII, 334 S.) 886. n. 5. —; geb. n. 6. —

—— Missionsstunden. 1. Bd. und 2. Bd. 1. Abtl. gr. 8. Ebendas. *M 9.20.; geb. *

Inhalt:

Bd. 1. Die Mission im Lichte der Bibel. 3. Aufl. (XVI, 310 S.) 888. *M 4.20.; geb. *M 5.20.
„ 2. Die Mission in Bildern aus ihrer Geschichte. 1. Abtl.: Afrika und die Südsee. 2. verm. Aufl. (XII, 331 S.) 886. *M 5.—.; geb. *M 6.—.

— u. R. Grundemann, Missionsstunden. 2. Bd.: Die Mission in Bildern aus ihrer Geschichte. 2. Abtlg.: Asien u. Amerika. Von R. Grundemann. gr. 8. (XV, 299 S.) Ebd. 888. n. 4. 20; geb. n.n. 5. 20 (I—II, 2.: n. 13. 40; geb. n.n. 16. 40)

— Missionsstunden. 2. Bd. Die Mission in Bildern aus ihrer Geschichte. 1. Abtlg.: Afrika u. die Südsee. 3. Aufl. gr. 8. (XII, 352 S.) Ebd. 890. n. 5. —; geb. n.n. 6. —

—— u. Grundemann. Missionsstunden. 2. Bd. Die Mission in Bildern aus ihrer Geschichte. 2. Abtl. Asien u. Amerika. Von R. Grundemann. 2. Aufl. gr. 8. (XVI, 299 S.) Ebd. 891. * 4 20; geb. * 5 20

— Missionsstunden. 1. Bd. u. 2. Bd. 1. Abtlg. gr. 8. Gütersloh, C. Bertelsmann. n. 9. 20; geb. n. 11. 20
1. D. Mission im Lichte d. Bibel. 4., verm. Aufl. (XII, 350 S.) 895. n. 4. 20; geb. n. 5. 20
2. Die Mission in Bildern aus ihrer Geschichte. 1. Abtlg.: Afrika u. d. Südsee. 4. Aufl. (XI, 363 S.) 897. n. 5. —; geb. n.n. 6. —

— u. R. Grundemann, Missionsstunden. 2. Bd.: Die Mission in Bildern aus ihrer Geschichte. 2. Abtlg.: Asien u. Amerika. Von G. 3. verb. Aufl. gr. 8. (XVIII, 303 S.) Gütersloh 899. C. Bertelsmann. n. 4. 20; geb. n.n. 5.20

— Missionsstunden. 1. Bd.: Die Mission im Lichte der Bibel. 5. Aufl. (VII, 353 S.) gr. 8. Gütersloh 907. C. Bertelsmann. 4.20; geb. n 5. 20

— s.: Missions-Zeitschrift, allgem.

— Nacht u. Morgen auf Sumatra od. Schildergn. u. Erzählgn. aus dem Heidenthum u. der Mission unter den Batta's. 2., etwas verm. Aufl. gr. 8. (VI, 163 S. m. eingedr. Holzschn. u. 1 Holzschntaf.) Barmen 872. (Klein.) n.n. 1. —

—— Pflanzung und Pflege des Missionslebens in Gemeinde und Schule. gr. 8. (23 S.) Ebendas. 887. *
10 Exempl. *
Aus: Allgemeine Missions-Zeitschrift, besonders abgedruckt.

— die Pflichten d. Evangel. Bundes in Sachen d. evangel. Mission. Vortrag, geh. bei der 4. Generalversammlg. d. Evangel. Bundes in Stuttgart am Donnerstag, 25. Sept. 1890. gr. 8. (20 S.) Leipzig 890. Buchhandlg. des Evangel. Bundes v. C. Braun. n. — 20

— dasselbe, s.: Flugschriften d. Evangelischen Bundes.

Warneck, G., Pontius Pilatus, der Richter Jesu Christi. Ein Gemälde aus der Leidensgeschichte. Gotha 867. F. A. Perthes. gr. 8. (III, 210 S.) n. 1 ℳ

— Predigt zur Einweihung der neuen Kirche in Rothenschirmbach am 14. Dezbr. 1893 üb. Lukas 2, 49. gr. 8. (12 S.) Berlin 894. Buchh. der Berliner Stadtmission. n. — 20

— der gegenwärtige Romanismus im Lichte seiner Heidenmission, s.: Flugschriften d. Evangelischen Bundes.

— der Stand der Heidenmission im J. 1892, s.: Flugschriften des Evangelischen Bundes.

— die Stellung der evangelischen Mission zur Sklavenfrage. Geschichtlich u. theoretisch erörtert. 8. (126 S.) Gütersloh 889. Bertelsmann. n. 1. 50

— das Studium der Mission auf der Universität. Ein Beitrag zur Beantwortung der Frage: „Was muß geschehen um den Missionssinn in der heimathlichen Kirche zu beleben u. zu vertiefen?“ [Etwas veränd. Abdr. aus der Allg. Miss.-Zeitschrift.] gr. 8. (46 S.) Ebend. 877. n. — 40

— warum hat unsere Predigt nicht mehr Erfolg? Praktisch-theologische Aphorismen. Ein erweiterter Konferenz-Vortrag. 8. (59 S.) Gütersloh 880. Bertelsmann. n. — 80

—— Warum ist das 19. Jahrhundert ein Missionsjahrhundert? gr. 8. (36 S.) Halle 880, Fricke's Verlag. **

— welche Pflichten legen uns unsere Kolonien auf? s.: Zeitfragen d. christlichen Volkslebens.

— welchen Gewinn bringt d. Arbeit f. d. Mission Pastoren u. Gemeinden? Vortrag, geh. in d. Pastoral-Konferenz d. Wupperthaler Festwoche am 12. Aug. 1892 im Vereinshause zu Barmen. 12. (23 S.) Barmen 892. Comptoir d. Missionshauses. n.n. — 20

Warneck, Joh., unsere batakschen Gehilfen, s.a. Auf Missionspfaden. 4. Bdchn.

Warneck, Johann: Unsere batakschen Gehilfen, wie sie arbeiten u. wie an ihnen gearbeitet wird. Von Joh. Warneck, Lic. Miss.-Insp. Mit 10 Bild. Gütersloh: Bertelsmann 1908. 134 S. 8° (Auf Missionspfaden. Bdch. 4.)

— Die Religion der Batak, s.a. Religions-Urkunden der Völker. IV, 1.

Die Religion der Batak. Ein Paradigma f. d. animist. Religionen d. Indischen Archipels von Lic. Joh. **Warneck**. Mit 4 Abb. Leipzig: Dieterich 1909. (VI, 136 S.) 8°
= **Religions-Urkunden** d. Völker Abt. 4, Bd 1. [08. 17671

Warneck, Johs., s. Studien, Missionswissenschaftliche.

— Tobabataksch-deutsches Wörterbuch. (III, 251 S.) 8. Batavia 908. (Haag, M. Nijhoff.) Geb. in Leinw. nn 5. 60

Warneck, Nic. Alex., über die Bildung u. Entwicklung des Embryos bei den Gasteropoden, siehe: Bulletin de la Société Impériale des naturalistes de Moscou. Tome XXIII. 1. partie.

Warneck, Paul, ungeschminkte Briefe über das Münchener Hoftheater. I. 1. und 2. Aufl. gr. 8. (25 S.) München 882, Merhoff's Verlag. *

Warneck, W., Choralmelodien, s. Lange, W.

Warnecke, A., das Arends'sche Kurzschrift-System u. seine Gegner. 8. (16 S.) Mitau 889. (Besthorn.) n. — 20

Warnecke, A., Leben u. Wirken d. Lazarus v. Schwendi. 1. Tl. Jugendzeit u. diplomat. Thätigkeit im Dienste Karl's V. [Unter Benutzg. archival. Materials.] gr. 8. (IV, 75 S.) Göttingen 890. Vandenhoeck & Ruprecht's Verl. n. 1. 40

Warnecke, Adolf [aus Osnabrück]: Die Form des menschlichen Handelns ... (= Cap. III e. später erscheinenden Werkes.) Freiburg i. B., Univ.-Buchdr. v. Chr. Lehmann, 1892; 52 S. 8.
Freiburg i. B., Phil. Fak., Inaug.-Diss. v. 1892

Warnecke, Adolf [aus Markoldendorf]: Diplomatische Thätigkeit des Lazarus von Schwendi im Dienste Karls V. . . . . Einbeck, Buchdr. d. „Einb. Ztg." (J. Schroedter), 1890; 2 Bl. + 75 + 1 S. 8°
Göttingen, Phil. Fak., Inaug.-Diss. v. 2. Aug. 1889

Warnecke, Carl, s. Warnecke, Karl

Warnecke, Christian

— Überschriften. Nebst OPITZENS, TSCHERNINGS, ANDREAS GRYPHIUS und ADAM OLEARIUS Epigrammatischen Gedichten. Leipzig, Weidmanns Erben & Reich, 1780. 8°. XXXII, 436 S. 1 Bl. *Mit reizender Titelvign. von J. W. Meil.* Etwas beschabter und leicht ladierter Hldbd. d. Z. (Deckelpapier etwas später).
G. III, 340: 33, 7. EdF. 1379. Maltzahn III, 6. Wernicke (1661—1725) „dieser kühne und geistvolle Schriftsteller" gehört zweifellos zu den bemerkenswertesten Dichtern des Hochbarock. Selbst Goedeke (trotz seiner notorischen Kürze) widmet ihm eine ziemlich ausführliche und treffende Charakteristik.

— Poetischer Versuch, In einem Helden-Gedicht (Hans Sachs, S. 399—422) Und etlichen Schäffer-Gedichten, Mehrentheils aber in Ueberschrifften bestehend. Hamburg 1704. 8°. 16 Bll., 422 S. u. Reg. (In Göttingen: P. 3383.)

Warnecke, Christian.
Poetische Versuche in Ueberschriften . . . N. A. Zürich 1749. 63. H: *Bodmer, Joh. Jac.* (JL)

Warnecke (oder Wernicke), Christian. Herrn Wernikens, ehemaligen Königlich-Dänischen Staatsraths und Residenten zu Paris, Poetische Versuche in Ueberschriften; wie auch in Helden- und Schäfergedichten. Neue verbesserte Auflage. Zürich, Orell, Geßner und Comp., 1763. Kl 8°. *Titelkupfer* (von Sedler), 14 S. 14 Bl. 336 S. *Mit Titelvignette von S. Geßner.* Pbd. d. 19. Jahrh.
G. III. 340, 6. Zweite Auflage der Ausgabe J. J. BODMERS, der in s. panegyrischen Vorwort Wernicke den „deutschen Martial" nennt und, da die Originalausgaben damals schon selten waren, stolz ist, ihn der „Vergessenheit" zu entreißen.

Warnecke, Frz., über die Indicationen zur operativen Behandlung des Ulcus ventriculi u. seiner Complicationen, nebst e. Zusammenstellg. der durch die verschiedenen Operationsmethoden erzielten Erfolge. Am 10. VI. 1903 von der hohen medicin. Fakultät der Georg-August-Universität zu Göttingen gekrönte Preisschrift. (56 S. m. 14 Tab.) gr. 8. Göttingen 903. Vandenhoeck & Ruprecht. n. 5. —

Warnecke, Franz, approb. Arzt: Ueber die Indicationen zur operativen Behandlung des Ulcus ventriculi und seiner Complicationen, nebst einer Zusammenstellung der durch die verschiedenen Operationsmethoden erzielten Erfolge. *Göttingen 1901: Dieterich.* (56 S.) 8° ¶ Gekr. Preisschr.
Göttingen, Med. Diss. v. [17. März] 1904

Warnecke, F., die deutschen Bücherzeichen [ex-libris], von ihrem Ursprunge bis zur Gegenwart. Mit e. Titelbilde v. E. Doepler d. J., 21 Abbildgn. im Text u. 26 Taf. Lex.-8. (IV, VII, 256 S.) Berlin 890. Stargardt. n. 30. —

Warnecke, Frdr., s.a. Bücherzeichen (Ex-Libris) des XV. u. XVI. Jahrh.

Bücherzeichen (Ex-libris) des XV. u. XVI. Jahrhunderts von Dürer, Burgmair, Beham, Virgil Solis, Jost Amman u. A. hrsg. von Friedrich **Warnecke**. (In 5 H.) *Berlin: J. A. Stargardt 1894.* (16 S., 100 Taf.) 8° [11. 9859

Warnecke, F., Lucas Cranach der Aeltere. Beitrag zur Geschichte der Familie v. Cranach. Mit Kopfleisten u. Schlußstücken von E. Doppler, sowie einem kurfürstlich sächsischen (Chromolith.) u. zwei Cranachschen Wappen (Holzschn.) nach alten Vorbildern. gr. 4. (56 S.) Görlitz 879. Starke. n. 10. —

— üb. die geschichtliche Entwicklung der Stammbücher bis zum Ende des XVI. Jahrh., s.: Bry, Thdr. de, emblemata nobilitatis.

Goethe und Schiller. Von Dr. Friedrich **Warnecke**, Oberl. Weimar: Böhlau 1909. 15 S. 8° [09. 16084

Goethe, Spinoza und Jacobi. Von Friedrich **Warnecke**. Weimar: H. Böhlaus Nachf. 1908. (59 S.) 8° [08. 3712

Warnecke, F. Heraldisches Handbuch für Freunde der Wappenkunst, sowie für Künstler und Gewerbetreibende bearbeitet . . . von F. Warnecke mit . . . Handzeichnungen von E. Doepler d. J. und sonstigen Abbildungen . . . II. Auflage. Görlitz. Verlag von C. A. Starke 1880.
Tit., IV S., 1 Bl., 52 S. m. 10 Abb.; 34 Taf. 4°.
1. Aufl. ebenfalls 1880.

—. Heraldisches Handbuch für Freunde der Wappenkunst, sowie für Künstler und Gewerbetreibende bearbeitet . . . von F. Warnecke. Mit . . . Abbildungen nach Handzeichnungen von E. Doepler d. J. . . . VI. Auflage. Verlag von Heinrich Keller. Frankfurt a. M. 1893.
Tit., IV + 54 S., 1 Bl. m. 9 Abb.; 36 Taf. in Lithogr. 4°

Warnecke, F., heraldisches Handbuch, für Freunde der Wappenkunst, sowie für Künstler und Gewerbetreibende bearb. und mit Beihülfe des Kgl. Preuß. Cultus-Ministeriums hrsg. 4. Aufl. gr. 4. (VI, 52 S. mit 33 Taf. und 313 Handzeichnungen von E. Doepler d. J.) Frankfurt a. M. 887, Rommel. geb. *

— heraldisches Handbuch, f. Freunde der Wappenkunst, sowie f. Künstler u. Gewerbetreibende bearb. u. m. Beihülfe d. Kgl. Preuß. Cultus-Ministeriums hrsg., m. 313 Handzeichngn. v. E. Doepler d. J. 5. unveränd. Aufl. gr. 4. (VI, 52 S. m. 33 Taf.) Frankfurt a/M. 891. [Rommel.] H. Keller. Geb. n. 20. —

— dasselbe. Mit 318 Abbildgn. nach Handzeichngn. v. E. Doepler d. J. u. 1 Lichtdr.-Taf. 6. Aufl. Fol. (IV, 56 S. m. 35 Taf.) Frankfurt a/M. 892. H. Keller. Kart. n. 20. —; Probeheft n. 3. —

Warnecke, Friedrich: Heraldisches Handbuch für Freunde der Wappenkunst, sowie f. Künstler u. Gewerbetreibende bearb. von -. Mit 318 Abb. nach Handzeichn. von E. Doepler d. J. u. 1 Lichtdrucktaf. 6. Aufl. Frankfurt a.M.: H. Keller 1893. (IV, 54 S.) 4°

— Augsburger Hochzeitsbuch, enth. die in den J. 1484 bis 1591 stattgefundenen Heirathen. Nach 2 Handschriften hrsg. Mit Zeichngn. v. Ad. M. Hildebrand. (3 chromolith. Taf.) Lex.-8. (91 S.) Berlin 886. (R. Kühn.) n. 2. 50

Warnecke, Friedrich: 'Ad infinitum'. Der Kontrabaß. Seine Geschichte u. s. Zukunft. Probleme u. deren Lösung z. Hebung d. Kontrabaßspiels. Von -. Hamburg: Verl. d. Verf. (1909). Getr. Pag. 4°

— die mittelalterlichen heraldischen Kampfschilde in der St. Elisabeth-Kirche zu Marburg. Unter Benutzg. der v. L. Bickell angefertigten Aufnahmen u. Beschreibgn. bearb. u. hrsg. Mit 21 Taf. in Lichtdr., sowie 1 Titelbl. u. Abbildgn. im Text, gezeichnet v. E. Doepler d. J. gr. 4. (35 S.) Berlin 884. H. S. Hermann. geb. n. 15. —

— Kriegs-Stammbuch aus den Jahren 1870/71, enthaltend die Autographen u. Wappen der deutschen Fürsten, Heerführer, Diplomaten u. sonstiger hervorragender Persönlichkeiten. Festgabe zum 18. Jan. 1881. (In 15 Lfgn.) 1—5. Lfg. qu. Fol. (à 10 Chromolith. m. Facsms. u. 1 Bl. Text.) Ebend. 881. 82. à 16. —

——s.a **Kunstblätter, heraldische.**

Warnecke, Friedrich: Heraldische Kunstblätter nach in Kunstdruck u.s.w. ausgeführten Entwürfen von Martin Schongauer, Israel van Mecken, Albrecht Dürer, Virgil Solis, Jost Amman u.a. deutschen u. ausländ. hervorragenden Meistern hrsg. von Friedrich Warnecke. Facs.Dr. von Albert Frisch zu Berlin. Lfg [1] 4. Görlitz: Starke (4: Berlin: Stargardt) 1876–98. 2°

[1.] 1876. 2. 1877. 3. 1878. 4. Hrsg. von Emil Doepler d. J. 1898.

— heraldische Kunstblätter, nach im Kunstdruck u. s. w. ausgeführten Entwürfen v. Mart. Schongauer, Israel van Mecken, Albr. Dürer, Virgil Solis. Jost Amman u. anderen deutschen u. ausländischen hervorragenden Meistern hrsg. 3 Lfgn. gr. 4. (à 26 Blatt in Fksm.-Druck.) Görlitz. Berlin, J. A. Stargardt. In Mappe. à n. 28. —

1. 2. Aufl. (IV, 11 S. u. 2 Bl. Text.) 891. — 2. 3. (à 11 Bl. Text.) 877. 78.

Warnecke, F., Heraldische Kunstblätter. 4. Lfg. Hrsg. v. Emil Doepler d. J. Fol. (23 Lichtdr.-Taf. m. 10 S. Text.) Berlin 898. J. A. Stargardt. n. 10. — (1.—4: ermäss. Pr. n. 60. —)

— das Künstlerwappen. Ein Beitrag zur Kunstgeschichte. Mit Handzeichngn. v. E. Doepler d. J., O. Hupp, H. Lossow, F. Stuck rc. Lex.-8. (55 S. m. 3 farb. Taf.) Berlin 887. R. Kühn. n. 6. —

Warnecke, Friedrich, a. Burgstemmen: Goethes Mahomet-Problem. Halle a. S. 1907: E. Karras. (VIII, 50 S.) 8°
Halle, Phil. Fak., Ref. Strauch, Diss. v. 10. April 1907

[Geb. 12. März 81 Burgstemmen, Hann.; Wohnort: Halle a. S.; Staatsangeh.: Preußen; Vorbildung: Realgymn. Goslar Reife O. 03; Studium: Halle 7 S.; Rig. 25. Febr. 07.]

— heraldische Meister. 100 herald. Kunstblätter nach Entwürfen v. Mart. Schongauer, Israel van Mecken, Albr. Dürer, Virgil Solis, Jost Amman u. a. deutschen u. ausländ. hervorrag. Meistern. [Aus: „W., herald. Kunstblätter".] Fol. (26 Taf. m. 11 S. u. 2 Bl. Text.) Berlin 894. J. A. Stargardt. In Mappe. n. 20. —

—— Musterblätter für Künstler und Kunstgewerbtreibende, insbesondere für Glasmaler, nach Orig.-Entwürfen von Hans Holbein, Manuel Deutsch, Dan. Lindtmair, Chrph. Maurer u. A. 5 Lfgn. Fol. (100 Bl. in Lichtdr. mit 14 S. Text.) Berlin 880—84, H. S. Hermann. In Mappe à Lfg. *ℳ 20. *

—— **Musterblätter für Künstler und Kunstgewerbtreibende, insbesondere für Glasmaler, nach Orig.-Entwürfen von Hans Holbein, Manuel Deutsch, Dan. Lindtmair, Chrph. Maurer u. A. 6. Lfg. (Nachtrag.) Fol. (22 Lichtdr.-Taf.) Berlin 887, H. S. Hermann. In Mappe ***

Warnecke, F[riedrich]. Sammlung historischer Bildnisse und Trachten aus dem Stammbuch der Katharina von Canstein. Unter Mitwirkung des Frhn. E. R. v. Canstein herausgegeben von F. Warnecke. Berlin, H. S. Hermann 1885.
20 S., 115 Taf. 2°
Die Porträts stellen Angehörige niedersächsischer, hessischer und westfälischer Adelsgeschlechter aus der 2. H. des 16. bis in den Anfang des 18. Jahrh. dar.

— über die Stammbücher des XVII. Jahrh., s.: Bry, Joh. Thdr. de, emblemata saecularia.

Warnecke, G. C., wahre Geschichte eines verlorenen u. wiedergefund. Knabens im J. 1774. 8. Braunschw. 776. Meißner. 2 gr.

Warnecke, Georg [app. Arzt aus Göttingen]: Beitrag zur Operation und pathologischen Anatomie des Cysticercus intraocularis ... Göttingen, Druck d. Univ.-Buchdr. v. W. F. Kästner, 1893; 59 S. 8.
Göttingen, Med. Fak., Inaug.-Diss. v. [15. Jahr] 1893

Warnecke, Geo., Beitrag zur Operation u. pathologischen Anatomie des Cysticercus intraocularis. Diss. gr. 8. (59 S.) Göttingen 893. (Vandenhoeck & Ruprecht.) n. 1. 20

Warnecke, Geo. (I.). Kunstgeschichtliches Bilderbuch f. Schule u. Haus. gr. 4. (III, 41 S. in Holzschn.) Lpz. 889, E. A. Seemann. cart. * 1 60; geb. * 2 50

Warnecke, Geo., kunstgeschichtliches Bilderbuch f. Schule u. Haus. 2., verm. Aufl. gr. 4. (III, 45 S.) Leipzig 894. E. A. Seemann. Kart. n. 1. 80; geb. in Leinw. n. 2. 50

Warnecke, Geo., kunstgeschichtliches Bilderbuch f. Schule u. Haus. 4., verm. Aufl. gr. 4. (49 S. m. III S. Text.) Leipzig 902. E. A. Seemann. Kart. n. 2. —; geb. in Leinw. n. 2. 70

Warnecke, Geo., kunstgeschichtliches Bilderbuch f. Schule u. Haus. 6., verm. Aufl. (49 S. m. III S. Text.) 34,5×27,5 cm. Leipzig 907. E. A. Seemann. Kart. 2.—; geb. in Leinw. 2. 70

— Hauptwerke der bildenden Kunst in geschichtlichem Zusammenhange. Zur Einführg. erläutert. gr. 8. (VIII, 448 S. m. 441 Abbildgn. u. 4 Farbdr.) Ebd. 902. n. 6. —; geb. n. 7. 50

— Hauptwerke der bildenden Kunst in geschichtlichem Zusammenhange. Zur Einführg. erläutert. 2., verb. u. verm. Aufl. Mit 450 Abb. im Text u. 16 Farbendr.-Taf. (XII, 457 S.) Lex. 8. Ebd. 907. 6.—; geb. 7. 50

Warnecke, Geo., geschichtliches Hülfsbuch für die oberen Klassen der höheren Mädchenschulen. Mit besond. Berücksicht. der Litteraturgeschichte und Kunstgeschichte. gr. 8. (IX, 251 S. mit 9 Geschichtskarten.) Leipzig 888, Teubner. geb. *

Warnecke, Geo., Meisterwerke d. bildenden Kunst, s.: Seemann's Wandbilder.

Warnecke, Georg, aus Braunschweig: Ueber Nitrile von Monoalkylacetessigsäuren und über Amidopyrazole. *Heidelberg 1903: K. Rößler.* (61 S.) 8°
Heidelberg, Naturw.-math. Diss. v. 1903

Warnecke, Geo., passage and port-expenses-calculations, in concised form combined and published. 12. (8 S.) Varel 890. Bültmann & Gerriets Nachf. n. 2. —

— s.: Seemann's Wandbilder.

Warnecke, Georg, Medizinalprakt. d. Univ.-Frauenklinik: Aus d. Univ.-Frauenklinik zu Kiel. Die erweiterte abdominale Totalexstirpation des carcinomatösen Uterus an der Kieler Universitäts-Frauenklinik vom 1. Oktober 1901 bis 31. März 1908. (Ein Beitr. z. Carcinomstatistik.) Schleswig 1910: Bergas. 36 S. 8°
Kiel, Med. Diss. v. 8. Febr. 1910, Ref. Pfannenstiel
[Geb. 4. Mai 84 Schleswig; Wohnort: Kiel; Staatsangeh.: Preußen; Vorbildung: Gymn. Schleswig Reife O. 03; Studium: Freiburg i. B. 1, Leipzig 2, Jena 3, Marburg 1, Berlin 1, Kiel 3 S.; Coll. 29 Apr. 09; Approb. 25 Jan. 10.] [U 10. 2485

— Vorschule der Kunstgeschichte. Textbuch zu dem kunstgeschichtl. Bilderbuch. 8. (VIII, 92 S.) Leipzig 892. E. A. Seemann. Kart. n. 1. —; geb. n. 1. 35

— dasselbe. 2. Aufl. 8. (VIII, 98 S.) Ebd. 894. Kart. n. 1. 20; geb. in Leinw. n. 1. 60

— Vorschule der Kunstgeschichte. **Textbuch zu dem kunstgeschichtl. Bilderbuch. 4., verm. Aufl. gr. 8. (VIII, 118 S.) Leipzig 902. E. A. Seemann. Kart. n. 1. 20; geb. in Leinw. n. 1. 60**

Warnecke, Geo., Vorschule der Kunstgeschichte. **Textbuch** zu dem kunstgeschichtl. Bilderbuch. 6., **verm.** Aufl. (VI, 140 S.) 8. Leipzig 907. E. A. Seemann. Kart. 1. 20

Warnecke, Gustav: Ueber Diaminodisulfonsäuren aus H-Säure und Amino-R-Säure. Giessen 1909: Kindt. 52 S. 8°
Gießen, Phil. Diss. v. 18. März 1909, Ref. Elbs
[Geb. 25. Jan. 84 Wiesbaden; Wohnort: Gießen; Staatsangeh.: Preußen; Vorbildung: Realgymn. Wiesbaden Reife O. 03; Studium: München 1, Gießen 3, Berlin Techn. Hochsch. 1, Gießen 4 S.; Rig. 28 Nov. 08.] [U 09. 1212

Warnecke, Heinrich Konrad Wilhelm, s. Warnecke, Konrad Heinrich Wilhelm

Warnecke, Hermann [aus Ebstorf (Hannover)]: Metrische und sprachliche Abhandlung über das dem Berol zugeschriebene Tristran-Fragment nebst Bestimmung des Ortes und der Zeit der Abfassung desselben . . . . Göttingen, Druck d. Univ.-Buchdr. v. E. A. Huth, 1887; 60 S. + 1 Bl. 8°
Göttingen, Phil. Fak., Inaug.-Diss. v. 4. Mai 1887

Warnecke, Herm., metrische und sprachliche Abhandlung über das dem Berol zugeschriebene Tristran-Fragment, nebst Bestimmung des Ortes und der Zeit der Abfassung desselben. Inaugural-Dissertation. gr. 8. (60 S.) Göttingen 887. (Erlangen, Deichert'sche Verlagsh. Nachf.) *

Warnecke, Herm., der Chemiker, s.a. Buch, das, der Berufe.

WARNECKE, H.
Der Chemiker. Ein Führer und Berather beim Studium der Chemie. Hannover, 1900. 8vo. Ill.

Warnecke, Hermann: Denkschrift über den Ausbau der Realschule in Wittenberge zu einer Vollanstalt. Im Auftr. d. Kuratoriums d. Realschule verf. von Realschuldir. Dr. Wittenberge (1907): M. Böcker. (8 S.) 4°

Warnecke, (Hermann), Dr., Dir.: Einweihung des neuen Realschulgebäudes am 20. April 1900. (Umschlagt.: Bericht über die Einweihung . . .) *Wittenberge 1901: Th. Gotthardt.* (S. 3—12.) 4° [ℨ.]
Wittenberge, R, P 1901 (141)

Warnecke, Herm., Lehrbuch der Botanik f. Pharmaceuten u. Mediciner. Einführung in das Studium der Pharmakognosie d. Pflanzenreiches. Mit 338 Text-Abbildgn., grösstentheils vom Verf. auf Holz gezeichnet. gr. 8. (XII, 364 S.) Braunschweig 892. H. Bruhn. n. 8. 60

Warnecke, [Hermann], Dir. Dr.: Welche Bedeutung hat der Unterricht in englischer (und französischer) Volks- und Landeskunde für die Geistesbildung, und wie können die Realanstalten die Kenntnis derselben vermitteln? *Wittenberge 1903: Th. Gotthardt.* (S. 1—X.) 4° [ℨ.] [Umschlagt.]
Wittenberge, R, P 1903 (153)

Warnecke, Hermann [aus Uelzen]: Über Wr[illegible] und Osswrightin . . . Berlin, Druck d. norddeutsch. Buchdr. u. Verlagsanst., 1888; 27 S. 8°
Erlangen, Phil. Fak., Inaug.-Diss. v. [illegible]

Warnecke, J., s.: Realienbuch f. einfache Schulverhältnisse.

Warnecke, J., Realienbuch f. einfache Schulverhältnisse, bezw. f. **Taubstummen-Anstalten, s.: Debus, G.**

Warnecke, J., s.: Realienbuch f. Taubstummen-Anstalten.

***Warnecke*, J., Commentatio** de servitut. pascendi et de **compascuis. 8. Götting. 803.** Brose. 4 gr.

Warnecke, J. F., über die Verrenkung des Oberarms aus dem Schultergelenke u. deren Heilart, mit der Beschreib. einer neuen Maschine zum Einrichten desselben, mit 3 Kpf. gr. 8. Nürnb. 810. Monath u. K. 8 gr.

— s. Cadogan, üb. d. Säugen d. Kinder.

Warnecke, Karl

Warnecke, Carolus (geb. am 31 Okt. 1836 in Meinerzhagen Westf.): De curatione fistulae vesico-vaginalis . . . Bonnae, typ. expr. P. Neusser 1864. 2 Bl., 25 S., 1 Bl. 8.
Bonn, Med. Fak., Diss. v. 21 März 1864

Warnecke, Konrad Heinrich Wilhelm

Henr. Conr. Wilh. Warnecke [Konrad Heinrich Wilhelm Warnecke]: Nonnulla de cancro. Berolini (1823:) Starck. 32 S. 8°
Berlin, Med. Diss. v. 28. Okt. 1823
2. Ex.: Mx 308 (5)

Warnecke, Rudolf, a. Goslar a. H.: Die Syntax des betonten Reflexivpronomens im Französischen. Göttingen 1908: Dieterich. (XVIII, 118 S.) 8°
Göttingen, Phil. Fak., Ref. Stimming, Diss. v. 25. Mai 1908
[Geb. 5. Febr. 85 Braunschweig; Wohnort: Braunschweig; Staatsangeh.: Braunschweig; Vorbildung: Gymn. Goslar Reife O. 03; Studium: Halle 1, Göttingen 5 S.; Rig. 4. Dez. 07.]

Warnecke, Thdr., Beiträge zur Geschichte der Stadt Münder. 8. (100 S.) Osnabrück 899. (Hannover, H. Fresche.) Geb. in Leinw. n.n. 1. 60

Warnecke, Theodor: Beiträge zur Geschichte der Stadt Münder von , Pastor zu Münder. Osnabrück: J. G. Kisling. (98 S.) 8°

Warnecke, Th., die Pfarren u. Pfarrer der Inspektion Springe, s.: Pfarren u. Pfarrer, die hannov., seit der Reformation.

Warnecke, W., Choral-Melodieen, s.: Lange, W.

Warnef, od. d. Sohn d. Liebe; e. interessante Gesch. v. A. Spengler. 8. Lpz. H. Richter. 802. — 12

Warneford, die merkwürdigsten engl. Criminal-Geschichten, siehe: Bibliothek, Europäische, 690—693. Bd.

Warneford, Schmugglergeschichten. 2 Bde. Leipzig 858. Kollmann. 8. (2 Bl., 150; 2 Bl., 164 S.) 1 ℛ. 5 ngr.

Warnefried, Paul, oder über die Verbeff. d. Schulanstalten, s.a. K. Tr. Thieme.

Warnefried, Paul, oder über die Verbesserung der Schulanstalten . . . Leipzig 1787. V: *Thieme, Carl Traugott.* (MGT) (Ky)

Warnefried, s.: Internationale, die schwarze.

Warnefried, Carl Bor. Aug., Anfang u. Ende der Irren u. Wirren in unseren Tagen m. Bezug auf Recht u. Freiheit beleuchtet m. der Fackel der Wahrheit. 8. (201 S.) Regensburg 873. Manz. 2. —

— merkwürdige Gesichte, Prophezeihungen u. göttliche Offenbarungen üb. Kirche u. Staat, namentlich üb. Deutschland, Frankreich, Italien u. Rom. 8. (289 S.) Ebend. 871. 2. 70

Warnefried, Carl Borrom. August., Pilgerfahrt nach den Vereinigten Staaten von Nord-Amerika. Enthaltend: Skizzen über die dortigen socialen und polit. Zustände während der J. 1849—1856. 8. (480 S.) Köln 857, (Bachem.)

— Seherblicke in die Zukunft. Eine Sammlung auserlesener Prophezeiungen, mit Bezug auf unsere Zeit. 1—3. Abthl. 8. (852 S.) Regensburg 861, Manz. à Abthl. 22½ Ngr.

Warnefried, Carl Borrom. Aug., Visionen und Offenbarungen der Augustinerin Anna Catharina Emmerich und anderer Ordenspersonen über Vergangenheit, Gegenwart und Zukunft der Kirche, mit Rücksicht auf den Ursprung und Verlauf des Uebels in unserm revolutionären Jahrh. 8. (198 S.) Regensburg 877, Manz.

Warnefried, P., Geschichte der Langobarden, s.a. Sammlung d. vorzügl. Quellenschriftsteller.

Warnefrieds, Paul, Diakons von Forum Julii Geschichte der Langobarden. Zum erstenmale nach einem Codex der königlichen Bibliothek zu Bamberg aus dem X. Jahrhundert übersetzt und mit Anmerkungen versehen von C. v. Spruner, k. bayer. Lieut. (Aus: „Sammlung der vorzüglichsten Quellenschriftsteller zur Geschichte der germanischen Stämme. Vom Beginne der Völkerwanderung bis zur Periode der Karolinger".) 8. Hamburg 1838.

Warnehmungen, Politisch-medicinische, welche von Jedermann zur Erhaltung der Gesundheit . . . können gebraucht werden . . . Schmalkalden 1768. V: *Merkel, Samuel Tobias.* (MI.)

Warnek von Ufeld oder das Skelet, Geschichte aus dem vierzehnten Jahrhundert, aus mündlichen und schriftlichen Traditionen zusammengetragen, 8. Köthen, 796. Aue. 10 sgl.

Warnek, Werner, appr. Arzt a. Bielefeld: Aus d. Königl. Psychiatrischen u. Nerven-Klinik zu Kiel. Beitrag zur prognostischen Beurteilung der Paranoia. Kiel 1906: H. Fiencke. (43 S.) 8°

Kiel, Med. Fak., Ref. Siemerling, Diss. v. 18. Jan. 1906

[Geb. 16. Juli 81 Bielefeld; Wohnort: Bielefeld; Staatsangeh.: Preußen; Vorbildung: Gymn. Bielefeld Reife O. 00; Studium: Tübingen 3, Kiel 3, Göttingen 1, Kiel 2 S.; Coll. 21. Dez. 05; Approb. 1. Aug. 05.]

Warneke's, Alb., literarische Monatsblätter. Hrsg. u. Schriftleiter: Alb. Warneke. 1. Jahrg. Oktbr. 1905—Septbr. 1906. 12 Hefte. (à ca. 48 S.) gr. 8. Braunschweig, J. Neumeyer. n. 6. —

Warneke, Alb., s. a. Monatsblätter f. deutsche Litteratur.

Warneke, Carl, s. Warneke, Karl

Warneke, Geo., de tetani causa et natura. Comment. physiol.-patholog., praem. reg. ornata. 4 maj. (6 B.) Gottingae 810, Vandenhoeck et Ruprecht.

Warneke, Karl

Warneke, Carl: Ueber die quantitative Bestimmung der Harnsäure im menschlichen Urin. Auf Grund eigener Untersuchungen ausgeführt im Laboratorium der mediz. Klinik zu Göttingen. *Göttingen 1858: E. A. Huth.* (38 S.) 8°

Göttingen, Med. Diss. v. [7. März] 1858

Warneke, Theodor, s. Warnecke.

Warneken, Emil G., a. Burgdamm, Referendar in Bremen: Lade- u. Löschfristen im Seerecht. Vegesack 1908: F. W. L. Borowsky. (104 S.) 8°

Erlangen, Jur. Fak., Ref. Sehling, Diss. v. 22. Mai 1908

[Geb. 20. Aug. 85 Burgdamm (Hannover); Wohnort: Schönebeck b. Bremen; Staatsangeh.: Bremen; Vorbildung: Realgymn. Vegesack Reife O. 03; Studium: Tübingen 3, Berlin 1, Kiel 3 S.; Rig. 29. Febr. 08.]

Warneken, H. B., Behandlung der Weinrebe im Traubenhause u. ihre sonstige Verwendung in Norddeutschland. gr. 8. (46 S.) Berlin 884. Parey. n. 1. —

Warneken, H. B., die Kultur des Obstbaumes im Topfe u. dessen Behandlung im Freien u. im Obsthause. Mit 7 Abbildgn. gr. 8. (IV, 56 S.) Frankfurt a/O. 889. Trowitzsch & Sohn. n. 1. —

Warnekros, David Wilhelm (Stralsund) A. S. 634/21

Disputatio inauguralis iuridica sistens quaestionem: an actio pignoratitia directa contra tertium possessorem instituí queat ?
Präs. Christian Nikolaus Schlichtkrull.
Greifswald (Röse) 16. VI. 1777. 36 S.

Gew.: Friedrich Wilhelm Gf. von Hessenstein.

35826

Warnekros, Dav. Wlh., († d. 18. Nov. 1809.) Nachr. von der Overkamp. Armen- u. Freischule in Greifswald; nebst d. skizzirten Leben d. Stifters. 8. Greifsw. 795.

Warnekros, Ehreg. Ulr., Abhandl. über geburtshülfl. Gegenstände. 2 Stücke. 8. Rostock 808. Stiller. 10 gr.

— über e. d. Geburtshülfe betreff. Gegenstände. 8. Greifsw. 806.

— fortgesetzte Nachrr. von d. Overkampischen Armen- u. Freischule in Greifswald. 8. Greifsw. 821.

Warnekros, Ehregott Ulrich: De P a r t u b u s regularibus et irregularibus. Ienae (1803:) Goepferdt. 30 S. 8°
Jena, Med. Diss. v. 28. Mai 1803.

Warnekros, Heinrich Ehrenfried

— Apologie u. Leben Epicurs. gr. 8. Greifsw. 795. (Reimer in Berl.) 8 gr

— A u f s ä tz e a. d. Literatur, Weltweisheit u. schönen Wissenschaften. gr. 8. Greifswalde, Ethard. (Lange in Berlin.) 795.

— Aufsätze aus d. Literatur, Weltweisheit u. schönen Wissenschaften. gr. 8. Greifsw. 795. (Reimer in Berl.) 14 gr

W a r n e k r o s, Heinr. Ehrenfr., Entwurf d. hebräischen Alterthümer. 3., umgearb. u. durchgängig verb. Aufl. v. A. G. Hoffmann. — A. u. d. T.: Entwurf d. hebr. Alterthümer. Hrsg. v Andr. Gtlo. Hoffmann. gr. 8. (45½ B.) Weimar 832. [Leipzig, Böhme.]

Warnekros, Hnr. Ehrnfr., († d. 8. Oct. 1807.) Entwurf der hebräischen Alterthümer z. Gebrauch akadem. Vorlesungen. gr. 8. Weim. 782. 2e verb. Aufl. 794. Hoffmann. 1 Rthl. 12 gr 3e, gänzlich umgearb. u. durchgängig verb. Aufl. von Dr. A. G. Hoffmann. — Auch u. d. T.: Entwurf d. hebr. Alterthümer. Herausg. vom Kirchenrath, Prof. Dr. Andr. Glo. Hoffmann. gr. 8. Ebd. 832. Ebd. 2 Rthl. 21 gr

— commentatio philolog.-histor. de Palaestina fertilitate, praecipuisque illius dotibus cum Aegypto comparatis. 4. Greifsw. 778.

— Geist des Shakespear's. 2 Thle. 8. Leipz. 786. Barth. 1 Rthl. 6 gr

Warnekros, Hnr. Ehrnfr., Versuche aus d. Literatur, Weltweisheit u. den schönen Wissenschaften. 1r Thl. 8. Rostock 780. Koppe. (Stiller). 8 gr

Warnekros, Kurt, pr. Arzt: Ueber die Funktion des M. constrictor pharyngis sup. bei der Sprache unter normalen und pathologischen Verhältnissen. Berlin 1908: Schumacher. 32 S. 8°
Berlin, Med. Diss. v. 22. Dez. 1908, Ref. Waldeyer
[Geb. 15. Nov. 82 Neustrelitz; Wohnort: Grunewald-Kolonie; Staatsangeh.: Preußen; Vorbildung: Gymn. Wiesbaden Reife O. 02; Studium: Berlin 5, Würzburg 1, Berlin 4 S.; Coll. 15. März 08; Approb. 15. Juli 08; [U. 09. 120

Warnekros, Ludwig [aus Gefell, Prof. am zahnärztl. Inst. d. Kgl. Univ.]: Die Fixirung der Bewegungen des Unterkiefers beim Kauakt u. ihre genaue Berücksichtigg beim Zahnersatz, ermöglicht durch d. neuen Artikulator d. Berliner zahnärztl. Instituts ... Berlin, gedr. bei L. Schumacher, 1892; 31 S. 8.
Berlin, Med. Fak. Inaug.-Diss. v. 5. März 1892

W a r n e k r o s, Ludw., das Füllen der Zähne bei intacter Pulpa. Mit besond. Berücksicht. der Verwendung von cohäsiver Goldfolie. gr. 8. (VIII, 108 S. mit 150 in den Text gedr. Abbild., zum Theil mit Golddruck.) Berlin 888, Bohne. ** geb. **

Warnekros, (Ludw.), Gaumenspalten. 2. verm. u. veränd. Aufl. (47 S. m. Abbildgn.) Lex. 8. Berlin 909. A. Hirschwald. 1.—

Warnekros, L., über die Ursachen des frühzeitigen Verlustes der Zähne. Vortrag, geh. in der Berliner medizin. Gesellschaft am 7. II. 1906. (22 S. m. 25 Abb.) gr. 8. Berlin 906. A. Hirschwald. n.n. — 50
Sonderabdruck aus: „Berliner klin. Wochenschr."

Warnelaut. Ein Wort f. Jedermann. gr. 8. (16 S.) Darmstadt 871. (Barmen, Klein.) n. — 25

W a r n e l a u t, Jak., freimüthige Vergleichungen, s. a. V e r g l e i c h u n g e n.

Warnelaut, J., (Psdn.) freimüthige Vergleichungen der Zeichen unserer Zeit, mit bibl. Weissagungen vom Antichrist, seit Anfang der französ. Revolution bis auf die jetzigen Ereignisse im Orient. gr. 8. Stuttg. 829. (Brodhag). 8 gr

Warnemuinde, Joach. Chr., († ...) differentiarum juris civilis et Mecklenburgici specimen, methodo institutionum imp. propositum. 4. Güstrov 750; a. Wismar 751. ... 8 gr

Warnemund, Ernst, vom Verderben zurück! Erzählung. 1.—10. Taus. (61 S.) 8. Hamburg (904). Hanseat. Druck- u. Verlagsanstalt. n. — 50

W a r n e m u n d, Paulus, die badische Generalsynode von 1881. 1. und 2. Aufl. gr. 8. (24 S.) Karlsruhe 881, (Reiff.)

—— moderne Ketzereien. Kritische Spaziergänge. gr. 8. (25 S.) Ebendas. 882. *

Warnemünde [Sachliches OW]

Warnemünde. Ein unentbehrlicher Rathgeber besonders für Badegäste. Mit (lith. u.) color. Plan (in qu. 4.) u. vollständ. Adreßbuch 1867. Rostock 867. Hinstorff'sche Hofbuchh. 16. (III, 54 S. mit 1 Holzschntaf.) cart. n. 10 ngr

Warnemünde [Schlagwort]

Warnemünde-Berlin, s.: A u t o m o b i l k a r t e n. Pharus-Auto-Strecke.

Warnemünde, s.: **Ostseebäder.**

Warnemünde [Verfasser]

Warnemünde, Carl, c. soziale Epistel an das deutsche Volk. gr. 8. (27 S.) Berlin 894. Bibliograph. Bureau. n. —40

W a r n e r, Ferdinand, d. arme Flötenspieler, v. A. G. Eberhard. 2 Bde. 8. Halle, Renger. 802. 2 16

Warner jr., Brainard H(enry), aus Washington D. C.: Die Organisation und Bedeutung der freien öffentlichen Arbeitnachweisämter in den Vereinigten Staaten von Nordamerika. *Leipzig: Jäh & Schunke 1903.* (99 S.) 8° ¶ [— Volkswirtsch. u. wirtschaftsgesch. Abhandl., H. 8.]
Leipzig, Phil. Diss. v. [25. Juni] 1903

Warner jr., Brainard H., die Organisation u. Bedeutung der freien öffentlichen Arbeitsnachweisämter in den Vereinigten Staaten v. Nordamerika, s. a. A b h a n d l u n g e n, volkswirtschaftliche u. wirtschaftsgeschichtliche. 8. Hft.

Die Organisation und Bedeutung der freien öffentlichen Arbeitnachweisämter in den Vereinigten Staaten von Nordamerika. Von Dr. B r a i n a r d H. W a r n e r jr. *Leipzig: Jäh & Schunke 1903.* (99 S.) 8°
— A b h a n d l u n g e n. V o l k s w i r t s c h a f t l i c h e u. wirtschaftsgesch. H. 8.

Warner, Charles Dudley, my summer in a garden. With an introduction by Henry Ward Beecher. gr. 16. (249 S.) Leipzig 871. Loewe. geb. n. 1. 80

Warner, my winter on the Nile, s.: Library, the English.

— das vergoldete **Zeitalter**, s.: **Humoristen**, amerikanische.

Warner, Eckart, s. a. **Briefe moderner Dunkelmänner**.

Briefe moderner Dunkelmänner. Hrsg. von Eckart **Warner**. Leipzig: Wigand 1883. VI, 172 S. 8°
„Allen Brüdern der grossen unsichtbaren Loge von Deutschland zum siegenden Licht gewidmet am Johannisfest 1883." Betrachtungen üb. kirchliche Fragen u. Angelegenheiten; gegen den Pietismus.

Warner, Eckart, Briefe moderner Dunkelmänner. II. Theil. 2. unveränderte Auflage. Gr.-8. (XII, 140 S.) Leipzig: Wigand 1896. 1.20

Warner, Eckart (S. Simoneit), die Eklampsie oder der Sommernachtsball in Villa Nova. Satirische Kulturskizze aus dem deutschen Osten. (Umschlag: 2. verm. Aufl.) 8. (89 S.) Königsberg 900. (Bon's Buchh.) n. 1. —

Warner, F. A., der Schaden des Branntweintrinkens. Eine einfache Erzählung z. Belehrung f. das deutsche Volk. 2. Aufl. 8. (2⅓ B.) Jüterbog 813, Colditz. Thlr. *

Warner, Ferd., die neuesten sächs. Auswanderer nach Amerika. Charaktergemälde d. Gegenwart. gr. 12. (3⅔ B. u. 1 Abbild.) Leipzig 839, Polet.

Warner, Ferdinand. Vollständige und deutliche Beschreibung der Gicht: a. d. Engl. . . . Königsberg 1770. Ü: *Hamann, Johann Georg.* (ML) (Ky) (K-N)

Warner, Fd., vollst. u. deutl. Beschreib. der Gicht; aus d. Engl. übers. mit e. Vorrede (v. J. G. Hamann). 8. Königsb. 770. Dengel. 12 ℊℊ

Warner, Fr. Von der Krankheit der Zeit u. dem, was zum Heile wäre. Mit besond. Verwerthg. frappanter Warngn. aus dem griech. u. röm. Alterthum. gr. 8. (41 S.) Münster i. W. 890, Theissing. * 1 —

Warner, Friedtlieb Chr.: „Prudentia politica christiana, Das ist: Beschreibung einer Christlichen Nützlichen vnd guten Policey / wie dieselbe beschaffen sein solle / auch mit Gottes hülffe im gutem Zustandt erhalten werden könne. Durch Vergleichung deren mit dem Menschlichen Cörper vnd dessen Gliedmassen vnd Eigenschafften . . .", Goslar 1614 (gedruckt durch Johann Voigt). — Vorh.: StB Nürnberg.

Warner, H., s. a.: **Blendl, Hans.**

— **das zweite Problem. Eine sozial-eth. Studie.** (VII, 76 S.) 8. Dresden (906). E. Pierson. n. 1.50; geb. n. 2.50

Warner, Hans, Berlin oder Rom. Katholische Novelle aus der Neuzeit. 8. (78 S.) Luxemburg 874. Brück. — 60

Warner, J. H. Amerikanische Historie. By Johann Klotz. Annville, Pa., n. d.

Warner, Joseph: Von den Krankheiten der Hoden und ihrer Häute nebst ihrer Heilung. (An Account of the testicles, their common coverings and coats; and the diseases to which they are liable. With the method of treating them. Dt.) 84 S., gbd.

Gotha: Ettinger 1775

JB 3.748

— **chirurgische Vorfälle u. Bemerkungen; aus d. Engl. nach d. 4n Ausg. gr. 8. Leipz. 787. Fritsch. (Hahn).** 20 ℊℊ

Warner [Julius], Prof.: Zur Geschichte des Gymnasiums seit 1857. (Hamm i. W. 1907: E. Griebsch.) (Festschrift S. 160—211.) 8° [F.]
Hamm i. W., k. G OP 1907 (431)

Warnerin, Die. Romantisches Gemälde . . . Herausg. von G. Lotz. Hamburg 1831. V: *Heidewaldt, Adalbert von.* (GGr IX, 386; X, 532) (Zeitschr. f. Büch. N. F. 15, 1923, 127)

Warner's, Dr. F., oder des Hrn. Geheimderaths Schubarts, Edlen v. Kleefeld, Leben u. Thaten. 8. Leipz. ... (André). 3 ℊℊ

Warnéry, Karl Emanuel von

de Warnéry. Anecdotes et pensées historiques et militaires. 4 Halle 1781

(v. Warnery.) Bemerkungen über die Cavalerie. A. d. Franz. 8 Leipzig 1828

— **Campagnes de Frédéric II., Roi de Prusse, de 1756 à 1762. 8. Wien 788.**

v. Warnery, Karl Em., († d. 9. Mai 1786.) **Commentaires sur les Commentaires de Comte de Turpin sur Montecuculi; avec des notes relatives à l'Histoire militaire du Siècle présent, s. *Commentaires*, u. setze hinzu: (p. K. E. de Warnery).**

Warnéry, ausgewählte Erzählungen, s.: Schulbibliothek, französische u. englische (Conteurs modernes).

Warnery, Carl Emanuel von. Feldzüge Friedrichs II. Hannover 1785—91. Ü: *Scharnhorst, Georg von.* (Ky)

v. **Warnery.** Feldzüge Friedrichs II von 1756—1763. A. d. Franz. 2 Bd. (VIII. 522) 8. M. Pl. Hannover 1788. 3,25.

— Feldzüge Friedrichs II., Königs von Preussen, seit 1756 bis 1762. Aus dem Französischen. Theil 1. 2. Hannover 1789. 8.

— **mélanges de remarques sur tout sur César et autres auteurs militaires, anciens et modernes. 8. Warschau. (Dresd.) 782. Walther. 1 ₰**

— **remarques sur la Cavalerie. 8. Lublin 781. ... Deutsch. 8. 782.**

— **remarque sur l'essai général de tactique de Mr. de Guibert. 8. Warschau (Dresd.) 782. Walther.** 12 ℊℊ

s. Remarques militaires sur plusieurs auteurs militaires etc. autres.

s.a. Remarques sur le militaire des Turcs.

— Remarques sur le militaire des Turcs et des Russes, sur la façon la plus convenable de combattre les premiers sur la marine des deux empires belligérans, avec des plans. 8. Breslau, W. G. Korn. 771.

Warnery, C. E. v. Sämmtliche Schriften, a. d. Franz. . . . Hann. 1785—91. Ü: *Schmalz.* (schl) H: *Scharnhorst, Georg von.* (MGT) (Ky)

— sämmtliche militairische Schriften; aus d. Französ. mit Pl. u. Erläut. verm. (v. G. v. Scharnhorst). 9 Thle. 8. Hannov. 785—91. Helwing. 6 rℓ 6 gr (7r u. 8r Thl. Auch u. d. T.: Feldzüge Friedrichs II. 1 rℓ 2 gr, 9r Thl. Auch u. d. T.: Bemerkk. über den Versuch d. Kriegskunst d. Obrist. v. Guibert; aus d. Französ. v. W. Schwenke. 18 gr)

Warnes, Franz Theodor (Paderborn) A. S. 832/1

Dissertatio inauguralis de foro ministrorum principis delinquentium. Präs. Augustin Leyser. Helmstedt (Hess) 29. XI. 1721. 48 S.

Gew.: Wilhelm Hermann Fhr. Wolff Metternich von Gracht. 35828

Warneyer, Jo. Karl August (Magdeburg) U. S. Halle 1788/3

Dissertatio iuridica de legato rei alienae quae est res tertii. Präs. Daniel Nettelbladt. Halle (Hendel) 16. VIII. 1788. 34 S.

Gew.: Fhr. Christ. Friedrich Wilhelm von Hagen. 35829

Warneyer, Johann Ludwig (Zerbst) A. S. 68/19

De iure testandi unientibus post initam unionem prolium competente, caussisque, quare non ubique unio prolium frequens, sublatis.
Präs. Johann Hartwig Reuter.
Halle (Hendel) I. 1750. 31 S. 35830

Warneyer, Johann Ludwig (Zerbst) A. S. 302/15

De iure testandi unientibus post initam unionem prolium competente, caussisque, quare non ubique unio prolium frequens, sublatis.
Präs. Johann Hartwich Reuter.
Halle (Hilliger) IV. 1750. 39 S. 35831

Warneyer, Otto, das bürgerliche Gesetzbuch f. das Deutsche Reich, s.a. Handbibliothek, juristische.

Warneyer, O.: Das Bürgerliche Gesetzbuch für das Deutsche Reich nebst dem Einf.-Ges. erl. durch die Rechtsprechung. Leipzig 1905.
(Jurist. Handbibliothek. Hrsg. von Hallbauer. Bd 174.)
— 2. Aufl. 1907.
— 3. „ 1911.

— s.a. Jahrbuch d. Entscheidgn. usw. d. Zivil-, Handels- u. Prozeßrechts.

— Jahrbuch der Entscheidungen. A. Zivil-, Handels- und Prozeßrecht. Unter Mitwirkg. v. Meves u. Gutmann, bezw. Meves, Krause u. Nollner hrsg. v. Otto Warneyer. 5.—8. Jahrg. gr. 8. Leipzig, Roßberg'sche Verlagsbuchh. Geb. in Leinw. 38. —
5. enth. die Literatur u. Rechtsprechg. des J. 1906 zu BGB., EGBGB., HGB., WO., ZPO., KO., AnfG., FGG., GVG., GBO. u. 49 anderen Gesetzen. (XVI, 482 S.) 907. Geb. 8. —
6. enth. die Literatur u. Rechtsprechg. des J. 1907 zu BGB., EGBGB., HGB., WO., ZPO., KO., AnfG., FGG., GVG., GBO. u. 40 anderen Gesetzen. (XVI, 576 S.) 907. Geb. 9. —
7. enth. die Literatur u. Rechtsprechg. des J. 1908 zu BGB., EGBGB., HGB., WO., ZPO., KO., AnfG., FGG., GVG., GBO. u. 71 anderen Gesetzen. (XVI, 678 S.) 909. Geb. 11. —
8. enth. die Literatur u. Rechtsprechg. des J. 1909 zu BGB., EGBGB., HGB., WO., ZPO., KO., Anf.G., FGG., GVG., GBO. u. 89 anderen Reichsgesetzen u. 234 Landesgesetzen. (XX, 628 S.) 910. Geb. 10. —

— dasselbe. B. Strafrecht u. Strafprozeß. Unter Mitwirkg. v. Hans Braun bearb. v. Geo. Rosenmüller. 1.—4. Jahrg. gr. 8. Ebd. Geb. in Leinw. 27. —
1. enth. die Literatur u. Rechtsprechg. des J. 1906 zu StGB., StPO., GewO., MStGB., MStGO. u. 52 anderen Gesetzen. (XII, 216 S.) 907. Geb. 4. —
2. enth. die Literatur u. Rechtsprechg. des J. 1907 zu StGB., StPO., GewO., MStGB., MStGO. u. 67 anderen Gesetzen. (XIII, 293 S.) 908. Geb. 6. —
3. enth. die Literatur u. Rechtsprechg. des J. 1908 zu StGB., StPO., GewO., MStGB., MStGO. sowie 73 and. Reichs- u. 121 Landesgesetzen. (XVI, 355 S.) 909. Geb. 8. —
4. enth. die Literatur u. Rechtsprechg. des J. 1909 zu StGB., StPO., GewO., MStGB., MStGO. sowie 78 and. Reichs- u. 188 Landesgesetzen. (XXIII, 398 S.) 910. Geb. 9. —

— dasselbe. C. Arbeiterversicherungsrecht. Bearb. v. Dannenberg. 1. u. 2. Jahrg., enth. die Literatur u. Rechtsprechg. d. J. 1907 u. 1908 zum Krankenversicherungsgesetz, Hilfskassengesetz, Gewerbe-Unfallversicherungsgesetz, Unfallversicherungsgesetz f. Land- u. Forstwirtschaft, Bau-Unfallversicherungsgesetz, See-Unfallversicherungsgesetz, Gesetz, betr. die Unfallfürsorge f. Gefangene, Gesetz, betr. die Fürsorge f. Beamte u. Personen des Soldatenstandes infolge v. Betriebsunfällen, Invalidenversicherungsgesetz, zur kaiserl. Verordng., betr. den Geschäftsgang u. d. Verfahren d. Reichsversicherungsamtes, u. zur kaiserl. Verordng., betr. das Verfahren vor den Schiedsgerichten f. Arbeiterversicherg. gr. 8. Ebd. Geb. in Leinw. 13. —
1. (XI, 158 S.) 908. 4.—. 2. (XII, 374 S.) 909. 9.—.

— dasselbe. C. Öffentliches Recht (m. Ausschluß des Straf- u. Prozeßrechts). Arbeiterversicherungsrecht, bearb. v. W. Dannenberg. Reichsverwaltungsrecht, bearb. v. Reinh. Raschke. 3. Jahrg., enth. Literatur u. Rechtsprechg. des J. 1909. (XXII, 386 S.) gr. 8. Ebd. 910. Geb. in Leinw. 9. —

— dasselbe. D. Verwaltungsrecht (m. Ausschluß d. Arbeiterversicherungsrechts). Bearb. v. Paul Fischer. 1. Jahrg., enth. die Literatur u. Rechtsprechg. des J. 1907 zu 70 Gesetzen. (XVI, 131 S.) gr. 8. Ebd. 908. Geb. in Leinw. 4. —

— dasselbe. Begonnen v. Paul Fischer. Fortgesetzt u. hrsg. v. Rhold. Raschke. 2. Jahrg., enth. die Literatur u. Rechtsprechg. des J. 1908 zu 78 Gesetzen. (XVI, 199 S.) gr. 8. Ebd. 909. Geb. in Leinw. 5. —

— dasselbe. Ergänzungsbd., enth. die Rechtsprechg. des Reichsgerichts auf dem Gebiete des Zivilrechts, soweit sie nicht in der amtl. Sammlg. der Entscheidgn. des Reichsgerichts abgedruckt ist. Hrsg. v. Otto Warneyer. Bearb. v. Rob. Jähler. 1.—3. Jahrg. 1908—1910. à 12 Hefte. (à ca. 48 S.) gr. 8. Ebd. 1. u. 2. Jahrg. à 9.—; 3. Jahrg. 10. —

— Die Zivilprozeßordnung, s.a. Handbibliothek, juristische.

Warneyer, Otto. Die Zivilprozessordnung in der neuesten Fass. erl. durch d. Rechtsprech. Leipzig 1906. 8°.
(Busch. Bü. Jur. hrsg. von Max Hallbauer [u.] W. Schelcher. Bd 183.)
[Dasselbe] 2. Aufl. Leipzig 1909. 8°.

Warneyer, O.: Die Zivilprozeßordnung in der vom 1. April 1910 ab geltenden Fassung, unter Beifügung des bis dahin geltenden Textes u. der übrigen Bestimmungen der Novelle vom 1. Juni 1909 erl. durch die Rechtsprechung nebst Angaben über die einschlägige Literatur. 2. Aufl. Leipzig 1909.
(Jur. Handbibliothek hrsg. von Hallbauer. Bd 183.)

Warneyer, Otto: Die Zivilprozeßordnung in der vom 1. Juni 1910 ab geltenden Fassung, unt. Beifüg. d. übrigen Bestimm. d. Novellen v. 1. Juni 1909 u. 22. März 1910 erl. durch d. Rechtsprech. nebst Ang. üb. d. einschläg. Literatur. 3. Aufl. Leipzig 1910. 8°.

Warneyer, Otto, die Civilprozeßordnung f. das Deutsche Reich, s. Stein, Frdr.

Warnheim, Adf., der neue Hirt, s.: Bibliothek, neue, f. das deutsche Theater.

Warnherr, A., die Opfer eines Wucherers. Kriminal-Roman. 30 Hefte oder 2 Thle. gr. 8. (502; 458 S. mit je 1 Holzschntaf.) Dresden 880,81, L. G. Lohse. à Heft 25 Pfg.

Charte von der Feldmarkung der Dorfschaft Rensing nach der Auftheilungs-Charte v. **Warnholtz** vom Jahre 1786 copirt im Jahre 1840 v. J. Vezin. o. O. (1840.) 1 Bl. Quer-Fol. 73×112 cm.

Warnholz, F., und W. Kurths, erstes Lesebuch. 12. (IV und 122 S., wovon 24 lithogr., mit 4 S. Musikbeilagen.) Magdeburg 853, (Creutz'sche Buchh.) **

Warning, L., Alphabete f. technische Zeichnungen. (VII S. m. 16 Bl.) gr. 8. Strelitz 908. Polytechn. Verlag M. Hittenkofer. 1. 50

— Das Ornament-Zeichnen (Neubearbeitung v. P. Gründling, ornamentales Zeichnen), s.: Unterrichtswerke (Methode Hittenkofer) f. Selbstunterricht, Schule u. Bureau. 45.

— **Staffage-, Fassaden- u. Landschafts-Malen in Aquarelltechnik.** 4., sehr verm. u. veränd. Aufl. m. z. Tl. mehrfarb. Abbildgn. u. Taf. Vorbilder u. Beschreibgn., neu bearb. nach dem früheren Lehrheft „Baumschlag II". Hrsg. v. Bennewitz. (Werke f. Studium u. Bureau.) (III, 65 S.) Lex. 8. Strelitz (910). Polytechn. Verlag M. Hittenkofer. Kart. 6. —

Warning, Guilelmus: De Vettii Valentis sermone. Anklam: Poettcke 1909. 71 S. 8° ¶ (Später ersch. Forts.)
Münster, Phil. Diss. v. 26. Okt. 1909, Ref. Kroll
[Geb. 5. Juli 85 Kosten; Wohnort: Versmold; Staatsangeh.: Preußen; Vorbildung: Gymn. Gütersloh Reife O. 05; Studium: Tübingen 2, Kiel 1, Münster 5 S.; Rig. 19. Febr. 09.] [U 10. 3813

Wärning, G. F. Paul, s. Ausland, das belletristische, von K. Spindler, 287.—291. Bdchn.

Warnka, Stanisl. (geb. Labischin 13. 11. 1845): De ducis Michaelis Glinscii contra Sigismundum Regem Poloniae et M. Ducem Lithuaniae rebellione (1507–1508). Berolini (1868). (70 S.) 8°
Berlin, Phil. Diss. v. 25. März 1868

Warnke, zur Geschichte der evangelisch-lutherischen Gemeinde Leer. Zur 2. Säcular-Feier der Kirche hrsg. 8. (128 S.) Leer 875. Meyer in Comm. n. 1. 25

Warnke, Carl, s. Warnke, Karl

Warnke, Fr., die Pflanze. Eine übersichtl., leicht faßl. Darstellung des Wissenswerthen und Interessanten aus der Pflanzenkunde. Material für den Unterricht und das erste Studium in der Botanik. gr. 8. (VIII, 178 S.) Hannover 877, Helwing'sche Verlagsh. *

Warnke, die Pflanze. Eine übersichtl., leicht faßl. Darstellung des Wissenswerthen und Interessanten aus der Pflanzenkunde. Material für den Unterricht und das erste Studium in der Botanik. 2. (Titel-)Aufl. gr. 8. (VIII, 178 S.) Hannover 880, Helwing'sche Verlagsh.

— Pflanzen in Sitte, Sage u. Geschichte. Für Schule u. Haus. 8. (VII, 219 S.) Leipzig 878. Teubner. 1. 50

Dem Deutschen Flotten-Verein! Deutschland's Flagge überall! Flottenlied. Gedichtet u. comp. von Franz **Warnke**. (Op. 35.) Ausg. f. e. Singstimme mit Klavier. Als Ms. gedr. *Berlin [1900]: Paris & Co.* (4 Bl.) 4° [… 4658 8

Dem Deutschen Flotten-Verein! Deutschlands Flagge überall! Flottenlied. Gedichtet u. comp. von Franz **Warnke**. (Op. 35.) Ausg. f. vierstimm. Männerchor. Als Ms. gedr. *Berlin [1900]: Paris & Co.* (7 Bl.) 4° [… 4659 8

Der Deutschen Marine gewidmet. Zur See! Seemannssang gedichtet u. comp. von Franz **Warnke**. Op. 33. Ausg. f. e. Singstimme mit Klavier. *Berlin: A. Deneke [1900].* (3 S.) 4° [… 4661 8

Der Deutschen Marine gewidmet. Zur See! Seemannssang gedichtet u. comp. von Franz **Warnke**. Op. 33. Ausg. f. vierst. Männerchor. *Berlin: A. Deneke [1900].* (6 Bl.) 4° [… 4660 8

Warnke, Ottfr., Briefe. Der Jugend gewidmet. gr. 8. Lübeck 843. (v. Rohden.) $^1/_2$ ₰

Warnke, Karl

—— s. Comedy, the, of Mucedorus.

Warnke, Carolus. On the formation of English words by means of Ablaut. Halis Saxonum 1878: Karras. 52 S. 8°
Halle-Wittenberg, Phil. Diss. v. [7. März] 1878.
Geb. Neu-Strelitz 19. 10. 1854. V.
Ersch. vollst. im Buchhandel Halle: Niemeyer 1878. 54 S. — Verf. erlebte die Diplomerneuerung 1928 als Oberschulrat, Professor in Koburg, vgl. Anh. Nr. 715.

Warnke, Karl, on the Formation of English Words by means of Ablaut. A grammatical essay. gr. 8. (54 S.) Halle 878, Niemeyer. *

Warnke, Karl, die Lais der Marie de France, s. Bibliotheca normannica.

Warnke, Karl, s.: Marie de France, Fabeln.

Warnke, Karl, s. a. Marie de France, die Lais.

[Ant. u. J.] **Warnke**, *Carl* [Oberl. Dr.]: Marie de France und die anonymen Lais …. Coburg, Druck d. Dietz'schen Hofbuchdr., *1892*; 1—24 S. 4.
Coburg, G. Casimirianum, OP 1892 (690)

Warnke, Karl, die Quellen des Esope der Marie de France. gr. 8. (IV, 124 S.) Halle 900. M. Niemeyer. n. 3. 60
Sonderabdruck aus: „Forschgn. z. roman. Philologie".

Warnke, Karl, Repetitionsgrammatik der französischen Sprache zum Gebrauch an höh. Schulen u. zum Selbststudium bearb. 2 Tle. gr. 8. Wolfenbüttel 909. J. Zwißler. 3.40; geb. 4.20
1. Formenlehre. (38 u. 51 S.) — 90; geb. 1.20
2. Syntax. (III, 96 u. 176 S.) 2.50; geb. 3. —

— Die neuenglischen Scheideformen. Coburg, G., 1882. 26 S. 4. Progr.

Warnkönig, der geh. Hofrath, als Verf. der Schrift: die kathol. Frage im Sommer 1848, vor den Richterstuhl der Kritik gezogen vom Verf. der kathol. Bedenken über die erzwungene Einsegnung der gemischten Ehen. gr. 8. (70 S.) Stuttgart 848, [Quack.]

Warnkönig, der Geh. Hofrath, als Verf. der Schrift: die katholische Frage im Sommer 1848, vor den Richterstuhl der Kritik gezogen vom Verfasser der katholischen Bedenken über die erzwungene Einsegnung der gemischten Ehen. gr. 8. (70 S.) Stuttgart 848, Rümelin. 1/3 ℛ

Warnkönig, L. A. W., s. Erheiterungen, poetische.

Warnkönig, Leop. Aug., Beiträge z. Geschichte u. Quellenkunde d. lüttichen Gewohnheitsrechts. gr. 8. (15¼ B.) Freiburg 838, Wagner'sche Buchh.

Warnkönig, Leop. Aug., Beiträge zur Geschichte und Quellenkunde des lüttichen Gewohnheitsrechts. Neue (Titel-)Ausg. gr. 8. (XX und 220 S.) Freiburg im Br. 854, Wagner'sche Buchh.

Warnkönig, L. A., Don Carlos. Leben, Verhaftung u. Tod dieses Prinzen. Nach den neuesten Biographieen u. mit Rücksicht auf frühere Forschungen bearb. Mit 1 Stahlstichportr. u. 1 autographirten Brief des Don Carlos (in Fol.) Stuttgart 864. Kröner. 8. (XI, 168 S.) 1 ℛ

— Commentarii juris romani privati, ad exemplum opt. compendior. a celeberr. Germaniae jurisconsultis compos. adornati, in usum acad. praelect. et studii privati. Tom. I—III. 8maj. Leodii 825—32. (Bonn, Marcus). 8 ℛ 12 gGr

Warnkoenig, Leop. Aug., Commentarii juris romani privati, ad exemplum optimor. compendior. a celeberr. Germaniae jurisconsultis compos. adornati, in us. acad. praelect. et studii privati. Tom. II. et III. (s. 3 Pts.) 8 maj. Leodii. (Bonnae, Marcus.) [II. 1. (13½ B.) 828. 1 Thlr. 8 Gr., 2. (19¼ B.) 1 Thlr. 12 Gr., III. (38¼ B.) 829. 2 Thlr. 20 Gr.]

—— Philosophiae juris delineatio. Editio altera penitus retractata. 8maj. (VI und 202 S.) Tubingae 855, libr. Fues. *

—— Doctrina juris philosoph. aphorismis distincta, in us. scholar. 8maj. (17 B.) Lovanii 830. (Aquisgrani, Mayer.)

—— juristische Encyclopädie oder organische Darstellung der Rechtswissenschaft mit vorherrschender Rücksicht auf Deutschland. Zum Gebrauch bei Vorlesungen und zum Selbststudium. Lex.-8. (XII und 571 S.) Erlangen 853, Enke's Vrlgsh. *

Erheiterungen

— —, Poetische, von *L. A. W.* (d. i. *Leopold August Warnkönig*). Aachen 1825.
Anon.-Lex. II. p. 43 (nach Goedeke u. Kayser).

—— Exposé historique et raisonné du conflit entre l'épiscopat et les gouvernements des territoires composant la province ecclésiastique du Haut-Rhin en Allemagne. gr. 8. (95 S.) Bruxelles 854. (Leipzig, Spamer.) **

—— die katholische Frage im Anfange des J. 1849. 8. (30 S.) Freiburg im Br. 850, Wagner'sche Buchh.

Warnkönig, L. A., die katholische Frage im Sommer 1848. Ein Versuch ihrer Lösung für Württemberg. gr. 8. (70 S.) Tübingen 848, Fues'sche Sortimentsb. *

—— Grundriß zu Pandekten-Vorlesungen, mit Verweisungen auf d. Lehrbücher v. Thibaut, v. Wening-Ingenheim, Mühlenbruch u. seine Commentarii jur. rom. priv. gr. 8. (2¼ B.) Freiburg 837, Wagner'sche Buchh.

—— et P. A. F. Gérard, Histoire des Carolingiens. Mémoire couronné. 2 Tomes. gr. 8. (XXV und 842 S.) Leipzig 862, Brockhaus' Sortiment und Antiquarium.
Vgl.: Aufzeichnungen des Kaiser Karl's des Fünften.

—— Histoire du droit belgique, cont. les institutions politiq. et la législat. de la Belgique sous les Francs. gr. in-8. (13¾ B.) Bruxelles 837. (Leipzig, Michelsen.) *

— Histoire externe du droit romain. gr. in-8. Bruxelles 836. (Mayer et Somerhausen; Aix-la-Chapelle, Mayer.) n. 2⅔ ℛ

Warnkönig, Leop. Aug., Histoire externe du droit romain. gr. in-8. (21 B.) Bruxelles 836, (Mayer et Flatau.) ·Thlr. *

Warnkönig, L. A., Institutionum seu elementorum juris privati romani libri IV. in usum praelect. acad. vulgati cum introduct. in univers. Jurisprud. ad Studium juris romani et notis litterariis. Leodii, Collardin. (Leipzig, Fr. Fleischer.) 819.

— Institutiones juris Romani privati, in usum praelect. acad. vulgatae cum introductione in universam jurisprud. et studium juris Romani. Editio II. emend. et novo ordine digesta, etiam ex Gaji Institutionibus, Vaticanis Juris Romani Fragmentis aliisque fontibus recens. detectis aucta. 8 maj. Leodii 825, (Bonnae, Marcus.)

—— Institutiones juris romani privati, in us. praelectionum academicar. vulgatae cum introductione in universam jurisprudentiam et in stud. jur. rom. Edit. III., penitus retractata, in omnibus articulis emendatissima, et ordine ad Gaji et Justiniani institutiones proxime accedente adornata. 8 maj. (30¾ B. u. 1 Stnt. qu. ½ Fol.) Bonnae 834, Marcus.

Warnkoenig, L. A., Institutiones juris romani privati, in usum praelectionum academ. vulgatae cum introductione in universam jurisprudentiam et in studium juris romani. Editio IV., denuo retractata, in omnibus articulis emendatissima et ordine ad Gaii et Justiniani institutiones proxime accedente adornata. gr. 8. (XII und 360 S. mit 1 Stnt. in qu. Fol.) Bonn 860, Marcus. *

Warnkönig, Leop. Aug., die Kirche Frankreichs u. die Unterrichtsfreiheit. gr. 8. (10⅓ B.) Freiburg 845, Wagner'sche Vrlgsh.

— s. Klimrath, H., travaux sur l'histoire du droit franç.

—— über den Conflict des Episcopats der oberrheinischen Kirchenprovinz mit den Landesregierungen in derselben. Lex.-8. (94 S.) Erlangen 853, Enke's Vrlgsh. *

— oratio de jurisprudentia gentium Europaearum una eaque assiduo doctorum commercio excolenda. 8maj. Lovanii 828. (Aachen, Mayer). 8 gGr

—— Oratio de jurisprudentia gentium Europaear. una eaque assiduo doctorum commercio excolenda. 8 maj. (4½ B.) Lovanii 829. (Aquisgrani, Mayer.)

— — oratio de studii juris romani utilitate ac necessitate. 4maj. Leodii. (Bonnae, Marcus.) 819. —

— s. Ordo Judiciorum.

—— Rechtsphilosophie als Naturlehre d. Rechts. gr. 8. (28¾ B.) Freiburg 839, Wagner'sche Buchh.

—— Rechtsphilosophie als Naturlehre des Rechts. 2. (Titel-) Ausg. gr. 8. (VIII und 452 S.) Freiburg im Br. 854, Wagner'sche Buchh.

—— flandrische Staats- u. Rechtsgeschichte bis z. J. 1305. 3 Bde. (od. 5 Thle.) gr. 8. Tübingen, Fues, Vrlsh. [1. (30½ B., 1 Karte u. 1 Facsim.) 835. 3¾ Thlr., 2. 1. (30 B.) 836. 3¾ Thlr., 2. (28 B.) 837. 3⅙ Thlr., 3. 1. (..B.) 838. 3¾ Thlr., 2. (15¾ B.) 839. 1¼ Thlr.]

Warnkönig, Leop. Aug., Flandrische Staats- u. Rechtsgeschichte bis zum Jahr 1305. 3. Bd. 1. Abthl. Lex.-8. Tübingen 842, Fues. 3¾ ℛ (I—III. 1. u. 2: 16¼ ℛ)

—— u. L. Stein, französische Staats- u. Rechtsgeschichte. 3 Bde. gr. 8. Basel, Schweighauser'sche Buchh. * 12 16

A. u. d. Ttln.:
Bd. 1. Französische Staatsgeschichte v. L. A. Warnkönig. (47 B., 2 Geschichtskarten u. 5 Tab.) 846. * 4 Thlr.
2. Geschichte der Rechtsquellen u. des Privatrechts von L. A. Warnkönig u. Th. A. Warnkönig. (54¼ B.) 848. * 4 Thlr. 16 Ngr.
3. Geschichte des franz. Strafrechts u. Processes v. L. Stein. (45 B.) 847. * 4 Thlr.

Warnkönig, L. A., Th. A. Warnkönig und L. Stein, französische Staats- und Rechtsgeschichte. 3 Bde. 2. wohlfeile (Titel-)Ausg. gr. 8. Basel (848)75, Schweighauser's Verlagsh. *

Inhalt:
Bd. 1. Warnkönig, L. A., französische Staatsgeschichte. (XIII, 732 S. mit 2 lithogr. und color. Geschichtskarten in qu. gr. 4.)
» 2. —— und Th. A. Warnkönig, Geschichte der Rechtsquellen und des Privatrechts. (867 S. mit 1 lithogr. und color. Karte in qu. gr. 4.)
» 3. Stein, L., Geschichte des französischen Strafrechts und des Processes. (704 S.)

— die staatsrechtliche Stellung der katholischen Kirche in den katholischen Ländern des deutschen Reichs besonders im 18. Jahrhundert. Eine rechtsgeschichtliche und rechtsdogmengeschichtliche Abhandlung. Erlangen 855. Enke. gr. 8. (IV, 260 S.) n. 1 ℛ 10 ngr.

— Versuch einer Begründung des Rechts durch eine Vernunftidee. gr. 8. Bonn 819. Marcus. 12 gr.

Warnkönig, Lp. A.: Versuch ein. Begründ. d. Rechts nach ein. Vernunftidee; ein Beytrag zu d. neuern Ansichten üb. Naturrecht, Rechtsphilos., Gesetzgebung u. geschichtl. Rechtswissenschaft. *Bonn*, Marcus. 820. gr. 8. (12 Gr.)

—— Vorschule d. Institutionen u. Pandekten. Ein Commentar zu d. Einleitn. d. latein. Lehrbücher d. röm. Rechts d. Verf. gr. 8. (21 B. u. 1 Tab.) Freiburg 839, Wagner'sche Buchh.

Warnkönig, Leop. Aug., Vorschule der Institutionen und Pandekten. Ein Commentar zu den Einleitungen der latein. Lehrbücher des röm. Rechts des Verf. Neue (Titel-)Ausg. gr. 8. (VIII und 328 S. mit 1 Tab. in gr. Fol.) Freiburg im Br. 854, Wagner'sche Buchh.

—— von d. Wichtigkeit d. Kunde d. Rechts u. d. Gesch. d. belgischen Provinzen f. d. deutsche Staats- u. Rechtsgesch. Eine Rede, geh. bei d. feierl. Antritt seines Lehramts an d. Univers. Freiburg im Breisgau. gr. 8. (6 B. u. 1 lith. Schrift-Taf.) Freiburg 836, Wagner'sche Buchh.

—— Zeitschrift f. Civil- u. Criminalrecht ꝛc., s. Roßhirt, Zeitschr., 2. Bd. 1. Hft.

Warnkönig, Edw. Aug., Ankündigung eines Practicums über das Civilrecht. 8. Götting. 816.

Warnkönig, Theod. A., Geschichte der Rechtsquellen, s. vorstehend.

Warnkönig, Th. A., die großherzoglich badischen Gesetze über die Ausübung der Jagd u. Fischerei nebst den darauf bezüglichen Verordnungen, Ministerialentschließungen u. strafgesetzlichen Bestimmungen mit Rücksicht auf die neue Organisation zusammengestellt. Donaueschingen 866. Abenhoven. gr. 8. (62 S.) n. 10 ngr.; cart. 12½ ngr.

Warnkönig, Th. A., die großherzogl. badischen Gesetze über die Ausübung der Jagd und Fischerei nebst den darauf bezüglichen neuesten Verordnungen, Ministerialentschließungen und den durch die Einführung des deutschen Reichsstrafgesetzbuchs eingetretenen Aenderungen. 2. Aufl. 8. (VIII, 116 S.) Freiburg i. Br. 872, Schmidt. *

Warnkönig, Th. A., die großherzogl. badischen Gesetze über die Ausübung der Jagd und Fischerei ꝛc. 2. Aufl. 8. Freiburg i. Br. 872. Karlsruhe, Bielefeld's Hofbuchh. *

Warnkönig, Th. A., die großh. badischen Gesetze üb. die Ausübung der Jagd u. Fischerei, nebst den darauf bezügl. Verordngn., Ministerialentschließgn. u. gerichtl. Entscheidgn., m. Rücksicht auf die durch die Reichsgesetze herbeigeführten Aendergn., nach dem neuesten Stand zusammengestellt. 3. Aufl. 8. (VIII, 98 S.) Freiburg i/Br. 876. Schmidt. n. 1. 60

—— dass. — 4., mit den Gesetzen über die Fischereiübereinkunft zwischen Baden, Elsaß-Lothringen und der Schweiz verm. Ausg. 8. (VIII, 108 S.) Ebendas. 878. *

Warnkönig, Wilh., Joseph v. Görres. Ein Kämpe f. die Freiheit, s.: Flugschriften, kathol., zu Wehr u. Lehr'.

Warnkönig, Wilhelm, Socialdemokraten u. Jesuiten. Ein deutsches Wort an das gläub. deutsche Volk. 12. (91 S.) Berlin 890. Germania. — 30

— dasselbe, s. a. Flugschriften, katholische.

Warnkross, M., Register, s.: Verhandlungen der Direktoren-Versammlungen in den Provinzen d. Königr. Preussen.

Warnkross, Max., de paremiographis capita duo. Dissertatio inauguralis philologica. gr. 8. (62 S.) Gryphiswaldiae 881. (Berlin, Mayer und Müller.)

Warnkross, Max [Dr.]: Der lateinische Unterricht in der Tertia des Realgymnasiums. *Charlottenburg, 1895;* 1 Bl., VI, 34 S. 8.
Charlottenburg, st. RG, OP 1895 (101)

Warnmund von Freyenthal, Ernst [Pseudon.] s. Grob, Johannes.

Warno, s. a. Unitas.

Warno. „Unitas". Hülfe in ernsten Zeiten. Ein zuverlässiger Führer in Religion, Politik und Wirthschaft. In-8°. 100 S. Zürich, Verlags-Magazin (J. Schabelitz). 1892. 1 50

Warnofrid, Erzählungen aus Sagen, Chroniken, Acten, Familien-Nachrichten u. Urkunden entlehnt. 1. Bd. 1. Aufl. (16¼ B.) 830. 1 Thlr. 12 Gr., 2. Ausg. u. d. T.: Histor. Salat. Erzählungen aus Sagen ꝛc. (16 B. u. Titlpfr.) 8. Weißensee 835, Häßler.

Warnofrid, Erzählungen aus Sagen, Chroniken, Akten, Familien-Nachrichten u. Urkunden. Ir Bd. gr. 8. Sondershaus. 831. (Eupel). 1 ℛ 12 gr.

—— Krieg dem Philisterthume! s. a. Krieg.

Warnofrid, Krieg dem Philisterthume! 8. Eisleben 832. Hermes in Berlin. ⅙ ℛ

Warnofrid, ..., Krieg dem Philisterthume! — Flüchtige Bemerkungen über einen Stand in allen Ständen. 8. Eisleben 832. Reichardt. 4 gr.

Warnofrid, das Roß des Schlosses zu Cannawurf. Historisch-romant. Erzählung. Nebst einem Anhange: Questenberg. 8. (208 S. mit 1 Ttlkpfr.) Leipzig 855, (Coldiz.) **

— historischer Salat. Erzählungen aus Sagen, Chroniken, Akten, Familien-Nachrichten und Urkunden entlehnt. 2e Ausg. Mit Titelkpfr. 8. Leipzig 835. Friese. n. 7/12 ℛ

— die Särge von Mansfeld. Histor.-romant. Erzählung. 8. Eisleben 832 Hermes in Berlin. 1 ℛ

—— die Särge v. Mansfeld. Histor.-romant. Erzähl. 8. (11 B.) Eisleben 832, Reichardt.

† Warnofrid, (Carl Wilh. Kirchheim,) die Schatzgräber. Erzähl. Aus Archiv-Nachrichten. 8. (17 B.) Leipzig 835, [Dörffling u. Franke.]

—— der untrügl. Wetterverkündiger. Bewährte Deutung aller sicheren Wetterzeichen in d. Luft, an Thieren, Pflanzen ꝛc. in freien Versen. 16. (3 B.) Leipzig 836, [Dörffling u. Franke.]

Warnow, E. v., s.: Winterfeld-Warnow, E. v.

Warnow, Franz

Warnow, F., Bilder aus der Gegenwart. 1. Bd. Chauvinismus. Ein Zeitbild. 8. (313 S.) Dresden 890. Minden. n. 3. 50; geb. n.n. 4. 50

Warnow, Frz., Jus. 8. (298 S.) Dresden 886. Minden. n. 3. 50; geb. n. 4. 50

— Phöbus. 8. (289 S.) Ebend. 885. n. 3. 50; geb. n. 4. 50

Warnow, Frz., Trinitas. 3 Bde. 8. Dresden, Minden. à Bd. *ℳ 3.50. geb. à Bd. *ℳ 4.50.

Inhalt:

Bd. 1. Jus. (298 S.) 886.
„ 2. Phöbus. (289 S.) 885.
„ 3. Jupiter. (V, 264 S.) 887.

Warns, Ant., aus der Finsterniß zum Licht od. vom Zweifel zum Glauben. 2. Aufl. 8 (326 S.) Cincinnati 874. (Philadelphia, Schäfer & Koradi.) geb. n. 5. —

— der Gottesbegriff od. die Sprache der Thoren. Philemons Antwort an Onesimus in dem Buch: „Aus der Finsterniß zum Licht.“ gr. 8. (105 S.) Ebend. 875. n. 2. —

Warns, Johannes, Rußland und das Evangelium. Bilder aus der evang. Bewegung des sogenannten Stundismus. Verlag v. J. G. Onken, Kassel

Warns, Johs., s.: Wahrheit in der Liebe.

Warns, P. F. L. Blüten und Perlen; Sammlung neuerer und älterer Gedichte. Milwaukee, 1886.

v. Warnsdorf, Chr. Hnr., des Rösselsprunges einfachste u. allgemeinste Lösung. Mit 96 Figuren in Steindr. 4. Schmalk. 823. (Kesselring in Hildburgh.) 1 ℛ 12 K

Warnsdorf, Georg Ludwig Wichmann von (Lausitz)
A. S. 606/25

De successione in bona absentium.
Präs. Johann Adam Theophil Kind.
Leipzig (Breitkopf) 3. IV. 1776. 36 S.

Gew.: Hans Gotthelf von Globig.
W. v.: Präs. 35832

v. Warnsdorf, (H. C.,) des Rösselsprunges einfachste u. allgemeinste Lösung. Mit 96 Figuren in Steindr. 4. Schmalk. 823, Varnhagen.

Warnsdorf, M. S.

(F) Eine Partei der Thaten oder: Wen soll ich wählen? Von M. S. Warnsdorf. [1900.] Opitz. 16°. 36 S. K —.12

Warnsdorff, E. R. v., einige Bemerkungen über die Granite v. Karlsbad. gr. 8. (2 B. u. 2 Stnt.) Stuttgart 846, Schweizerbart'sche Buchh.

v. Warnsdorff, G., Leitfaden für den Unterricht in den rein militairischen Wissenschaften, nach den Anforderungen des Offizier-Examens der Infanterie u. Kavallerie, bearb. für die 8e Divisions-Schule. 3 Thle.: Die Kenntniß der Waffen. — Die Kenntniß des Dienstes. — Die Fortifikation. (Mit 5 Steintaf.) gr. 8. Erfurt 835. (Keyser.) n. 11/12 ℛ — 2e, gänzlich umgearb. u. verm. Aufl. Mit 4 Steintafeln. gr. 8. Ebd. 839. (Winckler.) 1 ℛ

Warnsdorff, Johann Ernst Gottlob von (Ob.-Lausitz)
A. S. 174/19

De actione cessa adversus confideiussorem in solidum competente. Präs. Johann Balthasar Wernher. Rec. Jena (Buch) 1745. 40 S.

Diss. Wittenberg VII. 1722. 35833

Warnsdorff, L. v., über Druckfehler. Ein Appell an das lesende u. schriftstellernde Publicum, insbesondere der Zeitungen. gr. 8. (48 S.) Berlin 879. Barthol & Co. n. 1. —

Warnsdorff, L. v., Jane, Vignette, Claudia. Drei Weiber-Schicksale. Frei nach den „Filles de plâtre“ von Montépin bearb. 2 Bde. Berlin (858.) Nelte. gr. 8. (2 Bl., 621 S.) 2 ℛ

Warnsdorff, L. v., Fräulein La Ruine. Frei nach der „Mademoiselle La Ruine“ von Montépin bearb. 2 Bde. Berlin 859. Nelte, Böltje & Co. gr. 8. (407 S.) 1 ℛ 15 ngr

Warnßdorff, Wolfgang Ernst Rudolf von

* **WARNSZDORFF**, W. E. R. v. — Weiber als schädliche (!) doch mehr aber auch nöthige und nützliche Geschöpffe! Bey wiedererlebten Geburths-Tage .... einer gnädigen und lieben Mama .... von einem verpflichteten Sohne *Wolffgang Ernst Rudolph von Warnßdorff*, zur Zeit acht Jahr alt, unter Anführung M. Joh. Gottlieb Frentzels von Schönau, vorjetzo Hoffmeisters. Zum andernmahl aufgelegt, und mit Noten erläutert. Beuthen, im Jahr 1742. 4°. (In Berlin: B. Dz. 4°. 2643, no. 16.)
2 Bogen. Prosa. Selten u. merkwürdig!

Actenstücke, betreffend die streitigen Rechte einer recipirten Familie (v. **Warnstedt**). Verf.: Adolf Eduard Friedr Johs v. Warnstedt. Zum Behuf der Prüfung durch die einzelnen Mitglieder der Schleswig-Holsteinischen Ritterschaft, eingeleitet u. dem Druck übergeben v. H[ans] A[dolf] von Warnstedt. Ploen. 1838. Fol.

Warnstedt, A. v., die Oldenburger und Brandenburger Erbansprüche auf die Herzogth. Schleswig-Holstein. Auf Grund der Urkunden beleuchtet. gr. 8. (XII und 688 S. mit 1 Chromolithogr. in 4.) Hannover 865, Schmorl und v. Seefeld. *

Warnstedt, Adf. v., zur Lehre von den Gemeinde-Verbänden. Kritische Beleuchtung des Rechtsstreits betr. die Glückstädter Strafanstalten u. den Neubaufonds. gr. 8. (XXIV, 144 S.) Hannover 878. Schmorl & v. Seefeld. n. 2. —

Provinzial-Vermögen und Provinzial-Anstalten, ein Beitrag zur Geschichte des ständischen Rechtes. Als Manuscript gedruckt. Von Adolf von **Warnstedt.** Hannover. 1879. 8°.

—— das **Recht** der Erstgeburt in dem schleswig-holstein'schen Fürstenhause. Eine Kritik mehrerer Gegenschriften. gr. 8. (VIII und 140 S.) Hannover 864, Schmorl und v. Seefeld. *

—— Schleswig-Holsteins Recht, Deutschlands Pflicht und der Londoner Tractat. 1.—3. Aufl. gr. 8. (VIII und 110 S.) Hannover 863,64, Schmorl und v. Seefeld. *

—— Rechtsgutachten der deutschen Juristenfacultäten in der schleswig-holstein'schen Successionsfrage. 2 Hefte. gr. 8. (XIV und 146 S.) Hannover 864, Schmorl und v. Seefeld. à Heft 7½ Ngr.

—— Rendsburg, die preußische Politik von 1658, 1848 und ihr Gegensatz 1863. gr. 8. (VIII und 56 S.) Hannover 864, Schmorl und v. Seefeld. *

Warnstedt, A. v., Rendsburg, eine holsteinische Stadt und Festung. Eine historisch-staatsrechtl. Untersuchung. gr. 8. (XIII und 231 S. mit 1 Stnt. und 2 lithogr. Plänen in 4. und Fol.) Kiel 850, Schröder und Comp. *

—— Staats- und Erbrecht der Herzogth. Schleswig-Holstein. Kritik der Schriften des Staatsraths Zimmermann und des Geheimeraths Pernice. Lex.-8. (X und 254 S.) Hannover 864, Schmorl und v. Seefeld. *

Die Strafanstalten in Glückstadt und der Neubaufonds. Rechtsgutachten v. Adolf von **Warnstedt.** Kiel. 1875. Fol.

Zur Kunde der Verfassung und Vertretung der Landcommunen in den Herzogthümern Schleswig und Holstein. Von C. von **Warnstedt.** Schleswig. 1837. 8°.

Warnstedt, Friedrich [Em. Georg]

F. v. WARNSTEDT, Ueber Alterthums-Gegenstände, auf welche die Gesellschaft für die Sammlung und Erhaltung vaterländischer Alterthümer die Aufmerksamkeit ihrer Mitglieder und sonstiger Freunde und Beförderer der Forschungen über den frühesten Zustand des Vaterlandes und seiner Bewohnung hinzuleiten wünscht. Eine Ansprache, im Auftrage des Vorstandes der Königlichen Schleswig-Holstein-Lauenburgischen Gesellschaft für die Sammlung und Erhaltung vaterländischer Alterthümer in Kiel, entworfen und ausgearbeitet. Kiel. 1835. Gedruckt bei C. F. Mohr. 8°.

Dasselbe. 2.) mit einem Nachtrag vermehrte Ausgabe. Mit 3 Münztafeln und 2 antiquarischen Karten. Kiel 1861. In Comm. der akademischen Buchhandlung. 8°.**

Warnstedt, F. v., üb. Alterthums-Gegenstände, auf welche d. Gesellschaft f. d. Samml. u. Erhalt. vaterländ. Alterthümer d. Aufmerksamkeit ihrer Mitglieder u. sonst. Freunde u. Beförderer d. Forschungen üb. d. frühesten Zustand d. Vaterlandes u. seiner Bewohner hinzuleiten wünscht. Eine Ansprache, im Auftrage d. Vorstandes d. k. schleswig-holstein.-lauenburg. Gesellschaft f. d. Samml. u. Erhalt. vaterländ. Alterthümer in Kiel, entworfen u. ausgearb. gr. 8. (4½ B.) Kiel 835, (Universitäts-Buchh.) *

v. Warnstedt, Fr., die Insel Föhr u. das Wilhelminen-Seebad; mit 2 Karten u. 5 Zeichn. in Steindr. gr. 8. Schlesw. 824. (Hamb., Perthes u. B.) 2 ⅙ 6 ℋ

). **Warnstedt, (Fr.,)** die Insel Föhr u. das Wilhelminen-Seebad 1824; mit 2 Charten u. 5 Zeichn. in Steindr. gr. 8. Schleswig 825, (Hamburg, Perthes u. B.)

WARNSTEDT, FRIEDR. [EM. GEORG] V., Ueber das Macadamisiren oder gesammelte Andeutungen über den Steinschlag-Straszenbau, mit besonderer Rücksicht auf Holstein. 1824. (Gedruckt als Manuscript für Freunde und Betheiligte). U. St. P.

[—] F. v. W. Ueber die im Studierzimmer abgestochene Wegeslinie von Rendsburg nach Neumünster. Hamburg. 1832. P.

Warnstedt, Gustav [aus Wulfen]: Aus d. patholog. Institute zu Kiel. Ein Fall von tötlicher Fettembolie nach Weichteilverletzung. Kiel, Druck v. Schmidt & Klaunig, 1888; 17 + 1 S. + 1 Bl. 8°
Kiel, Med. Fak., Inaug.-Diss. v. 19. Jan. 1888

Warnstedt, Gust., ein Fall von tötlicher Fettembolie nach Weichteilverletzung. Inaugural-Dissertation. gr. 8. (17 S.) Kiel 888, (Lipsius und Tischer.) *

v. Warnstedt, H. A., u. Graf Ernst Reventlow-Farve, Beiträge zur land- u. forstwirthschaftlichen Statistik der Herzogth. Schleswig u. Holstein, siehe: Festgabe.

Das Wesen und die Bedeutung der lebendigen Feldbefriedigungen. Von Carl von **Warnstedt.** Eine vom Wagrischen landwirthschaftlichen Vereine prämiirte Concurrenzschrift. Lübeck. 1864. 8°.

Warnstedt, C. v., das Wesen und die Bedeutung der lebendigen Feldbefriedigungen. gr. 8. (IV und 131 S.) Lübeck 864. (Eutin, Völckers.) *

Ueber die wichtigsten rechtlichen Verhältnisse der Bauern im Amte Steinhorst. Von [Karl Ludwig] von **Warnstedt.** [Aus dem Vaterländischen Archiv für Lauenburg. Bd. 1. 1857.] o. O. u. J. 8°.

Warnstein, Antonie von, 2 Thle. (a. u. d. Tit.: Amaliens Feyerstunden 2r 3r) von Ehrmann. 8. Hamb. Mutzenbecher. 796—98. (1r 20 gr. 2r 1 Rthlr.) 1 20
Schreibp. (1r 1 Rthlr. 2r 1 Rthlr. 4 gr.) 2 4
Vellnp. (1r 1 Rthlr. 8 gr. 2r 1 Rthlr. 12 gr.) 2 20

Warnstorf, C., s.a. Warnstorf, Karl Fr. E.

6 kurze und leichte **Motetten** auf den Weihnachtsfestkreis für zweistimmigen Kinderchor mit Begl. d. Orgel oder d. Harmoniums von C. u. P. **Warnstorf.** *Neustettin: F. A. Eckstein in Comm. 1900.* (15 S.) 4°

Warnstorf, Karl Fr. E.

Warnstorf, C., Laubmoose, s.a. Kryptogamenflora der Mark Brandenburg. II.

Laubmoose von C[arl Fr. E.] **Warnstorf.** Mit 426 Abb. Leipzig: Gebr. Borntraeger 19(04-)06. (XII, 1160 S.) 8°
— **Kryptogamenflora** d. Mark Brandenburg u. angrenz. Gebiete. Bd 2.

— Leber- u. Torfmoose, s.a. Kryptogamen-Flora der Mark Brandenburg. I. 8.

Leber- und Torfmoose von C. **Warnstorf.** Mit 231 Abb. *Leipzig: Gebr. Borntraeger 1903.* (XIV, 481 S.) 8°
— **Kryptogamenflora** d. Mark Brandenburg u. angrenz. Gebiete. Bd 1.

Warnstorf, C., Moose, s.: Kryptogamenflora der Mark Brandenburg. I. 1 u. 2.

Warnstorff, C., die europäischen Torfmoose. Eine Kritik und Beschreibung derselben. 8. (VII, 152 S.) [Berlin 881.] Leipzig, Grieben's Verlag.

Warnstorf, P., Künstl. Bienenwohnungen. D. Hauptgrundsätze ihrer Konstruktion u. Benutzg., systemat. dargelegt. gr. 8. (62 S. m. 28 Abb.) Buslar 895. Kreis Pyritz, Selbstverl. n. — 80

— die Grundzüge d. Volkslebens der Honigbienen. Gerstungs „Grundgesetz“ in vervollst. Darstellg., Begründg. u. Anwendg. gr. 8. (20 S.) Ebd. 894. — 40

Warnstorf, Paul

Choral-Vorspiele und -Nachspiele für die Orgel oder das Harmonium, zum Gebr. beim öffentl. u. häusl. Gottesdienste gesetzt von P[aul] **Warnstorf**, op. 1, 13, 31. 2. bedeutend verm. u. durchgängig verb. Aufl., Ausg. für Ost- u. Westpreußen. *Buslar, Bz. Stettin: P. Warnstorf [1903].* (117 Bl.) quer-8° [03. 16153

Choral-Vorspiele und Nachspiele für die Orgel oder das Harmonium, zum Gebr. beim öffentl. u. häusl. Gottesdienste gesetzt von P[aul] **Warnstorf**. Op. 1, 13, 31. 3. bedeutend verm. u. durchgängig verb. Aufl. Bd 1. Buslar: P. Warnstorf [1905]. quer-8° [F. u. Ant.] [06. 4186

Warnstorf, P., Choral-Vorspiele für die Orgel od. das Harmonium, zum Gebrauch beim kirchlichen u. häuslichen Gottesdienste. qu. gr. 4. (84 S.) Buslar (900). (Neustettin, F. A. Eckstein.) n. 5. —

Choral-Vorspiele für die Orgel oder das Harmonium, zum Gebr. beim kirchl. u. häusl. Gottesdienste, gesetzt von P[aul] **Warnstorf**, Pastor in Buslar. *(Buslar): Selbstverl. [1900].* (84 S.) quer-8° [F. u. Ant.] [00. 8850

18 Gesänge, nach eigenem Op. 4. für gemischten Chor bearb. von P. **Warnstorf**. Op. 5. *Neustettin: F. A. Eckstein in Comm. 1900.* (21 S.) 4° [00. 9841

Kühnau redivivus. 200 alphab. geordnete Choräle, rhythmisch bearb. u. f. d. Orgel, sowie f. Bläser- oder gemischten Singchor 4stimmig gesetzt von P. **Warnstorf**. op. 9. *Buslar, Bz. Stettin: P. Warnstorf [1903].* (98 S.) 8° [03. 15309

25 Lieder für e. mittlere Singstimme mit Clavierbegleitung von P. **Warnstorf**. Op. 4. *Neustettin: F. A. Eckstein in Comm. 1900.* (39 S.) 4° [00. 9842

25 Lieder für e. mittlere Singstimme mit Clavierbegl. von P. **Warnstorf**. Op. 6. *Neustettin: F. A. Eckstein in Comm. 1900.* (42 S.) 4° [00. 9843

Neue **Missionsharfe**. 102 Melodien im Volkston zu geistl. Liedern der 'Grossen Missionsharfe' u. des 'Reisepsalters' erfunden u. vierstimmig gesetzt von P. **Warnstorf**. Op. 3. *Neustettin: F. A. Eckstein in Comm. 1900.* (31 S.) 8° [00. 9844

Warnstorf, P.: M o t e t t e n . . ., s. W a r n s t o r f , C.

Warnstorf, P., Sammlung v. Grabschriften, aus der hl. Schrift u. dem Liederschatz der evangel. Kirche zusammengestellt. 12. (54 S.) Leipzig 893. Fr. Richter. n. — 60

Frohliche Sängerfahrt. Ein Cyclus von 10 Liedern f. Sopran, Alt, Tenor u. Baß von P[aul] **Warnstorf**. Op. 11. *Buslar, Bez. Stettin: P. Warnstorf [1903].* (24 S.) 4° [03. 15838

Warnstorff, G. H. L., s. S c h u m a c h e r, H. C., Sammlung von Hülfstafeln.

Warnstorff, Karl Fr. E., s. W a r n s t o r f.

Warntjen, W., English dialogues. Hilfsbuch zur Einführg. in die engl. Konversation, im Anschluß an die Lesestücke der 1. u. 2. Reihe des Elementarbuchs der engl. Sprache v. F. W. Gesenius. gr. 8. (IV, 72 S.) Halle 894. H. Gesenius. n. — 80

Warnung! Die dänische Milch in Berlin eine Gefahr f. die Säuglinge! Berl. (1905). P.
[En Gadeplakat].

Warnung v. d. einschleichenden Aberglauben. 3 Stck. 8. Gotha, Mevius. 762.

— die apostol., des Pastors Schmalz am Reformationsfeste 1825, nebst Bemerk. e. kathol. Geistlichen aus Böhmen. 8. Amberg 827. (Mag. f. Ind. in Leipz.) 6 gr.

— vor unbefugten Aerzten; e. Predigt. 8. Leipz. ... Barth. 2 gr.

Warnung und Aufforderung. An die Bürgerwehr und ihre Führer! — Viele Bürgerwehrmänner für Tausende. Druck von F. Reichardt. 1 Bl. Fol.
Flugblatt. Berlin, 28. Mai 1848.

Warnung u. Aufruf an das protestantische Deutschland. [Besonderer Abdr. der 17. Rede aus den „Glaubensworten eines weltlichen Dieners des heil. Geistes.“] gr. 8. (16 S.) Leipzig 850, Kollmann. 3 ngr.

Warnung vor dem Aufschub der Bekehrung. 14. Aufl. 8. (16 S.) Stuttgart 888, Buchh. der Evangel. Gesellschaft.

— an die Barometer- u. Thermometer-Liebhaber. 8. Frank. 779. (Mylius in Berl.) 3 gr.

(**Warnung** vor der Betheiligung an der Demonstration.) Warum handelt es sich heute? — Ein Bürger Wehrmann. Gedruckt bei G. Reimer. 1 Bl. Fol.
Flugblatt. Berlin, 14. Mai 1848.

Warnung vor dem Betrug der Sünde . . . Frankf. u. Leipz. [Eisenach] 1760. V: *Trier, Johann Paul.* (ML) (Ky)

— vor d. Betruge der Sünde, (v. Trier). 8. Frankf. u. Leipz. 760. Griesbach. 4 gr.

Warnung für Betrug der Vernunft. O. O. 1709. V: *Frankenberg, Abraham von.* (Myl)

Warnung an die Bewohner der Urkantone über die Verdorbenheit unseres Zeitalters. Schwyz 1835. V: *Gul.* (Cat. d. Stadtbibl. Zürich. Zürich 1864–97.)

Warnung, Christi, Halt, was du hast. O. O. 1725. V: *Neumeister, Erdmann.* (schr) »1725« (Myl)

Warnung, Christliche, vor Swedenborgischer Lehre. Stuttgart 1822. V: *Barth, Chn Glieb.* (Ky)

— christliche, vor Swedenborgischer Lehre, (v. C. G. Barth). gr. 8. Stuttg. 822. Metzler. 1 gr.

Warnung u. actenmäß. Darstellung d. von Joh. Friedr. Herm. Dressel aus Freiburg begang. Verbrechens, weshalb nach beendigter Untersuchung an selbigem die Todesstrafe zu vollstrecken. 4. (1 B.) Zeitz 840, Webel.

Warnung (vor den Demagogen). Eine Stimme aus dem Friedrichshain. — Die Deputirten der Entschlafenen im Friedrichshain. Druck bei E. Litfaß. 1 Bl. Fol.
Flugblatt. Berlin, 18. Mai 1848.

(**Warnung** vor der Demonstration einer bewaffneten Volksversammlung.) Mitbürger! Ein Maueranschlag fordert — Ein Volksfreund. Decker'sche Geh. Ober-Hofbuchdruckerei. 1 Bl. Fol.
Flugblatt. Berlin, 14. Mai 1848.

— an junge Eheleute wegen Fortpflanzung des Geschlechts. 8. Leipz. ... (W. Nauck). 2 gr.

Warnung für die Einfältigen. Von einem Diener der evangel.-luther. Kirche in Preußen. 3. Aufl. 8. (7 S.) Cammin 848, Behrendt und Comp.

Warnung. An die Einwohner Berlins. Durch das Königliche Staats-Ministerium ist unsere Stadt in Belagerungszustand gesetzt — Der Magistrat. Gedruckt bei W. Moeser und Kühn. 1 Bl. Fol.
Flugblatt. Berlin, 14. Nov. 1848.

— evangelische, an alle Christen jeder Confession, bei dem Austritte des Hrn. Fell zu Frankfurt aus dem Schooße d. röm.-kathol. in die Gemeinschaft d. evangel.-protestat. Kirche, verfaßt von e. Freunde d. Wahrheit. 8. Leipz. 828. Rein. 4 gr

— vor einem neuen Feinde, welcher der Ruhe Deutschlands Gefahr droht. 8. Leipz. 816. (Cnobloch). 4 gr

Warnung eines hessischen Feldwebels an seine rediiche Landsleute gegen die ihnen unter der Masque der Wahrheit und Gutes Raths von einem Verräther seines Vatterlandes gelegten Schlingen. *New York, N. Y. 1783.*

Warnung vor Denaeyer's Fleischpepton. gr. 8. (11 S.) Wiesbaden 892. R. Bechtold & Co. — 80

Warnung vor einer drohenden Gefahr, von einem ehemaligen Schulmann. Freiburg i. Br. 1863. 2. Aufl. 1863. V: *Stolz, Alban.* (Kat. Herder 1801—95.) (Ky)

Warnung vor der Gefahr des Lebendigbegrabens. Salzburg 1793. V: *Durach, Johann Baptist.* (Kn)

Warnung der im J. 1775 mit Genehmhaltung des Königs versammelten französ. Geistlichkeit an die Gläubigen dieses Reiches, die Vorteile der christlichen Religion über die schädlichen Wirkungen des Unglaubens betreffend. Aus dem Franz. übers. von Franz Rosalino. Wien, Trattner, 1776, 8°, 10 1/2 Bogen.

Warnung, Getreue, an die Salzburgischen Glaubens-Brüder. O. O. 1732. V: *Neumeister, Erdmann.* (Schr) (Myl)

Getreue Warnung gegen Lockvögel sammt einer Antwort auf die andere Anrede an die dten Freihalter der Stadt u Co v Phila. Phila, 1764.

Warnung, göttliche, aus alter Zeit f. damals u. f. jetzt. Das 7. Kapitel d. Propheten Jeremia, 630 vor Christus, nach der Uebersetzg. u. m. der Auslegg. der Berlenburger Bibel, 1730. 8. (24 S.) Darmstadt 875. (Barmen, Klein.) n. — 20

Warnung und Erinnerung, Eine zu dieser Zeit höchst nöthige, an die freye Einwohner der Provintz Pensylvanien ... Germantown 1755. V: *Saur, Chph.* (Seidensticker, German Printing in America. Philad. 1893.)

(**Warnung** vor den Jesuiten in der Freiheitsmütze.) Berliner! Habt euch also wieder einmal den Kopf — Mehrere Einwohner Berlins. Friedländersche Buchdruckerei. 1 Bl. Fol.
Flugblatt. Berlin, 30. Juni 1848.

— zur, vor d. Irrlichtern d. n. Scholastik, s. Kampf e. kathol. Geistlichen.

— — vor dem Laster der Trunkenheit; 3 Gespräche. Berlin 1823. 8°. 48 S. (1 Mk. Jacques Rosenthal, München, 1912).

Warnung vor dem Laster der Trunkenheit. Drei Gespräche. Schleswig. 1833.

Warnung gegen Leichtsinn im sinnlichen Genusse auf 4 ill. Kupfern Darstellung der schrecklichen Folgen, welche eine einzige Vergebung für Leben und Gesundheit haben kann. Wien 1810. V: *Berchtold, Leop. Graf.* (Ky 6/155) (Bibl Port)

Die letzte **Warnung.** Elberfeld: R. Brockhaus [1905]. (15 S.) 8° [J.]
= [**Schriften** z. Erbauung d. Gläubigen.] No 106. 16. 437

Warnung, Letzte, für Polen. A. d. Poln. ... Oliva [Leipzig] 1794. V: *Kołłątay, Hugo.* (Wr)

— letzte, für Polen. 8. (Leipz. 794. Voß). 10 gr

— für unerfahrene u. junge Leute in den wichtigsten Angelegenheiten. 12. Zütphen 800. Thieme. 7 gr

Warnung an alle Menschen. O. O. 1713. V: *Tennhard, Johann.* (Myl)

— noch eine, vor d. Gefahr d. Lebendigbegrabens, (v. J. B. Durach). 8. (Salzb.) 793. Duyle. 4 gr

— noch eine, vor d. Gefahr d. Lebendigbegrabens, u. d. Entsetzlichen d. Lebendig-Begraben-Werdens. 8. Salzburg, Duyle. 795.

— nothwendige, an alle, die wahre Gottheit Jesu glaubende, besonders an die ächt röm.-kathol. Christen, vor dem Gebrauch der „Stunden d. Andacht." Von e. röm.-kathol. Priester (J. C. Doller). 8. Münch. 820. (Mainz, Müller). 2 gr

Warnung, Nothwendige und wohlgemeinte, an alle ... Christen, vor dem Gebrauch der hochgerühmten Stunden der Andacht ... Frankf. a. M. 1820. V: *Doller, Johann Lorenz.* (HS) (Ky) ›Warnung, Wohlgemeinte‹ ›1819‹ (Jes) (So)

Warnung, nothwendige und wohlgemeinte, an alle, die wahre Gottheit Jesu glaubende, besonders an die ächtrömisch-kathol. Christen, vor d. Gebrauch der so gerühmten Stunden der Andacht ꝛc. 8. (Mainz, Müller.) 820.

— nützliche, wider Arglist u. Bosheit ꝛc. 8. Wien 778. Gerold. 8 gr

Warnung eines ächten Patrioten. Aus dem Ungarischen übersetzt. V: *Darvas, Franz.* (Pk 1/502) (Bibl Port)

Warnung eines Patrioten im Lande ob der Enns bei Gelegenheit der Empörungsgeschichte Frankreichs. . . . Wien 1793. V: *Reiter, Joseph.* (Guppenberger, Bibliogr. d. Clerus d. Diöcese Linz. Linz 1893. S. 171.)

Warnung, Pauli treu gemeynte, vor der Parforce-Philosophie. Jena 1742. V: *Büchner, Gottfried.* (ML)

Warnung, Des heiligen Petri . . . ernstliche, an seinen gottlosen und schalkhaften Haushalter Dr. Christian Krumbholtz . . . O. O. 1706. V: *Feind, Barthold.* (schr)

Warnung, Der Reformirten Professoren Theologiae zu Heydelberg, Christliche, Auf die Vorläuffige Ermahnungen des Chur-Pfältzischen Regierungs-Raths, Herrn Christian Rittmeyers . . . Heydelberg 1708. V: *Mieg, Ludwig Christian.* (Erman & Horn, Bibliogr. d. dtsch. Universitäten. 2. Leipz. u. Berl. 1904.)

Warnung vor dem Protestantenverein. Ein Wort herzl. Wohlmeinung an die lieben Christengemeinden. 1. und 2. Aufl. 8. (16 S.) Hannover 872, Meyer. *

Warnung an das Publikum, d. Sterbebeitragsgesellschaften betreffend ..., s.a. Baumann, Christian Jakob

Warnung an das Publicum betr. die Sterbebeytragsgesellschaften Berlin 1781.

Warnung an das Publikum vor der unvernünftigen Theologie . . . Strassb. 1820. V: *Klein, J. G.* (MGT) (Ky)

— an das Publikum für d. unvernünftige Philosophie u. der gotteslästernden Theologie der gegenwärt. Zeit (v. J. G. Klein). 8. (Leipz. 820. Kummer). 2 *gr*

Warnung u. Rath gegen das Fluchen u. unehrbare Reden. Von einem kathol. Geistlichen. 16. Luzern 845. (Augsburg, Kollmann.) 3 *ngr*

Warnung, Die, des Schicksals oder das Reich der Mode. Ein allegorisches Lustspiel in drei Aufzügen. Wien u. Leipz. 1781. V: *Ayrenhoff, Cornelius Hermann von.* (MD)

Warnung für einige im Stolbergischen ausgestreueten irrige Schriften. O. O. 1732. V: *Neumeister, Erdmann.* (schr) (Myl)

Warnung (an Soldaten u. Beamte). Dem Beschlusse der National-Versammlung vom 11. Nov. gemäß — Der demokratische Klub. 1 Bl. Fol.
Flugblatt. Berlin, 13. Nov. 1848.

— f. Studirende, in Absicht auf ihre Gesundheit. 8. Prag 786. Widtmann. 6 *gr*

[Warnung vor der Teilnahme an Verbindungen. Anfang:] Je schwerer es ist, tief eingewurzelte Vorurtheile zu bekämpfen, ... [Am Ende:] Der Königl. Regierungs-Bevollmächtigte an hiesiger Universität, Geheimer Regierungsrath Delbrück.
Dat. Halle 25. Febr. 1834. 1 Bl. 8° (4°)

Warnung, Treugemeinte, vor der Herrnhutischen Secte. Anspach, Haueisen, 1778. 8°.

— —, Treuherzige, an die verdammliche Haupt-Sünder der Trunkenbolden, und Spieler, Zur Erweckunge wahrer und herzlicher Busse, zu diesen greulichen und sichern (!) Zeiten. Gosslar 1703. 16°. (3 Mk., Hprgt., Dieterich, Göttingen, 1907.)
Seltener Goslaer Druck.

— vor Ueberschätzung unserer Wehrmittel auf den Fall einer dem Vaterlande von Außen her drohenden Gefahr, begleitet von einem Traume. 8. (21 S.) Zürich 851, Orell, Füßli & Co. 3 *ngr*

Warnung, Überzeugende und bewegliche, vor allen Sünden der heimlichen Unzucht . . . Züllichau 1740. V: *Sarganet, Georg.* (Dunkel, Hist.-Crit. Nachrichten v. verstorb. Gelehrten. Dessau u. Cöthen 1753—56. 2, S. 367.)

Warnung! (vor dem Verein für König und Vaterland). Hört! Mitbürger! Hört! Eine Schaar feiler Reaktionaire — Der democratische Club. Druck von Trowitzsch u. Sohn in Frankfurt a. d. O. 1 Bl. Fol.
Flugblatt. Berlin, 11. Sept. 1848.

— an das lutherische Volk deutscher Zunge vor Verführung durch Lügen. Eine Zeitgabe zur Verbreitung unter das Volk. gr. 8. (48 S.) Nördlingen 848, Beck. 4 *ngr*

Warnung! (die Wegnahme der Waffen des Studentencorps betreffend.) Heute Morgen um sechs Uhr — Der Bürgerwehr-Club. 1 Bl. Fol.
Flugblatt. Berlin, 24. Okt. 1848.

(**Warnung** vor offenem Widerstand.) Mitbürger! Krone und National-Versammlung sind im Conflict. — Stadtverordnete zu Berlin. Druck von F. Reichardt u. Co. 1 Bl. Fol.
Flugblatt. Berlin, 12. Nov. 1848.

Warnung, wiederholte, f. Katholiken u. Protestanten, vor d. sogen. apostel. Warnung d. Past. Schmaltz zu Neustadt-Dresden, am Reformationsfeste 1825. Nebst Bemerkn. e. kathol. Geistlichen aus Böhmen, u. e. Vorr. v. einem zur kathol. Religion übergetret. Protestanten. 8. (7½ B.) Amberg 827, Müller. (Landshut, Thomann.) Thlr.
Aus dem „Katholiken" abgedruckt.

—— wiederholte, vor dem Protestantenverein. An die lieben Christengemeinden. 8. (19 S.) Hannover 876, Meyer. *

— wohlgemeinte, e. Arztes, an den Landmann, (v. Jh. Fr. Michaelis I.) 8. Wittenb. 773.

Warnung, Wohlgemeynte, an diejenigen, welche sich mit dem abergläubigen Schatzgraben versündigen. [Frankf. 1755.] V: *Kayser, Joh. Andreas.* (stri) (ML)

Wohlgemeinte Warnung gegen das Lottospiel. Schleswig. 1833. P. (Uden Titelbl.).

Warnung, Wohlgemeinte, eines alten Pfarrers an die Bewohner der ehemabligen Bisthümer Mainz, Worms und Speyer 4. Jan. 1793. Mainz. V: *Pope, F. G.* (serap 28, 17)

Warnung. Wohlmeinende Wahrnung gegen das Lesen schlechter Zeitungen, vorzüglich des... Schweizerboten. Allen Schweizern gewidmet, denen Gott und Vaterland lieb sind. 2. Aufl. 8. Luzern 1834.

—— vor Zaubereisünden. 6. Aufl. 8. (31 S.) Ebendas. 888. * — 8

Warnung vor der Civil-Ehe. April 1859. 8. (28 S.) Berlin 859, (Heinicke.)

(Warnung vor Zusammenläufen.) Mitbürger! Seit dem Belagerungszustande — Stadtverordnete zu Berlin. Gedruckt bei W. Moeser und Kühn. 1 Bl. Fol.
Flugblatt. Berlin, 14. Nov. 1848.

Warnungen und Ermahnungen, sonderlich in aufgeregten Revolutionszeiten. ⟨Ueber Spr. 24. 19–22.⟩ ⟨SA.⟩ 8. (Bern 1845.)

— höchstnöthige, für unerfahrne Kinder; oder Unglücksgeschichten rc. erzählt von einem für das Wohl seiner Kinder besorgten Vater. Mit Titelk. 8. Regensb. 820. Daisenberger. 8 gr. Schrbp. 12 gr.

Warnungen an studirende Jünglinge in Betreff der Hypochondrie. [Leipzig 1779.] V: *Heinze, Joh. Michael.* (MI.)

Warnungen und Winke für ungereiftere Bibel-Leser gegen offene Entweihung biblischer Geschichte ... Stuttg. 1822. V: *Eidenbenz.* (Hauptkat. d. Univ.-Bibl. Tübingen. G. S. 116.)

Warnungen u. Winke für ungereifte Bibelleser gegen offene Entweihung bibl. Geschichte. 8. Stuttg. 823, Steinkopf.

Warnungen, Winke, Wünsche, Zweifel und Versuche, die jetzige Staatscrisis betreffend. 1. Versuch. Bern 1801. V: *Höpfner, Albr.* (Cat. d. Stadtbibl. Zürich. Zürich 1864—97.)

Warnungen, Wohlgemeynte, eines Arztes an den Landmann. Wittenberg 1773. V: *Michaelis, Johann Friedrich.* (MGT) (Ky)

Warnungen, zwei, u. ein Beispiel. gr. 8. (10 S.) Düsseldorf 850, Buddeus'sche Buchhandlung. 1 ngr

— zwei, d. französ. Geistlichkeit an die Christgläubigen wegen d. Gefahren d. Unglaubens. A. d. Französ. übers. v. Frz. de Paula Rosalino. 8. Wien 775, 76.

Warnungsbeispiele für die Jugend aus der Geschichte und dem alltäglichen Leben ... Stuttg. 1829. V: *Lotter, Tob. Hnr.* (ErGr) V: *Steudel, Joh. Chn Frdr.* (Ky)

Warnungs-Beyspiele f. d. Jugend, aus d. Geschichte u. dem alltägl. Leben, od. lehrr. Schule d. Erfahrung zur Verhütung dess., was uns. inneres u. äußeres Wohlseyn stören kann. Ein Leseb. f. d. häusl. u. Schul-Gebrauch vom Hrsgeb. d. „Beyspiele des Guten rc." (T. H. Lotter.) 8. (20½ B.) Stuttgart 829, Steinkopf.

Warnungsbeispiele für Jünglinge und Jungfrauen, zur Vermeidung der Gefahren, welche ... ihrem ... Wohle im Wege stehen ... Stuttgart 1829. V: *Steudel, Joh. Chn Frdr.* (Ky)

—— für Jünglinge u. Jungfrauen, zur Vermeidung d. Gefahren, welche auf d. Lebenswege ihrem geistigen u. leibl. Wohle im Wege stehen. Stimmen d. Erfahrung aus d. Lebens-Geschichte einzelner Menschen. Vom Hrsgeb. d. „Beyspiele des Guten rc." (T. H. Lotter.) 8. (22½ B.) Stuttgart 829, Steinkopf.

Warnungsbüchlein für folgsame Kinder. ABC-, Bilder- u. Lesebuch zum Selbstunterricht in 7 fein illum. Kupfertaf. mit erklär. Texte u. alleger. Titel. 8. Nürnberg 846. (Zeh'sche Buchh.) ¼ rf

Warnungsgeschichte für die Jugend. 8. Leipz. 796. Linke. 3 gr

WARNUNGSLIED für Mädchen gegen Jacobiner. Gedruckt zu Linz (ca. 1790). 8°. 4 S. Sehr rar! (12 Mk. Paul Graupe, Berlin, 1911.)

Warnungsruf. Ein W' an das Schweizervolk [auf die] Eidgenössische Abstimmung vom 23. Oktober 1910. ([Hrg. vom] Zentralvorstand der Freisinnig-demokratischen Partei der Schweiz.) 15 S. 8. (Zürich, Druckerei der Neuen Zürcher Zeitung.)

Warnungsruf eines vom Irrthum zur Wahrheit bekehrten Zweiflers. Von Th. S. Kaiserslautern 1888. 3. Aufl. 1889. V: *Starke, Theodor.* (Russell XVI, II, 1, 949)

Warnungsruf eines vom Irrthum zur Wahrheit bekehrten Zweiflers. Von Th. S. gr. 8. (15 S.) Kaiserslautern 888, Gotthold's Verlag. *

Warnungs- und Wächter-Stimme, Einfältige, an die gerufene Seelen dieser Zeit ... Germantown 1741. Philadelphia 1742. V: *Gruber, Joh. Adam.* (Seidensticker, German Printing in America Philad. 1893.)

Warnungsstimme, göttliche. 16. (16 S.) Gernsbach 882, Christl. Kolportage-Verein.

Warnungsstimme für unsere Jugend. Belehrung über den gefährlichsten Jugendfeind ... 2. Aufl. Gernsbach 1901. V: *Merkel, C. A.* (Berl)

Warnungsstimme f. unsere Jugend. Belehrung über den gefährlichsten Jugendfeind (Onanie, Selbsbefleckg.), dessen Folgen, Heilg. u. Verhütg. Aus den Schriften hervorrag. Aerzte gesammelt, m. Beispielen aus dem Leben erläut. u. Eltern, Lehrern u. Erziehern ans Herz gelegt v. e. Jugendfreunde. 2. vergrößerte Aufl. (Von C. A. Merkel.) 12. (112 S.) Gernsbach 901. (Bonn, A. Falkenroth.) n. — 85

Warnungsstimmen. Die politischen Stürme auf dem Festlande namentlich in Deutschland. Aus englischer Perspektive. gr. 8. (20 S.) Stuttgart 848, Neff. ¼ ₰

Warnungsstimmen, od. verschiedene Beispiele göttlicher Gerechtigkeit. 16. (191 S.) Cleveland 871. (Philadelphia, Schäfer & Koradi.) geb. n. 2. —

Warnungs-Stimmen, drei. Wer es lieset, der merke darauf! (Eine Schrift für Mäßigkeits-Vereine.) 8. (8 S.) Hannover 847, (Hahn'sche Hofbuchh.)

Die Warnungstafel. o. O. u. J. 1 Bl. 4°. [Kopftit.]
„Vor einem Pfahl bin ich heut steh'n geblieben" ...

Warnungstafel, od. 110 wahre Beispiele verschied. Unglücksfälle, nebst Beschreib. einiger vorzügl. europ. Giftpflanzen u. deren Abbild., zur Belehr. f. alle Stände u. besond. f. d. Jugend. 12. (5 B. u. 8 ill. Stnt.) Meißen 831, Klinkicht u. Sohn.

Warnungstafeln oder die Gefahren der jugendlichen Unbedachtsamkeit . . . Leipzig 1811. V: *Kotzer, Chn Hnr.* (MGT) (Ky)

Warnungstafeln, oder die Gefahren d. jugendlichen Unbedachtsamkeit bei Spielen u. Zeitvertreiben, auf 24 Kpfrn. dargestellt (v. Chr. H. Kotzer). 2 Bde. gr. 8. Leipz. 811. 2e A. 813. Tauchnitz. 2 ₰ 16 ℊ

Warnungstafeln gegen Leichtsinn im sinnlichen Genuss . . . Wien 1805. V: *Berchthold, Leop. Graf v.* (call) ›1810‹ (Ky)

Warnungstafeln gegen Leichtsinn im sinnlichen Genusse auf 4 illum. K. Darstell. d. schreckl. Folgen welche e. einzige Vergehung f. Leben u. Gesundheit haben kann. Fol. Wien, Geistinger. 805.

— gegen Leichtsinn im sinnlichen Genusse auf 4 illum. Kpf. Darstell. d. schreckl. Folgen, welche eine einzige Vergehung für Leben u. Gesundheit haben kann, (v. Gr. Lp. v. Berchtold). Fol. Wien 810. Geistinger. 16 ℊ

Warnungszeichen am Lebenswege junger Männer. (23 S.) 8. Neu-Ruppin (909). F. W. Bergemann. — 15

Warnus, Alois v., der Pfarrer v. Atzbach. Eine poet. Erzählg. 16. (VI, 100 S.) Linz 891. Mareis. n. 8. —

Warnus, A. v., Schneeglöckchen der Liebe. Ein Liedersträusschen. 16. (VI, 96 S.) Linz 889. (Mareis.) geb. m. Goldschn. n.n. 4.50

Warnus, Alois v., d. Selbstmordcandidat. 8. (22 S.) Linz 896. (E. Mareis' Sort.) n. — 60

Wareld, Ernst, das Wesen u. Unwesen d. Gothaischen Feuerversicherungs-Bank. gr. 8. (6¼ B.) München 833, Franz.

Warrant, Der. Dresden 1870. V: *Heinrich, Edm.* (Kat. d. stat. Bureaus. Dresden 1890.)

Warrekauri. Hamb. 1841. V: *Vancousen, E. Dieffenbach & R. D. Hanson.* (CBH)

Warrekauri. Die deutsche Antipoden-Colonie. Uebersetzung aus G. Vancouver's Voyage of discovery (Band I, Cap. 5). Bericht über die Chatham Inseln den 22 November 1791. — Bericht des Herrn R. Davies Hanson an die Direktoren der Neu-Seeländischen Compagnie über den Besuch und Ankauf der Chatham Inseln. Hamburg 1842. 8. 51 S., 1 Krt. [illegible]

Warren

— Sir, d. edle Fußgänger, od. das Denkmaal nach dem Tode, m. K. 8. Prag, Polt. (Joachim in Lpz.) 803. — 18

Warren, Sir, der edle Fußgänger. ... Prag 803. (Central-Compt. in Leipzig.)

Warren, Fanny, die Toiletten-Plauderin, od.: Die Kunst, während d. Ankleidens Englisch zu lernen. Neueste, durchaus prakt. Anleit. f. Damen, sich d. Englische in möglichst kurzer Zeit nach e. sehr einfachen u. leichtfaßl. Methode eigen zu machen. Mit sehr vielen Beispielen, kleinen Gesprächen, Leseübungen, so wie mit d. deutschen Uebersetz. u. Aussprache e. jeden engl. Wortes hrsg. qu. 16. (17 B.) Wien 840, [Dorfmeister.]

Warren, Gordon, der kühnste Seeräuber im Stillen Ocean, oder: Der Triumph wahrer Liebe. 8. (188 S. mit eingedr. Holzschn.) New-York 861. (Philadelphia, Schäfer und Koradi.)

Warren, Honorie. Roman a. d. Engl. Frankf. u. Leipzig 1788. Ü: *Seume, Johann Gottfried.* (GGr) (Ky)

Warren, Honorie, aus dem Engl. 2 Theile mit Kupf. 8. Frankfurt und Leipzig, 788. (Göschen) 1 Rthl. 15 sgl.

Warren's Geographie für Anfänger. Illustr. durch zahlreiche (ill.) Karten (in eingedr. Holzschn.) und (anderen eingedr.) Holzschn., übers. von J. G. Oehlschläger. 4. (88 S.) Philadelphia 860, (Schäfer und Koradi.) geb. *

Warren, Vicomte de, tactique des armées prussiennes, suivis d'un projet des cadres pour l'armée territoriale. 8. (IV, 170 S.) Nancy 873. Berger-Levrault & Co. n. 2. 50

Warren, meine Weihnachts-Heimath. Skizze von einem alten Manne. Aus dem Engl. Berlin 861. Wohlgemuth. 32. (48 S.) 3 ngr.

v. Warren, Ed., das engl. Indien, s. a. Weltpanorama, 65.—71. Bd.

von Warren, Ed.: Das englische Indien im Jahr 1843. Aus dem Englischen von C. A. Schmitt. 2. Ausg. Abth. 1. 2. Stuttgart 1851. 1 Bd. XII. 383; 281 S. 8°.

Warren, Ed. v., das englische Indien. Aus dem Engl. von C. A. Schmitt. 2 Abthlgn. (Neue Titel-Ausg.) Stuttgart (846.) 854. Franckh. 16. (383; 288 S.) 21 ngr.

Warren, Eleanor M., a seaside story, hrsg. von Ed. Armack, s.: Reader, English, I.

TRAKIMOR, oder das goldene Land. Aus d. Engl. (des *G. E. Warren* übers. von Chrn. Friedr. Sintenis). 2 Thle. Leipzig 1787—88. 8°. Zus. 1420 S. (3⅓ Rthl.)
„Seltene und berüchtigte Utopie." (R. Zinke's Dresdner Novbr.-Auct. 1905, no. 1293). — Anon.-Lex. IV. p. 186 (nach Stammhammer, Bibliogr. d. Socialismus u. Communismus. Jena 1893—1900, u. Engelmann).

Warren, H. C., s.: Bibliographie der psycho-physiolog. Literatur des J. 1907.

Warren, Henry Clarke, Buddishm in translations, s.: Harvard oriental series. III.

Warren, J. Collins: Dr. [illegible]
Separatabdruck

Warren, John C(ollins): Praktische Bemerkungen über Diagnose und Kur der Geschwülste. Ergebnisse einer 40jährigen Erfahrung. (Surgical Observations on tumours. Dt.) Deutsch bearb. von H(eimann) Bressler. 364 S., gbd.

Berlin: Morin 1839

JB 3.435

Warren, Joseph (geb. am 24 Juni 1849 in Springfield Mass.): Beiträge zur physiologischen Chemie des Muskels ... Bonn, Univ.-Buchdr. v. C. Georgi 1880. 35 S. 8. ¶ In kürzender Bearb. in Pflügers Arch. f. d. ges. Physiol. XXIV 1881 S. 391 ff. *u. d. T.:* Über den Einfluss des Tetanus der Muskeln auf die in ihm enthaltenen Säuren.
Bonn, Med. Fak., Diss. v. 4 Juni 1880

Warren, Jra, u. A. E. Small, der Haus-Arzt. Beschreibung aller Krankheiten, nebst den neuesten u. besten Methoden zur Heilg. derselben. Mit 36 prachtvollen Farbendr. u. 330 Holzschn. Lex.-8. (968 S. m. 1 Stahlst.) Hamburg 889. Verlagsanstalt u. Druckerei, A.-G. geb. n. 16. —

Warren, Leo (Greg. Samarow), s. a.: Samarow, Greg.

Warren, Leo, Chavrillac. Roman. 3 Bde. 8. (232, 282 u. 258 S.) Stuttgart 884. Deutsche Verlags-Anstalt. n. 12. —

Warren, L., [Greg. Samarow], Chavrillac. Roman. 3 Bde. (Billige Ausg.) 8. (232, 284 u. 268 S.) Stuttgart 890. Deutsche Verlags-Anstalt. n. 3. —; geb. n.n. 3. 75

— — Jenseits d. Grabes. Novelle. 8. (176 S. m. 40 Illustr. v. F. Wahle.) Ebd. 890. * 3 —; geb. * 4 —

— jenseits des Grabes. Novelle. Mit Orig.-Zeichngn. v. F. Wahle. (Neue Titel-Ausg.) 8. (176 S.) Stuttgart 894. Deutsche Verlags-Anstalt. n. 1. —; geb. n. 1. 25

Warren, Leo, im Hörselberg. Roman. 2 Bde. 8. (226; 198 S.) Stuttgart 886, Deutsche Verlags-Anstalt. * geb. in 1 Bd. *

—— die Jagd des Todes. Roman. 2 Bde. 8. (218; 204 S.) Ebendas. 887. *M* 8.—.; geb. in 1 Bd. *

—— der wunde Punkt. Roman. 8. (331 S.) Ebendas. 888. * geb. *

—— Der wunde Punkt. Roman. (Wohlfeile Ausg.) 8. (331 S.) Ebd. 892. * 1 —; geb. * 1 25
Vgl.: Samarow, Gregor.

Warren, Samuel, s.a. † Harrisson, Dr.

Warren, Sam., Diary of a Late Physician, s. Collection of british Authors.

— Jetzt u. Einst, siehe: Britannia. 4 u. 5. Bd.

— die Lilie u. die Biene, siehe: Britannia. 28. Bd.

Warren, S., the lily and the bee, siehe: Collection of British authors. Vol. 214.

Warren, Samuel, s. Marryat's sammtl. Werke u. Mittheilungen aus dem Tagebuche eines Arztes.

Warren, S., letzte Mittheilungen aus dem Taschenbuche eines Arztes. Aus dem Engl. übersetzt von K. Jürgens. Neue illustr. (Titel-) Ausg. 2 Thle. gr. 12. (VIII u. 568 S. m. 2 Lith.) Meißen (838) 850, Goedsche. 1 ℛ

— Mittheilungen aus dem Tagebuche eines Arztes, s.a. Harrison, Dr.

Warren, Samuel

Mittheilungen aus dem Tagebuche eines Arztes. Von Dr. Harrisson (Samuel Warren). Aus dem Englischen. 2. Aufl. Sorgfältig durchgesehen und mit einem Vorworte begleitet von Karl Heinrich Hermes. Th. 1.2. 4-8.
Braunschweig: Vieweg 1839. 8°

— Now and Then, siehe: Collection of British authors. Vol. 141.

Warren, Sam., aus dem Tagebuch e. Arztes, s.a. Weltbücherei, moderne.

— aus dem Tagebuche eines Arztes. Deutsch von A. Diezmann. 20 Bdchn. 16. Leipzig 844, O. Wigand. à n. 2 *ngl*

Aus dem Tagebuch eines Arztes [Passages from the diary of a late physician]. Von Samuel Warren. Magdeburg: Magdeb. Verl.-Anst. [1908]. 352 S. 8°
(Moderne Weltbücherei 15) [illegible]

— Ten Thousand a-Year, s. Collection of british Authors.

— gesammelte Werke in neuen Uebertragungen. 1. 3. 5. 6. 9.—11. 15.—21. (Schluß-) Liefg. Aus dem Tagebuche eines Arztes. 1. 2. Thl. à 7 Bdchn. 16. Stuttgart 842, 43, Liesching. à 1/6 ℛ

— dass. 2. 4. 7. 8. 12.—14. Liefg. Zehntausend Pfund Renten. 1.—7. Bdchn. 16. Ebend. 842, 43. à 1/6 ℛ

— dass. 22.—32. Liefg. Zehntausend Pfund Renten. II. Thl. 1.—6. Bdchn. u. III. Thl. 1.—5. Bdchn. (Schluß.) 16. Ebend. 844. à 1/6 ℛ

— gesammelte Werke. In sorgfältigen Uebertragungen. Erste deutsche Gesammt-Ausgabe. In 5 Bdn. (25 Heften) mit 10 Stahlst. 1.—14. Heft. Zehntausend Pfund Renten. 3 Bde. gr. 16. Ebend. 844—46. à Liefg. 1/4 ℛ — 15.—24. Heft. Aus dem Tagebuche eines Arztes. 1. 2. Bd. gr. 16. Ebend. 846. à Hft. 1/4 ℛ

— gesammelte Werke in sorgfältigen Uebertragungen. Ausgabe mit Stahlst. 25—28. Hft. oder 6. Bd. A. u. d. T.: Jetzt u. Einst. Aus dem Engl. von Carl Kolb. gr. 16. (458 S.) Stuttgart 848, S. G. Liesching. 1 ℛ geb. 1 ℛ 6 *ngl* (1—6: 7 ℛ 13 1/2 *ngl*)

Warren's, Sam., gesammelte Werke in sorgfältigen Uebertragungen. (33—37. Lfg.) 6. Bd. A. u. d. T.: Jetzt und Einst. Aus dem Engl. von Carl Kolb. 5 Bdchn. gr. 16. (VI und 458 S.) Stuttgart 848, S. G. Liesching.

Warren, W., mit Napoleon nach St. Helena, s.: Home, George.

Warren, Will. F., Anfangsgründe der Logik. Einfach dargestellt und mit Beispielen erläutert. gr. 8. (XI und 104 S.) Bremen 864, Verlag des Tractathauses. *

Warren, Will. F., der Methodismus, kein Rath oder Werk aus den Menschen. Bremen 866. Verlag des Tractathauses. 8. (III, 57 S.) n. 4 ngr.

—— systematische Theologie einheitlich behandelt. 1. Lfg. gr. 8. (VIII und 187 S.) Bremen 865, Verlag des Tractathauses. *

Warren County Wächter: 1898? –1900?
Independent weekly. Edited by G. H. Rosenthal, & published by Warren County Publishing
Morrow, OH

Warrens, Ed., die orientalische Frage. 2. Aufl. 4. (16 S.) Wien 854, [Hügel.]

—— das Nationalanleben. 8. (31 S.) Wien 854, [Hügel.]

Warrens, Ed, über Deák's Rede. gr. 8. (39 S.) Wien 861, Typographisch-literarisch-artistische Anstalt.

Warrens, Rosa, Gedichte. 16. (VI, 204 S.) Berlin 873. Mitscher & Röstell. n. 3. —; geb. m. Goldschn. n. 4. 50

Warrens, Rosa, zwei Lieder der Edda. In der Alliteration des Orig. übertragen. 8. (VII und 60 S.) Hamburg 863, Hoffmann und Campe.

Warrens, Rosa, schottische Volkslieder, s. Volkslieder.

Warrentin, Bruno F., die Seeschlacht bei Helgoland. Ein Zukunftsgemälde. gr. 8. (40 S.) Leipzig 894. W. Friedrich. n. 1. —

Warrenton Citizen: 1869–1881.
Edited by Frank J. Vallman, 1869–1875. Published a German section
Warrenton, MO

Warrenton Sentinel: 1870? –?
Weekly. Circulation 600. Warrenton, MO

Warrenton Volksfreund: Jahrgang 1–38, No. 31, Oct.? 1880–Apr. 26, 1918
Independent weekly. "Ein Wort zum Abschied!" appears in issue for Apr. 26, 1918. Circulation: 1880, 425; 1890, 1070; 1900, 1125; 1910, 1000; 1915, 1200. Edited & published by Böhmer & Schierbaum, 1880–8?, by Böhmer & Bartholomäus, 1882–83, by Georg Bartholomäus, 1884–85, by Bartholomäus Brothers, 1886?–1888?. Edited by H. Buhmann & published by J. & J. Bartholomäus, 1889–1900?; edited & published by J. & J. Bartholomäus, 1900–18.
Warrenton, MO

Warrikoff, H., üb. die Wirkung einzelner Antiseptica auf das Milzbrandcontagium, s. a. Vorträge f. Thierärzte.

Warrikoff H.: Ueber die Wirkung einzelner Antiseptica auf das Milzbrandcontagium. Inaug.-Dissert. (vet.). Dorpat 1883. 63 S. P.
— — Leipz. 1884. 51 S.
(Uden: Inaug.-Diss.). (Vorträge f. Thierärzte. Ser. 6 H. 7,8). 327.

Warrikoff, H., Über die Wirkungen einzelner Antiseptica auf das Milzbrandcontagium. (51 S.) Jena 84. Doge u. Hänel. (Dürselen, Wiesb.) M. 3.

Warrikoff, Hugo: Ueber die Wirkung einzelner Antiseptica auf das Milzbrandcontagium. Leipzig 1884. 51 S.
(Vorträge für Thierärzte. Ser. 6, H. 7/8.)

Warring, Ch. Scott., Reisen nach Schiraz, nebst mannigfaltigen Bemerkungen über die Lebensart, Sitten, Gewohnheiten, Gesetze, Sprache u. Literatur der Perser. 2 Bde. 8. Rudolst. 808. (Hildebrandt in Arnst.) 1 ꝛß 8 gl. Hbg. Pr. 18 gl.

Warring, Hans [Pseud.], s. Meier, Emma

Warring, Hans, Christine Brünning. Erzählg. 8. (93 S.) Berlin 897. Schriftenvertriebsanstalt. Geb. in Leinw. 2. —

— der Eine u. d. Andere. Erzählg. 8. (144 S.) Ebd. 896. 1. 50; geb. in Leinw. 2. —

Warring, Hans, Ellernbruch, s. a. Volksbücher, neue. 63.

Ellernbruch. Erzählung von Hans Warring. Mit 2 Ill. *Berlin: Schriftenvertriebsanst. 1900.* (112 S.) 8° [F.]
= Volksbücher, Neue. Bdch. 63.

Warring, Hans, eine Erbschaft, s.: Volksbücher, neue.

— ein Frauenlos. Erzählg. gr. 8. (87 S.) Ebd. 898. 1. 50; geb. in Leinw. 2. —

Warring, Hans, Lebenswege. Roman. 2 Bde. 8. (214 u. 253 S.) Berlin 876. Janke. 7. 50

Warring, Hans, zwei Vettern. Roman. 8. (228 S.) Leipzig 884. Reißner. n 1. —

Warring, Hans
Schwere Zeiten. Erzählung. Berlin 1874.
In: Roman-Zeitung, Deutsche. Bd 4.

— schwere Zeiten. Roman. 2 Bde. 8. (287 u. 315 S.) Ebend. 875. 9. —

Warringsholz, Cl. Hartwig [Thierarzt aus Breslau]: Aus dem veterinär-anatomischen Institut der Universität Bern. Beitrag zur vergleichenden Histologie der quergestreiften Muskelfaser des Pferdes, Rindes, Schafes und Schweines und Beobachtungen der Nebenscheibe und Mittelscheibe beim Pferd und Schwein. Mit 1 Tafel und 1 Abbildung im Text. (S.-A. aus Archiv f. wissensch. u. prakt. Thierheilkunde Bd. XXIX.) Berlin 1903. 22 S. 8°.
Bern, Phil. Diss. 1902/1903

Warringsholz, Cl[aus] Hartwig. Beitrag zur vergleichenden Histologie der quergestreiften Muskelfaser des Pferdes, Rindes, Schafes und Schweines, und Beobachtungen der Nebenscheibe und Mittelscheibe beim Pferd und Schwein. Diss. Phil. Bern. Mit 1 Tafel und 1 Abbildung im Text. *Kopftitel:* Aus dem veterinär-anatomischen Institut der Universität Bern. — (Sonder-Abdruck aus dem Archiv f. wissensch. u. prakt. Thierheilkunde. Bd. 29. H. 3 u. 4. 1903.) 22 S. 8. Berlin, L. Schumacher, 1903.

Warsager. – Der chymische Warsager oder eine in zwanzig Wochenblättern herausgegebene Unterweisung. Bl. 1–20. Hamburg: J. C. Bohn 1747. 48. 4°

Warsany, alphabetisches Verzeichniß sämmtlicher Städte des preußischen Staats nebst Angabe der in denselben befindl. Gerichtsbehörden und Benennung aller derjen. übrigen Ortschaften, an welchen sich Gerichtsbehörden befinden, oder auch nur periodisch Gerichtstage abgehalten werden, nach Jurisdictions- und Verwaltungs-Bezirken zusammengestellt. 4. (53 S.) Sorau 854, Rauert. (Berlin, C. Heymann.)

Warsaw Courier: 1871? –1874?
Weekly. Printed at office of the Post (Keokuk, Iowa). Circulation: 1874, 280. Edited & published by Theo. Bischof.
Warsaw, IL

§ **WARSBERG**, Moritz von. (Etwas freier Roman, welcher einen *Anhang* zu dem frivolen Buche „Luise von Boksdorf" [s. d.] bildet.) 2 Thle. Mit 2 gestoch. Titeln. Franckfurt und Leipzig (Weißenfels, Severin) 1794. 8°. 398 u. 336 S.
Fehlt Weller's fing. Drucken. — Selten!

Warsberg, Moritz v., 2 Thle. 8. Weißenfels, (Baumgärtner in Lpz.) 794. (1. 1 Rthlr. 11. 20 gr.) 1 20

Dalmatien. Tagebuchblätter aus d. Nachlasse d. Fh. Alexander v. Warsberg. Mit 72 Ill. von Ludwig Hans Fischer u. 1 Karte von Dalmatien. *Wien: C. Konegen 1904.* (125 S.) 8°

Warsberg, Frhr. Alex. v., Dalmatien. Tagebuchblätter aus dem Nachlasse. Mit 72 Illustr. v. Ludw. Hans Fischer u. 1 Karte von Dalmatien. (125 S.) gr. 8. gr. 8. Wien 905. C. Konegen. n. 5.—; geb. n. 6.—

Warsberg, Alex. Frhr. v., Ithaka. Mit 5 Aquarellfarbendr., 1 Karte u. 40 Phototypien nach Originalen v. Ludw. H. Fischer. hoch 4. (V, 144 S.) Wien 887. Gerold's Sohn. geb. n. 20.—

Warsberg, Alex. Frhr. v., die Kunstwerke Athens. Auf den Spuren d. Gaudenzio Ferrari. Ein Sommernachtstraum in der Walhalla. Nachgelassene Schriften. 8. (VII, 335 S.) Wien 892. W. Braumüller. n. 4.—

Warsberg, Alex. Frhr. v., homerische Landschaften. 1. Bd. A. u. d. T.: Eine Reise durch das Reich d. Sarpedon. Mit zahlreichen (Holzschn.- u. Lichtdr.-) Abbildgn. 8. (XIII, 271 S.) Wien 884. Graeser. n. 8.—

Warsberg, Alex. Frhr. v., Odysseeische Landschaften. 3 Bde. 8. Wien 878. 79. Gerold's Sohn. n. 20.—
1. Das Reich des Alkinoos. (VII, 281 S.)
2. Die Colonialländer der Korkyräer. (408 S.)
3. Das Reich des Odysseus. (508 S.)

Warsberg, Alex. Frhr. v., von Palermo zur Scylla u. Charybdis. Aus dem Nachlasse. Mit 45 Illustr. v. Ludw. Hans Fischer u. 1 Karte v. Sicilien. gr. 8. (124 S.) Wien 901. C. Konegen. Geb. in Leinw. n. 5.—

— eine Reise durch das Reich des Sarpedon. Neue [Titel-] Ausg. 8. (XIII, 271 S. m. 21 Abbildgn.) Wien [884.] 899. C. Graeser & Co. Kart. n. 2.40

Warsberg, Alex. Frhr. v., ein Sommer im Orient. Wien 869. Gerold's Sohn. gr. 8. (III, 428 S.) n. 3 *Thlr* 10 *ngr.*

— e. Wallfahrt nach Dodona. Aus dem Nachlasse hrsg. v. Johs. Frischauf. gr. 8. (VII, 151 S. m. 2 Karten.) Graz 893. Leuschner & Lubensky. n. 3.50; geb. n. 4.80

Warschatka, Franz, Der ökonomisch-administrative Dienst und die Rechnungslegung der Proviant-Officiere. I. Theil Kriegsverhältniss. Gr.-8. (XVI, 183 S.) 2.—
Temesvár: Trautmann 1897.

Warschatka, Frz., Kriegerbriefe. Erinnerungen an fröhlich verlebte Unteroffiziersdienstzeit während der Bekämpfg. d. Insurrektion in Süddalmatien im J. 1882. (36 S.) gr. 8. Pressburg 906. (Wien, L. W. Seidel & Sohn.) 2.—
Sonderabdr. a.: „Unteroffiziers-Ztg. f. Oesterreich-Ungarn".

Warschatka, Franz, Oekonomisch-administratives Lexikon für Unter-Abtheilungen. Abgeschlossen Ende October 1897. Gr.-8. (242 S.) Temesvár: Trautmann 1897. 1.50

Warschatka, Frz., d. Manipulationsschule. Leitfaden z. Selbstunterr. u. Handbuch f. Lehrer an Manipulationsschulen. Behelf f. Unterabtheilgn. z. Selbstheranbildg. d. Nachwuchses an Rechnungs-Unteroffizieren. 2., verb. Aufl. gr. 8. (84 u. LI S.) Temesvár 894. (G. Trautmann.) n.n. 2.—

— dasselbe. Beiheft, enth. sämmtl. zur Erlerng. d. Unterabtheilungs-Manipulation nöth. Fragen u. Antworten. gr. 8. (40 S.) Ebd. 894. n.n. —25

Warschatka, Frz., die Manipulationsschule. Leitfaden zum Selbstunterrichte u. Handbuch f. Lehrer an Manipulationsschulen. Behelf f. Unterabteilgn. zur Selbstheranbildg. des Nachwuchses an Rechnungsunteroffizieren. 5. Aufl. (84 u. LII S.) gr. 8. Temesvár 906. (Wien, L. W. Seidel & Sohn.) n. 3.20

— d. Militär-Versorgung, s.: Klein, Ferd.

— d. Stempelpflicht im k. u. k. Heere. Alphabet. Zusammenstellg. aller hierauf bezughab. Bestimmgn. 2., vervollständ. Aufl. 8. (84 S.) Temesvár 895. G. Trautmann.) n.n. —70

— die Stempelpflicht im k. u. k. Heere, einschliesslich der k. k. Landwehr. Alphabetische Zusammenstellg. aller hierauf bezughab. Bestimmgn. 3., vollkommen umgearb. Aufl. (164 S. u. 1. Nachtrag 20 S.) kl. 8. Ebd. 902. 904. n. 2.—

— der gute Ton im Unteroffizierskorps. Hrsg. v. der Verwaltg. der „Unteroffiziers-Zeitg. für Oesterreich-Ungarn" (233 S.) gr. 8. Ebd. 906. n. 4.—

— d. Unterabtheilung im Felde. Darstellung der ökonomisch-administrat. Thätigkeit ders. während d. Mobilitäts- u. Kriegsverhältnisses, dann bei der Demobilisierg. gr. 8. (XX, 150 u. Beilagen 10, 12, 8, 7, 3 u. 3 S.) Ebd. 895. n.n. 2.65

— die Unterabteilung im Felde. Darstellung der ökonomisch administrativen Tätigkeit derselben während des Mobilitäts- u. Kriegsverhältnisses, dann bei der Demobilisierg. 2., umgearb. Aufl. (XX, 194 S.) gr. 8. Ebd. 904. n. 4.—

— der längerdienende Unterofficier. Chronolog. Zusammenstellg. aller auf d. Begünstiggn., Versorgg. u. Anstellg im öffntl. Dienste, sow. auch auf die Familie dess. bezughab. Gesetze, Verordngn., Erlässe u. Vorschriften. 12. (XVIII, 184 S.) Ebd. 893. n.n. 1.35

Warschau [Schlagwort]

Warschau-Lodz, s.: Automobilkarten. Automobil-Tourenkarte.

Warschau-Posen, s.: Automobilkarten. Automobil-Tourenkarte.

Warschau-Willenberg, s.: Automobilkarten. Automobil-Tourenkarte.

Warschau, s.a. Europa. Liebenow.

Warschau — Neueste Karte von ganz Preussen und Herzogthum — etc. Wien bey Artaria. S gg. G. R. von Preussen. 1: 540,000.

Warschau — Charte vom Königreiche Preussen nebst dem Herzogthume — etc. v. F. L. Güssefeld. S. gg. G. R. von Preussen. 1: 1,550,000.

Warschau — Charte vom Königreiche Preussen, dem Herzogthume — etc. von D. F. Sotzmann. S. gg. G. R. von Preussen. 1: 1,500,000.

Warschau — Topographisch - militärische Karte vom vormaligen Neu Ostpreussen, oder dem jetzigen nördlichen Theil des Herzogthums — nebst dem Russischen District etc. aus der grossen, unter Leitung des General-Quartiermeisters, Generallieutenants v. Geisau, und unter örtlicher Aufsicht des Quartiermeisters Oberstlieutenants v. Stein aufgenommenen Vermessungs Karte auf XV Blätter reducirt, und etc. redigirt, vom Artillerie Lieut. v. Textor. Herausgegeben von D. F. Sotzmann etc. Berlin 1808. 1: 150,000. 13 Bl.

Warsovie — Plan de — avec les principaux Édifices de cette capitale. Dessiné et Lithographié par Leonhard Schmidtner 1825. 1: 10,000. 1 Bl.

Warschau [Sachliches OW]

Von Warschau bis Olmütz. Ein Preußisches Geschichtsblatt. Den 27. Februar 1851. Berlin, W. Adolf u. Comp., 1851. XIV, 82 S. 8°.

Warschauer, Adf., Abriss der polit. u. kulturgesch. Entwicklung der Provinz Posen, s.: Verzeichnis der Kunstdenkmäler der Prov. Posen. I.

Warschauer, Adf., die Anwendung der Photographie f. die archivalische Praxis, s.: Mitteilungen der k. preuss. Archivverwaltung. 15. Heft. (Mente, Otto.)

— die städt. Archive in der Prov. Posen, s.a. Mitteilungen der k. preuss. Archivverwaltung. 5.

Die städtischen Archive in der Provinz Posen von Adolf Warschauer. *Leipzig: S. Hirzel 1901.* (XL, 323 S.) 8°
— Mitteilungen d. K. preussischen Archivverwaltung. H. 5. [01 115:63

Warschauer, A., die Chronik der Stadtschreiber von Posen. Hrsg. von A. W. Posen 888, (Jolowicz.) *
Aus: Zeitschrift der Historischen Gesellschaft für die Provinz Posen, besonders abgedruckt.

— s.: Führer durch Posen,

— Die Rauch'sche Fürstengruppe im Dom zu Posen. Archivalische Beiträge. Mit e. Abbildg. der Gruppe in Kupferlichtdr. (59 S.) 8. Posen 908. (J. Jolowicz.) 1. 50
Sonderabdr.a.: „Ztschr. d. hist. Gesellsch. f. die Prov. Posen“.

Geschichte der Stadt Mogilno. Zur Erinnerung an d. 500j. Bestehen d. Stadt im Auftr. d. städt. Behörden bearb. von Dr. A[dolf] Warschauer, kgl. Archivar. Posen 1898: E. Schmädicke. (30 S.) 8° [F.] [05 8,89

Warschauer, Adf., die Posener Goldschmiedfamilie Kamyn. [Aus: „Zeitschr. d. Histor. Gesellsch. f. d. Prov. Posen“.] gr. 8. (26 S. m. 6 Taf.) Posen 894. (J. Jolowicz.) n. 1.50

— Mitteilungen aus der Handschriftensammlg. des britischen Museums zu London vornehmlich zur polnischen Geschichte, s.a. Mitteilungen der k. preuss. Archivverwaltung. 18. Heft.

Warschauer, Adolf: Mitteilungen aus der Handschriftensammlung des Britischen Museums zu London, vornehmlich zur polnischen Geschichte. Von Archivrat Prof. Dr. A[dolf] Warschauer. Leipzig: Hirzel 1909. 80 S. 8°
(Mitteilungen d. K. Preussischen Archivverwaltung. H. 13.)

Warschauer, Adolf *(geb Kempen in Pos 13 10 1855)*: Ueber die Quellen zur Geschichte des Florentiner Concils. Breslau (1881). (23 S.) 8° *[Im Buchhandel 1881 bei Köhler in Breslau]*
Breslau, Phil. Diss. v. 12. Jan. 1881

Warschauer, Adf., über die Quellen zur Geschichte des Florentiner Concils. Inaugural-Dissertation. gr. 8. (23 S.) Breslau 881, (Köhler.) *

— Stadtbuch v. Posen, s.: Sonder-Veröffentlichungen der historischen Gesellschaft f. die Prov. Posen.

Warschauer, E., zur Therapie des Prostata-Abszesses. (4 S.) gr. 8. Leipzig 904. Verlag der Monatsschrift f. Harnkrankh. n. — 50
Sonderabdruck aus: „Monatsschr. f. Harnkrankh.“

Warschauer, Erich, Luftrecht. Eine rechtsphilosoph. Studie. (46 S.) gr. 8. Kattowitz 910. Gebr. Böhm. 1. —

Warschauer, Eugen [app. Arzt aus Wloclawek (Russland)]: Ueber Osteomalacie und Untersuchungen des Stoffwechsels bei derselben. Würzburg, Etlinger's Buchdr., 1890; 25 S. 8°
Würzburg, Med. Fak., Inaug.-Diss. v. 1890

Warschauer, Felix, Referendar: Der Tatbestand des Annahmeverzuges nach gemeinem Recht und dem bürgerlichen Gesetzbuche. *Greifswald 1902: H. Adler.* (78 S.) 8° [F.]
Breslau, Jur. Diss. v. 19. Dez. 1902

Warschauer, Friedrich, aus Berlin: Beiträge zur Kenntnis der Metaphosphate. *Leipzig 1903: Metzger & Wittig.* (63 S.) 8° ¶(Erscheint in: Zeitschr. f. anorg. Chemie, Bd 36.)
Berlin, Phil. Diss. v. 22. Juli 1903

Warschauer, Herm. De Hor. lib. III prioribus sex carminibus commentationis particula prior. 31 S. Progr. Joh. G. *Breslau* 1877

Warschauer, Herm., de Hor. lib. III sex prioribus carminibus commentationis particula I. gr. 4. (31 S.) Vratislaviae 877. Leipzig, Reichardt. n.n. 1. 50

Warschauer, Herm., Materialien zur Einübung der lateinischen Syntax. Lateinisch-deutsches u. deutsch-latein. Uebungsbuch f. den Schulgebrauch bearb. gr. 8. (VIII, 195 S.) Jena 872. E. Frommann. n. 1. 80

Warschauer, H., Materialien zur Einübung der lateinischen Syntax. gr. 8. Jena 872. Leipzig, Reichardt Verlag. *

— der Syntax der lateinischen Sprache. Für den Schulgebrauch bearb. gr. 8. (VIII, 128 S.) Ebend. 872. n. 1. 20

— Uebungsbuch zum Uebersetzen aus dem Deutschen in das Lateinische f. Quarta im Anschluß an die gebräuchlichsten Grammatiken, besonders an die v. Ellendt-Seyffert. Mit Wörterverzeichniß. gr. 8. (X, 131 S.) Ebend. 876. n. 1. 20

— dasselbe f. Tertia. gr. 8. (XII, 188 S.) Ebend. 876. n. 1. 60

— Uebungsbuch zum Uebersetzen aus dem Deutschen in das Lateinische, im Anschluß an die gebräuchlichsten Grammatiken, besonders an die von Ellendt-Seyffert. 2 Thle. 2. vielfach verm. und verb. Doppel-Aufl. gr. 8. [Jena 879, E. Frommann.] Leipzig, Reichardt Verlag. *
Inhalt:
Thl. 1. Aufgaben zur Einübung der Casuslehre. (X, 122 S.) * M. 1.20.
„ 2. Aufgaben zur Wiederholung der Casuslehre und zur Einübung der übrigen Syntax. (XIII, 201 S.) * M. 1.60.

— dass. — Vocabularium dazu. 2 Thle. 2. umgearb. Doppel-Aufl. gr. 8. Ebendas. 879. [1. Thl. (III, 44 S.) 30 Pf.; 2. Thl.: Zugleich eine Sammlung der gebräuchlichsten Redensarten der klassischen Latinität. (IV, 98 S.) * 40 Pf.] *

Warschauer's, Herm., Übungsbuch zum Übersetzen aus dem Deutschen in das Lateinische im Anschluß an die gebräuchlichsten Grammatiken, besonders an die von Ellendt-Seyffert, hrsg. von Conr. G. Dietrich. 2 Tle. 3. verb. Doppelaufl. gr. 8. Leipzig 883, Reichardt Verlag. geb *
Inhalt:
Tl. 1. Aufgaben zur Einübung der Kasuslehre. (XII, 127 S.) * M 1.20.; Vokabularium dazu (48 S.) * 40 Pf.; beides geb. in 1 Bd. * M 2.
„ 2. Aufgaben zur Wiederholung der Kasuslehre und zur Einübung der übrigen Syntax. (XVI, 207 S.) * M 1,60.; Vokabularium dazu (IV, 100 S.) * 40 Pf.; beides geb. in 1 Bd. * M 2,50.

Warschauer's, Herm., Übungsbuch zum Übersetzen aus dem Deutschen in das Lateinische im Anschluß an die gebräuchlichsten Grammatiken, besonders an die von Ellendt-Seyffert, hrsg. von Conr. G. Dietrich. 2 Tle. 4. verb. Doppel-Aufl. gr. 8. Leipzig, Reichardt's Verlag. *
Inhalt:
Tl. 1. Aufgaben zur Einübung der Kasuslehre. (XII, 128 S.) 887. * M 1.20.; Vokabularium dazu, besorgt von Conr. G. Dietrich. (IV, 48 S.) * 40 Pf.; beides in 1 Bd. geb. * M 2.—.
„ 2. Aufgaben zur Wiederholung der Kasuslehre und zur Einübung der übrigen Syntax. (XVI, 207 S.) 886. * M 1.60.; Vokabularium dazu (IV, 100 S.) * 60 Pf.; beides zusammen * M 2.—.; geb. * M 2.50.

— dass. — Wörterverzeichnis zum 1. und 2. Tl. Nach den Übungsstücken geordnet von Conr. G. Dietrich. gr. 8. Ebendas. 887. [1. Tl. (III, 48 S.); 2. Tl. 1. und 2. Aufl. (III, 84 S.)] à Tl. * 40 Pf.; *

Warschauer's, H., Übungsbuch zum Übersetzen aus dem Deutschen in das Lateinische im Anschluß an die gebräuchlichsten Grammatiken, besonders an die v. Ellendt-Seyffert, hrsg. v. Conr. G. Dietrich. 1. u. 2. Tl. gr. 8. Leipzig, Reichardt. geb. n. 4. 50

1. Tl. Aufgaben zur Einübg. der Kasuslehre. 5., verb. Doppelaufl. (XII, 130 S.) 890. n. 1. 20; Vokabularium dazu, 5. Doppel-Aufl., besorgt v. C. G. Dietrich. (48 S.) n. —40; beides in 1 Bd. geb. n. 2. —

2. Tl. Aufgaben zur Wiederholg. der Kasuslehre u. zur Einübg. der übrigen Syntax. 6. Doppel-Aufl. (XVI, 207 S.) 889. n. 1. 60; Vokabularium. Zugleich e. Sammlung. der gebräuchlichsten Redensarten der klass. Latinität. 5., verb. Doppel-Aufl., besorgt v. C. G. Dietrich. (IV, 102 S.) n. —60; beides zusammen n. 2. —; in 1 Bd. geb. n. 2. 50

Warschauer's, Herm., Übungsbuch zum Übersetzen aus dem Deutschen in das Lateinische im Anschluß an die gebräuchlichsten Grammatiken, besonders an die v. Ellendt-Seyffert, hrsg. v. Conr. G. Dietrich. 1. Tl. Aufgaben zur Einübg. der Kasuslehre. 6., verb. Doppelaufl. gr. 8. (XII, 130 S.) Leipzig 890. G. Reichardt. n. 1. 20; Vokabularium dazu, 6. Doppel-Aufl., besorgt v. Conr. G. Dietrich. (48 S.) n. —40; beides in 1 Bd. geb. n. 2. —

— dasselbe. Wörterbuch zum 2. Tl. Nach den Uebungsstücken geordnet v. Conr. G. Dietrich. 4. Aufl. gr. 8. Ebd. 892. n. — 40

— dasselbe. 2. Tl. Aufgaben zur Wiederholg. der Kasuslehre u. zur Einübg. der übr. Syntax. 6., verb. Doppel-Aufl. gr. 8. (XI, 210 S.) Ebd. 893. n. 1. 60; m. dem Vokabularium in 1 Bd. geb. n. 2.—; in 1 Bd. geb. n. 2. 50

— dasselbe. Vokabularium zum 2. Tl. Zugleich e. Sammlg. der gebräuchlichsten Redensarten der klass. Latinität. 6., verb. Doppel-Aufl., besorgt v. Conr. G. Dietrich. gr. 8. (IV, 102 S.) Ebd. 893. n. — 60

Warschauer's, Herm., Uebungsbuch z. Uebersetzen aus d. Deutschen in d. Lateinische im Anschluß an d. gebräuchlichsten Grammatiken, bes. an d. v. Ellendt-Seyffert, hrsg. v. Conr. G. Dietrich. 2. Tl. Aufgaben zur Wiederholg. d. Kasuslehre u. z. Einübg. d. übr. Syntax. 7., verb. Doppelaufl. gr. 8. (XI, 212 S.) Leipzig 899. G. Reichardt. n. 1. 60; m. d. Vokabularium in 1 Leinwbd. n. 2. 50; Vokabularium dazu, 7., verb. Doppel-Aufl., besorgt von Conr. G. Dietrich. (IV, 103 S.) n. — 60

— dasselbe. Wörterverzeichnis v. Conr. G. Dietrich. Nach d. Uebungsstücken geordn. 3. Aufl. gr. 8. (III, 50 S.) Ebd. 894. n. — 40

Warschauer's, Herm., Uebungsbuch z. Uebersetzen aus d. Deutschen in d. Lateinische im Anschluß an d. gebräuchlichsten Grammatiken, bes. an d. v. Ellendt-Seyffert, hrsg. v. Conr. G. Dietrich. 1. Tl. Aufgaben zur Einübg. d. Kasuslehre. 6., verb. Doppelaufl. gr. 8. (XII, 132 S.) Leipzig 897. G. Reichardt. n. 1. 20; m. d. Vokabularium in 1 Leinwbd. n. 2. —; Vokabularium dazu, 6., verb. Doppel-Aufl., besorgt von Conr. G. Dietrich. (49 S.) n. — 40

— dasselbe. Wörterverzeichnis z. 2. Tl. Nach den Uebungsstücken geordnet von Conr. G. Dietrich. 5. u. 6. Aufl. gr. 8. (IV, 87 u. IV, 88 S.) Ebd. 898. 899. à n. — 40

Warschauer's, Herm., Uebungsbuch zum Uebersetzen aus dem Deutschen in das Lateinische, hrsg. von Conr. G. Dietrich. 2 Tle. gr. 8. Leipzig, G. Reichardt. n. 2. 80; m. den Vokabularien in je 1 Bd. geb. n. 4. 60; Vokabularien allein n. 1. —

1. Aufgaben zur Einübung der Kasuslehre. 7. verb. Doppelaufl. (133 S.) 903. n. 1. 20; Vocabularium. (51 S.) n. — 40; in 1 Bd. geb. n. 2. —

2. Aufgaben zur Wiederholung der Kasuslehre u. zur Einübung der übrigen Syntax. 8. verb. Doppelaufl. (VIII, 214 S.) 905. n. 1. 60; Vokabularium dazu. Zugleich e. Sammlg. der gebräuchlichsten Redensarten der klass. Latinität. (IV, 106 S.) n. — 60; in 1 Bd. geb. n. 2. 50

Warschauer's, Herm., Uebungsbuch zum Uebersetzen aus dem Deutschen in das Lateinische, hrsg. von Conr. G. Dietrich. Wörterverzeichnis zum 1. u. 2. Tl. Nach den Uebungsstücken geordnet von Conr. G. Dietrich. gr. 8. Leipzig 904. G. Reichardt. à n. — 40

1. 4. Aufl. (IV, 54 S.) — 2. 7. Aufl. (IV, 86 S.)

Warschauer's, Herm., Übungsbuch zum Übersetzen aus dem Deutschen in das Lateinische, hrsg. v. Conr. G. Dietrich. 1. Tl. Aufgaben zur Einübg. der Kasuslehre. 8. verb. Doppelaufl. (VII, 136 S.) 8. Leipzig 910. G. Reichardt. 1.20; Vokabularium. (56 S.) —40; in 1 Leinw.-Bd. 2. —

Warschauer, Hermannus [illegible]
De perfecti apud Homerum usu. Posnaniae 1866. (56 S.) 8°
[Im Buchhandel 1866 bei Calvary & Ko. in Berlin.]
Breslau, Phil. Diss. v. [illegible] Jan. 1866

Warschauer, Herrm., de perfecti apud Homerum usu. Dissertatio inauguralis philologica. Posnaniae 866. (Berlin, Calvary & Co.) gr. 8. (56 S.) n. 12 ngr.

Warschauer, J[osef], M. A., Oxon.: Das Willensproblem, namentlich in der englischen Philosophie des 19. Jahrhunderts. *Jena 1899: B. Vopelius.* (89 S.) 8°
Jena, Phil. Diss. v. (8. Juli) 1899

Warschauer, Otto, die banktechnische Ausbildung der Juristen. (V, 69 S.) gr. 8. Berlin 908. F. Vahlen. Kart. 2. 50

— Bank- u. Börsengesetzgebung in Deutschland. Quellenmaterial zum Selbststudium u. Geschäftsgebrauch, f. Juristen, Nationalökonomen u. Kaufleute systematisch zusammengestellt. (VI, 136 S.) gr. 8. Ebd. 908. Kart. 3. —

[5.] Louis Blanc v. Prof. Dr. Otto Warschauer. *Berlin: H. Bahr 1896.* (5 Bl., 163 S.) 1 Bd 8.
= Warschauer, O.: Geschichte d. Socialismus u. Communismus im 19. Jahrh. Abt. 3.

— Die monographische Darstellung der Aktiengesellschaften. (42 S.) 8. Ebd. 910. 1. —

— Zur Entwicklungsgeschichte des Sozialismus. (XVI, 403 S.) 8. Ebd. 909. 4.—; geb. n 5. —

Warschauer, Otto, Geschichte d. Socialismus u. Communismus im 19. Jahrh. 1. u. 2. Abtlg. gr. 8. Leipzig, G. Fock. à n. 2. —

1. Saint-Simon u. der Saint-Simonismus. (X, 106 S.) 892.
2. Fourier. Seine Theorie u. Schule. (VII, 131 S.) 893.

Warschauer, Otto, Geschichte d. Socialismus u. Communismus im 19. Jahrh. 3. Abtlg. Louis Blanc. gr. 8. (VI, 163 S.) Berlin 896. R. Hoffmann. n. 3. —
(1.—3.: n. 7. —)

Warschauer, Otto, Geschichte der preussischen Staatslotterien. Ein Beitrag zur Finanzgeschichte Preussens. I. A. u. d. T.: Die Zahlenlotterie in Preussen. Mit Benutzg. amtl. Quellen dargestellt. gr. 8. (X, 124 S.) Leipzig 885. Fock. n. 3. —

Warschauer, Otto, der König von Zion. Ein Beitrag zur Geschichte der Gütergemeinschaft. Vortrag, gehalten am 15. Novbr. 1884 im Berliner Handwerker-Verein. gr. 8. (22 S.) Leipzig 884, Fock. *

Warschauer, Otto, Physiologie der deutschen Banken, s. a. Bibliothek f. Politik u. Volkswirtschaft. 5. Hft.

Physiologie der deutschen Banken von Dr. Otto Warschauer, Prof., Berlin. *Berlin: W. Baensch 1903* (112 S.) 8° [F.]
— Bibliothek f. Politik u. Volkswirtschaft. H. 5.

Warschauer, O., zur Reform der direkten Steuern in Preußen. gr. 8. (39 S.) Leipzig 889. Duncker & Humblot. n. 1. —

Warschauer, Otto, die Reorganisation des Aufsichtsratswesens in Deutschland. gr. 8. (61 S.) Berlin 902. Freier Verlag. 1. —

— die Versicherung der Aufsichtsrathaftpflicht, s. Georgii.

Warschauer O. die Zahlenlotterie in Preussen. Leipzig 1885

Warschawsky, Abr., Chikre Tebel. Weltforschungen in astronom., mathematisch-physisch-geograph., geolog. und meteorolog. Beziehung, populär dargestellt nach dem neuesten Standpunkte der Wissenschaft und den besten Werken der berühmtesten Autoren. 1. Bd.: Astronomie. 1. Heft: Fixsterne, Planeten und Trabanten. (In hebr. Sprache.) 8. (VII und 132 S. mit 4 Stnt.) Odessa 864. (Leipzig, C. L. Fritzsche.) *

Warschawsky, Mariam. Die Unglücksfälle infolge Verbrennung und Verbrühung mit tötlichem Ausgange in der Schweiz während der Jahre 1900—1904. Diss. Med. Bern. 24 S. 8. Bern, Verlag «zum Zytglogge», 1910.

Warschawsky, Selman, a. Ekaterinodar (Rußland, Kaukasus): **Beitrag zur** Hafer- u. Kartoffelkur bei Diabetes Mellitus. Berlin 1907: Berliner Druckerei- u. Verlagsgesellschaft. (33 S.) 8°
Berlin, Med. Fak., Ref. von Leyden, Diss. v. 10. Dez. 1907
[Geb. 26. Okt. 84 Ekaterinodar; Wohnort: Ekaterinodar; Staatsangeh.: Rußland; Vorbildung: Gymn. Ekaterinodar Reife M. 02; Studium: Berlin 10 S.; Rig. 2. Dez. 07.]

Warschawsky, Zina. Ueber die Behandlung der offenen Wunden an der Chirurgischen Klinik zu Bern. Diss. Med. Bern. 32 S. 8. Bern, E. Karl-Ryser, 1908.

Warschawtschik, Saul, a. St. Petersburg (Rußland): Ueber Aetiologie und Therapie des Mastdarmprolapses mit besonderer Berücksichtigung der Königschen Methode. Berlin (1907): E. Ebering. (46 S.) 8°
Berlin, Med. Fak., Ref. Hildebrand, Diss. v. 23. Febr. 1907
[Geb. 20. Febr. 83 St. Petersburg; Wohnort: St. Petersburg; Staatsangeh.: Rußland; Vorbildung: Gymn. St. Petersburg Reife M. 01; Studium: Königsberg 4, Dorpat 3, Berlin 1 S.; Rig. 20. Febr. 07.]

Warso, A., Nothdeutschland. Ein Gedicht. 8. (IV u. 108 S.) Stettin 849, Weiß. 12 ngr

Warson, William, Wer sind Diejenigen, welche der Menschensohn im Gericht Seine Brüder nennt? Matth. 25, 31—46. Eine Adventsfrage, mit Berücksicht. der christl. Mission unter Israel. Hrsg. von einem Gläubigen an Jesum. 8. (IV und 41 S.) Cannstatt 855, Bosheuyer.

Warson, William, Wer sind Diejenigen, welche der Menschensohn im Gericht Seine Brüder nennt? Matth. 25, 31—46. Eine Adventsfrage, mit Berücksichtigung der christlichen Mission unter Israel. Herausg. von einem Gläubigen an Jesum. Cannstatt (856.) Bosheuyer. 8. (II, 41 S.) 5 ngr.

Warsow, Georg, aus Strasburg U./M.: Systematisch-anatomische **Untersuchungen** des Blattes bei der Gattung Acer mit besonderer Berücksichtigung der Milchsaftelemente. *Jena: G. Fischer 1903.* (109 S.) 8°
Erlangen, Phil. Diss. v. 27. Mai 1903

Warsow, Paul [pr. Arzt in Vallersthal]: Ein Fall von Spontanheilung eines widernatürlichen Afters. . . . Strassburg i. E., Buchdr. C. Goeller, 1891; 21 S., 1 Bl. 8°
Strassburg, Med. Fak., Inaug.-Diss. v. 1891

Warstadt, B., der spanische Kavalier. Aus dem Schwed. übers. (276 S.) 16. Eisleben 902. Christl. Verein im nördl. Deutschland. Geb. — 80

Warstat, Paul, aus Lauknen (Ostpr.): Beitrag zur Kasuistik der Kleinhirnapoplexien. *München 1901: C. Wolf & Sohn* (42 S.) 8°
München, Med. Diss. v. 1901

Warstat, Willi, allgemeine Ästhetik der photographischen Kunst auf psychologischer Grundlage, s. a. Encyklopädie der Photographie.

Warstat, Willi: Allgemeine Ästhetik der photographischen Kunst auf psychologischer Grundlage. Für Künstler . . . Von Dr. Willi Warstat. Halle: Knapp 1909. X, 98 S. 8°
(Encyklopädie d. Photographie. H. 65.)

Warstat, Willi, a. Angerburg i. Pr.: Das Tragische. Eine psychologisch-kritische Untersuchung. Leipzig: W. Engelmann 1908. (73 S.) 8° ¶ (Aus: Archiv f. d. gesamte Psychologie Bd 13 H. 1.)
Münster, Phil. Fak., Ref. Meumann, Diss. v. 25. Juli 1908
[Geb. 4. Dez. 84 Angerburg; Wohnort: Königsberg i. Pr.; Staatsangeh.: Preußen; Vorbildung: Friedrichs-Kollegium Königsberg i. Pr. Reife M. 03; Studium: Königsberg 9 S.; Rig. 3. März 08.]

(Warsteiner) Gruben- und Hütten-Werke: Gas-Kochheerde. Magdeburg (1891?)

Warszawa [Schlagwort]

Warszawa, s.: Europa. Uebersichtskarte.

Warszawiak, Herm., Ansprache an meine (jüdischen) Stammesgenossen, geh. am 19. Juli 1890. 12. (14 S.) Breslau 890. Dülfer. n. — 10

Warszawiak, Herm., Vortrag üb. die Dreieinigkeit Gottes, geh. am 9. Novbr. 1890 in der „De Witt Memorial-Church" zu New-York, 280 Rivington-Street, bei Anwesenheit einiger Hundert Juden. 12. (25 S.) Breslau 891. C. Dülfer. n. — 20

Warszawski, Ludwig: Die Peschitta zu Jesaja (Kap. 1—39), ihr Verhältnis zum massoretischen Texte, zur Septuaginta und zum Targum. *Berlin 1897: H. Itzkowski.* (62 S.) 8°
Giessen, Phil. Diss. v. 1897

Wart, Gertrud v., oder die Treue bis in den Tod, v. J. C. Appenzeller, mit K. gr. 8. Zürich, Orell. 813. 1 16

Wartanian, Grégoire [aus Tiflis, Russland]: Geschichte des landschaftlichen Kreditsystems für die Provinz Schlesien bis zum Jahre 1870. Strassburg, Buchdruckerei R. Schultz & Comp., 1884. 8. 112 S.

Wartanian, Wartan. Condensation von m-Nitrobenzaldehyd mit Chinaldin. (Bern) München, 1890.

Wartapetian, S(ergius), aus Schuscha, Russ.-Armenien: (Aus d. geburtshilfl. Klinik zu Jena.) (Direktor Prof. Dr. Krönig.) Über Morphium-Scopolamin-Halbnarkose in der Geburtshilfe. *Jena 1904: A. Kämpfe.* (38 S.) 8°
Jena, Med. Diss. v. (18. Juni) 1904

Wartberg [Sachliches OW]

Wartberg, Julius, oder die dunkeln Wege des Geschicks . . . Hamb. 1818. V: *Müller, Hnr. August.* (MGT) (Ky)

Wartberg, Julius, oder die dunkeln Wege des Geschicks. Roman vom Verf. der Paulowna. 2 Thle. 8. Quedlinburg. Basse. 818.

Wartberg [Schlagwort]

Wartberg — Panorama von dem — bei Heilbronn. Gezeichnet von Louis Mayer. **Beschrieben von Heinrich Titot. Lithographirt von Emminger. Stuttgart, Verlag der G. Ebner'schen Kunsthandlung. o. M. 8 Bl.**

Wartberg [Verfasser]

Dalmatien. Tagebuchblätter aus dem Nachlasse des Freih. Alexander v. Wartberg. Gr.-8°. (ill. 125 S.) K 6.—
Wien:Konegen 1903.

Wartberge, Herm. de, chronicon Livoniae. Hrsg. von Ernst Strehlke. hoch 4. (IV und 172 S.) Leipzig 863, Hirzel. *
Aus: Scriptores rerum Prussicarum hrsg. von Th. Hirsch, M. Toeppen und E. Strehlke, besonders abgedruckt.

Wartburg [Sachliches OW]

Wartburg, die, ein Gedicht in 5 Gesängen, mit 5 Landschaften v. Darnstedt. 12. Leipz. J. A. G. Weigel. (In Comm.) –

Wartburg, Die, ein historisch-beschreibendes Gedicht . . . [Leipz. 1802.] V: *Stieglitz, Chn Ludwig.* (EE)

Wartburg, Die. Altes und neues aus der Geschichte und dem Leben. Leipz. 1826. V: *Göschel, Carl Frdr.* (MGT) (Ky)

Wartburg, die, Altes u. Neues aus d. Geschichte u. d. Leben (v. K. F. Göschel). 8. Leipz. 826. (Lehnhold). 16 gr.

Wartburg, die. Wochenschrift für Politik, Religion und gesellschaftl. Leben. Redig. von Ernst Keil. Jahrg. 1851. 48 Nrn. (à 1—5 Bog.) Mit Stnt. und Beiblatt: Die Wespe. 52 Nrn. (1/2 Bog. mit eingedr. Holzschn.) gr. 4. Braunschweig, Expedition. (Gebr. Meyer.) *

Wartburg, die. Ein Gedicht. gr. 16. (16 S.) Weimar 856, Kühn. *

Wartburg, die. Organ des Münchener Alterthumsverein. Zeitschrift für Kunst- und Kunstgewerbe mit Berücksicht. der Neuzeit. Redact.: Carl Förster. 1.—5. Jahrg. 1874—1878. à Jahrg. 12 Nrn. (Bog.) Mit Kunstbeilagen. Lex.-8. München, (Höpfner's Buchh.) à Jahrg.
—— dass. — 6. Jahrg. 1879. 12 Nrn. (Bog.) Mit Kunstbeilagen. Lex.-8. München, J. A. Finsterlin. *
Die Fortsetzung ist nicht mehr im Handel.

Wartburg, die. Organ des Münchener Alterthumsvereins. Zeitschrift für Kunst und Kunstgewerbe mit Berücksichtigung der Neuzeit. Redact.: Carl Förster. 12. Jahrg. 1885. 12 Nrn. (à Nr. ca. 1 Bog.) gr. 8. München 885, Behrens. *
Die Fortsetzung erscheint u. d. T.: Zeitschrift des münchener Alterthumsvereins.

Wartburg, die. Deutsch-evang. Wochenschrift. Hrsg.: Meyer, Eisenkolb. Schriftleiter: Eckardt, Fr. Hochstetter. 1. Jahrg. April—Dezbr. 1902. 39 Nrn. gr. 4. (à ca. 8 S.) München, J. F. Lehmann's Verl. n. 3. —

Wartburg, die. Deutsch-evangel. Wochenschrift. Amtliche Zeitschrift des deutsch-evangel. Bundes f. die Ostmark u. des Salzbundes. Hrsg.: Meyer, Eisenkolb. Schriftleiter: R. Eckardt, Fr. Hochstetter. 2.—5. Jahrg. 1903—1906. à 52 Nrn. (VIII, 508; X, 534; XII, 498 u. XII, 512 S. m. Abb. u. Kunstbeilag.) gr. 4. München, J. F. Lehmann's Verl. 2.—4. Jhrg. à n. 4. —; 5. Jhrg. n. 6. —

Wartburg, die. Deutsch-evangel. Wochenschrift. Amtliche Zeitschr. d. deutsch-evangel. Bundes f. d. Ostmark u. des Salzbundes. Hrsg.: Meyer, Eisenkolb. Schriftleiter: R. Eckardt, Fr. Hochstetter. 6.—8. Jahrg. 1907—1909. à 52 Nrn. (XII, 528 u. 208 S.; XII, 552 u. 208 S. u. XII, 536 u. 208 S.) Lex. 8. München, [J. F. Lehmann's Verl.] Leipzig, A. Strauch. à Jahrg. 6. —

— dasselbe. 9. Jahrg. 1910. 52 Nrn. (VIII, 542 u. 208 S.) 30,5×23 cm. Leipzig, A. Strauch. 6. —

Wartburg, die. Ein Denkmal deutscher Geschichte u. Kunst. Dem deutschen Volke gewidmet vom Großherzog Carl Alexander v. Sachsen. Dargestellt in Monographien von Carl Alexander Großherzog v. Sachsen-Weimar-Eisenach, Rich. Voß, Karl Wenck u. a. u. in 706 authent. Abbildgn. u. auf 54 (z. Tl. farb.) Taf., bearb. vom Hrsg. Max Baumgärtel. (XX, 743 S.) 49×37 cm. Berlin 907. Histor. Verlag Baumgärtel. Geb. in Ldr. 260. —

Wartburg, Die, bei Eisenach. Eine historische Skizze. Eisenach 1845. V: *Witzschell, August.* (EngG)

Wartburg, die, bei Eisenach. Eine histor. Skizze. 8. (Mit 1 Abbild.) Eisenach 845, Bärecke. 1/4 ℛ

v. Wartburg, Ernst; e. Familiengeschichte aus d. Zeitalter d. Rittergeistes. 8. Leipz. 799. Schiegg. (Knobloch). 16 gr.

Wartburg, der Führer auf der, s. Ritgen, H. v.

Wartburg, Schloß, e. Beytr. z. Kunde d. Vorzeit, v. J. C. L. Thon.

Wartburg, Schloss. Ein Beytrag zur Kunde der Vorzeit. Gotha 1792. 2. verm. u. verbesserte Auflage. Gotha 1795. 3. Aufl. Eisenach 1815. 4. Aufl. 1826. V: *Thon, Joh. Carl Salomo* (nicht *Thun*). (BiblPort)

— Schloß, ein Beitrag zur Kunde der Vorzeit; (v. J. C. L. Thon). 8. Gotha 792. 2e A. 795. Ettinger. 12 gr. 3e A. mit Kpf. 8. Eisen. 815. 4e A. Mit 1 Ansicht u. 2 Plan. 826. (Bärecke). 16 gr.

— die, in Thüringen, prosaisch verschönerte Ausgabe, mit 5 Kpf. 4. Leipz. 809. Magazin f. Ind. 1 ℛ Hbg. Pr. 18 gr. (Vergl. auch: Taschenbuch f. 1802.)

Wartburg u. Umgebungen. 20 Photograv. nach Orig.-Aufnahmen, in Kupfer geätzt v. Rud. Schuster. qu. Fol. (1 Bl. Text.) Berlin 898. R. Schuster. In Leinw.-Mappe 15. —

Wartburg [Schlagwort]

Wartburg, s.: Eisenach.

Wartburg [Verfasser]

Wartburg, E. v., über das Thorium D, s.: Lerch, F. v.

Wartburg, Oscar von. Ueber Spontan-Gangraen der Extremitäten. Diss. Med. Univ. Zürich. *Kopftitel:* Aus der Züricher chirurgischen Klinik des Herrn Prof. Dr. U[lrich] Krönlein. — (Sonderabzug aus Beiträge zur klinischen Chirurgie. Band 35. Heft 3.) II + 87 S. 8. Tübingen, H. Laupp Jr, 1902.

Wartburg-Album. 12 Photogr.-Imitationen. qu. 16. Leipzig 883. Bauer. geb. n. 1. —

Wartburg-Bibel, die, s. a. Biblia.

Wartburg-Bibel. Das ist die ganze heil. Schrift. Deutsch durch Mart. Luther. Aufs Neue verglichen mit der Ausg. letzter Hand vom J. 1545. 10. Ster.-Aufl. Ausg. mit 1 Stahlst. Lex.-8. (902, 247 S.) Dresden 885, Dieckmann. *
Mit 6 Stahlst. * M 10.—; geb. *
Mit 15 Stahlst. * M 12.—; geb. *
—— dass. — 10. Aufl. Neue Ausg. Lex.-8. (902; 247 S. mit 15 Stahlst. und 12 Chromolithogr.) Ebendas. 887. geb. *
Ausg. mit 15 Stahlst. (ohne Chromolithogr.) geb. *

Wartburg-Bibel. Das ist die ganze heil. Schrift. Deutsch durch Mart. Luther. Aufs Neue verglichen m. der Ausg. letzter Hand vom J. 1545. 11. Ster.-Aufl. m. 27 Stahlst. Lex.-8. (VIII, 902; II, 247 S.) Lpz. 891, Dürr'sche Buchh.
geb. m. Goldschn. * 24 —; m. nur 15 Stahlst. * 18 —
Traubibel-Ausg. m. 1 Stahlst. geb. in Leinw. * 6 —

Wartburg-Bibel. Das ist d. ganze hl. Schrift. Deutsch durch Dr. Mart. Luther. Aufs Neue verglichen m. der Ausg. letzter Hand v. J. 1545. 13. Aufl. M. e. künstler. ausgeführten Stahlst. u. einer Familienchronik. Lex.-8. (VIII, 902 u. II, 247 S.) Gotha 898. F. A. Perthes. Geb. in Halbldr. n. 6. —; m. 15 Stichen, geb. in Halbldr. m. Skytogenüberzug u. Goldschn. n. 15. —; m. 27 (12 farb.) Stichen, geb. in Ldr. m. Goldschn. n. 20. —

Wartburg-Bibel. Das ist die ganze hl. Schrift. Deutsch durch Mart. Luther. Aufs Neue verglichen m. der Ausg letzter Hand vom J. 1545. 14. Aufl. Mit e. künstlerisch ausgeführten Stahlst. u. e. Familienchronik. Lex.-8. (VIII, 902 u. II, 247 S.) Gotha (901). F. A. Perthes.
Geb. in Halbldr. n. 6. —

Wartburg-Bibel. Das ist die ganze hl. Schrift. Deutsch durch Dr. Mart. Luther. Aufs Neue verglichen m. der Ausg. letzter Hand vom J. 1545. 15. Aufl. Mit 1 Heliograv. u. e. Familienchronik. (VIII, 902 u. 247 S.) Lex.-8. Gotha (905.) F. A. Perthes. Geb. in Halbldr. n. 8. —; m. Goldschn. n. 15. —; in Ldr. m. Goldschn. n. 18. —

Wartburgbibel. Das Neue Testament nach der deutschen Übersetzg. D. Mart. Luthers. Mit zahlreichen Bildern verschiedener Meister u. lauf. Erklärg. hrsg. v. Geo. Buchwald. Durchgesehen im Auftrag der deutschen evangel. Kirchenkonferenz (Text in neuer Rechtschreibg.). 1.—10. Taus. (442 S. m. 73 Textabbildgn. u. 32 Vollbildern.) 32,5×26,5 cm. Hersfeld 908. Vertriebsanstalt christl. Kunstwerke. Geb. in Leinw. m. Goldschn. 12. 50

Wartburg-Bibliothek herausg. von Ludw. Bechstein. Halle, Pfeffer. gr. 8.
I. Das grosse thüringische Mysterium oder das geistliche Spiel von den zehn Jungfrauen. Aufgeführt zu Eisenach am 24. April 1322. Nach der einzigen bis jetzt aufgefundenen Handschrift herausg. von Ludw. Bechstein. Mit 1 Kpfr. (XV, 75 S.) n. 20 ngr.

Wartburg-Bibliothek hrsg. von Ludw. Bechstein. I. (Lfg.): Das grosse thüringische Mysterium oder das geistliche Spiel von den zehn Jungfrauen. Aufgeführt zu Eisenach am 24. April 1322. Nach der einzigen bis jetzt aufgefundenen Handschrift hrsg. von Ludw. Bechstein. gr. 8. (XV und 75 S. mit 1 Kpfr.) Halle 855, Pfeffer. *

Wartburg-Bote

— der. Eine deutsche Haus- u. Volks-Bibliothek. I. II. 8. Ebd. 887. à n. — 75
I. Der Sonnenwirt. Von Erich Norden. (109 S.)
II. Herab u. Hinauf. 4 Erzählgn. v. Erich Norden. (127 S.)
Fortsetzung hiervon s. u. d. T.: Bücherei d. Wartburg-Boten.

Wartburg-Bote, der. Blätter f. deutsches Volkstum. Hrsg. v. H. Sohnrey. 1888. 1. Quartal. Eisenach, Baemeister. n. 1. —
Erschien nicht weiter.

Wartburg-Büchlein, das. I. u. II. Thl. 12. Eisenach 898. H. Kahle. n.n. — 75
I. Bruchstücke aus dem Gedicht vom Sängerkrieg auf der Wartburg. Sprüche aus der Burg u. vor der Lutherstube. Das menschl. Leben in Thiergestalt. (15 S. m. Fig.) n.n. — 50
II. Sprüche aus der Wirthschaft auf der Wartburg. (8 S.) n.n. — 25

DER WARTBURG-BUND. ZEITSCHRIFT FÜR DIE DEUTSCHE JUGENDBUNDES-BEWEGUNG UND DEN WARTBURG-BUND.
Probe-Nummer (1.) Dresden, am 2. des Herbstmonds (September) 1895. Druck und Verlag der „Deutschen Wacht" A.-G. — 2. ib., am 15. des Herbstmonds (September) 1895. — 4°.
Jahrg. 1. Nr. 1–6. Dresden, am 1. des Weinmonds (Oktober) — am 15. des Julmonds (Dezember) 1895. — [1])
Jahrg. 2. Nr. 1–24. ib., am 1. des Eismonds (Januar) — am 15. des Julmonds (Dezember) 1896. — [1])

DER WARTBURG-BUND. HALBMONATSSCHRIFT FÜR DIE DEUTSCHE JUGENDBUNDES-BEWEGUNG UND DEN WARTBURG-BUND.
Schriftleiter KARL MÜLLER. Dresden.
Jahrg. 3. 1897. ib. —
Jahrg. 4. 1898. ib. —

DER WARTBURG-BUND. ZEITSCHRIFT FÜR DIE DEUTSCHE JUGENDBUNDES-BEWEGUNG UND DEN WARTBURG-BUND.
Jahrg. 5. Nr. 1–6. ib., am 15. des Eismonds (Januar) — am 15. des Lenzmonds (März) 1899. — [1])

[1]) Jahrg. 1. 2. u. 5 haben kein Bandtitelblatt.

Wartburger, M., Martin Luther. Lebensgeschichte des Reformators. Mit den 24 Bildern der Luther-Galerie, gemalt v. Wilh. Weimar. (X, 80 S.) 4. Berlin 905. Histor. Verlag Baumgärtel. Geb. in Leinw. n. 10 —

Wartburger, M., Martin Luther. Lebensgeschichte des Reformators. Mit Luthers Bildnis, Ansicht des Lutherhauses auf der Wartburg u. den v. Wilh. Weimar gemalten 24 (Voll-)Bildern der Luther-Galerie hrsg. v. Max Baumgärtel. (XXXI, 171 S.) 16. Berlin (910). Historischer Verlag Baumgärtel. Geb. p 1. —

Wartburgfest, das, der deutschen Studenten in der Pfingstwoche des J. 1848. (Von Max Friedländer und Rob. Giseke.) gr. 8. (IV und 63 S.) Leipzig 848, Verlagsbureau. *

Wartburghefte. Für den evangel. Bund u. dessen Freunde. 1.—20. Hft. 12. Leipzig, Buchh. des ev. Bundes v. C. Braun. à n.n. — 10

1. Werbebüchlein. (33 S.) 900.
2. Das Evangelium in Ingolstadt, der alten Jesuitenveste an der Donau. Ein Stück aus der Geschichte der Reformation u. Gegenreformation in Bayern. Von Ernst Dorn. (47 S.) 900.
3. Welsch-katholisches u. Deutsch-evangelisches aus Luxemburg. Von H. Freytag. (32 S.) 900.
4. Schriftenvertrieb, deutsch-evangelischer. (16 S. m. 2 Abbildgn.) 900.
5. Böhm. Glaubenszeugen im 18. Jahrh. Von Otto Steinecke. (24 S.) 900.
6. Die evangelische Bewegung in Oesterreich. Von Karl Fey. (20 S. m. Abbildgn.) 900.
7. Vom Doktor Martin Luther. Lauf u. Wandel Doktor Luthers. Ein alt Gedicht. (20 S. m. Abbildgn.) 900.
8. Luthers Lebenslauf. (20 S. m. Abbildgn.) 900.
9. Pius IX., Papst, u. Kaiser Wilhelm I. (14 S. m. 2 Bildnissen.) 900.
10. Die evangel. Bewegung in Frankreich. Von Lachenmann. (15 S.) 900.
11. Glockenklänge v. Klostergrab. (24 S.) 900.
12. Hus, Johannes, u. Johannes Nepomuk. (16 S. m. Abb.) 900.
13. Luthers Reformationsschriften vom J. 1520. (30 S.) 900.
14. Schaffgotsch, Hans Ulrich, od. „Dank vom Hause Oesterreich". [Aus: „Rhein.-westf. Gustav-Adolf-Blatt".] (14 S. m. Abbildgn.) 900.
15. Die Geschichte e. Übertritts. Ansprache, geh. auf der Hauptversammlg. des Evangel. Bundes zu Halberstadt am 8. X. 1900. Von André Bourrier. Übers. v. F. Sell. (20 S.) (900.)
16. Gustav Adolf. Von Aug. Kluckhohn. (24 S. m. Abb.) 901.
17. Carl Alexander, Großherzog v. Sachsen. (Eine Gedächtnispredigt v. Kieser u. Nachruf des Centralvorstandes des evang. Bundes.) (12 S. m. 2 Bildnissen.) 901.
18. Bilder aus der evangelischen Bewegung in der Steiermark. Von Möbius. [Aus: „Sonntagsbote d. Ev. Bundes".] (22 S.) 901.
19. Luthers Käthe. Von Carl Fey. (20 S. m. Abbildgn.) 902.
20. Wilhelm v. Oranien. Von Ed. Jacobs. (20 S. m. Abbildgn.) 902.

Wartburghefte. Für den Evangel. Bund u. dessen Freunde. 1. u. 21.—35. Heft. 12. Leipzig, (C. Braun.) à Heft n.n. — 10

Bankwitz, Walth., Bernhard v. Weimar. (17 S.) (904.) (Hft. 21.)
— Johann Friedrich der Großmütige, Kurfürst von Sachsen. (23 S. m. Abbildgen.) 903. (Hft. 23.)
Horn, Fr., Willibald Beyschlag. (29 S. m. 1 Abbildg. u. 1 Bildnis.) 906. (Hft. 31.)
Jahre, 4, Los v. Rom-Bewegung in Oesterreich. (18 S. m. Abbildgn.) 903. (Hft. 22.)
Kadner, S., Luther im Kampfe f. das Evangelium. Vortrag, geh. in Würzburg am 11. XI. 1902. (24 S.) 903. (Hft. 21.)
Kalau v. Hofe, J., die Jesuiten u. die Gegenreformation in Deutschland. (31 S.) (904.) (Hft. 25.)
Mulot, R., die Hugenotten in Frankreich bis zur Aufhebung des Edikts v. Nantes. (39 S. m. Abbildgn.) 905. (Hft. 32. 33.)
Schäfer, Bonifatius u. Luther. Ein zeitgemäßer Vergleich. (29 S. m. Abbildgn.) 905. (Hft. 34.)
Schulze, Thdr., Bugenhagen in Lübeck. (32 S. m. Abbildgn.) 904. (Hft. 30.)
Wächtler, A., die evangelische Kirche in Kärnten. (40 S. m. Abbildgn.) 904. (Hft. 28. 29.)
Wagner, C., Jean Baptist Harth, weiland römischer Priester, gestorben als lutherischer Stadtpfarrer in Homburg v. d. H. Eine Lebensskizze, gezeichnet v. Freundeshand. (28 S.) (904.) (Hft. 26.)
Wagner, Rich., Luther u. Savonarola. (28 S. m. 2 Abbildgn.) 905. (Hft. 35.)
Werbebüchlein. 4. verb. Aufl. (12 S. m. Abb.) 907. (Hft. 1.)
Wissemann, Philipp der Großmütige, Landgraf v. Hessen. Ein Lebensbild. (29 S. m. Abbildgn.) 904. (Hft. 27.)

Wartburghefte. Für den Evangel. Bund u. dessen Freunde. Heft 36—49. kl. 8. Halle, Verlag des ev. Bundes. à — 10

Durch evangelisches Neuland in Böhmen. Eine Wanderg. m. Generalsekretär H. Lehmann. (24 S. m. 2 Abb.) 909. (Heft 42.)
Er war unser. Zu Friedrich v. Schillers Gedächtnis. (20 S. m. Abb. u. 1 Bildnis.) 910. (Heft 49.)
Größler, H., die Lutherstadt Eisleben. (16 S. m. Abb.) 909. (Heft 41.)
Günther, H., aus dem Böhmerwald. (16 S.) (910.) (Heft 48.)
Johannsen, Otto Heinr., die Mönche v. Belbuk. Eine pommersche Geschichte. (38 S. m. Abb.) 910. (Heft 46. 47.)
Lehmann, H., 12 Jahre evangelischer Bewegung in Österreich. (30 S. m. Abb.) 910. (Heft 45.)
Luther, Mart., eine einfältige Weise zu beten, f. Meister Peter Balbierer (1534). (30 S.) Leipzig 907. (Heft 37.)
— Heinrich v. Zütphen. (24 S. m. Abb.) Leipzig 907. (Heft 36.)
Mix, Gust., die Inquisition. 1. Allgemeines. (31 S. m. Abb.) Leipzig 908. (Heft 38. 39.)
— dasselbe. 2. Die Inquisition an der Arbeit. (38 S.) 910. (Heft 43. 44.) (1 u. 2: nn —40).
Richter, die Siebenbürger Sachsen. (25 S. m. Abb.) Leipzig 908. (Heft 40.)

Wartburg-Herold. Mitteilgn. üb. Thüringer Land u. Leute. Unt. Mitwirkg. v. Bär, Bindewald, v. Förtsch, v. Franke ꝛc. Hrsg.: A. Möller, P. Quensel, R. Steiner. 1. u. 2. Jahrg. (1.—4. Bd.) Apr. 1896—März 1898. à 24 Nrn. (à ca. 20 S. m. Abb.) hoch 4. Weimar. Eisenach, A. Laue. à Jahrg. 6. —

— Halbmonatsschrift f. Thüringer Volkstum. Organ der litterar. Vereiniggn. in Arnstadt, Sangerhausen u. Weimar. Hrsg. v. A. Möller u. P. Quensel. 5. Bd. April —Septbr. 1898. 12 Nrn. (à ca. 24 S.) gr. 8. Eisenach, A. Laue. 3. —

Kann auch vierteljährlich bezogen werden.

Wartburg Kalender. No. 1, 1887 ?
Editor: Rev. Adolf [illegible] 1887, by the Rev. J. Bodensieck. Published by the Wartburg Publishing House, 1887. Organ of the Evangelisch Lutherischen Synode von Iowa and other states.
Carlinville, Il.

Wartburg-Kalender der ev.-luth. Synode v. Jowa u. andern Staaten f. d. J. 1902. gr. 8. (186 S. m. Abbildgn. u. 1 Farbdr.) Chicago, Wartburg Publishing House. n. — 35

Wartburg-Kalender der ev.-luth. Synode v. Jowa u. andern Staaten f. d. J. 1907. (154 S. m. Abbildgn.) 8. Chicago, Wartburg Publishing House. n. — 50

Wartburg-Kalender der ev.-luth. Synode v. Jowa u. andern Staaten f. d. J. 1909. (154 S. m. Abbild.) 8. Chicago, Wartburg Publishing House. — 50

Wartburg-Kampf, der neue, s. a. Oertel, E. F. Ch.

Wartburg-Kampf, Der neue, zwischen Medicaster und Doctor Aquarius. Nürnberg 1835. V: *Örtel, Euch. Ferdinand Christian.* (EngM)

Wartburgkrieg, der, hrsg., geordnet, übers. und erläutert von Carl Simrock. gr. 8. (III und 364 S.) Stuttgart 858, Cotta'sche Buchh. *

Wartburgs-Blätter. Düsseldorf 864. (Berlin, Amsler & Ruthardt.) gr. 4. (7 Chromolith. mit Text.) n. 1 ₰ 10 ngr.

Die beiden Wartburgsfeste 1817 und 1848 (Bruchstück aus e. Lexikon). Red. Fr. Steger, Leipzig. 8 S., 8°.

Wartburg-Sprüche. Mit 6 Strichzeichngn. (79 S.) schmal Lex.-8. Eisenach (904). H. Jacobi. n. 1. —

Wartburgstimmen. Hrsg.: Hans K. E. Buhmann. Thüringische Monatsschrift. f. deutsche Kultur. Red.: E. Clausen. 1. Jahrg. April 1903—März 1904. 12 Hefte. (à ca. 100 S.) gr. 8. Eisenach [Thüring. Verlags-Anstalt.] Berlin, Deutscher Kulturverlag. n. 15. —

— dasselbe. Halb-Monatsschrift f. das religiöse, künstler. u. philosoph. Leben des deutschen Volkstums u. die staatspädagog. Kultur der german. Völker. Begründet am 1. IV. 1903 v. Hans K. E. Buhmann. Red.: Ernst Clausen. 2. Jahrg. April 1904—März 1905. 24 Nrn. (à ca. 72 S.) gr. 8. Ebd. n. 16. —

Fortsetzung, s.: Kultur, deutsche.

Warte

— die. Monatsschrift zur Belehrung u. Unterhaltung. Unter Mitwirkung mehrerer Freunde herausgeg. von Ph. Havelland. 1.—8. Heft. (Schluß.) 4. Nordhausen 846. (Büchting.) n. 2/3 ₰

Warte, die. Monatsschrift zur Belehrung u. Unterhaltung. Unter Mitwirkung mehrerer Freunde hrsg. von Ph. Havelland. II. Jahrg. 1847. 12 Nrn. 4. (à 4 B.) Nordhausen, Büchting. n. 1 ₰

Warte. – Die Warte. –
Karlsruhe. – 1.VII.1867 – 30.IX.1871.
Fortges. u.d.T.: Süddeutsche Reichs-Post.

Warte. – Auf der Warte. Fortlaufende Berichte über Ereignisse im Orient und der dort zum Besten der nothleidenden Armenier unternommenen Unterstützungswerke. Nr. 1 – 5. Frankfurt a.M.: J. Schergens 1896. 8⁰
Forts. als Beilage zu Der Freiwillige.
Hrsg.: E. Lohmann.

— die. Zeitschrift f. Schüler u. Schülervereine d. vereinfacht. deutsch. Stenographie (Einigungssystem Stolze-Schrey). Verantwortlich f. die Vereinsberichte: Egbert Patzig, f. die Preisarbeiten: Behnsen, f. den übr. Tl.: H. Weidt. 10. u. 11. Jahrg. April 1900—März 1902. à 12 Nrn. gr. 8. (à ca. 20 u. Beilage 16 autogr. S. m. Abb.) Hildburghausen (Kesselring). à Jahrg. n.n. 3.—

— dasselbe. Begründet u. als Organ des Werbeausschusses des Stenographenverbandes Stolze-Schrey unter Mitwirkg. v. Johnen, Mantzel, Ferd. Schrey u. J. B. Klören hrsg. v. C. Kümpel. 12. Jahrg. April 1902—März 1903. 12 Nrn. gr. 8. (à ca. 24 u. Beilage 16 autogr. S. m. Abbildgn.) Ebd. n.n. 3. —
Vergl.: Schülerwarte.

Warte, die. Ein Blatt zur Förderg. u. Pflege jeder Reichgottesarbeit in allen Landen. Hrsg. von Graf A. v. Bernstorff u. E. Lohmann. Schriftleitung: H. v. Redern. 1. Jahrg. April—Dezbr. 1902. 19 Nrn. gr. 4. (à ca. 16 S. m. Abbildgn.) Berlin, P. Pittius. n. 2. 15

Warte, die. Ein Blatt zur Förderg. u. Pflege jeder Reichgottesarbeit in allen Landen. Hrsg. von Graf A. v. Bernstorff u. E. Lohmann. Schriftleitung: H. v. Redern. 2. Jahrg. 1903. 52 Nrn. (à ca. 16 S. m. Abbildgn.) gr. 4. Berlin, P. Pittius. n. 5. —

Warte, die. Ein Blatt zur Förderg. u. Pflege jeder Reichgottesarbeit in allen Landen. Hrsg. von Graf A. von Bernstorff u. E. Lohmann. Schriftleitung: H. v. Redern. 3. Jahrg. 1. Viertelj. Jan.—März 1904. 13 Nrn. (à ca. 16 S. m. Abbildgn.) gr. 4. Berlin, P. Pittius. n. 1. 25
Fortsetzung, s.: Auf der Warte.

— die. Zeitschrift f. Anhänger des Einigungssystems Stolze-Schrey an Universitäten, Hochschulen, höheren u. mittleren Schulen, zugleich Organ des braunschw. Lehrerverbandes usw. Begründet u. als Organ des Werbeauschusses des Stenographenverbandes Stolze-Schrey unter Mitwirkg. v. Johnen, Mantzel, F. Schrey u. J. B. Klören hrsg. v. C. Kümpel. 13.—16. Jahrg. April 1903—März 1907. à 12 Nrn. (à ca. 20 u. Beilage 16 autogr. S.) gr. 8. Hildburghausen (Kesselring).
Nicht mehr im Buchhandel. à Jhrg. n.n. 3. —

— die. Monatsschrift f. Literatur u. Kunst. Hrsg. u. Red.: Jos. Popp. 7. Jahrgang. Oktbr. 1905—Septbr. 1906. 12 Hefte. (844 S.) gr. 8. München. [Allgemeine Verlags-Gesellschaft.] Ravensburg, Fr. Alber. n. 8. —
Vergl.: Warte, literarische.

Warte, die. Erstes Blatt f. Gegendienste in Handel, Gewerbe u. Industrie. Red.: Rich. Nordhausen. 1. Jahrg. 1909. (à ca. 16 S.) 31,5×23 cm. Bremen (Deich 60/61), Verlag die Warte. 10. —

— dasselbe. Vereinigt m. Importeur u. Agent (früher „Der Agent"). Export-Organ f. Fabrikanten, Importeure sowie Agenten aller Länder. Red.: Wilh. Friedenreich. 3. Jahrg. 1910. (à ca. 16 S.) 30,5×23,5 cm. Ebd. 10. —

Warte. – B a d i s c h e Warte. –
Karlsruhe. – 1886(?) – 31.III.(?)1920.

— buddhistische. Monatshefte f. Ethik, Erkenntnis u. Geisteskultur. Organ der „Buddhist. Gesellschaft". Hrsg. u. Red.: Karl Seidenstücker. 1. Jahrg. April 1907—März 1908. 12 Nrn. (à ca. 32 S. m. Taf.) gr. 8. Leipzig, (M. Altmann). 5. —
Erscheint nicht mehr.

Deutsch Brasilianische Warte 1873 – ?
Weekly. Subtitle: fur freien Blick auf Land und Meer und Berichterstattung aus beiden Hemispharen. 4 pages. Representatives and reporters all over Brazil. Editor and owner Ferdinand Schmidt [illegible] Ended soon after his death in 1888.
Rio de Janeiro

Warte, deutsche. Umschau über das Leben und Schaffen der Gegenwart. (Ergänzungsblätter neue Folge.) Redig. von Bruno Meyer. 1. Bd. 12 Hefte. (à 4—5 Bog.) Lex.-8. Hildburghausen [Leipzig] 871, Bibliograph. Institut. à Heft 60 Pf.

—— dass. — Jahrg. 1873. 2.—5. Bd. à 12 Hefte. Lex.-8. (à Heft 64 S.) Leipzig, O. Wigand.
à Heft * 60 Pf.; à Bd. *

—— dass. — Jahrg. 1874. 6.—9. Bd. à 12 Hefte. Lex.-8. (à Heft 64 S.) Karlsruhe, Braun'sche Hofbuchh. à Bd. *

Warte, deutsche. Umschau über das Leben und Schaffen der Gegenwart. Redact.: Bruno Meyer. Jahrg. 1875. 8. und 9. Bd. à 12 Hefte. Lex.-8. (à Heft 3 Bog.) Karlsruhe, Braun'sche Hofbuchh. à Bd. *
Nicht weiter erschienen.

Deutsche Warte : 18[illegible] Chicago, IL
Weekly. Germania Publishing Co.

Deutsche Warte : 1877 – Oct. 28, 1914?
Weekly, 1877 – 89; semi-weekly, 1889 – 1907; weekly, 1907 – 14. Independent in political affairs, but much space devoted to agricultural and household interests. For supplement, see Feierabend-Stunden (Chicago). Dated also at Chicago, 1907 – 14. Place of publication varies: Chicago, Ill., St. Paul, Minn.
Editions also printed, in 1880, for Quincy, Ill., St. Paul, Minn., Kearney, Nebr., Burlington, Dubuque, and LeMars, Iowa.
Circulation: 1880, 6000; 1890, 25,000; 1900, 25,263; 1910, 20,000
Edited by George Brumder, 1887 – 1903; by Gustav Adolph Zimmermann; by Franz Arnold Hoffmann. Published by German News Co. [also as: German Book & News Co.], 1877 – 84; by Germania Publishing Co., 1884 – 1914.
Milwaukee, WI

Warte, deutsche. Kalender für das deutsche Volk auf das J. 1884. Hrsg. von Ottomar Schuchardt. gr. 8. (72 S. mit eingedr. Holzschn.) Großenhain, (Hentze.) *
—— dass. — auf das J. 1885. gr. 8. (96 S. mit eingedr. Holzschn.) Borna, Harschan. *

Warte, deutsche. Kalender für alle Deutschen im In- und Auslande auf das J. 1886, hrsg. von Ottomar Schuchardt. gr. 8. (88 S.) Großenhain 885, (Hentze.) *
Nicht weiter erschienen.

Warte. – D e u t s c h e Warte. –
Berlin. – 1.X.1890 – 31.XII.1922.

Warte, deutsche. Wöchentliche Rundschau üb. Politik u. Gesellschaft, geist. u. wirtschaftl. Leben. Hrsg. von Arth. v. Studnitz. Redact.: (Rich. Ebert u.) Bruno Schippang. 1. Jahrg. Oktbr. 1890—Septbr. 1891. 52 Nrn. (à Nr. 1—2 Bog.) gr. 4. Berl., Geschäftsstelle „Deutsche Warte". * 8 —

Warte, deutsche. Wöchentliche Rundschau üb. Politik u. Gesellschaft, geistl. u. wirtschaftl. Leben. Red.: Bruno Schippang. 2. u. 3. Jahrg. Oktbr. 1891—Septbr. 1893. à 52 Nrn. (2 Bog.) gr. 4. Berlin, Deutsches Druck- u. Verlagshaus. à Jahrg. n. 4. —; einzelne Nrn. n. — 10

— dasselbe. Chefred. i. V.: R. Schaeffer. 4. Jahrg. Oktbr. 1893—Septbr. 1894. 52 Nrn. (2 Bog.) gr. 4. Ebd. n. 4. —; einzelne Nrn. n. — 10

Warte, deutsche. Belletrist. Wochenblatt. Begründ. von Arth. v. Studnitz. Red.: H. Schade. 5.—9. Jahrg. Oktbr. 1894—Septbr. 1899. à 52 Nrn. (à ca 2 Bog. m. Abb.) gr. 4. Berlin, Deutsches Druck- u. Verlagshaus. à Jahrg. n. 4. —; einz. Nrn. n. — 10
Kann auch vierteljährlich bezogen werden; der 5. Jahrg. war von Otto Rentsch, der 9. von H. Thiel redigiert.

— deutsche. Belletristisches Wochenblatt m. der humorist. Beilage „Seifenschaum". Begründet von Arth. v. Studnitz. Red.: H. Thiel. 10. Jahrg. Oktbr. 1899—Septbr. 1900. 52 Nrn. gr. 4. (à ca. 16 u. 4 S. m. Abbildgn.) Berlin, Deutsches Druck- u. Verlaghaus. 4. —

— deutsch-nationale. Zeitschrift f. die deutsche Jugendbundbewegg. Schriftleitg.: J. Golle. 1. Jahrg. Oktbr. —Dezbr. 1894. 6 Nrn. (Bog.) gr. 4. Hamburg. (Leipzig, H. Beyer.) — 75

— deutsch-nationale. Zeitschrift f. d. deutsche Jugendbundbewegg. Schriftleitung: J. Golle. 2. Jahrg. 1895. 24 Nrn. (Bog.) gr. 4. Hamburg. (Leipzig, H. Beyer.)
Weiter nicht erschienen. n. 3. —

Die Warte an der Elbe. — Eigenthümer und verantwortlicher Redacteur: Karl Seidl. Gedruckt bei Karl Wilhelm Medau. (4. 2spaltig. Wöchentlich dreimal.) Leitmeritz 1855.

— evangelische. Organ z. Erbaug., Belehrg. u. Unterhaltg. Hrsg.: P. R. Weidhaas. Red.: Emil Kreidner. 1. Jahrg. April—Dezbr. 1898. 39 Nrn. (à ca. 2 Bog. m. Abb.) gr. 4. Kötzschenbroda, Verlag der evang. Warte. n. 1. 65
Kann auch vierteljährlich bezogen werden.

Warte — Frankfurter Warte.
Frankfurt am Main. — 1.X.1910 — 31.VIII.1914.

— freie. Sammlung moderner Flugschriften. Hrsg. v. Ludw. Jacobowski. 1.—5. Hft. gr. 8. Minden, J. C. C. Bruns. n. 3. 80
1. Haeckel u. seine Gegner. Von Rud. Steiner. (III, 53 S.) 900. n. 1. —
2. Sittlichkeit!?! Von Mathieu Schwann. (32 S.) 900. n. — 80
3. Die Zukunft Englands. Eine kulturpolit. Studie. Von Leo Frobenius. (40 S.) 900. n. — 80
4. Das neue Lied. Zur Ästhetik der modernen musikal. Lyrik. Von Wilh. Mauke. (44 S.) 900. n. — 80
5. Hunger u. Liebe in der Frauenfrage. Von Anna Bernau. (31 S.) 901. n. — 60

Warte: Die freie Warte
① Kritische Wochenschau für Stadt und Land, zugleich Lokal-Beilage zur Schweizer. Handelszeitung und Schweizer. Wochen-Zeitung ⑤ 1.8 1903—? ⑥ 2° ⑦ Wochenblatt ⑧ Zurich: Jean Frey ⑩ Jean Frey ⑪ Jean Frey ⑫ liberal ⑭ Zh. Z. (1.8 1903—26.12 1903) ⑮ Zurcher Lokal-Beilage zur Schweizerischen Handels-Zeitung und Schweizerischen Wochen-Zeitung

— die freie. Monatsschrift f. Wissenschaft, Kunst, Literatur u. Politik. Hrsg. u. Red.: E. K. Blümml. 1. Jahrg. Oktbr. 1907—Septbr. 1908. 12 Hefte u. 2 Monographien. (1. Heft. 48 S.) gr. 8. Wien, F. Malota. 5. —

Warte, die, religiöser Freiheit u. Duldung. Monatsschrift unter Mitwirkung kathol. u. evangel. Theologen u. Publicisten hrsg. v. Carl Jul. Gerlach. 1. Jahrg. 1845. 4. Berlin, (Grobe.) *

— hohe. Illustrierte Halbmonatsschrift f. die künstler., geist. u. wirtschaftl. Interessen der städt. Kultur. Unter Mitwirkg. führ. Männer hrsg. u. red. v. Jos. Aug. Lux. 1.—3. Jahrg. Oktbr. 1904—Septbr. 1907. à 24 Hefte. (1. u. 2. Jhrg. VI, 418 u. VI, 318 m. Abb. u. 12 u. 33 Taf.) 4. Leipzig, R. Voigtländer. à Jhrg. n. 18. —
(I. Jhrg. vergriffen; II. Jhrg. erh. Pr. n. 20. —)
Die Jhrgge. 1 u. 2 erschienen in Wien.

— hohe. Illustrierte Halbmonatsschrift f. Architektur, angewandte Kunst u. alle modernen Kulturaufgaben. Verbands-Organ des Bundes deutscher Architekten B.D.A. Hrsg. v. Jos. Aug. Lux. 4. Jahrg. 1908. 24 Hefte. (376 S. m. Abb. u. Taf.) 30,5×25 cm. Leipzig, R. Voigtländer. 18. —
Fortsetzg., s.: Werk, das.

Jerusalemer Warte: 1845— Buffalo, NY
Weekly. Published by Ph. Paulus

Warte, die, am Inn. Wochenblatt für Unterhaltung u. Belehrung. 5. Jahrg. 1862. Redacteur: Joh. Weidinger. 52 Nrn. hoch 4. Braunau, Weidinger. 2 fl

Katholische Warte: 18..
Fort Wayne, IL

— katholische. Illustrirte Monatsschrift zur Unterhaltg. u. Belehrg. 1. u. 2. Jahrg. April 1885 bis März 1887. à 12 Hfte. gr. 8. (à Hft. ca. 48 S. m. eingedr. Holzschn.) Salzburg, Pustet. à Hft. — 25

Warte, katholische. Illustrirte Monatsschrift zur Unterhaltg. u. Belehrg. 3.—6. Jahrg. April 1887 bis März 1891. à 12 Hfte. gr. 8. (à Hft. ca. 48 S. m. eingedr. Holzschnitten.) Salzburg, Pustet. à Hft. — 25

— katholische. Illustrirte Monatsschrift zur Unterhaltg. u. Belehrg. 7.—10. Jahrg. April 1891—März 1895. à 12 Hfte. (3 Bog.) gr. 8. Salzburg, A. Pustet. à Hft. — 25

— katholische. Illustr. Monatsschrift zur Unterhaltg u. Belehrg. 11. u. 12. Jahrg. Apr. 1895—März 1897. à 12 Hfte. (à ca. 3 Bog.) gr. 8. Salzburg, A. Pustet.
Weiter nicht erschienen. à Hft. — 25

Warte: Literarische Warte
s.a. Neue Zürcher Nachrichten.

— literarische. Monatsschrift f. schöne Literatur. Red.: A. Lohr. 1. Jahrg. 1900. 12 Nrn. gr. 4. (à ca. 8 S.) München [R. Abt]. Allg. Verlagsgesellschaft. n. 2. —

— dasselbe. Hrsg.: A. Lohr u. M. Pfeiffer. Red.: A. Lohr. 2. Jahrg. Oktbr. 1900—Septbr. 1901. 12 Hfte. gr. 8. (à ca. 64 S.) Ebd. n. 6. —

— dasselbe. Hrsg. v. der deutschen Literatur-Gesellschaft. Red.: Ant. Lohr. 3. u. 4. Jahrg. Oktbr. 1901—Septbr. 1903. à 12 Hfte. gr. 8. (à ca. 64 S.) München, Allgemeine Verlagsgesellschaft. à Jahrg. n. 6. —

— **literarische.** Monatsschrift f. schöne Literatur. Begründet u. hrsg. v. Ant. Lohr. Organ der deutschen Literatur-Gesellschaft. 5. u. 6. Jahrg. Oktbr. 1903 bis Septbr. 1905. à 12 Hefte. (VIII, 768 u. XVI, 776 S.) gr. 8. München [Allgemeine Verlags-Gesellschaft]. Ravensburg, Fr. Alber. à Jhrg. n. 6. —
Fortsetzg., s.: Warte, die.

Warte, Magnetische, der westfälischen Bergwerkschaftskasse zu Bochum. Declinationscurven für 1896. Desgl. für 1897—1900. Gr. 4.

Warte. – Mecklenburger Warte. – Wismar, sp. [ab 1.X.1920] Rostock. – 1.IX.1907 – 27.XII.1931.

Warte. – Neue deutsche Warte. Blätter für deutsche Culturbestrebungen, Politik, Wissenschaft, Kunst und Unterhaltung. Jg. 1. Berlin: Baensch in Comm. 1885. 8°
Hrsg.: Max Bauer.

Flug- u. Fluchblatt. Parteiloses Parteiblatt. Nordöstliche **Warte.** No 1. 2. [Mehr nicht erschienen.] (Hrsg.: Eckardt Warner [d. i. Severin Simoneit].) (Memel: J. Schenke 1903.) (4 Bl.) gr. 2° [Kopft. F. u. Ant.] (o: 7065 10

(F) **Österreichische pädagogische Warte.** Lehrer- und Lehrerinnenzeitung. IV. Jahrg. Lex.-8°. Erscheint in 24 Nrn. Wien: Kirsch 1909.

Warte, österreichische pädagogische. Lehrer- u. Lehrerinnen-Zeitung. Hrsg. unter d. Mitwirkg. d. österr. Gruppe des Vereines f. christl. Erziehungswissenschaft. Chefred.: Aug. M. Kemetter. Hrsg.: Rud. Schreiber. Red.: Jos. Redl. 6. Jahrg. Novbr. 1910—Oktbr. 1911. 24 Nrn. (à ca. 16 S.) 31,5×23 cm. Wien, H. Kirsch. 4. —

Warte, pädagogische, s. a.: Litteraturbericht, pädagog.

— pädagogische. Allgemeine Zeitung, besonders für die Organisation des Schulwesens, das Interesse des Lehrerstandes und die Schulrechtskunde. Redig. von P. Grabow. Unter Mitwirkung einer aus namhaften Schulmännern etc. besteh. Redact.-Commission. 1. Jahrg. 1879. 52 Nrn. (Bog.) gr. 4. Berlin, (G. Winckelmann.) *

— **pädagogische.** Wochenschrift f. die Erzeugnisse der Wissenschaft, Kunst u. Industrie auf dem Gesamtgebiete der Pädagogik. Hrsg. unter Mitwirkg. bewährter Fachmänner v. Ernst Pilz. 1. u. 2. Jahrg. Oktbr. 1891—Septbr. 1893. à 52 Nrn. (à ca. 1 Bog.) Lex.-8. Leipzig, Leipziger Lehrmittel-Anstalt v. Dr. Osk. Schneider. à Jahrg. n. 6. —

— pädagogische. Zeitschrift f. Lehrerfortbildg., Konferenzwesen u. pädagog. Kritik. Hrsg. unt. Mitwirkg. namhafter Schulmänner von M. Thurm u. H. Thierack. 2. Jahrg. Juli 1895—Juni 1896. 24 Hfte. (à 3 Bog.) gr. 8. Osterwieck, A. W. Zickfeldt. n. 5. —

— dasselbe. M. d. Gratisbeilage: Aus d. Praxis — f. d. Praxis. Sammlg. v. wirklich geh. Lektionen aus allen Unterrichtsgebieten d. deutschen Volksschule. Hrsg. unt. Mitwirkg. namhafter Schulmänner v. M. Thurm u. H. Thierack. 3.—5. Jahrg. Juli 1896—Juni 1899. à 24 Hfte. (à ca. 4 Bog.) gr. 8. Ebd. à Jahrg. n. 5. — (kplt. geb.: à Jahrg. n. 6. 50)
Kann auch vierteljährlich bezogen werden.

— **pädagogische.** Zeitschrift f. Lehrerfortbildg., Konferenzwesen u. pädagog. Kritik. Mit den Gratis-Beilagen: Aus der Praxis — für die Praxis. Sammlung von Muster-Lektionen aus allen Unterrichtsgebieten. Blätter f. Rechtskunde. Hrsg. unter Mitwirkg. namhafter Schulmänner v. M. Thurm u. H. Thierack. 6. Jahrg. Juli 1899—Juni 1900. 24 Hfte. gr. 8. (à ca. 40 u. 8 S. m. Abb.) Osterwieck, A. W. Zickfeldt. n. 5. –; geb. n. 6. 50

— dasselbe. 7.—9. Jahrg. Juli 1900—Juni 1903. à 24 Hfte. gr. 8. (à ca. 40 u. 8 S. m. Abbildgn.) Ebd. à Jahrg. n. 6. —

— pädagogische. Zeitschrift f. Lehrerfortbildg., Konferenzwesen u. pädagog. Kritik. Mit den Gratis-Beilagen: Aus der Praxis — für die Praxis. Sammlung v. Lehrbeispielen aus allen Unterrichtsgebieten u. Blätter f. Rechtskunde. Hrsg. unter Mitwirkg. namhafter Schulmänner v. M. Thurm u. K. O. Beetz. 10. Jahrg. Juli 1903—Juni 1904. 24 Hefte. (X, 1388 S. m. Abb.) gr. 8. Osterwieck, A. W. Zickfeldt. n. 6. —; geb. n. 8. —

— dasselbe. Zeitschrift f. wissenschaftl. Pädagogik, Lehrerfortbildg., Konferenzwesen, Tagesfragen u. pädagog. Kritik. Hrsg. unter Mitwirkg. namhafter Schulmänner v. K. O. Beetz u. Alb. Rude. 11. Jahrg. Juli—Dezbr. 1904. 12 Hefte. (VII, 576 u. 8 S.) gr. 8. Ebd. n. 3. —; geb. n. 4. —

— dasselbe. 12. u. 13. Jahrg. 1905 u. 1906. à 24 Hefte. (VIII, 1188 u. XVI, 1196 S.) gr. 8. Ebd. à Jhrg. n. 6. —; geb. n. 8. —

— pädagogische. Zeitschrift f. wissenschaftl. Pädagogik, Lehrerfortbildg., Konferenzwesen, Tagesfragen u. pädagog. Kritik. Hrsg. unter Mitwirkung namhafter Schulmänner v. K. O. Beetz u. Ab. Rude. 14.—17. Jahrg. 1907—1910. à 24 Hefte. (1238, 1384, 1414 u. 1386 S.) gr. 8. Osterwieck, A. W. Zickfeldt. à Jahrg. 6. —; geb. 8. —

Warte. – Von des Reiches Warte. Ein diplomat. Rundblick. Braunschweig: A. Limbach 1894. (16 S.) 8°
(Briefe, Politische. 5.)

Warte am Rhein, die, oder einige preußisch-französische Gedanken. Von einem stillen Beobachter, der kein Staatsmann ist. fl. 8. (74 S.) Wien, Mayer & Comp. in Comm. 1870. 20 fr.

Warte, die, am Rhein oder einige preußisch-französische Gedanken. Von einem stillen Beobachter, der kein Staatsmann ist. Wien 871. (Mayer & Co.) 8. (74 S.) n. 4 ngr.

— schlesische. Wochenschrift zur Hebung der Volksbildung und des Volkswohls durch prakt. Förderung deutschen Gemeinsinns. Hrsgbr.: Alb. Sindermann. Redact.: A. W. Gellrich. 1. Jahrg. 1877. 33 Nrn. (à 1—1½ Bog.) Imp.-4. Breslau, (Gosohorsky's Buchh.) *
Nicht weiter erschienen.

— süddeutsche. Zeitschrift f. das gesammte Volksleben Deutschlands. Redakt.: Chr. Hoffmann. 2. u. 3. Jahrg. 1846 u. 1847. à 52 Nrn. (Bog.) Fol. Stuttgart, (Beck u. Fränkel.) à J. *
1. Jahrg. 1845. Ebendas.?

Warte, süddeutsche. Zeitschrift für das gesammte Volksleben Deutschlands. Redig. von Chr. Hoffmann. (4. und 5. Jahrg.) 1848 und 1849. à Jahrg. 52 Nrn. (Bog.) Fol. Stuttgart, (Beck und Fränkel.) à Jahrg. *
Vgl. 10. Bd. 2. Abthl. S. 402.

— **technische (früher: Der Berg- u. Hüttenmann. Technische Volkswarte). Zeitschrift f. die Fortschritte in der Maschinen- u. Elektrotechnik, sowie im Berg- u. Hüttenwesen. Organ des „Techn. Vereins f. Maschinenbau u. Elektrotechnik Nürnberg", des „Alten Vereins der Heizer u. Maschinenwärter Nürnbergs u. Umgebg." u. des „Techn. Vereins Königshütte O.-S."** Unter Mitarbeit hervorrag. Fachmänner red. v. Wilh. Mayer. 18. Jahrg. Oktbr. 1904—Septbr. 1905. 36 Nrn. (à ca. 12 S.) 4. Dresden, Calebow & Co. n. 4. —
Vergl.: Berg- u. Hüttenmann, der.

Warte des Tempels: 182? ? Buffalo, NY
Weekly. Edited & published by John A. Sorg.

— Thüringer. Monatsschrift f. die geist., künstler. u. wirtschaftl. Interessen Thüringens. Hrsg. v. Hans Haupt. Red.: Arth. Richter. 1.—3. Jahrg. April 1904—März 1907. à 12 Nrn. (1 Jhrg. 580 S. m. Abbildgn. u. Taf.) gr. 8. Pößneck (B. Feigenspan). à Jhrg. n. 6.—

— Thüringer. Monatsschrift f. die geistl., künstler. u. wirtschaftl. Interessen Thüringens. Hrsg. v. Hans Haupt. Red.: Arth. Richter. 4. u. 5. Jahrg. April 1907—März 1909. à 12 Nrn. (à ca. 48 S. m. Abb. u. Taf.) 8. Pößneck, (B. Feigenspan). à Jahrg. 6.—; erm. Pr. nn 4.—; geb. nn 5.—
Erscheint nicht mehr.

— vegetarische. Monatsschrift f. naturgem. Lebensweise u. Gesundheitspflege. Organ d. deutschen Vegetarier-Bundes. Chefred.: E. Hering. Hrsg.: „Deutscher Vegetarier-Bund". 1. Jahrg. Juli—Decbr. 1895. 6 Hfte. (à ca. 40 S. m. Abb.) gr. 8. Leipzig, K. Lentze. n. 1. 50

— dasselbe. 2. Jahrg. 1896. 12 Hfte. (à ca. 2 Bog.) gr. 8. Ebd. n. 3.—

— dasselbe. Vegetarische Rundschau. — Vereinsblatt f. Freunde d. natürl. Lebensweise, begründ. 1867 v. Ed. Baltzer. Monatsschrift f. naturgem. Lebensweise u. Gesundheitspflege. Organ des deutschen Vegetarier-Bundes. Chefred.: E. Hering. Red.: K. Lentze. Hrsg.: „Deutscher Vegetarier-Bund." 30. Jahrg. 1897. 12 Hfte. (à ca. 2 Bog.) gr. 8. Ebd. n. 3.—

— dasselbe. 31. Jahrg. 1898. 12 Hfte. (à ca 2 Bog.) gr. 8. Ebd. n. 4.—
Kann auch halbjährlich bezogen werden.

— vegetarische. Vegetarische Rundschau. — Vereinsblatt f. Freunde der natürl. Lebensweise, begründet 1868 v. Ed. Baltzer. Monatsschrift f. naturgemässe Lebensweise u. Gesundheitspflege. Organ d. deutschen Vegetarier-Bundes. Chefred.: E. Hering. Red.: K. Lentze. Hrsg.: „Deutscher Vegetarier-Bund". 32. u. 33. Jahrg. 1899 u. 1900. à 12 Hfte. gr. 8. (à ca. 28 S.) Leipzig, K. Lentze. à Jahrg. n. 4.—

— dasselbe. Zeitschrift f. naturgemässe Lebensweise. Organ des deutschen Vegetarier-Bundes. Hrsg.: „Deutscher Vegetarier-Bund". Chefred.: E. Hering. Red.: K. Lentze. 34. u. 35. Jahrg. 1901 u. 1902. à 24 Nrn. gr. 8. (à ca. 24 S.) Ebd. à Jahrg. n. 5.—

— vegetarische. Vegetarische Rundschau. Vereinsblatt f. Freunde der natürl. Lebensweise, begründet 1868 v. Eduard Baltzer. Zeitschrift f. naturgemässe Lebensweise. Organ des deutschen Vegetarier-Bundes. Hrsg.: „Deutscher Vegetarier-Bund". Schriftleiter: G. Selss. 36.—38. Jahrg. 1903—1905. à 24 Nrn. (IV, 588 IV, 582 u. VIII, 704 S.) 8. Leipzig [K. Lentze.] Frankfurt a/M. (-S., Gartenstr. 1), Verlag d. Dtsch. Vegetarier-Bundes. à Jhrg. n. 5.—

Warte, vegetarische. Vegetarische Rundschau. Vereinsblatt f. Freunde der natürl. Lebensweise, begründet 1868 v. Eduard Baltzer. Zeitschrift f. naturgemäße Lebensweise. Organ des deutschen Vegetarier-Bundes. Schriftleiter: G. Selß. 39. Jahrg. 1906. 24 Nrn. (à ca. 12 S.) Lex.-8. Frankfurt a/M. (S., Gartenstr. 1), Verlag des deutschen Vegetarier-Bundes. Postfrei n. 5.—

— vegetarische. Vegetarische Rundschau. Vereinsblatt f. Freunde der natürl. Lebensweise, begründet 1868 v. Eduard Baltzer. Zeitschrift f. naturgemäße Lebensweise. Eigentum des deutschen Vegetarier-Bundes. Schriftleiter: G. Selß. 40.—43. Jahrg. 1907—1910. 24, 24, 24 u. 26 Nrn. (1909 u. 10. IV, 299 u. IV, 271 S.) Lex. 8. Frankfurt a/M., Verl. des deutschen Vegetarier-Bundes. à Jahrg. 5.—

—— westfälische. Monatsschrift für die Interessen des Volkes. Redig. von Th. Schäfer. Nr. 1—6. gr. 4. (à Nr. 32 S.) Arnsberg 847—48, Expedition.

Warte-Bibliothek, Thüringer. Hrsg. v. Hans Haupt. [Aus: „Thüringer Warte".] 1.—4. Heft. gr. 8. Pößneck, B. Feigenspan. à n. —50
1. Ernst Abbe. Ein Lebens- u. Charakterbild. Von Frdr. Thieme. (32 S. m. 1 Bildnis.) (905.)
2. Schillers Persönlichkeit. Ein Vorbild ästhet. Kultur. Von Adf. Thimme. (19 S.) (905.)
3. Die landesmütterliche Fürsorge der Landgräfin Hedwig Sophie f. die Herrsch. Schmalkalden (1649—1683). Von Dithmar. (20 S.) (905.)
4. Burg Ranis. Eine geschichtl. Darstellg. Von Max Görler. (15 S. m. Abbildgn.) (906.)

Wartenberg [Sachliches OW]

Wartenberg, Bad, auf Groß-Skal u. seine Umgebung. 2., mit Illustr. verm. Aufl. Jungbunzlau 865. (Prag, André.) 16. (XI, 102 S. mit 8 Stein- u. 1 Holzschntaf. in 16. u. qu. Fol.) cart. n. 24 ngr.

Wartenberg, Bad, auf Groß-Skal und seine Umgebung. 2., mit Illustr. verm. Aufl. 16. (XI und 102 S. mit 8 Stn.- und 1 Holzschntaf. in 16. und qu. Fol.) Jungbunzlau 865. (Prag, Reichenecker.) cart. *

Wartenberg, Bad, auf Groß-Skal u. seine Umgebung. 4. Aufl. gr. 16. (XIII, 288 S. m. 7 Steintaf. u. e. Holzschntaf. in gr. Fol.) Prag 871. Dominicus. n. 4. —

Wartenberg, Katharina von, Trauerspiel in 4 Aufzügen von J. Schon. gr. 8. Wien, Geistinger. (Leipzig, W. Vogel.) 821. — 20

WARTENBERG, Wilhelm von. Ein Sittengemälde aus den Zeiten Kaisers Karl IV., Mit Titelkpf. u. Titelvign. O. O. (Prag) 1796. 8°. 255 S. (2 Mk. 50 Pfg. Taussig, Prag, 1906.)
Wildmoser's (München) Leihbibl.-Cat. No. 1449.

Wartenberg, Wilhelm von, ein Sittengemälde aus den Zeiten Kaiser Carls des vierten, mit Kupf 8. Prag, 796. Buchler. 20 sgl.

Wartenberg [Schlagwort]

Wartenberg, s.: Geologische Karten. Preussen 94.

Wartenberg [Verfasser]

Wartenberg, Carl, s. Wartenberg, Karl

Wartenberg, Graf Frz. Wilh. v., s. a. Correspondenz, politische, d. Grafen W.

[5.] Politische Correspondenz des Grafen Franz Wilhelm v. **Wartenberg**, Bischofs v. Osnabrück, a. d. J. 1621—1631. Hrsg. v. H[erm.] Forst. Veranl. u. unterst. durch d. K. Archiv-Verwaltg. *Leipzig: S. Hirzel 1897.* (xxxviii S., 1 Bl., 640 S., 1 Bl.) 1 Bd 8.
= Publicationen a. d. K. Preuss. Staatsarchiven. Bd 68. [97. 8:85

Wartenberg, Georg [Dr.]: Das mittelgriechische Heldenlied von Basileios Digenis Akritis. Berlin, R. Gaertner, 1897; 29 S. 4.
Berlin, Lessing-G, OP 1897 (61)

Wartenberg, Geo., das mittelgriechische Heldonlied v. Basileios Digenis Akritis. Progr. 4. (29 S.) Berlin 897. R. Gaertner. n. 1. —

Wartenberg, Georg. (geb. Berlin 5. 11. 1861): Quaestiones Ovidianae, quibus agitur de Tristium, Ibidis, Epistolarumque, quae „ex Ponto" inscribuntur, temporibus. Berlin 1884. (113 S.). 8°
Berlin, Phil. Diss. v. 21. Apr. 1884

Reise nach Konstantinopel und Griechenland im Frühjahr 1900 von Georg **Wartenberg**. Kirchhain, N.-L. [um 1900]: M. Schmersow. (100 S.) 8°
[05. 13237

Wartenberg, Hans von, aus Kellinghusen: **Beitrag** zur Kenntnis der Quecksilberoxyhalegonide. *Berlin (1902): G. Schade.* (49 S.) 8°
Berlin, Phil. Diss. v. 31. Mai 1902

Wartenberg, J. C., Sonntags-Predigten. (In czechischer Mundart.) 2 Thle. 8. (33 B.) Prag 834. (Wien, Wenedikt.)

Wartenberg, J. C. K. v., väterliche Instruction an s. Kinder. 4. Berlin, Rüdiger. 738.

Wartenberg, J. F., weiße Sklaven, oder ein Opfer der Kirche. Social-politischer Roman aus der Gegenwart. (In 20 Heften.) 1—11. Heft. Berlin 869,70. Freitag. gr. 8. (1. Bd. 272 S. u. 2. Bd. S. 1—256.) Jede Liefg. 3 ngr.

Wartenberg, Karl v., s. a.: Guhlen, Frhr. v.

— Ceterum censeo! Militärische Bedenken (1904 u. 1905). 1.—3. Aufl. (à VIII, 284 S.) 8. Dresden (905. 906). H. Minden. n. 3. —; geb. n. 4. —

Wartenberg, Carl, neueste Destillirkunst, od. gründl. theoret.-pract. Anweis. z. Selbstfertigung aller im Handel vorkomm. berliner, breslauer u. franz. Liqueure, Rahme u. verschiedenartig bittere Tropfen. — Die Bereit. aller doppelten Branntweine durch d. Destillat. wie die Anfert. d. Rum in mehrfacher Bearbeit., des Arac u. Franzbranntwein; des Liquor u. der Eau de Cologne; die Brennerei des Rum aus Zuckerwasser.— Kartoffel- u. Getreide-Brennerei, nebst ihren vorzügl. 600 % liefernden flüss. Hefenbereitungen. Brauerei d. berliner Weiß-, Braun-, Mannheimer-, Weizenlager- u. Hopfenlagerbiers, nebst Fabrikation d. Essig-Sprit in d. kürzest vernehmlichsten Abfassung. 2. Aufl. gr. 8. (5½ B.) Berlin 841, Verf. (Springer.)*

Wartenberg, Carl, Heinrich der Vogelsteller. Vaterländisches Schauspiel in 4 Akten. 8. (66 S.) P. Wartenberg 873. (Breslau Kern's Sort.) n. 1. —

Wartenberg, Karl: L e h r g a n g eines neuen Stenographie-Systems, von K[arl] Wartenberg, Stettin. Stettin: [Gegner] 1908. 15 S. 8°

— meine Vertheidigungsschrift. (67 S.) 8. Berlin (905). Vita. n. 1. —

Wartenberg, Mscislaw

Wartenberg, M., das idealistische Argument in der Kritik des Materialismus. Eine krit. Auseinandersetzg. (72 S.) gr. 8. Leipzig 904. J. A. Barth. n. 1.60

Wartenberg, Mscislaw, das Problem des Wirkens u. die monistische Weltanschauung m. besond. Beziehung auf Lotze. Eine historisch-krit. Untersuchung zur Metaphysik. gr. 8. (256 S.) Leipzig 900. H. Haacke. n. 5.20

Wartenberg, Mscislaw, aus Znin in Posen: Kants Theorie der Causalität. ⟨T. 4: Kritik.⟩ *Witkowo 1898: M. Cegielski.* (91 S.) 8° ¶[Erschien vollst. 1899 bei H. Haacke in Leipzig.]
Jena, Phil. Diss. v. (23. Juli) 1898

Wartenberg, Mscislaw, Kants Theorie der Kausalität, m. besond. Berücksicht. der Grundprincipien seiner Theorie der Erfahrung. Eine historisch-krit. Untersuchg. zur Erkenntnistheorie. gr. 8. (VIII, 294 S.) Leipzig 899. H. Haacke. n. 6. —

Wartenberg, Wilhelm [aus Neumittelwalde]: Beiträge zur Pharmakognosie von Psidium Araça Raddi ... Breslau, E. Reimann, *1895*; 45 S., 1 Doppeltaf. 8.
Erlangen, Phil. Fak., Inaug.-Diss. v. 26. Juni 1895

Wartenberg, Wilhelm: Bemerkungen zur Rhythmik und Metrik m. besond. Rücksicht auf d. Schulunterricht. Eupen, Druck v. C. J. Mayer, 1891; S. 3—18; 4°
Eupen, PG m. Realparallelkl., P 1891 (488)

Wartenberg, W., Lehrbuch der lateinischen Sprache als Vorschule der Lektüre. Kursus der Sexta. gr. 8. (VIII, 112 S.) Hannover 888. Norddeutsche Verlags-Anstalt. n. 1.10; geb. n. 1.40

Wartenberg, W. Lehrbuch der lateinischen Sprache als Vorschule d. Lektüre. 2. Tl. [Kursus der Quinta.] gr. 8. (143 S.) Hannov. 890, Norddeutsche Verlagsanstalt (O. Goedel). * 1 50; geb. ** 1 80
1. Tl. Ebd. 1888. * 1 10; geb. * 1 40.

Wartenberg, Wilh., Lehrbuch d. lateinischen Sprache als Vorschule d. Lektüre. Lernstoff d. Sexta. 2., verb. u. verm. Aufl. gr. 8. (VIII, 140 S.) Hannover 897. Norddeutsche Verlagsanst. Geb. in Halbleinw. n. 1.80

Wartenberg, Wilh., Lehrbuch der lateinischen Sprache als Vorschule der Lektüre. Lernstoff der Quinta. 2., verb. Aufl. gr. 8. (VIII, 148 S.) Hannover 899. Norddeutsche Verlagsanstalt O. Goedel. Geb. in Halbleinw. n. 1.80

Wartenberg, Wilh., Vorschule zur lateinischen Lektüre f. reifere Schüler. gr. 8. (VIII, 187 S.) Hannover 892. Norddeutsche Verlagsanstalt. Geb. in Leinw. n. 2.40

— Vorschule zur latein. Lektüre f. reif. Schüler. 2., erweit. Aufl. gr. 8. (XII, 228 S.) Ebd. 897. Geb. in Leinw. n. 2.60

Wartenberg, Wilh., Vorschule zur lateinischen Lektüre f. reifere Schüler. 3. Aufl. (VIII, 235 S.) 8. Hannover. 904. Norddeutsche Verlagsanstalt O. Goedel. Geb. in Leinw. n. 2.60

Vorschule zur lateinischen Lektüre für reifere Schüler besond. an Reformschulen. Von Wilhelm **Wartenberg**. 4. Aufl. bearb. von Enno Bartels. Hannover: Norddeutsche Verlagsanst. 1907. (VIII, 244 S.) 8° [F.] [07.17467

Wartenberg, Wilh., Vorschule zur latein. Lektüre f. Reformschulen, Oberrealschulen u. Studienanstalten. 7. Aufl., bearb. v. Enno Bartels. (VIII, 245 S.) 8. Hannover 911. Norddeutsche Verlagsanstalt O. Goedel. Geb. in Leinw. 2.80

Wartenberger, Lor., Paradies der christlichen Seele. Katholisches Gebet- u. Erbauungsbuch über das Leben u. Leiden Jesu Christi. Aus dem Latein. übersetzt von Gall Morel. Nebst 31 Altarsbesuchungen vom heil. Alphons von Liguori u. einer Sammlung von Gebeten. Mit Bildern (in eingedr. Holzschn. u. auf 2 Holzschntaf.) Einsiedeln 870. Gebr. Benziger. 16. (430 S.) 8 ngr.

Wartenbuch, Bernhard: Commentum seu lectura cuiusdam theologorum minimi super unam seraphicam intimationem doctoris Joannis Romani Vuonneck, rectoris Basileensis. (Verf.: Bernhard Wartenbuch.) Hrsg. von Hanns Zwicker. Halle a. S.: Haupt 1906. 60 S. 8°
(Flugschriften aus d. ersten Jahren d. Reformation. Bd 1. H. 7.)

Wartenburg [Sachliches OW]

WARTEBURG, Julie v.; Karl Dürbach u. Emilie Schierweg, 2 wahre Geschichten aus Originalbriefen. Leipzig, Sommer (c. 1790). 8°. (5 ggr.)
Fehlt bei Kayser.

WARTEBURG, Julie von, geborne von Langdorf. Eine wahre Geschichte aus Originalbriefen gezogen. Halberstadt, Groß'sche Erben, 1781. 8°. (3 ggr.)
Fehlt bei Kayser.

v. **Wartenburg**, Wilhelm. 8. Prag 796. Buchler. 10 K

Wartenburg [Schlagwort]

Wartenburg, s.: Preussen. Messtischblätter.

Wartenburg [Verfasser]

Wartenburg, s.: **Yorck v. Wartenburg, Graf.**

Wartenburg, Karl

Wartenburg, Charles, les acteurs de l'empereur. Comédie-drame en 3 actes. Traduit de l'allemand par Guillaume Heims. gr. 8. (46 S.) Gera 885. Kanitz' Sort. n. — 80

Wartenburg, Karl, eine vornehme Frau. Roman aus der Neuzeit. 8. (IV, 212 S.) Gera 868, Issleib und Rietzschel.

Wartenburg, Karl, „Frei ist der Bursch". Roman aus Deutschlands Sturm- u. Drangzeit, m. e. Vorwort von Alb. Traeger. gr. 8. (VIII, 236 S.) Varel 901. Verlagsanstalt A. Allmers. n. 3.50; geb. in Leinw. n. 4.50

Wartenburg, Karl, Gerichtet u. gerettet. Roman. 2 Bde. Leipzig 868. Dürr'sche Buchh. 8. (446 S.) 2 rthl 15 ngr.

— aus dem Herzen e. Tierfreundes. Erzählungen u. Abhandlgn. Gesammelt u. hrsg. von Gust. Kalb. gr. 8. (206 S.) Leipzig 901. Gera, R. Kalb. n. 1.50

— ein kleines Kind. Weihnachts-Novelle. 16. (III und 142 S.) Wien 864, Schönewerk. [Troppau, Kolck.] *

— französisches Leben. 8. (III und 395 S.) Leipzig 863, Grunow. *

Wartenburg, Karl, französisches Leben. 2. Ausg. 2 Bde. Leipzig 869. Gera, Griesbach's Verlag.

— ein schrecklicher Mensch. Roman. 8. (241 S.) Leipzig 877. Berlin, Vorstell & Reimarus. n. 3. —

Wartenburg, Karl, ein schrecklicher Mensch. Roman. 8. (241 S.) [Leipzig 877, C. F. Günther.] Berlin, Nicolai'sche Buchh. *

—— deutsche Opfer. 8. (III und 262 S.) Leipzig 866, Grunow.

Wartenburg, Carl, neue Propheten. Roman. 2 Bde. 8. (500 S.) Leipzig 861, Grunow. *

Wartenburg, Karl, Reise-Bilder aus Oesterreich. Politisch-sociale Skizzen aus dem Kaiserstaat. 8. (64 S.) Gera 850, Illgens Erben. 3/8 rthl

—— Robespierre. Geschichtlicher Roman. 2 Bde. br. 8. (179; 166 S.) Leipzig 872, C. F. Günther.

—— die Schauspieler des Kaisers, s. a. Universal-Bibliothek Nr. 2322.

—— die Schauspieler des Kaisers. Drama in 3 Aufzügen. 2. Aufl. 8. (VIII, 56 S.) Gera 880, Bornschein und Lebe. *

Wartenburg, Karl, Catilina's Söhne. Roman. gr. 8. (195 S.) Leipzig 882, A. Krüger. *

—— an trüben Tagen. Novellen. 2 Thle. 8. (XVI und 533 S.) Leipzig 861, Grunow. *

—— an trüben Tagen. 2. Ausg. 2 Thle. Ebendas. 868.

—— die Väter der Stadt. Roman. 3 Bde. 8. (XIV und 774 S.) Leipzig 859, [Grunow.]

Wartenburg, Carl, eine Verlorene. Roman. 8. (416 S.) Leipzig 855(56,) Kollmann.

— wann Frauen alt werden? Novelle. 8. (164 S.) Gera 886. Th. Hofmann. n. 3. —

—— Wie es so geht! Novelle. gr. 8. (130 S.) Gera 878, Bornschein und Lebe. *

—— der Zweck heiligt das Mittel. Sozial-polit. Roman aus der Gegenwart. 8. (323 S.) Stuttgart 874, Simon. *

Wartenegg, Wilh. v., Alt-Österreich. Festspiel f. das 50jähr. Regierungsjubiläum Sr. Maj. des Kaisers u. Königs Franz Josef I. gr. 8. (24 S.) Wien 898. (W. Braumüller). n. — 40
Sonderabdruck aus: „Oesterr.-ungar. Revue".

Wartenegg, W. v., Deklamationen, s. Theater-Repertoir, Wiener.

Erinnerungen an Franz Grillparzer. Fragmente aus Tagebuchblättern von Wilhelm v. Wartenegg. Wien: C. Konegen 1901. (63 S.) 8° [J.] [01.669]

Wartenegg, Wilh. v. Der Gottversprochene. gr. 16. (III, 96 S.) Paderb. 890, F. Schöningh. * 1 40; geb. * 2 40

Wartenegg, Wilh. v., Mozart. Festspiel zur 100jähr. Todtenfeier. Im Auftrage der Stadt Wien geschrieben. 8. (28 S.) Wien 893. C. Konegen. n. — 60

Wartenegg, Wilh. v., Andreas Baumkircher. Trauerspiel in 5 Aufzügen. 8. (VII, 152 S.) Wien 878, Gerold's Sohn. *

— s.: Preisausschreiben, ein.

—— Der Ring der Ofterdingen, s. Universal-Bibliothek.

— **deutsche Übersetzungsstücke zur Einübung vornehmlich der lateinischen Kasuslehre. Lernstoff der Quarta. gr. 8. (IV, 78 S.) Ebd. 901. Geb. in Halbleinw. n. 1.20**

— **Übungsstücke zum Übersetzen ins Lateinische im Anschluß an die Cäsarlektüre. Mit e. grammat. Anh. Lernstoff der Mittelklassen. gr. 8. (VIII, 178 S.) Ebd. 902. Geb. in Leinw. n. 2.20**

— der Verwendbare, s.: Bibliothek der Gesamt-Litteratur d. In- u. Auslandes.

— Schloß Winikstein. Roman. 8. (294 S.) Dresden 891. Pierson. n. 3. —

Wartenfels, Das Schloss, oder die Wiedervereinigung. Trauersp. in drei A. Hamb. 1779. V: *Rathlef, Ernst Lorenz Michael.* (GG1)

Wartenfels, das Schloß; Trspl. 8. Hamb. 779. Gleditsch. 3gr.

Wartenfels, Kuno v., zum 500jährigen Jubiläum der Schlacht bei Sempach am 9. Juli 1886. 2. Aufl. 16. (III, 80 S.) Speyer 886. (Kleeberger.) cart. — 45

Wartenhorst: „Getreidetabellen, für Bauern, und auch Kornhändlern und Amtleuten nützlich", Nürnberg 1767.

Wartensleben, A. Graf, **Jerusalem. Gegenwärtiges und Vergangenes. Nebst einer (chromolithogr.) Ansicht: Jerusalem aus der Vogelschau (in gr. Fol.), sowie einer (chromolithogr.) Karte von Palästina und der Stadt Jerusalem (in gr. 4.). gr. 8. (VIII, 198 S.) Berlin 868, Barthol und Comp.** *

— —s.a. Jerusalem.

—— dass. — 2. umgearb. illustr. Ausg. 1870. * ℳ 9., und 3. Aufl. Mit 12 (chromolithogr.) Ansichten, 3 (chromolithogr.) Karten und einer grossen (chromolithogr.) Ansicht von Jerusalem aus der Vogelschau (in qu. gr. 4.). gr. 8. (XI, 228 S.) Berlin 874, Scheller's Verlag. *

Wartensleben, A. Graf, Jerusalem. Gegenwärtiges u. Vergangenes. **4. Ausg. Mit 12 Ansichten, 3 Karten u. 1 grossen Ansicht v. Jerusalem aus der Vogelschau.** gr. 8. (XI, 228 S.) Berlin 886. Mittler & Sohn. n. 3. —

Wartensleben, Alexander Graf, Gerichtsref.: Die Besitz-**vererbung.** *Greifswald 1899: J. Abel.* (46 S.) 8°
Greifswald, Jur. Diss. v. 1899

WARTENSLEBEN, Berthold (Oberrosstadt): Ueber die Bedeutung der sogenannten s-Welle im Jugularispuls.- München: Wolf 1910. 31 S.
3.7.1911 - Chr 1911/12,24; U 11.5750
Diss.Ingolst.-Landsh.-Mchn.

von Wartensleben, Caesar Graf [Kammerger.-Ref.]: Die Veräusserung der Hausgüter des Hohen Adels ... Berlin, C. Feister'sche Buchdr., 1895; 2 Bl., 57 S. 8.
Erlangen, Jur. Fak., Inaug.-Diss. v. 1895

Wartensleben, Constantin Graf, s. Wartensleben, Konstantin Graf

Wartensleben, Friedrich Leopold Fhr. von A. S. 320/5

Exercitatio academica de Carolo primo imperatore virtutibus ac naevis magno.
Präs. Konrad Friedrich Ernst Bierling.
Rinteln (Enax) 12. VII. 1738. 78 S.

Gew.: Johann Konrad Fhr. von Strünkede.
W. v.: Präs. 35835

Wartensleben Gabriele Gräfin: Begriff der griechischen Chreia und Beiträge zur Geschichte ihrer Form.
D: Selbstverlag, 1900.
1900 PN 1283 **Diss** Wien, Univ. 1563

Wartensleben, G. v., **Begriff der griechischen Chreia u. Beiträge zur Geschichte ihrer Form. gr. 8. (142 S.) Heidelberg 901.** C. **Winter.** **n. 3. 60**

Wartensleben, H., praktischer Lehrgang der Türkischroth-Garn-Färberei. 8. (157 S.) Leipzig 880, G. Weigel. *

Wartensleben, Herm. Graf, die Operationen der I. Armee unter General v. Manteuffel. — Von der Capitulation von Metz bis zum Fall von Peronne. — Dargestellt nach den Operations-Akten des Obercommandos der I. Armee. gr. 8. (IV, 202 S. mit 2 lithogr. Karten in qu. Fol.) Berlin 872, Mittler und Sohn. *

—— die Operationen der Süd-Armee im Januar und Februar 1871. Nach den Kriegsakten des Oberkommandos der Südarmee. 1. und 2. Aufl. gr. 8. (VII, 114 S. mit 2 lithogr. Karten in Fol.) Ebendas. 872. *

Bericht über den Entwurf zur Bundes-Verfassung der vereinigten deutschen Gross-Logen vom 9. März 1879. Berichterstatter [Jul.] Graf **v. Wartensleben.** [Dat.:] Berlin 1879. 12 S. 2° [Kopftit.]

Die Geschichte und die Grundverfassung der Gross-Logen von England, Frankreich und Schweden. [Hrsg. vom Bundesdirektorium der Grossen National-Mutterloge in Berlin, bearb. von Jul. Graf **v. Wartensleben.**] Als Ms. gedr. Berlin 1871: Mittler & S. XII, 746 S. 8° (Wartensleben, Graf J. v.: Histor. Belehrungen f. d. Meistergrad d. Gr. Nat.-M. 1.)

Wartensleben, Jul. Graf v., Nachrichten von dem Geschlechte der Grafen v. Wartensleben. 2 Thle. mit 1 Bd. Stammbäume. Lex.-8. (XXXII und 800 S. mit 5 Stammbäumen in Imp.-Fol. und qu. Imp.-Fol., 16 Ahnentaf. in qu. Fol., 1 Stahlst. und 10 lithogr. Portr. in Tondr.) Berlin 858, Nauck und Comp. * *

Wartensleben, Jul. Bern. Comes de, Commentat. de L. 13. §. 5. Dig. de usufructu. Dissertat. 8maj. (2¼ B.) Jenae 834, (Cröker.)

Wartensleben, Julius Cäsar Graf v.

Veränderte Zeiten. Eindrücke von Weltreisen u. Reflexionen von J[ulius] C[äsar] Graf v. **Wartensleben**. *Berlin: D. Reimer 1904.* (214 S.) 8° [F.] [04. 14057

Veränderte Zeiten. Eindrücke von Weltreisen u. Reflexionen. Von J[ulius] C[äsar] Graf v. **Wartensleben**. 2., umgearb. Aufl. Berlin: D. Reimer 1906. (239 S.) 8° [F.] [06. 14877

Wartensleben, Konstantin Graf

Wartensleben, Const. Graf, die v. der Sozialdemokratie geforderten Eigentums- u. Produktionszustände in geschichtlicher Beleuchtung. gr. 8. (66 S.) Leipzig 893. R. Werther. n. 1. —

Wartensleben, L. G. Graf v., Geneal. u. biograph. Nachrichten von dem Geschlechte derer von Wartensleben. Mit Stammbaum u. 2 Portr. Berlin 1831. fol.

Wartensleben-Carow, Hermann Graf v.

[F.] Erinnerungen des Generals der Kavallerie Grafen [Hermann v.] **Wartensleben-Carow**, während der Kriegszeit 1866 Major im Grossen Generalstabe. Geschrieben im Winter 1866/67. *Berlin: E. S. Mittler & Sohn 1897.* (1 Bl., 68 S.) 1 Bd 8. [97. 2618

[F.] Feldzugsbriefe des Generals d. Kavallerie (Hermann) Graf **Wartensleben-Carow** ... M. Anl.: Dienstschriften z. Gesch. d. Krieges v. 1870/71. *Berlin: E. S. Mittler & Sohn 1898.* (VIII, 223 S.) 1 Bd 8 [98 3670

Wartensleben-Schwirsen, Graf v., die Annexionen u. das norddeutsche Parlament. Vom Herrn Rundschauer. Cammin 867. (Berendt.) gr. 8. (41 S.) 7½ ngr.

— Beendigung des Verfassungs-Conflicts in Preußen. Berlin 866. (Langguth.) gr. 8. (30 S.) n. 5 ngr.

— der Feldherr Benedek vertheidigt von einem preußischen Laien gegen die österreichische Presse. Berlin 866. (Langguth.) gr. 8. (16 S.) n. 5 ngr.

v. Wartensleben Schwirsen, Alex. Graf, mein Austritt aus der unirten evangel. Landeskirche u. Rücktritt in die evangel.-luther. Kirche in Preußen. gr. 8. (42 S.) Leipzig 848, Dörffling & Franke. ¼ ℛ

Wartenstein, Gust., Briefsteller, s. a. Briefsteller.

Wartenstein, Gust., Briefsteller f. Liebende. E. Sammlg. v. Muster-Liebesbriefen in Poesie u. Prosa nebst Liedern d. Liebe, sowie m. e. Anh., enth. Briefe v. Schiller u. Saphir. 17., vollst. neu bearb. u. verm. Aufl. 8. (V, 168 S.) Leipzig 898. Ernst. 1. 50

Wartenstein, Gust., Briefsteller f. Liebende. Eine Sammlg. v. Muster-Liebesbriefen in Poesie u. Prosa, nebst Liedern der Liebe. 18. verb. Aufl. (VIII, 160 S.) 8. Leipzig (903). Ernst. 1. 50

Wartenstein, Gust., Briefsteller für Liebende beiderlei Geschlechtes. Enthaltend 90 Musterbriefe ꝛc. nebst 20 Polterabendscherzen und Hochzeitsgedichten wie auch einer Blumen-, Farben- und Zeichensprache. 4. Aufl. (VIII und 132 S.) 1849. und 5., umgearb. Aufl. 8. (XII und 140 S. mit 1 Stnt. in Fol.) Quedlinburg 850, Ernst'sche Buchh.

Wartenstein, Gust., Briefsteller für Liebende beiderlei Geschlechtes. Enthaltend 90 Musterbriefe im blühendsten Styl und den elegantesten Wendungen nebst 20 Polterabendscherzen und Hochzeitsgedichten, wie auch einer Blumen-, Farben- und Zeichensprache. 5. Aufl. 1858. und 6., gänzl. umgearb. Aufl. 8. (XII und 140 S. mit 1 lithogr. Abbild. in Fol.) Quedlinburg 859, Ernst'sche Buchh.

Wartenstein, Gust., Briefsteller für Liebende beiderlei Geschlechts. Enth.: 90 Musterbriefe in blühendsten und elegantesten Wendungen, nebst 20 Polterabendscherzen und Hochzeitsgedichten, wie auch eine Blumen-, Farben- und Zeichensprache. 7.—9., verb. Aufl. 8. (XII und 140 S. mit 1 lithogr. Abbild. in Fol.) Quedlinburg 862—67, Ernst'sche Buchh.

Wartenstein, Gust., Briefsteller für Liebende beiderlei Geschlechts. Enth. mehr als 100 Musterbriefe im blühendsten Styl und elegantesten Wendungen, nebst 20 Polterabendscherzen und Hochzeitsgedichten, wie auch einer Blumen-, Farben- und Zeichensprache. 10.—12. verb. Aufl. 8. (VIII, 144 S. mit 1 lithogr. Abbild. in Fol.) Quedlinburg 869—75, Ernst'sche Buchh.

Wartenstein, Gust., Briefsteller für Liebende beiderlei Geschlechts. Enth. mehr als 100 Musterbriefe im blühendsten Styl und elegantesten Wendungen, nebst vielen Polterabendscherzen und Hochzeitsgedichten, wie auch eine Blumen-, Farben- und Zeichensprache. 13. und 14. verb. Aufl. 8. (VIII, 144 S.) Quedlinburg 876,78, Ernst'sche Buchh.

Wartenstein, Gust., Briefsteller für Liebende beiderlei Geschlechts. Enthaltend mehr als 100 Musterbriefe im blühendsten Styl und elegantesten Wendungen, nebst vielen Polterabendscherzen und Hochzeitsgedichten, wie auch einer Blumen-, Farben- und Zeichensprache. 15. Aufl. 8. (160 S.) Quedlinburg 882, Ernst'sche Buchh.

Wartenstein, Gust., Briefsteller f. Liebende beiderlei Geschlechts. Enth. **mehr als 100** Musterbriefe im blühendsten Styl u. elegantesten Wendgn., nebst vielen Polterabendscherzen u. Hochzeitsgedichten, wie auch e. Blumen-, Farben- u. Zeichensprache. **14. Aufl. 8. (III, 144 S.)** Quedlinburg 885. Ernst. 1. 50

Wartenstein, Gust. Briefsteller für Liebende beiderlei Geschlechts. 15. Aufl. 8. (VIII, 144 S.) Halberst. 889, Ernst. 1 50

Wartenstein, Gust., Briefsteller f. Liebende beiderlei Geschlechts. Enth. mehr als 100 Musterbriefe im blühendsten Styl u. elegantesten Wendgn., nebst vielen Polterabendscherzen u. Hochzeitsgedichten, wie auch e. Blumen-, Farben- u. Zeichensprache. 16. Aufl. 8. (VIII, 144 S.) Halberstadt 894. Ernst. 1. 50

Wartenstein, Gust., moderner Briefsteller f. Liebende beiderlei Geschlechts. Die Kunst, durch e. siegreiche Liebeskorrespondenz Erobergn. zu machen. Muster-Liebesbriefsteller f. alle im Liebesleben vorkomm. Gelegenheiten nebst schönen Liebesliedern u. sinnreichen Gedichten. 19. verb. Aufl. (166 S.) 8. Leipzig (908). Ernst. 1. 50

— das Buch der Liebe. Eine Auswahl der schönsten Gedichte f. Liebende u. Geliebte. Aus deutschen Classikern gesammelt. 18. (VIII u. 98 S.) Ebd. 850. 11 ngr

Wartenweiler, vom ovulum zum Doctorhut. Freunden medicin. Humors gewidmet. 8. (36 S.) Frauenfeld 891. J. Huber's Verl. n. 1. —

***Warter*, Anselm, († d. 30. März 1803.) doctrina catholica in systema redacta, novaque methodo distributa. 8maj. Wien 794. Al. Doll. 16 ℛ**

Warter, H., Fleckenreinigung. Ein Hand- u. Hilfsbuch f. die Entferng. v. Flecken aus Geweben u. Stoffen aller Art. (IV, 30 S.) 8. Berlin (909). O. Dreyer. 1.50

Wartet sorgfältig und schonend unsere nützlichen Hausthiere. 8 (lithogr. und) color. Bilder. qu. 4. Stuttgart 868, Gebr. Scheitlin. [Eger und Distler.] cart. (90 Pf.)

Kgl. Eisenbahndirektion Breslau. **Wartezeiten** der Züge mit Personenbeförderung vom 1. Okt. 1907 ab (mit e. Anh.). Breslau 1907: W. G. Korn. (59 S.) 8° [Umschlagt.] [07. 16581

Warth, Alfred, s. W a r t h , Sigm. Fr. Alfred

Andreas Warth. Selectae ex logica peripatetica theses, quas praeside Andrea Warth aa. ll. et philosophiae magistro eiusdemque in principali Athenaeo Marchio-Badensi professore publico et ordinario publice propugnandas suscepit ingenuus et eruditus Jacobus Klee, Rastadiensis.
Badenae in aula principalis Athenaei die 6. Sept. anno 1751.
Rastadii typis Antonii Scholl, typogr. Aul. 4°. 8 S.
Rastatt, P 1751

Andreas Warth. Selectae ex universa philosophia theses quas publicae disputationi expositas praeside Andrea Warth aa. ll. et philosophiae magistro eiusdem in principali Athenaeo Marchio-Badensi professore publico et ordinario propugnabunt ornati ac eruditi: I. Conradus Straub, Stauffenbacensis, II. Joseph Hornung, Badensis, III. Georgius Schneider, Ersteinhemensis, IV. Valentinus Bettendorff, Badensis, metaphysices et ethices auditores, paulo post emeriti.
Badenae in aula principalis Athenaei die... Septembris anno 1752. Horis ante et post meridiem consuetis.
Rastadii, typis Caroli Ant. Schell, Ser. March. Bad. Typogr. 4°. 12 S.
Rastatt, P 1752

Warth, Carl, s. W a r t h , Karl

Warth, Constantin, s. W a r t h , Konstantin

Warth, Fritz [aus Birkenfeld]: Aus d. kgl. chirurg. Universitätsklinik u. d. St. Johannishospital zu Bonn. Ueber Peritonitis tuberculosa ... Bonn, Buch- u. Steindr. J. Bach Wwe, 1897; 39 S., 1 Bl. 8.
Bonn, Med. Fak., Inaug.-Diss. v. [24. Juli] 1897

Warth, H., Beiträge zur Hebung des Salinenbetriebs auf den Standpunkt der Wissenschaft und Technik. gr. 8. Stuttgart 870, Bonz und Comp.

W a r t h, H., Beiträge zur Hebung des Salinenbetriebs auf den Standpunkt der Wissenschaft und Technik. gr. 8. (IV, 148 S. mit eingedr. Holzschn. und 1 Tab. in qu. Fol.) Stuttgart 870, Metzler's Verlag. *

Warth, Johann Friedrich (Güglingen) A.S.1380/38

Dissertatio theologica de ecclesia Ruthenica.
Präs. Jeremias Friedrich Reuss.
Tübingen (Sigmund) XI. 1752. 48 S.

4 Resp. 35837

von der Warth, Johann Josef, a. Krefeld: Metrisch-Sprachliches und Textkritisches zu Cynewulfs Werken. Halle a. S. 1908: E. Karras. (54 S.) 8°
Bonn, Phil. Fak., Ref. Trautmann, Diss. v. 8. Juli 1908
[Geb. 18. Okt. 81 Krefeld; Wohnort: Bonn; Staatsangeh.: Preußen; Vorbildung: Gymn. Krefeld Reife O. 02; Studium: Bonn; Rig. 17. Juli 07.]

Warth, Karl

Warth, Carl: Kann ein Element sowohl positive wie negative Ionen bilden? [1909.] 48 S., 2 Taf. 8⁰
Karlsruhe, Dr.-Ing.-Diss. v. 19. 12. 1908

Warth, Carolus [Birkenfeldensis]: De usu pluralium modestiae et maiestatis apud Xenophontem et Aristophanem ... Marpurgi Catt., typ. O. Ehrhardti, 1891; 36 S., 1 Bl. 8.
Marburg, Phil. Fak., Inaug.-Diss. v. [7. Dez.] 1891

Warth, Konstantin

Warth, Constantin: Ueber die im Harzöl vorkommende Capronsäure. 1882. 36 S. 8⁰ ¶ Vgl. Berichte d. Deutschen Chem. Gesellschaft. Jg. 15.
Karlsruhe, Dipl.-Diss. v. 24. 5. 1882

Warth, Otto, allgem. Baukonstruktionslehre, s.: Breymann, G. A.

Warth, Otto, s.: Breymann, G. A., allgemeine Baukonstruktionslehre.

Warth, Otto, das Kollegien-Gebäude der Kaiser Wilhelms-Universität zu Strassburg entworfen u. ausgeführt v. O. W. 18 Taf. in Lichtdr. Fol. Karlsruhe 885. (A. Bielefeld's Sort.) In Mappe. n. 24. —

Warth, Otto, d. Konstruktionen in Stein, s.: Breymann's allgem. Bau-Konstruktionslehre.

— graphische Tabellen zur Bestimmung der Querschnitte bei Holz- u. Eisen-Konstruktionen des Hochbaues. gr. 8. (V, 56 S. m. Fig.) Leipzig 899. J. M. Gebhardt. Geb. in Leinw. n. 4. —

[F.] **Warth,** *Sigm. Fr. Alfred* [Prof.]: Aus dem ABC der lateinischen Exposition. *Zuffenhausen, Druck v. F. Traunecker, 1893;* 32—36 S. 4.
Kornthal, Latein- u. Real-S, OP 1893**

[F.] **Warth,** *Sigm. Fr. Alfred* [Prof.]: *Bericht über die Feier der Einweihung des neuen Schulgebäudes. Zuffenhausen, Druck v. F. Traunecker, 1893;* 3—5 S., 1 Taf. 4.
Kornthal, Latein- u. Real-S, OP 1893**

[F.] **Warth,** *Sigm. Fr. Alfred* [Prof.]: 12 Sätze über Schuleinrichtung, die sich aus d. Lehrplan d. Latein- u. Realschule u. aus den bisher. Prüfgn ergeben. *Zuffenhausen, Druck v. F. Traunecker, 1897;* 32—34 S. 4.
Kornthal, Gemeinde-Latein- & Real-S, OP 1897**

Warth, (Alfred), Prof.: Aus dem **Unterricht** im Deutschen. (Aufgaben für die Oberklassen mit fünf Entwürfen.) *(Zuffenhausen 1899: F. Traunecker.)* (S. 30—33.) 4° [F.]
Kornthal, Gemeinde-Latein- & Real-S m. Pensionat, OP 1899**

[F.] **Warth,** *Sigm. Fr. Alfred* [Prof.]: Wie kann unsere Schule dem Kaiser geben, was des Kaisers ist? (Rede zu Kaisers Geburtst.) *Zuffenhausen, Druck v. F. Traunecker, 1895;* 29—31 S. 4.
Kornthal, Gemeinde-Latein- & Real-S, OP 1895**

Warth, (Alfred), Prof.: [Über die **Zwecke** und die Gründung der Gemeinde Kornthal.] *(Zuffenhausen 1899: F. Traunecker.)* (S. 5.) 4° [F.]
Kornthal, Gemeinde-Latein- & Real-S m. Pensionat, OP 1899**

***Wartha*, Jh. Paul, (†...) Grammatica linguae graecae. Styrae 755.**

Wartha, Joann. Paul., Grammatica Hebraei Chaldaeique sermonis cum compendioso lexico Hebraeo-Chaldaico. Styrae, 1756.

Wartha, Vinc., die qualitative Analyse mit Anwendung der Bunsen'schen Flammenreactionen. gr. 8. (48 S. mit eingedr. Holzschn. und 1 Stnt.) Zürich 867, Schabelitz'sche Buchh. *

Wartha, Vincent, Histoire etc. de l'université technique Joseph de Budapest, s.: Jámbor, Jules.

Warthäuser-Pförtner oder die Memoiren des Dom Bougre genannt Saturnin von ihm selbst erzählt. Erste ungekürzte deutsche Ausgabe. Hsg. von Dr. Willi Henn. S. l. 1906. V: *Gervaise de la Touche.* (EB)

Warthe [Schlagwort]

Warthe, s. a. Mark.

— s. a.: Oderstromgebiet.

Warthe. Stromthalkarten der Warthe. 12,5 × 283 cm. Lith. u. kolor. Berlin (896). D. Reimer. Auf Leinw. in Leinw.-Decke n. 4. —

Warthmann, Franz, aus Freiburg i. B.: Das Klima der Rheinebene, der Baar und des hohen Schwarzwaldes mit besonderer Berücksichtigung des Luftdruckes. *Emmendingen: Druck- u. Verl.-Aktien-Ges. 1900.* (55 S.) 8°
Freiburg i. B., Phil. Diss. v. 1900

Wartig, E. (Hrsg.), s. Zeitschrift für Seidenbau, Allgemeine deutsche.

Wartig, Ed., und Zeibig, Handbuch der stenografischen Literatur oder alfabetisch geordnetes Verzeichniss der in Deutschland und den angrenzenden Ländern erschienenen stenograf. Druck- und Kunstwerke. Mit Angabe der Verleger und Preise. gr. 8. (III, 36 S.) Leipzig 869, Wartig. **

Wartinger, Josef

Wartinger, kurzgefaßte Geschichte Steyermarks. 8. Grätz, Ferstl. (Leipz. Kummer in Comm.) 815.

Wartinger, (J.,) kurzgefaßte Gesch. d. Steyermark. 2e Schul-Ausg. 8. Grätz 827, Ferstl. 14 gr. Velinp.

Wartinger, Jos., kurzgefaßte Geschichte der Steiermark. 3., verm. Schulausg. gr. 8. (IV und 112 S.) Graz 853, Ferstlsche Buchh. *

Wartmann, Aug. Henr., recherches sur l'Enchondrome, son histologie et sa genèse. gr. 8. (83 S. m. 4 L.) Basel 880. Georg. n.n. 4. —

Wartmann, Bernhard

Wartmann, Bhrd., († ...) einige Aufsätze zur Errichtung u. Einführung d. Pfandkammer &c. 8. St. Gallen 772.

Wartmann, B., Beiträge zur Anatomie und Entwicklungsgeschichte der Algengattung Lemanea. 4. (III und 28 S. mit 4 Stnt.) St. Gallen 854, Scheitlin und Zollikofer. *

Wartmann, B., Beiträge zur St. Gallischen Volksbotanik. Verzeichniss der Dialectnamen, der techn. und arzneil. Volksanwendung meist einheim. Pflanzen. gr. 8. (43 S.) St. Gallen 861, Scheitlin und Zollikofer. *

Wartmann, B., Beiträge zur St. Gallischen Volksbotanik. Verzeichniss der Dialektnamen, der techn. und arzneil. Volksanwendung meist einheim. Pflanzen. 2., stark verm. und total umgearb. Aufl. gr. 8. (117 S.) St. Gallen 874, Scheitlin und Zollikofer. *

— s. Bemerkk. von d. Waldkirchlein.

Wartmann, s.: Bericht üb. d. Thätigkeit d. St. Gallischen naturwissenschaftl. Gesellschaft.

Wartmann, B[ernhard]. Ivapflanze und Ivaprodukte. SA. 8. [St. Gallen 1877.]

— Krankheitsgeschichte des ersten in St. Gallen eingepfropften Kindes. 8. St. Gallen 774.

—— Leitfaden zum Unterrichte in der Naturgeschichte. Für höhere Volksschulen, Sekundar- und Realschulen. 8. wesentlich verb. Aufl. gr. 8. (IV, 167 S.) Ebendas. 874. *

Wartmann, B., Leitfaden zum Unterrichte in der Naturgeschichte. Für höhere Volksschulen, untere Gymnasien, Sekundar- und Realschulen hrsg. 8. Aufl. (167 S.) 1874; 9. wesentlich verb. Aufl. gr. 8. (IV, 180 S.) St. Gallen 880, Scheitlin und Zollikofer. *

Wartmann, B. Leitfaden zum Unterricht in der Naturgeschichte. Für höhere Volksschulen, untere Gymnasien, Sekundar- u. Realschulen hrsg. 10. wesentlich verb. Aufl. gr. 8. (IV, 220 S.) St. Gallen 891, Huber u. Comp. * 1 20; geb. ** 1 50

— Leitfaden zum Unterricht in der Naturgeschichte. Für höhere Volksschulen, untere Gymnasien, Sekundar- u. Realschulen hrsg. 11., wesentlich verb. Aufl. gr. 8. (IV, 238 S.) St. Gallen 900. Fehr. n. 1.40; Einbd. n.n.n. — 86

Wartmann, Bernhard, St. Gallens Naturalien-Kabinet. St. Gallen 1863.
Progr.

Wartmann, [Bernhard]. Botanische Notizen. ⟨SA.⟩ 8. [St. Gallen 1861.]

—— biographische Notizen über die Proff. Carl Deicke und Othmar Rietmann. gr. 8. (43 S.) Ebendas. 871.
Aus: Verhandlungen der St. Gallischen naturwissenschaftl. Gesellschaft 1869/70, besonders abgedruckt.

Wartmann, B[ernhard], & Schlatter, Th[eodor]. Kritische Uebersicht über die Gefässpflanzen der Kantone St. Gallen und Appenzell. (SA.) 8. St. Gallen 1881/1888.

—— und Th. Schlatter, kritische Uebersicht über die Gefässpflanzen der Kantone St. Gallen und Appenzell. 1. und 2. Heft. gr. 8. St. Gallen, (Köppel.) à Heft * ℳ 1,80. *
Inhalt:
Heft 1. Eleutheropetalae [Dialypetalae, Polypetalae]. (S. 1—182.) 881.
» 2. Sympetalae [Gamopetalae, Monopetalae]. (S. 183—352.) 884.
Aus: Jahresbericht der St. Gallischen naturwissenschaftlichen Gesellschaft, besonders abgedruckt.

Wartmann, B., und Th. Schlatter, kritische Uebersicht über die Gefässpflanzen der Kantone St. Gallen und Appenzell. 3. (Schluss-)Heft: Monochlamydeae, Monocotyledones, Gymnospermae, Cryptogamae vasculares. gr. 8. (S. 353—568.) St. Gallen 888, Köppel. *
Aus: Jahresbericht der St. Gallischen naturwissenschaftlichen Gesellschaft, besonders abgedruckt.
1. und 2. Heft. Ebendas. 1881,84. à Heft * ℳ 1.80.

Wartmann, B. u. Th. Schlatter. Kritische Uebersicht über d. Gefässpflanzen der Kantone St. Gallen und Appenzell. 2. Heft. Sympetalae. In-8°. St. Gallen, Köppel. 1893. 2 25

Wartmann, E., Instruments de précision et de l'art médical, s. Welt-Ausstellung, Wiener, 1873. Schweiz.

— notice historique sur les inventions et les perfectionnements faits a Genève dans le champ de l'industrie et dans celui de la médicine. gr. 8. (102 S.) Basel 873. Georg. n. 2. —

Wartmann, E., 100 Spiele im Zimmer u. im Freien f. evang. Jünglingsvereine, s. a. Aus der Arbeit f. die Arbeit.

[Š.] 100 Spiele im Zimmer und im Freien f. evangel. Jünglingsver. u. Ver. verwandter Art. Gesamm. u. hrsg. v. E. Wartmann, Bundesagent. .. *Berlin: Buchh. d. Ostdeutschen Jünglingsbundes [1898].* (56 S.) 1 Bd 8.
= Arbeit, Aus der, f. d. Arbeit. Bdch. ii. 199. 4076

Wartmann, E., 111 Spiele im Zimmer u. im Freien f. evangelische Jünglingsvereine u. Vereine verwandter Art, s.: Aus der Arbeit f. die Arbeit. 2. Bdchn.

Wartmann, Eduard. Die Schüss-Schlucht bei Biel, im Volksmund „Dubeloch", redigirt von E. W. [Mit 4 Tafeln und illustriertem Umschlag.] 8. Biel 1890.

Wartmann, Ernst [Assistenzarzt an d. Berliner Anst. f. Epileptische Wuhlgarten-Biesdorf]: Aus d. Berliner städt. Anstalt Wuhlgarten-Biesdorf f. Epileptische. Alkoholismus und Epilepsie in ihren wechselseitigen Beziehungen ... Berlin, C. Stahl, 1896; 39 S. 8.
Leipzig, Med. Fak., Inaug.-Diss. v. [4. Juni] 1896

Wartmann, Ernst, Geschichte des ostdeutschen Jünglingsbundes 1856—1906, nebst e. Geschichte der evangel. Jünglingsvereine vornehmlich im östl. Deutschland m. e. Karte u. vielen Bildern, zum 50jähr. Jubiläum des Bundes am 10. VI. 1906 im Auftrage des Bundesvorstandes verf. (XV, 400 S.) gr. 8. Berlin 906. Buchh. des ostdeutschen Jünglingsbundes. Geb. in Leinw. n. 4. —

— die deutschen Jünglingsvereine, s.: Für Feste u. Freunde der inneren Mission. 55. Hft.

Wartmann, Heinr., Lenhilde. Ein Drama in 3 Akten. gr. 8. (35 S.) Berlin 884. Issleib. n. 1. —

Wartmann, Hermann

Wartmann, H., Atlas über die Entwicklung von Industrie und Handel der Schweiz in dem Zeitraume vom J. 1770 bis zum J. 1870. Im Auftrage der schweizer. Commission für die additionellen Ausstellungen in Wien. — Atlas représentant le développement de l'industrie et du commerce de la Suisse. Fol. (2 Bl. Text und 7 Karten in Fol.) Winterthur [Zürich] 873, Wurster und Comp. *

—— s. Bericht über die Thätigkeit der St. Gallischen naturwissenschaftl. Gesellschaft.

— s.: **Briefsammlung, die vadianische.**

Wartmann, Hermann s. a. Campell, Ulrich. Ulrici Campelli Historia Raetica. Tomus 2. Basel 1890

Wartmann, Hermann. Ulrich Campell. [S.A.] 8. Chur 1890.

Wartmann, H(ermann). Das Kaufmännische Direktorium in St. Gallen. Separatabdruck aus dem «Handwörterbuch der Schweizerischen Volkswirtschaft, Sozialpolitik und Verwaltung».... Band 2. 16 S. 8. Bern, Verlag Encyklopädie, 1905.

Wartmann, Hermann. Die Geschichtliche Entwicklung der Stadt St. Gallen bis zu ihrem Bunde mit der Schweiz. Eidgenossenschaft. SA. 8. [Zürich 1867.]

Wartmann, Hermann. Die koniglichen Freibriefe für Uri, Schwyz und Unterwalden von 1231—1316. Diss. Phil. [Zürich]. [SA.] 8. [Zürich 1860.]

Eine kaufmännische Gesandtschaft nach Paris. 1552—1553. Nach e. Tagebuch. Hrsg. v. Hist. Ver. d. Kantons St. Gallen. (Verf.: Dr. Herm. Wartmann.) Mit 1 Farbendruckbild. *St. Gallen: Fehr 1901.* (53 S.) 4°
= Neujahrsblätter d. histor. Vereins in St. Gallen. 1904. 04. 1600

(W[artmann], H[ermann].) Eine kaufmännische Gesandtschaft nach Paris 1552—1553. Nach einem Tagebuch (Jakob Rainsbergs). Mit einem Farbendruckbild [Tafel und 1 Karte im Text]. — ([Nebst:] St. Galler Chronik für ... 1903 [sowie:] St. Gallische Literatur aus ... 1903.) IV + 54 S. 4. St. Gallen, Zollikofer, 1904. [fr. 2. 40]
(Neujahrsblatt.) Hrg. vom Historischen Verein des Kantons St. Gallen.

Wartmann, Herm., Industrie und Handel des Kantons St. Gallen auf Ende 1866. Ein Beitrag zur Kenntniß der schweizer. Volkswirthschaft und zur schweizer. Handelsgeschichte. I. Hrsg. vom kaufmänn. Direktorium in St. Gallen. gr. 4. (IV, S. 1—332.) St. Gallen 870, (Huber und Comp.)

—— dass. — auf Ende 1866. In geschichtl. Darstellung. Hrsg. vom kaufmänn. Directorium in St. Gallen. II. 4. (IV, S. 333—659.) (Ebendas.) 875. *

Wartmann, Herm., Industrie und Handel des Kantons St. Gallen 1867—1880. Hrsg. vom kaufmänn. Directorium in St. Gallen. I. gr. 4. (III, 84 S.) St. Gallen 884, (Huber und Comp.) *

Wartmann, Herm., Industrie und Handel des Kantons St. Gallen 1867—1880. Hrsg. vom kaufmänn. Directorium in St. Gallen. II. 4. (6, S. 85—353 mit Tabellen und Karten.) St. Gallen 887, (Huber und Comp.) *

— **Industrie u. Handel des Kantons St. Gallen 1881—1890. Hrsg. v. kaufm. Directorium in St. Gallen. Mit Tabellen u. 1 (farb.) Karte. 4. (III, 260 S.) St. Gallen 897. (Fehr.) n. 5. —**

Wartmann, Hermann. Industrie und Handel der Schweiz im 19. Jahrhundert. Mit 50 Illustrationen. (Sonderdruck aus dem 3. Bande des Werkes: Die Schweiz im 19. Jahrhundert. Hrg. von Paul Seippel.) IV + 104 S. gr.-8. Bern, A. Francke, 1902. [geb. fr. 2. —]

Wartmann, Herm. Das Lütisburger Copialbuch in Stuttgart, s. a. Mitteilungen zur vaterländischen Geschichte.

(Wartmann, Hermann.) Das Lütisburger Copialbuch in Stuttgart. (Hrg. von H. W.) (Mittheil. z. Vaterl. Gesch. St. Gallen. [Heft] 25. 1. Hälfte.) 8. St. Gallen 1891.

Wartmann, Herm., der Hof Kriessern, s. Gemeinde-Archive, St. Gallische.

Wartmann, Hermann. [von St. Gallen]: Leben des Cato von Utica mit einer Schilderung der Zustände Rom's da Cato in die politische Laufbahn eintrat und einer kritischen Würdigung der Quellen. Gekrönte Preisschrift. Zür. Orell Füssli Co. 1859. 3 Bl., 175 S. 8°.
[Zürich, Phil. Diss. v. 11. Aug. 1859].

[Wartmann, Hermann.] Das Kloster Pfävers. Mit zwei Tafeln. Njbl. Hist. Ver. St. Gallen. 4. St. Gallen 1883.

[Wartmann, Hermann.] Das alte St. Gallen. Mit Plan. Njbl. Hist. Ver. St. Gallen. 4. St. Gallen 1867.

[Wartmann, Hermann.] Das Kloster St. Gallen. 2 [Hefte]. Njbl. Hist. Ver. St. Gallen. 4. St. Gallen 1863–1864.
[Heft] 1. Mit 2 Tafeln Abbildungen. — [Heft] 2. Mit 1 Tafel.

[Wartmann, Hermann.] Die Schweiz unter den Römern. Mit 2 Tafeln Abbildungen. Njbl. Hist. Ver. St. Gallen. 4. St. Gallen 1862.

(Wartmann, Hermann. Die Siegel der Stadt St. Gallen...) s. Siegel. Die S' der Kantone St. Gallen, Graubünden, Aargau, Thurgau. Zürich 1858.

[Wartmann, Hermann.] Die Grafen von Toggenburg. Mit [1 Wappenvignette und] 1 Tafel. Njbl. Hist. Ver. St. Gallen. 4. St. Gallen 1865.

(Wartmann, Hermann.) Das zweite St. Galler Totenbuch. (Hrg. von H' W'.) (Mittheil. z. Vaterl. Gesch. St. Gallen. Neue Folge. Heft 9.) 8. St. Gallen 1884.

(Wartmann, Hermann.) Rätische Urkunden aus dem Centralarchiv des fürstlichen Hauses Thurn und Taxis in Regensburg. Mit einem Anhange: Bruchstücke eines rätischen Schuldenverzeichnisses. – Einkünfte des Freiherrn von Vaz. – Urkunden zur Geschichte des Oberwallis. ([Hrg. von] H' W'.) Quellen Schweiz. Gesch. Band 10. 8. Basel 1891.

— Urkundenbuch der Abtei St. Gallen, s.a. Urkundenbuch.

— Urkundenbuch der Abtei Sanct Gallen. Auf Veranstaltung der antiquarischen Gesellschaft in Zürich bearb. 1. Theil. Jahr 700—840. Zürich 863. Höhr in Comm. gr. 4. (XVII, 360 S.) n. 4 ₰ 15 ngr.

— Urkundenbuch der Abtei Sanct Gallen. Hrsg. vom histor. Verein d. Kantons St. Gallen. 3. Thl. 1. Lfg. 920—1240. gr. 4. (96 S.) Ebend. 875. n.n. 5. — (I—III, 1.: n.n. 36. 50)

Wartmann, H., Urkundenbuch der Abtei Sanct Gallen. Theil III. Liefg. II und III. (1241—1296). Herausg. vom historischen Verein des Kantons St. Gallen. 194 S. gr. 4. St. Gallen, Huber & Co. 1877. 12. —

Wartmann, Herrmann. Urkundenbuch der Abtei Sanct Gallen. Herausgegeben vom historischen Verein des Cantons St. Gallen. Theil III, Lieferungen VI & VII (1330—1359). In-4°, 192 S. St. Gallen, Huber & Cie. 1879. 10 —

Wartmann, Hermann. Urkundenbuch der Abtei Sanct Gallen. Teil III, Lieferung VIII u. IX. 1359—1360. Anhang, Nachträge u. Register. In-4°, S. 673—912. Titel, Berichtigungen und Zusätze, Vorrede (XII S.) St. Gallen, Huber & Cie., (Fehr'sche Buchhandl.) 1882. 10 —

Wartmann, H. Urkundenbuch der Abtei St. Gallen. Teil IV. Lfg. 4. In-4°. St. Gallen, Huber & Co. 1895. 12 –

[Wartmann, Hermann.] Aus der Urzeit des Schweizerlandes. Mit 3 Tafeln Abbildungen. Njbl. Hist.-Phil. Lesever. [= Hist. Ver.] St. Gallen. 4. St. Gallen 1861.

[Wartmann, Hermann.] Die Grafen von Werdenberg ‹Heiligenberg und Sargans›. Mit [1 Wappenvignette und] einer Karte. Njbl. Hist. Ver. St. Gallen. 4. St. Gallen 1888.

Wartmann, Hermann. Der Hof Widnau-Haslach. St. Gallen 1887 s. Gemeindearchive. St. Gallische G'-A'. [Band 2.]

Wartmann, Jak., Bericht üb. d. techn. Anstalten in Stuttgart, Nürnberg u. Karlsruhe, nebst Vorschlägen üb. d. Errichtung e. solchen Schule; an d. kaufmänn. Direktorium in St. Gallen. gr. 8. (5 B.) St. Gallen 840, Scheitlin u. Zollikofer. Thlr. *

—— Botanik f. d. weibl. Jugend. Als Anleit. z. Kenntniß d. häufigsten u. wichtigsten Pflanzen f. Schul- u. Selbstunterr. bearb. 8. (13 B.) St. Gallen 841, Scheitlin u. Zollikofer.

Wartmann, Jak., St. Gallische Flora für Anfänger und Freunde der Botanik bearb. 8. (IV und 267 S.) St. Gallen 847, Scheitlin und Zollikofer.

Wartmann, Jak., St. Gallische Flora f. Anfänger u. Freunde der Botanik bearb. 8. (IV u. 267 S.) St. Gallen 850, Scheitlin & Zollikofer. 27 ngr

Wartmann, Jak., Lehrbuch der Naturgeschichte. Für Real- u. andere höhere Bürgerschulen bearbeitet. 2., verb. u. verm. Aufl. gr. 8. (19 B.) St. Gallen 842, Scheitlin u. Zollikofer.

Wartmann, Jak., Lehrbuch der Naturgeschichte. Für Real-, Industrie- und höhere Bürgerschulen bearb. 3., gänzlich umgearb. Aufl. gr. 8. (XVII und 448 S.) St. Gallen 855, Scheitlin und Zollikofer. *

—— Leitfaden z. Unterr. in d. Naturgeschichte. Mit Berücksichtigung d. Schweiz f. Real- u. a. höh. Bürgerschulen bearb. gr. 8. (16¼ B.) St. Gallen 839, [Scheitlin u. Zollikofer.]

—— Leitfaden z. Unterricht in der Naturgeschichte. Für höhere Elementar- u. untere Realklassen. 1. Aufl. (10½ B.) 842. 11¼ Ngr. u. 2., verb. Aufl. gr. 8. (8½ B.) St. Gallen 846, Scheitlin u. Zollikofer. *

—— Leitfaden zum Unterrichte in der Naturgeschichte. Für höhere Elementar- und untere Realklassen bearb. 3., verb. Aufl. gr. 8. (VIII und 128 S.) St. Gallen 851(52,) Scheitlin und Zollikofer. *

Wartmann, Jak., Leitfaden zum Unterrichte in der Naturgeschichte. Für höhere Volksschulen, Sekundar- u. Realschulen bearb. 5., gänzlich umgearb. u. verb. Aufl. St. Gallen 861. Scheitlin & Zollikofer. gr. 8. (IV, 156 S.) n. 7½ ngr

Wartmann, Jak., Leitfaden zum Unterrichte in der Naturgeschichte. Für höhere Volksschulen, Sekundar- und Realschulen. 7., wesentlich verb. Aufl. gr. 8. (XV, 155 S.) St. Gallen 872, Scheitlin und Zollikofer. *

— dasselbe. 8. wesentlich verb. Aufl. gr. 8. (IV, 167 S.) Ebend. 874. n. 1. 20

—— Leitfaden zum Unterrichte in der Naturlehre. Für höhere Elementar- und untere Realschulen bearb. 8. (93 S.) St. Gallen 847, Scheitlin und Zollikofer.

— liscours patriotique précédé d'une prière et prononcé le jour de la solennité extraordinaire du 16. Mars 1794. 8. St. Gallen 794. Huber u. Comp. 2 gr.

Wartmann, Jak., († im Mai 1813.) Rückblick auf d. Vergangene u. d. Gesinnungen für d. Zukunft; 2 Predigten üb. 1 Sam. 7, V. 12. 8. St. Gallen 805. Huber u. Comp. 4 gr.

—— sollen wir u. auf welche Weise können wir Frieden halten? Betrachtn. e. deutschen Staatsmannes. 8. (3½ B.) Stuttgart 841, Cast'sche Buchh.

Wartmann, Jacob. Vermächtniss an seine beyden liebwerthen Gemeinden . . . St. Gallen 1814. H: *Fels, Johann Michael.* (Ky)

— Vermächtniß an seine beiden liebwerthen Gemeinden zu St. Katharina u. St. Leonhard, (herausg. von J. M. Fels). 8. St. Gallen 814.

WARTMANN, Jakob Benjamin (St.Gallen): Brevis venaesectionis historia. (Titel nach der Urkunde) 30.11.1830 - Urk; F 60
Diss.Ingolst.-Landsh.-Mchn.

Wartmann, J[ulius] Th[eodor], aus St. Gallen: Ueber Beckenexsudate im Wochenbett. Zür. Zürcher u. Furrer Dr. 1868. 62 S., 1 Bl. Thesen. 8. Zürich, Med. Diss. [v. 27. Juni 1868].

Freiberger, Sigism. [d. i. Wartmann, Sigism. Friedr.]: Meditationes seu consilium de novo codice conficiendo, absque sumtibus & expensis, brevissimo temporis spatio, intra annum vel biennium. Francofurti ad M. 1716.

Wartmann, Th[eodor]. Übergesteigertes Längenwachstum der Röhrenknochen jugendlicher Individuen im Anfangsstadium tuberkulöser Gelenkentzündungen (*d. i.* —gen). Sonderabdruck aus der Deutschen Zeitschrift für Chirurgie. Band 84. II S. + S. 105—125. 8. Leipzig, F. C. W. Vogel, 1906.

Wartmann, Th[eodor]. Leben und Wirken von Dr Laurenz Sonderegger (1825–1896). [Mit Porträt-Tafel.] SA. 8. St. Gallen 1899.

Wartner-Horst, Elsa, Lieder. (85 S.) 8. Berlin-Charlottenburg (909). A. Juncker Verl. 2.—; geb. 3.—

Elsa **Wartner**-Horst. Lieder. Berlin-Charlottenburg: A. Juncker [1910]. 85 S. 8° (10. 8197

Warton, Miss Jenny, oder Gerechtigkeit und Grossmuth. Lustspiel. Breslau 1775. V: *Plümicke, Carl Martin.* (Ky) (MGT)

Warton, Miß Jenny; od. Gerechtigkeit u. Großmuth. Lstsp. 8. Bresl. Löwe. (Korn d. ält.) 775. — 7

Warton in Paris, keine Hartleibigkeit mehr! Die hartnäckige, veraltete, eingewurzelte Verstopfung ohne Klystiere, ohne Arzneimittel u. ohne Bäder gänzlich auszurotten, durch ein natürliches, einfaches, angenehmes u. untrügliches Mittel. Nach der 19., verm. Ausg. aus d. Französ. übersetzt. 8. (12½ B.) Leipzig 815, Michelsen.

— und Sidney, od. die geretteten Freunde. 8. Wien 795. Al. Doll. 6 gr.

Wartung und Abrichtung, über, der Remonte-Pferde. 8. Berlin, Mittler. 820.

Wartung, die, der Pferde im gesunden und kranken Zustande. Von einem alten Königl. Sächs. Cavallerie-Offizier. 2e Ausg. 8. Dresden 834. Walther'sche Hofbuchh. ⅔ Thlr.

Wartung und Pflege der vorzüglichsten deutschen Holzarten. Erfurt 1797. V: *König, Benedict Franz.* (Engoec) »Wartung, Die« (Ky)

Wartung, die, u. Pflege der vorzügl. deutschen Holzarten; ein Unterricht für d. deutschen Landwirthe von e. prakt. Forstmanne (B. Fr. König). 8. Erf. 797. (Otto). 6 gr.

—— und Pflege, die, der Singvögel. 8. (5 B.) Nordhausen 834, Fürst.

Wartung u. Pflege, die, der Singvögel. 2., umgearb., verm. u. mit e. Anweis. z. Fange d. Singvögel bereicherte Aufl. 12. (4⅓ B.) Nordhausen 840. [Leipzig, C. F. Schmidt.]

Wartung u. Pflege, die, der Singvögel, oder Unterricht über Fütterung, Behandlung, Heilung der Krankheiten u. Aufziehung der Canarienvögel, Nachtigallen, Lerchen ꝛc. 3. gänzlich umgearb., m. 8 color. u. 10 schw. Abbildgn. verm. u. m. einer Anweisung zum Fange der Singvögel bereicherte Aufl. 8. (61 S.) Leipzig 850, Schmidt. ⅓ Thlr — 4. gänzlich umgearb. m. 8 (lith. u.) color. u. 10 schw. Abbildgn. (in eingedr. Holzschn.) verm. u. einer Anweisung zum Fange d. Singvögel bereicherte Aufl. 12. (61 S.) Ebd. 852. n. ⅓ Thlr

— d. Seidenwürmer. 8. Quedlinb. 754. Ernst. 3 gr.

Wartung u. Trainung des Renn-Pferdes, über. Zusammengestellt nach engl. Werken, vorzüglich nach Richard Darvill's: „A treatise on the care, treatment and training of the english race horse." gr. 8. Münster 840, Coppenrath's Buchh. n. 1⅓ Thlr

Wartze, Bernh., über die Einwirkung von Benzoesäure auf Baryummetanitrobenzoat. Inaugural-Dissertation. gr. 8. (28 S.) Halle 879. (Göttingen, Vandenhoeck und Ruprecht's Verlag.) *

Warum? Eine Erzählg. v. M. v. P., s. a. Tannenzweige. 12.

Warum? Eine Erzählung von M. v. P. Mit Bild. *Barmen: Wupperth. Trakt.-Ges. [1900].* (40 S.) 8° [F.]
= **Tannenzweige.** H. 11. (01. 3489 5

—— bedürfen wir einer Landesbefestigung? Eine Mahnung an das Schweizervolk. Von einem Stabsoffizier. 1. und 2. Aufl. gr. 8. (31 S. mit 1 lithogr. Karte.) Bern 880, [Dalp'sche Buchh.] Schmid, Francke und Comp. *

Warum bekenne ich mich zur evangel.-luther. Mission? siehe: Kirche, evangel.-luther. Nr. 9.

— bekennen wir uns zur evangel.-luther. Kirche? s.: Kirche, evangel.-luther. Nr. 1.

Warum benutzten die Oestreicher den Sieg von Aspern nicht zu einer offensiven Operation auf das rechte Donauufer? . . . Deutschland [Leipz.] 1809. V: *Wimpfen, Maximilian Freiherr von.* (MGT) (Wr) (Ky)

— benutzten d. Oesterreicher d. Sieg von Aspern nicht zu einer offensiven Operation auf das rechte Donauufer ꝛc. (v. Frhr. M. v. Wimpfen.) 4. Deutschland 810. (Leipz., Bruder.) 8 gr.

— bin ich evangelisch u. nicht katholisch? D. protestant. Volke zu ernster Beachtg. dargereicht durch den elsaß-lothring. Zweigverein d. Evang. Bundes. 8. (48 S.) Straßburg 896. (C. A. Vomhoff.) — 30

— bin ich evangelisch u. nicht katholisch? Dem protestant. Volke zu ernster Beachtg. dargereicht durch den elsäss. Hauptverein des Evangel. Bundes. (50 S.) kl. 8. Straßburg 904. (J. H. E. Heitz.) n.n. — 30

— bleibe ich römisch-katholisch? Beantwortet von e. römisch-kathol. Geistlichen des Bisth. Seckau. 8. (192 S. m. Abbildgn. u. 1 Bildnistaf.) Graz 901. (Styria.) n.n. — 40

Warum brauchen wir ein eidgenössisches Lebensmittelgesetz? Flugschrift dem Schweizervolke zur Aufklärung hrg. vom Schweizerischen Bauernverbande. 16 S. 8. Brugg, «Effingerhof», (1903). (fr. —. 15, *partienweise* à fr. —. 10 bis —. 03)

Warum brauchen wir ein eidgenössisches Lebensmittelgesetz? Flugschrift . . . herausg. vom schweizerischen Bauernverbande. Brugg [1904]. V: *Laur, Ernst.* (Zuwachsverz. d. Bibliotheken in Zürich 1898 ff., 8.)

Warum bringen wir unsere Kinder zur Taufe? In-8°, 10 S. Zürich, Depot der evangelischen Gesellschaft. 1881.

— bringst Du dein Kind nicht zur Taufe? 12. (4 S.) Hamburg 893. J. G. Oncken Nachf. — 3

Warum bringst Du dein Kind nicht zur Taufe? (Cassel: J. G. Oncken Nachf. [1902].) (4 S.) [Kopft.F.] [Traktate d. Christl. Traktat-Gesellschaft.] Lehre u. Wehre. No 15.

Warum, das, u. das Darum, od. sinnr. u. belehr. Antworten d. Herrn Darum auf d. interessanten Fragen d. Madame Warum. Enth.: Eine faßl. u. sehr unterhalt. Erklär. d. Ursachen u. Wirkungen wichtiger Naturerscheinungen, welche täglich u. stündl. vor uns. Augen vorgehen, ohne daß wir jedoch im Stande sind, e. genügendes Darum auf e. neugier. Warum zu geben. A. d. Engl. übers. v. H. Reinhart. gr. 8. (4 1/4 B.) Weinfelden 836. (St. Gallen, Scheitlin u. Zollikofer.)

— das lange Lied v. der Regensburger Brücke noch immer nicht aus ist. Eine kurze Geschichte, erzählt v. A. R. 12. (8 S. m. Abbildgn.) Regensburg 893. W. Wunderling. n. — 20

Warum dem Schimmelpuur sin Bueb nid sött z' Liecht. Komische Szene für 2 Herren. Elgy [1905]. V: *Huggenberger, Alfred.* (BBullschw 14, S. 175)

— der Einjährig-Freiwillige Hans Wohlgemuth nicht Sommerleutnant geworden ist. Gänzlich harmlose Schwänke u. Ränke aus dem Einjährigendasein des Helden; gesammelt, niedergeschrieben u. der Nachwelt überliefert v. e. heiteren Zoologen der Neuzeit. (46 S.) gr. 8. München (Frundsbergstr. 46) 903. Hauptmann a. D. Häberlin. 1. —
Aus dem Handel gezogen.

Warum der König also handeln mußte und daß er wohlgethan hat, eine Vertagung zu geben. Decker'sche Geheime Ober-Hofbuchdruckerei. 2 Bl. 4.
Flugblatt. Berlin, 6. Dez. 1848.

— die lateinische Kirchensprache?, s.: Volksaufklärung.

— die Mühle eingehalten wurde, od. wie Böses m. Gutem zu vergelten. Aus dem Engl. 16. (96 S.) Cleveland 871. (Philadelphia, Schäfer & Koradi.) geb. n. 1. —

Warum die rechte Hand für die vorzüglichste gehalten wird, und zugleich auch die Oberhand ist. [Gotha 1812.] V: *Schmidt, Frdr. Traugott.* (MGT)

— entrichtet der Christ Steuern u. Gaben an Fürst u. Vaterland treu und willig? Predigt. gr. 8. Sondershausen 833. Eupel 1/12 Rthlr

Warum fasten wir, s.: Broschüren-Cyclus.

Warum findet die Einführung der neuen Gesangbücher so viel Schwierigkeiten und Widerstand . . . Leipzig 1798. V: *Frege, Chn August.* (MGT) (NN) (Ky)

— findet die Einführung d. neuen Gesangbücher so viel Schwierigkeit? u. s. w., in Briefen (v. Chr. A. Frege). 8. Leipz. 798. Martini. (Knobloch). 8 gr.

— führen wir mit Rußland Krieg? oder Engländer das Opfer Mohammeds. Ein Sendschreiben an den sehr ehrenw. Earl v. Aberdeen, ersten Lord des Schatzes. Von einem Ost-Engländer. — Das Kreuz gegen den Halbmond; oder die religiöse und politische Seite der oriental. Frage. Aus dem Engl. gr. 8. (44 S.) Stuttgart 854, (Frz. Köhler.)

— fürchten sich so viele Menschen vor Blitz u. Donner ꝛc.? eine Volksschrift. 8. Leipz. 793. Kummer. 6 gr.

Warum giebt es auch f. die deutsche Armee e. Alkoholfrage? (16 S.) gr. 8. Berlin 903. Mäßigkeits-Verlag.
Sonderabdruck aus: „Mäßigkeitsblätter". n. — 10

— giebt es in Deutschland e. Judenfrage? Eine Antwort in 16 graph. Taf. Von *.*. 4. (18 S. Text.) Hannover 898. Verlag d. „Heimat". 1. 80

— glauben wir an die päpstliche Unfehlbarkeit? Offener Brief e. Altkatholiken an seine neukathol. Mitbürger. 2. Aufl. gr. 8. (30 S.) Erlangen 872. Besold. n. — 40

Provinzialverband schlesischer landwirtschaftlicher Genossenschaften e.V. Abt. für Produktiv-Genossenschaften, Breslau. Warum gründen wir Molkerei-Genossenschaften und wie gründen wir dieselben? Breslau: Selbstverl. des Verbandes 1905.

— habt ihr den Priesterrock nicht an? s. Klinghardt, C. G.

Warum hat die kath. Kirche keinen Grund, mit Sorge einer unruhigen Zukunft entgegenzuziehen? Paderborn, Bonif.-Dr., 1898, kl. 8°, 10 Pf. (Bonif.-Brosch. Jahrg. 29, Heft 2 u. 3.)

— hat uns Gott nicht mehr von der Ewigkeit geoffenbaret. 8. Bresl. 776. Gutsch. 4 gr.

Warum heirathen die katholischen Priester nicht? s. Broschüren-Cyclus für das katholische Deutschland.

Warum ich als Gemeinschaftsmann in der Landeskirche bleibe. Von A... R. (18 S.) 8. Chemnitz (908). Buchh. des Gemeinschaftswesens. p — 15

—— ich die römische Kirche lieb hatte. Vermächtniß eines Protestanten an seine Kinder. Von einem Freunde des Verf. zum Druck befördert. 8. (38 S.) Freiburg i. Br. 884, Herder'sche Verlagsh. *

— ich fahnenflüchtig wurde. Apologie e. deutschen Einjährigen. Von ihm selbst. 8. (42 S.) Zürich 894. Verlags-Magazin. n. — 50

— ich in die Kirche gehe. Von Physikus. 8. (46 S.) Leipzig 886. O. Wigand. n. — 50

— ist d. Oesterreicher seine Heimath theuer, warum giebt er dafür Gut u. Blut? 8. Wien 814. Gerold. 3 gr.

— ist d. Sohn Gottes in d. Welt gekommen, u. hat doch d. Menschen bey ihren Irrthümern gelassen? 8. Breslau, W. G. Korn. 776.

— ist der Sohn Gottes in die Welt gekommen, u. hat doch die Menschen bei ihren Irrthümern gelassen. 8. Bresl. 777. W. G. Korn. 4 gr.

Warum ist der Zuckerrübenbau für die großen Höfe des östlichen Holstein nicht zu empfehlen? Von einem holstein. Gutsbesitzer. gr. 8. (18 S.) Ploen 884, (Hahn's Buchh.) *

Warum ist die Bibel so wenig allgemein unter den Menschen? Leipzig 1789. V: *Schmidt*, *Chn Gfr.* (Ky) (MGT)

— ist d. Bibel so wenig allgemein unter d. Menschen? (v. Chr. Gf. Schmidt). 8. Leipz. 789. (Rauck). 3 gr.

Warum ist d. Bibel so wenig allgemein unter d. Menschen? 8. Lpz. Sommer. 789.

—— ist die constitutionelle Monarchie die beste Regierungsform? Eine ungelehrte Abhandlung gegen die anticonstitutionellen Wühler von Rechts und Links. Von einem loyalen Sachsen. gr. 8. (24 S.) Buchholz 853. [Annaberg, Ronne.] *

Warum ist die periodische Wiederkehr der Bühnen-Festspiele in Bayreuth unerlässlich, und was hat zu deren Sicherung zu geschehen? München, Schmid & Janke, 1883. (Druck von Knorr & Hirth.) 8⁰. Cart.*)
15 S. Orig.-Umschl. m. breiter Holzschn.-Einf.

—— ist eine kirchliche Wiedervereinigung zu wünschen? } s. a. Broschüren-Cyclus für das kathol. Deutschland.

Warum ist eine kirchliche Wiedervereinigung zu wünschen? Soest, Nasse, 1866, 12°, 10 Pf. (Brosch.-Cyclus f. d. kath. Deutschland 1866, Nr. 8.)

Warum ist Graf Leopold Sedlnitzky, Fürstbischof von Breslau, zur evangelischen Kirche übergetreten? Ein Gedenkblatt zu seinem 100jähr. Geburtstage [29. Juli 1887]. 8. (32 S.) Breslau 887, Dülfer's Verlag. *

Warum ist nicht mehr Bruderliebe in der Welt? Eine Maurerische Rede. Stendal 1781. V: *Angerstein*, *Joh. Carl.* (Ky)

Warum ist nicht mehr Bruderliebe und Freundschaft in der Welt? Eine maurerische Rede, am Johannisfest 1781 in der Loge zur goldenen Krone in Stendal gehalten von J. C. A. B. Stendal [1781]: Franzen. 23 S. 8⁰ [Umschlagtit.].

Warum ist so wenig Patriotismus in Teutschland zu finden? [Nürnberg] 1794. V: *Leonhard*, *Johann Conrad Georg Abraham Gottfried Friedrich* (früher *Joseph Hirsch*). (MGT) (Ky) (Will)

Warum ist so wenig Patriotismus in Deutschland zu finden? (v. J. K. G. A. G. F. Leonhard.) 8. (Nürnb.) 794.

Warum ist Waldeck im Kerker? Von v. Z. Berlin, W. Fähndrich u. Comp. 1849. 8 S. 8.

— kann die amerikanische Volksschule nicht leisten, was die deutsche leistet?, s. a. Sammlung pädagogischer Vorträge. XV. 2.

Warum kann die amerikanische Volksschule nicht leisten, was die deutsche leistet? (Eine Entschuldigung f. d. Vereinigten Staaten u. e. Trost f. Deutschland.) Von e. alten Deutsch-Amerikaner. Minden i. W.: C. Marowsky (1905) (27 S.) 8⁰ (Sammlung padag. Vortrage. Bd 15, No 2.)

Warum kommt Pius VI. nach Wien? Eine patriotische Betrachtung. Wien 1782. V: *Rautenstrauch*, *Franz Stephan von* [?] (MI.) oder *Rautenstrauch*, *Joh.* [?]. (WBL) (Ky)

— kommt Pius VI. nach Wien? Eine patriot. Betrachtung (v. Frz. St. v. Rautenstrauch). 8. Wien 782.

Warum können örtliche Verhältnisse nicht zum Massstabe einer Lehrersoldung gemacht werden? 2. Die Vierstaffelung der Lehrergehälter nach der Pädagogischen Zeitung. O. O. 1908. V: *Schunke*, *Gustav.* (Berl 1909, S. 42)

— können römische Päpste die Aemter fordern, u. wie sollen deutsche Bischöfe dieselben zahlen? 8. Augsburg 789. M. Rieger. 1/3 rl.

Warum konnte der König von Preußen die von der National-Versammlung in Frankfurt beschlossene Reichs-Verfassung und die mit ihr zugleich Ihm angebotene Kaiserkrone nicht unbedingt annehmen? 1. und 2. Aufl. gr. 8. (14 S.) Berlin 849, Brandes und Schultze.

Warum konnte die Jahrhunderfrage nicht einheitlich gelöst werden, s. a. Baumgärtel, Gustav

Warum konnte die Jahrhundertfrage nicht einheitlich gelöst werden. 1900 oder 1901 ... Dresden 1901. V: *Baumgärtel*, *Gustav.* (Berl)

— konnte die Jahrhundertfrage nicht einheitlich gelöst werden? 1900 od. 1901. (Von G. B.) Mit bildl. (farb.) Darstellg. Lex.-8. (8 S.) Dresden 901. G. Kühtmann. n. 1. —

— man bei Peter Holzer wieder singen lernte. Es klebt Blut daran. Oeffne die Hand, s. a. Volksschriften des Arbeiterfreundes. Nr. 4.

Warum man bei Peter Holzer wieder singen lernte. Es klebt Blut daran. Oeffne d. Hand. *Bern, Barmen: Blaues Kreuz [1900].* (15 S.) 8° [F.]
= Volksschriften d. Arbeiterfreundes. 4. [ot. 9061 B

— mangelt es bei dem Wachsthum der Wissenschaften an guten Predigern? 8. Leipz. 771. Hilscher. 4 gr.

Warum muß der Antisemitismus siegen? s.: Antisemitismus.

Warum muß Deutschland seine Wehrmacht verstärken? Berlin 1893. 53 S.

Warum muss die Socialdemokratie wachsen und immer wachsen? 8°. Leipzig, Th. Fritsch, s. a.

— muß Venetien im Besitze Oesterreich's verbleiben? Aus dem Engl. gr. 8. (13 S.) Naumburg 861. Leipzig, Gerhard.

Warum müssen wir Fortbildungsschulen haben? *(Grafenhainichen [1896]: Herrosé & Ziemsen.)* (6 S.) 8° [Kopft. F.]
= Schriften d. deutschen Vereins f. d. Fortbildungsschulwesen. No 3. [ot. 4710

Warum müssen wir Landstände haben und wozu nützen sie? . . . [Frankf. a. M.] 1819. V: *Rühl, Georg.* (Ky) (HS)

— müssen wir Landstände haben, u. wozu nützen sie? wie muß dabei e. landständ. Verfassung beschaffen seyn, wenn durch sie das Wohl u. Glück des Volkes wahrhaft gedeihen soll? (Von Geo. Rühl). 8. Ohne Druckort 819. (Frankf. a. M., Eichenberg). 3 gr.

— müssen wir neutral bleiben? Ein Wort zur Orientirung über diese Frage und zugleich als Abwehr gegen die Angriffe der engl. Presse. gr. 8. (46 S.) Berlin 851, Herbig. *

Warum nennen wir uns Protestanten. s. Kren.

Warum noch taufen? ein Familiengespräch aus der Gegenwart. Zürich 1876. V: *Fay, Hermann.* (Cat. d. Stadtbibl. Zürich. Zürich 1864—97.)

Warum noch taufen? Ein Familiengespräch aus der Gegenwart. Von einem zürcher. Pfarrer. gr. 16. (12 S.) Zürich 876, Depot der evangel. Gesellschaft. *

Warum schreien unsere Kinder? Ursachen u. deren Beseitigung. gr. 8. (40 S.) Dresd. 892, Druckerei Glöß. — 50

— sich kein Lutheraner bei seiner Seelen Seligkeit an eine „unirte" oder „evangelische" oder auch „vereinigt reformirt-lutherische" Gemeinde anschließen darf. 8. (20 S.) St. Louis, Mo. 867. (Dresden, Naumann.) * *

— sich kein Lutheraner bei seiner Seelen Seligkeit an eine „unirte" Kirche anschließen darf. Hrsg. vom Lutheranerverein zu Dresden. Dresden 868. Naumann. gr. 8. (20 S.) n. 2 ngr.

Warum sieht es mit der Religion so schlecht aus? in moralischen Predigten . . . Augsburg 1804. V: *Wucherer, Rupert.* (Th) (schmal) (Ky)

— sieht es mit der Religion so schlecht aus? in moralischen Predigten auf alle Sonn- u. Festtage des Herrn, seiner göttlichen Mutter und mehrer Heiligen, v. P. R. W. (Rup. Wucherer). 2 Bde. gr. 8. Augsb. 804. Rieger. 2 ₰ 16 gr.

Warum sind die Jesuiten & [!] Ultramontanen Gegner der Freimaurer? Worms [ca 1860]: Boeninger. 1 Bl. 2° [Kopftit.]
Veranl. durch eine bevorstehende Versammlung des Mainzer Katholiken-Vereins.

Warum sind in der neuen Verfassung [des Cantons Basel] die Lehrer nicht wahlbar?! 8. *o. O.* [1831].

— sind nicht alle Gläubige auf Erden zu einer Kirche sichtbar vereinigt? Eine Frage an d. Christen aller Confessionen. Aus der holländ. Zeitschrift „Reformation" August-Heft 1839. gr. 8. (16 S.) Elberfeld 847, Hassel in Comm. n. 2 ngr

Warum sind Sie Antisemit? E. Mahn- u. Weckruf f. d. christl. Volk. Zugl. e. Mahnruf f. d. bevorsteh. Weihnachts-Einkäufe von M. M. 8. (72 S.) Wien 896. (W. Aiming's Wwe.) — 90

Warum sind wir arm? Nach dem Holländischen des Rienzi. 8. (20 S.) — .06
Wien: I. Wiener Volksbuchhandlung 1896.

Warum sind wir katholisch und wozu sind wir als Katholiken verpflichtet? Paderborn, Bonif.-Dr., 1897, kl. 12°, 10 Pf. (Bonif.-Broch. Jahrg. 28, Heft 7.)

Warum soll der Kurfürst von Sachsen die Polnische Königskrone ausschlagen? . . . Warschau [Dresden] 1792. V: *Roemer, Carl Hnr. v.* (ML) (MGT) (Wr) (Ky)

— soll d. Churfürst v. Sachsen d. polnische Königskrone ausschlagen? allen sächs. Patrioten gewidmet (von K. H. v. Römer). 8. Dresd. 792. Richter. 6 gr.

Warum soll der unterthänige Landmann in Kais. Kön. Erblanden das, was im gegenwärtigen Kriege von ihm gefordert wird . . . gern und willig leisten? . . . Wien 1799. V: *Böhm, Joh. von.* (MGT)

— soll Deutschland einen Kaiser haben? 8. Kopenh. 787. Proft. 6 gr.

— soll ich die Bibel lesen? 12. (4 S.) Basel 892. Jaeger & Kober. 10 Stück n. — 16

—— soll ich meines Bruders Hüter sein? Eine Geschichte aus dem norddeutschen Dorfleben von K. Ge. 8. (152 S.) Zwickau 864, Buchh. des Volksschriften-Vereins.

— soll ich meines Bruders Hüter sein? Eine Geschichte aus dem norddeutschen Dorfleben von K. Ge. Zwickau 864. Döhner. 8. (152 S.) 9 ngr.

Warum sollen Christen den Fleisch- und Alkoholgenuss vermeiden? Flugbl. 1. *(Bitterfeld: F. E. Baumann [1903].)* 8° [F.] [03 2877 3

Warum sollen die Jesuiten nicht nach Deutschland zurück? . . . Freiburg 1891. V: *Hoensbroech, Paul Graf von.* (Jes)

Warum sollen es katholischen Eltern vorziehen, ihre neugebornen Kinder in den Kirchen taufen zu lassen? . . . 2. Aufl. Düsseldorf 1832. V: *Binterim, Ant. Jos.* (schmal) (Th) (Ky)

— sollen es kathol. Eltern vorziehen, ihre neugebornen Kinder in den Kirchen taufen zu lassen? Beantwortet von einem kathol. Theologen (D. Binterim). 2e Aufl. gr. 8. Düsseldorf 832. Stahl. (Leipzig, Müller.) 1/6 ₰

— sollen wir u. auf welche Weise können wir Frieden halten? Betrachtungen eines deutschen Staatsmannes. 8. Stuttgart 841, Cast'sche Buchh. 1/2 ₰

Warum sollen wir uns vertheidigen?! 8. [Basel] (Januar 1831).

Warum sollten es kathol. Eltern vorziehen, ihre neugebornen Kinder in d. Kirchen taufen zu lassen? Beantw. v. e. kathol. Theologen (A. J. Binterim). 2. Aufl. gr. 8. (1½ B.) Leipzig 832, (Müller.)

Warum stimme man auch aus Gesundheitsgründen am 3. November für die neue Wehrvorlage mit Ja? [Zürich 1907.] V: *Custer, Gustav.* (zuwzür 12, 1908, I, S. 18)

—— tobt man gegen das Concordat? Adresse der zu Wien versammelten Erzbischöfe und Bischöfe an Se. k. k. apostol. Majestät. gr. 8. (63 S.) Wien 867, Mayer und Comp. *

Warum trägt unser Acker nicht mehr hundertfältig? Beantwortung in einem Gespräch zwischen einem jungen Bauer und den Alten, die ihn auf Reisen geschickt hatten. 8. (16 S.) Leipzig 856, Friedlein. *

— treten wir nicht in das Christentum ein? Von einem Juden. 8. (34 S.) Leipzig 882. Kößling. n. — 50

Warum treten wir nicht in das Christentum ein? Von e. Juden. 2., m. Bezug auf das Luther-Jubiläum erweit. Ausg. gr. 8. (40 S.) Leipzig 883. Kößling. n. — 60

— u. mit welchem Rechte setzt unsere heilige kathol. u. apostol. Kirche gewisse Bücher auf den Index? s. Broschüren-Cyclus für das kathol. Deutschland.

Warum und Weil; oder eine sokratische Methode, die Kinder zum Nachdenken und zum Forschen zu bringen. Aus dem Engl. übersetzt. Mit Anmerkungen und Zusätzen versehen von Carl, H. A. Hoyer. Lemgo 854. Meyer. 8. (65 S.) n. 5 ngr.

Warum und wen sollen wir wählen. An die Wählerschaft des Kantons Bern gerichtet von der sozialdemokratischen Partei. Zu den Grossratswahlen vom 7./8. Mai 1910. 16 S. 8. Bern, Unionsdruckerei, 1910.

Warum und wie soll der kleine Mann Buch führen? 2. Aufl. *Köln 1894: Greven & Bechtold.* (40 S.) 8° [F.]
= Schriften, Volkstümliche, d. Verbandes Rhein.-Westfäl. Bildungsvereine. H. 2.

Warum und wo sollen wir unser Eigenthum gegen Feuersgefahr versichern? Ein treuer Rathgeber für Alle, die noch nicht versichert haben. Herausg. von F. H.....g. Leipzig 857. Wengler in Comm. 32. (128 S.) 5 ngr.

—— unterlag Oesterreich? Ein Mahnruf bei erneut drohender Gefahr. Militärisch-polit. Aphorismen über die Ereignisse des J. 1859 in Italien von A. d. A. gr. 8. (50 S.) München 861, Fleischmann's Separat-Conto.

Warum verbietet Euer Pfarrer Euch die Bibel zu lesen? Aus dem Französ. übersetzt. 8. Wesel 845, Klönne. n. 2 ngr.

—— verdammt der Papst die Freimaurerei? } s. a. Broschüren-Cyclus für das kathol. Deutschland.

Warum verdammt der Papst die Freimaurerei? Soest: Nasse 1866. 8° (Broschüren-Cyklus f. d. kathol. Deutschland. 1, 2.)
[Wie steht d. Frmrei z. Altar u. Thron. 1875 S. 29; Heinsius: Allgem. Bücher-Lexikon. 7, 1 (1869) S. 191.]

Warum verfolgt man uns? Zur Naturgeschichte des Sozialistengesetzes. Puttkammer und den Puttkämmerlingen gewidmet. 8°. Hottingen-Zürich 1886.

Warum verzögert sich so lange hinaus die streitige Sigillationsmaterie in dem reichsstädtischen Collegio? . . . Regensburg 1790. V: *Winckellmann, Joh. Heinrich Ludwig von.* (MGT)

Warum wählen wir keine Ältestenkandidaten des sozialdemokratischen Bergarbeiter-Verbandes? Flugschrift des Gewerkvereins zur Knappschaftsältestenwahl im August 1910. Essen (Ruhr), 1910. 15 S.

—— wann u. wie soll man sein Leben versichern? Ein treuer Berather f. sorgsame Gatten u. Väter. gr. 8. (3½ B.) Gotha 835, (Becker'sche Buchh.)

Warum? Wann? Wie? Wo? will ich mein Leben versichern? ([Hrg. von der] Basler Lebensversicherungs-Gesellschaft. — Form. 10 f.) [II + 8 S.] 8. [Basel] II. [19]02.

— war d. Trauer über d. russisch. Kais. Alexanders Tod so außerord. groß u. allgemein? gr. 8. Berl. 826, Köbike.

Warum werden die Bankozettel eingezogen? s. E. T. Hohler.

Warum werden katholisch-politische Vereine immer nothwendiger? 3. Aufl. Bozen 1870. V: *Zallinger, Franz von.* (Margr)

— werden so wenig Prozesse verglichen? 8. Frankf. a. M. 788. Fleischer. 3 gl

Warum werden so wenig Sträflinge im Zuchthause gebessert? 8. *Leipzig, S. L. Crusius.* 1802

— werden so wenig Sträflinge im Zuchthause gebessert? 8. Leipz 802. (W. Vogel). 12 gl

— will Pius IX. auf seine weltliche Macht nicht verzichten? s. Broschüren=Cyclus für das kathol. Deutschland.

Warum wir eine christkatholische Gemeinde bilden. Ein offenes Wort an unsere Mitbürger . . . Luzern 1883. V: *Stocker, Abr.* (BSchwLk V, 10 e γ)

— wir evangelisch sind u. bleiben. Kurze Darstellg. der inneren Überlegenheit des Protestantismus üb. den röm. Katholizismus nach den Hauptzügen der Unterscheidungslehren, v. e. Schlesier. gr. 8. (IV, 51 S.) Breslau 901. Görlitz, R. Dülfer. n. — 75

Warum wir von der gnädigst gestatteten Freiheit, das sogenannte Minimum des neuen Kirchenbuchs nicht — wenigstens nicht in allen seinen Theilen — einführen zu müssen, von Gewissens wegen Gebrauch machen wollen. Von Mitgliedern der evangelischen Gemeinde zu Heidelberg. Darmstadt 859. Zernin. gr. 8. (14 S.) n. 2 ngr

Warum wird die katholische Kirche bekämpft? . . . Innsbruck [1907]. V: *Ulmer, Andreas.* (Margr)

Warum wird Kaiser Joseph von seinem Volke nicht geliebt. Wien bey Wucherer 1787. 61 S. 8°. Wien bey Wucherer 1787. 63 S. 8°. Wien (ohne Verlag) 1787. 32 S. 8°. V: *Richter, Joseph.* (Bespr. Anekdoten und Charakter von Kaiser Joseph II. Wien und Leipzig 1790. III. Stück, S. 55 bis 58) (Hans Viktor Pisk: Josef Richter. Diss. Wien 1927. S. 106)

— wird Kaiser Joseph von seinem Volk nicht geliebt? 8. Wien, Wucherer. (Mayr in Salzb.) 787.

Warum wollen die Republikaner nur eine Kammer? Warum wollen die Constitutionellen zwei Kammern? — Der patriotische Verein. Druck von J. F. Starke. 1 Bl. Fol.
Flugblatt. Berlin, 7. Juli 1848.

Warum wollen einige Gemeinde-Deputirte nicht schwören? Von zwei Obmännern der Gemeinde-Deputirten August 1817. Stuttgart 1817. V: *Haldenwang, Joh. Mart.* (Kat. d. ständ. Bibl. Stuttg. 1907. S. 261.)

— wollen in den östreichischen Staaten so Wenige Priester werden? Beantwortet von einem freimüthigen Katholiken. 8. Augsb. 788. Doll. (Landsh., Krüll). 4 gl

— wollen in Oestreich so wenig Priester werden? 8. Augsb. Doll. 788.

— wollen wir reformirt bleiben? [Aus: „Reformirte Kirchenzeitg. 1880".] 2. Aufl. 8. (8 S.) Barmen 894. (Elberfeld, Reformirter Schriftenverein.) — 5

Warum zahlt der Deutsche 5 %, der Franzose 2 % Bankdiskont? . . . Berlin 1897. V: *Arendt, Otto.* (WFM) (Lager-Kat. Joseph Baer & Co.-Frankf. a. M.

— zahlt d. Deutsche 5 %, d. Franzose 2 % Bankdiskont? Beiträge zur Bankfrage u. zur Frage d. Erneuerg. des Privilegs d. Reichsbank. gr. 8. (92 S.) Berlin 897. H. Walther. n. 1. —

— 2 Turnvereine in Bozen? Die Festrede bei dem Fest=Commers am 15. Novbr. 1893 im Bürgersaale anläßlich der 5jähr. Gründungsfeier des Turnvereins „Jahn" in Bozen. Mit einigen Erläutergn. u. e. Auszuge aus der Vereinsgeschichte. Hrsg. anläßlich der Eröffng. der neuerbauten Turnhalle in Bozen. gr. 8. (36 S.) Würzburg 894. Peterstr. 1, L. Weber. n. — 50

Warunis, Theodor St., aus Gytheion, Griechenl.: Über die Kondensation von Cuminaldehyd mit Äthylmethylketon. (α-Cuminalbutanon u. γ-Cuminalbutanon u. ihre Derivate.) *Berlin (1903): G. Schade.* (47 S.) 8.
Berlin, Phil. Diss. v. 10. Juni 1903.

Warusohkin, Alexander, aus Perm: Ueber die Profilirung des Gesichtsschädels. Horizontale Messungen am Gesichtsschädel. (Aus d. Münchener anthropol. Institut.) *Braunschweig 1899: F. Vieweg & Sohn.* (S. 373—448.) 4°. (Aus Archiv f. Anthropologie, Bd 26.)
München, Phil. Diss. v. 1899.

Waruschon-Jarociewicz, F., das Eisenbahn-Transport-Geschäft. Ein Beitrag zu der von Dr. Epstein veröffentl. Kritik über das (deutsch-)oesterreich. Bahn-Betriebs-Reglement und Widerlegung einiger von ihm über dasselbe gemachten Bemerkungen. gr. 8. (34 S.) Berlin 874, Kortkampf. *

Warwick, Der Graf von. Ein Trauerspiel in fünf Aufzügen. Mannheim 1771. 1786. V: *Pfeufer, Benignus.* (Mn) »A. d. Franz.« (Ky)

v. Warwick, der Graf; Trspl.; aus d. Französ. (v. B. Pfeuffer). gr. 8. Manh. 771. N. A. 786. Löffler. 5 gl

Warwick, Der Graf von. Trauerspiel in fünf A. [Leipzig 1780.] V: *Büschel, Joh. Gabriel Bernhard.* (GGr)

— le Comte. Trag. 8. Lausanne 782. Pott. 2 gl

— des Grafen von, Gesch. 8. Berlin. 744. — 19

Warwick, der Miß Elise, Gesch. a. d. Franz. übers. v. C. F. W••k. 8. Danzig, Troschel. 792. — 20

Warwick's Reisen, a. d. Engl. der C. Smith. 8. Lpz. Voß. 794. Rthlr. 1 —

— Richard Graf von, eine Gesch. v. E. L. Blue. 3 Thle. m. 1 Kpf. 12. Wien, Degen. 792—93. 1 6

Warwill, Phil., der Dom der Heiligen. Katholische Gebete zur wahren Verehrung u. Anbetung Gottes. Gesammelt aus den heil. Schriften der Kirche u. der Heiligen. 3. verb. u verm. Aufl. 32. (X u. 438 S. m. 1 Stahlst.) Würzburg 851, Etlinger. 9 ngr Velinpap. m. 3 Stahlst. u. gest. Titel ½ rt

Warwill, Phil., der Dom der Heiligen. Katholische Gebete zur wahren Verehrung und Anbetung Gottes. Gesammelt aus den heiligen Schriften der Kirche und der Heiligen. 4. verb. u. verm. Aufl. Würzburg (854.) Etlinger. (Berlin, Henrich.) 32. (440, VIII S. mit 1 Stahlst. u. Titel in Stahlst.) 9 ngr.; feine Ausg. mit 3 Stahlst. 15 ngr.

Warzok, Geo., was ist e. jeder Arbeiter, in betriebsversicherungspflichtiger Beschäftigung stehend, in Unfall- u. Invalidenversicherungs-Angelegenheiten in formeller Hinsicht im Wesentlichsten zu wissen verpflichtet? Beantwortet auf Grund prakt. Erfahrgn. (11 S.) 8. Berlin-Grunewald 904. Gr.-Lichterfelde, Verlag der Arbeiter-Versorgg. A. Troschel. n. — 20

Was alles in einer Königsberger Buchhandlung verlangt wurde . . . Königsberg i. Pr. 1900. V: *Elsner, Anton.* (Berl)

Was allgemein weit und breit Noth thut und wie zu helfen ist . . . Nürnberg 1825. V: *Ziment, K.* (Wa)

— allgemein weit u. breit Noth thut u. wie zu helfen ist, zur Beherzigung Aller, besonders in Rücksicht auf Baiern. gr. 8. Nürnb. 825. Campe. 16 gGr

— alte Leute vom Alter sagen, s.: De senectute.

Was Arkolay [Woldemar Streubel] nicht bedenkt. Militärisch-politische Widerlegung der neuesten Schrift Arkolay's: (Der Anschluss Süddeutschlands an die Staaten der preussischen Hegemonie .... Zurich ....). von einem norddeutschen Offizier z. D. 8. Schleiz 1869.

Was Arkolay nicht bedenkt. Militärisch-politische Widerlegung der neuesten Schrift Arkolay's. [Der Anschluß Süddeutschlands an die Staaten der preußischen Hegemonie, sein sicherer Untergang ꝛc.] von einem norddeutschen Offizier z. D. Schleiz 869. Hübscher. gr. 8. (44 S.) n. 8 ngr.

— aus dem kleinen Katechismus Martin Luther's nebst Bibelsprüchen u. Kirchenliedern in den evangel. Schulen des Königr. Sachsen nach den Beschlüssen der Vertreterversammlung des sächs. Lehrervereins v. 3. I. 1910 werden soll. 1. u. 2. Aufl. 1.—40. Taus. (32 S.) 8. Dresden 910. Leipzig, H. G. Wallmann. — 10

— bedeuten Landstände in Hannover. 8. Marb. 816. Krieger. 4 gGr

— bedeuten meine Träume? E. ausführl. Traumdeuter. Nach d. Angaben egypt. Weisen. (D. kleine Traumbuch.) 8. (47 S.) Berlin 896. A. Weichert. — 25

Was bedeutet der Name Wien und wann entstand er? [Wien 1893.] V: *Steiner, P.* (Zuwachsverz. d. Bibliotheken in Zürich 1898 ff.)

Was bedeutet eine Synode? Zum Verständniss der Kirchenverfassung für Bürger und Landmann erläutert von einem hannoverschen Juristen. Celle 1862. V: *Mensching, Adolph.* (Zu)

Was bedeutet eine Synode? Zum Verständniß der Kirchenverfassung für Bürger u. Landmann erläutert von einem hannoverschen Juristen. Celle 862. Schulze. gr. 8. (25 S.) n. 4 ngr.

Was bedeutet Landsturm und Landwehr? Königsberg 1813. V: *Arndt, Ernst Moritz.* (GGr)

— bedeutet Landsturm u. Landwehr? In Beziehung auf d. Länder zwischen d. Elbe u. d. Rhein. 8. Leipz. 813. (Brockhaus). 1½ gGr

— bedeutet Landsturm u. Landwehr? In Beziehung auf die Länder zwischen d. Elbe und dem Rhein. 8. Leipzig. (Amsterd. Kunst- u. Ind. Comt.) 813.

—— bedeutet mein Taufname? Erklärung von 1000 Vornamen mit bez. Sprüchen, Sentenzen und Lebensskizzen. 16. (30 S.) Halle 882, Petersen. *

— bedeutet mein Taufname? Erklärg. v uns. Vornamen m. bezgl. Sprüchen, Sentenzen u. Lebensskizzen. 16. (31 S.) Halle 896. J. Krause. n. — 20

Was bedeutet Papstthum, Cölibat, Ohrenbeichte! . . . 2. Aufl. Breslau 1845. V: *Wolff, Gustav Adolph.* (Zu)

— bedeutet Papstthum, Cölibat, Ohrenbeichte? Ein freies Wort von einem deutschen Manne. 2. Aufl. 8. Breslau 845, Günther. 1½ ngr

— bedeutet Staatshilfe? Beitrag zur Arbeiter-Frage. Von einem Lassalleaner. gr. 8. (16 S.) Graz 868, Bock. [Verlag Leykam-Josefsthal.] — 30

Was bedürfen, was wünschen und was erwarten demnach Kurhessens Bewohner von ihrem erhabenen Fürstenhause . . . Frankfurt a. M. 1830. V: *Vollgraff, Carl.* (Schz)

— bedürfen, was wünschen u. was erwarten demnach Kurhessens Bewohner von ihrem erhabenen Fürstenhause u. dem auf d. 16. Oct. 1830 einberufenen engern Landtage in Beziehung auf Verfassung und Verwaltung? 1e Abtheil. oder: was waren u. was wirkten die althessischen Landstände bis 1820? 2e Abtheil. oder: Wünsche u. Andeutungen zu d. künftigen Landschaftsordnung u. Nennung d. sonstigen Desiderien. 2 Hefte. gr. 8. Frankf. 830. (Jäger). 12 gGr (Garthe in Marb.) 11 gGr

Was bestimmt das Gesetz über die Absetzbarkeit der Geistlichen u. Schullehrer? Ein juristisches Gutachten in der Angelegenheit des Herrn Oberlehrer Witt. 2. Aufl. Lex.-8. Königsberg 842, Voigt. n. 1/8 ℛ

Was betrübst du dich, meine Seele, u. bist so unruhig in mir? Harre auf Gott. 4 große Blumen m. Kreuz auf Anhöhe. Chromolith. 8. Leipzig 883. (Baldamus Sep.-Cto.) n. 1. 30

Was bin ich, Wenn ich nicht unsterblich bin? Entweder unsterblich oder weniger als Vieh . . . Offenbach a. M. 1776. V: *Vollmöller, Johann Georg.* (Mitth. Prof. Dr. Karl Vollmöller.)

— bin ich, wenn ich nicht unsterblich bin? 8. Offenb. 776. Brede. 4 𝒦

Was bindet den Katholiken an den römischen Stuhl? . . . Zug [1820]. V: *Hohenlohe-Schillingsfürst, Leop. Alex. Carl Emmerich Fürst von.* (Ky) (MGT) »1821« (schmal)

Was bindet den Katholiken an den römischen Stuhl? Beantwortet von einem, der römisch-katholisch leben u. sterben will. Regensburg, Manz (jetzt Verlagsanst.), 1821, gr. 8°, 40 Pf.

— bindet den Katholiken an den röm. Stuhl? 8. Münch. 822. (Giel). 3 𝒦

— dasselbe beantwortet, v. (Fürst Alex. v. Hohelohe). 8. Zug. 820. Wien 822. Wimmer. 4 𝒦

Was bisher einige tausend Jahre ein . . . Geheimniss gewesen ist, aufgelöset und entdecket. Hamburg 1763. V: *Kohl, Johann Georg.* (schr) (ML)

— bleibt dem deutschen Vaterlande noch zu wünschen übrig? Eine Frage mit Rücksicht auf die Gegenwart beleuchtet. 8. Halberstadt, Büreau f. Literatur u. Kunst. 814.

— bleibt dem deutschen Vaterlande noch zu wünschen übrig? Eine Frage mit Rücksicht auf d. Gegenwart beleuchtet. 8. Halberst. 814. Vogler in Potsd. 8 𝒦

— brauche ich zum Photographiren? Leitfaden. gr. 8. (IV, 84 S. m. Abb. u. 1 Taf.) Düsseldorf 897. E. Liesegang. n. — 75

— brauchen wir? Mehr Soldaten od. mehr —? Glossen zur Militair-Vorlage. Ein Wahlbüchlein von K. v. R. 8. (16 S.) Berlin 893. C. O. Knorr. n. — 30

[F.] **Was** brauchen wir? Mehr Soldaten oder mehr —? Glossen z. Militär-Vorlage. E. Wahlbüchl. v. K. v. R. '(Vf. v.: 'Der nächste Krieg' . . .)' *Berlin: 'Moabiter Nachrichten' [1893].* (16 S.) 1 Bd 8. [96. 7866]

Was braucht jeder Bayer nothwendig zu wissen von der bayerischen Staatsverfassung? gr. 16. (39 S.) München 860, Franz.

— dass. — 2., verb. Aufl. gr. 16. (56 S.) Augsburg 861, Rieger'sche Buchh.

— braucht Indien? Eigenes u. Entlehntes in neuer Beleuchtg. Beitrag zur Mission. gr. 8. (24 u. 2 S.) Strassburg 902. Elsäss. Druckerei vorm. G. Fischbach. n. — 50

— braucht Indien? Eigenes u. Entlehntes in neuer Beleuchtg. Beitrag zur Mission. Von Philhind. II. [Titel-]Aufl. (24 S.) gr. 8. Ascona [902] 904. C. v. Schmidtz. — 50

— bringen die neuen Schießregeln d. Feld-Artillerie? Studie. [Aus: „Archiv f. die Artillerie- u. Ingenieur-Offiziere d. deutschen Reichsheeres".] 8. (III, 32 S.) Berlin 889. Mittler & Sohn. n. — 60

— bringen Feldbienst-Ordnung u. Manöver-Ordnung vom 22. III. 1908 Neues? (94 S.) 16. Berlin 908. E. S. Mittler & Sohn. — 60

Was bringen uns die neuen Steuervorlagen des Ministeriums Taafe. gr. 8°. Wien 1883.

Was bringt der 8 Uhr-Ladenschluß? (Ein Wort zum Nachdenken an Freunde u. Gegner seiner Einführung.) Hrsg. vom Deutschnationalen Handlungsgehilfen-Verband (jurist. Person) Sitz Hamburg. (1.—30. Tauf.) (80 S.) 8. Hamburg 906. Deutschnationaler Handlungsgehilfen-Verband. n. — 20

Was bringt die Botenfrau? Erster und zweiter Tragkorb. Leipzig o. J. [1850]. V: *Löschke, Joh. Traug.* (Baer 737/1750a)

Kgl. Seehandlung (Preuß. Staatsbank). 'Was bringt die neue Postscheckordnung?' (Berlin 1909: v. Holten.) 2 Bl. 4°(2°)

Was bringt die Vorlage über die Socialversicherung den Arbeitern? Ein Führer durch den Gesetzentwurf betreffend die Socialversicherung. 8°. Wien, J. Brand & Co., 1908.

— bringt die Vorlage üb. die Sozialversicherung den Arbeitern? Ein Führer durch den Gesetzentwurf betr. die Sozialversicherg. (Invaliditäts- u. Altersversicherg., Kranken- u. Unfallversicherg.) (40 S.) gr. 8. Wien 908. Wiener Volksbuchh. — 20

— bringt Gewinn?, s. a. Glück u. Gewinn.

— bringt Gewinn? E. Sammlg. von Altem u. Neuem v. L. 8. (164 S.) Berlin 896. Buchh. d. Berliner Stadtmission. n. 1. —; geb. in Leinw. m. Goldschn. n. 2. —

[Umschlagt.:] [Ant. u. F.] . . . **Was** darf ich? Was darf ich nicht? nach d. Gesetze z. Bekämpfg d. unlaut. Wettbewerbes. Gemeinverständl. dargest. v. e. prakt. Juristen. *Köln: Rimbach & Licht 1896.* (20 S.) 1 Bd 8. [97. 26]

— darf ich? Was darf ich nicht? Nach dem Gesetze zur Bekämpfg. des unlaut. Wettbewerbes. Gemeinverständl. dargest. v. e. prakt. Juristen. 2. Tausf. gr. 8. (20 S.) Köln 896. Rimbach & Licht. n. — 50

Was darf von seinen Fürsten und Völkern Deutschland jetzt hoffen, Europa erwarten? Deutschland [München] 1814. V: *Miltitz, von.* (Wr)

— darf von seinen Fürsten u. Völkern Deutschland jetzt hoffen, Europa erwarten? 8. Münch. 815. Lindauer. 10 kr

—— das ewige Licht erzählt, s. † Peregrina, Cordula.

— das ewige Licht erzählt. Gedichte üb. das allerheiligste Altarssakrament. Von Cordula Peregrina [C. Wöhler]. 2. Aufl. 8. (VII, 238 S.) Innsbruck 883. F. Rauch. n. 2. —; geb. m. Goldschn. n. 3. —

— das ewige Licht erzählt. Gedichte üb. das allerheiligste Altarssakrament. Von Cordula Peregrina [C. Wöhler]. 4., verb. u. verm. Aufl. 8. (XII, 258 S. m. 1 Stahlst.) Innsbruck 888. F. Rauch. n. 2. —; geb. m. Goldschn. n. 3. —

— das Kätherle zu erzählen wußte, s.: Hosianna. Nr. 5.

— das Kind erfreut. qu. 4. (10 lackirte Chromolith. m. Text in Versen.) Stuttgart 886. Loewe. geb. 1. 50

— d. Kind erfreut. E. unzerreißbares Bilderbuch auf Pappe m. vielen Bildern u. kleinen Geschichten. 4. (10 Farbdr.) Fürth 897. G. Löwensohn. Geb. n.n. — 50

Was das Kind freut. Stuttgart 861. Schreiber & Schill. qu. 4. (12 color. Lithogr.) 15 ngr.

— das Kind freut. Ein Bilderbuch für die liebe Kinderwelt. 12 Bilder in prächt. Farbendruck. Nach Compositionen von E. Oertinger. Mit Versen. 3. Aufl. Eßlingen 870. Schreiber. qu. 4. (2 S. Text.) geb. 15 ngr.

—— das Kind freut. Ein Bilderbuch für die liebe kleine Kinderwelt. 12 Bilder in prächt. Farbendr. mit Verschen. Nach Compositionen von Maler E. Oertinger. 4. Aufl. qu. 4. Eßlingen 876. Schreiber. cart. * 1 20

— das Kind freut. 4. (8 color. Steintaf. m. eingedr. Text.) Reutlingen 883. Enßlin & Laiblin. cart. — 90; unzerreißbar geb. 1. 35

— das Kind freut. (8 farb. Bildertaf. m. 8 S. Text.) gr. 4. Stuttgart (903). G. Weise. n. — 50

— dasselbe. (17 farb. S. ohne Text auf Pappe.) Lex.-8. Ebd. (905). Geb. n. 2. —

—— das Kind liebt. 8. (8 Chromolithogr. mit eingedr. Text.) Ebendas. 884. cart.

—— das Kind liebt. Unzerreißbares Bilderbuch. 8. (8 Chromolithogr. mit eingedr. Text.) Reutlingen 886, Enßlin und Laiblin. geb.

Was das Kind liebt, gern sieht und treibt. In Bildern zur Anschauung und Unterhaltung. Schw. Hall 856. (Stuttgart,) Nitzschke. 4. (16 lith. Taf.) 10 ngr.

—— das Kind liebt, gern sieht und treibt. In Bildern zur Anschauung und Unterhaltung. 2., ganz umgeänd. Aufl. 4. (12 ill. Stnt.) Stuttgart 865, Nitzschke.

—— das Kind liebt, gern sieht und treibt. In Bildern zur Anschauung und Unterhaltung. 4. ganz umgeänderte Aufl. 4. (10 color. Stnt.) Stuttgart 874, Nitzschke. geb.

— das Mäuschen wissen muß. Der dumme Bär, s.: Bilderbücher, kleine lustige. Nr. 2.

— dem einen recht, ist dem andern billig! § 641/§ 879 BGB. Zur Petition des Baumeisters Gustav Baumgärtel, Loschwitz-Dresden, betr. die Sicherg. der Bauforderg n. (42 S.) 8. Dresden (909). R. Kraut. — 50

Was dem einen recht ist, ist dem andern billig. Singsp. von Grossmann. 8. Frankf. Herrmann. 785.

— — dass. Lustsp. von Brandes. 8. Leipz. Dyk. 790.

—— dem Heere noth thut. Ein Gedenkbüchlein für das deutsche Volk. gr. 8. (62 S.) Leipzig 862, (Keil.) *

—— dem Kinde gefällt. Aufstellbilderbuch auf Pappe. qu. 12. (8 farb. Taf. m. 6 S. illustr. Text.) Eßlingen 891, Schreiber. * — 75

— dasselbe. Leporello-Album. (2. Aufl.) qu. 12. (8 farb. Taf. auf Pappe m. 8 S. farbig illustr. Text.) Ebd. 894. n. — 75

— dem Kinde gefällt. Leporello-Album (auf Pappe). (15 farb. S.) 12,5×17,5 cm. Eßlingen (908). J. F. Schreiber. Kart. — 70

— den Kindern gefällt. qu. 8. (6 color. Steintaf.) Stuttgart 873. Eger & Diestler. — 37

— den Kindern gefällt. Neuestes ABC-Buch. gr. 8. (13 S. m. 14 Chromolith.) Stuttgart 875. G. Weise. 1. 25

— den lieben Kleinen gefällt. gr. 4. (8 Bl. m. farb. Bild. u. eingedr. Text.) Reutlingen 898. Enßlin & Laiblin. — 85; auf Pappe. (8 S.) Kart. 1. 50

„Was denen Schmieden und Was denen Schlössern und Was denen Schmieden und Schlössern cumulative überlassen worden", (Vom Bürgermeister und Rat der Stadt Leipzig beglaubigte Urkunde) (Leipzig 1781). — Vorh.: Industrie- und Handelskammer Leipzig.

— denken bescheidene Katholiken über d. Säcularfest der Reformation? gr. 8. Frankf. a. M. 818. Andreä. 3 kr

— der alte Briefkasten erzählte. Mitgetheilt v. C. F. Retörsch. 8. (III, 246 S.) Leipzig 887. Unflad. n. 3. —

—— der Christ hat inmitten des Verfalls der Kirche. Von J. N. D. Aus dem Engl. 2. verb. Aufl. 8. (47 S.) Schaffhausen 878. (Elberfeld, Faßbender's Buchh.) * — 80

— der Christ hat inmitten des Verfalls der Kirche. Von J. N. D. Aus dem Engl. 2., verb. Aufl. 8. (47 S.) Schaffhausen 878. (Elberfeld, Langewiesche.) n. — 80

— der deutsche Nationalverein will. Eine Skizze. Von einem Preußen an seine preußischen u. deutschen Landsleute. 1. u. 2. Aufl. Coburg 863. Streit. gr. 8. (16 S.) n. 1 ngr.

— der Deutschkatholicismus will. Aus Hrn. Balitzki's Vorträgen beantwortet. gr. 8. (31 S.) Dresden 852, Naumann. n. 1/12 ℛ

— der Essener Bürger wissen muß. Eine Zusammenstellg. der wichtigsten Bestimmgn., Verordngn. u. Angaben üb. Steuern, Schulwesen, caritative u. sonst. Einrichtgn. der Stadt Essen. (78 S.) kl. 8. Essen (910). Fredebeul & Koenen. — 25

Was der Frühling, Sommer, Herbst und Winter erzählte. Geschichten für die Jugend von einer Ungenannten. Mit einem Vorwort von Alex. Detmer. gr. 16. (VIII und 174 S. mit 20 lithogr. und ill. Abbild.) Hamburg 851, Berendsohn.

— der Garten erzählt. Seelenleben der Pflanzen. (Von Frl. A. Fritzsch.) (104 S.) kl. 8. Leipzig 908. P. Eger. 1.50

Was der heil. Joseph vermag. (La Neuvaine de Colette.) Deutsch von Becher. Stuttgart 1890. V: *Schulz.* (Aut.-Kat. Ad. Geering, Basel, Weihnachten 1916—17, Nr. 533)

— der heilige Joseph vermag. [La Neuvaine de Colette.] Autoris. Uebersetzg. aus dem Franz. v. Emmy Becher. [Engelhorn's allgemeine Romanbibliothek, Salon-Ausg.] 8. (152 S.) Stuttgart 890. Engelhorn. geb. n. 2. —

—— dass., — s.a. Engelhorn's allgem. Roman-Bibliothek. 5. Jahrg. 7. Bd.

Was der Hund zum Menschen spricht. Kassel [1901?]. V: *Peter, Carl Wilhelm.* (Berl)

— der Jahrmarkt bringt. gr. 16. (8 col. Holzschntaf.) Wesel 872. Düms. pr. Dtzd. n. 2. 40

— d. Jahrmarkt bringt. Fol. (7 farb. Taf. m. eingedr. Text.) Wesel 896. W. Düms. Kart. — 50; auf Pappe, geb., 1. 20; als Aufstellbilderbuch 1. 20; auf Leinw., geb. 1. 50

— der Kaiser sagt! 8. (168 S.) Berlin 892. H. Steinitz' Verl. n. 2. —

Was der katholische Christ von dem heil. Messopfer ganz besonders wissen . . . soll. Salzburg 1881. V: *Hager, Edmund.* (Hr)

—— der Kattowitzer Hüttenbote von den neuen Arbeitervereinen hält. (Deutsch und polnisch.) gr. 8. (8 S.) Kattowitz 869, Siwinna.

—— der Kattowitzer Hüttenbote von der Waldenburger Arbeitseinstellung erfahren hat, und was er von den Vortheilen hält, welche der Gewerkverein den schlesischen Kameraden bringen soll. (Polnisch und deutsch.) gr. 8. (16 S.) Ebendas. 870.

— der Mond bescheint. Bilder v. Hugo Knorr. Gedichte v. Carl Weitbrecht. Imp.-Fol. (10 Photograhiedruck-taf. m. 11 S. Text.) Stuttgart 873. Rommel. geb. m. Goldschn. 42. —

Was der Neid nicht thut! Oder das Lied von den neuen Jonas. Vom bösen Manne. Altona. 1792. P.

—— der preußische Volksschullehrer von Gemeinde, Kirche und Staat gesetzlich fordern und beanspruchen kann. Auf Grund der hierüber erlassenen Bestimmungen und Verordnungen zusammengestellt und insbesondere jüngeren Lehrern dargeboten. 16. (VIII, 64 S.) Langensalza 888, Schulbuchhandlung. *

— der preußische Volksschullehrer v. Gemeinde, Kirche u. Staat gesetzlich fordern u. beanspruchen kann. Auf Grund der hierüber erlassenen Bestimmgn. u. Verordngn. zusammengestellt u. insbesondere jüngeren Lehrern dargeboten. 2., verm. Aufl. 16. (VIII, 70 S.) Langensalza 889. Schulbuchhandlg. n. — 40

—— der preußische Volksschullehrer v. Gemeinde, Kirche u. Staat gesetzlich fordern u. beanspruchen kann. 3. Aufl. 16. (VIII, 70 S.) Langens. 890, Schulbuchhandlg. * — 40

— der preußische Volksschullehrer v. Gemeinde, Kirche u. Staat gesetzlich fordern u. beanspruchen kann. Auf Grund der hierüber erlassenen Bestimmgn. u. Verordngn. zusammengestellt u. insbesondere jüngeren Lehrern dargeboten. 4., verm. Aufl. 16. (XII, 83 S.) Langensalza 893. Schulbuchh. n. — 40

— d. preußische Volksschullehrer v. Gemeinde, Kirche u. Staat gesetzl. fordern u. beanspruchen kann. Auf Grund d. hierüber erlass. Bestimmgn. u. Verordngn. zusammengest. u. insbes. jüng. Lehrern dargeboten. 5., verm. u. verb. Aufl. 16. (XII, 114 S.) Langensalza 896. Schulbuchh. n. — 40

Was der preussische Volksschullehrer von Gemeinde, Staat u. Kirche gesetzlich fordern und beanspruchen kann. Auf Grund der hierüber erlass. Gesetze u. Minist.-Erlasse u.s.w. zsgest. 6. vollst. umgearb. Aufl. Langensalza: F. G. L. Gressler 1902. (VIII, 322 S.) 8⁰

— der preußische Volksschullehrer v. Gemeinde, Staat u. Kirche gesetzlich fordern u. beanspruchen kann. Auf Grund der hierüber erlassenen Gesetze u. Ministerial-Erlasse u. s. w. zusammengestellt. 6. vollständig umgearb. Aufl. gr. 16. (VIII, 322 S.) Langensalza 902. Schulbuchh. 1. 80

—— der preußischen Landwirthschaft noth thut. Enthaltend Beiträge zur Prüfung der Frage: Wie ist die Vertretung des ländl. Grundbesitzes des preuß. Staates, insbesond. der Rheinprovinz einzurichten? vom Vorstande der Local-Abtheilung. X. a. (Aachen) des landwirthschaftl. Vereins für Rheinpreußen. gr. 8. (VIII und 136 S.) Berlin 860, [Wiegandt und Hempel.] *

Reichstag (Was der) that und was er nicht that! Rechenschafts-Bericht für die Wähler des 13. sächsischen Wahlkreises, gehalten am 18. Mai 1885 von L. Viereck, Mitglied des deutschen Reichstages. 8⁰. München, Viereck, s. a. (Sozialpolitische Zeit- und Streitfragen, Heft 18.)

Was der „Wirthschaftliche Schutzverband" will! Hrsg. vom Vorstande des „Wirthschaftlichen Schutzverbandes" zu Harburg a. E. gr. 8. (III, 48 S.) Harburg 900. (G. Elkan.) n. 1. —

Was der 'Wirthschaftliche Schutzverband' will! Hrsg. v. Vorstande d. Wirthschaftl. Schutzverbandes' zu Harburg a. E. Harburg a. E.: G. Elkan [1901]. (48 S.) 8⁰

Was die Andern sagen! Allerlei Rede und Gegenrede über das was in den letzten zwei Jahren geschehen. Die Rede von den Andern, die Gegenrede vom Soldatenfreunde. (Soldatenfreund Jahrg. 18. H. 3, September 1850.) Mit einem Farbendruck. Berlin. A. W. Hayn (1850). 51 S. 8.

Was die Blumen sagen. (Umschlagt.: Blumensprache.) Bedeutung d. Blumen u. ihrer Sprache. Mit e. Anh.: Das Bleigießen. *Berlin-Charlottenburg: A. Michow; (Berlin: Tessaro-Verl. [1902].)* (51 S.) 8° [F.]
= Volksbücher. 8. [03. 13 75]

Was die Blumen sagen. Bedeutung der Blumen u. ihrer Sprache. Mit e. Anh.: Das Bleigießen. 12. (56 S.) Berlin-Charlottenburg (902). Berlin [Tessaro-Verlag]. R. Krüger. — 10

Was die Brandruine des ehemaligen Klosters Muri erzählt. Luzern 1903. V: *Balmer, Jos.* (Zuwachsverz. der Bibl. Zürich 1898 ff., 7.) (BBullschw 3, 1903)

— die Brandruine des ehemaligen Klosters Muri erzählt. Von J. B. (VI, 95 S. m. Abbildgn.) 8. Luzern 903. Räber & Co. n. 1. —

— die christlichen Frauen ausrichten können. Vortrag, geh. im Schwurgerichtssaal in Zürich am Jahresfest des Frauenbundes zur Hebg. der Sittlichkeit v. Frl. E. J. gr. 8. (20 S.) Zürich 894. (Basel, Jaeger & Kober.) n. — 20

— die Erde beut u. das Kind erfreut. Ein lehrreiches Bilderbuch f. die lieben Kleinen. Mit 6 Farbdr.-Bildern u. Text in Versen. gr. 4. (6 S. Text.) Stuttgart 885. Loewe. cart. n. — 60; als Lackbilderbuch 1 50

— die Evangelischen in Bezug auf die Jungfrau Maria lehren. 16. (24 S.) Gernsbach 883. Christl. Colportage-Verein. n. — 10

— die Herren wissen sollten! Conversationsbuch f. Damen v. e. Herrn. 12. (32 S.) Ziegenhals 895. Wachtelkunzendorf, C. Thamm. n. — 50

⊙ Was die holsteinischen Stände zu thun haben? ⟨Aus dem Dezemberheft der „Preußischen Jahrbücher".⟩ (Rezension von:) Zur schleswig-holsteinischen Sache im November 1858 v. Wilhelm Beseler. ⟨Braunschweig. 1858.⟩ [Berlin. (1858.)] 8°

—— die Kinder gerne sehen. 4. (12 color. Stnt.) Wesel 875, Düms. cart. — 33

—— die Kinder gerne sehen. gr. 8. (16 Chromolithogr. auf Carton.) Eßlingen 880, Schreiber. geb. *

— die Kinder treiben. Aufstellbilderbuch auf Pappe. qu. 4. (8 farb. Taf. m. 6 S. illustr. Text.) Ebd. 891. n. 1. —

— die neuen Handelsverträge bringen, s. a. Bibliothek f. Politik u. Volkswirtschaft. 20. Hft.

Was die neuen Handelsverträge bringen. Darstellung ihres Inhalts, mit Benützung d. amtl. Denkschriften, u. handelspolit. Bewertung d. Verträge. Berlin: Deutsche Stimmen 1903. (115 S.) 8° [F.]
— Bibliothek f. Politik u. Volkswirtschaft. H. 20. [illegible]

— die Päpste thaten, s.: Schriften f. d. evang. Deutschland

— die Puppen erzählen. 6 (ausgestanzte) lust. Bilderbücher f. uns. Kleinen. 12. (à 8 S. m. z. Tl. farb. Bild.) Leipzig 895. Wezel & Naumann. In Umschlag 1. —

— die Schwalbe sang. Heimathsklänge. qu. 16. (6 Farbendr. m. eingedr. u. 6 S. Text.) Leipzig 890. Ballamus, Sep.-Cto. cart. m. Goldschn. — 60

Was die Sozialdemokraten sind und was sie wollen. (Mitte der 70er Jahre geschrieben.) O. O. u. J. (Riesbach-Zürich, A. Herter, 187*). Kl. 8°. o S. Cart

Was die Umstürzler wollen! Können wir Socialdemokraten wählen? Ein Wegweiser für die Wähler, insbesondere der 5. Curie. 12°. Wien, 1. Wiener Volksbuchhdlg., 1896.

— die Umstürzler wollen. Können wir Socialdemokraten wählen? E. Wegweiser f. d. Wähler, insbes. d. 5. Curie. 12. (48 S.) Wien 897. Wiener Volksbuchh. n. — 10

Was die Universitäten in den Kaiserl. Königl. Erblanden sind und was sie sein könnten? Prag 1783. V: *Plenciz, Joseph von.* (Abhandlungen der Boehm. Gesellsch. der Wissenschaften 1785. Prag 1785. S. XXVIII) (BiblPort)

— die Wortführer des deutschen Volkes nicht vergessen sollten! Von einem Mitunterzeichner der deutschen Reichsverfassung vom 28. März 1849 (Thdr. Paur). Görlitz 860. Heyn (Remer) in Comm. gr. 8. (13 S.) 1⅙ ngr

Was die Zeiten reiften. Gedichte aus 8 Jahrhunderten. Ausgewählt u. hrsg. f. Schule u. Haus v. der literar. Kommission der Lehrervereinigg. f. die Pflege der künstler. Bildg. in Hamburg. (299 S.) 8. Leipzig 908. R. Voigtländer. Geb. in Leinw. 1. 80

Was doch Recensenten nicht alles schreiben können. [Gotha 1801.] V: *Vieweg, Johann Gotthilf.* (MGT)

Was Dr. Luther von der Kirche lehrt. Ebd. Verboten v. Kr.-G. Brüx, 30. VIII. 1901. §§ 302, 303.

— dünket euch um Heine? Ein Bekenntnis v. Xanthippus. gr. 8. (VII, 104 S.) Leipzig 888. Grunow. n. 1. 60

— dünket euch von Christo? — Was dünket euch von Mose? gr. 8. Berlin 842, Wohlgemuth's Buchh. ¼ ℛ

Was durch das Gegitter eines Beichtstuhls geht; Was der Polster eines Nonnenbetts hört; Was der Betschemel eines Mönchs sieht; das will ich euch anvertrauen. Madrit, auf Kosten der heiligen Inquisition (Wien?). 1784. 8°. (In Dresden: Hist. ord. rel. 957, 10.) (2½ Rthl., K. Th. Völcker, Frankf. a. M., c. 1868; 10 Mk., schönes Expl. mit „Was ist der Peter?", Friedr. Klüber, München, 1901.)

— dürfen wir Deutsche von den in Frankfurt versammelten Volksvertretern zunächst erwarten? Von einem Schleswig-Holsteinischen Juristen. gr. 8. (12 S.) Kiel 848, Schröder & Co. n. 1/12 ℛ

Was eigentlich von den Freymäurern zu halten sey. in: Neuer Volkslehrer für alle Stände. May. Jg. 1. Fünftes Stück. Nürnberg: Grattenauer 1785.

—— ein Bauernmädchen über das „Vergnügen des Tanzes" aus eigener Erfahrung geschrieben hat. Für Jung und Alt mitgetheilt. 2. Aufl. 8. (16 S.) Nürnberg 872. Löhe.

— ein guter Rat wert sein kann — wenn auch nicht f. jeden Fall u. jedermann, s.: Gabelsberger-Bibliothek.

— ein Hindu thut, um Ruhe zu finden. 64. (16 S.) Carlsruhe 875. (Barmen, Klein.) — 9

Was e. katholischer Arbeiter wissen muß. 16. (13 S.) Stuttgart 897. Verlag d. „Deutschen Volksblattes". n.n. — 10

— eine Mutter ihr Kind am Sonntage lehren soll. Unterweisung d. Kleinen in der christl. Religion v. e. Mutter. gr. 16. (VIII, 199 S.) Mainz 887. Kirchheim. cart. n. 1. 20

— enthält die Felddienst-Ordnung vom 1. I. 1900 Neues? 12. (63 S.) Berlin 900. E. S. Mittler & Sohn. n. — 60

— enthalten die Schießvorschrift u. d. Exerzir-Reglement f. die Infanterie, Abdr. v. 1889, Neues? [Aus: „Militär-Wochenblatt".] 12. (31 S.) Ebd. 890. n. — 40

Was enthalten die Urkunden des christlichen Alterthums von der Ohrenbeichte? Wien 1784. V: *Eybel, Joseph Valentin.* (AarK)

— errettet uns aus der Kolonialmüdigkeit? Bericht üb. die seitens der Ortsgruppe Berlin des alldeutschen Verbandes am 4. II. 1904 im Architekten-Hause zu Berlin veranstaltete Versammlg. (28 S.) gr. 8. Berlin 904. W. Süsserott. n. — 40

— erwarten die Hessen v. ihrem Großherzog Ernst Ludwig? Von e. ehrl., aber nicht blinden Hessen. Mit e. Vollbild nach e. Röthelzeichng. v. Heinz Heim. gr. 8. (II, 39 S.) München 892. Münchener Kunst- u. Verlagsanstalt Dr. E. Albert & Co. n. — 80

— erwartet d. Vaterland von d. Zoll-Commission? Freisinnige Worte e. Baiers. gr. 8. (Nördl. 826. Beck). 3 K

Was erwartet die deutsche Kunst von Kaiser Wilhelm II.? Zeitgemässe Anregungen von ***. Leipzig 1888. V: *Alberti (= Sittenfeld), Conrad.* (Russell XVI, II, 2, 2103)

— erwartet die deutsche Kunst von Kaiser Wilhelm II.? Zeitgemässe Anregungen von *** [Conrad Alberti]. 8. (II, 120 S.) Leipzig 888, Friedrich. *

— es auf dem Jahrmarkt zu sehen giebt. qu. gr. 4. (14 S. m. z. Tl. farb. Bild.) Leipzig 895. Wezel & Naumann. 1. 50

— fangen wir heute an? s.a. J. A. W. Besser.

Was fangen wir heute an? — Eine Sammlung gesellschaftlicher Spiele ... Halle 1807. V: *Besser, I. A. W.* (MGT)

— fangen wir heute an? e. Samml. gesellschaftl. Spiele u. Lieder für gebild. Zirkel, v. W. B. 8. Halle, Hemmerde u. Schwetschke. 807.

— fangen wir heute an? Oder: Unterhalt. Gesellschafts-Panorama f. heitere u. lebensfrohe Cirkel. Enth. viele Scherz- rc. Spiele, Karten- rc. Kunststücke, Räthsel, kurzweil. Histörchen u. Anekdoten, Declamations-Stücke, Stammbuchs-Aufsätze. Hrsg. v. Hilarius Jocosus. 2. Aufl. 16. (11 B.) Wien 839, [Dorfmeister.]

— fangen wir heute an? Oder: Unterhalt. Gesellschafts-Panorama für heitere u. lebensfrohe Cirkel. Enthalt. viele Scherz- rc. Spiele, Karten- rc. Kunststücke, Räthsel, kurzweilige Histörchen und Anecdoten, Declamations-Stücke, Stammbuchs-Aufsätze. Herausg. von Hilarius Jocosus. 2e Aufl. 16. Wien 839. Mausberger. 5/12 Rthlr

NORMALUNTERRICHT. Was fehlt dem – i. öffentl. Schulen. Schönfeld, Prag 1781/82.

— fehlt d. eigentl. d. Franzosen? e. medicin. philos. Untersuchung u. Bitte an d. Meister d. deutsch. Sprache. 8. Stendal, Franzen u. Gr. 795.

— fehlt eigentl. d. Franzosen? e. medicin.-philosophische Untersuchung u. Bitte an die Meister d. deutschen Sprache. 8. Stendal 765. Franzen u. Gr. 4 K

— fehlt mir noch? Oder: Anweisung zu einem thätigen Christenthume. Herausg. von dem christl. Verein im nördl. Deutschland. 12. Halle 837. Waisenhaus-Buchh. n. 5 gr

— fehlt uns noch? Eine kirchl. Zeitbetrachtg. v. e. Hoffnungsvollen. 8. (24 S.) Leipzig 893. Fr. Richter. n. — 40

— fehlt unserem Kronprinzen? Mit Lebensbeschreibg. 16. (16 S.) Düsseldorf 887. Köpping. — 10

Was fordern die Arbeiterinnen Oesterreichs? Bericht üb. die 2. Konferenz der sozialdemokrat. Frauen Oesterreichs, abgeh. zu Wien am 8. XI. 1903. (31 S.) gr. 8. Wien 903. Wiener Volksbuchh. — 10

— fordert die Gewissensfreiheit und was gebietet das Recht? oder Bedenken und Wünsche in Bezug auf eine Revision des kurhess. Gesetzes vom 29. Octbr. 1848, die Religionsfreiheit und die bürgerl. Ehe betreffend. Von S. R. in P. gr. 8. (31 S.) Frankfurt a. M. 851, Auffarth. *

Was fordert die Zeit von den studentischen Verbindungen? ... Leipzig 1800. V: *Stahl, Georg.* (BrMm)

— fordert die Zeit von den studentischen Verbindungen? Grundzüge für ein Unionsprogramm. Gedruckt als offenes Rundschreiben. (Von Geo. Stahl.) gr. 8. (16 S.) Leipzig 860, (O. Voigt.) *

— fordert Pflicht u. Vortheil d. Deutschen? in e. Sendschreiben an d. Adel u. d. Ordensritter d. deutschen Länder. 8. Gotha 794. Ettinger. 4 K

Was führt zum häusslichen Glück? Ein Haushaltungsunterricht für Frauen ... Innsbruck 1895. V: *Hager, Edmund.* (Margr)

Bund der Landwirte. Berlin. — I. WAS FÜR BAHNEN muss die deutsche Wirthschaftspolitik einschlagen, wenn sie den Bedürfnissen und Forderungen der Landwirthschaft entsprechen soll? II. Der kleine Mann und die Getreidepreise. III. Wer vertheuert das Brot? Berlin 1895. Druck von Wilhelm Möller. 8°.

Was für Eigenschaften gehören dazu, einen Handelsmann zum nützlichen Bürger zu machen. [Leipzig 1806.] V: *Wichmann, Christian August.* (MGT)

— f. e. Unterschied? Neueste Scherzfragen-Sammlung. 12. (72 S.) Leipzig 892. J. B. Schorpp. Kart. n. 1.—

Was für eine Stadt hat man unter dem Namen Ponda in dem ... im Jahr 1564 geschlossenen Stillstandstraktate verstanden. [Riga 1790.] V: *Schwarz, Joh. Christoph.* (MGT)

— für e. Ausgang nimmt der japan.-russische Krieg? Ein Blick in die Zukunft. Von e. Offizier. Mit 2 Karten. (II, 38 S.) 12. Leipzig 904. A. Twietmeyer. n. 1.—

— f. e. Kurs haben wir? Eine politische Zeitbetrachtg. v. Borussen. gr. 8. (76 S.) Gotha 891. K. Schwalbe. n. 1.—

Was für einen Werth kann man nach der Schrift und Vernunft den schnellen Bekehrungen, besonders auf den Sterbebetten zueignen? ... Berlin 1770. V: *Steinbart, Gotthelf Sam.* (WINER)

Was für Gedanken durch die gegenwärtigen kriegerischen Ereignisse offenbar geworden sind. Zürich 1871 s.a. [Hirzel, Johannes].

— für Gedanken durch die gegenwärtigen kriegerischen Ereignisse offenbar geworden sind. Ein Vortrag v. e. schweizer. protestant. Pfarrer. gr. 8. (III, 52 S.) Zürich 871. Meyer. n. — 75

Was für Maasregeln hat wohl die Reichs-Ritterschaft in Franken und Schwaben jetzt zu ergreifen? O. O. 1802. V: *Gross von und zu Trockau, Otto Philipp.* (MGT)

Was für Mittel stehen dem Lehrer zu Gebote, ausser dem Unterricht auf die Erziehung der Kinder einzuwirken? O. O. [1884]. V: *Dula, Frz.* (Cat. d. Stadtbibl. Zürich. Zürich 1864—97.)

Was für Orden haben dann zum neuen Grundsatz Anlass gegeben, dass man Regular-Orden aufheben könne? 1782. 36 S. 8°

cf. D. neuesten Religionsbegebenheiten. 5 (1782) S. 298.

Verf. meint, dass die Tempelherren u. Franziskaner die Ursache seien u. erzählt die Aufhebung der erstern u. die Unterdrückung der letztern.

[D. neuesten Religionsbegebenheiten. 5 (1782) S. 298.]

Was für Wörter in jeder Provintz und Gegend von Teutschland sonderlich in der Mark Brandenburg zu sammeln sind ... Berlin 1734. V: *Frisch, Johann Leonhard* [?]. (MZ)

Was geht den Bauer denn die Bibel an? ... An mein Heimatland, mein Vaterland! [Ascona 1903.] V: *Brunnschweiler-Mantel, Arnold.* (BSULLSCHW 17, S. 183)

— geht den Bauer denn die Bibel an? (34 S.) 8. Ascona (903). (C. v. Schmidtz.) — 15

—— geht und was nicht geht. Einige Bemerkungen mit Bezug auf Staatshaushalt, Verfassung und Recht im Königr. Preußen und in dem norddeutschen Bunde. Für die Norddeutschen und die Süddeutschen. gr. 8. (71 S.) Berlin 870, Kortkampf.

—— gelobest du, wenn du versprichst, deine Kinder römisch-katholisch werden zu lassen? 2. Aufl. 8. (7 S.) Schwelm 856, Scherz.

— Georg seinen deutschen Landsleuten über Brasilien zu erzählen weiß. Schilderungen eines in Süd-Brasilien wohlhabend gewordenen Proletariers. Ein Beitrag zur Länder- u. Völkerkunde. Mit 25 Holzschn. in Farben-, Ton- u. Schwarzdruck. Leipzig 863. Rein in Comm. Lex.-8. (VII, 256 S.) n. 1 ₰ 10 ngr.

— geschieht jetzt mit Napoleon u. mit Frankreich. Politische Beleuchtung von einem ehemaligen Diplomaten u. Militär. Leipzig 870. O. Schulze. 8. (15 S.) 1 ngr.

Was gewährt d. Stuttgarter allgem. Renten-Anstalt ihren Theilnehmern?, s.a. Kapff, S. E.

Was gewährt die Stuttgarter Allgemeine Renten-Anstalt ihren Theilnehmern? ... Stuttgart 1838. V: *Kapff, Sixt Carl.* (KY) (STAM)

— gewährt die Stuttgarter Allgem. Renten-Anstalt ihren Theilnehmern? Unparteiisch untersucht von S. C. K(apff). gr. 8. Stuttgart 838. Weise u. Stoppani. ¼ ₰

Was gewinnen wir, wenn Schwaben eine Republik wird? O. O. 1798. V: *Griesinger, Johann Jacob.* (MGT)

Was gewinnen wir, wenn Schwaben e. Republik wird? 8. Stuttg. 799. (Sattler). 1 𝒦

Was giebt den Baiern ihre neue Verfassungsurkunde? .. Erlangen 1818. V: *Puchta, Wolfgang Heinrich.* (Ky)

— giebt den Baiern ihre neue Verfassungsurkunde? Was fordert sie von ihnen? Besonders in Beziehung auf d. ständische Einrichtung beantwortet in einem Sendschreiben eines Landrichters an seine Amtsbefohlenen (v. W. H. Puchta). 8. Erlang. 818. Palm u. Enke. 5 𝒦

Neues: Was giebts neues?
① Ein Zeitungsblatt für Bünden ② Ein Zeitungs-Blatt für Bünden (1787—1789); Ein Zeitungsblatt für Graubunden (1792—1794) ③ Kurzgefaßte allgemeine politische Nachrichten für Bündten ④ Der Alpenbothe ⑤ 1786—1794 ⑥ 4° ⑦ wöchentlich 2× ⑧ Chur: Bernhard Otto ⑩ Bernhard Otto ⑬ BGSZ: 1000 ⑭ Ch: K.

Was gibt und verspricht uns die kaiserliche Proklamation? Beantwortet für das Landvolk. Innsbruck 1848. V: *Flir, Alois.* (Margr)

Was gilt? Zur königl. Sächsischen Gesetzsammlung. Jahrg. 1818—21. [Zittau 1875—76.] V: *Finger.* (Kat. der stat. Bureaus. Dresden 1890.)

Was glaubte von jeher die katholische, namentlich die französische Kirche, vom Bischoffe zu Rom? ... Augsb. 1812. V: *Egger, Carl Borr.* & *Dominik Schelke.* (MGT) (Ky) (AarK) (EngJ) (Gla I, 2, 534)

— glaubte von jeher die katholische, namentl. d. französ. Kirche vom Bischof von Rom? Beantwortet aus kirchl. Zeugnissen bis herab auf unsere Zeiten für alle, d. darüber Belehrung ꝛc. suchen (v. Karl Egger v. Barromäo u. Dom. Schelkle.) 8. Augsb. 812. Bolling. 20 𝒦

— — glaubte von jeher die katholische, namentlich die französische Kirche vom Bischofe zu Rom? Beantwortet aus kirchlichen Zeugnissen bis herab auf unsere Zeiten. gr. 8. Augsburg. (Leipzig, Herbig.) 812.

Was glaubte von jeher die kathol., vornehml. d. franz. Kirche v. Bischofe zu Rom? beantw. a. kirchl. Zeugn. *Lpz.*, Herbig. (812.) 820. 8. (1 Thl.)

Was Gott bewacht, ist wohl bewacht. Eine Anekdote nach dem Französ. 8. 838. Zürich, Hanke. 2 ngl

— Gott nicht zusammengefügt hat, das darf der Mensch scheiden! oder Stimmen über das Ehescheidungs-Recht und den Einfluß der histor. Schule auf die preuß. Eherechts-Reform. gr. 8. Berlin 843, Hermes. ³/₄ rf

— Gott tut, das ist wohlgetan, s.: Vergißmeinnicht-Erzählungen. Nr. 69.

— hab ich dir Leids getan? Ein Büchlein f. die liebe Jugend. Von e. Freunde der Tiere. (Herm. Dechent.) (20 S. m. Abbildgn.) 8. Frankfurt a/M. (906). (R. Scheffel.) —20

Was habe ich gethan? Hamburg-Borgfelde [ca. 1900]. V: *Spurgeon, Charles Haddon.* (Berl)

Was habe ich zu fatieren? Was habe ich zu zahlen? ... Wien 1897. V: *Meyer, Robert.* (EB)

Was habe ich zu fatiren? Was habe ich zu zahlen? Ein Wegweiser für die Steuerreform. 1. Heft. Allgemeine Erwerbsteuer, Erwerbsteuer von den der öffentlichen Rechnungslegung unterworfenen Unternehmungen. 8. (VI, 93 S.) —.50
Wien: Manz 1897.

Was habe ich zu fatiren? Was habe ich zu zahlen. Ein Wegweiser für die Steuerreform. 2. Heft. Personal-Einkommensteuer. Besoldungssteuer von höheren Dienstbezügen. Rentensteuer. Allgemeine Bestimmungen. Strafbestimmungen. Finanz-Plan. (V, 147 S.) Wien: Manz 1897. —.65

Was habe ich zu fatiren? Was habe ich zu zahlen? Ein Wegweiser für die Steuerreform. 1. Heft. Allgemeine Erwerbsteuer, Erwerbsteuer von den der öffentlichen Rechnungslegung unterworfenen Unternehmungen. 2. Auflage. 8. (VI, 93 S.) Wien: Manz 1897. —.50

Was habe ich zu fatiren? Was habe ich zu zahlen. Ein Wegweiser für die Steuerreform. 2. Heft. Personal-Einkommensteuer. Besoldungssteuer von höheren Dienstbezügen. Rentensteuer. Allgemeine Bestimmungen. Strafbestimmungen. Finanz-Plan. 2. Auflage. (V, 147 S.) —.65
Wien: Manz 1897.

Was habe ich zu fatiren! Was habe ich zu zahlen. Ein Wegweiser für die Steuerreform. 1. Heft. Allgemeine Erwerbsteuer, Erwerbsteuer von den der öffentlichen Rechnungslegung unterworfenen Unternehmungen. III. Auflage. 8. (VI, 93 S.) Wien: Manz 1897. —.50

Was habe ich zu fatiren? Was habe ich zu zahlen. Ein Wegweiser für die Steuerreform. 2. Heft. Personaleinkommensteuer. Besoldungssteuer von höheren Dienstbezügen. Rentensteuer. Allgemeine Bestimmungen. Strafbestimmungen. Finanz-Plan. 5. verbesserte und ergänzte Auflage. 8. (V, 168 S.) Wien: Manz 1897. —.65

— habe ich zu fatieren? Was habe ich zu zahlen? Ein Wegweiser f. d. Steuerreform. 2 Hfte. 12. Wien 898. Manz. n. 2.44
1. Allgem. Erwerbsteuer, Erwerbsteuer v. den der öffentl. Rechnungslegg. unterworf. Unternehmgn. 4. Aufl. (VI, 93 S.) n. 1.—
2. Personaleinkommensteuer. Besoldungssteuer v. höh. Dienstbezügen. Rentensteuer. Allgem. Bestimmgn. Strafbestimmgn. Finanzplan. 6., neuerdings verb. u. ergänzte Aufl. (V, 172 S.) n. 1.44

— haben Bank-Interessenten zu thun? von einem Mit-Interessenten u. Vaterlandsfreunde. 8. Hamb. 816. (Perthes u. B.) 6 gGr

Was haben die Bundesstaaten gegenwärtig zu thun. Stuttg. 1830. V: *Theobald, Jos. Apollinar Honorat v., General.* (Mitth. Dr. A. Goldmann.)

Was haben die deutschen Bundes-Staaten gegenwärtig zu thun? Anh.: Die Deutsche Bundes-Acte v. J. 1815, die Wiener Schluß-Acte v. J. 1820, mit Bemerkn; die Bundes-Matrikel; nebst einigen Miscellen. 8. (6 B.) Stuttgart 831, Steinkopf.

Was haben die Deutschen Bundesstaaten gegenwärtig zu thun. Ein deutsches Wort aus dem Jahre 1831 ... Kassel 1848. V: *Elvers, Christian Fridrich.* (wen S. 2)

— haben die Deutschen Bundesstaaten gegenwärtig zu thun? Ein Deutsches Wort aus dem J. 1831, f. das J. 1848 wieder abgedr. aus der allgemeinen Rechtszeitung, Juni 1831. gr. 8. (16 S.) Kassel 848, Hotop. baar 2 ngr

— haben die Israeliten in Sachsen zu hoffen? und was ist ihnen zu wünschen? oder: Auf welcher Stufe der Vollkommenheit steht jetzt d. politische Zustand der Israeliten in allen europ. Staaten? und welche Veränderung kann der religiöse erleiden? Aufgestellt von A.. M.. Beantwortet von Moses Pinner. Mit einem Vorworte vom Prof. Krug in Leipzig. gr. 12. Leipzig 833. Fest, jetzt Milzer. 3/4 Thlr

— haben die israelit. Gaubensgenossen in Bayern von d. nächsten Landtage zu hoffen? 8. (1 3/4 B.) Bamberg 835, Dederich'sche Buchh. *

Was haben die Mächte von Bonaparte zu erwarten? Basel [Bremen] 1801. V: *Marcard, Hnr. Matthias.* (wr)

— haben die Mächte von Bonaparte zu erwarten? 8. Frankf. 801. Fr. Wilmans. 9 gGr

— haben die Protestanten von den Katholiken zu befürchten? Ein Gespräch. gr. 8. (... B.) Straßburg 843, Treuttel u. Würtz. *

— haben die Stadträthe Sachsens für d. Verbesserung ihrer Gelehrtenschulen gethan? Histor. Andeutungen zu Beantwortung dieser Frage, zunächst in Bezug auf d. Hrn. Dir. Lindemann neueste Schrift von ......r. gr. 8. (1 1/2 B.) Leipzig 834, Klinkhardt.
Vgl. Lindemann, Friedr.

Was haben die verbündeten ... Heere vorzüglich zu thun, um fortdauernd den Sieg an die Fahnen zu fesseln ... O. O. 1813. V: *Szymborski, Joh. Nepomuk Maximilian von.* (Ky) (MGT)

— haben d. verbündeten, gegenwärtig am Rhein stehenden Heere vorzüglich zu thun, um fortdauernd den Sieg an ihre Fahnen zu fesseln rc.? (v. J. N. M. v. Szymborski). 8. o. O. 813.

— haben Obrigkeiten zu thun, um d. gemeinen Mann d. scheinbare Mißtrauen gegen die Obrigkeiten zu benehmen u. ihn zu überzeugen, daß d. Bestreben d. letztern nur die Wohlfahrt d. erstern zum Zwecke habe. 8. Leipz. 803. Joachim. 8 gGr

— haben vom 1. October an 1) Die Väter u. Mütter bei der Geburt e. Kindes — 2) Die Brautleute zur Schließung ihrer Ehe — 3) Die Hinterbliebenen e. Verstorbenen — 4) Die Schiffer bei Geburts- od. Todesfällen — zu thun? Eine einfache Anweisg., das Gesetz: Zur Beurkundung d. Personenstandes u. s. w. zu befolgen. gr. 8. (16 S.) Danzig 874. Saunier. — 25

— haben wir als Christen für unser Vaterland zu fürchten u. was sollen wir thun, um das Unheil abzuwenden. 8. (34 S.) Münsterberg 848. (Berlin, J. A. Wohlgemuth.) 3 ngr

— haben wir am Hansabund? (53 S.) gr. 8. M.Gladbach (910). Volksvereins-Verlag. — 25

— haben wir an der Volksschule, s.: Volksbibliothek, apologetische.

— haben wir besser zu machen? Beitrag eines Konservativen zur Reformfrage unserer Staats-Verwaltung Berlin 868. Mittler & Sohn. gr. 8. (21 S.) 3 ngr.

— haben wir von dem endlichen Schicksal Napoleons zu halten? 8. Berl. Dieterici. 814.

— haben wir von dem halleyschen Kometen, welcher im Spätsommer 1835 sichtbar wird, zu erwarten? od. Bemerkn. üb. d. phys. Beschaffenheit d. Kometen, mit Rücksicht auf d. bevorsteh. Erschein. dieses Himmelskörpers. 8. (1 1/2 B.) Danzig 835, [Gerhard'sche Buchh.]

— haben wir von d. neuesten Gesetz über Zinsen zu hoffen u. zu fürchten? 8. Berl. 809. Reimer. 4 gGr

— haben wir von den endlichen Schicksalen Napoleons zu halten? Religiöse Ansichten e. ruhigen Weltbeobachters. 8. Berl. 814. (Mittler). 6 gGr

— haben wir von den Reformatoren zu Offenburg, St. Gallen u. andern religiösen Stimmführern des kathol. Teutschlands unserer Tage zu halten? Dargelegt in einem Gespräche zwischen einem Pfarrer u. seiner Gemeinde v. Athanasius Sincerus Philalethes (Graf von Reissach). gr. 8. Mainz 835. Kupferberg. 1 1/3 Thlr

— haben wir von d. Fortdauer d. jetzigen Seekrieges zu erwarten? 8. Amsterd. 810. (Herold u. W. in Lüneb.) 12 gGr

— haben wir v. der freien studentischen Vereinigung zu Jena zu erwarten? Ein Mahnruf an die Jenenser Studentenschaft. gr. 8. (22 S.) Jena 872. (Doebereiner.) n. — 40

— haben wir v. der russischen Kavallerie zu erwarten? gr. 8. (IV, 76 S.) Hannover 884. Helwing's Verl. n. 1. 20

— haben wir von der russischen Kavallerie zu erwarten, 2. Aufl., s. Kavallerie, russische.

— haben zu thun d. Lehrer d. Kirche als ächte Dämagogen bei den drohenden Zeichen d. Zeit. gr. 8. Berl. ... Mittler. 4 gGr

— Hahn u. Huhn erleben u. thun. gr. 4. (16 S. m. z. Tl. farb. Abbildgn.) Nürnberg (899). Th. Stroefer. — 60

— halten die Protestanten v. Maria der Mutter Jesu? Von e. deutschen Frau u. früheren Katholikin. 8. (26 S.) Gr.-Lichterfelde-Berlin (902). E. Runge. n. — 30

Was hältst Du v. der Bibel? Von A. R. gr. 8. (8 S.) Wien 894. (Warnsdorf, A. Opitz.) n. — 10

— Handwerker u. Kleingewerbetreibende v. der Buchführung u. vom Wechsel wissen sollen. Buchführungsheft m. Anleitg. u. Mustern. (40 S.) gr. 8. Zabern (905). A. Fuchs. n.n. — 35

— Handwerker u. Kleingewerbetreibende v. d. Buchführung u. vom Wechsel wissen sollen. 2. Aufl. Buchführungsheft m. Anleitung u. Mustern. (40 S.) gr. 8. Zabern (907). A. Fuchs. nn — 35

— hast Du mit deinen Jahren v. Sonntagen gemacht? 8. (2 S.) Basel 873. Spittler. pro 100 Stück n. — 80

Was hast du wider das Alte Testament? Eine Frage an Bibelleser . . . Stuttg. 1864. V: *Majer*, *F. F.* (Ky) (Hdschr. Mitth. Fr. Müller-Kiel.)

— hast Du wider das Alte Testament? Eine Frage an Bibelleser von dem Verf. des „Bist Du ein Geistlicher?" [F. F. Majer.] Stuttgart 864. S. G. Liesching. 8. (XII, 215 S.) 15 ngr.

—— hast Du wider das Alte Testament? Eine Frage an Bibelleser von dem Verf. des „Bist Du ein Geistlicher?" (F. F. Majer.) 8. (XII und 215 S.) Stuttgart 864. [Gotha, Schloeßmann.] Ermäßigter Preis *

Was hast Du wider das alte Testament? 8. Gotha 871. Leipzig, Lehmann. * — 80

— hast Du wider das alte Testament? Eine Frage an Bibelleser v. dem Verf. des: „Bist Du e. Geistlicher?" Neue Ausg. 8. (XI, 215 S.) Gotha 871. Schloeßmann. n. — 80

— hat das sächsische Volk zu thun, in den Tagen der wieder erwachten Freiheit. 8. (16 S.) Leipzig 848, Buch- u. Kunst-Verlag. n. 1/12 ℛ

Was hat das wieder geborne Deutschland von seinen Frauen zu fordern? . . . Bremen 1814. V: *Gleim*, *Betty*. (MGT) (Ky) (Cat. d. Stadtbibl. Zürich. Zürich 1864—97.)

— hat das wiedergeborne Deutschland von seinen Frauen zu fordern. Beantwortet durch e. Deutsche (Betty Gleim). 8. Bremen 814. Heyse. 8 ℊ

— hat der „Anker" versprochen? — Was kann er halten. Wien 860. F. Klemm. gr. 8. (15 S.) n. 4 ngr.

Was hat der Christ zu thun bey Gefahr des Vaterlandes und der Religion? . . . Augsb. 1800. V: *Kiepach*, *Stanislaus*. (schmal)

— hat der Entwurf der Verfassung des deutschen Reiches der drei Regierungen an d. Frankfurter Verfassung u. dem Wahlgesetze abgeändert? Eine Zusammenstellung der differirenden Paragraphen. Nach den amtl. Ausg. abgedr. gr. 16. (35 S.) Posen 849, Merzbach. 1/12 ℛ

Anonym: „Was hat der Erwerber eines Guts zu thun, ehe er den künftigen Bewirthschaftungsplan definitiv entwerfen darf?", Berlin 1811.

Was hat der Jurist zu lernen und wie soll er es? Darmstadt im März 1811. V: *Bergsträsser*, *Heinr. Wilh.* (?) (Erman & Horn, Bibliogr. d. dtsch. Universitäten. 1. Leipz. u. Berl. 1904.)

Was hat der Kanton Aargau in Eisenbahnsachen zu thun? 2. Aufl. [Aarau] 1864. V: *Zschokke*, *Olivier*. (Cat. d. Stadtbibl. Zürich. Zürich 1864—97.)

—— hat der katholische Christ von der Ehe und gemischten Ehe zu halten? Von einem kathol. Geistlichen. gr. 8. (44 S.) Regensburg 862, Manz.

— hat der katholische Christ zu thun, bei u. nach der Gefahr d. Vaterlandes u. der Religion? 8. Augsb. 801. Veit. 16 ℊ

—— hat der Kaufmann mit 1. Juli 1863 zu thun? Eine allgemein verständl., gedrängte Darstellung alles dessen, was der Kaufmann mit Rücksicht auf das neue Handelsgesetz zunächst wissen und vorkehren muß. Von einem Juristen und einem prakt. Geschäftsmanne. 8. (63 S.) Wien 863, Herzfeld und Bauer.

— hat d. Landmann in Preußen zu thun, um auch unt. den heutigen Umständen zu bestehen? rc. 4. Königsb. Nicolovius. 815.

Was hat der Landwirth in Preussen zu thun, um auch unter den heutigen Umständen zu bestehen . . . Königsberg 1813. V: *Manitius*, *Carl Ludw.* (Ky) (MGT) (Engoec)

— hat d. Landwirth in Preußen z. thun, um auch unter d. heutigen Umständen zu bestehen, u. die Zinsen seiner Gläubiger zu berichtigen? Ein Wort zu sr. Zeit rc. (v. K. L. Manitius.) 4. Königsb. 813. Nicolovius. 12 ℊ

Was hat der Prediger in Kriegszeiten zu thun. [Halle 1804.] V: *Seltenreich*, *Carl Christian*. (MGT)

Was hat der Schneider, der sein Geschäft den heutigen Zeitverhältnissen entsprechend rationell betreiben will, hauptsächlich zu beachten? – 100 Antworten. Dresden (1892).

— hat der Zollverein zu thun, um der Sitz jedes Fortschrittes zu werden. 8. Nürnberg 845, Leuchs u. Co. 1/6 ℛ

Was hat Deutschland von seinen erhabenen Rettern zu erwarten, was hat es zu wünschen? O. O. 1814. 17 S. 8.

— hat Deutschland von seinen erhabenen Rettern zu erwarten, was hat es zu wünschen? gr. 8. Frankf. a. M. 814. Varrentrapp. 5 ℊ

Was hat die Aufklärung f. Folgen? e. halb wahrer Roman ꝛc. 8. Hirschberg 791. Uffner. 12 gr

Was hat die Deákpartei und die Regierung für das Volk gethan? Pest 1872. V: *Baussnern, Jos. von.* (Litt. d. ev. Landeskirche in Siebenb. Hermannst. 1889.)

Was hat die deutsche Freimaurerei in dem letzten Jahrzehnt geleistet? besprochen am Joh. Feste der Gr. Loge des eklekt. Bundes den 28. Juni 1851. O. O. V: *Kloss, Georg.* (Tt)

—— hat die deutsche Landwirthschaft von conservativen Wahlen zu befürchten? Betrachtungen für freisinn. ländl. Wähler von einem prakt. Landwirth. [Broschürenfonds der deutschen Fortschrittspartei.] gr. 8. (15 S.) Berlin 882, (Barthel.)

Preuß. Beamten-Verein zu Hannover, Lebensversicherungsverein auf Gegenseitigkeit. **Was** hat die Gothaer Lebensversicherungsbank gegen die Einrichtungen des Preußischen Beamten-Vereins einzuwenden? [Nebst] Beilage. (Hannover: Preuß. Beamten-Ver. 1905.) (16 S.) 8° [J.] [06. 3090]

Was hat die kathol. Theologie gegen die Philosophie einzuwenden? Nicht philosophisch u. nicht theologisch, sondern einfältig beantwortet von einem Laien. Neue Sion (Augsburg) 1845, Nr. 22 u. 23.

Was hat die ländliche Bevölkerung von der Sozialdemokratie zu erwarten? Flugblatt mit den Anfangsworten: „Ueberall hört man" und dem Schluss: „nicht mitmachen". 8⁰. Hottingen-Zürich, Schweiz. Genoss.-Buchdr., s. a.

Was hat die Monatschrift für Theater und Musik im J. 1856 geleistet? Wien. Druck und Papier von Leop. Sommer. (16 S. 8.)

—— hat die Welt zu erwarten, was zu fürchten v. den Kometen d. 4. Jahrzeh. v. 19. Jahrh. 1830—1840? Nebst vorausgeh. Ansichten üb d. Kometen Bau, Gestalt u. Beschaffenheit ꝛc. 2., verb. Aufl. gr. 8. (6 B.) Grätz 833, Ferstl.

Was hat ein guter Lutherischer Christ von dem neuen Berlinischen Gesangbuche zu halten? . . . Breslau 1782. V: *Loge, Johann Christian.* (Ky) (Ml.)

— hat ein guter luther. Christ von d. neuen berlin. Gesangbuche zu halten? Eine Frage untersucht u. beantwortet v. J. C. L. P. in L. (Jh. Chr. Loge.) 8. Bresl. 782.

Anonym: „Was hat ein sorgsamer Hausvater und eine kluge Haushälterin zu wissen nöthig? Eine encyclopädische Uebersicht, was in Küche, Keller, Speisekammer, beim Waschen, Biegeln, Färben, Bleichen zu beobachten, um eine Wirthschaft mit Kostenersparniss immer im vortrefflichen Zustand zu erhalten: nach Leuchs, Röver, Schmidt, Hermbstädt u. a.", Kaschau 1823 (Wiegand). Neue Auflage u. d. T.: „Der neu erprobte Rathgeber für Hausväter und Hausmütter . . . .", 2 Bände, ebenda 1826.

— hat ein verständiger Hausvater u. eine kluge Haushälterin zu wissen nöthig? Eine encyclopädische Uebersicht alles dessen, was heut zu Tage in der Küche, im Keller ꝛc. zu geschehen hat, um eine Hauswirthschaft mit möglichster Kostenersparniß im vortreffl. Zustande zu erhalten. Nach Leuchs, Röver, Hermbstädt, Schmidt, Donndorf u. andern bewährten Schriftstellern. 8. Kaschau 824. (Pesth, Heckenast.) 1 1/6 ß

— hat ein verständiger Hausvater u. eine kluge Haushälterin zu wissen nöthig? Nach Leuchs, Röver, Hermbstädt, Schmidt, Donndorf u. andern bewährten Schriftstellern. gr. 8. Kaschau 824. Wigand. (Kesselring in Hildburgh.) 1 ß 6 gr

Was hat es mit der Feier des 300jährigen Reformations-Jubelfestes in der Mark Brandenburg . . . 1839 für ein Bewandniss . . . Berlin 1839. V: *Frege, Ludwig.* (Ky) (Zu)

— hat es mit der Feier des 300jähr. Reformations-Jubelfestes in der Mark Brandenburg am 1. u. 2. Nov. 1839 für eine Bewandniß, oder faßliche Belehrung über den Unterschied der religiösen Verhältnisse vor u. nach der Reformation. (Von Ludw. Frege.) 16. Berlin 839. Gropius. 1/12 ß

— hat Europa seit Jahrhunderten von Frankreich zu befürchten gehabt, u. was hat es noch von ihm zu befürchten? Aus der Geschichte gemeinfaßlich für diejenigen beantwortet, welche aus ihr auch für d. Zukunft lernen wollen. 8. Augsb. 814. Bolling. (Leipz., Herbig). 3 gr

— hat Europa von Frankreich seit Jahrh. zu fürchten gehabt, u. was hat es noch von ihm zu befürchten? ꝛc. 8. Augsb. Bolling. 814.

— hat Europa zu fürchten u. zu hoffen? s. a. Stellung, über die polit., d. europ. Staaten.

Was hat Europa zu fürchten und zu hoffen? . . . Deutschland [Düsseldorf] 1806. V: *Kerz, Frdr. von.* (MGT) (Wr)

— hat Europa zu fürchten u. zu hoffen? od. Europens polit. Zustand vor u. nach d. Frieden v. Presburg, nebst e. prüfend. Uebersicht d. letzten geg. Frankreich erzeugt. Coalition. gr. 8. Deutschland. (Hofbuchhdl. in Düsseldorf.) 806.

— hat Frankreich in der oriental. Frage gewollt? s. Guerrier de Dumast.

Was hat Jesus Christus eigentlich gewollt? München [1901]. V: *Reinhardt, Ldw.* (BBullSchw 4, 1904)

Was hat Jesus selbst bei seinem sichtbaren Wandel auf Erden . . . gelehrt? Rostock 1774—78. V: *Kosegarten, Bernhard Christian.* (Adel) (Ky)

— hat Jesus selbst bei seinem sichtbaren Wandel auf Erden in seinen hinterlass. Reden eigentlich gelehrt? (v. B. Chr. Kosegarten). 1r Thl. 1e u. 2e Abth. 8. Rost. 774—78. Koppe. (Stiller). 1 ß 18 gr

— hat im Mobilmachungsfall der Offizierkoffer zu enthalten? (5 S.) kl. 8. Oldenburg (909). G. Stalling's Verl. — 20
Sonderabdruck aus: „Deut. Offizierbl."

— hat Kursachsen, den Aspecten nach, von dem Landtage d. J. 1799 zu erwarten? Briefe eines Sachsen von der Schweizergrenze her, an e. s. Landsleute. Meist noch auf Anlaß des neu errichteten Grabmahls d. Leonidas. 8. Leipz. 799. (Brockhaus). 16 gr

— hat Chursachsen, d. Aspecten nach, v. d. Landtage d. J. 1799 zu erwarten? Briefe e. Sachsen v. d. Schweizer-Grenze her ic. 8. Lpz. Gleditsch. 799.

Was hat Luther für ein Recht gehabt zu reformiren? . . . Magdeburg 1785. Berlin 1789. V: *Purgold*, *Daniel Heinrich*. (ML)

Was hat man von der Veränderung der alten Lieder u. d. Einführung der geänderten . . . zu halten . . ., s. a. Baumeister, Karl August

Was hat man von den Veränderungen der alten Lieder . . . zu halten und zu erwarten. Leipzig 1776. V: *Baumeister*, *Carl August*. (OL)

— hat man von d. Veränderung d. alten Lieder u. den durch d. neue Gesangbuch eingeführten zu halten? 8. Leipz. 776. Pilscher. 2 gr

Was hat man zu thun, um eine schwache Brust zu stärken, der Lungensucht vorzubeugen und sie zu heben? . . . Quedlinburg 1823. V: *Westphal*, *Carl*. (Call) (Ky) (MGT)

— hat man zu thun, um eine schwache Brust zu stärken, d. Lungensucht vorzubeugen u. sie zu heben? (v. K. Westphal). 8. Quedlinb. 823. Basse. 12 gr

— hat Oesterreich jetzt in Galizien zu thun, nachdem es für dasselbe bis nun nichts gethan hat? Von A. P. 8. (23 S.) Wien 848, Schaumburg & Co. 4 ngr

— hat Preußen gesagt — gethan? Preußens Politik gegenüber Oesterreich und Frankreich. Ein Beitrag zur jüngsten Geschichte. 8. (44 S.) Leipzig 859, Kollmann.

Was hat unser Landtag für das Volk getan? Bregenz 1902. V: *Loser*, *Franz*. (Margr)

— hat Würtemberg in Beziehung auf seine öffentl. Unterrichts-Anstalten zu hoffen? gr. 8. (2 B.) Heidelberg 830, Groos.

Was hatten Luthers Bemühungen für ihr Zeitalter für eine Wirkung? . . . Jena 1802. V: *Wolfter*, *Peter*. (Ky)

— hatten Luthers Bemühungen für ihr Zeitalter für eine Wirkung? u. welche gesegnete Vortheile hat ihnen d. Nachwelt zu danken? 8. Jena, Göpferdt. 802.

— hatten Luthers Bemühungen für ihr Zeitalter f. eine Wirkung? u. welche gesegnete Vortheile hat ihnen d. Nachwelt zu danken? (v. Wolfter). 8. Jena 802. (Schmid). 6 gr

Was heisst das: Was die Gewalt gibt, kann auch die Gewalt wieder nehmen. 8. *o. O.* 1814.

— heißt „katholisch" und unter welchen Bedingungen hat eine Kirche das Recht, sich katholisch zu nennen? Eine zeitgemäße Vorlage an die liebe Christenheit. 8. (14 S.) Elberfeld 874, Buchh. der evangel. Gesellschaft.

— heißt Oesterreich? Ein Warnungsruf an Volk u. Reich. 8. (31 S.) Wien 897. (Leipzig, Literar. Anstalt, A. Schulze.) n. — 72

— heißt: verflucht? in der Stelle: Galat. 1, V. 8 u. 9. (Aus dem Kirchenboten besonders abgedruckt.) gr. 8. Bremen 840. Kaiser. n. 1/12 rf

Was Hiob zu lernen hatte, oder 'Gott ist es, welcher rechtfertigt'. Elberfeld: R. Brockhaus 1900. (52 S.) 8° [J.]
= [Schriften z. Erbauung d. Gläubigen.] No 263

— hofft sich der bayersche Landmann v. d. Aufhebung der Klöster? 8. München, Fleischmann. 803.

— hofft sich d. Baierische Landmann von der Aufhebung der Klöster? 8. Münch. 830. Fleischmann. 3 gr

— hot er gesogt? Oestraichsch sollen mer werden hot er gesogt? 1 B. in Fol. Berlin 848. (Hirschfeld.) 1 ngr

Was ich als Maurer lernen möcht. [Dresden] o. J.: Gärtner]. 1 Bl. 8° [Kopftit.]
Gedicht: „Als mir das maurerische Licht geleuchtet, . . ."

— ich dem Blauen Kreuz verdanke. Dem deutschen Hauptverein des Blauen Kreuzes gewidmet v. e. geretteten Trinker. (24 S.) 8. Barmen 907. Buchh. des Blauen Kreuzes. — 15

Was ich dem Blauen Kreuz verdanke. Dem Deutschen Hauptverein d. Blauen Kreuzes gewidmet von e. geretteten Trinker. Barmen: Ehm 1907. (24 S.) 8° [J.]

— ich Dir wünsche! kl. 4. (4 S. m. 2 farb. Bildern.) Nürnberg 895. Th. Stroefer. — 75

Was ich meinen Söhnen erzähle. Memorabilien eines viel und hartgeprüften Achtundvierzigers. Leipzig-Gohlis 1909. V: *Gründorf Ritter von Zebegény*, *Wilhelm*. (EB)

— ich meinen Söhnen erzähle. (Memorabilien e. viel- u. hartgeprüften Achtundvierzigers [R. G. v. Z.].) 1. Buch. I. Bd. (VII, 227 S. m. Bildnis.) 8. Leipzig-Gohlis 909. Raschwitz b/Leipzig, B. Volger. 3. —

— ich mir wünsche. 4. (14 S. m. z. Tf. farb. Bildern.) Stuttgart 894. F. Loewe. — 75

— ich nach meinem Tode erlebte. Gedanken u. Beobachtgn. e. Gestorbenen. gr. 8. (24 S.) Weimar 895. Leipzig, G. Wimmer. n. — 50

— ich nach meinem Tode erlebte. Gedanken u. Beobachtgn. eines Gestorbenen. 2. Aufl. (24 S.) gr. 8. Leipzig (905). K. F. Pfau. n. — 50

!– ich nach meinem Tode erlebte. 1905. Jetzt: Berlin, Magdeburger Verlagsanstalt.

—— ich nicht seh', das glaub' ich nicht, oder: Narrenweisheit im 19. Jahrh., s. Broschüren-Cyclus.

Was ich überhaupt in den Klöstern geändert wünschte. Landshut 1802. V: *Aschenbrenner, Beda.* (MGT) (Th) (Ky) (Lindner)

— ich überhaupt in den Klöstern geändert wünsche (v. B. Aschenbrenner). gr. 8. Landsh. 802. Krüll. 10 Kr.

— jedermann vom Alkohol wissen muss. (1 Bl.) 43×27 cm. Berlin (908). Mässigkeits-Verlag.
Auf Pappe, lackiert, m. Oesen p — 40

Was Jerem. Gotthelf über die soziale Frage sagt, s.: Schriften, kleine.

— Ihr wollt! Für Anfänger u. Geübtere im Lesen u. Denken. Mit 7 color. Kupf. 12. Berlin 841, Hasselberg'sche Verlag. geb. 1/4 Rthl.

—— Ihr wollt. Unterhaltendes und Belehrendes aus Heimath und Fremde. 1. und 2. Bd. 16. (VIII und 276 S.) Göttingen 856, Wigand. à Bd. * 5 Ngr. *

—— Ihr wollt. Unterhaltendes und Belehrendes aus Heimath und Fremde. 3—8. Bd. 16. Göttingen, Wigand. [3. Bd. (150 S.) 858., 4. (146 S.) 858., 5. und 6. (XX und 236 S.) 858., 7. (III und 140 S.) 860., 8. (III und 139 S.) 860. à Bd. * 5 Ngr.] *
Der 5. und 6. Bd. sind auch unter dem Titel: Proben neuerer deutscher Lyrik, erschienen und kosten * 10 Ngr., geb. 18 Ngr.
1. und 2. Bd. Ebendas. 1856. * 10 Ngr.

— ihr wollt! Ein unzerreißbares Bilderbuch. 2 Sorten. 8. (à 8 Chromolith. auf Carton.) Wesel 884. Düms. geb. à — 50

—— Ihr wollt! Ein Blatt für das deutsche Haus. Hrsg. von Ernst Otto Hopp. 1. Jahrg. 1885. 52 Nrn. (Bog.) gr. 8. Berlin, Nonnemann. *

—— dass. — 2. Jahrg. 1886. 52 Nrn. (Bog.) gr. 8. Leipzig, Werther. *
In 13 Heften à *
Nicht weiter erschienen.

—— Ihr wollt. Sociale Blätter f. das deutsche Volk. 1. Bd., s. a. Mahnungen, sociale.

—— Ihr wollt! Sociale Blätter für das deutsche Volk. Hrsg. von Friedr. Nonnemann. 1. Bd. [In 6 Heften.] 1.—3. Heft. gr. 8. (à Heft 60 S.) Ebendas. 886. à Heft *
Nicht weiter erschienen.

— Ihr wollt. Ein Bilderbuch zu Lust u. Lehr. 16 Bl. in Farbendr. m. Text v. Klara Reichner. 4. (32 S.) Stuttgart 886. G. Weise. geb. 2. —

— im Hause gebraucht wird. 8. (8 S. m. 8 farb. Taf.) Leipzig-Reudnitz 889. Schmidt & Römer. — 10

Was in der Brautnacht passirt. (c. 1875.) (c. 1/4 Rthl.)
Vergriffen und selten!

— in der Religion nothwendig und wesentlich sei? Aus dem Munde Jesu beantwortet z. Beurtheilung für alle diejenigen, die an den religiösen Wirren unserer Tage Anstoß nehmen. gr. 8. Leipzig 846, Bamberg. 6 ngl

Was ist Antisemitismus?, s.: Antisemitismus.

Was ist Aufklärung? Wien 1790. V: *Jungnitz, Longinus Anton.* (NN) (MGT) (Ky) (Nowack, Schles. Schriftst.-Lex. Breslau 1836—43. III, 61.)

— ist Aufklärung? (v. L. A. Jungnitz). 8. Wien 790.

Was ist aus unsern nach Berlin geschickten Turnipsen geworden? [Halberstadt 1800.] V: *Fischer, Glob Nath.* (ML)

Was ist begnadigen? . . . [Schleswig 1793.] V: *Schmettow, Woldem. Friedrich Graf von.* (ML)

Was ist bey Vertheilung der französischen Brandschatzung . . . den Rechten und der Klugheit gemäss? Tübingen 1796. V: *Gmelin, Christian Gottlieb.* (MGT)

— ist Bekehrung? 3. Aufl. 8. (52 S.) Elberfeld 885. (Faßbender.) n. — 20

— ist Bekehrung? 4. Aufl. 8. (52 S.) Elberfeld 893. R. Brockhaus (durch J. Faßbender). n. — 20

Was ist Bekehrung? 1. Thessal. 1, 9. 10. 5. Aufl. Elberfeld: R. Brockhaus 1903. (52 S.) 8°
([Schriften z. Erbauung d. Gläubigen.] No 184.)

— ist Bekehrung? 5. Aufl. (52 S.) 8. Elberfeld 903. R. Brockhaus (durch J. Faßbender). — 20

Was ist besser, Krieg oder Frieden mit den Franzosen? Nürnb. 1800. V: *Haller, Carl Ludwig von.* (MGT)

Was ist Christentum? Aufsätze über Grundwahrheiten des Christentums von Pastor [O] Boekhoff, Loga; Pastor Lic. Dr. [Julius] Boehmer, Raben; ... Prof. D. (Eduard) Riggenbach, Basel; ... Pastor Wilde, Gr(oss-)Lichterfelde; hrg. von Pastor Lic. (Ernst) Cremer, Rehme. VIII + 302 S. 8. Gütersloh, C. Bertelsmann, 1907. [M. 4.—, geb. 4.50]
Darin S. 257—273: Was ist von der unverzeihlichen Sünde zu halten? Von D. Eduard Riggenbach, a. o. Professor... in Basel.

Was ist Czerski? Ein offenes Sendschreiben an alle, die da hören, sehen u. prüfen können u. wollen. Mainz, Kirchh., 1844, 8°, 15 Pf.

— ist Czerski? Ein offenes Sendschreiben an Alle, die da hören, sehen u. prüfen können u. wollen. Aus dem „Katholiken" abgedruckt. gr. 8. Mainz 845, Kirchheim, Schott u. Thielmann. 1/24 ℳ

— ist das? Oder: Unterhalt. Vexir-Magazin f. fröhl. Gesellschaften &c. Eine Samml. v. auserwählten Räthseln, Räthselfragen u. deutschen Calembourgs. 2 Bdchn. 16. (15½ B.) Wien 829, [Dorfmeister.] — 12

— ist das? Oder: Unterhalt. Vexir-Magazin für fröhliche Gesellschaften &c. Eine Sammlung von auserwählten Räthseln &c. 2 Bdchn. 16. Wien 829. Mausberger. (Leipz., Hunger.) ½ ℳ

— ist das. Ein Anschauungs-Bilderbuch in Abbildgn. aus Haus, Hof, Wald u. Feld. Fol. (10 farb. S.) Stuttgart 892. G. Weise. 1. 25; auf Pappe, kart. 2. 25; als Leporello-Album 3. —

— ist das? Ein (Leinw.-)Anschauungs-Bilderbuch in Abb. aus Haus, Hof, Wald u. Feld. hoch 4. (10 Bl. m. farb Bild. u. eingedr. Text.) Stuttgart 896. G. Weise. Geb. 2. 40

— ist das? Ein Anschauungs-Bilderbuch in Abbildgn. aus Haus u. Hof, Wald u. Feld. gr. 4. (8 farb. Taf. m. Text auf der Rückseite.) Stuttgart (902). G. Weise. Kart. 1. 50; unzerreißbar 3. —

— ist das Evangelium? Von Freunden zum Druck befördert u. zum Besten der Evangel. Gesellschaft in Frankreich herausg. 8. Barmen 839. Steinhaus. 1 ℛ

Was ist das Kaiserthum? München 1853. V: *Phillipps, Georg.* (EB)

— ist denn auch d. Karthäußer für ein Mann? Eine Abhandl. in Briefen an einen philosophischen Freund nach den Ideen eines bekannten protestantischen Gelehrten. 8. Augsb. 802. Wagner. 5 ℛ

Was ist denn das? Es ist nun so Etwas zum Lesen. (Gedichte.) Gedruckt unter der Presse (Leipzig, Gebauer), o. J. (1779). 8°.
Bibl. Bülov. P. II. Abth. 4. p. 102. — Aeusserst selten!

Was ist denn gegen die katholische Heiligenverehrung eigentlich einzuwenden? s.a. Broschüren-Cyklus.

Was ist denn gegen die kath. Heiligenverehrung eigentlich einzuwenden? Soest, Nasse, 1866, 8°, 32 S., 20 Pf. (Broschüren-Cyklus f. d. k. Deutschl. Jahrg. 1, Nr. 9.)

Was is' denn g'scheh'n? &c. 8. (8 S.) — 02
100 Exemplare 1 fl., 1000 Exemplare 6.—
Wien: Wiener Volksbuchhandlung (Brand) 1897.

Was ist denn Katholisch, was heisst Katholisch? . . . Altenburg 1845. V: *Licht.* (Th)

Was ist denn Wahrheit? Kiel 1830, s.a. Hudtwalcker, Martin Hieronymus.

Was ist denn Wahrheit? Eine Frage an . . . Pastor Bockel in Hamb. . . . Kiel 1830. V: *Hudtwalcker, Martin Hieronymus.* (schr)

— ist denn Wahrheit? Eine Frage an Hrn. D. u. Past. Böckel in Hamburg, veranlaßt durch dess. Jubelpredigt am 25. Juni 1830. Von e. Hamburger. gr. 8. (1 B.) Kiel, Universitäts-Buchh.

Was ist der Ablass. Wien 1782. V: *Eybel, Jos. Valentin.* (wrztg 1782, Nr. 43 Anhg.) (Bespr. Realzeitung 1782, Nr. 25, S. 385/389) (BiblPort)

Was ist der Ablaß? Bei Gelegenheit d. angekünd. Jubiläums für d. J. 1825. Von einem Landpfarrer d. Wiener-Erzdiözese. gr. 8. Wien 826. Wimmer. 8 ℛ

— ist der Ablaß Portiuncula, u. wie kann er für uns nützlich werden? 8. Wien 820. Wimmer. 2 ℛ

— ist der Ablaß Portiuncula, und wie kann er für uns nützlich werden? Nebst einigen für diese Andacht eigends verfaßten Gebeten. Mit 1 Kupfer. 10. Aufl. 8. Wien 841, Wimmer. 2 ngl

Was ist der Arbeiter? s. l. s. a.

— ist der deutsch-evangel. Gustav-Adolph-Verein u. wie kann man ihm helfen? gr. 8. Leipzig 843, Kummer. n. 1/6 ℳ

Was ist der Geschmack der Nation? ein Lustspiel in drey Aufzügen. Wien 1770. V: *Laudes, Jos. Gottwill von.* (GGr IV³/656, Nr. 11/10) (WBL 14/214) (BiblPort)

Was ist der Kaiser? und wie weit erstreckt sich eine jede Macht? München 1782. 1784. V: *Zinsmeister, Franz Xaver Joseph.* (ML) (Ky) (BB) »1783« (AarK)

Was ist der Kaiser? und wie weit erstreckt sich eine jede Macht? Untersucht von F. de K., Minister T. in M. Erster Theil. Allgemeine Grundsätze. Wien 1782. 2. Aufl. 1783. 3. Aufl. Augsburg 1785. V: *Innocenz, P.* (Fantasten und Prediger, Almanach 1784, S. 44) (BiblPort)

— ist d. Kaiser, u. wie weit erstrecket sich seine Macht? Philosophisch untersucht, von F. von K. Minister T. O. M. (F. X. J. Zinsmeister.) 3 Thle. 4. Münch. 782. 2e A. Ebd. 783. Nachgedruckt. 8. Augsb. 785. (Doll). 9 ℛ

— ist der kath. Priester, s.: Broschüren-Cyclus.

— ist der Mensch? Was ist sein Ziel? Von ***. 8. (38 S.) Berlin 897. A. Deubner. n. — 60

Was ist der Modernismus?, s.a. Sibler's zeitgemäße Broschüren. 2. Heft.

Was ist der Modernismus? Vortrag ... Innsbruck 1908. V: *Pfistermeister, Carl.* (Margr)

—— ist der Nihilismus? Eine sachgemässe Darlegung seines Wesens und seiner Entwickelung von einem Eingeweihten. gr. 8. (VIII, 96 S.) Leipzig 881, Reissner. *

Was ist der Papst? Mit Dispensation der k. k. Büchercensur-Kommission ... Wien 1782. V: *Eybel, Joseph Valentin.* (MGT) (Ky) (Pk) (Jes) (BrMm) (Karajan)

— ist der Papst? (v. J. V. Eybel). 4. Wien 782. (Heubner). 4 gr

— ist der Papst? Beantwortet v. e. kathol. Geistlichen Kölns. gr. 8. (24 S.) Leipzig 874. E. H. Mayer. — 30

Was ist der Peter? Wien 1782. V: *Frölich, Wolfg.* (Wr)

— ist der Priester? 8. Cöln ... Fabricius. 4 gr

— ist der St. Simonismus? oder Lehren, Grundsätze u. Verfassung der in neuester Zeit entstandenen Simonistischen Religion, welche jetzt so großes Aufsehen erregt u. in Frankreich bereits zahlreiche Anhänger gefunden hat; nebst Nachrichten über das Leben ihres Begründers. Nach den neuesten Quellen bearbeitet. gr. 8. Quedlinb. 832. Basse. 12 gr

Was ist der Schatzrath im Fürstenthum Braunschweig-Wolfenbüttel? Wolfenbüttel 1801. V: *Bülow, Gfr. Phil. von.* (Ky)

Was ist der Schatzrath im Fürstenthum Braunschweig-Wolfenbüttel? E. Untersuchung, angewendet auf die neulich wegen der Schatzrathswahlen aufgeworfene Frage. Wolfenbüttel 1801.

— ist d. Schatzrath im Fürstenthum Braunschweig-Wolfenbüttel? (v. G. Ph. v. Bülow.) 8. Wolfenb. 801.

Was ist der Staat? Von einem Rechtsgelehrten ... [Augsburg] 1783. Wien 1783. V: *Chrismar, Franz Anton Edl. von.* (Ky) (BrMm)

— ist d. Staat? von e. Rechtsgelehrten (Frz. Ant. v. Chrismar) beantwortet. 8. Augsb. 1e u. 2e A. 783. Doll. 4 gr Nachtrag. 8. Augsb. u. Münch. 783.

Was ist der Staat? Prag 1783. V: *Hoffmann, Leopold Alois.* (Ky)

— ist d. Staat? (v. L. A. Hoffmann). 8. Prag 783.

— ist der Staat u. was will er? Klarlegung der Verfassg. u. Verwaltg. d. Staates. Enth. die Verfassg. d. Staates, die Volks-, Staats- u. Finanz-Wirthschaft, Polizei-, Justiz-, Kriegswesen u. die auswärt. Politik. gr. 8. (VIII. 66 S.) Berlin 872. deutsches Verlags-Institut. n. — 50

Was (sol) ist der Verfasser der geheimen Briefe über die Preussische Staatsverfassung, seit der Thronbesteigung Friedrich Wilhelms des Zweyten? Berlin. 1788. 8°. 30 S. (2 Mk. 50 Pfg. der Vorige.)

Was ist des Adels Aufgabe in der Zeit? Von C. A. F. 8. (IV u. 14 S.) Wien 848. (Schaumburg & Co.) 4 ngr

—— ist des Teutschen Vaterland? Geschichtl. beleuchtet v. e. Laien in d. Geschichte. 8. (3½ B.) Nürnberg 832, Riegel u. Wießner.

— ist des Juden Vaterland. 16. (3 S.) Kaiserslautern 893. A. Gotthold. n.n. — 10

Was ist die beste Vorbereitung zu Concursprüfungen? ... München 1836. V: *Wendt, Chn Ernst von.* (Wa) (Ky) (EngJ)

— ist d. beste Vorbereitung zu Concurs-Prüfungen? Beantwortet u. mit Beispielen erläut. Mit 4 Beilagen. (Von Wendt.) gr. 8. München 836. Lentner. ¼ rß

Was ist die Freimaurerei? [Unterz.:] H. K. 12 S. 8°. [Umschlagtit.]

Was ist die Freimaurerei? Sonderabdruck aus dem „Herold". Berlin o. J.: Wunder. 19 S. 8°.

Was ist die Freymaurerey? 1784. 1785, s.a. Grotter, Franz

Was ist die Freymaurerey? Beantwortet von Ad. R. H. Fr. G. C. D. Cum permissu superiorum. 2. Aufl. [Augsburg] 1785. V: *Grotter, Franz.* (wolfstieg I, 158)

Was ist die Freimaurerey nach der Mode? Nachrichten und Bemerkungen zu Ende des achtzehnten Jahrhunderts gemeiner Zeitrechnung zur Berichtigung des bey der Loge zur Linde [in Leipzig] im Jahre 5798 ausgegebenen Verzeichnisses der Mitglieder und Veränderungen. Zur Zeit noch für ganze Logen und einzelne Brr. Frmr. Mit beygefügter Erklärung der Abkürzungen. [Leipzig 1798.] V: *Kretschmann, Christian Gottfried.* (Kl 2946) (wolfstieg I, 847)

— ist die gegenwärtige Wahrheit für unsere jetzige Zeit? 2. Petri 1, 12. 8. (29 S.) Basel 887. Internationale Traktat-Gesellschaft. n. — 25

Was ist die Gnade Gottes dem Menschen? ... Feldkirch 1825. V: *Galura, Bernhard.* (Margr)

—— ist die Heiligung nach der Schrift? 8. (32 S.) Elberfeld 877. (Faßbender's Buchh.) * — 40

— ist die Heiligung nach der Schrift? 2. Aufl. 8. (36 S.) Elberfeld 879. (Faßbender.) — 15

— ist d. Heiligung nach d. Schrift? 3. Aufl. 8. (36 S.) Elberfeld 891. R. Brockhaus (durch J. Faßbender). n. — 15

— ist die Heiligung nach der Schrift? 4. Aufl. (36 S.) 8. Elberfeld 905. R. Brockhaus (durch J. Faßbender). — 15

Was ist die Homöopathie? Zur näheren Verständigung für ihre Freunde und zur Widerlegung ihrer Feinde von einem homöopathischen Arzte in München. München 853. Franz. 8. (51 S.) 5 ngr.

Was ist die neue philosophische Sect? ein gefährlich Insect für die wahre Religion ... Augsburg 1784. V: *Chrismar, Franz Anton Edl. von.* (Ky) (MGT)

— ist die neue philosophische Sect? eine gefährlich Insect für d. wahre Religion u. d. Staat; eine Nachlese zu d. Fr.: Was ist d. Staat? (Von F. A. v. Chrismar.) 8. Augsb. 784.

WAS ist die Quelle von dem Untergang mehrerer Familien in Oesterreichs Staaten? nebst denen nothigen Anleitungen diesem Uebel zu steuern. Von einem Frauenzimmer. Trattner, Wien 1789.

Was ist die Schwiegermutter? O. O. 1782. V: *Rosenbusch, Anton Wilhelm.* (Behrisch, Wiener Autoren. 1784.)

Anonym: „Was ist die Ursache von der ausserordentlichen Wohlfeilheit des Getreides, und wie ist derselben abzuhelfen? Eine Frage zu seiner Zeit, beantwortet von einem Patrioten", Landshut 1824 (Thomann). — Vorh.: Preuß. Staatsbibliothek Berlin.

— ist d. Ursache von d. außerordentl. Wohlfeilheit des Getreides, u. wie ist derselben abzuhelfen? 8. Landsh. 825. Thomann. 8 gr

— ist die Wiedergeburt? Aus dem Engl. 4. Aufl. 8. (32 S.) Ebend. 876. n. — 40

—— ist die Wiedergeburt? Aus dem Engl. 4. Aufl. 8. (32 S.) (Ebendas.) 877. * — 40

— ist die Wiedergeburt? Nach dem Engl. v. C. H. M. 5. Aufl. 8. (31 S.) Elberfeld 881. (Faßbender.) — 15

—— ist die Wiedergeburt? Nach dem Engl. v. C. H. M. 6. Aufl. 8. (31 S.) Elberf. 891. (Faßbender). — 10

Was ist die Wiedergeburt? Nach d. Engl. von C. H. M. 7. Aufl. Elberfeld: R. Brockhaus 1902. (31 S.) 8°
([Schriften z. Erbauung d. Gläubigen.] No 204.)

— ist die Wiedergeburt? Nach dem Engl. v. C. H. M. 8. Aufl. (31 S.) 8. Elberfeld 910. R. Brockhaus. — 10

— ist dies? — Was ist das? qu. 8. (9 S. m. farb. Abbildgn. ohne Text, auf Pappe.) Wesel (902). W. Dums. Geb. — 70

Was ist doch die Ursache des Roggenmisswachses vom J. 1804 in Liefland? [Riga 1806.] V: *Lamberti, Andreas von.* (R-N)

— ist ächt Lutherisch? Schreiben an d. evangelisch-lutherische Gemeinde in Amsterdam. 8. Barby 792. ... 4 gr

Was ist Eibel? Wien [178?]. V: *Oliva, Adam Frdr.* (Behrisch, Wiener Autoren. 1784.)

Was ist eigentlich | Christenthum, | nach | der Lehre Jesu Christi | und | seiner Apostel? | Niedersächsische Gesellschaft | zur Verbreitung christlicher Erbauungsschriften. | Hamburg. (= *No.* 84).
Kol.: Hamburg, zu haben in der Buch- und Papier-Handlung der Niedersächsischen | Tractaten-Gesellschaft, große Michaelisstraße No. 15, bei J. G. Ortlepp, | Kaakstwiete No. 6, bei der evangelischen Gesellschaft in Stuttgart, bei | L. H. Voute in Hanau, und bei H. Homann in Detmold. | Stereotypirt und gedruckt bei F. H. Nestler und Melle.
o. J., 16 S., 160 × 100.
Priv.-Bes.

Was ist eigentlich die Freimaurerei? Ein frei gedachter Bauplan zum Besseren? Leipzig 1874. V: *Ullepitsch, Johann.* (wolfstieg I, 159)

Was ist eigentl. Metaphysik, u. wie ist sie möglich? Beantwortet v. e. Schulmeister u. sn. beiden Gesellen. *Frankf. a. d. O.*, Hoffmann. 823. gr 8° 16 gr

Was ist eigentlich Metaphysik? und wo ist sie nützlich? ... Frankf. a. M. 1824. V: *Vorpahl, Carl Ludwig.* (Ky)

— ist eigentlich Metaphysik? u. wo ist sie nützlich? Beantwortet von e. Schulmeister u. seinen beiden Gesellen (K. L. Vorpahl.) 8. Frankf. a. M. 824. Hoffmann. 16 gr

— ist Eigenthum? darin das einzige Mittel, die jetzigen Staatsgewalten vor den unsinnig communistischen Ideen zu retten, eine Erweiterung von der guten Sache der Seele. gr. 8. Wandsbeck 843. (Leipzig, Hermann.) 1/2 ß

Was ist Eigenthum? Darin das einzige Mittel die jetzigen Staatsgewalten vor den unsinnig communistischen Ideen zu retten, eine Erweiterung von der guten Sache der Seele. (Die Vorrede unterzeichnet: Fr. v. Al.) Wandsbeck, H. G. Voigt 1843. 80 S. 8.

Was ist e. Altkatholik, s.: Compaß f. das kathol. Volk.

Was ist ein Bischof? Wien 1782. V: *Eybel, Joseph Valentin.* (Schletter, Handb. d. jurist. Litt. Grimma 1843. S. 108.)

— ist ein evangelisches Consistorium, u. was kann u. was soll es seyn? 8. Bresl. 797. Gehr. 6 gr

— ist ein Guts-Inventarium sowohl in öconomischer als juristischer Beziehung? v. einem Freunde der Wahrheit. [Aus dem pract. Wochenblatte f. Landwirthschaft &c. abgedr.] gr. 8. (16 S.) Neubrandenburg 850. Brünslow. 1/8 ℛ

Was ist ein Haken Landes in Liefland? [Riga 1805.] V: *Brückner, Joh. Georg Andreas von.* (R-N)

Was ist ein Jude? Eine Frage zu seiner Zeit, der Menschheit an das Herz gelegt von einem römisch-kathol. Christen. Heft 1. (einz.). O. O. (München) 1819. 8°. Cart.
32 S. — Durchaus judenfreundlich.

— ist ein Jude? 8. (Münch. 819. Fleischmann.) 5 gr

Was ist ein Communist? 8 pp. 16°. Druck von M. Ducloux in Lausanne s. a.

Was ist ein Landtag im Herzogthum Würtemberg? Tübingen 1796. V: *Reuss, Christian Friedrich.* (Ky) (MGT)

— ist ein Landtag im Herzogth. Würtemberg? (v. Chr. Fr. Reuß). 8. Tübing. 796.

— ist e. „Lutheraner"? od. warum nennst du dich „Lutherisch"? Hrsg. v. dem deutsch-amerikan. evangelisch-luther. Tractat-Verein. 8. (22 S.) St. Louis. Mo. 871. (Dresden, H. J. Naumann.) n. — 30

— ist ein „Lutheraner"? od. Warum nennst du dich „Lutherisch"? Hrsg. v. d. deutsch-amerikan. evang.-luth. Traktat-Verein. (Abdr. für Deutschland.) 2. Aufl. 8. (24 S.) Dresden 897. C. Steyer (durch J. Naumann's Buchh.). — 15

Was ist ein Muster-Verein? Antworten auf eine Rundfrage des Weltkomitees der Evang. Jüngl.-Vereine u. Christl. Vereine Junger Männer. VIII + 87 S. 8. Genf, Bureau des Weltkomitees, (1903).

— ist e. Patriotismus? Von d. Kanzel beantwortet durch e. Prediger in Churland. gr. 8. Riga 792. Hartknoch in Leipz. 2 gr

Was ist ein Pfaffe? Wien 1782. V: *Eybel, Jos. Valentin.* (wieser) (Biblport)

Was ist ein Unterthan? [Nürnberg 1798.] V: *Siebenkees, Joh. Christian.* (MGT) (will)

Was ist eine Sekte? Elberfeld [1878]. V: *Darby, J. N.* (Ky)

— ist e. Secte? (Von J. N. Darby.) 8. (7 S.) Elberfeld (878). R. Brockhaus (durch J. Faßbender). n. — 03

— ist eine Secte? 8. (7 S.) Elberfeld 878. (Langewiesche.) n. — 8

Was ist eine Verfassung? Eine Stimme aus der Demokratie. Görlitz 1905. V: *Lassalle, Ferd.* B & H: *Dülfer, Rud.* (Berl)

— ist e. Verfassung? Eine Stimme aus der Demokratie. (33 S.) 8. Görlitz 905. R. Dülfer. n. — 50

Was ist Erbauung? Frankf. a. M. 1897. V: *Alberts, H.* (Berl)

Was ists? Ein Nachspiel in einem Aufzuge. Wien 1786. V: *Müller, Joh. Hch. Fch.* (= *Schroeter*). (GGr V/312, Nr. 19/11) (Biblport)

—— ist es denn eigentlich mit den Juden? nämlich: mit ihrem National-Charakter und ihrem Schicksale in den verschied. Ländern, besond. im österreich. Staate. (Auszüge aus größeren Werken.) gr. 8. (35 S.) Wien 848. (Linz, Eurich und Sohn.)

—— ist's mit den Celler Conferenzen? Wachtruf an Hannoverland. 1.—3. Aufl. 8. (16 S.) Leipzig und Dresden 862, Naumann. *

— ist es mit den Geistererscheinungen? gr. 8. Nördlingen 843. (Beck.) 1¾ ngr

— ist's mit den sogenannten Altlutheranern? Erstes Sendschreiben an einen Freund. Von Christianus. gr. 8. Marienwerder 842. (Baumann.) n. 6¼ ngr

Was ist's mit der Sozialdemokratie? Auch e. Wort and. Arbeiter, Kleinbauern, Kleingewerbetreibenden u. unteren Beamten. *Berlin: Central bureau d. nationallib. Partei 1898.* (16 S.) 8° [F.]
— Flugschriften d. nationalliberalen Partei. H. 21. [01. 639]

— ist Freiheit? u. wo sollen wir sie suchen? Eine Abhandl. aus d. Dän. übers. v. C. Falsen. 8. Kopenh. u. Leipz. 803. Schubothe. 5 gr

Was ist Freimaurerei? Berlin 1907. V: *Zimmer, Friedrich.* (wolfstieg I, 161)

— ist Freimaurerei? (19 S.) 8. Berlin (907). F. Wunder. Sonderabdruck aus: „Herold". — 40

— ist für u. gegen d. preuß. General-Tabaks-Administration zu sagen? 8. Leipz. 787. (Göschen). 5 gr

— ist Gaukelei? die Freimaurer betreffend. 8. Wien 785. Wucherer. (a. Widtmann in Prag). 3 gr

Was ist Gaukeley? oder vielmehr Was ist nicht Gaukeley? Eine Gelegenheitsschrift, da ein K. K. Patent den 17. Dez. 1785 die Freymäurer betreffend zum Vorschein kam. [Wien: Wucherer] 1786. 20 S. 8°

[Dasselbe.] [Nachdr.] Ebendas. 1786. 16 S. 8°
Abgedr. in: Sammlung aller aus Gelegenheit d. k. k. Verordn. v. 16. Dez. 1785 z. Vorschein gekommenen Schriften d. Frmr. betr. 2 (1786) S. 135--150.
Recens: °Wiener Real-Ztg vom 28. Febr. 1786.
cf. FZ. (Wien) 4 (1877) S. 132 (G. **Brabbée**); BayrBbl. 1 (1900—1901) S. 95—96.
Kl. 474 gibt an „Prag: Widtmann", Tt. 1581. Sehr selten.

Was ist gegenwärtig das Eine, was Noth thut? [Wien 1813.] V: *Wieland, Ludwig Friedrich August.* (Wertheimer, Wien u. das Kriegsjahr 1813. Wien 1893. S. 19.)

— ist Geschichte? Bazaine vor dem Kriegsgericht. Stimmen Europa's üb. Prozeß u. Urtheil vom geschichtlich-philosoph. Standpunkte beleuchtet v. e. Unparteiischen. gr. 8. (61 S.) Leipzig 874. Mener. n. 1. 20

Was ist Gewissensfreyheit? Und wie weit erstreckt sich die Macht des Monarchens in Religionssachen? E. Antwort auf die Freymüthige Betrachtung . . . Von e. auswärtigen Wahrheitsfreunde. Beroe [1788].

— ist Gewissensfreiheit u. wie weit erstreckt sich d. Macht d. Monarchen in Religionssachen? 8. Berl. 788. Reimer. 4 gGr.

— ist Gustav Adolf den Deutschen: Glaubensheld od. Eroberer? Befreier od. Verwüster? gr. 16. (38 S.) Paderborn 894. Bonifacius-Druckerei. — 15

Was ist Gustav Adolf den Deutschen: Glaubensheld oder Eroberer? Befreier oder Verwüster? Paderborn, Bonif.-Druckerei, 1895, kl. 8°, 38 S., 15 Pf.

Was ist gut Kaiserlich? . . ., s.a. Moser, F. K. von

Was ist gut Kaiserlich, und nicht gut Kaiserlich. [Frankfurt 1766.] V: *Moser, Friedrich Carl Freih. von.* (Wr) (ML) (Ky) (Stri) (BrMm) (ADB 22, 770)

— ist gut Kaiserlich, u. was ist es nicht (v. F. K. v. Moser). 8. Frankf. 766. Brönner; Hermann. 16 gGr.

Was ist Gut K. Kayserlich. V (nicht): *Moser, Joh. Jacob.* (Joh. Jacob Moser, Lebensgeschichte von ihm selbst beschrieben. Frankfurt u. Leipzig 1777. III, 179)

— ist Heiligung? Uebers. aus d. Engl. v. L. S. 12. (19 S.) Gernsbach 896. Baden-Baden, Christl. Kolportage-Verein. n.n. — 10

Was ist jedem Officier während eines Feldzugs zu wissen nöthig? Carlsruhe 1788. V: *Medicus, Hnr.* (MGT) (Ky)

— ist jedem Officier während e. Feldzugs zu wissen nöthig? (v. Hnr. Medicus). Mit 10 Kpf. 8. Karlsr. 788. Verf. (Frankf., Körner). 1 Rthlr.

* **Was** ist jedem Offizier während eines Feldzugs zu wissen nöthig? mit 10 K. 8. Frankf. Körner. 793. Rthlr.

Was ist jedem Offizier während eines Feldzugs zu wissen nöthig? Mit Kpf. Wien 1793. 109 S.

— ist jetzt zu thun? Ein Memoire an die kleinen konstitutionellen Staatsregierungen Deutschlands über den Vorschlag, eine Schutz- u. Trutz-Union der kleinen freien gegen die großen absolutist. Staaten zu stiften. gr. 8. (4 S.) (Bern 847, Jenni Sohn.) n. 1 ngr

—— ist kirchliches Christenthum? Kurzgefaßte Zusammenstellung der hauptsächlichsten Glaubenslehren der vier christl. Kirchen, mit einiger Berücksicht. des religiös kirchl. Standpunktes der ersten Christen und der sich „deutschkatholisch" nennenden Reformpartei unserer Zeit. gr. 8. (24 S.) Freiberg 850, (Reimmannsche Buchh.) *

— ist Krankheit? od. Medizin ist wissenschaftl. Aberglaube, s.: Volksschriften zur Umwälzung der Geister. I.

— ist Lauheit, s.: Schutz- u. Trutzschriften des christlichen Kolportage-Vereins. Nr. 4.

— ist liberal? 1. Die philosoph. Grundlagen des Liberalismus, v. Leonard Nelson. 2. Der religiöse Liberalismus, v. Wilh. Bousset. 3. Der Liberalismus u. die sozialen Probleme, v. Ernst Cahn. 4. Der Liberalismus als geschichtliche Erscheinung, v. Wilh. Ohr. (111 S.) gr. 8. München 910. Buchh. Nationalverein. 1.50

—— ist Magnetismus? Und was sind seine Begleiter: Hellsehen und Befragen der Todten? Aus dem Engl. 8. (43 S.) Augsburg 880, Preyß. *

Was ist **Maurerey**? Was soll sie uns seyn? Vortrag gehalten in der s. e. g. und v. Loge Carl zum Felsen in Altona am 3/3 17/97 von B. G. Sch.m.ch.r. als Ms. f. Ordensbr. [Altona 1797.] V: *Schumacher, Balthasar Gerhard.* (Kl 1118) (wolfstieg I, 158)

Was ist, nach den Grundsätzen der Vernunft und des Christenthums vom Spiel . . . zu halten? . . . Hamb. 1786. V: *Thiess, Johann Otto.* (Kordes, Schlesw.-holst. u. eutin. Schriftst. Schleswig 1797.) »1785« (MGT)

— ist nach d. Sächs. Gesetzen von e. Gerichtsobrigkeit zu beobachten, in deren Gerichtsbezirke sich eine Feuersbrunst ereignet hat? 8. Meißen ... Klinkicht u. S. 3 gGr.

— ist Nächstenliebe? Volkspredigt. 8. Berl. 787. Maurers-B. 2 gGr.

Was ist neuere Befestigung? München 1819. V: *Xylander, Johann Ludwig von.* (Pr)

Was ist neuere Befestigung? Von dem Verf. der Strategie und ihrer Anwendung. (J. v. Xylander.) München 1819. 23 S.

— ist neuere Befestigung? Vom Verfasser d. Strategie u. ihrer Anwendung. gr. 8. Münch. 819. Lindauer. 3 gr

Was ist Nihilismus? Darlegg. s. Wesens. Leipz. 881.

—— ist noch zu wünschen für unsere klassischen Gymnasien? (In russ. Sprache.) 8. (14 S.) Leipzig 882, (Voss' Sortiment.) *

— ist Pietismus? Wer sind, und was wollen die Pietisten? Beantwortet von Christianus Alethophilos. 8. Berlin 841, Wohlgemuth's Buchh. n. 6½ ngr

Was ist Politik? Leipzig 1808. V: *Eck, Johann Georg.* (Ky) (MGT) (GGr)

— ist Politik? (v. J. G. Eck II.) 8. Leipz. 808. Solbrig. (Fr. Fleischer). 8 gr

— ist Rechtens in d. Materie von d. Regredienterbschaft nach d. Praxi beider höchsten Reichsgerichte? 8. Wetzlar 791. Winkler. 3 gr

— ist Rechtens wenn alle zur Visitation d. Cammergerichts deputirte Stände erscheinen; u. kann ein Subdelegirter mehr als ein Votum führen? 8. Marb. 777. Krieger. 3 gr

— ist Religion u. was kann sie nur seyn? e. genaue Bestimmung der einzig höchsten Religion; in Briefen zweier Freunde. 8. 803. (Stahel in Würzb.) 1 rf

Was ist Souverainetät und was ist Landeshoheit, s. Essai sur la différence ...

Was ist Styl? Betrachtungen und Beispiele zur Kritik der Idee einer Stylbildungsschule in Bayreuth. gr. 8. (50 S.) Leipzig 880, L. Senf. *
2. Aufl. s. Wolzogen, Hans v.

— ist Tod, Todtenbehältniß, Errettung vom Tode u. Auferstehung von d. Todten? s.a. Es wird alles neu werden.

— ist Tod, Todtenbehältniß, Errettung vom Tode u. Auferstehung v. d. Todten? gr. 8. Straßb. Silbermann. (König a. Kummer in Lpz.) 810.

Was ist Ultramontanismus? und was will der Antiultramontane Reichsverband? Berlin [1910]: Winser. 24 S. 8°
(Antiultramontaner Reichsverband. Flugschrift. 7.)

Was ist und was will der Verein deutscher Freimaurer? O. O. [1907]. V: *Taute, Reinhold.* (Wolfstieg II, 745)

— ist unter dem religiös-sittlichen Inhalt der biblischen Geschichte zu verstehen? Und wie ist derselbe auf jeder Stufe zu entwickeln u. fruchtbar zu machen? Referat, geh. auf e. Kreislehrer-Konferenz v. J. Kr. gr. 8. (16 S.) Hannover 891. C. Meyer. n. — 30

Was ist unter Strategie, was ist unter Taktik zu verstehen und was läßt sich daraus folgern? Von C. v. H. Königsberg 1838. 8°.

Was ist Vegetarianismus, s.a. Gut, Das höchste.

Was ist Vegetarianismus? Eine Beleuchtung dieses Universal-Princips. Neustadt O/S. 855. (Oppeln,) Weilshäuser. 8. (17 S. und: Das Handbuch der Vegetarianischen Küche rc. 2 Bl., 18 S.) n. 5 ngr

Was ist Verfassung? Zur Würdigung der Schrift eines Neu-Preussen ... Breslau 1835. V: *Thilo, Ludwig.* (Wa) (Ky)

—— ist Verfassung? Zur Würdigung d. Schrift ein. Neu-Preußen: „Bedarf Preußen ein. Constitution?" Aus d. Gesichtspunkt d. Staatswissenschaft v. ein. Alt-Preußen, dem Verf. „der Volkssouveränität in ihrer wahren Gestalt" (Ludw. Thilo). gr. 8. (9½ B.) Breslau 835, [Berlin,] Richter'sche Vrlsbuchh.

— ist vom Chiliasmus od. der Lehre vom sogenannten tausendjährigen Reiche zu halten? Eine wicht. Frage, in 7 Thesen, nebst Erläutergn., allen bibelgläub. Christen vorgelegt. [Aus: „Verhandlgn. d. 9. Jahresversammlg. d. Synode d. ev.-luth. Freikirche v. Sachsen u. a. St. 1885".] gr. 8. (IV, 85 S.) Zwickau 886. (Dresden, H. J. Naumann.) n. — 80

was ist von dem Urtheile des Szekely zu halten? 8. Salzb. 780. Mayr. 4 gr

WAS. – ist von dem Urtheile des [ ] Szekely zu halten? Mayr, Salzburg 1786.

Was ist von den ausgewanderten Elsässern und Lothringern zu halten? Cairo [Ulm] 1799. V: *Scherer, Johann Benedict von.* (Wr) (MGT) (Ky)

— ist von den ausgewanderten Elsassern u. Lothringern zu halten? (von J. B. v. Scherer). 8. Cairo 799. (Stettin in Ulm). 6 gr

— ist von den Schauspielen auf Schulen zu halten? 8. Halle 782. Hendel. 3 gr

—— ist von den wahren, geistig lebendigen Mystikern und ihren Schriften zu halten gegenüber dem falschen, geistlich todten Mysticismus? Geschrieben von einem Laien. 12. (78 S.) Mannheim 882. (Reutlingen, Kocher's Buchh.) *

— ist von der Ernährung der Kinder durch Ammen zu halten. [Aus den „monatl. Mitth. des deutschen evang. Schulver."] Hersg. von Gerh. Heine. Cöthen 870. (Heine.) gr. 8. (31 S.) n. 3 ngr

Was ist von der Freimaurerei zu halten? Zu ernster Prüfung hrsg. von A. H. Luzern 1853: Räber. 15 S. 8° [Umschlagtit.]
Wirft der Frmrei Hass gegen Thron u. Altar vor.

—— ist von der octroyirten östreichischen Verfassung zu halten? Eine unbefangene Würdigung derselben in nationaler, staatsrechtl. und geschichtl. Hinsicht, von einem Mitgliede der mittelst Bayonnetten aufgelös'ten Nationalversammlung zu Kremsier. 8. (62 S.) Grimma 849. [Wurzen,] Verlags-Comptoir.

Was ist von der Religion und von den Pflichten gegen Gott zu halten? O. O. 1783. V: *Eybel, Joseph Valentin* [?]. (Behrisch, Wiener Autoren. 1784.)

Was ist von der Vereinbarung zwischen zwei Regierungen zu erwarten, wornach . . . die Akten zum Spruch an das Oberappellationsgericht des andern Landes . . . gesandt werden müssen. [Schwerin 1818.] V: *Bornemann, Hnr. Ernst.* (I.S)

Was ist von geheimen Gesellschaften zu halten? Hrsg. von dem Deutsch-amerik. evangel.-luther. Tractat-Verein. St. Louis: Dette 1875. 20 S. 8° [Umschlagtit.]
(Traktate d. Deutsch-amerik. evangel.-luther. Traktat-Vereins. 4.)
Gegen die geheim. Gesellsch. u. insbes. gegen die Frmrei.

— ist v. geheimen Gesellschaften zu halten. Hrsg. v. dem deutsch-amerikan. evangelisch-luther. Traktat-Verein. 8. (20 S.) St. Louis, Mo. 875. (Dresden, H. J. Naumann.) n. — 25

—— ist von konfessionsloser Schule zu halten? Vortrag, gehalten den 20. Septbr. 1877 in der General-Versammlung des evangel. Lehrerbundes der Kirche Augsb. Conf. in Elsaß-Lothringen. Von einem Lehrer, Mitglied des Lehrerbundes. gr. 8. (24 S.) Straßburg 878, (Bomhoff.) * — 50

— ist von neuen Verfassungen zu halten? Ueber eine oder zwei Kammern u. gebotene Interessen-Vertretung. 2 Abhandlungen eines ausgezeichneten französischen Staatsmannes. Zur Warnung u. Beherzigung f. Mecklenburg. Nebst einem Vorworte. gr. 8. (28 S.) Rostock 848, Stiller. n. 3½ ngr

— ist von unserer Zeit zu erwarten? und was haben wir von unserer Zukunft zu hoffen? — Ansichten, Hoffnungen u. Tröstungen eines Greises, als Vermächtniß für geliebte Kinder. Bevorwortet vom Prof. Dr. Krug. 8. Grimma 840. Verlags-Comptoir. n. 5/12 ℔

Was ist wahrer Geist des Protestantismus? . . . Hamm 1792. V: *Eylert, Johann Rulemann Ludwig.* (Ky) (MGT) (Cat. d. Stadtbibl. Zürich. Zürich 1864—97.)

— ist wahrer Geist d. Protestantismus? v. R. E. (J. R. L. Eylert.) 8. Hamm 792.

Was ist wahrer Patriotismus? Von der Kanzel beantwortet . . . Mitau u. Riga 1791. V: *Urban, Friedrich Casimir.* (R-N) (Ky)

— ist Wahrheit? Eine Frage an Hrn. D. Böckel in Hamburg, veranlaßt durch dessen Jubelpredigt am 25. Juni 1830. Von e. Hamburger. gr. 8. Kiel 830. Univers.-B. 3 gr

Was ist Wahrheit? Oder: Eine kurze und leicht fassliche Widerlegung der von den schleswigschen und holsteinischen Aufrührern vorgebrachten Unwahrheiten und Scheingründe. Zur Aufklärung für das Volk v. einem Schleswiger. Flensburg. 1850. 8°.

— ist „Wahrheit"? Leichtfaßliche Vergleichung der katholischen Religion mit der protestantischen von einem katholischen Geistlichen. Speyer 860. (Bregenzer.) gr. 8. (V, 363 S.) n. 1 ℔

—— ist Wahrheit? Ein offenes Sendschreiben an die Irvingianer in Deutschland zunächst in Hürben, königl. Bezirksamts Krumbach von einem Freunde der Wahrheit. gr. 8. (III und 67 S.) Augsburg 864, Kollmann'sche Buchh.

Was ist Wahrheit? Vorurteilsfreie Prüfung des Glaubens der Reformatoren gegenüber der katholischen Kirchenlehre. Regensburg 1876. V: *Reinhard, Franz.* (Gla I/3 750)

— ist Wahrheit? Was ist Gott? gr. 16. (8 S.) Leipzig (Inselstr. 25) (901). Theosoph. Centralbuchh. n.n. — 15

— dasselbe. Eine Frage, gestellt an den Grafen Paul Hoensbroech v. Pilatus. gr. 8. (IV, 186 S.) Augsburg 902. Kranzfelder. n. 1. 80

— ist Wahrheit? Eine Frage, gestellt an den Grafen Paul Hoensbroech v. Pilatus. 2. Aufl. (VI, 167 S.) gr. 8. Augsburg 903. Kranzfelder. n. 2. —

— ist Wahrheit? 250 S. Traktate f. Zweifler. I. Serie. kl. 8. Neumünster (906). Vereinsbuchh. G. Ihloff & Co. n.n. — 20

— ist Wahrheit: Die lutherische od. reformierte Lehre? (24 S.) gr. 8. Zwickau (906). J. Herrmann. n. — 30
Sonderabdruck aus: „Luther. Rundschau".

Was ist, Was will, Was tut Die Heilsarmee? Bern (1909) sa [Spiller, Else].

Was ist, Was will, Was tut die Heilsarmee? Bern 1909. V: *Spiller, Else.* (BBullschw 11, S. 289)

Was ist, was wir wollen. Eine Epistel für die arbeitende Bevölkerung. 8°. Brünn 1887.

WAS. – ist Wucher? und durch welche Mittel . . . ist dem Geldwucher ohne Strafgesetze, am besten Einhalt zu thun? [Vorschlag einer Leihkasse]. o. V., Wien 1791. 1 vol. 93 S.

Was ist Wucher? u. welches sind die Mittel, demselb. ohne Strafgesetze Einhalt zu thun. 8. Wien, Wucherer. 791. Unthlr.

—— ist Wucher? Zwei Briefe in dieser Frage von R—g. gr. 8. (22 S.) Wien 880, (Perles.) *

— ist zu beachten, um am Totalisator m. grösserem Erfolg zu wetten? Eine sportl. Betrachtung f. Alle, welche Rennplätze besuchen, v. e. Freunde d. edlen Pferdes. gr. 8. (22 S.) Burg 887. Hopfer. n. 1. —

— ist zu thun? Ein Wort eines Kurhessen an seine Mitbürger. Auch als Beitrag zur neuesten deutschen Geschichte. Frankfurt a. M. 860. Küchler. gr. 8. (25 S.) 3 ngr.

— ist zwischen Dienstherrschaft u. Gesinde im Königreich Sachsen Rechtens? d. i. Die K. Sächs. Gesinde-Ordnung vom 10. Jan. 1835, Text u. Erläuterungen. 12. Grimma 844, Verlags-Comptoir. ¼ ℛ

Was kann das Publicum von der Allgemeinen Armenanstalt in der jetzigen Zeit erwarten? Hamburg 1831. V: *Abendroth, Amandus Augustus.* (schr)

Was kann das Resultat der künftigen Reichstagsberathschlagungen über die Nunciaturstreitigkeiten seyn? . . . O. O. 1788. V: *Haimb, von.* (Pütter, Litt. d. Teutsch. Staatsr. Gött. 1773—91. IV, 578.)

— kann d. Landpfarrer d. Staate u. d. Religion in Hinsicht auf bürgerlich-sittlichen u. religiösen Unterricht d. Jugend leisten, u. wie könnte er es dabei anfangen? 8. Sulzb. 810. v. Seidel. 6 gr

— kann die Koch'sche Lymphe? Was kann sie nicht? Gedanken darüber v. e. Arzte. gr. 8. (14 S.) Oldenburg 891. Schulze. n. — 20

Was kann die Schule für die Mäßigkeitssache thun? Im Auftrage des k. k. schlesischen Landesschulrathes von Ernst Trull, Volksschullehrer. Herausgegeben vom österreichischen Vereine gegen Trunksucht. Karl Graeser in Wien. 1898.

— kann die Sprache zur Lösung der sozialen Frage beitragen? Ein Tröpfchen Selbsterkenntnis. gr. 8. (III, 103 S.) Breslau 890. Preuß & Jünger. n. 1. 50

Was kann in Holstein die Regierung für allgemeine Landeswohlfahrt thun? Altona 1817. V: *Rüder, Frdr. Aug.* (LS)

Was kann man in Chur kaufen? (Anzeiger des Churer Handwerker- und Gewerbe-Vereins.) Schutz dem einheimischen Gewerbe. [Mit Aufsätzen *etc.* Illustriert.] 8.

[Jahrg. 1.] 1902/1903. [Mit 1 Tafel.] IV + 26 + 70 S. (Chur, Sprecher & Valer, [1902].)

(Jahrg. 2.) 1903/1904. [Mit 1 Tafel.] IV + 92 S. [Chur, Sp' & V', 1903.]

— kann u. soll den christlichen Dienstboten in seinem Stande trösten? Predigt, geh. am 15. Stiftungsfeste der Marien-Anstalt in der Stadtpfarrkirche zu St. Georg. gr. 8. (15 S.) Augsburg 874. Schmidt's Verl. n. — 20

Was kann unt. uns wider d. zunehmende Branntweintrinken geschehen? s. Pauli, C. W.

Was kann unter uns wider das zunehmende Branntweintrinken geschehen? . . . Lübeck 1838. V: *Pauli, Carl Wilhelm.* (Stam) (Ky)

Was kann unter uns wider das zunehmende Branntweintrinken geschehen? Eine Vorlesung, gehalten in der Gesellschaft zur Beförderung gemeinnütziger Thätigkeit am 14. Nov. 1837 (v. K. W. Pauli). gr. 8. Lübeck 838. Aschenfeldt. ¼ ℛ

—— kannst du abgeben? 8. (24 S.) Berlin 877, Buchh. der Goßner'schen Mission. * — 20

— Kinder gerne treiben. Neuestes ABC-Buch. gr. 8. (13 Holzschntaf. in Buntdr.) Stuttgart 872. G. Weise. 60

— Kinder sagen u. fragen. Mit 26 Zeichngn. (im Text u. auf 2 Taf.) v. ihnen selbst. Gesammelt v. e. Großmama. (79 S.) 8. München (910). R. Piper & Co. 2. —; in Pappbd. 3. —

— Kindern gefällt. 2 Sorten. qu. 4. (à 4 farb. Taf. m. eingedr. u. 8 S. Text.) Leipzig 889. Fr. Pfau. cart. à n — 20

— kochen wir? ein vollständ. Handbuch für wirthl. Frauen, zu Bereitung von 150 schmackhaften Suppen, Brühen u. Gallerten, 150 Fleischspeisen rc. 8. Dresd. 818. 2e A. 827. Arnold. 1 ℛ 4 gr Mit Küchenzettel. 1 ℛ 10 gr

— — kochen wir heute? Ein Handbuch f. wirthliche Frauen zur Bereitung von Suppen, Fleisch-, Fisch-, Mehl-, Eierspeisen u. Gemüsen, Cremes rc. 8. Dresden, Arnold. 818.

„— kommt denn nu' mal dran!?" Heitere u. ernste Lieder f. Kraxler u. Wanderer. (Hrsg. v. Herm. Simon.) 5. Aufl. (5. Tauf.) (108 S.) 15,5×7,5 cm. Pirna (909). (G. Glöckner.) — 35

Was können die Arbeitsnachweise dazu beitragen, der Landwirthschaft Arbeitskräfte zu erhalten und zuzuführen? Arbeitsnachweisstatistik. Empfiehlt sich die Gebührenfreiheit bei der Arbeitsvermittlung? Verhandlgn d. 1. Verbandsversammlg u. Arbeitsnachweiskonferenz am 27. Sept. 1898 in München. Berlin: C. Heymann 1899. (XVI, 132 S.) 8°

(Schriften d. Verbandes Deutscher Arbeitsnachweise. No 1.)

Was können die Arbeitsnachweise dazu beitragen, der Landwirthschaft Arbeitskräfte zu erhalten und zuzuführen? Arbeitsnachweisstatistik. Empfiehlt sich d. Gebührenfreiheit bei d. Arbeitsvermittlung? Berlin: C. Heymann 1899. (XVI, 132 S.) 8°

(Bericht, Stenographischer. Verbandsversammlung u. Arbeitsnachweiskonferenz. No 1.)

(Schriften d. Verbandes Deutscher Arbeitsnachweise. No 1.)

— können die Juden fordern? oder freimüthige Betrachtungen zur Beurtheilung d. Bürgerrechtsansprüche derselben in Frankfurt a. M. 8. Frankf. a. M. 817. (Jäger). 4 gr

Was können die verschiedenen Völkerstämme Teutschlands in Rücksicht ihrer inneren Verhältnisse von ihren Regenten verlangen und begehren? Germanien 1814. V: *Berlepsch, Frdr. Ludw. v.* (Mitth. Dr. H. Bäsecke.)

Dass., s.a. Was können verschiedene Völkerstämme ...

—— können Eltern zur guten Erziehung ihres Kindes v. seiner frühesten Jugend an beitragen? Ein Wort zur Beherzig. d. Eltern, gesprochen v. e. kathol. Pfarrer im Bergischen (Hermsen) bei der Feier d. ersten heil. Communion d. Kinder im verfloß. J. 1831. 8. (1 B.) Lennep 832. (Elberfeld, Becker.)

— können Prediger z. Vermehrung im Kirchenbesuche beitragen? 8. Berl. 801. Schöne. 4 gr

— können verschied. Völkerstämme Deutschlands in Rücksicht ihrer innern Verhältnisse von ihren Regenten verlangen u. begehren? 8. Marb. 814. Krieger. 3 gr

Dass., s.a. Was können die verschiedenen Völkerstämme ...

— können wir vom Erie-Canal lernen? Ein Wort zur Anregg. gr. 8. (VI, 31 S.) Berlin 875. polytechn. Buchh. n. 1. —

— können wir v. den Warenhäusern lernen? Ihre Organisation, ausführlich beschrieben v. e. Fachmanne, nebst e. Vortrage f. die Buchführg. e. Modewaren-Geschäftes, wie man Bilanz u. Inventur zu machen hat. 2. bedeutend verb. Aufl. (116 S. m. Abbild.) 8. Berlin (907). L. Schottlaender & Co. 3. —

— dasselbe, 8. Aufl., s.: Aus den Warenhäusern beider Welten.

Was könnte für Deutschland in Wien geschehen? . . . Bremen 1814. V: *Tidemann, Franz.* (MGT) »für Europa« (Roterm)

— könnte für Deutschland in Wien geschehen? Beantwortet von einem Deutschen, sine ira et studio. 8. Bremen 814. Heyse. 6 gr

Was könnte und sollte ein neuer Kongress Europa gewähren? Altenburg 1832. V: *Kind, Theodor.* (EB)

— könnte u. sollte ein neuer Kongreß Europa gewähren? u. was können überhaupt die Völker unserer Zeit fordern u. erwarten? Beantwortet von einem Diplomaten. gr. 12. Altenb. 832. Lit.-Compt. 8 gr

—— könnte u. sollte e. neuer Kongreß Europa gewähren? u. was können überh. d. Völker uns. Zeit fordern u. erwarten? Beantw. v. e. Diplomaten (Theod. Kind). gr. 12. (2⅓ B.) Altenburg 832, [Pierer.]

Was könnte und sollte geschehen . . . zur Herstellung eines apostolischen Gemeindeverbandes? Hamburg 1845. V: *Löwe, Friedrich Anton.* (schr)

— könnte u. sollte geschehen in der Christenheit zur Herstellung eines allgemeinen apostol. Gemeindeverbandes? Eine Stimme aus der Gemeinde. Nebst einem Nachtrag aus der Rede von Merle d'Aubigné, gehalten Mai 1845 bei der Generalversammlung der freien schottischen Kirche. gr. 8. Hamburg 845, Perthes-Besser u. Mauke. ¼ ₰

—— kosten die Einheiten, wenn Hundert ?? kosten. Praktischer Ausrechner für alle Geschäftsleute, welche mit Waaren verkehren, deren Preise nach Hundert berechnet werden, und die Einheitspreise schnell ermitteln wollen. Mit einem Anhang verschiedener nützl. Münz-, Maß-, Gewichts- und Zins-Tabellen. 8. (III, 204 S.) [Wesel 878.] Düsseldorf, Bagel's Verlag. geh. 1 80

Was kostet ein Mann? (190*.) (75 Pfg.) (Alfons Grünfeld's Berliner Bücherversandhaus, 1908:)

—— kostet 1 Meter, Liter, Kilo? 15 Tabellen zur Vergleichung der neuen [metr.] Maße und Gewichte mit den alten nach Größe und Preis in schleswig-holstein. Court. und dän. R.-M. genau berechnet. 16. (16 S.) Flensburg 871. Westphalen. *

—— dass. — Ausg. II. In schleswig-holstein. Court. und preuß. Court. genau berechnet. 16. (16 S.) Ebendas. 871. *

Was kostet 1 Meter, Liter, Kilo? Ausg. II. 15 Tabellen zur Vergleichg. der neuen [metr.] Maaße u. Gewichte m. dem alten nach Größe u. Preis in schl.-holst. Court. u. preuß. Court genau berechnet. qu. Fol. (1 Bl.) Stuttgart 872. G. Weise. Auf Carton. n. — 25

— kraucht denn da im Busch herum? rc. oder Füsilier Kutschke wie er leibt u. lebt. Eine echt deutsche Landsknechtfigur aus dem Franzosenkriege im Jahre 1870. Wittenberg 870. Herrosé. 8. (16 S.) n. 3 ngr

— kümmert's mich? Lustsp. v. Müchler. 8. Berl. Hartmann. (Steinacker in Lpz.) 797. — 4

— lehren die Römisch-Katholischen und was die Evangelischen? Dargestellt fest u. klar, kurz u. wahr, sonder Haß u. Gunst, sonder Arg u. Kunst, von einem Unpartheiischen. gr. 8. Münster 844, Wundermann. ⅛ ₰

— lehrt der Talmud?, s.a. Fragen, brennende.

- lehrt der Talmud? [Jüdische Sittenlehre.] 16. (3 S.) Kaiserslautern 887. Gotthold's Verl. n. — 10

[F.] Was lehrt der Talmud? 2. Aufl. *Aachen: J. Schweitzer 1896.* (24 S.) 1 Bd 8. [97 1030

— lehrt der Talmud? 3. u. 4. Aufl. 12. (24 S.) Aachen 897. J. Schweitzer. — 15

— lehrt die Augsburgische Confession, siehe: Kirche, evangelisch-lutherische. Nr. 7.

— lehrt die I. deutsche Städte-Ausstellung Dresden 1903. Mitarbeiter: Gruner, Schiemann, F. Schulz u. a. m. Hrsg.: Rud. Lebius. 2. Aufl. (140 S. m. Abbildgn.) gr. 8. Dresden (903). (Leipzig, H. Haessel Comm.-Gesch.) 1. Aufl. (108 S. m. Fig.) 903. n. 1. —. n. 1. 50

Was lehrt die I. Deutsche Städte-Ausstellung? Mitarb.: . . . (Hrsg.: Rudolf Lebius.) Dresden: R. Lebius [1903]. (108 S.) 8°

—— lehrt die Constitution dem Landmanne? Eine Vorles., welche üb. d. neue Verfassung d. Königr. Sachsen e. Gerichtsherr seinen Gerichtsinsassen gehalten hat. gr. 8. (1½ B.) Leipzig 831, Barth.

— lehrt d. Vernunft üb. d. Tod, d. Fortdauer d. menschlichen Geistes rc. 8. Nürnb. Grattenauer. 802.

— lehrt d. Vernunft über den Tod, d. Fortdauer des menschl. Geistes rc. 8. Nürnb. 802. (Lauffer in Leipz.) 4 ℊ

— lehrt Gottes heiliges Wort? und was fordert es von dem Christen? Ein Wort der Verständigung für alle, denen es um Wahrheit, um treue Nachfolge Christi und um dereinstige Seligkeit Ernst ist. 8. (167 S.) Riga 860. (Eisleben, Kuhnt'sche Buchh.) cart. *

— lehrt man in der Kirche Christi des Scientisten? gr. 8. (23 S.) Berlin 901. C. A. Schwetschke & Sohn. n. — 50

— lehrt uns der Fall Joseph? Ein Mahnwort an Berlin W. (10 S.) gr. 8. Berlin 907. Herm. Walther. — 50

— lehrt uns der Sturz v. Hirschfeld u. Wolff, Maaß u. Genossen? gr. 8. (18 S.) Potsdam 892. E. Döring. n. — 60

Was lehrt uns die letzte Typhus-Epidemie? Eine öffentl. Vorlesung an die hies. Bevölkerung. Hsggb. v. d. naturforsch. Gesellschaft. 8. Solothurn, Jent & Gassmann. 1874.

Was lehrt uns Kloster Mariaberg? Rückblicke auf den Prozeß Mellage u. Genossen. Von e. Menschenfreunde. 12. (46 S.) Leipzig 896. O. Gracklauer. n. — 50

Was leistet die Mittelschule? Herausgegeben von der Redaction der „Wage". Redigirt und einbegleitet von Dr. Robert Scheu. Gr.-8. (VI, 133 S.) * — .50
Wien: Administration „Die Wage" 1898.

Was leistet die Mittelschule? Herausgegeben von der Redaction der „Wage". Redigirt und einbegleitet von Dr. Robert Scheu. Gr.-8. (VI, 133 S.) * — .50
(Berichtigt aus Nr. 20.)
Wien: Gesellschaft für graphische Industrie 1898.

— leistet unser Heer als Erziehungsanstalt?, s. a. Schriften zur deutschen Heeresreform.

Was leistet unser Heer als Erziehungsanstalt? Was müßte es leisten im Einklang mit den Forderungen der Zeit? Von einem aktiven Offizier. Stuttgart 1891. 8°.

— lernen unsere Söhne! Was sollten sie lernen! Practische Vorschläge zu e. neuen Schule v. e. Ungenannten. 4. Aufl. 8. (43 S. m. 3 Tab.) Dresden 891. H. Minden. n. 1. —

Was lesen wir heute? Was morgen? Ein Schwank, der nicht viel kostet. 4 Bde. Wien, Mausberger, 1825. 8°. (5 Mk. Taussig, Prag, 1907:)

Was liest unser Volk? Mahn- u. Weckruf e. Volksfreundes. Berlin 1893: Thormann & Goetsch. 23 S. 8°

Was liest unser Volk? Mahn- u. Weckruf e. Volksfreundes. Berlin 1894: Reichsbote. 22 S. 8°

Was Ling Fe zu erzählen hat. *Witten (Ruhr): Stadtmission [1900].* (16 S.) 8° [F.]
= Sonnenstrahlen. 3. (04. 5127

Was machen wir mit unseren alten Armenhäusern auf dem Lande? Von einem sächsischen Landgeistlichen allen Eltern und Gemeinden gewidmet. gr. 8. (11 S.) Plauen 863, Neupert.

Was macht der Pabst in Wien? geheime Nachricht aus einer gefundenen Brieftasche. [Ulm] 1782. V: *Gaum, Joh. Ferdinand.* (MGT)

— macht der Pabst in Wien? geheime Nachr. aus einer gefundenen Brieftasche (v. J. F. Schaum). 8. Ulm 782. Stettin. 2 ℊ

— mag darinnen sein? schmal Fol. (14 S. m. z. Tl. farb. Abb.) Konstanz 895. C. Hirsch. — 75

— mag Frankfurt übrig bleiben? Nach den Mittheilungen der ständigen Bürgerrepräsentation am 15. März 1867 beurtheilt. 1. u. 2. Aufl. Frankfurt a. M. 867. Winter. 8. (21 S.) 3 ngr.

— man im Circus sehen kann. qu. 4. (16 farb. Bilder m. eingedr. Text.) Dresden 893. C. C. Meinhold & Söhne. — 75

Was man nicht innerhalb 5 Monaten erlebt, od. die fausse Couche der Jacobiner Theogie. Trspl. 8. Frankf. 793. Dech. 4 ℊ

was man nicht laut erzählt. 69 Nrn. (à ca. 30 S.) Lex. 8. Berlin (907. 08). Minerva-Verlag. à — 20

Was man nicht laut erzählt! No 1. (Berlin: F. Stangen [1907].) 4° [F.] (07. 16381

— man seinen Kindern erzählt, s. Kinderbuch, das illustrirte goldne.

— man sich auf Transport-Schiffen erzählt, s. Soldaten-Freund, der.

— man wieder aus uns machen möchte. Zeugnisse aus der Geschichte zur Beherzigung für die Protestanten bei Gelegenheit der neuesten Angriffe gegen unsere Kirche. 2. verm. Aufl. Straßburg 843. (Schmidt u. Gr.) 1/8 ℊ

Was Marlechen aus d. Sonntagsschule mitgebracht. Von M. v. O., s.: Macht, die, d. Liebe. 13.

— meinem Liebling gefällt. 3 Sorten. 8. (à 6 Chromolith.) Wesel 887. Düms. à — 10; als Leinwand-Bilderbuch geb. à — 50

— meinem Liebling gefällt. 8. (4 Bl. m. farb. Bild.) Reutlingen 898. Enßlin & Laiblin. — 20

— meinem Liebling gefällt. 3 Sorten. 8. (à 5 farb. Taf. m. eingedr. Text.) Wesel 898. W. Düms. à — 10

— **meinem Liebling gefällt. 3 Sorten. (à 6 S. m. farb. Abbildgn. auf Pappe.) 8. Wesel (903). W. Düms. Geb. à — 20**

— **dasselbe. (21 farb. S. auf Pappe in Leporelloform.) 16. Stuttgart (904). G. Weise. Kart. 1. 20**

Was meinen Sie, wie gesund ist das! Allerneuester Stuss in jüdischen Scherzen, Anecdoten, Schnurren, Gedichten u. Vorträgen. Berlin, Max Marcus, o. J. (c. 1880). Gr. 8⁰. 80 S. (1 Mk. Ed. Fischhaber, vor 188*).

Was Mieze sich denkt. qu. gr. 4. (14 farb. S.) Stuttgart 893. G. Weise. 1. —

— mir alles mein kleiner Liederschatz erzählt. 12. (64 S.) Elberfeld(899). Buchh. d. Erziehungs-Vereins. Kart. n. — 30

Was mir einfiel. Unterhaltungsblätter für Denk- und Lachlust und Theater-Spiele von F. W. Gubitz. 8. Berlin, Maurer. 818.

— mir mein alter Onkel erzählt hat. Von J. H. 8. (16 S.) Basel 885. Missionsbuchh. n. — 10

— mir mein Flachstüchlein erzählt hat. Fröhlichen und Traurigen nacherzählt von einem Invaliden. 1. und 2. Aufl. 1872,73. 75 Pf., und 3. Aufl. 8. (100 S.) Bern 874, Mann und Baeschlin.

— mir mein Flachstüchlein erzählt hat. Fröhlichen und Traurigen nacherzählt von einem Invaliden. 4. Aufl. gr. 16. (92 S.) Basel 879, Spittler. ** — 65

— mir mein Flachstüchlein erzählt hat. Fröhlichen und Traurigen nacherzählt von einem Invaliden. 5. Aufl. 8. (94 S.) Basel 882, Spittler. * 65 Pf.; geb. *

— möchten d. Folgen d. jetzt bevorstehenden Friedens seyn? 16 Hft. 8. 797. (Er. Fleischer in Leipz.) 12 gr.

— muß an schiff- oder floßbaren Flüssen bei eintretenden Hochgewässern u. Eisgängen geschehen? gr. 8. Augsb. 814. (Ulm, Stettin). 6 gr.

— muß bei uns Deutschen geschehen, wenn es in jeder Rücksicht besser werden soll? von e. Schlesier. 8. Bresl. 810. (Holäufer). 6 gr.

Was muß der Arbeiter schon vor dem Inkrafttreten d. Gesetzes vom 22. Juni 1889 thun, um seine Rechte u. Ansprüche auf Invaliden- u. Altersrente zu sichern? Ein Wegweiser für alle Arbeiter nebst e. Anh. Musterformulare. 12. (15 S.) Düsseldorf 890. F. Bagel. — 15

— muß der deutsche Bauersmann v. der inneren Kolonisation wissen?, s. a. Schriften z. Förderg. d. inn. Kolonisation. 1.

Was muß der deutsche Bauersmann von der inneren Kolonisation wissen? Beantw. von d. Auskunftstelle f. bäuerl. Ansiedlungen, Berlin. Berlin: Deutsche Landbuchh. 1906. (14 S.) 8° [F.]
= [Schriften z. Förderung d. inneren Kolonisation. H. 1.] 07. 8560

Was muss der Candidat der Theologie aus der Moral wissen ... Lemgo 1810—11. V: *Holzapfel, Johann Tobias Gottlieb.* (Ky) (MGT)

— muß d. Candidat der Theologie aus der Moral wissen, um im Examen durchzukommen? oder Fragen über die christl. Moral nebst Antworten nach Vogels Compendium, und mit Benutzung der neuesten moral. Lehrbücher, (v. J. Tob. Gli. Holzapfel). 2 Bde. gr. 8. Lemgo 810, 11. Meyer. 1 Rthlr 10 gr.

— muß die bevorstehende Provinzial-Synode thun? f. Rupp, J.

Was muß ein Candidat der Theologie ..., s. Was muß der Candidat ...

Was muss ein Officier wissen, wenn er die Pflichten seines Standes erfüllen ... will? ... Dessau u. Leipzig 1782. V: *Scholten, Joh. Andreas von.* (Ky) (ML)

Was muß ein Officier wissen, wenn er d. Pflichten seines Standes erfüllen will? (v. Jh. Andr. v. Scholten.) 4. Dessau 782. Gel. Buchh. 4 gr.

Was muss geschehen um Deutschlands Ruhe zu sichern? ... Leipzig 1814. V: *Odeleben, Ernst von.* (Ky)

— muß geschehen um Deutschlands Ruhe zu sichern? v. E. v. O. (Er. v. Odeleben). 8. Leipz. 814. Rein. 4 gr.

— muß ich thun, daß ich selig werde? Hrsg. v. dem Deutsch-amerikan. evangel.-luther. Traktat-Verein. (Abdr. f. Deutschland.) 2. Aufl. 12. (16 S.) Zwickau 874. (Schriften-Verein.) n. — 10

— muß ich thun, daß ich selig werde? Hrsg. von dem deutsch-amerikan. evang.-luth. Traktat-Verein. (Abdr. f. Deutschland.) 3. Aufl. 12. (16 S.) Zwickau (901). Schriftenverein. n. — 10

— muß ich tun, daß ich selig werde? Hrsg. v. dem deutsch-amerikan. evang.-luth. Traktat-Verein. (Abdr. f. Deutschland.) 4. Aufl. (16 S.) 8. Zwickau (908). Schriftenverein. — 10

— muß ich thun, um gesund zu werden? u. Wie kann ich gesund bleiben? Von Einer, der es gelungen ist. Aus dem Engl. 8. (37 S.) Düsseldorf 888. F. Bagel. cart. n. — 60

Was muß ich thun, um gesund zu werden? u. Wie kann ich gesund bleiben? 8. (37 S.) Düsseld. 888. Frankf. a. M., Jaeger's Verlag. * — 60

— muß ich thun, um selig zu werden? Ein kathol. Lehr- u. Erbauungsbuch f. d. öffentl. u. häusl. Gottesdienst. Vom Verf. d. Christen im Gebet u. Betrachtung. Mit 1 Kupfr. 12. Prag 824, Calve.

— muß ich thun, um selig zu werden? Ein kathol. Lehr- u. Erbauungsbuch für d. öffentl. u. häusl. Gottesdienst. Vom Verfass. d. Christen in Gebet u. Betrachtung. Mit 1 Kpf. 12. Prag 825. Calve; (a. Neureutter). 12 gr.

— muß jeder Mann vom neuen Wahlrecht wissen? (16 S.) kl. 8. Wien (907). [Austria, F. Doll] Volksbund-Verlag. — 12

Was muß man beim An- und Verkauf von Häusern, Grundstücken und Baustellen wissen? Anleitung f. Kapitalisten u. Grundbesitzer z. Berechnung d. Wertes u. d. Rentabilität von Grundstücken ... u. s. w., nebst ... zahlr. Formularen, Tab. u. e. ausführl. alphab. Sachreg. Berlin: H. Steinitz (1904). (126 S.) 8° [F.] 06. 671

— muss man in Paris gesehen haben? Mit 1 Plan u. Hilfsbuch f. Deutsche auf französ. Sprachgebiete m. Aussprache. (76, 40 u. VIII S.) 8. Berlin (904). H. Steinitz. n. 1. —

Was muß Preußen jetzt thun? Ein Wort zur Beherzigung. Von einem preußischen Veteranen. Berlin 1850. 10 S. 8.

Was muß Süddeutschland beim Ausbruche e. neuen Kriegs wünschen? geschrieben im April 1809. 8. Münch. 809. Fleischmann. 12 xr

— müssen Hamburgs Bürger u. Einwohner thun in den Zeiten d. Noth u. d. Drangsale wie sie gegenwärtig bestehen? 8. Leipz. 808. Bruder. 6 xr

Was müssen junge Mädchen üb. die Ehe wissen? Ein Wort an Mütter u. Töchter. Von e. Frauenarzte. (53 S.) 8. Bonn 909. P. Hauptmann. 1.50

Was müssen Menschen nicht alles erfahren! Eine höchst interessante Familien-Geschichte, wobey der Mond zum Gevatter gebeten wird. Budissin u. Leipzig 1798. 8°. Sehr selten! (5/6 Rthl.)
Schlesinger's (Berlin) Leihbibl.-Cat. 1825. S. 233, fehlt Kayser unter Romanen.

— müssen Menschen nicht alles erfahren? eine Familiengeschichte. 8. Brandenb. 798. Leich. 21 xr

Was müssen unsere Kaufleute, Reeder u. Kapitäne vom Seekriegsrecht wissen? Aus: „Hansa". (21 S.) 8. Hamburg, Eckardt & Messtorff. 1910. —. 40

Was müssen unsere Kaufleute, Reeder u. Kapitäne vom Seekriegsrecht wissen? 2. Aufl. (19 S.) 8. Hamburg (910). Eckardt & Messtorff. — 50
Sonderabdruck aus: „Hansa".

— müssen wir Juden thun? Von Judäus. 8. (57 S.) Zürich 881, Trüb'sche Buchh.

— müssen wir tun, um gesund zu bleiben? 20 Regeln f. Schulkinder. Plakat. 50×39 cm. Schwetz (904). W. Moeser. Auf Pappe — 50

— Mütterchen vom Liebling weiß! Erinnerungsblätter aus des Kindes Lebenslauf m. Begleitversen v. Elis. Trenkler-Sieber. gr. 4. (128 S. m. farb. Ornamenten u. 3 farb. Photogr.-Umrahmgn.) Elberfeld 895. S. Lucas. Geb. in Halbfrz. n. 9 —; in Ldr. n. 13. —

— neues für d. Landesfürsten, oder erläuterte Frage, ob die oberherrliche Macht d. Kirchengüter den Kirchenvorstehern zustehe. 8. Münch. 784. Strobl. 5 xr

— neues in der Welt, Statistik, Kirche, Oekonomie? beantwortet a. d. J. 1780, 81. 1r Liefer. 8. Frankf. a. M., Eichenberg (1780. 1 fl 8 xr, 1781. 1 fl) 2 fl 8 xr

Was? noch am Augustin zum Ritter werden? ... Basel 1790. V: *Weissenbach, Joseph Anton.* (Ky) (MGT)

— nun? Prag 866. (Rziwnatz.) 8. (32 S.) n. 5 ngr

— nun? Zur Eröffng. d. österreich. Reichsraths. 8. (42 S.) Leipzig 885. O. Wigand. n. — 50

— nun? Mahnruf e. Schwarzgelben. gr. 8. (16 S.) Leipzig 898. F. Fleischer, Verl. n. — 35

Was nun? Betrachtungen nach d. Reichstagswahlen von 1903 von G. R. Als Ms. gedr. Im Juli 1903. Freiburg i. B. 1903: Ch. Lehmann's Nachf. (29 S.) 8° [F.] [06. M793

— nützt uns schöne Kunst im gemeinen Leben? 8. Wien 822. Grund. (Fr. Fleischer in Leipz.) 8 xr

— offenbart sich im Naturgefühl? Zur Hygiene der Volksseele. (8 S.) 8. Danzig 903. (L. Saunier.) — 30

— Oesterreich noth thut oder die Reformen in der innern Staatsverwaltung in Oesterreich. Von einem wahren österreich. Patrioten. gr. 8. (V und 58 S.) Leipzig 860, Hübner.

Was predigt die Sozialdemokratie der Kirche? Ein Vortrag. Köln 1885. V: *Rocholl, Heinrich.* (Russell XVI, II, 1, 1288)

Was predigte Gott uns durch das Feuerunglück, am ersten Tage des Jahres 1812? Gezeigt in einer Predigt, den 12. Jan. 1812 in Herisau ... St. Gallen u. Herisau [1812]. V: *Frey, Pfarrer.* (BSchwIK V 5, 1/1)

— rettet die Deutschen Oesterreichs? Erläuterung d. Programmes d. deutschen Vereines zu Villach. 8. (24 S.) Villach 883. (Klagenfurt, Heyn.) — 30

— Rubinstein in den Stunden sagte. Tagebuchblätter e. Petersburger Konservatoristin. (A. Hippius.) Aus dem Russ. v. J. Schroeder. (36 S.) 8. Dresden (906). E. Tittmann. n. — 80
Sonderabdruck aus: „Neue Musik-Zeitg."

Was sagen Sie zu den vertrauten Briefen? Geschrieben im Oktober 1807. In Kommission d. Friedr. Königische Lese-Institutes zu Ansbach. 1808. 72 S. 8°. (In München: Boruss. 37 d) (4 Mk. Oscar Rauthe, 1908.)

— sagen Sie zu den vertrauten Briefen? geschrieben im October 1807. 8. Ansb. 808. Gassert. 10 xr

Was sagt das Wort Gottes über Krankheit und Heilung? Ein Wort zur Bewahrung kranker und gesunder Kinder Gottes vor den verwirrenden Irrlehren unserer Zeit. 18 S. 8. Bern, K. J. Wyss, 1904. [fr. —. 30]

— sagt der Herr Jesus den Musikanten u. Tänzern? Ein kurzes, ernstes Wort von einem armen Sünder. gr. 8. (14 S.) Elberfeld 852, Bädeker'sche Buchhandl. in Comm. n. 2 ngr

— sagt d. Geschichte dazu? ein Nachtrag zur Reformationsfeier am 31. Oct. 1817, verf. v. Freunde d. Wahrheit u. Bruderliebe, herausg. u. mit Anmerkk. begleitet von Näß u. Weis. gr. 8. Mainz 823. Stenz. 1 fl 3 xr

— sagt die hl. Schrift üb. den Spiritismus? Sie beweist, daß er Dämonismus ist. Auch: Wer sind die „Geister im Gefängnis"? u. Warum sind sie daselbst? (60 S.) 8. Allegheny, Pa. 900. (Elberfeld, Verlag der Wacht-Turm.) — 20

— sagt die hl. Schrift üb. die Hölle? (90 S.) 8. Allegheny, Pa. 901. (Elberfeld, Verlag der Wacht-Turm.) n.n. — 30

— sagt Jesus zu den symbolischen Büchern? gr. 8. Dresden u. Leipzig 845, Arnold'sche Buchh. n. 2 ngr

— schwere Auflagen schwerer mache. Neckers Wort mit einem Vorworte von Adam Graf von Moltke. gr. 8. Kiel 817. Hesse. 5 ℳ

Was schwere Auflagen schwerer mache. Neckers Wort mit einem Vorworte von Adam [Gottl. Detl.] Graf von Moltke. Kiel. 1818.

Was sein soll, schickt sich wohl. Lustspiel. Frankfurt 1796. V: *Bock, Joh. Christian.* (Ky)

— seyn soll, schickt sich wohl. Lustsp. 8. Frankf. (Hahn in Hannover, a. Stage in Augsb.) 796.

— dass. gr. 8. Quedlinb., Ernst. 6 ℳ

— — — — Originallustsp. in 3 Aufz. v. J. F. Jünger. 8. Regensb. Montag u. W. 802.

— s. auch Lenox, Miss.

Was seyn soll schickt sich wohl, erwiesen an meiner eignen Person; eine Scene aus dem 18ten Jahrh. Nürnb. 1782. V: *Jäger, Anton.* (will)

— Seltenes, oder die Kenntniß seiner selbst, angewandt aufs menschl. Leben; mit e. Einleitung v. J. B. P. d. R. K. u. P. (Jh. B. Bock). 8. Münch. 800.

— sich alte Kameraden erzählen. Aufzeichnungen e. inaktiven Offiziers. (167 S.) 8. Karlsruhe 909. (J. J. Reiff.) 1.50; geb. in Leinw. 2. 50

—— sich der Circus erzählt! Plaudereien über die Welt der wandernden Künstler, Ernst Renz und sein Künstlerleben, Intimes über den Circus sonst und jetzt, Ernst Renz, seine Dressurkunst, seine Künstler, seine Pferde, sein wanderndes Künstlerreich und wie er es regiert. Mit Illustr. von Const. v. Grimm. 1.—3. Aufl. (32 S.) 1878; 4.—6. Aufl. 8. (34 S.) Leipzig 879, Schloemp. * — 50

Was sich der Circus erzählt! Plaudereien über die Welt der wandernden Künstler Ernst Renz und sein Künstlerleben ... mit Illustrationen von Constantin v. Grimm 8. Aufl. Leipzig, Edwin Schloemp o. J. [um 1877] 34 S. m. Abb. 8

—— sich die französische Fremden-Legion erzählt, s. Soldaten-Freund, der.

— sich „die Gode" erzählt! od. die Geschichte v. dem Auszuge der Kinder Israel aus Egypten. In zierl. Verslein gebracht u. zu Nutz u. Frommen aller Juden u. solcher die es werden wollen erzählt v. Jacob Reimschmied. gr. 8. (16 S. m. eingedr. Holzschn.) Hamburg 874. Scharbius. — 30

— sich die Kammerjungfern erzählen. Interessante Geschichten aus hohen Kreisen v. X. 5 Tle. 8. Berlin 887. 888. Eckstein Nachf. à n. 2. —
1. Kleiderbörse bei der „Flankerl-Peppi". Kathi's Prinz. Wildfeuer. (157 S.)
2. Allzeit getreu — dem Herrn. Ein enthülltes Incognito. (156 S.)
3. Amor vor der Schwelle. In majorem Dei gloriam. (137 S.)
4. Le roi s'amuse. Luftveränderung. (118 S.)
5. Die Frau m. dem gesunden Schlaf. Revanche f. Krakau. (151 S.)

Was sich die Offiziere im Bureau erzählten. Mittheilungen eines alten Registrators. Berlin 853. Mittler u. Sohn. 8. (75 S.) 9 ngr.

— sich die Pferde erzählen. München 866. Lentner'sche Buchh. gr. 8. (14 S.) 2 ngr.

— sich die Thiere erzählen. Ein Bilderbuch m. schönen Geschichten. qu. Fol. (21 S. m. Abb. u. 5 ausgestanzten Farbdr. zum Aufstellen.) Nürnberg 898. Th. Stroefer. Geb. 4. 50

Was sich in dem Gasthaus begab. Von Kate Douglas Wiggin [u. a.] Übers. von Natalie Rümelin. — Stuttgart: Engelhorn 1910. 144 S. (Engelhorn's allgemeine Roman-Bibliothek. 26,15.)
1:Yt 664-26,15. 12:L. eleg. g. 126n-26,15.
2.2169

— sich liebt! Große heroische Liebes- u. Lobes-Kom- u. Trag-ödie, nach der Natur gezeichnet u. d. Mitwelt zur Bewunderg. übergeben. In 3 Acten, e. Vorspiel, diversen Pro-, Mittel- u. Epi-logen, nebst Traumbildern; m. Gesang (u. was f. Gesang), Ballet, Aufzügen u. Evolutionen. 12. (19 S.) Berlin (895). M. Böhm. 1. 50

—— sich mit einem Menschenmagen bei Nacht und Tage zugetragen. Nicht nur den Magenkranken, sondern der ganzen Schaar von Hypochondern zu medicinischem Genuß erzählt von Dr. Medicus. 1. und 2. Aufl. 12. (III, 140 S. mit eingedr. Illustr.) Hamburg 881, Grädener.

Was sind Abbi mansi? [Braunschweig 1786.] V: *Ress, Joh. Hnr.* (MGT)

— sind die baierischen Landstände für Bauern u. Bürger? ein Gespräch auf den Postwagen, herausg. vom Conducteur. 8. Sulzb. 802. v. Seidel. (auch Fleischmann in Münch.; Krüll in Landsh.) 3 ℳ

Was sind die Freimaurer und was wollen sie? Ein Wort zur Wehr und Lehr über Wesen, Bedeutung, Ursprung und Ziele der Freimaurerei. Von einem wahrhaft deutschen Vaterlandsfreunde. 5. Aufl. Dessau-Leipz. 1892. 6. Aufl. 1892. 7. Aufl. 1892. 8. Aufl. 1892. 2. erw. Neubearb. 3. Aufl. 1893. Von einem Br. Frmr. 3. Neubearb. 7. Aufl. 1897. 8. Aufl. Dessau 1900. 4. Neubearb. 9. Aufl. Verm. durch einen Anhang Was sind Odd-Fellow-Brüder und was wollen sie? Lissa i. P. 1905. V: *Kunzemüller, Otto.* (berl 1918, S. 497) (wolfstieg I, 110)

— sind die Freimaurer u. was wollen sie? Ein Wort zur Wehr u. Lehr üb. Wesen, Bedeutg., Ursprung u. Ziele der Freimaurerei. Von e. wahrhaft deutschen Vaterlands-Freunde. 5. u. 6. Aufl. gr. 8. (IV, 48 S.) Dessau 892. R. Kahle's Verl. n. 1. 50
Die früheren Aufl. erschienen u. d. T.: Oesterwitz, Herm., Wesen, Bedeutung u. Ziele der Freimaurerei.

— sind die Freimaurer u. was wollen sie? Ein Wort zur Wehr u. Lehr üb. Ursprung, Wesen, Bedeutg. u. Ziele d. Freimaurerei. Von e. Br. Freimaurer. 3. Neubearbeitg. 7. Aufl. gr. 8. (73 S.) Dessau 897. Anhalt. Verlagsanstalt. n. 1. 20

— sind die Freimaurer u. was wollen sie? Ein Wort zur Wehr u. Lehr üb. Ursprung, Wesen, Bedeutung u. Ziele der Freimaurerei. Von e. Br. Freimaurer. 3. Neubearbeitg. 8. Aufl. 13. bis 15. Taus. gr. 8. (112 S.) Dessau 900. Anhalt. Verlagsanstalt. n. 1.20

Was sind die Freimaurer und was wollen sie? Ein Wort z. Wehr u. Lehr über Ursprung, Wesen, Bedeutung u. Ziele d. Freimaurerei. Von e. Br. Freimaurer. 4. Neubearb. 9. Aufl. Verm. durch e. Anh.: Was sind Odd-Fellow-Brüder u. was wollen sie? Lissa i. P.: F. Ebbecke 1905. (128 S.) 8° [F.] [07. 9651]

— sind die Freimaurer u. was wollen sie? Ein Wort zur Wehr u. Lehr üb. Ursprung, Wesen, Bedeutg. u. Ziele der Freimaurerei. Von e. Br. Freimaurer. 4. Neubearbeitg. 9. Aufl. 16.—20. Taus. Vermehrt durch e. Anh.: Was sind Odd-Fellow-Brüder u. was wollen sie? (115 S.) 8. Lissa 905. O. Eulitz. n. 1.—

Was sind die Jesuiten? Ein Wort der Warnung an das Volk des Kantons Zug. Von einem Ungelehrten. 8. (Sursee) *o. J.* [1840/44].

Was sind die Kuhpocken eigentlich? und wozu nützen sie? . . . Brünn 1801. 2. Aufl. 1801. 3. Aufl. 1808. V: *Salm-Reiferscheid-Krautheim, Hugo Franz Graf von.* (Call) (Ky) (MGT)

— sind d. Kuhpocken eigentlich? u. wozu nützen sie? faßlich für Unterrichtete dargestellt (v. Grafen v. Salm-Reiferscheid-Krautheim). 8. Brünn 801. 2e A. 801. 3e A. 808. Gall. 4 K

Was sind die Reichsprälaten und wie sind sie es worden? . . . [Salzb.] 1785. V: *Danzer, Jacob.* (ML) (Ky) (MGT) (Co) (EngJ) (Schletter, Handb. d. jurist. Litt. Grimma 1843. S. 156.)

— sind d. Reichsprälaten u. wie sind sie es worden? aus d. Geschichte beantwortet (v. Jak. Danzer). 8. o. O. (Salzb.) 785. Mayr. 6 K

—— sind die sogenannten Irvingianer für Leute? Eine Frage, beantwortet für Alle, die über diese Sache etwas Zuverlässiges zu wissen wünschen. 8. (44 S.) Berlin 851, Brandis, Verlag.

Was sind die Thiere? . . . Salzburg 1845. V: *Dotter, Phil. Ernst.* (Hr)

— sind die Ursachen d. häufigen plötzl. Todesfälle, wodurch ist man im Stande solche zu verhüten? 8. Hamb. (Berl. Schöne.) 811.

Was sind die Wissenschaften an gelehrten Schulen an sich . . . Breslau 1814. V: *Kayssler, Adalb. Barthelm.* (Adel) (Ky) (MGT)

— sind d. Wissenschaften u. gelehrten Schulen an sich etc.? Beantwortet (von A. B. Kayßler). 8. Bresl. 814. (Graß, B. u. C.) 8 K

— sind die Wissenschaften und gelehrten Schulen an sich? etc. 8. Bresl. Holäufer. 814.

Was sind Eide? Mainz 1792. V: *Müller, Nicolaus.* (GGr) (Ky)

— sind Eide? (von Nik. Müller). Mainz 793.

Was sind Hämorrhoiden? Wie können sie geheilt werden u. wie ist dem Uebel vorzubeugen? Ein Wort der Würdigung des Daubitz'schen Kräuter-Liqueurs. Berlin 863. H. Müller in Comm. 8. (24 S.) 3 ngr.

— sind Kometen? u. in was für einer Verbindung stehen sie mit unserm Sonnensystem? Beantwortet v. A. K. P. Mit 1 Kpf. gr. 8. Wien 810. Geistinger. 8 K

— sind Cometen? u. in was f. ein. Verbindung stehen sie mit unserm Sonnensystem? Beantwortet von A. K. P. in H. 8. Wien, Geistinger. 812.

Was sind Consistorien, und was sollten sie seyn? [Helmstädt 1796.] V: *Schulze, Joh. Hnr. August.* (MGT)

— sind Lichtfreunde, wie sind sie entstanden u. was wollen sie. Nebst der Rede des Herrn v. Florencourt. Zur freien allgem. Selbstbeurtheilung zusammengestellt von e. Freunde des Lichts. gr. 8. Berlin 845, Schepeler. 1/12 ℛ

Was sind Missionen? Ein Wort der Lehre, der Ermahnung u. des Trostes an Alle, welche die Wahrheit lieben. 2. verb. u. verm. Aufl. 12. (42 S.) Einsiedeln 847, Gebr. Benziger. 2 ngr

—— sind Missionen? Ein Wort der Lehre, der Ermahnung und des Trostes an Alle, welche die Wahrheit lieben, nebst einem Anhange kathol. Missionslieder zur Erbauung aller Christen. 8. (32 S.) Freiburg im Br. 851, Wangler.

—— sind sie?, s. a. Jädicke, G. A. Die Führer der Sozialdemokratie.

Was sind sie? 1) Revolutionäre, 2) Gotteslästerer, 3) Vaterlandslose, 4) Nichtvertreter der Arbeiter . . . 2. u. 3. Aufl. Chemnitz 1890. V: *Jädicke, G. A.* (Stams)

— sind sie? 1. Revolutionäre. 2. Gotteslästerer. 3. Vaterlandslose. 4. Nicht-Vertreter d. Arbeiter. Beweisen durch wortgetreue Wiedergabe aus ihren eigenen Worten u. Schriften. 2. u. 3. Aufl. gr. 8. (14 S.) Chemnitz 890. May. n. —20

WAS SIND UND WAS WOLLEN DIE DEUTSCHEN ZAHNKÜNSTLER? Vorschläge zur Regelung der zahnärztlichen und zahntechnischen Standes-Verhältnisse. Herausgegeben von der ständigen Deputation zur Vertretung der Standes-Interessen der Zahnkünstler des Deutschen Reiches. (o. O.) (1896.) Selbstverlag des Vereins Deutscher Zahnkünstler. 8°.

Was sind und wollen die Corps. Entwurf einer Zusammenstellung der allgemeinen deutschen Corpsprincipien. Göttingen 1869. V: *Bothmer, von.* (Erman & Horn, Bibliogr. d. dtsch. Univ. 1. Leipz. u. Berl. 1904.)

— sind u. wollen die Corps? Entwurf einer Zusammenstellung der allgemeinen deutschen Corpsprincipien. Göttingen 869. Deuerlich. gr. 8. (30 S.) n. 5 ngr.

Was sind Unterthanen-Verhältnisse? O. O. 1814. V: *Haller, Carl Ludwig von* [?]. (AarK) (GGr)

Was sind wir unserm König schuldig? gr. 8. Berl. 808. Mittler. 3 gr

— singen wir? Eine Auswahl der beliebtesten u. bekanntesten Volks-, Trink-, Liebes- ꝛc. Lieder. Nebst Alpenliedern u. Schnadahüpfl'n. Rosenheim 867. Huber. 32. (VIII, 248 S.) 4 ngr.

— soll aus dem Herzogthume Coburg werden? Ein Beitrag zur Beleuchtung kleinstaatlicher Verhältnisse. Leipzig 867. O. Wigand. 8. (28 S.) 3 ngr.

Was soll aus dem Ländchen Graubünden werden? (Graubünden im Hornung 1814.) 8. *o. O.* 1814.

— soll aus dem Pabstthum werden? 8. Leipz. 798. Schmidt. 10 gr

— soll aus den russischen Juden werden? gr. 8. (27 S.) Berlin 891. Cassirer & Danziger. n. — 60

Was soll aus Gotha werden? Auch ein Beitrag zur Beleuchtung kleinstaatlicher Verhältnisse. Leipzig 867. O. Wigand. 8. (24 S.) 3 ngr

— soll aus Schleswig-Holstein werden? Eine Frage für das Volk aus dem Volke. Berlin 865. Uthemann & Müller. 8. (23 S.) n. 1 ngr.

— soll bei der neuen Verfassung aus d. Juden werden? 8. Frankf. a. M. 816 (Jäger). 4 gr

— soll daraus werden? Was wird daraus werden? Gutachten in Sachen des Lichts wider die Finsterniß von einem Göthner. gr. 8. Leipzig 844, Brauns. 1/12 ℛ

— soll daraus werden! Gegen die Zwickauer Thesen. Von Freunden der christl. Volksschule. (32 S.) 8. Leipzig 909. H. G. Wallmann. — 10

— soll das Volk vom dritten Geschlecht wissen! Eine Aufklärungsschrift, hrsg. vom wissenschaftlich-humanitären Comitee. 8. (23 S. m. 2 Bildnissen.) Leipzig 901. M. Spohr. n. — 20

— soll das Volk vom dritten Geschlecht wissen? Eine Aufklärungsschrift, hrsg. vom wissenschaftl.-humanitären Komitee. 19. verb. Aufl. (26 S. m. 2 Bildnissen.) 8. Leipzig 903. M. Spohr. — 20

Was soll der Fürst seyn, was kann der Fürst seyn? Hamburg 1797. V: *Kosegarten, Christian.* (MGT) (Ky)

— soll der Fürst seyn, was kann d. Fürst seyn? (v. Chr. Kosegarten). 8. Hamb. 797. (Perthes u. B.) 4 gr

Was soll der Hypothekargläubiger vom tirolischen Grundbuche wissen? Innsbruck [189?]. V: *Falser, Stephan Ritter von.* (Margr)

Was soll der Lehrer lesen? [Zürich 1892.] V: *Dändliker, Carl.* (Cat. d. Stadtbibl. Zürich. Zürich 1864—97.)

Was soll der Prediger zu der anhaltenden Theurung sagen? [Halle 1804.] V: *Seltenreich, Carl Christian.* (MGT)

— soll ein Konkordat mit Rom enthalten? oder entspricht d. neue Baierische Konkordat d. Geiste d. christl. Kirche ꝛc. 8. Ulm 818. Ebner. 10 gr

—— soll's mit der Volksschule werden? Erste Flugschrift. Hrsg. von einem Verein rhein. Schulfreunde. gr. 8. (16 S.) Langenberg 877. (Elberfeld, Faßbender's Buchh.) * — 25

— soll Frankfurt dem Staate entrichten oder abgeben? Nach der Mittheilung der ständigen Bürgerrepräsentation vom 15. April 1867 beurtheilt. Ebend. 867. 8. (22 S.) 3 ngr

— soll ich lesen? Weihnachtsalmanach 1894. Äußerungen deutscher Männer u. Frauen, eingeleitet v. Herm. Heiberg, gesammelt u. hrsg. v. Vict. Ottmann. Nebst e. Rundschau üb. die neueren Erscheingn. d. Büchermarktes. gr. 8. (112 S.) Berlin 894. F. Pfeilstücker. — 50

— soll ich lesen? Aeußergn. deutscher Männer u. Frauen, eingeleitet v. Herm. Heiberg, gesammelt u. hrsg. v. Vict. Ottmann. 4. (67 S.) Berlin 895. Wilmersdorf, F. Pfeilstücker. — 50

— soll ich werden? Praktischer Führer durch verschiedene männl. u. weibl. Berufsgebiete. 5. Aufl. 5.—8. Tausend. (112 S.) gr. 8. Wien 905. (G. Szelinski.) n. 1. —

— soll ich zur Beruhigung meiner Seele glauben? s. a. Jh. Fr. Jacobi.

Was soll ich zur Beruhigung meiner Seele glauben? N. Forts. [Hannover] 1790. 2. Aufl. 1790. 4. Aufl. 1797. V: *Jacobi, Joh. Fr.* (Ky)

Was soll ich zur Beruhigung meiner Seele glauben von der Person Jesu? Berlin 1816. V: *Rheinwald, A.* (Ky)

— soll ich zur Beruhigung meiner Seele glauben von der Person Jesu? (Von A. Rheinwald). gr. 8. Berl. 816. Th. Enslin. 6 gr

— soll ich z. Beruhigung meiner Seele glauben von der Person Jesu? gr. 8. Berlin 826, Enslin.

Was soll man an den Kuren des Herrn geistl. Rats Gassner . . . noch untersuchen, so nicht schon längst hundert Mal ist untersucht worden. 1775. V: *Stattler, Benedikt.* Vgl. Euphorion 28 (1927), S. 566. (DARP)

— soll man von d. Mystikern ꝛc. halten! s. Es wird alles neu werden. 1r Bd.

— soll m. Bosnien geschehen? Wem gehört Dalmatien? Politisch-histor. Fragmente v. Omega. (74 S.) gr. 8. Wien 910. Ch. Reisser's Söhne. 1. 25

— soll morgen gegessen werden? oder vollständiger Küchenzettel für einen bürgerlichen Mittagstisch auf alle Tage des Jahres. Hamburg 866. J. F. Richter. 16. (40 S.) n. 3 ngr.

Was soll und muss jetzt aus unsern Volksschulen werden? . . . Essen 1848. V: *Kellner, Carl.* (Ky)

— soll u. muß jetzt aus unsern Volksschulen werden? Ein Wort f. die Gegenwart, besonders f. unsere Volksschullehrer u. alle diejenigen, die ihnen vorgesetzt sind (v. C. Kellner). gr. 12. (20 S.) Essen 848, Bädeker. 3 ngr

— soll u. was kann Deutschland in Bezieh. auf seine Zoll- u. Mauthverhältnisse? Von e. Mitgliede d. Kurhess. Ständeversamml. gr. 8. (2 B.) Kassel im Dec. 830, [Krieger's Vrlsh.]

Was sollen Deutschlands Regenten jetzt thun? Seitenstück zu Ewald: was sollte der Adel jetzt thun? Leipzig 1794. V: *Wiese, Gg Walth. Vinc. von.* (Ky)

Was sollen jetzt alle Stände thun? . . . Augsburg 1796. V: *Wöckl, Leopold Andreas.* (MGT) (Ky) (ML) (Hr)

— sollen jetzt alle Stände thun? allen Ständen ehrfurchtsvoll u. brüderl. gewidmet (von L. A. Wöckl). 2 Thle. 8. Augsb. 796. (M. Rieger). 14 gr.

Was sollen jetzt die protestantischen Katholiken in Deutschland thun? Von einem katholischen Laien aus dem Handwerksstande. Jena 1828. V: *Henss, Adam.* (Russell VI, 105)

Was sollen jetzt die protestant. Katholiken in Deutschland thun? Beantw. v. e. kathol. Laien aus d. Handwerksstande. Nebst vorgäng. Betrachtn. üb. d. Verunstaltung d. Christenthums vor u. in d. röm. Kirche. 8. (2¼ B.) Jena 828, Frommann.

— sollen jetzt die protestantischen Katholiken in Deutschland thun? Beantwortet von e. katholischen Laien aus d. Handwerksstande. 8. Jena 829. Frommann. 4 gr.

Was sollen und was können Lettische Volksschulen? . . . Riga 1825. V: *Ulmann, Carl Christian.* (R-N)

— sollen unsre Kinder lesen? Was sollen unsre Jungfrauen u. Jünglinge lesen? Ein Wegweiser durch die Literatur, f. Eltern u. Erzieher. Hrsg. vom „Geselligen Lehrer-Verein." [Weihnachts-Catalog. 1. Jahrg.] 8. (16 S.) Berlin 851, R. W. Krüger. n. 2 ngr

— sollen wir? Worte e. Baiern an das baier. Volk. 8. Münch. 813. Fleischmann. 2 gr.

— sollen wir glauben? Fragen e. alten Landpfarrers an die Neuscholastiker, zugleich e. Studie über die Transsubstantiation v. Jul. J. gr. 8. (V, 107 S.) Wien 888. (Kirsch.) n. 1.60

— sollen wir morgen essen? Vorschläge zu e. zweckmäß. Zusammenstellg. e. einfachen Mittags- u. Abendtisches f. alle Tage des Jahres von M. v. M. (III, 110 S.) 8. Riga 904. Jonck & Poliewsky. Kart. n. 1.50

— sollen wir morgen essen? Vorschläge zu e. zweckmäß. Zusammenstellg. e. einfachen Mittags- u. Abendtisches f. alle Tage des Jahres, von M. v. M. 2. verm. Aufl. (III, 112 S.) 8. Riga 908. Jonck & Poliewsky. Kart. 1.60

Was sollen wir trinken? nachdem Kaffee seine Aufgabe als Volksgetränk der Deutschen in keiner Hinsicht erfüllt hat. Nürnberg, Kommanditgesellschaft „Atlas", 1893. 27 S. 8°

— sollen wir thun? Handbuch d. Evangel. Frauen-Vereins Edelweiß, hrsg. vom Vorstande. Praktische Rathschläge f. evangel. Frauen u. Jungfrauen, die etwas f. den HErrn thun wollen. 2., verb. Aufl. 8. (251 S.) Berlin 888. (Matthies.) geb. n.n. 1.50

— sollen wir thun? Handbuch des Evangel. Frauen-Vereins Edelweiß, hrsg. vom Vorstande. Prakt. Rathschläge für evangel. Frauen und Jungfrauen, die etwas für den HErrn thun wollen. 2. verm. und verb. Aufl. 8. (251 S.) Berlin 888, (Oehmigke's Buchh.) geb. **

Was sollen wir thun? Handbuch d. Evangel. Frauen-Vereins Edelweiß, hrsg. vom Vorstande. Praktische Rathschläge f. Frauenhülfe auf eigene Hand u. an jedem Orte. 3., umgearb. Aufl. 8. (430 S.) Berlin 890. (Ev. Vereins-Buchhandlg.) geb. n. 1.50

— sollen wir tun? Ein Laienvotum zur gegenwärt. Krisis in der evangel. Kirche. (88 S.) 8. Leipzig 908. [M. Kölz.] Neumünster, Vereinsbuchh. G. Ihloff & Co. 1.—

Was sollen wir thun in der Wohnungsfrage? Eine Flugschrift über d. Verein Reichs-Wohnungsgesetz. Hrsg. vom Verein. Frankfurt a. M.: (Verein) 1900. (29 S.) 8°

— sollen wir von unserer ersten hannover'schen Landessynode halten? Kurze Fragen u. bündige Antworten den Gemeinden gewidmet, von einem der mit dabei gewesen ist. Hannover 870. Brandes. gr. 8. (26 S.) n. 2½ ngr.

— sollen wir wollen? Betrachtungen zu einer Verständigung. gr. 8. (46 S.) Wien 851, Jasper, Hügel & Manz. n. ⅓ ℔

— sollen wir zu d. Entweichung Bonaparte's sagen, u. wie uns gegen d. Folgen sichern, d. daraus entstehen können? gr. 8. Hamb. 815. Nemnich. 5 gr.

Was sollte für Deutschland in Wien geschehen? . . . Bremen 1814. V: *Tidemann, Franz.* (Ky) (MGT) (Roterm)

— sollte für Deutschland in Wien geschehen? Beantwortet von einem Deutschen, (Frz. Tidemann). 8. Bremen 814. Heyse. 5 gr.

— sollten Deutschlands Regenten jetzt thun? Seitenstück zu Ewald: was sollte der Adel jetzt thun? (von v. Wiese.) 8. Leipz. 794. (Heinsius in Gera). 12 gr.

Was spricht der Pfarrer mit der Köchin? . . . Prag 1783. V: *Lang, Franz Quirin.* (MGT)

—— spricht Für u. Wider die Meinung, daß d. Erdball u. alles Gestirn auch durch e. eigenthüml. Weltkörper-Leben den Schöpfer verherrliche? gr. 8. (11½ B.) Neustadt a. d. O. 831, Wagner.

—— steht in Deutschland dem Princip d. Gewissensfreiheit u. d. Emancipation noch entgegen? 8. (3 B.) Hanau 831, König.

Was steht vom Zustande nach dem Tode in der Bibel? Leipzig 1804—5. V: *Sintenis, Christian Friedrich.* (Ky)

— sucht d. Freimaurer zu seiner Vollkommenheit? 8. Germanien 782. ... 4 ℳ

Was sucht der wahre Freymäurer noch zu seiner Vollkommenheit? . . . Germanien [Frankf.] 1782. V: *Cronenberg, Gerhard von.* (Kl) (Wr) (SJL)

— Sueton v. Caligula erzählt. Ein Sittenbild aus der röm. Kaiserzeit v. Benedictus. (8. Aufl.) gr. 8. (19 S.) Berlin 894. Cassirer & Danziger. n. — 60

— that der heilige Bonifacius für unser Vaterland?, s. Broschüren-Cyclus.

— telegraphiere od. schreibe ich zu festlichen Gelegenheiten?, s.: Hilf Dir selbst.

Was trage ich vor? 142 humoristische Vorträge. Beitr. v. Rudolf Baumbach, Friedrich v. Bodenstedt, Felix Dahn, Paul Heyse, Peter Rosegger u. a., hrsg. v. Fritz Reuther, Dresden-A., 180 S., 8°.

Was treiben die Freimaurer? Kurzer Wegweiser für Laien . . . Gütersloh 1881. V: *Örtzen, Dietrich von.* (Tt)

—— treiben die Freimaurer? Kurzer Wegweiser für Laien von D. v. O. 8. (87 S.) Gütersloh 881, Bertelsmann. *
1. Aufl., s. Oertzen, Dietr. v.

Was thut Breslau für seine Armen, besonders für Kinder und Kranke? Breslau 1825. V: *Kahn, G. L.* (LVS)

Was thut dem Arbeiterstande heut zu Tage Noth? Von E. K. Fortsetzung der Flugschrift: „Was wollen und was können die Socialdemokraten?" 1.—5. Aufl. gr. 8. (16 S.) Rathenow 875—77. (Haase.) * — 15

Was thut dem Volke not? (Russisch.) Stuttgart 1881

Was thut der deutschen Schule in Südbrasilien noth? Berlin: (Martin & Jonske 1902). 24 S. 8° [Umschlagt.]
Aus Export. 1902, Nr 29/30.

Was thut der Eisen-Industrie in Preußen noth? Von e. Unbefangenen. gr. 8. (33 S.) Köln 876. Du Mont-Schauberg. n. — 80

— thut d. evangelischen Kirche Würtembergs noth? Ein gutgemeinter Beitrag zur Beantwortung dieser Frage. 8. Tübing. 810. Osiander. 2 ℳ

— — thut der evangelischen Kirche Würtembergs noth? Ein gutgemeinter Beytrag zur Beantwortung dieser Frage. 8. Tübingen, Osiander. 819.

— thut der freisinnigen Partei noth? Mahnwort e. Freisinnigen. gr. 8. (12 S.) Würzburg 887. Stahel. — 30

— thut der Kirche Noth? Eine wichtige Zeitfrage nebst Beantwortung —, denkenden Christen, vorzüglich Staatsregierungen zur geneigten Beherzigung dringend empfohlen von J. G. W. gr. 8. Leipzig 843. (Böhme.) n. 1/6 ℛ

—— thut der Kirche Noth? Eine wichtige Zeitfrage nebst Beantwortung —, denkenden Christen, vorzügl. Staatsregierungen zur geneigten Beherzig. dringend empfohlen von J. G. W. gr. 8. (1½ B.) Leipzig 843, (Geuther.) *

Was thut der Landwirthschaft Noth. Breslau 1821. V: *Elsner, Johann Gottlieb.* (MGT) (Ky) (EngOec) (Nowack, Schles. Schriftst.-Lex. Breslau 1836—43. II, 25 f.) (Stam)

— was thut d. Landwirthschaft noth? (v. J. Gli. Elsner). 8. Bresl. 821. W. G. Korn. 1 ℛ 8 ℳ

— thut der preuß. Armee Noth? Eine Skizze, allen Denen gewidmet, welche nächst der Nation auch das stehende Heer zu vertreten haben. Von einem liberalen Offiziere. 8. (24 S.) Trier 848, Lintz. 4 ngl

— thut die Liebe nicht! Operette n. d. Oper la Dama soldato. 8. Lpz. (Heinsius in Gera.) 793. — 6

— thut die prakt. Hausfrau?, s. a. Helene, Frau.

— thut die praktische Hausfrau? Antworten auf 100erlei wicht. u. unwicht. Fragen, wie sie das häusl. Leben m. sich bringt, f. Hausfrauen u. solche, die es werden wollen. Von Frau Helene. 12. (IV, 104 S.) Frankfurt a/M. 891. Jaeger's Verl. cart. n. 1. 20

Was thut hauptsächlich noth, wenn der Gewerbsstand nicht noch tiefer sinken . . . soll? Leipzig 1832. V: *Weber, Gotthold August.* (Kat. d. stat. Bureaus. Dresden 1890.)

—— thut hauptsächlich noth, wenn der so hochwicht. Gewerbestand nicht noch tiefer sinken u. ganz zu Grunde gehen soll? — Freimüthig u. wahr erörtert v. Verf. d. „treuen Rathgebers f. Handwerks-Gesellen u. Lehrlinge." gr. 12. (5½ B.) Leipzig 832, Glück.

— thut man nicht eines Mädchens wegen? ein Roman, 8. Wien, 788. Hörling. 4 fgl.

—— thut noth? gr. 8. (16 S.) Leipzig 872, (Steinacker.) — 50

— thut Noth? Von e. Geistlichen. gr. 8. (9 S.) Stuttgart 883. (Ullrich.) u.n. — 50

— thut Noth, um nicht aus einem Freien ein Unfreier zu werden? Ein Wort an d. Protestanten u. an Alle, d. es hören wollen; von Christianus. 8. Zerbst 826. Kummer. 6 ℳ

— thut noth, wenn der so hochwichtige Gewerbestand nicht noch tiefer sinken u. ganz zu Grunde gehen soll? gr. 12. Leipzig 832, jetzt Bade in Berlin. ...

—— thut uns Noth? — Ein freies Wort an die preuß. Wähler und Wahlmänner im Herbst 1861. Von einem ehemal. Abgeordneten. gr. 8. (24 S.) Liebenwerda 861, Conrad.

— uns bevorsteht. König Salomon d. Große. Sozial-polit. Voraussagg. f. d. J. 1900 u. . . . gr. 8. (16 S.) Berlin (s., Wasserthorstr. 69) 896. F. W. Baade. — 30

— uns bitter nottut. Ein Führer durch die deutsche Reichspolitik. Von *** Incognito. (110 S.) 8. Breslau 907. G. C. Bürkner. 1. 50

Was uns der Agramer Hochverratsprozess lehrt: Lasst die Kroaten reiten! Von e. treuen Monarchisten. (79 S.) Lex. 8. Wien 909. G. Szelinski. 2. —

— uns die Hand verrät! Kurzgefaßte Anleitung zur Handlesekunst nach wissenschaftl. Grundsätzen. (58 S. m. 9 Abb.) gr. 8. Oranienburg (910). Orania-Verlag. 1. 20

— uns erfreut. gr. 8. (12 S. m. 3 farb. u. 9 schwarzen Bild) Ebd. 895. — 40

Was uns Frau Venus erzählt (Bibliothek für Lebemänner.) Budapest, Markus.
Verboten v. L.-G. Wien, 20. IX. 1897 § 516

— uns freut. Kleine Bilderwelt. 12. (6 farb. Taf. m. 6 S. Text.) Stuttgart 895. G. Weise. — 10; m. 8 farb. Taf. u. 8 S. Text — 15

— uns freut. 3 Sorten. (à 8 [4 farb.] S. m. Abbildgn.) 12. Stuttgart (903). G. Weise. à n.n. — 05

— uns Jesus noch weiter sagt. Von Amicus veritatis. 2., unveränd. Aufl. 8. (VII, 17 S.) Heilbronn 895. Stuttgart (M. Kielmann). n. — 30

— uns nicht retten kann. Ein Wort für Deutschland. Leipzig 861. Kollmann. Lex.-8. (41 S.) 7½ ngr.

Was uns noch retten kann. Ein Wort ohne Umschweif. 3. Aufl. Berlin 1861. 7. Aufl. 1861. V: *Twesten, Carl.* (A) (Kat. d. Bibl. d. dtsch. Reichstages. Berlin 1882.)

— uns noch retten kann. Ein Wort ohne Umschweife. 1—6. unveränd. Aufl. Berlin 861. Guttentag. gr. 8. (88 S.) n. 10 ngr.

— uns Noth thut. Ein Wort der Mahnung an alle Christen von W. P., Mitgliede der Neuen Kirche des Herrn. gr. 12. Iserlohn u. Barmen 836. Langewiesche. ⅛ ₰

Was uns noth thut! Für Alle, welche sich für das Elend ihrer Mitbürger interessieren. 8°. Königsberg 1845.

— uns Noth thut! Ein Wort der Mahnung an alle Christen von W. P. Basel 867. Riehm. 8. (19 S.) 2 ngr.

— uns Noth thut! Staatsdruckerei oder Staatsbäckerei? Und von wem u. wie ist für das Geistige u. für das Materielle zu sorgen? Prag 868. Steinhauser. gr. 8. (31 S.) n. 1 ngr.

Was uns Noth thut. [Wien 1899.] V: *Altschüler, Moritz.* (EB)

Was uns not tut. Ein Wort zur Reichs-Steuer- und Finanz-Reform. Berlin [1909]. V: *Ledermann, W.* (Berl 1914)

Was uns zum Frieden dient; Vorstellungsschrift des Bischofs der Diöcese St. Gallen . . . St. Gallen 1861. V: *Mirer, Johann Peter.* (zuwzür 16, 1912, II, S. 72)

—— unsre deutschen Dichter sangen. Dichterwald für deutsche Frauen. Von Ed. Kauffer. 32. (XIII und 288 S.) Grimma 852. [Wurzen,] Verlags-Comptoir. *

—— unsere Mutter auf Erden erlebt hat. 8. (V, 345 S.) Gotha 881, F. A. Perthes.

— unsere Mutter auf Erden erlebt hat. 2. Aufl. Mit (Lichtdr.-)Portr. 8. (V, 357 S.) Gotha 884. F. A. Perthes. n. 5. —

— unsere Vögel erzählen. qu. 4. (12 S. m. z. Tl. farb. Bildern.) Stuttgart 893. F. Loewe. — 40

— dasselbe. qu. 12. (8 S. m. z. Tl. farb. Bildern.) Ebd. 894. — 15

Was veranlasst unsern Verein (D. Verein abstinenter Lehrer) zum Kampfe gegen den Alkohol? Kiel 1900.

Was verhindert die Juden an der Erwerbung politischer Rechte? Abgedruckt aus dem März-Heft der Monatsschrift für Deutschland. Berlin. Enslin 1833. 26 S. 8.

—— verlangen d. Bürgerlichen? Brief an den Grafen **** ***** von F. B. gr. 8. (2 B.) Zürich 838, (Wirz-Widmer.?)

Was verlangen wir vom Richterstande? Eine jurist. Studie in sozial-pädagog. Beleuchtg. v. Irenaeus Pilatus. (95 S.) gr. 8. Dresden '05, E. Pierson. 1. —

— verlangen wir vom Richterstande? Eine jurist. Studie in sozial-pädagog. Beleuchtg. Zugleich e. Anleitg. f. Geschworene, Schöffen, Lehrer, Geistliche v. Irenaeus Pilatus (Viktor Schulz). 2. Aufl. (IV, 92 S.) 8. Dresden 905. E. Pierson. n. 1. —

(8) — verlangen wir v. Richterstande? 905. (KVL 34.) Jetzt: Berlin, Verl. Berlin-Wien.

Was verlangt der Fremde vom Gastwirth in Tirol? Eine Belehrung an die Gastwirthe »in Berg und Thal« vom Landesverband der vereinigten Kur- und Fremdenverkehrsvereine in Tirol. Bozen 1890. V: *Platter, Josef Calasanz.* (Margr)

Was verlangt der Fremde vom Gastwirt in Vorarlberg? Ein Flugblatt herausgegeben vom Landesverband für Fremdenverkehr in Vorarlberg. Bregenz 1894. V: *Platter, Josef Calasanz.* (Margr)

— verlangt uns. Zeit in Staat u. Kirche v. den Regierungen u. Völkern? Ein Wort d. Ernstes u. d. Friedens. v. † Freimund (Theod. Kind). 8. (2¾ B.) Neustadt a. d. O. 831, Wagner.

— vermag ein Mädchen nicht! Singsp. von Großmann. 8. Braunschw. Schulbuchhdl. 789. — 6

Was versprechen die Sozialdemokraten? 8⁰. Stuttgart 1873.

Socialdemokraten (Was versprechen die)? 3. Aufl. 8⁰. Stuttgart 1874.

Was versteht man im Allgemeinen unter Naturheilmethode? [Königsberg i. Pr. ca. 1895.] V: *Böhm, Max.* (Berl)

Was versteht man unter dem Ausdrucke Honoratioren? [Ratzeburg 1808.] V: *Gottschalck, Joh. Mart. Chn.* (LS) (NN)

Was verstehet man unter dem Glauben an Christum zu Anfange des neunzehnten Jahrhunderts? . . . Leipzig 1802. V: *Hempel, Chn Glob.* (GGr) (Ky) (MGT)

Was verstehet man unter dem Glauben an Christum zu Anfange des 19. Jahrhunderts und was ist die Lehre der Schrift davon? Leipzig 1802. V: *Hempel, Christian Gottlob.* (zuwzür 1912)

— verstehet man unter dem Glauben an Christum zu Anfange des 19ten Jahrhunderts? u. was ist d. Lehre d. Schrift davon? (von C. G. Hempel). 8. Leipz. 802. Kummer. 6 gr.

Was viele unter den Worten Geld, Waare und Wucher verstehen. Gratz 1792. V: *Neuhold, Joh. Nep.* (WBL)

Was von den Reiff-Röcken eigentlich zu halten. Frauenburg 1717. 8⁰. Sehr selten!

Was vor mehr als einem halben Säculum Stadtbach und Aare einander erzählt haben (* *Umschlag:* Erinnerungen an die Aargauische Kantonsschule). Von einem (seit bald 50 Jahren im fernen Ausland lebenden) alten Kantonsschüler. [Mit 4 Ansichten, wovon 1 Tafel.] 48 S. 8. Aarau, Emil Wirz, 1903. [fr. 1. —]

— wagt sowohl d. Katholik als Protestant bei einer gemischten Ehe? beantwortet von e. kathol. Geistlichen. 8. 827. (Stahel in Würzb.) 4 gr.

Was war der deutsche Krieger unter Napoleon? Und was ist er jetzt? o. O. 1814. 29 S.

— war d. deutsche Krieger unter Napoleon? u. was ist er jetzt? 8. Heidelb. 814. Engelmann. 4½ gr.

„Was war Teutschland? Was ist es jetzt? Was darf es von der Zukunft hoffen?" Germanien 1813. — Vorh.: Preuß. Staatsbibliothek Berlin.

— war Deutschland? Was ist es jetzt? Was darf es von d. Zukunft hoffen? 8. Germanien 814. (Leipz. Rein). 4 gr.

Was war eigentlich die Hauptursache der Französischen Revolution? . . . Ulm 1796. V: *Plersch, Robert.* (Ky) (MGT)

— war eigentlich d. Hauptursache d. französ. Revolution? z. ernsten Warnung für Fürsten u. Regenten Deutschlands rc. (von R. Plersch.) 8. Ulm 796. (Wohler). 8 gr.

Was war Frankreich? was ist es jetzt? . . . Augsburg 1790. V: *Lampacher (Lampart), Joseph.* (Jes) (MGT)

Was war Hessen der Geburtshülfe, was die Geburtshülfe Hessen? Bonn 1819. V: *Stein, Georg Wilhelm.* (Call)

— war Hessen d. Geburtshülfe, was d. Geburtshülfe Hessen? Gelegenheitsschrift bei Ge. Wlh. Stein's Abgange von Marburg nach Bonn, nebst dessen Bildniß. 4. (Bonn 819. Marcus.) 21 gr.

Was wäre dann zu thun, wenn der Kaiser exkommuniziret würde? [Ulm] 1782. V: *Gaum, Joh. Ferdinand.* (EB)

Was waren die Bischöfe in d. alten Zeiten? Und was sind sie nun? Oder historisch-kritische Abhandlung üb. d. Nothwendigk. d. Einsetzung eigener Landesbischöffe zur Aufrechthaltung der Hoheitsrechte weltlicher Fürsten. (*München.* 789.) 8.

Was waren die Bischöfe in den ältern Zeiten, und was sind sie nun? . . . München 1789. V: *Eckartshausen, Carl von.* (Ky) (MGT) (Kn) »1790« (BrMm)

Was waren die Bischöfe in d. ältern Zeiten? und was sind sie nun? od. Abhandlung üb. d. Nothwendigkeit der Einsetzung eigener Landesbischöfe. (*Münch.* 789.) 8. — Free, J. K. (v. Eckartshausen) Recension dar. *Schneeberg.* 790. 8. — Recens. üb. diese Recens. *Münch.* 790. 8. — Recens. über letztere (Free's) Recens. *Salzb.* 790. 8. — Ders. Recens. theologisch-statist. Recens. *Münch.* 790. 8. — P. Z. T.: Einige Worte gegen d. Recens. von Free. *Dunst* bei *Regensb.* 790. 8.

— waren die Bischöfe in d. ältern Zeiten u. was sind sie nun? (v. K. v. Eckartshausen.) 8. Münch. 790. Lentner. 12 gr.

Was waren die Griechen? Was sind sie? . . . Hamb. 1821. V: *Knüppeln, August Friedrich Julius.* (GGr) (Schr)

— werde ich?, s. a. Miniatur-Bibliothek.

— werde ich? Praktischer Führer zur Berufswahl. 2.— 8. u. 10. Heft. gr. 8. Wien, M. Braunschweig. 7. 85

Arzt (Ärztin). Nach der Handschrift e. ehemal. k. u. k. Korvetten-Arztes zusammengestellt. Von Wilh. Frey. (36 S.) (907.) (Heft 7.) 1. 60

Lehrer (Lehrerin) m. Hochschulbildung. Von Joh. Max Hinterwaldner. (76 S.) (907.) (Heft 8.) 3. —

Offizier. Von Hans Ritter v. Weiß. 2. Aufl. (67 S.) (906.) (Heft 2.) — 50

Offizier der Handels-Marine. (26 S.) (906.) (Heft 4.) — 50

Offizier der k. u. k. Kriegsmarine. 2. Aufl. (Von v. Meyern-Hohenberg.) (51 S.) (906.) (Heft 3.) — 50

Postverkehrs-Beamter. (45 S.) (906.) (Heft 5.) — 50

Staatsrechnungs-Beamter. Von Marbach. (24 S.) 910. (Heft 10.) — 75

Zollbeamter. Von Salix de Felberthal. (53 S.) (906.) (Heft 6.) — 50

Vergl.: Frey's Wegweiser Was soll ich werden?

— dasselbe. 9. Heft. gr. 8. Wien 910. W. Frick. — 85; erh. Pr. 1. —

Landwirt! Von Frdr. Waldeck. (56 S.)

Was werde ich künftig seyn? . . . Köthen 1790. V: *Gleim, Joh. Bernhard.* (Ky) (MGT)

— werde ich künftig seyn? einige Vermuthungen d. räsonnirenden Vernunft. 8. Cöthen. (Gräff in Lpz.) 790.

— werde ich künftig seyn? einige Vermuthungen d. raisonnirenden Vernunft, (von J. W. Gleim). 8. Köthen 790. (Wienbrack in Leipz.) 3 ℛ

—— werden uns die Jahre 1854 und 1855 bringen? s. a. Thomas, des alten Schäfer, seine fünfte Prophezeihung.

Was werden uns die Jahre 1854 und 1855 bringen? Von einem Invaliden in der Politik. 1. u. 2. Aufl. Hamburg 854. (Altona, Verlags-Bureau.) 8. (8 S.) n. 1 ngr.

Was werden uns die Jahre 1855 und 1856 bringen? Von einem alten Invaliden. Hamburg 855. (Altona, Verlags-Bureau.) 8. (8 S.) n. 1 ngr.

Gleichen Inhalts mit: Thomas, des alten Schäfers, seine 5. u. 6. Prophezeiung rc.

— werden wir morgen essen? Vollständ. Küchenzettelbuch für einen guten bürgerl. Mittagstisch nebst Fest- u. Abendessen auf alle Tage des Jahres. 16. Hamburg 843, Hamburg-Altonaer Buchh. 1/8 ℛ

Was? Wie? Wohin? Wohin oder der Staat der Zukunft. Zwei Flugblätter. Breslau, E. Trewendt 1848. 12, 16 S. 12.

— will das Volk? Ein Wort an d. Nation. Von ? gr. 8. (35 S.) Berlin 895. H. Steinitz. n. — 50

— will das werden? Eine nüchterne Betrachtg., als Vorbereitg. f. die nächste Reichstagswahl dem gelernten deutschen Arbeiter gewidmet v. P. K. (16 S.) gr. 8. Leipzig 904. Dürr'sche Buchh. n. — 15

Was will der Arbeiter, s.a. Arbeiter, Was will der

Was will der Arbeiter? Zur socialen Frage. 8. (20 S.) Berlin 881. Lorentz. n. — 20

Was will der Deutsche Bund für Mutterschutz? — (Berlin) [um 1909]. 2 Bl. 8° (Flugblätter des Deutschen Bundes für Mutterschutz. No 1.)

Verein deutscher Freimaurer: **Was** will der Verein deutscher Freimaurer? [Aachen o. J.: Aachener Verl.- und Druckerei-Gesellsch.] 12 S. 8°. [Umschlagtit.] 1. [Dasselbe.] Eine kurze Aufklärung über die Ziele und die Tätigkeit des Vereins. o. O. u. J. 12 S. 8°. [Kopftit.]

— will der Verein „Freie Schule?" (17 S.) 8. Wien 905. (Zentral-Antiquariat u. Buchh.) — 08

Was will der Verein „Freie Schule"? 3. Aufl. 8°. (32 S.) † Wien: Zentral-Antiquariat 1906. K —.08

— will der Verein Freie Schule? 40.—50. Taus. (30 S.) 8. Wien 909. Mor. Stern. p — 10

— will der Volksverein f. das katholische Deutschland? Hrsg. vom Vorstand. 12. (V, 20 u. V S.) M.-Gladbach 891. Riffarth. n. — 5

Was will der Zionismus? Berlin 1903. 2. Aufl. 1906. V: *Friedemann, Adolf.* (Berl)

Was will der Zionismus? Hrsg. von d. Zionist. Vereinigung f. Deutschland. Berlin: Jüd. Rundschau 1903. (39 S.) 8° [F.] [07. 2691]

— will der Zionismus? Hrsg. v. der Zionist. Vereinigg. f. Deutschland. 2. Aufl. (11.—20. Taus.) (37 S.) gr. 8. Berlin (N. 54, Auguststr. 49 a) 906. Verlag der Jüd. Rundschau. n. — 20

Was will Deutschland im italienischen Krieg? [Nördlingen] 1859. V: ***Baumgart, Hermann.*** (Baumgart, Hermann, Historische und politische Aufsätze und Reden, hgbn. von Erich Marcks. Strassburg 1894. S. CXXXV)

Was will Deutschland im Kriege? München 1859. V: *Brater, Carl.* (Hauptkat. d. Univ.-Bibl. Tübingen. F. Nachtr. II.)

— will die allgemeine lutherische Conferenz? Gutgemeinte Vorrede zur Verhütung von übler Nachrede, von einem lutherischen Theologen. Braunschweig 868. Bruhn. gr. 8. (32 S.) n. 5 ngr.

— will die christ-katholische Kirche? Auch ein Wort zur Verständigung in der Kirchenfrage, von einem evangel. Freunde der jungen Schwesterkirche. gr. 8. Frankfurt a/O. 845, Trowitzsch u. Sohn. 1/6 ℛ

— will die deutsche Vereinigung?, s. a. Zeitfragen, deutsche. 1. Heft.

Was will die Deutsche Vereinigung? Bonn: Bonner Verlagsanst. 1908. (10 S.) 8° [Umschlagt. F.]
= **Zeitfragen**, Deutsche. H. 1. [c8. 15233

Was will die Gemeinde Menzingen? Ein Gespräch zw. Adelrich, einem Menzinger, und Hansjörg, einem Hünenberger. 1823. V: *Stadlin, Franz Carl.* (Keiser, H. A., Die Zuger Schriftsteller. Jahresbericht der Kant. Industrieschule des städt. Gymn. und der Sekundarschule in Zug. Schuljahr 1878/79.)

WAS will die katholische Bürger-Gemeinde? Ein Mahnwort an die Pressburger Katholiken. Pressburg 1883: Hungaria. 32 S. - 8°

— will die Mittelstandsbewegung?, s. a. Kultur u. Fortschritt.

Was will die Mittelstandsbewegung? Ihre praktischen und idealen Ziele. Nach der Denkschrift der Mittelstandsvereinigung im Königr. Sachsen bearbeitet. 8⁰. Gautzsch bei Leipzig, Fel. Dietrich, 1908. (Kultur u. Fortschritt, Heft 171.)

— will die Sozialdemokratie? Beschlüsse der sozialdemokrat. Arbeiterpartei Oesterreichs am Parteitag zu Hainfeld (30./31. Dezbr. 1888 u. 1. Jänner 1889), ergänzt am Parteitag zu Wien (Pfingsten 1892). gr. 8. (6 S.) Wien 895. Wiener Volksbuchh. — 10

— will die Sozialdemokratie? Das Wiener Programm der sozialdemokrat. Arbeiterpartei in Oesterreich, beschlossen am Gesammtparteitag zu Wien 1901. Nebst dem vom Brünner Gesammtparteitag beschlossenen Nationalitätenprogramm u. dem Organisationsstatut der sozialdemokrat. Gesammtorganisation in Oesterreich. gr. 8. (6 S.) Wien 902. Wiener Volksbuchh. — 03

WAS will die Volkspartei? Budapest 1895. Druckerei Szt. Gellért (St. Gerhard). 54 S. - 220 mm

— will die Zeit? Hrsg. v. Eduard Bernstein. 8. Dresden, [Verlag soziales Erkennen]. Berlin, H. Seemann Nachf.
Barday, Curt, u. Erich Max, der soziale Gedanke. Leitsätze aus den Schriften der Begründer des Sozialismus. Für die heut. Zeit zusammengestellt. (XII, 304 S.) 908. 1.80; geb. in Leinw. 3. —

— will d. Zeit u. was könnte sie nur wollen? Staatsparagraphen in Reflexionen 2c. gr. 8. Bresl. 821. Schöne. 4 K

— will die Zeit, u. was sollte sie nur wollen? 8. Bresl. 822, Schöne.

— will Döllinger u. was bezweckt die neue Lehre? Einige Worte zur Aufklärg. an den Bürger u. Landmann v e. Katholiken nach dem alten Katechismus. 8. (40 S.) Würzburg 871. (Stuber.) n. — 20

— will eigentlich Stöcker? Zeitgemäße Betrachtungen e. Nüchternen. gr. 8. (23 S.) Stuttgart 891. M. Brennwald. n. — 30

Was will Österreich? München 1809. V: *Aretin, Joh. Chph Anton Maria Freih. v.* (Mitth. Dr. Karl Wagner.) V: *Lesur, Charles Louis.* (Hauptkat. d. Univ.-Bibl. Tübingen. F. Nachtr. II.)

— will Pastor Felden? Antwort e. nicht bremischen Protestantenvereinlers (M. Reimann). (7 S.) 8. Bremen (908). (Rühle & Schlenker.) — 20

—— will und soll die Burschenschaft? Ein Wort zur Aufklärung. gr. 8. (III und 19 S.) Breslau 864, Gosohorsky's Buchh. *

Was will und soll unser Heer! ... Wien 1897. V: *Teuber, Oscar.* (EB)

Was will Ungarn? Was sollen die Erbländer und die Dynastie? 8. (48 S.) (Gran 861.) Pest, Geibel. Thlr.

—— willst du werden? Ein Bilderbuch für Kinder. qu. 4. (12 Chromolithogr.) Mörs 868, Spaarmann. cart. — 60

—— willst du werden? Die wicht. Lebensfrage über den Beruf in seinen Licht- und Schattenseiten, besprochen und geschildert von erfahrenen Männern des Berufs. Ein Rathgeber und Lesebuch für die heranwachsende Jugend, sowie für Eltern, Vormünder, Erzieher 2c. Hrsg. von Mentor. 1.—12. Lfg. oder 1.—4. Abthl. und Anhang. br. 8. Darmstadt 869, Köhler's Verlag. à Lfg. * 50 Pf. (einzeln à * 60 Pf.) 6 50

— willst du werden? Die Berufsarten in ihren Licht- u. Schattenseiten besprochen u. geschildert v B. Barnewitz, Buchner, J. Düringer 2c. Ein Rathgeber u. Führer f. junge Leute, sowie f. Eltern Vormünder u. Erzieher, hrsg. v. Mentor. 12. (Schluß-)Lfg. u. Anh. br. 8. Darmstadt 871. Köhler. Subscr.-Preis à — 50; einzeln à n. — 60
12. 4. Abth. Der Beruf d. Ingenieurs u. Maschinentechnikers v. F. Schotte. (27 S.)
Anhang. 1. Abth.: Der Student. Das wissenschaftl. u. gesell. Leben auf der Hochschule v. Thdr. Gelbe. (27 S.)

—— dass. — Die Berufsarten in ihren Licht- und Schattenseiten besprochen und geschildert, von B. Barnewitz, Buchner, Louise Büchner, J. Düringer 2c. Ein Rathgeber und Führer für junge Leute, sowie für Eltern, Vormünder und Erzieher, hrsg. von Mentor. 5. Abthl.: Ueber weibliche Berufsarten von Louise Büchner. br. 8. (53 S.) Ebendas. 872. * — 80

—— dass. — 1. Abthl.: Die Berufsarten des akadem. Studiums, mit Beiträgen von G. Engelbach, Hörr, Heinzerling 2c. 2. verb. und verm. Aufl. 8. (212 S.) Ebendas. 875. * 3 —

— willst du werden? Die Berufsarten in ihren Licht- u. Schattenseiten besprochen u. geschildert v. B. Barnewitz, Puls, Buchner 2c. Ein Rathgeber für junge Leute, sowie für Eltern, Vormünder u. Erzieher, hrsg. v. Mentor. 2. Abth.: Die Berufsarten des Geschäftslebens, der Verkehrsanstalten u. des Militär- u. Seewesens. 2., durchgeseh. u. verb. Aufl. 8. (196 S.) Darmstadt 879. Köhler. n. 3. —

—— willst du werden? Die Berufsarten in ihren Licht- und Schattenseiten besprochen und geschildert von B. Barnewitz, Puls, Buchner 2c. Ein Rathgeber und Führer für junge Leute, sowie für Eltern, Vormünder und Erzieher, hrsg. von Mentor. 4. Abthl.: Der Beruf des Ingenieurs und Maschinentechnikers. 2. Aufl. 8. (24 S.) Darmstadt 880, Köhler's Verlag. *
1.—3. und 5. Abthl. Ebendas. 1872—79. *M 7,80.

—— dass. — Anhang zur 1. Abthl.: Der Student, das wissenschaftliche Leben auf der Hochschule. 2. Aufl. 8. (29 S.) Ebendas. 880. *

— willst Du werden? Die Berufsarten d. Mannes in Einzeldarstellgn. 34 Hefte. 8. Lpz. 889—892, P. Beyer. à Heft * — 50
Der Apotheker. (29 S.) — Der Arzt. (35 S.) — Der Bäcker u. Conditor. (20 S.) — Der Bankier. (53 S.) — Der Bautechniker. (40 S.) — Der Bau- u. Möbeltischler. (30 S.) — Der Bergbeamte. (58 S.) — Der Buchdrucker. (27 S.) — Der Chemiker. (36 S.) — Der Eisenbahnbeamte. (48 S.) — Der Eisen- u. Kurzwarenhändler. (19 S.) — Der Elektrotechniker. 1. u. 2. Aufl. (52 S.) — Der Forstbeamte. (36 S.) — Der evangel. Geistliche. (48 S.) — Der Geometer. (44 S.) — Der Jurist. (40 S.) — Der Landwirth. (52 S.) — Maschinenbauer u. Schlosser. (44 S.) — Der Müller. (41 S.) — Der Musikalienhändler. (33 S.) — Der Musiker. (40 S.) — Der Offizier. (48 S.) — Der Redakteur. (Von Karl Siegen.) (59 S.) — Der Reichs-Postbeamte. 1. u. 2. Aufl. (45 S.) — Der Schuhmacher. (39 S.) — Der Seemann. (47 S.) — Der Subaltern-Beamte im Justizdienst od. Gerichtsschreiber. (40 S.) — Der Tierarzt. (36 S.) — Der Uhrmacher. (39 S.) — Der Volksschullehrer. (51 S.) — Der Wagenbauer. (32 S.) — Der Zahlmeister. (19 S.) — Der Zahnarzt. (20 S.) — Der Zoll- u. Steuerbeamte. (43 S.)

— willst du werden? Die Berufsarten des Mannes in Einzeldarstellgn. Der Arzt. 2. Aufl. 8. (36 S.) Leipzig 894. P. Beyer. n. — 50

— dasselbe. Der Bau- u. Möbeltischler. 8. (30 S.) Ebd. 891. n. — 50

— dasselbe. Der Bergbeamte. 8. (58 S.) Ebd. 891. n. — 50

— dasselbe. Der Bierbrauer. 8. (35 S.) Ebd. 893. n. — 50

— dasselbe. Der Elektrotechniker. 2. Aufl. 8. (52 S.) Ebd. 892. n. — 50

— dasselbe. Der Forstbeamte. 8. (36 S.) Ebd. 891. n. — 50

— dasselbe. Der Gärtner. 8. (38 S.) Ebd. 894. n. — 50

— dasselbe. Der Geometer. 8. (44 S.) Ebd. 891. n. — 50

— dasselbe. Der Marine-Offizier u. der Marine-Unteroffizier. 8. (63 S.) Ebd. 893. n. — 50

— dasselbe. Der Militärarzt. 8. (35 S.) Ebd. 894. n. — 50

— dasselbe. Der Müller. 8. (41 S.) Ebd. 892. n. — 50

— dasselbe. Der Musikalienhändler. 8. (33 S.) Ebd. 892. n. — 50

— dasselbe. Der Musiker. 8. (40 S.) Ebd. 892. n. — 50

— dasselbe. Der Offizier. 2. Aufl. 8. (44 S.) Ebd. 893. n. — 50

— dasselbe. Der Photograph. 8. (20 S.) Ebd. 893. n. — 50

— dasselbe. Der Redakteur. (Von Karl Siegen.) 8. (59 S.) Ebd. 891. n. — 50

— dasselbe. Der Reichspostbeamte. 2. Aufl. 8. (44 S.) Ebd. 892. n. — 50

— dasselbe. Der Schauspieler. 8. (47 S.) Ebd. 893. n. — 50

— dasselbe. Der Seemann. 2. Aufl. 8. (43 S.) Ebd. 894. n. — 50

— dasselbe. Der Wagenbauer. 8. (32 S.) Ebd. 891. n. — 50

— dasselbe. Der Zahlmeister. 8. (19 S.) Ebd. 891. n. — 50

— dasselbe. Der Zahnarzt. 8. (20 S.) Ebd. 891. n. — 50

— dasselbe. Der Zoll- u. Steuerbeamte. 8. (43 S.) Ebd. 891. n. — 50

Was willst Du werden? Die Berufsarten d. Mannes in Einzeldarstellgn. Der Feuerwerker der Armee u. Marine. 8. (43 S.) Leipzig 896. P. Beyer. n. — 50

— dasselbe. Der Fleischer. 8. (27 S.) Ebd. 895. n. — 50

— dasselbe. Der Forstbeamte. 2. Aufl. 8. (38 S.) Ebd. 898. n. — 50

— dasselbe. Der Jurist. 2. Aufl. 8. (33 S.) Ebd. 897. n. — 50

— dasselbe. Der Kaufmann. (Von Paul Kießig.) 8. (40 S.) Ebd. 895. n. — 50

— dasselbe. Der Landwirt. 2. Aufl. 8. (53 S.) Ebd. 898. n. — 50

— dasselbe. Der akadem. gebild. Lehrer. 8. (44 S.) Ebd. 895. n. — 50

— dasselbe. Der Lithograph u. Steindrucker. (Von G. Metelmann.) 8. (27 S.) Ebd. 897. n. — 50

— dasselbe. Der Marine-Maschinen-Ingenieur. 8. (68 S.) Ebd. 898. n. — 50

— dasselbe. Der Marine-Zahlmeister u. Der Marine-Intendanturbeamte. 8. (48 S.) Ebd. 898. n. — 50

— dasselbe. Der Maschineningenieur u. Maschinentechniker, nebst e. Anh.: Der Werkmeister. 8. (39 S.) Ebd. 896. n. — 50

— dasselbe. Der Militär-Intendanturbeamte. 8. (41 S.) Ebd. 897. n. — 50

— dasselbe. Der Offizier. 3. Aufl. 8. (43 S.) Ebd. 898. n. — 50

— dasselbe. Der Unteroffizier. Nebst e. Anh.: D. Zivilversorgg. d. Unteroffiziers. 8. (40 S.) Ebd. 898. n. — 50

— dasselbe. Der Verwaltungsbeamte. (Von Reimann.) 8. (46 S.) Ebd. 897. n. — 50

— dasselbe. Der Zoll- u. Steuerbeamte. 2. Aufl. 8. (55 S.) Ebd. 897. n. — 50

Was willst du werden? Die Berufsarten des Mannes in Einzeldarstellungen. Der Buchhändler. 2. Aufl. Leipzig 1898. V: *Hölscher, Georg.* Der Chemiker. 2. Aufl. 1897. V: *Wilsing, Hnr.* Der Eisenbahnbeamte. 2. Aufl. 1896. V: *Krause, Rob.* Der Kaufmann. 1895. V: *Kiessig, Paul.* Der Verwaltungsbeamte. 1897. V: *Reimann.* (Ky)

— willst Du werden? Die Berufsarten d. Mannes in Einzeldarstellgn. Der Bankier. 2. Aufl. 8. (47 S.) Leipzig 898. P. Beyer. n. — 50

— dasselbe. Der Buchhändler. (Von Geo. Hölscher.) 2. Aufl. 8. (48 S.) Ebd. 898. n. — 50

— dasselbe. Der Chemiker. (Von Heinr. Wilsing.) 2. Aufl. 8 (34 S.) Ebd. 897. n. — 50

— dasselbe. Der Drogist. 8. (48 S.) Ebd. 897. n. — 50

— dasselbe. Der Eisenbahnbeamte. (Von Rob. Krause.) 2. Aufl. 8. (47 S.) Ebd. 896. n. — 50

— dasselbe. Der Elektrotechniker. 3., umgearb. Aufl. 8. (59 S.) Ebd. 897. n. — 50

— willst Du werden? Die Berufsarten des Mannes in Einzeldarstellgn. Nr. 1, 3—5, 11—13, 17, 21, 24, 25, 29, 30, 35, 46, 52, 54—63. 8. Leipzig, P. Beyer. à n. — 50

1. Seemann, der. (Von William Mohring.) 3. Aufl. (43 S.) (900.)
3. Apotheker, der. 2. Aufl. (44 S.) (899.)
4. Beamte, der mittlere. (Gerichtsschreiber, Sekretär) im preußischen Justizdienste. 2. Aufl. (38 S.) (901.)
5. Eisenbahnbeamte, der. 3. durchges. u. verb. Aufl. (46 S.) (902.)
11. Maschinenbauer u. Schlosser, der. 2. Aufl. (44 S.) 900.
12. Bautechniker, der. 2. Aufl. (42 S.) 899.
13. Reichs-Post- u. Telegraphen-Beamte, der. (Mittlere Laufbahn.) 3. Aufl. (74 S.) (900.)
17. Elektrotechniker, der. 4., umgearb. Aufl. (44 S.) (902.)
21. Tierarzt, der. (Von Simon.) 2., völlig neu bearb. Aufl. (51 S.) (899.)
24. Geometer, der. 2. Aufl. (43 S.) (899.)
25. Zahnarzt, der, u. der Zahntechniker. (Von Lewin.) (Umschlag: 2. Aufl.) (45 S.) (902.)
29. Zahlmeister, der. 2. Aufl. (18 S.) 899.
30. Bergbeamte, der. 2. Aufl. (59 S.) (901.)
35. Seeoffizier, der. (Von Geo. Wislicenus.) 2. Aufl. (44 S.) (899.)
46. Maschineningenieur u. Maschinentechniker, der, nebst e. Anh.: Der Werkmeister 2. Aufl. (38 S.) 900.
52. Marine-Ingenieur, der, u. das Maschinenpersonal der kaiserl. Marine. 2. Aufl. (52 S.) (902.)
54. Bau-Ingenieur, der. (47 S.) 899.
55. Gastwirt, der (Hotelier u. Restaurateur). (48 S.) (902.)
56. Deckoffizier, der. (Von Geo. Wislicenus.) (47 S.) (899.)
57. Architekt u. Regierungsbaumeister, der. (43 S.) (900.)
58. Großkaufmann, der. (45 S.) 901.
59. Werftbeamte, der kaiserl., des techn. u. Verwaltungs-Sekretariats, nebst Anh.: Der Handwerker der kaiserl. Werften. (Von F. Hansen.) (50 S.) 901.
60. Schiffbauingenieur u. Schiffbautechniker, der. Mit e. Anh.: Der Schiffbauzeichner. (Von Herm. Hildebrandt.) (47 S.) (901.)
61. Naturwissenschaftler, der exakte. (Physiker und Astronom.) (32 S.) (902.)
62. Baubeamte, der höhere, der kaiserl. Marine. (55 S.) (902.)
63. Klempner, der, und der Blechwarenfabrikant. (Von Herm. Scholz.) (54 S.) (902.)

— willst du werden. Die Berufsarten des Mannes in Einzeldarstellgn. Nr. 6. 10. 15. 16. 27. 41. 44. 64 u. 65. 8. Leipzig, P. Beyer. à n. — 50

Arzt, der. 3. Aufl. (36 S.) (904.)
Bankier, der. 3. Aufl. (46 S.) (906.) (Nr. 16.)
Chemiker, der. (Von Heinr. Wilsing.) 3. Aufl. (35 S.) (903.) (Nr. 15.)
Festungsbau-Offizier, s.: Feuerwerks-Offizier.
Feuerwerks-Offizier, der, der Zeug- u. der Festungsbau-Offizier. (40 S.) (905.) (Nr. 65.)
Kaufmann, der. 2. Aufl. (40 S.) (904.) (Nr. 44.)
Lehrer, der akademisch gebildete. (Von K. Knabe.) 2. Aufl. (64 S.) (903.) (Nr. 41.)
Offizier, der. 4. Aufl. (43 S.) (905.) (Nr. 6.)
Reichsbankbeamte, der. (35 S.) (903.) (Nr. 64.)
Steuerbeamte, der, s.: Zoll- u. Steuerbeamte, der.
Turnlehrer, der, s.: Volksschullehrer.
Volksschullehrer, der. Mit e. Anh.: Der Zeichenlehrer u. der Turnlehrer. 2. Aufl. (Von L. Wehrhan.) (60 S.) (905.) (Nr. 10.)
Zeichenlehrer, der, s.: Volksschullehrer.
Zeugoffizier, der, s.: Feuerwerksoffizier.
Zoll- u. Steuerbeamte, der. 3. Aufl. (54 S.) (906.) (Nr. 27.)

— willst Du werden? Die Berufsarten des Mannes in Einzeldarstellgn. kl. 8. Leipzig, P. Beyer. à Nr. — 50

Ansiedler, der, in den deutschen Kolonien. (42 S.) (909.) (Nr. 66.)
Bau-Ingenieur, der. (Neue Aufl.) (47 u. Nachtrag 6 S.) (907.)
Bibliothekar, der. Mit e. Anh.: Die Bibliothekarin. (39 S.) (909.) (Nr. 69.)
Jurist, der. 3. Aufl. (38 S.) (907.) (Nr. 18.)
Marine-Zahlmeister, der, u. der Marine-Intendantur-Beamte. 2. Aufl. (Von P. Geißler.) (44 S.) (908.) (Nr. 53.)
Mechaniker, der. (31 S.) (910.) (Nr. 67.)
Reichs-Post- u. Telegraphen-Beamte, der. (Höhere Laufbahn.) (36 S.) (908.) (Nr. 68.)

Was wir an dem haben, dem der Vater Alles übergeben. Predigt. Bern 1836. V: *Schneckenburger, Matthias S.* (zuwzür 1912)

— wir bringen. Vorsp. v. J. W. v. Göthe. 8. Tübing. Cotta. 802. — 10

Was wir eigentlich wollen oder Erklärung und Besprechung der Forderungen des Volkes ... 2. Aufl. Düsseldorf 1848. V: *Kaulen, Wilhelm.* (Ky)

— wir eigentlich wollen oder Erklärung u. Besprechung der Forderungen des Volkes u. des Inhalts der Petitionen in allgemein verständlicher Sprache (von W. Kaulen). [Aus dem Düsseldorfer Kreisblatt abgedr.] 2. Aufl. gr. 8. (27 S.) Düsseldorf 848, Stahl. 1/12 ₰

— wir erlebten im October 1813. Denkschrift für den Verein zur Feier des 19. Octbr. in Leipzig. Von einer Augenzeugin in Seifartshain. gr. 8. Leipzig 845. (Hinrichs'sche Buchh.) 6 ngl

Was wir nötig heige im Club. Es Liederbuech für jungi und alti Bärgfahrer, usegä vo der Sektion Bern S(chweizer) A(lpen) C(lub) uf ds Clubfäscht 1907. II + 16 S. 8. Bern, Lierow & Cie., 1907.

Was wir sind und wollen. Rede an die Gebildeten deutscher Nation. Frankfurt a. M. 1832. V: *Dieffenbach, Johann Philipp.* (HS II, 166) (Zeitschr. f. Büch. N. F. 15, 1923, 127)

— wir sind u. wollen. Rede an die Gebildeten deutscher Nationen. breit 16. Frankf. a. M. 832. (Hanau, König). 6 ℊ

— wir turnten. Eine Auswahl v. Uebungsgruppen des allgem. Turnvereins zu Leipzig aus d. J. 1863—1895. Lex.-8. (VIII, 94 S. m. 1 Bildn.) Leipzig (Turnerstr. 2) 895. Allg. Turnverein. Kart. 1.50

— **wir wissen müssen.** Enthüllungen preußischer Zustände. Geschichtlich — urkundlich — aktenmäßig. I—IV. Berlin 861. J. Abelsdorff. gr. 8. n. 1 ₰

I.: Die preußische Camarilla. 2. Aufl. (32 S.) n. 5 ngr. — II.: Der Actienschwindel u. die wilde Speculation in Preußen. 2. u. 3. Aufl. (41 S.) n. 5 ngr. — III.: Der gallische Hecht, die Karpfen der Spree u. die deutschen Fische. 2. Aufl. (80 S.) n. 10. — IV.: Zopf u. Schwert im „Staate der Intelligenz." 2. Aufl. (71 S.) n. 10 ngr.

Was wir wollen! 8°. Hamburg, s. a. (Flugschrift Nr. 3 der Berufsgenossenschaft Deutschnationaler Handlungsgehilfen-Verband.)

Was wir wollen, oder ein Wort über Mission im Allgemeinen und unter Israel im Besondern, mit Beziehung auf die Schlußentwickelung des Reiches Gottes. Christen und Juden zur Beherzigung vorgelegt von einem Freunde der Mission. Breslau 858. Dülfer. 8. (84 S.) n. 5 ngr.

— wir wollen! od. die 10 Wahl-Gebote. Ein Mahnwort f. Bürger u. Landmann ehe er zum Wahltisch geht. [Aus der „Deutschen Landeszeitg."] gr. 16. (29 S.) Berlin 878. Verl. d. deutschen Landes-Zeitung. n. — 20

Was wir wollen! oder die zehn Wahl-Gebote. Ein Mahnwort für Bürger und Landmann, ehe er zum Wahltisch geht. Berlin [1874]. V: *Niendorf*, *Marc Ant.* (Kat. d. Bibl. d. dtsch. Reichstages. Berl. 1882.)

—— wir wollen! Ein Mahnwort für jeden Wähler, ehe er zum Wahltisch geht. 2. Aufl. gr. 8. (40 S.) Berlin 876, [Niendorf's Buchh.] Verlagsh. F. Graf Behr.

—— wir wollen!!! Eine Antwort auf die korporationsfeindl. Tendenzen der Gegenwart. Von e. Korpsstudenten, Burschenschaftler od. Landsmannschafter? 8. (15 S.) Lpz. 890, [Bouman], Gottwald. — 30
Vgl.: Cyclus akadem. Broschüren.

Was wir wollen. Itzehoe. o. J. [nach 1898]. 8°

Was wir wollen! Eine Antwort auf d. Frage nach Zweck u. Ziel d. deutschnationalen Handlungsgehilfen-Bewegung. 1. bis 10. Taus. Hamburg 1901: Hanseat. Dr.- u. Verl.-Anst. (44 S.) 8°
(Deutschnationaler Handlungsgehilfen-Verband. Flugschrift. No. 3.)

Was wir wollen! Ziele u. Aufgaben d. deutschnationalen Handlungsgehilfen-Bewegung, s. a. Schriften, hrsg. v. der Berufsgenossenschaft Deutschnationaler Handlungsgehilfen-Verband.

Was wir wollen. Ziele u. Aufgaben d. deutschnat. Handlungsgehilfen-Bewegung. 3. Aufl. Hamburg: Hanseat. Dr.- u. Verl. Anst. 1903. (63 S.) 8°
(Schriften hrsg. von d. Berufsgenossenschaft Deutschnationaler Handlungsgehilfen-Verband. Bd 3.)

— wir wollen. Nach dem 20. Jahrhundert neu bearb. vom St. Bernhards-Verlag. (47 S.) 8. München 904. St. Bernhard's Verlag. n. — 50

— wir wollen! Ein Aufruf nach 5jähr. erfolgreicher Vereinstätigkeit zur Werbg. neuer Mitglieder usw., s. a. Schriften des volkswirtschaftlichen Vereins zur Förderung der Obst- u. Gemüseverwertung in Deutschland.

Was wir wollen. Ein Aufruf nach 5jähr. erfolgreicher Vereinsthätigkeit z. Werbung neuer Mitglieder; eine Klarstellung d. Arbeitsprogramms f. d. kommende Jahr. Berlin: Deutsche Landbuchh. [1909]. 4 S. 8° [Umschlagt.]
(Schriften d. Volkswirtschaftl. Vereins z. Förderung d. Obst- u. Gemüseverwertung in Deutschland. H. 10.)

Was wir wollen, hrsg. v. Norddtsch. Fußballverband, Hamburg 1910, 48 S., 8°.

Was wir wollen bei der Wahl der Wahlmänner! — Urwähler des Stadtbezirks Nr. 102. Milenz u. a. Druck von E. Hänel. 2 Bl. Fol.
Flugblatt. Berlin, 18. Jan. 1849.

Was wir wünschen. Briefe e. Gemeinschaftsmannes an einen Pfarrer. (Verf.: Heinrich **Stiefernberg**.) Hrsg. von Ernst Modersohn, Pastor. Neumünster: Ihloff [1909]. 60 S. 8°
(Kirche u. Gemeinschaft. H. 5.) [11. 1397 8

Was wird aus den Evangelischen Arbeitervereinen? Ein Beitrag zu den im Verbande d. Ev. Arbeitervereine ausgebrochenen Differenzen. Von e. erfahr. Freunde d. guten Sache. Bochum: Rhein.-Westf. Verl.-Anst. 1901. (24 S.) 8°

Was wird aus den evangelischen Arbeitervereinen? Ein Beitrag zu den im Verbande der evangel. Arbeitervereine ausgebrochenen Differenzen. Von e. erfahrenen Freunde der guten Sache. gr. 8. (V, 24 S.) Bochum (902). (Volmarstein, Buchh. der Verbands-Anstalt ev. Arbeiter-Vereine.) — 30

— wird aus d. Religion werden! 8. Leipz. 792. (Wienbrack). 3 gr.

Was wird aus Sachsen? Leipzig 1866. V: *Freytag*, *Gustav*. (Kat. d. Bibl. d. dtsch. Reichstages. Berlin 1882.) (Cat. d. Stadtbibl. Zürich. Zürich 1864—97.)

— wird aus Sachsen? Leipzig 866. O. Wigand. gr. 8. (30 S.) n. 5 ngr.

— wird der Kaiser Napoleon thun? Die wichtigste Frage des Augenblicks. Stendal 866. (Franzen & Große.) gr. 8. (12 S.) n. 1½ ngr.

Was wird die bey Blankennesen zu erbauende Colonie für Hamburgs Kaufleute und vielleicht für Handelnde und Nichthandelnde des ganzen Europa für wichtige Folgen haben? U. St. 1797. P.

Was wird man davon sagen? von dem Resultat der Berathschlagungen der Reichsversammlung über die kammergerichtliche Reformation . . . Am Fuss der Alpen 1789. V: *Danz*, *Wilhelm August Friedrich*. (Ky) (MGT) (HS)

— wird man davon sagen? v. d. Resultat der Berathschlag. d. Reichsversammlung üb. d. kammergerichtl. Reformation rc. 8. Stuttgart, Erhard. 789.

— wird man davon sagen? von dem Resultate der Berathschlagung der Reichsversammlung über d. kammergerichtliche Reformation rc. (v. W. A. F. Danz.) 4. (Stuttg.) 789. (Sattler). 5 gr.

Was wird nach den Reichsfundationsgesetzen zu einem Reichskrieg erfordert? . . . Leipzig 1796. V: *Müller*, *Carl H. W. C. von*. (Ky)

— wird nach den Reichsfundationsgesetzen zu einem Reichskrieg erfordert? Von K. H. W. C. v. M. (Müller). gr. 8. Leipz. 796. Schwickert. 4 gr.

* Was wirkt nicht oft ein Bancozettel, e. Originallustsp. in 4 Aufz. v. J. Richter. 8. Wien, Rehm. 802. — 4

—— wollen denn eigentl. die Mystiker? Ein Gespräch zwischen Gevatter Hans u. Kunz. 8. (1 B.) Hildburghausen 834, Kesselring.

Was wollen die Bürgerlichen? . . . Leipzig 1837. V: *Hegewisch*, *Franz Hermann*. (BrVV)

— wollen die kathol. Lehrer. Ein Wort an das kathol. Volk. Von einem kathol. Lehrer. gr. 8. (14 S.) Breslau 848, Scholz. n. 1 ngr.

— wollen die Kommunisten? 8. (4 S.) Leipzig 848, Weller. 1 ngr.

Was wollen die Socialdemokraten? Von S. G. München, Fried & Reich, 1877. 8°. 8 S. Cart.

— wollen die Sozialdemokraten? gr. 8. (40 S.) Hannover (890). (Göhmann.) n. — 10

Was wollen die Welfen? Von e. Jung-Hannoveraner. 2. Aufl. *Hannover 1903: G. Jacob.* (IV, 63 S.) 8° [F.]

— wollen eigentlich die Münchener historisch-politischen Blätter für das katholische Deutschland? gr. 8. Leipzig 843, Feit. 1/4 ℳ

Was wollen wir? Zum Besten der Invaliden-Anstalt. München, im Novbr. 1813. 8°. 18 S. Beibd.

Was wollen wir? Armee-Reorganisation oder Armee-Desorganisation? Bayrische Existenzfragen, beantwortet von einem deutschen Patrioten. 3. Aufl. München 1867. V: *Lang, Julius.* (BMarsch 272)

- wollen wir? Armee-Reorganisation oder Armee-Desorganisation? Bayerische Existenzfragen, beantwortet von einem deutschen Patrioten. 1—4. Aufl. München 867. Fritsch. gr. 8. (59 S.) n. 10 ngr.

—— wollen wir? gr. 8. (95 S.) Pilsen 887, Steinhauser. *

—— wollen wir spielen? oder: der wohlbewanderte Spielgenosse. Ein kurzgefaßtes Spielbuch für die Jugend. Anregende Spiele für Körper und Geist ausführbar im Freien und im Zimmer. Von einem Jugendfreunde. gr. 16. (VIII, 118 S. mit eingedr. Holzschn.) Regensburg 874, Mühe. cart. *

— wollen wir spielen? oder: der wohlbewanderte Spielgenosse. Ein kurzgefaßtes Spielbuch f. die Jugend. Anregende Spiele f. Körper u. Geist, ausführbar im Freien u. im Zimmer. Von e. Jugendfreunde. Mit 50 (eingedr. Holzschn.-)Illustr. 2. Aufl. gr. 16. (VIII, 118 S.) Regensburg 875. Coppenrath. 1. 50

Was wollt Ihr mit der Privatbeichte? Ein offenes Wort wider dieselbe von Dr. Vigilantius. Leipzig 857. Kollmann. gr. 8. (19 S.) 5 ngr.

—— wollt Ihr mit Euren Sonntagen anfangen? Eine Frage an junge Eheleute. Zum Einlegen in die Trau- und Hausbibel. gr. 8. (16 S.) Ducherow 875. (Berlin, Beck's Verlag.) * — 20

—— wollt Ihr mit Euren Sonntagen anfangen? Eine Frage an junge Eheleute, aber auch für ältere Hausstände. [Volksausg.] 3. verb. Aufl. 8. (12 S.) Anklam 884. (Leipzig, Buchh. des Vereinshauses.) *

— wollt Ihr m. Euren Sonntagen anfangen? Eine Frage an junge Eheleute. 7. Aufl. 12. (24 S.) Berlin 886. Deutsche evangel. Buch- u. Tractat-Gesellschaft. — 9

—— wünscht man im Königr. Sachsen? u. was ist zu wünschen? Ein freimüth. u. wohlgemeintes Wort v. e. Vaterlandsfreunde, allen seinen Landesleuten u. namentl. deren Vertretern zur Beherzigung vorgelegt. Im Oct. 1830. 8. (1 B.) Merseburg. (Leipzig, Arnold.)

— **wünscht man in Sachsen u. was ist zu wünschen. Ein freimüth. u. wohlgemeintes Wort von e. Vaterlandsfreunde, allen seinen Landleuten u. namentl. deren Vertretern zur Beherzigung vorgelegt. Im October 1830. 8. Merseb., Römer. (Arnold in Dresd.) 2 gr.**

Anonym: „Was würde aus Deutschland werden, wenn jedes besondere Reichsland eine eigene Ein-, Aus- und Durchfuhr-Zoll-Anstalt erschüfe? Ein staatsrecht- und staatswissenschaftlicher Versuch über das Recht zur Einführung oder Erhöhung dieser Zölle in den deutschen Reichslanden", Frankfurt a. M. und Leipzig 1804. — Vorh.: Bibl. des Kammergerichts Berlin — Je. 3505 — und Com. Bibl. Hamburg.

— würde uns Deutschland werden, wenn jedes besondere Reichsland eine eigene Ein-, Aus- u. Durchfuhrzollanstalt erschüfe? gr. 8. Düsseld. 804. Schreiner. 12 gr.

— **ziehe ich an? Für die Herrenwelt zusammengestellt v. —e—. 2. erweit. Aufl. (160 S. m. Abbildgn.) 8. Berlin 910. Verlag Dr. Wedekind & Co.** 2. —
1. Aufl. (152 S.) 909. 2.—.

— ziehet d. Grenzlinie zwischen Religionsliebe u. blindem Religionseifer? 8. Würzb. 782. Göbhard. 3 gr.

Was zieht uns nach Rom? Beantwortet aus den Excerpten eines Konvertiten. Leipzig 1884. V: *Anger auf Eythra.* (Gla I/2 826)

— zieht uns nach Rom? Beantwortet aus den Excerpten e. Convertiten. 2. Aufl. gr. 8. (127 S.) Leipzig 884. H. Lorentz. n. 1. 50

— zog mich nach Rom? Beantwortet v. e. Konvertiten. [Aus: „Bonifacius-Broschüren".] 12. (32 S.) Paderborn 894. Bonifacius-Druckerei. — 15

Wasa, die Familie, v. Rupert Becker. (h. a. d. Tit.: romantische Chroniken ir Bd.) 8. Lpz. Voß. 794.

— Gustav, Schausp. in 5 Aufz. v. Kotzebue. 8. Lpz. Kummer.

— — dass. 8. Augsb. Stage. 770.

— — dass. 8. Danzig, Wedel. 776.

— — dass. v. Brooke. 8. Frankf. Gebhardt u. K. (Macklot in Carlsr.) 777.

Wasa, Gustav; Trspl. 8. Leipz. 779. Hilscher. 3 gr.

— Gustav, d. Afrikaners Lebensgesch., s. a. Olaudah.

Wasas, Gustav, oder Olaudah Equiano's des Afrikaners merkwürdige Lebensgeschichte von ihm selbst beschrieben, aus dem Engl. mit seinem Porträt, 8. Göttingen, 792. Dieterich. 1 Rthl.

Wasa, Gustav, eine Erzählung nach Bertot von Hagemeister. 2 Thle. 8. Berlin, Schöne. 795. (Rauf.) und der Preis

— Gustav, Erzähl. n. Bertot, v. J. G. Hagemeister. 2 Thle. 8. Berl. Schöne. 802.

Wasa, Gustav, Ballet in 5 Akten. 8. Wien, Wallishauser. 811.

Wasa, Gustav, oder der Ring von Drucy. Drama in 5 Aufzügen aus Englands Vorzeit. Nach L. Rodenberg's Roman „zur Sündfluth" frei bearb. von Arthur. Als Mscr. gedr. gr. 8. (35 S.) Dresden 871, Schöpff. [Demuth.] * 1 —

Wasastjerna, Nils, Baukunst in Finnland. Aussen- u. Innenarchitektur. (In schwed., finn., deutscher u. französ. Sprache.) (In ca. 12 Heften.) 1. u. 2. Heft. (à 20 Taf. m. VII, 8 u. 4 S. Text.) 4. Helsingfors (905). (Leipzig, G. Hedeler.) à n. 6.—

Wasastjerna, Nils, Baukunst in Finnland. Aussen- u. Innenarchitektur. (In schwed., finn., deutscher u. französ. Sprache.) 3.—5. Heft. (à 20 Taf. m. 8 S. Text.) 32,5×25 cm. Helsingfors (907. 08). (Leipzig, G. Hedeler.) 20.—
Heft 1 u. 2. Ebd. 905. 12.—.

Wasbutzki, John [pr. Arzt]: Ueber den Nachweis des Typhusbacillus und der Bakterien der Typhusgruppe im Wasser . . . Königsberg in Pr., Buchdr. v. R. Leupold, 1896: 115 S., 1 Bl. 8°
Königsberg, Med. Fak., Inaug.-Diss. v. 4. März 1896.

Wasbutzki, John, üb. d. Nachweis d. Typhusbacillus u. d. Bakterien d. Typhusgruppe im Wasser. Diss. gr. 8. (115 S.) Königsberg 896. (W. Koch.) n. 2.—

Wasbutzki, Max [aus Tilsit]: Ueber die Magengährungen und ihren Einfluss auf die Fäulnissvorgänge im Darmkanal . . . Strassburg i. E., Buchdr. C. Goeller, 1890: 34 S., 1 Tab. 8°
Strassburg, Med. Fak., Inaug.-Diss. v. 1890.

Wasbutzky, Isidor, über die Resorption durch die Lungen. Inaugural-Dissertation. gr. 8. (37 S.) Königsberg 879, Hartung'sche Verlagsdruckerei.

Wasch- und Badeanstalten, gemeinnützige. Bericht an königl. Ministerium des Innern in Hannover, erstattet mit besonderer Berücksichtigung der Verhältnisse der Residenzstadt Hannover. Hannover 862. Hahn. gr. 8. (33 S.) n. 6 ngr.

Wasch-Apparat, wohlfeiler, für sparsame Hausfrauen zur Reinigung der Leib-, Bett-, Tisch- u. Küchen-Wäsche. Von **er. Mit Abbildung der Waschmaschine. 8. Rudolstadt 840. Fröbel. (Leipzig, Engelmann.) 1/6 Thlr.

Waschatka, Franz, Der ökonomisch-administrative Dienst und die Rechnungslegung der Proviant-Officiere. II. Theil. Friedens-Verhältniss. Gr.-8. (XXVI, 266 S.) 2.—
Temesvár: Trautmann 1898.

Wäsch-Bitt. E' Fach-, Lach unn Krach-Blättche, eraus gewwe vom Birreche. Red.: Frz. Bossong. 1. Jahrg. Nr. 1 u. 2. gr. 4. (8, 22, 4 u. 4 S. m. Abb.) Wiesbaden 897. F. Bossong. à Nr. n. —20

— dasselbe. 2. Jahrg. Nr. 1—3. gr. 4. (6, 6 u. 8 S. m. Abb.) Ebd. à n. —20

Wäsch-Bitt. E' Fach-, Lach- unn Krach-Blättche, eraus gewwe vom Birreche. Red.: Frz. Bossong. 3. Jahrg. 12 Nrn. Fol. (à ca. 8 S. m. Abbildgn.) Wiesbaden 899. F. Bossong. à n.n. —15

Waschbuch f. Junggesellen. Hrsg. v. Jungfer Hagestolz. 12. (3 S. u. 22 Bl. m. 1 Bl. Durchpausepap.) Leipzig 896. W. Möschke. Kart. n. —50

Waschbuch, das nützliche u. neueste, oder vollständ. Belehrung über alle Arten Wäscherei in Flor, Seide, Baumwolle, Wolle u. Leinen-Zeugen rc. 2. Aufl. 8. Breslau 846. (Verlags-Comptoir.) 1/12 Thlr.

Wäsch-, Bleich-, Blatt-, u. Nähe-Buch, od. Anleit. z. Zeichnen, Numeriren, f. J. F. Netto.

— dass. für Junggesellen. breit 16. Ebd. 840. 1/6 Thlr.

Waschbüchlein für Studenten. (40 Blätter oder Waschlisten.) qu. 16. Aachen u. Köln 834. Kohnen. 1/6 Thlr.

Allgemeine Wäsche. (April–Juni). Altenburg 1849. Red.: Rösler u. Schache.

Wäsche, große. Ein unterhalt. Bilderbuch m. ziehbaren Bildern f. artige Mädchen. 4. (5 Chromolith. m. 5 Bl. Text.) Fürth 885. Schaller & Kirn. geb. 1.30

Wäsche, die, keine Arbeit mehr! od. die neuerfundene Dampfwäsche. Aufs Deutlichste erklärt aus eignen Erfahrungen von E. H. Mit 3 Holzschn. 12. Erfurt 841, Hennings u. Hopf. 1/12 Thlr.

Wäsche-Buch für Hausfrauen. 4. (78 S. mit 1 Titel-Illustr. von F. Flinzer.) Leipzig 873, Arnoldische Buchh. cart. (* M. 3.) 1 50

— für alle Stände. 8. (64 S.) Leobschütz 870, Schiffmann. cart. — 50

Wäsche-Büchlein. 8. (16 S.) Baruth 889. Döring. — 30

— f. Junggesellen. 12. (48 perfor. S.) München 890. Hergl. n. — 25

Wäschecontrollbuch und Anleitung zum Waschen und Plätten. gr. 8. (7 S. und 16 Bl.) Berlin 887, Verlag der deutschen Hausfrauenzeitung. ** — 75

Wäsche-Magazin, deutsches. Illustrirte Zeitung für Leinen-, Wäsche- und Weißwaaren-Fabrikanten. 1. Jahrg. 1875. 24 Nrn. (Bog. mit eingedr. Holzschn. und lithogr. Schnittbeilagen in Imp.-Fol.) Fol. Berlin, R. Kühn. *
Nicht weiter erschienen.

Wäsche-Notizbuch, praktisches, zum bequemen Gebrauche für Herren. gr. 16. (40 Bl.) Leipzig 875, Haendel. * — 50

— praktisches, f. Herren. Ausreichend f. 24 Wochen. gr. 16. (24 Bl.) Köln 875. Heyn. n. — 25

Wäsche-Notiz-Taschenbüchlein, praktisches, für junge Herren. Mit Kalender 1882, 1883. 8. (52 Bl.) Leipzig, Haendel.

Wäscher, Johanna, die Casseler Frauenvereine 1812 bis 1904. Im Anh.: Sonstige dem Volkswohl dien. Vereine. Anstalten, Stiftgn. u. Vermächtnisse. Hrsg. vom Verbande der Casseler Frauenvereine. (Ein Beitrag zur Entwicklg. der sozialen Frauenarbeit.) (XIV, 426 S.) 8. Cassel 904. (E. Hühn.) n. 2.50

Wäschereikalender 1910. (74 S. nebst Notizbuch f. Wäsche-Abholgn.) Lex. 8. Berlin, O. Dreyer. Geb. in Leinw. 1.—

Wäscherei-Zeitung, deutsche. Central-Organ f. Dampf-, Hand- u. chem. Wäschereien. Organ f. Desinfections-Heil- u. Badeanstalten, Krankenhäuser, Sanatorien etc. 1. Jahrg. Oktbr.—Dezbr. 1899. 3 Nr. Fol. (à 8 S. m. Fig.) Halle, M. Boerner. n. 1.—

— dasselbe. 2.—4. Jahrg. 1900—1902. à 27 Nrn. Fol. (à ca. 8 S.) Ebd. à Jahrg. n. 4.—

Wäscherei-Zeitung, deutsche. Red.: Alfr. Wirth. 7. u. 8. Jahrg. 1905 u. 1906 à 36 Nrn. (580 u. 430 S. m. Abbildgn.) gr. 4. Berlin (W. 50, Würzburgerstr. 16), H. Lang. à Jahrg. n. 6. —

Wäscherei-Zeitung, deutsche. Unabhängige Fachzeitschrift f. die gesamte Wäscherei-Industrie einschl. der chem. Wäscherei, Färberei, Appretur etc. Red.: R. Sprenger. 16. Jahrg. 1908. 26 Nrn. (à ca. 12 S.) 34×24 cm. Berlin (W. 50, Schaperstr. 1), H. Lang. 6. —

— internationale. Aeltestes u. bedeutendstes Fachblatt der Branche. Einziges sozial- u. wissenschaftl. Fachorgan d. Wäschereibranche. Red.: Carl Rohmen jr. 6.—9. Jahrg. 1903—1906 à 52 Nrn. (à ca. 20 S. m. Abbildgn.) gr. 4. Berlin, O. Dreyer. 1903 u. 04 à n. 10. —; 1905 u. 06 à n. 12. —

— internationale, m. „Das Reinigungsgewerbe". Zentral-Organ f. Einrichtg. u. Betrieb v. Dampf- u. Handwäschereien, Chemischwäschereien, Färbereien, Druckereien usw. Red.: Otto Dreyer. 10.—13. Jahrg. 1907—1910. à 52 Nrn. (à ca. 24 S. m. Abbildgn.) 35×25,5 cm. Berlin, O. Dreyer. à Jahrg. 6. —

Wäscherei-Centralblatt, internationales. Erstes u. einzigstes wissenschaftl. u. sozialpolit. Fachblatt f. die Wäscherei-Industrie. Organ des Central-Verbandes der Dampfwäschereien Deutschlands. Nebst Färber-Woche. Central-Anzeiger f. Färberei, Appretur, Druckerei, Bleicherei, Baß- u. Chemisch-Wäscherei. Amtliches Verbandsorgan. Neue Folge des „Journal f. Färberei u. chem. Wäscherei". 3.—5. Jahrg. 1904—1906. à 52 Nrn. (672, 1006 u. 1144 S. m. Abbildgn.) gr. 4. Göttingen, E. Kelterborn. à Jhrg. n. 6. —

Wäscherei-Centralblatt, internationales, m. Färber-Woche. Erstes u. einz. wissenschaftl. u. sozialpolit. Fachblatt f. die Wäscherei-Industrie. Alleiniges Verbands-Organ der engeren Vereinigung deutscher Wäschereibesitzer. Organ des Vereins der Motorwäschereibesitzer Gross-Berlin. Red.: Ernst Kelterborn. 9. Jahrg. 1910. 52 Nrn. (à ca. 16 S.) 31×23,5 cm. Stendal, P. Schneider. (Nur direkt.) 6. —

Wäscherin, die geschickte, od. Anleit., alle Arten Zeuch, Spitzen, Flor, Handschuhe, Hüte rc. auf d. vortheilhafteste Weise zu waschen. 8. (1½ B.) Breslau 830, (Aderholz.)

Wäschermädchen, das, welches Regeln beim Waschen giebt, u. eine Waschtafel enthält. Halle, Dreyssig. 6 K

Wäscheta, Joh. Fr. v., nützl. Lebensregeln, welche e. christl. Soldat zur Beförd. s. Glückseligkeit zu beobacht. hat. 8. Berlin, Rüdiger. 758.

Wäschezeichnerin, d. elegante rc. 4. Pirna 811. Friese. 12 K

— — s. a. Hennicke.

Wäsche-Zeitung. Muster-Zeitung für Herren- und Damen-Wäsche-Fabrikation. Techn. Fachorgan für die Leinenwaaren-Industrie, für Wäsche-Fabrikanten und Wäsche-Handlungen. 8.—10. Jahrg. 1882—1884. à Jahrg. 6 Hefte. (Bog. mit Mustertaf., geschnittenen Modellen und 1 lithogr. und color. Modelkpfr.) gr. 4. Dresden, Expedition der europ. Modenzeitung. à Jahrg. *
Einzelne Hefte à *
Vgl. Muster-Zeitung für Herren- und Damen-Wäsche-Fabrikation.

Wäsche-Zeitung. Muster-Zeitung für Herren- und Damen-Wäsche-Fabrikation. Technisches Fachorgan für Leinenwaaren-Industrie, für Wäschefabrikanten und Wäsche-Handlungen. 11. und 12. Jahrg. 1885 und 1886. à Jahrg. 6 Hefte (Bog. mit Mustertaf., geschnittenen Modellen und 1 lithogr. und color. Modelkpfr.). gr. 4. Dresden, Expedition der europäischen Modenzeitung. à Jahrg. * 9 —
Einzeln à Heft * 2 —

—— dass. — Deutsche Muster-Zeitung für Herren-, Damen- und Kinderwäsche. 13. und 14. Jahrg. 1887 und 1888. à Jahrg. 12 Hefte (Bog. mit Mustertaf., geschnittenen Modellen und 1 lithogr. und color. Modelkpfr.). hoch 4. Ebendas. à Jahrg. * 8 —

Wäsche-Zeitung. Deutsche Muster-Zeitg. f. Herren-, Damen- und Kinderwäsche. 15.—18. Jahrg. 1889—1892. à Jahrg. 12 Hefte. (Bog. m. Illustr. u. 1 lithogr. Mustertaf.) hoch 4. Dresd., Exped. der Europ. Modenzeitg. à Jahrg. * 8 —

—— deutsche. Fachblatt für die gesamte Wäsche- und Weißwaaren-Fabrikation, den Wäsche- und Weißwaaren-Handel und die Nebenzweige desselben. Redact.: Hugo Elm. 1. Jahrg. 1886. 24 Nrn. (Bog. mit Illustr.) gr. 4. Dresden, Expedition (C. Loche und Comp.). 5 —

—— dass. — Redact.: C. Loche. 3. Jahrg. 1888. 24 Nrn. (Bog. mit Illustr.) gr. 4. Dresden, Expedition (Loche und Hegemeister). 6 —
Dasselbe Blatt erscheint vom 1. Octbr. 1888 an auch u. d. T.:

—— deutsche. Ein Familienblatt für Frauen und Töchter gebildeter Stände. Redact.: Helene Degen. 1. Jahrg. Octbr. bis Dezbr. (Quartal). 6 Nrn. (Bog. mit Illustr.) gr. 4. Ebendas. 1 50

Wäsche-Zeitung, deutsche. Mit der Gratisbeilage: „Wäsche f. unsre Kinder". Red.: S. Hochstein u. Erna Orth-Steinberg. 1. Jahrg. 1909. 12 Hefte. (à ca. 16 S. m. Abbildgn. u. 1 Schnittbog.) 31×23,5 cm. Berlin, W. Vobach & Co. à Heft — 25
Fortsetzg., s.: Wäsche- u. Handarbeits-Zeitung, deutsche.

Wäsche- u. Handarbeits-Zeitung, deutsche. Zeitschrift zur Selbstanfertigg. v. Wäsche u. Handarbeiten. Mit den Gratisbeilagen: „Wäsche f. unsere Kinder" u. „Mustervorlagen f. weibl. Handarbeiten in natürl. Größe". Verantwortlich: S. Hochstein u. Erna Orth-Steinberg. Jahrg. 1910. 12 Hefte. (à ca. 12 u. 4 S. m. Abb. u. Musterbog.) 31×23 cm. Berlin, W. Vobach & Co. à Heft — 25

Wäsche-Zeitung, illustrirte. Gebrauchsblatt m. Zuschneidebogen. Red.: Emmy Heine u. Marie Schlichting. 1.—5. Jahrg. 1891—1895. à 12 Nrn. (Bog.) gr. 4. Berlin, J. H. Schwerin. à Jahrg. n. 2. 40

Wäsche-Zeitung, illustr. Gebrauchsblatt m. Zuschneidebogen. Red.: Ernst Calé. Mitarbeiter: Emmy Heine u. Marie Schlichting. 6.—9. Jahrg. 1896—1899. à 12 Nrn. (à ca. 10 S.) gr. 4. Berlin, J. H. Schwerin. à Jahrg. 2. 40
Kann auch vierteljährlich bezogen werden.

Wäsche-Zeitung, illustrirte. Gebrauchsblatt m. Zuschneidebogen. Red.: Ernst Calé. Mitarbeiter: Emmy Heine, Marie Schlichting u. Elise Rennemann. 10.—13. Jahrg. 1900—1903. à 12 Nrn. gr. 4. (à ca. 12 S.) Berlin, J. H. Schwerin. à Jahrg. 2. 40

Wäsche-Zeitung, illustrierte. Gebrauchsblatt m. Zuschneidebogen. Gesamtleitung u. Red.: Ernst Calé. Mitarbeiter: Marie Schlichting. 13.—16. Jahrg. 1903—06 à 12 Nrn. (16. Jahrg. 96 S.) gr. 4. Berlin, J. H. Schwerin. à Jahrg. 2. 40

— illustrierte. Gebrauchsblatt m. Zuschneidebogen. (Monatsschrift zur Selbstanfertigg. der gesamten Wäsche f. Groß u. Klein.) Gesamtleitung u. Red.: Ernst Calé. Mitarbeiter: Marie Schlichting. 17.—21. Jahrg. 1907—1911. à 12 Nrn. (à ca. 16 S. u. 4 S. in 32,5×23,5 cm. Schnittmuster.) 31×23 cm. Berlin, J. H. Schwerin. à Jahrg. 2. 40

Oesterreichische

— Wäsche-Zeitung mit Beilage „Kl. Mode-Courier". Herausgeg. v. Jos. Gregorig. Wien. Expedition. I. Ausgabe mit Schnittbeilagen u. Modeb. Viertelj. 1 fl. 50 kr. II. ohne Beilage 1 1885.

Wasch-Gedanken, Erbauliche. Basel 1758. V: *Annone, Hier. d'.* (Cat. d. Stadtbibl. Zürich. Zürich 1864—97.)

Waschiczek Heinrich: Geschichte der Glaubensreformation in Iglau im 16. Jahrhundert.
H. 1909 PN 2664 Diss. Wien, Univ. 1013

Waschietl Andreas: De similitudinibus imaginibusque Ovidianis. Diss. Wien, Univ.
D: Wien, 1883.
1882 PN 246 1432

Waschinski, Emil, Lic. theol., Religionslehrer am Kgl. Lehrerseminar zu Danzig-Langfuhr: Erziehung und Unterricht im Deutschen Ordenslande bis 1525 mit besonderer Berücksichtigung des niederen Unterrichtes. Danzig 1907: C. Bäcker. (XII, 99 S.) 8° [F.]
Breslau, Kath.-theol. Fak., Ref. Laemmer, Diss. v. 22. Jan. 1908
[Geb. 13. Jan. 72 Putzig; Wohnort: Langfuhr; Staatsangeh.: Preußen; Vorbildung: Gymn. Neustadt (Westpr.) Reife M. 95; Studium: München 1, Priester-Sem. Pelplin 8 S.; Rig. erlassen.]

E r z i e h u n g und Unterricht im deutschen Ordenslande bis 1525 mit besond. Berücks. d. niederen Unterrichtes. Hist.-pädag. Abhandlung von Dr. theol. Emil **Waschinski**. Danzig: Brüning 1908. XII, 99 S. 8°
[Erschien auch als Inaug.-Diss. d. kath.-theol. Fak. Breslau 1908.]

Waschinski, Emil, Religionslehrer am Kgl. Lehrerseminar zu Langfuhr: Geschichte der Johanniter-Komturei und Stadt Schöneck Westpr. mit einem Anhang von Urkunden. Danzig: F. Brüning 1905. (XXIII, 206 S.) 8° [F. u. Ant.]
Breslau, Kath.-theol. Fak., Ref. Sdralek, Diss. v. 2. Juni 1905
[Geb. 13. Jan. 72 Putzig Wpr.; Heimatsort: Langfuhr; Staatsangeh.: Preußen; Vorbildung: Gymn. Neustadt Wpr. Reife M. 95; Studium: München 1, Priestersem. Pelplin 8 S.; Rig. 2. Juni 05.]

Waschinski, Emil, Geschichte der Johanniterkomturei u. Stadt Schöneck Westpr., m. e. Anh. v. Urkunden. (XXIII, 206 S.) gr. 8. Danzig 904. F. Brüning. n. 3. —; geb. n. 4. —

Waschinski, Emil, wie groß war die B e v ö l k e r u n g P o m m e r e l l e n s, ehe Friedrich der Große das Land übernahm? Historisch-statist. Skizze. (51 S.) 8. Danzig 907. F. Brüning. 1. —

Waschitza, Ed., religiöse Anreden und Ermahnungen oder Exhorten an die katholische Schuljugend in Volks- und Bürgerschulen, auch als Christenlehr-Predigten verwendbar. 4 Tle. 2. Taus. 12. Leobschütz 900. G. Schnurpfeil. n. 5.—
1. 2. (VII, 276 S.) à n. 1. 20
3. Von Ostern bis z. Ende d. Schuljahres. (S. 279—411.) n. 1. 40
4. Für Festtage u. besond. Gelegenheiten. (S. 415—514.) n. 1. 20

Waschitza, Eduard, der E m p f a n g der Firmung ohne gehörige Vorbereitung ist Gottesraub. Zeitgemäße Belehrgn. üb. das Sakrament der Firmg. in Form v. Ansprachen. 2., verm. u. umgearb. Aufl. (68 S.) kl. 8. Teschen (Oest. Schles.) 906. Relig.-Prof. Waschitza. n. — 80

Waschitza, Eduard, E x h o r t e n an die kathol. Jugend in Volks- u. Bürgerschulen u. in den unteren Klassen der Mittelschulen. Auch allgem. als Predigten verwendbar. 2., vollständ. umgearb. Aufl. (VI, 309 S.) 8. Teschen 907. (Leobschütz, G. Schnurpfeil.) 5. —

— Die G a b e n des hl. Geistes u. das wahre Christentum. Zeitgemäße Ansprachen. (VI, 96 S.) 8. Wien 910. H. Kirsch. 1. 50

— G e b e t e f. Firmlinge u. Gefirmte. (23 S.) 32. Ebd. (902). — 08

— L e i d e n s g e s c h i c h t e Jesu Christi nach dem Wortlaute der Hl. Schrift. Zur frommen Lesg. in der Fastenzeit, besonders in der Karwoche. (29 S. m. 4 Abbildgn.) 8. Ebd. 906. n. — 30

Waschitza, Ed., 4 P r e d i g t e n als Vorbereitg. zum Empfange d. hl. Firmung. gr. 8. (31 S.) Bielitz 896. (Leobschütz, G. Schnurpfeil.) n. — 50

Waschitza, Eduard, S c h a u hin nach Golgatha! Kreuzweg-Andacht. (44 S. m. 15 Abb.) kl. 8. Teschen (Österr. Schlesien) 907. Prof. E. Waschitza. Kart. — 40

Waschitza Otto: Num et quatenus Ovidius in Metamorphosibus Parthenium, Nicandrum auctores secutus sit.
H. 1909 PN 2807 Diss. Wien, Univ. 1660

Waschke, G. B., was fordert die gegenwärtige Zeit von der Schule u. ihren Lehrern? gr. 8. Danzig 845, Weber. n. 1/6 Thlr.

Waschke, O., Feldzugs-Erinnerungen e. 70er Portepée-Fähnrichs aus dem J. 70/71. (80 S.) 8. Saarbrücken 910. C. Clauß. 1. —

Wäschke, Hermann

Wäschke, H., A b r i ß d. a n h a l t i s c h e n G e s c h i c h t e. gr. 8. (99 S.) Dessau 895. P. Baumann. n. 1. 20

Wäschke, Herm., A k t e n zur Geschichte des Schulwesens in Anhalt. Ein Archivinventar. (67 S.) gr. 8. Berlin 908. A. Hofmann & Co. 2. —

— Anhalt vor 100 Jahren, s. a. N e u j a h r s b l ä t t e r aus Anhalt. 1.

Anhalt vor hundert Jahren. Von H(ermann) **Wäschke**. *Dessau: P. Baumann 1904.* (32 S.) 8° [F.]
= **Neujahrsblätter** aus Anhalt. 1. [04. 118]

Wäschke, Herm. Das litterarische A n h a l t, s. M u s c h i, Jean Bernard.

Wäschke, Herm., die A s k a n i e r in Anhalt. Genealogisches Handbuch. (XII, 120 S.) gr. 8. Dessau 904. C. Dünnhaupt. n. 2. 50

— das Zerbster Bier, s. a. N e u j a h r s b l ä t t e r. Hrsg. v. der histor. Kommission f. die Prov. Sachsen u. das Herzogt. Anhalt. 30.

Das Zerbster Bier. Von H[ermann] **Wäschke**. Halle: O. Hendel 1906. (47 S.) 4°(8°) [F.]
= **Neujahrsblätter**. Hrsg. von d. Hist. Komm. f. d. Prov. Sachsen u. d. Herzogtum Anhalt. 30. [06. 1064]

— Aus G r o ß m u t t e r n s Zerbster Chronik. (171 S.) 8. Zerbst 907. F. Gast. 1. —

Waeschke, Herm., de crasi Aristophanea. Dissertatio inauguralis. gr. 8. (32 S.) Dessau 875. Barth. n. -- 60

Wäschke, Herm., anhältsche Dorfjeschichten. 1.–4. Bdchn. 8. Cöthen, P. Schettlers Erben. à n. 1. 50 Einbde. à n.n. — 60
1. Paschlewwer Geschichten. I. 1.–4. Aufl. (III, 134 S.) (902.)
2. Dasselbe. II. (III, 114 S.) (900.)
3. De Miehme Wewern ihr Wattenrock. 1. u. 2. Aufl. (à 166 S.) (901. 902.)
4. Töffchen un sein Notizbuch. (151 S.) (902.)

— anhältsche Dorfjeschichten. 1., 5. u. 6. Bdchn. 8. Cöthen, P. Schettlers Erben. à n. 1. 50; geb. à n. 2. —
1. Paschlewwer Geschichten. I. 5. Aufl. (III, 134 S.) (906.)
5. Dasselbe. III. (V, 124 S.) (903.)
6. Dasselbe. IV. (III, 136 S.) (906.)

— Anhältische Dorfjeschichten. 1., 2. u. 7. Bdchn. 8. Cöthen (910). P. Schettlers Erben. à 1.50; geb. à 2. —
1. Paschlewwer Geschichten. I. Bdchn. 6. Aufl. (III, 134 S.) (910.)
2. Dasselbe. II. Bdchn. 5. Aufl. (III, 146 S.) (910.)
7. Dasselbe. V. Bdchn. (VII, 160 S.) (910.)

— König Siegfried's Einkehr. Dichtung. gr. 16. (56 S.) Zerbst 890. (Gast.) n. 1. –

— die Dessauer Elbbrücke, s.a. Neujahrsblätter. Hrsg. v. der historischen Kommission f. die Prov. Sachsen. 27.

Die Dessauer Elbbrücke. Von H[ermann] Wäschke. *Halle: O. Hendel 1903.* (34 S.) 8°
— Neujahrsblätter. Hrsg. von d. Histor. Kommission d. Prov. Sachsen. 27. [03 9888 3

Wäschke, Herm. Über die Entstehung der Sprace und der Einzelsprachen. 23 S. Progr. G. *Dessau* 1881

— Festspiel zum neunhundertjährigen Jubelfeste der Stadt Zerbst 1907. (35 S.) 8. Dessau 907. C. Dünnhaupt. -- 50

Wäschke, Herm. Über das von Reiske vermutete Fragment der Excerpte Constantins περὶ ἀναγορεύσεως. 24 S. Progr. G. *Dessau* 1878

Friedrich Herzog von Anhalt. Von Archivrat Dr. [Hermann] Wäschke. Nebst d. Jugendgeschichte d. Herzogin Antoinette v. Anhalt von Hermann Schroedel-Friedrichstanneck. Den anhalt. Schulen als Erinnerungsgabe von Hermann Schroedel. Dessau & Friedrichstanneck: H. Schroedel 1904. (50 S.) 4°(8°)

Paschlewwer Geschichten. Von Hermann Wäschke. 2. Aufl. Bdch. 1. Cöthen: P. Schettlers Erben [1900]. 8° ([Wäschke: Anhalt. Dorfgeschichten. 1.])

Wäschke, Herm., s.: Jahrbuch, Zerbster.

Des alten Dessauers Jugendzeit, s.a. Neujahrsblätter aus Anhalt. 3.

Des alten Dessauers Jugendzeit. Von Dr. [Hermann] Wäschke, Archivrat. Ballenstedt a. H.: P. Baumann 1906. (34 S.) 8° [F.]
= Neujahrsblätter aus Anhalt. 3. [06. 1065

Wäschke, Hermann, Russische Kolonistenzüge in Anhalt 1904. Dessau IX. 1902

— des alten Dessauers Leben u. Thaten, s.: Würdig, L.

— s.: Mitteilungen des Vereins f. anhaltische Geschichte etc.

— Heinrich Mohs. Lebensbild e. Arztes u. Menschenfreundes. Mit e. Titelbild u. 4 Bildern im Text. gr. 8. (V, 133 S.) Dessau 903. P. Baumann. n. 2.—; geb. in Leinw. n. 3.—

— s.: Ratschronik, die Zerbster.

— s.a. Regesten der Urkunden d. herzogl. Haus- u. Staatsarchivs zu Zerbst.

Regesten der Urkunden des Herzoglichen Haus- und Staatsarchivs zu Zerbst aus den J. 1401–1500. Hrsg. von Dr. [Hermann] Wäschke, Archivrat. (In 16 H.) Dessau: Dünnhaupt in Komm. 19(03–)09. VIII, 751 S. 4°(8°)

Wäschke, Herm.: Studien zu den Ceremonien d. Konstantinos Porphyrogennetos, s. Zur Begrüssung der XXXVII. Versammlung deutscher Philologen u. Schulmänner in Dessau.

Wäschke, H., De Aristarchi studiis Hesiodiis. Gel. 1874. 25 S.

— Träume. Eine Erzählg. (135 S.) gr. 8. Cöthen 908. P. Schettler's Erben. 2.50; geb. n 3.50

—— Unicus. Festspiel zur Einweihg. d. neuen Schützenhauses in Zerbst. gr. 8. (VI, 33 S.) (Ebd.) 890. • — 60

Wäschke, H., Wolfgang, Fürst v. Anhalt. Ein Blatt der Erinnerg. an dessen 400jähr. Geburtstag. [Aus: „Kirchl. Gemeindebl. f. Anhalt".] 12. (27 S.) Dessau 892. P. Baumann. n. -- 20

Waschkewitsch, Tatiana [aus Russland]: Über grosszellige Herde in den Milzfollikeln bei Diphtheritis und anderen Affektionen. Bern 1899. 16 S. 1 Taf. 8°.
Bern Med. Diss. 1899/1900

Waschküche & Plättstube. Erste Wochenschrift f. die Interessen der Wasch- u. Plättanstalten. Red.: C. E. Schock. 1. Jahrg. Novbr.—Dezbr. 1899. 3 Nrn. gr. 4. (à ca. 8 S.) Frankfurt a/M., Frankfurter Verlags-Anstalt A. Schulze & Co. n. — 50

— dasselbe. 2. Jahrg. 1900. 52 Nrn. 4. (à ca. 8 S.) Ebd. n. 2. —

Waschlisten für Hausfrauen. 1. und 2. Aufl. (44 S.) 1854. und 3. Aufl. Fol. (36 S.) Posen 855, Merzbach.

Waschnitius, Viktor, Dr.: Perht, Holda und verwandte Gestalten. Ein Beitrag zur deutschen Mythologie. S. 174/2.
Separatabdruck

Waschow, Julius

Waschow, Jul., deutsches Lesebuch f. Lehrerseminare. Für kathol. u. parität. Anstalten nach den Bestimmgn. über das Präparanden- u. Seminarwesen vom 1. VII. 1901 ausgewählt u. hrsg. 1. Tl. Deutsche Nationalliteratur von den Anfängen bis zur Gegenwart. gr. 8. (XX, 352 S.) Leipzig 903. B. G. Teubner. Geb. in Leinw. n. 4.—

Waschow, Jul., deutsches Lesebuch f. Lehrerseminare. Für kathol. u. parität. Anstalten nach den Bestimmgn. üb. das Präparanden- u. Seminarwesen vom 1. VII. 1901 ausgewählt u. hrsg. 2. Tl. Prosa aus Religion, Wissenschaft u. Kunst; Reden, Briefe, Erlasse. (XIV, 416 S.) gr. 8. Leipzig 903. B. G. Teubner. Geb. in Leinw. n. 4. 80

— dasselbe f. Präparandenanstalten. Für kathol. u. parität. Anstalten nach den Bestimmgn. üb. das Präparanden- u. Seminarwesen vom 1. VII. 1901 ausgew. u. hrsg. 3 Tle. gr. 8. Ebd. 903. Geb. in Leinw. n. 9. 20
1. Poesie u. Prosa f. die 3. Klasse. (VIII, 238 S.) 2. 60
2. Poesie f. die 2. u. 1. Klasse. (VIII, 176 S.) 2. 20
3. Prosa f. die 2. u. 1. Klasse. (X, 470 S.) 4. 40

Waschow, Jul. Molière et ses précédesseurs. 15 S. *Oppeln* 1883.
Progr.

Waschow, Jul., Herzog Otto von Braunschweig, Fürst von Tarent. Ein Beitrag zur Geschichte des 14. Jahrh. gr. 8. (49 S.) Breslau 869, Aderholz' Buchh. * 1 —

Waschow, Jul., Herzog Otto v. Braunschweig, Fürst v. Tarent. Ein Beitrag zur Geschichte d. 14. Jahrh. gr. 8. (49 S.) Breslau 874. Aderholz. n. 1. —

Waschow, Julius *(geb Feesikow bei Stralsund 24. 7. 1849)*: Otto von Tarent. Th. 1. Glatz 1874. (28 S.) 8° *[Vollst 1874 bei Aderholz in Breslau unt. d. T.: „Herzog Otto von Braunschweig, Fürst von Tarent. Ein Beitrag zur Geschichte des 14. Jahrhunderts".]*
Breslau, Phil. Diss. v. 22. Apr. 1874

Waschow, Jul., Verordngn., betr. d. Volksschulwesen d. Reg.-Bez. Bromberg. Nach amtl. Quellen zusammengest. gr. 8. (703 S.) Breslau 896. F. Hirt. Geb. in Halbleinw. n. 8. —

— **Verordnungen, betr. das Volksschulwesen des Reg.-Bez. Bromberg. 1. Nachtrag. Aus amtlichen Quellen zusammengestellt gr. 8. (268 S.) Breslau 900. F. Hirt. Geb. in Halbleinw. n. 4. —**
Hauptwerk. Ebd. 896. Geb. n. 8. —.

— **Verordnungen betr. das Volksschulwesen des Reg.-Bez. Bromberg. 2. Nachtrag. Aus amtl. Quellen zusammengestellt. (XII, 808 S.) 8. Breslau 904. F. Hirt. Geb. in Halbleinw. n. 5. —**
Hauptwerk u. 1 Nachtr. 896. 900. Geb. n. 12. —.

Verordnungen betreffend das Volksschulwesen des Regierungsbezirks Bromberg. Aus amtl. Quellen zsgest. von Dr. Julius **Waschow**, Geh. Reg.- u. Schulrat. 2. neu bearb. Aufl. Breslau: Hirt 1910. 586 S. 8° [11. 518 2

Waschow, Kurt, Gerichtsass.: Kann die von einem Konkursgläubiger über den Zwangsvergleichsvorschlag abgegebene Erklärung wegen Irrtums angefochten werden? Bromberg 1909: Dittmann. 73 S. 8°
Greifswald, Jur. Diss. v. 1. Febr. 1909, Ref. Pescatore
[Geb. 9. Juni 81 Oppeln; Wohnort: Bromberg; Staatsangeh.: Preußen; Vorbildung: Gymn. Bromberg Reife O. 00; Studium: Jena 4, Königsberg 3 S.; Rig. 21. Juli 08.] [U 09 1477

Wasch-Register für den Hausgebrauch. gr. 8. (72 S.) Leipzig 864, (Wilfferodt.) *

Wäschstickerin, die elegante. (10 Kpfrtaf.) 4e verm. Aufl. 4. Leipzig 833. Friese. In Etui 1/2 ₰

Wäschtabelle. 8. Leipz., Klein. 4 gr.

— zum Gebrauch in Wirthschaften. gr. 4. Magdeb., Creutz. 8 gr.

Wäschtafeln, compendiöse u. sehr bequem eingerichtete, zum immerwährenden Gebrauch bei jeder Wäsche. Berl. 806. Rauck. 6 gr.

Wäschverzeichniß für Junggesellenwirthschaft auf ein ganzes Jahr. gr. 12. Leipz. 817. Mag. f. Ind. 8 gr.

Waschzettelbuch für Hausfrauen nebst einem Anhang: praktische Mittel u. Recepte in Bezug auf Wäsche, Kleider u. andere Stoffe. 1—5., unveränd. Aufl. Dresden 861—63. Türk. 8. (14 S. u. 16 Tab. in 4.) n. 5 *ngr.*

Waschzettelbuch für Hausfrauen nebst einem Anh.: praktische Mittel u. Recepte in Bezug auf Wäsche, Kleider u. andere Stoffe. 6. u. 7., unveränd. Aufl. Dresden 865—67. Türk's Verlag. 8. (74 S.) n. 5 *ngr.*;

Waschzettelbuch für Hausfrauen nebst Wasch-Inventurtabelle. 8. Aufl. gr. 8. (66 S.) Dresden 873, Türk's Verlag. * — 50

Waschzettelbuch f. Hausfrauen. 9. Aufl. gr. 16. (66 S.) Dresden 876. Türk. n. — 50

—— für Herren. Ausreichend für 15 Wochen. 1.—5. Aufl. gr. 16. (15 Bl.) Berlin 874,75, Denicke's Verlag. — 15

Waschzettelbuch für Herren. (7. Aufl.) 8. (48 Bl.) [Leipzig-Reudnitz 886, O. Schmidt.] Leipzig, Laudien. * — 50

Waschzettelbuch f. Herren. 8. (40 Bl.) Leipzig 889. Laudien. — 30

—— für Junggesellen. 2. Aufl. gr. 8. (54 Bl. in 4.) Meerane 864, Geucke. cart.

—— für Junggesellen. gr. 16. (20 S.) Dresden 873, Türk's Verlag. * — 50

—— für Junggesellen. 2. Aufl. gr. 16. (20 Bl.) Dresden 878. Art. cart. *

Wasem, Ed[uard], & Ney, Ed[ouard]. Verzeichnis der schweizerischen Beamten und Behörden im Schuldbetreibungs- und Konkursverfahren = État des Préposés et Autorités suisses en Matière de la Poursuite pour Dettes et de la Faillite. Hrg. von = Publié par Ed. W' & Ed. N'.... II + 96 S. 8. Lausanne, G. Vaney-Burnier, März = Mars 1903. fr. 1. 50

Waesemann, H. F., Villa Eichborn in Breslau. Berlin (857.) Ernst u. Korn. gr. Fol. (6 lith. u. in Kpfr. gest. Bl. u. 1 Bl. Text.) n. 2 ₰. 20 *ngr.*

Waesemann, H. F., das neue Rathhaus zu Berlin, erbaut v. H. F. W. Text v. L. A. Meyer. gr. Fol. (29 Kpfrtaf. m. 18 S. Text.) Berlin 886. Ernst & Korn. In Mappe. n. 60. —

Wäsemsky, Fürst, s. Fabelschatz, russischer.

Waser, J. H. O. O. 1780. V: *Müller (Myller), Chph Hnr.* (Cat. d. Stadtbibl. Zürich. Zürich 1864—97.) (ADB)

Waser, J. H. [Weimar 1892.] V: *Hirzel, Ldw.* (Cat. d. Stadtbibl. Zürich. Zürich 1864—97.)

Prinz Karnevals Reise in den Mond; ein schwyzerisches Zeitbild (von *Waser*). Schwyz, o. J. (1898). (In Zürich.)
Anon.-Lex. V. p. 248 (nach d. Zuwachsverz. d. Bibliotheken in Zürich 1898 ff.).

Waser, C., s.a. Waser, Maurus

Waser, C., das erste Gebot mit der Verheißung 2c., s. Gebot, das erste.

Waser, C., das große Gebot des Herrn oder die christl. Nächstenliebe. 8. (192 S.) Luzern 851, Gebr. Räber. 9 ngr

— der Geist des heil. Franziskus Xaverius u. die Verehrung desselben Heiligen, nebst den gewöhnl. Gebeten. 24. (576 S. m. 2 Lith.) Einsiedeln 851, Gebr. Benziger. 12 ngr

Waser, C., Géographie illustrée de la Suisse à l'usage des écoles et des familles. Traduction française par Schneuwly. Mit eingedr. Holzschn. und Farbentitel. (192 S.) 1882; 2e édit. 8. (184 S.) Einsiedeln 884, Gebr. Benziger. cart. ** 80 Pf.; geb. **

— kleine schweizer Geographie in Wort u. Bild f. Primarschulen. Auszug aus der Illustrirten schweizer Geographie. 8. (64 S. m. eingedr. Holzschn. u. farb. Titel.) Ebend. 884. cart. n.n. - 35

— die christliche Kinder-Erziehung ein Hauptmittel gegen die Gebrechen der gegenwärtigen Zeit. Den Eltern zur Anwendung empfehlen. 8. (IV u. 118 S.) Luzern 850, Gebr. Räber. 7 ngr

Waser, C., die heilige Kindheit oder das göttliche Jesuskind, zur Nachahmung und Verehrung dargestellt, nebst einem kurzen Unterricht über den Verein der heil. Kindheit und einem Anh. gewöhnlicher Andachtsübungen. Für die lieben Kleinen, insbesonders für die Mitglieder des genannten Vereines. 853. (251 S. u. 1 Lithogr.) 5½ ngr — 2. Aufl. Einsiedeln 857. Benziger in Comm. 12. (254 S.) 4½ ngr

—— Lebensvorbilder für christl. Jünglinge, besonders für studirende dargestellt. 2 Bdchn. 12. (440 S. und 4 Stnt.) Einsiedeln 851, Gebr. Benziger.

—— der Monat Mariä oder fromme Uebungen zur Verehrung der göttl. Mutter auf alle Tage des Monats Mai. Nebst allgem. Andachtsübungen. 2., verb. und verm. Aufl. 12. (384 S. und 1 Stnt.) Einsiedeln 851, Gebr. Benziger.

—— der Monat Mariä oder fromme Uebungen zur Verehrung der göttl. Mutter auf alle Tage des Monats Mai. Nebst allgemeinen Andachtsübungen. 5. Aufl. 24. (384 S. mit 1 Stnt.) Einsiedeln 855, Gebr. Benziger.

—— der Monat Mariä oder fromme Uebungen auf alle Tage des Monats Mai. Nebst den gewöhnlichen Andachtsübungen. 10. verb. Aufl. Bearb. von einem Priester derselben Gesellschaft. 16. (384 S. mit eingedr. Vignetten und 2 Stahlst.) Ebendas. 884.

—— Novene zur Ehre des P. Petrus Claver, s. Novene.

—— Umriß des Lebens 2c. des P. Petrus Claver, s. Umriß.

— der Verein der heiligen Kindheit oder Verein der christlichen Kinder zur Rettung der Heidenkinder 2c. 4. verm. Aufl. Einsiedeln 857. Benziger. 12. (48 S. u. 1 Lithogr.) 2 ngr

— der treue Wegweiser in das Heimathland des wahren Glückes für christliche Jungfrauen. Einsiedeln 852. Benziger. 18. (534 S. u. 1 Lithogr.) 15 ngr

Waser, C., der treue Wegweiser in das Heimathland des wahren Glückes für christl. Jünglinge. 18. (534 S. mit 1 Stnt.) Einsiedeln 852, Gebr. Benziger. Thlr.

Waser, Ernst, dipl. Fachlehrer in Naturw. E. P. aus Zürich: Ueber Derivate des Cyclooctans. Zürich. J. J. Meier. 1911. 96 S. und zwei Tafeln. 8°. Zürich Techn. Hochsch. Natw. Diss. 1910/11

Waser, Fel., († 1799.) Samml. einiger Predigten. 8. Zürich 781. Orell. 16 gr

— Schul- u. Hausbüchlein, enthalt. I) Gebete; II) geistl. Lieder; III) Psalmen; IV) lehrreiche Sprüche u. Festlieder. 12. Zürich... 17e A. 801. Ziegler. 2 gr N. A. Ebd. 828. Schultheß. 3 gr

— Schul- u. Hausbüchlein, enthalt. Gebete, geistl. Lieder, Psalmen, Sprüche u. Festlieder. 12. Zürich, Ziegler. 804.

— Unterredungen über einige wichtige Wahrheiten d. natürl. Religion für unstudirte junge Leute. 8. Zürich 782. Orell. 14 gr

— 3 Wiedergenesungspredigten über 1 Sam. XI, 6. 8. Zürich 781. Orell. 3 gr

Waser, Gustav (Hrsg.), s. Anzeiger, Illustrierter, und Offertenblatt für Handel und Gewerbe der Leder-, Galanterie-, Kurz-, Schreib-, Papier- u. Spielwaarenbranche...

Waser, Hedwig Bleuler-, s.a. Bleuler-Waser.

Waser, Hedw., wir Frauen gegen den Alkohol. Ansprache, geh. am 3. schweizer. Abstinententag. 1.—2. Taus. 8. (14 S.) Basel 902. Schriftstelle des Alkoholgegnerbundes. (Nur direkt.) n. — 08

Waser, Hedwig. Wir Frauen gegen den Alkohol. Ansprache gehalten am dritten schweizerischen Abstinententag von Dr. Hedwig Waser (= Frau Dr. phil. Bleuler-Waser). 3.—5. Tausend. 16 S. 8. Basel, Schriftstelle des Alkoholgegnerbundes, [1902]. fr. —.10
Alkoholgegnerbund. (Internationaler Verein zur Bekämpfung des Alkoholgenusses.) [Flugschriften.] Nr. 15.

Waser, Hedwig. Wir Frauen gegen den Alkohol. Ansprache gehalten am dritten schweizerischen Abstinententag von Dr. H' W' (= Frau Dr. phil. Bleuler-W'). 6.—8. Tausend. 16 S. 8. Basel, Schriftstelle des Alkoholgegnerbundes (Fr. Reinhardt, [1904]). fr. —.10
[Alcoholgegnerbund... Flugschriften.] Nr. 15.

Waser, Hedwig. Wir Frauen gegen den Alkohol. Ansprache gehalten am dritten schweizerischen Abstinententag von Dr. H' W' (= Frau Dr. phil. Bleuler-W'). Neue, durchgesehene Aufl. 9.—12. Tausend. 16 S. 8. Basel, Schriftstelle des Alkoholgegnerbundes (Fr. Reinhardt, VII. [19]06). fr. —.10
[Alcoholgegnerbund... Flugschriften.] Nr. 15.

Waser, Hedw., wir Frauen gegen den Alkohol! Ansprache, geh. am 3. schweizer Abstinententag. Neue, durchgeseh. Aufl. 13.—17. Taus. (14 S.) 8. Basel (909). Schriftstelle des Alkoholgegnerbundes. p — 10

Waser, Hedwig. Ulrich Hegner. Ein Schweizer Kultur- und Charakterbild. VI + 348 S. 8. Halle a. S., Max Niemeyer. 1901. [M. 8. —]

Waser, Hedwig, aus Zürich: Johann Kaspar Lavater nach Ulrich Hegners handschriftlichen Aufzeichnungen und 'Beiträgen zur nähern Kenntniss ... Lavaters'. Zür. J. Schabelitz Dr. [A. Müller Verl. 1894. 3 Bl., 120 S. 8°.
Zürich, Phil. Diss. [v. 4. Aug. 1894].

Waser, Hedwig, Joh. Kaspar Lavater nach Ulr. Hegners handschriftlichen Aufzeichnungen u. „Beiträgen zur näheren Kenntniss ... Lavaters". gr. 8. (V, 120 S.) Zürich 894. A. Müller's Verl. n. 2. 50

Waser, Hnr., († im Dec. 1777.), s. Beobachtungen, moralische.

Waser, Heinrich. Beschreibung, wahre, geschichtliche, von dem Gang des Kirchenbaues zu Gossau, und dem daselbst am 22. Brachmonat Statt gehabten furchtbaren Ereigniss, nebst der... den 2. Heumonat,... zu Gruningen gehaltenen, Predigt. 8. Zurich 1820.

(Waser, [Heinrich].) Leichen-Rede, gehalten ... den 25. Juny, am Grabe von 19 Gemeindsgenossen von Gossau, welche Opfer wurden des grossen Unglucks, das sich ... den 22. Juny ... ereignet hat. 8. Zürich 1820.

— s. Lucians Schriften.

Merkwürdige Schriften u. Anecdoten von dem am 27. May 1780 in Zürch enthaupteten Prediger Heinr. **Waser.** Berlin u. Leipzig 1780.

— s. Stufen. Die vier. des menschlichen Alters.

— s. Swift, J.: Satyr. Schriften.

Waser, Hermine, Leitfaden für den praktischen Unterricht in der Damenschneiderei. gr. 8. (20 S. mit 1 Stnt.) Berlin 882, (Polytechn. Buchhandlung.) cart.

Waser, J. C., das Strafgesetz über Verbrechen, sammt den dazu gehörigen Verordnungen. (Mit 2 Tabellen.) gr. 8. Wien 839. Gerold. 1²/₃ ₰

Waser, (Decan) Jak., das Christenthum in unserer Mitte u. die Erforderniße von Seiten d. Lehrstandes zur Bewahrung derselben. Eine Synodalrede. 8. Zürich 826. Schultheß. 6 ₰

Waser, Johann Heinrich

Waser, Jh. Hnr., († d. 27. Mai 1780.) Abhandl. vom Gelde. 4. Zürich 778. Orell. 16 ₰

(—) Abhandl. von d. Größe d. ganzen löbl. Eidgenossenschaft, u. des Cantons Zürich insonderheit. 8. (Zürich) 775.

— Betrachtungen über d. Züricherschen Wohnhäuser, vornehml. in Absicht auf d. Brandkassen u. Bürgerprotocolle, nebst einigen andern ökonom.-polit. Bemerkungen. gr. 8. Zürich 778. Orell. 10 ₰

Historisch diplomatisches Jahrzeitbuch zur Prüfung der Urkunden. Mit benoetigten Kupfern und Tabellen ... v. Johann Heinrich Waser. Zürich. 1779. Fol.

— histor.-diplomatisches Jahrzeitbuch, zur Prüfung d. Urkunden rc., mit Kpf. u. Tabellen. gr. Fol. Zürich 780. Orell. 3 ₰

— Predigten. 8. Winterth. 782. Steiner. 16 ₰

— goldene Sprüche u. Lieder zur Bildung des Geistes u. Herzens. 8. Frankf. 791. Klett. 7 ₰

Waser, Johann Jakob (Zürich) A. S. 1342/55

Animadversiones tumultuariae super officiis erga patrum. Präs. Johann Rudolph Isel. Basel (Thurneysen) 5. XII. 1727. 8 S.

35839

Waser, Johann Jakob A. S. 1319/29

Coelum triste ad Julias Calendas anni MDCCXXXI. Präs. Johann Jakob Scheuchzer. (Zürich) (Byrchlin) I. (1732). 41 S.

9 Resp. 35840

Waser, Joh. Jakob: Super officiis erga patriam, s. Iselin, Joh. Jakob (Praes.)

Waser, J[ohann] R[udolf]. Begrüssungs-Rede für die aus dem eidgenossischen Feldzuge heimgekehrten Wehrmänner der Gemeinde Barentschweil, vorgetragen in dortiger Kirche ... den 27. Febr. 1848. 8. Zurich 1848.

Waser, J. R., Begrüßungs-Rede für die aus d. eidgenössischen Feldzuge heimgekehrten Wehrmänner der Gemeinde Bärentschweil, vorgetragen Sonntag Nachmittags den 27. Febr. 1848. gr. 8. (15 S.) Zürich 848, Höhr. ¹/₁₂ ₰

Waser, Joh[ann] Rudolf. Einweihungs-predigt über Ps. 26. v. 8, gehalten in der neuen Kirche zu Baretschweil den 30sten Herbstm. 1827. 8. (Zürich.)

—— über die äußern Hemmungen der gesegneten Wirksamkeit des Geistlichen in großen Gemeinden, mit besond. Beziehung auf den Kanton Zürich. Angabe der rathsamsten Hülfsmittel und Würdigung der von der innern Mission, dem Vikariate rc. zu erwartenden Unterstützung. Synodal-Proposition vorgetragen in der Versammlung der zürcher. Geistlichkeit den 14. Oktbr. 1851. gr. 8. (36 S.) Zürich 851, Höhr. *

— u. J. P. Lange, über den Pauperismus, s.: Lange, J. P.

Waser, J. R., der Pfarrer als Armenbesorger in seiner Gemeinde. Ein Wort über Armenunterstützungen u. einige darauf bezügl. Vorschläge neuerer u. neuester Zeit. gr. 8. Zürich 836. Orell, Füßli u. Comp. ¹/₁₂ ₰

Waser, (Alt-Pfarrer) J. R., 8 Tabellen über d. deutsche Grammatik für den Schul- u. Privat-Unterricht. Fol. Zürich 824. Schultheß. 9 ₰

Waser, (J. R.) 8 Tabellen üb. d. deutsche Grammatik für den Schul- u. Privat-Unterr. Fol. Zürich 825, Schultheß.

Waser, Maurus, s.a. Waser, C.

Waser, Maurus, geografia illustrata della Svizzera per la scuola e per la casa. Prima ed. italiana sulla VI. tedesca con numerose aggiunte per cura di Eligio Pometta. Con 1 tavola colorata degli stemmi federale e cantonali, 181 illustrazioni e 4 carte geografiche (2 del Ticino), una appendice di 14 tabelle col dizionario completo dei luoghi del canton Ticino, ed 1 carta geografica della Svizzera in colori fuori testo. 8. (294 S.) Einsiedeln 897. Verlagsanstalt Benziger & Co. Kart. n.n. 2.—

Waser, (M[aurus]). Géographie illustrée de la Suisse à l'usage des écoles et des familles. Traduction française par le chanoine (J[oseph]) Schneuwly ... 8. Einsiedeln ...
[1re éd.] 1882 (*Umschlag: 1883) — 2me éd. 1884.

Waser, M., illustrirte schweizer Geographie für Schule und Haus. 8. (176 S. mit eingedr. Holzschn. und chromolithogr. Titel.) Einsiedeln 881, Gebr. Benziger. cart.

Waser, M[aurus]. Illustrirte Schweizer Geographie für Schule und Haus. In den Schulen des Kt. Schwyz obligatorisch eingeführt. [Mit illustriertem Vortitel.] (3. Aufl.) 8. (1883.)
Ausg. A. Einsiedeln, Waldshut ... St. Louis.
Ausg. B. Einsiedeln und Waldshut .. Chicago.

Waser, Maurus. Illustrierte Schweizer Geographie ... In den Sekundar-Schulen des Kantons Schwyz obligatorisch eingeführt. 5., vermehrte und verbesserte Aufl. Mit 180 neuen Illustrationen und einer Karte der Schweiz (*Umschlag: Mit 180 n' Ill', einer K' der Sch' von [Rudolf] Leuzinger und farbiger Wappentafel). 8. Einsiedeln ... 1894.

Waser, Maurus, illustr. Schweizer Geographie f. Schule u. Haus. 5., verm. u. verb. Aufl. Mit 180 neuen Illustr. u. 1 (farb.) Karte der Schweiz. 8. (286 S. m. 1 Farbendr.) Einsiedeln 894. Benziger & Co Kart. n.n. 1. 40

Waser, Maurus. Illustrierte Schweizer Geographie.... In den Sekundar-Schulen des Kantons Schwyz obligatorisch eingeführt. 6., vermehrte und verbesserte Aufl. 8. Einsiedeln....

Ausg. A. Mit 180 neuen Illustrationen [sowie 1 Tafel] und einer Karte der Schweiz ([von] R[udolf] Leuzinger). (1895.)

Ausg. B. Mit 180 neuen Illustrationen und einer Karte der Schweiz (*Umschlag: Mit 180 n' Ill', einer K' der Sch' von [Rudolf] Leuzinger u. farbiger Wappentafel). 1895.

— illustr. schweizer Geographie f. Schule u. Haus. 6., verm. u. verb. Aufl. M. 180 neuen Illustr. u. 1 Karte d. Schweiz. 8. (286 S. m. 1 farb. Taf.) Ebd. 895. Kart. n.n. 1. 40

Waser, Maurus. Illustrierte Schweizer Geographie.... In den Sekundar-Schulen des Kantons Schwyz obligatorisch eingeführt. 7. verbesserte Aufl. Mit 180 Illustrationen und einer Karte der Schweiz (*Umschlag: Mit 180 Ill', einer K' der Sch' von [Rudolf] Leuzinger und farbiger Wappentafel). 8. Einsiedeln... 1899.

Waser, Maurus. Illustrierte Schweizer Geographie für Schule und Haus. In den Sekundar-Schulen des Kantons Schwyz obligatorisch eingeführt. 8. verbesserte Aufl. Mit 180 Illustrationen und einer Karte der Schweiz (von R[udolf] Leuzinger und farbiger Wappentafel). 288 S. 8. Einsiedeln *etc.*, Benziger & Co. A. G., 1902. [geb.] fr. 1. 75

—— kleine schweizer Geographie in Wort und Bild für Primarschulen. Auszug aus der Illustrirten schweizer Geographie. 8. (64 S. mit eingedr. Holschn. und farb. Titel.) Ebendas. 884. cart. · ·

— **kleine schweizer Geographie in Wort u. Bild f. Primarschulen. Neubearb. nach W. 8. (82 S. m. Abb. u. 1 farb. Taf.) Ebd. 895. Kart. n.n. — 45**

Waser, Maurus s. Marty, P. Martin, & Waser, Maurus.

— Schwyz u. seine Umgebung in Wort u. Bild, s.: Marty, M.

Waser, M[aurus]. Aus alten Verkünd- und Jahrzeitbüchern der Pfarrei Schwyz. Veröffentlicht von M. Waser, Pfarrer. Beigabe zum Heft 11 der Mitteilungen des histor. Vereins des Kantons Schwyz. 104 S. 8. Schwyz, Emil Steiner, 1901.

Waser, Otto, Charon, Charun, Charos. **Mythologisch-archäolog. Monographie. gr. 8.** (VII, 158 S.) Berlin **898. Weidmann.** n. 5. —

(Waser, Otto.) Demos die Personifikation des Volkes. [Mit 1 Tafel.] SA. 8. ([Genève] 1897.)

Waser, Otto. Eros. Von O' W' [Zürich]. ⟨Sonder-Abdruck aus Pauly-Wissowas Realencyclopädie der classischen Altertumswissenschaft. Band 6.⟩ 64 Sp. 8. Stuttgart, J. B. Metzler, 1907.

Waser, Otto, s. Graff, Ant., Bildnisse.

Waser, Otto. Pasquino. Schicksale einer antiken Marmorgruppe. Von Otto Waser [Zürich]. Sonderabdruck aus den Neuen Jahrbüchern (für das klassische Altertum, Geschichte und deutsche Litteratur und für Pädagogik, hrg. von Dr. Johannes Ilberg... und Dr. Richard Richter...). Jahrg. 1901. Abteilung I. Band 7. [Mit 3 Abbildungen.] S. 598—619. gr.-8. Leipzig, B. G. Teubner.

Waser, Otto. Psyche. [Illustriert.] Sonderabdruck aus Roschers Lexikon der griechischen und römischen Mythologie. Band 3. IV S. + Sp. 3201—3256. 8. Leipzig, B. G. Teubner, 1908.

(Waser, Otto.) Pygmaien. ([Illustriert. Sonderabdruck aus:] Roscher, Lexikon der gr. u. röm. Mythol[ogie], [Band] 3.) Sp. 3283—3318. 8. [Leipzig, B. G. Teubner, 1908.]

Waser, Otto. Das hellenistische Reliefbild. Von O' W' [Zürich]. ⟨Mit vier Tafeln.⟩ Sonderabdruck aus den Neuen Jahrbüchern (für das klassische Altertum, Geschichte und deutsche Literatur...). Jahrg. 1905. Abteilung I. Band 15. Heft 2. S. 113—131. gr.-8. (Leipzig, B. G. Teubner.)

Waser, Otto (Red.), s. Schweiz, Die.

Waser, (Paul) Otto, aus Zürich: Skylla und Charybdis in der Literatur und Kunst der Griechen und Römer. Zür. F. Schulthess Dr. u. Verl., 1894. 147 S. 8°.

Zürich, Phil. Diss. 1. S. [v. 21. Aug. 1894].

Waser, Otto, Skylla u. Charybdis in der Litteratur u. Kunst der Griechen u. Römer. Mythologisch-archäolog. Monographie. gr. 8. (147 S.) Zürich 894. F. Schulthess. u. 2. —

(Waser, Otto.) August Weckesser (1821–1899) in seinem Leben und Schaffen. Allen Freunden und Verehrern des Meisters gewidmet. [Mit Illustrationen und 3 Tafeln.] Njbl. Künstlerges. Zürich 1890. 4. [Zürich.]

Waser, Otto, August Weckesser in seinem Leben u. Schaffen, s. a. Neujahrsblatt der Kunstgesellschaft in Zürich. 60.

August Weckesser in seinem Leben und Schaffen. Allen Freunden u. Verehrern d. Meisters gewidmet. (Verf.: Dr. Otto Waser.) ([Zürich] 1900): Buchdr. Berichthaus. (91 S.) 4°

(Neujahrsblatt d. Kunstgesellschaft in Zürich f. 1900. Neue Reihenfolge. 60.)

Waser, Paul, Fleisch f. Alle. Anleitung zur kostenlosen u. einfachsten Zucht, sowie Mast v. Schlachtkaninchen. Im Auftrage des „Allgemeinen deutschen Vereins f. Kaninchenzucht u. Kaninchenverwertg." in Berlin bearb. 1. u. 2. Zehntausend. 12. (32 S.) Wildpark 891. Exped. der „Neuen Blätter f. Kaninchenzucht". — 15

Waser, P., die Kaninchenzucht als e. praktisches Mittel zur Linderung d. Notstandes der unteren Klassen. 8. (31 S.) Ilmenau 890. Schröter. n. — 50

— Sport- u. Schlacht-Kaninchenzucht. Ein Handbuch zur speziellen Beurteilg., Pflege u. Zucht aller einzelnen Rassen der Sport- u. Schlacht-Kaninchenzucht. 8 (VII, 167 S. m. 30 Abbildgn.) Magdeburg 893. Creutz. n. 2. 50; geb. n. 3. 25

Waser [-Krebs], Maria. Künstlerische Handschrift. [Mit 6 Tafeln.] Sonderabdruck aus Raschers Jahrbuch [Jahrg.] 1. 1910. II + 28 S. 8. Zürich, Buchdr. Zürcher Post.]

Waser [-Krebs], Maria. Nachspiel zu [Robert] Schumann's «Der Rose Pilgerfahrt». Aufgeführt zu Herzogenbuchsee am 17. Mai 1908. 15 S. 8. Herzogenbuchsee, U. Dürrenmatt, 1908.

Verfasserin = Krebs, Maria, 1902 u. 1903 *(s. Bulletin 1902, S. 325 u. 1903, S. 674).*

Wäser, Johann Wilhelm

— Anleit. z. Bierbrauen. 8. Berlin, Felisch. (Gräff in Leipz.) 793.

Wäser, Jh. Wlh., das Ganze d. Bienenzucht, oder auf Erfahrung gegründeter Unterricht für Oekonomien, Cameralisten u. Bienenwärter rc. 8. Posen 803. Kühn. (Centr.-Compt. in Leipz.) 18 gr.

— Berliner Kunstgärtner, oder Anweis. zur Kultur verschied. d. vorzügl. Gartenfrüchte. 8. Berl. 794. Maurers B. 8 gr.

Wäser, Joh. Wilh., d. Berliner Kunstgärtner, od. Anweis. z. Cultur verschied. d. vorzügl. Gartenfrüchte. 8. Berlin, 1794. Maurer. (Leipzig, Fr. Voigt.) — 10

— histor. Vergleichung verschied. Gebräuche u. Verbesserungen in d. Landwirthschaft; eine Samml. auserles. Geschichten u. Aufsätze ꝛc. für den Landmann. gr. 8. Berl. 794. Maurers Buchh. 1 Thlr 4 Gr

Wäser, **Karl Wlh. Aug., de insignibus Anhaltinis. 4. Servestae 808.**

Waser'n, über, u. seinen Proceß, an Gleim, (von W. G. Becker); nebst A. L. Schlözers Anmerkk. 8. Frkf. a. M. 792. (Streng). 5 Gr

Waser's zweite Verurtheilung, über, von e. Unbekannten. Herausg. (von W. L. Weckhrlin). 8. Nürnb. 781. Felßecker. 4 Gr

Washburn, John Hosea [aus Bridgewater (Amerika)] : Ueber den Rohrzucker des Maiskorns und über amerikanischen Süssmais in verschiedenen Stadien der Reife ... Göttingen, Druck d. Dieterichschen Univ.-Buchdr. W. Fr. Kaestner, 1889; 35 + 1 S. 8°
Göttingen, Phil. Fak., Inaug.-Diss. v. 5. Jun. 1889.

Washburn, John Hosea. Über den Rohrzucker d. **Maiskorns** und üb. **amerikanischen** Süssmais in verschiedenen Stadien der Reife. **Diss. gr.** 8. (35 S.) Gött. 889, (Vandenhoeck u. Ruprecht). • 1 —

America's aid to Germany in 1870–71. An abstract from the official correspondence of E[lihu] B[enjamin] **Washburne**, U. S. Ambassador to Paris. The Engl. text, with a German transl., and prefaced by Adolf Hepner. St. Louis 1905: (A. Hepner). (463 S.) 8°
[Nebent.:] Amerika's Hilfe an Deutschland 1870–1871. Aus d. diplomat. Akten d. Ver. Staaten-Regierung. Ausz. aus des Gesandten Washburne offiz. Pariser Corresp. Ausgew., übers. u. mit Einl. versehen von A. Hepner. 05. 867

Washburne, E. B., Briefwechsel 1870/71, s.: Schutz, der, der Deutschen in Frankreich 1870 u. 71.

Der Schutz der Deutschen in Frankreich 1870 und 1871. Briefwechsel des außerordentlichen Gesandten u. bevollmächtigten Minister der Vereinigten Staaten für Frankreich E[lihu] B[enjamin] **Washburne** in Paris vom 17. Juli 1870 bis zum 29. Juni 1871. Aus d. diplomat. Akten d. Reg. d. Vereinigten Staaten von Nordamerika. Ausgewählt, übers. u. mit e. Einl. versehen von Adolf Hepner. Stuttgart: J. H. W. Dietz Nachf. in Komm. 1907. (XIV, 174 S.) 8° [F.] 07. 4346

Washietl Dr. A.: Die Lehre von der mittleren Proportionale nach Plato, und ihre Bedeutung für die gesammte Pl. Philosophie. 40. Wien VI. 88. **Progr.**

Washietl, Joa. Andr., de similitudinibus imaginibusque Ovidianis. gr. 8. (VI, 193 S.) Wien 883. Gerold's Sohn. n. 6. —

Katalog der III. Kärntner Landes-Tierschau zu Klgft. 1903. Klgft., v. Kleinmayr, 1903. 112 S. (Verf.: L. Washietl. — Der I. u. II. v.: Schütz, Cosmas.)

Washington und die Befreiung der nordamerikanischen Freistaaten. Giessen 1815. V: *Gosch, Josias Ludwig.* (Pr)

Washington, Georg. Ein Lebensbild. Von Ferd. Schmidt, s. Jugendbibliothek, deutsche.

Washington's, Georg, Lebensbild, s.: Schmidt, F.

Washington's, Georg, Biographie, s.a. Gallerie aller merkwürdigen Menschen. 14.

Washington's, Georg, Biographie. gr. 8. Chemnitz 823. Starke. 8 Gr

Georg **Washington**, der Kriegsheld und Staatengründer. Kaiserwerth: Diakonissen-Anst. [1902]. (13 S.) 8°
(Geschichten u. Bilder fürs deutsche Volk. No 35.)

Washington, George. Ein Lebensbild, s. Pardo, M.

Washington, George. Ein freimaurer. Lebensbild gezeichnet nach Sidney Hayden's Werk „Washington and his masonic Compeers, Newyork 1866". gr. 8. (41 S.) Zwickau 868, Richter'sche Buchh. — 50
Vgl.: Schneebeli, J.

Washington's Leben. Ein Lesebuch für die Jugend. Aus d. Engl. übersetzt. (Mit Holzschnitten.) gr. 12. Hamburg 837. Perthes, Besser u. Mauke. 1 Thlr

— Lebensbeschreibung, s.a. **J. Marschall.**

— Lebensbeschreibung, nach d. Originalpapieren zusammengetr. mit ein. histor. Darstell. d. engl. Niederlass. in Nordamerika begleit. v. J. Marschall. 4 Thle. gr. 8. Hamburg, Campe. 805—6.

Washington u. d. amerikan. Revolution, von Louis (J. L. Gosch). 3 Bde. 8. Gießen 810 (Heyer). 1 Thlr 12 Gr 1817 unter dem neuen Titel: Washington u. d. Befreiung d. nordamerikan. Freistaaten.

Washington und die französische Revolution. Giessen 1807. V: *Gosch, Josias Ludwig.* (MGT)

— u. d. französ. Revolution, von Louis (J. L. Gosch). 8. Gießen 807. Heyer. 20 Gr

Washington und die nordamerikanische Revolution. Giessen 1810. V: *Gosch, Josias Ludwig.* (MGT) (Pr)

Charakterbildung [Character Building]. Sonntags-Ansprachen an d. Zöglinge d. Normal- u. Gewerbeschule von Tuskegee von Booker T[aliaferro] **Washington**. Übers. von Estelle du Bois-Reymond. Mit e. Vorw. von Dr. [Johannes] Wichern. Berlin: D. Reimer 1910. XV, 231 S. 8° 11. 13209

Washington, Booker T., vom Sklaven empor. Eine Selbstbiographie. Autoris. deutsche Uebersetzg. von Estelle du Bois-Reymond. Mit e. Vorwort v. Ernst Vohsen. gr. 8. (XI, 254 S. m. Bildnis.) Berlin 902. D. Reimer. n. 3. —

Washington, George

Washington's Abschieds-Adresse nebst einem kurzen Abriß seines Lebens. Zur Gedächtnißfeier von Washington's Geburtstag am 22. Febr. 1856 in Cincinnati. br. 8. (31 S.) Philadelphia 857, (Schäfer und Koradi.)

WASHINGTON, George 1732 - 1799
George Washington's beständigen Präsidenten und Protektors, officielle und eigenhändige Briefe und Berichte, welche er während des ganzen Krieges zwischen den Amerikanischen Freystaaten und England als Generalissimus an den Congreß geschrieben, nebst andern, welche er von diesem und andern Hauptpersonen erhalten hat.
Aus dem Englischen, als die wichtigste und documentirte Geschichte dieses merkwürdigen Krieges.
Leipzig: Weygand. 1796 [- 1797]. 2 Bde. 8°.
Universitätsbibliothek Wien
Übers. v. Official Letters to the Honourable American Congress, London 1795. Ausg. 3 Tle., Leipzig 1798 [William and Mary Quarterly, 3d Ser., Bd. 11, 1954, S. 153] konnte nicht gefunden werden.
Sabin 101708. Baginsky 1328.

— offizielle u. eigenhändige Briefe u. Berichte, während des amerikan. Kriegs an den Congreß geschrieben ꝛc. Aus d. Engl. 2 Thle. gr. 8. Leipz. 798. Weygand. 3 Thlr

[Ant. u. F.] **Washington,** Henry Stephens [of Navesink, N. J., U. S. A.]: The volcanoes of the Kula Basin in Lydia ... New York, R. Drummond, printer, 1894; 67 S., 3 Taf., 1 Kt. 8.
Leipzig, Phil. Fak., Inaug.-Diss. v. [8. Juni] 1894

Washington Irving, s. W. Irving.

Washington, Max von

Washington, M. Baron v., Geflügelzucht, — Schweinezucht, s.: Tafeln, landwirthschaftliche.

Washington, Stef. Frhr. v., über ein Vorkommen des Pelecanus sharpei du Bocage in Oesterreich-Ungarn, nebst einigen allgemeinen Bemerkungen über diese Art. Lex.-8. (10 S. mit 1 Fig. im Texte.) Wien 888, Hölder. * — 60
Aus: Annalen des k. k. naturhistorischen Hofmuseums, besonders abgedruckt.

Das Washington County Banner : 1868? –1872?
Democratic weekly. Circulation: 1870, 600 (est.). Edited by John C. Ewer, & pub. by M. Hirsch [with Abraham L. Baer, 1870–72], 1868–72.
West Bend, WI

Washington County Zeitung : Mar. 1874–1882?
Weekly. Independent, 1875–79, Democratic, 1880–82. Sub-title: Ein unabhängiges wochentliches Blatt [1876]. Circulation: 1880, 850. Edited by Dr. H. R. Schmidt, 1874–July 1876; by Hermann Ricken, July 1876–Jan. 1879; published by Dr. H. D. Schmidt & Co. [Forman Bros.], 1874–Mar. 1876; by Zeitung Printing Co., Mar. 1876–Jan. 1879; edited & published by J. J. Anderson, Feb. 1879–1882?
Nashville, IL

Washington Herold : 1906–1912?
Independent Republican weekly. Circulation: 1910, 800. Edited by John Baumann, 1906–08, by J. G. Stepper, 1909–10; by John Baumann, 1911–12; published by Journal-Herold Publishing Co., 1906–10; by Ritzville Publishing Co., 1911–12.
Ritzville, WA

Washington Post : 1889–1936?
Independent weekly, then daily? Title varies: WASHINGTON SPOKANE POST, 1889–1900? Circulation: 1890, 2020; 1900, 2700; 1910, 2250; 1915, 1400; 1925, 3050 (est.); 1930, 2510. Edited & published by A. M. Armand & Otto Juckeland, 1889–91, by A. M. Armand, 1892–1900; by Otto Juckeland, 1901–11, edited by George C. Fendler, & published by Spokane German Publishing Co., 1912–13, edited & published by A. Blechschmidt, 1914–18; by A. E. Kern, 1919–28, by Edgar Winter, 1929–32; by W. L. Wolter, 1933–36.
Spokane, WA

Washington Revue : 1895–1898?
Weekly. „Illustriertes Wochenblatt für Literatur, Kunst, Wissenschaft, Politik und Unterhaltung." Editor & publisher William L. Elternich. First issue pub. Sept. 13, 1895.
Washington, DC

Washington's, s. Washington

Washington Wochenblatt : 1856–1858. Washington, DC
Published by A. & M. Gross and edited by Julius Eude.

Washtenaw Journal : 1883?–1886?
Democratic weekly. Circulation: 1885, 820. Edited & published by Christian J. Ruel [Ayer, 1887 gives Reul], 1883–86.
Ann Arbor, MI

Die Washtenaw Post : Sept. 1879–1891?
Independent weekly. United with DER DEUTSCHE HAUSFREUND to form DER HAUSFREUND UND POST. Circulation: 1890, 1776. Edited & published by Louis J. Liesemer, 1879–91.
Ann Arbor, MI

Neue Washtenaw Post : 1894?–1918?
Independent weekly. Title varies: WASHTENAW POST, 1910–18. Circulation: 1900, 4000; 1910, 3200; 1915, 3000. Edited & published by Eugen J. Helber, 1894?–1918.
Ann Arbor, MI

Washtenaw Post-Tribune : 1894–1935?
Follows DER HAUSFREUND UND POST, 1894–1904? as NEUE WASHTENAU POST; 1905?–Sept. 9, 1927 WASHTENAW POST; Sept. 16, 1927–Jan. 1928 WASHTENAW COUNTY TRIBUNE; Jan. 24? 1928–July 20, 1931 WASHTENAW TRIBUNE; July 22, 1931–Feb. 6, 1935 ANN ARBOR TRIBUNE. Semi-weekly Sept. 16, 1927–July 20, 1931; tri-weekly July 22, 1931–Feb. 1934. 1894–1917 in German.
Ann Arbor, MI

Wasianski, C. A. Ch., Kant, s.: Borowski, Ludw. Ernst.

Wasianski, C. A. Ch., Immanuel Kant, s.: Jachmann, Rhold. Bernh.

Wasiansky, Er. Ant. Cph., über Immanuel Kant in seinen letzten Lebensjahren, ein Beitrag zur Kenntniß seines Charakters u. häusl. Lebens, aus d. tägl. Umgange mit ihm. (Bildet auch den 3ten Bd. von: Ueber Imm. Kant). 8. Königsb. 804. (Imm. Müller in Leipz.) 16 gr Hbg. Pr. 12 gr Schrbp. 18 gr

Wasielewski, Jos. W. v., s. Wasielewski, Wilh. Jos. von

Wasielewski, Theodor von

von Wasielewski, Theodor *Karl Wilhelm Nicolaus* [aus Neustadt i. Westpr.]: Herpes zoster ... Weimar, Buchdr. v. R. Wagner, 1892; 32 S., 1 Bl. 8.
Berlin, Med. Fak., Inaug.-Diss. v. 28. Mai 1892

Wasielewski, Th. v. Herpes Zoster u. dessen Einreihung unter die Infectionskrankheiten. Auf Grund der vervollständigten Sammelforschung d. Allgemeinen ärztl. Vereins v. Thüringen beleuchtet. gr. 8. (36 S.) Jena 892, Fischer. * 1 20
Aus: Correspondenzbl. d. Allg. ärztl. Vereins, besonders abgedruckt.

— Dass., s.a. Wasielewsky

Wasielewski, Th. v., zur Kenntnis der Orientbeule u. ihres Erregers, s.: Archiv f. Schiffs- u. Tropenhygiene. Beihefte. (Bettmann.)

Wasielewski, v., Sporozoenkunde. E. Leitfaden f. Aerzte, Tierärzte u. Zoologen. gr. 8. (VIII, 162 S. m. 111 Abb.) Jena 896. G. Fischer. n. 4. —

Wasielewski, Th. v., Studien u. Mikrophotogramme zur Kenntnis der pathogenen Protozoen. 1. Heft. gr. 8. Leipzig 904. J. A. Barth. n. 6. —
Untersuchungen üb. den Bau, die Entwicklung u. üb. die pathogene Bedeutung der Coccidien. Mit 24 Textbildern u. 7 Lichtdr.-Taf. (62 Mikrophotogramme.) (VIII, 118 S.)

— Studien u. Mikrophotogramme zur Kenntnis der pathogenen Protozoen. 2. Heft. (Aus den hygien. Instituten der Universität Berlin u. dem Institut f. Krebsforschg. zu Heidelberg.) Untersuchungen üb. Blutschmarotzer. Mit 26 Textbildern u. 8 Lichtdr.-Taf. (70 Mikrophotogramme.) (IV, 175 S. m. 4 Bl. Erklärgn.) gr. 8. Leipzig 908. J. A. Barth. 12. —
1. Heft. Ebd. 904. 6. –.

Untersuchungen über Kulturamöben von Th[eodor] v. Wasielewski u. L[udwig] Hirschfeld. Mit 4 Taf. Heidelberg: Winter 1910. 31 S. 4°
(Abhandlungen d. Heidelberger Akademie d. Wiss. Math.-naturw. Kl. Jg. 1910, Abh. 1.)

Wasielewski, Waldemar v.: Theoretische und experimentelle **Beiträge** zur Kenntniß der Amitose. Abschn. 1. Mit 1 Taf. *Leipzig: Gebr. Borntraeger 1902.* (46 S.) 8°
¶ (Aus: Jahrb. f. w. Botanik, Bd 38.)
Rostock, Phil. Hab.-Schr. v. [3. Nov.] 1902

Wasielewski, Waldemar v., aus Sondershausen: Über **Fixirungsflüssigkeiten** in der botanischen Mikrotechnik. Mit 1 Taf. *Bonn 1899: C. Georgi.* (2 Bl.) 8° ¶ [Nur Titelblatt, Vita u. Thesen.]
Bonn, Phil. Diss. v. 29. Juli 1899
(Nicht für den Austausch)

Wasielewski, Waldemar v., aus Sondershausen: Über **Fixirungsflüssigkeiten** in der botanischen Mikrotechnik. Mit 1 Steindrucktaf. *Braunschweig: H. Bruhn 1899.* (48 S.) 8°
¶ (Aus: Zeitschrift f. wissensch. Mikroskopie, Bd 16.) — [Vgl. 1898/99 Bonn No 71.]
Bonn, Phil. Diss. v. 29. Juli 1899

Wasielewski, Waldem. v., Goethe u. die Descendenzlehre. (VII, 61 S.) gr. 8. Frankfurt a/M. 903. Literar. Anstalt. n. 1. 80

Goethe und die Descendenzlehre von Waldemar v. **Wasielewski.** *Frankfurt a. M.: Rütten & Loening 1903.* (61 S.) 8° [F.] [03. 15510

— Der Regenbogen. Gedichte. (244 S.) 8. München 909. R. Piper & Co. 3. –

Wasielewski, Waldem. v., Goethes meteorologische Studien. (VIII, 89 S. m. 9 Taf.) 8. Leipzig 910. Insel-Verlag. 5.—; in Pappbd. 6.—

— Artur Volkmann. Eine Einführg. in sein Werk. (70 S. m. 26 Taf.) Lex. 8. Ebd. 908. Geb. 4.—

Wasielewski, Wilhelm Josef von

Wasielewski, W. J. v., Ludwig van Beethoven. 2 Bde. gr. 8. (XIII, 377; V, 299 S. mit 1 Portr. in Stahlst.) [Berlin 888, Brachvogel und Ranft.] Leipzig, List und Francke. * 12 — geb. * 15 —

Wasielewski, Wilh. Jos. v., Ludwig van Beethoven. Mit e. Portr. in Stahlst. 2 Bde. 2., unveränd. (Titel-)Ausg. gr. 8. (XIII, 377 u. V, 299, 16 S.) Leipzig 896. List & Francke. n. 7.—; geb. n. 9.—

Wasielewski, Wilh. Jos. v., musikalische Fürsten vom Mittelalter bis zum Beginne des 19. Jahrhunderts, s.: Sammlung musikalischer Vorträge.

Wasielewski, W. J. v., Geschichte der Instrumentalmusik im 16. Jahrhundert. Lex.-8. Berlin 878, Brachvogel und Ranft. * 10 —

— Geschichte der Instrumentalmusik. Mit (10 lith. Taf.) Abbildungen von Instrumenten u. Musikbeilagen. gr. 8. (VII, 170 u. Musikbeilagen 96 S.) Berlin 878. Guttentag. n. 10.—

Wasielewski, Wilh. Jos. v., aus siebzig Jahren. Lebenserinnergn. gr. 8. (VII, 278 S. m. Bildn.) Stuttgart 897. Deutsche Verlags-Anstalt. n. 5.—; geb. in Halbfrz. n. 7.—

Instrumentalsätze vom Ende des XVI. bis Ende des XVII. Jahrhunderts (als Musikbeilage zu 'Die Violine im XVII. Jh.') gesammelt u. hrsg. von Jos. Wilh. [vielm. Wilh. Jos.] v. Wasielewski. Neuer, mit e. Inhaltsverz. versehener Abdr. Berlin: L. Liepmannssohn [1904]. (80 S.) quer-4° [05 1850]

Wasielewski, Wilh. Jos. v., Instrumentalsätze vom Ende des XVI. bis Ende des XVII. Jahrh. (als Musikbeilage zu „Die Violine im XVII. Jahrh.“). Gesammelt u. hrsg. Neuer m. e. Inhaltsverzeichnis verseh. Abdr. (III, 86 S.) qu. Lex.-8. Berlin (905). L. Liepmannssohn. n. 12.—

— Carl Reinecke. Sein Leben, Wirken u. Schaffen. Ein Künstlerbild. gr. 8. (VII, 164 S. mit Bildnis.) Leipzig 892. J. H. Zimmermann. n. 3.—; geb. in Leinw. n. 4.—

Wasielewski, Jos. W. v., Robert Schumann. Eine Biographie. gr. 8. (XIX und 436 S. mit den Medaillons von Clara und Rob. Schumann in Stahlst. und in Tondr. und 2 lithogr. Facs. in qu. 4. und qu. gr. 4.) Dresden 858, Kuntze. *

Wasielewski, Jos. Wilh. v., Robert Schumann. Eine Biographie. 2. verb. Aufl. gr. 8. (XV, 403 S. mit den Medaillons von Rob. und Clara Schumann in Kpfrst.) Dresden 869, Kuntze. * 5 —

Wasielewski, Wilh. Jos. v., Robert Schumann. Eine Biographie. 3. Aufl. gr. 8. Bonn 880. Leipzig, Breitkopf und Härtel. * ℳ 6.—; geb. * 7 50

Wasielewski, Wilh. Jos. v., Robert Schumann. Eine Biographie. 3. wesentlich verm. Aufl. gr. 8. (XVI, 447 S. mit Porträtradirung.) Bonn 880, Strauß. * 6 — geb. * 7 50

Robert Schumann. Eine Biographie von Wilh. Josef v. **Wasielewski.** Hrsg. von Dr. Waldemar v. Wasielewski. 4., umgearb. u. beträchtlich verm. Aufl. Leipzig: Breitkopf & Härtel 1906. (XXVII, 532 S.) 8° [J.] [06. 13398]

Wasielewski, Wilh. Jos. v., Schumanniana. 8. Bonn 883. Leipzig, Breitkopf und Härtel. * 2 —

Wasielewski, Wilh. Jos. v., Schumanniana. 8. (VII, 108 S.) Bonn 883. Strauß. n. 2.—

— Goethe's Verhältniß zur Musik, s.: Sammlung musikalischer Vorträge.

Wasielewski, Jos. Wilh. v., die Violine im 17. Jahrhundert u. die Anfänge der Instrumentalcomposition. gr. 8. (IV, 92 S.) Bonn 874. Cohen & Sohn. n. 2.—

—— die Violine und ihre Meister. gr. 8. (X, 427 S.) Leipzig 869, Breitkopf und Härtel. 7 50

— die Violine u. ihre Meister. 2., wesentl. verm. u. verb. Aufl. m. (eingedr.) Abbildgn. gr. 8. (X, 567 S.) Leipzig 883. Breitkopf & Härtel. n. 9.—; geb. n. 10. 50

— die Violine u. ihre Meister. 3., m. Abbildgn., sowie zahlreichen Nachträgen u. Berichtiggn. versch. Ausg. gr. 8. (XII, 681 S.) Leipzig 893. Breitkopf & Härtel. n. 9.—; geb. in Leinw. n. 10. 50

— die Violine u. ihre Meister. 4., wesentlich verm. u. verb. Aufl. m. Abbildgn. (XIV, 651 S.) gr. 8. Ebd. 904. n. 9.—; geb. n. 10.—

Wasielewski, Wilh. Jos. v., die Violine u. ihre Meister. 5., wesentlich veränd. u. verm. Aufl. von Waldem. v. Wasielewski. (XVI, 664 S. m. Fig.) gr. 8. Leipzig 910. Breitkopf & Härtel. 10.—; geb. n 12.—

—— Das Violoncell u. seine Geschichte. Mit Abbildgn. u. Notenbeispielen. gr. 8. (IX, 245 S.) Lpz. 889, Breitkopf u. Härtel. * 5 — geb. * 6 20

Wasielewsky, Th. v., Herpes Zoster u. dessen Einreihung unter die Infectionskrankheiten. Auf Grund der vervollständigten Sammelforschg. d. allgemeinen ärztl. Vereins v. Thüringen beleuchtet. [Aus: „Correspondenzbl. d. Allg. ärztl. Vereins“.] gr. 8. (36 S.) Jena 892. G. Fischer. n. 1. 20

Dass., s. a. Wasielewski

Wasielewsky, Wilh. Jos. v., s. Wasielewski

Wasjemonoff, Iwan, und Theophil Helmhorst, brieflicher Sprach- und Sprechunterricht der russischen Sprache, nach der Methode Toussaint-Langenscheidt bearb. 1.—18. Brief oder 1. Cursus. gr. 8. (S. 1—296.) Leipzig 879, [Verlag des Hausfreundes.] Morgenstern. à * ℳ 1. —

Wasjemonoff, Iwan, u. Thdr. **Helmhorst,** russische Unterrichtsbriefe für das Selbststudium nach der Methode Toussaint-Langenscheidt. 2 Kurse à 18 Briefe. gr. 8. (580 u. Reg. 8 S.) Leipzig 879. 80. Morgenstern. à n. 1.—

— — dasselbe. Beilage. 1. Uebungsheft für die russ. Currentschrift. gr. 8. (16 S.) Ebend. 879. n. — 50

—— —— dass. — 2. Beilage. Terminologie und Wortregister des Kriegswesens. gr. 8. (16 S.) Ebendas. 879. *

—— —— dass. — 3.—6. Beilage. Terminologie des Handels etc. gr. 8. (20 S.) Ebendas. 880. *

Wasjemonoff, Iwan, und Th. Helmhorst, russische Unterrichtsbriefe für das Selbststudium nach der Methode Toussaint-Langenscheidt. Suppl. Fortsetzung von „Neuland“. Roman von J. S. Turgénjew. 1. Heft. gr. 8. (S. 1—16.) Leipzig 880, [Knapp.] Morgenstern. * — 60
Nicht weiter erschienen.

Was Ihr wollt-Bibliothek. Nr. 1—8. 12. Leipzig 885. Werther. à n. — 25
1. 2. See- u. Strandgeschichten v. F. Meister. (118 S.)
3. Militär-Humoresken. Von A. Osk. Klaußmann. (64 S.)
4. Das ewige Gesetz. Novelle v. E. Marriot. (71 S.)
5. Aus der Mappe e. amerikanischen Offiziers. Von Max Lortzing. (63 S.)
6. Die Miether d. Herrn Thaddeus od. die braunschweigische Frage. Eine mecklenburg. Geschichte von Ernst v. Wolzogen. (68 S.)
7. Bunte Bilder aus dem socialen Leben. Aus den socialen Plaudereien d. „Was Ihr wollt!" zusammengestellt v. Frdr. Nonnemann. (64 S.)
8. Naturwissenschaftliche Plaudereien. (61 S.)

WASIK, Thomas: Relatio Stanislai Hosii S. R. E. Cardinalis ad reformationem in Polonia. — (1907) III, 193 Bl. 4° (Handschr.) Diss. 812
Diss. Wien, Univ.

Kleines Taschenwörterbuch der Deutsch-Polnischen und Polnisch-Deutschen Sprache von Kasimir **Wąsikowski**. Zum Gebr. im tägl. Leben, im Handel u. auf Reisen. Mit e. Anh.: Deutsche u. poln. Gespräche. Berlin: H. Steinitz [1905]. (316 S.) 8° [F.]
[Nebent.:] Mały Słownik kieszonkowy niemiecko-polski i polsko-niemiecki opracował Kazimierz Wąsikowski. [06. 1605

Wasilewski, Georg: Über die Ausdehnung von Flüssigkeiten. Münster i. W. 1909: Bredt. 57 S. 8°
Münster, Phil. Diss. v. 27. Nov. 1909, Ref. Schmidt
[Geb. 29. April 85 Graudenz; Wohnort: Graudenz; Staatsangeh.: Preußen; Vorbildung: Oberrealsch. Graudenz Reife O. 04; Studium: Berlin 3, Königsberg 5, Münster 3 S.; Rig. 17. Mai 09.] [U 10. 3814

Wasiljev, Joh., Uebersicht üb. die heidn. Gebräuche, Aberglauben u. Religion der Wotjaken in den Gouvernements Wjatka u. Kasan, s.a. Mémoires de la société finno-ougrienne. XVIII.

Übersicht über die heidnischen Gebräuche, Aberglauben und Religion der Wotjaken in den Gouvernements Wjatka und Kasan von Johann Wasiljev [Ivan Vasil'ev], Priester. *Helsingfors: Finn. Litteraturges. 1902.* (143, IV S.) 8°
= Toimituksia, Suomalais-ugrilaisen Seuran. 18. [03. 1859

Wasiliew, M. A., die Traumen der männlichen Harnröhre. Historische, anatom. u. klin. Untersuchg. I. u. II. Thl. gr. 8. Berlin, A. Hirschwald. à n. 4. —
I. (IV, 145 S. m. 9 Abbildgn.) 899.
II. Mit 1 (farb.) lith. Taf. u. 20 Abbildgn. im Text. (IV, 166 S.) 901.

Wasiljewski, Oberstlieut. des Generalstabes, unter Mitwirkung des Oberlieut. **Dagajew**. Handbuch etc. 2. verbess. u. ergänzte Aufl. mit allen Aenderungen bis 1. Juni 1886. 8. Warschau 1886

Wasilkowski, F., Tabellen f. Zucker-Chemiker, s.: Slaski, J.

Wasin [Schlagwort]

Wasin, s.: Seekarten.

Wasinski, A., die Situation. [Extrafahrt der „Dampfwalze".] Mit Anhang: „Der Stechapfel". Harmlose und gemüthsinnige Betrachtungen von Carl Wald. Nr. 1. gr. 8. (22 S.) Berlin 881, (Lorentz.) — 30

Wasjuchnowa, Maria: Das Gleichgewicht Cupri-Cuprosulfid. (Berlin 1909: A. W. Schade.) 31 S. 8°
Berlin, Phil. Diss. v. 7. Juli 1909, Ref. Nernst
[Geb. 9. Aug. 82 Gut Braylow, Kr. Kiew; Wohnort: Kiew; Staatsangeh.: Rußland; Vorbildung: Mädchengymn. Kiew Reife O. 00; Studium: Berlin 9 S.; Rig. 17. Juni 09.] [U 09. 290

Waslutyński, Alex., Beobachtungen üb. die elastischen Formänderungen des Eisenbahn-Gleises, s.: Organ f. d. Fortschritte d. Eisenbahnwesens. 54. Jahrg. Erg.-Hft.

Waslé, Reinhold [pr. Arzt]: Zur Anatomie der Sacraltumoren ... Würzburg, Buchdr. v. F. Scheiner, 1896; 16 S., 1 Bl. 8.
Würzburg, Med. Fak., Inaug.-Diss. v. 1896

Wasmann, Friedrich. Ein deutsches Künstlerleben, v. ihm selbst geschildert. Hrsg. v. Bernt Grönvold. 4. (VII, 188 S. m. Abb. u. 28 Taf.) München 896. Verlagsanstalt F. Bruckmann, A.-G. n. 50. —

Wasmann, Adolph. (geb. Hamburg): De digestione nonnulla. Berolini (1839). (30 S.) 8°
Berlin, Med. Diss. v. 7. Jan. 1839

Wasmann, Erich, S. J., Dr. Bernard Altum. Ein Nachruf. gr. 8. (16 S. m. 1 Bildnis.) Münster 900. Aschendorff. n. — 50
Sonderabdruck aus: „Natur u. Offenbarung".

Wasmann, E., Beiträge zur Lebensweise der Gattungen Atemeles und Lomechusa. (Aus: „Tijdschrift voor Entomologie".) 8. (84 S.) Haag 888. Nijhoff. n.n. 2. 50

Die moderne Biologie und die Entwicklungstheorie. Von Erich Wasmann, S. J. 2., verm. Aufl. Mit 40 Abb. u. 4 Taf. Freiburg im Br.: Herder 1904. (XI, 322 S.) 8°

Wasmann, Erich, S. J., die moderne Biologie u. die Entwicklungstheorie. 3., stark verm. Aufl. Mit 54 Abbildgn. im Text u. 7 Taf. in Farbendr. u. Autotypie. (XXX, 511 S.) gr. 8. Freiburg i/B. 906. Herder. n. 8. —; geb. in Leinw. n. 9. 20
2. Aufl. (XII, 323 S.) 904 n. 5. —; geb. n. 6. 20.

— offener Brief an Herrn Professor Haeckel (Jena). (11 S.) gr. 8. Ebd. (905). Unentgeltlich.
Sonderabdruck aus: „Germania".

Wasmann, Erich, S. J., Entwicklungstheorie u. Monismus. Die Innsbrucker Vorträge v. W. am 14., 16. u. 18. X. 1909. (VII, 83 S.) 8. Innsbruck 910. Buchh. der Verlagsanstalt Tyrolia. — 50

Wasmann, E. und Werner, Franz Dr.: Ergebnisse der mit Subvention aus der Erbschaft Treitl unternommenen zoologischen Forschungsreise Dr. Franz Werners nach dem ägyptischen Sudan und Nord-Uganda. 19. und 20. Termiten und Embidaria (mit 7 Textfiguren). S. 121. I. 171.
Separatabdruck

— die psychischen Fähigkeiten der Ameisen, s.a. Zoologica. 26. Hft.

Die psychischen Fähigkeiten der Ameisen. Von E[rich] Wasmann S. J. '(M. 3 Taf.)' '(Zugleich 95. Beitr. z. Kenntniss d. Myrmekophilen u. Termitophilen.) Stuttgart: E. Nägele 1899. (VI, 132 S., 1 Bl., 3 Taf.) 4°
(Zoologica. Orig.-Abhandlgn a. d. Gesammtgeb. d. Zool. Heft 26. Lfg 1.)

Die psychischen Fähigkeiten der Ameisen. Mit e. Ausblick auf d. vergleich. Tierpsychologie. Von E[rich] Wasmann S. J. (Zugl. 164. Beitrag z. Kenntnis d. Myrmekophilen u. Termitophilen.) 2., bed. verm. Aufl. Mit 5 Taf. Stuttgart: Schweizerbart 1909. XI, 190 S. 4°
(Zoologica. H. 26.)

Wasmann, Erich, S. J., zur neueren Geschichte d. Entwicklungslehre in Deutschland. E. Antwort auf Wilhelm Haackes „Schöpfung d. Menschen". [Aus: „Natur u. Offenbarg."] gr. 8. (IV, 101 S.) Münster 896. Aschendorff. n. 1. 50

— Instinct und Intelligenz im Thierreich, s.a. Stimmen aus Maria-Laach. Erg.-Hfte. 69.

[F.] Instinct und Intelligenz im Thierreich. E. krit. Beitr. z. mod. Thierpsychologie. Von Erich **Wasmann** S. J. *Freiburg i. B.: Herder 1897.* (VIII, 94 S.) 8.
= **Ergänzungshefte** zu d. 'Stimmen aus Maria-Laach'. (H.) 69. [97. 1550

— **Instinkt u. Intelligenz im Thierreich. Ein krit. Beitrag zur modernen Thierpsychologie. 2., verm. Aufl. gr. 8. (VIII, 121 S.) Freiburg i/B. 899. Herder. n. 1. 60**

— Instinkt u. Intelligenz im Tierreich. Ein krit. Beitrag zur modernen Tierpsychologie. 3., stark verm. Aufl. (XIV, 276 S.) gr. 8. Ebd. 905. n. 4. —; geb. in Leinw. n. 4. 80

— Der Kampf um das Entwicklgs.-Problem in Berlin. Ausführl. Bericht üb. d. im Febr. 1907 geh. Vorträge u. üb. den Diskussionsabend. (XII, 162 S.) gr. 8. Freiburg i/B. 907. Herder. 2. —

— **zur Kenntniss der Gäste der Treiberameisen u. ihrer Wirthe am oberen Congo, s.: Jahrbücher, zoolog. VII. Suppl.-Bd.**

— **zur Kenntniss der bosn. Myrmekophilen u. Ameisen, s.a. Mitteilungen, wissensch., aus Bosnien u. der Hercegovina. VI.**

WASMANN, E.
Zur Kenntniss der bosnischen Myrmekophilen und Ameisen. Von E. Wasmann. S. J. Mit 3 Abbildungen im Texte. (Separat-Abdruck aus Wissenschaftliche Mittheilungen aus Bosnien und der Hercegovina. VI. Bd. 1899.) Wien. 1899. In Comm. Gerold's Sohn. Lex.-8°. 6 S. fl. —.20

— **Menschen- u. Tierseele. 1.—3. Aufl. (16 S.) gr. 8. Köln 904—06. J. P. Bachem. n. — 60**

— Menschen- u. Tierseele. 5. Aufl. (23 S.) gr. 8. Köln 910. J. P. Bachem. — 80
4. Aufl. (16 S.) 907. — 60.

Wasmann, E., die zusammengesetzten Nester u. gemischten Kolonien der Ameisen. Ein Beitrag zur Biologie, Psychologie u. Entwickelungsgeschichte der Ameisengesellschaften. gr. 8. (VII, 262 S. m. 2 Taf. u. 16 Fig.) Münster i/W. 891. Aschendorff. n. 4. —

Wasmann, E., vergleichende Studien üb. Ameisengäste u. Termitengäste. [Aus: „Tijdschr. voor Entomologie".] gr. 8. (S. 27—97 m. 1 lith. Taf. u. 1 Bl. Erklärg.) Haag 890. Nijhoff. n.n. 2. 50

— Vergleich. Studien über das Seelenleben der Ameisen und der höheren Thiere, s.a. Stimmen aus Maria-Laach. Erg.-Hfte. 70.

Vergleichende Studien über das Seelenleben der Ameisen und der höheren Thiere. Von Erich Wasmann S. J. . . . Freiburg i. B.: Herder 1897. (VII, 122 S.) 8°
(Ergänzungshefte zu d. 'Stimmen aus Maria-Laach'. 70.)

— vergleichende Studien üb. das Seelenleben d. Ameisen u. der höheren Thiere. 2., verm. Aufl. gr. 8. (VII, 152 S.) Freiburg i/B. 900. Herder. n. 2. —

— **Termiten v. Madagaskar, den Comoren u. Inseln Ostafrikas, s.: Reise in Ostafrika. III. 2.**

Wasmann, E[rich]: Termiten v. Madagaskar u. Ostafrika. *Frankfurt a. M. 1897.*
in: Ergebnisse, Wissenschaftl., d. Reisen in Madagaskar u. Ostafrika
= **Abhandlungen** hrsg. v. d. Senckenbergischen naturforsch. Gesellschaft. Bd 21. H. 1. [98. 1712

— Termiten v. **Madagaskar u. Ostafrika.** [Aus: „Abhandlgn. d. Senckenberg. naturforsch. Gesellsch.", 21. Bd. (Voeltzkow, wissenschaftl. Ergebnisse d. Reisen in Madagaskar u. Ost-Afrika 1889—1895).] gr. 4. (46 S. m. 2 Taf.) Frankfurt a/M. 897. (M. Diesterweg.) n. 4. —

(B) — Termiten v. Madagaskar. 897. (KBL 30.) Jetzt: Frankfurt a/M. (Viktoria-Allee 7), Senckenberg. naturforsch. Gesellschaft. Erm. Pr. nn 2. —

WASMANN, Erich: Der Trichterwickler. Eine naturwissenschaftliche Studie über den Thierinstinkt. - Münster 1884. 167 S., 3 Taf., Anh.: Über die neueste Biologie und Systematik der Rhynchitesarten und ihrer Verwandten.

Wasmann, Erich, der Trichterwickler. Eine naturwissenschaftl. Studie üb. den Thierinstinkt. Mit e. Anh. üb. die neueste Biologie u. Systematik der Rhynchitesarten u. ihrer Verwandten [Attelabiden, Rhynchitiden u. Nemonygiden]. [Mit Holzschn. u. (3 lith.) Taf.] gr. 8. (VII, 266 S.) Münster 884. Aschendorff. n. 3. 60

Der biologische Unterricht an den höheren Schulen. Von E[rich] **Wasmann** S. J. Köln: J. P. Bachem 1900. (30 S.) 8° [F.] [08. 11694

— **kritisches Verzeichniss der myrmekophilen u. termitophilen Arthropoden. Mit Angabe der Lebensweise u. m. Beschreibung neuer Arten. gr. 8. (XV, 231 S.) Berlin 894. F. L. Dames. n. 12. —**

— **s.: Vorträge, 5, v. der Limburger Generalversammlung.**

— s.: Vorträge, 5, v. der Paderborner Generalversammlung.

— s.: Vorträge, 6, v. der Generalversammlung der Görresgesellschaft zu Regensburg.

Wasmansdorff, E., Luciani scripta ea, quae ad Menippum spectant, inter se comparantur et diiudicantur. Diss. 1874. 44 S. 2.—

Wasmansdorff, E. Die religiösen Motive der Totenbestattung bei den verschiedenen Völkern. 22 S. **Progr.** Kölln. G. *Berlin* 1884.

Wasmannsdorff, E., die religiösen Motive der Totenbestattung bei den verschiedenen Völkern. gr. 4. (22 S.) Berlin 884. Gaertner. n. 1. —

— die Trauer um die Todten bei den verschiedenen Völkern, s.: Sammlung gemeinverständlicher wissenschaftlicher Vorträge.

Wasmer, August [Dir.]: *Geheimer Hofrath Adolf Armbruster, gest. am 13. Dezember 1893.* Überlingen, Druck v. A. Feyel, 1894; 7—8 S. 8.
Meersburg, grossh. Lehrer-Sm, OP 1894**

Wasmer, E. v., Familiengeschichten, s.: Gumpert's, Th. v., Bücherschatz f. Deutschlands Töchter.

Wasmer, E. v., Käthe, s.a. Sammlung v. Kinderschriften.

Wasmer, E. v., Käthe. Eine Geschichte f. kleine Mädchen. 2 Tle. 2. Aufl. 8. (V, 174 u. III, 202 S. m. je 2 Bildern.) Gotha 891. F. A. Perthes. Geb. in Leinw. n. 4. —

— **über den Sternen. Eine afrikan. Sklavengeschichte f. die reifere Jugend. Mit 1 Orig.-Illustr. in Holzschn. v. Alb. Richter. 8. (172 S.) Glogau 891. C. Flemming. Geb. in Leinw. 3. —**

Wasmer, Eduard v. (Hrsg.), s. Aufruf an die Bewohner der Lande Coburg, Saalfeld, Hildburghausen und Meiningen.

Wasmer, Karl, approb. Arzt aus Pforzheim, Assistenzarzt d. Bad. Heilstätte f. Lungenkranke Friedrichsheim: Aus d. med. Klinik zu Kiel. Über Spontanheilung von Lungenabszessen und Lungengangrän. Kiel 1903: Schmidt & Klaunig. (45 S.) 8°
Kiel, Med. Diss. v. [10. Aug.] 1903.

Wasmer, Wilh., das 700jährige Jubiläum der Auffindung d. Gnadenbildes Maria Rosen in der Pfarrkirche zu Buschhoven im J. 1890. gr. 8. (31 S. m. 1 Lichtdr.) Bonn 890. (Hauptmann.) n. — 75

Wasmund, Waldemar, Referendar: Das räumliche Geltungsgebiet der Vorschriften über Hilfeleistung in Seenot nach dem öffentlichen Seerecht des deutschen Reiches. *Greifswald 1900: J. Abel.* (57 S.) 8°
Greifswald, Jur. Diss. v. 1900

Wasmund, Willy, Referendar: Die Exceptio rei judicatae im römischen und heutigen Recht unter besonderer Berücksichtigung und im Anschluss an die Lex 7 §§ 4, 5 Digestorum 44, 2. Greifswald 1908: Abel. 55 S. 8°
Greifswald, Jur. Diss. v. 14. Sept. 1908, Ref. Stampe
[Geb. 19. Dez. 80 Berlin; Wohnort: Berlin; Staatsangeh.: Preußen; Vorbildung: Sophien-Gymn. Berlin Reife M. 01; Studium: Berlin 9 S.; Rig. 2. Juni 08.] [U 09. 1478

Wasmus, Adolf: Über Versuche am Peukertschen Hochfrequenzgenerator. 1909. 32 S. 8°
Braunschweig, Dr.-Ing.-Diss. v. 27. 3. 1909

Wasmus, Bruno, approb. Arzt aus Braunschweig: Ein Todesfall nach Ruptur des Uterus trotz sofortiger Vernähung des Risses. (Wahrscheinlich infolge von Ätherpneumonie.) *Braunschweig 1899: H. Sievers & Co. Nachf.* (22 S.) 8°
München, Med. Diss. v. 1899

Wasmuth, Anton Ph.

— Diss. de sollerti veterum ICtorum artificio, suae sectae dogmata ad usum et jus, quod homo homini debet, inflectendi. 4. Herborn. 770.

— Diss. de eo, quod dominium jure naturali non consensu, sed traditione ab uno in alterum derivetur. 4. Herborn 774.

***Wasmuth*, Ant. Ph., († im Juli 1789.) exercitationes ad obscuriora quaedam juris Romani capita. 8. Leyd. 758.**

— Diss. inaug. de qualitate feudali Brabantiae, jure postulandi per Brabantiam et terras trans Mosam. 4. Harderovici 752.

Wasmuth, *Bernhard* [app. Arzt aus Wittenburg]: Ueber Durchgängigkeit der Haut für Mikroben . . . Jena, G. Fischer, 1892; 15 S. 8°
Rostock, Med. Fak., Inaug.-Diss. v. [6. Febr.] 1893.

Wasmuth, E. (Bearb.), s. Auerswald, Fabian v.: Ringerkunst.

Wasmuth, Ernst, s. a. Malereien, neue.

Wasmuth's, Ernst, neue Malereien. Sammlung prakt. Vorbilder f. die Werkstatt u. Schule, ausgeführt v. hervorrag. Meistern unserer Tage. 2.—7. Liefg. à 8 Bl. in Farbendr. à 51 × 68,5 cm. Berlin 891—894. E. Wasmuth. In Mappe. à Lfg. n. 10. —
f. 1890 Malereien, neue.

Wasmuth's, Ernst, neue Malereien. Sammlg. prakt. Vorbilder f. d. Werkstatt u. Schule, ausgeführt v. hervorragend. Meistern uns. Tage. 8.—10. (Schluß-) Lfg. à 8 Bl. in Farbendr. à 51×68,5 cm u. 1 Bl. Text. Berlin 895—897. E. Wasmuth. à Lfg. n. 10. —

— dasselbe. 1. Folge. Sammlg. prakt. Vorbilder f. d. Werkstatt u. Schule, ausgef. v. hervorrag. Meistern uns. Tage, hrsg. v. W. (In 10 Lfgn.) 1. Lfg. gr. Fol. (8 Taf. in Farben- u. Lichtdr. m. 1 Bl. Text.) Ebd. 898. In Mappe n. 10. —

Wasmuth, Ernst, neue Malereien. 1. Folge. Sammlung prakt. Vorbilder f. die Werkstatt u. Schule, ausgeführt v. hervorrag. Meistern unserer Tage, hrsg. v. W. 2.—9. Lfg. gr. Fol. (à 8 Taf. in Farben- u. Lichtdr.) Berlin 899—901. E. Wasmuth. à n. 10. —

Wasmuth, Ernst, neue Malereien. 1. Folge. Sammlung prakt. Vorbilder f. die Werkstatt u. Schule, ausgeführt v. hervorrag. Meistern unserer Tage, hrsg. v. W. 10. Lfg. (8 Taf. in Farben- u. Lichtdr.) gr.-Fol. Berlin (902). E. Wasmuth. n. 10. —
Fortsetzung f.: Malereien, neue.

Ernst Wasmuth, Berlin.... Verlags-Katalog. 1872 bis 1903. (Buchschmuck und Illustrationen von Hanns Anker.) IV + XXVIII + 254 S. 8. (Berlin, Julius Sittenfeld, 1903.)

Verlags-Katalog. Ernst Wasmuth. Berlin. 1872 bis 1903. (Buchschmuck u. Ill. von Hanns Anker.) *(Berlin: E. Wasmuth 1903.)* (XXVII, 253 S.) 8°
[F.] [03. 4…

***Wasmuth*, G. G., de letalitate vulnerum rite dijudicanda observationes et analecta. 4. Götting. 790. Brose. 3 gl**

Wasmuht, Hugo, die Gemeindebetriebe der Stadt Halle a. S., s.: Schriften des Vereins f. Socialpolitik. (Goldstein, Geo.)

***Wasmuth*, J. G. F., comment. de privilegiorum natura generatim et in specie de modis, quibus finiuntur vel amittuntur. 4. Götting. 787. Brose. 8 gl**

Wasmuth, Joh. Frz., über die Unzulässigkeit der Wahl eines Bisthumsverwesers nach der staatlichen Absetzung des Bischofs. 8. (103 S.) Paderborn 876. Junfermann'sche Buchh.

Wasmuth, Johann Hiob (Parchim) A. S. 812/7

Dissertatio philologica, de formulis juramentorum Judaicorum. Präs. Christ. Dietrich Haltermann. Rostock (Schwiegerow) X. 1701. 14 Bl.

Gew.: Stadt Rostock. 35847

Wasmuth, Matth.

— Hebraismus facilitati et integritati suae restitutus I. Nova grammatica, compendiosa simul et absolutissima. II. Institutione methodica accentuationis Hebraeae. III. Vindiciis Sacrae Scripturae Hebraeae. Kilonii. 1666. 4. — Sm. St. 1674. 4. — Sm. St. 1675. 4. (U. B.). — 3. nunc vice auctior editus ab HENR. OPITIO. Lipsiae et Francofurti. 1714. 4.

Wasmuth, Math., Hebraismus restitutus facilitati et integritati suae, cont. 1) nov. Grammat. hebr. 2) de instit. accent. hebr. 3) Vindiciae S. Script. hebr. c. Opitz. 4. Dresdae, Walther. 714. Rthlr.

Wasmuth, Math., Vindiciae biblicae sive sacrae hebreae scripturae. 4. Lipsiae. 713.

Wasmuth, Ottom., Hans u. Lies'chen, e. Buch f. Kinder u. junge Mütter zum Vorlesen, m. (z. Tl. farb.) Bildern v. Hanns Anker. (59 S.) Lex. 8. Leipzig (908). E. Grumbach. Kart. 3. —

Wasmuth, Paul, tabellar. Naturgeschichte der Säugetiere d. Ostseeprovinzen m. besond. Berücksicht. des Gouvernements Estland. (84 S.) 35,5×22,5 cm. Reval 908. (Cordes & Schenk.) 4. 50

Tabellarische Naturgeschichte der Säugetiere der Ostseeprovinzen mit besond. Berücks. d. Gouvernements Estland. Von Paul Wasmuth. Reval 1908: A. Mickwitz. (84 S.) 2°(4°) [08. …

Wasmuth, Philipp A. S. 778/34

Dissertatio juridica inauguralis ad l. l. c. si adversus venditionem. Präs. Bernhard Heinrich Reinold. Frankfurt/O. (Schwartz) 29. V. 1717. 24 S.

Gew.: Markwart Ludwig Fhr. von Printzen.

35849

Die evangelische Friedenskirche 'zur heiligen Dreifaltigkeit' in Schweidnitz. Zsgest. von **Adolf Wasner**, Lehrer, Schweidnitz. *(Schweidnitz: P. Mann [1903].)* (12 S.) 8° [F.] [03. 14371 2

Wasner, A., s. a. Gedenkblatt zur Erinnerung an die Belagerung der Stadt Schweidnitz durch die Franzosen.

Gedenkblatt zur Erinnerung an die Belagerung der Stadt Schweidnitz durch die Franzosen. Vom 10. Jan. bis 16. Febr. 1807. (Verf.: A[dolf] **Wasner**.) Schweidnitz: L. Heege [1907]. (16 S.) 8° [F.] [07. 9194

Wasner, Adf., kleine Heimatkunde der Prov. Schlesien u. das Wichtigste vom Königr. Preußen, f. die Hand der Kinder in Volksschulen bearb. 3. verb. Aufl. (16 S.) 8. Schweidnitz (909). L. Heege. — 10

Kurze schlesische Heimatkunde. Zsgest. von Adolf **Wasner**, Schweidnitz. (Schweidnitz): Selbstverl. [1903]. (8 S.) 8°

Die katholische Pfarrkirche zu St. Stanislaus und St. Wenzeslaus und das Ursuliner-Kloster in Schweidnitz. Von Adolf **Wasner**. Schweidnitz: Selbstverl. 1905. (21 S.) 8° [F.] [05. 4884 2

Das Schweidnitzer Schulwesen im (!) 13. Jahrhundert bis zur Gegenwart. Ein Beitrag z. Schulgeschichte Schlesiens von Adolf **Wasner**. Als Mscr. gedr. Peterswaldau 1904: H. Menge. (69 S.) 8° [F.] [05. 4890 2

Das Schweidnitzer Schulwesen im 13. Jahrhundert bis zur Gegenwart. Ein Beitrag z. Schulgesch. Schlesiens von Adolf **Wasner**. Als Ms. gedr. Schweidnitz: Selbstverl. 1905. (49 Bl.) 8° [Umschlagt. F.] [05. 7063

Der Stadt- und Landkreis Schweidnitz. Ein Beitrag z. Heimatskunde f. Schule u. Haus von **Adolf Wasner**, Lehrer. *Schweidnitz: L. Heege [1903].* (69 S.) 8° [F.] [03. 1111

Wasner, Adf., Stadt- u. Landkreis Schweidnitz. Ein Beitrag zur Heimatkunde. 2. verb. u. verm. Aufl. (IV, 75 S. m. Abbildgn.) gr. 8. Schweidnitz (903). L. Heege. n. — 30; m. Karte n. — 40

— Stadt- u. Landkreis Schweidnitz. Ein Beitrag zur Heimatkunde. 3. verb. Aufl. (IV, 39 S.) 8. Ebd. (909). — 25

Wasner, Georg

Wasner, Geo., Dornröschen, s.: Engelhorn's allgemeine Roman-Bibliothek.

Wasner, Geo., Walter Eichstädt. Roman. (262 S.) 8. Berlin 903. E. Fleischel & Co. n. 3. —; geb. n. 4. —

(B) — Walter Eichstädt. 903. (KBL 34.) Ladenpr. aufgehob.

— Der rote Faden, s.: Engelhorn's allgem. Roman-Bibliothek.

— Fatum. Roman. (277 S.) 8. Berlin 907. E. Fleischel & Co. 3.50; geb. 5. —

Wasner, Geo., Frau Ilse. Ein paar Jahre Frauenleben. 8. (328 S.) Berlin 902. [E. Fontane & Co.] E. Fleischel & Co. n. 3. 50; geb. n. 5. —

Ein Kleinstadtroman. Von Georg Wasner. Berlin: E. Fleischel & Co. 1904. (306 S.) 8°

Ein Kleinstadtroman von Georg Wasner. 2. Aufl. Berlin: Fleischel 1904. 306 S. 8°

(B) — Ein Kleinstadtroman. 904. — Steine 905. (KBL 34.) Ladenpr. aufgehoben.

Seine Liebe. Roman von Georg Wasner. Berlin: Vita [1899]. 8°

— seine Liebe. Roman. (Neue [Titel-]Ausg.) 8. (309 S.) Ebd. [899]. 902. n. 3. 50; geb. n. 5. —

— Frau v. Röhloff, s.: Deva-Roman-Sammlung.

Wasner, Georg: Über Siedelungen der Neger ... Insterburg, Druck v. C. Wilhelmi, 1891: 55 S., 1 Bl. 8°
Königsberg, Phil. Fak., Inaug.-Diss. v. 11. Jul. 1891.

Wasner, Geo., üb. Siedelungen der Neger. Diss. gr. 8. (55 S.) Insterburg 891. (Königsberg i/Pr., W. Koch.) n. 1. 20

— Steine. Berliner Roman. 1. u. 2. Aufl. (438 S.) 8. Berlin 905. E. Fleischel & Co. n. 6. —; geb. n. 7. 50

Die Stelle im Wege. Roman von Georg Wasner. Berlin: F. Fontane 1903. (246 S.) 8°

— auf Umwegen, s.: Deva-Roman-Sammlung.

— Vater, s.: Engelhorn's allgemeine Roman-Bibliothek.

— der Leutnant v. Warnow, s.: Deva-Roman-Sammlung.

Wasner, Jul., oberschlesisches Firmenbuch. 8. (146 S.) Oppeln 885. Franck. n. 3. —

Wasner, Jul. Oberschlesisches Firmenbuch. 8. Oppeln 885. Berl., Gronau. * 3 —; geb. * 3 50

Wasner, Ludw., aus stiller Klause. Weltliche u. geistliche Gedichte. 1. Serie. (84 S.) 8. Traunstein 909. (G. H. Stifel.) 1.50

Wasner, Julius (geb. Breslau [illegible]). De servitute aquaeductus. P. I. Vratislaviae (1867). (34 S.) 8°
Breslau, Jur. Diss. v. 28. Sept. 1867

Waśniewski, Ant., Kazanie przy zakończeniu ośmiodniowego nabożeństwa na cześć niepokalanie poczętej najsw. Maryi panny, miane na dniu 13. Grudniar. 1849. gr. 8. (18 S.) Lemberg 850, (Wild.) *

Wasow, Iwan [Bulgare]
s. a. Vazov, Ivan. [09. 5468

Wasow, Iwan, die Bulgarin u. andere Novellen, s.: Universal-Bibliothek.

Wasow, Iwan, Skizzen aus d. bulgarischen Residenzleben. Autor. Uebersetzg. v. L. J. Popow. 12. (IV, 124 S.) Leipzig 896. Berlin, G. H. Meyer. n. 2. —

(B) — Skizzen aus dem bulgar. Residenzleben. 896. (KBL 30.) Jetzt: Berlin, Heilbrunn & Co.

Wassa Effendi, Albanien und die Albanesen. [Zur griech. Frage.] Eine historisch-krit. Studie. gr. 8. (68 S.) Berlin 879, Springer. *

Wassach, Alexander von. Irmengardis. Ein Sang vom Bodensee. [Mit illustriertem Umschlag.] 126 S. 8. Strassburg i. E. und Leipzig, Josef Singer, 1906. [M. 2.—]

Wassaf's Geschichte. Persisch hrsg. und deutsch übers. von Hammer-Purgstall. I. Bd. gr. 4. (VI, 275 und 295 S. pers. Text mit 2 chromolithogr. Titeln.) Wien 856, (Braumüller.) *

Wassali, Friedr. (Mitglied d. Direktion d. schweiz. Obst- u. Weinbauvereins). Beiträge z. Kenntniss landwirthschaftl. und allgem. volkswirthschaftl. Zustände d. Schweiz und insbesondere Graubündens. 8⁰, 180 S. Chur, (Druck von Casanova). 1878.

Wassali, Frdr., Beiträge zur Kenntniß landwirthschaftlicher u. allgemeiner volkswirthschaftlicher Zustände der Schweiz u. insbesondere Graubündens. gr. 8. (180 S.) Chur 878. (Kellenberger.) n. 2. —

Wassali, Friedr., der Bund von Vazerol. Ein Beitrag zur Geschichte der drei rhät. Bünde. gr. 8. (32 S.) Chur 882. (Hitz'sche Buchh.) — 60

Wassali, Fr., Zur Bündner Rechtsgeschichte. Chur 1880. Progr.

Wassandra [d. i. Bauer, Erw.]: Der Fall Seeger. E. Nothschrei des rechtlosen Bauhandwerkes. Leipzig 1894.

Verwaltungsbericht für die Bürgermeisterei Heißen über d. Zeit v. 1. April 1878, dem Tage d. Gründung d. Bürgermeisterei, bis z. 1. April 1903. (Verf.: Paul Wasse.) Zur Erinnerung an d. Tag d. 25j. Bestehens d. Bürgermeisterei. *Mülheim-Ruhr 1903: E. Marks.* (208 S.) 8°(4°)

Vortrag des Bürgermeisters [Paul] Wasse-Heissen über Gasthausreform und Mässigkeitsbewegung. Geh. in d. 13. Hauptversammlung d. Vereins d. Landgemeinden, Bürgermeistereien u. Bürgermeister d. Reg.Bez. Düsseldorf 1907. o.O. (1907). 46 S. 8⁰

Wassem, Joh. Friedr., die Dampf-Dreschmaschine oder der gute und erfolgreiche Betrieb derselben nach vieljähr. Praxis angestellt und allen Besitzern von Locomobilen und Arbeitsmaschinen bestens empfohlen. 16. (164 S.) Limburg 874, Herz. * 2 25

Wassenberg, F., Quaest. Arnobianae criticae. Diss. 1877. 40 S.

Wasser, das. Referierende Zeitschrift üb. Leistgn. u. Fortschritte der gesamten Wasserkunde. Hrsg. u. red. v. J. H. Vogel. Be- u. Entwässerg. v. Städten, Reinigg. der Abwasser aus Städten u. Fabriken; Trink-, Mineral-, Gebrauchs-, Grund- u. Regenwasser; Fabrikwasser, Fischereiwasser, Stau- und Rieselwasser in landwirtschaftl. Betrieben; öffentl. Gewässer, Wasserrecht; Wasseruntersuchgn. Jahrg. 1901 u. 1902. à 24 Hfte. hoch 4. (à ca. 16 S.) Berlin, Verlag „Das Wasser". à Jahrg. 20. —

Wasser, das. Referierende Zeitschrift über Leistgn. u. Fortschritte der gesamten Wasserkunde. Hrsg. u. red. v. J. H. Vogel. Be- u. Entwässerg. v. Städten, Reinigung der Abwässer aus Städten u. Fabriken; Trink-, Mineral-, Gebrauchs-, Grund- u. Regenwasser; Fabrikwasser, Fischereiwasser, Stau- u. Rieselwasser in landwirtschaftl. Betrieben; öffentliche Gewässer, Wasserrecht; Wasseruntersuchungen. Jahrg. 1903. 24 Hefte. (383 S.) hoch 4. Berlin (C., Spittelmarkt 2) K. O. Thomas. n. 20. —

Wasser, das. Zeitschrift f. Wasserversorgg., Gewinng. u. Verwertg. Offizielles Organ des „Verbandes deutscher Wasserleitungsunternehmer". Aelteste Spezial-Fachschrift auf diesem Gebiete. Red.: Arth. Dolge. 6. Jahrg. 1910. 36 Nrn. (IV, 872 S. m. Abb.) 31,5×23 cm. Stuttgart, A. Dolge. 12. —

— u. Abwasser. Water and sewage. L'eau potable et l'eau d'égout. Zentralblatt f. Wasserversorgg. u. Beseitigg. flüss u. fester Abfallstoffe, hrsg. v. A. Schiele u. R. Weldert. 1. u. 2. Bd. (à ca. 48 S. m. Abb.) Lex. 8. Leipzig 909. 10. Gebr. Borntraeger. à Bd. nn 30. —

Ein Eimer Wasser zum Löschen der Feuerbrände. Berlin, Oehmigke d. jüngere, 1808. Gr. 8⁰. (1/2 Rthl.) Rar!

* Wasser, ein Eymer, zum Löschen d. neuen Feuerbrände. gr. 8. Berl. Neue Soc. Buchh. 807.

Wasser, ein Eimer, zum Löschen d. neuen Feuerbrände. gr. 8. Berl. 807. (Sander). 12 gr.

Wasser, das frische, im Haus u. in der Familie. (Neue wohlf. Ausg. von „Medicolaicus, Beiträge" rc.) 12. Freiberg 844, Engelhardt. n. 1/3 Rthlr.

— u. Gas. Halbmonatsschrift f. die Gesamtinteressen städt. Wasser- u. Gaswerke. Hrsg. u. Red.: Erwin Stein. 1. Jahrg. Oktbr.—Dezbr. 1910. 6 Nrn. (à ca. 32 S. m. Abb.) 32,5×24,5 cm. Oldenburg, G. Stalling's Verl. 4. —

Wasser, Das kalte, oder wie, wo und wann kann und darf es ohne Arzt als Heilmittel angewendet werden . . . Ulm 1840. V: *Kohatzsch, K. H.* (Ky)

Wasser, das kalte, oder wie, wo u. wann kann u. darf es ohne Arzt als Heilmittel angewendet werden. Nebst Anweisung, das Unvermögen der Männer u. Unfruchtbarkeit der Weiber durch den Gebrauch des kalten Wassers zu beseitigen u. die übeln Folgen der Selbstbefleckung zu hindern u. zu heilen (von R. K. Rohatzsch). 8. Ulm 840. Ebner. 3/8 Rthlr.

Wasser, das kalte, als vorzügl. Beförderungsmittel d. Gesundheit u. ausgezeichn. Heilmittel in Krankheiten. Ein Wort zu seiner Zeit f. alle Menschen, die da wünschen, gesund zu werden, es zu bleiben, u. ein frohes Alter zu erreichen. Von e. Menschenfreunde. 2. Aufl. gr. 12. (5 1/3 B. u. 1 Abbildg.) 837. 10 Gr., 3., verm. A. gr. 8. (17 B. u. 1 Kpfrt.) Wien 839, [Braumüller.]

Wasser, Das kalte, als vorzüglichstes Beförderungsmittel der Gesundheit und ausgezeichnetes Heilmittel in Krankheiten . . . 3. Aufl. Wien 1839. V: *Gross, Johann Baptist.* (BrMm) »1837« (Call)

— das kalte, als einzige Universal-Medicin unserer Zeit, oder: Allgemeiner Sieg der Heilkunst mit kaltem Wasser! Ein Aufruf an alle Menschen, ihre meisten u. gefährl. Krankheiten auf die sicherste Weise nur durch den alleinigen zweckmäß. Gebrauch des kalten Wassers schnell u. gründlich zu heilen. Nebst einem Anhange. Nach eigenen Erfahrungen bearb. von H. K. Auch mit d. Umschlags-Titel: Allerneuester Wasserdoctor. 8. Hamburg 837. Berendsohn. 3/8 Rthlr — 2e Aufl. 840. 1/3 Rthlr

— das kalte, als einzige Universal-Medicin unserer Zeit, oder: Allgemeiner Sieg der Heilkunst mit kaltem Wasser rc. 3. Aufl. 8. Hamburg 841, Berendsohn. 1/3 Rthlr

Waſſer d. Lebens. 16. (63 S.) Stuttgart 898. Buchh. d. Evang. Geſellſchaft. — 25

Waſſer, lebendiges. (38 Vorträge à 4 S.) 8. Elberfeld 890. (Faßbender.) cart. n. — 60; geb. n.n. — 75

Lebendiges **Wasser**. *Berlin: Deutsche Ev. Buch- u. Tractat Ges. [1896].* (20 S.) 8°
— Für Dich! No 5. [06. 1310

Wasser und Luft. Lustige Plaudereien uber Worishofen. 1908. Buchdrukkerei und Verlagsanstalt, Worishofen.

Waſſer, die, von Mara. Ein Troſtwort für Leidende. 8. (20 S.) Barmen 881, Wiemann. — 15

Wasser. Stachelberger W. [SA.] s. [Simler, Rudolf Theodor].

Waſſer, das warme, und ſeine Heilkräfte bei verſchied. Krankheiten, im Gegenſatze zum kalten Waſſer. Als Hausmittel im Dienſte der wiſſenſchaftl. Heilkunde. Ein Rathgeber für Freunde und Feinde des Waſſers. Von einem prakt. Arzte. 8. (48 S.) Leipzig 851(52,) Remmelmann. *

Waſſer, das, in u. um Wien rückſichtlich ſeiner Eignung zum Trinken u. zu anderen häuslichen Zwecken. Nach dem Berichte der vom hohen Miniſterium des Innern zum Behufe dieſer Unterſuchung eingeſetzten Commiſſion. Wien 860. (Manz & Co.) gr. 8. (VIII, 138 S. u. 10 lith. Taf. in 4.) n. 1 ℳ

Waſſer, zweierlei. Ein Bild aus dem Leben eines jungen Mädchens. 16. (52 S.) Baſel 871, Spittler. cart. — 40

—— zweierlei. Ein Bild aus dem Leben eines jungen Mädchens. Von A. B.-B. 2. Aufl. 12. (48 S.) Baſel 880, Spittler. * — 25

(Wasser, J. .) Zur Erinnerungsfeier an den vor 300 Jahren durch die Bürger von Granichen gemachten grössern Waldankauf. Gewidmet vom Gemeinderat Gr' 31. Mai 1896. 8. Aarau 1896.

Wasser, Johann Tobias (Öttingen) A.S. 1177/6

Dissertatio physica de primis fluidorum phaenomenis.
Präs. Georg Erhard Hamberger.
Jena (Ritter) 12.IV.1723. 32 S., 1 Taf.

35851

Wasser, Martin, Referendar: Das eigenhändige Testament des römischen Rechts und seine rechtsgeschichtliche Bedeutung. *Berlin 1901: W. Pilz.* (VII, 51 S.) 8°
Breslau, Jur. Diss. v. [14. Jan.] 1902

Waßer, Rud., Predigt über Ev. Johannis 21, 15—17, gehalten bei der Capitelsſynode zu Feuchtwangen am 18. Aug. 1868. gr. 8. (16 S.) Nördlingen 868, Beck'ſche Buchh. *

Wasserab, Dr. Karl, Sociale Politik im Deutschen Reich. Ihre bisherige Entwickelung und ihre Fortführung unter Kaiser Wilhelm II. gr. 8⁰. Stuttgart, Enke, 1889.

Waſſerabgabe, die, aus der ſtädtiſchen Waſſerleitung in der königl. Haupt- und Reſidenzſtadt München. [Waſſerleitungsordnung, Gebührentarif und ortspolizeil. Vorſchriften für die Benützung der ſtädt. Waſſerleitung.] Mit Einleitung und Anmerkungen, auf Grund der Verhandlungen in beiden Gemeinde-Collegien zuſammengeſtellt. 8. (31 S.) München 883, Lindauer'ſche Buchh. * — 40

Wasser-Abkocher, Selbstkühlender, oder Flüssigkeits-Sterilisator nach W. von Siemens. Berlin (1893). Beigeb.: 1. Wasserabkoch-Apparat von W. v. Siemens. Berlin (1893). 2. Henneberg's Wasser-Sterilisator mit Gas- und Wasser-Regulirung. Berlin (1894?)

Wasserarzt Gräfenberger

Der Gräfenberger Wasserarzt, oder gründliche Anweisung zum heilsamen Gebrauche des Wassers, um Krankheiten bei Menschen zu verhüten und zu heilen. Nebst einer getreuen Schilderung der Wasserheilanstalten in Gräfenberg, Freiwaldau und an andern Orten von einem Arzte, der diese Anstalten selbst besuchte und... prüfte. 182 S., gbd., 1 Taf., 1 Tab.

Meissen: Goedsche 1840

JB 2.814

Waſſerarzt, der vollſtändigſte, für Jedermann. Mit vielen Abbildungen zur Einrichtung wohlfeiler Waſſerbäder. 8. Ulm 840. Ebner. 5/8 ℳ

Wasserbau, der, begründet v. Ludw. Franzius u. Eduard Sonne, hrsg. v. J. F. Bubendey, G. Franzius, A. Frühling, Th. Kohn, Fr. Kreuter, Th. Rehbock u. Ed. Sonne, s. Handbuch der Ingenieurwissenschaften. III.

Wasserbau, der. Schleusen, Schiffahrtskanäle. Im Verein m. L. Brennecke u. R. Rudloff hrsg. v. L. Franzius, H. Garbe u. E. Sonne, s.: Handbuch d. Ingenieurwissenschaften, Bd. 3.

Wasserbau, der. Hrsg. von J. F. B. Bubendey, G. Franzius, A. Frühling, Fr. Kreuter, Th. Rehbock u. Ed. Sonne, s. Handbuch der Ingenieurwissenschaften. III. 1.

Wasserbau, der, an den öffentlichen Flüssen im Königr. Bayern, eine hydrograph. Beschreibung der Hauptflussgebiete, sowie eine systemat. Darstellung der Leistungen im Wasserbauwesen Bayerns nach den verschiedenen Stufen der Entwickelung bis zum gegenwärt. Stande. Hrsg. von der K. Obersten Baubehörde im Staatsministerium des Innern. 3 Lfgn. Imp.-4. München, Kellerer. * 60 —

Inhalt:
Lfg. 1. A. Donaugebiet. 1. Abthl.: Donau. (S. 1—81 mit 18 lithogr. Taf. nebst Anhang 1. und 2.) 886. *ℳ 10.—.
» 2. A. Donaugebiet. 2. Abthl.: Iller und Lech mit Wertach. 3. Abthl.: Isar mit der Amper und der Loisach. (S. 83—187 mit 30 lithogr. Taf. nebst einem Anhang zur Iller.) 887. *ℳ 14.—.
» 3. 1. Thl.: A. Donaugebiet. 4. Abthl.: Inn mit der Salzach, der Saalach und dem Chiemsee. (S. 189—251 mit 27 lithogr. Taf.) 887. *ℳ 16.—.
» 3. 2. Thl.: B. Rheingebiet. 5. Abthl.: Rhein. 6. Abthl.: Main mit der Regnitz, den Flossbächen des Frankenwaldes und der fränkischen Saale. C. Nachträge. (S. 253—362 mit 17 lithogr. Taf. und 1 hydrograph. Übersichtskarte der bayer. Flussgebiete.) 888. *ℳ 21.—.

Der **Wasser- und Wegebau** (Jg. 1. 2, No 1—12: Der Hydrotekt.) Zeitschrift f. d. Gebiete d. Wasser- u. Wegebaues, d. Kulturtechnik, d. Brücken-, Hafen- u. Seebaues sowie d. Wasserversorgungen u. Städteentwässerungen. Organ f. Bau- u. Verwaltungsbeamte, Ingen. u. Unternehmer. Jg. 1—3, No 1—17. [Mehr nicht erschienen.] Jena: H. Costenoble (1902—1904). 3 Bde 4°
1. (1902—03.) 2. (1903—04.) 3. (1904.) [06. 6078

Wasser- u. Wegebau, der. Zeitschrift f. die Gebiete des Wasser-, Wege- u. Bahnbaues, der Kulturtechnik, des Brücken-, Hafen- u. Seebaues, sowie der Wasserversorggn. u. Städteentwässergn. Organ des deutschen Verbandes f. Wasser- u. Wegebau. Schriftleiter: H. Schmidt. 3. Jahrg. April 1904—März 1905. 24 Nrn. (à ca. 16 S. m. Abbildgn.) gr. 4. Jena, H. Costenoble.
Vergl.: Hydrotekt, der. n. 10. —

— dasselbe. Fachblatt f. die gesamte Wasser- u. Wegebautechnik, Wasserwirtschaft u. Wasserrecht. Zeitschrift f. Wasserversorgg. u. Abwässerreinigg. Alleiniges Organ f. die Interessenvertretung der Wassertriebwerksbesitzer. Organ für Talsperren- u. Wassergenossenschaften. Organ des deutschen Verbandes f. Wasser- u. Wegebau. Schriftleiter: Max Knauff, f. den wirtschaftl. Tl.: Hans Lottes. 4. Jahrg. April bis Dezbr. 1905. 18 Hefte. (à ca. 24 S. m. Abbildgn.) gr. 4. Berlin, Verlag „Der Wasser- u. Wegebau".
Erscheint nicht mehr. n. 9. —

Wasser- u. Wegebau-Zeitschrift. Fachzeitschrift f. den gesamten Wasser- u. Wegebau, sowie f. Wasserversorgg. u. Städteentwässerg. Vereinsorgan der mittl. techn. Wasser- u. Wegebaubeamten in allen Provinzen u. Bundesstaaten Deutschlands usw. Publikationsorgan zahlreicher Tiefbaubehörden. Red.: Gust. Ostwald. 4. Jahrg. 2.—4. Viertelj. April—Dezbr. 1906. 18 Nrn. (à ca. 8 S. m. Abbildgn.) Lex.-8. Stade, G. Ostwald. n. 3. 75
Das 1. Viertelj. f. u. d. T.: Wegebau-Zeitung.

Wasser- u. Wegebau-Zeitschrift. Organ f. Wege- u. Strassenbau, Brückenbau, Wasserbau, Wasserversorgg., Städte-Entwässerg. usw. Fachblatt f. die mittleren Wege-, Wasser- u. Meliorationsbau-Beamten im Deutschen Reiche. Vereins-Organ der mittleren techn. Wasser- u. Wegebaubeamten in allen Provinzen u. Bundesstaaten Deutschlands usw. Publikationsorgan d. Tiefbaubehörden. Red.: Frdr. Huth. Ausg. „A". 7. Jahrg. 1909. 24 Nrn. (à ca. 12 S. m. Abb.) 31,5×24,5 cm. Stade, Ostwald & Huth. 7. —

— — dasselbe. Organ f. den gesamten Tiefbau: Wege- u. Strassenbau, Eisenbahnbau, Brückenbau, Wasserbau, Wasserversorgg., Städte-Entwässerg. etc. Zeitschrift f. Wasser- u. Wegebaubeamte, f. Bahnmeister u. städt. Baubeamte usw. sowie f. Tiefbauunternehmer. Zentral-Insertionsorgan f. das ganze Tiefbauwesen. Hrsg. unter Mitwirkg. hervorrag. Fachmänner. Red.: Gust. Ostwald. Ausg. B. 7. Jahrg. 1909. 24 Nrn. (à ca. 12 S.) 33,5×25 cm. Ebd. 14. —

— — dasselbe. Fachblatt f. Wege- u. Strassenbau, Brückenbau, Wasserbau, Wasserversorgg., Städte-Entwässerg., Meliorationswesen usw. Zentralinsertionsorgan f. das gesamte Tiefbauwesen. Red.: Quietmeyer. 8. Jahrg. 1910. 24 Nrn. (IV, 308 S. m. Abb.) 34,5×25, 5 cm. Hannover, Gebr. Jänecke. 14. —

Wasserberg, Franz Xaver August von

— chemische Abhandl. vom Schwefel. 8. Wien 787. Kraus. (Sammer; W. Nauck in Leipz.) 20 gr.

WASSERBERG, F. AUGUST VON.
* Chemische Abhandlung vom Schwefel. Wien, bey Johann Paul Krauss, 1788. pp. 375, 12mo.

— Abhandl. von den Gesundheitsgesellschaften; aus d. Französ. 8. Wien 772.

v. Wasserberg, Frz. Xav., (†...) aphorismi anatomico-physiologici de dentibus. 8. Wien 771.

— aphorismi physiologici de principiis corporis humani in genere. 8. Wien 771.

— (Übers.), s. B a r t h o l o t t i , Johann Nepomuk: Abhandl. über die Gewissensfreiheit . . .

— (Übers.), s. B a u m é , Antoine: Handbuch der Scheidekunst.

Wasserberg, Frz. A., Beyträge z. Chemie, in Uebers. od. vollständ. Ausz. neuer chem. Abhandl. 8. Wien, Camesina. 791.

— Beitr. zur Chemie, in Uebersetzungen, oder vollständ. Auszüge neuer chem. Abhandl. 8. Wien 791. (Heubner). 5 gr.

— (Übers.), s. B e r g m a n , Torbern Olof: Abhandlung von dem Arsenick.

— (Übers.), s. B e s c h r e i b u n g der Stadt Wien . . .

— bibliotheca physico-medica. Vol. I. 8. Bresl. 776.

Wasserberg, F(ranz Xaver) August von (Hrsg.):

s.: Erxleben, Joh(ann) Christ(ian) Polyk(arp): Anfangsgründe der Chemie. Verm.Aufl. Wien: 1785

JB 320

— (Übers.), s. F o n t a n a , Felix: Physische Untersuchung über die Natur der Salpeterluft.

— (Übers.), s. H ä n , Anton: Von Einimpfung der Pocken.

Wasserberg, Fr(anz Xaver) August von (Ed.):

s.: Häen, Anton de: Praelectiones in Hermanni Boerhaave institutiones pathologicas. Tom.1 - 5. Viennae: 1780 - 1785

JB 1.153 a b

Wasserberg, F(ranz Xaver August) von (Ed.):

s.: Haën, Anton de: Praelectiones...in Hermanni Boerhaavii Institutiones pathologicas. Tom.1 - 2. Coloniae-Allobrogum: 1784

JB 1.254

Wasserberg, F(ranz Xaver August) von (Ed.):

s.: Haën, Ant(on) de: Tractatus de vermibus intestinorum et (de) istero (et ad hunc pertinentibus adfectionibus felleis), una cum adnexis thesibus a Franz Singer. Viennae: 1780

JB 4.731

— (Übers.), s. H ä n , Anton: Vorlesungen über die Krankheitslehre.

Wasserberg, F(ranz Xaver) A(ugust) von (Übers.):

s.: Jacquin, Nicolas Joseph (Freiherr) von: Abhandlung von den pharmazeutischen Kompositionen der Arzneymittel. Wien: 1786

JB 1.371

— (Übers.), s. J a c q u i n , Nikolaus Josef von: Von den pharmaceut. Compositionen . . .

— institutionis chemicae lectio prior. 8. Wien 773. Ed. nova emend. et aucta aphorism. chem. cl. Thessari. 775.

— institutiones chemiae, in usum eorum, qui scientiae huic operam dant. III Tom. 8maj. Wien 771a. 778—82. Gräffer. (List in Berl.) 2 rthl 16 gr

— institutiones Chemiae, in usum eorum, qui scientiae huic operam dant: Regnum animale, Metalla in genere, Metalla perfecta, Semimetalla inflammabilia. III Vol. 8. maj. Vien. Gräffer. (Sommer, Lips.) 778—82.

Institutiones chemicæ. Vindobonæ, 1773–80. 3 vols., 8vo. Vol. I: Regnum animale. 1773. Vol. II: Regnum minerale. 1778. Vol. III: Inflammabilia. 1780.

— medicin.-physische Commentarien. 1r Thl. 8. Wien 783. (Barth in Leipz.) 8 gr

Wasserberg, F(ranz) X(aver August) von: Von dem Nutzen und der Weise die Luft rein, und die Städte und Häuser sauber zu halten, besonders bey Gefahr ansteckender Krankheiten. 64 S., gbd.

Wien: Bader 1772

JB 2.849

(Übers.), s. Obermayer, Franz Anton: Chem. Untersuchung des Sedativsalzes.

— operum minorum medicorum et dissertationum IV Fasc. 8maj. Wien 775, 76. Trattner. 3 Rthl 8 gr

(Übers.), s. Plenck, Joseph Jakob von: Anfangsgründe der gerichtlichen Arzneiwiss.

Wasserberg, F(ranz Xaver August) von (Übers.):

s.: Plenck, Joseph Jakob (von): Lehre von den Augenkrankheiten. (Doctrina de morbis oculorum. Dt.) Wien: 1778

JB 4.210

Wasserberg, F(ranz Xaver) August von (Übers. u.Comm.):

s.: Plenck, Joseph Jakob (von): Lehre von den Hautkrankheiten. (Doctrina de morbis cutaneis. Dt.) 2.verbess.Aufl. Wien: 1789

JB 4.637

(Übers.), s. Plenck, Joseph Jakob von: Lehre von den venerischen Krankheiten.

Wasserberg, F(ranz Xaver August) von (Übers.):

s.: Plenck, Joseph Jakob (von): Lehre von den Krankheiten der Zähne, und des Zahnfleisches. (Doctrina de morbis dentium ac gingivarum. Dt.) Wien: 1779

JB 4.365

— Samml. nützlicher u. angenehmer Gegenstände aus d. Naturgeschichte ꝛc. 1r Thl. 8. Frankf. u. Leipz. 773. Hertel. 8 gr

— medicinisch-physische Sammlungen. 1r Bd. 8. Wien, Gerold. (Barth in Leipz.) 781.

— medicin.-physische Sammlungen. 1r Bd. 8. Wien 782. Gerold. (Barth in Leipz.) 20 gr

(Übers.), s. Schaarschmidt, August: Tabulae anatomicae.

Wasserberg, F(ranz) X(aver August) von (Ed.):

s.: Tessari, Lodovico: Elementa chemiae in aphorismos digesta. Vindobonae: 1775

JB 283

Wasserberger, C.: Über die doppelstufige Behandlung mehrerer Gegenstände an unseren Mittelschulen und die Eintheilung dieser Schulen in eine Unter- und in eine Oberabtheilung. 29 S. Stockerau, Progr. 1889.

Wasserberger, C. Die einheitliche Mittelschule. Stockerau, G., 1877. 30 S. Progr.

Wasserbüchlein, das, oder prakt. Anleitung z. nützl. Anwendung des innerl. u. äußerl. Gebrauches des kalten Wassers. 2. Bdchen. A. u. d. T.: Handbüchlein zur Erlernung und Ausbreitung der Wasserheilkunde mit Hinsicht auf die Schädlichkeit der Arzneien und ihre Folgen. 12. Kempten 841, Dannheimer. Mit 1 Abbild. 1/6 Rthl

Wasserburg [Schlagwort]

Wasserburg a. Inn, s.: Bayern. Karte. — Deutschland. Karte (Abt. Bayern).

Wasserburg [Verfasser]

Wasserburg, Andr., das Bild d. Sündfluth, in 2 Abthln. gr. 8. (7½ B. u. 1 Vign.) Mainz 834, (Kunze.)

Wasserburg, (Andr.,) französ. Grammatik, aufgestellt nach e. neuen Lehrsystem in 4 Thlen. 3e verm. Aufl. 8. Mainz 827, Stenz.

—— französ. Grammatik, wornach diese Sprache in 100 Lehrstunden gelehrt u. erlernt werden kann; mit e. catechet. Unterr. üb. d. Theorie u. prakt. Anwendung dieser Lehrart. 4 Thle. 4., verb. Aufl. 4. (23½ B.) Mainz 830, (Stenz.)

Wasserburg, Andr., (gemeiner Soldat), Versuche in d. Dichtkunst. 8. Karlsr. 795. Macklot. (Gebhardt u. K. in Frankf. a. M.) 6 gr

— poetische Versuche. gr. 8. Maynz, Wirth. (Kupferberg) 809.

Wasserburg, Andr., Wechselrecht nach dem französ. Handelsgesetzbuche zum Selbst-Unterrichte für Nicht-Juristen, nach Locré als Leitfaden. gr. 8. Mainz 845, Wirth. 3/4 Rthl

Wasserburg, A., Wechselrecht nach dem französ. Handelsgesetzbuche zum Selbst-Unterrichte. Nach Locré als Leitfaden, mit Anmerkungen, in wie weit französ. u. deutsches Wechselrecht gleichlautend sind. 2. verm. Aufl. gr. 8. (191 S.) Mainz 851, Wirth Sohn. 18 ngr

Wasserburg, Ant., s. Arkonavis Reise.

Wasserburg, Ant., französ. Grammatik, wornach diese Sprache in 100 Lehrstunden gelehrt u. erlernt werden kann; mit einem katechet. Unterrichte über d. Theorie u. prakt. Anwendung dieser Lehrart. 4 Thle. 4. Mainz ... 3e A. 827. 4e A. 830. (Stenz). 1 Rthl

— erster Unterricht meiner Schulkinder in d. französ. Sprache. gr. 8. Mainz 181.. (Leipz., Schmidt). 9 gr Dasselbe. gr. 8. Kreuznach 830. Kehr. 8 gr

Wasserburg, D. Situationsplan der Hessischen Ludwigs-Eisenbahn 1:100000. Mainz 1 Bl. 1. Fl

Wasserburg, F., Feldlilien, s.: Familien-Bibliothek.

Wasserburg, Phpp. (Laicus), s. a.: Laicus, Phpp.

Wasserburg, Phpp., Atheismus und Gottesglauben. Gläubige Antworten auf atheist. Fragen. 8. (118 S.) Mainz 887, Kirchheim. 1 —

Wasserburg, Phil., in doppelten Banden. Erzählung, frei nach dem Französ. des H. Edm. Bouchard bearb. Mainz 867. Kirchheim. 8. (IV, 392 S.) 1 Rthl

Der rothe Dieter. (Erzählung von Philipp Laicus [d.i. Philipp Wasserburg].) Trier: Paulinus-Dr. [1899]. (32 S.) 8⁰ (Novellenkranz. Hrsg. v. Dasbach. Bdch. 10. [1.])

—— aus den Erinnerungen eines Elternlosen. Frei nach dem Französ. des X. Marmier bearb. 8. (III und 867 S.) Mainz 866, Kirchheim.

Wasserburg, Phpp., aus der Ferne. Novelle nach dem Französ. bearb. 8. (174 S.) Mainz 869, Kirchheim. * 1 25

Wasserburg, Phpp., Freimaurerei und Bühne, s.a. Broschüren, Frankfurter zeitgemäße.

Freimaurerei und Bühne von Ph[il.] **Wasserburg.** Frankfurt a. M.: Foesser 1880. S. 203—228. 8⁰ [Umschlagtit.] (Frankfurter zeitgemässe Broschüren. NF. 1, 7.)
Tt. 1832. Von kath. Seite geschrieben. Behauptet, dass der Frmrbund die Bühne seinen antireligiösen Ideen dienstbar macht.

—— Gedankenspähne über den Militarismus. Dem hohen Reichstage zur Debatte über den Militärgesetzentwurf. 1. und 2. Aufl. gr. 8. (20 S.) Ebendas. 874. — 20

— Kaiser od. Papst. Historischer Roman. 2 Tle. 12. (327 S.) Einsiedeln 893. Benziger & Co. à n. — 40

Wasserburg, Phpp., Wilhelm Emmanuel, Frhr. v. Ketteler, Bischof von Mainz. Eine kurze Lebensskizze. 1. und 2. Aufl. gr. 16. (32 S.) Mainz 877, Kirchheim. *

[Wasserburg, Philipp.] Christoph Columbus, sein Leben und seine Entdeckungen. Nach dem Französischen des Grafen [Antoine-François-Félix] Roselly de Lorgues deutsch bearb. von Philipp Laicus. Reich illustrirt mit Randeinfassungen ... Portraits und Karte. gr.-8. Einsiedeln ... 1888.

— zwei Monate auf der Festung Darmstadt. gr. 8. (166 S.) Mainz 874. Kirchheim. 1. 20

Wasserburg, Phpp., d. Niedergang d. roman. Völker, s.: Broschüren, Frankfurter zeitgem., 16. Bd., 4. Hft.

— Papst Pius IX. Eine kurze Lebensskizze. 8. (24 S.) Ebend. 878. — 15

— die Reichthümer der Enterbten, s.: Broschüren, Frankfurter zeitgemäße.

Zur rechten Stunde. Eine Erzählung aus d. amerikan. Pflanzerleben. Frei nach d. Engl. d. Kapt. Mayne Reid von Philipp Laicus [d.i. Wasserburg]. Mülheim/R.: M. Hegner [1900]. (415 S.) 8⁰

— s.: Wahrheit, die.

— d. 5 Wunden Europas, s.: Broschüren, Frankfurter zeitgemäße, 16. Bd., 1. Hft.

— zum 4. Centenarium der Entdeckung Amerikas, s.: Broschüren, Frankfurter zeitgemäße.

Wasserburger, Carl, s. Wasserburger, Karl

Wasserburger, Karl

Wasserburger, Carl, Leitfaden der Chemie, berechnet für den Unterricht in einem halbjähr. Curse [zunächst an Realgymnasien]. gr. 8. (IV, 60 S.) Korneuburg 878. Kühkopf. n. — 75

Wasserburger, Kasim., I. deutscher Kurpfuscher-Kongress, abgeh. am 1. IV. im grossen Gesundbete-Saale zu Berlin. Orig.-Bericht. (45 S.) 8. München 904. Seitz & Schauer. n. — 50

Wasserburger, L., Dichtungen. 8. (VI, 199 S.) Wien 878. Konegen. n. 4. —

Wasserburger, L., ein verjenktes Eden. Romant. Erzählung aus Adelsberg. 8. (154 S.) Wien 880, Konegen. * 2 40

Wasserburger, Lina, die Aloeblüthe, s.a. Collection Hartleben, 6. Jahrg., 7. u. 8. Bd.

Collection Hartleben. VI. Jahrgang. VII. Band. Inhalt: Lina Wasserburger, Die Aloeblüthe. Roman in 2 Bänden. I. Band. 8. (157 S.) In Leinwand geb. Wien: Hartleben 1898. —.40

Collection Hartleben. VI. Jahrgang. VIII. Band. Inhalt: Lina Wasserburger, Die Aloeblüthe. Roman in 2 Bänden. II. Band. 8. (158 S.) In Leinwand geb. Wien: Hartleben 1898. —.40

Wasserburger, Patritius

— compendium vitae venerabilis magnis a Deo gratiis dotati etc. 8maj. Wien 768 (Gerold). 3 ℔

— kathol. Gebetbuch. 8. Wien 764. Trattner. 14 ℔

— gereimte Gedanken auf alle Sonntage. gr. 8. Wien 766. Trattner. 5 ℔

— Leben des heil. Johannis de Deo. gr. 8. Wien 767. Trattner. 10 ℔

Wasserburger, F. Patric., Lebensbegriff Franzens v. Comachio. 8. Wien ... Trattner. 2 ß 16 ℔

WASSERBURGER, PATRITIUS [illegible]

— monatl. Seelennahrung, in 4 Wochen abgetheilt rc. 8. Wien, Gerold. Mit großem Druck 1 ß

— Sinn-, Lehr- u. geistvoller Todtentanz, mit 50 Kpf. Fol. Wien, Trattner. (Leubler) 757.

— geistl. Wasserquelle, sammt Gesangbuch. 8. Leipzig. 739.

Wasserburger, Paula v., Liebesstürme. 3 Novellen aus dem klass. Hellas. Buchschmuck v. Osk. Brüch. (137 S.) 8. Wien 905. C. Gerold's Sohn. n. 2 5

— Die Sünden der Väter. (Ein) Tagebuch. 2. [Titel-] Aufl. v. „Gesundheit" (v. Sonja Iwanowna Lewikoff). (97 S.) 8. Ebd. [907] (909). 1.50; geb. n 2.50

Wasserburger, Paula v., von Eros zum Dulder auf Golgatha. Roman. (V, 475 S.) 8. Dresden 909. E. Pierson. 5.—; geb. n 6. —

Wasserdämpfe, die, bei dem Waschen u. Bleichen, oder: Wie Frau Gertrude ihre Wäsche mittelst d. Wasserdampfe reinigt u. dabei üb. die Hälfte an Zeit, Mühe, Holz u. Seife erspart. Herausgeg. v. G. W. Geradeheraus. Mit 1 Steindr. gr. 12. Leipz. 826, Fest.

Wasserdoktor

—— allerneuester, s. Wasser, das kalte.

Wasserdoktor, der nützliche, od. leichtfaßl. Anweis., wie durch d. Gebr. d. kalten Wassers bei d. edleren Theilen d. Körpers den meisten Zufällen vorgebeugt wird rc. 1—3., stark verm. Aufl. gr. 12. (à 2⅚ B.) Ulm 836—38, Fr. Ebner.

Wasserer Barthol., O. Cap., Emanuel od. e. Reihe v. Jesukind-Geschichtchen. E. Exempelbuch f. alle Verehrer d. Jesukindes. 12. (XIX, 413 S. m. Titelbild.) Dülmen 896. A. Laumann. Geb. in Leinw. n. 1. 60

Wasserer, Bartholomäus, der Kapuziner mit dem Christuskindlein (Johann Chrysostomus v. Schenk-Castell). Ein Lebensbild. 16. (VIII, 216 S. mit 2 Bildern in Lichtdr.) Mainz 888, Kirchheim. 1 50

Wasserfahren. Wie fahre ich auf dem Wasser? Rathschläge f. den Verkehr auf den Wasserstraßen, nebst Anweisg. üb. das Verhalten in allen Lagen zur Verhütg. v. Unglücksfällen. Mit spezieller Berücksicht. der Benutzer v. Miethsbooten. 12. (50 S.) Berlin 886. Wassersport (C. Otto). — 50

Wasserfahrt, eine, am Sonntage. Von einem Augenzeugen erzählt. 8. (4 S.) Barmen 881, Wiemann. — 3

Wasserfall, der bezauberte, komische Pantomime in 2 Aufz. 8. Wien, Wallishauser. 808. — 3

Wasserfall, ..., u. J. B. Fuchs, Handbuch für Municipal-Agenten u. Adjunkten; aus d. Französ. frei übersetzt. 2e Aufl. 8. Köln 799. Matthieux. 12 gr.

Waßerfall, Friedrich, Kammergerichtsreferendar: Die Rechtsbehelfe, insbesondere die Exekutionsintervention und Schadensansprüche eines mit seiner Frau im gesetzlichen Güterstande lebenden Ehemanns, der nach § 739 ZPO. verurteilt ist. Borna-Leipzig 1908: R. Noske. (X, 35 S.) 8°

Münster, Rechts- u. staatsw. Fak., Ref. Rosenfeld, Diss. v. 18. März 1908

[Geb. 24. Mai 82 Duderstadt; Wohnort: Potsdam; Staatsangeh.: Preußen; Vorbildung: Viktoria-Gymn. Potsdam Reife M. 01; Studium: Berlin 5, Freiburg i. B. 1 S.; Rig. 9. Nov. 07.]

Wasserfall, Wilhelm, Assistenzarzt im Masur. Feldart.-Reg. No 73: Ein Beitrag zur gerichtsärztlichen Würdigung der Verschwendungssucht. Königsberg i. Pr. 1904: O. Kümmel. (32 S.) 8°

Königsberg, Med. Diss. v. 22. Juli 1904.

Wasserfluth, Die, durch Sachsen. Dresden [1845]. V: *Dietrich, Ewald Victorin.* (Bem I, 1 S. 52)

Wasserfrage, Die, in Salzburg ... Salzburg 1869. V: *Spatzenegger, Leopold.* (Hr)

Wasserfreund, der, oder allgem. Zeitschrift zur Beförderung der Wasserheilkunde, s. Wasserzeitung 2r Jahrg.

Wasserfreund

Der Wasserfreund oder allgemeine Zeitschrift zur Beförderung der Wasserheilkunde. Hrsg. unter Mitwirkung der Vorsteher sämmtlicher Wasserheilanstalten v. A.F.H. Schmitz. Jg. 1839-41. gbd.

Erlangen: Enke 1839-41

JB 6.105

Wasserfreund, der, od. allgem. Zeitschrift z. Beförderung d. Wasserheilkunde. Unter Mitwirk. d. Vorsteher sämmtl. Wasserheilanstalten. 2—5. Jahrg. 1839—42. gr. 4. Erlangen, [F. Enke's Vrlgsh.] [839., 40. (à 78 Nrn. ½ B. u. 1 Portr.), 41. (76 Nrn. ½ B. u. 1 Portr.) à * 3⅓ Thlr., 42. (52 Nrn. ½ B.) * 2¼ Thlr.] Thlr. *

2. Jahrg. hrsg. v. Schmitz, 3. u. 4. J. unt. Mitredakt. v. Piutti, hrsg. v. Schmitz, u. 5. J. hrsg. v. C. Munde.

1. Jahrg. 1838, s. Wasser-Zeitung.

Wasserfreund, der, od. allgem. Zeitschrift zur Beförderung der Wasserheilkunde u. Gesundheitspflege. Hrsg. von C. Munde. 6. Jahrg. 1843. 52 Nrn. (½ B.) gr. 4. Erlangen, Enke's Vrlgsh. *

Wasserfreund, der. Eine Monats- und bez. Wochenschrift, redig. von W. Meinert. Jahrg. 1862. 32 Nrn. (à 1—1½ Bog.) gr. 4. Dresden 862, Zeh's Buchh. *

Wasserfuhr, Ansichten üb. d. preuss. Medizinalwesen. gr. 8. (8 B.) Stettin 839, Nicolaische Buchh.

—— gutachtl. Aeusserung üb. einige Gegenstände d. preuss. Medizinalverfassung. gr. 8. (8½ B.) Stettin 837, Nicolaische Buchh.

Wasserfuhr, Dr. Das Bedürfnis einer Verringerung der Zahl der Schnapsschänken und Verkaufsstellen in Berlin. Braunschweig 1887.

Wasserfuhr, der Gesundheitszustand in Elsass-Lothringen während der J. 1881 und 1882. Im amtl. Auftrage nach den Berichten der Medicinalbeamten. gr. 8. (VII, 146; III, 163 S.) Strassburg 882, Schmidt's Universitäts-Buchh. à Jahrg. 3 —

Wasserfuhr, der Gesundheitszustand in Elsass-Lothringen. Fortsetzung, s. Krieger.

Wasserfuhr, Sendschreiben an meine Freunde in Stettin, wie sie sich beim Ausbruche d. indischen Cholera zu verhalten haben, u. was gegen d. Krankheit selbst zu thun ist, bis d. Arzt kommt. Fol. (1 B.) Bromberg 831. (Berlin, Nicolai.) Thlr.

Wasserfuhr, A. F., Beytrag für die Reform der Königl. Preuß. Militair-Medizinal-Verfassung mit Bezug auf die Balzischen freymüth. Worte rc. gr. 8. Coblenz, Gelehrten-Buchh. 820.

Wasserfuhr, A. F., Beitrag für d. Reform d. königl. preuß. Militär-Medicinal-Verfassung mit Bezug auf d. Balzischen freimüth. Worte rc. gr. 8. Koblenz 820. Hergt. 18 gr.

Wasserfuhr, A. F., Beiträge für die Militair-Heilpflege im Kriege und Frieden. Abdr. aus Henke's Zeitschrift für die Staatsarzneikunde. Erlangen 857. Palm u. Enke. gr. 8. (280 S.) n. 1 ℛ. 10 ngr.

Wasserfuhr, Augustus Ferdinandus: De nonnullorum morborum infantum analogia.

Halle-Wittenberg, Med. Diss. v. 23. Aug. 1817

Geb. [Tapiau (Ostpr.) 24. 2. 1787]

Ein Exemplar nicht nachweisbar.

Wasserfuhr, August Ferdinand: Kritik des Werkes von Herrn Doktor Bischoff: "Über das Heil-Wesen der deutschen Heere." 266 S., gbd.

Berlin: Heymann 1816

JB 3.639

Wasserfuhr, H.: Ueber den Einfluss der Witterung auf die Sterblichkeit in Stettin. Braunschweig 1869.

Wasserfuhr, H., vier Monate auf einem Sanitätszuge. gr. 8. (49 S.) Braunschweig 871, Vieweg und Sohn. * 1 —
Aus: Deutsche Vierteljahrsschrift für öffentliche Gesundheitspflege, besonders abgedruckt.

—— die ärztliche Überwachung der Schulen, s.a. Sammlung, pädagogischer Vorträge.

Wasserfuhr, H.: Die ärztliche Überwachung der Schulen. Über die ärztliche Beaufsichtigung der Schule v. Scholz. Bielefeld & Leipzig 1888. 20 S. (Samml. pädagog. Vorträge. 1, 1.)

— die Verhandlungen der Kreis-Gesundheitsräthe im Unter-Elsass 1872 u. 1873, nach den Sitzungs-Protocollen zusammengestellt u. geordnet. gr. 8. (86 S.) Strassburg 875. Schultz & Co. n. 2. —

Wasserfuhr, [illegible] Berolini (1845) 32 S. 8°
Berlin, Med. Diss. v. 26. Aug. 1845

Wasserfuhr, Herm., Untersuchungen über die Kindersterblichkeit in Stettin vom Standpunkte der öffentl. Medicin. Stettin 867. Saunier's Buchh. gr. 8. (V, 154 S.) 24 ngr

Entgegnung auf d. 'Notschrei' d. deutschen Zivil-Musiker. Die Zukunft der deutschen Militär-Musik und der Militär-Kapellmeister. Von Rudolf Wasserfuhr, Lt. a. D. Schöneberg-Berlin: Selbstverl. [1905]. (160 S.) 8°

Wassergehalt, der, des deutschen Getreides nach den Ermittelungen d. Proviantämter. (Verhandlungen d. XXXIV. Plenarversammlg. des deutschen Landwirtschaftsrats.) (S. 647—669 m. 1 Taf.) Lex. 8. Berlin 906. P. Parey. nn 1. —
Sonderabdruck aus: „Archiv d. deut. Landwirtschaftsrats".

Das Badische Wassergesetz vom 26. Juli 1899 nebst Vollzugsverordnungen und Ausführungsbestimmungen mit Zusätzen u. Verweisungen von Geh. Reg.R. (A[lexander]) Wiener. Karlsruhe: G. Braun 1900. (VI, 337 S.) 8°

Wassergesetz für das Königreich Bayern. München o. J. (1907). 8°
(Bayer. Landesgesetze in neuester Fass. Nr 27.)

Das Wassergesetz für das Königreich Bayern vom 23. März 1907. Erl. von Otto Eymann, Reg.Ass. Bd 1.2. Ansbach: Brügel 1908. 8°

Wassergesetz für das Königreich Sachsen vom 12. März 1909. Handausg. mit d. zugehörigen Bestimmungen bearb. von Dr. Walter Schelcher. Bd 1.2. Leipzig: Roßberg 1909–10. 8°
(Juristische Handbibliothek. Bd 291.)

Das **Wassergesetz** für das Königreich Sachsen vom 12. März 1909 nebst d. Ausführungsverordnung ... u. sonstigen, auf d. Gebahren m. d. Wasser bezügl. Gesetzvorschriften ... Erl. von Aug. F[erd.] Meyer, Stadting. Leipzig: W. Engelmann 1910. XII, 384 S. 8°

Wassergesetz für Württemberg (vom 1. Dez. 1900). Mit Beziehung aller Vollzugsvorschriften u. unter Berücks. sämtl. Gesetzesmaterialien hrsg. u. erl. von Landger.Dir. Nieder. *Ellwangen: J. Heß 1902.* (XV, 744 S.) 8° [G.]

Württembergisches Wassergesetz vom 1. Dezember 1900. Aus d. Gesetzesbegründung, d. Kommissionsberichten u. d. Kammerverhandl. erl. u. m. den Vollzugsvorschr. hrsg. von Dr. Friedrich Haller, Reg.R. zu Ludwigsburg. (In 7 Lfgen.) Stuttgart: W. Kohlhammer 1902. (XXII, 571 S.) 8°

Wassergewinnung für Vermehrung und Vervollständigung der städtischen Wasserversorgung durch Grundwasser und Pumpwerk. Basel 1878.

Wasser-Gigerl, der, sowie viele andere neueste Couplets u. Lieder. 8. (32 S.) München 891. Münchener Verlags-Institut F. Braunbeck. —10

Wasserglas. Rationelle Anwendung desselben im praktischen Leben von Wagenmann, Seybel & C., k. k. landesbef. Fabrik chem. Produkte in Liesing bei Wien. *Wien* 1857. Druck v. C. *Ueberreuter*. 16 S. 8°. Nicht ber.

Die **Wasserhaltung** in Bergwerken, sowohl durch Wasserlosungsstollen, als auch durch Wasserhebungsmaschinen und durch Verwahrung gegen die eindringenden Tagewasser. Quedlinburg, 1847. 228 S.

Wasserhaltungsmaschinen, Unterirdische, in der Provinz Schlesien und dem angrenzenden russisch-polnischen Bergrevier. Gewidmet dem 5. Allgemeinen deutschen Bergmannstage in Breslau 1892 von der Wilhelmshütte in Eulau-Wilhelmshütte und Waldenburg. Waldenburg, 1892. 19 Taf.

Wasser-Heilanstalt im klimatischen Terrain-Curort Rachau bei Knittelfeld in Obersteiermark. St. Veit a. d. Glan, Schlick, (1887). 19 S. (Verf.: Rafael Molin.)

Wasserheilanstalt, die, zu Rostock. 1. Heft. 8. (IX und 132 S. mit 3 Stnt.) Güstrow 850. (Rostock, Stiller'sche Hofbuchh.)

Wasserheilkunde, die, in ihrem Fortschreiten, od. Jos. Bleile's wundervolle Heilungen durch Wasser. Mit vielen höchst merkwürd. Zeugnissen (u. Vorworten v. Oertel u. Kirchmayr). gr. 12. (4 B.) München 838, (Fleischmann.)

—— Gesundheitspflege und Enthaltsamkeit, d. h.: entweder Rückkehr zur Natur und Vernunft oder nur 2 Stände. Man wähle bald. gr. 8. (VIII und 99 S.) Hanau 847, (König.) *

Wasserheilkunde, neu erfundene vereinfachte, zum Dienste derjenigen Armen, welche Deutschlands großartige Kaltwasser-Heilanstalten nicht besuchen können. Durch vieljähr. Ausübung erprobt 2c. Geschrieben von dem bekannten 81jähr. giftscheuen Leibes- und Seelenarzt. gr. 8. (84 S. und 1 Stnt. in gr. 4.) Stuttgart 847, Rommelsbacher. *

Wasserheilkunde, die neueste prakt., in ihrem ganzen Umfange. Oder der vollständigste Wasserarzt für Jedermann. Mit Abbild. zur Einrichtung ganz einfacher Wasserbäder. 8. Ulm 837. Ebner. 5/8 rℓ

—— die neueste prakt., in ihrem ganzen Umfange. Oder d. vollständigste Wasserarzt f. Jedermann. Zum Besten d. leidenden Menschheit in alphabet. Ordn. hrsg. 8. (9 B. u. 2 Stnt.) Ulm 837, Fr. Ebner.

Wasserheilkunde, die, in ihrem ganzen Umfange oder der vollständigste Wasser-Arzt für Jedermann. Zum Besten der leidenden Menschheit in alphabet. Ordnung hrsg. 2. (Titel-) Aufl. 8. (XXXII und 112 S. mit Abbildungen zur Einrichtung einfacher Badeanstalten auf 2 Stnt.) Tuttlingen (837)60, Kling.

Wasserheilmethode, die, des Vinzenz Prießnitz zu Gräfenberg. Gegründet auf daselbst gemachte Beobachtungen u. Erfahrungen. Mit (lith.) Abbildg. der innern Badegemächer. Berlin 853. Literatur- und Kunst-Comptoir. (Streerath u. Co.) 12. (100 S.) 9 ngr

Wasserhöhe, Die, der Donau bei Wien und Budapest und die Höhe des Grundwassers in vier im Weichbilde der Stadt Wien und in drei im Weichbilde der Stadt Budapest befindlichen Beobachtungs-Stationen in den Jahren 1876–1882. Auf Grund der Ergebnisse von hydrometrischen Beobachtungen, auf 8 Tafeln dargestellt von der III. Section des k. k. technischen und administrativen Militär-Comité. Fol. Wien 1883.

Amor auf dem Zapfenstreich oder: Wie Jemand durch Wasser Feuer u. Flamme wurde. Wahrheitsgetreu berichtet v. Casimir **Wasserhuhn**. Illustr. v. Hugo Klugt. Hamburg. o. J. [nach 1864 und vor 1870]. 8°

Aus dem „Wasserkopf“ Berlin. Ein illustriertes Brötchen, serviert von e. Provinzialen. In-8⁰. 47 S. Zürich, Verlagsmagazin (J. Schabelitz). — 90
1897

Wasserkraft, die. Zentralblatt f. die Wasserkraft-Betriebe sämtl. Industrie- u. Gewerbezweige. Allein. Organ des Vereins dtsch. Wasserkraftbesitzer, sowie d. ihm angeschlossenen Vereiniggn. usw. Jahrg. 1910. 24 Nrn. (à ca. 12 S.) Lex. 8. Duderstadt a/Harz, L. Koch. (Nur direkt.) 5. —

Wasserkraftanlage, Die. Aue der Elektrizitätsgesellschaft Baden. Erbaut durch den »Motor« Aktiengesellschaft für angewandte Elektrizität, Baden (Schweiz). Zürich 1910. V: *Jegher, Carl.* (BBullschw 11, S. 194)

Wasserkraftanlage, die, Aue der Elektrizitätsgesellschaft Baden. (11 S. m. 42 Abb.) 32,5×23 cm. Zürich 910. Rascher & Co. — 80
Sonderabdr. a.: „Schweiz. Bauztg.“

— die, im Murgtal oberhalb Forbach. Bearb. v. der grossh. Generaldirektion der bad. Staatseisenbahnen 1910. (58 S. m. 41 Taf.) 32×24 cm. Karlsruhe 910. (C. F. Müller.) Kart. 6. —

Wasserkraftanlagen der Vereinigten Kander- & Hagnekwerke A.-G. in Bern. 1. Das Elektrizitätswerk Spiez. Zürich 1908. V: *Jegher, Carl.* (BBullschw 12, S. 115)

Wasserkraftanlagen d. vereinigten Kander- u. Hagnekwerke A.-G. in Bern. I. Das Elekrizitätswerk Spiez. (32 S. m. 70 Abb.) 32×23,5 cm. Zürich 908. Rascher & Co. 1. 60
Sonderabdr. a.: „Schweiz. Bauztg.“

Wasserkräfte, die, Bayerns. Im Auftrage d. k. Staatsministeriums d. Innern bearb. v. der k. obersten Baubehörde. Textbd. u. 2 Bde. Pläne. (XII, 514 S. m. Fig. u. 12 Taf. u. XI S. m. 100 Taf.) 34×23 cm. München 907. Piloty & Loehle. Geb. in Leinw. 60. —

Wasserkräfte. Die W' des Oberrheines von Neuhausen bis Breisach und ihre wirtschaftliche Ausnützung. (Bearb. von der Grossh. Badischen Oberdirektion des Wasser- und Strassenbaues. Mit [1 Textfigur,] 10 Textanlagen und 10 Blattzeichnungen.) VIII + 70 + *Anlagen* II + 38 S. 4. Karlsruhe, G. Braun, 1906. [cart. M. 12.—]

Beiträge zur Hydrographie des Grossherzogtums Baden. Hrg. von dem Zentralbureau für Meteorologie und Hydrographie. Heft 12.

— die, Schwedens u. deren Ausnutzung. Bearb. in der königl. Wasserfalldirektion Stockholm. (Meddelanden från kungl. vattenfallsstyrelsen Nr. 2.) (68 S. m. Abb. u. 1 Taf.) 31,5×24,5 cm. Stockholm 910. (C. E. Fritze.) nn 4. —

Wasserkraftkataster, der österreichische. Hrsg. vom hydrograph. Zentralbureau im k. k. Ministerium f. öffentl. Arbeiten. (Hydrograph. Dienst in Österreich.) 1. Heft. Index u. Bl. 1—22. (72 S. Text m. eingedr. Kartenskizzen.) 52×35 cm. Wien 909. (W. Braumüller.) nn 30. 60

Wasserkresse-Verkäufer, die kleinen. Aus dem Engl. übers. 16. (95 S. mit 6 Holzschnt.) Cincinnati 857. (Bremen, Heyse's Verlag.) geb. Thlr. *

Wasserkresse-Verkäufer, die kleinen. Mit 8 bunten (lith.) Bildern. Neu-Ruppin 860. Bergemann. 16. (64 S.) 6 ngr.

Wasserkufe, die, oder d. Einsiedler und die Seneschallin von Aquilegia. 12. Wien, Grund. (Haas.) Rthlr.

Wasser-Kur, die, zu Gräfenberg, od. d. Kunst durch Anwend. d. kalten Wassers Wärme zu erzeugen. Zur Erleichterung e. richt. Gebrauchs d. Kur nach längere Zeit fortgesetzten Beobachtn. beschrieben u. auf den Wunsch vieler Bade-Gäste hrsg. von e. Kurgast. — A. m. d. Umschl.-Ttl.: Die Natur-Heil-Anstalt d. Vinzent Priesnitz zu Gräfenberg. 8. (4¼ B.) Lissa 837, E. Günther.

Wasserkuren, die allerneuesten, s. **Oertel,** E. F. Ch.

Wasser- u. Gasröhrenleitung und Unrathskanäle der k. k. Haupt- und Residenzstadt Wien 1858. Verfasst im k. k. Ministerium des Innern. *Wien* lith. u. gedr. in *L. Förster's* art. Anstalt.
4 Blätter zum Aufspannen. Höhe der ganzen Karte 2' 9½". Breite 3' 3¼". Massstab 1 W. Z. gleich 40 Klft. Die Unrathskanäle sind durch hochrothe Linien, die Wasserleitungen durch schwarze, die Gasröhrenleitungen durch punktirte angezeigt, mit ihren Namen und Angabe des Gefälles versehen. Diese Karte wurde für die Konkurrenten zum Stadterweiterungsplan entworfen. Dazu erschienen zwei Hefte beschreibenden Textes unter den Titeln: 1. Kanalisirung der inneren k. k. Haupt- u. Residenzstadt Wien (11 S. Fol.). 2. Wasserleitungen d. k. k. Haupt- u. Resid. Wien. (1858. k. k. Hof- u. Staatsdr.) (12 S. Fol.)

Die **Wasserleitung** der Stadt Gumbinnen. Gumbinnen: Magistrat 1896. (84 S.) 4° [8.]
[08. 1036

Wasserleitung, Canalisation u. Rieselfelder v. Danzig. Mit (lith.) Plänen der Stadt u. deren Umgegend (in qu. 4.) Danzig 876. Kafemann. n. 1. 50

— **Canalisation** u. **Rieselfelder** von Danzig. Mit einem (lith.) Plan der Stadt u. deren Umgebung. (2 Blatt in 4.) 2. Aufl. 8. (16 S.) Danzig 878. Gruihn. 1. 50

Wasserleitung, Canalisation und Rieselfelder von Danzig. 8. (42 S. mit 5 lithogr. Plänen.) Danzig 881, Saunier's Buchh. cart. * 2 —
Aus: Festschrift der 53. Versammlung deutscher Naturforscher und Aerzte in Danzig, besonders abgedruckt.

Wasserleitung, Die, nach Mannheim . . . Mannheim 1790. V: *Traiteur, Johann Andreas von.* (MGT) (Ky)

Wasserleitung, die, nach Mannheim; nebst d. Nachricht, wie weit dieses im J. 1790 angefangene Werk gediehen, u. welchen Nutzen seine Vollendung Mannheim gewähren wird, (von J. A. v. Traiteur). Mit 26 Pl. u. 1 Karte. gr. 8. Manh. 790. Schwan u. G. 3 rß

Wasserleitung, die neue. Von S. Eine Beurtheilung der „Resolutionen des Vereines deutscher Aerzte in Prag“. [Aus: „Politik“.] 8. (28 S.) Prag 877. (Rziwnatz.) n. — 40

Wasserleitung, Die neue, der Haupt- und Residenzstadt Altenburg, erbaut im Jahre 1867. Altenburg 1868

Wasserleitung, Die, auf dem Gute Pichlern-Marienhof in Kärnten. Klgft., Bertschinger, 1890. 13 S.

Wasserleitung, Die städtische, zu Erfurt. (Erfurt 1876)

Wasserleitungen der k. k. Haupt- u. Residenzstadt Wien. *Wien* 1858. *K. k. Hof- u. Staatsdruckerei.* 12 S. Fol. Ohne Pr.
Zu den Behelfen für die Konkurrenten zum Stadt-Erweiterungspläne gehörig.

Eine eigene **Wasserleitungsversicherung** für die Vereine des Preussischen Landesverbandes. Der Gesetzentwurf über d. Versicherungsvertrag. (Vorr.: [Georg] Baumert.) Spandau 1906: R. Graßmann, Stettin. (51 S.) 8° [F.]
= **Mitteilungen** d. Preuß. Landesverbandes städt. Haus- u. Grundbesitzer. H. 26. [08. 1139]

Wasserlösungs-Ordnung f. die Geestdistricte des Herzogth. Holstein. 16. (16 S.) Segeberg 893. J. F. Meier. Kart. n. — 50

Wassermann, der, e. Geistermährchen aus d. 12ten Jahrh. Gegenstück z. Donauweibchen. 8. Wien, Aloys Doll. (Liebeskind in Lpz.) 800.

Wassermann, der, ein Volksmährchen aus d. 12. Jahrh. 8. (11½ B. u. 2 Kpfr.) Wien 842, Carl Doll. (Leipzig, Liebeskind.)

Wassermann, A.

— experimentelle Beiträge zur Frage der aktiven Immunisierung des Menschen, s.: **Festschrift** zum 60. Geburtstage v. Robert Koch.

— s.: **Handbuch der pathogenen Mikroorganismen.**

— s.: **Nachprüfung** des v. Neisser u. Sachs angegebenen Verfahrens zur forensischen Unterscheidung v. Menschen- u. Tierblut.

— s.: **Psychiatrie** etc.

— s.: **Volksseuchen.**

Wassermann, Albert, aus Bamberg, gepr. Rechtspraktikant: Die **Handlungsagenten** nach dem Handelsgesetzbuch vom 10. Mai 1897. *Bamberg 1899: J. Nagengast.* (50 S.) 8°
Erlangen, Jur. Diss. v. 27. Juni 1899

Wassermann, August

Wassermann, A., die Bedeutung der Bakterien f. die Gesundheitspflege, s. a. **Veröffentlichungen** des deutschen Vereins f. Volks-Hygiene. 8. Hft.

Die Bedeutung der Bakterien für die Gesundheitspflege. Von Prof. Dr. A[ugust] **Wassermann**, Berlin. Mit 6 Abb. 1. Aufl. München & Berlin: R. Oldenbourg 1905. (35 S.) 8° [F.]
— **Veröffentlichungen** d. Deutschen Vereins f. Volks-Hygiene. H. 8. [05 7351

Wassermann, A., Hämolysine, Cytotoxine u. Präcipitine, s. a. **Sammlung** klinischer Vorträge.

Hämolysine, Cytotoxine und Präcipitine von Prof. Dr. A[ugust] Wassermann (Berlin). Leipzig: Breitkopf & Härtel 1902. (46 S.) 4°(8°)
(Sammlung Klinischer Vorträge. N. F. No 331.)

Wassermann, A. v., Hämolysine, Zytotoxine u. Präzipitine. Neu bearb. v. J. Leuchs u. M. Wassermann. (V, 124 S.) gr. 8. Leipzig 910. J. A. Barth. 4.80; geb. 5.60

Wassermann, August [aus Bamberg, Bayern]: Ueber die Wirkung des Sulfonals. . . . Strassburg, Univ.-Buchdr. v. J. H. Ed. Heitz (Heitz & Mundel), 1888; 58 S. u. 1 Tab. 8°
Strassburg, Med. Fak., Inaug.-Diss. v. 1888

Wassermann, C., die Wanderlager, Schleuderauctionen u. schwindelhaften Ausverkäufe. Eine volkswirthschaftliche Studie. 8. (36 S.) Berlin 879. Germania. — 60

Wassermann, C. J., kleine Betrachtungs-Reden bei dem Besuche des heil. Kreuzweges gehalten. gr. 8. (24 S.) Wien 851, Mechitharisten-Congregations-Buchh.

Wassermann, C. J., das Leiden Jesu Christi und dessen Nachbild in der hl. kathol. Kirche dargestellt in sechs Fastenvorträgen mit einer Predigt am heil. Ostersonntage 1872 in der Pfarrkirche zu Rohrbach in Ober-Oesterreich. Anh. dazu: Eine mit Glossen versehene Kritik dieser Predigten. gr. 8. (52 S.) Passau 872. (Linz, Haslinger.) * — 80

Wassermann, Ernst, a. Bamberg: Über sterische Hinderung und optische Isomerie von Stickstoffverbindungen. Greifswald 1907: F. W. Kunike. (65 S.) 8°
Greifswald, Phil. Fak., Ref. Auwers, Diss. v. 11. Mai 1907
[Geb. 27. Nov. 80 Bamberg; Wohnort: Greifswald; Staatsangeh.: Bayern; Vorbildung: Landwirtsch. Realsch. 1. Ordn. Nürnberg Reife Juli 98; Studium: T.H. Darmstadt 5, Hannover 3, Univ. Greifswald 3 S.; Rig. 29. Apr. 07.]

Wassermann, Ewald

Wassermann, Ew., die Schule der Schreibgeläufigkeit (Schnellschönschrift), auf physiologisch-psycholog. Grundlage zum Schul- u. Selbstunterricht bearb. gr. 8. (V, 32 S. m. 8 Taf.) Berlin 901. Nicolai's Verl. n. 1.—

— der schriftliche Verkehr. Geschäftliche Formulare, Verträge, Privat- u. Geschäftsbriefe, Eingaben an Behörden, f. Schule u. Haus bearb. gr. 8. (VI, 64 S.) Ebd. 901. n. — 50

Wassermann, Friedr., die erste Dampfwagenfahrt von Leipzig nach Dresden d. 7. April 1839, u. von Dresden nach Leipzig am 8. April 1839. (Gedicht.) gr. 8. (¼ B. u. 1 Ansicht.) Leipzig 839, Schreck. *

—— zur 300jähr. Jubelfeier d. Einführung d. Reformation in Leipzig, am Pfingstfeste 1839. (Gedicht.) gr. 8. (¼ B.) Leipzig 839, Schreck. *

—— die Völkerschlacht bei Leipzig. Als Anh.: Dankgefühle am 25jähr. Jubiläum d. Völkerschlacht bei Leipzig. 8. (1 B.) Leipzig 838, Schreck. *

Wassermann, Fritz: Aus d. anat. Inst. in München. Über den makro- und mikrochemischen Eisennachweis im Dotter des Hühnereies. Mit 2 Textfig. u. 1 Taf. Wiesbaden: Bergmann 1910. 30 S., 1 Taf. 8° * (Aus: Anatom. Hefte. Bd 42.)
München, Med. Diss. v. 27. Okt. 1910, Ref. Rückert
[Geb. 13. Aug. 84 München; Wohnort: München; Staatsangeh.: Bayern; Vorbildung: Luitpold-Gymn. München Reife Juli 03; Studium: München 10 S.; Coll. 27. Okt. 10; Approb. 29. Jan. 10.] [U 11. 3761

Wassermann, Glob., Gustav Schwab, der edle Barde Schwabenlands. Gerechte Bedenken über seinen schnellen Tod, welcher durch eine verfehlte medizinärztl. Behandlung mittelst Aderlaß herbeigeführt worden ist. Hydriatrisch beleuchtet und bewiesen. Mit einem Briefe von Thdr. Hahn als Vorwort. 8. (111 S.) St. Gallen 851, Huber und Comp. *

Wassermann, Gustav, Referendar: Das **Vorbehaltsgut** der Ehefrau beim Güterstande der Verwaltung und Nutznießung des Bürgerlichen Gesetzbuchs. Borna-Leipzig 1910: Noske. VIII, 81 S. 8°
Leipzig, Jur. Diss. v. 17. Febr. 1910.
[Geb. 31. März 85 Bautzen; Wohnort: Zittau; Staatsangeh.: Sachsen; Vorbildung: Gymn. Bautzen Reife O. 04; Studium: Berlin 2, Heidelberg 1, Leipzig 5 S.; Rig. 1. Febr. 08.]

Wassermann, Jakob

Wassermann, Jak., Alexander in Babylon. Roman. 1.—3. Aufl. (à 270 S.) 8. Berlin 905. S. Fischer Verl. n. 3.50; geb. in Leinw. n.n. 4.50; in Ldr. n. 5.50

Wassermann, Jak., Lorenza Burgkmair. E. Karnevals-Stück in 3 Akten. gr. 16. (64 S.) München 898. Rubinverlag. n. 1.50

Wassermann, Jak., die Geschichte der jungen Renate Fuchs. 1.—6. Aufl. 8. (522 S.) Berlin 901. 902. S. Fischer, Verl. n. 6. —; geb. n.n. 7. 50

— die Geschichte der jungen Renate Fuchs. 7.—9. Aufl. (à 522 S.) 8. Ebd. 905. 906. n. 6. —; geb. n.n. 7. 50

Wassermann, Jak., die Geschichte d. jungen Renate Fuchs. (Roman.) 10. u. 11. Aufl. (522 S.) 8. Berlin 910. S. Fischer, Verl. 6.—; geb. n 7. 50

Caspar Hauser oder die Trägheit des Herzens. Roman von Jakob Wassermann. 1.- 4. Aufl. Stuttgart & Leipzig: Deutsche Verl.-Anst. 1908. 558 S. 8°

— Caspar Hauser od. Die Trägheit d. Herzens. Roman. 1.—9. Aufl. (558 S.) 8. Stuttgart 909. Deutsche Verlags-Anstalt. 6.—; geb. 7. —

— Hockenjos od. Die Lügenkomödie. 3 Akte. gr. 16. (54 S.) Ebd. 898. n. 1. 50

— d. Juden v. Zirndorf. Roman. 8. (459 S.) München 897. A. Langen. n. 4. 50

Die Juden von Zirndorf. Roman von Jakob **Wassermann**. Neubearb. Ausg. Berlin: S. Fischer 1906. (362 S.) 8° [F.] [07 9632 II

— die Kunst der Erzählung, s.a. Literatur, die. 8. Bd.

Die Kunst der Erzählung von Jakob **Wassermann**. Mit 1 Heliograv., 1 Lichtdr. u. 7 Vollbild. Berlin: Bard, Marquardt & Co. [1904]. (58 S.) 8° = Literatur, Die. Bd 8. [05 8737

— Der Literat od. Mythos u. Persönlichkeit. (81 S.) 8. Leipzig 910. Insel-Verlag. 2.50; geb. in Leinw. 3. 50

— Die Masken Erwin Reiners. Roman. 5.—7. Aufl. (394 S.) kl. 8. Berlin 910. S. Fischer, Verl. 5.—; geb. n 6. —

[F.] Jakob **Wassermann**. Melusine. E. Liebesroman. *Paris, Leipzig, München: A. Langen 1896.* (2 Bl., 224 S.) 1 Bd 8. [96 10533 Or

— der Moloch. Roman. 1. u. 2. Aufl. 8. (à 500 S.) Ebd. 903. n. 6. —; geb. n.n. 7. 75

— Der Moloch. Roman. 3. u. 4. Aufl., neu bearb. (375 S.) kl. 8. Ebd. 908. 4.—; geb. n 5.—; in Ldr. 6. 50

— der niegeküßte Mund. — Hilperich. 2 Novellen. (V, 135 S.) 8. München 903. [A. Langen.] Berlin, S. Fischer Verl. n. 2. —; geb. in Leinw. n. 3. —

— Die Schaffnerin. Die Mächtigen, s.a. Bibliothek Langen, Kleine. Bd 10.

Jakob **Wassermann**. Die Schaffnerin. Die Mächtigen. Novellen. Paris, Leipzig, München: Langen 1898. 132 S. 8°
(Kleine Bibliothek Langen. Bd 10.) [10. 8716

— schläfst Du, Mutter? Ruth, s.a. Bibliothek Langen, Bd. 1.

[F.] Jakob **Wassermann**. Schläfst Du Mutter? Ruth. Novellen. *Paris, Leipzig, München: A. Langen 1897.* (107 S.) 1 Bd 8.
— Bibliothek Langen, Kleine. Bd 1. [98. 10293 Or

Wassermann, Jak., die Schwestern. 3 Novellen. 1. bis 3. Aufl. (à 182 S.) kl. 8. Berlin 906. S. Fischer Verl. n. 2. —; geb. n.n. 3. —; in Ldr. n. 4. —

Die Schwestern. 3 Novellen von Jakob **Wassermann**. 3. Aufl. Berlin: S. Fischer 1907. (182 S.) 8° [F.] [08. 8131

Wassermann, Jh. Mch., d. Strumpfwirkerstuhl u. sein Gebrauch, s. Schauplatz d. Künste u. Handwerke. 21r Bd.

Wassermann, Julie, Flaubert. Ein Selbstporträt nach seinen Briefen. (68 S.) kl. 8. Berlin 907. Oesterheld & Co. n. 2. 50; geb. n. 3. 50

Wassermann, L., der Altkatholicismus d. Hrn. Prof. Dr. Michelis. gr. 8. (26 S.) Frankfurt a. M. 872. Hamacher. n. — 20

— dasselbe. 2. Aufl. gr. 8. (26 S.) Ebend. 873. n.n. — 25

— das angebliche Breve des Papstes Clemens XIII, an den österr. Feldmarschall Daun, s.: Compaß für das katholische Volk.

Wassermann, L. (I.), der Kampf gegen die Lebensmittelfälschung vom Ausgang des Mittelalters bis zum Ende des 18. Jahrh. Eine culturhistor. Studie. gr. 8. (41 S.) Mainz 879, Faber'sche Buchdruckerei. *

Wassermann, L., sind die katholischen Ordensleute wirklich Feinde d. Vaterlandes? 8. (80 S.) Mainz 891. Kirchheim. n. — 60

—— der Zünftler im Waffenrock. Eine kulturhistor. Skizze. 8. (32 S.) [Amberg 885.] Regensburg, Habbel. — 30

Wassermann, Leonhard

Wassermann, L., wer soll unsere Kranken pflegen, s.a Broschüren, Frankfurter zeitgemäße.

Wassermann, Leonhard: Wer soll unsere Kranken pflegen? — Frankfurt a. M. & Luzern: Foesser 1886. 36 S. 8° (Frankfurter zeitgemässe Broschüren. N. F. Bd 8, H. 1.)

Wassermann, Ludwig: Der Einfluss der Technik auf die Spiritusindustrie. Eine ökon. Monogr. d. deutschen Branntweingewerbes. Leipzig: Duncker & Humblot 1909. 198 S. 8° ¶(Ersch. vollst. ebd. u. d. T.: Die deutsche Spiritusindustrie.)
Erlangen, Phil. Diss. v. 22. Jan. 1909, Ref. v. Eheberg
[Geb. 10 Nov. 85 München; Wohnort: München; Staatsangeh.: Bayern; Vorbildung: Handelsschule München Reife 01; Studium: Berlin Univ. 1, Leipzig Handelshochsch. 2, München 1, Berlin Handelshochsch. 1, Erlangen 3 S.; Rig. 23. Okt. 08.] [U 09. 807

Wassermann, Ludw., die deutsche Spiritusindustrie. Eine wirtschaftl. Monographie unter besond. Berücksicht. des Einflusses der Technik. (IX, 218 S.) gr. 8. Leipzig 909. Duncker & Humblot. 5. 50

Wassermann, M., drei Erzählungen f. die reifere Jugend. [Paule, der Sackzeichner. Der wackere Vetter. Hilfe zur rechten Zeit.] (Titel-Ausg. von: „Wahre Liebe".) 8. (168 S.) Erfurt 883. Bartholomäus. cart. 1. 50

Wassermann, M., Wahre Liebe. 3 Erzählungen. 8. (III und 168 S.) Stuttgart 864, Kitzinger.

ORIENTALIS (d. i. *M. v. Wassermann*), Das Mädchen von Chaibar. Roman aus dem Leben Muhameds. Stuttgart 1859. 8°. (2 Mk., Hfz., Lipsius & Tischer, Kiel, 1910.)
Von Weller, Lex. Ps. p. 401, nicht enthüllt.

Waſſermann, M., Judah Touru, s.a. Schriften hrsg. vom Institut zur Förderung der israelit. Literatur.

Waſſermann, M., Judah Touro. Ein Gentleman semit. Abstammung. Biographischer Roman. 1. und 2. (Titel-)Aufl. 2 Bde. 8. (224; 129 S.) Stuttgart 875,77, [Hallberger.] Deutsche Verlagsanstalt. * M 6.; geb. *

Wassermann, Mart., s.: Anschluss, der, des Deutschen Reichs an die internat. Union f. gewerblichen Rechtsschutz.

Waſsermann, Martin [aus München]: '(Aus d. chirurg. Univ.-Kinderklinik zu München.)' Ueber ein im Anschlusse an Scharlach vereitertes und durch Operation geheiltes Endotheliom des Schädeldaches mit Regeneration des durch den Tumor gesetzten Schädeldecken-Defektes ... München, Buchdr. Kastner & Lossen, 1896; 28 S. 8.
München. Med. Fak., Inaug.-Diss. v. 1896

Wassermann, Mart., die Grundzüge d. dtschn. Patentrechts. (IX, 215 S.) gr. 8. Berlin-Wilmersdorf 910. Dr. W. Rothschild. 3. —

s. Markenschutz u. Wettbewerb.

Der unlautere Wettbewerb nach deutschem Recht, s.a. Sammlung Göschen.

Der unlautere Wettbewerb nach deutschem Recht von Dr. Martin **Wassermann**, Rechtsanw. Leipzig: G.J.Göschen 1907. (166 S.) 8° [Fr.]
(Sammlung Göschen. 339.) [07. 9195

Wassermann, Max. Ueber die relative Constitution des Eugenols. (Tübingen) München, 1875.

Wassermann, Melville [approb. Arzt]: Beiträge zur Statistik der Bindegewebs-Tumoren des Kopfes .... Leipzig, Druck v. J. B. Hirschfeld, 1887; 2 Bl. + 73 S. 8°.
Heidelberg, Med. Fak., Inaug.-Diss. v. 1887

Wassermann, Melville, Beiträge zur Statistik der Bindegewebs-Tumoren des Kopfes. Diss. Heidelberg 1887, Theodor Groos. 8⁰. 73 S.

Wassermann, Michael, appr. Arzt a. Bamberg: Klinische Untersuchungen über Typhus abdominalis. Aus der II. medizin. Klinik München. Direktor Prof. Friedrich Müller. München 1906: Kastner & Callwey. (81 S.) 8° ¶ (Aus: Annalen d. städt. allgem. Krankenhäuser zu München.)
München, Med. Fak., Ref. Müller, Diss. v. 4. April 1907
[Geb. 19. März 82 Bamberg; Wohnort: Bamberg; Staatsangeh.: Bayern; Vorbildung: Neues Gymn. Bamberg Reife Juli 00; Studium: Genf 1, Erlangen 1, Berlin 4, Heidelberg 1, München 3 S.; Coll. 4. Apr. 07; Approb. 28. Febr. 07.]

Waſſermann, Moſ., über d. Kategorien u. die Art, wie dieselb. aufgefaßt werden müſſen. Eine philoſoph. Abhandl. gr. 8. (3½ B.) Tübingen 831, Laupp.

Wassermann, Paul: Über Sulfaminsäurebildung aus Nitraminen. München 1910: Höfling. 45 S. 8°
Gießen, Phil. Diss. v. 12. März 1910, Ref. Elbs
[Geb. 3. März 87 München; Wohnort: Gießen; Staatsangeh.: Bayern; Vorbildung: Luitpold-Gymn. München Reife Juli 06; Studium: München 6, Gießen 1 S.; Rig. 29. Jan. 10.] [U 10. 1310

Wassermann, Riwka, aus Jekaterinoslaw: Pes valgus spontaneus et traumaticus. Bern 1910. 26 S. und eine Tafel. 8⁰ [23.II.10.]
Bern, Med. Diss. 1909/10.

Wassermann, Riwka. Pes valgus spontaneus et traumaticus. Diss. Med. Bern. [Mit 1 Tafel.] 26 S. 8. Bern, Verlag «zum Zytglogge» (*Umschlag:* Buchdr. Berger & Albrecht), 1910.

Wassermann, Rud.: Begriff u. Grenzen d. Kriminalstatistik, s.a. Beiträge, Kritische, zur Strafrechtsreform. 8. Heft.

Begriff und Grenzen der Kriminalstatistik. Eine logische Untersuchung v. Dr. Rudolf **Wassermann**. Leipzig: W. Engelmann 1909. X, 112 S. 8⁰
(Kritische Beiträge z. Strafrechtsreform. H. 8.)

Wassermann, Rudolf: Beruf, Konfession und Verbrechen. Eine Studie über die Kriminalität der Juden in Vergangenheit und Gegenwart. München: E. Reinhardt 1906. (106 S.) 8° ¶ [= Statistische u. national-ökonom. Abhandlungen H. 2.]
München, Staatswirtsch. Fak., Ref. v. Mayr, Diss. v. 24. Juli 1906
[Geb. 20. Nov. 84 München; Wohnort: München; Staatsangeh.: Bayern; Vorbildung: Luitpold-Gymn. München Reife Juli 03; Studium: München 4, Berlin 1, München 1 S.; Rig. 24. Juli 06.]

Wassermann, Rud., Beruf, Konfession u. Verbrechen. Eine Studie üb. die Kriminalität der Juden in Vergangenheit u. Gegenwart, s.a. Abhandlungen, statistische u. nationalökonomische.

Beruf, Konfession und Verbrechen. Eine Studie über d. Kriminalität d. Juden in Vergangenheit u. Gegenwart von Dr. Rudolf **Wassermann**. München: E. Reinhardt 1907. (106 S.) 4°(8°)
= **Abhandlungen**, Statist. u. nationalökon. H. 2. [07. 4710

— Ist v. e. Reichsalkoholmonopol e. kultureller Einfluss zu erwarten?, s.a. Veröffentlichungen des akademisch-juristischen Vereins München. 3. Heft.

Ist von einem Reichsalkoholmonopol ein kultureller Einfluß zu erwarten? Von Dr. jur. Rudolf **Wassermann**. Heidelberg: Winter 1909. S. 559–566. 8⁰
(Veröffentlichungen d. Akad.-Jurist. Vereins. München. H. 3.)

— Rechtsvergleichg. u. Strafrechtsreform. Ein Vortrag. (55 S.) gr. 8. Leipzig 909. W. Engelmann. 1. 20

Wassermann, Rudolf: Ludwig Spohr als Opernkomponist. (München 1909: Huber.) 72 S. 8° ¶ (Aus: Die Musik. Jg. 8.)
Rostock, Phil. Diss. v. 26. Juli 1909, Ref. Thierfelder
[Geb. 17. Okt. 84 München; Wohnort: Rostock; Staatsangeh.: Bayern; Vorbildung: Ludwigs-Gymn. München Reife M. 04; Studium: Jura München 3, Phil. Erlangen 1, München 5 S.; Rig. 21. Juli 09.] [U 10. 3993

Wassermann, Rudolf: Wandlungen der Ansichten über Wesen und Zweck der Kriminalstatistik. (T. I.) Beiträge zu einer Geschichte der Kriminalstatistik. Stuttgart 1910: Union. 71 S. 8⁰ (Aus: Der Gerichtssaal. Bd 75. 76.)
Erlangen, Phil. Diss. v. 7. Juni 1910. Ref. Hensel, v. Eheberg.
[Geb. 20. Nov. 84 München; Wohnort: München; Staatsangeh.: Bayern; Vorbildung: Luitpold-Gymn. München Reife 03; Studium: München 5, Erlangen 2, Berlin 1 S.; Rig. 23 Okt. 08.]

Wassermann, Rudolf: Wandlungen der Ansichten über Wesen und Zweck der Kriminalstatistik. Beiträge zu e. Geschichte d. Kriminalstatistik. Stuttgart 1910: Union. 110 S. 8° ¶ (Aus: Der Gerichtssaal. Bd 75. 76.)
München, Jur. Diss. v. 27. Juli 1910, Ref. Birkmeyer
[Geb. 20. Nov. 84 München; Wohnort: München; Staatsangeh.: Bayern; Vorbildung: Luitpold-Gymn. München Reife Juli 03; Studium: Jura u. Phil. München 5, Erlangen 2, Berlin 1 S.; Rig. 27. Juli 10.] [U 10. 3436

Wassermann, W.

—— Special Catalogue of the Royal Museums at Berlin. A. The Old Museum. A Manual for the Visitors of the Collections of the Royal Museum, with special regard to the Picture-Gallery. 8. (IV, 108 S.) Ebendas. 869. * 1 50

—— dass. — B. The New Museum. A Manual for the Visitors of the Collections of the Royal Museum, with an Appendix, containing other remarkable Picture-Galleries etc. gr. 16. (IV, 92 S.) Ebendas. 869. * 1 50

Wassermann, W., special catalogue of the royal museums at Berlin. A manual for the visitors of the collections of the royal museum, with special regard to the picture-gallery. 10. ed. 8. (IV, 108 u. IV, 76 S.) Berlin 876. Engelmann. 2. 25

Wassermann, W., neuester Führer durch die k. Museen Berlins. Handbuch für die Besucher der Sammlungen des königl. Museums mit besond. Berücksicht. der Gemälde-Gallerie. gr. 16. (IV, 106 S.) Berlin 869, Heidemann und Comp. — 75

Wassermann, W., neuester Führer durch das alte u. neue Museum. Praktischer Leitfaden für die Besucher desselben. Nach der neuesten Aufstellung [incl. des Hildesheimer Silberschatzes.] Berlin 869. Heidemann & Co. gr. 16. (IV, 84 S.) 5 ngr.

Wassermann, W., vollständiger Führer durch die kgl. Museen Berlin's. Mit besond. Berücksicht. der Gemälde-Galerie. Nach amtl. Quellen. Ausg. A. 10. vollständig revid. Aufl. 8. (154 S.) Berlin 876, Engelmann.
Ausg. B. 10. vollständig revid. Aufl. (118 S.)
Ausg. C. 12. vollständig revid. Aufl. (85 S.)
Ausg. D. 12. vollständig revid. Aufl. (38 S.)
Die früheren Auflagen erschienen im Selbstverlag.

Wassermé, Franz [aus Neuss a. Rh.]: Aus d. Klinik f. Ohren- u. Nasenkrankheiten zu Bonn. Ueber Nasenpolypen ... Bonn, Druck v. J. F. Carthaus, 1889; 27 + 1 S. + 1 Bl. 8°
Bonn, Med. Fak., Inaug.-Diss. v. [5. Okt.] 1889

Wassermeyer, Dr. med., 1. Assistenzarzt an d. psychiatr. u. Nervenklinik in Kiel: Delirium tremens. Berlin 1908: L. Schumacher. (77 S.) 8° ¶ (Aus: Archiv f. Psychiatrie u. Nervenkrankheiten Bd 44 H. 3.)
Kiel, Med. Fak., Hab.-Schrift v. 1908
(Nicht für den Austausch)

Wassermeyer, H. Chr., s. Wässermeyer

Wassermeyer, Max, appr. Arzt aus Bonn: Aus d. med. Klinik d. Universität Bonn. Über den Verlauf posttraumatischer Nervenkrankheiten nach Beobachtungen der medizinischen Klinik in Bonn. *Bonn 1902: C. Georgi.* (92 S.) 8°
Bonn, Med. Diss. v. [29.] Jan. 1902

Wassermeyer, H. Ch., Vergleichungstabellen, wodurch d. Werth d. im Königr. Westphalen coursirenden Münzen bestimmt wird. gr. 8. Götting. Dantwerts. 810.
Schreibp.

Wassermeyer, H. Chr., Vergleichungstabellen, wodurch d Werth der im Königr. Westphalen coursirenden Münzen bestimmt wird. gr. 8. Götting. 810. 4e umgearb. Aufl. 813. (Bandenhöck u. R.) 14 ℛ Schrbp. 18 ℛ

— Anhang zum Vergleichungstabellen 2c., siehe Quenstedt, Karl.

Über den **Wassern**. Halbmonatschrift f. schöne Litteratur. Hrsg.: Dr. P[ater] Expeditus Schmidt O. F. M. Jg. 1, H. 1. Münster i. W.: Alfonsusbuchh. 1908. 8° [F.] 08. 16,34

Wassernot

Wassernoth, die, in Emmenthal am 13. Aug. 1837. Von Jeremias Gotthelf. 12. Burgdorf 838. Langlois. ¼ ß

Die grosse **Wassernot** in Sachsen 1897. Nach Berichten v. Augenzeugen geschild. M. 85 Ill. 2. Aufl. ... Leipzig: Sächs. Volksschriftenverl. 1898. (IX, 413 S., 1 Taf., 1 Kt.) 1 Bd 8°

Wassernoth. Die grosse Wassernot in Sachsen, Schlesien und Böhmen vom 29. Juli bis zum 5. August 1897 .... [Illustriert.] (*Unterschrieben:* Der Alte vom Berge.) 8. Wytikon-Zürich (1897).

Wassernoth, Die, im Schweizer Hochgebirge. Drama. Zürich 1835. V: *Utinger, Carl Joseph Leodegar.* (Kn)

Wassernoth, Die, im Karste der kroatischen Militärgrenze. Agram 1874. V: *Hrdlicka, Carl.* (Mitth. d. Verlagsbuchh.)

Die **Wassernoth** im Karste der kroatischen Militärgrenze. Als Manuskript gedruckt und herausgegeben über Anordnung des k. k. General-Kommandos in Agram, als Landes-Verwaltungsbehörde der kroatischen Militärgrenze. Agram 1874. 160 S., 1 Krt. 4°

Wassernoth im Niederrhein, Die, im September 1852. Strassburg 1852.

Wassernoth. Die W. in der Schweiz, im Herbstmonat 1852. Ein Gedenkbüchlein für das Schweizervolk. 8. Winterthur 1852.

Wasserordnung. Nachtrag zur Wasser- u. Korporations-Ordnung der Gewerbs-Interessenten am Kleinbasler Teich vom Jahre 1898 «die Aenderung der Servituteinträge im Grundbuch betreffend» (1900—1901). (*Unterzeichnet:* Basel, im März 1901. Der Wassermeister: Aug[ust] Vuilleumier.) 49 S. 8. Basel, Franz Wittmer, 1901.

Königliche preussische **Wasser- und Ufer-Ordnung** für den Rhein-Strohm, in dem Hertzogthume Cleve, und dem Fürstenthume Meurs. [Dat.:] Berlin, den 2. Dec. 1774. Cleve (1774).

(Wasserot de Viney, François-Auguste-Maurice de.) Mémoire adressé à la haute Diète suisse, siégeant à Berne l'année 1818. (A Viney, le 24 juin 1818.) 8. s. l.

Wasser-Pantomimen. Nr. 1—3. kl. 8. Leipzig, Rauh & Pohle. à 1. 25
Kassninck, Wilh., baden ist hier polizeilich verboten! od.: Wer and. e. Grube gräbt, fällt selbst hinein. Humor. Wasser-Pantomime. (7 S.) (909.) (Nr. 1.)
— Rentier Bliemchens Reiseerlebnisse im Seebade. Humorist. Wasser-Pantomime. (7 S.) (909.) (Nr. 2.)
— Soldatenliebe od.: Der Posten am Inselteiche. Humor. Wasser-Pantomime. (6 S.) (909.) (Nr. 3.)

Wasserpolizei für Länder, zur Verminderung d. Schäden d. Eisganges u. d. Ueberschwemmungen, wie auch zur Wasserbenutzung. gr. 8. Leipz. ... Centr.-Compt. 20 ℛ Anhang oder 2r Thl.: Beiträge zur Minderung d. Eisgangs u. d. Ueberschwemmungen. gr. 8. Ebd. 8 ℛ

Wasserpolizei für Länder 2c., setze hinzu: Von Dr. Rössig.

Wasser-Prediger, der, zur Pestzeit. Eine Mittheil. f. alle Menschen. (Ein Gedicht.) gr. 12. (1⅓ B.) München 837. (Nürnberg, Raw'sche Buchh.) *

Wasser-Quelle, ein geistl. Gebetbuch. 12. Frankf. a. M. 796. Brönner. 5 ℛ

Wasser-Quelle, Geistliche. Welche sich der Seele, die da nach Gott . . . durstet, . . . zur Labung . . . ergiesset. Altstadt Prag [1706]. Ü: *Sporch, El. F. Gräfin von.* (EB)

Wasserquelle, geistliche, oder erbauliche Morgen-, Abend-, Kirchen-, Fest-, Beicht- u. Communion-Gebete, so wie Gebete in besondern Lebensverhältnissen. Nebst bibl. Trostsprüchen, den sieben Bußpsalmen u. einer Auswahl erbaul. Lieder. Neue durchges. u. verm. Ausg. 8. (Grobe Schrift u. Titelkupf.) Glogau 842, Günther'sche Buchh. ¼ ß

Wasserquelle, Geistliche, darinnen sich ein jedes frommes Herz, beides, auf der Reise und Daheim in guten, kühlen Tagen u. in mancherlei Hitze der Anfechtung leiblich und geistlich erquicken und erfrischen kann. Aus dem heilsamen Hauptbrunnen der heil. Schrift und andern christlichen Büchern zugerichtet und jetzt aufs Neue herausgegeben. Auch versehen mit etlichen grosser Herren und fürstlicher Personen Symbola und Gedenksprüche nebst Anhang und Zugabe (von Ludwig Harms). Hermannsburg 1861. V: *Förtsch*, *Basilius*. (Mn) (zu)

Wasserquelle, geistliche, darinnen sich ein jedes frommes Herz, beides, auf der Reise und daheim in guten, kühlen Tagen und in mancherlei Hitze der Anfechtung leiblich und geistlich erquicken und erfrischen kann. Aus dem heilsamen Hauptbrunnen der heil. Schrift und andern christl. Büchern zugerichtet und jetzt auf's Neue hrsg. rc. gr. 16. (VII und 539 S.) Hermannsburg 861. Leipzig, Naumann. •

Wasserquelle, geistliche, darinnen sich e. jedes frommes Herz beides, auf der Reise u. daheim in guten, kühlen Tagen u. in mancherlei Hitze der Anfechtg. leiblich und geistlich erquicken u. erfrischen kann. Aus dem heilsamen Hauptbrunnen der heil. Schrift u. andern christl. Büchern zugerichtet u. jetzt aufs Neue hrsg. Auch versehen m. etlicher großen Herren u. Fürstl. Personen Symbola und Gedenksprüche, nebst Anh. u. Zugabe. 8. (VI, 539 S.) Hermannsburg 874. Missionshausdr. n. — 90

Wasserquellen in der Wüste, s.: Missions=Traktate, kleine.

Wasserquellen in der Wüste. 2. Aufl. 16. (20 S.) Basel 877. Missionsbuchhandlung. n. — 4

Wasserrab, Karl, sociale Frage, Socialpolitik u. Caritát. (27 S.) gr. 8. Leipzig 903. Duncker & Humblot. n. — 80

Wasserrab, Karl, die Nationalökonomie nach ihrer Stellung, Methode u. ihrem neueren Entwickelungsgang. Eine Einleitungs=Vorlesg. gr. 8. (27 S.) Leipzig 894. Duncker & Humblot. n. — 80

Wasserrab, Karl. Sociale Politik im Deutschen Reiche. Ihre bisher. Entwickelg. u. ihre Fortführg. unter Kaiser Wilhelm II. gr. 8. (105 S.) Stuttg. 889, Enke. * 3 —

—— Preise u. Krisen. Volkswirthschaftliches aus unseren Tagen. Eine v. der staatswirtschaftl. Fakultät der Universität München gekrönte Preisschrift „Ueber die Verändergn. der Preise auf dem allgemeinen Markt seit 1875 u. deren Ursachen". Zugleich e. Einführg. in nationalökonom. Studien f. Beamte u. Kaufleute. gr. 8. (VIII, 221 S. m. 1 Tab.) Stuttg. 889, Cotta. * 4 —

Wasserrab, Karl, Socialwissenschaft u. sociale Frage. Eine Untersuchg. des Begriffs social u. seiner Hauptanwendgn. gr. 8. (36 S.) Leipzig 900. Duncker & Humblot. n. — 80

Wasserrab, Karl [Dr. jur.]: Die Wirtschaftskrisen und die Entwickelung der Krisis von 1873. (Aus d. Preisschrift d. Verf.: „Ueber die Veränderungen der Preise auf dem allgemeinen Markt seit 1875 und deren Ursachen.") . . . Stuttgart, Verl. d. J. G. Cotta'schen Buchh., 1888; 44 S. 8°
München, Staatswirtsch. Fak., Inaug.-Diss. v. 1888.

Wasserrecht. Das schweizerische W'. Heft 1 s.a.[Hilty, Edgar].

Wasserrecht, Das schweizerische. Heft 1: Die Benutzung der Gewässer (Le régime des eaux). Juristisch und technisch beleuchtet. [Bern 1906]. V: *Hilty*, *Edgar*. (Bibliogr. Bull. d. Schweiz 1907.)

Wasserrechts=Gesetz, das kärntnerische, sammt Verordnungen. gr. 8. (37 S.) Klagenfurt 882, (Heyn's Buchh.) * 1 20

Wasserrechts-Gesetz, kärntnerisches, sammt Verordgn. Redaction. Beilage d. kärnt. Gemeindeblattes 1895. gr. 8. (41 S.) Klagenfurt 895. (J. Heyn.) n.n. — 80

Wasserreinigungs-Methode, Rationelle, mittels Bohlig's Magnesia-Präparat. Frankfurt a. M. (Um 1876)

Wasserreise von Augsburg nach Wien, nebst Beschreibung d. unterwegs befindl. Merkwürdigkeiten. Mit 1 Charte, Regensb. 821, Daisenberger. (Leipz., Sühring.)

Wasser=Reise, die, von München nach Wien, nebst Angabe aller an diesem Wasser=Wege liegenden Ortschaften, dann Bezeichnung d. Sehenswürdigsten in denselb. u. besond. in Wien. 8. (1½ B. u. 1 Stndr. 4.) München 834, (Hofbuchhandlung.)

Wasser-Rekord, e., in Hamburg u. Altona. (Von: Amphora.) 8. (7 S.) Leipzig 902. F. Leineweber. n. — 70
Sonderabdruck aus: „Gesundheit".

Wasserrosen. Eine christl. Liebesgabe zum Besten d. unglückl. Bewohner d. Dorfes Dürrwaitzschen. gr. 12 (2 B.) Grimma 834, (Verlags=Compt.)

Wasser=Rosen. Ein Liederstrauß f. stille Stunden. (Ausgestanzt.) 16. (16 farb. S.) Leipzig 890. Baldamus, Sep.=Cto. — 50

Wasser's zweite Verurtheilung, s. Waser.

Würtembergischer Wasser-Schatz, das ist: Eine Beschreibung der vornehmsten würtembergischen Bäder, worinnen deren Krafft und Würckung bestehe,...Von unterschiedlichen Medicis dieses Landes beschrieben. Dabey absonderlich verf. das Wunder-Bad zu Boll mit seiner Krafft, Würckung, Erbauung,... Ulm: Kühn[um 1700]. 140 S. 8°

Wasserschleben, Hauptmann, Anleitung zur Feldbefestigung, s. Handbuch des Pionierdienstes 2r Thl.

Wasserschleben, F. G. A., s. Wasserschleben, Hermann

Wasserschleben, F. V. v., zur Fortentwicklung der Befestigungskunst. Eine Studie. gr. 8. (30 S.) Berlin 874. Militaria. n. 1. —

Wasserschleben, F. V. v., die drei metaphysischen Fragen, nach Immanuel Kant's Prolegomena zu einer jeden künftigen Metaphysik, die als Wissenschaft wird auftreten können, beantwortet. gr. 8. (VII, 115 S.) Berlin 887, C. Duncker. * 2 —

Wasserschleben, F. V. v.: Anti Nordau. Eine Kritik d. Buches: „Die konventionellen Lügen d. Kulturmenschheit" [von Max Nordau]. — Berlin: Duncker 1885. 71 S. 8°

Wasserschleben, F. W. v., die Religion des dreieinigen Gottes. Ein Glaubensbekenntniß. gr. 8. (45 S.) Berlin 884, C. Duncker. * — 80

— zur Theorie der Befestigungskunst. Eine militärisch-analyt. Abhandlg. gr. 8. (51 S.) Berlin 884. Mittler & Sohn. n. 1. —

Wasserschleben, F. W. H., s. Wasserschleben, Hermann

Wasserschleben, Herrm., juristische Abhandlungen. gr. 8. (V und 184 S.) Gießen 856, Ferber'sche Universitäts-Buchh.*

Wasserschleben, Herm., Beiträge z. Geschichte der falschen Dekretalen. gr. 8. (6 B.) Breslau 844, G. P. Aderholz.

Wasserschleben, Herm., Beiträge z. Geschichte d. vorgratianischen Kirchenrechtsquellen. gr. 8. (12½ B.) Leipzig 839, Bernh. Tauchnitz jun.

Wasserschleben, Herm., Bemerkungen zu dem officiellen Entwurf einer Verfassung der evangel. Kirche des Großherzogth. Hessen. gr. 8. (24 S.) Gießen 871, Heinemann. *

Wasserschleben, F. W. H., die Bussordnungen der abendländischen Kirche nebst einer rechtsgeschichtl. Einleitung hrsg. gr. 8. (XV und 727 S.) Halle 851, Graeger. *

Wasserschleben, H., das Ehescheidungsrecht kraft landesherrlicher Machtvollkommenheit. Eine rechtl. Erörterung. gr. 8. (III, 49 S.) Gießen 877. Ricker. n. 1. —

Wasserschleben, H., das Ehescheidungsrecht kraft landesherrlicher Machtvollkommenheit. Zweiter Beitrag. gr. 8. (III, 35 S.) Berlin 880, C. Heymann's Verlag. * 1 —
Erster Beitrag. Gießen 1877, Ricker. *M 1.

Wasserschleben, Herm., die Entwickelungs-Geschichte der evangelischen Kirchen-Verfassung in Deutschland. Festrede. Gießen 861. (Ricker.) gr. 4. (20 S.) n. 5 ngr.

—— rechtliches Gutachten, betr. die Frage, ob die Rheinuferstaaten nach Aufhebung der Rheinschifffahrts-Abgaben zur Leistung der auf dem Reichs-Deputations-Hauptschlusse vom 25. Febr. 1803 beruhenden sogen. Rheinzollrenten rechtlich verpflichtet sind. gr. 4. (24 S.) Ebendas. 869. *

Wasserschleben, Gul. Armin.: Historia quaestionum per torment. apud Romanos. Berolini (1836). (110 S.) 8°
Berlin, J.: Diss. v. 25. Juni 1836

Wasserschleben, F. G. A., de quaestionum per tormenta apud Romanos historia commentatio. 8 maj. Berolini 837. Libr. Enslin. (Ferd. Müller.) n. $^{5}/_{12}$ ℛ

— die irdische Kanonensammlung. gr. 8. (XII, 274 S.) Giessen 874. Ricker. n. 6. —

Wasserschleben, Herrm., die irische Kanonensammlung. 2. Aufl. gr. 8. (LXXVI, 243 S.) Leipzig 885. B. Tauchnitz. n. 10. —

—— die evangel. Kirche in ihrem Verhältnisse zu den symbolischen Büchern u. zum Staate. gr. 8. (4½ B.) Breslau 843, Hirt's Verl. *

— das landesherrliche Kirchenregiment, s.: Zeit- u. Streit-Fragen, deutsche.

Wasserschleben, F. W. H., das Kirchenregiment und die bevorsteh. Reorganisation der evangel. Kirche. Ein kirchenrechtl. Gutachten. gr. 8. (32 S.) Breslau 849, Max und Comp. Thlr.

Wasserschleben, Herm.: Ueber die Parität der Konfessionen im Staat. Giessen 1871. 4°

Wasserschleben, Guilelmus Arminius: De patria decretalium Pseudoisidorianarum. Vratislaviae (1843). (16 S.) 4°
[Erweit. deutsche Bearb. 1844 bei Aderholz in Breslau unt. d. T.: „Beiträge zur Geschichte der falschen Dekretalen".]
Breslau, Jur. Fak., Antr.-Progr. als außerord. Prof. v. 29. Nov. 1843

—— das Princip der Erbenfolge nach den älteren deutschen und verwandten Rechten. Eine rechtsgeschichtliche Untersuchung. gr. 8. (VI, 312 S.) Leipzig 870, Breitkopf und Härtel. *

—— das Prinzip der Successionsordnung nach deutschem insbesond. sächsischem Rechte. Ein Beitrag zur deutschen Rechtsgeschichte. gr. 8. (VII und 186 S.) Gotha 860, Besser. *

Wasserschleben, Herrm., deutsche Rechtsquellen d. Mittelalters. Gesammelt u. hrsg. v. H. W. gr. 8. (VI, 306 S.) Leipzig 892. Veit & Co. n. 8. —

— s. Regiones Abbatis Prumiensis.

—— Sammlung deutscher Rechtsquellen. 1. Bd. gr. 8. (XXIII und 452 S.) Giessen 860, [Heinemann.] *

— Sammlung deutscher Rechtsquellen. 1. Bd. Giessen 860. Heyer. gr. 8. (XXIII, 452 S.) n. 2 ℛ 20 ngr.

—— die deutschen Staatsregierungen und die katholische Kirche der Gegenwart. gr. 8. (36 S.) Berlin 872, Habel. *

Wasserschleben, H., die germanische Verwandtschaftsberechnung und das Prinzip der Erbenfolge nach deutschem insbesond. sächsischem Rechte. Eine Replik. gr. 8. (46 S.) Giessen 864, Heinemann. *

Wasserschleben, Wilhelm Hermann, s. Wasserschleben, Hermann

Die | Wassersnoth | von 1883. | Ausführliche Schilderung | der Verwüstungen und Nothstände, welche die | furchtbare Ueberschwemmung verursacht hat. | Preis 10 Pfennig. | Zum Besten der Ueberschwemmten! | Druck und Verlag von Fr. Rodewald, | Hannover, Eckerstr. 3.
o. J. (1884), 4 Bl. n. n., 186 × 115.
U/SB Gött. Poet. Germ. IV. 7588 (12.

Wassersnot, die große, in Sachsen 1897, s.: Schriften d. sächs. Volksschriften-Verlags, VII. Jahrg.

Wasserspiele, Wettkämpfe und Gymkhana im Wasser, v. Sidney Ready. Graz, 20 S., 8°

Wassersport. Fach-Zeitschrift für Rudern, Segeln und verwandte Sportzweige. 1. und 2. Jahrg. 1883 und 1884. à Jahrg. 52 Nrn. (à Nr. 1½ Bog. mit Illustr.) gr. 4. Berlin, Verlag des Wassersport (C. Otto). à Jahrg. * 12 —

Wassersport. Fachzeitschrift für Rudern, Segeln und verwandte Sportzweige. 3. und 4. Jahrg. 1885 und 1886. à Jahrg. 52 Nrn. (à Nr. 1½ Bog. mit Illustr.) gr. 4. Berlin, Verlag des Wassersport. à Jahrg. * 12 —

—— dass. — 5. Jahrg. 1887. Jan.—Septbr. 39 Nrn. (à Nr. 1½ Bog. mit Illustr.) gr. 4. Ebendas. * 9 —

—— dass. — Offizielles Organ des Deutschen Rudererverbandes, des Deutschen Schwimmverbandes, sowie 208 wassersportl. Vereine. Redact.: Fritz Grumbacher. 6. Jahrg. Oktbr. 1887—Septbr. 1888. 52 Nrn. (à Nr. 1½ Bog. mit Illustr.) Imp.-4. Berlin, Braun und Comp. * 16 —

—— dass. — Offizielles Organ des Deutschen Seglerverbandes, des Deutschen Schwimmverbandes, sowie 210 wassersportl. Vereine. Redact.: Geo. Belitz. 7. Jahrg. Oktbr. 1888—Dezbr. 1889. 65 Nrn. (à Nr. 1½ Bog. mit Illustr.) Imp.-4. Ebendas. [à Quartal *ℳ 4.—.] * 20 —
Die Zeitschrift „Ahoi" (s. d.) wurde am 1. Oktbr. 1887 mit „Wassersport" vereinigt.

— dasselbe. 8. Jahrg. 1890. 52 Nrn. (1½ B. m. Illustr.) Imp.-4. Ebd. n. 15. —; vierteljährlich n. 4. —
Die Zeitschrift „Ahoi" wurde Oktbr. 1887 mit obiger verschmolzen.

Wassersport. Fachzeitschrift f. Rudern, Segeln u. verwandte Sportzweige. Amtlicher Anzeiger 223 wassersportl. Vereine und Verbände. Red.: Geo. Belitz. 9.—12. Jahrg. 1891—1894. à 52 Nrn. (1½ Bog. m. Illustr.) Imp.-4. Berlin, [A. Braun & Co.] J. Becker. à Jahrg. n. 18. —; vierteljährlich n. 5. —

Wassersport. Fachzeitschrift f. Rudern, Segeln u. verw. Sportzweige. Amtl. Anzeiger 223 (331) wassersportl. Vereine u. Verbände. Red.: Geo. Belitz. 13.—16. Jahrg. 1895—1898. à 52 Nrn. (à ca. 10 S. m. Abb.) Imp.-4. Berlin [J. Becker], M. Oldenbourg. à Jahrg. n. 18. —; einz. Nrn. n. — 50
Kann auch vierteljährlich für n. 5.— bezogen werden.

Wassersport. Fachzeitschrift f. Rudern, Segeln u. verwandte Sportzweige. Amtlicher Anzeiger 385 wassersportl. Vereine u. Verbände. Red.: Geo. Belitz. 17.—20. Jahrg. 1899—1902. à 52 Nrn. Fol. (à ca. 10 S.) Berlin, M. Oldenbourg. à Jahrg. n. 20. —

Wassersport. Fachzeitschrift f. Rudern, Segeln u. verwandte Sportzweige. Amtlicher Anzeiger 405 wassersportl. Vereine u. Verbände. Mit der Beilage: Von Fluss u. See. Red.: Geo. Belitz. 21.—24. Jahrg. 1903 bis 1906. à 52 Nrn. (à ca. 12 S. u. 12 S. in Lex.-8 m. Abbildgn.) gr. 4. Berlin. Wassersport-Verlag. 1903 u. 1904 à 18. —; 1905 u. 1906 à 22. —

Wassersport. Fachzeitschrift f. Rudern, Segeln u. verwandte Sportzweige. Amtlicher Anzeiger d. deutschen Segler-Verbandes, des deutschen Ruder-Verbandes sowie 584 wassersportl. Vereine u. Verbände. Mit d. Beilage: Von Fluss u. See. Red.: Geo. Belitz. 25.—28. Jahrg. 1907—1910. à 52 Nrn. (à ca. 12 S. u. 8 S. in Lex. 8 m. Abb. u. Taf.) 36—25,5 cm. Berlin, Wassersport-Verlag. à Jahrg. 22. —; viertelj. 6. —

„Wassersport"-Almanach f. 1892. Red. u. hrsg. v. der Red. d. „Wassersport". Begründet vom „Norddeutschen Regatta-Verein" als Ruder- u. Segel-Almanach i. J. 1876. 16. Jahrg. 16. (IV, 281 S.) Berlin, Verl. d. „Wassersport" (J. Becker). Geb. in Leinw. n. 1. 50

„Wassersport"-Almanach f. 1898. Red. u. hrsg. v. d. Red. d. „Wassersport". Begründet v. „Norddeutschen Regatta-Verein" als Ruder- u. Segel-Almanach im J. 1876. 23. Jahrg. 16. (316 S. m. Fig.) Ebd. Geb. in Leinw. n. 1. 50

„Wassersport"-Almanach f. 1902. Red. u. hrsg. v. der Red. des „Wassersport". Begründet vom „Norddeutschen Regatta-Verein" als Ruder- u. Segel-Almanach im J. 1876. 27. Jahrg. 16. (327 S. m. Fig.) Ebd. Geb. in Leinw. n. 1. 50

„Wassersport"-Almanach f. 1906. Red. u. hrsg. v. der Red. des „Wassersport". Begründet vom „Norddeutschen Regatta-Verein" als Ruder- u. Segel-Almanach im J. 1876. 31. Jahrg. (366 S. m. Fig.) 16. Ebd. Geb. in Leinw. n. 1. 50

„Wassersport"-Almanach f. 1910. Red. u. hrsg. v. d. Red. d. „Wassersport". Begründet v. „Norddeutschen Regatta-Verein" als Ruder- u. Segel-Almanach im J. 1876. 35. Jahrg. (IV, 411 S. m. Fig.) 16. Ebd. Geb. in Leinw. 2. —

Berlin. Reichs-Marine-Amt, Wasserstände an den registrirenden Fluthmessern zu Kiel, Marienleuchte und Arkona im Jahre 1892. (Autogr.) Fol.

Berlin, Hydrographisches Amt der Kaiserl. Adm. Stündliche **Wasserstände** an den selbstregistrirenden Pegeln der Ostsee für das Jahr 1890, 91. (Autogr.) Fol.

Wasserstand-Registrierungen bei Hangö (Nordl. Br.: 59° 49', Lange: 22° 56' E. von Gr.) 1897–1903. Hrsg. v. d. Meteorolog. Zentralanstalt. (Vorr.: Osc. V. Johansson.) Helsingfors; Leipzig: W. Engelmann in Komm. 1909. XIII, 85 S. 4°
(Finnland. hydrographisch-biolog. Untersuchungen. 4.) [illegible]

Karlsruhe, Central-Bureau für Meteorologie und Hydrographie, Wasserstands-Beobachtungen an den Hauptpegeln im Grossherzogthum Baden in den Jahren 1882–86, 92, 98. Karlsruhe. 4°.

München, Oberste Baubehörde im Königl. Staatsministerium des Innern, Wasserstands-Beobachtungen an den Hauptpegeln der Donau u. des Rheines, sowie ihrer grösseren Nebenflüsse im Königr. Bayern 1895—98. München 1896—99. Fol

Karlsruhe, Centralbureau für Meteorologie und Hydrographie
— — Wasserstands-Beobachtungen an den Hauptpegeln des Rheins und seiner grössern Nebenflüsse im Grossherzogthum Baden Jahrg. 1887, 88

— — Wasserstandsbeobachtungen an den Hauptpegeln des Rheins und seiner grössern Nebenflüsse im Grossherzogthum Baden. Jahrg. 1889–91. [o. O. u. J.]

— — Wasserstands-Beobachtungen an den Hauptpegeln des Rheins und seiner grösseren Nebenflüsse im Grossherzogthum Baden. Jahrg. 1893, 94, 95, 96, 97. Karlsruhe [o. J.]

Wasserstandsbeobachtungen an den württembergischen Pegelstationen in dem zehnjährigen Zeitabschnitte 1880-89. 4° Stuttgart 1889

— — in dem 10jährigen Zeitabschnitt von 1891-1900. 4° Stuttgart 1903

Wasserstandsbeobachtungen an den württembergischen Pegelstationen 1900-06. 4° Stuttgart 1900-07

Wasserstands-Beobachtungen an den württemberg. Pegelstationen 1906-12. 4° Stuttgart 1906-12

Wasserstein der Weisen. Frankfurt 1760. V: *Jennys.* (Ky)

* **Wasserstein der Weisen**, oder chymisches Tractätlein, darinn der Weg gezeiget, die Materia genennet und der Process beschrieben wird, zu dem hohen Geheimniss der Universal-Tinctur zu kommen; dabey auch zwey sehr nützliche andere Büchlein der Gleichförmigkeit und Concordantz wegen angehängt: I. Johann von Mesung [*sic*]. II. Via veritatis, Weg der einigen Wahrheit. Vormahlen durch Lucas Jennis ausgegeben, nunmehro aber wiederum neu aufgelegt, und noch dabei gefüget zwey Responsa von dem F. R. C. so an etlichen ihro zugethanen abgefertiget. Frankfurt und Leipzig, in der Fleischerischen Buchhandlung, 1760. pp. 228, 12mo. Frontispiece.

Wasserstein d. Weisen. (v. Jennys.) 8. Frankf. Fleischer. (Sommer in Leipz.) 760.

Wasserstrasse, die, von Budweis an die Donau. Erwiderg. auf die gleichnam. Broschüre des Wiener Donau-Moldau-Elbe-Kanal-Komitées. (Von Rud. Urbanitzky u. Herm. v. Hirst.) (10 S.) 4. Linz 902. (O.-ö. Buchdruckerei- u. Verlagsgesellschaft.) n. — 50

Wasserstraße, die, von Budweis an die Donau. Lex.-8. (21 S. m. 1 Taf.) Wien 902. Lehmann & Wentzel. n. 1.—

o. N., Eine Wasserstraße von München nach Tyrol und an den Bodensee, könnte allein bei fallendem Preise dem b. Getreide einen dauernden und vortheilhaften Absatz sichern, auch im Jahr und Tag vollendet sein.
1805 München

Wasserstraße, die, von München nach Tyrol. Mit Karten. 8. Münch. 808. Lentner. 12 gK

— die, Wien — Korneuburg — Budweis. Antwort auf die Broschüre: „Die Wasserstraße v. Budweis an die Donau" der Herren Urbanitzky u. v. Hirst. Hrsg. vom Donau-Moldau-Elbe-Canal-Comité. (17 S.) Lex.-8. Wien 903. Lehmann & Wentzel. n. — 50

Wasserstrassen [Sachliches OW]

Die Deutschen Wasserstrassen. Beschreibendes Verzeichniss nach dem Stande des Jahres 1873. Berlin 1876. = Statistik des Deutschen Reichs. Bd. 15. 4°

Wasserstrassen, Die Deutschen. O. O. 1885. V: *Rentzsch, Herm.* (Kat. d. stat. Bureaus. Dresden 1890.)

Die Wasserstrassen Frankreich's. Nach der Carte de la navigation intérieure de la France. 1:3700000. Gotha 1881. 1 Bl. c. A

Preussens Wasserstrassen am Schlusse der Jahre 1845 und 1860. (Aus: „Preussisches Handelsarchiv". Wochenschrift für Handel etc. Nr. 10, 7. März 1862.) 8. Berlin 1862.

Wasserstrassen, Die, in Preussen und einigen angrenzenden Staaten. Bearbeitet im Ministerium für Handel, Gewerbe und öffentliche Arbeiten. (Mit 1 Karte.) Berlin 1874. 8. . . . . (PGSt.; MöA.; RPA.)
——, —— 2. Ausg. (Mit 1 Karte.) Berlin 1877. 8.
[Enthält tabellarische Übersichten der Flüsse, Kanäle, Seehäfen, und eine Karte der Wasserstrassen.] (MöA.)

Wasserstraßen [Schlagwort]

Wasserstrassen. Geigel, F., Karte der im Betrieb od. im Bau befindlichen, sowie der geplanten Wasserstrassen Mitteleuropas einschliesslich der Alpen u. Oberitaliens. Mit Sonderkarte der Oberrheinregulierg., Längenschnitt des Wasserstrassenentwurfes Bodensee—Mittelmeer, Ein- u. Ausfuhrtabellen n. e. textl. Beitrag. [Aus: „Ztschr. f. d. ges. Wasserwirtsch."] 43,5×56,5 cm. Lith. Mit Text. (4 S.) Lex. 8. Halle 909. W. Knapp. — 80

Wasserstraßen. Kurs, V., Karte der flößbaren u. schiffbaren Wasserstraßen d. Deutschen Reichs. 1 : 1,000,000. 4 Blatt à 50,5 × 64,5 cm. Farbdr. Berlin 894. (Siemenroth & Troschel.) n.n. 10. —

— Text dazu s. im Alphabet d. Bücher: Kurs, V., tabellar. Nachrichten ꝛc.

Wasserstrassen. Leist's, Paul, Karte der Wasserstrassen zwischen Potsdam u. Spandau. Mit Angabe der Tiefen-Verhältnisse, bearb. v. Ernst Brasse. 1 : 30,000. 56×59 cm. Farbendr. Berlin 894. H. Peters. Auf Leinw. in Segeltuch-Deckel. n. 3. —

— Straube, J., Uebersichtskarte der Wasserläufe zwischen Schmöckwitz, Fürstenwalde u. Teupitz. Ergänzung zu Straube's Spezialkarte der Oberspree 1 : 60,000. 1 : 120,000. 26,5 × 43,5 cm. 2farbig. Berlin (894). J. Straube. n. — 40

— Übersichtskarte der märkischen Wasserstrassen. Hrsg. v. der Verwaltg. der märk. Wasserstrassen in Potsdam 1909. 1:250,000. 60,5×94 cm. Farbdr. Berlin (909). Gea. 4—; auf Leinw. in Leinw.-Decke od. m. Stäben 6. —

— Wasserkarte der norddeutschen Stromgebiete. Hrsg. vom königl. preuss. Ministerium f. Landwirthschaft, Domänen u. Forsten. 1 : 200,000. 42 Karten u. 1 Uebersichtsblatt. à 58,5 × 66 cm. Farbendr. Mit Text: Verzeichnis der Flächeninhalte der norddeutschen Stromgebiete. 4. (VI, 347 S. m. 2 Fig.) Berlin 893. P. Parey.
In Leinw.-Mappe, Text geb. in Leinw., n. 150. —

Wasserstrassen, deutsche, s.: Deutschland. Sympher u. Maschke.

— norddeutsche, s.: Deutschland. Hasse, Ernst.

Zur Wasserstrassenfrage in Oesterreich. Prag. 1901. Selbstverlag. In Comm. André'sche Buchh. 8°. 30 S. K — .60

Wasserstraßenkarte [Schlagwort]

Wasserstrassenkarte, s.: Deutschland. Sympher.

Wasserstraßenverkehr [Schlagwort]

Wasserstrassenverkehr. Sympher, Karte des Verkehrs auf deutschen Wasserstrassen im J. 1900. Nach den Ergebnissen der Statistik des Deutschen Reiches, nach Handelskammerberichten u. anderweiten Quellen auf Anordnung des Herrn Ministers der öffentlichen Arbeiten zusammengestellt. 1 : 1,250,000. 4 Blatt. à 48×53 cm. Farbdr. Mit Erläutergn. (9 S.) gr. 8. Berlin 902. Gea Verlag. n. 6. —; auf Leinw. m. Stäben od. in Mappe n. 12. —

Die Wassersucht in ihren verschiedenen Arten. Eine allgem. verständl. Abhandl. f. Laien über die Entstehung, Erkennung u. Bekämpfung d. Wassersucht ⟨Asthma, Nieren- u. Verfettungskrankheiten⟩. *Münster: F. Meyer 1900.* (23 S.) 8° [F.] [01. 2616 6

Wassertag, allgemeiner, veranstaltet v. den alpenländ. Sektionen des Bundes österreich. Industrieller, Salzburg, 25. u. 26. III. 1909. Stenographisches Protokoll. (308 S.) Lex. 8. Wien (909). Manz. 3. 10

Wasserthal, J., Zur Casuistik des Epignathus. Diss. Dorpat. 8°. 44 pp. mit zwei lithographirten Tafeln. 1875.

Wasserthal a S. Adolpho, Ant.

— Abhandl. von den sechzigtheiligen Brüchen. 8. Wien 768.

— Anweis. zur Berechnung d. Goldmünzen nach letzter k. k. Verordnung vom 1. Mai 1771. Wien ...

Waſſerthal a S. Adolpho, Ant., († d. 13. Sept. 1790.) Anweiſ. zur Schreibkunſt in 13 geſtoch. Tabellen, nebſt e. Unterrichte zur Kalligraphie u. Orthographie, zum Gebrauch d. Jugend im Waiſenhauſe zu Grätz. **Wien 765.**

Wasserthal, Konstantin Edler von Zuccari

Wasserthall, Constantin, Pionnier-Lieut. Leitfaden zum Unterrichte im Pionnierdienste. Bearbeitet nach den Vorschriften des k. k. Pionnier-Corps für die k. k. Militar-Academie zu Wr.-Neustadt, innerhalb der diesem Zweige bestimmten Grenzen. (Lithogr.) (Mit 26 Taf. Zeichnungen.) (2 Bde.) 8. **1846.**

Waſſerthal, Konſtant., technischer Pionir-Dienſt im Felde. 1. Aufl. (X und 274 S. mit 10 Stnt.) 1850. * 1 Thlr. 20 Ngr. und 2., durchgeſeh. verb. und verm. Aufl. gr. 8. (VII und 392 S. mit 364 eingedr. Holzſchn.) Wien 851, Gerold, Verlag. *

Waſſerthal, Konſtant., techniſcher Pionier-Dienſt im Felde. In 4 Abthlgn. und 364 in den Text eingedr. Fig. (in Holzſchn.) 3., verb. und verm. Aufl. gr. 8. (VII und 340 S.) Wien 861, Gerold's Sohn. *

Waſſerthal, Konſtant, techniſcher Pionier-Dienſt im Felde. In 4 Abthlgn. 4. u. 5. verb. u. verm. Aufl. Wien 867, 70. Gerold's Sohn. gr. 8. (V, 336 S. mit 370 in den Text eingedr. Figg. in Holzſchn.) n. 2 ₰ 20 ngr.

Waſſerthal Edler v. Zuccari, Konſt., techniſcher Pionier-Dienſt im Felde. In 4 Abthlgn. 5. Aufl. (VII, 376 S.) 1870. * M. 8.; 6. Aufl. (V, 482 S. mit 408 Abbild.) 1872, und 7., verb. und verm. Aufl. gr. 8. (VII, 535 S. mit 439 in den Text eingedr. Fig. in Holzſchn.) Wien 875, Gerold's Sohn. *

Waſſerthal Edler v. Zuccari, Konſt., techniſcher Pionier-Dienſt im Felde. In 4 Abthlgn. 8. verb. und verm. Aufl. gr. 8. (VII, 535 S. mit 439 in den Text eingedr. Holzſchn.-Fig.) Wien 878, Gerold's Sohn. *

Wassertheurer, Adam. Predigt, gehalten am Constitutions-Feste am Palmsonntage zu Feffernitz bei Paternion. Villach, Hoffmann, 1849. 15 S.

Waſſerträger, der,. Kom. Oper, nach d. Franz. v. Schmieder. 8. Hamb. Vollmer. 804. — 10

Waſſertrilling, Herrm., Abhandlung über die von Herrn Dr. Engel aus Wien der Synode zu Leipzig im Juli 1869 vorgelegte Beſchneidungs-Frage. gr. 8. (15 S.) Breslau 869, Skutſch. [Hepner's Verlag.] *

Waſſertrilling, Herm., Baſis, Entwickelung und Höhepunkt des Iſraelitenthums. Predigt gehalten im Tempel zu Creuzburg O/S. gr. 8. (16 S.) Breslau 865. (Creuzburg, Thielmann's Buchh.)

—— Gelehrſamkeit, Frömmigkeit und Menſchenliebe! Trauer-gottesdienſtlicher Vortrag über das Hinſcheiden des berühmteſten Kanzelredners unſerer Zeit Rabb. Dr. Mich. Sachs in Berlin gehalten am 9. Febr. 1864 im Tempel zu Creuzburg O/S. gr. 8. (12 S.) Breslau 865. (Creuzburg, Thielmann's Buchh.)

—— Matnath Nachàliël. Enth., Produkte neuhebr. Literatur, poetiſch bearb. Legenden und Mythen aus Talmud und Midraſch, und Midraſch-Exegeſe, nach der Reihenfolge der Wochenabſchnitte und Haftoroth. 1. und 2. Bdchn. gr. 8. (90 S., VI und 130 S.) Breslau 866,68, (Schletter'ſche Buchh.) à Bdchn. * 15 Ngr. *

Wassertrüdingen [Schlagwort]

Wassertrüdingen, s.: Deutschland. Kürschner-Pelp.

Wassertrüdinger, Max, Rechtsprakt.: Der Begriff der politischen, sozialpolitischen und religiösen Vereine nach BGB. § 61. Nürnberg 1909: Sebald. VI, 64 S. 8°
Erlangen, Jur. Diss. v. 28. Jan. 1909, Ref. Oertmann
[Geb. 11. Sept. 84 Nürnberg; Wohnort: Nürnberg; Staatsangeh.: Bayern; Vorbildung: Realgymn. Nürnberg Reife 03, mit Ergänzungsprüfung; Studium: München 3, Heidelberg 1, Freiburg i. B. 1, Berlin 1, Erlangen 3 S.; Rig. 21. Juli 08.] [U 09. 749

Wäſſerung, über, d. Wieſen, nebſt e. hierzu neu verbeſſerten Maſchine. Mit Kpf. 8. Dresd. 791. Richter. 4 gr.

Wässerungsmethode, Neue, s.a. Eschenbach, C.G.

Wäſſerungsmethode, neue, oder Darſtellung d. einfachſten u. wohlfeilſten Art, Waſſer zur Wäſſerung d. Gärten, Felder, Wieſen ꝛc. in d. Höhe zu heben. Nach d. Engl. herausg. von C. G. Eſchenbach. Mit 5 Kpft. gr. 4. Leipz. 807. Hinrichs. 16 gr.

Bern. Hydrometrische Abtheilung des eidgenössisch. Oberbauinspektorats.

— — Wasserverhältnisse der Schweiz. Rheingebiet von den Quellen bis zur Tamina-Mündung. Bern 1896. Fol.

— Wasserverhältnisse der Schweiz: Rhonegebiet von den Quellen bis zum Genfer See. Bern 1898. Fol.

Wasserverhältnisse der Schweiz: Rheingebiet von den Quellen bis zur Taminamündung. Teil 3: Die Längenprofile der fliessenden Gewässer..., nebst typischen Querprofilen und den Höhenversicherungen. A. Vorder-Rhein und seine bedeutenderen Zuflüsse. Bearb. und hrg. von der hydrometrischen Abteilung des eidg. Oberbauinspektorates. — Régime des eaux en Suisse: Bassin du Rhin depuis ses sources jusqu'à l'embouchure de la Tamina. 3e partie: Profils en long.... A. Rhin antérieur et ses principaux affluents. Travail exécuté par la Section hydrométrique de l'Inspectorat fédéral des travaux publics. 1901. [Illustriert.] 22 S. + 5 + 39 Tafeln. fol. Berne, Gebhardt, Rösch & Schatzmann.

Wasserverhältnisse der Schweiz: Reussgebiet von den Quellen bis zur Aare. Teil 1: Die Flächeninhalte der Einzugsgebiete, der Höhenstufengebiete von 300 zu 300 m über Meer, der Felshänge, Wälder, Gletscher und See'n. Bearb. und hrg. von der hydrometrischen Abteilung des eidg. Oberbauinspektorates = Régime des eaux en Suisse: Bassin de la Reuss depuis ses sources jusqu'à l'Aar. 1re partie: Surfaces .... Travail exécuté par la section hydrométrique de l'Inspectorat fédéral des Travaux publics. 1903. [Mit 1 Tafel und 1 Karte.] 65 S. fol. Bern, Rösch & Schatzmann.

Wasserverhältnisse der Schweiz. Rheingebiet von den Quellen bis bis zur Taminamündung. Teil 3: Die Längenprofile der fliessenden Gewässer unter spezieller Berücksichtigung der ausgenützten und der für neue Wasserkraft-Anlagen noch verfügbaren Strecken, nebst typischen Querprofilen und den Höhenversicherungen. B. Hinter-Rhein und seine bedeutenderen Zuflüsse. Bearb. und hrg. von der hydrometrischen Abteilung des eidg. Oberbauinspektorates = Régime des eaux en Suisse. Bassin du Rhin depuis ses sources jusqu'à l'embouchure de la Tamina. 3e partie: Profils en long des cours d'eau...; profils en travers principaux et indication des repères de nivellement. B. Rhin postérieur et ses principaux affluents. Travail exécuté.... 1904. (2 Hälften = 2 moitiés.) fol. Bern, Rösch & Schatzmann.
(Hälfte 1 = 1re moitié.) 11 S. + 29 Tafeln.
(Hälfte 2 = 2me moitié.) 9 S. + 27 Tafeln.

Wasserverhältnisse der Schweiz. Reussgebiet von den Quellen bis zur Aare. Teil 2: Die Pegelstationen hinsich(t)lich ihrer Anlage und Versicherung sowie Darstellung der dazugehörenden Durchflussprofile und relativen Wasserspiegelgefälle. 2. Hälfte. Bearb. und hrg. vom Eidgenössischen hydrometrischen Bureau = Régime des eaux en Suisse. Bassin de la Reuss depuis ses sources jusqu'à l'Aar. 2me partie: Stations limnimétriques au point de vue de leur emplacement et de leur repérage avec profils en travers pour chaque station et pentes relatives de l'eau à la surface. 2me moitié. Exécuté et publié par le Bureau hydrométrique fédéral. 1905. 9 S. + 48 Tafeln. fol. Bern, Rösch & Schatzmann.

Wasserverhältnisse der Schweiz. Rheingebiet von den Quellen bis zur Taminamündung. Teil 3 *u.* Teil 2/3, Nachtrag I *u.* Teil 4. Bearb. und hrg. vom Eidgenössischen hydrometrischen Bureau = Régime des eaux en Suisse. Bassin du Rhin depuis ses sources jusqu'à l'embouchure de la Tamina. 3e partie *et* 2me/3e partie, Ier Supplément *et* 4e partie. Exécuté et publié par le Bureau hydrométrique fédéral. 1906–1907. fol. Bern, Rösch & Schatzmann.

Teil 3: Die Längenprofile der fliessenden Gewässer unter spezieller Berücksichtigung der ausgenützten und der für neue Wasserkraftanlagen noch verfügbaren Strecken, nebst typischen Querprofilen und den Höhenversicherungen. C. Rhein und seine bedeutenderen Zuflüsse von der Vereinigung des Vorder- und Hinter-Rheins bis und mit der Tamina = 3e partie: Profils en long des cours d'eau au point de vue des sections déjà utilisées par l'industrie et de celles qui sont encore disponibles; profils en travers principaux et indication des repères de nivellement. C. Rhin et ses principaux affluents du confluent du Rhin antérieur avec le Rhin postérieur jusqu'à et y compris la Tamina. 1906. [Mit 35 graphischen Tafeln und 1 Karte.] 5 [+ 5] S.

Teil 2: Die Pegelstationen — Teil 3: Die Längenprofile. Nachtrag I = 2me partie: Stations limnimétriques — 3e partie: Profils en long. Ier Supplément. 1907. [Mit 43 Tabellen und graphischen Tafeln.] 8 S. + 3 Bl.

Teil 4: Die Minimal-Wassermengen und die M'-Wasserkräfte der fliessenden Gewässer, sowie ihre Wasserführung an den Haupt Pegel-stationen = 4e partie: Les débits minima et les forces hydrauliques m' des cours d'eau ainsi que leurs divers débits aux stations limnimétriques principales. 1907. [Mit 26 Tabellen u. graphischen Tafeln und 3 Karten.] XVIII (+ *zus.* 113) S.

Wasserverhältnisse der Schweiz. Aaregebiet von den Quellen bis zum Bieler-See. Teil 1: Die Flächeninhalte der Einzugsgebiete, der Höhenstufengebiete von 300 zu 300 m über Meer, der Felshänge, Wälder, Gletscher und Seen. Bearb. und hrg. von der Abteilung für Landeshydrographie des schweiz. Departements des Innern = Régime des eaux en Suisse. Bassin de l'Aar depuis ses sources jusqu'au lac de Bienne. 1re partie: Surfaces des bassins de réception, des zones de 300 en 300 m au-dessus de la mer, des rochers, des forêts, des glaciers et des lacs. Travail exécuté et publié par la Division de l'Hydrographie nationale du Département fédéral de l'Intérieur. 1910. [Mit 2 Tafeln und 1 Karte.] 85 S. fol. Bern, Rösch & Schatzmann.

Die Wasserverheerungen und die Ergänzung der Bewaldung unserer Gebirgsgegenden. Der Schweizerische Forstverein an die Bundes- und Kantons-, Bezirks- u. Gemeindebehörden d. Schweiz. Bern 1898: Michel & Büchler. 20 S. 8⁰

Die **Wasserversorgung**, sowie die Anlagen der städtischen Elektricitätswerke, die Wienflussregulierung, die Hauptsammelcanäle, die Stadtbahn und die Regulierung des Donaucanales in Wien. Im Auftrag des Herrn Bürgermeisters Dr. Karl Lueger bearbeitet vom Stadtbauamte. Wien. 1901. Selbstverlag des Wiener Gemeinderathes. [In Comm.] Braumüller. Lex.-8⁰. 260 S. mit 18 Tafeln. Geb. K 7.—

Wasserversorgung der Stadt Basel durch Quellen von Grellingen. Basel 1863.

Zur Basler Wasserversorgung. Gutachten e. schweizer. Fachmannes z. Handen eines neugierigen Baslers. In-8⁰, 16 S. Zürich, Druck v. Zürcher & Furrer. 1880.

Wasserversorgung, die, Berlins und die neuen Wasserwerke in ihrer Bedeutung für die Häuslichkeit und das Familienwohl. 8. (110 S. mit eingedr. Holzschn. und 3 Stnt. in qu. 4. und qu. Fol.) Berlin 857, Decker'sche geheime Ober-Hofbuchdruckerei. *

Deutsches Reich. **Wasserversorgung** und **Beseitigung** der Abfallstoffe in den deutschen Städten mit 15000 und mehr Einwohnern. *Berlin [1900]: C. L. Keller.* (1 Bl.) gr. 2⁰ [00. 10104 3

Deutsches Reich. Germany. Bearb. im Kais. Gesundheitsamte . . . **Wasserversorgung** und **Beseitigung** der Abfallstoffe in den deutschen Städten mit 15000 und mehr Einwohnern . . . Water supply and sewage systems in German towns of 15000 inhabitants and more. Maßst. 1:250,000. [Mit 2 Nebenkarten.] Berlin: (Kais. Gesundheitsamt 1904); Geogr. Anst. C. L. Keller. (1 Kartenbl. 92 x 73 cm.) quer-gr. 2⁰ [kol.]

Wasserversorgung, die, von Darmstadt, nebst Kostenvoranschlag. Mit 3 (lith.) Plänen. gr. 8. (50 S.) Darmstadt 876. (Jonghaus.) n. 1. —

Die Wasserversorgung des oberschlesischen Industriebezirks. Denkschrift oberschlesischer Bergwerksbesitzer usw. Beuthen. 1894. 25 S. mit 1 Karte.

Wasserversorgung, die, in unseren Kolonien. (Verhandlgn. der XXXVII. Plenarversammlg. d. deutschen Landwirtschaftsrats 1909.) (S. 59—85.) Lex. 8. Berlin 909. P. Parey. nn — 75
Sonderabdruck a.: „Archiv d. deut. Landwirtschaftsrats".

Wasserversorgung Münchens. Stand am Ende des Jahres 1886. (Extrabeilage d. Münchener Gemeindezeitung.) O. J. (1887). Fol. Cart. in Lederpappe.
15 num. u. 1 nicht num. S., nebst 2 color. gefalt. Plänen. Hrsg. vom Stadt-Bauamt (Ober Baurath Zenetti u. Ober Ingenieur Dietrich).

Wasserversorgung, die öffentliche, in Württemberg. Stuttgart 1881

Wasserversorgung, die, Wiens. Nach dem offiziellen Protokoll der k. k. Gesellschaft der Aerzte in Wien. Sitzungen vom 1., 8., 29. Apr. u. 6. Mai 1892. gr. 8. (100 S.) Wien 892. A. Hölder. n. 1. 60

Wasserversorgung für die Stadt Wien. Baubedingnisse etc. für die Herstellung des Aquäductes, für den Bau der Wasserbehälter und der Röhrenleitungen. Wien 1869. fol. 2 Bde.

Wasserversorgung Wiens und die Wasserversorgung der Stadt Schweidnitz. München 1870 (Aus Journal f. Gasbeleuchtung . . . 1870)

Wasserversorgung, die, von Zürich, ihr Zusammenhang mit der Typhusepidemie des J. 1884 und Vorschläge zur Verbesserung der bestehenden Verhältnisse. Bericht der „Erweiterten Wasserkommission" an den Stadtrath von Zürich. gr. 4. (171 S. mit 8 Taf.) Zürich 885, (Schweizerisches Antiquariat.) 7 50

—— die, von Zürich und **Ausgemeinden. Entgegnung der erweiterten Wasser-Kommission auf die Angriffe von Hrn. Prof. Klebs zu Handen des Tit. Stadtraths von Zürich.** gr. 8. (86 S.) (Ebendas.) 885. 1 50

Wasserversorgungen in der Schweiz. Statistische Erhebungen für das Betriebsjahr 1900 *bis* 1903. [Hrg. vom] Schweiz. Verein von Gas- und Wasser-Fachmännern. [13] *u.* 17 *u.* 17 *u.* 17 S. 4. Basel, Emil Birkhäuser, 1901 *bis* 1904.

Das öffentliche Wasserversorgungswesen i. Königreich Württemberg. Stuttg. 1876. 4⁰ (326,16.)

Wasservogel, Irenäus

Wasservogel, J., Roderich Klinghart, s.a. Klinghart, Roderich.

Wasservogel, Irenäus, Roderich Klinghart. Eine Abenteuerer-Geschichte aus den höchsten und allerhöchsten Bildungskreisen. 8. (288 S.) Leipzig 888, Werther. *

Das Wasserwerk der Stadt Flensburg. (Separat-Abdruck aus dem Journal für Gasbeleuchtung und Wasserversorgung.) Mit Tafel 1 und 2. (München 1883.) 4⁰

Wasserwerk, Das, der Wiener Hochquellenleitung im X. [u. XIII.] Bezirke. Wien 1898—1900. V: *Borkowitz, Franz.* (EB)

Wasserwerk der Stadt Leiden (Holland). (Leidsche Duinwater Maatschappij) Mühlheim a. d. Ruhr 1878

Wasserwerk, das, der Stadt Mülhausen. Geschichtliches — Beschreibg. — Pläne u. Zeichngn., hrsg. v. der Stadtverwaltg. Mülhausen. gr. 4. (III, 74 S. m. 1 cart. Atlas v. 25 Taf. in gr. Fol.) Mülhausen i/Els. 886. (Detloff.) n.n. 24. —
In französ. Sprache zu gleichem Preise.

Wasserwerk, Das Remscheider, mit der Thalsperre. 2. Aufl. [Remscheid] 1894. 3. Aufl. 1903. V: *Lieser, Johannes.* (Berl)

Wasserwerk, das Remscheider, m. der Thalsperre. 2. Aufl. gr. 8. (12 S. m. 1 Abbildg. u. 1 Plan.) Remscheid 894. W. Witzel. n. — 25

Wasserwerk, das Remscheider, m. der Thalsperre. 3. erweit. Aufl. Mit 1 Ansicht u. 1 Grundriss. (Von J. Lieser.) 8. (16 S.) Remscheid 903. W. Witzel. n. — 40

Wasserwerk, Städtisches, zu Mülheim a. d. Ruhr. Mülheim a. d. Ruhr (1877)

Wasserwerk, Das, der Stadt Wien im Bezirke Favoriten. [Wien 1899.] V: *Komarek, Franz Xaver.* (EB)

Wasserwerke, berliner. Hrsg. von dem Verein „die Hütte." Imp.-Fol. (25 ill. Kpfrt. mit 8 S. Text in 4.) Berlin 860, Beelitz.
Aus: Sammlung von Zeichnungen für die Hütte, besonders abgedruckt.

Wasser- u. Kanalisationswerke v. Gebr. Körting Aktiengesellschaft, Körtingsdorf bei Hannover. (224 S. m. Abb. u. 3 Taf.) Lex. 8. Hannover (908). (Gebr. Jänecke.) 6. —

Die Wasserwerke der Stadt Komotau. 3. Aufl. 4°. (ill. 43 S. mit 1 Karte) † Komotau: A. Mändl 1905. K 2.60

Wasserwerke und Leuchtthürme. Zeichnungen, betreffend Leitfeuer, Pumpmaschinen, Maschinenanlagen in Wasserwerken, Wasserwerke, Süvern'sche Desinfektion, Absperrschieber, Lampen, Brenner, Leuchtthürme, Segelanweisung, Karte der Jade und Weser. 1 Mappe. (o. O. Um 1860) Fol.

Wasserwirtschaft, schweizerische. Zentralorgan f. Wasserrecht, Wasserkraftgewinng., Binnenschiffahrt u. allgem. Verkehrsfragen, sowie alle m. d. Gewässernutzg. zusammenhäng. techn. u. volkswirtschaftl. Gebiete. Allgemeines Publikationsorgan des nordostschweizer. Verbandes f. d. Schiffahrt Rhein-Bodensee. Hrsg. u. Red.: Osc. Wettstein unter ständ. Mitwirkg. v. K. E. Hilgard u. R. Gelpke. 1. u. 2. Jahrg. Oktbr. 1905—Septr. 1910. à 24 Nrn. (à ca. 16 S. m. Abb.) 31,5×22,5 cm. Zürich (Rascher & Co.). à Jahrg. 12. —

Wasserwirtschaft und Wasserrecht. Zeitschrift f. Wasserwirtschaft u. allgem. Landeskultur. Offiz. Organ d. Wasserwirtschaftl. Verbandes d. westdeutschen Industrie. Hrsg. von Bürgermeister Hagenkötter. 1904, No 1. Neuhückeswagen 1904: Förster & Welke in Hückeswagen. 4° [S.]
Anf. s. u. d. T.: Die Talsperre. (05. 3207

— u. Wasserrecht. „Die Talsperre". Zeitschrift f. Wasserwirtschaft, Wasserrecht, Meliorationswesen u. allgem. Landeskultur. Fachzeitschrift f. Talsperrwesen. Hrsg. v. d. Vorsteher d. Wuppertalsperren-Genossenschaft Hagenkötter. 5. Jahrg. Oktbr. 1906—Septbr. 1907. 36 Nrn. (à ca. 8 S.) 31,5×23 cm. Neuhückeswagen, Verlag der Talsperre. 14. —
Fortsetzg. s. u. d. T.: Talsperre, die.

Wasserwirtschaft und Wasserverteilung im Gebiete der märkischen Wasserstrassen. Bearb. von d. Verwaltung d. märk. Wasserstrassen in Potsdam, 1906. (Vorr.: [Paul] Scholz, Baurat.) Potsdam 1907: R. Müller. (90 S.) 4° (07. 16971

Wasserzeitung allgemeine

Allgemeine Wasser-Zeitung. Jg. 1838. 156 S., Mit Beilage 1-3 , gbd.

Erlangen: Enke in Komm. 1838

JB 6.104

Wasser-Zeitung, allgem., redig. von M. Dr. Richter. 1r Jahrg. 1838, April — December. 52 Numm. (1/2 Bog.) gr. 4. Erlangen 838. (Ferd. Enke.) 2 1/3 ₰ — 2r Jahrg., u. d. T.: Wasserfreund, der, oder allgem. Zeitschrift zur Beförderung der Wasserheilkunde. Unter Mitwirkung der Vorsteher sämmtl. Wasserheilanstalten herausg. von Dr. Schmitz. 1839, 3r Jahrg. 1840, à 78 Numm. Mit 1 Portrait. gr. 4. Ebd. à n. 3 1/3 ₰

Wasser-Cement, Der, von Aarau. 1840 u. 1852.

Wasserzieher, E., einiges aus d. See- u. Schiffswesen d. Handelsmarine, s.: Buchholz, Paul, Hilfsbücher zur Belebg. d. geogr. Unterrichts, III.

Wasserzieher, E. (Hrsg.), s. Scott, W.: The Lady of the Lake.

Wasserzieher, Ernst, s.: Briefe deutscher Frauen.

— Shakespeares Coriolan, s.: Klassiker, die ausländischen, erläutert u. gewürdigt f. höh. Lehranstalten. 9. Bdchn.

— Fr. W. Weber's Dreizehnlinden, s. a. Dichter, deutsche, des 19. Jahrh.

Fr. W. Weber: Dreizehnlinden von Dir. Dr. Ernst Wasserzieher, Oberhausen. Leipzig & Berlin: B. G. Teubner 1903. (46 S.) 8°
(Dichter, Deutsche, d. neunzehnten Jahrhunderts. Bdch. 9.)

Wasserzieher, Ernst, Erläuterungen zum deutschen Lesebuch von A. Lippenberg. In Verbindung m. mehreren Mitarbeitern hrsg. 1. Tl. der Ausgaben A u. B. (23 S.) 8. Hannover 905. Norddeutsche Verlagsanstalt O. Goedel. n.n.n. — 15

— dasselbe. Ausg. A. 2. u. 3. Tl. (34 u. 42 S.) 8. Ebd. 906. à n.n.n. — 20

— dasselbe. Ausg. B. 2. Tl. (47 S.) 8. Ebd. 906. n.n.n. — 25

— Erläutergn. zu Shakespeares Sommernachtstraum, s.: König's, Wilh., Erläutergn. zu den Klassikern. 80. Bdchn.

— s. Frauenbriefe, Deutsche.

— s.: Gerhard's französische Schulausgaben.

Wasserzieher, Ernst: Goethe als Naturforscher. Neuwied 1908: Strüder. 20 S. 8°
Neuwied, st. HM u. st. Lehrerinnen-Sm OP 1908 [203] [S 08. 513

— **Schillers Jugend**, s.: **Auswahl** f. die Schule aus den Werken deutscher Dichter. 8. Bdchn.

— **aus dem Leben der deutschen Sprache**, s.: **Volksbibliothek, wissenschaftliche.**

— **Leben u. Weben der Sprache. 8. (III, 167 S.) Arnsberg 901. F. W. Becker.** n. 1.50

— **Deutsche Lyrik seit dem Ausgange der klassischen Zeit bis zur Gegenwart.** 5.—8. Taus. (XVI, 321 S.) kl. 8. Leipzig (907), Hesse & Becker Verl. Geb. in Leinw. 1.50

Deutsche Lyrik seit dem Ausgang der klassischen bis zur neuesten Zeit. s. Hesse's Max. Volksbücherei.

— **Shakespeares König Richard III.**, s.: **Klassiker**, die ausländischen, erläutert u. gewürdigt. 4. Bdchn.

Sammlung französischer Gedichte, s. Gerhard's französische Schulausgaben. Nr. 8.

Wasserzieher, Ernst, von Haparanda bis San Francisco. Reise-Erinnergn. gr. 8. (110 S.) Witten 902. Märk. Druckerei u. Verlags-Anstalt. n.n. 1.50

Von Haparanda bis San Francisco. Reise-Erinnerungen von Dr. phil. Ernst Wasserzieher, Oberhausen i. Rh. Witten: A. Pott 1902. (107 S.) 8°

Wie kann die Höhere Mädchenschule bei ihren Zöglingen das Sprachbewusstsein wecken und pflegen? Von Ernst Wasserzieher. Flensburg. 1892. Siehe in: 5. Bericht über die Stadt. höh. Mädchenschule zu Flensburg. 8°.

Wasserzieher, Ernst, die tragischen Züge bei Molière. gr. 8. (41 S.) Leipzig 882. Fock. n. 1.—

Wasserzinsfrage, Die, im Kanton St. Gallen. Bericht des Justizdepartements . . . St. Gallen 1904. V: *Schubiger, Johannes.* (BBullschw 4, 1904)

Wasserzug, Detmar [Apotheker aus Wiesbaden]: Zur Kenntnis der Acetophenonderivate. — Über einige Condensationsprodukte und Farbstoffe des m-Nitroacetophenons. Basel 1900. 36 S. 8°.
Basel. Phil. Diss. 1899/1900.

Wassiljef, A., Nikolaj Iwanowitsch Lobatschefskij. Rede, geh. bei d. feierl. Versammlg. d. kaiserl. Universität Kasan am 22. Oktbr. 1893. Aus d. Russ. übers. v. Frdr. Engel. [Aus: „Abhandlgn. zur Geschichte d. Mathematik".] gr. 8. (38 S.) Leipzig 895. B. G. Teubner. n. 1.20

Wassilief, A., observations faites au cercle vertical, s.: **Publications de l'observatoire central Nicolas.** (Ivanof, A.)

Wassilief, A., u. N. Delaunay, P. L. Tschebyschef. — P. L. Tschebyschef u. seine wissenschaftl. Leistgn., v. W. — Die Tschebyschefschen Arbeiten in der Theorie der Gelenkmechanismen, v. D. Mit e. Bildnis Tschebyschefs in Heliograv. gr. 8. (III, 70 S. m. Fig.) Leipzig 900. B. G. Teubner. n. 4.—

Wassilieff, A., japanische Actinien, s.a. **Beiträge z. Naturgeschichte Ostasiens.**

Japanische Actinien. Von Dr. A. Wassilieff [Vasil'ev]. (München: Akad.; Franz in Komm. 1906.) 52 S. 4°
(Beiträge z. Naturgeschichte Ostasiens. Abh. 2.)
(Abhandlungen d. Kgl. Bayer. Akad. d. Wiss. Math.-phys. Kl. Suppl.Bd 1, Abh. 2.) [11. 9181 4

Wassilieff, A., prakt. Taschenwörterbuch d. Umgangssprache m. der Aussprache sämtlicher Wörter u. e. Verzeichnis d. unregelmässigen Haupt- u. Zeitwörter. Deutsch-russisch. (VII, 394 S.) 16. Paris, Garnier frères. In Leinw. kart. 1.60
Den russisch-deutschen Tl. s.: Tkatschow, A.

Beobachtungen des Planeten Venus, angestellt im J. 1892. Von A. S. Wassilieff [Vasil'ev]. Nebst 8 Taf. St.-Petersbourg: Acad. Imp. d. Sciences 1900. (60 S.) 4°
(Mémoires de l'Académie Impériale d. sciences de St.-Pétersbourg. Sér. 8. Cl. phys.-math. Vol. 11, No 2.)

Wassilieff, A. S., Beobachtungen des Planeten Venus, angestellt im J. 1892. Nebst 8 Taf. m. Zeichngn. gr. 4. (III, 60 S.) St. Petersburg 900. (Leipzig, Voss' Sort.) n. 8.—
Sonderabdruck aus: „Mémoires de l'acad. imp. des sciences de St.-Pétersbourg".

Wassilieff, Alexander, (aus Kiew, Rußl.) Ueber künstliche **Parthenogenesis** des Seeigeleies. (Aus d. Zool. Institut zu München.) *Leipzig: G. Thieme 1902.* (S. 758—772.) 8° [Umschlagt.] ¶ Aus: Biol. Centralblatt. Bd 22. No 24.
München, Phil. Diss. v. 1902.

Wassilieff, Eug., die Russophobie in der orientalischen Frage. 8. (251 S.) Berlin 877, Behr's Verlag.

Wassilieff J W, Anleitung zur Komposition von Ornamenten im russischen Stil. (30 T) fol Moskau 1871

Wassilieff, N., ein kommunales Arbeitsamt. Arbeitslosenkasse, Arbeitsnachweis, Einigungsamt. gr. 8. (16 S.) Bern 899. (Scheitlin, Spring & Co.) — 30
Sonderabdruck aus: „Schweiz. Blätter f. Wirtschafts- u. Socialpolitik".

Wassilieff, N., Ein kommunales Arbeitsamt. Arbeitslosenkasse, Arbeitsnachweis, Einigungsamt. (Aus: Schweiz. Blätter f. Wirtsch.- u. Soz.-Pol.) gr. 8°. Bern, C. Sturzenegger, 1899.

— Die obligatorische Arbeitslosenkasse als Grundlage für ein kommunales Arbeitsamt. 8°. Bern 1898.

Wassilieff, N., Die Arbeiterunion Bern, das Stadt Bern'sche Arbeitersekretariat und die Vorgänge am 19. Juni 1893. 8°. Bern (1893).

Wassilieff, N. P., üb. infectiösen Icterus, s.: **Klinik, Wiener.**

Wassilieff, Nicola: P. J. B. Buchez, der Begründer der modernen Associationsbewegung Frankreichs. Bern 1898. 120 S. 8°.
Bern. Jur. Diss. 1898/99.

[Wassilieff, Nicolaus.] Arbeitslosenbewegung in Basel, Winter 1900/01. Kurzer Bericht des Arbeitersekretärs mit dem Entwurfe der Statuten der Arbeitslosenkasse des Arbeiterbundes Basel. 16 S. 8. Basel 1901.
Basler Arbeitersekretariat..., Basel. Bericht 1.

Wassilieff, N[icolaus]. Die Arbeitsverhältnisse in unseren Bäckereien und Bäckergewerkschaft und Bäckerverein. 16 S. 8. Basel, im Juli 1901.
Berichte des Basler Arbeitersekretariates. Nr. 5, 1901.

(Wassilieff, N[icolaus].) Enquete über die Stellung der Herren Fabrikanten, Unternehmer..., Handwerksmeister u. s. w. in Basel und Umgebung zu der gewerkschaftlichen Organisation der Arbeiter (Berufsverbänden) und periodischen Vereinbarung der Arbeitsbedingungen zwischen Arbeitgebern und Arbeitnehmern. Theoretische und praktische Auseinandersetzung [und Fragen-Formular]. 6 S. 8. (1901.)

Wassilieff, N[icolaus]. Nur den Arbeitern gegenüber ist so etwas möglich! (oder Die Rechtspflege in Basel). 36 S. 8. Basel, [Genossenschafts-Buchdr.,] 1903. [fr. —. 40]

Wassilieff, O. Buch der Liebe. Gedichte. In-12°. 46 S. m. Portrait. (Genève, Georg & Co.) 1 50
1837.

Wassilieff-Kononowitsch. Nadine, prakt. Arzt aus Muri (Bern): Über Thrombophlebitis im Wochenbett insbesondere über das sogenannte Mahler'sche Zeichen. Basel 1905. 43 S. 8°.
Basel Med. Diss. 1904/1905

Wassilieff-Kononowitsch, Nadine. Über Thrombophlebitis im Wochenbett, insbesondere über das sogenannte Mahler'sche Zeichen. Diss. Med. Basel. 43 S. 8. Basel, G. Krebs, 1905.

Wassiljew's Vorrede zu seiner russischen Uebersetzung von Târanâtha's Geschichte des Buddhismus in Indien, deutsch mitgetheilt von A. Schiefner. Nachtrag zu der deutschen Uebersetzung Târanâtha's. gr. 8. (32 S.) St. Petersburg 869. Leipzig, Voss. *

Wassiljew, W., der Buddhismus, seine Dogmen, Geschichte und Literatur. 1. Thl.: Allgemeine Uebersicht. Aus dem Russ. übers. Lex.-8. (XV und 381 S.) St. Petersburg 860. Leipzig, Voss. * *

Wassiljew, W[asily] R[avlovic]: Die Erschliessung Chinas. Culturhistor. u. wirtschaftspolit. Aufsätze z. Gesch. Ostasiens. Deutsche Bearb. von Rud. Stübe. M. Beitr. von A[ugust] Conrady. Leipzig 1908. 8°

Wassiljew, W. P., die Erschliessung Chinas. Kulturhistorische u. wirtschaftspolit. Aufsätze zur Gesch. Ostasiens. Deutsche Bearbeitg. von Rud. Stübe. Mit Beiträgen von A. Conrady u. 2 Karten. (XI, 237 S.) gr. 8. Leipzig 909. Dieterich. 6. —; geb. 7. 20

Wassiliew, Zina. Vreneli und Joggeli. Abenteuer in den Schweizerbergen. [Bilderbuch mit Versen,] Von Z' W'. [25 S.] 4. Bern, A. Francke, [1906]. [geb. fr. 3. 75, unzerreissbare Ausgabe 4. 50]

Wassiljewa, Alexandra, a. Tiflis: Methode zur Beseitigung der Konvektion bei Untersuchungen der Wärmeleitung in Gasen. Göttingen 1905: Dieterich. (55 S.) 8°
Göttingen, Phil. Fak., Ref. Nernst, Diss. v. 18. Jan. 1900
[Geb. 25. März 75 Tiflis; Wohnort: St. Petersburg; Staatsangeh.: Rußland; Vorbildung: Mädchengymn. Tiflis Reife 92; Studium: Göttingen 6 S.; Rig. 2. Aug. 05.]

Wassiljewic Jowan: Drugas und Konstantin Dejanovič und deren Staat.
II. 1897 PN 1059 Diss. Wien. Univ 801

Wassiljewitsch, A., chrestomathie russe ou choix de morceaux extraits des meilleurs auteurs russes anciens et modernes. Avec un vocabulaire explicatif par C. Köhlert. 8. (VII, 337 S.) Frankfurt a/M. 880. Jügel's Verl. cart. 3. 60

— russisches Lesebuch, enth. ausgewählte Stücke aus den Werken der besten russ. Schriftsteller älterer u. neuerer Zeit. Nebst einem alphabetischen Wortregister mit deutschen Anmerkungen von C. Köhlert. 8. (VII, 337 S.) Ebend. 880. cart. 3. 60

Wassilissa. Roman par N. A. (en russe.) In-8°, 455 p. Genève et Bâle, H. Georg. 1879. 5 —

Wassilissa. Roman par N. A. (en russe). In-8°, 456 p. Bâle, Genève et Lyon, H. Georg. 5 —
1881.

Wassiltchikow, Alex., les Razoumowski. Edition française par Alex. Brückner. Tome I. Les Comtes Alexei et Kirill Razoumowski. gr. 8. (XVIII, 310 S. m. 3 Bildnissen u. 1 Stammbaum.) Halle a/S. 893. Tausch & Grosse. Geb. in Halbfrz. n. 30. —

— dasselbe. Tome II. Le Comte André Razoumowski. 4 parties. gr. 8. Ebd. Geb. in Halbfrz. n. 120. —
1. (Règne de Cathérine II. et de Paul I.) 1752—1801. (VII, 421 S. m. 2 Bildnissen.) 893. n. 30. —
2. (Règne d'Alexandre I.) 1801—1806. (V, 410 S. m. 3 Ansichten u. 1 Plan.) 893. n. 30. —
3. (Règne d'Alexandre I. et de Nicolas.) 1806—1836. (V, 272 S. m. 3 Taf.) 894. n. 30. —
4. Correspondance politique du comte André. (VII, 329 S.) 894. n. 30. —

— dasselbe. Tome III. (Schluss.) La descendance du comte Kirill. gr. 8. (VIII, 258 S. m. 5 Bildnissen.) Ebd. 894. Geb. in Halbfrz. n. 30. —

Wassiltschikoff, A., Liste alphabétique de portraits russes. 2 vol. Lex.-8. (VIII, 540; 499 S.) St.-Petersbourg 875. (Leipzig, Voss' Sortiment.) *

Wassing, Ant., die indifferente Therme Bad Gasteins radioaktiv. (Braumüller's Bade-Bibliothek.) (V, 38 S.) 8. Wien 905. W. Braumüller. n. — 70

Wassing, Ant., der Curort Wildbad-Gastein. Mit 1 Titelbild u. 1 Plane v. Gastein. 8. (VI, 97 S.) Wien 896. W. Braumüller. In Leinw. kart. n. 1 50

Wassing, Ant., der Curort Wildbad Gastein. Mit 1 Titelbild u. 1 Plane v. Gastein. (Braumüller's Bade-Bibliothek.) 2. verm. u. verb. Aufl. 8. (VI, 101 S.) Wien 899. W. Braumüller. In Leinw. kart. n. 1. 50

— dasselbe, s. a. Braumüller's Bade-Bibliothek.

Wassing, Ant., der Kurort Wildbad Gastein. Mit 2 Titelbildern u. 1 Plane von Gastein. (Braumüllers Bade-Bibliothek.) 3. verm. u. verb. Aufl. (X, 132 S.) kl. 8. Wien 908. W. Braumüller. In Lw. kart. 2. —

Wassmann, C., Entdeckungen zur Erleichterung u. Erweiterung der Violintechnik durch selbstständige Ausbildung d. Tastgefühls der Finger. gr. 8. (63 S.) Berlin 885. Raabe & Plothow. n. 3. —

Wassmann, C., Entdeckungen zur Erleichterung u. Erweiterung der Violintechnik durch selbständige Ausbildung des Tastgefühls der Finger. 2. verb. Aufl. gr. 4. (34 S.) Heilbronn 901. C. F. Schmidt. n. 2. –

Wassmann, Karl, Besprechung der Lagen-Bezeichnungen v. Hermann (Leipzig) in dessen Tonleitern-Schule u. Schröder (Berlin) in dessen Broschüre: „Die Kunst des Violinspiels". hoch 4. (11 S.) Karlsruhe 889. (Heilbronn, C. F. Schmidt.) — 60

WASSMANN, TH. Ueber Brom-Nitro- und Brom-Amidosubstitutionsprodukte des Phenetols. Tübingen, 1881.

Wassmannsdorf, Karl, s. Wassmannsdorff, Karl

Wassmannsdorff, Karl, Anleitung zum Gewehrfechten, den deutschen Turnvereinen gewidmet. [Aus: Deutsche Turnzeitung.] Leipzig 864. Keil. 8. (VI, 42 S. mit 6 Abbild. in eingedr. Holzschn.) n. 5 *ngr.*

— über die Annahme der Turnlehre u. Turnsprache der Spießischen Turnschule in das Schulturnwesen des preuß. Staates. Andeutungen den Behörden u. Leitern der deutschen Turnlehrerbildungsanstalten gewidmet. Heidelberg 867. (Carlebach.) gr. 8. (30 S.) 3 *ngr.*

Wassmannsdorff, Karl, Wilhelm Schröer's Aufruf zum Turnen an Deutschlands Schulvorsteher und Schullehrer, aus der Zeit vor 1813, Wien 1886, 12 S., 8°.

Wassmannsdorff, K., Aufschlüsse üb. Fechthandschriften u. gedruckte Fechtbücher d. 16. u. 17. Jahrh., in e. Besprechg. v. G. Hergsell: „Talhoffer's Fechtbuch aus dem J. 1467" mitgeteilt. [Aus: „Monatsschr. f. d. Turnwesen".] gr. 8. (30 S.) Berlin 888. Gaertner. n. — 80

Wassmannsdorff, K.: Balthasar Han's Ausreden der Armbrust- und Büchsenschützen. Aus einer Handschrift des 16. Jhdts. Heidelberg, K. Groos, 1887. XXXIV + 27 S. 257

Wassmannsdorff, Karl, Aussprüche Salzmanns über Turnen, deutsche Gesinnung und Vaterlandsliebe vor Jahn (Monatsschr. f. d. Turnwes., Jg. 14, H. 10), Berlin 1895, 10 S., 8°.

Wassmannsdorf, Karl, zur Belehrung über die Bedeutung u. das Geschlecht des Turnwortes der Hantel. Ein Angebinde an die Leser des Kloss'schen Hantelbüchleins von 1876. 16. (51 S.) Plauen 877. Hohmann. — 60

Waßmannsdorff, K.: Die erste Beschreibung und Benennung des Spieles Barrlauf in einer Turnschrift vom Jahre 1802. Leipzig 1894. 10 S. Sonderdr. aus: Deutsche Turnzeitung. 1894. Nr. 23.

Wassmannsdorff, Karl, Endgültiger Beweis f. d. männliche Geschlecht d. Turnwort „der Hantel" (Dtsch. Turnztg. Nr. 15, 1872), Leipzig 1872, 3 S., 4°.

Wassmannsdorff, Karl, Dtsch. u. engl. Dreisprung, u. engl. Wörter in dtsch. Turnschriften, eine Mahnung zur Deutschheit auch in der Turnsprache, Leipzig 1899, 18 S., 8°.

Wassmannsdorff, Karl, Die Erfindung des Barrens (S. Abdr. a. „Dtsch. Turnztg." 1895, Nr. 20), Heidelberg 1894, 10 S., 8°.

Waßmannsdorff, K.: Die Erfindung des Barrens. Leipzig 1895. 10 S. Sonderdr. aus: Deutsche Turnzeitung. 1895. Nr. 20.

Waßmannsdorff, K.: Zur Erinnerung an Hans Sachs. Die „Ehebrecher-Brücke" des Hans Sachs u. des Jost Ammann. Leipzig 1894. 12 S. Sonderdr. aus: Deutsche Turnzeitung. 1894. Nr. 44.

Wassmannsdorff, Karl, Z. Erinnerung an Adolf Spieß, m. Abb., (Jbuch f. Turnkunst IV), 1858, 10 S., 8°.

Wassmannsdorff, Karl, die Erziehung Friedrich's d. Siegreichen, Kurfürsten v. d. Pfalz. Aus Michel Beheim's Reimchronik mitgeteilt. 8. (43 S.) Heidelberg 886. K. Groos. n. — 80

Des Berliner Turners Franz Liebers „Die Fahrt nach Schlesien i. J. 1818, um vom Tie vorzulesen beschrieben", E. Turn-Reliquie a. d. J. 1818 v. Karl Wassmannsdorff, Leipzig, 32 S., 8°.

— sechs Fechtschulen [das ist Schau- u. Preisfechten] der Marxbrüder u. Federfechter aus den Jahren 1573 bis 1614; Nürnberger Fechtschulreime vom Jahre 1579 u. Rösener's Gedicht: Ehrentitel u. Lobspruch der Fechtkunst vom Jahre 1589. Eine Vorarbeit zu einer Geschichte der Marxbrüder u. Federfechter. Heidelberg 870. K. Groos. gr. 8. (VII, 58 S.) n. 16 *ngr.*

Wassmannsdorff, Karl, D. Feier d. neuen Jahrhunderts in Schnepfenthal, geschildert v. Guts Muths im 1. Bde. f. „Bibliothek d. Pädagogischen Literatur, Jan. 1801", 4 S., 8°.

Wassmannsdorff, Karl, Üb. d. Fortschreiten d. Menschheit (E. Aufsatz Guts Muths' aus e. Jugendschr. v. J. 1805), (S. Abdr. a. d. Dtsch. Turnbl. 1895, Nr. 4), 4°.

Wassmannsdorff, Karl, Kaiser Friedrichs III. Freiheitsbrief v. 10. 8. 1487 an d. dtsch. Meister d. Schwertes (Dtsch. Turnztg., Nr. 21, 1877), Leipzig 1877, 3 S., 4°.

Wassmannsdorff, Karl, die militairischen Frei- u. Geräthübungen in Bayern u. Preußen. Aus den amtl. Turnvorschriften zusammengestellt u. turnsprachlich berichtigt. gr. 8. (XII, 76 S.) Heidelberg 873. K. Groos. n. 1. —

Wassmannsdorf, Karl, Gang- und Hüpfarten, Beitr. zu e. Leitfaden f. d. Mädchenturnen, Heidelberg 1867, 9 S., 4°.

Wassmannsdorff, Karl, Guts Muths' Gesundheitsregeln f. Bewegungsspiele v. Juli 1802, 8°.

Wassmannsdorff, Karl, Guts Muths. 1793. 1893. Die Kupfer u. Einiges vom Texte des 1. Turnunterrichtsbuches der Welt. „Schnepfenthal 1793". Mit e. turngeschichtl. Einleitg. v. K. W., e. Fcsim. der Handschrift Jahn's in Schnepfenthal, dem Idealturnplatze Basedow's vom J. 1771 u. e. Bilde des Hrsg. gr. 16. (43, XXIV S. u. S. 139—157.) Leipzig 893. (E. Strauch.) n. — 80

Wassmannsdorff, Karl, Johann Christoph Friedrich Gutsmuths. [Erweit. Sep.-Abdr. aus: „Festschrift zur Feier des 100jähr. Bestehens von Schnepfenthal".] gr. 4. (28 S. mit 1 Lichtdr.) Heidelberg 884, K. Groos. * 1 20

— — zum Hantelfrieden innerhalb der deutschen Turnerschaft auf der Grundlage des Denkens und der Wissensfreundschaft. Mit einem Anhang: Hantelerklärungen aus der Mitte der deutschen Turnerschaft. gr. 8. (XII, 58 S.) Ebendas. 882. * 1 —

Waßmannsdorff, K.: Die Holzschnitte des „Ersten deutschen Turnbuches". Photographien nach einer Münchener Incunabel. Heidelberg 1866. 12 Bl.

Wassmannsdorff, Karl, über Friedrich Ludw. Jahn, Vortr., Heidelberg 1878, 7 S., 8°.

Wassmannsdorff, Karl, Jahn üb. Pestalozzis Gelenkübungen vor d. „Turnen" in d. Hasenheide, u. Bendas Anweisung zu diesen Übungen vor Jahns Buch v. 1816 (Jbücher d. dtsch. Turnkunst, Bd. 40, H. 7—10, 1894), 8°.

Wassmannsdorff, Karl, Katechismus d. Turnkunst v. Prof. Dr. M. Kloß, 6. verm. u. verb. Aufl. 1887 (Jbücher d. dtsch. Turnkunst 1888), Leipzig 6 S., 8°.

Wassmannsdorff, Karl, Zu Gerhard Vieths hundertjährigem Lehrerjubiläum (Jbücher d. dtsch. Turnkunst XXXII), 16 S., 8°.

Wassmannsdorff, Karl, Christian Ludwig Lenz, Mitturnlehrer Guts Muths in Schnepfenthal v. 1787—1802, 4 S., 4°.

Wassmannsdorff, Karl, Leseproben üb. d. Sprechgemäßheit d. Turnwortes „Windung" (Jber. d. Dtsch. Turnkunst, Bd. 34, H. 9), Leipzig 1888, 7 S., 8°.

Wassmannsdorff, Karl, Peter Henrik Ling, e. Schüler d. Nachtegallschen Turnanstalt in Kopenhagen (Monatsschr. f. d. Turnwes., Jg. 7, H. 7), Berlin 1888, 5 S., 8°.

Waßmannsdorff, K.: Ueber das erste Mädchenturnbuch der Welt. Heidelberg 1881. 31 S.

Wassmannsdorff, Karl, Über das Mädchenturnen, Heidelberg 1861, 22 S., 8°.

Wassmannsdorff, Karl, s. Mason, Miss Marian. On the utility of exercise.

Wassmannsdorff, Karl, Mittel, recht alt zu werden, Gedicht, Heidelberg 1881, 2 S., 8°.

— die Ordnungsübungen des deutschen Schulturnens. Mit einem Anh.: Die griechisch makedon. Elementartaktik u. das Pilumwerfen auf den deutschen Schulturnplätzen. Mit erklär. Zeichnungen (in eingedr. Holzschn.). Frankfurt a. M. 868. Sauerländer. gr. 8. (XXIV, 243 S.) n. 1 ℛ 10 ngr.

Wassmannsdorff, Karl, Potpourri, 1884, 8°.

Wassmannsdorf, Karl: Des Pritschenmeisters Lienhard Flexel's Reimspruch über das Heidelberger Armbrustschießen des Jahres 1554. Heidelberg, 1886, XX u. 43 S. 1303

Waßmannsdorff, K.: Das geschichtlich Richtige über das Verhältnis Jahn's zu GutsMuths u. Rousseau's zu dem deutschen Turnen. Dresden 1871. 66 S. Sonderdr. aus: Neue Jahrbücher f. d. Turnkunst.

Waßmannsdorff, K.: Die Ringkunst des deutschen Mittelalters mit 119 Ringerpaaren v. Albrecht Dürer. Leipzig 1870. 202 S.

Wassmannsdorff, Karl, kleine Schriften. 1. Hft. gr. 8. (VII, 43 S.) Leipzig 895. E. Strauch. n. — 50

—— die Sprache und die Turngerätbezeichnung „Hantel". Eine Auseinandersetzung. gr. 8. (VII, 38 S.) Ebendas. 883. * — 60

Wassmannsdorff, Karl, Stellen aus Guts Muths eigener Beschreibung s. Lebens v. J. 1832, m. Anm. v. — (Jb. d. Dtsch. Turnkunst, Bd. 34, H. 1, 1888, S. 3—60), 58 S., 8°.

Wassmannsdorff, Karl, Thesen über die Aufnahme der Elemente der griechisch-makedonischen Taktik in den Turnunterricht der Oberklassen der deutschen Gymnasien, 1867, 1 S., Gr.-8°.

— Turnen u. Fechten in früheren Jahrhunderten. Aufsätze zur Geschichte der deutschen Leibesübgn. aus der Festschrift f. das 7. deutsche Turnfest zu München 1889. gr. 8. (VIII, 39 S. m. Abbildgn. u. 1 Taf.) Heidelberg 890. K. Groos. n. 1.

Waßmannsdorff, K.: Turnerisch-Vaterländisches aus der Kriegs- und Siegeszeit unserer Väter. Heidelberg 1870. 29 S.

Waßmannsdorff, K.: Eine Turn- und Gebirgsfahrt GutsMuths mit Karl Ritter im Mai 1796. Wien 1885. 16 S. Sonderdr. aus: Zeitschr. f. d. Österr. Turnwesen. 1885.

Waßmannsdorff, K.: Aus dem Turn- und Jugendleben in Schnepfenthal unter GutsMuths von 1787—1830. Dresden 1884. 74 S. Sonderdr. aus: Jahrbücher d. Deutschen Turnkunst. Jg. 30. 1884. H. 7—12. Bd 2

— die Turnübungen in den Philanthropinen zu Dessau, Marschlins, Heidesheim u. Schnepfenthal. Ein Beitrag zur Geschichte des neueren Turnwesens. Heidelberg 870. K. Groos. br. 8. (73 S.) n. 10 ngr.

Waßmannsdorff, K.: Das Turn-Wort Notkers und der Turnierzeit bedeutet nicht „Leibesübungen treiben". Eine sprachgeschichtl. Untersuchung. Leipzig 1893. 16 S. Sonderdr. aus: Jahrbücher d. deutschen Turnkunst. 1893. H. 7 u. 8.

Wassmannsdorff, Karl, E. schöner Turnwunsch aus d. J. 1599 (Monatsschr. f. d. Turnwes., Jg. 19, H. 1), Berlin 1900, 1 S., 8°.

Wassmannsdorff, Carl, Vorschläge zur Einheit in der Kunstsprache des deutschen Turnens. Lex.-8. (VIII und 64 S. nebst 1 lithogr. Plane des Turnplatzes in der Hasenhaide vom J. 1818 und des Spieß'schen Turnplatzes zu Burgdorff in Fol. und qu. gr. Fol.) Berlin 861, [Kastner und Comp.] *

Wassmannsdorff, Karl, Vorschläge zur Einheit in der Kunstsprache des deutschen Turnens. Nebst 1 (lith.) Plane des Turnplatzes in der Hasenhaide vom Jahre 1818 u. des Spieß'schen Turnplatzes zu Burgdorff (in Fol.). Berlin 861. Mohr & Co. (Prausnitz.) Lex.-8. (VIII, 64 S.) n. 10 ngr.

Wassmannsdorf, Karl, Vorturnerübungen, s.: Döhnel, Fritz.

Wassmannsdorff, Karl, Wem verdankt Jahn sein Wort Turnkunst? Heidelberg 1894, 1 S., 8°.

Wassmannsdorff, Karl, E. Wort üb. d. Turnsprache in d. neuen Lehrplane u. d. Instruktion f. d. Unterricht im Turnen an d. Gymnasien, Realgymnasien u. Realschulen, 2 S., 8°.

Wassmannsdorff, Karl, Würdigung d. Leibesübungen in d. Arztes Bernh. Christoph Fausts „Gesundheits-Katechismus z. Gebrauche in d. Schulen u. beim häuslichen Unterricht, Gera 1797" (Monatsschr. f. d. Turnwes., Jg. 18, H. 5), Berlin 1899, 5 S., 8°.

Wassmannsdorff, Karl, Zur Würdigung der Spießschen Turnlehre, Basel 1845, VI u. 167 S., 8°.

Waßmannsdorf, K., zur Würdigung der Spieß'schen Turnlehre. gr. 8. Basel 845, Schweighauser'sche B. 5/6 ℛ

Wassmannsdorff, Karl, D. nubische Wurfstock u. d. Wurfbrett d. Eskimos (Dtsch. Turnztg. Nr. 9, 1870), Leipzig 1870, 2 S., 4°.

Wassmer, G. A. J.: Ethnographisches aus Seram. Aufzeichnungen, herausgegeben von Wilhelm Joest. ([S.-A.] Globus. Bd 49. 1886.) Braunschweig 1886. 17 S. 8°

Wassmer, Jacob. Einheit, Gliederung und Zweck des platonischen Staates, von Jakob W', Prof. 78 S. 4.

Jahresbericht für die Höhere Lehranstalt zu Luzern für das Schuljahr 1905/1906. Beilagen: ... III .... Luzern, J. Schill's Erben, 1906.

Wassmer, Jak., Einheit, Gliederg. u. Zweck des Platonischen Staates. Progr. (78 S.) Lex.-8. Luzern 906. (Räber & Co.) n.n. 1. 20

(Wassmer, Jacob.) † Professor Dr. Johann Kaufmann. (Nekrolog.) 7 S. 8.

Jahresbericht für die Höhere Lehranstalt zu Luzern für das Schuljahr 1908/09 ... Beilagen: II.... Luzern, J. Schills Erben, 1909.

Wassmund, Ernst [Unterarzt im 3. Brandenburgischen Inf.-Reg. No. 20 u. am K. Charité-Krankenhause]: Beitrag zu der Frage von dem Vorkommen der completen und partiellen Amnesie bei der akuten und chronischen Paranoia .... Berlin, Buchdr. v. Knoll u. Wölbling (1886); 31 + 2 S. 8°.

Berlin, Med. Fak., Inaug.-Diss. v. 4. Febr. 1886.

Wassmund, Ernst, Beitrag zu der Frage von dem Vorkommen der completen und partiellen Amnesie bei der akuten und chronischen Paranoia. Diss. Berlin 1886, Mayer & Müller. 8°. 34 S.

Wassmus, Gust, Kartoffelspiritusfabrikation ohne Anwendung von Malz u. Malzhefe, boi Gewinnung einer, für das Vieh geniessbaren Schlempe. gr. 8. (12 S. m. 2 eingedr. Fig) Berlin 880. (Le Coutre.) n.n. 6. —

— Die Spiritusfabrikation mit Erzeugung eines Düngers bei Weglassung der Schlempefütterung und Mästung. 1882.

Wassmuth Platonis de virtute doctrina. 24 S.

Saarbrück, Progr. 1845

Waßmuth: De aliquot locis, qui ad Aristotelis de tragoediae vi ac natura doctrinam pertinent. 16 S. – Progr. Saarbrücken 1852.

Waßmuth: Ueber das deutsche Schulwesen im Zeitalter der Reformation. 29 S. – Kreuznach, Progr. 1857.

Wassmuth, Anton

Waszmuth, Ant., über die Abhängigkeit des erregten Magnetismus von den Dimensionen der Magnetisirungsspirale. [Aus den Sitzungsber. der k. Akad. der Wiss.] Wien 868. (Gerold's Sohn.) Lex.-8. (6 S. mit eingedr. Holzschn.) n. 2 ngr.

– Über die Abhängigkeit des erregten Magnetismus von den Dimensionen der Magnetisierungsspirale (mit 2 Holzschnitten). S. 57. II. 443.
Separatabdruck

— über die bei der Biegung v. Stahlstäben beobachtete Abkühlung. (13 S. m. 1 Fig.) gr. 8. Ebd. 903. n. — 40

– Über die bei der Biegung von Stahlstäben beobachtete Abkühlung (mit 1 Textfigur). S. 112. IIa. 578.
Separatabdruck

Wassmuth, Ant., über e. Ableitung der allgemeinen Differentialgleichung d. Bewegung e. starren Körpers. gr. 8. (11 S.) Wien 902. (C. Gerold's Sohn.) n. — 80

– Über eine Ableitung der allgemeinen Differentialgleichungen der Bewegung eines starren Körpers. S. 111. IIa. 777.
Separatabdruck

Wassmuth, Ant., üb. e. Ableitung d. Biot-Savartschen Gesetzes. [Aus: „Sitzungsber. d. k. Akad. d. Wiss."] Lex.-8. (5 S.) Wien 875. (Gerold's Sohn.) — 15

– Über eine Ableitung des Biot-Savartschen Gesetzes. S. 71. II. 470.
Separatabdruck

Wassmuth, A., zur Analyse des Blutserums durch Messen der Leitfähigkeit desselben im unverdünnten u. verdünnten Zustande. (34 S.) gr. 8. Wien 905. (A. Hölder.) n. — 70

Waßmuth, A., Dr.: Zur Analyse des Blutserums durch Messen der Leitfähigkeit desselben im unverdünnten und verdünnten Zustande. S. 114. III. 83.
Separatabdruck

Wassmuth, Ant., über eine Anwendung der mechanischen Wärmetheorie auf den Vorgang der Magnetisirung. Lex.-8. (12 S.) Wien 882, (Gerold's Sohn.) ** — 25
Aus: Sitzungsberichte der k. Akademie der Wissenschaften, besonders abgedruckt.

– Über eine Anwendung der mechanischen Wärmetheorie auf den Vorgang der Magnetisierung. S. 86. II. 539.
Separatabdruck

— Apparate zum Bestimmen der Temperaturveränderungen beim Dehnen od. Tordieren v. Drähten. (17 S. m. 2 Fig.) gr. 8. Ebd. 902. n. — 50

– Apparate zum Bestimmen der Temperaturänderungen beim Dehnen oder Tordieren von Drähten (mit 2 Textfiguren). S. 111. IIa. 996.
Separatabdruck

Wassmuth, Ant., ueber die Arbeit, die beim Magnetisiren eines Eisenstabes durch den elektrischen Strom geleistet wird. Lex.-8. (5 S. mit 1 eingedr. Holzschn.) Wien 871, (Gerold's Sohn.) *
Aus: Sitzungsberichte der k. Akademie der Wissenschaften, besonders abgedruckt.

– Über die Arbeit, die beim Magnetisieren eines Eisenstabes durch den elektrischen Strom geleistet wird (mit 1 Holzschnitte). S. 63. II. 6.
Separatabdruck

Wassmuth, Ant., über die Bestimmung der thermischen Änderung des Torsionsmoduls aus den Temperaturänderungen bei der Torsion v. Stäben. (Ausgeführt mit Unterstützg. der Gesellschaft zur Förderg. deutscher Wissenschaft, Kunst u. Literatur in Böhmen.) (21 S. m. 1 Fig.) gr. 8. Wien 907. A. Hölder. — 70

– Über die Bestimmung der thermischen Änderung des Torsionsmoduls aus den Temperaturänderungen bei der Torsion von Stäben (mit 1 Textfigur). S. 116. IIa. 1245.
Separatabdruck

— über die Bestimmung der thermischen Aendergn. des Elastizitätsmoduls v. Metallen aus den Temperaturänderungen bei der gleichförmigen Biegung von Stäben. (83 S. m. 3 Fig.) gr. 8. Ebd. (906). n. 2. 25

– Über die Bestimmung der thermischen Änderungen des Elastizitätsmoduls von Metallen aus den Temperaturänderungen bei der gleichförmigen Biegung von Stäben (mit 3 Textfiguren). S. 115. IIa. 223.
Separatabdruck

— u. G. A. **Schilling**, üb. e. experimentelle Bestimmung der Magnetisirungsarbeit. [Aus: „Sitzungsber. d. k. Akad. d. Wiss."] Lex.-8. (22 S.) Ebd. 886. n.n. — 45

– und Schilling, G. A., Dr.: Über eine experimentelle Bestimmung der Magnetisierungsarbeit. S. 94. II. 280.
Separatabdruck

– Die Bewegungsgleichungen des Elektrons und das Prinzip der kleinsten Aktion. S. 120. IIa. 161.
Separatabdruck

Waßmuth, A., die Elektrizität u. ihre Anwendungen, s.: Wissen, das, der Gegenwart.

– Über eine neuartige, der statistischen Mechanik entnommene Formulierung des Maxwell-Boltzmannschen Verteilungsgesetzes. S. 123. IIa. 511.
Separatabdruck

– Über die Gewinnung der kanonischen Form der Zustandsgleichung aus der statistischen Mechanik. S. 122. IIa. 651.
Separatabdruck

Über die Invarianz eines das kinetische Potential enthaltenden Ausdruckes gegen eine H. A. Lorentz-Transformation. S. 120. IIa. 543.
Separatabdruck

—— Lehrbuch der Physik für die unteren Classen der Mittelschulen. 1. und 2. verb. Aufl. gr. 8. (VIII, 216 S. mit 183 eingedr. Fig.) Wien 881,82, Hölder. * 2 40

— über die Leitfähigkeit gewisser wässeriger Lösgn. v. Kochsalz u. Natriumcarbonat. (20 S.) gr. 8. Ebd. 906. n. — 60

Über die Leitfähigkeit gewisser wässeriger Lösungen von Kochsalz und Natriumcarbonat. S. 115. IIa. 985.
Separatabdruck

Wassmuth, A., üb. die Lösung d. Magnetisirungsproblems durch Reihen. [Aus: „Sitzungsber. d. k. Akad. d. Wiss."] Lex.-8. (20 S. m. 1 Fig.) Wien 893. (F. Tempsky.) n. — 50

Über die Lösung des Magnetisierungsproblems durch Reihen (mit 1 Textfigur). S. 102. IIa. 65.
Separatabdruck

— über die Magnetisirbarkeit des Eisens bei hohen Temperaturen. [Mit 1 (eingedr.) Holzschn.] [Aus: „Sitzungsber. d. k. Akad. d. Wiss."] Lex.-8. (15 S.) Wien 881. (Gerold's Sohn.) n.n. — 30

Über die Magnetisierbarkeit des Eisens bei hohen Temperaturen (mit 1 Holzschnitt). S. 83. II. 332.
Separatabdruck

über die Magnetisirbarkeit des Eisens bei höheren Temperaturen. Lex.-8. (14 S.) Wien 880, (Gerold's Sohn.) * — 40

Über die Magnetisierbarkeit des Eisens bei höheren Temperaturen. S. 82. II. 217.
Separatabdruck

– und Schilling, G. A., Dr.: Über eine Methode zur Bestimmung der Galvanometerkonstante (mit 1 Holzschnitt). S. 96. II. 19.
Separatabdruck

— — üb. e. Methode z. Bestimmung der Galvanometerconstante. [Mit 1 Holzschn.] [Aus: „Sitzungsber. d. k. Akad. d. Wiss."] Lex.-8. (17 S.) Ebd. 887. n. — 40

Wassmuth, Ant., über das Potential elektrischer Ströme und Stromsysteme. gr. 8. (20 S. mit eingedr. Holzschn.) Wien 875, Gerold's Sohn. * — 60

WASSMUTH, Anton
Das Restglied bei der Transformation des Zwanges in allgemeine Coordinaten von Dr. Anton Wassmuth. (Aus den Sitzungsberichten der kaiserl. Akademie der Wissenschaften in Wien. Mathem.-naturw. Classe; Bd. CX. Abth. IIa. April 1901.) Wien. 1901. In Comm. Gerold's Sohn. Gr.-8°. 27 S. K —.60

– Das Restglied bei der Transformation des Zwanges in allgemeine Koordinaten. S. 110. IIa. 387.
Separatabdruck

— über die Ströme in Nebenschliessungen zusammengesetzter Ketten. [Aus den Sitzungsber. der k. Akad. der Wiss.] Ebend. 868. Lex.-8. (9 S.) n. 2 ngr.

Waßmuth, Anton, Dr.: Über die Ströme in Nebenschließungen zusammengesetzter Ketten. S. 57. II. 47.
Separatabdruck

– Über die bei der Torsion und Detorsion von Metalldrähten auftretenden Temperaturänderungen. S. 98. IIa. 1393.
Separatabdruck

Wassmuth, A., üb. die bei der Torsion u. Detorsion v. Metalldrähten auftretenden Temperaturveränderungen. [Aus: „Sitzungsber. d. k. Akad. d. Wiss."] Lex.-8. (16 S.) Wien 890. (Tempsky.) n. — 36

— über die Tragkraft von ringförmigen Elektromagneten. [Aus: „Sitzungsber. d. k. Akad. d. Wiss."] Lex.-8. (16 S.) Ebend. 882. n.n. — 30

– Über die Tragkraft von ringförmigen Elektromagneten. S. 85. II. 327.
Separatabdruck

Wassmuth, A., üb. d. Transformation d. Zwanges in allgem. Coordinaten. [Aus: „Sitzungsber. d. k. Akad. d. Wiss."] Lex.-8. (5 S.) Wien 895. (C. Gerold's Sohn.) n. — 20

– Über die Transformation des Zwanges in allgemeinen Koordinaten. S. 104. IIa. 281.
Separatabdruck

— über ein neues Verfahren, den Reductionsfactor einer Tangentenboussole zu bestimmen. [Aus den Sitzungsber. der k. Akad. der Wiss.] Ebend. 870. Lex.-8. (7 S.) n. 2 ngr.

– Über ein neues Verfahren, den Reduktionsfaktor einer Tangentenboussole zu bestimmen. S. 61. II. 55.
Separatabdruck

— üb. e. einfache Vorrichtung zur Bestimmung der Temperaturänderungen beim Ausdehnen u. Zusammenziehen v. Metalldrähten. [Mit 1 Holzschn.] [Aus: „Sitzungsber. d. k. Akad. d. Wiss."] Lex.-8. (12 S.) Ebd. 888. n. — 30

– Über eine einfache Vorrichtung zur Bestimmung der Temperaturänderungen beim Ausdehnen und Zusammenziehen von Metalldrähten (mit 1 Textfigur). S. 97. IIa. 52.
Separatabdruck

— Über die Wahl der „kanonischen Verteilung" von Systemen in der statistischen Mechanik. (8 S.) gr. 8. Ebd. 908. — 30
Sonderabdruck aus: „Sitzungsber. d. k. Akad. d. Wiss."

Waßmuth, Anton, Dr.: Über die Wahl der „kanonischen" Verteilung" von Systemen in der statistischen Mechanik. S. 117. IIa. 1253.
Separatabdruck

— über die beim Magnetisiren erzeugte Wärme. 1. Mittheilg. Lex.-8. (22 S.) Wien 884. (Gerold's Sohn.) n. — 40

— Über die beim Magnetisieren erzeugte Wärme. I. Mitteilung. S. 89. II. 104.
Separatabdruck

— über die specifische Wärme des stark magnetisirten Eisens u. das mechanische Aequivalent einer Verminderung des Magnetismus durch die Wärme. [Aus: „Sitzungsber. d. k. Akad. d. Wiss."] Lex.-8. (7 S.) Ebend. 882. n. — 20

— Über die spezifische Wärme des stark magnetisierten Eisens und das mechanische Äquivalent einer Verminderung des Magnetismus durch die Wärme. S. 85. II. 997.
Separatabdruck

— Wärmelehre, chem. Physik, Thermodynamik u. Meteorologie, s.: Müller-Pouillet's Lehrbuch der Physik.

—— über den innern, aus der mechanischen Wärmetheorie sich ergebenden Zusammenhang einer Anzahl von elektromagnetischen Erscheinungen. Lex.-8. (16 S. mit 1 eingedr. Holzschn.) (Ebendas.) 883. ** — 30
Vorstehende sechs Schriften sind aus: Sitzungsberichte der k. Akademie der Wissenschaften, besonders abgedruckt.

— Über den inneren, aus der mechanischen Wärmetheorie sich ergebenden Zusammenhang einer Anzahl von elektromagnetischen Erscheinungen (mit 1 Holzschnitt). S. 87. II. 82.
Separatabdruck

— Über den Zusammenhang des Prinzips der kleinsten Aktion mit der Hamilton-Jacobischen partiellen Differentialgleichung und dem Stäckelschen Theorem. S. 120. IIa. 3.
Separatabdruck

Wassmuth, C. F., In Sophoclis de natura hominum doctrina multa inesse, quibus adducamur ad doctrinam christianam. Pr. 1868. 36 S. 4°. 2.—

Meyer, Heinr. Friedr.: [Lithogr.] [Gedicht.] Bei Ueberreichung eines Pokals an unserm [!] wiedergenesenen Br.·. Friedr. Meyer gesprochen von Ludw. Wassmuth, am 28. Oct. 1828. [Fürth 1828.] 1 Bl. 4⁰ [Kopftit.]
„Als jüngst im Lenz, wir uns beim heiter'n Mahle . . ."

[Gedicht.] Dem würdigen Br. und Freund Jul. Wilh. Reissig bei seiner Uebersiedelung von Fürth nach Nürnberg als Abschiedswort hochachtungsvoll gewidmet von Ludw. Wassmuth. Fürth, den 20. Nov. 1836. 1 Bl. 2⁰ [Kopftit.]
„Reich' uns die Hand, es naht die Trennungsstunde, . . ."

Wassmuth, Otto, a. Brandenburg ⟨Havel⟩: Zur Kenntnis des Pyrrolidons. Würzburg 1906: C. J. Becker. (55 S.) 8°
Würzburg, Phil. Fak., Ref. Tafel, Diss. v. 8. Mai 1906
[Geb. 23. Okt. 81 Brandenburg; Wohnort: Würzburg; Staatsangeh.: Preußen; Vorbildung: v. Saldern. Realgymn. Brandenburg Reife M. 00; Studium: Darmstadt T.H. 3, Würzburg 6 S.; Rig. 1. März 06.]

Wassmuth, Theodor: Untersuchung der Reime des altfranzösischen Artusromans „Li Atre Perillos". Bonn 1905: C. Georgi. (63 S.) 8°
Bonn, Phil. Fak., Ref. Foerster, Diss. v. 24. Febr. 1905
[Geb. 27. Febr. 82 Frankfurt a. M.; Heimatsort: Frankfurt a. M.; Staatsangeh.: Preußen; Vorbildung: Klinger-Oberrealschule Frankfurt a. M. Reife O. 00 (Realgymn. Wöhlerschule ebd. Erg.-Prüf. i. Lat.); Studium: Bonn 2, München 1, Bonn 6 S.; Rig. 9. Nov. 04.]

[F.] **Wassner,** *Julius* [Dir. Dr.]: Bericht über die Feier des fünfzigjährigen Bestehens der Lauenburgischen Gelehrtenschule. Ratzeburg, H. H. C. Freystatzky's Buchdr., 1896; 3—20 S. 4.
Ratzeburg, Lauenburgische Gelehrten-S (G), OP 1896 (290)

Waßner, J[ulius]: [Bericht über die Gedächtnisfeier für den verstorbenen Oberlehrer Georg Reich.] S. 17—18 der Schuln. 4.
Progr. Gymn. mit Realgymn. i. E. *Groß-Lichterfelde* 1905 (82)

Wassner, J., De heroum apud Graecos cultu. Diss. 1883. 53 S.

Wassner, Jul., de horum apud Graecos cultu. gr. 8. (53 S.) Kiel 883. Lipsius & Tischer. n. 1. 60

—: Die Entwicklung der Anstalt. S. 22—23. 4.
Progr. Schillergymn. mit Realgymn. i. E. *Groß-Lichterfelde* 1906 (87)

[F.] **Wassner,** *Julius* [Dr., Dir.]: Geschichte der ersten 50 Jahre der Lauenburgischen Gelehrtenschule zu Ratzeburg. Ratzeburg, H. H. C. Freystatzky's Buchdr., 1896; 4 Bl., 74 S. 8.
Ratzeburg, Lauenburgische Gelehrten-S (G), OP 1896 (290)

Wassner, J[ulius], Direktor Dr.: Eine Schillerrede, gehalten am 9. Mai 1905. Gross-Lichterfelde 1906: J. Unverdorben & Co. (S. 3—8.) 4°
Groß-Lichterfelde, Schiller-G u. RG P 1906 (87)

Schule und Haus von Dr. J[ulius] Waßner, Dir. Gr.Lichterfelde: Runge 1909. 31 S. 8⁰

Flora von Niederbayern (mit Ausschluß d. Juragebietes). Eine Anleitung z. Pflanzenbestimmen f. Anfänger von Ludwig Wassner, Gymn.Prof. Mit 18 Fig. Passau 1905: Ablaßmayr & Penninger. (XLVIII, 167 S.) 8⁰
Aus: Bericht d. naturwiss. Ver. zu Passau. 19. Für 1901—04.

Wassner, Ludw., Flora v. Niederbayern (m. Ausschluss des Juragebietes). Eine Anleitg. zum Pflanzenbestimmen f. Anfänger. (III, XLVIII, 168 S. m. 18 Fig.) 8. Passau 905. M. Waldbauer. Geb. in Leinw. n. 3. 50

Wassner, Ludwig: Das Donauthal Pleinting-Passau-Aschach. Eine geol. Skizze. *Passau 1900: Akt.-Ges. Passavia.* (31 S.) 8° [F.]
Passau, k. G, P 1900

Wassner, Ludw., das Donauthal Pleinting-Passau-Aschbach. Eine geolog. Skizze. [Aus: „18. Bericht des naturwiss. Vereins zu Passau".] gr. 8. (33 S. m. 2 Taf.) Passau 901. (M. Waldbauer.) n. 1. —

Wassner, Martin: Topographisch-önologische Skizze der k.k. Militär-Grenz-Communität Weisskirchen im Banate. Temesvár 1863. 8⁰

Wastel, G., Gesellschafter für einsame Stunden. 8. Prag 822. (Widtmann). 21 gr. Schrbp. 1 ₰

Wastel, G., s.a. Morgenröthe der verschönerten Gattenliebe.

MORGENRÖTHE der verschönerten Gattenliebe. Ein Roman (von *G. Wastel*). Prag 1820. 8⁰.
Wildmoser's (München) Leihbibl.-Cat., no. 6637; Anon.-Lex. III. p. 163 (nach Kayser u. Meusel).

Wastel, Greg., nichts kostende verläßliche Motten-Vertilgung, oder: Das Röthigste aus der Naturgeschichte der Motten. 8. (1½ B.) Prag 812, (Haase Söhne, Vrlgs.-Expedit.) *

—— dass. 2., verb. u. verm. Aufl. Das Röthigste aus der Naturgeschichte der Motten, Versuche mit den vorzügl. gegen sie empfohlenen Mitteln z. Würdig. derselben, u. Mittheilung eines verläßl. Verfahrens, wodurch diese Insekten ohne Kosten u. ohne Anwendung übelriechender Ingredienzen vertilgt werden. 12. (2½ B.) Ebds. 814. *

—— das Verhalten des Mannes vor u. in der Ehe in Bezug auf körperl. u. sittliche Veredlung seiner Nachkommen. gr. 12. ($9\frac{1}{3}$ B.) Prag 842, (Haase Söhne, Vrlgs.-Expedit.)

Wastian, Heinr., e. Buch v. deutscher Art. 8. (82 S. m. 1 Bildn. d. Grafen v. Westarp.) München 897. J. F. Lehmann's Verl. n. 1. 50

— s: Deutschen, den, Oesterreichs!

— der Kampf um Cilli. E. Beitrag zur Geschichte d Deutschthums in Oesterreich. Rede, geh. am 10. Jänner 1896 zu München im „Vereine zur Erhaltg. d. Deutschthums im Auslande". gr. 8. (64 S. m. 2 Abb.) Cilli 896. G. Adler. n. — 75

— Ungarns Tausendjährung in deutschem Lichte. E. Festschrift zur Milleniumsfeier. gr. 8. (IV, 191 S.) München 896. J. F. Lehmann's Verl. n. 2. —

Wastl, der Tiroler. Humoristisch-satyr. Sonntagsblätter f. Politik, Kunst u. Leben. Hrsg. u. Schriftleiter: Rud. Christoph Jenny. 7. Jahrg. 1906. 52 Nrn. (à ca. 10 S. m. Abbildgn.) 4. Innsbruck (Fallmerayerstr. 10), Verwaltung. n.n. 10. —

Wastl, der Tiroler. Frei radikale humoristisch-satyr. Sonntagsblätter f. Politik, Kunst u. Leben. Hrsg. u. Schriftleiter: Rud. Christoph Jenny. 8. u. 9. Jahrg. 1907 u. 1908. à 52 Nrn. (à ca. 12 S. m. Abbildgn.) 31,5×24,5 cm. Innsbruck (Fallmerayerstr. 10), Verwaltung. à Jahrg. nn 10. —

Wastl, Johann de Matha

, Die Feier der Weihe und Eröffnung des neuen Staats-Gymnasialgebäudes am 19. September 1892. 8 (S. 60—85, 2 Abb.).
Progr.

-Die Jubel-Feier vom 2. December 1898. 8 (S. 11 - 20)
K. k. Carl Ludwig-G. im XII. Bezirke von *Wien (Unter-Meidling)* 1899.
Progr.

Wastl, Johann de Matha: Der Name „Carl Ludwig-Gymnasium". 8 (S. 3 - 4).
Progr.

— Bezirksschulinspector Prof. Dr. Martin Manlik. †. 3. ibd. 02.
Progr.

-Professor Dr. Rochus Perkmann †. (Umschlagtitel: ... Nekrolog.) 8 (S. 33 - 36).
K. k. Carl Ludwig-G. im XII. Bezirke von *Wien (Unter-Meidling)* 1900.
Progr.

-Professor Paul Peuker †. (Umschlagtitel: ... Nekrolog.) 8 (S. 31 - 33).
K. k. Carl Ludwig-G. im XII. Bezirke von *Wien (Unter-Meidling)* 1897.
Progr.

Wastl, Johann de Matha Chronologischer Rückblick auf das erste Decennium des Bestandes der Lehranstalt. 8 (S. 3—51, 2 Abb.).
Progr.

— Die patriotische Schulfeier vom 4./10. 1900 (mit der Festrede des Dr. Arthur Petak). 6. ibd. 01.
Progr.

-Die Trauer-Feier vom 21. September 1898. 8 (S. 3 - 10).
Progr.

Wastler: Über die Construktion stereoskopischer Bilder. 18 S. 8°.– Ofen OR., Progr. 1858.

Wastler F.: Die phanerogamen Gefäßpflanzen des Vegetationsgebietes von Linz. Nach der analytischen Methode für Anfänger zum Bestimmen eingerichtet. 60. 56. Linz R. 78. 81.
Progr.

Wastler, Fr.: Über die Saftbewegung in den Pflanzen. Nach neueren physiologischen Arbeiten. 36 S. 8°.– Laibach OR., Progr. 1868.

Wastler, J.: Untersuchungen über die Leistungsfähigkeit der Bourdonschen Metallbarometer (mit 1 Taf.). S. 45. II. 559.
Separatabdruck

Wastler, Jos., die Farbe als decorativer Schmuck. Zwei Vorträge gehalten im Kunstindustrie-Vereine in Gratz im Winter 1868. Gratz 868. Leuschner & Lubensky. gr. 8. (44 S.) n. 10 ngr.

Wastler, Jos., Hand- u. Lehrbuch der niederen Geodäsie, s.: Hartner, Frdr.

—— s. Hartner, Friedr. Handbuch der niederen Geodäsie.

— das Kunstleben am Hofe zu Graz unt. d. Herzogen v. Steiermark, d. Erzherzogen Karl u. Ferdinand. gr. 8. (IV, 247 S.) Graz 897. (Leuschner & Lubensky.) n.n. 4. —

Das Kunstleben am Hofe zu Graz unter den Herzogen v. Steiermark, den Erzherzogen Karl u. Ferdinand v. Josef Wastler, ... Prof. ... in Graz. *Graz: Selbstv.; (Univ.-Buchdr. 'Styria') 1897.* (IV, 242 S., 2 Bl.) 1 Bd 8. [97. 8.37

Wastler, Jos., steirisches Künstler-Lexicon. gr. 8. (IX, 197 S.) Graz 883. Leykam. n. 4. —

Wastler, Jos., das Landhaus in Graz. Imp.-4. Wien 890. Gerold's Sohn. n. 12. —
Entstehung, Baugeschichte u. künstlerische Bedeutung. Von Jos. Wastler. — Politische Geschichte. Von Jos. v. Zahn. (VII, 68 S. m. 36 Textbildern u. 6 Taf.)

Wastler, Jos. Plan von Graz. 1 : 5760. Nach eigener Aufnahme reducirt. 4 Blatt. Farbendr. gr. Fol. Graz 890, Leykam. * 7 —

Wastler, Jos., Großer Plan von Graz. Maßstab: 1 : 5760. Mit Höhenschichten von 10 zu 10 *m.* 4 Blätter. Gesammtgröße 112×150 *cm.* Chromolithographie Graz: „Leykam" 1890. 3 50

Wasum, J., unsere Kanoniere, s.: Baumann, J.

Wasungen [Schlagwort]

Wasungen, s.: Preussen. Messtischblätter.

Wasungen, s.: Thüringen.

WASZDA, Mag. Nicolaus. Lauter Wunſch für diejenigen Perſonen weiblichen Geſchlechts, welche zu Falle gekommen. Frankfurt 1781. 8°. 70 S.
Selten. Intereſſante Erörterungen über Huren und gefallene Mädchen, deren Beſtrafung, Rettung uſw.

Waszily, Paul *Johannes Friedrich* [app. Arzt aus Husum]: Ueber Entstehung und Behandlung der oberen Epiphysenfractur des Femur bei Neugeborenen ... Jena, Frommannsche Hof-Buchdr., 1894; 20 S. 8.
Jena, Med. Fak., Inaug.-Diss. v [14. Juni] 1894

Waszily, Paul, üb. Entstehung u. Behandlung der oberen Epiphysenfractur des Femur bei Neugeborenen. Diss. gr. 8. (19 S. m. 1 Fig.) Jena 894. (H. Pohle.) n. — 80

Waszmuth, Ant., s. Wassmuth

Waszyński, Stef., die Bodenpacht. Agrargeschichtliche Papyrusstudien. 1. Bd. Die Privatpacht. (XII, 179 S.) gr. 8. Leipzig 905. B. G. Teubner. n. 6. —; geb. n. 8. —

Waszyński, Stephanus: De servis Atheniensium publicis. *Berolini (1898): G. Schade.* (48 S.) 8° • (Soll vollständig erscheinen.)
Berlin, Phil. Diss. v. 30 Juli 1898

Wat is Constitution? Wat is Republik? 1 Bog. in gr. Fol. Berlin 848. (Hirschfeld.) 1 ngl

Watanabe, Hiroshi, in Japan approb. Arzt: Ueber eine schnellwachsende Struma in der Schwangerschaft mit tötlichem Ausgang. *Leipzig 1902: B. Georgi.* (30 S.) 8°
Leipzig, Med. Diss. v. (7. März) 1902

Watanabe, Kaikioku: Die Bhadracari. Eine Probe buddhistisch-religiöser Lyrik untersucht und herausgegeben. Leipzig 1912: Kreysing. 50 S. 8° ¶ (Soll auch ersch. als: Indica. H. 5.)
Straßburg, Phil. Diss. v. 1. Aug. 1907, Ref. Leumann
[Geb. 10. Jan. 72 Tokio; Wohnort: Tokio; Staatsangeh.: Japan; Vorbildung: Mittl. Priestersem.; Studium: Straßburg 20 S.] [U 12 6758

Watanabe, Toyoji, aus Japan: Das Prisenverfahren mit besonderer Berücksichtigung des Japanischen Prisenrechtes. *Jena 1903: G. Neuenhahn.* (80 S.) 8° [J.]
Jena, Jur. Diss. v. (7. Juli) 1903

Watel, Therese, allgemeines deutsches Kochbuch. A. u. d. T.: die wohlerfahrne westphäl. Köchin, oder d. Bewährteste u. Neueste d. gewöhnlichen u. feinern Kochkunst. Nebst e. Anhang von Gesundheits- u. Schönheitsmitteln, Vorschriften zum Waschen u. Färben rc. 12. Münster 828. Wundermann in Hamm. 1 ß

Watelet, Cl. Heinrich

— Kunst zu malen; ein Gedicht in 4 Gesängen; nebst dessen Betracht. über d. verschied. Theile d. Malerei u. Pernety Abhandl. von den verschied. Arten d. Malerei. Aus d. Französ. (von Joh. Aug. Lehninger). 8. Leipz. 763. Junius. 10 gGr.

Watelet, Claude Henri.
Kunst zu mahlen: ein Gedicht in vier Gesängen ... A. d. Franz. ... Leipz. 1764. Ü: *Lehninger, Joh. August.* (Ky) (ML)

Watelet, Versuch über d. Gärten; aus d. Französ. 8. Leipz. 776. Schwickert. 8 gGr.

Les principes élémentaires de la musique par C. H. **Watelle**, Prof., Bruxelles. Bruxelles: Schott fr.; Leipzig: O. Junne [um 1904]. (VI, 45 S.) 4° (8°) 1.6. 0.60

Watenphul, Heinrich: Die Geschichte der Marienlegende von Beatrix der Küsterin. Neuwied 1904: Heuser. (108 S.) 8°
Göttingen, Phil. Fak., Ref. Schröder, Diss. v. 18. Aug. 1904
[Geb. 14. Okt. 78 Hilgenroth; Wohnort: Heddesheim a. d. Nahe; Staatsangeh.: Preußen; Vorbildung: Gymn. Kreuznach Reife O. 99; Studium: Halle 1, Marburg 3, Göttingen 2 S.; Rig. 5. Aug. 03.]

Water and sewage, s.: Wasser u. Abwasser.

te Water, J. G., narratio de rebus academicis Lugd.-Batav. Saeculi XVIII. prosperis et adversis. 8. Leyd. 802. Luchtmans. 16 gGr.

— oratio de studio hist. eccles., cum disciplina theologiae diligenter conjungendo. 4. Leyd. 785.

— oratio de theologo erudito. 4. Leyd. 790.

Waterbury Anzeiger: 1889– Waterbury, CT
Weekly. Circulation: 1889, 400.

Waterbury Beobachter: 1899–1917
Independent weekly. Circulation: 1910, 1000; 1917, 1800. Edited & published by Max Eschenberger, 1899–1917.
Waterbury, CT

Waterdale Neighbours, the, s. Collection of British Authors.

Waterhouse, M., Vorsichtsregeln gegen den Mißbrauch des Tabakrauchens u. den Gebrauch gebrannter Geister u. Weine überhaupt. Aus d. Engl. übersetzt von Kraskovitz. gr. 8. Wien 817. Schrämbl. 16 gGr.

Waterkeyn, H. B., de la Géologie et de ses rapports avec les vérités révélées, Memoire, lu à la Société littéraire de l'Université catholique de Louvain, dans les séances du 14 et du 28 Mars 1841. gr. in-8. Louvain 841. (Mainz, Kirchheim, Schott u. Thielmann.) n. 1/2 ß

— Kosmos hieros, d. i. das Werk der Schöpfung nach der Wissenschaft u. nach dem Glauben, od. die neueren naturwissenschaftl. Theorien d. Weltschöpfung im Vergl. mit d. Lehre der h. Schrift. gr. 8. Grimma 846. Verl.-Compt. 1 1/2 ß

— la science et la foi sur l'oeuvre de la création, ou théories géologiques et cosmogoniques comparées avec la doctrine des pères de l'église sur l'oeuvre des six jours. gr. in-8. Liége 845. (Bonn, Marcus.) n. 1 ß

Auf die beglückte Wiederkehr des Geburts-Festes des Hochw. Durchlauchtigsten Herzogs und Herrn Herrn Ferdinand Herzogs zu Brauschweig und Lüneburg etc. etc. General-Gross-Meisters aller vereinigten X X. Eine Rede abgelesen in der Loge zur gekrönten Säule [in Braunschweig] am 15. Jan. 1790. vom Br. [F. L.] W[äterlin]g. Braunschweig [1790]: Kolb. 12 S. 4° [Umschlagtit.]
Kl. 1095. Lob des Herzogs.

Waterlo's, A., Kupferstiche, s. A. Bartsch.

Waterloo [Sachliches OW]

Waterloo, das zweite, d. 19. Jahrh. Beilage: 1 Skizze. gr. 8. (39 S.) Hannover 888. Helwing's Verl. n. — 80

Waterloo [Schlagwort]

Waterloo, s.: Geschichtskarten. Rothert.

Waterloo [Verfasser]

Altona bei Hamburg. Getreue Copie einer Handzeichnung v. Antonj Waterloo, in der Sammlung des Herrn Kunstmacklers Harzen in Hamburg. Steindruck v. A. Schütt in Kiel. o. J. 1 Bl. 4° k

Waterloo-Monument, das, in Hannover. Zum Andenken an d. Einweihung desselben am 18. Juni 1832. Lithogr. gr. Fol. Hannov. 832. Hornemann'sche Hofkunsth. 20 gGr.

Watermann, Ferd., Erinnerung an das 25jähr. Jubiläum der Aachener Männer-Congregation, für Mitglieder, Freunde und Gesinnungsgenossen hrsg. 12. (VII, 216 S.) Aachen 881, (Cremer'sche Buchh.) *

Watermeier, H. D., s. Watermeyer

Watermeyer, Albrecht Anton von

— biblische Beweissprüche für meine Katechumenen. 8. Stade 773.

— eine Fibel. 8. Stade 784.

Watermeyer, Albr. Ant., († d. 2. Febr. 1809.) Fragen über d. kurze Religionsgeschichte im Landeskatechismus entworfen u. mit Lehranwendung vermehrt. 8. Hannov. 792. 4e Aufl. 794. Hahn. 4 gr.

— christl. Glaubens- u. Tugendlehre nach d. Schrift. 8. Hamb. 777. 2e A. 779. Hoffmann. 5 gr.

s. Handbuch, Astronomisches.

— astronom. Handbuch, od. Unterricht z. Stern- u. Planetenkenntniß. 8. Ebend. 781.

— statistisch-histor.-geograph. Handbuch. 8. Hamb. 782. 2e A. 786. (Campe). 1 rß

WATERMEYER, Albrecht Anton von 1737 - 1809
Statistisch-Historisch-Geographisches Handbuch oder ein faslicher Unterricht für die, welche einige Länder- und Staten-Kentnis erlangen wollen, zu einem Jahrscursus eingerichtet und verfasset von Albr. Ant. Watermeyer ...
Hamburg: Hoffmann. 1782. 6, X, 448 S. 8°.
Fürstlich Fürstenbergische Hofbibliothek Donaueschingen
2. Aufl. ebd. 1786 [Kayser, VI, 160] konnte nicht gefunden werden.

s.a. Kriegsschauplatz in d. Gegend des Rheins.

(v. Watermeyer, A. A.) Der Kriegsschauplatz in den Gegenden des Rheins. 8. Hamburg 1793.

— d. christl. Lehre, nach Inhalte des Landeskatechismus zur Erleichterung dessen zweckmäßigen Gebrauch in Sätzen ohne Fragen auszugsweise u. methodisch vorgetragen. 8. Hamb. 792. 2e Aufl. 8. Hannov. 794. Hahn. 8 gr.

— ein Lesebuch für deutsche, u. besonders für Landschulen. 8. Hamb. 793.

— Lesebuch für deutsche Schulen. 2 Thle. 8. Hamb. 788, 89. (Campe). 8 gr.

— Lesebuch f. deutsche Schulen. 2 Thle. 8. Hamb. Hoffmann. 788—89.

Watermeyer, Albr. Ant., allgemeiner Reichskalender für 150 Jahre, nebst Sonnen- u. Planeten-System. Fol. Hamb. 801. (Campe). 2 gr.

— Uebersicht d. Länder u. Staaten des Erdbodens zu Grundlegung in geograph. Kenntnissen. 8. Hamb. 794. (Campe). 4 gr.

WATERMEYER, Albrecht Anton von 1737 - 1809
Uebersicht der Länder und Staaten des Erdbodens, zur Grundlegung in geographischen Kenntnissen. von Albr. Ant. Watermeyer ...
Hamburg: Hoffmann. 1794. 90 S. 8°.
Columbia University Library New York

— Unterhaltung zur Vorbereitung auf d. Weihnachtsfest. 8. Stade 775.

— Zeittafel für gegenwärtige, vergangene u. zukünftige Zeiten. 8. Hamb. 787. (Campe). 6 gr.

Watermeyer, H. D.

—— und K. Th. Oelrichs, Beiträge z. Kenntniß d. Rechts d. Hansestadt Bremen, s. Beiträge.

Watermeyer, H. D., bremische Blätter, s. Blätter.

—— das Oral-Fideicommiß u. dess. Verhältniß z. Erbverträge. In e. am Obergerichte d. freien Stadt Bremen u. am Ober-Appellat.-Gerichte d. freien Städte Deutschlands zu Lübeck verhandelten Rechtsstreite. Mit d. Urtheilen u. Entscheidungsgründen d. erwähnten Gerichte. gr. 8. (7 B.) Bremen 838, Kaiser.

Deutsch-Südwest-Afrika. Seine landwirtschaftl. Verhältnisse. Bericht über d. Resultate meiner im Auftr. des 'Syndikates f. Bewässerungsanlagen in Deutsch-Südwest-Afrika' in Begleitung d. Herrn Regierungsbaumeisters Rehbock ausgeführten Reisen durch Deutsch-Südwest-Afrika v. J. C. Watermeyer, Kapstadt. (Berlin: D. Reimer 1898.) (25 S.) 4°

Watermeyer, J. C., Deutsch-Südwest-Afrika. Seine landwirtschaftl. Verhältnisse. Bericht üb. die Resultate meiner im Auftrage des „Syndikates f. Bewässerungsanlagen in Deutsch-Südwest-Afrika" in Begleitg. des Hrn. Regierungsbaumeisters Rehbock ausgeführten Reisen durch Deutsch-Südwest-Afrika. Lex.-8. (25 S.) Berlin 899. D. Reimer. n. 1.—

Waters, od. d. Rechtschaffene. 8. Lpz. Hilscher. 777.

Waters, still, s. Collection of british authors.

Waters, die merkwürdigsten engl. Criminalgeschichten, siehe: Bibliothek, Europäische. 690—693. Bd.

Waters, Arthur William

Waters, Arth. Wm., F. L. S. & c., some meteorological conditions of Davos. Reduced to average curves. 8. (7 S. m. 1 graph. Taf.) Davos 890. Richter. n. —80

Waters, Arthur W[illia]m. The Davos Hero (Georg Jenatsch). 8. (Davos-Dorf, February 1897.)

Waters, Arth. Wm., klimatologische Notizen üb. den Winter im Hochgebirge. Nach eigenen Beobachtg. in dem Höhenkurorte Davos am Platz [Kanton Graubünden.] Mit 5 meteorolog. Tab. (in 4.) u. 2 lith. Taf. (in 8. u. Fol.) [meteorolog. Curven u. Schneekrystalle.] gr. 8. (19 S.) Basel 871. Richter. n. 1. 75

Waters, (C.) Erinnerungen eines Criminal-Polizisten. Nach dem Engl. 2 Thle. Leipzig 857. Kollmann. 8. (VIII, 176; 2 Bl., 157 S.) 1 rß. 5 ngr.

—— Kirke Webbe der Kaperkapitän. 2 Bde. gr. 16. (519 S.) Leipzig 860, Kollmann.

Waters, Laurenz, a. Amern St. Anton (Niederrhein): I. Über einige Abkömmlinge des Benzylmercaptans und ihre Bedeutung für Kondensationsreaktionen mit der CO-Gruppe. II. Carbaminthiolsäuren als Pseudosäuren. München 1905: C. Wolf & Sohn. (38 S.) 8°
München, Phil. Fak., Ref. Hilger, Diss. v. 27. Febr. 1905
[Geb. 6. Mai 77 Amern St. Anton, Niederrhein; Wohnort: Burgwaldniel; Staatsangeh.: Preußen; Vorbildung: Progymn. Viersen Obersekunda O. 01; Studium: München T.H. 1, München Univ. 7 S.; Rig. 27. Juli 04.]

Waterschoot van der Gracht, W. A. J. M., the deeper geology of the Netherlands and adjacent regions, with special reference to the latest borings in the Netherlands, Belgium and Westphalia, with contributions on the fossil flora by W. Jongmans, s.a. Memoirs of the government institute for the geological exploration of the Netherlands. II.

The deeper Geology of the Netherland and adjacent regions with special reference to the latest borings in the Netherlands, Belgium and Westphalia by W. A. J. M. van **Waterschoot** van der Gracht. With contributions on the fossil flora by Dr. W. Jongmans. The Hague 1909; Freiberg: Craz & Gerlach in Comm. VIII, 437 S. 4°
(Memoirs of the Government Institute for the Geological Exploration of the Netherlands. Nr 2.) [10. 1096] 7

Waterstraat, H., Hilfsbuch für den Unterricht in der Geschichte an höh. u. mittleren Mädchenschulen, s.: Krosta, Fr.

Chronik der Innung der Baugewerke zu Stettin vom Jahre 1380 bis 1903. Im Auftr. d. Innung bearb. von Hermann Waterstraat, Rektor, Stettin. Stettin: Selbstverl. d. Innung [1904]. (264 S.) 8°

Waterstraat, Herm., Chronik der Innung der Baugewerke zu Stettin vom J. 1380 bis 1903. Im Auftrage der Innung bearb. (IV, 264 S. m. 8 Taf. u. 1 Plan.) gr. 8. Stettin (904). (F. Wittenhagen.) Geb. in Leinw. n.n. 3. 50

[F.] Geschichte des Elementarschulwesens in Stettin. Von Rektor H[erm.] Waterstraat. Th. 1. *Stettin: Dr. e. F. Hessenland 1894.* 8. [96. 3107]

Waterstraat, H., Johann Christoph Schinmeyer. E. Lebensbild aus d. Zeit d. Pietismus. gr. 8. (VII, 66 S.) Gotha 897. E. F. Thienemann. n. 1. 60

Waterstradt, F.: Das „Gesetz vom abnehmenden Bodenertrag" im landwirtschaftlichen Betriebe. Jena [1906]. 70 S. mit 2 Diagr.

Waterstradt, Franz, aus Parchim: Ein Beitrag zur Methodik der Wirtschaftslehre des Landbaues. *Merseburg 1904: F. Stollberg.* (40 S.) 8°
Königsberg, Phil. Diss. v. 4. Juli 1904

Waterstradt, F., die Rentabilität d. Wirtschaftssysteme nach J. H. v. Thünens „Isoliertem Staat" u. in unserer Zeit. (III, 157 S. m. 5 Taf.) Lex. 8. Berlin 909. P. Parey. 5. —

— Ueber die Verringerung der Unkosten in der Landwirtschaft. Nach e. im Kursus f. prakt. Landwirte Jan. 1910 in Breslau geh. Vortrag. (16 S.) gr. 8. Berlin-Groß-Lichterfelde-West (910). „Ceres". — 50
Sonderabdruck aus: „Der rechn. Landwirt".

Waterstradt, H[einrich], Coeslin (Pom.): Über ultraviolette Strahlung. Rostock 1904: C. Hinstorff. (52 S.) 8°
Rostock, Phil. Diss. v. [17.Mai] 1904.

Waterstradt, Ludwig

Waterstradt, L., die Bestimmgn. über Tagegelder, Reise- u. Umzugskosten der preußischen Staatsbeamten. Nebst e. Anh.: Die Rangverhältnisse der Staatsbeamten. Unter Berücksicht. der Gesetzesmaterialien sowie aller bis auf die neueste Zeit ergangenen Verwaltungsvorschriften bearb. u. hrsg. (VIII, 327 S.) gr. 8. Berlin 903. H. W. Müller. n. 7. —; geb. n. 8. 50; Nachtrag. (22 S.) (904.) n. — 50

Waterstradt, L., Rechtskunde f. Eisenbahnbeamte. Zusammenstellung der wichtigsten auf das Prozeßverfahren, das Grundbuch- u. Vormundschaftswesen bezügl. gesetzl. Vorschriften, unter Beifügg. d. Enteignungsgesetzes u. e. Auszugs aus dem Strafgesetzbuche. gr. 8. (IX, 112 S.) Berlin 888. Siemenroth & Worms. Kart. n. 1. 50

Waterstradt, L., Rechtskunde f. Eisenbahnbeamte. Zusammenstellung der wichtigsten auf das Prozeßverfahren, das Grundbuch- u. Vormundschaftswesen bezügl. gesetzl. Vorschriften, unter Beifügg. des Enteignungsgesetzes u. e. Auszugs aus dem Strafgesetzbuche. 2. Aufl. gr. 8. (VIII, 119 S.) Berlin 900. [Siemenroth & Troschel.] Leipzig, Luckhardt's Buchh. f. Verkehrswesen. Kart. n. 1. 50

Waterton, Charles, wanderings in South America, s.a. Schulbibliothek französischer u. englischer Prosaschriften aus der neueren Zeit.

Waterton, Ch., wanderings in South America. With an introduction by N. Moore. 16. (192 S.) Leipzig 888. Gressner & Schramm. n. — 80

Waterton, Chr., Wanderungen in Südamerika. Aus d. Engl. gr. 8. Jena 826. Bran. 15 ¼

Watertown Anzeiger: Aug. 3, 1853 – Feb. 1858
Weekly. Evidently Independent, for Eastman reports that "it refused to support Buchanan" in 1856, and Wis. (1) states that Carl Schurz edited it for two weeks, but was "then discharged as" too Republican.
United with WATERTOWN WELTBÜRGER. Edited by Emil Rothe, Sept. 1853 – Aug. 1857; by Carl Schurz, for two weeks, evidently in Sept. 1857; by Joseph Engelmann, Sept. 1857 – Feb. 1858; published by David Blumenfeld & John Kopp, 1853 – 58.
Watertown, WI

Watertown Journal: 1888? – 1895?
Independent weekly, with strong Democratic tendency, 1893 – 95.
Circulation: 1892, 800; 1895, 1500. Edited & published by William Reber, 1888 – 89; edited by A. Goetz, & published by William Reber, 1890 – 95.
Watertown, WI

Watertown Post: 1856 – ? Watertown, WI
Weekly. Edited & published by Carl Schurz.

Watertown Volks-Zeitung: Aug. 1857 – 1860?
Republican weekly. Edited & published by Carl Schurz & Karl J. Palmé, 1857 – 58; by Herman Lindeman, 1859 – 60.
Watertown, WI

Watertown Weltbürger: Jahrgang 1 – 80, no. 49, Aug. 27, 1857 – Dec. 2, 1932.
Weekly. Democratic, 1857 – 1919, Independent, 1920 – 22, 1931 – 32, Progressive Republican, 1923 – 30. Sub-title: Ein Organ der Demokratie [in 1858 and in 1901]. Suspended: Oct.-Dec. 1858. Absorbed WATERTOWN ANZEIGER. Title varies: 1) DER WELTBÜRGER, Aug. 27, 1857 – Feb. 1858; 2) WELTBÜRGER UND ANZEIGER, Feb. – Oct. 1858; 3) WATERTOWN WELTBÜRGER, Jan. 1859 – Dec. 1932.
For supplement, see DER ERZÄHLER. For monthly edition, see WESTLICHE MONATSSCHRIFT. Place of publication varies: Winona, Minn.: Mar. 7, 1930 – Dec. 2, 1932.
Circulation: 1870, 1500 (est.); 1880, 1700; 1890, 2800; 1895, 3600; 1900, 3650; 1910, 2925; 1920, 2680; 1930, 2180.
Edited & published by Emil Rothe, Aug. 1853 – Jan. 1858; edited by Emil Rothe, & published by David Blumenfeld & Kopp, Feb. 1858 – 1862, edited & published by David Blumenfeld, 1863 – Oct. 1905 [part of time by Blumenfeld und Sohn]; edited & published by F. W. Müller & W. R. Schröder [as Weltburger Publishing Co.], Nov. 4, 1905 – June 9, 1906; by Otto R. Krueger, & Gustav Schwendke [at death of Mr. Krueger, by Krueger Estate & Gustav Schwendke], June 16, 1906 – Mar. 1, 1930, edited by Emil Leicht, & published by National Weeklies, Inc., Winona, Minn., Mar. 7, 1930 – Dec. 2, 1932.
Watertown, WI

Waetge, Anna, Buchstaben u. Muster in Kreuzstich für Schule u. Haus. (8 S.) qu. kl. 8. Bremen (905). G. Winter. n. — 20

Wathen, (Jonathan): Von einer neuen und leichten Methode, eine Röhre bey der Heilung der Thränenfistel anzuwenden. (A new and easy Method of applying a tube for the cure of the fistula lachrymalis. Dt.) 13 S. (S. 111 – 123). Leipzig: 1784

s.: Abhandlungen von der Heilung der Thränenfistel und den neuesten dazu vorgeschlagenen Operationsmethoden.

JB 4.216

Wathlingen [Schlagwort]

Wathlingen, s.: Preussen. Messtischblätter.

Wathner's, Jos., praktischer Eisen- und Eisenwaaren-Kenner, oder: Gründliche Anleitung zur Kenntniß der Eisenwaaren und ihrer Gattungen nach den Zeichen. Enthält alle im Eisenhandel vorkommenden Arten von Berechnungen, außerdem nahezu 2500 Adressen von Eisen-Industriellen aus allen Kronländern der Monarchie ꝛc. Mit 1 Atlas von 31 Taf. in qu. Fol., mit ca. 2000 lithogr. Abbild. Theils neu verfaßt, theils umgearb. von Jos. Koditek. Lex.-8. (VIII und 230 S. mit 10 Tab. in Lex.-8. und qu. Fol.) Gratz 860, (Wießner.) *

Wathner's praktischer Eisen- u. Eisenwaaren-Kenner od. gründl. Anleitg. zur Kenntniss der Eisenwaaren u. deren Gattgn. nach den Formen u. Zeichen. Enthält alle im Eisenhandel vorkomm. Waaren nach ihrer richt. Benenng. u. geschäftsübl. Berechng. Mit e. Atlas v. 50 Doppeltaf. (in Holzschn.), enth. üb. 3000 naturgetreue Abbildgn. v. Waaren geschmackvollster Façon. Ferner Abbildgn. v. Stahl-, Eisen-, Sensen-, Sicheln- u. Strohmesser-Marken. 1200 Adressen der renommirtesten Fabriken u. Eisenwaaren-Erzeuger. 5. Aufl. Hrsg. v. Jos. Tosch. hoch 4. (VIII, 240 S.) Graz 883—85. Cieslar. n. 30. —

Wathner's praktischer Eisen- u. Eisenwaaren-Kenner od. gründl. Anleitg. zur Kenntniss der Eisenwaaren u. deren Gattgn. nach den Formen u. Zeichen. Mit e. Atlas v. 74 Doppeltaf. (in Holzschn.), enth. üb. 4500 naturgetreue Abbildgn. v. Waaren geschmackvollster Façon. Ferner Abbildgn. v. Stahl-, Eisen-, Sensen-, Sicheln- u. Strohmesser-Marken. 1000 Adressen der renommirtesten Fabriken u. Eisenwaaren-Erzeuger. 5., sehr verm. Aufl. Hrsg. v. Jos. Tosch. Neue bill. Ausg. 12 Lfgn. hoch 4. (VIII, 240 S.) Graz 891. P. Cieslar. à n. 1. 60 (kplt.: n. 16. —; in 2 Leinwbdn. n. 20. —)

Wathner, J., d. vollständ. Kenner d. Eisenwaaren u. ihrer Zeichen, oder gründl. u. vollständ. Anleitung zur Erlernung und Kenntniß aller nur immer vorkommenden Eisenwaaren-Artikel, mit beigefügter Berechnungsart u. Zeichen f. jeden einzelnen Gattung. Nebst Tabellen u. 39 Kpf. gr. 4. Grätz 825. (Wien, Gerold). 4 ₰

Wätjen, Hermann, Dr. phil.: Handel und Handelspolitik der Niederländer im Mittelmeergebiet während der ersten Hälfte des 17. Jahrhunderts ⟨1600—1650⟩. (Halle a. S. [1908]: Gebauer-Schwetschke.) 163 S. 8° ¶(Ersch. vollst. u. d. T.: Die Niederländer im Mittelmeergebiet z. Zeit ihrer höchsten Machtstellung, als: Abhandlungen z. Verkehrs- u. Seegeschichte. Bd 2.) x)
Mit: Einladung zur ... Probe-Vorlesung ... d. 31. Okt. 1908 ... Thema: Die Entwicklung d. Ostseeverkehrs im 16. u. 17. Jh. Heidelberg (1908): Hörning. 1 Bl. 8°
Heidelberg, Phil. Hab.-Schr. v. 1908 [U 09. 2066

Wätjen, Herm., die Niederländer im Mittelmeergebiet zur Zeit ihrer höchsten Machtstellung, s.a. Abhandlungen zur Verkehrs- u. Seegeschichte. 2. Bd.

Die Niederländer im Mittelmeergebiet zur Zeit ihrer höchsten Machtstellung von Dr. Hermann Wätjen. Berlin: Curtius 1909. XXV, 416 S. 8°
Ein T. erschien als Hab.-Schr. Heidelberg 1909.
(Abhandlungen z. Verkehrs- u. Seegeschichte. Bd 2.)

Wätjen, Hermann, aus Bremen: Die erste englische **Revolution** und die öffentliche Meinung in Deutschland. *Heidelberg: C. Winter 1900.* (126 S.) 8° [J.]
Heidelberg, Phil. Diss. v. 1900

Wätjen, Herm., die erste englische Revolution u. die öffentliche Meinung in Deutschland. gr. 8. (VII, 126 S.) Heidelberg 901. C. Winter. n. 3. —

Watin, M., die Kunst des Staffirmalers, s.a. Schauplatz, neuer, der Künste ꝛc. 207. Bd.

Watin, M., Kunst des Staffirmalers, Vergolders, Lackirers u. Farbenfabrikanten in ihrer höchsten Vollkommenheit. Nach d. 9ten französ. Ausg., mit Anmerkk. von Thph. Albr. Heidemann. 8. Ilmenau 824. Voigt. 1 ₰

Watin, Staffirmaler, od. die Kunst anzustreichen, zu vergolden u. zu lackiren, a. d. Franz. gr. 8. Leipz. Crusius. (F. C. W. Vogel.) 779.

— — 2r Thl. desselb. s. a. Apligny, le Pileur d', Abhandl. von d. Farben ꝛc.

— Staffirmaler, oder d. Kunst anzustreichen, zu vergolden u. zu lackiren; aus d. Französ. gr. 8. Leipz. 779. (W. Vogel). 16 gr.
2r Thl. desselben, la Pileur d'Apligny, Abhandl. von den Farben. gr. 8. Ebd. 779. 10 gr.

Watin's, M., Staffiermaler als Maler, Vergolder ꝛc., s. a. Schauplatz, neuer, der Künste und Handwerke.

Watin's, M., Staffiermaler als Maler, Vergolder, Versilberer, Bronzierer, Lackirer u. Tapezierer. Praktisches Hand- u. Hilfsbuch, enth. die Beschreibung aller bei der Staffiermalerei vorkommenden Arbeiten u. Methoden, die Fabrikation, Benennung u. Prüfung der Farbenkörper ꝛc. Zum Gebrauche für Maler, Anstreicher, Vergolder ꝛc., sowie für alle, welche malen, vergolden, versilbern, bronzieren, lackieren u. tapezieren lassen. 3. Aufl., in vollständ. Neubearbeitung hrsg. von R. Tormin. gr. 8. (XX, 334 S.) Weimar 882. B. F. Voigt. 6. —

Watkin, Ralph Granger, Lektor d. engl. Sprache: Robert Browning and the English Pre-Raphaelites. Breslau 1905: H. Fleischmann. (62 S.) 8°
Breslau, Phil. Fak., Ref. Sarrazin, Diss. v. 10. Aug. 1905
[Geb. 30. März 73 Pontypridd, Glam.; Heimatsort: Pontypridd; Staatsangeh.: England; Vorbildung: King Edward's Middle and High Schools, Birmingham Reife Oxford; Studium: Univ.-College Aberystwyth, Oxford; Rig. 10 Mai 05.]

Watkinson, Grace B., aus Hartford (Connecticut): Untersuchungen über die sogenannten Geruchsorgane der Cephalopoden. [Mit 47 Figuren im Text.] Jena 1908. II + 62 S. und zwei Tafeln. 8°. S.-A. aus der Jenaischen Zeitschrift für Naturwissenschaft. Bd. 44. N. F. 37. Heft 2. [8.1.09.]
Zürich, Phil. Diss. II.S. 1908/09.

Watkinson, Grace B. Untersuchungen über die sogenannten Geruchsorgane der Cephalopoden. Diss. Phil. [II.] Univ. Zürich. Mit 2 Tafeln und 47 Figuren im Text. (Abdruck aus der Jenaischen Zeitschrift für Naturwissenschaft. Bd. 44. N. F. 37. Heft 2. 1908.) II + 62 S. 8. Jena, Gustav Fischer, 1908.

Watowa, Aug. Ritter v.: Der Deutsche Schulverein 1880–1905. E. Gedenkschrift. Wien 1905. 8°

Watraszewski, v., Beitrag zur Behandlung der chronischen Urethritis. [Aus: „Allg. med. Centralzeitg."] gr. 8. (10 S. m. 1 Abbildg.) Berlin 893. O. Coblentz. n. 1. —

— die Calomelseife bei der percutanen Behandlung der Syphilis. (Vorläufige Mitteilg.) [Aus: „Allg. med. Centralzeitg."] gr. 8. (3 S.) Ebd. 893. n. 1. —

Watraszewski, Xawer. Beiträge zur Behandlung der Oberschenkel-Schussfracturen im Kriege. Diss. Dorpat. 8°. 78 pp. mit zwei Curventafeln. 1879.

Watson, Lucie Miß, Begebenheiten, 8. Lübeck, 778. Bohn. 10 sgl.

Watson, Luc. Miß, Begebenheiten. 8. Lübeck, Donatius. 778. — 8

Watson, e. unglücklicher Ehemann. Psychologische Studien üb. die Ehe. Von e. Geschiedenen. gr. 8. (IV, 172 S.) Berlin 875. Staude in Comm. n. 3. —

Watson's reading book for schools. 8. (VII und 104 S.) Hamburg 862, Mauke Söhne. *

Watson, ..., u. ... Glaß, Versuche u. Abhandlungen von d. neuesten u. besten Art, d. Kinderblattern glückl. einzupfropfen; aus d. Engl. von Chr. H. Schütte. 8. Halle 769. Gebauer. 12 gr.

Die Spuren der göttlichen Vorsehung in der Gründung und Beschützung des Duisburgischen Musensitzes, wurden bey Gelegenheit seiner hundertjährigen Jubelfeyer in der Königlichen deutschen Gesellschaft an ihrem erneuerten Stiftungstage den 21 Nov. 1755 besungen von ANDREAS WATSON,... Königsberg, gedruckt bey Johann Friederich Driest. 4°.

Watson, Archibald, über das Fibro-Adenom der Mamma. Inaugural-Dissertation. gr. 8. (84 S.) Göttingen 878. (Vandenhoeck & Ruprecht.) n. — 80

Watson, Henry C., Nachtwachen in einem Blockhause, siehe: Bibliothek, Amerikanische, 13 u. 14. Bd.

Watson, Hewett Cottrell, Bemerkungen über die geographische Vertheilung u. Verbreitung der Gewächse Großbritanniens, besonders nach ihrer Abhängigkeit von der geograph. Breite, der Höhe u. dem Klima. Uebersetzt u. mit Beilagen u. Anmerkk. versehen von C. T. Beilschmied. gr. 8. Breslau 837. (Max u. Comp.) $1\frac{1}{3}$ ₰

Watson, Rev. John = Maclaren, Jan [Autorname].

Watson, John, das letzte Abendmahl. Autor. Uebersetzg. aus d. Engl. v. W. H. 8. (80 S.) Leipzig 898. F. Jansa. Geb. n. 1. 20

His majesty Baby, and Some common people. By Jan Maclaren [d. i. John **Watson**]. Copyright ed. Leipzig: Tauchnitz 1903. 270 S. 8°
(Collection of British authors. Tauchnitz Ed. Vol. 3679.) [II. 8515

Beside the bonnie Brier Bush. By Jan Maclaren [d. i. John **Watson**]. Copyright ed. Leipzig: Tauchnitz 1895. 286 S. 8°
(Collection of British authors. Tauchnitz Ed. Vol. 3050.) [II. 8036

The Days of Auld Langsyne. By Jan Maclaren [d. i. John **Watson**]. Copyright ed. Leipzig: Tauchnitz 1895. 294 S. 8°
(Collection of British authors. Tauchnitz Ed. Vol. 3097.) [II. 8098

— Gefährten auf d. Leidenswege. Autor. Uebersetzung aus d. Engl. v. J. M. 8. (III, 125 S.) Ebd. 898. Geb. n. 1. 50

Watson, John. Leben John Wesley's . . . A. d. Engl. . . . Frankf. a. M. 1839. Ü: *Eckstein, Ernst von.* (winer)

Watson, Karl Fr., († d. 4. März 1826.) Adreßbuch für d. Kurländ. Statthalterschaft. Nebst e. Tabellen über d. Vermessungen d. Hauptstraßen dieser Statthalterschaft. 8. Mitau 796.

(—) Jubelfeier d. 50jähr. Amtsführung des Pastors Herm. Fr. Fullo, nebst den bei diesem Feste gehaltenen Predigten u. Reden 2c. 8. Mitau 818.

Eine gefangene Nachtigall oder die Geschichte einer Waise. Dem Engl. von Lily Watson nacherzählt von A[nna] Steen. Für d. reifere Jugend. *Cassel: J. G. Oncken 1901.* (112 S.) 8° [S.]
= Jugendheim. 30. [01. 6714

Watson, Matth. Fr.

— das Betragen eines verherrlichten Christen gegen seine hinterlassenen Freunde; in e. Standrede. Fol. Frankf. a. d. O. 756.

— **Diss.** Biga observationum poeticarum, quarum alia de plausus oratorii et poetici differentia, alia de satyra personali agit. 4. Frankf. a. d. O. 756.

Watson, **Matth. Fr., († d 8. März 1805.) Commentationis aestheticae in Horatium Specimen I. 4. Königsb. 753. Spec. II. 4. Frankf. a. d. O. 753.**

Watson, R. W. Seton-, Britische Politik und Balkankrise. Von Scotus Viator [d. i. R. W. Seton-Watson]. Wien u. Leipzig 1909. 8°.

Watson, Richard, das Leben Joh. Wesley's, nebst e. Schilderung d. Methodismus u. seiner Anhänger in Großbritannien u. Irland. Beitr. z. christl. Religions- u. Kirchen-Geschichte. A. d. Engl. Mit e. Vorw. v. L. Bonnet. gr. 8. ($32\frac{1}{2}$ B.) Frankfurt a. M. 839. [Halle, Kersten.] Thlr.

Watson, Richard, das Leben Johann Wesley's, nebst einer Schilderung d. Methodismus u. seiner Anhänger in Großbritannien u. Irland. Beitrag z. christl. Religions- u. Kirchen-Geschichte. Nach d. Engl. Mit einem Vorwort von L. Bonnet. gr. 8. Frankfurt a. M. 839. Schmerber. $1\frac{3}{8}$ ₰

Watson, Richard. Chemische Versuche; a. d. Engl. St. Petersburg 1782. Ü: *Gallisch, Friedrich Andreas.* (ML)

— chemische Versuche; aus d. Engl., mit Anmerkk. von Fr. A. Gallisch. 2 Thle. gr. 8. Leipz. 782. Schwickert. 1 ₰

Watson, Rob., Anrede an d. heutigen Freunde d. Christenthums; aus d. Engl. von J. P. Bamberger. gr. 8. Berl. 779. Stahlbaum. (Schöne). 8 ℊ

— Apologie d. Bibel gegen Thomas Paine, namentl. gegen sein Zeitalter d. Vernunft; aus d. Engl. von J. F. Lehzen. 8. Hannov. 798. Hahn. 14 ℊ

Watson, R., Erwiederung an Paine, oder: Schutzrede für die Bibel; in Briefen an Thom. Paine. gr. 16. (232 S.) New-York 851. (Philadelphia, Schäfer & Koradi.) n. ½ ₰

Watson, Robert, Geschichte d. Entstehung d. Republik d. vereinigten Niederlande unt. Philipp II. König von Spanien, nebst andern merkwürd. Begebenheiten unt. d. Regierung dies. Monarchen. 2 Bde. neue Ausg. gr. 8. Leipz. Hinrichs. 813.

— Geschichte d. Regierung Philipp II., Königs v. Spanien; aus d. Engl. 2 Bde. (A. u. d. T.: Geschichte d. Entstehung d. Republik d. vereinigten Niederlande unter Philipp II.) gr. 8. Lübeck 778. N. Aufl. gr. 8. Leipz. 812. Hinrichs. 2 ₰ 12 ℊ

— **history of the reign of Philipp II., King of Spain. III Voll. 8. Basel 792. Flick. (Neukirch).** 3 ₰

— History of the reign of Philipp II. King of Spain 3 Vol. 8. Basel, Flick. (Tourneisen, Sohn in Paris, a. Levrault in Strasb.) 792.

Watson, R. History of the reign of Philipp III, King of Spain. 4. London 1783. — 4. ib. 1783. — ed. by Wm. Thompson. 2 v. 8. ib. 1786. — 2 v. 8. Basel 1792.

— **history of the reign of Philipp III., King of Spain, book 1—4. and Will. Thomson's book 5 und 6. II Voll. 8. ibid. 792.** 2 ₰ Fein P. 3 ₰

— **principes de la révolution justifiés dans un sermon etc. 8. Lausanne 777. Pott.** 8 ℊ

Watson, Sydney, Meister Frank, der Einbrecher, od.: Die Sünde ist der Leute Verderben. Frei nach dem Engl. von St. v. B. gr. 16. (71 S.) Bremen (901). Verlag des Tractathauses. — 25

— die Geschichte e. Schauspielers, od.: „Ist jemand in Christo, so ist er e. neue Kreatur". Frei nach dem Engl. von St. v. B. gr. 16. (72 S.) Ebd. (901). — 25

— der verschwundene Graf, od.: Gott ist die Liebe. Frei nach dem Engl. von St. v. B. gr. 16. (79 S.) Ebd. (901). — 25

— vermißt od. Gottes Pfad in großen Wassern. (Erlebnisse auf hoher See.) Frei nach dem Engl. von St. v. B. — II. Im hohen Norden. gr. 16. (72 S.) Ebd. (901). —25

— das Weib e. Verbrechers od. das Blut Jesu Christi macht uns rein v. aller Sünde. Frei nach dem Engl. von St. v. B. — II. Vater Johannes. III. Unverhoffte Hilfe. gr. 16. (79 S.) Ebd. (901). —25

Watson, Th.

— geistreiche Predigten u. Schriften. 2 Thle. 4. Frankf. Wenzel. 729.

Watson, Th., Uebung d. Gottseligkeit, a. d. Engl. 4. Copenhag. Monath. 722.

Watson, Thom., die Grundgesetze der praktischen Heilkunde. Ein vollständ. Handbuch der allgem. und speciellen Pathologie und Therapie, in Vorlesungen, gehalten in King's College zu London. Nach der 3., engl. Aufl. ins Deutsche übertr. und mit Anmerkungen versehen von J. H. Steinau. 1. und 2. Bd. gr. 8. Leipzig, Brockhaus. [1. (XII und 324 S.) 851. • 1 Thlr. 22 Ngr., 2. (VIII und 619 S.) 852. • 2 Thlr. 20 Ngr.]

Watson, Thom., die Grundgesetze der praktischen Heilkunde. Ein vollständ. Handbuch der allgemeinen und speciellen Pathologie und Therapie, in Vorlesungen, gehalten in King's College zu London. Nach der 3. engl. Aufl. ins Deutsche übertr., und mit Anmerkungen versehen von J. H. Steinau. 3. und 4. (letzter) Bd. gr. 8. Leipzig, Brockhaus. [3. (VIII und 531 S.) 854. • 2 Thlr. 15 Ngr., 4. (XII und 688 S.) 855. • 3 Thlr. 3 Ngr.]

1. und 2. Bd. Ebendas. 1851—52. • 4 Thlr. 12 Ngr.

Watt, Joachim von Watt als Geschichtschreiber. Njbl. St. Gallen 1873 s.a.[Götzinger, Ernst].

Watt, Joachim von, als Geschichtschreiber . . . St. Gallen 1873. V: *Götzinger, Ernst.* (Cat. d. Stadtbibl. Zürich. Zürich 1864—97.)

Watt, Joachim v., als Geschichtsschreiber. Von anfang, gelegenheit, regiment u. handlg. der weiterkannten frommen statt zu Sant Gallen. Hrsg. vom histor. Verein in St. Gallen. gr. 4. (24 S. m. 1 Steintaf.) St. Gallen 873. Huber & Co. n. 1. 60

Watt wird'n den 6. August werden? Ein politisches Zeitbild aus einer Kneipe. Druck von Brandes u. Schultze in Berlin. 1 Bl. Fol.

Flugblatt. Berlin, 1848/49.

Watt, Franz Ludw., Biel: Dissertatio inauguralis medica de origine hominis.

Basel; med. Diss. 1761.

Watt, Henry J., Carnegie Research Fellow a. Aberdeen: Experimentelle Beiträge zu einer Theorie des Denkens. M. 9 Fig. im Text. Leipzig: W. Engelmann 1904. (154 S.) 8° ¶(Aus: Archiv f. d. ges. Psychologie Bd 4.)

Würzburg, Phil. Fak., Ref. Külpe, Diss. v. 27. Sept. 1904

[Geb. 18. Juli 79 Aberdeen: Wohnort: Würzburg; Staatsangeh.: England; Vorbildung: Grammar School Aberdeen Reife O. 96; Studium: Berlin 2, Würzburg 5 S.; Rig. 5. März 04.]

Watt, J. A.

—— Notizen üb. Land- u. Wasserstraßen im Kanton Bern. 2., verb. u. verm. Aufl. gr. 8. (2 B.) Bern 833, [Jenni, Sohn.]

Watt, J. A., über d. dringende Nothwendigkeit e. Finanz-Reform im Kanton Bern, deren Nutzen u. Folgen, hauptsächl. in Beziehung auf d. Staßen-, Schul-, Armen- u. Tellwesen. gr. 8. (2⅓ B.) Bern 834, [Jenni, Sohn.]

Watt, James: Beschreibung der pneumatischen Apparate zur Bereitung der zum medicinischen Gebrauch dienlichen Gasarten. (Supplement to the description of a pneumatic apparatus, for preparing factitious airs; containing a description of a simplified apparatus and of a portable apparatus. Dt.) 28 S.(S.233 - 260), gbd., Abb.

Leipzig: Breitkopf & Härtel 1799
in: Cavallo, (Tiberius): Versuch über die medicinische Anwendung der Gasarten... (An essay on the medicinal properties of factitious airs... Dt.) Hrsg.von Alex(ander) Nikol(aus) Scherer. 1799

JB 6.575

Watt, Jeannie, das Zukunftskleid der Frau. Die Gesundg. der Frauenmode. Praktische Ratschläge u. genaue Anleitg. zur Selbst-Anfertigg. v. Reformkleidern m. Schnittübersichten u. reichhalt. Illustr. hoch 4. (25 S.) Berlin (902). W. Vobach & Co. n. 1.—

Watt, Jeannie, das Zukunftskleid der Frau. Zur Gesundung der Frauenmode. 2. umgearb., sehr verm. Aufl. (4.—9. Taus.) mit 86 Bildern u. vielen neuen Schnittübersichten. Praktische Ratschläge u. genaue Anleitg. zur Selbstanfertigg. v. Reformkleidern. (75 S.) 4. Leipzig 903. Jena, E. Diederichs. n. 2.—

Watt, Joachim von s.a.Vadian, Joachim.

Watt [Vadian], Joach. v., deutsche historische Schriften. 1. Bd. Chronik der Aebte d. Klosters St. Gallen. 1. Hälfte. Auf Veranstaltg. des histor. Vereins des Kantons St. Gallen u. m. besond. Unterstützg. des kaufm. Directoriums in St. Gallen hrsg. v. Ernst Götzinger. hoch 4. (565 S. m. Portr. d. Verf. in Stahlst.) St. Gallen 875. (Huber & Co.) Subscr.-Pr. n. 10. —

Watt [Vadian], Joach. v., deutsche historische Schriften. 2. Bd. Chronik der Aebte des Klosters St. Gallen. 2. Hälfte. Auf Veranstaltung des histor. Vereins des Kantons St. Gallen u. mit besonderer Unterstützung des kaufmännischen Directoriums in St. Gallen hrsg. von Ernst Götzinger. Lex.-8. (IV, XCIII, 495 S.) St. Gallen 877. (Huber & Co.) Subscr.-Pr. n. 10. —; Ladenpr. n. 12. —

Watt [Vadian], Joach. v., deutsche historische Schriften. 3. Bd. Fragment einer römischen Kaisergeschichte. Geschichte der fränkischen Könige. Epitome. — Diarium. Auf Veranstaltung des historischen Vereins des Kantons St. Gallen u. mit besonderer Unterstützung des kaufmännischen Directoriums in St. Gallen hrsg. von Ernst Götzinger. Lex.-8. (XXVIII, 539 S.) St. Gallen 879. (Huber & Co.) Subscr.-Pr. n. 10. —; Ladenpr. n. 12. — (cplt.: n. 36. —)

Watt, Isaac. Abhandlung von der Catechetischen Lehrart . . . Zürich 1751. Ü: *Kayser, Chn Bernhard.* (BrMm)

Watts, Isaak, 3 Abhandll. von d. Herrlichkeit Christi, betrachtet als Gottmensch; aus d. Engl. 8. Zürich 755. Orell. 12 gr.

— Anweis. z. Gebet, od. christl. u. vernünft. Unterricht v. der Gabe, Gnade u. d. Geist des Gebets. 8. Ludwigsbg. Schröder. (Löffler in Mannh.) 746.

— — dasselbe, a. d. Engl. von C. C. Reichard, mit Mosheims Vorrede. 8. Braunschw. Schröder. 746.

— merkwürd. Begebenheiten aus d. Geschichte d. Menschen, oder Erzählungen wunderbarer Vorfälle, gerichtl. Ermordungen, Entrinnungen aus Kerkern rc., aus älteren u. neueren Zeiten. Frei aus d. Engl. von C. v. S. Mit 1 Kpf. 8. Nürnb. 826. (v. Ebner). 1 ß 4 gr.

Watts, (J.,) merkw. Begebenheiten aus d. Gesch. d. Menschen, od. Erzählungen wunderbarer Vorfälle, gerichtl. Ermordungen, Entrinnungen aus Kerkern 2c., aus älteren u. neueren Zeiten. Frei aus d. Engl. von C. v. S. Mit 1 Kpfr. 8. Nürnb. 826, Haubenstricker.

— erbaul. Betracht. wider d. Verläumdung. gr. 8. Braunschw. 755. Schröder. 8 gr

— Betrachtungen über den Vortrag d. Lehre von Gesetz u. Evangelio. (Mit e. Vorrede von F. E. Rambach I.) 8. Magdeb. 754. Scheidhauer. 10 gr

— la culture de l'esprit. 8. Amsterd. 762.

Watt, Isaac, d. Demuth, nach d. vornehmst. Quellen u. verschied. Vortheilen derselb. an d. Beyspiele d. Apostels Pauli, a. d. Engl. v. Reichard. 8. Braunschw. Schröder. 749.

— s. Doddridge, Phil.: Christliche Unterweisungen.

— Ehrengedächtniß. 8. Hannov., Helwing. 4 gr

— (Hrsg.), s. Ford, Steph.: Von der Sünde der Verläumdung.

Watt, I. Wichtige und nützliche Fragen welche Jesum, den Sohn Gottes, betreffen . . . Frankfurt u. Leipzig 1753. Ü: *Zollikofer, Georg Joachim.* (KY) (ML)

Watts, Isaak, wichtige u. nützl. Fragen, welche Jesum, den Sohn Gottes betreffen. Aus d. Engl. (von Geo. L. Zollikofer). 8. Frankf. u. Leipz. 753. Scheidhauer. 6 gr

Watt, I. Gedanken über verschiedene . . . Materien; a. d. Engl. 2. Aufl. Zürich 1763. Ü: *Grynaeus, Simon.* (MGT)

— Gedanken über verschiedene natürl., moral. u. theolog. Materien. Aus d. Engl. von S. Grynäus. 8. Zürich ... 2e A. 763. Orell. 10 gr

— engl. Grammatik, od. die Kunst Englisch zu lesen und zu schreiben, in Frag u. Antwort, a. d. Engl. von J. F. Cassel. 8. Bremen. 751.

Watt, I. Englische Grammatik . . . Bremen 1752. Ü: *Cassel, Joh. Philipp.* (ML) (Roterm)

— engl. Grammatik, oder d. Kunst Englisch zu lesen u. zu schreiben, in Frag u. Antwort. Aus d. Engl. von J. F. Cassel. 8. Bremen 752. ... 6 gr

Watt, I. Heiligkeit gewisser Zeiten, Orte und Menschen . . . a. d. Engl. Halle 1741. Ü: *Pfeil, Joh. Gebhard.* (ML)

— die Heiligkeit gewisser Zeiten, Orte u. Menschen, mit Steinmetz Vorrede. 8. Halle, Waisenh. Bhdl. 741.

— kurzer Inbegriff d. Geschichte d. ganzen H. Schrift alt. und N. Testam. bis auf die Zeiten Christi. 8. Magdeb. Scheidhauer. 749.

— Lehre von den Gemüthsbewegungen; aus d. Engl. von El. Ksp. Reichard. 8. Braunschw. 767. Schröder. 12 gr

— Lehre von den Leidenschaften; von ihren Namen, Beschaffenheit, Ausbrüchen, Merkmalen, Wirkungen 2c. aus d. Engl. 8. Leipz., (W. Nauck). 18 gr

— Lehre von d. Leidenschaften, a. d. Engl. 8. Leipzig Sommer.

Watts, Isaac, Lehre v. d. Leidenschaften, ihren Namen, Beschaffenheit, Ausbrüchen, Merkmalen, Wirkungen, u. verschiedenen Vortheilen im menschl. Leben. A. d. Engl. 398 S. Narwa 1790. 8°.

— Logica ed. Hahn. 8. Utr. 754.

— s. Magazin von merkwürdigen neuen Reisebeschreibungen.

— Nachahmung d. Psalmen Davids in d. Sprache des Neuen Testaments; aus d. Engl., mit Merians Vorrede. 8. Basel 770. Schweighäuser. 16 gr

— (Übers.), s. Pearsall, R.: Gespräche zwischen einem Vater und seinen Kindern.

— auserles. Reden v. heilsamer Führung d. Lebens u. nutzbar. Anwend. des Todes, üb. 1. Cor. III. 22. 8. Ebend. 745.

— Reden u. allerhand Glaubenslehren u. Lebenspflichten; aus d. Engl. von Pfeil. 4 Thle. 8. Gotha 761. (Dieterich in Götting.) 2 Rthl. 6 gr

D. ISAAC WATTS Reden von der Liebe Gottes und ihrem Einfluß in alle menschliche Leidenschaften . . . aus dem Englischen übersetzt und . . . herausgegeben von S. J. BAUMGARTEN. [2. Aufl.]. Ebenda 1747. 12 Bl. 272 S. Bernb. Ld. d. Z.

— Reden von d. Liebe Gottes u. ihrem Einfluß in alle menschliche Leidenschaften, auch derselben Gebrauch u. Mißbrauch; aus d. Engl., mit S. J. Baumgartens Vorrede. 8. Halle 756. Kümmel. 5 gr

— (Hrsg.), s. Rowe, Elisabeth: Geheime Andachtsübungen.

— kleine katechet. Schriften; aus d. Engl. von Chr. Bhrd. Kayser. 8. Hannov. 751. 2e Aufl., nach d. 6n u. 8n Ausg., nebst Gabr. Wlh. Götte, Abhandl. von nöthiger Vorsicht beim Auswendiglernen des Katechismus. 8. Leipz. 757. 3e A. 777. Hertel. 10 gr

— Stärke u. Schwäche d. menschl. Vernunft, oder Untersuchung d. wichtigen Frage: ob d. Vernunft hinlänglich sey, den Menschen zum gottsel. Leben u. zur künftigen Seligkeit zu bringen; aus d. Engl. von E. Ksp. Reichard, mit J. A. Steinmetz Vorrede. 8. Halle 757. Kümmel. 7 gr

— Tod u. Himmel; aus d. Engl., mit Rambachs Vorrede. 8. Halle ... 4e Aufl. 751. Waisenh.-B. 3½ gr

— Uebereinstimmung aller d. Religionen, welche Gott ehemals vorgeschrieb. hat, a. d. Engl. von Jos. Pappe. 8. Magdeb. Scheidbauer. 748.

— Verbesserung des Verstandes, oder Anweis. zu nützl. Wissenschaften. Aus d. Engl. 8. Leipz. ... 2e A. 772. (Aue in Altona). 12 gr

— Verbesserung des Verstandes, od. Anweis. zu nützl. Wissenschaften. 8. Leipz. Jacobäer. 772.

— Vernunftlehre, a. d. Engl. von Callenbusch. gr. 8. Leipzig, Jacobäer. 765.

— Vernunftlehre, oder d. rechte Gebrauch d. Vernunft in Untersuchung d. Wahrheit 2c.; aus d. Engl. von Jh. Jak. Collenbusch. gr. 8. Leipz. 769. (Aue in Altona). 18 gr

Watt, I. Versöhnopfer Christi; a. d. Engl. . . . Halle 1737. Ü: *Grischow, Johann Heinrich.* (ML)

— Versöhnopfer Christi, sammt d. Wirkungen d. Heil Geistes, mit Steinmetz Vorred. 8. Halle, Waisenh. Bhdl 737.

— **Verwahrung gegen d. Versuchung zum Selbstmord; aus d. Engl., mit S. J. Baumgartens Vorrede. 8. Halle 758. Kümmel. 4 gr.**

Watt, I. Verwarnung gegen die Versuchung zum Selbstmord a. d. Engl. . . . Halle 1740. Ü: *Pfeil, Johann Gebhard.* (ML)

Watt, I. Zukünftige Welt, oder Reden von der Freude und dem Elende abgeschiedener Seelen . . . a. d. Engl. . . . Halle 1745. Ü: *Pfeil, Joh. Gebhard.* (ML)

[PFEIL, JOH. GEBHARD]. — D. ISAAC WATTS Zukünftige Welt, oder Reden von der Freude und dem Elende abgeschiedener Selen auch der . . . Auferstehung, nebst vorläufigem Versuch eines Beweises vom abgeschiedenen Zustande der Selen nach dem Tode. Mit einer Vorrede Siegm. Jac. BAUMGARTENS. Zweite Auflage. Halle, J. G. Bierwirth, 1749. 8°. 16 Bl. 348 S. 1 Bl.

— **zukünftige Welt, oder Reden von d. Freude u. dem Elende abgeschiedener Seelen, auch d. Herrlichkeit u. dem Schrecken d. Auferstehung; aus d. Engl., mit S. J. Baumgartens Vorrede. 8. Halle 759. Kümmel. 7 gr.**

Watt, Rob., aus dem Lande der Aegypter. Aus dem Dän. deutsch v. Aug. W. Peters. 8. (VII, 218 S.) Bremen 871. Kühtmann. n. 2. —

Watteau's, Antoine, Biographie und Charakteristik, s. Dohme, R.

Watteau, Antoine, Decorationen und Malereien. Auswahl in 60 Taf. (In 5 Lfgn.) 1. Lfg. Fol. (12 Taf.) Berlin 888, Wasmuth. *

Watteau, A., Decorationen u. Malereien. Auswahl in 60 Taf. Fol. (1 Bl. Text.) Berlin 889. Wasmuth. cart. n. 20. —

Watteau, die Einschiffung nach Cythere, } s.: Meisterbilder f. deutsche Haus.

Watteau, Antoine, Gemälde und Zeichnungen nach dem von Boucher und unter dessen Leitung gestochenen Werke. In Lichtdr. hergestellt von Alb. Frisch nach dem im königl. Kupferstichkabinet zu Berlin befindl. Originale. (In 13 Lfgn.) 1. Lfg. Fol. (11 Bl.) Berlin 884, Mitscher und Röstell. *

—— Gemälde und Zeichnungen nach dem von Boucher und unter dessen Leitung gestochenen Werke. In Lichtdr. hergestellt von Alb. Frisch nach dem im k. Kupferstichkabinet zu Berlin befindl. Originale. 2.—15. Lfg. Fol. (à Lfg. 10 Bl.) Berlin 885—88, Mitscher und Röstell. à Lfg. *ℳ 10.—. *]

1. Lfg. Ebendas. 1884. *ℳ 10.—. — Aus dem compl. Werk (*ℳ 150.—.) werden die Vollbilder und die Ornamentblätter, je 75 Bl., auch allein zum Preise von *ℳ 75.—. für jede der beiden Abthlgn. abgegeben.

— Gilles, s. Meisterbilder fürs deutsche Haus.

Watteau, Handzeichnungen. 55 ausgewählte Blätter, m. 1 Studie u. begleit. Notizen hrsg. v. Cornel. Gurlitt. (Buchausstattung v. Heinr. Wieynk.) (34 S. Text.) 47×35 cm. Berlin 909. J. Bard. Geb. in Lw. 160.—; in Saffian 200.—; auch in 10 Lfgn. à 15. —

— Malereien. Ländliche Scenen, mytholog. u. allegor. Darstellgn. 15 Taf. Fol. Berlin 888. Hessling & Spielmeyer [vormals Claesen & Co.]. In Mappe. n. 15. —

— die decorativen Malereien. Figurale Scenen m. Ornamentumrahmgn. im Style d. XVIII. Jahrh. 15 Taf. Fol. Ebd. 888. In Mappe. n. 15. —

— Meisterbilder, s. a. Weicher's Kunstbücher.

Die Meisterbilder von [Antoine] **Watteau.** Eine Auswahl von 60 Reprod. nach Orig.-Aufnahmen. Leipzig: Weicher 1908. 66 S. 8°
(Weichers Kunstbücher. Nr 19.) [10. 17663

— 4 Panneaux, s.: Meister, alte.

Watteau, Antoine, Nicolas **Lancret** u. Jean Baptiste **Pater,** 71 Bl. Lichtdr. nach Kupferstichen u. Originalen aus d. „Albertina". Fol. (1 Bl. Text.) Wien 895. Gerlach & Schenk. In Segeltuchmappe n. 35. —

Wattelet, Hans. Aus dem Leben Johann Kaspar Siebers. [Sep.-Abdr. aus: Freiburger Geschichtsblätter.... Jahrg. 14, 1907.] 112 S. 8. [Freiburg i. Ue., Universitäts-Buchh.]

Wattelet, Hans. Murten zur Zeit der alten Satzung. SA. 8. Murten (1889).

(Wattelet, [Hans].) Die Schlacht bei Murten. Bericht an den freiburgischen Offiziersverein. 8. [Murten 1888.]

Wattelet, Hans, die Schlacht bei Murten. Historisch-krit. Studie. gr. 8. (84 S.) Freiburg (Schweiz) 894. Universitätsbuchh. (B. Veith). n. 1. 60

Watten, Ignatz [aus Warschau]: Aus d. Syphilidoklinik d. Juliusspitals in Würzburg. Beitrag zur Angina syphilitica . . . Würzburg, Becker's Univ.-Buchdr., 1895; 37 S. 8.
Würzburg, Med. Fak., Inaug.-Diss. v. 1895

Wattenbach (Hrsg.). s. Formelbuch, Das, d. Domherrn v. Protzan . . .

Wattenbach, A., s. Tagebuch auf Reisen.

Wattenbach, W., Algier, s. Sammlung gemeinverständlicher wissenschaftlicher Vorträge. 35. Heft.

Wattenbach, W., Die Apologie des Guido von Bazoches. S.-A. 1893. 26 S. 4°. 1.20

Wattenbach, W., das Leben Kaiser Heinrich IV., s.: Geschichtschreiber, die, der deutschen Vorzeit.

Wattenbach, Wilhelm

— Anleitung zur griechischen Palaeographie. Leipzig 867. Hirzel. gr. 8. (VIII, 55 u. 32 lith. S. mit 12 lith. Schrifttaf. in Fol.) n. 1 ℛ 10 ngr.

Wattenbach, W., Anleitung zur griechischen Palaeographie. 2. Aufl. gr. 4. (VIII, 64 und 32 autograph. S. mit 12 autograph. Schrifttaf. in Fol.) Leipzig 877, Hirzel. * 5 —

Wattenbach, Wilh., Anleitg. zur griechischen Palaeographie. 3. Aufl. gr. 8. (III, 127 S.) Leipzig 895. S. Hirzel. n. 3. 60

Wattenbach, Wilh., Anleitung zur lateinischen Palaeographie. 1. Aufl. 1869, und 2. Aufl. gr. 4. (IV, 27 S. und 44 lithogr. S.) Leipzig 872, Hirzel. *

—— Anleitung zur lateinischen Palaeographie. 3. Aufl. 4. (90 S.) Ebendas. 878. * 3 —

Wattenbach, W., Anleitung zur lateinischen Palaeographie. 4. Aufl. 4. (VI, 106 S., wovon 64 autogr.) Leipzig 886. Hirzel. n. 3. 60

Wattenbach, Wilh., beiträge zur geschichte der christl. kirche in Mähren und Böhmen. gr. 8. (VIII und 55 S.) Wien 849, Gerold, Verlag.

Wattenbach, W., Beiträge zur latein. Palaeographie 1866. 42 lith S. 4°.

— Bemerkungen zu einigen österreich. Geschichtsquellen. [Aus dem Archiv für Kunde österreich. Geschichtsquellen.] Wien 870. (Gerold's Sohn.) Lex.-8. (30 S.) n. 4 ngr.

— Bemerkungen zu einigen österreichischen Geschichtsquellen. Ar. 42. 493.
Separatabdruck

— Candela Rhetoricae. Eine Anleitung zum Briefstil aus Iglau. Ar. 39. 17[illegible] 40
Separatabdruck

—— Candela rhetoricae. Eine Anleitung zum Briefstil aus Iglau. Lex.-8. (24 S.) Wien 863, (Gerold's Sohn.) *
Aus: Archiv für Kunde österreichischer Geschichtsquellen, besonders abgedruckt.

— **ecclesiae metropolitanae Coloniensis codices manuscripti, s.: Jaffé, Ph.**

— et Adph. v. **Velsen,** exempla codicum graecorum litteris minusculis scriptorum. Fol. (50 Lichtdr.-Taf. m. VI, 15 S. Text.) Heidelberg 878. Koester. n.n. 60. —

—— Exempla codicum latinorum litteris majusculis scriptorum, s. Zangemeister, C.

Wattenbach, [illegible] quadringentorum Atheniis factione. Berolini (1842) [illegible]
Berlin, Phil. Diss. v. 26. Juli 1842.

Wattenbach, Guil., de quadringentorum Athenis factione. 8maj. (5 B.) Berolini 842, Besser. Thlr. *

—— eine Ferienreise nach Spanien und Portugal. 8. (XVI, 332 S.) Berlin 869, Hertz. *

Festrede am Geburtstage Seiner Maj. des Kaisers und Königs im Namen der Friedrich-Wilhelms-Universität am 22. März 1871 gehalten von Wilh. Wattenbach. [Über das Kaiserthum.] Berlin 1871. [illegible]

— die österreichischen Freiheitsbriefe. Prüfung ihrer Echtheit u. Forschungen über ihre Entstehung. [Aus dem 8. Bd. des Archivs für Kunde österreichischer Geschichtsquellen abgedr.] Lex. 8. (43 S.) Berlin 852, Hertz in Comm. baar n. 1/2 ₰

— Die österreichischen Freiheitsbriefe. Prüfung ihrer Echtheit und Forschungen über ihre Entstehung. Ar. 8. 77.
Separatabdruck

— Gedächtnissrede auf Georg Waitz. gr. 4. (12 S.) Berlin 886. (G. Reimer.) n. — 60
Aus: Abhandlungen der k. preuss. Akademie der Wissenschaften zu Berlin.

—— Geschichte des römischen Papstthums. Vorträge. gr. 8. (VII, 318 S.) Berlin 876, Hertz. * 7 —

Wattenbach, W., Deutschlands Geschichtsquellen im Mittelalter bis zur Mitte des 13. Jahrh. Eine von der k. Gesellschaft der Wissenschaften zu Göttingen gekrönte Preisschrift. gr. 8. (XVI und 477 S.) Berlin 858, Hertz. *

—— Deutschlands Geschichtsquellen im Mittelalter bis zur Mitte des 13. Jahrhunderts. 2., umgearb. Aufl. gr. 8. (XIV und 574 S.) Berlin 866, Hertz. *

—— Deutschlands Geschichtsquellen im Mittelalter bis zur Mitte des 13. Jahrh. In 2 Bdn. 3. umgearb. Aufl. gr. 8. Ebendas. [1. Bd. (VIII, 315 S.) 873. *ℳ 6.; 2. Bd. (IV, 412 S.) 874. *ℳ 8.] *

—— Deutschlands Geschichtsquellen im Mittelalter bis zur Mitte des 13. Jahrhunderts. 2 Bde. 4. umgearb. Aufl. gr. 8. Berlin, Hertz. [1. Bd. (XIV, 349 S.) 877. *ℳ 7.; 2. Bd. (IV, 447 S.) 878. *ℳ 8.] * 15 —

— Deutschlands Geschichtsquellen im Mittelalter bis zur Mitte d. 13. Jahrh. 2 Bde. 5. Aufl. gr. 8. (XIV, 451 u. IV, 530 S.) Berlin 885. 86. Hertz. n. 17. —

Wattenbach, W., Deutschlands Geschichtsquellen im Mittelalter bis zur Mitte des 13. Jahrh. 2 Bde. 6., umgearb. Aufl. gr. 8. Berlin, Besser. n. 17. —; geb. n.n. 20. —
1. (XII, 477 S.) 893. n. 8. —; geb. n.n. 9. 50. — 2. (IV, 543 S.) 894. n. 9. —; geb. n.n. 10. 50.

Wattenbach, W., Deutschlands Geschichtsquellen im Mittelalter bis zur Mitte des 13. Jahrh. 1. Bd. 7. v. Ernst Dümmler umgearb. Aufl. (XX, 513 S. m. Bildnis.) gr. 8. Stuttgart 904. J. G. Cotta Nachf. n. 11. —; geb. in Leinw. n. 12. 50

—— s. Geschichtschreiber, die, der deutschen Vorzeit.

Wattenbach, W., üb. das Handbuch e. Inquisitors in der Kirchenbibliothek St. Nicolai in Greifswald. [Aus: „Abhandlgn. d. k. preuss. Akad. d. Wiss. zu Berlin".] gr. 4. (28 S.) Berlin 889. (G. Reimer.) n. 1. 50

— Ludwig Häusser. Ein Vortrag gehalten am 26. März im Arbeiterbildungs-Vereine zu Heidelberg. Heidelberg 867. Emmerling. gr. 8. (8 S.) 2 ngr.

Historiker-Briefe aus (W[ilhelm]) Wattenbachs, (Karl) Weinholds und (E[rnst]) Dümmlers Nachlaß. Berlin: Litteraturarchiv-Gesellschaft (1904). (S. 171–236.) 8°
(Mitteilungen aus d. Litteraturarchive in Berlin. [17.])

—— s. Jaffe, Ph.

—— über die Inquisition gegen die Waldenser in Pommern und der Mark Brandenburg. gr. 4. (102 S.) Ebendas. 886. *
aus: Abhandlungen der k. preuss. Akademie der Wissenschaften zu Berlin, besonders abgedruckt.

Der Austriacum 1877. Nr. 11 [illegible] vgr.
Separatabdruck

Ueber die Legende von den heiligen vier Gekrönten. Von W[ilh.] Wattenbach. Mit 1 Taf. [Berlin 1896: Reichsdr.] 22 S. 4° [Umschlagtit.]
Aus: Sitzungsberichte d. Kgl. Preuss. Akademie d. Wissenschaften zu Berlin. 47 (1896) S. 1281—1302.
Die Taf. enthält ein Bruchstück der Legende; Facs. von fol. 80 der Pariser Hs.

—— die slawische Liturgie in Böhmen und die altrussische Legende vom heil. Wenzel. gr. Lex.-8. (III und 36 S.) Breslau 857, E. Trewendt. *
Aus: Abhandlungen der historisch-philosophischen Gesellschaft in Breslau, I. Bd., besonders abgedruckt.

— Peter Luder, der erste humanistische Lehrer in Heidelberg, Erfurt, Leipzig, Basel. Eine Abhandlung mit urkundl. Beilagen. [Aus der Zeitschrift für die Geschichte des Oberrheins.] Nebst einem Anh. zur Geschichte der Universität Leipzig. Karlsruhe 869. (Braun.) gr. 8. (123 S.) n. 18 ngr.

s. Monumenta Lubensia.

—— Ninive und Babylon. Zwei Vorträge. gr. 8. (IV, 65 S.) Heidelberg 868, Bassermann'sche Verlagsh. *

Wattenbach, W., Oesterreichisches, s. Jahrbuch für vaterländische Geschichte.

—— s. Passio sanctorum quatuor coronatorum.

—— Passio sanctorum quatuor coronatorum. Aus einer Handschrift der herzogl. Bibliothek in Gotha mitgetheilt. Mit einem Nachworte auf S. 15—26 von Thdr. Geo. v. Karajan. Lex.-8. (25 S.) Wien 853, (Gerold's Sohn.) *
Aus: Sitzungsberichte der k. Akademie der Wissenschaften J. 1853, besonders abgedruckt.

— üb. die Quirinalien des Metellus v. Tegernsee. [Aus: „Sitzungsber. d. k. preuss. Akad. d. Wiss."] gr. 8. (34 S.) Berlin 897. (G. Reimer.) n. 2. —

—— Registrum St. Wenceslai, s. Codex diplomaticus Silesiae.

—— die Siebenbürger Sachsen. Ein Vortrag. gr. 8. (VIII, 51 S.) Heidelberg 870, Bassermann'sche Verlagsh. *

— s.: Sammlung gemeinverständl. wissenschaftl. Vorträge.

Wattenbach, W., Schrifttafeln zur Geschichte der griechischen Schrift und zum Studium der griechischen Palaeographie. Fol. Berlin 876, Grote'sche Verlagsh. * 10 —
—— dass. — 2. Abthl. Fol. Ebendas. 877. * 12 —

— Schrifttafeln zur Geschichte der griechischen Schrift u. zum Studium der griechischen Palaeographie. Fol. (20 photolith. Taf. m. 4 S. Text) Berlin 876. Weidmann in Comm. n. 10. —

— Schrifttafeln zur Geschichte der griechischen Schrift u. zum Studium der griechischen Palaeographie. 2. Abth. Fol. (20 photolith. Taf. m. 12 S. Text.) Berlin 877. Weidmann in Comm. n. 12. —
(1. u. 2.: n. 22. —)

—— das Schriftwesen im Mittelalter. 1. Aufl. (VI, 402 S.) 1871. *ℳ 6,75., und 2. verm. Aufl. gr. 8. (VIII, 569 S.) Leipzig 875, Hirzel. *

— das Schriftwesen im Mittelalter. 3., verm. Aufl. gr. 8. (VI, 670 S.) Leipzig 896. S. Hirzel. n. 14. —

— der Allgemeine Deutsche Schulverein zum Schutz bedrängter Deutschen im Ausland. Seine Ziele u. Bestrebgn. 8. (35 S.) Berlin 884. Hertz. n. — 60

— scripturae graecae specimina in usum scholarum collegit et explicavit W. W. Libri cui inscriptum erat: Schrifttafeln zur Geschichte der griechischen Schrift ed. II. Fol. (17 S. m. 20 photolith. Taf.) Berlin 883. Grote. In Mappe. n. 16. -

— Scripturae graecae specimina, in usum scholarum collegit et explicavit W. Libri cui inscriptum erat: Schrifttafeln zur Geschichte der griech. Schrift ed. III. Fol. (35 Taf. m. 17 S. Text.) Berlin 897. G. Grote. In Mappe n. 16. —

—— Stockholm. Ein Blick auf Schwedens Hauptstadt und Schwedens Geschichte. Im Berliner wissenschaftl. Verein vorgetragen. 8. (32 S.) Berlin 875, Hertz. * 1 —

—— Urkunden des Klosters Czarnowanz, } s. Codex diplomaticus Silesiae.
—— Urkunden der Klöster Rauden und Himmelwitz, } s. Codex diplomaticus Silesiae.

Wattenbach, Wilh., s. Vita Heinrici IV. imperatoris.

Wattenbach, Wilhelm, Dr.: Über das Zeitalter des heiligen Rupert. Ar. 5. 499.
Separatabdruck

Wattenberg, Herm., zur Kenntniss der Para-Nitrosalicylsäure und einiger Abkömmlinge derselben. Inaugural-Dissertation. gr. 8. (36 S.) Hannover 875, (Göttingen, Vandenhoeck und Ruprecht's Verlag.) * — 80

Wattenberg, Herm., wie verschaffen wir unseren Kindern gesunde Knochen u. erhöhen dadurch die Widerstandsfähigkeit des Körpers gegen Krankheit? Erfahrungen aus 60jähr. ärztl. Praxis, als Volksbelehrg. mitgeteilt. (31 S.) gr. 8. München 908. Verlag der ärztl. Rundschau. — 75

Wattendorf, Ludwig, s. Wattendorff

Wattendorff, Felix [aus Ahlen (Westf.)]: Hysterischer Mutismus ... Erlangen, k. b. Hof- u. Univ.-Buchdr. v. F. Junge, 1897; 26 S., 1 Bl. 8.
Erlangen, Med. Fak., Inaug.-Diss. v. 8. März 1897

Wattendorff, J., Papst Stephan IX., s.: Beiträge, Münsterische, zur Geschichtsforschung.

Wattendorff, J(ulius), Dr.: Katalog der Lehrer-Bibliothek. T. 3. *Emmerich 1902: J. L. Romen.* (48 S.) 8° (T. 1 u. 2 erscheinen später.)
Emmerich, k. G. OP 1902 (486)

Wattendorff, J(ulius), Dr.: Königliches Gymnasium zu Emmerich. Katalog der Lehrer-Bibliothek. T. 4. Emmerich 1904: J. L. Romen. (43 S.) 8° (Forts. d. P-Beil. 1902.)
Emmerich, k. G. OP 1904 (506)

Wattendorff, Ludw. Die Balladenpoesie Annettens von Droste-Hülshoff nach Inhalt und Form. 23 S. OR *Coblenz* 1881.
Progr.

Wattendorf, Ludwig, (Prof. Dr.): Fünf Bilder aus den vergangenen Tagen der Stadt Coblenz. Dichtungen für die Kaisersgeburtstagsfeier des Realgymnasiums. (Umschlagt.: Festdichtungen zum Kaisersgeburtstage 1903.) *Coblenz 1903: H. L. Scheid.* (S. 3—10.) 4° [ß.]
Coblenz, st. RG, P 1903 (551)

Wattendorff, Ludwig. Essai sur l'influence que Shakespeare a exercée sur la tragédie romantique française. Première Partie. 4 (S. 3—13). Essay on the Influence which Shakespeare exercised on the French Romantic Tragedy. A literary Sketch. Second Part. 4 (S. 3—11).
Progr. Ober-Rsch. (Rg.) *Coblenz* 1888 (412), 1889 (444).

Wattendorff, L., essai sur l'influence que Shakespeare a exercée sur la tragédie romantique française. gr. 4. (11 S.) Colberg 888. Warnke. n. — 80

Wattendorff, Ludwig [Dr.]: Essay on the Influence which Shakespeare exercised on the French Romantic Tragedy. A literary Sketch. Second Part. Coblenz, Buchdr. v. H. L. Scheid, 1889; S. 3—11; 4°
Coblenz, st. RG (OR), OP 1889 (444)

—— Essay on the influence, which Shakespeare exercised on the French romantic tragedy. A literary sketch. 2. part. gr. 4. (14 S.) Kolberg 889. Stralsund, Meincke. * — 80
[I.] Ebd. 1888. * — 80.

Wattendorf, Ludw., ein engl. Conquistador des 18. Jahrh., s. a. Broschüren, Frankfurter zeitgem. XX. 8.

Ein englischer Conquistador des achtzehnten Jahrhunderts. Von Prof. Dr. Ludwig Wattendorff. Hamm i. W.: Breer & Thiemann 1900. (27 S.) 8°
(Broschüren, Frankfurter zeitgemässe. N. F. Bd 20, H. 3.)

—— englische Schulgrammatik, } s. Wimmers, Ch.
—— Übungsbuch dazu, } s. Wimmers, Ch.

— Schul- u. Universitäts-Ordnung d. Kurfürsten August v. Sachsen, s.: Sammlung der bedeutendsten pädagogischen Schriften aus alter u. neuer Zeit.

Wattendorff, Ludw., Walther v. der Vogelweide, s.: Broschüren, Frankfurter zeitgemäße.

Wattenwyl. Eduard von W', V. D. M. Bern 1890 s. [Gerber, Friedrich].

Wattenwyl s. a.: Brunner v. Wattenwyl.

Wattenwyl, von *s. auch* Watteville, de.

[Wattenwyl, von.] Bemerkungen über ein Blatt des Schweizerboten vom 29. September 1814, und über die sogenannte geschichtliche Darstellung der Ursachen der Unzufriedenheit in einem Theile des Oberamts Interlaken. 8. Bern, Anfangs Weinmonat 1814.

Wattenwyl, A. de, voir: *Sturzenegger, C.*

Wattenwyl, Alexander Ludwig von

— Geschichte des Helvetischen Bundes, übers. von Uriel Freudenberger. 2 Thle. 8. Biel 754. Haller in Bern. 12 gGr. N. Aufl. 8. Heilbr. 766. Eckebrecht. 16 gGr.

Wattenwyl, Al(exander) L(udwig) von. Geschichte des Helvetischen Bundes, aus dem Französischen des Herrn Al. L. von W' übersezt von Ulriel Freudenberger. (2 Theile.) 8. Heilbronn 1768.

v. Watteville, Alex. Ldw., († d. 2. Nov. 1780.) Geschichte des Schweizerbundes, mit Anmerkk. Aus d. Französ. von Karl Andr. Bel. 2 Thle. 8. Lemgo 763. Meyer. 10 gGr.

Wattenwyl, Alexander Ludwig von. Herren A' Ludwigs von W'... Geschichtbeschreibung des Helvetischen Bunds. aus dem Französischen ins Deutsche Uebersetzt von Uriel Freudenberger. 2 Theile. 8. Bern 1754.

Wattenwyl, Alexander Ludwig von. Histoire de la Confédération Helvetique par Monsieur Alexandre-Louis de Watteville .... 2 Tomes. 8. Berne 1754.

— histoire de la confédération Helvetique. II Vols. 8. Bern 754. Ed. II. 757. Ed. III. II Vols. 8. Yverdon 768. Typ. Soc. in Bern. 1 ₰

Wattenwyl, (A[nna]) von. A travers Notre Œuvre Sociale en Suisse. Par la Major de Watteville. (Extrait du Rapport annuel pour 1903 de l'Œuvre de l'Armée du Salut.) [Avec 1 tableau.] 8 p. 8. Berne, Quartier Général National de l'Armée du S', 1904.

Wattenwyl, (A[nna]) von. Sozialwerk der Heilsarmee. Vortrag von Majorin von W', gehalten vor der Gemeinnützigen Gesellschaft Neumünster-Zürich. Hrg. vom Nationalen Hauptquartier der Heilsarmee ... Bern. 16 S. 8. (Bern, Lierow & Cie., [1905].) fr. —. 10

Wattenwyl, (A[nna]) von. Sozialwerk der Heilsarmee. Vortrag von Brigadierin von W', gehalten vor der Gemeinnützigen Gesellschaft Neumünster-Zürich. Hrg. vom Nationalen Hauptquartier der Heilsarmee ... Bern. ([Neue Ausg. Mit] Statistik der H'... Ende 1905.) II + 16 S. 8. (Bern, Lierow & Cie., [1906].) fr. —. 10

v. Wattenwyl, E., Wie u. Warum, oder vaterländ. Verbesserungsvorschläge. gr. 8. Bern 821. Jenny. 16 gGr.

Wattenwyl, J., Der Kampf gegen die Arbeitslosigkeit. 8⁰. Bern 1893.

Wattenwyl,

J. v. Staatsbank und Kriegsgefahr. Gr. in-8⁰. 30 S. Bern, Verlag des Berner Tagblatt. — 80
*** Der Reinertrag ist für den Verein vom Roten Kreuz u. verwandte Werke bestimmt.

1896.

Wattenwyl, J[ean] von. Wünsche in betreff der Redaktion der in Revision befindlichen Dienstanleitung für die schweiz. Truppen im Felde, Kapitel IV c, Vorpostendienst. 33 S. 8. Bern, Schmid & Francke, 1901. [fr. —. 60]

Wattenwyl, Moritz von

Wattenwyl, Mor. v., Blätter vom Brienzer See. 8. (VI, 64 S.) Bern 884. (Nydegger & Baumgart.) n. 1. —

Wattenwyl, Mor. v., zwei Jahre in Algerien. 8. (XIII, 447 S.) Bern 877, Wyß. * 5 —

Wattenwyl, Nicolaus Rudolf von. Gesandtschaftsbericht des Landammanns Niklaus R' von W' über seine Abordnung an Kaiser Napoleon I. nach Paris im Jahr 1807. Eine Erinnerung an die Jahresversammlung der Allgemeinen Schweizerischen Geschichtsforschenden Gesellschaft in Bern, am 22. und 23. August 1872. ... ([Hrg. von] Dr. Wilhelm Gisi.) 8. Bern 1872.

Wattenwyl von Diesbach, Ed[uard] von. Die Herrschaft Diesbach. [SA.] 8. Bern 1873.

Wattenwyl von Diesbach, Ed[uard] von. Geschichte der Stadt und Landschaft Bern. 2 Bände. 8. 1867–1872.
Band 1. Dreizehntes Jahrhundert. Schaffhausen 1867.
Band 2. Vierzehntes Jahrhundert. Bern 1872.

Wattenwyl v. Diesbach, Ed. v., Geschichte der Stadt u. Landschaft Bern. 1. Bd.: 13. Jahrh. Schaffhausen 867. Baader. gr. 8. (IV, 371 S.) n. 2 ₰ 24 ngr.

Wattenwyl v. Diesbach, Ed. v., Geschichte der Stadt und Landschaft Bern. 1. Bd.: 13. Jahrh. gr. 8. (IV und 371 S.) Schaffhausen 867, Hurter'sche Buchh. *

Wattenwyl von Diesbach, Ed. v., Geschichte der Stadt und Landschaft Bern. 2. Bd.: 13. Jahrh. gr. 8. (VIII, 324 S.) Bern 872, Dalp'sche Buchh. *
1. Bd. Schaffhausen 1867, Hurter'sche Buchh. [Baader.] *M. 7,40.

Wattenwyl-Elfenau, J. v. (Hrsg.), s. a. Aufruf zur Bildung von Viehzucht-Genossenschaften im Kanton Bern.

Wattenwyl-Elfenau, J. v. Aufruf zur Bildung v. Viehzucht-Genossenschaften im Kanton Bern u. Entwurf-Statuten f. solche. gr. 8. (31 S.) Bern 889, Wyß. * — 50

Wattenwyl-Elfenau, J. v., Viehzuchtgenossenschaften. Zweck, Organisation, Entwicklg. derselben m. Statuten-Entwurf. 4. Aufl. 8. (65 S. m. Bildern.) Bern 892. (Nydegger & Baumgart.) — 60

Wattenwyl-Elfenau, J. v., Viehzuchtgenossenschaften. Zweck, Organisation u. Entwicklung. V. Aufl. gr. 8. (8, 74 S. m. 29 Taf.) Bern 893. (E. Baumgart.) Kart. n. 1. —

— der neue schweizerische Zolltarif u. die Hebung der Landwirthschaft. [Aus: „Bauern-Zeitg."] 8. (32 S.) Bern 891. (H. Körber.) n. — 25

Wattenwyl-Elfenau, J. von. Der neue schweizer. Zolltarif und die Hebung der Landwirthschaft. In-8⁰. 32 S. Bern, Verlag der „Bauern-Zeitung" (Huber & Co.). 1891. — 30
*** Sonderdruck aus der „Bauern-Zeitung".

(Wattenwyl[-de Portes], Bernhard Friedrich von.) Rückblick und Aussicht oder der Erste Politische Pressprocess in der neuen Republik Bern. [Mit 1 Vignette.] 8. Bern 1832.

[Wattenwyl-Wild, Eduard von.] Dr. [Eduard] Zeller und seine Lehre. 8. Bern 1847.

Watter, Frhr. v., kurzer Abriß der Geschichte d. 8. Württembergischen Infanterie-Regiments Nr. 126 „Großherzog Friedrich v. Baden". Aus Anlaß d. 175jähr. Bestehens u. der Verleihg. an Se. königl. Hoheit den Großherzog Friedrich v. Baden auf Befehl d. Regiments zusammengestellt. gr. 8. (V, 132 S. m. 3 Bildnissen, 6 Karten u. 1 Bilder-Taf.) Straßburg i/E. 891. W. Heinrich. Kart. n. 2. 25; auf besserem Pap., geb. in Leinw. m. Goldschn. n. 4. 50

Watterich, die Ehe, ihr Ursprung, ihr Wesen und ihre Weihe, nach Gottes Wort und That dargestellt. 2. unveränd. Aufl. gr. 8. (XXXI, 230 S.) Nördlingen 876, Beck'sche Buchh. * 3 40
Vgl. Die Ehe.

—— altkatholischer Katechismus für die reifere Jugend und zum Selbstunterricht. gr. 16. (VI, 71 S.) Aarau 876, Sauerländer's Verlag. * — 60

—— die Nothwendigkeit und die Berechtigung der Reformen in der christkatholischen Kirche. [Nach einer in der Generalversammlung der christkathol. Pfarrgemeinde zu Basel im Juli 1875 gehaltenen Vortrage bearb.] gr. 8. (57 S.) Zürich 876, [Schabelitz'sche Verlagsh.] Schmidt. * 1 —

Watterich, das Passah d. neuen Bundes. Eine theolog. Betrachtg. gr. 8. (VIII, 120 S.) Baden-Baden 889. Sommermeyer. n. 3. —

Watterich, die Psalmen, aus dem Hebr. metrisch ins Deutsche übers. u. erläutert. 12. (XLVIII, 262 S.) Baden-Baden 890. Sommermeyer. n. 4. —; geb. n. 5. —

Watterich, die Stellung des Petrus unter den Aposteln nach Matthäus 16, 13—16. Drei Predigten zum St. Petrus- und Paulsfeste. gr. 8. (60 S.) Basel 876, Krüsi's Verlagsh. * — 80

Watterich, Friedr. Carl, Album f. kunst- u. wissenschaftl. Wanderungen im Riesengebirge. Ein Taschenb. d. wissbegier. reif. Jugend gewidmet. Mit Andeutn. z. Entwurfe v. Gebirgs-Reiseskizzen überh., dann mit geognost. Anklängen im Allgem. u. e. orograph. Skizze d. Riesengebirges als Wegweiser. 8. (3½ B. u. 13 Stnt.) Leitmeritz, Medau.

v. Watterich, F. C., Album für Kunst- u. wissenschaftl. Wanderungen im Riesengebirge. Ein Taschenbuch, der wißbegier. reifern Jugend gewidmet. Mit Andeutungen zum Entwurfe von Gebirgs-Reiseskizzen überhaupt, dann mit geognost. Anklängen im Allgem. u. einer orograph. Skizze d. Riesengebirges als Wegweiser, sammt einer Total-Uebersicht in Croquis; ferner mit poet. Rhapsodien u. 12 Conturen der Hauptpartien des Gebirges oder dessen einzelnen Merkwürdigkeiten. 8. Leitmeritz 839. Medau. ½ ℛ

Watterich, Friedr. Carl v., fliegende Blätter, oder Stadt u. Land im Fluge des Waggons f. prager Eisenbahn-Passagiere. Als 2. Folge v.: „Auf d. Eisenbahn" u. z. „Landeskunde von Böhmen." gr. 8. (2½ B.) Prag 846, Calve'sche Brlgsh. *

Watterich, F. C. von, k. k. Capitan und Topograph. Das Denkmal der Erzherzog Carl-Legion im Südost der Staatsbahn. Als 3. Folge von „Auf der Eisenbahn" und zur „Landeskunde" mit Vignette des Städtchens Ondregow von der Westseite und Abbildung des Monuments. (Donation Liechtenstein.) 8. Prag 1846.

—— kriegsgeschichts-philosoph. Ehrengebühr dem Helden-Charakter u. Feldherrnstabe Albrecht Waldstein's Grafen u. Herzog von Friedland etc. Im Gesichtspunkte unserer Zeit. 12. (3⅔ B. u. 1 Stnt.) Prag u. Leitmeritz 843, Medau.

—— popul. naturwissenschaftl. Erinnerungshülfen, s. Raudnitz, L.

Watterich von Watterichsburg, F. C.: Handwörterbuch der Landeskunde des Königreiches Böhmen. Neue Ausg. Mit 1 Kt. — Prag u. Leitmeritz: Mercy (1845). XVI, 1264 S., 1 Taf.

Watterich v. Watterichsburg, F. C., k. k. österr. Capitän und Topograph etc. Handwörterbuch der Landeskunde des Königreichs Böhmen. Mit einer Special-Karte. 2., gänzlich umgearb. und verm. Auflage von C. E. Rainold's Reisetaschenlexikon. 8. Prag 1845.

Watterich, F. C. v., k. k. Capitän. Heereskunde für junge Soldaten, Zeitungsleser und Freunde der Militär-Statistik. Eine (in aphoristischer Form) allegirte Revue descriptive über Organisation und Taktik aller Armeen und Kriegsvölker Europa's, Asien's, Afrika's und Amerika's. Besonders abgedruckt aus „Jurende's vaterl. Pilger" 1841. 4. Brünn 1841.

Watterich, F. C. v., k. k. Kapitan. Publicistischer Commentar vom Königreiche Belgien, im geographisch-statistischen Diorama dargestellt. 8. Prag 1839.

—— Memorandum aus der v. Alois Jos. Freih. v. Schreck, Fürsterzbischof v. Prag, im Monat Juni 1839 unternomm. kanonischen Reise in d. erzbischöfl. Landvikariate d. prager Erzdiöcese. gr. 8. (3 B. u. S's. Bildn.) Leitmeritz 840, Medau.

– s. Raudnitz: Naturwissenschaftl. Erinnerungshülfen.

Watterich, F. C. v., k. k. Capitän. Compendiöser Wegweiser und Rathgeber im Lager-Dienst und Leben zunächst für junge Soldaten, ihre Freunde und Gönner. Ein Gelegenheitsschriftchen bei den Waffenübungen der k. k. Truppen des Militär-General-Commandos von Böhmen im September 1838. 8. Prag und Berlin 1838.

Watterich, F. C. v., Kapitan etc. Allgemeine Zeitungskunde zur vergleichenden Statistik der Zustände und Verhältnisse des Staats- und Völkerlebens, in und ausser Europa. 8. Leitmeritz 1838.

Watterich, Johann Matth.

—— der deutsche Name Germanen und die ethnograph. Frage vom linken Rheinufer. Eine histor. Untersuchung. gr. 8. (VIII, 112 S. mit 1 lithogr. und color. Karte in qu. 4.) Paderborn 870, Schöningh. *

— die Germanen d. Rheins, ihr Kampf m. Rom u. der Bundesgedanke. [Die Sigambern u. die Anfänge der Franken.] gr. 8. (VIII, 238 S.) Leipzig 872. Duncker & Humblot. n. 4. 80

— Gottfried von Straßburg, ein Sänger der Gottesminne. Leipzig 858. Engelmann. 16. (VII, 159 S.) 15 ngr.

—— die Gründung des deutschen Ordensstaates in Preußen. gr. 8. (VIII und 264 S. mit 1 lithogr. Karte von Preußen im 13. Jahrh. in qu. gr. 4. und 1 Stnt.) Leipzig 857. Engelmann.

Watterich, Joan. Math., de veterum Germanorum nobilitate. Dissertatio historico. 8maj. (VI und 51 S.) Monasterii 853, Cazin.

Watterich, J. M., pontificum romanorum vitae, s. Pontificum romanorum vitae.

Watterich, Johs., die Gegenwart des Herrn im hl. Abendmahl. Eine biblisch-exeget. Untersuchg. gr. 8. (VIII, 88 S.) Heidelberg 900. C. Winter. n. 2. —

Watterich, Johs., der Konsekrationsmoment im hl. Abendmahl u. s. Geschichte. gr. 8. (VIII, 339 S.) Heidelberg 896. C. Winter. n. 9. —; gob. in Halbfrz. n. 11. —

— the passover of the New Covenant. A theological treatise. Translated by T. Archibald S. White, M. A. gr. 8. (VII, 149 S.) Baden-Baden 898. E. Sommermeyer, Verl. n. 5. —

Watteroth, (Heinrich Joseph): Kosmopolitische Beobachtungen über das erste Regierungsjahr Joseph des II. Aus dem Englischen. 84 S., gbd.

Wien: 1782

JB 5.672

Watteroth, H. Jos., kosmopolitische Beobachtungen üb. das erste Regierungsjahr Josephs II. 8. Wien, Hartmann. 783.

WATTERODT, H. J., Gelegentliche Betrachtungen für Heuchler, Liebhaber der Misbräuche (!), Kritiker u. Consorten. Wien, 1781, bey Jos. Edlen v. Kurzböck. 8⁰.
Magaz. d. Buch- u. Kunst-Handels. Jahrg. 1781. Lpz. gr. 8⁰. S. 935. — Rar!

Watteroth, Hnr. Jos., († 1821.) kosmopolit. Betrachtt. über d. erste Regierungsjahr Josephs II. 8. Wien 783. Hartmann. 6 ℊ

— s. J. Blair, Tabellen.

(Watteroth Heinrich Josef) Uiber Kunst und Künstler in Oesterreich. Wappler, Wien 1971. 1 vol. 31 S.

— **d. Reformation in Deutschland. 8. Wien 781.**

— **über d. Toleranz überhaupt, u. für d. Bürgerrecht d. Protestanten in Oesterreich. 8. Wien 781.**

— **polit. Vorlesungen über Papiergeld u. Bankozettel, in Hinsicht auf d. Patent vom 20. Febr. 1811. 4 Hefte. 8. Wien, Wimmer. 1 ℛ**

WATTEROTH [Heinrich Josef]: Politische Vorlesungen über Papiergeld und Bankozettel in Hinsicht auf das Patent vom 20. Febr. 1811 an der Universität Wien von –. Kupffer u. Wimmer, Wien 1811. 1 vol. 158 S.

Watteroth, Karl: Fachzeichnen f. Massschuhmacher, s. Lachner's, Karl, Lehrhefte.

Watterott, Jgn., O. M. I., Erziehung u. Unterricht in geistlichen Internaten. Ein Beitrag zur prakt. Erziehungslehre. gr. 8. (94 S.) Aachen 902. J. Schweitzer. n. 1.20; geb. in Leinw. n. 1.70

Watteville, de *s. auch* Wattenwyl, von.

Watteville, A., Grundriss der Elektrotherapie. Autoris. deutsche Ausg. v. **Max Weiss**. Mit 102 Abbildgn. gr. 8. (VII, 252 S.) Wien 886. Toeplitz & Deuticke. n. 6. —

Watteville, B. v., China u. das Evangelium. 3 Vorträge über die evangel. Mission in China, gehalten im Museum zu Genf. Aus d. Französ. gr. 8. (6¼ B.) Karlsruhe 845, [Mannheim, Bensheimer.] *

v. Watteville, B., China und das Evangelium. 3 Vorträge über die evangel. Mission in China, gehalten im Museum zu Genf. Aus dem Französ. gr. 8. Karlsruhe 845, Macklot. n. ⅙ ℛ

Watteville, Oscar de. Ein Blatt aus der Geschichte des Regiments v(on) Wattenwyl in französischen Diensten ⟨1789–1792⟩ nach Baron O' von W'. Uebersetzung von [Albert Moritz] E[dmund] v[on] G[renus]. [Erweiterter Sep.-Abdr. aus: Berner Heim 1899.] 8. Bern 1899.

Wattewille, Alex. Ldw. von, s. Wattenwyl

Wattfähre, Die, (nach Norderney.) o. O. u. J. (um 1900)

v. Wattmann, Chr. Jos. Edl., sicheres Heilverfahren bei dem schnell gefährlichen Lufteintritt in d. Venen u. dessen gerichtsärztl. Wichtigkeit. Mit 1 chilograph. Taf. gr. 8. (Mit 1 Tab.) Wien 843, Braumüller u. Seidel. 1⅙ ℛ

Wattmann, Joseph von

— **Beschreib. d. Skeletes mit elastischer Gelenksverbindung zur patholog. u. therapeut. Darstellung d. Verrenkungen. Mit 3 Steintaf. 4. Wien 823. Volke. 3 ℛ 22 ℊ**

— **Dass. lateinisch. 4. Ebd. 823. Ebd. 4 ℛ 12 ℊ**

Wattmann, Joseph (von): Descriptio nexus sceleti ad luxationum demonstrationem pathologicam et therapeuticam inservientis. Adinstar pupae obstetriciae a Gallis fantome vocatae.- Beschreibung des Skelettes mit elastischer Gelenksverbindung zur pathologischen und therapeutischen Darstellung der Verrenkungen, nach Art des geburtshülflichen Fantomes. (Lat. u.dt.) 35 S., 32 S., gbd., 3 Taf.

Oenipontis - Innsbruck: Wagner 1823

JB 3.688

Wattmann, Joseph von: Handbuch der Chirurgie zum Gebrauche bei seinen öffentlichen Vorlesungen. Th.1 - 2, gbd.

Wien: Mechitaristen-Congregations-Buchhandlung 1829 - 1839

JB 3.369

Wattmann, J. v., Handbuch d. Chirurgie, zum Gebr. öffentl. Vorlesn. 1. Thl. 1. Bd. u. 2. Thl. 1. Bd. gr. 8. Wien 829, Mechitaristen-Congregat.-Buchh.
Thl. 1. Bd. 1. Allgem. Krankheitslehre in Beziehung auf örtliche Gebrechen. (18½ B.) 2 Thlr.
– 2. – 1. Allgem. Heilungslehre in Beziehung auf örtliche Gebrechen. (15 B.) 1 Thlr. 20 Gr.

Wattmann, Jos. v., **Handbuch d. Chirurgie, z. Gebr. bei seinen öffentl. Vorlesn. 1. Thl. 2. Bd. 1. Abthl. Spezielle chirurg. Krankheitslehre.** gr. 8. (40½ B.) Wien 838, Mechitaristen-Congreg.-Buchh.
1. Thl. 1. Bd. u. 2. Thl. 1. Bd. Ebendas. 1829. 3 Thlr. 20 Gr.

Wattmann, Jos. v., Handbuch der Chirurgie zum Gebrauch bei seinen öffentl. Vorlesungen. 3 Bde. (1. Bd.: Allgem. Krankheitslehre. Beziehung auf örtl. Gebrechen. 2. und 3. Bd.: Spezielle chirurg. Krankheitslehre.) Neue (Titel-) Ausg. gr. 8. (1953 S.) Wien 848, Braumüller.

Wattmann, Joseph von: Über die Steinzerbohrung und ihr Verhältniß zum Blasenschnitt. 230 S., gbd.

Wien: Heubner 1835

JB 3.779

Josef [Frh.] von Wattmann

Über Verrenkung am Hüftgelenke und ihre Einrichtung. Von Joseph [Frh. von] Wattmann. Wien: Volke 1826. 54 S. 8⁰

Josef [Frh.] von Wattmann

Versuche zur Heilung des sonst unheilbar erklärten Noli me tangere. Von Joseph [Frh. von] Wattmann. Innsbruck 1823: Wagner. XVI, 94 S. 8⁰

v. Wattmann, Edler Jos., Versuche zur Heilung des sonst unheilbar erklärten Noli me tangere. Mit 1 Abbild., d. künstlich wieder ersetzte organ. Wangen- u. Nasenhälfte vorstellend. gr. 8. Insbr. 824. Wagner. 1 ℛ

— **über d. Vorlagerungen in d. Leistengegend (Brüche). gr. 8. Wien 815. Beck. 2 ℛ 16 ℊ**

Wattmann, Jos., üb. die Vorlagerungen in d. Leistengegend. gr. 8. Wien, Schalbacher. (Leipz. Liebeskind.) 815.

Wattmann, Joseph (von): Über die Vorlagerungen in der Leistengegend. 515 S., gbd.

Wien: Strauss 1815

JB 3.367

Wattmann, Baron L., Bemerkungen üb. Hrn. Prof. Wilkens Ansichten üb. Pferdezucht. gr. 8. (III, 75 S.) Wien 893. (L. W. Seidel & Sohn.) n. 1. —

Wattmann, Ludw. Frhr. v., die geeigneten Düngemittel f. den Moorboden u. Erleichterung ihres Bezuges, m. besond. Berücksicht. der Kainitfrage. (Internationaler land- u. forstwirthschaftl. Congress zu Wien 1890, 55. Hft.) gr. 8. (14 S.) Wien 890. (Frick.) n. — 60

[Wattmann, Ludwig.] Reise-Erfahrungen eines Achtzigjährigen auf dem Gebiete des praktischen Lebens. Vom Verfasser der «Memoiren eines österreichischen Veteranen» und der «53 Jahre aus einem bewegten Leben» [Baron L' W', k. u. k. Oberst a. D.]. Band 1. VI + 260 S. 8. Wien, Comm. Wilhelm Braumüller & Sohn, 1907. [M. 5. —]
Darin S. 222—258: Reiseeindrücke in der Schweiz.

Wattmann Nik. R. v. Gedichte. kl. 8. Lemberg, M. Poremba 1852.

Wattmann-Maëlcamp-Beaulieu, Ludw. Baron, Bemerkgn. üb. Cavallerie u. deren Führung. 1. Hft. gr. 8. (75 S.) Wien 900. (L. W. Seidel & Sohn.) n. 1. 50

53 Jahre aus einem bewegten Leben. Vom Verf. d. Memoiren eines österr. Veteranen [d.i. Ludwig Frh. **Wattmann** de Maelcamp-Beaulieu]. Bd 1—3. Wien: W. Braumüller & Sohn in Komm. 1903—05. 3 Bde 8⁰
1. 1903. 2. 1904. 3. 1905.

— — 53 Jahre aus einem bewegten Leben. Vom Verfasser der Memoiren eines österreichischen Veteranen (2 Bde.) 8. Wien 1903—1904
— — 1. Band. 2. Auflage. 8. Wien 1904

Memoiren eines Oesterreichischen Veteranen [d.i. Ludwig Frh. **Wattmann** de Maelcamp-Beaulieu]. 1846 u. 47 Garnison Prag. 1848 Italien. 1849 Italien u. Ungarn. Wien: W. Braumüller in Comm. 1901. (142 S.) 8⁰

Reise-Erfahrungen eines Achtzigjährigen auf dem Gebiete des praktischen Lebens. Vom Verf. d. 'Memoiren e. österr. Veteranen' u. der '53 Jahre aus e. bewegten Leben' [d.i. Ludwig Frh. **Wattmann** de Maelcamp-Beaulieu]. Bd 1. Wien: W. Braumüller & Sohn in Comm. 1907. 8⁰

Wattolik, Franz, Beiträge zur Geschichte der Stadt M.-Ostrau. gr. 8. (242 S.) mit 1 Situationsplan. geh. 2 fl.
Mähr.-Ostrau: A. Herold 1881.

Wattolik, Frz., die Heilands-Kirche in Mährisch-Ostrau. Denkschrift. 8. (32 S.) Mähr.-Ostrau 888, Kittl. *

— die Stadt Mährisch-Ostrau in ihrer Entwickelung während der Regierungs-Periode Sr. Maj. des Kaisers Franz Josef I. vom J. 1848—1888. Im Auftrage des Gemeinderathes verf. 8. (V, 102 S. mit 2 Tab.) Ebendas. 888. *

Wattrang, Ign., († d. 19. Nov. 1800.) Rede auf Rudolph von Habsburg. gr. 8. Wien 775.

Wattruba, J. K., feuerfest u. einbruchssicher. Dramatischer Scherz in 1 Aufzuge. (Den Bühnen gegenüber als Mscr. zu betrachten.) Wien 864. J. Dirnböck's Buchh. 16. (46 S.) n. 4 ngr.

Watts, D., Hymnen für Kinder u. Kinderfreunde. Aus d. Engl. 8. Leipz. 812. Gr. Fleischer. 8 gl.

Watts, G(eorge) Graham (geb. am 4 Febr. 1850 in Cheltenham Glocestershire): Experimentelle Studien über den Einfluss der Organe auf die Arsenoxyde ... Bonn, Univ.-Buchdr. v. C. Georgi 1881. 28 S., 2 Bl. 8.
Bonn, Med. Fak., Diss. v. 10 Dez. 1881

Watts, J., vier Katechismen. 32. (96 S. mit eingedr. Holzschn.) New-York 861. (Philadelphia, Schäfer und Koradi.) *

Watts, John (Manchester)
The Facts and Fictions of political economists. Manchester, London 1844. 2. Ed.
[Zur Promotion eingereicht.]
Dr. phil. Giessen 18.5.1844. 26 Kriegsverlust.

Watts, Josua, merkwürd. Begebenheiten aus d. Geschichte der Menschen, od. Erzähln. wunderbarer Vorfälle, gerichtl. Ermordungen, Entrinnungen aus Kerkern, sonderbarer Rechtsfälle, heldenmüth. Thaten 2c. aus älteren u. neueren Zeiten. Frei a. d. Engl. übertr. v. C. v. S. 2. Ausg. 8. (22 B. u. Titlpfr.) Nürnberg 834, v. Ebner.

Watts, Isaak, s. Watt

Watts-Dunton, Theodore, Aylwin, s.a. Collection of British authors.

Aylwin. By [Walter] Theodore **Watts-Dunton**. Copyright ed. In 2 vol. Vol. 1. 2. Leipzig: Tauchnitz 1899. 8°
(Collection of British authors. Tauchnitz Ed. Vol. 3337/8.) [11. 8261

Wattsaeck, Johann August: De Ebriositate, s.a. Platner, Ernst [Praes.]

Wattsaeck, Jo. Aug., De ebriositate. 24 pp. Lps. 4°. 1799

Wattson, s. Watson

Watwitz, M. v., Stürme d. Lebens u. Schicksals. Novellen. 8. (286 S.) Leipzig 884. Friedrich. n. 4. —

Watwort, Lord John, oder die Mitternachtsstunden auf Jennys Grab. Wien 1801. V: *Gleich, Joseph Alois.* (MGT) (WBL) (NN) (Ky)

Watwort, Lord John, od. die Mitternachtsstunde an Jenny's **Grab, (v. Jos. Al. Gleich). 8. Wien 801.** Schalbacher. 14 gl.

Watzdorf, Chrstn. Bernh. v., und Gust. Alb. Siebdrat, criminalist. Jahrbücher 2c., } s. Jahrbücher.
—— Jahrbücher f. sächs. Strafrecht, }

Watzdorf, Chrstn. Bernh. v., neue Jahrbücher f. sächs. Strafrecht, s. Jahrbücher.

Watzdorf, Heinrich Max Friedrich von. Briefe zur Charakteristik von England gehörig ... Leipz. 1786. H: *Archenholtz, Joh. Wilh. von.* (CBH)

v. Watzdorf, Hnr. Max. Fr., Briefe zur Charakteristik von England, geschrieben im Jahr 1784, u. herausg. von J. W. v. Archenholz, als Nachtrag zu seinem Werk: England u. Italien. 8. Leipz. 786. Dyck. 16 gl.

Watzdorf, Otto Friedr. Heinr. v., Rechenschaftsbericht üb. seine Theilnahme an d. Verhandln. d. sächs. Landtags v. $18^{39}/_{40}$ in ein. offenen Sendschreiben an seine Committenten erstattet. gr. 8. (2 B.) Dresden u. Leipzig 840, Arnoldische Buchh.) *

Watzdorf, W. v., die Aufgaben der inneren Mission gegenüber der Verwendung weiblicher und jugendlicher Arbeiter in Industrie und Gewerbe, s. Bibliothek, kleine, für innere Mission.

Watzdorff, Adam Friedrich August von A. S. 576/91

De origine et fatis curiae provincialis supremae in Saxonia disputatio.
Präs. Johann Adam Theophil Kind.
Leipzig (Langenheim) 17. III. 1773. 64 S.

Gew.: Johann Adolph Erdmann Fhr. von Werther.
W. v.: Präs. 35853

Watzdorff, Adam Friedrich August von A. S. 603/18a

De statutis et iudiciis gentilitiis nobilium mediatorum in Germania speciatim in Saxonia, dissertatio.
Leipzig (Langenheim) 26. IX. 1774. 98 S.
35854

Watzdorff, C. H. v., Histor.-geneal. Beschreibung des uralten adeligen und gräflichen Geschlechtes derer von Watzdorff 1740: revidirt, fortgesetzt und hrsg. v. F. Nitze. Als Manuscript gedruckt für die Mitglieder des Geschlechtes. Dresden 1872. 8.

Watzdorff, Otto Friedr. Heinr. v., Petition an d. Ständeversammlung d. Königr. Sachsen, den Gesetzentwurf üb. d. provisor. Feststellung d. Angelegenheiten d. Presse betreff. gr. 8. (2 B.) Leipzig 833, (Literar. Museum.)

v. Watzdorff, Otto Friedr. Heinr., Petition an die Ständeversammlung des Königreichs Sachsen, den Gesetzentwurf über die provisorische Feststellung der Angelegenheiten der Presse betreff. gr. 8. Leipzig 833. Schreck; (auch bei Arnold in Dresden u. Leipzig.) n. 1/6 ₰

Watzdorff-Bonhoff, Erika v., zwischen Frühling u. Herbst. Gedichte. (VI, 188 S.) kl. 8. Stuttgart 909. J. G. Cotta Nachf. 2.50; geb. in Leinw. 3.50

Watzek, *Johann*: Zur Technik der künstlerischen Photographie. 8 (S. 3—22).
K. k. Staats-Rsch. im VI. Bezirke (vormals Gumpendorfer Communal-Oberrsch.) *Wien* 1897.
Progr.

Watzel, Kajetan

Watzel: Beschreibung der im Horizonte v. B.-Leipa vorkommenden Gesteine u. Mineralien. 28 S. 8° u. Karte. – B.-Leipa, Progr. 1862.

Programm des k. k. Ober-Gymnasiums zu Böhmisch-Leipa. *Prag* 1858. Druck der k. k. Hofbuchdruckerei v. *Gottl. Haase Söhne*. 63 S. 8°.
INHALT. Kurzgefasste Darstellung des Entwicklungsganges der Erde, besonders ihrer geschichteten Gebirge. Von Dr. *Caj. Watzel* (S. 5—36).

Watzel, C.: Die phanerogame Flora des Gebietes von Böhm. Leipa. 54 S. – Böhmisch-Leipa, Progr. 1877.

Watzel Dr. C.: Die im Horizonte von B. Leipa vorkommenden Moose und Gefäßkryptogamen. 28. Böhmisch.-Leipa R. 74.
Progr.

Watzel: Über Pflanzenfrüchte. 14 S. 8°. – B. Leipa, Progr. 1851.

Watzel: Vegetations Beobachtungen im Horizonte v. B.-Leipa. 7 S. 8°. – B. Leipa, Progr. 1854.

Watzel: Die geognostischen Verhältnisse der Gegend von B.-Leipa. 12 S. 8°. – B.-Leipa, Progr. 1868.

Watzel: Das Vorkommen von Bronzit bei B.-Leipa. 5 S. 8°. – B.-Leipa, Progr. 1867.

Watzel, Rudolf: Elementar-Kristallographie. S. 11—18. 8. (Schluß.) S. 3—28. 8. K. k. deutsches Obergymn. der Kleinseite *Prag* 1905. 1906.
Progr.

Watzel, Rud., aus dem Leben des Laubblattes, s. a. Sammlung gemeinnütziger Vorträge.

(F) Watzel, R., Aus dem Leben des Laubblattes. [Sammlung gemeinnütziger Vorträge. Nr. 367.] Gr. 8°. (Pag. 44—58.) † K —.20
Prag: Calve 1909.

Watzel Dr. Theodor: Über das Gestaltungs- und das Zweckmäßigkeitsprincip in der organischen Natur. (Eine naturphilosoph. Studie). 37. Reichenberg 01.
Progr.

– Die Zoologie des Aristoteles. 28, 35, 28 S. Reichenberg, Progr. 1878–80

Waetzel, Paul, Baden-Baden. Neuester Führer durch d. Stadt u. ihre Umgegend. M. neuem Plan d. Stadt. 12. (85 S.) Freiburg i/B. 895. Lorenz & Waetzel. — 60

— dasselbe. 2. Aufl. M. neuem Plan d. Stadt u. e. neuen Spezialkarte 1 : 50,000. 12. (122 S. m. Abb.) Freiburg i/B. 898. P. Waetzel. n. 1.50

Waetzel, Paul, Baden-Baden. Neuester Führer durch die Stadt u. ihre Umgegend. 3. Aufl., ergänzt von Frdr. Spies. Mit 14 Illustr., neuem Plan der Stadt 1 : 6000 u. e. neuen Touristenkarte 1 : 35,000. (104 u. XX S.) 12. Baden-Baden 904. F. Spies. Kart. n. 1.50

— Beobachtungen am Bienenstand. Monatsliste. 2., neubearb. Aufl. (4 S.) qu. gr. 8. Freiburg i/B. 906. P. Waetzel. n.n.n. — 30

Waetzel, Paul, Eduard Dörr. (12 S. m. 1 Bildnis.) 8. Freiburg i/B. 908. P. Waetzel. — 30

Höhenluftkurorte im Schwarzwald: Sanct Blasien, Höhenschwand, Menzenschwand, Schluchsee, Todtmoos. Ein Geleit- u. Erinnerungsbuch hrsg. von Paul Waetzel. Mit 6 Bild. *Freiburg im Br.: Lorenz & Waetzel 1896.* (112 S.) 8°
(Collektion Lorenz.) [94. 1180]

Mitglieder-Verzeichnis des Königlich Bayerischen Haus-Ritter-Ordens vom heiligen Georg nach d. Stande v. 24. April 1897. Verf. von d. Ordens-Sekr. J. Otto Watzelberger. (München 1897: Schuh.) 32 S. 8° [10. 11846]

Watzelberger, Otto, Beiträge zum Formenschatz d. Heraldik. gr. Fol. (56 [7 farb.] Taf. m. 10 S. Text.) München 900. Th. Ackermann. In Mappe n. 12.—; auf Büttenpap. n. 16.—

Watzger, Martin, Von den Turnspielen, Wien 1885, 38 S., 8°.

Watzger, M., v. den Turnspielen. Lex.-8. (38 S.) Wien 885. Pichler's Wwe. & Sohn. n. — 80

Watzger, M. Von den Turnspielen. (Wissenschaftl. Abhandlungen Nr. 44.) gr. 8. (37 S.) * Ebds. 40 kr. 1885.

Die Einrichtungen des Kraftwerkes und Maschinenbaulaboratoriums I der Großherzoglichen Technischen Hochschule Darmstadt unter Leitung des Geheimen Baurat M[ax] F[riedrich] Gutermuth, Prof. des Maschinenbaues. Bearb. unter Mitw. des Institutsvorstandes von d. Assist. Dipl.-Ing. [Adolf] Watzinger und [Hans] Stiefelhagen. Berlin: Springer 1908. 55 S., 13 Taf. 4°

Watzinger, A., über den praktischen Wert der Zwischenüberhitzung bei Zweifachexpansions-Dampfmaschinen, s. a. Mitteilungen üb. Forschungsarbeiten auf dem Gebiete des Ingenieurwesens. 92. Heft.

Watzinger, A[dolf]: Ueber den praktischen Wert der Zwischenüberhitzung bei Zweifachexpansions-Dampfmaschinen. 1910. 79 S. 4⁰ ¶ Auch als: Mitteilungen über Forschungsarbeiten auf d. Gebiete d. Ingenieurwissenschaften. H. 92; vgl. Zeitschrift d. Vereines deutscher Ingenieure. Bd 54, Halbj. 2. S. 1344ff.
Darmstadt, Dr.-Ing.-Diss. v. 10. 6. 1910

Watzinger, Karl

Watzinger, Carl, griechische Grabreliefs aus Südrussland, s.: Kieseritzky, Gangolf v.

Watzinger, Carl, griechische Holzsarkophage aus der Zeit Alexanders des Grossen, s.a. Veröffentlichungen, wissenschaftl., der deutschen Orient-Gesellschaft. 6.

Griechische Holzsarkophage aus der Zeit Alexanders des Großen von Carl Watzinger. Mit 3 Chromotaf., 1 Pl. u. 135 Abb. Leipzig: J. C. Hinrichs 1905. (VI, 95 S.) 2°
= Ausgrabungen d. Deutschen Orientgesellschaft in Abusir, 1902–1904. 3.
= Veröffentlichungen, Wissensch., d. deutschen Orientgesellsch. H. 6.
[05. 13698

— Magnesia am Maeander, s.: Humann, Carl.

— das Relief des Archelaos von Priene, s.a. Programm zum Winckelmannsfeste der archäologischen Gesellschaft zu Berlin.

Das Relief des Archelaus von Priene. Von Carl Watzinger. Mit 2 Taf. u. 9 Textabb. *Berlin: G. Reimer 1903.* (24 S.) 4°
= Programm z. Winckelmannsfeste d. archaeol. Gesellschaft zu Berlin. 63.
[04. 886

Watzinger, Carolus, Darmstadiensis: De vasculis pictis Tarentinis capita selecta *Bonnae 1899: C. Georgi.* (V S.) 8° ¶ [Nur Titelblatt, Vita u. Thesen. — Vgl. die folgende Nummer.]
Bonn, Phil. Diss. v. 28. Jan. 1899
(Nicht für den Austausch)

Watzinger, Carolus, Darmstadiensis. De vasculis pictis Tarentinis capita selecta. (Vort.: Studien zur unterital. Vasenmalerei.) *Darmstadtii 1899: G. Otto.* (50 S.) 8° ¶ [In deutscher Sprache.] (Soll vollst. erscheinen.) — [Vgl. die vorhergehende Nummer.]
Bonn, Phil. Diss. v. 28. Jan. 1899

Watzka, C., Gemeinde-Ordnung, s.: Landes-Gesetze f. das Königr. Böhmen.

Watzka, J.: Die Revision der Lokomotive bezüglich ihrer Betriebssicherheit und Leistung. Komotau 1889

Watzka, Karl, Uebersicht der denkwürdigen Ergebnisse aus der Geschichte der k. Stadt Mies vom J. 1131 bis in die neueste Zeit. Nach gesammelten Urkunden verfaßt. (In ca. 6 Heften.) 1.—3. Heft. gr. 8. (. . .) Mies 883,84, (Dworzak.)
à Heft *ℳ 1. *

Watzke Adolf: Schiller in den Zeitschriften der Romantiker.
II. 1906 PN 2037 **Diss.** Wien, Univ. 181

Watzke Alfred: Einige Bemerkungen über Buchhaltungsunterricht. 25. Brünn Hand. Sch. 04.
Progr.

Watzke, Alfr., die Kassa- u. Rechnungsgebarung der Krankenkassen. Ein Lehrbuch der einfachen u. doppelten Buchhaltg. sowie des kameralist. Stils f. Arbeiter-Versicherungsinstitute. (VI, 353 S. m. 1 Tab.) Lex. 8. Wien 910. A. Hölder. 5. 60

— Lehrbuch der Handelskorrespondenz f. Handelsakademien, s.: Oberdorfer, Frdr.

Watzke, F. Ant., s. Watzke, Phil. Ant.

Watzke, Phil. Ant., Erwiederung auf Prof. Töltenyi's Aufsatz: Das Heilprincip u. die Homöopathie. (Abgedr. aus der medic. Wochenschrift.) gr. 8. Wien 842. (Braumüller u. Seidel.) n. $^1/_3$ ℛ︎

Watzke, Phil. Ant., ein Tag aus meiner Praxis. Parallelen zwischen Allöopathie und Homöopathie. Für angehende prakt. Ärzte. gr. 8. (XXIV und 139 S.) Leipzig 866, Fr. Fleischer.

Watzke, F. Ant., Dr. Franz Wurmb. Biografische Skizze. Ein Stück Geschichte der Homöopathie in Wien. gr. 8. (14 S.) Wien 865, (Beck'sche Universitäts-Buchh.) *

Watzke (Red.):

s.: Zeitschrift, Österreichische, für Homöopathie. Bd 1-3,4/1. Wien: 1844-48.

Watzl, Bruno, Veronica prostrata L., Teucrium L. u. Austriaca L., s.a. Abhandlungen der k. k. zool.-botan. Gesellschaft in Wien. V, 5.

Veronica prostrata L., Teucrium L. und austriaca L. nebst e. Anh. über deren nächste Verwandte von Dr. Bruno Watzl. (Aus d. botan. Inst. d. Univ. Wien.) Mit 14 Taf. u. 1 Textfig. Jena: Fischer 1910. 94 S. 4°
(Abhandlungen d. k. k. zool.-bot. Gesellsch. in Wien. Bd 5, H. 5.) [10. 11394

Die Cistercienser von Heiligenkreuz in chronolog. Reihenfolge nach d. Quellen dargest. v. P. Florian Watzl, Capitular d. verein. Stifte Heiligenkreuz-Neukloster. Graz: In Comm. (& Dr.) d. 'Styria' 1898. (XV, 300 S.) 1 Bd 8⁰

Watzl, Josef: Unserer lieben Frauen Opferung. Ursprung u. Gesch. d. altehrwürdigen Madonnenbildes in d. Kirche d. P.P. Redemptoristen in Budweis. 1410—1910. Krummau ('10). 149 S.

Watzl Karl: Der Mönch Nikolaus von Heiligenkreuz und die Sekten seiner Zeit.
1903 PN 1566 **Diss.** Wien. Univ. 858

Watzl, Rud., der letzte Agilolfing. Gedicht. Hrsg. vom „Düringbund". gr. 8. (15 S.) Wien 886. Kubasta & Voigt. n. — 30

Watzl, Rud., der letzte Agilolfing. (15 S.) Lex. 8. Wien 896. (Kubasta & Voigt.) — 60

(F) **Rudolf Watzl.** Der Dichter der letzten Agilolfing. 8°. (11 S.) Wien: Kubasta & Voigt 1907. K —.40

— Josuahs Ring. Eine Erzählg. 8. (V, 60 S.) Ebend. 885. n. 1. 20

Watzlawek, Rich., s.: Sanneck, Rich.

Watzlawek Wenzel. Tabelle zur leichtern Berechnung der Zollbeträge nach dem Tarife vom 6. Nov. 1851. gr. 4. Eger, J. Kobetsch u. Gschihay 1852.

Wutzlawik, Alfons, Irma. Giebt es noch Liebe? kl. 4. (1128.) Leipzig (902). Berlin, H. Seemann Nachf. n. 1.50

Watzlawik, Alfons, angewandte Stenographie. Schwank in 3 Akten. (20 S.) 8. Berlin (909). Frz. Schulze. — 80

Watzlawik, Alfons, der Stenographiefehler. Stenographenschwank in 3 Aufzügen. (26 S.) 8. Berlin (906). Frz. Schulze. n. — 80

Watzlawik, Fritz, Raum u. Stoff, das Negative u. Positive der Natur, zur Grundlage e. Ursachen-Wissenschaft dargestellt. gr. 8. (36 S.) Berlin 891. Hessling & Spielmeyer. n. 1. 20

Watzmann, bei Berchtesgaden, der, in Morgenbeleuchtung. Nach dem Originale von Carl Heyn in München in Oelfarbendruck ausgeführt. 19" hoch, 27¼" breit. Olmütz, Eduard Hölzl. Auf Leinwand gespannt 12 fl., mit Goldrahmen 20 fl. 1864.

Waetzmann, Erich: Über die Intensitätsverhältnisse der Spektra von Gasgemischen. *Breslau 1904: H. Fleischmann.* (70 S.) 8°
Breslau, Phil. Diss. v. 18. Apr. 1904

Waetzmann, Erich, Dr.: Zur Helmholtzschen Resonanztheorie. Breslau 1907: Graß, Barth & Co. (42 S.) 8°
Breslau, Phil. Fak., Hab.-Schr. v. 28. Febr. 1907
(Nicht für den Austausch)

Watznauer Dr. Ph.: Ortnit und Wolfdietrich A. 17 Leitmeritz R. 86. **Progr.**

WATZNAUER Philipp
Die freie bäuerliche Erbleihe Böhmens in vorhussitischer Zeit und ihre Einwirkung auf die Lage des Bauernstandes.
Diss. Prag 1906/1907.

Wätzold, Paul, Assistenzarzt im 3. Westpr. Inf.-Reg. No 129: Ueber Erhaltung der vokal-musikalischen Fähigkeiten bei Aphasie. Leipzig 1902: B. Georgi. (33 S.) 8°
Leipzig, Med. Diss. v. (27. Nov.) 1902.

Stammliste der Kaiser-Wilhelms-Akademie für das militärärztliche Bildungswesen ... unter Benutzung amtl. Quellen bearb. von Dr. (Paul) **Wätzold**, Stabsarzt. Mit 2 Bildn. u. 4 Abb. Berlin: Hirschwald 1910. 653 S. 8° (10. 11727)

Wätzold, Stammliste der Kaiser-Wilhelms-Akademie f. das militärärztl. Bildungswesen. Im Auftrage der Medizinal-Abteilung des königl. Kriegsministeriums unter Benutzung amtl. Quellen bearb. (V, 653 S. m. 4 Taf. u. 2 Bildnissen.) Lex. 8. Berlin 910. A. Hirschwald. 8. —

Waetzold, Wilhelm, s. Waetzoldt

Waetzoldt, Gust. Adf., zur Erinnerung an sein 50jähriges Turnjubiläum, s.: Euler, Karl

Waetzoldt: Traugott Rudolf Constantin Hänel ein Lehrer nach d. Herzen Gottes. Bunzlau 1865.
Schul-/Univ.-Schrift

Waetzoldt, Gust. (geb. Hennersdorf in Schles. [illegible]): Beobachtungen über Schallleitungswechsel. Berlin 1875 [illegible] 8°
Berlin, Med. Diss. v. 27. Okt. 1875.

Waetzoldt, Johanna, häusliche Krankenpflege. Hrsg. vom Ausschuß f. soziale Bestrebungen des Vereins Berliner Volksschullehrerinnen. (14 S.) 8. Berlin 910. Vaterländ. Verlags- u. Kunstanstalt. — 15
Sonderabdruck aus: „Vorträge f. Mütterabende".

Waetzoldt, Steph., die Aufgabe d. neusprachlichen Unterrichts u. die Vorbildung der Lehrer. gr. 8. (47 S.) Berlin 892. R. Gaertner. n. 1. —

Waetzoldt, Steph., Festdichtung zur Feier der silbernen Hochzeit Ihrer königl. Hoheiten des Großherzogs Nicolaus Friedrich Peter und der Großherzogin Elisabeth von Oldenburg am 10. Febr. 1877. Ausgeführt vom Offizier-Corps des Oldenburgischen Infanterie-Regiments Nr. 91. 1. und 2. Aufl. hoch 4. (17 S.) Oldenburg 877, Schulze'sche Hofbuchh. — 75

— **Flos unde Blankflos,** s.: **Denkmäler,** niederdeutsche.

Waetzoldt, Steph., Emanuel Geibel. 8. (40 S.) Hamburg 885. O. Meißner's Verl. n. 1. —

Waetzoldt, Steph., Heimat u. Fremde. Ein Märchen u. Lieder. 8. (131 S.) Oldenburg 876. Schulze. n. 3. —; geb. m. Goldschn. n. 4. —

Waetzoldt, St., zwei Goethevorträge: „Die Jugendsprache Goethes" u. „Goethe u. d. Romantik". gr. 8. (III, 56 S.) Berlin 888. Leipzig, Dürr'sche Buchh. n. 1. —

Waetzoldt, St., zwei Goethevorträge: „Die Jugendsprache Goethe's — Goethe u. die Romantik". gr. 8. (III, 56 S.) Berlin 888. Wilhelmi. n. 1. —

Waetzoldt, Steph., die Jugendsprache Goethes. Goethe u. die Romantik. Goethes Ballade. Drei Vorträge. 2. verm. Aufl. (76 S.) gr. 8. Leipzig 903. Dürr'sche Buchh. n. 1. 60

Waetzold, deutsche Schulgrammatik, s.: Gurcke, Gfr.

Waetzoldt, Stephan: Pariser Tagezeiten. Halle 1875: Karras. 56 S. 8°
Halle-Wittenberg, Phil. Diss. v. 9. Jan. 1875
Geb. Hennersdorf (Kr. Reichenbach, Schlesien) 3. 6. 1849. V.
Vom Verf. ersch. später: Die Pariser Tagzeiten, handschriftlicher Text hrsg. von Steph. Waetzoldt. Hamburg 1880. XXIII, 167 S. 8°.

— **Übungsbuch z. deutschen Schulgrammatik, s.: Gurcke, Gfr.**

— ein Wintermärchen. 8. (32 S.) Hamburg 880. O. Meißner. geb. n. 1. 50

Waetzoldt, Wilh., Friedrich Hebbel. (Eine Biographie.) 8. (42 S.) Berlin (902). A. Weichert. 1. —

Hebbel und die Philosophie seiner Zeit v. Wilhelm Waetzold Gräfenhainichen. 1903. 8°.

Waetzoldt, Wilhelm. Die Kunst des Porträts. Mit 80 Bildern [Tafeln]. XII + 452 S. gr.-8. Leipzig, Ferdinand Hirt & Sohn, 1908. [M. 12. —, geb. 14. 50]
Darin S. 12/4. 42. 46. 53. 83 f. 87. 106. 115. 125 f. 141. 143 f. 146. 155/7. 162 f. 176 f. 187. 208/10. 219 f. 227. 239 f. 246. 273/6. 281. 335 f. 359/61. 369/73. 369/73. 407. 409 f. etc., nebst 10 Tafeln, Schweizer *betr., insbes.* Arnold Boecklin, Anton Graff, Hans Holbein d. J., Angelika Kauffmann.

Waetzoldt, Wilh., das Kunstwerk als Organismus. Ein ästhetisch-biolog. Versuch. (55 S.) gr. 8. Leipzig 905. Dürrsche Buchh. n. 1. 60

Waetzoldt, Wilh., William Shakespeare. (Eine Biographie.) 8. (45 S.) Berlin (902). A. Weichert. 1. —
Sonderabdruck aus: „Shakespeares sämtl. dramat. Werke".

Eine geistige Krankheit unserer Tage und ihre Heilung. Vortr. geh. auf d. Allg. Konferenz d. deutschen Sittlichkeitsvereine zu Stuttgart am 6. Okt. 1898. Von Arnold Waubke, ev. Pfarrer. Berlin: Geschäftsstelle d. deutschen Sittlichkeitsvereine 1899. (16 S.) 8°

Waubke, Arn., eine geistige Krankheit unserer Tage u. ihre Heilung. Vortrag, geh. auf der allgemeinen Konferenz der deutschen Sittlichkeitsvereine zu Stuttgart am 6. X. 1898. gr. 8. (16 S.) Berlin 899. (Leipzig, H. G. Wallmann.) n. — 25

Waubke, Arnold, Streiflichter zur modernen Literatur, Sudermann, Wolzogen, v. Kahlenberg, Hartleben u. a. u. ihre Bedeutung f. christl. Volksleben. (12 S.) gr. 8. Bielefeld (904). O. Fischer. n. — 20

Waubke, Fried. Vollrad (geb. Vacha 1. 12. 1817): De amauroseos causis et symptomatibus. Berolini (1840) (31 S.) 8°
Berlin, Med. Diss. v. 6. Mai 1840.

Waubke, Fritz [aus Elberfeld]: Aus d. Marienhospital am Venusberg zu Bonn. Ueber Choledochusverschluss . . . Elberfeld, Druck v. Tilly & Thiele, 1897; 30 S. 8.
Bonn, Med. Fak., Inaug.-Diss. v. [24. Juli] 1897

Waubke, Hans, aus Paderborn: Ueber die Haftung des verkaufenden Pfandgläubigers für rechtliche und thatsächliche Mängel. *Elberfeld 1898: Tilly & Thiele.* (60 S.) 8°
Erlangen, Jur. Diss. v. 1898

Waubke, P., Leitfaden beim Unterricht in der Geographie. 2. (Titel-)Aufl. 8. (VIII und 72 S.) Pasewalk (854)57, Braune. (Leipzig, Hartmann.)

Waue, W., Hypotenusen-Tafeln zur Bestimmung der Hypotenuse aus gegebenen Katheten, sowie der Verhältnisszahlen o u. a. f. Berechnung von Kleinpunkt-Koordinaten. (Preuss. Kat.-Anw. IX, Form. 22.) Zum Gebrauche f. Vermessungsbeamte u. Techniker im Felde u. Bureau bearb. (30 S. m. 1 Tab.) 8. Hannover (Alte Döhrenerstr. 96) 901. Selbstverlag. 1. 35

Wauer, A., neue Beiträge zur Methodik der Erdkunde. I. Über d. Anteil d. Geographie an d. heimatkundl. Disziplin. E. Versuch z. Klärg. e. Streitfrage. Theoret. u. prakt. Anweisung zur Entwerfg. heimatkundl. Lehrgänge. Mit bes. Berücksicht. der Kuhnertschen reliefart. Bodengestaltdarstellg. u. m. e. Lehrgange sächs. Vaterlandskunde, als Anh. gr. 8. (VI, 82 S. m. Fig. u. 4 farb. Karten.) Dresden 896. A. Müller, Fröbelhaus. n. 1. 50

Wauer, A., soziale Erdkunde. Landes- u. Gesellschaftskunde f. Volksschulen, Fortbildungsschulen, Handelsschulen usw. I, II. 1. u. 2. Abtlg., III u. IV. gr. 8. Dresden, A. Müller-Fröbelhaus. n. 2. 40
I. Sachsen. 2., umgearb. u. verm. Aufl. Mit 6 Skizzen, 33 Bildern, 1 Ortstabelle u. 1 Karte. (80 S.) (906.) n. — 60
II. 1. Deutschland. I. Kurs. 1. Abtlg.: Vorwiegend Landschaftskunde. Mit 4 Skizzen, 29 Bildern u. 1 Karte. (48 S.) (904.) n. — 30
II. 2. Deutschland. I. Kurs. 2. Abtlg.: Gesellschaftskunde. Mit 8 Skizzen u. 16 Bildern. (S. 49—88.) (904.) n. — 30
III. Dasselbe. (II. Kursus) im Kampfe um seine Erhaltung u. Wohlfahrt. Mit 7 Skizzen, 37 Bildern u. 1 Karte. (88 S.) (904.) n.n. — 60
IV. Europa. Mit 6 Skizzen u. 51 Bildern. (80 S.) (905.) n. — 60

Wauer, A., soziale Erdkunde. Landes- u. Gesellschaftskunde für Volksschulen, Fortbildungsschulen, Handelsschulen usw. III., V. u. VI. gr. 8. Dresden, Leipzig, A. Müller, Verlagsanstalt. 1. 80
III. Deutschland (2. Kurs.) im Kampfe um seine Erhaltg. u. Wohlfahrt. 2., umgeänd. Aufl. Mit 5 Skizzen u. 28 Bildern. (80 S.) (908.) — 60
V. Die Erde. Mit 4 Skizzen, 45 schwarz. u. 2 farb. Bildern u. 1 Ortstabelle. (64 S.) 907. — 60
VI. Die Welt. Mit 3 Tab. u. 12 Bildern. (72 S.) (908.) — 60

— Was soll der deutsche Staatsbürger wissen? Eine Studie zur polit. Bildg. u. Hebg. unseres Volkes. Zugleich e. Würdigg. der ministeriellen Verordng. üb. Staatsbürgerbildg. u. e. Einführung in des Verf. „Soziale Erdkunde". (17 S.) gr. 8. Meissen (910). Sächs. Schulbuchh. — 30

Wauer, A., Tanner u. Kerst, welche Bedeutung haben Schulkarten in Kuhnerts Reliefmanier f. den Unterricht in Heimat- u. Erdkunde, s.: Beiträge, neue, zur Methodik der Erdkunde. II.

Wauer, Edmund, aus Eibau: Die Anfänge des Klarissenordens in den slawischen Ländern. Leipzig: G. Fock 1903. (76 S.) 8°
Leipzig, Phil. Diss. v. [25. Juli] 1903.

Wauer, Edmund, Entstehung u. Ausbreitung des Klarissenordens besonders in den deutschen Minoritenprovinzen. (IV, 179 S.) gr. 8. Leipzig 906. J. C. Hinrichs' Verl. n. 4. 80; geb. n. 5. 80

Wauer, G. A.: Goethe- u. Schiller-Album, s. Reuter's Bibliothek f. Gabelsbergersche Stenographen.

— Goethe's Jugendlieben, s.: Reuter's Bibliothek f. Gabelsbergersche Stenographen.

Wauer, Gerh., auf zum Kampfe! Gedichte. 2. u. 3. Aufl. 12. (47 S.) Leipzig 891. Deutscher Verl. n. — 60; geb. n. 1. —

Wauer, Gerh., der Entehrte. Schauspiel in 5 Aufzgn. nach d. gleichnam. Novelle d. Philalethes (König Johann v. Sachsen). 8. (64 S.) Dresden 898. E. Pierson. n. 1. —

— Heinrich IV. v. Frankreich. Trauerspiel in 5 Akten. 8. (84 S.) Ebd. 892. n. 1. —; geb. n. 1. 50

— Heinrich IV. v. Frankreich. Trauerspiel in 4 Akten. 2. Aufl. (Bühnen-Ausg.) 8. (80 S.) Ebd. 898. n. 1. 50

Wauer, Gerh., Maiglöckchen. Poetisches Allerlei. 8. (XII, 60 S.) Dresden 892. E. Pierson. n. 1. —

Wauer, Gerhard [aus Berlin]: Ueber Prophylaxis und Therapie von Narbenkontrakturen . . . Berlin, Druck v. Thormann & Goetsch, 1893; 26 S., 3 Bl. 8°
Berlin, Med. Fak., Inaug.-Diss. v. 20. Juni 1893.

Wauer, Gerhard A(dolf), cand. theol.: Die Anfänge der Brüderkirche in England. Ein Kapitel vom geistigen Austausch Deutschlands u. Englands. Leipzig: F. Jansa 1900. (152 S.) 8°
Leipzig, Phil. Diss. v. [6. Juli] 1900.

Wauer, Gerh. A., die Anfänge der Brüderkirche in England. Ein Kapitel vom geist. Austausch Deutschlands u. Englands. Diss. gr. 8. (V, 152 S.) Leipzig 900. F. Jansa. n. 2. 50

Wauer, Gerhard A.: Studien zur Religionspsychologie. Plauen i. V. 1909: Wieprecht. 32 S. 4°
Plauen i. V., k. G OP 1909 (739) [S 09. 489

Wauer, Gustav Adolf: Die Redaktion von Goethes 'Italienischer Reise'. Leipzig 1904: E. Glausch. (61 S.) 8°
Leipzig, Phil. Diss. v. 1904.

Wauer, Herm., die Drainirung. Theorie u. Praxis. Nebst Anhängen über Röhrenfabrikation etc. Populäres Handbuch für Techniker u. Landwirthe. Mit 4 (lith.) Taf. (in 4. u. Fol.) u. vielen in den Text gedr. Holzschn. Berlin 859. Jonas' Verlag. gr. 8. (IX, 222 S.) n. 1 *Thlr* 20 *ngr.*

Wauer, Herm., Soldatenlieder. Preußens Landwehr gewidmet. Wriezen 855. Köhler. 16. (54 S. u. 1 Holzschn.) 2½ *ngr.*

—— Zorndorf. (Gedicht.) gr. 8. (52 S.) Wriezen 854, Roeder. *

Komitragische Betrachtungen eines sogenannten 'Halbwissers' über die Fremdwörterei u. andere Merkwürdigkeiten in d. Deutschen Armee von Hugo Wauer. Berlin: Selbstverl. 1904. (19 S.) 8° [Umschlagt. F.]

Wauer, Hugo, der Burggraf von Nürnberg. Historisches Schauspiel in 5 Acten. (Den Bühnen gegenüber Mscr.) Lex.-8. (VIII und 150 S.) Berlin 861, Kastner und Comp. *

Wauer, Hugo, der Burggraf von Nürnberg. Historisches Schauspiel in 5 Acten. Berlin 861. Kastner & Co. (Prausnitz.) gr. 8. (VIII, 150 S.) n. 20 *ngr.*

Der Burggraf von Nürnberg oder Der Hohenzollern weltgeschichtl. Beruf. Hist. Volks-Schauspiel in 5 Akten u. e. Vorspiel von Hugo Wauer. 16. Aufl. Berlin: Selbstverl. 1904. (XVI, 143 S.) 8°

Wauer, Hugo, der Burggraf v. Nürnberg od. Der Hohenzollern weltgeschichtl. Beruf. Historisches Volks-Schauspiel in 5 Akten u. e. Vorspiel. 17. Aufl. (XVI, 148 S.) 8. Berlin 904. (Stettin, H. Peters). n. 2. —

Der Burggraf von Nürnberg oder Der Hohenzollern weltgeschichtl. Beruf. Hist. Volks-Schauspiel in 5 Akten u. e. Vorspiel von Hugo **Wauer**. 17. Aufl. Berlin: Selbstverl. 1904. (XVI, 143 S.) 8°

—— Friedrich der Große an das deutsche Volk. Eine patriot. Träumerei. Lex.-8. (VII und 80 S.) Berlin 859, [Quaas.] *

— Friedrich der Große an das Deutsche Volk. Eine patriotische Träumerei. Berlin 859. D. Reimer's Sorthdlg. gr. 8. (VII, 80 S.) n. 15 ngr.

Wauer, Hugo, Hohezollern u. die Bonaparte's. Ein patriot. Traum in 7 Bilder. 3. Aufl. gr. 8. (VI, 73 S.) Berlin 871. Netemeyer. n. 2. —; geb. n. 3. 50

—— das schöne Lied vom „großen Otto". 1. Aufl. * 50 Pf., und 2. Aufl. 16. (8 S.) Potsdam 874, Gräfe. * — 25

Unser Moltke. Ein Deutsches Volkslied ... zum 26. Okt. 1905 dargebracht von Hugo **Wauer**. Berlin: Selbstverl. (1905). (2 Bl.) 8° [F.] [07. 10120

Unser Moltke. Ein deutsches Volkslied allen Verehrern d. großen Mitgründers unseres Deutschen Reiches z. 26. Okt. 1905 dargebracht von Hugo **Wauer**. 9. Aufl. Berlin: Selbstverl. [um 1910]. 2 Bl. 8° [10. 16494

— Preußens Prinz Regent. Eine Ode. Berlin, 859. Logier. gr. 8. (6 S.) 3 ngr.

Preußens Prinz-Regent. (Verf.: Hugo **Wauer**.) 8. Aufl. Wortgetreu wie d. 1. Aufl. Berlin: Selbstverl. 1901. (16 S.) 8° [F.] [01. 3540

Humoristische Rückblicke auf Berlin's 'gute alte' Zeit von 1834 bis 1864. Miterlebtes von Hugo **Wauer**. Berlin: Selbst-Verl. 1907. (158 S.) 8° [F.] [07. 10171

Wauer, Hugo, humoristische Rückblicke auf Berlins „gute alte" Zeit von 1834 bis 1864. Miterlebtes. (3. Aufl.) (208 S.) 8. Berlin (NW. 52, Spenerstr. 6) 908. Direktor H. Wauer. 3. —

Humoristische Rückblicke auf Berlins 'gute alte' Zeit von 1834 bis 1870. Miterlebtes von Hugo **Wauer**. 5. Aufl. Berlin: Selbst-Verl. 1910. 208 S. 8° [10. 13515

Eine höhere Töchterschule. Scherzspiel in 3 Akten von Hugo **Wauer**. 4. Aufl. Berlin: Selbstverl. 1905. 128 S. 8° [10. 13540

Volks-Theater als Schulen für Darsteller und Dichter. Ein Aufruf an alle wahren Kultur- u. Volks-Freunde. Von Hugo **Wauer**. Berlin: Selbstverl. 1903. (52 S.) 8° [F.] [03 3513

Wauer, Ludwig [app. Arzt aus Herrnhut]: Ueber Morbus Basedowii . . . München, Buchdr. v. M. Ernst, 1889; 36 S. 8°
München, Med. Fak., Inaug.-Diss. v. 1889.

Wauer, Minna, die Jünger Börne's. Ein Roman. 8. (XII u. 332 S.) Berlin 847, Hirschfeld. 1½ ℛ

Wauer, Minna, der Tod der Mackabäer. Eine alttestamentarische Dichtung. Wriezen 855. Roeder. 16. (47 S.) n. 10 ngr.

Wauer, O., die Verwertung von Obst u. Gemüse im Haushalt. (51 S. m. 33 Abb.) 8. Berlin 910. P. Parey. — 60

Wauer, Osc. Arth. Anastasius (geb. Poljanka in Ungarn 9. 6. 1838): De plica Polonica. Berolini (1862). (34 S.) 8°
Berlin, Med. Diss. v. 1. Febr. 1862

Wauer, William (Hrsg.), s. Alter.

Wauer, William, der Kunst e. Gasse. Krit. Beiträge zur Theaterreform. 2. Aufl. (51 S.) 8. Berlin (906). H. Seemann Nachf. 1. 50

— Die Kunst im Theater. Bemerkgn. u. Gedanken. (58 S.) 8. Berlin 909. Priber & Lammers. 1. 50

Waumann, des Amtmann, Förster Dornbusch rc. Reise nach ... zur Gevatterschaft, herausg. v. Lucas Veit, ehemal. Bedienten d. Frhrn. v. Knigge. 4 Thle. m. K. 8. Wolfenb. Albrecht. 798—800. (à 18 gr.) 3 —
Schreibpap. (à 21 gr.) 3 12

Waurick, Otto, kurze Zusammenstellung der neuesten Arzneimittel mit Angabe ihrer Zusammensetzung, Eigenschaften u. Anwendg. Taschenbuch f. Apotheker, Aerzte u. Drogisten 8. (III, 66 S.) Leipzig 896. Rossberg. n. 1. —

Wauters, A. J., u. D. Joseph, synopt. Tabellen der Meister d. neueren Kunst. XIII.—XIX. Jahrh. gr. Fol. (4 S.) Berlin 898. G. Siemens. In Enveloppe n. 1. 50; einseitig bedruckt, auf 2 Blättern n. 2. —

Wauters, Alph., Atlas pittoresque des chemins de fer de la Belgique, composé de 15 cartes ornées de 400 vues et cont. une notice historique et statistique sur les chemins de fer, ainsi de la description de tous les lieux qu'ils traversent, sous le rapport de la géographie physique et politique etc. 1 Vol. oblong. ... Bruxelles 840. Muquardt. n. 2 ℛ

Bibliographie du Congo 1880—1895. Catalogue méthodique de 3,800 ouvrages, brochures, notices et cartes relat. à l'hist., à la géographie et à la colonisat. du Congo p. A[lphonse] J[ules] **Wauters**, Rédact. en chef du Mouvement géographique, av. la collabor. de M. Ad. Buyl. *Bruxelles: Administr. du Mouvement géogr. 1895.* (XLIX S., 1 Bl., 356 S., 1 Bl.) 1 Bd 8. [96. 944

Wauters, A. J., die vlämische Malerei, s. a. Bibliothek, illustrirte, f. Kunst- u. Kulturgeschichte.

Die vlämische Malerei [La peinture flamande] von A[lphonse] J[ules] **Wauters**, Prof., Brüssel. Einzige autor. deutsche Ausg. von Ludwig Neustadt. Leipzig: P. Friesenhahn [1893]. (354 S.) 8°
(Bibliothek, Illustrierte, d. Kunst- u. Kulturgeschichte. [2.])

Wauters, Jul., les postes en Belgique avant la révolution française. 8. (31 S.) Bruxelles 874. Muquardt. n. — 80

Wauthier, M., geograph.-chronolog. Karte von Europa, zur leichtern Uebersicht u. augenscheinl. Darstell. d. Chronologie u. Geschichte d. europ. Staaten. Aus d. Französ. von O. B. M. Mit 1 Octavblatt Erklärung. Roy.-Fol. Kempten 829. Dannheimer. 8 ℛ

Wauwermans, Paul. La Convention de Berne ⟨revisée à Berlin⟩ pour la Protection des Œuvres Littéraires et Artistiques. 184 p. 8. Bruxelles, Leipzig, Misch & Thron; Paris, Marcel Rivière, 1910. [fr. 5.35]

van Waveren, Thomas Johannes [Apotheker aus Haarlem '(Holland)']: Beiträge zur Kenntnis der halogenisierten Salicylaldehyde u. Salicylsäuren . . . Marburg, Buchdr. v. J. Hamel 1897; 66 S., 1 Bl. 8.
Marburg, Phil. Fak., Inaug.-Diss. v. [14. Aug.] 1897

Waverley, oder Schottland vor 60 Jahren. Histor. humorist. Roman von W. Scott. A. d. Engl. v. W. Lindau. 4 Thle. 8. Leipzig. Lauffer. 821.
(Ist auch unter dem Titel: „Eduard" bey Arnold in Dresden erschienen.)

Waverley sketch book, s. a. Troll, H.

Waverley Sketch Book, or Beauties of Sir Walter Scott's Novels. With notes etc. by Harman Croll. With a Memoir of the Author. — Auch u. d. Ttl.: Waverley Skizzen-Buch, oder Blumenlese aus Walter Scott's Romanen. Mit histor. erläut. engl. u. deutschen Noten, nebst untergelegter Phraseologie schott. u. deutscher Wörter, f. Deutsche u. Engländer bearb. von Herm. Croll. Ein Lesebuch f. höhere Schulklassen 2c. Mit e. Biographie des Verf. gr. 8. (25¾ B.) Stuttgart 842, Hallberger'sche Vrlgsh.

Waverly Phönix: Jahrgang 1–35?, Oct. 1884–1923?
Democratic weekly. Title varies: Phoenix. Circulation: 1890, 850; 1900, *1406*; 1910, *1704*; 1920, 1889. Edited & published by Schulz & Ille, 1884–88; by Heinrich Schulz, 1889–92; by G. A. Grossmann & Heinrich Schulz, 1893–95; by G. A. Grossmann, 1896–1913; by G. A. & A. C. Grossmann, 1914–22; edited by G. A. Grossmann, & published by Waverly Publishing Co., 1923.
Waverley, IA

Wawel, J. Louis Edler v., Streitfragen bei Neulegung von Grundbüchern. gr. 8. (33 S.) Wien 878, Manz'sche Hofbuchh. * — 80
Aus: Gerichtshalle, besonders abgedruckt.

Wawenczko, J., s. Paulus oder das Schwert d. Glaubens.

Wawra Anton: Granum und seine Wortsippe im Französischen.
H. 1909 PN 2716 **Diss.** Wien, Univ. 2299

Wawra, C. J., Catalog e. reichhaltigen u. interess. Sammlung von *Porträts berühmter Personen aller Länder u. Zeiten*, mit beigesetzten biographischen Notizen, Flug- u. Spottblättern in Kupferstichen, Radirungen, Holzschnitten, Biographien etc. etc., nebst e. *Anhange seltener russischer u. polnischer Porträts*, Ansichten, Costumblätter etc., aus Privatbesitz. Wien 1886. (LXXXVIII. Kunst-Auct. von C. J. Wawra, 26. März sq.). Gr. 8⁰. Ppb.*)
Vortrefflich gearb., wichtiger Catalog. Tit. u. 238 S. Enth. 6225 Nrn. (incl. Nachtr. Nr. 5949 sq.). Der roth u. schwarz gedr. Orig.-Umschl. m. breiter Holzsch.-Bordure

Wawra, Ferd., das französische Lautsystem Rousselots, verglichen m. dem Paul Passys. (Progr.) 2 Tle. (24 u. 50 S.) gr. 8. Wien 904. 06. C. Fromme. 1. 25

Wawra, F., die Scheideformen od. Doubletten im Französischen. gr. 8. (21 S.) Wiener-Neustadt 890. (Leipzig, Fock.) n. 1. —

Wawra, Heinr., botanische Ergebnisse der Reise Sr. Majest. des Kaisers von Mexiko Maximilian I. nach Brasilien (1859—60). Auf Allerhöchst dessen Anordnung beschrieben und hrsg. gr. Fol. (XVI und 234 S. mit 104 Stnt., wovon 32 in Buntdr.) Wien 866, Gerold's Sohn. cart. *

Wawra, Heinrich, Dr., und Peyritsch, J., Dr.: Sertum benguelense. Aufzählung und Beschreibung der auf der Expeditionsfahrt Seiner Majestät Korvette „Karolina" an der Küste von Benguela von dem Korvettenarzt Dr. Heinrich Wawra gesammelten Pflanzen. S. 38. 543.
Separatabdruck

Wawra, H., u. J. Peyritsch, Sertum Benguelense. Aufzählung u. Beschreibung der auf der Expeditionsfahrt Sr. M. Corvette „Carolina" an der Küste von Benguela von Dr. H. Wawra gesammelten Pflanzen. (Aus den Sitzungsberichten der königl. Akademie der Wissensch.) Wien 860. Gerold in Comm. gr. 8. (46 S.) n. 6 ngr.

Wawra, Carolus, Convictorii Theol. Cath. Vratisl. praefectus: De **Reginone Prumiensi.** (Symbolarum ad historiam juris canonici spectantium §§ 9. 11. 13. 14.) *Vratislaviae 1900: R. Nischkowsky.* (56 S.) 8° ¶ (Enthält nur T. 2 d. eingereichten Abhandlung.)
Breslau, Kath.-theol. Diss. v. 6. Febr. 1900

Wawra v. Fernsee, Heinr. Ritter, s.a. **Itinera Principum S. Coburgi.**

Wawra v. Fernsee, Heinr. Ritter, Itinera principum S. Coburgi. Die botanische Ausbeute von den Reisen Ihrer Hoheiten der Prinzen von Sachsen-Coburg-Gotha. I. Reise der Prinzen Philipp und August um die Welt [1872—1873]. II. Reise des Prinzen August und Ferdinand nach Brasilien [1879]. 1. Thl. Imp.-4. (XVIII, 182 S. mit 39 Stnt. und Chromolithogr.) Wien 883, (Gerold's Sohn.) cart. *

Wawra v. Fernsee, Heinr. Ritter, itinera principum S. Coburgi. Die botanische Ausbeute v. den Reisen der Prinzen v. Sachsen-Coburg-Gotha. I. Reise der Prinzen Philipp u. August um die Welt [1872—1873]. II. Reise der Prinzen August u. Ferdinand nach Brasilien. Mit Benützg. d. handschriftl. Nachlasses H. W. v. F. bearb. u. hrsg. von Günther Ritter v. Beck. 2. Thl. Imp.-4. (VI, 205 S. m. 18 Chromolith.) Wien 888. (Gerold's Sohn.) cart. n. 40. — (cplt.: n. 100. —)

Wawrenuck, Wilh., Fritz Reuter. Seine Werke, Leben, Leiden u. Humor. (Mit dem Anh.: Das Land Reuters.) (16 S.) gr. 8. Berlin 910. F. Lenz & Co. — 25

Wawronowitz, Josephus *(geb. Oppeln 4. 2. 1829)*: De partu praematuro artificiali. Vratislaviae (1853). (40 S.) 8°
Breslau, Med. Diss. v. 23. Nov. 1853

Wawrowski, Adalbert (geb. Wroblowo in Posen 12. 4. 1828): De bellis inter Boleslaum I. Poloniae regem, atque Henricum II. imperatorem regemque Germaniae gestis. Fasc. 1. Berolini (1853). (56 S.) 8°
Berlin, Phil. Diss. v. 9. Dez. 1853

Wawrowski, Frz., Erklärungen der in der Musik für das Klavier vorkommenden technischen Ausdrücke, Namen und Vortragsbezeichnungen. 16. (19 S.) Posen 874, Leitgeber und Comp. — 60

Wawrowsky, Frz., Wörterbuch der in der Musik für das Klavier vorkommenden technischen Ausdrücke, Namen und Vortragsbezeichnungen, nebst einem Anhang über Takt, Taktarten, Takttheile und Accent. 2. und 3. Aufl. gr. 16. (47 S.) [Braunsberg 879, Strübig.] Rostock, Werther. — 60

Wawruch, Andreas Ignaz

***Wawruch,* A. J., tentamen inaugurale philologico-medicum sistens antiquitates typh. contagiosi etc. 4. Brünn 812. Trassler.** 14 gr.

Andr. Ignat. Wawruch tentam. inaug. sistens antiquitates typhi contagiosi. Vienn. 1812. 4.; Brunn 1813. 4.

Wawruch, Andr. Ign., Disquisitio medica Cholerae, cujus mentio in sacris bibliis occurrit (numeri cap. XI.). 4 maj. (1 B.) Vindobonae 832, Beck.

Wawruch, Andr. Ign., Disquisitio medica Cholerae, cujus mentio in sacris bibliis occurrit (numeri cap. XI.) 4 maj. Vindobonae 833. Beck. 1/6 rf.

Wawruch, Andreas Ignaz: De diligente clinices frequentatione. Oratio inauguralis anni scholastici 1837 - 38. Habita in clinico instituto Vindobonensi pro medicis. 16 S., gbd.

Viennae Austriae: typ. Strauss 1837

JB 5.791

Wawruch, Andreas Ignaz: Praktische Monographie der Bandwurmkrankheit, durch zweihundert sechs Krankheitsfälle erläutert. 212 S., gbd.

Wien: Gerold 1844

JB 4.738

Wawruch, Andr. Ignaz, praktische Monographie der Bandwurmkrankheit durch 206 Krankheitsfälle erläutert. Mit e. Vorw. v. Ign. Rud. Bischoff v. Altenstern. gr. 8. (14½ B.) Wien 844, Gerold, Verl.

—— Observationes clinicae taeniam (solium) concernentes. 4 maj. (1 B.) Vindobonae 832, Beck.

— Observationes clinicae Taeniam (solium) concernentes. 4 maj. Ibid. 833. 1/6 rf.

Andr. Ign. Wawruch oratio de priscorum Graeciae ac Latii medicorum studio restaurando. Vindob. 1808. 4.

Wawruch, R., étude sur le théâtre de Racine. 4. (27 S.) Mähr.-Ostrau 889. Kittl. n. 75

Wawruch, R. Étude sur le théâtre de Racine. 2 Teile. Ostrau (Mähren), R., 1889. 27 S. 1890. 42 S.

Wawruch, T., Tentamen philologico-medicum, sistens antiquitates typhi contagiosi. 4. Brünn, Trassler. 815.

Wawruch-Roscholf. Der Antisemitismus u. die Deutsch-Nationalen in Oesterreich. gr. 8. (43 S.) Wien 890. (Berl., Dewald.) * — 80

Wawruch-Roscholf, der Antisemitismus u. die Deutsch-Nationalen in Oesterreich. gr. 8. (43 S) Wien 890. (Berlin, Hoeppner.) n. — 80

Wawruschka, J. — Geographische Größen mnemonisch, zur leichtern und bleibenden Erlernung zusammengestellt von — — Brünn, 1855. Druck von Karl Winiker. (27 S. 8.)

Wawrzik, Edmund: Über die Methoden zur Bestimmung der mittleren Dichtigkeit der Erde. *Oppeln 1898: E. Raabe.* (34 S.) 4°
Oppeln, k. kath. G, OP 1898 (210)

Wawrzik, Edmund [aus Breslau]: Ueber das Stützgewebe des Nervensystems der Chaetopoden ... [Ohne d. dazu gehörigen Taf.] Breslau, Druck v. R. Nischkowsky, 1893; 25 S., 2 Bl. 8.
Breslau, Phil. Fak., Inaug.-Diss. v. 9. Jan. 1893

Wawrzik, Joseph [cand. med.]: Statistische Übersicht der in der Zeit vom 1. April 1883 bis 1. April 1889 in der Poliklinik der Königlichen Frauenklinik zu Breslau ambulant zur Behandlung gekommenen Fälle. ... Breslau, Druck d. Bresl. Gen.-Buchdr., E. G. 1890; 48 S. + 1 Bl. 8°
Breslau, Med. Fak., Inaug.-Diss. v. 26. [handschr.] Jul. 1890

Wawrziniok, Otto, Dipl.-Ing.: Die Ermüdung des Eisenbahnschienenmaterials. Studie. Mit 18 Textfig. Berlin: Springer 1910. 47 S. 8° ¶ Auch als Buch.
Dresden Te. H., Hab.-Schr. v. S.-S. 1910

Wawrziniok, Otto, die Ermüdung des Eisenbahnschienenmaterials. (47 S. m. 18 Fig.) 8. Berlin 910. J. Springer. 1.40

— Handbuch d. Materialprüfungswesens f. Maschinen- u. Bauingenieure. (XX, 574 S. m. 501 Fig.) gr. 8. Ebd. 908. Geb. in Leinw. 20. —

Waxel, L. v., Sammlung einiger Alterthümer an den Küsten d. schwarzen Meeres innerhalb den Grenzen des russ. Reichs entdeckt in den J. 1797 u. 98, nach den Originalen gezeichnet, m. 21 K. u. 1 Karte. gr. 4. Berlin, Schüppel. 803. Rthlr. 5 —

v. *Waxel*, Leon., récueil de quelques antiquités trouvées sur les bords de la mer noire appartenans à l'empire de Russie; dessinées d'après les originaux en 1797 et 98. Samml. einiger Alterthümer an den Küsten des schwarzen Meeres innerhalb der Grenzen des russ. Reichs entdeckt in den Jahren 1797 u. 98, nach den Originalen gezeichnet, mit 21 Kpf. u. 1 Karte. (Französ. u. deutsch). gr. 4. Berl. 803. Schüppel. 3 ℛ

Waxel, Platon v., Abriss der Geschichte der portugiesischen Musik. Nach dem französischen Mscr. in das Deutsche übertr. von Clara Reissmann. [Aus: „Musikal. Conversations-Lexikon".] gr. 8. (61 S.) Berlin 888. Oppenheim. n. 1.20

Waxel, Platon de, l'Armée d'invasion et la population. Leurs rapports pendant la guerre étudiés au point de vue du droit des gens naturel. gr. 8. (VI, 122 S.) Leipzig 874, J. W. Krüger. (* ℳ 1,50.) * 2 —

Waxmann, das Bad Nieder-Langenau in der Grafschaft Glaz mit dem Jahresbericht für 1849. gr. 8. (27 S.) Breslau 850, Trewendt & Granier in Comm. ¼ ℛ

Der Tempel des Maurers. Betrachtungen über Ursprung, Ziel und Zweck des Ordens. Vom Br [Alois Franz] **Waxmann.** Gedr. als Ms. f. BBr. Neisse [1842]. 104 S. 8°

[Lied] Zur Dankfest-Loge. 13. Aug. 1844. [Unterz.:] C. G. **Waxmann.** [Glatz 1844.] 1 Bl. 8°. [Kopftit.]
Ohne Noten: „**Zu ihm hinauf, zu dem Allmächt'gen** Meister" ...

Waxmann, Gust., bevor der Arzt kommt. Anleitung zur ersten Hülfe in den bedrohlich erscheinenden plötzlichen Zufällen, geschrieben für die Familien auf dem Lande wie in der Stadt, die den Arzt nicht bald erreichen können. 8. (31 S.) Breslau 880. Berlin, Freund & Jeckel. n. — 50

Waxmann, G., bevor der Arzt kommt. Anleitung zur ersten Hülfe in den bedrohlich erschein. plötzl. Zufällen. 2. (Titel-) Aufl. 8. (31 S.) Breslau 890. L. Freund's Verl. n.n. — 30

Waxmann, Gust., an Sterbebetten. 8. (VIII und 38 S.) Breslau 867, Morgenstern.

Waxmann, Carol. Gust. *(geb. Rosenberg in Oberschles. [12. 10.] 1819)*: De corporis et animi cuique vitae aetati proprio habitu quatenus medicinam forensem spectat. Vratislaviae (1842). (59 S.) 8°
Breslau, Med. Diss. v. 31. [vielmehr 28.] Okt. 1842

Waxweiler [Schlagwort]

Waxweiler, s.: Geologische Karten. Karte (Preussen).

Waxweiler [Verfasser]

Esquisse d'une sociologie. Par Émile **Waxweiler**. Bruxelles & Leipzig: Misch & Thron 1906. 300 S. 4°(8°)
(Inst. Solvay. Travaux de l'Institut de sociologie. 1. Notes et mémoires. Fasc. 2.)
[10. 13339

Institut internat. de statist. Recherches statistiques sur l'alimentation ouvrière. Note par Prof. É[mile] **Waxweiler**. Berlin 1903: J. Sittenfeld. (10 S.) 8° [03. 3863 9

Way, the holy, of the cross by St. Alphonsus de Liguori. With engravings of M. P. Deschwanden. 32. (32 S. mit eingedr. Holzschn.) Einsiedeln 867, Gebr. Benziger.

Way, A. M., Rev. L., was hat d. christl. Kirche nach den Verheißungen d. heil. Schrift zu erwarten? Aus d. Engl. gr. 8. Hamb. 830. Nestler u. M. 10 gr

Way, J. Thom., der doppeltphosphorsaure Kalk, seine Bestandtheile, Bereitung und Anwendung als Düngungsmittel. Aus dem Engl. übers. gr. 8. (64 S.) Wien 852, (Braumüller.) *

Way, L., was hat d. christl. Kirche nach d. Verheißungen d. heil. Schrift zu erwarten? A. d. Engl. gr. 8. (6 B.) Hamburg 830, [Nestler u. Melle.]

Wayaffe, P(eter), 8 leichte und gefällige Lieder für 2 Tenor- und 2 Baß-Stimmen. Zum Gebrauche für die reifere Jugend. qu. 8. (53 S.) Coblenz 852, Hölscher's Verlag. *
die 4 Stimmen apart *

Wayaffe, P., Messe Nr. 2. für Tenor, Bariton und Bass oder für Sopran, Mezzosopran und Alt componirt. gr. 4. (20 S.) Aachen 857, Hensen.

Wayaffe, P., praktische Volks-Singschule. In gefälligen Melodieen bearb. 3. Aufl. 8. (64 S.) Neuwied 847, Lichtfers. *

—— praktische Volks-Singschule. In gefälligen Melodien bearb. 4. Aufl. 12. (60 S.) Neuwied 852, Lichtfers. *

—— dass. — zugleich als Vorübung zu gutem Chor- und feinerem Coloratur-Gesange in gefälligen Melodien bearb. 2. Thl. gr. 12. (VIII und 112 S.) Aachen 853, Hensen und Comp.

Wayands, Jh. Karl, Reisen durch Europa in d. Jahren 1818—21, von ihm selbst beschrieben. 1r Thl. 8. Amberg 822. Verfasser. 1 ₰ 16 ℊ

v. d. WAYEN, J.: D. de Aedilitio edicto. *L. B.* 720. 4.

v. Wayna, Jos., Antwort auf d. Stock-Jobbery u. den Handel mit Staatspapieren rc. 8. Wien 821. Gerold. 16 ℊ

— Bemerk. über einen Vorschlag, Oesterreichs Seehandel betreffend. gr. 8. Wien 816. (Kummer in Leipz.) 8 ℊ

Wayss, G. A., u. Mecum, das System Holzer (D. R.-P.) in s. Anwendg. zur Herstellg. v. feuersicheren, ebenen u. gewölbten Decken. gr. 8. (29 S. m. 5 Taf.) Berlin 895. [J. Becker], M. Oldenbourg. n. 1.—

Wayss, G. A., das System Monier [Eisengeripppe mit Cementumhüllung] in seiner Anwendung auf das gesammte Bauwesen. Unter Mitwirkung namhafter Architekten und Ingenieure hrsg. Lex.-8. (VII, 128 S. mit eingedr. Abbild.) Berlin 887, (Polytechn. Buchhandlung.) *

Wayss, G. A: Die Rohr-Zelle und ihre Verwendung zu Baukonstruktionen. Wien 1907

Wayss, G. A., die Wayss'schen Rohr-Zellen; ihre Fabrikation u. Verwendung zur Herstellg. v. Zellen- u. Plattenbalkendecken m. ebener Uebersicht in Eisenbetonkonstruktion. 2 Tle. (26 u. 48 S. m. Abbildgn. u. 1 Taf.) Lex. 8. Wien 907. (Lehmann & Wentzel.) 4.50

Wayss & Freytag, Neustadt a. d. Haardt u. München, Bauten in Stampfbeton, Monierbeton u. Moniermauerung. Fabrikation v. Monier- u. Betonröhren. Fabriken in Neckarau bei Mannheim u. Neustadt a. d. Haardt. gr. 8. (III, 79 S. m. Abbildgn. u. 26 Taf.) Berlin 895. (Stuttgart, K. Wittwer.) Geb. in Leinw. n. 3.—

— u. Freytag, s.: Beton, umschnürter.

— — der Betoneisenbau, seine Anwendg. u. Theorie. Theoretischer Tl. bearb. v. E. Mörsch. Lex.-8. (118 S. m. Fig.) Stuttgart 902. K. Wittwer. Geb. in Leinw. n. 6.—

Wayss & Freytag, der Eisenbetonbau. 2. Aufl., s.: Mörsch, E.

Wayß & Freytag: Der Eisenbetonbau. Seine Theorie und Anwendung. 3. Aufl. Hrsg. von E. Mörsch. Stuttgart 1908

— und Freitag, Verzeichnis von Fabrikaten und Arbeiten in Stampfbeton, Monierbeton und Moniermauerung 1895. (79 S 26 T) Berlin 1895

Waz, Carl, als Jüngling und Mann, eine auf Wahrheit gegründete Geschichte im gemeinen Leben, 8. Wien, 786. Mößle. 20 sgl.

Waz, Karl, als Jüngling u. Mann; eine auf Wahrheit gegründ. Geschichte im gemeinen Leben. 8. Leipz. 787. v. Mößle in Wien. 16 ℊ

Wazanini, Thom., († d. 25. Oct. 1814.) Organismus des Individual-, National- u. Staats-Kredits, ein Beitrag zur Beförderung vaterländ. Industrie. gr. 8. Erlang. 808. (Heyder). 12 ℊ

Wazlavsky, M. F., Gedichte. 8. Wien 813.

Wczoraj. Powieść Polska. gr. 8. (489 S.) Lissa 849. (Günther.) n. 2 ₰

Weanerherz, Das, verläugn't sich nie. Wien [1885]. V: *Lorens, Carl.* (EB)

Weartl, A grechts, von an alten Tiroler Landesvertheidiger an seini Mitbrüder. 22. März 1848. [Innsbruck 1848.] V: *Mahlschedl, Ritter von Alpenburg, Johann Nepomuk.* (Margr)

Weatherhead, G(eorge) Hume: Ueber das Kopfweh. (A Treatise on headaches, their various causes, prevention, and cure. Dt.) Übers. von Louis Pfeiffer. 135 S., gbd.

Leipzig: Wigand 1836

Weatherly, Fred. E., s. Reich, das, der Kindheit.

Weaver, R., der Puseyismus in seinen Lehren u. Tendenzen beleuchtet. Aus d. Engl. von Ed. Amthor. gr. 8. (12½ B.) Leipzig 844, T. O. Weigel. *

Weaver, Rich., Ich schäme mich des Evangeliums von Christo nicht. Ein Zeugniß. Elberfeld 863. Hassel's Sortbdlg. in Comm. (Langewiesche.) 12. (22 S.) n. 1 ngr.

Webanck, Paul. [1.] Sur les dérivés bromés des orthoxylidines; [2.] Sur quelques nouvelles triazines. Diss. Phil. Basel. 48 p. 8. Basel, Emil Birkhäuser, 1903.

Webb, Mrs., Dschulamerk oder die Nestorianer, s. Haus-Bibliothek für die deutsche Familie.

Webb, Mrs., Dschulamerk oder die syrischen Christen. Eine histor. Erzählung von ihren Sitten, Leiden und Glaubensproben. Aus dem Engl. Mit einer Einleitung von W. Hoffmann. Neue billige (Titel-)Ausg. 8. (472 S.) Basel (856)63, Riehm. *

Webb, die 85 Möbelstyle, s.: Timms.

Webb, Beatrice: Die Geschichte d. brit. Trade Unionismus, s. Webb, Sidney

Webb, Beatrice: Theorie u. Praxis d. engl. Gewerkvereine, s. Webb, Sidney

Webb, Sir Daniel

— Betrachtung über d. Verwandtschaft d. Poesie u. Musik, nebst e. Auszug aus seinen Anmerkk. über d. Schönheit d. Poesie; aus d. Engl. von J. J. Eschenburg. 8. Leipz. 771. Schwickert. 8 ℊ

Webb, Daniel. Betrachtungen über die Verwandschaft der Poesie und Musik. Aus dem Englischen übersetzt von Johann Joachim Eschenburg. Leipzig 1771.

Webb, Sir Daniel. Untersuchung des Schönen in der Mahlerey und der Verdienste der berühmtesten alten und neuern Mahlern. Aus dem Englischen ins Deutsche übersezt. Zürich, Orell, Geßner und Comp., 1766. 8°. 3 Bl. LXXXVIII und 198 S. 1 Bl. *Mit Titelvign. rad. v. Sal. Geßner.*

Leeman v. Elck 337. Erste deutsche Ausgabe. Webbs „Enquiry into the Beauties ...“ war erstmals 1760 erschienen. Bemerkenswert in dieser Ausgabe die 80 S. lange Vorrede H. H. F[ÜESSLI'S] an den Übersetzer. --

Übersetzer: Hanns Conrad Voegelin.

Webb, Daniel. Untersuchung des Schönen in der Malerei . . . a. d. Engl. . . . Zürich 1766. Ü: *Vögelin, Christian Heinrich.* (MGT) (Ky)

Webb, Ritter Dn., Untersuchung des Schönen in d. Malerei nach dem Verdienste d. berühmtesten alten u. neuen Maler; aus d. Engl., mit R. Mengs Gedanken über d. Schönheit in d. Malerei, (von H. K. Vögelin). gr. 8. Zürich 766. 2e A. 771. Orell. 20 ℛ

Webb, Frank J., die Garies und ihre Freunde, s. Bibliothek, amerikanische.

Webb, J. B.: Naomi, s. Webb-Peploe, Annie

Webb, Ph. Barker, s. Barker-Webb.

Webb, Phil. Barker, Otia Hispanica, seu delectus plantar. rarior. aut nondum rite notar. per Hispanias sponte nascentium. Pentas I. II. Fol. maj. Lipsiae, Brockhaus et Avenarius. [I. (2 B. u. 6 Kpfrt.) 839., II. (2 B. u. 1 ill. Kpfrt.) 840.] à *

Webb, Sidney, Englands Arbeiterschaft 1837 und 1897. Uebersetzt von Dora Landé. gr. 8°. Göttingen, Vandenhoeck u. Ruprecht, 1898. (30 S)

Webb, Mrs. Sidney (Beatrice Potter), die britische Genossenschaftsbewegung, s.a. Sammlung älterer u. neuerer staatswissenschaftlicher Schriften d. In- u. Auslandes.

Die brittische Genossenschaftsbewegung. Hrsg. von Lujo Brentano. (Sammlung älterer u. neuerer staatswissensch. Schriften, Nr. 1.) gr. 8°. Leipzig, Duncker u. Humblot, 1893.

— u. Beatrice **Webb,** d. Geschichte d. britischen Trade Unionismus. Deutsch v. R. Bernstein. Mit Noten u. e. Nachwort vers. von E. Bernstein. gr. 8. (XII, 460 S.) Stuttgart 895. J. H. W. Dietz Nachf. n. 5. —; geb. in Leinw. n. 6. 50; in Halbfrz. n. 7. 50

Webb, Sidney, u. Beatrice *Webb.* Die Geschichte des Britischen Trade Unionismus. Deutsch von R. *Bernstein.* M. Noten versehen von E. *Bernstein.* 2. unveränd. Aufl. Stuttgart 1906. 8°. *[1. Aufl. 1894.]*

Webb, Sidney, u. Beatrice **Webb,** die Geschichte des britischen Trade Unionismus. Deutsch v. R. Bernstein. Mit Noten versehen von E. Bernstein. 2., unveränd. Aufl. (XIV, 448 S.) gr. 8. Stuttgart 906. J. H. W. Dietz Nachf. Geb. in Halbleinw. n. 4. —

Der Sozialismus in England, geschildert von englischen Sozialisten. Deutsche Originalausgabe, besorgt von Hans Kurella. 8°. Göttingen, Vandenhoeck u. Ruprecht, 1898. (XIV, 326 S)

[J. u. Ant.] Theorie und Praxis der Englischen Gewerkvereine '(Industrial Democracy)'. Von Sidney u. Beatrice Webb. Deutsch v. C. Hugo. Bd 1. 2. *Stuttgart: J. H. W. Dietz 1898.* 2 Bde 8.
1. (XX, 407 S.) 2. (2 Bl., 407, LVIII S.) [98. 3273

Webb, Sidney, u. Beatrice *Webb.* Theorie und Praxis der Englischen Gewerkvereine (Industrial democracy). Deutsch von C. *Hugo.* 2. unveränd. Aufl. Bd 1. 2. Stuttgart 1906. 8°. *[1. Aufl. 1897.]*

— — Theorie u. Praxis der englischen Gewerkvereine. (Industrial democracy.) Deutsch v. C. Hugo. 2., unveränd. Aufl. 2 Bde. (407, XX u. III, 407 S.) gr. 8. Ebd. 906. à n. 8. 20; geb. à n. 4. —

Webb, Sidney: Die friedliche Umwälzung im wirtschaftlichen Leben. Genossenschaftswesen in Grossbritannien. o.O.1910.

Webb, J., letzte evangel. Gnadenposaune, von der Augsburg. Confession. 8. Frankf. (Merz in Augsburg). 746.

Webb-Peploe, Annie

[Hebr. u. Ant.] No'omi, oder die letzte Täeg fun Jerušalēm [Naomi, or the last days of Jerusalem, jüdisch-deutsch], ferfasst fun Frau Webb-Peploe, aus d. Engl. übers. fun Dr. Ben-Şijjōn [Ben-Zion]. Noomi oder d. letzten Tage von Jerusalem, von Annie **Webb**-Peploe. Aus d. Engl. Leipzig: J. C. Hinrichs 1905 [übergedr. 1906]. (VIII, 320 S.) 8°
= Schriften d. Institutum Judaicum in Berlin. No 34. [06. 13845

Webb, J. B., Naomi od. Die letzten Tage von Jerusalem. Aus dem Engl. übers. v. L. Haarbeck. Mit zahlr. Bildern v. R. Trache. (456 S.) 8. Reutlingen (908). Enßlin & Laiblin. Geb. in Leinw. 3. —

Webber, C. W.: Agaton der Geächtete, s. Bibliothek, Amerikanische.

Webber, C. W., ein Ausflug in die Felsengebirge, s.: Zehn-Pfennig-Bibliothek, Frankfurter.

— gefahrvolle Flucht, s.: Zehn-Pfennig-Bibliothek, Frankf.

Webber, C. W., Geschichten von der Süd-Grenze, } s. Bibliothek, amerikanische.

Webber, C. W.: Die Goldjäger, s. Bibliothek, Amerikan. (Vgl. Webber, Frank.)

Webber, C. W.: Jäger u. Naturforscher, s. Bibliothek, Amerikan.

— Romantik der Naturgeschichte, s. Jenseits des Oceans.

Webber, Eduard

Webber, Ed., technisches Wörterbuch in 4 Sprachen. I.—III. Bd. 12. Berlin, J. Springer. Geb. in Leinw. à n. 3. —
I. Deutsch — Italienisch — Französisch — Englisch. (VI, 409 S.) 897.
II. Italiano — Tedesco — Francese — Inglese. (351 S.) 897.
III. Français — Italien — Allemand — Anglais. (509 S.) 898.

Webber, Edward, technisches Wörterbuch in 4 Sprachen IV. (Schluss-)Bd. English-Italian-German-French. 12. (659 S.) Berlin 899. J. Springer. Geb. in Leinw. n. 3.—

Webber, Eduard, technisches Wörterbuch in 4 Sprachen. I. Deutsch-italienisch-französisch-englisch. 2., verb. u. verm. Aufl. (611 S.) 12. Berlin 904. J. Springer. Geb. in Leinw. n. 5. —

Webber, Frank, die Goldjäger. Ein amerikanischer Roman. 3 Bde. 8. (197. 197 u. 175 S.) Leipzig 851, Kollmann. 2 ₰
Vgl. Webber, C. W.

Lied auf die Schwestern. [Unterz.:] A. Webel. o. O. u. J. 1 Bl. 8⁰ [Kopftit.]
Ohne Noten: „Auf des lautern Herzens Quelle, . . .“ 2.

Tafel-Lied zur Feier des hundertjährigen Geburtstages Seiner Majestät Kaiser Wilhelm I. in der □ Freunde zur Eintracht i. Or. Mainz. [Unterz.:] Armand Webel. [Mainz 1897: Prickarts.] 2 Bl. 8⁰ [Umschlagtit.]
Ohne Noten: „Wo deutsche Zunge klingt und deutsches Wort, . . .“ 3.

Tafel-Lied zur Feier des 25jährigen Maurer-Jubiläums der Br. [Vincenz] Blumm, Ferdin. Heigl, Carl Colin am Johannis-Feste, 10. Juni 1900 der Loge „Zur Verbrüderung an der Regnitz“ im Or. Bamberg gewidmet von Armand Webel. Bamberg [1900]: Handels-Druckerei. 4 S. 8⁰. [Umschlagtit.]
„Begrüsst den Tag, Ihr Brüder in der Runde“ . . . 21.

Webel, Christian Gotthelf Friedrich: Curae sanitatis publ. exempla, s. Hebenstreit, Ernst Ben. Gottlieb.

Webel, Chr. Gtthlf. Fr., s. Wunder d. Natur.

Webel, F. Osc., verirrt! (Ludwig Böhner), s.: Jügelt's neue Theater-Bibliothek.

Webel, Franz. Über ein Isomeres des Apigenins. Diss. Phil. Bern. 75 S. 8. Bern, A. Benteli, 1902.

Webel, Hans, der Recrut, militär. Briefe zur Erbaug. f. Recrut u. Instructor. gr. 8. (71 S. m. 80 Illustr.) Nagy-Kanizsa 898. (Ph. Fischel.) n. 2. —

Webel, Oskar

Webel O, Denkschrift z. I. Verbandstag d. Verband. d. Juweliere, Gold- u Silberschmiede u II. Goldschmiedetag in Stuttgart 1901. (22 S u Progr.) Leipzig 1901

Webel, Osc., Biedermaier's Freiden u. Leiden off d. sächsisch-thüringisch'schen Industrie- u. Gewerwe-Ausschtellung. Leipzig 1897. Abgeschrieben v. W. 8. (63 S. m. Abb.) Leipzig 897. H. Schlag Nachf. — 50

Webel, Osk., der Goldschmied u. Juwelier, s.: Beruf, mein künftiger.

Webel, Osk., Handlexikon der deutschen Presse u. des graphischen Gewerbes. Eine Encyklopädie des Wissens u. der Erfahrg. in der Praxis des Verlegers, Redakteurs u. Druckers. Hrsg. unter Mitwirkung bewährter Fachmänner. 20 Lfgn. (VII S. u. 1172 Sp. m. 2 farb. Taf.) gr. 8. Leipzig 904. 905. Webel's Verl. 10. —; geb. 12. —

Lehrbuch zur Ausführung spiritistischer Experimente als Tischrücken, Klopf-, Sprech- u. Schreiboffenbarungen, Materialisation von Geistern etc. Auf Grund wissenschaftl. Forschungen u. reicher eigener Erfahrung leichtverständl. dargest. von Dr. G. Sturm [d. i. Oskar Webel]. 2. Aufl. *Berlin: Neufeld & Henius [1901].* (85 S.) 8⁰ [01. 7338

Webel, Osk., Leitfaden f. e. einfache Buchführung im Juwelier-, Gold- u. Silberschmiede-Gewerbe. Mit e. Anh. über sonstig geschäftlich Wissenswerthes, Kostenberechng., Wechselverkehr u. Anderes. Auf Grund zahlreicher Erhebgn. u. unter Mitarbeit bewährter Fachleute bearb. gr. 8. (46 S.) Leipzig (899). H. Schlag Nachf. Kart. n. 2. —

— die Pflicht u. andere Skizzen aus dem Leben, s.: Unterhaltungsbibliothek, moderne. Nr. 2.

— die Praxis des Zeitschriften-Verlegers, } s.: Bärwinkel,
— der Zeitungs-Verleger, } Gust.

Webel's, Otto Heinr., Bericht an die kgl. schwedische Regierung üb. die Verhältnisse des Fürstent. Zweibrücken (1704), s.: König's, Dav., Beschreibung der Konstitution des Herzogt. Zweibrücken.

Webel, Wilhelm, s. Beschreibung d. Huldigungsfeierlichkeiten.

Webel, Wilhelm, s. Erscheinung meiner Großmutter nach ihrem Tode.

Webel, Wilhelm, s. Grundlinien e. Vernunftlehre.

Napoleons Abentheuer auf seiner letzten Fahrt und Rückkehr nach und von Deutschland. Eine Haupt- und Staatsaction. Angehängt das Vaterunser der Bauern. (Vf. nach Kayser: *Wilhelm Webel.*) O. O. 1814. 8⁰. 24 S.
Goedeke VII, 861, 183.

Webel, Wilhelm, s. Napoleons Abentheuer auf seiner letzten Fahrt . . .

Webel, Wilhelm, s. Napoleons Großthaten.

Webel, Wilhelm, s. Uebersicht d. Handlungswissenschaft.

Weber [Sachl. OW]

Weber, Beda. Lebens- und Literatur-Bild. Regensburg 1858. V: *Brühl, Johann Aug. Moriz.* (Margr)

Weber, Beda. Lebens- und Literatur-Bild. Regensburg 858. Pustet. 8. (XXXVIII, 268 S. u. Bildniß in Stahlst.) 24 ngr.

Weber, Johann Jacob W' (geb. 1803). Eine bibliopolische Skizze. ⟨Nach Brockhaus' Conversations-Lexikon.⟩ (Zum 3. April 1874.) [Mit Porträt.] 8. *o. O.*

Weber, Karl, u. seine Töchter, v. D. Collenbusch. 3 Thle. 8. Schneeberg, Verlagshandl. 802—4. (I. II. à 1 Rthlr. III. 18 gr.)

Weber, Carl Maria v. Ein Lebensbild. Mit (lith.) Portr. Weber's. gr. 16. (47 S.) Leipzig 876. Rühl. 1. 25

— Mathias, gen. Fetzer, d. Räuberanführers, Leben und Hinricht. gr. 8. Cöln, Keil.

Weber, Matthias, zeigt dem Apotheker Piepenbring in Mainberg durch diesen Brief die Antwort an, die er durch seine Schrift . . . veranlasset hat . . . Pyrmont 1794. V: *Trampel, Joh. Erhard.* (MGT)

Weber. Dr. Norwin Weber 1871—1903. Ein Gedenkblatt. [Mit Porträt.] 24 S. 8. Bern, Ott & Bolliger, 1903.
S. 7—15: Nachruf ([von] Adolf Meyer); *S. 16—24:* Einige Gedichte von Norwin Weber.

Weber [Verfasser]

Weber, Anleitung zur Erkenntnis und Heilung der Krankheiten, Kolik, Darmgicht und Entzündung der Lunge bei Pferden. 8. Heilbronn 29. Class. (Erschien bereits im Jahre 1797 anonym.)

Weber: Anleitung zur Erkenntniss und Heilung der Krankheiten, Kolik, Darmgicht und Entzündung der Lunge bei Pferden. Heilbronn a. N. 1829. 49 S.

Weber, Dr. ..., **s.Anleitung zur Erkenntniß u. Heilung d. Krankheiten, Kolik, Darmgicht u. Entzündung d. Lunge bei Pferden.**

Weber, Annäherungen der modernen Wissenschaft u. Bildung an das Evangelium, s.: Hafner.

Weber, Aufgaben der Forstwissenschaft, s.: Handbuch der Forstwissenschaft.

(Weber), Beobachtungs-Resultate der im Kanton Bern zu forstlichen Zwecken errichteten meteorologischen Stationen im Monat März 1869.
Bern, den 15. April 1869.

Weber's deutscher Bergwerks-Kalender. Personal- u. statist. Jahrbuch f. die deutsche Berg- u. Hütten-Industrie f. d. J. 1910. 7. Jahrg. (VIII, 461, V S. u. Schreibkalender.) 16. Hamm, Th. O. Weber. Geb. 2.70

Weber, s.: **Bericht an die Hauptkommission** (betr. die Branntweinsteuer).

Weber's Bibliothek vaterländ., histor. Erzählgn. Nr. 1—13. 12. (M. je 1 Bild.) Leipzig, Th. Weber. Kart. n.n. 4.35

1. Der Namenlose. Histor. Erzählg. f. Jung u. Alt. Von A. Riecke. (60 S.) n.n. —25
2. Hildegard v. Lupfen. Histor. Erzählg. f. Jung u. Alt. Aus d. Zeit d. Hohenstaufen. Von A. Riecke. (119 S.) n.n. —50
3. E. Bürgerhaus. Histor. Erzählg. f. Jung u. Alt. Von A. Riecke. (89 S.) n.n. —40
4. Herzog Friedrichs Freudenstadt. Vaterländ. Erzählg. f. Jung u. Alt. Von A. Riecke. (95 S.) n.n. —40
5. Aus e. Fürstensohnes ernster Jugendzeit (Herzog Christof). Histor. Erzählg. aus d. 18. Jahrh. Von A. Riecke. (50 S.) n.n. —25
6. Aus Straßburgs schwerster Zeit. Aus d. Zeit d. Uebergabe Straßburgs an Frankreich. D. Landjäger v. Bubenorbis u. d. Fatum. Von A. Riecke. (38 S.) n.n. —25
7. Herzog Alexander u. s. Hof. Histor. Erzählg. aus d. 18. Jahrh. Von A. Riecke. (149 S.) n.n. —50
8. Die Wernitze. E. Erzählg. aus Deutschlands Schmach u. Erhebg. Von A. Riecke. (120 S.) n.n. —50
9. Karls-Ruhe. Geschichtlich histor. Erzählg. Von Arth. Eug. Simson. (48 S.) n.n. —25
10. D. Zerstörung Baden-Badens. Geschichtl. Erzählung. Von Arth. Eug. Simson. (66 S.) n.n. —40
11. E. Verrat gegen Friedrich d. Großen. Histor. Erzählg. Von Arth. Eug. Simson. (23 S.) n.n. —20
12. Der Spion von Brieg. Histor. Erzählung. Von Arth. Eug. Simson. (20 S.) n.n. —20
13. Fürst Blücher als Brautwerber. Histor. Erzählung. Von Arth. Eug. Simson. (48 S.) n.n. —25

Weber's moderne Bibliothek. Nr. 1—45. 12. Heilbronn, O. Weber. à n. —20

Inhaltsübersicht in alphabetischer Ordnung:

An ihrem Hochzeitsmorgen. Roman von C. M. B. (128 S.) (900.) (Nr. 11.)
Belot, Adph., das Gesellschaftsfräulein. Roman aus d. Franz. Autoris. deutsche Uebersetzg. v. A. Boehl. (126 S. m. Abbildgn.) (902.) (Nr. 36.)
Bourget, Paul, Unwiederbringlich! Roman. Deutsch v. Wilh. Thal. — Eicke, Th., der Erfinder. Erzählung. (142 S.) (900.) (Nr. 14.)
Brame, C. M., vergib uns unsere Schuld. Autoris. Uebersetzg. aus dem Engl. v. A. Brauns. — Zapolska, Gabriele, der erste Schnee. Aus dem Poln. v. H. Szmideberg. (128 S.) (901.) (Nr. 21.)
Bruno, Camille, aus zu großer Liebe. Roman. — Eicke, Thdr., die Tochter des Rebellen. Erzählung. (128 S.) (901.) (Nr. 19.)
Conring, Ida v., Elisabeth v. Ellern. Roman. — Sermage, Rich. Graf, im Exil. Novelette. (144 S. m. Abbildgn.) (902.) (Nr. 39.)
Dombrowsky, J., Idylle, s.: Markovics, M. A. v.
Eicke, Th., der Erfinder, s.: Bourget, Paul.
— auf falscher Fährte. Nach dem Engl. — Kraze, Friedr. H., gestillter Durst. (126 S.) (901.) (Nr. 27.)
— die Tochter d. Rebellen, s.: Bruno, C.
Gerhard, C., dem Glücke wiedergegeben. Novelle. — Pieta. Novelle. (144 S.) (902.) (Nr. 34.)
— Ueberwunden u. andere Novellen. (127 S.) (901.) (Nr. 33.)
Grans, Heinr., Ferdinand v. Lanz. Die Geschichte e. Abenteurers. Eine Erzählg. aus dem modernen Leben. — Wichmann, Frz., das Heiligtum. Novelle. (121 S.) (901.) (Nr. 26.)
Heller, O., Paula. Roman. — Roberts, Mark, Miß Florette. Roman e. Weibes. (128 S.) (900.) (Nr. 2.)
Hellmuth, Irene v., die Feuerliese. Orig.-Roman. (144 S.) (900.) (Nr. 8.)
— die Perle v. Florenz od. Fräulein „Mohrchen". Orig.-Roman. (160 S.) (900.) (Nr. 7.)
Herbert, W., der wilde Kaspar, s.: Schätzler-Perasini, G.
Hirschfeld, Herm., ein Namenloser. Historische Erzählg. — Kraze, Friedr. H., Rein. — Sienkiewicz, Heinr., sei glücklich. Ein Liebesidyll. Deutsch v. F. W. Selbach. (127 S.) (902.) (Nr. 35.)
Jenkin, M., Therese. Roman. Aus dem Franz. übers. v. Vikt. Schwarz. (141 S. m. Abbildgn.) (902.) (Nr. 40.)
Johannes, Adf. Wilh., verschlungene Pfade. Roman. (127 S. m. Abbildgn.) (902.) (Nr. 42.)
John-Arnstadt, ohne Examen od. Im Schatten erblüht. Orig.-Roman. — Schätzler-Perasini, Gebh., verlorenes Glück. Kriminal-Erzählg. — Markovics, M. v., des Glückes Stiefkind. (144 S.) (900.) (Nr. 9.)
Kahle, Adf., in Liebesketten. Novelle. — Wichmann, Frz., Pilatus. Novelle. (127 S.) (901.) (Nr. 29.)
Kohlmünzer, Ernst, Onkel Paul. Roman. (141 S.) (900.) (Nr. 16.)
Kraze, Frdr. H., gestillter Durst, s.: Eicke, Th.
— rein, s.: Hirschfeld, Herm.
Kronheim, Rhold, im entscheidenden Augenblick. Roman. — Schätzler-Perasini, Gebh., am Kreuze. (127 S.) (900.) (Nr. 3.)
Lynn, Adph., die Tochter des Piratenkapitäns. Roman. (125 S. m. Abbildgn.) (902.) (Nr. 43.)
Mac Gibsy, Fr., Dämon Eifersucht, s.: Thom, Herm.
Mai, Carl, das Geheimnis des Stollens. Roman. (126 S. m. Abbildgn.) (902.) (Nr. 38.)
Marasse, M., d. Brücke, s.: Winter, J. St.
— d. Wunder d. Madonna, s.: Schumann-Arndt.
Markovics, M. A. v., das Geheimnis Draginyanus. Rumänische Erzählung. — Markovics, M. A. v., auf eigenen Füßen. Novelle. — Szmideberg, H., polnische Erzählungen. — Dombrowsky, Jan., Idylle. (128 S.) (901.) (Nr. 18.)
— d. Glückes Stiefkind, s.: John-Arnstadt.
— Rauschgold. Erzählungen. (127 S.) (901.) (Nr. 24.)
Mdenko, E. v., Petschorin, s.: Tour, Emil de la.
Mosel, A. v., die schöne Sünderin. Roman. (159 S.) (900.) (Nr. 1.)
Normann, Hans v., St. Georgen. Roman. (126 S.) (900.) (Nr. 6.)
Paschwitz, Th. v., Versunken Eiland. Roman. (128 S.) (901.) (Nr. 32.)
Pont-Jest, René de, Fürstin Olsdorf. Roman. (Autoris. Uebersetzg.) — Smith, Charles S., der rote Hut. Skizze. Deutsch v. F. W. Selbach. (126 S. m. Abb.) (902.) (Nr. 37.)
Rittberg, H. v., die Erbin vom fahrenden Volk. Roman. (148 S.) (900.) (Nr. 5.)
Roberts, Mark, Miß Florette, s.: Heller, O.
Sallas, Graf, Leonida. Criminal-Novelle aus dem Russ. Deutsch v. J. Palm-Nasareff. (125 S.) (901.) (Nr. 20.)
Saworra, B., ein Opfer. Autoris. Uebersetzg. aus d. Engl. (121 S.) (901.) (Nr. 25.)
Schätzler-Perasini, Gebh., Gift, s.: Sophar, M. W.
— verlorenes Glück, s.: John-Arnstadt.
— Judith, s.: Sophar, M. W.
— am Kreuze, s.: Kronheim, Rhold.
— das Rätsel e. Nacht. Kriminal-Erzählg. — Herbert, Wilh., der wilde Kaspar. Roman. (160 S.) (900.) (Nr. 10.)
Schlott, Toni, Max u. Moritz. Eine einfache Liebesgeschichte. (112 S.) (901.) (Nr. 23.)
Schott, Clara, der Waldwächter. Novelle. (128 S. m. Abbildgn.) (902.) (Nr. 41.)
Schumann-Arndt, Osk., die rote Pepi. Orig.-Kriminalroman. — Marasse, M., das Wunder der Madonna. Novelle. (127 S.) (901.) (Nr. 28.)
Sermage, Rich. Graf, im Exil, s.: Conring, J. v.
Seyffert-Klinger, Anna, d. silberne Pfeil. Roman. (143 S. m. Abbildgn.) (902.) (Nr. 45.)
Sienkiewicz, Heinr., sei glücklich, s.: Hirschfeld, Herm.
Smith, Charles S., d. rote Hut, s.: Pont-Jest, René de.

Sovhar, M. W., üb. das Grab hinaus. Roman. — Schätzler-Perasini, G., Judith. Nach dem Franz. de Saint Croix. — Schätzler-Perasini, G., Gift. Kriminal-Erzählung. (144 S.) (900.) (Nr. 4.)
Steiner, S., Fieber. Roman. (128 S.) (900.) (Nr. 17.)
Stöckert, F., die Jugend. (128 S. m. Abb.) (902.) (Nr. 44.)
Szmideberg, H., poln. Erzählgn., s.: Markovics, M. A. v.
— polnische Novellen u. Skizzen. (143 S.) (900.) (Nr. 15.)
Thom, Herm., vom Baume des Lebens. Roman. — Mac Gibsy, Franc, Dämon Eifersucht. Roman. (128 S.) (900.) (Nr. 13.)
Tour, Emil de la, von Generation zu Generation. Roman. — Mdenko, E. v., Petschorin. Novelle. — Wichmann, Frz., der Brillant. Novelle. (127 S.) (901.) (Nr. 30.)
Wachenhusen, Hans v., ab vom Wege. Roman. (144 S.) (900.) (Nr. 12.)
Wenden, Henry, wie ich dazu kam. Roman. (128 S.) (901.) (Nr. 31.)
Wichmann, Frz., der Brillant, s.: Tour, Emil de la.
— das Heiligtum, s.: Grans, Heinr.
— Pilatus, s.: Kahle, Adf.
Winter, John Strange, das Mädchen aus d. Fremde. Autoris. Bearbeitg. von S. Spiegel. — Marasse, M., die Brücke. Novelle. (128 S.) (901.) (Nr. 22.)
Zapolska, Gabr., d. erste Schnee, s.: Brame, C. M.

Weber's moderne Bibliothek. Nr. 46—99. kl. 8. Heilbronn, O. Weber. à Nr. n. — 20

Arnefeldt, F., ein Opfer (der Pflicht). (128 S.) (906.) (Nr. 92.)
Brandrupp, Klara, gesühnte Schuld. (Roman.) (127 S.) (905.) (Nr. 81.)
Buch, M. v., Sigurd Ring. (Strand-Novelle.) (128 S.) (906.) (Nr. 86.)
Cassau, Carl, ein Agitator. Erzählung. (128 S. m. Abbildgn.) (905.) (Nr. 76.)
— schwere Lasten. Historische Novelle. (128 S.) (905.) (Nr. 80.)
— Liebe um Liebe. (Novelle.) (128 S.) (905.) (Nr. 84.)
Conring, Ida v., teuer erkauft. (144 S. m. Abbildgn.) (905.) (Nr. 77.)
Daudet, Ernest, Baronin Amalti. Novelle. (128 S.) (904.) (Nr. 65.)
Dungern, Julie, das Kreuz im Walde. (Novelle.) (128 S. m. Abbildgn.) (906.) (Nr. 87.)
— unter dem Schleier. (Novelle.) (127 S. m. Abbildgn.) (906.) (Nr. 88.)
— ungleich. Novelle. (128 S.) (906.) (Nr. 98.)
Fahrow, E., ein goldenes Herz. Novelle. (128 S. m. Abbildgn.) (903.) (Nr. 50.)
— im Sturm. (Novelle.) (128 S.) (903.) (Nr. 52.)
Fleck, Wilhelmine, die Stärkere. (128 S. m. Abbildgn.) (906.) (Nr. 99.)
Friedrichstein, M., ob er Wort hält? Novelle. (112 S. m. Abbildgn.) (105.) (Nr. 72.)
Gerhard, L., verirrt u. andere Novellen. (128 S. m. Abbildgn.) (906.) (Nr. 96.)
Greville, Henry, Erzählung e. Vaters. Deutsch v. W. Neumann. (128 S. m. Abbildgn.) (903.) (Nr. 48.)
Harte, Bret, ein Schiff von anno '49. Deutsch v. Art. Roehl. (111 S. m. Abbildgn.) (902.) (Nr. 46.)
Hochfeldt, Hans, Kesseltreiben. Roman. (160 S. m. Abbildgn.) (905.) (Nr. 79.)
Höcker, Gust., die Irre von Sankt Rochus. Kriminalroman. (128 S.) (906.) (Nr. 97.)
Hyan, H., Mörder. Aus den Papieren eines Pariser Geheimpolizisten. (127 S.) (903.) (Nr. 57.)
Jókai, Maurus, die Leibeigenen. (127 S.) (906.) (Nr. 91.)
— seines Vaters Sohn. Erzählung. Deutsch v. Ludw. Wechsler. (128 S.) (904.) (Nr. 66.)
Karlsen, Hans, Angela Ritter. Erzählung. (112 S. m. Abbildgn.) (903.) (Nr. 58.)
Köhler, Heinr., Lynchjustiz. Erzählung aus dem amerikan. Leben. — Kastor u. Pollux. Novelle. (144 S. m. Abbildgn.) (904.) (Nr. 62.)
König, Emil, das Landhaus am Harl. (Roman.) (128 S.) (906.) (Nr. 89.)
Lanken, B. v. der, das verlorene Paradies. (160 S.) (906.) (Nr. 85.)
Linden, A., Stolz-Cilla. (Eine Geschichte aus rhein. Bergen.) (127 S. m. Abbildgn.) (905.) (Nr. 71.)
Lindner, Ella, du bist für mich. (Roman.) (128 S.) (904.) (Nr. 95.)
Lohde, Clarissa, Kastell Belcaro. (144 S. m. Abbildgn.) (903.) (Nr. 51.)
Markovics, M. (A.) v., vom Seine-Strand. (Novellen.) (128 S.) (903.) (Nr. 55.)
Matthias, Carl, unter dem roten Kreuz. Roman. (144 S.) (905.) (Nr. 73.)
Nielsen, Henriette, Mutter u. Sohn. Roman aus dem Dän. Deutsch von Olga v. Andechs. (160 S.) (906.) (Nr. 90.)
Norden, A., Schloß Swenholm. (Roman.) (128 S.) (906.) (Nr. 93.)
Plöhn, Rob., im Feuerzauber der Leidenschaft. (Erzählungen.) (128 S. m. Abbildgn.) (905.) (Nr. 69.)
— das Problem des Glückes, s.: Wichmann, Frz., die Goldtrupf.
— Wienerinnen. Erzählungen. (128 S. m. Abb.) (904.) (Nr. 64.)
Pollaczek, Max, der Assessor. (128 S. m. Abb.) (905.) (Nr. 78.)
Reuß, Zoë v., Irene. Roman. (127 S. m. Abb.) (904.) (Nr. 59.)
Reval, Paul, treu bis in den Tod. (128 S.) (905.) (Nr. 82.)
Riedberg, E., Kinder ihrer Väter. (Roman.) (143 S. m. Abbildgn.) (906.) (Nr. 94.)
Schmeling, Karl, der falsche Graf. Kriminal-Roman, nach den Verhandlgn. der Pariser Assisen. (144 S. m. Abbildgn.) (903.) (Nr. 49.)
Schott, Clara, um der Ehre willen. (Erzählung.) (112 S. m. Abbildgn.) (903.) (Nr. 47.)
Schwarz, Vikt., Lea. (Frei nach dem Engl.) (160 S. m. Abbildgn.) (904.) (Nr. 68.)
— Verschollen. (Roman.) (144 S.) (904.) (Nr. 63.)
Seefeld, Hans, der Kaplan von St. Marien. (Eine deutsche Geschichte aus Ungarn.) (127 S.) (905.) (Nr. 83.)
Seyffert-Klinger, Anna, Käthchens Geheimnis. (Novelle.) (127 S. m. Abbildgn.) (904.) (Nr. 61.)
— die Perlen der Großmutter. Erzählung. (144 S.) (903.) (Nr. 54.)
— umsonst gebüßt. Roman. (148 S.) (904.) (Nr. 67.)
Teschner, Karl, das rettende Geld. (Kriminal-Roman.) (127 S. m. Abbildgn.) (904.) (Nr. 60.)
Wachenhusen, Hans, Heimchen am fremdem Herd. (127 S.) (905.) (Nr. 75.)
Walfeld, Kurt v., Lieblinge des Glücks. Roman. (127 S. m. Abbildgn.) (903.) (Nr. 56.)
Wehren, M. v., Zusammengeschmiedet. Roman. (128 S.) (905.) (Nr. 74.)
Wichmann, Frz., die Goldtrupf. Erzählung. — Plöhn, Rob., das Problem des Glückes u. andere Novellen. (127 S. m. Abbildgn.) (903.) (Nr. 53.)
Zell, C. v., Heimatlos. Roman. (160 S. m. Abbildgn.) (905.) (Nr. 70.)

Weber's moderne Bibliothek. Nr. 100—161. kl. 8. Heilbronn, O. Weber. à Nr. — 20

Balzac, Honoré de, Albert Savarus. Erzählung. Deutsch v. Ludw. Wechsler. (127 S.) (908.) (Nr. 117.)
— Vendetta. Deutsch v. Herm. Farkas. (128 S.) (907.) (Nr. 112.)
Bercht, Ottilie, der Burggeist. (109 S.) (909.) (Nr. 146.)
— Mit eiserner Faust. (Roman.) (128 S.) (910.) (Nr. 153.)
Blümcke, Ludw., die Macht des Unrechts. Roman. (112 S.) (909.) (Nr. 148.)
Böttcher, Karl, der Dorfkönig. Roman. (128 S. m. Abbildgn.) (908.) (Nr. 129.)
— Marianne Lenore. Roman. (143 S. m. Abb.) (907.) (Nr. 109.)
Buch, M. v., einer v. beiden. (128 S. m. Abb.) (909.) (Nr. 139.)
— Errungen. Roman. (128 S. m. Abbildgn.) (909.) (Nr. 132.)
Burnett, V. Francis Hodgson, Kathleen. (Roman.) (126 S.) (910.) (Nr. 160.)
Bülow, A., Wege des Schicksals. Roman. (144 S. m. Abb.) (907.) (Nr. 110.)
Canth, Minna, blinde Klippen. (144 S. m. Abb.) (907.) (Nr. 106.)
Courths-Mahler, H., welcher unter Euch? Roman. (160 S.) (907.) (Nr. 102.)
Dehn, Anita, Konflikte. (Roman.) (127 S. m. Abb.) (910.) (Nr. 150.)
Eiben, J., die Rächerin ihrer Ehre. Italienische Novelle. (128 S. m. Abbildgn.) (908.) (Nr. 118.)
Fogl, Mathilde, Abendleuchten. (Novelle.) (112 S. m. Abb.) (910.) (Nr. 157.)
Fröhlich, Hanna, der Bettlerin Fluch. (Novelle.) (127 S. m. Abbildgn.) (910.) (Nr. 156.)
Gerhard, C., war's e. Schuld? (Novelle.) (128 S. m. Abb.) (910.) (Nr. 161.)
Groß v. Trockau, A. J., Lianens Erbe. Erzählung. (128 S.) (907.) (Nr. 104.)
Harb, W., der Heidedoktor. (Novelle.) (126 S.) (910.) (Nr. 149.)
— Mein Nebenbuhler. Novellette. (128 S. m. Abbildgn.) (908.) (Nr. 128.)
— Im Sanatorium Jungbrunnen. Eine heitere Geschichte. (128 S. m. Abbildgn.) (908.) (Nr. 130.)
— Die Schatten der Vergangenheit. (Novelle.) (128 S.) (908.) (Nr. 122.)
Jentschura, Anita, Glaube u. Liebe. Novelle. (128 S. m. Abbildgn.) (907.) (Nr. 111.)
Inez. Aus dem Ital. übers. v. Wilma Wera. (143 S.) (910.) (Nr. 152.)
Isolani, Eug., die aus der Vorstadt. (Roman.) (909.) (Nr. 144.)
Konrad, Jos. D., womit, o Herz, hast du gesündigt? Novelle. (128 S.) (907.) (Nr. 107.)
Linden, A., Wildfängers Traut. Roman. (128 S.) (907.) (Nr. 113.)
Lindner, A. L., zwischen zwei Feuern. Roman. (128 S.) (907.) (Nr. 108.)
Lindner, Ella, die Schwestern. Roman. (144 S. m. Abbildgn.) (908.) (Nr. 120.)
— Die goldene Spur. Roman. (128 S. m. Abb.) (909.) (Nr. 142.
Lionheart, C., auf der Menschheit Höhen. Roman. (144 S.) (907.) (Nr. 114.)
— Aus den Papieren e. Arztes. Roman. (128 S. m. Abbildgn.) (908.) (Nr. 131.)
Malot, Hect., Doktor Saniel. (128 S.) (907.) (Nr. 105.)
Molnár, Frz., ein herrenloser Kahn. (128 S.) (909.) (Nr. 141.)
Nabor, Fel., Heldentod. (Erzählung.) (128 S.) (909.) (Nr. 113.)
Nathusius, Annemarie v., das Heidehaus. Novelle. (128 S. m. Abbildgn.) (908.) (Nr. 126.)
Neckermann, A., der grüne Stein. Roman. (127 S. m. Abbildgn.) (908.) (Nr. 119.)
Puttkammer, Jesko v., das Erbe des Verschollenen. (128 S. m. Abbildgn.) (909.) (Nr. 138.)
Reizenhofen, E. v., 20 Millionen Dollar. Roman. (128 S.) (908.) (Nr. 124.)
Roehl, Arth., der Fall Madelung. (Kriminal-Roman.) (128 S.) (908.) (Nr. 115.)
— Die Traute. (Roman.) (112 S.) (910.) (Nr. 151.)

Schwarz, Vikt., um schnödes Geld. Roman aus der Gegenwart. (128 S. m. Abbildgn.) (908.) (Nr. 127.)
Sophar, M. W., ein Phantom. Roman. (128 S. m. Abb.) (909.) (Nr. 134.)
Stabow, Karl, ein Schuß um Mitternacht. Kriminalroman. (128 S.) (908.) (Nr. 123.)
Weddigen, Otto, die Bettlerin v. San Marco u. andere Novellen. (126 S. m. Abbildgn.) (907.) (Nr. 100.)
Wendt, K., ums Majorat. (Roman.) (128 S.) (910.) (Nr. 155.)
Wenz-Enzio, Rich., Kind u. Erbe. (Novelle.) (128 S.) (909.) (Nr. 145.)
Western, C., der Rosenhof. Novelle. (128 S.) (907.) (Nr. 103.)
Wichmann, Frz., entartet. Roman. (138 S. m. Abbildgn.) (909.) (Nr. 135.)
— Das Kreuz v. Seben. Erzählung. (128 S. m. Abbildgn.) (908.) (Nr. 116.)
— Künstlerträume. Eine Geschichte aus dem Leben. (126 S. m. Abbildgn.) (909.) (Nr. 147.)
— Der berühmte Mann. Erzählung. (128 S.) (908.) (Nr. 121.)
Winter, Hans, ein Ehrenmann. (Novelle.) (111 S.) (910.) (Nr. 154.)
Witte, Anna Maria, das Ahnenbild. (Roman.) (128 S. m. Abbildgn.) (910.) (Nr. 158.)
Wollersheim, R. v., die Schwester. Roman. (144 S. m. Abbildgn.) (907.) (Nr. 101.)
Zoeller, C., Glut unter der Asche. Charakterbild. (160 S.) (909.) (Nr. 137.)
Zoeller-Lionheart, C., (C. Lionheart), ihr Geheimnis. (128 S. m. Abbildgn.) (909.) (Nr. 133.)
— Späte Strafe. Novelle. (128 S. m. Abbildgn.) (909.) (Nr. 140.)
— Deutsche Treue. (Novelle.) (127 S. m. Abbildgn.) (909.) (Nr. 136.)
— Verhängnisvoll. Novelle. (128 S. m. Abb.) (908.) (Nr. 125.)
Zunk-Friedenau, Johanna, wenn Liebe irrt. (Novelle.) (127 S.) (910.) (Nr. 159.)

Weber, das Braunheu, seine verschiedenen Darstellungen u. sein Futterwerth. Berlin 856. Bosselmann. gr. 8. (23 S.) n. 6 *ngr.*

Weber, das Braunheu, seine verschiedenen Darstellungen und sein Futterwerth. gr. 8. (23 S.) Berlin 856, R. Wiegandt. Thlr. *

— Coniecturae Tullianae. Pr. 1871. 15 S. 4°.

Weber, Croquis von Aulnay und Blanc-Mesnil befestigt durch die 2. Garde-Pionier-Compagnie. Fol.
Berlin: Schropp 1872.

Weber, Die Einheit der Arbeiterversicherung für die Staats-Eisenbahnverwaltung. Invaliden-Altersversich., 1907, 1. März.

Weber, Festrede zur Einweihung d. v. der Stadt Stade ihren im deutsch-französischen Kriege gefallenen Söhnen errichteten Denkmals, geh. am 29. Mai 1874. gr. 8. (8 S.) Stade 875. Pockwitz. — 30

Weber's illustrierte Gartenbibliothek v. Willy Lange. 1.—4. Bd. Lex. 8. Leipzig, J. J. Weber. Geb. in Leinw. 39. 50
Land- u. Gartensiedelungen, hrsg. v. Willy Lange. Mit Verwertg. der Erfolge des Preisausschreibens v. August Thyssen jr. in Rüdersdorf-Berlin u. Beiträgen v. J. Altenrath, A. Damaschke, Th. Echtermeyer u. a. Eingeleitet v. H. Thiel. Buchschmuck v. Paul Engelhardt. (X, 254 S. m. 213 Abbildgn. u. 16 S. farb. Taf.) 910. (Bd. 4.) Geb. in Leinw. 10. —
Lange, Willy, Gartengestaltung der Neuzeit. Unter Mitwirkg. f. den Architekturgarten v. Otto Stahn. Mit 337 in den Text gedr. Abbildgn., 16 farb. Taf. u. 2 Plänen. 2., veränd. u. erweit. Aufl. 4. bis 6. Taus. (XIV, 408 S.) 909. (Bd. 1.) Geb. in Leinw. 12. —
Mütze, Wilh., Rosen u. Sommerblumen. Mit e. Anh. üb. Gruppenpflanzen, Frühlingsblumen u. Balkonpflanzen. (VI, 282 S. m. 152 Abbildgn. u. 8 farb. Taf.) 910. (Bd. 3.) Geb. in Leinw. 10. —
Pauls, Ott , der Imker der Neuzeit. Handbuch der Bienenzucht. (IX, 206 S. m. 199 Abbildgn. u. 8 farb. Taf.) 910. (Bd. 2.) Geb. in Leinw. 7. 50

[Gedicht.] Dem Meister. [Unterz.:] **Weber.** o. O. u. J. 1 Bl. 8° [Kopftit.] „Am Tage der Weihe, ihr Brüder, besingt, . . .“ 3.

Weber, ..., (Hofr. in Coblenz), s. Gemeinde, d. neue evangel., zu Mayen.

Weber, Geschichte des Rheinischen Jäger-Bataillons Nr. 8 von seiner Errichtung 1815 bis zum Jahre 1880. gr. 8. (V, 239 S.) Berlin 880. Mittler & Sohn. n. 4. —; geb. n.n. 5. 50

Weber's illustrierte Handbücher, s. Weber's, J. J., illustr. Katechismen.

Weber, der homöopathische Hausdoctor für Stadt und Land nebst Haus-Apotheke. Ein leicht faßlich und schnell rathendes Taschenbuch für den Bürger und Landmann und Alle, welche sich und die Ihrigen in Krankheiten auf die einfachste, schnellste, sicherste und billigste Art herzustellen wünschen. gr. 16. (XI und 179 S.) Münster 860, Brunn'sche Buchdruckerei. *

Weber, der homöopathische Hausdoctor für Stadt u. Land, nebst Hausapotheke. Ein leicht faßl. u. schnell rath. Taschenbuch für den Bürger u. Landmann u. Alle, welche sich u. die Ihrigen in Krankheiten auf die einfachste, schnellste, sicherste u. billigste Art herzustellen wünschen. 2. Aufl. gr. 16. (VIII, 152 S.) Münster 879. Brunn. n. 1. 50

Weber, s.: Jünglingsfest-Predigten.

— Juristen-Kalender. 1909. Bearb. v. A. Kallmann. (Abreisskalender.) Berlin, E. Weber. 2. 50.

Weber's Juristen-Kalender. 1910. Bearb. v. A. Kallmann. (Abreisskalender.) gr. 8. Berlin, E. Weber. 2. 50.

Weber's Juristen-Kalender. 1911. Bearb. v. Arth. Kallmann. (Abreißkalender.) gr. 8. Berlin, E. Weber. 2. 50

Weber's illustrierte Katechismen, s. Weber, J. J.

Weber, der Sieg-Rheinische Lehrer-Gesang-Verein und seine Feste von 1849 bis 1853, sowie die Feier eines Aktes der Pietät gegen den Obergesang-Direktor, Herrn M. Töpler, im Jahre 1853. Bonn 854. Henry u. Cohen. gr. 8. (91 S.) 7½ *ngr.*

Weber: Zur Methode d. lat. Unterrichts auf Realschulen. Münster 1863.
Schul-/Univ.-Schrift

Weber, Pfändungsrechte im Großherzogthum Posen. [Aus den „Mittheilungen der landwirthschaftlichen Vereine zu Bromberg u. Wirsitz.“] gr. 8. (9 S.) Bromberg 847, Levit. n. 1/12 *ß*

Weber: Ueber den patentirten Graul'schen Rammapparat. Dresden 1874—1878

Rede, welche der Herr Sub-Rector Weber in Potsdam gehalten wegen des bey Sorr erfochtenen Sieges. 1745. 4.

Weber's illustrirte Reisebibliothek. Nr. 1—18. Leipzig 855—58. Weber. 8.
Nr. 1. Paris. Ein Blick in die Seinestadt und ihre Umgebungen. Von M. Constantin. Mit 40 in den Text gedr. Abbildgn. (Holzschn.) u. 1 Orientirungsplan von Paris (Kpfrst. in 4.) 855. (148 S.) n. 15 *ngr.*
Nr. 2. Leute u. Berge. Reisebilder aus der Schweiz. Von Rob. Ferguson. Aus dem Engl. von J. Seybt. Mit Titelbild (Holzschn.) u. 35 in den Text gedr. Abbildgn. (Holzschn.) 855. (4 Bl., 175 S.) n. 15 *ngr.*
Nr. 3. Die Krim. Neun Jahre auf der taurischen Halbinsel. Aus dem Engl. von M. Busch. Mit 14 in den Text gedr. Abbildgn. (Holzschn.) 855. (VIII, 158 S.) n. 15 *ngr.*
Nr. 4. Der Krystallpalast von Sydenham, seine Kunsthallen, sein Park und seine geologische Insel. Von H. Bettziech-Beta. Mit 30 in den Text gedr. Abbildgn. (Holzschn.) 856. (XII, 224 S. u. 1 Holzschnitttaf.) n. 15 *ngr.*
Nr. 5. Berlin und die Berliner. In Wort und Bild von Ludw. Löffler. Mit 60 in den Text gedr. Abbildgn. (Holzschn.) 856. (4 Bl., 138 S.) n. 15 *ngr.*

Nr. 6. Von Hamburg nach Helgoland. Skizzenbuch von **Karl Reinhard.** Mit 90 in den Text gedr. Abbildgn. (Holzschn.) 856. (X, 142 S. u. 1 Holzschnitttaf. in 4.) n. 15 ngr.

Nr. 7. Aus dem Elbthale. Bilder und Skizzen aus Dresden und der sächsischen Schweiz. Von Karl Schram. Mit 40 in den Text gedr. Abbildgn. (Holzschn.) 856. (3 Bl., 119 S. u. Titel in Holzschn.) n. 15 ngr.

Nr. 8. Ein Ausflug nach Rügen. Natur, Bewohner und Geschichte der Insel. Von Gust. Rasch. Mit 34 in den Text gedr. Abbildgn. (Holzschn.) 856. (XIV, 204 S.) n. 15 ngr.

Nr. 9. Naturbilder aus dem Schweizerlande. Von J. Meyer. Mit 40 in den Text gedr. Abbildgn. (Holzschn.) 856. (XIV, 180 S.) n. 15 ngr.

Nr. 10. Jerusalem. Nach eigener Anschauung und den neuesten Forschungen geschildert von Phil. Wolff. Mit 36 Illustr. (Holzschn. im Text) und 1 Grundriß von Jerusalem (in Holzschn.) 857. (XIV, 231 S.) n. 1 ℛ𝓉.

Nr. 11. Eine Saison in Ostende. Lokalskizzen und Erkursionen. Von Gust. Hartwig. Mit 36 Abbildgn. (Holzschn. im Text) und 1 Plane von Ostende (in Holzschn.). 857. (XII, 139 S.) n. 15 ngr.

Nr. 12. Ein Sommer in Teplitz. Von Karl Reinhardt. Mit 50 in den Text gedr. Abbildgn. (Holzschn.) 857. (XII, 140 S.) n. 15 ngr.

Nr. 13. Die Marienburg, das Haupthaus der deutschen Ordens-Ritter. Für Besucher derselben beschrieben von Max Rosenheyn. Mit 28 in den Text gedr. Abbildgn. (Holzschn.) und dem (color.) Plane der Burg (Holzschn. in 4.). 858. (4 Bl., 192 S.) n. 20 ngr.

Nr. 14. Nürnberg. Ein Führer durch die Stadt und ihre Umgebungen. Von Phil. Körber. Mit 42 Abbildgn. (Holzschn. im Text) u. 1 (color.) Plane (Holzschn. in 4.). 858. (X, 179 S.) n. 20 ngr.

Nr. 15. Das Riesengebirge, seine Thäler und Vorberge und das Isergebirge. Reise-Führer von Karl Friedr. Mosch. Mit 36 Abbildgn. (Holzschn. im Text) und 1 (chemityp.) Karte (in 4.). 858. (VIII, 371 S.) n. 1 ℛ𝓉.

Nr. 16. Ein Winter in Venedig. Von Friedr. Pecht. Mit 27 in den Text gedr. Abbildgn. (Holzschn.) 858. (VI, 144 S.) n. 20 ngr.

Nr. 17. Sechs Monate in Rom. Von Friedr. Pecht. Mit 22 in den Text gedr. Abbildgn. (Holzschn.) 858. (VI, 200 S.) n. 20 ngr.

Nr. 18. Die österreichische Kaiserstadt. Illustrirter Führer durch Wien und seine Umgebungen. Mit 87 Abbildgn. (Holzschn. im Text) u. 1 (color.) Plane (in Holzschn. in qu. Fol.) 858. (VIII, 267 S.) n. 1 ℛ𝓉.

Weber's illustrirte Reisebibliothek. Nr. 19—27. Leipzig, Weber. (Zander.) 8.

Nr. 19. Die nordfriesische Insel Sylt, wie sie war und wie sie ist. Ein Handbuch für Badegäste u. Reisende. Von C. P. Hansen. Mit 14 Abbildgn. (Holzschn.) u. 1 (lith.) Karte (in Fol.). 859. (XX, 196 S.) n. 20 ngr.

Nr. 20. Der Führer auf der Wartburg. Ein Wegweiser für Fremde u. ein Beitrag zur Kunde der Vorzeit von H. v. Ritgen. Mit 45 in den Text gedr. Abbildgn. (Holzschn.) 859. (XIV, 218 S.) n. 20 ngr.

Nr. 21. Die sieben Kirchen der Offenbarung St. Johannis. Reiseerinnerungen aus Kleinasien von A. S. Noroff. Mit Abbildg. der sieben heiligen Stätten (auf 7 Holzschntaf.). 860. (VIII, 214 S.)(1859?)

Nr. 22. München. Ein Führer durch die Isarstadt und deren Umgebung. Von Leo Bock. Mit 50 in den Text gedr. Abbildgn. (Holzschn.) u. 1 Orientirungsplan von München (in Holzschn. u. color. in 4.) 860 (XVI, 280 S.)

Nr. 23. Leipzig. Ein Führer durch die Stadt und ihre Umgebungen. Mit 72 in den Text gedr. Abbildgn. (Holzschn.), 1 Orientirungsplane (in Holzschn. u. color. in 4.) u. 1 (lith. u. color.) Karte der Umgebungen von Leipzig (in 4.). Von Carl Weidinger. 860. (XII, 284 S.) n. 20 ngr.

Nr. 24. Der Rhein. Ein Reisehandbuch für die Besucher der Rheinlande von Köln bis Mainz. Von Nikol. Hocker. Mit 1 (lith. u. color.) Karte des Rheinstromes (in Fol.) u. vielen Illustr. (Holzschn.) nach Orig.-Zeichnungen von A. Beck u. W. C. Nocken. 860. (XII, 430 S. u.: „Die Eisenbahn- u. Dampfschiff-Verbindungen von Köln bis Mainz. Reise-Saison 1860." 15 S.) n. 1 ℛ𝓉

Nr. 25. Konstantinopel. Ein Führer für Reisende nach Stambul. Von Geo. Dempwolff. Mit Ansicht (in Holzschn.) u. Plan von Konstantinopel (in Holzschn. u. color. in 4.). 860. (VIII, 114 S.) n. 20 ngr.

Nr. 26. Berlin. Ein Führer durch die Stadt und ihre Umgebungen. Von Rob. Springer. Mit 110 in den Text gedr. Abbildgn. (Holzschn.), 1 Grundriß der königl. Museen (in Holzschn. in 4.) u. 1 (lith.) Plane von Berlin (in Fol.). 861. (XII, 418 S.) n. 1 ℛ𝓉

Nr. 27. Hamburg. Ein Führer durch die Stadt und ihre Umgebungen. Von Rob. Geißler. Mit 60 in den Text gedr. Abbildgn. (Holzschn.), 1 Ansicht des Hafens u. 1 Grundriß von Hamburg (in Holzschn. in 4. u. Fol.). 861. (XVI, 224 S.) n. 20 ngr.

Weber, moderne Schriften, s.: Brückmann.

Weber, der Molkenkurort Streitberg in der fränkischen Schweiz. Erlangen 861. (Leipzig, Hinrichs.) gr. 8. (19 S. u. 1 lith. Taf. in Fol.) n. $3\frac{3}{4}$ ngr.

Weber. Kantonsrath. Über die Verbesserung in der Schweinezucht im Kt. Zürich. 1842.

—— illustrirter Volks-Kalender für d. J. 1850—53. (1—4. Jahrg.) Mit eingedr. Holzschn. Leipzig, Weber. [1. (VIII und 180 S.) 2. (XXIV und 144 S.) 3. (XXVI und 192 S.) 4. (XXIV und 164 S.) 849—52.] à Jahrg. ohne Stempel *

—— Volks-Kalender für die J. 1854—55. und J. 1856. 1. und 2. Aufl. (5—7. Jahrg.) gr. 8. Mit eingedr. Holzschn. Leipzig, Weber. [1854. (XXIV und 180 S.) 1855. (XXIV und 198 S.) 1856 (XXX und 210 S.) 853—55.] à Jahrg. excl. Stempel Thlr. * –

—— dass. — für das J. 1857. gr. 8. (XXIV und 192 S. mit eingedr. Holzschn.) Ebds. 856. excl. Stempel. * –

—— Volks-Kalender für das J. 1858. gr. 8. (XL und 174 S. mit eingedr. Holzschn.) Leipzig 857, Weber. excl. Stempel * * –

—— dass. — für 1859. gr. 8. (XXIV und 211 S. mit Illustr. in eingedr. Holzschn. nach Originalzeichnungen von F. Baumgarten, H. Bayrer, A. Beck ꝛc.) Ebendas. 858. excl. Stempel * *

—— dass. — für 1860—62. Mit in den Text gedr. Abbildungen (in Holzschn.) 11—13. Jahrg. 8. Ebendas. 859—61. [1860. (XXVIII und 220 S. mit 47 Abbild.) 1861. (XXII und 228 S. mit 52 Abbild.) 1862. (XVI und 250 S. mit 45 Abbild.)] à Jahrg. excl. Stempel * *

—— Volks-Kalender für 1863. 14. Jahrg. 8. (XXII und 239 S. mit 50 in den Text gedr. Abbild. in Holzschn., einer musikal. Composition von A. Methfessel und einem Titelbild nach einem Gemälde von Lor. Clasen in Holzschn.) Leipzig, Weber. *

Weber. Vorschriften für Realschulen. 6 Blatt verschiedener Schriftgattungen. Troppau, H. Kolck. 1862. 36 kr.

Weber's illustr. Wegweiser durch die Kurorte u. Sommerfrischen der Rheinlande. 2 Tle. 12. Baden-Baden, P. Weber. à n. 1. 20; in 1 Bd. n. 2. —

1. Niederrhein, Eifel, Hunsrück, Westerwald u. Taunus. Ratgeber f. Kurgäste, Erholungsbedürftige u. Touristen. Mit besond. Berücksicht. der kathol. Verhältnisse. 1. Jahrg. 1901/02. (III, 143 S.) (901.)
2. Oberrhein: Pfalz, Vogesen, Odenwald, Neckarthal, Schwarzwald. Ratgeber für Kurgäste, Erholungsbedürftige u. Touristen. Mit 1 Uebersichtskarte. Mit besond. Berücksicht. der kathol. Verhältnisse. 1. Jahrg. 1902/03. (II, 228 S.) (902.)

Weber's illustr. Wegweiser durch Kurorte u. Sommerfrischen. I. u. III. Bd. 8. Baden-Baden, P. Weber. Geb. in Leinw. à n. 1. 50

I. Weber's illustr. Wegweiser durch d. Kurorte u. Sommerfrischen der Rheinlande von Cleve bis zum Bodensee. 1. Tl. Niederrhein: Eifel, Hunsrück, Westerwald, Taunus. Ratgeber f. Kurgäste, Erholungsbedürftige u. Touristen. Mit 3 Karten u. vielen Abb. 2. Aufl. (IV, 172 S.) 904.
III. Weber's illustr. Wegweiser durch die Seebäder der Nord- u. Ostsee v. N. Lambrecht. Belgische, holländ., dän. u. deutsche Küste. (III, 109 S.) (905.)

— Zeit u. Ewigkeit. Vortrag. 8. (36 S.) Herborn 889 Buchhandlg. d. Nassauischen Colportagevereins. n. — 20

Weber, A., Alphabete nach neuestem Geschmack. 1. Hft. qu. gr. 8. (6 Bl.) Leipzig 891. (G. Hedeler.) n. — 60

Weber, A. De κατά praepositionis apocope. 12 S. . . . . . Torgau, Progr. 1835

Weber, A., Erna d. Verstoßene od. Heimlich vermählt. Roman. 2 Bde. 8. (521 u. 438 S.) Berlin 897. H. Liebau. In 1 Leinwbd. 6. 50

Weber, A., die Gefahren des „Freimachens" vom Militärdienst. Eine gemeinverständl. Darstellg. der Methoden des Freimachens u. der Mittel, wie dieselben entdeckt werden. Nebst den gesetzl. Bestimmungen Deutschlands u. Oesterreichs üb. die Auswanderg. vor Ableistg. der Dienstpflicht. (VI, 154 S.) 8. Berlin 905 H. Barsdorf. n. 5. —

— die Lehre v. der Kindsabtreibung, s.: Fabrice, Heinr. v.

Weber, A.: Die Nervenfieber pathologisch gewürdigt nebst therapeutischem Anhange. 146 S., gbd.

Leipzig: Wigand 1838

Weber, A., origo festi Gregoriani. Helmst. 1714. 4.

Weber, A.: Preisliste über Hausbacköfen und Räucherapparate. Bollschweil b. Freiburg (Baden) (1904?)

Weber, A., s.: Reichenbach, Frhr. v., odisch-magnetische Briefe.

W[eber], A.: Aus St. Jacobi. E. Recapitulation. Berlin 1879.

Weber, A., Schulfeier zum 2. September. Anh.: Chronik d. Krieges. Zur dankbaren Erinnerg. an Gottes gnäd. Schutz u. Beistand im deutsch-französ. Kriege 1870—1871 den deutschen Schulen dargereicht. Ausg. A. f. Lehrer, enth. kurze pass. Vorträge üb. die wichtigsten Ereignisse d. Krieges. 16. (12 S.) Sangerhausen 873. Schöne. n. — 30

— dasselbe. Ausg. B. für Schüler, enth. Deklamationen, Wechselreden u. Gesänge. 16. (16 S.) Ebend. 873. n. — 15

Weber, A., Schulfeier zum 2. September. Zur dankbaren Erinnerg. an Gottes gnäd. Schutz u. Beistand im deutsch-franz. Kriege 1870—71 den deutschen Schulen dargereicht. Ausg. A: für Lehrer, enth. kurze pass. Vorträge üb. die wichtigsten Ereignisse d. Krieges. 5., verb. Aufl. 12. (14 S.) Sangerhausen 888. Franke. n. — 30

— dasselbe. Ausg. B: für Schüler, enth. Declamationen Wechselreden u. Gesänge. 3., verm. u. verb. Aufl. 12. (16 S.) Ebd. 888. n.n. — 15

Weber's, A. Schulfeier zum 2. Septbr. Neu bearb. v. M. Thurm. Ausg. A. Für den Lehrer. 6. gänzlich umgearb. Aufl. 8. (16 S.) [Sangerh. 891.] Lpz., Franke. * — 30

—— dass. — Ausg. B. Für die Schüler. 6. gänzlich umgearb. Aufl. 8. (17 S.) Ebd. 891. * — 15

— dasselbe. Ausg. B. Für die Schüler. 7. Aufl. 8. (17 S.) Ebd. 893. n.n. — 15

Weber, A., Verfehlt. Roman. 8. (176 S.) Breslau 880, Schottländer. *

Weber, A., s.: Zentralblatt f. Bakteriologie usw.

Weber, A. C., das Unfallversicherungsgesetz f. das Deutsche Reich vom 6. Juli 1884, nebst den v. den Einzelstaaten erlassenen Kompetenzbestimmgn. In kurzgefaßter systematischer Darstellg. 8. (90 S.) Berlin 884. Guttentag. n. 1. 50

Weber, A. R., Wiederherstellung der verlorenen Mannbarkeit sowie der an den Folgen der Onanie und Pollutionen Leidenden. 8. (47 S.) Sondershausen [Thonberg] 864, (Neuse.)

Weber, Ad., Lehrbuch d. Elementar-Mathematik. 3 Curs. gr. 8. Schwerin, [Kürschnersche Vrlsh.] *

Curs. 1. Untere Bildungsstufe. (5½ B. u. 1 Stnt.) 837. * 8 Gr.
" 2. Mittlere Bildungsstufe in Abthln. f. 3 Semester. (21½ B. u. 4 Stnt.) 837. * 1 Thlr. 6 Gr.
" 3. Obere Bildungsstufe in Abthln. f. 3 Semester. (24 B. u. 4 Stnt.) 838. * 1 Thlr. 10 Gr.

Weber, Adalbert

Weber, Adb., d. Bewegungsspiele des Kindergartens, } s.: Köhler, Aug.
— Buch d. Erzählungen, }

Weber, Adb., die Geschichte der Volksschulpädagogik und der Kleinkindererziehung, mit besond. Berücksicht. der Letzteren. Ein Handbuch für Lehrer und Lehrerinnen, sowie zum Gebrauche in Seminarien. gr. 8. (VII, 339 S.) [Eisenach 877, Bacmeister.] Dresden, Bleyl und Kaemmerer. *

Weber, Adalb., Kritik der Psychologie von Beneke. gr. 8. (70 S.) Weimar 872, Böhlau.

—— Liederbuch. Sammlung auserwählter Lieder in deutscher, engl. und französ. Sprache für Mädchenschulen. 8. (VIII, 52 S.) Gotha 876, Gläser.

— Die Praxis des Kindergartens, s.: Köhler, Aug.

—— die vier ersten Schuljahre in Verbindung mit einem Fröbel'schen Kindergarten. Für den prakt. Gebrauch. gr. 8. (VII, 68 S. mit 1 Tab. in qu. gr. 4.) Ebendas. 876.

Weber, Adam [aus Sangerhof '(Rheinpfalz)']: Ueber multiple inselförmige Sclerose des Gehirns und Rückenmarks ... Würzburg, Becker's Univ.-Buchdr., 1880; 68 S. 8. Würzburg, Med. Fak., Inaug.-Diss. v. 1880

Weber, Adam Jos., geistlicher Oelgarten. Ein Gebet- u. Betrachtungsbuch für katholische Christen. Mit 1 Stahlst. Würzburg 861. Richter. 16. (IX, 630 S.) 15 ngr.

Sabine Bucher. Roman von Adelheid Weber. Stuttgart, Berlin, Leipzig: Union [1905]. (199 S.) 8° [F.] [05. 12910]

Weber, Adelheid, Eheglück. Roman. 3 Bde. 8. (V, 192, 196 u. 213 S.) Berlin 890. Janke. n. 10. —

Weber, Adelheid, Cezar Growinsky, s. Novellenschatz, neuer deutscher.

Adelheid Weber. Die goldene Lore. *Stuttgart, Berlin, Leipzig: Union [1902].* (224 S.) 8° [F.]
— Union-Sammlung moderner Romane. 26. [03. 1795]

— auf dornigem Pfade, s.: Bachem's Novellen-Sammlung.

— der große Ueberwinder, s.: Deva-Roman-Sammlung.

Weber, Adelheid: Vorfrühling. Stuttgart, Berlin, Leipzig: Union [1901]. (212 S.) 8°
(Union-Sammlung moderner Romane. 33.)

Weber, Adolph (Giessen)
Das Adenoïd der weiblichen Brust.
Giessen: Keller 1854. 66 S. u. 2 Taf. (in Δ mit „Thesen")
Diss. med. 26.8.1854. vorh. 26. 7. 11.Δ.

Weber, (Christian) Adolph (Otto) geb. ... De angina pectoris quae nominatur. Berolini (1826) (31 S.) 8°
Berlin, Med. Diss. v. 21 Sept. 1826

Weber, A., Armenwesen u. Armenfürsorge. Einführung in die soziale Hilfsarbeit. (120 S.) kl. 8. Leipzig, G. J. Göschen. 1907. —. 80.
„Sammlung Göschen" Bd. 346.

Weber, Adf., Armenwesen u. Armenfürsorge, s. „Sammlung Göschen".

Weber, Adf., die Aufgaben der Volkswirtschaftslehre als Wissenschaft. (77 S.) 8. Tübingen 909. J. C. B. Mohr. 1. 60

Weber, Adf., über die Augenuntersuchungen in den höheren Schulen zu Darmstadt. Referat und Memorial. Erstattet an die großherzogl. Ministerial-Abthl. für öffentl. Gesundheitspflege im Decbr. 1880. gr. 4. (41 S.) Darmstadt 881, (Jonghaus'sche Hofbuchh.) *

Weber, Adolf: Über die operative Behandlung der eitrigen Peritonitis . . . Berlin, Buchdr. v. G. Schade, 1893; 29 S., 1 Bl. 8°
Berlin, Med. Fak., Inaug.-Diss. v. 24. Okt. 1893.

Weber, Adf., Bericht üb. hundert in der Landpraxis operativ behandelte Geburten. gr. 8. (23 S.) München 901. Seitz & Schauer. n. 1.—
Sonderabdruck aus: „Deutsche Praxis".

(B) — Bericht üb. 100 operativ behandelte Geburten. 901. (KBL 32.) Jetzt: München, Verlag d. ärztl. Rundschau.

— u. Amalie **Weber**, Bilder aus der Naturgeschichte u. **Geschichte der Heimat. (Im Anschluß an die Heimatkunde.) Für die Schüler u. Schülerinnen der Volksschulen Münchens zusammengestellt.** (Der Heimatkunde 3. Teil.) (VI, 151 S. m. 29 Illustr.) 8. Ebd. 904. Kart. n. 1. 20

— Boden u. Wohnung. 8 Leitsätze zum Streite um die städt. Boden- u. Wohnungsfrage. (VIII, 140 S.) gr. 8. Leipzig 908. Duncker & Humblot. 3. —

Weber, Adf., über Bodenrente u. Bodenspekulation in der modernen Stadt. (XV, 211 S.) gr. 8. Leipzig 904. Duncker & Humblot. n. 4. 40

Weber, Adolfo, Latinska čitanka za drugi gimnazialni razred, kano priprawa za citanje Kornelija Nepota po Mavri Schinnaglu i po svojoj latinskoj slovnici izradio — —. 8 (248 S.) I – II. svezak. U Becu Tiskom udove i Sina A. Pichlera. **1854.** (Lateinisches Lesebuch für die zweite Gymnasialklasse als Anleitung zum Lesen des Kornelius Nepos nach Maurus Schinnagl und eigenem lateinischen Wörterbuche verfaßt von — —.) Preis 30 kr. C. M.
Vlg.d.Schulbücher-Verschleiß-Administrat.

Weber, Adolfo, Citanka za porabu dolnje gimnazije, sastavljena po — —. 8. (362 S. 1 Bl.) U Becu. Tiskano kod udove i sina A. Pichlera. 1852. (Lesebuch zum Gebrauche der Unter-Gymnasien) Gebunden in Leinwandrücken 41 kr. C. M.
Vlg.d.Schulbücher-Verschleiß-Administrat.

Weber, Adolf, Dr. jur., aus Bonn: **Depositenbanken und Spekulationsbanken.** Ein Vergleich deutschen u. englischen **Bankwesens.** *Bonn 1902: (Pierer in Altenburg).* (IX, 49 S.) 8° ¶[Erschien vollst. 1902 bei Duncker & Humblot in Leipzig.]
Bonn, Phil. Diss. v. 8. März 1902

Weber, Adf., Depositenbanken u. Spekulationsbanken. Ein Vergleich deutschen u. engl. Bankwesens. gr. 8. (XV, 303 S.) Leipzig 902. Duncker & Humblot. n. 6. 80

Weber, Adolf, von Menziken, Kanton Aargau, I. Assistent am chemischen Universitätslaboratorium Zürich: Ueber Derivate des Dimethylanilins. [S.A. aus: Vierteljahrsschrift der Naturforsch. Ges. in Zür., Bd. 21, S. 1–35]. Zür. Zürcher u. Furrer Dr. 1876. 4 Bl., 35 S. 8°.
Zürich, Phil. Diss. [v. 10. Febr. 1876].

Die Geldqualität der Banknote. Eine jurist.-socialökon. Untersuchung von Dr. Adolf **Weber**. *Leipzig: Duncker & Humblot 1900.* (XII, 84 S.) 8° [00. 10971

Die Großstadt und ihre sozialen Probleme. Von Dr. Adolf **Weber**-Bonn. Leipzig: Quelle & Meyer 1908. (VIII, 140 S.) 8° [F.]
= **Wissenschaft** u. Bildung. 33. [07. 16603

Weber, Adf., u. Amalie Weber. Heimatkunde v. München u. Umgebung in Wort u. Bild. Für die Schüler u. Schülerinnen der 3. Klasse der Volksschulen Münchens. gr. 8. (VIII, 111 S.) Münch. 892, Kellerer. * — 75

Weber, Adf., u. Amalie Weber, Heimatkunde v. München u. Umgebung in Wort u. Bild. Für die Schüler u. Schülerinnen der Volksschulen Münchens. 1. Tl. (2., verb. Aufl.) gr. 8. (X, 112 S. m. 30 Illustr. u. 2 Karten.) München 893. M. Kellerer. Kart. n. 1.—

Weber, Adf., u. Amalie **Weber**, Heimatkunde von München u. Umgebung in Wort u. Bild. 1. Tl. (3., verb. Aufl.) Mit 42 Illustr. u. 2 Karten. 8. (VIII, 128 S.) München 898. M. Kellerer. Kart. n. 1. —

— **Heimatkunde v. Südbayern in Wort u. Bild. F. d. Schüler u. Schülerinnen d. Volksschulen Münchens. M. 22 Illustr. u. 4 Karten.** 8. (VI, 105 S.) Ebd. 897. Kart. n. 1. —

Weber, Adf., u. Amalie Weber, Heimatkunde von Südbayern m. Oberpfalz in Wort u. Bild. Für die Schüler u. Schülerinnen der Volksschulen Münchens. 2. Tl. (2. veränd. Aufl.) Mit 27 Illustr. u. 5 Karten. 8. (VIII, 138 S.) München (900). M. Kellerer. Kart. n. 1.50

Weber's, Adf., Heimatkundebücher. 1. Bd. 8. München (905). M. Kellerer. Kart. n. 1. —
Heimatkunde v. München u. Umgebung in Wort u. Bild. Von Adf. Weber u. Amalie Weber. (6. verm. Aufl.) Mit 41 Illustr. u. 2 Karten. (VIII, 189 S.)

Weber's, Adf., u. Amalie Weber's Heimatkundebücher. 1. u. 2. Bd. 8. München, M. Kellerer. Kart. à 1. —
1. Heimatkunde v. München u. Umgebung in Wort u. Bild. 7. verm. Aufl. Mit 41 Illustr. u. 2 Karten. (VIII, 207 S.) (908.)
2. Heimatkunde v. Südbayern m. Oberpfalz in Wort u. Bild. 6. verb. Aufl. Mit 4 Aquarellen nach Originalen v. Compton, 29 Voll- u. Textbildern u. 5 Karten. (VIII, 112 S.) (909.)

Weber, Adolf: Ueber Hydrocele abdominalis. . . . Giessen, C. v. Münchow, Univ.-Druckerei, 1889; 23 S. u. 1 Taf. 8°
Giessen, Med. Fak., Inaug.-Diss. v. 1889.

Der Kampf zwischen Kapital und Arbeit. Versuch e. systemat. Darstellung m. besond. Berücks. d. gegenwärtigen deutschen Verhältnisse. Von Dr. Adolf **Weber**, Prof. Tübingen: Mohr 1910. XVI, 579 S. 8° [10. 17397

Weber, *Karl Ludwig Heinrich Gustav* Adolf [aus Gernsheim a. Rh.]: Zur Kasuistik der traumatischen Ablösung der Haut und der darunterliegenden Teile, nach Morel-Lavallée . . . Berlin, C. Vogt's Buchdr., *1893;* 30 S., 1 Bl. 8.
Berlin, Med. Fak., Inaug.-Diss. v. 24. Febr. 1893

Weber, Adolph Dietrich, üb. d. Aversionshandel, od. sogenannten Kauf in Bausch u. Bogen. 8. Hamburg, Hoffmann. 787.

Weber, Adolf Dietrich: Beyträge zu d. Lehre v. gerichtl. Klagen u. Einreden. Schwerin u. Wism.: Bödner. 1789.

Weber, Ad. Dietr., († d. 18. Nov. 1817.) Beiträge zur Lehre von gerichtl. Klagen u. Einreden. 3 Stücke. gr. 8. Schwerin 789. 2e A. 795—803. 3e A. 811—13. 16 Stück 4e A. 820. (Leipz., Köhler). Alle 3 Stücke 21 gr.

Weber, Ad. Dietr.: Beiträge zu der Lehre von gerichtlichen Klagen u. Einreden. Schwerin u. Wismar 1789.
— 3. Ausg. Stück 1—3. 1802—03.

— Beyträge z. Lehre von gerichtlichen Klagen u. Einreden. 3 St. gr. 8. Schwerin, Bödner. (I. 803. 8 gr. II. III. 802. 10 gr.)

WEBER, Adf. Dt.: Beytrr. zu d. Lehre von dem stillschweig. Conventional-Pfandrecht. *Schwerin*, Bödner. 783. 8. (8 Gr.)

WEBER, Adf. Dt.: Systemat. Entwickel. d. Lehre v. d. natürl. Verbindlichk. u. deren gerichtl. Wirkung, m. e. vorläuf. Berichtig. d. Theorie d. Verbindlichk. überhaupt. *Schwer.* u. *Wism.*, Bödner. (1—4e A. 784—805.) 5e Ausg. *Lpz.*, Köhler. 825. gr. 8. (2 Thl.) Zusätze dazu, f. d. Besitzer d. 3 Ausg. *Schwerin*, Bödner. 805. 8.

— systematische Entwickelung d. Lehre von d. natürl. Verbindlichkeit u. deren gerichtl. Wirkung. 3 Abtheill. gr. 8. Schwerin 784—87. 2e Aufl. in 1 Bde 795. 3e A. 800. 4e A. 805. Köhler in Leipz. 2 Thlr Zusätze dazu, für d. Besitzer d. vorigen Ausgabe. gr. 8. Schwerin 805. Bödner. 6 gr.

— systemat. Entwickelung d. Lehre v. d. natürl. Verbindlichkeit, u. deren gerichtliche Wirkung. 4te verb. Aufl. gr. 8. Ebend. 811.

Weber, (A. D.,) systemat. Entwickelung der Lehre von d. natürl. Verbindlichkeit u. deren gerichtl. Wirkung. 5e verb. u. verm. Aufl. gr. 8. Leipz. 825, Köhler.

Weber, Ad. Diet.: Erläuterung der Pandekten nach Hellfeld. Hrsg. von Aug. Wilh. Ludw. W e b e r. Th. 1. 2. Leipzig 1820.

— Erläuterungen d. Pandekten, nach Hellfeld. Nach dem Tode d. Verfass. herausg. von Aug. Wlh. Ldw. Weber. 1r u. 2r Thl. gr. 8. Leipz. 821. Köhler. 4 Thlr 18 gr.

Weber, Adolf Dietrich, s. L. J. F. H ö p f n e r: Commentar . . .

WEBER, Adf. Dt.: Ueber Injurien u. Schmähschriften. *Schwerin* u. *Wismar.*, Bödner. B. 1—2e Abth. (793—94.) 797—98. (1 Thl. 6 Gr.) 3e Abth. 800. (20 Gr.) N. A. 3 Hefte m. Anm. 811. — 1. 2. Abth. 4. Aufl. *Leipzig*, Köhler. 820. 3. Abth. 2. Aufl. *Leipz.* 821. 8. (2 Thl. 12 Gr.)

— über Injurien u. Schmähschriften. 1e, 2e, 3e Abtheil. gr. 8. Schwerin 793—800. 2e A. 797—805. 3e A. 803, 4. Bödner. (Leipz., Hinrichs). (16, 26 Stück 4e Aufl. Ebd. 820. 1 Thlr 18 gr.) 2 Thlr 2 gr. 3e Aufl. 3 Thle. 820. (Leipz., Köhler). 2 Thlr 12 gr.

— — dasselbe. IIte Abthl. 805. Ist jetzt Verlag von Voigt in Jena.

Weber, Ad. Dietr.: Ueber Injurien und Schmähschriften. Abth. 1—3. Schwerin u. Wismar 1793—1800.
— 2. Aufl. Abth. 3. Leipzig 1811.

— 3. Aufl. Abth. 1. 2. Schwerin u. Wismar 1803. 05.

— — Abth. 2. [Anderer Druck.] Leipzig 1811.

Weber, Adolph Dietrich (Rostock) A. S. 633/7

Dissertatio inauguralis iuridica sistens meditationes quasdam de sententiis et re iudicata, intuitu principis ac legis novae. Präs. Johann Matthias Martini. Buetzow 6. IX. 1776. 35 S.

W. v.: Präs. 35858

— über d. Proceßkosten, deren Vergütung u. Compensation. 8. Schwerin 788. 2e A. 790. 3e A. 793. 4e A. 798. Bödner. 8 gr. 5e Aufl. 811. Hannov., Hahn. 14 gr.

WEBER, Adf. Dt.: Reflexionen z. Beförd. einer gründl. Theorie v. heut. Gebr. d. Röm. Rechts. *Schwerin* u. *Wism.*, Bödner. 782. 8. (4 Gr.)

WEBER, Adf. Dtr.: Ueber d. Rückanwendung positiver Gesetze mit besond. Hinsicht auf neuere Gesetzveränderungen deutscher Staaten. *Hann.* Hahn. 811. gr. 8. (18 Gr.)

— s. Schmidt's, Jh. Ldw., Lehrbuch von gerichtl. Klagen.

WEBER, Ad. Diet.: Comm. de usuris indebite solutis earumque tam repetitione, quam in solutum imputatione ad l. 26. pr. §. 1. et 2. de cond. indeb. *Sucrini, Bützov.* et *Wismar.* 783. 8.

— über d. Verbindlichkeit zur Beweisführung im Civilproceß. gr. 8. Halle 805. 2e Ausg., mit Anmerkk. u. Zusätzen von Aug. Wlh. Heffter. 832. Renger. 1 Thlr 12 gr.

Weber, Ad. Diet., über d. Verbindlichkeit zur Beweisführung im Civilprozeß. 2. Ausg. mit Anmerkn. u. Zusätzen v. Aug. Wilh. Heffter. gr. 8. (20½ B.) Halle 832, Renger. [Leipzig, Volckmar.]

Weber, Ad. Diet., über die Verbindlichkeit zur Beweisführung im Civilproceß. 3. Ausg. m. Anmerk. u. Zusätzen v. Aug. Wilh. Heffter. gr. 8. (17⅜ B.) Leipzig 845, Renger'sche Buchh.

Weber, Ad. Diet.: Versuch über den wahren Sinn der legis 5. Cod. de locato conducto. Rostock 1781.

— Versuch über den wahren Sinn des L. S. C. de locato conducto. 4. Rostock 782.

— Versuche über d. Civilrecht u. dessen Anwendung, (ist d. kleinen Schrift. vermehrte u. verbess. Ausg., enthalt. a) Reflexionen zum Gebrauch des röm. Rechts. 8. Wismar 782. b) Beitrr. zum stillschweigenden Conventional-Pfandrechte. 8. Ebd. 783.) 8. Schwerin 801. Bödner. (Voigt in Jena). 1 Thlr 8 gr.

Weber, Adolf Paul. Deutsche Pioniere. Zur Geschichte des Deutschtums in Texas. San Antonio, 1894.

Weber, Agnes Elise, allgemeines bürgerliches Kochbuch oder der tägliche Tisch der Jetztzeit angepaßt. Gemachte Erfahrungen beim Kochen, Braten, Backwerkfertigen ꝛc. Mit einem Küchenzettel nach den Jahreszeiten, und als Schluß ein humorist. Küchenrecept. 4. Aufl. 8. (XXIV und 248 S.) Leipzig 861, Fr. Voigt.

Weber, Agnes Elise, das beste Bürger-Kochbuch für den täglichen Tisch. Ein Handbuch für jede Hausfrau und Köchin beim Kochen und Braten, Backwerkfertigen ꝛc. Nebst Küchenzetteln und Eßregeln. 5.—9., verb. Aufl. 8 (XXII und 246 S. mit 21 Illustr. in Holzschn. und 1 Holzschntaf.) Leipzig 862—68, Fr. Voigt. geb.

Weber, Agnes Elise, das beste Bürger-Kochbuch für den täglichen Tisch. Ein Handbuch für jede Hausfrau und Köchin beim Kochen und Braten, Backwerk fertigen, Früchte-Einmachen, Getränke bereiten, Einpökeln und Räuchern. Nebst Küchenzettel und Eßregeln. 10.—17. verb. Aufl. 8. (XXII, 248 S. mit 1 Holzschntaf. und 21 eingedr. Illustr. in Holzschn.) Leipzig 869—73, F. Voigt's Buchh. geb.

Weber, Agnes Elise, das beste Bürger-Kochbuch für den täglichen Tisch. Ein Handbuch für jede Hausfrau und Köchin beim Kochen und Braten, Backwerk fertigen, Früchte-Einmachen, Getränkebereiten, Einpökeln und Räuchern. Nebst Küchenzettel und Eßregeln. 18.—20. verb. Aufl. 8. (XXII, 248 S. mit 1 Holzschntaf. und 21 eingedr. Illustr. in Holzschn.) Leipzig 875—80, F. Voigt's Buchh.
Vgl. Weber, Elise Agnes Laura.

Weber, Albert

Weber, Alb., Anleitung f. die Uebungen im elektrotechnischen Praktikum II, s.: Unterrichts-Werke (Methode Hittenkofer) f. Selbstunterricht Nr. 128.

Weber, Alb., die Grundgesetze d. Elektrotechnik, s. a. Werke f. Studium u. Bureau.

Weber, Albert: Die Grundgesetze der Elektrotechnik. Strelitz i. M. 1910

— Theorie der Wechselströme. Vorträge. Bearb. u. hrsg. v. Léon Herrmann. 2. Aufl. (IX, 64 S. m. Fig.) gr. 8. Strelitz (906). Polytechn. Verlag M. Hittenkofer. Geb. in Leinw. n. 5. 50

Weber, Albertus (geb. 1823 in Daun i. d. Eifel): De sectione caesarea in clinico obstetricio Bonnensi felici cum eventu instituta ... Bonnae, form. F. P. Lechneri 1850. 2 Bl., 26 S., 1 Bl. 8.
Bonn, Med. Fak., Diss. v. 23 März 1850

Weber, Albrecht: Vedische Beiträge. [SA. aus SBA. 1894. XXXV. 1895. XXXVI. 1896. III. 1898. XXXVII.] 4 voll. [Berlin] 1894. 1895. 1898.

Weber, Albr., Vedische Beiträge. [Aus: „Sitzungsber. d. Akad. d. Wiss. zu Berlin"] gr. 8. (13 S.) Berlin (897). (G. Reimer.) n. — 50

— dasselbe. (VII.) Aus alter Zeit. [Aus: „Sitzungsber. d. preuss. Akad. d. Wiss."] gr. 8. (24 S.) Ebd. 898. n. 1. —

Weber, Albr., vedische Beiträge. VIII u. IX. gr. 8. Berlin (G. Reimer.) n. 1. 50
VIII. Zu Maṇḍala II der Ṛik-Saṃhitâ. (18 S.) (900.) n. 1. —
IX. Text-Correcturen im Veda. (12 S.) (901.) n. — 50
Sonderabdruck aus: „Sitzungsber. d. preuss. Akad. d. Wiss."

Weber, Albr., über das Çatrunjaya Mâhâtmyam, s. Abhandlungen für die Kunde des Morgenlandes. I, 4.

Weber, Albrecht: Episches im vedischen Ritual. [SA. aus SBA. 1891. XXXVIII.] [Berlin 1891.]

—— die neueren Forschungen über das alte Indien. Ein Vortrag im berliner wissenschaftl. Verein am 4. März 1854 gehalten. (Abdr. aus „Historisches Taschenbuch" hrsg. von Friedr. v. Raumer, 3. Folge, 6. Jahrg., 1855.) 8. (46 S.) Halle 854, Buchhandlung des Waisenhauses. **

Weber, A(lbr.), die neuesten Forschungen auf dem Gebiete des Buddhismus, besprochen. gr. 8. (79 S.) Berlin 853, Dümmler's Verlag. *
Aus: Indische Studien, III, 1., besonders abgedruckt.

Weber, Albr., über ein Fragment der Bhagavatî. Ein Beitrag zur Kenntniss der heil. Sprache und Literatur der Jaina. gr. 4. Berlin 866,67, (Dümmler's Verlag.) *
Inhalt:
Thl. 1. Einleitung, und 1. Abschnitt: Von der Sprache der Bhagavatî. (79 S. mit 2 photolithogr. Taf. in qu. gr. 4.) cart. * 1 Thlr. 8 Ngr.
» 2. 2. Abschnitt: Inhalt der vorliegenden Bücher der Bhagavatî und 3. Abschnitt: Die Legenden von Khamdaka. (198 S.) cart. * 1 Thlr. 25 Ngr.
Aus: Abhandlungen der k. Akademie der Wissenschaften zu Berlin, besonders abgedruckt.

Weber, Albrecht, Die Griechen in Indien. [SA. aus den SBA 1890. XXXVII.] [Berlin] 1890.

Katalog der Bibliothek des verstorbenen Professors des Sanskrit an der Universität zu Berlin Dr. Albrecht Weber. Gütersloh (1902): C. Bertelsmann. (117 S.) 8° [Umschlagt.]

—— über ein zum weissen Yajus gehöriges phonetisches Compendium das Pratijnâsûtra. gr. 4. (50 S.) Berlin 872, (Dümmler's Verlag.)
Aus: Abhandlungen der k. Akademie der Wissenschaften zu Berlin, besonders abgedruckt.

Weber, Albr., üb. die Königsweihe, den Râjasûya. [Aus: „Abhandlgn. d. k. preuss. Akad. d. Wiss. zu Berlin".] gr. 4. (158 S.) Berlin 893. (G. Reimer.) n. 10. —

Weber, Albr., über die Krishnajanmashṭami [Krishna's Geburtsfest]. gr. 4. (152 S. mit 4 lithogr. Taf., wovon 1 in Tondr., in qu. Fol.) Berlin 869, (Dümmler's Verlag.) cart.

— et A. Schiefner, variae lectiones ad Bohlenii editionem Bhartriharis pertinentes, siehe: Schiefner, A.

Weber, Albrecht: Luxatio per foramen obturatum. Darmstadt 1901: V. Sachs. (27 S.) 8°
Heidelberg, Med. Diss. v. 1901

Ueber die Metrik der Inder. 2 Abhandlungen von A(lbrecht) Weber. Berlin: F. Dümmler 1863. (XII, 484 S.) 8°
= Studien, Indische, hrsg. von A. Weber. Bd 8. 07. 4134

—— die vedischen Nachrichten von den naxatra (Mondstationen.) 1. Thl.: Historische Einleitung. gr. 4. (52 S.) Berlin 860, (Dümmler's Verlagsh.) *
Aus: Abhandlungen der k. Akademie der Wissenschaften zu Berlin, Jahrg. 1860, besonders abgedruckt.

—— die vedischen Nachrichten von den naxatra (Mondstationen). 2. Thl. gr. 4. (133 S.) Berlin 862, (Dümmler's Verlag.) cart. *
1. Thl. (Ebendas.) 1860. * 15 Ngr.

Weber, Albr., Pañcadandachattraprabandha. Ein Märchen von König Vikramâditya. gr. 4. (103 S.) Berlin 877, (Dümmler's Verlagsh.)
Aus: Abhandlungen der kgl. Gesellschaft der Wissenschaften zu Berlin, besonders abgedruckt.

Weber, A., üb. den Pârasîprakâça d. Kṛishṇadâsa [Aus: „Abhandlgn. d. k. preuss. Akad. d. Wiss. zu Berlin".] gr. 4. (121 S.) Berlin 887. (G. Reimer.) n. 8. —

Weber, A. Über den 2. grammatischen Pàrasîprakàça d. Kṛishṇadàsa. gr. 4. (91 S.) Berl. 889, (G. Reimer). * 6 —
Aus: Abhandlgn. d. k. preuss. Akad. d. Wiss. zu Berlin, besonders abgedr.

— quousque tandem? Der achte internationale Orientalisten-Congress; u. der neunte? Eine Zusammenstellg. gr. 8. (VII, 78 S.) Berlin 891. Reuther & Reichard. n. 2. 40

— quousque tandem? II. Der Abschluss 1894. gr. 8. (S. 79—101.) Ebd. 894. n. — 60 (I u. II.: n. 3. —)

—— die Râma-Tâpanîya-Upanishad. gr. 4. (103 S.) Berlin 864, (Dümmler's Verlag.) cart. *
aus: Abhandlungen der k. Akademie der Wissenschaften zu Berlin, besonders abgedruckt.

— über das Râmâyana. [Aus den Abhandlungen der k. Akad. der Wiss.] Ebend. 870. gr. 4. (88 S.) n. 1 ℛ 15 ngr.

Weber, Albr., zur indischen Religionsgeschichte. Eine kursor. Uebersicht. gr. 8. (82 S.) Stuttgart 899. Deutsche Verlags-Anstalt. — 75

Weber, A., [Recension von] P. Regnaud. Materiaux pour servir a l'histoire de la philosophie de l'Inde .... [SA. aus [Jenaer] Literaturzeitung. Jahrg. 1878 No. 6 S. 81 ff.] [Leipzig 1878]

Weber, Albr.: Über die Samyaktvakaumudî, eine eventualiter mit 1001 Nacht auf gleiche Quelle zurückgehende indische Erzählung. [SA. aus den SBA. 1889. XXXVIII.] [Berlin 1889.]

— über das Saptaçatakam des Hâla, s. Abhandlungen für die Kunde des Morgenlandes. V, 3.

Weber, Albr., s. Saptaçatakam, das, des Hàla.

— indische Skizzen. Vier bisher in Zeitschriften zerstreute Vorträge u. Abhandlungen. Berlin 857. Dümmler's Verlhdlg. gr. 8. (VII, 150 S. u. 1 lith. Taf. in 4.) n. 1 ℛ 6 ngr.

Weber, Albrecht: Über alt-iranische Sternnamen. [SA. aus den SBA. 1888.] [Berlin 1888.] 4°

— indische Streifen. 1. u. 2. Bd. Berlin, Nicolai's Verl. gr. 8. n. 5 ℛ 20 ngr.
1. Bd. Eine Sammlung von bisher in Zeitschriften zerstreuten kleineren Abhandlungen. (VIII, 386 S.) 868. n. 2 ℛ 20 ngr.
2. Bd. Kritisch bibliographische Streifen auf dem Gebiete der indischen Philologie seit dem Jahre 1849. Mit einem Anh.: Iranische Philologie. (XV, 495 S.) 869. n. 3 ℛ

—— indische Streifen. 3. Bd. A. u. d. T.: Kritisch-bibliographische Streifen auf dem Gebiete der indischen Philologie seit dem J. 1869. Mit Register für alle 3 Bde. gr. 8. (XVI, 645 S.) Leipzig 879, Brockhaus.
1. und 2. Bd. [Berlin 1868, 69, Nicolai'sche Verlagsh.] München, Th. Ackermann. (*ℳ 17.) ℳ 7,50.

—— Indische Studien, s. Studien.

Weber, Albrecht [Hrsg.], s. Taittirîya-Samhitâ, Die.

Weber, Albr., zwei vedische Texte über Omina und Portenta. 1. Das Adbhutabrâhmaṇa des Sâmaveda. 2. Der Adbhutâdhyâya des Kauçikasûtra. gr. 4. (101 S.) Berlin 859, (Dümmler's Verlagsh.) *

Weber, Albrecht. Über den Vâjapeya. [SA. aus den SBA. 1892. XXXIX. 28. Juli.] 4°.

Weber, (Fridericus) Albrechtus (geb. Breslau 17. 2. 1825): Yajurvedae specimen cum commentario primus edidit. Vratislaviae (1845). (XIV, 8, 12, 72 S.) 8° [*Buchausg. unt. d. T.: „Vâjasaneya-Sanhitae specimen cum commentario primus ed. Albr. Weber" Part. 1. 1846 bei Max & Ko. in Breslau, Part. 2 1847 bei Asher & Ko. in Berlin. — Verf. erlebte die Diplomerneuerung 1895 als Prof. in Berlin.*]
Breslau, Phil. Diss. v. 18. Dez. 1845

Weber, Albr., s. Vâjasaneya-Sanhitae specimen.

—— die Vajrasûcî des Açvaghosha. gr. 4. (62 S.) Berlin 860, (Dümmler's Verlagsh.) *
aus: Abhandlungen der k. Akademie der Wissenschaften zu Berlin.

—— über den Vedakalender, Namens Jyotisham. gr. 4. (130 S.) Berlin 862, (Dümmler's Verlag.) cart. *
Aus: Abhandlungen der k. Akademie der Wissenschaften zu Berlin, besonders abgedruckt.

— Über zwei Vedânta-Texte. [SA. aus SBA. 1889 XLIX.] Berlin 1889

Weber, A., Verzeichniss der Sanskṛit- u. Prâkrit-Handschriften, s.: Handschriften-Verzeichnisse, die, der königl. Bibliothek zu Berlin.

—— akademische Vorlesungen über indische Literaturgeschichte. Gehalten im Wintersemester 18$51/_{52}$. gr. 8. (VI und 285 S.) Berlin 852, Dümmler's Verlag. *

—— akademische Vorlesungen über indische Literaturgeschichte. 2. verm. Aufl. gr. 8. (XII, 340 S.) Berlin 876, Dümmler's Verlagsh.
Nachtrag. (18 S.) 878.

—— über den Zusammenhang indischer Fabeln mit griechischen. Eine kritische Abhandlung. gr. 8. (III und 50 S.) Berlin 855, Dümmler's Verlag. *
Aus: Indische Studien, III, 2. 3., besonders abgedruckt.

Weber, Alexander Otto

Weber, A. O., Berlin u. der Berliner. 1.—4. Tauf. (122 S.) kl. 8. Leipzig 906. F. Rothbarth. n. 2. —

Weber, A. O., Berlin u. die Berliner. Neue umgearb. Ausg. 15.—19. Tauf. (Humoristisch-satirische Bibliothek.) (122 S.) kl. 8. Berlin 910. Weber-Haus. 2.—; geb. 3. —

Der Bürgermeister von Lennihn. Lustspiel in 3 Aufz. von A[lexander] O[tto] **Weber**. Berlin: Hesperus-Verl. [1909]. 155 S. 8° [10. 11847

Weber, A. O., der Bürgermeister v. Lennihn. Lustspiel in 3 Aufzügen. 4.—6. Tauf. (Humoristisch-satirische Bibliothek.) (148 S.) kl. 8. Berlin 910. Weber-Haus. 2.—; geb. 3. —

Weber, A[lexander] O[tto]: Carmen. Gedicht-Zyklus. Berlin: Freund 1909. 85 S. 8°

— Cornichons. Gereimte Satiren. (VII, 160 S.) 8. Berlin 905. [C. Freund.] Leipzig, F. Rothbarth. n. 2. —

— Die uns das Reisen verleiden, s. Gottwald, Alfr.

Die uns das Reisen verleiden. Satirische Skizzen von Alfred Gottwald. Nach Reiseaufzeichnungen von A[lexander] O[tto] **Weber**. Berlin: Weber-Haus 1910. 127 S. 8° [10. 12759

Ohne Feigenblatt. Satiren von A[lexander] O[tto] **Weber**. Berlin: Schildberger [1909]. 133 S. 8°

— **Ohne Feigenblatt.** Satiren. Neue umgearb. Ausg. 4.—8. Taus. (Humoristisch-satirische Bibliothek.) (144 S.) kl. 8. Ebd. 910. 2.—; geb. 3. —

WEBER, A. O. Fetisch-Haß. Berlin SW 48, Yorck-Verlag. Verb. Breslau 14. 2. 08: 7 J. 784/07.

— **frech u. froh!** 1.—8. Taus. (133 S. m. Bildnis.) kl. 8. Leipzig 906. F. Rothbarth. n. 2. —

A[lexander] O[tto] **Weber**. Frech und froh! Berlin: Hesperus-Verl. [1909]. 132 S. 8° [10. 11848

A[lexander] O[tto] **Weber**. Frech und froh. Neue umgearb. Ausg. Berlin: Weber-Haus 1910. 128 S. 8° [11. 10461

— **Frech u. froh.** Neue umgearb. Ausg. 11.—15. Taus. (Humoristisch-satirische Bibliothek.) (128 S.) kl. 8. Ebd. 910. 2.—; geb. 3. —

Der Gesundbeter. Schwank in 3 Akten von A[lexander] O[tto] **Weber**. Berlin: Weber-Haus 1910. 103 S. 8° [11. 10462

Weber, A. O., Herren-Abend-Vorträge. Originelle u. fein pikante Vorträge f. gesell. Herrenkreise. 8. (63 S.) Berlin (902). Berolina. n. 3. —

— **Herren-Abend-Vorträge.** Originelle u. fein pikante Vorträge f. gesell. Herrenkreise. (Umschlag: 4. Aufl.) (61 S.) 8. Berlin (903). Berolina, F. Cronmeyer & Co. n. 2. —

— **Kammersänger Knille.** Lustspiel in 3 Aufzügen. (IV, 123 S.) 8. Leipzig (906). F. Rothbarth. n. 2. —

Skalpierte Köpfe. Glossen z. Fall Allenstein von A[lexander] O[tto] **Weber**. Berlin: Weber-Haus 1910. 21 S. 8° [11. 10463

— **Skalpierte Köpfe.** Glossen zum Fall Allenstein. 1.—10. u. 11.—20. Taus. (24 S.) 8. Ebd. 910. — 50

— **durch die Lupe.** Eine Sammlg. ausgewählter Satiren f. Damen u. Herren. (212 S.) kl. 8. Ebd. (905). Geb. in Leinw. n. 3. —

— **dasselbe.** 7. (Umschlag: 6.—9.) Taus. (142 S.) kl. 8. Ebd. 906. n. 2. —

A[lexander] O[tto] **Weber**: Durch die Lupe. Berlin: Hesperus-Verl. [1909]. 142 S. 8° [10. 11849

Weber, A[lexander] O[tto]: Durch die Lupe. Neue umgearb. Ausg. Berlin: Weberhaus 1910. 139 S. 8°

— **Durch die Lupe.** Neue umgearb. Ausg. 14.—18. Taus. (Humoristisch-satirische Bibliothek.) (139 S.) kl. 8. Ebd. 910. 2.—; geb. 3. —

Ohne Maulkorb. Gereimte Satiren von A. O. **Weber**. München: F. Rothbarth 1904. (125 S.) 8° [F.] [07. 6825

— **ohne Maulkorb.** (Gereimte Satiren.) 18. Taus. (183 S.) kl. 8. Ebd. 906. n. 2. —

A[lexander] O[tto] **Weber**. Ohne Maulkorb. Neue umgearb. Ausg. Ausg. Berlin: Weber-Haus 1910. 128 S. 8° [11. 10464

Weber, A[lexander] O[tto]: Mehr Licht! Gereimte Satiren. 1–10. Taus. Berlin: Riecke [1908]. 143 S. 8°

Weber, A[lexander] O[tto]: Mehr Licht. Satiren. Neue umgearb. Ausg. Berlin: Weberhaus 1910. 141 S. 8°

— **Mehr Licht.** Satiren. Neue umgearb. Ausg. 11.—15. Taus. (Humoristisch-satirische Bibliothek.) (141 S.) kl. 8. Ebd. 910. 2.—; geb. 3. —

Weber, A[lexander] O[tto]: Nur nicht heirathen! Satiren. Ill. von Hanns Anker. 1. bis 5. Taus. Berlin: Riecke [1907]. 45 Bl. 8°

WEBER, A.(lex.) O.(tto), (in Berlin, geb. zu Dresden 15. April 1868, 2ter Mann der berüchtigten Majorin v. Schönebeck, von der er geschieden ist). Nur nicht heiraten. Satiren. 1.—10. Tausend. 1907. 8°. (Mk. 2,50.) (1 Mk. 50 Pfg. J. Frank, Würzburg, 1910.)

— **Nur nicht heiraten!** Satiren. Illustriert v. Hanns Anker. 6.—10. Taus. (Humoristisch-satirische Bibliothek.) (87 S.) gr. 8. Ebd. 911. 2.50; geb. 3. —

Mixed pickles. Gereimte Satyren von A. O. **Weber**. Als Ms. gedr. *Berlin: C. Freund 1904.* (152 S.) 8° [F.] [04. 3360

— **Mixed Pickles.** (Gereimte Satiren.) 11. Taus. (183 S.) kl. 8. Ebd. 906. n. 2. —

A[lexander] O[tto] **Weber**. Mixed Pickles. Neue umgearb. Ausg. Berlin: Weber-Haus 1910. 142 S. 8° [11. 10465

— **Mixed Pickles.** Neue umgearb. Ausg. 26.—30. Taus. (Humoristisch-satirische Bibliothek.) (143 S.) kl. 8. Ebd. 910. 2.—; geb. 3. —

Weber, A[lex.] O[tto], Das Salz der Erde und andere Satiren. Leipzig 1906. 8°.

A[lexander] O[tto] **Weber**. Das Salz der Erde und andere Satiren. Leipzig: Rothbarth; [Berlin: Weberhaus] 1907. 139 S. 8° [10. 11850

— **Das Salz der Erde.** Neue umgearb. Aufl. 11.—15. Taus. (Humoristisch-satirische Bibliothek.) (139 S.) kl. 8. Berlin 910. Weber-Haus. 2.—; geb. 3. —

— Gereimte Satiren. 6.—9. Taus. (228 S.) kl. 8. Ebd. 910. Geb. in. Goldschn. 5. —

— **„Satyr lacht — —".** 7. Taus. (130 S.) kl. 8. Ebd. 906. n. 2. —

A[lexander] O[tto] **Weber**. 'Satyr lacht – –'. Berlin: Hesperus-Verl. [um 1910]. 130 S. 8° [10. 11851

A[lexander] O[tto] **Weber**. 'Satyr lacht – –.' Neue umgearb. Ausg. Berlin: Weber-Haus 1910. 132 S. 8° [11. 10466

— **„Satyr lacht — —".** Neue umgearb. Ausg. 16.—20. Taus. (Humoristisch-satirische Bibliothek.) (132 S.) kl. 8. Ebd. 910. 2.—; geb. 3. —

Weber, A[lexander] O[tto]: Graf Schim v. Panse! Satire. Ill. von Hanns Anker. 1. bis 5. Taus. Berlin: Riecke [1908]. 57 Bl. 8°

Weber, Alfred

Weber, Alfr.(Hrsg.), s. Abhandlungen, Heidelberger volkswirtschaftliche.

Weber, Alfr., die Ausbreitung des Protestantismus, s.: Jugend- u. Volksbibliothek, geschichtliche. 33. Bd.

Weber, Alfred [Dr. jur.]: Ausgew. Doktordissertationen d. Leipz. Juristenfakultät. Der Centenar nach den karolingischen Kapitularien. Leipzig, Veit & C., 1894; 66 S. 8.
Leipzig, Jur. Fak., Inaug.-Diss. v. [16. Dez.] 1893

Weber, Alfr., über einen Fall von secundären Sarkomen nach Chondrosarkoma testis mit eigenthümlicher Lageveränderung der grossen Bauchgefässe. Inaugural-Dissertation. gr. 8. (35 S.) Göttingen 877, (Vandenhoeck und Ruprecht's Verlag.) *

[J.] **Weber,** *Karl David* Alfred: Hausindustrielle Gesetzgebung und Sweating-System in der Konfektionsindustrie ... Leipzig, Duncker & Humblot, 1897; 1 Bl., 35 S., 1 Bl. 8.
Berlin, Phil. Fak., Inaug-Diss. v. 20. März 1897

Weber, Alfr., s.: **Jahresbericht** des vogtländischen altertumsforschenden Vereins zu Hohenleuben.

Weber, A., Die gemeinsamen wirtschaftlichen Interessen Deutschlands u. Oesterreichs. (19 S.) gr. 8. Wien, C. W. Stern. 1902. —. 40.
(Flugschriften des politischen Aufklärungsvereines. Nr. 2)

— Luther u. das Luthertum, s.: Jugend- u. Volks-Bibliothek geschichtliche. 23. Bd.

Weber, Alfr., die Religion als Wille zum ewigen Leben. Ein Vortrag. gr. 8. (X, 45 S.) Strassburg 888. Heitz. n. 1. 60

Weber, A., Ueber den Standort der Industrien. 1. Tl. Reine Theorie des Standorts. Mit e. mathemat. Anh. v. G. Pick. (VII, 246 S. m. 64 Abbildgn.) gr. 8. Tübingen, J. C. B. Mohr. 1909 5. 60.

Weber, Alfred, (von Frauenfeld, Kt. Thurgau): Handschriftliche Studien auf dem Gebiete romanischer Literatur des Mittelalters. Frauenfeld J. Huber Dr. 1876. 80 S., 1 Bl. 8°.
(Zürich, Phil. Diss. v. 18. Dec. 1875).

Weber, Alfr., Wille zum Leben oder Wille zum Guten? Ein Vortrag über Ed. v. Hartmanns Philosophie. gr. 8. (46 S.) Strassburg 882, Trübner. *

Weber, Amalie, Bilder aus der Naturgeschichte u. Geschichte der Heimat, s.: Weber, Adf.

Weber, Amalie, Heimatkunde v. München u. Umgebung, s.: Weber, Adf.

Weber, Amalie, Heimatkunde v. Südbayern, s.: Weber, Adf.

Weber, A(ndreas): Beiträge zur Quellenkritik des Livius besonders für die Geschichte des römisch-karthagischen Krieges in Spanien, 218–206. *Marburg 1897: F. Sömmering.* (49 S.) 8°
Marburg, Phil. Diss. v. [11. Nov.] 1897

— Beweis daß ein Gottesverläugner bey seiner Gottesverläugnung dennoch verbunden sey gottesfürchtig zu leben. 8. Ebend. 745.

— **Beweis, daß e. wahre Religion bey uns. Umständen nothwendig e. geoffenbarten Glauben erfordere, der auf e. göttl. Genugthuung gegründet ist.** 8. Ebend. 745.

Weber, Andr., Beweis, daß Gott d. gefallenen Menschen eine Offenbarung habe geben müssen, nebst d. Merkmalen e. wahren Offenbarung rc. 8. Halle, Renger. 746.

Weber, Andreas (Eisleben) A. S. 1388/41

Differentia spirituum finitorum ex illorum actionibus eruta. Präs. Thomas Christoph Luger. Jena (Buch) 9. IV. 1740. 26 S.

W. v.: Präs. 35865

Weber, Andr., († d. 26. Mai 1781.) comment. de prima Melanchthonis locorum communium editione. 4. Kiel 771.

Das Erhabene, worzu die Freymäurerey ihre ächten Schüler führet, wurde in einer Rede an dem Johannis-Tage 1744 der ger. und vollk. Versammlung derer Freymäurer in Halle vorgestellet von dem Redner [d. ☐ Zu den drei goldnen Schlüsseln in Halle, Andr. **Weber**]. **Halle 1744: [Stenger]. 24 S. 4° [Kupfertit.]**
Abgedr. in: D. neu-aufgesteckte brennende Leuchter d. Frmr-Ordens. 1746 S. 394—407.
cf. Maennel, R.: **Vor 143 Jahren. 1887 S. 32—33, 69—72; BZC. 35 (1906) S. 560—563 (F. Kneisner).**
Kl. 798. **Sehr selten. Vorzüge der Frmrei.**

Der unüberwindliche Freymäurer, wurde bey der jährlichen Feyer des 5747 ten Jahres in einer Ode besungen, von einem Bruder in Halle [d. i. Andr. **Weber**]. [Halle 1748.] 4 Bl. 4° [Umschlagtit.]
cf. Maennel, R.: Vor 143 Jahren. 1887 S. 33—35.
Kl. 811. Selten. 23.

Weber, Andreas [Praes.], s. Jensen, Friedrich Christoph: De criteriis veritatis partem generaliorem ad praescriptum constitutionis Fridericianae.

Weber, Andreas (Heldburg) Altd. Jur. 50/10

De Judaeis circularis disputatio.
Präs. Jo. Christoph Wagenseil.
Altdorf (Kohles) 16. IX. 1705. 8 S. 35863

Weber, Andreas (Heldburg) Altd. Thl. 20/29

Miculae XXX. ex Novo Testamento Syriaco.
Präs. Christoph Sonntag.
Altdorf (Kohles) 10. V. 1703. 16 S.

W. v.: Präs. 35860

Weber, Andreas (Heldburg) A. S. 1332/20

Dissertatio inauguralis philologico-physica de ... sive odore vestium Esaui ad Genes. XXVII.
Präs. Johann Wilhelm Bajer.
Altdorf (Kohles) VI. 1705. 16 S. 35862

— Oratio de officiis studiosi litterarum. 4. Gött. 753.

— zwei Predigten von d. Pflicht Gott zu lieben u. von d. Gerechtigkeit. 8. Götting. 756. 4 gr.

— Samml. einiger Predigten. 8. Jena 752. Cuno. 16 gr.

Weber, Andreas (Eisleben) A. S. 1337/46

Dissertatio philosophica. Spatium vicaria temporis mensura. Präs. Georg Christoph Stellwag. Jena (Ritter) 21. III. 1739. 24 S.

Gew.: Andreas Kunad. 35864

— die Uebereinstimmung der Natur und Gnade in allen zum Rathe Gottes erforderl. Lehren des Christenthums, erwiesen rc. 4 Thle. 8. Halle 748—50. Renger. 2 Thl. 18 gr.

Weber, Andreas. Untersuchung über den Einfluss der Sulfogruppe im Orthotoluidin auf die Bildung von Indazolen. Diss. Phil. Basel. 40 S. 8. Basel, Emil Birkhäuser, 1908.

Weber, Andreas (Heldburg) A. S. 1379/2

Vindemiola sacra de uvis eucharisticis, ad illustrandum canonem XXVIII. Trullanae synodi. Präs. Christoph Sonntag. Altdorf (Kohles) 15. X. 1704. 20 S. 35861

— der Weise, betrachtet. (Ein Programm.) 4. Götting. 750. ... 3 gr.

Weber, Antoine: Die Erziehungsfaktoren in ihrem Verhältnisse zur Schule, mit besonderer Berücksichtigung des luxemburger Unterrichtswesens. 28 S. Diekirch, Gymn., Progr. 1873/74

Weber, Anton

Weber, Ant., die Albertus-Kapelle in Regensburg. gr. 8. (14 S. m. 1 Abb.) Regensburg 898. J. Habbel. n. — 50

Weber, G. A., die Albertus-Kapelle in Regensburg. 2. verb. u. verm. Aufl. (26 S. m. 4 Abb.) gr. 8. Regensburg 908. J. Habbel. — 50

Weber, Anton. Der Anschluss der Freien Ämter des Aargaues an den Kanton Zug. Eine Erinnerung an die bezüglichen Bestrebungen. [Sep.-Abdr. aus: Der Geschichtsfreund.... Band 58.] 48 (+ 1) S. 8. [Stans, Ad. & P. von Matt, 1903.]

(Weber, A[nton].) 1. Der Auflauf in Zug im Jahre 1523: (— 2. Alte Häuser und Geschlechter in Zug. [Mit 1 Tafel und 2 Beilagen:] Der Hirthemmlikrieg, 1799 [und] Zugerische Landgerichtsstätten [von] A[nton] Wickart. Zuger. Njbl. 1890.) 4. (Zug 1890.)

Weber, Anton, Referendar in Hechingen: Beitrag zur Dogmatik des Namenrechts. Hechingen 1905: Ribler. (XI, 73 S.) 8°
Freiburg i. B., Rechts- u. staatsw. Fak., Ref. Rosin, Diss. v. 5. Febr. 1906
[Geb. 4. Aug. 79 Krauchenwies; Wohnort: Krauchenwies; Staatsangeh.: Preußen; Vorbildung: Gymn. Ravensburg Reife Juli 01; Studium: Freiburg i. B. 1, Leipzig 2, Berlin 1, Freiburg 1 S.; Rig. 13. Febr. 05.]

Weber, Ant., s.: Blätter, katechetische.

Weber, Ant., Albrecht Dürer. Sein Leben, Wirken u. Glauben, kurz dargestellt. gr. 8. (IV, 116 S. m. 11 Abbildgn.) Regensburg 894. F. Pustet. n. 1. —

— dasselbe. 2., verm. u. verb. Aufl. gr. 8. (IV, 148 S.) Ebd. 894. n. 1. 20; geb. in Halbfrz. n. 1. 60

Weber, (G.) Ant., Albrecht Dürer. Sein Leben, Schaffen u. Glauben. 3., verm. u. verb. Aufl. (XII, 236 S. m. Abbildgn.) gr. 8. Regensburg 903. F. Pustet. 2. 40; geb. in Leinw. n. 3. —

Weber, A[nton]. Die Eigenleute des Gotteshausgerichtes am Menzingerberge und im Aegeritale in ihren Verhältnissen und Beziehungen einerseits zum Stifte Einsiedeln und anderseits zu Stadt und Amt Zug. [Sep.-Abdr. aus dem Geschichtsfreund, Band 62.] II + 99 S. 8. Stans, Ad. & P. von Matt, [1907].

— s.: Evangelien, die vier heiligen.

Weber, Ant., Grundablösung od. Regulierung? Eine technisch-wirtschaftl. Studie üb. die Regulierg. der Draufluss-strecke Friedau-Polstrau. (18 S. m. 1 Karte.) Lex.-8. Wien 905. (Lehmann & Wentzel.) n. 1. —
Sonderabdruck aus: „Oest. Wochenschr. f. d. öff. Baudienst".

— der hl. Hieronymus. Ein neu aufgefundenes Gemälde Albrecht Dürers. gr. 4. (4 S. m. 6 Taf.) München 901. Vereinigte Druckereien u. Kunstanstalten. n. 3. —
Sonderabdr. aus: „Monatsber. üb. Kunstwiss. u. Kunsthandel".

— die römischen Katakomben. 2., sehr verm. Aufl. 8. (167 S.) Regensburg 900. F. Pustet. 1. 20; geb. in Leinw. n. 1. 80

— die römischen Katakomben. 3., verm. u. verb. Aufl. (VII, 200 S. m. 22 Abbildgn.) gr. 8. Regensburg 906. F. Pustet. n. 2. —; geb. in Leinw. n. 3. —

— ausgeführte Katechesen üb. die Gebote Gottes f. das 3. Schulj. (IV, 510 S.) 8. Kempten 904. J. Kösel. n. 3. 40; geb. n. 4. —

— dasselbe üb. das 3. Hauptstück f. das 5. Schulj. (IV, 352 S.) 8. Ebd. 904. n. 2. 60; geb. in Leinw. n. 3. 20

— Regensburgs Kunstgeschichte im Grundriß. M. 12 Abb. gr. 8. (86 S.) Ebd. 898. n. — 60

Herrn Hofrat Ludwig von Urlichs zu seinem fünfzigjährigen Doktorjubiläum von dem Lehrerkollegium der k. Studienanstalt Würzburg: Leben und Werke des Bildhauers Dill Riemenschneider. — Von Anton Weber, Stdl. — 1884, Würzburg. — S. 1—46.

Progr. Würzburg, K. Gymn.

Weber, Ant., Leben u. Werke d. Bildhauers Dill Riemenschneider. Mit 5 Abbildgn. gr. 8. (VIII, 39 S.) Würzburg 884. Woerl. n. 1. —

Weber, Ant., Leben u. Wirken d. Bildhauers Dill Riemenschneider. Mit 20 Abbildgn. 2., verm. Aufl. Lex.-8. (VII, 79 S.) Würzburg 888. Woerl. n. 2. —

WEBER, Anton: Die Lehre vom Privateigentum und das neue Testament. — 1908. 987 S. Diss. Graz, Univ.

Weber, Ant. Literas a Truchsessio ad Hosium annis 1560 et 1561 datas ex codice Augustano primum ed. atque annotationibus illustravit et prooemio indiceque exornavit A. W. gr. 8. (123 S.) Regensb. 892, Verlags-Anstalt. * 1 50

Weber, (Geo.) Ant., größte Maler u. das positive Christentum, s.: Volksaufklärung.

Weber, Anton: Die Münchener katechetische Methode. Kempten & München: Kösel 1905. 203 S. 8°

Weber, A. See-Einbrüche in Zug. Kl. in-8°, 16 S. Zug, Elsener. 1888.

— Vorträge u. Ansprachen. gr. 8. (109 S.) Ebd. 895. — 75

Weber, Anton: Ueber die **Wärmeleitungsfähigkeit** gepresster Salze nach der Methode des geteilten Stabes. *München 1900: Seitz & Schauer.* (39 S.) 8°
München, Phil. Diss. v. 1900

Weber, A[nton]. **Die erste eidgen. Wehrverfassung.** Geschichtliche Darstellung der Entstehung und der Schicksale des Defensionals von 1668. Sonderabdruck aus Geschichtsfreund Bd. 57. 91 S. 8. Stans, Paul von Matt, [1902].

Die öffentlichen und privaten Wohlthätigkeits-Anstalten des Kantons Zug. (Verf.: A. **Weber** in Zug.) [1. 2.] *(Zürich 1892: Schulthess.)* 2 Bde 8° [Kopft. F.]
= Neujahrsblatt hrsg. v. d. Hülfsgesellschaft in Zürich. 91. 92. [01 1594

Weber, Arnulf, die Obst- u. Beerenweinbereitung, 2. Aufl., s.: **Schneider, Joh.**

Weber, Arnulf, **die Obst- u. Beerenwein-Bereitung u. die Herstellung weinähnlicher Getränke u. unvergorener Obstsäfte.** 3., vollständig neubearb. Aufl. (96 S. m. Abb.) 8. Würzburg 907. Verlag des Prakt. Wegweisers. — 50

Weber, Arth., s. a.: **Kernwart,** E. A.

Weber, Arthur, Dr., Assist. d. Med. Universitätsklinik in Giessen: Über die Behandlung schwerer Anämien mit Menschenbluttransfusion. Leipzig: Vogel 1909. 26 S. 8° ¶ (Aus: Deutsches Archiv f. klin. Medizin. Bd 97.)
Gießen, Med. Hab.-Schr. v. 1909 [U 09. 1231

— **Eine Betrachtung einiger Lehren der Upanishaden,** s.: **Vorträge,** geheimwissenschaftliche. 27.

Weber, Arth., die Bewusstseinsreiche im Weltall. (VIII, 96 S. m. 1 Taf.) gr. 8. Leipzig (904). Theosoph. Central-Buchh. n. 2. —

— **die sieben Grundkräfte od. Schwingungszustände in der Konstitution des Menschen.** (68 S. m. 1 Taf.) gr. 8. Ebd. (906). n. 1. 50; geb. n. 2. —

— **Die Harmonie der Welten,** s.: **Schmidt,** Karl.

Weber, Arth., die Herrlichkeit des neutestamentlichen Amtes. Predigt über 2. Korinth., Kap. 3, Vers 4—11 am 12. Trinitatissonntag 1877 in der Pfarrkirche zu Roschitz bei Gera gehalten. gr. 8. (14 S.) Gera 877, (Kanitz' Sortiment.) *

Weber, Arth., **die evangelisch-lutherische Immanuelsynode in ihrer geschichtlichen Entstehung u. in ihrer Berechtigung nach Schrift u. Bekenntnis.** Im Auftrage derselben verf. gr. 8. (103 S.) Breslau 890. Dülfer. n. — 80

— u. **C. A. F. Kluge, die persönliche Macht u. die geheimnisvollen Kräfte der Fascination, der Suggestion, des Magnetismus u. des Hypnotismus.** Ein Handbuch zur Erlangg. v. Beliebtheit, Einfluß, Erfolg im Geschäft, Glück in der Liebe u. s. w. 2. verb. Aufl. (III, 88 S.) 8. Leipzig (906). Modern-medizin. Verlag. n. 2. —

Weber, A., u. C. A. F. Kluge, **die persönliche Macht u. die geheimnisvollen Kräfte der Faszination, der Suggestion, des Magnetismus u. des Hypnotismus.** Ein Handbuch zur Erlangg. v. Beliebtheit, Einfluß, Erfolg im Geschäft, Glück in der Liebe u. s. w. 5. verb. Aufl. (15.—20. Tauf.) (III, 85 S.) 8. Leipzig (910). Modern-medizin. Verlag. 2. —

Weber, Arth., **über die Unsterblichkeit der menschlichen Seele u. deren harmonische Entwicklung.** (15 S.) gr. 8. Haimhausen (903). Lorch, K. Rohm. n. — 25

Weber, Arthur *Oskar Ernst* [aus Lübben N. L.]: Aus d. patholog. Institut d. Univ. Greifswald. Klinische und histologische Untersuchung eines Falles von Aortenaneurysma mit älteren Perforationen in Lunge und Trachea . . . Greifswald, Druck v. J. Abel, 1897; 26 S. 8.
Greifswald, Med. Fak., Inaug.-Diss. v. 11. Mai 1879 [vielm. 1897]

Weber, Arthur, aus Veckerhagen (Hess.-N.): **Klinische Untersuchungen** über febrile Albuminurie. *Greifswald 1904: H. Adler.* (36 S.) 8°
Greifswald, Med. Diss. v. 15. März 1904

Weber, Arth., s.: Vorträge, geheimwissenschaftliche.

— s.: **Wanderer, der.**

— s.: **Wegweiser, theosophischer.**

Welches sind die bisherigen Ergebnisse des Streites über Babel und Bibel? Ein Vortrag von Pastor **Arthur Weber** in Liegnitz geh. 1903. *(Mühlhausen: Th. Petena) 1903.* (26 S.) 8° [F.]
Aus: Ev.-Luth. Sonntagsblatt d. Immanuelsynode. 1903.

— **Die Zitronenkur, e. bewährtes Heilverfahren gegen die Gichtplage u. Gallensteine,** s.: **Osiris-Bücher.** 19. Bd.

Weber, August, approb. Arzt aus Frankfurt a. M.: **Beiträge zur Lehre von den Zwillingen.** *Marburg 1904: R. Friedrich.* (59 S.) 8°
Marburg, Med. Diss. v. 2. Febr. 1904

Weber, Aug.: Die Frühsymptome des Speiseröhrenkrebses, insbesondere der Spasmus. Heidelberg 1905: J. Hörning. (26 S.) 8°
Heidelberg, Med. Fak., Ref. Erb., Diss. v. 1905.

Die Hühnertuberkulose, ihre Beziehungen z. Säugetiertuberkulose u. ihre Übertragung auf Versuchstiere mit bes. Berücks. d. Fütterungstuberkulose. Von Stabsarzt Dr. A[ugust] **Weber** u. Oberarzt Dr. H. Bofinger. Mit 1 Taf. *Berlin: J. Springer 1904.* (S. 83—158.) 4°(8°)
= **Tuberkulose-Arbeiten** aus d. Kaiserl. Gesundheitsamte. H. 1, [2.] [04. 8019

Die Kaltblütertuberkulose. Von Reg.-R. Dr. A[ugust] **Weber** u. Dr. M[ax] Taute. Berlin: J. Springer 1905. (S. 110—144.) 4°(8°)
= **Tuberkulose-Arbeiten** aus d. Kais. Gesundheitsamte. H. 3, [2.] [05. 11301

Weber, *Friedrich* August [aus Kirchheim u./Teck (Württemb.)]: Zur Kenntnis der hyalinen (homogenen) Harncylinder . . . Berlin, C. Vogts Buchdr., *1895;* 29 S., 1 Bl. 8.
Berlin, Med. Fak., Inaug.-Diss. v. 13. Aug. 1895

Weber, Aug., **die aktive oder Reiz-Congestion und deren innere Mechanik.** Lex.-8. (45 S.) Erlangen 855, Enke's Vrlgsh. *

Weber, A[ugust]: Untersuchungen über die Verbrennungsproducte von Leuchtflammen und über die Verbrennung des Leuchtgases an gekühlten Flächen und in Gasmotoren. 1897. 33 S. 8° ¶ Vgl. Berichte d. Deutschen Chem. Gesellschaft. Jg. 29. 1896.
Karlsruhe, Dipl.-Diss. v. 29. 7. 1897

—— **die neueste Vergötterung des Stoffs.** Ein Blick in das Leben der Natur und des Geistes, für denkende Leser. 8. (XV und 281 S.) Gießen 856, Ferber'sche Universitäts-Buchh. *

Weber, Aug., **die neueste Vergötterung des Stoffs.** Ein Blick in das Leben der Natur und des Geistes, für denkende Leser. 2. (Titel-)Ausg. 8. (XV und 248 S.) Gießen (856)58, Ferber'sche Universitäts-Buchh. *

Weber, August Gottlob

Weber, Aug. Glo., († d. 15. Mai 1807.) vermischte Abhandlungen aus d. Arzneiwissenschaft. gr. 8. Leipz. 788. Schwickert. 16 ℋ

— Antwort auf d. Plagemannsche Kritik des Titels e. kleinen Abhandl. im 8n Jahrg. d. Monatsschr. von u. für Mecklenburg. Nebst 3 Beilagen. 8. Rostock 799.

— Auszüge verschied. arzneiwissenschaftl. Abhandll. aus d. wöchentl. Hallischen Anzeigen, zum Nutzen d. Aerzte u. Liebhaber d. Arzneiwissenschaft. 1r Bd., enthalt. d. Jahre 1729—56. gr. 8. Halle 788. Renger. 1 ℛ 2r Bd., d. J. 1761—84 enthaltend. gr. 8. Ebd. 788.

Weber, August Gottlob: Auszüge verschiedener arzneiwissenschaftlicher Abhandlungen aus den Wöchentlichen Hallischen Anzeigen. Bd 1 - 2, gbd.

Halle: Renger 1788 - 1789

— Briefe an Aerzte u. Weltweise, s. Briefe.

Allgemeine Helkologie oder Nosologisch- therapeutische Darstellung der Geschwüre, ... entworfen von August Gottlob Weber. Berlin: Franke 1792. XVIII, 268 S. 8°

— commentatio de initiis ac progressibus doctrinae irritabilitatis; cum historia sensibilitatis atque irritabilitatis partium morbosae. 8maj. Halle 783. Waisenh.-Buchh. 10 ℋ

Weber, Aug. Gttl., Comm. de initiis ac progressibus doctrinae irritabilitatis, cum historia sensibilitatis atque irritabilitatis partium morbosae. 120 pp. Hal. 4°. 1783

Weber, A. Gl., resp. Chr. Lud. Wischke, Mali hypochondr. veri ac nervosi signa et diagnosis. Specimen semiologiae med. criticae. 72 pp. Rost. 8°. *Buchholz* u. *Becker*, Ausz. 1, 1. St., p. 126. Salzb. med. chir. Zt. 1796, II, 33. 1795

Aug. Arnotheus Weber specimen novae editionis Auli Corn. Celsi. Hal. 1788. 4.

Weber, August Gottlob, s. Swieten, v.: Epidemien.

— allgem. nützl. theoret. u. prakt. Wahrnehmungen über d. Viehseuche; nebst Anzeige d. Mittel, diesem Uebel zuvorzukommen u. selbigem abzuhelfen. 8. Halle 788. Hendel. 2 ℋ

Weber: Allgemeinnützliche theoretische u. praktische Wahrnehmungen üb. die Viehseuche ... aus den hinterlassenen Handschriften d. Dr. —. Halle 1788. 45 S. 8°.

Weber, Aug. Karl, d. Verfassungs- u. Verwaltungsrecht d. Großherzogth. Hessen, s.: Küchler, Frdr.

Weber, August Wilhelm Ludwig

Weber, Aug. Wlh. Ldw., de pecunia hereditaria in concursu creditorum e jure pretii residui rei venditae aestimanda. 4. Rostock 816. Stiller. 8 ℋ (Götting., Brose). 6 ℋ

Weber, August Wilhelm Ludwig [Hrsg.], s. Weber, Adolf Dietrich: Erläuterung der Pandekten.

Weber, Auguste: Bericht der Herren Dr. Weber und Dr. Feyder über ihre Sendung nach Berlin zu den Vorträgen von Herrn Geheimrath Dr. Koch über die Cholera. Luxemburg: Buck 1885. 33 S. 8°

Weber, Auguste, Schicksalswalten, s.: Foehse, Ludw.

Weber, Barthel, der Croup und seine Behandlung. Eine Monographie. gr. 8. (XII und 180 S.) Erlangen 847, Enke's Vrlgsh. *

Weber, Beda

— s. Blüthen heil. Liebe u. Andacht.

Weber: Die Stadt Bozen und ihre Umgebung. I. Bozen in ältester Zeit. III. Älteste Stadtordnung und Gemeindeverfassung. IV. Ausbildung der Märkte. V. Einfluß der Landesfürsten, ihre Rechte. VI. Zustände von Bozen vor und während des Reformations-Zeitalters. (Hinweise auf Alkoholkonsum und -Produktion.) 8°. 472 S. Bozen. 1849.

Weber, Beda, die Stadt Bozen und ihre Umgebungen. gr. 12. (X und 485 S. mit 1 in Stahl gest. Ansicht und lithogr. Karte in Fol. von der Umgebung von Bozen.) Bozen 849, [Pfaundler'sche Buchh.] *

Weber, Beda: Charakterbilder. Mit Ws Bildn. Frankfurt: Sauerländer 1853. Inhalt: Mühler in Meran. 18[illegible]. Der Sonderling von der Etsch. 1852. Tod eines Dorfkaplans in den Tiroler Alpen. 1846. Joh. Frdr. Heinr. Schlosser. 1851. Michael Feichter, Regens in Brixen. 1843. Koch in Rom 1829. 1847. Welt und Literatur (Rezensionen). Liszt an der Grenze von Kroatien. Aus Italien. 1847–48. Umrisse aus der Paulskirche

Weber, Beda, Charakterbilder. gr. 8. (XII und 489 S. mit dem Bildniß des Verf. in Stahlst.) Frankfurt a. M. 853, Sauerländer's Verlag.

Weber, Beda, s. J. Chrysostomus, 6 Bücher vom Priesterthume.

Weber, Beda, s. Denkbuch der Erbhuldigung.

Weber, Beda, le Guide du voyageur en Tirol. Trad. de l'Allemand par F. M. de Ring. 12. (15⅙ B. u. 1 Charte.) Innsbruck 841, libr. Wagner.

—— Handbuch für Reisende in Tirol. In einem Bande. Nach dem größeren Werke: „das Land Tirol," verbessert u. berichtiget. 16. (27 B., 1 Tab. u. 1 Karte.) Innsbruck 842, Wagner'sche Buchh. 1 Thlr. 22½ Ngr. — In Leinwd. geb.

—— Handbuch für Reisende in Tirol. In 1 Bd. Nach dem größeren Werke: „Das Land Tirol," vielfach verb. und berichtiget. 2. Aufl. 16. (IV und 436 S. mit 1 in Stahl gest. und ill. Karte in Imp.-4.) Innsbruck 853, Wagner'sche Buchh.

—— Andreas Hofer und das J. 1809, mit besond. Rücksicht auf Passeiers Theilnahme am Kampfe. gr. 8. (IV und 211 S.) Innsbruck 852, Wagner'sche Buchh.

—— Johanna Maria vom Kreuze (Giovanna Maria dalla Croce) und ihre Zeit. Ein Lebensgemälde aus dem 17. Jahrh. 2. (Titel-)Ausg. gr. 8. (376 S.) Regensburg (846)58, Manz.

Weber, Beda, Johanna Maria vom Kreuze [Giovanna Maria della Croce] u. ihre Zeit. Ein Lebensgemälde aus dem 17. Jahrh. 3. Aufl. gr. 8. (368 S.) Regensburg 877. Manz. 3. 40

Weber, Beda, Cartons aus dem deutschen Kirchenleben. Mainz 858. Kirchheim. gr. 8. (VIII, 789 S.) 2 ℛ 10 ngr.

—— Lieder aus Tirol. 8. (16 B.) Stuttgart u. Tübingen 842, Cotta'sche Buchh.

—— Meran u. seine Umgebungen. Oder: das Burggrafenamt v. Tirol. Für Einheimische u. Fremde. gr. 12. (14⁷⁄₁₂ B. u. 1 Karte.) Innsbruck 845, Wagner'sche Buchh.

—— das Thal Passeier und seine Bewohner. Mit besond. Rücksicht auf Andreas Hofer und das J. 1809. gr. 8. (IV und 531 S.) Innsbruck 851(52,) Wagner'sche Buchh.

Das Thal Passeier und seine Bewohner. Von Beda Weber. 2. Aufl. von Prof. Adelgott Dr. Schatz, O. S. B. *Meran: (C. Jandl) 1902 (1903).* (460, XII S.) 8° [F.] [03. 9564

— Predigten an's Tiroler Volk. gr. 8. (VIII u. 448 S. m. Porträt in Stahlst.) Frankfurt a. M. 851, Sauerländer. 1 ½ ℔

Weber, Beda, zur Reformationsgeschichte der freien Reichsstadt Frankfurt a. M. Aus dem literar. Nachlasse. Hrsg. u. ergänzt durch J. Diefenbach. gr. 8. (IV, 88 S.) Frankfurt a/M. 895. P. Kreuer. n. 1.—

[**Weber**, Beda]: Das Land Tirol. Mit einem Anh. Vorarlberg. Ein Handbuch für Reisende. Bd 1—3. X Innsbruck: Wagner 1837—1838. 862 S.; 616 S. u. 600 S.

Weber, Beda, Tirol u. die Reformation. In histor. Bildern u. Fragmenten. Ein kathol. Beitr. z. nähern Charakterisirung d. Folgen d. 30jähr. Krieges vom tirolischen Standpunkte aus. gr. 8. (27 ½ B.) Innsbruck 841, Wagner'sche Buchh.

Weber, Beda, der Tod e. Dorfkaplans in den Tiroler Alpen, s.: Bücherei, allgemeine.

Weber, Beda, Professor Carl Vogt. Historisch und physiologisch geschildert. [Aus den Charakterbildern.] 3. Aufl. gr. 8. (16 S.) Emmerich 868, (Romen.)

—— Oswald v. Wolkenstein und Friedrich mit der leeren Tasche. In eilf Büchern. gr. 8. (IV und 499 S.) Innsbruck 850, Wagner'sche Buchh.

Weber, Benno, einige Ursachen der Wiener Krisis vom J. 1873. gr. 8. (VIII, 131 S.) Leipzig 874, Veit und Comp.

Weber, Bernhard

Weber, Bernh., der **Abschluß** e. Aktien-Gesellschaft in schematischer Bearbeitung. Mit kurzer Darstellg. der Geschichte der A.-G., ihrer Bedeutg. in der Volkswirtschaft, der Bestimmgn. im Handelsgesetzbuche u. ihrer Eigentümlichkeit in der Buchführg. Ausg. A. (25 S.) Fol. Mannheim 903. (J. Bensheimer's Verl.) n.n. — 84

— dasselbe. Ausg. B. Für Selbststudium. (25 u. 23 S.) Fol. Ebd. 903. n.n. 1.80

Weber, B. Der Abschluss einer Aktien-Gesellschaft in schematischer Bearbeitung. Mit kurzer Darstellung der Geschichte der A.-G., ihrer Bedeutung in der Volkswirtschaft, der Bestimmungen im Handelsgesetzbuche und ihrer Eigentümlichkeit in der Buchführung. 3 Auflage. Mannheim 1907.

— Correspondance commerciale française-allemande, s.: **Vincent**, Paul.

Weber, Bernhard: Die wirtschaftliche Entwicklung Mannheims von 1870 bis 1900. *(Mannheim: A. Bender 1904)* (XI, 103 S.) 8° [F.]
Tübingen, Staatswiss. Diss. v. 1904

Weber, Bernhard: Die Feier der Einweihung des neuen Schulgebäudes. Buer ⟨Westf.⟩ 1909: Vest. S. 3—13. 4°
Buer i. W., G i. E. u. R i. E. P 1909 (509) [S 09. 490

Weber, B(ernhard): Zur Geschichte der höheren Lehranstalt zu Buer. (Buer ⟨Westf.⟩: Vest 1908.) S. 3—35. 4°
Buer, R u. RG i. E., in Festschr. z. Erinn. an d. Einweih. d. Schulgebäudes, P 1908 (489) [S 08. 514

— u. C. **Kaiser**, deutsch-englische Handelskorrespondenz. Für kaufmänn. Fortbildungsschulen u. Handelsschulen bearb. II. Tl.: Englisch. (VII, 110 S.) 8. Leipzig 905. O. Nemnich. Geb. n. 1.40; Schlüssel (47 S.) 906. n. — 80
Der I. Tl. ist noch nicht erschienen.

— u. **Paul Vincent**, deutsch-französische Handelskorrespondenz. 2 Tle. 8. Wiesbaden. Leipzig, O. Nemnich. Geb. in Leinw. n. 2.60; in 1 Bd. n. 2.20
1. Deutsch. Für Handelsschulen bearb. (VI, 115 S.) 904. 1.20
2. Französisch. Für kaufmänn. Fortbildungsschulen u. Handelsschulen bearb. (IV, 136 S. m. 2 Taf.) 905. 1.40

Weber, Bernardus [Nassovius]: De *οὐσίας* apud Aristotelem notione eiusque cognoscendae ratione .... Bonnae, typ. Petri Hauptmanni, 1887; 32 S. + 1 Bl. 8°.
Bonn, Phil. Fak., Inaug.-Diss. v. 7. März 1887.

Weber, Bernh., de οὐσίας apud Aristotelem natione eiusque cognoscendae ratione. Dissertatio philosophica. gr. 8. (32 S.) Bonn 887, Behrendt. *

Weber, Bernhard Anselm

Cantate bei der Gedächtniss-Feier für den verewigten Br. Carl Christoph Klemm. Am 6ten Jan. 1864. [Komp. von Bernh. Anselm **Weber.**] Berlin [1864]: Mittler & S. 2 Bl. 4⁰ [Umschlagtit.]
Ohne Noten: „Selig sind die Todten, selig..." 23.

Kantate bei der Gedächtniss-Feier des Brs Joachim Friedr. v. Neander [v. Petersheiden] in Musik gesetzt vom Br. B[ernh.] A[nselm] **Weber.** Berlin, am 1sten Mai 1818. 2 Bl. 4⁰ [Umschlagtit.]
Ohne Noten: „Selig sind die Todten, selig, . . ." 25.

Cantate bei der Gedächtniss-Feier für Carl Friedr. v. Selasinsky. Am 9. Juni 1860. [Am Ende:] Comp. von Bernh. Anselm **Weber.** Berlin [1860]: Mittler & S. 2 Bl. 4⁰ [Umschlagtit.]
Tt. 2410. Ohne Noten: „Selig sind die Todten, selig, . . ." 439.

Cantate bei der Gedächtniss-Feier für den verewigten Br. Gust. Adolph v. Ziegler. Am 31. Aug. 1882. [Komp. von Bernh. Anselm **Weber.**] Berlin 1882: Mittler & S. 2 Bl. 4⁰ [Umschlagtit.]
Ohne Noten: „Selig sind die Todten, selig..." 25.

Lieder des Danks und der Freude am St. Johannis-Feste 1804 in der allgemeinen Versammlung der hochw. GrLL. d. Frm. v. Deutschland in Berlin. Gesungen von Eunicke, Gern und Grell, unter Begleitung sämmtlicher musikalischer Brüder. Nach der Komp. des Br. **Weber.** [Berlin 1804]: Dieterici. 2 Bl. 8⁰ [Umschlagtit.]
3 Lieder ohne Noten. 3.

Weber, Bruno: Ueber Carcinoma Ovarii. Halle (1873): Plötz. 30 S. 8°
Halle-Wittenberg, Med. Diss. v. 9. Aug. 1873
Geb. Gera (Reuss j. L.) 16. 3. 1850. V.

Weber, C. [Pseudon.] s. Tschudi, Friedrich von.

Weber, C., Gesundheitspflege in Nürnberg, s.: Beckh, W.

Weber, C., üb. Gicht u. deren Behandlung. 41 Fälle v. Gicht m. Homburger Elisabeth-Wasser behandelt im Sommer 1875. gr. 8. (39 S.) Homburg 876. Frauenholz. n. 1. —

Weber, C., der Sonderbund und seine Auflösung von dem Standpuncte einer nationalen Politik. 1. und 2. Aufl. gr. 8. (112 und 120 S.) St. Gallen 848, Scheitlin und Zollikofer.

Weber, C., die Stallhaltung der Pferde. Für Militair und Civil, Oeconomen, Thierärzte, Architecten, Beamte und Alle, die sich um des Pferdes und unserer Hausthiere Wohl und Wehe bekümmern wollen oder sollen. gr. 8. (IV, 125 S. mit 2 lithogr. Taf.) Würzburg 873, Stuber.

Weber, C. A., chirurgischer Almanach für die Jahre 1846—1852. 9-15. Jahrg. gr. 16. (1846: VIII u. 84 S. 1847: VIII u. 314 S. m. 1 lith. Taf. 1848: VIII u. 271 S. 1849: VIII u. 269 S. 1850: VIII u. 368 S. 1851: VIII u. 304 S. m. 1 lith. Taf. 1852: X u. 316 S. m. 1 lith. Taf.) Osterode 847—53, Sorge. à n. 2/3 ₰ (bildet die Fortsetzung von: Baumgarten, Fr. Er., chirurg. Almanach.)

Weber, C. A., die Jungfrau von Damaskus. Romantisches Gedicht in vier Gesängen. 16. (VI u. 168 S.) Magdeburg 852, Baensch. In Engl. Einb. m. Goldschn. 1 ₰

Weber, C. A., die Jungfrau von Damaskus. Romantisches Gedicht in 4 Gesängen. 4. u. 5. verb. (Titel-)Aufl. Leipzig 857. Baensch. (Gräbner.) 16. (3 Bl., 163 S.) n. 1 ₰.

Weber, (C. A.,) Rückblick auf die contagiöse Augenentzündung am Niederrhein. gr. 8. Cöln 827, Du-Mont-Schauberg.

Weber, C. F., dialogus de ecclesia Anglicana et de regimine ecclesiastico. 12. Nerolingae 843, Beck. 1/6 ₰

Weber, C. F., Disputationis de M. Valerii Messalae qui dicitur libello de progenie Augusti conscriptae 2 partes. Pr. 1874. 19, 24 S. 4°. à 1.50

Weber, C. F., nach ernstem Kampfe. Vaterländ. Schauspiel in 5 Akten. gr. 8. (81 S.) Dürkheim 808. (Kaiserslautern, E. Crusius.) - 75

Weber, C. F. Verlorene deutsche Verbalstämme mit verwandten Formen aus dem Indischen, Griechischen, Lateinischen und mehreren neueren Sprachen. Memmingen. Lateinsch., 1863. 6 S. kl. Querfol. Progr.

Weber, C. M., de veterum diem natalem celebrandi consuetudine. Vimar. 1751. 4.

Weber, C. W., die Entstehung des Grundeises nach Erfahrungssätzen und physikalischen Regeln erläutert. Nebst vorausgehenden Bemerkungen über Eisbildung überhaupt, über Treibeis und Eisfahrt. gr. 8. (20 S.) Schandau 856. (Dresden, Burdach.) *

—— Handbuch der gebräuchlichen Ausdrücke bei der Elbschifffahrt (über 900 Artikel enthaltend). Als Leitfaden zur Vorbereitung auf die Schifferprüfungen, so wie zum Nachschlagen Derer bestimmt, die sich für die Elbschifffahrt interessiren. 8. (VIII und 127 S.) Pirna 853, Diller und Sohn.

Weber, C. W., Handbuch der gebräuchlichsten Ausdrücke bei der Elbschifffahrt. Als Leitfaden zur Vorbereitg. auf die Schifferprüfgn., sowie zum Nachschlagen derer bestimmt, die sich f. die Elbschifffahrt interessiren. 2. völlig umgearb. Aufl. 8. (155 S. m. 2 Steintaf.) Pirna 871. Diller & Sohn. n. 1. 20

Weber, Carl, s. Weber, Karl

Weber, Carlos, s. Weber, Karlos

v. Weber, Ch. M., s. Stephenson, R., die atmosphär. Eisenbahn.

Weber, Chr. Gotth., Worin besteht unsre wahre Glückseligkeit auf Erden? Predigt über I. Petr. III, 8—15. Nürnberg 861. Raw. gr. 8. (24 S.) n. 3 ngr.

Weber, (Chr. H.,) der Handel als Quelle des National-Einkommens, nebst einer Darstellung der neuesten Verhältnisse des süddeutschen Verkehrs. gr. 8. Tüb. 824, Osiander.

Weber, Chr. W., d. Handel als Quelle des National-Einkommens, nebst e. Darstellung d. neuesten Verhältnisse d. süddeutschen Verkehrs. gr. 8. Tübing. 824. Osiander. 8 K

Weber, Christ. Fr.

— Beschr. der großen Saline bey Gmünden in Oesterreich u. einige Gedanken üb. and. Salinen. 8. Ebend. 789.

Weber, Christ. Fr., leichtfaßliche Chemie f. Handwerker u. deren Lehrlinge. 8. Tübingen, Heerbrand. 792.

— Geschichte der Ruhr u. Faulfieber, die am Rhein u. der Krankheit, die in Schwaben gewüthet haben. 8. Ebend. 789.

Weber, Christian [Praes.], Breth, Chn. Gottfr.: Diss. philos. qua inquiritur an, et quatenus voluntas hominis possit cogi?

Weber, Christian (Eisleben) U. S. Halle 1750/7

Cogitationes philosophicae de iurisprudentia naturali
in statu integritatis et corrupto, praeprimis
de origine iuris perfecti et imperfecti ex statu
corrupto. Dissertatio prior, inauguralis de statu
integritatis et corrupto, et de obligatione atque
lege naturali ad hos status relatis.
Präs. Johann Joachim Lange.
Halle (Franck) IV. 1750. 48 S. 35870

Dass die Gesellschafft derer Freymäurer vollkommen und gerecht sey, wurde an dem Johannis-Feste des 5747. Jahres in der ger. und vollk. Loge zu denen drey Schlüsseln in Halle in einer Rede ausgeführet von dem Redner [Christian **Weber** d. Jüngern]. Halle im Magdeburgischen: Hemmerde 1748. 16 S. 4° [Kupfertit.]
Kl. 809. Selten. 23. KB.

Weber, Christian [app. Arzt aus Wülfringhausen Reg.-Bez. Cöln a. Rh.]: Ein Fall von Miliartuberculose des Endocards. . . . Köln a. Rh., J. Dietz & Baum'sche Druckerei, 1889; 29 S. 8°
Freiburg i. B., Med. Fak., Inaug.-Diss. v. 1889

Weber, Chrn., Handbuch d. bayerischen Staatsbürgers. Eine anschaul. u. erschöpf. Darstellg. d. durch die Reichs- u. Landesgesetzgebg. in Bayern geschaffenen Rechtszustandes, sowie e. Nachschlagebuch u. Rathgeber f. alle Fälle d. staats- u. gemeindebürgerl., sowie d. Rechts- u. Geschäfts-Verkehrs. (In 10 Lfgn.) 1—7. Lfg. gr. 8. (1. Bd. 192 S. u. 2. Bd. S. 1—128.) Nördlingen 875. 76. Beck.
à — 80

Weber, Chr., Handbuch des bayerischen Staatsbürgers. Eine anschauliche u. erschöpfende Darstellung des durch die Reichs- u. Landesgesetzgebung in Bayern geschaffenen Rechtszustandes, sowie ein Nachschlagebuch u. Rathgeber für alle Fälle des staats- u. gemeindebürgerlichen, sowie des Rechts- u. Geschäftsverkehrs. 8—20. (Schluß-)Lfg. gr. 8. (2. Bd. V, S. 129—408 u. 3. [Suppl.-]Bd IV, 603 S.) Nördlingen 877. Beck. 10. 60 (cplt. 3 Bde.: 16. 20; geb. 19. 30)
8—10. à — 80. — 11. 1. —. — 12—20. à — 80

Weber, Chrn., Handbuch des bayerischen Staatsbürgers. 20 Lfgn. oder 3 Bde. gr. 8. (VIII, 812; V, 408; IV, 603 S.) Nördlingen 878, Beck'sche Buchh.
1.—10., 12.—20. Lfg. à 80 Pf.; 11. Lfg. * M 1. *
geb. *

Weber, Ch., Handbuch des bayerischen Staatsbürgers. 3 Bde. gr. 8. Nördlingen 878. Bayreuth, Seligsberg'sche Antiqh. * 16 50

Weber, Chrn., die neue Münzordnung. Geschichtliche Einleitung. Wortlaut der Reichsgesetze vom 4. Dezbr. 1871 und 9. Juli 1873. Allgemein faßl. Erläuterung derselben mit besond. Berücksicht. der einschläg. volkswirthschaftl. Verhältnisse und des Geschäftsverkehrs. 8. (80 S.) Nördlingen 873, Beck'sche Buchh.

— die Reichsgesetze über den Marken-, Muster- u. Patentschutz. Mit Einleitung, Erläuterungen u. Sachregister. 16. (X, 66 S.) Nördlingen 877. Beck. cart.
n. 1. —

Weber, Christian (Slate) A. S. 579/1

Disputatio juridica inauguralis, liberum juris sui usum occasione l. 55. ff. de r. j. exhibens.
Präs. Jakob Carmon.
Rostock (Adler) 25. IX. 1736. 22 S.

W. v.: Präs. 35869

Weber, Christian [Praes.], s. V o i g t e l, Markus Augustus Traugott: Cogitationum philosophicarum de iurisprudentia naturali in statu integritatis et corrupto praeprimis de origine iuris perfecti et imperfecti ex statu corrupto dissertatio posterior.

Weber, Christian Friedrich

Weber, Chr. Fr., Beyträge z. Geschichte d. neutestamentl. Kanons. 8. Tübingen, Heerbrand. 791.

Weber, Chr. Fr., Beiträge zur Geschichte d. neutestamentl. Kanons. 8. Tübing. 791. (Osiander). 12 gr.

Weber, Chr. Fr., Doctrina aevi primi ac prisci praecipue Mosaici de Ente summo. Opusculum, quod memoriae J. God. Eichhornii pie et religiose dicat. 8 maj. (4 B.) Stuttgardiae 828, Sonnewald.

Weber, Chr. Fr.: Christian Friedrich Schnurrers, Kanzlers und Prälaten in Tübingen, Leben, Charakter und Verdienste. Kannstadt: Richter 1823.

— Chr. Fr. Schnurrer's Leben, Charakter u. Verdienste. 8. Kanstadt 824. (Stuttg., Löflund). 14 gr.

— Programmata theologica octo. 8 maj. Tübing. 814. Osiander. 5 gr.

— neue Untersuchung über d. Alter u. Ansehen des Evangeliums d. Hebräer nach Eichhorns Einleitung ins Neue Testam. u. d. Recension derselben in d. Hallischen allgem. Liter.-Zeitg. 8. Tübing. 807. (Osiander). 8 gr.

Weber, Christian Friedrich: V e r s u c h einer Geschichte der Schreibkunst. Göttingen. 1807. 8°

Weber, Chr. Fr., über Wohlthätigkeit u. Stiftungen. gr. 8. Tübing. 822. Osiander. 6 gr.

Weber, Christian Gottfried (Leipzig) A. S. 170/23

Specimen animadversionum de scriptoribus iuris Attici ad Io. Alberti Fabricii bibliothecam Graecam.
Präs. Christoph Gottlieb Richter.
Leipzig (Klaubarth) 25. II. 1790. 42 S.

W. v.: Präs. 35871

Weber, Christoph

— Diss. inaug. Examen corporum quorundam ad fermentationem spirituosam pertinentium. 4. Götting. 758.

Weber, Christoph: Observationes medicae. Fasc. 1 - 2, gbd., Abb.

Cellis: typ. Schulz 1764 - 1765

***Weber*, Cph., († 1787.) observation. medicarum II Fasc. 8maj. Celle 765. Gsellius. 8 gr.**

— erstes Schreiben von d. Lage, d. Geschichte, d. Gehalt, d. Gebrauch u. d. Wirkungen des Rehburger Gesundbrunnen u. Bades. 8. Hannov. 769. 2s—5s Schreiben rc. 8. Ebd. 773—81. (Hahn). 10 gr.

Nachrichten (3 ff. Fortgesetzte Nachrichten) von der Lage, der Geschichte, dem Gehalte, dem Gebrauche und den Würkungen des Rehburger Gesund-Brunnens und Bades, in...Sendschreiben des Christoph Weber an einen einer Freunde. Sendschreiben 1/2 - 5. Hannover: J.W.Schmidt 1773 - 81. 1 Bd8°

Sendschr. 1/2: 1773.
Sendschr. 3: 1775.
Sendschr. 4: 1777.
Sendschr. 5: 1781.

— vom Rehburger Gesundbrunnen u. Bade. 5 Sendschr. 8. Hannov. Ritscher. 773—82.

WEBER, CHRISTOPH.
Tractatio chemica de pyrophoro. Göttingæ, 1758. 4to.

Weber, Chr., Wirkung des künstl. Magnets in e. seltenen Augenfehler rc. Hann. 8°. A. D. B. XII, 273. Comm. Lps. XVI, 102.

1767

Weber, Christoph Andreas (Nordhausen) A. S. 1337/23

Dissertatio de prima Germanorum notitia.
Präs. Andreas Julius Dornmeyer.
Halle (Henckel) III. 1705. 11 S. 35872

Weber, Christoph Friedrich

Weber, Cph. Fr., († im Nov. 1778.) Abhandlung von dem Baue u. Nutzen des Hufes d. Pferde v. d. besten Art d. Beschlags rc. 8. Dresd. 774. 2e A. 775. (Gerlach). 4 gr. 5e Aufl. 798. (Hinrichs in Leipz.) 6 gr.

Weber, Christoph Friedrich: Abhandlung von dem Bau und dem Nutzen des Hufs der Pferde und der besten Art des Beschlägs. 2. Aufl. Dresden 1775. 10 Bl., 100 S.
— 4. Aufl. 1776. 10 Bl., 76 S.

Weber, Christoph Friedrich: Kurzer Begriff von der Knochenlehre des Pferdes zu seinen Vorlesungen in der Vieharzneyschule zu Dressden entworfen. Dressden u. Leipzig 1774. 67 S.

— kurzer Begriff von d. Knochenlehre des Pferdes. gr. 8. Dresd. 774. Gerlach. 4 ℊ

— Diss. de testiculi humani exstirpatione. 4. Jena 773.

— observationes medicae selectae, ed. et appendicem observat. anatomic. rarior. adjec. F. A. Weber. 8. Bresl. 776. Gutsch. 3 ℊ

Weber, Christoph Leop(old): Die Anfänge der Statistik in der ehemaligen Grafschaft Mark bis zum Jahre 1609. Ein Beitr. z. Finanz- u. Bevölkerungsgeschichte d. Grafsch. Mark. Witten: Pott 1909. 104 S. 8°
Münster, Phil. Diss. v. 30. Nov. 1909, Ref. Meister.

Weber, Christoph Leop., die Anfänge der Statistik in der ehemaligen Grafsch. Mark bis zum J. 1609. Ein Beitrag zur Finanz- u. Bevölkerungsgeschichte der Grafsch. Mark. (107 S.) 8. Witten 910. Märkische Druckerei u. Verlags-Anstalt. 1. 50

Weber, Claire Henrica, Carpe diem. Gedichte. (37 S.) kl. 8. Stuttgart (907). Berlin-Charlottenburg, A. Juncker. 2. —

Weber, Cl(aire) H(enrika), Mädchenlieder. (IV, 68 S.) 8. Dresden (906). E. Pierson. n. 1. 50; geb. n. 2. 50

Weber, Cletus, s. Weber, Kletus

Weber, Constantin, s. Weber, Konstantin

Weber, Cornelius, s. Weber, Kornelius

Weber, Curt, s. Weber, Kurt

Weber, D., Leitfaden für den Unterricht im Kopfrechnen mit Berücksicht. des schriftlichen Rechnens. Eine reichhalt. Sammlung von Rechenaufgaben, stufenmäßig geordnet, mit Erklärungen und Auflösungen versehen. gr. 8. (252 S.) Wiesbaden 887. Limbarth.

—— Leitfaden für den Unterricht in der Orthographie und Interpunktionslehre mit zahlreichen Übungsbeispielen. Nach den ministeriellen Bestimmungen vom 1. April 1880 sowie dem 2. Neudruck derselben von 1883 bearb. 8. (IV, 65 S.) Frankfurt a. M. 885, Neumann.

— Leitfaden f. den Unterricht in der Orthographie u. Interpunktionslehre. 2., verb. Aufl. Ausg. B. 8. (48 S.) Frankfurt a/M. 889. Neumann. n. — 25

Weber, D., Leitfaden f. den Unterricht in der Orthographie u. Interpunktionslehre m. zahlreichen Übungsbeispielen. Nach den ministeriellen Bestimmgn. vom 1. April 1880, sowie dem 2. Neudr. derselben v. 1887 bearb. Ausg. A. 12. (66 S.) Frankfurt a/M. 893. Kesselring. n. — 80; Ausg. B. 2., verb. Aufl. (48 S.) n. — 25

Weber, D., Leitfaden f. d. Unterr. in d. Orthographie u. Interpunktionslehre m. zahlr. Uebungsbeispielen. Nach d. minister. Bestimmgn. v. 1. IV. 1880 sow. d. 2. Neudruck derselben v. 1897 bearb. Ausg. A (f. Lehrer). 3., verb. u. verm. Aufl. gr. 8. (IV, 58 S.) Frankfurt a/M. 898. Kesselring. n. — 80

Weber, D., Leitfaden f. den Unterricht in der Orthographie u. Interpunktionslehre m. zahlr. Uebungsbeispielen. Nach den neuesten ministeriellen Bestimmgn. v. 1902 bearb. 4. verb. u. verm. Aufl. (IV, 58 S.) gr. 8. Frankfurt a/M. (903). Kesselring. n. — 50

Weber, D. A., der Taubenfreund. Oder gründl. Unterricht in d. Taubenzucht, enthalt. Belehrungen üb. d. verschied. Arten d. Tauben, ihre Natur u. Lebensart, Ankauf, Angewöhnung, Paarung, Erzieh. u. Wartung derselben. 8. (3 B.) Quedlinburg 835, Basse.

Weber, D. A., der Taubenfreund. Oder gründl. Unterricht in der Taubenzucht, enthaltend Belehrungen über die verschiedenen Arten der Tauben, ihre Natur u. Lebensart, Ankauf, Angewöhnung, Paarung, Erziehung und Wartung derselben. 2. Aufl. 8. (44 S.) Quedlinburg 850, Basse. 1/3 ℔

Weber, (Pfarrer) D. F., Harfenklänge. Religiöse Gesänge u. Denkmale. 8. Berl. 832. (Enslinsche Buchh.) 16 ℊ

[Weber, Daniel.] Neli der Kannengiesser. Eine wahre Geschichte. Hrg. von Joh[ann] Heinrich Bremi. 8. Zürich 1822.

Weber, Dn., s. Scenen aus d. bürgerl. Leben.

Weber, Daniel Ludwig

Weber, Dn. Ldw., († d. 5. März 1821.) Lebensbeschreibung des Pastors Schumacher, als e. Nachtrag zu Tolkemits Elbing. Lehrergedächtniß. 8. Elbing. 779.

Wéber, Desider. Beiträge zur Anatomie einiger pharmakognostisch wichtiger Samen und Früchte. ⟨Hibiscus Abelmoschus L. — Dracocephalum Royleanum Benth. — Polanisia icosandra W. et A. — Semecarpus Anacardium L. — Anacardium occidentale L. — Embelia Ribes. Burm. — Paullinia Cupana. Kunth. — Papaver somniferum L.⟩ Diss. Phil. Bern. [Mit 10 Tafeln nebst Erklärungen.] 73 + 5 S. 8. Budapest, Pénzintézeti és Irodai Felszerelések Müintézete Részvény-Társaság, 1907.

Weber, E. [pr. Arzt in Heddernheim]: Aus d. patholog. Institut zu Giessen. Ein Beitrag zur Casuistik der congenitalen Occlusionen des Dünndarms ... Giessen, C. v. Munchow. Univ.-Buchdr. & Steindr. 1888; 22 S. 8°
Giessen, Med. Fak., Inaug.-Diss. v. 1888

Weber, E., Dr., Meteorologische Beobachtungen. Die Witterungs-Verhaltnisse von Mannheim im Jahre 1868, 69. (Aus dem 35. u. 36. Jahresbericht des Mannheimer Vereins für Naturkunde.) [o. O. u. J.]

(Weber, E., Dr.), Meteorologische Beobachtungen von Mannheim. (Sep.-Abdr. aus dem 37. Jahresber. des Mannheimer Vereins f. Naturkunde.)

Weber, E., und F. J. Wiedemann, Beschreibung der phanerogamischen Gewächse Esth-, Liv- und Curlands, s. Wiedemann.

FLAGELLATIONSERFAHRUNGEN. Dresden-A., H. R. Dohrn, 1901. 8°. [Verfaffer E. Weber.]
Verb. Breslau 3. 10. 08.: 7 J. 24/08.

Weber, E., Fremdwörterverzeichnis u. Fremdwörterverdeutschung. III. Hft. Für Oberklassen u. Fortbildungsschulen. 2. Aufl. 8. (82 S.) Leipzig 899. J. Klinkhardt. n.n. — 10

Weber, E., Hahnemann, ein Grundstein und ein Eckstein in der Geschichte der Medicin. Vortrag, gehalten im Bürgersaale des Rathhauses zu Berlin am 8. Febr. 1882. gr. 8. (24 S.) Leipzig 882, Schwabe's Homöopath. Buchh. *

Weber, E., Handbuch f. Fremde in Nizza, ein. seines milden Klima's wegen berühmten Winter-Aufenthaltsorte in Oberitalien. Besond. auch f. Aerzte in topograph.-naturwissenschaftl.-medizin. Bezieh., mit steter Berücksichtig. d. prakt. Nutzens u. e. kurzen Vergleichung d. Klimate der von Kranken besuchtesten Orte Südfrankreichs u. Italiens. 8. (13¾ B., 1 Karte u. 1 Plan.) Heidelberg 839, [Engelmann'sche Vrlsb.]

Weber, E.: Zur Lehre vom Capital. 19 S. (Nationalökonomie). Neu-Ruppin, Progr. 1872.

Weber, E., Hans Stock, der Schmied von Ochsenfurt, s.: Lohmeyer's, Jul., vaterländ. Jugendbücherei. 11.

Weber, E., Dr., Ueber die Witterungs-Verhältnisse Mannheims aus 12jährigen Beobachtungen. (18. und 19. Jahresbericht des Mannheimer Vereins für Naturkunde.) 1855.

— Wörterverzeichnis u. Übungsstoffe f. die Rechtschreibung. 1. u. 2. Hft. 3. Aufl. 8. Ebd. 902. n. — 25
1. Für Unterklassen (32 S.) n. — 10
2. Für Oberklassen u. Fortbildungsschulen. (48 S.) n. — 15

— Zeichensetzung in Regeln u. Beispielen. IV. Hft. Für Oberklassen. 2. Aufl. 8. (32 S.) Ebd. 901. n. — 15

Weber, E. H., Paraphrase d. Martin'schen Civil-Proceß-Lehrbuches. gr. 8. (27½ B.) Stuttgart 835, (F. H. Köhler's Verl.)

Weber, E. W., der Freundschaftsbund Schillers und Goethes. Rede zur Feier des 2. Februar. gr. 8. (X und 23 S.) Weimar 854, Böhlau. *

Weber, E. W., der Freundschaftsbund Schillers und Goethes. Rede zur Feier des 2. Febr. 2. (Titel-)Ausg. gr. 8. (X und 23 S.) Weimar (853)59, Böhlau.

Weber, E. W., zur Geschichte des Weimarischen Theaters. 8. (IX und 306 S.) Weimar 865, Böhlau. *

Weber, Ed., zur Erinnerung an den Sterbetag M. Luthers den 18. Februar 1546. Ein Vortrag. gr. 8. Reval 846. (Eggers.) n. 8 *ngl*

Weber, E., zur Erinnerung an den Sterbetag M. Luthers den 18. Febr. 1546. Ein Vortrag. gr. 8. (2½ B.) Reval 846, Kluge's Verl.

Weber, E., die deutsche Schule in ihren verschiedenen Formen und Abstufungen und ihre Stellung zur christlichen Kirche, s. Zeitfragen des christlichen Volkslebens. H, 67.

Weber, Ed., der moderne Spiritismus, s. Zeitfragen des christlichen Volkslebens.

Weber, Ed., Wie bestatten wir unsere Todten? Eine Zeitfrage beantwortet. gr. 8. (IV, 54 S.) Leipzig 876, Buchh. des Vereinshauses. *

Weber, Ed., ein Wort des Friedens an Sachsens Lehrer. gr. 8 (31 S.) Dresden 868, Naumann.

Weber, Ed., „Zu uns komme Dein Reich!" Gebet- und Andachtsbuch für Haus und Schule. 2 Abthlgn. gr. 8. Reval 851, Kluge's Verlag.
Inhalt:
Abthl. 1. Gebete und Betrachtungen über die Sonntags- und Fest-Pericopen des ganzen Kirchenjahres. (VIII und 315 S.)
„ 2. Gebete und Ansprachen über freie Texte und Losungen der heil. Schrift. (370 S.)

Weber, Edmond, Beiträge zur Mortalitäts-Statistik an septischen puerperalen Prozessen. Diss. gr. 8. (48 S. m. 5 Tab.) Bern 890. (H. Koerber.) n. — 75

Weber, Edmund

Weber, Edm., die Brettspiele. Eine Anleitg. zur Erlerng. der Brettspiele u. zum richt. Spielen derselben. 1. Tl. Enth.: Dame, Mühle, Puff, Halma. 12. (68 S. m. Fig.) Berlin (902). [Tessaro-Verlag.] R. Krüger. — 20

Die Brettspiele. Eine Anleitung z. Erlernung d. Brettspiele u. z. richtigen Spielen derselben. Von Edmund **Weber**. T. 1. *Berlin: Tessaro-Verl. [1902].* 8° [F.]
= Volksbücher. 28. [03. 1315]

WEBER, Eduard: Die volkswirtschaftliche Bedeutung des Waldes. - Frankfurt a. M. 1895. 28 S. - (Programm d. Wöhler-Realgymnasiums 1895)

Weber, E., d. volkswirtschaftl. Bedeutung d. Waldes. 4. (28 S.) Frankfurt a/M. 895. Mahlau & Waldschmidt. — 75

Weber, E. v., das Imaginäre in der Geometrie der konfokalen Flächen II. Ordnung. (S. 447—483.) gr. 8. München 904. (G. Franz' Verl.) n. — 60
Sonderabdr. aus: „Sitzungsber. d. bayer. Akad. d. Wiss."

Weber, Eduard, geb. [illegible]: De uteri inversione (1826). (30 S.) 8°
Berlin, Med. Diss. v. 13. Juli 1826

Weber, Eduard: Der geometrische ([Umschlagt.:] mathematische) Lern- und Übungsstoff der Obertertia, die Ableitg d. 7 niedern Rechnungsarten u. d. Entwicklg d. Zahlenbegriffs in d. elementaren Arithmetik. (Forts. d. P-Beil. 1895.) Kottbus, A. Heine, *1896*; 33 S., 3 Bl. Taf. 4.
Kottbus, k. Friedrich-Wilhelms-G. OP 1896 (70)

Weber, Ed v., Liniencomplexe im R_4 u. Systeme Pfaffscher Gleichungen. gr. 8. (S. 393—434.) München 900. (G. Franz' Verl.) n. — 60
S.-A. aus: Sitzungsber. d. bayer. Akad. d. Wiss.

von Weber, Eduard [Dr.]: Die singulären Lösungen der partiellen Differentialgleichungen mit drei Variabeln ... (Aus: Mathem. Ann., Bd 46.) Leipzig, Druck v. B. G. Teubner, 1894; 1 Bl., 30 S., 1 Bl. 8.
München, Phil. Fak., Hab.-Schr. v. 1895

Weber, Eduard, Referendar in Trier: § 618 des deutschen bürgerlichen Gesetzbuchs. Berlin 1907: W. Pilz. (56 S.) 8°
Marburg, Jur. Fak., Ref. André, Diss. v. 7. Juli 1907
[Geb. 17. Juni 82 Weilburg a. d. Lahn; Wohnort: Trier; Staatsangeh.: Preußen; Vorbildung: Kaiser-Wilhelms-Gymn. Trier Reife O. 02; Studium: Marburg 4, Berlin 2 S.; Rig. 23. Febr. 07.]

Weber, Eduard. Der Rattenkonig v Muckerland; oder, die puritanische Gefahr u ihre Abwehrung. Von Dr. Lebrecht (pseud.). Milw. 1908.

— über die Reducirbarkeit e. Pfaffschen Systems auf e. gegebene Zahl von Termen. gr. 8. (S. 273—300.) Ebd. 900. n. — 40
S.-A. aus: Sitzungsber. d. bayer. Akad. d. Wiss.

Weber, Eduard, Prof.: Die mineralogische Sammlung des k. Friedrich-Wilhelms-Gymn. zu Kottbus. Kottbus 1906: A. Heine. (51 S.) 8°
Kottbus, k. Friedrich-Wilhelms-G OP 1906 (90)

von Weber, Eduard Ritter: Studien zur Theorie der infinitesimalen Transformation ... München, kgl. Hof- u. Univ.-Buchdr. v. Dr. C. Wolf & Sohn, 1893; 69 S., 1 Bl. 8.
München, Phil. Fak., Inaug.-Diss. v. 1893

— zur Theorie der Kreisverwandtschaften in d. Ebene. gr. 8. (S. 367—408.) Ebd. 901. n. — 60
Sonderabdruck aus: „Sitzungsber. d. bayer. Akad. d. Wiss."

Weber, Eduard: Die Verteilung des planimetrischen Lern- und Übungsstoffes in den Tertien. ([Umschlagt.:] Der mathematische Lern- und Übungsstoff der Untertertia.) Cottbus, A. Heine, *1895;* 9–20 S., 2 Bl. Taf. 4.
Cottbus, k. Friedrich-Wilhelms-G, OP 1895 (71)

Vorlesungen über das Pfaff'sche Problem und die Theorie der partiellen Differentialgleichungen erster Ordnung von Dr. **Eduard v. Weber,** Privatd., München. *Leipzig: B. G. Teubner 1900.* (XI, 622 S.) 8°
= **Sammlung,** B. G. **Teubner's,** von Lehrbüchern auf d. Geb. d. mathemat. Wiss. Bd 2.

— Vorlesungen üb. das Pfaff'sche Problem u. die Theorie d. partiellen Differentialgleichgn. 1. Ordnung, s. a. **Teubner's, B. G., Sammlung von Lehrbüchern auf d. Gebiete d. mathemat. Wissensch. II.**

Weber, Eduard Friedrich

Weber, Eduardus Fridericus: Disquisitio anatomica uteri et ovariorum puellae septimo a conceptione die defunctae. Halis (1830): Ploetz. 38 S. 8°
Halle-Wittenberg, Med. Diss. v. 16. Jan. 1830
Geb. Wittenberg 10. 3. 1806.

Weber, Eduard: Quaestiones physiologicae de phaenomenis galvano-magneticis in corpore humano observatis. 26 S., gbd.
Leipzig: Staritz (1836)

Weber, Eduard Otto

Weber, Edu. Otto: Quibus de causis Cicero post libros de Oratore editos etiam „Brutum" scripserit et „Oratorem". 9 S. *Leipzig* 1880
Progr.

Weber, Eduard Wilhelm, s. Weber, Wilhelm.

Weber, Elise Agnes Laura, das wahre deutsche Bürger-Kochbuch für den täglichen Tisch, der Jetztzeit angepaßt. Nebst Küchenzettel und Eßregeln. 21. und 22. verb. Aufl. 8. (XXIV, 248 S. mit 24 eingedr. Holzschn.-Illustr.) Leipzig 882,84, F. Voigt. cart.
Vgl. Weber, Agnes Elise.

Weber, Elise Agnes Laura, das wahre deutsche **Bürger-Kochbuch** für den täglichen Tisch, der **Jetztzeit** angepaßt. Nebst **Küchenzettel** und **Eßregeln.** 23. verb. Aufl. 40.—44. **Tausend.** (XXIV, 248 S. mit 24 Illustr.): 24. verb. Aufl. 45. Tausend. 8. (XVI, 256 S. mit 25 Illustr.) Leipzig 885, Matthes. cart.
—— dass. — 25. verb. Aufl. 46.—51. Tausend. Jubel-Ausg. 8. (XVI, 256 S. mit 25 Illustr.) Ebendas. 886. cart. geb.
—— dass. — 26. verb. Aufl. 52.—55. Tausend. 8. (XVI, 256 S. mit 25 Illustr.) Ebendas. 889. cart. *M* 1.50.; geb.

Weber, Elise Agnes Laura, das wahre deutsche **Bürger-Kochbuch f. den täglichen Tisch,** der **Jetztzeit angepaßt.** Nebst Küchenzetteln u. **Eßregeln.** 29., verb. Aufl. 63. Taus. **Mit 25 Illustr. 8. (XVI, 256 S.) Leipzig 892. H. Matthes. Kart. 1. 50**

Weber, Elise Agnes Laura, das wahre deutsche Bürger-**Kochbuch f. d. tägl. Tisch,** d. **Jetztzeit** angepaßt. Nebst **Küchenzettel u. Eßregeln. 31.,** verb. Aufl. 69. **Taus. Mit 25 Illustr. 8. (XVI, 256 S.) Leipzig 896. H. Matthes.** Kart. **1. 50**

Weber, Elise Agnes Laura, das wahre deutsche Bürger-Kochbuch, f. den täglichen Tisch der Jetztzeit angepaßt. Nebst Küchenzettel u. Eßregeln. 32. verb. Aufl. 72. Taus. 8. (XVI, 256 S. m. 25 Abb.) Leipzig 889. H. Matthes. Kart. 1. 50

Weber, Elise Agnes Laura, das wahre deutsche Bürger-Kochbuch f. den täglichen Tisch der Jetztzeit angepaßt. Nebst Küchenzettel u. Eßregeln. 33. verb. Aufl. 77. Taus. (XVI, 256 S. m. 25 Abbildgn.) 8. Leipzig 903. H. Matthes. Kart. n. 1. 50

Weber, Em., (Jos. Oehlinger), neues genealog. Taschenbuch für 1820. 1r Jahrg. 12. Wien 819. Tendler. 18 gr.

Weber, E., neues genealogisches Taschenbuch für 1820. 1r Jahrg. 12. Wien, Tendler u. v. Manstein.

Weber, Emil, aus Dübendorf (Kanton Zürich): (Mitteilungen aus dem botanischen Museum der Universitat Zürich. XXVII.) Die Gattungen Aptosimum Burch. und Peliostomum E. Mey. [Mit 3 Tafeln.] Dresden 1906. VIII + 101 S. 8°. S.-A. a. d. Beiheften zum botanischen Centralblatt Bd. 21, 1906. Abt. II. Heft 1. [3. XII. 06.]
Zurich. Phil. Diss. II. S. 1906/1907

Weber, Emil: Die Beziehungen von Röm. 1–3 zur Missionspraxis des Paulus. Gütersloh 1905: C. Bertelsmann. (71 S.) 8°
(Ersch. vollst. in: Beitrage z. Forderung christl. Theologie, H. 4.)
Greifswald, Theol. Fak., Ref. Oettli, Diss. v. 8. Juni 1905.

Die Beziehungen von Röm. 1–3 zur Missionspraxis des Paulus. Von Lic. Emil **Weber.** Gütersloh: C. Bertelsmann 1905. (152 S.) 8° [Ȝ.]
= **Beiträge** z. Förderung christl. Theologie. Jg. 9, H. 4.

Weber, Emil, Blüthenstrauß von Poesien und Novellen. Im Verein mit norddeutschen Dichtern hrsg. Neue Ausg. 16. (VIII und 248 S.) Celle 864, Schulze'sche Buchh.

Weber, Emil, der Einfluss der protestantischen Schulphilosophie auf die orthodox-lutherische Dogmatik. (VIII, 173 S.) gr. 8. Leipzig 908. A. Deichert Nachf. 3. 60

Weber, E(mil), Lic. theol., Oberlehrer am Königl. Wilhelms-Gymn. zu Kassel: Die Einführung der Reformation in Hessen (Die Synode von Homberg 1526) und der Franziskaner Nikolaus Herborn. (Teil-Abdr.) Kassel 1907: Gebr. Schönhoven. (63 S.) 8° [Ȝ.]
Münster, Theol. Fak., Ref. Pieper, Diss. v. 20. Juli 1907
[Geb. 4. Okt. 71 Burghaun, Kr. Hunfeld (Hessen-Nassau); Wohnort: Kassel; Staatsangeh.: Preußen; Vorbildung: Wilhelms-Gymn. Kassel Reife M. 90; Studium: Priester-Sem. Fulda 8, Univ. Marburg 1, Münster 1 S.; Rig. 24. April 03.]

Weber, Emil, Referendar: Einwendungen gegen die Errichtung konzessionspflichtiger gewerblicher Anlagen. Historisch und dogmatisch dargestellt. Göttingen 1905: Dieterich. (86 S.) 8°
Göttingen, Jur. Fak., Ref. Schoen, Diss. v. 21. Aug. 1905
[Geb. 5. Aug. 82 Holle, Kr. Marienburg i. Hann.; Wohnort: Ilten; Staatsangeh.: Preußen; Vorbildung: Lyzeum I Hannover Reife O. 01; Studium: Genf 1, Leipzig 1, Heidelberg 2, Göttingen 2 S.; Rig. 22. Mai 05.]

Weber, Emil, Lic. Theol. a. München-Gladbach: Moderne Gedanken in der Logik und Metaphysik der protestantischen Scholastik. Leipzig 1907: Quelle & Meyer. (IV, 66 S.) 8° ¶ (Erschien vollst. im gleichen Verlage u. d. T.: „Die philosophische Scholastik des Deutschen Protestantismus im Zeitalter der Orthodoxie" (VIII, 128 S.) als H. 1 d. Abhdlgn. z. Philos. u. ihr. Gesch. hrsg. v. R. Falckenberg.)
Erlangen, Phil. Fak., Ref. Falckenberg, Diss. v. 20. Febr. 1907
[Geb. 8. März 82 München-Gladbach; Wohnort: Halle a. S.; Staatsangeh.: Preußen; Vorbildung: Gymn. M.-Gladbach Reife O. 00; Studium: Bonn 2, Erlangen 1, Greifswald 6 S.; Rig. 2. Nov. 06.]

Weber, Emil, schweizerische Handelsstatistik. (In 2 Bdn.) 1. Bd. gr. 8. (XLIX und 204 S.) Zürich 857, (Schabelitz'sche Buchh.)
Ist nicht fortgesetzt worden.

Weber E., schweizerische Handelsstatistik. I. Mit Adressbuch der deutschen Kantone. Zurich 1858

—— Herzensklänge. Ein Blüthenkranz. Illustrationen von C. Werner. 16. (VIII und 262 S. mit 8 Holzschntaf.) Leipzig 866, Wilfferodt.

Pälzer Humor. Gedichte u. Erzählungen mit Titelzeichnung von Emil Weber. *(Kaiserslautern 1904: H. Kayser.)* (VIII, 137 S.) 8° [F.] [04. 1684

Weber, Emil, Kimmel unn Korjanner. Gedichte u. Geschichten m. Titelzeichng. (VII, 159 S.) 8. Pirmasens 908. (Zweibrücken, F. Lehmann.) Geb. in Leinw. 2. 50

Weber, Emil, neue Kinderlieder, gesammelt. 1.—5. Tausd. hoch 4. (64 S. m. z. Tl. farb. Abb.) Hamburg (902). Verlagsanstalt u. Druckerei. Geb. in Leinw. n. 4. —

Weber, Emil, Klagetöne aus den unwirtlichen Gebieten der Selbstmörder in der anderen Welt. 2. Aufl. (16 S.) kl. 8. Altona, C. Bägel. — 20

Neue Märchen. Eine Sammlung f. Erwachsene. Von Emil Weber. Mit Beiträgen von Richard Leander, Paul Heyse [u. a.]. *Göttingen: F. Wunder (1900).* (250 S.) 8° [F.] [04. 4317

Neue Märchen. Eine Sammlung f. Erwachsene. Von Emil **Weber**. Mit Beiträgen von Richard Leander, Paul Heyse [u. a.]. 2. Aufl. Berlin: F. Wunder [1903]. (250 S.) 8° [F.] [06. 5797 11

— s. a. Märchen, neue.

Neue Märchen für die Jugend. Ausgewählt aus d. Werken von Victor Bluthgen, Rich. Dehmel, Joh. Trojan, Fürst Philipp zu Eulenburg, Ernst v. Wildenbruch, Rich. Leander u. Rud. Baumbach von Emil Weber. *Göttingen: F. Wunder [1900].* (75 S.) 8° [F.] [02. 222 7

— s. a. Märchen, neue, f. die Jugend.

Neue Märchen für die Jugend. Ausgewählt aus d. Werken neuerer deutscher Dichter u. hrsg. von Emil **Weber**. Für Knaben u. Mädchen v. 10ten Jahre an. 2. Aufl. Köln a. Rh.: Schafstein & Cie [1904]. (94 S.) 8° [F.]
= **Volksbücher**, Schafsteins, f. d. Jugend. Bd 2. [06. 5786

— Neue Märchen f. die Jugend. Aus neueren deutschen Dichtern ausgewählt. Illustrierte Ausg. Für Knaben u. Mädchen vom 10. Jahre an. (137 S. m. 8 Farbdr.) gr. 8. Köln (907). H. & F. Schaffstein. Kart. 4. —

— neue Märchen f. die Jugend, s. a. Schaffstein's Volksbücher f. die Jugend. 2. Bd.

Weber, E[mil], Lic. Dr.: Die analytische Methode der lutherischen Orthodoxie. Naumburg a. S. 1907: Lippert & Co. (S. 20—74.) 8°
Halle, Theol. Fak., Hab.-Schr. v. 1907

Die philosophische Scholastik des deutschen Protestantismus im Zeitalter der Orthodoxie. Von Emil **Weber**, Dr. phil. u. Lic. theol. Leipzig: Quelle & Meyer 1907. (VI, 128 S.) 8°
= **Abhandlungen** z. Philosophie u. ihrer Geschichte. H. 1. [07. 7247

Sonne und Wind. Gedichte f. Kinder von Emil **Weber**. Mit Bild. von César Klein. Berlin-Steglitz: Stegl. Werkstatt [1905]. (66 S.) 8° [F.] [06. 11934

— Sonne u. Wind. Gedichte f. Kinder. Mit bunten Bildern v. César Klein. 2. Aufl. (64 S.) 8. Leipzig (910). A. Hahn. Geb. 1. 80

Weber, Emil. Zur Statistik der tertiären Syphilis. Diss. med. Bern. *Kopftitel:* Aus der dermatologischen Klinik in Bern (Professor Dr. [Joseph] Jadassohn). — [Mit 2 Figuren.] 44 S. 8. (Wien, Buchdr. « Industrie », Selbstverlag, 1902.)

Weber, Emil: Die Traumbuche und andere Märchen für große Leute. Köln: Schaffstein [1908]. 343 S. 8°
(Schaffsteins Hausbücher. Bd 1.)

— Die Traumbuche, s. a. Schaffstein's Hausbücher. Bd. 1.

Grosses kosmopolitisches-spiritistisches Vater-Unser mit Vorwort von Emil Weber. *Dresden: (Selbstverl.) 1901.* (16 S.) 8° [01. 3306 3

Weber, Emil, grosses kosmopolitisches-spiritistisches Vater Unser m. Vorwort. gr. 8. (16 S.) Dresden 901. Oschatz, H. Hackarath. — 30

Weber, [Emil Moritz]: Die Schiffbarkeit der Elbe in Sachsen. Berlin: Siemenroth & Troschel 1898. (26 S., 1 Kt.) 8°
(Mittheilungen üb. d. ... Schiffbarkeit d. Hauptströme ... H. 5.
(Deutsch-Oesterr.-Ungar. Verband f. Binnenschiffahrt. Verbands-Schriften. No 32.)

Emilie Weber (geb. Röltgen). Jugenderinnerungen, 1836 bis 1851. *Hamburg: O. Meißner 1904.* (112 S.) 8° [F.] [04. 1186

Weber, Fr. und E. W. Arnoldi, Mittheilungen aus Nordamerika, s. List, Fr.

Weber, Fr., (Kaufmann), Deutschlands Retorsionssystem als Nothwehr u. nicht als Zweck. Zur vorläuf. Erwiederung der Schrift: über d. Retorsionsprincip. 4. Gera 820. (Heinsius). 10 gr.

Weber, Fr. Ad.

— Diss. inaug. de gloria Dei. 4. Götting. 776. Dieterich. 2 gr.

— Predigten. gr. 8. Hannov. 780. Helwing. 18 gr.

Weber, Fr. Ad., († d. 28. Aug. 1781.) Versuch über d. Aehnlichkeit mit Gott. 8. Lemgo 778. Meyer. 8 gr.

Weber, Fr. Gustav

— conjecturae exegetico-criticae ad Matthaeum XXIV, 28, 29. et Marcum XIII, 23, 24. 8maj. Wittenb. 810.

Weber, **Fr. Gust., oratio de Luthero cum Paulo Apostolo recte comparando. 8. Wittenb. 808.**

Weber, Erdm., Deutschlands Constitution. Ein Bruchstück, entworfen von einem deutschen Staatsbürger. 8. (Sulzb.) 797. (v. Seidel). 6 gr.

— — dasselbe. 8. (Pech in Nürnberg, a. Seidel in Sulzbach) 797.

Weber, Erich, a. Rostock: Über einige Derivate des 3-Anti- und des 3-Thiopyrins. Rostock 1908: C. Boldt. (38 S.) 8°
Rostock, Phil. Fak., Ref. Michaelis, Diss. v. 2. März 1908
[Geb. 31. Jan. 82 Rostock; Wohnort: Rostock; Staatsangeh.: Mecklenburg-Schwerin; Vorbildung: Gymn. Rostock Reife M. 01; Studium: Rostock 6, München 3, Rostock 1 S.; Rig. 27. Febr. 08.]

Weber, Erika, Mecklenburgs Perle. gr. 4. (44 S. m. Abb.) Neubrandenburg 896. P. Christiansen. Geb. in Leinw. n. 4. —

Weber, Ernst, Ästhetik als pädagogische Grundwissenschaft. (X, 367 S.) gr. 8. Leipzig 907. E. Wunderlich. 4. —; geb. in Leinw. 4. 60

Weber, Ernst, appr. Arzt in Frankfurt a. M.: Die Bedeutung der Leukocytose für die Diagnose der akuten Eiterung. Gießen 1905: v. Münchow. (38 S.) 8°
Gießen, Med. Fak., Ref. Pfannenstiel, Diss. v. 5. Juni 1905
[Geb. 29. Dez. 81 Gießen; Wohnort: Frankfurt a. M.; Staatsangeh.: Hessen; Vorbildung: Gymn. Offenbach Reife O. 00; Studium: Marburg 3, Erlangen 1, Heidelberg 3, Gießen 3 S.; Coll. 20. März 05; Approb. 8. März 05.]

Weber, Ernst, a. Berlin: Ein Beitrag zur Kenntnis der malignen Geschwülste des Hodens. Emmendingen: Druck- u. Verlags-Ges. vorm. Dölter 1908. (30 S.) 8°
Freiburg i. B., Med. Fak., Ref. Kraske, Diss. v. 1908
[Geb. 18. Mai 82 Berlin; Wohnort: Berlin; Staatsangeh.: Preußen; Vorbildung: Friedrich-Wilhelms-Gymn. Berlin Reife 01; Studium: Berlin 8, Freiburg i. B. 2 S.; Coll. 14. Juni 07.]

Weber, Ernst [Dr.]: Bemerkungen über den Anfangsunterricht im Französischen. Berlin, Druck von A. Haack, 1892; 23 S. 4.
Berlin, Collège royal franç., P 1892 (53)

Weber, Ernst: Die epische Dichtung. Leipzig & Berlin: Teubner 1909. VIII, 266 S. 8°
(Der Kunstschatz d. Lesebuchs.)

— Die epische Dichtung, s. a. Kunstschatz, der, des Lesebuchs.

Weber, Ernestus [Vimariensis]: De Dione Chrysostomo Cynicorum sectatore . . . . (Aus: Leipziger Studien. X.) Lipsiae, typ. J. B. Hirschfeldi, 1887; IV S. + 1 Bl. + S. 79–133. 8°
Leipzig, Phil. Fak., Inaug.-Diss. v. 28. Okt. 1887

Weber, Ernestus, de Dione Chrysostomo Cynicorum sectatore. Diss. Leipzig 1887. 8°. IV S. 79–133.
Sonder-Abdruck aus: Leipziger Studien für classische Philologie, hrsg. von O. Ribbeck. X. Band. Leipzig 1887, S. Hirzel.

Weber, Ernst, der Einfluss psychischer Vorgänge auf den Körper insbesondere auf die Blutverteilung. (Aus dem physiolog. Institute der Universität zu Berlin u. aus dem psycholog. Laboratorium d. Nervenklinik d. Charité.) (VIII, 426 S. m. 120 Fig.) gr. 8. Berlin 910. J. Springer. 14.—; geb. in Leinw. n 16.—

Weber, Ernst, aus Leipzig: Über die geschichtliche Entwicklung der anatomischen Kenntnisse von den weiblichen Geschlechtsorganen. *Würzburg 1899: Becker.* (24 S.) 8°
Würzburg, Med. Diss. v. 1899

Ernst und Leo **Weber**. Zur Erinnerung an Hugo Weber. ([Darin]: Ausgewählte Reden u. Aufsätze von H. Weber.) Weimar: H. Böhlaus Nachf. 1906. (336 S.) 8° [06. 6918

Weber, Ernst v., die Erweiterung des deutschen Wirthschaftsgebietes und die Grundlegung zu überseeischen deutschen Staaten. Ein dringendes Gebot unserer wirthschaftl. Nothlage. gr. 8. (V, 76 S.) Leipzig 879, Twietmeyer. *

Weber, Ernst, Fluctuations-Tabellen der Preise roher Baumwolle in den J. 1789—1866. 2 (lithogr.) Blätter. gr. Fol. M.-Gladbach 868, Hoster. *

— die Folterkammern der Wissenschaft. Eine Sammlung von Thatsachen für das Laien-Publikum. gr. 8. (77 S. mit eingedr. Holzschn.) Leipzig 879, [H. Voigt.] Schneider. *

Weber, Ernst, über den Gebrauch von devoir, laissier, pooir, savoir, soloir, voloir im Altfranzösischen, nebst einem vermischten Anhange. Inaugural-Dissertation. gr. 8. (37 S.) Berlin 879, (Mayer und Müller.) *

Weber, Ernst: Die pädagogischen Gedanken des jungen Nietzsche im Zusammenhang mit seiner Welt- und Lebensanschauung. Leipzig: E. Wunderlich 1907. (XVI, 169 S.) 8°
Leipzig, Phil. Fak., Ref. Volkelt-Heinze, Diss. v. 1. Nov. 1900
[Geb. 5. Juli 93 Königshofen, Unterfranken; Wohnort: München; Staatsangeh.: Bayern; Vorbildung: Volksschull.-Prüfungszeugnis München Febr. 97, zugelassen durch Fak.-Beschl. v. Jan. 05; Studium: Jena 1, Leipzig 5 S.; Rig. 19. Juli 06.]

Weber, Ernst, die pädagogischen Gedanken des jungen Nietzsche im Zusammenhang m. seiner Welt- u. Lebensanschauung. (Umschlag: Nietzsche als Pädagog.) (XVI, 169 S.) gr. 8. Leipzig 907. E. Wunderlich. n. 2.—; geb. n. 2.50

Weber, Ernst, Germania. Illustrirtes Jahrbuch für die Jugend. 2. Bd. gr. 8. (IV, 172 S. mit eingedr. Holzschn.) Dresden 876, Meinhold und Söhne. cart. *
Nicht weiter erschienen.
Der 1. Bd. erschien u. d. T.: Illustrirter Jugend-Kalender.

Weber, Ernst, die Gestaltung der Rechtsverhältnisse bei u. nach der Verfolgung des hypothekar. Ausspruchs an e. im Miteigentum befindl. Grundstücke. Diss. gr. 8. (58 S.) Freiburg i/B. 901. Speyer & Kaerner. n. 1.20

Weber, Ernst: Die tägliche Hausandacht. Berlin: Hauptverein f. christl. Erbauungsschriften [1900]. (15 S.) 8° [Umschlagt. F.]

Weber, Ernst v., vier Jahre in Afrika, 1871—1875. 2 Thle. gr. 8. (XVIII, 455; XII, 580 S. mit Abbild. in Holzschn., 1 chromolithogr. Plane und 1 chromolithogr. Karte.) Leipzig 878, Brockhaus. * ℳ 20.; geb. *

— s. Jugend-Kalender, illustrirter.

Weber, Ernst, Jugendträume. Erste Gedichte. 1. Tl. Der Barde. Balladen u. Romanzen. 8. (122 S.) München 902. C. Haushalter. n. 1.50; geb. in Leinw. n. 2.50

Weber, Ernst, Jugendträume. Gedichte. 2. Tl. Der Troubadour. Welt- u. Liebeslyrik. (147 S.) 8. München 904. [C. Haushalter.] Verl. d. Süddtsch. Bauhütte. Geb. in Leinw. n. 2.—

Zum Kampf um die allgemeine Volksschule. Ein Versuch z. Klarlegung d. eigentlichen Grundfragen u. e. Beitrag z. bevorstehenden Deutschen Lehrerversammlung Pfingsten 1904. Von Ernst **Weber** in München. *Langensalza: H. Beyer & Söhne 1904.* (42 S.) 8°
= Magazin, Pädagogisches. H. 232. [04. 1937

Weber, Ernst, Kommentar zum Forstgesetz. s.: Ganghofer, v.

Weber, Ernst, Leitfaden f. Bewirtschaftung der Teiche. Ein Hilfsbuch f. Fischereikurse. Mit 4 Abbildgn. nach Naturaufnahmen. (IV, 48 S.) 8. Stuttgart 905. E. Ulmer. Kart. n. — 75

Weber, *Ernst Georg Ferdinand* Les Manifestes littéraires de Victor Hugo. 8 (S. 169–195).
In: Festschrift z. Feier des 200jähr. Bestehens des Französ. G. *Berlin* 1890.
Nicht im Tauschverkehr
Progr.

Weber, Ernst (geb. Merseburg 6. 11. 1860): Ueber die nachtheiligen Nebenwirkungen der Arzneimittel aus der aromatischen Reihe. Berlin (1882). (40 S.) 8°
Berlin, Med. Diss. v. 22. Juli 1882

Weber, Ernst *Ferdinand* [Assistenzarzt a. d. Kgl. Med. Klinik zu Halle a. S.]: Pental, ein neues Anästhetikum . . . Halle a. S., Hofbuchdr. v. C. A. Kaemmerer & C., 1891; 19 S., 1 Bl. 8.
Halle, Med. Fak., Inaug.-Diss. v. 9. Nov. 1891

Weber, Ernst (Prof. Dr.): Sully Prudhomme, analyse de quelques-unes de ses poésies. Berlin 1907: A. Haack. (16 S.) 4°
Berlin, Collège r. français P 1907 (60)

Teichwirtschaftliche Rente. Preisgekr. Schrift. Von Ernst **Weber**-Sandau. 3., verm. u. verb. Aufl. Berlin: Parey 1910. 54 S. 8° [10. 11728

Weber, Ern. (geb. Duisburg 16. 12. 1838): De articulationis cubiti resectione. Berolini (1861). (34 S.) 8°
Berlin, Med. Diss. v. 24. Juli 1861

— s.: Spielmann, der deutsche.

— Von eignen Spielmannsweisen. Eine Auswahl aus meinen Gedichten. (95 S.) 8. München (909). C. A. Seyfried & Co. Kart. 2. —

Weber, Ernst, die Stellung der Aussprache im fremdsprachl. Unterrichte. gr. 8. (20 S.) Berlin 892. Mayer & Müller. n. — 60

— Auf der Streife. Gedichte. (VI, 183 S.) kl. 8. München (910). G. D. W. Callwey. 2.—; geb. 3. —

—— die alte Tante, s. Meinhold's Volks- und Jugend-Bibliothek.

Weber E. die Technik des Tafelzeichnens. (40 T.) mit Text (56 S.) 4° Leipzig (...)

— Die Technik des Tafelzeichnens. 2. Aufl. (XII, 56 S. m. 6 Abb. u. 40 z. Tl. farb. Taf. in Lex. 8.) 8. Leipzig 910. B. G. Teubner. Geb. u. in Mappe 6. —

Weber, Fr. Ernst, ländliche Teichwirtschaft. Prakt. Winke f. bäuerl. Teichbesitzer. Mit 15 Orig.-Abbildgn. 12. (III, 73 S.) Stuttgart 901. E. Ulmer. Kart. n. 1. —

— dasselbe, s.: Landmanns, des, Winterabende.

Weber, E. v. Der Unabhängigkeitskampf der niederdeutschen Bauern in Süd-Afrika. Berlin 1881. 8°.

Weber, Ernst, Ursachen u. Folgen der Rechtshändigkeit. (116 S.) 8. Halle 905. C. Marhold. n. 1. 50

Weber, Ernst, s.: Virorum clarorum saeculi XVI et XVII epistolae selectae.

Weber, Ernst, vom Ganges zum Amazonenstrom. Reiseskizzen. Mit 21 Illustr., meist nach Orig.-Aufnahmen des Verf. u. 3 Uebersichtskärtchen. (VII, 178 S.) gr. 8. Berlin 903. D. Reimer. Geb. in Leinw. n. 6. —

Weber, Ernst [Hrsg.], s. Weber, Hugo: Aristophanische Studien.

Weber, Ernst, Preisfrage der Reuningstiftung: „Welche Bodenrente kann v. e. bestimmten Fläche durch Klein-Teichwirtschaft bei sachgemäßem Betriebe etc. erzielt werden“? Durch das königl. sächs. Ministerium des Innern preisgekrönte Schrift. 2. Aufl. (34 S.) gr. 8. Landsberg a/L. 904. (G. Berza.) n. 1. —

Wie muß man geistig arbeiten? Anleitung z. erfolgreichen geistigen Tätigkeit v. hygien. u. prakt. Standpunkte von Ernst **Weber**. Berlin: H. Steinitz (1904). (64 S.) 8° [F.] 06. 679

Weber, Ernst August (Torgau) A. S. 575/89

Specimen continens caput iuris controversum de dote filiae. Präs. Christian Heinrich Breuning. Leipzig (Langenheim) 6. X. 1767. 8 S.

35873

Weber, Ernst Christian Wilhelm

E. C. W., De Laconistis inter Athenienses. Pr, 1835. 18 S. 4°.

Weber, Ern. Chrstn. Guil., Commentatio: Non scholae, sed vitae discimus, quod in numo in memoriam huius diei cuso expressum est. 4maj. (1½ B.) Vimariae 836. (Jenae, Frommann; Lipsiae, Schreck.)

Weber, E. Chr. Guil., Commentatio de poetar. Romanor. recitationibus. 4. (4½ B.) Vimariae 828. [Lipsiae, Böhme.]

Weber, **Dr. E. Chr. Wlh., commentatio de poëtarum Romanorum recitationibus. 4. Weimar 828. Hoffmann. 6 gGr.**

Weber, Ernst Heinrich

Weber, E. H., Anatomia comparata nervi sympathici, cum tabula. 8maj. Lipsiae, Reclam. 817.

Weber E. H.: Anatomia comparata nervi sympathici. Lips. 1817. 182 S. 6 Tvl.

Allgemeine Anatomie des menschlichen Körpers. Von Heinrich Ernst Weber (Ernst Heinrich Weber). Enthaltend die Lehre von den Substanzen, von den durch das Mikroskop erkennbaren kleinsten Theilen... Braunschweig: Verl.d.Schulbuchh. 1830. XIX,469 S.

([= Hildebrandt, Georg Friedrich: Lehrbuch der Anatomie des Menschen. 4.Aufl. Bd 1.])

—annotationes anatomicae, s. Chr. E. *Hoffmann*, Diss. sistens collectanea.

Weber, Ern. Henr., annotationes anatomicae et physiologicae. Programmata collecta. Fasc. II., ab a. 1835 usque ad a. 1848. gr. 4. (VIII u. 82 S.) Lipsiae 848, Kohler. — Fasc. III., ex a. 1821 et 1851. gr. 4. (IV u. 120 S. m. 1 lith. Taf.) Ebd. 851. II: n. 7/12 Thlr. III: n. 11/12 Thlr. (I: Weber, de pulsu, resorptione etc. 834. u. II u. III: n. 3 Thlr.)

Weber, Ern. Henr., Annotationes anatomicae et physiologicae. Programmata collecta. Fasc. II., ab a. 1835 usque ad a. 1848. 4maj. (VIII und 82 S.) Lipsiae 851, [Winter.] *–

—— id. — Fasc. III., ex a. 1821 et 1851. 4maj. (IV und 120 S. mit 1 Stnt.) Ibid. 851. *–

Fasc. I. Ibid. 1834. * 1 Thlr. 15 Ngr. (Jetzt Verlag von Winter in Leipzig.)

Weber, E. H. Über die Anwendung der Wellenlehre auf die Lehre vom Kreislaufe d. Blutes, s. a. Klassiker der exacten Wissenschaften.

Weber, E. H., üb. die Anwendung der Wellenlehre auf die Lehre vom Kreislaufe d. Blutes, s. a. Ostwald's Klassiker der exacten Wissenschaften.

Weber E H, uber die Anwendung der Wellenlehre auf die Lehre vom Kreislauf des Blutes. (Ostwald's Klassiker der exakten Wissenschaften 6) Leipzig 1889

Weber, Ernst Heinrich: De aure et auditu hominis et animalium. Pars 1: De aure animalium aquatilium. 134 S., gbd., 10 Taf.

Lipsiae: Fleischer 1820

Weber, (E. H.) de aure auditu hominis et animalium. Pars I. Cum X tab. aen. 4. Leipz. 821, G. Fleischer.

Weber, Ernst Heinrich [Praes.], s. Berg, Abraham: Observatio tumoris et ossificationis cerebelli additis annotationibus ad structuram gyrorum cerebelli, ossificationem substantiae cerebralis et phaenomena morbi illustranda.

Weber, Ernst Heinrich [Praes.], s. Bodenstein, Eduard: De epilepsia.

Weber, Ernst Heinrich [Praes.], s. Breiter, Wilhelm Alexander: De myopia observationes septuaginta cum adnotationibus nonnullis.

Weber, Ernst Heinrich [Praes.], s. Ehrfurth, Joseph Anton: De scirrho et carcinomate intestini recti.

Weber, Ernst Heinrich [Praes.], s. Engel, Heinrich Adolf: Ueber die Rupturen des Bruchsackes u. der Brucheingeweide.

Weber, Ernst Heinrich [Praes.], s. Friedrich, Karl Christoph: De zostere.

Weber, Ernst Heinrich [Praes.], s. Froehlich, J. Ch. Gustav: Über fremde Körper in der weiblichen Harnblase.

Weber, Ernst Heinrich [Praes.], s. Gleichner, Adolph: De tuberculosi pulmonum acuta, adjecto casu in nosocomio Lipsiensi observato.

Weber, Ernst Heinrich [Praes.], s. Graubner, Karl Otto: Ein seltener Fall von Gallenstein-Einklemmung.

Weber, Ernst Heinrich [Praes.], s. Haerting, Eduard: De cardialgia.

Weber, Ernst Heinrich [Praes.], s. Hartlaub, Karl Georg Christian: Nonnulla de venaesectionis in organismum universum vi et in curanda nominatim inflammatione usu.

Weber, Ernst Heinrich [Praes.], s. Hellge, Theophil Friedrich Ferdinand: De commotionibus e causis externis prodeuntibus.

Weber, Ernst Heinrich [Praes.], s. Hering, Karl Ewald Konstantin: De alcioparum partibus genitalibus organisque excretoriis.

Weber, Ernst Heinrich [Praes.], s. Herzog, Friedrich Wilhelm: De Ipecacuanha.

Weber, Ernst Heinrich (Hrsg.):

s.: Hildebrandt, (Georg) Friedrich): Handbuch der Anatomie des Menschen. 4.umgearb.u... verm.Ausgabe. Bd 1 - 4. Braunschweig: 1830 - 1832

Weber, Ernst Heinrich [Praes.], s. Jaspis, August Sigismund: De distinctione foetus animali et non animati.

Weber, Ernst Heinrich [Praes.], s. Immisch, Franz Albert: De notione febris essentialis gastricae et de recto usu evacuantium in hoc morbo.

Weber, Ernst Heinrich [Praes.], s. Just, Otto: De variis linguam removendi methodis, ratione habita periculi ex sanguine nimium amisso oriundi.

Weber, Ernst Heinrich [Praes.], s. Kessler, Alexander Otto: Beiträge zur Lehre über die hernia obturatoria.

—— **die Lehre vom Tastsinne und Gemeingefühle auf Versuche gegründet. Für Aerzte und Philosophen besonders abgedr. aus Wagners Handwörterbuche der Physiologie. gr. 8. (VIII und 143 S.) Braunschweig 851, Vieweg und Sohn.** *

Weber, Ernst Heinrich [Praes.], s. Loose, Andr.: Diss. med. eclampsiam gravidarum parturientium et puerperarum sistens.

Weber, Ernst Heinrich [Praes.], s. Micksch, Heinrich Julius: De perforatione cranii.

***Weber*, Er. Hnr., tractatus de motu Iridis. P. I. et II. 4. Leipz 821.**

Ernestus Henricus Weberus [Weber]: Nonnulla de venaesectionis in organismum universum vi et in curanda nominatim inflammatione usu. [Resp.:] Carolus Georg[ius] Christianus Hartlaub. Lipsiae 1823: Hirschfeld. 29 S. 8°

Leipzig, Med. Diss. v. 12. Sept. 1823

Weber, Ernst Heinrich: De pulsu, resorptione, auditu et tactu. Annotationes anatomicae et physiologicae. 175 S., gbd.

Lipsiae: Koehler 1834

Weber, Ernst Heinrich [Praes.], s. Querl, Ferdin. Moritz August: De febre puerperali.

— Diss. physica de systemate nerveo-organico. 8. Leipz. 817.

Weber, Ernst Heinr., Tastsinn u. Gemeingefühl, s. Ostwald's, Wilh., Klassiker der exakten Wissenschaften. Nr. 149.

Weber E.H., Tastsinn und Gemeingefuhl. Herausgegeben von E. Hering. (156 S) (Ostwalds Klassiker 149) Leipzig 1905

— u. Ed. Wlh. Weber, Wellenlehre auf Experimente gegründet, oder d. Wellen tropfbarer Flüssigkeiten mit Anwendung auf d. Schall- u. Lichtwellen. Mit 18 Kpft. gr. 8. Leipz. 825. Gr. Fleischer. 4 ꝛß 12 ꝁ

— (u. W.) Weber, Wellenlehre auf Experimente gegründet, od. d. Wellen tropfbarer Flüssigkeiten mit Anwendung auf die Schall- u. Lichtwellen. Mit 18 Kupfert. gr. 8. Leipz. 825, G. Fleischer.

Weber, Er. Heinr., Zusätze z. Lehre vom Baue u. d. Verrichtungen der Geschlechtsorgane. schm. hoch 4. (11¼ B. u. 9 Taf. Abbild.) Leipzig 816, Weidmann'sche Buchh. *

Aus: Abhandlungen d. kgl. sachs. Gesellschaft d. Wissenschaften besond. abgedruckt.

Weber E. H.: Zusätze z. Lehre v. Baue u. den Verrichtungen d. Geschlechtsorgane. Leipz. 1846. 89 S. 9 Tvl. (Særtr.). 4°

Weber, Ernst Louis, 60 dreistimmige Choräle für Oberklassen der Volksschule bearb. gr. 8. (39 S.) Hildburghausen 868, Kesselring'sche Hofbuchh.

Weber, Ernst Louis, Liederbuch für Volksschulen. Enthaltend ein-, zwei- u. dreistimmige Lieder, einige Canons u. die gebräuchlichsten Choräle der evangelischen Kirche. Annaberg 862. (Hildburghausen,) Ronne. gr. 8. (IV, 68 S.) n. 4 ngr.

-- Liederbuch für Volksschulen. Enthltd. ein-, zwei- u. dreistimmige Lieder, einige Canons u. die gebräuchlichsten Choräle der evangel. Kirche. 2. Aufl. Hildburghausen 867. Ronne's Verl. gr. 8. (IV, 67 S.) n. 4 ngr.

—— Liederbuch für Volksschulen. Enth. 1-, 2- und 3stimm. Lieder, einige Canons und die gebräuchlichsten Choräle der evangel. Kirche. 3. bedeutend verm. und verb. Aufl. 8. (69 S.) Hildburghausen 873, Thüringer Schulbuchh.

Weber, Ernst Louis, Liederbuch für Volksschulen. Enthaltend ein-, zwei- und dreistimmige Lieder, einige Kanons und die gebräuchlichsten Choräle der evangel. Kirche. 4. Aufl. (IV, 76 S.); 5. verm. und gänzlich umgeänd. Aufl. gr. 8. (IV, 86 S.) Hildburghausen 884, Kesselring'sche Hofbuchh. *

Weber, Ernst Louis, Liederbuch f. Volksschulen. Enth. 1-, 2- u. 3stimm. Lieder, einige Kanons u. die gebräuchlichsten Choräle der evangel. Kirche. 6. Aufl. gr. 8. (IV, 86 S.) Hildburghausen 886. Kesselring. n. — 40

Weber's, Ernst Louis, Liederbuch f. Volksschulen. Enth. 1-, 2- u. 3stimm. Lieder, einige Kanons u. die gebräuchlichsten Choräle der evangel. Kirche. Besorgt v. Ernst Alfr. Weber. 7., verb. Aufl. gr. 8. (IV, 96 S.) Frankfurt a/M. 893. Kesselring. Kart. n. — 50

Weber, Ernst Wilhelm, s. Weber, Wilhelm Ernst

Weber, Eugen [prakt. Arzt]: Ueber biliöses Typhus-Recidiv . . . Greifswald, Druck v. Julius Abel, 1888; 30 S. 8°
Greifswald, Med. Fak., Inaug.-Diss. v. 31. März 1888

Weber, Eugène: Vergleich der Haftung des deutschen Spediteurs und des französischen Commissionnaire de transport. *Breslau (1899): Grass, Barth & Co.* (44 S.) 8°
Breslau, Jur. Diss. v. 2. Aug. 1899

Weber, Eugène, Vergleich der Haftung des deutschen Spediteurs u. des französischen Commissionnaire de transport. gr. 8. (44 S.) Breslau (900). (Leipzig, Buchh. G. Fock.) **n. 1. 20**

Weber, Ewald: Die zur Unterscheidung roher u. gekochter Milch dienenden Untersuchungsmethoden und ihre Verwendbarkeit im Dienste der Veterinär- und Sanitätspolizei. Roßwein i.S. 1902: A. Haubold. (136 S.) 8°
Leipzig, Phil. Diss. v. [12. Sept.] 1902.

Weber, F., s.: Jahresbericht üb. die Ergebnisse der an den badischen meteorologischen Stationen in den Jahren 1870 u. 1871 angestellten Beobachtungen.

Weber, F., die Nervosität u. ihre Behandlg., s.: Licht — Luft — Wasser!

Weber, F. A., regelmäßige Dauer der Schwangerschaften. Hülfsblatt für Aerzte, Wundärzte, Geburtshelfer, Hebammen u. A. (1 Bl. Fol.) Nordhausen 843, [Büchting.]

Weber, F. A., regelmäßige Dauer der Schwangerschaften. Hülfsblatt f. Aerzte, Wundärzte, Geburtshelfer, Hebammen u. A. (1 Blatt in Fol.) Nordhausen 843, Schmidt. 1/12 ℛ

Weber, F. G., über die Todesstrafe. Vortrag gehalten im Gewerbe-Verein zu Doberan. gr. 8. (29 S.) Rostock 874, Stiller'sche Hofbuchh. *

Weber, F. P., der edle Eifer, oder wir alle ziehen in den Krieg. Singspl. 8. Presb. 796. Lippert. 6 K

Weber, F. Parkes, Klimatotherapie u. Balneotherapie, s.: **Mayer,** Paul.

Weber, F. W.

—— Auch die Judenmission hat ihre Verheißung vom Herrn! Missions-Predigt über Offenbarung S. Johannis 3, 7—9, gehalten zu Schmalkalden am 12. Juli 1870. gr. 8. (16 S.) Schmalkalden 870, (Wilisch.) *
Vgl. Weber, Ferd.

—— s. Beichtspiegel.

Weber, F. W., Beichtspiegel für Confirmanden und Confirmirte. Eine Anleitung zur Selbstprüfung nach den heiligen zehn Geboten. 2. Aufl. 1871, und 3. Aufl. 16. (VI, 63 S.) Nürnberg 874, Löhe. *

Weber, F. W., Beichtspiegel für Confirmanden u. Confirmirte. Eine Anleitung zur Selbstprüfung nach den heiligen 10 Geboten. 4. Aufl. 16. (63 S.) Gütersloh 878. Bertelsmann. n. — 20

Weber, F. W., Beichtspiegel f. Konfirmanden u. Konfirmierte. Eine Anleitg. zur Selbstprüfg. nach den hl. 10 Geboten. 5. Aufl. 16. (63 S.) Gütersloh 889. C. Bertelsmann. n. — 20

Weber, F. W., Beichtspiegel f. Konfirmanden u. Konfirmierte. Eine Anleitg. zur Selbstprüfg. nach d. hl. zehn Geboten. 6. Aufl. 16. (63 S.) Gütersloh 897. C. Bertelsmann. **n. — 20**

Weber, F. W., kurze Betrachtungen über die Evangelien und Episteln der Sonn- und Festtage des Kirchenjahres. Ein Handbüchlein für den Hausgottesdienst und für Reisende. 16. (VII und 372 S.) Nördlingen 868, Beck'sche Buchh. *
geb. *

Weber, F. W., kurzgefaßte Einleitung in die heiligen Schriften Alten und Neuen Testamentes. Ein Leitfaden für den Unterricht in höheren Schulen u. für gebildete Schriftleser insgemein. Nördlingen 863. Beck. gr. 8. (VII, 232 S.)
n. 24 ngr.

—— kurzgefaßte Einleitung in die heiligen Schriften Alten und Neuen Testamentes. Zugleich ein Hilfsmittel für kursor. Schriftlektüre. Für höhere Schulen und gebildete Schriftleser insgemein bearb. 1. Aufl. 1862. und 2., sehr verm. und größtentheils neu bearb. Aufl. gr. 8. (IV und 324 S.) Nördlingen 867, Beck'sche Buchh. *

—— kurzgefaßte Einleitung in die heiligen Schriften alten und neuen Testamentes. Zugleich ein Hülfsmittel für kursor. Schriftlectüre. Für höhere Schulen und gebildete Schriftleser insgemein. 3. Aufl. 1870, und 4. durchgeseh. Aufl. gr. 8. (IV, 340 S.) Nördlingen 874, Beck'sche Buchh. (*ℳ 3,50.) *

—— kurzgefaßte Einleitung in die heiligen Schriften alten und neuen Testamentes. Zugleich ein Hülfsmittel für kursor. Schriftlektüre. Für höhere Schulen und gebildete Schriftleser insgemein bearb. 5. durchgeseh. Aufl. gr. 8. (IV, 342 S.) Nördlingen 878, Beck'sche Buchh. *

—— kurzgefaßte Einleitung in die heiligen Schriften Alten und Neuen Testamentes. Zugleich ein Hilfsmittel für kursor. Schriftlektüre. Für höhere Schulen und gebildete Schriftleser bearb. Hrsg. von Füller. 6. Aufl. (VII, 344 S.) 1881; 7. Aufl. gr. 8. (VII, 348 S.) Nördlingen 884, Beck'sche Buchh. *

Weber, F. W., kurzgefaßte Einleitung in die heiligen Schriften Alten und Neuen Testamentes. Zugleich ein Hilfsmittel für kursor. Schriftlektüre. Für höhere Schulen und gebildete Schriftleser bearb. 8. Aufl., hrsg. von Füller. gr. 8. (VII, 347 S.) [Nördlingen 887.] München, Beck'sche Verlagsh. *

— kurzgefaßte Einleitung in die heiligen Schriften Alten u. Neuen Testamentes. Zugleich e. Hilfsmittel f. kursor. Schriftlektüre. Für höhere Schulen u. gebildete Schriftleser bearb. 9. Aufl., hrsg. v. J. Deinzer. gr. 8. (VII, 347 S.) München 891. C. H. Beck. n. 3. 60

— kurzgefaßte Einleitung in die hl. Schriften Alten u. Neuen Testamentes. Zugl. ein Hilfsmittel f. kursor. Schriftlektüre. Für höh. Schulen u. gebild. Schriftleser bearb. 10., neubearb. Aufl., hrsg. v. M. Deinzer u. J. Deinzer. gr. 8. (VIII, 414 S.) München 897. C. H. Beck. **n. 4. —; geb. in Leinw. n.n. 4. 50**

Weber's, F. W., kurzgefaßte Einleitung in die hl. Schriften Alten u. Neuen Testamentes f. höhere Schulen u. gebildete Schriftleser. Zugleich e. Hilfsmittel f. kursor. Schriftlektüre. In neuer Bearbeitg. v. M. Deinzer u. J. Deinzer. 11. Aufl., besorgt v. M. Deinzer. gr. 8. (VIII, 431 S.) München 902. C. H. Beck. n. 4. —;
geb. in Leinw. n.n. 4. 50

Weber, F. W., kurzgefaßte Einleitung in die hl. Schriften Alten u. Neuen Testamentes. Zugleich e. Hilfsmittel f. kursor. Schriftlektüre. Für höhere Schulen u. gebildete Schriftleser bearb. In 12. Aufl. völlig neu bearb. v. Heinr. Weber. (IX, 411 S.) 8. München 907. C. H. Beck. Geb. in Leinw. 4.50

Weber, F. W., Hermann der Prämonstratenser oder die Juden und die Kirche des Mittelalters. Mit einem Vorwort von Wilh. Löhe. gr. 8. (XII und 304 S.) Nördlingen 861, Beck'sche Buchh. *

—— der Profet Jesaja in Bibelstunden ausgelegt. 1. Hälfte. c. 1—39. gr. 8. (XII, 331 S.) Ebendas. 875. (*ℳ 3,50.) *

—— der Profet Jesaja in Bibelstunden ausgelegt. 2. Hälfte. c. 40—66. gr. 8. (S. 333—584.) Ebendas. 876. *
1. Hälfte. Ebendas. 1875. *ℳ 3,60.

Weber, F. W., Theorie und Praxis oder Grundlinien der Landwirthschaft in gemeinfaßlicher Sprache besonders für den kleineren Landwirth bearb. 2. Aufl. 857. (VIII, 391 S.) — 3. verm. Aufl. Düsseldorf 858. Kaulen. 8. (400 S.) 1 ℛ.

—— der Wandel des Christen. Traktat für solche, welche ihren Wandel im Sinne Gottes führen wollen. gr. 16. (VIII, 136 S.) Nürnberg 869, Löhe. (* 90 Pf.) *

Weber, F. W., der Wandel des Christen. 8. Nürnberg 869. Gütersloh, Bertelsmann. — 80

—— Wie kann der christliche Volksschullehrer an der Schuljugend Seelsorge üben? Zwei Vorträge. gr. 8. (20 S.) Ansbach 866, (Junge.)

Weber, Felix. Bagdad. Von F' W', Bern. [Sep.-Abdr. aus den «Glarner Nachrichten», Jahrg. 31, 1905, Nr. 174—192 *passim*.] 16 S. 8. Glarus, ⟨Dl. Tschudy-Aebly⟩, 1905.

Weber, Felix [med. pract. von Netstall (Glarus)]: Klinischer Beitrag zur Kenntnis der Nierentumoren im Kindesalter. Zürich 1899. 75 S. 8°.
Zürich Med. Diss. 1899/1900

Weber, Fel., gastronomische Bilder. Beiträge zur Geschichte der Speisen und Getränke, der Tischsitten und Tafelfreuden verschiedener Völker und Zeiten. 8. (XV, 283 S. mit 1 lithogr. Karte.) Leipzig 882, Weber. geb. *

Weber, Fel., gastronomische Bilder. Beiträge zur Geschichte der Speisen u. Getränke, der Tischsitten u. Tafelfreuden verschiedener Völker u. Zeiten. 2., verm. Aufl. 12. (XVI, 348 S. m. 14 Abbildgn. u. 1 gastronom. Karte.) Leipzig 891. J. J. Weber. Geb. in Leinw. n. 5. —

Weber, Felix. Reise nach Bagdad vor fünfzig Jahren. [Sep.-Abdr. aus den «Glarner Nachrichten», Juli/August 1904.] II + 48 S. hoch-4. [Glarus, Dl. Tschudy-Aebly.]

Weber, Ferdinand

— auch die Judenmission hat ihre Verheißung vom Herrn. Missions-Predigt über Offenbarung St. Johannis 3, 7—9, gehalten zu Schmalkalden am 12. Juli 1870. Schmalkalden 870. (Wilisch.) gr. 8. (16 S.) 1½ ngr.
Vgl. Weber, F. W.

Weber, F., Beiträge zur pathologischen Anatomie der Neugebornen. 1. und 2. Lfg.: Kopf und Rücken. — Brust und Hals. gr. 8. (75 und 86 S.) Kiel 851—52, Schröder und Comp. à Lfg. * 15 Ngr. *

Weber, F., Beiträge zur pathologischen Anatomie der Neugebornen. 3. Lfg.: Unterleib. (Schluß.) gr. 8. (79 S.) Kiel 854, Schröder und Comp. *
1. und 2. Lfg. Ebendas. 1851—52. * 1 Thlr.

— kurze Bemerkungen über die Section der Leiche zu patholog. Zwecken. Ein Gruss an seine Herren Collegen in Schleswig-Holstein. gr. 8. (62 S.) Kiel 847, Naeck. n. 12 ngr.

— kurze Bemerkungen über die Section der Leiche zu pathologischen Zwecken. Ein Gruss an seine Hrn. Collegen. Herzberg 854. (Grossenhain,) Mohr. gr. 8. (62 S.) 10 ngr.

Weber, Ferd., Beschreibung d. Gutenberg-Festes in Elberfeld. Am 25. Juli 1840. gr. 8. (3 B.) Elberfeld 840, Schönian'sche Buchh. *

Weber, Ferd., plattdeutsche Gedichte. Herausg. von Klaus Groth. Kiel 861. Homann. 8. (XXV, 100 S.) n. 24 ngr.

Weber, Ferd., die Construction d. absoluten Standpunktes u. das System d. absoluten Idealismus. gr. 8. (22¼ B.) Rinteln 840, [Bösendahl.]

Weber, F., die Lehren des Talmud, s. Schriften des Institutum judaicum in Leipzig.

Weber's, Ferd., Original-Couplets u. Vorträge m. Melodie-Angabe. Mit e. Vorwort des Verf. (79 S.) 8. Köln (905). A. Ohler. n. — 60

Weber, Ferd., das Rechnen mit ganzen u. gebrochenen Zahlen. Zum gründlichen Selbstunterrichte für Jedermann, insbesonders für Lehrer. gr. 8. (47 S.) Eibiswald 877. (Wien, Graeser.) n. — 48

Weber, Ferd., Reiseerinnerungen aus Rußland. Mit e. linguist. Beilage aus der russisch-jüd. Jargon-Literatur. gr. 8. (V, 264 S.) Leipzig 873. J. Naumann. n. 4. —

Weber, Ferd., die Rinderpest in symptomatologischer, pathologisch-anatomischer, diagnostischer u. medicinal-polizeilicher Beziehung. Zunächst nach Beobachtungen in Kamionka Wolaska [Galizien] dargestellt, nebst kritischen Bemerkungen ub. einschlägige Impfversuche u. die Hindernisse der Naturheilung. Lex. 8. (71 S.) Prag 852. (Credner & Kleinbub.) n. 12 ngr.

Weber, Ferd., System der altsynagogalen palästinischen Theologie, aus Targum, Midrasch und Talmud dargestellt. Nach des Verf. Tode hrsg. von Frz. Delitzsch und Geo. Schnedermann. gr. 8. (XXXIV, 399 S.) Leipzig 880, Dörffling und Franke. *

Jüdische Theologie auf Grund des Talmud und verwandter Schriften gemeinfassl. dargest. v. Dr. Ferdinand Weber, Pfarrer in Polsingen, Mittelfranken. Nach d. Vfs Tode hrsg. v. Franz Delitzsch u. Georg Schnedermann. Bisher unt. d. Tit. 'System d. altsynagogalen palästin. Theologie' oder 'Die Lehren d. Talmud'. 2. verb. Aufl. *Leipzig: Dörffling & Franke 1897.* (XL, 427 S.) 1 Bd 8. - [96. 8860]

Weber, Ferd., vom Zorne Gottes. Ein biblisch-theologischer Versuch. Mit Prolegomenen über den bisherigen Entwickelungsgang der Grundbegriffe der Versöhnungslehre von Frz. Delitzsch. Erlangen 862. Deichert. gr. 8. (XLVII, 368 S.) n. 1 ℛ 15 ngr.

Weber, Ferdinand Adolf

— nouv. Dictionnaire portatif franç.-allem. et allem.-français. — Neues Taschenwörterbuch d. franz.- u. deutscher Spr. 2 Thle. Stereotyp.-Ausg. 12. Leipz. 822, Ebd.

—— nouveau Dictionnaire portatif. — Neues vollständ. Taschenwörterbuch d. franz. u. deutschen Sprache. Stereotypausg. 2 Thle. gr. 16. (37 B.) Leipzig 829, Tauchnitz.

Weber, Ferd. Ado., nouveau Dictionnaire portatif français-allemand et allemand-franç. A. u. d. Ttl.: Vollständiges Taschen-Wörterbuch der französ. u. deutschen Sprache. 2., durchgesch., verm. u. neu stereotypirte Ausg. 2 Thle. in 1 Bde. 8. (42¾ B.) Leipzig 846, Carl Tauchnitz.

— erklärendes Handbuch d. Fremdwörter, welche in der deutschen Schrift- u. Umgangssprache gebräuchlich sind, nebst Angabe ihrer Betonung u. Aussprache u. e. Anhange zur Erläuterung der in Schriften vorkomm. Abkürzungen. Stereot.-Ausg. 4 Lfrgg. breit gr. 8. Leipzig 839. B. Tauchnitz jun. $1^2/_3$ ℛ

— erklärendes Handbuch der Fremdwörter, welche in der deutschen Schrift- und Umgangssprache gebräuchlich sind, nebst Angabe ihrer Betonung u. Aussprache und einem Anhange zur Erläuterung der in Schriften vorkomm. Abkürzungen. Stereotypausgabe. (2. Abdruck. In 5 Liefg.) gr. 8. Leipzig 841, B. Tauchnitz jun. $1^2/_3$ ℛ —

—— erklärendes Handbuch der Fremdwörter, welche in der deutschen Schrift- u. Umgangssprache gebräuchlich sind, nebst Angabe ihrer Betonung u. Aussprache u. e. Anhange zur Erläuterung der in Schriften vorkommenden Abkürzungen. 3. Stereotypaufl. gr. 8. (40 B.) Leipzig 844, Bernh. Tauchnitz jun.

Weber, F. A., erklärendes Handbuch der Fremdwörter, welche in der deutschen Schrift- und Umgangssprache gebräuchlich sind nebst Angabe ihrer Betonung und Aussprache und einem Anhang zur Erläuterung der in Schriften vorkommenden Abkürzungen. 5. Stereotypaufl. br. gr. 8. (640 S.) Leipzig 855, B. Tauchnitz.

Weber, F. A, erklärendes Handbuch der Fremdwörter, welche in der deutschen Schrift- und Umgangssprache gebräuchlich sind nebst Angabe ihrer Betonung und Aussprache und einem Anhang zur Erläuterung der in Schriften vorkommenden Abkürzungen. 6., revid. Ster.-Aufl. gr. 8. (640 S.) Leipzig 860, B. Tauchnitz. Thlr. * *

Weber, F. A., erklärendes Handbuch der Fremdwörter, welche in der deutschen Schrift- und Umgangssprache gebräuchlich sind, nebst Angabe ihrer Betonung und Aussprache und ein Anh. zur Erläuterung der in Schriften vorkommenden Abkürzungen. 7.—10., revid. Ster.-Aufl. gr. 8. (640 S.) Leipzig 862—68, B. Tauchnitz.

Weber, F. A., erklärendes Handbuch der Fremdwörter, welche in der deutschen Schrift- und Umgangssprache gebräuchlich sind, nebst Angabe ihrer Betonung und Aussprache und einem Anh. zur Erläuterung der in Schriften vorkomm. Abkürzungen. 13. rev. Ster.-Aufl. gr. 8. (640 S.) Leipzig 873, B. Tauchnitz.

Weber, F. A., erklärendes Handbuch der Fremdwörter, welche in der deutschen Schrift- und Umgangssprache gebräuchlich sind, nebst Angabe ihrer Betonung und Aussprache und einem Anhang zur Erläuterung der in Schriften vorkommenden Abkürzungen. 14. revid. Ster.-Aufl. gr. 8. (640 S.) Leipzig 877, B. Tauchnitz.

Weber, F. A., erklärendes Handbuch der Fremdwörter, welche in der deutschen Schrift- und Umgangssprache gebräuchlich sind, nebst Angabe ihrer Betonung und Aussprache und einem Anhang zur Erläuterung der in Schriften vorkommenden Abkürzungen. 15. revid. Ster.-Aufl. gr. 8. (640 S.) Leipzig 881, B. Tauchnitz.

Weber, F. A., erklärendes Handbuch der Fremdwörter, welche in der deutschen Schrift- u. Umgangssprache gebräuchlich sind, nebst Angabe ihrer Betong. u. Aussprache u. e. Anh. zur Erläuterg. der in Schriften vorkomm. Abkürzgn. 16. Ster.-Aufl. gr. 8. (640 S.) Leipzig 888. B. Tauchnitz. 5.—

Weber, F. A., erklär. Handbuch der Fremdwörter, welche in der deutschen Schrift- u. Umgangssprache gebräuchlich sind, nebst Angabe ihrer Betonung u. Aussprache u. e. Anh. zur Erläuterg. d. in Schriften vorkomm. Abkürzgn. 17. Ster.-Aufl. gr. 8. (640 S.) Leipzig 898. B. Tauchnitz. 5.—

— kritisch-erklärendes Handwörterbuch der deutschen Sprache, mit Hinzufügung der gewöhnlichen in der Umgangssprache vorkomm. Fremdwörter und Angabe der richtigen Betonung und Aussprache, nebst e. Verzeichnisse der unregelmäßigen Zeitwörter. Stereotyp-Ausg. 6 Lfrgg. gr. 8. Leipzig 837, 38. Köhler u. B. Tauchnitz jun. (à n. $^1/_3$ ℛ — In 1 Band in Leinwand cart. $2^1/_3$ ℛ — 3e verb. u. verm. Stereotyp-Ausg. (In 4 Lfrgg.) gr. 8. Ebd. 840. B. Tauchnitz jun. (à n. $^1/_3$ ℛ) $1^1/_3$ ℛ

—— krit.-erklär. Handwörterbuch d. deutschen Sprache, mit Hinzufügung d. gewöhnl. in d. Umgangssprache vorkomm. Fremdwörter u. Angabe d. richt. Betonung u. Aussprache, nebst ein. Verzeichnisse d. unregelmäß. Zeitwörter. Für Gebildete aller Stände eingerichtet u. nach d. neuesten u. besten Quellen bearb. Stereot.-Ausg. 1. Aufl. (6 Lfgn.) ($44^1/_4$ B.) 837, 38. * 2 Thlr., 2. A. (4 Lfgn.) (40 B.) 839. * $1^2/_3$ Thlr., 3., verm. u. verb. A. 1. Abdr. (4 Lfgn.) (45 B.) 840. * $1^2/_3$ Thlr. 2. Abdr. (6 Lfgn.) gr. 8. (45 B.) Leipzig 842, B. Tauchnitz jun.

—— kritisch-erklärendes Handwörterbuch der deutschen Sprache mit Hinzufügung d. gewöhnlichst. in d. Umgangssprache vorkommenden Fremdwört. u. Angabe d. richtigen Betonung u. Aussprache. Nebst e. Verzeichnisse der unregelmäß. Zeitwörter. 4. Stereotypaufl. gr. 8. (45 B.) Leipzig 845, Bernh. Tauchnitz jun.

Weber, Ferd. Adolph, Handwörterbuch der deutschen Sprache nebst den gebräuchlichsten Fremdwörtern, Angabe der Betonung und Aussprache und einem Verzeichniß der unregelmäß. Zeitwörter. 5., umgearb. und neu stereot. Aufl. gr. 8. Leipzig 849, B. Tauchnitz.

Weber, F. A. Handwörterbuch der deutschen Sprache, nebst den gebräuchlichsten Fremdwörtern, Angabe der Betonung und Aussprache und einem Verzeichniss der unregelmässigen Zeitwörter. Fünfte, gänzlich umgearbeitete und neu stereotypirte Ausgabe. 8. Leipzig 1850.

— Handwörterbuch der deutschen Sprache nebst den gebräuchlichsten Fremdwörtern, Angabe der Betonung und Aussprache und einem Verzeichnisse der unregelmäßigen Zeitwörter. 6., stereot. Aufl. Leipzig 854. B. Tauchnitz. gr. 8. (XII, 779 S.) 2 ℛ.

—— Handwörterbuch der deutschen Sprache nebst den gebräuchlichsten Fremdwörtern, Angabe der Betonung und Aussprache und einem Verzeichnisse der unregelmäß. Zeitwörter. 7., ster. Aufl. gr. 8. (XII und 779 S.) Leipzig 859, B. Tauchnitz.

—— Handwörterbuch der deutschen Sprache nebst den gebräuchlichsten Fremdwörtern, Angabe der Betonung und Aussprache und einem Verzeichnisse der unregelmäß. Zeitwörter. 8. Aufl. 1863. und 9. ster. Aufl. gr. 8. (XII und 779 S.) Leipzig 866, B. Tauchnitz.

—— Handwörterbuch der deutschen Sprache nebst den gebräuchlichsten Fremdwörtern, Angabe der Betonung und Aussprache und einem Verzeichnisse der unregelmäß. Zeitwörter. 10.—12. rev. Ster.-Aufl. gr. 8. (XII, 779 S.) Ebendas. 869—74.

—— Handwörterbuch der deutschen Sprache nebst den gebräuchlichsten Fremdwörtern, Angabe der Betonung und Aussprache und einem Verzeichnisse der unregelmäß. Zeitwörter. 13. revid. Ster.-Aufl. Lex.-8. (XII, 779 S.) Ebendas. 877.

—— Handwörterbuch der deutschen Sprache, nebst den gebräuchlichsten Fremdwörtern, Angabe der Betonung und Aussprache und einem Verzeichnisse der unregelmäßigen Zeitwörter. Auf's neue durchges. und mit einem Nachtrage verm. von Max Moltke. 14. Ster.-Aufl. gr. 8. (XII, 788 S.) Ebendas. 880.

—— dass. — 15. Ster.-Aufl. Mit Regeln und Wörterverzeichnissen für die neue Rechtschreibung von Geo. Berlit. Lex.-8. (LXVI, 790 S.) Ebendas. 883.

Weber's, F. A., Handwörterbuch der deutschen Sprache, nebst den gebräuchlichsten Fremdwörtern, Angabe der Betong. u. Aussprache u. e. Verzeichnisse der unregelmäß. Zeitwörter. Auf's neue durchgesehen u. m. e. Nachtrage verm. v. Max Moltke. 17. Ster.-Aufl. Mit Regeln u. Wörterverzeichnissen f. die neue Rechtschreibg. v. Geo. Berlit. Lex.-8. (LXVI, 790 S.) Leipzig 887 B. Tauchnitz. 6. —

— Handwörterbuch der deutschen Sprache, nebst den gebräuchlichsten Fremdwörtern, Angabe der Betong. u. Aussprache u. e. Verzeichnisse der unregelmäß. Zeitwörter. Aufs neue durchgesehen u. m. e. Nachtrage verm. v. Max Moltke. 18. Ster.-Aufl. Mit Regeln u. Wörterverzeichnissen f. die neue Rechtschreibg. v. G. Berlit. Lex.-8. (LXVI, 790 S.) Ebd. 889. 6. —

Weber's, F. A., Handwörterbuch der deutschen Sprache, nebst den gebräuchlichsten Fremdwörtern, Angabe der Betong. u. Aussprache u. e. Verzeichnisse der unregelmäß. Zeitwörter. Auf's neue durchgesehen u. m. e. Nachtrage verm. v. Max Moltke. 19. Ster.-Aufl. Mit Regeln u. Wörterverzeichnissen f. die neue Rechtschreibg. v. Geo. Berlit. Lex.-8. (LXVI, 790 S.) Leipzig 892. B. Tauchnitz. 6. —

— Handwörterbuch d. deutschen Sprache, nebst den gebräuchlichsten Fremdwörtern, Angabe der Betong. u. Aussprache u. e. Verzeichnisse d. unregelmäß. Zeitwörter. Auf's neue durchges. u. m. e. Nachtrage verm. v. Max Moltke. 20. Ster.-Aufl. M. Regeln u. Wörterverzeichnissen f. die neue Rechtschreibg. v. Geo. Berlit. gr. 8. (LXVI, 790 S.) Ebd. 896. 6. —

Weber's, F. A., Handwörterbuch der deutschen Sprache, nebst den gebräuchlichsten Fremdwörtern, Angabe der Betonung u. Aussprache u. e. Verzeichnisse der unregelmäßigen Zeitwörter. Auf's neue durchgesehen u. m. e. Nachtrage verm. v. Max Moltke. 21. u. 22. Ster.-Aufl. Mit Regeln u. Wörterverzeichnissen f. die neue Rechtschreibg. v. Geo. Berlit. gr. 8. (à LXVI, 790 S.) Leipzig 899. 902. B. Tauchnitz. 6. —

Weber, F. A., Handwörterbuch der deutschen Sprache, nebst den gebräuchlichsten Fremdwörtern, Angabe der Betonung u. Aussprache u. e. Verzeichnisse d. unregelmäßigen Zeitwörter. 25. Aufl., völlig umgearb. u. den Regeln der neuesten Rechtschreibg. angepaßt v. Siegfr. Moltke u. Alfr. C. Schmid. (XXXII, 896 S.) 8. Leipzig 908. B. Tauchnitz. 6.—; geb. in Leinw. 7.—; in Halbfrz. 7. 50

(——) **a compl. Pocket-Dictionary etc., s. Webster.**

Weber, **F. A., new complete Pocket Dictionary of the english and german languages. — Neues vollständiges Taschenbuch d. engl. u. deutschen Sprache.** Stereot.-Ausg. 2 Thle. gr. 16. Leipz. 822. N. A. 832. Tauchnitz.

Weber, Ferd. Ado., (eigentl. Ado. Ferd.,) new compl. Pocket-Dictionary. — Neues vollständ. Taschenwörterbuch d. engl. u. deutschen Sprache. Stereotypausg. 2 Thle. 1. Aufl. ($38\frac{1}{4}$ B.) 828. 1 Thlr. 12 Gr., 2., verb. u. verm. A. ($44\frac{1}{2}$ B.) gr. 16. Leipzig 832, Tauchnitz.

— vollständiges Taschenwörterbuch der englischen u. deutschen Sprache, nebst Bezeichnung der Aussprache und Betonung nach Walker. 3. verb. u. verm. Stereotyp-Ausg. 8. Ebend. 844. $1\frac{1}{3}$ ₰

Weber, **Ferd. Ado., nuovo Dizionario italiano-tedesco e tedesco-italiano. — A. u. d. T.: Neues vollständ. Wörterbuch d. italien. u. d. deutschen Sprache.** Nach d. neuesten u. besten Quellen bearb. Stereot.-Ausg. 2 Thle. gr. 8. ($81\frac{1}{8}$ B.) Leipzig 840, Karl Tauchnitz. Thlr.

Weber, F. A., neuesvollständ. *Wörterbuch d. italienischen u. d. deutschen Sprache.* Stereotypausgabe. 2 Thle. (in 1 Bde.). Leipzig, Tauchnitz, o. J. (c. 1860). Lex.-8⁰. Hfrzb.
I. X—568 S. (Italien.-Deutsch.) II: 2 Bll., 722 S. (Deutsch-Italien.)

—— **neues vollständiges Wörterbuch der italienischen und deutschen Sprache. — Nuovo dizionario italiano-tedesco e tedesco-italiano. — Nach den neuesten und besten Quellen bearb.** Ster.-Ausg. Neuer Abdr. Lex.-8. (X und 1290 S.) Leipzig 867, Holtze.

Weber, F. A., neues vollständiges Wörterbuch der italienischen und deutschen Sprache. Nach den neuesten und besten Quellen bearb. — Nuovo Dizionario italiano-tedesco e tedesco-italiano composito sui migliori vocabolarii delle due lingue. 2 Bde. Ster.-Ausg. Neuer Abdr. 1870,72. ℳ 7,50., und Neuer Abdr. gr. 8. (X, 568; 722 S.) Leipzig 874, Holtze.

Weber, F. A: Neues vollständiges Wörterbuch der italienischen und deutschen Sprache. Neuer Abdr. Leipzig 1876
[Th. 1.] Jtalienisch-Deutsch.
[Th. 2.] Deutsch-Jtalienisch.

—— **neues vollständiges Wörterbuch der italienischen und deutschen Sprache. Nach den neuesten und besten Quellen bearb. — Nuovo Dizionario italiano-tedesco e tedesco-italiano composito sui migliori vocabolarii delle due lingue.** 2 Bde. Ster.-Ausg. Neuer Abdr. gr. 8. (X, 568; 722 S.) Leipzig 880, Holtze.

Weber, F. A., neues vollständiges Wörterbuch der italienischen und deutschen Sprache. Nach den neuesten und besten Quellen bearb. Ster.-Ausg. Neuer Abdr. 2 Thle. in 1 Bd. gr. 8. (X, 568; 722 S.) Leipzig 880, Holtze.

—— neues vollständiges italienisch-deutsches und deutsch-italienisches Wörterbuch. Nach den neuesten und besten Quellen bearb. Neue verb. und verm. Ster.-Ausg. 2 Tle. in 1 Bd. Lex.-8. (VIII, 492; 590 S.) Ebendas. 883.

— neues vollständiges italienisch-deutsches u. deutsch-italienisches **Wörterbuch. Nach den neuesten u. besten Quellen bearb. Neu verb. u. verm.** Ster.-Ausg. 2. Aufl. 2 Tle. in 1 **Bd. Lex.-8.** (VIII, 492 u. 590 S.) Leipzig 885. Holtze. 9. —

— neues vollständiges italienisch-deutsches u. deutsch-italienisches **Wörterbuch.** Neue verb. u. verm. Ster.-Ausg. 3. Aufl. gr. 8. (VIII, 492 u. 590 S.) Leipzig 889. Holtze. 9. —

— **neues vollständiges italienisch-deutsches u. deutsch-italienisches Wörterbuch. Nach den neuesten u. besten Quellen bearb. Neue verm. Ster.-Ausg. 4. Aufl. 2 Tle. in 1 Bde.** gr. 8. (VIII, 492 u. 590 S.) Leipzig 893. O. Holtze's Nachf. 9. —; geb. n. 10. 25

Weber, F. A., neues vollständiges italienisch-deutsches u. deutsch-italienisches Wörterbuch. Nach den neuesten besten Quellen bearb. 5. verb. Aufl. 2 Tle. in 1 Bde. (VIII, 492 u. 590 S.) gr. 8. Leipzig 903. O. Holtze's Nachf. 9. —; geb. in Halbfrz. 10. 25

—— **vollständiges Wörterbuch der englischen und deutschen Sprache nebst Bezeichnung der Aussprache und Betonung nach Walker. — A complete Dictionary of the English and German Languages.** — 3., verb. und verm. neu ster. Ausg. Neuer Abdr. 8. (IX und 743 S.) Leipzig 867, Holtze.

— **vollständiges Wörterbuch der englischen u. deutschen Sprache nebst Bezeichng. der Aussprache u. Betong. nach Walker. -- A complete dictionary of the english a. german languages to which is added the pronunciation according to Walker.** — 3. verb. u. verm. neustereotyp. Ausg. Neuer Abdr. 2 Thle. gr. 16. (741 S.) Leipzig 873. Holtze. 4. 50

Weber, Ferdinand Hugo [geb. zu Gobalis in Damaraland '(Süd-Afr.)']: Die genetische Entwickelung des Zahl- und Raumbegriffes in der griechischen Philosophie bis Aristoteles und der Begriff der Unendlichkeit ... Strassburg i. E., Buchdr. C. Gœller, 1895; 1 Bl., 131 S. 8.
Strassburg, Phil. Fak., Inaug.-Diss. v. 1895

Weber, Florus: Versuche mit dem Atmometer. ... Halle a.S., Hofbuchdr. v. C. A. Kaemmerer & Co., 1889; 30 S. + 1 Bl. u. 5 Taf. 8°
Halle, Med. Fak., Inaug.-Diss. v. 22. Jul. 1889.

Weber, Fr., Anleitung zur Berechnung u. Vertheilg. der Kreisabgaben nach d. Bestimmngn. d. Kreisordngn. u. d. Kommunalabgabengesetzes v. 14. Juli 1893, sow. unt. bes. Berücksicht. der Rechtsprechung d. Oberverwaltungsgerichtes f. d. prakt. Gebrauch zusammengestellt. gr. 8. (72 S. m. 3 Bog. Formularen.) Düsseldorf 896. L. Schwann. n. 2. —

Weber, Fr., Anleitung zu den chemischen Untersuchungsmethoden des Brauers. 8. (VIII, 332 S. m. Abbildgn.) München 900. (E. Scherzer.) Geb. in Leinw. n. 4. —

Fr Christ Theoph Weber

Casus et observationes medicinales selectiores et rariores. ([Verf.:] F[r] C[hrist] T[eoph] Weber, [Hrsg.:] Frider[icus] August[us] Weber [1753-1806].) Francofurti & Lipsiae 1783. 64 S. 8°

Weber, Fr. Chr. Th., Obs. medicae selectae. Edidit Fr. A. *Weber* fil. 64 pp. Vratisl. 8°.
1776

***Weber*, F. C. T, observationes medicae selectae. 8. Leipz. ... (List in Berl.) 3 ℛ**

Weber, F. C. T., Observationes medicae selectae. 8. Lips Sommer.

Weber, Fr. Emil, die Wohnungsfrage f. den Arbeiter- u. niederen Beamtenstand. Zugleich Rechenschaftsbericht des St. Joseph-Bauvereins, eingetr. Genossenschaft m. beschr. Haftpflicht, zu Hanau a. M. gr. 8. (39 S.) Frankfurt a/M. 899. (R. Hülsen.) n. — 60

Weber, Fr. Emil, Die Wohnungsfrage für den Arbeiter- und niederen Beamtenstand. Zugleich Rechenschaftsbericht des St. Joseph-Bauvereins, eingetr. Genossenschaft mit beschr. Haftpflicht, zu Hanau a. M. gr. 8. Frankfurt a. M. (R. Hülsen) 1900.

Weber, Fr. Ernst, s. Weber, Ernst

Weber, Fr. Wilh., Handbuch der Bäckerei. Ein Hilfsbuch f. Bäcker. 8. (88 S.) Berlin 891. Hartmann's Verl. n. 1. —; geb. n. 1. 50

— **die Hausbrotbäckerei. Gründliche Anweisg. zur Herstellg. d. reinen u. gemischten Roggenbrotes m. Sauerteig u. Hefeführg., d. Pumpernickels, d. Mais-, Hafer- u. Gerstenbrotes** 2c. 8. (46 S.) Berlin 892. S. Mode's Verl. n. 1. —

— die Herstellung d. Roggenbrotes in Untermischung m. Weizenmehl. Ein Beitrag zur Roggen- u. Gemischtbrotbäckerei u. Anleitg. f. deren Einführg. in Süd- u. Norddeutschland. 8. (32 S.) Berlin 891. Hartmann's Verl. n. — 80

— **Lehrbuch f. Bäcker. Enth. das Wissenswerteste üb. die Roggenbrot-, Weißbrot-, Kuchen- u. Feinbäckerei, üb. die Behandlg. des Sauerteiges, der Hefe, der Milch, d. Mehles, d. Holzes** 2c., üb. **Kohlen- u. Holzöfen, nebst Buchführg. u. e. Fragebogen f. die Bäckerprüfg. 8. (VII, 98 S.) Berlin 892. S. Mode's Verl.** 1. 50

Weber, Franz: Alexander der Große im Urteil der Griechen und Römer bis in die konstantinische Zeit. Borna-Leipzig 1909: Noske. 110 S. 8°
Gießen, Phil. Diss. v. 20. Febr. 1910, Ref. Strack
[Geb. 19. April 86 Biblis; Wohnort: Gießen; Staatsangeh.: Hessen; Vorbildung: Ostergymn. Mainz Reife O. 04; Studium: Gießen 7 S.; Rig. 17. Dez. 07.] [U 10. 1311

Weber, Franz, aus Würzburg: **Beiträge** zur Syphilis der Lippen, der Zunge und des Kehlkopfes. *Würzburg 1903: P. Scheiner.* (50 S.) 8°
Würzburg, Med. Diss. v. 1902

Freut euch des Lebens! Liederbuch f. fröhliche Kreise von Franz **Weber,** **[Breslau].** Breslau: F. Goerlich [1904]. (96 S.) 8° [F.] 05. 9690

Freut euch des Lebens! Liederbuch f. fröhl. Kreise von Franz **Weber,** [Breslau]. 2. Aufl. Breslau: F. Goerlich [1906]. (96 S.) 8° [F.]

Freut euch des Lebens! Liederbuch f. fröhliche Kreise von Franz **Weber.** 21.–30. Taus. Breslau: F. Goerlich [1907]. (96 S.) 8° [F.]

Weber, Frz., freut euch des Lebens! Liederbuch f. fröhl. Kreise. 41.—50. Tauf. (96 S.) 16. Breslau (909). F. Goerlich. — 10

Weber, Franz: Die Bremische Deutsche Gesellschaft 1748—1793. Greifenhagen: Kundler [1910]. 139 S. 8°
Königsberg, Phil. Diss. v. 10. Juni 1910, Ref. Meißner, Baumgart
[Geb. 25. Sept. 81 Greifenhagen i. P.; Wohnort: Bremen; Staatsangeh.: Preußen; Vorbildung: Marienstifts-Gymn. Stettin Reife M. 01; Studium: Berlin 6, Greifswald 3 S.; Rig. 26. Jan. 10.] [U 10. 2631

— Hausbibliothek. Taschenausg. m. großer Schrift u. in neuester Rechtschreibg. Nr. 1—114. kl. 8. Ebd. (905). à Nr. — 10

Chamisso, Adelb. v., ausgewählte Gedichte. (VIII, 336 S.) (Nr. 76—84.)
— Peter Schlemihls wundersame Geschichte. (82 S.) (Nr. 25—27.)
Droste-Hülshoff, Annette Freiin v., ausgewählte Gedichte. (191 S.) (Nr. 108—112.)
— ausgewählte lyrische Gedichte. (32 S.)(Nr. 5.)
— das geistliche Jahr. Nebst e. Anh. religiöser Gedichte. (160 S. m. Bildnis.) (Nr. 53—58.)
— **die Judenbuche. Ein Sittengemälde aus dem gebirg. Westfalen. (58 S.) (Nr. 36. 37.)**
Eichendorff, Jos. Frhr. v., ausgewählte Gedichte. Mit Biographie u. Bildnis des Dichters. (120 S.) (Nr. 89—92.)
— aus dem Leben e. Taugenichts. Novelle. (95 S.) (Nr. 7—9.)
— das Marmorbild. Das Schloß Dürande. Novellen. (87 S.) (Nr. 33—35.)
Goethe, J. W. v., Egmont. Ein Trauerspiel in 5 Aufzügen. (92 S.) (Nr. 101. 102.)
— Götz v. Berlichingen m. der eisernen Hand. Ein Schauspiel. (113 S.) (Nr. 103—105.)
— Hermann u. Dorothea. (80 S. m. Bildnis.) (Nr. 1. 2.)
— Iphigenie auf Tauris. Ein Schauspiel. (77 S.) (Nr. 106. 107.)
— Torquato Tasso. Ein Schauspiel. (116 S.) (Nr. 47—49.)
Körner, Thdr., Alfred der Große. Der Kampf m. dem Drachen. Die Bergknappen. (66 S.) (Nr. 96. 97.)
— Erzählungen. (62 S.) (Nr. 85. 86.)
— das Fischermädchen od. Haß u. Liebe. Lyrisches Drama in 1 Abtlg. (23 S.) (Nr. 46.)
— Gedichte. (VII, 192 S.) (Nr. 64—69.)
— die Gouvernante. (Eine Posse in 1 Aufzuge.) Der vierjährige Posten. (Ein Singspiel in 1 Aufzuge.) (56 S.) (Nr. 63.)
— Hedwig. Ein Drama in 3 Aufzügen. (63 S.) (Nr. 87. 88.)
— Joseph Heyderich od. Deutsche Treue. Eine wahre Anekdote, als Drama in 1 Aufzuge. (24 S.) (Nr. 45.)
— Leier u. Schwert. (IV, 43 S.) (Nr. 3. 4.)
— **der Nachtwächter.** Eine Posse in Versen in 1 Aufzuge. (24 S.) (Nr. 20.)
— **Toni.** Ein Drama in 3 Aufzügen. (88 S.) (Nr. 44.)
— **der Vetter aus Bremen.** Ein Spiel in Versen u. e. Aufzuge. (22 S.) (Nr. 19.)
— **Zriny.** Ein Trauerspiel in 5 Aufzügen. (87 S.) (Nr. 16—18.)
Lessing, Gotth. Ephr., Minna v. Barnhelm od. Das Soldatenglück. Ein Lustspiel in 5 Aufzügen. (101 S.) (Nr. 31. 32.)

— Emilia Galotti. Ein Trauerspiel in 5 Aufzügen. (82 S.) (Nr. 113. 114.)
Schiller, Frdr. v., die Braut v. Messina od. die feindlichen Brüder. Ein Trauerspiel m. Chören. (108 S.) (Nr. 28—30.)
— ausgewählte Gedichte. (164 S.) (Nr. 50—52.)
— die Jungfrau v. Orleans. Eine romant. Tragödie. (148 S.) (Nr. 13—16.)
— Maria Stuart. Trauerspiel in 5 Aufzügen. (164 S.) (Nr. 98 bis 100.)
— Wilhelm Tell. Schauspiel. (146 S.) (Nr. 10—12.)
— Wallenstein. Ein dramat. Gedicht. 1. Tl. Wallensteins Lager. — Die Piccolomini. (166 S.) (Nr. 70—72.)
— dasselbe. 2. Tl. Wallensteins Tod. Ein Trauerspiel in 5 Aufzügen. (180 S.) (Nr. 73—75.)
Stifter, Adalb., Abdias. Erzählung. (109 S.) (Nr. 93—95.)
— Bergkristall. Erzählung. (60 S.) (Nr. 61. 62.)
— Bergmilch. Erzählung. (35 S.) (Nr. 6.)
— das Heidedorf. Novelle. (36 S.) (Nr. 24.)
— der Hochwald. Erzählung. Mit Biographie u. Bildnis de Dichters. (116 S.) (Nr. 21—23.)
— Kalkstein. Erzählung. (74 S.) (Nr. 40. 41.)
— Katzensilber. Erzählung. (76 S.) (Nr. 59. 60.)
— der Kondor. — Brigitta. Novellen. (82 S.) (Nr. 38. 39.)
— der Waldsteig. Novelle. (72 S.) (Nr. 42. 43.)

Die Inkunabeln der Stettiner Stadtbibliothek. Ein Verzeichnis von Dr. phil. Franz Weber. [Stettin 1910.] 19 S. 8°
[Aus: Baltische Studien. 1910.] [11. 180

— Jugendbibliothek. Nr. 1—44. 8. Ebd. n. 4. 40; geb. n. 6. 60
Schmid, Christoph v., das Blumenkörbchen. (Erzählungen. 8. Bd.) Mit Titelbild. Neue, im Sinne des Verf. bericht. Ausg. m. großer Schrift. In neuer Rechtschreibg. (128 S.) (904). (Nr. 29—32.) n. — 40; geb. n. — 60
— Heinrich v. Eichenfels. Der Kanarienvogel. Die Wasserflut am Rhein. Mit Titelbild. Neue, im Sinne des Verf. bericht. Ausg. m. großer Schrift. In neuer Rechtschreibg. (50, 32 u. 46 S.) (903.) (Nr. 5—8.) n. — 40; geb. n. — 60
Schmid, Christoph v., das beste Erbteil. — Der Wasserkrug. — Die Himbeeren. — Das Johanniskäferchen. (Erzählungen. 10. Bd.) Mit Titelbild. Neue, im Sinne des Verf. bericht. Ausg. m. großer Schrift. In neuer Rechtschreibg. (50, 32, 36 u. 10 S.) (904.) (Nr. 37—40.) n. — 40; geb. n. — 60
— Gottfried, der junge Einsiedler. — Die Kupfermünzen. — Die Kirschen. Mit Titelbild. Neue, im Sinne des Verf. bericht. Ausg. In neuer Rechtschreibg. (76, 24, 14 u. 14 S.) (904.) (Nr. 21—24.) n. — 40; geb n. — 60
— die Hopfenblüten. — Das alte Raubschloß. — Die Waldkapelle. Mit Titelbild. Neue, im Sinne des Verf. bericht. Ausg. m. großer Schrift. In neuer Rechtschreibg. (76, 18, 14 u. 20 S.) (901.) (Nr. 25—28.) n. — 40; geb. n. — 60
— das Lämmchen. — Das Marienbild. — Die Feuersbrunst. Mit Titelbild. Neue, im Sinne des Verf. bericht. Ausg. m. großer Schrift. In neuer Rechtschreibg. (62, 24 u. 42 S.) (904.) (Nr. 17—20.) n. — 40; geb. n. — 60
— Ludwig, der kleine Auswanderer. — Der Diamantring. — Der Kuchen. Mit Titelbild. Neue, im Sinne des Verf. bericht. Ausg. m. großer Schrift. In neuer Rechtschreibg. (74, 22, 12, 12 u. 8 S.) (904.) (Nr. 13—16.) n. — 40; geb. n. — 60
— die Ostereier. Das Täubchen. Das hölzerne Kreuz. Lehrreiche Erzählgn. Mit dem Bildnis des Verf. Neue, im Sinne des Verf. bericht. Ausg. m. großer Schrift. In neuer Rechtschreibg. (52, 32 u. 44 S.) (903.) (Nr. 1—4.) n. — 40; geb. n. — 60
— der Rosenstock. — Die zwei Brüder. — Die Melone. (Erzählungen. 9. Bd.) Mit Titelbild. Neue, im Sinne des Verf. bericht. Ausg. m. großer Schrift. In neuer Rechtschreibg. (42, 62, 16 u. 8 S.) (904.) (Nr. 33—36.) n. — 40; geb. n. — 60
— Timotheus u. Philemon. — Die roten u. die weißen Rosen. (Erzählungen. 11. Bd.) Mit Titelbild. Neue, im Sinne des Verf. bericht. Ausg. m. großer Schrift. In neuer Rechtschreibg. (96 u. 32 S.) (901.) (Nr. 41—44.) n. — 40; geb. n. — 60
— der Weihnachtsabend. Die Kapelle bei Wolfsbühl. Das Rotkehlchen. Mit Titelbild. Neue, im Sinne des Verf. bericht. Ausg. m. großer Schrift. In neuer Rechtschreibg. (78, 24 u. 26 S.) (903.) (Nr. 9—12.) n. — 40; geb. n. — 60

Der Gute Kamerad. Liederbuch f. Militär- u. Kriegervereine. Eine Sammlung d. beliebtesten Vaterlands-, Soldaten- u. Volkslieder. Hrsg. unter Mitw. militär. Kreise von Franz Weber. *Breslau: F. Goerlich [1902]* (159 S.) 8° [F.]

Franz Weber. Deutsches Kommersbuch. Eine Sammlung d. beliebtesten Vaterlands-, Volks-, Liebes-, Studenten- u. Gesellschaftslieder. *Breslau: F. Goerlich [1902].* (156 S.) 8° [F.] [03. 3239

Franz Webers Deutsches Kommersbuch. Eine Sammlung d. beliebtesten Vaterlands-, Volks- u. Gesellschaftslieder. Neubearb. Aufl. Breslau: F. Goerlich [1905]. (150 S.) 8° [F.] [06. 11089 2

Franz Webers Deutsches Kommersbuch. Eine Sammlung d. beliebtesten Vaterlands-, Volks- u. Gesellschaftslieder. Neubearb. Aufl. ⟨21.–25. Taus.⟩ Breslau: F. Goerlich [1906]. (150 S.) 8° [F.] [07. 10433 2

Weber, Frz., deutsches Kommersbuch. Eine Sammlg. der beliebtesten Vaterlands-, Volks- (Liebes-, Studenten-) u. Gesellschaftslieder. Neubearb. Aufl. (46.—55. Tauf.) (VIII, 150 S.) 16. Breslau (910). F. Goerlich. — 20; geb. in Leinw. — 60

Franz Weber. Kleines Kommersbuch. Eine Sammlung d. beliebtesten Vaterlands-, Volks-, Liebes-, Studenten- u. Gesellschaftslieder. *Breslau: F. Goerlich [1902].* (96 S.) 8° [F.] [03. 3240

Franz Weber, [Breslau]. Kleines Kommersbuch. Eine Sammlung d. beliebtesten Vaterlands-, Volks-, Liebes-, Studenten- u. Gesellschaftslieder. 70.–80. Taus. Breslau: F. Goerlich [1904]. (96 S.) 8° [F.] [05. 10694

Franz Weber, [Breslau]. Kleines Kommersbuch. Eine Sammlung d. beliebtesten Vaterlands-, Volks-, Liebes-, Studenten- u. Gesellschaftslieder. 141.–160. Taus. Breslau: F. Goerlich [1906]. (96 S.) 8° [F.] [07. 4336

Franz Weber. Kleines Kommersbuch. Eine Sammlung d. beliebtesten Vaterlands-, Volks-, Liebes-, Studenten- u. Gesellschaftslieder. 101.–180. Taus. Breslau: F. Goerlich [1907]. (96 S.) 8° [F.] [07. 11471

— Kleines Kommersbuch. Eine Sammlg. der beliebtesten Vaterlands-, Volks-, Liebes-, Studenten- u. Gesellschaftslieder. 331.—380. Tauf. (96 S.) 16. Ebd. (910). — 10

Weber's, Frz., Kommers-Liederbuch. Nebst Angabe der Tonarten, Dichter u. Komponisten. 16. (XII, 308 S.) Breslau 892. F. Goerlich. Kart. — 80

Weber, Franz von. Über die Kondensation von Diphenylenglycolsäure mit Phenolen und Phenoläthern. Anhang: Die Kondensation von Benztraubensäure mit p-Kresol. Diss. Math.-Naturw. Freiburg in der Schweiz. 59 S. 8. Freiburg ⟨Schweiz⟩, St.-Paulus-Druckerei, 1905.

Weber, Franz: Nr.10704. Kundmachung des kaiserl.königl.Guberniums im österreichisch-illirischen Küstenlande. - Notificazione dell'Imp.Reg.Governo del Litorale austro-illirico. (Dt.u.Ital.) Triest: 1842

s.: Stadion, Franz Graf von

Weber Franz: P. Laurentius von Schnifis. (Johannes Martin). Sein Leben und seine Werke.
1903 PN 1603 Diss Wien, Univ.

Lieder und Bilder. Gedichte von Franz Weber. Altenburg: (Geibel in Comm. [um 1894]). VIII, 315 S. 8° A 12. 10693

Weber, Frz., Lieder u. Bilder. Gedichte. 2. Ausg. 12. (VIII, 315 S.) Frankfurt a/M. (894). (Gebr. Knauer.) n. 2. —; geb. n. 3. —

— Liederbuch f. Buchhändler. (XV, 240 S.) kl. 8. Ebd. (904). — 40; geb. — 80; m. Goldpressg. 1. —

Weber's, Frz., Liederbuch f. Kaufleute, insbesondere f. kaufmännische Vereine. 16. (XII, 307 S.) Breslau 889. Goerlich. geb. — 80

Liederbuch für Kaufleute. Hrsg. von Franz Weber, [Breslau]. 1.–3. Taus. Breslau: F. Goerlich [1904]. (244 S.) 8° [F.] [05. 9690

Liederbuch für Militär- und Kriegervereine. Eine Sammlung d. beliebtesten Vaterlands-, Soldaten- u. Volkslieder. Von Franz Weber. ⟨21. bis 30. Taus.⟩ *Breslau: F. Goerlich (1903).* (208 S.) 8° [F.] [04. 7078 2

— Liederbuch f. Militär- u. Kriegervereine. Eine Sammlg. der beliebtesten Vaterlands-, Soldaten u. Volkslieder. 31.—35. Tauf. (208 S. m. 1 Bildnis.) 16. Ebd. (909). p nn — 25; geb. nn — 35

— Liederbuch f. Radfahrer. Eine Sammlg. der beliebtesten Radfahrer-, Volks- u. Gesellschaftslieder. 2. verb. u. verm. Aufl. (XIV, 204 S.) kl. 8. Ebd. (904). n.n. — 20; geb. n.n. — 30

Des deutschen Soldaten Liederbuch. Eine Sammlung d. beliebtesten Vaterlands-, Soldaten- u. Volkslieder. Hrsg. unter Mitw. militär. Kreise von Franz Weber. *Breslau: F. Goerlich [1902].* (159 S.) 8° [F.] [illegible]

— des deutschen Soldaten Liederbuch. Eine Sammlg. der beliebtesten Vaterlands-, Soldaten- u. Volkslieder. Hrsg. unter Mitwirkung militär. Kreise. (Neue Aufl.) (150 S. m. 1 Bildnis.) 16. Ebd. (906). n.n. — 20; geb. n.n. — 30

— des deutschen Turners Liederbuch. Eine Sammlg. der beliebtesten Vaterlands-, Turner- u. Volkslieder. gr. 16. (152 S. m. 1 Bildnis.) Ebd. (902). — 20; geb. — 30

Des deutschen Turners Liederbuch. Hrsg. von Franz Weber. (6. bis 10. Taus.) *Breslau: F. Goerlich (1903).* (263 S.) 8° [F.] [illegible] 2

— des deutschen Turners Liederbuch. (11.—20. Umschlag 21.—30. Tausf.) (272 S. m. 1 Bildnis.) kl. 8. Ebd. (906). — 30; geb. n. — 40

Des deutschen Turners Liederbuch. Hrsg. von Franz Weber. (21.—30. Taus.) Breslau: F. Goerlich [1907]. (272 S.) 8° [F.] [07. 13324] 2

— Liederbuch f. Turner u. Feuerwehr, f. Jäger u. Schützen, Kriegervereine rc. 16. (XII, 308 S.) Ebd. 889. geb. — 80

— Liederkranz. Eine Sammlg. der beliebtesten Volks-, Liebes- u. Gesellschaftslieder. gr. 16. (94 S.) Ebd. (902). — 10; kart. — 20

Franz Weber, [Breslau]. Liederkranz. Eine Sammlung d. beliebtesten Volks-, Liebes- u. Gesellschaftslieder. 47.—66. Taus. Breslau: F. Goerlich [1906]. (96 S.) 8° [F.] [illegible]

— Liederkranz. Eine Sammlg. der beliebtesten Volks-, Liebes- u. Gesellschaftslieder. 67.—86. Tausf. (96 S.) kl. 8. Ebd. (908). — 10

— Liederschatz. Auswahl der schönsten Vaterlands-, Volks-, Wander- rc. Lieder. 16. (IV, 92 S.) Ebd. 889. geb. — 30

Weber's, Frz., Meistersinger. Liederbuch f. Meister u. Gesellen, Berg- u. Hüttenleute rc. 16. (XII, 304 S.) Breslau 889. Goerlich. geb. — 80

Weber, Frz., Minnesinger, s. Bibliothek der Gesamt-Litteratur des In- und Auslandes.

WEBER, Franz (Neuburg): De oleo jecoris aselli.- Ratisbonae: Pustet 1831. 31 S.
12.5.1829 - Urk: F 59
Diss. Ingolst.-Landsh.-Mchn.

Weber, Franz, Lehrer an der höhern herzoglichen Töchterschule zu Köthen (von Köthen, Anhalt): Das Recht der historischen Wahrheit und das Recht der Phantasie des Künstlers. Aesthetische Monographie. Dessau H. Neubürger 1856. 32 S. 8°.
[Zürich, Phil. Diss. v. 13. Aug. 1856].

— Sängerlust. Reichhaltige Sammlg. der beliebtesten neueren u. älteren Lieder. Nebst Angabe der Tonarten, Dichter u. Komponisten. 16. (XII, 304 S.) Ebd. 892. Kart. — 80

Weber, Franz, aus Malchin: Lacy's Sauny the Scot und Garrick's Catharine and Petruchio im Verhältnis zu ihren Quellen. *Rostock 1901: C. Hinstorff.* (85 S.) 8°
Rostock, Phil. Diss. v. [15. Juni] 1901

Weber, Frz., Lacy's Sauny the Scot u. Garrick's Catharine and Petruchio im Verhältnis zu ihren Quellen. Diss. gr. 8. (85 S.) Rostock 901. (H. Warkentien.) n. 1. 50

— Studentenliederbuch. (160 S.) 16. Ebd. (904). n.n. — 20

Franz Webers Studentenliederbuch. Breslau: F. Goerlich [1905]. (160 S.) 8° [F.] [06. 11050] 2

— Studentenliederbuch. 2. Aufl. (160 S.) kl. 8. Ebd. (907). — 20

— Taschen-Liederbuch. 16. (XII, 276 S.) Ebd. 889. geb. — 80

— kleines Taschen-Liederbuch. 16. (IV, 92 S.) Ebd. 889. geb. — 30

Franz Webers Taschenliederbuch für Lehrer. Eine Sammlung d. beliebtesten Volks-, Gesellschafts- u. Standeslieder. 2., verm. Aufl. Breslau: F. Goerlich [1905]. (192 S.) 8° [F.] [06. 11091] 2

Franz Webers Taschenliederbuch für Lehrer ... 2. verm. Aufl. Breslau: F. Goerlich [1907]. (192 S.) 8° [F.] [07. 12205] 2

— Volksliederbuch. 16. (XV, 384 S.) Ebd. 889. geb. in Halbleinw. 1 —; in Leinw. 1 25

— Kleines Volksliederbuch. 16. (VIII, 184 S.) Ebd. 889. geb. — 50

Weber, Frz., aus grauer Vorzeit. 6 Erzählgn. aus dem 1. Jahrtausend n. Chr. 12. (III, 212 S.) Frankfurt a/M. 894. Gebr. Knauer. n. 2. 50; geb. in Leinw. 3. 50

Weber, Frz., vom Webstuhl d. Zeit. 4 Prosa-Dichtgn. aus deutscher Vergangenheit. 8. (VIII, 306 S.) Dresden 898. E. Pierson. n. 4. —; geb. n. 5. —

Weber, Franz Josef

Weber, [illegible]
[illegible]
Berlin, Med. Diss. v. [illegible] Aug. 18[illegible]

Weber, Frz. Jos., († 1799.) d. Kunst, das ächte Porzellain zu verfertigen. Mit 8 Kpft. gr. 8. Hannov. 798. Hahn. 1 rf 8 gr

Franz Carl Weber, Zürich.... (Illustrierter Katalog über) Spielwaren. 8.
1901. VIII + 172 S. Zürich, C. Aschmann.
No. 55 1902. VIII + 180 S. Zürich, Aschmann & Scheller.

Franz Carl Weber, Zürich, ... Spielwaren. Preis-Verzeichnis von Cotillon-Touren. No. 59. Saison 1902. [Illustriert.] 16 S. 8. Zürich, Aschmann & Scheller.

Franz Carl Weber, ... Spielwaren, Zürich.... Verzeichnis von Cotillon-Touren. Saison 1901. [Illustriert.] [8 S.] 8. Zurich, Aschmann & Scheller.

Weber, Franz Paul, aus Leipzig: Über eine Synthese des Triphenylcyclopentans. *Leipzig 1901: Metzger & Wittig.* (27 S.) 8°
Leipzig, Phil. Diss. v. [16. Aug.] 1901

Weber, Franz Sylvester: Dietmar von Ried. Ein Spiel zu Ehren der fünfzigjährigen Stadt. 24 S. 8. **Progr.** K. k. Staatsgymn. *Ried* 1907

Weber, Franz Sylvester: Die Geschichte des Dietmarbrunnens zu Ried. S. 10—16. 8. **Progr.** K. k. Staats-Gymn. *Ried* 1909

WEBER, Frederick Robert (Milwaukee): Casuistischer Beitrag zur Placenta praevia auf Grund von 53 Beobachtungen in der Münchener Frauenklinik.- Berlin: Brieger 1891. 2 Bl.,72 S.
12.3.1890 - Chr 1889/90,29; Jv 1891/92,212 (Prom.-Datum/ 1892)
Diss. Ingolst.-Landsh.-Mchn.

Weber, Frederick R., casuistischer Beitrag zur Placenta praevia auf Grund v. 53 Beobachtungen in der Münchener Frauenklinik. 8. (72 S.) Berlin 892. Boas & Hesse. n. 1. 50

Weber, Emil Eugen Jean Henri Philippe (geb. Coblenz ...): De lunae effectu in aegrotantes. Berolini (1856). (28 S.) 8°
Berlin, Med. Diss. v. 11. Okt. 1856

Weber, Friedrich

— u. D. M. H. Mohr, Archiv für d. systemat. Naturgeschichte. 1r Bd. 1s Stück. Mit 5 Kpf. gr. 8. Leipz. 804. (Kühn). 1 rℬ Fortsetzung, s. Beitrr. z. Naturkunde. Auch: Beyträge.

Weber, Friedrich: Beiträge zur Charakteristik der älteren Geschichtsschreiber über Spanisch-Amerika. Eine biogr.-bibliogr. Skizze. Leipzig: Voigtländer 1910. IX, 338 S. 8° ¶ (Auch als: Beiträge z. Kultur- u. Universalgesch. H. 14.)
Leipzig, Phil. Diss. v. 15. Nov. 1910, Ref. Lamprecht, Weule
[Geb. 6. Juli 77 Leipzig; Wohnort: Leipzig; Staatsangeh.: Sachsen; Vorbildung: Gymn. Altenburg Reife O. 97; Studium: Zürich 1, Leipzig 2, Berlin 1, Leipzig 9 S.; Rig. 25. Febr. 10.] [U 11. 3337

Weber, Frdr., Beiträge zur Charakteristik der älteren Geschichtsschreiber üb. Spanisch-Amerika, s. Beiträge zur Kultur- u. Universalgeschichte. 14. Heft.

Weber, Fr., Bemerkk. über die in Kiel u. d. umliegenden Gegend im Anfange des Jahres 1814 vorherrschenden Krankheiten, besonders über den Typhus. 8. Kiel 814. Hesse. 4 ℊℊ

Weber, Friedrich, aus Erlangen: Die staatlichen Betriebe und die Reichsgewerbeordnung unter besonderer Berücksichtigung Bayerns. *Leipzig: A. Deichert 1902.* (32 S.) 8° [F.]
Erlangen, Jur. Diss. v. 20. Juli 1901

— botan. Briefe an Kurt Sprengel in Halle. Ein Anhang zu seiner Einleitung in d. Studium kryptogam. Gewächse, für die Besitzer dieses Buchs. 8. Kiel 804. Hesse. 12 ℊℊ

— u. D. M. H. Mohr, Großbrittaniens Conferven, s. a. Dillwyn.

Weber F. u. **Mohr M. H.:** Grossbritanniens Conferven. Nach Dillwyn f. deutsche Botaniker bearb. H. 1. Götting. 1803. 32 S. 6 Tvl. P.

— u. M. H. Mohr, Grosbrittaniens Conferven, nach Dillwyn fur deutsche Botaniker, m. K. gr. 8. Götting. Dieterich 803 — 5.

Weber, Friedrich: Die Entstehung des Begriffes der Idee bei Platon. Progr. Brüx 1888. 24 S.

Weber Friedrich: Entstehung und Entwicklung des platonischen Lehrbegriffes.
1886 **Diss.** Innsbruck, Univ.

Weber, Friedrich, über leukaemische Erkrankung der Nieren. **Diss. Halle 1888, Lippertsche Buchh. 8°. 28 S.**

Weber, Friedrich, Gerichtsrefer.: Die koloniale Finanzhoheit. Münster i. W. 1909: Westfäl. Vereinsdr. 36 S. 8° ¶ (Ersch. vollst. u. d. T.: Die koloniale Finanzverwaltung, als: Kolonialrechtl. Abhandlungen. H. 2.)
Münster, Rechts- u. staatsw. Diss. v. 1. Okt. 1909, Ref. Naendrup, v. Heckel
[Geb. 19. Okt. 81 Werdohl; Wohnort: Lüdenscheid; Staatsangeh.: Preußen; Vorbildung: Gymn. Hamm Reife O. 03; Studium: Tübingen 1, Marburg 2, Berlin 1, Münster 2 S.; Rig. 2. Okt. 08.] [U 10. 3758

Die koloniale Finanzverwaltung von Dr. Friedrich **Weber.** Münster (Westf.): Coppenrath 1909. XIV, 392 S. 8°
(Kolonialrechtliche Abhandlungen. H. 2.) [09. 16548

Das Gebrauchsmuster. Aufklärungen von **Friedrich Weber** jun., Patentanw., Berlin. 2. Aufl. *(Berlin [1903]: M. Hause.)* (15 S.) 8° [F.] [03. 9694

Weber, Frdr., neue Gesetz- u. Verordnungen-Sammlung f. das Königr. Bayern, s.: **Weber,** Karl.

Weber, Frdr., und M. H. **Mohr,** Handbuch der Einleitung in das Studium der kryptogamischen Gewächse, praktischer Theil. Abth. 1. Mit Kupff. Kiel 1807. 12.
A. u. d. T.:
—— Botanisches Taschenbuch auf d. Jahr 1807. Deutschlands kryptogamische Gewächse. Abth. 1. Filices, Musci frondosi et Hepaticae. Mit 12 ill. Kupff. Kiel 1807. 12.

— Hortus Kiliensis. Oder Verzeichnisz der Pflanzen, welche im botanischen Garten der Christian-Albrechts Universität in Kiel 1822 gezogen worden. Kiel. 1822. Hesse.

Weber, Friedr., deutsches Hypothekenrecht mit besond. Rücksicht auf dessen Reform im Reichs-Civil-Gesetzbuche. 1. Abtl.: Geschichtliche Entwickelung des deutschen Grundbuchs- und Hypothekenrechts. gr. 8. (X, 211 S.) [Nördlingen 887.] München, Beck'sche Verlagsb. *

Weber, Friedrich. Über den Kali-Syenit des Piz Giuf und Umgebung (östliches Aarmassiv) und seine Ganggefolgschaft. X + 181 S. 4. Bern, Buchdr. Stämpfli & Cie., 1904.
Ausg. A: Mit 5 Tafeln und 14 Zinkographien. Beiträge zur geologischen Karte der Schweiz.... Neue Folge, Liefg. 14: des ganzen Werkes Liefg. 44. Bern, Komm. A. Francke. (fr. 10. –)
Ausg. B: [Mit Figuren und 5 Tafeln.] Diss. Phil. [II.] Univ. Zürich. (Aus den »Beiträgen z. g. K. der Schw.«, N. F., Liefg. 14.)

Weber, Frdr., der **Kaufmann** im Verkehr m. der Post. Das deutsche Postwesen nach seinem Entwicklungsgang u. seiner heut. Einrichtg. als öffentl. Verkehrsanstalt. Für den prakt. Gebrauch nach amtl. Quellen bearb. (Dr. Ludw. Huberti's moderne kaufmännische Bibliothek.) gr. 8. (VIII, 132 S.) Leipzig (900). Dr. L. Huberti. Geb. in Leinw. n. 2. 75

Weber, Frdr., Lehrbuch d. **Geographie** m. bes. Berücksicht. der Verkehrs-Geographie. 8. (220 S.) Stuttgart 898. W. Kohlhammer. Kart. n. 2. 60

Weber, Frdr., Lehrbuch der Geographie m. besond. Berücksicht. der Verkehrs-Geographie. 2. Aufl. (211 S.) gr. 8. Stuttgart 903. W. Kohlhammer. Kart. n. 2. 60

WEBER, FRIED., Nomenclator entomologicus secundum Entomologiam systematicam ill. Fabricii adjectis speciebus recens detectis et varietatibus. Chilonii et Hamb. 1795.

— nomenclator entomologicus secundum Entomologiam systematicam ill. Fabricii. 8. Hamburg, Bohn. 795.

— nomenclator entomologicus secundum entomologiam systematicam illustr. Fabricii. 8. Hamb. 795. (Campe). (a. Hesse in Kiel). 12 ℊℊ

Weber, Fr.: Das Bayerische Notariat und der Entwurf des Reichs-Civilgesetzbuchs. 1888.
(in: Bayerische Notariats-Zeitung. 1888, Nr 6.)

Weber, Frdr., s.: **Notariats-Zeitung,** bayerische.

— s.: **Notariats-Zeitung,** deutsche.

Weber, Friedrich, aus Erlangen: Platonische Notizen über Orpheus. Eine litterar hist. Untersuchung. *München 1899: J. B. Lindl.* (44 S.) 8°
Erlangen, Phil. Diss. v. 21. Dez. 1897

Weber, Friedrich: Platonische Notizen über Orpheus. Eine litterarhistorische Untersuchung. 8 (44 S.)
Progr. Kgl. Luitpold-G. *München* 1899

Friderici Weberi [Weber] Observationes entomologicae, continentes novorum quae condidit generum characteres, et nuper detectarum specierum descriptiones. Kiliae: Bibliopol.Academici Novi 1801. XII,116 S. 8°

— observationes entomologicae, continentes novorum quae condidit generum characteres et nuper detectarum specierum descriptiones. 8maj. Kiel 801. Hesse. 12 gr.

Weber, jun., Frdr., die Patentverwertung auf d. Lizenzwege. Praktische Anleitg. zur sachgemäßen Verwertg. v. Erfindgn. (III, 104 S.) kl. 8. Berlin (W. 30, Barbarossastr. 4) 910. E. Butzmann. 3.— ; geb. 4. —

Weber Dr. Friedrich: Das palatinische Pomerium. 19. Brüx 94.
Progr.

Weber, Frdr., Post u. Telegraphie im Königr. Württemberg. Denkschrift aus Anlaß des Ablaufs der 60jähr. Verwaltg. des württemberg. Post- u. Telegraphenwesens durch den Staat. Unter Mitwirkg. v. Fachmännern verf. Lex.-8. (VIII, 342 S. m. Abbildgn., 2 Taf. u. 3 Karten.) Stuttgart 901. W. Kohlhammer. n. 7. —;

— historiae Muscorum hepaticorum prodromus. 8maj. Kiel 815. Hesse. 20 gr.

Weber F.: Historiae muscorum hepaticorum prodromus. Kiliae 1815. 160 S.

— Ratgeber f. den gesamten Telegraphen- u. Telephon-Verkehr. Telegraphie u. Telephonie in Deutschland nach ihrer geschichtl. Entwicklg. u. ihrem jetz. Stand als öffentl. Verkehrseinrichtg. (Dr. Ludw. Huberti's moderne kaufmänn. Bibliothek.) gr. 4. (VII, 82 S.) Ebd. 900. Geb. in Leinw. n. 2. 75

— u. D. M. H. Mohr, naturhistorische Reise durch einen Theil Schwedens. Mit 3 Kpf. 8. Götting. 804. Dieterich. 1 Rthlr. Mit ill. Kpf. 18 gr.

Weber, Fr., und D. M. H. **Mohr**. Naturhistorische Reise durch einen Theil Schwedens. Göttingen 1804. XII, 207 S., 13 Tf. 8°

Weber, Friedrich [aus Eiserfeld]: Resultate der Kochsalz-Infusion an der Hand des Materials der chirurgischen Klinik zu Würzburg ... Würzburg, P. Scheiner's Buchdr., 1894; 49 S. 8.
Würzburg, Med. Fak., Inaug.-Diss. v. 1894

Platons Stellung zu den Barbaren. — Von Dr. Friedrich Weber, G.-L. — 1904, München, F. Straub. — P. 3–55.
Progr. München, K. Maximilians-Gymnasium

Weber Dr. F.: Eine sprachvergleichende Studie zum Accusativ im Hebräischen. 18. Brüx. 87.
Progr.

— tabula exhibens Calyptratarum Operculatarum sive Muscorum frondosorum genera. Fol. Kiel 813. Hesse. 8 gr.

— Tabula exhibens Calyptratas Operculatas sive genera Muscorum frondosorum. fol. ibid. 814.

— u. D. M. H. Mohr, botanisches Taschenbuch auf d. Jahr 1807. Deutschlands kryptogamische Gewächse. 1 Abtheil. Filices, Musci frondosi et hepatici. Mit 12 Kpft. (A. u. d. T.: Handbuch d. Einleitung in d. Studium d. kryptogamischen Gewächse, prakt. Thl. 1e Abtheil.) 12. Kiel 807. Hesse. 3 Rthlr. Mit ill. Kpf. 4 Rthlr. 12 gr.

Weber, Frdr., Untersuchungen üb. die Wandlungen d. Stärke- u. Fettgehaltes der Pflanzen, insbesondere der Bäume. Ausgeführt im pflanzen-physiolog. Institut der k. k. Wiener Universität. (65 S.) gr. 8. Wien 909. A. Hölder. 1. 75
Sonderabdruck aus: „Sitzungsber. d. k. Akad. d. Wiss."

— die Verwaltungs-Gerichtsverfassung u. der Prozeß in Verwaltungsrechtssachen nach dem Gesetze vom 8. Aug. 1878, die Errichtung eines Verwaltungsgerichtshofs etc. betr., mit kurzen Erläuterungen der einzelnen, unter den Schutz d. V.-G.-H. gestellten Rechtsangelegenheiten. gr. 8. (XVI, 199 S.) Würzburg 879. Stahel. n. 4. —

Weber, Friedr., Welches System des ehelichen Güterrechts empfiehlt sich als Principalsystem für das bevorstehende deutsche Reichscivilgesetzbuch? Gutachten [erstattet auf Veranlassung des Notariatsvereins für Deutschland und Oesterreich]. gr. 8. (VIII, 148 S.) Nördlingen 882, Beck'sche Buchh.

Weber, Frdr., s. Z e i t s c h r i f t f. das Notariat ... in Bayern.

Weber, Friedrich August

Weber, Fr. Aug., († d. 21. Jan. 1806.) Abhandl. über Gewitter u. Gewitterableiter. 8. Zürich 792. Ziegler. 6 gr.

— Arzneien wider physikal., ökonom. u. diätet. Vorurtheile; eine Wochenschr. 10 Stcke. 4. Heilbr. 774.

Weber, F. A., die Arzneimittel der 6. Ausg. der Pharmacopoea Borussica, naturwissenschaftl. und nach ihrer gegenseit. Abstammung tabellar. geordnet. Mit einem Vorworte von P. Phoebus. gr. 8. (VI und 44 S.) Leipzig 847, Thomas.

Weber, F.A. (Hrsg.), s. A e s k u l a p.

— Beitr. zur Geschichte d. berühmt. Gesundbrunnen u. Bäder unserer Schweiz. 2 Stcke. 8. Zürich 788.

Weber, Friedrich August, s. B e r t h o l o n: Abhandl. u. dess. Preisschrift.

Weber, Friedr. Aug. Mineralogische Beschreibungen merkwürdiger Gebirge und Vulkane Italiens. Nebst naturhist. Aufsätzen von Heinr. Struve und J. S. Wyttenbach. Bern 1792. 2 Bde.

Weber, mineralogische Beschreibung der Berge u. Vulkane in Italien, m. K. 2 Thle. 8. Bern, Typ. Soc. 792.
Vgl. B e s c h r e i b u n g ,...

Weber, F(riedrich) A(ugust) (Übers.u.Comm.):

s.: Brera, V(aleriano) L(uigi): Medicinisch-practische Vorlesungen über die vornehmsten Eingeweidewürmer des menschlichen lebenden Körpers und die sogenannten Wurmkrankheiten. (Lezioni medico-pratiche sopra i principali vermi del corpo umano vivente, e le così dette malattie verminose. Dt.) (Nebst Anhang des Übers.) Leipzig: 1803

Weber, Friedrich August, s. C a c c i a : Beschreib.

Weber, Friedrich August: De causis et signis morborum. Liber 1-2/1-2. Insges. 689 S., gbd.

Heidelbergae et Lipsiae: Pfaehler 1786 - 1787

Weber, Friedrich A[ugust]: Ueber die Einwirkung von Kohlenoxyd auf Natronlauge. 1908. 105 S. 8⁰
Karlsruhe, Dr.-Ing.-Diss. v. 10. 11. 1908

Weber, F. A., Electricität aus medic. Gesichtspunkten. Jen. 8°. 1781

Weber, Friedrich August, s. F o r t i s : Beschreib.

Weber, Friedrich August, s. A. v. H a l l e r : Vorlesungen.

LEBEN, Thaten und Meinungen des D. J. P(eter) Menadie (von *Friedr. August Weber*). 4 Thle. Halle, bey J. J. Gebauer. 1777, 77, 80, 81. 8⁰. (In Warmbrunn: cplt. in 3 voll.; auch in Berlin: Bibl. d. Vereins f. d. Gesch. Berlins; cplt.?)
W. i. L e b e n, ...

— Lebensordnung für Gesunde u. Kranke, nach d. Lateinischen von Hofr. Richter übersetzt. 8. Heidelb. 786. Pfähler. 20 gl.

Weber, ..., s. H. Richter, Lebensregeln.

Weber, Friedrich August, s. M a g e n i s e : Theorie.

NACHRICHTEN von der Frivolitätsinsel . . . . (von *Friedr. August Weber*) (Kempen 1785.)
Anon.-Lex. III p. 189 (nach Meusel).

Naturgeschichte aus den besten Schriftstellern mit Merianischen und neuen Kupfern. [Hrsg.: Friedrich August Weber.] Abschn.4-6. Heilbronn: Eckebrecht 1773-74. 1 Bd 2⁰
Abschn.4.5: Vierfüßige Thiere. 1773-74.
Abschn.6: Welcher die ohnhaarigte vierfüßige Thiere, welche Eyer legen oder die Amphibien mit vier Füssen, die man reptiles nennet, fabelhafte Thiere, einige Claßificationen und ein Realverzeichniß über alle 6 Abschnitte der vierfüßigen Thiere enthält. 1774.

Weber, Friedrich August, s.a.N a t u r g e s c h i c h t e v. d. besten Schriftstellern.

Weber, Friedrich August, s. O n o m a t o l o g i a , medico-practica.

— opuscula semiologica, de signis ex sputo. 8maj. Ulm 779. Stettin. 10 gl.

— kleine Reisen. 2 Thle. gr. 8. Gotha 807. Ettinger. 3 rß

Weber, Friedrich August, s. R e i s e n e. Ungenannten durch Spanien.

Weber, Friedrich August, s. S i g n o r e l l i : Krit. Geschichte.

— von den Scropheln, einer endemischen Krankheit vieler Provinzen Europens. 1r Thl. gr. 8. Salzb. 792. Duyle. 16 gl.

Weber, Friedrich August: Von den Skrofeln, einer endemischen Krankheit vieler Provinzen Europas. Th.1: Pathologie und Semiotik des Uebels. 224 S., gbd.

Salzburg: Duyle 1793

Weber, Friedrich August, s. J. S t r a n g e : Abhandl.

Weber, Friedrich August, s. K. S t r u c k : Bemerkungen.

Weber, F(riedrich) A(ugust) (Übers.):

s.: Tissot, S(imon) A(ndré): Abhandlung von den Nerven und ihren Krankheiten. (Traité des nerfs et de leurs maladies. Dt.) Bd 1 - 4. Winterthur, Königsberg u.Leipzig: 1781 - 1783

— von den Ursachen u. Zeichen d. Krankheiten; aus dem Latein. von H. Fr. von Zirtzow. 1r Bd. mit Anmerkk. gr. 8. Wien 791. Kleinmayr. (Wienbrack in Leipz.) 18 gl.

Die Veränderungen der fünften, 1829 erschienenen Ausgabe der Pharmacopöa Borussica im Vergleich gegen die dritte u. vierte, ... mit eingestreuten praktischen und kritischen Bemerkungen. Von F[riedrich] A[ugust] Weber. Berlin: Hirschwald 1829. VIII,120 S. 8⁰

[Weber, Fr. Aug.]: Der wohlerfahrne... Vieharzt für Landwirthe. Thl 1. 2. Heilbronn am Nekar 1795—96.
1. D. Gesundheitspflege u. Krankheitsbesorgung d. Pferde, d. Rindviehes, d. Schaafe u. Ziegen u. d. Schweine. 1795.
2. D. Zucht u. Krankheiten d. zahmen Federviehs. D. Pflege u. Krankheiten d. Hunde, Kazen u. Bienen. D. Vertilgung schädlicher Thiere u. Ungeziefer. Anh. von Gesundheitsregeln, Hausmitteln etc. 1796.

Weber, Friedrich August, s.a.V i e h a r z t , D. wohlerfahrene.

Weber, Friedrich August [Hrsg.], s. W e b e r , Fr. Christ. Theoph.: Casus . . . medicinales selectiores . . .

Weber, Friedrich August Hermann

Weber, Fr. Aug. Herm., Amtsreden bei Taufen, Trauungen u. Beerdigungen. gr. 8. Berl. 821. Gädike. 14 gl. 2e verb. Aufl. 8. Quedlinb. 833. Ernst. 16 gl.

Weber, Friedr. Aug. Herm., Amtsreden bei Taufen, Trauungen u. Beerdigungen. 2., verb. u. verm. Aufl. 8. (12½ B.) Quedlinburg 833, Ernst.

Weber, Friedr. Aug. Herm., 22 Amtsreden bei Taufen, Trauungen u. Beerdigungen. 2. Ausg. 8. (12¼ B.) Quedlinburg 841, Ernst'sche Buchh.

—— Sammlung neuer Amtsreden bei Taufen, Confirmationen u. d. Abendmahlsfeier, nebst einigen Einführungsreden. 8. (16 B.) Quedlinburg 834, Ernst.

— Sammlung von Taufreden, nebst zwei Confirmationsreden. 8. Halle 816 Gebauer. 18 gl.

—— 32 Tauf-, Confirmations- u. Abendmahls-Reden, nebst einigen Einführungsreden. Neue Ausg. 8. (16 B.) Quedlinburg 840, Ernst'sche Buchh.

Weber, Friedrich Benedikt: „Oekonomisch-juristische Abhandlung über die Rittergüter, deren Eigenschaften, Rechte, Freyheiten und Befugnisse in Deutschland und besonders in Chursachsen", Leipzig 1802 (Fleischer). — Vorh.: Bibl. des German. Museums Nürnberg.

Weber, Friedr. Bened., Beiträge z. Landwirthschaft vermischten Inhalts. Neue unveränd. Ausg. d. 5. Bds. d. Neuen Jahrbuchs d. Landwirthschaft, hrsg. v. Plathner u. Weber. 8. (25 B., 1 Stnt. u. 1 Tab.) Breslau 835, (Schulz u. Comp.) •

— Bemerkk. u. Notizen über verschied. Gegenstände d. Landwirthschaft, gesammelt auf ökonom. Reisen in einigen Gegenden Deutschlands, in den J. 1811, 12, 13. gr. 8. Leipz. 815. Barth. 1 Rthlr. 6 gGr.

Weber F. B.: Bemerkungen u. Notizen üb. verschiedene Gegenstände d. Landwirthschaft. Gesammelt auf ökonom. Reisen in einigen Gegenden Deutschlands in den Sommern 1811, 12 u. 13. Leipz. 1815. 286 S. 2 Tvl.

Weber, Friedrich Benedikt: „Bemerkungen über verschiedene Gegenstände der Landwirthschaft, gesammelt auf Reisen in Schlesien, Sachsen, Thüringen, am Rhein und in andern deutschen Gegenden, in den Sommern 1814—1817", Dresden 1819 (Hartknoch).

— Bemerkungen üb. verschiedene Gegenstände d. Landwirthschaft. Gesammelt auf ökonom. Reisen in ... deutschen Gegenden in den Sommern 1814, 1815, 1816 u. 1817 ... Leipz. 1819. (12) 354 S. 1 Tvl.

Weber, Friedrich Benedikt: „Blicke in die Zeit in Hinsicht auf National-Industrie und Staatswissenschaft, mit besonderer Berücksichtigung Deutschlands und vornehmlich des Preussischen Staates", Berlin 1826, 1830 (Nicolai). — Vorh.: Preussische Staatsbibliothek Berlin — Fe 3285.

Weber, Friedr. Bened., Blicke in d. Zeit, in Hinsicht auf National-Industrie u. Staatswirthschaft, mit besond. Berücksichtigung Deutschlands, u. vornehml. d. Preuß. Staats. Nachtrag zu d. „Gedanken üb. d. Unbill, Noth u. Klage uns. Zeit rc. Berlin 1826." 8. (36 B. u. 16 Tab.) Berlin 830, Nicolai.

Weber, Fr. Bdkt. Einleitung in das Studium der Cameralwissenschaft, nebst den Entwurf eines Systems derselben. 8°. Berlin, Duncker u. H., 1803. 2. umgearb. Aufl. u. d. T.: Entwurf einer Encyklopädie und Methodologie der Cameralwissenschaft. Ebd. 1819.

Weber, Friedrich Benedikt: „Einleitung in das Studium der Cameralwissenschaften; nebst dem Entwurf eines Systems derselben", Berlin 1803 (bei Heinrich Frölich), 2. Auflage 1819 umgearbeitet, verbessert und vermehrt u. d. T.: „Entwurf einer Encyklopädie und Methodologie der Cameralwissenschaften zum Behuf akademischer Vorlesungen". — Auflage 1803 vorhanden: UB Bonn (Signatur Ka 74); Auflage 1819 ebenda.

Weber, F. B., Entwurf einer Encyclopädie u. Methodologie der Cameralwissenschaften.
Auch unter dem Titel:
Einleitung in das Studium der Cameralwissenschaften rc. 2te verb. Aufl. gr. 8. Berlin, Duncker u. H. 814.

Weber, (F. B.,) über die Gewinnung der feinen u. edlen Wolle, den Wollhandel, u. die Wollpreise neuerer Zeit rc.; (aus dem Jahrbuch der Landwirthschaft v. Plathner u. Weber besonders abgedr.) 8. Breslau 822, W. G. Korn.

Weber F. B.: Ueber die Gewinnung d. feinen u. edlen Wolle, den Wollhandel, u. die Wollpreise neuerer Zeit. Nebst einem Verzeichniss vorzüglicher ... Schäfereyen in und ausser Deutschland. Bresl. 1822. 266 S. (Sætr.).

Weber, Friedrich Benedikt: „Grundsätze über die Abschaffung und Einschränkung der Huth, Trift und Brache, in so ferne diese Rechte den Rittergüthern und Domainen gegen die Bauerngüther zustehen; mit vorzüglicher Hinsicht auf Kursachsen", Leipzig 1800 (Fleischer). — Vorh.: Bibl. des Kammergerichts Berlin — Ec. 1594.

Weber F. B.: Grundsätze üb. die Abschaffung u. Einschränkung d. Huth, Trift u. Brache, in so ferne diese Rechte den Rittergütern u. Domainen gegen die Bauerngüter zustehen. Leipz. 1800. 163 S.

WEBER, Friedrich Benedikt: Handbibliothek der deutschen forstwissenschaftlichen Literatur oder systematische Anleitung zur Kenntnis der deutschen Forstzeitschriften. - Berlin 1803. X, 116 S. - (Handb. d. ökonomischen Literatur T. 2, Bd. 2)

WEBER, Friedrich Benedikt: Handbuch der ökonomischen Literatur oder systematische Anleitung zur Kenntnis der deutschen ökonomischen Schriften, die sowohl die gesamte Land- u. Hauswirtschaft als auch die mit derselben verbundenen Hilfs- und Nebenwissenschaften angehen. - Berlin, Breslau, Leipzig 1803-1832. 6 Tl. - Tl. 1, Bd. 1: 1803. XXXII, 375 S. - Tl. 2, Bd. 2: 1803. X, 116 S. - Tl. 3. = Suppl. 1. (enth. auf S. 154-183 die Lit. d. Forstwiss. 1803-1808 nebst Reg. zu T. 1-3) 1809. XXIV, 380 S. - Tl. 4. =Suppl. 2. 1816. VI, 252 S., nebst Reg. - Tl. 5. =Suppl. 3. 1823. VI, 290 S. - Tl. 6. =Suppl. 4. (enth. d. Lit. d. Forstwiss. 1825-1832) 1832. XVIII, 328 S.

— Handbuch d. ökonom. Literatur, oder systemat. Anleit. zur Kenntniß d. deutschen ökonom. Schriften, die sowohl die gesammte Land- u. Hauswirthschaft als die mit derselben verbundenen Hülfs- u. Nebenwissenschaften angehen, mit Angabe ihres Ladenpreises u. Bemerkk. ihres Werthes. 1r Thl. 1r, 2r Bd. 2r u. 3r Thl. oder 1r Supplementband. gr. 8. Berl. 803—810. (Duncker u. H.) 5 Rthlr. 6 gGr. Hbg. Pr. 3 Rthlr. (Einzeln: I. 1. allgem. ökonom. Literat. u. Litt. d. Feld-, Wiesen- u. Gartenbaues. 1 Rthlr. 18 gGr., I. 2. Forstwissensch. Litt. 6 gGr., II. Lit. der Viehzucht, ökonomische Mineralogie, Technologie u. Landhaushaltungskunst. 1 Rthlr. 12 gGr., III. welcher d. neuen Schriften bis ... 1808 enthält. 1 Rthlr. 18 gGr.) 4r Thl. oder 2r Supplementband enthaltend die Literatur 1809—15. 8. Bresl. 816. Graß, Barth u. C. 1 Rthlr. 12 gGr. bei J. F. Korn. 1 Rthlr. 5r Thl oder 3r Supplementband. A. u. d. T.: systemat. Handbuch d. gesammten neuesten deutsch-ökonom. Literatur seit d. J. 1816—22. incl. Nebst Angabe d. Ladenpreises u. Verzeichniß des Werthes d. Bücher. gr. 8. Leipz. 824. (Lehnhold). 1 Rthlr. 12 gGr. 6r Thl. oder 4r Supplementband. — Auch u. d. T.: systemat. Handbuch d. neuesten deutschen ökonom. Literatur; von den Jahren 1823—30. incl. gr. 8. Bresl. 832. (Max u. C.) 1 Rthlr. 3 gGr.

— systemat. Handbuch der neuesten deutschen ökonom. Literatur, seit dem Jahre 1809. 1r Bd. gr. 8. Breslau, Holäufer. 816.
Auch unter dem Titel:
Weber's Handbuch der ökonom. Literatur rc. 4r Thl. od. 2r Supplementband enthalt. die Literatur 1809—15.

Weber, (F. B.,) Handbuch d. ökonom. Literatur. rc. 5r Thl. od. 3r Supplementband. A. u. d. T.: systemat. Handb. d. gesammten neuesten deutsch-ökonom. Literatur seit d. J. 1816—22. incl. Nebst Angabe des Ladenpreises u. Bezeichniß des Werths d. Bücher. gr. 8. Leipz. 824, Hartmann. Rthlr.

—— Handbuch d. ökonom. Literatur; od. systemat. Anleit. zur Kenntniß d. deutschen ökonom. Schriften, die sowohl die gesammte Land- u. Hauswirthschaft, als die mit derselb. verbund. Hülfs- u. Nebenwissenschaften angehen; nebst Angabe ihres Ladenpreises, u. Bemerk. ihres Werths. 6. Thl. od. 4. Supplbd. — A. u. d. T.: Systemat. Handbuch d. neuesten deutschen ökonom. Literatur; von d. J. 1823—30 incl. gr. 8. (21 B.) Breslau 832, (Max u. Komp.)
1. Thl. (2 Bde.), 2 Thl. u. 3. Thl. od. 1. Supplbd. Berlin, Duncker u. Humblot, 1803—9. 5 Thlr. 6 Gr. — 4. Thl. od. 2. Supplbd. Breslau, Holäufer (?) 1816. 1 Thlr. 12 Gr. — 5. Thl. od. 3. Supplbd. Leipzig, (Lehnhold) 1824. 1 Thlr. 12 Gr.

Weber, Friedr. Bened., Handbuch der ökonomischen Literatur rc. 7. Thl. od. 5. Supplementbd. — A. u. d. Ttl.: Systemat. Handbuch der neuesten deutschen ökonom. Literatur; aus d. Jahren 1831—40 incl. Nebst Angabe des Ladenpreises, u. Bezeichnung des Werthes der Bücher. 8. (24½ B. u. 1 Bl. Nachträge.) Grimma 842, Verlags-Comptoir.

— ökonom.-jurist. Handbuch der Landhaushaltungskunst. 1r Thl. gr. 8. Berl. 809. Sander. 3 Rthlr. 16 gGr.

— prakt. Handbuch d. Feldwirthschaft, mit besonderer Hinsicht auf die neuesten Vorschläge über d. Anwendung der englischen Wirthschaftsarten auf d. deutschen. 2 Bde. Mit Kpf. gr. 8. Frankf. a. O. 807. (Fr. Fleischer, a. Weygand in Leipz.) 4 Rthlr. 16 gGr.

— Handbuch d. staatswirthschaftl. Statistik u. Verwaltungskunde d. preuß. Monarchie. gr. 8. (53 1/4 B.) Breslau 840, (Max u. Comp.)

—— Handbuch der staatswirthschaftl. Statistik u. Verwaltungskunde der preuß. Monarchie. I. Fortsetzung, Nachträge u. Ergänzungen f. d. J. 1839—42 enthaltend. gr. 8. (15 B.) Breslau 843, (Max u. Comp.)
Das Hauptwerk. Ebendas. 1840. 3 Thlr. 15 Ngr.

Weber, Friedrich Benedikt: „Systematisches Handbuch der Deutschen Landwirthschaft zum Unterricht für wissenschaftlich gebildete Leser". 1. Band, 1. und 2. Abtheilung (1. Abt. a. u. d. T.: „Einleitung in das Studium der Oekonomie"; 2. Abt. a. u. d. T.: „Einleitung in die Lehre vom Pflanzenbau im Allgemeinen"). Züllichau, Freystadt und Leipzig 1804/1805 (Darnmann). — Vorh.: UB Bonn. — Zeichen: Kc 30.

— systemat. Handbuch d. deutschen Landwirthschaft zum Unterricht für wissenschaftl. gebildete Leser. 1r Bd. 1e, 2e Abtheil. (die 1e auch u. d. T.: Einleitung in d. Studium der Oekonomie. 18 gr. 2e Abtheil. Einleitung in die Lehre vom Pflanzenbau im Allgemeinen. 20 gr.) gr. 8. Züllichau 804, 5. (Henning in Greiz). 1 rℓ 14 gr.

Weber, Fr. Bdkt., systemat. Handbuch d. Staatswirthschaft mit vorzüglicher Rücksicht auf d. Literatur derselben. 1r Bd 1e, 2e Abtheil. gr. 8. Berl. 804, 5. Duncker u. H. 4 rℓ

Weber, Friedrich Benedikt: „Systematisches Handbuch der Staatswirthschaft mit vorzüglicher Rücksicht auf die Literatur derselben", 1. Band in 2 Abtheilungen, Berlin 1804/5 (Verlag Heinrich Frölich). — Vorh.: UB Bonn (Signatur Ka 474).

— theoret.-prakt. Handbuch d. gesammten Futterbaues. Mit 6 Kpf. u. 2 Tabb. gr. 8. Leipz. 815. Kummer. 2 rℓ 8 gr.

— theoret.-prakt. Handbuch d. größeren Viehzucht. 1r Thl. Mit Kpf. (A. u. d. T.: theoret.-prakt. Handbuch d. Pferde-, Maulthier- u. Eselzucht, nebst einer vorhergehenden allgem. Einl. in die Lehren von der Viehzucht überhaupt.) gr. 8 Leipz. 810. W. Vogel. 1 rℓ 12 gr. 2r Thl. gr. 8. Ebd. 810 Ebd. 1 rℓ 20 gr.

Weber F. B.: Theoretisch-praktisches Handbuch d. Pferde-, Maulthier- u. Eselzucht, nebst einer vorhergehenden allgem. Einleitung in die Lehre v. der Viehzucht überhaupt. Leipz. 1810. 343 S. 2 Tvl.
(=: Th.-pr. Handb. d. grössern Viehzucht. Bd. 1). 418.

Weber F. B.: Theoretisch-praktisches Handbuch d. Rindvieh- u. Schafzucht. Leipz. 1811. 446 S.
(=: Th. pr. Handb. d. grössern Viehzucht. Bd. 2). 418.

Weber, Friedr. Bened., histor.-statist. Jahrbuch, in Bezug auf Nationalindustrie u. Staatswirthschaft; mit besond. Berücksichtigung Deutschlands, u. namentl. d. Preuß. Staats. 1. Doppeljahrg. Die J. 1830 u. 31. 8. (36 1/2 B. incl. 22 Tab.) Breslau 834, (Max u. Komp.) Thlr.

Weber, Friedrich Bened.: „Historisch-statistisches Jahrbuch in Bezug auf National-Industrie und Staatswirthschaft, mit besonderer Berücksichtigung Deutschlands und namentlich des Preussischen Staats", 1. Doppeljahrgang für 1830/1831, Breslau 1834. 2. und 3. Doppeljahrgang für 1832/1835, a. u. d. T.: „Die Gewerbsindustrie und Staatswirthschaft der Jahre 1832 bis 1835", Breslau 1835 bis 1837. — Vorh.: Com. Bibl. Hamburg.

— histor.-statist. Jahrbuch, in Bezug auf Nationalindustrie u. Staatswirthschaft; mit besond. Berücksichtig. Deutschlands, u. namentl. d. preuß. Staats. 2. u. 3. Doppel-Jahrg. Die Jahre 1832—35. — A. u. d. T.: Die Gewerbsindustrie u. Staatswirthschaft d. J. 1832—35 2c. Mit vielen Tabn. gr. 8. Breslau, (Max u. Comp.) [2. (44 B.) 836. 3 1/4 Thlr., 3. (11 B.) 837. 3 1/2 Thlr.]
1. D.-Jahrg. Ebendas. 1834. 2 Thlr. 12 Gr.

—— neues Jahrbuch d. Landwirthschaft, s. Jahrbuch.

— Diss. de suprema principis in sylvas inspectione, legibus patriis illustrata. 4. Leipz. 796.

Weber, Friedrich Benedikt: Über die Cameralwissenschaft und das Cameralstudium auf Universitäten; nebst einem Plan zu einem cameralistischen Cursus auf der Universität zu Breslau und dem Grundriß der dazu gehörigen einzelnen Vorlesungen selbst. Ein Programm zu einem neuen cameralistischen Lehrkurs auf der hiesigen Universität". Breslau 1828 (Gedruckt bei Gustav Kupfer). — Vorh.: Preußische Staatsbibliothek Berlin. — Signatur Fe 3359.

—— über d. Cameralwissenschaft, u. d. Cameralstudium auf Universitäten; nebst e. Plan zu e. cameralist. Cursus auf d. Universität zu Breslau, u. dem Grundriß der dazu gehör. Vorlesn. selbst. Progr. 8. (3 B.) Breslau 828. (Max u. Komp.)

Weber, Friedrich Benedikt, s. W. Tr. Krug: Encyklop. scient. Litt.

Weber, Friedrich Benedikt: „Lehrbuch der politischen Oekonomie", 2 Bände, Breslau 1813 (Carl Friedrich Barth). — Vorh. Preuß. Staatsbibliothek Berlin — Fe 2752.

— Lehrbuch d. polit. Oekonomie. 2 Bde. gr. 8. Bresl. Holäufer. 813.

— Lehrbuch der Oekonomie. 2 Bde. gr. 8. Bresl. 813. (Graß Barth u. C.) 4 rℓ bei Max u. C. das. 1 rℓ 12 gr.

Weber, Friedrich Benedikt: „Oekonomisch-juristisches Lehrbuch der Landhaushaltungskunst", Berlin 1808 (Sander).

—— allgem. deutsches terminolog.-ökonom. Lexicon u. Idioticon; od. erklär. Verzeichniß aller im Gebiete d. gesammten Landwirthschaft, der Acker-, Wiesen-, Garten-, Forst-, Vieh-, Jagd-, Fischerey- u. Hauswirthschaft, in Deutschland, u. den einzelnen deutschen Provinzen vorkomm. Kunstwörter, u. Kunstausdrücke überh., u. Benennungen d. landwirthschaftl. Pflanzen, Thiere, Geräthe 2c. insbesond. 2 Abthln. A—Z. gr. 8. (50 B.) Leipzig 829, Engelmann.

WEBER, Friedrich Benedikt: Allgemeines deutsches terminologisch ökonomisches Lexicon oder Idioticon oder erklärendes Verzeichniß aller im Gebiete der gesammten Landwirthschaft, der Acker-, Wiesen-, Garten-, Forst-, Vieh-, Jagd-, Fischerey und Hauswirthschaft in Deutschland und den einzelnen deutschen Provinzen vorkommenden Kunstwörter und Kunstausdrücke überhaupt und Benennungen der landwirthschaftlichen Pflanzen, Thiere, Geräte etc. Leipzig 1829. 2 Abt. Insges. 777 S. - Dazu 1 Supplementh. u. d. T.: Allgemeines deutsches terminologisch ökonomisches Lexicon und Idioticon; Suppl. H. A-Z. Nebst dem Anhange eines Versuchs einer landwirthschaftlichen Synonymik. Breslau 1844. 116 S. Neue Ausg. ebd. 1838. 2 Abt. 49 3/4 Bog.

—— allgem. deutsches terminolog. ökonom. Lexicon u. Idioticon. 2 Thle. A—Z. Neue wohlf. Ausg. gr. 8. (49 3/4 B.) Leipzig 838, Engelmann. *

Weber, Fr. Bened., allgem. deutsches, terminologisches ökonomisches Lexicon u. Idiotikon; 2c. Supplementheft A—Z. Nebst dem Anhange eines Versuchs einer landwirthschaftl. Synonymik. gr. 8. Breslau 844. (Max u. Co.) 2/3 rℓ

Weber, Friedrich Benedikt, s. Monatsschrift, Schles. landwirthschaftliche.

— d. ökonom. Sammler. 12 St. s. Sammler.

Weber, Fr. Benedikt, d. ökonom. Sammler. 12 Stcke. Mit 12 Kpf. Leipzig, 1801. 8. Fleischer. (9 ½ —) 3. —

Weber, Friedrich Benedikt: „Kleine ökonomisch-cameralistische Schriften", ein Band, Berlin 1805 (Duncker).

Weber F. B.: Kleine ökonomisch-kameralistische Schriften. Bdch. 1. Berl. 1805. 282 S.

— tractatus de studio rei rusticae. 4. Leipz. 799. Weigel 9 gr.

Weber, Fr. Bdkt., Thätigkeit und Unthätigkeit, . . . und Mittel, wodurch die **Arbeit vorzüglich** unter den unteren **Volksklassen** . . . zur Gewohnheit und zum **Bedürfniss** gemacht werden könne. 8°. Leipzig 1804.

— über d. Thätigkeit u. Unthätigkeit, d. natürliche Anlage u. d. Hang d. Menschen zu derselben. 8. Leipz. 804. Cr. Fleischer. 20 Gr.

—— Universal-Blatt f. d. gesammte Land- u. Hauswirthschaft etc., s. Universal-Blatt.

Weber, Friedrich Benedikt, s. Unterricht über die Saatbestellung.

Weber, Friedrich Benedikt, s. Verhandlungen u. Schriften d. ökonom. Section d. Schles. Gesellschaft für vaterländ. Cultur.

— Versuch über d. Errichtung u. Einrichtung d. Universitäten. gr. 8. Berl. 805. Duncker u. H. 14 Gr.

Weber, Frdr. Bened., Versuch über die Einricht. ... der Universitäten; a. d. 2. Abth. d. Staatswirthsch. bes. abgedr. Berlin 1805. 8.

Weber, Fr. Bdkt., Staatswirthschaftl. Versuch über das Armenwesen und die Armenpolizei, mit vorzüglicher Hinsicht auf die dahin einschlagende Literatur. gr. 8°. Göttingen, Dieterich, 1807.

— staatswirthschaftl. Versuch üb. d. Theurung u. Theurungspolizey, mit vorzügl. Hinsicht auf die dahin einschlag. Literat. gr. 8. Götting. Dieterich. 807.

Weber, Friedrich Benedikt: „Von den Wirthschaften der Bauern und über die neuere Cultur der Oeconomie, nebst einer Beantwortung der Frage: wie diese zur Verbesserung jener zu benutzen sei?" Leipzig 1800 (Weigel).

— von den Wirthschaften der Bauern u. die neuere Kultur d. Oekonomie; nebst e. Beantw. d. Frage: wie diese zur Verbesserung jener zu benutzen sey? 8. Leipz. 800. (Arnold in Dresd.) 20 Gr. 2r Thl. 8. Ebd. 810.

—— schles. landwirthschaftl. Zeitschrift, s. Zeitschrift.

— üb. d. Zustand d. Landwirthschaft in d. preuß. Staater u. ihre Reformen. gr. 8. Leipz. Graff. 808.

— über den Zustand der Landwirthschaft in den Preuß. Staaten u. ihre Reformen. gr. 8. Leipz. 808. (Wienbrack). 16 Gr.

Weber, Friedrich Christian

Weber, F. C., Reisen nach Mequinez, d. Residenz d. Kaisers von Fez u. Marokko, m. K. 4. Hannov. Helwing. 726.

(Weber.) Das veränderte Russland, in welchem die jetzige Verfassung des geist- u. weltlichen Regiments, der Kriegs-Staat zu Land u. zu Wasser vorgestellet werden. 3 Th. 4. M. K. u. 1 Krte. Frankfurt, Leipzig, Hannover 1721–40.

RUSSLAND, Das veränderte, in welchem die jetzige Verfassung des Geist- und Weltlichen Regiments, der Kriegs-Staat zu Lande u. zu Wasser, der wahre Zustand der Russischen Finantzen, die geöffneten Berg-Wercke, die eingeführte Academien, Künste, Manufacturen, ergangenen Verordnungen, Geschäfte mit denen Asiatischen Nachbahren u. Vasallen nebst der allerneuesten Nachricht von diesen Völckern. Ingleichen die Begebenheiten des Czarewitzen (Alexius) und was sich sonst merkwürdiges in Russland zugetragen, nebst verschiedenen bisher unbekandten Nachrichten. (Vf.: *Friedr. Christian Weber.*) Neu Verbesserte Auflage. Mit 2 Portr. (Peter d. Gr. u. Alexius) u. 17 Tafeln (Portraits, Städteansichten, etc.), sowie e. Karte d. russ. Reichs. Franckfurt u. Leipzig (Hannover) 1738–40. 4°. (In Hamburg, Commerzbibl., und im British Museum.)

Dr. Franz Schnitzer's Bibl. München 1902. No. 430. — Zuerst gedr. ebd. 1721–40. (Bibl. Rinckiana. Lips. 1747; Rarl Anon.-Lex. III. p. 400 nach. Meusel, Mylius, Pöhler).

— verändertes Rußland, in welch. die Verfass. d. geist- und weltl. Regiments etc. vorgestellt werden, m. K. 3 Thle. 4. Ebend. 744.

Weber, Friedrich Dionys. Theoretisch-praktisches Lehrbuch der Tonsetzkunst. 1. Theil (Neue Ausgabe). 2.–4. Theil. Prag 1842. 1843.

Weber, Friedrich Julius

Weber, Fr. Jul., Kissingen. Kurze Beschreibung dieser vortrefflichen Heilanstalt, nebst 14 feinen Stahlstichen, die vorzügl. Plätze u. Umgebungen darstellend. Ein Taschenbuch für Badereisende. Auch mit d. Umschlags-Titel: Erinnerungen an Bad Kissingen und seine Umgebungen. 8. Bamberg 837. (Dederich.) n. 1 1/3 Thlr.

Weber, Friedrich Karl

Weber, Fr. Kari, Entwurf einer Geschäftsführung der Untergerichte Mit 18 Formularen. gr. 8. Münch. 817. J. Lindauer. 1 Thlr. 16 Gr.

Weber, Fr. K.: Entwurf ein. Geschäftsführ. d. Unlergerichte. Mit 18 Formularien. *München*, Lindauer. 818. gr. 8. (1 Thl. 16 Gr.)

Weber, F. T. C.: „Die Verfassung und Verwaltung der Landgemeinden im Königreich Baiern", nach hinterlassenem Manuskript herausgegeben, 2. bis auf die neueste Zeit vervollständigte Auflage, Augsburg 1839 (Kollmann & Humme).

Weber, Friedr. Carl, die Verfassung u. Verwaltung d. Landgemeinden d. Königr. Bayern. Ein Handb. f. Gemeinde-Vorsteher etc. 2., mit Zusätzen u. Berichtigungen aus d. Gesetzgebungsperiode v. 1819—1831 stark verm., mit besond. Rücksicht auf d. Verwaltungs-Normen d. Oberdonaukreises vervollständ., u. mit e. alphab. Sachregister verseh. Ausg. (2 Abthln. Mit e. Vorw. v. B. L. Fr. Voltz.) gr. 8. (28 B.) Augsburg 832, Kollmann.

— Zusätze zu demselben für die Besitzer d. 1n Auflage, die neuesten Schulverordnungen enthaltend. gr. 8. Augsb. 832. Kollmann. 16 Gr.

Weber, Friedrich K(arl) E(dmund), aus Neuendettelsau: F. H. R. v. Frank's **Gotteslehre** und deren erkenntnistheoretische Voraussetzungen. *Naumburg a. S. 1900: Lippert & Co.* (43 S.) 8° ¶ [Erschien vollst. 1901 bei A. Deichert in Leipzig.] Würzburg, Phil. Diss. v. 1900

Weber, Frdr. K. E., F. H. R. v. Frank's Gotteslehre u. deren erkenntnis-theoretische Voraussetzungen. Ein Beitrag zur Geschichte der Religions-Philosophie des 19. Jahrh. gr. 8. (XV, 76 S.) Leipzig 901. A. Deichert Nachf. n. 1.60

Weber, Friedrich Nikolaus (Gardelegen) A. S. 121/17

De pacto fiduciae exercitatio II.
Präs. Franz Karl Conradi.
Helmstedt (Schnorr) 31. VIII. 1733. 43 S.

Weber, Friedrich Otto, appr. Arzt aus Barmen: Ueber die congenitale **Verbindung** zwischen Oesophagus und Trachea. *Leipzig 1902: B. Georgi.* (45 S.) 8°
Leipzig, Med. Diss. v. (26. Juli) 1902

Weber, Friedr. Percy, Fridolin. Eine Kreuzfahrergeschichte vom Rhein. 8. (187 S.) Leipzig 887, Friedrich. *

Weber, Friedr. Percy. Alte Geschichten. Bd. 1 u. 2. 8°. Lpz., Breitkopf u. Härtel. * 8 —; geb. * 10 —
1. Kleine histor. Novellen. Forschung u. Dichtung. (291 S.) 889. * 5 —; geb. * 6 —.
2. Im Odenwald u. Neckarthal. (III, 233 S.) 892. * 3 —; geb. * 4 —.

— im Pfalzgrafenschloß, s.: Volksbibliothek d. Lahrer Hinkenden Boten.

Weber, Frdr. Percy, im Pfalzgrafenschloß. Eine Studenten- u. Soldatengeschichte aus dem alten Heidelberg. 12. (103 S.) Lahr 886. Schauenburg. n 1 —

Weber, Friedrich Wilhelm

—— Der Dichter von „Dreizehnlinden", s. Keiter, Heinr.

Weber, F. W., die Arminiusquelle zu Lippspringe. 8. (III und 75 S.) Paderborn 863, Schöningh.

Weber, F. W., Deklamationen u. Lieder zu der Dreizehnlinden-Aufführung. Festspiel in 7 Bildern. In Musik gesetzt von M. v. Arndts. 8. (84 S.) Crefeld 898. (Hoffmann & van Acken.) — 30

—— Dreizehnlinden. 1.—3. Aufl. gr. 16. (366 S.) Paderborn 878,79, F. Schöningh. * M 4,50.; geb. *

—— **dass. — 4. Aufl. 12.** (III, 382 S. mit Kopfleisten, Initialen und Schlußvignetten.) Ebendas. 879. * M 5.; geb. *

Weber, F. W., Dreizehnlinden. 5.—21. Aufl. 12. (III, 382 S.) Paderborn 880—84, F. Schöningh. *
geb. *
—— dass. — Illustr. Ausg., mit 9 Lichtdr. nach Zeichnungen von Wörndle in Wien, 25 Kopfleisten, Schlußvignetten, farb. Titelblatt und dem (Lichtdr.-)Portr. des Dichters. gr. 8. (IV, 378 S.) Ebendas. 882. geb. mit Goldschn. *

Weber, F. W., Dreizehnlinden. 22.—24., 26., 27., 29.—40. Aufl. 12. (III, 382 S.) Paderborn 885—88, F. Schöningh. * M 5.—.; geb. mit Goldschn. *
—— dass. — 25., 28. Aufl. 1. und 2. Abdr. und 29. Aufl. Jubel-Ausg. 8. (381 S. mit Stahlst.-Portr.) Ebendas. 885,86. * M 6.20.; geb. mit Goldschn. **
—— dass. — 41. Aufl. Salon-Ausg. 8. (381 S. mit Stahlst.-Portr. des Dichters.) Ebendas. 889. geb. mit Goldschn. *
—— dass. — Illustrationen dazu. 9 Lichtdr. nach Zeichnungen von v. Wörndle, nebst Portr. des Dichters. gr. 8. Ebendas. 885. In Leinw.-Mappe *
—— dass. — s. Classen, Franz, verbindender Text zu Maria v. Arndts Liedern.

Weber, F. W., Dreizehnlinden. 42.,43.,45.—49., 51.—54. Aufl. 12. (III, 382 S.) Paderb. 889—92, F. Schöningh.
* 5 —; geb. m. Goldschn. * 6 80

—— dass. — 44. Aufl. Salon-Ausg., u. 50. Aufl. Jubel-Ausg. Mit Stahlst.-Portr. d. Dichters. 8. (381 S.) Ebd. 889,91.
Vgl.: Rabenlechner, Mich. Maria. geb. m. Goldschn. * 8 —

— Dreizehnlinden. 49. Aufl. 12. (III, 382 S.) **Paderborn 891. F. Schöningh.** n. 5. —;
geb. in Leinw. m. Goldschn. n. 6. 80

— dasselbe. 51.—62. Aufl. 12. (III, 382 S.) Ebd. 891—894. n. 5. —; geb. n. 6. 80

[F.] Dreizehnlinden v. F[riedr.] W[ilh.] **Weber.** Ill. Prachtausg. v. Karl Rickelt. *Paderborn: F. Schöningh [1896].* (3 Bl., 215 S., 12 Taf.) 1 Bd 2.(1.) (97. 73)

Weber, F. W., Dreizehnlinden. 80. Aufl. 12. (V, 382 S.) **Paderborn 897. F. Schöningh.** n. 5. —;
geb. n. 6. 80

Weber, F. W., Dreizehnlinden. 87. Aufl. 12. (III, 382 S.) Paderborn (898). F. Schöningh. n. 5.— ; geb. n. 6.80

Dreizehnlinden von F[riedrich] W[ilhelm] **Weber.** 91. Aufl. *Paderborn: F. Schöningh 1900.* (382 S.) 8° [F.] (00. 5961 6)

— dasselbe. 100. Aufl. Mit Portr. des Dichters in Stahlst. 12. (III, 381 S.) Ebd. 901.
Geb. in Liebhaberhalbfrz. m. Goldschn. n. 7. —

Dreizehnlinden von F[riedrich] W[ilhelm] **Weber.** 110. Aufl. *Paderborn: F. Schöningh 1902.* (381 S.) 8° [F.]

Weber, F. W., Dreizehnlinden. 124. Aufl. (V, 381 S.) kl. 8. **Paderborn 905. F. Schöningh.** n. 5. —; geb. in Leinw. m. Goldschn. n. 6. 80;
in Halbfrz. m. Goldschn. n. 7. —

Dreizehnlinden von F[riedrich] W[ilhelm] **Weber.** Mit Erl. d. Verf. Billige Ausg. Mit Portr. 11.–20. Taus. Paderborn: F. Schöningh 1905. (264 S.) 8° [F.] (06. 1009)

— dasselbe. Mit Erläutergn. des Verf. Billige Volks-Ausg. 1.—30. Taus. (III, 264 S. m. Bildnis.) kl. 8. Ebd. 905. 906. Geb. in Leinw. n. 2. 50

Dreizehnlinden von F[riedrich] W[ilhelm] **Weber.** Mit Erl. d. Verf. Billige Volks-Ausg. Mit Portr. 31.–40. Taus. Paderborn: F. Schöningh 1905. (264 S.) 8° [F.] (08. 8352)

Dreizehnlinden. Von F[riedrich] W[ilhelm] **Weber.** 140. Aufl. Paderborn: Schöningh 1909. (351 S.) 8° (10. 2601)

Weber, F. W., Dreizehnlinden. 141. Aufl. (V, 381 S.) kl. 8. Paderborn 909. F. Schöningh.
5.—; geb. m. Goldschn. 6. 80; in Halbfrz. 7. —

— dasselbe. Mit Erläutergn. des Verf. Billige Volksausg. 51.—60. Taus. (III, 264 S. m. Bildnis.) 8. Ebd. 910.
Geb. in Leinw. 2. 50

—— Gedichte. 5. verm. Aufl. (VII, 317 S.); 6. verm. Aufl. (VII, 344 S.) 1883; 7. verm. Aufl. 12. (VIII, 365 S.) Paderborn 884, F. Schöningh. * M 4,50.; geb. *

Weber, F. W.; Gedichte. 9. verm. Aufl. (VIII, 385 S.) 886; 10. Aufl. 394 S.) 886; 11. verm. Aufl. 12. (VIII, 393 S.) Paderborn 888, F. Schöningh. * M 4.50.; geb. *

— Gedichte. 13. Aufl. 12. (VIII, 393 S.) Ebd. 891.
n. 4. 50; geb. m. Goldschn. n. 6. —

— Gedichte. 16. Aufl. 12. (VIII, 398 S.) Ebd. 893.
Geb. in Leinw. m. Goldschn. n. 6. —

— Gedichte. 21. Aufl. 12. (VIII, 393 S.) Ebd. 897.
n. 4. 50; geb. n. 6. —

— Gedichte. 23.—25. Aufl. 12. (à VIII, 393 S.) Ebd. 899—901. n. 4. 50; geb. m. Goldschn. n. 6. —

— Gedichte. 27. Aufl. (VIII, 393 S.) 12. Ebd. 903.
n. 4. 50; geb. n. 6. —

— Gedichte. 32. Aufl. (VIII, 393 S.) kl. 8. Ebd. 909. 4.50; geb. 6. —

Weber, F. W., der Gelegenheitsdichter. Enthaltend Glückwünsche zum neuen Jahre, zum Namensfeste der Schüler, zum Namensfeste ihres Pfarrers ꝛc. Eine treue Aushülfe bei den meisten Gelegenheiten, welche das Leben darbietet. Fremdes und Eigenes. Crefeld (855.) Klein. 16. (208 S.) 9 ngr.

Weber, Friedr. Wilh., der Gelegenheitsdichter. Enth. Glückwünsche zum neuen Jahre, zum Geburts- und Namensfeste, der Schüler zum Namensfeste ihres Pfarrers ꝛc. Eine treue Aushülfe bei den meisten Gelegenheiten, welche das Leben darbietet. Fremdes und Eigenes. 3., bedeutend verm. Aufl. 8. (204 S.) Crefeld 873, Klein.

Weber, F. W., der Gelegenheitsdichter. Enthaltend Glückwünsche zum neuen Jahre, zum Geburts- und Namensfeste der Schüler, zum Namensfeste ihres Pfarrers oder Lehrers, zur Einführung und beim Abschiede eines Pfarrers, bei Amtsjubiläen, bei Hochzeiten, namentlich bei der ersten, der silbernen, der goldenen und der diamantenen Hochzeit. Endlich Gedichte als Kränze für Dahingeschiedene. Eine treue Aushülfe bei den meisten Gelegenheiten, welche das Leben darbietet. Fremdes und Eigenes zusammengestellt. 4. bedeutend verm. Aufl. 8. (200 S.) Krefeld 882, Klein'sche Buchh.

Weber, F. W., der Gelegenheitsdichter. Eine neue Aushülfe bei den meisten Gelegenheiten, welche das Leben bietet. Fremdes u. Eigenes. 5., verm. Aufl. 8. (176 S.) Crefeld 892. J. B. Klein. 1. —

Weber, F. W., die Geographie des preußischen Staates nach den Erwerbungen aus dem Jahre 1866. Mit Berücksichtigung der übrigen Theile Deutschlands u. sämmtl. Länder Europa's ꝛc. Für Elementarschulen bearb. 1. Aufl. 1867. u. 2. u. 3. verb. Aufl. M.-Gladbach 868,69. Hoster. 8. (20 S.) 1½ ngr.

—— die Geographie des preußischen Staates. Unter Berücksicht. der übrigen Theile Deutschlands mit Elsaß-Lothringen und sämmtl. Länder Europa's ꝛc. Für Elementarschulen bearb. 3.—6. verb. Aufl. 8. (20 S.) M. Gladbach 869—74, Hoster. *

Weber, Friedr. Wilh., die Geographie des preußischen Staates. Unter Berücksicht. der übrigen Theile Deutschlands mit Elsaß-Lothringen und sämmtl. Ländern Europa's ꝛc. Für Volksschulen bearb. 7. verb. Aufl. 8. (20 S.) M.-Gladbach 878, Hoster. *

—— die preußische Geschichte für Elementarschulen. 1.—3., verm. und verb. Aufl. 8. (16 S.) M.-Gladbach 867,68, Hoster.

— die preußische Geschichte f. Elementarschulen. 6. bis zum J. 1872 ergänzte Aufl. 8. (20 S.) Ebend. 872.— 15

—— die preußische Geschichte für Elementarschulen. 4.—7. Aufl. 1869—73. 15 Pf., und 8. mit einem Abriß der deutschen Geschichte verm. Aufl. 8. (24 S.) Ebendas. 875. *

—— preußische Geschichte für Volksschulen. 9. und 10. mit einem Abriß der deutschen Geschichte verm. Aufl. 8. (24 S.) Ebendas. 877,78. *

—— Goliath. 1.—12. Aufl. 12. (III, 130 S.) Ebd. 892. 2 80; geb. m. Goldschn. * 4 —

Goliath von F[riedrich] W[ilhelm] Weber. 13. u. 14. Aufl. *Paderborn: F. Schöningh [1895].* (130 S.) 8° [F.] [95. 5,823 B

— Goliath. 17.—24. Aufl. 8. (à 131 S.) Ebd. (898—902). n. 2. 80; geb. n. 4. —

Weber, F. W., Goliath. 25.—28. Aufl. (131 S.) kl. 8. Paderborn (906). F. Schöningh. n. 2. 80; geb. n. 4. —

— Goliath. 29.—32. Aufl. (131 S.) kl. 8. Ebd. 909. 2.80; geb. 4. —

— dasselbe. Billige Volksausg. 1.—5. Taus. (110 S.) kl. 8. Ebd. 910. Geb. in Leinw. 1. 25

— der Gratulant. Kleiner Gelegenheitsdichter, enth. ausgewählte Glückwünsche zum neuen Jahre, zu Geburts- u. Namensfesten, bei Hochzeiten, zur ersten hl. Communion u. zu Weihnachten. [Auszug aus: „W., d. Gelegenheitsdichter".] 8. (66 S.) Ebd. 892. — 40

[F.] Herbstblätter. Nachgelassene Gedichte v. F[riedr.] W[ilh.] Weber. 1.—4. Aufl. M. Stahlstich-Portr. *Paderborn: F. Schöningh 1896.* (VIII, 390 S., 1 Portr.) 1 Bd 8. [96. 2154

— Herbstblätter. Nachgelass. Gedichte. 6. bis 8. Aufl. M. Stahlst.-Portr. 12. (VIII, 390 S.) Ebd. 896. n. 4. 80; geb. n. 6. —

— Herbstblätter. Nachgelassene Gedichte. 13. u. 14. Aufl. 12. (VIII, 390 S. m. Bildnis.) Ebd. 903. n. 4.80; geb. n. 6. —

— Herbstblätter. Nachgelassene Gedichte. 15. u. 16. Aufl. (VIII, 390 S. m. Bildnis.) kl. 8. Ebd. 906. n. 4. 80; geb. n. 6. —

— das Leiden unseres Heilandes, s.: Molitor, W.

Weber, F. W., schwedische Lieder übers. u. m. ihren Singweisen u. Klavierbegleitung. hoch 4. (IV, 63 S.) Paderborn 872. F. Schöningh. 2 25

—— Marienblumen. Mit 6 chromolithogr. Madonnenbildern nach Ittenbach, gemalt von seiner Tochter Wilhelmine Ittenbach. Imp.-4. (27 Bl. Text mit chromolithogr. Titelbl.) Köln 885, A. Ahn. geb. mit Goldschn.

Webers, F. W., Marienblumen. Imp.-4. Köln 885. Bell., Georgi. geb. 36 —

— Marienblumen. Gedichte. 8. (103 S.) Köln 892. A. Ahn. n. 2. 60; geb. n. 3. —

— Marienblumen. Gedichte. 8. Aufl. 8. (V, 109 S.) Köln 890. A. Ahn. Geb. in Leinw. m. Goldschn. n. 8. —

Marienblumen. Gedichte von F[riedrich] W[ilhelm] Weber. 4. Aufl. Köln & Leipzig: A. Ahn [1905]. (106 S.) 8° [F.] [08. 16933

Bad Pyrmont und seine Heilmittel. Von Dr. F[riedrich] W[ilhelm] Weber, Badearzt. *Paderborn: F. Schöningh 1903.* (128 S.) 8° [04. 4318

[F.] Fr(iedrich) W(ilh.) Webers Spruchschatz. Aus dessen Werken gesammelt, geordnet u. hrsg. v. Ludi Wills. *Paderborn: F. Schöningh 1898.* (75 S.) 1 Bd 8. [99. 225

Fr[iedrich] W[ilhelm] Webers Spruchschatz. Aus dessen Werken gesammelt, geordnet u. hrsg. von Ludi Wills. 2. Aufl. *Paderborn: F. Schöningh [1903].* (75 S.) 8° [F.] [04. 4319

Fr[iedrich] W[ilhelm] Webers Spruchschatz. Aus dessen Werken gesammelt, geordnet u. hrsg. von Ludi Wills. 3. Aufl. Paderborn: Schöningh [1909]. 75 S. 8°

— Spruchschatz. Aus dessen Werken gesammelt, geordnet u. hrsg. v. Ludi Wills. 3. Aufl. (75 S.) kl. 8. Ebd. (910). — 60

Weber, Fritz [prakt. Arzt aus Brandenburg]: Ein Beitrag zur Lehre von der Perspiratio insensibilis .... Greifswald, Druck v. Julius Abel, 1886; 30 S. 8°.
Greifswald, Med. Fak., Inaug.-Diss. v. 16. Febr. 1886.

Weber, Fritz, ein Beitrag zur Lehre von der Perspiratio insensibilis. Diss. Greifswald 1886, Jul. Bindewald. 8°. 30 S.

Weber, Fritz, Assistenzarzt am Kantonsspital in Winterthur (v. Zürich): Aus der ophthalmologischen Klinik in Zürich. Klinische Beiträge zur Casuistik der Ophthalmia sympathica. Zür. Orell Füssli Dr. 1895. 95 S. 8°.

Zürich, Med. Diss. [v. 2. Jan. 1896].

Weber, Fritz: Zur Kenntnis des 1-N-Amido-3,4-triazol (N-Amido-β,β'-pyrro-diazol) und seiner Dialkylderivate. Würzburg 1909: Becker. 71 S. 8°

Tübingen, Naturw. Diss. v. 4. Nov. 1908, Ref. Wislicenus

[Geb. 15. Juli 77 Truchtersheim; Wohnort: Tübingen; Staatsangeh.: Elsaß-Lothringen; Vorbildung: Lyz. Metz Reife f. Prima Aug. 95; Studium: Würzburg 1, Kiel 5, Tübingen 5 S.; Coll. 4 Nov. 08.] [U 09. 4020

Weber, Fritz: Die Vermögensbeschädigung beim Betrug. Greifswald 1909: Adler. 97 S. 8°

Greifswald, Jur. Diss. v. 20. Febr. 1909, Ref. Weismann.

Weber, **Fritz Jakob** [von Mühlburg (Baden)]: Die Flexion in den Gesetzen Aelfreds des Grossen nach der Neuausgabe dieser Gesetze von F. Liebermann. Karlsruhe 1900. 71 S. 8°.

Zürich, Phil. Diss. 1. S. 1900/1901.

Weber, Fürchteg. Thuerecht, († d. 17. Sept. od. Dec. 1786.) kurzgefaßte Geographie zum Gebrauch d. Schreiberschen Landkarten. 8. Frankf. 754. (Hebold in Sorau) 3 gr. Die Landkarten in Fol. 2e A. 760. 20 gr.

— s. Nachrichten von göttl. Führungen der Seelen.

Weber, G., Beschwerde an den h. Kantonsrath des Kantons Zürich. 24 Stn. 8. Zürich, Selbstverlag des Verfassers. 1876

Weber, G., ein Blick in den christlichen Ehestand. Predigt über die Civil-Ehe gehalten am 2. Sonntage nach Epiph. im Dom zu Magdeburg. 1. u. 2. Aufl. Magdeburg 861. Heinrichshofen in Comm. 8. (16 S.) 3 ngr.

[S.] Die Freien bei Hannover. Bilder aus ihrer Vergangenheit v. G. **Weber**, Pastor in Ilten. *Hannover & Leipzig: Hahn 1898.* (VIII, 135 S.) 1 Bd 8.

Weber, G., der gute Hirte. Gebetbüchlein für fromme Kinder. Aus dem Schatz der Kirche gesammelt. 8. (72 S. mit eingedr. Holzschn. nach L. Richter u. A.) Dresden 860, Richter. *

Vgl. Weber, H.

Weber, G., der gute Hirte. Gebetbüchlein f. fromme Kinder. Aus dem Schatz der Kirche gesammelt. Mit Holzschn. nach L. Richter u. Anderen. 2., verm. Aufl. 8. (72 S.) Leipzig 887. A. Dürr. cart. n. 1. 20

Weber, G., Irreführung des protestantischen Volkes. Wie die Professoren W. Herrmann, Th. Kolde, A. Ritschl, A. Harnack u. a. ihre Zuhörer u. Leser üb. die kathol. Religion u. das Christentum aufklären. (VII, 98 S.) 8. Mainz 904. Druckerei Lehrlingshaus. n. 1. 20

Weber, G., die deutsche Jubiläums-Wallfahrt nach Rom im hl. J. 1900. Im Auftrage des Zentralkomitês f. die Generalversammlgn. der Katholiken Deutschlands verf. 8. (V, 181 S. m. 1 Bildnis) Freiburg i/B. 901. (Geschäftsstelle des Charitasverbandes f. das kath. Deutschland) n. — 80

Weber, G., s.: Rousseau, Jean Jacques.

Weber, G. (Hrsg.), s. Shinn, M. W.: Körperliche u. geistige Entwicklung eines Kindes ...

Toaste in Prosa, Ansprachen und Reden für alle Vorkommnisse des gesellschaftl. Lebens. T. 1–7. Hrsg. von G. **Weber**. Berlin: S. Mode [1907]. 7 Bde. 8° [S.]

1. Tauffestlichkeiten u. Konfirmationsfeiern
2. Verlobungen, Polterabende, Hochzeiten, silb. u. gold. Hochzeitsfeiern
3. Geburtstagsfeiern, Gedenkfeiern ... 4. Repräsentationsfestlichkeiten ...
5. Reden u. Toaste bei Feiern zu Weihnachten, Neujahr ... bei Jagdfesten usw.
6. Geburtstagsfeier Sr. Maj. ...
7. Vaterländ. Gedenktage ... Feiern wissenschaftl. u. künstl. Charakters ... 1908. 11,94

Weber, G., Toaste in Prosa, Ansprachen u. Reden f. alle Vorkommnisse des gesellschaftlichen Lebens. 11 Tle. 8. Berlin, S. Mode. 13. 75

1. Tauffestlichkeiten u. Konfirmationsfeiern. (126 S.) (907.) 1. —
2. Verlobungen, Polterabende, Hochzeiten, silberne u. goldene Hochzeitsfeiern. (210 S.) (907.) 1. 50
3. Geburtstagsfeiern in Familien- u. Freundeskreisen, v. Vereinsmitgliedern u. Beamten, Gedenkfeiern (Säkularfeiern) verdienter Männer, Namenstagsfeiern. (222 S.) (907.) 1. 50
4. Repräsentationsfestlichkeiten in offiziellen u. Familienkreisen. Reden u. Toaste bei Diners, Geschäfts- u. anderen Festlichkeiten sowie bei städt. u. Gemeinde-Feiern, Toaste auf den Kaiser u. Landesfürsten usw. (221 S.) (907.) 1. 50
5. Reden u. Toaste bei Feiern zu Weihnachten, Neujahr, Ostern, Pfingsten, an Erntefesten, am Martinusfeste, bei Schützenfesten, beim Karneval, bei Grundsteinlegungen, Richtfesten, Einweihungen v. Denkmälern u. öffentlichen Gebäuden, bei Kirchweihen (Kirmsen), Fahnenweihe, Festkommersen, Examensfeiern, geschäftlichen Feiern, gemütlichen Zusammenkünften an fröhlicher Kneiptafel, bei Gastwirtsessen, Schlachtfesten, bei der Weinlese, bei Jagdfesten usw. (223 S.) (907.) 1. 50
6. Geburtstagsfeier Se. Maj. des Kaisers. Ansprachen in aktiven Militärkreisen, in Kriegervereinen, in Beamtenvereinen, in bürgerl. Kreisen usw.; Toaste auf Se. Maj. selbst, auf Ihre Maj. die Kaiserin, auf das kronprinzl. Paar, die Prinzen u. Prinzessinnen des Hohenzollernhauses, die Bundesfürsten usw. (VII, 91 S.) (908.) 1. —
7. Vaterländische Gedenktage: Sedanfeier; Enthüllg. v. Denkmälern zur Erinnerg. an Kaiser Wilhelm den Großen, Kaiser Friedrich III. sowie an andre dahingeschiedene deutsche Fürstlichkeiten, an Bismarck, an Moltke, an die glorreichen Feldzüge usw. Festreden u. aktuelle Dispositionen zu allen patriot. Feiern passend; Ansprachen u. Toasten bei Geburtstagen der deutschen Fürsten, der deutschen Kaiserin u. der deutschen Fürstinnen. Feiern wissenschaftl. u. künstler. Charakters: Lobpreisung der Wissenschaften, der Künste, Ansprache bei Eröffng. e. Ausstellg. (133 S.) (908.) 1. 25
8. Vereinsfestlichkeiten u. Stiftungsfeste in bürgerlichen Vereinen. (162 S.) (908.) 1. 25
9. Vereinsfestlichkeiten, insbesondere Stiftungsfeste in Militär- u. Beamtenvereinen. (152 S.) (908.) 1. 25
10. Jubiläumsfeierlichkeiten bei Regierungsjubiläen v. Fürstlichkeiten, bei Jubiläen regierender Dynastieen, mediatisierter Häuser, alter Adelsgeschlechter, e. hohen Militärs, bei Regimentsjubiläen u. denen anderer selbständiger Truppenteile, bei Jubiläumsfeiern patriotischen Charakters u. solchen in Beamten- u. bürgerlichen Kreisen. (151 S.) (908.) 1.
11. Vereinsjubiläen, Säkularfeier der Gründung e. Ortes. (132 u. XII S.) (908.) 1.

Weber, G., die Kölnische Volkszeitung u. die wissenschaftliche Kritik. (39 S.) gr. 8. Mainz 904. Druckerei Lehrlingshaus. n. — 50

Weber, G. F., bleibe d. Alten getreu u. verständige dich mit deiner Zeit. Zwei Pred. üb. Matth. 5, 18. u. 2. Cor. 5, 17 gr. 8. (1¼ B.) Magdeburg 836, Heinrichshofen.

Weber, G. Fr., Versuch e. Geschichte der Schreibekunst. gr. 8. Götting. 806. Dankwerts. (Vandenhöck u. R.) 18 gr.

Weber, G. H., sichere Heilung der nervösen, rheumatischen und gichtischen Uebel, der Schwerhörigkeit, Augenschwäche, Krämpfe, Lähmungen und anderen Krankheiten durch Magneto-Electricität. gr. 8. (IV und 98 S. mit 2 Stnt.) Wien 854, Settel.

Weber, Dr. G. J., de Legibus Francorum Salica et Ripuaria. 8maj. Heidelb. 821. Groos. 4 gr.

Weber, G. V., manuale cantus ecclesiastici juxta ritum s. romanae ecclesiae. 8. (IV, 132 S.) Mainz 878. Kirchheim. cart. n. 1. —

Weber, G. V., Manuale cantus ecclesiae juxta ritum s. romanae ecclesiae. Ed. II. 8. (IV, 136 S.) Mainz 897. F. Kirchheim. Geb. in Leinw. n. n. 1. —

— Melodien zum Mainzer Diöcesan-Gesangbuch. Hrsg. im Auftrage des hochwürdigsten bischöfl. Ordinariats. 1. und 2. Aufl. 8. (64 S.) Ebendas. 879. cart.

Weber, G. V., Orgelbuch zum Mainzer Diöcesan-Gesangbuch. Hrsg. im Auftrag des bischöfl. Ordinariates. 2. Aufl. qu. gr. 4. (VIII, 96 S.) Mainz 880, Kirchheim.

— Orgelbuch z. Mainzer Diöcesan-Gesangbuch. Hrsg. im Auftr. des hochwürdigsten bischöfl. Ordinariates. 3. Aufl. qu. gr. 4. (VIII, 96 S.) Ebd. 896. n.n. 3. 50; geb. n.n. 4. 50

Weber, G. V., üb. Orgel-Dispositionen. Antwort auf den im kirchenmusikal. Jahrbuch f. 1890 enthaltenen Artikel: „Eine fehlerhafte Orgeldisposition". gr. 8. (23 S.) Regensburg 890. (Habbel.) — 30

Weber, G. V., üb. Sprachgesang. Zurückweisung der in der Musica sacra gegen mich gerichteten Angriffe des Hrn. Dr. Witt. gr. 8. (38 S.) Mainz 883. Kirchheim. — 50

Weber, G. V., die Verbesserung der Medicaea. Mit besond. Berücksicht. der Musica sacra 1901 Nr. 1 beigegebenen Beilage: „Warum halten wir an der officiellen Choral-Ausgabe fest?" gr. 8. (24 S.) Mainz 901. F. Kirchheim. n. — 40

Weber, Georg

Weber, G., Anleitung zur Fahnen-Malerei m. 20 ausgeführten Fahnen- u. Emblemzeichngn., 2 Blatt herald. Wappenzeichngn., darstellend die am meisten vorkomm. Wappen, Figuren, Kronen, Schilder, Helme ꝛc. ꝛc., nebst e. großen Anzahl der besten gewerbl. Sinnsprüche. Fol. (18 Bl. m. eingedr. u. 2 Bl. Text.) Leipzig 892. Ilsitel & Göttel. In Mappe. n. 4. —

Weber, Geo., Ansprache an die Schüler der höheren Bürgerschule in Heidelberg bei Gelegenheit des Friedensfestes am 4. März 1871. 8. (14 S.) Heidelberg 871, K. Groos. *

Derselbe. An die Bürgerschaft Heidelbergs. S. 3—12. Heidelberg, P 1856

—— An die Bürgerschaft Heidelbergs. Anhang. Bemerkungen über die Realgymnasien. Zus. 15 S. Heidelberg, P 1869

Weber, Geo., geschichtl. Darstellung d. Calvinismus im Verhältniß z. Staat, in Genf u. Frankreich bis z. Aufhebung d. Edikts v. Nantes. gr. 8. (24 1/2 B.) Heidelberg 836, J. C. B. Mohr.

Weber, Geo., Dzieje powszechne stanowiska oświaty, piśmiennictwa i religii od najdawniejszych do najnowszych czasów. Na język polski przełożone z uwzględnieniem rzeczy słowiańskich a w szczególności polskich przez S. Zarańskiego i H. Zywickiego. (In 12 Heften.) Zeszyt 1—3. gr. 8. (1. Bd. S. 1—288.) Lemberg 849, Winiarz. à Heft * 10 Ngr.

Weber, Geo., das vaterländische Element in der deutschen Schule. Vier Schulreden. Leipzig 856. Engelmann. gr. 8. (2 Bl., 67 S.) 9 ngr.

Weber, Geo., das vaterländische Element in der deutschen Schule. Vier Schulreden. Leipzig 865. Engelmann. gr. 8. (VIII, 47 S.) 12 ngr.

— und K. B. Stark, Zur Erinnerung an das Schillerfest in Heidelberg. Zwei Reden. Nebst einer kurzen Beschreibung des Festes. Heidelberg 859. C. Mohr. gr. 8. (32 S.) n. 4 ngr.

— Heidelberger Erinnerungen. Am Vorabend der 5. Säkularfeier der Universität. gr. 8. (VIII, 311 S. m. Stahlst.-Portr. d. Verf.) Stuttgart 886. Cotta. n. 4. —

Weber, Geo., Führer durch Soolbad Melle u. Umgegend. 8. (IV, 60 S. m. Bildern u. 1 Karte.) Melle 893. F. E. Haag. — 75

Weber, deutsche Fürsten und Kleinstaaten vor hundert Jahren, s. Festschrift zur fünfhundertjährigen Stiftungsfeier der Universität Heidelberg.

Weber, Geo., Germanien in den ersten Jahrhunderten seines geschichtlichen Lebens. gr. 8. (XXXII und 164 S. mit Portr. in Holzschn.) Berlin 862, Brigl.
Aus: Deutsche National-Bibliothek, besonders abgedruckt.

Weber, Ge., Germanien in den ersten Jahrhunderten seines geschichtlichen Lebens. Berlin 1862. 8.
Ist: Deutsche Nationalbibliothek. Bd. 1.
——. —— Neue Ausgabe. Berlin (1872). 8.

—— Germanien, s. a. Nationalbibliothek, deutsche.

Weber, G.: Geschichte der Gegenreformation und der Religionskriege Leipzig 1875. 1043 S. (Weber, G.: Allg. Weltgeschichte. 11.)

Weber, G.: Geschichte des 19. Jahrhunderts. Leipzig 1879—80. 2 Bde (Weber, G. Allg. Weltgeschichte. 14—15.)

— u. Heinr. Holtzmann, Geschichte des Volkes Israel u. der Entstehung des Christenthums. 2 Bde. Leipzig 867. Engelmann. gr. 8. (X, 1270 S.) 4 ℛ 15 ngr.

Weber, G.: Geschichte des römischen Kaiserreichs, der Völkerwanderung und der neuen Staatenbildungen. Leipzig 1863. 832 S. (Weber, G.: Allg. Weltgeschichte. 4.)

Weber, Geo., Geschichte der akathol. Kirchen u. Secten v. Großbritannien. 1. Thl. 1. Bd. Die Lollarden u. der destructive Theil der Reformation. gr. 8. (43 1/4 B.) Leipzig 845, Wilh. Engelmann. Thlr. *

— Geschichte der akatholischen Kirchen und Secten von Großbritannien. 1. Thls. 2. Bd. Der constructive Theil der Reformation und die puritanische Sectenbildung. Leipzig 853. Engelmann. gr. 8. (VIII, 704 S.) n. 3 ℛ.
1. Thls. 1. Bd. Ebend. 845. n. 2 ℛ. 25 ngr.

Weber, Geo., Geschichte der Kirchenreformation in Großbritannien. Neue (Titel-)Ausg. 2 Bde. (Die Lollarden und der destructive Theil der Reformation. — Der constructive Theil der Reformation und die puritan. Sectenbildung.) gr. 8. (XVIII und 1379 S.) Leipzig 856, Engelmann. Thlr.

Weber, Geo., die Geschichte der deutschen Literatur nach ihrer organ. Entwickelung, in einem leicht überschaulichen Grundriß bearb. gr. 8. (VIII u. 112 S.) Leipzig 847, W. Engelmann. 3/8 ℛ — 2. bis auf die Gegenwart fortgeführte Aufl. gr. 8. (VIII u. 112 S.) Ebd. 850. 3/8 ℛ — 3. bis auf die Gegenwart fortgeführte Aufl. gr. 8. (VIII u. 118 S.) Ebd. 851. 12 ngr.

— die Geschichte der deutschen Literatur nach ihrer organ. Entwickelung, in einem leicht überschaulichen Grundriß bearb. 1. und 2. Aufl. (VIII und 112 S.) 1847, 50. 11 1/4 Ngr., 3. Aufl. (VIII und 118 S.) 1850. und 4., bis auf die Gegenwart fortgeführte Aufl. gr. 8. (VIII und 128 S.) Leipzig 852(53,) W. Engelmann. Thlr.

Weber, Geo., die Geschichte der deutschen Literatur nach ihrer organischen Entwickelung in einem leicht überschaul. Grundriß bearb. 5. Aufl. 1857. und 6., bis auf die Gegenwart fortgeführte Aufl. Mit ausführl. Namenregister. gr. 8. (VIII und 138 S.) Leipzig 859, Engelmann.

— die Geschichte der deutschen Literatur nach ihrer organischen Entwickelung. In einem leicht überschaulichen Grundriß bearb. 7. Aufl. 1861. und 8., bis auf die Gegenwart fortgeführte Aufl. Mit ausführl. Namenregister. gr. 8. (IV und 140 S.) Leipzig 864, Engelmann.

Weber, Geo., Geschichte der deutschen Literatur von ihren Anfängen bis zur Gegenwart. Nebst e. Abriß der neuesten Kunst u. Wissenschaft in Deutschland. 10., völlig umgearb. u. vervollständ. Aufl. Mit ausführl. Namenregister. gr. 8. (IV, 249 S.) Leipzig 874. Engelmann. 2. 25

Weber, Geo., Geschichte der deutschen Literatur von ihren Anfängen bis zur Gegenwart. Nebst einem Abriß der neuesten Kunst und Wissenschaft in Deutschland. 11. revid. und vervollständ. Aufl. Mit ausführl. Namenregister. gr. 8. (X, 250 S.) Leipzig 880, Engelmann.

— zur Geschichte d. Reformations-Zeitalters. Umrisse u. Ausführgn. gr. 8. (VIII, 616 S.) Ebend. 874. 9. —

Weber, G.: Römische Geschichte bis zu Ende der Republik und Geschichte der alexandrinisch-hellenischen Welt. Leipzig 1861. 915 S. (Weber, G.: Allg. Weltgeschichte. 3.)

Weber, Georg: Geschichte des hellenischen Volkes. Leipzig 1859. 890 S. (Weber, G.: Allg. Weltgeschichte. 2.)

Weber, G.: Geschichte der Völker und Staaten im Übergang vom Mittelalter zur Neuzeit. Leipzig 1872. 947 S. (Weber, G.: Allg. Weltgeschichte. 9.)

Weber, Geo., Geschichtsbilder aus verschiedenen Ländern und Zeitaltern. gr. 8. (VI, 514 S.) Leipzig 886, Engelmann. *ℳ 8.—; geb. **

Inhalt:

Gedanken über Geschichte und Geschichtschreibung. — Aus einer trüben Periode der deutschen Geschichte. — Jean Froissart und seine Zeit. — Der Uebergangsproceß zweier Weltalter und François Rabelais. — Zur Geschichte der englischen Revolutionsbewegungen im 17. Jahrh. — Streiflichter auf das 18. Jahrh. (Aus dem Culturleben Englands und Frankreichs. Deutschland im Fridericianisch-Josephinischen Zeitalter. Rußland und Polen unter Katharina II.) — Zur Geschichte Italiens im 19. Jahrh. — Rückblicke auf die badische Revolution von 1848 und 1849.

-Der Geschichtsunterricht in den Mittelschulen. Vortrag. S. 6-22. Heidelberg, P. 1864

Weber, Geo., der Geschichtsunterricht auf Schulen ein vorzügl. Mittel zur Bildung des Charakters und richtiger Lebensanschauung in der deutschen Jugend. Einige wohlmeinende Worte an Lehrer, sowie an die Leiter und Ordner des Schulwesens. gr. 8. (27 S.) Heidelberg 850, J. C. B. Mohr.

Aus: Heidelberger Jahrbücher der Literatur 1850. 2. Doppelheft, besonders abgedruckt.

Weber, Geo., de Gytheo et Lacedaemoniorum rebus navalibus. 8 maj. ($6^1/_2$ B.) Heidelbergae 833, Mohr.

—— Kaiser Heinrich VII. in Italien, s. Taschenbuch, historisches.

Weber, Geo., Jugendeindrücke u. Erlebnisse. Ein histor. Zeitbild. gr. 8. (VIII, 295 S.) Leipzig 887. Engelmann. n. 6. —; geb. n.n. 7. 50

Weber, G., Katechismus d. Dekorationsmalers. Leitfaden zur sichern Ausführg. der in der Dekorationsmalerei vorkomm. prakt. Arbeiten. 8. (XII, 115 S. m. 1 Taf.) Bremen 890. (Behrens.) n. 1. 50

Weber, Georg, Katechismus d. Dekorationsmalers. 8. (XII, 115 S. m. 1 Taf.) Brem. 890. (Lpz., Jüstel u. Göttel.) * 1 50

— Katechismus d. Dekorations-Malers. Leitfaden zur sicheren Ausführg. der in der Dekorationsmalerei vorkomm. prakt. Arbeiten. 2., verm. u. verb. Aufl. 8. (XVI, 165 S. m. 1 Abbildg.) Ebd. 893. n. 2. —

Weber, Geo., Katechismus d. Dekorations-Malers. Leitfaden zur sich. Ausführg. der in d. Dekorationsmalerei vorkomm. prakt. Arbeiten. 3., verm. u. verb. Aufl., nebst e. Anh. üb. Fragen, welche im Malergeschäfte vorzukommen pflegen. 8. (XVI, 178 u. 68 S. m. Abb.) Leipzig 896. Jüstel & Göttel. n. 3. —; geb. in Leinw. n. 3. 50

Weber, Geo, Katechismus des Dekorations-Malers. Leitfaden zur sicheren Ausführung der in der Dekorationsmalerei vorkomm. prakt. Arbeiten. 4. verm. u. verb. Aufl., nebst e. Anh. üb. Fragen, welche im Malergeschäfte vorzukommen pflegen. 8. (XVI, 253 S. m. Abb.) Leipzig 900. Jüstel & Göttel. n. 3.—; geb. in Leinw. n. 3. 50

Weber, Geo., Katechismus des Dekorations-Malers. Leitfaden zur sicheren Ausführung vorkomm. prakt. Arbeiten. 5., verm. u. verb. Aufl., nebst e. Anh. üb. Fragen, welche im Malergeschäfte vorzukommen pflegen. (XVI, 278 S. m. Abbildgn.) 8. Leipzig 905. Jüstel & Göttel. n. 3.— ; geb. in Leinw. n. 3. 50

Weber, Geo., mein Leben und Bildungsgang. gr. 8. (39 S.) Leipzig 883, Engelmann. *

— Lehrbuch der Weltgeschichte mit Rücksicht auf Cultur, Literatur u. Religionswesen, u. ein Abriß der deutschen Literaturgeschichte als Anhang f. höhere Schulanstalten u. zur Selbstbelehrung. gr. 8. (XXXVIII u. 884 S.) Leipzig 847, W. Engelmann. n. $2^2/_3$ ₰ — 2. unveränd. Abdr. gr. 8. (XXXVIII u. 884 S.) Ebd. 847. n. $2^2/_3$ ₰ — 2 Bde. 3. erweiterte u. bis auf die Gegenwart fortgeführte Aufl. gr. 8. (1: XXII u. 466 S. 2: XVI u. 619 S.) Ebd. 849. 3 ₰ — 2 Bde. 4. verb. u. bis auf die Gegenwart fortgeführte Aufl. gr. 8. (1: XXIV u. 468 S. 2: XX u. 716 S.) Ebd. 850. $3^1/_4$ ₰ — 2 Bde. 5. verb. u. bis auf die Gegenwart fortgeführte Aufl. gr. 8. (1: XXIV u. 496 S. 2: XXIV, 654 u. Anh. 122 S.) Ebd. 852. $3^1/_2$ ₰

Weber, Geo., Lehrbuch der Weltgeschichte mit Rücksicht auf Cultur, Literatur und Religionswesen, und einem Abriß der deutschen Literaturgeschichte als Anhang für höhere Schulanstalten u. zur Selbstbelehrung. 2 Bde. 6. durchaus verb. u. in der alten u. mittleren Geschichte bedeutend erweiterte Aufl. 854. (XXX, 615; XVIII, 672 S. u. Anhang: Die Geschichte der deutschen Literatur, 127 S.) 3 ₰. 15 ngr. — 7. verm. rc. Aufl. Leipzig 856, 57. Engelmann. gr. 8. (XXVI, 770; XVIII, 752 S. u. Anh. 131 S.) 3 ₰. $22^1/_2$ ngr.

—— Lehrbuch der Weltgeschichte mit Rücksicht auf Cultur, Literatur und Religionswesen und ein Abriß der deutschen Literaturgeschichte als Anhang. 2 Bde. 8., verb. und erweiterte Aufl. Mit einem Namen- und Sachregister. gr. 8. (XLII und 1714 S.) Leipzig 859, Engelmann.

—— Lehrbuch der Weltgeschichte mit besonderer Rücksicht auf Cultur, Literatur und Religionswesen, und einem Abriß der deutschen Literaturgeschichte als Anhang. 2 Bde. 9. Aufl. 1862. 3 Thlr. 26 Ngr., 10. Aufl. 1863. 4 Thlr., 11. Aufl. 1865. 4 Thlr. 5 Ngr., 12. Aufl. 1867. 4 Thlr. $7^1/_2$ Ngr. und 13., vielfach umgearb. und bis auf die Gegenwart fortgeführte Aufl. Mit einem Namen- und Sachregister. gr. 8. (XXIV und 984 S., XVI und 1098 S.) Leipzig 868, Engelmann. geb. *

—— Lehrbuch der Weltgeschichte mit besond. Rücksicht auf Cultur, Literatur und Religionswesen. 2 Bde. Mit einem Namen- und Sach-Register. 15. vielfach umgearb. und bis auf die Gegenwart fortgeführte Aufl. (XL, 948; XX, 1144 S.) 1871. ℳ 13,50.; und 16. Aufl., vielfach umgearb., erweitert und bis zum J. 1872 fortgeführt. Lex.-8. (XLIV, 990; XX, 1207 S.) Ebendas. 873. *ℳ 14,50.; geb. * Ausg. auf Velin-Schreibpap. *

Weber, Geo., Lehrbuch der Weltgeschichte mit besonderer Rücksicht auf Cultur, Literatur und Religionswesen. 17. Aufl., vielfach umgearbeitet, erweitert und bis zum J. 1875 fortgeführt. Mit einem Namen- und Sachregister. Leben und Bildungsgang des Verfassers als Vorrede. 2 Bde. gr. 8. (XLIV, 990 S.; XXI, 1266 S.) Leipzig 876, Engelmann.
geb. *

—— dass. — 18. Aufl., durchgängig revidirte und bis zum Schluß des Berliner Friedenscongresses im Juli 1878 fortgeführt. Mit einem vollständ. Namen- und Sachregister, als Anhang dem 1. Bde. beigegeben. 2 Bde. gr. 8. (XLIV, 1051; XXII, 1248 S.) Ebendas. 879. *M.* 15.; geb. *

—— **Lehrbuch der Weltgeschichte.** 2 Bde. Mit einem vollständ. Namen- und Sachregister, als Anhang dem 1. Bde. beigegeben. 19. Aufl. (LVI, 1052; XXII, 1276 S.) 883; 20. Aufl., durchgängig revid., verb. und fortgeführt. gr. 8. (LX, 1052; XXII, 1300 S.) Ebendas. 888. **M.* 16.—.; geb. **
Elegant geb. ***M.* 18.50.; in Liebhabereinbd. **
Auch in 40 Lfgn. à *

Weber's, Geo., Lehr- u. Handbuch der Weltgeschichte. 21. Aufl. Unter Mitwirkg. v. Rich. Friedrich, Ernst Lehmann, Frz. Moldenhauer u. Ernst Schwabe vollständig neu bearb. v. Alfr. Baldamus. 1. u. 2. Bd. gr. 8. Leipzig 902. W. Engelmann. à n. 6. —; geb. in Leinw. à n. 7. —; in Halbldr. à n. 8. 25
1. Altertum. (XIII, 610 S.)
2. Mittelalter. (XX, 786 S. m. 15 Stammtaf.)

Weber's, Geo., Lehr- u. Handbuch der Weltgeschichte. 21. Aufl. Unter Mitwirkg. v. Rich. Friedrich, Ernst Lehmann, Frz. Moldenhauer u. Ernst Schwabe vollständig neu bearb. v. Alfr. Baldamus. 1., 2. u. 4. Bd. Lex.-8. Leipzig 905. W. Engelmann. à n. 6. —; geb. in Leinw. à n. 7. —; in Halbldr. à n. 8. 25
1. Altertum. 2. Abdr. (4.—6. Taus.) (XV, 610 S.)
2. Mittelalter. 2. Abdr. (4.—6. Taus.) (XX, 786 S. m. 15 Stammtaf.)
4. Neueste Zeit. (XX, 811 S.)
Der 3. Bd. ist noch nicht erschienen.

Georg Webers Lehr- und Handbuch der Weltgeschichte. 21. 21. Aufl. Unter Mitw. von . . . vollständ. neu bearb. von Alfred Baldamus. Leipzig: W. Engelmann. Bd 4. Neueste Zeit. 1906. 8°

Weber, Georg. G' Webers Lehr- und Handbuch der Weltgeschichte. 21. Aufl. Unter Mitwirkung ... vollständig neu bearb. von Prof. Dr. Alfred Baldamus (†). 4 Bände [und] Ergänzungsband 8. Leipzig, Wilhelm Engelmann, 1902—1910.
Band 1: Altertum. 4. Abdruck ⟨8. Tausend⟩. XVI + 611 S. 1910. [M. 6. —, geb. 7. — *u.* 8. 25]
Band 2: Mittelalter. [Mit 15 Stammtafeln.] XX + 786 S. 1902. [M. 6. —, geb. 7. — *u.* 8. 25]
Band 3: Neuere Zeit. 2. Abdruck. ⟨6. bis 8. Tausend.⟩ XXII + 808 S. 1909. [M. 6. —, geb. 7. — *u.* 8. 25]
Band 4: Neueste Zeit. 3. Abdruck ⟨7. bis 9. Tausend⟩. XX + 877 S. 1909. [M. 6. —, geb. 7. — *u.* 8. 25]
Ergänzungsband: I. Alphabetisches Register zu Band 1 bis 4; II. Stammbäume zu Band 3 und 4 [9 Stammtafeln]. II + 160 S. 1909. [M. 2. —, geb. 3. — *u.* 4. 25]

Weber's, Geo., Lehr- u. Handbuch der Weltgeschichte. 21. Aufl. Unter Mitwirkg. v. Rich. Friedrich, Ernst Lehmann, Frz. Moldenhauer u. Ernst Schwabe vollständig neu bearb. v. Alfr. Baldamus. 4 Bde. gr. 8. Leipzig, W. Engelmann. 24. —; geb. in Leinw. 28.—; in Halbldr. 33.—
1. Altertum. 4. Abdr. (8. Taus.) (XV, 611 S.) 910. 6.—; geb. in Leinw. 7.—; in Halbldr. 8. 25
2. Mittelalter. 4. Abdr. (10. u. 11. Taus.) (XX, 786 S. m. 7 Stammtaf.) 910. 6.—; geb. in Leinw. 7.—; in Halbldr. n 8. 25
3. Neuere Zeit. 1. u. 2 Abdr. (XXII, 808 S.) 908. 6.—; geb. in Leinw. 7.—; in Halbldr. 8. 25
4. Neueste Zeit. 3. Abdr. (7.—9. Taus.) (XX, 877 S.) 909. 6.—; geb. in Leinw. 7.—; in Halbldr. 8. 25

— **das Leisten- u. Gesimsziehen.** Lehrbuch üb. die Entwicklg. der architekton. Glieder u. ihre Verwendg. f. Leisten u. Gesimse, üb. die Merkmale d. antiken, roman., goth., Barock- u. Rokokostyls m. nahe an 200 Abbildgn., nebst e. Zusammenstellg. der techn. Ausdrücke u. Benenngn. Für den Decorationsmaler bearb. 8. (VIII, 107 S.) Ebd. 891. n. 3. 50; geb. n. 4. —

— **d. Leisten- u. Gesimsziehen.** Lehrbuch üb. d. Entwicklg. d. architekton. Glieder u. ihre Verwendg. f. Leisten u. Gesimse, üb. d. Merkmale d. antiken, roman., goth., Renaissance, Barock, Rokoko u. arabisch-maur. Stylarten. M. 200 Abb., nebst Wörterbuch d. Malerei, d. Bau- u. Bildhauerkunst, d. Allegorien u. Symbole, bezw. Sinnbilder u. Merkzeichen. Für d. Dekorationsmaler bearb. 2., verm. Aufl. 8. (XI, 123 S.) Ebd. 897.
Geb. in Leinw. n. 3. 50

—— **Lesebuch zur Geschichte der deutschen Literatur alter und neuer Zeit.** (Zugleich als Anschluß an dessen „Grundriß der deutschen Literaturgeschichte" im „Lehrbuch der Weltgeschichte." 7. Aufl. und besonders abgedr.) gr. 8. (XX und 452 S.) Leipzig 856, Engelmann.

—— **Lesebuch zur Geschichte der deutschen Literatur alter und neuer Zeit.** Zugleich als Anschluß an dessen „Grundriß der deutschen Literaturgeschichte" im „Lehrbuch der Weltgeschichte" und besonders abgedr. 2., veränd. und erweit. Aufl. gr. 8. (XXI und 481 S.) Leipzig 863, Engelmann.

Weber, Geo., Lesebuch zur Geschichte der deutschen Literatur alter und neuer Zeit. 3. unveränd. und erweit. Aufl. gr. 8. (XXIII, 520 S.) Leipzig 870, Engelmann.

Weber, Geo., Lesebuch zur Geschichte der deutschen Literatur alter u. neuer Zeit. Zusammengestellt u. geordnet. 4., rev. u. verm. Aufl. gr. 8. (XXIII, 566 S.) Leipzig 878. Engelmann. 3. —

—— **literar-historisches Lesebuch** enth. Proben aus den bedeutendsten Literaturwerken aller Völker und Zeiten in Poesie und Prosa nach deutschen Uebersetzungen, gesammelt und mit des Verfassers Lehrbuch der Weltgeschichte und Abriß der deutschen Literaturgeschichte in Beziehung gesetzt. 1. und 2. Thl. und 3. Thl. (1. und 2. Abthl.) 8. Leipzig 851, W. Engelmann.
Inhalt:
Thl. 1. Die Literatur des Alterthums. (XII und 432 S.)
„ 2. Die Literatur des Mittelalters. (VIII und 432 S.)
„ 3. Abthl. 1. Die Literatur der Neuzeit von der Reformation bis gegen Ende des 18. Jahrh. in Deutschland, Italien, Spanien, England. (XII und 600 S.)
„ 2. Die Literatur der Neuzeit bis zur Gegenwart in Frankreich, Italien, England. (X und 520 S.)

—— dass. — 3. Thl. (3. Abthl.:) Die deutsche Literatur von Klopstock bis zur Gegenwart. 8. (XVI und 791 S.) Ebds. 851(52.)

— s.: **Maler-Kalender**, illustrirter, f. Dekorationsmaler.

—— **vollständiges Namen- und Sachregister zu Schlosser's Geschichte des 18. Jahrh. und des 19. bis zum Sturz des französ. Kaiserreichs**, 2. und 3. Aufl. Nebst einigen biograph. und chronolog. Notizen zur Erläuterung und Ergänzung. gr. 8. (209 S.) Heidelberg 849, J. C. B. Mohr.

Weber, üb. d. Nothwendigkeit allgemeiner Bildung für den Bürgerstand. Heidelberg. 72 S. 1865.
Schul-/Univ.-Schrift

Weber, Georg [aus Harburg in Hannover]: Ueber eine p-Cymoldisulfonsäure und die Einwirkung von Brom unter verschiedenen Bedingungen auf die p-Cymol(2)sulfonsäure . . . Freiburg i. B., Buchdr. v. Chr. Ströcker, 1888. 72 S. 1 Bl. 8°
Freiburg i. B., Phil. Fak., Inaug.-Diss. v. 1888.

Dr. Georg Weber. Rede, gehalten am Schlusse des Schuljahrs 1847. **Jahresbericht** 1848. S. 7—11. Heidelberg, P 1848

-Rückblick in die Vergangenheit der Anstalt. S. 6–17. Heidelberg, P 1858

—— **Friedrich Christoph Schlosser, der Historiker.** Erinnerungsblätter aus seinem Leben und Wirken. Eine Festschrift zu seiner 100jähr. Geburtstagsfeier am 17. Novbr. 1876. gr. 8. (XV, 363 S.) Ebendas. 876.

Weber, Georg: S c h u l r e d e . [Der Grund der Abnahme der Schülerzahl liegt hauptsächlich in zwei Uebeln: 1) in dem Mangel an Beharrlichkeit und 2) in einer flaschen Ansicht von der Bildung des Mannes in bürgerlichen Verhältnissen.] Landau: J. Baur 1838. S. 9 16.
Progr. Bergzabern.

Derselbe. Schulrede, gehalten am Schluss des Schuljahrs 1818 und bei Eröffnung der Schule im Sommerkurs (6. April) 1849. S. 5—15. Heidelberg, P 1849

Schulrede, gehalten am Schluss des Schuljahrs 1849. S. 4—10. Heidelberg, P 1850

Schulrede, gehalten am Schluss des Schuljahrs 1851. S. 5—12. Heidelberg, P 1852

Weber, Georg: S c h u l r e d e über die Vortheile einer höhern Erziehungsanstalt und das dabei zu beobachtende Verhältniß zwischen Eltern und Schüler zum Lehrer und unter sich. Landau: C. Georges. 1837. 1 Bog.
Progr. Bergzabern.

-Eine gesunde Seele in einem gesunden Körper. S. 5—15. Heidelberg, P 1862

Über die deutsche Sprache in Klasse VI. S. 3 13 des Jahresberichts. Heidelberg, P 1868

Weber, Geo., **Theorie und Methodik der physikal. Untersuchungsmethode bei den Krankheiten der Athmungs- und Kreislaufs-Organe. In ihren Grundzügen dargestellt. gr. 8. (VIII und 128 S.) Nordhausen 849, Büchting.** —

-Über den Unterricht in der deutschen Sprache und Litteratur. 22 S. Heidelberg, P 1867

Weber, Geo, die Vergoldungsarbeiten d. Dekorations- u. Schriftenmalers. 8. (34 S.) Leipzig 899. Jüstel & Göttel. n. 2.—

Derselbe. Die Visitation der Schule und die Sitzung des Aufsichtsrats im Juli 1871. S. 7 ff. Heidelberg, P 1871

Derselbe. Welchen Anteil hat die Schule an der Erweckung des vaterländischen Sinnes und Nationalgefühls genommen? S. 3—11. Heidelberg, P 1872

—— allgemeine **W e l t g e s c h i c h t e** mit besond. Berücksicht. des Geistes- und Culturlebens der Völker und mit Benutzung der neueren geschichtl. Forschungen für die gebildeten Stände bearb. 1—4. Bd. gr. 8. Leipzig, Engelmann.

Inhalt:

Bd. 1. Geschichte des Morgenlandes. 2 Hälften. (XII und 788 S.) 857. 1. Hälfte 26½ Ngr., 2. Hälfte 1 Thlr.
„ 2. Geschichte des hellenischen Volkes. 2 Hälften. (X und 890 S. mit 1 lithogr. Plane von Syrakus in qu. 4.) 858,59. à Hälfte 1 Thlr.
„ 3. Römische Geschichte bis zu Ende der Republik und Geschichte der alexandrinisch-hellenischen Welt. 2 Hälften. (X und 915 S.) 860. 61. à Hälfte 1 Thlr.
„ 4. Das römische Kaiserreich, die Völkerwanderung und die neuen Staatenbildungen. 2 Hälften. (VIII und 832 S.) 862. à Hälfte 1 Thlr.

—— dass. — Register zum 1.—4. Bd. I. Geschichte des Alterthums. gr. 8. (186 S.) Ebendas. 865.
1.—4. Bd. Ebendas. 1857—62. 7 Thlr. 26½ Ngr.

—— allgemeine **W e l t g e s c h i c h t e** mit besonderer Berücksichtigung des Geistes- und Culturlebens der Völker und mit Benutzung der neueren geschichtl. Forschungen für die gebildeten Stände bearb. 5.—7. Bd. A. u. d. T.: Geschichte des Mittelalters. 1.—3. Thl. à 2 Hälften. gr. 8. [5. Bd. (XVI und 765 S.) 6. Bd. (VIII und 866 S.) 7. Bd. (X und 918 S. mit 2 Tab. in qu. Fol.)] Leipzig 863—68, Engelmann. à Hälfte 1 Thlr.

—— allgemeine **W e l t g e s c h i c h t e** mit besond. Berücksicht. des Geistes- und Culturlebens der Völker und mit Benutzung der neueren geschichtl. Forschungen für die gebildeten Stände bearb. 8.—11. Bd. und Register 2. Bd. gr. 8. Ebendas.

Inhalt:

Bd. 8. 2 Hälften. Geschichte des Mittelalters. 4. Thl. (VIII, 937 S.) 869,70. à Hälfte M 3.
„ 9. 2 Hälften. Geschichte der Völker und Staaten im Uebergang vom Mittelalter zur Neuzeit. (X, 947 S.) 872. à Hälfte M 3.
„ 10. 2 Hälften. Das Zeitalter der Reformation. (X, 916 S.) 873. à Hälfte M 3.
„ 11. 2 Hälften. Geschichte der Gegenreformation und der Religionskriege. [1. Hälfte. (S. 1—448.) 874. M 3.; 2. Hälfte. (X, S. 449—1043.) 875. M 3.75.]
Register. 2. Bd. (167 S.) M 1,50.
1.—7. Bd. à 2 Hälften mit Register 1. Bd. Ebendas. 1857—68. M 43,15.

—— allgemeine Weltgeschichte mit besonderer Berücksichtigung des Geistes- und Culturlebens der Völker und mit Benutzung der neueren geschichtl. Forschungen für die gebildeten Stände bearb. 12.—14. Bd. und Register zum 9.—12. Bd. gr. 8. Ebendas.

Inhalt:

Bd. 12. Die Zeiten der unbeschränkten Fürstenmacht im 17. und 18. Jahrh. (X, 982 S.) 876. M 6.
„ 13. Das Zeitalter der Reformen und Revolutionen. 2 Hälften. [1. Hälfte. (S. 1—496.) 877. M 3.; 2. Hälfte. (XII, S. 497—1024.) 878. M 3,75.
„ 14. Geschichte des 19. Jahrh. 1. Abthl. 2 Hälften. [1. Hälfte. (S. 1—496.) 877; 2. Hälfte. (X, S. 497—1005.) 877. à M 3.
Register zum 9.—12. Bd. III. Geschichte der neueren Zeit. (148 S.) 877. M 1,50.
1.—11. Bd. und 1. und 2. Register-Bd. Ebendas. 1857—72. M 69,40.

—— allgemeine **W e l t g e s c h i c h t e** mit besond. Berücksicht. des Geistes- und Culturlebens der Völker und mit Benutzung der neueren geschichtl. Forschungen für die gebildeten Stände bearb. 15. (Schluß-)Bd.: Geschichte des 19. Jahrh. 2. Abthl. gr. 8. (XVI, 1279 S.) Ebendas. 880.

—— dass. — Register zum 13.—15. Bd. IV. Geschichte der neuesten Zeit. gr. 8. (136 S.) Ebendas. 880.
compl. 15 Bde. mit 4 Registern Einfach geb. * M 116,65.; eleg. geb.

—— dass. — 2. Aufl., unter Mitwirkung von Fachgelehrten revid. und überarb. (In ca. 100 Lfgn. oder 15 Bdn.) 1.—57. Lfg. oder 1.—8. Bd. gr. 8. Ebendas. à Lfg. M 1.

Inhalt:

Bd. 1. Geschichte des Morgenlandes. (XXIV, 854 S.) 882. M 7.
„ 2. Geschichte des hellenischen Volkes. (XVI, 939 S.) 882. M 7,50.
„ 3. Römische Geschichte bis zu Ende der Republik und Geschichte der alexandrinisch-hellenischen Welt. (XVI, 965 S.) 883. M 7,50.
„ 4. Geschichte des römischen Kaiserreichs, der Völkerwanderung und der neuen Staatenbildungen. (XIV, 864 S.) 883. M 7.
„ 5. Geschichte des Mittelalters. 1. Thl. (IX, 765 S.) 883. * M 6.
„ 6. —— dass. — 2. Thl. (X, 825 S.) 884. M 7.
„ 7. —— dass. — 3. Thl. (X, 914 S. mit 2 genealog. Tab.) 884. M 7,50.
„ 8. —— dass. — 4. Thl. (X, 919 S.) 835. M 7,50.

—— dass. — Register zum 1.—4. Bd. gr. 8. (189 S.) Ebendas. 883.
—— dass. — Register zum 5.—8. Bd. gr. 8. (173 S.) Ebendas. 885.

— dasselbe. Register [I.] zum 1—4. Bd.: Geschichte der alten Zeit. gr. 8. (189 S.) Ebend. 884. 1. 50; einf. Einbd. n.n. 1. —; eleg. Einbd. n.n. 1. 50

—— allgemeine **W e l t g e s c h i c h t e.** 2. Aufl. unter Mitwirkung von Fachgelehrten revid. und überarbeitet. In 15 Bdn. 58.—105. Lfg. oder 9.—14. Bd. gr. 8. Leipzig, Engelmann. à Lfg. * M 1.—. *

Inhalt:

Bd. 9. Geschichte der Völker und Staaten im Uebergang vom Mittelalter zur Neuzeit. (X, 926 S.) 885. * M 7.50.
„ 10. Das Zeitalter der Reformation. (X, 920 S.) 886. * M 8.—.
„ 11. Geschichte der Gegenreformation und der Religionskriege. (X, 1022 S.) 886. * M 9.—.
„ 12. Die Zeit der unumschränkten Fürstenmacht im 17. und 18. Jahrh. (X, 934 S.) 887. * M 7.50.
„ 13. Das Zeitalter der Reformen und Revolutionen. (XII, 988 S.) 888. * M 8.—.
„ 14. Geschichte des 19. Jahrh. 1. Abthl. (X, 959 S.) 888. * M 8.—.
1.—57. Lfg. oder 1.—8. Bd. Ebendas. 1882—85. * M 57.—.

W e b e r, Geo., allgemeine **W e l t g e s c h i c h t e.** Register III. zu Bd. 9—12. Geschichte der neueren Zeit. gr. 8. (149 S.) Ebendas. 887. *
Register I. und II. Ebendas. 1883,85. à Reg. * M 1.50.

W e b e r, Geo. Allgemeine Weltgeschichte. 2. Aufl., unter Mitwirkg. v. Fachgelehrten revid. u. überarb. 106.—117. Lfg. od. 15. (Schluß-)Bd. in 2 Tln. gr. 8. Lpz. 889, W. Engelmann.
à Lfg. * 1 —; à Tl. * 6 —; * 12 —
15. Bd. 1. Geschichte d. neunzehnten Jahrhunderts. 2. Abtl.: Von der Pariser Julirevolution bis zu den Revolutionsbeweggn. der J. 1848—1851. Kultur- u. Geistesleben der neueren Zeit. (X, 742 S.)
2. —— dass. — 3. Abtl.: Von der Errichtung d. zweiten französ. Kaisertums bis zur neuesten Zeitgeschichte. (XII, 700 S.)

— dasselbe. Register IV., zum 13.—15. Bd. Geschichte der neuesten Zeit. gr. 8. (147 S.) Ebd. 890. 1. 50; geb. einfach n.n. 2. 50; elegant n.n. 3. — (cplt. 15 Bde. m. 4 Registern: 123. —)

—— die Weltgeschichte in übersichtl. Darstellung. Ein Lehrbuch für mittlere Gymnasialklassen; für höhere Bürger- und Realschulen; für Töchterschulen und Privatanstalten. gr. 8. (XXVI und 387 S.) Leipzig 851, W. Engelmann.

—— die Weltgeschichte in übersichtlicher Darstellung. Ein Lehrbuch für mittlere Gymnasialklassen; für höhere Bürger- und Realschulen; für Töchterschulen und Privatanstalten. gr. 8. (XXIV und 384 S.) Leipzig 853, Engelmann.

—— dass. — 4., verb. Aufl. gr. 8. (XXIV und 413 S.) Ebds. 856.

—— die Weltgeschichte in übersichtlicher Darstellung. Ein Lehrbuch für mittlere Gymnasialklassen; für höhere Bürger- und Realschulen; für Töchterschulen und Privatanstalten. 5., verb. Aufl. gr. 8. (XXIV und 400 S.) Leipzig 858, Engelmann.

—— die Weltgeschichte in übersichtlicher Darstellung. 6.—11., verb. und weiter geführte Aufl. gr. 8. (XXVI und 458 S.) Leipzig 860—68, Engelmann.

—— die Weltgeschichte in übersichtlicher Darstellung. 12.—15. verb. und weitergeführte Aufl. gr. 8. (XXVIII, 500 S.) Ebendas. 868—72.

—— die Weltgeschichte in übersichtlicher Darstellung. 16. revid. und bis zur Gegenwart fortgeführte Aufl. gr. 8. (III, 554 S.) Ebendas. 878.

—— die Weltgeschichte in übersichtlicher Darstellung. 18. Aufl. Durchgängig revid., verb. und vervollständigt. Mit einem Namen- und Sachregister. gr. 8. (XXX, 610 S.) Ebendas. 882. *ℳ 3.; geb. *

—— die Weltgeschichte in übersichtlicher Darstellung. 19. Aufl., durchgängig revid., verb. und vervollständigt. Mit einem Namen- und Sachregister. gr. 8. (XXX, 614 S.) Ebendas. 885. *ℳ 3.—; geb. **

— Weltgeschichte in übersichtlicher Darstellung. 20. Aufl. Nach d. Verf. Tode durchgesehen u. vervollständigt v. seinem Sohne Frdr. Weber. Mit e. Namen- u. Sachregister. gr. 8. (XXVI, 610 S.) Ebd. 889. n. 3. —; geb. n.n. 3. 70

— Weltgeschichte in übersichtlicher Darstellung. 21. Aufl., vollständig neu bearb. v. Otto Langer. gr. 8. (XI, 691 S.) Ebd. 903. n. 4. —; geb n. 4. 80

— Weltgeschichte in übersichtlicher Darstellung. 21. Aufl., 2. Abdr. (4.—6. Taus.), vollständig neu bearb. v. Otto Langer. (XI, 691 S.) Lex.-8. Ebd. 906. n. 4. —; geb. n. 4. 80

— Weltgeschichte in übersichtlicher Darstellung. 22. Aufl., bis auf die Gegenwart fortgeführt v. Otto Langer. (XI, 688 S.) gr. 8. Ebd. 908. 4.40; geb. 5. 40

Dr. Georg Weber. Wie kann der geographische Unterricht zur Erwerbung der vaterländischen Gesinnung in der deutschen Jugend angewendet werden? S. 5—14. Heidelberg, P 1854

Derselbe. Wie kann der Geschichtsunterricht zur Erweckung vaterländischer Gesinnung in der deutschen Jugend angewendet werden? S. 5—14. Heidelberg, P 1855

Weber, Georg, Unsere Wohnräume, deren decorative Ausschmückung, Reinigg. u. Conservirg. Praktische Anleitg. zur Reinigg. u. Conservirg. der Leim- u. Oelfarben-Malereien, Lackirgn. u. Anstriche, der Tapeten, Figuren, Oelgemälde, Bilderrahmen, polirter u. antiker Möbel 2c. 2c. 8. (34 S.) Lpz. 892, Jüstel u. Göttel. * 1 —

Weber, Georg: Einige W o r t e über Lehrer, Lehrart und Lehrgegenstände; zunächst in Beziehung auf die neu errichteten lateinischen Schulen in Rheinbayern. Eine Schulrede, geh. . . . am 11. Aug. 1836. Bergzabern: Jülich 1836. (Druck v. Rost in Zweibrücken.) – S. 3–20 in 8°
Progr. Bergzabern.

—— einige Worte üb. Lehrer, Lehrart u. Lehrgegenstände, zunächst in Beziehung auf d. neuerrichteten Schulen in Rheinbayern. Eine Schulrede 2c. geh. am 11. Aug. 1836. 8. (20 S.) Speyer, (Neidhard's Buchh.) *

Weber, G.: Das Zeitalter der unbeschränkten Fürstenmacht im 17. und 18. Jahrhundert. Leipzig 1876. 982 S. (Weber, G.: Allg. Weltgeschichte. 12.)

Weber, G.: Das Zeitalter der Reformation. Leipzig 1873. 916 S. (Weber, G.: Allg. Weltgeschichte. 10.)

—— Über Ziel und Aufgabe der bürgerlichen Jugenderziehung. S. 7—18 des Jahresberichts. Heidelberg, P 1857

–Ziele und Hemmnisse. S. 7—16. Heidelberg, P 1859

(W e b e r, G[eorg].) Zivilisation und Kanalisation. Demokritisches Quodlibet eines Zürcherischen Weltbürgers. 8. Zürich 1871.

–Unsere Zwecke und Lehrmittel. Schulrede. S. 7—18 des Jahresberichts. Heidelberg, P 1863

Weber, Georg Adolf

Georgius Adolphus Weber: De Angina membranacea et de asthmate Millari. Berolini (1826): Feister & Eisersdorff. 57 S. 8°
Berlin, Med. Diss. v. 17. Aug. 1826

Weber, Geo. Adv., systemat. Darstellung d. antipsor. Arzneimittel in ihren reinen Wirkungen. Nach S. Hahnemann's Werke: Ueber d. chron. Krankheiten, ihre eigenthüml. Natur u. homöopath. Heilung, bearb. gr. 8. (35½ B.) Braunschweig 830, Vieweg.

—— dass. — Supplementbd. gr. 8. (16¼ B.) Ebds. 831.

—— dass. — alphabet. Inhalts-Verzeichniß d. systemat. Darstellung d. antipsor. Arzneimittel 2c. gr. 8. (2 B.) Ebds. 834.

Weber, Georg Adolph: Systematische Darstellung der reinen Arzneiwirkungen aller bisher geprüften Mittel. Mit e. Vorw. von Samuel H a h n e m a n n. Braunschweig 1831. VIII, 103 S.

—— systemat. Darstellung d. reinen Arzneiwirkungen aller bisher geprüften Mittel. Mit e. Vorw. v. Sam. Hahnemann. (5 Lfgn.) Mit e. vollständ. Repertorium. Schmal gr. 4. (151¼ B.) Braunschweig 834, Vieweg.

Weber, G. A., der Milzbrand, eine unt. d. Rindviehe, d. Pferden u. Schweinen häufig herrsch. Seuche u. deren sicherstes Heilmittel. gr. 8. (8 B.) Leipzig 836, Reclam sen.

Weber, G[eorg] A[d.]: Der Milzbrand, eine unter dem Rindviehe, den Pferden und Schweinen häufig herrschende Seuche und deren sicherstes Heilmittel. Leipzig 1836. XIV, 114 S.

—— offenes Sendschreiben an d. Kreisthierarzt Prof. Dr. Vix in Gießen, veranlaßt durch dess. Recens. meiner 1836 hrsg. Schrift: der Milzbrand 2c. gr. 8. (1⅛ B.) Leipzig 837, C. H. Reclam sen.

Weber, Georg Anton, s. Weber, Anton

Weber, Georg Christoph (Böblingen) A.S. 1319/45

Dissertatio philosophica de divina rerum creatarum conservatione. Präs. Gottfried Hoffmann. Tübingen (Franck) (6.) VIII. 1715. 20 S.

W. v.: Präs. 35875

Weber, Georg Er.

(—) Briefe an Hrn. Prof. Herwig zu Würzburg, seine Religionsänderung betreffend. 8. (Nürnb.) 772.

Weber, Geo. Er., († d. 23. Sept. 1791.) der kleine Katechismus Dr. M. Luthers auf eine solche Art eingerichtet, daß sowohl die einfältigen, als auch die fähigsten Kinder zum leichten u. gründl. Verstand d. christl. Lehre angeführt werden können. 8. Altd. 799.

Weber, Georg Fr.

— de benedictione tertia muneris Christi sacerdotalis parte. 4. Leipz. 751.

Weber, Geo. Fr., († d. 17. Febr. 1794.) Beweis, daß das Segnen Christi nicht zu seinem Amte gehöre. 8. (Leipz.) 762. Junius. 3 gr

— de voce πληρο῀υν. 4. Leipz. 751.

Weber, Georg Frid. Mau[ritius] (geb. Frankenstein in Schles. 11. 12. 1839) De cholelithiasi. Berolini (1861). (32 S.) 8°
Berlin, Med. Diss. v. 1. Aug. 1861

Weber, Georg Friedrich

Grundzüge der Consumtionskrankheiten des Lungenorgans oder der Lungenschwindsuchten und ihrer Behandlung. Ein pathologisch- therapeutischer Versuch. Von G[eorg] F[riedrich] Weber. Gießen: Heyer 1823. 171 S. 8°

Weber, Geo. Frdr., das demokratische, soziale deutsche Kaisertum. (16 S.) 8. Berlin 909. Herm. Walther. — 50

Weber, Georg Friedrich (Hildburghausen) A.S. 741/11

Lites textorum mechanicae, Weber=Irrungen. Präs. Adrian Beier. Jena (Werther) V. 1702. 36 S. 35876

Weber, Georg Friedrich (Reichelsheim)
Thesen aus der gesammten Heilkunde, welche den 7.8.1819 zur Erlangung der Doctorwürde in der Medicin, Chirurgie und Geburtshülfe öffentlich vertheidigen wird Georg Friedrich Weber, aus Reichelsheim.
Giessen: Schröder 1819. 8 S. vorh. 7.
Dr. med. 7.8.1819.

Weber, Georg Gottlieb

Weber, Geo. Gli., († d. 18. Febr. 1801.) Apologie des neuen Systems vom Original der Augsburgischen Confession gegen Panzer'schen Zweifel. 8. Frankf. a. M. 785. Varrentrapp. 8 gr

— kritische Geschichte d. Augsburg. Confession aus archival. Nachrichten, nebst einigen diplomat. Zeichnungen. 2 Thle. gr. 8. Frankf. a. M. 784, 85. Varrentrapp. 3 rthl 12 gr

— Augsburg. Confession nach d. Urschrift im Reichsarchiv. gr. 8. Weimar 781. Hoffmann. 12 gr

— Versuch einer Geschichte d. Herzogl. Waisenanstalt in Weimar. 8. Weimar 795.

Weber, Georg Heinrich

Unserm Weber . . . [Glückwunschgedicht auf Georg Heinrich Weber, Prof. d. Medizin, 24. Nov. 1798.] — Kiel (1798): Mohr. 2 Bl. 4°

Q.B.F.F.Q.S. Auctoritate summisque . . . [Ehrendiplom zum 50jährigen Doktorjubiläum für Georg Heinrich Weber, Prof. der Medizin in Kiel, am 17. Sept. 1824.] — [Kiel 1824.] 1 Bl. 47 × 59 cm

Viro doctissimo . . . Georgio Henrico Weber . . . [Glückwunsch zum 50jährigen Doktorjubiläum Georg Heinrich Webers, Prof. d. Medizin in Kiel, dargebracht von seinen Freunden und Schülern am 17. Sept. 1824.] — (Kiliae: 1824.) 1 Bl. 51 × 61 cm

Viro venerabili clarissimo doctissimo . . . [Glückwunschgedicht der Universität Kiel zum 50jähr. Doktorjubiläum auf Georg Heinrich Weber, Prof. d. Medizin, 17. Sept. 1824.] — Kiliae (1824): Mohr. 2 Bl. 4°

Dem Jubelgreise Georg Heinrich Weber [Glückwunschgedicht auf Georg Heinrich Weber, Universitätsprofessor in Kiel, zum 50jähr. Doktorjubiläum 1824 oder zum 50jähr. Amtsjubiläum 1827.] — [Kiel 1824 od. 1827.] 2 Bl. 8° [Kopft.]

Weber, Georg Heinrich, s. Abhandlung von der Venusseuche.

Weber, Geo. Hnr., vollständ. Auszüge aus den neuesten Dissertationen über die Naturlehre. 2 Bde. 8. Bremen 775, 76. Cramer. 1 rthl 8 gr

Weber, G. H., Ballübungen. Ein Beitrag zu d. Leitfaden f. das Turnen der Volksschule. 8. (31 S.) München 877. Exped. des kgl. Zentral-Schulbüchervorl. n.n. — 40; geb. n.n. — 70

Centralturnlehrerbildungsanstalt, kgl., in München. — Die ersten 7 Jahre. Bericht über d. bisherige Thätigkeit der —. Erstattet von ihrem Vorstande *G. H. Weber.* München 1879. Druck von R. Oldenbourg. Gr. 8°. Cart.
39 S. Lat. Lett.

— einige Erfahrr. über die Behandl. d. Ruhrepidemie. 8. Kiel 789. Hesse. 3 gr

Einige Erfahrungen über die Behandlung der jetzigen Ruhr-Epidemie vom [Georg Heinrich] Weber. Kiel: Neue akadem. Buchh. 1798. 32 S. 8°

— Kurze Geschichte der hiesigen Krankenanstalt, als 13. Nachricht von dem Zustande derselben. Kiel. 1804.

—— Grundzüge des Turnunterrichtes für Knaben und Mädchen in Volks- und Mittelschulen. Ein Hilfs- und Handbuch für Schulbehörden, Lehrer und Turnlehrer. 1. Thl., 2. Thl. 1. Hälfte und 3. Thl. 8. München, kgl. Central-Schulbücher-Verlag. ** M 4.; geb. **

Inhalt:
1. Thl. 1. Methodik. (III, 83 S.) 877. ** M 1.; geb. ** M 1,35.
» 2. Unterrichtspläne für das Turnen der Knaben und Mädchen. 1. Hälfte: Volksschule. 878. (VI, 184 S.) ** M 2.; geb. ** M 2,50.
» 3. Geschichte des Schulturnens in Bayern. (91 S.) 878. ** M 1.; geb. ** M 1,35.
2. Thl. 2. Hälfte ist noch nicht erschienen.

Weber, G. H., Grundzüge des Turnunterrichts für Knaben und Mädchen in Volks- und Mittelschulen. Ein Hilfs- und Handbuch für Schulbehörden, Lehrer und Turnlehrer. 1. Tl.: Methodik. 2. vollständ. umgearb. und verm. Aufl. 8. (VII, 120 S.) München 881, Exped. des k. Zentral-Schulbücherverlags.

Weber, G. H., Grundzüge d. Turnunterrichts f. Knaben u. Mädchen in Volks- u. Mittelschulen. Ein Hilfs- u. Handbuch f. Schulbehörden, Lehrer u. Turnlehrer. I. Tl.: Methodik. 3., durchgeseh. Aufl. 8. (VII, 122 S.) München 887. Oldenbourg, Abteilg. f. Schulbücher. geb. n.n. 1.85

Weber, G. H., Grundzüge des Turnunterrichts f. Knaben u. Mädchen in Volks- u. Mittelschulen. Ein Hilfs- u. Handbuch für Schulbehörden, Lehrer u. Turnlehrer. 1. Tl. Methodik des Turnunterrichts. 4., umgearb. Aufl. (XII, 159 S.) kl. 8. München 906. R. Oldenbourg. Geb. n.n. 1.85.

— Frühlings-Heerfahrt. Ein Maifestspiel mit Gesang und Turnreigen für Knaben und Mädchen. gr. 16. (62 S.) München 878. Th. Ackermann. *

Weber, G. H.: Eine ernste Mahnung. Wien 1886. 6 S. Aus: Zeitschr. f. d. österr. Turnwesen. Jg. 2. 1886. H. 1.

Weber, G. H.: Methodik des Turnunterrichts für Knaben und Mädchen in Volks- u. Mittelschulen. München 1877. 83 S. (Grundzüge des Turnunterrichts. 1.)
— — 2. Aufl. 1881. 120 S.
— — 4. Aufl. 1906. 159 S.

WEBER, [GEO. HEINR.], Nachricht von dem hieselbst errichteten klinischen Institute zum Besten der Armen. (Kiel. 1785). P. U. Titelbl.

— 5. Nachricht von dem Zustande des klinischen Instituts und der jetzt erweiterten Krankenanstalt überhaupt. Kiel. 1791. — 6—12. Nachricht. Sm. St. 1792—98. (med C. A. Tamsen).

Primitiae Florae Holsaticae [Georgii Henrici Weberi] quas praeside D. Joh. Christiano Kerstens pro summis in medicina honoribus publice defendet auctor Fridericus Henricus Wiggers. Kiliae. 1780. 8°
[Der wirkliche Verfasser ist Georg Heinrich Weber.]

Weber, G. H., Reigen f. Mädchen u. Knaben in Volks- u. Mittelschulen. gr. 8. (VIII, 124 S.) München 886. Oldenbourg. n.n. 1.80

— spicilegium florae Gottingensis plantas cryptogamicas silvarum inprimis Hercyniarum illustrans. Mit illum. Kpfrn. gr. 8. Gotha 778. Ettinger. 3 ₰

WEBER, Georg Henr.: Spicilegium florae Goettingensis, plantas cryptogamicas silvarum inprimis Hercyniarum illustrans. - Gothae 1778. 288 S., Reg., 3 Abb.

Weber, G. H., Münchner Spielbuch f. Knaben- wie Mädchen-, Volks- u. Mittelschulen. (XI, 185 S.) 8. München 907. R. Oldenbourg. Geb. 2.—

Weber, Georg Heinrich: Supplementum Florae Holsaticae. Kilonii. 1787. 8°

Weber, G. H., Der Turnunterricht und die Reform der Mittelschulen in Bayern, Hof 1891, 8 S., 8°.

Weber, G. H.: Unterrichtspläne für das Turnen der Knaben und Mädchen in der Volksschule. München 1878. 184 S. (Grundzüge des Turnunterrichts. 2, 1.)

Weber, Ge. Henr., Diss. de viribus plantarum cryptogamicarum med. 32 pp. Kil. 4°. *Tode,* Bibl. I. 3 p. 174 (Islandicus in tussi convulsiva). 1775.

Weber, Georg Ludwig

Weber, (Pfarrer) Geo. Ldw., Entwurf e. geograph. Beschreib. des Königreichs Westphalen. 8. Eisenach 808. Wittekind. 4 gr.

Weber, G. Ludw., Versuch einer geographischen Beschreib. d. Königreichs Westphalen. 8. Eisenach, Wittekind. 808.

Weber, Georg Michael

Weber, Geo. Mich., Abschiedspredigt zu München d. 8. Oct. 1809 in d. evangel. Hof- u. Stadtkirche. gr. 8. Sulzb. 810. v. Seidel. 3 gr.

Weber, Georg Michael, s. Aletheios.

WEBER, G. Mch.: Ueb. d. Appellat. in Criminalsachen. *Bamb.*, Göbhard. 805. 8. (12 Gr.)

v. Weber, Ritter Geo. Michael, über d. Appellation in Criminalsachen. gr. 8. Bamb. 805. (Wesché in Frankf.) 12 gr.

(Weber, Geo. Mich. v.,) † (Antibarbaro Labienus,) höchstwicht. Beyträge zur Geschichte d. neuesten Literatur in Deutschland, s. Beiträge rc.

Weber, G. M., die hundert Beschwerden d. gesammten deutschen Nation, dem röm. Stuhle übergeben im J. 1523, ihrer Wichtigkeit wegen in Erinnerung gebracht u. mit Anmerkn. begleit. 8. (13 B.) Erlangen 829, Palm u. Enke.

Weber, Georg Michael, s. W. L. Brown: Versuch.

Weber, Geo. Mich. Ritter v. (Dr. phil. et jur., ehemal. Prof. d. R., Präsident d. Appellat.-Gerichts von Schwaben u. Neuburg). Darstellung d. *sämmtlichen Provinzial- u. Statutar-Rechte des Königreichs Bayern,* mit Ausschluss des gemeinen, preussischen u. französischen Rechts, nebst den allgemeinen, dieselben abändernden, neueren Gesetzen. 5 Bde. (in 6 voll.). (Bd. 3 u. 4 in 2 Abth.) Augsburg, Kollmann, 1838—44. Gr. 8°. Saub. Hlbpgmtbde. m. Schwarzdruck-Tit., schönes Expl.
Dem Könige Ludwig I. gewidmet.

Weber, G. M., Darstellung d. sämmtl. Provinzial- u. Statuten-Rechte d. Königr. Bayern, mit Ausschluß d. gemeinen, preuß. u. franz. Rechts, nebst d. allgem., dieselb. abändernden Gesetzen. 1—3. Bd. 1—3. Lfg. gr. 8. (..B.) Augsburg 838—40, Kollmann'sche Buchh. Thlr. *
Bd. 1. Oberfranken. 4 Lfgn. * 3 Thlr. 6 Gr.
„ 2. Mittelfranken. 4 Lfgn. * 3 Thlr.
„ 3. Schwaben u. Neuburg. 1—3. Lfg. * 2 Thlr. 16 Gr.

Weber, Geo. Mich. v., Darstellung der sämmtl. Provinzial- u. Statutar-Rechte des Königr. Bayern, mit Ausschluß des gemeinen, preuß. u. französ. Rechts, nebst den allgemeinen, dieselben abändernden, neueren Gesetzen. 15. u. 16. Lfg., enthaltend des 3. Bandes Unterfranken u. Aschaffenburg. gr. 8. (Bog. 34—75., Ttl. zum 2. Bde. u. Vorrede.) Augsburg 843, 44, Kollmann'sche Buchh. *

— dass. 17. Lfg., enthaltend: den 5. (letzten) Bd. (die Rechte von Regensburg, Salzburg, Erbach, Solms, Mergentheim, Münchner Stadtrecht, nebst Zusätzen zu dem Eichstädtischen u. Rettenberg. Rechte) vollständig. gr. 8. (32 B.) Ebds. 844. *
Ladenpreis des vollständ. Werkes. * 19 Thlr. 25 Ngr.

v. Weber, Geo. Mich., Darstellung der sämmtl. Provinzial- u. Statutar-Rechte des Königreichs Bayern, mit Ausschluß des gemeinen, preuß. u. französ. Rechts, nebst d. allgemeinen, dieselben abändernden, neueren Gesetzen. 15.—17. (letzte) Liefg. gr. 8. Augsburg 843—45, Kollmann. n. 3 5/6 ₰ — compl. Ladenpr. n. 19 5/6 ₰

Weber, G. M. Ritter v., Darstellung d. sämmtl. Provinzial- u. Statutar-Rechte d. Kgrs. Bayern etc. Bd. 5 (letzter). Augsburg 1844. Gr. 8°. Hfrzbd. VI—504 S. Enth. u. a. das „Munchener Stadtrecht".

Weber, Georg Michael (Bamberg) U. S. Bamberg 1793, 1

De decimis novalibus dissertatio.
Präs. Elias Adam von Reider.
Bamberg (Klietsch) 16. III. 1793. 51 S.

35877

— über die Einführung der Wildsteuer. 8. Nürnb. 794. (Eichhorn). 5 ℋ Nachtrag hierzu. 8. Ebd. 798. (Ebd.) 10 ℋ

Weber, G. Mch.: „Ueber die Einführung der Wildsteuer", Nürnberg 1794 (Grattenauer). — Derselbe: „Nachtrag zur Abhandlung über die Einführung der Wildsteuer", ebenda 1798.

Weber, Georg Michael, s. W. Godwin: Untersuchung.

— Grundsätze des Bambergischen Landrechts, nebst einer Parallele d. würzburgischen Rechts. 3 Bde. gr. 8. Bamberg, Göbhard. 805—6.

Weber, G. Mch.: Grundsätze d. Bamberg. Landrechts; nebst e. Parellele d. Würzburg. Rechts u. sämmtl. Provinzial-Rechte d. königl. baier. Staaten. *Bamberg u. Würzburg*. Göbhard. (Wesché in *Frankfurt*.) (807. 8.) 814. gr. 8. (9 Thl. 8 Gr.)

Weber, Georg Michael, Grundsätze des Bambergischen Landrechts, 2te Ausg. gr. 8. Bamb. Göbhardt. 814 u. 15.

Weber, Ge. Mich.: Handbuch des in Deutschland üblichen Lehenrechts nach den Grundsätzen Ge. Ludw. Böhmer's. Th. 1—4. Leipzig 1807—11.

— Handbuch des in Deutschland üblichen Lehnrechts, nach G. L. Böhmers Grundsätzen. 4 Thle. Mit Register. gr. 8. Leipz. 807—18. Weidmann. 9 ℛ 16 ℋ Schrbp. 11 ℛ 10 ℋ

—— neue allgem. Kirchen-Zeitung, s. Kirchen-Zeitung.

Weber, Ritter Geo. Mich. v., Ueber das Baierische Credit- und Schuldenwesen, die Einführung der Hypothekenbücher, den Concoursprocess u. das Executionsverfahren, mit Rücksicht auf das österr., französ. u. preuss. Recht. gr. 8⁰. Sulzbach, v. Seidel, 1819.

Weber, G. Mch.: Ueber d. baier. Credit- u. Schuldenwesen, d. Einführ. d. Hypotheken-Bücher, d. Concursprocesses, d. Exec.-Verfahren, m. Rücks. auf d. österreich., franz. u. preuss. Recht. *Sulzb.*, v. Seidel. 820. gr. 8. (1 Thl. 8 Gr.)

Weber, Georg Michael, s. J. R. Mac-Culloch: Grunsätze.

— von d. Nothwendigkeit einer Samml. vaterländ. Recesse. 8. Bamb. 795.

v. Weber, Geo. Mich.: Vom Nutzen u. der Anordnung einer Sammlung vaterländischer Verordnungen. *Bamb.* 794. 8.

Weber, G. M. (k. Districts-Schulen-Insp. u. Pfarrer), Predigt auf das *25jähr. Regierungs-Jubelfest Sr. Majest. d. Königs Maximilian Joseph's von Baiern*, am 16. Febr. 1824, über Psalm 21, 2—8, gehalten in der protest. Pfarrkirche zu Dornhausen (Dorf in Mittelfranken). Weissenburg (o. A. d. V. u. D.) 1824. 8⁰. Cart. m. Goldschn.
24 S. Dem k. b. Staatsrath, General-Commiss. u. Reg.-Präsidenten d. Rezatkreises, Grafen v. Drechsel, gewidmet.

— über d. Repartition d. Kriegsschäden, in jurist. Hinsicht, nebst einer krit. Darstellung aller bisher gemachten Vorschläge. gr. 8. Würzb. 798. Köl. (Hahn in Hannov.) 1 ℛ 22 ℋ

Weber, G. M.: Ueber die Repartition der Kriegsschäden, in juristischer u. kameralistischer Hins. Würzburg 1798.

— Neue Ausg. Hannover 1808.

Weber, G. M.: „Ueber die Repartition der Kriegsschäden, in cameralistischer und juristischer Hinsicht; nebst einer kritischen Darstellung aller bisher gemachten Vorschläge", Würzburg 1798 (Köl). — 3. unver. Auflage ebenda 1809.

— religiöse Vorträge zum Theil bei besondern Veranlassungen u. an Sonn- u. Festtagen gehalten. gr. 8. Sulzb. 810. v. Seidel. 1 ℛ 8 ℋ

Weber, Gerhard F., a. Hamburg, Rechtsanwalt in Hamburg: Das Widerrufsrecht des Versenders beim Speditionsvertrage. Borna-Leipzig 1908: R. Noske. (VI, 46 S.) 8° [J.]
Erlangen, Jur. Fak., Ref. Sehling, Diss. v. 29. Febr. 1908
[Geb. 30. Juli 81 Hamburg; Wohnort: Hamburg; Staatsangeh.: Hamburg; Vorbildung: Wilhelms-Gymn. Hamburg Reife M. 00; Studium: Kiel 2, München 2, Kiel 2 S.; Rig. 8. Febr. 08.]

Weber, Gertrud, Corisande v. Mauléon, s.: Salvandy, N. H. Graf v.

Weber, Gertr., s.: Fortbildung, die, der Lehrerin.

Weber, Gottfried

Aufmunterung! Ein Rundgesang von J[oh.] J[ak.] Ihlée, in Musik gesetzt von Gottfr. **Weber**. Mainz: Schott o. J. 2 Bl. 8⁰ [Lithogr.] [Umschlagtit.]
Für Gesang u. Horn mit Noten: „Flüchtig entschwindet das Leben ihr Brüder!"
155. 358.

Weber, Gtfr., Betrachtungen I. üb. das System, die Natur u. die Behandlungsart d. Disciplinarsachen (discipline judiciaire) — nach franz. Verfassung; mit beigefügten II. Bemerkungen üb. d. Frage: Welche Veränderungen hat d. franz. System durch d. Großh. Hess. Gesetze u. Verordnungen, u. insbesond. durch d. pragmat. Edict üb. d. Staatsdienst, v. 12. Apr. 1820, erlitten? gr. 8. (3½ B.) Mainz 830, Stenz.
Aus dem „Archiv merkwürd. Rechtsfälle" besond. abgedruckt.

——, Cäcilia, s. Cäcilia.

Weber, Gottfr., die bevorstehenden großen Ereignisse des Herbstes 1850, s. Ereignisse.

[Weber, Gottfr.] Ergebnisse der bisherigen Forschungen über die Echtheit des Mozartschen Requiem. — Weitere Ergebnisse der weiteren Forschungen über die Echtheit des Mozart'schen Requiem. (S.-A. aus dem 11., 22., 23. Hefte der Cäcilia.) Mainz 1826. 1827.

Fest-Cantate von Gottfr. **Weber**. Aufgeführt am 23. Julius 1842. o. O. [1842]. 2 Bl. 8⁰ [Kopftit.]
Ohne Noten: „Heil, Heil, in unsres Tempels Hallen . . ."
65.

Weber, Gottfried (Köthen) A. S. 1115/31

Dissertatio medica de fluore albo mulierum.
Präs. Adam Brendel.
Wittenberg (Goderitsch) 7. V. 1701. 44 S.

Gew.: Heinrich Linck.
W. v.: C. Warlitz, Präs., Jo. Heinrich Salmuth.
35878

—— die Generalbaßlehre zum Selbstunterr. gr. 8. (4½ B. u. 4 Notentaf. incl. 3 qu. gr. Fol.) Mainz 833, Schott's Söhne.
Aus dess. „Versuch e. geord. Theorie d. Tonsetzkunst, Bd. 4." besond. abgedruckt u. mit Zusätzen vermehrt.

—— pragmat. Geschichte der Verhandln. d. Landstände d. Großh. Hessen im J. 1827 üb. d. proponirte neue Stadt- u. Landgerichtsordn. u. die damit in Verbindung stehenden weitern Gesetze nach officiellen Quellen dargest. gr. 8. (12 B.) Darmstadt 828, Leske.

Weber, Gfr., dem Herzen das Herz. Neuester und vollständigster Briefsteller für Liebende. Sammlung von Musterbriefen für Liebende beiderlei Geschlechts, anwendbar für alle Verhältnisse rc. Coblenz 854. Reiff. 16. (80 S.) 6 ngr.

[Lied.] An die gel. besuchenden Br.·. Br.·. vom Br. [Joh. Jak.] Ihlée in Musick [!] gesetzt von Gottfr. **Weber** der □.·. zu den vereinigten Freunden im Or.·. zu Mainz gewidmet von dem Verleger. Mainz: Schott's S. o. J. 2 Bl. 8⁰ [Lithogr.] [Umschlagtit.]
Für Gesang u. Guitarre mit Noten: „Traute Brüder aus der Ferne, . . ." 430.

Weber, (Gottfr.,) allgemeine Musiklehre für Lehrer u. Lernende. gr. 8. Darmst. 822, Leske.

—— allgem. Musiklehre zum Selbstunterr. f. Lehrer u. Lernende, in 4 Vorkapiteln. 3., neu überarbeit. Aufl. Verm. mit e. Erklär. aller in Musikalien vorkomm. italiän. Kunstwörter. gr. 8. (12¾ B. u. 2 Musikbeil. qu. gr. Fol.) Mainz 831, Schott's Söhne.

Weber, Gottfr.: Nachlese über das öffentliche u. mündliche Gerichtsverfahren: für u. wider dasselbe. Darmstadt 1818.

Weber, Ritter Gf., Nachlese über d. mündliche u. öffentliche Gerichtsverfahren, für u. wider dasselbe. 8. Darmst. 819. Leske. 8 gr.

Neujahrs-Feuer von K[arl] C[hristian] Tenner. Mit Musik von G[ottfr.] **Weber.** o. O. 1824. 2 Bl. 8⁰ [Umschlagtit.]
Kantate ohne Noten: „O seht, wie schön die Freude winkt!" 140.

Schwesternlied. Zur Feier des Johannisfestes 5817. Seinen BB.·. und Mitarbeitern im wiedererbauten Tempel der Bruderliebe am O.·. von Worms, gewidmet von ihrem treuen G[ottlob] L[orenz] Schneidler. [Komp. von Gottfr. **Weber.**] Worms [1817]: Kranzbühler. 7 S. 8⁰ [Umschlagtit.]
Tt. 2586. Ohne Noten: „Wohl kömmt des Guten viel herab . . ." 439.

Weber, Gottfried, s. Stöpel, F.: Grundzüge . . .

— über chronometrische Tempobezeichnung, nebst Vergleichungstafel der Grade des Mälzelschen Metronoms mit einfachen Pendellängen. Mainz 817.

— Theorie der Tonsetzkunst. 3 Bde. gr. 8. Mainz, (Kupferberg.) 817—821. (1r Thl. 2 Thlr. 2 Gr. 2r Thl. 2 Thlr. 2 Gr. 3r 3 Thlr.)

— Versuch einer geordneten Theorie d. Tonsetzkunst, zum Selbstunterricht. gr. 8. Mainz 817—21. 2e umgearb. Aufl. 4 Bde. Mit des Verf. Bildn. u. 65 Notent. gr. 8. Mainz 824. Schott's Söhne. 8 rß 3e Aufl. in 5 Lieferr. Mit Musikbeill. u. Bildn. gr. 8. Ebd. 831, 32. 6 rß

— zu Obig. 2n Aufl.: Alphabet. Wort- u. Sachregister von M. K. gr. 8. Mainz 825. Schott's Söhne. 4 gr.

—— Versuch e. geordneten Theorie d. Tonsetzkunst. 4 Bde. (od. 5 Lfgn.) 3., neuerdings überarb. Aufl. gr. 8. (71¼ B., 65 Notentaf. u. Bildn. d. Verf.) Mainz 830, 32, Schott's Söhne.

WEBER, Gottfried Leberecht, Poetische Versuche. Leipzig u. Lauban, Verlegt von Nik. Schillen. 1754. 8⁰. 80 S. (In Berlin: Yl 3781.)

Weber, Gotthelf

Weber, Ghelf., Algebra zur Selbstbelehrung mit Beispielen u. Aufgaben. Stuttgart 869. Metzler's Verlag. Lex.-8. (XVI, 463 S.) n. 1 rß 22 ngr.

Weber, Ghelf., Dr. Martin Luthers kleiner Katechismus, erklärt in fortlauf. Entwicklg. f. die unteren Klassen od. Kurse der Mittelschulen u. f. geförderte Bürgerschulen. 8. (VIII, 130 S.) Nördlingen 884. Beck. cart. n. 1. —

Weber, Gotthold August [Wirkl. Name]
s.a. Textor, August [Pseud.]

Bilder, Romantische, der Vorzeit in bunter Reihe (von Gotthold August Weber). Meissen 1827. 8⁰.
Anon.-Lex. I. p. 238 (nach Goedeke.)

DENKWÜRDIGKEITEN aus dem grossen Panorama der Welt und des Menschenlebens (von *Gotthold August Weber*). Meissen 1830.
Anon.-Lex. I. p. 395 (nach Goedeke).

Weber, Gtthld. Aug., (Posamentir Psdn. Textor), Uebersicht d. Gesch. d. Bergbaues, s. Ew. Chr. V. Dietrich.

ZUG, Der, ins heilige Land. Ein romantisch-historisches Gemälde . . . . (von *Gotthold August Weber*). Meissen 1827.
Anon.-Lex. IV. p. 436 (nach Goedeke). — Selten!

Weber, Gottlieb. Ueber einige Amido- und Amidooxydiphenylamine und Derivate derselben. Diss. Phil. [II.] Univ. Zürich. [Mit 1 Figur.] 73 S. 8. Zürich, Jean Frank, 1903.

(Weber, [Gottlob Huldreich].) Alt-Gemeindehauptmann Johann Jakob Hohl von Grub (1809–1859). (Als Manuskript für seine Freunde gedruckt.) 8. o. O. (1859).

Weber, (Gottlob Huldreich), [und] Hohl, [Johann Jacob]. Kirchen-Jubiläum in Grub, ... den 10. Oktober 1852. Gebete und Predigt vom Ortspfarrer W. Vorwort mit einem Verzeichniss der reformirten Pfarrer und gemeindegeschichtlicher Vortrag vom Gemeindehauptmann H. 8. Trogen 1853.

Weber, Gottwalt, das Denkmal des Herzogs Friedrich I. v. Anhalt v. Ludwig Manzel. Erläutert v. W. (24 S. m. 3 Taf.) kl. 8. Dessau (907). C. H. de Rot. Geb. in Leinw. 1. —

Weber, Gustav

Weber's, Gust. Lebensbild, s. Biographien schweizerischer Tonkünstler.

Weber, G., s.: Aus dem zürcherischen Konzertleben der 2. Hälfte des vergangenen Jahrhunderts.

Weber, Gust., die Berechnung u. Konstruktion der Turbinen u. Schützenzüge, m. besond. Berücksicht. der Francis-Turbine. (131 S. m. 50 Abb.) Lex. 8. Mit Atlas. (31 Taf.) 32,5×25 cm. Leipzig 907. M. Schäfer. Kart. u. in Mappe 8. —

Weber, G[ustav]. Das gewerbliche Bildungswesen an der Weltausstellung in Paris, 1900. Bericht an die Zentralschulpflege der Stadt Zürich. Separat-Abdruck aus der «Schweiz. Lehrerzeitung», Jahrg. 1901. II + 108 S. 8. Zürich, Art. Institut Orell Füssli, 1901.

Weber, Gust., der Dom des heiligen Gral. Neuer Abdr. Quedlinburg 868. (Franke.) 16. (31 S.) geb. mit Goldschn. n. 6 ngr.

Weber, Gustav. Zwei Fälle von varicös-cavernösen Geschwulsten des Septum atriorum. Beitrag zur Kenntnis der Phlebectasien der Herzvorhöfe. Diss. Med. Univ. Zürich. [Mit Figuren. Sep.-Abdr. aus: Virchow's Archiv für pathologische Anatomie und Physiologie. Band 187, Heft 3.] *Kopftitel:* Aus dem pathologischen Institut Zürich. 45 S. 8. Berlin, Georg Reimer, 1907.

Weber, Gustav, Tierarzt, Assist. a. Kaiser-Wilh.-Inst. f. Landw.: Aus d. Abt. f. Tierhygiene d. Kaiser-Wilhelms-Inst. f. Landw. zu Bromberg. Vorst.: Mießner. Ist die Überempfindlichkeit zum Nachweise der Tuberkulose verwendbar? Borna-Leipzig 1910: Noske. 34 S. 8°

Leipzig, Veterinär-Med. Diss. v. 31. Mai 1910, Ref. Klimmer

[Geb. 21. Nov. 84 Jerzyce; Wohnort: Bromberg; Staatsangeh.: Preußen; Vorbildung: Gymn. Bromberg Reife O. 04; Studium: Berlin Univ. 2, Tierärztl. Hochsch. 6 S.; Coll. 30. Juni 10; Approb. 16. Okt. 08.] [U 10. 3079

Weber, G., Liedersammlung für Bürger- und Realschulen, s. Schütz, C.

Weber, G., Liedersammlung f. höhere Mädchenschulen, Mittelschulen u. andere Lehranstalten. 3 Hfte. 2. Aufl. 12. Freiburg i/Br. 886. Herder. cart. n. 1. 45

1. Unterstufe: Einstimmiger Gesang. (IV, 63 S.) n. — 35
2. Mittelstufe: Zweistimmiger Gesang. (IV, 75 S.) n. — 40
3. Oberstufe: Zwei- u. dreistimmiger Gesang. (IV, 136 S.) n. — 70

Weber, G., Liedersammlung f. höhere Mädchenschulen, Mittelschulen u. andere Lehranstalten. 3 Hfte. 3. Aufl. gr. 16. Freiburg i/B., Herder. Kart. n. 1. 35

1. Unterstufe: 1stimm. Gesang. (IV, 63 S.) 893. n. — 35
2. Mittelstufe: 2stimm. Gesang. (IV, 75 S.) 892. n. — 40
3. Oberstufe: 2- u. 3stimm. Gesang. (IV, 136 S.) 893. n. — 60

Weber, G., Liedersammlung f. höhere Mädchenschulen, Mittelschulen u. andere Lehranst. 2. Hft. Mittelstufe: Zweistimm. Gesang. 4. Aufl. 12. (IV, 75 S.) Freiburg i/B. 898. Herder. Kart. n. — 40

Weber, G., Liedersammlung f. höh. Mädchenschulen, Mittelschulen u. andere höh. Lehranstalten. 1. u. 3. Hft. 4. Aufl. 12. Freiburg i/B., Herder. Kart. n. 1. —

1. Unterstufe: Einstimmiger Gesang. (IV, 63 S.) 900. n. — 40
3. Oberstufe: Zwei- u. dreistimm. Gesang. (IV, 136 S.) 899. n. — 60

Weber, Gust., Liedersammlung f. höhere Mädchenschulen, Mittelschulen u. andere Lehranstalten. 2. u. 3. Heft. kl. 8. Freiburg i/B., Herder. Kart. n. 1. 05

2. Mittelstufe: Zweistimmiger Gesang. 5. Aufl. (IV, 75 S.) 905. n. — 45
3. Oberstufe: Zwei- u. dreistimm. Gesang. 5. Aufl. (VI, 136 S.) 906. n. — 60

Weber, Gust., Liedersammlung f. höhere Mädchenschulen Mittelschulen u. andere Lehranstalten. 1. Heft. Unterstufe: Einstimmiger Gesang. 5. Aufl. (VI, 63 S.) kl. 8. Freiburg i/B. (908). Herder. Kart. — 40

Weber, Gustav: Davenant's Macbeth im Verhältnis zu Shakespeare's gleichnamiger Tragödie. Rostock 1903: C. Boldt. (77 S.) 8°

Rostock, Phil. Diss. v. [27. Febr.] 1903

Weber, Gust., der jüngste Rekrut, s. Dilettanten-Mappe.

Weber, Gust., s. a. Sammlung v. Volksgesängen f. den Männerchor.

— Sammlung v. Volksgesängen f. Männerchor, s. a. Helm, Ign.

Weber, Gust., die Sprache der Steine. Ein Beitrag zur Symbolik der kirchl. Baukunst. 16. (32 S.) Hannover 880. (Feesche.) geb. *

Weber, Gustav und Hug, Gottlieb. Die Stellung der zürcherischen Volksschule zur gewerblichen Berufsbildung. Preisschriften, bearbeitet auf Veranlassung des zürcherischen kantonalen Handwerks- und Gewerbevereins. Gr. in-8°, 65 S. Winterthur, J. Westfehling. 1882 — 80

Weber, Gustavus: Theses loco dissertationis de diathesi scirrhosa mox edendae.

Halle-Wittenberg, Med. Diss. v. 25. Januar 1834

Geb. [Gera 4. 6. 1809]

Ein Exemplar nicht nachweisbar. Die Diss. ist nicht ersch.

Weber, Gust., s. a. Wie sind uns. Gutsbetriebe ertragreicher einzurichten, wenn d. Getreidepreise niedrig bleiben?

[F.] Wie sind unsere Gutsbetriebe ertragreicher einzurichten, wenn die Getreidepreise niedrig bleiben? Veranschaulicht in 22 Wirthschaftsbeschreibgn u. zeitgem. Wirthschafts-Umändergn. Winke f. den Grundherrn, um vorzügl. Eigenschaften u. Fähigkeiten der Wirthschafts-Beamten d. besten Gebrauch z. machen. Vom Vf. d. „Erfahrungen i. Gebiete d. Ackerbodencultur d. Neuzeit". (Gustav Weber, früherer Gutsbesitzer, jetzt landw. Beirath, in Görlitz.) ... 3. sehr verm. Aufl. *Görlitz: E. Muede 1895.* (1 Bl., X, 246 S.) 1 Bd 8. [27. 06

Weber, Gust., H. Zwingli. Seine Stellg. zur Musik u. seine Lieder. Die Entwicklg. d. deutschen Kirchengesanges. Eine kunsthistor. Studie. gr. 8. (68 S.) Zürich 884. Hug. n. 1. —

Fetisch-Haß. Roman von Gustav Adolf Weber. Berlin: York-Verl. [1906]. (75 S.) 8° [F.] [06. 13034

Weber, H.

— Choralbuch zum Gesangbuch f. die evangelisch-reformirte Kirche d. deutschen Schweiz. Für Orgel, Harmonium od. Klavier hrsg. hoch 4. (VIII, 116 S.) Zürich 890. (Leipzig, Gebr. Hug & Co.) n. 4. 50

Weber, H. [aus Landau-Rheinpfalz]: Ueber einen Fall von Hernia inflammata mit Phlegmone des Bruchsacks. — Radicaloperation. — ... Strassburg, Univ.-Buchdr. v. J. H. Ed. Heitz (Heitz & Mündel), 1888; 34 S. + 1 Bl 8°
Strassburg, Med. Fak., Inaug.-Diss. v. 1888

Weber, H., Faustzeichnungen zum Gebrauch beim Unterricht in Kleinkinderschulen. gr. 4. (20 Bl. m. 1 Bl. Text.) Strassburg 898. F. Bull. n. 2. —

Weber, H., s.: Freundesgaben f. C. A. H. Burkhardt.

Weber, H. v., frisch die ganze Compagnie! Lieder f. Marsch u. Quartier. (Soldaten-, Wander- u. Turnliederbuch.) 16. (112 S.) Berlin 896. A. Weichert. — 30

WEBER, H. *Der gute Hirte.* Gebetbüchlein für fromme Kinder ... Mit [15] Holzschnitten nach L. RICHTER und Anderen. Dresden, Gaber & Richter [1860]. 72 S. 8°. Blauer Or.-Karton m. Originalschnitt Richters a. d. Vorderdeckel. 25.—
H.-B. S. 267, Nr. 2785—93. ★ Erstausg., enth. 9 Richterholzschnitte erstmals. — Hübscher Band, Rücken gebrochen.
Vgl. Weber, G.

— i nime nümme n a!, s. d. Sammlung schweizerischer Dialektstücke.

Weber, H. I nime nümme n a! Lustpiel in zwei Acten im Zürcher-Dialekt. In-8°. 34 S. Zürich, Caesar Schmidt. 1890. — 60

Weber, H., 1000 Rechenaufgaben aus dem Leben überhaupt, dem Gebiete der Haushaltung, der Landwirthschaft und der prakt. Geometrie für landwirthschaftl. Fortbildungsschulen und die obere Klasse gut geführter Elementarschulen hrsg. 8. (IV und 211 S.) Trier 866, Lintz' Verlag.
Auflösungen. 8. (24 S.) 868.

Weber, H., 1000 Rechen-Aufgaben aus dem Leben überhaupt, dem Gebiete der Haushaltung, der Landwirthschaft und der praktischen Geometrie, für landwirthschaftl. Fortbildungsschulen und die obere Klasse gut geführter Elementarschulen hrsg. 2. umgearb. Aufl. 8. (IV, 225 S.) Trier 878, Lintz'sche Buchh.

Weber, H.: Schicksale der Stadt Kremsier. 17 S. 8° — Kremsier, UR., Progr. 1872.

Weber, Dr. H., über die Ursachen der Hernien, und derenBehandlung mit zweckmässigenBandagen nach Beobachtungen in der Londoner Bruchbandgesellschaft. 25 Stn. 8. Bern, Huber & Co. 1873.

Weber, H., Vorschläge und Ansichten, betr. den Anbau der culturfähigen Haidestrecken in Schleswig-Holstein, durch Verwendung der rüstigen Armenalumnen, Arbeitslosen, Hülfsbedürftigen rc. gr. 8. (24 S.) Schleswig 867, (Spethmann und Comp.) **

Weber, H. A., Vorschlag zur Errichtung von Findelhäusern ohne Staats- u. Gemeindekosten. 8°. Berlin 1862.

Weber, H. C. E., die Arten des *Haushuhns*. Hannover 1871. 8°.
IV—43 S., 1 Bl. Iub.

Weber, H.C.E. (Red.), s. Blätter, Leipziger, für Geflügelzucht.

Weber, H. C. E., das Haushuhn u. seine Arten. 2., verb. Aufl. Aus dessen Nachlasse zusammengestellt u. bearb. v. C. Eberhard. 2 Bde. gr. 8. (VIII, 272 u. VIII, 284 S. m. 94 Abbildgn.) Hannover 889. Hahn. à n. 5. —

Weber, H. Fr., Versuch e. Geschichte d. Schreibkunst, s. G. Fr. Weber.

Weber, H. J., im Lande der Mitternachtssonne od. Nordpolfahrten. Der deutsch-amerikan. Jugend gewidmet. Mit Illustr. 8. (VIII, 180 S.) Philadelphia 881. (Schäfer & Koradi.) geb. n. 2. 50

Weber, H. T.

Weber, die Deutschen in Amerika. Nützliche und interessante Mittheilungen über die Art und Weise, wie Deutsche in Amerika reich werden. 8. (93 S.) Leipzig 868, (Reichenbach'sche Buchh.) *

Weber, Hans: Begriff und Wesen des strafrechtlichen Gewahrsams in §§ 242 und 246, mit Berücksichtigung des Bürgerlichen Rechtes. Breslau 1909: Breslauer Genossensch.-Buchdr. VIII, 49 S. 8°
Breslau, Jur. Diss. v. 29. Juli 1909, Ref. Gretener-Fischer
[Geb. 29 Mai 82 Breslau; Wohnort: Breslau; Staatsangeh.: Preußen; Vorbildung: Gymn. Strehlen i. Schl. Reife M. 04; Studium: Breslau 1, Halle 1, Berlin 1, Breslau 3 S.; Rig. 4 Mai 09.] [U 09. 531

(Weber, Hans.) **Bezzola**, Andreas (1840–1897), schweizerischer Bundesrichter.... [A.] 8. [Berlin 1898.]

WEBER, Hans (Oberbergkirchen): Ueber 80 Herniotomieen aus der Münchener chirurgischen Klinik, 1891-1896. Ein statistischer Beitrag.- München: Kastner & Lossen 1896. 52 S.
28.2.1896 - Chr 1895/96,9; Jv 1895/96,231
Diss. Ingolst.-Landsh.-Mchn.

Weber, Hans. Die Hulfsverpflichtungen der XIII Orte. Ein Beitrag zur Geschichte des schweizerischen Staatsrechts. SA. 8. Zürich 1892

Weber, Hans, pract. Arzt, aus Kippenheim (Baden): Über sogenannte überwertige **Ideen**. *Freiburg i. B. 1900: G. Mehlhase.* (62 S.) 8°
Freiburg i. B., Med. Diss. v. 1900

Weber, Hans, aus Hochelheim: Der **Kampf** zwischen Innocenz IV. und Kaiser Friedrich II. bis zur Flucht des Papstes nach Lyon. *Berlin (1900): E. Ebering.* (32 S.) 8° ¶ [Erschien vollst. als: Hist. Studien, H. 20.]
Berlin, Phil. Diss. v. 31. Okt. 1900

Der **Kampf** zwischen Papst Innocenz IV. und Kaiser Friedrich II. bis zur Flucht des Papstes nach Lyon. Von Dr. Hans **Weber**. *Berlin: E. Ebering 1900.* (93 S.) 8°
= **Studien**, Historische. H. 20. [00. 458 2

Weber, Hans, med. prakt. von Biel, Kt. Bern: **Aus der medizinischen Klinik der Universität Zürich. Direktor: Herr Prof. Dr. H. Eichhorst. Über die cerebralen Lähmungen der Kinder. Nach Beobachtungen auf der Zürcher medizinischen Klinik in den Jahren 1884 bis 1906.** Zürich 1906. 80 S. 8°. [27. VII. 07.]
Zürich. Med. Diss 1906/1907.

Weber, Hans. Über die cerebralen Lähmungen der Kinder. Nach Beobachtungen auf der Zürcher medizinischen Klinik in den Jahren 1884 bis 1906. Diss. Med. Univ. Zürich. [Mit Figuren.] *Kopftitel*: Aus der medizinischen Klinik der Universität Zürich. Direktor: Herr Prof. Dr. H[ermann] Eichhorst. 80 S. 8. Zürich, W. Coradi-Maag, 1907.

Attisches Prozeßrecht in den attischen Seebundstaaten. Von Dr. Hans **Weber**. Paderborn: F. Schöningh 1908. (66 S.) 8°
= **Studien** z. Geschichte u. Kultur d. Altertums. Bd 1, H. 5. [08. 8347

Weber, Hans, Gymnasial-Assist. am kgl. Progymn. Donauwörth: **Quaestiones Calpurnianae ad explorandam elocutionem et aetatem Calpurnii Flacci rhetoris collatae.** *Donauwörth [1899]: A. Krieger.* (26 S.) 8°
München, Phil. Diss. v. 1899

Quaestiones Calpurnianae ad explorandam elocutionem et aetatem Calpurnii Flacci rhetoris collatae. — Von Dr. Hans Weber, G.-A. — 1899, Donauwörth, A. Krieger. — P. 3—26.
Progr. Donauwörth, Progymn.

Weber, Hans, Assistent am Kgl. Theresiengymnasium in München: Die Rezeption des attischen Prozeßrechts in den attischen Seebundsstaaten. Paderborn 1908: F. Schöningh. (66 S.) 8° ¶ [= Studien z. Gesch. u. Kultur d. Altertums Bd 1 H. 5, 1908.]
München, Phil. Fak., Ref. Rehm, Diss. v. 17. Mai 1907
[Geb. 20. April 82 Speyer; Wohnort: München; Staatsangeh.: Bayern; Vorbildung: Luitpold-Gymn. München Reife Juli 00; Studium: Würzburg 3, München 5 S.; Rig. 17. Mai 07.]

Botanische Schülerwanderungen. I. Teil. — Von Dr. Hans Weber, G.-L. — 1906, Neuburg a. D., Griessmayer. — P. 3—49.
Progr. Neuburg a. D., K. Gymn.

Weber, Hans: Übergabe und Ausgang des Vercingetorix. Speyer 1910: Jäger. 23 S. 8°
Speyer, k. G. P 1910* [S 10. 463

Weber, Hans: Übergabe und Ausgang des Vercingetorix. 23 S., 1 Abb. 8. Progr. K. hum. Gymn. *Speyer* 1910.
Der geschichtliche Hintergrund. Literarische Notizen. Zu Casar, bell. Gall. VII, 89, 1, 5. Anhang. Das Geisterroß von C. F. Meyer.

Die Vereine Deutscher Studenten vom zweiten bis zum dritten Kyffhäuserfest (1891–1900), von Oberl. Dr. H(ans) Weber. Im Auftr. d. Kyffhäuserverb. Graudenz: 'Der Gesellige' 1910. 325 S. 8°
[10 ...

— **Botanische Wanderungen in Neuburgs nächster Umgebung. (Der botan. Schülerwanderungen II. Tl.)** (50 S.) 8. Ebd. 907. — 75

Weber, Hans. Bundesrat Emil Welti. Ein Lebensbild, dargestellt von Dr. Hans Weber. Mit einem Lichtdruckbilde Emil Weltis ([Porträt-Tafel, sowie] Anhang). XII + 224 + *Anhang* 164 S. 8. Aarau, H. R. Sauerländer & Co., 1903. [fr. 6. —]
Anhang: *S. 1–160:* Abhandlungen *und* Reden Weltis; *S. 161–164:* Nachruf ... von Hr. Dr. G[eorg] Finsler, Rektor ... in Bern.

Weber, Hans, Referendar: Die Wirkungen nichtiger Ehen. Borna-Leipzig 1909: Noske. VIII, 58 S. 8°
Erlangen, Jur. Diss. v. 27. Nov. 1909, Ref. Siber
[Geb. 3. April 81 Magdeburg; Wohnort: Magdeburg; Staatsangeh.: Preußen; Vorbildung: Gymn. Eisleben Reife M. 00; Studium: Lausanne 1, Jena 3, Berlin 2, Halle 2 S.; Rig. 29. Okt. 09.] [U 10. 781

Weber, H(ans) Ulrich: Kennedy-Studien. Kiel 1905: Lüdtke & Martens. (68 S.) 8°
Kiel, Phil. Fak., Ref. Holthausen, Diss. v. 15. Juli 1905.

Weber, Heinrich

Weber, Heinr., s.: Abhandlungen aus den Gebieten der Mathematik etc.

(Weber, [Heinrich]) Franz Abt, der anmuthsvolle Liedercomponist. 1819–1885.) [Mit 1 Porträt-Tafel.] Njbl. AMusikges. 1886. 4. Zürich.

[Weber, Heinrich] Der Albis. Ein Gedicht in Hexametern. Von einem Studirenden der Zürcherischen Hochschule. 8. Zürich 1842.

Weber, Heinr., Johann Gottfried v. Aschhausen, Fürstbischof v. Bamberg u. Würzburg, Herzog zu Franken. gr. 8. (XVI, 167 S.) Würzburg 889. Bucher. n. 2. —

Weber, Heinrich [aus Frankfurt a. M. Assistenzarzt a. d. K. Univ.-Frauenklinik zu Marburg]: Über physiologische Athmungsbewegungen des Kindes im Uterus. (Aus d. Entbindungs-Anstalt in Marburg.) ... Marburg, Druck v. Georg Schirling, 1888. 19 + 1 S. + 1 Bl. u. 3 Taf. 4°
Marburg, Med. Fak., Inaug.-Diss. v. [31. Dez.] 1888

[Weber, Heinrich] (Daniel François Esprit Auber, 1782–1871. [Mit 1 Porträt-Tafel.]) Njbl. AMusikges. Zürich 1881. 4. Zürich.

[F.] Das Bisthum und Erzbisthum Bamberg, seine Eintheilung in alter u. neuer Zeit u. seine Patronatsverhältnisse. Nebst e. Beilage üb. die Vicarien u. Benefizien am Domstift. Quellenmäss. dargest. v. Dr. Heinrich Wober. *Bamberg: Dr. d. Rondl (corrigirt: Schmidt)'schen Offizin 1895.* (VII, 310, II S.) 1 Bd 8. '96 2133

Der Name „Bamberg". Eine historisch-etymologische Studie. Von Dr. Heinrich Weber, Professor der Geschichte. 1891, Bamberg. S. 3–68.

Progr. Bamberg, K. Lyceum

Weber, Heinr., der Name „Bamberg". Eine historisch-etymolog. Studie. gr. 8. (68 S.) Bamberg 891. (Schmidt.) 1. 50

Weber, Heinr., die Bedeutung der deutschen Kriegsflotte f. unsere Gegenwart u. Zukunft. gr. 8. (22 S.) Berlin 900. A. W. Hayn's Erben. n.n. — 25

Weber, Heinr., die Bamberger Beichtbücher aus der 1. Hälfte d. XV. Jahrh., m. e. Anh. üb. die Bamberger Pönitentialbücher. 12. (100 S.) Kempten 885. Kösel. n. — 75

WEBER, Heinrich (Schlitz): Casuistischer Beitrag zur Lehre von der autochthonen septischen Wal-endocarditis.- München: Wolf 1901. 25 S.
25.11.1901 - Chr 1901/02,24; Jv 1901/02,201
Diss. Ingolst.-Landsh.-Mchn.

Weber, Heinrich „Ein Beitrag zur Volkskunde" pg. 46–84. 8°. M. Däntler.
Eichstätt, Progr. 1899 1900

Weber, Hnr., Beiträge zur Gewerbe- u. Handelskunde. Enthaltend e. Uebersicht der letzten Fortschritte in den wichtigsten Zweigen d. Gewerbsamkeit. 3 Bde. gr. 8. Berl. 825—27. Dümmler. 6 ß 20 ½

Weber, Heinr., Beschreibung d. Eisen- u. Maschinen-Fabrik zu Seraing, nebst Darstell. d. übrigen Unternehmungen ihres Besitzers, Hrn. J. Cockerill. gr. 8. (3 B. u. 1 Grundriß, gr. Fol.) Berlin 829, [Rücker u. Püchler.] Thlr.
Aus deis. „Zeitblatt f. Gewerbtreibende" besond. abgedruckt.

Weber, Heinr., die Besteuerung des Waldes. (X, 555 S.) gr. 8. Frankfurt a/M. 909. J. D. Sauerländer. 10.50; geb. 12.—

Weber, Heinr., über die Bestimmung des galvanischen Widerstandes der Metalldrähte aus ihrer Erwärmung durch den galvanischen Strom nach absolutem Maasse. Inaugural-Dissertation. gr. 4. (33 S. mit 3 Stnt.) Leipzig 863, (Barth.)

Weber, H., wider den Bettel. Ein Vortrag geh. in der gemeinnütz. Gesellschaft d. Bezirkes Zürich am 12. Juli 1870. [Aus: „Schweizer. Zeitschrift f. Gemeinnützigkeit."] gr. 8. (47 S.) Zürich 871. Herzog. n. — 40

Weber, Heinrich: Bunte Bilder aus dem alten Zunftleben, s. Broschüren, Frankfurter zeitgemäße.

Weber, H., Charakterbilder aus der christlichen Kirchengeschichte. Für Kirche, Schule u. Haus. 8. (96 S.) Zürich 883. Schmidt. n. — 60

Weber, Heinr. (geb. 1842): Darstellung der Fresnel'schen Wellenfläche durch elliptische Functionen. Zürich 1896.

Weber, Heinrich: Das Delikt der Aussetzung (§ 221 StGB.). Rostock 1904: C. Hinstorff. (81 S.) 8°
Rostock, Jur. Diss. v. [29. Juni] 1904.

Weber, Heinrich (geb. am 15 Apr. 1853 in Zülpich): Ueber Dermoidgeschwülste der Cornea . . . Bonn, Druck v. J. F. Carthaus (1876). 22 S., 1 Bl. 8.
Bonn, Med. Fak., Diss. v. 8 Aug. 1876

— **die partiellen Differential-Gleichungen der mathematischen Physik. Nach Riemann's Vorlesgn. in 4. Aufl. neu bearb. 2 Bde. gr. 8. Braunschweig, F. Vieweg & Sohn. à n. 10.—; geb. in Halbfrz. à n. 11.60**
I. (XVIII, 506 S. m. Abb.) 901. — II. (XI, 527 S. m. Abb.) 900.

Weber, Heinr., die partiellen Differential-Gleichungen der mathemat. Physik. Nach Riemann's Vorlesgn. in 5. Aufl. bearb. 1. Bd. (XVIII, 528 S. m. 81 Abb.) gr. 8. Braunschweig 910. F. Vieweg & Sohn. 12.—; geb. 13. 60

Weber, H., üb. die Differentialgleichungen der elektrolyt. Verschiebungen. [Aus: „Sitzungsber. d. k. preuss. Akad. d. Wiss."] gr. 8. (11 S. m. 2 Fig.) Berlin 897. (G. Reimer.) n. — 50

Weber, Heinr., kurzgefaßte Einleitung in die hl. Schriften Alten u. Neuen Testamentes, s.: Weber, F. W.

Weber, Heinr., Elektrodynamik m. Berücksicht. der Thermoelektricität, der Elektrolyse u. der Thermochemie. gr. 8. (VIII, 177 S. m. Holzst.) Braunschweig 889. Vieweg & Sohn. n. 6. —

Angewandte Elementar-Mathematik. Bearb. von Heinrich **Weber**, (Prof., Strassburg), Josef Wellstein u. Rudolf H[einrich] Weber (Heidelberg).
— **Weber**, Heinrich, Prof., Strassburg: Encyklopädie d. Elementar-Mathematik. Bd 3. [07. 1484

Weber, Heinrich. Elvezia. Scene patriottiche di Enrico W', tradotte da G[iovanni] Z[anugg]. Fatte stampare dalla conferenza magistrale di Bregaglia. 30 p. 8. [Aarau, H. R. Sauerländer & Co., 1908.] [fr. —.80]

Weber, Heinrich: Die Entwickelung der physikalischen Geographie der Nordpolarländer bis auf Cooks Zeiten. *München: Th. Ackermann 1898.* (250 S.) 8°
München, Phil. Diss. v. 1898

Die Entwickelung der physikalischen Geographie der Nordpolarländer bis auf Cooks Zeiten v. Heinrich **Wober**, (K. Reallehrer in Eichstätt). *München: Th. Ackermann 1898.* (3 Bl., 250 S.) 1 Bd 8.
= Studien, Münchener geographische. Stück 4. [98. 1793

— **über die Entwicklung unserer mechanischen Naturanschauung im 19. Jahrh. Rede, zum Antritt des Rectorats der Kaiser-Wilhelms-Universität Strassburg geh. gr. 8. (23 S.) Strassburg 900. J. H. E. Heitz. n. — 80**

Weber, Heinrich: Entwickelungsgang des modernen Volksliedes. In-4°, 26 S. nebst Portr. v. Wilh. Baumgartner. Zürich, Druck von Orell Füssli & Cie. 1884.
72. Neujahrsblatt d. allgem. Musikges. in Zürich.

Weber, Heinr., u. Jos. Wellstein, Encyklopädie der Elementar-Mathematik. Ein Handbuch f. Lehrer u. Studierende. (In 3 Bdn.) 1. u. 2. Bd. gr. 8. Leipzig, B. G. Teubner. Geb. in Leinw. n. 21. 60
1. **Encyklopädie der elementaren Algebra u. Analysis. Bearb. von Heinr. Weber. Mit 38 Fig. im Text. 2. Aufl. (XVIII, 540 S.) 906.** Geb. n. 9. 60
1. **Aufl. (XIV, 447 S.) 903. Geb. n. 8. —.**
2. **Elemente der Geometrie. Bearb. v. Heinr. Weber, Jos. Wellstein u. Walth. Jacobsthal. (XII, 604 S. m. 280 Fig.) 905.** Geb. n. 12. —

— **u. Jos. Wellstein, Encyklopädie der Elementar-Mathematik. Ein Handbuch f. Lehrer u. Studierende. 3 Bde. gr. 8. Leipzig, B. G. Teubner.**
1. **Encyklopädie der elementaren Algebra u. Analysis. Bearb. v. Heinr. Weber. 3. Aufl. (XVIII, 532 S. m. 40 Fig.) 909.** Geb. 10. —
2. **Encyklopädie der elementaren Geometrie. Bearb. v. Heinr. Weber, Jos. Wellstein u. Walth. Jacobsthal. 2. Aufl. (XII, 596 S. m. 251 Fig.) 907.** Geb. 12. —
3. Angewandte Elementar-Mathematik. Bearb. v. Heinr. Weber, Jos. Wellstein u. Rud. H. Weber. (XIII, 666 S. m. 358 Fig.) 907. Geb. 14.

Weber, Heinrich u. Jos. Wellstein: Encyklopädie der Elementar-Mathematik. Ein Handbuch f. Lehrer u. Studierende. Leipzig: Teubner. Bd. 3. Angewandte Elementar-Mathematik. Bearb. von Rudolf H[einrich] Weber. (T. 2: von J. Wellstein, H. Weber, Heinrich Bleicher u. Julius Bauschinger). 2. Aufl. T. 1. 2. 1910–12.

Weber, Heinr. (Pfarrer). Erinnerungs-tafel auf alle Tage des Jahres. Zürich 1862.

Weber, Heinr., das Evangelium an die Armen. Fünfzehn Reden. gr. 8. (VIII und 170 S.) Winterthur 854, Steiner'sche Buchh.

Weber, H. Dramatisches Festspiel zur Gründungsfeier der Stadt Bern. Officielles Textheft. In-8°. Bern, Buchdr. Stämpfli, Lack, Scheim & Co. 1891. — 30

— **Zürich's Frauen im Sommer 1292. Vaterländisches Schauspiel in 4 Aufzügen. 154 Stn. 8. Zürich, Cäsar Schmidt. 1876.** 3. —
gebd. 4. 50

Weber, H., elliptische Functionen u. algebraische Zahlen. Academische Vorlesgn. gr. 8. (XIII, 504 S.) Braunschweig 891. Vieweg & Sohn. n. 13. —

Weber, H.: Die sogen. Gebetbücher des h. Heinrich u. der h. Ennegundis in der öffentlichen Bibliothek zu Bamberg. 26 S. Bamberg, Progr. 1872.

Weber, H., historisches Gedenkbuch. Uebersicht über die bedeutendsten Personen und Ereignisse der Geschichte auf alle Tage des Jahres bearb. 2 Bde. gr. 8. (VI und 1357 S.) Zürich 867, Orell, Füßli und Comp. *

Weber, H., Historisches Gedenkbuch. Uebersicht über die bedeutendsten Personen u. Ereignisse der Geschichte auf alle Tage des Jahres bearb. 2 Bde. Zürich 870. Orell, Füßli & Co. gr. 8. (VI, 1357 S.) n. 2 *ℛ* 20 *ngr.*

Weber, Henricus *Otto* [Cassellanus]: De Senecae philosophi dicendi genere Bioneo . . . Marpurgi Catt., typ. F. Soemmering, 1895; 2 Bl., 64 S., 1 Bl. 8.
Marburg, Phil. Fak., Inaug.-Diss. v. [1. Sept.] 1895

Weber, H. Das neue Gesangbuch für die evangelisch-reformirte Kirche der deutschen Schweiz. Seine Lieder und Weisen auf Grundlage der neuern hymnolog. Forschungen allgemein fasslich erläutert. In-8°. XI, 357 S. Zürich, Fr. Schulthess, 1891. 5 —

Zur Geschichte der Otto von Guericke'schen Apparate von H[einrich] **Weber**, Prof., Braunschweig. o. O. [um 1906]. (17 S.) 8° [07. 1069. 11

— **Geschichte des Christenlehr-Unterrichtes und der Katechismen im Bisthum Bamberg zur Zeit des alten Hochstifts. gr. 8. (VII, 147 S.) Regensburg 882, Pustet.** *

— Geschichte d. Kirchengesanges in der deutschen reformirten Schweiz seit der Reformation. Mit genauer Beschreibg. der Kirchengesangbücher d. 16. Jahrh. gr. 8. (284 S.) Zürich 876. Schultheß. n. 3. 60

—— Geschichte der gelehrten Schulen im Hochstift Bamberg von 1007—1803. 2 Abthlgn. gr. 8. (XII, 782 S. mit 3 Stnt. und 1 Bl. Erklärung.) Bamberg 880,81, (Schmidt'sche Buchh.) à Abthl. *ℳ 4. *

— d. vaterländische Gewerbsfreund. Ein Leitfaden zur Kenntniß d. industriellen Geschäftigkeit im preußischen Staate. 2 Thle. 8. Berl. 819 u. 20. Nauck. 2 ₰ 16 g (A. u. d. T.: Wegweiser durch die wichtigsten technischen Werkstätte d. Residenz Berlin.)

Weber, Heinrich: H a m a n n und Kant. Nördlingen 1903: C. H. Beck. (45 S.) 8°
Erlangen, Phil. Diss. v. 6. Mai 1903.

Weber, Heinr., Hamann u. Kant. Ein Beitrag zur Geschichte d. Philosophie im Zeitalter d. Aufklärg. (X, 238 S.) gr. 8. München 904. C. H. Beck. n. 4. —; geb. n. 4. 80

Weber, Heinr., s.: Hamanniana, neue.

— der Hausgottesdienst. Ein Beitrag zur innern Mission. Winterthur 853. Steiner. 16. (54 S.) 6 ngr.

[F.] Helvetia. Festsp. in 2 Gruppen v. H e i n r. Weber, Pfarrer . . . (2. Aufl.) *Aarau: H. R. Sauerländer & C. 1895.* (35 S.) 1 Bd 8.
= Bibliothek vaterländischer Schauspiele. [No] 43. [96. 251

W e b e r, H[einrich] Die Kirchgemeinde Hongg. Urkundlich geschildert. 8. Zurich.
[1. Aufl.] 1869
2., erweiterte Aufl. [Mit 3 Tafeln und illustriertem Umschlag.] 1899

—— die Kirchgemeinde Höngg. Urkundlich geschildert. gr. 8. (IV, 160 S.) Zürich 870, Schultheß. *

Weber, H., die Kirchgemeinde Höngg. Urkundlich geschildert. 2., erweit. Aufl. (248 S. m. Titelbild.) gr. 8. Zürich-Selnau 899. Gebr. Leemann & Co. n. 4. —

— s.: Jahresbericht üb. Veröffentlichungen u. wichtigere Ereignisse im Gebiete des Forstwesens.

Weber, H., Jeremia. Ein bibl. Drama in 3 Akten, sammt e. Vorspiel. 8. (98 S.) Basel 889. [Detloff.] Reich. n. 1. 60

—— Die Kaiseridee d. Mittelalters, s. Broschüren, Frankfurter zeitgemäße.

Weber, H., über Causalität in den Naturwissenschaften. Rede, gehalten bei der Übergabe des Prorectorats der Albertus-Universität zu Königsberg. gr. 8. (30 S.) Leipzig 881, Engelmann. *

Weber, Heinrich „Kinderspiele aus Eichstätt und Umgegend". pg. 3—48. 8°. Ph. Brönner'sche B. (A. Hornik).
Eichstätt, Progr. 1900/01

— der Kirchengesang im Fürstbisth. Bamberg. Ein Beitrag zur Geschichte des Kirchengesanges in Ostfranken. (II. Vereinsschrift der Görres-Gesellschaft f. 1893.) gr. 8. (VIII, 64 S.) Köln 893. (J. P. Bachem.) n. 1. 20

— der Kirchengesang Zürichs, sein Wesen, seine Geschichte, seine Förderung. Ein Wort an die Vorsteher u. Glieder der Gemeinde. Zürich 866. Herzog. 8. (107 S.) n.n. 10 ngr.

—— die Kirchengesangbücher der deutschen reformirten Schweiz. 1.—3. Lfg. I. Das Zürcher-Gesangbuch. Seine Lieder und Weisen, allgemein faßlich erläutert. 8. Ebendas. 872. à Lfg. *ℳ 1. *
geb. *

Weber, Heinr., d. Klostersuppe. E. Beitrag zur Geschichte d. freiwill. Armenpflege, s.: Broschüren, Frankfurter zeitgem., 16. Bd., 5. Hft.

Weber, Heinr., die Kohlenglühfäden f. elektrische Glühlampen, ihre Herstellung, Prüfung u. Berechng. (VIII, 176 S. m. 102 Fig.) 8. Hannover 907. Dr. M. Jänecke. 5. 60; geb. in Leinw. 6. 20

— Die elektrischen Kohlenglühfadenlampen, ihre Herstellung u. Prüfung. (VIII, 260 S. m. 166 Fig.) 8. Ebd. 908. 9.—; geb. 9. 80

Weber, Heinr., der Kräutersepp v. Haslach. Ein Stück elsäss. Volkslebens aus böser Zeit, der Jugend geschildert. (III, 108 S. m. 1 Bildnis.) 8. Straßburg 906. F. Bull. n. 2. —; geb. n. 2. 40

[W e b e r, Heinrich] Konradin Kreutzer (1782–1849). [Mit 1 Portrait-Tafel.] Njbl. AMusikges. Zurich 1870. 4. Zurich.

Weber, Heinr., Lehrbuch d. Algebra. 2 Bde. gr. 8. Braunschweig, F. Vieweg & Sohn. n. 36. —
1. (XV, 653 S. m. 28 Abb.) 895. n. 16. —
2. (XIV, 796 S.) 896. n. 20. —

Lehrbuch der Algebra von H e i n r i c h Weber, Prof. . . . a. d. Univ. Strassburg. 2. Aufl. Bd 1. *Braunschweig: F. Vieweg & Sohn 1897.* 8
[98 ...

— dasselbe. 2. Aufl. 1. Bd. gr. 8. (XV, 703 S.) Ebd. 898. n. 10. —

— Lehrbuch der Algebra. 2. Aufl. 2. Bd. gr. 8. (XVI, 855 S.) Braunschweig 899. F. Vieweg & Sohn. n. 12. —; (kplt. n. 22. —; Einbde. in Halbfrz. à n. 1. 60)

— Lehrbuch der Algebra. 2. Aufl. 3. (Schluss-)Bd. Elliptische Funktionen u. algebraische Zahlen. (XVI, 733 S. m. 2 Abb.) gr. 8. Ebd. 908. 20. —; geb. in Halbfrz. 22. —
Bd. 1 u. 2 Ebd. 899. 22.—; geb. 25. 20

Weber, H., Lieder eines Suchenden. Religiöse Dichtungen. Zürich 861. Schultheß. 8. (2 Bl., 168 S.) n. 24 ngr.

[W e b e r, Heinrich] Albert Lortzing (1803–1851). [Mit 1 Portrait-Tafel.] Njbl. AMusikges. Zurich 1869. 4. Zurich.

Niklaus Manuel. Drama von † Pfarrer H e i n r i c h Weber von Hongg. (Hrsg.: Emil G u d e r, Pfarrer.) *Bern: K. J. Wyß 1903.* (XII, 57 S.) 4°
= Neujahrsblatt hrsg. v. Hist. Verein d. Kantons Bern für 1904. [04 ...

Weber, Heinr., die Universität Marburg unter preussischer Herrschaft. Festrede, zur Einweihg. der neuen Aula am 26. Juni 1891 geh. gr. 8. (23 S. m. 1 Taf.) Marburg i/H. 891. N. G. Elwert's Verl. n. — 50

[W e b e r, Heinrich] (Giacomo Meyerbeer. 1791–1864. [Mit 1 Portrait-Tafel.]) Njbl. AMusikges. Zurich 1873. 4. Zurich.

Weber, Heinrich, approb. Arzt aus Würzburg: Über primäre und secundäre Multiplicität der Carcinombildung. *Würzburg 1903: P. Scheiner.* (50 S.) 8°
Würzburg, Med. Diss. v. 1903

[W e b e r, Heinrich] (Hans Georg Nageli's bedeutendste Nachfolger. [Mit 1 Portrait-Tafel.]) Njbl. AMusikges. Zurich 1882. 4. Zurich.

Weber, Heinrich [Josef Georg]: Die ersten Weimarer Nationalfestspiele für die deutsche Jugend. S. 22—26. 8. Progr. K. k. deutsches Staats-Gymn. Olmütz 1910.

Weber, Heinrich, approb. Arzt aus Teterow i. M.: Aus d. Hygien. Institut zu Rostock. Ueber eine Pneumonie-Epizootie unter Meerschweinchen. *München 1901: R. Oldenbourg.* (24 S.) 8° ¶(Aus: Archiv f. Hygiene, Bd 40.)
Rostock, Med. Diss. v. [9. März] 1901

Die Privilegien des alten Bistums Bamberg. Von H(einrich) Weber. *München 1900: J. G. Weiss.* (45 S.) 8° [75.]
Aus: Hist. Jahrbuch d. Görres-Gesellsch. Bd 20.
= **Bericht** über **Bestand** u. **Wirken** d. hist. Vereins zu Bamberg. 1899, Beilage. [01. 8169

Weber, Heinrich, von Stallikon [Kt. Zürich]: Ueber die Quellen der Rhetorica ad Her. des Cornificius. Zür. Aschmann u. Bollmann Dr. 1886. 85 S., 1 Bl. 8°.
Zürich, Phil. Diss. [v. 1. Mai 1886].

Neujahrsgeschenk, 71., an die züreherische Jugend, von der allgemein. Musikgesellschaft in Zürich. In-4°, 22 S. mit 1 lith. Portr. Druck von Orell Füssli & Cie. 1883.
*** Enthält: Joh. Friedr. Reichardt. Von Pfarrer Hch Weber.

[Weber, Heinrich] (Luise Reichardt. 1780–1826. [Mit 1 Porträt-Tafel.]) Njbl. AMusikges. Zürich 1880. 4. Zürich.

Weber, Heinrich: Über den abschließenden Religionsunterricht am Gymnasium. München 1909: Wolf. 25 S. 8°
München, k. Wittelsbacher-G P 1909* [S 09. 491

[Weber, Heinrich] Gioacchino Antonio Rossini (1792–1868). [Mit 1 Porträt-Tafel.] (Njbl. AMusikges. Zürich 1877. 4. (Zürich.)

Weber, Heinr., der Rotationsinduktor, seine Theorie und seine Anwendung zur Bestimmung des Ohm in absoluten Maassen. gr. 8. (IV, 76 S. mit 2 lithogr. Taf. und in den Text gedr. Holzschn.) Leipzig 882, Teubner.

— P. Marquard v. Rotenhan S. J. Das Lebensbild e. eifrigen Priesters aus dem XVIII. Jahrh. Mit dem Portr. Rotenhan's. 8. (XII, 128 S.) Regensburg 885. Verlags-Anstalt. 1. 50

Die Sct. Georgenbrüder am Alten Domstift zu Bamberg. Von Heinrich Weber, k. P. — 1883, Bamberg. — S. 3—48°.
Progr. Bamberg, K. Lyceum

Weber, Heinr., die Sct. Georgenbrüder am alten Domstift zu Bamberg. gr. 8. (48 S.) Bamberg 883. (Schmidt.) n. 1. —

— die Sct. Martinspfarrkirche in Bamberg. Eine Festschrift zur Feier ihres 200jähr. Bestandes. 16. (94 S. m. Bildern.) Bamberg 891. (Schmidt.) n. — 75

Weber, H. Schauspiele für Jugendfeste. 4 dramat. Stücke. (Die Einnahme von Landenberg. Die Milchsuppe bei Kappel. Der Tag zu Stanz. Dem Andenken Pestalozzi's.) In-8°. 102 S. Zürich, Caesar Schmidt. 1890. 1 20

—— die Schlacht bei Laupen. Epische Dichtung in neun Gesängen. gr. 8. (VI und 158 S.) Winterthur 853, Steiner'sche Buchh.

[Weber, Heinrich] Xaver Schnyder von Wartensee (1786–1868). [Mit 1 Porträt-Tafel.] Njbl. AMusikges. Zürich 1871. 4. Zürich.

(Weber, [Heinrich]) Franz Schubert (1797–1828). [Mit 1 Porträt-Tafel.] Njbl. AMusikges. Zürich 1867. 4. Zürich.

[Weber, Heinrich] Robert Schumann (1810–1856). [Mit 1 Porträt-Tafel.] Njbl. AMusikges. Zürich 1868. 4. Zürich.

Weber, H. Der älteste Schweizerbund von 1291. Dramat. Festspiel. In-12°. 35 S. Zürich, Caesar Schmidt. 1891 — 60

[Weber, Heinrich] (Zwei Schweizersänger, Pater Alberic Zwyssig. 1808–1854. und Dr. Karl Schmid. 1825–1873. [Mit 2 Porträt-Tafeln.]) Njbl. AMusikges. Zürich 1876. 4. Zürich.

Weber, H., auf d. Schwelle e. neuen Zeit. Ein bibl. Drama in 3 Akten. Mit eingefügten Chören. 8. (74 S.) Zürich 896. A. Müller's Verl. n. 1. 50

Weber, H. (Pfarrer). Der Liederkomponist Friedr. Silcher. In-4°, 23 S. Mit Portrait. Zürich, Druck von Orell F. & Cie. 1879
*** Züricher Neujahrsblatt der Allgemein. Musikgesellschaft Nr. 67.

[Weber, Heinrich] (Friedrich Silcher, der Meister des Volksliedes. 1789–1860. [Mit 1 Porträt-Tafel.]) Njbl. AMusikges. Zürich 1879. 4. Zürich.

[Weber, Heinrich] Gasparo Spontini (1774–1851). [Mit 1 Porträt-Tafel.] (Njbl. AMusikges. Zürich 1878.) 4. (Zürich.)

—— die „Sündenwage" zu Wilsnack, s. Broschüren, Frankfurter zeitgemäße.

Weber, Heinr., Theorie der Abelschen Functionen vom Geschlecht 3. gr. 4. (IV, 184 S.) Berlin 876. G. Reimer. n. 6. —

— Zur Theorie der Galvanometer. (Sep. Abdr. aus Poggendorff's Ann. der Physik und Chemie. Band CLIV und CLVII.) Leipzig [o. J.]

— Zur Theorie der Galvanometer. 8°. München 1875.

Weber, Heinrich: Zur Theorie der sing. Lösungen partieller Differentialgl. 1. Ordnung. 1866. 8°
Diss. Heidelberg

—— Die Trappisten-Mission in Süd-Afrika, s. Broschüren, Frankfurter zeitgemäße.

— Übersichtstafeln der deutschen Forst- und Jagdgeschichte, s.: Wimmenauer, Karl.

Weber, Heinr., orthographisches Übungsbuch. Methodisch geordnete Beispiele, Regeln u. Aufgaben für den Unterricht in der neuen deutschen Rechtschreibung. Auf Grundlage des ministeriellen Regelbuches für Volks- u. Bürgerschulen, sowie für die Unterklassen höherer Lehranstalten bearb. 8. (56 S.) Leipzig 881. Siegismund & Volkening. n. — 25

—— orthographisches Übungsbuch. Methodisch geordnete Beispiele, Regeln und Aufgaben für den Unterricht in der neuen deutschen Rechtschreibung. Für Volks- und Bürgerschulen, sowie für die Unterklassen höherer Lehranstalten. 2. verb. Aufl. 8. (46 S.) Leipzig 884, Siegismund und Volkening. *

Weber, Heinr., orthographisches Übungsbuch. Methodisch geordnete Beispiele, Regeln und Aufgaben für den Unterricht in der deutschen Rechtschreibung. Für Volks- und Bürgerschulen, sowie für die Unterklassen höherer Lehranstalten bearb. 3. und 4. verm. Aufl. gr. 8. (48 S.) Leipzig 886,87, Siegismund und Volkening.

Weber, Heinr., orthograph. Übungsbuch. Methodisch geordnete Beispiele, Regeln u. Aufgaben f. den Unterricht in der neuen deutschen Rechtschreibung. Für Volks- u. Bürgerschulen, sowie f. die Unterklassen höh. Lehranstalten bearb. 5. (Ster.-)Aufl. 8. (48 S.) Leipzig 900. [Schulbücherverlag A. B. Zirrgiebel.] E. Zehl. n. — 25; kart. n. — 35

—— dass. — s. Sammelmappe, pädagogische, Heft 51.

— die Verehrung der heiligen 14 Nothhelfer, ihre Entstehung u. Verbreitung. gr. 8. (IV, 132 S. m. Illustr. im Text, 1 Lichtdr. u. 3 photolith. Kunstbeilagen.) Kempten 886. Kösel. 2. —

Weber, Heinr., das Verhältnis Deutschlands zu England. Rede zur Feier des Geburtstages Sr. Maj. des Kaisers u. Königs, geh. in der königl. Akademie zu Posen am 27. I. 1904. (26 S.) gr. 8. Posen 904. Merzbach. n. — 30

Weber, Heinr. (Otto Lothar) (geb. Berlin 31. 8. 1859): Ueber das Verhältniss Englands zu Rom während der Zeit der Legation des Cardinals Otho in den Jahren 1237–1241. Berlin 1883. (66 S.) 8°
* Vollst. ersch. Berlin: Weidmann 1883.
Berlin, Phil. Diss. v. 28. Juli 1883.

Weber, Heinr., üb. das Verhältniss Englands zu Rom während der Zeit der Legation d. Cardinals Otho in den J. 1237—1241. gr. 8. (IV, 126 S.) Berlin 883. Weidmann. n. 3. —

Verzeichnis zürcherischer Universitätsschriften 1833–1897. Im Anh.: Programmarbeiten d. Kantonsschule Zürich 1834–1903. (Verf.: [Oberbibliothekar] Dr. Heinrich **Weber** u. [Unterbibliothekar] Dr. Jakob Werner.) Zürich: Kantonsbibliothek 1904. (VII, 218 S.) 8°
Erschien auch als Bd 4 von: Katalog d. Bibliothek d. Cantonal-Lehranstalten in Zürich. [06. 771]

— Vierzehnheiligen in Frankenthal. 8. (79 S.) Bamberg 884. (Schmidt.) n. n. — 50

Weber, Heinrich: Der Vokalismus der Mundarten des Oberen Weschnitztales. T. 1: Die kurzen Vokale. Halle a. S. 1908: Buchdr. d. Waisenhauses. (61 S.) 8°
Gießen, Phil. Fak., Ref. Behaghel, Diss. v. 30. Juni 1908.

[Weber, Heinrich] (Die Vorlaufer von Joh[ann] Sebastian Bach. [Mit 1 Portrat-Tafel und 2 Musik-Beilagen.]) Njbl. AMusikges. Zurich 1891. 4. Zürich.

Weber, Heinrich, Vorschriften zur Construction von Galvanoskopen, welche das Maximum der Empfindlichkeit besitzen. (Poggendorff's Annalen, Band CXXXVII.)

Weber, Heinr., fünf populäre wissenschaftliche Vorträge, gehalten in der Aula der herzogl. techn. Hochschule zu Braunschweig. 8. (VII, 141 S. mit 84 Illustr.) Braunschweig 887, Vieweg und Sohn.

[S.] Hans Waldmann. E. vaterländ. Drama in 5 Akten v. Heinrich **Weber**. *Aarau: H. R. Sauerländer & C. 1899.* (159 S.) 1 Bd 8.
= Bibliothek vaterländischer Schauspiele. Bdch. 60/61. [98. 1089]

— Heinrich, Ueber das Warme-Leitungs-Vermogen von Eisen und Neusilber. (Aus: Poggendorff's Annal., Bd. CXLVI.)

Weber, Heinr., Wilhelm Weber. Eine Lebensskizze. Mit e. Bildnis (in Heliograv.) aus d. J. 1884. [Aus: „Deutsche Revue".] gr. 8. (III, 111 S.) Breslau 893. E. Trewendt. n. 2. —

Weber, Heinr., Weihnachten. Interessante und lehrreiche Mittheilungen über die Entstehung, Bedeutung und Feier der Weihnachten. gr. 16. (VIII, 132 S.) Leipzig 878, Siegismund und Volkening. cart. geb. mit Goldschn.

Weber, Heinrich: Bamberger Weinbuch. Ein Beitrag zur Culturgeschichte. In: Bericht über Bestand und Wirken des Historischen Vereins zu Bamberg im Jahre 1883. 46. Bamberg 1884, S. 1-293. -- 17*.36

— Bamberger Weinbuch. Ein Beitrag zur Culturgeschichte. gr. 8. (293 S.) Bamberg: Schmidt 1884. 3. —

Weber, H[einrich]: Obristzunftmeister Widmer. Vaterländ. Schauspiel in 3 Akten. (Aarau: H. R. Sauerländer & Co. [1899].) (43 S.) 8°
Aus: 'Die Schweiz', schweiz. ill. Zeitschr.
(Bibliothek vaterländischer Schauspiele. 64.)

Weber, H., Obristzunftmeister Widmer, s. a. Bibliothek vaterländischer Schauspiele. Nr. 64.

—— Zeitblatt f. Gewerbtreibende, s. Zeitblatt.

— Ulrich Zwingli. Ein Schauspiel in 5 Acten. 12. (III, 210 S.) Frauenfeld 883. Huber. n. 2. —

Weber, Heinr. Aloys, der Fremde in Fulda oder histor. Beschreibung der Alterthümer und Sehenswürdigkeiten in der Bonifacius-Stadt. gr. 16. (64 S.) Fulda 850, (Müller'sche Buchh.)

Weber, Heinrich Benedikt von

— über Einbildungskraft, s. unten: anthropologische Versuche. 2r Thl.

— Grundzüge der Politik, oder philosoph.-geschichtl. Entwickelung d. Hauptgrundsätze d. innern u. äußern Staatskunst. gr. 8. Tüb. 827. Laupp. 1 rß 12 gr

Weber, H. B. v., Handbuch d. psychischen Anthropologie, mit vorzügl. Rücksicht auf d. Praktische u. d. Strafrechtspflege insbesond. gr. 8. (34½ B.) Tübingen 829, Osiander.

— über Kopf u. Herz, vorzügl. nach ihren wechselseit. Verhältnissen betrachtet; e. psycholog.-moral. Versuch. 8. Stuttg. 807. Sonnewald. 21 gr

— über u. gegen die Langeweile. Zur Kunst u. Kenntniß d. Lebens. gr. 8. Tüb. 826. Laupp. 1 rß

— die Philosophie in ihrem Geiste u. Grenzpunkte. 8. Heidelb. 809. Mohr. 9 gr

H. B. **Weber**: die Philosophie in ihrer Grösse u. (ihren) Gränzpuncten. *Oehringen.* (*Heidelb.*, Mohr u. Zimmer.) 809. 8° 10 gr

Weber, H. B. v., kleine philosoph. u. polit. Schriften. gr. 8. (20½ B.) Stuttgart 839, Hallberger'sche Vrlsh.

— vom Selbstgefühle u. Mitgefühle, e. Beitrag zur pragmat. Anthropologie. gr. 8. Heidelb. 807. Mohr. 16 gr

v. Weber, H. B.: Ueber das Studium d. Rechtswissenschaft, u. insbesond. d. Strafrechtswissenschaft. Vorzügl. f. seine Zuhörer. *Tübing.*, Laupp. 825. gr. 8. (12 Gr.)

— anthropolog. Versuche zur Beförder. einer gründlichen u. umfassenden Menschenkunde für Wissenschaft u. Leben. gr. 8. Heidelb. 810. Mohr. 1 rß 12 gr 2r Thl. A. u. d. T.: über d. Einbildungskraft u. Gefühl, vorzügl. nach ihrem wechselseit. Verhältnisse u. Wirken aufeinander ꝛc. gr. 8. Stuttg. 817. Metzler. 1 rß 8 gr

Weber, Hnr. Chr., s. G. H. Stuck, Verzeichniß.

Weber, Heinrich Friedrich

Weber, H. F. Bericht über Gruppe 32 d. schweizer. Landesausstellung. Zürich 1883. Physikalische Industrie, Wissenschaftliche Instrumente. Gr.in-8°. Zürich, Orell Füssli & Cie.

Weber, H. F., physikalische Industrie, s.a. Bericht über Gruppe 32 der schweizerischen Landesausstellung Zürich 1883: Physikalische Industrie.

Weber, Heinr. Friedr. Die Leistungen der elektrischen Arbeitsübertragung von Kriegstetten nach Solothurn. Zürich 1888.

Weber, Heinr. Friedr. Absolute electromagnetische und calorimetrische Messungen. Zürich 1877.

Weber, Heinr. Friedr. Die wahre Theorie der Fresnel'schen Interferenzerscheinungen. Zürich 1879.

Weber, Heinr. Friedr. Untersuchungen über das Elementargesetz der Hydrodiffusion. Zürich 1878.

Weber, Heinr. Friedr. Untersuchungen über die Wärmeleitungen in Flüssigkeiten. Zürich 1879.

Weber, H. Friedr., die specifischen Wärmen der Elemente Kohlenstoff, Bor und Silicium. 1. Abhandlung: Die Abhängigkeit der specif. Wärmen der isolirten Elemente Kohlenstoff, Bor und Silicium von der Temperatur. Eine experimentelle Untersuchung. gr. 8. (84 S. mit 1 lithogr. Curventaf. in qu. 4.) Stuttgart 874, Metzler's Verlag. *

Weber, Heinrich Karl Fr.

Weber, H. K. Fr., Abhandlung über d. Elemente d. deutschen Current-Schrift. Mit e. Uebers. d. deutschen Schriftelemente auf 4 Tafeln. 8. Cassel 825. Bohné. 6 gr

Weber, Hnr. Karl Fr., neues Schulrechenbuch, nach einem einfachen Plane entworfen. 1e Abthl. Die Grundrechnungsarten. gr. 8. Marburg 835. Garthe. 1/4 Thlr

— dass. 2e Abthl. Die Bruchrechnungen. gr. 8. Ebd. 835. 1/8 Thlr

— Antworten-Heft zur 1n u. 2n Abthl. gr. 8. Ebd 836. 1/8 Thlr

— dass. 3e Abthl. A. u. d. T.: Die Lehre von den geometrischen Verhältnissen u. Proportionen, vornehmlich nach ihrer Anwendung auf Rechnungsfragen des gemeinen Lebens. Nebst einer Sammlung von Uebungsaufgaben, mit beigefügten Musterbeispielen zu d. verschiedenen, auf jene Lehre gegründ. Rechnungsarten. gr. 8. Ebd. 839. 1/2 Thlr

Weber, H. K. Fr., Vorschriften zur Erlernung d. größeren Schrift. Cassel 826. Bohné. 6 gr

— alphabet. geordnete Vorschriften z. Erlernung d. deutschen Mittelschrift. 1e u. 2e Abtheil. Cassel 827. Bohné. 10 gr

Weber, Heinrich Leo

Weber, Heinr. Leo., biblische Alterthumskunde, | s.: Universal-Bibliothek, jüdische.

Weber, Heinr. Leo, Erläuterungen zu den Gedichten unserer Schullesebücher. gr. 8. (VII, 186 S.) Troppau 893. Buchholz & Diebel. n. 2. 50

Weber, Heinr. Leo, ein Festkranz, gewunden unserem erhabenen Kaiser Franz Josef I. zum hohen 40jähr. Regierungsjubiläum. 8. (60 S. mit Kaiserbild.) Prag 888, Brandeis. *

—— Oesterreichs Freudentag. Ein Blatt für unsere Schuljugend. 4. (3 S. mit Portr.) Ebendas. 881. *

Weber, Heinr. Leo, neuestes vollständiges Gratulationsbuch f. alle Gelegenheiten u. Altersstufen in Versen u. Prosa, nebst e. Anh. v. Stammbuchblättern, Condolenzschreiben, Visitkarten u. Telegrammen. 8. (124 S.) Prag 883. Brandeis. n. — 70; cart. n — 80

—— Hochwaldklänge. Poet. Blätter zur hohen Vermählungsfeier Sr. kaiserl. Hoh. des durchlaucht. Herrn Kronprinzen Rudolf von Oesterreich mit Ihrer königl. Hoh. der durchlaucht. Frau Prinzessin Stefanie von Belgien. gr. 8. (IV, 52 S.) Ebendas. 881. *

— s.: Kultscher, A., hoch Österreich!

Weber, Heinrich Leo: Leidensgeschichte der Juden in Böhmen, s. Universalbibliothek, Jüdische.

—— Schulreden und Entwürfe zu Ansprachen für Lehrer bei festlichen Anlässen. gr. 8. (VI, 100 S.) Troppau 882, Buchholz und Diebel. *

Weber, Heinr. Leo. Schulreden u. Entwürfe zu Ansprachen f. Lehrer bei festlichen Anlässen. 2. verb. u. verm. Aufl. gr. 8. (VI, 133 S.) Troppau 890, Buchholz u. Diebel. * 2 —

—— bunte Steine vom Felde der Erziehung und des Unterrichts. 12. (124 S.) Prag 883, Brandeis. *

— Stilaufgaben. Für die Hand d. Lehrers. gr. 8. (VI, 162 S.) Troppau 883. Buchholz & Diebel. n. 2. —

—— der deutsche Unterricht in allen seinen Theilen. Ein didakt. Behelf. gr. 8. (VII, 248 S.) Troppau 885, Buchholz und Diebel. *

Heinrich Ludwig Weber

De curandis intestinorum Vulneribus. Acc. quaedam de plagis ventriculi atque abdominis. Berolini (1830:) Unger. VI, 40 S. 4°

Berlin, Med. Diss. v. 8. Sept. 1830

Weber, Helene, das Buch zum Selbstanfertigen der Kinder-Kleidung. s.: Riebner, Marie.

— Häkel-Arbeiten, s.: Riebner, Marie.

Weber, Helene, s.: Kinder-Moden, praktische deutsche.

Weber, Helene, Kreuzstich-Arbeiten. I. u. II. Heft. (à 52 S. m. Abbildgn. u. 4 bezw. 5 Musterbog.) schmal Lex.-8. Leipzig (905. 906). Verlag der Deutschen Moden-Zeitg. à 1. 25

— Kreuzstich-Arbeiten. 1. Heft 3. Aufl. u. 2. Heft 2. Aufl. (à 54 S. m. Abbildgn. u. 4 bezw. 5 Musterbog.) Lex. 8. Leipzig (908). Verlag der Deutschen Moden-Ztg. à 1.25; erh. Pr. à 1. 50

— dasselbe, s.: Handarbeitsbücher der „Deutschen Moden-Ztg."

— Perl- u. Flitter-Arbeiten. (57 S. m. 130 Abb. u. 2 doppelseit. Beilagen.) Lex. 8. Leipzig (910). Verlag der „Deutschen Moden-Zeitung". 1. 50

— zur Reform-Mode, s.: Hochfelden, Brigitta.

— Sonnen-Spitzen (Teneriffa-Arbeit), s.: Riebner, Marie.

— Soutache- u. Blenden-Arbeiten, s.: Riebner, Marie.

— Strickarbeiten, s.: Riebner, Marie.

— Weißstickerei. (59 S. m. 250 Abbildgn.) Lex.-8. Leipzig (906). Verlag d. deutschen Moden-Zeitung. 1. 25

Weber, Henriette, Festung Königstein. Bilder u. Erinnergn. Buchschmuck u. Zeichngn. v. Gertr. Geissler. (48 S. m. 12 Vollbildern.) gr. 8. Dresden (908). C. Heinrich. Kart. 2. —

Weber, Henriette: Festung Königstein. Bilder u. Erinnerungen. Buchschmuck u. Zeichn. von Gertrud Geißler. Dresden: Heinrich [1909]. 47 S. 8°

Weber, Henry

Weber, H., Generaladreßbuch der Schweiz. (Ein Handbuch für Fabrikanten, Handelsleute und Touristen. 8. (IV und 364 S.) Zürich 857(59). (Meyer und Zeller's Verlag.) *

Weber, H., geschichtl. geograph. statist. Handlexicon des Kantons Zürich. 276 Stn. 8. Zürich, beim Verf. 1873 6. —

—— neues vollständiges Ortslexikon der Schweiz, s. Ortslexikon.

(Weber, Henry.) Neues Vollständiges Ortslexikon der Schweiz. Hrg. von Fink & Comp. Ein unentbehrliches Handbuch für Jedermann. 8. Zürich 1862.

Weber, Henry, neues vollständiges Ortslexikon der Schweiz. Nach den zuverlässigsten Quellen bearb. Ein unentbehrl. Handbuch f. Jedermann. 2. Aufl., m. Beiträgen kompetenter Mitarbeiter aller Kantone, hrsg. v. Otto Henne am Rhyn. (In 10 Hftn.) 1. u. 2. Hft. gr. 8. (S. 1—144.) St. Gallen 886. Kreutzmann. à n. — 80

Weber, Henry, neues vollständiges Ortslexikon d. Schweiz. 2. Aufl., m. Beiträgen kompetenter Mitarbeiter aller Kantone, hrsg. v. Otto Henne am Rhyn. 3.—10. (Schluß-)Hft. gr. 8. (S. 145—700.) St. Gallen 887. Kreutzmann. à — 80 (cplt. geb.: 10. —)

Weber, Henri, die Vorschläge der bundesräthlichen Kommission betr. militärische Fussbekleidung, vom fachmänn. Standpunkt aus unter Beigabe v. 12 lith. Taf. kurz beleuchtet. gr. 8. (34 S.) Zürich 883. Schmidt. n. 1. 50

Weber, Henry C. P., aus Bloomfield, N.-J., U. S. A.: Über einige Phenanthrenderivate. *Würzburg 1903: Stahel.* (34 S.) 8°
Würzburg, Phil. Diss. v. 1903

Weber, Hermann

Weber, Herm., das Auguste-Victoria-Kranken- u. Schwestern-Haus vom Rothen Kreuz des Zweigvereins Berlin des vaterländ. Frauen-Vereins, m. Berücksicht. der besond. Gesichtspunkte für Gründg., Bau u. Betrieb e. Kranken- u. Schwestern-Hauses vom Rothen Kreuz. Im Auftrage des Vereins u. Curatoriums. (VII, 166 S. m. Abbildgn. u. 1 Taf.) gr. 8. Berlin 903. A. Hirschwald. n. 4. 60

Weber, Herm., der Bau der Locomobilen und transportablen Dampfmaschinen, s. Uhland's techn. Bibliothek.

Weber, Herm., Catalogue des estampes anciennes qui composent (son) magasin à Bonn. I. Partie. A. s. l. t.: Catalogue raisonné d'une belle et nombreuse collection de portraits gravés par et d'après Antoine Van-Dyck; dont la vente se fait aux prix annoncés dans le catalogue au magasin (de l'auteur). gr. 8. (VI und 128 S.) Bonn 852. (Leipzig, R. Weigel.) *

Programm des evang. Gymnasiums A. C. zu Kesmark für das Schuljahr 1854—55, zugleich Ankündigungsschrift der am 30. Juli l. J. abzuhaltenden öffentlichen Prüfungen, zu welchen hiemit ergebenst einladet Professor Hugo Stenczel, Rektor. Leutschau. Gedruckt bei Johann Werthmüller und Sohn. (24 S. 4.)
Inhalt: Das evang. Distriktual-Lyceum zu Kesmark seit 1760. Von Prof. H. Weber.

Weber, Hermann, a. Wittenberg: Einfluss von Substituenten auf die Beständigkeit des Pyrrolidonringes. (Berlin 1905: E. Ebering.) (59 S.) 8°
Berlin, Phil. Fak., Ref. Gabriel, Diss. v. 23. Dez. 1905
[Geb. 22 Febr. 79 Wittenberg; Wohnort: Wittenberg; Staatsangeh.: Preußen; Vorbildung: Melanchthon-Gymn. Wittenberg Reife O. 00; Studium: Straßburg 1, Berlin 10 S.; Rig. 14 Dez. 05.]

Weber, Herm., üb. den Einfluss der klimatischen, Boden- u. gesellschaftlichen Verhältnisse auf das Vorkommen u. den Verlauf der Lungentuberculose, m. besond. Berücksicht. der Krankheiten in heissen Zonen. Vortrag. [Aus: „Münch. medicin. Wochenschr."] gr. 8. (20 S.) München 890. Lehmann. n. — 60

Weber, Hermann [aus Neu-Ruppin (Brandenb.)]: Historische Entwicklung der Ansichten über die Erwärmung der Geschosse und ihre Ursachen ... Berlin, Buchdr. v. G. Schade, *1895;* 29 S., 1 Bl. 8.
Berlin, Med. Fak., Inaug.-Diss. v. 22. Febr 1895

Weber, Hermann (Echzell)
Ein Fall von Zungenlähmung. Inauguralabhandlung
Giessen: Keller 1848. 27 S.
Diss. med. 12.8.1848. vorh. 26. 11. Δ

[Weber, Hermann.] Ein Schweizer-Dutzend Wahre Geschichten erzählt vom Verfasser des Buches: «Morgenstund hat Gold im Mund». 101 S. 8. Zürich ⟨und Leipzig⟩, Th. Schröter, [1905]. [fr. 1.50]

Weber, Hermann —. Das evang. Gymnasium zu Kesmark in seiner geschichtlichen Entwicklung bis zum Jahre 1760, von — —. Ankündigungsschrift der den 31. Juli 1854 abzuhaltenden öffentlichen Prüfung sämmtlicher Klassen des evang. Gymnasiums zu Kesmark rc. 4. (20 S.) Leutschau. Gedruckt bei Johann Werthmüller.

Weber, Hermann, um Deutschlands Kaiserkrone. Dramatisches Gemälde aus der Reformationszeit. Nach den besten Quellen u. e. Literaturdrama bearb. 8. (86 S.) Hamburg 876. Koch. n. 1. —

Weber, H., Klimatotherapie, s.: Handbuch der allgemeinen Therapie.

Weber, Sir Herm., Klimatotherapie u. Balneotherapie, s.: Mayor, Paul.

Weber, Sir Herm., Mittel zur Verlängerung des Lebens. Nach der 2. Aufl. des vor dem royal college of physicians in London geh. Vortrags: „On means for the prolongation of life". (91 S.) 8. Leipzig (906). Krüger & Co. n. 1. 50

W[eber], H[ermann]. Morgenstund hat Gold im Mund! Anleitung zum frühen Aufstehen. Jedermann, insbesondere allen Kurbedürftigen gewidmet von H. W. 6. Aufl. VI + 69 S. 8. Zürich ⟨und Leipzig⟩, Th. Schröter, 1903. [cart. fr. 1.—]

W[eber], H[ermann]. Morgenstund hat Gold im Mund! Anleitung zum frühen Aufstehen. Jedermann, insbesondere allen Kurbedürftigen gewidmet von H. W. 7. [unveränderte] Aufl. ⟨21.—25. Tausend.⟩ VI + 70 S. 8. Zürich ⟨*und* Leipzig⟩, Th. Schröter, 1903. [fr. 1. —]

Weber, Herm., ärztliche Rathschläge f. Schule u. Haus. 16. (32 S.) Berlin 896. (Ernst Hesse.) n. — 20

Aerztliche Rathschläge für Schule und Haus. Von Dr. Hermann Weber in Berlin. *Berlin: Medic. Waarenhaus 1896.* (32 S.) 1 Bd 8.

[Weber, Hermann.] Reisewinke für Reiselustige. Von einem Wanderfreund. [Umschlag illustriert.] 8. Leipzig, Zürich 1896.

[Weber, Hermann.] Reisewinke für Reiselustige. Von einem Wanderfreund. 2. Aufl. IV + 137 S. 8. Leipzig (Druck: Zürich), Th. Schröter, 1901. [fr. 1. 50]

[Weber, Hermann.] Reisewinke für Reiselustige. Von einem Wanderfreund. 3. [Titel-]Aufl. IV + 137 S. 8. Zürich ⟨*und* Leipzig⟩, Th. Schröter, [1904]. [fr. 1. 50]

Weber, Herm., über Schul-Hygiene in England. gr. 8. (21 S.) Wiesbaden 884, Bergmann.
Aus: Verhandlungen des dritten Congresses für innere Medicin, besonders abgedruckt.

Weber, Hermann: Schweinezucht und -haltung und Schweinehandel. Dessau 1909: Druck. Gutenberg. X, 164 S. 8°
Heidelberg, Phil. Diss. v. 15. Febr. 1909, Ref. Gothein.

Weber, Hermann, approb. Arzt: Ueber psychische Störungen bei Herzkranken. *Jena 1901: B. Engau.* (47 S.) 8°
Jena, Med. Diss. v. (28. Dez.) 1901

[Weber, Hermann.] Die Ufenau. Freunden und Bekannten zum Andenken geschildert von einem Verehrer der Insel. [Mit] Illustrationen [und 1 Tafel] nach eigenen Original-Aufnahmen. 2. Aufl. 8. Zürich 1899.

— die Verhütung des frühen Alterns. Mittel u. Wege zur Verlängerg. des Lebens. 1. u. 2. Aufl. (à 91 S.) 8. Ebd. 904. 905. n. 1. 50; geb. n. 2. —
Sonderabdruck aus: „Deut. medicin. Wochenschr." u. „Zeitschrift f. diätet. u. physik. Therapie".

Weber, Hermannus ⟨geb. am 29 [nicht 30] Dez. 1823 in Holzkirchen Baiern⟩: De vi clysmatum nutrientium ... Bonnae, typ. C. & F. Krüger 1848. 2 Bl., 30 S., 1 Bl. 8.
Bonn, Med. Fak., Diss. v. 28 Nov. 1848

Weber, Herm., Vorträge über die hygienische und klimatische Behandlung der chronischen Lungenphthise. Deutsche Ausg. von Hugo Dippe. 8. (VIII, 109 S.) Leipzig 885, F. C. W. Vogel. *

Weber, Herm. (geb. Berlin 17. 5. 1848): Ueber den ätiologischen Zusammenhang zwischen Cholera und Boden. Berlin (1869). (36 S.) 8°
Berlin, Med. Diss. v. 12. Aug. 1869

Weber, Herm., über den ätiologischen Zusammenhang zwischen Cholera und Boden. Inaugural-Dissertation. gr. 8. (36 S.) Berlin 869. (Preuss. Stargardt, Kienitz.) *

Weber, Hermann Albert: [I.] Ueber die Aufschliessung der Silikate durch Borsäureanhydrid und [II.] Ueber eine neue Methode zur Bestimmung des Fluors im Kryolith. Heidelberg 1900: J. Hörning. (38 S.) 8°
Heidelberg, Naturw.-math. Diss. v. 1900.

Weber, Hermann Paul, aus Elberfeld, Referendar am kgl. Landger. zu Cöln: Der **Verkauf** mit lex commissoria und das Reichsgesetz über die Abzahlungsgeschäfte vom 16. Mai 1894. *Köln 1899: R. Pusch & Zörnsch.* (VII, 42 S.) 8° [F. u. Ant.]
Erlangen, Jur. Diss. v. 10. Sept. 1898

Weber, Hubert: Ueber Carcinoma recti. 40 Fälle aus der Königl. chirurg. Klinik zu Greifswald. *Greifswald 1898: J. Abel.* (48 S.) 8°
Greifswald, Med. Diss. v. 15. März 1898

Weber, Hubert: Handbüchlein für die Mitglieder des Marien-Vereins. Statuten, Gebete und Gesänge. Luxemburg: Heintze 1857. 32, 11 S. 8°

— Dass. Ebd. 1868. 34 S. 8°

Weber, Hub., Leben der gottseligen Schwester Margaretha, des dritten Ordens des hl. Franziskus, Klausnerin an dem hl. Geist-Kloster in Luxemburg. 855. (IX, 183 S.) — 2. verb. u. verm. Aufl. Luxemburg 857. Bück. 12. (XII, 188 S.) n. 10 *ngr.*

—— Leben der Schwester Monika geb. Margaretha v. Busbach, Wittwe v. Wiltheim, Gründerin der Congregation U. L. F. in der Stadt Luxemburg. 12. (IV und 385 S. mit lithogr. Portr.) Luxemburg 857, Gebr. Heintze's Verlag.

Weber, Hubert: Martertod des heiligen Adrianus, nebst einigen Notizen, die Verehrung dieses Heiligen betreffend. Luxemburg: Heintze 1861. 76 S. 12°

Weber, Hubert: Predigt in der St. Peter-Pfarrkirche zu Luxemburg in der Oktave der allers. Jungfrau Maria. 1841.

Weber, Hugo, Anschauungsunterricht u. Heimatkunde, s.: Jütting, W. U.

Weber, Hugo: *Bericht über die Feier des 350jährigen Bestehens der Anstalt.* Eisenach, Hofbuchdr., 1895; 3—7 S. 4.
Eisenach, Carl Friedrich-G, OP 1895 (698)

Weber, H., Griechische Elementar-Grammatik. gr. 8. (X, 202 S.) Gotha 885. F. A. Perthes. n. 2. 40

— lateinische Elementar-Grammatik. I. u. II. gr. 8. Ebend. n. 2. 40
1. Elemente der lateinischen Darstellung. (VIII, 46 S.) 885. n. — 80
2. Elemente der latein. Syntax. (XX, 139 S.) 886. n. 1. 60

Weber, H.: Lateinische Elementar-Grammatik. 1. Tl.: Elemente der lateinischen Formenlehre, nebst den wichtigsten syntakt. Regeln f. die drei ersten Schuljahre. Von R. Flex. 2. verb. Aufl. gr. 8. (XVI, 196 S.) Gotha 890, F. A. Perthes. * 2 —
2. Tl. Ebd. 1886. * 1 60.

Weber, H., lateinische Elementar-Grammatik. I. Tl. Elemente der latein. Formenlehre nebst den wichtigsten syntakt. Regeln f. die drei ersten Schuljahre v. R. Flex. 3. Aufl. (XV, 196 S.) gr. 8. Gotha 903. F. A. Perthes. n. 2. —

Weber, Hugo, de Hesychii ad Eulogium epistula. (Commentatio e programmate vernali gymnasii Vimariensis seorsum typis exscripta.) gr. 4. (43 S.) Halle 865, Buchh. des Waisenhauses. *

Weber, *Hugo* Eröffnung der Carl Alexander-Bibliothek. 4 (S. 5—7 der Schuln.). **Progr.** Carl Friedrich-G. *Eisenach* 1889 (634)

Weber, Hugo, die Heilung der Lungenschwindsucht durch Beförderung der Kohlensäurebildung im Körper. (55 S.) gr. 8. Halle 906. C. Marhold. n. 1. —

Weber, Hugo, die Heilung der chronischen Lungenschwindsucht durch Entwickelung von Kohlensäure im Magen. gr. 8. (54 S.) Wiesbaden 894. J. F. Bergmann. n. 1. —

Weber, Hugo, die Heimat, Lehr- u. Lesebuch, das Vaterland, der Wohnort, s.: Jütting, W.

— Heimatskunde vom Königr. Sachsen. Als Anhang zu den Lesebüchern von Jütting u. Weber, sowie auch zu anderen hrsg. 1. u. 2. Kurs. gr. 8. Leipzig 880. Klinkhardt. n. — 60; als Beigabe zum Lesebuch n. — 50

1. Land u. Leute. [Anh. zu Heimat u. Mittelstufe.] (32 S. mit 1 chromolith. Karte.) n. — 35; als Beigabe n. — 30

2. Das Volk u. seine Geschichte. [Anhang zu den Lesebüchern für die Oberklassen.] (48 S.) n. — 25; als Beigabe n. — 20

—— Heimatkunde vom Königreich Sachsen. Als Anhang zu den Lesebüchern von Jütting und Weber, sowie auch zu anderen hrsg. 2 Kurse. gr. 8. Leipzig, Klinkhardt. *

Inhalt:

Kurs. 1. Land und Leute. 3. Aufl. (32 S. mit 1 chromolithogr. Karte.) 886. * 30 Pf.; ohne Karte * 20 Pf.

" 2. Das Volk und seine Geschichte. 3. und 4. Aufl. (48 S.) 886,88. * 25 Pf.

— Heimatkunde, vom Königr. Sachsen. Als Anhang zu den Lesebüchern v. Jütting u. Weber, sowie auch zu anderen hrsg. II. Kurs.: Das Volk u. seine Geschichte. 5. Aufl. gr. 8. (48 S.) Leipzig 890. Klinkhardt. n. — 25

— Heimatkunde vom Königr. Sachsen. Als Anh. zu den Lesebüchern v. Jütting u. Weber, sowie auch zu anderen hrsg. 1. Kurs.: Land u. Leute. 4., verb. Aufl. Durchgesehen v. R. Börner. gr. 8. (32 S.) Leipzig 892. J. Klinkhardt. n. — 20; m. Karte v. Sachsen n. — 30

Weber, Hugo, Heimatkunde v. Königr. Sachsen. Als Anh. zu d. Lesebüchern v. Jütting u. Weber, sow. auch zu anderen hrsg. 2. Kurs.: Das Volk u. s. Geschichte. 6. Aufl. gr. 8. (48 S.) Leipzig 895. J. Klinkhardt. n. — 25

Weber, Hugo, Heimatkunde vom Königr. Sachsen. Als Anh. zu den Lesebüchern von Jütting u. Weber, sowie auch zu anderen hrsg. I. u. II. Kurs. gr. 8. Leipzig, J. Klinkhardt. n. — 45

I. Land u. Leute. 5. verb. Aufl. (32 S.) 899. n. — 20; m. Karte n. — 30

II. Das Volk u. seine Geschichte. 7. Aufl. (48 S.) 902. n. — 25

— Heimatkunde vom Königr. Sachsen. I. Kurs.: Land u. Leute. 6. neu durchgeseh. Aufl. (82 S.) 8. Leipzig (905). J. Klinkhardt. n. — 20; m. 1 farb. Karte n. — 30

— Heimatkunde. II. Tl. Sachsens Volk u. seine Geschichte. 8. Aufl., bearb. v. Otto Leißner. (48 S.) gr. 8. Leipzig (907). J. Klinkhardt. — 25

Weber, Hugo, die dorische Partikel κά. Ein Beitrag zu der Lehre von den griech. Dialekten. 8. (X und 102 S.) Halle 864, Buchh. des Waisenhauses.

Der Kaiser todt! [Unterz.:] Hugo **Weber.** [Dat.:] Leipzig 1888. 2 Bl. 4⁰ [Kopftit.]
Gedicht: „Ein Schmerzensschrei hallt durch die Lande, . . .“ 281.

Die ansteckenden Krankheiten (Typhus, Cholera, Tuberkulose, Diphtheritis usw.) und die Mittel zu ihrer Verhütung von San.R. Dr. Hugo **Weber**, St. Johann-Saarbrücken. Halle a. S.: C. Marhold 1905. (19 S.) 8° [F.]
= **Volksbücherei**, Medizinische. H. 17. [os. 2150 3]

— Lehrbuch für Anschauungs-Unterricht u. Heimatkunde, s.: Jütting, W.

Weber, Hugo, Lehr- und Lesebuch für ländliche Fortbildungsschulen. Zugleich als Volksbuch hrsg. 1. und 2. Aufl. gr. 8. (304 S.) Leipzig 883, Klinkhardt. geb. *

— dasselbe, f. ländl. Fortbildungsschulen. Zugleich als Volksbuch hrsg. 3. Aufl. gr. 8. (304 S.) Leipzig 885. Klinkhardt. n. 1. —; geb. n.n. 1. 35

—— dass. — Ausg. für Preußen. 4. Aufl. gr. 8. (304 S.) Ebendas. 887. *ℳ 1.—.; geb. **

— dasselbe. 5. Aufl. gr. 8. (304 S.) Ebd. 889. n. 1. —; geb. n.n. 1. 35

— Lehr- u. Lesebuch f. ländliche Fortbildungsschulen. Zugleich als Volksbuch hrsg. 6. Aufl. gr. 8. (304 S.) Ebd. 892. n. 1. —; geb. n.n. 1. 35

— dasselbe. 6. Aufl. Ausg. f. Preußen. gr. 8. (304 S.) Ebd. 892. n. 1. —; geb. n.n. 1. 30

— Lehr- u. Lesebuch f. ländliche Fortbildungsschulen. Zugl. als Volksbuch hrsg. 7. Aufl. Ausg. A. gr. 8. (320 S.) Ebd. 896. n. 1. 10; geb. n.n. 1. 35

— dasselbe f. Fortbildungsschulen m. Gewerbe u. Landbau treib. Bevölkerung. Ausg. B. Besorgt v. W. Schreyer. 2. Aufl. gr. 8. (VIII, 384 S.) Ebd. 898. n. 1. 25; geb. n.n. 1. 50

— Lehr- u. Lesebuch f. ländliche Fortbildungsschulen. Zugleich als Volksbuch hrsg. 9. Aufl. Ausg. A. gr. 8. (320 S.) Ebd. 902. n. 1. 10; geb. n.n. 1. 35

— Lehr- u. Lesebuch f. ländliche Fortbildungsschulen. Zugleich als Volksbuch hrsg. 10. Aufl. Unter Berücksicht. der neuen Rechtschreibg. neubearb. von Schreyer. Ausg. A. (320 S.) 8. Ebd. 903. Geb. n.n. 1. 35

— dasselbe f. Fortbildungsschulen m. Gewerbe u. Landbau treibender Bevölkerung. Ausg. B. Bearb. von Schreyer. 3. Aufl. (VIII, 400 S.) gr. 8. Ebd. 903. Geb. n.n. 1. 55

— Lehr- u. Lesebuch f. ländliche Fortbildungsschulen. Zugleich als Volksbuch hrsg. 11. Aufl. Neubearb. von Schreyer. Ausg. A. (320 S.) gr. 8. Ebd. 907. Geb. nn 1. 35

— Lehr- u. Lesebuch f. Fortbildungsschulen m. Gewerbe u. Landbau treibender Bevölkerung. Ausg. B. Bearb. v. Schreyer. 4. Aufl. (VIII, 400 S.) gr. 8. Ebd. 907. Geb. nn 1. 55

—— Lehr- und Lesebuch für ländliche Fortbildungsschulen, Ackerbauschulen und verwandte Anstalten. Für österreich. Verhältnisse bearb. und zugleich als Volksbuch hrsg. von Frz. Frisch. gr. 8. (VII, 332 S.) Wien 885, Manz'sche Hof-Verlags- und Universitäts-Buchh. *

Weber, Hugo, Lehr- und Lesebuch für ländliche Fortbildungsschulen, Ackerbauschulen und verwandte Anstalten. Für österreichische Verhältnisse bearbeitet und zugleich als Volksbuch herausgegeben von Franz Frisch. 2. vermehrte und verbesserte Auflage. Wien 1896. Verlag bei Manz.

— dasselbe f. ländl. Fortbildungsschulen, Ackerbauschulen u. verw. Anstalten. Für österr. Verhältnisse bearb. u. zugl. als Volksbuch hrsg. v. Frz. Frisch. 2., verm. u. verb. Aufl. gr. 8. (VIII, 357 S.) Wien 897. Manz. 1. 40; geb. 1. 70

Weber Hugo, Lehr- und Lesebuch für ländliche Fortbildungsschulen, Ackerbauschulen und verwandte Anstalten. Für österreichische Verhältnisse bearbeitet und zugleich als Volksbuch herausgegeben von Franz Frisch. 3., vermehrte und verbesserte Auflage. Wien 1906 Manz. Geb. K 2.20

— Lehr- u. Lesebuch f. ländliche Fortbildungsschulen, Ackerbauschulen u. verwandte Anstalten. Für österreich. Verhältnisse bearb. u. zugleich als Volksbuch hrsg. v. Frz. Frisch. 3., verm. u. verb. Aufl. (VIII, 366 S.) 8. Wien 907. Manz. Geb. 1. 90

—— Lehr- und Lesebuch für Stadt- und Landschulen, s. Jütting, W.

Weber, Hugo: Lehrbuch für den Real-Unterricht, s. Jütting, W.

— Lehr- u. Übungsbuch der deutschen Sprache. Für vielklass. Volksschulen in konzentr. Kreisen u. im Anschlusse an das Lesebuch hrsg. 1.—3. Hft. gr. 8. Leipzig 888. 889. Klinkhardt. n. — 55

1. 2. Schulj. [Wohnort I.] (16 S.) n. — 15
2. 3. Schulj. [Wohnort II.] (32 S.) n. — 20
3. 4. Schulj. [Die Heimat.] (36 S.) n. — 20

— Lehr- u. Übungsbuch der deutschen Sprache. Für vielklass. Volksschulen in konzentr. Kreisen u. im Anschlusse an das Lesebuch hrsg. 1. u. 2. Hft. 2. Aufl. gr. 8. Leipzig 894. J. Klinkhardt. n. — 35

1. 2. Schulj. (Wohnort I.) (16 S.) n. — 15. — 2. 3. Schulj. (Wohnort II.) (32 S.) n. — 20.

— Lehr- u. Uebungsbuch d. deutschen Sprache. Für vielklass. Volksschulen in konzentr. Kreisen u. im Anschlusse an d. Lesebuch hrsg. 3. Hft. 4. Schulj. (Die Heimat.) 2. Aufl. gr. 8. (36 S.) Leipzig 897. J. Klinkhardt. n. — 20

Weber, Hugo: Lehr-Plan des Carl Friedrich-Gymnasiums zu Eisenach. Eisenach, Hofbuchdr., 1894; 24 S., 1 kl. Bl. 4.
Eisenach, Carl Friedrich-G, OP 1894 (674)

— 1. Lesebuch f. den Realunterricht, s.: Jütting, W.

— Lesebuch f. Fortbildungsschulen. Ausg. B. m. Berücksicht. v. Gewerbe u. Landbau. Bearb. v. W. Schreyer. 5. Aufl. (VIII, 400 S.) 8. Leipzig 908. J. Klinkhardt. Geb. nn 1. 55

— Lesebuch f. ländliche Fortbildungsschulen. 12. Aufl., fortgeführt v. Schreyer. Ausg. A. (320 S.) 8. Ebd. 909. Geb. nn 1. 35

— Lesebuch z. Pflege nation. Bildung, s.: Jütting, W. U.

— deutsche Lesebücher, s.: Jütting, W. U.

Weber, Hugo, die Pflege nationaler Bildung durch den Unterricht in der Muttersprache. Zugleich e. Darstellg. der Grundsätze u. der Einrichtg. dieses Unterrichts. gr. 8. (VI, 241 S.) Leipzig 872. Siegismund & Volkening. n. 2. —

— die Pflege nationaler Bildung durch den Unterricht in der Muttersprache. Zugleich e. Darstellg der Grundsätze u. der Einrichtg. dieses Unterrichts. Mit dem 1. Preise der Diesterwegstiftung in Berlin gekrönte Schrift. 2. Aufl. Hrsg. v. Rich. Börner. gr. 8. (VIII, 249 S.) Ebd. 891. n. 3. —

Weber, Hugo [Dir.]: Quaestiones Catullianae (Vollst. erschienen i. Verl. v. Perthes, Gotha 1890; VIII, 172 S.) Gothae, in aed. F. A. Perthesii, 1890; 2 Bl., 35 S. 8°
Eisenach, Carl Friedrich-G, OP 1890

Weber, Hugo, Quaestiones Catullianae. gr. 8. (VIII, 172 S.) Gotha 890, F. A. Perthes. * 4 —

—— größeres Reallehrbuch, s. Jütting, W.
—— kleineres Reallehrbuch,
—— Reallesebuch,

Ernst und Leo Weber. Zur Erinnerung an Hugo Weber. ([Darin]: Ausgewählte Reden u. Aufsätze von H. Weber.) Weimar: H. Böhlaus Nachf. 1906. (336 S.) 8° [06. 6916

— u. Gust. Siegert, Königr. Sachsen, s.: Landes- u. Provinzialgeschichte 17. Hft.

Weber, Hugo: [Professor Dr. Edmund Schneidewind, gestorben am 1. November 1897.] *Eisenach 1898: Hofbuchdr.* (4 6 S.) 4°
Eisenach, Carl Friedrichs-G, OP 1898 (712)

—— deutsche Sprache und Dichtung oder das Wichtigste über die Entwickelung der Muttersprache, das Wesen der Poesie und die Nationalliteratur. Zugleich ein Rathgeber zur Fortbildung durch Lectüre. Zunächst für die Oberklassen der Volksschulen mit Beziehung auf die mit Dr. Jütting hrsg. Lesebücher dargestellt. [Pädagogische Sammelmappe. 30. Heft.] gr. 8. (64 S.) Leipzig 879, [Siegismund und Volkening.] Klinkhardt. *

—— deutsche Sprache und Dichtung oder das Wichtigste über die Entwickelung der Muttersprache, das Wesen der Poesie und die Nationallitteratur. Zugleich ein Ratgeber zur Fortbildung durch Lektüre. Für Bürgerschulen, Mittelschulen, Töchterschulen, Präparandenanstalten 2c. hrsg. und mit Beziehung auf die Jütting-Weber'schen Lesebücher dargestellt. 2.—4. Aufl. gr. 8. (68 S.) Leipzig 880—83, Klinkhardt. *

—— deutsche Sprache und Dichtung oder das Wichtigste über die Entwickelung der Muttersprache, das Wesen der Poesie und die Nationallitteratur. Zugleich ein Ratgeber zur Fortbildung durch Lektüre. Für Bürgerschulen, Mittelschulen, Töchterschulen, Präparandenanstalten 2c. hrsg. und mit Beziehung auf die Jütting-Weber'schen Lesebücher dargestellt. 5. Aufl. gr. 8. (68 S.) Ebendas. 885. *
—— dass. — 6. verm. Aufl. gr. 8. (80 S.) Ebendas. 886. *

— deutsche Sprache u. Dichtung od. das Wichtigste üb. die Entwickelg. der Muttersprache, das Wesen der Poesie u. die Nationallitteratur. Zugleich e. Ratgeber zur Fortbildg. durch Lektüre. Für höhere Bürgerschulen, Mittelschulen, Töchterschulen u. verwandte Anstalten hrsg. u. m. Beziehg. auf die Jütting-Weber'schen Lesebücher dargestellt. 7. Aufl. gr. 8. (80 S.) Ebd. 889. n. — 50

Weber, Hugo, Deutsche Sprache u. Dichtung od. das Wichtigste üb. die Entwickelung der Muttersprache, das Wesen der Poesie u. die Nationallitteratur. Zugleich e. Ratgeber zur Fortbildg. durch Lektüre. Für höhere Bürgerschulen, Mittelschulen, Töchterschulen u. verwandte Anstalten hrsg. u. m. Beziehg. auf die Jütting-Weberschen Lesebücher dargestellt. 8. Aufl. gr. 8. (80 S.) Lpz. 891, Klinkhardt. * — 50

— deutsche Sprache u. Dichtung od. das Wichtigste üb. die Entwickelg. der Muttersprache, das Wesen der Poesie u. die Nationallitteratur. Zugleich e. Ratgeber zur Fortbildg. durch Lektüre. Für höhere Bürgerschulen, Mittelschulen, Töchterschulen u. verwandte Anstalten hrsg. u. m. Beziehg. auf die Jütting-Weberschen Lesebücher dargestellt. 9. Aufl. Hrsg. v. Rich. Börner. gr. 8. (80 S.) Ebd. 893. n. — 50

— deutsche Sprache u. Dichtung od. d. Wichtigste üb. d. Entwickelg. d. Muttersprache, d. Wesen d. Poesie u. d. Nationallitteratur. Zugl. e. Ratgeber zur Fortbildg. durch Lektüre. Für höh. Bürgerschulen, Mittelschulen, Töchterschulen u. verw. Anstalten hrsg. u. m. Beziehg. auf die Jütting-Weberschen Lesebücher dargest. 10. Aufl. Hrsg. v. Rich. Börner. gr. 8. (80 S.) Leipzig 895. J. Klinkhardt. n. — 50

— deutsche Sprache u. Dichtung od.: Das Wichtigste üb. die Entwickelg. der Muttersprache, das Wesen der Poesie u. die Nationallitteratur. Zugleich e. Ratgeber zur Fortbildg. durch Lektüre. Für höhere Bürgerschulen, Mittelschulen, Töchterschulen u. verw. Anstalten hrsg. 12. Aufl. Durchgesehen v. Herm. Schillmann. gr. 8. (80 S.) Leipzig 901. J. Klinkhardt. Kart. n. — 60

— deutsche Sprache u. Dichtung. Ein Hilfsbüchlein für den Unterricht in der deutschen Nationalliteratur u. e. Ratgeber zur Fortbildung durch Lektüre. Für höhere Bürgerschulen, Mittelschulen, Töchterschulen u. s. w. 14. Aufl. Neu bearb. v. Herm. Schillmann. (84 S.) 8. Leipzig 905. J. Klinkhardt. Kart. n. — 60

— Deutsche Sprache u. Dichtung. Ein Hilfsbüchlein f. den Unterricht in der deutschen Nationalliteratur u. e. Ratgeber zur Fortbildg. durch Lektüre. Für höh. Bürgerschulen, Mittelschulen, Töchterschulen usw. 16. Aufl. Neubearb. v. Herm. Schillmann. (84 S.) 8. Leipzig 909. J. Klinkhardt. Kart. — 60

Aristophanische Studien. Von Hugo **Weber**, [Gymn.Dir. in Eisenach]. Aus d. Nachlasse. (Hrsg.: Ernst Weber, [Bibliothekar, Kiel].) Leipzig: Dieterich 1908. (VI, 130 S.) 8° [08. 6145

Weber, Hugo: *De substantivis abstractis apud Homerum 35 Bl 4° (2°)
Halle-Wittenberg. Phil. Diss. v. 30. Juli 1855
Geb. [Weissensee a. d. Unstrut (Prov. Sachsen) 5. 12. 1832]

Weber, Hugo, ostlitauische Texte, s. Baranowski, Ant.

Weber, Hugo, u. Ant. Baranowski. Ostlitauische Texte. Mit Einleitungen und Anmerkungen herausgegeben. XXXV, 23 SS. 8. **Progr.** G. *Eisenach* 1882

Weber, Hugo, etymologische Untersuchungen. I. gr. 8. (XIV und 120 S.) Halle 861, Buchh. des Waisenhauses. Thlr. *

— Das Vaterland, s.: Jütting, W. U.

— vom Verknüpfen u. Verweben der Unterrichtsstoffe, s.: Bericht d. Vereins Leipziger Lehrer.

— Volksschullesebuch f. s.: Jütting, W. U. Mittel- u. Oberklasse.

Weber, Hugo, Referendar: Das Vorbehaltsgut nach den Gütertrennungsgrundsätzen. Borna-Leipzig 1910: Noske. VII, 119 S. 8°
Tübingen, Jur. Diss. v. 4. Juli 1910, Ref. Rietschel
[Geb. 29. März 84 Heidelberg; Wohnort: Stuttgart; Staatsangeh.: Württemberg; Vorbildung: Gymn. Reutlingen Reife M. 03; Studium: Tübingen 5, Königsberg 1, Berlin 1 S.; Rig. 13. Mai 10.] [U 10. 4145

—— die Welt im Spiegel der Nationalliteratur. s. Jütting, W.

— die Welt im Spiegel der Nationalliteratur. 1. u. 2. Thl. gr. 8. Leipzig 879. Klinkhardt. n. 2. —
1. Lesebuch für das 6. bez. 5. Schuljahr achtklassiger Schulen aller Confessionen. Zur Pflege nationaler Bildung im Anschluß an „Wohnort I u. II", „Heimat" u. „Vaterland" hrsg. (224 S.) n. — 80
2. Lesebuch für die Oberklassen deutscher Schulen aller Confessionen. Zur Pflege nationaler Bildung im Anschlusse an Wohnort I u. II, Heimat, Vaterland u. Welt im Spiegel I hrsg. (400 S.) n. 1. 20

—— dass. — Fünftes Lesebuch zur Pflege nationaler Bildung. A. bez. B. Ausg. für fünf- bis achtklass. Schulen. 7. und 8. Schuljahr. 2. mit einem litteraturkundl. Anhang vers. Aufl. gr. 8. (424 S.) Ebendas. 881. geb. *

— dasselbe. 2. Tl. A. Ausg. für 8klass. Schulen. 7. u. 8. Schulj. 2. Aufl. gr. 8. (432 S.) Ebend. 881. geb. n. 1. 70

— dasselbe. 1. Tl. 5. Lesebuch zur Pflege nationaler Bildung. A. Ausg. für 8klass. Schulen. 6. Schulj. 3. Aufl. gr. 8. (224 S.) Ebend. 882. geb. n. 1. 10

—— die Welt im Spiegel der Nationallitteratur. 1. Tl.: Fünftes Lesebuch zur Pflege nationaler Bildung. A. Ausg. für 8klass. Schulen. 6. Schulj. 4. Aufl. gr. 8. (224 S.) Leipzig 886, Klinkhardt. * 80 Pf.; geb. *

—— dass. — 2. Tl.: Fünftes Lesebuch zur Pflege nationaler Bildung. A. Ausg. für 8klass. Schulen. 7. und 8. Schulj. 4. Aufl. gr. 8. (432 S.) Ebendas. 887. * geb. *

—— dass. — Fünftes Lesebuch zur Pflege nationaler Bildung. A. bez. B. Ausg. für 5—8classſ. Schulen. 7. und 8. Schulj. 3. mit einem litteraturkundl. Anhang versehene Aufl. gr. 8. (424 S.) Ebendas. 886. *ℳ 1.25.; geb. **

— die Welt im Spiegel der Nationallitteratur. 2 Tle. 5. Lesebuch zur Pflege nationaler Bildg. A. Ausg. f. 8klass. Schulen. 5. Aufl. gr. 8. Leipzig 889. Klinkhardt. n. 2. 10; geb. n.n. 2. 75
1. 6. Schulj. (224 S.) n. — 80; geb. n.n. 1. 10
2. 7. u. 8. Schulj. (432 S.) n. 1. 30; geb. n.n. 1. 65

— die Welt im Spiegel der Nationallitteratur. 2 Tle. 5. Lesebuch zur Pflege nationaler Bildg. A. Ausg. f. 8klass. Schulen. 6. Aufl. gr. 8. Leipzig 892. J. Klinkhardt. n. 2. 10; geb. n.n. 2. 75
1. 6. Schulj. (224 S.) n. — 80; geb. n.n. 1. 10
2. 7. u. 8. Schulj. (432 S.) n. 1. 30; geb. n.n. 1. 65

— dasselbe. A. bez. B. Ausg. f. 5—8klass. Schulen. 7. u. 8. Schulj. 5., m. e. litteraturkundl. Anh. verseh. Aufl. gr. 8. (424 S.) Ebd. 892. n. 1. 25; geb. n.n. 1. 60

— dasselbe. 5. Lesebuch zur Pflege nationaler Bildung. A bez. B. Ausg. f. 5—8klass. Schulen. 7. u. 8. Schulj. 6., m. e. litteraturkundl. Anh. verseh. Aufl. gr. 8. (424 S.) Ebd. 897. n. 1.25; geb. in Halbleinw. n.n. 1.60

— die Welt im Spiegel d. Nationallitteratur. 1. u. 2. Tl. A. Ausg. f. 8klass. Schulen. gr. 8. Leipzig, J. Klinkhardt. n. 2. 10; geb. in Halbleinw. n.n. 2. 75
1. 5. Lesebuch zur Pflege nationaler Bildg. 6. Schulj. 7. Aufl. (224 S.) 897. n. — 80; geb. n.n. 1. 10
2. Dasselbe. 7. u. 8. Schulj. 8. Aufl. (432 S.) 898. n. 1. 30; geb. in Halbleinw. n.n. 1. 65

— dasselbe. Neubearb. v. Herm. Schillmann. Ausg. für Mittelschulen. 7. u. 8. Schulj. 7., m. e. litteraturkundl. Anh. verseh. Aufl. gr. 8. (VIII, 478 u. 80 S.) Ebd. 898. Geb. n.n. 1. 85

— die Welt im Spiegel der Nationallitteratur. I. u. II. Tl. 5. Lesebuch zur Pflege nationaler Bildg. A. Ausg. für 8klass. Schulen. gr. 8. Ebd. Geb. n.n. 2. 75
I. 6. Schulj. 9. Aufl. (224 S.) 902. n. — 80; geb. n.n. 1. 10
II. 7. u. 8. Schulj. 9. Aufl. (432 S.) 900. Geb. n.n. 1. 65

— die Welt im Spiegel der Nationalliteratur. 1. u. 2. Tl. 5. Lesebuch zur Pflege nationaler Bildung. A. Ausg. f. 8klass. Schulen. 8. Leipzig, J. Klinkhardt. Geb. n.n. 2. 75
1. 6. Schulj. 10. Aufl. (224 S.) 905. n.n. 1. 10
2. 7. u. 8. Schulj. 10. Aufl. (432 S.) 904. n.n. 1. 65

— dasselbe. Lesebuch zur Pflege nationaler Bildg. Neu bearb. von Herm. Schillmann. Ausg. A für 5—8klass. Schulen. 7. u. 8. Schulj. 9., m. e. literaturkundl. Anh. verseh. Aufl. (VIII, 512 S.) 8. Ebd. (905). Geb. n.n. 1. 70

— dasselbe. Ausg. B f. Mittelschulen. 7. u. 8. Schulj. 8., m. e. literaturkundl. Anh. verseh. Aufl. (VIII, 478 u. 80 S.) 8. Ebd. 905. Geb. n.n. 2. —

— Die weite Welt, s.: Jütting, W. U.

—— der Wohnort, s. Jütting, W. U.

Weber [Hugo Karl Wilhelm Heinrich], Baurat: Beschreibung des Gymnasium-Neubaues . . . Bremen 1907 . . . s. **Beermann** [Ludwig].

Weber [Hugo Karl Wilhelm Heinrich], Baurat: Beschreibung des Realgymnasiums in Bremen . . . Bremen 1907 . . . s. **Beermann** [Ludwig].

Weber, Huldreich s. Andenken an den seligen O(tto)... Ramsauer.... Trogen (1856).

Allvater ⟨Wodan⟩ oder Jehovah? (Das Deutsche Glaubentum.) Von e Verfluchten ⟨J. **Weber**⟩. Berlin: H. Walther 1906. (126 S.) 8° [F.] 06. 15083

Weber, J., s. Allvater (Wodan) od. Jehovah.

WEBER, J.: Bericht der ständeräthlichen Commission über den Entwurf eines Bundesgesetzes betreffend eidgenössische Oberaufsicht über die Forstpolizei im Hochgebirge. (Vom 17. December 1875.). - Bern 1875. 52 S.

Weber, J., braven Kindern zur Kurzweil und Lehre. Bilderbuch. Mit 12 (lith. u.) color. Bildern von Frz. Dittrich. (Mit Text.) Dresden 864. Kuntze. gr. 4. 1 ℛ

Weber, J., braven Kindern zur Kurzweil u. Lehre. Bilderbuch. gr. 4. (12 color. Steintaff. mit Text u. 12 color. Bildern von Frz. Dittrich.) 2. Aufl. Dresden 868. Bock's Verl. gr. 4. 1 ℛ

Weber, J., braven Kindern zur Kurzweil u. Lehre. Bilderbuch. Mit 12 (lith. u.) color. Bildern v. Frz. Dittrich. 4. Aufl. gr. 4. Dresden 876. Bock. 3. —

Weber, J., neuestes u. ausführliches Comptoir-, Post- u. Zeitungs-Lexikon, enthaltend die geograph., statist., histor. Beschreibung aller Erdtheile, Länder, Staaten, Städte rc., nebst Angabe ihrer Lage, Produkte, Fabrik- u. Handelsverhältnisse rc. in alphabet. Ordnung. Nach den neuesten u. vorzüglichsten Quellen u. mit besonderer Beziehung auf unsere jetzigen polit. Verhältnisse bearb. 32. (IV u. 380 S.) M. Gladbach 850. Leipzig, Wengler in Comm. n. 5/12 ℛ

— geographisches Wörterbuch oder Comptoir-, Post- u. Zeitungs-Lexikon. Enthaltend die geograph., statist., histor. Beschreibung über 3000 Städte, Marktflecken, Badeorte rc., wie auch aller Erdtheile, Länder u. Staaten, rc. Ein nützl. Handbuch für Zeitungsleser, Fabrikanten, Kaufleute rc. 2. (Titel-) Ausg. 16. (VI u. 380 S.) Quedlinburg (850) 852, Ernst. 1/2 ℛ

Weber, J., Ernst und Scherz. Gedichte. 8. (190 S.) München 887, Callwey. *ℳ 3.—; geb.

— neuestes vollständiges Fremdwörterbuch. Enthält über 9000 fremde Wörter u. Redensarten, mit Angabe der richtigen Aussprache rc. Ein Hand- u. Nachschlagebuch für Zeitungsleser, Beamte rc. 32. (172 S.) Ebd. 849. — 2. bedeutend verm. u. verb. Aufl. 32. (239 S.) Ebd. 849. — 3. bedeutend verm. u. verb. Aufl. 32. (239 S.) Cöln 849, Lengfeld. — 4. bedeutend verm. u. verb. Aufl. 32. (239 S.) Ebd. 849. 6 ngr

Weber, J., neuestes vollständiges Fremdwörterbuch. Enthält über 13000 fremde Wörter und Redensarten, mit Angabe der richtigen Aussprache rc. Ein Hand- und Nachschlagebuch für Zeitungsleser, Beamte, Studirende rc. 6. (Titel-)Aufl. Quedlinburg (849.) 853. Ernst. 32. (239 S.) 10 ngr

Weber, J., neuestes vollständiges Fremdwörterbuch mit Angabe der richtigen Aussprache. Enthaltend über 14000 fremde Wörter u. Redensarten, welche in Zeitungen, Büchern, in der Umgangssprache, im amtlichen u. Geschäftsstyl vorkommen. Ein Hand- u. Nachschlagebuch für Zeitungsleser, Beamte, Studirende rc. 6. bedeutend verm. u. verb. Aufl. Quedlinburg 863. Ernst. 32. (290 S.) n. 10 ngr

Weber, J., neuestes vollständiges Fremdwörterbuch mit Angabe der richtigen Aussprache. Enthält über 14000 fremde Wörter u. Redensarten, welche in Zeitungen, Büchern, in der Umgangssprache, in amtl. u. Geschäftsstyl vorkommen. Ein Hand- u. Nachschlagebuch für Zeitungsleser, Beamte, Studirende rc. 7. u. 8. verb. Aufl. Quedlinburg 867,69. Ernst'sche Buchh. 32. (290 S.) n. 10 ngr

Weber, J., neuestes und vollständiges Fremdwörterbuch mit Angabe der richtigen Aussprache. Enthält über 14000 fremde Wörter und Redensarten, welche in Zeitungen, Büchern, in der Umgangssprache, im amtl. und Geschäftsstyl vorkommen. Ein Hand- und Nachschlagebuch für Zeitungsleser, Beamte, Studirende, Kaufleute, Künstler, Gewerbtreibende. 8.—11. verm. und verb. Aufl. 16. (290 S.) Quedlinburg 869—76, Ernst'sche Buchh. *

Weber, J., neuestes vollständiges Fremdwörterbuch mit Angabe der richtigen Aussprache. Enth. über 1400 fremde Wörter und Redensarten, welche in Zeitungen, Büchern, in der Umgangssprache, im amtl. und Geschäftsstyl vorkommen. Ein Hand- und Nachschlagebuch für Zeitungsleser. Mit einem Anhang von 600 neu hinzugefügten Fremdwörtern. 12. verb. Aufl. 16. (304 S.) Quedlinburg 878, Ernst'sche Buchh. *

Weber, J., neuestes vollständiges Fremdwörterbuch mit Angabe der richtigen Aussprache. Enthaltend über 14000 fremde Wörter und Redensarten, welche in Zeitungen, Büchern, in der Umgangssprache, im amtl. und Geschäftsstyl vorkommen. Ein Hand- und Nachschlagebuch für Jedermann, vorzüglich aber für Zeitungsleser. 13. und 14. verb. Aufl. 16. (308 S.) Quedlinburg 881,83, Ernst'sche Buchh. *

Weber, J., neuestes vollständiges Fremdwörterbuch mit Angabe der richtigen Aussprache. Enthaltend über 14000 fremde Wörter und Redensarten, welche in Zeitungen, Büchern, in der Umgangssprache, im amtl. und Geschäftsstyl vorkommen. Ein Hand- und Nachschlagebuch für Jedermann, vorzüglich aber für Zeitungsleser. 15. verb. Aufl. 16. (308 S.) Quedlinburg 886, Ernst'sche Buchh. *ℳ 1.—; cart. *

Weber, J., neuestes vollständiges Fremdwörterbuch m. Angabe der richtigen Aussprache. 16., verb. Aufl. 16. (309 S.) Halberstadt 891. Ernst. n. 1.—; kart. n. 1.25

Weber, J., neuestes vollst. Fremdwörterbuch m. Angabe d. richt. Aussprache. Enth. üb. 14000 fremde Wörter u. Redensarten, welche in Zeitgn., Büchern, in d. Umgangssprache, im amtl. u. Geschäftsstyl vorkommen. E. Hand- u. Nachschlagebuch f. Jedermann, vorzügl. aber f. Zeitungsleser. 17., verb. Aufl. gr. 16. (303 S.) Leipzig 897. Ernst. n. 1.—

Weber, J., neuestes vollständiges Fremdwörterbuch m. Angabe der richtigen Aussprache. Enth. üb. 14000 fremde Wörter u. Redensarten, welche in Zeitgn., Büchern, in der Umgangssprache, im amtl. u. Geschäftsstyl vorkommen. Ein Hand- u. Nachschlagebuch f. Jedermann, vorzüglich aber f. Zeitungsleser. 18. verb. Aufl. gr. 16. (308 S.) Leipzig (901). Ernst. 1.—; geb. n. 1.25

Weber, J., neuestes vollständ. Taschen-Fremdwörterbuch m. Angabe der richtigen Aussprache. Verdeutschung u. Erklärg. fremder Wörter u. Redensarten, die in der Schrift- u. Umgangssprache, im privaten, geschäftl. u. amtl. Verkehr vorkommen. 19. verb. Aufl. (317 S.) kl. 8. Leipzig (908). Ernst. 1.—; geb. in Leinw. 1.25

Weber, J., Glückwunsch-Büchlein f. Kinder, enth. Gedichte u. Glückwünsche zu Neujahrs-, Weihnachts- u. Geburtstags-Feierlichkeiten. gr. 8. (IV, 76 S.) Schweidnitz 894. G. Brieger. n. — 50

Glückwunsch-Büchlein für Kinder enth. Gedichte u. Glückwünsche zu Neujahrs-, Weihnachts- u. Geburtstags-Feierlichkeiten von J. **Weber**. 2. verm. Aufl. *Schweidnitz: G. Brieger [1900].* (127 S.) 8° [S.]

Weber, J., Glückwunsch-Büchlein f. Kinder, enth. Gedichte u. Glückwünsche zu Neujahrs-, Weihnachts- u. Geburtstags-Feierlichkeiten. 3. Aufl. (III, 127 S.) gr. 8. Schweidnitz (903). G. Brieger. n. — 60

Weber, J., siehe: *Hungary.*

—— und A. Brosi, Karte der Fundorte von Rohproducten in der Schweiz. 1 : 530,000. Reproduction der von den Experten der Gruppe XVI für die schweizer. Landesausstellung 1883 hergestellten Orig.-Karte, veröffentlicht auf Veranlassung des schweizer. Handels- und Landwirthschafts-Departements. Chromolithogr. qu. gr. Fol. Zürich 884, Wurster und Comp. * 3 —

Weber, J., Karte des Vierwaldstättersees (aus der Vogelschau). Chromolithogr. qu. gr. Fol. Zürich 885, Orell, Füssli und Comp., Verlag.
Auf Leinw. und gefalzt * 3 —

Weber, J., panorama du Mont-Blanc. Dessiné d'après nature. Chromolithogr. qu. Fol. Zürich 885, Orell, Füssli und Comp., Verlag.

Weber, J., Panorama v. Muri aus. Mit Ansicht d. Dorfes u. Angabe der Sehenswürdigkeiten. Lith. qu. schmal Fol. (1 Bl. Text.) Zürich 889. Orell Füssli Verl. n. — 80

— Panorama v. Tarasp-Fetan. Lith. qu. schmal Fol. Ebd. 888. n. 1. —

Weber, J., Panorama vom Aroser Weisshorn, 2655 m üb. Meer. 11×183 cm. Mit 1 Kärtchen. 8. Zürich 894. Art Institut Orell Füssli, Verl. n. 1. 50

Weber, J.: Neue Polter-Abendscherze, Hochzeits-Gedichte und Tafel-Lieder. Schweidnitz: G. Brieger [1899]. (63 S.) 8°

-- neue Polter-Abendscherze, Hochzeits-Gedichte u. Tafel-Lieder. 2. Aufl. gr. 8. (IV, 63 S.) Ebd. (901). — 30

Weber, J., neue Polter-Abendscherze, Hochzeits-Gedichte u. Tafel-Lieder. 3. Aufl. (IV, 63 S.) 8. Schweidnitz (909). G. Brieger. — 30

Weber, J., Predigten, die 4 himmelschreyenden Sünden. 8. Leipz. Kummer. 782. Rthlr.

Weber, J.: Die Rede des Isokrates gegen die Sophisten in ihren Beziehungen zur Frage über die Abfassungszeit des platonischen Phaedrus. 14 S. 8° – Teschen I.G., Progr. 1872.

Weber, J., einige Sätze über die Quelle der Volta-Electricität, als Grundlage für die Möglichkeit ihrer praktischen Verwerthung in grösstem Maasstabe. (Als Mscr. gedruckt.) 8. (15 S.) Stargard 884, Weber.

Weber, J.: Neuestes vollständ. Taschen-Fremdwörterbuch, s. Weber, J.: Neuestes ... Fremdwörterbuch.

Weber, J., Thoune et le lac de Thoune, s. Roux, G.

—— aus der Thierwelt. In Bildern und Reimen für die lieben Kleinen. hoch 4. (12 ill. Stnt. mit Text und 12 ill. Bildern von Heinr. Hoffmann.) Dresden 864, Kuntze. cart.

Weber, J., aus der Thierwelt. In Bildern und Reimen für die lieben Kleinen. Mit 12 (lithogr.) und color. Bildern von Heinr. Hoffmann. 2. Aufl. hoch 4. Dresden 869, Bock's Verlag. cart.

Weber, J., aus der Thierwelt. In Bildern u. Reimen für die lieben Kleinen. Mit 12 (lith. u.) color. Bildern von H. Hoffmann (mit eingedr. Text). 5. Aufl. 4. Dresden 882. Kaufmann's Verl. geb. n. 2. —

Weber, J., s.: Verzeichnis d. Abiturienten d. kgl. Realgymnasiums zu Wiesbaden.

Weber's, J., Vogelschaukarte der Gotthardbahn. 2 Bl. Lithogr. gr. 4. Zürich 882, Orell, Füssli und Comp. * 1 —

Weber, J. Vogelschaukarte d. Luganersee's. Farbendr. qu. gr. Fol. Mit Abbildgn. am Rande u. 8 Eisenbahnkärtchen. Zür. 890, Orell Füssli Verlag. In Carton * 3 —

Weber, J. Vogelschau-Karte d. Schwarzwaldbahn. Chromolithogr. gr. Fol. Mit 3 Karten im Anzeigentext. Zür. 889, Orell, Füssli, Verlag. In Carton * 1 80

Weber, J., Vogelschaukarte des Zuger- und Vierwaldstätter-Sees. Chromolithogr. qu. gr. Fol. Ebendas. 888. In Carton * 3 —

Weber, J. Der Wach- und Patrouillendienst als Leitfaden für die Bürgerwehr. Auszug aus dem Exerzier-Reglement in Verbindung mit den vom General von Aschoff gegebenen Vorschriften für die Uebungen der Bürgerwehr in Bataillonen. Berlin, Selbstverlag 1848. 24 S. 8.

Weber, J., der Wach- u. Patrouillendienst als Leitfaden f. die Bürgerwehr. Auszug aus dem Exercir-Reglement in Verbindung mit den vom Hrn. General v. Aschoff gegebenen Vorschriften f. die Uebungen d. Bürgerwehr in Bataillonen. gr. 8. (24 S. m. 1 lith. Taf. in qu.-Fol.) Berlin 848. (Springer.) 4 ngl

Weber, J., über Wesen und Zweck des Spiritismus. Oeffentlicher Vortrag gehalten im Clublocale des Vereines „spiriter Forscher" zu Budapest, am 14. Febr. 1874. gr. 8. (30 S.) Budapest 874, (Tettey und Comp.)

Weber, J., üb. Wesen u. Zweck d. Spiritismus. Oeffentlicher Vortrag geh. im Clublocale d. Vereines „spiriter Forscher" zu Budapest, am 14. Febr. 1874. gr. 8. (30 S.) Budapest 875. Tettey & Co. in Comm. n. — 60

Weber, J.: Geogr. Wörterbuch, s. Weber, J.: Neuestes ... Comptoir-, Post- u. Zeitungslexikon.

Weber, J., Über einige Zweige von Bergbau und Industrie in Westdeutschland. Berichte von einer Studienreise, ausgeführt mit Unterstützung des Eidgenössischen Departements für Industrie und Landwirtschaft. Winterthur, 1894. 24 S. mit 2 Taf.

Weber, J. B., v. d. Ursachen u. Zeichen d. Krankheiten, a. d. Latein. m. Anmerk. v. J. F. Zirzow. 1r Bd. 8. Wien Rötzl (Kaulfuß.) 791.

Weber, J. C., de genuino Christi nomine a gentilibus perperam pronunciato. Viteb. 1733. 4.

Weber, J. Ch. Gotth., die Civilehe in ihrem Zusammenhange mit Kirche und Staat. Ein Conferenz-Vortrag. gr. 8. (28 S.) Nürnberg 873, Raw'sche Buchh. *

Weber, J. Everhard [aus Bonn]: Zur Kenntniss der Terpene und aetherischen Oele .... Bonn, Univ.-Buchdr. v. Carl Georgi, 1887; 60 S. 8°.
Freiburg i. B., Phil. Fak., Inaug.-Diss. v. 1887.

Weber, J. Everhard, zur Kenntniss der Terpene und aetherischen Oele. Diss. Freiburg i. B. 1887, Fr. Wagnersche Univ.-Buchh. 8°. 60 S.

Weber, J. F., Aufgaben zur Bethätigung d. Schul- u. Hausfleißes f. d. obern Klassen d. Volksschulen, größtenth. auch als Stoff zu Vorschriften u. bei Diktirübungen anwendbar. 8. (19¼ B.) Nürnberg 831, Riegel u. Wießner.

Weber, J. F., Bittruf an d. hohen deutschen Reichstag um d. Schutzrecht d. Familienglückes. E. Bild d. Impffrage. 12. (42 S.) Dresden 896. (H. Mordhel.) n. — 40

Weber, J. F., die Kunst, das ächte Porzellan zu verfertigen. gr. 8. Hannov. 798. Hahn. 1 ₰ 8 K

Weber, J. Fritz, die dunklen Pfade der Verbrecherwelt. Erzählung aus den Erlebnissen e. Gendarmen. (Umschlag: 2. Aufl.) (VIII, 160 S.) 8. Leipzig-Gohlis (908). Raschwitz b. Leipzig, B. Volger. 2. 50

Weber, J. G., Dr. Martin Luther, der durch den Himmel fliegende Engel m. dem ewigen Evangelium. Ein Beitrag zur Feier d. Reformationsfestes f. Schule u. Haus. 1. u. 2. Aufl. 12. (10 S.) Nürnberg 887. Raw. — 5

Weber, J. G., de sacris nocturnis. Lips. 1719. 4.

Weber, J. H., natürliche u. leichte Anweis. zum Briefstellen, nebst Wörterbuch, Orthographie u. Titularbuch. 8. Frankf. 754. Brönner.

Weber, J., Anweis. zum Briefstellen. 8. Frankf. (Wolf in Augsburg). 754.

— deutsche Orthographie od. Rechtschreibekunst. 8. Frankf. a. M. 759. Kochendörfer. 3 K

Weber, J. H., schweizerischer Rechtsgeschäftsfreund. Vollständige Sammlung der Schuldbetreibungs-, Konkurs- und Sporteln-Gesetze aller Kantone der Schweiz; mit einem Anhang über: Allgemeines Wechselrecht. Ein Handbuch für Beamte, Advokaten, Rechtsagenten &c. Nach offiziellen Quellen zusammengestellt. gr. 8. (IV, 411 S.) Zürich 870, (Orell, Füßli und Comp.) *

— deutsche Sprachkunst, nach reiner, ungekünstelter Mundart. 8. Frankf. 759. Kochendörfer. (Brönner). 1 ₰

Weber, J. J., s. *Album* pittoresque de Rhin.

Weber's, (J. J.), Eisenbahn-Karte von Mittel-Europa. Leipzig, Weber, 1862. gr. Fol. Holzschnitt.

Weber, J. J., s. Erinnerungsblätter, Malerische.

Weber, J. J., die Fortbildungsschule zu landwirthschaftlichen Zwecken und A. Diesterweg als Rezensent der Schrift: „Die Reform der Schullehrer-Seminare von J. J. Weber." gr. 8. (122 S.) Bonn 865, Henry. *

Weber's, J. J., illustrierte Gesundheitsbücher. Belehrungen über den gesunden und kranken Menschen und die vernunftgemässe Pflege desselben. Herausgegeben von theoretisch und praktisch bewährten Aerzten. (20 Bde.) 8. Leipzig 1869–1884.

Weber's, J. J., illustrirter Holzschnitt-Katalog. I. Kalender-Illustrationen. hoch 4. (64 S. in Holzschn.) Leipzig 879. Weber.

Weber, J. J., s.: Initialen, Rahmen, Titel u. Vignetten.

Weber's (, J. J.,) illustrirte Katechismen. Belehrungen aus dem Gebiete der Wissenschaften und Künste. Nr. 13. 20. und 28—33. 8. Leipzig 856–57. Weber.

Auch unter den Titeln:

Nr. 13. Simon, Ludw., Katechismus der Handelswissenschaft. 1. Aufl. 1853. und 2., verb. und vervollständigte Aufl. bearb. von C. Arenz. (VIII und 144 S.) * 10 Ngr.
- 20. Portius, C. J. S., Katechismus der Schachspielkunst. 1. Aufl. 1854. und 2., verb. und verm. Aufl. (XIX und 176 S.) * 10 Ngr.
- 28. Franke, Carl Aug., Katechismus der Buchdruckerkunst und der verwandten Geschäftszweige. (X und 166 S. mit 39 in den Text gedr. Abbildungen und Taf. in Holzschn.) *
- 29. Lauckhard, C. F., Katechismus des Unterrichts und der Erziehung. (VIII und 80 S. mit 40 in den Text gedr. Abbildungen in Holzschn.) * 10 Ngr.
- 30. Müller, C., Katechismus der landwirthschaftlichen Botanik. (VIII und 174 S. mit 57 in den Text gedr. Abbildungen in Holzschn.) * 15 Ngr.
- 31. Sanders, Daniel, Katechismus der deutschen Orthographie. (VIII und 168 S.) * 10 Ngr.
- 32. Möbius, Paul, Katechismus der deutschen Literaturgeschichte. (VIII und 166 S.) * 10 Ngr. 2. Aufl. 1860. (VIII, 198 S.)
- 33. Minckwitz, Joh., Katechismus der Mythologie. (VIII und 263 S. mit 72 in den Text gedr. Abbildungen in Holzschn.) * 15 Ngr.

Die übrigen Bändchen sind unter nachstehenden Specialtiteln zu finden:

Nr. 1. Hamm, Wilh., Katechismus der Ackerbauchemie. 3. Aufl.
- 2. Heinze, A. C., Katechismus der Bajonetfechtkunst, s. im 11. Bd. 1. Abthl. S. 408.
- 3. Jahn, G. A., Katechismus der Astronomie. 2. Aufl.
- 4. Lobe, J. C., Katechismus der Musik. 3. Aufl.
- 5. Scheve, G., Katechismus der Phrenologie. 3. Aufl.
- 6. Massaloup, J., Katechismus der Forstbotanik.
- 7. Hamm, Wilh., Katechismus der Drainirung.
- 8. Kloss, Mor., Katechismus der Turnkunst.
- 9. Kirsten, G., Katechismus der Bienenzucht.
- 10. Jäger, Herm., Katechismus der Kunstgärtnerei.
- 11. Henze, Eleonore, Katechismus der Kochkunst.
- 12. Reißmann, Katechismus der Gesangskunst.
- 14. Jörg, Joh. Chr. Gottfr., Katechismus der Geburtshilfe.
- 15. Jäger, Herm., Katechismus der Ziergärtnerei.
- 16. Meißner, F. L., Katechismus der Kinderkrankheiten.
- 17. Kothe, H., Katechismus der Mnemonik.
- 18. Klencke, H., Katechismus der Makrobiotik.
- 19. Arenz, Carl, Katechismus des Wechselrechts.
- 21. Galle, L., Katechismus der Telegraphie.
- 22. Dochnahl, Fr. Jac., Katechismus des Weinbaues.
- 23. Hirzel, H., Katechismus der Chemie.
- 24. Brewer, C. C., Katechismus der Naturlehre.
- 25. Klemm, Bernh., Katechismus der Tanzkunst.
- 26. Ziegler, Alex., Katechismus für Auswanderer.
- 27. Petzholdt, J., Katechismus der Bibliothekenlehre.

Weber's, (J. J.), illustrirte Katechismen. Belehrungen aus dem Gebiete der Wissenschaften und Künste. Nr. 1. 3. 4. 5. 8. 10. 13. 15. 19. 20. 21. 23. 34—44. 8. Leipzig, Weber.

Inhalt:

Nr. 1. Hamm, Wilh., Katechismus der Ackerbau-Chemie, der Bodenkunde und Düngerlehre. 4., verb. und verm. Aufl. (XII und 96 S. mit 33 in den Text gedr. Abbild. in Holzschn.) 858. * 10 Ngr.
- 3. Jahn, G. A., Katechismus der Astronomie. Belehrungen über den gestirnten Himmel, die Erde und den Kalender. 3., von R. Schurig bearb. Aufl. (VIII und 147 S. mit 1 lithogr. Sternkarte in qu. 4. und 50 in den Text gedr. Abbild. in Holzschn.) 859. * 10 Ngr.
- 4. Lobe, J. C., Katechismus der Musik. 4., verb. Aufl. 1857. und 5., verb. Aufl. (VI und 144 S.) 860. * 10 Ngr.
- 5. Scheve, Gust., Katechismus der Phrenologie. 4., verb. Aufl. (XII und 106 S. mit Titelbild und 18 in den Text gedr. Abbild. in Holzschn.) 860. * 10 Ngr.
- 8. Kloß, M., Katechismus der Turnkunst. 2., verb. Aufl. (X und 214 S. mit 74 in den Text gedr. Abbild. in Holzschn.) 861. 15 Ngr.
- 10. Jäger, Herm., Katechismus der Nutzgärtnerei oder Grundzüge des Gemüse- und Obstbaues. 2., sehr verb. Aufl. (X und 174 S. mit 37 in den Text gedr. Abbild. in Holzschn.) 858. * 10 Ngr.
- 13. Simon, Louis, Katechismus der Handelswissenschaft. 3., verb. und sehr verm. Aufl. bearb. von Carl Arenz. (VIII und 196 S.) 859. * 10 Ngr.
- 15. Jäger, Herm., Katechismus der Ziergärtnerei oder Belehrung über Anlage, Ausschmückung und Unterhaltung der Gärten und die Blumenzucht. 2., verb. Aufl. (XI und 212 S. mit 50 in den Text gedr. Abbild. in Holzschn.) 861. * 15 Ngr.
- 19. Möbius, Paul, Katechismus der deutschen Literaturgeschichte. 2., umgeänd. Aufl. (VIII und 198 S.) 860. * $12\frac{1}{2}$ Ngr.
- 20. Portius, C. J. S., Katechismus der Schachspielkunst. 3., verb. und verm. Aufl. (XX und 216 S.) 860. * 15 Ngr.
- 21. Galle, L., Katechismus der elektrischen Telegraphie. 2., verm. und verb. Aufl. (XII und 212 S. mit 126 in den Text gedr. Abbild. in Holzschn.) 859. * 15 Ngr.
- 23. Hirzel, Heinr., Katechismus der Chemie. 2., verb. Aufl. (X und 204 S. mit 31 in den Text gedr. Abbild. in Holzschn.) 861. 15 Ngr.
- 34. Vogel, Carl, und Carl Arenz, Katechismus der Geographie. (VIII und 204 S. mit 25 in den Text gedr. Karten und Abbild. in Holzschn.) 857. * 10 Ngr.
- 35. Stephens, Henry, Katechismus des praktischen Ackerbaues. Nach dem Engl. von Wilh. Hamm. (X und 110 S. mit 62 in den Text gedr. Abbild. in Holzschn.) 857. * 10 Ngr.
- 36. Michelsen, Conr., Katechismus der deutschen Sprachlehre. (VIII und 216 S.) 857. * 10 Ngr.
- 37. Schüppel, G. A., Katechismus der deutschen Stenographie. (VII und 128 S.) 858. * 10 Ngr.
- 38. Schick, E., Katechismus der Waarenkunde. (VIII und 240 S.) 858. * 15 Ngr.
- 39. Sacken, Ed. Frhr. v., Katechismus der Baustyle oder Lehre der architektonischen Stylarten von den ältesten Zeiten bis auf die Gegenwart. Nebst einer Erklärung der im Katechismus vorkommenden Kunstausdrücke. (XII und 160 S. mit 88 in den Text gedr. Abbild. in Holzschn.) 860. * 15 Ngr. (1861)
- 40. Schnauß, Jul., Katechismus der Photographie oder Anleitung zur Erzeugung photographischer Bilder. Nebst einem alphabet. Verzeichniß der deutschen, latein., französ. und engl. Benennungen photograph. Chemikalien und Naturprodukte. (VIII und 131 S. mit 22 in den Text gedr. Abbild. in Holzschn.) 861. * 10 Ngr.
- 42. Cotta, Bernh. v., Katechismus der Geologie oder Lehre vom innern Bau der festen Erdkruste und von deren Bildungsweise. (VIII und 124 S. mit 28 in den Text gedr. Abbild. in Holzschn.) 861.

Nr. 41. Katechismus der Volkswirthschaftslehre. Ein Unterrichtsbuch in den Anfangsgründen der Nationalökonomie. Von Hugo Schober. 859. (X, 135 S.) n. 15 ngr

Nr. 43. Grothe, Herm., Katechismus der Spinnerei, Weberei und Appretur, oder Lehre von der mechanischen Verarbeitung der Gespinnstfasern. (X und 144 S. mit 92 in den Text gedr. Abbild. in Holzschn.) 861. * 15 Ngr.

„ 44. Herrmann, Friedr., Katechismus der Feldmeßkunst mit Kette, Winkelspiegel und Meßtisch. (V und 80 S. mit 64 in den Text gedr. Fig. in Holzschn. und 1 Karte in Holzschn. in 4.) 861. * 10 Ngr.

Weber's, (J. J.), illustrirte Katechismen. Belehrungen aus dem Gebiete der Wissenschaften und Künste. Nr. 4., 5., 6., 8., 12., 13., 17., 19., 20., 21., 24., 25., 28., 31., 35., 38., 39., 40., 45.—61. Leipzig, Weber. *

Inhalt:

Nr. 4. Lobe, J. C., Katechismus der Musik. 6.—10. Aufl. (VIII und 144 S.) 862—68. * 10 Ngr.

„ 5. Scheve, Gust., Katechismus der Phrenologie. 5., verb. Aufl. (XII und 112 S. mit Titelbild und 18 in den Text gedr. Abbild. in Holzschn.) 864. * 10 Ngr.

„ 6. Fischbach, H., Katechismus der Forstbotanik. 2., gänzlich umgearb. Aufl. des Katechismus der Forstbotanik von J. B. Massaloup. (VIII und 232 S. mit 78 in den Text gedr. Abbild. in Holzschn.) 862. * 20 Ngr.

„ 8. Kloß, M., Katechismus der Turnkunst. 3., durchgeseh., verm. und verb. Aufl. (XII und 247 S. mit 87 in den Text gedr. Abbild. in Holzschn.) 867. * 15 Ngr.

„ 12. Sieber, Ferd., Katechismus der Gesangskunst. (XIV und 170 S. mit vielen in den Text gedr. Notenbeispielen.) 862. * 15 Ngr.

„ 13. Simon, Louis, Katechismus der Handelswissenschaft. 4., verb. und verm. Aufl. bearb. von Karl Arenz. (VIII und 184 S.) 868. * 15 Ngr.

„ 17. Kothe, Herm., Katechismus der Mnemotechnik oder Gedächtnißlehre. 2., sehr verb. und verm. Aufl. von J. B. Montag. (VIII und 124 S.) 863. * 10 Ngr.

„ 19. Möbius, Paul, Katechismus der deutschen Literaturgeschichte. 3., verb. Aufl. (VIII und 219 S.) 866. * 12½ Ngr.

„ 20. Portius, K. J. S., Katechismus der Schauspielkunst. 4., verb. Aufl. (XVIII und 226 S.) 866. * 15 Ngr.

„ 21. Galle, L., Katechismus der elektrischen Telegraphie. 3., verm. und verb. Aufl. (XII und 232 S. mit 132 in den Text gedr. Abbild. in Holzschn.) 864. * 15 Ngr.

„ 24. Brewer, C. E., Katechismus der Naturlehre oder Erklärung der wichtigsten physikalischen und chemischen Erscheinungen des tägl. Lebens. Nach dem Engl. 2., umgearb. Aufl. von Heinr. Gretschel. (VIII und 208 S. mit 47 in den Text gedr. Abbild. in Holzschn.) 866. * 15 Ngr.

„ 25. Klemm, Bernh., Katechismus der Tanzkunst. Ein Leitfaden für Lehrer und Lernende. 2., verb. Aufl. (XVI und 176 S. mit 55 in den Text gedr. Abbild. in Holzschn., rhythm. musikal. Bezeichnungen und einem alphabet. geordneten Verzeichniß der im Druck erschien. Werke und wichtigsten Abhandlungen über Tanzkunst. 862. * 10 Ngr. (1863)

Nr. 28. Franke, Carl Aug., Katechismus der Buchdruckerkunst und der verwandten Geschäftszweige. 2., verm. Aufl. (VIII und 184 S. mit 40 in den Text gedr. Abbild. und Taf. in Holzschn.) 862. * 15 Ngr.

„ 31. Sanders, Daniel, Katechismus der deutschen Orthographie. 2., verb. Aufl. (XV und 188 S.) 867. * 10 Ngr.

„ 35. Vogel, Karl, Katechismus der Geographie. 2. Aufl., besorgt von Otto Delitzsch. (VI und 208 S. mit 24 in den Text gedr. Karten und Abbild. in Holzschn.) 867. * 10 Ngr.

„ 38. Schick, E., Katechismus der Waarenkunde. 2., verb. Aufl. (VIII und 261 S.) 862. * 15 Ngr. (1863)

„ 39. Sacken, Ed. Frhr. v., Katechismus der Baustyle oder Lehre der architektonischen Stylarten von den ältesten Zeiten bis auf die Gegenwart. Nebst einer Erklärung der im Katechismus vorkomm. Kunstausdrücke. 2. Aufl. 1863. und 3., verb. Aufl. (XIV und 168 S. mit 88 in den Text gedr. Abbild. in Holzschn.) 867. * 15 Ngr.

„ 40. Schnauß, Jul., Katechismus der Photographie oder Anleitung zur Erzeugung photographischer Bilder. Nebst einem alphabet. Verzeichniß der deutschen, latein., französ. und engl. Benennungen photograph. Chemikalien und Naturprodukte. 2., verm. und verb. Aufl. (VIII und 148 S. mit 25 in den Text gedr. Abbild. in Holzschn.) 864. * 10 Ngr.

„ 45. Seidel, Friedr., Katechismus der praktischen Kindergärtnerei. (XII und 106 S. mit 33 in den Text gedr. Abbild. in Holzschn.) 863. * 10 Ngr.

„ 46. Leonhard, G., Katechismus der Mineralogie. (VIII und 110 S. mit 131 in den Text gedr. Abbild. in Holzschn.) 862. * 10 Ngr.

„ 47. Schubert, F. L., Katechismus der Musik-Instrumente oder Belehrung über Gestalt, Tonumfang, Notirungsweise etc. der gebräuchlichsten musikal. Instrumente. (VIII und 104 S. mit 60 in den Text gedr. Abbild. in Holzschn.) 862. * 10 Ngr.

„ 48. Zschille, Karl Aug., Katechismus des Schreib-Unterrichts. (X und 136 S.) 862. * 10 Ngr.

„ 49. Herrmann, Friedr., Katechismus der Raumberechnung oder Anleitung zur Größenbestimmung von Flächen und Körpern jeder Art. (VIII und 112 S. mit 57 in den Text gedr. Abbild. in Holzschn.) 863. * 10 Ngr. (1862)

„ 50. Lobe, J. C., Katechismus der Kompositionslehre. (VIII und 194 S.) 863. * 15 Ngr. (1862)

„ 51. Sacken, Ed. Frhr. v., Katechismus der Heraldik. Grundzüge der Wappenkunde. (XV und 136 S. mit 202 in den Text gedr. Abbild. in Holzschn.) 862. * 15 Ngr. (1863)

„ 52. Grothe, Herm., Katechismus der Bleicherei, Färberei und des Zeugdrucks oder Lehre von der chemischen Bearbeitung der Gespinnstfasern. (VIII und 234 S. mit 44 in den Text gedr. Abbild. in Holzschn. und 2 Taf. mit Zeugproben.) 862. * 15 Ngr. (1863)

„ 53. Hirschbach, Herm., Katechismus des Börsengeschäfts, des Fonds- und Aktienhandels. (VIII und 190 S.) 863. * 15 Ngr.

„ 54. Schick, Ernst, Katechismus der praktischen Arithmetik. Kurzgefaßtes Lehrbuch der Rechnenkunst für Lehrende und Lernende. (XIV und 206 S.) 863. * 15 Ngr.

„ 55. Herrmann, Friedr., Katechismus der Uhrmacherkunst. Anleitung zur Kenntniß, Berechnung, Construction und Behandlung der Uhrwerke jeder Art. (VIII und 92 S. mit 57 in den Text gedr. Abbild. in Holzschn.) 863. * 10 Ngr.

„ 56. Fischer, Rob., Katechismus des deutschen Handelsrechts, nach dem allgemeinen deutschen Handelsgesetzbuche und unter Benutzung der Einführungsgesetze der einzelnen deutschen Bundesstaaten. (VIII und 172 S.) 863. * 12½ Ngr. (1864)

„ 57. Gretschel, Heinr., Katechismus der Physik. (XII und 244 S. mit 117 in den Text gedr. Abbild. in Holzschn.) 865. * 15 Ngr.

„ 58. Milch, Benno, Katechismus der kaufmännischen Buchführung. (VIII und 179 S.) 866. * 15 Ngr.

„ 59. Herrmann, Friedr., Katechismus der Nivellirkunst. Mit besond. Rücksicht auf prakt. Anwendung bei Erdarbeiten, Bewässerungen, Drainiren, Wiesen- und Wegebau etc. (VIII und 91 S. mit 56 in den Text gedr. Fig. in Holzschn.) 866. – 2. verb. Aufl.

„ 60. Gretschel, Heinr., Katechismus der Meteorologie. (X und 168 S. mit 52 in den Text gedr. Abbild. in Holzschn.) 867. * 15 Ngr.

„ 61. Walther, E. Th., Katechismus des Hufbeschlags. Zum Selbstunterricht für Jedermann. (VIII und 103 S. mit 67 in den Text gedr. Abbild. in Holzschn.) 867.

Weber's, J. J., illustrirte Katechismen. Belehrungen aus dem Gebiete der Wissenschaften und Künste. Nr. 1—6., 8—10., 12., 14., 15., 17—23., 27—29., 32—34., 36., 38., 39., 41., 42., 44., 46., 47., 50., 51., 55., 62—73. 8. Leipzig, Weber.

Inhalt:

Nr. 1. Hamm, W., Katechismus der Ackerbau-Chemie, der Bodenkunde und Düngerlehre. 5. verb. Aufl. (XII, 116 S. mit eingedr. Holzschn.) 871. * M 1,20.

„ 2. Stern, Adf., Katechismus der allgemeinen Literaturgeschichte. (XVI, 295 S.) 871. * M 2,40.

„ 3. Jahn, Gust. Adf., Katechismus der Astronomie. Belehrungen über den gestirnten Himmel, die Erde und den Kalender. 4. Aufl. (VIII, 191 S. mit 63 Abbild.) 1868. * M 1., und 5. verb. und verm. Aufl. bearb. von Adph. Drechsler. (X, 201 S. mit 1 Sternkarte und 72 eingedr. Abbild.) 874. * M 1,50.

„ 4. Lobe, J. C., Katechismus der Musik. 11.—15. Aufl. 1869—73. * M 1., und 16. Aufl. (VIII, 144 S.) 875. M 1,20.

„ 5. Scheve, Gust., Katechismus der Phrenologie. 6. verb. Aufl. (X, 107 S. mit Titelbild in Holzschntaf. und 16 in den Text gedr. Abbild. in Holzschn.) 874. * M 1,20.

„ 6. Fischbach, H., Katechismus der Forstbotanik. 3. verm. Aufl. (VIII, 241 S. mit 77 in den Text gedr. Abbild.) 874. * M 2.

„ 8. Kloss, W., Katechismus der Turnkunst. 4. durchges., verm. und verb. Aufl. (XII, 271 S. mit 99 in den Text gedr. Abbild.) 874. * M 1,50.

„ 9. Kirsten, G., Katechismus der Bienenkunde. 2. verm. und verb. Aufl. (X, 172 S. mit 47 in den Text gedr. Abbild. in Holzschn.) 872. * M 1.

„ 10. Jäger, H., Katechismus der Nutzgärtnerei oder Grundzüge des Gemüse- und Obstbaues. 3. verm. und verb. Aufl. (XII, 207 S. mit 48 in den Text gedr. Abbild.) 873. * M 1,20.

„ 12. Sieber, Ferd., Katechismus der Gesangskunst. 2. verm. und verb. Aufl. (XVI, 176 S.) 871. * M 1,50.

„ 14. Lemcke, Osk., Katechismus des Versicherungswesens. (VIII, 164 S.) 874. * M 1,50.

„ 15. Jäger, H., Katechismus der Ziergärtnerei oder Belehrung über Anlage, Ausschmückung und Unterhaltung der Gärten, sowie über Blumenzucht. 3. verb. Aufl. (XII, 220 S. mit 61 in den Text gedr. Abbild.) 871. * M 1,50.

„ 17. Kothe, Herm., Katechismus der Gedächtnißkunst oder Mnemotechnik. 3. verb. und verm. Aufl., zum Gebrauch für Lehranstalten und für den Selbstunterricht bearb. von J. B. Montag. (VIII, 152 S.) 873. * M 1.

„ 18. Klencke, H., Katechismus der Makrobiotik oder der Lehre, gesund und lange zu leben. 2., durchgearb. und verm. Aufl. (VIII, 203 S. mit 20 in den Text gedr. Abbild. in Holzschn.) 868. * M 1,50.

Nr. 19. Arenz, Karl, Katechismus des allgemeinen deutschen Wechselrechts. Mit besond. Berücksicht. der Abweichungen und Zusätze der oesterreich. Wechselordnung. 2. verb. und verm. Aufl. (VIII, 159 S. und 6 Beilagen in 8. und hoch 4.) 868. * M 1.

„ 20. Portius, K. J. S., Katechismus der Schachspielkunst. 5. verb. Aufl. (XVIII, 247 S. mit eingedr. Holzschn.) 871., und 6. verm. und verb. Aufl. (XX, 224 S.) 874. * M 1,50.

„ 21. Galle, Ludw., Katechismus der elektrischen Telegraphie. 4. Aufl. 1870. * M 2., und 5. wesentlich verm. und verb. Aufl., bearb. von Karl Zetzsche. (X, 409 S. mit 226 in den Text gedr. Abbild. in Holzschn.) 873. * M 2,40.

„ 22. Dochnahl, Friedr. Jac., Katechismus des Weinbaues. 2. verm. und verb. Aufl. (VIII, 178 S. mit 38 in den Text gedr. Abbild. in Holzschn.) 873. * M 1,20.

„ 23. Hirzel, Heinr., Katechismus der Chemie. 3. vollständig umgearb. Aufl. (X, 271 S. mit 30 in den Text gedr. Abbild. in Holzschn.) 873. * M 2.

„ 27. Petzholdt, Jul., Katechismus der Bibliothekenlehre. Anleitung zur Einrichtung und Verwaltung von Bibliotheken. 2. verb. Aufl. (XII, 220 S. mit 17 in den Text gedr. Abbild. in Holzschn. und 15 lithogr. Schrifttaf. in 4.) 871. * M 1,50.

„ 28. Franke, Carl Aug., Katechismus der Buchdruckerkunst und der verwandten Geschäftszweige. (VIII, 192 S. mit 44 in den Text gedr. Abbild. und Taf. in Holzschn.) 872. * M 1,50.

„ 29. Lauckhardt, C. F., Katechismus des Unterrichts und der Erziehung. 2. verm. und verb. Aufl. (VIII, 86 S. mit 40 in den Text gedr. Abbild.) 874. * M 1,20.

„ 32. Möbius, Paul, Katechismus der deutschen Literaturgeschichte. 4. Aufl. (III, 240 S.) 1871. * M 1,25., und 5. vervollst. Aufl. (VIII, 251 S.) 875. * M 1,50.

„ 33. Minckwitz, Johs., Katechismus der Mythologie aller Culturvölker. 2. Aufl. 1870, und 3. Aufl. (VIII, 263 S. mit 72 in den Text gedr. Abbild. in Holzschn.) 874. * M 1,50.

„ 34. Vogel, Karl, Katechismus der Geographie. 3. Aufl. besorgt von Otto Delitsch. (219 S. mit 24 in den Text gedr. Karten und Abbildungen in Holzschn.) 873. * M 1,20.

„ 36. Michelsen, Conr., Katechismus der deutschen Sprachlehre. 2. Aufl. (VIII, 228 S.) 869. * M 1,50.

„ 38. Schick, E., Katechismus der Waarenkunde. 3. umgearb. Aufl. (X, 360 S.) 871. * M 2.

„ 39. Sacken, Ed. Frhr. v., Katechismus der Baustyle oder Lehre der architekton. Stylarten von den ältesten Zeiten bis auf die Gegenwart. Nebst einer Erklärung der im Katechismus vorkomm. Kunstausdrücke. 4. verm. und verb. Aufl. (XIV, 183 S. mit 103 in den Text gedr. Abbild.) 872. * M 1,50.

„ 41. Schober, Hugo, die Volkswirthschaftslehre. Ein Unterrichtsbuch in den Anfangsgründen der Wirthschaftslehre. 2. umgearb. und verm. Aufl. (XVI, 354 S.) 872. * M 2,40.

„ 42. Cotta, Bernh. v., Katechismus der Geologie oder Lehre vom innern Bau der festen Erdkruste und von deren Bildungsweise. Mit 42 in den Text gedr. Abbild. 2. verm. und verb. Aufl. (VIII, 137 S. mit eingedr. Holzschn.) 872. *ℳ 1,20.
„ 44. Herrmann, Friedr., Katechismus der Feldmeßkunst mit Kette, Winkelspiegel und Meßtisch. 2. nach dem metr. Systeme durchaus umgearb., verb. und verm. Aufl. (VIII, 109 S. mit 92 in den Text gedr. Fig. und 1 Flurkarte.) 871. *ℳ 1.
„ 46. Leonhard, G., Katechismus der Mineralogie. 2. verm. und verb. Aufl. (VIII, 119 S. mit 150 in den Text gedr. Abbild.) 872. *ℳ 1,20.
„ 47. Schubert, F. L., Katechismus der Musikinstrumente oder Belehrung über Gestalt, Tonumfang, Notirungsweise, Klang, Wirkung, Orchester- und Sologebrauch der verbreitetsten musikal. Instrumente. 2. Aufl. 1869. *ℳ 1., und 3. verb. und verm. Aufl. bearb. von J. C. Lobe. (VIII, 104 S. mit 62 in den Text gedr. Abbild. in Holzschn.) 875. *ℳ 1,20.
„ 50. Lobe, J. C., Katechismus der Compositionslehre. 2. verb. Aufl. (X, 194 S.) 871. *ℳ 1,50.
„ 51. Sacken, Ed. Frhr. v., Katechismus der Heraldik. Grundzüge der Wappenkunde. 2. verm. und verb. Aufl. (XVI, 144 S. mit 202 in den Text gedr. Abbild.) 872. *ℳ 1,50.
„ 55. Hermann, Friedr., Katechismus der Uhrmacherkunst. 2. verm. Aufl. (VIII, 99 S. mit 57 in den Text gedr. Abbild. in Holzschn.) 874. *ℳ 1.
„ 62. Martius-Matzdorff, J., Katechismus der Galvanoplastik. (VIII, 104 S. mit 12 in den Text gedr. Abbild. in Holzschn.) 868. *ℳ 1.
„ 63. Minckwitz, Johs., Katechismus der deutschen Poetik. (X, 143 S.) 868. *ℳ 1.
„ 64. Richter, E. F., Katechismus der Orgel. Erklärung ihrer Structur, besonders in Beziehung auf techn. Behandlung beim Spiel. 1. Aufl. 1868. *ℳ 1., und 2. verb. Aufl. (X, 150 S. mit 25 in den Text gedr. Abbild.) 875. *ℳ 1,20.
„ 65. Kanitz, F., Katechismus der Ornamentik oder Leitfaden über die Geschichte, Entwicklung und die charakterist. Formen der bedeutendsten Ornamentstyle aller Zeiten. (XII, 160 S. mit 130 in den Text gedr. Abbild. in Holzschn.) 870. *ℳ 2.
„ 66. Pelz, Ed., Compaß für Auswanderer nach Ungarn, Algerien, den Capcolonien, nach Australien, den süd- und mittelamerikanischen Staaten, den Vereinigten Staaten von Nordamerika und Canada. 5. verm. und verb. Aufl. (XII, 143 S. mit 4 Karten in Holzschn., wovon 1 color. und 1 Abbild. in Holzschn., in 8. und 4.) 870. *ℳ 1.

Nr. 67. Bischof, Alois, Katechismus der Finanzwissenschaft. (X, 84 S.) 870. *ℳ 1.
„ 68. Benedix, Roderich, Katechismus der Redekunst. Anleitung zum mündl. Vortrage. (VIII, 109 S.) 870. *ℳ 1.
„ 69. Zetzsche, Karl Ed., Katechismus der ebenen und räumlichen Geometrie. (XII, 275 S. mit 200 in den Text gedr. Fig. in Holzschn. und 2 Tab. zur Maaßverwandlung.) 870. *ℳ 2. (871)
„ 70. Huber, Ph., Katechismus der Mechanik. (X, 167 S. mit 139 in den Text gedr. Abbild.) 872. *ℳ 1.50.
„ 71. Herrmann, Friedr., Katechismus der Algebra oder die Grundlehren der allgemeinen Arithmetik. (VIII, 136 S. mit 8 in den Text gedr. Fig. und vielen Uebungsbeispielen.) 872. *ℳ 1,50.
„ 72. Sonntag, C., Katechismus des Flachsbaues und der Flachsbereitung. (VIII, 84 S. mit 12 in den Text gedr. Abbild.) 872. *ℳ 1.
„ 73. Benedix, Roderich, Katechismus der deutschen Verskunst. (VI, 95 S.) 872. *ℳ 1.

—— illustrirte Katechismen. Belehrungen aus dem Gebiete der Wissenschaften, Künste und Gewerbe. Nr. 2, 4, 8, 11, 12, 13, 15—18, 20, 23—28, 30, 31, 35—40, 42—46, 48, 50, 53, 54, 57, 58, 60—63, 66—71, 73—81, 83—86, 89, 91, 92. Ebendas. *

Inhalt:

Nr. 2. Stern, Adf., Katechismus der allgemeinen Literaturgeschichte. 2. verm. und verb. Aufl. (XVI, 352 S.) 876. *ℳ 2.40.
„ 4. Lobe, J. C., Katechismus der Musik. 17.—20. Aufl. (VIII, 144 S.) 876—81. geb. *ℳ 1,50.
„ 8. Kloss, Mor., Katechismus der Turnkunst. 5. durchges., verm. und verb. Aufl. (XVI, 320 S. mit über 100 in den Text gedr. Holzschn.-Abbild.) 879. geb. *ℳ 2,50.

Nr. 11. Prölß, Rob., Katechismus der Aesthetik. Belehrung über die Wissenschaft vom Schönen und der Kunst. (XVI, 348 S.) 878. cart. *ℳ 2,50.
„ 12. Sieber, Ferd., Katechismus der Gesangskunst. Mit vielen in den Text gedr. Notenbeispielen. 3. verb. Aufl. (XVI, 192 S.) 878. *ℳ 1,50.
„ 13. Arenz, Karl, Katechismus der Handelswissenschaft. 5. verb. und verm. Aufl. (VIII, 172 S.) 879. cart. *ℳ 1,50.
„ 15. Jäger, H., Katechismus der Ziergärtnerei oder Belehrung über Anlage, Ausschmückung und Unterhaltung der Gärten, sowie über Blumenzucht. 4. verm. und verb. Aufl. (XII, 359 S. mit 69 in den Text gedr. Abbild.) 877. *ℳ 2.
„ 16. Hallier, Ernst, Katechismus der allgemeinen Botanik. (XV, 267 S. mit 95 in den Text gedr. Holzschn.-Abbild.) 879. cart. *ℳ 2.
„ 17. Rothe, Herm., Katechismus der Gedächtnißkunst oder Mnemotechnik. 4. verb. und verm. Aufl., zum Gebrauch für Lehranstalten und für den Selbstunterricht bearb. von J. B. Montag. (VIII, 152 S.) 877. *ℳ 1,20.
„ 18. Klencke, H., Katechismus der Makrobiotik oder der Lehre, gesund und lange zu leben. 3. durchgearb. und verm. Aufl. (XII, 253 S. mit 63 in den Text gedr. Holzschn.-Abbild.) 878. *ℳ 2.
„ 20. Portius, K. J. S., Katechismus der Schachspielkunst. 7. und 8. verm. und verb. Aufl. (XX, 224 S. mit eingedr. Diagrammen.) 877,79. geb. *ℳ 2.
„ 23. Hirzel, Heinr., Katechismus der Chemie. 4. verm. Aufl. (X, 276 S. mit 31 in den Text gedr. Holzschn.-Abbild.) 878. *ℳ 2.
„ 24. Brewer, C. E., Katechismus der Naturlehre oder Erklärung der wichtigsten physikal. und chem. Erscheinungen des tägl. Lebens. Nach dem Engl. 3. umgearb. Aufl. von Heinr. Gretschel. (VIII, 237 S. mit 55 in den Text gedr. Holzschn.-Abbild.) 876. *ℳ 2.
„ 25. Klemm, Bernh., Katechismus der Tanzkunst. Ein Leitfaden für Lehrer und Lernende. 3. verb. und verm. Aufl. Mit 78 in den Text gedr. Abbild., rhythmisch-musikal. Bezeichnungen, und alphabetisch geordnetem Register, sowie einem vollständ. Verzeichniß der im Druck erschienenen Werke und wichtigsten Abhandlungen über Tanzkunst. (XIX, 231 S.) 876. *ℳ 2.
„ 26. Flathe, Thdr., allgemeine Weltgeschichte. (X, 332 S. mit 5 Stammtafeln und 1 tabellar. Uebersicht.) 876. *ℳ 2,40.
„ 27. Petzholdt, Jul., Katechismus der Bibliothekenlehre. Anleitung zur Einrichtung und Verwaltung von Bibliotheken. 3. neu durchges. Aufl. (XII, 231 S. mit 17 in den Text gedr. Holzschn.-Abbild. und 15 Schrifttaf.) 877. *ℳ 2.
„ 28. Franke, Carl Aug., Katechismus der Buchdruckerkunst. 4. verm. und verb. Aufl., bearb. von Alex. Waldow. (XII, 218 S. mit 42 in den Text gedr. Abbild. und Taf. in Holzschn.) 879. geb. *ℳ 2,50.
„ 30. Müller, C., Katechismus der landwirthschaftlichen Botanik. 2. Aufl., vollständ. umgearb. von R. Herrmann.) VIII, 214 S. mit 4 Holzschntaf. und 48 in den Text gedr. Holzschn.-Abbild.) 876. *ℳ 1,50.
„ 31. Sanders, Daniel, Katechismus der deutschen Orthografie. 3. verb. Aufl. (XVIII, 191 S.) 873. *ℳ 1,20.; 4. verb. Aufl. (XVI, 194 S.) 878. *ℳ 1,50.
„ 35. Hamm, Wilh., Katechismus des praktischen Ackerbaues. 2. gänzlich umgearb., bedeutend verm. Aufl. (XII, 151 S. mit 100 in den Text gedr. Abbild. in Holzschn.) 875. *ℳ 1,50.
„ 36. Michelsen, Konr., Katechismus der deutschen Sprachlehre. 3. Aufl., hrsg. von Ed. Michelsen. (XII, 237 S.) 878. *ℳ 2.
„ 37. Krieg, Heinr., Katechismus der Stenographie. Ein Leitfaden für Lehrer und Lernende der Stenographie im Allgemeinen und des Systems von Gabelsberger im Besonderen. (VIII, 205 S.) 876. *ℳ 2.
„ 38. Schick, C., Katechismus der Waarenkunde. 4., von G. Heppe neu bearb. Aufl. (X, 367 S.) 877. *ℳ 2,40.
„ 39. Sacken, Ed. Frhr. v., Katechismus der Baustyle oder Lehre der architektonischen Stylarten von den ältesten Zeiten bis auf die Gegenwart. Nebst einer Erklärung der im Werke vorkommenden Kunstausdrücke. 5. verb. Aufl. (XII, 184 S. mit 103 in den Text gedr. Holzschn.-Abbild.) 876. *ℳ 1,50.; 6. Aufl. (XII, 186 S. mit 103 in den Text gedr. Holzschn.-Abbild.) 879. geb. *ℳ 2.
„ 40. Schnauß, Jul., Katechismus der Photographie oder Anleitung zur Erzeugung photograph. Bilder. Nebst einem alphabet. Verzeichniß der deutschen, latein., französ. und engl. Benennungen photograph. Chemikalien und Naturproducte. 3. verm. und verb. Aufl. (VIII, 165 S. mit 30 in den Text gedr. Holzschn.-Abbild.) 876. *ℳ 1,50.
„ 42. Cotta, Bernh. v., Katechismus der Geologie. 3. verm. und verb. Aufl. (VIII, 151 S. mit 50 in den Text gedr. Holzschn.-Abbild.) 877. *ℳ 1,50.
„ 43. Grothe, Herm., Katechismus der Spinnerei, Weberei und Appretur oder Lehre von der mechan. Verarbeitung der Gespinnstfasern. 2. verm. und verb. Aufl. (VIII, 160 S. mit 101 in den Text gedr. Holzschn.-Abbild.) 875. *ℳ 1,50.
„ 44. Herrmann, Friedr., Katechismus der Feldmeßkunst mit Kette, Winkelspiegel und Meßtisch. 3. verb., nach dem metr. System bearb. Aufl. (VIII, 104 S. mit 92 in den Text gedr. Fig. und 1 lithogr. Flurkarte in qu. 4.) 877. *ℳ 1,20.
„ 45. Seidel, Friedr., Katechismus der praktischen Kindergärtnerei. 2. verm. und verb. Aufl. (X, 114 S. mit 35 in den Text gedr. Holzschn.-Abbild.) 875. *ℳ 1,20.

Nr. 46. Leonhard, Gust., Katechismus der Mineralogie. 3. verm. und verb. Aufl. (VIII, 129 S. mit 150 in den Text gedr. Holzschn.-Abbild.) 878. cart. *ℳ 1,20.
„ 48. Kaplan, Herm., Katechismus des Schreibunterrichts. 2. neu bearb. Aufl. (VIII, 131 S. mit 147 in den Text gedr. Holzschn.-Fig.) 877. *ℳ 1.
„ 50. Lobe, J. C., Katechismus der Compositionslehre. 3. verb. Aufl. (X, 194 S.) 876. *ℳ 1,50.
„ 53. Hirschbach, H., Katechismus des Börsengeschäfts, des Fonds- und Actienhandels. 2. gänzlich umgearb. Aufl. (VIII, 145 S.) 875. *ℳ 1,50.
„ 54. Schick, C., Katechismus der praktischen Arithmetik. Kurzgefaßtes Lehrbuch der Rechenkunst für Lehrende und Lernende. 2. verb. und verm. Aufl., bearb. von Max Meyer. (XII, 257 S.) 879. cart. *ℳ 2.
„ 57. Gretschel, Heinr., Katechismus der Physik. 2. verm. und verb. Aufl. (XII, 268 S. mit 132 in den Text gedr. Holzschn.-Abbild.) 876. *ℳ 2.
„ 58. Klemich, Osk., kaufmännische Buchführung. 2. Aufl., ganz neu bearb. (VIII, 240 S. mit 7 in den Text gedr. Holzschn.-Abbild. und 3 Wechselformularen.) 876. *ℳ 2.
„ 60. Gretschel, Heinr., Katechismus der Meteorologie. 2. verm. und verb. Aufl. (X, 188 S. mit 53 in den Text gedr. Holzschn.-Abbild.) 878. *ℳ 1,50.
„ 61. Walther, E. Th., Katechismus des Hufbeschlages. Zum Selbstunterricht für Jedermann. 2. verm. und verb Aufl. (VIII, 104 S. mit 67 in den Text gedr. Holzschn.-Abbild.) 878. *ℳ 1,20.
„ 62. Seelhorst, Geo., Katechismus der Galvanoplastik. Ein Handbuch für das Selbststudium und den Gebrauch in der Werkstatt. 2. vollständ. umgearb. Aufl. (XII, 192 S. mit Titelbild und 40 in den Text gedr. Holzschn.-Abbild.) 879. cart. *ℳ 1,50.
„ 63. Minckwitz, Johs., Katechismus der deutschen Poetik. 2. verm. und verb. Aufl. (XII, 187 S.) 877. *ℳ 1,50.
„ 66. Kanitz, F., Katechismus der Ornamentik oder Leitfaden über die Geschichte, Entwickelung und die charakterist. Formen der bedeutendsten Verzierungsstyle aller Zeiten. 2. verm. und verb. Aufl. (XVI, 163 S. mit 130 in den Text gedr. Holzschn.-Abbild.) 877. *ℳ 2.
„ 67. Bischof, Alois, Katechismus der Finanzwissenschaft. 2. verb. und verm. Aufl. (XII, 110 S.) 876. *ℳ 1.; 3. verb. und verm. Aufl. (XIV, 146 S.) 881. geb. *ℳ 1,50.
„ 68. Benedix, Roder., Katechismus der Redekunst. Anleitung zum mündl. Vortrage. 2. durchgeseh. Aufl. (VIII, 109 S.) 875. *ℳ 1.
„ 69. Zetzsche, Karl Ed., Katechismus der ebenen und räumlichen Geometrie. 2. verm. und verb. Aufl. (XII, 265 S. mit 209 eingedr. Holzschn.-Fig. und 2 Tab. zur Maßverwandlung. 878. cart. *ℳ 2.
„ 70. Huber, Ph., Katechismus der Mechanik. 2. verm. Aufl. (X, 190 S. mit 152 in den Text gedr. Abbild.) 879. geb. *ℳ 2.
„ 71. Herrmann, Friedr., Katechismus der Algebra oder die Grundlehren der allgemeinen Arithmetik. 2. Aufl., verm. und verb. von K. Fr. Heym. (VIII, 144 S. mit 8 in den Text gedr. Holzschn.-Fig.) 878. *ℳ 1,50.
„ 73. Benedix, Roder., Katechismus der deutschen Verskunst. 2. Aufl. (VI, 94 S.) 879. geb. *ℳ 1.20.
„ 74. Süßmilch gen. Hörnig, M. v., Katechismus für den Einjährig-Freiwilligen. 1. Aufl. (XVI, 345 S. mit 51 in den Text gedr. Holzschn.-Abbild.) 876; 2. durchges. Ausg. (XVI, 345 S. und Nachträge und Berichtigungen 7 S. mit 52 in den Text gedr. Holzschn.-Abbild.) 877. *ℳ 2,50.
„ 75. Reinsberg-Düringsfeld, O. Frhr. v., Katechismus der Kalenderkunde. Belehrungen über Zeitrechnung, Kalenderwesen und Feste. (VIII, 114 S. mit 2 eingedr. Holzschn.) 876. *ℳ 1.
„ 76. Dürre, E. F., allgemeine Hüttenkunde. (X, 412 S. mit 209 in den Text gedr. Holzschn.-Abbild.) 877. *ℳ 4.
„ 77. Prölß, Rob., Katechismus der Dramaturgie. (XII, 333 S.) 877. *ℳ 2,50.

„ 78. Kirchner, Friedr., Katechismus der Geschichte der Philosophie von Thales bis zur Gegenwart. (VIII, 356 S.) 877. *ℳ 2,50.
„ 79. Bischof, Alois, Katechismus des Völkerrechts. Mit Rücksicht auf die Zeit- und Streitfragen des internationalen Rechtes. (XII, 130 S.) 877. *ℳ 1.20.
„ 80. Musiol, Rob., Katechismus der Musikgeschichte. (VIII, 244 S.) 877. *ℳ 2.
„ 81. Heppe, G., Katechismus der Droguenkunde. (X, 286 S. mit 30 in den Text gedr. Holzschn.-Abbild.) 879. geb. *ℳ 2,50.
„ 83. Giebel, C. G., Katechismus der Zoologie. (XII, 266 S. mit 124 in den Text gedr. Holzschn.-Abbild.) 879. *ℳ 2.
„ 84. Kirchmann, J. H. v., Katechismus der Philosophie. 1. Aufl. (XII, 247 S.) 877. *ℳ 2.; 2. durchgeseh. Aufl. (XIV, 267 S.) 881. geb. *ℳ 2,50.
„ 85. Drechsler, Adph., Katechismus der mathematischen Geographie. (VIII, 272 S. mit 113 in den Text gedr. Holzschn.-Abbild.) 879. geb. *ℳ 2,50.
„ 86. Kenßler, Wilh., Katechismus der deutschen Geschichte. (VIII, 306 S.) 879. cart. *ℳ 2,50.
„ 89. Zeller, Wilh., Katechismus des deutschen Reiches. Ein Unterrichtsbuch in den Grundsätzen des deutschen Staatsrechts, der Verfassung und Gesetzgebung des Deutschen Reiches. 1. Aufl. (XVI, 222 S. mit 1 Tab. und 1 chromolithogr. Karte.) 878. *ℳ 2.; 2. vielfach umgearb. und erweit. Aufl. (XVI, 232 S.) 880. geb. *ℳ 3.

Nr. 91. Honegger, J. J., Katechismus der Culturgeschichte. (VIII, 218 S.) 879. *ℳ 2.
„ 92. Birnbaum, Karl, Katechismus der landwirthschaftl. Buchführung. (XII, 218 S.) 879. geb. *ℳ 2.

Weber's, J. J., illustrirte Katechismen. Belehrungen aus dem Gebiete der Wissenschaften, Künste und Gewerbe. Nr. 1, 3, 4–7, 10, 17, 19–21, 23, 25, 26, 32, 33, 34, 39, 41, 44, 47, 50–52, 56–58, 65, 66, 68, 78, 82, 87, 88, 90, 93, 94–118. 8. Leipzig, Weber. geb. * 1

Inhalt:

Nr. 1. Wildt, E., Katechismus der Agrikulturchemie. 6. Aufl., neu bearb. unter Benutzung der 5. Aufl. von Hamm's „Katechismus der Ackerbauchemie, der Bodenkunde und Düngerlehre". (X, 236 S. mit 41 in den Text gedr. Abbild.) 884. *ℳ 3.
„ 3. Jahn, Gust. Adph., Katechismus der Astronomie. Belehrungen über den gestirnten Himmel, die Erde und den Kalender. 6. verb. und sehr verm. Aufl., bearb. von Adph. Drechsler. (X, 236 S. mit 1 Sternkarte in Kpfrst. und 145 in den Text eingedr. Abbild.) 880. *ℳ 2.50.
„ 4. Lobe, J. C., Katechismus der Musik. 21. und 22. Aufl. (VIII, 114 S.) 880,83. *ℳ 1,50.
„ 5. Scheve, Gust., Katechismus der Phrenologie. 7. Aufl. (VIII, 107 S. mit Titelbild und 18 in den Text gedr. Abbild.) 884. *ℳ 2.
„ 6. Fischbach, H., Katechismus der Forstbotanik. 4. verm. und verb. Aufl. (X, 280 S. mit 79 in den Text gedr. Abbild.) 884. *ℳ 2,50.
„ 7. Löbe, Will., Katechismus der Drainierung und der Entwässerung des Bodens überhaupt. 3. gänzlich umgearb. Aufl. (VIII, 154 S. mit 92 in den Text gedr. Abbild.) 881. *ℳ 2.

Nr. 10. Jäger, H., Katechismus der Nutzgärtnerei oder Grundzüge des Gemüse- und Obstbaues. 4. verm. und verb. Aufl. (XII, 199 S. mit 54 in den Text gedr. Abbild.) 881. *ℳ 2.
„ 17. Rothe, Herm., Katechismus der Gedächtniskunst oder Mnemotechnik. 5. Aufl., bearb. von J. B. Montag. (VIII, 128 S.) 882. *ℳ 1,50.
„ 19. Arenz, Karl, allgemeines deutsches Wechselrecht. Mit besond. Berücksicht. der Abweichungen und Zusätze der österreich. und ungar. Wechselordnung und des eidgenöss. Wechsel- und Checkgesetzes. 3. ganz umgearb. und verm. Aufl. (VIII, 168 S. mit Formularen.) 884. *ℳ 2.
„ 20. Portius, K. J. S., Katechismus der Schachspielkunst. 9. verm. und verb. Aufl. (XX, 224 S. mit eingedr. Diagrammen.) 882. *ℳ 2.
„ 21. Zetzsche, K. Ed., Katechismus der elektrischen Telegraphie. 6. völlig umgearb. Aufl. (XII, 453 S. mit 315 in den Text gedr. Abbild.) 883. *ℳ 4.
„ 23. Hirzel, Heinr., Katechismus der Chemie. 5. verm. Aufl. (X, 292 S. mit 31 in den Text gedr. Abbild.) 884. *ℳ 3.
„ 25. Klemm, Bernh., Katechismus der Tanzkunst. Ein Leitfaden für Lehrer und Lernende. 4. verb. und verm. Aufl. Nebst Anhang: Die Choreographie und alphabet. geordnetes Verzeichniß aller im Druck erschienenen Werke und wichtigsten Abhandlungen über Tanzkunst. (XVII, 236 S. mit 82 in den Text gedr. Fig. und 67 rhythmisch musikal. Bezeichnungen.) 882. *ℳ 2,50.
„ 26. Flathe, Thdr., allgemeine Weltgeschichte. 2. Aufl. (X, 305 S. mit 1 Stammtaf. und 1 tabellar. Übersicht.) 884. *ℳ 3.
„ 32. Möbius, Paul, deutsche Litteraturgeschichte. 6. vervollständ. Aufl. (VIII, 224 S.) 882. *ℳ 2.
„ 33. Minckwitz, Johs., Katechismus der Mythologie aller Culturvölker. 4. verb. und verm. Aufl. (VIII, 302 S. mit 72 in den Text gedr. Abbild.) 880. *ℳ 2,50.
„ 34. Arenz, Karl, Katechismus der Geographie. 4. Aufl., gänzlich umgearb. (XVI, 254 S. mit 57 eingedr. Karten und Ansichten.) 884. *ℳ 2,40.
„ 39. Sacken, Ed. Frhr. v., Katechismus der Baustile oder Lehre der architekton. Stilarten von den ältesten Zeiten bis auf die Gegenwart. Nebst einer Erklärung der im Werke vorkommenden Kunstausdrücke. 7. Aufl. (XII, 191 S. mit 103 in den Text gedr. Abbild.) 882. *ℳ 2.
„ 41. Schober, Hugo, die Volkswirthschaftslehre. Katechismus in den Anfangsgründen der Wirthschaftslehre. 3. umgearb. und verm. Aufl. (X, 391 S.) 882. *ℳ 3.
„ 44. Herrmann, Friedr., Katechismus der Feldmeßkunst mit Kette, Winkelspiegel und Meßtisch. 4. durchges. Aufl. (VI, 106 S. mit 92 in den Text gedr. Fig. und 1 Flurkarte.) 884. *ℳ 1,50.
„ 47. Schubert, F. L., Katechismus der Musikinstrumente. 4. verb. und verm. Aufl. bearb. von Rob. Musiol. (VIII, 111 S. mit 62 in den Text gedr. Abbild.) 882. *ℳ 1,50.
„ 50. Lobe, J. C., Katechismus der Compositionslehre. 4. verb. Aufl. (VIII, 194 S.) 882. *ℳ 2.
„ 51. Sacken, Ed. Frhr. v., Katechismus der Heraldik. Grundzüge der Wappenkunde. 3. verb. Aufl. (XVI, 111 S. mit 202 in den Text gedr. Holzschn. Abbild.) 880. *ℳ 2.
„ 52. Grothe, Herm., Katechismus der Wäscherei, Reinigung und Bleicherei. 2. vollständig umgearb. Aufl. (VIII, 151 S. mit 41 in den Text gedr. Abbild.) 884. *ℳ 2.
„ 56. Fischer, Rob., Katechismus des deutschen Handelsrechts, nach dem allgemeinen deutschen Handelsgesetzbuche. 2. umgearb. Aufl. (VIII, 174 S.) 883. *ℳ 1,50.
„ 57. Gretschel, Heinr., Katechismus der Physik. 3. verm. und verb. Aufl. (XII, 327 S. mit 157 in den Text gedr. Abbild.) 882. *ℳ 2,50.
„ 58. Klemich, Osk., kaufmännische Buchführung. 3. verm. und verb. Aufl. (X, 244 S. mit 7 in den Text gedr. Abbild. und 3 Wechselformularen.) 883. *ℳ 2.
„ 65. Pelz, Ed., Katechismus der Auswanderung. Kompaß für Auswanderer nach Ungarn, Rumänien, Serbien, Bosnien, Polen, Rußland, Algerien, der Kapkolonie, nach Australien, den Samoa-Inseln, den süd- und mittelamerikanischen Staaten, den Westind. Inseln, Mexiko, den Vereinigten Staaten von Nordamerika und Canada. 6. völlig umgearb. Aufl. (VIII, 135 S. mit 4 Karten und 1 Abbild., Holzschntaf.) 881. *ℳ 1,50.
„ 66. Kanitz, F., Katechismus der Ornamentik. Leitfaden über die Geschichte, Entwickelung und charakterist. Formen der Verzierungsstile aller Zeiten. 3. verb. Aufl. (XVI, 167 S. mit 151 in den Text gedr. Abbild. und einem Verzeichnis von 100 Spezialwerken zum Studium der Ornamentstile.) 884. *ℳ 2.
„ 68. Benedix, Roderich, Katechismus der Redekunst. Anleitung zum mündl. Vortrage. 3. durchges. Aufl. (VIII, 109 S.) 881. *ℳ 1,50.
„ 78. Kirchner, Friedr., Katechismus der Geschichte der Philosophie. Von Thales bis zur Gegenwart. 2. verm. und verb. Aufl. (VIII, 128 S.) 884. *ℳ 3.
„ 82. Werner, Eug., Katechismus der landwirthschaftlichen Thierzucht. (XII, 172 S. mit 20 in den Text gedr. Abbild.) 880. *ℳ 2,50.
„ 87. Bucher, Bruno, Katechismus der Kunstgeschichte. (XII, 299 S. mit 273 in den Text gedr. Abbild.) 880; 2. verb. Aufl. (X, 309 S. mit 276 in den Text gedr. Abbild.) 881. *ℳ 4.

Nr. 88. Drechsler, Adph., Kalenderbüchlein. Katechismus der Chronologie, mit Beschreibung von 33 Kalendern verschiedener Völker und Zeiten. 3. verb. und sehr verm. Aufl. (VIII, 166 S.) 881. *ℳ 1,50.
„ 90. Michelsen, Konr., Katechismus der Stilistik. Eine Anweisung zur Ausarbeitung schriftl. Aufsätze. (VIII, 196 S.) 881. *ℳ 2.
„ 93. Meyer, Max, Katechismus der Logarithmen. Mit 3 Taf. der natürl. Brigg'schen Logarithmen und solcher der trigonometr. Zahlen. (VIII, 180 S. mit 7 in den Text gedr. Abbild.) 880. *ℳ 2.
„ 94. Kirchner, Friedr., Katechismus der Kirchengeschichte. (VIII, 314 S.) 880. *ℳ 2,50.
„ 95. Rüffert, F. W., mikroskopische Fleischbeschau. (XII, 73 S. mit 28 in den Text gedr. Abbild.) 880. *ℳ 1.
„ 96. Heppe, Gust., Katechismus der Chemikalienkunde. Eine kurze Beschreibung der wichtigsten Chemikalien des Handels. (X, 220 S.) 880. *ℳ 2.
„ 97. Schwägerl, Mart., Katechismus der Schwimmkunst. (127 S. mit 113 in den Text gedr. Abbild.) 880. *ℳ 2.
„ 98. Kirchner, Friedr., Ethik. Katechismus der Sittenlehre. (VII, 257 S.) 881. *ℳ 2,50.
„ 99. Taylor, Franklin, die Elemente des Klavierspiels. Aus dem Engl. übertr. von Mathilde Stegmeyer. (VII, 129 S.) 881. *ℳ 1,50.
„ 100. Kirchner, Friedr., Katechismus der Logik. (VIII, 240 S. mit 36 in den Text gedr. Abbild.) 881. *ℳ 2,50.
101. Pavel, Geo., die deutsche Kriegsmarine. Mit 3 Schiffstypen der deutschen Kriegsmarine (1 Holzschntaf.). (XII, 182 S.) 881. *ℳ 1,50.
„ 102. Heppe, Gust., Katechismus der Farbwarenkunde. (VIII, 148 S.) 881. *ℳ 2.
„ 103. Jäger, Herm., Katechismus der Rosenzucht. Vollständige Anleitung über Zucht, Behandlung und Verwendung der Rosen im Lande und in Töpfen. (X, 209 S. mit 52 in den Text gedr. Abbild.) 882. *ℳ 2.
„ 104. Berger, Karl, Katechismus des Girowesens. (X, 146 S. mit 13 in den Text und 8 besonders gedr. Formularen.) 881. *ℳ 2.
„ 105. Lange, Walth., Katechismus der Baukonstruktionslehre. Mit besond. Berücksicht. von Reparaturen und Umbauten. (VIII, 259 S. mit 208 in den Text gedr. Abbild.) 881. *ℳ 2,50.
„ 106. Leist, Friedr., Urkundenlehre. Katechismus der Diplomatik, Paläographie, Chronologie und Sphragistik. (XII, 305 S. mit 5 Taf. Abbild. und eingedr. Fig.) 882. *ℳ 4.
„ 107. Blaas, J., Katechismus der Petrographie. Lehre von der Beschaffenheit, Lagerung und Bildungsweise der Gesteine. (XII, 175 S. mit 40 in den Text gedr. Abbild.) 882. *ℳ 2.
„ 108. Kirchner, Friedr., Katechismus der Psychologie. (VIII, 292 S.) 883. *ℳ 3.
„ 109. Schwartze, Thdr., Katechismus der Elektrotechnik. Ein Lehrbuch für Praktiker, Techniker und Industrielle. (XII, 294 S. mit 273 in den Text gedr. Abbild.) 883; 2. verb. und verm. Aufl. (XII, 356 S. mit 352 in den Text gedr. Abbild.) 883. *ℳ 4,50.
„ 110. —— Katechismus der stationären Dampfkessel und Dampfmaschinen. Ein Lehr- und Nachschlagebüchlein für Praktiker, Techniker und Industrielle. (X, 235 S. mit 165 in den Text gedr. und 8 lithogr. Taf. Abbild.) 882. *ℳ 2,50.
„ 111. Nida, C. A. v., Katechismus der Lustfeuerwerkerei. Kurzer Lehrgang für die gründl. Ausbildung in allen Teilen der Pyrotechnik. (VIII, 214 S. mit 124 in den Text gedr. Abbild.) 883. *ℳ 2.
„ 112. Holtzinger, Geo., Katechismus der Registratur- und Archivkunde. Handbuch für das Registratur- und Archivwesen bei den Reichs-, Hof-, Staats-, Kirchen-, Schul- und Gemeindebehörden, den Rechtsanwälten rc., sowie bei den Staatsarchiven. Mit Beiträgen von Friedr. Leist. (XVI, 317 S.) 883. *ℳ 3.
„ 113. Lenz, W., Katechismus der deutschen Reichspost. Ein Handbuch für den Post- und Telegraphen-Verkehr. (XVI, 260 S. mit 10 in den Text gedr. Formularen.) 882. *ℳ 2,50.
„ 114. Wendt, Frz., ebene und sphärische Trigonometrie. (VIII, 128 S. mit 39 in den Text gedr. Fig.) 882. *ℳ 1,50.
„ 115. Findeisen, C. F., kaufmännische Korrespondenz in deutscher Sprache. (VIII, 192 S.) 882. *ℳ 2.
„ 116. Friedrich, Max, Katechismus der analytischen Geometrie. (VIII, 208 S. mit 56 in den Text gedr. Fig.) 884. *ℳ 2,40.
„ 117. Schwartze, Thdr., Katechismus der Heizung, Beleuchtung und Ventilation. (X, 260 S. mit 159 in den Text gedr. Abbild.) 884. *ℳ 3.
„ 118. Werner, Eug., Katechismus der Milchwirthschaft. (X, 290 S. mit 23 in den Text gedr. Abbild.) 884. *ℳ 3.

Weber's, J. J., illustrirte Katechismen. Belehrungen aus dem Gebiete der Wissenschaften, Künste und Gewerbe. Nr. 3, 4, 8, 9, 12, 14, 17, 25, 28, 37—42, 45, 46, 49—51, 55—57, 59, 62, 64, 67, 68, 70, 71, 80, 84, 95, 109, 110, 115 und 119—123. 8. Leipzig, J. J. Weber. geb. *

Uebersicht in alphabetischer Folge. — Die Zahlen in Parenthese am Schluß eines jeden Titels bezeichnen die Nummer des Bandes.

Inhalt:

Benedix, Roderich, Katechismus der Redekunst. Anleitung zum mündl. Vortrage. 4. durchges. Aufl. (VIII, 109 S.) 888. *M 1.50. (68.)

Bischof, Alois, Katechismus der Finanzwissenschaft. 4. verb. Aufl. (VIII, 148 S.) 885. *M 1.50. (67.)

Chun, Carl, Katechismus der Mikroskopie. (VIII, 138 S. mit 97 in den Text gedr. Abbild.) 885. *M 2.—. (120.)

Drechsler, Adph., Katechismus der Astronomie. Belehrungen über den gestirnten Himmel, die Erde und den Kalender. 7. verb. und verm. Aufl. (XIV, 334 S. mit 1 Sternkarte und 170 Abbild.) 885. *M 2.50. (3.)

Findeisen, C. F., Katechismus der kaufmännischen Korrespondenz in deutscher Sprache. 2. verb. Aufl. (VIII, 192 S.) 887. *M 2.—. (115.)

Fischer, Rob., Katechismus des deutschen Handelsrechts nach dem allgemeinen deutschen Handelsgesetzbuche. 3. umgearb. Aufl. (VIII, 174 S.) 885. *M 1.50. (56.)

Franke, Carl Aug., Katechismus der Buchdruckerkunst. 5. verm. und verb. Aufl., bearb. von Alex. Waldow. (XII, 238 S. mit 43 in den Text gedr. Abbild. und Taf.) 886. *M 2.50. (28.)

Grothe, Herm., Katechismus für Färberei und Zeugdruck. 2. vollständ. neu bearb. Aufl. (X, 288 S. mit 78 in den Text gedr. Abbild.) 885. *M 2.50. (119.)

Haas, Hippolyt, Katechismus der Geologie. 4. verb. Aufl. (XVI, 206 S. mit 144 in den Text gedr. Abbild. und 1 Tab.) 885. *M 3.—. (42.)

—— Katechismus der Versteinerungskunde [Petrefaktenkunde, Paläontologie]. (VIII, 240 S. mit 178 in den Text gedr. Abbild.) 887. *M 3.—. (121.)

Herrmann, Friedr., Katechismus der Algebra oder die Grundlehren der allgemeinen Arithmetik. 3. Aufl., verm. und verb. von K. Fr. Heym. (VIII, 150 S. mit 8 in den Text gedr. Fig.) 887. *M 2.—. (71.)

Huber, Ph., Katechismus der Mechanik. 3. verm. Aufl. (XII, 206 S. mit 156 in den Text gedr. Abbild.) 885. *M 2.—. (70.)

Hussak, Eug., Katechismus der Mineralogie. 4. verm. und verb. Aufl. (VIII, 170 S. mit 154 in den Text gedr. Abbild.) 888. *M 2.—. (46.)

Ihering, Albr. v., Katechismus der mechanischen Technologie. (XII, 252 S. mit 163 in den Text gedr. Abbild.) 888. *M 4.—. (122.)

Kirchmann, J. H. v., Katechismus der Philosophie. 3. durchgeseh. Aufl. (X, 266 S.) 888. *M 2.50. (84.)

Kirsten, G., Katechismus der Bienenkunde und Bienenzucht. 3. verm. und verb. Aufl., hrsg. von J. Kirsten. (X, 180 S. mit 51 in den Text gedr. Abbild.) 887. *M 2.—. (9.)

Klemm, Bernh., Katechismus der Tanzkunst. Ein Leitfaden für Lehrer und Lernende. Nebst einem Anhang über Choreographie. 5. verb. und verm. Aufl. (XVII, 222 S. mit 82 in den Text gedr. Fig. und 67 rhythmisch-musikal. Bezeichnungen.) 887. *M 2.50. (25.)

Kloß, Mor., Katechismus der Turnkunst. 6. verm. und verb. Aufl. (VIII, 377 S. mit 100 in den Text gedr. Abbild.) 887. *M 3.—. (8.)

Kollert, Jul., Katechismus der Physik. 4. vollständig neu bearb. Aufl. (XVI, 419 S. mit 231 in den Text gedr. Abbild.) 889. *M 4.—. (57.)

Kothe, Herm., Katechismus der Gedächtniskunst oder Mnemotechnik. 6. verb. und verm. Aufl., bearb. von J. B. Montag. (VII, 112 S.) 887. *M 1.50. (27.)

Krieg, Heinr., Katechismus der Stenographie. Ein Leitfaden für Lehrer und Lernende der Stenographie im allgemeinen und des Systems von Gabelsberger im besondern. 2. verm. Aufl. (XII, 264 S.) 888. *M 2.50. (37.)

Kroker, Ernst, Katechismus der Archäologie. Übersicht über die Entwickelung der Kunst bei den Völkern des Altertums. (XII, 189 S. mit 3 Taf. und 127 in den Text gedr. Abbild.) 886. *M 3.—. (123.)

Lemcke, Osc., Katechismus des Versicherungswesens. 2. verm. und verb. Aufl. (VIII, 228 S. mit 1 Portr.) 888. *M 2.40. (14.)

Lobe, J. C., Katechismus der Musik. 23. Aufl. (VIII, 144 S.) 886. *M 1.50. (4.)

—— Katechismus der Compositionslehre. 5. verb. Aufl. (VIII, 194 S.) 887. *M 2.—. (50.)

Musiol, Rob., Katechismus der Musikgeschichte. 2. verm. und verb. Aufl. (VIII, 279 S. mit 15 in den Text gedr. Abbild. und 34 Notenbeispielen.) 888. *M 2.50. (80.)

Pietsch, C., Katechismus der Raumberechnung. Anleitung zur Größenbestimmung von Flächen und Körpern jeder Art. 3. verm. und verb. Aufl. (VIII, 124 S. mit 55 in den Text gedr. Abbild.) 888. *M 1.80. (49.)

—— Katechismus der Nivellierkunst. 3. vollständig umgearb. Aufl. (X, 104 S. mit 61 in den Text gedr. Abbild.) 887. *M 2.—. (59.)

Richter, Ernst Friedr., Katechismus der Orgel. Erklärung ihrer Struktur, besonders in Beziehung auf techn. Behandlung beim Spiel. 3. durchgeseh. Aufl. (VIII, 152 S. mit 25 in den Text gedr. Abbild.) 885. *M 1.50. (64.)

Rüffert, F. W., mikroskopische Fleischbeschau. 2. verb. und stark verm. Aufl. (XII, 85 S. mit 40 in den Text gedr. Abbild.) 887. *M 1.20. (95.)

—— Katechismus der Uhrmacherkunst. 3. vollständig neu bearb. Aufl. (VIII, 228 S. mit 229 Abbild. und 7 Tab.) 885. *M 4.—. (55.)

Sacken, Ed. Frhr. v., Katechismus der Baustile oder Lehre der architektonischen Stilarten von den ältesten Zeiten bis auf die Gegenwart. Nebst einer Erklärung der im Werke vorkommenden Kunstausdrücke. 8. Aufl. (XII, 196 S. mit 103 in den Text gedr. Abbild.) 886. *M 2.—. (39.)

—— Katechismus der Heraldik. Grundzüge der Wappenkunde. 4. verb. Aufl. (XVI, 142 S. mit 202 in den Text gedr. Abbild.) 885. *M 2.—. (51.)

Schick, E., Katechismus der Warenkunde. 5. verm. und verb. Aufl., neu bearb. von G. Heppe. (VIII, 398 S.) 886. *M 3.—. (38.)

Schnauß, Jul., Katechismus der Photographie oder Anleitung zur Erzeugung photographischer Bilder. Nebst einem alphabet. Verzeichniß der deutschen, latein., französ. und engl. Benennungen photograph. Chemikalien und Naturproducte. 3. verm. und verb. Aufl. Mit einem Nachtrag: Das Gelatine-Emulsions-Verfahren. (VIII, 212 S. mit 28 in den Text gedr. Abbild.) 885; 4. den neuesten Fortschritten entsprechend verb. Aufl. (VIII, 214 S. mit 39 in den Text gedr. Abbild. und 1 Taf.) 888. *M 2.—. (40.)

Schober, Hugo, Katechismus der Volkswirtschaftslehre. 4. durchgeseh. Aufl. (VIII, 391 S.) 888. *M 3.—. (41.)

Schwartze, Th., Katechismus der Elektrotechnik. Ein Lehrbuch für Praktiker, Techniker und Industrielle. 3. verb. und verm. Aufl. (XII, 385 S. mit 383 in den Text gedr. Abbild.) 887. *M 4.50. (109.)

—— Katechismus der stationären Dampfkessel und Dampfmaschinen. Ein Lehr- und Nachschlagebüchlein für Praktiker, Techniker und Industrielle. 2. verm. und verb. Aufl. (VIII, 312 S. mit 218 in den Text gedr. und 8 Taf. Abbild.) 885. *M 3.—. (110.)

Seelhorst, Geo., Katechismus der Galvanoplastik und Galvanostegie. Ein Handbuch für das Selbststudium und den Gebrauch in der Werkstatt. 3. durchgeseh. und verm. Aufl. von G. Langbein. (X, 187 S. mit Titelbild und 42 in den Text gedr. Abbild.) 888. *M 2—. (62.)

Seidel, Frz., Katechismus der praktischen Kindergärtnerei. 3. verm. und verb. Aufl. (X, 116 S. mit 35 in den Text gedr. Abbild.) 887. *M 1.50. (45.)

Sieber, Ferd., Katechismus der Gesangskunst. 4. verb. Aufl. (XVI, 198 S. mit vielen in den Text gedr. Notenbeispielen.) 885. *M 2.40. (12.)

Weber's, J. J., illustrirte Katechismen. Nr. 2, 4, 11, 13, 15, 20, 23, 27, 29, 33, 35, 39, 43, 44, 47, 53, 54, 58, 61, 66, 67, 70, 74, 87, 90, 91, 100, 101, 105, 109, 110, 124—144. 8⁰. Lpz., J. J. Weber. geb. * 145 —

Die Zahlen in Parenthese am Schluß eines jeden Titels bezeichnen die Nummer des Bandes.

Adlersfeld, Eufemia v., geb. Gräfin Ballestrem. Guter Ton u. seine Sitte. (X, 157 S.) 892. * 2 —. (138.)

Arenz, Karl. Handelswissenschaft. 6. verb. u. verm. Aufl., bearb. v. Gust. Rothbaum u. Ed. Deimel. (VIII, 187 S.) 890. * 2 —. (13.)

Bischof, Alois. Finanzwissenschaft. 5. verb. Aufl. (VIII, 148 S.) 890. * 1 50. (67.)

Brathuhn, O. Markscheidekunst. (X, 215 S. m. 174 Abbildgn.) 892. * 3 —. (142.)

Bucher, Bruno. Kunstgeschichte. 3. verb. Aufl. (X, 323 S. m. 276 Abbildgn.) 890. * 4 —. (87.)

Dannenberg, Herm. Grundzüge der Münzkunde. (XVI, 261 S. m. 11 Taf. Abbildgn.) 891. * 4 —. (131.)

Dittmer. Deutsche Kriegsmarine. (XII, 210 S. m. 126 Abbildgn.) 890. * 3 —. (101.)

—— Deutsche Handelsmarine. (VIII, 383 S. m. 1 Karte u. 66 Abbildgn.) 892. * 3 50. (141.)

Dürigen, Bruno. Geflügelzucht. (XIV, 399 S. m. 40 Holzschn. u. 7 Taf.) 890. * 4 —. (127.)

Exner. Der Weg zum Einjährig-Freiwilligen u. zum Offizier d. Beurlaubtenstandes in Armee u. Marine. (XVIII, 179 S.) 891. * 2 —. (74.)

Ganswindt, A. Spinnerei, Weberei u. Appretur od. Lehre v. der mechan. Verarbeitg. der Gespinstfasern. 3. bedeutend verm. Aufl., unter theilweiser Benutzg. d. Grotheschen Originals bearb. v. A. G. (VIII, 338 S. m. 196 Abbildgn.) 890. * 4 —. (43.)

Gleisberg, E. Bankwesen. Mit 4 Check-Formularen u. e. Übersicht üb. die deutschen Notenbanken. (VIII, 139 S.) 890. * 2 —. (53.)

Goetze, Wold. Knabenhandarbeits-Unterricht. (XVI, 245 S. m. 69 Abbildgn.) 892. * 3 —. (139.)

Gräsel, Arnim. Grundzüge der Bibliothekslehre m. bibliograph. u. erläuternden Anmerkgn. Neubearbeitg. v. Jul. Petzholdts Katechismus der Bibliothekenlehre. Mit 33 in den Text gedr. Abbildgn. u. 11 Schrifttaf. (XII, 424 S.) 890. * 4 50. (27.)

Hamm, Wilh. Prakt. Ackerbau. 3. Aufl., gänzlich umgearb. v. A. G. Schmitter. (XVI, 214 S. m. 138 Abbildgn.) 890. * 3 —. (35.)

Hirzel, Heinr. Chemie. 6. verm. Aufl. Mit 31 in den Text gedr. Abbildgn. (X, 300 S.) 889. * 3 —. (23.)

Hoch, Jul. Projektionslehre. Mit e. Anh., enth. die Elemente der Perspektive. (VIII, 131 S. m. 100 Abbildgn.) 891. * 2 —. (130.)

Hofmann, Rich. Musikinstrumente. 5. vollständig neu bearb. Aufl. (X, 270 S. m. 189 eingedr. Abbildgn.) 890. * 4 —. (47.)

Honegger, J. J. Kulturgeschichte. 2. verm. u. verb. Aufl. (VIII, 238 S.) 889. * 2 —. (91.)

Huber, Ph. Mechanik. Mit 181 in den Text gedr. Abbildgn. 4. wesentlich verm. u. verb. Aufl. (XII, 234 S.) 889. * 2 50. (70.)

Jäger, Herm. Ziergärtnerei. 5. verm. u. verb. Aufl. Mit 76 eingedr. Holzschn. (XII, 273 S.) 889. * 2 50. (15.)

Kanitz, F. Ornamentik. 4. verb. Aufl. Mit 131 in den Text gedr. Abbildgn. (XVI, 167 S.) 891. * 2 —. (66.)

Kirchner, Friedr. Logik. 2. verm. u. verb. Aufl. Mit 36 in den Text gedr. Abbildgn. (VIII, 245 S.) 890. * 2 50. (100.)

—— Pädagogik. (VII, 159 S.) 890. * 2 —. (29.)

Kleiber, Max. Angewandte Perspektive. Nebst e. Anh. üb. Schattenkonstruktion u. Spiegelbilder. (VIII, 185 S. m. 129 Abbildgn.) 892. * 2 50. (137.)

Klemich, Osk. Kaufmännische Buchführung. 4. verm. u. verb. Aufl. (X, 257 S. m. 7 Abbildgn. u. 3 Wechselformularen.) 889. * 2 50. (58.)

Köhler, G. Bergbaukunde. (VIII, 316 S. m. 217 Abbildgn.) 891. * 4 —. (129.)

Krichler, Frz. Katechismus f. Jäger u. Jagdfreunde. Mit 33 in den Text gedr. Abbildgn. (X, 205 S.) 891. * 2 50. (134.)

—— Hunderassen. (VIII, 191 S. m. 42 Abbildgn.) 892. * 3 —. (144.)

Kroker, Ernst. Mythologie. (XII, 320 S. m. 73 Abbildgn.) 891. * 4 —. (33.)

Lange, Walth. Baukonstruktionslehre. Mit besond. Berücksicht. v. Reparaturen u. Umbauten. 2. verm. u. verb. Aufl. (VIII, 302 S. m. 277 eingedr. Abbildgn.) 889. * 3 —. (105.)

Lebl, M. Zimmergärtnerei. Nebst e. Anh. üb. die Anlegg. u. Ausschmückg. kleiner Gärtchen an den Wohngebäuden. Mit 56 in den Text gedr. Abbildgn. (XII, 192 S.) 890. * 2 —. (128.)

Lion, J. C., u. J. H. Wortmann. Bewegungsspiele f. die deutsche Jugend. (VIII, 172 S. m. 29 Abbildgn.) 891. * 2 —. (135.)

Lobe, J. C. Musik. 24. Aufl. (VIII, 144 S.) 889. * 1 50. (4.)

Meurer, Jul. Katechismus f. Bergsteiger, Gebirgstouristen, Alpenreisende. (VIII, 261 S. m. Abbildgn.) 892. * 3 —. (140.)

Michelsen, Konr. Stilistik. Eine Anweisg. zur Ausarbeitg. schriftl. Aufsätze. 2. durchgeseh. Aufl. Hrsg. v. Ed. Michelsen. (X, 196 S.) 889. * 2 —. (90.)

Pietsch, C. Feldmeßkunst. 5. vollständ. umgearb. Aufl. (VIII, 94 S. m. 75 Abbildgn.) 891. * 1 50. (44.)

Portius, K. J. S. Schachspielkunst. 10. verm. u. verb. Aufl. (XX, 224 S.) 889. * 2 —. (20.)

Prölß, Rob. Aesthetik. Belehrungen üb. die Wissenschaft vom Schönen u. der Kunst. 2. verm. u. verb. Aufl. (XVI, 371 S.) 889. * 3 —. (11.)

Quincke, Wolfg. Kostümkunde. Mit 453 Kostümfig. in 152 Abbildgn. (XVI, 270 S.) 889. * 4 —. (124.)

Raupp, K. Malerei. Mit 48 in den Text gedr. Abbildgn. u. 4 Taf. (XII, 146 S.) 891. * 3 —. (133.)

Sacken, Ed. Frhr. v. Baustile. 9. u. 10. Aufl. (XII, 196 S. m. 103 Abbildgn.) 889,92. * 2 —. (39.)

Schick, E. Prakt. Arithmetik. 3. verb. u. verm. Aufl., bearb. v. M. Meyer. (X, 273 S.) 889. * 3 —. (54.)

Schroeder, Ed. Aug. Künstliche Fischzucht u. Teichwirthschaft. (X, 168 S. m. 52 in den Text gedr. Abbildgn.) 889. * 2 50. (126.)

Schwartze, Th. Dampfkessel, Dampfmaschinen u. andere Wärmemotoren. 4. verm. u. verb. Aufl. Mit 264 in den Text gedr. u. 13 Taf. Abbildgn. (VIII, 405 S.) 892. * 4 50. (110.)

—— Elektrotechnik. 4. vollständig umgearb. Aufl. (XIV, 393 S. m. 243 Abbildgn.) 891. * 4 50. (109.)

Skraup, Karl. Mimik u. Gebärdensprache. (XIV, 247 S. m. 60 Abbildgn.) 892. * 3 50. (143.)

Smitt, Willem. Freimaurerei. (VIII, 160 S.) 891. * 2 —. (132.)

Stern, Adf. Allgemeine Litteraturgeschichte. 3. verm. u. verb. Aufl. (XIV, 418 S.) 892. * 3 —. (2.)

Vogt, Herrm. Deutsches Heerwesen. Nach dem Tode d. Verf. hrsg. von R. v. Hirsch. (X, 224 S. m. 7 eingedr. Abbildgn. u. 4 Anlagen.) 890. * 2 50. (125.)

Walther, E. Th. Hufbeschlag. 3. verm. u. verb. Aufl. Mit 67 eingedr. Abbildgn. (VIII, 107 S.) 889. * 1 50. (61.)

Zacharias, Otto. Darwinismus. Mit dem Portr. Darwins, 30 in den Text gedr. u. 1 Taf. Abbildgn. (IX, 176 S.) 892. * 2 50. (136.)

Weber's illustr. Katechismen. Nr. 4, 16, 17, 36, 42, 44, 46, 67, 70, 74, 84, 90, 93, 97, 98, 105, 107, 110, 113, 115, 117, 129, 130, 133, 148 u. 159—176. 12. Leipzig, J. J. Weber. Geb. in Leinw. n. 132. 80

Inhaltsübersicht in alphabetischer Ordnung:

Aster, Geo., Familienhäuser f. Stadt u. Land als Fortsetzg. d. Villen u. kleine Familienhäuser. M. 110 Abb. v. Wohngebäuden nebst dazugehör. Grundrissen u. 6 in d. Text gedr. Fig.) (VII, 250 S.) 898. (Nr. 174.) n. 5. —

— Villen u. kleine Landhäuser. M. 118 Abb. v. Wohngebäuden nebst dazu gehör. Grundrissen u. 23 in den Text gedr. Fig. 6. Aufl. (X, 293 S.) 897. (Nr. 148.) n. 5. —

Berger, Ernst, Katechismus d. Farbenlehre. M. 40 in d. Text gedr. Abb. u. 8 Farbentaf. (XIV, 326 S.) 898. (Nr. 167.) n. 4. 50

Biesendahl, Karl, Katechismus d. Radfahrsports. (XII, 239 S. m. 104 Abb.) 897. (Nr. 161.) n. 3. —

Bischof, Alois, Katechismus d. Finanzwissenschaft. 6., verb. Aufl. (VIII, 142 S.) 898. (Nr. 67.) n. 2. —

Blaas, J., Katechismus d. Petrographie (Gesteinskunde). Lehre v. der Beschaffenheit, Lagerg. u. Bildungsweise der Gesteine. 2., verm. Aufl. (XVI, 242 S. m. 86 Abb.) 898. (Nr. 107.)

Dennert, E., Katechismus d. Botanik. 3. Aufl., vollst. neu bearb. M. 260 in den Text gedr. Abb. (VII, 420 S.) 897. (Nr. 10.) n. 4. —

Exner, Mor., d. Weg z. Einjährig-Freiwilligen u. z. Offizier d. Beurlaubtenstandes in Armee u. Marine. 2. Aufl. (XVIII, 185 S.) 897. (Nr. 74.) n. 2. —

Findeisen, C. F., kaufmännische Korrespondenz in deutscher Sprache. Zum 3. Male bearb. v. Frz. Hahn. 5., verm. Aufl. (VIII, 236 S.) 898. (Nr. 115.) n. 2. 50

Gustl, Otto, Katechismus d. Ruder- u. Segelsports. M. 66 Abb. u. 1 Karte. (VII, 201 S.) 898. (Nr. 173.) n. 4. —

Haas, Hippolyt, Katechismus d. Geologie. 6., verm. u. verb. Aufl. M. 167 in d. Text gedr. Abb. u. 1 Taf. (XIV, 231 S.) 898. (Nr. 42.) n. 3. —

Handelsgesetzbuch f. d. Deutsche Reich nebst Einführungsgesetz. Textausgabe m. Sachregister. (VII, 285 S.) 897. (Nr. 163.) n. 2. —

Hoch, Jul., Katechismus d. Projektionslehre m. e. Anh., enth. Die Elemente d. Perspektive. 2., verm. u. verb. Aufl. Mit 121 in d. Text gedr. Abb. (VIII, 163 S.) 898. (Nr. 130.) n. 2. —

Huber, Ph., Katechismus d. Mechanik. 6. Aufl., den Fortschritten d. Technik entsprechend neu bearb. v. Walth. Lange. M. 196 in d. Text gedr. Abb. (XV, 271 S.) 897. (Nr. 70.) n. 3. 50

Hussak, Eug., Katechismus d. Mineralogie. 5., verm. u. verb. Aufl. (VIII, 192 S. m. 154 Abb.) 898. (Nr. 46.) n. 2. 50

Kirchmann, J. H. v., Katechismus d. Philosophie. 4., durchgeseh. Aufl. (X, 268 S.) 897. (Nr. 84.) n. 3. —

Kirchner, Frdr., Ethik. Katechismus d. Sittenlehre. 2., verb. u. verm. Aufl. (VIII, 262 S.) 898. (Nr. 98.) n. 3. —

Köhler, G., Katechismus d. Bergbaukunde. 2., verm. u. verb. Aufl. Mit 224 in den Text gedr. Abb. (X, 331 S.) 898. (Nr. 120.) n. 4. —

Kothe, Herm., Katechismus der Gedächtniskunst od. Mnemotechnik. 8., verb. u. verm. Aufl., bearb. von Geo. Pietsch. (VII, 112 S.) 897. (Nr. 17.) n. 1. 50

Kranbauer, M., Katechismus d. Bierbrauerei. Hilfsbüchlein f. Praktiker u. Studierende. Mit 42 Abb. (VIII, 320 S.) 898. (Nr. 172.) n. 4. —

Lange, Walth., Katechismus d. Baukonstruktionslehre. M. bes. Berücksicht. d. Reparaturen u. Umbauten. 4., verm. u. verb. Aufl. M. 479 in d. Text gedr. Abb. u. 3 Taf. (VIII, 366 S.) 898. (Nr. 105.) n. 4. 50

— Katechismus d. Baustofflehre. M. 162 in d. Text gedr. Abb. (XII, 226 S.) 898. (Nr. 171.) n. 3. 50

— Katechismus d. Statik m. besond. Berücksicht. d. zeichner. u. rechner. Methoden. M. 284 in d. Text gedr. Abb. (X, 298 S.) 897. (Nr. 165.) n. 4. —

Löb, Walth., Grundzüge d. Elektrochemie. (VIII, 140 S. m. 43 Abb.) 897. (Nr. 162.) n. 3. —

Lobe, J. C., Katechismus d. Musik. 26. Aufl. (VIII, 170 S.) 896. (Nr. 4.) n. 1. 50

Meyer, Max, Katechismus der Logarithmen. 2., verb. Aufl. M. 3 Taf. d. natürl. Briggs'schen Logarithmen u. solcher d. trigonometr. Zahlen u. 7 in d. Text gedr. Abb. (VIII, 181 S.) 898. (Nr. 93.) n. 2. 50

Michelsen, Konr., Katechismus d. Stilistik. E. Anweisg. zur Ausarbeitg. schriftl. Aufsätze. 3., verb. u. verm. Aufl., hrsg. v. Frdr. Nedderich. (VIII, 198 S.) 898. (Nr. 90.) n. 2. 50

— Katechismus der deutschen Sprachlehre. 4., verb. u. verm. Aufl. v. Frdr. Nedderich. (X, 253 S.) 898. (Nr. 36.) n. 2. 50

Pietsch, C., Katechismus d. Feldmeßkunst. 6. Aufl. (VIII, 95 S. m. 75 Abb.) 897. (Nr. 44.) n. 1. 80

Raupp, K., Katechismus d. Malerei. 3., verm. u. verb. Aufl. (VIII, 172 S. m. 50 Abb. u. 4 Taf.) 898. (Nr. 133.) n. 3. —

Riedel, Ernst, Katechismus d. Stereometrie, m. e. Anh.: üb. Kegelschnitte sow. üb. Maxima u. Minima, begonnen v. Rich. Schurig, vollendet u. einheitl. bearb. v. R. (X, 278 S. m. 159 Fig.) 898. (Nr. 175.) n. 3. 50

Runze, Geo., Katechismus d. Dogmatik. (XI, 308 S.) 898. (Nr. 166.) n. 4. —

Runze, Geo., Katechismus d. Dogmatik. (XI, 308 S.) 898. (Nr. 168.) n. 4. —

Sack, Otto, Patentwesen, Muster- u. Warenzeichenschutz. Mit 8 in d. Text gedr. Abb. (X, 190 S.) 897. (Nr. 113.) n. 2. 50

Sanders, Dan., Citatenlexikon. Sammlg. v. Citaten, Sprichwörtern, sprichwörtl. Redensarten u. Sentenzen. M. d. Bildnis d. Verf. (VI, 712 S.) 899. (Nr. 176.) n. 6. —

Schwägerl, Mart., Katechismus d. Schwimmkunst. 2. Aufl. (VIII, 127 S. m. 111 Abb.) 897. (Nr. 97.) n. 2. —

Schwartze, Th., Katechismus der Dampfkessel, Dampfmaschinen u. and. Wärmemotoren. Ein Lehr- u. Nachschlagebuch für Praktiker, Techniker u. Industrielle. 6., verm. u. verb. Aufl. (VIII, 438 S. m. 284 Abb. u. 13 Taf.) 897. (Nr. 110.) n. 4. 50

— Katechismus der Heizg., Beleuchtg. u. Ventilation. 2., verm. u. verb. Aufl. Mit 209 in d. Text gedr. Abb.) (X, 324 S.) 897. (Nr. 117.) n. 4. —

Schwedler, Max, Katechismus der Flöte u. des Flötenspiels. Ein Lehrbuch f. Flötenbläser. M. 22 Abb. u. vielen Notenbeispielen. (VIII, 112 u. XV S. m. 3 Taf.) 897. (Nr. 159.) n. 2. 50

Schweitzer, Geo., Katechismus d. Börsen- u. Bankwesens auf Grund d. Bestimmgn. d. neuen Börsen- u. Depotgesetzes. (VIII, 172 S.) 897. (Nr. 160.) n. 2. 50

Wengler, Alfr., Katechismus d. deutschen Arbeiterversicherg. 1. Tl.: Krankenversicherg. (VIII, 114 S.) 898. (Nr. 168.) n. 2. —

— Dasselbe. 2. Tl.: Unfallversicherung. (VIII, 122 S.) 898. (Nr. 169.) n. 2. —

— Dasselbe. 3. Tl.: Invaliditäts- u. Altersversicherg. (IX, 187 S.) 898. (Nr. 170.) n. 2. —

Wesselhöft, Johs., Katechismus d. Obstverwertung. Anleitg. zur Behandlg. u. Aufbewahrg. d. frischen Obstes, z. Dörren, Einkochen u. Einmachen, sowie zur Wein-, Likör-, Branntwein- u. Essigbereitg. aus d. verschiedensten Obst- u. Beerenarten. M. 45 in d. Text gedr. Abb. (XX, 249 S.) 897. (Nr. 164.) n. 3. —

Weber's illustrirte Katechismen. Nr. 1, 3, 4, 15, 20, 23, 25—28, 34, 37—39, 42, 43, 45, 46, 49—51, 53—56, 58, 59, 63, 66, 70, 75, 77, 81, 83, 87, 100, 101, 109, 110, 114—116, 121, 123, 128, 131, 132, 134, 137, 138, 148, 157, 160, 170, 177—186, 207, 216, 225—227, 229—234, 236—238, 240 u. 241. 12. Leipzig, J. J. Weber. Geb. in Leinw. n. 291. —

Inhaltsübersicht in alphabetischer Ordnung:

Adlersfeld, Eufemia v., geb. Gräfin Ballestrem, Katechismus des guten Tons u. der feinen Sitte. 3. Aufl. (VIII, 160 S.) 899. (Nr. 138.) n. 2. —

Arenz, Karl, Katechismus der Geographie. 5. Aufl., gänzlich umgearb. v. Fr. Traumüller u. O. Hahn. Mit 69 in d. Text gedr. Abbildgn. (X, 274 S.) 899. (Nr. 34.) n. 3. 50

Aster, Geo., Villen u. kleine Familienhäuser. Mit 112 Abb. v. Wohngebäuden nebst dazugehör. Grundrissen u. 23 in den Text gedr. Fig. 9. Aufl. (X, 293 S.) 902. (Nr. 148.) n. 5. —

Bauer, Hans, Katechismus der Buchbinderei. Mit 97 in den Text gedr. Abbildgn. (XII, 340 S.) 899. (Nr. 180.) n. 4. —

Bendt, Frz., Katechismus der algebraischen Analysis. Mit 6 Abbildgn. (XI, 153 S.) 901. (Nr. 229.) n. 2. 50

— Katechismus der Differential- u. Integralrechnung. 2. verb. Aufl. Mit 39 in den Text gedr. Abbildgn. (XVI, 268 S.) 901. (Nr. 157.) n. 3. —

— Katechismus der Trigonometrie. Mit 42 in den Text gedr. Fig. 3., erweit. Aufl. (VIII, 135 S.) 901. (Nr. 114.) n. 2. —

Benedix, Roder., der mündliche Vortrag. Ein Lehrbuch f. Schulen u. zum Selbstunterricht. 1. Tl. Die reine u. deutliche Aussprache des Hochdeutschen. 9. Aufl. (XIII, 80 S.) 902. (Nr. 238.) n. 1. 50

— dasselbe. 3. Tl.: Schönheit des Vortrages. 5. Aufl. (VII, 323 S.) 901. (Nr. 210.) n. 3. 50

Bucher, Bruno, Katechismus der Kunstgeschichte. 5., verb. Aufl. Mit 276 in den Text gedr. Abbildgn. (VIII, 323 S.) 899. (Nr. 87.) n. 4. —

Burckhardt, H., das Buch der jungen Frau. Ratschläge f. Schwangerschaft, Geburt u. Wochenbett. 5., verb. Aufl. (VIII, 178 S.) 899. (Nr. 216.) n. 2. 50; in Geschenkbd. n. 3. —

Cappelli, Adriano, Lexicon abbreviaturarum. Wörterbuch latein. u. italien. Abkürzgn., wie sie in Urkunden u. Handschriften besonders des Mittelalters gebräuchlich sind, dargestellt in über 16000 Zeichen, nebst e. Abhandlg. über die mittelalterl. Kurzschrift, e. Zusammenstellg. epigraph. Sigel, der alten röm. u. arab. Zählung u. der Zeichen f. Münzen, Maasse u. Gewichte. (LI, 518 S.) 901. (Nr. 53.) n. 7. 50

Dannenberg, Herm. v., Grundzüge der Münzkunde. 2., verm. u. verb. Aufl. Mit 11 Taf. Abbildgn. (IX, 307 S.) 899. (Nr. 181.) n. 4. —

Dittmer, Katechismus der deutschen Kriegsmarine. Mit Titelbild u. 174 in den Text gedr. Abbildgn. 2. Aufl. (X, 306 S.) 899. (Nr. 101.) n. 4. —

Dreher, Frz., Katechismus der Klempnerei. 1. Tl. Die Materialien der Klempnerei. Die Arbeitstechniken der Klempnerei u. die dabei zur Verwendg. komm. Werkzeuge, Maschinen u. Einrichtgn. Mit 339 Abbildgn. (XV, 284 S.) 902. (Nr. 231.) n. 4. 50

— dasselbe. 2. Tl. Die heut. Arbeitsgebiete der Klempnerei. Mit 622 Abbildgn. (X, 350 S.) 902. (Nr. 232.) n. 4. 50

Findeisen, C. F., kaufmännische Korrespondenz. 6., verm. Aufl. Zum 4. Male bearb. von Frz. Hahn. (VIII, 234 S.) 902. (Nr. 115.) n. 2. 50

Fischer, Rob., Katechismus des deutschen Handelsrechts nach dem Handelsgesetzbuch f. das Deutsche Reich vom 10. V. 1897. 4., vollständig umgearb. Aufl. (VIII, 173 S.) 901. (Nr. 56.) n. 2. —

Flathe, Thdr., allgemeine Weltgeschichte. Mit 6 Stammtaf u. 1 tabellar. Uebersicht. 8. Aufl. (X, 315 S.) 899. (Nr. 26.) n. 3. 50

Fried, Rud., Katechismus des Feuerlösch- u. Feuerwehrwesens. Mit 217 in den Text gedr. Abbildgn. (VIII, 391 S.) 899. (Nr. 181.) n. 4. 50

Friedrich, Max, Katechismus der analytischen Geometrie. 2. Aufl. durchgeseh. u. verb. v. Ernst Riedel. Mit 56 in den Text gedr. Abb. (VIII, 217 S.) 900. (Nr. 116.) n. 3. —

Gewerbeordnung f. das Deutsche Reich. Textausg. m. Sachregister. (VI, 161 S.) 901 (Nr. 27.) n. 1. 20

Guttmann, Osk., die aesthetische Bildung des menschlichen Körpers. Lehrbuch z. Selbstunterricht f. alle gebildeten Stände, insbesondere f. Bühnenkünstler. 3., verb. Aufl. Mit 98 in den Text gedr. Abb. (XXIV, 278 S.) 902. (Nr. 236.) n. 4.—

— die Gymnastik der Stimme, gestützt auf physiologische Gesetze. Eine Anweisung zum Selbstunterricht in der Uebung u. dem richt. Gebrauche der Sprach- u. Gesangsorgane. 6., verm. u. verb. Aufl. Mit 24 in den Text gedr. Abbildgn. (X, 213 S.) 902. (Nr. 186.) n. 3.50

Haas, Hippolyt, Katechismus der Geologie. 7., verm. u. verb. Aufl. Mit 186 in den Text gedr. Abb. u. 1 Taf. (XII, 243 S.) 902. (Nr. 42.) n. 3.50

— Katechismus der Versteinerungskunde (Petrefaktenkunde, Paläontologie), e. Übersicht üb. die wichtigeren Formen des Tier- u. Pflanzenreiches der Vorwelt. 2., gänzl. umgearb. u. verm. Aufl. Mit 234 Abb. u. 1 Taf. (XII, 237 S.) 902. (Nr. 121.) n. 3.50

Heerwart, Eleonore, Einführung in die Theorie u. Praxis des Kindergartens. (X, 183 S.) 901. (Nr. 45.) n. 2.50

Hiebfechtschule, deutsche, f. Korb- u. Glockenrapier. Eine kurze Anweisg. zur Erlerng. des an unseren deutschen Hochschulen gebräuchl. Hiebfechtens. Hrsg. vom Verein deutscher Universitätsfechtmeister. 2. Aufl. Mit 64 in den Text gedr. Abbildgn. (XII, 87 S.) 901. (Nr. 227.) n. 1.50

Hirzel, Heinr., Katechismus der Chemie. 8., verm. u. verb. Aufl. Mit 32 in den Text gedr. Abbildgn. (X, 453 S.) 901. (Nr. 23.) • n. 5.—

Hoch, Jul., Technologie der Schlosserei. 1. Tl.: Beschläge, Schloßkonstruktionen u. Geldschrankbau. Mit 256 in den Text gedr. Abbildgn. (XVI, 430 S.) 899. (Nr. 177.) n. 6.—

— dasselbe. 2. Tl.: Die Bauschlosserei. Mit 288 in den Text gedr. Abbildgn. (XVI, 416 S.) 899. (Nr. 178.) n. 6.—

— dasselbe. 3. Tl.: Kunstschlosserei u. Verschönerungsarbeiten des Eisens. Mit 201 in den Text gedr. Abbildgn. (XIV, 315 S.) 901. (Nr. 179.) n. 4.50

Huber, Ph., Katechismus der Mechanik. 7. Aufl., den Fortschritten der Technik entsprechend neu bearb. v. Walth. Lange. Mit 215 in den Text gedr. Abb. (XIV, 269 S.) 902. (Nr. 70.) n. 3.50

Hussak, Eug., Katechismus der Mineralogie. 6., verm. u. verb. Aufl. Mit 223 in den Text gedr. Abb. (XI, 245 S.) 901. (Nr. 46.) n. 3.—

Jäger, H., Katechismus der Ziergärtnerei od. Belehrung üb. Anlage, Ausschmückg. u. Unterhaltg. der Gärten, sowie über Blumenzucht. 6. Aufl., nach den neuesten Erfahrgn. u. Fortschritten umgearb. v. J. Wesselhöft. Mit 104 in den Text gedr. Abbildgn. (XIV, 299 S.) 901. (Nr. 15.) n. 3.50

Jaennicke, Frdr., Geschichte d. Keramik. Mit Titelbild u. 416 in den Text gedr. Abb. (XI, 810 S.) 900. (Nr. 185.) n. 10.—

Jockisch, Rhold., Katechismus der Violine u. des Violinspiels. (VIII, 147 S.) 900. (Nr. 183.) n. 2.50

Kaltschmidt, J. H., deutsches Wörterbuch. Wörterbuch der deutschen Schrift- u. Umgangssprache, sowie der wichtigsten Fremdwörter. Neu bearb. u. vielfach ergänzt v. Geo. Lehnert. 2 Tle. in 1 Bde. (V, 440 u. 391 S.) 900. (Nr. 184.) n. 7.50

Kanitz, F., Katechismus d. Ornamentik. Leitfaden über die Geschichte, Entwickelg. u. charakterist. Formen der Verzierungsstile aller Zeiten. 6., verm. u. verb. Aufl. Mit 137 in den Text gedr. Abbildgn. (XIV, 183 S.) 902. (Nr. 66.) n. 2.50

Kersting, Paul, u. Max Horn, Katechismus der chem. Technologie. Unter Mitwirkg. v. P. Kersting, M. Horn, Th. Fischer, A. Junghahn u. J. Pinnow hrsg. 1. u. 2. Tl. (XII, 358 S. m. 79 Abb. u. X, 322 S. m. 72 Abb.) 902. (Nr. 233. 231.) à n. 5.—

Kirchner, Frdr., Geschichte der Pädagogik. (VIII, 221 S.) 899. (Nr. 182.) n. 3.—

— Katechismus der Logik. 3., verm. u. verb. Aufl. Mit 36 in den Text gedr. Abb. (VIII, 254 S.) 900. (Nr. 100.) n. 3.—

Kleiber, Max, Katechismus der angewandten Perspektive. Nebst Erläutergn. über Schattenkonstruktion u. Spiegelbilder. 3., durchgeseh. Aufl. Mit 145 in den Text gedr. u. 7 Taf. Abb. (VIII, 214 S.) 900. (Nr. 137.) n. 3.—

Klein, Herm. J., Katechismus der Astronomie. Belehrungen über den gestirnten Himmel, die Erde u. den Kalender. 9., vielfach verb. Aufl. Mit 3 Taf. u. 143 Abb. (VIII, 311 S.) 900. (Nr. 3.) n. 3.50

Klemich, Osk., kaufmännische (einfache u. doppelte) Buchführg. 6., durchgeseh. Aufl. Mit 7 in den Text gedr. Abb. u. 3 Wechselformularen. (VII, 257 S.) 902. (Nr. 58.) n. 3.—

Klemm, Bernh., Katechismus der Tanzkunst. Ein Leitfaden f. Lehrer u. Lernende, nebst e. Anh. üb. Choreographie. 7. Aufl. Mit 83 Abb. (IX, 223 S.) 901. (Nr. 26.) n. 3.—

Krichler, Frz., Katechismus f. Jäger u. Jagdfreunde. 2. Aufl., durchgesehen von G. Knapp. Mit 57 in den Text gedr. Abb. (X, 214 S.) 902. (Nr. 134.) n. 3.—

Krieg, Heinr., Katechismus der Stenographie. Ein Leitfaden f. Lehrer u. Lernende der Stenographie im allgem. u. des Systems v. Gabelsberger im besonderen. 3. verm. Aufl. (XII, 271 S. m. 1 Taf.) 900. (Nr. 37.) n. 3.—

Kroker, Ernst, Katechismus der Archäologie. Uebersicht über die Entwickelg. der Kunst bei den Völkern des Altertums. 2., durchgeseh. Aufl. Mit 3 Taf. u. 133 in den Text gedr. Abb. (VIII, 204 S.) 900. (Nr. 123.) n. 3.—

Lange, Walth., die Wasserversorgung der Gebäude. Mit 282 in den Text gedr. Abb. u. 2 Taf. (IX, 212 S.) 902. (Nr. 237.) n. 3.50

Lebl, M., Katechismus der Zimmergärtnerei. 2. umgearb. u. verm. Aufl. Mit 89 in den Text gedr. Abb. (XII, 235 S.) 901. (Nr. 128.) n. 3.—

Lobe, Joh. Christ., Katechismus der Kompositionslehre. 7., verm. u. verb. Aufl. v. Rich. Hofmann. (VIII, 310 S.) 902. (Nr. 50.) n. 3.50

— Katechismus der Musik. 27. Aufl. (VI, 170 S.) 900. (Nr. 4.) n. 1.50

Marshall, William, Katechismus der Zoologie. 2. Aufl., vollständig neu bearb. Mit 297 in den Text gedr. Abbildgn. (XI, 612 S.) 901. (Nr. 83.) n. 7.50

Minckwitz, Johs., deutsche Poetik. 3. Aufl. (VIII, 194 S.) 899. (Nr. 63.) n. 2.50

Niemeyer, Paul, die Lunge, ihre Pflege u. Behandlg. im gesunden u. kranken Zustande. 9., umgearb. Aufl. v. Gerster. Mit 41 in den Text gedr. Abb. (XII, 235 S.) 900. (Nr. 207.) n. 3.—

Ofterdinger, L., Katechismus der Maschinenelemente. Mit 595 in den Text gedr. Abb. (X, 423 S.) 902. (Nr. 241.) n. 6.—

Passon, Max, Katechismus der Agrikulturchemie, neubearb. 7. Aufl. (des E. Wildtschen Katechismus). Mit 41 in d. Text gedr. Abb. (X, 275 S.) 901. (Nr. 1.) n. 3.50

Peter, Bruno, Katechismus der Kalenderkunde. Belehrungen üb. Zeitrechng., Kalenderwesen u. Feste. 2. Aufl., vollständig neu bearb. (VIII, 140 S.) 901. (Nr. 75.) n. 2.—

Pietsch, C., Katechismus der Nivellierkunst. 5., umgearb. Aufl. Mit 61 in den Text gedr. Abbildgn. (VIII, 105 S.) 900. (Nr. 59.) n. 2.—

— Katechismus der Raumberechnung. Anleitung zur Größenbestimmg. von Flächen u. Körpern jeder Art. 4., verb. Aufl. Mit 55 in den Text gedr. Abbildgn. (VIII, 124 S.) 898. (Nr. 49.) n. 1.80

Pietsch, M., Katechismus der Warenkunde. 6. Aufl. (des E. Schickschen Katechismus). Vollständig neu bearb. (XII, 311 S.) 899. (Nr. 83.) n. 3.50

— u. A. Fuchs, Katechismus der Droguenkunde. 2. Aufl. Vollständig neu bearb. (VIII, 238 S.) 900. (Nr. 81.) n. 3.—

Portius, K. J. S., Katechismus der Schachspielkunst. 12., verm. u. verb. Aufl. (X, 288 S. m. Diagrammen.) 901. (Nr. 20.) n. 2.50

Prölß, Rob., Katechismus der Dramaturgie. 2., verm. u. verb. Aufl. (XII, 364 S.) 899. (Nr. 77.) n. 4.—

Reiser, Niclas, Lehrbuch der Spinnerei, Weberei u. Appretur. 4. Aufl. (des Grothe-Ganswindt'schen Katechismus). Vollständ. neu bearb. Mit 348 in den Text gedr. Abb. (XV, 513 S.) 901. (Nr. 43.) n. 6.—

Riedel, Ernst, Katechismus der praktischen Arithmetik. Handbuch des Rechnens f. Lehrende u. Lernende. 4. Aufl. (des E. Schick'schen Katechismus), völlig neu bearb. (VIII, 317 S. m. Fig.) 901. (Nr. 54.) n. 3.50

— Katechismus der Planimetrie, m. e. Anh. üb. harmon. Teilg., Potenzlinien u. das Berührungsproblem des Apollonius. Mit 190 in den Text gedr. Abb. (X, 346 S.) 900. (Nr. 225.) n. 4.—

Rüffert, F. W., Katechismus der Uhrmacherkunst. 4., vollständig neubearb. u. verm. Aufl. Mit 252 Abbildgn. u. 5 Tab. (X, 244 S.) 901. (Nr. 55.) n. 4.—

Runze, Geo., Katechismus d. Religionsphilosophie. (X, 324 S.) 901. (Nr. 230.) n. 4.—

Sacken, Ed. Frhr. v., Heraldik. Grundzüge der Wappenkunde. 6. Aufl., neu bearb. von Mor. v. Weittenhiller. Mit 238 in den Text gedr. Abbildgn. (XVI, 151 S.) 899. (Nr. 61.) n. 2.—

— Katechismus der Baustile od. Lehre der architekton. Stilarten von den ältesten Zeiten bis auf die Gegenwart. Nebst e. Erklärg. der im Werke vorkomm. Kunstausdrücke. 14. Aufl. Mit 103 in den Text gedr. Abb. (VIII, 196 S.) 901. (Nr. 39.) n. 2.—

Schwartze, Th., Katechismus der Dampfkessel, Dampfmaschinen u. anderer Wärmemotoren. Ein Lehr- u. Nachschlagebuch für Praktiker, Techniker u. Industrielle. 7., verm. u. verb. Aufl. Mit 285 in den Text gedr. u. 12 Taf. Abbildgn. (VIII, 442 S.) 901. (Nr. 110.) n. 5.—

— Katechismus der Elektrotechnik. Ein Lehrbuch f. Praktiker, Chemiker u. Industrielle. 7., vollständig umgearb. Aufl. Mit 286 in den Text gedr. Abbildgn. (X, 479 S.) (901.) (Nr. 109.) n. 5.—

Schweitzer, Geo., Katechismus des Bank- u. Börsenwesens. 2. Aufl., nach den neuesten Bestimmgn. der Gesetzgebg. umgearb. (XII, 242 S.) 902. (Nr. 160.) n. 3.50

Smitt, Willem, Katechismus der Freimaurerei. 2., verb. Aufl. (VIII, 172 S.) 899. (Nr. 132.) n. 2.—

Stübling, Rud., technischer Ratgeber auf dem Gebiete der Holzindustrie. Taschenbuch für Werkmeister, Betriebsleiter, Fabrikanten u. Handwerker. Mit 112 in den Text gedr. Abbildgn. (XVI, 451 S.) 901. (Nr. 226.) n. 6.—

Weber, Joh. Jak., Katechismus der Buchdruckerkunst. 7. Aufl., m. 139 Abbildgn. u. mehreren farb. Beilagen neu bearb. (XIV, 331 S.) 901. (Nr. 28.) n. 4.50

Wengler, Alfr., Katechismus d. deutschen Arbeiterversicherung. 3. Tl. Invalidenversicherung nach dem Invalidenversicherungsgesetze v. 13. VII. 1899. (VIII, 166 S.) 900. (Nr. 170.) n. 2.—

Weber's illustrierte Katechismen (Handbücher). 2. 4. 6. 8. 10.—13. 17. 21. 31. 39.—42. 44. 47. 51. 57. 61. 62. 68. 69. 71. 74. 79. 80. 87. 91. 96. 115. 119. 120. 122. 129. 133. 137. 138. 142. 144. 148. 151. 153. 157. 158. 174. 176. 187. 191. 209. 211. 214. 215. 218. 235. 238. 239. u. 242.—257. Bd. kl. 8. Leipzig, J. J. Weber.
Geb. in Leinw. n. 280. 30

*Adlersfeld-Ballestrem, Eufemia v., der gute Ton u. die feine Sitte. 4., verb. Aufl. (VI, 152 S.) 906. (Bd. 138.) n. 2.—

Aster, Geo., Familienhäuser f. Stadt u. Land, als Fortsetzg. v. Villen u. kleine Familienhäuser. Mit 110 Abbildgn. v. Wohngebäuden nebst dazugehör. Grundrissen u. 6 in den Text gedr. Fig. 2. Aufl. (VII, 256 S.) 905. (Bd. 174.) n. 5.—

*— Villen u. kleine Familienhäuser. Mit 112 Abbildgn. von Wohngebäuden nebst dazugehör. Grundrissen u. 23 in den Text gedr. Fig. 11. Aufl. (VIII, 293 S.) 906. (Bd. 143.) n. 5.—

*Bendt, Frz., Grundzüge der Differential- u. Integralrechng. 3., verb. Aufl. Mit 39 in den Text gedr. Abbildgn. (XVI, 168 S.) 906. (Bd. 157.) n. 3.—

Benedix, Roder., Katechismus der Redekunst. Anleitung zum mündl. Vortrage. 6. Aufl. (VIII, 109 S.) 903. (Bd. 68.) n. 1.50

— der mündliche Vortrag. Ein Lehrbuch f. Schulen u. zum Selbstunterricht. 1. Tl. Die reine u. deutl. Aussprache des Hochdeutschen. 10. Aufl. (XIII, 80 S.) 905. (Bd. 238.) n. 1.50

— *dasselbe. 2. Tl.: Die richt. Betong. u. die Rhythmik der deutschen Sprache. 5. Aufl. (XV, 248 S.) 904. (Bd. 239.) n. 3. —

Blackie, John Stuart, Selbsterziehung. Ein Wegweiser f. die reifere Jugend. Deutsche autoris. Ausg. v. Frdr. Kirchner. 3. Aufl. (VII, 138 S.) 903. (Bd. 245.) n. 2. —

*Brathuhn, O., Handbuch der Markscheidekunst. 2., umgearb. Aufl. m. 190 in den Text gedr. Abbildgn. (XI, 191 S.) 906. (Bd. 142.) n. 3. —

*Ehrenberg, Herm., Handbuch der Kunstgeschichte. 6. Aufl., m. 314 in den Text gedr. Abbildgn., vollständig neu bearb. (X, 533 S.) 906. (Bd. 87.) n. 6. —; in Geschenkausg. n. 7. —

*Eisler, Rud., Geschichte der Wissenschaften. (VII, 440 S.) 906. (Bd. 256.) n. 6. —

— allgemeine Kulturgeschichte. 3. Aufl., vollständig neu bearb. (VIII, 260 S.) 905. (Bd. 91.) n. 3. 50

— deutsche Kulturgeschichte. (X, 224 S.) 905. (Bd. 253.) n. 3. —

— Soziologie. Die Lehre v. der Entstehg. u. Entwickelg. der menschl. Gesellschaft. (VIII, 305 S.) 903. (Bd. 31.) n. 4. —

*Exner, Mor., der Weg zum Einjährig-Freiwilligen u. zum Offizier des Beurlaubtenstandes in Armee u. Marine. 3., verm. u. verb. Aufl. (IX, 190 S.) 906. (Bd. 74.) n. 2. 50

*Findeisen, C. F., kaufmännische Korrespondenz. 7., verm. Aufl., bearb. v. Rob. Spalteholz. (VIII, 235 S.) 906. (Bd. 115.) n. 2. 50

Fischbach, H., Forstbotanik. 6., umgearb. u. verm. Aufl., hrsg. v. R. Beck. Mit 77 in den Text gedr. Abbildgn. (IX, 317 S.) 905. (Bd. 6.) n. 3. 50

Fischer, Th., Leitfaden der Metallurgie. Mit 29 in den Text gedr. Abbildgn. (XII, 438 S.) 904. (Bd. 235.) n. 5. —

*Forest, J., Correspondance commerciale. 2. éd. revue et augmentée. D'après l'ouvrage de même nom en langue allemande par C. F. Findeisen. (VIII, 291 S.) 906. (Bd. 153.) n. 3. 50

Friedrich, Wanda, Liebhaberkünste. Ein Leitfaden der häusl. Hand- u. Kunstfertigkeiten. 2., verm. u. verb. Aufl. Mit 210 in den Text gedr. Abb. (VII, 222 S.) 905. (Bd. 158.) n. 2. 50

Frimmel, Thdr. v., Handbuch der Gemäldekunde. 2., umgearb. u. stark verm. Aufl. Mit 38 in den Text gedr. Abb. (XII, 286 S.) 904. (Bd. 151.) n. 4. —

Fürst, Livius, das Kind u. seine Pflege. 5., umgearb. u. verm. Aufl. (X, 440 S. m. 129 Abbildgn.) 897. (Bd. 211.) n. 5. —

Ganswindt, A., Leitfaden der Färberei. 3. Aufl. Neubearbeitg. der 2. Aufl. v. Grothes „Katechismus f. Färberei u. Zeugdruck". Mit 120 in den Text gedr. Abb. (XII, 486 S.) 904. (Bd. 110.) n. 6. —

— Wollwäscherei u. Karbonisation, m. e. Anh.: Die Kunstwollfabrikation. Mit 86 in den Text gedr. Abbildgn. (IX, 318 S.) 905. (Bd. 250.) n. 4. —

Garten, Siegfr., Leitfaden der Mikroskopie. 2. Aufl., vollständig neu bearb. Mit 152 in den Text gedr. Abbildgn. u. 1 farb. Taf. (XII, 262 S.) 904. (Bd. 120.) n. 4. —

Goldberg, Otto, die Handelswissenschaft auf volkswirtschaftlich-rechtlicher Grundlage. 6. Aufl. (der Arenzschen Handelswissenschaft), vollständig neu bearb. (XI, 259 S.) 903. (Bd. 13.) n. 3. —

*Haas, Hippolyt, Leitfaden der Geologie. 8., gänzlich umgearb. u. verm. Aufl. m. 244 in den Text gedr. Abbildgn. u. 1 Taf. (XIII, 286 S.) 906. (Bd. 42.) n. 4. —

*Hartmann, M., Elemente des Eisenbahnbaues. Für den Unterricht u. die Uebgn. an techn. Lehranstalten sowie zum Gebrauch bei der Vorbereitg. f. den mittleren techn. Eisenbahndienst bearb. Mit 300 in den Text gedr. u. 20 Taf. Abbildgn. (XII, 230 S.) 906. (Bd. 255.) n. 6. —

Hofmann, Rich., die Musikinstrumente, ihre Beschreibung u. Verwendung. 6., vollständig neu bearb. Aufl. Mit 205 in den Text gedr. Abbildgn. u. zahlreichen Notenbeispielen. (XII, 274 S.) 903. (Bd. 47.) n. 4. —

Jäger, Herm., Nutzgärtnerei od. Grundzüge des Gemüse- u. Obstbaues. 6., verm. u. verb. Aufl., nach den neuesten Erfahrgn. u. Fortschritten umgearb. v. J. Wesselhöft. Mit 75 in den Text gedr. Abb. (XI, 272 S.) 905. (Bd. 10.) n. 3. —

Ihering, Albr. v., Leitfaden der mechanischen Technologie. 2., völlig umgearb. u. verm. Aufl. Mit 349 in den Text gedr. Abbildgn. (VIII, 290 S.) 904. (Bd. 122.) n. 4. —

*Kessler, H., Lehrbuch der praktischen Photographie. 6. Aufl., m. 141 in den Text gedr. Abbildgn. u. 8 Taf., völlig neu bearb. (XIV, 331 S.) 906. (Bd. 40.) n. 4. 50

Kleiber, Max, angewandte Perspektive. Nebst Erläutergn. üb. Schattenkonstruktion u. Spiegelbilder. 4. durchgeseh. Aufl. Mit 145 in den Text gedr. u. 7 Taf. Abbildgn. (VIII, 214 S.) 904. (Bd. 137.) n. 3. —

Kloß, Mor., Leitfaden der Turnkunst. 7., verm. u. verb. Aufl., bearb. v. Otto Schlenker. Mit 105 in den Text gedr. Abbildgn. (VIII, 413 S.) 905. (Bd. 8.) n. 4. —

Köhler, G., Leitfaden der Bergbaukunde. 3. verm. u. verb. Aufl. Mit 225 in den Text gedr. Abbildgn. (X, 332 S.) 903. (Bd. 129.) n. 4. —

Köhler, Louis, der Klavierunterricht. Studien, Erfahrgn. u. Ratschläge f. Klavierpädagogen. 6., neu durchgearb. Aufl. v. Rich. Hofmann. (XIII, 348 S.) 905. (Bd. 187.) n. 4. —

Kollert, Jul., Katechismus der Physik. 6., verb. u. verm. Aufl. Mit 364 in den Text gedr. Abbildgn. (XVI, 593 S.) 903. (Bd. 57.) n. 7. —

Kothe, Herm., Katechismus der Gedächtniskunst. ., verb. u. verm. Aufl., bearb. v. Geo. Pietsch. (VI, 108 S.) 905. (Bd. 17.) n. 1. 50

Krichler, Frz., die Hunderassen. Beschreibung der einzelnen Hunderassen, Behandlg., Zucht u. Aufzucht, Dressur u. Krankheiten des Hundes. 2. Aufl., vollst. neu bearb. v. G. Knapp. Mit 70 in den Text gedr. Abb. (X. 230 S.) 905. (Bd. 144.)

Krüger, Rich., Leitfaden des Brückenbaues. Für den Unterricht an techn. Lehranstalten u. zum prakt. Gebrauche f. Bauingenieure, Bahnmeister, Tiefbautechniker usw. sowie zum Selbststudium bearb. Mit 612 in den Text gedr. Abbildgn. u. 20 Taf. Zeichngn. (XVI, 439 S.) 905. (Bd. 248.) n. . —

— Leitfaden des Erd- u. Straßenbaues. Für den Unterricht an techn. Lehranstalten u. zum prakt. Gebrauch f. Bauingenieure, Straßenmeister u. Tiefbautechniker sowie zum Selbststudium. Mit 260 in den Text gedr. Abbildgn. (XII, 414 S.) 904. (Bd. 247.) n. 5. 50

Langbein, Geo., u. Alfr. Frießner, Galvanoplastik u. Galvanostegie. Kurzgefaßter Leitfaden f. das Selbststudium u. den Gebrauch in der Werkstatt. 4., vollständig umgearb. u. verm. Aufl. Mit Titelbild u. 77 in den Text gedr. Abbildgn. (XI, 265 S.) 904. (Bd. 62.) n. 3. 50

Lange, Willy, die Blumenbinderei. Anleitung zur künstler. Zusammenstellg. v. Blumen u. Pflanzen u. zur Einrichtg. u. Führg. e. Blumenhandlg. Mit 56 Abbildgn. (XI, 198 S.) 903. (Bd. 242.) n. 3. —

Lehnert, W. M., Leitfaden der modernen Kältetechnik, ihr Anwendungsgebiet, ihre Maschinen u. ihre Apparate. Mit 140 in den Text gedr. u. 12 Taf. Abbildgn., sowie 12 Tab. (X, 186 S.) 905. (Bd. 252.) n. 4. —

Lobe, J. C., Katechismus der Musik. 28., durchgeseh. Aufl. v. Rich. Hofmann. (VIII, 170 S.) 904. (Bd. 4.) n. 1. 50

Migula, W., die Bakterien. 2., verm. u. verb. Aufl. Mit 35 in den Text gedr. Abb. (VIII, 191 S.) 903. (Bd. 191.) n. 2. 50

Möbius, Paul Jul., die Nervosität. 3., verm. u. verb. Aufl. (XII, 200 S.) 906. (Bd. 215.) n. 2. 50

Musiol, Rob., Grundriß der Musikgeschichte. 3., stark verm. Aufl., vollständig neu bearb. v. Rich. Hofmann. Mit 11 in den Text gedr. u. 22 Taf. Abbildgn., sowie zahlr. Notenbeispielen. (X, 412 S.) 905. (Bd. 30.) n. 4. 50

Pagenstecher, Arnold, Gicht u. Rheumatismus. 4., umgearb. Aufl. Mit 9 in den Text gedr. Abbildgn. (VIII, 106 S.) 903. (Bd. 209.) n. 2. —

Pauly, M., die Feuerbestattung. Mit 81 Abbildgn. (VII, 182 S.) 904. (Bd. 251.) n. 2. —

Pietsch, C., Katechismus der Feldmeßkunst. 7. Aufl. Mit 76 in den Text gedr. Abbildgn. (V, 96 S.) 903. (Bd. 44.) n. 1. 80

Pietsch, M., Katechismus der Chemikalienkunde. Eine kurze Beschreibg. der wichtigsten Chemikalien des Handels. 2. Aufl. Vollständig neu bearb. (VIII, 235 S.) 903. (Bd. 96.) n. 3. —

Preller, die Massage. 2., völlig neu bearb. Aufl. v. Ralf Wichmann. Mit 89 in den Text gedr. Abbildgn. (IX, 250 S.) 903. (Bd. 218.) n. 3. 50

Presinsky, Frz., englische Kugel- u. Ballspiele. Ein Leitfaden f. die deutschen Spieler. Mit 105 in den Text gedr. Abbildgn. (X, 254 S.) 903. (Bd. 243.) n. 3. 50

Prölß, Rob., Aesthetik. Belehrungen üb. die Wissenschaft vom Schönen u. der Kunst. 3., verm. u. verb. Aufl. (XVI, 366 S.) 904. (Bd. 11.) n. 3. 50

Raupp, K., Handbuch der Malerei. Ein Ratgeber u. Führer f. angeh. Künstler u. Dilettanten. 4., verm. u. verb. Aufl. Mit 54 in den Text gedr. Abbildgn. u. 9 Taf. (VIII, 179 S.) 904. (Bd. 133.) n. 3. —

Runze, Geo., Metaphysik. (XI, 424 S.) 905. (Bd. 249.) n. 5. —

*Sacken, Ed. Frhr. v., die Baustile. Lehre der architekton. Stilarten von den ältesten Zeiten bis auf die Gegenwart. 16. Aufl. Neu bearb. u. vervollständigt v. O. Gruner. Mit 143 in den Text gedr. Abb. (X, 229 S.) 906. (Bd. 39.) n. 2. 50

*— Heraldik. Grundzüge der Wappenkunde. 7. Aufl. neu bearb. von Mor. v. Weittenhiller. Mit 261 in den Text gedr. Abb. (VIII, 160 S.) 906. (Bd. 61.) n. 2. —

Sanders, Daniel, Zitatenlexikon. Sammlg. v. Zitaten, Sprichwörtern, sprichwörtl. Redensarten u. Sentenzen. 2., verm. u. verb. Aufl. (VI, 712 S.) 905. (Bd. 176.) n. 6. —; in Geschenkbd. n. 7. —

Schiffmann, C., Leitfaden des Wasserbaues. Zum Selbstunterricht f. den Gebrauch in der Praxis u. als Lehrbuch f. Fachschulen. Mit 605 in den Text gedr. u. 8 Taf. Abbildgn. (XVI, 559 S.) 905. (Bd. 254.) n. 7. 50

*Schmidt, Geo., elektrische Telegraphie. 7. Aufl., dem gegenwärt. Stande der Technik entsprechend vollständig neu bearb. Mit 484 in den Text gedr. Abbildgn. (Früher bearb. v. K. Ed. Zetzsche.) (XV, 474 S.) 906. (Bd. 21.) n. 6. —

Schober, Hugo, Grundriß der Volkswirtschaftslehre, nach Sch. neu bearb. v. Ed. O. Schulze. 6. Aufl. (XIV, 536 S.) 905. (Bd. 41.) n. 6. —

Schurig, Rich., Katechismus der Algebra. 5. Aufl. (VII, 236 S.) 903. (Bd. 71.) n. 3. —

Schwartze, Th., allgem. Maschinenlehre. Beschreibung der gebräuchlichsten Kraft- u. Arbeitsmaschinen der verschied. Industriezweige. Mit 327 in den Text gedr. Abbildgn. (XI, 410 S.) 903. (Bd. 214.) n. 6. —

Sieber, Ferd., Katechismus der Gesangskunst. Mit vielen in den Text gedr. Notenbeispielen. 6. Aufl. (VII, 176 S.) 903. (Bd. 12.) n. 2. 50

Stern, Adf., Grundriß der allgemeinen Literaturgeschichte. 4., verm. u. verb. Aufl. (XIV, 430 S.) 906. (Bd. 2.) n. 4. —

Stern, Rob., das kaufmännische Rechnen. (X, 475 S.) 904. (Bd. 246.) n. 5. —

Uhlich, Herm., Leitfaden des Hufbeschlages. Mit e. Anh.: Der Klauenbeschlag. 4. Aufl. (des E. Th. Walther'schen Buches), vollständig neu bearb. Mit 140 Abbildgn. (X, 202 S.) 905. (Bd. 61.) n. 2. 50

Walde, Chr. Herm., u. Hugo Knoppe, Handbuch d. Drechslerei. Mit 392 in den Text gedr. Abbildgn. (XVIII, 447 S.) 903. (Bd. 244.) n. 6. —

*Zeltz, R., Handbuch der Nautik. Mit 68 in den Text gedr. Abb. u. 11 Taf. (XI, 306 S. 906. (Bd. 257.) n. 4. —

Zetzsche, K. Ed., ebene u. räumliche Geometrie. 4., verm. u. verb. Aufl., bearb. v. Frz. Zetzsche. Mit 242 in den Text gedr. Abbildgn. (XII, 408 S.) 905. (Bd. 69.) n. 4. —

Zorn, Alb., Grundzüge des Völkerrechts. 2., vollständig neu bearb. Aufl. Mit Vorwort v. Philipp Zorn. (X, 315 S.) 903. (Bd. 73.) n. 4. —

Die mit * bezeichneten Bände erschienen unter dem neuen Sammeltitel (Weber's illustrierte Handbücher).

Weber, J. J., die Reform der Schullehrer-Seminare zu landwirthschaftlichen Zwecken. Bonn 863. Cohen & Sohn. gr. 8. (48 S.) n. 5 ngr.

Weber, J. K., über den Nachtheil der dermal. Einrichtung unserer Fruchtmärkte. 4. Mannh. 780. Schwan u. G. 2 gr.

Weber, J. K.: „Ueber den Nachtheil, den die jetzige Einrichtung der Fruchtmärkte den producirenden Klassen verursachet", Heidelberg 1781 (Pfähler).

Weber, J. N., Uebersicht der halleschen Waisenhaus-Arzneien nach ihren allgemeinen Wirkungen. gr. 16. (X und 107 S.) Halle 857, (Buchh. des Waisenhauses.) Thlr. *

Weber, J. N., Uebersicht der Halleschen Waisenhaus-Arzneien nach ihren allgemeinen Wirkungen. Unveränd. Neudr. der Ausg. vom J. 1857. (VIII, 66 S.) 8. Halle 907. (Buchh. des Waisenhauses.) — 80

Weber, J. N., Vorschriften aus d. niedern u. höh. Kalligraphie, enthalt.: Schriften u. Alphabete d. bekanntesten alten u. neuen Schriftgattungen: der deutschen, engl., franz., griech., hebrä., altdeutschen, syr., arab., indischen, sarazen., russ., wie auch d. deutschen, engl., röm. u. franz., Fracktur-Kanzlei u. d. Kirchenschrift etc. etc. gr. Fol. (18 lith. B.) Carlsruhe 831, Velten.

Weber, Dr. J. S., die Arzneikunde ohne Arzt, s. Audin-Rouvière.

Weber, J. S., doctrina tutior de descensu Chr. ad inferos Lips. 1731. 4.

— s. C. de Montmahou, neues Formular- u. Receptbuch.

Weber, (J. S,) Sammlung medizinischer Dissertation, s Sammlung.

Weber, J. S., Taschenbuch d. medicin. Dosologie, od. der Kunst, die Dosen d. Arzneimittel nach d. verschied. Alter zu bestimmen; nebst d. innerl. u. äusserl. Anwendungsart d. einfachen u. zusammengesetzten Arzneimittel. In synopt. Tab. 16. (24 B.) Tübingen 831, Osiander.

Weber, J. Th., die Kunst, sich zu verheiraten. 12. (83 S.) Berlin 888. Fried & Co. n. 1. —

Weber, J. W., katechetische Skizzen, s.: Hower, J.

Weber, Jacob [aus Motten]: Beiträge zu Häufigkeit der Tripper-complicationen beim Manne. ... Würzburg, Paul Scheiner's Buchdr., 1889; 42 S. 8°
Würzburg, Med. Fak., Inaug.-Diss. v. 1889

Weber, Jakob, aus Kaiserslautern: Ein **Fall** von primärem **Milzsarkom.** *Erlangen 1901: F. Junge.* (28 S.) 8°
Erlangen, Med. Diss. v. (23. Juni) 1900

Weber, Jak., Festrede an der Schlachtfeier in Sempach, s. Reinhardt, Heinr.

Weber, J. Die Bruchsaler Gewerbebank, die erste deutsche Ausgaben-Versicherungsgesellschaft, und ihr Statut. Karlsruhe 1877.

Weber, Jak., die erste deutsche Ausgaben-Versichernngs-Gesellschaft und ihr Statut. Ein Beitrag zur Beseitigung eines socialen Uebels, des Borgsystems, und zur Einführung des Baarzahlungssystems, als eines der mächtigsten Hebel zur Förderung des allgemeinen Wohlstandes. 8. (47 S.) Karlsruhe 877, Bielefeld's Hofbuchh. *

Weber, Jacob, Grh. Forstassessor, Assist. an d. forstl. Versuchsanst.: **Holzmassenermittelungen** am stehenden Stamm auf Grund photographischer Aufnahmen unter Beifügung von 8 Tab., 4 Taf. u. 2 Fig. *Gießen 1902: Nitschkowski.* (37 S.) 8°
Gießen, Phil. Diss. v. 1902

Weber, Jac., Holzmassenermittelungen am stehenden Stamm auf Grund photograph. Aufnahmen, unter Beifügg. v. 8 Tab., 4 Taf. u. 2 Fig. Diss., bearb. nach Erhebgn. d. forstl. Versuchsanstalt f. d. Grossherzogt. Hessen. gr. 8. (37 S.) Giessen 902. (E. Roth.) n. 2.—

Die Park- und Waldanlagen von Bad-Nauheim nebst einigen Ausflügen in d. Umgebung d. Bades v. Großherz. Forstass. Dr. [Jakob] **Weber** zu Bad-Nauheim. Mit 60 Autotyp., 1 Holzartenverzeichn. u. 1 Spezial-Wegekarte. Bad-Nauheim: Selbstverl. 1906. (126 S.) 8° [07. 14480 10

Vgl. Weber, Karl.

Studentenbriefe eines Toggenburgers aus Heidelberg und Göttingen, 1824–1820. (Verf.: Jakob **Weber**, Kantonsrichter.) Mit 1 Portr. St. Gallen 1908: Zollikofer & Cie (24 S.) 8°
= **Analekten**, St. Gallische. 10. [08. 1434

Weber, Jakob Andreas

Vollständige theoretische und praktische Abhandlung von dem Salpeter und der Zeugung derselben, nebst einer Abhandlung von der Gährung durch physische und chemische Grundsätze und Erfahrungen bestätigt. Tübingen, 1779. 8vo.

— vollständ. theor. u. prakt. Abhandl. v. d. Salpeter u. der Zeugung desselben; nebst e. Abhandl. v. d. Gährung. 8. Tübing. Heerbrandt. 779.

— vollständige theoret.-praktische Abhandlung v. d. Salpeter und der Zeugung desselben; nebst e. Abhandl. v. d. Gährung ꝛc. 8. Tübing. 779. (Osiander). 16 gr.

— Anmerkk. üb. d. Samml. v. d. Nachrr. u. Beobachtt. über die Zeugung des Salpeters, nebst dessen theoret. u. prakt. Abhandl. v. d. Salpeterzeugen von J. Winzlert. 8. Tübing. 780. (Osiander). 6 gr.

Weber, Jak. Andr., († d. 12. Jan. 1792.) kurze Anweisung für einen Anfänger der Apothekerkunst u. Chemie. 8. Tübing. 779. 2e verb. Aufl. 784. (Osiander). 8 gr.

—— —— Zweite Auflage. Berlin, 1785.

Weber, Jacob Andreas.
Beschreibung einiger zum Gebrauch der dephlogistirten Luft beim Blaserohr eingerichteten Maschinen ... Tübingen, 1785. 8vo.
Vgl. Beschreibung ...

— Beschreib. d. großen Saline bei Gemünden in Oberösterreich, u. einige Gedanken über andere Salinen. 8. Tübing. 789. (Osiander). 4 gr.

— leichtfaßl. Chemie für Handwerker u. deren Lehrlinge, worin d. Anwendung dieser Kunst auf d. Verarbeitung aller Metalle u. d. Bearbeitung verschied. Farben gründl. gezeigt wird ꝛc. 8. Tübing. 790. N. A. 793. (Osiander). 9 gr.

Weber, Jac. Andr., Erfahr. üb. d. Behandl. d. jetzigen Ruhrepidemie. Kiel. 4°. 1790.

— chemische Erfahrungen bei meinen u. and. Fabriken in Deutschland, nebst e. Anhang besond. chem. Geheimnisse. (A. u. d. T.: entdeckte chem. Geheimnisse, ein hinterlass. Werk). 8. Neuwied 793. Gehra. 12 gr.

— chemische Erfahrungen bey meinen und and. Fabriken in Deutschland, nebst e. Anh. besond. chem. Geheimnisse, (hat a. d. Tit. entdeckte chem. Geheimnisse, e. hinterlass. Werk). 8. Thal Ehrenbreitstein. 804.

— bekannte u. unbekannte Fabriken u. Künste, aus eigener Erfahrung. 8. Tübing. 781. (Osiander). 14 gr.

— Fragmente von d. heidnischen Götterlehre, für Frauenzimmer. Maler u. Kinder, nach alphabetischer Ordnung. 8. Tübing. 780. (Osiander). 5 gr

— Fragmente v. d. Physik für Frauenzimmer u. Kinder. 8. Tübing. 779. (Wohler in Ulm). 6 gr

Weber, J(akob) A(ndreas): Geschichte der Ruhr und Faulfiebers die am Rhein - und der Krankheit die in Schwaben gewütet haben. 176 S., gbd.

Tübingen: Heerbrandt 1789

— Geschichte d. Ruhr u. des Faulfiebers, die am Rhein, und die Krankheit, die in Schwaben gewüthet haben. 8. Tübing. 789. (Osiander). 8 gr

— physikalisch-chymisches Magazin f. Aerzte, Chymisten u. Künstler. 2 Thle. 8. Berl. 780. (Sander). 1 rthl 8 gr

— Monatsschrift von nützl. neuen Erfahrungen aus d. Reiche der Scheidekunst u. and. Wissenschaften. 1r Monat. 8. Tübing. 773.

— Nachr. v. der Benutzung d. Abfälle bei den Salinen und von 2 besondern wirkenden Arzneimitteln. 8. Neuwied 789. (Gera in Thal Ehrenbreitenst.) 5 gr

— neuentdeckte Natur und Eigenschaften d. Kalks u. d. ätzenden Körper, nebst e. ökonom. chym. Untersuch. d. Kochsalzes u. dessen Mutterlauge. 8. Berlin, Wever. (Sander.) 778.

— Dissert. de transpiratione cutanea hominis, sanitatis praesidio, morborum caussa et victrice. 4. Tübing. 760.

— physikal. chem. Untersuch. d. thierischen Feuchtigkeiten. 8. Ebend. 780.

Physikalisch-chemische Untersuchungen der thierischen Feuchtigkeiten. Tübingen, 1781. 8vo.

— physikalisch-chemische Untersuchungen der thierischen Feuchtigkeiten. 8. Tübing. 785. (Osiander). 6 gr

— medicinische Vernunftlehre. gr. 8. Heilbr. 796. Claß. 3 gr

— nützliche Wahrheiten f. Fabrikanten u. Künstler. 2 Thle. 8. Wien 787. Schaumburg. 20 gr

Weber, J[akob] A[ndreas]: Nützliche W a h r h e i t e n für Fabrikanten und Künstler. Stahel, Wien 1787. 271 S. 8°

Weber, Jean Baptiste, gen. Batty: K i t t y . Theatersteck an drei Akten. Letzeburg: Linden 1900. 68 S. 12°

Weber, Jean Baptiste, gen. Batty: Auf ein K ö n i g s g r a b . Gedicht. Luxemburg: Beffort 1890. 3 S. 8°

Weber, Jean Baptiste, gen. Batty: De S c h ê f e r von Aasselburn. Letzeburger Vollékstéck an 4 Akten. Titelzeichnungen von Georg Traus. Letzeburg: Schroell 1898. 104 S. 8°

Weber, Immanuel

Weber, Imm. [Präs.] u. Michael Snell (Giessen) [Resp.]
Antiquitates Antinoi.
Giessae 29. Sept. 1707: Joh. Reinh. Vulpius. 42, (2) S. 4°
pro summis in philosophia honoribus obtinendis.
— rec. et aucta. Giessae 1711: Vulpius. 48 S. 4°

Weber, Imm. [Präs.] u. Christian Anton Riess [Resp.]
Dissertatio inauguralis juridica, de appelationibus irregularibus ut et de eo, quod justum vel injustum est, circa appelationes in causis politicis, Vom Appelliren in Policey-Sachen.
Giessae Dez. 1725: Joh. Reinh. Vulpius. 60 S. 4°
pro impetranda licentia petendorum summorum in jure honorum.

Weber, Immanuel [Praes.], s. A r n o l d i , Ernst Christoph: Specimen paroemiarum historicarum ad res Germaniae illustrandas comparatarum, quod ex publicis praelectionibus Dn. Imman. Weberi collectum, eodem praeside.

Weber, Imm. [Praes.] u. Joh. Ludw. Thilen
Asserta juris varia.
Gissae-Hass. 22. Juli 1700: Henning Müller. 8 S. 4°

Weber, Immanuel [Praes.], s. B r ü c k n e r , Joh. Gottlob: Electa processus summarii ejusdem naturam & differentias ab ordinario, ex usu fori Saxonici electoralis.

Weber, Immanuel: Commentatio de c o n t r a c t u vitalitio. Giessae 1706. Frankofurti et Lipsiae 1750.

Weber, Immanvel: Commentatio ivridica de crimine advlteratorvm vinorvm. Von Wein-Verfälschern und ihren Strafen. Francofvrti & Lipsiae 1751. 48 S. -- 19*
Dass. erschien auch u. d. T.: Weber: Disputatio juridica, quâ crimen adulteratorum vinorum. 1708.

--- Ders. Disputatio juridica, quâ crimen adulteratorum vinorum. [Resp.:] Joh. Wilhelmus Sultzberger. Giessae-Hassorum: Muller 1708. 48 S. Gießen, Univ. Schrift 1708 -- 5*
Dass. erschien auch u. d. T.: Weber: Commentatio ivridica de crimine advlteratorvm vinorvm. 1751. --

Weber, Imm. [Präs.] u. Georg Chrph. Eichler (Nürnberg) [Resp.]
Dissertatio inauguralis juridica qua capita quaedam Chrysobullae imperatoris Caroli IV. quae vel nunquam observata, vel per contrariam observantiam, per desuetudinem, vel alia quavis ratione immutata fuerunt, proponuntur.
Giessae Mai 1717: Joh. Reinh. Vulpius. 36 S. 4°

— Halae Magdeb. 1748.

Weber, Immanuel [Praes.], s. E i c h l e r , Georg Christoph: Capita quaedam Chrysobullae imperatoris Caroli IV.

Weber, Immanuel [Präs.] u. Joh. Gottlob Brückner (Görlitz)
Electa processus summarii, ejusdem naturam et differentias ab Ordinario, ex usu fori Saxonici Electoralis, indicantia.
Giessae Febr. 1722: vidua J. R. Vulpii. 72, (4) S. 4°
pro summis in utroque jure honoribus ... capessendis

Weber, Imm.: Diatribe juris canonici de canonica praelatorum ecclesiae electione. Rec. Jenae 1746.

Weber, Imm. [Präs.] u. Joh. Kasp. Lanius (Steinfurt, Wetterau) [Auct. et Resp.]
Emblemata Hassiaca, serenissimae domus tituli et insignia.
Gissae Juli 1711: Vulpius. 64 S. 4°
pro obtinendis summis in philosophia honoribus.

Weber, Imm. [Präs.] u. Joh. Kasp. Lanius (Steinfurt, Wetterau) [Auct. et Resp.]
Emblemata Hassiaca, serenissimae domus tituli et insignia. Editio secunda.
Gissae 14. Aug. 1711: Vulpius. 48 S. 4°
pro obtinendis summis in philosophia honoribus.

Weber, Imm.: Commentatio de eo, quod justum est circa cognationes in nuptiis. Giessae 1716.

Weber, Immanuel: E x a m e n artis heraldicae. Editio 3. Jenae. 1713. 8°

Weber, Imman., examen artis heraldicae, c. fig. 8. Ien. 723.

Weber, Immanuel [Praes.], s. Förster, Jo. Georg: Sylloge rerum praecipuarum, tempore Ferdinandi II. imperatoris per Europam gestarum.

Weber, Imm. [Präs.] u. Philipp Ludw. Heylmann (Frankf. a. M.) [Resp.]
Gustavus Adolphus Magnus, rex Suecorum, Augustus, Germanicus, Germanicae libertatis vindex.
Francofurti ad Moenum Aug. 1703: Andreae. (12), 79 S. 4°
"Dissertatione academica Gisenae sistet."

Weber, Immanuel [Praes.], s. Hebenstreit, Johann Daniel: Αποσπασματιον philologicum, ad I. Timoth. III. capitis comma 15.

Weber, Immanuel [Praes.], s. Henrici, Johann Hartmann: De refutatione feudorum imperii, sive von Auflassung derer Reichs-Lehne.

Weber, Immanuel [Praes.], s. Heunisch, Johann: De jure circa sacra pagorum imperii immediatorum. Von dem Rechte beym Gottesdienste in denen unmittelbaren Reichs-Landen zu ordnen.

Weber, Immanuel [Präs.] u. Rud. Amandus Stocmeier (Stuttgart)
Dissertatio inauguralis juridica de investituris et servitiis feudorum ludicris.
Giessae Dez. 1724: vidua J.R. Vulpii. (2), 69 S. 4°
pro obtinenda summorum in jure honorum licentia

Weber, Imm. [Präs.] u. Rudolph Amandus Stoccmeier (Stuttgart) [Resp.]
Dissertatio inauguralis juridica de investituris et servitiis feudorum ludicris. [Diss. v. Dez. 1724]
Giessae 1745: Eberh. Henr. Lammers. 64 S. 4°
pro obtinenda summorum in jure honorum licentia.
— Jenae 1758: Heller.

Weber, Immanuel (Giessen) A. S. 832/17

Dissertatio inauguralis juridica, de jure S. R. I. publico non scripto, vulgo des H. R. R. Herkommen.
Giessen (Vulpius) 7. I. 1723. 39 S. 35884

Weber, Imm. filius (Giessen)
Dissertatio inauguralis de jure S. R. I. publico non scripto, vulgo Des H. R. R. Herkommen, in Alma Ludoviciana defensa D. VII. Ianuar. MDCCXXIII.
Giessae 1743: vidua Joh. Reinh. Vulpii. (6), 34 S. 4°

Weber, Imm. [Präs.] u. Friedr. Ludw. Curds (Wernigerod. Saxo, Advocat. Regim. Nasso-Dillenb. et Notar. Publ. Caes.) [Auct. et Resp.]
De jure monstrorum.
Gissae März 1712: Henning Müller. (4), 28 S. 4°
publice disseret

Weber, Imm. [Präs.] u. Christoph Arnold de Voigt (Eques in Ducatu Bremensi) [Resp.]
Jus hominis circa se ipsum, commentario ad illustris Pufendorfii L. I. c. V. de officiis illustratum.
Giessae Aug. [handschr. verb. zu: Nov.] 1708: Henning Müller. 35, (9) S. 4°
publice ventilandum

Weber, Imm. [Präs.] u. Karl Ernst de Schoenleben (Eques Anhaltinus) [Resp.]
Jus quod deo debetur ex dictamine rationis, Commentario ad Illustris Pufendorfii L. I. C. IV. De officiis, illustratum.
Gissae (per menses Januar. et Febr. Anno 1705 singulis diebus Saturni) 1705: Müller. 16 S. 4°
publice ventilandum proponunt.

Weber, Immanuel [Praes.], s. Kayser, Joh. Friederich: Themata quaedam selectiora, ex jurisprudentia universali.

Weber, Immanuel [Präs.] u. Karl Ernst de Schoenleben [Auct.]
De legibus divinae positionis universalibus discursus academicus.
Giessae 20. Aug. 1705: Vulpius. (12), 109, (4) S. 4°
publico eruditorum examini

— Die durch Unlust vergallete Lust des Ehelichen Lebens in kurtzer Erzehlung fürgestellet an den (1) Exempel zweyer unglücklichen Gemahlinnen vom Chur-Fürstl. Hause Pfalz; worinnen die Liebes-INTRIGVES der Baronesse von Degenfeld, und Des ungewissenhafften Gewissens-Raths Langhansens Gottlose Händel zu befinden. Von neuem ans Licht gestellet durch *L. V. A.* (d. i. Levinus v. *Ambeer = Immanuel Weber*). GIESSEN, bey Johann Müllern. 1720. 8°. (4 Mk. M. Edelmann, 1904; 5 Mk. E. Frensdorff, 1906; 18 Mk. L. Rosenthal, 1910.)

S. 26 ff. Gedichte (üppige Heroiden) von Hofmannswaldau: Liebes-Intriguen zwischen Churfürst Carl Ludwig von der Pfaltz und Maria Loysa v. Degenfeld (so!).
Vgl. Freytag, Adparat. literar. II, 890 ff.; 1065 ff., und Joh. Chrn. Lüning's Literae procerum Europae I, 699 ff. Untergeschoben, weil des Aeneas Sylvius (Pius II) Briefe zwischen Eurialus und Lucretia hier als wirklich zwischen dem Kurfürsten und Luise v. Degenfeld gewechselte lateinische Briefe aufgenommen sind. (Goedeke, 2. Aufl. I. p. 362, C.) — Ueber den 27. Immanuel Weber Näheres in: Kurtze Historie der vormaligen und gegenwärtigen Gelehrtheit derer Hessen. O. O. 1716—26. IV. 8°.

— — Dasselbe, tit.: Die Liebes-Intriguen der Baronessin v. Degenfeld, von *Levinus v. Ambeer*. Hamburg 1727. 12°.

— — Dasselbe. Leipzig 1731. 8°.

— — Dasselbe. Ibid. 1735. 8°.

WEBER, IMMANUEL.
Kurtz-gefaßte Memoire, von Leben und Thaten Des Hn. Guntheri, zugenannt Bellicosi, Graffen zu Schwartzburg, Herrn zu Arnstadt und Sonderhausen. Nebst . . . meist ex MsCtis & Archivis gesammelten . . . Anhangen. Gießen u. Frankfurt, Vulpius' Wittwe u. E. H. Lammer, 1720.

Weber, Immanuel (Wittenberg) A. S. 282/26

Oratio solennis de veritate somnii Friderici Sax. septemviri cognomine sapientis.
Wittenberg (Gerdes) 7. XI. 1717. 23 S.

Gew.: Gottfried Suevus, Justinus Weyrauch.
35883

Weber, Immanuel [Präs.] u. Joh. Petr. Heel (Leihgestern) [Resp.]
Papa quid facis ? Dissertatio de vanis et iniquis pontificum circa electiones imperatorum moliminibus.
Gissae Febr. 1719: vid. J. R. Vulpii. 158 S. 4°
publice ventilanda

Weber, Immanuel
Papa quid facis ? sive discursus academicus de vanis et iniquis pontificum, circa electiones imperatorum moliminibus.
Giessae et Francofurti: Vidua Joh. R. Vulpii et E. Henr. Lammers 1720. 158 S.

Weber, Immanuel [Praes.], s. Passer, Christian Gottlieb: Specimen paroemiarum historicarum, ad res Germaniae illustrandas comparatarum.

Liebknecht, Jo. Georg [Präs.] u. Imm. Weber (Giessen) [Autor et Resp.]
Pharus sive de prodigiis ignis coelestibus, ut vulgo vocantur, ex omni aevo collectis, dissertatio historico-mathematica, occasione coruscationum borealium, nuper visarum, una cum causis et praedictionibus istarum.
Giessae 16. Okt. 1721: Joh. Müller. (8), 78 (2) S. 4°

Weber, Immanuel [Präs.] u. Joh. Benjamin Weissenbruch (Engelrod) [Resp.]
Schediasma historicum de eruditis Hassiae principibus.
Giessae-Hassorum [26.] Febr. 1707: Vulpius (4), 44 S. 4°
publice ventilandum
— (u. d. T.: De eruditis Hassiae Principibus Schediasma historicum [ohne Nennung des Resp.] Gissae 1707: Joh. Reinh. Vulpius. (2) 44 S. 4°

Weber, Imman., Pusterus, vetus Germanorum idolum. Resp. Joh. Phil. Chrn Staubius. Giessae 1716. 4. . . . . (D.)
—, — Giessae 1717. 4. . . . . (D.)

Weber, Immanuel
Schediasma historicum, de pustero, vetere Germanorum, ad Herciniam, idolo. Denuo in lucem protractatum.
Giessae- Hass.: Müller 1723, 106 S. 8°

Weber, Imm. [Praes.] u. Michael Georg Diecmann (Stade) [Auctor et Resp.]
Ex Jurisprudentia universali schediasma de recta pacis tempore bellique ratione status exotericum.
Gissae [29.] Juni 1700: Henning Müller. 56 S. 4°
publicae ventilationi

Weber, Imm. [Präs.] u. Joh. Nik. Rücker (Frankfurt a. M.) [Resp.]
Dissertatio inauguralis juridica de rationibus decidendi partibus et earum advocatis non temere aut non integre communicandis.
Giessae 22. Juli 1721: vidua Joh. Reinh. Vulpii. 36 S. 4°
pro summis doctorum in utroque jure dignitatibus et privilegiis rite capessendis.

Weber, Imm. [Präs.] u. Nik. Schuback (Bremen) [Resp.]
Dissertatio inauguralis de licito per querelam nullitatis ad summa imperii dicasteria recursu, in causis aliàs vel per privilegium vel per legem ab illorum jurisdictione exemptis.
Giessae Jan. 1725: Joh. Reinh. Vulpius. 104 S. 4°
pro obtinenda summorum in jure obtinendorum honorum licentia.

Weber, Imm.: Exercitatio de retractu nobilibus imperii immediatis per privilegia caesarea concesso. Jenae 1744.

Weber, Immanuel [Praes.], s. Rücker, Johann Nikolaus: De rationibus decidendi partibus et earum advocatis non temere, aut non integre communicandis.

Weber, Imm. [Präs.] u. Karl Ludw. Bielefeld [Autor et Resp.]
Dissertatio de Rudolpho secundo, Imperatore Romanorum.
Giessae Oct. 1707. (18), 64 S. 4°

Weber, Immanuel [Präs.] u. Georg Melchior Hofmann (Speier) [Auctor et Resp.]
Rusticus seditiosus.
Giessae-Hassorum [4.] Aug. 1707: Henning Müller. 72, (8) S. 4°

Weber, Immanuel [Praes.], s. Schatzmann, David: De contractu vitalitio, quo alimenta ad dies vitae comparantur.

Weber, Immanuel [Praes.], s. Schoepff, Johann Heinrich: De retractu nobilibus imperii immediatis per privilegia Caesarea concesso.

Weber, Immanuel [Praes.], s. Schuback, Nikolaus: De licito per querelam nullitatis ad summa imperii dicasteria recursu . . .

Weber, Imm. [Präs.] u. Ernst Heinr. de Nimptsch (Eques Silesius) [Resp.]
Singularia quaedam, potissimum anecdota, ad historiam Erici XIV. Svecorum regis spectantia.
Giessae 31. Dez. 1711: Henning Müller. (8), 32 S. 4°
publico eruditorum examini

—— —— Giessae 1719: J. Müller. 48 S. 4°

Weber, Imm. [Präs.] u. Christoph Friedr. L. B. de Tann [Resp.]
Societas leonum, Vulgo Die Löwen=Gesellschafft, Quae circa finem Seculi XV. in Bavaria innotuit.
Giessae Jan. 1713: Müller. (8), 56, 36 S. 4°

Weber, Immanuel [Praes.], s. Sommerfeld und Falckenhain, Christoph Ernst von: De turbatis S. R. imperii circulis.

Weber, Immanuel [Praes.], s. Sommerfeld und Falckenhain, Christoph Ernst von: De lege naturali meditationes academicae, ad illustris Pufendorfii de officiis libros annotationum specimen.

Weber, Imm. [Präs.] u. Joh. Max. Raumburger (Frankf. a. M.) [Resp.]
Specimen annotationum ad illustr. Pufendorfii de officiis libros.
Gissae Dez. 1701: Henning Müller. 32 S. 4°
publicae ventilationi subjiciet.

Weber, Imm. [Präs.] u. Chr. Arnold von Voigt
Specimen annotationum ad illustr. Pufendorfii de officiis libros.
Giessae 1702.

Weber, Imm. [Präs.] u. Ernst Christoph Arnoldi [Resp.]
Specimen paroemiarum historicarum ad res Germaniae illustrandas comparatarum, ex publicis praelectionibus Imm. Weberi collectum.
Gissae 6. Sept. 1715: Joh. Müller. 28 S. 4°

Weber, Imm. [Präs.] u. Marcus Christoph Weller (Darmstadt) [Resp.]
Specimen paroemiarum historicarum ad res Germaniae illustrandas comparatarum, ex publicis praelectionibus Imm. Weberi collectum.
Gissae 29. Okt. 1716: Joh. Müller. (4), 32 S. 4°

Weber, Imman., Specimen I—III paroemiarum historicarum ad res Germaniae illustrandas comparatarum. Gissae 1715—1718. 4. . . . . (D.)

***Weber*, Imman., de statu rei diplomaticae in Germania epistola, recudi cur. J. G. Eck. 8. Leipz. 797. Voss. 4 gr.**

— de statu rei diplomaticae in Germania, epistola, recudi cur. L. G. Eck. 8. Lips. Voss. 798.

Weber, Immanuel [Praes.], s. Staub, Johann Philipp Christian: Pusterus, vetus Germanorum idolum.

Weber, Immanuel [Praes.], s. Sultzberger, Johann Wilhelm: Disputatio juridica, qua crimen adulteratorum vinorum . . . ventilandum sistit . . .

Weber, Imm. [Präs.] u. Joh. Georg Foerster (Heidelberg) [Resp.]
Sylloge rerum praecipuarum, tempore Ferdinandi II. imperatoris per Europam gestarum.
Gissae Dez. 1713: Vulpius. (8), 72 S. 4°

Webero, Immanvelle, D. PP. respandente Jo. Georgio Faerstero Heidelbergense, D. **Jan 1714.** publicae ventilationi subjecta. Sylloge rerum praecipuarum, tempore Ferdinandi II. imperatoris per Europam gestarum, praeside. 8. Gissae-Hassorvm **1714.**

Weber, Imm. Sylloge rerum praecipuarum tempore Matthiae Caesaris in Europa gestarum. 4. Giessae 1701. — 4. ib. 1721.

Weber, Imm. [Präs.] u. Joh. Friedr. Kayser (Giessen) [Resp.]
Themata quaedam selectoria ex jurisprudentia universali.
Gissae 6. Sept. 1703: Henning Müller. 24 S. 4°
publice ventilanda

Weber, Joachim Friedrich (Slate) A. S. 30/25

De effectu litis a iudice in contumaciam pro contestata habitae intuitu rei exceptionum disquisitio practica.
Präs. Theodor Johann Quistorp.
Rostock (Adler) 16. IV. 1746. 36 S.

W. v.: Präs. 35886

Weber, Johann

Weber, Johs., das Alter des Menschen und die Wissenschaft, s. Broschüren, Frankfurter zeitgemäße.

Weber, Johannes [aus Bröcken '(Prov. Hannover)']: Beiträge zur Kenntniss der ätherischen Oele aus der Wurzel und den Blättern von Cinamomum [!] ceylanicum, sowie aus der Wurzel von Arnica montana ... Marburg, Univ.-Buchdr. '(R. Friedrich)', 1892; 40 S., 1 Bl. 8.
Marburg, Phil. Fak., Inaug.-Diss. v. [20. März] 1892

Weber, Johannes [aus Gützkow '(Pomm.)']: Beiträge zur Lehre von der Diffusion an der Leiche vom gerichtsärztlichen Standpunkte aus . . . Berlin, C. Vogt's Buchdr., 1894; 29 S., 1 Bl. 8.
Berlin, Med. Fak., Inaug.-Diss. v. 10. März 1894

WEBER, Johann (München): Ueber die Dislokationen der Krystall-Linse.- München: Straub 1861. 16 S.
10.8.1869 - Urk (Titel: De dislocatione lentis crystallinae.); F 72; Chr 1869/70,12
Diss. Ingolst.-Landsh.-Mchn.

Weber, J., die kanonischen Ehehindernisse nach dem geltenden gemeinen Kirchenrechte. Für den Kuratklerus praktisch dargestellt. gr. 8. (X, 459 S.) Freiburg i. Br. 872. Herder. n. 5. 40

— dasselbe. 2., m. der Ehescheidungslehre verm. Ausg. gr. 8. (IX, 460 u. XCV S.) Ebend. 875. n.n. 6. 60

Weber, J., die kanonischen Ehehindernisse nach dem geltenden gemeinen Kirchenrechte. Für den Kuratklerus in Deutschland, Oesterreich u. der Schweiz praktisch dargestellt. 3. Aufl. gr. 8. (VIII, 527 S.) Freiburg i/B. 883. Herder. n. 6. —

Weber, J. Die kanonischen Ehehindernisse sammt Ehescheidung u. Eheprozess, mit Berücksichtigung der staatlichen Ehehindernisse in Deutschland, Oesterreich u. der Schweiz. Ein vollständiges praktisches Eherecht für den Kuratklerus in Deutschland, Oesterreich und der Schweiz. 4. verb. u. verm. Aufl. Gr. in-8°, XX u. 733 S. Freiburg i. B., Herder'sche Verlagsbuchhandlung. 1886. 10 70

Weber, J., d. canon. Ehehindernisse, 5. Aufl., s.: Schnitzer, Jos., kathol. Eherecht.

Weber, J., das in Deutschland, der Schweiz und Oesterreich geltende staatliche Eherecht, für die Kandidaten der Theologie und des Rechts. gr. 16. (IV, 48; 45; 64 S.) Augsburg 877. Schmid'sche Verlagsh. *

—— das katholische Eherecht für die Kandidaten der Theologie und des Rechts. 2 Lfgn. gr. 16. Augsburg 875, Schmid's Verlag. [1. Lfg. (II, S. 1—96.) *M 1.; 2. Lfg. (S. 97—247.) *M 1,60.] *

—— das staatliche Eherecht in Württemberg. Für Gebildete dargestellt. gr. 16. (III, 83 S.) Ebendas. 877.

— die Ehescheidung nach dem geltenden gemeinen Kirchenrechte. Für den Kuratklerus praktisch dargestellt. gr. 8. (IX, 95 S.) Freiburg i. Br. 875. Herder. n. 1. 20

Weber, Johann: Christkatholisches Erbauungsbuch . . ., s. Seitz, Michael

—— Katechismus des katholischen Eherechts. 2. verb. Aufl. 12. (VII, 263 S.) Augsburg 881, Schmid'sche Verlagsh.

Weber, J., Katechismus des katholischen Eherechts zunächst für Studierende der Theologie und des Rechts. 3. verb. Aufl. 12. (VIII, 240 S.) Augsburg 887, Schmid's Verlag. geb.

Weber, J., Katechismus des katholischen Eherechts. 4. Aufl., besorgt v. Konr. Elser. 12. (VIII, 261 S.) Kempten 894. J. Kösel. 2. 10; geb. n. 2. 70

—— Katechismus des katholischen Kirchenrechts, mit steter Berücksichtigung des Staatskirchenrechts in Deutschland, Oesterreich und der Schweiz. 2 Lfgn. gr. 16. Augsburg, Schmid'sche Verlagsh. [1. Lfg. (S. 1—128.) 879. *M 1,40.; 2. Lfg. (III, S. 129—306 S.) 880. *M 2.] *

— Katechismus d. katholischen Kirchenrechts, m. steter Berücksicht. d. Staatskirchenrechts in Deutschland, Oesterreich u. der Schweiz. 2., verb. u. verm. Aufl. 12. (VIII, 627 S.) Augsburg 886. Schmid's Verl. n. 4. —

—— Kompendium des katholischen Kirchenrechts, mit Berücksicht. des Staatskirchenrechts in Deutschland, Oesterreich und der Schweiz. Zunächst für Studirende der Theologie und des Rechts. 3. verb. Aufl. 8. (XXIX, 654 S.) Ebendas. 888. * geb. *

Weber, Joh[anne]s. Joh[ann] Konrad Künzler, Pfarrer und Dekan in Tägerwilen 1826—1902. Ein Lebens- und Charakterbild, gezeichnet von seinem dankbaren Schüler Johs. Weber, Lehrer. [Mit 3 Tafeln.] VIII + 41 S. 8. Frauenfeld, Huber & Co., [1903]. [fr. 1. —]

Weber, Johannes. Die musikalische Lage und der Volksunterricht in Frankreich. Deutsch von L. Ramann.
= Sammlung musikalischer Vorträge (Waldersee). Ser. VI, 61/62

Geschichtliche Nachrichten über das ehemalige Dorf Servelingen. Nach gedr. u. ungedr. Quellen bearb. von Joh. Weber, (Kaplan in Ensheim). Ensheim: Selbstverl. 1907. 46 S. 8° [11. 7381

Weber, Johann, siehe Martin Opitz,
Cato et Mimi τριγλωττοι, Franfurt a. M. (1719).

Weber, Johannès, la situation musical et l'instruction populaire en France. 8. (IV, 128 S.) Leipzig 884. Breitkopf & Härtel. n. 2. —

[J.] Weber, Johannes: Ueber die Sprache der Australier. Perleberg, Druck v. F. Jacobson, 1896; 3—28 S., 1 Kt. 4.
Perleberg, k. RG, P 1896 (108)

Die rechtlichen und sozialen Verhältnisse St. Ingberts im 16. Jahrhundert. Im Anschluß an d. polit. Geschichte d. Ortes u. auf Grund d. Weistümer dargest. von Joh. Weber, Kaplan in Grünstadt. St. Ingbert: Westpfälz. Zeitung 1900. V, 76 S. 8° [09 12341

Weber, Joh., die rechtlichen u. sozialen Verhältnisse St. Ingberts im 16. Jahrh. Im Anschluß an die polit. Geschichte des Ortes u. auf Grund der Weistümer dargestellt. (V, 76 S.) gr. 8. St. Ingbert 907. (H. Eder.) nn — 70

Weber, J., die Zürcher Vorfälle vom 9. bis 11. März 1871. Vortrag. gr. 8. (16 S.) Zürich 871. Schmidt. — 30

Weber, J[ohann]. Die Zürcher Vorfälle vom 9. bis 11. März 1871. Vortrag. 8. Zürich 1871.
Ausg A — Ausg B.

Weber, Johann Ad.

Weber's, J. A., Einleitung in die Geschichte der latein. Sprache. Chemn. 736. 8. 16 gr.

— Einleitung in die Historie d. lat. Sprache. 8. Chemnitz, Mauke. (Sommer in Leipz.). 736.

Weberi, J. Ad., Lexicon encyclion, oder lateinisch-deutsches und deutsch-lateinisches Universalwörterbuch. Chemn. 734. 2 Tom. 8. Ib. 745. 2 Tom. 8. Dresd. 770. 3 Thle. 8. 5 rthlr. 8 gr. Ebend. 807. 3 Thle. 8. 3 rthlr. 8 gr.

Weber, Jh. Ad., Lexicon encyclion, oder: lateinisch-deutsches Universal-Wörterbuch. 3 Bde. gr. 8. Dresd. ... 3e Aufl. verb. u. verm. v. Jh. Dn. Heyde 770. 4e A. mit 1 Kpf. 807. Walther. 3 ₰ 8 gr

Weber, Johann Andreas (Marienwerder) 4°Msc. 312/4

Dissertatio medica inauguralis de Gentiana.
Präs. Johann Adrian Slevogt.
Jena (Werther) 8.1.1720. 25 S.

Gew.: Karl Heinrich Gf. von Waldburg.

35892

Weber, Johann Baptist

Weber, Jh. Bapt., acht Erzählungen für die blühende Jugend, s. Prämien-Bibliothek, Salzburgische.

Weber, Jh. Bapt., kurze Kanzelreden auf d. Festtage des Kirchenjahrs. gr. 8. Wien 806. Ant. Doll. 1 ₰ 8 gr

WEBER, JOH(ANN) BAPT(IST): Kurze Kanzelreden über die Leidensgeschichte Jesu. Pesth 1806: Joseph Eggenberger. 330 S. - gr. 8°

— kurze Kanzelreden über die Leidensgeschichte Jesu. gr. 8. Wien 806. Ant. Doll. 1 ₰ 8 gr

WEBER, JOH(ANN) BAPT(IST): Kurze Kanzelreden auf alle Sonntage im Jahre. 3 Jahrgänge in 6 Bänden. Pesth 1806: Joseph Eggenberger. - gr. 8°

— kurze Kanzelreden auf alle Sonntage im Jahre. 3 Jahrgg. in 6 Bden. gr. 8. Wien 806. Ant. Doll. 8 Rß

Weber, Joh. Bapt., salzburg. Prämien-Bibliothek, 1. Bdchn., s. Prämien-Bibliothek.

— Predigt von den Vortheilen der Unglücksfälle. 8. Wien 796. Rözl. (Kaulfuß). 2 gr

WEBER, Johann Baptist (Oberhaid): De variolis, earumque decursu et differentia.- Straubingae: Lern 1833. 31 S.
25.4.1832 - Urk; F 60
Diss. Ingolst.-Landsh.-Mchn.

Weber, Jh. Bapt., Versuch einer Geschichte von der k. baier. Stadt Rain, u. biogr. Notizen v. Dr. Jos. Weber. 8. Landsh. 819. Weber in Münch. 12 gr

Weber, Johann Christoph

Weber, Jh. Cph., († d. 3. April 1790.), s. Bürgerlicht, das neu entdeckte.

Weber, Joh. Eduard, s. Altona nicht Hamburg-Altona.

Weber, Iohannes Eduardus (geb. am 20 Jan. 1828 in Bonn): Spicilegium casuum nonnullorum chirurgicorum qui in clinico chirurgico Bonnensi novissimis annis observati sunt ... Bonnae, form. C. Georgii 1849. 37 S., 1 Bl. 8.
Bonn, Med. Fak., Diss. v. 20 Juli 1849

Johann Friedrich Weber

De Polypo narium genuino cum casu huc pertinente et icone. Altorfii (1792:) Hessel. 46 S. 8°
Altdorf, Med. Diss. v. 21. Mai 1792

Weber, Johann Georg

— d. Geheimniß d. Reichs Christi im H. Geist, od. 5 erbaul. Pfingstbetrachtungen. 8. Jena, Ritter. 743.

Weber, Joh. Geo., Jesus, die gekreuzigte Liebe a. d. Myrrhenberg u. Weihrauchshügel, in 100 Lehr- u. Betandachten. 8. Eisenach. Schulze. 742.

Weber, Johann Georg (Senftenberg) A. S. 1256/7

Dissertatio inauguralis medica, de praecavendis morbis, et praematura morte. Präs. Friedrich Hoffmann. Halle (Lehmann) IV. 1713. 46 S.

W. v.: Präs., Gottlieb Ephraim Berner, Johann Jakob Weber, Johann Matthias von Bruiningk, Johann David Wogau, Abraham Gottlieb und Johann Jakob Weber (Vettern). 35894

Weber, Joh. Ge.: Ordinem ecclesiasticum in Augustana confessione invariata et adhuc sincera triumphantem brevi commentatione exponit. Vinariae 1730.

— comment. symbol. theol. de ordine ecclesiastico, in Aug. Conf. invariat. adhuc triumphante. 4. Weimar, Hoffmann. 736.

— die wahre Selbsterkenntniß d. Christenthum. 8. Weimar, Hoffmann. 739.

Weber, J. G., de genuino sensu et usu vocis Amen. Jen. 1734. 4.

Weber, Johann Gottfried

Weber, Jh. Gfr., allgemeine Anweisung d. neuesten Schönschreibekunst. N. Aufl. 4. Lemgo 808. Meyer. 1 Rß Nachtrag dazu. N. Aufl. 4. Ebd. 805. 1 Rß 8 gr

Weber, Johann Gottfried (Görnitz/Borna) A. S. 186/26

Exercitatio iuris civilis ad Domitium Ulpianum cap. LXIX. P. pro Socio. Präs. Johann Gottfried Sammet. Leipzig (Stopffel) 19. IX. 1748. 46 S. 35895

Weber, Jh. Gfr., Vorschrift der Schönschreibekunst, f. die Landjugend. 4. Lemgo... N. A. 805. Meyer. 12 gr

Weber, Johann Gottfried Abraham

Weber, Jh. Gf. Abr., einige Bemerkk. über die Fälle, wo der Cedent einer Schuld nicht nur für die Wahrheit, sondern auch für die Güte derselben haften muß. 4. Halle 789.

Weber, Joh[ann] Heinrich. Historische Denkwürdigkeiten der Gemeinde Krinau im Kanton St. Gallen. Auf das erste den 15ten Augstmonat 1824 zu feiernde Kirchen-Jubiläum zusammengetragen und ... hrg. von Joh. H' W'.... 8. Ebnat 1824. Keller.

Weber, Joh. Heinr.: Elementar-Maschine ... bei allen Wasser-Hebungen, s. Bruckmann, Johann Jacob

Weber, Ioann. Henricus (geb. 1792 in Brilon Westf.): Theses medicae quas ... dissertationi ... De Daturae Stramonii viribus medicis proxime typis edendae praemisit. Bonnae, typ. Bueschlerianis (1820). 2 Bl. 8.
Bonn, Med. Fak., Thes. v. [hs. 18, nach d. Akten v. 20] Dez. 1820

Weber, Ioann. Henricus (geb. 1792 in Brilon Westf.): De Daturae Stramonii viribus et usu medico ... Bonnae, typ. Bueschlerianis (1820). 80 S. 8.
Bonn, Med. Fak., Diss. v. [hs. 10, nach d. Akten v. 20] Dez. 1820

Weber, **J. H.**, **de Daturae stramonii viribus et usu medico. Diss. 8maj. Bonn 822.** Habicht. 8 gr

Weber, Johann Jakob

Katechismus der Buchdruckerkunst. 7. Aufl., mit 139 Abb. u. mehreren farb. Beil. Neubearb. von Johann Jakob Weber, zweitem Vorsteher d. Deutschen Buchgewerbever. zu Leipzig. *Leipzig: J. J. Weber 1901.* (XIV, 331 S.) 8° [F.]
= Katechismen, Webers illustrierte. No 28. [vl. 11055

Weber, Johann Karl: Abbildungen der Fische, welche in den Flüssen und Seen Bayerns vorkommen. München 1851.

Weber, J. C., Die Alpen-Pflanzen Deutschlands u. der Schweiz in kolor. Abbildungen nach der Natur u. in natürl. Grösse mit einem erläuternden Texte. (3 Bde.) (à 12 ill. Taf.) München 1845—56. 16.

Weber, J. C., die Alpen-Pflanzen Deutschlands u. d. Schweiz in color. Abbild. nach der Natur u. in natürl. Größe mit e. erläut. Text. (In 16 Heften.) 1. Hft. 16. (12 color. Taf.) München 846, Kaiser. n. 1/3 Rß — Pracht-Ausg. in 4. n. 22 ngl

Weber, J. C., **die Alpen-Pflanzen Deutschlands in col. Abbildgn. nach der Natur u. in natürlicher Grösse. Mit einem erläut. Text. 2–16. Hft. 16. (à 12 lith. Taf. u. 14 S.) München 847, Kaiser.** à n. 1/3 Rß (cmpl. n. 5 1/3 Rß) — Ausg. in 4. à n. 22 ngl (cmpl. n. 15 Rß 2 ngl) — Neue (Titel-) Ausg. in 4 Abthlgn. 1. Abth. 16. (48 lith. Taf. u. 10 S. Text.) Ebd. (847) 852. n. 1 1/3 Rß

Weber, J. C., die Alpen-Pflanzen Deutschlands und der Schweiz in color. Abbildungen nach der Natur und in natürlicher Grösse. Mit einem erläut. Text. 3. Bd. 16. (108 ill. Stnt. und 8 S. Text) München 856, Kaiser. *

Weber, J. C., die Alpen-Pflanzen Deutschlands u. der Schweiz in color. Abbildungen nach der Natur u. in natürl. Grösse. 2. Aufl. Mit systemat. geordnetem Text von C. A. Kranz. 3 Bde. München 867,68. Kaiser. [1. Bd. (100 color. Steintaff. u. 53 S. Text.) 2. Bd. (100 color. Steintaff. u. 35 S. Text.) 3. Bd. (100 color. Steintaff. u. 35 S. Text.)] geb. Jeder Bd. n. 2 ℛ 20 ngr

—— dass. — 4. Bd. Suppl. zur 1. und 2. Aufl. in 3 Bdn. 16. (100 ill. Stnt. mit 33 S. Text.) Ebendas. 868. geb. *

Weber, J. C., die Alpen-Pflanzen Deutschlands und der Schweiz in color. Abbildungen nach der Natur und in natürl. Grösse. 3. Aufl. Mit systematisch geordn. Text von C. A. Kranz. 4 Bde. 16. (XX, 39; 39; 39; 39 S. mit je 100 color. Kpfrt.) München 871, Kaiser. geb. à Bd. * ℳ 8.

Weber, J. C., die Alpen-Pflanzen Deutschlands u. der Schweiz in 400 nach der Natur color. Abbildungen in natürlicher Grösse. 4. Aufl. Systematisch geordnet mit Text von C. A. Kranz. 4 Bde. 16. (XXVII, 25, 31, 29 u. 35 S. m. color. Steintaf.) München 878. 79. Kaiser. geb. n. 40. —

Weber, J. C., die Alpen-Pflanzen Deutschlands und der Schweiz in 400 nach der Natur color. Abbild. in natürl. Grösse. 4. Aufl. Systematisch geordnet mit Text in deutscher, lateinischer, französischer und englischer Sprache von C. A. Kranz. 50 Lfgn. 16. (XXXI, 60, 31, 29, 31 S.) München 879, Kaiser. à Lfg. 80 Pf.; geb.

Weber, J[ohann] C[arl]. Die Alpen-Pflanzen Deutschlands und der Schweiz in 400 nach der Natur colorirten Abbildungen in natürlicher Grösse. Systematisch geordnet mit Text von Dr. C. A. Kranz. 4 Bände. 4. Aufl. 8. München 1880.

Weber, Joh(ann) Karl: Keine Ansteckung mehr oder die Syphilis ohne Arzt. Zuverlässiger Rathgeber für beide Geschlechter, um sich vor Ansteckung möglichst zu sichern oder wo solche erfolgt ist, die Gesundheit auf schnelle und unschädliche Weise wieder herzustellen. 50 S., gbd.

Posen: Scherk 1847

—— die Fische Deutschlands und der Schweiz in 67 color. Abbild. (Kpfrst.) nach der Natur. 2. Aufl. Mit systematisch geordn. Text von C. A. Kranz. 16. (61 S.) Ebendas. 870. geb. in Futteral

—— Flora von Bayern in Abbildungen. 6 Bde. 16. (32; 32; 26; 27; 31; 32 S. mit je 108 color. Kpfrt.) Ebendas. (851—55)70. geb.

Weber, Johann Karl (Übers.):

s.: Landapotheke nebst einigen Haußcuren unter der Aufsicht und Beförderung des königlichen Collegii Medici herausgegeben. Aus dem Schwedischen. Coppenhagen: 1770

Weber, J. C., die Mineralien in 64 (lith. u.) color. Abbildgn. nach der Natur. 2. Aufl. Verbessert u. verm. unter Mitwirkg. von K. Haushofer. München 871. Kaiser. 16. (99 S.) In engl. Einb.

Weber, Johann Ludwig

Weber, J. L., aus Ärger od.: Nicht ohne Schnurrbart, s.: Dilettanten-Theater. 20. Hft.

Weber, Joh. Ludw., die beiden Herren Lieutenants, s.: Universal-Bibliothek.

Weber, Joh. Ludw., Musenklänge aus Wiens Leierkasten. Wiener Singspiel-Halle. Gewählte, weder scen. Vorbereitungen, noch sonstige Arrangements bedingende Burlesken, Schwänke, Travestien, Possen und Singspiele, kom. Duo- und Soloscenen für Herren und Damen zur Aufführung in Privatzirkeln geeignet. Nebst einer Sammlung kom. Vorträge und Couplets von G. Schövl. 1. und 2. Bd. gr. 16. Wien 875, Wenedikt. [1. Bd. (239 S.) ℳ 2,70.; 2. Bd. (240 S. mit 5 Holzschntaf.) ℳ 3.]

Weber, Johann Ludwig: Bei dem Musikdoktor, s. Dilettanten-Theater.

Weber, J. L., mein Naserl, s.: Theater-Repertoir, Wiener.

Weber, J. L., — nicht ohne Schnurrbart, s.: Dilettanten-Theater.

WEBER, Johann Nepomuk (Hunderdorf): De encephalitide.- Herolingae: Beck 1844. 20 S. 30.3.1844 - Urk; F 66

Diss. Ingolst.-Landsh.-Mchn.

Johann Nikolaus Weber

De verae scabiei Forma, ex aetate non pendente. Halae: Hendel 1812. VI S., S. 8-24. 8°

Halle, Med. Diss. v. 28. Nov. 1812

Johann Peter Weber

De Calculis salivalibus. Berolini (1825:) Petsch. 30 S. 8°

Berlin, Med. Diss. v. 11. Okt. 1825

Weber, Johann Rudolf

Weber, Joh. Rud., Anleitung zu einem rationellen Gesangunterricht in der Volksschule und spezielle Behandlung der Gesanglehrmittel der Kantone Bern, St. Gallen und Appenzell a. Rh. 8. (VIII, 208 S.) St. Gallen 869, Huber und Comp. *

—— Gesangbuch für die Volksschulen. 3 Hefte. 8. Ebendas. 869. cart. *

Inhalt:
Heft 1. Drittes Schuljahr. * 20 Pf.
" 2. Viertes Schuljahr. * 30 Pf.
" 3. Fünftes Schuljahr (mit Anhang). * 60 Pf.

Weber, Joh. Rud., theoretisch-praktische Gesanglehre als Anleitung zum Schulgesangbuch f. die allgemeinen Volksschulen des Kantons Bern. 2 Hfte. gr. 8. 1. Hft.: Theoretischer Theil. (VI u. 264 S.) 2. Hft.: Praktischer Theil. (XVIII u. 176 S.) Bern 849. Zürich, Schultheß. (1: 1 ℛ 4 ngr 2: n. 3/4 ℛ) 1 ℛ 26 1/2 ngr

Weber, Joh. Rud., theoretisch-praktische Gesanglehre als Anleitung zum Schulgesangbuch für die allgemeinen Volksschulen des Kantons Bern. 2. Heft.: Praktischer Theil. 2. und 3. Abthl. (Der Gesangunterricht in der Mittelschule. — Der Gesangunterricht in der Oberschule.) gr. 8. (XVI und 358; XXVIII und 701 S.) Bern 850. 55. Zürich, Schultheß. [II, 2. * 22 1/2 Ngr.; II, 3. * 1 Thlr. 4 Ngr.] * 1
1. Heft. Ebendas. 1849. * 1 Thlr. 4 Ngr.

—— 22 Gesang-(Wand-)Tabellen. gr. Fol. Ebendas. 869. *

Weber, Joh. Rud., 43 Liedchen f. d. kleinen Sänger, als erstes Leseb. u. zu Gehör-Uebungen f. d. ersten musikal. Unterr. methob. bearb. Gedr. v. Stereot. 16. (2 B.) Eßlingen 841, Dannheimer'sche Buchh. *

—— 43 Liedchen für die kleinen Sänger, als erstes Lesebuch und zu Gehör-Uebungen für den ersten musikal. Unterricht methodisch bearb. 16. (32 S.) Eßlingen 849, [Weychardt.] *

—— leichte Lieder für den Männerchor. 2. Heft. qu. gr. 8. (16 S.) Bern 849. Zürich, Schultheß.

—— die Organisation und Instruktion der Gesangvereine. Ein Beitrag zur Hebung des Volksgesanges. 1. Abthl.: Die Organisation der Gesangvereine. gr. 8. (VIII, 112 S.) Bern 871. (St. Gallen, Huber und Comp.) *

—— Schulgesangbuch für die allgem. Volksschulen des Kantons Bern. 1. Abthl. 8. (62 S.) Bern 849. Zürich, Schultheß. *

—— dass. — 2. Abthl. 8. (160 S.) Ebds. 1848. *

—— Schulgesangbuch für die allgemeinen Volksschulen des Kantons Bern. 3. Abthl. 8. (64 S.) Zürich 851, Schultheß. *
1. und 2. Abthl. Ebendas. 1848 und 1849. * 6 Ngr.

Weber, Jh. Rud., musikalische Schulgrammatik für die vorgerücktern Realklassen allgemeiner Volksschulen, oder überhaupt für solche, bei denen der Tonvorrath begründet u. erweitert werden soll. gr. 8. Zürich 837. Höhr. 5/6 ℛ

Weber, Johannes, s. Weber, Johann

Weber, John, s.: Saling's Börsen-Papiere.

Weber, Josef, s. Anwendung d. Galvanismus.

Weber, Josef, a. Lohberg: Beiträge zur Kenntnis einiger polymorpher Körper. Mit 6 Textfig. Leipzig: W. Engelmann 1908. (31 S.) 8° ¶ (Aus: Zeitschrift f. Krystallographie u. Mineralogie Bd 44 H. 3.)
Würzburg, Phil. Fak., Ref. Beckenkamp, Diss. v. 27. Jan. 1908
[Geb. 27. Jan. 76 Lohberg; Wohnort: Nürnberg; Staatsangeh.: Bayern; Vorbildung: Gymn. Regensburg Reife Juli 97; Studium: Lyzeum Passau 2, Regensburg 2, Univ. München 8 S.; Rig. 23. Juli 07.]

— von der Bestimmung der Gymnasien u. Lyceen, u. von ihrem Werthe; e. Progr. 8. Dilling. 804.

— Betrachtt. über die sonntägl. Evangelien u. über die andern wicht. Tage des Jahres in Gebeten. Mit 1 Titelk. 8. Landsh. 817. Weber in München. 20 ℊ

— kurze Betrachtt. auf jeden Tag des Monats. Ein zusammenhängender Ueberblick d. Lebens- u. Leidensgeschichte Jesu. 12. Landsh. 810. Weber in Münch. 1 ℊ

v. Weber, Jos., († d. 14. Febr. 1831.) Betrachtt. des Leidens u. Sterbens Jesu Christi, od. d. heil. Kreuzweg in 14 Stationen. 8. (Münch.) ... Weber. 1½ ℊ

— die allgem. Bewegungslehre u. die Mechanik, mit Rücksicht auf das dynamische Verhältniß. Mit 2 Kpf. 8. Münch. 810. Lentner. 1 ℛ 4 ℊ

Weber, Jos., e. Blüte aus dem Rechtsleben des schweizer Kantons Tessin u. deren Folge. 8. (XI, 123 S.) Berlin 894. (H. Steinitz' Verl.) n. 1. —

Weber, Jos., Wider den giftigen Bogen von dem, was Proselytenmachen heißt. Vier Paragraphen ohne Bitterkeit. Ulm 1784.

— wider den giftigen Bogen: von dem, was Proselytenmachen heißt. 8. Ulm 787. Wohler. 1 ℊ

— Bürger- u. Bauernkalender a. d. J. 1791. in 4. u. 8. Dillingen.

— Charakter des Philosophen u. Nichtphilosophen. 4. (Augsb.) 786. Wolf. 2 ℊ

— physische Chemie. 8. Landsh. 791. 2e A. 798. Lindauer in Münch. 12 ℊ (Vergl. unten: Vorles. aus d. Naturlehre.)

Weber, Josef, Tierarzt: Arbeiten aus d. med. Veter.-Klinik d. Univ. Gießen. (Dir.: Gmeiner.) Die Cortex Frangulae und ihre klinische Anwendung. Neu-Ulm a. D. 1909: Abt. 63 S. 8°
Gießen, Veterinär-Med. Diss. v. 5. Dez. 1909, Ref. Pfeiffer
[Geb. 19. Aug. 84 Saarlouis; Wohnort: Stuttgart; Staatsangeh.: Preußen; Vorbildung: Gymn. Saarlouis Reife O. 05; Studium: Tierärztl. Hochschulen München 2, Stuttgart 3, Hannover 1, Univ. Gießen 1 S.; Rig. 18. Juni 09.]
[U 10. 1263

Weber, Joseph, a. Euskirchen: Aus d. med. Klinik d. Univ. Bonn. Ueber Dissociation von Vorhof und Kammerrhythmus. Bonn 1908: E. Eisele. (23 S., 1 Taf.) 8°
Bonn, Med. Fak., Ref. Schultze, Diss. v. 21. Juli 1908
[Geb. 4. Nov. 81 Euskirchen; Wohnort: Euskirchen; Staatsangeh.: Preußen; Vorbildung: Gymn. Bonn Reife O. 01; Studium: Bonn 5, Berlin 1, München 1, Bonn 3 S.; Coll. 21. Juli 08; Approb. 1. März 07.]

— die Eheeinsegnung nach dem kathol. Ritus, ein geistl. Hochzeitsgeschenk. 8. Landsh. 819. Weber in Münch. 2 ℊ

— üb. die Erde, das Wasser u. die Atmosphäre. 3 Thle. mit 1 Kpf. 8. Münch. 796. J. Lindauer. 1 ℛ 12 ℊ (Vergl. unten: Vorles. aus d. Naturlehre.)

— neue Erfahrr., idioelektrische Körper ohne einiges Reiben zu elektrisiren, mit Kpf. 8. Augsb. 781. Klett. 8 ℊ

— Erzählungen für Landleute, ein Christenlehrgeschenk. 8. Dilling. 790. 2e A. ... 3e A. Landsh. 804. Weber in Münch. 1 ℊ

— Estne Metaphysica possibilis? Disquisitio critica. 8. Dilling. 794.

Weber, Joseph: Fragebogen zum Luxemburger Wörterbuch. Luxemburg: Worré-Mertens 1898. 77 S. 8°

Weber, Joseph (geb. am 18 Juli 1845 in Pissenheim Rgbz. Köln): Ueber febris recurrens ... Bonn, Druck v. J. Trapp 1870. 30 S., 1 Bl. 8.
Bonn, Med. Fak., Diss. v. 20 Juli 1870

Weber, Joseph: Ueber das Feuer. Ein Beitrag zu einem Unterrichtsbuche aus der Naturlehre. 217 S., gbd., 1 Taf.

Landshut: Weber 1788

— Abhandl. vom Feuer. Mit 1 Kpf. 8. Regensb. 788. Montag. 14 ℊ (Vergl. unten: Vorles. aus d. Naturlehre.)

v. Weber, Jos., der Galvanismus; eine Zeitschrift. 4 Hefte. 8. Landsh. 802, 3. Weber in Münch. (à 16 ℊ) 2 ℛ 16 ℊ

— der Galvanismus u. dessen Theorie. 8. Münch. 816. Giel. 4 ℊ

— das Gebet des Rosenkranzes, den Bürgern u. Landleuten gewidmet. 8. Münch. 789. Umgearb. Aufl. 12. 816. Giel. 2 ℊ

— kathol. Gebetbuch für Bürger u. Landleute. 8. Landsh. 808. 2e A. 815. Weber in Münch. 10 ℊ

— kathol. Gebetbuch f. Bürger u. Landleute. 2te Aufl. 8. Landsh. Weber. 814.

—kathol. Gebetbüchlein für gemeine Leute. Mit 1 Titelkpf. 8. Landsh. 788. N. A. 795. 5e A. 819. Weber in Münch. 6 kr

— kathol. Gebetbüchlein, Auszug aus dem größern Werke. 8. Ebend. 812.

— Gebetbüchlein für kathol. Christen. 5te Aufl. Mit 1 Kpft. 8. Landshut. Weber. 819.

Weber, Jos., kathol. Gebetbüchlein f. Kinder u. Erwachsene, mit Morgen-, Abend-, Meß-, Beicht-, Kommunion- u. a. Gebeten, nebst einigen geistl. Liedern. 18. (108 Seit. u. 1 Holzschn.) Füssen 839. (Salzburg, Oberer.)

Weber, Jos., gelobt sei Jesus Christus! Gebet- u. Betrachtungsbuch für fromme Christen. Neue Aufl. mit 4 Kupf. 12. Salzburg 843, Oberer'sche Buchh. 1/2 Rthl.

— kathol. Gesangbüchlein zum Gebrauch d. Landleute in ihren Kirchen u. außerhalb derselben. 8. Dilling. 792.

Weber, Jos., Grundzüge der Waisenfürsorge vom sozialpädagogischen Standpunkt aus. Erwägungen f. Waisenräte, Waisenpfleger, Vormünder, Vormundschaftsrichter, Armenpfleger, Waisenhausvorstände, Verwaltungsbeamte, Volkserzieher u. Charitas-Vereine. (60 S.) kl. 8. Donauwörth 908. L. Auer. — 6C

— über das Höchste u. Beste. Vorlesungen gehalten zu Dillingen. 8. Münch. 807. Lentner. 16 kr

— Jesus meine Freude. Ein Gebetbüchlein für die Jugend u. Erwachsene. 12. Innsbruck 844, Wagner'sche Buchh. 1/8 Rthl.

— Jesus der Gekreuzigte ist unser große König u. Gottes Sohn, der Weg, die Wahrheit, das Leben u. das Heil der Welt. Sechs Reden, in Dillingen gehalten. 8. Dilling. 817. (Münch., Giel). 3 kr

— institutiones logicae. 8maj. Dilling. 790. Wohler in Ulm. 4 kr

— Katechismus für die studirende u. größere christliche katholische Jugend, u. zum Gebrauch derer, welche den im kathol. Christenthum schon erhaltenen Unterricht befestigen u. beleben wollen. 8. Sulzb. 814. 2e A. 819. 3e A. 824. v. Seidel. 8 kr

— Katechismus für christlich-katholische Kinder. 8. Sulzb. 814. 2e A. 819. v. Seidel. 2 kr

Weber, Josef, Rechtsprakt. a. Bad Kissingen: Die Kirchenrechtswissenschaft in Bayern im Zeitalter der Aufklärung. Würzburg 1904: A. Borst. (69 S.) 8°

Würzburg, Jur. Fak., Ref. Meurer, Diss. v. 16. Dez. 1904

[Geb. 2. Dez. 79 Kissingen; Wohnort: Kissingen; Staatsangeh.: Bayern; Vorbildung: Luitpold-Gymn. München Reife Juli 99; Studium: München 4, Heidelberg 1, Würzburg 2 S.; Rig. 29. Okt. 04.]

Weber, Josef, s. Kurs f. Anstaltspädagogik.

— vom dynamischen Leben der Natur überhaupt u. vom elektrischen Leben in Doppelelektrophor insbesondere. 8. Landsh. 816. Weber in Münch. 10 kr

— Lehrbuch der Naturwissenschaft. 4 Hefte. 8. Landsh. 805—8. Weber in Münch. 1 Rthl. 16 kr (I. vom Wissen u. vom obersten Princip des Wissens, e. Propädeutik aus d. Naturwissenschaft. 8 kr II. von der Materie in empirischer Hinsicht. 8 kr III. von d. Lichte in empirischer Hinsicht, von dem Magnete u. Magnetismus, mit 1 Kpf. 12 kr IV. von dem Lichte in empir. Hinsicht, von der Elektricität. 12 kr)

WEBER, Joseph von
Vollständige Lehre von den Gesetzen der Elektricität und von der Anwendung derselben, Von Joseph Weber ... Zum Gebrauche seiner Vorlesungen aus der Naturlehre.
Landshut: Weber. 1791. 30, 368 S. 8°.
John Carter Brown Library Providence, R. I.

— vollständ. Lehre von den Gesetzen der Elektricität u. der Anwendung derselben, mit Kpf. 8. (Münch.) 791. J. Lindauer. 20 kr (Vergl. unten: Vorles. aus d. Naturlehre.)

— Lehrsätze aus d. theoret. Philosophie. 8. Dilling. 785.

— Leitfaden zu Vorlesungen über die Vernunftlehre. 8. Dilling. 788.

— Lichter f. Erbauung suchende Christen. 1ste Reihe, mit 1 Kpf. 12. Münch. 816. 2e A. 828. Giel. 8 kr 2s Bdchen. Mit 1 Kpf. 12. Ebd. 816. 10 kr 3s Bdchen oder Neue Reihe 1s Bdchen. Mit 1 Titelk. 12. Ebd. 820. 18 kr

Weber, Jos. v., Lichter. Für Erbauung suchende Christen. 1. Reihe. 2. Aufl. 12. (6 B. u. 1 Kpfr.) München 828, Giel.
2. u. 3. Reihe. Ebendas. 1820. 1 Thlr. 4 Gr.

Weber, Jos. v., Lichter. Für Erbauung suchende Christen. 3 Reihen (in 1 Bd.) 3. Aufl., durchgesehen und besorgt von einem kathol. Theologen, mit der Lebensskizze des verewigten Verf. 32. (XXXVI und 590 S. mit 2 Kpfrn.) Regensburg 853, Manz. Thlr. *

Weber, Jos. v., Lichter. Für Erbauung suchende Christen. 3 Reihen (in 2 Bdchn.). 3. Aufl. 853. n. 1 Rthlr. 20 ngr. — 4. Aufl., durchges. u. besorgt von einem kathol. Theologen, mit einer Lebensskizze des verewigten Verf. Regensburg 858. Manz. 16. (XXIV, 296; XII, 294 S. u. 2 Stahlst.) 1 Rthlr.

Weber (Jos.). Dynamische Licht-, Farben- und Wärme-Theorie. Landshut 1818. 8.

— dynamische Licht-, Farben- u. Wärme-Theorie. 8. (Münch.) 818. Weber. 8 kr

— logica in usum eorum qui eidem student. 8. Landsh. 793. Weber in Münch. 8 kr

— über die gemeine Luft u. die bei Auflösung d. Körper erzeugte. 8. Landsh. 785. 2e umgearb. Aufl. Regensb. 801. Montag. 1 Rthl. (Vergl. unten: Vorlesungen aus d. Naturlehre.)

— positiver Luftelektrophor, sammt d. Anwend. desselben auf eine Elektrisirmaschine. Mit Kpf. 8. Augsb. 782. Klett. 8 kr (Franz in Münch.) 10 kr

—— der Luftelektrophor in seiner Vervollständigung u. Zurückführung seiner Erscheinungen auf bestimmte Gesetze. In e. Sendschreiben an d. Kgl. Bayr. Hrn. Geh. Rath, Frh. C. E. v. Moll etc. etc. Lex.-8. (2 B. u. 1 Stnt. gr. 4.) München 831, [Hofbuchhandlung.]

— der Luftelektrophor in seiner Vervollständigung u. Zurückführung seiner Erscheinungen auf bestimmte Gesetze. In e. Sendschreiben an C. E. v. Moll ꝛc. Mit 1 lithogr. Zeichnung. Lex. 8. Münch. 831. Weber. 7 kr

— Abhandl. vom Luftelektrophore, mit e. Anh. v. Brander. Mit Kpf. 8. Augsb. 779. 2e A. Ulm 779. Wohler. 4 kr

— der thierische Magnetismus oder das Geheimniß des menschlichen Lebens, aus dynamisch-physischen Kräften verständlich gemacht. 8. Landsh. 816. Weber in Münch. 10 kr

Weber, Joseph. Mass- und Gewichtsbestimmungen über die morphologische Asymmetrie der Extremitätenknochen artiodaktyler Säugetiere. Eine osteologische Studie. Diss. Phil. Bern. 116 S. 8. Köln, Kölner Verlags-Anstalt, 1903.

— Mechanik u. ihre gesammten Theile, mit 3 Kpft. 8. Landsh. 793. 2e A. 810. Weber in Münch. 1 rß

— Mechanik u. ihre gesammten Theile, mit K. 2te Aufl. München, Lentner. 811.

— Metaphysica, in us. eorum, qui eidem student. 8. Landshut 795. Weber in Münch. 12 kr

— Metaphysik d. Sinnlichen u. Uebersinnlichen, zunächst für Anfänger. 8. Landsh. 801. Weber in Münch. 16 kr

— von den Meteorsteinen u. ihrem Entstehen. gr. 8. Landsh. 820. Weber in Münch. 6 kr

— die Nachfolge Jesu Christi, s. Kempis.

—— die Nachfolge Jesu Christi, s. a. Thomas v. Kempen.

(—) Nachricht von d. Lesegesellschaft zu Dillingen. 8. Dilling. 787.

— über Naturerklärung überhaupt u. über die thierisch-magnet. Erscheinungen insbesondere. 8. Landsh. 818. Weber in Münch. 8 kr

WEBER, Josef (Prof. in Dillingen), Die Nichtigkeit der Zauberey. Salzburg 1787. 8°.

— über die Nichtigkeit der Zauberei; eine Vorlesung. 8. Salzb. 787. Duyle. 2 kr

— Philosophie, Religion u. Christenthum im Bunde zur Veredlung u. Beseligung d. Menschen. 7 Hefte. 8. Münch. 806—11. Lentner. 2 rß 20 kr (7s Heft. Auch u. d. T.: freie Darstell. d. Philosophie. 1 rß)

v. Weber, Jos., die einzig wahre Philosophie nachgewiesen in dem Werke des A. L. Seneca. 8. Münch. 808. Lentner. 1 rß 4 kr

— Physik als Wissenschaft, oder die Dynamik der gesammten Natur. gr. 8. Landsh. 819. Weber in Münch. 16 kr

— die Physik als Wissenschaft in Sätzen. gr. 8. Landsh. 820. Weber in Münch. 4 kr

— Planeometrie, zur öffentl. Vertheidigung in Sätzen. 8. Dilling. 797.

(F) Die deutsche Rechtschreibung und ihre naturgemässe Behandlung in der Volksschule. Von Josef Weber. Wien, Prag. 1900. Tempsky. Leipzig. Freytag. Gr.-8°. IV, 90 S. K 1.—

— Sätze aus d. allgem. Naturwissenschaft. 8. Landsh. 804. Weber in Münch. 2 kr

— Sätze aus d. theoret. Philosophie. 8. Dilling. 783.

Weber, (J.,) die Sicherung unserer Gebäude durch Blitzstroh-ableiter, theoretisch u. prakt. beleuchtet u. bewährt, sammt Beurtheilung der Ableiter aus Stroh von Lapostolle. gr. 8 Landsh. 822, Weber.

— die Spinnen sind Deuter des kommenden Wetters. 8. Landsh. 807. Weber in Münch. 3 kr

Weber, Josef, s. Sünden, Die vier.

— die letzten Tage unsers Herrn Jesu Christi, nach Markus, Auszug aus d. größern Werke dieses Titels, (v. J. L. Callisen), mit Kpf. 8. Münch. 815. Giel. 16 kr

v. Weber, Jos., die letzten Tage unsers Herrn Jesu Christi nach Markus. 2e Aufl. 8. München 834. Giel. 1/2 rß

—— die letzten Tage unsers Herrn Jesu Christi nach Marcus. Ein Auszug aus dem größern Werke dieses Titels. 3. Aufl. 32. (VIII und 454 S. mit 1 Stahlst.) Passau 858, Elsässer und Waldbauer. geb. *

— Theorie der Elektricität, nebst J. Helfenzrieder, Verbess. der Blitzableiter. gr. 8. Salzb. 785. Duyle. 8. Landsh. 808. Weber in Münch. 4 kr

Weber, Jos., Trost und Freude der Christen im Gebete. Ein kathol. Gebets- und Erbauungsbuch für Kinder und Erwachsene. 3. Aufl. 32. (VIII und 261 S. mit 1 Stahlst.) München 864, (J. A. Finsterlin.)

— Ungrund des Hexen- u. Gespenster-Glaubens, in ökonom. Lehrstunden dargest. 1. Heft (1. u. 2. Vorlesung, Alles was erschienen). Verlegt's Bernh. Kulin akadem. Buchdr. in Dillingen 1787. 8°. Gestoch. Titel mit Vignette; 108 S. (2 Mk. J. Rosenthal, c. 1903.) Selten!
Dr. Franz Schnitzer's Bibl. Munchen 1902, Nr. 570.

— Ungrund des Hexen- u. Gespensterglaubens in ökonom. Lehrstunden dargestellt. 1s Heft. gr. 8. Dilling. 787. (Ebner in Ulm). 10 kr

Weber J.: Unterricht v. den Verwahrungsmitteln gegen die Gewitter f. den Landmann (im Sokratischen Tone). Salzb. 1784. 64 S. P.

— Unterricht von d. Verwahrungsmitteln gegen d. Gewitter für d. Landmann. gr. 8. Salzb. 784. (Duyle). 3 kr

— Unterricht von den Verwahrungsmitteln gegen die Gewitter im sokratischen Tone. 8. Landsh. 800. Weber in Münch. 3 kr

— Untersuch., was das Schießen mit Geschützen auf Gewitter wirke. 8. Dilling. 784.

Weber, Josef: Untersuchungen zur Psychologie des Gedächtnisses mit Einleitung über die bisherigen Versuche zur experimentellen Erforschung des Gedächtnisses. Leipzig: Nemnich 1908. 85 S. 8° *(Aus: Zeitschr. f. experim. Pädag. Bd 6.)
Münster, Phil. Diss. v. 13. Okt. 1908, Ref. Meumann
[Geb. 25. Nov. 86 Riemsloh; Wohnort: Munster i. W.; Staatsangeh.: Preußen; Vorbildung: Gymn. Paulinum Munster Reife O. [illegible] Studium: [illegible] Munster 6 S.; Rig. 30. Mai 08.] [U [illegible] 3645

— über die Unwirksamkeit des Schießens auf Gewitter. 8. Landsh. 791. Weber in Münch. 3 kr

— vom Verhältniß d. Elektricität zum Magnetismus. gr. 8. Münch. 821. Lentner. 5 kr

— Vernunftlehre für Menschen, wie sie sind; in Sätzen zur öffentl. Prüfung vorgetr. 8. Dilling. 786.

— Versuch d. harten Urtheile über die Kantische Philosophie zu mildern. 8. Münch. 796. 2e Aufl. ... J. Lindauer. 8 kr

— neue elektrische Versuche. gr. 8. Straßb. 786. (Duyle in Salzb.) 2 kr

Weber, Joseph: Verzeichnis der hauptsächlichsten Worter des Luxemburger Dialektes. Luxemburg: Worré-Mertens 1898. 77 S. 8°

Weber, Josef, Gerichtsref. aus Cassel: Die Vollstreckung von Vermögensstrafen in den Nachlass. *Breslau: Schletter 1900.* (62 S.) 8°
Würzburg, Jur. Diss. v. 1900

Die Vollstreckung von Vermögensstrafen in den Nachlass. Von Dr. Josef **Weber**, Gerichtsref. *Breslau: Schletter 1900.* (62 S.) 8°
= **Abhandlungen**, Strafrechtliche. II. 28. [illegible] 2

— **Vorlesungen aus der Naturlehre. 1e u. 2e Abhandl. Mit Kpf. gr. 8. Dilling. 789, 90. (Ulm, Wohler). 12 gg Neue umgearb. Aufl. unt. d. T.: allgem. Naturwissenschaft. 1e—9e Abhandl. 8. Landsh.; Weber in Münch. 4 ℛ𝓉𝒽 8 gg (1e Abhandl., reiner Theil 793. 8 gg 2e Abhandl. empirischer Theil 793. 10 gg 3e Abhandl. physische Chemie. 2e A. 798. 16 gg 4e Abhandl. üb. die Luft. 2e A. 801. 16 gg 5e Abhandl. über das Feuer. 2e A 801. 10 gg 6e Abhandl. vollständige Lehre von d. Gesetzen der Elektricität. 791. 17 gg 7e, 8e u. 9e Abhandl. über die Erde, das Wasser u. die Atmosphäre, mit 1 Kpf. 796. 1 ℛ𝓉𝒽 3 gg)**

—— **Weg zu Gott. Gebethbüchlein f. die Jugend. Neue Aufl. 12. (6½ B., 4 Kpfr. u. lith. Ttl.) Salzburg 813, Oberer'sche Bh.**

— **über den Werth der Luftmaschinen. 8. Ulm 786. Wohler. 2 gg**

— **das Wesen der Elektricität durch neue Versuche mit seidenen Bändern dargestellt, sammt Beschreibung u. Theorie des Elektrophantes. 8. Landsh. 817. Sulzb. 819. v. Seidel. 8 gg**

— **Wissenschaft d. materiellen Natur, oder Dynamik d. Materie. Mit 2 Kpf. gr. 8. Münch. 821. Lentner. 1 ℛ𝓉𝒽 14 gg**

Weber, J[oseph] G[eorg]. Ein Wort in der Zeit. Gesprochen an den Grossen Rath des Kantons Luzern, am 12ten Hornung 1814. 8. Luzern.

Weber, Josef Michael

Weber, Jos. Mich., bibl. Beispiele zur Gnaden- u. Sakramentenlehre, s.. Handbibliothek, katechet., 26. Bdchn.

Weber, Jos. Mich., Erstbeicht-Unterricht f. schwache Kinder, s.: Handbibliothek, katechet. 30.

— Natur u. Katechismus, s.: Handbibliothek, katechet. 32.

Weber, J. M., harte Nüsse d. katholischen Christenthums, offen dargelegt. gr. 8. (34 S.) Augsburg 889. (Kranzfelder.) n. — 40

—— Revolution. Ein? f. die Gegenwart. 8. (24 S.) Münch. 890, Liebfrauen Druckerei. — 20

— biblische Schattenbilder zu den Hauptsünden, s.: Handbibliothek, katechet. 42.

—— Geistiges Sturmlaternlein od. die Grundwahrheiten der Welt, im Anschlusse an die Philosophie d. hl. Thomas v. Aquin sehr leichtfaßlich dargestellt. 8. (60 S.) Kempten 889, Kösel. * — 50

Weber, Jos. Mich., wer ist Jesus Christus? od.: Die Haltlosigkeit der Schrift M. v. Egidy's Ernste Gedanken nachgewiesen. 8. (20 S.) Augsburg 891. Kranzfelder. n. — 20

Die neue **Mamsell**. Spieloper in 3 Akten von Joseph Miroslav **Weber**. Text von Friedrich Leber. *München: J. Aibl 1899.* (215 S.) 4° [illegible]

Weber, Joseph Miroslav: Die neue Mamsell. Spieloper in 3 Acten. Text von Friedr. Leber. Gesangstexte. München: Aibl [um 1900]. 56 S. 8°

Weber, Jost, Gesetz über das Luzernische Civil-Rechtsverfahren nebst den darauf bezüglichen Entscheiden des Ober-Gerichts u. der Justizkommission, aus den J. 1852—1864. 2 Bde. Luzern 865. Schiffmann. 16. (IV, 569 S.) n. 1 ℛ𝓉𝒽 20 ngr

Weber, Jost. Der Dierikoner Prozess. Ein Beitrag zur Geschichte der luzernerischen Klosteraufhebung und Strafrechtspflege. 8. Luzern 1848.

Weber, Jost, das Recht der unehelichen Geburt in der Schweiz. Mit Rücksicht auf die schweizer. Gesetzgebungen und die wichtigsten ausländ. Rechte nebst einem Beitrage zur Statistik der unehel. Kinder in der Schweiz. gr. 8. (VII und 256 S.) Zürich 860, Meyer und Zeller's Verlag. *

Weber, Julian, Jedermann Heilmagnetiseur od. d. Lebensmagnetismus als Volksheilmittel! Ausführliche Anleitg. zur Ausübung der magnet. Heil-Praxis zwecks Heilg. akuter u. chron. Leiden, Vorbeugg. v. ernsteren Krankheiten u. Beseitigg. v. Schmerzen durch Handauflegen u. Bestreichen, vermittelst des suggestionslosen Animal- od. Lebensmagnetismus, für Laien- u. Berufsmagnetiseure. Nach wissenschaftl. Grundsätzen u. langjähr. prakt. Erfahrgn. bearb. gr. 8. (XIV, 60 S.) Leipzig 900. Ficker's Verl. n. 1. 25

WEBER, Julius (Kehl): Ein Beitrag zur Chirurgie der Tumoren der Harnblase.- München: Ernst 1894. 34 S., 1 Bl.
13.7.1894 - Chr 1894/95,12; Jv 1893/94,205
Diss. Ingolst.-Landsh.-Mchn.

Weber, Julius. Ein Beitrag zur elektrolytischen Darstellung von Nitrit. Diss. Phil. [II.] Univ. Zürich. [Mit Figuren.] VIII + 83 S. 8. Dresden, Steinkopff & Springer, 1903.

Weber, Julius (geb. Unterwalden in Westf. [illegible] 1840): De pneumothorace. Berolini (1865). (34 S.) 8°
Berlin, Med. Diss. v. 17. Juni 1865

Weber, Julius: Czernowitzer Portraits. Czernowitz: Czopp 1907

Weber, Julius, von Zürich: Ueber die gesammten isomeren Pyridinpolycarbonsäuren. (S. A. aus: Liebig's Annalen der Chemie u. Pharm., Bd 241. S. 1—32). Zür. (Leipz. u. Hdlb. Winter) 1887. 36 S. 8°.
Zürich, Phil. Diss. [v. 5. Juli 1887].

Weber, Julius: Statistik der croupösen Pneumonie in der med. Klinik zu Freiburg i. B. in den Jahren 1884–1889 ... Freiburg i. B., Univ.-Buchdr. v. Chr. Lehmann, 1890; 36 S. 8°
Freiburg i. B., Med. Fak., Inaug.-Diss. v. 4. Jul. 1890.

Weber, Julius (Gemeinde-Ingenieur): Übersicht der städtischen Ingenieurkunde. Vorgetragen am Eidg. Polytechnikum in Zürich 1878 [illegible] 79. Aut.

Weber, Julius Hugo, von Ober-Utzwyl (Canton St. Gallen): Ueber Verbindungen des Thiazols (Pyridins der Thiophenreihe). Zür. B. Cotti Dr. 1888. 54 S., 1 Bl. 8°.
Zürich, Phil. Diss. [v. 7. März 1888].

Weber, Karl [Pseud.]
s. Mützelburg, Adolf

Weber, C., kurzer Abriß f. den ersten Unterricht in der landwirtschaftlichen Pflanzenkunde an Winterschulen u. ländlichen Fortbildungsschulen. gr. 8. (20 S.) Stuttgart 891. Ulmer. Mit Pap. durchsch. n. — 60

Weber, C., kurzer Abriß f. den ersten Unterricht in der landwirtschaftl. Pflanzenkunde an Winterschulen u. ländlichen Fortbildungsschulen. 2. Aufl. gr. 8. (IV, 80 S. m. 21 Abbildgn.) Stuttgart 899. E. Ulmer. n. — 60

Weber, C., kurzer Abriß f. den ersten Unterricht in der landwirtschaftlichen Pflanzenkunde an Winterschulen u. ländlichen Fortbildungsschulen. 3. Aufl. (IV, 32 S. m. 31 Abbildgn.) 8. Stuttgart 908. E. Ulmer. — 60

Weber, Carl v., Anna Churfürstin zu Sachsen geboren aus königlichem Stamm zu Dänemark. Ein Lebens- u. Sittenbild aus dem 16. Jahrh. Nach archival. Quellen. Leipzig 865. B. Tauchnitz. gr. 8. (III, 500 S. mit Portr. in Stahlst.) 2 ℛ︁ 22½ ngr.

Weber, Carl (Alzey)
Ueber die Anwendung permanenter Extension durch elastische Stränge bei Pes valgus (Plattfuss).
Giessen: (Fr. Ch. Pietsch) 1863. 23 S. (in Δ mit Thesen")
Diss. med. 14.12.1863. vorh. 26. Δ.

Weber, *Carl* De auctoritate codicum Propertianorum. Quaestio critica. 4 (16 S.) **Progr** Rg. u. G. *Hagen* 1887 (347).

Auswahl italienischer Lesestücke. Mit genauer Bezeichnung d. Aussprache u. e. Wörterbuch hrsg. von Dr. Carl **Weber**, Oberl. zu Halle a. S. *Halle a. S.: M. Niemeyer 1903.* (57 S.) 8° [03. 13325 3

[Weber, Carl.] Am Liestaler Bazar. Separatabdruck aus der Basellandsch. Zeitung [Jahrg. 78, 1910,] Nr. 193 [*d. i.* 194]—199. [Mit Vignetten.] 15 S. 8. Liestal, Lüdin & Co., 1910. [fr. —.25]

Weber, C[arl], Dr.: Die Behandlung der französischen und englischen Literaturgeschichte in den Oberklassen der Realanstalten. Halle a. S. 1905: Gebauer-Schwetschke. (23 S.) 4°
Halle a. S., st. OR OP 1905 (314)

Weber, C., der Besuch beim Lieutenant, s.: Theater, kleines.

Weber, Carl, Grh. Hess. Forstassessor: Die Bodenwirthschaft im Vogelsberg, und ihre Förderung, insbesondere durch Wiederbewaldung und Verbesserung der Gemeindegüter. *Frankfurt a. M.: J. D. Sauerländer 1894.* (121 S.) 8° [Δ]
Giessen, Phil. Diss. v. 1899

Weber, Carl ⟨geb. am 9 Nov. 1847 in Siegburg⟩: Die Brüche der Beckenknochen ... Bonn, gedr. bei J. F. Carthaus [1871]. 26 S., 3 Bl. 8.
Bonn, Med. Fak., nachträgl. erschienene Diss. v. 22 Juli 1870

Weber, Carl v., zur Chronik Dresdens. gr. 8. (VIII und 188 S.) Leipzig 859, B. Tauchnitz. *

— das ökumenische Concil, s. Concil.

Weber, Karl: Ueber Cratopleura holsatica, eine interglaciale Nymphaeacee, und ihre Beziehungen zu Holopleura Victoria Casp. sowie zu recenten Nymphaeaceen. 2 Taf. Separat-Abdruck aus dem Neuen Jahrbuch für Mineralogie etc. Jg. 1892. Bd. 1. Stuttgart. 1892. 8°

Weber, Karl: Ueber das Diluvium bei Grünenthal in Holstein. Hohenwestedt, den 15. Mai 1891. Separat-Abdruck aus dem neuen Jahrbuch für Mineralogie etc. Jg. 1891. Bd. 2. Stuttgart. 1891. 8°

Weber, Carl, Ein Duell. Posse in 1 Act. 12. geh. 15 kr.
Korneuburg: Kühkopf 1882.

Weber, Carl v., Ehre ist Zwang genug. Ein Roman aus der Neuzeit. 8. (398 S.) Dresden 894. E. Pierson. n. 5. —; geb. n. 6. —

Weber, C. Über das 1, 3-Dioxy-β-Phenylcumarin. Ein Beitrag zur Kenntnis einiger gelben Pflanzenfarbstoffe. In-8°. 32 S. Bern. These.
Mannheim 1894.

Weber, Carl, Ergänzungen zu den in Bayern geltenden Strafgesetzbüchern. Mit Erläuterungen und Anmerkungen. Zum Handgebrauch. 1. Bd. in 3 Lfgn. 8. Erlangen, Deichert. [1. Lfg. (S. 1—272.) 872. (*ℳ 1,50.) *ℳ 1,60.; 2. Lfg. (S. 273—392.) 872. *ℳ 1.; 3. Lfg. (XIV, S. 393—532.) 873. (*ℳ 1,10.) *ℳ 1,20.] *

—— dass. — 2. Bd. 1. Lfg. 8. (92 S.) Ebendas. 874. (* 90 Pf.) *

Weber, Karl, Ergänzungen zu den in Bayern geltenden Strafgesetzbüchern mit Erläuterungen und Anmerkungen. Zum Handgebrauch. 2. Bd. 2. Lfg. 8. (S. 93—210.) Erlangen 878, Deichert. *
1. Bd. und 2. Bd. 1. Lfg. Ebendas. 1872—74. *ℳ 4,80.

—— bayerische Gemeindeordnung für die Landestheile diesseits des Rheins. [Gesetz vom 29. April 1869.] Handausg. mit Anmerkungen. 8. (VIII, 145 S.) Nördlingen 876, Beck'sche Buchh. cart. *

Weber, Karl, bayerische Gemeindeordnung für die Landestheile diesseits des Rheins. [Gesetz vom 29. April 1869.] Handausg. mit Anmerkungen. 3. neubearb. Aufl. 8. (VIII, 186 S.) [Nördlingen 886.] München, Beck'sche Verlagsh. cart. *

Weber, K., bayerische Gemeindeordnung f. die Landestheile diesseits d. Rheins. [Gesetz vom 29. April 1869.] Handausg. m. Anmerkgn. 4., neu bearb. Aufl. 8. (VIII, 204 S.) München 890. Beck. cart. n. 2. —

Weber, Karl, bayerische Gemeindeordnung f. die Landestheile diesseits des Rheins. (Gesetz vom 29. Apr. 1869.) Handausg. m. Anmerkgn. 5., neubearb. Aufl. 8. (VII, 229 S.) München 894. C. H. Beck. Kart. n. 2. —

Weber, Karl, bayerische Gemeindeordnung f. die Landestheile diesseits d. Rheins. (Gesetz vom 29. IV. 1869.) Handausg. m. Anmerkgn. 6., neubearb. Aufl. 8. (VIII, 244 S. München 899. C. H. Beck Kart. n. 2. —

— K., Bayerische Gemeindeordnung f. die Landesteile diesseits des Rheins. (Gesetz vom 29. IV. 1869.) Handausg. m. Anmerkgn. 7. ergänzte Aufl. (VIII, 263 S.) 8. München, C. H. Beck. 1904. Geb. in Leinw. 2. 50.

Weber, Karl, bayerische Gemeindeordnung f. d. Landesteile diesseits des Rheins. (Gesetz vom 29. IV. 1869.) **Handausg. m. Anmerkungen. 8. ergänzte Aufl. (VIII, 274 S.) 8. München 906. C. H. Beck.** Geb. in Leinw. **n. 2. 50**

Weber, Karl, bayerische Gemeindeordnung f. die Landesteile diesseits des Rheins (Gesetz vom 29. IV. 1869) m. Anh., das Gemeindewahlgesetz vom 15. VIII. 1908 u. das gemeindliche Steuergesetz vom 14. VIII. 1910 enth. Handausg. m. Anmerkgn. 9. ergänzte Aufl., hrsg. von Carl Aug. v. Sutner. (VIII, 367 S.) 8. München 910. C. H. Beck. Geb. in Leinw. 3. —

—— neue Gesetz- und Verordnungen-Sammlung für das Königr. Bayern mit Einschluß der Reichsgesetzgebung. Enth. die auf dem Gebiete der Verfassung und Verwaltung geltenden oder die Interessen des Staatsbürgers betr. Gesetze, Verordnungen und sonst. Bestimmungen, zusammengestellt und mit Anmerkungen versehen. Mit systemat., alphabet. und chronolog. Register. 1.—10. Lfg. oder 1. Bd. gr. 8. (XII, 786 S.) Ebendas. 878—80. à Lfg. *ℳ 1,25. *

Weber, Karl, neue Gesetz- und Verordnungen-Sammlung für das Königr. Bayern mit Einschluß der Reichsgesetzgebung. Enthaltend die auf dem Gebiete der Verfassung und Verwaltung geltenden oder die Interessen des Staatsbürgers betr. Gesetze, Verordnungen und sonst. Bestimmungen, zusammengestellt und mit Anmerkungen versehen. Mit systemat., alphabet. und chronolog. Register. 11.—40. Lfg. oder 2.—4. Bd. gr. 8. (XVII, 786; XXII, 782; XII, 792 S.) Nördlingen 881—85, Beck'sche Buchh. à Lfg. *ℳ 1,25. *
1.—10. Lfg. Ebendas. 1878—80. à *ℳ 1,25.

—— neue Gesetz- und Verordnungen-Sammlung für das Königr. Bayern mit Einschluß der Reichsgesetzgebung. Enth. die auf dem Gebiete der Verfassung und Verwaltung geltenden oder die Interessen des Staatsbürgers betr. Gesetze, Verordnungen und sonst. Bestimmungen, zusammengestellt und mit Anmerkungen versehen. Mit systemat., alphabet. und chronolog. Register. 41.—100. Lfg. oder 5.—10. Bd. gr. 8. (IX, 782; X, 794; XII, 780; VIII, 790; IX, 792; XII, 789 S.) Ebendas. 885—89. à Lfg. *ℳ 1.25. *
1.—40. Lfg. Ebendas. 1878—85. à *ℳ 1.25.

Weber, Karl, Neue Gesetz u. Verordnungen Sammlung f. das Königr. Bayern m. Einschluß der Reichsgesetzgebg. Enth. die auf dem Gebiete der Verfassg. u. Verwaltg. gelt. od. die Interessen d. Staatsbürgers betr. Gesetze, Verordngn. u. sonst. Bestimmgn. zusammengestellt u. m. Anmerkgn. versehen. Mit systemat., alphabet. u. chronologischem Register. 101.—170. Lfg. od. 11.—17. Bd. gr. 8. (XII, 788; XII, 800; X, 791; XII, 789; XII, 774; XIV, 762; X, 789 S.) Münch. 889—92, Beck. à Lfg. * 1 25; à Bd. * 12 50; * 87 50
1.—100. Lfg., od. 1.—10. Bd. Ebd. 1878—88. à Bd. * 12 50; geb. ** 14 50.

— dasselbe. Generalregister zu Bd. 1—15. gr. 8. (VIII, 459 S.) Ebd. 892. n. 7. 50; geb. in Halbfrz. n.n. 9. 50

— neue Gesetz- u. Verordnungen-Sammlung f. das Königr. Bayern m. Einschluß der Reichsgesetzgebung. Enth. die auf dem Gebiete der Verfassg. u. Verwaltg. gelt. od. die Interessen des Staatsbürgers betr. Gesetze, Verordngn. u. sonst. Bestimmgn., zusammengestellt u. m. Anmerkgn. versehen. Mit systemat., alphabet. u. chronolog. Register. 131.—192. Lfg. gr. 8. (14. Bd. XII, 789 S.; 15. Bd. XII, 774 S.; 16. Bd. XII, 761 S.; 17. Bd. X, 789 S.; 18. Bd. XI, 794 S.; 19. Bd. X, 782 S.; 20. Bd. S. 1—160.) Ebd. 891 —894. à Lfg. n. 1. 25; à Bd. n. 12. 50; geb. in Halbfrz. à n.n. 14. 50

— dasselbe. Anhangbd. Mit e. rechtshistor. Karte, 8 Taf. Abbildgn. u. mehreren Tabellen. 10 Lfgn. gr. 8. (XXXII, 800 S.) Ebd. 892—894. n. 13. 50; geb. in Halbfrz. n.n. 15. 50

— neue Gesetz- u. Verordnungen-Sammlung f. d. Königr. Bayern m. Einschluß d. Reichsgesetzgebung. Enth. d. auf d. Gebiete d. Verfassg. u. Verwaltg. gelt. od. d. Interessen d. Staatsbürgers betr. Gesetze, Verordngn. u. sonst. Bestimmgn., zusammengestellt u. m. Anmerkgn. vers. M. systemat., alphabet. u. chronolog. Register. 193.—238. Lfg. gr. 8. (20. Bd. X u. S. 161 —800; 21.—23. Bd. VIII, 796; X, 798 u. XI, 813 S. u. 24. Bd. S. 1—608.) München 895—898. C. H. Beck. à Lfg. n. 1. 25 (à Bd. n. 12. 50; in Halbfrz. geb. à n.n. 14. 50)

Weber, Karl, neue Gesetz- u. Verordnungen-Sammlung f. das Königr. Bayern m. Einschluß der Reichsgesetzgebg. Enth. die auf dem Gebiete der Verfassg. u. Verwaltg. gelt. od. die Interessen des Staatsbürgers betr. Gesetze, Verordngn. u. sonst. Bestimmgn., zusammengestellt u. m. Anmerkgn. versehen. Mit systemat., alphabet. u. chronolog. Register. 239.—290. Lfg. gr. 8. (24. Bd. IX u. S. 609 —754; 25. Bd. IX, 801 S.; 26. Bd. VIII, 784 S.; 27. Bd. VIII, 784 S.; 28. Bd. VI, 786 S. u. 29. Bd. VIII, 802 S.) München 899—902. C. H. Beck. à Lfg. n. 1.25; (à Bd. n. 12.50; geb. in Halbfrz. n.n. 14.50)

Weber, Karl, neue Gesetz- u. Verordnungen-Sammlung f. d. Kgr. Bayern m. Einschluß der Reichsgesetzgebg. Enth. die auf dem Gebiete der Verfassg. u. Verwaltg. gelt. od. die Interessen des Staatsbürgers betr. Gesetze, Verordngn. u. sonst. Bestimmgn., zusammengestellt u. m. Anmerkgn. versehen. Mit systemat., alphabet. u. chronolog. Register. Begründet v. K. W. Fortgeführt v. v. Frd. Weber. 291.—324. Lfg. (30. Bd. VIII, 801 S.; 31. Bd. V, 801 S.; 32. Bd. V, 797 S. u. 33. Bd. S. 1 bis 320.) gr. 8. München 903—906. C. H. Beck. à n. 1. 25 (à Bd. n. 12. 50; geb. in Halbfrz. n n. 14. 50)

— dasselbe. Generalregister zu Bd. I—XXX. (VIII, 227 S.) gr. 8. Ebd. 904. n. 6. —; geb. in Halbfrz. n.n. 8. —

— Neue Gesetz- u. Verordnungen-Sammlung f. das Königr. Bayern m. Einschluß der Reichsgesetzgebg. Enth. die auf dem Gebiete der Verfassg. u. Verwaltg. gelt. od. die Interessen des Staatsbürgers betr. Gesetze, Verordngn. u. sonst. Bestimmgn., zusammengestellt u. m. Anmerkgn. versehen. Mit systemat., alphabet., chronolog. Register. Begründet v. K. W. Fortgeführt v. Frdr. Weber. 325.—356. Lfg. (33. Bd. IV u. S. 321—798; 34. Bd. IV, 770 S.; 35. Bd. IV, 796 S. u. 36. Bd. S. 1—480.) gr. 8. Ebd. 907—10. Lfg. 325—350 à Lfg. 1.25; Lfg. 351—356 erh. Pr. à Lfg. 1.40; (Bd. 33—35 à 12.50; geb. in Halbfrz. à n 14. 50)

—— Gewerbeordnung für das deutsche Reich vom 21. Juni 1869. Mit Anmerkungen, Inhaltsangabe am Rande und alphabet. Sachregister. 8. (VIII, 112 S.) Ebendas. 872. (75 Pf.) *
Anfang dazu. (28 S.) 873. *

Weber, Karl: Der Grund und Boden (Schleswig-Holsteins). Sonder-Abdruck aus: Jahresbericht des Schlesw.-Holstein. Landw. Generalvereins für das Jahr 1891. Kiel 1891. 8°

Weber, C., Grundriß der Physik f. den Unterricht an landwirtschaftl. Winterschulen. gr. 8. (IV, 78 S. m. 109 Abb.) Stuttgart 897. E. Ulmer. Kart. n. 1. 30

Weber, C., Grundriß der Physik f. den Unterricht an landwirtschaftlichen Winterschulen. 2. Aufl. (IV, 88 S. m. 116 Abbildgn.) 8. Stuttgart 905. E. Ulmer. Kart. n. 1. 30

Weber, Karl, kranke Herzen. Comödie in 2 Akten. 16. (64 S.) Korneuburg 882. Kühlkopf. n. — 30

Weber, C., hier sind möblierte Zimmer zu vermiethen, od. in Verlegenheit, s.: Theater, kleines.

—— aus vier Jahrhunderten. Mittheilungen aus dem Haupt-Staatsarchive zu Dresden. 2 Bde. gr. 8. Leipzig 857,58, B. Tauchnitz. [1. Bd. (X und 474 S.) 2. (VI und 477 S.) à Bd. 2 Thlr. 7⅓ Ngr.]

Weber, Karl v., aus vier Jahrhunderten. Mittheilungen aus dem Haupt-Staatsarchive zu Dresden. Neue Folge. 2 Bde. Leipzig 861. B. Tauchnitz. gr. 8. (VI, 788 S.) Jeder Bd. 1 ℛ 22½ ngr.

Weber, K., das Impfgesetz f. das deutsche Reich, s.: Kranz.

Weber, Karl: Inwieweit ist eine dingliche Sicherung des persönlichen Wiederkaufsrechts in Ansehung eines Grundstücks möglich? ([Umschlagt.:] Dingliche Sicherung des Rechts zum Wiederkauf von Grundstücken.) (Marienberg) 1904: (C. Ebner). (57 S.) 8°
Marburg, Jur. Diss. v. [10.Aug.] 1904.

Weber, Carl, Italienisch in Beispielen. Kurze Darstellg. der Aussprache u. Grammatik m. Beispielen aus der „Auswahl italien. Lesestücke“ u. m. Bezeichng. der Aussprache. (IX, 196 S.) gr. 8. Halle 907. M. Niemeyer. 3.60

Weber, Carl, Iwan der Leibeigene. Erzählung aus der neueren russ. Geschichte. gr. 8. (314 S.) Philadelphia 861, (Schäfer und Koradi.) *

Weber, Carl, die Landwirthschaft im Vogelsberg u. ihre Förderung, insbesondere durch Wiederbewaldung u. Verbesserung der Gemeindegüter. gr. 8. (V, 121 S.) Frankfurt a/M. 894. J. D. Sauerländer's Verl. n. 2. —

Weber, Karl., Lehrbuch der Planimetrie f. höhere Schulen u. zum Selbst-Unterricht. Mit 273 in den Text eingedr. Holzschn. gr. 8. (IV, 160 S.) Braunschw. 889, [Achtelstetter]. Limbach. * 2 75

Weber, Karl, Lehrbuch der Planimetrie f. höhere Schulen u. zum Selbstunterricht. (164 S. m. Fig.) gr. 8. Wolfenbüttel 910. J. Zwißler. 2.50; geb. 3. —

Weber, K., der Leibeigene, siehe: Novellen-Sammlung. 76–91. Bdchn.

Weber, Karl

Der Leibeigene. Erzählung aus der neueren russischen Geschichte. Berlin 1851.

In: Fata Morgana. Bd 1.

– Leitfaden für den Unterricht in der landwirthschaftlichen Chemie. Stuttgart, 1888.

— Leitfaden f. den Unterricht in der landwirtschaftlichen Chemie an mittleren u. niederen landwirtschaftlichen Lehranstalten. 2., verm. Aufl. gr. 8. (VIII, 115 S. m. 21 Holzschn.) Ebd. 891. cart. n. 1. 50

Weber, C., Leitfaden f. den Unterricht in der landwirtschaftlichen Chemie an mittleren u. niederen landwirtschaftlichen Lehranstalten. 3. verm. Aufl. gr. 8. (VIII, 115 S. m. 21 Holzschn.) Stuttg. 892, Ulmer. cart. * 1 50
1. u. 2. Aufl. 1889,91.

Weber, C., Leitfaden f. den Unterricht in der landwirtschaftlichen Chemie an mittleren u. niederen landwirtschaftlichen Lehranstalten. 4., verm. Aufl. gr. 8. (VIII, 115 S. m. 21 Holzschn.) Stuttgart 895. E. Ulmer. Kart. n. 1. 50

— Leitfaden f. den Unterricht in d. landwirtschaftlichen Chemie an mittl. u. nied. landwirtschaftl. Lehranst. 6. Aufl. gr. 8. (VIII, 115 S. m. 21 Holzschn.) Ebd. 896. Kart. n. 1. 40

— Leitfaden für den Unterricht in der landwirtschaftl. Chemie an mittleren u. niederen landwirtschaftl. Lehranstalten. 7. Aufl. gr. 8. (VIII. 116 S. m. 21 Abb.) Ebd. 901. Kart. n. 1. 40

— Leitfaden f. den Unterricht in der landwirtschaftlichen Chemie an mittleren u. niederen landwirtschaftlichen Lehranstalten. 9. Aufl. (VIII, 119 S. m. 21 Abbildgn.) 8. Ebd. 905. Kart. n. 1. 40

— Leitfaden f. den Unterricht in der landwirtschaftl. Chemie an mittleren u. niederen landwirtschaftlichen Lehranstalten. 11. Aufl. (VIII, 125 S. m. 21 Abbildgn.) 8. Ebd. 909. Kart. 1. 40

—— Leitfaden f. den Unterricht in der landwirtschaftl. Pflanzenkunde an mittleren bezw. niederen landwirtschaftlichen Lehranstalten. gr. 8. (VIII, 167 S. m. 120 Abbildgn.) Ebd. 892. cart. * 2 75

— Leitfaden f. d. Unterr. in d. landwirtschaftl. Pflanzenkunde an mittl. bezw. nied. landwirtschaftl. Lehranst. 2. Aufl. gr. 8. (VIII, 170 S.) Ebd. 896. Kart. n. 2. 50

— Leitfaden für den Unterricht in der landwirtschaftl. Pflanzenkunde an mittleren bezw. niederen landwirtschaftl. Lehranstalten. 3. Aufl. gr. 8. (VIII, 185 S. m. 127 Abbildgn.) Ebd. 899. Kart. n. 2. 50

— Leitfaden f. den Unterricht in der landwirtschaftlichen Pflanzenkunde an mittleren bezw. niederen landwirtschaftlichen Lehranstalten. 4. Aufl. (VIII, 203 S. m. 150 Abbildgn.) gr. 8. Ebd. 904. Geb. in Leinw. n. 2. 50

— Leitfaden f. den Unterricht in der landwirtschaftlichen Pflanzenkunde an mittleren bezw. niederen landwirtschaftlichen Lehranstalten. 5. Aufl. (VIII, 220 S. m. 196 Abbildgn.) 8. Ebd. 907. Geb. 2. 60

— Leitfaden f. den Unterricht in der Physik an Ackerbauschulen u. landwirtschaftlichen Winterschulen. gr. 8. (VIII, 175 S. m. 170 Abbildgn.) Ebd. 894. Kart. n. 2. 75

— Leitfaden f. den Unterr. in der Physik an Ackerbauschulen u. landwirtschaftl. Winterschulen. 2. Aufl. gr. 8. (VIII, 182 S. m. 177 Abb.) Ebd. 898. Kart. n. 2. 40

— Leitfaden f. den Unterricht in der Physik an Ackerbauschulen u. landwirtschaftlichen Winterschulen. 3. Aufl. (VIII, 190 S. m. 182 Abbildgn.) gr. 8. Ebd. 903. Kart. n. 2. 40

— Leitfaden f. den Unterricht in der Physik an Ackerbauschulen u. landwirschaftlichen Winterschulen. 4. Aufl. (VIII, 192 S. m. 183 Abbild.) 8. Ebd. 907. Geb. 2. 40

Weber, Carl (*Friedrich*:) Leitfaden für den Unterricht in der Tierkunde. Bearbeitet von C. Fr. W. Mit zahlreichen Abbildungen 8 (1 Bl., 43 S., 1 S. Inh.).
Progr. Ev. G. A. B. u. verbund. Lehranstalten *Mediasch* 1899.

Weber, Carl, Liebes-Elixir. Operette in einen Akt. 16. (24 S.) geh. 12 kr. Korneuburg: Frz. Kühkopf 1881.

Weber, Karl, neues Liederbuch. Sammlung echter Volks- und volkstüml. Lieder für die Schule und das deutsche Volk. Ausg. in Chevé'scher Ziffernschrift. 1.—3. Heft. 8. Arnsberg 887, Stahl. [1. Heft. (24 S.) ** 20 Pf.; 2. Heft. (42 S.) ** 25 Pf.; 3. Heft. (61 S.) ** 35 Pf.] **

Weber, Carl, Luft u. Licht in menschlichen Wohnungen. Vortrag in der Reihe der von dem „Frauenverein für Krankenpflege" veranstalteten populären Vorlesungen. Darmstadt 869. (Würz.) gr. 8. (29 S.) n. 4 ngr.

Weber, Carl, die Lustfeuerwerkerei oder vollständige Anweisung zur Anfertigung aller Feuerwerkskörper, als: Schwärmer, Land-, Wasser- u. Tisch-Raketen, Brander, Kanonenschläge rc. Nebst prakt. Anweisung zur Erzeugung des elektr. Lichtes, des chines. Feuerwerks, bengalischer Flammen rc. Berlin 866. Mode's Verl. 8. (VIII, 148 S. mit 1 Holzschntaf. u. Abbildungen in eingedr. Holzschn.) 15 ngr.

Weber, Carl, die Lustfeuerwerkerei oder vollständ. Anweisung zur Anfertigung aller Feuerwerkskörper, als: Schwärmer, Land-, Wasser- und Tisch-Raketen rc. Nebst pract. Anweisung zur Erzeugung des electr. Lichtes, des chines. Feuerwerks, bengal. Flammen rc. und Erklärung über die verschiedenen Ingredienzien. 2.—6. verm. und verb. Aufl. 8. (176 S. mit Abbild. in eingedr. Holzschn. und 1 Holzschntaf.) Berlin 871—75, Mode's Verlag.

Weber, Carl, die Lustfeuerwerkerei oder vollständ. Anweisung zur Anfertigung aller Feuerwerkkörper, als: Schwärmer, Land-, Wasser- und Tisch-Raketen rc. Nebst pract. Anweisung zur Erzeugung des electr. Lichtes, des chines. Feuerwerks, bengal. Flammen, Lichter mit verschiedenen Farben rc. und Erklärung über die verschiedenen Ingredienzen. 7.—9. verm. und verb. Aufl. 8. (176 S. mit Abbild.) Berlin 876—84, Mode's Verlag.

Weber, Carl, die Lustfeuerwerkerei oder vollständ. Anweisung zur Anfertigung aller Feuerwerkkörper, als: Schwärmer, Land-, Wasser- und Tisch-Raketen ꝛc. Nebst prakt. Anweisung zur Erzeugung des electr. Lichtes, des chines. Feuerwerks, bengal. Flammen, Lichter mit verschiedenen Farben ꝛc. und Erklärung über die verschiedenen Ingredienzen. 10. verm. und verb. Aufl. 8. (176 S. mit Abbild.) Berlin 886, Mode's Verlag.

Weber, Carl, die Lustfeuerwerkerei od. vollständ. Anweisg. zur Anfertigg. aller Feuerwerkskörper. Nebst prakt. Anweisg. zur Erzeugg. d. elektr. Lichtes, d. chines. Feuerwerks, bengal. Flammen, Lichter m. verschiedenen Farben ꝛc. u. Erklärg. üb. die verschiedenen Ingredienzen. 11., verm. Aufl. 8. (176 S. m. Abbildgn.) Berlin 892. S. Mode's Verl. 1. 50

WEBER, K.
Die Malz-Fabrikation. Wien, 1886.

Weber, Karl, die Malz-Fabrikation. Eine Darstellg. der Bereitg. v. Grün-, Luft- u. Darrmalz nach dem gewöhnl. u. den verschiedenen mechan. Verfahren. Mit 77 Abbildgn. 8. (VIII, 317 S.) Wien 887. Hartleben. n. 4. 50

Weber K. die Malzfabrikation. (Bibliothek. Chemisch-technische 145) Wien 1887

Weber, Carl, italienische Märchen, in Toscana aus Volksmund gesammelt. gr. 8. (40 S.) Halle 900. M. Niemeyer. n. 1. 20
Sonderabdruck aus: „Forschungen z. rom. Philologie".

Weber, Karl, s. Melanchthon's, Ph., evangel. Kirchen- u. Schulordnung v. J. 1528.

— s.: **Methode** Schliemann zur Selbsterlernung der italienischen Sprache.

Weber, Karl: Vorläufige Mittheilung über neue Beobachtungen an den interglacialen Torflagern des westlichen Holsteins. Hohenwestedt, den 30. November 1892. Separat-Abdruck aus dem Neuen Jahrbuch für Mineralogie etc. 1893. Bd. 1. Stuttgart. 1893. 8°

Weber. Karl [aus Darmstadt]: Mittheilungen aus zweihundert Fällen von Diphtherie auf der Kinderstation der Kgl. Charité ... Berlin, Buchdr. v. Georg Klemm (1886); 26 S. + 2 Bl. 8°.
Berlin, Med. Fak., Inaug.-Diss. v. 18. Dez. 1886.

Weber, Karl, Mittheilungen aus zweihundert Fällen von Diphtherie auf der Kinderstation der Kgl. Charité. Diss. Berlin 1886, Mayer & Müller. 8°. 26 S.

—— **Moritz Graf von Sachsen, Marschall von Frankreich. Nach archival. Quellen.** gr. 8. (VII und 293 S. mit Portr. in Kpfrst.) Leipzig 863, B. Tauchnitz.

— Moritz Graf von Sachsen, Marschall von Frankreich. Nach archival. Quellen. Mit Portr. (in Stahlst.) Volksausg. Leipzig 870. B. Tauchnitz. 8. (V, 144 S.) 15 ngr.

Weber, Carl v., vier tragische Novellen. 8. (224 S.) Leipzig 886, Greßner und Schramm.

WEBER, Karl: Die Park- und Waldanlagen von Bad Nauheim nebst einigen Ausflügen in die Umgebung des Bades. - Bad Nauheim 1906. 126 S., 60 Abb., 8 Tab., 1 Holzartenliste, 1 Kt.
Vgl. Weber, Jakob.

—— die drei Pintos. Komische Oper in 3 Aufzügen von C. M. v. Weber. Unter Zugrundelegung des gleichen Textbuches von Th. Hell, der hinterlassenen Entwürfe und ausgewählter Manuscripte des Componisten ausgeführt: der dramat. Theil von C. v. W., der musikal. von Gustav Mahler. 8. (53 S.) Leipzig 888, C. F. Kahnt Nachf. *

Weber, Karl: Der Prophet, s. Novellen-Sammlung.

Weber, Karolus [!]: Quaestiones Propertianae. Halis Saxonum 1876: Karras. 42 S. 8°
Halle-Wittenberg, Phil. Diss. v. 19. Okt. 1876
Geb. Merseburg 25. 7. 1854. V.
Vom Verf. ersch. später: De auctoritate codicum Propertianorum Quaestio critica. Hagen 1887: Butz. 16 S. 8° (4°) Realgymn.-Progr.

— **die Rang- u. Uniforms-Verhältnisse im Königr. Bayern. [Aus: „W.'s Gesetz- u. Verordnungen-Sammlg., Anhangbd."] gr. 8. (X, 106 u. IV S. m. 7 Taf.) Ebd. 894. Kart. n. 2. —**

Weber, Carl, Gerichtsassessor: Die prozessuale Rechtsstellung des Testamentsvollstreckers. Stuttgart 1909: Grüninger. IV, 84 S. 8°
Erlangen, Jur. Diss. v. 26. Juli 1909, Ref. Oertmann
[Geb. 27. Juni 80 Stuttgart; Wohnort: Stuttgart; Staatsangeh.: Württemberg; Vorbildung: Eberhard-Ludwig-Gymn. Stuttgart Reife Juli 98; Studium: Tübingen 5, München 1, Leipzig 2 S.; Rig. 8. Juni 09.] [U 10. 782

—— Arithmetische Regeln. Hilfsbuch f. arithmet. Aufgaben-Sammlgn. gr. 8. (III, 37 S.) Ebd. 889. * — 50

—— das Reichsgesetz über die Beurkundung des Personenstandes und die Eheschließung vom 6. Febr. 1875. Mit Einleitung und Erläuterungen. gr. 8. (X, 280 S.) Erlangen 875, Deichert. *

Weber, Carl, von Liestal: Die Revolution im Kanton Basel 1830—1833. Liestal 1907. 254 + 1 S. 8°.
[10. XII. 06.]
Basel. Phil. Diss. 1907/08

Weber, Carl. Die Revolution im Kanton Basel 1830—1833. 8. Liestal, Gebr. Lüdin. 1907.
Ausg. A: Diss. Phil. Basel von K' W' ... 253 + *Vita* 1 S.
Ausg. B: Von Dr. phil. K' W'. II + 253 S. [fr. 4. 60]

Weber, Carl v. Der Armen Schuld. Erzählung. 8. (194 S.) Lpz. 889, Greßner u. Schramm. * 3 —

Weber, Karl: Der Sohn des Kaisers, s. Novellen-Sammlung.

Weber, Carl: Ueber die Sprache und Quelle des afrz. hg. Georg. Halle a S. 1882: Karras. 23 S. 8°
Halle-Wittenberg, Phil. Diss. v. 28. Jan. 1882
Geb. Halle a. d. S. 6. 11. 1858. V.
Aus: Zeitschrift f. roman. Philologie. Bd 5. Halle 1881. S. 498—520. Verf. erlebte die Diplomerneuerung 1932 als Studienrat a. D., Professor in Halle

Weber, Carl: Über Sprachrhythmus und Sprachmelodie im Unterricht mit einigen Darlegungen an Sprechmaschinenplatten. Halle a. S.: Niemeyer 1908. S. 115—154. 8°
Halle a. S., st. OR, in Festschr. b. Einzug in d. neue Gebäude, P 1908 (340)** [S 08. 515

Weber, Karl: Ueber zwei Torflager im Bette des Nord-Ostsee-Canales bei Grünenthal. Mit 1 Holzschnitt. Separat-Abdruck aus dem Neuen Jahrbuch für Mineralogie etc. Jg. 1891. Bd. 2. Stuttgart. 1891. 8°

Weber, Karl Der naturwissenschaftliche Unterricht auf dem Gymnasium. I. 40 S. 8. II. Methodischer Teil. 32 S. *Mediasch* 1877. 1878.
Progr.

Weber, Carl, der naturwissenschaftliche Unterricht auf dem Gymnasium. gr. 8. (40 S.) Mediasch 877. (Hermannstadt, Michaelis.) **

—— dass. — II. Methodischer Theil. gr. 4. (32 S.) (Ebendas.) 878.

Weber, Karl: Versuche zur elektrolytischen Darstellung von Magnesium. 1907. 24 S. 8°
Darmstadt, Dr.-Ing.-Diss. v. 2. 5. 1907

Weber, C[arl]. Wege und Ziele der Armen-Erziehungs-Vereine. Referat, gehalten ... an der Jahres-Versammlung des Armen-Erziehungs-Vereins Kriegstetten. 15 S. 8. Solothurn, Buchdr. Union, 1902.

Weber, Karl (August): W e r d e n die Leprabacillen von einem Leprakranken ausgeschieden, und auf welche Weise verlassen sie den Körper? . . . (Aus: Arch. f. klin. Med., Bd LVIII.) Leipzig, Druck v. J. B. Hirschfeld, 1897; 22 S., 2 Bl. 8°
Halle, Med. Fak., Inaug.-Diss. v. 20. Mai [übergekl.: 10. Juli] 1897.

Weber, Karl, Referendar in Frankfurt a. M.: Wie ist die Stellung der Ehefrau zu beurteilen, die den Mietvertrag ihres Mannes unterzeichnet hat? Borna-Leipzig 1906: R. Noske. (IX, 55 S.) 8°
Leipzig, Jur. Fak., Diss. v. 4. Dez. 1906
[Geb. 10. Sept. 83 Gießen; Wohnort: Frankfurt a. M.; Staatsangeh.: Hessen u. Preußen; Vorbildung: Lessing-Gymn. Frankfurt a. M. Reife O. 02; Studium: Heidelberg 3, Marburg 4 S.; Rig. 23. Mai 06.]

Weber, Carl, Wie soll man füttern? Beitrag zur Fütterungsfrage und Anleitung zu Futterberechnungen. Für den kleinern Landwirth bearb. 2. Aufl. 1863. und 3., umgearb. und verm. Aufl. 8. (103 S.) Freiberg 867, (Frotscher.) *

Weber, Karl [Hrsg.], s. W i e d e r h e r s t e l l u n g . Über die Wiederherstellung d. Heidelberger Schlosses.

Weber, Carl *Heinrich* [aus Berlin]: Spezielle Wundbehandlung des Heinrich von Mondeville . . . Berlin, A. W. Schade's Buchdr., 1896; 35 S. 8.
Berlin, Med. Fak., Inaug.-Diss. v. 21. Febr. 1896

Weber, Karl: Über die Z u s a m m e n s e t z u n g des natürlichen Graslandes in Westholstein, Dithmarschen und Eiderstedt. Sonderabdruck aus „Schriften des naturwissenschaftlichen Vereins für Schleswig-Holstein". Bd. 9, Heft 2. Kiel. 1892. 8°

Weber, Karl Albert: Ueber specifische A s s i m i l a t i o n s - e n e r g i e . Wuerzburg. 1873. 8°. Diss.

Weber, Karl A[lbert]: Ein B e i t r a g zur Frage nach dem Endemismus der Föhre und Fichte in Nordwestdeutschland während der Neuzeit. Sonder-Abdr. a. d. Abhandlungen d. naturw. Vereins zu Bremen, Bd. 14, Heft 2. Bremen. 1897. 8°

Weber, C. A., Beiträge zur Kenntnis der Dauerweiden in d. Marschen Norddeutschlands, s.: Emmerling, A.

Der Duwock (Equisetum palustre). Im Auftr. d. Deutschen Landwirtsch.-Ges. von Dr. C. A. **Weber**-Bremen. Mit 3 Taf. *Berlin 1902: W. Greve.* (62 S.) 8° [ℨ u. Ant.]
= Bekämpfung d. Unkrautes. St. 1.
= **Arbeiten** d. Deutschen Landwirtsch.-Gesellschaft. H. 72. [02.6.25]

Der Fleisch-, Milch- und Futterertrag einiger Dauerweiden. Von Dr. C. A. **Weber**-Bremen. Berlin: Deutsche Landwirtsch.-Gesellsch. 1905. (26 S.) 8° [ℨ.]
= **Arbeiten** d. Deutschen Landwirtschafts-Gesellschaft. H. 105. [05.9419]

Weber, Karl A[lbert]: Über die diluviale F l o r a von Fahrenkrug in Holstein. Separat-Abdruck aus Engler's botanischen Jahrbüchern. Bd. 18, Beiblatt Nr. 43, Heft 1–2. Leipzig. 1893. 8°

Weber, Karl A[lbert]: 1. Über die fossile F l o r a von Honerdingen und das nordwestdeutsche Diluvium. 2. Zur Kritik interglacialer Pflanzenablagerungen. Sonder-Abdr. a. d. Abhandlungen d. Naturw. Vereins zu Bremen, Bd. 13, H. 3. Bremen. 1896. 8°

— über e. frühdiluviale u. vorglaziale Flora bei Lüneburg, s.: Müller, G.

Weber, C. A., Hochmoor u. Niedermoor m. ihrer ursprünglichen torfbildenden Vegetationsdecke. 2 Taf. zu je 2 Bl. je 90×61,5 cm. Farbdr. Mit Erläuterg. (4 S.) 32,5×25 cm. Berlin (907), Gebr. Borntraeger. 20.—: auf Leinw. m. Stäben n 32. —

Weber, Carl Albert: De interpretatione legis 21 D. de hereditate vel actione vendita (XVIII, 4). Berolini 1849. (85 S.) 8°
Berlin, Jur. Diss. v. 16. Aug. 1849

Über Litorina- und Prälitorinabildungen der Kieler Föhrde v. Carl **A. Weber.** Mit 3 Figuren im Text. Sonderabdruck aus Engler's Botanischen Jahrbüchern. Bd. 35. H. 1. Leipzig. 1904. 8°.

Weber (C. A.), Ueber die Moore mit besonderer Berücksichtigung der zwischen Unterweser und Unterelbe liegenden. (Sep.-Abdr. „Jahresber. d. Männer vom **Morgenstern**", Heft 3.) 1899. 8.

Weber, Karl A[lbert]: Über die diluviale V e g e t a t i o n von Klinge in Brandenburg und über ihre Herkunft. Separat-Abdruck aus Engler's botan. Jahrbüchern, Bd. 17, Heft 1/2, Beiblatt Nr. 40. Leipzig. 1893. 8°

— über die Vegetation u. Entstehung des Hochmoors von Augstumal im Memeldelta, m. vergleich. Ausblicken auf andere Hochmoore der Erde. Eine formationsbiologisch-histor. u. geolog. Studie. gr. 8. (VIII, 252 S. m. 29 Abb. u. 8 [2 farb.] Taf.) Berlin 902. P. Parey. n. 7. —

Weber, Karl A[lbert]: Über die V e g e t a t i o n zweier Moore bei Sassenberg in Westfalen. Sonder-Abdr. a. d. Abhandlungen d. Naturw. Vereins zu Bremen, Bd. 14, H. 2. Bremen. 1897. 8°

— Versuch e. Ueberblicks über die Vegetation der Diluvialzeit in den mittl. Regionen Europas, s.: A b h a n d l u n g e n, allgemein-verständliche naturwiss. 22.

WEBER, C. A.: Versuch eines Überblicks über die Vegetation der Diluvialzeit in den mittleren Regionen Europas. - Berlin 1900. 30 S. - (Allg. verständl. naturwiss. Abh. 22)

— Wiesen u. Weiden in den Weichselmarschen, s.: A r b e i t e n der deutschen Landwirtschaftsgesellschaft. 165.

Weber, C[arl] A[lbert]: W i e s e n und Weiden in den Weichselmarschen. Berlin: Deutsche Landwirtschafts-Ges. 1909. 142 S. 8°
(Arbeiten d. Deutschen Landwirtschafts-Gesellschaft. H. 165.)

— u. J. Mestorf, Wohnstätten der älteren neolithischen Periode in der Kieler Föhrde. (24 S. m. 12 Abbildgn.) gr. 8. Kiel 904. (Lipsius & Tischer.) n.n. 1. —
Sonderabdruck aus: „Bericht d. Museums vaterländ. Altertümer bei d. Univ. Kiel".

Weber, Carl Emil. Das schweizerische Eisenbahnfrachtrecht in seinen Anfängen und seiner Entwicklung. Diss. Jur. Bern ... von K'E' W'... 159 S. 8. Bern, N. Dürrenmatt-Egger, 1909.

Weber, Carl Emil (*geb. Groß-Hartmannsdorf in Schles. 4. 12. 1830*): Ueber Lungenemphysem. Breslau 1870. (30 S.) 8°
Breslau, Med. Diss. v. 7. Apr. 1870

Weber, Carl Emil, üb. Lungenemphysem. Inaugural-Dissertation. gr. 8. (30 S.) Breslau 870. (Maruschke & Berendt.) n. — 80

Weber, Karl Florian, († d. 11. Oct. 1794.) Abhandl. über die Worte: der Alten Krone sind Kindeskinder, u. d. Kinder Ehre sind ihre Väter. 4. Lissa 763.

— über die Selbstverläugnung e. gottesdienstl. Lehrers. 4. Bresl. 773.

— warum ist der Sohn Gottes in die Welt gekommen u. hat doch die Menschen in ihren Sünden u. bei ihren Irrthümern gelassen? 8. Bresl. u. Hirschb. 776. 2e A. 778.

Weber, Karl Friedrich

Weber, Carl Friedr., Commentatio de academia literaria Atheniensium seculo secundo post Christum constituta. gr. 4. (40 S.) Marburg 858, Elwert'sche Universitäts-Buchh.

— Adnotationes ad carmen panegyricum Pisonis. Pr. 1860. 12 S. 4°.

Weber, C[arl] F[riedrich]: De agro et vino Falerno. Marburg: Elwert 1855. -- 4°
--- Dass. erschien auch u.d.T.: Weber: De vino Falerno. Marburg: Elwert 1855-56, S.1-33. Marburg, Index lectionum WS 1855/56. -- 4°. Frei 100

Weber, Karl Friedrich, s. Boethius: Carmina.

—— incerti auctoris carmen panegyricum in Calpurnium Pisonem cum prolegomenis et adnotatione critica. gr. 4. (44 S.) Marburg 859, Elwert'sche Universitäts-Buchh.

Weber, C. F., De codice Statii Cassellano. Gel. 1868. 54 S. u. 1 Taf. 4°.

— De duplici Pharsaliae Lucaneae exordio. Pr. 1860. 26 S. 4°.

Weber, Karl Fr., Geschichte der städtischen Gelehrtenschule zu Cassel. gr. 8. Cassel 846, Fischer. 2 ß

Weber, C. F., M. Fab. Quintiliani locus (X, 1, 104) emend. et illustr. Pr. 1853. 11 S. 4° —.75

Weber, Karl Friedrich, s. Lucanus: Pharsalia.

Weber C. F. Prolusio in Lucani Pharsaliam. 18 S.
Zeitz, Progr. 1825

Weber, Carl Friedr., u. Carl Ludw. Hanésse, Repertorium d. class. Alterthumswissenschaft. 1—3. Bd. gr. 8. Essen, Baedeker.
Bd. 1. Literatur d. J. 1826. (23 B.) 832. 2 Thlr.
2. — — — 1827. (19½ B.) 833. 1 Thlr. 16 Gr.
3. — — — 1828. (20½ B.) 834. 1 Thlr. 8 Gr.
Der 1. Bd. ist von Weber allein bearbeitet.

Weber, Car. Frid., de latine scriptis quae graeci veteres in linguam suam transtulerunt. Partic. I. Dissertat. inaug. 4maj. (7½ B.) Cassellis 835, (libr. Luckhardt.) •

Weber, C. F., De latine scriptis, quae Graeci veteres in linguam suam transtulerunt. I. Pr. 1835. 56 S. 4°. 2.—
— — II. Pr. 1848. 66 S. 4°. 2.50
— — III. Pr. 1850. 50 S. 4°. 2.—
— — IV. Pr. 1852. 55 S. 4°. 2.—

—— Dissertatio de latine scriptis quae Graeci veteres in linguam suam transtulerunt. 4. (275 S.) Cassellis 852, Fischer. *

Weber, C. F., Vita Aemilii Porti. Pr. 1854. 48 S. 4°.

— Vitarum M. Annaei Lucani particula I, II. Pr. 1856/58. 25, 28 S. 4°.

— De suprema M. Annaei Lucani voce, ad Tacit. Annal. XV, 70. Pr. 1857. 4°.

Weber, Karl Friedrich Adolph (Weimar) A. S. 628/22

Dissertatio inauguralis de praerogativa minorum quoad usuras ex mora illis praestandas competente.
Jena (Mauk) 25. IX. 1784. 30 S. 35897

Weber, Karl Gottfried [Praes.], s. Diesing, Johann Gottfried: Supplementa ad Jutrebogam literatam 1777 et 79 inchoatam.

Weber, Karl Gottlieb von

v. Weber, C. Gli.: Systemat. Darstellung d. im Königr. Sachsen geltenden Kirchenrechts. 2 Thle. *Leipz.*, Hartknoch. 818—29. gr. 8. (9 Thl. 12 Gr.)
1r Thl. 2 Abthlgn.: Von der öffentl. Kirchen-Verfassung des Königr. Sachsen. (Kirchenstaatsrecht u. öffentl. Kirchenprivatrecht.) 818. 19. (à 1 Thl. 18 Gr.)
2r Thl. 3 Abthlgn.: Privatkirchenrecht im engern Sinne. 825. 28. 29. (à 2 Thl.)

Weber, (K. G.,) systemat. Darstellung des im Königr. Sachsen geltenden Kirchenrechts. 2r Thl. 1e u. 2e Abth. gr. 8. Leipz. 825 u. 27, Hartknoch.

v. Weber, Ritter Karl Gli., systemat. Darstellung d. im Königr. Sachsen geltenden Kirchenrechts. 2 Thle. in 5 Abtheill. gr. 8. Leipz. 818—30. Hartknoch. 9 ß 12 gl

Weber, Carl Glieb. v., systemat. Darstellung des im Königreiche Sachsen geltenden Kirchenrechts. 2., nach den neueren Gesetzen u. Verordnungen umgearb. Aufl. 2 Bde. gr. 8. Leipzig, Hartknoch.
Bd. 1. Von d. öffentl. Kirchenverfassung. (Kirchenstaatsrecht u. öffentl. Kirchenprivatrecht.) (22¼ B.) 843. 1 Thlr 22½ Ngr.
2. Privatkirchenrecht im engern Sinne. 2 Abthlgn. A. u. d. Titl.: Darstellung des Kirchen-Privatrechts des Königr. Sachsen nach den neueren Gesetzen u. Verordnungen. Abthl. 1. u. 2. (51½ B.) 845. 5 Thlr.
2. Bd. 3. Abthl. Ebendas. 1829. 2 Thlr. 15 Ngr.

de Weber, C. Gli.: Spec. historiae et jur. publ., de vera ordinum provincial. tum in Germ. generat. tum speciat. in Bavariae ducatu epocha recte constituenda. Prs. I. gen. Prs. II. spec. *Lipsiae*, Goethe. 797. 4. (4 Gr.)

Weber, K. Gll., Literatur d. deutschen Staatsgeschichte. 1r Bd. allgemeine Literatur u. insbesond. v. Oesterreich, Böhmen u. d. Ländern d. Bayrischen Kreises. gr. 8. Lpz. Crusius. (W. Vogel.) 800.

— histor. Uebersicht d. westl. Grenzen von Deutschland, von den ältesten bis zu den neuesten Zeiten. gr. 8. Leipz. 814. Hartknoch.

Weber, Karl Gottlieb Ernst

Weber, Carl Gtli. Ernst, Echostimmen d. Lebens. Gedichte. 8. (10 B.) Bunzlau 838, Appun's Buchh.

Weber, Karl Gli. Er., Glaube, Hoffnung, Liebe. Ein Beitrag z. Erhebung des Herzens üb. die Drangsale des irdischen Lebens, in Gesängen u. Liedern. 8. Bresl. 811. Holäufer. 16 gl

Weber, Carl Gtli. Ernst, die Herrlichkeit Gottes, in Hymnen besungen. Lex.-8. (23½ B.) Bunzlau 834, Appun. Thlr.

—— Sonnenblicke d. Gottheit. In Gesängen u. Liedern. 8. (10 B.) Bunzlau 838, Appun's Buchh.

— kurze Uebersicht d. evangel. Lehre zum Gebrauch beim Schul- u. Confirmandenunterrichte rc. 8. Halle 819. Schwetschke u. S. 2 gl

—— kurze Uebersicht d. evangel. Lehre. Zum Gebr. bei d. Schul- u. Confirmanden-Unterrichte u. bei d. Kinderlehren od. kirchl. Katechisationen, mit Hinweis. auf die beigegeb., durch Bemerkn. u. Bibelstellen erläutert. Hauptstücke d. luther. kleinen Katechismus, nebst Beilehrn. üb. die Feste d. evangel. Kirche u. e. Anh. üb. ihre Glaubensbekenntnisse. 2., verb. u. verm. Aufl. 8. (4 B.) Halle 834, Schwetschke u. Sohn.

Weber, Carl Glieb. Ernst, kurze Uebersicht der evangelischen Lehre zum Gebrauche bei dem Schul- und Confirmanden-Unterrichte, mit Hinweisung auf die beigegebenen, durch Bibelstellen erläuterten Hauptstücke des luther. kleinen Katechismus, nebst einem Anhange über die Glaubensbekenntnisse. 3., verb. Aufl. 8. (VIII und 56 S.) Braunschweig 858, Schwetschke und Sohn.

—— über d. bevorsteh. Umgestaltung u. Kirchenverfassung d. Königr. Sachsen, in besond. Bezuge auf d. Behörden f. d. Angelegenheiten d. evangel. Kirche. gr. 8. (5½ B.) Leipzig 833, Barth.

— **Unterweisungen des neuen Testaments in d. Religion Jesu Christi. 8. Bunzlau. (Ebend.) 811.**

— Unterweisungen des neuen Testaments in d. Religion Jesu Christi. 8. Bunzlau 812. (Holäufer in Bresl.) 14 K

— die Völkerschlacht. Histor. Gedicht, in 26 Gesängen. gr. 8. Berl. 827. Trautwein. 2 ʀß Velinp. 3 ʀß

Weber, K. G. E. Die Völkerschlacht. Histor. Gedicht in 26 Gesängen. Berlin 1827. 192 S.

Weber, Carl Glieb. Ernst, der Zug nach Moskau u. die Schicksalsmächte. Heldengedicht. gr. 8. (14½ B.) Bunzlau 842, Appun's Buchh. Thlr.

Weber, Carl Gust., Predigt zur Gedächtnißfeier Sr. Maj. des vollendeten Königs und Herrn Friedrich August II. von Sachsen, am 2. Septbr. 1854 zu Oberwinkel gehalten. 8. (13 S.) Leipzig 854, (Wagner.) *

Weber, Karl Julius

Weber, Carl Jul., Demokritos oder hinterlassene Papiere eines lachenden Philosophen, s. Demokritos.

(——) Dymocritos, s. Dymocritos.

— **dasselbe, s.: Bibliothek der Gesamtlitteratur d. In- u. Auslandes.**

Weber's, Carl Jul., Demokritos, s. Bücher-Schätze.

—— **dass. — s. Collection Spemann.**

—— **dass. — s. Haus-Bibliothek**

Weber, Karl Jul, Demokritos, od. hinterlassene Papiere e. lach. Philosophen, s.: Universal-Bibliothek.

—— **dass. — s. Wallroth's Klassiker-Bibliothek.**

(——) Dymocritos, od. hinterlass. Papiere ein. lachenden Philosophen. Von d. Verf. d. Briefe ein. in Deutschland reisenden Deutschen. 6—12. (letzt.) Bd. gr. 8. Stuttgart, [Scheible, Rieger u. Sattler.] [6. (25⅛ B.) 836., 7. (28 B.) 837., 8. (23 B.) 838 à 2¾ Thlr., 9. (24¾ B.) * 1½ Thlr., 10., 11. (40⅛ B.) 839. * 3 Thlr., 12. (15¼ B.) 840. * 1½ Thlr.] *
1—5. Bd. Ebendas. 1832—35. * 13 Thlr. 18 Gr. — 12 Bde. vollst. hrbg Pr. * 14 Thlr. 12 Gr.

(K. Jul. **Weber's**) Dymocritos, od. hinterlass. Papiere e. lach. Philosophen. (Von d. Vfr. d. Briefe e. in Deutschl. reis. Deutschen.) *Stuttg.*, Brodhag (nachh. Scheible, Rieger u. Sattler.) 832-39. 12 Bde. gr 8° hbg. Pr. 14 ʀß 12 gl 2e neu durchges. A. unt. d. T.: Demokritos od. h. P. e. l. Ph.; nebst e. Fragm. a. d. Vfrs. Leben. *Eb.* 837-40. 12 Bde. (od. 50 Hefte). gr 8° 12 ʀß 12 gl Auch als Suppl.-Bd. 1-12. zu K. Jul. **Weber's** sämmtl. Werke. Orig.-Ausg. *Stuttg.*, Hallberger. V. B. 834-44. 30 Bde. gr 8° 52 ʀß 12 gl, worin aber d. 2e A. d. Demokritos auch als 16-27r Bd. enthalten ist.

WEBER, Carl Julius (geb. 1767 zu Langenburg in der Grafschaft Hohenlohe, † 1832), Demokritos oder hinterlassene Papiere eines lachenden Philosophen. 12 Bde. 4. Original-Auflage. Stuttgart, Hallberger, 1853—54. 12°. (6 Mk. Conr. Skopnik, Berlin, 1910; 8 Mk. 50 Pfg. A. Bielefeld, 1911.)

(**Weber,** Karl Jul.,) Demokritos oder hinterlassene Papiere eines lachenden Philosophen. Von dem Verf. der „Briefe eines in Deutschland reisenden Deutschen." 12 Bde. 4. rc. Aufl. 854. 4 ʀß. 20 ngr. — 5., sorgfältig erläuterte Orig.-Aufl. Stuttgart 854. Rieger. 16. (444; 440; 420; 416; 401; 416; 460; 390; 410; 360; 316; 256 S.) 7 ʀß.

— — 6., sorgfältig erläuterte Original-Ausg. 12 Bde. Stuttgart 857, 58. Rieger. 16. (1. Bd.: 442 S.; 2. Bd.: 390 S.; 3. Bd.: 392 S.; 4. Bd.: 400 S.; 5. Bd.: 400 S.; 6. Bd.: 436 S.; 7. Bd.: 369 S.; 8. Bd.: 383 S.; 9. Bd.: 388 S.; 10. Bd.: 414 S.; 11. Bd.: 364 S.; 12. Bd.: 399 S. u. Portr. in Stahlst.) 5 ʀß. 10 ngr.

(**Weber,** Karl Jul.), Demokritos oder hinterlassene Papiere eines lachenden Philosophen. Von dem Verf. der „Briefe eines in Deutschland reisenden Deutschen". 7., sorgfältig erläut. Orig.-Ausg. 12 Bde. Stuttgart 861—63. Rieger. 16. (1. Bd.: 442 S.; 2. Bd.: 390 S.; 3. Bd.: 392 S.; 4. Bd.: 400 S.; 5. Bd.: 500 S.; 6. Bd.: 436 S.; 7. Bd.: 369 S; 8. Bd.: 383 S.; 9. Bd.: 388 S.; 10. Bd.: 414 S.; 11. Bd.: 364 S.; 12. Bd.: 399 S. u. Portr. in Stahlst.) 5 ʀß 10 ngr.

Weber's, Carl Jul., Demokritos oder hinterlassene Papiere eines lachenden Philosophen. Auswahl. gr. 8. (IV, 532 S.) Berlin 870, Klönne und Meyer. * M. 2.; geb. *

—— **dass. — Auswahl. 2. und 3. Ausg. mit neu durchges. und überarb. Anmerkungen und einer Biographie des Verf. 10 Lfgn. gr. 8. (VIII, 640 S.) Berlin 881, Klönne und Müller. à Lfg. * 40 Pf.; geb. ***

Weber's, Karl Jul., „Demokritos" oder „Hinterlassene Papiere eines lachenden Philosophen" [vollständige Orig.-Ausg. in 12 Bdn.]. Autoren-, Namen- und Sach-Register. 8. (XVI, 208 S.) Stuttgart 884, Rieger'sche Verlagsh. *
geb. in Leinw. * M 3.; in Halbfrz. *

Weber's, Carl Jul., Demokritos oder hinterlassene Papiere eines lachenden Philosophen. Von dem Verf. der „Briefe eines in Deutschland reisenden Deutschen". 8. sorgfältig erläuterte Orig.-Ster.-Ausg. (Neue Ausg.) 12 Bde. in 35 Lfgn. 8. (332; 284; 284; 291; 296; 315; 272; 286; 286; 286; 304; 295 S.) Stuttgart (868/69) 888, Rieger'sche Buchh. à Lfg. *

Weber, Carl Jul., Demokritos od. hinterlassene Papiere e. lachenden Philosophen. Neu durchgeseh. u. m. bedeutend verm. Erläutergn. u. Übersetzgn. ergänzte Ausg., nebst e. Fragment aus d. Verf. Leben. 6 Bde. 12. (VII, 303; III, 279; III, 281; III, 275; III, 312 u. III, 194 S.) Berlin 890. Warschauer. In 3 Bde. geb. n. 4. 50

— **dasselbe.** Beste Auswahl in 3 Bdn. 12. (VII, 303; III, 258 u. III, 220 S.) Berlin 890. Warschauer. In 1 Bd. geb. n. 2. 25

—— dass. — Von dem Verf. der „Briefe e. in Deutschland reisenden Deutschen". Auswahl in 3 Bdn. 8. (VIII, 771; VI, 806 u. VI, 777 S. m. Bildnis.) Halle a. S. 892, Hendel. à Bd. * 1 75; * 5 25
geb. * 2 50; * 7 50

Weber, Karl Jul., Demokritos od. hinterlassene Papiere e. lach. Philosophen. Von dem Verf. der „Briefe e. in Deutschland reis. Deutschen". Auswahl in 3 Bdn. 8. (VIII, 771; VI, 806; VI, 777 S. m. Bildnis.) Halle a/S. 892. 893. O. Hendel à n. 1. 75;
geb. in Leinw. à n. 2. 50

Demokritos oder hinterlassene Papiere eines lachenden Philosophen von Karl Julius **Weber**. Ill von P. Scheurich. Berlin-Leipzig-Wien: Buchverlag fürs Deutsche Haus 1908. 303 S. 8°
(Die Bücher d. Deutschen Hauses. Bd 57.) 109. 11299

Weber, Karl Jul., Demokritos od. hinterlassene Papiere e. lachenden Philosophen, s. a. Bücher, die, des deutschen Hauses.

(Weber, Carl Jul.,) Deutschland, od. Briefe eines in Deutschland reisenden Deutschen &c., s. a. Deutschland.

(**Weber**, Carl Julius.) **Deutschland**, oder Briefe eines in Deutschland reisenden Deutschen. (4 Bde.) 8. Stuttgart 1826–1828.

Weber, Carl Julius: Deutschland, oder Briefe eines in Deutschland reisenden Deutschen. 2. Aufl. Bd 1–4. Stuttgart 1834

— Deutschland, oder Briefe eines in Deutschland reisenden Deutschen. 2e verm. Aufl. 4 Bde. gr. 8. Stuttgart 835. Hallberger. $12^3/_4$ ℛ Velinp. 19 ℛ

—— **Deutschland od. Briefe eines in Deutschland reisenden Deutschen. 3. Aufl. Nach d. neuesten Zuständen abgeändert u. als Reisehandbuch eingerichtet. 6 Bde. br. 8. ($167^5/_8$ B., 6 Stahlst. u. 1 Karte.) Stuttgart 843, 44, Hallberger. à 1 Thlr. $3^3/_4$ Ngr., 6 Thlr. 22 Ngr., Mit Reisekarte**

— Deutschland oder Briefe eines in Deutschland reisenden Deutschen. 3. (Titel-)Aufl. 6 Bde. Stuttgart (844.) 855. Hallberger'sche Verlhdlg. 16. 4 ℛ.

Weber, Karl Jul., der Humor und die Humoristen. gr. 8. Stuttgart 842, Scheible, Rieger u. Sattler. $1^1/_8$ ℛ

— Aus der „Möncherei" wurde separat abgedr.: Die Jesuiten, ihre Lehre und ihr Wirken in Kirche, Staat und Familie. Cöln 1874. 8°.

—— **das Lachen, das Lächerliche u. der Witz. Erläutert durch eine Menge lächerl. Geschichten, witziger Antworten u. Anekdoten. Nebst Fragment aus des Verf. Leben. gr. 8. (24 B.) Stuttgart 842, (Rieger'sche Vrlgsb.)**

— die Leidenschaften. In 2 Theilen. gr. 8. Stuttgart 842. (Scheible, Rieger u. Sattler.) $2^1/_4$ ℛ

— menschl. Liebhabereien. gr. 8. Stuttg. 842, Scheible, Rieger u. Sattler. $1^1/_8$ ℛ

Weber, Karl Julius, s. a. Möncherei.

— Die Möncherey oder geschichtliche Darstellung der Klosterwelt. 4 Thle. in 3 Bdn. Ebd., J. B. Metzler, 1819–20. Gr. 8°. ($6^1/_6$ Rthl.) (In München 2 Expll.: H. mon. 600 z oder 601, à 4 voll.) (20 Mk. H. Hugendubel, München, 1905; 18 Kr. A. H. Huber, Salzburg, 1909.)

—— die Möncherey, od. geschichtl. Darstellung d. Klosterwelt. 4 Bde. (od. 18 Lfgn.) 2., wohlf. Ausg. gr. 8. (112 B. u. 1 Tab.) Stuttgart 834, 35, Metzler.

—— **die Möncherei, od. geschichtl. Darstellung d. Klosterwelt u. ihres Geistes. — Das Ritter-Wesen u. d. Templer, Johanniter u. Marianer od. Deutsch-Ordens-Ritter insbesondere. 2. Aufl. Supplementhft. Enth. die Uebersetzung d. in allen 4 u. 3 Bänden aus fremden Sprachen angezogenen Stellen. gr. 8. ($13^1/_4$ B.) Stuttgart 838, Hallberger'sche Buchh.** *
Die Möncherei &c. 4 Bde. 2., wohlf. Ausg. Stuttgart 834, 35, Metzler'sche Buchh. 3 Thlr. — Das Ritterwesen, s. a. unten.

— Die Möncherei oder Geschichtliche Darstellung der Klosterwelt und ihres Geistes. 4 Bde. 2 vermehrte u. verbesserte Auflage. (Sammtl. Werke. 2. Orig.-Ausg. Bd 20–23.) Ebd., Hallberger, 1849. 8°. (7 Rthl.)

WEBER, Carl Julius (1767–1832). Das Papstthum und die Päpste. Ein Nachlass des Verfassers der Möncherei. 3 Bde. Stuttgart, Hallberger, 1834. 8°. Ca. 1300 S. (7 Rthl.) (In München: H. eccl. 1211 sem.) (5 Mk. L. Meder's Nachf., Heidelberg, c. 1895.)

—— **das Papstthum u. die Päpste. Ein Nachlaß. 3 Thle. gr. 8. (...B.) Stuttgart 834, 35, Hallberger'sche Buchh.**
Fein Vlnpap.

— — Dasselbe. 3 Bde. Ebd. 1845. 8°. ($5^1/_4$ Rthl.) (5 Mk. P. Neubner, Cöln, c. 1890.)

Weber, Karl Julius, s. a. Ritterwesen, Das.

RITTERWESEN, Das, und die Templer, Johanniter und Marianer oder Deutsch-Ordens-Ritter insbesondere (von *Carl Julius Weber*). 3 Thle. Stuttgart 1822–24. Gr. 8°. (Im British Museum.) Vergriffen! (12 Mk., schönes Expl., W. H. Kühl, Berlin, vor 1885.)
Anon.-Lex. III. p. 387 (nach Goedeke, Kayser, Pohler u. Thesaurus libror. rei catholicae).

—— **das Ritter-Wesen u. die Templer, Johanniter u. Marianer, od. Deutsch-Ordens-Ritter insbesond. 3 Bde. (od. 15 Lfgn.) 2., wohlf. Ausg. 8. ($98^1/_2$ B. u. 1 Tab.) Stuttgart 835, 36, Metzler'sche Buchh.**

Weber, K. J. Das Ritterwesen u. die Templer, Johanniter und Marianer oder Deutschordens-Ritter insbesondere. Bd 1–3. 2. Aufl. Stuttgart 1836. 1837.

Weber, Carl Jul., eine Rundreise durch die bayerische u. badische Pfalz zu Großvaters Zeiten. Aus „W.'s Briefen e. in Deutschland reis. Deutschen". Neu hrsg. u. eingeleitet v. Osk. Steinel. (66 S.) kl. 8. Kaiserslautern 904. H. Kayser. n. 1. —

—— **Satire, Komik u. der Roman. gr. 8. ($23^1/_8$ B.) Stuttgart 842, [Rieger'sche Vrlgsb.]**
S.-Abdr. aus: Demokritos.

Weber, K[arl] J[ul.]. Vermischte Schriften. 3 Bde. Stuttgart: Hallb. 1843–44.
[1.] Bericht über die Landständ. Verhandlungen von 1820–24. Briefe aus 1798–1822. Bericht an den Grafen Erbach-Schönberg. Reise nach Holland und nach Berlin 1802. Ausflug nach dem Hohenstaufen. Kunzelsauer Chronik. Gedichte. 1843.
[2.] Paris i. J. 1806. 1843.
[3.] Reise in Italien 1807/08. 1844

—— **Staat, Religion u. Sitte. gr. 8. ($28^1/_8$ B.) Stuttgart 842, [Rieger'sche Vrlgsb.]**
S.-Abdr. aus: Demokritos.

Weber, Karl Julius: Die Steckenreiterei. Das Naive u. anderes. Aus 'Demokritos, oder hinterlassene Papiere eines lachenden Philosophen'. Verb. u. mit Anm. vers. Ausg. Leipzig: Reclam jun. [1909]. 102 S. 8°
(Webers Demokrit. Bd 7.)
(Universal-Bibliothek. 5125.)

— Die Steckenreiterei. Das Naive u. anderes, s. a. Universal-Bibliothek.

Weber, Karl Jul., das Temperament, s.: Universal-Bibliothek.

—— **menschliche Temperamente u. der Zeitgeist. gr. 8. ($25^1/_8$ B.) Stuttgart 842, [Rieger'sche Vrlgsb.]**
aus dessen Demokritos besond. abgedruckt.

Weber, Karl Julius: Das Weib. Aus „Demokritos, od. hinterlassene Papiere eines lachenden Philosophen". Verb., u. mit Anm. vers. Ausg. — Leipzig: Reclam [1895]. 102 S. 8° (Weber: Demokritos. Bd 3.) (Universal-Bibliothek 3442.)

Weber, Carl Jul., sämmtl. Werke. Orig.-Ausg. 30 Bde. (od. 140 Lfgn.) gr. 8. (815 3/8 B. u. 1 Tab.) Stuttgart 834—44, Hallberger'sche Vrlsh. à L. apart * 1/6 Thlr.
Zusamm. genomm. *
A. u. d. Tiln.:
Bd. 1—3. Das Papstthum u. d. Päpste, nebst d. Verf. Biographie. 3 Bde. 2. Aufl.
„ 4—7. Deutschland, od. Briefe ein. in Deutschland reisenden Deutschen. 4 Bde. 2., verm. u. verb. Aufl.
„ 8—11.* Die Möncherei od. geschichtl. Darstellung d. Klosterwelt u. ihres Geistes. 4 Bde. 2., verm. u. verb. Aufl.
Bd. 12—14.* Das Ritterwesen u. die Templer, Johanniter u. Marianer od. Deutschordensritter insbesondere. 3 Bde. 2., verm. u. verb. Aufl.
„ 15.* Der Geist Wilhelm Ludwig Weckhrlins, von Weckhrlin jun. 2., verm. u. verb. Aufl.
„ 16—27.* Demokritos od. hinterlassene Papiere ein. lachenden Philosophen. Mit Uebersetz. der aus fremden Sprachen angezogenen Stellen. Nebst ein. Fragment aus d. Verf. Leben. 12 Bde. 2. Aufl.
„ 28. Vermischte Schriften aus C. J. Weber's Nachlaß.
„ 29. Paris im Jahre 1806.
„ 30. Reise in Italien in d. Jahren 1807—1808.
Die mit * bezeichneten Schriften werden in dieser Ausgabe nicht apart verkauft.

— dass. 1r—11r Supplementband. A. u. d. T.: Demokritos, oder hinterlassene Papiere eines lachenden Philosophen. Nebst einem Fragment aus des Verfassers Leben. (16—46s Hft.) 2e, neu durchgeseh. Aufl. gr. 8. Stuttgart 837—40. Brodhag. à Hft. n. 1/4 Ngr — 7r—11r Supplementband. Auch mit dem Zusatz: Neue Folge. 16—20s Hft. (1r—5r Bd.)

Weber, Karl Jul., sämmtliche Werke. 12. Supplementbd. — A. u. d. T.: Democritos oder hinterlassene Papiere eines lachenden Philosophen. 12. Bd. (oder 47.—50. Hft. Neue Folge 21.—23. Hft.) 2. neu durchgeseh. Aufl. — Democrit rc. 2. verb. Aufl. Neue Folge. 6. Bd. Einzig rechtmäß. Origin.-Ausg. gr. 8. Stuttgart 840, Brodhag'sche B. à Hft. n. 1/4 Ngr

—— dass. 1—12. Supplemtbd. — A. u. d. T.: Demokritos, od. hinterlass. Papiere ein. lachenden Philosophen. Nebst ein. Fragment aus d. Verf. Leben. 12 Bde. (od. 50 Hfte.) (7—12. Bd. a. u. d. T.: Demokritos, neue Folge. 6 Bde.) 2., neu durchgeseh. Aufl. gr. 8. (283 1/8 B.) Stuttgart 837—40, [Scheible, Rieger u. Sattler.] à H. * 1/4 Thlr. Thlr. *
Da diese Schrift schon in den sämmtl. Werken enthalten ist, so kann sie nur als indirectes Supplement betrachtet werden.

— dies. 1.—3. Bd. Das Papstthum u. die Päpste. 2. Aufl. 3 Thle. 8. Ebend. 845. 7 1/4 Ngr

Weber's, Carl Jul., († d. 20. Juli 1832), sämmtl. Werke. 2. wohlf. Orig. (Titel-) Ausg. 1—88. Lfg. gr. 8. Democritos od. hinterlassene Werke eines lachenden Philosophen. 12 Bde. Deutschland oder Briefe eines in Deutschland reisenden Deutschen. 4 Bde. Stuttgart 848. 49, Hallberger. à 4 1/2 Ngr

Weber, Car. Iulius Ferd. (geb. Halle a. S. 27. 1. 1841): De echinococco hominis. Berolini (1866). (32 S.) 8°
Berlin, Med. Diss. v. 6. Juni 1866

Weber, Karl Ludwig

Erläuterungen zu den Sicherheits-Vorschriften des Verbandes Deutscher Elektrotechniker. Im Auftr. d. Vorstandes hrsg. v. Dr. C. L. **Weber,** Kais. Regiergsr. *Berlin [&] München: J. Springer [&] R. Oldenbourg 1896.* (IV, 75 S.) 1 Bd 8. [96. 8859

Weber, C. L., Erläuterungen zu den Vorschriften f. die Errichtung v. elektrischen Starkstromanlagen. (Sicherheits-Vorschriften des Verbandes deutscher Elektrotechniker.) Im Auftrage des Verbandes deutscher Elektrotechniker hrsg. 5., m. der 4. übereinstimm. Ausg. 8. (XII, 228 S.) Berlin 903. J. Springer. Kart. n. 3. —
2. Aufl. (VII, 141 S.) 899. n. 2. —; 3. Aufl. (X, 195 S.) 900. n. 2. 60

C. L. WEBER, Erläuterungen zu den Vorschriften für die Errichtung von elektrischen Starkstromanlagen. (Sicherheits-Vorschriften des Verbandes Deutscher Elektrotechniker.) Im Auftrage des Verbandes Deutscher Elektrotechniker herausgegeben. 4., vermehrte und verbesserte Ausgabe. Berlin 1902. Julius Springer. 8°.

Erläuterungen zu den Sicherheitsvorschriften für die Errichtung elektrischer Starkstromanlagen. Im Auftr. d. Verbandes Deutscher Elektrotechniker hrsg. von Dr. C. L[udwig] **Weber**, Kais. Reg.R. 6., verm. u. verb. Ausg. *Berlin: J. Springer 1904.* (IV, 217 S.) 8° [03. 16164

Erläuterungen zu den Sicherheitsvorschriften für die Errichtung elektrischer Starkstromanlagen, einschließl. d. elektr. Bahnanlagen. Im Auftr. d. Verbandes Deutscher Elektrotechniker hrsg. von Dr. C. L[udwig] **Weber,** Geh. Reg.R. 7., verm. u. verb. Ausg. Berlin: J. Springer 1905. (IX, 233 S.) 8° [05. 3501

Erläuterungen zu den Sicherheitsvorschriften für die Errichtung elektrischer Starkstromanlagen, einschließl. d. elektr. Bahnanlagen. Im Auftr. d. Verbandes Deutscher Elektrotechniker hrsg. von Dr. C[arl] L[udwig] **Weber,** Kais. Geh. Reg.R. 8., verm. u. verb. Ausg. Berlin: J. Springer 1906. (IX, 239 S.) 8° [06. 11407

Erläuterungen zu den Vorschriften für die Errichtung und den Betrieb elektrischer Starkstromanlagen und zu den Sicherheitsvorschriften für elektrische Strassenbahnen u. strassenbahnähnliche Kleinbahnen. Im Auftr. d. Verbandes Deutscher Elektrotechn. hrsg. von Dr. C[arl] L[udwig] **Weber,** Geh. Reg.R. 9., verm. u. verb. Aufl. Berlin: J. Springer 1908. (XI, 249 S.) 8° [08. 4133

Weber, C. L., **Erläuterungen zu den Vorschriften f. die Errichtung u. den Betrieb elektrischer Starkstromanlagen einschliesslich Bergwerksvorschriften u. zu den Sicherheitsvorschriften f. elektrische Strassenbahnen u. strassenbahnähnliche Kleinbahnen. Im Auftrage des Verbandes deutscher Elektrotechniker hrsg.** 10., verm. u. verb. Aufl. (XI, 270 S.) 8. Berlin 910. J. Springer. Geb. in Leinw. 4. —

— Katechisationen über die Pflichten d. Christen gegen Gott; aus d. hannöv. Landeskatechismus u. s. Commentar üb. denselben. gr. 8. Hannov. 831. Hahn. 18 gGr

Weber, Carl Ludwig [aus Würzburg]: **Ueber galvanische Leitungsfähigkeit und thermoelectrische Stellung von Amalgamen im Zusammenhang mit der Veränderlichkeit der Structur** . . . Leipzig, Druck v. **Metzger & Wittig,** 1885; 32 S. u. 1 Taf. 8°.
Würzburg, Phil. Fak., Inaug.-Diss. v. 1885.

Weber, Carl Ludwig, über galvanische Leitungsfähigkeit und thermoelectrische Stellung von Amalgamen im Zusammenhang mit der Veränderlichkeit der Structur. Diss. Würzburg 1885, Stahelsche Univ.-Buchh. 8°. 32 S. mit einer Taf.

Weber, C. L.: Zur Messung der magnetischen Inklination. (Sitzungsberichte der mathematisch-physikalischen Classe der Königl. bayer. Akademie der Wissenschaften. 1891. Bd. 21. Heft 1. S. 59—77.) München 1891. 19 S. 8°. [B 3105

-- Religions-Geschichte in tabellarisch-katechetischer Form, nach d. kurzen u. etwas veränd. Entwurfe im hannöv. Landes-Katechismus, für Lehrer in Volksschulen. gr. 8. Hannov. 825. Hahn. 12 gGr

— die kurze Religionsgeschichte im hannöv. Landes-Katechismus, etwas veränd. u. verm. 8. Hannov. 825. Hahn. 1 gGr

Weber, (C. L.,) ausführl. Tabell. prakt. Erklärung des hannöv. Landes-Katechismus zum Katechisiren u. in Katechisationen, 1r u. 2r Bd. 1e u. 2e u. letzte Abtheil. 8. Hannov. 822 u. 823, Hahn.

Weber, Carl Maria v., s. Gumprecht, Otto, musikalische Lebens- und Charakterbilder.

—— s. Kohut, A., Weber-Gedenkbuch.

Weber's, Carl Maria v., Leben u. Werke, s.: Reiß-mann, A.

Weber, Carl Maria v., Briefe an Hinrich Lichtenstein. Hrsg. v. Ernst Rudorff. Mit 8 Portr., 3 Abbildgn. u. 6 Fksms. 8. (VIII, 252 S.) Braunschweig 900. G. Westermann. Geb. in Leinw. n. 4. —

Weber, Carl Maria v., Euryanthe, s. Breitkopf und Härtel's Text-Bibliothek Nr. 247; 24

Weber, Karl Maria v., Euryanthe, s.: Hendel's Operntexte.

Weber, Carl Maria v. Euryanthe. s. Lucas' Operntexte. — Universal-Bibliothek.

Weber, Carl Maria v., Euryanthe, s. Mode's Opern-Text-Bibliothek.

Weber, Karl Maria von: Euryanthe. Grosse romant. Oper in 3 Aufz. Dichtung von Helmine v. Chezy. Bearb. von Hermann Stephani. [Textbuch.] Bonn, Köln [usw.]: Ahn 1910. 40 S. 8°
(Ahns Text-Bibliothek. Nr 150.)

— Freischütz, — dasselbe. Leipz. Ausg., s.: Breitkopf & Härtel's Textbibliothek. Nr. 23. 248.
— dasselbe, s.: Lucas' Operntexte.

—— s. Freischütz, der. (Textbuch.)

— dasselbe, s.: Hendel's Operntexte.

—— dass. — s. Mode's, G., Operntext-Bibliothek.

— u. Frdr. Kind, der Freischütz, s.: Sammlung internationaler Operntexte. Nr. 3.

Weber, C. M. v., der Freischütz, s. Dilettantenbühnen bearb. v. P. Brill, s.: Theater, kleines.

Der Freischütz. Romant. Oper in 3 Aufz. von Karl Maria v. **Weber**. Dichtung von Friedrich Kind. Vollständ. Buch. Durchgearb. u. hrsg. von Carl Friedrich Wittmann. 2. verb., mit e. neuen Einführung vers. Aufl. *Leipzig: Ph. Reclam jun. [1900].* (107 S.) 8° [F.]
= Opernbücher Bd 1.
(Universal-Bibliothek. 2530.) [00. 7725

Weber, Karl Maria von: Der Freischütz, s.a. Universalbibliothek.

Der Freischütz. Romant. Oper in 3 Akten vom Hofrat Friedrich Kind. Musik von Karl Maria v. **Weber**. *Halle a. S.: Bossert & Gründler [1904].* (18 S.) 8° [F.]
= Sammlung internationaler Operntexte. No 3. [04. 7875 3

Der Freischütz. Romant. Oper in 3 Akten von Friedrich Kind. Musik von Karl Maria v. **Weber**. Op. 77. [Textbuch.] Halle a. S.: Pritschow [1910]. 24 S. 8° [11. 7598

— Gedanken rc., siehe: Mörike, Karl.

Weber, Carl Maria v., Abu Hassan, Singspiel, s. Breitkopf und Härtel's Text-Bibliothek Nr. 99.

— dasselbe, s.: Mode's, G., Operntextbibliothek.

— Oberon, — dasselbe. Leipz. Ausg., s.: Breitkopf & Härtel's Textbibliothek. Nr. 25. 249.

— Oberon, s.: Hendel's Operntexte.

Weber, Karl Maria von: Oberon, s. Mode's, G., Operntextbibliothek.

Weber, Karl Maria v., u. Th. Hell, Oberon, König der Elfen, s.: Sammlung internationaler Operntexte. Nr. 4.

Weber, C. M. v., Oberon, s.: Universal-Bibliothek.

Oberon, König der Elfen. Große romant. Feenoper in 3 Akten. Musik von C[arl] M[aria] v. **Weber**. Wiesbadener Bearbeitung. Gesamtentwurf: Georg v. Hülsen. Melodramat. Ergänzung: Jos. Schlar. Poesie: Jos. Lauff. Klav.-Auszug. *Leipzig: C. F. Peters [1902].* (6, 143 S.) 4° [04. 888

Weber, Karl Maria von: Preciosa, s. Breitkopf u. Härtel's Textbibliothek Nr. 100.

Weber, Karl Maria von: Preciosa, s. Mode's, G., Operntextbibliothek.

Weber, Carl Maria v., Reise-Briefe an seine Gattin Carolina. Hrsg. v. seinem Enkel. gr. 8. (VII, 224 S.) Leipzig 886. A. Dürr. n. 4. 50; geb. n. 6. —

—— Peter Schmoll und seine Nachbarn, Oper, s. Breitkopf und Härtel's Text-Bibliothek Nr. 94.

— Ausgewählte Schriften, s. Universal-Bibliothek.

v. **Weber**, Karl Maria, hinterlassene Schriften. (Herausg. von Th. Hell: K. G. Th. Winkler). 3 Thle. 8. Dresd. u. Leipz. 828. Arnold. 3 ℛ 6 gℊ (1r Bd. Auch u. d. T.: Tonkünstlers Leben.)

Weber, Carl Maria von.
Hinterlassene Schriften. Dresden u. Leipzig 1828. H: *Hell, Theodor (= Carl Gottfried Theodor Winkler).* (Ky)

—— hinterlassene Schriften. 3 Bde. 2. (Titel-)Ausg. 8. (CXXVIII und 487 S.) Leipzig 850, Arnoldische Buchh.

Weber, Carl Maria v., sämtliche Schriften. Kritische Ausg. v. Geo. Kaiser. (CXXIV, 585 S. m. Bildnis.) 8. Berlin 908. Schuster & Loeffler. 12.—; geb. 14. —

Weber, Karl Maria von: Silvana, s. Breitkopf u. Härtel's Textbibliothek. Nr. 95.

Trauergesang von C[arl] M[aria] v. **Weber.** (Beim Eintritte der Brüder.) o. O. u. J. 1 Bl. 8° [Kopftit.]
Ohne Noten: „Leis' wallen wir, wie Geisterhauch . . .“ 25.

—— s. Weber, Carl v., die drei Pintos.

Wie wird man musikalisch? Eine Anleitung, sich musikal. Verständnis anzueignen u. über Musik richtig zu urteilen, ohne Musik studiert zu haben. Von Carl M. **Weber**. Leipzig: F. W. Gloeckner & Co. [1908]. (114 S.) 8° [F.] [08. 13903

Weber, Carl M., wie wird man musikalisch? Eine Anleitg., sich musikal. Verständnis anzueignen u. üb. Musik richtig zu urteilen, ohne Musik studiert zu haben. (III, 114 S.) 8. Leipzig (908). Modern-medizin. Verlag. 2. —

Weber, Karl Martin

— vermischte Anmerkk. aus d. Arzneigelahrtheit u. Litt. 8. Jena 768.

— Anweis., wie die sich gegenwärtig zu Apolda äußernde Blattern-krankheit zu behandeln sei. 4. Jena 777.

Entwurf einer auserlesenen medicinisch prakti-schen Bibliothek... von Carl Martin Weber. Des-sau & Leipzig: Verlags-Kasse; Buchh.d.Gelehrten in Komm. 1784. 538 S. 8°

Carl Martin Weber Entwurf einer auserlesenen medicinisch-prakti-schen Bibliothek für angehende Aerzte. Dessau u. Leipz. 1784. 8. — Nov. tit. Leipz. 1788.

Weber, Karl Mt., († d. 17. Okt. 1800.) Entwurf e. auserles. me-dicin. Bibliothek für angeh. Aerzte. gr. 8. Dessau 787. (Barth in Leipz.) 1 ₰ 8 ₰

Weber, Karl Otto

Weber, O., über die Anwendung der schmerzstillenden Mittel im Allgemeinen und des Chloroforms im Besonderen, s. Samm-lung gemeinverständlicher wissenschaftlicher Vorträge. 32. Heft.

Weber O. über die Anwendung der schmerzstillenden Mittel im allgemeinen und des Chloroforms im besonderen. (Sammlung wiss. Vorträge 32) Berlin 1867

Weber, C. O., und Ph. Wessel, neuer Beitrag zur Ter-tiär-Flora der niederrheinischen Braunkohlenformation, s. Wessel, Ph.

Ad audiendam orationem de anatomiae pathologicae primordiis pro aditu muneris prof. ord. in ordine med. universitatis Fridericiae Guilelmiae Rhenanae d. XIX m. Mart. 1862 ... habendam ... in-vitat Carolus Otto **Weber.** — Inest enarratio consumptionis rachi-tcae in puella XXII annorum observatae adiectis nonnullis de rachi-tide et osteomalacia adnotationibus. Acced. tab. II. Bonnae, form. C. Georgi (1862). 20 S., 2 Taf. 4. ¶ Erschien zugleich selbständig bei Marcus in Bonn.

Weber, Otto, chirurgische Erfahrungen und Untersuchungen nebst zahlreichen Beobachtungen aus der chirurgischen Kli-nik und dem evangelischen Krankenhause zu Bonn. gr. 8. (XIV und 450 S. mit 9 Stnt. in qu. gr. 4.) Berlin 859, G. Reimer.

Weber, Carl Otto, Grundzüge e. Theorie d. Kautschuk-Vulkanisation. gr. 8. (19 S. m. 1 Taf.) Dresden 902. Steinkopff & Springer. n. 1. —
Sonderabdruck aus: „Gummi-Zeitung".

Weber, Karl Otto: Zur näheren Kenntniss der fossilen Pflanzen der Zechstein-Formation. (Aus den Zeitsch. der deutschen geol. Gesellsch. Jahrg. 1851.) 8°

Weber, Carl Otto, die Knochengeschwülste in anatomischer und praktischer Beziehung dargestellt. 1. Abth. A. u. d. T.: Die Exostosen u. Enchondrome in anatomischer u. praktischer Beziehung dargestellt. Mit 5 (lith.) Taf. Abbildgn. Bonn 856. Marcus. gr. 4. (XII, 150 S.) n. 3 ₰. 10 ngr.

Weber, Carolus Otto (geb. am 29 Dez. 1827 in Frankfurt a. M.): Ossium mutationes osteomalacia universali effectae. Adiecta una tab. ... Bonnae, form. C. Krueger 1851. 2 Bl., 25 S., 1 Bl., 1 Taf. 4. ¶ Erschien zugleich selbständig bei Marcus in Bonn m. d. Zusatz: Commentationis a gratioso medicorum ordine praemio ornatae Pars I [un.].
Bonn, Med. Fak., Diss. v. 4 Apr. 1851

Weber, Carl Otto, Reise nach e. Kautschuk-Plantage in Columbien. (39 S.) 8. Dresden 902. Union, Zweig-niederlassg. vorm. Steinkopff & Springer. n. 1. —
Sonderabdruck aus: „Gummi-Zeitg."

— über die Süsswasserquarze von Muffendorf bei Bonn, siehe a. Abhandlungen, naturwissenschaftliche, hrsg. v. W. Hai-dinger. IV. Bd.

Weber, C. O. Ueber die Süsswasserquarze von Muffendorf bei Bonn. (Aus d. naturw. Abh., herausgegeben von W. Haidinger. Vol. IV.) Wien 1850. 4.

Weber, Carl Otto, die Tertiärflora der niederrheinischen Braunkohlenformation. Mit Abbildungen. gr. 4. (122 S. mit 8 Stnt. in gr. 4. und qu. gr. Fol.) Cassel 852, Fischer. *
Aus dem 2. Bd. der „Paläontographica", hrsg. von W. Dunker und H. v. Meyer, besonders abgedruckt.

Weber, C. Otto, über Ursprung, Verbreitung und Geschichte der Pflanzenwelt. Ein populärer wissenschaftl. Vortrag (gehalten zu Bonn am 2. Decbr. 1856.) gr. 8. (19 S.) Bremen 857, Strack. *
Aus: Bremer Sonntagsblatt, besonders abgedruckt.

Weber, Carlos, die Entdeckg. des Wesens der Schwere, die Klärung der Frage der Sternkollisionen. (23 S. m. 6 Abbildgn.) gr. 8. Leipzig 910. O. Wigand. — 60

WEBER, Klemens (Landshut): Ein Beitrag zur Casuistik der Rückenmarkserschütterung.- Landshut: Thomann 1889. 32 S.
29.7.1889 - Chr 1889/90,27; Jv 1889/90,231
Diss. Ingolst.-Landsh.-Mchn.

Weber, Cletus: Die äussere Politik des Markgrafen Karl Wilhelm Friedrich von Brandenburg-Ansbach. 1729—1757. München 1909: Wolf. 73 S. 8°
Erlangen, Phil. Diss. v. 17. Nov. 1909, Ref. Beckmann
[Geb. 26. April 83 Berg, B. A. Sonthofen; Wohnort: Erlangen; Staatsangeh.: Bayern; Vorbildung: Gymn. Kempten Reife Sommer 01; Studium: München 8, Erlangen 2 S.; Rig. 31. Okt. 07.] [U 10. 911

Weber, Konrad (Frankfurt/M.) A. S. 750/42

Disputatio juridica inauguralis, de actione quae ex mala muneris administratione competit.
Präs. Johann Philipp Streit.
Erfurt (Müller) 1. X. 1705. 46 S. 35898

Weber, Konrad, Referendar in Elberfeld: Die Zwangserziehung Minderjähriger in Deutschland dargestellt an dem preu-ßischen „Gesetz über die Fürsorgeerziehung Minderjähriger vom 2. Juli 1900" nebst einem Ueberblick über die Re-gelung der Zwangserziehung in einigen außerdeutschen Staaten. Elberfeld 1907: E. Dick. (V, 97 S.) 8°
Leipzig, Jur. Fak., Diss. v. 11. März 1907
[Geb. 19. Sept. 82 Elberfeld; Wohnort: Elberfeld; Staatsangeh.: Preußen; Vorbildung: Städt. Gymn. Elberfeld Reife O. 01; Studium: Marburg 2, München 1, Münster 3 S.; Rig. 28. Sept. 04.]

Weber, Constantin, die Anmeldung der Firmen, Zeichen und Muster zum Handelsregister. Nach den bestehenden Gesetzen über Einzelfirmen, Gesellschaften, Genossenschaften, Zeichen und Muster systematisch dargestellt und in 122 Formularen praktisch erläutert. gr. 8. (XVI, 156 S.) Köln 879, DuMont-Schauberg'sche Buchh. *

Weber, Cornelius [aus Köln a/Rh.]: Beiträge zur chemischen Kenntnis des Ammoniakgummiharzes und des Umbelliferons ... Rostock, C. Hinstorffs Buchdr., 1896; 53 S. 8.
Rostock, Phil. Fak., Inaug.-Diss. v. [3. Aug.] 1896

[Ant. u. J.] **Weber**, Kurt [Turnl.]: Kurzer Abriss der Ge-schichte der Leibesübungen in Deutschland vom Jahre 1774 —1895. Beobachtgn u. Betrachtgn. Anhang: Das Turnen an d. isol. Lateinschule u. nachher am Gymn. in Burghausen. Burghausen, Druck d. L. Russy'schen Buchdr., *1895;* 86 S. 8.
Burghausen, k. humanist. G, P 1895*

Weber, Kurt: Über die Einwirkung von Formaldehyd auf einige mehrwertige Alkohole und Säuren. *Göttingen 1897: L. Hofer.* (54 S.) 8°
Göttingen, Phil. Diss. v. [16. Aug.] 1897

Weber, Curt, s.: Fleischer-Kalender, deutscher.

Weber, Kurt, Referendar in Blankenese u. E.: **Gewährleistung** wegen Mängel im Rechte beim Kaufe, nach dem Rechte des Bürgerlichen Gesetzbuches. *Borna-Leipzig 1903: R. Noske.* (68 S.) 8°
Leipzig, Jur. Diss. v. 1903

Weber, L. (Hrsg.), s. Abhandlungen u. Bericht . . . des Vereins f. Naturkunde zu Kassel.

Einrichtung, Aufgabe und Ziel der Preußischen Volksschule. Allerh. Erlaß v. 1. Mai 1889 u. Allgem. Verfügung v. 15. Okt. 1872, durch die bis z. 1. Sept. 1907 ergangenen Bestimmungen insbes. d. Lehrplan f. d. Zeichenunterr. erg. u. erl. von L. **Weber**, Dr. phil. Münster: E. Obertüschen 1907. (26 S.) 8° [F.] 08. 3714

Weber, L., keine kinderlose Ehe und keine Uebervölkerung mehr. Zu Nutz und Frommen für Jedermann herausg. 1—7. Aufl. Neustadt 859—63. (Altona, Verlags-Bureau.) 16. (48 S.) 7½ ngr.

Weber, L., keine kinderlose Ehe und keine Uebervölkerung mehr. Zu Nutz und Frommen für Jedermann hrsg. 3—5. Aufl. 16. (43 S.) Neustadt 860. 61. (Altona, Verlagsbureau.)

Weber, L., keine kinderlose Ehe und keine Uebervölkerung mehr. Zu Nutz und Frommen für Jedermann hrsg. 6. und 7. Aufl. 16. (48 S.) Neustadt 862,63. (Altona, Verlags-Bureau.)

Weber, L., keine kinderlose Ehe u. keine Uebervölkerung mehr. Zu Nutz u. Frommen f. Jedermann hrsg. 8. Aufl. 8. (30 S.) Hamburg 885. Kramer. — 75

Weber, L. B., Installation u. Berechnung elektrischer Anlagen zum Selbstunterricht f. jeden Techniker u. m. Hilfe v. Berechnungstabellen gemeinverständlich dargestellt auch f. Solche, die keine mathemat. Vorbildg. besitzen. gr. 8. (IV, 226 u. IX S. m. Abbildgn.) Leipzig 901. E. Wiest Nachf. Geb. 6. —

Weber, L. B., Installation u. Berechnung elektrischer Anlagen. Zum Selbstunterricht f. jeden Techniker u. m. Hilfe v. Berechnungstabellen gemeinverständlich dargestellt, auch f. Solche, die keine mathemat. Vorbildg. besitzen. 2., unveränd. [Titel-]Aufl. (IV, 227 S. u. IX S. m. Abbild.) gr. 8. Leipzig [901] 905. E. Wiest Nachf. Geb. 6. —

Weber, L. M. Hans Waldmann. Trauerspiel. In-8°. 112 S. Zürich, C. M. Ebell. 1892. 2 40

Weber, Laura, Pilgerklänge. Gedichte. 12. (XI, 92 S.) Paderborn 900. F. Schöningh. n. 1. 20; geb. m. Goldschn. n. 2. 20

Weber, Leo, aus Ladenburg: **Ueber Amidinderivate** zweibasischer Säuren. *Heidelberg 1903: J. Hörning.* (46 S.) 8°
Berlin, Phil. Diss. v. 4. Febr. 1903

Weber, Leo [Vimariensis]: **Anacreontea** . . . Gottingae, **libr. Dieterichiana, 1895; 2 Bl., 119 S., 1 Bl. 8.**
Göttingen, Phil. Fak., Inaug.-Diss. v. [30. Juli] 1895

Weber, Leo, u. Alfr. **Brüstlein**. Das Bundesgesetz üb. Schuldbetreibung u. Konkurs, f. den praktischen Gebrauch erläutert. gr. 8. (XV, 507 S.) Zür. 892, Schultheß. * 5 —; geb. * 6 40

Weber, Leo, u. Alfr. **Brüstlein**, das Bundesgesetz über Schuldbetreibung u. Konkurs. Für d. prakt. Gebrauch erläutert. 2. Aufl. Unter Benutzg. der Praxis vollständig umgearb. u. verm. v. Alex. Reichel. gr. 8. (XXIV, 540 S.) Zürich 900. Schultheß & Co. n. 7. —; auch in 7 Lfgn. à 1. —

Weber, Leo, und Brüstlein, Alfred. Das Bundesgesetz über Schuldbetreibung und Konkurs. Für den praktischen Gebrauch erläutert. 2. Aufl. Unter Benutzung der Praxis vollständig umgearbeitet und vermehrt von Alexander Reichel.... [Mit 2 Tabellen.] XXIV + 540 [+ 4] S. 8. Zürich. Schulthess & Co., 1901. (fr. 8. 40, geb. fr. 10. —)

Ernst und Leo **Weber**. Zur Erinnerung an Hugo Weber. ([Darin]: Ausgewählte Reden u. Aufsätze von H. Weber.) Weimar: H. Böhlaus Nachf. 1906. (336 S.) 8° 06. 6910

Weber, Leo. Gutachten betr. Auslegung des (Wwe. Christine) Hirt-Lack'schen Testaments. ([Erstattet] der Kommission des Solothurnischen kantonalen Greisenasyls, am 28. April 1905.) 10 S. 8. [Solothurn, Zepfel.]

Weber, Leo. Gutachten über die Autonomie der Stadtgemeinde Zürich im Gebiete des Niederlassungsrechts, insbesondere über die Verordnung der Stadt Zürich betreffend Schriftenabgabe und Einwohnerkontrolle vom 19. Februar 1898. (1902 September 20.) 77 S. 8. Zürich, J. Frank, 1902.

Weber, Leo: W. Munzinger, s. Dietschi, Peter.

Weber, Leo. Recht und Unrecht bei Arbeiterausständen. Ein Gutachten. [2 Teile.] Separatabdruck aus der Schweiz. Zeitschrift für Strafrecht.... 8. Bern, Stämpfli & Cie., 1905—1906.
[Teil 1.] Sep. aus ... [Jahrg.] 18, 1905 [Heft 4]. II + 46 S. 1905.
[Teil 2.] ⟨Schluss.⟩ Sep. aus ... (Jahrg.) 19, 1906 [Heft 3]. II + 76 S. 1906.

(Weber, Leo.) Emil Rott (Bundesrichter, † 4. Juni 1905). [Nekrolog, mit Porträt.] (Sonderabdruck aus der Zeitschrift des bern. Juristenvereins, Bd. 41 ..., 1905, Heft 7.) II + 22 S. 8. Bern, Büchler & Co.

Weber, Leo. Der strafrechtliche Schutz der Tiere. Vortrag gehalten an der Delegierten-Versammlung der deutsch-schweiz. Tierschutzvereine zu Bern am 12. Juni 1904. II + 34 S. 8. (Aarau ⟨Schweiz⟩, Emil Wirz.)

Weber, Leonhard

Weber, L., d. Beleuchtg., s.: Handbuch d. Hygiene, 14. Lfg. (IV, 1.)

Weber, Leonh., Berichte über Blitzschläge in der Prov. Schleswig-Holstein. 2. Folge. gr. 8. (70 S. mit 1 Stnt. und 1 Berichts-Formular.) Kiel 881, Universitäts-Buchhandlung. *

—— dass. — 3. Folge. gr. 8. (68 S. mit 5 Stnt.) Ebendas. 882. *

Weber, Leonh., Berichte üb. Blitzschläge in der Prov. Schleswig-Holstein, Fortsetzg., s.: Berichte.

Weber, Leonhard: Blitzschlag in die Kirche zu Preetz (22. Aug. 1891). Sonderabdruck aus der Elektrotechnischen Zeitschrift. Heft 52. (Berlin.) 1891. 4°

— Hermann Cohn in memoriam, s.: Laquer, Ludw.

Weber, Leonhard: Zum Gedächtnisse Gustav Karsten's. (Mit Bildnis.) Kiel: Univ.-Buchhdlg. 1900. 24 S. 8°
Besonders abgedruckt aus: Chronik der Universität Kiel für das Jahr 1899/1900.

Weber, Leonh., Kurven zur Berechnung der v. künstlichen Lichtquellen indizirten Helligkeit. Mit 1 lith. Taf. gr. 8. (16 S.) Berlin 886. Springer. n. 1. 40

Weber, Leonh., üb. das Galilei'sche Princip. gr. 8. (40 S.) Kiel 891. Haeseler's Sort. n. 2. —

Repetitorium der Experimentalphysik f. Studierende auf Hochschulen. M. bes. Berücks. d. Bedürfnisse d. Mediziner u. Pharmaceuten. Von Dr. L[eonhard] **Weber**, ... Prof. ... a. d. Univ. Kiel. M. 121 in d. Text gedr. Abb. *München & Leipzig: E. Wolff 1895.* (VIII, 256 S.) 1 Bd 8. [56. 1785

Die Tagesbeleuchtung der städtischen Schulen in Kiel. Von Prof. L[eonhard] **Weber**. Kiel: Lipsius & Tischer 1908. (42 S.) 4° [Jj.]
= **Mitteilungen** d. Statist. Amts d. Stadt Kiel. No 9. [08. 12410

Weber, Leonhard: Ueber die Temperatur der Maximaldichtigkeit für destillirtes Wasser und Meerwasser. Mit 1 Tafel. (Berlin. 1878.) in: 3. Jahrbericht der Commission zur wissenschaftlichen Untersuchung der deutschen Meere in Kiel. Jg. 4. 5. und 6. Fol.

— Untersuchungen über die Temperatur der Maximaldichtigkeit für destillirtes Wasser u. Meerwasser. Inaugural-Dissertation. gr. 4. (30 S. m. 1 Steintaf.) Kiel 877. (Haeseler.) n. 2. —

Weber, Leonhard, Ueber die Temperatur der Maximal-Dichtigkeit für destillirtes Wasser und Meerwasser. (Sep.-Abdr. aus dem III. Bericht der Commission zur Untersuchung der deutschen Meere.) Kiel 1877.

Weber, Leonhard, approb. Arzt aus Elberfeld: **Über die Verwendbarkeit des Braun'schen Apparates zur Chloroform-Äthernarkose.** *Straßburg i. E. 1903: C. Müh & Co.* (39 S.) 8°
Straßburg, Med. Diss. v. 1903

Weber L., Wind und Wetter. (130 S.) (Aus Natur und Geisteswelt 55) Leipzig 1904

Wind und Wetter. 5 Vorträge über d. Grundlagen u. wichtigeren Aufgaben d. Meteorologie von Prof. Dr. Leonhard **Weber**, (Kiel). Mit 28 Fig. u. 3 Taf. 2. Aufl. Leipzig: Teubner 1910. IV, 116 S. 8°
(Aus Natur u. Geisteswelt. Bdch. 55.) [09. 18331

Weber, Leonh., Wind u. Wetter, s. Aus Natur u. Geisteswelt.

Weber, Leonhard: Die Witterungsverhältnisse in Kiel. (Mit 2 Tafeln.) Besonders abgedruck aus: Kiels Einrichtungen für Gesundheitspflege und Unterricht. Fest-Schrift etc. Kiel. 1896. 8°

Die Wünschelrute von Dr. L[eonhard] **Weber**, Prof., Kiel. Mit 2 Fig. Kiel & Leipzig: Lipsius & Tischer 1905. (62 S.) 8° [06. 3148

Weber, Leopold, *Lehrer der 4. Classe an der Jägerzeiler Knaben-Pfarr-Hauptschule in Wien.* Ganzjähriger Aufgaben-Cursus aus dem Gebiete der Denk-, Sprach-, Rechtschreib- und Aufsatzlehre v. — —. *Wien* 1858. *Mechitaristen*-Buchdr. 75 S., 4 Bl. 8°.

Weber, Leop., Gedichte. 8. (288 S.) München 894. Dr. E. Albert & Co., Sep.-Cto. n. 8. —

Weber, Leopold — Gereimte Geschichte aus der österreichischen Geschichte (mit historischen Notizen) zur Erweckung der jugendlichen Lieb und Treue für das allerhöchste Kaiserhaus Habsburg-Lothringen von — —. (Mit 5 lithogr. Bildern.) Wien, 1855. Mechitharisten-Buchdruckerei in Wien. (77 S. 8.)

Weber, Leop., Vinzenz Haller. Novelle. Hrsg. v. Kunstwart. 8. (78 S.) München (902). G. D. W. Callwey. n. 1.50

Weber, Leop., Vinzenz Haller. 2., umgearb. Aufl. (120 S.) 8. München (903). G. D. W. Callwey. n. 1.50

— der Schlosser Peter, s.: Gabelsberger-Bibliothek.

Weber, Leop., der Schlosser Peter, s.: Schatzgräber, der.

Weber, Leopold —. Psychologische Skizzen für Volksschullehrer. Von — —. Wien. 1855. Gedr. bei A. Pichler's Wwe. und Sohn. (22 S. 8.)

— Traumgestalten. Den Buchschmuck zeichnete Ernst Kreidolf. 8. (II, 109 S.) Leipzig 900. Jena, E. Diederichs. n. 3. —; geb. n. 4. —

Weber, Leopold. Versuch einer praktischen systematischen Anleitung zum Zergliedern der Sätze. Ein Hilfsbuch zum Verständniß der Muttersprache. 8. (182 S. u. 5 Bl.) Wien, Mechitaristen 1853.

Weber, Lotar, d. Lösung d. Trierenrätsels. gr. 8. (III, 80 S. m. Abb.) Danzig 896. Th. Bertling. n. 1. —

Weber, Lotar, mehr Licht in der Weltgeschichte. Mit 38 Abbildgn. u. den Schlachtplänen v. Salamis u. Plataiai. gr. 8. (III, 247 S.) Danzig 894. Th. Bertling. n. 2. —

Weber, Lotar, Preussen vor 500 Jahren in culturhistorischer, statistischer und militairischer Beziehung, nebst Special-Geographie. gr. 8. (VIII, 692 S. mit 1 Tab.) Danzig 878, (Bertling.)

Weber, Lothar E.: Reaktionen und Spaltungen der Brucinonsäure und anderer Abbauprodukte des Brucins. (Berlin 1910: Ebering.) 43 S. 8°
Berlin, Phil. Diss. v. 9. März 1910, Ref. E. Fischer
[Geb. 25. Nov. 86 Wien; Wohnort: Berlin; Staatsangeh.: Großbritannien; Vorbildung: Gymn. Manchester Reife 03; Studium: Harvard Univ. Cambridge 8, Berlin 4 S.; Rig. 3. Febr. 10.] [U 10. 277

Weber, Lucian, (Psdn.), s. Pilpai. NB. der wahre Verfass. soll Jak. Fr. Emerich, († ...) sein.

Weber, Ludwig

Weber [M.-Gladbach]. Ansprachen f. evangelische Arbeiter-, Bürger- u. Volksvereine, gesammelt u. hrsg. als Hülfsbuch f. die Vereins-Vorstände u. als Lesebuch f. alle christl. Volksfreunde. 1. Lfg. Religiöse Ansprachen. gr. 8. (158 S.) Hattingen 890, Hundt sel. Wwe. ** 1 30

—— Ansprachen f. evangelische Arbeiter-, Bürger-, Volks- u. Männer-Vereine, zusammengestellt. gr. 8. (VIII, 584 S.) Gütersloh 891, Bertelsmann. * 4 —; geb. * 4 80

Weber-M. Gladbach, L., Ansprachen f. evangel. Arbeiter-, Bürger-, Volks- u. Männer-Vereine, zusammengestellt v. W. gr. 8. (VIII, 868 S.) Gütersloh 901. C. Bertelsmann. n. 3.60; geb. n. 4.60

— praktische Anweisung zur Begründung u. Leitung evang. Arbeitervereine. gr. 8. (39 S.) Leipzig 890. Buchhandlg. d. Evangel. Bundes v. C. Braun. n. — 20

— praktische Anweisung zur Begründung u. Leitung evangelischer Arbeitervereine. 2. (Titel-)Aufl. gr. 8. (39 S.) Leipzig 894. Buchh. d. Evangel. Bundes v. C. Braun. n. — 20

Weber, Ludw., s.: Arbeiter-Bibliothek, rheinisch-westf.

Weber, Die evangelischen Arbeitervereine, ihre Bedeutung und weitere Ausgestaltung. Bericht des evangelisch-socialen Kongresses. 8°. Berlin 1890.

Weber, Pfr. Lic., Die Aufgaben der inneren Mission zur Hebung des Wohles der Arbeiter und Arbeiterfrauen. Vortrag. (Samml. theol. u. socialer Reden u. Abhandlungen, Ser. 2, Heft 10.) gr. 8⁰. Leipzig, Wallmann, 1890.

— die Aufgaben der inneren Mission zur Hebung d. Wohles der Arbeiter u. Arbeiterfrauen, s. a. Sammlung theologischer u. sozialer Reden u. Abhandlungen.

Die sozialen Aufgaben und der Anteil der Kirche an ihrer Lösung. 100 Leit- u. Streitsätze von Lic. L[udwig] **Weber**, Pfarrer in M.-Gladbach. Gütersloh: C. Bertelsmann 1906. (30 S.) 8° [F.] 06 673

Weber, Pfr.-Lic., Die Aufgaben, welche die Arbeiterbewegung in ihrem gegenwärtigen Stadium der Kirche stellt. (Samml. theol. u. soc. Reden u. Abhdlgen., I. Serie, 11. Heft, Leipzig 1889.)

— die Aufgaben, welche die Arbeiterbewegung in ihrem gegenwärtigen Stadium der Kirche stellt, s. a. Sammlung theologischer u. socialer Reden u. Abhandlungen.

— **Begrüßung u. Jahresbericht.** Erstattet auf d. allgem. Konferenz d. deutschen Sittlichkeitsvereine zu Hamburg am 22. IX. 1897. gr. 8. (12 S.) Berlin 897. (Leipzig, H. G. Wallmann.) n. — 20

Weber, die Behandlung der sozialen Frage auf evangelischer Seite, s. Flugschriften des Evangel. Bundes.

Weber, Ludwig [appr. Arzt aus Oldenburg]: Pathologisch-anatomische Beiträge zur Lehre vom Keuchhusten. Würzburg, Becker's Univ.-Buchdr., 1882 [sic!]; 37 S. 8°.
Würzburg, Med. Fak., Inaug.-Diss. v. 1887.

Weber, Ludwig, pathologisch-anatomische Beiträge zur Lehre vom Keuchhusten. Diss. Würzburg 1887, Stahelsche Univ.-Buchh. 8⁰. 37 S.

Bericht des Vorsitzenden Lic. [Ludwig] **Weber**, M.-Gladbach, für die XIV. Allg. Konf. der deutschen Sittlichkeitsvereine in Heidelberg. *Berlin: Deutsche Sittlichkeitsvereine; Leipzig: H. G. Wallmann in Komm.* 1902. (32 S.) 8° [F.] 04 97 : 4

— **Bericht** üb. das X. Vereinsjahr d. Vereins f. christliche Volksbildung. gr. 8. (8 S.) M.-Gladbach 892. (Hannover u. Celle, Schulbuchh.) — 20

— **Bestrebungen** f. das Arbeiterwohl, s.: Zimmer's Handbibliothek der praktischen Theologie.

— **Bitten** an die kommende Generalsynode, s.: Zeit- u. Streitfragen, kirchliche.

Bologna. Von Ludwig **Weber**. Mit 120 Abb. *Leipzig: E. A. Seemann 1902.* (156 S.) 8° [F.]
— Kunststätten, Berühmte. No 17.

Weber L, Bologna. (156 S) (Berühmte Kunststätten 17) Leipzig 1902
1904. 06

Weber, Ludwig: Der hinckende Bott von Carolina, oder Ludwig Webers von Wallisellen Beschreibung seiner Reise von Zürich gen Rotterdam, mit derjenigen Gesellschaft *[194 Personen unter der Führung des Pfarrers Götschi von Zürich]*, welche neulich aus dem Schweizerland in Carolinam zu ziehen gedacht. *Zürich 1735. 32 S.*

— der **Brief** an Philemon, e. Vorbild f. d. christl. Behandlg. sozialer Fragen. Vortrag, geh. auf d. Berliner Pastoralkonferenz. gr. 8. (23 S.) Leipzig 896. H. G. Wallmann. n. — 30

— **Christenthum** u. Arbeit. Vortrag. 2. Aufl. 8. (32 S.) Berlin 887. Deutsche evangel. Buch- u. Tractat-Gesellschaft. n. — 40

— **Christentum u. Kulturfortschritt**, s.: Lehr u. Wehr für's deutsche Volk 4. u. 5. Heft.

— s.: **Christoterpe, neue.**

—— **Christus** ist unser Friede. Soziale Zeitpredigten u. Betrachtgn., gesammelt u. hrsg. 2 Sammlungen. gr. 8. Gött. 892, Vandenhoeck u. Ruprecht. à Sammlg. * 3 —; * 6 —; geb. * 4 —; * 8 —
Beide Tle. in 1 Bd. geb. * 7 20
1. Mit e. Einleitg. d. Hrsg.: Ueber die soziale Aufgabe der Predigt in unserer Zeit. (XVI, 303 S.)
2. Mit e. Einleitg.: Über Anwendg. u. Ausbreitg. der Predigtgedanken unter der Kanzel v. D. Baumgarten. (XV, 270 S.)

— **Charles Dickens als sozialer Schriftsteller**, s.: Sammlung theolog. u. soz. Reden u. Abhandlgn., VI, 3.

Weber, L., A. **Ebrard**: Ein Totentanz u. M. **Nowel**: Briefe aus der Hölle. Zwei bedeutsame neuere Dichtgn. üb. Zustände d. Jenseits. Vortrag geh. in M.-Gladbach u. Elberfeld. 2. Abdr. 8. (31 S.) Leipzig 884. Fr. Richter. gratis.

— die **religiöse Entwicklung** der Menschheit im Spiegel der Weltlitteratur. Zusammenhängende Einzelbilder von verschiedenen Verff. gr. 8. (X, 555 S.) Gütersloh 901. C. Bertelsmann. n. 6. —; geb. n. 7. —

— das **Erlösungswerk** Christi e. Thatsache. Ein Hilfsbüchlein wider Freigeisterei. gr. 8. (14 S.) M.-Gladbach 892. (Hannover u. Celle, Schulbuchh.) — 20

Die Förderung der kirchlich-sozialen Bestrebungen durch die preußische Generalsynode. Von Pfarrer Lic. [Ludwig] **Weber**. Mit Diskussion, mit d. Geschäftsbericht d. Generalsekr. u. e. Überblick über d. 9. Hauptversammlung d. kirchl.-soz. Konferenz. Berlin: Vaterländ. Verl.- u. Kunstanst. 1904. (71 S.) 8° [F.]
— **Hefte** d. freien kirchlich-sozialen Konferenz. H. 29. 05. 6586

— **Gustav Freytag** e. sozialer u. kulturhistorischer Dichter, s.: Sammlung theologischer u. sozialer Reden u. Abhandlungen.

— **Friede** sei m. diesem Hause. Ein Predigt- u. Andachtsbuch für das deutsch-evangel. Bürger- u. Arbeiterhaus. Unter Mitwirkg. namhafter Prediger hrsg. gr. 4. (VIII, 788 S. m. Abbildgn.) Dresden 899. 900. N. H. Dietrich. n. 10. —; geb. in Leinw. 13. 50; in Halbfrz. m. Goldschn. 15. —
Erschien auch in 50 Hftn. à — 20 u. in 25 Doppelhftn. à — 40.

— Ein sozial-politisches Friedensprogramm. Vortrag. (Samml. theol. u. sozialer Reden u. Abhandlungen, Ser. 4, Lfg. 1 u. 2.) gr. 8⁰. Leipzig, Wallmann, 1893.
Vgl. Sammlung theol. ... Abhandlungen.

Weber, Ludwig: Der Gegensatz d. deutschen u. d. französ. Volksgeistes, s. Sammlung theologischer u. sozialer Reden u. Abhandlungen.

— die preussische Generalsynode v. 1891, s.: Zeit- u. Streitfragen, kirchliche.

— Geschichte d. sittlich-religiösen u. socialen Entwicklung Deutschlands in d. letzten 35 Jahren. Zusammenhäng. Einzelbilder v. verschied. Verfassern. Hrsg. v. W. gr. 8. (VII, 487 S.) Gütersloh 895. C. Bertelsmann. n. 4. 80; geb. n.n. 5. 50

Weber, L., die sozialpolitische Gesetzgebung des Deutschen Reiches in den letzten 10 Jahren. (31 S.) kl. 8. Duisburg (907). Verlag der Duisburger Zeitg. (Nur direkt.) — 40

Weber, Ludw., s.: Goethe's, Joh. Wolfg. v., Faust.

Weber, L., der lebendige Gott in seiner Schöpfung. Vortrag, im Auftrage des Vereins f. innere Mission in der Grafsch. Mark geh. 8. (32 S.) Schwerte 886. (Bonn, Schergens.) — 25

— s.: Grabbe, Don Juan u. Faust.

— s.: Handbuch, soziales.

— s.: Jahrbuch, deutsch-evangelisches.

— Jesus Christus, das Wunder der Weltgeschichte, s.: Sammlung theolog. u. soc. Reden u. Abhandlungen.

[F.] Jesus, der Helfer der Mühseligen und Beladenen v. Lic. [Ludwig] Weber, Pfarrer in M.-Gladbach. *Hattingen (Ruhr): C. Hundt sel. Wwe 1891.* (22 S.) 1 Bd 8
= Arbeiter-Bibliothek, Rheinisch-Westfälische. H. 1.

Weber, Ludw., Kain. Ein Drama in 5 Akten u. 1 Vorspiel. 8. (220 S.) Charlottenburg 896. K. Köhler. n. 3. —; orm. Preis 1. 50

Weber, Ludw., Kain. Ein Schauspiel in 4 Akten, e. Vor- u. e. Nachspiele. (102 S.) 8. Leipzig 905. C. E. Poeschel. n. 1. 50

— s.: Kalender, evang.-soz., f. d. evang. Arbeitervereine Deutschlands.

— der Kampf wider die Unzucht, s.: Zimmer's Handbibliothek der praktischen Theologie.

Weber, Ludwig: Die Konfessionsschule, s. Sammlung theologischer u. sozialer Reden u. Abhandlungen.

— Leitsätze über Bedeutung und Stand der evangelischen Arbeitervereine und der christlich-nationalen Arbeiterbewegung. 8⁰. M.-Gladbach 1907.

Weber, Ludwig Die poetische Lektüre auf den Gymnasien (1. Teil.) 4 (21 S.). Progr. Kgl. Luisen-G. *Berlin* 1891 (63).

Oeffentliche Meinung und christlicher Volksgeist. Aus d. Verhandlungen d. 6. Hauptversamml. d. freien kirchl.-soz. Konferenz 1901 in Stuttgart. Referat von Lic. L[udwig] Weber, Pfarrer in M.-Gladbach. Mit Diskussion u. d. Geschäftsbericht d. Konferenz. *Berlin: B. d. Stadtmiss. 1901.* (41 S.) 8° [F.]
= Hefte d. freien kirchlich-sozialen Konferenz. H. 20.

— Der Nichtsnutz. Lustspiel in 3 Akten. (123 S.) 8. Leipzig 908. G. Wigand. 1. 50

— die sociale Organisation d. römischen Katholicismus in Deutschland, s.: Flugschriften d. Evangel. Bundes.

Weber, Ludwig: San Petronio in Bologna. Beiträge zur Baugeschichte. Leipzig: E. A. Seemann 1903. (37 S.) 8⁰
[Erschien vollst. 1904 in: Beitrage zur Kunstgesch. N. F. 29.]
Erlangen, Phil. Diss. v. 27. Juli 1903.

San Petronio in Bologna. Beiträge z. Baugesch. von Dr. Ludwig Weber. (Mit 5 Abb.) *Leipzig: E. A. Seemann 1904.* (VIII, 96 S.) 8°
= Beiträge z. Kunstgeschichte. N. F. 29.

Programm zum Leipziger Akademischen Theaterabend April 190. Hrsg. von Ludwig Weber in Leipzig. (Leipzig 190: Klinkhardt.) 29 S. 8°

Prostitution und Alkoholismus. Von [Ludwig] Weber, Pfarrer in M.-Gladbach. Bielefeld: Helmich [1910]. 8 S. 8° [Umschlagt.]
(Pädagogische Abhandlungen. N. F. Bd 14, H. 12.)

Weber, Prostitution u. Alkoholismus, s. a. Abhandlungen, pädagogische. XIV, 12.

Weber, Ludovicus [Silesius]: Quaestionum Laconicarum capita duo. Gottingae, typ. expr. offic. acad. Dieterichiana Guil. Fr. Kaestner, 1887; 2 Bl. + 64 S. + 1 Bl. 8°
Göttingen, Phil. Fak., Inaug. Diss. v. 6. Aug. 1886.

Weber, Ludw., quaestionum Laconicarum capita II. Dissertatio inauguralis philologica. gr. 8. (64 S.) Göttingen 887, (Vandenhoeck and Ruprecht's Verlag.) *

Weber, [Ludwig]: [Rede bei der Trauerfeier für den am 1. März 1903 verstorbenen Professor Dr. Gustav Gemß.] S. 11. Prog. Kgl. Luisen-Gymn. *Berlin* 1904 (68).

— Reformation u. soziale Frage. Vortrag, geh. bei der 4. Generalversammlg. d. Evangel. Bundes in Stuttgart am Mittwoch, den 24. Septbr. 1890. gr. 8. (22 S.) Leizig 890. Buchhandlg. d. Evangel. Bundes v. C. Braun. n. — 20

— dasselbe, s.: Flugschriften d. Evangelischen Bundes.

Weber, Ludwig: Die Reichstagswahl v. 1893. s. Sammlung theologischer u. sozialer Reden u. Abhandlungen.

Rom und die soziale Frage. Eine Zusammenstellung von Thatsachen aus Lehre u. Leben d. Kirche Roms. Von Lic. [Ludwig] Weber, Pfarrer in M.-Gladbach. Barmen: D. B. Wiemann [1890]. (72 S.) 8° [F.]
= Streitschriften, Freundschaftliche. No 24.

— s.: Rundschau üb. d. neueste f. Gebildete wicht. Litteratur.

— der Selbstbeweis d. Glaubens u. die Selbstwiderlegung d. Unglaubens in unseren Tagen. Ein Hülfsbüchlein wider Freigeisterei u. Sozialdemokratie. gr. 8. (19 S.) M.-Gladbach 893. (Hannover u. Celle, Schulbuchh.) — 30

—— Selbsthilfe, Staatshilfe, Gotteshilfe auf socialem Gebiete. (Samml. theol. u. sozialer Reden u. Abhandlungen, Ser. 5, Lfg. 12.) gr. 8⁰. Leipzig 1894. (Flugschr. des Evangel. Arbeitervereins zu Leipzig, Nr. 2.) gr. 8⁰. Leipzig 1895.

— Selbsthilfe, Staatshilfe, Gotteshilfe auf sozialem Gebiet. } s. a. Sammlung theologischer u. sozialer Reden u. Abhandlungen.

Weber, Ludwig: Zum Spezifikationskaufe. *Göttingen 1897: Dieterich.* (91 S.) 8°
Göttingen, Jur. Diss. v. [11. Dez.] 1897.

— s.: Taschenbuch f. evangelische Arbeiter.

Weber, Lvdovicvs (geb. am 2 Apr. 1836 in Schwelm Westf.): Theses theologicae ... ad obtinendvm gradvm licentiati S. S. theologiae ... Bonnae, form. P. Nevsser (1868). 6 S. 8.
Bonn, Ev.-theol. Fak., Thes. v. 25 Juli 1868

Weber, [Ludwig]: Gottes Walten im Kriege 1870/71. Leipzig: Wallmann 1895. S. 169–236. 8⁰
(Sammlung theolog. u. soz. Reden u. Abhandlungen. Ser. 6. Lfg 7–9.)

— Gottes Walten im Kriege 1870/71, s. a. Sammlung theolog. u. sozialer Reden u. Abhandlgn., VI, 7–9.

— was ist Wahrheit?, s.: Bertling, O.

Weber, Was ist zur Hebung des Arbeiterstandes in Deutschland schon geschehen? 8⁰. Rath 1874.

Weber, L., Was ist zur Hebung des Arbeiterstandes in Deutschland schon geschehen? gr. 8. (16 S.) Rathenow 875, Haase. *

—— Was muß seitens d. Ev. Bundes auf socialem Gebiet angestrebt werden?, s. Flugschriften d. Evangelischen Bundes.

— wer soll u. muß dem Evangelischen Bunde beitreten? Vortrag. [Stenographischer Bericht der „Westdeutschen Zeitung".] 1.—7. Aufl. gr. 8. (13 S.) Barmen 888—890. Wiemann. n. — 10

[Umschlagt.:] [S.] Wer soll und muss dem evangelischen Bunde beitreten? Vortr. v. Pfarrer Liz. [Ludwig] **Weber** in M.-Gladbach ... 9. Aufl. *Barmen: D. B. Wiemann 1898.* (16 S.) 1 Bd 8.
= Streitschriften, Freundschaftliche. No 67.

— s.: Wissenschaften u. Künste, die, d. Gegenwart in ihrer Stellg. z. bibl. Christentum.

Wohnungen und Sonntagsbeschäftigungen der deutschen Arbeiter. Nach urkundl. Quellen geschildert von Lic. [Ludw.] **Weber,** Pfarrer in M.-Gladbach. Leipzig: H. G. Wallmann 1892. (S. 199–251.) 8° [F. u. Ant.]
= Sammlung theolog. u. soz. Reden u. Abhandlungen. Ser. 3. Lfg 8. 9.

Weber, Ludw., Zimmermieter u. Einquartierung od. gilt e. Reichsgesetz f. Lübeck? gr. 8. (18 S.) Lübeck 892. Lübcke & Hartmann. n. — 50

Weber, Ludwig Felix, aus Woldegk: **Märchen** und Schwank. Eine stilkrit. Studie z. Volksdichtung. *Kiel 1904: H. Fiencke.* (82 S.) 8°
Kiel, Phil. Diss. v. [23. Apr.] 1904

Weber, Ludw. Fel., Märchen u. Schwank. Eine stilkrit. Studie zur Volksdichtg. Diss. (82 S.) gr. 8. Kiel 904. (Leipzig, Buchh. G. Fock.) n. 1. 50

Weber, Ludw. Herm. Die nationale Politik der Athener. 36 S. *Zeitz* 1880
Progr.

Weber, Ludwig Wilhelm

Weber, L. W., u. P. Stolper, die Beaufsichtigung der Geisteskranken ausserhalb der Anstalten, s.: Grenzfragen, juristisch-psychiatrische. IV. 1.

Aus d. psychiatr. Klinik Göttingen. Beiträge zur Pathogenese und pathologischen Anatomie der Epilepsie. Von Dr. L[udwig] W[ilhelm] **Weber,** Oberarzt in Göttingen. Mit 2 Taf. u. 1 Fig. im Text. *Jena: G. Fischer 1901.* (IV, 100 S.) 8°

Die Beziehungen zwischen körperlichen Erkrankungen und Geistesstörungen. Von Dr. Ludw. W[ilhelm] **Weber,** Privatd. in Göttingen. Aus d. psychiatr. Klinik Göttingen. *Halle a. S.: C. Marhold 1902.* (34 S.) 8°
= Sammlung zwangloser Abhandlungen aus d. Geb. d. Nerven- u. Geisteskrankheiten. Bd 3, H. 7.

— s.: Sitzungsberichte d. Altmärker Aerztevereins.

Weber, M., der rechte Beruf, s.: Gott zum Gruß.

Weber, M., Einführung in die Krystalloptik. (17 S. m. 35 Fig.) Lex. 8. München 908. J. Lindauer. Durchschossen — 80

— Auf trügerischem Eise. Ein Diebstahl, s.: Gott zum Gruß.

— s.: Nußbaumkrause, der.

Weber, M., Plaudereien über Paris und die Weltausstellung im J. 1878. gr. 16. (67 S.) Herzberg a. H. 879, Simon.

Weber, M.: Ueber das Potential von Kreis und Spirale. [1869.] 4⁰
Diss. Leipzig.

— Weg hat er allerwegen, s.: Ähren, goldene.

Weber M. F. B.: Tractatus de studio rei rusticae. Lips. 1799. 46 S.

Weber, M. P., Ratgeber f. kathol. Eltern, s.: Cüppers.

Weber, Maria, die Macht der Liebe. Erzählung nach dem Leben. (47 S.) kl. 8. Hamburg (Reismühle 4) (908). G. A. H. Schinkel. — 25; auf besserem Pap. — 40

Weber, Marianne: Beruf und Ehe. Die Beteiligung der Frau an der Wissenschaft. 2 Vorträge. — Berlin: „Hilfe" 1906. 26 S. 8⁰

Weber, Marianne: Ehefrau und Mutter in der Rechtsentwicklung. Eine Einführung. — Tübingen: Mohr 1907. XVI, 573 S. 8⁰

— s.: Frauenbewegung u. Sexualethik.

— s.: Mädchenbildung, die höhere.

Fichtes Sozialismus und sein Verhältnis zur Marx'schen Doktrin. Von Marianne Weber. *Tübingen, Freiburg i. B. & Leipzig: J. C. B. Mohr 1900.* (VII, 122 S.)
= Abhandlungen. Volkswirtschaftliche, d. Badischen Hochschulen. Bd 4, H. 3. [00. 7574

Weber, Martin

Weber, Mart., s. a. Frank, Eberh.

Weber, Martin, appr. Arzt: Beitrag zu den Pfählungsverletzungen beim Weibe. Halle a. S. 1909: Kaemmerer. 43 S. 8°
Halle, Med. Diss. v. 4. Aug. 1909, Ref. Veit
[Geb. 5. Nov. 83 Roßleben; Wohnort: Halberstadt; Staatsangeh.: Preußen; Vorbildung: Gymn. Hirschberg i. Schl. Reife O. 02; Studium: Phil. Leipzig 1, Med. Halle 6, Breslau 4 S.; Coll. 30. Juli 09; Approb. 6. Febr. 09.] [U 09. 1624

Weber, Mart., Blumen im Garten Gottes. **Kleine Heiligenlegende f. die christl. Jugend. gr. 16. (XX, 384 S. m. 12 Farbendr.) Frankfurt a/M. 894. A. Foesser Nachf.** Geb. in Halbleinw. n. 2. —; **in Leinw. n. 2. 50**
In 12 einzelnen Hftn. f. u. d. T.: Blumen im Garten Gottes.

Weber, Martin: Für brave Kinder, s. Jugendfreude.

Weber, Mart., die Kunst des Bildformers und Gypsgießers, s. a. Schauplatz, neuer, der Künste und Handwerke. 94

Weber M, die Kunst des Bildformers und Gipsgiessers. 2. 3. und 5. Auflage Schauplatz der Kunste und Handwerke 94) Weimar 1864-86

Weber, Mart., Die Kunst des Bildformers und Gypsgiessers, oder gründlicher Unterricht, wie Büsten, Statuen, Vasen, Urnen, Ampeln u. s. w. auf dem Wege des Abformens und Abgiessens nachzubilden, ingleichen wie sie zu schleifen, zu poliren, zu firnissen, zu bronciren und zu restauriren sind. Nebst Mittheilung vorzügl. Vorschriften zur Bereitung künstl. Marmors. 3 verm. u. verb. Aufl. Weimar 1871. 8°.

Weber, Mart., die Kunst d. Bildformers u. Gipsgießers, od. gründl. Unterricht, wie Büsten, Statuen, Vasen, Urnen, Ampeln, Konsolen od. Kragsteine, Rosetten, Laub- u. Simswerk, Reliefbilder u. andere dergleichen plast. Gegenstände auf dem Wege d. Abformens u. Abgießens nachzubilden, wie sie zu schleifen, zu polieren, zu firnissen, zu bronzieren u. zu restaurieren sind. 5. Aufl. 8. (VIII, 124 S.) Weimar 886. B. F. Voigt. n. 1. —

Weber, Mart., d. Kunst d. Bildformers u. Gipsgießers. E. leichtfaßl. Darstellg. d. Abformens u. Abgießens plast. Gegenstände. 6., neu bearb. Aufl. Hrsg. v. Herm. Robrade. M. 4 Abb. gr. 8. (VIII, 74 S.) Leipzig 898. B. F. Voigt. 1. 50

Weber, Mart., das Schleifen, Polieren, Färben und künstlerische Verzieren des Marmors, s. a. Schauplatz, neuer, der Künste und Handwerke. 268.

Weber M, Schleifen, Polieren und Farben des Marmors. 2. Auflage. (Schauplatz der Künste und Handwerke 268) Weimar 1878

— das Schleifen, Polieren, Färben u. künstlerische Verzieren d. Marmors, wie auch aller anderen Steinarten, welche zu Monumenten, Säulen, Statuen rc. verarbeitet werden. Nebst Mitteilg. vorzügl. Vorschriften zur Darstellg. d. Stucco lustro, d. Gips- u. anderen künstl. Marmors rc. Für Künstler u. Techniker, namentlich Architekten, Bild- u. Steinhauer, Stuckateure rc. 3. Aufl. 8. (X, 133 S.) Ebend. 884. 1. 20

— d. Schleifen, Polieren, Färben u. künstler. Verzieren d. Marmors, wie auch aller and. Steinarten, welche zu Monumenten, Säulen, Statuen, Büsten, Wandbekleidungen u. s. w. verarbeitet werden. Nebst Mitteilg. vorzügl. Vorschriften zur Darstellg. d. Stucco lustro, des Gips- u. and. künstl. Marmors, d. emaill. Schiefers, d. emaill. Lava; zur Anfertigg. d. Marmorfurniere; zur nachhalt. Entferng. v. Flecken aus Marmor; zur Bereitg. gut haft. u. dauerhafter Marmorkitte, wie auch v. schütz. Anstrichen f. marmorne Gegenstände, welche der Witterg. ausgesetzt sind u. s. w. Für Künstler u. Techniker, namentl. Architekten, Bild- u. Steinhauer, Stuckateure rc. 4. Aufl. 8. (X, 133 S.) Weimar 895. Ebd. 1. 20

Weber, M., der Marmor u. seine Verwendung zu bau- u. kunstgewerblichen Zwecken, umfassend: Das Schleifen, Polieren, Beizen, Färben, Aetzen, Vergolden, Versilbern u. Bronzieren desselben unter Berücksicht. der dem Marmor verwandten u. einiger anderer Steinarten, die zu Bau- u. Kunstarbeiten dienen. Für Architekten, Bildhauer u. Stuckateure neubearb. v. Mor. Klein. 5. erweit. u. verb. Aufl. (VIII, 78 S.) gr. 8. Leipzig 909. B. F. Voigt. 1.80; geb. 2. 50

[F.] Die Sorge für die verwahrloste Jugend. E. zeitgemässer Mahnruf an alle Eltern u. Erzieher. Von Martin Weber. *Frankfurt a. M.: P. Kreuer 1898.* (32 S.) 8.
= Broschüren, Frankfurter zeitgemässe. N. F. Bd 19. H. 1. [98 9211

Weber, Mart., Wegweiser zum Himmel. Heilige Vorbilder der christl. Jugend, gesammelt u. hrsg. v. W. 12. (96 S. m. Titelbild.) Frankfurt a/M. 900. P. Kreuer. n. — 40

— **Weihnachtsbuch,** s.: **Jugendfreude.**

— **Weihnachtsrosen. Gedichte zur Feier des hohen Christfestes in Familie u. Schule. 12. (112 S. m. Titelbild.) Ebd. 900.** n. — 60

Weber, Martin: Aus fernen Welten, s. Jugendfreude.

Weber, Mathias. Frid Allegmeiner Trost vnd Freud Als Auff Befehl Caroli des VI. Wegen deß zu Rathstatt glücklich geschlossenen Friden das Te Deum gesungen worden. Clagenfurt, Kleinmayr, (1714). Quart. 36 S.

Weber, Mathilde: Ärztinnen für Frauenkrankheiten, eine ethische u. sanitäre Notwendigkeit. 2., durchges. Aufl. — Tübingen: Fues 1888. 40 S. 8°

Weber, Mathilde, Ärztinnen f. Frauenkrankheiten, eine ethische u. sanitäre Notwendigkeit. 3., erweit. Aufl. 8. (46 S.) Tübingen 888. Fues' Verl. n. — 50

— dasselbe. 4. Aufl. Mit e. Anh.: Ein Besuch in Zürich bei den weibl. Studierenden der Medizin. 12. (54 u. Anh. 25 S.) Ebd. 889. n. — 50

Weber, Mathilde, geb. Walz, Ärztinnen f. Frauenkrankheiten, e. ethische u. sanitäre Notwendigkeit. 5., neu umgearb. Aufl. gr. 8. (55 S.) Berlin 893. L. Oehmigke's Verl. n. — 50

— Die hauswirthschaftliche Ausbildung und Erziehung der Mädchen der weniger bemittelten Stände. (Sociale Zeitfragen, Ser. 2, Heft 5.) gr. 8°. Berlin, George u. Fiedler, 1886.

— die hauswirthschaftliche Ausbildung u. Erziehung der Mädchen der weniger bemittelten Stände, s. a. Zeitfragen, soziale.

—— die hauswirtschaftliche Ausbildung und Erziehung der Mädchen der weniger bemittelten Stände. 2. Aufl. gr. 8. (62 S.) Berlin 888, George und Fiedler. *

Weber, Mathilde: Die hauswirtschaftliche Ausbildung und Erziehung der Mädchen der weniger bemittelten Stände. 3. Aufl. — Berlin: George & Fiedler 1888.

W[eber], M[athilde:] Ein Besuch in Zürich bei den weiblichen Studierenden der Medizin. Ein Beitr. zur Klärung d. Frage des Frauenstudiums. Von M. W. — Stuttgart: Kohlhammer 1888. 15 S. 8°
Aus: Die Frau im gemeinnütz. Leben. 1888.

—— Durch Griechenland nach Konstantinopel. Eine Gesellschaftsreise in 35 Tagen. 1. u. 2. durchgeseh. Aufl. 8. (V, 101 S.) Tüb. 892, F. Fues. * 1 —

Weber, Mathilde: Unsere Hausbeamtinnen. Stützen, Hausdamen, Gesellschafterinnen, Kinderfräulein etc. Mitteilungen üb. Zwecke u. Ziele d. neuen Vereins f. Hausbeamtinnen. — Berlin: Oehmigke 1895. 36 S. 8°

—— Lazaretbilder. Aus dem Tagebuch der Vorsteherin eines Sanitätsvereins im Kriegsjahre 1870/71. 8. (38 S.) Tübingen 888, Frz. Fues' Verlag. *

—— Lazaretbilder. Aus dem Tagebuch der Vorsteherin e. Sanitätsvereines im Kriegsj. 1870/71. 2. Aufl. 12. (38 S.) Ebd. 889. * — 40

— Leitfaden f. junge Dienstmädchen in besseren Häusern gr. 16. (28 S.) Stuttgart 889. Kohlhammer. — 20

— Leitfaden f. junge Dienstmädchen in besseren Häusern. 8. Aufl. 8. (81 S.) Stuttgart 894. W. Kohlhammer. n. — 20

Weber, Mathilde: Die Mission der Hausfrau. — Herzberg a. H. u. Leipzig: Simon 1884. 120 S. 8°

Weber, Math., die Mission der Hausfrau. 8. Herzberg 884. Gera, Köhler. [M 1.50.] geb. — 80

Weber, Mathilde, fünf Novellen. gr. 8. (III, 124 S.) Zürich 890. Schröter & Meyer. n. 2. —; geb. n. 3. —

Weber, M[athilde]: Über die socialen Pflichten der Familie. Gesammelte Aufsätze aus d. Jahren 1875 1881. — Herzberg a. H.: Simon 1882. VI, 101 S. 8°

Weber, M., üb. die socialen Pflichten der Familie. Gesammelte populäre Aufsätze aus den J. 1875—1885. 2. Aufl. 8. (166 S.) Gera 886. Th. Hofmann. n. 1. 20; geb. n.n. 2. 20

—— Reisebriefe einer schwäbischen Kleinstädterin. gr. 16. (VII, 208 S.) [Stuttgart 877.] Herzberg a. H., Simon. *

— üb. die **Resultate** der deutschen Frauenbestrebungen, s.: **Jahresbericht** d. Vereines f. erweiterte Frauenbildung in Wien.

Weber, Mathilde: Warum fehlt es an Diakonissinnen und Pflegerinnen? (Der Diakonissin- u. Pflegerinberuf. Ein wicht. Teil d. Frauenfrage.) — Berlin: Oehmigke 1894. 120 S. 8°

Weber, Max, s.: **Abhandlungen,** volkswirtschaftliche, der badischen Hochschulen.

Weber, Max, die römische Agrargeschichte in ihrer Bedeutung f. das Staats- u. Privatrecht. gr. 8. (VIII, 284 S. m. 2 Taf.) Stuttgart 891. F. Enke. n. 8. —

Der Indo-australische Archipel und die Geschichte seiner Tierwelt. Von Max **Weber,** Prof. in Amsterdam. Nach e. Vortrag, auf d. Versammlung deutscher Naturforscher u. Aerzte zu Karlsbad 1902 geh., in erw. Form hrsg. Mit 1 Karte. *Jena: G. Fischer 1902.* (46 S.) 8°

Weber, Max, s.: **Archiv** f. Sozialwissenschaft u. Sozialpolitik.

Weber, Maximilian (geb. Merseburg 1. 10. 1855): Beitrag zur ophthalmologischen Schulhygiene. Berlin (1881). (42 S.) 8°
Berlin, Med. Diss. v. 9. März 1881

— zur Beurteilung der gegenwärtigen politischen Entwicklung Russlands, s.: **Giwago,** S. J.

Weber, Max: Beziehungen zwischen der elektrischen Leitungsfähigkeit und ihrem Temperaturkoefficienten bei Strukturänderungen, untersucht an einigen Aluminiumlegierungen. ... Charlottenburg, Buchdr. v. C. J. Neubelt, 1891; 31 S. 8°
Berlin, Phil. Fak., Inaug.-Diss. v. 8. Mai 1891.

Die Börse von Dr. Max **Weber**, Prof., Freiburg i. B. 1. 2. Göttingen: Vandenhoeck & Ruprecht 1896. 8° [Umschlagt.]

1. Zweck u. äußere Organisation d. Börsen. 2. Der Börsenverkehr. (Göttinger Arbeiterbibliothek. Bd 1, H. 2. 3. Bd 2, H. 4. 5.) [10. 4631

— d. Börse, s. Arbeiterbibliothek, Göttinger, II.

Weber, Max, Dichtungen. 12. (96 S.) Leipzig 898. O. Mutze. n. 1. —; geb. n. 1. 60

Weber, (Frid. Guil. Eduard.) Maximil. (geb. Arneburg in d. Altm. 12. 11. 1841): De diphtheritide. Berolini (1865). (30 S.) 8°

Berlin, Med. Diss. v. 11. Aug. 1865

Weber, Max [Kammergerichts-Ref.]: Entwickelung des Solidarhaft-prinzips und des Sondervermögens der offenen Handelsgesellschaft aus den Haushalts- und Gewerbegemeinschaften in den italienischen Städten. . . . Stuttgart, Druck v. Gebr. Kröner, 1889; 60 S. 8°

Berlin, Jur. Fak., Inaug.-Diss. v. 1. Aug. 1889

Weber, Max, zoologische Ergebnisse e. Reise in Niederländisch Ost-Indien. I. Bd. 2. Hft., II. Bd. 2 Hfte. u. III. Bd. 2 Hfte. Lex.-8. Leiden, E. J. Brill. à Hft. n.n. 20. — (I—III.: n.n. 120. —)
I, 2. (S. 159—460 m. 12 Taf. u. 4 Zinkogr.) 891.
II, 1. 2. (V, 571 S. m. 24 Fig. u. 30 Taf.) 891. 892.
III, 1. 2. (III, 476 S. m. 22 z. Tl. farb. Taf.) 893. 894.

Weber, Max, zoologische Ergebnisse e. Reise in Niederländ. Ostindien. IV. Bd. 1. Hft. Lex.-8. (356 S. m. Abb. u. 12 [1 farb.] Taf.) Leiden 897. Buchh. u. Druckerei vorm. E. J. Brill. n.n. 16. —; (I.—IV., 1.: n.n. 136. —)

Weber, Max, zoologische Ergebnisse e. Reise in Niederländisch Ost-Indien. IV. Bd. 2. Heft. (III u. S. 357—447 m. Abb. u. 4 Taf.) Lex. 8. Leiden 907. Buchh. u. Druckerei vorm. E. J. Brill. nn 6.75 (Vollst. nn 146.75)

Weber, Max: Erhebungen über Auslese und Anpassung (Berufswahl und Berufsschicksal) der Arbeiterschaft der geschlossenen Großindustrie. Altenburg, 1908. 58 S.

Weber, Max [aus Deggendorf]: Ueber einen seltenen Fall von Angiolipom in der Fossa supraclavicularis sinistra. . . . Würzburg Paul Scheiner's Buchdr., 1890; 18 S. 8°

Würzburg, Med. Fak., Inaug.-Diss. v. 1890

— Fische v. Ambon, Java, Thursday Island, d. Burnett-Fluss u. v. d. Süd-Küste v. Neu-Guinea, s.: Denkschriften d. medicin.-naturwissenschaftl. Gesellschaft zu Jena, 8. Bd., 2. Lfg.

Metamorphe Fremdlinge in Erstarrungsgesteinen von M[aximilian] **Weber**. Mit 2 Taf. München: Akad.; Franz in Komm. 1910. 38 S. 8°

(Sitzungsberichte d. Kgl. Bayer. Akademie d. Wiss. Math.-physikal. Kl. Jg. 1910, Abh. 13.) [11. 1606

Weber, Max, zur Geschichte der Handelsgesellschaften im Mittelalter. Nach südeurop. Quellen. gr. 8. (VIII, 170 S.) Stuttgart 889. Enke. n. 6. —

— s.: Landarbeiter, die, in den evangelischen Gebieten Norddeutschlands.

Gleiche Metaphern im Deutschen und Lateinischen aus Ciceros Briefen gesammelt — von Max Weber, Stdl. - 1887, Frankenthal. — S. 3—35.

Progr. Frankenthal (Pfalz), Kgl. isolierte Lateinschule

Weber, Max: Aus d. städt. Krankenanst. zu Kiel. Zum Nachweis des Zuckers mit o-Nitrophenylpropiolsäure. Kiel 1909: Fiencke. 19 S. 8°

Kiel, Med. Diss. v. 14. Juli 1909, Ref. Lüthje

[Geb. 24. April 84 Nordhausen a. H.; Wohnort: Kiel; Staatsangeh.: Preußen; Vorbildung: Gymn. Nordhausen Reife O. 03; Studium: Jena 5, Berlin 2, Kiel 3 S.; Coll. 22. Juni 09; Approb. 1. Juli 09.] [U 09. 2204

— d. Nationalstaat u. d. Volkswirtschaftspolitik. Akademische Antrittsrede. 8. (IV, 34 S.) Freiburg i/B. 895. Tübingen, J. C. B. Mohr. n. — 75

Weber, Max (geb. am 5 Dez. 1852 in Bonn): Die Nebenorgane des Auges der einheimischen Lacertidae . . . Mit 1 Taf. Bonn, Univ.-Buchdr. v. C. Georgi (1877). 31 S., 1 Bl., 1 Taf. 8. ¶ Erster Teil einer gleichbetitelten Abh. m. 3 Taf., die vollständig im Arch. f. Naturgesch. XXXXIII (1) 1877 S. 261 ff. erschien.

Bonn, Med. Fak., Diss. v. 6 Aug. 1877

— ethnographische Notizen üb. Flores u. Celebes, s.: Archiv, internationales, f. Ethnographie.

— Zur Petrographie der Samoa-Inseln. (S. 287—310.) Lex. 8. München 909. G. Franz' Verl. 1. —
Sonderabdr. a.: „Abhandlgn. d. bayer. Akad. d. Wiss."

Weber, Max: Zur Psychophysik der industriellen Arbeit. Tübingen, 1908 09. 173 S.

Weber, Max, die Säugetiere. Einführung in die Anatomie u. Systematik der recenten u. fossilen Mammalia. (XII, 866 S. m. 567 Abbildgn.) gr. 8. Jena 904. G. Fischer. n. 20. —; geb. n. 22. 50

Weber, Max, Studien üb. Säugethiere. Ein Beitrag zur Frage nach dem Ursprung der Cetaceen. Mit 4 Taf. u. 13 Holzschn. gr. 8. (VIII, 252 S.) Jena 886. Fischer. n. 12. —

— Studien üb. Säugethiere. 2. Thl. M. 4 Taf. u. 58 Textfig. gr. 8. (V, 153 S.) Jena 898. G. Fischer. n. 12. —

Rußlands Übergang zum Scheinkonstitutionalismus. Von Max **Weber**. Tübingen: J. C. B. Mohr 1906. (237 S.) 8° [Umschlagt.]
= **Archiv** f. Sozialwissenschaft u. Sozialpolitik. Bd 23, H. 1. Beil. [06. 10496

Weber, Max: Unterschied zwischen Verjährung und Befristung. *Erlangen 1898: F. Junge.* (IV, 50 S.) 8°
Erlangen, Jur. Diss. v. 1. Jan. 1898

Weber, Maximilian, Dr. med., appr. Arzt aus Deggendorf: Petrographische Untersuchungen im Monzonigebiet. Die Contactverhältnisse vom Monzonithal nach Allochet. *Würzburg 1899: P. Scheiner.* (48 S.) 8°
München, Phil. Diss. v. 1899

— Die Verhältnisse der Landarbeiter im ostelbischen Deutschland, s. Schriften d. Vereins f. Socialpolitik.

Weber, Maximilianus *(geb. Breslau / 12. 5. / 1852)*: De Clearchi Solensis vita et operibus. Vratislaviae (1880). (48 S.) 8°
[Im Buchhandel 1880 bei Koebner in Breslau.]

Breslau, Phil. Diss. v. 27. Apr. 1880

— Vorstudien üb. d. Hirngewicht d. Säugethiere, s.: Festschrift z. 70. Geburtstage v. Carl Gegenbaur.

. **Weber, Max Gustav:** Kritische Studien über die Darstellungsweisen von Selen- und Tellurwasserstoff. 1910. 63 S. 8°
¶ Vgl. Zeitschrift f. anorgan. Chemie. Bd 77. 1912.
Dresden, Dr.-Ing.-Diss. v. 21. 7. 1910

Weber's, Max Maria Frhr. v., Lebensbild, s.: Berghaus, A.

Weber, Max Maria von

— siehe v. Maria, Max, (Pseud.)

Weber, M(ax) M(aria) v., Algerien und die Auswanderung dahin. Mit einem Vorwort von Heinr. Lichtenstein. gr. 8. (XI und 75 S.) Leipzig 854, Hübner.

— ein Ausflug nach dem französischen Nordafrika. Leipzig 855. C. H. Mayer. 16. (VIII, 131 S.) 20 ngr.

Weber, Max Maria v., Bemerkungen zum vorläufigen Entwurfe eines [deutschen] Reichs-Eisenbahngesetzes. gr. 8. (26 S.) Leipzig 875, Teubner.

—— der statistische Einfluss auf die Entwickelung der Eisenbahnen minderer Ordnung. Denkschrift. gr. 8. (XII, 260 S.) Wien 878, Hartleben's Verlag. *

Weber, Max Maria, Frhr. v., der Eisenbahnbau, s. Handbuch für Eisenbahn-Technik.

Weber, M. M. Frhr. von: Der Eisenbahnbetrieb durch lange Tunnels. Wien, Pest u. Leipzig 1877. (Populäre Erörterungen von Eisenbahn-Zeitfragen. 5)

Weber M M v. die Entlastung der Kulturarbeit durch den Dienst der physikalischen Kräfte. (Zeitfragen, Volkswirtschaftliche 10) Berlin 1880

Weber, M. M. v., die Entlastung der Culturarbeit durch den Dienst der physikalischen Kräfte, s. a. Zeitfragen, volkswirthschaftliche.

—— populäre Erörterungen von Eisenbahn-Zeitfragen. I—VII. gr. 8. Ebendas.

Inhalt:

I. Normalspur und Schmalspur. Mit einem Anhang, Verzeichniss von Studien-Behelfen enth. (31 S.) 876. *M 1.
II. Werth und Kauf der Eisenbahnen. (55 S.) 876. *M 1,65.
III. Die Praxis der Sicherung des Eisenbahnbetriebes. (98 S.) 876. *M 2,25.
IV. Privat-, Staats- und Reichs-Bahnen. (95 S.) 876. *M 2.
V. Der Eisenbahn-Betrieb durch lange Tunnels. Mit einem Anhang: Die Wechselwirkungen zwischen dem continentalen und den engl. Bahnsystemen nach der Vollendung des untersoeischen Tunnels. (77 S. mit 7 lithogr. Taf.) 877. *M 2,25.
VI. Die Stellung der deutschen Techniker im staatlichen und socialen Leben. (32 S.) 877. *M 1.
VII. Welches Eisenbahnsystem entspricht am meisten den Verhältnissen Oesterreichs? Eine Denkschrift. (68 S.) 877. *M 1,50.

Weber, Max Maria Frhr. v., vom rollenden Flügelrade, s.: Verein, allgemeiner, für deutsche Literatur.

Weber, Max Maria v., die Gefahrdungen des Personals beim Maschinen- und Fahrdienst der Eisenbahnen. Eine Denkschrift. Leipzig 862. Teubner. gr. 8. (2 Bl., 69 S.) 12 ngr.

—— die Individualisirung und Entwickelbarkeit der Eisenbahnen. gr. 8. (43 S.) Leipzig 875, Teubner.

— die Lebensversicherung der Eisenbahn-Passagiere in Verbindung mit der Unterstützung und Pensionirung der Eisenbahn-Beamten und ihrer Angehörigen. Leipzig 855. Teubner. 8. (50 S.) 12 ngr.

— Nationalität u. Eisenbahn-Politik. gr. 8. (111 S.) Wien 876. Hartleben. n. 3. —

—— neue Pfade der Volkswirthschaft. Die Secundär-Eisenbahnen mit normaler Spurweite und langsamer Fahrbewegung. Denkschrift. gr. 8. (34 S.) Weimar 874, B. F. Voigt.

Weber, M. M. Frhr. v., Portfolio John Cockerill's, s. Portfolio.

—— die Praxis des Baues und Betriebes der Secundärbahnen mit normaler und schmaler Spur, welche Personen und Güterverkehr führen. Kritische Erörterungen auf ausgeführten Bahnen gesammelter Thatsachen. 1. Aufl. (XVIII, 124 S. mit 4 Tab. in qu. 4., qu. und gr. Fol.), und 2. mit einem Anhang verm. Aufl. gr. 8. (XXII, 135 S. mit 4 Tab. in qu. 4. und qu. Fol.) Ebendas. 873.

Weber, M. M. Frhr v. Die Praxis der Sicherung des Eisenbahnbetriebes. Leipzig 1876. 8°. (Populäre Erörterungen von Eisenbahn-Zeitfragen. 3.)

Weber, M. M. v., über die Principien der Verwaltung öffentl. Verkehrsanstalten. Mit besond. Rücksicht auf Eisenbahnen. 8. (37 S.) Leipzig 849, Weber.

v. Weber, Max Maria, über die Principien der Verwaltung öffentlicher Verkehrsanstalten. Mit besond. Rücksicht auf Eisenbahnen. 8. (37 S.) Leipzig 851, Weber. n. 6 ngr.

Weber, M. M. v. Privat-, Staats- und Reichsbahnen. 8°. Wien 1876. (Populäre Erörterungen von Eisenbahn-Zeitfragen, IV.)

—— Schauen und Schaffen. Skizzen. 1. und 2. (Titel-)Aufl. 8. (334 S.) Stuttgart 878,79, [Hallberger.] Deutsche Verlags-Anstalt. *M 4,50.; geb.

—— die Schule des Eisenbahnwesens. Kurzer Abriß der Geschichte, Technik, Administration und Statistik der Eisenbahnen. 8. (XVI und 272 S. mit 90 in den Text gedr. Abbild. in Holzschn.) Leipzig 857, Weber. *

— die Schule des Eisenbahnwesens. Kurzer Abriß der Geschichte, Technik, Administration u. Statistik der Eisenbahnen. Mit 97 in den Text gedr. Abbildgn. (Holzschn.) 2., verm. u. verb. Aufl. Leipzig 862. Weber. 8. (XVI, 334 S.) n. 1 ₰ 10 ngr.

—— Schule des Eisenbahnwesens. Geschichte, Technik, Administration und Statistik der Eisenbahnen. 3. verm. Aufl. Unter Mitwirkung von M. M. v. Weber neu bearb. von Ed. Schmitt. 8. (XX, 555 S. mit 136 in den Text gedr. Abbild. in Holzschn.) Leipzig 873, Weber. *M 6.; geb. **

Weber's, M. M. v., Schule d. Eisenbahnwesens. 4. verm. Aufl. Unter Mitwirk. hervorrag. Fachgenossen bearb. v. Rich. Koch. Mit 170 in den Text gedr. Abbildgn. 8. (XVI, 772 S.) Leipzig 885. Weber. geb. n. 10. —

Weber, M. M. Frhr v. Schule des Eisenbahnwesens. 3. Aufl. bearb. von E. Schmitt. Leipzig 1893. 8°. (1. Aufl. 1857.)

Weber, M. M. Frhr v. Die Schulung der Eisenbahnen für den Krieg im Frieden. Weimar) 1870. 8°.

Weber, M. M. (Frhr) v. Die Sicherung des Eisenbahnbetriebes. Wien 1874. 8°. (Aus: Neue Freie Presse.)

—— s. Simon, H., die Haftpflicht der Eisenbahnen.

—— die Stabilität des Gefüges der Eisenbahn-Gleise. Historische und experimentative Ermittelungen. gr. 8. (XXII, 257 S. mit 1 Tab. in qu. gr. 4., 31 Illustr. in Holzschn. und 9 lithogr. Fol.-Taf.) Weimar 869, B. F. Voigt.

— das Tantièmesystem. 8. (60 S.) Chemnitz 849, Ernesti. n. 8 ngr.

—— die Technik des Eisenbahnbetriebes in Bezug auf die Sicherheit desselben. gr. 8. (XVI und 252 S. mit eingedr. Holzschn.) Leipzig 854, Teubner.

— M. M. Frhr. v., Das Telegraphen- und Signalwesen der Eisenbahnen. Geschichte und Technik desselben. Mit 1 lith. Tafel in fol. gr. 8°. XX, 379 S. Weimar, Voigt 1867. M. 6.75
(Atlas zu Obigem siehe Sonne, E., Atlas.)

Weber, M. v., Das Telegraphen- u. Signalwesen der Eisenbahnen etc. Weimar 1867. 8°. Hiezu: Atlas von 25 Steintfln., gezeichnet von Studirenden der Ing.-Schule des Polyt. in Stuttgart, und 4 Bogen Text von Sonne. Stuttgart 1868. Fol.

Weber, M. v.: Das Telegraphen- und Signalwesen der Eisenbahnen. Weimar 1867
Nebst Atlas. Stuttgart 1869

—— die rauchfreie Verbrennung der Steinkohle mit specieller Rücksicht auf C. J. Dumery's Erfindung. gr. 8. (V und 57 S. mit 3 Stnt. in qu. gr. 4., qu. Fol. und qu. gr. Fol.) Leipzig 859, Teubner.

— die Wasserstrassen Nord-Europa's. Ergebnisse von im Auftrage des Hrn. königl. preuss. Ministers für öffentliche Arbeiten unternommenen Studienreisen. Mit 6 Karten u. 3 Plänen (in Lith. u. Chromolith.). gr. 8. (XII, 397 S.) Leipzig 881. Engelmann. n. 10. --

— Carl Maria von Weber. Ein Lebensbild. 2 Bde. Mit Portr. (in Stahlst.) Leipzig 864. Keil. gr. 8. (XXXIX, 570 S.; XXII, 742 S.) n. 5 ℛ 10 ngr.

—— Carl Maria v. Weber. Ein Lebensbild. 3 Bde. gr. 8. Leipzig 864,66, Keil. [1. Bd. (XXXIX und 570 S. mit Portr. in Stahlst.) 2 Thlr. 15 Ngr., 2. Bd. (XXII und 742 S.) * 2 Thlr. 25 Ngr., 3. Bd. (IX und 304 S.) 1 Thlr. 15 Ngr.] *

— Carl Maria v. Weber Ein Lebensbild. 3. Bd. Leipzig 868. Keil. (IX, 304 S.) 1 ℛ 15 ngr.

—— aus der Welt der Arbeit. Skizzen. [Welt-Bibliothek.] 8. (III, 152 S.) Berlin 868, Lesser. [Leipzig, Schulze und Comp.]

Aus der Welt der Arbeit. Gesammelte Schriften von Max Maria v. Weber. Hrsg. von Maria v. Wildenbruch geb. v. Weber. Mit 1 Bildn. Webers. Berlin: G. Grote 1907. (XLV, 491 S.) 8° [6.] [07.1919]

—— Werke und Tage. Gesammelte Aufsätze. gr. 16. (VIII, 232 S.) Weimar 869, B. F. Voigt.

Weber, Maximilian, s. Weber, Max

Weber, Michael: ...
Halle-Wittenberg, Progr. f. d. Wolframsdorf-Stipendium v. 28. Juli 1832
Der Druck ist erfolgt und wurde bezahlt, wie die Akten ergeben (Kur. VI b 22 Bd 1 Bl. 107/109). Der Titel konnte nicht ermittelt, ein Exemplar nicht nachgewiesen werden.

Weber, Michael: ...
Halle-Wittenberg, Progr. f. d. Marschall-Stipendium v. [ca] 28. Aug 1832
Der Druck ist erfolgt und wurde bezahlt, wie die Akten ergeben (Kur. VI b 22 Bd 1 Bl. 107/109). Der Titel konnte nicht ermittelt, ein Exemplar nicht nachgewiesen werden.

Weberus, Michael: Authentia Capitis ultimi evangelii Johannei, huiusque evangelii totius argumentorum internorum usu, vindicata. Halis: Ruff. (1823). 130 S. 8°
Halle-Wittenberg, Oster-Progr. 1823

Weber, Mich., Authentia capitis ultimi Evangelii Joannis etc. 8 maj. Halle 823. (Grunert.) $^5/_6$ ℛ

Weber, Mich., Beantwortung der Frage: ob derselbe aus der lutherischen in die reformirte Kirche wirklich übergegangen sey. 8. Halle, Kümmel. 819.
vgl. Beantwortung...

Weber, Michael [Praes.], s. Bergner, Chph. Sam.: Pro divina doctrinae christianae origine argumento interno uti non licet.

Weber, Michael [Praes.], s. Clug, Christian Gottlieb: De verbis Paulinis ad Hebr. II. 2. ὁ δι ἀγγελων λαληθεὶς λογος ad legem Sinaiticam quam dicunt angelorum ministerio latam male revocatis adjecto vari s. s. loca interpretandi tentamine.

Weberus, Michael: Confessio Augustana anno 1540. a Melanchthone edita, quae recte quidem nominata est variata, temere autem vitiata, accurate redditur, nonnullisque animadversionibus, historicis, exegeticis, dogmaticis et criticis illustratur. P. 1. Halis 1830: Ploetz. S. 6–24. 8° (4°)
Halle-Wittenberg, Oster-Progr. 1830
[Sondert.:] Confessio fidei exhibita invictissimo imperatori Carolo V caesari aug. in comitiis Augustae anno 1530. Addita est apologia confessionis diligenter recognita. Psalmo 119. Vitebergae 1540: Rhau.
Im Buchhandel 1830 bei Kümmel in Halle.

Weberus, Michael: Confessio Augustana anno 1540. a Melanchthone edita, quae recte quidem nominata est variata, temere autem vitiata, accurate redditur, nonnullisque animadversionibus illustratur. P. 2. Halis 1830: Ploetz. S. 26–50. 8° (4°)
Halle-Wittenberg, Pfingst-Progr. 1830
Im Buchhandel 1830 bei Kümmel in Halle.

Weberus, Michael: Confessio Augustana, eaque invariata, quae dicitur, ex editione Melanchthonis principe accurate redditur, nonnullisque animadversionibus, historicis, exegeticis, dogmaticis et criticis, illustratur. Praemissa est epistola Joh. Brentii ad Isenmannum, Halensem, de comitiis Augustanis. Halis 1830: o. Dr. 58 S. 8° (4°)
Halle-Wittenberg, Progr. d. Univ. z. Feier d. 300jähr. Jubil. d. Augsburg. Konfession am 25. Juni 1830
Im Buchhandel Halle: Kümmel 1830.

Weber, Mich., Confessio Augustana et responsio Pontificia quae vulgo Augustanae confessionis confutatio appellatur. Utramque e cod. Dessaviensi accuratissime exscripsit et cum lect. variant., praemissa narratione de cod. illius indole nec non disputatione de Protestantismi biblici et antibiblici discrimine typis exprimendam. 8. Berlin, K. et Ind. Compt. 810.

Weber, Mich.: De conjugiis in codice sacro vere prohibitis. *Viteb.* 812. br. 4.

Weber, M., de consilio, quod Jes. se in miraculis suis spectasse ipse professus est. Viteb. 1802. 4.

— 365 Denksprüche der Deutschen, nebst ausgesuchten biblischen Texten u. Kirchenliedern. 8. Wittenb. 807. (Gruber in Leipz.) 4 ℊ

— M., de descensu Chr. ad inferos ex 1 Petr. 3, 19 tollendo inque ascensum ad superos mutando. Viteb. 1805. 4.

Weberus, Michael: Doctrina biblica de natura Christi, filii Dei. Halis 1825: Ruff. S. 4–32. 8° (4°)
Halle-Wittenberg, Weihnachts-Progr. 1825
Im Buchhandel 1826 bei Ruff in Halle.

— doctrina biblica de natura Christi, filii Dei. 4 maj. Halle 826. (Grunert.) $^1/_2$ ℛ

Weberus, Michael: Doctrina biblica de natura corporis Christi. Halis: Ruff 1825. S. 4–32. 8° (4°)
Halle-Wittenberg, Oster-Progr. 1825

— doctrina biblica de natura corporis Christi. 4 maj. Halle 825. (Grunert.) $^1/_2$ ℛ

Weberus, Michael: Doctrina biblica de natura Spiritus sancti. Halis: Ruff 1825. S. 4—32. 8° (4°)
Halle-Wittenberg, Pfingst-Progr. 1825

— doctrina biblica de natura spiritus sancti. 4maj. Halle 825. (Grunert.) 1/2 ₰

Weber, M., de donis ecclesiae apostolicae spiritualibus. Viteb. 1794. 4.

— dubitationes adversus Bechtoldi orationem, qua Lessii judicium de Decalogo latum defendere conatur. 8. Lpz.

Weberus, Michael: Eclogae exegetico-criticae ad nonnullos N. T. locos. (Praefatio.) Halis 1827: Schimmelpfennig. S. 4—16. 8° (4°)
Halle-Wittenberg, Pfingst-Progr. 1827

Weberus, Michael: Eclogae exegetico-criticae ad nonnullos librorum N. T. historicorum locos. 1. Halis 1827: Schimmelpfennig. S. 4—16. 8° (4°)
Halle-Wittenberg, Weihnachts-Progr. 1827
Im Buchhandel 1827 bei Schwetschke in Halle.

Weberus, Michael: Eclogae exegetico-criticae ad nonnullos librorum N. T. historicorum locos. 2. Halis 1828: Schimmelpfennig. S. 17—30. 8° (4°)
Halle-Wittenberg, Oster-Progr. 1828
Im Buchhandel 1828 bei Schwetschke in Halle.

Weberus, Michael: Eclogae exegetico-criticae ad nonnullos librorum N. T. historicorum locos. 3. Halis 1828: Schimmelpfennig. S. 31—62. 8° (4°)
Halle-Wittenberg, Pfingst-Progr. 1828
Im Buchhandel 1828 bei Schwetschke in Halle.

Weberus, Michael: Eclogae exegetico-criticae ad nonnullos librorum N. T. historicorum locos. 4. Halis 1828: Schimmelpfennig. S. 63—86. 8° (4°)
Halle-Wittenberg, Weihnachts-Progr. 1828

Weberus, Michael: Eclogae exegetio-criticae ad nonnullos librorum N. T. historicorum locos. 5. Halis 1829: Schimmelpfennig. S. 87—104. 8° (4°)
Halle-Wittenberg, Oster-Progr. 1829

Weberus, Michael: Eclogae exegetico-criticae ad nonnullos librorum N. T. historicorum locos. 6. Halis 1829: Schimmelpfennig. S. 105—134. 8° (4°)
Halle-Wittenberg, Pfingst-Progr. 1829

Weberus, Michael: Eclogae exegetico-criticae ad nonnullos librorum N. T. historicorum locos. 7. Halis 1829: Ploetz. S. 136—168. 8° (4°)
Halle-Wittenberg, Weihnachts-Progr. 1829

Weberus, Michael: Eclogae exegetico-criticae ad nonnullos librorum N. T. historicorum locos. 8. Halis 1830: Ploetz. S. 166—220. 8° (4°)
Halle-Wittenberg, Weinachts-Progr. 1830
S. 213/14 mit der Bogensignatur 30 fehlt in den gesehenen 3 Ex. S. 215 hat unten die Bogensignatur 30*. Vermutlich war als erste Seite (213) des letzten Bogens (30) das Titelblatt gedruckt.

Weberus, Michael: Eclogae exegetico-criticae ad nonnullos librorum N. T. historicorum locos. 9. [Nebst Conspectus zur Praefatio und zu Eclogae 1—8.] Halis 1831: Ploetz. S. 224—252. 8° (4°)
Halle-Wittenberg, Oster-Progr. 1831

9—11 ersch. m. bes. Tit. als des Verf.: Eclogae exegetico-criticae ad nonnullos evangelii Marci locos. Halis 1831: Ploetz: im Buchhandel 1831 bei Kümmel in Halle. mit gleicher Seitenzählung.

Weberus, Michael: Eclogae exegetico-criticae ad nonnullos librorum N. T. historicorum locos. 10. Halis 1831: Ploetz. S. 253—270. 8° (4°)
Halle-Wittenberg, Pfingst-Progr. 1831

Weberus, Michael: Eclogae exegetico-criticae ad nonnullos librorum N. T. historicorum locos. 11. Halis 1831: Ploetz. S. 271—298. 8° (4°)
Halle-Wittenberg, Weihnachts-Progr. 1831

Weberus, Michael: Eclogae exegetico-criticae ad nonnullos librorum N. T. historicorum locos. 12. Halis 1832: Ploetz. S. 300—312. 8° (4°)
Halle-Wittenberg, Oster-Progr. 1832

Weberus, Michael: Eclogae exegetico-criticae ad nonnullos librorum N. T. historicorum locos. 13. Halis 1832: Ploetz. S. 313—333. 8° (4°)
Halle-Wittenberg, Pfingst-Progr. 1832
S. 319/320 kommen in der Paginierung doppelt vor.

Weberus, Michael: Eclogae exegetico-criticae ad nonnullos librorum N. T. historicorum locos. 14. [Nebst Conspectus zu 9—13.] Halis 1832: Ploetz. S. 340—360. 8° (4°)
Halle-Wittenberg, Weihnachts-Progr. 1832

Weberus, Michael: Eclogae exegetico-criticae ad nonnullos librorum N. T. historicoum locos. 15. Halis 1833: Ploetz. S. 354[!]—374. 8° (4°)
Halle-Wittenberg, Oster-Progr. 1833

Weberus, Michael: Eclogae exegetico-criticae ad nonnullos librorum N. T. historicorum locos. 16. Halis 1833: Ploetz. S. 378—390. 8° (4°)
Halle-Wittenberg, Pfingst-Progr. 1833
Die Bogen 52 und 53 tragen beide die Paginierung 383/390.

Weberus, Michael: Eclogae exegetico-criticae ad nonnullos librorum N. T. locos. 17. Halis 1833: Ploetz. S. 393—446. 8° (4°)
Halle-Wittenberg, Weihnachts-Progr. 1833
Mit nach des Verf. Tode († 1.8.1833) vom Prodekan veranlaßtem Umdruck des Titelblattes (als: opus posthumum usw.).
S. 399—422 sind in der Paginierung ausgelassen. —

— Entwurf der allgemeinen christlichen Tugendlehre. 8. Leipz. 780. (Aue in Altona). 12 ₰

Weberus, Michael: Ἐπιμετρον. Authentia epistolae Johannis primae argumentorum internorum usu vindicata. Halis: Renger (1823). 16 S. 8°
Halle-Wittenberg, Pfingst-Progr. 1823

— etwas für junge Freunde d. Philosophie. 8. Leipz. 779.

— lateinisches Gesangbuch für Studirende, zur Belebung u. Veredlung häusl. Freuden, mit durch Noten bezeichnete Melodien. gr. 8. Halle 825. Waisenhausbuchh. 16 ₰

— latein. Gesänge für studir. Jünglinge. 8. o. O. (Wittenb.) 800.

— Gift und Gegengift, oder der biblische Beweis, daß Jesus nach seiner Auferstehung noch 27 Jahr auf Erden gelebt habe, als Roman dargestellt, und nebst 2 acad. Vorlesungen über Matth. XXIV, 29. und XXVIII, 17. Jesu zu Ehren. gr. 8. Halle, Ruff. 820.

— Gift u. Gegengift od. d. biblische Beweis, daß Jesus nach seiner Auferstehung noch 27 Jahre auf Erden gelebt u. f. Wohl d. Menschheit in d. Stille fortgewirkt habe ꝛc. gr. 8. Halle 820, ist Verl. v. Reinicke u. C.
Vgl. Gift u. Gegengift.

Weber, Michael [Praes.], s. Hahn, Karl Heinrich August: Jesus pro divina doctrinae suae origine nuspiam usus esse legitur argumento interno.

— hat denn der Decalogus wirklich keine verbindende Kraft mehr, wie man jetzt so zuversichtlich behauptet? 8. Leipz. 782.

— christl. Haus- u. Schulkalender auf alle Jahre, nebst Morgen-, Abend-, Tisch- u. Festliedern. gr. 12. Halle 827. Gebauer. 4 ₰

Weber, Michael [Praes.], s. Heisius, Christian Benjamin: De stilo optimo et praestantissimo dicendi effectore ac magistro.

Weber, Michael [Praes.], s. Hoffmann, Johann Ehrenfried Friedrich: De virtutis et peccati magnitudine recte judicanda.

W e b e r, M., virtutis Jesu integritas neque ex ipsius professionibus neque ex actionibus doceri potest. Viteb. 1796. 4; rep. in ejsd. opusc. acad. p. 179 ss.

W e b e r, M., interpretatio judicii, quod Jesus Joan. 7, 14—18. de sua ipsius doctrina tulisse, legitur. Viteb. 1797. 4.

Weberus, Michael: Interpretatio nova novi praecepti, a Christo dati, Joh. XIII, 34. 35. *'Εντολὴν καινὴν δίδωμι ὑμῖν, ἵνα κ. τ. λ.* [P. 1.] Halis: Ruff 1826. 15 S. u. Buchtit. 8° (4°)

Halle-Wittenberg, Pfingst-Progr. 1826

P. 1 u. 2 zusammen im Buchhandel 1826 bei Ruff bzw. Kümmel in Halle mit besonderem, den akademischen Charakter der Schrift nicht verratendem Titelblatt.

Weberus, Michael: Interpretatio nova novi praecepti, a Christo dati, Joh. XIII, 34. 35. *'Εντολὴν καινὴν δίδωμι ὑμῖν, ἵνα κ. τ. λ.* [P. 2.] Halis: Ruff 1826. S. 18—40. 8° (4°)

Halle-Wittenberg, Weihnachts-Progr. 1826

P. 1 u. 2 zusammen im Buchhandel 1826 bei Ruff bzw. Kümmel in Halle mit besonderem, den akademischen Charakter der Schrift nicht verratendem Titelblatt.

Weber, Michael, s.ₐJ o h a n n e s , d. Apost. Briefe.

— **Versuch e. Uebersetzung d. Briefe Johannis. 8.** Lpz.: Büschel 1778.

Weber, Michael [Praes.], s. K i r s c h , Georg Wilhelm: De facili linguam Hebraicam docendi discendique ratione.

Weber, Michael [Praes.], s. K r o n h a r d t , Christian Friedrich: De justitia dei.

Weber, Michael, s. L i b r i symbolici eccles. Evangel. Lutheranae.

— **neue geistl. Lieder auf christl. Festtage. 8. Leipz. 788.**

Weber, Michael [Praes.], s. M i r u s , Karl Ehrenfried: De rerum cognitione eloquentiae procreatrice.

Weber, Mich., Morgen- u. Abendandachten, nach Anleit. des Vater Unser. 8. Leipz. 782. 4e Aufl. 794. (Aue in Altona). 4 ℛ

Weber, Michael [Praes.], s. M ü l l e r , Christoph Theophil: De discrimine definitionis scholasticae et oratoriae.

Weber, Michael [Praes.], s. O p i t z , Ernst Wilhelm: De accommodationis Christi et apostolorum didacticae natura.

— O p u s c u l a academ. eaque apologetica Vitebergae publice scripta, deinceps edita, nunc demum accuratius reddita atque adaucta. 8 maj. (24 B.) Lipsiae 828, [Lehnhold.] 2 Thlr., Schrbp.

Weberus, Michael: De orationibus Latinis beneficia percipientibus academica, eaque Vitebergensia, legitime habendis. Halis: Ruff 1824. 7 S. 8° (4°)

Halle-Wittenberg, Progr. f. d. Marperger-Stipendium v. 29. Mai 1824, Redner Christian **Mudra**

Wiederabgedr. in des Verf. Symbolae ad grammaticam Latinam et criticam. Lipsiae 1828. S. 1—14.

Weberus, Michael: Oratiuncula inter sacra Confessionis Augustanae secularia tertia d. 25. Jun. a. 1830. in auditorio aedium Frankianarum majori habita cum epilegomenis nonnullis ad Confessionem Augustanam. Halis 1830: Ploetz. S. 2—16. 8° (4°)

Halle-Wittenberg, Progr. z. akad. Preisverteilung 1830

Weberus, Michael: Paradoxon. Halis: Renger (1823). 71 S. 8°

Halle-Wittenberg, Weihnachts-Progr. 1823

Buchausg. u. d. T.: Paradoxon. *'Ο ἐν Χριστῷ οὐκ ἀποθνήσκει.* Halle: Ruff 1824.

— **Paradoxon** *'Ο ἐν Χριστῷ οὐκ ἀποθνήσκει.* **8 maj. Halle 824. (Grunert.)** 5/12 ℛ

Weber, Michael, s.ₐP a u l u s : Briefe an d. Galater.

— **Versuch e. Uebersetzung d. Briefes Pauli an d. Galater. 8. Lpz. Büschel. 778.**

Weber, Michael [Praes.], s. P f o t e n h a u e r , Karl Christian: De cupiditate W** I in suadendo symbolo philosophica.

— **Predigt über 1. Cor. V, 6. 8. 8. Wittenb. 785. Zimmermann. 2 ℛ**

— 2 P r e d i g t e n 1) v. Nutzen u. Gebr. guter Gebetbücher. 2) Abzugspredigt von Leipzig. 8. Ebend. 784.

Weberus, Michael: Symbolae ad grammaticam Latinam. [I.] De formularum comparandi non magis, quam ⟨non plus, nihilo plus, nihilo magis, quam⟩ et non minus, quam ⟨nihilo minus, quam⟩ vero usu. [1.] Halis 1824: Baentsch. S. 3—8. 8° (4°)

Halle-Wittenberg, Progr. f. d. Sigismund-Stipendium v. 16. Juli 1824, Redner: Karl Julius Brezelius [Bretzel]

Wiederabgedr. in des Verf. Symbolae ad grammaticam Latinam et criticam. 1828. S. 17—27.

Weberus, Michael: Symbolae ad grammaticam Latinam. [I. De formularum comparandi non magis, quam ⟨non plus, nihilo plus, nihilo magis, quam⟩ et non minus, quam ⟨nihilo minus, quam⟩ vero usu. 2.] Halis 1824: Baentsch. S. 10—16. 8° (4°)

Halle-Wittenberg, Progr. f. d. Wolframsdorf-Stipendium v. 26. Juli 1824, Redner: Karl August Moritz **Axt**

Wiederabgedr. in des Verf. Symbolae ad grammaticam Lat. et crit. 1828. S. 28—38.

Weberus, Michael: Symbolae ad grammaticam Latinam. [I. De formularum comparandi non magis, quam ⟨non plus, nihilo plus, nihilo magis, quam⟩ et non minus, quam ⟨nihilo minus, quam⟩ vero usu. 3.] Halis 1824: Gebauer. S. 18—24. 8° (4°)

Halle-Wittenberg, Progr. f. d. Marschall-Stipendium v. 28. Aug. 1824, Redner: Johann Christoph **Kaempf**

Wiederabgedr. in des Verf. Symbolae ad grammaticam Lat. et crit. 1828. S. 38—42.

Weberus, Michael: Symbolae ad grammaticam Latinam. [I. De formularum comparandi non magis, quam ⟨non plus, nihilo plus, nihilo magis, quam⟩ et non minus, quam ⟨nihilo minus, quam⟩ vero usu. 4.] Halis 1825: Ruff. S. 26—32. 8° (4°)

Halle-Wittenberg, Progr. f. d. Kornfail-Stipendium v. 22. Jan. 1825, Redner: Georg Franz **Schwabe**

Wiederabgedr. in des Verf. Symbolae ad grammaticam Lat. et crit. 1828. S. 42—44.

Weberus, Michael: Symbolae ad grammaticam Latinam. [I. De formularum comparandi non magis, quam ⟨non plus, nihilo plus, nihilo magis, quam⟩ et non minus, quam ⟨nihilo minus, quam⟩ vero usu. 5.] Halis 1825: Ruff. S. 34—40. 8° (4°)

Halle-Wittenberg, Progr. f. d. Wolframsdorf-Stipendium v. 26. Juli 1825, Redner: Karl Eduard **Kilger**

Wiederabgedr. in des Verf. Symbolae ad grammaticam Lat. et crit. 1828. S. 44—48.

Weberus, Michael: Symbolae ad grammaticam Latinam. [I. De formularum comparandi non magis, quam ⟨non plus, nihilo plus, nihilo magis, quam⟩ et non minus, quam ⟨nihilo minus, quam⟩ vero usu. 6.] Halis 1825: Ruff. S. 42—48. 8° (4°)

Halle-Wittenberg, Progr. f. d. Marschall-Stipendium v. 28. Aug. 1825, Redner: Eduard Friedland **Frank**

Wiederabgedr. in des Verf. Symbolae ad grammaticam Lat. et crit. 1828. S. 48—51.

Weberus, Michael: Symbola ad grammaticam Latinam. II. De formularum nescio an — haud scio an — dubito an — vero usu. 1. Halis 1826: Schimmelpfennig. S. 3—8. 8° (4°)

Halle-Wittenberg, Progr. f. d. Thielemann-Stipendium v. 4. Mai 1826, Redner: Johann Daniel **Oeltzner**

Im Buchhandel 1826 bei Kümmel in Halle.

Wiederabgedr. in des Verf. Symbolae ad grammaticam Lat. et crit. 1828 S. 52—60.

Weberus, Michael: Symbola ad grammaticam Latinam. II. De formularum nescio an — haud scio an — dubito an — vero usu. 2. Halis 1826: Schimmelpfennig. S. 10—16. 8° (4°)

Halle-Wittenberg, Progr. f. d. Sigismund-Stipendium v. 16. Juli 1826. Redner: Johann Gottlob **Hoffmann**

Im Buchhandel 1826 bei Kümmel in Halle.

Wiederabgedr. in des Verf. Symbolae ad grammaticam Lat. et crit. 1828. S. 60—66.

Weberus, Michael: Symbola ad grammaticam Latinam. II. De formularum nescio an — haud scio an — dubito an — vero usu. 3. Halis 1826: Schimmelpfennig. S. 18—24. 8° (4°)

Halle-Wittenberg, Progr. f. d. Wolframsdorf-Stipendium v. 28. Juli 1826, Redner: Reinhard August Heinrich **Stern**

Im Buchhandel 1826 bei Kümmel in Halle.

Wiederabgedr. in des Verf. Symbolae ad grammaticam Lat. et crit. 1828. S. 66—72.

Weberus, Michael: Symbola ad grammaticam Latinam. II. De formularum nescio an — haud scio an — dubito an — vero usu 4. Halis 1826: Schimmelpfennig. S. 26—40. 8° (4°)

Halle-Wittenberg, Progr. f. d. Marschall-Stipendium v. 26. Aug. 1826, Redner: Alexander Friedrich Maximilian **Gruber**

Im Buchhandel 1826 bei Kümmel in Halle.

Wiederabgedr. in des Verf. Symbolae ad grammaticam Lat. et crit. 1828. S. 72—85.

II, 5 ist nicht ersch.

Weberus, Michael: Symbola ad grammaticam Latinam. II. De formularum nescio an — haud scio an — dubito an — vero usu. 6. Halis 1827: Schimmelpfennig. S. 43—48. 8° (4°)

Halle-Wittenberg, Progr. f. d. Sigismund-Stipendium v. 16. Juni 1827, Redner: Johann Gottlob **Hoffmann**

Im Buchhandel 1827 bei Schwetschke in Halle.

Wiederabgedr. in des Verf. Symbolae ad grammaticam Lat. et crit. 1828. S. 85—90.

Weberus, Michael: Symbola ad grammaticam Latinam. II. De formularum nescio an — haud scio an — dubito an — vero usu. 7. Halis 1827: Schimmelpfennig. S. 50—56. 8° (4°)

Halle-Wittenberg, Progr. f. d. Wolframsdorf-Stipendium v. 28. Juli 1827, Redner: Friedrich Wilhelm **Jahn**

Im Buchhandel 1827 bei Schwetschke in Halle.

Wiederabgedr. in des Verf. Symbolae ad grammaticam Lat. et crit. 1828. S. 90—91.

Weberus, Michael: Symbola ad grammaticam Latinam. II. De formularum nescio an — haud scio an — dubito an — vero usu. 8. Halis 1827: Schimmelpfennig. S. 58—80. 8° (4°)

Halle-Wittenberg, Progr. f. d. Marschall-Stipendium v. 28. Aug. 1827, Redner: Friedrich Ferdinand **Stollberg**

Im Buchhandel 1827 bei Schwetschke in Halle.

Wiederabgedr. in des Verf. Symbolae ad grammaticam Lat. et crit. 1828. S. 91—120.

Weberus, Michael: Symbola ad grammaticam Latinam. II. De formularum nescio an — haud scio an — dubito an — vero usu. [9.] P. 4 & 5. Halis 1828: Schimmelpfennig. S. 82—110. 8° (4°)

Halle-Wittenberg, Progr. f. d. Murperger-Stipendiun v. 29. Mai 1828, Redner: Wilhelm **Weber**

Im Buchhandel 1828 bei Schwetschke in Halle.

Wiederabgedr. in des Verf. Symbolae ad grammaticam Lat. et criticam. 1828. S. 120—147.

—— Symbolae ad grammaticam latinam et criticam. 8 maj. ($15^1/_2$ B.) Lipsiae 828, Voss.

— theoremata religionis christianae. 8maj. ... (791.)

— Tischandachten für vernünftige u. fromme Christen auf alle Tage überhaupt u. jeden Tag der Woche insbesondere. 8. Wittenb. 785. Zimmermann. 4 gr

— nöthiger Unterricht vom Gebet, ein Anhang zu den Morgen-, Abend- u. Tischandachten für vernünftige u. fromme Christen. 8. Wittenb. 786. Zimmermann. 4 gr

— unparteiische Untersuch. d. Lessischen Anmerkk. über den Decalogus. 8. Leipz. 782.

Weber, Michael: De usu versionis N. T. Syriacae hermeneutico exemplis exquisitioribus illustrato et comprobato. Leipzig: Büschel 1778.

Weberi, Mich., diss. de verbis paulinis ad Hebr. 11. 2. ad legem sinaiticam quam dicunt angelorum ministerio latam, male revocatis. Misenae 802. 4.

Weberus, Michaël: Pia vota pro salute patriae et regis cum nonnullis animadversionibus ad locum Ciceronis (de Fin. II. 31) de die natali. Halis 1826: Schimmelpfennig. S. 3—6. 4° (2°)

Halle-Wittenberg, Progr. z. akadem. Preisverteilung 3. Aug. 1826 Enthält die Preisurteile v 1825 und die neuen Preisaufgaben f. 1827. — Wiederabgedr. in des Verf. Symbolae ad grammaticam Latinam et criticam. Lipsiae 1828. S. 227—239.

— was hat man von dem Edikt des Königs v. Preußen, die Religionsverfass. in d. Pr. St. betreff., zu halten? 8. Wittenb. 788

Weber, Moritz

Weber, Mor., gemeinverständliche Anleitung zur Darstellung der Bewegungen des Halleyschen Kometen im J. 1910. Zugleich anwendbar auf alle Planeten. 1. u. 2. Aufl. (12 S. m. 3 Abb. auf 1 Taf. u. 1 Bl. Erklärgn.) Lex. 8. Wiesbaden 910. C. W. Kreidel. 1.—

Weber, Moritz, s. Kalender d. Dresdner Gabelsberger-Stenographen-Vereins.

Weber, M(oritz) I(gnaz): Anatomischer Atlas des menschlichen Körpers in natürlicher Grösse, Lage und Verbindungen der Theile. (Nebst) Erklärung, gbd., Abb.

Düsseldorf: Arnz (1830 - 1833)

Weber, M. J., anatom. Atlas d. menschl. Körpers in natürl. Grösse, Lage u. Verbindung d. Theile. (7 Lfgn.) gr. 8. (76 Stnt. z. Theil ill. Roy.-Fol., incl. 2 Taf., jede 3′ 5″ lang u. 1′ 1″ breit [2 ganze Skelette darst.] u. $28^1/_2$ B. Text.) Düsseldorf 830—34, Arnz u. Comp.

Weber, M. J., anatom. Atlas. (7 Lfgn.) 2. Aufl. Imp.-Fol. (84 Stnt. u. $26^3/_4$ B. Text, Lex.-8.) Düsseldorf 835—40, Arnz u. Comp. * 35 Thlr., hrbgs. Pr. *

— anatomischer Atlas. — Supplement-Tafeln. 6 lith. Blätter in Imp.-Fol. u. Text in gr. 8. Düsseldorf 841. (Arnz u. Comp.) n. $2^1/_2$ ℛ

Weber, M. J., anatomischer Atlas. 2. Aufl. (90 theils ill. Stnt.) Mit: Erklärung. (496 S. in gr. 8.) Imp.-Fol. Düsseldorf 848, Arnz und Comp. *

— s. a. Atlas, anatomischer.

—— Beiträge zur Anatomie u. Physiologie, s. a. Beiträge.

— Beiträge zur Anatomie u. Physiologie. 1r Bd. 1e Nummer. Mit 2 Steindr. gr. 4. Bonn 832. Henry u. Cohen. $^1/_2$ ℛ

— allgem. Beschreib. d. Skeletts d. Hausthiere, s. K. Ch. G. Sturm, über Racen etc.

Memoriam sacram ... Friderici Guilelmi III universitatis litt. Fridericiae Guilelmiae Rhenanae conditoris natali eius d. III m. Aug. ... ab hac universitate ... celebrandam ... indicit D. M[auritius] I[gnatius] **Weber**, ord. med. h. t. decanus. — Praemissa est commentatio anatomico-physiologica [varias observationes continens], cum tabula lith. Bonnae, litt. C. Georgii 1848. 15 S., 1 Taf. 4. ¶ In Komm. bei Weber in Bonn.

Observatio anatomico-pathologica de corde univentriculari, e quo unus tantum truncus arteriosus surgit. Prolusio acad., qua ad audiendam orationem, quam pro aditu muneris prof. ord. in facultate med. d. XIX m. Maii ... recitaturus est ... invitat M[auritius] I[gnatius] **Weber** ... Acced. tabula lith. Bonnae, typ. C. Georgii 1832. 8 S., 1 Taf. 4. ¶ In Komm. bei Weber in Bonn.

Weber, M(oritz) I(gnaz): Erklärung des anatomischen Atlasses. 434 S. Düsseldorf: o.J.

s.: Weber, M.I.: Anatomischer Atlas des menschlichen Körpers in natürlicher Grösse, Lage und Verbindungen der Theile. Erklärung.

Weber, M. J., Grundlinien der Osteologie des Menschen u. der Hausthiere in Verbindung mit Syndesmologie. 1e Abt. gr. 8. Bonn 820. Weber. 1 ß 4 gl (Auch u. d. T.: Grundlinien der Osteologie u. Syndesmologie des Menschen.)

Weber, M. J., anatomischer Hand-Atlas des menschlichen Körpers mit den in die einzelnen Theile ein- oder beigeschriebenen Namen derselben, ähnlich wie bei Landkarten. 1. Lfg.: Myologische Tafeln des menschl. Körpers. Nach B. S. Albinus. Imp.-Fol. (7 Kpfrt.) Bonn 853, (Weber.) Subscr.-Pr.

— Handbuch d. vergleichenden Osteologie. Anatomisch, physiol., philosoph. u. geschichtl. bearb. u. mit steten Hinweiss. auf die „Darstell. d. Skelette d. Haussäugethiere u. Hausvögel" versehen. 1r Thl. gr. 8. Bonn 824. Weber. 1 ß 12 gl

—— vollständ. Handbuch d. Anatomie d. menschl. Körpers (Zergliederungs-Kunde u. -Kunst). Zunächst f. d. Besitzer d. anatom. Atlasses. 2 Bde. (od. 8 Lfgn.) gr. 8. ($84\frac{1}{2}$ B.) Bonn 837—42, König. *

Weber, M. J., vollständ. Handbuch der Anatomie des menschl. Körpers (Zergliederungs-Kunde u. Kunst.) Zunächst f. d. Besitzer des anatomischen Atlasses. 3. Bd. Gehör- u. Sehorgan, Nervenlehre, Entwickelungsgeschichte u. allgem. Anatomie. gr. 8. ($45\frac{1}{8}$ B.) Leipzig 845, Michelsen. Nachschuß * (3 Bde. *

1. u. 2. Bd. Bonn 1837—42. (jetzt) Ebendas.

— Handbuch der Zergliederungs-Kunde u. -Kunst des menschl. Körpers. Zunächst für die Besitzer des anatom. Atlasses. 1r Bd. 1e—4e Lfrg. u. 2r Bd. 4 Lfrgg. gr. 8. Bonn 837—840. König u. v. Borcharen. n. $6\frac{2}{3}$ ß

—— die Lehre von d. Ur- u. Racen-Formen d. Schädel u. Becken des Menschen. Roy.-4. (5 B. u. 33 lith. Abbild.) Düsseldorf 830, Arnz u. Comp.

— Schema des medicinischen Studiums. Für angehende Mediciner u. als Leitfaden zu Vorlesungen über Encyclopädie u. Methodologie entworfen. gr. 8. Bonn 833. Weber. $\frac{1}{8}$ ß

— die Skelette der Haussäugethiere u. Hausvögel, für Naturforscher, Aerzte u. zu den Vorlesungen auf Universitäten u. Thierarzneischulen entworfen. Mit 17 Kpft. qu. Fol. Bonn 824. Weber. 4 ß 12 gl

Weber M. J.: Die Skelette d. Haussäugethiere u. Hausvögel ... Bonn 1824. 22 S. 16 Tvl. Tv.-Fol.

—— die **Skelette der Haussäugethiere und Hausvögel**. Für den Unterricht auf Universitäten, Veterinäranstalten und Schulen überhaupt, sowie für Freunde der Naturwissenschaften und Fachgenossen entworfen. 2. (Titel-)Ausg. qu. gr. Fol. (IV und 24 S. Text, mit 17 Kpfrt. ausgeführt von d'Alton, Breitenstein und Engels.) Bonn 850, Weber. *

— über des Strahlenblättchen im menschl. Auge. Mit 1 Steint. gr. 8. Bonn 827, Habicht.

— über das Stahlenblättchen im menschl. Auge. Mit 1 Steint. gr. 8. Bonn 828. Habicht. 4 gl

— die Zergliederungskunst d. menschl. Körpers. Zum Gebrauch b. d. Secirübungen 1e Abthlg. — A. u. d. T.: Elemente d. allgem. Anatomie in Verbindung m. d. allgem. Zergliederungskunst. Mit 1 Steint. gr. 8. Bonn 826, Habicht.

—— die Zergliederungskunst d. menschl. Körpers in Verbindung mit d. Elementen d. Anatomie. Zu d. Secirübungen u. d. Vorlesn. entworfen. 2—4. (letzte) Abthl. — A. u. d. T.: Elemente d. spec. Anatomie in Verbind. mit d. spec. Zergliederungskunst. 3 Abthln. gr. 8. Bonn, Habicht.

Abthl. 2. Anatomie d. Muskeln u. Bänder. (12 B.) 828. 20 Gr.
- 3. —— d. Gefässe u. Bildungsorgane (Eingeweide). ($13\frac{1}{2}$ B.) 831. 1 Thlr
- 4. —— d. Sinnesorgane d. Gehirns u. d. Nerven. (9 B.) 832 18 Gr.
1. Abthl. Elemente d. allgem. Anatomie. Ebendas. 1826. 18 Gr.

Weber, N., Liederschatz f. schlesische Volksschulen. (XII, 96 S.) 8. Neurode (905). Verlagsanstalt Dr. E. Rose. —40; geb. —50

Weber, Nikolaus (Nürnberg) A. S. 1319/25

Cometae sublunares sive Aerei non prorsus negandi.
Dissertatio inauguralis philosophica.
Präs. Johann Heinrich Müller.
Altdorf (Meyer) 25. VI. 1722. 24 S.

Gew.: Gustav Georg Tezel, Johann Christoph von Imhof, Leonhard Grundherr, Hieronymus Wilhelm Ebner.

35906

Weber, Nikolaus (Nürnberg) A. S. 341/15

Doctrinae antiquariae capita quaedam.
Präs. Christian Gottlieb Schwarz.
Altdorf (Meyer) 11. XI. 1719. 56 S.

Gew.: Wolfgang Jakob Nüzel, Christoph Fürer.
W. v.: Präs., Georg Friedrich Woelker.

35905

Weber, Norwin [von und in Bern]: Franz Ludwig Haller von Königsfelden 1755—1838. Biel 1900. VII, 153 S. 1 Bl. 8°.

Bern. Phil. Diss. 1899/1900.

Franz Ludwig Haller von Königsfelden. 1755–1838. Von Dr. Norwin Weber. *Biel: E. Kuhn 1900.* (VI, 153 S.) 8° [01. 723

Weber, O., Abschiedspredigt, geh. im Dom zu Schwerin i. M. am 16. Sonntag n. Trin. üb. Ephes. 3, 13—21. (15 S.) kl. 8. Schwerin 906. F. Bahn. n. —20

Weber, O., Alexandrine, Großherzogin-Mutter v. Mecklenburg. Gedächtnis-Predigt, geh. am Sonntag Misericordias Domini im Dom zu Schwerin. 1.—5. Aufl. 8. (14 S.) Schwerin 892. F. Bahn. n. — 20

Weber, O.: Entwicklung des Schießwesens in Heilbronn. Festzeitung und Programm zum 17. Württembergischen Landesschießen in Heilbronn am 16., 17. und 18. Juli 1899. Heilbronn, 1899.

Weber, O.: Evangelien-Predigten für den häuslichen und kirchlichen Gebrauch . . . Hrsg. vom christl. Ver. im nördl. Deutschland. Eisleben: P. Klöppel; Leipzig: G. E. Schulze 1898. 8°

1. Predigten über d. Sonn- u. Festtagsevangelien v. ersten Sonntag im Advent bis z. Trinitatisfest. (IV, 419 S.)
2. Predigten über d. Evangelien d. siebenundzwanzig Sonntage nach Trinitatis, sowie f. Erntedankfest, Reformationsfest u. Buss- u. Bettag. (IV, 364 S.)

Weber, O., Friedrich Franz III. Großherzog v. Mecklenburg-Schwerin. Gedächtnis-Predigt, geh. am Sonntag Quasimodogeniti im Dom zu Schwerin. 8. (12 S.) Schwerin 897. F. Bahn. n. — 20

Weber, O., ältere Geschichte der Herzogthümer Schleswig und Holstein. Ein Haus- und Familienbuch. 1. und 2. Lfg. gr. 16. (S. 1—112.) Altona 853, Lange. à Lfg. 4½ Ngr.

Weber, O., d. Menschen Leid u. d. Christen Trost. 7 Predigten, geh. im Dom zu Schwerin. 1. u. 2. Aufl. gr. 8. (79 S.) Schwerin i/M. 890. Burmeister. n. 1. —; geb. n. 1. 60

Weber, O., Radfahrerlist, s. Wallner, Edm., allgem. Schaubühne, Lfg. 96.

Weber, O., Religion der „Gartenlaube". Ein Wort an die Christen unter ihren Lesern. 1.—6., mit einem Vorwort verseh. Aufl. gr. 8. (16 S.) Stavenhagen 877, (Beholtz.)

— wie dünket euch um Christo? Wes Sohn ist er? Predigt üb. Matth. 22, 34—46, geh. am 18. Sonntag nach Trinitatis 1892 im Dom zu Schwerin. gr. 8. (14 S.) Ebd. 892. n. — 20

Weber, O. H., Perlen. Ein Führer durch's Leben, bestehend in e. Anthologie lehrreicher Sprüche. Nach dem Alphabet geordnet u. hrsg. Der reiferen Jugend gewidmet. 8. (V, 133 S.) Bern 883. (R. F. Haller-Goldschach.) n. 1. 50

Weber, O. H., Perlen. Ein Führer durch's Leben, bestehend in e. Anthologie lehrreicher Sprüche. Nach dem Alphabet geordnet u. hrsg. Der reiferen Jugend gewidmet. (2. Aufl.) gr. 8. (48 S.) Grenchen (Ct. Solothurn) 895. A. Niederhäuser. — 40

Weber, Omar. The Language of the English Metrical Homilies. ⟨ed. by J(ohn) Small M. A.⟩ Diss. Ph(il). Berne. 68 p. 8. Bern, Gottfr. Isoli, 1902.

Weber, Oskar H. [aus Magdala, Sachsen-Weimar]: Über die Änderungen der freien Energie bei geschmolzenen Halogenverbindungen einiger Metalle. Leipzig 1899. 62 S. 8°.
Zurich. Phil. Diss. II. S. 1899,1900.

Weber, Ottilie, das Buch der Suppen u. Saucen, s.: Spezial-Kochbücher, praktische. 2. Bdchn.

— Neueste vollständige Gemüseküche, s.: Spezial-Kochbücher, praktische. 3. Bdchn.

Weber, Otto, Chirurg, 1827–1867, s. Weber, Karl Otto.

Arabien vor dem Islam. Von Dr. Otto **Weber**. *Leipzig: J. C. Hinrichs 1901.* (35 S.) 8°
= **Orient**, Der alte. Jg 3, H. 1. [01. 10692

Weber, Otto: Arabien vor dem Islam. 2., durchges. u. erw. Aufl. Leipzig: Hinrichs 1904. 36 S. 8°
(Der alte Orient. Jg. 3, H. 1.)

Weber, Otto, approb. Arzt aus Mönchhof a. M.: Casuistische **Beiträge zur Hysterie** im Kindesalter. *Grünberg 1902: H. Robert.* (48 S.) 8°
Giessen, Med. Diss. v. 1902

Weber, Otto, Blätter vom Stamm Napoleon. Gedichte. gr. 8. (VIII und 173 S.) Leipzig 856, Engelmann.

Weber, Otto: Censura agitur Horatii Lehrsiani. 13 S. 4.
Progr Realschule mit Progymn. *Leisnig* 1909 (778).

Dämonenbeschwörung bei den Babyloniern und Assyrern. Eine Skizze von Dr. Otto **Weber**. Leipzig: J. C. Hinrichs 1906. (37 S.) 8° [F.]
= **Orient**, Der alte. Jg. 7, H. 4. [06. 2438

Weber, Otto, Apotheker aus Melle ⟨Hann.⟩: Über die **Einwirkung** anorganischer Verbindungen auf das Drehungsvermögen von Dextrose und Lävulose. *Rostock 1904: Adlers Erben.* (87 S.) 8°
Rostock, Phil. Diss. v. [24. Febr.] 1904

Weber, Otto: Eduard Glasers Forschungsreisen in Südarabien. Mit e. Bild Glasers. Leipzig: Hinrichs 1909. 32 S. 8°
(Der alte Orient. Jg. 10, H. 2.)

Forschungsreisen in Süd-Arabien bis zum Auftreten Eduard Glasers. Von Dr. Otto **Weber**. Mit Kartenskizzen u. Abb. Leipzig: J. C. Hinrichs 1907. (34 S.) 8° [F.]
= **Orient**, Der alte. Jg. 8, H. 4. [07. 7360

Weber's, Otto, Gedichte. 8. Leipzig 833. Engelmann. ¾ ₰ (Für Oesterreich auch unter d. Titel: Lieder eines Deutschen an Oesterreich.)

—— dass. 2. Sammlung. gr. 8. (12⅛ B.) Ebds. 815.

Weber, Otto, Gedichte. 1. Sammlung. 2. verm. Aufl. 846. u. 2. Samml. gr. 8. Leipzig 845, W. Engelmann. à 1 ₰

Weber, Otto, Gedichte. 1. Samml. 2., verm. Aufl. in neuer Ordnung. Lex.-8. (15 B.) Leipzig 846, Wilh. Engelmann.

Weber, O., hebräisches u. aramäisches Handwörterbuch üb. das Alte Testament, s.: Gesenius, Wilh.

Weber, Otto: Eine neue minäische Inschrift ⟨Gl. 1302⟩ nebst historischer Einleitung über das Alter des minäischen Reiches. Berlin: W. Peiser [1901]. (43 S. 8°
[Erschien vollst. 1901 u.d.T.: Studien zur südarab. Altertumskunde, 1: Das Alter d. minäischen Reiches als: Mitteilungen d. vorderasiat. Gesellschaft, Jg. 6, H. 1.] – (Die im Titel angekündigte Inschrift soll mit ausführl. Kommentar den 3. Teil d. 'Studien' bilden.)
München, Phil. Diss. v. 1901.

Die Literatur der Babylonier und Assyrer. Ein Überblick von Otto **Weber**. (Neuburg a. d. Donau). Mit 1 Schrifttaf. u. 2 Abb. Leipzig: J. C. Hinrichs 1907. (XVI, 312 S.) 8°
= **Orient**, Der alte. Erg.Bd 2. [07. 8018

— O., De numero Platonis. Pr. 1862. 32 S. 4°.

—— über Protagoras aus Abdera. gr. 4. (31 S.) Marburg 849, Elwert'sche Universitäts-Buchh.

Weber, Otto, Quaestiones Protagoreae. Dissertatio inauguralis. 4maj. (48 S.) Marburgi 850, libr. universit. Elwert.

Sanherib, König von Assyrien 705–681. Eine Skizze von Dr. Otto **Weber**. Leipzig: J. C. Hinrichs 1905. (29 S.) 8° [F.]
= **Orient**, Der alte. Jg. 6, H. 3. [05. 643

Weber, Otto, Regierungsref. in Bonn: Die Schiffsgewalt des Kapitäns und ihre geschichtlichen Grundlagen. Bonn 1907: C. Georgi. (118 S.) 8°
Bonn, Jur. Fak., Ref. Cosack, Diss. v. 23. Febr. 1907
[Geb. 2. Sept. 82 Mitau (Kurland); Wohnort: Koblenz; Staatsangeh.: Preußen; Vorbildung: Friedrich-Wilhelms-Gymn. Cöln Reife O. 01; Studium: Genf 2, München 1, Moskau 1, Berlin 2, Bonn 1 S.; Rig. 15. Febr. 07.]

Die Schiffsgewalt des Kapitäns und ihre geschichtlichen Grundlagen. Von Dr. Otto **Weber**, Reg.Ref. in Bonn. Tübingen: J. C. B. Mohr 1907. (VIII, 81 S.) 8°
= **Abhandlungen** aus d. Staats-, Verwaltungs- u. Völkerrecht. Bd 3, H. 3. [07. 12543

— Studien zur südarabischen Altertumskunde, s.: Mitteilungen der vorderasiat. Gesellschaft. VI. 1. 2.

— Studien zur südarabischen Altertumskunde, s.: Mitteilungen der vorderasiat. Gesellschaft. 1907. II.

Theologie und Assyriologie im Streite um Babel und Bibel. Von Otto **Weber**. *Leipzig: J. C. Hinrichs 1904.* (31 S.) 8° [F.] [04. 6...

—— am Todestage Dr. Mart. Luthers, den 18. Febr. 1846. gr. 8. (½ B.) Leipzig 846, Wilh. Engelmann.

Weber's, Otto, Wegweiser f. Radfahrer durch die Rheinprovinz. I. Bd.: D. linksrhein. Strassen d. Rheinprovinz m. d. anschliess. Strassen in Belgien, Holland, Luxemburg, Lothringen, Rheinhessen u. d. Pfalz. 2., neu bearb. u. verm. Aufl. 2 Thle. in 1 Bde. 12. (XXIV, 144 u. VIII, 48 S. m. 1 Karte u. 5 Plänen.) M.-Gladbach 897. 898. L. Boltze. Geb. n. 2. 50

Weber, Otto, Wegweiser f. Radfahrer durch die Rheinprovinz u. angrenzenden Gebiete. Nach amtl. Angaben u. eigenen Aufzeichngn. zusammengestellt. 2. Bd.: Die rechtsrhein. Strassen der Rheinprovinz u. der Reg.-Bez. Arnsberg u. Wiesbaden m. d. anschliess. Strassen in den Reg.-Bez. Cassel, Münster u. Minden, sowie in Holland, Oberhessen u. Waldeck. Mit e. Karte u. 8 Städteplänen. 12. (224 S.) M. Gladbach 898. L. Boltze. Geb. in Leinw. n. 2. 50

Weber, Otto Bruno, bacc. iur., Referendar: Der juristische Charakter der Fabrikordnung. Borna-Leipzig 1909: Noske. 82 S. 8°
Leipzig, Jur. Diss. v. 7. Mai 1909
[Geb. 13. Sept. 83 Obercunnersdorf; Wohnort: Leipzig; Staatsangeh.: Sachsen; Vorbildung: Wettiner-Gymn. Dresden Reife M. 05; Studium: Leipzig 7 S.; Rig. 24. Febr. 09.] [U 09. 2718

Weber, Ottokar

Weber O. 1848. 6 Vorträge. (138 S) (Aus Natur u Geisteswelt 53) Leipzig 1904

Weber, Ottokar: 1848. 6 Vorträge. 2. Aufl. Leipzig: Teubner 1909. VIII, 136 S. 8°
(Prager Hochschulvorträge. Bd 1.)
(Aus Natur u. Geisteswelt. Bdch. 53.)

Weber, Ottocar, 1848, s.a. Aus Natur u. Geisteswelt.

Weber, Ottok., 1809. (V, 69 S. m. Abb.) gr. 8. Prag 909. C. Bellmann. 1. 80

Weber, Ottokar: Benedek und der Krieg von 1866. (Aus:) „Deutsche Arbeit. Zeitschrift für das geistige Leben der Deutschen in Böhmen.“ 1. Jhrg. 4. Heft. 8. München, Prag (1904).

Weber, Ottokar, s.: „Diarium“ üb. d. Belagerg. u. Occupation Prags durch d. Preußen im J. 1744.

Weber, Prof. Dr. Ottokar, Die Entstehung der Porzellan- und Steingut-Industrie in Böhmen. (Beiträge zur Geschichte der deutschen Industrie in Böhmen. III.) Gr.-8. (128 S.) 1.20
Prag: Dominicus 1894.

Weber, Ottocar, die Entstehung der Porcellan- u. Steingutindustrie in Böhmen, s.a. Beiträge zur Geschichte der deutschen Industrie in Böhmen.

— der Friede v. Utrecht. Verhandlungen zwischen England, Frankreich, dem Kaiser u. den Generalstaaten 1710—1713. gr. 8. (XV, 485 S.) Gotha 891. F.A. Perthes. n. 9. —

Weber Ottokar: Handel und Industrie in Böhmen vom Jahre 1740—1756.
1884 PN 347 Diss.Wien, Univ.

— eine Kaiserreise nach Böhmen im J. 1723. [Aus: „Mitth. d. Vereins f. Gesch. d. Deutschen in Böhmen“.] gr. 8. (74 S.) Prag 898. J. G. Calve. n. 1. 60

Weber, O., s.: Mitteilungen des Vereines f. Geschichte der Deutschen in Böhmen.

— d. Occupation Prags durch d. Franzosen u. Baiern 1741—1743. M. 1 Situationsplane. [Aus: „Mitteilgn. d. Vereins f. Geschichte d. Deutschen in Böhmen“.] gr. 8. (112 S.) Ebd. 896. n. 2. 50

Weber, Ottocar, die Quadrupel-Allianz vom J. 1718. Ein Beitrag zur Geschichte der Diplomatie im 18. Jahrh. gr. 8. (IV, 122 S.) Wien und Prag 887, Tempsky. — Leipzig, Freytag. *

Weber, Ottokar: Die Schwarzenberge. Sonderabdruck aus der Monatsschrift „Deutsche Arbeit“. 2. Jhrg. 1. Heft. 8. München (1902).

Von Luther zu Bismarck. 12 Charakterbilder aus deutscher Geschichte von Dr. Ottocar **Weber**, Prof., Prag. Bd 1. 2. Leipzig: B. G. Teubner 1906. 2 Bde 8° [F.]
(Prager Hochschulkurse. Bd 2. 3.)
= **Natur,** Aus, u. Geisteswelt. Bdch. 123. 124. [07. ...

— von Luther zu Bismarck, s.a. Aus Natur u. Geisteswelt.

Weber, Ottokar: Waldstein. Eine Studie. Sonderabdruck aus: „Deutsche Arbeit“. 1. Jhrg. 10./11. Heft. 8. München (1902).

Weber, P., die gothische Kirche zu Tiefenbronn mit ihren Merkwürdigkeiten. Mit 4 Abbild. Lex.-8. Karlsruhe 845, Müller'sche Hofbuchh. 12 ngl

Weber, P. (Red.), s. Walde, Aus dem.

Weber, P. M. (Hrsg.), s. Anzeiger, Allgemeiner, für den deutschen Buchhandel.

(**Weber,** P. M.), Denkschrift über Erleichterung der direkten Steuer-Zahlung für die ersten zehn Steuer-Stufen und der damit verbundenen Vorteile für Staat und Gemeinde. E. sozialpolit. Grundr. unter Beacht. d. zurzeit besteh. Steuer-Gesetze. Berlin 1908. 8°.

Weber, P. William [cand. med. aus Gobatis, Süd-Afrika]: Über einige Wirkungen der Acetanilido- und Formanilidoessigsäure. . . . Erlangen, Druck d. Univ.-Buchdr. v. E. Th. Jacob, 1889; 29 S. 8°
Erlangen, Med. Fak., Inaug.-Diss. v. 6. März 1889

Weber, Paul (Hrsg.), s. Aufwärts.

Weber, Paul [aus Grechwitz (Sachsen)]: Ein Beitrag zur Entwickelung der Hautkrebse auf Narben. . . . Würzburg, Paul Scheiner's Buchdr., 1889; 26 S. + 1 Bl. 8°
Würzburg, Med. Fak., Inaug.-Diss. v. 1889

Beiträge zu Dürers Weltanschauung. Eine Studie über d. 3 Stiche Ritter Tod u. Teufel, Melancholie u. Hieronymus im Gehäus von Dr. Paul **Weber**, Privatd., Jena. Mit 4 Lichtdrucktaf. u. 7 Textbild. *Strassburg: J. H. E. Heitz 1900.* (110 S.) 8°
= **Studien** z. deutschen Kunstgeschichte. H. 23. [00. 5903

Weber, Paul, Arzt: Aus d. psychiatr. Klinik München. Blutdruckmessungen bei Kranken mit manisch-depressivem Irresein und Dementia praecox. Berlin 1910: Schumacher. 82 S., 2 Taf. 8° ¶(Aus: Archiv f. Psychiatrie u. Nervenkrankh. Bd 47, H. 2.)
München, Med. Diss. v. 2. Sept. 1910, Ref. Kraepelin
[Geb. 5. Juni 80 Bad Ems; Wohnort: Bad Ems; Staatsangeh.: Preußen; Vorbildung: Gymn. Wiesbaden Reife O. 00; Studium: München Jura 2, Med 10 S.; Coll. 2. Sept. 10; Approb. 30. Juni 08.] [U 11. 3762

WEBER, Paulus: Conspectus historicus sententiarum de origine animae humanae apud praecipuos Patres Latinos. — (1910) XI, 290 Bl. 4° (Handschr.) Diss. 907
Diss Wien, Univ.

Weber, Paul, Denkmalpflege u. Heimatschutz in der Gesetzgebung der Gegenwart. Vortrag, geh. in d. staatswissenschaftl. Gesellschaft zu Jena. (21 S.) 8. Jena 908. H. Pohle. — 60
Sonderabdruck aus: „Blätter f. Rechtspflege in Thüringen u. Anhalt".

— **Der Einfluss der Reformation auf das Stadtbild Jenas.** (Vortrag, geh. zum Reformationsfeste im evangel. Bunde zu Jena.) (32 S. m. 29 Abb.) Lex. 8. Jena 907. Frommann'sche Hofbuchh. 1. —

Weber, Paul: Die Erbunwurdigkeit nach gemeinem Rechte und dem Rechte des bürgerlichen Gesetzbuches. Greifswald 1901: J. Abel. (67 S.) 8°
Greifswald, Jur. Diss. v. [13. März] 1901.

— **Künstlerische Erziehung u. Trinksitten.** (Vortrag, geh. in Berlin am 2. IV. 1907 im 4. „Wissenschaftl. Kurs. zum Studium des Alkoholismus", veranstaltet v. Zentralverband z. Bekämpfg. d. Alkoholismus.) (17 S.) 8. Berlin 907. [Deutscher Verlag f. Volkswohlfahrt.] Mäßigkeits-Verlag. — 20
Sonderabdruck aus: „Der Alkoholismus, seine Wirkungen u. seine Bekämpfg."

Weber, Paul: Ein Fall von habitueller Luxation. Leipzig 1905: B. Georgi. (29 S.) 8°
Leipzig, Med. Fak., Ref. Trendelenburg, Diss. v. 1. Aug. 1905.

Weber, Paul, das Weigel'sche Haus u. d. alte Jena. M. 1 Zinkätzg. [Aus: „Jenaische Zeitg."] gr. 8. (22 S.) Jena 898. O. Rassmann. n. — 60

Heimatschutz, Denkmalpflege und Bodenreform. Von Dr. Paul **Weber,** Prof., Jena. Berlin: 'Bodenreform' 1906. (24 S.) 8° [J. u. Ant.]
= **Zeitfragen,** Soziale. 26. [06. 5445

— s.: **Jahrbuch, Jenaer.**

— **die Iweinbilder aus dem 13. Jahrh. im Hessenhofe zu Schmalkalden. gr. 4. (24 S. m. Abbildgn. u. 8 Taf.) Leipzig 901. E. A. Seemann. n. 2.50**
Sonderabdruck aus: „Zeitschr. f. bild. Kunst".

Weber, Paul, Landschafts-Studien in 3 Stufen. 1. (Obere) Stufe. 1. Heft. qu.-Fol. (2 Stnt.) Darmstadt 864, Koehler's Verlag.

—— dass. — 2. (Mittlere) Stufe. 1. Heft. qu. gr. 4. (4 Stnt.) Ebendas. 864.

—— dass. — 3. (Leichte) Stufe. 1. Heft. qu. gr. 4. (4 Stnt.) Ebendas. 864.

Weber's, Paul, Landschafts-Studien. qu. Fol. (12 Stnt.) Darmstadt 880, Köhler's Verlag. *

Weber, Paul, Kaiser Maximilian, der letzte Ritter. Eine kulturgeschichtl. Erzählg. f. Jugend u. Volk. 8. (IV, 295 S.) Regensburg 893. Nationale Verlagsanstalt. n. 3. —

— **die Pflege unserer kirchlichen Altertümer.** Eine kurze Handweisg. f. den thüring. Pfarrer- u. Lehrerstand. (20 S.) gr. 8. Weimar 903. Leipzig, K. G. Th. Scheffer. n.n. — 30

— **Die Pflege unserer kirchlichen Altertümer. Eine kurze Handweisg. f. den thüring. Pfarrer- u. Lehrerstand. 2. [Titel-]Aufl. (20 S.) gr. 8. Leipzig [903] 907. Gr. Lichterfelde, K. G. Th. Scheffer. — 80**

Weber, Paul: Quaestionum Suetonianarum capita duo Halis Sax. 1903: Wischan & Burkhardt. (50 S.) 8°
Halle, Phil. Diss. v. 1903.

Weber, P., Quaestionum Suetonianarum capita II. (De commentis Latinis quae sunt de notis criticis. — De Suetonii Pratorum dispositione) Diss. 1903. 48 S.

Weber, Paul: Geistliches Schauspiel und Kirchliche Kunst in ihrem Verhältnis erläutert an einer Ikonographie der Kirche und Synagoge ... [Erschien vollst. 1894 bei Ebner & Seubert in Stuttgart.] Stuttgart, Druck v. Greiner & Pfeiffer, *1894*: 1 Bl., 48 S., 1 Bl. 8.
Leipzig, Phil. Fak., Inaug.-Diss. v. [22. Juni] 1894

Weber, Paul, geistliches Schauspiel u. kirchliche Kunst in ihrem Verhältnis erläutert an e. Ikonographie der Kirche u. Synagoge. Eine kunsthistor. Studie. gr. 8. (VIII, 152 S. m. 18 Abbildgn. u. 10 Lichtdr.-Taf.) Stuttgart 894. Ebner & Seubert. n. **4.** —

Weber, Paul, s. Schlacht, Die, bei Jena 1806.

Weber, Paul, der sozialaristokratische Staat als des Christenthums Erfüllung. Eine geschichtspsycholog. Entwickelg. gr. 8. (44 S.) Berlin 891. (F. W. P. Günther.) n. 1. —

— **Moderner Städtebau u. der Bebauungsplan der Stadt Jena. Vortrag, geh. im Jenaer Hausbesitzer-Verein am 3. VII. 1902. (14 S.) 8. Jena (902). (Gr. Lichterfelde, K. G. Th. Scheffer.)** — 20

Weber, Paul, d. Wandgemälde zu Burgfelden auf d. Schwäb. Alb. E. Baustein zu e. Geschichte d. deutschen Wandmalerei im frühen Mittelalter, zugl. e. Beitrag zur ältesten Geschichte d. zoller. Stammlande. Mit Unterstützung Sr. k. Hoh. d. Fürsten Leopold v. Hohenzollern hrsg. (M. 3 Doppeltaf. u. vielen Textbild.) Lex.-8. (XI, 100 S.) Darmstadt 896. A. Bergsträsser. n. 8. —
Jena, Phil. Fak., Hab.-Schrift v. 1896.

— **was können die Stadtverwaltungen f. die Erhaltung des historischen Charakters ihrer Städte thun? Vortrag, geh. auf der Generalversammlg. des thüring. Städteverbandes am 27. u. 28. IV. 1902 zu Mühlhausen (Thüringen). [Aus: „Protokoll der Generalversammlg."] 12. (81 S.) Weimar 902. (Jena, Frommann'sche Hofbuchh.) n. — 50**

Weber, Paulus, 50 Gedichte aus dem Feldzugs-Jahre 1870/71. 8. (80 S. m. 1 Bilde.) Fürth 888. (Nürnberg J. Ph. Raw.) n. — 50

Weber, Peter

Weber, P., kurze Anleitung z. Rosenkranzgebet. schmal 16. (24 S.) Saarlouis 902. F. Stein Nachf. n. — 10

Weber, kurze Anleitung zum Rosenkranzgebet. 2. Aufl. (24 S.) 12,8×6,8 cm. Saarlouis 909. F. Stein Nachf. — 10

Mein Begleiter. Kurzes Gebetbuch f. gebildete Christen, enth. eine Anleitung z. betrachtenden Gebet, sowie mündl. Gebete f. d. Morgen-, Abend-, Meß-, Beicht- u. Kommunionandacht, sowie f. einige Privatandichten. Bearb. von P[eter] Weber, Domvikar in Trier. *Saarlouis: F. Stein Nachf. 1902.* (191 S.) 8° [F.] [04. 1809

Weber, P., mein Begleiter. Geistliches Vademekum auf dem Lebenswege, enth. die notwendigsten Gebete, sowie Anweisgn. zur Heiligg. des Lebens. (2. Aufl.) (344 S. m. Titelbild.) 16. Saarlouis 910. F. Stein Nachf. Geb. in Kunstldr. 1.25

— dasselbe. Ausg. m. Anleitungen f. Braut- u. Eheleute. (2. Aufl.) (373 S. m. Titelbild.) 16. Ebd. 910. Geb. in Kunstldr. 1.25

Trierisches Jubiläumsbüchlein für das von Papst Leo XIII. ausgeschriebene Jubiläum d. J. 1901, von P[eter] Weber, Domvikar in Trier. 1.–5. Aufl. *Trier: Paulinus Dr. 1901.* (64 S.) 8° [F.] [01. 4746

Trierisches Jubiläumsbüchlein für das von Papst Leo XIII. ausgeschriebene Jubiläum d. J. 1901, von P[eter] Weber, Domvikar in Trier. 9.–11. Aufl. *Trier: Paulinus-Dr. 1901.* (64 S.) 8° [F.] [01. 4747 5

Weber, P., Officium divinum. Meß- u. Vesperbuch f. die Sonn- u. Feiertage nebst e. Weihe- u. Prozessionsbuch in der Sprache der Kirche m. deutscher Uebersetzg. der wichtigsten liturg. Texte. Nach dem Officium divinum v. J. Weißbrodt umgearb. u. vermehrt. (XVI, 798 S.) 16. Saarlouis 906. F. Stein Nachf. Geb. in Leinw. n. 1.60

Weber, P., Officium divinum. Meß- u. Vesperbuch f. d. Sonn- u. Feiertage nebst e. Weihe- u. Prozessionsbuch in d. Sprache der Kirche m. deutscher Übersetzg. d. wichtigsten liturg. Texte. Nach dem Officium divinum v. J. Weißbrodt umgearb. u. vermehrt. 2. erweit. Aufl. (XXXII, 786 S. m. farb. Titel u. Titelbild.) 16. Saarlouis 909. F. Stein Nachf. Geb. in Leinw. 1.60

Promptuarium der für die Führung der pfarramtlichen Geschäfte im Bisthum Trier geltenden Anweisungen. Zsgest. v. P. Weber, ... Domvikar. *Trier: Paulinus-Dr. 1898.* (XV, 381 S., 1 Bl., 162 Sp.) 1 Bd 8. [98. 4631

— Promptuarium. I. Nachtrag, enth.: 1. den Abdr. der seit dem Erscheinen des Buches (Ende 1898) ergangenen neuen Anweisgn., nebst dem Hinweis auf die inzwischen eingetretenen Verändergn. früherer Bestimmgn.; 2. e. neue Bearbeitung der alphabet. Uebersicht; 3. e. Formularien-Verzeichnis f. d. pfarramtl. Geschäftsführg. (XIX, 296 S.) gr. 8. Trier 909. Paulinus-Druckerei. 3.50; geb. 5.—
Hauptwerk. Ebd. 898. nn 4.—; geb. nn 5.50.

— s.: Thomas v. Kempen, vier Bücher v. d. Nachfolge Christi.

Weber, Peter Franz

Weber, Petr. Franc. (geb. St. Vith 30. 5. 1817): De amputatione per insitionem. Berolini (1840). (40 S.) 8°
Berlin, Med. Diss. v. 23. Dez. 1840

Weber, Peter Josef [Praes.], s. Hewel, Martin: Diss. de impedimentis matrimonium dirimentibus.

Weber, Peter Jos.: Diss. moralis de lege. Acc. facultates quinquennales. Coloniae ad Rh. 1788.

Weber, P[eter] X[aver]. Luzerns ältestes Ratsbüchlein ⟨c. 1300—1402⟩. [Hrg. und erläutert] Von P. X. W', Archivar. [Mit 2 Tafeln. SA aus: Der Geschichtsfreund ... Band 65.] II + 55 S. 8. Stans, Ad & P. von Matt, 1910.

Weber, P[eter] X[aver]. Der älteste Steuerrodel Luzerns. ⟨1352⟩. [Hrg. und erläutert von] P. X. W', Archivar. [Mit 1 Abbildung und 1 Tafel.] (Separatabdruck aus Geschichtsfreund Bd. 62.) II + 68 S. 8. [Stans, Typ. Ad. & Paul von Matt, 1907.]

Weber, Philipp

— P., Der Absichtssatz bei Plato. Diss. 1884. 23 S.

Weber, Phil. Die Absichtssätze bei Aristoteles. 48 S. 8. *Speier* 1885.
Vgl. des Verf. Entwickelungsgeschichte der Absichtssätze. 2. Abt. (VII, 138, 124 SS.) Würzburg 1884—85, Stuber. 7 Mk.
Progr.

Weber, Ph., Entwickelungsgeschichte der Absichtssätze, s. a. Beiträge zur historischen Syntax der griechischen Sprache.

Weber, Philipp Heinrich (Kirchheim/Teck) A. S. 1346/26

Dissertatio geometrica, de quadratura circuli, praesertim Merkeliana. Präs. Georg Wolfgang Krafft. Tübingen (Löffler) IX. 1751. 20 S. 35919

Weber, R.: Abenteuer in Texas, s. Volks-Erzählungen, Kleine.

Weber, R., Abenteuer in Texas. Eine Erzählung. gr. 16. (61 S.) Mülheim 879. Bagel. n. — 25

Weber R.: Anleitung z. Gebrauche d. Cubirungskreises. Leipz. 1875. 20. S. (Sartr.). P.

—— Ataja, die Gefangene der Eskimos, } s. Volks-Erzählungen, kleine.

Weber, R., Atomgewichts-Tabellen zur Berechnung der bei analytisch-chemischen Untersuchungen erhaltenen Resultate. Zugleich als Nachtrag zu dem Handbuche der analyt. Chemie von Heinr. Rose. gr. 8. (VII und 125 S. mit 1 Tab. in qu. Fol.) Braunschweig 852, Vieweg und Sohn. *

Weber, R.: Der Aufstand der Mingo-Indianer, s. Volks-Erzählungen, Kleine.

Weber, R.: Bergadler, der edle Soschonen-Häuptling, s. Volks-Erzählungen, Kleine.

— der zuckende Blitz, s.: Volks- u. Jugend-Erzählungen.

Weber, R.: Schwarzes Blut, s. Volks-Erzählungen, Kleine.

—— die versöhnten Brüder. Erzählung. 16. (64 S.) Mülheim 878, Bagel's Verlag.

— der letzte Erbe eines Grafenhauses. Eine Erzählung aus den Zeiten der französischen Revolution. gr. 16. (60 S.) Ebend. 879. n. — 25

—— der Erbschleicher. Eine Erzählung. gr. 16. (64 S.) Ebendas. 879.

Weber, R., fers brisés ou la perte du Négrier. Une révolte à bord d'un vaisseau (souvenir d'un marin). 2 nouvelles. Traduction d'Alb. Godart. gr. 16. (64 S.) Metz 894. P. Even. — 25

—— gesprengte Fesseln, } s. Volks-Erzählungen, kleine.

WEBER, R. u. H. MAYER: Führer zur Exkursion in den "Neuburger Wald" und "Bayerischen Wald". - München 1899. 28 S.

Weber, R.: Der verräterische Führer, s. Volks-Erzählungen, Kleine.

Der verrätherische Führer. Eine Erzählung aus d. Felsenbergen von R. **Weber**. Mülheim a. d. Ruhr: J. Bagel [1903]. (63 S.) 8° [F.] [06. 5008]

Weber, R.: Der Indianerfeind, s. Volks-Erzählungen, Kleine.

— der Indianerfeind. Eine Erzählung aus den Urwäldern. gr. 16. (64 S.) Mülheim 879. Bagel. n. — 25

—— Kanatucko, der letzte Sachem der Cherokesen, s. Volks-Erzählungen, kleine.

—— Anton Korbmacher, der Bürgermeister von Herford, s. Geschichten, westfälische, aus alter Zeit.

Weber, R., Mecum, der Ulmen v. Arauca, s.: Volks-Erzählungen, kleine.

Mecum, der Ulmen von Arauca. Eine Erzählung aus d. Kordilleren von Chile von R. **Weber**. Mülheim a. d. Ruhr: J. Bagel [1902]. (64 S.) 8° [F.] [06. 5009]

— Henry Morgan, od. korsikanische Rache, s.: Volks-Erzählungen, kleine.

—— Henry Morgan. Eine Seegeschichte. 16. (62 S.) Mülheim 878, Bagel's Verlag.

—— der zischende Pfeil, s. Volks-Erzählungen, kleine.

Weber, R.: Der zischende Pfeil. Eine indian. Erzählung. Mülheim a. d. R.: J. Bagel [1899]. (59 S.) 8°

Weber, R.: Pflanzer und Neger, s. Volks-Erzählungen, Kleine.

— Pflanzer u. Neger. Eine Erzählung aus dem letzten amerikanischen Kriege. 16. (63 S.) Mülheim 878. Bagel. n. — 25

— Jack Raskal, der irische Rebell, s.: Volks-Erzählungen, kleine.

—— Jack Raskal, der irische Rebell. Eine Erzählung. 16. (64 S.) Mülheim 878, Bagel's Verlag.

Jack Raskal, der irische Rebell. Eine Erzählung von R. **Weber**. Mülheim a. d. Ruhr: J. Bagel [1902]. (63 S.) 8° [F.] [06. 5010]

—— Rembert von Kerssenbroich, der Gefangene auf dem Sparenberg, s. Geschichten, westfälische, aus alter Zeit.

— Sandala, der Gefangene unter den Pilcoindianern, s.: Volks-Erzählungen, kleine.

Sandala, der Gefangene unter den Pilcoindianern. Eine Erzählung aus d. Pampas von Südamerika von R. **Weber**. Mülheim a. d. Ruhr: J. Bagel [1902]. (64 S.) 8° [F.] [06. 5011]

—— die Schreckenstage von Paris. Ein warnendes Zeitbild. gr. 16. (64 S.) Mülheim 879, Bagel's Verlag.

Die Schreckenstage von Paris. Ein warnendes Zeitbild von R. **Weber**. Mülheim a. d. Ruhr: J. Bagel [1905]. (62 S.) 8° [F.] [06. 5010]

Weber, R.: Treue Schwesterliebe, s. Volks-Erzählungen, Kleine.

— treue Schwesterliebe. Eine Erzählung aus dem Leben in der Prairie. 10. (60 S.) Ebend. 878. n. — 25

—— der Signalwächter, s. Volks-Erzählungen, kleine.

Der Signalwächter auf den Lofoten. Eine Seegeschichte von R. **Weber**. Mülheim a. d. Ruhr: J. Bagel [1902]. (62 S.) 8° [F.] [06. 5013]

Weber, R. Über die Ursachen von Explosionen und Bränden in den Mühlen sowie über die Sicherheitsmaßregeln zur Verhütung derselben. Verhandlungen des Vereins zur Beförderung des Gewerbefleißes in Preußen. Berlin 1878.

Weber, R., s.: Volks-Erzählungen, kleine.

— die Wiedertäufer von Münster, s.: Geschichten, westfälische, aus alter Zeit.

Weber, R: Ueber die Zusammensetzung des für chemische Geräthe geeigneten Glases. Coburg 1891

Weber, R. O., General-Register, s.: Selbstverwaltung.

Weber, Reinhard, Godesberg, prakt. Arzt: Beitrag zur Kenntnis der akuten Halluzinosen. Bonn 1906: E. Eisele. (45 S.) 8°
Bonn, Med. Fak., Ref. Westphal, Diss. v. 2. Aug. 1906
[Geb. 20. April 79 Riga; Wohnort: Godesberg; Staatsangeh.: Preußen; Vorbildung: Gymn. Clausthal Reife O. 00; Studium: Bonn 4, München 1, Berlin 2, Bonn 3 S.; Coll. [illegible] Aug. 06; Approb. 1. Sept. 05.]

Weber, Reinhard H.

Weber, Rhard. H., die Philosophie v. Herbert Spencer. Vortrag, geh. im „Vereine f. Wissenschaft u. Kunst" zu Darmstadt. gr. 8. (V, 44 S.) Darmstadt 892. (Leipzig, G. Fock.) n. — 80

Weber, Richard

Weber, Rich., Abseits u. andere Geschichten. 8. (III, 116 S.) Dresden 900. E. Pierson. n. 2. —; geb. n. 3. —

Weber, Richard, approb. Arzt aus Straßburg i. E.: Über die Gruppe des Bacillus proteus vulgaris. *Straßburg i. E. 1903: C. Müh & Co.* (21 S.) 8°
Straßburg, Med. Diss. v. 1903

Weber, R., Hypochondrie und eingebildete Krankheiten. Für Aerzte und Laien geschildert. gr. 8. (52 S.) Berlin 887, Steinitz' Verlag.

Weber, Rich., das Kind von der Wiege bis zur Schule. Ein medizinisch-hygien. Handbuch. gr. 8. (VII, 443 S.) Berlin 894. H. Steinitz' Verl. n. 5. —; geb. n. 6. —

Weber, Richard, appr. Arzt: Über ventrifixierende Methoden bei Verlagerung der Beckenorgane. Aus d. Klin. von L. Fraenkel, Breslau. Berlin, Wien: Urban & Schwarzenberg 1908. 15 S. 8° ¶ (Aus: Gynaekol. Rundschau. Jg. 2.)
Breslau, Med. Diss. v. 7. Nov. 1908, Ref. Küstner
[Geb. 1. März 79 Pleschen; Wohnort: Pleschen; Staatsangeh.: Preußen; Vorbildung: Gymn. Ostrowo Reife O. 99; Studium: Berlin 5, Breslau 4 S.; Coll. 20. Juni 08; Approb. 16. Nov. 05.] [U 09. 578

Weber, Rich. Die Neuralgie [Nervenschmerz]. Ihre Entstehg., Behandlg. u. Heilg., f. Ärzte u. Leidende geschildert. 2. Taus. gr. 8. (61 S.) Berl. 892, Steinitz Verlag. * 1 50

Weber, Richard *(geb Groß-Hartmannsdorf in Schles 30. 8. 1861)*: Zur Pathologie und Therapie der Lebercirrhose. Breslau (1884). (48 S.) 8° *[Im Buchhandel 1884 bei Köhler in Breslau]*
Breslau, Med Diss. v. 21. Okt. 1884

Weber, Rich., wann u. wie wird e. Geschlechtskranker gesund? Die Tragweite der vener. Leiden. gr. 8. (110 S.) Berlin 899. H. Steinitz. n. 2.—

Weber, R., das Weib als Gattin u. Mutter, seine naturgemäße Bestimmung u. seine Pflichten. Ein medizin. Handbuch m. vielen Holzschn. 2. Tausend. 8. (XIV, 234 S.) Berlin 889. H. Steinitz' Verl. n. 3. 50; geb. n. 4. 50

—— Das Weib als Gattin u. Mutter. Seine naturgemäße Bestimmg. u. seine Pflichten. Ein medizin. Handbuch. 2. Aufl. 8. (XIV, 249 S. m. Abbildgn.) Ebd. 891. * 3 50; geb. * 4 50
1. Aufl. 1889.

— das Weib als Gattin u. Mutter. Seine naturgemäße Bestimmg. u. seine Pflichten. 8., 9. u. 10. Tauf. 8. (XVI, 259 S. m. Holzschn.) Ebd. 899. n. 3. 50

Weber, Rich. (J. Ruhemann), das Weib als Gattin u. Mutter. Seine naturgemäße Bestimmg. u. seine Pflichten. 8., neu bearb. Aufl. 11. u. 12. Tauf. (XVI, 292 S. m. Holzschn.) 8. Berlin 906. H. Steinitz. n. 3. 50

Weber, Robert

Weber, R., Album vaterländ. Dichter auf Zürichs Bundesfeier, s. Album.

Weber, Rob[ert]. Armee und Geniewaffe. Nach einem Vortrag, gehalten im Offiziersverein der Stadt Bern. 31 S. 8. Bern, Haller, 1902.

Weber, R., Aufgaben aus der Elektricitätslehre. Methodisch geordnet u. m. Berücksicht. aller Theile der Elektricität, sowie unter Zugrundelegg. der absoluten Maasse bearb. Mit in den Text gedr. Fig. gr. 8. (VII, 176 S.) Berlin 888. Springer. n. 3. —

Weber, Rob. Die strateg. Bedeutung der Schweiz in den Feldzügen des verflossenen Jahrhunderts und an der Schwelle des zwanzigsten. Mit 3 Kartenskizzen. Gr. 8°. 93 S. Bern, Verlag der Haller'schen Buchdruckerei, 1898. 2 —

Weber, Robert: Die Strategische Bedeutung der Schweiz in den Feldzügen des verflossenen Jahrhunderts und an der Schwelle des zwanzigsten. Nach e. Vortr. geh. in d. General-vers. d. Schweizer. Offiziersver. zu St. Gallen . . . 1898. . . . M. 3 Ktnsk. 2. durchges. Aufl. Bern: Haller 1899. (93 S., 3 Kt.) 8°

Weber, Robert. Beispiele und Übungen aus Elektrizität und Magnetismus. Nach dem Manuskript der fünften französischen Aufl. Mit 74 Figuren im Text. VIII + 330 S. 8. Leipzig und Berlin, B. G. Teubner, 1910. [geb. M. 5. 25]

Weber, Robert [approb. Arzt aus Allendorf]: Beitrag zur Statistik der Echinokokkenkrankheit . . . . Kiel, Druck v. Schmidt & Klaunig, 1887; 20 S. + 2 Bl. 8°
Kiel, Med. Fak., Inaug.-Diss. v. 29. Aug. 1887

Weber, Robert, Beitrag zur Statistik der Echinokokkenkrankheit. Diss. Kiel 1887, Haeselersche Sort.-Buchh. 8°. 20 S.

Weber, Rob., Beitrag zur Statistik der Echinokokkenkrankheit. Inaugural-Dissertation. gr. 8. (20 S.) Kiel 887, (Lipsius und Tischer.)

Weber, Rob., historisch-theologisches Bibelwerk. 2. Bd. A. u. d. T.: Die heiligen Dichtungen des Alten Testamentes. Neu aus der Grundsprache des Hebräischen verdeutscht u. nach dem jetzigen Stande der historisch-exegetischen Wissenschaft in Einleitungen u. fortlaufenden erklärenden Anmerkungen ausgelegt. 3. u. 4. Liefg. Schaffhausen 855, 60. Brodtmann. Lex.-8. (VIII, S. 257—474.) 1 *ↄ₰* 2 *ngr.*
1. u. 2. Liefg. (jetzt ebend.) s. Bibel, die, verdeutscht zc. (in Bd. XIII.)

Neujahrsblatt, LXXXXIII., d. Feuerwerker-Gesellschaft f. 1898. In-4°. 54 S. mit Abb. u. 3 Karten. (Zürich, Fäsi & Beer). 1897. 4 80
*** *Weber, R.* Aus dem Feldzuge in Thessalien 1897. Erinnerungen u. Studien.

[5.] Aus dem Feldzuge in Thessalien 1897. Erinnergn u. Studien e. schweizerischen Offiziers. Von Rob Weber, Oberst im Generalstab. M. 1 Abb. u. 3 Kt. *Zurich: Orell Fussli (1898).* (54 S., 1 Taf., 3 Ktn.) 1 Bd 4.
= Neujahrsblatt d. Feuerwerker-Gesellschaft . . . in Zürich auf d. J. 1898. [No] 93. 98. 9. 9

Weber, Rob., Gedichte. Zürich 857. Meyer u. Zeller. 8. (2 Bl., 292 S. u. 2 Radirungen im Text.) n. 1 *ↄ₰*. 20 *ngr.*

Weber, Rob., Gedichte. 3. Aufl. gr. 16. (255 S.) Frick 863, Stocker. * 20 Ngr.; geb. * geb. mit Goldschn. *

—— neue Gedichte. gr. 16. (VIII und 216 S. mit eingedr. Holzschn.) Frick 861, Stocker. * 24 Ngr.; geb. * geb. mit Goldschn. * *

Weber, Rob., Handbuch der Telephonie, s.: Wietlisbach, Vict.

— s.: Helvetia.

Weber, Robert. Die Interessen der Landes-Verteidigung an einer Normalspurigen Brünigbahn und an ihrem Teilstück Interlaken—Brienz—Meiringen. [Mit 1 Karte.] II + 30 S. 8.
Ausg. A: Vortrag gehalten im Offiziersverein Interlaken von Rob. W', Oberst. Interlaken, Typ. Otto Schlaefli, [1905].
Ausg. B: ... von Oberst Robert W' ... (Vortrag geh' im Off' Int' von Rob. W', Oberst.) Bern, Komm. A. Francke, 1906. [fr. —. 60]

Weber, Robert, Johanna d'Arc. Historisches Drama Nach dem Französischen der Gräfin Marie d'Agoult. geb. de Flavigny. 1871. VIII und 123 S. 8. Bern, in Commission der Haller'schen Verlagsbhdlg. 1. 50

Weber, Robert. Schulmeisters Kindtaufe. Eine Dorfgeschichte von R' W'. — Der Wegknecht von Adliswyl. Von A(lbert) Schneider. [Mit illustriertem Titel.] IV + 75 S. 8. Zürich, Verein für Verbreitung guter Schriften, August 1909. fr. —. 15
Verein für Verbreitung guter Schriften. Zürich, Nr. 75.

Weber, Robertus (Theophilus) [Wuenschendorfensis]: De Dioscuridis περὶ τῶν παρ' Ὁμήρῳ νόμων libello . . . (Aus: Leipziger Studien z. class. Philol. Bd. 11.) Lipsiae, typ. I. B. Hirschfeldi, 1888; VI S. + 1 Bl. + S. 89—166. 8°
Leipzig, Phil. Fak., Inaug.-Diss. v. 20. Nov. 1888

—— Lieder des Kampfes, s. Tobler, Salom.

Weber, Rob., die Murtenschlacht. Lyrisch dramat. Dichtg. Als Anh. die preisgekrönte Dichtg. „Niklaus v. der Flüe", schweizer. Friedenskantate, v. demselben Verf. 8. (32 S.) Basel 876. Schwabe. n. — 80

Weber, Robert [1824 1896] s. Näf, Heinrich. H' Näf, von Kappel . . . . Zürich 1854.

—— die poetische Nationalliteratur der deutschen Schweiz. Musterstücke aus den Dichtungen der besten schweizer. Schriftsteller von Haller bis auf die Gegenwart. Mit biograph. und krit. Einleitungen. (In 12 Lfgn.) 1. Lfg. gr. 8. (1. Bd. XV und S. 1—64.) Glarus 867, Vogel. *

— u. J. J. Honegger, die poetische Nationalliteratur der Schweiz. Musterstücke aus den Dichtgn. der besten schweizer. Schriftsteller von Haller bis auf die Gegenwart. 4 Bde. gr. 8. (XIV, 430; 492; VI, 798 u. VIII, 807 S.) Glarus 866—876. J. Vogel. Herabges. Pr. 15. —

⑧ Weber, Rob., u. J. J. Honegger, die poet. Nationalliteratur der Schweiz. (KVL 28.) Jetzt: Luß, A. Wenger-Kocher. Erm. Pr. nn 6. 40

Weber, Robert. Novellen. Zweite durchgesehene Auflage. Erster Theil, mit dem Portrait des Verfassers. In-8°, 238 S. Basel, Selbstverlag des Verfassers. 1882.

Weber, R. Novellen. 2. Auflage. II. Theil. In-8°, 216 S. Basel. Selbstverlag des Verf. 1883.

Weber, Robert (geb. 1824). Novellen. 2. A. Basel 1882. 8°. 4 Thle.

Weber, Rob. (geb. Gross-Bodungen bei Nordhausen 22. 8. 1819): De nervi facialis paralysi. Berolini (1842). (26 S.) 8°.
Berlin, Med. Diss. v. 30. Juli 1842

Weber, Rob., de Philemone Atheniensi glossographo, s.a. Commentationes Philologae quibus Ottoni Ribbeckio congratulantur Discipuli Lipsienses.

Weber, R., De Philemone Atheniensi glossographo. S.-A. 1888. 8 S.

Weber, Robertus (geb. am 8 Nov. 1836 in Bonn): Quid efficiatur aethylenio chlorato cum kalio sulfurato commixto ... Bonnae, form. C. Georgi 1861. 2 Bl., 32 S., 1 Bl. 8.
Bonn, Phil. Fak., Diss. v. 15 März 1861

Schlesische Schlösser. Hrsg. von Robert Weber. (Bd 1.) Dresden & Breslau: R. Weber (1909). quer-2°

Weber, Robert. Sämmtliche Schriften. I. Band: Gedichte, 4. durchgesehene Auflage, 1. Theil. In-8°, 222 S. Basel, Selbstverlag. (H. Georg.) 3 —
Gebunden 4 —

*** Die Werke sollen in zwei Serien, die erste zu drei, die zweite zu vier Bänden erscheinen.

— Robert. Die Schweiz, siehe: Die *Schweiz* im Spiegel der Dichtung.

Weber, Robert. Zur Sichtbarmachung der Deformation von Wechselströmen. Von Robert Weber (Neuchâtel). Separat-Abdruck aus den Annalen der Physik. 4. Folge. Band 6, 1901. (Eingegangen 4. September 1901. — [Mit Figuren.]) II S. + S. 565—569. 8. Leipzig, Johann Ambrosius Barth.

—— Stimmen der Religion aus allen Jahrhunderten des Christenthums. Ein Erbauungswerk für alle Stände. Lex.-8. (IV und 380 S.) Zürich 861, Schabelitz'sche Buchh. *

— Robert. Todesglocken. Eine Erzählung für das Schweizervolk. 1. und 2. Aufl. In-8°. Basel, Robert Weber. 1879 — 60

Weber, Robert. Wärmeleitung in Flüssigkeiten. Von Robert Weber (Neuchatel). Separat-Abdruck aus den Annalen der Physik. 4. Folge. Band 11. 1903. (Eingegangen 17. April 1903. — [Mit 1 Figur.]) II S. + S. 1047—1070. 8. Leipzig, Johann Ambrosius Barth.

Weber, Robert, von Dürnten, Ct. Zürich: Das Wärmeleitungsvermögen von Gneiss und seine Abhängigkeit von der Temperatur. (S. A. aus: Vierteljahrsschrift der Naturforsch. Ges. in Zür., Bd 23, S. 209—241.) Zür. Zürcher u. Furrer Dr. 1878. 2 Bl., 34 S., 1 Bl. 8°.
Zürich, Phil. Diss. [v. 6. Dec. 1878].

Weber, Rob., zur Wehrfrage, s.: Zeitfragen, Schweizer.

Weber, Robert: Wolken. Letzte Lieder. Bern, in Commission der Haller'schen Verlagsbhdlg. 1871. (94 S.) 8°

Weber, Roderich

Weber, Roder., aus dem Notizbuch e. Berliner Frauenarztes. (183 S.) 8. Berlin (908). Zehlendorf, R. Eckstein Nachf. 2. —; geb. n 3. —

Aus dem Notizbuch eines Berliner Frauenarztes. Hrsg. von Roderich Weber. 2. Aufl. Berlin: Eckstein [1908]. 183 S. 8° [illegible]

Weber, Rudolf

Weber, Rud., s.: Augustini ab Hortis jun., Sam., topographische Beschreibung des Flusses Popred.

— s.: Buchholtz der Ältere, Geo., das weit u. breit erschollene Zipser-Schnee-Gebürg.

Weber, R: Denkschrift, betreffend das Verhalten der Zinn-Bleilegirungen gegen Essig. Berlin 1878

Weber, Rud., deutsche Dichtungen. Für Schule u. Haus gesammelt. gr. 8. (X, 322 S.) Budapest 878. Kókai. n. 3. —

Weber, Rud., die österreichischen Aich- und Nach-Aichvorschriften in administrativer Beziehung. Mit einem Verzeichnisse der k. k. Aichämter und dem Aichgebühren-Tarife. Zum prakt. Gebrauche für Gemeinde-Vorsteher, Aichbedienstete und Geschäftsleute, beziehungsweise der Behörden und Aemter, zusammengestellt. 8. (VIII, 74 S.) Innsbruck 882, Wagner'sche Universitäts-Buchh. *

Die Eingemeindung der Vororte in Cassel. Nach d. Kirchenrechte u. d. amtl. Akten dargest. von Rudolf **Weber**, Pfarrer zu Wahlershausen. Im Auftr. d. Presbyterien d. Gemeinden Cassel-Wehlheiden u. Wahlershausen als Hs. gedr. Cassel-Wehlheiden 1905: Becker & Rennert. (12 S.) 4° [illegible] 4

Weber, Rudolf: Erprobte Fangmethoden für alle Arten Raubthiere. ... Haynau in Schl.: Raubthierfallen-Fabrik v. R. Weber [1898]. (2 Bl., III, 64 S., 3 Taf.) 8°

— Gedenkrede auf Georg Buchholtz, exulirten evangel. Pfarrer zu Groß-Lomnicz u. Senior der gewesenen XXIV-städter Fraternität (1643—1724). Geh. zu Groß-Lomnicz am 8. IX. 1901. gr. 8. (15 S.) Késmárk 901. (Budapest, L. Kókai.) n. — 20

Weber, Rud., das Holz der Rothbuche, s. Hartig, R.

Weber, R: Katalog über Raubthierfallen. Haynau in Schl. 1896

Weber, Rud., Lehrbuch der Forsteinrichtung m. besond. Berücksicht. der Zuwachsgesetze der Waldbäume. Mit 139 graph. Darstellgn. im Text u. auf 3 Taf. gr. 8. (X, 440 S.) Berlin 891. J. Springer. n. 12. —

[F.] Zepserscher Liederbronn. Gedichte in Zipser Mundart v. Rudolf **Weber**. *Budapest: L. Kókai (1896).* (V, 3–186 S., 1 Bl.) 1 Bd 8. [96.1550]

Weber, Rudolf *Arthur* [app. Arzt aus Liegnitz]: Oesophagotomia interna. E. histor.-krit. Studie ... Leipzig, Druck v. A. Edelmann Univ.-Buchdr., *1896;* 38 S., 1 Bl. 8.
Leipzig, Med. Fak., Inaug.-Diss. v. 31. Juli 1896

Wober, R., Papier-Industrie, s.: Bericht, amtlicher, üb. die Wiener Weltausstellung.

WEBER, Rud.: Kurze Uebersicht über das bisherige Forsteinrichtungs-Verfahren in den k. bayer. Staatsforsten. - Augsburg 1888. 22 S. (Mskr.)

[illegible] Rudolf: Untersuchungen über die agronomische Statik des Waldbaues. - Leipzig 1877. 14.11.1877 - Urk. (Titel: De statica agronomica culturae silvarum.); [illegible] 1877/78,9
Diss. Ingolst.-Landsh.-Münchn.

Weber, Rud., über die Verbindungen des Aluminiums mit den Salzbildnern. Chemische Inauguraldissertation. gr. 8. (38 S.) Stettin 858. (Göttingen, Vandenhoeck und Ruprecht's Verlagsbuchh.) ✱

Weber, R., der Wald im Haushalte der Natur u. des Menschen, s.: Volksbücher, landwirthschaftliche. 8-9.

Weber, Rud., Dr., Ueber die Zusammensetzung eines Kieselstein-Productes und über den Einfluss des Fettgehaltes der Speisewasser. Berlin 1866.

Weber, Rudolf H(einrich), aus Strassburg: Über die Anwendung der Dämpfung durch Inductionsströme zur Bestimmung der Leitfähigkeiten von Legirungen. *Leipzig: J. A. Barth 1899.* (29 S.) 8°
Strassburg, Math.-naturw. Diss. v. 1899

Angewandte Elementar-Mathematik. Bearb. von Rudolf H[einrich] Weber. 2. Aufl. T. 1. Leipzig & Berlin: Teubner 1910. 8°
(Weber u. Jos. Wellstein: Encyklopädie d. Elementar-Mathematik. Bd 3.) [illegible]

Weber, Rud. H., Encyklopädie der Elementar-Mathematik, s.: Weber, Heinr.

— Ueber Kontinuität zwischen Brechung u. Reflexion. (6 S. m. Fig.) gr. 8. Rostock 910. H. Warkentien. — 40

— **Reversible u. umkehrbare Prozesse. Gelieferte u. geleistete Arbeit.** (9 S.) gr. 8. Ebd. 910. — 50
Sonderabdr. aus: „Sitzungsber. u. Abhandlungen der naturforsch. Gesellsch. zu Rostock".

Weber, Rudolf H[einrich], Dr. phil. nat.: Elektromagnetische Schwingungen in Metallröhren. *Leipzig: J. A. Barth 1902.* (33 S.) 8°
Heidelberg, Naturw.-math. Hab.-Schr. v. 1902

Zwangsgedanken und Zwangszustände in pastoral-psychiatrischer Beurteilung. Von S. **Weber**, Pfarrer, Deggendorf. *Paderborn: F. Schöningh 1903.* (VIII, 109 S.) 8° [F.]
= Seelsorger-Praxis. 5. [illegible]

Weber, S. G., s.: Erfahrungen im Gebiete der Ackerbodencultur der Neuzeit.

Weber, S. G., s.: Wirthschaftsbeschreibungen u. zeitgemäße Wirthschaftsumänderungen.

Weber, Samuel, Antritts-Predigt, gehalten am 14. April 1861 an der evangelisch-deutschen Gemeinde in Schemnitz. 8. (14 S.) Schemnitz 861, Jörges.

Weber, S., Betrachtungen aus dem Leben u. der Lehre Jesu f. die drei höheren Klassen der Volksschule. Nach dem Zeugnisse der Geschichte u. den Forderungen der Pädagogik bearb. 8. (73 S.) Budapest 873. Aigner. n. — 80

Weber, S[amuel]: Ehrenhalle verdienstvoller Zipser des 19. Jahrh. 1800—1900. Zur Jahrhundertwende verf. — Iglo [Zipser Neudorf]: Schmidt 1901. XIII, 492 S., 12 Taf.

Weber, Samuel: Geschichte der Stadt Béla. Ein Beitrag zur Zipser u. vaterländischen Geschichtsforschung. — Iglo 1892: Josef Schmidt. 444 S.

Weber, Samuel: Geschichte der Stadt Leibitz. Mit Bezug a. d. Vergangenheit Zipsens und Ungarn. Hrsg. v. d. Stadt Leibitz. — Kesmark 1896: Sauter. VI, 270 S.

Weber, S[amuel]: Zipser Geschichts- und Zeitbilder. Ein Beitrag zur vaterländischen Geschichte. Mit 5 Ansichten und 1 Taf. Siegel-Abb. — Leutschau: Reiss 1880. 392 S.

— Zipser Geschichts- u. Zeitbilder. Ein Beitrag zur vaterländischen Geschichte. Mit 5 (lith.) Ansichten u. einer (lith.) Taf. Siegel-Abbildgn. gr. 8. (393 S.) Leutschau 880. (Seeliger.) n. 4. —

—— **Kinder-Gebete, zu gebrauchen in der Schule und im Hause.** 2. verb. Aufl. gr. 16. (15 S.) Igló 887. (Klagenfurt, Heyn.)

Weber, Sam., Confirmandenbüchlein. 3. verb. Aufl. 12. (36 S.) Kesmark 888. (Klagenfurt, Heyn.)

— **christlicher Religionsunterricht f. Volksschulen. Nach pädagog. Grundsätzen bearb.** 8 (V, 32 S.)
Budapest. Aigner 1873.

—— **Toleranz-Jubel-Predigt, gehalten am 30. Octbr. 1881.** gr. 8. (7 S.) Igló 881. (Klagenfurt, Heyn's Buchh.) ✱

***Weber*, Sam. Reinh., tractatio de pacto antichretico. 4. Götting. 772.** Vandenhöck u. R. 6 gl.

Weber, Sebastian

Weber, S. Kunstgewerbliche Gegenstände der culturhistorischen Ausstellung zu Steyr 1884. Mit 80 Tafeln. Steyr 1885. Fol.

Weber, S., s.: Gegenstände, kunstgewerbl., d. culturhistor. Ausstellg. zu Steyr 1884.

Weber, Sebast., Vorlagen f. Messerschmiede. Mit Unterstützg. d. k. k. Ministeriums f. Cultus u. Unterricht hrsg. 2 Tle. gr. Fol. Wien, Graeser. In Mappen. n. 28.
1. Langmesserei. (16 Taf.) 890. n. 13. —
2. Kurzmesserei. (20 Taf. m. Text in 8.: 20 S.) 889. n. 15. —

Weber, Siegfried: Die Entwickelung des Putto in der Plastik der Frührenaissance. M. 8 Taf. in Lichtdr. nach Photographien der Gebr. Alinari in Florenz. *Heidelberg: C. Winter 1898.* (131 S. mit Taf.) 8°
Heidelberg, Phil. Diss. v. [25. Mai] 1897

Die Entwickelung des Putto in der Plastik der Frührenaissance. Von Dr. Siegfried **Weber**. M. 8 Taf. in Lichtdr. nach Photogr. d. Gebr. Alinari in Florenz. *Heidelberg: C. Winter 1898.* (3 Bl., 129 S., 8 Taf.) 1 Bd 8. [illegible]

Weber, Siegfried: Aus dem anatomischen Institute zu Freiburg i. Br. Zur Entwicklungsgeschichte des uropoetischen Apparats bei Säugern mit besonderer Berücksichtigung der Urniere zur Zeit des Auftretens der bleibenden Niere. *Jena: G. Fischer 1897.* (80 S. mit Taf.) 8°
Freiburg i. B., Med. Diss. v. 1897

Weber, Siegfried. Fiorenzo di Lorenzo. Eine kunsthistorische Studie. gr.-8. Strassburg, J. H. Ed. Heitz, 1904.
Ausg. A: Habilitation-schr. Phil. I. Univ. Zürich. IV + 123 S.
Ausg. B, erweitert: Mit 25 Tafeln in Lichtdruck. VIII + 169 S. (M. 12. —.) — (Zur Kunstgeschichte des Auslandes. Heft 27.)

Weber, Simon

Weber, Sim., christl. Apologetik. In Grundzügen f. Studierende. (XV, 347 S.) gr. 8. Freiburg i/B. 907. Herder. 4.80; geb. in Leinw. 5.80

Weber, Sim., das Christentum u. die Einsprüche seiner Gegner, s.: Rosen, Christian Herm.

Weber, Simon, Evangelium u. Arbeit. Apologet. Erwäggn. üb. d. wirtschaftl. Segngn. d. Lehre Jesu. gr. 8. (VII, 210 S.) Freiburg i/B. 898. Herder. n. 2. 50

Weber, Sim., der Gottesbeweis aus der Bewegung bei Thomas v. Aquin auf seinen Wortlaut untersucht. Ein Beitrag zur Textkritik u. Erklärung der Summa contra gentiles. gr. 8. (IV, 43 S.) Freiburg i/B. 902. Herder. n. — 90

Weber, Simon, s. Jesus Christus.

— Jesus taufte. E. Untersuchg. zu Ev. Joh. 3, 22. 8. (VI, 65 S.) Offenburg 895. (H. Haßler.) n. 1. —

— die kathol. Kirche in Armenien. Ihre Begründg. u. Entwicklg. vor der Trenng. Ein Beitrag zur christl. Kirchen- u. Kulturgeschichte. (XX, 532 S.) gr. 8. Freiburg i/B. 903. Herder. n. 9. —; geb. in Halbfrz. n. 11. —

— Die katholische Kirche, die wahre Kirche Christi, s.: Glaube u. Wissen. 15. Heft.

Weber, Simon, die heilige Sehnsucht nach Jesus Christus. Vollständiges Gebetbuch für katholische Christen. 32. (323 S. mit 1 Stahlst. und chromolithogr. Titel.) Regensburg 857, Manz. Ausg. mit 4 Stahlst. und chromolithogr. Titel. -

Weber, Sim., die heilige Sehnsucht nach Jesus Christus. Vollständiges Gebetbuch für kathol. Christen. 2., sehr verm. Aufl. Mit Illustr. 32. (VIII und 502 S. mit 1 Stahlst. und chromolithogr. Titel.) Regensburg 862, Manz. Mit 4 Stahlst. -

— Kurzer Wegweiser in der apologetischen Literatur f. gebildete Katholiken aller Stände, insbesondere f. Studierende. 2., verm. Aufl. (XI, 67 S.) 8. Freiburg i/B. 909. Herder. — 30

Weber, Simon Peter

Weber, Sim. Pt., die Hunyadische Familie, oder auch: Unschuld schützt nicht immer vor Kabale; eine wahre Geschichte, welche sich im J. 1457 in Ofen zugetragen, in Gestalt e. Trauerspiels von 8 Aufzügen bearb. gr. 8. Preßb. 792.

Freymaurer-Rede, gehalten in der □ „Zur Sicherheit" im Or. von Pressburg, bei Gelegenheit des erschienenen k. k. Befehls vom Br. R[edne]r [d. i. Simon Peter **Weber**]. 57 $\frac{23.}{XII.}$ 85. Pressburg: Weber 1786. 16 S. 8⁰
Kl. 1075. Selten.
[Abafi, L.: Gesch. d. Frmrei in Oesterreich-Ungarn. 5 (1899) S. 184.]

[Gedicht.] Zum Dank für die Beförderung zum dritten Grade am Johannisfest 5784. Der St. Joh.-Loge gen. Zur Sicherheit im Or. zu Pressburg gebracht von [Simon Peter] W[eber. Pressburg: Selbstverl. 1784]. 16 S. 8⁰
Recens: WJ. 2, 4 (1785) S. 250.
[Abafi, L.: Gesch. d. Frmrei in Oesterreich-Ungarn. 5 (1899) S. 169.]

Weber, T. Karl: Untersuchungen über den Nachweis von Traubenzucker im Harn vermittelst der Trommerschen Reaktion. Erlangen 1900: F. Junge. (35 S.) 8⁰
Erlangen, Med. Diss. v. 27. Juli 1900.

Weber, Th.

Weber: Schiller's metaphysische Anschauung vom Menschen, entwickelt aus seinen ästhät. Abhandlungen. 27 S. –Sagan, Progr. 1864

Weber, Theodor

Weber, Thdr., die Aufgabe des evangelischen Predigtamtes. Antrittspredigt über 2. Cor. 1, 24., gehalten am 19. Juni. [I. p. Trinit.] 8. (14 S.) Barmen 870, Klein. *

Weber, Thdr., Herr Professor Baumgarten u. der Protestantenverein. Ein Nachwort zur Berliner Octoberversammlg. gr. 8. (84 S.) Gotha 872. F. A. Perthes. n. 1. 20

—— die Bedeutung des deutsch-französischen Krieges im Lichte der Vergangenheit und Gegenwart. Vortrag, gehalten zu Barmen am 25. Aug. 1870. 8. (44 S.) Barmen 870, Klein. *

— s.: Beiträge zum Schriftverständniß.

—— Betrachtungen über die Predigtweise und geistliche Amtsführung unserer Zeit. gr. 8. (II, 144 S.) Berlin 869, Rauh. *

Weber, Thdr., Betrachtungen üb. die Predigtweise u. geistliche Amtsführung unserer Zeit. Mit einem Vorwort von Frdr. Fabri. 2. Aufl. gr. 8. (VIII, 200 S.) Barmen 881. Klein. n. 3. —

Briefwechsel aus dem Jahre 1890 zwischen Prof. Th[eodor] **Weber** in Bonn und Bischof (M[ichael] Felix) Korum in Trier. 2. Aufl. *Bonn: J. Bach W'we 1892* (28 S.) 8⁰
Aus: Deutscher Merkur Jg. 1892 [02. 2238

Weber, Theodorus, Dr. phil.: S. Augustini de justificatione doctrina. Vitebergae 1875: Fiedler. 63 S. 8⁰
Halle-Wittenberg, Theol. Liz.-Diss. v. 24. April 1875
Geb. Wolmirsleben (Kr. Wanzleben) 3. 10. 1850. V.

Weber, Theodor, Kants Dualismus von Geist und Natur aus dem J. 1766 und der des positiven Christentums. Breslau, Aderholz, 1866, gr. 8°, XII, 208 S., 3 Mk.
Güntherianisch. Recens. v. Katzenberger, (Bonner) Theol. Littbl. 1867, S. 164—7. Dazu Webers Erwiderung S. 286—7: J. Bach, Österr. Vierteljahrsschr. f. kath. Theol. 1869, S. 169—73.

Weber, Thdr., Emil Du Bois-Reymond. Eine Kritik seiner Weltansicht. gr. 8. (XII, 266 S.) Gotha 885, F. A. Perthes.
(Vgl.: Michelis, Fr., Antidarwinismus.)

Weber, Th[eodor]: •Entwicklung von Schleiermachers Ansicht über das Verhältniß der Rechtslehre zur — philosophischen und christlichen — Sittenlehre, verglichen mit den Anschauungen von Kant und Hegel. 212 S. 2⁰
Halle-Wittenberg, Phil. Diss. v. 10. Juli 1873
Geb. [Wolmirsleben (Kr. Wanzleben) 3. 10. 1850]
Von der Schleiermacherstiftung gekrönte Berliner Preisschrift v. 1873.

— die großen Ereignisse unserer Zeit u. die evangelische Kirche. gr. 8. (74 S.) Barmen 871. Klein. n. 1. 25

—— über die Freiheit und die Gebundenheit des menschlichen Willens. Vortrag gehalten in Barmen am 18. März 1870. 8. (87 S.) Barmen 870, (Langewiesche's Buchh.) *

Weber, Thdr., vollständ. Gebetbuch f. kathol. Christen, s.: Reusch, F. H.

Weber, Thdr., der Gehorsam in der Gesellschaft Jesu. Urkundlich dargestellt. gr. 8. (IV, 55 S.) Breslau 872. Trewendt. n. 1. —

Weber, Thdr., die General-Versammlung der Ultramontanen in Danzig u. die d. evangelischen Bundes in Cassel. Vortrag, geh. in dem Lokal-Verein der Altkatholiken Kölns am 6. Oktbr. 1891. gr. 8. (28 S.) Halle a/S. 891. E. Strien. — 30

Weber, Thdr., die Geschichte der neueren deutschen Philosophie u. die Metaphysik. 3 Hfte. gr. 8. Münster 873. Brunn. n. 4. 50

1. Das Princip der neueren deutschen Philosophie u. die Metaphysik. (IV, 74 S.) n. 1. 20
2. Antikritische Erörtergn. üb. das cartes. cogito ergo sum als Ausgangspunkt der Philosophie. (IV, 94 S.) n. 1. 50
3. Wissen u. Wesen d. menschl. Geistes. (V, 106 S.) n. 1. 80

—— Stöckls Geschichte der neueren Philosophie. Ein Beitrag zur Beurteilung des Ultramontanismus. gr. 8. (VI, 51 S.) Ebendas. 886. *

—— das Hohepriesterthum des neuen Testaments. Gastpredigt über Hebr. 7. V. 23—27. Oculi 1870 zu Barmen gehalten. 8. (16 S.) Barmen 870, (Langewiesche's Buchh.) *

— Johannes der Täufer u. die Parteien seiner Zeit. Ein Zeitspiegel. Gotha 870. F. A. Perthes. 8. (94 S.) n. 12 ngr.

—— die Klöster im 19. Jahrhundert. Ein Aufruf an das deutsche Volk und seine Vertreter. gr. 8. (VII, 70 S.) Berlin 870, Rauh.

Weber, Th., zur Kritik der Kantischen Erkenntnißtheorie. gr. 8. (101 S.) Halle 882, Pfeffer. *

—— Lessing und die Kirche seiner Zeit. Ein Vortrag. 8. (42 S.) Barmen 871, Klein. *

—— die Lüge der Kinder und deren Behandlung in Schule und Haus. Vortrag gehalten auf Veranstaltung des evangel. Vereins für kirchl. Zwecke in Berlin. 8. (43 S.) Berlin 869, Rauh. *

Weber, Thdr., der Materialismus und die christliche Volksschule. Ein Aufruf an das deutsche Volk und seine Obrigkeiten. gr. 8. (50 S.) Stendal 856, Franzen und Große. Thlr. *

Weber, Thdr., Metaphysik. Eine wissenschaftl. Begründg. der Ontologie d. positiven Christentums. 1. Bd.: Einleitung u. Anthropologie. gr. 8. (VIII, 427 S.) Gotha 888. F. A. Perthes. n. 8. —

Weber, Thdr., Metaphysik. Eine wissenschaftl. Begründg. der Ontologie d. positiven Christentums. 2. Bd. Die antithet. Weltfaktoren u. die spekulative Theologie. gr. 8. (VIII, 581 S.) Gotha 891. F. A. Perthes. n. 11. — (kplt.: n. 19. —)

Weber, Theodorus: De Hegelii notionibus finiti infinitique commentatio. Vratislaviae (1868). (37 S.) 8°

Breslau, Phil. Fak., Hab.-Schr. v. 6. Febr. 1868

Ihrem hochverehrten ordentlichen Mitgliede Herrn Friedrich Philipp Ritterich ... wünscht am Tage der von ihm vor 50 Jahren erlangten medicinischen und chirurgischen Doctorwürde ehrerbietigst Glück ... die medicinische Gesellschaft zu Leipzig. Inhalt: TH. WEBER über das von ihm bei hiesiger Universität eingerichtete Poliklinikum. Leipzig, am 28. Juni 1858. (Druck von Philipp Reclam jun.) 8°.

Weber, Thdr., Predigt geh. zu Neisse in Schlesien am 8. Dezbr. 1873 bei Eröffng. d. altkathol. Gottesdienstes. 8. (15 S.) Neisse 874. Kiepert. n. — 25

Weber, Theodorvs (Hvbertvs) (geb. am 28 Jan. 1836 in Zülpich): Spinozae atqve Leibnizii philosophiae, ratione habita libri, cvi nomen est: „Réfutation inédite de Spinoza par Leibniz préc. d'un mém. par A. Foucher de Careil. Paris 1854." ... Bonnae, form. C. Georgi 1858. 2 Bl., 24 S., 1 Bl. 8.

Bonn, Phil. Fak., Diss. v. 3 Nov. 1858

Wider die Rückkehr der Jesuiten in das deutsche Reich. Vortrag von Prof. Dr. Theodor **Weber**, geh. zu Bonn 1893. (Bonn): Neue Bonner Zeitung (1893). (20 S.) 8° [F.]
Aus: Neue Bonner Zeitung. 1893, No 69. [05. 10945

—— Sehet euch vor vor den falschen Propheten! Predigt am Sonnt. Quasimodogeniti 1855 in der reformirten Kirche zu Stendal gehalten. gr. 8. (16 S.) Stendal 855, Franzen und Große.

— das jüngste Sendschreiben der ultramontanen Bischöfe Preußens. Vortrag, geh. am 11. März 1874 im altkathol. Vereine zu Breslau. gr. 8. (44 S.) Breslau 874. Fiedler & Hentschel. n. — 60

— Staat u. Kirche nach der Zeichnung u. Absicht d. Ultramontanismus. Urkundlich dargestellt. gr 8. (VII, 191 S.) Breslau 873. Gosohorky. n. 4. —

—— Staat und Kirche nach der Zeichnung und Absicht des Ultramontanismus. Urkundlich dargestellt. 1. Aufl. 1873. *M. 4., und 2. unveränd. (Titel-)Aufl. gr. 8. (VII, 191 S.) Breslau 875, Gosohorsky's Buchh. *

—— —— 2. unveränd. Aufl. gr. 8. (VIII, 191 S.) Ebend. 876.

Weber, Thdr., Staat u. Kirche nach der Zeichnung u. Absicht des Ultramontanismus. Urkundlich dargestellt. 3. unveränd. [Titel-]Ausg. gr. 8. (VIII, 191 S.) Leipzig (875). 899. Kiepert. 2. 50

Weber, Thdr., die Stellung des Altkatholizismus zur römischen Kirche. (22 S.) gr. 8. Gotha 904. F. A. Perthes. n. — 30

— die erste altkatholische Synode u. ihre Reformen. Vortrag geh. zu Breslau am 17. Juni 1874. gr. 8. (50 S.) Breslau 874. Fiedler & Hentschel. n. — 75

Trinität und Weltschöpfung, die Grundlagen des positiven Christentums. Von Theodor **Weber**, kath. Bischof. *Gotha: F. A. Perthes 1904.* (58 S.) 8° [F.] [04. 14:01

—— der Thurmbau zu Babel. Ein Bild aus der ältesten Völkergeschichte. Beitrag zum Schriftverständniß. Vortrag gehalten im evangel. Vereinshause zu Osnabrück. 8. (57 S.) Barmen 871, Klein.

—— römische Unfehlbarkeit und deutsche Cultur. Vortrag, gehalten auf Veranlassung der altkathol. Gemeinde zu Crefeld am 28. Decbr. 1873. gr. 8. (35 S.) Breslau 874, Fiedler und Hentschel.

— über Ursprung u. Wesen d. deutschen Altkatholicismus. Vortrag, geh. in dem Bürgersaale d. Rathhauses zu Berlin am 12. Septbr. 1875. [Nach stenograph. Aufzeichng. durchgesehen.] gr. 8. (31 S.) Berlin 875. Stankiewicz. — 50

Weber, Thdr., von Volksfesten. 16. (24 S.) Barmen 871. (Berlin, Beck.)

— Was wir an unserm Könige haben. 1.—3. Aufl. 8. (16 S.) Barmen 871—73, Klein.
Aus: Kirchliches Wochenblatt, besonders abgedruckt.

— Wesen u. Werth d. deutschen Altkatholicismus. Offenes Sendschreiben f. die deutschen Staatsregiergn. u. f. Alle, denen an e. klaren u. richt. Urtheil üb. die altkathol. Bewegg. in Deutschland gelegen ist. gr. 8. (IV, 15 S.) Breslau 875. Fiedler & Hentschel. n.n. — 30

Kaiser Wilhelm II. an Admiral Hollmann über 'Babel und Bibel'. Von Theodor Weber, kath. Bischof. *Gotha: F. A. Perthes 1903.* (24 S.) 8°[J.]

Theobald Ziegler und der Altkatholizismus. Von Theodor Weber, kath. Bischof. *Bern 1901: Stämpfli & Co.* (32 S.) 8° [Umschlagt.]
Aus: Revue internat. de théologie Jg 9, Nr 35.

— die Ziele der altkatholischen Bewegung. Vortrag gehalten zu Neisse und Hirschberg in Schlesien am 26. Octbr. und 9. Novbr. 1873. gr. 8. (28 S.) Breslau 874, Fiedler und Hentschel. *

[J.] Weber, Theodor [Kammergerichtsref.]: Die Zusendung unbestellter Waren nach deutschem Handelsrecht ... Berlin, *Druck v. Knoll & Wölbling,* 1897; 46 S., 1 Bl. 8.
Erlangen, Jur. Fak., Inaug.-Diss. v. 1897

Weber, Theophil, s.: Adressbuch der deutschen Bankfirmen.

Adressbuch für das gesammte deutsche Baugewerbe und verwandte Geschäftszweige. Weber's. Nach amtl. Quellen bearb. von Theophil Weber. 185.—85. Jhg 1—3. Lf. 1—8. Frankfurt a. M., Leipzig. gr. 8.

Weber's, Adressbuch für das gesammte deutsche Baugewerbe und verwandte Geschäftszweige. Nach amtl. Quellen bearb. von Theophil Weber. 1885. 3. Jahrg. [In 25 Lfgn.] gr. 8. 1.—8. Lfg. (à Lfg. ca. 50 S.) [Frankfurt a. M., Detloff.)] Leipzig, Selbstverlag. à Lfg. *
Nicht weiter erschienen.

— s.: Adressbuch der deutschen Speditions- u. Möbeltransport-Geschäfte.

Weber, Theophil, Baugewerbe-Adressbuch f. das Deutsche Reich. Nach amtl. Quellen auf das Sorgfältigste bearb. u. zusammengestellt. I. Bd., 1. Thl. u. II. Bd. 4. Aufl. gr. 8. Leipzig 894. (Th. Weber.) Geb. in Leinw. n. 6.50
I, 1. Berlin u. Prov. Brandenburg. (88 S.) n. 3.
II. Freie u. Hansastadt Hamburg. (IV, V, 79 S.) n. 3.50

Weber, Theophil, Baugewerbe-Adressbuch f. d. Deutsche Reich. Nach amtl. Quellen auf das Sorgfältigste bearb. u. zusammengest. I. Bd., II. Bd. 2. Tl. u. III. Bd. gr. 8. Leipzig, Th. Weber. Geb. in Leinw. n. 14.—
I. Berlin u. Prov. Brandenburg. 4. Aufl. (III, 178 S.) 894. n. 7.—
II, 2. Prov. Sachsen u. Herzogth. Anhalt. 4. Aufl. (III, 105 S.) 895. n. 3.50
III. Prov. Westfalen. 4. Aufl. (VIII, 98 S.) 895. n. 3.50

Weber, Theophil, Baugewerbe-Adressbuch f. d. Königr. Sachsen. 5. Aufl. gr. 8. (151 S.) Leipzig 896. Th. Weber. Geb. n. 7.—

— s.: Export-Adressen-Handbuch d. Deutsch. Reiches, Österreich-Ungarns u. der Schweiz.

Weber, Theophil, s.: Export-Firmen-Lexikon, deutsches.

— s.: Export-Firmen-Lexikon, österreich.-ungarisches.

— s.: Fabrikanten-Adressbuch der Bijouterie-, Gold- u. Silberwaren- usw. Industrie.

— s.: Fabrikanten-Adressbuch der gesamten Metallindustrie Deutschlands.

— Fabrikanten-Adressbuch d. ges. Metallindustrie d. Deutschen Reiches. 2 Thle. gr. 8. (III, 159 u. 219 S.) Ebd. 896. Geb. n.n. 10.—

— s.: Fabrikanten-Adressbuch der Schweiz.

— s.: Führer durch die Glas-Industrie Deutschlands.

— s.: Führer durch die keramische Industrie Deutschlands.

— s.: Handels- u. Gewerbe-Adressbuch vom Königr. Sachsen.

— Handels- u. Gewerbe-Adressbuch der Prov. Sachsen u. d. Herzogth. Anhalt. Nach amtl. Quellen hrsg. gr. 8. (III, 439 S.) Ebd. 895/97. Geb. in Leinw. n.n. 10.—

— ist das Radfahren gesund? Aerztliche Gutachten üb. das Radfahren. Hrsg. v. Th. W. 1. u. 2. (Titel-) Aufl. gr. 8. (126 S.) Leipzig 893. G. A. Müller & Co. n. 2.—

— ist d. Radfahren gesund? Aerztl. u. fachmänn. Gutachten üb. d. Radfahren. III. [Titel-] Aufl. gr. 8. (126 S. m. Abb.) Kaiserslautern (893) 898. A. Gotthold. n. 1.—

— Radfahrer-Poesie. Sammlung v. Denk-, Sinn- u. Trinksprüchen, Sprichwörtern etc. f. Radfahrer. (Neue [Titel-] Ausg.) (64 S. m. 4 Taf.) gr. 8. Leipzig [890] (903). Th. Weber. Geb. in Leinw. m. Goldschn. 1.50

Weber, Theophil, Recordbuch f. Deutschland u. Oesterreich-Ungarn. 12. (14 S.) Leipzig 889. L. Weber (Sport-Verlag). n. —60; geb. n. 1.—

— Sammlung v. Denk-, Sinn- u. Trinksprüchen, Sprichwörtern etc. für Radfahrer. gr. 8. (64 S. mit 4 Lichtdr.) Lpz. 890, [L. Weber], Malende. geb. * 3 —

— Sport-Album f. Radfahrer. 63 Lfgn. Lex.-8. (1. Bd. 227 S. m. 49 Portr.-Taf.; 2. Bd. 239 S. m. 43 Portr.-Taf.) Leipzig 890—893. Arthur Serbe. [à Lfg. —60] 2 Bde. geb. 25.—

Weber, Theophil [Hrsg.], s. Stahlrad, Das.

— s.: Telephon-Adressbuch, schweizer.

— Touren-Buch f. Radfahrer vom Königr. Sachsen unter Berücksicht. d. angrenzenden Staaten. Zusammengestellt u. bearb. u. freundl. Mitwirkg. hervorrag. Tourenfahrer. gr. 16. (84 S.) Leipzig 893. (Th. Weber.) Kart. n. 1.—

Weber, Therese, Alpenflora. Kleine Vorlagen für Blumenmalerei. 2 Hefte. 4. (12 Chromolithogr.) Leipzig 873,74, Arnoldische Buchh. à Blatt *M.* 1.; à Heft **M.* 5. *

Weber, Th., Marine-Studien. schmal Fol. (6 farb. Bl.) Berlin (902). W. Schultz-Engelhard. n. 4.80

Weber, Th., Studien, Blumen m. Landschaft, s.: Vorlagen f. Brandmalerei.

Weber, Thomas

Weber, Thom., s.: Hausherren-Kalender, österreichischer.

— prakt. Rathgeber f. Hausbesitzer u. Hausverwalter, s.: Mayrhofer, Frz.

Weber, Thos. R., die pennsylvanische Choral-Harmonie, enthaltend die vornehmsten Kirchen-Melodien, versehen mit deutschem und englischem Texte, gebräuchlich bei allen Religions-Verfaßungen; auf drei und vier Stimmen ausgesetzt, mit vielen der vornehmsten musikalischen Stücken — von verschiedenen Dichtern und Componisten — nebst hinreichendem Unterricht versehen, und eingerichtet zur Uebung der Jugend sowohl als zum Gebrauch beim öffentlichen Gottesdienst rc. 4., verm. und verb. Aufl. qu. gr. 4. (XVI und 376 S.) Philadelphia 858, (Schäfer und Koradi.) geb. *

Weber, Thos. R., Chor-Gesang-Buch; oder eine Sammlung 4stimmiger Chor-Gesänge, Hymnen, Motetten, Psalmen, u. s. w., für christl. Gemeinden. 1.—3. Heft. qu. 4. (1. Bd. S. 1—48.) Allentown, Pa. 865—68. (Philadelphia, Schäfer und Koradi.) à Heft * 10 Ngr. *

—— die pensylvanische Sammlung von Kirchen-Musik, enthaltend eine gute Auswahl von Psalmen und geistlichen Liedern rc., versehen mit deutschem und englischem Texte; gebräuchlich bei allen Religionsverfassungen, auf drei und vier Stimmen ausgesetzt, von verschiedenen Dichtern und Componisten rc. — The Pennsylvania collection of church music. qu. 4. (XVI und 160 S.) Philadelphia 860, (Schafer und Koradi.) geb. *

Weber, Traugott, prakt. Arzt von Olten [Kt. Solothurn]: Aus dem pathologischen Institut der Universität in Zürich. Anatomisch-histologische Untersuchungen über einen Fall von Typhus abdominalis. Mit einer Tafel. Zür. Orell Fussli Dr. 1894. 28 S., 1 Taf., 2 Bl. 8°
Zürich, Med. Diss. [v. 6. Oct. 1894].

Weber, Valentin

Weber, Val., die Abfassung des Galaterbriefs vor dem Apostelkonzil. Grundlegende Untersuchgn. zur Geschichte des Urchristentums u. Lebens Pauli. gr. 8. (XVI, 406 S.) Ravensburg 900. München [H. Kitz]. G. Schuh & Cie. n. 5.—

— die Adressaten des Galaterbriefes. Beweis der reinsüdgalat. Theorie. gr. 8. (IV, 80 S.) Ebd. 900. n. 1.20

— der Galaterbrief aus sich selbst geschichtlich erklärt. [Aus: „W., die Abfassg. des Galaterbriefs vor dem Apostelkonzil", m. Beigabe e. Einleitung.] gr. 8. (IV, 289 S.) Ebd. 901. n. 1.80

Weber, Valentin: Kritische Geschichte der Exegese des 9. Kapitels, resp. der Verse 14–23, des Römerbriefes bis auf Chrysostomus und Augustinus einschließlich. Würzburg, Becker's Univ.-Buchdr., 1889; VIII + 197 S. 8°
Würzburg, Theol. Fak., Inaug.-Diss. v. 1889.

Weber, V., kritische Geschichte der Exegese d. 9. Kapitels, resp. der Verse 14—23, d. Römerbriefes bis auf Chrysostomus u. Augustinus einschließlich. gr. 8. (VIII, 197 S.) Würzburg 889. (Bucher.) n. 1.70
Recens. von Koch, (Tüb.) Theol. Quartalschr. 1890, S. 498—502; von Müller, (Hülskamps) Litt. Handw. 1889, S. 461—462. (Linzer) Theol.-prakt. Quartalschrift 1891, S. 163.

Weber, Veit, s. Leonh. Wächter.

— Heidenröslein; e. deutsche Rittergeschichte. 8. Zofing. 801.

Weber, Veit, (Geo. Ph. Ldw. Leonh. Wächter), Holzschnitte. 1r Bd. Die Bettfahrt d. Bruder Gramsalbus. 8. Berl. 793. Maurers B. 1 rß 16 gr.

Weber, Veit, d. Jüngere, (Paul Wigand), Kriegslieder d. Deutschen, zur Zeit des wiedererwachten Deutschlands 1813 gesungen. gr. 8. Cassel 813. Krieger. 4 gr.

Weber, Veit., Kriegslieder d. Deutschen. 8. Cassel und Marb. Krieger. 814.

Kriegs und Siegeslieder aus dem 15ten Jahrhundert von Veit Weber aus Freiburg im Breisgau. Herausgegeben von Heinrich Schreiber. Freiburg, 1819. Herder. 8°.

Weber, Veit, Kriegs- u. Siegslieder d. 15n Jahrh., herausg. u. mit nöthigen Erläuterungen versehen von Hnr. Schreiber. 8. Frburg 829. Herder. 16 gr.

Weber, Veit, die Mord-Höhle, s. Ritter- u. Räubergeschichten.

— Sagen d. Vorzeit. 7 Bde. 8. Berl. 787—98. Maurers B. 10 rß 14 gr.

Weber, Veit, Sagen der Vorzeit. In 8 Bdn. 1r Bd. Männerschwur u. Weibertreue. — Der Harfner. — Das Ritterwort. 3e rechtmäß. Aufl. gr. 12. Leipzig 840. Reclam jun. n. 2/3 rß

Weber, Veit, Sagen der Vorzeit. In 8 Bänden. 2r—7r Bd. Wolf. — Das heilige Kleeblatt. — Der Müller des Schwarzthal's. — Der graue Bruder. — Tugendspiegel. — Die Teufelsbeschwörung. — Die Brüder des Bundes für Freiheit u. Recht. 2 Abthll. — Die heilige Vehme. — Der Findling von Eglsheim. — Glaubensmuth. — Nackt u. blos. 3e rechtmäß. Aufl. gr. 12. Leipzig 840. Reclam jun. à n. 2/3 rß

— dass. 8r Bd. Die Betfahrt des Bruders Gramselbus. 3e Aufl. gr. 12. Ebd. 840. n. 2/3 rß

† Weber, Veit, (Geo. Phil. Ludw. Leonh. Wächter,) Sagen der Vorzeit. 8 Bde. 3., rechtmäß. Aufl. gr. 12. (80 B.) Leipzig 840, [O. A. Schulz.]
Bd. 1. Männerschwur u. Weibertreue. — Der Harfner. — Das Ritterwort.
: 2. Wolf. — Das heil. Kleeblatt. — Der Müller d. Schwarzthals. — Der graue Bruder.
: 3. Tugendspiegel.
: 4. Teufelsbeschwörung. — Die Brüder d. Bundes f. Freiheit und Recht. 1. Abthl.
: 5. Die Brüder d. Bundes f. Freiheit u. Recht. 2. Abthl.
: 6. Die heilige Vehme.
: 7. Der Findling von Eglsheim. — Glaubensmuth. — Nackt u. bloß.
: 8. Die Betfahrt d. Bruders Gramsalbus. (Erschien a. unt. d. Ttl.: „Holzschnitte".)

Weber, Veit, (Leonh. Wächter), Wilhelm Tell; ein Schspl. in Jamben. Mit Kpf. in Umschlag geh. gr. 8. Berl. 804. Maurers Buchh. 1 rß 8 gr.

Weber, Victor. Les bains d'Alveneu [dans le] Canton des Grisons, avec les sources voisines d'eaux minérales de Tiefenkasten et de Solis, appréciées au point de vue médical et topographique. 8. Coire 1868.

Weber, Vict., Licht und strahlende Wärme in ihren Beziehungen zu einander mit Rücksicht auf die Identitätstheorie, zugleich als Einleitung in die Wellentheorie des Aethers dargestellt. gr. 8. (VII und 201 S. mit 5 Stnt. in qu. gr. 4.) Berlin 856(57,) Bosselmann. *

Weber, Victor. Das Schwefelbad zu Alveneu im Kanton Graubünden (3. *Aufl.*: ‹950 Meter über Meer›) nebst den benachbarten Mineralquellen von Tiefenkasten und Solis. Medizinisch und topographisch. 8.
[1. Aufl.] Chur 1868. – 2. Aufl. Chur 1879.
3. Aufl. [Mit Illustrationen, 1 Tabelle und 2 Karten.] Samaden 1897.

Weber, Victor. (Badearzt.) Das Schwefelbad zu Alveneu im Kant. Graubünden. 930 m. ü. M., nebst d. benachbarten Mineralquellen von Tiefenkasten u. Salis. Medicinisch und topographisch. 2. Aufl. 8°. 84 S. Chur, Druck von Gebr. Casanova. (Alveneu, Gebr. Balzer). 1879

Weber, Vict., der Höhencurort Wiesen in Graubünden, 4847 Schw. Fuss ü. M. gr. 8. (10 S.) Chur 875. Hitz in Comm. n. — 50

Weber, Vincenz P. — Paracelsus. Dramatisches Gedicht in 3 Akten, von — — Als Manuskript gedruckt. 8. (32 S.) Wien. Druck von U. Klopf und Alex. Eurich. 1854.

Weber, Vinz. P., Spartakus. Tragödie. gr. 8. Wien 846, Mörschner's W. u. Bianchi. 3/4 ß

Weber, W., s. Adreßbuch der Stadt Bernburg.

Weber: Ueber die Analogien im Entwicklungsgange des Menschen, der Völker und der Menschheit. 12 S. –Elbogen OR., Progr. 1862

Weber, W., Aufgaben zum schriftlichen Rechnen. 5. Schuljahr. Für die basellandschaftl. Schulen bearb. 8. (32 S.) Liestal 888. Gebr. Lüdin. n. — 25
2.—4. Schuljahr s.: Stöcklin, J.

Weber: Ueber die Ausbreitung der deutschen Nationalität in Böhmen. 17 S.–Elbogen OR., Progr. 1860

Weber, W., Ministerialrath im bayerischen Staatsministerium des Aeußern, Betrachtungen über die neue Verfassung Deutschlands und deren Ausführung. München, G. Franz, 1848. 46 S. 8°.

Weber, W., **deutsch-französisches Handbuch** f. die Bijouterie u. deren **Hilfsgeschäfte**. 8. (113 S.) Pforzheim 888. (Riecker.) geb. n. 3. —

Weber, W., das deutsche Patentgesetz vom 7. Apr. 1891, nebst **Gesetz** betr. den Schutz v. Gebrauchsmustern vom 1. Juni 1891, unter Benutzg. der Vorarbeiten f. den Reichstag u. Berücksicht. der Rechtsprechg. d. Patentamts u. d. **Reichsgerichts**, sowie der **Landesgerichte** f. den prakt. **Gebrauch** erläutert. 12. (XVI, 512 S.) Essen 893. G. D. Baedeker. Kart. 4. —

Weber, W., die deutsche Patentgesetzgebung u. ihre Reform. Kritische Erörterung d. Patentgesetzes vom **25. Mai 1877** u. der bisher. Vorschläge zu seiner Verbesserg., nebst e. Gesetz-Entwurf. Lex.-8. (XV, XIV, 296 S.) Berlin 890. C. Heymann's Verl. n. 6. —

Weber, W., Sternkarte mit drehbarem Horizont. Kreisrund. Durchm.: 42 cm. 1. und 2. Aufl. Rosslau a. E. 886,87. (Leipzig, Hinrichs'sche Buchh., Sortiment.)
Auf Pappe gezogen **M 6.—; unaufgezogen * — 50

Weber, W., graphische Tafeln zur Bestimmung der Tragfähigkeit gusseiserner u. schmiedeeiserner Säulen u. Träger. qu. gr. Fol. (6 Taf. u. 9 S. Text in Lex.-8. m. 2 Fig.) Berlin 899. J. Springer. In Mappe n. 6. —

Weber, W., techn. deutsch-französisches Wörter- u. Handbuch d. Bijouteriewaren-Industrie u. deren Hilfsgeschäfte, d. Uhrmacherei, sow. der Bijouterie-Maschinenbranche. (2., verb. u. bedeutend verm. Aufl.) 8. (IV, 188 S.) Pforzheim 897. Carl Hauck.
Geb. in Leinw. 3. 60

Weber, W., der deutsche Zollverein. Geschichte seiner Entstehung und Entwickelung. 1. Aufl. (VIII, 475 S.) 1869. *M. 3., und 2. verm. Aufl. gr. 8. (X, 503 S.) Leipzig 871, Veit und Comp. *

Weber, W.: Ueber die inneren Zustände Oesterreichs vom 30 jährigen Kriege bis zum Regierungsantritte der Kaiserin Maria Theresia. 17 S.–Elbogen OR., Progr. 1861

[Weber, Walter]: Beitrag zur Geschichte der Dt. Evangel. Gemeinde in Rom. Nach amtl. Quellen zsgest. -- Rom: Moder 1907. II, 126 S.

[**Weber**, Walter:] Beitrag zur Geschichte der Dt. Ev. Gemeinde in Rom. Nach amtl. Quellen zsgest. v. Vorstand d. Gemeinde. (Vorr.: Ulrich Paetow.) Rom '07. II, 126 S. [Umschlagt.:] Deutscher Protestantismus in Rom.

Weber, Walter, aus Leipzig: Ueber **Monopropylhydrazin** und **Dipropylhydrazin**. *Heidelberg 1903: K. Roßler.* (44 S.) 8°
Heidelberg, Naturw.-math. Diss. v. 1903

Weber, Walter, Dresdensis: De Lysiae quae fertur contra **Andocidem oratione** (VI). *Lipsiae 1900: E. Freter.* (50 S.) 8°
Leipzig, Phil. Diss. v. [8. Apr.] 1900

Weber, Walter: **Die Rechtsgrundlagen** der Senatorenwahlen **in den freien** Hansestädten Lübeck und Bremen. *Altona 1897: H. Dircks.* (VI, 101 S.) 8°
Greifswald, Jur. Diss. v. 1897

Weber, [Walter]: Rede zum Gedachtnis des Herrn Oberlehrer Dr. Georg Meusel gehalten in der Aula des Gymnasium Albertinum am 22. Marz 1909. S. 7–10. 4. Gymn. Albertinum *Freiberg* 1910 (747).
Progr.

Weber, Walter: [Rundschreiben betr.] Verband deutscher Lehrer in Italien. (Rom '07.) 6 Bl. 4°

Weber, Walter: I. Versuche zur **Aufklärung** und Beseitigung von **Fehlern** bei der **ebullioskopischen Molekulargewichts**bestimmung. II. Ebullioskopische Bestimmungen bei tiefen Temperaturen. Weida i. Th. 1910: Thomas & Hubert. 63 S. 8°
Leipzig, Phil. Diss. v. 25. Juli 1910, Ref. Beckmann, Hantzsch
[Geb. 23. Okt. 85 Chemnitz i. S.; **Wohnort**: Chemnitz; Staatsangeh.: Sachsen; **Vorbildung**: Gewerbeakad. Chemnitz **Reife** M. 05; Studium: Leipzig 9 S.; Rig. 7. Juni 10.] [U 10. 3264

Weber, Walther: **Wie** viele Briefe hat der Apostel Paulus an die Corinther geschrieben? *Wetzlar 1899: F. Schnitzler.* (S. 1–56.) 4°
Wetzlar, k. G. OP 1899 (501)

Weber, [Werner Alois]. Anrede, welche T. Herr Graf von Wäber, als Kommandant der Hilfstruppen des löbl. Kantons Schweiz, beym Abmarsch nach Basel, an seine Leute gehalten: Nebst zweyen Schweizerliedern. 8. *o. O.* 1792.

Weber, Wilhelm

—— Nekrolog, s. Riecke, Ed.

Weber, Wilh., u. Rud. Kohlrausch, fünf Abhandlungen üb. absolute elektrische Strom- u. Widerstandsmessung, s. a. Ostwald's, Wilh., Klassiker der exakten Wissenschaften, Nr. 142.

Weber W u R Kohlrausch, funf Abh. uber absolute elektr. Strom- und Widerstandsmessung. Hrg. v. F Kohlrausch. (116 S) (Ostwalds Klass. 142) Leipzig 1904

Weber, Wilh., Abhandlungen zur atomistischen Theorie der Elektrodynamik, s. Zöllner, Joh. Carl Friedr., Principien der elektrodynam. Theorie der Materie.

Weber, Wilhelm: Die Adoption Kaiser Hadrians. Leipzig 1907: B. G. Teubner. (48 S.) 8°
Heidelberg, Phil. Fak., Ref. v. Domaszewski, Diss. v. 18. Jan. 1907
[Geb. 28. Dez. 82 Heidelberg; Wohnort: Heidelberg; Staatsangeh.: Baden; Vorbildung: Gymn. Heidelberg Reife Juli 01; Studium: Heidelberg 9 S.; Rig. 10. Jan. 06.]

Weber, Wilh. (Edu.) Akustik. Lex.-8. (1 1/2 B.) Stuttgart 835, [F. H. Köhler's Verl.]
Aus: Universal-Lexikon d. Tonkunst, hrsg. v. G. Schilling, besond. abgedruckt.

Weber, Wilh., thematische Analyse des Passions-Oratoriums v. Felix Woyrsch, op. 45. 8. (32 S.) Quedlinburg (900). Gr. Lichterfelde, Ch. F. Vieweg. n. — 30

Thematische Analyse des Passions-Oratoriums von Felix Woyrsch, op. 45 von Wilhelm Weber. *Quedlinburg: Ch. F. Vieweg [1901].* (32 S.) 8° [F.]
[01. 1595

Weber, Wilh. Ed., über die Anwendung der magnetischen Induction auf Messung der Inclination mit dem Magnetometer. gr. 4. (58 S. mit 1 Kpfrt.) Göttingen 853, Dieterichsche Buchh. *
Aus: Abhandlungen der k. Gesellschaft der Wissenschaften zu Göttingen 5. Bd., besonders abgedruckt.

—— **Atlas d. Erdmagnetismus, s. Atlas.**

— Wilhelm, Auszug aus den die Theorie des Schalles und Klanges betreffenden Aufsatzen von Felix Savart, mit einigen Bemerkungen uber scheinbare Widerspruche zwischen Savart's Entdeckungen und Chladni's fruheren Arbeiten, und anderen Zusatzen. Abschnitt I, II. (Aus: Jahrbuch der Chemie, N. R., Bd. 11, H. 1 und Bd. 15.)

Weber, Wilhelm: Beitrag zur Histologie des Typhus abdominalis. Marburg 1902: J. Hamel. (34 S.) 8°
Marburg, Med. Diss. v. 5. Mai 1902.

Weber, Wilh. (Ed.,) Bestimmung der rechtwinkeligen Componenten der erdmagnetischen Kraft in Göttingen in dem Zeitraume von 1834—1853. Nebst 1 Steindrucktaf. (in Fol.) Aus d. Abhdlgn. d. k. Gesellsch. d. W. zu Göttingen. Göttingen 855. Dieterich. gr. 4. (46 S.) n. 12 ngr.

— f. G. Bico, Grundzüge.

M. Enrico Bossi. Sein Werden u. Wirken von Prof. Wilh. **Weber**. Leipzig: J. Rieter-Biedermann (1905). (16 S.) 8°
Erw. aus: Musikal. Wochenblatt. 1905. [07. 5221

Weber, Wilhelm [aus Ettlingen, Baden]: Ueber einige Derivate der Diphenylarsinsäure ... Rostock, C. Boldt'sche Hof-Buchdr., 1893; 47 S. 8.
Rostock, Phil. Fak., Inaug.-Diss. v. [27. Dez.] 1893

Weber, Wilhelm: Aus d. pathol.-bakteriol. Inst. d. tierärztl. Hochsch. in München. (Vorstand: Kitt.) Ueber die Desinfektionswirkung der Aethrole. Stuttgart 1909: Union. 16 S. 8° ¶ (Aus: Monatshefte f. prakt. Tierheilk. Bd 20.)
Gießen, Veterinär-Med. Diss. v. 2. Sept. 1909, Ref. Olt
[Geb. 5. Sept. 84 München; Wohnort: Dachau; Staatsangeh.: Bayern; Vorbildung: Gymn. Landshut Reife Juli 08; Studium: München Tierärztl. Hochsch. 7 S.; Rig. 12. Febr. 09.] [U 10. 1264

Weber, (Joan. Franc.) Guil. (geb. Camen in Westf. 24. 5. 1840): De diabete mellito. Berolini (1865). (32 S.) 8°
Berlin, Med. Diss. v. 28. Juli 1865

Weber, Wilh., s.: Echo, the literary.

Weber, Wilhelm: Ein Fall von primärem Leberkrebs im 1. Lebensjahr. Kiel 1900: P. Peters. (23 S.) 8°
Kiel, Med. Diss. v. [27. Dez.] 1900.

Weber, W. Zur Galvanometrie. Göttingen. 1860.

Weber, Wilh., zur Galvanometrie. gr. 4. (96 S. mit 1 Stnt.) Göttingen 862, Dieterich'sche Buchh. *
Aus: Abhandlungen der k. Gesellschaft der Wissenschaften zu Göttingen, besonders abgedruckt.

Weber, Wilh., Gewerbe und Gemeinde. Ein Vortrag. gr. 8. (VIII, 43 S.) Gera 872, Strebel. [F. E. Köhler.] *

Weber, Wilh., Gewerbe und Gemeinde. gr. 8. Gera 872. Crossen a. O., Mrose.

Ein Hermes-Tempel des Kaisers Marcus. Von Wilhelm **Weber** in Heidelberg. Mit 6 Abb. u. 1 Taf. Heidelberg: Winter 1910. 43 S. 8°
(Sitzungsberichte d. Heidelberger Akad. d. Wiss. Philos.-hist. Kl. Jg. 1910, Abh. 7.)
[10. 10879

Weber, Wilh., der Kinderkreuzzug. (La croisade des enfants.) Musikalische Legende in 4 Tln. f. Soli, Chöre u. Orchester v. Gabriel Pierné. Erläuternde Einführg. (27 S.) 8. Leipzig (906). C. F. Kahnt Nachf.
— 30

Weber, Wilhelmus: Leges oscillationis oriundae, si duo corpora diversa celeritate oscillantia ita conjunguntur, ut oscillare non possint nisi simul et synchronice exemplo illustratae tuborum linguatorum. [Leipzig] (1827): Guil. Haack. 40 S., 1 Tab., 1 Taf. 8° (4°)
Halle-Wittenberg, Phil. Hab.-Schr. v. 10. Febr. 1827
Im Buchhandel Leipzig: Barth 1827. — Wieder abgedr. in: Wilh. Weber's Werke. Hrsg. v. d. Gesellschaft der Wissenschaften zu Göttingen. Bd 1 besorgt durch Wold. Voigt. Berlin 1892. S. 207—256, Taf. 8.

Weber, (Frid.) Guil. (geb. Berlin 21. 8. 1831): De luxationibus humeri earumque cum fractura colli humeri complicatione. Berolini (1856). (45 S.) 8°
Berlin, Med. Diss. v. 6. Aug. 1856

Weber, Wlh., elektrodynamische Maasbestimmungen. hoch 4. Leipzig 846, Weidmann'sche Buchh. n. 1 ß

—— **elektrodynamische Maassbestimmungen insbesondere über Diamagnetismus.** hoch 4. (96 S. mit 1 Stnt. und eingedr. Holzschn.) Leipzig 852. [Berlin, Weidmannsche Buchh.] *
Aus: Abhandlungen der mathemat.-phys. Classe der k. sächs. Gesellschaft der Wissenschaften, besonders abgedruckt.
Wird auch mit den beiden früheren ähnl. Abhandlungen u. d. T.: Abhandlungen über elektrodynam. Maassbestimmungen (* 2 Thlr 20 Ngr.) ausgegeben.
Vgl.: Kohlrausch, R.

—— **elektrodynamische Maassbestimmungen insbesond. über Diamagnetismus.** 2. Abdr. hoch 4. (96 S. mit eingedr. Holzschn.) Leipzig 867, Hirzel. *
Aus: Abhandlungen der k. sächs. Gesellschaft der Wissenschaften, besonders abgedruckt.

—— **elektrodynamische Maassbestimmungen, insbesondere über die Energie der Wechselwirkung.** hoch 4. (56 S. mit 1 lithogr. Taf.) Leipzig 878, Hirzel. *
Aus: Abhandlungen der k. sächs. Gesellschaft der Wissenschaften besonders abgedruckt.

—— Elektrodynamische Maassbestimmungen, insbesondere üb. e. allgemeines Grundgesetz der elektr. Wirkg. 2. Abdr. Lex.-8. (168 S. m. Fig.) Lpz. 890, Hirzel. * 3 —
Aus: Abhandlgn. d. k. sächs. Gesellsch. d. Wiss., besonders abgedruckt. — S. auch Kohlrausch, R.

— Elektrodynamische Massbestimmungen, insbesondere über das Princip der Erhaltung der Energie. hoch-4°. 62 S. Ibid. 1870. M. 1.60
Aus d. Abhandl. d. königl. sachs. Ges. d. Wiss.)

Weber, Wilh., Abhandlungen über elektrodynamische Massbestimmungen. 6. Abhandlung insbesond. über das Princip der Erhaltung der Energie. hoch 4. (62 S.) Leipzig 871, Hirzel. *
Aus: Abhandlungen der k. sächs. Gesellschaft der Wissenschaften, besonders abgedruckt.
1.—5. Abhandlung. Ebendas. 1846—67. *M 12,60.

Weber, Wilh., elektrodynamische Massbestimmungen insbesondere üb. das Princip der Erhaltung der Energie. [Aus: „Abhandlgn. der königl. sächs. Ges. d. Wiss."] hoch 4. (62 S.) Leipzig 871. Hirzel. n. 1. 60

Weber, Wilh., elektrodynamische Maassbestimmungen insbesond. über elektrische Schwingungen. gr. Lex.-8. (148 S.) Leipzig 864, Hirzel. *

— Elektro-dynamische Maassbestimmungen, insbesondere über elektrische Schwingungen. (Aus den Abhandl. der mathem.-physik. Kl. der Kön. Sachs. Ges. der Wissensch., Band VI.) Leipzig 1864.

Weber, Wilh., elektrodynamische Maassbestimmungen insbesondere Widerstandsmessungen. hoch 4. (186 S.) Leipzig 850, [Hirzel]. *
Aus: Abhandlungen der mathemat.-phys. Classe der k. sächs. Gesellschaft der Wissenschaften zu Leipzig, besonders abgedruckt.

—— elektrodynamische **Maassbestimmungen** insbesond. **Widerstandsmessungen.** 2. Abdr. gr. Lex.-8. (186 S.) Leipzig 863, Hirzel. *

aus: Abhandlungen der k. sächs. Gesellschaft der Wissenschaften, besonders abgedruckt.

Weber, W: Elektrodynamische Maaßbestimmungen, insbesondere Zurückführung der Stromintensitäts-Messungen auf mechanisches Maaß. 2. Abdr. Leipzig . . . 1889

—— und Ed. Weber, Mechanik d. menschl. Gehwerkzeuge. Eine anatom.-physiolog. Untersuchung. gr. 8. (28 B. u. 17 Stat. mit 1½ B. Erkl., gr. 4.) Göttingen 836, Dieterichsche Buchh. Thlr.

Weber, *Friedrich* Wilhelm *Alexander* [aus Bochum]: Über intermittierende Melliturie … Bonn, Univ.-Buchdr. v. C. Georgi, 1891; 48 S. 8.

Bonn, Med. Fak., Inaug.-Diss. v. [15.] Aug. 1891.

—— de tribus **novis librarum** construendarum methodis. 4maj. (3 B.) Gottingae 841, libr. Dieterich. *

Weber, Wilh., Beethovens **Missa solemnis.** Eine Studie. M. 71 Notenbeispielen. (7 Taf.) gr. 8. (134 S.) Augsburg 897. J. A. Schlosser. n. 2. —

Weber, Wilhelm: Beethovens Missa solemnis. Eine Studie. Neue durch e. Anh. erw. Ausg. Leipzig: F. E. L. Leuckart 1908. (155 S.) 8°

Weber, Wilhelm: Nänie ⟨Friedrich Schiller⟩ von Johannes Brahms. Kleiner Konzertführer. Leipzig: Breitkopf & Härtel [1908]. 8 S. 8°

(Breitkopf & Härtels Musikbücher. Abt. 2. Nr 615.)

— G. F. Händel's Oratorien, übers. u. bearb. v. F. Chrysander, erläut. I. Israel in Egypten. Oratorium in 8 Thln. 8. (19 S.) Ebd. 898. n. — 50

Weber, Wilh., G. F. Händel's Oratorien, übers. u. bearb. von F. Chrysander, erläutert. II u. III. 8. Augsburg, J. A. Schlosser. n. — 80

II. Der Messias. Oratorium in 3 Thln. (24 S.) 900. n. — 50

III. Saul. Oratorium in 3 Thln. (26 S.) 902. n. — 30

Weber, Wilh., das verlorene Paradies (il paradiso perduto). Symphonische Dichtg. in e. Prolog u. 3 Tln. f. Soli, Chor, Orchester u. Orgel. Poetische Handlg. nach John Milton von Luigi Alberto Villanis. Deutsch von John Bernhoff u. Wilh. Weber, Musik v. M. Enrico Bossi. op. 125. Erläuternde Einführg. (24 S.) gr. 8. Leipzig 903. J. Rieter-Biedermann. n.n. — 50

Weber, Wilhelm [aus Würzburg]: Ueber ein Plattenepitheliom der Gallenblase und Epithelmetaplasie … Würzburg, Druck d. Bonitas-Bauer'schen k. b. Hofbuchdr., 1891; 32 S. 8.

Würzburg, Med. Fak., Inaug.-Diss. v. 1891

— Resultate u. Beobachtungen des **magnetischen Vereins**, s. Gauß, Karl Fr.

Rhapsodie von Johannes Brahms. Kleiner Konzertführer von Prof. Wilhelm **Weber**. Leipzig: Breitkopf & Härtel [1907]. (10 S.) 8° [F.]
= **Musikbücher**, Breitkopf & Härtels. Abt. 2. No 612. 07. 17896

König Rother. Gedicht in 3 T. von Theodor Souchay. Für Gesangsoli, gemischten Chor u. Orchester komp. von Josef Krug-Waldsee. Op. 25. Kleiner Konzertführer von Prof. Wilhelm **Weber** ⟨Augsburg⟩. Leipzig: Breitkopf & Härtel [1905]. (10 S.) 8° [F.]
= **Musikbücher**, Breitkopf & Härtels. Abt. 2. No 599. 08. 8244

Schicksalslied von Johannes Brahms. Kleiner Konzertführer von Prof. Wilhelm **Weber**. Leipzig: Breitkopf & Härtel [1907]. (10 S.) 8° [F.]
= **Musikbücher**, Breitkopf & Härtels. Abt. 2. No 613. 07. 17897

Weber, Wilh., Sprachbuch f. Volksschulen. Mit e. Wörterverzeichnis. 2. Aufl. gr. 8. (IV, 87 S.) Detmold 902. C. Schenk. Kart. n. — 60

Weber, W[ilhelm], Prof.: R. L. **Stevenson**. Ein Beitrag zur Beurteilung d. Prosadichters u. Essayisten. *(Heilbronn 1903: A. Landerer.)* (62 S.) 8°

Heilbronn, k. Realanstalt, P 1903 (686)

Weber, **Wilhelmus** Eduardus: Dissertatio theoriam efficaciae laminarum maxime mobilium arcteque tubos aerem sonantem continentes claudentium experimentis nixa continens.

Halle-Wittenberg, Phil. Diss. v. 26. Aug. 1826

Geb. [Wittenberg 24. 10. 1804]

Ms. fehlt. — Nach der Verzeichnung des Titels bei Poggendorff: Biogr.-lit. Handwörterbuch. Bd. 2. 1863. Sp. 1273 möchte man glauben, daß W.'s Diss. gedruckt vorliege.

In Wilh. Weber's Werken. Hrsg. v. Wold. Voigt. Bd. 1. Berlin 1892. S. IV erklärt der Hrsg. das Fehlen von Webers Diss. in den Werken: „sie ist nach dem Ergebnis von mir angestellter Erkundigungen nicht gedruckt worden und auch handschriftlich im Nachlaß nicht aufgefunden. Der Titel … läßt mit Sicherheit schließen, daß sie in erweiterter Form als Habilitationsschrift gedient hat."

Weber, Wilhelm: Triumphlied ⟨Offenbarung Joh., K. 19⟩ von Johannes Brahms. Kleiner Konzertführer. Leipzig: Breitkopf & Härtel [1908]. 16 S. 8°

(Breitkopf & Härtels Musikbücher. Abt. 2. Nr 614.)

Untersuchungen zur Geschichte des Kaisers Hadrianus von Wilhelm **Weber,** Dr. phil. Mit 8 Abb. Leipzig: B. G. Teubner 1907. (VI, 288 S.) 8° 07. 11793

Weber, Wilhelm, Referendar: Der Verzug bei der Wahlschuld. Nach dem gemeinen Rechte und dem Rechte des Bürgerlichen Gesetzbuches. Gartz a. O. 1909: Fiebelkorn. X, 44 S. 8°

Greifswald, Jur. Diss. v. 24. Jan. 1910, Ref. Pescatore

[Geb. 2. Dez. 84 Stettin; Wohnort: Stettin; Staatsangeh.: Preußen; Vorbildung: Schiller-Realgymn. Stettin Reife M. 04; Studium: Berlin 3, München 1, Greifswald 3 S.; Rig. 2. Aug. 09.] [U 10. 1557

Weber, Wlh. (Ed.) de fili bombycini vi elastica. 4maj. (Mit 1 Steintaf.) Göttingae 841, libr. Dieterich. n. ½ ℛ

— Wellenlehre, s. Er. H. Weber.

Weber's, Wilh., Werke. Hrsg. v. der königl. Gesellschaft der Wissenschaften zu Göttingen. 6 Bde. Lex.-8. Berlin, J. Springer. n. 104. —; geb. in Halbfrz. n.n. 119. —

1. Akustik, Mechanik, Optik u. Wärmelehre. Besorgt durch Wold. Voigt. Mit dem Bildnis Wilh. Weber's, 13 Taf. u. in den Text gedr. Abbildgn. (VII, 600 S.) 892. n. 20. —; geb. n. 22. 50
2. Magnetismus. Besorgt durch Ed. Riecke. Mit 10 Taf. u. in den Text gedr. Abbildgn. (VIII, 380 S.) 892. n. 14. —; geb. n. 16. 50
3. Galvanismus u. Elektrodynamik. 1. Thl. Besorgt durch Heinr. Weber. (XII, 676 S. m. Abbildgn. u. 1 Taf.) 893. n. 20. —; geb. n. 22. 50
4. — dasselbe. 2. Thl. Besorgt durch Heinr. Weber. (XIV, 638 S. m. Abbildgn. u. 4 Taf.) 894. n. 16. —; geb. n.n. 18. 50
5. Wellenlehre. Besorgt durch Ed. Riecke. (XXX, 433 S. m. 18 Taf.) 893. n. 18. —; geb. n. 20. 50
6. Mechanik der menschlichen Gehwerkzeuge. Besorgt durch Frdr. Merkel u. Otto Fischer. (XXIV, 326 S. m. Abbildgn. u. 17 Taf.) 894. n. 16. —; geb. n.n. 18. 50

Weber, Wilhelm, Ziel des Turnens und Aufgabe der Turner, Vortr., Berlin 1864, 26 S., 8°.

Weber, Wilhelm Christian Hermann (Giessen)
Ueber die Xerosis coniunctivae. Inaug. Diss.
Giessen: Brühl 1849. 44 S. u. 2 Bl. Thesen.
Diss. med. 7.8.1849. vorh. 26. 4. 11.Δ.

Weber, Wilh. Chrn. Herm., über die Xerosis conjunctivae. Inaugural-Dissertation. gr. 8. (44 S.) Gießen 849, (Ricker.)

Weber, Wilhelm Eduard, s. W e b e r , Wilhelm.

Weber, Wilhelm Ernst

Weber, Wilh. Ernst, klassische Alterthumskunde oder übersichtl. Darstellung der geograph. Anschauungen und der wichtigsten Momente an dem Innenleben der Griechen und Römer, eingeleitet durch eine gedrängte Geschichte der Philologie. Lex.-8. (VI und 389 S.) Stuttgart 848, Franckh'sche Vrlgsb. Thlr.
Aus: Neue Encyklopädie für Wissenschaften und Künste. 4. Bd., besonders abgedruckt.

Weber, Wlh. Er., animadversiones in Juvenalis Satyras. P. 1. 8. Jena 820.

— s. A n t h o l o g i e, griechische.

Weber, Wilh. Ernst, die A e s t h e t i k aus d. Gesichtspunkte gebildeter Freunde des Schönen. 20 Vorlesn., gehalt. zu Bremen. 2 Abthln. 8. (à 22¼ B.) Darmstadt 834, 35, Leske. à 2 Thlr.

Weber, Wilh. Ernst, das christl. Bedürfniß d. Zeit etc., s. **M a g a z i n, bremisches, 2. Hft.**

— s. C o r p u s poetorum latinorum.

Weber, W. E., Dissertatio de Critia tyranno. 4. Francofurti 1824.

Weber, W. E., De Critia Tyranno. Pr. 1824. 24 S. 4°.

—— **P o e s i s latinae delectus.** In us. scholar. adornavit observationibusq. brevibus instr. 8maj. (16¼ B.) Bremae 830, Heyse.

Weber, Er. Wlh., s. D e m o s t h e n i s oratio in Aristocratem.

—— **klass. Dichtungen d. Deutschen.** Zum Schul- u. Privatgebr. erläut. 1. Bdchn. — A. u. d. T.: Goethe's Iphigenia u. Schiller's Tell. gr. 12. (21 B.) Bremen 839, Heyse.

—— E m i g r a n t u. Stoiker, s. E m i g r a n t.

— E m i g r a n t und Stoiker. — Die Sprüche des Theognis und die Satiren des A. Persius Flaccus. Deutsch, mit Anmerkungen. gr. 12. Bonn 834. Marcus. ⅔ Thlr.

—— **Goethe's Faust.** Uebersichtl. Beleuchtung beider Theile z. Erleichterung d. Verständnisses. 8. (16 B.) Halle 836, Buchh. d. Waisenhauses.

—— über F r e i h e i t, ihre Förderungen, ihre Hindernisse, u. ihre Erscheinung in d. Staatsformen. Vier Vorlesn., nebst e. vorangeh. Rede üb. d. Zusammenwirken d. Thätigkeiten zu Förderung d. höchsten Zwecke d. Menschheit. gr. 8. (12¾ B.) Bremen 831, Heyse.

—— F r e u d e n u. Leiden d. Schulmannes. Ein Vortr., bei Entlassung der zur Universität abgeh. Primaner gehalten. gr. 8. (2½ B.) Bremen 831, Heyse.

Weber, Wilh. Ernst., Quintus H o r a t i u s Flakkus als Mensch u. Dichter. Eine Schutz- u. Trutzschrift zur Einleitung in seine Werke. gr. 8. (24⅛ B.) Jena 844, Hochhausen.

— siehe: H o r a t i u s F l a c c u s. Q., Satiren übersetzt u. erklärt.

Weber, Wilh. Ernst, Goethe's Iphigenie. Zum Schul- und Privatgebrauch erläutert. 2. Ausg., mit Zusätzen von J. W. Schaefer. 12. (XVII und 248 S.) Bremen 852, [Heyse's Verlag.] *

Weber, Wilh. Ernst, Goethe's Iphigenie. Zum Schul- u. Privatgebrauch erläutert. 2. Aufl. 8. (III, 200 S.) Bremen 878. Heyse. n. 1. 60

— s. D. J u v e n a l i s Satyrae.

Weber, Wilhelm Ernst, s. M a g a z i n , Bremisches.

Weber, E. W., De Mercurio, praecipuo Germanorum veterum deo. Gel. 1850. 17 S. 4°.

Weber, W. E., De ludorum statorum et vice anniversaria redeuntium apud Romanos ordine. I u. II. Gel. 1836, 40. 39, 36 S. 4°. à 1.20

— **Kais. Marius Salvius Otho. Eine Biographie. gr. 12. Frankf. 815. Varrentrapp. 18 gr. Velinp. 1 Thlr 10 gr.**

Weber, Wilhelm Ernst, s. P e r s i u s : Satiren.

W e b e r , W. Ernst, Ethische Poesie der Griechen. Progr. Wetzl. 820. 4.

Weber, W. E., Ethische Poesie der Griechen. Pr. 1820. 28 S. 4°.

—— über P r e d i g e r w a h l e n u. die nothwendigen Eigenschaften eines Predigers. Gelegentliche Betrachtungen. gr. 8. (6½ B.) Bremen 842, Geisler. —

—— öffentliche R e d e n. 1. u. 2. Bdchn. 12. Jena, Hochhausen. [1. (11¾ B.) 845., 2. (13 B.) 46. à 22½ Ngr.]

—— **die Reinheit und die Flecken des Christenthums,** sein Bleibendes und sein Vergängliches. Eine Schrift für jedermann zu Erleichterung beruhigender Selbstentscheidung in dem gegenwärt. Glaubenszwiste. gr. 8. (VIII und 210 S.) Jena 847, Mauke. -

—— **Revision des deutschen Schulwesens.** Herzensergießungen. 8. (XI und 396 S.) Frankfurt a. M. 847, Literarische Anstalt. *

(Weber, Wilhelm Ernst), Die deutsche Revolution, die National-Versammlung und die Fürsten. Herzensergießungen eines deutschen Mannes aus dem Lehrstande. Hamburg, Hoffmann u. Campe. 1849. 120 S. 8°.

—— **Schule u. Leben.** Vorträge u. Abhandln. pädagog. Inhalts. 8. (33 B.) Halle 837, Buchh. d. Waisenhauses.

—— Sendschreiben, die Gemähldeausstellung zu Bremen im April u. Mai 1843 betreffend. gr. 8. (6¼ B.) Bremen 844, Heyse.

—— über die **T h e i l n a h m e** deutscher Studirenden an den Interessen ihres Vaterlandes. Eine Frage der Zeit. Entlassungsvortrag bei dem Abgange der z. Universität reif erklärten Primaner am 1. April 1844 gehalt. gr. 8. (3 B.) Hannover, Kius. *

—— **Schiller's Wilhelm Tell.** Zum Schul- und Privatgebrauch erläutert. 2., mit Zusätzen verm. Ausg. 12. (XLI und 238 S.) Bremen 852, [Heyse's Verlag.] *

—— **Schiller's Tell.** Zum Schul- und Privatgebrauch erläutert. 2. Aufl. 8. (III, 202 S.) Ebendas. 878. *

Ueber die mystischen Tendenzen unserer Zeit. Zwei Vorles. von Wilh. Ernst **Weber.** Darmstadt: Leske 1829. XII. 58 S. 8°
Aus: "Allgem. Kirchenztg.
Kl. 3930.

Weber, Wilhelm Ernst, s. Theognis.

Weber, (W. E.) Uebungsschule f. den latein. Styl in den obersten Classen der Gymnasien. Mit fortgeh. Anm. 1e Abthlg. gr. 8. Frankf. 825, Brönner.

—— Uebungsschule f. d. latein. Stil in d. obersten Classen d. Gymnasien. Mit fortgeh. Anmerkn. 2., verm. u. verb. Aufl. 8. (37½ B.) Frankfurt a. M. 834, Brönner.

—— Uebungsschule für den lateinischen Stil in den obersten Classen der Gymnasien. Mit fortgehenden Anmerkungen. 3., verm. und verb. Aufl. gr. 8. (XIII und 580 S.) Frankfurt a. M. 851, Brönner.

—— die Verfluchungen als e. Beitr. z. neuesten Kanzelpolemik. 2., mit Zugaben verm. Aufl. gr. 8. (7¼ B.) Bremen 840, Heyse.

Weber, E. G. Programma de M. Porcii Catonis vita et moribus. 4. Bremae 1831.

Weber, W. E., Cato major. Pr. 1831. 47 S. 4°.

Weber, Wlh. Er., Vorlesungen zur Aesthetik, vornehmlich in Bezug auf Goethe u. Schiller. 8. Hannov. 831. Hahn. 1 ₰ 16 ℊ

—— einige Worte zur Beleuchtung d. Satzes: Wir lernen nicht für's Leben, sond. f. d. Schule; gesprochen bei seiner Einführung als Director d. Gelehrtenschule in d. freien Stadt Bremen. gr. 8. (2 B.) Bremen 829, Heyse.

Weber, William, der arabische Meerbusen. 1. Thl.: Historisches und Morphologisches. Inaugural-Dissertation. gr. 8. (VII, 62 S. mit 1 Tiefenkarte.) Marburg 888, Ehrhardt's Universitäts-Buchh. *

Weber, W. Tiefenkarte des Arabischen Meerbusens 1:4000000. Gotha 1888. 1 Bl. c. 1.

Weber, Willibald

Weber, Willib., die Vorbildung des kathol. Klerus in Bayern. (46 S.) 8. Augsburg 906. Lampart & Co. n. — 70

Die Vorbildung des katholischen Klerus in Bayern. Von Willibald Weber. 2. verm. Aufl. München: Süddeutsche Monatshefte 1907. (80 S.) 8° 108. 12736

Weber, Wolfgang, bacc. iur.: Die Minderkaufleute nach dem Handelsgesetzbuch vom 10. Mai 1897. Weida i. Th. 1908: Thomas & Hubert. 91 S. 8°
Leipzig, Jur. Diss. v. 14. Nov. 1908
[Geb. 1. Dez. 79 Leipzig; Wohnort: Leipzig; Staatsangeh.: Sachsen; Vorbildung: Nikolai-Gymn. Leipzig Reife O. 00; Studium: Leipzig 2, München 1, Grenoble 1, Leipzig 5 S.; Rig. 28. Febr. 06.] [U 09. 2719

Weber, Wolfgang, Referendar: Die Veränderungen in der staatsrechtlichen Lage der Deutschen Standesherren zwischen Rheinbundsakte, Deutscher Bundesakte und Gegenwart. Jena 1904: G. Neuenhahn. (75 S.) 8° [J.]
Jena, Jur. Fak., Ref. Niedner, Diss. v. 8. Dez. 1904
[Geb. 4. Okt. 81 Charlottenburg; Wohnort: Berlin; Staatsangeh.: Preußen; Vorbildung: Gymn. Charlottenburg Reife O. 01; Studium: Lausanne 1, Berlin 1, München 1, Berlin 3; Rig. 20. Juli 04.]

Weber-Bell, Nana, die Lösung des Stimmbildungsproblems. Eine Sammlg. wissenschaftl. Abhandlgn. (119 S.) 8. Planegg b/München 910. Wissenschaftl. Verlag N. Weber-Bell. 2.50

Weber-Bell, Nana, Naturwissenschaft u. Stimmerziehg. Materialprinzipien für Pädagogen u. Sänger. (30 S.) gr. 8. Leipzig 903. M. Schmitz. 1. —

Weber-van Bosse, Frau A[nna]. Ein Jahr an Bord I. M. S. Siboga. Beschreibung der Holländischen Tiefsee-Expedition im Niederländisch-Indischen Archipel 1899—1900. Nach der 2. Auflage aus dem Holländischen übertragen von Frau E[rnestine] Ruge-Baenziger [Zürich]. Mit 26 Vollbildern, 40 Textabbildungen und einer Karte. XIV + 370 S. 8. Leipzig, Wilhelm Engelmann, 1905. [M. 6. —, geb. 7. —]

Weber von Ebenhof, Alfred Ritter

Die Anpassung der Strassen an die Automobile. Bericht über d. ersten internat. Strassenkongress in Paris. Von Alfred R' Weber v. Ebenhof. Hiezu 5 Taf. Wien: Selbstverl. 1909. 14 S. 4°(2°)
Aus: Österreich. Wochenschrift f. d. öff. Baudienst. H. 26, Jg. 1909. [11. 1711 8

Weber v. Ebenhof, Alfr. Ritter, d. Anpassg. d. Strassen an die Automobile. Bericht üb. den 1. internationalen Strassenkongress in Paris. (14 S. m. Abbild. u. 5 Taf.) 33,5×26 cm. Wien 909. (Druckerei- u. Verl.-Aktiengesellschaft vorm. R. v. Waldheim.) — 80
Sonderabdr. aus: „Österr. Wochenschr. f. d. öffentl. Baudienst".

Weber v. Ebenhof, Alfr. Ritter, die Aufgaben der Gewässer-Regulirung, Wildbach-Verbauung und Wasserverwaltung in Oesterreich mit besond. Berücksicht. der Alpenländer. gr. 8. (64 S.) Wien 886, Spielhagen und Schurich. *
Aus: Danubius, besonders abgedruckt.

Weber Ritter v. Ebenhof, Alfr., Bau, Betrieb u. Verwaltung d. natürl. u. künstl. Wasserstrassen auf d. internat. Binnenschiffahrts-Congressen in d. J. 1885 bis 1894. Bericht, erstattet im Auftr. d. k. k. Ministeriums d. Innern vom Wasserbau-Departement des Ministeriums, verf. von W. v. E. Fol. (XVII, 447 S. m. 229 Illustr. u. 2 Taf.) Wien 895. (Hof- u. Staatsdruckerei.) n. 18. —

— s.: Bauzeitung, allgemeine.

— der VI. internat. Binnenschiffahrts-Congress im Haag, s.: Vorträge u. Abhandlungen, techn., XXIII.

— die Donau als Verbindungsglied der projektirten deutsch-österreich.-ungar. Schiffahrtskanäle, s.: Verbands-Schriften des deutsch-österr.-ungar. Verbandes f. Binnenschiffahrt.

— e. Entgegnung an Prof. Kreuter bezüglich der Etschregulirung in Tirol. [Aus: „Neue Tiroler Stimmen".] 8. (19 S.) Wien 893. Spielhagen & Schurich. n. — 40

Weber v. Ebenhof, Alfr. Ritter, die Etschregulirung in Tirol u. Italien, s.: Vorträge u. Abhandlungen, technische. H. 18.

—— Der Gebirgs-Wasserbau (Flussregulierung u. Hauptschlucht-Verbauung) im alpinen Etsch-Becken u. seine Beziehungen zum Flussbau d. oberitalienischen Schwemmlandes. Mit Unterstützg. d. Tiroler Landtages u. Genehmigg. der k. k. Regierg. hrsg. Fol. (XVIII, 421 S. m. 81 Illustr. u. e. Atlas von 61 Taf. in qu. gr. Fol. u. Mappe.) Wien 892, Spielhagen u. Schurich. * 80 —

— das Königreich d. Niederlande in hydrograph. u. wasserbaul. Beziehg. [Aus: „Oesterr. Monatschr. f. d. öffentl. Baudienst".] gr. 4. (32 S. m. 40 Illustr.) Wien 895. (Spielhagen & Schurich.) n. 3. —

— s.: Monatsschrift, österr., f. d. öffentl. Baudienst.

Weber, Alfred, Ritter von Ebenhof, Project der k. k. österr. Regierung für die Regulierung der March in der Reichsgrenzstrecke gegen Ungarn (von der Moravka - Mündung bei Rohatetz bis zur Einmündung in die Donau bei Theben). Mit 17 Tafeln. 4. (V, 110 S.) In Mappe Wien: Spielhagen u. Schurich 1894. 6.75

— d. Regulirung d. Thaya u. ihr Einfluss auf die Abfluss-Verhältnisse der March u. der Donau. Eine hydrotechnisch-wasserrechtl. Studio. [Aus: „Allg. Bauzeitg."] gr. Fol. (20 S. m. 2 Fig. u. 2 Taf.) Wien 897. R. v. Waldheim. n. 2. 40

Die an der niederösterreichischen Donaustrecke nothwendigen Regulirungen. Von K. K. Oberbaurath u. Strombau-Dir. Alfred R' v. Weber-Ebenhof in Wien. *Berlin: Siemenroth & Troschel 1900.* (10 S.) 8°
= Mitteilungen über derzeitige u. angestrebte Schiffbarkeit d. Hauptströme u. ihrer Nebenflüsse. H. 9, (i)
= Deutsch-Oesterr.-Ung. Verband f. Binnenschiffahrt. Verbands-Schriften. No 56, (i). [01. 8578

Weber von Ebenhof, Ferdinand Ritter

Weber, Ritter v. Ebenhof Ferd., Lehrbuch der Geburtshilfe für Hebammen. 3. Aufl. gr. 8. (310 S.) Prag, Fr. A. Urbánek. Geb. 5 fl. 30 kr. 1885.

Weber-Ebenhof, Ferd. Ritter v., das antiseptische Verfahren in der Geburtshilfe. Ein Leitfaden für Geburtshelferinnen und Belehrung für Frauen. gr. 8. (31 S.) Prag 879, Urbánek. *

Weber & Hampel: Katalog über zahnärztliche Maschinen und Instrumente. Berlin (1904?)

Weber-Liel, Fr. E., ueber das Wesen und die Heilbarkeit der häufigsten Form progressiver Schwerhörigkeit. Untersuchungen und Beobachtungen. gr. 8. (VII, 205 S. mit 6 eingedr. Holzschn. und 4 lithogr. Taf. in gr. 8. und 4.) Berlin 873, Hirschwald. *

Weber-Lutkow, Hans (Hanns Pokorny), die schwarze Madonna. Geschichten aus Klein-Rußland. (87 S.) 8. Linz (901). Wien [Oesterreich. Verlagsanstalt] C. Konegen. n. 1. 50; geb. n. 2. —

Weber-Lutkow, Hanns (Hanns Pokorny), schlummernde Seelen. Geschichten aus Kleinrußland. 8. (109 S.) Linz 900. Wien, Oesterreich. Verlagsanst. n. 2. —; geb. n. 2. 50

Weber-Malnka, J., Klein-Evchen, s.: Weichert's Wochen-Bibliothek.

(F) **Weber-Malnka,** J., Klein Evchen. [Weicherts Illustrierter Familienschatz. Bd. 241.] 8°. (90 S.) K --.50
Wien: Derflinger u. Fischer 1909.

Weber-Malnka, J., Pfarrers Lene. Episch-dramat. Volks-Schauspiel in 4 Akten. (III, 115 S.) 8. Dresden (906). E. Pierson. n. 2. —

Weber-Malnka, J., „Weib, nicht Weibchen!" Roman. (231 S.) 8. Dresden (906). E. Pierson. n. 3. —; geb. n. 4. —

Weber-Rosenkrantz, Woldemar von: Verzeichnis der bei Hemmingstedt gefallenen Ritter und Knappen nach 2 unveröffentlichten Gefallenenlisten. [Mit sämtlichen Nachträgen.] Kiel. [1905. 1906. 1912.] 8° Sonderabdruck aus: Zeitschrift der Gesellschaft f. Schlesw.-Holst. Geschichte. Bd. 35. 36. 42.

Gedächtnis-Meisterschaft. Unterrichtsbriefe f. d. Selbststudium d. Schnell-Lern-Methode von Hugo **Weber**-Rumpe. ⟨2. Neubearb. d. Mnemonischen Unterrichtsbriefe.⟩ 41. bis 50. Taus. (Als Ms. gedr.) Breslau: Selbstverl. [1905]. (Getr. Pag.) 8° [F.] [06. 14035

Weber-Rumpe, Hugo, Gedächtnis-Meisterschaft. Unterrichtsbriefe für das Selbststudium der Schnell-Lern-Methode. (2. Neubearbeitg. der mnemon. Unterrichtsbriefe.) 41. bis 50. Tausend. 10 Briefe u. 18 Beilagen. (160, 16, 15, 16, 16, 8, 4, 4, 4, 10, 8, 4, 4, 4, 4, 16, 8, 16 u. 16 S.) gr. 8. Breslau (906). (Leipzig, Schulze & Co.) In Leinw.-Mappe n.n. 12. —

Weber-Rumpe, Hugo, französische Genusregeln, zur Erlerng. in wenigen Stunden mnemonisch bearb. 8. (40 S.) Breslau 885. (Leipzig, Gracklauer.) n. 1. 50

Weber-Rumpe, Hugo, gegen Mackenzie. Zeitungsstimmen v. jetzt u. früher zusammengestellt. 8. (33 S.) Friedland, Reg.-Bez. Breslau 888. Walter. n. — 60

Weber-Rumpe, Hugo, mnemonische Unterrichts-Briefe für das Selbststudium der Gedächtnißkunst [Schnell-Lern-Methode]. gr. 8. (160 S.) Breslau 883,84. (Leipzig, Gracklauer.) *

—— mnemonische Unterrichts-Briefe für das Selbststudium der Gedächtnißkunst [Schnell-Lern-Methode]. 14.—16. Tausend. gr. 8. (160 S.) Breslau 887,88. (Leipzig, Gracklauer.) *

Weber-Rumpe, Hugo. Mnemonische Unterrichts-Briefe f. das Selbststudium der Gedächtnißkunst [Schnell-Lern-Methode]. 17.—19. Tausend. gr. 8. (160 S.) Bresl. 889—91. (Lpz., Gracklauer.) ** 6 —; geb. ** 7 —

Weber-Rumpe, Hugo, Mnemonische Unterrichts-Briefe f. d. Selbststudium d. Gedächnißkunst (Schnell-Lern-Methode). 32. Tausend. gr. 8. (160 S.) Breslau 898. (Leipzig, O. Gracklauer.) n.n. 6. —; m. sämtl. Beilagen (160, 8, 12, 8, 8, 8, 8, 16, 16 u. 16 S.) n.n. 8. —

Weber-Rumpe, Hugo, mnemonische Unterrichts-Briefe für das Selbststudium der Gedächtnißkunst (Schnell-Lern-Methode). 33. Tausend. gr. 8. (160 S.) Breslau 899. (Leipzig, O. Gracklauer.) n.n. 6. —; m. sämtl. Beilagen. (160, 8, 8, 8, 8, 8, 8, 16, 16, 16 u. 16 S.) n.n. 8. —

—— mnemonisches Zahl-Wörterbuch. Mit Berücksicht. der neuen deutschen Rechtschreibung. 12. (236 S.) (Ebendas.) 885. * M 4.50.; geb. * 5 —

Weber-Thudichum, Ottilie, die Landgrafen v. Hessen-Homburg 1622—1866. (57 S.) 8. Homburg v. d. H. 906. J. G. Steinhäußer. (Nur direkt.) n. 1. —

Weberbauer, August: **Beiträge zur Anatomie der Kapselfrüchte.** *Cassel 1898: Gebr. Gotthelft.* (52 S.) 8° ¶ (Aus: Botanisches Centralblatt, Bd 73.)
Breslau, Phil. Hab.-Schr. v. 21. [handschr.: 22.] Febr. 1898

Weberbauer, A*ugust*: Beiträge zur Samenanatomie der Nymphaeaceen . . . (Aus: Engler's Bot. Jahrb., Bd. XVIII, Heft 3.) Leipzig, W. Engelmann, 1894; 50 S., 1 Bl. 8°
Berlin, Phil. Fak., Inaug.-Diss. v. 28. Apr. 1894.

Weberbauer, A., Rhamnaceae, s.: Engler, A. u. K. Prantl, d. natürl. Pflanzenfamilien, III, 5.

Weberbauer, Otto, die Pilze Nord-Deutschlands mit besond. Berücksicht. Schlesiens. 1. und 2. Heft. qu. Fol. (S. 1—18, mit je 6 nach der Natur gezeichneten lithogr. und color. Taf.) Breslau 873,75, Kern's Verlag. In Mappe. à Heft * M 12. *

Weber- Bild- u. Musterbuch, s. J. M. Kirschbaum.

Weber-Bild- u. Muster-Zeitung. Ausgeführte moderne Werkzeichnungen für Damastweberei in Leinen, Baumwolle u. Wolle rc. 1. Jahrg. 1845. Octbr.—Decbr. 3 Hefte. 4. (9 Tafeln.) Leipzig 845, Böhme. 1 Thlr. — 2. Jahrg. 1846. 12 Hfte. à 3 Taf. gr. 4. Weimar 846, Jansen. n. 4 Thlr.

Weber-Bild- u. Muster-Zeitung. Ausgeführte moderne Werkzeichnungen f. Damastweberei in Leinen rc. 2. u. 3. Jahrg. 1846. u. 1847. à 12 Hfte. (à 3 Taf.) gr. 4. Weimar, Jansen. à Thlr.

Weber- u. Muster-Buch, neuestes, oder die Leine- u. Tischzeugwebekunst nach d. neuesten Erfahrungen. 4 Abthll. mit 40 (41) Kpfrtaf. gr. 4. Ulm 840. Ebner. 3 Thlr.

Weber- u. Muster-Buch, neuestes, oder die Leine-, Baumwolle- u. Damast-Weberei, durch die Hand u. durch Maschinen. Zum Nutzen für jeden, der in diesen Fächern arbeitet, sowie für Kauf- u. Handelsleute. Nach d. Engl. frei bearb. u. verm. mit Zusätzen von einem deutschen Weber. 6 Lfrg. Mit 60 Platten Zeichn. qu. gr. 4. Ulm 841—45, Ebner'sche Buchh. (à n. 3/4 Thlr.) n. 4 1/2 Thlr.

Weber- u. Bildbuch, nützliches rc. s. Joh. Mich. Frickinger.

Mechanische Weberei zu Linden, Hannover-Linden. — (Berlin o. J.: Albrecht & Meister.) 30 S. 8°

Weberei, die mechanische, in Linden. Beitrag zur Geschichte von Actien-Unternehmungen. gr. 8. (67 S.) Hannover 866, Helwing'sche Hofbuchh.

Weberei, die, und Spinnerei durch Hand und Maschinen. 4° Ulm 1858

Weberei-Kalender, deutscher, für 1878 und 1879. 8. (XXXII, 116; XXXII, 112 S. mit 1 Holzschntaf.) Zittau, Oliva. geb. à Jahrg. *

Weberfamilie, eine arme, von einer Pfarrfrau (J. S.). Querfurth 858. Schmid. 16. (66 S.) 6 ngr.

Von einem Weberknaben, aus welchem ein berühmter Mann wurde. Leben u. Wirken von David Livingstone. Frei nach d. Engl. In-16°, 211 S. Basel, C. F. Spittler. 1879. cart. 1 —

[Lied] Zum 25jährigen Maurer-Jubiläum der Bbr. Louis Lefeld und J. G. **Weberling** den 14. Dezember 1881. [Unterz.:] M. C. Hamburg [1881]: Kümpel. 2 Bl. 8°. [Umschlagtit.] Ohne Noten: „Fröhlich macht im Festessang..." 1.

Weberling, der verbesserte (Ziegel- und Kalk-) Brennofen. 4° Stuttgart 1838

Webern, v., d. Kriegsschule Metz am Tage ihres 25jähr. Bestehens. gr. 8. (122 S. m. 3 Abb. u. 1 Plan.) Metz 897. Basel, E. Seifert. Geb. in Leinw. n.n. 2.—

— d. Operationen, welche d. Schlacht v. Liegnitz am 15. VIII. 1759 vorausgingen, u. deren Folgen, s.: Beiheft zum Militär-Wochenblatt 1897, Hft. 4.

von Webern, General-Major. Allen guten Preußen! Druck von E. Litfaß. 1 Bl. Fol.
Flugblatt. Berlin, 29. Mai 1848.

Webern Anton von: Choralis Constantinus II. von Heinrich Isaak. Diss. Wien, Univ.
D: Denkmäler der Tonkunst in Oest. Jg. 16, Teil 1, Wien 1909.
1906 PN 2125

Webern, Ernst v. Das Frauenbildnis im achtzehnten Jahrhundert. S. 37-47 m. 15 Abb. 4°
Aus: Velhagen & Klasings Monatshefte. Bd. 10? H. 649. 1910

Webern, Carl v., Leitfaden f. den Unterricht im österreichischen Bergrechte, s.: Rechner, Frdr.

Webersberger, Daniel [k. Assistenzarzt aus Nürnberg]: Die chirurgische Behandlung rachitischer Verkrümmungen des Unterschenkels .... München, Druck v. M. Ernst (vorm. G. Pollner), 1888; 44 S. u. 1 Taf. 8°
Würzburg, Med. Fak., Inaug.-Diss. v. 1888

Webersberger, Johannes, Referendar: Die offene Handelsgesellschaft im Vergleich zur bürgerlichen Gesellschaft. Greifswald 1907: J. Abel. (71 S.) 8° [5.]
Greifswald, Jur. Fak., Ref. Frommhold, Diss. v. 13. Mai 1907
[Geb. 17. Dez. 84 Stettin; Wohnort: Tregow i. R.; Staatsangeh.: Preußen; Vorbildung: Gymn. Stettin Reife O. 03; Studium: Freiburg i. B. 1, Berlin 3, Greifswald 3 S.; Rig. 13. März 07.]

Webersik, Frz., Königs- und Augustusplatz oder Die Welfen und Ghibellinen in Leipzig. Lokalposse in 1 Aufzuge. (Den Bühnen gegenüber Mscr.) gr. 8. (16 S.) Leipzig 863, (Leiner.) *

Webersik, Gottlieb

Webersik, Glieb., geograph.-statist. Welt-Lexikon. Ein Nachschlagebuch üb. die Länder, Staaten, Kolonien, Gebirge, Flüsse, Seen, Inseln, Städte, Marktflecken, Badeorte, Post-, Telegraphen- u. Fernsprechämter, Häfen, Eisenbahnstationen usw. der Erde. (VIII, 960 S.) Lex. 8. Wien 907.08. A. Hartleben. 15.—; geb. in Halbfrz. 17.50; auch in 20 Lfgn. à —75

Webersik, Glieb., Weltpost-Statistik. Telegraphen- u. Telephonverkehr, Postsparkassenwesen. 4. (24 farb. Karten.) Mit Text. 12. (27 S. m. 1 farb. Karte in qu. gr. 8.) Wien (898). G. Freytag & Berndt. Geb. in Leinw. in 12. n. 2.—

Webersik, Gottlieb, k. k. Postbeamter: Weltpost-Statistik. Telegraphen- und Telephonverkehr. Postsparkassenwesen. (Mit 1 Karte, 24 Tafeln und 1 Facsimile.) kl. 8. Wien und Leipzig (1899).

Weberstädt, Armin [aus Rockstedt]: Drei Fälle von Extrauterinschwangerschaft ... Jena, G. Neuenhahn Univ.-Buchdr., 1892; 43 S., 1 Bl. 8.
Heidelberg, Med. Fak., Inaug.-Diss. v. [4. Aug.] 1892.

Weberstedt, Geschichte des 4. Magdeburgischen Infanterie-Regiments Nr. 67. Ergänzte u. bis 1899 fortgeführte Aufl. v. „Die ersten 25 Jahre des 4. Magdeburgischen Infanterie-Regiments Nr. 67, dargestellt von Heinrich". Auf Befehl des königl. Regiments bearb. Mit Abbildgn., Karten u. Plänen. gr. 8. (V, 548 S.) Berlin 899. E. S. Mittler & Sohn. n. 12.50; geb. in Leinw. n.n. 14.—

Weberstedt, die Unteroffizierschule in Treptow a. d. Rega. Ein Gedenkbuch f. Offiziere, Unteroffiziere u. Füsiliere, sowie f. Freunde der Schule. Mit Genehmigg. des Kommandos bearb. (VI, 116 S. m. 9 Taf.) 8. Oldenburg (910). G. Stalling's Verl. 3.—; geb. n 4.—

Weberstedt, Paul [aus Posen]: Beobachtungen über die Beziehungen Gynaekologischer Erkrankungen zur Schwangerschaft ... Berlin, Druck v. R. Mosse, 1895; 45 S. 8.
Berlin, Med. Fak., Inaug.-Diss. v. 16. Juli 1895

Weber-Strike, der, zu *Crimmitschau.* (Sep.-Abdr. aus der „Süddeutschen Post".) München, Geo. Pollner, 1883. Kl. 8°. 24 S. Cart.
Sozialpolit. Zeit- u. Streitfragen. Heft 1.

Verzeichnis der Leih-Bibliothek von A. **Webert** (Hechtsche Buchh.) in Hersfeld. *Hersfeld (1899): E. Hoehl.* (39 S.) 8° [.o. 6813 **4**

Weber-Zeitung: **Appenzellische Weber-Zeitung**
① Obligatorisches Organ des Allgemeinen Verbandes der Seidenbeuteltuch-Weberei und des Appenzellischen Weberverbandes. Motto: Vereinzelt seid ihr nichts, Vereint seid ihr Alles! ③ Die Seidenbeuteltuch-Weberei ④ Ostschweizerische Industrie-Zeitung ⑤ 16. 8. 1900—19. 12. 1901 ⑥ 2° ⑦ Monatsblatt ⑧ Rheineck: Albert Indermaur ⑨ Die Seidenbeuteltuch-Weberei: Appenzellischer Weberverband (16. 8. 1900—19. 12 1901; 2°; Monatsblatt; Red.: Redaktionskomitee in Hundwil) ⑩ Redaktionskomitee beider Verbände mit Pfarrer H. Eugster ⑪ Herausgeber ⑫ sozialistisches Verbandsorgan ⑬ BGSZ: 944 (p. 365): Im neuen Kleid. «Der Textilarbeiter» Nr. 1 vom 7. 1. 1916; Friedrich Heeb: Der schweizerische Gewerkschaftsbund 1880—1930 (Bern 1930), p. 464 ⑭ Be: L.

WEBINGER, **Alfred: Studien zu Rudolfs v. Ems Barlaam und Josaphat** mit besonderer **Rücksicht auf die Quelle. — 1910. T. 1. 2. Diss.** Graz, **Univ.**

Webinger, Hugo: Römischer Liebesfrühling u. andere Gedichte. Berlin-Leipzig: C. Wigand 1909. 49 S. 8°

Webinger, Hugo, römischer Liebesfrühling u. andere Gedichte. (50 S.) 8. Leipzig 909. Modernes Verlagsbureau. 1. 20

Webler, Ph. J.: Zur Lehre von der sogenannten Transmissio Theodosiana . . . München, Druck v. F. X. Seitz, 1891; 24 S. 8°
Erlangen, Jur. Fak., Inaug.-Diss. v. 1891.

Webler, Ph. J., zur Lehre v. der sogenannten Transmissio Theodosiana. gr. 8. (24 S.) München 891. J. Schweitzer. n. 1. —

Webner, C. L., Bibelschlüssel für die Oberklassen der Volksschulen und zum häuslichen Gebrauch. 8. (VII und 288 S.) Meisenheim 861, (Krull.) Thlr.

Webner, Friedrich: Zunftkämpfe in Schweidnitz bis zum Ausgang des Mittelalters. Breslau 1907: Grosser & Co. (145 S.) 8°
Breslau, Phil. Fak., Ref. Kampers, Diss. v. 9. Nov. 1907.

Webner, Friedr., Zunftkämpfe in Schweidnitz bis zum Ausgang des Mittelalters. Diss. 8°. Breslau 1908.

Webner, Carolus Fridericus: De fistula stercorea congenita. Halae (1854): Hendel. 18 S. 8° (4°)
Halle-Wittenberg, Med. Diss. v. 25. [vielmehr: 26.] Apr. 1854
Geb. Otzenhausen (Rheinprov.) 17. 8. 1827. V.

Webschulen, die höheren, u. **Fachschulen f. Textilindustrie Deutschlands. Ihre Lehrziele, Organisation, Studienkosten etc. gr. 8. (16 S. m. Abbildgn.) Steglitz b. Berlin 902. Buchh. der litterar. Monatsberichte.** n. — 40

Webski, Hans v., Himmelsmärchen f. d. reifere Jugend. (68 S.) 8. Ebd. 909. 1. 50

Websky, Egmondus (geb. Wüstegiersdorf in Schles. 17. 7. 1827): De oleo Brassicae Napi. Berolini (1853). (44 S.) 4°
Berlin, Phil. Diss. v. 10. März 1853

Websky, J. E., das positive Christenthum des Protestantenvereins. gr. 8. (44 S.) Berlin 882, G. Reimer. *
Aus: Protestantische Kirchenzeitung, besonders abgedruckt.

Websky, Jul., s.: **Monatshefte, protestantische.**

Websky, Justus (geb. Wüstegiersdorf 4. 12. 1834): De turfae compositione et formatione. Berolini (1858). (27 S.) 4°
Berlin, Phil. Diss. v. 13. Aug. 1858

Websky, Martin

Websky, Mart., gründl. u. faßl. Anweisung zur Verfertigung kleiner Lustfeuerwerke, zunächst f. Dilettanten d. Feuerwerkskunst. 8. (3¼ B. u. 2 Stnt. Fol.) Landshut 831. (Breslau, Aderholz.)

Websky, M., **Anwendung der Linearprojection zum Berechnen der Krystalle, s.: Rose's, G., Elemente der Krystallographie.**

—— prakt. Handbuch d. Lustfeuerwerkkunst, nach eigenen Ansichten u. Erfahrungen bearb. gr. 8. (7 B. u. 1 Stnt. gr. Fol.) Breslau 834, Schulz u. Comp.

Websky, Mart., Zur Lustfeuerwerkerei. Aus der Mappe seiner Erfahrungen mitgetheilt. 8. (47 S.) Breslau 854, Hirt's Verlag.

Websky, Mart., Lustfeuerwerkerei f. Dilettanten. gr. 8. (8¾ B. u. 10 Kpfrt.) Breslau 839, [Hirt's Verl.]

Websky, Mart., Lustfeuerwerkkunst, oder leicht fassl. u. bewährte Anweisung z. Verfertigung von Lustfeuerwerken. Für Alle, welche mit dieser Kunst in prakt. u. theoret. Beziehung sich beschäftigen, insbesond. f. Dilettanten u. Freunde der Lustfeuerwerkerei. 4., umgearb. u. bereicherte Ausg. Mit in den Text gedruckten Holzschnitten. Lex.-8. (15 B. u. 1 Stnt.) Breslau 842, Hirt's Verl.

—— dass. (4. Ausg.) 1. Ergänzungsheft. A. u. d. Ttl.: Meine neuesten Ansichten u. Erfahrungen im Gebiete der Lustfeuerwerkkunst. Lex.-8 (4 B.) Ebds. 844.

—— dass. 2. u. letztes Ergänzungsheft. A. u. d. Ttl.: Neueste Erfahrungen im Gebiete der Lustfeuerwerkerei. 2. Hft. Schluss der Nachträge z. 4. Ausg. der Lustfeuerwerkerei. gr. 8. (8½ B.) Ebds. 846.

Websky's, Mart., Lustfeuerwerkkunst rc. 5. bereich. Ausg. unt. d. T.: Lustfeuerwerkerei, insbesond. f. Dilettanten u. Freunde dieser Kunst. Nebst e. Doppel-Anhang: Die Stoffe u. Substanzen d. Lustfeuerwerkerei in ihrem chem. u. physical. Verhalten theoret. betrachtet von Er. Schnell. — Auszug des Neuen u. Beachtenswerthen aus F. M. Chertiérs Lustfeuerwerkerei. Nach d. Französ. mit Anmerk. v. M. Websky. Mit in den Text gedr. Holzschn. gr. 8. Ebend. 846. 1¾ ℳ

—— Lustfeuerwerkerei insbesond. f. Dilettanten u. Freunde dieser Kunst. Nebst einem Doppel-Anhang: Die Stoffe u. Substanzen d. Lustfeuerwerkerei in ihrem chem. u. physicalischen Verhalten theoret. betrachtet v. Ernst Schnell. — Auszug des Neuen u. Beachtenswerthen aus F. M. Chertiérs Lustfeuerwerkerei. Nach d. Franz. m. Anmerk. v. M. Websky. 5., durch die neuesten Erfahrungen bereicherte Ausg. Mit in d. Text gedr. Holzschn. gr. 8. (25⅝ B. u. lith. Ttl.) Breslau 846, Hirt's Verl.

Websky's, Mart., Lustfeuerwerkkunst, oder leicht faßliche und bewährte Anleitung zur Verfertigung von Lustfeuerwerken. Für Alle, welche mit dieser Kunst in prakt. und theoret. Beziehung sich beschäftigen, insbesondere für Dilettanten und Freunde der Lustfeuerwerkerei. 6. Bearbeitung. gr. 8. (320 S. mit in den Text gedr. Abbildungen in Holzschn.) Breslau 858, Hirt's Verlag.

Websky's, Martin, Lustfeuerwerkkunst. Leichtfassliche, bewährte Anleitung zur Anfertigung von Lustfeuerwerken insbesond. für Dilettanten und Freunde der Lustfeuerwerkerei. 7. Bearbeitung nach den hinterlassenen Aenderungen des Autors hrsg. von Jul. Hutstein und Martin Websky. gr. 8. (VIII, 272 S. mit 64 Abbild. in eingedr. Holzschn. und 1 Holzschntaf.) Leipzig 873, Hirt und Sohn. geb.

Websky's, Mart., Lustfeuerwerkkunst. Leichtfassl., bewährte Anleitung zur Anfertigung von Lustfeuerwerken, insbesondere für Dilettanten und Freunde der Lustfeuerwerkerei. 2. (Titel-)Ausg. der 7. Bearbeitung, nach den hinterlassenen Aenderungen des Autors hrsg. von Jul. Hutstein und Websky. 8. (VIII, 272 S.) Leipzig (873)78, Hirt und Sohn. geb.

Websky's, Mart., Lustfeuerwerkskunst. Leichtfaßliche, bewährte Anleitg. zur Anfertigg. v. Lustfeuerwerken, insbesondere f. Dilettanten u. Freunde der Lustfeuerwerkerei. 8. Aufl. Mit theilweiser Aenderg. nach hinterlassenen Papieren d. Autors, vollständig umgearb. u. erweitert v. Tassilo Gicsl v. Gieslingen. gr. 8. (VIII, 240 S. m. 78 Abbildgn.) Wien 891. Hartleben. geb. n. 4. —

Websky (M.), Die Mineralspezies nach den für das specifische Gewicht derselben angenommenen und gefundenen Werthen. Breslau 1868. 4.

Websky, M., die Mineral-Species, s.a. Studien, mineralogische.

Websky's, Mart., Schule der Lustfeuerwerkerei. Ein Vermächtniß an die Freunde und Dilettanten dieser Kunst. 8. (VIII und 255 S. mit eingedr. Holzschn.) Breslau 850, Hirt's Verlag.

Websky, Martin: Ueber die geognostischen Verhältnisse der Erzlagerstätten von Kupferberg und Rudelstadt in Schlesien. (Aus der Zeitschrift der deutsch. geolog. Gesellsch.) Berlin. 1853. 8°

Websky, Ueber das Vorkommen von Phenakit in der Schweiz. (Auszug aus dem Monatsbericht der Kgl. Akademie d. Wissensch. zu Berlin. 1881.) 8.

Webster, Arthur Gordon: The dynamics of particles and of rigid, elastic, and fluid bodies, being lectures of mathem. physics. Leipzig: B. G. Teubner 1904. (XI, 588 S.) 8°
(Sammlung, B. G. Teubners, von Lehrbüchern auf d. Geb. d. math. Wiss. Bd 11.)

Webster, Arth. Gordon, the dynamics of particles, and of rigid, elastic, and fluid bodies, s.a. Teubner's, B. G., Sammlung v. Lehrbüchern auf dem Gebiete der mathemat. Wissenschaften.

Webster, Arthur G. [aus Brookline, Amerika]: Versuche über eine Methode zur Bestimmung des Verhältnisses der elektromagnetischen zur elektrostatischen Einheit der Elektricität. ... Berlin, Buchdr. v. Gustav Schade (Otto Francke) (18[illegible]), 30 S. + 1 Bl. 8°
Berlin, Phil. Fak., Inaug.-Diss. v. 4. Aug. 18[illegible]

Webster, D. O., System der prakt. Arzneikunst, nach Angabe der medicin. Schule zu Edinburg. 3 Bde. gr. 8. Altenb. 785. (Hennings in Neiße). 4 Thlr. 12 Gr.

Webster, D. O., System d. prakt. Arzneykunst, nach Angabe d. medicin. Schule zu Edinburg. 3 Bde. gr. 8. Altenbg. Richter. (Akadem. Bchhdl. in Jena.) 785.

Webster, F. S., Christen u. Christen. (97 S. m. Bildnis.) kl. 8. Wandsbeck 906. Verlag des Missionshauses „Bethel". n. 1. —

Webster, F. S., M. A., Elias, der Mann des Gebets. Autoris. Übersetzg. v. C. F. (152 S.) kl. 8. Wandsbek 908. Hamburg, Verlagsbuchh. „Bethel". 1. —

— Elisa. Der Prophet unter den geöffneten Himmelsfenstern. (135 S.) kl. 8. Ebd. 907. 1. —

Webster, Ferdinand Adolf, s.a. Weber, Ferdinand Adolf

Webster, F. A., a complete Pocket-Dictionary of the English and German and German and English languages. — Vollständiges Englisch-Deutsches und Deutsch-Englisches Taschen-Wörterbuch. Nach den besten Quellen bearbeitet. Stereotypausgabe. 1e—6e Lfrg. A—Z. oder 1r Thl. Englisch-Deutsch. 8. Leipzig 837. (Eisenach). Subscr.-Pr. (à 1/6 Thlr.) 1 Thlr. Velinp. (à 5 Gr.) 1 1/4 Thlr. — 7e—12e Lfrg. od. 2r Thl. Deutsch-Englisch. Nebst: Vollständ. Verzeichniß der unregelmäß. Zeitwörter. — Anhang zur Erklärung der Abkürzungen, welche in Büchern u. Schriften vorkommen. 8. Ebd. 839. (à 1/6 Thlr.) 1 Thlr. Velinp. (à 5 Gr.) 1 1/4 Thlr. — 2r Abdruck. Stereotyp-A. 8. Ebd. 840. 2 Thlr.

Webster, F. A., a complete Pocket-Dictionary of the English and German and German and English languages. Compiled from the best authorities. — Vollständiges Englisch-Deutsches u. Deutsch-Englisches Taschen-Wörterbuch. Nach den besten Quellen bearbeitet. Stereotyp-Ausg., 3. Abdruck. 2 Thle. 8. Leipzig 842, (Eisenach. 2 Thlr. — 4. Abdruck. 8. Ebend. 844. 2 Thlr. — 5. Abdruck. Ebend. 845. 2 Thlr.

Webster, F. A., a complete pocket-dictionary of the english and german and german and english languages. Compiled from the best authorities. 8. Edition. — Vollständiges englisch-deutsches und deutsch-englisches Taschen-Wörterbuch. Nach den besten Quellen bearb. 6. und 7. Aufl. 1847, 50. und 8. Aufl. 8. (XVI und 960 S.) Leipzig 851(52,) Eisenach.

Webster, F. A., a complete pocket-dictionary of the english and german and german and english languages. Compiled from the best authorities. 10. Edition. — Vollständiges englisch-deutsches und deutsch-englisches Taschen-Wörterbuch. 10. (Titel-)Aufl. gr. 8. (XVI und 960 S.) Leipzig 856, Werner.

Webster, F. A., a complete pocket-dictionary of the english and german and german and english languages. Compiled from the best authorities. 11. Edition. — Vollständiges englisch-deutsches und deutsch-englisches Taschenwörterbuch. 11. Aufl. gr. 8. (XVI und 960 S.) Leipzig 858, Werner.

Webster's, F. A., neuestes vollständiges Wörterbuch der englischen und deutschen Sprache. — New and complete dictionary of the English and German languages. — Nach den besten Quellen bearb. Mit Bezeichnung der engl. Betonung und Aussprache nach J. Walker und der deutschen Betonung nach Th. Heinsius. Zum Gebrauch für alle Stände. 2 Thle. 12. Aufl. 1863. und 13. Aufl. Lex.-8. (XVI und 960 S.) Leipzig 867, Werner.

Webster's, F. A., neuestes vollständiges Wörterbuch der englischen und deutschen Sprache. Nach den besten Quellen bearb. Mit Bezeichnung der engl. Betonung und Aussprache nach J. Walker, und der deutschen Betonung nach Th. Heinsius. Einschließlich aller gebräuchl. einfachen und zusammengesetzten Wörter, Redensarten und sprichwörtl. Ausdrücke &c. Mit Hinzufügung eines vollständ. Verzeichnisses der Namen der Länder, Städte, Flüsse &c. und einer Tab. aller unregelmäß. engl. und deutschen Zeitwörter. Zum Gebrauch für alle Stände. New and complete Dictionary of the English and German Languages. 2 Thle. 2. Ster.-Ausg. 2. Abdr. 14. Aufl. gr. 8. (XVI, 978 S.) Leipzig 872, Werner.

Webster's, F. A., neuestes vollständiges Wörterbuch der englischen und deutschen Sprache. Nach den besten Quellen bearb. Mit Bezeichnung der engl. Betonung und Aussprache nach J. Walker und der deutschen Betonung nach Th. Heinsius. Zum Gebrauch für alle Stände. 2 Thle. 2. Ster.-Ausg. 3. Abdr. 15. Aufl. gr. 8. (XVI, 498; 462 S.) Leipzig 876, Werner.

Webster's, F. A., neuestes vollständiges Wörterbuch der englischen u. deutschen Sprache. Nach den besten Quellen bearb. Mit Bezeichng. der engl. Betong. u. Aussprache nach J. Walker, u. der deutschen Betong. nach Th. Heinsius. Einschließlich aller gebräuchl. einfachen u. zusammengesetzten Wörter, Redensarten u. sprichwörtl. Ausdrücke &c. Mit Hinzufügg. e. vollständ. Verzeichnisses der Namen der Länder, Städte, Flüsse &c. u. e. Tabelle aller unregelmäß. engl. u. deutschen Zeitwörter. Zum Gebrauch f. alle Stände. New a. complete dictionary of the english a. german languages. 2 Thle. 2. Ster.-Ausg. 3. Abdr. 16. Aufl. gr. 8. (XVI, 960 S.) Leipzig 876. Werner. 6. —

Webster's, J. A., neuestes vollständ. Wörterbuch der engl. u. deutschen Sprache. Nach den besten Quellen bearb. Mit Bezeichnung der engl. Betong. u. Aussprache nach J. Walker u. der deutschen Betong. nach Heinsius. Einschließl. aller gebräuchl. einfachen u. zusammengesetzten Wörter, Redensarten u. sprichwörtl. Ausdrücke ꝛc. Mit Hinzufügung e. vollständ. Verzeichnisses der Namen, der Länder, Städte, Flüsse, der Personen-Eigennamen u. s. w. u. e. Tabelle aller unregelmäß. engl. u. deutschen Zeitwörter. 2 Thle. in 1 Bde. 2. Ster.-Ausg. 4. Abdr. 16. Aufl. (XVI, 498 u. 462 S.) 8. Leipzig 892. J. Werner Verl. Geb. in Leinw. 6.90; erm. Pr. 6.—

Webster's, J. A., neuestes vollständiges Wörterbuch der englischen u. deutschen Sprache. Nach den besten Quellen bearb. Mit Bezeichng. der engl. Betong. u. Aussprache nach J. Walker u. der deutschen Betong. nach Th. Heinsius. Mit Hinzufügg. eines vollständ. Verzeichnisses der Namen der Länder, Städte, Flüsse, der Personen-Eigennamen u. s. w. u. e. Tabelle aller unregelmäß. engl. u. deutschen Zeitwörter. Zum Gebrauch für alle Stände. 2 Thle. in 1 Bde. 17. Aufl. (XVIII, 498 u. II, 462 S.) 8. Leipzig 904. Verlag für Börsen- u. Finanzliteratur. Geb. in Leinw. 6. 50

Webster, Frances

The Island Realm or Günter's wanderyear. Being Scenes from English Life. By Frances **Webster**. Mit Einl. u. Anm. z. Schulgebr. hrsg. von R. W. Reynolds, Prof., u. P[aul] Vetter, Oberl. [Text.] Bielefeld & Leipzig: Velhagen & Klasing 1906. 8°
— **Sammlung**, Velhagen & Klasings, franz. u. engl. Schulausgaben. English authors. Lfg 105 B. [06. 4110

Webster, Frances, the Island realm or Günter's wanderyear, hrsg. v. R. W. Reynold u. P. Vetter, s. a. Authors, English.

The Island Realm or Günter's wander-year. Being Scenes from English Life. By Frances **Webster**. With Introd. and Notes by R. W. Reynolds. With 10 Ill. and 1 Map of London. [Nebst] App. Bielefeld & Leipzig: Velhagen & Klasing 1906. 2 Bde 8°
= **Sammlung**, Velhagen & Klasings, franz. u. engl. Schulausgaben. Reform-Ausgaben. No 19. [06. 4137

— dasselbe, ed. by R. W. Reynold, s. a. Velhagen & Klasings Sammlung französischer u. englischer Schulausgaben.

Webster, Helen L(ouisa). (von Boston, Mass. U. S. A.): Zur gutturalfrage im gotischen. Boston J. S. Cushing Cie Pr. 1889. 1 Bl., 90 S., 1 Bl. 8°.
Zürich, Phil. Diss. [v. 17. Juli 1889].

Webster, Helen L., zur Gutturalfrage im Gotischen. Inaug.-Diss. gr. 8. (90 S.) Boston 889. (Leipzig, Fock.) n. 4. —

Webster, J., Lawn-Tennis. Anleitung zur Erlerng. d. Spiels u. Ratschläge bei Anschaffg. der dazu nöt. Utensilien, nebst e. Anh.: Wie man e. Lawn-Tennis-Platz anlegt. 3.—5. Taus. gr. 8. (28 S. m. Abbildgn.) Frankfurt a/M. 894. H. Bechhold. n. 1. —

Webster, J., Lawn-Tennis. Anleitg. zur Erlerng. d. Spiels u. Ratschläge bei Anschaffg. d. dazu nöt. Utensilien, nebst e. Anh.: Wie man e. Lawn-Tennis-Platz anlegt. 3. Aufl. (6. u. 7. Taus.) gr. 8. (27 S. m. Abb. u. 1 Grundriss.) Frankfurt a/M. 897. H. Bechhold. n. 1. —

Webster, J., Lawn-Tennis. Anleitung zur Erlerng. des Spiels u. Ratschläge bei Anschaffg. der dazu nötigen Utensilien, nebst e. Anh.: Wie man e. Lawn-Tennis-Platz anlegt. 4. Aufl. (8.—10. Taus.) (27 S. m. Abbildgn. u. 1 Plan.) 8. Frankfurt a/M. (902). Leipzig, M. Heinsius Nachf. n. 1. —

Webster, J., Lawn-Tennis. Anleitung zur Erlernung des Spiels u. Ratschläge bei Anschaffg. der dazu nöt. Utensilien. Nebst e. Anh.: Wie man e. Lawn-Tennis-Platz anlegt. 5. Aufl. (27 S. m. 10 Abb. u. 1 Plan.) 8. Leipzig (909). M. Heinsius Nachf. 1. --

Webster's, John, dramatische Dichtungen, von Bodenstedt, s. Bodenstedt, Shakspeare's Zeitgenossen.

Webster, Isaac (geb. Inverary in Schottland 21. 3. 1795): Observationes de aere per Italiam [illegible] deque febre [illegible] Romae endemica. Berolini (1826) (30 S.) 8°.
Berlin, Med. Diss. v. 23. März 1826.

Webster, der weiße Teufel, s. Theater, altenglisches.

WEBSTER, Joh. (John), Untersuchung der vermeinten und sogenannten Hexereyen. Aus d. Engl. ins Teutsche übers. nebst einer Vorrede des Hrn. Thomasii. Mit TKpf. Halle im Magdeb. 1716. 8⁰. (In München 2 Expl.)

WEBSTER, Johann. Unterſuchung der vermeinten und ſo genannten Hexereyen worinn zwar zugegeben wird, daß es an mancherley Betrug und Äffereyen nicht fehle, auch, daß viele Perſohnen von ihrer Melancholiſchen Phantaſie offt gewaltig hinters Licht geführt werden: Im Gegentheil aber die Fabel, daß der Teufel leibhafftig einen Pact mit den Hexen mache; oder, daß er an den Hexen ſauge, und ſich fleiſchlich mit ihnen miſche; oder, daß die Zauberinnen ſich in Katzen und Hunde verwandeln, Wetter machen, u. d. g. können, durchaus geleugnet und umgeſtoßen wird. Dabey auch die Warheit, daß es allerdings Engel und Geiſter, wie nicht weniger Erſcheinungen gebe, eröffnet; hiernechſt von der Natur der Stern- und Aſtral-Geiſter, und der unleugbaren Würckung der Zaubereyen und Liebes-Tränckcn, nebſt andern geheimen Sachen gehandelt wird. Aus dem Engliſchen ins Teutſche überſetzt, und nebſt einer Vorrede des Herrn Geh. Raths Thomaſii. Halle, im Magdeburgiſchen, in Verlegung der Neuen Buchhandlung, 1718. Kl. 4⁰. Mit einem Kupfer.

— Untersuchung der vermeinten und sogenannten Hexereyen, worinn zwar zugegeben wird, dass es an mancherley Betrug und Aeffereyen nicht fehle, auch, dass viele Persohnen von ihrer Melancholischen Phantasie offt gewaltig hinters Licht geführet werden: Im Gegentheil aber die Fabel, dass der Teuffel leibhafftig einen Pact mit den Hexen mache, oder, dass er an den Hexen sauge, und sich fleischlich mit ihnen vermische; oder, dass die Zauberinnen sich in Katzen und Hunde verwandeln, Wetter machen und dergleichen können, durchaus geleuchnet (so!) und umgestossen wird. Dabey auch die Warheit, dass es allerdings Engel und Geister, wie nicht weniger Erscheinungen gebe, eröffnet; hiermit von der Natur der Stern- und Astral-Geister und der unleugbaren Würckung der Zaubereyen und Liebes-Tränckcn, nebst anderen geheimen Sachen gehandelt. Aus dem Englischen ins Teutsche übersetzt. Mit Vorrede Thomasii. Gestoch. Frontispice. Ebd., Kümmel, 1719. 4⁰. 56 u. 611 SS., 48 Bll. (7 Mk. 50 Pfg. Franz Teubner, Düsseldorf, 1897; 18 Mk. Jacques Rosenthal, München, c. 1903.)
Orig.: The Displaying of supposed Witchcraft. London 1679. Fol.

Webster, John Clarence

Die Placentation beim Menschen [Human placentation]. Eine Darstellung d. Vorgänge in d. Uterusschleimhaut u. den mit ihr verbund. fötalen Gebilden während d. Schwangerschaft. Von J[ohn] Clarence **Webster**, Prof. Ins Deutsche übers. von Dr. Gustav Kolischer, Chicago. Mit 18 Abb. u. 27 Taf. Berlin: O. Coblentz 1906. (V, 84 S.) 4° [05. 14098

Die Ektopische Schwangerschaft, ihre Aetiologie, Klassifikation, Embryologie, Symptomatologie, Diagnose u. Therapie v. Dr. J. Clarence **Webster**, ... Fell. of the R. Soc. ... Deutsch v. Dr. Arnold Eiermann, Frauenarzt in Frankf. a. M. M. 15 Abb. im Text u. 22 lith. Taf. *Berlin: S. Karger 1896.* (XIII, 220 S., 22 Taf. m. je 1 Erl.-Bl.) 1 Bd 8. [96. 7628

Webster, Karl: System der practischen Arzneykunde . . . Bd 1—3 nebst e. vollst. Reg. Altenburg 1786—88.

1. 2. 1786. 3. 1788.

Webster, K., Thatsachen um die Verbindung des Magens mit Leben, Krankheit u. Genesung zu zeigen; aus d. Engl. mit Anmerkk. mehrerer deutschen Aerzte. gr. 8. Frankf. a. M. 796. Hermann. 10 gl.

Webster, L., Er muß aufs Land oder Nur Frieden um jeden Preis. Lustspiel in 3 Akten. Nach der engl. Bearbeitung übers. von Hubert v. Böhn. (Den Bühnen gegenüber als Mscr. gedr.) gr. 8. (46 S.) Berlin 851, Schneider und Comp. *

Webster, Noah

Webster's complete dictionary of the English language. With various literary appendices and numerous additional illustrations. Thourougly revised and improved, by late Chauncey A. Goodrich, and Noah Porter, assisted by C. A. F. Mahn, and others. New edition. With a supplement of new words, and a additional appendix of biographical names. Authorized and unabridged edition. 15 parts. gr. 4. (LXXII, 1847 S. mit Stahlst.-Bild.) Berlin 888, Asher und Comp. à part * M 2.—. *

Webster, Th.: Idealer Durchschnitt eines Theils der Erdrinde. Potsdam. (Aus Berghaus physikal. Atlas.) Gotha. 1841. Fol.

Webstuhl, der Hamkens'sche, D. R. P. Nr. 166806, u. e. Anleitg. zum Weben. Hrsg. v. d. nordschleswigschen Verein f. Hausweberei in Flensburg. (XII, 78 S. m. Abb.) Lex. 8. Flensburg 908. (Huwald.) 5.—

Webstuhl. Am W' der Zeit. Ein Jahrbuch. Herausgeber: Jeannot Emil Freiherr von Grotthuss. (Jahrg. 1. Mit Buchschmuck von Franz Stassen, 32 Abbildungen [und 20 Tafeln].) VIII + 311 S. gr.-8. Stuttgart, Greiner & Pfeiffer, [1907]. [geb. M. 10.—]

Wech, Ant., Casus reservati in Dioecesi augustana. 8. Augsb. Wolf. 735.

Wechabiten, über die. 8. Frankf. 813. Hermann. 2 gl.

Wechler, Ernst, Der unsterbl. Mensch. Eine material. Dichtung in 5 Gesängen. (Frei nach e. Sage üb. Moses Maimonides.) 8. (V u. 120 S.) Wien, Karl Konegen. 1 fl.

Arithmetisches Lehr- und Rechne-Buch Oder: Historische-Gemuths-Erquick-Stunden In vielen Theilen bestehend - und Nannende: Christliche Rechne-Schule. In sich haltend: 1. Zwey und Sechstzig nützliche Historien etc. 2. Das Fundament derer Vier Specien etc. etc. v. Justo **Wechler.** Schleswig. 1709. 8°.

Geschichte der altschottischen Delegation Friedrich zur aufgehendenSonne im Or. z. Brieg. Zur Feier ihres hundertjährigen Bestehens am 4. April 1902 dargest. vom Br. Rob. **Wechmann.** F. Bbr. Schotten als Ms. gedr. [Brieg: Heinze 1902.] 68 S. 8°
S. 50—62: Verzeichn. der Mitgl.

Wechmar, Gen.-Maj. Frhr. v., das moderne Gefecht und die Ausbildung der Truppen für dasselbe. Ein Beitrag zur allmäl. Entwickelung der Taktik. 1. Aufl. (89 S.) 874. * M 1,50., und 2. Aufl. 8. (93 S.) Berlin 875, Mittler und Sohn. *

Wechmar, Charlotte Frfr. v., geb. Freiin v. Scharffenstein, Andachtsbüchlein zu Ehren der schmerzhaften Muttergottes auf Monte Calvaria zu Jerusalem. In dankbarer kindl. Verehrg. verf. u. zusammengestellt. (124 S. m. Abbildgn. u. farb. Titelbild.) 16. M.-Gladbach 904. B. Kühlen. — 30; geb. in Leinw. — 50

Wechmar, Charlotte Freifr. v., geb. Freiin v. Scharffenstein, Andachtsbüchlein zu Ehren d. schmerzhaften Muttergottes auf Monte Calvaria zu Jerusalem. In dankbarer kindl. Verehrg. verf. u. zusammengestellt. 3. Aufl. (124 S. m. Abb. u. farb. Titelbild.) 16. M. Gladbach 907. B. Kühlen. — 30; geb. in Leinw. — 50

Wechmar, Eberh. Frhr. v., Hussassa! Reiter-Lieder, Jäger-Lieder, Wander-Lieder u. andere Lieder, m. e. Anh.: Heinrich v. Morungen, episch-lyr. Dichtg. aus der Minnesänger-Zeit. (VII, 168 S. m. 1 Bildnis.) 8. München 901. J. Schön. 1.—

Wechmar, Ernst Freiherr von, Der aviatische oder dynamische Flug. Ein Beitrag zur neueren Luftschifffahrtskunde. Nebst einem Anhange: Nachtrag zur Disputation über die Moglichkeit des personlichen Kunstfluges. (Wechmar's Flugtechnik, 3. Buch). Wien 1888.

Wechmar, Ernst Frhr. v., zur Flugfrage. Einige Anreggn. f. die Zeitgenossen. Uebersichtliche Darleggn., Erläutergn. u. Ergänzgn. zu d. Verf. Hauptwerk Wechmar's Flugtechnik. gr. 8. (67 S.) Berlin 891. W. H. Kühl. n. 1.20

Wechmar, Ernst Frhr. v., Flugtechnik. 1. u. 2. Buch. gr. 8. Wien 886. Spielhagen & Schurich. n. 5.—
1. Fundamentalsätze der Flugtechnik. Leitfaden zur Orientirg. auf diesem Gebiete, besonders f. den gebildeten Laien. 3 Abthlgn.: A. Fundamentalsätze. B. Erläuterungen. C. Ausführungen. (IV, 68 S.) n. 2.—
2. Der Wechmar'sche Flugapparat. Anleitung zu Flugübgn. m. demselben. Nebst e. Anh.: Disputation üb. die Möglichkeit d. persönl. Kunstfluges. 5 Fig.-Taf., 1 Titelbild u. mehrere in den Text gedr. Abbildgn. (72 S.) n. 3.—

Wechmar's, Ernst Frhr. v., Flugtechnik. 3. Buch. gr. 8. Wien 888. Spielhagen & Schurich. n. 3.50 (cplt.: n. 8.50)
Der aviatische od. dynamische Flug. Ein Beitrag zur neueren Luftschifffahrtskunde. Nebst e. Anh.: Nachtrag zur Disputation üb. die Möglichkeit d. persönl. Kunstfluges. Mit 1 grossen Fig.-Taf., 1 Titelbild u. mehreren in den Text gedr. Abbildgn. (IV, 122 S.)

Wechmar, Ernst Frhr. v., Fundamentalsätze der Flugtechnik. Leitfaden zur Orientirung auf diesem Gebiete, besonders für den gebildeten Laien. 3 Abthlgn.: A. Fundamentalsätze. B. Erläuterungen. C. Ausführungen. gr. 8. (IV, 68 S.) Wien 886, Spielhagen und Schurich. *
Das Vorstehende bildet das 1. Buch von:

Wechmar, G. A. F. v., Nachrichten von dem altadelichen Geschlecht der Freiherren von Wechmar. Mit Abbildgn., Tabellen u. Regesten. Baden 1837. 4.

Wechmar, Hans Frhr. v., braune Husaren. Geschichte des braunen Husaren-Regiments der friederizian. Armee 1742—1807 u. des jetz. Husaren-Regiments v. Schill (1. Schles.) Nr. 4 1807—1893. 2 Thle. in 1 Bde. Mit 5 Portraits, 1 Uniformbilde in Farbendr. u. 5 Kartenskizzen. gr. 8. (VI, 338 S.) Berlin 893. H. Peters. Geb. in Leinw. n.n. 12.50

v. **Wechmar,** Karl Frhr., zwei Trauerspiele: Karl XII. Tod. Histor. Drama in 5 Aufz. — Leonardo. Trauerspiel in 4 Aufz. 8. Karlsruhe 835. Müller. 3/4 Thlr

Wechner, Alois, Aufgesessen u. Ledig! 2 einfache, leicht aufführbare Einakter f. Vereinsfeste, Ausflüge, Faschingsunterhaltgn. u. s. w. (f. nur männl. Rollen). (78 S.) 8. Brixen 903. Preßvereins-Buchhdlg. n. — 80

Wechner, Alois, die sonderbare Beisteuer od. Liebe macht erfinderisch! Schauspiel in 4 Akten f. weibl. Institute, Jungfrauen-Congregationen u. s. w. gr. 8. (39 S.) Buchs 902. Verlag des Emmanuel. n. — 40

— Mesner u. Ministrant. Handbüchlein f. alle Sakristane, Kirchen- u. Altardiener des weltl. u. geistl. (Ordens-) Standes sowie f. die Kirchenvorsteher zur genauen Einführg. der ersteren in ihre hl. Dienste. (V, 259 S.) 16. Bozen 905. Buchh. „Tyrolia". Geb. in Leinw. n. 1. 80

Wechner, Alois, Mesner u. Ministrant. Handbüchlein f. alle Sakristane, Kirchen- u. Altardiener des weltl. u. geistl. (Ordens-)Standes, sowie f. die Kirchenvorsteher zur genauen Einführg. der ersteren in ihre hl. Dienste. 2. verm. Aufl. (VIII, 268 S.) 16. Bozen 907. Buchh. u. Buchdruckerei der Verlagsanstalt „Tyrolia". Geb. in Leinw. 1. 80

— der brave Ministrant. Sammlung der wichtigsten Regeln, Rubriken-Vorschriften u. Antworten (Responsorien), f. Messe- u. Kirchendiener. [Aus: „W., Mesner u. Ministrant".] (IV, 85 S.) kl. 8. Ebd. 906. Geb. — 60

— **Der brave Ministrant. Sammlung der wichtigsten Regeln, Rubriken-Vorschriften u. Antworten (Responsorien) f. Messe- u. Kirchendiener. [Aus: „Mesner u. Ministrant".]** 2. Aufl. (VI, 95 S.) 16. Ebd. 907. Geb. — 60

— **kreuz u. quer üb. das östliche Mittelmeer. Zwanglose Notizen von der ersten österreich. Pilgerfahrt nach dem hl. Lande. 12. (343 S.) Graz 899. Styria. n. 1. 20**

— Notburga, „Die Perle v. Tirol", s. a Schul- u. Vereinsbühne, christliche.

(F) **Wechner, A.**, Notburga „Die Perle von Tirol". 2. Aufl. [Christl. Schul- und Vereinsbühne. Bd. 43.] 8°. (26 S.) K —.36
Linz: Verlagsbuchh. d. kath. Pressevereins 1910.

— Die verzauberte Schloßfrau, s. a Schul- u. Vereinsbühne, christliche.

(F) **Wechner, A.**, Die verzauberte Schloßfrau. Humoristisches Märchen. [Christl. Schul- und Vereinsbühne. Bd. 71.] 8°. (35 S.)
Linz: Verlagsbuchh. Presseverein 1907 K —.60

— der Schwarzkünstler. Lustspiel in 3 Akten f. männl. Rollen. (Freie Bearbeitg. nach e. Nestroy'schen Posse.) (68 S.) 12. Brixen 903. Preßvereins-Buchhdlg. n. — 80

— **die Wohlthätigkeitsvorstellung in Gockelhausen od.: „Nichts ist so fein gesponnen, es kommt doch an die Sonnen". Posse in 3 Acten f. nur männliche Rollen. (Unter Zugrundelegg. e. ähnl. Stückes v. Nestroy.) 8. (87 S.) Brixen 902. Buchh. des kath.-polit. Preßvereins. n. — 80**

Wechner, Alois, die Zauberringlein od. Geschwisterliebe, s.: Schul- u. Vereinsbühne, christliche. Nr. 46.

Wechs, M., die Geschichte der Deutschen, s.: Sporschil, Joh.

Wechs, M., neuester praktischer Münz-Schnellrechner u. zuverlässiger Wegweiser bei den neuen deutschen Reichsmünzen. Ein unentbehrl. Hilfsbuch f. Jedermann beim Rechnen m. der deutschen Reichsmark. In Anweisgn. u. Tabellen, enth. die Umrechngn. von der deutschen Reichs-Währg. in die bisher. Währg. Nord- u. Süd-Deutschlands, in die Währgn. der übr. Europäischen Staaten u. Nord-Amerika's u. umgekehrt. 8. (128 S.) Regensburg 874. Manz. — 75

Wechs, M., vollständiger und zuverlässiger Rathgeber und Schnellrechner zur Umwandlung der alten bayerischen Maße und Gewichte in die neuen metr. Maße und Gewichte und umgekehrt sammt den gegenseit. Preis-Umrechnungen. Ein unentbehrl. Hilfsbuch für alle Geschäfte, Gewerbe und Haushaltungen. In geordneten und mit Anweisungen und nothwend. Erklärungen verseh. Tabellen enth. die Umwandlung aller alten bayer. Längenmaße, Flächenmaße [einschließl. der Feldflächenmaße], Kubikinhaltsmaße rc. Nebst einer kurzen Anleitung zum Rechnen mit Decimalbrüchen. 8. (271 S.) Ebendas. 872.

—— dass. — zur Umwandlung der alten österreich. [Wiener] Maße und Gewichte in die neuen metr. Maße und Gewichte und umgekehrt sammt den gegenseit. Preis-Umrechnungen rc. 8. (228 S.) Wien 873, Manz. *M. 1,60.; geb. *

Wechs, M., vollständiger und zuverlässiger Rathgeber und Schnellrechner bei den neuen Maßen und Gewichten für Architecten, Bauunternehmer und Bauleute. 8. (144 S.) Ebendas. 876. geb. *

— vollständiger u. zuverlässiger Rathgeber u. Schnellrechner bei den neuen Maßen u. Gewichten f. Aerzte, Apotheker u. Droguisten. Ein unentbehrl. Hilfsbuch f. Aerzte, Apotheker, Arznei- u. Materialwaarenhändler, sowie auch f. Spezereiwaarenhändler, überhaupt f. Alle, welche m. dem neuen Handels- u. Medizinalgewichte umzugehen haben. 8. (72 S.) Ebend. 875. n. 1. —

—— dass. — für Aerzte, Apotheker und Droguisten. 8. (72 S.) Ebendas. 876. geb. *

— dasselbe f. Brauer u. Wirthe. Ein unentbehrl. Hilfsbuch f. Brauer u. Brauereibesitzer, Bier-, Wein- u. Gastwirthe, sowie auch f. Weinhändler, Sprit- u. Essigfabrikanten rc. überhaupt f. Alle, deren Geschäfte zumeist die Flüssigkeitsmaße erheischen. 8. (72 S.) Ebend. 875. n. 1. —

—— dass. — für Brauer und Wirthe. 8. (72 S.) Ebendas. 876. *

—— dass. — für Eisenbahnbeamte, Post-, Zoll- und Rechnungsbeamte. 8. (128 S.) Ebendas. 876. geb. *

—— dass. — für Forstleute, Wald- und Grundbesitzer. 8. (116 S.) Ebendas. 876. geb. *

— dasselbe f. Getreide- u. Mehlhändler. Ein unentbehrl. Hilfsbuch f. Getreide- u. Mehlhändler, Müller, Bäcker, überhaupt f. Alle, welche Getreide, Mehl, Hülsenfrüchte rc. zu kaufen u. zu verkaufen haben. 8. (64 S.) Ebend. 875. n. — 80

—— dass. — für Getreide- und Mehlhändler. 8. (64 S.) Ebendas. 876. geb. *

— dasselbe f. Hausfrauen auf dem Markte, in der Fleischbank, im Kaufladen, zu Hause, in der Küche rc. Ein unentbehrl. Hilfsbuch f. alle Hausfrauen bei den f. ihre Haushaltgn. nothwend. Einkäufen nach den neuen Maßen u. Gewichten. 8. (64 S.) Ebend. 875. n. — 80

—— dass. — für Hausfrauen. 8. (64 S.) Ebendas. 876. geb. *

—— dass. — für Holzhändler, Zimmerleute und Tischler. 8. (168 S.) Ebendas. 876. geb. *

—— dass. — für Juweliere, Gold- und Silberarbeiter. 8. (64 S.) Ebendas. 876. geb. *

— dasselbe, f. Kaufleute, Handel- u. Gewerbtreibende. Ein unentbehrl. Hilfsbuch f. alle Handels- u. Geschäftsleute, welche m. Maß u. Gewicht umzugehen haben. 8. (96 S.) Ebend. 875. n. 1. 20

—— dass. — für Kaufleute, Handels- und Gewerbetreibende. 8. (96 S.) Ebendas. 876. geb. *

— dasselbe, f. Landwirthe. Ein unentbehrl. Hilfsbuch f. Gutsbesitzer, Gutspächter, Oekonomen ꝛc., überhaupt f. Alle, welche in landwirthschaftl. Angelegenheiten m. Maß u. Gewicht umzugehen haben. 8. (96 S.) Wien 875. Manz. n. 1. 20

—— dass. — für Landwirthe. 8. (96 S.) Ebendas. 876. geb. *

—— dass. — für Mechaniker und Metallarbeiter. 8. (116 S.) Ebendas. 876. geb. *

Wechs, M., vollständiger und zuverlässiger Rathgeber und Schnellrechner zur Umwandlung der alten österreich. (Wiener) Maße und Gewichte in die neuen metrischen Maße und Gewichte und umgekehrt sammt den gegenseitigen Preisumrechnungen. Ein unentbehrl. Hilfsbuch für alle Geschäfte, Gewerbe und Haushaltungen. In geordneten und mit Anweisungen und nothwend. Erklärungen versehenen Tabellen enth.: Die Umwandlung der alten österreich. Längenmaße, Flächenmaße (einschließl. der Feldflächenmaße), Kubikinhaltmaße, Flüssigkeitsmaße, Hohlmaße für Getreide, Mehl ꝛc. und der Handelsgewichte in die entsprechenden neuen Maße und Gewichte, desgl. die Umwandelung aller neuen Maße und Gewichte in die alten, und die gegenseitigen Preisumrechnungen. 8. (228 S. mit 1 Umwandlungstaf.) Wien 876, Manz'sche Hofbuchh. geb. *

Wechs, M., d. Sohn d. Republikaners, s.: Bibliothek f. d. reif. christl. Jugend, 22. Bd.

—— s. Stehele, J., Anwendung der Rechnungskunst auf die Landwirthschaft.

Wechsel [Sachliches OW]

Wechsel, der,. Lustsp. v. Jünger. 8. Lpz. Dyk. 789. — 8

WECHSEL, Der, des Glücks oder grausamer Lohn treuer Liebe. Eine schauderhafte Begebenheit (in Italien). (Volksschrift.) O. O. u. J. (c. 1840). 8⁰. 8 S.
R. Härtel's Dresdner Mai-Auct. 1909, no. 1036.

Der Wechsel des Glücks | oder grausamer Lohn für treue Liebe. Eine schaudervolle Begebenheit, geschehen bei Reggio in Italien. | *(Text)*.
Kol.: Mülhausen. – Gedr. bei J. P. Risler u. Komp.
o. J. (um 1866), 1 Bl. zweiseitig bedruckt, 300 × 220.
Arch. Haut-Rhin, Colmar 27908.

— der, des Glücks und Unglücks im Kriege, od. wunderbare Begebenheiten Melchior Sternfels von Fuchsheim. 8. Nürnberg. 755. — 8

Wechsel, der, der polit. Grenzen u. Verhältnisse von Europa, während d. 2 letzt. Jahrzehende, (v. J. J. Rühle v. Lilienstern). (Aus den Hieroglyphen besond. abgedruckt.) 8. Dresd. 811. Hartknoch in Leipz. 1 ₰ 4 gr.

Wechsel, Der, der politischen Gränzen und Verhältnisse von Europa während der zwey letzten Jahrzehende . . . Dresden 1812. [1811.] V: *Rühle von Lilienstern, Joh. Jac. Otto Aug.* (MGT) (Hitzig) (Ky)

Wechsel, Des Lebens, von der Verf. der »Bilder des Lebens«. St. Gallen u. Bern 1835. V: *Rothpelz, Anna geb. von Meiss.* (ABJP) (Cat. d. Stadtbibl. Zürich. Zürich 1864—97.) (EE)

Wechsel, des Lebens, von d. Verfasserin der „Bilder des Lebens." gr. 12. St. Gallen u. Bern 835. Huber u. Comp. 1²/₃ ₰

Den seeligsten Wechsel . . . [Trauergedicht von N. H. auf Friedrich von Saliern. Amptsverwalter zu Neumünster. † 29. April 1712.] — Kiel (1712): Reuther. 2 Bl. 4"

„Ueber Wechsel, Wechselreuterei und über Handelsrevolutionen", Leipzig 1806. — Vorh.: Com. Bibl. Hamburg.

— über, Wechselreiterei u. über Handelsrevolutionen, ein Handbuch für diejenigen, welche Wechsel ausstellen wollen u. für die, welche Wechsel von andern zu empfangen haben ꝛc. gr. 8. Leipz. 810. N. A. 820. (W. Nauck). 12 gr.

Wechsel, der, der Zeit und des Glücks, in Begebenheiten einer obersächsischen Familie. 8. Kopenh. 756. — 5

Wechsel [Schlagwort]

Wechsel, s.: Aspang.

Wechselarrest, über, Erörterung der Frage: Kann der Wechselgläubiger, welcher in den Concours sich einläßt, seine Forderung zugleich auch nach Wechselrecht geltend machen, und Wechselarrest impetriren, oder nicht? gr. 8. Nürnberg 835. Riegel u. Wießner. ¼ ₰

Wechselarrest, der Leipziger. Ein Beitrag zur Kenntniß des deutschen Rechtszustandes. Den hohen sächs. Kammern vorgelegt zur Beherzigung, Prüfung u. Abhülfe. 8. Grimma 843, Verlags-Comptoir. n. ⅓ ₰

Wechselbalg, Der steyermärkische. Eine Wochenschrift. Graz 1786. H: *Aycher, Joh. Chr.* (wrztg 1786, S. 1370 und 1343) (BiblPort)

Wechselbälge, Die beiden, oder was thut die Einbildung nicht? Ein Lustspiel in drei Aufzügen . . . Bremen 1781. V: *Geisler, Adam Friedrich.* (BrMm) »1782« (Ky)

Wechselbälge, die beyden; od. was thut Einbildung nicht. Lustsp. in 2 A. 8. Bremen, Förster. (Müller.) 782. — 5

Wechselbilder, s.a. Colshorn.

Wechselbilder. Ein doppeltes Bilderbuch mit 18 (lithochrom.) Taf., durch welche 42 verschied. Genrebilder zusammengestellt werden können. Mit Text von Thdr. Colshorn. 8. (III und 34 S. mit lithochrom. Titel.) Hannover 855, Gebr. Jänecke. *

Wechselbilder, für Knaben u. Mädchen. Ein Verwandlungs-Bilderbuch in 8 fein (lith. u.) color. Bildern in 32 Verwandlungen. Nürnberg 867. Koenecke. gr. 4. cart. 1 ₰ 5 ngr.

Wechselbuch, Hamburger, enthaltend die Berechnung von Banco zu Courant . . . Hamburg 1830. V: *Meldola, Aby (Abraham).* H: *Hinrichsen, Moritz.* (Schr)

Wechselbuch, schweizerisches. Sammlung sämmtlicher kantonalen Wechselgesetze und vollständ. Verzeichniß der schweizer. Advokaten, Notare und Rechtsagenten. gr. 8. (298 S.) Bern 878, Costenoble. *

Wechsel-Codex, der ungarische, nebst d. gesetzl. Vorschriften üb. Handels- u. Fabrikwesen, Erwerbsgesellschaften, Sensale, Frachter, Intabulation u. Concursordnung. Nach d. Gesetzgeb. d. ungar. Reichstags v. 1840 übers. u. mit Erläutern., Anmerkn., deutschen u. ungar. Wechselformularen, sowie mit ein. vollständ. alphabet. Register vers. v. Herm. Klein. gr. 8. (20⅛ B.) Pesth 841, Heckenast.

„Berliner Wechsel-, Fonds- und Geld-Course für die Jahre 1764 bis 1830, 1834—1837", 68 Teile, Berlin 1764—1837. — Vorh.: Preuß. Staatsbibl. Berlin.

„Danziger Wechsel-, Fonds- und Geld-Course für die Jahre 1814 bis 1865", 58 Teile, Danzig 1814—1865. — Vorh.: Preuß. Staatsbibliothek Berlin.

„Königsberger Wechsel-, Fonds- und Geldcourse für die Jahre 1811—1870", 60 Teile, Königsberg 1811—1870. — Vorh.: Preuß. Staatsbibliothek Berlin.

„Leipziger Wechsel-, Geld- und Papier-Course für die Jahre 1816 bis 1857", 42 Teile, Leipzig 1816—1857. — Vorh.: Preuß. Staatsbibl. Berlin.

„Stettiner Wechsel-, Fonds- und Geld-Course für die Jahre 1811 bis 1860", 50 Teile, Stettin 1811—1860. — Vorh.: Preuß. Staatsbibl. Berlin.

Wechsel-Courstabelle, Wiener, entworfen u. berechnet nach den neuesten Angaben des wahren Gehaltes der Münzen nach dem Silber Pari. Wien (807.) Geistinger. 5 gr.

Wechselduplikate über Wechselabschriften, u. einige verwandte Gegenstande, ein Beitrag z. Erörterung d. Wechselrechte, (von ... Gleymann). gr. 8. Frankf. a. M. 807. (Boselli). 20 gr.

Wechselfälschungs-Prozeß, der Freudenfeld'sche. Verhandelt vor dem Schwurgericht in Thorn in den Tagen vom 24. Jan. bis 5. Febr. 1859. 8. (24 S.) Graudenz 859, Röthe.
Aus Nr. 10 und 11 des graudenzer Wochenblatts „Der Gesellige" besonders abgedruckt.

Wechsel- u. Scheckformulare zum Schulgebrauch (enth. 14 verschied. Formulare). 2., verm. Aufl. qu. schmal Fol. Hanau (904). Clauss & Feddersen. — 20

Wechsel- u. Scheckformulare zum Schulgebrauch (enth. 18 verschiedene Formulare). 4. verm. Aufl. 11,5×29,5 cm. Hanau (910). Clauß & Feddersen. nn — 25

Wechsel- u. Scheckformulare, 12, zum Schulgebrauch. qu. schmal Fol. Hanau (902). Clauss & Feddersen. n. — 20

[F.] Wechselgebete beim Empfange der hl. Kommunion für Kommunionkinder u. Mitglieder der Sodalitäten . . . *Dülmen: J. Sievert (1895).* (16 S.) 1 Bd 8. [96. 632

[F.] Wechselgebete für die Schulmesse . . . *Dülmen: J. Sievert (1893).* (14 S.) 1 Bd 8. [96. 633

Wechsel-Gebiet [Schlagwort]

Wechsel-Gebiet, s.: Alpen, Umgebungskarte.

Wechsel-Gebiet, s.: Ausflugskarten.

Wechsel-Gebiet, s.: Wiener Ausflugskarten.

Wechselgerichtsordnung, kurbaierische u. oberpfälzische. 1r—3r Instanz. gr. 8. Münch. 776. Lentner. 8 gr.

Wechsel- und Wechsel-Gerichts-Ordnung, Herzoglich Würtembergische. Stuttgart 1759. MV: *Moser, Joh. Jacob.* (Joh. Jacob Moser, Lebensgeschichte von ihm selbst beschrieben. Frankfurt u. Leipzig 1777, III, 154) S. a. IV, 11881.

Gullmann, Joh. Christoph: **[Wechselgesang.]** Dem Meister vom Stuhl [d. i. Joh. Christian Gullmann], und den Beamten der ger. und vollk. Loge zur Wahrheit und Freundschaft in Fürth. An der Stiftungs-Gedächtnisfeyer den 11ten Juni 5804. [Fürth 1804.] 2 Bl. 8⁰ [Umschlagtit.]
Ohne Noten: „Stimmt an mit sanften Tönen . . ."

Wechselgesang. Für die Freymaurer-Loge zur aufgehenden Sonne in Halberstadt, an ihrem Stiftungstage den 19. Oct. 1819. Halberstadt [1819]: Dölle. 2 Bl. 8⁰ [Umschlagtit.]
Ohne Noten: „Freundlich sey von uns gegrüsset, . . ."

Z. Pyramide: **Wechselgesang** der Loge [„zur Pyramide"] im Or. von Plauen zu ihrem 11. Stiftungsfeste geweiht von J. F. F. [Plauen] 1831. 2 Bl. 8⁰. [Umschlagtit.]

Wechselgeschäfte, Die, in allen ihren Rechten und Verbindlichkeiten . . . Hamburg u. Altona 1810. V: *Gosch, Josias Ludwig.* (CBH) (Schr)

Wechselgesetz f. Bosnien u. die Hercegovina. gr. 8. (29 S.) Wien 883. Hof- u. Staatsdruckerei. n. — 40

Wechselgesetz, dänisch-schwedisch-norwegisches, von 1880. Uebers. von Ch. Beissel. 8. (40 S.) Kopenhagen 881. Leipzig, Schmidt & Günther. n. — 80

Wechselgesetz vom J. 1876. gr. 8. (39 S.) Budapest 876. Ráth. n. 1. —

Wechsel-Gesetz, das neueste schwedische. In Kraft getreten am 1. Jan. 1852. Ins Deutsche übers. von J. S. Lowe. 12. (36 S.) Hamburg 858, Nestler und Melle.

Wechselgesetz, XXVII. Gesetz-Artikel v. J. 1876. Justizministerial-Verordngn. üb. das Verfahren in Wechselangelegenheiten u. üb. die Regelg. d. Handelsverfahrens in u. außer Streitsachen. gr. 8. (40, 36 u. 45 S.) Budapest 882. Ráth. n. 2. —

Wechselgesetz, das ungarische, mit Rücksicht auf die Landeskonstitution, den Handel, die Industrie und den Kredit. Von A. M. P. 2., wesentlich verb. Aufl. gr. 8. (XIII und 160 S.) Pest 862, Gebr. Lauffer. *

— ungarisches. [Gef.-A. XXVII vom Jahre 1876.] 2., mit der Einführungs-Verordnung u. dem Wechsel-Verfahren verm. Aufl. gr. 8. (39 u. 45 S.) Budapest 876. Ráth. n. 1. 80; Einführungs-Verordnung. (45 S.) ap. n. — 80

Wechsel-, Handels- und Concurs-Gesetzbuch für Ungarn, nach den neuen allerhöchsten Verordnungen und nach den in Kraft gelassenen Gesetz-Artikeln 15—20, vom J. 1840, und nach den Gesetz-Artikeln 6 und 7: 1844. Zusammengestellt durch Alex. Ritter. gr. 8. (215 S.) Pesth 852, Heckenast's Verlag. Thlr.

Wechsel- und Konkurs-Gesetzbuch, vollständiges, für Ungarn, Kroatien, Slavonien, die serbische Wojwodschaft und das temescher Banat nach der allgem. Wechselordnung, dem Wechselverfahren für Civil- und Militärpersonen, der neuen Konkursordnung, den Gesetzartikeln 15. und 22. vom J. 1840, 6. und 7. vom J. 1844 und sämmtl. einschlägigen Gesetzen und Verordnungen zu einem systemat. Ganzen zusammengestellt und commentirt von einem prakt. Juristen. 2., verb. und erweiterte Aufl. gr. 8. (XVI und 146 S.) Pesth 854, Geibel. *

Wechsel- und Handelsgesetze aller Länder, s. Borchardt, S.

Wechsel- u. Münz-Gesetze, niederländische u. großbritannische, s.a. **Ph. Fr. Schulin.**

Wechsel- u. Münzgesetze, niederländ. u. grossbritan., Nachtrag: Acten d. Parlaments v. Grossbritannien u. Irland 7. et 8. Geo. IV. c. 15. u. 9. Geo. IV. c. 24. Vom 12. Apr. 1827 u. 19. Juny 1828. Mit Uebersetz. u. Bemerkn. in Bezug auf d. neuesten Stand d. engl. Wechselrechts. Hrsg. v. Ph. Fr. Schulin. gr. 8. (4 B.) Frankfurt a. M. 829, Varrentrapp. 8 Gr., Schrbp.

Wechselgesetzgebung im Königreich Bayern, s. **Handels- und Wechselgesetzgebung.**

Wechsel- und Handelsgesetzgebung, gesammte, des Königr. Bayern. Zusammenstellung der auf das Wechsel- und Handelsrecht bezügl. gesetzl. Bestimmungen des Königr. Bayern, zum Handgebrauche für Kaufleute und Juristen. Mit Registern. 8. (XXX und 262 S.) Bamberg 862, Buchner'sche Buchh. * Schreibp. *

— die, Preußens s.a. **Kletke.**

—— die, **Preußens.** Enthaltend: Die allgemeine deutsche Wechselordnung nebst den Einführungsgesetzen, den bezügl. Verordnungen über den Wechselprozeß, den Entscheidungen der höchsten Gerichtshöfe rc. mit einem Sachregister und alphabet. Erklärung der vorkommenden jurist. Ausdrücke systematisch dargestellt von G. M. Kletke. 8. (IX und 96 S. und: Ausführliche Darstellung des Verfahrens beim Wechselprozeß in Preußen 52 S.) Berlin 854, Rauh. *

Wechselgesetzgebung, die, sämmtlicher deutschen Staaten. Enthltd.: Die allgemeine deutsche Wechselordnung nebst den Einführungsgesetzen, den bezüglichen Verordnungen über den Wechselprozeß, den Entscheidungen der höchsten Gerichtshöfe und sonstigen Erläuterungen und Ergänzungen aus älteren noch in Kraft bestehenden Gesetzen und Verordnungen mit einem Sachregister u. alphabetischer Erklärung der vorkommenden juristischen Ausdrücke systematisch dargestellt von G. M. Kletke. Berlin 854. Rauh. 8. (IX, 357 S.) n. 1 ℛ 10 ngr.

Wechselkunde u. Wechselrecht. Erläutert durch Beispiele aus der Korrespondenz, unter Berücksicht. der deutschen, österreich. u. schweiz. Wechselordng. [Aus: „Schär-Langenscheidt, kaufmänn. Unterr.-Stunden".] 2., neu durchgeseh Aufl. (76 S.) Lex.-8. Berlin (903). [Dr. P. Langenscheidt.] Verlag f. Sprach- u. Handelswissensch. n. 2. —

Wechselkurse, s. Wechselcourse.

Wechsellehre in gemeinverständl. Form, s.: **Miniatur-Bibliothek.**

Wechselmann, Adolf, appr. Arzt a. Berlin: Beiträge zur Kenntnis des Urorosein und seines klinischen Verhaltens. Berlin (1906): L. Wechselmann. (38 S.) 8°
Berlin, Med. Fak., Ref. Kraus, Diss. v. 18. Jan. 1906
[Geb. 8. Nov. 67 Nicolai, Oberschlesien; Wohnort: Berlin; Staatsangeh.: Preußen; Vorbildung: Sophien-Gymn. Berlin und Gymn. Spandau Reife M. 89; Studium: Berlin 10 S.; Coll. 10 Jan. 06; Approb. 11 Sept. 05.]

Wechselmann, Henry Jul. Hans, s.: Wenden, Henry.

Wechselmann, Ludwig: Aus d. chir. Klinik (Dir.: Kuttner) u. d. pathol. Inst. (Dir.: Ponfick) zu Breslau. Polyp und Carcinom im Magen-Darmkanal. Tübingen 1910: Laupp. 50 S., 1 Taf. 8° ¶(Aus: Beiträge z. klin. Chirurgie. Bd 70, H. 2/3.)
Breslau, Med. Diss. v. 10. Dez. 1910, Ref. Kuttner
[Geb. 3. März 85 Rybnik; Wohnort: Kattowitz; Staatsangeh.: Preußen; Vorbildung: Gymn. Gleiwitz Reife O. 04; Studium: Breslau 6, Berlin 1, Breslau 3 S.; Coll. 18. Juli 10; Approb. 16. Aug. .] [U 11. 698

Wechselmann, Wilh., die Behandlung der Syphilis m. Dioxydiamidoarsenobenzol „Ehrlich-Hata 606". Mit e. Vorwort v. Paul Ehrlich. Mit 15 Textfig. u. 16 Taf. in Vierfarbendr. (VII, 144 S.) Lex. 8. Berlin 911. O. Coblentz. Geb. in Leinw. 10. —

WECHSELMANN, Wilhelm (Regensburg): Zur Kenntniss des primären Lungenkrebses. - München: Grassl 1892. 22 S.
15.2.1892 - Urk (Titel: De pulmonis carcinomate primario.); Chr 1892/93,16
Diss. Ingolst.-Landsh.-Mchn.

Wechselordnung

s.a. **Einführungs-Ordnung.**

Wechselordnung, s.a. **Gesetze, österreichische.**

— s.a. Gesetz-Sammlung, kleine preußische.

s.a. **Parlaments-Bücher.**

s.a. **Protocolle.**

Wechsel-Ordnung für den Kt. Aargau. 1857.

— allgemeine, welche am 1. Mai 1850 f. die k. k. österreichischen Staaten Gesetzeskraft erlangt. gr. 8. (25 S.) Wien 850, Tendler & Co. n. 1/6 ℛ

Wechselordnung, allgemeine. Stämpel und Gebühren in Wechselsachen. Mit allen nachträgl. Verordnungen und den grundsätzl. Entscheidungen des Obersten Gerichtshofes. kl. 8. (44 S.) Wien 885, Manz'sche Hof-Verlagsh. *
Auch u. d. T.: Manz'sche Gesetz-Ausgabe Nr. 10.

Wechselordnung, allgemeine. Stämpel u. Gebühren in Wechselsachen. Mit allen einschläg. Verordngn. u. den grundsätzl. Entscheidgn. d. obersten Gerichtshofes. 4. Aufl. 12. (44 S.) Wien 897. Manz. n. — 40

— dasselbe. M. e. Uebersicht üb. d. wechselrechtl. Spruchpraxis des k. k. Obersten Gerichtshofes, sowie über die einschläg. Entscheidgn. d. k. k. Verwaltungsgerichtshofes, verf. v. Jos. Friedlaender. 12. (VI, 117 S.) Ebd. 897. n. 1. 80

Wechselordnung, allgemeine, Stempel u. Gebühren in Wechselsachen, s.a. **Gesetz-Ausgabe,** Manz'sche. Nr. 10 A.

Allgemeine Wechselordnung. Stempel und Gebühren in Wechselsachen. 5. Aufl. [Manz'sche Gesetzausgabe. Nr. 10a.] 8°. (IV, 66 S.) Wien: Manz 1905. K —.60

Wechselordnung. Allgemeine Wechselordnung für (Deutschland oder) das deutsche Reich.

—— die allgemeine deutsche, s.a. Gesetz-Sammlung, kleine preußische.

—— dass. — vom 26. Novbr. 1848, s.a. Graf, Ed.

Wechselordnung, allgemeine deutsche, s.a. Universal-Bibliothek Nr. 1635.

—— dass. — Mit vollständ. Erläuterungen nach den Protokollen der zu Leipzig abgehalt. Conferenz. Von Friedr. Ortloff. gr. 8. (138 S.) Jena 848, Bran'sche Buchh.

Wechselordnung, Die allgemeine Deutsche, mit Einleitung und Erläuterungen. Leipzig 1848. H: *Liebe, Friedrich.* (schz)

—— dass. — Mit Einleitung und Erläuterungen. gr. 8. (XL und 240 S.) Leipzig 848, Brockhaus. *

Wechselordnung, allgemeine, für (Deutschland oder) das deutsche Reich. Nebst der für den k. preuß. Staat erlass. Einführungs-Ordnung. 12. (30 S.) Aachen 849, Hensen und Comp.

—— dass. — Durch die Einführungs-Ordnung vom 6. Jan. 1849 für Preußen publicirt, nebst Bemerkungen und Vergleichungen mit den fremden Gesetzgebungen von S. Borchardt. gr. 8. (IV und 87 S.) Berlin 849, Duncker und Humblot. *

„Allgemeine Deutsche Wechselordnung, mit der Verordnung die Einführung derselben in Bremen betreffend", Bremen 1849. — Vorh.: Com. Bibl. Hamburg.

—— dass. — Im Königr. Preußen eingeführt am 1. Febr. 1849. Nebst Einführungs-Gesetz, vom 6. Jan. 1849. gr. 12. (24 S.) Danzig 849, Homann's Kunsth.

—— dass. — Festgestellt durch das Reichsgesetz vom 27. Nov. 1848. (Für Preußen in Kraft getreten den 1. Febr. 1849.) hoch 8. (15 S.) Erfurt 849, Bartholomäus.

—— dass. — Erläutert von Wilh. Brauer. Lex.-8. (VIII und 175 S.) Erlangen 849, Enke's Vrlgsh. *

—— dass. — Amtliche Ausg. 8. (31 S.) Frankfurt a. M. 849. (Leipzig, Hofmeister.)

Wechselordnung, allgemeine, für (Deutschland oder) das deutsche Reich. Nebst dem Einführungsgesetz für den preuß. Staat vom 6. Jan. 1849, wonach dieselbe in Preußen mit dem 1. Febr. 1849 in Kraft tritt. gr. 12. (24 S.) Glogau 849, Flemming's Verlag.

—— dass. — in ihrer Anwendung auf das Königr. Sachsen und die sächs. Herzogthümer, für Juristen und Nichtjuristen zunächst aber für sächs. Geschäftsleute jeder Art, pract. und leichtverständl. unter steter Hinweisung auf die Protokolle der leipziger Berathungs-Conferenz, mit den nothwend. Erläuterungen hinsichtl. der Motive und der daraus abzuleit. Auslegungen der einzelnen gesetzl. Bestimmungen erläut., und mit einem Wörterbuche aller im Wechselrecht vorkomm. schwerverständl. sachl. Bezeichnungen, sowie mit der k. sächs. Einführungsverordnung, dem Gesetz über Schuldarrest und Wechselprozeß und dem Gesetz, die kaufmänn. Anweisungen betreff., verseh. von Ferd. Schenck. br. 8. (XVIII und 82 S.) Grimma 849. [Wurzen,] Verlags-Comptoir.

—— dass. — (Für Preußen.) gr. 8. (20 S.) Grünberg 849, Levysohn. *

—— dass. — Beschlossen von der Reichs-Versammlung zu Frankfurt a. M. und am 1. May 1849 in Kraft getreten. 32. (52 S.) Hamburg 849, Anthes. **

Wechselordnung, allgemeine deutsche, nebst dem Einführungsgesetz f. das Königr. Hannover. Mit Erläuterungen f. Rechtsgelehrte, Kaufleute u. Gewerbtreibende jeder Art, von Rudolphi. gr. 8. (28 S.) Hannover 849, Pockwitz. n. 1/6 Thlr

— allgemeine Deutsche, mit vollständiger Erläuterung nach den Protokollen der zu Leipzig abgehalt. Conferenz. Von Frdr. Ortloff. gr. 8. (138 S.) Jena 849, Bran. 2/3 Thlr

— dies. Mit erläuternden Bemerkungen für Geschäftsleute von A. Schwarzkopf. 8. (87 S.) Jena 849, Hochhausen. — 2. u. 3. verb. u. mit Formularen versehene Aufl. 8. (112 S.) Ebd. 849. 1/4 Thlr

— dies. 64. (68 S.) Leipzig 849, Barth. n. 2 Ngr

—— dass. — zum leichtern und sichern Gebrauch für Geschäftsleute bearb. von Herm. Scherell. gr. 8. (IV und 60 S.) Leipzig 849, G. Pönicke. *

—— dass. — Amtl. Ausgabe. 12. (26 S.) Leipzig 849, R. D. Schulze.

—— dass. — Im Königr. Preußen eingeführt am 1. Febr. 1849. Nebst Einführungsgesetz, gegeben zu Charlottenburg den 6. Jan. 1849. 2. Aufl. 12. (26 S.) Ebds. 849.

—— dass. — welche am 1. Mai 1849 für Deutschland Gesetzeskraft erlangt. 3. Aufl. 12. (26 S.) Leipzig 849, R. D. Schulze.

—— dass. — Im Königr. Preußen eingeführt am 1. Febr. 1849. Nebst Einführungsgesetz, gegeben zu Charlottenburg den 6. Jan. 1849. 4. Aufl. 12. (26 S.) Ebds. 849.

—— dass. — welche am 1. Mai 1849 für Deutschland Gesetzeskraft erlangt. 5. Aufl. 12. (26 S.) Ebds. 849.

—— dass. — Nebst Einführungsgesetz für das Großherzogth. Baden. 6. Aufl. 12. (26 S.) Ebds. 849.

—— dass. — Nebst Einführungsgesetz für das Königr. Hannover. 7. Aufl. 12. (26 S.) Ebds. 849.

—— dass. — Mit Einführungsgesetz für das Königr. Sachsen. Nebst den von beiden Kammern genehmigten Gesetzen über Schuldarrest, Wechselprozeß und kaufmännische Anweisungen. (8. Aufl.) 12. (40 S.) Ebds. 849. *

— allgemeine deutsche, mit dem Sachs. Einfuhrungsgesetz, sowie der Sachs. Firmen- u. Procura-Ordnung. Mit einem vollständigen Sachregister. [Abdr. aus d. Leipziger Mess-Taschenbuch.] 12. (VI u. 24 S.) Leipzig 849, Spamer. n. 1/6 Thlr — mit dem Sachs. Einfuhrungsgesetz, der Sachs. Firmen- u. Procura-Ordnung, sowie den Gesetzen uber die kaufmannischen Anweisungen, den Schuldarrest u. Wechsel-Process; erganzt durch ein vollstandiges Sachregister. [Abdr. aus dem Leipziger Mess-Taschenbuch.] 3. durchgesehene Aufl. 12. (42 S.) Ebd. 849. — 4. durchgesehene Aufl. 12. (40 S.) Ebd. 850. 1/4 Thlr

— dies., mit dem Preuss. u. Sachs. Einfuhrungsgesetz, sowie der Sachs. Firmen- u. Procura-Ordnung. Mit einem vollstandigen Sachregister. [Besonderer Abdruck aus dem Leipziger Mess-Taschenbuch.] 2. Aufl. 24. (33 S.) Leipzig: Spamer 1849.

— dies., aus den Motiven zum Entwurfe einer Wechselordnung für die preußischen Staaten u. aus den Protocollen der zur Berathung der allgemeinen deutschen Wechselordnung in Leipzig abgehaltenen Conferenz erläutert u. f. den prakt. Geschäftsverkehr mit besonderem Bezug auf das Königr. Sachsen hrsg. von Otto Christoph. Nebst einem genauen Inhaltsverzeichnisse, Verordnung über den Leipziger Wechselstempel, Einführungsgesetz f. d. Königr. Sachsen u. Preußen, sowie einem alphabet. Verzeichnisse der im Wechselverkehre vorzugsweise gebräuchl. techn. Ausdrücke. gr. 8. (XXXIV u. 110 S.) Leipzig 849, Thenau. 1/2 Thlr. — 2. Aufl. gr. 8. (XXXVI u. 219 S.) Ebd. 851. 1 Thlr.

—— dass. — nach den Beschlüssen der leipziger Conferenz. gr. 8. (16 S.) Leipzig 849, G. Wigand. [Schlicke.]

—— dass. — Nach der amtl. Ausg. mit Erläuterungen für den allgem. Gebrauch und dem sächs. Einführungsgesetze. 8. (60 S.) Leipzig 849, O. Wigand. *

—— dass. — Nebst sämmtl. Ein- und Ausführungsgesetzen, Verordnungen, Zusatzartikeln rc. aller der Staaten, wo solche erschienen, so wie den neuen Gesetzen über Wechselproceß, kaufmänn. Anweisungen, Schuldarrest rc. derer deutschen Staaten, wo bis jetzt solche erschienen. gr. 8. (IV und 124 S.) Lützen 849, Grimm.

—— dass. — aus den Motiven zum Entwurfe einer Wechselordnung für die preuß. Staaten und aus den Protocollen der zur Berathung der allgem. deutschen Wechselordnung in Leipzig abgehalt. Conferenz erläut. und für den prakt. Geschäftsverkehr hrsg. von Otto Christoph. Nebst einem genauen alphabet. Inhaltsverzeichnisse zur erläut. Wechselordnung, einem alphabetisch geordn. Verzeichniß der im Wechselverkehre vorzugsweise gebräuchl. techn. Ausdrücke nebst Erklärung derselben, sowie den sämmtl. Ein- und Ausführungsgesetzen, Verordnungen und Zusatzartikeln rc. zur allgem. deutschen Wechselordnung aller der Staaten, wo solche erschienen, als von Preußen, Sachsen, Hannover rc., so wie neuen Gesetzen über Wechselproceß, kaufmänn. Anweisungen und Schuldarrest derer deutschen Staaten, wo bis jetzt solche erschienen. gr. 8. (XXXVI und 206 S.) Lützen 849, Grimm.

—— dass. — gr. 8. (32 S.) Oldenburg 849, Schmidt. *

—— dass. — Nebst einer kurzen Erklärung der im Wechselverkehr vorkomm. Fremdwörter und einem Anhange der üblichen Wechselformulare. 8. (43 S.) Stuttgart 849, Lubrecht und Comp. *

—— dass. — Nebst einem ausführl. alphabet. Sachregister über sämmtl. Bestimmungen dieses Gesetzes, so wie einer alphabet. geordneten Belehrung über die, sowohl in dieser Wechselordnung selbst, als im Wechselverkehr überhaupt vorkomm. techn. Ausdrücke rc. Für Kaufleute, Rechtsgelehrte rc. bearb. von Carl Courtin. 1. und 2., unveränd. Aufl. gr. 8. (88 S.) Stuttgart 849, Metzler'sche Buchh.

—— dass. — (Auch mit der preuß. Einführungs-Ordnung vom 6. Jan. 1848.) 3., unveränd. Aufl. 16. (124 S.) Ebds. 849.

—— dass. — (Zum Aufhängen in den Comptoirs in Plakatform.) 1 Bog. in gr. Fol. Stuttgart 849, Neff.

— allgemeine deutsche, nebst Einführungs-Ordnung in Preußen. 8. (16 S.) Breslau 850, Kohn. 1/12 Thlr.

— dies. Nebst Einführungsgesetz vom 15. Febr. 1850 f. das Königreich Preußen. 8. Aufl. 12. (26 S.) Leipzig 850, R. O. Schulze. 1/12 Thlr.

—— dass. — welche am 1. Mai 1850 für die k. k. österreich. Staaten Gesetzeskraft erlangt. gr. 8. (25 S.) Wien 850, Tendler und Comp.

Vgl.: Borchardt, S. — Brauer, Wilh. — Christoph, Otto. — Einführungs-Ordnung. — Parlaments-Bücher.

—— dass. — Nebst der für den königl. preuß. Staat erlassenen Einführungs-Ordnung vom 15. Febr. 1850. 1. Aufl. (30 S.) 1850. und 2. Aufl. 12. (35 S.) Aachen 851, Hensen und Comp.

—— dass. — Nebst Gesetz, betreff. die Einführung der allgem. Wechsel-Ordnung für Deutschland vom 15. Febr. 1850 und Anmerkungen zu einzelnen Artikeln nach den Entscheidungen des k. geh. Ober-Tribunals. gr. 16. (28 S.) Breslau 851, Kern.

—— dass. — Mit den gesetzl. Modifikationen der einzelnen Staaten, nebst den neuern Gesetzen über kaufmänn. Anweisungen. Hrsg. von Brentano. 1. Aufl. (XII und 75 S.) 1851. und 2., verm. Aufl. 8. (XII und 81 S.) Fürth 851, Schmid's Buchh. Thlr.

—— dass. — 2. Aufl. gr. 8. (19 S.) Königsberg 851, Samter. *

—— dass. — Für Preußen gültig vom 1. Febr. 1849 ab laut königl. Kabinets-Ordre vom 6. Jan. 1849. 1. Abdr. 1849. und 2. Abdr. 12. (24 S.) Wesel 852, Bagel.

Wechselordnung, allgemeine deutsche. Nebst Einführungsgesetz vom 15. Febr. 1850 für Preußen. Bielefeld 853. Helmich. 8. (23 S.) 1 1/2 ngr.

—— dass. — nebst sämmtl. auf dieselbe bezüglichen, seit deren Einführung erschienenen königl. sächs. Gesetzen. 2. Aufl. gr. 8. (34 S.) Leipzig 853, Serig'sche Buchh. *

—— die seit dem 1. Febr. 1849 in Kraft getretene allgemeine deutsche, mit dem Einführungsgesetz für Preußen vom 15. Febr. 1850. In Verbindung mit den zur Kenntniß gekommenen Rechtsgrundsätzen der neuesten Entscheidungen höchster Gerichtshöfe und anderweiten Erläuterungen und Ergänzungen. Unter Beifügung der gesetzl. Bestimmungen über Abstempelung der Wechsel für den prakt. Gebrauch hrsg. 1. Ausg. (49 S.) 1853. und 2., verm. Ausg. 8. (51 S.) Hamm 853, Wickenkamp.

— allgemeine deutsche, mit dem Einführungsgesetz für Preußen vom 15. Februar 1850. Mit den nöthigen Erläuterungen und den bezüglichen Stempel-Gesetzen. Brandenburg 854. Müller. 16. (40 S.) 5 ngr.

— allgemeine deutsche, nebst Einführungsgesetz v. 15. Febr. 1850 und einer Protest-Gebühren-Tabelle (in 4.), bearb. von Berthold. Berlin 854. Nesselmann u. Co. 64. (63 S.) n. 4 ngr.

—— dass. — Mit den gesetzlichen Modifikationen der einzelnen Staaten, nebst den neueren Gesetzen über kaufmännische Anweisungen. Hrsg. von Brentano. 3., durch Anmerkungen, oberstrichterl. Entscheidungen und die neuesten gesetzl. Bestimmungen verm. Aufl. gr. 8. (XII und 84 S.) Fürth 855, Schmid's Buchh. *

— die allgemeine deutsche, nebst dem Einführungsgesetze für das Königreich Hannover. Neuer Abdr. Hannover 860. Brecke. gr. 8. (31 S.) n. 5 ngr.

—— die allgemeine deutsche, nebst den von dem königl. preußischen Obertribunal gefällten wechselrechtlichen Entscheidungen. Zusammengestellt von einem preußischen Richter. 1. Aufl. 1. und 2. Abdr. 1858. und 2., verb. und bis auf die neueste Zeit verm. Aufl. 16. (V und 103 S.) Berlin 861, Springer's Verlag. *

—- allgemeine, für Deutschland. Nebst der für den Königl. Preuß. Staat mit Zustimmung der Kammern erlassenen Einführungs-Ordnung vom 15. Febr. 1850 und der Ergänzung und Erläuterung vom 27. Mai 1863. 3. Aufl. 16. (40 S.) Aachen 863, [Jacobi und Comp.]

—— dass. — nebst Einführungsgesetz vom 15. Febr. 1850 und dem die Ergänzung und Erläuterung derselben betr. Gesetze vom 27. Mai 1863. Amtl. Ausg. gr. 8. (III und 44 S.) Berlin 863, v. Decker'sche geheime Ober-Hofbuchdruckerei. *

—— dass. — nebst den Gesetzen vom 15. Febr. 1850 und 27. Mai 1863 sowie den von dem Königl. Preuß. Ober-Tribunal gefällten wechselrechtl. Entscheidungen. Zusammengestellt von einem preuß. Richter. 3., verb. und bis auf die neueste Zeit verm. Aufl. 16. (V und 129 S.) Berlin 863, Springer's Verlag. cart. *

Wechselordnung, die allgemeine deutsche, vom 6. Jan. 1849. Nebst Gesetz, betr. die Einführung der allgemeinen Wechsel-Ordnung für Deutschland vom 15. Febr. 1850 und Gesetz vom 27. Mai 1863, betr. die Ergänzung und Erläuterung der allgem deutschen Wechsel-Ordnung nebst Anmerkungen zu einzelnen Artikeln nach den Entscheidungen des K. Geh. Ober-Tribunals. gr. 16. (30 S.) Breslau 863, Kern's Verlag.

—— dass. — Mit Anmerkungen und insbesond. mit den gutachtl. Aeußerungen der Handelsgesetzgebungs-Commission über streitige Fragen des Wechselrechts, sowie den Ergänzungsanträgen derselben. Von einem Rechtskundigen bearb. 1.—4. Aufl. 8. (IV und 108 S.) Würzburg 863, Stahel'sche Buchh.

—— dass. — und das die Ergänzung derselben betr. Gesetz vom 31. Mai 1864 für das Königr. Hannover. Mit prakt. Zusätzen und Erläuterungen und einem vollständ. alphabet. Register zum Gebrauch für Juristen und Geschäftsleute. 8. (87 S.) Hannover 864, Meyer. *

„Allgemeine Deutsche Wechselordnung. Mit Anmerkungen und insbesondere mit den gutachtlichen Aeusserungen der Handelsgesetzgebungs-Kommission über streitige Fragen des Wechselrechts, sowie den Ergänzungsanträgen derselben. Von einem Rechtskundigen bearbeitet", 5. Auflage, Würzburg 1864. — Vorh.: Com. Bibl. Hamburg.

—— dass. — vom 26. Novbr. 1848 mit dem Einführungsgesetze vom 25. Juli 1850, dem Gesetze vom 29. Juni 1851 über die kaufmänn. Anweisungen, dem Gesetze vom 5. Octbr. 1863 „einige Bestimmungen der allgemeinen deutschen Wechselordnung betr. ɪc." 2. Aufl. 8. (VI und 56 S.) Nördlingen 866, Beck'sche Buchh.

—— die allgemeine deutsche, nebst den Gesetzen vom 15. Febr. 1850, 27. Mai 1863 und 29. Mai 1868 sowie den von dem königl. preuß. Ober-Tribunal gefällten wechselrechtl. Entscheidungen. Zusammengestellt von einem preuß. Richter. 4. verb. und bis auf die neueste Zeit verm. Aufl. 16. (VII, 164 S.) Berlin 869, Springer's Verlag. cart. *

Wechselordnung, die allgemeine deutsche, nach ihrem Wesen in faßliche Reime gebracht. Von einem Commis. gr. 8. (27 S.) Frankfurt a. M. 869, Keller. *

Wechselordnung, allgemeine deutsche, und allgemeines deutsches Handelsgesetzbuch nebst den dieselben ergänzenden und abändernden Bundesgesetzen. Mit Sachregister. gr. 8. (VIII, 361 S.) Berlin 870, v. Decker'sche Geh. Ober-Hofbuchdr. Ausg. auf Schreibp. *

—— dass. — und die damit in Verbindung stehenden Gesetze nebst dem Bundesgesetz vom 10. Juni 1869, betr. die Wechselstempelsteuer. Mit ausführl. Sachregister. 1.—3. Aufl. 16. (IV, 80 S.) Leipzig 871, Roßberg'sche Buchh. *

—— dass. — nebst Wechselstempelsteuergesetz vom 10. Juli 1869 und Ausführungsverordnung vom 13. Dezbr. 1869. gr. 16. (42 S.) Plauen 871, Hohmann.

—— dass. — Nebst einer kurzen Erklärung der im Wechselverkehr häufig vorkommenden Fremdwörter, einem Anh. der üblichen Wechselformulare und dem Wechselstempelsteuer-Tarif in Thaler und Gulden. 2. Aufl. gr. 8. (35 S.) Stuttgart 871, Lubrecht.

—— dass. — nebst den Nürnberger Novellen, sowie den Gesetzen über kaufmänn. Anweisungen, über Aufhebung der Schuldhaft und Erhebung der Wechselstempelsteuer im deutschen Reiche und in Oesterreich. Mit vollständ. Sachregister. gr. 16. (54 S.) Leipzig 873, Schneider. cart.

—— dass. — und das Genossenschafts-Gesetz. Uebersichtlich und mit Beziehung auf das seither in Elsaß-Lothringen geltende Recht, dargestellt zum Gebrauche für Kaufleute, Handelsrichter u. s. w. Von einem prakt. Juristen. 8. (49 S.) Mannheim 873, Bensheimer. *

—— dass. — nach dem Standpunkte der gegenwärt. Gesetzgebung und die neueren Gesetze über kaufmänn. Anweisungen. Mit Anmerkungen und Präjudizien hrsg. von Brentano. 8., verb. Aufl. gr. 8. (XV, 100 S.) Nürnberg 873, Schmidt. cart. *

—— dass. — in Verbindung mit den Abänderungen des Gesetzes vom 18. Mai 1864 nebst Württemberg. Einführungsgesetze, den dazu gehör. Verordnungen ɪc. und den noch gültigen Bestimmungen der Wechselgerichtsordnung vom 24. März 1759. Mit ausführl. Sachregister. 2. mit dem Wechselstempelsteuer-Gesetz versehene Ausg. 12. Stuttgart 873, Metzler's Verlag. *

Wechselordnung, allgemeine deutsche, m. den Nürnberger Novellen nebst den Einführungsgesetzen u. den auf die Wechselstempelsteuer bezügl. Vorschriften. Mit Sachregister. 2. Ausg. gr. 8. (104 S.) Berlin 874. v. Decker. n. 1.25

— dasselbe, u. allgemeines deutsches Handelsgesetzbuch nebst den dieselben ergänz. u. abänd. Bundes- u. Reichsgesetzen. Mit Sachregister. 4. Ausg. gr. 8. (VIII, 470 S.) Ebend. 874. n. 3. —

—— dass. — und die damit in Verbindung stehenden Gesetze nebst dem Reichsgesetz betr. die Wechselstempelsteuer. Mit ausführl. Sachregister. 4. Aufl. 16. (IV, 78 S.) Leipzig: Roßberg 1874.

— allgemeine deutsche. Gesetz vom 26. Mai 1848. 3. Aufl. 8. (22 S.) Würzburg 877. Stahel. — 30

—— dass. — und allgemeines deutsches Handelsgesetzbuch, nebst den dieselben ergänz. und abänd. Bundes- und Reichsgesetzen. Mit Sachregister. 5. Ausg. 8. (VIII, 567 S.) Berlin 878, v. Decker's Verlag.

—— allgemeine deutsche. Mit Anmerkungen u. s. w. Ausg. A. 2.—4. Abthl. 8. Würzburg, Stahel'sche Buchh. [2. Abthl. (2 Bl.) 878. 12 Pf.; 3. Abthl. (S. 113—130 und Wechsel-Stempel-Tarif.) 878. 50 Pf.; 4. Abthl. (131, 132 S. und 1 S. Wechsel-Stempel-Tarif.) 879. 20 Pf.]

—— dass. — Mit den Nürnberger Novellen. Ausg. B. 1.—3. Abthl. 8. Ebendas. [1. Abthl. (S. 1—22.) 878. 30 Pf.; 2. Abthl. (S. 23—40 mit 1 S. Wechsel-Stempel-Tarif.) 878. 50 Pf.; 3. Abthl. (S. 41, 42 mit 1 Wechsel-Stempel-Tarif.) 879. 20 Pf.]

— dasselbe. Sep.-Abdr. 3. Abth. 8. (S. 41 u. 42 m. 1 Tab.) Ebend. 879. — 20

—— dass. — und die damit in Verbindung stehenden Gesetze nebst dem Reichsgesetz betr. die Wechselstempelsteuer. Mit ausführl. Sachregister. 5. Aufl. (IV, 78 S.) 1876; 6. Aufl. 16. (IV, 80 S.) Leipzig 879, Roßberg'sche Buchh. cart. *

Wechselordnung, allgemeine deutsche, u. die damit in Verbindung stehenden Gesetze nebst dem Reichsgesetz betr. die Wechselstempelsteuer. Mit ausführl. Sachregister. 7. Aufl. 16. (80 S.) Leipzig 879. Roßberg. cart. n. — 50

—— dass. — Und die damit in Verbindung stehenden Gesetze, nebst dem Reichsgesetz, betreffend die Wechselstempelsteuer. Mit ausführl. Sachregister. 7. Aufl. 16. (IV, 80 S.) Leipzig 881, Roßberg'sche Buchh. cart. *

Wechselordnung, allgemeine deutsche, in Verbindung mit den Abänderungen des Gesetzes vom 18. Mai 1864, nebst allen dazu gehör. Bestimmungen aus den neuen einschläg. Landes- und Reichs-Gesetzen. Mit ausführl. Sachregister. 3. mit dem Wechselstempelsteuer-Gesetz versehene Aufl. 12. (IV, 90 S.) Stuttgart 881, Metzler'sche Buchh. cart. *

—— allgemeine deutsche, nebst Gesetz betr. die Wechselstempelsteuer. Verwendung der Wechselstempelmarken. Hrsg. von der Redact. des Reichs-Gesetzbuches. gr. 8. (27 S.) [Berlin 886.] Hamburg, Bruer und Comp. geb. *

Wechselordnung, allgemeine deutsche, u. die damit in Verbindung stehenden Gesetze, nebst dem Reichsgesetz, betr. die Wechselstempelsteuer. Mit ausführl. Sachregister. 8. Aufl. 8. (IV, 65 S.) Lpz. 889, Roßberg. cart. * — 60

— dasselbe in Verbindung m. den Abänderungen durch die sogenannte „Nürnberger Novelle", nebst dem Wechselstempelsteuergesetz, sowie allen Ergänzungsgesetzen. Mit ausführl. Sachregister. 4. Aufl. 12. (IV, 90 S.) Stuttgart 894. J. B. Metzler's Verl. Kart. n. — 80

[F.] Allgemeine Deutsche **Wechselordnung**. Allgemeine Wechselordng f. d. k. k. österreich. Staaten. Erläut. v. Dr. Wilhelm Bernstein, Rechtsanw. in Berlin. Lfg 1. *Breslau: E. Morgenstern 1896.* 8. 96. 1333

[F.] Allgemeine Deutsche und Allgemeine Oesterreichische **Wechselordnung**, erläut. v. Dr. Wilhelm Bernstein, Rechtsanw. in Berlin. (In 3 Lfgn.) *Breslau: E. Morgenstern 18(96—)98.* (4 Bl., 430 S., 1 Bl.) 1 Bd 8. [98. 2808

[F.] Allgemeine Deutsche **Wechselordnung**. Text-Ausg. m. Anm. Auf d. Grundlage der v. Dr. S. Borchardt, . . . vf. Ausg. bearb. v. Dr. Ernst Ball, Rechtsanw. am Landger. Berlin 1. 7. verm. u. veränd. Aufl. *Berlin: J. Guttentag 1897.* (285 S.) 1 Bd 8.
= **Sammlung**, Guttentag'sche, Deutscher Reichsgesetze. No 5, 6. 97. 3759

— allgemeine deutsche, m. Einführungsgesetz. Reichsgesetz, betr. die Wechselstempelsteuer. gr. 8. (24 S.) Reutlingen 898. Enßlin & Laiblin. — 30

Wechselordnung. – A l l g e m e i n e Deutsche Wechselordnung und Wechselstempelsteuergesetz erl. durch d. Rechtsprechung d. Reichsgerichts u. d. vormaligen Reichs-Oberhandelsgerichts von Julius Basch, Justizr. in Berlin. 4., verb. Aufl. Berlin: H. W. Müller 1899. (IV, 82 S.) 8°

— dasselbe u. Wechselstempelsteuergesetz, s. a. Meyer's Volksbücher.

Wechselordnung. – Die a l l g e m e i n e deutsche Wechselordnung nebst den Nürnberger Novellen und dem Wechselstempelsteuergesetz. Textausg. mit Einl. über d. Wechselrecht . . ., erläuternden kurzen Noten . . . verbunden mit e. Sachreg. hrsg. v. Dr. Karl Gareis, Prof. zu Königsberg i. Pr. 2. veränd. Aufl. München: C. H. Beck 1899. (IX, 159 S.) 8°

Allgemeine deutsche **Wechselordnung** nebst d. Nürnberger Novellen u. d. Wechselstempelsteuergesetz. Textausg. mit Einl. über d. Wechselrecht samt Formularen u. mit erl. Noten unter Berücks. d. BGB., d. neuen HGB. u. d. Entscheidungen d. obersten Gerichte d. Reiches, verbunden mit e. Sachreg. hrsg. von Dr. Karl Gareis, Prof., Königsberg. 3. veränd. Aufl. *München: C. H. Beck 1901.* (X, 181 S.) 8° [F.] [01. 12056 10

Wechselordnung. – A l l g e m e i n e deutsche Wechselordnung nebst Gesetz betr. die Einführung d. Allgem. deutschen Wechselordnung, der Nürnberger Wechsel-Novellen etc. als Bundesgesetze vom 5. Juni 1869 u. Alphab. Sachreg. Berlin: Deutscher Verl. 1902. (39 S.) 8°
(Kroon, S.: Deutsches Bürgerl. u. Gewerberecht. No 19–21.)

Wechselordnung. – A l l g e m e i n e Deutsche Wechselordnung. Kommentar von Justizr. Dr. J[osef] Stranz, Rechtsanw., Berlin, u. Dr. M[oritz] Stranz, Rechtsanw. am Kammerger. 1. Aufl. d. Neubearb. (8. Aufl. d. Borchardt-Ball'schen Ausg.) Berlin: J. Guttentag 1902. (382 S.) 8°
(Sammlung, Guttentag'sche, Deutscher Reichsgesetze. No 5.)

Allgemeine Deutsche **Wechselordnung** mit Kommentar in Anm. u. der Wechselprozeß nach d. Reichs-Justizgesetzen. Hrsg. von Dr. H[ugo] Rehbein, Reichsger.R. 7., verb. Aufl. *Berlin: H. W. Müller 1904.* (V, 224 S.) 8° [F.] [04 14381

Allgemeine Deutsche **Wechselordnung** und Wechselstempelsteuergesetz. Erl. durch d. Rechtsprechung d. Reichsgerichts u. d. vormaligen Reichs-Oberhandelsgerichts von Julius Basch, Justizr. 5., verb. Aufl. Berlin: H. W. Müller 1905. (IV, 83 S.) 8° [F.] [07. 6371 11

Allgemeine Deutsche **Wechselordnung**. Kommentar von Justizr. Dr. J[osef] Stranz, Rechtsanw., Berlin, u. Dr. M[oritz] Stranz, Rechtsanw. am Kammerger. 9. Aufl. 2. Aufl. d. Neubearb. Berlin: J. Guttentag 1906. (382 S.) 8° [F.]
= **Sammlung**, Guttentag'sche, Deutscher Reichsgesetze. No 5. [.6. 07.6

Wechselordnung. – [A l l g e m e i n e deutsche] Wechselordnung und Wechselstempelsteuergesetz in der vom 1. Oktober 1908 ab geltenden Fassung. Erl. durch d. Rechtsprechung d. Reichsgerichts u. des vormaligen Reich-Oberhandelsgerichts von Julius Basch, Just.R. 6., verb. Aufl. Berlin: H. W. Müller 1908. 81 S. 8°

Die [Allgemeine Deutsche] **Wechselordnung** in der vom 1. Oktober 1908 an geltenden Fassung. Erl. durch d. Rechtsprechung von Dr. Max Rosenthal, Landrichter. Mit e. Anh. enth. d. Wechselprotestgesetz nebst Begründung, d. Scheckgesetz u. d. Wechselstempelsteuergesetz. Leipzig: Roßberg 1908. VIII, 171 S. 8°
(Juristische Handbibliothek. Bd 195.) A 12. 3697

Wechselordnung. – [A l l g e m e i n e deutsche] Wechselordnung in der Fassung der Bekanntmachung vom 3. Juni 1908. Kommentar von Justizrat Dr. J[osef] Stranz u. Dr. M[oritz] Stranz. 10. Aufl. 3. Aufl. d. Neubearb. Berlin: Guttentag 1909. 436 S. 8°
(Guttentag'sche Sammlung deutscher Reichsgesetze. Nr. 5.)

—— allgemeine, vom 25. Jänner 1850 für das Kaiserthum Oesterreich, sammt den dazu gehörigen, sowie den das Verfahren in Wechselsachen und die von Wechseln zu entrichtenden Gebühren betr. Gesetzen und Verordnungen. Amtl. Handausg. 2. nach dem gegenwärt. Stande der Gesetzgebung bearb. Aufl. 16. Wien 869, k. k. Hof- und Staatsdruckerei. *

Wechselordnung, Die allgemeine schweizerische. O. O. [1862]. V: *Orelli, Alois v.* (Cat. d. Stadtbibl. Zürich. Zürich 1864—97.)

Wechselordnung vom Jahre 1681, die in der Stadt Altona geltende, s. Voß, Advocat, ...

Wechselordnung, für den Kanton Bern, wie dieselbe am 3. Wintermonat 1859 vom Großen Rathe für den alten Kantonstheil als Gesetz angenommen u. auf 1. Jan. 1860 in Kraft erklärt worden. Bern 867. Jenni. gr. 8. (24 S.) 6 ngr.

Wechselordnung der freien Hansestadt Bremen, nebst den die Einführung derselben betreffenden Vorschriften. 8. Bremen 843, Schünemann. n. 1/6 ₰

— die, der freien Hansestadt Bremen nebst den die Einführung derselben betreff. Vorschriften. Herausgeg. u. mit erläut. Anmerkungen begleitet v. Geo. Wlh. Albers. gr. 8. Ebend. 844. 1/2 ₰

„Der Stadt Bresslau Kayser- und Königlich confirmirte Neue Wechsel-Ordnung de anno 1716", Breslau 1716. — Vorh.: Bücherei der Industrie- und Handelskammer Leipzig.

„Wechselordnung der Stadt Danzig aus Schluss sämmtlicher Ordnungen, publicirt den 8. Martii anno 1701. Neuaufgelegt anno 1810, Danzig". — Vorh.: Bibl. des Reichsbankdirektoriums Berlin.

Wechselordnung, die deutsche, insbesondere das Wechselprotest-Verfahren und das Wechselstempelgesetz. 8. (48 S.) Berlin 879, Nauck und Comp. *
Aus: Bureau-Blatt für gerichtliche Beamte, besonders abgedruckt.

„Erneuerte und vermehrte Wechselordnung der des heil. Röm. Reichs freyen Stadt Augsburg" (Augsburg) 1778. — Vorh.: Com. Bibl. Hamburg und Bücherei der Industrie- und Handelskammer Leipzig.

Wechselordnung, Erneuerte, wornach in dem Königreich Preussen, den Chur- und allen übrigen ... Landen ... verfahren werden soll. Berlin 1751. H: *Cocceji, Samuel Freih. von.* (ML)

„Erneuerte Wechselordnung, wornach in dem Königreich Preußen, denen Kur- und allen übrigen im Reiche belegenen Landen, wie auch in dem souverainen Herzogthum Schlesien und der Grafschaft Glatz gegangen und verfahren werden soll", d. d. Berlin, den 30. Januar 1751. Breslau 1751. fol. — Vorh.: Com. Bibl. Hamburg.

Wechselordnung in der Fassung der Bekanntmachung vom 3. VI. 1908 (RGBl. S. 326 ff.) m. e. Anh., enth. den Wechselprozeß u. die Ausführungsanweisg. Text-Ausg. ohne Anmerkgn. m. Sachregister. (79 S.) 16. Berlin 908. J. Guttentag. Geb. in Leinw. 1.—

— **dasselbe** nebst e. das Wechselprozeßrecht enth. Anh. Textausg. m. Einleitg. u. ausführl. Sachregister. (76 S.) 16. Berlin 908. F. Vahlen. Geb. in Leinw. 1.—

— **dasselbe** u. Scheckgesetz vom 11. III. 1908. Mit ausführl. Sachregister. (Deutsche Reichsgesetze.) (III, 50 S.) kl. 8. Breslau 908. J. U. Kern. —50

Wechselordnung in der Fassung des Reichsgesetzes, betr. die Erleichterung des Wechselprotestes, vom 30. Mai 1908 u. d. Bekanntmachung d. Reichskanzlers v. 3. Juni 1908. Textausg. mit Erl., Musterbeisp. u. Sachreg. von Richard Weyl. Leipzig: Hirschfeld 1909. VIII, 185 S. 8°
(Sammlung deutscher Reichs- u. Landesgesetze m. Erl.) [II. 11541 8

Wechselordning for die Stadt Flensburg. Vexelanordning for Staden Flensborg. Wyck auf Fohr, den 17. August 1843. Kopenhagen. (1843.) 4°.

Frankreichs neue Wechsel-Ordn., nach d. beygedruckten Gesetztexte d. offic. Ausg. übers.; m. Einleit., erläut. Anmerkk. u. Beilagen v. K. F. W. Grattenauer. (*Leipz.*, Mittler. 808.) Neue Ausg. *Berlin*, Amelang. 812. gr. 8. (16 Gr.)

Wechselordnung, die französische, vergl. mit den Wechselordnungen Bremens u. Hamburgs 2c., s.a. Bergk. Th.

Die franz. Wechsel-Ordn. vergl. m. d. Wechsel-Ordn. Bremens u. Hamburgs; nebst e. histor. dogm. Einleit. hrsg. v. Thdr. Bergk u. (Dt.) Meier. *Bremen*, Heyse. 811. 8. (12 Gr.)

„Güllch- und Bergische Wechsel-Ordnung", Düsseldorf 1736. — Vorh.: Bücherei der Industrie- und Handelskammer Leipzig.

— **vom 23. Juli 1822 f. das Königreich Hannover**, mit Ausnahme derjenigen Landestheile, für welche das allgem. preuß. Landrecht gilt. gr. 8. Lüneburg 824. Herold u. W. 4 ggr.

— für das Herzogthum Holstein. gr. 8. (32 S.) Altona 858, Wendeborn'sche Buchh. *

— **der Stadt Leipzig**, mit Anmerkk. u. Beilagen von J. L. E. Püttmann. gr. 4. Leipz. 787. (Brockhaus). 20 ggr.

Püttmann, Josias Ludwig Ernst: „Die Leipziger Wechselordnung, mit Anmerkungen und Beilagen", Leipzig 1787 (Heinsius). — Vorh.: Bibl. des Oberlandesgerichts Celle — Lc. 215 — des Reichsbankdirektoriums Berlin, der Industrie- und Handelskammer Leipzig und Com. Bibl. Hamburg.

Wechsel- und Merkantil-Ordnung der Freien Stadt Frankfurt. Offizielle Ausg. Frankfurt a. M.: Krug 1845.
[Nebentit.:] Die Frankfurter **Wechselordnung**, wie sie sich durch das Gesetz vom 12. Nov. 1844 gestaltet hat.

Wechsel- u. Merkantil-Ordnung der freien Stadt Frankfurt. Offizielle Ausgabe. gr. 8. Frankfurt a/M. 845. (Varrentrapp's Sort.-Buchh.) baar 1/12 rf

— **neue Anhalt-Cöthensche.** 4. Cöthen 802. Aue. 6 ggr.

— **die neue, erläutert durch die Vorträge des Hrn. M. v. Stubenrauch im nieder-österreich. Gewerbvereine.** Aufgezeichnet vom ersten österreich. Stenographen-Bureau. gr. 8. (VII und 112 S.) Wien 850, (Seidel.) *

— **neue französische**, ausgezog. aus dem Handlungs-Coder. gr. 8. Coblenz 808. Pauli. 2 ggr.

— **neue**, m. dem Gesetz betr. Erleichterung des Wechselprotestes, gültig ab 1. X. 1908, nebst Scheckgesetz, gültig ab 1. IV. 1908 u. Postscheckgesetz, gültig ab 1. I. 1909. (64 S.) 16. Berlin (908). L. Schwarz & Co. 1.20

— **königl. preußische.** 4. Berl. 772. Maurer. 4 ggr.

Provisorische **Wechselordnung** für das Herzogthum Holstein. Frederiksborg, den 25. März 1853. Kopenhagen. 1853. 4°.

„Eines Wol-Edlen Hochweisen Raths der Stadt Bremen Wechsel-Ordnung", Bremen 1712. — Dieselbe, 1831. — Beide vorh.: Com. Bibl. Hamburg.

— **fürstl. Reuß-Plauensche, ältere Linie.** 4. Greiz 820. Henning. 9 ggr.

— **russische**, nach der Ausgabe d. Sswod Sakonow vom J. 1857 nebst deren Ergänzungen. Rev. u. m. Anmerkgn. versehen v. M. Nachmann. gr. 8. (24 S.) St. Petersburg 873. Röttger. — 75

Die russische **Wechselordnung** [Ustav o vekseljach] vom 27. Mai (9. Juni) 1902. Aus d. Russ. übers. von Friedrich Nicolaus. *Leipzig: R. Hartmann 1902.* (VII, 43 S.) 8° [?]

— **die russische, vom 27. V. (9. VI. 1902).** Aus dem Russ. übers. von Frdr. Nicolaus. gr. 8. (VII, 43 S.) St. Petersburg 902. Eggers & Co. n. 1.—

— **russische.** Allerhöchst bestätigt am 27. V./9. VI. 1902. Uebersetzt u. erläutert von H. Keßner u. Neubecker. (VIII, 86 S.) gr. 8. Stuttgart 903. F. Enke. n. 2.40
Erweit. Sonderabdruck aus: „Goldschmidt's Ztschr. f. das ges. Handelsrecht".

„Fürstlich Sächsisch-Altenburgische neue Wechsel-Ordnung anno 1750", Altenburg 1750. — Vorh.: Bücherei der Industrie- und Handelskammer Leipzig.

— **Scheckgesetz u. Nebengesetze**, s.a. Sammlung deutscher Gesetze.

Wechselordnung, Scheckgesetz und Nebengesetze. Textausgabe mit Sachregister. Mannheim und Leipzig 1909.

— **die, nebst dem Scheckgesetz u. dem Wechselstempelsteuergesetz**, s.: Handbibliothek, juristische.

— **Schwedische.** 4. Berlin, Mylius. 749.

— Stämpel u. Gebühren in Wechselsachen. Gesetze üb. d. Börsen u. d. Handelsmäkler. Statuten der Börsen in Wien, Prag, Triest, Graz, Linz u. Czernowitz. Usancen d. Wiener Börse u. d. Börse f. landwirthschaftl. Producte in Wien. Gesetze üb. d. Promessen- u. Ratengeschäft m. Losen, s.: Gesetze, österreich., 11. Bd., II. Abt.

—— Verfahren in Wechselsachen ꝛc., s. a. Gesetze, österreichische.

Wechselordnung. Verfahren in Wechselsachen. Börseordnung. Gesetz für Waarenbörsen und Waarensensale. Gesetz über das Vergleichsverfahren. Mit allen nachträglichen Verordnungen und mit alphabetischem Register. kl. 8. (IV u. 119 S.) Wien, F. Manz 1860. 30 kr.
(Taschenausg. der österr. Gesetze Nr. 3.)

—— Verfahren in Wechselsachen, Börseordnung, Gesetz für Waarenbörsen und Waarensensale, Gesetze über die Promessengeschäfte und über das Ausgleichsverfahren. Mit allen nachträgl. Verordnungen und mit alphabet. Register. Neuer Abdr., ergänzt bis Mitte Novbr. 1866. 8. (IV und 134 S.) Wien 867, Manz' Verlag. *

—— Verfahren in Wechselsachen, die Wechselordnung und das Wechselverfahren in Ungarn, Börsenordnung, Gesetz für Waarenbörsen und Waaren-Sensale, Gesetz über die Promessengeschäfte. Mit allen nachträgl. Verordnungen und alphabet. Register. 4. Abdr., ergänzt bis Ende Aug. 1870. gr. 16. (VIII, 192 S.) Wien 870, Manz. *

— Verfahren in Wechselsachen, die Wechselordnung u. das Wechselverfahren in Ungarn, Börseordnung, Gesetz f. Waarenbörsen u. Waarensensale, Gesetz üb. die Promessengeschäfte. Mit allen nachträgl. Verordngn., den grundsätzl. Entscheidgn. d. obersten Gerichtshofes u. m. alphabet. Register. 5. Abdr., ergänzt bis Ende Mai 1874. 8. (VIII, 196 S.) Wien 874. Manz. n. 1. 50

— und Vorschrift über die Wechselstempelsteuer. (Gareis Rges. 240-42) Giessen 1898

Wechselordnung nebst Wechselprozeß und Wechselstempelgesetz sowie Ausführungsverordnungen erl. von Dr. Alfred Korn, Just.R. Berlin: Vahlen 1909. VIII, 216 S. 8°

—— Wechselstämpel. Gesetze über die Börsen und die Handelsmäkler. Börsenordnungen für Wien, Prag und Triest. Gesetz über die Promessengeschäfte. Mit allen nachträgl. Verordnungen, den grundsätzl. Entscheidungen des Obersten Gerichtshofes und mit alphabet. und chronolog. Register. 6. Abdr. (VI, 196 S.) 1876; 7. ergänzte und verm. Aufl. 8. (VI, 195 S.) Wien 878, Manz'sche Hofbuchh. *

—— Wechselstämpel. Gesetze über die Börsen- und Handelsmäkler. Börseordnungen für Wien, Prag und Triest. Gesetz über die Promessengeschäfte. Mit allen nachträgl. Verordnungen, den grundsätzl. Entscheidungen des obersten Gerichtshofes und mit alphabet. und chronolog. Register. 8. verm. Aufl. 8. (VI, 200 S.) Wien 880, Manz'sche Hofverlagsb. *
—— dass. — Gesetze über die Börsen- und Handelsmäkler. Börseordnungen für Wien, Prag und Triest, dann für die Frucht- und Mehlbörse in Wien. Gesetz über die Promessengeschäfte. Mit allen nachträgl. Verordnungen, den grundsätzl. Entscheidungen des obersten Gerichtshofes, den Kundmachungen der Wiener Börsenkammer und mit alphabet. und chronolog. Register. 9. verm. Aufl. 8. (VII, 258 S.) Ebendas. 881. *

Wechselordnung und Wechselstempelgesetz nebst d. Ausführungsbestimmungen u. Bekanntmachungen d. Reichskanzlers. Textausg. mit Einl., einem d. Wechselprozeßrecht enthaltenden Anh. u. ausführl. Sachreg. 2. Aufl. Berlin: Vahlen 1909. 138 S. 8°

— u. das Wechselstempelgesetz vom 15. VII. 1909 nebst den Ausführungsbestimmungen u. Bekanntmachungen des Reichskanzlers. Textausg. m. Einleitgn., e. das Wechselprozeßrecht enth. Anh. u. ausführl. Sachregister. 3. Aufl. (130 S.) 16. Berlin 909. F. Vahlen. Geb. in Leinw. 1. 20

„Wechsel-Ordnung, wornach in den fürstlich anhaltischen alt- und neucöthnischen Landen gegangen und verfahren werden soll", Cöthen 1802. — Vorh.: Com. Bibl. Hamburg.

Wechselpatent, Sr. Kurfürstl. Durchl., d. erneuerte u. verbeß. Wechselordnung f. d. kurfürstl. Baierischen, Oberpfälz., Neuburg-Sulzbachischen Länder u. die dazu gehörigen auswärtigen Herrschaften betreff., dann auch Wechsel- u. Merkantilgerichtsordnung. 1r—3r Instanz. 8. Münch. 786. Lentner. 6 gr. bei J. Lindauer 8 gr. N. Aufl. 8. Ebd. 821. (Jaquet). 3 gr.

Wechsel-Protest-Register des Rechtsanwalts und Notarius ..... Fol. (IV und 380 lithogr. S.) Berlin 854, C. Heymann. *

Wechsel-Prozeß, der preußische. Eine vollständige und geordnete Zusammenstellung aller auf den Wechsel-Prozeß und dessen Verfahren bezügl. Gesetze, Entscheidungen des Ober-Tribunals und Ansichten anderer bedeutenden Gerichtshöfe über wichtige Prinzipienfragen so wie der bezügl. Stempel-Gesetze. Ein nützl. Handbuch für Justiz-Beamte so wie für Kauf- und Geschäftsleute. Von C. Rogan. gr. 8. (V und 52 S.) Berlin 853, Hayn.

Wechselrechnung, erleichterte, in 400 Tabellen 8. Leipzig. 749.

* Erleichterte und fertige Wechselrechnung nach dem Auf- und Absteigen des Cours von Teutschland nach Holland, und wieder von Holland nach Teutschland etc. Neuwied bey Joh. Balth. Haupt. 1749. 13 B. 8.

Wechselrecht, Das —. Die Handelswissenschaft und die Theorie der Buchhaltung. 8. (4 Blätter, 64 S., 32 S. und 56 S.) Hermannstadt. Gedruckt bei Jos. Drotleff. 1854.

Wechselrecht, Das. Ausführliche und leichtverständliche Zusammenstellung und Besprechung der Bestimmungen der Allgemeinen deutschen Wechselordnung. Darstellung des Wechselprozesses und dazu gehöriger Klageformulare . . . Berlin 1878. V: *Kaiser, W.* (I-B)

Wechselrecht, das. Ausführliche und leicht verständliche Zusammenstellung und Besprechung der Bestimmungen der Allgemeinen Deutschen Wechsel-Ordnung, unter Berücksicht. der durch die Entscheidungen des Reichs-Ober-Handelsgerichts geschaffenen Rechts-Grundsätze. Darstellung des Wechselprocesses und dazu gehör. Klage- und sonst. Formulare. Von einem prakt. Juristen. gr. 16. (VIII, 126 S.) Berlin 878, Liebau. cart. *
Aus: Der Rechtsanwalt im Hause, besonders abgedruckt.

— d., nach Sächs., Preuß. u. Napoleonischen Gesetzen, in Parallele gestellt u. geordnet, herausg. v. e. prakt. Rechtsgelehrten. 4. Leipz. 808. Baumgärtner. 1 ₰ 8 gr.

Wechselrecht, das königl. hannöversche, in alphabet. Ordnung, nebst Erklärungen der bei Wechselgeschäften gebräuchl. Kunstausdrücke u. Erläuterungen einiger zweifelhafter Fälle, v. F. W. v. Bodungen. gr. 8. Lüneb. 824. Herold u. W. 16 gr.

Wechselrecht, das heutige preußische, die Handelsbillets u. kaufmänn. Assignationen. Nebst 2 Anhängen, enthalt.: das in Naumburg geltende Wechselrecht u. den Wechselproceß. Ein Handbuch f. Juristen u. alle Diejenigen, welche Wechselgeschäfte treiben, hauptsächl. f. Kaufleute. Herg. v. e. prakt. Juristen. gr. 8. (11½ B.) Magdeburg 842, [Baensch.]

Wechselrecht, das heutige Preußische, die Handelsbillets u. kaufmänn. Assignationen. Nebst 2 Anhängen, enthaltend: das in Naumburg geltende Wechselrecht u. d. Wechselproceß. Ein Handbuch für Juristen u. alle Diejenigen, welche Wechselgeschäfte treiben, hauptsächlich für Kaufleute. Herausgeg. von einem prakt. Juristen. gr. 8. Magdeburg 842, Schmilinsky. 1 ₰

Wechselrecht des Königr. der Niederlande. Wörtl. Uebersetzung der betreff. Bestimmungen des holländ. Handelsgesetzbuchs. Hrsg. von Napoleon Weinhagen. 8. (31 S.) Wesel 847, Bagel.

Wechselrecht, das preußische. Eine Zusammenstellung der über dasselbe geltenden Gesetze nebst allen ergänz. und erläut. Bestimmungen, Ober-Tribunals-Beschlüssen und Präjudizien rc. bis auf die neueste Zeit. Für Juristen und Geschäftsleute. Von A. Heckert. 8. (75 S.) Berlin 853, Hempel. *

— königl. preußisches. 4. Berl. 784.... 2 ɣ

„Königlich preussisches verbessertes und allgemeines Wechsel-Recht, wornach in den Kur- und allen übrigen im Reiche belegenen Landen gegangen werden soll", de dato Berlin, den 25. Sept. 1724, Berlin (1724). — Vorh.: Bibl. des Oberlandesgerichts Celle — (4 an Cd. 133) — und Com. Bibl. Hamburg.

Verbessertes und allgemeines Königl. Preußisches **Wechsel-Recht,** wornach in der Chur- u. allen übrigen im Reich belegenen Landen gegangen werden soll. [Dat.:] Berlin, den 25. Sept. 1724. Berlin (1724).

„Wechsel-Recht, welches Seine Königl. Majestät in Preussen in dero Chur- und Marck-Brandenburg observiret und worüber Sie mit allem Ernst und Nachdruck gehalten wissen wollen . . .", Cüstrin (1702). — Vorh.: Bibl. des Oberlandesgerichts Celle — (4 an La. 165) — und Com. Bibl. Hamburg.

„Wechsel-Recht, welches Seine Königl. Majestät in Preussen in dero Hertzogthum Magdeburg observiret und worüber Sie mit allem Ernst und Nachdruck gehalten wissen wollen . . . . Auf Königl. Allergnädigsten Befehl publiciret", Halle in Magdeburg 1705. — Vorh.: Bücherei der Industrie- u. Handelskammer Leipzig.

Wechselresolvierungs-Tabelle n.d. deutschen Reichsmunzsystem. Weingarten 1878

Wechsel-Responsa, Frankfurtische, welche von hiesiger hochlöbl. Juristen-Facultät . . . ertheilet worden. Frankfurt a. O. 1749—50. H: *Uhl, Johann Ludwig.* (CBH) (schz)

Wechsel-Responsa, der Juristenfacultät zu Frankfurt a. d. O., zusammengetragen u. herausg. v. J. L. Uhl. 2 Sammll. 4. Frankf. a. d. O. 749—51. (Academ. Buchh.) 1 ₰ 8 ɣ

Wechselsensal, oder Beschreibung der Wechselpreise d. Uso, des Gold- u. Silbergewichts d. vornehmsten Handelsplätze. 8. Winterth. 783. Steiner. 8 ɣ

WECHSELSPIEL, Das, oder die Rache einer Acrobatin. (4 Mk., eine böhm. Firma, 1901.)

Wechselstempelgesetz vom 4. III. 1909 nebst Ausführungsbestimmungen. Hrsg. im Reichsschatzamte. (29 S.) gr. 8. Berlin 909. C. Heymann. — 50

Wechselstempelgesetz v. 15. Juli 1909
s. a. Gesetz wegen Änderung d. Wechselstempelgesetzes [09. 15...]

— vom 15. VII. 1909 nebst Ausführungsbestimmungen. Hrsg. im Reichsschatzamte. (31 S.) gr. 8. Ebd. 909. — 50

— das neue, vom 15. VII. 1909 m. Ausführungsbestimmungen, nebst dem Reichsstempelgesetz vom 15. VII. 1909 enth.: Scheck- u. Quittungssteuer, Börsensteuer, Totalisator- u. Lotteriesteuer, Frachturkundensteuer, Fahrkartensteuer, Kraftfahrzeugsteuer, Tantiemesteuer, Grundstücksübertraggn. (100 S.) 16. Berlin (909). L. Schwarz & Co. 1.10

Wechsel-Stempelgesetz, das, d. deutschen Reiches. Mit der Ausführungs-Verordng. vom 13. Decbr. 1869 u. der Bekanntmachg. vom 11. Juli 1873, betr. die Verwendg. der Stempelmarken. 2. Aufl. 8. (16 S.) Hamburg 873. Jowien. n. — 45

„Die Wechselstempel-Gesetze in den preussischen Staaten . . .", zusammengestellt und mit Anmerkungen versehen von C. W. F. Grattenauer, Breslau 1818. — Vorh.: Com. Bibl. Hamburg.

Wechselstempelsteuer-Gesetz vom 10. Juni 1869. Nebst der Bekanntmachung des Reichskanzlers zur Ausführung des Gesetzes, betr. die Wechselstempel-Steuer vom 23. Juni 1871. 16. (32 S.) Bremen 871, Kühtmann und Comp. *

Wechselstempelsteuergesetz nebst Ausführungsbestimmungen. gr. 8. (23 S.) Berlin 901. (C. Heymann.) — 30

— deutsches, nebst den Wechselstempeltarifen u. s. w. gr. 16. (35 S.) Würzburg 871. Stahel. n. — 40

Wechselstempelsteuer-Gesetz, das, für das Deutsche Reich. Mit dem neuen Tarife vom 4. Juni 1879. gr. 8. (15 S.) Berlin 879, Latte. *

Wechselstempelsteuer-Gesetzgebung, die, im Deutschen Reich. gr. 8. (24 S.) Berlin 876. v. Decker. — 30

Wechselstempelsteuer-Tarif. 4. Berlin 879, Latte. *
Auf Pappe *

— der deutsche, nach dem Gesetze vom 4. Juni 1879. Tabelle in Fol. München 879. Franz. Aufgezogen auf Pappe. n. — 40

— deutscher. Giltig vom 1. Juli 1879 ab. [Mit erläut. Bemerkungen.] Tabelle in Fol. Eßlingen 879. Langguth's Buchdr. — 20

Wechselstempelsteuer-Tarif, der, für die Staaten des norddeutschen Bundes. Gültig vom 1. Janr. 1870 an. Minden 870. Volkening's Buchh. 4. 1 ngr.

Wechselstempelsteuer-Tarif in Thaler u. Gulden. 2. Aufl. qu. 4. (1 Bl.) Stuttgart 871. Lubrecht. — 20; aufgez. — 30

Wechsel-Stempel-Tabelle. gr. Fol. (2 S.) Augsburg 871. Lampart & Co. — 20; aufgez. — 40

Wechselstempel-Tabelle, neue, nach dem mit dem 1. Juli 1879 in Kraft tretenden Gesetze vom 4. Juni 1879. 1.—5. Aufl. Fol. Aschersleben 879, Schlegel's Verlag. *

Wechsel-Stempeltarif, deutscher. schmal-Fol. (1 Bl. auf Carton.) Neu-Ulm 876. Helb's Sort. n. — 20

— deutscher. Giltig vom 1. Juli 1879 ab. Tabelle. 4. Würzburg 879, Stahel'sche Buchh.

— neuer deutscher, nach Reichswährung für in- und ausländische Valuten. qu. gr. Fol. Danzig 876, Anhuth Sep.-Conto.

Wechsel-Stempel-Tarif, norddeutscher. [§ 2. und 3. des Bundes-Gesetzes vom 10. Juni 1869, betr. die Wechsel-Stempel-Steuer im norddeutschen Bunde.] gr. Fol. Berlin 870, v. Decker'sche Geh. Ober-Hofbuchdr. *

— preußischer, für fremde Valuten. [Aus den Kommentar zu den königl. preuß. Stempel-Gesetzen von Schmidt u. Hillgenberg.] Berlin 869. Nicolai's Verl. gr. Fol. 2½ ngr.

Wechsel-Stempel-Tarif für das Deutsche Reich. Gültig vom 1. Decbr. 1879 ab. Tabelle auf Carton. qu. Fol. Berlin 879, v. Decker's Verlag. Auf Schreibpap. Als Plakat auf Carton

Wechselstromtechnik, die. Hrsg. v. E. Arnold. 1. Bd. gr. 8. Berlin 902. J. Springer. Geb. in Leinw. n. 12.— Theorie der Wechselströme u. Transformatoren. Von J. L. La Cour. Mit 268 in den Text gedr. Fig. (XI, 425 S.)

Wechselstromtechnik, die. Hrsg. v. E. Arnold. 2. bis 4. Bd. gr. 8. Berlin, J. Springer. Geb. in Leinw. n. 44. —
2. Die Transformatoren. Ihre Theorie, Konstruktion, Berechnung u. Arbeitsweise. Von E. Arnold u. J. L. la Cour. Mit 335 in den Text gedr. Fig. u. 3 Taf. (X, 370 S.) 904. n. 12. —
3. Die Wicklungen der Wechselstrommaschinen. Von E. Arnold. Mit 426 in den Text gedr. Fig. (IX, 366 S.) 904. n. 12. —
4. Die synchronen Wechselstrommaschinen. Generatoren, Motoren u. Umformer. Ihre Theorie, Konstruktion, Berechnung u. Arbeitsweise. Von E. Arnold u. J. L. la Cour. Mit 514 in den Text gedr. Fig. u. 13 Taf. (XVIII, 812 S.) 904. n. 20 —

Wechselstromtechnik, die. Hrsg. v. E. Arnold. 5. Bd. I. Tl. gr. 8. Berlin, J. Springer. Geb. in Leinw. 18. —
5, I. Die asynchronen Wechselstrommaschinen. Von E. Arnold u. J. L. La Cour. I. Tl. Die Induktionsmaschinen. Ihre Theorie, Berechng., Konstruktion u. Arbeitsweise. Unter Mitarbeit v. A. Fraenckel. Mit 307 in den Text gedr. Fig. u. 10 Taf. (XVI, 601 u. 11 S.) 909.

Wechselstromtechnik, die. Hrsg. v. E. Arnold. 2., vollständig umgearb. Aufl. (In 5 Bdn.) 1. u. 2. Bd. gr. 8. Berlin, J. Springer. Geb. in Leinw. 40. —
1. Theorie der Wechselströme. Von J. L. la Cour u. O. S. Bragstadt. (XIII, 922 S. m. 591 Fig.) 910. Geb. in Leinw. 24. —
2. Die Transformatoren. Ihre Theorie, Konstruktion, Berechng. u. Arbeitsweise. Von E. Arnold u. J. L. la Cour. (XI, 450 S. m. 443 Fig. u. 6 Taf.) 910. Geb. in Leinw. 16.

Wechselstube, die. Red.: Karl Spitzer. 4. Jahrg. 1869. 52 Nrn. (Bgn.) Wien. (Leipzig, Händel.) Fol. n.n. 2 ℛ 20 ngr.

Wechsel-Tabellen, Bequeme, von verschiedenen auswärtigen Wechselwährungen . . . Leipzig 1773. V: *Enderlin, Hieron. Herk.* (BrMm)

Wechselverfalltabelle auf die gewöhnlichsten Sichten berechnet . . . Leipzig 1807. V: *Wagner, Johann Andreas.* (Ky) (MGT)

Wechsel-Verfahren in Wechselsachen ıc., s. Gesetze, österreichische.

Wechselverfalltabelle, auf die gewöhnlichen Sichten berechnet, nebst e. Regel z. Berechnung d. Interessen jedweder Capitalsumme, nach Monaten u. Tagen, (v. J. A. Wagner). 4. Leipz. 807. Sommer. 8 Gr. 2e A., s. Jh. Andr. Wagner.

Wechselverhältnisse zwischen Riga und den hauptsächlichsten Seestädten . . . Riga 1818. V: *Tiling, Heinrich Friedrich Adolph.* (R-N)

Wechselverkehr, der, u. die Wechselformulare. Ein prakt. Handbuch f. Kaufleute u. solche, die es werden wollen. gr. 8. (24 S. m. 12 Formularen.) Berlin 900. [L. Zolki.] Dresden, F. Jacobi. n. 1. —

Wechselwirkung zwischen Schule und Haus. 6 S. Feldkirch, Progr. 1850.

Wechselzöten und Versetzungsziffern an höheren Lehranstalten in Breslau. Statist. Beitrag z. Frage d. Versetzungsordnung, bearb. v. Statist. Amt. (Breslau [1910]: Bresl. Genossensch.-Buchdr.) 29 S. 8° [Kopft.]
Aus: Breslauer Statistik. Bd 29, H. 3. [11. 9252 B

Wechsler, A.: Zur Kenntnis des Resacetophenons. S. 103. IIb. 181.
Separatabdruck

Wechsler, Abf., Lichtstrahlen aus Schiller's Werken. 8. (190 S.) Leipzig 890. (Opetz.) n. 1. —

Wechsler, Albr., Hülfs-Tabellen für die Berechnung eiserner Träger, s. Stöckl, C.

Wechsler, Alfred [wirkl. Name]
s. Fred, W. [Pseud.] [11. 19001 11

Wechsler, Bernh., die Auswanderer. Ein Vortrag, gehalten im Verein für Volksbildung zu Oldenburg am 20. December 1846. gr. 8. (30 S.) Oldenburg 847, Stalling. ⅛ ℛ

Wechsler, B., der Beruf des Rabbiners. Predigt, gehalten bei der von seiner Gemeinde veranstalteten Feier seines 25jähr. Amtsjubiläums. gr. 8. (8 S.) Oldenburg 862, Schulze'sche Buchh.

Wechsler, Bernh., das Bild des edlen Weibes. Predigt zum Gedächtnisse d. verewigten Großherzogin Cäcilie von Oldenburg, geb. Prinzessin von Schweden, Königl. Hoheit, gehalten den 10. Febr. 1844 im hiesigen israelit. Gotteshause. Nebst e. Anhange. gr. 8. Oldenburg 844, Sonnenberg. ⅙ ℛ

Wechsler, Bernh., die Einweihung des neuen Gotteshauses der israelitischen Gemeinde zu Oldenburg. gr. 8. (16 S.) Oldenburg 855, Stalling.

Wechsler, B., Mallet und die Juden. Einige Noten zum Texte einer Predigt. gr. 8. (16 S.) Hamburg 858, J. P. F. E. Richter.

—— die Merkmale eines guten Namens. Gedächtnißrede zum Andenken an Se. k. Hoh. den verewigten Paul Friedrich August, Großherzog von Oldenburg. Gehalten Sonnabend den 12. März 1853 im israelit. Gotteshause zu Oldenburg. gr. 8. (15 S.) Oldenburg 853, Schulze'sche Buchh.

— drei Predigten, gehalten an den jüdischen hohen Festtagen des verflossenen Jahres in der Synagoge zu Oldenburg. Oldenburg 854. Schulze. 8. (IV, 37 S.) 6 ngr.

—— drei Reden, gehalten bei seinem Austritte aus d. Fürstenth. Birkenfeld u. beim Antritte seines Amtes im Herzogth. Oldenburg. gr. 8. (2⅛ B.) Oldenburg 842, Schulze'sche Buchh.

—— über jüdische Schul- u. Lehrer-Verhältnisse. Ein Vortrag gehalt. im Vereine z. Beförderung d. Volksbildung in Oldenburg, am 26. April 1846. gr. 8. (1¼ B.) Oldenburg 846, Stalling.

Wechsleri, Chr. Fridr., diss. de genio vniuscuiusque proprio. Lips. 732. 4.

Wechsler, Christian Friedrich [Praes.], s. Meisner, Bernhard Hieronymus: De genio praeside unicuique proprio.

Wechsler, Elkan, aus London: Über **Beziehungen** zwischen Nitroso- und Diazo-Verbindungen und über Diazoäther. *Leipzig 1902: (Leipz. Tagebl.).* (29 S.) 8°
Würzburg, Phil. Diss. v. 1902

Wechsler, Emil. Festschrift des Stadt-Turnvereins Schaffhausen zum 75jährigen Jubiläum, 1835—1910. Bearb. von E' W'. [Mit 10 Tafeln.] VI + 117 S. 8. Schaffhausen, H. Meier & Cie., 1910. [fr. 1.—]

Wechsler, Emil. Soldatenlieder von einem 74er ⟨E' W'⟩. Erschienen in der «Thurgauer-Zeitung» während der Manöver des dritten Armeekorps im Jahre 1908. 15 S. 8. Frauenfeld, Huber & Co. [fr. —.30]

Wechsler, Ernst, Berliner Autoren. 8. (VIII, 323 S.) Leipzig 891. W. Friedrich. n. 5.—; geb. n.n. 6.—

—— Wiener Autoren. 8. (VIII, 210 S.) Ebendas. 888. *

Wechsler, Ernst, der Festzug des Lebens. Poetische Spiegelbilder. 8. (IV, 74 S.) Graz 880, Verlagsh. „Leykam". *

— Karl Frenzel, s.: Litteratur, die moderne, in biographischen Einzel-Darstellungen.

Wechsler, E., Gespenster im Sonnenschein. Merkwürdige Alltagsgeschichten. 8. (VII, 268 S.) Leipzig 889. Friedrich. n. 3.—

— Heimatszauber u. andere Novellen. 8. (V, 330 S. m. Bildnis.) Leipzig 893. W. Friedrich. n. 4.—

Wechsler, Ernst, der unsterbliche Mensch. Eine materialist. Dichtg in 5 Gesängen. [Frei nach e. Sage üb. Moses Maimonides.] 8. (IV, 120 S.) Wien 884. Konegen. n 2.—

— der unsterbliche Mensch. Eine Dichtg. in 5 Gesängen. [Frei nach e. Sage üb. Moses Maimonides.] 2. Aufl. 8. (V, 120 S.) Ebd. 890. n. 2.—

Wechsler, Ernst, Orgien und Andachten. Dichtungen. 12. (XI, 141 S.) Leipzig 886, Friedrich. *ℳ 2.—; geb. *

Wechsler, G. W. A.

— Charakter des Protestantismus. Zweiter Beitrag zur Geschichte des Gustav-Adolph-Vereins zu Königsberg. gr. 8. Ebend. 844. n. 1/6 ₰

Wechsler, G. W. A., Charakter und Zukunft des Protestantismus. Ein Beitrag zur Geschichte des Gustav-Adolph-Vereins in Königsberg. gr. 8. Königsberg 844, Mangelsdorf. n. 6 ngl

— drei Reden, gehalten bei seinem Austritte aus dem Fürstenthum Birkenfeld u. beim Antritte seines Amtes im Herzogth. Oldenburg. gr. 8. Oldenburg 842, Schulze'sche B. 1/6 ₰

— über jüdische Schul- u. Lehrer-Verhältnisse. Ein Vortrag gehalten im Vereine zur Beförderung der Volksbildung in Oldenburg, am 26. April 1846. gr. 8. Oldenburg 846, Stalling. 1/8 ₰

Wechsler, H., die Wurstfabrikation in ihrem ganzen Umfange. Eine ausführl. Unterweisung in der Anwendung vieler bisher geheim gehalt. bewährten Mittel zur Bereitung von über 30 Wurstarten, mit besond. Berücksicht. des Wohlgeschmacks, der Billigkeit und Gesundheit für Mezgermeister, Gesellen und Lehrlinge 2c. 2. Aufl. 8. (72 S.) Reutlingen 882, Bardtenschlager.

Wechsler, H., die Wurstfabrikation in ihrem ganzen Umfange. Eine ausführl. Unterweisung in der Anwendung vieler bisher geheim gehaltenen bewährten Mittel zur Bereitung von über 30 Wurstarten, mit besond. Berücksicht. des Wohlgeschmacks, der Billigkeit und Gesundheit. Für Mezgermeister, Gesellen und Lehrlinge, sowie für Gasthofbesitzer, Delicatessenhändler und jeden Hauswirth. 2. Aufl. 12. (72 S.) Reutlingen 887, Bardtenschlager.

Wechsler, Jak., s.: Berichte u. Verhandlungen d. deutsch-österr. Gewerbeschutz-Conferenz.

Wechsler, Jak., Concurrence déloyale u. unlauterer Wettbewerb. Vortrag, geh. in d. Wiener jurist. Gesellschaft am 9. II. 1898. Lex.-8. (31 S.) Wien 898. Manz. n. —60

Wechsler, Jh. Dav., Versuch e. kurzen Samml. topograph.-histor.-statist. Nachrr. v. d. Stadt Biberach. 8. Ulm 792.

Wechsler, Joh. Jac. Dan., kurze Einführung d. Gemüths. 8. Berleburg, Haug. 737.

Wechsler, Jul., im Osten und Westen. Erzählungen, Novellen, Skizzen 2c. 8. (351 S.) Zürich 880, Schmidt.

Wechsler, Jul., im Osten und Westen. Erzählungen, Novellen, Skizzen 2c. Reise-Ausg. 8. (352 S.) Zürich 887, Schmidt. *

Wechsler, Leopold — Der neue Robinson in Paris, oder: die Kunst reich zu werden. Nach dem Französischen für die reifere Jugend bearbeitet von — —. Wien, 1857. Dr. und Verlag von A. Pichlers Witwe & Sohn. (1 Bl. 246 S. 1 Bl. 8.) (Mit einem Titelbilde.)

Wechsler, Leop., der neue Robinson in Paris, oder: Die Kunst reich zu werden. Nach dem Französ. für die reifere Jugend bearb. 2. Ausg. 8. (III und 246 S. mit 1 Holzschn.) Wien 862, Pichler's Wwe. und Sohn. (Leipzig, Liebeskind.)

Wechsler, Max: Über die Trennung der flüchtigen fetten Säuren. S. 102. IIb. 500.
Separatabdruck

Wechsler, Paul: Louis Anseaume und das französische Singspiel. Leipzig: Seele 1909. 99 S. 8°
Leipzig, Phil. Diss. v. 14. Jan. 1910, Ref. Birch-Hirschfeld, Wülker
[Geb. 19. Sept. 85 Annaberg, Erzgeb.; Wohnort: Annaberg; Staatsangeh.: Sachsen; Vorbildung: Realgymn. Annaberg Reife O. 05; Studium: Marburg 1, Leipzig 7 S.; Rig. 6. Juli 09.] [U 10. 3265

Wechsler, Th., das menschliche Auge im gesunden u. kranken Zustande, s.a. Bibliothek gemeinnütziger Heilkunde.

Wechsler, Dr. Th., Das menschliche Auge im gesunden und kranken Zustande. Populäre Abhandlung für Gebildete aller Stände. Mit 33 Abbildungen. 8. (XII, 156 S.) [Bibliothek gemeinnütziger Heilkunde. Bd. IV.] Geb. 1.10
Wien: Hartleben 1893.

Wechsler, Théophile [aus Piatra in Rumänien]: Historische Darstellung und kritische Erörterung der für den Mechanismus der Brucheinklemmungen aufgestellten Theorieen. . . . Berlin, Buchdr. v. A. Seydel & Cie., 1891; 30 S., 1 Bl. 8°
Berlin, Med. Fak., Inaug.-Diss. v. 4. Aug. 1891

Wechsler, Theophile, praktisches Lehrbuch der rumänischen Sprache, s.a. Kunst, die, der Polyglottie. 21. Tl.

Wechsler, Théophile, Praktisches Lehrbuch der rumänischen Sprache zum Selbstunterricht für Anfänger, welche die Sprache in kurzer Zeit möglichst gut erlernen wollen. Grammatische Theorie, praktische Uebungen, Chrestomathie und diverse Anhänge. 8. (VIII, 184 S.) Geb. 1.10
Wien: Hartleben 1890.

Wechsler, Theophile, Praktisches Lehrbuch der rumänischen Sprache zum Selbstunterricht für Anfänger, welche die Sprache in kurzer Zeit möglichst gut erlernen wollen. Grammatische Theorie, praktische Uebungen, Chrestomathie und diverse Anhänge. Zweite Auflage. 8. (VIII und 184 S.) Geb. (Bibliothek der Sprachenkunde. 21. Theil. 2. Auflage) Wien: Hartleben 1895. 1.10

Wechsler, T., Praktisches Lehrbuch der rumänischen Sprache zum Selbstunterricht für Anfänger. 3. Aufl. [Die Kunst der Polyglottie. 21. Teil.] 8°. (VIII, 182 S.) geb. K 2 20
Wien: Hartleben 1903.

Wechßler, Adf., Dietrich v. Bern. Schauspiel in 5 Akten aus der Sagenzeit des deutschen Heldenbuches. Ulm 869. (Ebner.) gr. 8. (III, 82 S.) 15 ngr.

Wechßler, Adf., der Herr Doctor. Lustspiel in 1 Akte. gr. 8. (28 S.) Ulm 877. (Ebner.) n. 1. —

Wechßler, Adf., der Herr Doctor. Lustsp. in 1 Aufzug, nach e. wahren Anekdote. 2., nach d. Bühnenerfolgen geregelte Aufl. gr. 8. (30 S.) Ulm 881. (München, Rubinverlag.) n. 1. —

Wechßler, Ad., der Franctireur. Schauspiel in 5 Akten. 16. (75 S.) Stuttgart 889. R. Lutz. n. — 40

Wechßler, Adf., der unsichtbare Freier. Lustspiel in 1 Aufzügen. gr. 8. (67 S.) Ulm 870. (Ebner.) n. 1. —

—— Friedrich der Große. Historisches Drama in 5 Aufzügen. 8. (92 S.) (Ebendas.) 879. *

Wechßler, Adf., Friedrich der Große. Historisches Charakterbild in 5 Aufzügen. 2. Aufl. (88 S.) gr. 8. Ulm 903. H. Kerler. n. 1. —

—— der geschüchterte Hahn oder die Weiber von Schorndorf. Historisches Lustspiel in 4 Aufzügen. gr. 8. (86 S.) Ebendas. 871. *

—— Heinrich der Löwe. Tragödie in 5 Akten. Für die Bühne eingerichtet unter Mithülfe von Carl Grunert. gr. 8. (98 S.) Ebendas. 871. *

Wechßler, Adf., Johanna Darc. Historisches Trauerspiel in 5 Aufzügen. gr. 8. (148 S.) Ulm 871, (Ebner'sche Buchh.) *

Wechßler, Adf., Sagen und Schwänke. Illustrirt von E. Klein. 2. Aufl. 4. (96 S.) Stuttgart 887, Lutz. geb. *

Wechßler, Adf., sieben Sagen. 12. (52 S.) Ulm 880, (Ebner'sche Buchh.)

Wechßler, Adf., Sesenheim. Charakteridylle in 4 Akten. gr. 8. (III, 69 S.) Ulm (902). H. Kerler. n. 1.—

— Sesenheim. Charakteridylle in 4 Akten. (III, 69 S.) 8. Ebd. (904). n. 1. —

— Sigurd u. Brynhilde. Tragödie in 5 Akten. (70 S.) 8. Ebd. 905. n. 1. —

—— Sinnsprüche und kleine Gedichte. 32. (43 S.) Ebendas. 874. cart. *

—— Herzog Ulrich der Verbannte. Historisches Schauspiel in fünf Akten. 8. (III, 80 S.) Schaffhausen 869. (Ulm, Ebner'sche Buchh.) *

—— der Unbekannte. Lustspiel in 4 Aufzügen. gr. 8. (77 S.) Ebendas. 871. *

— die Weiber von Schorndorf. Historisches Lustspiel in 5 Aufzügen. 3. Aufl. gr. 8. (104 S.) Ulm 901. (J. Ebner.) n. 1. —

Wechssler, Eduard: Zur beantwortung d. frage nach d. quellen v. Wolframs Parzival. *Halle 1896.*
in: Studien, Philologische. Festgabe f. E. Sievers z. 1. Okt. 1896. [96 9371]

Wechssler, Ed., offene Epistel an Hrn. Hofrath Prof. Dr. med. O. Funke in Freiburg oder ein wissenschaftl. Vortrag in sieben Streichen. 1. und 2. Ausg. 8. (37 S.) Rudolstadt 882, Hartung und Sohn.

—— die Geschichte vom verhungerten Vegetarianer oder Wie Einer auszog, die Vegetarianer zu schlagen. Ein physiologisch-hygienisch-diätet. Märchen aus der heut. Gelehrtenwelt. Für alt und jung wiedererzählt, namentlich aber für solche, denen ihre Gesundheit und ihr Leben lieb ist. 2. völlig umgearb. und stark verm. Aufl. 8. (V, 80 S.) Ebendas. 882.

Wechssler, Ed., der „verhungerte Vegetarianer" oder wie Einer auszog die Vegetarianer zu schlagen. Für Jedermann nützlich zu lesen und mit vielen Anmerkungen versehen. 4. (10 S.) [Ulm 879, Bruchmann'sche Verlagsh.] Rudolstadt, Hartung und Sohn.

— der „verhungerte Vegetarianer" oder wie Einer auszog, die Vegetarianer zu schlagen. Für Jedermann nützlich zu lesen u. m. vielen Anmerkungen versehen. 4. (10 S.) Ulm 882. Bruchmann. — 30

Wechßler, Ed., humoristische Vegetarierkost. Guckkastenbilder aus der Gegenwart. 8. (53 S.) Leipzig 885, Th. Grieben's Verlag. *

Wechssler, Eduard

Wechssler, E., giebt es Lautgesetze? gr. 8. (III, 190 S.) Halle 900. M. Niemeyer. n. 5. —
Sonderabdruck aus: „Forschgn. zur roman. Philologie".

Wechssler, Eduard, das Kulturproblem des Minnesangs. Studien zur Vorgeschichte der Renaissance. (In 2 Bdn.) 1. Bd. Minnesang u. Christentum. (XII, 503 S.) gr. 8. Halle 909. M. Niemeyer. 15. —

Wechssler, *Johann* Eduard *Friedrich* [aus Stuttgart]: Die romanischen Marienklagen. E. Beitr. z. Gesch. d. Dramas im Mittelalter ... (Erscheint vollst. bei M. Niemeyer in Halle.) Halle a. S., Druck v. E. Karras, 1893; 2 Bl., 35 S., 1 Bl. 8.
Halle, Phil. Fak., Inaug.-Diss. v. 10. Juli 1893

Wechssler, Ed., die romanischen Marienklagen. Ein Beitrag zur Geschichte des Dramas im Mittelalter. gr. 8. (VI, 104 S.) Halle 893. M. Niemeyer. n. 2. 40

Wechssler, Eduard, Prof. Dr.: Molière als Philosoph. Marburg 1910: Koch. 86 S. 4°
Marburg, Progr. zur Einführung des Rektors 1910 [U 11. 3531

— Molière als Philosoph. (86 S.) Lex. 8. Marburg 910. A. Ebel. 2. —

Wechssler, Eduard [Dr. phil.]: Über die verschiedenen Redaktionen des Robert von Borron zugeschriebenen Graal-Lancelot-Cyklus. Einladungsschrift ... zu seiner ... Antrittsvorlesung über den Minnesang in Portugal ... Halle a. S., Druck v. E. Karras, 1895; 2 Bl., 64 S. 8.
Halle, Phil. Fak., Hab.-Schr. v. 10. Juni 1895

Über die verschiedenen Redaktionen des Robert von Borron zugeschriebenen Graal-Lancelot-Cyklus v. Eduard **Wechssler**. *Halle a. S.: M. Niemeyer 1895.* [Erschien als Hallische Habilitationsschr. 1895.] (2 Bl., 64 S.) 1 Bd 8. [96. 3108

— die Sage vom hl. Gral in ihrer Entwicklg. bis auf Richard Wagners Parsifal. 8. (X, 212 S. m. 1 Tab.) Ebd. 898. n. 3. —

Wechßler, Edward, Balladen. Nordlandsgesänge — Sagen — Schwänke. 12. (VIII, 188 S.) Stuttgart 893. A. Bonz & Co. n. 2. — ; geb. in Leinw. n. 3.

Wechssler, Edward, Freund Humor. Humorist. u. satir. Dichtgn. zum Vortrage in gesell. Kreisen. 12. (VIII, 292 S. m. Bildn.) Stuttgart 897. Levy & Müller. n. 2. — ; geb. in Leinw. n. 3. —

Wechsung, Fr., der deutsche Zolltarif vom 15. Juli 1879, nebst den vom Bundesrat festgestellten Tarasätzen. Auf Grund amtl. Quellen mit Erläuterungen versehen. (46 S.) 1883. 75 Pf.; 2. bis Ende 1883 revid. Ausg. gr. 8. (46 S.) Leipzig 884, Glöckner. cart. *
Aus: Merck's, Klem., Warenlexikon, besonders abgedruckt.

Wechsung, Fr., der deutsche Zolltarif vom 15. Juli 1879, nebst den vom Bundesrath festgestellten Tarasätzen. Auf Grund amtl. Quellen mit Erläuterungen versehen. 4. Ausg. [Stand vom 1. Juli 1885.] gr. 8. (50 S.) Leipzig 885, Gloeckner. cart. *
Aus: Cl. Merck's Warenlexikon, besonders abgedruckt.

Wechsung, Fr. Der deutsche Zolltarif vom 15. Juli 1879 nebst den vom Bundesrat festgestellten Tarasätzen. Auf Grund amtl. Quellen m. Erläutergn. versehen. 5. Ausg. m. Ergänzgn. v. C. Fuchs. gr. 8. (50 S.) Lpz. 889, Gloeckner. cart. * 1 —
Aus: Merck's Warenlexicon, besonders abgedruckt.

Wechsung F, der deutsche Zolltarif vom 15.7.79. 6. Ausgabe nach dem Stand vom 1.10.90 bearbeitet von C Fuchs. Leipzig 1890

[F.] Poetische Sünden. E. Sammlg lyr. Gedichte v. Aralk Retchew [d. i. Klara **Wechter**]. *Meiningen: Reissenberger 1897.* (31 S.) 1 Bd 8. [97. 8732 H.

Wechtlin. — Des Strassburger Malers und Formschneiders Joh. Wechtlin gen. Pilgrim Holzschnitte in Clairobscur in Holz geschnitten von Heinr. Loedel. Nebst Bemerkungen über die Erfindung des Clairobscur und die ältere Technik des Formschnittes von demselben und einem Briefe des Herrn Geh. Ober-Finanzraths Sotzmann. (Als 5. Suppl. zu Rud. Weigel's Holzschnittwerk.) Fol. (13 Holzschntaf. und VI und 23 S. Text mit 5 in den Text eingedr. Holzschn.) Leipzig 863, R. Weigel. In Mappe. *

WECHUS, W., Bordell-Juden u. Mädchenhandel. Berlin, o. J. (c. 1890). 8°. (50 Pfg. G. Priewe, Heringsdorf. 1895.)

Weck mich nit auf, s. Baumgartner, Anton

Weck, P. Albert de. B. P. Pierre Canisius protecteur du Canton de Fribourg. Discours prononcé... par R. P. A' de Weck... le 27 avril 1893 (jour du grand pèlerinage fribourgeois). ([Avec] Portrait authentique [hors texte].) Souvenir du IIIe Centenaire [de la mort de Canisius]. 2me éd. 8. Fribourg 1897.

Weck, P. Albert de. Eloge de Saint Thomas d'Aquin prononcé... à Fribourg..., le 7 mars 1885. (E.) 8. Lucerne 1885.

Weck, P. Albert de. Protectorat du B. P. (Pierre) Canisius S. J. Discours prononcé... à Fribourg... le 27 avril 1893 (jour du grand pèlerinage fribourgeois). 8. Fribourg 1893.

Weck, C. R. A., Bajonett-Fechtinstruction f. d. k. preuß. Infanterie. 8. (6¾ B. u. 5 Stnt.) Mainz 836, Kupferberg.

Weck, Erich, Referendar: Die Wertpapierhypothek (§§ 1187—1189 BGB.) Dresden 1910: Hille. [illegible] S. 8°
Leipzig, Jur. Diss. v. 23. Juli 1910
[Geb. 23 Juli 83 Dresden; Wohnort: Dresden; [illegible] Preußen; Vorbildung: Kgl. Gymn. Dresden [illegible] burg i. B. 1, Leipzig 2; [illegible] Freiburg i. B. 1, [illegible] 26. Febr. 07.] [U 10. 1915

Weck, F. M., kurze Anweisung zum verbundenen Sprech-, Schreib-, Lese-, Sprach- und Sach-Unterricht auf der grundlegenden und ordnenden Stufe der Elementarschule. Zeitz (857.) Webel. gr. 8. (40 S.) 3 *ngr.*

— die christliche Armenpflege. Ein Scherflein in den Gotteskasten der innern Mission gesteuert. Torgau 854. Wienbrack in Comm. gr. 8. (14 S.) 1½ *ngr.*

Weck, F. M., Die christliche Armenpflege. Ein Scherflein in den Gotteskasten der inneren Mission gesteuert. gr. 8°. Torgau, Wienbrack in Comm., 1864.

— die Entartung der Dienstboten, eine sittliche Krankheitserscheinung der Gegenwart: nach ihren Quellen, nach ihren Kennzeichen, nach ihrem Verlaufe und nach ihren Heilmitteln dargestellt, allen Freunden gesetzlicher Ordnung und bürgerlicher Wohlfahrt zur Beherzigung und als Beitrag zur innern Mission in Druck gegeben. Leipzig 854. Klinkhardt. gr. 8. (VI, 60 S.) nn. 7½ *ngr.*

Weck, F. M., der Geist der sogenannten evangel. Geistlichkeit im 19. Jahrh. des heil. Geistes oder im 4. Jahrh. der Reformation Luthers. Ein offenes Sendschreiben an die evangel. Geistlichkeit Deutschlands. 8. (32 S.) Leipzig 849, Kollmann. ⅙ *th*

Weck, F. M., der Geist der sogenannten evangel. Geistlichkeit im 19. Jahrh. des heil. Geistes oder im 4. Jahrh. der Reformation Luthers. Ein offenes Sendschreiben an die evangel. Geistlichkeit Deutschlands. 8. (32 S.) Leipzig 850, Kollmann. Thlr.

— **Strauß** und **Königl**, Lehr- und Lern-Büchlein oder Hand-Fibel für die grundlegende Stufe der verbundenen Sprech-, Zeichnen-, Lese-, Schreib-, Sprach- und Sach-Unterrichts in der Elementarschule. (Im genauen Anschluß an den Lectionskalender.) Zeitz 857. Webel. gr. 8. (56 S. mit Holzschn. im Text.) n. 5 *ngr.*

— Lectionskalender für den gesammten Unterricht in der Elementarschule. Auf Grund der preuß. Regulative vom 1. 2. 3. Octbr. 1854 und der „erläuternden Bestimmungen" der Königl. Regierung entworfen und nach Besprechung in einer Lehrerconferenz in Druck gegeben. 1—5. Heft. Zeitz 856—58. Webel. 4. 24¾ *ngr.*
Inhalt: 1. Heft, den Religionsunterricht betr. 856. (3 Bl., 56 S.) 6 *ngr.*
2. Heft, den Gesangunterricht betreffend. 856. (2 Bl., 25 S.) 3¾ *ngr.*
3. Heft, den Rechnenunterricht betreffend, a. in der getheilten Elementarschule. 856. (2 Bl., 25 S.) 3¾ *ngr.*
4. Heft. 1. Abth., Sprachunterricht betreffend, für die getheilte und ungetheilte Elementarschule. 857. (2 Bl., 25 S.) 3¾ *ngr.*
4. Heft. 2. Abth. Die ordnende, bildende und vollendende Stufe des verbundenen Sprech-, Zeichnen-, Lese-, Schreib-, Sprach- und Sachunterrichts in der getheilten Elementarschule. 858. (3 Bl., 28 S.) 3¾ *ngr.*
5. Heft. Vaterlands- und Natur-Kunde. 858. (3 Bl. u. 13 S. Tab. in Fol.) 3¾ *ngr.*

— Tagebuch für Elementarschulen nach dem Lectionsplane der Königl. Regierung vom 2. Januar 1855 entworfen und im Anschluß an seinen Lectionskalender herausg. Zeitz 858. Garcke. Fol. (2 Bl. u. 26 Tab.) n. 7½ ngr.

—— Tagebuch für Elementarschulen nach dem Lectionsplane der königl. Regierung vom 2. Jan. 1855 entworfen und im Anschluß an seinen Lectionskalender hrsg. Fol. (IV S. und 55 S. Tab.) Zeitz 858, Streiber. *

—— wer hat Recht: Er oder Ich? Eine Appellation an das deutsche christl. Volk oder Thesen einer Pastoral-Conferenz beleuchtet und beurtheilt. 8. (64 S.) Leipzig 851, Kollmann.

— das wahre Wesen der Union. Ein Missions- und Neujahrs-Gruß fürs J. 1858 an die christliche Geistlichkeit u. an das christl. Volk gerichtet. Zeitz 858. Garcke. gr. 8. (36 S.) n. 5 ngr.

Weck, Ferdinand

— Beiträge zur Erklärung homerischer Personennamen. 34 S. **Progr.** Lyz. *Metz* 1883.

Weck, Ferd. Die homerischen Personennamen auf ευς. 43 S **Progr.** *Saargemünd* 1880

Weck, Ferdinand [Prof.]: Homerische Probleme. (17—31.) (Problem 1—16 in: N. Jahrb. f. Phil. u. Päd., Jg. 1884. 85. 88. 90.) Metz, Druckerei d. Lothr. Zeitg, *1896*; 50 S. 4.
Metz, L, MP 1896 (522)

Weck, Ferdinand [Oberl.]: Die epische Zerdehnung — Ein neuer Versuch, diese noch ungelöste Frage zu lösen. Metz, Druckerei d. Lothringer Zeitung (1890); 1 Bl., 43 S. 4°
Metz, L, MP 1890

Weck, Gust., Allerdeutschentag. Ein Protest zu Gunsten der Sedanfeier. 1.—3. mehrfach veränd. und erweit. Aufl. gr. 8. (34 S.) Wittenberg 881, Herrosé Verlag. *

Weck, Gust. Bemerkungen zur Schulhygiene. S. 20—26. *Rawitsch* 1878. **Progr.**

Weck, Gustav: [Bericht über die Einweihung des Familien-Alumnates.] S. 28—30. 4.
König Wilhelms-Schule (Kgl. Realgymn. nebst Vorschule) **Progr.** *Reichenbach* i. *Schl.* 1904 (260).

[F.] **Weck,** Gustav [Dir. Prof. Dr.]: *Bericht über die Feier des 25jährigen Bestehens der Anstalt.* Reichenbach i. Schl., Druck v. W. Milisch's Buchdr., *1894*; 24—25 S. 4.
Reichenbach i. Schl., König Wilhelms-S '(k. RG u. VS)', OP 1894 (220)

Weck, G.: Deutschland und die Olympischen Spiele. Leipzig 1896. 2 S. 4° (Mitteilungen des Deutschen Patriotenbundes. Jg. 2. Nr. 8.)

—— durch Nacht zum Licht. Ausgewählte vaterländ. Dichtungen. gr. 16. (V, 144 S.) Ratibor 872, Thiele. *
geb. mit Goldschn. *

Weck, G., vor der Entscheidung. Meinungen u. Wünsche zur Schulreform. [Aus: „Centralorgan f. die Interessen d. Realschulwesens".] gr. 8. (65 S.) Berlin 890. Friedberg & Mode. n. 1.—

Weck, Gustav: Gedächtnis- und Weihereden. Reichenbach i. Schl. (1910): Walter. 35 S. 8°
Reichenbach i. Schl., König-Wilhelms-S, k. RG OP 1910 (309) [S 10. 464

Weck, Gust., das deutsche Gymnasium. Eine Studie. gr. 8. (90 S.) Ratibor 875, Thiele. *

Weck, Gustav, Prof. Dr., Dir.: Haus **Hohenzollern**. Schauspiel in 5 Aufz. ⟨Den Bühnen gegenüber Ms.⟩ *Leipzig 1900: B. G. Teubner.* (105 S.) 8° [F.] ¶ (Erschien vollst. als T. 4 d. 'Vaterländ. Schriften u. Dichtungen' d. Vfs.)
Reichenbach i. Schl., König Wilhelms-S ⟨k. RG u. VS⟩, OP 1900 (231)

Haus Hohenzollern. Schauspiel in 5 Aufz. von Prof. Dr. Gustav **Weck**. Leipzig: B. G. Teubner 1900. (S. 271–430.) 8° [F.] .
= **Weck**: Vaterländ. Schriften u. Dichtungen. T. 4. [06. 10577

Weck, Gustav, Prof. Dr., Dir.: Die **Hundertjahrfeier** ⟨1897⟩ und andres Vaterländische. [Gedichte u. Reden.] *Leipzig 1899: B. G. Teubner.* (47 S.) 8° [F.]
Reichenbach i. Schl., König Wilhelms-S ⟨k. RG u. VS⟩, OP 1898 (228)

[F.] **Weck,** Gustav [Prof. Dr., Dir.]: Aus Deutschlands tausend Jahren. Leipzig, Druck v. B. G. Teubner, 1895; 137 S. 8.
Reichenbach i. Schl., König Wilhelms-S '(k. RG u. VS)', OP 1895 (222)

Weck, Gustav 1. Mein Kaiser. 2. Charlottenburg. 4 (S. III—IV).
König Wilhelmssch. (Rg. u. Vorsch.) *Reichenbach i. Schl.* 1888 (207).
Progr.

Weck, Gust., Krieg und Sieg. Deutsche Lieder. 1. Aufl. (32 S.) 1870. * 50 Pf., und 2. verm. Aufl. 16. (40 S.) Görlitz 871, Remer.

Weck, Gust. Rudolf Künstler. Aus dem Leben und Wirken eines deutschen Schulmanns. 40 S. **Progr.** *Reichenbach Schl.* 1882 u. 1883.
Dasselbe erweitert mit Portr. 132 S. 8. Berlin 1884, Weidmann. 3 Mk.

Weck, Gust., Rudolf Künstler. Aus dem Leben u. Wirken e. deutschen Schulmanns. Mit (lith.) Portr. gr. 8. (132 S.) Berlin 884. Weidmann. n. 3. —

Weck, G. Ein deutscher Lehrplan. Teil I. S. 1—9. *Rawitsch* 1879.
Die speziellen Lehrpläne für die an dem Progymnasium zu Rheinbach vertretenen Unterrichtsgebiete von dem Lehrerkollegium. 34 S. **Progr.** *Rheinbach* 1876.

—— unsere Lieblinge. Ein Liederbuch für Väter und Mütter. Mit 21 (eingedr.) Holzschn. nach Orig.-Zeichnungen von O. Försterling und O. Pletsch. Lex.-8. (VII, 63 S.) Glogau 879, Flemming. cart.

WECK, GUSTAV. *Unsere Lieblinge.* Ein Liederbuch für Väter und Mütter. Mit 2 Holzschnitten nach Originalzeichnungen von O. FÖRSTERLING und Prof. O. PLETSCH. Glogau, C. Flemming [1880]. 3 Bl. 64 S. 4°. Illustr. Or.-Karton m. Leinenrücken. 9.—
R. 1598. ★ 1. Ausgabe. — Einige Flecken, Einband benutzt u. beschädigt, Innenrand geklebt.

— unsere Lieblinge. Ein Liederbuch f. Väter u. Mütter. 2., umgearb. u. sehr verm. Ausg. 8. (100 S.) Leipzig 897. Th. Knaur. Geb. in Leinw. m. Goldschn. n. 2.—

—— Königin Luise. Vaterländische Romanzen. gr. 8. (144 S.) Paderborn 884, F. Schöningh. ℳ 2.; geb. *
geb. mit Goldschn. *

Weck, Gust., Königin Luise. Vaterländische Romanzen. 2., verm. Aufl. [Volksausg. 1. Tausend.] 8. (160 S. m. 1 Bildnis in Stahlst.) Paderborn 892. F. Schöningh. Kart. n. 1.—

— dasselbe. 3., durchgeseh. u. verm. Aufl. Salon-Ausg. gr. 8. (150 S. m. 1 Bildnis in Stahlst.) Ebd. 892. n. 2.—

Weck, Gust. Principien der Übersetzungskunst. Zugleich praktisch nachgewiesen an einer Übertragung des „Dämon" von Lermontoff. 33 S. **Progr.** *Rawitsch* 1876
Vgl. denselben Titel. (65 S.) 8. Breslau 1876, Maruschke u. Behrendt. 1 Mk. 20 Pf.

—— Principien der Uebersetzungskunst. Zugleich prakt. nachgewiesen an einer Uebertragung des „Dämon" von Lermontoff. gr. 8. (65 S.) Breslau 876, Maruschke und Berendt. *

Weck, Gustav, Dir. Prof. Dr.: Prolog zu 'Haus Hohenzollern'. Dem Matthias Claudius-Gymnasium in Wandsbek gewidmet (bei d. Aufführung d. Schauspiels zum 200jähr. Jubiläum d. Kgr. Preussen). *Wandsbek 1901: F. Puvogel.* (S. 21–22.) 4°
Wandsbek, Matthias Claudius-G m. R u. VS, P 1901 (310)

Weck, G. Quelques remarques sur l'Hippolite d'Euripide et la Phèdre de Racine. Ratibor, G., 1874. 23 S. 4.
Progr.

Weck, Gust., Für Schleswig-Holstein. Mahnung in Liedern an Deutschlands Fürsten und Völker. Dargebracht im Gedächtnißjahr der Freiheit 1863. Nebst einem Anh.: Vor Leipzigs Thoren. Erinnerung an 1813. 16. (64 S.) Leipzig 863, O. Wigand.

— vaterländische Schriften u. Dichtungen. 1. Tl. Patriotische Schulreden. gr. 8. (82 S.) Leipzig 894. B. G. Teubner. n. 1. 20

— vaterländische Schriften u. Dichtungen. 2. Tl. Aus Deutschlands 1000 Jahren. gr. 8. (S. 83–219.) Leipzig 895. B. G. Teubner. n. 1. 80 (1. u. 2.: n. 3. —)

Weck, Gust., vaterländische Schriften u. Dichtungen. 3. u. 4. Tl. gr. 8. Leipzig 900. B. G. Teubner. n. 3. 80
3. Buch der Treue. (S. 223–267.) n. — 80
4. Haus Hohenzollern. Schauspiel in 5 Aufzügen. (S. 269–430.) n. 3. —

Weck, Gustav Patriotische Schulreden. 8 (82 S.)
König Wilhelms Sch. (Kgl. Rg. u. Vsch.) *Reichenbach i. Schl.* 1894 (220).
1. Am Königsjubiläum (7. Jan. 1886.) 2. Bei der Enthüllung des Kaiserbildes (22. März 1887.) 3. Nach Kaiser Friedrichs Heimgang (30. Juni 1888.) 4. Zum Gedächtnis der Kaiserin und Königin Augusta (11. Januar 1890.) 5. Am 22. März 1890. 6. Am 90. Geburtstag des Grafen Moltke (25. Oktober 1890.) 7. An Moltkes Begräbnistag (29. April 1891.) 8. Zum 25jährigen Jubiläum der „König Wilhelms-Schule" in Reichenbach (Schlesien) (16. Oktober 1893.) 9. Anhang. Zum zweiten September. Ansprachen am Kriegerdenkmal an Bürgerschaft und Schulen gerichtet. (I. 1875.) (II. 1876.)
Progr.

[F.] Weck, Gustav [Prof. Dr., Dir.]: Patriotische Schulreden. Leipzig, Druck v. B. G. Teubner, 1894; 82 S. 8.
Reichenbach i. Schl., König Wilhelms-S '(k. RG u. VS)', OP 1894 (220)

Weck, Gustav, Direktor Prof. Dr.: An Schillers hundertjährigem Todestage (9. Mai 1905). Gedächtnisrede. Reichenbach Schl. 1906: C. Salzburg. (15 S.) 8° [F.]
Reichenbach Schl., König Wilhelms-S OP 1906 (271)

— unsere Toten. Deutsche Lieder u. Romanzen. Nebst e. Anh.: Gesänge f. vaterländ. Gedenktage. 1. u. 2. Aufl. 8. (142 S.) Paderborn 889. F. Schöningh. n. 2. —; geb. n. 3. —; m. Goldschn. n. 3. 50

— dasselbe. 3., verm. Aufl. 8. (168 S.) Ebd. 889. n. 2. —

Weck, Gust., Bismarcks Totenfeier. Gedichte. [Aus: „Ztschr. f. d. deutschen Unterr."] gr. 8. (8 S.) Leipzig 898. B. G. Teubner. — 30

Weck, G., von Heimat zu Heimat. Ein Lebensbuch in Liedern. gr. 8. (304 S.) Leipzig 890. Knaur. geb. m. Goldschn. n. 4. 80

— Wladimir. Eine russische Geschichte in drei Gesängen. 16. (56 S.) Würzburg 871. Kellner. n. 1. —

Weck, J., s.: Koche auf Vorrat.

Weck, J., verloren, gesucht, gefunden! Predigt üb. Lucas 15, 1–10, Dom. III. p. Trin., den 18. Juni 1893 in der Stadtkirche zu Werdau geh. gr. 8. (8 S.) Werdau 893. (A. Thümmler.) n. — 20

Weck, J., wo der Herr Jesus ist, da ist gut sein. Predigt üb. Matthäi 17, 1–8 am Kirchweihfest, den 30. Octbr. 1893 in der St. Nicolai-Kirche zu Langenbernsdorf geh. gr. 8. (8 S.) Werdau 893. (A. Thümmler.) n. — 20

Weck, J. M., die gebeugte Kirche. 8. (16 S.) Bremen 850, Geisler. 3 ngl.

Weck, Leonhardus (geb. am 12 Febr. 1829 in Aachen): De encephalomalacai [!] ... Bonnae, impr. I. F. Carthaus (1854). 2 Bl. 8.
¶ Nur Titelbl., Vita u. Thesen.
Bonn, Med. Fak., Thes. v. 22 Aug. 1854

Weck, Leonhardus (geb. am 12 Febr. 1829 in Aachen): De encephalomalacia ... Bonnae, impr. I. F. Carthaus (1854). 3 Bl., 27 S. 8.
Bonn, Med. Fak., Diss. v. 23 [nach d. Akten v. 22] Aug. 1854

Weck, Martin, appr. Arzt a. Dittelsdorf, Kongr. Sachsen: Über Nabelschnurbruch mit konsekutiver akuter Peritonitis; operative Behandlung und Heilung. Erlangen 1907: Junge & Sohn. (50 S.) 8°
Erlangen, Med. Fak., Ref. Menge, Diss. v. 15. Okt. 1907
[Geb. 10. Okt. 79 Dittelsdorf; Wohnort: Deutsch Süd-West-Afrika; Staatsangeb.: Sachsen; Vorbildung: Gymn. Albertinum Freiberg Reife O. 01; Studium: Erlangen 9 S.; Coll. 1. Okt. 07; Approb. 28. Febr. 06.]

Weck, Oskar [cand. med.]: Aus d. Krankenhause d. barmherzigen Brüder zu Bonn. Ein Fall von Nervenerkrankung höchstwahrscheinlich hysterischer Art nach Trauma ... Bonn, Buchdr. J. Bach Wwe, 1895; 62 S., 1 Bl. 8.
Bonn, Med. Fak., Inaug.-Diss. v. [8. März] 1895

Weck, Rudolf

Weck, R., Anleitung f. Kassenärzte, s. Krankenkassen-Bibliothek.

— Lexikalisches Handbuch der Krankenversicherungspflicht. (VII, 279 S.) 8. Groß-Lichterfelde 908. Verlag d. Arbeiter-Versorgg. A. Troschel. Geb. in Leinw. 4. —

Weck's, Rud., genetische Schreibmethode für Lehrer und Lernende oder Anweisung, auf dem natürlichsten Wege und in der kürzesten Zeit sich eine fließende und schöne Handschrift anzueignen, mit besond. Berücksicht. des Schreibkrampfes. Durch Holzschn. und lithogr. Vorlegeblätter erläutert. 4. (32 S. und 13 Stnt.) Berlin 851, (Mittler's Sortimentsh.) *

Weck, Sidonie

Weck, S., Haus Hoheneck, s. a. Kürschner's, Jos., Bücherschatz.

Weck, Sidonie: Haus Hoheneck. Orig.-Roman von S[idonie] Weck. Mit Ill. von W. Roegge. Berlin, Eisenach, Leipzig: H. Hillger [1899]. (124 S.) 8°
(Bücherschatz, Kürschner's. No 167.)

Weck, S. [P Ernst Ludwig]. Strafe muß sein. Lustspiel in 1 Act. 8. (24 S.) Reichenbach i. Schl. 889, Hoefer. * 1 25

Weck, Wolfgang, appr. Arzt a. Saargemünd, Unterarzt b. Inf.-Reg. v. Wittich (3. Kurhess.) Nr. 83: Aus der psychiatr. Klinik d. Kgl. Charité. (Dir.: G. M.-R. Prof. Dr. Ziehen.) Die Intelligenzprüfung nach der Ebbinghausschen Methode. Berlin (1905): G. Schade. (65 S.) 8°
Berlin, Med. Fak., Ref. Ziehen, Diss. v. 29. Juli 1905
[Geb. 9. Juni 81 Saargemünd; Heimatsort: Saargemünd; Staatsangeh.: Preußen; Vorbildung: Kais. Lyceum Metz Reife M. 99; Studium: Berlin, K. Wilh.-Akad. 9 S.; Coll. 27. Juli 05; Approb. 14. Juli 05.]

WECK-ERLEN, Dr. B. van der. Das goldene Buch der Liebe oder Die Renaiſſance im Geſchlechtsleben. Ein Eros-Kodex für beide Geſchlechter. 1. Bd. (2. Bd.). Privatdruck des Verlegers C. W. Stern, Wien 1907. Gr. 8°. 558 S., 5 S. unpaginiert., 8 Bl. Illuſtrationen.

WECK-ERLEN, Dr. L. van der (ps?), Das goldene Buch der Liebe oder die Renaissance im Geschlechtsleben. Ein Eros-Kodex für beide Geschlechter. 2 Bde. Mit 12 künstlerischen (schlechten) Abbildgn. in Tondruck (in 4⁰ auf 8 Seiten). Wien, C. W. Stern's Verlag (1907). 4⁰. Zus. 560 S. (Jeder Bd. flexibel in Kunstleinen mit Goldschn. u. Ledereinfassg., Luxus-Ausstattung, Kr. 60 = Mk. 50—.)

Weckbach, Franz: Über die elektrolytische Oxydation von Manganosalzen in stark saurer Lösung. Diss. TH. München. Darmstadt 1910

Weckbacher, Michael [app. Arzt aus Mainz]: Aus d. med. Klinik d. Herrn Geheimrath Prof. Riegel in Giessen. Zur Casuistik seltener Herzklappenfehler mit Bezugnahme auf das Verhalten der Ventrikel bei Stenose der Atrioventricularklappen. ... Giessen, C. v. Münchow, Univ.-Dr., 1890; 20 S. 8⁰
Giessen, Med. Fak., Inaug.-Diss. v. 1890

WECKBECKER, Friedrich (Koblenz): De oxigenio ejusque in corpus humanum, praecipue aegrotum, vi et potestate.- Landishuti: Storro (1818). 31 S.,4 Bl.
9.4.1818 - Pe 366; F 58
Diss. Ingolst.-Landsh.-Mchn.

Weckbecker, Wilh. Frhr. v., s.: Handbuch d. Kunstpflege in Österreich.

Museen und Bibliotheken unter verwaltungstechnischem Gesichtspunkte. Ein Zyklus von Vorträgen, geh. von Wilhelm Frh. v. **Weckbecker**. ⟨Als Ms. gedr.⟩ (Wien) 1910: Holzhausen. VI, 99 S. 4⁰(8⁰) [11. 10459

WECKBECKER-STERNEFELD, Ferdinand von (München): Über die Anwendung der elastischen Ligatur bei der Behandlung des Anus praeternaturalis.- München 1881.
13.3.1872 - Urk (Titel: De ligatura elastica in cura ani praeternaturalis adhibenda.); F 73; Chr 1871/72,19
Diss. Ingolst.-Landsh.-Mchn.

Weckbecker-Sternefeld, Heinrich von: Thrombus der äusseren weiblichen Genitalien.- München: Straub 1877. 3 Bl.,31 S.- S.-Abdr.aus: Ärztliches Intelligenzblatt. Jg.25,11.
16.11.1878 - Urk (Titel: De thrombo genitalium muliebrum externorum.); Chr 1878/79,11
Diss.Ingolst.-Landsh.-Mchn.

Wecke, [Anton], Gerichtsrefer.: Das Vorkaufsrecht der Miterben. Greifswald 1910: Abel. 58 S. 8⁰
Greifswald, Jur. Diss. v. 27. April 1910, Ref. Frommhold
[Geb. 16. Juli 85 Lauterberg a. H.; Wohnort: Oblau; Staatsangeh.: Preußen; Vorbildung: Gymn. Oblau Reife O. 05; Studium: Berlin 1, Breslau 4, Greifswald 3 S.; Rig. 18. Nov. 09.] [U 10. 1558

Wecke, Henr. (geb. Frankfurt a. M.): Nonnulla de febri puerperali. Berolini (1848). (30 S.) 8⁰
Berlin, Med. Diss. v. 3. Juli 1848

Wecke, J. C. E., ausführliche u. accurate Interessentabellen auf Thaler, Gülden, Groschen u. Pfennige, à 4, 5 u. 6 pro Cent von 1 Tage an bis auf ein Jahr ꝛc. 4. Leipz. 787. Intell.-Cpt. (Joachim). **12 gr.**

Weckebrod, Franz X.

— Samml. der seit dem **Jahre 1600 bis zum J. 1140** ergangenen allerhöchsten Gesetze, in chronolog. Ordnung. 8. Brünn ... Gastl. 10 gr.

Weckebrod, Frz. X., († d. 12. Febr. 1815.) Samml. der seit den Jahren 1729—1792. über die Viehseuchen ergangenen Gesetze. 8. Prag 799. Neureutter. **10 gr.**

— Samml. d. Verordnungen u. Generalien für sämmtl. Zünfte u. Innungen. 2 Thle. 8. Brünn ... Gastl. **1 ℛ︀ 14 gr.**

Dichter des 19. Jahrhunderts. Lyr. u. epische Gedichte aus d. Zeit nach Goethes Tode. Für Schule u. Haus hrsg. von F. **Wecken**, Seminarl. Paderborn: F. Schöningh 1904. (X, 227 S.) 8⁰ [F.]
= **Ausgaben**, Schöninghs, deutscher Klassiker. Erg.Bd 6. [05. 1109

Wecken, Friedrich, aus Linden: **Untersuchungen über das Urkundenwesen der Bischöfe von Minden im XIII. Jahrhundert.** ⟨1206—1293.⟩ *Marburg 1900: (Regensberg, Münster).* (122 S.) 8⁰ [F.] ¶ (Aus: Zeitschrift f. vaterländ. Geschichte u. Altertumsk. Westfalens, Bd 58.)
Marburg, Phil. Diss. v. [29. Dez.] 1900

Wecken, M., die Hermannsburger Mission in Südafrika in u. nach dem Burenkriege, s.: Missionsschriften, kleine Hermannsburger. Nr. 86.

Wecken, Wilhelm: Vergleichende Untersuchungen über lineare und drehende magnetische Hysteresis. 1905. 64 S. 8⁰ ¶ Ausz. in: Zeitschrift f. Elektrotechnik. Jg. 23. Braunschweig, Dr.-Ing.-Diss. v. 23. 12. 1904

Wecker, der. Ein Sonntagsblatt zur Beförderung des religiösen Lebens. Von Rud. Dulon. (1.) Jahrg. Septbr. — Decbr. 1850. 18 Nrn. (½ Bog.) gr. 8. Bremen, (Kühtmann und Comp.) * —

—— dass. — (1.) Jahrg. 5—12. Heft. Jan. — Aug. 1851. oder Nr. 19—52. (à ½ Bog.) gr. 8. Ebds. * —

—— dass. — Redig. von Dems. 2. Jahrg. Septbr. 1851 — Aug. 1852. 52 Nrn. (½ Bog.) gr. 8. Bremen, Expedition. *

Der Wecker: 1876—1878
Weekly. Circulation: 1878, 800. Edited by F. Schumann Pott, & published by H. Brandt & G. Schumann, 1876—78.
San Francisco, CA

Der **Wecker**. Organ des Verbandes der Bäcker- und Berufsgenossen. Jg. 1—5. Berlin (Hamburg: Jensen und Co.) 1884—1888. 8⁰
Hrsg. und Red.: E. Pfeiffer.

Wecker, der. Organ des Verbandes der Bäcker und Berufsgenossen Deutschlands. Offizielles Organ der Central-Kranken- und Sterbe-Kasse der Bäcker und verwandten Berufsgenossen Deutschlands [E. H.], Sitz in Dresden, Mittelgasse 6. Hrsg. und redig. von E. Pfeiffer. 4. und 5. Jahrg. 1887 und 1888. à Jahrg. 52 Nrn. (Bog.) Fol. Berlin. (Hamburg, Jensen und Comp.) à Jahrg. *
Die Fortsetzung ist nicht mehr im Buchhandel.

Wecker, Gottfried; ein Buch für junge Professionisten und Bürger. Freyberg 1799. V: *Hänisch, G.* (MGT)

Wecker, Warner und Rathgeber für alle Männer, die an Hämorrhoiden, Hypochondrie ꝛc. leiden, oder sich vor diesem und den daraus entstehenden Krankheiten schützen wollen. Hrsg. von einem Menschenfreunde. gr. 8. (15 S.) Leipzig 852, (Schrey.) *

Wecker, Ernst: Über neuartige chinoide Verbindungen. Ein Beitr. z. Kenntnis d. Mechanismus d. Benzolkern-Substitution. Nördlingen 1911: Beck. 68 S. 8⁰
München, Phil. Diss. v. 20. Dez. 1910, Ref. v. Baeyer
[Geb. 30. Dez. 84 Heilbronn a. N.; Wohnort: Heilbronn; Staatsangeh.: Württemberg; Vorbildung: Oberrealsch. Heilbronn Reife Juni 03; Studium: Stuttgart Techn. Hochsch. 6, München 6 S.; Rig. 20. Dez. 10.] [U 11. 3801

Wecker, Geo., Wendel. Roman. Frankfurt 858. Auffarth. 8. (2 Bl., 166 S.) n. 28 ngr.

Wecker, Gfr. Der neue Kurs der deutschen Politik u. der Wille Gottes? 8. (33 S.) Lpz. 892, G. A. Müller u. Comp. — 60

Wecker, Ioh. Iac., de secretis libri XVII. 8. Basel. 701. ·

— idem liber, c. additionib. Th. Zwinger. 8, maj. Basel, Thurneisen. 753.

Wecker, L., siehe: Sammlung merkwürdiger Rechtssprüche.

Wecker, Otto, Christus u. Buddha, s. a. Zeitfragen, biblische. I, 9.

Wecker, Otto: Christus und Buddha. Von Dr. –, Stuttgart. 1. u. 2. Aufl. Münster i. W.: Aschendorff 1908. (50 S.) 8°
(Zeitfragen, Biblische. Folge 1. H. 9.)

Wecker, Otto, a. Neuler: Der Gebrauch der Kasus in der älteren Upaniṣad-Literatur verglichen mit der Kasuslehre der indischen Grammatiker. Göttingen: Vandenhoeck & Rupprecht 1905. (92 S.) 8° ¶ (Aus: Beiträge z. Kunde d. indogermanischen Sprachen.)
Tübingen, Phil. Fak., Ref. Garbe, Diss. v. 4. Aug. 1905
[Geb. 82 Neuler, O.-A. Ellwangen; Wohnort: Tübingen; Staatsangeh.: Württemberg; Vorbildung: Gymn. Rottweil Reife M. 01; Studium: Tübingen 8 S.; Coll. 21. Dez. 04.]

— Lamaismus u. Katholizismus. Ein Vortrag (geh. am 15. III. 1910 im kathol. Leseverein zu Stuttgart). [Aus: „W. Koch u. O. Wecker, Religiös-wiss. Vortrag f. kath. Akad."] (47 S.) gr. 8. Rottenburg 910. W. Bader. — 60

— Religiös-wissenschaftliche Vorträge, s.: Koch, Wilh.

Wecker, P. J., s. Weckers.

Wecker, Thdr., Berechnung des Berliner Fasses Spiritus von 10800 %, nach Quarten, Elmern u. Procenten. qu. gr. 4. **Grünberg 845, Weiß. 2 n*l***

Weckering, Jean Aloyse: Über englische Sprache. Orthographie und Orthöpie. S. 3–12. Luxemburg, Athénée. Progr. 1885/86

Weckerle, Anton: Repertorium d. ... in den Kreisintelligenz- u. Kreisamts-Blättern von Oberbayern vom J. 1814 bis 1850 incl. erschienenen Gesetze etc. nebst 3 Anl. Im Auftrage d. k. Regierung von Oberbayern. München 1857. 4°. Hfrzbd. geb., m. Pap. durchschoss. worauf deutl. geschrieb. Zusätze.
600 S., zweispaltig, i. Ia Exr.

Weckerle, F., der Handarbeitsunterricht f. Knaben. Gegenwärt. Stand dieses Unterrichtszweiges in der Schweiz. gr. 8. (26 S. m. 3 Taf.) Lausanne 896. F. Payot. n. 1. 50

Weckerle, Joh. Bapt., de Bertholdi Hennebergensis archiepiscopi Moguntini et regni Germanici archicancellarii [1484—1504] studiis politicis. Commentatio historica. gr. 8. (61 S.) Münster 868, (Russell's Verlag.) *

WECKERLE, Josef: Ueber akute ulceröse Endocarditis der Pulmonalarterien-Klappe.- München: Finsterlin 1886. 2 Bl.,40 S.,2 Taf.- S.-Abdr.aus: Münchener Medizinische Wochenschrift.
9.1.1886 - Chr 1885/86,17; Jv 1886/87,183
Diss. Ingolst.-Landsh.-Münch.

Weckerle, M., kritische Beleuchtung des Engelien'schen Leitfadens beim deutschen Sprachunterrichte. Ein Conferenz-Vortrag. 8. (17 S.) [Mainz 878.] Leipzig, Lesimple's Verlag. *

Weckerlin, üb. d. Speditionswesen. 8. Stuttgart, Metzler. 804.

Katalog der Musikbibliothek des Herrn J[ean] B[aptiste] **Weckerlin**, Ehrenbibliothekar des Conservatoire nat. de musique de Paris. Musik. Tanz. Theater. Versteigerung 1910 durch C. G. Boerner, Leipzig. (Altenburg 1910: Bonde.) XV, 172 S. 8° 10. 3125

Weckerling, Adolf Georg, appr. Arzt zu Friedberg in der Wetterau: Aus der Universitäts-Frauen-Klinik zu Gießen. Komplikation der Tubargravidität mit Torsion der Tube. Friedberg 1907: C. Bindernagel. (21 S.) 8°
Gießen, Med. Fak., Ref. Pfannenstiel, Diss. v. 25. Mai 1907
[Geb. 22. Mai 82 Friedberg in Hessen; Wohnort: Gießen; Staatsangeh.: Hessen; Vorbildung: Gymn. Friedberg i. H. Reife O. 01; Studium: Gießen 2, Kiel 2, Gießen 6 S.; Coll. 29. Nov. 06; Approb. 16. Febr. 06.]

Weckerling, August. Die Römische Abteilung des Paulus-Museums der Stadt Worms
Worms. Druck von Eugen Kranzbühler 1885—1887
2 Teile 8°
I 1885 128 S.; 5 Taf. in Lithogr.
II 1887 120 S., 16 Taf. in Lithogr.

[F.] Leonhart Brunner, der erste vom Rate der Reichsstadt Worms angestellte evangelische Prediger. '(1527—1548)'. Von Dr A[ugust] **Weckerling.** Beilagen: 1. Facs. v. Brunner's 'Billiche antwurt'. 2. Neudr. der wiederaufgef. Bruchstücke v. Brunner's Catechismus a. d. J. 1543. [M. Sondert.] *Worms a. Rh.: A. K. Boeninger 1895.* 2 Bde 8.
[Text u. Beil.] 1. (XLVII S., 22 Bl.) 2. (128 S.)
(Vereinsgabe des Altertumsver. zu Worms. [No 14 nebst Beilage.]) 96. 232

Weckerling, August: Denkschrift zum 200jährigen Jubiläum der Buchdruckerei Kranzbühler in Worms. Zugleich Feier d. 125jähr. Bestehens d. 'Wormser Zeitung' (gegründet i. J. 1776) am 16. u. 17. Juni 1900. (Verf.: August Weckerling.) (Worms 1900: Kranzbühler.) (94 S.) 4°
[Umschlagt.:] Zur Erinnerung an d. 200jähr. Jubiläum d. Buchdruckerei Kranzbühler in Worms . . .
[Vereinsgabe d. Wormser Altertumsvereins. 21.]

Weckerling, August (Friedberg)
Über die Form und den homerischen Gebrauch der griechischen Finalpartikeln.
Dr. phil. Giessen 16.12.1869.
[Obige Schrift eingereicht, lt. Programm der Realschule Alzey 1870, Seite 26.]

Weckerling, Führer durch Worms, s.: Beckmann.

A. WECKERLING, Das Kloster Lorsch und seine Torhalle. Worms 1913. Buchdruckerei Eugen Kranzbühler. 4°.

[F.] Weckerling, August [Prof. Dr.]: Johann Friedrich Seidenbender's (Umschlagt.: des Stättmeisters Seidenbender) Vorschläge für die Wiederaufrichtung der Stadt Worms nach der Zerstörung derselben durch die Franzosen i. J. 1689. Eingeleitet u. hrsg. Worms, Druck v. A. K. Boeninger, 1894; XI, 76 S. 8.
Worms, grossh. G. u. grossh. R, OP 1894 (636)

Weckerling, Georg: Ueber die Abhängigkeit der Zeit des Abfalls des Nabelschnurrestes von der Art der Abnabelung, der Behandlung der Nabelwunde und einigen anderen Momenten. Beobachtungen an 1500 Fällen d. Heidelberger Frauenklinik. (v. Rosthorn.) Worms 1909: Boeninger. 55 S. 8°
Heidelberg, Med. Diss. v. 27. Aug. 1909, Ref. Menge
[Geb. 25. April 83 Worms; Wohnort: Worms; Staatsangeh.: Hessen; Vorbildung: Gymn. Worms Reife O. 03; Studium: Heidelberg 5, München 2, Heidelberg 3 S.; Coll. 23. Juni 08; Approb. 25. Aug. 09.] U 09. 2102

Weckerling, Heinrich (Friedberg)
Zur Ätiologie der angeborenen Verrenkungen, besonders des Hüftgelenks.
Friedberg: Bindernagel & Schimpff 1866. 16 S.
Diss. med. Giessen 28.5.1866. vorh. 26. 7.

Weckerling, Karl, Christbaum u. Krippe. Ein Weihnachtsfestspiel f. die Kirche. (16 S.) 8. Herborn (910). Buchh. des nass. Colportagevereins. — 20

Weckers, P. J.

—— die vier ersten Bücher v. Fenelon's „Aventures de Télémaque" als Lehrb. d. franz. Sprache nach Hamiltonischen Grundsätzen bearb. 1. Aufl. gr. 8. (15 B.) Mainz 832, Kunze.

—— dass. 2., verb. Aufl. (2 Abthln.) (15 B.) 833. 18 Gr., 3. A. (15½ B.) gr. 8. Mainz 835, Wirth.

— s. M. Bullet, Gesch. d. Gründung d. Christenthums.

Wecker, P. J., Grammatik d. französ. Sprache. gr. 8. (33 B. u. 1 Tab.) Mainz 838, v. Zabern.

—— a key to the german language adapted for the use of englishman learning german, constructed on the principle of the Hamiltonian system. gr. 12. (7 B.) Mentz 835, Kunze.

Weckers, P. J., die Conjugation d. franz. Zeitwörter nach Girault-Duvivier's „Grammaire des Grammaires." gr. 12. (7¼ B.) Mainz 832, Kupferberg.

—— Lehrbuch d. engl. Sprache nach Hamilton. Grundsätzen, enth. zwei Erzähln. v. Miß Edgeworth, nebst e. zwischenzeil. engl. Aussprachebezeichn. n. Walker's System u. mit grammatikal. Noten. gr. 8. (20¹/₄ B.) Mainz 836. Kunze.

—— Lehrbuch d. französ. Sprache n. Hamiltonschen Grundsätzen, enth.: Sechs Erzähln., aus Berquin's „l'ami des enfans," u. die drei ersten Bücher v. Fénélon's „Aventures de Télémaque." 4., gänzl. umgearb. Aufl. d. Schrift: Die vier ersten Bücher v. Fénélon's „Aventures de Télémaque" als Lehrbuch d. französ. Sprache rc. gr. 8. (22¹/₈ B.) Mainz 839, v. Zabern. *

Weckers, P. J., Lehrbuch d. franz. Sprache nach Hamilton'schen Grundsätzen, enth. 6 Erzählungen aus Berquin's „l'Ami des enfans" u. die 3 ersten Büchern von Fenelon's „Aventures de Télémaque." 5., verb. Aufl. gr. 8. (20⁷/₈ B.) Mainz 846, v. Zabern. *

— s. Leloup, P. J., neues französ. Lesebuch.

Weckers, P. J., english Lessons literary and moral on the plan of the „Leçons françaises de littérature et de morale par MM. Noël et de la Place" combined with R. Chambers's history of the english language and literature. Zum Gebrauch für Schulen mit Wortregister u. Erklärung der Synonymen versehen. Lex.-8. Mainz 842, v. Zabern. n. 1¹/₃ ₰

— s. Noël et de la Place, Leçons françaises.

— der Preis des Roggen-Brodes in Mainz, beleuchtet. gr. 8. (1¹/₂ B.) Mainz 844, v. Zabern. *

—— Uebersetzung d. Uebungsstücke z. 5. Aufl. des Lehrbuchs d. franz. Sprache nach Hamilton'schen Grundsätzen. gr. 8. (3³/₄ B.) Mainz 846, v. Zabern. *

Weckesser, August, in seinem Leben und Schaffen . . . [Zürich 1900.] V: *Waser, Otto.* (Zuwachsverz. d. Bibl. Zürich 1898 ff.)

Weckesser, *Albert* [Prof. Dr.]: *Festrede am 29. April 1892 zum 40jährigen Regierungs-Jubiläum des Grossherz. Friedrich von Baden.* Karlsruhe, Buchdr. v. Malsch & Vogel, 1892; 4—9 S. 4.
Karlsruhe, R m. Fachkl. f. Kaufleute, MP 1892 (616)

Weckesser, Alb., Gedächtnisrede auf Ludwig Uhland. Geh. zur Feier seines Todestags am 13. XI. 1899 im Alldeutschen Verband in Karlsruhe. gr. 8. (15 S.) Karlsruhe (900). W. Jahraus. — 50

Ⓑ **Weckesser,** A., Gedächtnisrede auf Ludw. Uhland. 900.
Jetzt: Karlsruhe, F. Gutsch.

Weckesser, A., zur **Lehre** vom Wesen d. Gewissens. gr. 8. (VI, 98 S.) Bonn 886. Strauss. n. 2. —

Weckesser, Albert (geb. am 24 Febr. 1862 in Kirchardt Baden): Der empirische Pessimismus in seinem metaphysischen Zusammenhang im System von Eduard von Hartmann . . . Bonn, Univ.-Buchdr. v. C. Georgi 1885. 74 S., 1 Bl. 8. ¶ In Komm. bei Fock in Leipzig.
Bonn, Phil. Fak., Diss. v. 26 März 1885

— der empirische **Pessimismus** in seinem metaphysischen Zusammenhang im System von Eduard v. Hartmann. gr. 8. (74 S.) Bonn 885. (Leipzig, Fock.) n. 2. —

— **Die monistische Weltanschauung u. das Religionsproblem.** (36 S.) Lex. 8. Leipzig 908. M. Heinsius Nachf. — 60
Sonderabdruck aus: „Protestant. Monatshefte".

Weckesser, C. G., praktisch-chemisches Färbebuch, oder die Zubereitung aller, in d. Kattundruckerei u. Färberei vorkommenden chemischen Präparate, nebst den zur Untersuchung sowohl der einfachen als zusammengesetzten Körper nöthigen Reagentien Mit 4 Steindrucktaf. 8. Hamb. 821. Herold. 14 ℊℊ

Weckesser, Paul, das kirchliche Leben od. Liturgische Erklärg. der hl. Messe u. der hl. Sakramente sowie das Kirchenjahr. Ein Lesebüchlein in Fragen u. Antworten f. Volksschüler. 16. (IX, 232 S. m. Titelbild.) Freiburg i/B. 900. Herder. n. — 40; geb. in Halbleinw. n. — 60

Weckesser, Paul, das kirchliche Leben od. liturgische Erklärung der heiligen Messe u. der heiligen Sakramente sowie das Kirchenjahr. Ein Lesebüchlein f. Volksschüler in Fragen u. Antworten. 2., verb. Aufl. (VII, 232 S. m. Titelbild.) 16. Freiburg i/B. (908). Herder. — 40; kart. — 60

Weckesser, Phil., Gedichte. 8. Mannheim 845. (Bensheimer.) n. 1 ₰

Weckt d. Geist d. Gebets in d. Kirche auf!, s.: Gottesdienstordnung f. d. Wochenbetstunden.

Weckherlin, A., Abbildungen d. Rindvieh- u. and. Hausthier-Racen etc., s. Allesson.

Weckherlin, A. v., Beitrag zu den Betrachtungen über Constanz in der Thierzucht. Mit einem Vorwort u. mit Anmerkungen über Inzucht. Stuttgart 860. Cotta. gr. 8. (34 S.) n. 5 ngr.

Weckherlin, Beschreib. d. Königl. Württemb. Besitzungen Weil, Scharnhausen, Kleinhohenheim rc. gr. 8. Stuttg. 825, v. Cotta.

Weckherlin, A. v., über englische Landwirthschaft u. deren Anwendung auf andere landwirthschaftl. Verhältnisse, insbesondere Deutschlands. Nach eigener Anschauung. Gekrönte Preisschrift. 1. Aufl. (19³/₄ B.) 842. u. 2., verm. Aufl. gr. 8. (22⁵/₈ B.) Stuttgart 845, Cotta'sche Buchh. à

Weckherlin, A. v., über englische Landwirthschaft und deren Anwendung auf andere landwirthschaftl. Verhältnisse insbesondere Deutschlands. Nach eigener Anschauung. Gekrönte Preisschrift. 3., verm. Ausg. gr. 8. (XXIII und 372 S.) Stuttgart 852, Cotta'sche Buchh.

Weckherlin, A. v., die Rindviehzucht Württembergs, mit Vorschlägen zu deren weiterer Emporbringung, e. Beitr. z. landwirthschaftl. Beschreib. d. Königreichs. gr. 8. (18 B., Ttlbild. u. 1 Tab.) Stuttgart u. Tübingen 839, Cotta'sche Buchh.

—— die landwirthschaftl. Thierproduktion. 3 Thle. gr. 8. Stuttgart 846, Cotta'sche Buchh.
Thl. 1., 2. Allgemeiner Theil. — Rinderzucht. (46¹/₄ B.) 2 Thlr. 18 Ngr.
„ 3. Schafzucht. (22¹/₄ B.) 1 Thlr. 12 Ngr.

Weckherlin, A. v., die landwirthschaftliche Thierproduktion. 3 Thle. 2. Ausg. gr. 8. Stuttgart 851, Cotta'sche Buchh.
Inhalt:
Thl. 1. Allgemeiner Theil. (XIV und 234 S.)
„ 2. Rinderzucht. (VIII und 466 S.)
„ 3. Schafzucht. (VIII und 358 S.)

—— die landwirthschaftliche Thierproduktion. 3 Thle. 3., verm. und vervollständ. Ausg. gr. 8. (XXXVI und 1076 S.) Stuttgart 857, Cotta'sche Buchh.

Weckherlin, A. v., die landwirthschaftliche Thierproduktion. 3 Thle. 4. Ausg. Stuttgart 865. Cotta'sche Buchh. gr. 8. (XXXVI, 1104 S.) 4 ₰

Weckherlin, Carl Chr. Ferd., s. Weckherlin, Karl Chr. Ferd.

Weckherlin, Ferdinand, s. Weckherlin, Karl Chr. Ferd.

v. Weckherlin, Fd. Aug. Hnr., Achalm u. Muzingen unter Urach; ein Beitrag zur Topographie u. Statistik v. Würtemberg. 8. Tübing. 790.

— über Allmanden u. deren Benutzung, s. Allmanden, u. setze hinzu: (v. F. A. H. Weckherlin).

s. Apologie d. wirtemberg. Schreiberstandes.

WECKHERLIN, Fd. Aug. Heinr.: Darstellung d. Grundsätze, nach welchen Frohndienste u. insbesond Landes-Frohn n auszutheilen u. auszugleichen sind. *Frankf.*, (Steinkopf in *Stuttg.*) 798. 8 (14 Gr.)

Weckherlin, F. A. H.: „Darstellung der Grundsätze, nach welchen Frohndienste und Insbesondere Landfrohnen auszutheilen und auszugleichen sind", Stuttgart 1798 (Mackelot).

— Darstell. d. Grundsätze, nach welchen Frohndienste, u. insbesondere Landesfrohnen auszutheilen u. auszugleichen sind. 8. Stuttgart 798. Steinkopf. 14 gr a. Gebhardt u. K. in Frankf. 16 gr

s. Darstellung wie Kriegsschäden.

Darstellung (Praktische), auf was für Art die Kriegsschulden in Würtemberg zu tilgen, und die Kriegssteuer umzulegen sein möchte. (Von F. A. H. Weckherlin.) 8°. Stuttgart 1797.

s. a. Können die Naturalbesoldungen.

[Weckherlin, Ferd. Heinr. Aug.] Können die Naturalbesoldungen eine Theurung etc. veranlassen? Mit besonderer Beziehung auf Stuttgart. Stuttgart Metzler 1797.

s. Magazin f. wirtemb. Schreiber.

— Pietismus, Wirtembergischer, Schreiber, Schulen. Und Erziehung und Aufklärung überhaupt (von *Ferd. Heinr. Aug. Weckherlin*). O. O. 1787. 12°. (In Stuttgart.) (3 Mk. Adolf Weigel, 1898; jetzt theurer!) Anon.-Lex. IV. p. 418 (nach Heyd); VI. p. 269 (nach d. Kat. d. Ständ. Bibl. Stuttgart 1907. S. 31) Sehr selten!

s. Wirtemberger, d. patriot.

Weckherlin, Ferdinand Wilhelm (Schorndorf) A. S. 89/15

Exercitatio iuris publici et feudalis de feudis throni Von Thron=Lehen ad articulum XI. $. 7. capitulationum novissimarum. Präs. Gottfried Daniel Hoffmann. Tübingen (Erhard) 26. III. 1755. 68 S.

35930

Weckherlin's, Geo. Rud., Gedichte, s. a. Bibliothek d. litterar. Vereins in Stuttgart, 199. Publ.

Weckherlin, G. R., Gedichte, s. a. Dichter, deutsche, d. 17. Jahrh.

Georg Rudolf **Weckherlins** Gedichte hrsg. von Hermann Fischer. Bd 1–3. Tübingen: Litt. Ver. in Stuttgart 1894–1907. 3 Bde 8°
1. 1894. 2. 1895. 3. u. Suppl Bd. 1907.
— **Bibliothek** d. Litter. Vereins in Stuttgart. 199. 200. 245. [07. 18286

Weckherlin, Jul. Gust., lateinische Schulgrammatik, s. Hermann, Hugo Albr.

— — Uebungsbuch dazu, s. Hermann.

— — Übungsstücke zum Übersetzen aus dem Deutschen in das Lateinische für Klasse III und IV [Quarta und Tertia]. gr. 8. (III, 80 S.) Stuttgart 881, Metzler'sche Buchh.

— Wörterbuch, s.: Hermann.

Weckherlin, Karl Chr. Ferd.

Weckherlin, Fd., († d. 30. Okt. 1817.) Beiträge z. Geschichte altdeutscher Sprache u. Dichtkunst. 8. Stuttg. 811. Metzler. 12 gr

Weckherlin, C. C. F., Beiträge z. Geschichte altdeutscher Sprache u. Dichtkunst. 8. Stuttg. Metzler. 812.

— griech. Chrestomathie, s. a. Chrestomathie.

Weckherlin, Carl Chr. Ferd., griech. Chrestomathie, aus griech. klass. Schriftstellern gesammelt. 1. Abthl., mit e. vorangeh. kurzen syntakt. Kursus. 2. Aufl. 8. (15 B.) Stuttgart 830, [Beck u. Fränkel.]
2 Abthl. Ebendas. 1825. 14 Gr.

Weckherlin, Karl Chr. Fd., über die Einrichtung der Schulen in Rücksicht auf körperliche Gesundheit d. Jugend. 8. Stuttg. 799. Löflund. 12 gr

— Formenlehre d. griech. Sprache, besonders d. attischen Dialekts, für Anfänger. gr. 8. Stuttg. 818. Löflund. 14 gr

Weckherlin, C. C. F., Formenlehre d. griech. Sprache, besond. d. attischen Dialekts, f. Anfänger. 2., v. J. C. Keim besorgte, Ausg. — A. u. d. Tln.: Kleine griech. Grammatik. — Die griech. Syntax v. Keim. gr. 8. (17 B.) Stuttgart 836, Beck u. Fränkel. Thlr.

Weckherlin, Karl Chr. Fd., griech. Grammatik, nebst e. Anhang über die Dialekte, die Prosodie u. Uebung zum Uebersetzen ꝛc. gr. 8. Stuttg. 802. 2e A. 813. 3e A. 819. 4e A. 827. Löflund. 1 ß

— hebräische Grammatik für Anfänger. 1r Thl. Formenlehre. 8. Stuttg. 797. 2e A. 798. 3e A. 818. 4e A. 832. Löflund. 14 gr 2r Thl. Syntax. Ebd. 805. 2e A. 819. 16 gr

— Grammatik d. griech. Sprache. 4e Aufl. gr. 8. Stuttg. 827, Löflund.

— hebräisches Lesebuch für Schulen. 8. Stuttg. 797. 2e A. 806. 3e A. 818. Löflund. 16 gr 2e Abtheil. Mit e. Anhange grammat. Fragen u. Bemerkk. f. geübt. Schüler. 8. Ebd. 824. 18 gr

— Materialien zum Uebersetzen aus dem Deutschen in die hebräische Sprache. 8. Stuttg. 810. 2e A. 820. Löflund. 20 gr

— Syntax d. hebräischen Sprache, s. oben: hebr. Grammatik. 2r Thl.

— Uebungsbuch in d. griechischen Formenlehre, in 2 Abtheilg., nebst einem Anh. kurzer zusammenhdng. Stücke aus griech. Schriftstellern. 8. Stuttg. 822, Löflund u. S. à 18 gr.

Weckherlin, Carl Chr. Ferd., Uebungsbuch in d. griech. Formenlehre, in 2 Abthln., nebst e. Anh. kurzer zusammenhäng. Stücke griech. Schriftsteller. 1. Abthl. Beispiele zum Uebersetzen aus d. Griech. in d. Deutsche. 2., verb. Aufl. 8. (17 B.) Stuttgart 830, [Beck u. Fränkel.] Thlr.
2. Abthl. Ebendas. 1825. 18 Gr.

— s. Xenophons Cyropaedie.

Weckherlin, Rodolf, Gedichte, s. Bibliothek deutscher Dichter. 4r Bd.

Weckherlin, (Rod.) Gedichte, s. W. Müller, bibl. deutsch. Dichter 4r Bd.

Weckhrlin jun., Geist W. L. Weckhrlin's. 8. Stuttg 823 Metzler. 1 ℳ 4 ℊ

Weckhrlin, d. Jüngere, an die Völker Europens. 8. Altona 797. (Verlagsgesellschaft). 21 ℊ

Weckhrlin, Wilhelm Ludwig

– s. Briefe, Caraibische.

– Hyperboreische Briefe. 6 Bde. 8. Nürnb. 788–90. Felssecker. 4 ℳ 12 ℊ

Weckhrlin, Wlh. Ldw., († d. 24? 26. Nov. 1792.) Chronologen; ein period. Werk. 12 Bde. à 3 Stücke. 8. Frankf. u. Leipz. 779–81. (Felssecker in Nürnb.) 9 ℳ

– s. Denkwürdigkeiten von Wien.

– s. Eremitage, die.

– Geschichte u. Apologie d. Frhrn. v. Meggenhofen; ein Beitrag zur Illuminatengeschichte. Beilage zum grauen Ungeheuer. 8. Nürnb. 786.

– Paragraphen. 3 Bde. 8. Nürnb. 791, 92. Felssecker. 1 ℳ 12 ℊ

– s. Rabiosus, Ans.

(Weckhrlin, Wilh. Ludw., geb. 7. Juli 1739 zu Bothnang im Wurtembergischen, † 24. Novbr. 1792 zu Ansbach.) *Anselmus Rabiosus Reise durch Ober-Deutschland.* 2 Thle. (1 vol.). Th. (1:) Salzburg u. Leipzig (Nördlingen) 1778. 3 Bll. u. 152 S. – Th. 2. Frankfurt u. Leipzig 1778. 29 S. 8°. Hübscher Ppb.
Nach Baader's Lex. d. bayer. Schriftst. II. p. 328 erschienen ; Aufl. u. mehrere Nachdrucke (zu Nürnb., München etc.).

– s. Taschenbuch d. Philosophie.

– das graue Ungeheuer. 12 Bde. od. 36 Hefte. 8. Nürnb. 784–89. Felssecker. 9 ℳ

[Weckherlin, Wilh. Ludw.] u. d. Namen Anselmus Rabiosus, Wanderungen u. Kreuzzüge durch einen Theil Deutschlands. Altona 1795. 8. (b.)
, — Altona 1796. 8.
[Bayern, Thuringen, Berlin, Sachsen] (b.)

– s. üb. Wasers Verurtheilung.

Weckl, Fr., Tante Barbaras Weihnachtsgeschenk, – gesegnete Weihnachten, } s.: Schillingsbücher.

– Weihnachtsmärchen, s. a. Bloch's, Ludw., Kindertheater.

Weihnachtsmärchen. Aufführung in 2 Akten von Fr. Weckl. *Berlin: E. Bloch [1898].* (15 S.) 8° [J.]
= Kinder-Theater, Ludwig Blochs. No 50. (o3. 3361

Wecklein, L., Bericht über die griech. Tragiker betr. Literatur. f. 1881–1882. S.-A. 1882. 87 S. —.90
— — f. 1883–1884. S.-A. 1884. 78 S. —.90
— — f. 1885–1886. S.-A. 1886. 96 S. —.90
— — f. 1889–1891. S.-A. 1892. 94 S. 1.—
— — f. 1892–1895. S.-A. 1896. 76 S. —.75
— — f. 1896–1897. S.-A. 1898. 49 S. —.80

– Dramatisches u. Kritisches zu den Fragmenten d. griech. Tragiker. Ak. 1890. 57 S. 1.—

– Ueber d. Stoffe und Wirkung d. griech. Tragödie. S.-A. 1891. 48 S. 4°.

Wecklein, Mch., momenta praecipua ad liberaliorem Vet. Test. interpretat. etc. 8. Duisb. 806. Bädeker. 6 ℊ

Wecklein, Mich., Momenta praecipua ad liberaliorem Vet. Test. interpretationem, quae nostris temporibus est introducta, e collatione scriptorum veterum Graecorum et Romanorum scriptoribus sacris. Essen, 1806.

Wecklein, M., momenta praecipua ad liberaliorem vet. Test. interpretat. etc. 8. Duisburg, Baedecker. 808.

Wecklein, Mich., Tentamen historico-criticum circa diversas de insigni oraculo Isaiae 25, 13; 53, 12 sententias. Würzburg, 1801.

Wecklein, Nikolaus

Wecklein, N., Ueb. symmetr. Anordnung d. Dialogs u. die Stichomythie bei Sophokles. S.-A. 1868. 23 S. 1.—

Wecklein, N., Die Antiope des Euripides. S.-A. 19 S. 1.20

Wecklein, N., Der Areopag, die Epheten u. die Naukraren. Ak. 1878. 48 S. 1.20

—— ars Sophoclis emendandi. Accedunt analecta Euripidea. gr. 8. (XII, 200 S.) Würzburg 869. Stuber. *

—— s. Αἰσχύλου δράματα.

Wecklein, Nikolaus (Bearb.), s. Aeschylus: Die Orestie.

Wecklein, Nikolaus (Bearb.), s. Aeschylus: Prometheus.

Wecklein, Nikolaus (Bearb.), s. Aeschylus: Die Schutzflehenden.

Wecklein, Nikol., über die dramat. Behandlg. des Telephosmythus u. üb. die Dramen Ὀστολόγοι, Κάβειροι, Σύνδειπνοι, s. a. Sitzungsberichte der königl. bayer. Akademie der Wissenschaften. Philos.-philol. u. histor. Kl. 1909, I.

Über die dramatische Behandlung des Telephosmythus und über die Dramen Ὀστολόγοι, Κάβειροι, Σύνδειπνοι von Nikolaus Wecklein. München: Kgl. Bayer. Akad. d. Wiss. 1909. 55 S. 8°
(Sitzungsberichte d. Kgl. Bayer. Akad. d. Wiss. Philos.-philol. u. hist. Kl. Jg. 1909, Abh. 1.) (09. 7716

Wecklein, N., Bericht üb. die die griech. Tragiker betreff. Litteratur f. 1878. S.-A. 1878. 58 S. 1.—
— — f. 1879. S.-A. 1879. 54 S. 1.—
— — f. 1880. S.-A. 1880. 56 S. —.60

Wecklein, N., Comment. in Aristophanis Ranas. Gel. 1872. 33 S. 4°.

—— Curae criticae. — Kellerbauer, Alb., Kaiser Julians Leben. Nach den Quellen dargestellt. gr. 8. (22, 41 S.) Leipzig 877, Teubner. *
Aus: Jahrbücher für classische Philologie, besonders abgedruckt.

Wecklein, N., curae epigraphicae ad grammaticam graecam et poetas scenicos pertinentes. Leipzig 860. Teubner. gr. 8. (68 S.) n. 12 ngr

Wecklein, N., Curae epigraphicae ad grammaticam graecam et poetas scenicos pertinentes. gr. 8. (68 S.) Leipzig 869, Teubner. *

– Über die Hypsipyle des Euripides, s. a. Sitzungsberichte der königl. bayer. Akademie der Wissenschaften. Philos.-philol. u. histor. Klasse 1909, VIII.

Wecklein, Nikolaus: Über die Hypsipyle des Euripides von –. München: Kgl. Bayer. Akad. d. Wiss. 1909. 31 S. 8°
(Sitzungsberichte d. Kgl. Bayer. Akademie d. Wiss. Philos.-philol. u. hist. Kl. 1909, 8.)

— Jahresbericht üb. die griech. scenische Archäologie betreff. Litteratur. 2 Tle. Für 1876–1879. S.-A. 1879. 16 S. —.75
— — Für 1879–1884. S.-A. 1884. 9 S. —.75

Wecklein, N., Die Kompositionsweise des Horaz und die epistula ad Pisones. S.-A. 1894. 20 S. 1.20

Wecklein, N., über den Kresphontes des Euripides. gr. 8. (23 S.) Würzburg 881, Stahel'sche Universitäts-Buchh. *
Aus: Festschrift für Ludwig Urlichs, besonders abgedruckt.

— Sophocles Leben u. Dichtung. 1884. 21 S. m. 1 Abb. 1.—

— Über die Methode der Textkritik u. die handschriftliche Überlieferung des Homer, s.a. Sitzungsberichte der kgl. bayer. Akademie der Wissenschaften. Philos.-philolog. Klasse 1908, II.

Über die Methode der Textkritik und die handschriftliche Überlieferung des Homer von Nikolaus **Wecklein**. Vorgetragen 1908. München: Bayer. Akad. d. Wiss. 1908. (79 S.) 8°
= **Sitzungsberichte** d. Kgl. Bayer. Akademie d. Wiss. Philos.-philol. u. hist. Kl. Jg. 1908, Abh. 2. [08. 7520]

Nekrolog auf den K. Gymnasialprofessor Dr. Friedrich Christoph. — Von Dr. Nikol. Wecklein, O.-St.-R. u. G.-R. — Jahresbericht p. 55.
Progr. München, K. Maximilians-Gymnasium

Nekrolog auf Fr. X. Steck, O.-St.-R. und G.-P. a. D. — Von Dr. Nikol. Wecklein, O.-St.-R. u. G.-R. — Jahresbericht p. 55.
Progr. München, K. Maximilians-Gymnasium

— Ueb. d. sogen. Orchestra in Athen. 1887.

Wecklein, N., die Sophisten und die Sophistik nach den Angaben Plato's. (Ein Theil einer gekrönten Preisschrift.) gr. 8. (VIII und 104 S.) Würzburg 866, Stuber. *

Wecklein, N., üb. die Stoffe u. die Wirkung der griechischen Tragödie. Festrede, geh. in der öffentl. Sitzg. der k. b. Akademie der Wissenschaften zu München am 14. Novbr. 1891. gr. 4. (48 S.) München 891. (G. Franz, Verl.) n.n. 1. 40

—— Studien zu Aeschylus. gr. 8. (X, 176 S.) Berlin 872, Weber. *

—— Studien zu Euripides. Mit einem Anh. zu Aeschylus, Sophokles und den Bruchstücken der griech. Tragiker. gr. 8. (142 S.) Leipzig 874, Teubner. *
Aus: Jahrbücher für classische Philologie, besonders abgedruckt.

Wecklein, N., Studien zu den Hiketiden des Aeschylos. I. Die Danaidensage. S.-A. 1894. 58 S.

Wecklein, N., Studien zur Ilias. (IV, 61 S.) gr. 8. Halle 905. M. Niemeyer. n. 1. 60

Wecklein, N., platonische Studien. gr. 8. (S. 619—640.) München 901. (G. Franz' Verl.) n. — 40

—— über die Technik und den Vortrag der Chorgesange des Aeschylus. gr. 8. (24 S.) Leipzig 882, Teubner. *
Aus: Jahrbücher für classische Philologie, besonders abgedruckt.

— die kyklische Thebais, die Oedipodee, die Oedipussage u. der Oedipus des Euripides. gr. 8. (S. 661—692.) Ebd. 901. n. — 60
2 Sonderabdrucke aus: „Sitzungsber. d. bayer. Akad. d. Wiss."

Wecklein, N., Ueb. Themistokles u. d. Seeschlacht bei Salamis. Ak. 1892. 35 S.

Wecklein, Nic., über die Tradition der Perserkriege. gr. 8. (76 S.) München 876, (Lindauer'sche Buchh.) *
Aus: Sitzungsberichte der k. bayer. Akademie der Wissenschaften, besonders abgedruckt.

— Ueb. die Trilogie 1891.

Wecklein, N., Karl Ludwig von Urlichs, geb. 1813, gest. 1889. S.-A. 1892. 15 S. —.50

— Wörterverzeichnis der deutschen Rechtschreibung, s.: Ammon, G.

Wecklein, V.: Studien zu den Fröschen des Aristophanes. 33 S. – München M. , Progr. 1872.

Weckmann, Kurt, Referendar in Weißenfels: Der Erbschaftskauf. *Borna-Leipzig 1904: R. Noske.* (VIII, 67 S.) 8° [J.]
Leipzig, Jur. Diss. v. 1904

Matthias Weckmann und Christoph Bernhard Solocantaten und Chorwerke mit Instrumentalbegleitung. Hrsg. von Max Seiffert. *Leipzig: Breitkopf & Härtel 1901.* (XI, 172 S.) 2°(4°)
= Denkmäler deutscher Tonkunst. Bd 6. [01. 12667]

Weckner, Geo., Fr., die brauchbarste u. wichtigste Art die Verhältnisse des Diameters zu sr. Peripherie nützlich anzuwenden rc. Mit Kpf. 8. Mannh. 781. Löffler. 5 K

* *Ge. Fr. Weckner* die Verhältniss des Diameters zu seiner Peripherie nützlich anzuwenden, alle Zirkel nach ihrer Oberfläche mathematisch in ein Quadrat und alle Figuren zu verwandelen. Mannheim, bey Tob. Löffllern. 8. 1782.

Węckowski, Kasimir, Assistenzarzt an d. chir. Abt. d. Wenzel Hancke'schen Krankenhauses zu Breslau: Über hysterische Amaurose und hochgradige Amblyopie. Breslau 1906: L. Freund. (28 S.) 8°
Breslau, Med. Fak., Ref. Uhthoff, Diss. v. 27. Sept. 1906
[Geb. 4. März 81 Krzykosy, Kr. Schroda; Wohnort: Breslau; Staatsangeh.: Preußen; Vorbildung: Marien-Gymn. Posen Reife O. 01; Studium: Breslau 9 S.; Coll. 29. Juni 06; Approb. 24. Febr. 06.]

Węckowski, Stanislaus, aus Posen: Die romanischen Einflüsse in der polnischen Litteratur bis zum Ausgange des XVII. Jahrhunderts. *Posen 1901: St. Adalbert-Druckerei.* (84 S.) 8°
Breslau, Phil. Diss. v. 12. Aug. 1901

Weckruf, der. Einfacher Verlust, zehnfacher Gewinn, s.: Gabelsberger-Bibliothek. 47. Bd.

Weckruf. –
Essen. – 13.II.1898 – 30.IX.1902.
[NA seit 1.VII.1899 von: Rheinisch-Westfälische Arbeiter-Zeitung, Dortmund (1875).]

Weckruf: Der Weckruf
① Mit illustrierter Broschüren-Beilage (Juni 1905—Juli 1905) ⑤ 20. 6. 1903 --Mai 1906 und 1. 5. 1907 ⑥ 4° (20. 6. 1903—9. 1. 1904), dann 2° ⑦ 1903: alle 14 Tage (keine Nummer im September); 1904: zuerst alle 14 Tage, dann hieß es: «Erscheint wenn er kann», zuletzt monatlich; 1905: monatlich 2×; 1906: monatlich 2×; 1907: 1. Mai-Nummer ⑧ Genf: Imprimerie Commerciale (20. 6. 1903—29. 8. 1903); Zürich: A. Schaufelberger (3. 10. 1903—September 1905), F. Hinnen (September 1905–Mai 1906), S. Perazzolo (Mai 1907) ⑨ Der Antimilitarist (ab Oktober 1905) ⑩ Ernst Frick, Zürich, R. Scheidegger, Zürich ⑪ Gründer und geistiger Leiter: Matthias Malaschitz († 5. 6. 1904 in Ungarn), R. Scheidegger, Zürich, Ernst Frick, Zürich, L. Bertoni, Genf ⑫ anarchistisch ⑬ BGSZ: 52, p. 29 ⑭ Zh: SSA; Be: L ⑮ Die ersten, in Genf erschienenen Nummern, trugen als Bezeichnung noch «Le Réveil IV. Jahrgang», was darauf schließen läßt, daß sie als Beilage des Genfer Anarchistenblattes erschienen waren. — Die auf rotes Papier gedruckte Nummer v. 1. 5. 1905 trägt den Titel «Erster Mai 1905 - Der Weckruf»; die Mai-Nummer 1906 hatte ein farbiges Titelblatt. Bei der im Untertitel erwähnten «Broschüren-Beilage» handelt es sich um die «Revolutionäre Bibliothek», v. dieses Stichwort!

Weckruf
⑤ August oder September 1905 (1 Nummer) ⑧ Genf ⑫ anarchistisch ⑮ «Der Weckruf» v. September 1905: «Ein arger Irrtum machte es möglich, daß in Genf ein Blatt unter dem Namen «Weckruf» herauskam. Da es bei der einen Nummer bleibt, ist diese Affäre insoweit erledigt.»

Weckruf. Organ f. d. Interessen d. Eisenbahner Deutschlands. Jg. 14. Berlin 1910. 4°

Ein Weckruf an alle Arbeiter, die den Freien Turner-Vereinigungen noch nicht angehören, Wurzen 1893, 17 S., 16°.

Weckruf (Ein) für Bauer, Handwerker und Arbeiter des Wahlkreises Altena-Iserlohn. 8°. s. l. s. a.

Weckruf, deutscher! Von e. deutschen Manne. Hrsg. vom deutschen Antisemiten-Bund. 8. (32 S.) Berlin 892. G. A. Dewald n. — 20

Weckruf, e., ins neue Jahrhundert. Weiterungen aus u. zu D. Gebhardts bäuerl. Glaubens- u. Sittenlehre. Von E(rnst) E(hrlich). gr. 8. (IV, 112 S.) Berlin 900. Herm. Walther. n. 1. 20

Weckruf, Ein, ins neue Jahrhundert! Weiterungen aus und zu D. Gebhardts bäuerlicher Glaubens- und Sittenlehre ... Berlin 1901. V: *Ehrlich, Ernst.* (Berl)

Sankt Josephs **Weckruf**. Organ f. Volkswohl. Jg. 1. Bonn & Warendorf: Gebr. C. & L. Leopold 1906. 8° 107. 6016 θ

Weck- und Mahnruf an die Lutheraner Deutschlands vom Lutheraner-Verein zu Dresden nebst kurzem Bericht über die Wirksamkeit des Vereins im verflossenen Jahr. gr. 8. (28 S.) Dresden 869, Naumann. *

Weckruf zu kräftiger Mitarbeit an dem Werke der Mission. (8 S.) 8. Hermannsburg 910. Missionshandlg. p — 05

— wissenschaftlicher. Illustriertes Organ f. Sozialhygiene u. Reformen. Red.: F. Jezek. 1. Jahrg. 1905/06. 14 Nrn. (à ca. 8 S.) 4. Basel, Kampf-Verlag. n. 3. 20

Weckrufe an das katholische Volk. Organ des katholischen Schulvereins für Oesterreich. Jg. 1–6. Wien: Katholischer Schulverein for Oesterreich 1896–1900. 8°
Forts. u.d.T.: Weckrufe an die katholische Welt. Jg. 6. 1901 ff.
Hrsg.: C. Schwarz.

Weckrufe an das katholische Volk! Organ des kathol. Schulvereines f. Oesterreich. Hrsg. v. Casp. Schwarz. 5. Jahrg. 1900. 12 Nrn. hoch 4. (à ca. 16 S.) Wien, Buchh. des kath. Schulvereines f. Oesterreich. n. — 80

— dasselbe. Hrsg. v. dem Obmann Casp. Schwarz. Red.: Karl Reischl. 6. u. 7. Jahrg. 1901 u. 1902. à 12 Nrn. hoch 4. (à ca. 16 S.) Ebd. à Jahrg. n. 1.—

Weckrufe an das katholische Volk! Organ des kathol. Schulvereins f. Oesterreich. Hrsg. von Casp. Schwarz. Red.: Karl Reischl. 8.—11. Jahrg. 1903—1906. à 12 Nrn. (à 16 S.) hoch 4. Wien, Buchh. des kathol. Schulvereins f. Oesterreich. à Jhrg. n. 1.—

Weckrufe an das katholische Volk! Organ des kathol. Schulvereins f. Oesterreich. Hrsg. v. Casp. Schwarz. Red.: Karl Zöhrer. 12.—15. Jahrg. 1907—1910. à 12 Nrn. (à ca. 16 S.) 31×23 cm. Wien, Buchh. d. kathol. Schulvereins f. Oesterreich. à Jahrg. 2. —

Weckschriften, deutsche, hrsg. v. e. Vereinigg. deutscher Männer. Nr. 1 u. 2. gr. 8. (à 16 S.) Berlin 892. (G. A. Dewald.) à n. — 15
1. Die Anteilnahme der deutschen Frau an dem Kampfe wider das Judentum. Vortrag v. A. Branmann. — Deutsche Bestrebungen zur Erneuerung d. Volkstums v. Adf. Reinecke.
2. Die Juden als Hauptfeinde deutscher Sprache u. Schrift. Vortrag v. A. Branmann. — Der königl. Besuch aus Holland in Berlin (1892). Nachträglicher Ausdruck vaterländ. Beklemmg. od.: Wie einige deutsche Männer darüber geurteilt haben.

Weckstein, Scholem, a. Rußland: Die Behandlung der Eihautretention. Charlottenburg 1906: J. Zalachowski. (29 S.) 8°
Berlin, Med. Fak., Ref. Bumm, Diss. v. 5. Juli 1906
[Geb. 17. Juni 77 Perejaslaw; Wohnort: Zwenigorodka; Staatsangeh.: Rußland; Vorbildung: Gymn. Schmmir Reife O. 01; Studium: Berlin 7, Basel 1, Berlin 2 S.; Rig. 14. Juni 06.]

Weckstimme eines Deutschen zur allgem. Belebung des deutschen Volkes. 16. Erlangen 846, Palm'sche Verlagsh. 1/2 ₰

Weckstimme e. Rufenden in d. Wüste: „bereitet den Weg des Herrn." Erschallend durch Zeugnisse, Beispiele u. Gesänge von d. strafenden Gerechtigkeit Gottes ꝛc. No. 1—3. 8. Nürnb. 822, Raw. (à 3 Kr) 9 Kr

Weckstimmen. Erzählungen f. d. reif. Jugend. Hrsg. v. Bruno Mehmke. 1.—4. Hft. 12. (66, 67, 80 u. 68 S. m. Abb. u. 1 Farbdr.) Stuttgart (Holland & Josenhans). à n. — 30; als I. Serie in 1 Leinwbd. n. 1.20

— Erzählungen f. die reifere Jugend. 6. Hft. 12. Stuttgart, (Holland & Josenhans.) n. — 30
Am Goldstrand. Missions- u. kulturgeschichtl. Schildergn. Von P. Schneider. Mit 45 Bildern u. e. Karte. (60 S.)

Weckstimmen. 44 Lieder mit Melodien für gemischten Chor. Eph. 5, 14. 16. (64 S.) Basel 878, Spittler. *

— Erzählungen f. die Jugend. II. 12. Herrnhut, Missionsbuchh. n. — 20
Quamwatla. Eine Missionserzählg. f. die Jugend, nach Mitteilungen v. Miss. Siebörger. Von H. G. Schneider. Mit 16 Orig.-Bildern, 3 Illustr. u. 1 Karte v. der Moskito-Küste. (48 S.) (899.)

Weckstimmen. I. 8. Gr.-Lichterfelde-Berlin, E. Runge. n. 1.—
Herzensfriede! Ein Bittruf an alle Suchenden. Von Johs. Piening. (75 S.) (902.)

— 100 zweiseit. Traktate v. Edel, v. d. Nahmer, Ruprecht, Schmidt, Fr. P. Schmolke, M. Urban, Voemel. 8. Striegau (902). R. Urban. n. — 30

Weckstimmen. Erzählungen f. die reifere Jugend. Hrsg. v. Bruno Mehmke. 7. Heft. (62 S. m. Abbildgn. u. 1 Farbdr.) 12. Stuttgart 903. (Holland & Josenhans.) n. — 30

— II. 100 zweiseit. Traktate v. J. Paul, K. Kulisz, Frau Schmolke, J. Urban. 2. Aufl. kl. 8. Striegau (906). Th. Urban. — 30

— Erzählungen f. die reifere Jugend. Hrsg. v. Bruno Mehmke. 8. Heft. (64 S. m. Abbildgn. u. 1 Farbdr.) kl. 8. Stuttgart (908). (Holland & Josenhans.) p — 30

Weckstimmen. I u. II. kl. 8. Striegau, Th. Urban. à — 30
I. 100 zweiseitige Traktate v. Edel, v. d. Nahmer, Ruprecht, Schmidt, Fr. P. Schmolke, M. Urban, Voemel. 2. Aufl. (909.)
II. 100 zweiseitige Traktate v. J. Paul, K. Kulisz, Frau Schmolke, J. Urban. 3. Aufl. (909.)

Weckstimmen in biblischen Betrachtungen auf alle Tage im Jahre. 8. Aufl. gr. 16. (IV, 916 S.) Eisleben 882. Christl. Verein im nördl. Deutschland. Geb. 2. 40

Weckstimmen, Deutsche, von einem Westfalen, Ernst Moritz Arndt zugeeignet. O. O. 1848. V: *Schlottmann, Constantin.* (ADB)

Weckstimmen, deutsche. (Gedichte.) Von einem Westphalen. 8. (107 S.) Berlin 850, [Wiegandt und Grieben.]

Weckstimmen Gottes u. seiner Heiligen auf alle Tage im Jahre f. alle christl. Stände. gr. 12. (9 B.) Sulzbach 837, v. Seidelsche Buchh.

—— und Mahnungen an unsere Söhne und Töchter vom Austritte aus der Schule bis zum Eintritte in den eigenen Hausstand gerichtet. Eine Confirmationsgabe von Timotheus. gr. 8. (VIII und 67 S.) Dresden 851, (Kori.) *

—— neue. Redact.: Frz. Doll. (1—3.) Jahrg. 1877—1879. à Jahrg. 12 Hefte. (à 2 Bog.) gr. 8. Wien, Mayer und Comp. Jahrg. 1877 und 1878 à *
Jahrg. 1879 *

—— neue. Redact.: Frz. Doll. Jahrg. 1880. 12 Hefte. (à Heft 2 Bog.) 8. Wien, (Mayer und Comp.) *
—— dass. — Jahrg. 1881—1884. à Jahrg. 12 Hefte. (à Heft 2 Bog.) 8. Wien. (Würzburg, Woerl.) à Jahrg. *

Weckstimmen, neue. Red.: Frz. Doll. Jahrg. 1883—1886. à 12 Hfte. (2 B.) 8. Wien 883. (Würzburg, Woerl.) à Jahrg. n. 1. 60

Weckstimmen, neue. **Red.: F. Doll. Jahrg. 1887—1889.** à 12 Hfte. (2 B.) 8. **Wien. (Würzburg, Woerl.)** à Jahrg. n. 1. 60

Weckstimmen für das katholische Volk. Wien 1870—82. H: *Wiesinger, Albert.* (EB)

Weckstimmen für das katholische Volk. 1.—6. Jahrg. 1870—1875. à Jahrg. 12 Hefte. 8. (à Heft 28—32 S.) Wien, Sartori. à Heft 20 Pf.; à Jahrg.

—— für das katholische Volk. Redact.: Rud. Frhr. v. Manndorff. 7. Jahrg. 1876. 12 Hefte. (à 2 Bog.) 8. Wien, Sartori.
—— dass. — Hrsgbr. und Redact.: Alb. Wiesinger. 8. Jahrg. 1877. 12 Hefte. (à 2 Bog. mit Holzschntaf.) 8. Wien, Expedition.
—— dass. — Hrsg. und Redact.: Joh. Jordan. 9. und 10. Jahrg. 1878 und 1879. à Jahrg. 12 Hefte. (à 2—2½ Bog.) 8. Ebendas. à Jahrg.

Weckstimmen für das katholische Volk. Redact.: Joh. Jordan. 11.—13. Jahrg. 1880—1882. à Jahrg. 12 Nrn. (à Nr. 2—2½ Bog.) 8. Wien, Expedition. à Jahrg.
Nicht weiter erschienen.

Weckstimmen-Kalender f. d. Schaltj. 1872. Hrsg. vom Comité der Weckstimmen f. das kathol. Volk nebst Beiträgen v. Alban Stolz, Conr. v. Bolanden, Seb. Brunner rc. 8. (XXXII, 110 S. m. 15 Holzschntaf. in 8 u. 4.) Wien. Regensburg, Manz. 1. —; ohne Illustr. — 60; ohne Kalender — 80; ohne Illustr. u. Kalender — 50; Prachtausg. m. Illustr. u. Kalender 2. —

Weckstimmen-Kalender für das Schaltj. 1872. Hrsg. vom Comité der Weckstimmen für das kathol. Volk nebst Beiträgen von Alban Stolz, Conr. v. Bolanden, Seb. Brunner rc. 8. (XXXII, 110 S. mit 15 Holzschntaf. in 8. und 4.) Wien 871, Sartori.
Ohne Illustr. 60 Pf.; ohne Kalender
Ohne Illustr. und Kalender
Prachtausg. mit Illustr. und Kalender

Weckstimmen-Kalender, Illustrirter österreichischer, für das katholische Volk, auf das Schaltjahr 1892 14. Jahrg. Mit belehrenden und unterhaltenden Aufsätzen und zahlreichen Illustrationen. 8. (161 S.) Wien: Drescher & Cie 1891. —.36

Weckstimmenkalender, illustrierter österreichischer, f. das katholische Volk auf d. J. 1893. 15. Jahrg. 1. u. 2. Aufl. 8. (160 S. m. Illustr.) Wien, Austria, (Drescher u. Comp.) * — 60

Weckstimmenkalender, illustrierter österreichischer, f. christliche Familien auf d. J. 1894. 16. Jahrg. Mit belehr. u. unterhalt. Aufsätzen u. zahlreichen Illustr. 8. (157 S.) Wien, Verlagsbuchh. Austria. — 60

Weckstimmen-Kalender, Illustrirter österreichischer, für christliche Familien, auf das Schaltjahr 1896. 18. Jahrg. Mit belehrenden und unterhaltenden Aufsätzen und zahlreichen Illustrationen. 8. (159 S.) Wien: „Austria" 1895. —.30

Weckstimmen-Kalender, österreichischer, für das katholische Volk auf das J. 1889. 11. Jahrg. Hrsg. von J. Jordan. 8. (84 S.) Wien, C. A. Müller's Buchh. *

Weckstimmen-Kalender, Oesterreichischer, für das katholische Volk auf das Jahr 1890. XII. Jahrg. Herausgegeben von Dr. J. Jordan. 8. (134 S.) Wien: Müller 1889. —.25

Weckstimmenkalender, österreichischer, f. das katholische Volk auf d. J. 1891. 13. Jahrg. 8. (184 S. m. Illustr.) Wien, Verlag „Austria", Drescher & Co. n. — 72

Weckung, zur, guter Gedanken u. Empfindungen an jedem Morgen u. Abend des Jahres. 8. Reichenbach 814. (Leipz., Kummer). 18 gr.

Weckwarth, Kurt E.: Der Sklave im Muhammedanischen Recht. Berlin: G. Schade 1909. 64 S. 8°
Heidelberg, Jur. Diss. v. 1909, Ref. Jellinek.
[Geb. 24. Aug. 82 Berlin; Wohnort: Berlin; Staatsangeh.: Preußen; Vorbildung: Friedrich-Wilhelms-Gymn. Berlin Reife O. 01; Studium: Berlin Med. 1, Jura 9 S.; Rig. 19. Dez. 08.]

Weclewski: Ueber das polnische Lautsystem. 32 S. — Culm, Progr. 1853.

Weclewski: Simon Mauricius. Ein Beitrag zur Cultur-Geschichte Polens. 20 S. — Culm, Progr. 1867

Węclewski, Josephus *(geb. Posen 10. 2. 1833)*: Statutum Vislicense sive jus civile Polonorum antiquum, part. 1. Vratislaviae (1854). (42 S.) 8°
Breslau, Jur. Diss. v. 31. März 1854

Weclewski, S. De Polonorum cultu et humanitate decimo sexto et ineunte decimo septimo saeculo exteris testibus et arbitris advocatis. 52 S.
Culm, Progr. 1859

Weclewski, S., De Platonis Euthyphrone. Pr. 1875. 16 S. 4°. ‐ 2.—

Węclewski, Sigismundus: De Sophoclis Oedipo Rege. Halae Sax. (1863): Hendel. 37 S. 8°
Halle-Wittenberg, Phil. Diss. v. 16. Jan. 1863
Geb. Meseritz (Posen) 1. 5. 1824. V.

Wecsler, Isidor. Ueber Zinnoxysulfid. Bern, 1896.

von **Wecus**, Julius (geb. am 2 Dez. 1821 in Düsseldorf): Ueber Lupus vulgaris ... Bonn, Druck v. J. F. Carthaus (1874). 47 S. 8.
Bonn, Med. Fak., Diss. v. 15 Aug. 1874

Weczereck, Paul Josef (geb. Kauthen in Schles. 21. 3. 1855): Ueber den Dualismus des Variola- und Varicellencontagiums. Berlin (1882). (27 S.) 8°
Berlin, Med. Diss. v. 20. Apr. 1882

Weczeržiek, A., Vögel u. Blüthen. Fol. (4 Farbendr.) Teplitz 892. Willner & Pick. n. 4. 60; **einzelne Blätter 1. 60**

Weczerzik Edler v. Planheim, Karl, Geschichte der Kirche u. Pfarre „zu den neun Chören der Engel" in Wien „Am Hof" (n. d. n.-ö. Landesarchive, d. Kurz'schen Gedenkbuche u. a. Quellen). (27 S. m. Abbildgn.) gr. 8. Wien 908. H. Kirsch. — 40

Weczerzik, Edler v. Planheim, Karl, die Lage des Sionhügels. Uebersicht üb. die Ergebnisse der Sionfrage. (23 S. m. 1 eingedr. Skizze.) 8. Wien 905. H. Kirsch. n. 1. —

WECZERZIK v. Planheim, Carolus: De situ collis Sion. -- (1900) 100 S. 4° (Handschr) Diss. 492
Diss. Wien, Univ.

Weda, Sincerus [d. i. Beck, F. A.]: Beiträge zur Geschichte der Proselytenmacherei. Neustadt a. d. Orla 1827.

Weda, (S.,) Beitrr. z. Geschichte d. Proselytenmacherei. gr. 8. Neustadt 827, Wagner.

Wedag, Fr. Wlh., († d. 18. Mai 1799.) Handbuch über die frühere sittliche Erziehung, zunächst z. Gebrauch f. Mütter, in Briefen abgefaßt. 8. Leipz. 795. (Fischer u. Fuchs). 1 ℛ

— kurzgefaßtes Lehrbuch der Moral, od. Anleitung f. d. Jugend zum eigenen Nachdenken über die menschl. Verhältnisse, Angelegenheiten, Rechte u. Pflichten auf Erden. gr. 8. Leipz. 799. Kummer. 10 ℊ

— Predigten zur Beförderung richt. Urtheile über Gegenstände des gottesdienstlichen Nachdenkens. gr. 8. Leipz. 798. Kummer. 1 ℛ 4 ℊ

— Predigten hauptsächlich zur Berichtigung irriger Vorstellungen u. zur Bestreitung falscher Grundsätze. gr. 8. Leipz. 793. Beygang. 1 ℛ 2 ℊ Neue verbess. Ausg. gr. 8. Ebd. 817. (Krappe). 1 ℛ 4 ℊ

Wedag, Fr. W., Predigten, hauptsächlich zur Berichtigung irriger Vorstellungen, und zur Bestreitung falscher Grundsätze. Neue wohlf. Aufl. gr. 8. (Leipzig, Weygand in C.) 817.

Wedag, ..., 3 Predigten: auch zur Beherzigung herausg. von Fürsten. 8. Kiel 818. Bünsow. 1/8 ℛ

— die Religion als die beständige Gefährtin auf dem Pfade des Lebens; in Predigten. gr. 8. Leipz. 794. (Krappe). 1 ℛ 4 ℊ

— über das Wesen d. Welt; eine Predigt. 8. Leipz. 804. Steinacker. 3 ℊ

Wedan Karl: Die Volksdichte im Böhmerwald.
1903 PN 1641 Diss. Wien, Univ. 2377

Wedde, Johs. Wie kam Johannes Wedde zur Sozialdemokratie? 8. (31 S.) Hamburg 894. H. Grüning. — 15

Wedde, Herm. [aus Schwanebeck]: Beiträge z. Kenntniss des Rhynchotenrüssels . . . . Berlin, Druck v. W. Mooser, 1885; 3 + 31 S. u. 2 Taf. 8°.
Leipzig, Phil. Fak., Inaug.-Diss. v. 12. Sept. 1885.

Wedde, Herm., Beiträge zur Kenntniss des Rhynchotenrüssels. Diss. Leipzig 1885, Gustav Fock. 8°. 31 S mit 2 Taf.

Wedde, [Hermann]: Einrichtung des chemischen Unterrichts- und Arbeitszimmers. Halberstadt (1908): Koch. S. 20—22, 3 Tab. 4°
Halberstadt, RG OP 1908 (333) [S 08. 516

Wedde, H(ermann), Dr.: **Versuche** und Erfahrungen mit Schulaquarien. *(Halberstadt 1899: H. Meyer.)* (21 S.) 4°
Halberstadt, RG, OP 1899 (274)

Wedde, Hermann: Verzeichnis der in der Umgegend von Halberstadt vorkommenden Bärlappe, Schachtelhalme, Farne, Moose und Flechten. Halberstadt (1909): Koch. 40 S. 8°
Halberstadt, RG OP 1909 (349) [S 09. 493

Wedde, Herwig: Elemente des erkenntnistheoretischen Idealismus bei Spinoza. Eine histor.-krit. Abhandlung. (Zwönitz 1910: Ott.) 80 S. 8°
Jena, Phil. Diss. v. 12. Aug. 1910, Ref. Liebmann
[Geb. 11. Sept. 85 Hamburg; Wohnort: Hamburg; Staatsangeh.: Hamburg; Vorbildung: Wilhelm-Gymn. Hamburg Reife O. 04; Studium: Rostock 2, München 3, Jena 7 S.; Rig. 12. Juli 10.] [U 11. 1520

Wedde, Johs., das Drama vom römischen Reiche deutscher Nation, eine nationale Dichtung aus Barbarossa's Zeit, zum ersten Male übers. 8. (64 S.) Hamburg 878, Grädener. *

Wedde, Johs., die Freiheit u. ihr Freier. Grundlinien e. monist. Religion der Zukunft. Aus dem 2. Bd. der gesammelten Werke gesondert hrsg. v. Walt. Hübbe. (140 S.) 8. Hamburg 907. A. Janssen. 2. —

Wedde, Johs., Gedichte. Eine Auswahl aus den gesammelten Werken. Mit e. Einleitg. v. Walt. Hübbe. (84 S.) 8. Hamburg 903. A. Janssen. n. — 60

Wedde, J., Glauben u. Unglauben, s. Wagner, H.

Wedde, J., Grüsse des Werdenden. Gedichte eines demokratischen Redacteurs im Deutschen Reich. 8°. Hamburg 1884.

Wedde, Johs., Grüsse d. Werdenden. Gedichte e. demokratischen Redakteurs im neuen deutschen Reiche. 2. m. Erläutergn. versehene Ausg. 12. (XV, 344 u. 144 S.) Stuttgart 886. Dietz. n. 3. —

Wedde, Johs., Lilith. Gesänge. Nachgelassenes Werk. (XV, 300 S.) 8. Hamburg 910. A. Janssen. Geb. 6.—

— u. Thdr. Schwartz, das alte Lübek. Bilder aus der Kultur u. Geschichte Lübeks bis zum Anfange des 17. Jahrh. 2. (Titel-)Ausg. 8. (VIII, 497 S.) Ebd. 894. Geb. in Halbldr. n. 4. 50

Wedde, Johs., dramaturgische Spähne. Hamburgische Theaterberichte 1876—1879. gr. 8. (XXXVIII, 409 S.) Hamburg 880, Grüning. ℳ 7,50.; geb.

—— Theodor Storm. Einige Züge zu seinem Bilde. 8. (31 S.) Hamburg 888, Grüning.

—— s. Theophilus.

Wedde, Johs., gesammelte Werke. 2 Bde. 8. Hamburg 894. H. Grüning. Geb. in Leinw. à 4. 50; in Halbfrz. à n. 5. 50
1. Persönliches (Gedichte). (LIII, 497 S.)
2. Grüße des Werdenden. — Eslanowa. — Glaube u. Unglaube. (XXII, 476 S.)

Wedde, Theodora, Johannes Wedde. Gedenkblätter v. seiner Schwester. 8. (IV, 188 S. m. 2 Lichtdr.-Bildern.) Hamburg 891. H. Grüning. 1. 20; geb. 1. 80; in Liebhaberbd. m. Goldschn. 2. 70

Weddel, Jak., Reise ins südl. Polarmeer, s. Bibliothek d. Reisebeschreib. 44r Bd.

— dass., eine andere Uebersetzung. gr. 8. Jena 827. Bran. 18 gGr.

Weddell, H. A., Uebersicht der Cinchonen. Deutsch beurb. v. F. A. Flückiger. gr. 8. (43 S.) Schaffhausen 871. Brodtmann. — Berlin, Gaertner. 1. 20

Weddell, James: Reise in das südliche Polarmeer in den Jahren 1822 bis 1824, enthaltend die Erforschung des Antarctischen Eismeeres bis zum 74° der Breite, nebst einem Besuch des Feuerlandes, und einer Beschreibung seiner Bewohner. Aus dem Englischen. Mit drei Charten. Weimar 1827. VI, 142 S. 8°

Weddell, James: Reise nach dem Südpol in den Jahren 1822 bis 1824. (A. d. Ethnographischen Archiv besonders abgedruckt.) Jena 1827. 136 S. 8°

Weddell's, M. H. A., Naturgeschichte der Chinabäume nebst einer Beschreibung des Genus Cascarilla und einiger anderer, verwandter Pflanzen. In deutscher Uebersetzung hrsg. vom Allgemeinen österreich. Apotheker-Vereine. gr. 8. (125 S.) Wien 865, (Tendler und Comp.) *

Weddemann, Curt, Referendar in Hotensleben: Das Namensrecht nach den Reichsgesetzen insbesondere nach dem Bürgerlichen Gesetzbuche. *Borna-Leipzig 1903: R. Noske.* (VIII, 73 S.) 8°
Leipzig, Jur. Diss. v. 1903

Wedderkamp, Heinrich Christoph (Hitzacker) A. S. 1390/12

Dissertatio historico philosophica de variis veterum Graeciae sapientium modis tradendi sublimiorem scientiam. Präs. Theodor Wilhelm Ritmeier.
Helmstedt (Schnorr) 7. II. 1728. 30 S.
35932

Wedderkamp, Jo. Henr. De baptisteriis veterum libellus. Helmstadii 1703. 8°.

Wedderkamp, Johann Heinrich (Ülzen) Thl. VIII, 47/1

Historia seculi primi fabulis variorum maculata.
Präs. Johann Andreas Schmidt.
Helmstedt (Hamm) 15. V. 1700. 63 S.

Gew.: Andreas Gottlieb von Bernstorf, Franz Eichfeld, Anton Georg Helberg.
W. v.: Präs. 35933

Wedderkop, Henn.: Introductio in ius nauticum. Flensburgi 1757.

Wedderkop, M. v., u. J. Hemken, Handbuch für die Strafrechtspflege, insbesond. die polizeiliche, im Herzogth. Oldenburg. Oldenburg 867. Schulze'sche Buchh. gr. 8. (X, 407 S.) n. 2 Thlr 20 ngr.

Abermahliges Schreiben, Des Geheimen Rahts-Praesidenten (Magnus) von Wedderkop An den Herrn Administrator (Christian August) Zu Schlesswig-Holstein de dato Schleswig d. 30. Aug. 1714. o. O. u. J. 4 Bl. 4° k.

Schreiben Des Geheimen Rahts (Magnus) von Wedderkop An den Herrn Administrator (Christian August) Zu Schlesswig-Holstein. De Dato Schlesswig den 22. Febr. 1714. o. O. u. J. 2 Bl. 4° k.

v. Wedderkop, Thdr., Bilder aus dem Norden, gesammelt auf einer Reise nach Dänemark u. Schweden. 2 Thle. Mit den Grundrissen von Kopenhagen u. Stockholm. 12. Oldenburg 844, Schulze'sche Buchh. 3¾ Thlr

v. Wedderkop, Th., das Rauhe Haus. Ein Bild aus der Zeit. Mit 1 Kpfrst. nach der Zeichnung v. K. H. Hermann in Berlin. gr. 8. (VIII u. 144 S.) Oldenburg 851, Schmidt. n. 1⅓ Thlr

Wedderkop, Th. v., die Verfassung der evangelisch-lutherischen Kirche des Herzogth. Oldenburg. Eine übersichtl. Darstellung der Revision von 1853. gr. 8. (VI und 181 S.) Oldenburg 853, Schmidt. *

Wedderkopf, Matthias Gabriel (Kiel) A. S. 1332/24

Dissertatio Fridericiana de metu vacui, specioso ignorantiae in rebus physicis asylo.
Präs. Wilhelm Ulrich Waldschmiedt.
Kiel (Reuther) 6. X. (ca. 1710). 20 S.
35935

Wedderkopp, Frant. s. a.: Harnisch, Johs. W.

— Harden im Recht? Eine Betrachtg. 1.—10. Taus. (78 S.) gr. 8. Berlin 908. Herm. Walther. — 50

Wedderkopp, **H.,** introductionis in jus nauticum spec. IV. 4. Flensb. 757. Korte. 12 gGr.

Weddige, Handbuch zum Amtsblatt der königl. Regierung zu Arnsberg, enthaltend alle in der Zeit vom J. 1844 bis Ende 1852 erschienenen, „ein bleibendes Interesse habenden" allerh. Cabinets-Ordres, Ministerial-Provinzial- und Bezirks-Verordnungen, als 2. Thl. des im J. 1843 von dem Hofrath M. F. Essellen hrsg. Handbuchs. Ein Hülfsbuch für Verwaltungsbeamte, Geistliche, Gemeinde-Vorsteher 2c. gr. 8. (VIII und 311 S.) Arnsberg 853, Ritter. *

Weddige, A. Ueber Cyankohlensäure, ihre Aether und Derivate. Leipzig, 1874.

Weddige, A., s. Kolbe, Herm., ausführliches Lehrbuch der organ. Chemie.

Weddige, Ant. u. Zach. Weddige, zwei Predigten üb. d. schreckl. Mordthat, welche d. 19. Aug. 1810 ein Jüngling an e. von ihm schwangern Mädchen verübte; gehalten zu Lipory d. 26. Aug., oder am 10. Sonnt. nach Trinitatis; nebst e. vorhergeh. Geschichtserzählung. 8. Dortm. 810.

— s. J. Barclai, Gemälde.

WEDDIGE, August (Lüdinghausen): Ueber Epilepsie in ätiologischer Beziehung.- München: Wolf 1883. 48 S.
11.7.1883 - Urk (Titel: De epilepsiae aetiologia.); Chr 1883/84,12
Diss. Ingolst.-Landsh.-Mchn.

Weddige, B., Anleitg. zur Bildg. öffentl. Genossenschaften zur Ent- u. Bewässerung v. Grundstücken f. Zwecke der Landeskultur in den Provinzen Ostpreußen, Westpreußen, Brandenburg, Posen, Schlesien, Sachsen, Rheinprovinz u. Westfalen m. Ausnahme d. Kreises Siegen, nebst den in Betracht komm. Gesetzen u. Ministerialerlassen. Zugleich e. kurzes Handbuch d. landwirthschaftl. Wasserrechts f. Jedermann. 8. (VIII, 292 S.) Berlin 887. Guttentag. n. 4. 50

Weddige, L., und Carl **Weddige,** Münzfund bei Rheine an der Ems vom J. 1853, enthltd. außer 45 Tournosen 6863 Stück niederdeutscher Denare aus der Zeit vor 1358. Mit Abbildgn. Münster 855. Regensberg. gr. 8. (44 S. u. 1 lith. Taf.) n. 10 ngr.

Weddige, Zach., s. oben: Ant. **Weddige.**

Weddigen, Charlotte geb. Stohlmann, s. a. **Morgenstunden der Grazien.**

Weddigen, Charlotte, Morgenstunden der Grazien. 8. Bremen, Willmanns. (Müller.) 795.

Weddigen, Friedrich H. Otto, s. Weddigen, Otto

Weddigen, Otto

— Aufsätze u. Reden. Gesammelte kleinere Schriften. (165 S.) gr. 8. Wald 902. F. W. Vossen & Söhne. Geb. n. 4. —

Weddigen, O., Auswahl englischer Gedichte. Nebst biograph. Notizen der Verfasser und einem Anhang über die Grundzüge der engl. Verslehre. Für den Schul- und Privat-Gebrauch. 8. (VII, 136 S.) Paderborn 877, F. Schöningh. *

Weddigen, O., Auswahl französischer Gedichte. Nebst biograph. Notizen der Verf. u. einem Anh. über die Grundzüge der französischen Verslehre. Für den Schul- u. Privat-Gebrauch. 8. (VIII, 127 S.) Paderborn 879. F. Schöningh. n. 1. —

— Autographen-Album. Prakt. Hilfsmittel z. Aufbewahren u. Katalogisieren v. Orig.-Handschriften berühmter Personen. Für Sammler u. d. deutsche Haus. Fol. (V S, 58 Bl. u. 4 S.) Leipzig 896. E. Heitmann. Geb. 6. —; 8. —; 10. — u. 12. —

— die Berechnungen f. Entwurf u. Betrieb v. Eisenhochöfen. Ergänzungsbd. zu der Bearbeitg. der 2., den Hochofenprocess umfass. Abtheilg. d. ausführl. Handbuchs der Eisenhüttenkunde v. John Percy. Mit zahlr. Tabellen, Holzst. u. Taf. 2 Lfgn. gr. 8. Ebd. n. 25. —
1. (XIX, S. 1—292.) 887. n. 12. —
2. (XXI—XXVI u. S. 293—504.) 888. n. 13. —

Weddigen, Otto, die Bettlerin von San Marco u. andere Novellen, s.a. Weber's moderne Bibliothek.

Die Bettlerin von San Marco u. andere Novellen, von Otto Weddigen. Heilbronn: Weber [1907]. 126 S. 8° [Umschlagt.]
(Weber's Moderne Bibliothek. Nr 100.) [11. 3638

— Dramatische Bilder aus der westfälischen Geschichte. Festspiel zur 1900jähr. Wiederkehr d. Hermannsschlacht im Teutoburger Walde f. Schulen, Vereine, Gemeinden u. Familien. (23 S.) 8. Bielefeld (909). A. Helmich. — 80; 8 Rollenex. 3. —

— Bilder aus der westfälischen Geschichte zur Erinnerung an das Kaiser-Wilhelm-Denkmal an der Porta Westfalica. Dramatisches Festspiel f. Schulen, Vereine, Gemeinden u. Familien. 8. (24 S.) Bielefeld 894. A. Helmich. n. — 40; geb. n. 1. —; m. Ansicht des Denkmals n. — 60; geb. n. 1. —

— s.: Bilder aus dem Teutoburger Walde u. Wesergebirge.

Weddigen, Friedr. H. Otto, das Buch vom Sachsenherzog Wittekind, s. Hartmann, H.

— e. einiges Christentum u. e. einige christlich-deutsche Kirche. Ein Mahnruf an alle Deutschen. gr. 8. (31 S.) Berlin 893. M. Rüger. n. 1. —

—— die patriotische Dichtung von 1870/71 unter Berücksicht. der gleichzeitigen politischen Lyrik des Auslandes. Eine litterar-histor. Studie. gr. 8. (102 S.) Essen 880, Silbermann. (*ℳ 3.) *

— gesammelte Dichtungen. Mit e. biograph. Vorwort v. Karl Fulda. 2 Bde. 8. Minden 884. Bruns. n. 5. —; geb. n. 7. —
1. Gedichte. Dramen. (XXIV, 282 S.)
2. Novellen. (VII, 279 S.)

— westfälische Dorf- u. Stadtgeschichten. 2., verb. u. verm. Aufl. 8. (261 S.) Bielefeld 895. E. Siedhoff. n. 2. —

—— Lord Byron's Einfluss auf die europäischen Litteraturen der Neuzeit. Ein Beitrag zur allgemeinen Litteraturgeschichte. gr. 8. (XV, 132 S.) Hannover 884, Weichelt. *

Lord Byrons Einfluss auf die europäischen Litteraturen der Neuzeit. Ein Beitrag z. allgem. Litteraturgesch., nebst e. Anh.: Ferd. Freiligrath als Vermittler engl. Dichtung in Deutschland. Von Dr. Otto Weddigen. 2., durchges. Aufl. *Wald, Rheinl., & Leipzig: F. W. Vossen & Söhne 1901.* (XII, 153 S.) 8° [01. 8601 5

— Doktor Eisenbart, s.a. Dilettantenbühne, katholische.

Weddigen, Otto: Doktor Eisenbart. Schalkskomödie in 3 Akten mit Prolog u. Epilog von —. Kempten & München: Kösel 1909. 70 S. 8°
(Katholische Dilettantenbühne. H. 236.)

— von der roten Erde. Erzählungen u. Aufsätze. gr. 8. (V, 124 S. m. 1 Taf.) Bochum (808). A. Stumpf Nachf. n. 2. 60; geb. in Leinw. 3. 50

Weddigen, F. H. O., v. der roten Erde. Westfälische Dorfgeschichten u. andere Erzählgn. 8. (VII, 227 S.) Erfurt 887. Bartholomäus. n. 3. —; geb. n.n. 4. —

Weddigen, Otto: Von der roten Erde. Erzählgn u. Aufsätze v. Dr. Otto Weddigen. Bochum & Leipzig: A. Stumpf Nf. (1898). (3 Bl., 124 S., 1 Taf.) 1 Bd 8°

— Erinnerungen aus meinem Leben. 8. (135 S. m. Bildnis.) Gotha 902. R. Schmidt. n. 2. —

Weddigen, O. Étude sur la composition de la chanson de Roland. Schwerin, R., 1876. 27 S. 4. Diss. Rostock 1876. 36 S.

— die Favoritin des Königs. Ein Kultur- u. Sittengemälde aus dem Jahrhundert Ludwigs XIV. 8. (V, 161 S.) Leipzig (901). Berlin, H. Seemann Nachf. n. 2. —

— s.: Für unsere Kleinen.

— Gedichte aus der Heimat u. aus Italien. 8. (XII, 195 S.) Norden 886. Fischer Nachf. n. 3. —

— neue Gedichte. 8. (XII, 244 S.) Kassel 885. Kleinenhagen. n. 3. —

—— Geschichte der Einwirkungen der deutschen Litteratur auf die Litteraturen der übrigen europäischen Kulturvölker der Neuzeit. 8. (VIII, 183 S.) Leipzig 882, O. Wigand. *

— Geschichte der Einwirkungen der deutschen Litteratur auf die Litteraturen der übrigen europäischen Kulturvölker der Neuzeit. 2. (Titel-)Ausg. gr. 8. (VIII, 183 S.) Leipzig 895. O. Wigand. 2. —

Weddigen, Otto [Dr.]: Zur Geschichte des deutschen Meistergesanges. Wiesbaden, Buchdr. v. C. Ritter, 1891; 1 Bl., 18 S. 4°
Wiesbaden, k. RG, OP 1891 (403)

Weddigen, (F. H.) Otto, zur Geschichte d. deutschen Meistergesanges. gr. 4. (18 S.) Wiesbaden 891. (Leipzig, G. Fock.) n. 1. —

— Geschichte d. Berliner Theater. In ihren Grundzügen v. d. ältesten Zeiten bis z. Gegenwart dargest. 8. (XII, 78 S. m. 10 Taf.) Berlin 899. O. Seehagen. Geb. in Leinw. n. 1. 50

Geschichte der Theater Deutschlands in 100 Abhandlungen dargest. nebst e. einleitenden Rückblick z. Geschichte d. dramat. Dichtkunst u. Schauspielkunst von Dr. Otto **Weddigen**. Mit zahlr. Ill., Faks. u. Beil. (In 30 Lfgen.) Bd 1. 2. Berlin: E. Frensdorff [1904–06]. 2 Bde 4°(8°) [06. 1194

— Geschichte des ehemaligen königl. Theaters in Charlottenburg. [Aus: „W., Geschichte der Theater Deutschlands".] (16 S. m. Abbildgn. u. 2 Taf.) Lex.-8. Berlin 905. E. Frensdorff. n. 1. 50

— **Geschichte des königl. Theaters in Wiesbaden. Nebst e. Prologe zur Eröffng. des neuen Schauspielhauses, sowie m. Abbildgn. des alten u. neuen Theaters u. des Zuschauerraums in letzterem.** gr. 8. (IV, VII, 125 S.) Wiesbaden 894. (G. Quiel.) Geb. in Leinw. n. 3. —

Weddigen, Otto: Geschichte des Kgl. Theaters in Wiesbaden. Nebst e. Prologe z. Eröffng d. neuen Schauspielhauses, sowie m. Abb. d. alten u. neuen Theaters u. d. Zuschauerraums in letzterem. Von Dr. . Wiesbaden: C. Schnegelberger & C. 1894. (2 Bl., VII, 128 S., 3 Taf.) 1 Bd 8°

[F.] Geschichte der deutschen Volksdichtung seit d. Ausgange d. Mittelalters bis auf die Gegenwart. In ihren Grundzügen dargest. v. Dr. Otto **Weddigen**. 2. verm. u. verb. Aufl. *Wiesbaden: H. Lützenkirchen 1895.* (VI S., 1 Bl., V X, 248 S.) 1 Bd 8. [97. 411

— Geschichte der deutschen Volkspoesie seit dem Ausgange d. Mittelalters bis auf die Gegenwart. In ihren Grundzügen dargestellt. 8. (XV, 360 S.) München 884. Callwey. n. 6. —

— auf dem Heiratsbureau, s. a. Heidelmann's, A., Theaterbibliothek.

Auf dem Heiratsbureau. Lustspiel in 1 Akt von Dr. Otto **Weddigen**. Bonn: A. Heidelmann [1905]. (17 S.) 8° [F.]
— **Theaterbibliothek**, A. Heidelmann's. H. 151. [06. 6695

— Helgamor u. Godalind. Ein Epos aus der Zeit der Sachsenkriege Karl's d. Großen. 16. (V, 91 S.) Wiesbaden 889. Limbarth. geb. m. Goldschn. n. 2. —

Aus **Herz** der Jugend! Neue Märchen, Kinderlieder, Fabeln u. Sprüche von Otto **Weddigen**. Mit 8 Orig.-Ill. *Elberfeld: S. Lucas [1904].* (V, 135 S.) 8° [F.] [04. 7.46

—— die Hohenzollern und die deutsche Litteratur. Eine litterarhistor. Studie. gr. 8. (47 S.) Düsseldorf 883, Voß und Comp.

[F.] Deutsches **Jugendbuch**. E. Sammlg neuer Märchen, Erzählgn, Fabeln, Gedichte u. Rätsel f. Kinder v. 9—12 Jahren v. Dr. Otto **Weddigen**. M. Farbendruckb. nach Orig. v. Prof. Hanns Fechner u. Eugen Siegert. *Berlin: Globus Verl. [1898].* (IV, 187 S., 5 Taf.) 1 Bd 8. [98. 10893

— deutsches Jugendbuch. Eine Sammlg. neuer Märchen, Erzählgn., Fabeln, Gedichte u. Rätsel f. Kinder von 9—12 Jahren. Mit Farbendr.-Bildern nach Originalen v. Hanns Fechner u. Eug. Siegert. gr. 8. (IV, 187 S.) Berlin (900). Globus-Verlag. Geb. 1. 50

— Jung-Siegfried. Epische Dichtg. in 8 Abenteuern. Ergänzende Einleitg. zum Nibelungenliede. Für Schule u. Volk. (31 S.) 8. Oldenburg (905). Schulze. n. — 40

— der Kampf d. Geistes u. Ideal u. Dämon. 2 Romane in 1 Bde. gr. 8. (IV, 298 S. m. Bildn.) Leipzig 896. F. A. Berger. n. 3. —

Kaiser Karl V. Trauerspiel in 5 Akten von Otto **Weddigen**. Leipzig: Maerter [1907]. 62 S. 8° [11. 3637

— Für unsere Kleinen, s.: Dieffenbach, G. Chr.

— Der König von Sion. Trauerspiel in 5 Akten. (65 S.) 8. Leipzig (908). E. Maerter. 1. 50

— Krieg u. Katastrophen. Ein Friedensroman. (Volks-[Titel-]Ausg.) (132 S. m. Bildnis.) 8. Leipzig (908). R. Sattler. 1.75; geb. 2. 75
1. Ausg. (132 S. m. Bildnis.) 907. 2.50; geb. 3.50.

— Leichtsinn u. Ehre, s.: Mehr alter Nr. 2.

— Leidenschaften od. Ein Jahr in der Reichshauptstadt, s.: Mehr alter. Nr. 1.

— Litteratur u. Kritik. Betrachtungen üb. die litterar. Zustände in Deutschland. 2. Ausg. 12. (III, 148 S.) Leipzig (902). Berlin, H. Seemann Nachf. n. 2. —

— den Manen Schillers. Des Dichters Leben, seine Ruhestätte u. Denkmäler im deutschen Sprachgebiete. Zum 100. Todestage dem deutschen Volke in Wort u. Bild vorgeführt. [Verm. Sonderabdr. a.: „W., d. Ruhestätten u. Denkmäler uns. deutschen Dichter".] 1. u. 2. Abdr. (43 bez. 48 S. m. 20 Abbildgn.) 8. Halle 905. H. Gesenius. — 60 (Ladenpr. aufgehoben)

—— neue Märchen und Fabeln. 1. und 2. Aufl. 8. (VIII, 148 S. mit 17 Holzschn.-Illustr. von Carl Gehrts und 1 Titelzeichnung von Herm. Ulffers.) München 885, Callwey. cart.

— neue Märchen u. Fabeln. Mit 17 Holzschn.-Illustr. v. C. Gehrts. 3. Aufl. 8. (VIII, 148 S.) München 887. [Callwey.] Berlin, Meidinger, Verl. geb. 2. 50

[F.] Die neuesten Märchen, Kinderlieder, Fabeln und Sprüche v. Dr. Otto **Weddigen** ... *Frankfurt a. O.: H. Andres & C. [1896].* (XVI, 154 S., 1 Bl., 1 Taf., 1 Portr.) 1 Bd 8. [97. 7083

— die neuesten Märchen, Kinderlieder, Fabeln u. Sprüche. (M. 26 Orig.-Zeichngn. u. 2 Chromobild. v. Otto Andres.) 8. (XVI, 155 S. m. Bildn.) Frankfurt a/O. 896. Berlin, J. Gnadenfeld & Co. kart. n. 1. 50

— der deutsche Meistergesang. Mit e. litteraturgeschichtl. Einleitg. u. Auswahl v. Probestücken. 8. (100 S.) Berlin 894. Friedberg & Mode. n. 1. —

— Schmied Mimer. Ein Märchendrama in 5 Akten. 12. (45 S.) Essen 897. Fredebeul & Koenen. n. — 60

— Neues u. Altes von der „roten Erde". Forschungen zur Geschichte u. Kulturgeschichte Westfalens u. d. lippeschen Lande. (VII, 118 S. m. 3 Taf.) 8. Duisburg 908. J. Ewich. Geb. 2. 50

—— über die Notwendigkeit einer Professur für neuere Litteratur an den deutschen Hochschulen. gr. 8. (17 S.) Essen 880, Silbermann. (* 80 Pf.) *

— Novellen u. Erzählgn. 2 Tle. in 1 Bde. 8. (IX, 370 S.) Leipzig 896. R. Friese, Sep.-Cto. n. 4. —; geb. n. 5. —

— Thomas Pfefferling, der Afrikafahrer. Ein echter Berliner Junge auf seinen gefährl. Fahrten u. Abenteuern zu Lande, Wasser u. in der Luft, durch lust. (farb.) Bilder veranschaulicht von F. W. Weddigen-Schwerin. (31 S.) 36×28 cm. Altenburg (909). St. Geibel. Kart. 3. —

— Der Philosoph v. Sanssouci u. die Jungfer Antoinette, s.: Lustspiele.

— der Raub der Odaliske. Noveletten und Skizzen. 8. (189 S.) Ebd. (901). n. 3.—

—— s. Reform, die nationale, unserer höheren Lehranstalten.

Weddigen, Otto. Die Ruhestätten und Denkmäler unserer deutschen Dichter. Mit 4 Photogravüren [Tafeln] und 69 Abbildungen im Text. XII + 212 S. 8. Halle a. S., Hermann Gesenius, 1904. [geb. M. 7. —]

Darin S. 8. 11. 27. 59 f. 65. 75. 83 f. u. 200. 85. 120 f. 114—118 (ill.). 178 f. 190—192 (ill.) über Albert Bitzius (Jeremias Gotthelf), Johann Jakob Bodmer, Abraham Emanuel Fröhlich, Albrecht von Haller, Johann Peter Hebel, Georg Herwegh, Gottfried Keller, Gottfried Kinkel, Konrad Ferdinand Meyer, Joseph Victor von Scheffel, Jakob Vogel von Glarus, Heinrich Zschokke; *s. auch S. 20—22. 48. 158. 159.*

— die deutsche Sage u. das deutsche Volksmärchen, s. a. Lehmann's Volkshochschule. 6. Bdchn.

Weddigen, Otto: Die deutsche Sage und das deutsche Volksmärchen. Ihr Wesen, ihre Entstehung u. Erklärung . . . von Dr. Otto Weddigen. Stuttgart: F. Lehmann 1904. 68 S. 8°
(Lehmann's Volkshochschule. Bdch. 6.)

—— und Herm. Hartmann, der Sagenschatz Westfalens. Mit 1 (lithogr.) Titelbilde: „Die Sage" nach Wilh. v. Kaulbach. gr. 8. (XXIV, 387 S.) Minden 884, Bruns' Verlag. * geb. *

— der deutschen Jugend Schatzkästlein. Neue Märchen, Fabeln, Sprüche u. Rätsel, nebst 60 neuen Kinderliedern u. Gebeten. Mit Holzschn.-Illustr., 1 Chromolith. u. 3 Lichtdr.-Bildern v. O. Dinger u. a. gr. 8. (VIII, 142 S.) Berlin 893. M. Rüger. Geb. in Leinw. n. 3. —

— Schein od. Sein, s. a. Mehrakter. Nr. 3.

Weddigen, Otto, Schein u. Sein. Schausp. in 3 Akten. 12. (59 S.) Leipzig 898. R. Friese, Sep.-Cto. n. 1. —

— u. Aug. H. Plinke, Schwänzelpeter u. Schlumpelliese. Ein Bilderbuch f. gute Kinder u. solche, die es werden wollen. Text v. W., Bilder v. P. gr. 4. (30 S. m. farb. Bild.) Langensalza 898. H. Beyer & Söhne. Kart. n. 2. —

— Schwertlieder eines Freiwilligen aus dem Feldzuge von 1870—1871. 12. (79 S.) Essen 880. Silbermann. n. 1. —

— auf falscher Spur, s. a. Vereinstheater, neues.

Auf falscher Spur. Dramat. Scherz in 1 Akt von Dr. Otto Weddigen. Essen-Ruhr: Fredebeul & Koenen (1905). (24 S.) 8° [F.]
— Vereinstheater, Neues. No 66.

—— Studien und Erinnerungen. 8. (VIII, 63 S.) Ebendas. 881. *

— Das griechische u. römische Theater u. das Theater Shakespeares in ihrer kulturgeschichtlichen Entwicklung, s. a. Bücherei, kulturgeschichtliche. Nr. 2.

Weddigen, Otto, Das griechische und römische Theater und das Theater Shakespeares in ihrer kulturgeschichtl. Entwicklung nach d. neuesten Forschungen f. Schule u. Volk dargest. Kötzschenbroda u. Leipzig [1907]. 8°.

—— Lessing's Theorie der Tragödie mit Rücksicht auf die Controverse über die κάθαρσις τῶν παθημάτων. gr. 8. (V, 58 S.) Berlin 876, Haude und Spener'sche Buchh. *

— Hans Tunichtgut. Allen Kindern zu Nutz u. Lehr' gewidmet vom Märchenonkel W. Bilder v. Frdr. Wolfg. Weddigen. (20 S.) 36×28,5 cm. Altenburg 907. St. Geibel. Kart. 2. —

—— unser Vaterland in Liedern deutscher Dichter älterer und neuerer Zeit. Hrsg. für das gesammte Deutschland. 8. (VIII, 109 S.) Kassel 880, Freyschmidt. * 75 Pf.; geb. * Feinere Ausg. * M 1.; geb. *

— Unter der Vaterschuld. Roman. (210 S.) 8. Jena 910. H. Costenoble. 2.50; geb. 3. —

— was ist die Bibel? Der Wahrheit die Ehre! Kritische Betrachtgn. zu Nutz u. Frommen f. das deutsche Volk. gr. 8. (21 S.) Berlin 894. Leipzig, P. List. n. — 60

—— aus der litterarischen Welt und für dieselbe; wie auch zu Nutz und Frommen für das große Publikum. Zeitgemäße Erörterungen. gr. 8. (47 S.) Hannover 883, Schüßler. *

— Moderne Welt, s.: Lustspiele.

Weddigen, (F. H.) Otto, gesammelte Werke 1.—4. Bd. 8. Wiesbaden, R. Bechtold & Co. n. 12. 25; geb. n. 14. 75
1. Gedichte. Gesamtausg. Mit dem Bildnisse d. Dichters. 2., durchgeseh. u. verm. Aufl. (XII, 350 S.) 891. n. 3. 75; geb. n. 4. 50
2. Fabeln u. Parabeln. Sprüche. 4., verm. Aufl. (VIII, 132 S.) 891. n. 1. 50; geb. n. 2. —
3. Märchen. 4. Taus. (VII, 215 S.) 892. n. 3. —; geb. n. 3. 50
4. Epische u. dramatische Dichtungen. 2., verm. u. verb. Aufl. (VII, 392 S.) 893. n. 4. —; geb. n. 4. 75

Weddigen, Otto, gesammelte Werke. 2. u. 6. Bd. 2., verm. Aufl. 8. Leipzig, R. Friese, Sep.-Cto. n. 7. 50; geb. n. 9. —
2. Kinderlieder. (Gesamtausg.) (VIII, 104 S.) 898. n. 1. 50; geb. n. 2. —
6. Theater. Dramat. Dichtgn. (V, 536 S.) 897. n. 6. —; geb. n. 7. —

Weddigen, Otto, gesammelte Werke. 3. u. 7. Bd. 8. Leipzig [R. Friese, Sep.-Cto.]. Gotha, R. Schmidt. n. 5. 50; geb. n. 6. 75
3. Sprüche u. Aphorismen. (Gesamtausg.) 2. verm. Aufl. (135 S.) (890.) n. 1. 50; geb. n. 2. —
4. Märchen. 4. verm. Aufl. Einzig vorhandene u. berecht. Gesamtausg. Titelbild v. Carl Gehrts. (VI, 381 S.) (899.) n. 4. —; geb. n. 4. 75

Weddigen, Otto, gesammelte Werke. Wohlfeile Volks-Ausg. 3 Bde. (Neue [Titel-]Ausg.) (XII, 350, 135; 186, III, 536 u. VIII, 381, VIII, 134 S. m. Bildnis u. 1 Taf.) 8. Berlin [891—899] (904). Concordia. Geb. in Leinw. n. 12. —

Gesammelte Werke von Otto Weddigen. Wohlfeile Volksausg. Bd 1. Berlin: Concordia [1905]. 8°

— das Wesen u. die Theorie der Fabel u. ihre Hauptvertreter in Deutschland. 8. (34 S.) Leipzig 893. Wenger. — 75

— Westfalen. Land u. Leute in Wort u. Bild. gr. 8. (VIII, 71 S. m. 10 Abb.) Paderborn 896. F. Schöningh. 1. 50; geb. n. 2. 60

—— Westfalen, das Land der „roten Erde", in der Dichtung. 8. (VIII, 140 S.) Minden 881, Bruns' Verlag. * geb. mit Goldschn. *

—— zur Würdigung der Sedan-Feier und des verflossenen Jahrzehnts. Festrede, gehalten zur 10jähr. Wiederkehr des Sedantages in der Aula des königl. Gymnasiums zu Hamm i. W. gr. 8. (19 S.) Essen 880, Silbermann. (* 40 Pf.) *

Weddigen, Pt. Flor., († im Juni 1808.) westphälischer Atlas. 1s Heft. gr. Fol. Lemgo 790. Meyer. 12 gr.

— histor. geogr. statist. Beyträge z. nähern Kenntniß Westphalens. 2 Thle. s. Beyträge.

— histor.-geograph.-statist. Beschreibung der Grafschaft Ravensberg in Westphalen, aus beglaubten Urkunden, mit 2 Kpf. u. 1 Karte. 2 Bde. gr. 8. Leipz. 790. Weidmann. 1 ß 18 gl.

s. **Donops Beschreib. v. Lippe.**

— **Fragmente a. d. Leben d. Grafen v. Herzberg.** 8. Bremen, Willmanns. (Müller.) 796.

— Paderbornische Geschichte, nach Schatens Annalen. 1r Bd. 1te—3e Abtheil., s. J. D. v. **Steinen, westphälische Geschichte.** 5r Bd.

s. a. **Handbuch, geograph., f. Kaufleute.**

— geographisches Handbuch f. Kaufleute. 2 Thle. 8. Lemgo, Meyer. 792—94. (à 18 gl.)

— Handbuch der historischen u. geographischen Literatur Westphalens. 1r Thl. gr. 8. Dortm. 801. (Schulz in Hamm). 14 gl. Hbg. Pr. 10 gl.

— neues westphälisches Magazin, z. Geographie, Historie u. Statistik. 12 H. 4. Ebend. 789—94. (à 10 gl.)

— — dasselbe. Jahrg. 797 u. 98. s. **A. Mallinkrodt.**

— Magazin für Westphalen, s. a. **A. A. F. Mallinkrodt.**

— u. A. Mallinkrodt Magazin f. Westphalen, d. Geographie, Geschichte, Statistik u. allen nützl. Wissen gewidm. 4r Bd. od. Jahrg. 799. Dortmund, Mallinkrodt.

— westphäl. Magazin zur Geographie, Historie u. Statistik. 16 Hefte. 4. Lemgo 785—89. Meyer. 6 ß 16 gl. Neues westphäl. Magazin, z. Geographie, Historie u. Statistik. 12 Hefte. 4. Ebd. 789—94. 5 ß

s. **Morgenstund. d. Grazien.**

— westphäl. histor.-geograph. Nationalkalender, f. 1800 u. 1801, s. **Nationalkalender.**

Weddigen, P. F., geistliche Oden und Lieder, s. a. **Universal-Bibliothek Nr. 1176.**

— **geistliche Oden u. Lieder mit Müllers Compos. f. Clavier.** 8. Elberfeld, Büschler.

— geistl. Oden u. Lieder. 8. Hamb. 798. (Herold jun.) 15 gl. 2e Aufl. 8. Elberf. 801. (Schönian). 16 gl.

Weddigen, P. F., geistliche Oden u. Lieder. 3te wohlf. Aufl. 8. Elberf. Büschler. 812.

— Oden u. Lieder. 8. Hamb. Vollmer. 798.

— statist. Uebersicht von Westphalen. Fol. Berl. 791. Vieweg in Braunschw. 16 gl.

WEDDIGEN, Wilhelm (Minden): Ueber den primären Oesophagus-Krebs.- München: Wolf 1892. 46 S.
16.7.1892 - Urk (Titel: De oesophagi carcinomate primario.); Chr 1892/93,16
Diss.Ingolst.-Landsh.-Mchn.

Wedding, (Gust. Frid.) Armin. (geb. Berlin 9. 3. 1834): De Vesuvii montis lavis. Berolini (1859). (30 S.) 4°
Berlin, Phil. Diss. v. 7. Apr. 1859

Wedding, Carl Ferdinand, s. **Wedding, Karl Ferdinand**

Wedding, Georgius, Bugensis: De vocalibus productis Latinas voces terminantibus. *Halis Sax. 1901.* (62 S.) 8° ¶ (Aus: Beiträge z. kunde d. indg. sprachen. 27.)
Halle, Phil. Diss. v. 15. [ubergekl. 22.] Nov. 1901

Wedding, Gustav Friedrich Armin, s. **Wedding, Armin**

Wedding, Hermann

Wedding, H: Die Anwendung des Le Chatelier-Heräus'schen Thermopyrometers für das Eisenhüttenwesen. Düsseldorf 1896

Wedding, H: Die magnetische Aufbereitung von Erzen. Berlin 1898

Wedding, Herm., Aufgaben der Gegenwart im Gebiete der Eisenhüttenkunde. gr. 8. (XII, 72 S. mit Lichtdr.-Bild.) Braunschweig 888, Vieweg und Sohn. *

Wedding (H.), Beitrag zur Geschichte der Geologie des Harzes. Halle 1884. 8.
Angebunden.

Wedding, H: Einheitliche Benennung von Eisen und Stahl auf dem Kongresse des internationalen Verbandes für die Materialprüfungen der Technik in Brüssel 1906. (Düsseldorf) 1907

—— die **Berechnungen** für Entwurf und Betrieb von Eisenhochöfen etc. etc., s. a. **Percy, John, die Metallurgie, II. Ergänzungsbd.**

Wedding, H., die Berechnungen für Entwurf und Betrieb von Eisenhochofen. (2. Erganzbd zu Percy, Handbuch der Eisenhuttenkunde) Braunschweig 1888

Wedding, H: Berg- und Hüttenwesen. (Berlin 1896?) (Aus d. amtl. Bericht über die Weltausstellung in Chicago 1893)

Wedding, H: Bericht über die 60jährige Jubelfeier des Niederösterreichischen Gewerbvereins in Wien. Berlin 1890

Wedding, H: Bericht über die Vertretung des Vereins zur Beförderung des Gewerbfleißes beim Kongreß des »Internationalen Verbandes für die Materialprüfungen der Technik« in Stockholm. (Berlin) 1897

Wedding, H., die Bessemeranlage auf der Vulcan-Hütte zu St. Louis am Mississippi. gr. 4. (6 S. mit 5 lithogr. Taf.) Berlin 877, Nicolai'sche Verlagsh.
Aus: Verhandlungen des Vereins zur Beförderung des Gewerbfleisses, besonders abgedruckt.

Wedding, H: Zum 150jährigen Bestehen des fiskalischen Eisenhüttenwerkes Malapane in Oberschlesien. Düsseldorf 1904

Wedding: Die Brennstoffe in der Technik. Berlin 1899

Wedding, H: Die Brikettierung der Eisenerze und die Prüfung der Erzziegel. Vortrag. Düsseldorf 1906

(Wedding, Hermann: Official Catalogue of the mining and metallurgical products Class I, in the Zollverein Department of the International Exhibition 1862. Compiled under the immediate direction of Mr. von Dechen by Dr. Hermann Wedding. Berlin 1862. 106 S. 8

Wedding, Herm., die Darstellung des schmiedbaren Eisens in praktischer und theoretischer Beziehung. 1. Ergänzungsbd.: Der basische Bessemer- oder Thomas-Process. gr. 8. (VIII, 200 S. mit zahlreichen in den Text eingedr. Holzst. und 3 lithogr. Taf.) Braunschweig 884, Vieweg und Sohn. *
Hauptwerk. Ebendas. 1875—78. * M 25,80.

Wedding, H., Darstellung des Stahls u. Schmiedeisens, s. Sammlung gemeinverständlicher wissenschaftlicher Vorträge.

Wedding, H: Die Eigenschaften des schmiedbaren Eisens, abgeleitet aus der mikroskopischen Untersuchung des Gefüges. Vortrag. Düsseldorf 1885

Wedding, H: Ueber den Einfluß der Methoden auf die Ergebnisse der chemischen Analyse und auf die Beurtheilung der physikalischen Eigenschaften des Eisens. Berlin 1898

Wedding, H.: Eisen und Wasserstoff. Berlin 1904

Wedding, H: Ueber das Eisenbahnwesen in Nordamerika. Vortrag. Berlin 1891

Wedding, H: Die Eisenerze von Kiirunavaara und Luossavaara in Lappland. Berlin (1898) (Aus: Verh. d. V. zur Bef. d. Gewerbfl. 1898)

Wedding, H: Die Eisenerze an der Nordküste von Spanien in den Provinzen Vizcaya und Santander. Berlin 1896

Wedding, H: Die phosphorhaltigen Eisenerze Schwedens und ihre Bedeutung für die deutsche Eisenindustrie. Berlin (1898)

Wedding, H: Die Eisenerzlagerstätten von Mesaba (Mesabi) in Minnesota. Düsseldorf 1896

Wedding, H: Die Eisenerzvorkommen bei Gellivara und bei Grängesberg in Schweden und deren Gewinnung. Berlin 1898 (Aus: Zeitschr. f. Berg-, Hütten- u. Salinenwesen. Bd 46. 1898)

Wedding, H: Die Eisenerzvorräte Deutschlands. Berlin 1907

Wedding, Herm., das Eisenhüttenwesen, s. a. Aus Natur u. Geisteswelt. 20. Bdchn.

— das Eisenhüttenwesen, s. a. Sammlung gemeinverständlicher wissenschaftlicher Vorträge.

— Das Eisenhüttenwesen. I. II. (Sammlung wiss. Vorträge 95. 105) Berlin 1870

Das Eisenhüttenwesen erläutert in acht Vorträgen von Prof. Dr. H[ermann] **Wedding**, Geh. Bergrat. Mit 12 Fig. Leipzig: B. G. Teubner 1900. (VIII, 120 S.) 8° [F.]
= **Natur**, Aus, u. Geisteswelt. Bdch. 20. [05. 30390 b

Das Eisenhüttenwesen erl. in 8 Vorträgen von Prof. Dr. H[ermann] **Wedding**. 3. Aufl. Mit 15 Textfig. Leipzig: B. G. Teubner 1908. (V, 116 S.) 8° [F.]
= **Natur**, Aus, u. Geisteswelt. Bdch. 20. [08. 10532

Wedding, H., Das Eisenhüttenwesen in Deutschland. Düsseldorf, 1880. 37 S. mit 2 Taf.

Wedding, H: Das oberungarische Eisenhüttenwesen. Düsseldorf 1889

Wedding, H: Das Eisenhüttenwesen auf der Pariser Weltausstellung. Berlin 1900

Wedding, H: Die belgische Eisenindustrie im Verhältniß zur deutschen. Vortrag. Berlin (1895)

Wedding, Herm., die Eisenprobirkunst. Eine Anleitg. zur chem. Untersuchg. v. Eisen u. anderen im Eisenhüttenwesen gebrauchten Körpern. Mit 101 Holzst. u. 1 farb. Taf. gr. 8. (XVI, 305 S.) Braunschweig 894. F. Vieweg & Sohn. n. 10. —

Wedding, H: Empfiehlt es sich, Eisenbahnschienen aus basischem Martinstahl statt aus Thomasstahl herzustellen? (o. O. 1904)

Wedding, H: Entlade- und Fördervorrichtungen für Erze und Brennstoffe in Nordamerika. Düsseldorf 1891

Wedding, H: Festrede zum 75jährigen Stiftungsfest des Vereins zur Beförderung des Gewerbefleißes. Berlin (1896)

Wedding, H: Das Flußeisen, der Baustoff der Neuzeit. Vortrag. Berlin 1901

Wedding, H: Die Fortschritte in der magnetischen Aufbereitung der Erze. Berlin 1899

Wedding, H: Über die Fortschritte in der Flußeisenerzeugung. (Berlin) 1907

Wedding, H: Neuere Fortschritte in der Einrichtung von Metall-Tiegelschmelzöfen. Vortrag. Berlin 1898

Wedding, H: Das Gefüge der Schienenköpfe. Berlin 1891

—— Grundriss der Eisenhüttenkunde. gr. 8. (308 S. mit 205 in den Text eingedr. Holzschn. und 2 lithogr. Taf. in qu. Fol.) Berlin 871, Ernst und Korn. *

Wedding, Herm., Grundriss der Eisenhüttenkunde. 2. umgearb. Aufl. gr. 8. (XI, 331 S. mit 210 in den Text gedr. Abbild. und 2 Stnt.) Berlin 880, Ernst und Korn. *

Wedding, H., Grundriss der Eisenhüttenkunde. 3., umgearb. Aufl. gr. 8. (XII, 357 S. m. 215 Holzschn. u. 2 Taf.) Berlin 890. Ernst & Korn. n. 9. —

Wedding, Herm., Grundriss der Eisenhüttenkunde. Mit 205 in den Text gedr. Abbildgn. u. 2 Steindr.-Taf. 4. umgearb. Aufl. gr. 8. (XII, 382 S.) Berlin 901. W. Ernst & Sohn. n. 10. —; geb in Leinw. n. n. 11. 20

— Grundriss der Eisenhüttenkunde. Mit 205 Textabbildgn. u. 2 Steindr.-Taf. 5., umgearb. Aufl. (XII, 392 S.) gr. 8. Berlin 907. W. Ernst u. Sohn. n. 9. —; geb. n. 10. —

— ausführliches Handbuch der Eisenhüttenkunde, s. a. Percy, J., die Metallurgie.

— **ausführliches Handbuch der Eisenhüttenkunde.** Gewinnung u. Verarbeitg. d. Eisens in theoret. u. prakt. Beziehg. unter besond. Berücksicht. der deutschen Verhältnisse. 2., vollkommen umgearb. Aufl. v. d. Verf. Bearbeitg. v. „John Percy's metallurgy of iron and steel". (In 3 Bdn.) Mit zahlreichen Holzst., phototyp. Abbildgn. u. lith. Taf. 1. Bd. Allgemeine Eisenhüttenkunde. 1. 2. Lfg. gr. 8. Ebd. n. 26. —
1. Lfg. (XVI, VI, 586 S.) 891. n. 16. —. — 2. Lfg. (XII u. S. 587—896.) 893. n. 10. —.

Wedding, Herm., ausführl. Handbuch d. Eisenhüttenkunde. Gewinng. u. Verarbeitg. d. Eisens in theoret. u. prakt. Beziehg. unt. bes. Berücksicht. d. deutschen Verhältnisse. 2., vollkommen umgearb. Aufl. v. des Verf. Bearbeitg. v. „Dr. John Percy's metallurgy of iron and steel". (In 3 Bdn.) M. zahlreichen Holzst., phototyp. Abb. u. lith. Taf. 1. Bd. Allgem. Eisenhüttenkunde. 3. (Schluss-) Lfg. gr. 8. (XXXII u. S. 897—1218.) Braunschweig 895. F. Vieweg & Sohn. n. 10. — (1. Bd. kplt.: n. 36. —)

— **ausführliches Handbuch der Eisenhüttenkunde.** Gewinnung u. Verarbeitg. des Eisens in theoret. u. prakt. Beziehung unter besond. Berücksicht. der deutschen Verhältnisse. 2. vollkommen umgearb. Aufl. von des Verf. Bearbeitg. v. „John Percy's Metallurgy of iron and steel". (In 4 Bdn.) Mit zahlr. Holzst., phototyp. Abbildgn. u. Taf. II Bd. Die Grundstoffe der Eisenerzeugung. 3. u. 4. Lfg. gr. 8. Braunschweig, F. Vieweg & Sohn. n. 26. —
3. (XVII—XXI u. S. 529—816.) 900. n. 11. —
4. (III, XXI—XXVIII u. S. 817—1217.) 902. n. 15. —

— **ausführliches Handbuch der Eisenhüttenkunde.** Gewinnung u. Verarbeitg. des Eisens in theoret. u. prakt. Beziehg. unter besond. Berücksicht. der deut. Verhältnisse. 2., vollkommen umgearb. Aufl. v. des Verf. Bearbeitg. v. „John Percy's Metallurgy of iron and steel". (In 4 Bdn.) Mit zahlr. Holzst., phototyp. Abbildgn. u. Taf. III. Bd. Die Gewinng. des Eisens aus den Erzen. 1. Buch. Roheisenerzeugung im Hochofen. 3 Lfgn. (XVII, 968 S.) gr. 8. Braunschweig 904—906. F. Vieweg & Sohn. n. 46. —; geb. in Halbfrz. n. 48. —

— **Ausführliches Handbuch der Eisenhüttenkunde.** Gewinng. u. Verarbeitg. des Eisens in theoret. u. prakt. Beziehung unter besond. Berücksicht. der deutschen Verhältnisse. 2. vollkommen umgearb. Aufl. von des Verf. Bearbeitg. v. „John Percy's Metallurgy of iron and steel". (In 4 Bdn.) Mit zahlr. Holzst., phototyp. Abbildgn. u. Taf. IV. Bd. 1. u. 2. Lfg. gr. 8. Braunschweig, F. Vieweg & Sohn. 24. —
1. Die Gewinng. des Eisens aus den Erzen. (Fortsetzg.) 1. Lfg. (2. Buch: Die Rennarbeiten.) (S. 1—198.) 907. 8. —
2. Die Gewinng. des schmiedbaren Eisens aus Roheisen im festen od. teigigen Zustande. (S. 197—578.) 906. 16.—

Wedding, H: Härte und Härtung des Werkzeugstahles. Berlin 1902

Wedding, H: Hat der Torf als Brennstoff eine Zukunft in der Thonindustrie? Vortrag. Berlin 1901

Wedding, H: Jugenderinnerungen aus Oberschlesien. Kattowitz 1903

Wedding, Hermann: Katalog für die Sammlung der Bergwerks- und Steinbruchs-Produkte Preussens auf der Industrie- und Kunstausstellung zu Paris im Jahre 1867. Im Auftrage Sr. Excellenz des Herrn Ministers für Handel, Gewerbe und öffentliche Arbeiten, Grafen von Itzenplitz verfasst. (Klasse 40. No 1. Die vereinigten Bergwerksbesitzer Preussens.) Berlin (1867). 76 S. 8°.

Wedding, H: Die Kleinbessemerei in Verbindung mit Martinofenbetrieb. Berlin 1905

Wedding, H: Das Kleingefüge des Eisens. Berlin 1890. Fol.

— **das Kleingefüge d. Eisens. Mikroskopische Orig.-Photogr. nach Schliffen, aufgenommen u. erläutert v. H. W. qu. gr. 4. (II S. u. 12 Sp. Text m. 38 Photogr. auf 19 Taf.) Berlin 891. (W. H. Kühl.) Geb. n.n. 50. —**

Wedding, H: Die Kohlung des Flußeisens. Berlin (1894) (Aus: Stahl und Eisen)

Wedding, H: Der Kongreß in Budapest, das siderologische Laboratorium und die Reise zum eisernen Thor. Berlin 1901

Wedding, H: Der sechste internationale Kongreß für angewandte Chemie in Rom. Düsseldorf 1906

Wedding, H: Krug von Nidda. Vortrag. Berlin 1885

Wedding, H: Kupfer im Eisen. Düsseldorf 1906

Wedding, H: Das Kupfer und seine Legirungen. Berlin 1896

Wedding, H: Das Laboratorium für Kleingefüge und physikalische Chemie an der Königlichen Bergakademie in Berlin. Vortrag. Berlin 1905

Wedding, H: Das metallurgische Laboratorium der Universität Sheffield. Düsseldorf 1905

Wedding, H: Die Legierungen des Eisens und Nickels. Brünn 1906

Wedding, H: Die Mesabi-Eisenerzlagerstätten in Minnesota. Düsseldorf 1893

Wedding, H: Die Metallographie des Eisens in England. Düsseldorf 1906

— die heutigen **Methoden** der Eisenerzeugung u. die Benennung der daraus hervorgehenden Eisengattungen. Der Pietzka'sche Dreh-Puddelofen. Vortrag, geh. im Verein f. Eisenbahnkunde in Berlin. Mit 7 Abbildgn. [Aus: „Glaser's Annalen f. Gewerbe u. Bauwesen".] gr. 8. (13 S.) Berlin 888. (Dierig & Siemens.) n. 1. —

Wedding, H: Mittheilungen über das Eisenhüttenwesen in den Südstaaten der Vereinigten Staaten von Nordamerika. Vortrag. Berlin 1890

Wedding, Hermann.
Der Phosphor im Haushalte der Natur und der Menschen. Vortrag. Berlin, 1884. 4to.

Wedding (H.), Selbstverzeichnende Pyrometer mit Vorführungen. Vortrag. (Sep.-Abdr. Ver. z. Beförd. d. Gewerbfl.) Berlin 1902. 4. Mit Abb.

Wedding, H: Die Reise des britischen Jron and Steel Jnstitutes nach Spanien. Düsseldorf 1896

Wedding, H: Ein alter Renntopf. Düsseldorf 1896

Wedding, H., Die deutsche Roheisenindustrie. Berlin, [1882]. 8 S.

Wedding, H: Das Rösten der Eisenerze zum Zweck der Magnetisirung. Düsseldorf 1896

Wedding: Beschreibung einer von C. A. Holm, in London, erfundenen, von den Mechanikern Nasmyth, Gaskell & Comp., in Manchester, gebauten Scandinavien-Presse. Berlin 1845

Wedding, H: Das Eisenhüttenwerk Sparrows Point bei Baltimore in Maryland. Düsseldorf 1891

Wedding: Der gegenwärtige Stand der Gasfeuerungen für hohe Wärmegrade. (Berlin 1899)

Wedding, H: Statistik des Eisens. Düsseldorf 1890

Wedding, H: Mechanische Steinkohlen-Speicher- und Verlade-Vorrichtungen in Nord-Amerika. Düsseldorf 1893

Wedding, H: Das Studium der Eisenhüttenkunde an den Bergakademieen und technischen Hochschulen Preußens. Vortrag. Berlin 1903

Wedding, H., Das Studium des Eisenhüttenwesens an der Königl. Bergakademie in Berlin. Berlin, 1906. 7 S.

Wedding, H: Die Südwerke der Jllinois-Stahl-Gesellschaft in Chicago. Düsseldorf 1891

Wedding, H: Das Talbot-Verfahren in Frodingham. Berlin 1904

Wedding, H: Das Eisenhüttenwerk Thale. Berlin 1904

Wedding, H: Untersuchung eisenhüttenmännischer Erzeugnisse. Düsseldorf 1895

Wedding, H: Untersuchung über den Ursprung eines Blasenraumes in einem Flußeisenblocke. Düsseldorf 1905

Wedding, H: Die Verdichtung der Röstgase in Kotterbach. Berlin (1899)

Wedding, H: Vereinheitlichung der chemisch-analytischen Untersuchungsmethoden des Eisens. Vortrag. Düsseldorf 1895

Wedding, H: Die Verhütung von Staubeinathmung in Thomasschlackenmühlen. Vortrag. Düsseldorf 1890

Wedding, H: Das Vorkommen, die Gewinnung und die Benutzung des Salzes. Berlin 1897

Wedding, H: Was sind eiserne Schwellen? (Düsseldorf) 1896

Wedding, H: Johann Friedrich Wedding. Ein Beitrag zur Geschichte des deutschen Eisenhüttenwesens. Berlin 1899

Wedding: Die Columbische Weltausstellung zu Chicago. Vortrag. (Saarbrücken 1894)

——— Zeitverzeichniss der die Geologie des Harzes betr. Druckschriften.

Wedding, Karl Ferdinand

Wedding, Car. Ferd. (geb. Königshütte 1808): Quaedam de ancylosibus. Berolini (1832). (31 S.) 4°
Berlin, Med. Diss. v. 21. Sept. 1832

Wedding, W., s.: Verhandlungen des Vereins zur Beförderung des Gewerbfleisses.

Wedding, Wilhelm [aus Berlin]: Die magnetische Drehung der Polarisationsebene bei wachsender Doppelbrechung in dilatiertem Glas .... *Berlin, Druck v. G. Bernstein*, 1888; 23 + 1 S. u. 1 Taf. 8°
Strassburg, Math.-Naturw. Fak., Inaug.-Diss. v. 1888

Wedding, Wilhelm, die magnetische Drehung der Polarisationsebene bei wachsender Doppelbrechung in dilatiertem Glas. Diss. Strassburg i. Els. 1888, Trübners Buchh. u. Antiqu. (E. d'Oleire). 8°. 23 S. mit einer Taf.

Wedding (Wilh.), Untersuchungen an Luftgasapparaten, s. Arbeiten der deutschen Landwirtschafts-Gesellschaft.

Wedding, Wilhelm: Untersuchungen an Luftgasapparaten. Bericht über Einzelprüfungen von Prof. Dr. W[ilhelm] Wedding-Gr.-Lichtefelde. Berlin: Deutsche Landwirtschafts-Gesellsch. 1908. (S. 47–74.) 8°
(Arbeiten d. Deutschen Landwirtsch.-Gesellschaft. H. 135,[2.])

— über den Wirkungsgrad u. die praktische Bedeutung der gebräuchlichsten Lichtquellen. (94 S. m. 33 Abbildgn.) gr. 8. München 905. R. Oldenbourg. n. 2.60
Sonderabdruck aus: „Journal f. Gasbeleuchtg. u. Wasserversorgg."

— Zusammenhang zwischen der chemischen Zusammensetzung u. dem Kleingefüge einerseits u. der Leitungsgüte d. Telegraphendrahtes andrerseits, s.: Mittheilungen aus den königl. technischen Versuchsanstalten zu Berlin.

Weddingen, F. H.: Gesch. d. Einwirkung d. Diten auf die Literaturen der übrigen europäischen Kulturvölker d. Neuzeit. Lpz. 1882.

Weddy-Poenicke, Walter, Assistenzarzt an d. medizinischen Universitäts-Poliklinik zu Leipzig: Ovariotomie und Myomotomie in der Gravidität. Leipzig 1907: B. Georgi. (30 S.) 8°
Halle, Med. Fak., Ref. Veit, Diss. v. 8. Mai 1907
[Geb. 29. Apr. 73 Halle a. S.; Wohnort: Leipzig; Staatsangeh.: Preußen; Vorbildung: Realgymn. Halle Reife O. 93; Studium: Philos. Bonn 1, München 4, Bergakad. Berlin 1, Clausthal 1, Med. Berlin 1, Freiburg i. B. 5, Halle 4 S.; Coll. 10. Aug. 06; Approb. 1. Mai 07.]

Wege, F. A.: Lebensbilder aus den ?S. Kassel 1841.

Wedegärtner, August, Turnhalle für die Altonaer Turnerschaft v. 1880, Erdgeschoß, Obergeschoß, Längenschnitt, Vorderansicht, Ansicht vom Spielplatz aus, Schnitt d. Treppenhaus, Halle u. Eingang, Seitenansicht, 2 Bl.

Wedegärtner, Jul., u. Rich. Reu, einfache Möbel im neuen Stil. I. Serie. (In 8 Lfgn. 1. Lfg. (10 Taf.) gr. Fol. Berlin (902). M. Spielmeyer. n. 8.—

Wedeke, ..., s. 1) Bemerkk. auf e. Reise durch e. Theil Preußens, u. setze hinzu: (v. ... Wedeke). 2) Garzia, Don Juan Diego, üb. d. Beischlaf.

Wedeke, J. C., der Bau mit gestampftem Mörtel. Mit 1 (lith.) Taf. Abbildungen. gr. 8. (22 S.) Quedlinburg 850, Basse. 1/4 ℛ

Wedeke, J. C., und J. A. Romberg, die Baumaterialienlehre, enthaltend die specielle Beschreibung sämmtl. Baumaterialien, in Bezug auf ihr Vorkommen, ihre Beschaffenheit, ihre Gewinnung rc. so wie die Erläuterung der zu ihrer Erzeugung und Verbesserung erforderl. Vorrichtungen, Maschinen, Anlagen rc. für Baumeister, Landwirthe und Cameralisten. Mit Abbildungen. Imp.-4. (XXVII und 795 S. mit 33 Stnt. in qu. Fol.) Leipzig 852, Romberg. *
Aus des Verf. Handbuch der Landbaukunst rc., besonders abgedruckt.

Wedeke, J. C., Handbuch der bürgerl. Baukunst. Allgemein faßl. f. Maurer- u. Zimmermeister u. die es werden wollen, bearbeitet. 1. Bd. 2 Abthlgn. gr. 8. Quedlinburg 842, Basse. 2 Thlr. 20 Ngr., hrbges. Pr.
Abthl. 1. Eine ausführl. Beschreibung der Bauhölzer, ihrer Aufbewahrung, u. der Mittel, ihre Dauer zu verlängern; desgl. der natürl. u. künstl. Bausteine, der Mittel, ihre Beschaffenheit zu prüfen, u. der Anfertigung aller Arten künstl. Steine. (14½ B. u. 3 Taf. Abbild.)
„ 2. Belehrungen über d. Mörtel, Gyps, Kitte, Metalle, Farben, Oele, Harze, Firnisse, thierische Fette, das Glas u. üb. Nebenmaterialien überhaupt. (16½ B.)

—— Handbuch der bürgerl. Baukunst. Allgemein faßlich für Maurer- und Zimmermeister und die es werden wollen, bearb. (3. Heft.) 2. Bd. 2. Abthl., enth.: Beschlagen und Trennen des Bauholzes; Verbinden des Bauholzes; die Schiftung rc. gr. 8. (III und 234 S. mit 32 Stnt in Fol.) Mit Abbildungen dazu. 2. Heft. Quedlinburg 849, Basse.

—— dass. — (4. Heft.) 2. Bd. 2. Abthl., enth.: Erdarbeiten; Grund- und Fundamentmauern; Construction mehrerer im Bauwesen vorkomm. krummen Linien; Keller und Gewölbe; Mauern und Wände; Bau mit gestampfter Erde oder Pisébau; Thür- und Fensteröffnungen; Fachwerkswände; Gesimse; Abputz der Mauern. gr. 8. (209 S. und 21 Stnt. in Fol.) Mit Abbildungen dazu. 3. Heft. Ebds. 850.

—— und A. Romberg, Handbuch (Lehrbuch) der Landbaukunst und der landwirthschaftl. Gewerbe für Baumeister, Landwirthe und Cameralisten. 1—4. Lfg. Imp.-4. (1. Thl. XXVII und 795 S., 2. S. 1—32. mit 63 Stnt. in qu. gr. Fol.) [Leipzig 851—52, Romberg.] à Lfg. * 1 Thlr. 24 Ngr. *

—— —— dass. — 2. Thl. (In 2 Abthlgn.) A. u. d. T.: Die Maurerwerksarbeiten. 2 Abthlgn. Imp.-4. (1. Abthl. S. 1—208 oder 13 Bog. mit 45 Stnt. in qu. gr. Fol.) Ebds. 853. *
Ladenpr. des 1. und 2. Thls. *

Wedeke, J. C., und J. A. Romberg, Handbuch der Landbaukunst und der landwirthschaftlichen Gewerbe für Baumeister, Landwirthe und Cameralisten. 7—10. Lfg. Imp.-4. (3. Bd. 145 S. mit 94 Stnt. in qu. Fol.) Leipzig 860. [Glogau, Flemming's Verlag.] à Lfg. * * 1 Thlr. 24 Ngr. * *

Wedeke, J. C., und J. A. Romberg, Handbuch der Landbaukunst und der landwirthschaftlichen Gewerbe für Baumeister, Landwirthe und Cameralisten. 2. (Titel-)Ausg. 4 Thle. in 10 Lfgn. gr. 4. (XX und 1464 Sp. mit 207 Stnt. in qu. gr. Fol.) Glogau (853)62, Flemming. à Lfg. 1 Thlr. 15 Ngr.

Wedeke, J. C., theoretisch-praktisches Handbuch des Chausseebaues u. Anleitung zur Veranschlagung desselben. Mit 16 Tafeln Abbildd. gr. 8. Quedlinburg 835. Basse. 2⅔ ℛ

— theoretisch-prakt. Handbuch der Zimmerkunst, nebst vollständ. Anweisung zum Bau der Treppen u. zur Construction d. Radzähne. 1e—5e Lfrg. Mit 70 Taf. Abbildd. gr. 8. Quedlinburg 839, 40. Basse. 10 ℛ

Wedekind, de la Dysenterie. 8. Strassb. 798. Levrault 6 ₣

Wedekind's Einzel-Führer für Deutschland u. Oesterreich. Nr. 15. 8. Leipzig, G. Wedekind. 1. —
15. Führer durch Leipzig u. Umgebung. 17. Ausg. (Neue Folge. 1. Ausg.) Mit neuestem Stadtplan u. 1 Umgebungskarte. (VIII, 132 S.) (909.)

—— Ferenia, s. Feronia.

Wedekind's Reise- und Geschäfts-Kalender. Hôtel-Adressbuch, Fremden-Führer und Geschäfts-Anzeiger. Praktischer Führer durch die Sehenswürdigkeiten mit Aufführung der empfehlenswerthesten Hôtels, Restaurants, Cafés und Weinstuben, sowie genaue Angaben sämmtl. Verkehrsnotizen als Eisenbahn-, Post- und Dampfschiff-, Telegraphen-, Führer- und Fuhrwesen. Mit einem Wegweiser durch die empfehlenswerthesten Geschäftsmagazine und industriellen Etablissements. Abthl.: Königr. Bayern mit Salzburg, Tyrol und Oberösterreich. Ausg. 1882 und 1883. Lex.-8. (138; 224 S.) Leipzig, (C. A. Koch's Verlagsh.) geb. *

—— dass. — Abthl.: Böhmen und Schlesien mit den angrenzenden Theilen Mährens. II. Ausg. 1883 und 1884. Lex.-8. (208; 26, 148 S.) (Ebendas.) geb. *

—— dass. — Abthl.: Brandenburg mit den beiden Mecklenburg, Schleswig-Holstein, Lauenburg mit Hamburg und Lübeck. Ausg. 1883 und 1884. Lex.-8. (132; 66, 152 S.) (Ebendas.) geb. *

—— dass. — Abthl.: Provinzen Brandenburg und Sachsen mit Braunschweig, Anhalt und dem Harz. Ausg. 1883 und 1884. Lex.-8. (152; 220 S.) (Ebendas.) geb. *

—— dass. — Abthl.: Hannover, Braunschweig, Oldenburg, Westfalen und anliegende Gebiete. Lex.-8. (216; 76, 84 S.) (Ebendas.) 883. geb. *

—— dass. — Abthl.: Harz-Gebiet [Prov. Sachsen, Braunschweig, Anhalt etc.]. Ausg. 1882 und 1883. Lex.-8. (216; 176 S.) (Ebendas.) geb. *

—— dass. — Abthl.: Rheinlande sowie angrenzende Gebiete. Ausg. 1883 und 1884. Lex.-8. (172; 90, 124 S.) (Ebendas.) geb. *

—— dass. — Abthl.: Rheinprovinz und Westfalen sowie angrenzende Gebiete. Ausg. 1882 und 1883. Lex.-8. (90, 124; 136 S.) (Ebendas.) geb. *

—— dass. — Abthl.: Thüringen sowie anliegende Gebiete. Ausg. 1883 und 1884. Lex.-8. (XXIV, 72; 212 S.) (Ebendas.) geb. *

Wedekind's Reise- und Geschäfts-Kalender. Hôtel-Adressbuch, Fremden-Führer und Geschäfts-Anzeiger. Praktischer Führer durch die Sehenswürdigkeiten mit Aufführung der empfehlenswerthesten Hôtels, Restaurants, Cafés und Weinstuben, sowie genaue Angaben sämmtl. Verkehrsnotizen als Eisenbahn-, Post- und Dampfschiff-, Telegraphen-, Führer- und Fuhrwesen. Mit einem Wegweiser durch die empfehlenswerthesten Geschäftsmagazine und industriellen Etablissements. Abthl.: Böhmen und Schlesien mit den angrenzenden Theilen Mährens. IV. Ausg. 1887. Lex.-8. (228, 26, 144 S.) Leipzig, Wedekind's Verlag. geb. *

—— dass. — Abthl.: Rheinprovinz, die hessischen Länder und Westfalen, sowie angrenzende Gebiete. VIII. Ausg. 1888. Lex.-8. (112, 148 S.) Ebendas. geb. *

—— dass. — Abthl.: Württemberg und Baden, Elsass-Lothringen und die Schweiz. III. Ausg. 1888. Lex.-8. (64, 164, 78 S.) Ebendas. geb. *

—— dass. — Abthl.: Königreich Sachsen nebst anliegenden Gebieten. V. Ausg. 1888. Lex.-8. (144, 168, 90 S.) Ebendas. geb. *

—— dass. — Abthl.: Provinzen Brandenburg und Sachsen mit Anhalt und dem Harz. VI. Ausg. 1889. Lex.-8. (144, 116 S.) Ebendas. geb. *

—— dass. — Abthl.: Provinzen Brandenburg, Pommern, Ost- und Westpreussen und Posen. IV. Ausg. 1890. Lex.-8. (144, 36, 56, 56, 54 S.) Ebendas. geb. *

—— dass. — Abthl.: Hannover, Braunschweig, Oldenburg, Westfalen und anliegende Gebiete. V. Ausg. 1889. Lex.-8. (164, 124 S.) Ebendas. geb. *

—— dass. — Abthl.: Thüringen sowie anliegende Gebiete. VIII. Ausg. 1889. Lex.-8. (166, 88 S.) Ebendas. geb. *

—— dass. — Brandenburg m. den beiden Mecklenburg, Schleswig-Holstein, Lauenburg m. Hamburg u. Lübeck. 6. Ausg. 1892/93. Lex.-8. (144, 140 S.) Ebd. geb. * 5 —

Wedekind's Reise- u. Geschäfts-Kalender. Hôtel-Adressbuch, Fremdenführer u. Geschäfts-Anzeiger. Königr. Bayern m. Salzburg u. Tyrol. 7. Ausg. 1892/93. Lex.-8. (120, 148 S.) Lpz., G. Wedekind's Verlag. geb. * 5 —

—— dass. — Königr. Sachsen u. anlieg. Gebiete. 7. Ausg. 1892/93. Lex.-8. (VIII, 108; XVI, 150; VIII; 80 S.) Ebd. * 5 —

—— dass. — Thüringen, sowie anlieg. Gebiete. 10. Ausg. 1892/93. Lex.-8. (114, 152 S.) Ebd. * 5 —

—— dass. — Württemberg u. Baden, Elsass-Lothringen, die Rheinpfalz u. d. Schweiz. 4. Ausg. 1892/93. Lex.-8. (172, 96 S.) Ebd. * 5 —

— dasselbe f. d. Rheinlande von der schweizer. bis zur holländ. Grenze. Als Anschluss: Die Schweiz, nebst Anh. Prakt. Führer durch die Sehenswürdigkeiten m. Aufführg. d. empfehlensw. Hotels, Restaurants, Cafés u. Weinstuben, sowie genaue Angaben sämmtl. Verkehrsnotizen, als Eisenbahn-, Post-, Dampfschiff-, Telegraphen-, Führer- u. Fuhrwesen. V. Ausg. 1893/94. 4 Abthlgn. in 1 Bde. Lex.-8. (VIII, 92; V, 102; V, 172 u. V, 96 S.) Ebd. 893. Geb. n. 5. —

— dasselbe f. Sachsen u. Thüringen, sow. d. anlieg. Gebiete. Mit e. Wegweiser durch die empfehlensw. Geschäftsmagazine und industriellen Etablissements. VIII. Ausg. f. 1894/95. 4 Abthlgn. in 1 Bde. Lex.-8. (VIII, 8; XVI, 106; V, 8; XXVI, 104; V, 80 u. V, 114 S.) Ebd. 894. Geb. n. 5. —

Wedekind's Reise- u. Geschäfts-Kalender, Hotel-Adressbuch. Fremdenführer u. Geschäfts-Anzeiger f. d. Königr. Bayern m. Salzburg u. Tyrol, Oberösterreich u. Salzkammergut, sowie d. Thüring. Ländern, Württemberg u. Baden, Rheinpfalz, Elsass-Lothringen u. die anlieg. Theile der Schweiz. Als Anh. verschied. Empfehlungs-Anzeigen aus verschiedenen Ländern. VIII. Ausg. 1894. 4 Abthlgn. in 1 Bde. Lex.-8. (XIV, 160; VIII, 72; V, 114 u. VI, 162 S.) Leipzig 895. G. Wedekind. Geb. n. 5. —

— dasselbe f. Berlin, Brandenburg, Hannover, Braunschweig, Oldenburg, Bremen, Hessen-Cassel, Westfalen, Lippe-Detmold, Prov. Sachsen, Anhalt, Harz, Prov. Schlesien, Posen, Hamburg, Schleswig-Holstein, Mecklenburg, Lübeck, Lauenburg, Pommern, Ost- u. Westpreussen. Ausg. 1894. 6 Abthlgn. in 1 Bde. Lex.-8. (X, XVIII, 104; X, 152; V, 152; VIII, 96; 24, III, 68; III, 57; II, 47 u. II, 58 S.) Ebd. 895. Geb. n. 5. —

— dasselbe. 2. Bd. Die Grundstoffe d. Eisenerzeugg. M. zahlr. Holzst., phototyp. Abb. u. Taf. 1. u. 2. Lfg. gr. 8. (XVI u. S. 1—528.) Ebd. 807. 98. n. 18. —

Wedekind's Leipziger Stadt-Buch. Jahrg. 1884—85. Mit 1 (chromolith.) Plan der Stadt Leipzig. 16. (III, 115 S.) Leipzig 885. (C. A. Koch.) geb. n. — 60

Wedekind's Leipziger Stadt-Buch. Führer durch die Geschichte u. die Sehenswürdigkeiten Leipzigs. Vollständige Ausg. üb. den Verkehr. (Sep.-Abdr. aus G. Wedekind's Reise- u. Geschäfts-Kalender.) Mit e. (chromolith.) Plan der Stadt Leipzig. Anh.: Beschreibung der Umgebg. Leipzigs. qu. 8. (100 S.) Leipzig 887. Wedekind. cart. n. — 60; geb. n. — 80

Wedekind, Albert Ernst, Referendar: Erklärung der l. 58 pr. D. 46, 3, besonders in ihrem Verhältnisse zur l. 23 D. 3, 5. Ein Beitr. z. Lehre von der stellvertretenden negotiorum gestio. Borna-Leipzig 1910: Noske. VIII, 47 S. 8°
Rostock, Jur. Diss. v. 1. März 1910, Ref. Bernhöft
[Geb. 15. März 84 Hamburg; Wohnort: Hamburg; Staatsangeh.: Hamburg; Vorbildung: Gymn. Wandsbek Reife O. 04; Studium: Freiburg i. B. 3, Berlin 4 S.; Rig. 14. Jan. 10.] [U 10. 3891

Wedekind, Ant. Chr., Abriß der alten Geschichte bis auf Karl d. Großen. gr. 8. Lüneb. 810. Herold u. W. 16 gGr.

— Almanach des Ambassades, ou liste générale des Ambassadeurs, Envoyés, etc. pour l'an 1803, 4. 8. Braunschw. 803, 4. (Tourneisen, Cassel). 1 Thlr 12 gGr.

— s. Beiträge zur Hannöverschen Dramaturgie.

— Denkwürdigkeiten der neuesten Geschichte in chronolog. Uebersicht. gr. 8. Lüneb. 801. (Neue Aufl. Auch u. d. T.: chronolog. Handbuch d. neuern Geschichte von 1740 bis 1807.) gr. 8. Ebd. 808. (Tourneisen in Cassel). 1 Thlr 12 gGr. Schrbp. 1 Thlr 20 gGr.

— die Eingänge d. Messen (introitus missalium). Ein Beitrag z. Chronologie, beiläufig üb. Urkunden, Archive u. üb. das Haus Buzici. gr. 8. Lüneb. 815. Herold u. W. 16 gGr.

Wedekind, A. Chr., welthistor. Erinnerungsblatt. gr. 8. Lüneb. Herold u. W. 814. Rthlr.

Wedekind, (Oberamtmann Dr.,) ..., welthistorische Erinnerungsblätter. 2. umgearb. Ausg. gr. 8. Lüneburg 845, Engel. n. 1/2 ℛ

— chronolog. Handbuch der neuern Geschichte. Fortsetz. 1r Thl. (1740—1806.) 4te Ausg. gr. 8. Lüneb. 816. Herold u. W. 1 ℛ 12 gℓ 2r Thl. (1805—1816.) (Auch u. d. T.: chronolog. Handbuch d. neuesten Geschichte, v. d. Frieden zu Preßburg 1805 bis zum Pariser Frieden.) gr. 8. Ebd. 815. 1 ℛ 12 gℓ

— chronolog. Handbuch d. Welt- u. Völkergeschichte. gr. 4. Lüneb. 812. 2e umgearb. Aufl. unt. d. T.: Handbuch d. Welt- u. Völkergeschichte in gleichzeit. Uebersicht. gr. 8. Ebd. 818. Herold u. W. 2 ℛ 12 gℓ in 4. Velinp. 4 ℛ 3e Aufl. mit d. Forsetzung d. J. 1815 bis 1824. gr. 8. Ebd. 824. 2 ℛ 16 gℓ die Fortsetz. apart 8 gℓ dass. französ.: Manuel Chronologique etc. gr. 8. Ebd. 814. 2 ℛ in 4. 2 ℛ 18 gℓ Velinp. 4 ℛ Nachträge für d. Besitzer d. 2n Aufl. 8 gℓ

— Hermann, Herzog von Sachsen. gr. 8. Lüneb. 817. Herold u. W. 12 gℓ

— Jahrbuch f. die Hanseatischen Departements, insbesondere f. d. Departements d. Elbmündungen, mit 1 Karte. gr. 8. Hamb. 812. Perthes u. B. 1 ℛ 21 gℓ

— Manuel chronologique de l'histoire générale. gr. 8. Luneb. Herold et W. 814.
en 4. Papier fin.
en 4 Velinp.

— Noten zu einigen Geschichtschreibern d. deutschen Mittelalters. 1s—4s Heft. gr. 8. Lüneb. 821—23. Herold u. W.; Hamb. Perthes u. B. 2 ℛ 5s u. 6s Heft. gr. 8. Ebd. 830. 1 ℛ

Noten zu einigen Geschichtschreibern des deutschen Mittelalters. Von Anton Christian **Wedekind.** Bd. 1. 2. — Hamburg: Perthes & Besser in Komm. 1823—35. 8°

Wedekind, Ant. Chrstn., Noten zu einigen Geschichtschreibern d. deutschen Mittelalters. 2. Bd. (od. 5—8. Hft.) gr. 8. (31 B. u. 1 Tab.) Hamburg 830, (Perthes-Besser u. Mauke.)

—— dass. 3. Bd. (od. 9. Hft.) — A. u. d. T.: Nekrologium Monasterii S. Michaelis. Aus d. Original im Archive d. Klosters S. Michaelis zu Lüneburg, vollständ. hrsg. 8. (14 B.) Ebds. 833.

Wedekind, Ant. Chrstn., Noten zu einigen Geschichtschreibern d. deutschen Mittelalters. 3. Bd. (10. Hft.): Note LXXXI—XCIV. u. Beiln. aus theils ungedr. Handschriften, Nr. XLI—LIV. (Mit Register.) gr. 8. (8¾ B.) Hamburg 836 (37). (Perthes-Besser u. Mauke.) *

— Stammtafel des gesammten Hauses Braunschweig-Lüneburg, in bloßer Rücksicht auf Erbtheilungen u. Landesregierung. Entworfen 1802. 12 gℓ Dies. fortges. bis 1826. Eine Tabelle gr. Fol. Braunschw. 826. (Lüneb., Herold u. W.) 12 gℓ

— Tabula Waldemari Imi regis Daniae, tam matris Ingeburgis, quam reginae Sophiae. Fol. Lüneb. 816. Herold u. W. 16 gℓ

— Uebersicht d. neuesten Weltbegebenheiten in den J. 1812, 13. u. 14. bis z. Thronentsagung Napoleons, als Nachtrag zu dem chronolog. Handbuche. gr. 8. Lüneb. 814. Herold u. W. 8 gℓ

— Verhaft u. Befreiung d. 100 Einwohner Lüneburgs im Monat April 1813. gr. 8. Lüneb. 815. Herold u. W. 5 gℓ

Wedekind, Armin, von San Francisco, praktischer Arzt in Riesbach-Zürich: Die Pocken im Kanton Zürich während der Jahre 1873—1887. Statistische und klinische Bearbeitung mit besonderer Berücksichtigung der Epidemie von 1885/86. Zür. Genossenschafts-Buchdr. Dr. 1888. 95 S., 9 Tab. 8°.
Zürich. Med. Diss. [v. 20. Dec. 1888].

Wedekind, Bertha, Anna Arnold, die Herrnhuterin. — Der Thurmwächter auf St. Petri. Zwei Novellen. 8. Berlin 843, Vereins-Buchh. 1 ℛ

Wedekind, B., der Sträfling. Eine Familiengeschichte. 8. (198 S.) Berlin 850, Vereins-Buchhandlung. ¾ ℛ herabges. Pr. 1/4 ℛ

Wedekind, Carl, s. Wedekind, Karl

[WEDEKIND bezw. WITTEKIND, CHRISTOPH FRIEDRICH]. Der Chapeaubas ist, oder der gereisete Ju[illegible] Eine Erzehlung. Die Teutschen plagt der Reise-Geist [illegible] [6-zeiliges Gedicht]. [O. O. und Dr.] 1746. 8°. [illegible] 15 Bl. (letztes le[illegible]). [illegible] d. 19. Jahrh. m. R[illegible]ch.
[illegible]

[ ] KOROMANDELS Nebenstundiger Zeitvertreib in Teutschen Gedichten. Est jocus in nostris, sunt seria multa libellis. Auson. Danzig und Leipzig, Joh. H. Rudiger, 1747. 8°. 260 S. [illegible] Bl. Etwas [illegible] alterer Pbd.
[illegible]

Wedekind, Chr. Gttl., De morb. primarum viarum vera notitia et curatione. 172 pp. Nov. 4°. A. d. Lat. 251 S. Nürnb. 1795. 8°. J. der Erfind. II. St. p. 1.

Wedekind, D. W. von, Versuch einer Forstverfassung im Geiste der Zeit. gr. 8. Leipzig, Baumgärtner. 821.

Wedekind, Donald, Bébé rose. (Das rote Röckchen.) 24 Erzähölgn. u. Skizzen. 3. Aufl. (174 S.) 8. Zürich 904. [C. Schmidt] Schweizer Druck- u. Verlagshaus. 2. 50

Wedekind, Donald. Das interessante Buch, mit der Anfangsgeschichte Bébé Rose (**Umschlag:* Bébé Rose oder Das interessante Buch). Erzählungen und Skizzen. 143 S. 8. *Aufdruck:* Zürich, Caesar Schmidt — (Dresden, Gedr. bei Otto Cäsar, 1901). [fr. 1. —]

Wedekind, Donald. Schloss Lenzburg in Geschichte und Sage. [Mit 1 Vignette.] 8. Solothurn 1891.

Wedekind, Donald, das rote Röckchen. 8. (VII, 186 S.) Berlin 896. H. Steinitz. n. 2. —

WEDEKIND, Donald, Schatzkästlein der Liebe. Privatdruck. München, R. Piper & Co., 1906. (Cart. Mk. 5—.)

Wedekind, Donald. Oh, mein Schweizerland! Novellen und Erinnerungen. 151 S. 8. Berlin, M. Lilienthal, 1905. [Lwd.-geb. Ausg.: M. 3. —]
[Mit illustriertem Umschlag. Brosch. Ausg.: M. 2. —]

Ultra montes. Roman von Donald **Wedekind.** *Berlin: H. Costenoble 1903.* (295 S.) 8° [Ant. u. F.]
(Romane u. Novellen neuzeitl. Schriftsteller. Ausg. Costenoble.) [illegible]

Wedekind, E., nützliche Winke f. das Alltagsleben. gr. 16. (36 S.) Gütersloh 898. C. Bertelsmann. Kart. m. Goldschn. n. — 60

Wedekind, Ed., Wiener Briefe an deutsche Freunde. gr. 8. (77 S.) Leipzig 863, O. Wigand. *

Wedekind, Ed., s. Broxtermann, Th. W., sämmtl. Werke.

Wedekind, Ed., ein Leben. Gedichte. 16. (IV u. 334 S.) Hannover 852, Helwing. In Engl. Einb. m. Goldschn. 1⅓ ℛ

Wedekind, Ed., Prometheus. Tragödie. 2. Aufl. gr. 12. (1½ B.) Emden 838, Rakebrand.

Wedekind, Ed. (I.), Gebrüder Schickler. Roman aus dem modernen Leben. Frei nach dem Französ. br. 8. (III und 224 S. mit 11 Abbild., Holzschnt.) Berlin (861)62, Janke.

Wedekind, Edgar

— u. S. Judd. **Lewis,** neue Atomgewicht-Kurven. (21 S. m. 4 Kurven.) gr. 8. Stuttgart 910. F. Enke. Geb. in Leinw. 1. 60

Wedekind, Edg., organ. Chemie. Volkshochschulvorträge. (VIII, 164 S. m. 1 Abbildg.) gr. 8. Stuttgart 907. F. Enke. 3.40; geb. in Leinw. n 4. 20

— Die Entwicklung der Stereochemie d. fünfwertigen Stickstoffs im letzten Jahrzehnt. (40 S. m. Fig.) Lex. 8. Ebd. 909. 1. 20
Sonderabdruck aus: „Sammlg. chem. u. chem.-techn. Vorträge".

Wedekind, Edg, die Grundlagen u. Aussichten der Stereochemie. 8. (III, 31 S. m. 10 Fig.) Leipzig 900. S. Hirzel. n. — 60
Sonderabdruck aus: „Physikal. Zeitschrift".

Wedekind, Edgar [aus Altona]: (I.) Über die Konstitution der Tetrazoliumverbindungen. (II.) Über das Aldol des Diacetyls ... München, Druck v. V. Höfling, 1895; 63 S. 8.
München, Phil. Fak., Inaug.-Diss. v. 1895

Wedekind, E. [Cont'd.]
Lehrbuch der organischen heterocyclischen Verbindungen. Lehr- und Nachschlagebuch für Studium und Praxis. Leipzig [illegible]

Wedekind, E., die Santoningruppe. (46 S.) gr. 8. Stuttgart 903. F. Enke. n. 1. 20
Sonderabdruck a.: „Sammlg. chem. u. chemisch-techn. Vortr."

— Stereochemie, s. a. Sammlung Göschen.

Stereochemie von Dr. E[dgar] Wedekind. Mit [illegible] Fig. Leipzig [illegible]
[illegible]
Sammlung Göschen [illegible]

Wedekind, Edgar, Dr. phil., K. russ. Hofrat: Zur Stereochemie des fünfwertigen Stickstoffes. Mit besond. Berücks. d. asymmetrischen Stickstoffes in d. aromat. Reihe. Mit Fig. im Text. *Leipzig: Veit & Co. 1899.* (126 S.) 8.
Tübingen, Naturw. Hab. Schr. v. [illegible]
(Nicht für den Austausch)

— zur Stereochemie des fünfwertigen Stickstoffes. Mit besond. Berücksicht. des asymmetr. Stickstoffes in der aromat. Reihe. gr. 8. (V, 126 S. m. Fig.) Leipzig 899. Veit & Co. n. 3. 50

— Zur Stereochemie des fünfwertigen Stickstoffes. 2. gänzlich umgearb. u. fortgeführte Aufl. unter Mitwirkg. v. Emil Fröhlich. (VII, 94 S. m. 15 Fig.) gr. 8. Leipzig 907. Veit & Co. 4. 20

— die heterocyklischen Verbindungen der organischen Chemie. Ein Lehr- u. Nachschlagebuch f. Studium u. Praxis. gr. 8. (VI, 458 S.) Ebd. 901.
Geb. in Leinw. n. 12. —; in Halbfrz. n. 13. –

Wedekind, Eduard Ludwig

Wedekind, kurze Darstellung d. Geschichte Schlesiens, mit besond. Berücksichtig. d. Vereinigung d. Landes mit d. preuß. Monarchie unt. Friedrich II. Eine Jubelschr. z. Feier d. Thronbesteig. d. großen Königs f. Jedermann 2c. 8. (3¾ B.) Crossen 840. (Grünberg, Levysohn.)

Wedekind, Ed. Ludw., neue Chronik der Stadt Züllichau von den ersten Zeiten ihrer Entstehung bis auf die gegenwärt. Zeit. Nebst einer Urkundensammlung. 8. (288 S.) Züllichau 849, Sporleder. *

Wedekind, Ed. Ludw., Chronik des Sternbergischen und der angrenzenden Kreise. Geschichte der Städte, Flecken, Dörfer, Burgen, Schlösser 2c. dieses Landestheiles von der frühesten Vergangenheit bis auf die Gegenwart. (5 Liefgn.) Zielenzig 855. Range. gr. 8. (320 S.) 1 Thlr.

Wedekind, (Conrector 2c. Dr.), **Friedrich der Große, König von Preußen.** Eine Jubelschrift zur Feier der **Thronbesteigung** des großen Königs am 31. Mai 1740. **Mit Titelbild. 8.** Crossen 840. (Leipzig, Michelsen.) ¼ Thlr.

Wedekind, Ed. Ludw., Geschichte der Neumark Brandenburg und der derselben inkorporirten Kreise: Lebus, Sternberg, Züllichau-Schwiebus, Krossen und Kottbus. 8. (IV und 556 S. und Anhang XVI S.) Berlin 848, Geelhaar. Thlr. **

— Geschichte der Stadt u. des Herzogthums **Crossen. Mit 1 lith.** Ansicht u. 1 Grundriß der Stadt. 8. Crossen 840. (Grünberg, Levysohn.) n. 1 Thlr.

Wedekind, Dr. Eduard Ludwig, Corector der höheren Burgerschule zu Krossen etc. Geschichte der Grafschaft Glatz. Chronik der Stadte, Flecken, Dörfer, Colonien, Schlösser etc. Dieser souverainen Grafschaft von der frühesten Vergangenheit bis auf die Gegenwart. 8. Neurode 1855.

Wedekind, Ed. Ludw., Geschichte der Grafschaft Glatz. Chronik der Städte, Flecken, Dörfer, Kolonien, Schlösser 2c. dieser souverainen Grafschaft von der frühesten Vergangenheit bis auf die Gegenwart. gr. 8. (X und 812 S.) Neurode 857, Fischer. (Leipzig, R. Hoffmann.) **
Ist auch in 12 Lfgn. zu beziehen.

—— die Geschichte des Jahres 1848. Ein Volksbuch für die Mit- und Nachwelt. Nach den besten und zuverlässigsten Quellen bearb. 8. (323 S.) Crossen 849, Vogt. *

—— Geschichte des ritterl. St. Johanniter-Ordens besonders dessen Heermeisterthums Sonnenburg oder der Ballei Brandenburg. 8. (III und 162 S.) Berlin 853, Deckersche geheime Ober-Hofbuchdr.

— Hannover und Braunschweig. Beleuchtung und Widerlegung der Druckschrift: Die Regierungsfolge im Herzogthum Braunschweig nach dem Erlöschen des Braunschweig-Wolfenbüttelschen Fürstenhauses. Ebend. 861. gr. 8. (51 S.) n. 10 ngr.

— zur Reform des Meierrechts und der bäuerlichen Verhältnisse überhaupt, mit besonderer Rücksicht auf das Meierrecht des Fürstenthums Lüneburg. 1. Heft. Göttingen 861. Vandenhoeck & Ruprecht. gr. 8. (VI, 76 S.) n. 12 ngr.

Wedekind, (Conrector Dr.,) ..., vollständiger Schulbedarf der deutschen Sprache. 4 Abschnitte. Die Wortformenlehre. — Die Wortbildungslehre. — Die Casus-Rections-Lehre. — Die Satzbildungslehre mit den nöthigen Einschaltungen über Interpunction. gr. 8. Grünberg 842, Levysohn. n. ¼ Thlr.

Wedekind, Erich Christian (Mecklenhorst) A. S. 572/13

Dissertatio iuridica de substitutione exemplari, quoad descendentes mente capti haut conditionali.
Präs. Anton Ludwig Seip.
Göttingen (Schultze) IX. 1749. 46 S.

W. v.: Präs. 35937

Wedekind, Ernst, der Aufsatzunterricht in der Volksschule. (IV, 106 S.) gr. 8. Cöthen 910. O. Schulze Verl. 1. 40

Wedekind, F.: „Abhandlung von der Sparsamkeit", Göttingen 1773 (Bossiegel).

Wedekind, F. I., de inutili ad successionem in feuda principum imperii etc. 4. Mannh. Loeffler. 760.

Wedekind, F. W. Der amerikanisch-norddte Vertrag: Ein Appell an den Cong u das Volk der VS im Interesse der Dtaner. Hanover, May 1, 1868.

Wedekind, Frank. Die Büchse der Pandora. Tragödie in drei Aufzügen. II + 88 S. 8. Berlin, Bruno Cassirer, [1903]. [M. 2. —]

Wedekind, Frank. Die Büchse der Pandora. Tragödie in drei Aufzügen. 2. Aufl. 89 S. 8. Berlin, Bruno Cassirer, [1904]. [M. 2. 50]
Andere Paginierung, sonst nur Titel-Aufl.

Wedekind, Frank. Die Büchse der Pandora. Tragödie in drei Aufzügen. Neu bearb. und mit einem Vorwort versehen. 5. und 6. Tausend. [Mit Umschlag-Zeichnung.] VI + 57 + IV + 84 S. 8. Berlin, Bruno Cassirer, (1906). [M. 3. —, geb. 4. —]

— dasselbe. Neu bearb. u. m. e. Vorwort versehen. 1. bis 6. Tausd. (57, III, 83 S.) 8. Ebd. (906). n. 3. —; geb. n. 4. —

Wedekind, Frank, der Erdgeist. E. Tragödie. 8. (212 S.) München 895. A. Langen. n. 2. 50

— — Felix und Galathea. A. R. Meyer, Verlag, Berlin-Wilmersdorf. 16 unnumerierte Seiten. 8°. (50 Pfg.; vergriffen und höher notiert!)

Wedekind, Frank. Feuerwerk. Erzählungen. [Mit illustriertem Umschlag.] 192 S. 8. München, Albert Langen, 1906. [M. 3. —]

Wedekind, Fr., Frühlings Erwachen. Eine Kindertragödie. 1. u. 2. Aufl. 8. (85 S. m. Bildnis.) Zürich 891. 894. J. Groß. n. 2. —

Wedekind, Frank. Frühlings Erwachen. Eine Kindertragödie. 3. Aufl. [Mit illustriertem Umschlag.] 152 S. 8. München, Albert Langen. 1903. [M. 1. 50]

Wedekind. Frank. Frühlings Erwachen. Eine Kindertragödie. 6. und 7. Aufl. [Mit illustriertem Umschlag.] 152 S. 8. München, Albert Langen, 1907. [M. 2. —, geb. 3. —]

Wedekind, Frank, Frühlings Erwachen. Eine Kindertragödie. 16. u. 17. Aufl. (148 S.) 8. München 908. G. Müller. 2. —; geb. 3. —

Wedekind, Frank. Frühlings Erwachen. Eine Kindertragödie. 23. und 24. Aufl. [Umschlag illustriert.] 152 S. 8. Berlin, Bruno Cassirer, 1910. [M. 2. —, geb. 3. —]

WEDEKIND, FRANK. *Der Hänsecken.* Ein Kinderepos von Frank Wedekind. Illustriert von Armin Wedekind. Paris, Leipzig, München, A. Langen, 1896. 28 S. m. 29 farbigen Bildern. Kl.-fol. Heller, farbig illustr. Or.-Karton m. Leinenrücken. 44.—
★ Originalausgabe. Sehr selten, v. d. beiden Brudern für ihre Schwester Emilie verfertigt. — Einband etwas locker.

Wedekind, Frank. Hidalla oder Sein und Haben. Schauspiel in fünf Akten. 112 S. 8. München, Dr. J. Marchlewski & Co., [1904]. [M. 2. —]

— Hidalla. Schauspiel in 5 Akten. 1. u. 2. Aufl. (à 112 S.) 8. München (906). Evold & Co. n. 2. —

Wedekind, Frank. Die vier Jahreszeiten. Gedichte. [Mit illustriertem Umschlag.] 176 S. 8. München, Albert Langen, 1905. [M. 3. —]

Wedekind, Frank. In allen Sätteln gerecht. Komödie in einem Aufzug. 2. Aufl. 70 S. 8. München und Leipzig, Georg Müller, 1910. [M. 1. 50, geb. 2. 50]

— In allen Wassern gewaschen. Tragödie in 1 Aufzuge. (86 S.) 8. München 910. G. Müller. 1.50; geb. 2. 50

Wedekind, Frank. In allen Wassern gewaschen. Tragödie in einem Aufzug. 2. Aufl. 88 S. 8. München und Leipzig. Georg Müller, 1910. [M. 1. 50, geb. 2. 50]

Wedekind, Frank, der Kammersänger. Drei Scenen. 1.—3. Aufl. 8. (à VII, 68 S.) München 899. 900. A. Langen. n. 1. —; geb. n. 2. —

Wedekind, Frank. Der Kammersänger. Drei Szenen. 4. Aufl. XII + 72 S. 8. Berlin, Bruno Cassirer, 1909. (M. 1. 50, geb. 2. 50)

Wedekind, Frank. Marquis von Keith (Münchener Scenen). Schauspiel in fünf Aufzügen. 188 [+ 3] S. 8. München, Albert Langen, 1901. [M. 2. 50]

— Der Marquis von Keith. Schauspiel in 5 Aufzügen. 2. Aufl. (189 S.) 8. Ebd. 907. 2.50; geb. 3. 50

Frank Wedekind. Der Marquis von Keith. Schauspiel in 5 Aufz. 2. [Titel-]Aufl. Berlin B. Cassirer 1907. 183 S. 8°

— der Liebestrank. Schwank in 3 Aufzügen. 8. (IV, 130 S.) Ebd. 899. n. 2. —

— Der Liebestrank. Schwank in 3 Aufzügen. 2. Aufl. (141 S.) 8. Ebd. 907. 2. —; geb. 3. —

Wedekind, Frank. Lulu. Dramatische Dichtung in zwei Teilen. Teil I: Erdgeist. Tragödie in vier Aufzügen. 2. Aufl. 200 S. 8. München, Albert Langen, 1903. [M. 2. 50]

— Lulu. Dramatische Dichtg. in 2 Tln. 1. Tl.: Erdgeist. Tragödie in 4 Aufzügen. 5. Aufl. (196 S.) 8. Ebd. 907. 2.50; geb. 3. 50

Wedekind, Frank. Lulu. Dramatische Dichtung in zwei Teilen. Teil I: Erdgeist. Tragödie in vier Aufzügen. 6. Aufl. [Mit Figuren.] 200 S. 8. München, Albert Langen, 1908. [M. 2. 50, geb. 3. 50]

Wedekind, Frank. Lulu. Dramatische Dichtung in zwei Teilen. Teil I .... — *A. u. d. T.*: Erdgeist. Tragödie in vier Aufzügen. 7. Aufl. [Mit Figuren.] II + 200 S. 8. Berlin, Bruno Cassirer, 1910. (M. 2. 50, geb. 3. 50)

Wedekind, Frank, Mine-Haha od. üb. die körperliche Erziehung der jungen Mädchen, s. a. Bibliothek Langen, kleine. 55. Bd.

Wedekind, Frank. Mine-Haha Oder über die körperliche Erziehung der jungen Mädchen. Aus Helene Engels schriftlichem Nachlass hrg. von Frank Wedekind. 141 S. 8. München, Albert Langen, 1903.
Kleine Bibliothek Langen Band 55. (Jeder Band M. 1. —, geb. M. 1. 50)

Wedekind, Frank. Mit allen Hunden gehetzt. Schauspiel in einem Aufzug. 80 S. 8. München und Leipzig, Georg Müller, 1910. [M. 1. 50, geb. 2. 50]

Wedekind, Frank. Musik. Sittengemälde in vier Bildern. 112 S. 8. München, Albert Langen, 1908. [M. 2. —, geb. 3. —]

Frank Wedekind. Musik. Sittengemälde in vier Bildern. Berlin B. Cassirer 1909. 109 S. 8°

— Oaha. Schauspiel in 5 Aufzügen. 1. u. 2. Aufl. (196 S.) 8. Berlin 908.09. [B. Cassirer.] München, G. Müller. 3. —; geb. bar 4. —

Wedekind, Franklin. Prolog zur Abendunterhaltung der Kantonsschüler. In-8°, 8 S. Aarau, H. R. Sauerländer. 1893.

— die Fürstin Russalka. 8. (VII, 299 S.) Ebd. 897. n. 3. —

Wedekind, Frank. Schauspielkunst. Ein Glossarium. IV + 56 S. 8. München und Leipzig, Georg Müller, 1910. [M. 1.—]

—— Der Schnellmaler od. Kunst u. Mammon. Große tragikom. Orig.-Charakterposse in 3 Aufzügen. 12. (IV, 93 S.) Zür. 889, Verlags-Magazin. * 1 —

Wedekind, Frank. So ist das Leben. Schauspiel in fünf Akten. [Mit Noten und 1 Figur.] 142 S. 8. München, Albert Langen, 1902. [M. 2. —, geb. M. 3. —]

— So ist das Leben. Schauspiel in 5 Akten. (Umschlag: 2. Aufl.) (184 S.) 8. Ebd. 907. 2.—; geb. 3. —

— — Der Stein der Weisen. Eine Geisterbeschwörung. Berlin 1906. 8⁰. (5 Mk., im Orig.-Umschl., der Vorige.)
Erste Ausgabe.

Wedekind, Frank. Der Stein der Weisen. Eine Geisterbeschwörung. II + VIII + 86 S. 8. Berlin, Paul Cassirer, 1909. [M. 1.60]

Der Stein der Weisen. Eine Geisterbeschwörung von Frank **Wedekind**. Berlin: P. Cassirer 1910. VIII, 81 S. 8° [10. 3125

Wedekind, Frank. Tod und Teufel ⟨Totentanz⟩. Drei Szenen. [2. Aufl.:] 3. und 4. Tausend. 64 S. 8. Berlin, Bruno Cassirer, 1909. [M. 1.50]
1. Aufl. s. Bulletin 1905, S 397: W', F'. Totentanz. Drei Szenen. München ... 1906: N 4060[23]

Wedekind, Frank. Totentanz. Drei Szenen. 64 S. 8. München, Albert Langen, 1906. [M. 1. —, geb. 2. —]

TRENCK, Hugo Frhr. v. (d. i. *Frank Wedekind* in Berlin, geb. 24. Juli 1864 zu Hannover), Das neue Vater Unser. Eine Offenbarung Gottes. O. O. u. J. 20 SS. — *Gratisbeigabe: Derselbe*, Die neue Communion. Eine Offenbarung Gottes. 20 SS. 8⁰. (20 Mk., Orig.-Umschl., Emil Hirsch, München, c. 1910.)
Beides als Manuscript gedruckt und nie im Handel gewesen.

— die junge Welt. Comödie in 3 Aufzgn. u. e. Vorsp. 8. (96 S.) Berlin 897. München, A. Langen. n. 2. —

Wedekind, Frank: Die junge Welt. Comödie in 3 Aufz. u. 1 Vorspiel v. . Berlin: W. Pauli's Nachf. 1897. (96 S.) 8⁰

— die junge Welt. Komödie in 3 Aufzügen u. 1 Vorspiel. 8. (96 S.) Ebd. (900). n. 2. —

Frank **Wedekind**. Die junge Welt. Komödie in 3 Aufz. u. e. Vorspiel. 2. Aufl. Berlin: B. Cassirer 1909 (Umschl.: München: Langen 1907). 109 S. 8° [10. 6865 11

— — Schloss Wetterstein. Familiendrama in 3 Akten. München, Georg Müller, 1910. 8⁰. (Mk. 3—, gebd. 4—.)

Wedekind, Frank. Die Zensur. Theodizee in einem Akt. [Mit 1 Figur.] 72 S. 8. Berlin, Bruno Cassirer, 1908. [M. 2.20]

— Die Zensur. Theodizee in 1 Akt. (71 S.) 8. Berlin 909. München, G. Müller. 2.20; geb. 3.20
Auch die übrigen Werke von W. aus d. Verlage v. B. Cassirer in Berlin, bezw. A. Langen in München, sind an obige Firma übergegangen.

Wedekind, Franz Ignaz [Praes.], s. Dalwigk, Joseph Frh. von: Vicariorum imperii Romano-Germanici originem ex archiofficiis progressum palatini ex actis imperii publicis usque ad amicabilem compositionem.

Wedekind, Franz Ignaz [Praes.], s. Kuhn, Dav. Barthol.: De privilegii conventionalis irrevocabilitate.

Wedekind, Georg [app. Arzt aus Jena]: Aneurysma der **Arteria anonyma** iliaca sinistra ... Jena, Frommannsche Buchdr., 1892; 38 S. 8.
Jena, Med. Fak., Inaug.-Diss. v. [10. März] 1892

Wedekind, Georg (Christian Gottlieb) Frh. v.

Wedekind, Georg Christian Gottlieb: Abhandlung von der wahren Kenntniss und Kur der Krankheiten der ersten Wege u. von d. Krankheiten, die von d. widernatürl. Affection derselben entstehen u. mit derselben verwickelt sind. Aus d. Lat., mit Anm. Gekr. Preisschr. Nürnberg 1793. XX, 251 S.

Wedekind, Georg Christian Gottlieb (Freiherr von): Abhandlung von der wahren Kenntniß und Kur der Krankheiten der ersten Wege, und von den Krankheiten, die von der widernatürlichen Affection derselben entstehen und mit derselben verwickelt sind. (De morborum primarum viarum vera notitia et curatione, nec non de morbis ex earundem affectionibus oriundis atque iisdem complicatis dissertatio. Dt.) 251 S., gbd.

Nürnberg: Stein 1795

JB 2.302

v. Wedekind, Frhr. Geo. (Chr. Gli.), Abhandl. von der wahren Kenntniß u. Kur der Krankheiten d. ersten Wege; u. von den Krankheiten die von der widernatürl. Affection derselben entstehen u. mit derselben verwickelt sind; aus d. Latein. von ihm selbst übersetzt, mit Anmerkk. gr. 8. Nürnb. 795. 2e A. 808. Stein. 20 gr

v. Wedekind, Frhr. Geo. (Chr. Gli.) († d. 28. Oktbr. 1831.) theoret.-prakt. Abhandl. von den Kuhpocken, nebst e. Einleitung in die Lehre von den ansteckenden Krankheiten. 8. Basel 802. (Neukirch). 22 gr

Zum dankbaren Andenken Ludewigs des Ersten, Grossherzoges von Hessen und bei Rhein, gesprochen im Or. von Darmstadt in der Trauerloge am 23. May 1830, vom Br. Georg Frh. v. **Wedekind.** [Darmstadt 1830: Weiss.] 16 S. 8⁰ [Umschlagtit.]
[Darin:] Wedekind, G. Frh. v.: Zum dankbaren Andenken d. hohen Br. Landgr. Christians von Hessen. [1830.]
Kl. 1469, Tt. 2239.

— drei Anreden an se. Mitbürger. 8. Mainz 792.

— über die Anstellung von Ausländern, beantw. von Dreyer. 8. Mainz 792.

— Antiquitates judicii Palat. in Caesarem. gr. 4. Münch. 776. (Georg Franz). 3 gr

— über Aufklärung; e. Rede. 8. Mainz 792.

Wedekind, Georg (Christian Gottlieb Freiherr von): Aufsätze über verschiedene wichtige Gegenstände der Arzneiwissenschaft. 392 S., gbd.

Leipzig: Kummer 1791

JB 6.565

Die Bauloge am 14. VI. 5817. [Von Georg Frh. v. **Wedekind.**] Darmstadt 1817: Stahl. 57 S. 8⁰ [Umschlagtit.]
Abgedr. in: Wedekind, G. Frh. v.: Baustücke. 2 (1821) S. 78—123.
Kl. 1200, Tt. 2237. Bericht üb. die Feier der Grundsteinlegung der Loge Joh. d. Evang. zu Darmstadt; Ritual, Rede, Gedicht.

Baustücke, ein Lesebuch für Freimaurer und zunächst für Brüder des eklektischen Bundes von Georg Frhn v. Wedekind. Samml. 1. 2. Giessen: Heyer 1820—1821. 8⁰
1. XV, 334 S. 1 Musikbeil. 1820; 2. VIII, 371 S. 1821.
Auszüge in: A. 9 (1840—1841) S. 69—88.
Recens: Gedanken über d. Frmrei. 1828 S. 49 bis 51.
cf. f. Samml. 1: E z JALZ. 1820 Nr 22; LLZ. 1821 Nr 227; f. Samml. 1. 2.: AZ. 1823 S. 502—507.
Kl. 614, Tt. 1834.

Wedekind, G(eo. Chrstn. Gtli.). Frh. v., Beiträge zur Erforschung d. Wirkungsart d. Arzneimittel. Auf Veranlass. der Versamml. d. Gesellschaft deutscher Naturforscher u. Aerzte zu Heidelberg im Herbste 1829, vorzügl. den Aerzten d. Grossh. Hessen gewidmet. 1. Hft. 8. (8 B.) Darmstadt 830, Leske.

— Bemerkk. über d. Anwendung chem. Hypothesen auf d. Medicin, s. Leisler, über medicin. Wahrheit.

— einige Bemerkk. über Regenten. 8. Mainz 792.

—— über d. Bestimmung des Menschen u. die Erziehung d. Menschheit, od.: Wer, wo, wozu, bin ich, war ich u. werde ich sein. In Verhandlungen. gr. 12. (12½ B.) Gießen 828, [Heyer, Vater.]

Wedekind, Geo. v., die Bestimmung des Menschen und die Erziehung der Menschheit, oder: Wer, wo, wozu, bin ich, war ich und werde ich sein? In 30 Abhandlungen. 2. (Titel-) Aufl. 12. (XXIII und 274 S.) Bautzen 851, Reichel. *

— über das Betragen d. Arztes, den Heilungsweg durch Gewinnung des Zutrauens u. durch Ueberredung d. Kranken. Zwei Vorlesungen herausg. v. Jos. v. Hagen. 8. Mainz 789. Andreä in Frankf. 5 ℋ

Wedekind, Georg (Christian Gottlieb Freiherr von): Ueber das Betragen des Arztes, den Heilungsweg durch Gewinnung des Zutrauens und durch Ueberredung des Kranken. Zwei Vorlesungen...hrsg.von Joseph von Hagen. 113 S., gbd.

Mainz: Wailandts 1789

JB 5.530

Wedekind, Georg Freih. von, einige Blicke in die Lehre von den Entzündungen und von den Fiebern überhaupt, wie in die von den Gehirnentzündungen u. von dem ansteckenden faulen Nervenfieber insbesondere. gr. 8. Darmstadt, Heyer u. L. 811.

Bruchstücke über Religion. Aus der Aufnahme dreier Geistlichen verschiedener Konfessionen in der ger. u. vollk. □ Johannes der Evangelist zur Eintracht im Aufgange zu Darmstadt. [Unterz.:] Georg Frh. v. **Wedekind.** (Nur Ms. f. Frmr.) Darmstadt [1817]: Stahl. 38 S. 8⁰ [Umschlagtit.]
Abgedr. in: Wedekind, G. Frh. v.: Baustücke. 1 (1820) S. 231—264.
Auszug in: Razen, F. J.: Mrischer Blüthenkranz. 2 (1823) S. 3—32; 2. Aufl. 1841 S. 3 bis 32; FZ. 23 (1869) S. 232.
Kl. 1198, Tt. 2236. Bericht. Wedekinds Festrede üb. den Unterschied zwischen Religion u. Kirche.

—— über d. Cholera im Allgem. u. d. asiat. Cholera insbesond. 8. (5¼ B.) Frankfurt a. M. 831, Varrentrapp.

Wedekind, Geo. Frhr. v., s. Claudianus, Claudius, Dichtungen.

Die erste Feier des Stiftungsfestes der ger. u. vollk. □ Johannes der Evangelist zur Eintracht im Aufgange zu Darmstadt am 5. des VIII. 5817. Darmstadt. [Von Georg Frh. v. **Wedekind.**] Darmstadt [1817]: Stahl. 24 S. 8⁰ [Umschlagtit.]
Kl. 2982. Gesch. der Entstehung der Loge, Auszug aus Wedekinds Zeichnung am Stiftungstage (die Wahl eines Systems betr.), Übersicht der Tätigkeit der Loge im verflossenen Jahr.

— Fragmente über die Erkenntniß vener. Krankheiten, herausg. v. W. F. Domeier. 8. Hannov. 790. Hahn. 10 ℋ

Fragmente über die Erkenntniß venerischer Krankheiten. Von Georg [Frh. von] Wedekind. Hrsg. von Wilhelm Friedrich Domeier. Hannover 1790: Lamminger. VIII, 171 [vielm. 177] S. 8⁰

— über Freiheit u. Gleichheit. 8. Mainz 792.

— üb. sein Heilungsverfahren im Kriegslazareth zu Mainz. gr. 8. Berl. 802. (Reimer). 1 ℛ 8 ℋ

Installations-Feier der ger. und vollk. St. Johannis-Loge Johannes Evangelist zur Eintracht im Morgen von Darmstadt. Am 23. X. 5816. [Hrsg. von Georg Frh. v. **Wedekind.**] Darmstadt [1816]: Stahl. 49 S. 8⁰
Abgedr. in: Wedekind, G. Frh. v.: Baustücke. 2 (1821) S. 27—77; Razen, F. J.: Mrischer Blüthenkranz. 3 (1830) S. 115—155; 2. Aufl. 1841.
Kl. 2980, Tt. 591. Bericht. Enth. eine Rede Wedekinds zum Preise der Frmrei in bezug auf Zweck u. Arbeiten des Lehrlingsgrades.

Das Johannisfest in der Freimaurerei Mit Anmerk. für nachdenkende Brüder. Von dem Frh. [Georg] **v. Wedekind,** d. Ä. Gedrucktes Ms. f. Brr. Frankfurt a. M.: Wilmans 1818. 123 S. 8⁰
cf. Wedekind, G. Frh. v.: Baustücke. 1 (1820) S. 322—333.
Kl. 597.

— das Johannisfest in der Freimaurerei. Mit Anmerkk. für denkende Brüder. gr. 8. Frankf. a. M. 819. Fr. Wilmans. 16 gl

— über die Kacherie im Allgemeinen u. über die Hospitalkacherie insbesond., nebst e. prakt. Einleit. über d. Natur des lebenden Körpers. 8. Leipz. 796. (Schmidt). 20 gl

Ueber die Kachexie im allgemeinen und über die Hospitalkachexie insbesondere, nebst e. praktischen Einleitung über die Natur des lebendigen Körpers. Von Georg [Frh. von] Wedekind. Leipzig: Wolf 1796. 252 S. 8⁰

Wedekind, Frhr. v. Militär-Sanitäts-Reglement f. d. Großherzl. hess. Truppen. Darmstadt 1821. Dass. Darmstadt 1822. 2 Bde.

— Nachr. üb. das französ. Kriegsspitalwesen. 2 Bde. Mit Kpf. gr. 8. Leipz. 797, 98. (Schmidt). 2 rtl 16 gl

— kurze Nachricht von der Erkenntniß u. Heilart der Hundswuth. 8. Augsb. 802. Plager. 2 gl

Wedekind, Georg (Christian Gottlieb Freiherr von): Nachrichten über das französische Kriegsspitalwesen. Bd 1 - 2, gbd., Abb.

Leipzig: Wolf 1797 - 1798

JB 3.628

— üb. die Natur u. Behandlung des Typhus. 8. Halberstadt, Büreau f. Liter. u. Kunst. 813.

Necrolog Ludewigs I., Grossherzogs von Hessen [von Georg Frh. **v. Wedekind**]. [1830.] 4 S. 2⁰
Kl. 1470.

— de morborum primarum viarum vera notitia et curatione. 4. Nürnb. 792. Ed. nova 797. Stein. 20 gl

v. Wedekind, (G. Frihr.,) über die Nothwendigkeit einer baldigen künstlichen Entbindung nach abgelauf. Fruchtwasser bei Querlagen. 8. Darmst. 824. (Heyer.)

— der pythagoräische Orden, die Obscurantenvereine in der Christenheit u. d. Freimaurerei in gegenseitigen Verhältnissen. gr. 8. Leipz., 819. Baumgärtner. 1 rtl

Der pythagoräische Orden, die Obskurantenvereine in der Christenheit und die Freimaurerei in gegenseitigen Verhältnissen. Als Ms. f. Frmr. von dem Frh. Georg **v. Wedekind.** Leipzig: Baumgärtner 1820. XVI, 192 S. 8⁰
cf. ⁰Lit. Beil. z. Morgenbl. 1820 Nr 52, 53; EzJALZ. 1820 Nr 21; Hermes. 1820, 4 S. 1—22 (K. Chr. F. Krause); JALZ. 1820 Nr 29, 30 (J.); AZ. 1823 S. 496—502.
Kl. 613, Tt. 1833.

— Prolegomena einer künftigen eroterischen Arzneikunde. 8. Mainz 793. (Frankf. a. M. Andreä). 5 gl

— Prüfung des homöopathischen Systems des Dr. Hahnemann. gr. 8. Darmst. 822. Leske. 18 gl

Prüfung des homöopathischen Systems des Herrn Dr. Hahnemann. Von Georg Frh. von Wedekind. Darmstadt: Leske 1825. XII, 142 S. 8⁰

— die Rechte des Menschen u. des Bürgers. 8. Mainz 793.

Wedekind, Georg Frhr. v., Rede bei der Aufnahme eines Blinden in den Freimaurer-Orden. Darmstadt. 1817. 8. 25 S.

Wedekind, Georg Frhr. v., Rede an dem Geburtstage des Hw. O. Br. und verehrten Substit. Altmeisters des Herrn Landgrafen Ludwig Georg Carl von Hessen, geh. in der Loge zu Darmstadt den 27. Maerz 5817. 8.

— über die Regierungsverfassungen. 8. Mainz 792.

— üb. die Ruhr, herausg. v. Dr. Dannenberg. gr. 8. Frankf. 811. Varrentrapp. 14 gl Auch u. d. T.: Versuch e. Beantwort. d. Preisfr.: über d. Natur u. Heilkunde d. Ruhr.

— über das Schwalbacher Stahlbrunnenwasser in Hinsicht s. medicin. Gebrauchs u. s. chem. Bestandtheile. 8. Mainz 815.

Allgemeines: Das Suchen des Freimaurers. Ein Baustück für die Trauerversammlung der s. e. □ Johannis zur Einigkeit im Aufgange zu Frankfurt am Main am 22. XII. 5818. Von dem Br [Georg] Frh. **v. Wedekind** dem Aelteren. Hrsg. als Ms. f. Brr. Frankfurt a. M.: Wilmans 1819. 30 S. 8⁰ [Umschlagtit.]
Kl. 1449. Üb. das Suchen nach Vollkommenheit.

— allgemeine Theorie d. Entzündungen. gr. 8. Leipz. 791. (Aue in Altona). 1 rtl

Wedekind, Georg (Christian Gottlieb Freiherr von): Allgemeine Theorie der Entzündungen und ihrer Ausgänge. 296 S., gbd.

Leipzig: Jacobäer 1791

JB 2.301

— über medicin. Unterricht. 8. Mainz 789. (Varrentrapp in Frankf.) 4 gl

v. Wedekind, Geo. (Chr. Gli.), Volksglückseligkeit bei einer vernünft. Staatseinrichtung. 8. Mainz 793.

— über den Werth des Adels u. die Ansprüche des Zeitgeistes auf Verbesserung des Adelsinstituts. 2 Thle. gr. 8. Darmst. 816. Leske. 3 rtl Wohlf. Ausg. 1 rtl 8 gl

Wedekind, G. von, über den Werth des Adels und die Ansprüche des Zeitgeistes auf Verbesserung des Adelsinstituts. 2 Theile. 2te wohlfeilere Ausg. gr. 8. Darmstadt, Leske. 818.

Wedekind, Georg (Christian Gottlieb) Freiherr von: Ueber den Wert der Heilkunde. 382 S., gbd.

Darmstadt: Heyer & Leske 1812

JB 5.562

Ein Paar Worte in Bezug auf Unein-geweihte. Gesprochen in der Loge St. Johannes der Evangelist zur Eintracht in Darmstadt [von Georg Frhrn v. Wedekind]. Darmstadt [1816]: Stahl. 16 S. 8⁰ [Umschlagtit.]
[Neue Aufl. u. d. Tit.:]
Gespräch über die Freimaurerei.
in: Wedekind, G. Frhr. v.: Baustücke. 2 (1821) S. 3—26.
Kl. 1192. Selten. Üb. d. Wesen d. Frmrei. Beigefügt e. Aufsatz d. Br. K. (1. Vorst. d. ▭), Prüfung d. wichtigsten Beschuldigungen gegen d. Bund enth.

— vom Zutrauen, zwei medicin. Vorlesungen; herausg. v. Jos. v. Hagen. 8. Frankf. a. M. 791. Andreä. 5 K
NB. Mehrere d. obigen Schriften sollen den dritten jüngern Bruder (Jh. Chr. Gli.) angehören, welche aber, war nicht auszumitteln, da d. Vornamen auf den Titeln meist nur mit G. angegeben sind; ich bitte daher um Berichtigung dieses Artikels.

Wedekind, Georg Josef

— über d. Bildung vaterländ. Geschäftsmänner. 8. Manh. 801. Kaufmann. 5 K

Wedekind, Georg Joseph [Praes.], s. D a h m e n, Aloys: De jure cavendi comprehenso in jure circa sacra.

Wedekind, Ge. Jos.: Dissertationes duae 1. De jurisdictione territoriali non restringenda; 2. De jure cavendi comprehenso in jure circa sacra; in publicum usum rec. Quibus acc. diss. 3. de eo: quod circa recursum ad celsissimum judicium imperiale aulicum in ecclesiasticis ex legibus Germaniae speciatim obtinet. Bonnae 1778.

— die Entschädigungs-Berechtigung u. Ansprüche des Reichs-Erbmarschalls Grafen v. Pappenheim u. seiner Familie an d. höchsten Souverainen Deutschlands bei Aufhebung seiner Stellen u. Auflösung seiner Justizkanzlei am Reichstage. gr. 8. Regensb. 809. Montag u. W. 16 K

Wedekind, Georg Joseph [Praes.], s. H a u b, Johann Bapt.: De Ottone Illustri terras Palatinas jure et matrimonio agnetis non acquirente.

— können d. deutschen Stammgutsgrundsätze e. Regierungs-Nachfolger befreien, d. Regentenhandlungen seines Vorfahren zu vertreten, mithin d. erweisl. u. redlichen Schulden zu bezahlen? Beantwortet. 8. Heidelb. 802.

— s. M i s c e l l e n, Rheinpfälzische.

Wedekind, Ge. Jos.: Oratio de conjungenda cum juris studio scientiarum cameralium cultura. Heidelbergae 1789.

Wedekind, Geo. Jos., († d. 11. Aug. 1789.) Diss. de inutili ad successionem in feuda principum imperii simultaneitate investiturae cum pacto providentia majorum nexa. 4. Manh. 760. Löffler. 6 K

WEDEKIND, G. Jos.: Disput. jur. publ. de non restringenda superioritate territoriali. *Heidelb.*, Pfähler. 775. 4. (6 Gr.)

Wedekind, Georg Joseph [Praes.], s. V o n h o e s e l t, Theodor Joseph: Regnum Germaniae ante auream bullam electivum dissertatio historica inauguralis novissimis anonymi cujusdam adsertis opposita.

W e d e k i n d, G(eo.). W(ilh.). Frh. v., Anleitung zur Betriebsregulirung u. Holzertragsschätzung d. Forste. gr. 8. (27½ B. u. 1¼ B. Tab. gr. 4.) Darmstadt 834, Dingeldey.

W e d e k i n d, G. W. Freiherr von: „Anleitung zur Forstbetriebsregulierung und Forstabschätzung", mit Tabellen, Darmstadt 1834 (Dingeldey).

—— Anleitung zur Forstverwaltung u. zum Forstgeschäftsbetriebe. gr. 8. (33 B. u. 116 lith. Muster, gr. 4.) Darmstadt 831, Leske.

Wedekind, G. W. (Hrsg.), s. B e i t r ä g e zur Kenntnis des Forstwesens in Deutschland.

WEDEKIND, Georg Wilhelm Frhr. v.: Einige Bemerkungen über den Besoldungsaufwand verschiedener Forstorganisationssysteme. - Darmstadt 1821. 13 S.

WEDEKIND, G. W. Frhr. v.: Bemerkungen über Gegenstände der Forstverfassung und Forstverwaltung. - Darmstadt 1821. 47 S.

W e d e k i n d, Geo. Wilh. v., vaterländ. B e r i c h t e, s. B e r i c h t e.

W e d e k i n d, G(eo.) W(ilh.) v., Encyklopädie der Forstwissenschaft. Lex.-8. (IX und 130 S.) Stuttgart 848, Franck'sche Vrlgsh.
Vgl.: E n c y k l o p ä d i e, neue, der Wissenschaften und Künste. 1. Bd.

— die Fachwerksmethoden der Betriebsregulirung und Holzertragsschätzung der Forste, mit Nachweis. ihrer Quellen kritisch zusammengestellt u. beleuchtet. gr. 8. Frankfurt a/M. 843, Sauerländer. 1⅓ ℛ

Wedekind G. W. v.: Forstwissenschaft. [Stuttg. 1847]. 130 S.
[Neue Encyclopädie d. Wissenschaften u. Künste. Bd. 1 1].

Wedekind, G. W. v.: Allgemeine F o r s t - und Jagd-z e i t u n g, s. B o h l e n, S.

—— und S. Behlen, allgem. Jahrbücher d. Forst- u. Jagdkunde, s. J a h r b ü c h e r.

—— neue Jahrbücher der Forstkunde, s. J a h r b ü c h e r.

—— I n s t r u c t i o n f. d. Betriebsregulirung u. Holzertragsschätzung d. Forste. Durch Beispiele erläut; nebst 1 Hft. mit Mustern u. Ertragstafeln (14 Bl. Tab. gr. 4.) Lex.-8. (16 B.) Darmstadt 839, [Diehl.] •

W e d e k i n d, G. W. Freiherr von: „Instruction für die Betriebsregulirung und Holzertragsschätzung der Forste. Nebst einem Hefte mit Mustern und Ertragstafeln", Darmstadt 1839 (Dingeldey). — Vorh.: UB Würzburg.

W e d e k i n d, Geo. Wilh. v., d. wissenschaftl. Congreß von Frankreich zu Straßburg im J. 1842; seine Entstehung, Geschichte, Einrichtung, Verhandlungen, Ergebnisse, Bedeutung u. Fortwirkung. gr. 12. (1½ B.) Darmstadt 842, Jonghaus.

—— über Liberalität u. Popularität in Forstsachen. gr. 8. ... Gotha 832. [Leipzig, Gebr. Reichenbach.]

—— M a n n h e i m, Mainz, Frankfurt, Hanau u. d. Eisenbahnen. gr. 12. (2 B.) Darmstadt 837, Pabst.

(——) das hessische S t a a t s - R e c h t, s. S t a a t s - R e c h t.

—— Umriß d. Forstwissenschaft f. Staatsbürger u. Staatsgelehrte. Größtenth. aus d. Staatslexikon besond. abgedr. gr. 8. (3½ B.) Altona 838, Hammerich.

Wedekind, G. W. Freiherr von: „Versuch einer Forstverfassung im Geiste der Zeit", Leipzig 1821 (Baumgärtner).

s. Zeitschrift für d. Forst- u. Jagdwesen.

Wedekind, H. D., de habitu antiquorum Graeciae et Latii scriptorum ad religionem. Gotting. 1756. 4.

Wedekind, H. L. Entius sive Henricus, Frederici II. imperatoris nothus. 8. Gottingae 1757.

Wedekind, H. L. Praktisches Übungs-Buch der deutschen Sprache. 2v. Milwaukee. 1896.

Wedekind, Hans *Alfred Friedrich* [app. Arzt aus Altona]: Aus d. Laboratorium d. pharmakognost. Sammlung in Kiel. Beitrag zur Kenntnis der Wirkung des Aethylisocyanid ... Kiel, Druck v. A. F. Jensen, 1896; 27 S. 8.
Kiel, Med. Fak., Inaug.-Diss. v. [12. Juli] 1896.

Wedekind, Heinrich Ludwig (Horst/Calenberg)
A. S. 572/37

Dissertationum scholasticarum I. de usu ac praestantia tabulariorum, quae archiva appellant, in scholis. Präs. Rudolph Wedekind.
Göttingen (Pockwitz) 23. IX. 1756. 22 S.

Gew.: Fhr. von Münchhausen.
W. v.: Präs. 35939

Wedekind, Hermann
Pseud.: Augustin Lercheimer

* — — Dasselbe, tit.: Christlich bedencken vnd erinnerung von / Zauberey, Woher, was vnd wie vielfeltig sie / sey, wem sie schaden könne oder nicht, wie / diesem laster zu wehren, vnd die so damit be- / hafft, zu bekehren, oder auch zu straf- fen seyn. / Nur an vernünftige, redeliche, be- / scheidene leute, gestellet durch / *Augustin Lercheimer* / von Steinfelden. / Jetzund zum dritten vnd letzten mal / gemehret auch mit zu end angehengter wi- / derlegung etlicher jrriger meinung vnd breüche / in diesem handel. Zu Speyer Bey Bernhart Albin / MDXCVII. (1597.) 8°. 311 Seiten. (20 Mk. 50 Pfg. Auct. Biltz no. 643; 20 Mk. Völcker, 1906.) (Auch in Dresden: 8°. Mag. 68, 15 m.)

Am Schluss ein 8 Seiten langes Gedicht: Ermanung an die Richter etc. — S. die folgende Schrift, Seite 27, wonach von dieser 3. Auflage nur 2 Exemplare bekannt sind.

— *Lerchheimers* (!) Schrift wider den Hexenwahn (nach der vorigen Ausgabe abgedr.), bearbeitet von Birlinger und Binz. Straßburg 1888. 8°. (Mk. 3,50.) (2 Mk Max Weg, Lpz., 1897.)

Wedekind, Hermann: Aus d. Univ.-Frauenklinik in Gießen. Die in der Gießener Frauenklinik in den Jahren 1902—1907 ausgeführten Ovariotomien bei Tumoren des Ovarium. Kiel 1909: Schmidt & Klaunig. 29 S. 8°
Kiel, Med. Diss. v. 8. März 1909, Ref. Pfannenstiel
[Geb. 21. Juli 81 Hildesheim; Wohnort: Blankenburg a. H.; Staatsangeh.: Preußen; Vorbildung: Gymn. Andreanum Hildesheim Reife M. 01; Studium: Göttingen 3, München 1, Göttingen 2, Berlin 2, Göttingen 1, Gießen 1 S.; Coll. 12. Febr. 09; Approb. 17. Nov. 06.] [U 09. 2195

Wedekind, Joh. Heinr., schriftl. Nachlaß, bestehend aus Abhandlungen, Predigten u. Amtsreden; geordnet u. nebst der Grabrede des Hrn. Superint. Freytag hrsg. v. Frz. Geo. Ferd. Schläger. gr. 8. (22¼ B.) (Hannover 844, Hahn's Hofbh.) * 1

Wedekind, K. J., Geist d. Zeit in e. pragmat. Darstellung d. merkwürdigsten Ereignisse in d. physischen, moral., liter. u. polit. Welt. 2r—4r Jahrg. 1809, 10 u. 11 enthaltend. gr. 8. Freiburg, Herder. 810—14. (IIr Jahrg. 2 Rthlr. 6 gr. IIIr Jahrg. 1 Rthlr. 16 gr.) IVr Jahrg. 1 Rthlr. 16 gr.)

Wedekind, Karl

Wedekind, Carl, Instruction für Vormünder, Pfleger und Gegenvormünder im Gebiet der preußischen Monarchie. 1. und 2. unveränd. Aufl. gr. 8. (15 S.) Hannover 876, Helwing'sche Verlagsh. **

—— Instruction für Waisenräthe im Gebiete der preußischen Monarchie. 1. und 2. verb. und vervollständigte Aufl. 8. (8 S.) Ebendas. 876,77. *

Wedekind, Karl, appr. Arzt a. Limmer: Das Citron'sche Verfahren der Analyse des Mageninhalts verglichen mit dem Töpfer'schen. Heidelberg 1904: Straus. (39 S.) 8°
Heidelberg, Med. Fak., Ref. Erb, Diss. v. 9. Jan. 1905
[Geb. 22. Mai 75 Limmer; Wohnort: Limmer; Staatsangeh.: Preußen; Vorbildung: Gymn. Ilfeld Reife O. 96; Studium: Jena 2, Freiburg i. B. 1, Kiel 1, Göttingen 1, München 1, Freiburg 3 S.; Coll. 23. Juli 04; Approb. 15. Juli 04.]

Wedekind, Karl Ignatz

— die Aufnahme neuer Kirchen im Staate überhaupt u. d. Protestanten in Baiern insbesondere, nach Grundsätzen des allgem. Staatsrechts gewürdigt. 8. Götting. 803. Dieterich. 20 gl

K. Ign. **Wedekind's** kurze systemat. Darstell. d. allgem. Staatsrechts. *Frkf.* u. *Lpz.* (*Mannh.*, n. Kunsth.) 794. 8° 10 gl

— systemat. Darstell. d. allgem. Staatsrechts. gr. 8. (aus dems. ist einz. abgedruckt: Auch e. falsche Quelle d. Revolut. 6 gr.) 794.

Wedekind, K. Ign.: Die Entschädigungsberechtigung u. Ansprüche d. Reichs-Erbmarschalls Grafen zu Pappenheim und seiner Familie an die höchsten Souveraine Deutschl., als Glieder d. rhein. Conföd. u. d. übrig. Mitstände d. ehemal. heil. röm. Reichs bei Aufheb. sein. Stelle u. Auflös. sein. Justizkanzley am Reichstage. *Regensburg*, **Manz. 809. gr. 8. (16 Gr.)**

— Etwas üb. gegenwärtige Zeit. gr. 8. 795.

— Geist d. Zeit, in einer pragmat. Darstellung d. merkwürd. Ereignisse in d. phys., moral., literar. u. polit. Welt. 1r—4r Thl. enthalt. d. Jahre 1808—11. gr. 8. Frburg 810—14. Herder. 7 ß 2 gl Hbg. Pr. 3 ß (Gräffer u. Schmidl in Wien). 4 ß

Wedekind, K. Ign.: Von d. besond. Interesse d. Natur- u. allgem. Staatsrechts durch d. Vorfälle d. neuern Zeiten. Mit e. Anh. üb. d. Recht zu begnadigen v. ***Feder. Heidelb.*** **(Braun in** ***Carlsruhe.*****) 793. 8. (12 Gr.)**

— *Eb.* v. d. besond. Interesse d. Natur- u. allgem. Staatsrechts durch d. Vorfälle d. neuern Zeit; nebst e. Abhandl. üb. d. Recht zu begnadigen v. J. G. H. **Feder.** *Heidelb.*, Pfähler. 793. 8° 12 gl

Wedekind, Karl Ign., Palatinus Caesare trans Alpes morante vicarius universalis. Comment. inaug. 8maj. Götting. 792. Dieterich. 4 gl

— auch e. falsche Quelle d. Revolutionen; e. Ehrenrettung des allgem. Staatsrechts. 8. Frankf. u. Leipz. 795. 6 gl

Wedekind, [Karl Ign.]: Nähere Rechtfertigung über die den Allerhöchsten verbündeten Monarchen von den Gräfl.-Hanau-Lichtenbergischen Allodial- und Regredient-Erben vorgelegte gerechte Hoffnungen, und ihre Regredient-Erbschafts-Rechte.

Abth. 1. Frankfurt u. Leipzig 1815.
„ 2. [Nebentit.:] Was war von jeher und was ist noch heut zu Tage bei Regredient-Erbschaften Rechtens? o. O. 1816.

Wedekind, K. J.: „Ueber die deutschen Stammgutsgrundsätze", Frankfurt a. M. 1803 (Simon).

s. a. Uebergabe d. Festung Mannheim.

(Wedekind, K. J.) Die Uebergabe der Festung Mannheim an die Franzosen. 8. s. l. Frankfurt 1796. 0,40.

Wedekind, L., Beiträge zur geometrischen Interpretation binärer Formen. (Inaug.-Dissert.) Erlangen 1875. 8⁰. broch. (55 S. mit 2 Tfln.)

Wedekind, Ludwig, Dr.: Studien im binären Werthgebiet. Mit 1 lithogr. Taf. 1876. 51 S., 1 Taf. 8⁰
Karlsruhe Te. II., Hab.-Schr. v. 4. 4. 1876

Wedekind, Oscar, Referendar: Die Haftung für Rechtsmängel beim Sachkauf. Nach gemeinem Recht u. bürgerl. Gesetzbuch. *Rostock 1903: C. Hinstorff.* (65 S.) 8° [F.]
Rostock, Jur. Diss. v. [5. Aug.] 1903

Wedekind, Otto, a. Altona: Beiträge zur Kenntnis der Isomerieverhältnisse des asymmetrischen Stickstoffs. München 1907: V. Höfling. (59 S.) 8°
Tübingen, Naturw. Fak., Ref. Wislicenus, Diss. v. 24. Juli 1907
[Geb. 9. Nov. 81 Altona; Wohnort: Tübingen; Staatsangeh.: Hamburg; Vorbildung: Luisenstädt. Oberrealsch. Berlin Reife O. 03; Studium: Techn. Hochsch. Berlin 3, Univ. Lausanne 1, München 4, Tübingen 4 S.; Coll. 24. Juli 07.]

Wedekind, Otto, die Réfugiés. Blätter zur Erinnerg. an den 200jähr. Jahrestag der Aufhebg. d. Edicts v. Nantes. gr. 8. (VII, 93 S.) Hamburg 886. J. F. Richter. n. 2. —

Wedekind, Peter: Die Auflösung der algebraischen Gleichungen des zweiten, dritten und vierten Grades mit Hülfe der Theorie der symmetrischen Funktionen. Köln a. Rh., Druck v. J. P. Bachem, *1893;* 1—20 S. 4.
Köln, k. kath. G an Marzellen, P 1893 (432)

Wedekind, Rudolf (Hrsg.), s. Abendstunden, Vergnügte.

Wedekind, Rud., († d. 12. Jan. 1778.) Abhandl. von d. Sparsamkeit. 8. Götting. 773.

— Antwortschreiben an Hrn. v. Loen, worin demselben wegen seines Buches, d. einzige wahre Religion, allerlei gefährl. Prognostica gestellt werden. 8. Frankf. u. Leipz. 752.

Wedekind, Rudolf: Die Cephalopodenfauna des höheren Oberdevon am Enkeberge. Göttingen 1908: (Grüninger, Stuttgart). 70 S. 8° ¶(Aus: Neues Jahrbuch f. Mineral. Beil. Bd 26.)
Göttingen, Phil. Diss. v. 19. Nov. 1908, Ref. v. Koenen
[Geb. 29. März 83 Limmer; Wohnort: Limmer; Staatsangeh.: Preußen; Vorbildung: Gymn. Lemgo Reife O. 04; Studium: Freiburg i. B. 3, München 1, Göttingen 3 S.; Rig. 3. Juni 08.] [U 09. 1418

— diatribe de Jani Caecilii Frey philosophia Druidum, ejusque vita et opusculis. 4. Götting. 760.

Wedekind, Rudolph [Praes.], s. Eichemeier, Jo. Friedrich: Syllogismum veri non inventorem.

— s. J. F. Elfenbart, ff.-Schriften.

(—) d. Hagestolz; e. Wochenschrift. 3 Thle. 8. Götting. 751, 52.

— s. Hauslehrer, der Götting. 775. u. setze hinzu: (von R. Wedekind).

Wedekind, Rudolph [Praes.], s. Jantzen, Karl Christian: De majestate, vera scilicet ejus notione, et pendentibus inde affectionibus.

Wedekind, Rudolph [Praes.], s. Lappenberg, Sam. Christ.: Diss. philos. qua latine scripturo latine copitandum esse ostenditur.

— supellectilem librariam scholae Gottingensis V. C. Suchforto reddit et commendat. 4. Götting. 772.

(—) deutsch-latein. u. französ. Titelbuch nach d. jetzigen Gebrauch. gr. 8. Götting. 757. Vandenhöck u. R. 16 gr.

— Versuch e. Erklärung d. schweren Schriftstelle: Apostelgeschichte 1, 6. 7. 8. Götting. 768. Kübler. 3 gr.

— kurzer Vortrag von dem Ziele des menschl. Lebens. 8. Götting. 767. Dieterich. 3 gr.

— s. Vorträge zur Vertreibung müßiger Stunden.

Wedekind, Rudolph [Praes.], s. Wedekind, Heinrich Ludwig: De usu ac praestantia tabulariorum, quae archiva appellant, in scholis.

— s. Welt, die, e. Wochenschrift.

Wedekind, Rudolph [Praes.], s. Wiering, Philipp Jakob Heinrich: De obligatione civium erga principem tyrannum.

Wedekind, Th., Grabschriften, s. Grabschriften.

Wedekind, Th., Grabschriften und Denkverse auf Todtenkränze. Eine auserlesene Sammlung für alle vorkommende Fälle, insbesondere für Bild- und Steinhauer, Maler rc. geeignet. Quedlinburg 853. Basse. 8. (79 S.) 10 ngr.

Wedekind (W.). Fossile Hölzer im Gebiete des Westfälischen Steinkohlengebirges. (Verhandl. d. Nat. Ver. d. preuss. Rheinl. u. Westph., 1884.) 8.

Wedekind, Wilhelm [aus Hüpstedt (Eichsfeld)]: Ein neuer klinisch u. anatomisch beobachteter Fall von Spondylolisthesis ... Halle a. S., Plötz'sche Buchdr., 1897; 31 S., 2 Bl., 1 Taf. 8.
Halle, Med. Fak., Inaug.-Diss. v. 21. Mai 1897

Wedekind, Wilhelm: Der aussereheliche Geschlechtsverkehr. Seine straf- u. zivilrechtl. Folgen f. Mann, Weib u. Kind. [Verf.: Wilh. Wedekind.] Berlin: W. Wedekind 1898. (43 S.) 8⁰

Wedekind, W., Junge od. Mädchen? Wodurch entsteht das verschiedene Geschlecht der Kinder? Wie kann man nach Belieben Knaben od. Mädchen hervorbringen? 1. u. 2. Aufl. gr. 8. (à 30 S.) Berlin 900. W. Wedekind. n. — 50

— dasselbe. Wie kann man dasselbe willkürlich beeinflussen? 2. Bd. Weitere Beobachtgn. u. prakt. Ratschläge. gr. 8. (82 S.) Ebd. 900/01. n. — 50

Wedekind, Wilh., die Sozialisten. Schauspiel in 4 Akten. 12. (84 S.) Berlin 887, Selbstverlag des Verf., Schiffbauerdamm 2. *

— Sprachfehler od. Sprachentwicklung? Versuch e. histor. Grammatik der deutschen Sprache f. gebildete Laien m. besond. Rücksicht auf schwank. Sprachgebrauch nebst Ausblicken in die Zukunft. 1. Bdchn.: Das Hauptwort in der Einzahl. 8. (56 S.) Ebd. 900. n. — 50

Die Grafen von Wedel zu Gödens und Evenburg in Ostfriesland. Hannover 1850. 8. Nicht im Handel.

Wedel, Herren v., s. Huldigungsbrief.

Wedel, Joachim v., auf Krempzow Schloss und Blumberg erbgesessen, Hausbuch. Hrsg. durch Julius Frhrn. v. Bohlen-Bohlendorff, s. Bibliothek des litterarischen Vereins in Stuttgart. Bd. 161.

Wedel, s.a. W e d e l l

v. Wedel, ..., s. Saint-Aubin, H., der Freiherr.

Wedel, v., Tagebuch e. Hauslehrers. Reminiszenzen in allen Potenzen. 1.—5. Taus. (174 S.) 8. Leipzig 907. A. Cavael. n. 2. —; geb. n. 3. —

Wedel, A. v.: L i e d e r der Gegenwart. Mussestündchen f. d. liebe Jugend gewidmet von ihrem Freunde A. v. Wedel. (Vorr.: Jean Micrône.) Stettin: Herrcke & Lebeling 1902. (43 S.) 8°

Wedel, A. v., Lieder der Gegenwart. Mußestündchen f. die liebe Jugend, gewidmet von ihrem Freunde v. W. 8. (43 S.) Stettin 902. Eberswalde (Zimmerstr. 1), Selbstverlag. n.n. — 50

Wedel, A. v., Fritz Pfiffikus. 16 Ränke u. Schwänke f. Jung u. Alt. 90 Zeichngn. v. William Krause. 2. Aufl. (95 S.) hoch 4. Hamburg (903). G. Fritzsche. Geb. 2. —

Wedel, Arthur, aus Wormditt: 'Über Eiweiss-Synthese während der Keimung.' *Berlin 1899 [vielm. 1900/1901]: H. Mandelstamm.* (44 S.) 8°
Erlangen, Phil. Diss. v. 5. Dez. 1899

Wedel, Aug. Carl Emil Claussen, motivirte Entscheidung des Streits über Nationalität, Staatsrecht u. Staatssuccession in Schleswig u. Holstein. gr. 8. (108 S.) Philadelphia 848. (Leipzig, Lorck.) 1/2 ℳ

G e h e i m e N a c h r i c h t e n u n d B r i e f e v o n H e r r n M e n a n t e s L e b e n u n d S c h r i f f t e n (vom Buchhändler *Benjamin Wedel* und einem Unbekannten), nebst dem S c h l ü s s e l z u d e n E u r o p ä i s c h e n H ö f e n. Mit Portr. Hunold's. Cöln, Bey Johann Christian Ölschnern (in Wirkl. Nürnberg, Tauber), 1731. Kl. 8°. Selten! (4 Mk. A. Buchholz, München, 1906.)
12 Bogen. Der S c h l ü s s e l . . . . steht S. 177—184.

Wedel, C. H.

— Abriß der Geschichte der Mennoniten. *4 Bde. Newton, Kan.: Schulverlag von Bethel College; St. Louis, Mo.: A. Wiebusch & Son Prtg. 1900/1904. 153 S.; 180 S.; 190 S.; 212 S.*
Die Geschichte der Täufer und Mennoniten in der Schweiz, in Maehren, in ***Süddeutschland, am Niederrhein,*** *und in* ***Amerika.*** *= Vol. IV. 1904. 211 S.*

Wedel, C. H.: Bilder aus der Kirchengeschichte für mennonitische Gemeindeschulen. *Newton, Kan.: Schulverlag von Bethel-College; St. Louis, Mo.: A. Wiebusch & Son Prtg. 1899. 86 S.*

Wedel, C. H.: Kurzgefaßte Kirchengeschichte fuer Schulen und Familien. *Newton, Kan.: Schulverlag von Bethel College. 1905. 262 S.*

Wedel, Carl Anton Wilhelm Graf v., s. W e d e l , Karl Anton Wilhelm Graf v.

Wedel, Christian (Jena) A. S. 1138/45

Dissertatio medica inauguralis de terebinthina.
Präs. Georg Wolffgang **Wedel** (Vater).
Jena (Krebs) VIII. 1700. 52 S. 35944

Wedel, Christian Friedrich Hermann, s. W e d e l , Hermann

Wedel, Christiana de, Berolinensis: Symbola ad Clementis Alexandrini stromatum librum. VIII. interpretandum. (Weimar 1905: R. Wagner jun.) (45 S.) 8°
Berlin, Phil. Fak., Ref. v. Wilamowitz-Moellendorff, Diels, Diss. v. 5. Aug. 1905
[Geb. 9. Febr. 81 Berlin; Heimatsort: Berlin; Staatsangeh.: Preußen; Vorbildung: Luisengymn. Berlin Reife M. 00; Studium: Berlin 9 S.; Rig. 8. Juni 05.]

Wedel, Conrad, s. W e d e l , Konrad

Wedel, Cornelius H., s. W e d e l , Kornelius H.

Wedel, E. L., s. † Leopold, E.

Wedel, Ernst Eduard Ludwig

Wedel, E. Ed. L., Dissertat. inaug. med., monstri humani rarioris descriptionem continens. 4 maj. (2¼ B. u. 2 Kpfrt.) Jenae 830, Frommann.

Ernestus Henricus Wedelius [Wedel]: De Aquis destillatis. [Resp.:] Caelestinus Amandus Printz. Ienae (1707:) Krebs. 32 S. 8°
Jena, Med. Diss. v. Okt. 1707

Ernestus Henricus Wedelius [Wedel]: De Cerumine. [Resp.:] Iohannes Christianus Grav. Jenae (1705:) Krebs. 24 S. 8°
Jena, Med. Disp. v. Mai 1705

Ernestus Henricus Wedelius [Wedel]: De Morbis concionatorum. [Resp.:] Iohannes Henricus Salmuth. Ienae 1707: Krebs. 32 S. 8°
Jena, Med. Disp. v. 23. Aug. 1699

Wedel, E. H., de morbis concionatorum. Lips. 1758. 4.

Ernestus Henricus Wedelius [Wedel]: Physiologia salivae. [Resp.:] Hermannus Fridericus Teichmeyerus [Teichmeyer]. Ienae (1704:) Krebs. 20 S. 8°
Jena, Med. Disp. v. Sept. 1704

Wedel, Ernst Heinrich [Praes.], s. S a l m u t h , Johann Heinrich: De morbis concionatorum.

Wedel, Ernst Heinrich [Praes.], s. S e y f a r t h , Christian Ernst: Dissertatio medica physiologiam urinae exhibens.

Ernestus Henricus Wedelius [Wedel]: De Transpiratione insensibili. [Resp.:] Christoph[orus] Granzin. Ienae (1708:) Krebs. 32 S. 8°
Jena, Med. Disp. v. Mai 1708

Ernestus Henricus Wedelius [Wedel]: De Vermibus. [Resp.:] Franciscus Balthasarus von Lindern. Ienae (1707:) Krebs. 52 S. 8°
Jena, Med. Disp. v. Febr. 1707

Wedel, F., die Ernährung d. Menschen u. die Magenkrankheiten, s.: Hausbibliothek, medicinische.

Wedel, Friedrich Wilhelm von (Neu-Wedel) A. S. 633/42

Dissertatio philosophica de obligatione circa observandas ceremonias. Präs. Johann Peter Reusch. Jena (Buch) 12. X. 1739. 47 S.

Gew.: Daniel Ernst Jablonsky, Johann Gustav Reinbek. W. v.: Präs. 35950

Wedel, Fr. Wilh., comment. philosophica de principio rationis sufficientis, c. praef. I. G. Daries. 8. Iena, Bielke. 743.

Wedel, G., s. Rufe, katholische.

Wedel, G., 50 Weihnachtslieder, Advents- u. Neujahrslieder f. zweistimmigen Gesang m. leichter Klavierbegleitung. Mit e. Anh.: Kindergebete u. Gedichte. 1. u. 2. Aufl. qu. 8. (à 64 S.) Leipzig (901. 902). Ernst. — 75

Wedel, G., 50 Weihnachtslieder, Advents- und Neujahrslieder f. 2stimmigen Gesang m. leichter Klavierbegleitg. Mit e. Anh.: Kindergebete u. Gedichte. 4. Aufl. (64 S.) 13,5×19,5 cm. Leipzig (909). Ernst. — 75

von Wedel. *Georg* [aus Czarnik]: Über die Gefahren der intermittirenden Fournier'schen Quecksilberbehandlung der Syphilis . . . Würzburg, Becker's Univ.-Buchdr., 1896; 30 S. 8.
Würzburg, Med. Fak., Inaug.-Diss. v. 1896.

Wedel, G., Samml. auserles. Kanzelreden auf alle Sonn- u. Festtage d. christkathol. Kirche, aus d. Werken d. besten deutschen u. franz. Redner gezogen. 20 Thle. gr. 8. Würzb. (Göbhard in Wbg.) 782—90. (à 1 Rthlr.)

Wedel, Geo., Samml. auserlesener Kanzelreden auf alle Sonn- u. Festtage d. christkathol. Kirche, aus den Werken d. besten deutschen u. französ. Redner gezogen. 20 Thle. gr. 8. Würzb. 782—90. (Wesché in Frankf.) 20 ₰

Wedel, Georg Wolffgang

—, De frustanea et inconvenienti medicamentorum adhibitione. Jen. 4°. 1715

Georgius Wolffgangus Wedelius [Wedel]: De Adstrictione alvi. [Resp.:] Caelestinus Amandus Printz [Zölestin Amandus Printz]. Ienae (1710:) Krebs. 35 S. 8°

Jena, Med. Diss. v. Juli 1710

Wedel, G. W., Diss. de affectibus animi in genere. Jen. 4°. 1705

Georgius Wolffgangus Wedelius [Wedel]: De Affectibus aurium in genere. [Resp.:] Christianus Fridericus Schelhaß. Jenae (1705:) Krebs. 44 S. 8°

Jena, Med. Diss. v. Apr. 1705

Georgius Wolffgangus Wedelius [Wedel]: De Affectibus soporosis et catalepsi. [Resp.:] Andreas Pizlerus [Pitzler]. Ienae (1708:) Krebs. 32 S. 8°

Jena, Med. Disp. v. Sept. 1708

Georgius Wolffgangus Wedelius [Wedel]: Aeger colica saturnina laborans. [Resp.:] Philippus Wernerus Stockhausen. Ienae (1712:) Krebs. 32 S. 8°

Jena, Med. Diss. v. 12. Nov. 1712

Wedel, G. Wolfg., Diss. Aeger colica saturnina laborans. Jen. 4°.
Haller, Bibl. med. pr. III, 210.

1721

Geo. Wolfg. Wedel de ἀγωνίᾳ Christi. Jen. 1704. 4.

Georgius Wolffgangus Wedelius [Wedel]: De Aegro cachectico. [Resp.:] Salomo Gottlob Hausdorffius [Hausdorff]. Ienae (1700:) Krebs. 20 S. 8°

Jena, Med. Diss. v. Apr. 1700

—. J. A., resp. Chr. Andr. **Troester**, Diss. sistens aegrum melanch. hypochondriaca laborantem. 20 pp. Jen. 4°. 1717

Georgius Wolffgangus Wedelius [Wedel]: De Amaurosi [Resp.:] Christianus Laub. Ienae (1705:) Krebs. 30 S. 8°

Jena, Med. Diss. v. Okt. 1705

Georgius Wolffgangus Wedelius [Wedel]: De Angina. [Resp.:] Christoph[orus] Ludov[icus] Wilhelmi. Ienae (1704:) Krebs. 40 S. 8°

Jena, Med. Diss. v. Juni 1704

Georgius Wolffgangus Wedelius [Wedel]: De Apoplexia, ex epitome praxeos clinicae. [Resp.:] Samuel Grassius [Grass]. Ienae (1707:) Krebs. 20 S. 8°

Jena, Med. Disp. v. Aug. 1707

—, Diss. sistens asthma spasmodico-hypochondriacum periodicum. Jen. 4°.

1704

—, Ge. W., resp. Jo. Gottl. **Budaeus**, Asthma spasmodico-hypochondriacum periodicum. 40 pp. Jen. 4°. 1714

Wedel, G. W., resp. J. **Albrecht**, De asthmate ex epitome. 18 pp. Jen. 4°. 1717

Georgius Wolffgangus Wedelius [Wedel]: De Atretis. [Resp.:] Samuel Joachim Bertram. Ienae (1709:) Krebs. 36 S. 8°

Jena, Med. Diss. v. 20. Juli 1709

Geo. Wolfg. Wedel de Basilio Valentino vero artifice ejusque scriptis. Jen. 1704. 4. — *Recus. in* Wedel exerc. med. philol. Cent. II. dec. 1.

Geo. Wolfg. Wedel propempt. de bulbo veterum. Jen. 1701. 4. *Recus. in* Wedel Exerc. med. philol. Cent. I. dec. 10. n. 6.

— — de calamo aromatico veterum. Jen. 1708. 4. — *Recus. in* Wedel exerc. med. philol. Cent. II.

Georgius Wolffgangus Wedelius [Wedel]: De Cantharidibus. [Resp.:] Ioh[annes] Christophorus Arzwieserus [Arzwieser]. Ienae (1717:) Krebs. 28 S. 8°

Jena, Med. Diss. v. 12. Mai 1717

Wedel, G. Wolfg., resp. G. E. **Hamberger**, Diss. de cardialgia ex epitome praxeos clinicae. 24 pp. Jen. 4°. (1. ed. 1688.) 1719

Georgius Wolffgangus Wedelius [Wedel]: De Cataracta. [Resp.:] Iohannes Gottfriedus Heyherus [Reyher] Ienae (1706:) Krebs. 40 S. 8°

Jena, Med. Diss. v. 24. Mai 1706

Georgius Wolffgangus Wedelius [Wedel]: De Catarrho [Resp.:] Iohannes Christophorus Sproegelius [Sproegel]. Ienae (1709:) Krebs. 16 S. 8°

Jena, Med. Disp. v. Sept. 1709

—, Diss. de catarrho suffocativo. Jen. 4°. (1. ed. 1681.) 1717

Georgius Wolffgangus Wedelius [Wedel]: Propempticon inaugurale de censu Augusti. Ienae (1703:) Krebs. 16 S. 8°

[Einladungsschrift zur Dr. med.- Promotion von Philipp Friedrich Schmeltzer, Jena, 4. Febr. 1703]

Geo. Wolfg. Wedel centuria exercitationum medico-philologicarum sacrarum et profanarum, varias lectiones, experimenta et commentarios curiosos exhibens. Jen. 1701. (nov. tit. 1702.) 4. — Centuria II. exerc. med. phil. Jen. 1704. 4. — *Centuriae primae decades X seorsim editae sunt, scil. dec. I. et II. Jen.* 1686, *dec. III* 1687, *dec. IV.* 1689, *dec. V.* 1691, *dec. VI.* 1692, *dec. VII.* 1694, *dec. VIII.* 1696, *dec. IX.* 1699 *cum tab. aen., dec. X.* 1701, *nonnullae hujus primae centuriae decades plures editiones habuerunt; centuriae secundae quinque solum decades publici juris factae sunt.* (Haec collectio multa continet circa antiquitates medicas bibliorum et scriptorum profanorum; de iis quae ad biblia pertinent vide Mich. Schleunitz philologemata medica. Hal. 1758. 4.; cfr. *Catal. libror. et scriptor. a Wedelio editorum. Jen.* 1697. 4.)

Georgii Wolffgangi Wedelii [Wedel] Centuria exercitationum medico-philologicarum sacrarum et profanarum... Centuria [1.] 2. Ienae: Bielckius 1701-1720. 1 Bd 8°

[Centuria 1,] Decas [1]-10: 1686-1699.
[Decas 1/2 u.d.T.:] [Wedel] Wedelius: Exercitationum medico-philologicarum decades 2: 1686.
Decas 3 [u.d.T.]: [Wedel] Wedelius: Exercitationum medico-philologicarum decas 3: 1687.
Decas 4-10[u.d.T.]:[Wedel] Wedelius: Exercitationum medico-philologicarum sacrarum et profanarum decas 4-10:1689-1699.
Decas 4: 1689.
Decas 5: 1691.
Decas 6: 1692.
Decas 7: 1694.
Decas 8: 1696.
Decas 9: 1699.
Decas 10:o.J. [Kopft.]
Centuria 2, Decas 1-5: 1704-20
Decas 1: 1704.
Decas 2: 1708.
Decas 3: 1711.
Decas 4: 1715.
Decas 5: 1720.

—, Centuria thesium do theriaco. Jen. 4°. 1700

Geo. Wolfg. Wedel de cirsio Diosc. Jen. 1700. 4. — *Recus. in* Ej. exerc. med. philol. Cent. I. dec. 10. n. 2. (Esse cardnum bened.)

Geo. Wolfg. Wedel de mensis citriis, Jen. 1708. 4. *Recus. in* Wedel exerc. med. philol. Cent. II.

— de claudis novi testamenti. Jen. 1704. 4.
— *Recus. in* Wedel exerc. med. philol. Cent. II. dec. I.

WEDEL, GEORG WOLFGANG.
Compendium chymiæ theoreticæ et practicæ, methodo analytica propositæ. Jenæ, 1715. 4to.

Georgii Wolffgangi Wedelii [Wedel] Compendium praxeos clinicae exemplaris secundum ordinem casuum Timaei a Guldenklee. Jenae: Bielkius 1706. 213 S. 8°

Georgii Wolffgangi Wedelii [Wedel]Compendium praxeos clinicae exemplaris secundum ordinem casuum Timaei a Guldenklee. Jenae: Bielkius 1707. 213 S. 8°

Georgius Wolffgangus Wedelius [Wedel]: De Contrafissura. [Resp.:] Rudolphus Christianus Wagnerus [Wagner] Jenae (1708:) Krebs. 52 S. 8°

Jena, Med. Diss. v. Dez. 1708

Georgius Wolffgangus Wedelius [Wedel]: De Contrayerva. [Resp.:] Iohannes Petrus Doellinus. Ienae (1712:) Krebs. 40 S. 8°

Jena, Med. Diss. v. Sept. 1712

Geo. Wolfg. Wedel de cosmeticis in sacris. Jen. 1716. 4.

Georgius Wolffgangus Wedelius [Wedel]: De Cura palliativa. [Resp.:] Philippus Fridericus Schmeltzer. Ienae (1703:) Krebs. 40 S. 8°

Jena, Med. Diss. v. 4. Febr. 1703

Georgius Wolffgangus Wedelius [Wedel]: Diaeta literatorum. [Resp.:] Johannes Rottenberger. Ed. 4. cum add. paradoxis. Erfurti 1704: Müller. 32 S. 8°

Jena, Med. Disp. v. Jan. 1674

Georgius Wolffgangus Wedelius [Wedel]: Diatriba medica de diebus criticis. [Resp.:] Georgius Tobias Wallich. Ienae 1707: Krebs. 8 Bl. 8°

—, resp. J. G. König, Diss. de dolore capitis. Jen. 4°. 1707

Georgius Wolffgangus Wedelius [Wedel]: De Dysuria. [Resp.:] Philippus Georgius Rosa. Ienae (1704:) Krebs. 32 S. 8°

Jena, Med. Diss. v. Febr. 1704

Wedel, G. Wolfg., Pr. de ecstasi putata Christi. Jen. 4°. 1704

Georgius Wolffgangus Wedelius [Wedel]: De Efficacia dierum criticorum in vulneribus de lethalitate dubiis. [Resp.:] Augustus Christianus Knaut. Ienae (1712:) Krebs. 44 S. 8°

Jena, Med. Diss. v. 31. März 1712

WEDEL, GEORG WOLFFGANG.
* Einleitung zur Alchimie aus dem lateinischen ins teutsche übersetzet. Berlin, bey Christoph Gottlieb Nicolai, 1724. pp. [xii]-100, 12mo.

Geo. Wolfg. Wedel propempticon de Elia artista I — III. Jen. 1718. 1719. 4.

—, resp. J. H. Nasse, De epilepsia ex epitomo praxeos clinicae. Jen. 4°. 1708

—, Epitomes praxis clinicae sectio I. De morbis capitis. 214 pp. Jen. 4°. 1710

Georgius Wolffgangus Wedelius [Wedel]: De Excutia ventriculi. [Resp.:] Iohannes Henricus Tommanus. Ienae (1712:) Krebs. 40 S. 8°

Jena, Med. Diss. v. Aug. 1712

Wedel, G. W., Exerc. semiotico-path. Jen. 1700. 4°.

Georgius Wolffgangus Wedelius [Wedel]: De Fundamentis lethalitatis vulnerum. [Resp.:] Philippus Adamus Wolffgangus Sauber. Recusa. Jenae (1709:) Krebs. 24 S. 8°

Jena, Med. Diss. v. Febr. 1709

* Vernünfftige Gedancken vom Gold-Machen. Nebst einer Vorrede Christian Gottfried Stentzels. Wittenberg, Zweyte Auflage, 1734. pp. [xxvi]-100, 12mo.

Has chapters on the antiquity and writers on alchemy. The preface is dated 1707. Not mentioned by Lenglet Du Fresnoy, by Kopp nor by Fuchs.

Wedel, Georg Wolffgang [Praes.], s. Goeckel, Christoph Ludwig: De serpentaria virginiana.

Wedel, G. W., De gutta serena, casus. Jen. 4°. 1716

Georgius Wolffgangus Wedelius [Wedel]: De Haemorrhagia narium. [Resp.:] Godofredus Erdmannus Kau. Ienae (1710:) Krebs. 36 S. 8°

Jena, Med. Diss. v.23.Dez. 1710

Geo. Wolfg. Wedel de Hercule medico. Jen. 1703. 4.

Georgius Wolffganges Wedelius [Wedel]: De Herpete. [Resp.:] Georgius Dietericus Hieronymi. Ienae (1703:) Krebs. 36 S. 8°

Jena, Med. Disp. v. 1703

—, resp. Nic. **Raab**, De hippomane. I. 8 pp. Jen. 1720. 4°.

—, resp. Fr. **Joerdens**, De hippomane II. 8 pp. Jen. 1722. 4°.

Geo. Wolfg. Wedel de boloconitide Hippocratis exerc. I. II. Jen. 1715. 4. — *Recus. in* Wedel exerc. med. philol. Cent. II.

Geo. Wolfg. Wedel de hydropico divinitus curato. Jen. 1718. 4 — *Recus. in* Wedel exerc. med. philol. Cent. II. dec. 5. (Ad Luc. 14, v. 2 sq.)

—, resp. Fr. **Houck**, De hyperico (alias fuga daemonum). 56 pp. Jen. 4°. 1716

Geo. Wolfg. Wedel de iaspide scripturae. Jen. 1700. 4. — *Recus in* Wedel Exerc. med. philol. Cent. I. dec. 10. n. 8.

Georgius Wolffgangus Wedelius [Wedel]: De Impotentia virili. [Resp.:] Conradus Rose. Jenae (1712:) Krebs. 36 S. 8°

Jena, Med. Diss. v. 9. Juli 1712

Georgius Wolffgangus Wedelius [Wedel]: De Incubo, ex Epitome praxeos clinicae. [Resp.:] Christophorus Ludovicus Göckelius [Göckel]. Jenae (1708): Krebs. 20 S. 8°

Jena, Med. Disp. v. Aug. 1708

WEDEL, GEORG WOLFFGANG.
* Introductio in alchimiam. Sumptibus Johannis Bielkii ; Jenæ, litteris Christophori Krebsii, 1706. pp. [iv]-60, 4to.

Georgius Wolffgangus Wedelius [Wedel]: Propempticon inaugurale de Lazaro ante portam. Jenae (1705:) Krebs. 8 S. 8°

[Einladungsschrift zur Dr. med.- Promotion von Christian Laub, Jena, Okt. 1705.]

Geo. Wolfg. Wedel de lepra in sacris. Jen. 1715. 4. — *Recus. in* Wedel exerc. med. philol. Cent. II. dec. 4.

Georgius Wolffgangus Wedelius [Wedel]: Propempticon inaugurale de lignis thyinis apocalypseos in genere. Ienae (1707):Krebs. 8 S. 8°

[Einladungsschrift zur Dr.med.-Promotion von Georgius Ditericus Hieronymus, vielm. Hieronymi, Jena,10.Apr. 1707.]

Geo. Wolfg. Wedel de lilio agri (Ad Matth. 6, v. 28.) Jen. 1700. 4. *Recus. in* Wedel exerc. med. philol. Cent. I. dec. 10. n. 7.

Georgius Wolffgangus Wedelius [Wedel]: Propempticon inaugurale de lilio convallium Salomonis. Ienae (1710:) Krebs. 12 S. 8°

[Einladungsschrift zur Dr. med.- Promotion von Zölestin Amandus Printz, Jena, Juli 1710.]

Georgius Wolffgangus Wedelius [Wedel]: De Lithotomia. [Resp.:] Iohannes Georgius Nicolaus Dieterichs. Jenae (1704:) Krebs. 40 S. 8°

Jena, Med. Disp. v. Nov. 1704

Wedel, Georg Wolfgang (Ed.):

s.: Ludwig, Daniel: Opera omnia. Accessit autoris. Lipsiae: 1712

JB 1.986

Georgius Wolffgangus Wedelius [Wedel]: De Mania. [Resp.:] Caelestinus Amandus Printz. Ienae (1708:) Krebs. 20 S. 8°

Jena, Med. Disp. v. März 1708

Georgius Wolffgangus Wedelius [Wedel]: De asthmatis Mechanica. [Resp.:] Iohannes Tobias Schmid. Ienae (1700:) Krebs. 34 S. 8°

Jena, Med. Diss. v. 12. Apr. 1700

Georgius Wolffgangus Wedelius [Wedel]: De purgantium Mechanica. [Resp.:] Ioannes Crügerus [Crüger, +1678]. Jenae (1702:) Krebs. 27 S. 8°

Jena, Med. Diss. v. Apr. 1702

—, resp. God. **Klein**, Diss. de melancholia ex epitome prax. clin. 20 pp. Jen. 4°. (1. ed. 1685.) 1707

Geo. Wolfg. Wedel de moly Homeri exerc. I—III. Jen. 1713. 4. *Recus. in* Wedel exerc. med. philol. Cent. II. (Esse Nymphaeam.)

Geo. Wolfg. Wedel de morbo crisso Hippocratis. Jen. 1688. 4. — *Recus. in* Wedel exerc. med. philol. Cent. I. dec. 4. n. 5. *et in* Baldinger selecta opusc. Gotting. 1782. pag. 137—141. (Ad Hipp. de int. affect. ed. Kühn II. 510.)

Geo. Wolfg. Wedel de morbo Jorami, exerc. I. II. Jen. 1717. 4. — *Recus. in* Wedel exerc. medic. philol. Cent. II. dec. 5. (Ad 2 Paralipom. 21, v. 15 — 19.)

Geo. Wolfg. Wedel diss. de morbo phoeniceo Hippocratis. Jen. 1702. 4. — *Recus. in* Baldinger sel. opusc. Gotting. 1782. pag. 215 – 222.

Geo. Wolfg. Wedel de morbo sapientiae (ad Plin. hist. nat. VII. 50 s. 51. §. 169). Jen. (1699.) 1701. 4. — *Recus. in* Wedel exerc. med. philol. Cent. I. dec. 10. n. 10.

Wedel, G. Wolfg., De morbo sapientiae. Jen. 4°. *Haller*, Bibl. med. pr. III, 215.
1702

—, G. W., resp. J. Chr. **Wolf**, De morbo spasmodico epid. maligno in Saxonia, Lusatia viriniisque locis grassato et adhuc grassante. Jen. 4°. *Haller*, Disp. ad morb. 4°. Laus. 1760, VII p. 551—563.
1717

Geo. Wolfg. Wedel de morbis ani Philistaeorum. Jen. 1720 4

Georgus Wolfgangus Wedelius [Wedel]: De aqueorum Natura, usu et abusu. [Resp.:] Daniel Beniamin Zöllner. Ienae (1702:) Krebs. 31 S. 8°

Jena, Med. Diss. v. Mai 1702

—, resp. Jo. Chr. **Siegfried**, De motus corporis humani natura, usu et abusu. 28 pp. Jen. 4°. 1715

Georgius Wolffgangus Wedelius [Wedel]:De salsorum Natura, usu et abusu. [Resp.:] Christoph[orus] Ludov[icus] Wilhelmi. Ienae (1702:) Krebs. 36 S.8°

Jena, Med. Disp. v. Nov. 1702

Georgius Wolffgangus Wedelius [Wedel]: Propempticon inaugurale de nummis Gothicis. Jenae (1798:) Krebs. 8 S. 8°

[Einladungsschrift zur Dr. med.- Promotion von Tobias Dehne, Jena, Mai 1798.]

Georgius Wolffgangus Wedelius [Wedel]: Propempticon inaugurale de nummis novi testamenti in genere. Ienae (1704:) Krebs. 8 S. 8°

[Einladungsschrift zur Dr. med.- Promotion von Christoph Ludwig Wilhelmi, Jena, Juni 1704.]

—, De oblivione. Jen. 4°. 1704

Geo. Wolfg. Wedel de oenanthe Theophrasti. Jen. 1710. 4. — *Recus. in* Wedel exerc. med. philol. Cent. II.

Wedel, Georg Wolfgang: Opiologia ad mentem academiae naturae curiosorum. Editio tertia. 190 S., gbd.

Ienae: Bielck 1739
beigedr.: Ettmüller, Michael: De virtute opii diaphoretica dissertatio. (1739)

JB 6.533

—, De palpitatione cordis ex epit. pr. clin. Jen. 4°. (1. ed. 1690.) 1716

Geo. Wolfg. Wedel propempt. de pane Dyrrhachino Julii Caesaris. Jen. 1700. 4. — *Recus. in* Wedel exerc. med. philol. Cent. I. dec. 10. n. 5. (Charam apud Jul. Caes. b. civ. III. 48. radicem ari fuisse.)

Wedel, G, Wolfg., resp. Chr. Lud. **Göller,** Diss. de paralysi ex epitome praxeos clinicae. 24 pp. Jen. 4°. 1707

—, Diss. de paralysi. Jena. 4°. 1719

Wedel, G. W., Diss. de paralysi. Jen. 1745. 4°. (1. ed. 1677.)

Geo. Wolfg. Wedel de Paulo a vipera demorso. Jen. 1710. 4 — *Recus. in* Wedel exerc. med. philol. Cent. II. dec. 3.

Georgius Wolffgangus Wedelius [Wedel]: De Petroleo [Resp.:] Ioh(annes) Christophorus Sproegelius [Sproegel]. Ienae (1709:) Krebs. 28 S. 8°

Jena, Med. Diss. v. Dez. 1709

Georgius Wolffgangus Wedelius [Wedel]: De Phimosi et paraphimosi. [Resp.:] Georgius Andreas Zeideler. Jenae (1705:) Krebs. 40 S. 8°

Jena, Med. Diss. v. Febr. 1705

—, Diss. de phrenitide. Jen. 4°. 1710

Georgius Wolffgangus Wedelius [Wedel]: De Plantagine. [Resp.:] Nicolaus Chiliani. Ienae (1712:) Krebs. 36 S. 8°

Jena, Med. Disp. v. Nov. 1712

Georgius Wolffgangus Wedelius [Wedel]: De Praeservatione variolarum. [Resp.:] Iohannes Christfridus Richterus [Richter]. Ienae (1711:) Krebs. 32 S. 8°

Jena, Med. Disp. v. Okt. 1711

Georgius Wolffgangus Wedelius [Wedel]: Propempticon inaugurale de quaesitis per urim et tummim Ienae (1710:) Krebs. 12 S. 8°

[Einladungsschrift zur Dr. med.- Promotion von Christoph Ludwig Göckelius, Jena, Juni 1710.]

Geo. Wolfg. Wedel
— — de ramo aureo Virgilii. (Ad Aen. VI. 137.) Jen. 1700. 4. *Recus. in* Wedel exerc. med. philol. Cent. I. dec. 10. n. 3.

Geo. Wolfg. Wedel
— — de resina Aegyptia Plauti. (Ad Mercat. act. 1. sc. 2. v. 27.) Jen. 1700. 4. — *Recus. in* Wedel exerc. med. philol. Cent. I. dec. 10. n. 4.

Wedel, Georg Wolffgang [Praes.], s. R o s e, Konrad: De impotentia virilis.

Wedel, Georg Wolffgang [Praes.], s. R o t t e n b e r g e r, Johann: Diaeta literatorum.

Geo. Wolfg. Wedel de sabina Scripturae. Jen. 1707. 4. — *Recus. in* Wedel exerc. med. philol. Cent. II.

Wedel, Georg Wolffgang [Praes.], s. S c h e l h a s s, Christoph Elias: De aro, experimentis antiquis et novis illustrata.

Wedel, Georg Wolffgang [Praes.], s. S c h l e g e l, Johann Christoph: De peripneumonia, empyemate, et abscessibus internis, ex epitome praxeos clinicae Georgii Wolffgangi Wedelii.

Wedel, Georg Wolffgang [Praes], s. S c h m e l t z e r, Philipp Friedrich: De cura palliativa.

Wedel, Georg Wolffgang [Praes.], s. S c h m i d, Ernst Friedrich: De stranguria senili.

Wedel, Georg Wolffgang [Praes.], s. S c h m i d, Johann Andreas jr.: De glycyrrhiza.

Wedel, Georg Wolffgang [Praes.], s. S c h m i d, Johann Tobias: De asthmatis mechanica.

Wedel, Georg Wolffgang [Praes.], s. S c h n i t t e r, Johann Christian: De sterilitate.

Wedel, Georg Wolffgang [Praes.], s. S c h o m b u r g, Josias Sigismund: Dissertatio inauguralis medica sistens aegram strangulatione uteri syncoptica laborantem.

Wedel, Georg Wolffgang [Praes.], s. S c h w a r z, Friedrich: De phthisi, ex epitome praxeos clinicae Georgii Wolffgangi Wedelii.

Wedel, Georg Wolffgang [Praes.], s. S e e b e r, Johann Stephan: De fistulis.

Georgius Wolffgangus Wedelius [Wedel]: De Serpentaria virginiana. [Resp.:] Christophorus Ludovicus Göckelius[✝ 1690]. Ienae (1710:) Krebs. 48 S. 8°

Jena, Med. Diss. v. Juni 1710

—, resp. E. H. **Wedel,** De spectris. Jen. 4°. 1710

Wedel, Georg Wolffgang: De spiritu vini. [Resp.:] Sigismundus Closius. Ienae: Krebs 1707. 32 S. Jena, Med. Diss. 1697 -- 29*

Wedel, Georg Wolffgang [Praes.], s. S p r o e g e l, Johann Christoph: De catarrho, ex epitome praxeos clinicae Georgii Wolffgangi Wedelii.

Wedel, Georg Wolffgang [Praes.], s. S p r ö g e l, Michael: Dissertatio medica sistens aegrum vomitu cruento laborantem.

Georgius Wolffgangus Wedelius [Wedel]: De Sputo cruento. [Resp.:] Eberhardus Georgius Davidis. Ienae (1709:) Krebs. 44 S. 8°

Jena, Med. Diss. v. Dez. 1709

Wedel, Georg Wolffgang [Praes.], s. S t o l l, Johann Adolph: De mercurio dulci.

—, Diss. de stranguria senili. Jen. 4°. 1721

Wedel, Georg Wolffgang [Praes.], s. S t u s s, Johann Georg: De carie ossium.

Wedel, Georg Wolffgang [Praes.], s. Stüven, Heinrich Jakob: De catarrho suffocativo.

Georgius Wolffgangus Wedelius [Wedel]: De Suppressione mensium. [Resp.:] Sigismundus Rudolphus Heydenreich. Ienae (1706:) Krebs. 36 S. 8°

Jena, Med. Diss. v. Juni 1706 [vielm. 4. Juli 1706]

Wedel, G. W., resp. Jo. Sam. Heinsius, Diss. de syncope et lipothymia, ex epitome praxeos clinicae. 23 pp. Jen. 4°.
1715

Georgius Wolffgangus Wedelius [Wedel]: Synopsis qualitatum medicinalium. [Resp.:] Gottlob Christianus a Lanckisch. Ienae (1712:) Krebs. 27 S. 8°

Jena, Med. Disp. v. Apr. 1712

Georgius Wolffgangus Wedelius [Wedel]: Propempticon inaugurale de tabula hermetis smaragdina 1.2. Ienae (1704:) Krebs. 8°

1: (1704.)
[Einladungsschrift zur Dr. med.- Promotion von Philipp Georg Rosa, Jena, Febr. 1704.]

2: (1704.)
[Einladungsschrift zur Dr. med.- Promotion von Wilhelm Christian Zapf, Jena, März 1704.]

WEDEL, GEORG WOLFG., Propempticon inaug. de tabula Hermetis smaragdina III. Jenae. (1707). 4. P.

Wedel, Georg Wolffgang [Praes.], s. Teichmeyer, Hermann Friedrich: De cubebis.

Wedel, G. W., resp. J. O. Julich, De temperamento viventis. Jen. 4°. 1720

Georgius Wolffgangus Wedelius [Wedel]: De Tenesmo. [Resp.:] Matthias Zacharias Pillingius [Pilling]. Ienae (1710:) Krebs. 36 S. 8°

Jena, Med. Diss. v. Okt. 1710

— — propempt. de theseo Theophrasti. Jen. 1708. 4. — Recus. in Wedel exerc. med. philol. Cent. II.

Geo. Wolfg. Wedel de thyo Homeri. Jen. 1707. 4. Recus. in Wedel exerc. med. philol. Cent. II.

Wedel, Georg Wolffgang [Praes.], s. Titius, Georg Christian: De cinnamomo.

Wedel, Georg Wolffgang [Praes.], s. Treise, Friedrich August: De sambuco.

Wedel, Georg Wolffgang [Praes.], s. Troester, Christian Andreas: De tussi ex epitome praxeos clinicae Georgii Wolffgangi Wedelii.

Georgius Wolffgangus Wedelius [Wedel]: De Tumoribus testium. [Resp.:] Iohannes Adamus Goeritzius Adriani [Goeritz Adriani]. Ienae (1706:) Krebs. 35 S. 8°

Jena, Med. Diss. v. Dez. 1706

Wedel, G. W., Untersuch. des Mutterkorns. Witt. 8°. 1771

Wedel, G. W., de usu rationis humanae in sacris. Jen. 1715. 4

Georgius Wolffgangus Wedelius [Wedel]: Propempticon inaugurale de verberibus medicis. Ienae (1721) Ritter. 8 S. 8°

[Einladungsschrift zur Dr. med.- Promotion von Johann Nikolaus Textor, Jena, 2. Febr. 1721.]

—, Diss. de vertigine. Jen. 4°. 1707

—, resp. Ch. F. Chüden, De vertigine, ex epitome praxeos clinicae. 20 pp. Jen. 4°. 1708

Wedel, G. W., Diss. de vertigine. Jen. 4°. 1741

Georgius Wolffgangus Wedelius [Wedel]: De Vita longa. [Resp.:] Georgius Ditericus Hieronymus [Hieronymi]. Ienae 1707: Krebs. 40 S. 8°

Jena, Med. Diss. v. 10 Apr. 1707

Georgius Wolffgangus Wedelius [Wedel]: De Vomitoriis. [Resp.:] Guilielmus Christianus Zapfius [Zapf]. Ienae (1704:) Krebs. 32 S. 8°

Jena, Med. Diss. v. März 1704

Wedel, Georg Wolffgang [Praes.], s. Wagner, Rudolph Christian: De contrafissura.

Wedel, Georg Wolffgang [Praes.], s. Wallich, Johann Christian: De hypercatharsi.

Wedel, Georg Wolffgang [Praes.], s. Wedel, Christian: De terebinthina.

Wedel, Georg Wolffgang [Praes.], s. Weissheit, Benjamin: De salvia.

Wedel, Georg Wolffgang [Praes.], s. Wolff, Johann Christian: De morbo spasmodico epidemico maligno in Saxonia, Lusatia, vicinisque locis grassato et adhuc grassante.

Wedel, Georg Wolffgang [Praes.], s. Zollner, Daniel Benjamin: De aquearum natura, usu et abusu.

Wedel, Georg Wolffgang [Praes.], s. Zollner, Nikolaus Christoph: Summaria critica.

Wedel, Georg Wolffgang [Praes.], s. Zulich, Johann Otto: De palpitatione cordis, ex epitome praxeos clinicae.

— — de zytho scripturae. Jen. 1715. 4. — Recus. in Wedel exerc. med. philol. Cent. II.

Wedel, Georg Wolfgang (auch: Wilhelm) Ulrich

Wedel, (Geo. Wilh. Ulr., (+ d. 3. Mai 1831.) Anweis. zum Fußstspiele. 8. Hamb. 801. Gundermann. (Aue in Altona). 4 gr.

Wedel, Geo. Wilh. Ulr., funfzig Lehrsätze e. naturgemäßen Erdsystems, welche er, als unwiderlegbar, d. 19. Mai 1836 an den Board of Admiralty nach London, den 31. Mai 1826 an d. Kgl. Societät d. Wissensch. nach Berlin, u. d. 20. Juli 1827 nach Oxford, m. 2 Zeichn. begl. gesandt. 8. (2 B.) Hamburg 830, Hoffmann u. Campe.

—— über optische Täuschungen u. deren Grundursachen in d. Erscheinungen am Himmel u. auf uns. Erde. gr. 8. (6 B.) Altona 829. (Leipzig, Rein.)

— Vorles. in d. patriot. Gesellschaft über d. Beschreibung d. Stargardtschen Wirthschaft, s. A. H. v. Borke, Beschreib.

— Vorlesung wider d. copernicanische Sonnensystem, worin dessen Basis, daß d. Erde um d. Sonne sich wende, als grundfalsch dargestellt wird. 8. Kiel 820. (Hamb., Herold). 12 gr.

Wedel, (G. W. U.,) Wahrheit u. Wahrscheinlichkeit aus 40-jährig. Forschungen dargest. 8. Altona 823. Hammerich.

— Wahrheit und Wahrscheinlichkeit aus 40-jährigen Forschungen dargestellt. Altona (Helmstädt). 1823.

WEDEL, Gottlob Leopold Magnus v.: Beurtheilung der Preisschrift des Herrn von Brocke von Vermehrung des Wachsthums der Bäume in den Forsten. - Breslau 1776. 6 1/4 Bog.

v. Wedel, Graf Glo. Magn. Leop., († 1800.) Beurtheilung d. Schrift d. Hrn. v. Brocke'n von Vermehrung des Wachsthums d. Bäume in den Forsten. gr. 8. Bresl. 775. W. G. Korn. 20 gl.

Wedel, Hasso v.

Wedel, v., der Kompagniechef, s.a. Handbibliothek des Offiziers. 5. Bd.

Wedel, Hasso v.: Der Kompagniechef. Ein Ratgeber f. Erziehung, Ausbildung, Verwaltung u. Besichtigung d. Kompagnie. Von [Hasso] v. Wedel, Major. Berlin: E. S. Mittler 1905. (VII, 242 S.) 8°
(Handbibliothek d. Offiziers. Bd 5.)

Der Kompagniechef. Ein Ratgeber f. Erziehung, Ausbildung, Verwaltung u. Besichtigung d. Kompagnie. Von [Hasso] v. Wedel, Major. 2. Aufl. unter Berücks. d. neuen Schießvorschrift f. d. Inf. (Entwurf v. 2. Nov. 1905). Berlin: E. S. Mittler & Sohn 1906. (VII, 242 S.) 8° [F.]
— Handbibliothek d. Offiziers. Bd 5. [06 7037]

Der Kompagniechef. Ein Ratgeber f. Erziehung, Ausbildung ... d. Kompagnie. Von [Hasso] v. Wedel, Major. 3. Aufl., unter Berücks. d. neuen Schießvorschrift f. d. Inf. (Entwurf v. 2. Nov. 1905) u. d. neuen Exercier-Reglements f. d. Inf. v. 29. Mai 1907. Berlin: E. S. Mittler & Sohn 1907. (VII, 242 S.) 8° [F.]
— Handbibliothek d. Offiziers. Bd 5. [07. 15221]

[F.] Festklänge für das deutsche Haus v. Heinrich v. Wedel. *Berlin: Schall & Grund [1896].* (VII, 82 S., 1 Portr.) 1 Bd 8.

Wedel, Heinr. v., Deutschlands Ritterschaft, ihre Entwickelung u. ihre Blüte. (VII, 92 S.) gr. 8. Görlitz 904. C. A. Starke. n. 3. —; geb. in Leinw. n. 3. 50; auf Büttenpap. in Liebhaberbd. n. 8. —

— Herr Walther v. der Vogelweide auf der Fahrt von Wien nach der Wartburg. Nebst e. Liederanh. (29 S.) gr. 8. Charlottenburg 905. (Foerster & Mewis.) n. 1. 20

Wedel, Heinr. Frdr. Paul v., Beiträge zur älteren Geschichte der neumärkischen Ritterschaft. I. Die Herren v. der Elbe im Lande Schivelbein. 1313—1391. Lex. 8. (24 S.) Leipzig 886. (B. Hermann.) 1. 80

Wedel, H. Fr. P. v., Beiträge zur älteren Geschichte der neumärkischen Ritterschaft. II. Das Land Schivelbein unter der Herrschaft der Herren v. Wedel. 1319—1384. Abth. 1: Das Landgebiet u. Wedego I. gr. 8. (IV, 90 S.) Leipzig 887. Bernh. Hermann. 4. 80
(I. u. II, 1.: n. 6. 60)

Wedel, Heinr. Frdr. Paul v., Gedichte. 8. (V, 76 S.) Leipzig 891. B. Hermann. Geb. m. Goldschn. n. 2. 50

— Geschichte des schloßgesessenen Geschlechtes der Grafen u. Herren v. Wedel. 1212—1402. Nebst e. Register üb. die urkundlich nachweisbare Begüterg. 4. (III, 295 S.) Ebd. 894. n. 15. —

— Herr Heinrich Tuschel v. Seldenau. Eine poet. Erzählg. aus dem 14. Jahrh. 12. (78 S.) Ebd. 891. n. 1. 50; geb. in Leinw. n. 2. 50

— s.a. Urkundenbuch zur Geschichte d. schloßgesessenen Geschlechtes der Grafen u. Herren v. Wedel.

Urkundenbuch zur Geschichte des schloßgesessenen Geschlechtes der Grafen und Herren von Wedel. Bearb. u. hrsg. v. Heinrich Friedrich Paul von Wedel. Bd. 1—4. — Leipzig: Hermann 1885—1891. 4°
1. Die Herren v. Wedel in Stormarn u. Holstein, in Meklenburg u. in den Gebieten an der unteren Weser. 1212—1439. Mit 2 Siegeltaf. 1885.
2. Die Herren v. Wedel im Märkischen Lande über d. Oder, im Herzogthum Pommern und im Bisthum Camin. 1269—1348. Mit 1 Urkundenbeil. 1888.
3. Dass. 1348—73. 1889.
4. Die Herren v. Wedel im Märkischen Lande über d. Oder, im Hzth. Pommern, im Bisth. Camin, im Königreich Polen u. im Gebiet des Deutschen Ordens. 1374—1402. Juni. 1891.

Wedel, (Christian. Frid.) Herm. (geb. Labben 19. 6. 1823): De morbis veneficio saturnino effectus. Berolini (1847). (32 S.) 8°
Berlin, Med. Diss. v. 30. Apr. 1847

Wedel, J. v., Abhandl. üb. d. ält. scandinav. Geschichte v. d. Cimbrern u. scandinavischen Gothen, m. Karten. gr. 8. Kopenh. Pelt. 781.

— Entwurf d. bürgerl. Gesetze d. Juden, nach Anleit. der H. Schr. gr. 8. Copenh. Schubothe. 769.

Wedel, J. W.

— amoenitates materiae medicae. 4. ibid. 704.

— exercitationum medico - philologicarum sacrarum et profanarum centuria I. et II. 4. Iena. Bielke. 702.

Wedel, J. W., De contractura daemoniaca. De physiologia excidii sodomorum et salis. De suspendio virginum Milesiarum. Exercit. med.-phil. Decas VI. Jen. 4°.
1792

— epitome praxeos clinicae de morbis capitis. 4. ibid. 710.

— de morbis infantum. 4. ibid. 717.

— opiologia medica. 8. ibid. 739.

— physiologia medica. 4. ibid. 704.

Wedel (J. W.). Tentamen botanicum flores pl. in classes. . . . Ed. 2. Jenae, 1718. 4°.

Wedel, I. W., tentamen botanicum. 4. Iena, Cröcker. 749.

— theoria saporum medica. 8. ibid. 703.

Wedel, Joachim von, Hausbuch, s.: Bibliothek d. litterar. Vereins in Stuttgart. 161.

Wedel, Johann [aus Warschau]: I. Über die Kondensationen von o-Aldehydosäuren mit Cyanessigsäure und deren Ester sowie mit Malonitril. II. Über die Einwirkung von Hydrazinhydrat auf einige γ-Lactone. Freiburg (Schweiz) 1900. 78 S. 8°.
Freiburg i. Schw., Math.-naturw. Diss. 1899/1900

Wedel, Johann Adolph

Wedel, Jo. Ad., resp. J. E. Riemer, Diss. de affectu hypochondriaco. 28 pp. Jen. 4°.
1728

Wedel, Jo. Ad., resp. J. Detmer, Diss. de cardialgia. Jen. 4°.
1742

Ioannes Adolphus Wedelius [Wedel]: De Circulatione sanguinis. [Resp.:] Io[annes] Gottlieb Budaeus. Ienae (1714:) Krebs. 31 S. 8
Jena, Med. Disp. v. Nov. 1714

Wedel, Jo. Ad., resp. C. God. Held de Hagelsheim, Diss. de convulsione. Jen. 4°. 1739

Wedel, J. Ad., Diss. de convulsione. Jen. 4°. 1740

Sommerfeldt, Jo. Gottl., praes. Jo. Ad. **Wedel,** De deliriis in genere. 24 pp. Jen. 4°. 1744

* *Joannis Adolphi Wedelii*, Philos. et Medic. Doctoris, Professoris publici ordinarii, med. prov. Saxo-Vinar. ac civitatis Jenensis Physici, facultatis medicae h. t. Decani, Propemticon inaugurale de Embolo Hydraulico Novo. Jenae litteris Krebsianis. 4. 1716.

Ioannes Adolphus Wedelius [Wedel]:Propempticon inaugurale de siphonum maiorum emendatione. 3. Ienae (1717:) Krebs. 8 S. 8°

3: (1717.)
[Einladungsschrift zur Dr. med.- Promotion von Johann Christoph Arzwieser, Jena, 17. Mai 1717.]

Ioannes Adolphus Wedelius [Wedel]: De Febre catarrhali. [Resp.:] Io(annes) Michael Glatzingerus [Glatzinger]. Ienae (1738:) Ritter. 20 S. 8°

Jena, Med. Diss. v. 25. Sept. 1738

Wedel, Johann Adolph [Praes.], s. Grantz, Gust. Adl.: De scirrho.

Io[annes] Adolphus Wedelius [Wedel]: De hepate obstructo multorum morborum Causa. [Resp.:] Io[annes] Christophorus Reinmann [1746]. Jenae (1746:) Ritter. 46 S. 8°

Jena, Med. Diss. v. 27. Apr. 1746

Wedel, Jo. Ad., Diss. de visus imbecillitate et defectu. Jen. 4°. 1714

Kraegelius, Dion., praes. J. Ad. **Wedel,** De irritatione. 24 pp. Jen. 4°. 1730

Iohannes Adolphus Wedelius [Wedel]: De Iuribus. [Resp.:] Iohannes Christianus Wolff [1710]. Ienae (1710:) Krebs. 24 S. 8°

Jena, Med. Disp. v. Juli 1710

Ioannis Adolphus Wedelius [Wedel]: Propempticon inaugurale de machina, qua incendium, in furario ortum, statim, licet raro hominum praesens sit, extinguitur. Ienae (1728): Müller. 4 Bl. 8°

[Einladungsschrift zur Dr. med.- Promotion von Johann Georg Cellarius, Jena, Nov. 1728.]

Ioannes Adolphus Wedelius [Wedel]: De Machina pro dirigendis tubis astronomicis emendata. 1. Jenae (1733:) Ritter. 8°

1: (1733.)
Jena, Med. Univ.- Schr. v. 12. Juli 1733

Ioannes Adolphus Wedelius [Wedel]: Propemticon [Propempticon] inaugurale de modo parandi et antliis attractivis applicandi valvulas verticales. Ienae (1739:) Werther. 8 S. 8°

[Einladungsschrift zur Dr. med.- Promotion von Paul Philipp Scheler, Jena, 9. Mai 1739.]

—, De palpitatione cordis. Jen. 4°. 1742

Wedel, J. Ad., Diss. de palpitatione cordis. Jen. 4°. 1743.

Wedel, J. Ad., resp. J. W. **Haag,** Diss. de passione hysterica. 28 pp. Jen. 4°. 1733

Ioannes Adolphus Wedelius [Wedel]: De Peripneumonia ex nimio aeris refrigerio. [Resp.:] Christoph(orus) Frider(icus) Alkoferus. Ienae (1738:) Ritter. 23 S. 8°

Jena, Med. Diss. v. 10. Mai 1738

Wedel, J. Ad., Diss. de phrenitide ex epitome praxeos clinicae. Jen. 4°. 1730

Wedel, J. Ad., resp. Ch. Fr. **Kühne,** Diss. de phrenitide. 22 pp. Jen. 4°. 1736

Ioannes Adolphus Wedelius [Wedel]: De Polypo narium. [Resp.:] Christophorus Le Cerf. Jenae (1715:) Krebs. 24 S. 8°

Jena, Med. Diss. v. 12. Okt. 1715

Dissertatio inauguralis chimico-medica de principiis chimicorum. *n. p.* [Jenæ], 1716. 4to.

Ioannes Adolphus Wedelius [Wedel]: De Principio vitali. [Resp.:] Ioannes Nicolaus Textor. Ienae (1721:) Ritter. 28 S. 8°

Jena, Med. Diss. v. Febr. 1721

Wedel, Johann Adolph [Praes.], s. Scherff, Johann Heinrich: De spina ventosa.

Wedel, Johann Adolph [Praes.], s. Schlegel, Johann Christoph: De cachexia scorbutica.

Wedel, Johann Adolph [Praes.], s. Schnetter, Christian Ludwig: De sale catharctico amaro Anglico vulgo Anglis Epsomsalt dicto.

Wedel, Johann Adolph [Praes.], s. Schwarz, Friedrich: De cachexia.

—, Jo. Ad., resp. Jo. St. **Seeber,** De sensu brutorum. 8 pp. Jen. 4°. 1714

Wedel, Johann Adolph [Praes.], s. Siegfried, Johann Christoph: De motus corporis humani natura, usu et abusu.

Wedel, Johann Adolph [Praes.], s. Slevogt, Johann Georg: De lue venerea.

Wedel, Johann Adolph [Praes.], s. Sölling, Christian Heinrich: De meteororum actione in corpus humanum.

Wedel, Johann Adolph [Praes.], s. Stüven, Heinrich Jakob: De variolis.

Ioannes Adolphus Wedelius [Wedel]: Συγκρισιν [Synkrisin] et διακρισιν humorum vitalium & inde ortorum. Ienae (1713:) Krebs. 40 S. 8°

Jena, Med. Disp. v. Febr. 1713

Ioannes Adolphus Wedelius [Wedel]: De Temperamento viventis. [Resp.:] Ioannes Otto Zülichius [Zülich]. Ienae (1720:) Werther. 28 S. 8°

Jena, Med. Diss. v. Aug. 1720

Wedel, Johann Adolph [Praes.], s. Textor, Johann Nikolaus: De principio vitali.

Wedel, Johann Adolph [Praes.], s. Tieffenbach, Konrad Friedrich: De scorbuto.

Wedel, Jo. Ad., De torminibus generatim. Jen. 4° 1744

Io[annes] Adolphus Wedelius [Wedel]: De Transpiratione insensibili et sudore. [Resp.:] Io(annes) Georgius Cellarius. Ienae (1728:) Müller. 27 S. 8°

Jena, Med. Diss. v. Nov. 1728

Wedel, Johann Adolph [Praes.], s. Troester, Christian Andreas: Dissertatio inauguralis medica sistens aegrum melancholia hypochondriaca laborantem.

Io[annes] Adolphus Wedelius [Wedel]: De Tumoribus generatim. [Resp.:] Io[annes] Adolphus Provansal. Ienae (1734:) Ritter. 32 S. 8°

Jena, Med. Diss. v. Aug. 1734

Ioannes Adolphus Wedelius [Wedel]: Propempticon inaugurale de valvulis hydraulicis valvulas animalium imitantibus. Ienae (1739:) Croeker. 8 S. 8°

[Einladungsschrift zur Dr.-med.-Promotion von Wolfgang Heinrich Woehler, Jena, Juni 1739.]

Ioannes Adolphus Wedelius [Wedel]: De Visione, quae oculo fit gemino. [Resp.:] Lucas Din. Jenae (1714:) Gollner. 28 S. 8°
Jena, Med. Disp. v. Juli 1714

--, Jo. Ad., Diss. de auditus vitiis. Jen. 4°. 1720

Wedel, Johann Adolph [Praes.], s. Voeglin, Friedrich Wilhelm: De haemorrhagiis.

Wedel, Johann Adolph [Praes.], s. Weismann, Johann Friedrich: De partu difficili ex infante brachio prodeunte.

Wedel, Johann Adolph [Praes.], s. Wigand, Wolrad: De scordio.

Wedel, Johann Adolph [Praes.], s. Wolff, Georg Christoph: De vincetoxico.

Wedel, Johann Adolph [Praes.], s. Zopff, Heinrich Gottfried: De febre hectica.

Wedel, Johann Adolph [Praes.], s. Zülich, Johann Otto: De temperamento viventis.

Wedel, Joseph [pr. Arzt aus Markisch Friedland]: Ueber die Localisation der subcutanen Lipome und Atherome. . . . Greifswald, Druck v. J. Abel, 1890; 31 S., 1 Taf. 8°
Greifswald, Med. Fak., Inaug.-Diss. v. 2. Dez. 1890

Wedel, Karl v., Lebenserinnergn. Hrsg. v. Curt Troeger. 1. Tl.: 1783—1810. (XXIV, 145 S. m. Bildnis.) gr. 8. Berlin 911. E. S. Mittler & Sohn. 3.—; geb. 4.—

Wedel, Karl Anton Wilhelm Graf v.

Wedel, Carl Ant. Wilh. Graf v., Geschichte e. Offiziers im Kriege gegen Rußland 1812, in russ. Gefangenschaft 1813 bis 1814, im Feldzuge gegen Napoleon 1815. Lebenserinnergn. gr. 8. (II, 310 S.) Berlin 897. A. Asher & Co. n. 6.—; geb. in Leinw. n. 7.—

Wedel. Lebenserinnerungen von Carl Anton Wilhelm Graf von . . . . . Berlin 1897.

Wedel, Konrad

Wedel, Conrad [aus Berlin]: Beiträge zur Anatomie der Erythrophlæum- und verwandter Rinden ... Berlin, gedr. i. d. kgl. Hofbuchdr. v. E. S. Mittler & Sohn, 1892; 20 S., 4 Taf. 8.
Erlangen, Phil. Fak., Inaug.-Diss. v. 1892

Wedel, Kornelius H.

Wedel, Cornelius. Abriß d Gesch der Mennoniten. 4v. Bearb v C. H. Wedel. Newton, Kan, 1900. (Contents: I. Die Gesch ihrer Vorfahren bis z Beginn des Täufertums im 16. Jhrhdt; II. Das Täufertum im 16. Jhrhdt; III. Die niederländischen, preußischen u rußischen Mennoniten; IV. Die Täufer u Mennoniten in d Schweiz, in Mähren, in Süddtld, am Niederrhein und in Amerika.)

Wedel, Cornelius H. Bilder aus d Kirchengesch für Mennonitische Gemeindeschulen . . Newton, Kan, 1899.

v. Wedel, Frhr. L. C., s. a. Anekdoten u. Charaktergemälde aus d. französ. österr. Kriege.

Wedel. Anekdoten und Charaktergemälde aus dem französisch-österreichischen Kriege im Jahre 1809. 8. Quedlinburg 1810.

Wedel's, Lupold v., Beschreibg. s. Reisen u. Kriegserlebnisse 1561—1606. Nach d. Urhandschrift hrsg. u. bearb. v. Max Bär. [Aus: „Balt. Studien".] gr. 8. (VII, 609 S.) Stettin 895. (L. Saunier.) n. 9.—

Wedel, Marie Gräfin, s.: Witilo, Marie.

Wedel, Maria, u. Adf. Wedel, mystische Stimmen. (71 S.) 8. Leipzig (905). M. Spohr. n. 1.—

Wedel, Max von, s. Wedell.

Wedel, Max (Ludw.) (geb. Königsberg i. Pr. 3. 5. 1849): Mycosis endocardii. Berlin (1873). (31 S.) 8°
Berlin, Med. Diss. v. 15. März 1873

Wedel, P. P., Kurze Geschichte der aus Wolhynien und Rußland nach Kansas ausgewanderten Schweizer Mennoniten

Wedel, P. P., Geschichte der Mennoniten. Newton, Kansas

Wedel, Richard [aus Lübbenau]: Ueber das Doleritgebiet der Breitfirst und ihrer Nachbarschaft. . . . (Aus: Jahrb. d. Geol. Landesanst. u. Bergakad. 1890.) Berlin, A. W. Schade's Buchdr., 1890. 2 Bl., 37 S., 2 Taf. 8°
Strassburg, Math.-naturw. Fak., Inaug.-Diss. v. 1890

Wedel, Rudolf [pr. Arzt aus Kronsfenn Regbez. Potsdam]: Die Beteiligung der Hirnnerven bei Tabes dorsalis . . . Berlin, Buchdr. v. Gustav Schade (Otto Francke) (1889); 30 S. + 1 Bl. 8°
Berlin, Med. Fak., Inaug.-Diss. v. 27. Apr. 1889.

Wedel, Rud. (Theod. Alexand.) (geb. Hammerstein in Westpr. 17. 7. 1815): De hydrope albuminoso. Berolini (1842). (27 S.) 8°
Berlin, Med. Diss. v. 4. Apr. 1842

Wedel, Ursula v., Märchen. Mit Zeichngn. von Edelgard v. Eickstedt. (V, 85 S.) 8. Dresden 908. E. Pierson. 1.50; geb. n 2.50

Wedel, Wilhelm. Ueber einige Abkömmlinge des Acetessigesters (Aethyl-Diacetsäure) und über die Constitution desselben. Jena, 1883.

Wedel-Bérard, Wilhelmine Emilie Elisab. gesch. Gräfin v., Regina Bertolina. Drama in 4 Aufzügen. 8. (79 S.) Zürich 902. C. Schmidt. n. 1.50

— meine Beziehungen zu S. M. Kaiser Wilhelm II. — Aufklärung üb. den Königsmord in Italien. — Die Dreyfus-Affaire im Lichte der Wahrheit! 8. (525 S.) Ebd. 900. n. 5.—

Wedel-Bérard, Wilhelmine Emilie Elisabeth geschiedene Gräfin von. Aus den Katakomben!!! Historische Liebes-Aventüren meiner Vorfahren. [Mit Porträt.] 180 S. 8. Zürich, Caesar Schmidt, 1901. (M. 3.—)

Wedel-Bérard, Wilhelmine Emilie Elisabeth geschiedene Gräfin von. Seine Madonna. Sitten-Gemälde in 4 Aufzügen und 5 Bildern. IV+124 S. 8. Zürich, Caesar Schmidt, 1902. (M. 2.40)

Wedel-Jarlsberg, F., Anleitung zur Seewissenschaft enthaltend die Theorie, die Manövres und verschied. Maßregeln und Arbeiten an Bord nach dem Norweg. bearb. gr. 8. (XI und 159 S. mit 2 Kpfrt. in qu. Fol.) Hamburg 855, Perthes-Besser und Mauke. *

Wedel-Jarlsberg, F. J. Baron von, Portraitgallerie der uradeligen Familie von Wedel-Jarlsberg. 10 Tfln. Christiania 1882—83.

— Portraitgallerie der uradeligen Familie von Wedell-Wedellsborg. 8 Tfln. Christiania 1886.

— Portraitgallerie der Familie von Wedel-Evenburg-Gödens. 7 Tfln. Christiania 1885.

Stammtafel der in Neumark-Brandenburg auf Reetz, Nörenberg und Spiegel schlossgesessenen Linien der Freiherren von Wedel, vom Jahr 1400 bis etwa 1700 und der Abstammung dieser Linie in Dänemark, Norwegen und Ostfriesland bis 1870 nebst den Wappen der von Wedel und derjenigen in dieser Familie angeheiratheten Damen und Herren (von F. J. Wedel-Jarlsberg). Christiania 1870. fol.

Wedel-Jarlsberg, Friedrich Wilhelm v.

v. Wedel-Jarlsberg, Fr. Wilh., Abhandl. über d. ältere Scandinavische Geschichte von den Cimbrern, s. Abhandl., u. setze hinzu: (von F. W. v. Wedel-Jarlsberg).

Wedel-Jarlsberg, F. W. Freiherr von: „Anleitung zu richtigen Begriffen von der Eintheilung der Landgüter in Haupthöfe und dienstpflichtige Bauerngüter", aus dem Dänischen, Hamburg 1783 (Matthiessen).

— Anleit. zu richtigen Begriffen von d. Eintheilung d. dänischen Landgüter in Haupthöfe u. dienstpflichtige Bauergüter; nebst 2 Briefen über diesen Gegenstand. 8. Hamb. 784. Matthiesen. 10 gr.

— Anmerkk. zur Vertheidigung d. Abhandlung rc. 8. Kopenh. 782.

v. Wedel-Jarlsberg, ..., Aphorismen einer gesunden Politik, zur Beherzigung d. jetzigen Generation. 8. Kopenh. 824. Bonnier. 5 gr.

— Empfindungen bei des Königs Tode. 4. Kopenh. 766.

— Entwurf d. bürgerl. Gesetze d. Juden, nach Anleitung d. heil. Schrift. gr. 8. Kopenh. 769. Schubothe. 8 gr.

— chronol.-statistische Tabelle d. ältern u. neuern Scandinavisch-Dänischen Geschichte. 8. Kopenh. 782.

— Versuch d. genauesten Uebereinstimmung d. bibl. Zeitrechnung mit d. Profangeschichte. 8. Kopenh. 786.

Wedeler, Friedr. Wilh., Geschenk f. Verlobte u. Neuverehelichte, od.: Die Geheimnisse d. Ehe. Ein wohlgeprüfter u. auf Erfahr. begründ. Rathgeber f. beide Geschlechter vor u. nach d. Verheirathung. 1. Aufl. ($8\frac{1}{3}$ B.) 839., 2., genau durchgeseh. Aufl. gr. 12. (8 B.) Sondershausen 841, Eupel. à

Wedeler, Fr. Wilh., Geschenk für Verlobte u. Neuverehelichte, oder: Die Geheimnisse der Ehe. Ein wohlgeprüfter und auf Erfahrung begründeter Rathgeber für beide Geschlechter vor u. nach der Verheirathung. 3. verb. u. verm. Aufl. 8. Sondershausen 842, Eupel. $^1/_2$ Thlr. — 4. Aufl. gr. 12. Ebend. 844. $^1/_2$ Thlr. — 5. Aufl. Ebend. 846. $^1/_2$ Thlr.

Wedeler, F(riedr.) W(ilh.), Geschenk für Verlobte und Neuverehlichte oder die Geheimnisse der Ehe. Ein wohlgeprüfter und auf Erfahrung begründeter Rathgeber für beide Geschlechter vor und nach der Verheirathung. 6. Aufl. 8. (268 S.) Sondershausen 851, Eupel.

Wedeler, F. W., Geschenk für Verlobte und Neuverehelichte oder die Geheimnisse der Ehe. Ein wohlgeprüfter Rathgeber für beide Geschlechter vor und nach der Verheirathung. 7. Aufl. gr. 16. (265 S.) Sondershausen 854, Eupel's Verlag.

Wedeler, F. W., Geschenk für Verlobte und Neuverehelichte oder die Geheimnisse der Ehe. Ein wohlgeprüfter Rathgeber für beide Geschlechter vor u. nach der Verheirathung. 8—10. Aufl. Sondershausen 858—65. Eupel. 16. (265 S.) 21 ngr.

Wedeler, F. W., Geschenk für Verlobte und Neuverehelichte oder die Geheimnisse der Ehe. Ein wohlgeprüfter Rathgeber für beide Geschlechter vor und nach der Verheirathung. 11. Aufl. 16. (268 S.) Sondershausen 870, Eupel. geb.

Wedeler's, F. W., Geschenk f. Verlobte u. Neuvermählte od. die Geheimnisse der Ehe. Ein wohlgeprüfter Ratgeber f. beide Geschlechter vor u. nach der Verheiratg. Nach der 12. Orig.-Ausg. umgearb. v. Hugo Elm. 14. Aufl. 8. (V, 188 S.) Sondershausen 893. F. A. Eupel. n. 2.—

Wedell, von (Hrsg.), s. Volkszeitung, Schlesische.

Wedell, A. v., das Gesetz betr. die Invaliditäts- u. Altersversicherung. In Gedächtnißversen. gr. 8. (32 S.) Dresden 891. Albanus. n. —50

Wedell, s.a. Wedel

(Wedell, v.) Beiträge zur Geschichte des Krieges vom Jahre 1806 und 1807. Breslau 1836. 8°.

(Wedell, v.) Zusammenstellung ... erlassener Bestimmungen für Truppenübungen. Stargard 1845. 8°.

Wedell, Abrahamus (*geb. Posen 4. 6. 1844*): De emendationibus a Sopherim in libris sacris veteris testamenti propositis. Vratislaviae (1869). (37 S.) 8° [*Im Buchhandel 1869 bei Skutsch in Breslau*]

Breslau, Phil. Diss. v. 16. März 1869

Wedell, Abrah., de emendationibus a Sopherim in libris sacris veteris testamenti propositis. Dissertatio inauguralis. gr. 8. (39 S.) Breslau 869, (Schletter'sche Buchh.) [Hepner's Verlag.] *

Wedell, C. v.

Feldzug der kais. russ. Armee von Polen in den Jahren 1813 u. 1814. Von einem Augenzeugen (C. v. Wedell). Mit Beil. Hamburg 1843. 158 S.

Geschichte des 18. Inf.-Reg. von 1813—1847. (Von v. Wedell.) Mit Bld. u. Beil. Posen 1848. 271 S.

— — 3. verm. Aufl. 1883.

— — 6. verm. Aufl. 1889.

— — 7. Aufl. Neubearb. v. einem älter. Off. 1900.

Wedell, E. Leopold

Wedel, v. Die carlistische Armee und Kriegführung. Hannover 1876. 8°.

v. **Wedell, E. Leop.** Spaniens Bürgerkrieg. Militärisch-politische Briefe über die Karlistische Partei, Armee und Kriegführung. (206) 8. Mit 1 Karte. 8. Hannover 1875. 4,00

Wedell, G. M. L. v., Beurtheil. d. Schr. v. Vermehrung d. Wachsthums d. Bäume in den Forsten. gr. 8. Breslau, W. G. Korn. 775. Rthlr.

Wedell, H. v., das militärische Aufnehmen. gr. 8. (VII und 159 S. mit 141 S. in den Text gedr. Holzschn.) Berlin 860, [Bath.] *

—— Theorie des Planzeichnens. gr. 8. (46 S. mit eingedr. Holzschn.) Berlin 860, [Bath.] *

Wedell, Hans, Gerichtsref.: Die rechtlichen Beziehungen zwischen Verlierer und Finder nach dem Recht des bürgerlichen Gesetzbuchs. Düsseldorf [1903]: Gebr. Tönnes. (91 S.) 8°
Rostock, Jur. Diss. v. [18. Mai] 1903.

Wedell, Heinr. v., Leitfaden f. d. Selbstunterr. e. Unteroffiziers in den Elementar-Wissenschaften, so wie z. Gebr. f. Bataillons- u. Regiments-Schulen d. preuß. Armee. gr. 8. (8 B.) Breslau 838, Graß, Barth u. Comp.

Wedell, H. v., Pompeji und die Pompejaner, s. a. Jugendbibliothek, neue illustrirte.

Wedell, Heinrich v. Pompeji und die Pompejaner. Auf Grundlage von M. Monnier's Werk erweitert und nach den neuesten Forschungen berichtigt ... Leipzig, Ferdinand Hirt & Sohn 1877.
Titelbild, Tit., 1 Bl., 224 S., 20 Taf. in Holzschn., 1 Plan. 8
(Neue Illustrirte Jugendbibliothek Bd. 9.)

Wedell, J. v., der Ball. Zuverläss. Führer u. Berater f. Ballbesucher u. Ballgeber. E. prakt. Hand- u. Nachschlagebuch f. jedermann. 12. (VII, 144 S.) Stuttgart 896. Levy & Müller. Geb. in Leinw. n. 2. 50

— im Haus u. am Herd. Prakt. Ratgeber in allen Gebieten d. Haushaltg. f. Frauen u. Mädchen. Nebst e. vollst. Kochbuch. 1. u. 2. Aufl. 8. (à VIII, 427 S.) Ebd. 897. Geb. in Leinw. n. 5. —
Erschien auch in 12 Lfgn. à — 35.

— mein Haus, mein Stolz. Ein prakt. Ratgeber f. alle, welche ihr Heim zeitgemäß einrichten u. Geselligkeit pflegen wollen. I. T. Einrichtg. d. Hauses. II. T. Leben im Hause u. d. Umgang m. d. Gesellschaft. 8. (VIII, 358 S.) Ebd. 897. n. 3. 60; geb. in Leinw. n. 4. 50

— wir jungen Mädchen. E. Wegweiser f. uns. heranwachs. Jugend. 12 (XI, 306 S.) Ebd. 898.
Geb. in Leinw. n.n. 3. 75

— Mutter u. Kind. Ein Lexikon d. Kinderstube. Ratschläge zur Behandlg. des Kindes in körperl. u. geist. Beziehg. 12. (VII, 349 S.) Ebd. 898. n. 3. —; geb. in Leinw. n.n. 3. 75

— wie soll ich mich benehmen? E. Handbuch d. guten Tones u. d. feinen Lebensart. In Aufnahmen nach d. Leben unt. Mitwirkg. hochgestellter Persönlichkeiten hrsg. 4., durchgeseh. Aufl. gr. 8. (VIII, 470 S.) Ebd. 897. n. 4. 20; geb. in Leinw. n. 5. 50

Wedell, J. v., wie soll ich mich benehmen? Ein Handbuch des guten Tones u. der feinen Lebensart. In Aufnahmen nach dem Leben unter Mitwirkg. hochgestellter Persönlichkeiten hrsg. 5. durchgeseh. Aufl. gr. 8. (VIII, 472 S.) Stuttgart 899. Levy & Müller. n. 4. 20; geb. in Leinw. n. 5. 50

Wedell, Carolus Hassow de *(geb. Neuwedell in d. Neum. 27. 4. 1823)*: De luxationibus inveteratis et de luxatione femoris inveterata a me observata. Vratislaviae (1848). (31 S.) 8°
Breslau, Med. Diss. v. 4. Dez. 1848

v. Wedell, Leop. Marsch,

s. Ida v. Athen.

s. Lee Gibbon, d. Cavalier.

s. Mathurin, d. Verstoßenen.

Wedell, Leopold M von [Übers.]
s. Morgan, Sidney: O'Donnel... 1825.

s. W. Scott, Clan-Albin.

s. a. Vargas; e. span. Volksgemälde.

Wedell, Leopold M von

Vargas. Spanisches Volksgemälde aus den Zeiten König Philipp des II. Frei nach dem Engl. übers. Th. 1.2. Berlin: Voss 1825. 8°

s. a. Wildniß, die.

Wedell, Leopold M von

Die Wildniß oder Washingtons Jünglingsjahre. Eine westamerikanische Geschichte. Nach den Englischen. Th. 1.2. Berlin: Voss 1827. 8°

Wedell, Lilli, a. Düsseldorf: Zur Kenntnis der aufsteigenden Sekundär-Degeneration im menschlichen Halsmark. München 1905: C. Wolf. (33 S.) 8°
München, Med. Fak., Ref. v. Bollinger, Diss. v. 25. April 1905
[Geb. 4. Febr. 81 Düsseldorf; Wohnort: Düsseldorf; Staatsangeh.: Preußen; Vorbildung: Gymn. Neuß Reife O. 00; Studium: Berlin 2, Bonn 3, München 2, Bonn 1, München 1 S.; Coll. 25. April 05; Appr. 1. Febr. 05.]

Wedell, Max von

—— Dienst-Unterricht für den übungspflichtigen Ersatz-Reservisten der Infanterie. 8. verb. Aufl. 12. (104 S. mit 1 Bildniß Sr. Maj. Kaiser Wilhelm II. und vielen in den Text gedr. Abbild.) Ebendas. 888. **

Wedell, M. v., **Dienst-Unterricht** f. den übungspflichtigen Ersatzreservisten **der** Infanterie. **10.,** verb. Aufl. Mit e. Bildniß Sr. Maj. Kaiser Wilhelm's II. u. vielen in den Text gedr. **Abbildgn. 16.** (109 S.) Berlin 890. Eisenschmidt. n.n. — 25

Wedell v, M. v., Dienst-Unterricht f. den übungspflichtigen Ersatzreservisten der Infanterie. Hrsg. v. e. Front Offizier. 12. verb. Aufl. 16. (120 S. m. Abbildgn.) Berl. 892, Eisenschmidt. ** — 25

Wedell, Max v., Gesammtartikel d. schlossgesessenen Geschlechtes der Grafen u. Herren v. Wedel, f. die Familie bearb. gr. 4. (104 S.) Berlin 886. Eisenschmidt. n. 5. —

—— Gesammtmatrikel des schloßgesessenen Geschlechts der Grafen u. Herren v. Wedell. Nachtrag. gr. 4. (10 S. m. 6 Stammtaf.) Ebd. 890. * 5 —

Wedel, Max v., Gesamtmatrikel des schlossgesessenen Geschlechtes der Grafen u. Herren v. Wedel, f. die Familie bearb. 2. Aufl. (IV, 123 u. IV S. m. 8 [2 farb.] Taf.) Lex.-8. Berlin 905. R. Eisenschmidt. n. 15. —

Wedell, M. v. Handbuch für die wissenschaftl. Beschäftigung des deutschen Offiziers. Mit 1 Pl. Berlin 1880. 328 S.
— — 2. verm. Aufl. 1882.
— — 3. Aufl. 1887.
— — 4. Aufl. 1894.

Wedell, M. v., Handbuch für die wissenschaftliche Beschäftigung des deutschen Offiziers. Mit einem lith. Plan u. vielen in den Text gedr. Holzschn. 2., durchgeseh. u. sehr verm. Aufl. gr. 8. (XIV, 356 S.) Berlin 882. Eisenschmidt. n. 7. —; geb. n.n. 7. 50; geb. u. durchschossen n.n. 8. —

Wedell, M. v., Handbuch für die wissenschaftliche Beschäftigung des deutschen Offiziers. 3. durchges. und sehr verm. Aufl. gr. 8. (X, 389 S. mit 1 lithogr. Plan und vielen in den Text gedr. Holzschn.) Berlin 887, Eisenschmidt. *

Wedel, M. v., Handbuch f. die wissenschaftliche Beschäftigung des deutschen Offiziers. 4., durchgeseh. u. sehr verm. Aufl. gr. 8. (VIII, 508 S. m. Holzschn. u. 1 lith. Plan.) Berlin 894. R. Eisenschmidt. n. 9. —; geb. n.n. 10. —

—— Instruction für den übungspflichtigen Ersatz-Reservisten der Infanterie. Nebst allen Bestimmungen über die Ersatz-Reserve-Pflicht. 2. und 3. durchges. Aufl. 8. (114 S. mit vielen in den Text gedr. Holzschn.) Ebendas. 882,83. *

—— dass. — 4. durchges. Aufl. 16. (96 S. mit vielen in den Text gedr. Holzschn.) Ebendas. 884. *

—— Instruktion für den übungspflichtigen Ersatz-Reservisten der Infanterie. 5. und 6. unter Berücksicht. der neuen Schieß-Instruktion durchges. Aufl. gr. 16. (96 S. mit vielen in den Text gedr. Abbild.) Ebendas. 885,86. *

—— dass. — 7. unter Berücksicht. der Feldbienst-Ordnung und Schieß-Vorschrift verb. Aufl. 12. (100 S. mit vielen in den Text gedr. Abbild.) Ebendas. 887. *

Wedell, M. v., Karte der Umgegend von Breslau. 1:25,000. Nach Neuaufnahmen, mit Zugrundelegung des amtl. Materials und unter Mitwirkung von Offizieren des 1. Schles. Grenadier-Regiments Nr. 10 entworfen. Chromolithogr. Fol. Breslau 883, Korn. Auf Leinw. in Etui * 7 —

Wedel's, v., Leitfaden f. den Unterricht in Geographie, Geschichte, Schriftverkehr u. Zeichnen in der Kapitulanten-Schule. Mit in den Text gedr. Skizzen, Signaturentafeln u. 2 Karten: Flüsse u. Gebirge in Deutschland u. geschichtl. Entwickelg. v. Brandenburg-Preußen. 11., gänzlich veränd. u. verb. Aufl. (112 S.) 8. Berlin 904. R. Eisenschmidt. Geb. n. 1. —

Wedel's, v., **Leitfaden** f. den Unterricht in Geographie, Geschichte, Schriftverkehr u. Zeichnen in der Kapitulanten-Schule. Mit in den Text gedr. Skizzen, Signaturtaf. rc. u. 2 Karten: Flüsse u. Gebirge in Deutschland u. geschichtl. Entwickelg. von Brandenburg-Preußen. 12., verb. Aufl. (116 S.) 8. Berlin 908. R. Eisenschmidt. Geb. 1. —

Wedell, M. v., Leitfaden für den Unterricht auf der Kapitulanten-Schule. Auf dienstl. Veranlassung bearb. 3. und 4. umgearb. und verm. Aufl. 8. (104 S. mit eingedr. Holzschn. und 1 Tab.) Berlin 878,79, Feicht. cart. *

—— dass. — 5. unveränd. Aufl. 8. (104 S. mit eingedr. Holzschn. und 1 Tab.) Berlin 881, Eisenschmidt. cart. **

— **Leitfaden** f. den Unterricht in der Kapitulanten-Schule. Auf dienstl. Veranlassg. bearb. Mit in den Text gedr. Skizzen, Signatur- u. Kroquirtafeln. 6. gänzlich veränd. u. verb. Aufl. 8. (IV, 156 S. m. 1 Tab.) Ebend. 885. cart. n.n. 1. 25

— **Leitfaden** f. den Unterricht in der Kapitulanten-Schule. Auf dienstliche Veranlassg. bearb. 7., verb. Aufl. 8. (IV, 158 S. m. eingedr. Skizzen, Signatur- u. Krokirtaf. u. Formularen.) Ebd. 889. cart n.n. 1. 25

— Leitfaden f. den Unterricht in der Kapitulanten-Schule. Auf dienstl. Veranlassg. bearb. Mit in den Text gedr. Skizzen, Signatur- u. Krokirtaf. 8., verb. Aufl. 8. (IV, 180 S.) Ebd. 892. Kart. n.n. 1. 25

Wedel's, v., Leitfaden f. d. Unterricht in d. Kapitulanten-Schule. Auf dienstl. Veranlassg. bearb. M. in d. Text gedr. Skizzen, Signatur- u. Krokiertaf. 9., gänzl. veränd. u. verb. Aufl. 8. (IV, 176 S. m. 2 Tab.) Berlin 896. R. Eisenschmidt. Kart. n.n. 1. 25

Wedel's, v., Leitfaden f. den Unterricht in der Kapitulanten-Schule. Auf dienstl. Veranlassg. bearb. Mit in den Text gedr. Skizzen, Signatur- u. Krokiertaf. und 1 Karte: Gebietserweiterungen der brandenburg-preuß. Monarchie. 10., gänzlich veränd. u. verb. Aufl. 8. (176 S.) Berlin 899. R. Eisenschmidt. Kart. n.n. 1. 25

—— Offizier-Taschenbuch für Manöver, Generalstabsreisen, Kriegsspiel, taktische Arbeiten. 4. und 5. verm. und umgearb. Jahrg. 16. (à Jahrg. XXXI, 127 S. mit Tab., Signaturtaf., 1 Zirkel mit Maaßstäben und Kalendarium.) Ebendas. 886,87. à Jahrg. *
Ohne Zirkel à Jahrg. *

—— Offizier-Taschenbuch f. Manöver, Generalstabsreisen, Kriegsspiel, taktische Arbeiten. Mit Tabellen, Signaturentafeln, 1 Zirkel m. Maßstäben u. Kalendarium. 6.—9. Jahrg. gr. 16. (à Jahrg. 127 S.) Ebd. 889—92. à Jahrg. geb. * 2 50; ohne Zirkel * 2 —

Wedel's, v., Offizier-Taschenbuch f. Manöver, Generalstabsreisen, Kriegsspiel, taktische Arbeiten. Mit Tabellen, Signaturentafeln, 1 Zirkel m. Maßstäben u. Kalendarium. 11. Jahrg. gr. 16. (31 S., S. 7—127 u. Nachtrag 4 S.) Berlin 894. R. Eisenschmidt. Geb. in Leinw. n. 2. 50; ohne Zirkel n. 2. —

[F.] [Max] v. **Wedel's** Offizier-Taschenbuch für Manöver, Generalstabsreisen, Kriegsspiel, taktische Arbeiten. M. 1 Tab. u. 3 Signaturentaf. 13. Aufl. Vollkommen neu bearb. u. verm. v. Balck, Hauptm. à la suite Inf.-Reg. . . . Nr. 78 . . . *Berlin: R. Eisenschmidt 1897.* (VIII, 152 S., 1 Taf., 1 Tab.) 1 Bd 8. [98. 5425

Wedel's, v., Offizier-Taschenbuch f. Manöver, Uebungsreisen, Kriegsspiel, takt. Arbeiten. M. Tabellen u. Signaturentafeln. 14. Aufl. Neu bearb. u. verm. v. Balck. 12. (VIII, 177 S.) Berlin 898. R. Eisenschmidt. Kart. n. 1. 50

Wedel, v. Offizier-Taschenbuch. 18. Aufl. Neubearb. von Balck. Berlin 1901. 8°. (1. Aufl. c. 1880.)
Dass. 29. Aufl. 1906.
Dass. 30. Aufl. 1907.
Dass. 32. Aufl. 1908.
Dass. 33. u. 34. Aufl. 1908.
Dass. 37. Aufl. 1910.

[Max] v. **Wedel's** Offizier-Taschenbuch für Manöver, Uebungsritte, Kriegsspiel, takt. Arbeiten. Mit Tabellen u. Signaturentafeln. 17. verm. u. verb. Aufl. Neu bearb. von Balck, Hauptm. *Berlin: R. Eisenschmidt 1900.* (XVI, 208 S.) 8° [F.] [00. 9577

[Max] v. **Wedel's** Offizier-Taschenbuch für Manöver, Uebungsritte, Feldgebrauch, Kriegsspiel, taktische Arbeiten. Mit Tab. u. Signaturentaf. 20. verm. u. verb. Aufl. Neu bearb. von [William] Balck, Major. *Berlin: R. Eisenschmidt 1901.* (XVI, 208 S.) 8° [F.] [01. 11508

Wedel, Max v.: Offizier-Taschenbuch für Manöver, Uebungsritte, Feldgebrauch, Kriegsspiel, taktische Arbeiten. Mit Tab. u. Signaturentaf. 22. verm. u. verb. Aufl. Neu bearb. von [William] Balck, Major. Berlin: R. Eisenschmidt 1902. (XVI, 204 S.) 8°

[Max] v. **Wedel's** Offizier-Taschenbuch für Manöver, Übungsritte, Feldgebrauch, Kriegsspiel, taktische Arbeiten. Mit Tab. u. Signaturentaf. 24. verm. u. verb. Aufl. Neu bearb. von [William] Balck, Major. *Berlin: R. Eisenschmidt 1903.* (XVI, 208 S.) 8° [F.] [03. 14769 11

[Max] v. **Wedel's** Offizier-Taschenbuch für Manöver, Uebungsritte, Feldgebrauch, Kriegsspiel, taktische Arbeiten. Mit Tab. u. Signaturentaf. 25. verm. u. verb. Aufl. Neu bearb. von [William] Balck, Major. *Berlin: R. Eisenschmidt 1904.* (XVI, 208 S.) 8° [F.] [03. 14770

[Max] v. Wedels Offizier-Taschenbuch für Manöver, Uebungsritte, Feldgebrauch, Kriegsspiel, taktische Arbeiten. Mit Tab. u. Signaturentaf. 26. verm. u. verb. Aufl. Neu bearb. von [William] Balck, Major. *Berlin: R. Eisenschmidt 1904.* (XVI, 208 S.) 8° [F.] [04. 11805 11

[Max] v. **Wedels** Offizier-Taschenbuch für Manöver, Uebungsritte, Feldgebrauch, Kriegsspiel, taktische Arbeiten. Mit Tab. u. Signaturentaf. 27. verm. u. verb. Aufl. Neu bearb. von [William] Balck, Major. Berlin: R. Eisenschmidt 1904. (XVI, 212 S.) 8° [F.] [06. 326

[Max] v. **Wedels** Offizier-Taschenbuch für Manöver, Uebungsritte, Feldgebrauch, Kriegsspiel, taktische Arbeiten. Mit Tab. u. Signaturentaf. 28. verm. u. verb. Aufl. Neu bearb. von [William] Balck, Major. Berlin: R. Eisenschmidt 1905. (XVI, 212 S.) 8° [F.] [06. 327

— **Offizier-Taschenbuch f. Manöver, Uebungsritte, Feldgebrauch, Kriegsspiel, taktische Arbeiten. Mit Tabellen u. Signaturentafeln. 30., umgearb. u. verb. Aufl. Neu bearb. v. Balck. (XX, 221 S.) kl. 8. Ebd. 907. In Leinw. kart. n. 1. 50**

[Max] v. **Wedels** Offizier-Taschenbuch für Manöver, Uebungsritte, Feldgebrauch, Kriegsspiel, taktische Arbeiten. Mit Tab. u. Signaturentaf. 31., umgearb. u. verb. Aufl. Neu bearb. von [William] Balck, Major. Berlin: R. Eisenschmidt 1907. (XX, 221 S.) 8° [F.] [08. 18147

[Max] v. **Wedels** Offizier-Taschenbuch für Manöver, Uebungsritte, Feldgebrauch, Kriegsspiel, taktische Arbeiten. Mit Tab. u. Signaturentaf. 32., umgearb. u. verb. Aufl. Neu bearb. von [William] Balck, Oberstlt. Berlin: R. Eisenschmidt 1908. (XXI, 218 S.) 8° [F.] [08. 18148

[Max] v. **Wedels** Offizier-Taschenbuch für Manöver, Uebungsritte, Feldgebrauch, Kriegsspiel, taktische Arbeiten. Mit Tab. u. Signaturentaf. 33. u. 34. umgearb. u. verb. Aufl. Neu bearb. von [William] Balck, Oberstlt. Berlin: R. Eisenschmidt 1908. (XXII, 212 S.) 8° [F.] [08. 18149

[Max] v. **Wedels** Offizier-Taschenbuch für Manöver, Uebungsritte, Feldgebrauch, Kriegsspiel, taktische Arbeiten. Mit Tab. u. Signaturentaf. 35. umgearb. u. verb. Aufl. Neu bearb. von [William] Balck, Oberstlt. Berlin: R. Eisenschmidt 1909. (XXII, 212 S.) 8° [F.] [08. 18150

— **Offizier-Taschenbuch** f. Manöver, Uebungsritte, Feldgebrauch, Kriegsspiel, taktische Arbeiten. Mit Tabellen u. Signaturentafeln. 37. umgearb. u. erweit. Aufl. Neu bearb. v. Balck. (XXII, 214 S.) kl. 8. Ebd. 910. Geb. in Leinw. 1. 50

— nordische Skizzen, s.: Wald, E. v.

Wedell, M. v. Vorbereitung für das Examen zur Kriegsakademie. Ein Ratgeber zum Selbststudium. Mit Skiz. ꝛc. Berlin 1877. 116 S.

—— Vorbereitung für das Examen zur Kriegs-Akademie. Ein Rathgeber zum Selbststudium. 2. durchgeseh. und verm. Aufl. gr. 8. (135 S. mit 17 lithogr. Planskizzen, 2 Anlagen und 2 Nachträge.) Berlin 878—80, Feicht. geb. *

—— **Vorbereitung** für das Examen zur Kriegs-Akademie. Ein Rathgeber zum Selbststudium. 3. durchges. und verm. Aufl. gr. 8. (VIII, 126 S. mit 5 Planskizzen und 3 Anlagen.) Berlin 883, Eisenschmidt. *
Die 5 Pläne allein *

—— dass. — Schlüssel zu den mathemat. und französ. Aufgaben, hrsg. von Havemann und G. van Muyden. gr. 8. (40 S. mit eingedr. Fig.) Ebendas. 884. *

—— **Vorbereitung** für das Examen zur Kriegs-Akademie. Ein Rathgeber zum Selbststudium. 4. Aufl. (VIII, 135 S. mit 6 Planskizzen und 3 Anlagen.) 885; 5. durchges. und verm. Aufl. gr. 8. (VIII, 140 S. mit 7 Planskizzen und 3 Anlagen.) Ebendas. 886. *

—— dass. — Schlüssel zu den mathematischen und französischen Aufgaben, hrsg. von Havemann und G. van Muyden. 2. verm. Aufl. (56 S. mit eingedr. Fig.) 885; 3. verm. Aufl. gr. 8. (64 S.) Ebendas. 886. *

— **Vorbereitung** f. das Examen zur Kriegs-Akademie. Ein Rathgeber zum Selbststudium. 6., umgearb. Aufl. Mit 7 Planskizzen u. 4 Anlagen. gr. 8. (VIII, 142 S.) Ebd. 889. n. 7. —

— **dasselbe.** Schlüssel zu den mathematischen u. französischen Aufgaben, hrsg. v. **Havemann** u. G. **van Muyden.** 4., verm. Aufl. gr. 8. (75 S. m. Fig.) Ebd. 889. n. 2. —

Wedel, Max v.: Vorbereitung für das Examen zur Kriegs-Akademie. Ein Ratgeber zum Selbststudium. Neu bearb. von einem älteren aktiven Offizier. 7. Aufl. Mit 6 Planskizzen u. 9 Anlagen. [Nebst] Nachtrag. Berlin: R. Eisenschmidt 1900. 2 Bde 8°
Nachtrag. Prüfungsaufgaben. 1900.

[Max] v. **Wedel**'s Vorbereitung für das Examen zur Kriegs-Akademie. Ein Rathgeber z. Selbststudium. Neu bearb. von e. älteren aktiven Offizier. 8. unveränd. Aufl. Mit 6 Planskizzen u. 9 Anl. [Nebst] Nachtrag. *Berlin: R. Eisenschmidt 1903.* 2 Bde 8° [F.] [03. 14380

Wedell, M. von, Ein preussischer Dictator. Karl Heinrich von Wedell, Preussischer General-Lieutenant, . . . und erster Preussischer Kriegsminister. Biographische Skizze. (Mit 4 Tafeln.) Berlin 1876. 8.

Wedell, Otto v., u. Clementine v. der Goltz, Briefe e. preuß. Offiziers an seine Braut aus den J. 1799 u. 1800. Hrsg. m. biograph. Einleitg. u. zeitgeschichtl. Erläutergn. v. Arth. Köhler. Mit 3 Abbildgn. (Taf.) u. e. Stammbaum. (XLVII, 289 S.) 8. Leipzig 911. Röder & Schunke. 5.—; in Leinw. kart. 6. —

Wedell, Philipp Christian von (Neumark) A.S. 211/22

Dissertatio juridica de delictis vasallorum, quae in personam domini committuntur.
Präs. Johann Schröter.
Jena (Müller) VIII. 1712. 48 S. 35962

Wedell, R. A. C. v., Vorurtheil oder berechtigter Hass? Eine vorurtheilslose Besprechung der Judenfrage. gr. 8. (44 S.) Berlin 880. Hentze. n. — 90

Wedell, Rud. v.

Wedell, R. v., historisch-geograph. Hand-Atlas in 36 Charten, m. ein. Vorw. v. F. A. Pischon. 1—5. Lfg. gr. Fol. (30 lith. u. ill. Bl. u. 7 B. Text.) Berlin 843—47, Alex. Duncker. à L. *

Wedell, R. v., historisch-geographischer Hand-Atlas. 6. (letzte) Lfg. gr. Fol. (6 ill. Stnt. und 16 S. Text in 4. und 1 Tab. in Fol.) Berlin 849, A. Duncker. *

Wedell, Rud. v., historisch-geographischer Hand-Atlas in 36 Karten nebst erläut. Text. 2., verb. und verm. Aufl. (18 Lfgn.) gr. Fol. (36 ill. Karten und 66 S. Text.) Glogau 856, Flemming's Verlag.

Wedell, Rud. v., historisch-geographischer Hand-Atlas in 36 Karten mit erläut. Text. 2., verb. und verm. Aufl. (In 19 Lfgn.) 1. Lfg. qu. gr. Fol. (2 lithogr. und ill. Karten.) Glogau 862, Flemming. *

— Westpreussen u. Posen in ihren Beziehungen zur Anklageschrift des Staatsanwalts u. das alte Polen in den Grenzen von 1772. Nebst L. v. Mieroslawski's Operationsplan. Maasstab 1 : 1,600,000. Fol. Lith. u. color. Posen 847, Gebr. Scherk. n. 1/2 ℳ

Wedell, Siegmund, Referendar: Der Thatbestand der Sachenhehlerei nach § 259 des Reichs-Strafgesetzbuches. *Stargard i. P. 1900: L. C. Wendt.* (93 S.) 8°
Greifswald, Jur. Diss. v. 1900

Wedell, Wilhelm

— Anleit. z. Verhüt. d. Sturmschäden in Gebirgsforsten, m. 1 illum. Karte. gr. 8. Halle, Hemmerde u. S. 802.

v. Wedell, Wlh. I., Anleit. zur Verhütung d. Sturmschäden in Gebirgsforsten. Mit 1 ill. Karte. gr. 8. Halle 802. Schwetschke u. S. 1 [illegible]

v. Wedell, Wlh. II., Chronik d. Gesetzgebung in d. preuß. Monarchie nach den Frieden von Tilsit, mit besonderer Beziehung auf Schlesien. 1r Bd., bis zum Schluße d. J. 1809. gr. 8. Bresl. 810. W. G. Korn. 20 ℳ

Wedell-Wedellsborg, P. S. Baron, Julius Thomsen's Dualismus d. chem. Masse, beleuchtet durch Aufstellung e. neuen Wärmetheorie. Vorläufige Skizze. gr. 4. (11 S.) Kopenhagen 897. A. F. Höst & Sön. n.n. 1. —

Wedelsen, F., die Auction. Eine Belehrung für jeden Bürger, Geschäfts- u. Privatmann, um sich in allen öffentl. Versteigerungen vor Schaden zu bewahren. Mit einer Darstellung, welche Mittel oft angewandt werden, den Unkundigen zu täuschen. 8. Magdeburg 841, Baensch. $6\frac{1}{2}$ ngr

Wedelstaedt, v., Entwurf eines neuen Exercier-Reglements der Infanterie nebst kurzer Anleitg. zur Ausbildg. derselben basirt auf den Erfindgn. u. Ideen der Neuzeit. Leipzig 870. O. Wigand. gr. 8. (IV, 95 S.) 15 ngr.

— Entwurf eines neuen Landesvertheidigungs-Systems basirt auf der gänzlichen Entfestigung sämmtl. Stadtfestungen. Ebend. 870. gr. 8. (IV, 79 S.) 15 ngr.

Wedelstaedt v. Die konservative Partei und der Kampf gegen den Rhein-Weser-Elbe-Kanal. Von v. Wedelstaedt. Hannover 1901: Jänecke. (24 S.) 8°
(Sammlung v. Schriften z. Kanalfrage. No 13.)

Wedelstaedt, v., Major a. D., Verfasser von „Zur Taktik der Zukunft" u. m. a. Stadtbefestigung oder reine Militärfestung, sowie über die nothwendigen Veränderungen in der permanenten Befestigung. (Mit 4 Taf.) 8. Berlin 1869.

— Studien über Bewaffnung u. Bekleidung der Infanterie. Ebend. 870. gr. 8. (III, 83 S.) 15 ngr.

Wedelstädt, Ernst von, aus Potsdam: Ein Beitrag zur Kenntnis des Phenylcyanamids. *Berlin (1901): G. Schade.* (34 S.) 8°
Berlin, Phil. Diss. v. 26. Jan. 1901

Wedelstaedt, L. v., Electricität, Wärme, Licht. Versuch der Lösung des Problems der Weltbildung, Weltbewegung und Welterhaltung. gr. 8. (VI, 112 S.) Berlin 870, Habel.

Wedelstaedt (L. v.). Electricität, Wärme, Licht. Versuch der Lösung des Problems der Weltbildung, Weltbewegung und Welterhaltung. Berlin 1871. 8.

Wedemann, E., Bau-Gesetze im Großherzogt. Sachsen sowie Ortsstatute v. Eisenach üb. Bauangelegenheiten. (VII, 120 S.) 8. Eisenach 910. Hofbuchdruckerei Eisenach (H. Kahle). Geb. 2. —

Wedemann, E., Mitteilungen aus der Geschichte der evangelischen Kirche in Kairo. 4. (31 S. m. Titelbild.) Gräfenhainichen (899). (Kairo, F. Diemer.) n. 1.20

Wedemann, Fritz, approb. Arzt aus Eisenach: Ein Fall von Dermoid der Niere. *Jena 1902: B. Engau.* (20 S.) 8°
Jena, Med. Diss. v. (17. Sept.) 1902

Wedemann, Max. Gottfried der Bärtige. Seine Stellung zum fränkischen Kaiserhause und zur römischen Curie. (52) 8. Leipzig 1876

Wedemann, Max. König Heinrich IV. im Jahre 1076. 27 S.
Progr. Domg. *Magdeburg* 1883.

Wedemann's, Wilh., neues ABC-, Bilder- und Lesebuch. Ein Weihnachtsgeschenk für gute Söhne und Töchter. Nebst Anweisung für Eltern, welche selbst den ersten Unterricht ertheilen wollen. 2., wohlf. Ausg. gr. 8. (VIII und 122 S. mit 1 ill. Kpfrt.) Weimar 847, Voigt.
Fein Pap. mit 24 ill. Bildertaf.

Wedemann, Wilh., neues ABC- u. Lesebuch. Ein Weihnachtsgeschenk f. gute Söhne u. Töchter, woraus sie auf die leichteste, schnellste u. angenehmste Weise zur Fertigkeit im Lesen u. zu den ersten Elementarkenntnissen gelangen können. Nebst Anweis. f. Eltern, welche selbst d. ersten Unterr. darnach ertheilen wollen. gr. 8. (8 B. u. 48 Stnt. incl. 24 ill.) Weimar 837, Voigt.

Wedemann, Wilhelm, aus Eisenach: Über Dibromdicyanhydrochinon, Phenylangelicalacton u. Isooctenlacton. *Straßburg i. E. 1903: C. Muh & Co.* (55 S.) 8°
Straßburg, Math.-naturw. Diss. v. 1903

Wedemann, Wilh., Fragen u. Aufgaben aus der Raumrechnung. — Schülerbuch. 1. Aufl. ($5\frac{1}{2}$ B.) 842. u. 2., verb. u. verm. Aufl. 8. (6 B. m. viel. Figuren.) Weimar 845, Voigt. à

Wedemann, Wilh., Fragen und Aufgaben aus der Raumrechnung. 4., nach dem Tode des Verf. unverändert abgedr. Aufl. (Schülerbuch.) 8. (IV und 88 S. mit eingedr. Holzschn.) Weimar 857, Voigt.

Wedemann, Wilh., Fragen u. Aufgaben aus der Raumrechnung. 5., nach dem Tode des Verf. unverändert abgedr. Aufl. [Schülerbuch.] Weimar 868. B. F. Voigt. 8. (IV, 82 S. mit eingedr. Holzschn.) 5 ngr.

Wedemann, Wilh., 100 Gesänge d. Unschuld, Tugend u. Freude mit Begleit. d. Claviers. Gemüthl. Kinderherzen gewidmet. 2 Hfte. (Jedes 100 Gesänge enth.) 1—4., verb. Aufl. (à $13\frac{1}{2}$ B.) 16. Ilmenau 823—34, [Weimar,] Voigt. à

— 100 Gesänge d. Unschuld, Tugend u. Freude mit Begleit. d. Claviers. 2 Hfte. 5., verb. Aufl. qu. 16. (à $13\frac{1}{2}$ B.) Weimar 836, Voigt. à

— 100 Gesänge der Unschuld, Tugend und Freude mit Begleitung des Claviers. Gemüthlichen Kinderherzen gewidmet 2 Hefte. 4e durchaus verb. Aufl. 16. Ilmenau 834. Voigt. à $\frac{1}{2}$ ℳ 6e Aufl. 839. à $\frac{1}{2}$ ℳ — 3s Hft. 16. Ebd. 839. 1 ℳ

— 100 Gesänge d. Unschuld, Tugend u. Freude m. Begleitung des Klaviers. Gemüthlichen Kinderherzen gewidmet. 1. Hft. 7—9., verb. Aufl. qu. 16. (à $13\frac{3}{4}$ B.) Weimar 812, 41, 46, Voigt. à

— dass. 2. Hft. 7. u. 8., verb. Aufl. qu. 8. (à $13\frac{1}{4}$ B.) Ebds. 843, 47. à

— dass. 3. Hft. 2., verb. Aufl. qu. 16. ($13\frac{3}{8}$ B.) Ebds. 845.

— 100 Gesänge der Unschuld, Tugend und Freude, mit Begleitung des Klaviers. 3. Heft. 3., verb. Aufl. qu. 16. (VI und 207 lithogr. S.) Weimar 849, Voigt.

— hundert Gesänge der Unschuld, Tugend und Freude mit Begleitung des Klaviers. Gemüthlichen Kinderherzen gewidmet. 2. Heft. 9., verb. Aufl. qu. 16. (VI und 208 S.) Weimar 858, Voigt.

Wedemann, Wilh., 100 Gesänge der Unschuld, Tugend und Freude mit Begleitung des Klaviers. Gemüthlichen Kinderherzen gewidmet. 1. Heft. 11., verb. Aufl. gr. 16. (VIII und 224 S.) Weimar 863, Voigt.

Wedemann's, Wilh., 150 Kinderlieder mit Begleitnng des Klaviers. Eine Ergänzung zu jeder Klavierschule. 12. verm. und verb. Aufl., hrsg. von Friedr. Seidel. qu. gr. 4. (VIII, 164 S.) Weimar 877, B. F. Voigt.

Wedemann's, Wilh., 150 Kinderlieder mit Begleitung des Klaviers. Eine Ergänzung zu jeder Klavierschule. 13., verb. Aufl., hrsg. von Frdr. Seidel. qu. 4. (VIII, 164 S.) Weimar 880. B. F. Voigt. 2. 60

— instructive vierhändige Klavierlectionen, nach pädagogischen Grundsätzen gearbeitet u. allen fleißigen Klavierspielern zur Uebung 2c. geboten. 4 Hefte. qu. 4. Weimar 839. Voigt. à Heft $1/3$ ℛ

— der Lehrmeister im Orgelspiel. 112 kurze und leichte Uebungsstucke, in den bekanntesten Dur- und Moll-Tonarten, und 76 leichte Choralvorspiele für die Orgel, zum Gebrauch beim öffentlichen Gottesdienste für weniger geübte Organisten, und zum Studium für angehende Orgelspieler etc. Herausg. von Gotth. W. Körner. 2 Abthlgn. 7. verb. Aufl. Erfurt (854.) Körner. qu. 4. (2 Bl., 11 lith. S. u. 20 lith. S.) n. 1 ℛ.; einzeln 1. Abth.: n. 15 ngr.; 2. Abth.: n. 20 ngr.

—— musikal. Liederkranz, od. Samml. 20 auserles. deutscher Gesänge, mit Begleit. d. Pianoforte. 1. Hft. qu. 4. (6 B.) Leipzig 831, [Nauck.]

— musikal. Liederkranz, oder Samml. 20 auserles. deutscher Gesänge, mit Begleitung des Pianoforte. 1s Heft. qu. 4. Leipz. 831. Schladebach. (Berger). 9 gr.

—— praktisches Orgelmagazin enthaltend eine Sammlung der gangbarsten und werthvollsten Choral-Melodien mit mehrfach veränd. harmon. Begleitung und vielen Zwischenspielen, leicht ausführbaren Modulationen etc. Ein Hülfsbuch zum Gebrauch beim öffentl. Gottesdienst, wie auch zum Studium für angehende Orgelspieler. Im Verein mit G. Töpfer, E. Hentschel und mehreren andern Orgelcomponisten hrsg. 2., revid. Aufl. qu. gr. 4. (VI und 210 S.) Weimar (861)62, Voigt.

Wedemann, W. Raumrechnung, Lehrbuch und Schülerbuch. Weimar 1842.

— theoretisch-prakt. Rechnen-Schule. Ein Handbuch für Lehrer an Seminarien, Real- u. höhern Bürgerschulen 2c. 1. Thl., von der Eintheilung der Zahlen und den 4 Grundrechnungsarten in reinen ganzen Zahlen. gr. 8. Erfurt 844, Körner. $1/8$ ℛ — Resultate hierzu. gr. 8. Ebend. 844. $1/24$ ℛ

— dass. 2. Thl., von den Brüchen u. dem Rechnen in benannten Zahlen. (Mit Resultaten.) gr. 8. Ebend. 844. n. $1/4$ ℛ

—— theoretisch-praktische Rechen-Schule, enth. die Verhältnißrechnung in ihrer verschiedenart. Anwendung aufs Leben, als: Procent-Zins-Rabatt-(Disconto-)Termin-Gesellschafts-Falsi-Alligations- und Progressionsrechnung. Ein Leitfaden für Seminarien, Real- und höhere Bürgerschulen, so wie auch zum Selbstunterricht. Bearb. und durch viele Beispiele und Aufgaben veranschaulicht. 3. Thl. gr. 8. (VIII und 218 S.) Erfurt 850, Körner. *

— Stoff zur Bildung des Geistes. Ein Hilfsbuch für Schulen u. zur Selbstbelehrung. Enthaltend: 1) Eine kurze Sittenlehre. 2) Die verschied. Arten der Begriffe, Urtheile u. Schlüsse. 3) Eine Auswahl räthselhafter, sinniger Aufgaben. 8. Weimar 836. Voigt. 1 ℛ

—— Stoff z. Bildung des Geistes. Ein Hilfsbuch f. Schulen u. z. Selbstbelehrung. Neue Ausg. 8. (19 B.) Weimar 844, Voigt.

— arithmetische Uebungen, bestehend in einer progressiv geordneten Sammlung von 400 Rechenaufgaben in reinen ganzen Zahlen. Ein Anhang zu allen Rechenbüchern für Volksschulen, 2c. 8. Weimar 835. Voigt. $1/4$ ℛ

—— arithmetische Uebungen bestehend in e. progressiv geordneten Sammlung von 400 Rechenaufgaben in reinen ganzen Zahlen. Neue Ausg. 8. ($4 1/4$ B.) Weimar 844, Voigt.

— 63 prakt. Uebungen für den progressiven Klavierunterricht. Nach pädagog. Grundsätzen. 2. Heft. 3. verb. Aufl. qu. 4. Ebend. 841. $1/3$ ℛ

—— 100 prakt. Uebungen f. d. progressiven Klavierunterr. Nach pädagog., durch d. Erfahrung bewährten Grundsätzen, u. mit genauer Berücksichtigung d. Fassungskraft auch der weniger fähigen Schüler — unter steter Hinweis. auf d. Theorie entworfen. 1—3. Hft. qu. 4. (8 B.) Ilmenau 834, 35, [Weimar,] Voigt. à

—— 100 pract. Uebungen f. d. progress. Klavierunterricht. Nach pädagog., durch d. Erfahr. bewährten Grundsätzen u. mit genauer Berücksichtig. d. Fassungskraft, auch d. weniger fähigen Schüler — unter steter Hinweis. auf d. Theorie entworfen. 1. Hft. 2., verb. Aufl. (Nebst Supplemthft.) 4. (8 lith. B.) Weimar 837, Voigt.

Wedemann, Wlh., das Unentbehrlichste und Interessanteste aus der Längen-, Flächen- und Körperrechnung. Leichtfaßlich dargestellt und durch viele Figuren veranschaulicht. — Lehrerbuch. 8. Weimar 842, Voigt. $1/4$ ℛ — 2. nach des Verfassers Tode erschien. Aufl. (Lehrerbuch.) 8. Ebend. 846. $1/4$ ℛ

— das Unentbehrlichste u. Interessanteste aus der Längen-, Flächen- u. Körperrechnung. Ein Hilfsbuch f. Real- u. Bürgerschulen 2c. 2. nach des Verf. Tode erschienene Aufl. Lehrerbuch. 8. (XVI u. 94 S.) Weimar 847, Voigt. $1/4$ ℛ

—— das Unentbehrlichste und Interessanteste aus der Längen-, Flächen- und Körperrechnung. Ein Hilfsbuch für Real- und Bürgerschulen, so wie zum Selbstunterrichte 2c. Leichtfaßlich dargestellt und durch viele Fig. veranschaulicht. 3., nach dem Tode des Verf. unverändert abgedr. Aufl. (Lehrerbuch.) 8. (XVI und 94 S. mit eingedr. Holzschn.) Weimar 857, Voigt. Thlr.

—— 100 auserles. deutsche Volkslieder mit Begleitung d. Claviers. 12. ($8 2/3$ lith. B.) Ilmenau 830, [Weimar,] Voigt.

WEDEMANN, W. — Hundert auserlesene deutsche Volkslieder mit Begleitung des Claviers, gesammelt von —. 3 Hfte. Weimar 1836—41. 8°. (2 Rthl.) (22 Sgr., Heft 1—2 in 2. Aufl., Heberle, Cöln, c. 1870.)

—— 100 auserles. deutsche Volkslieder mit Begleit. d. Claviers. 2. u. 3. Hft. 12. (... u. $8 5/6$ lith. B.) Weimar ..., 841, Voigt.

1. Hft. 2., verb. Aufl. Ebendas. 1834. 16 Gr.

—— 100 auserlesene deutsche Volkslieder m. Begleitung des Claviers. 1. u. 2. Hft. 3., verb. Aufl. 12. ($8 1/2$ u. $8 2/3$ B.) Weimar 844, 46, Voigt. à

Wedemayer-Schönrade, s. Wedemeyer

Wedemeier, G., üb. den ansteckenden Typhus. 8. Halberstadt, Büreau f. Lit. u. Kunst. 814.

Wedemeyer, (Geh. Canzlei-Rath) ..., s. Beitr. zur Kenntniß d. Verfass. 2c. von Hannover.

v. **Wedemeyer,** Denkschrift, betreffend den §. 40 der Verfassung vom 31. Jan. 1850 u. die in diesem §. beliebte Verwandlung der bestehenden Fideicommisse in freies Eigenthum, nebst einem Gesetzentwurfe, bezweckend: die Erhaltung der bestehenden Fideicommisse, u. möglichste Erleichterung neuer fideicommissar. Stiftungen. gr. 8. (23 S.) Berlin 850, Schneider & Co. 3 ngr.

Wedemeyer, Lieder für Volksschulen, s. Harland.

Wedemeyer, v., Was ist rathsam? gr. 8. (12 S.) Berlin 847, Schneider und Comp. *

Wedemeyer, A., die Bahn des Planeten (279) Thule. (56 S.) 80,5×24,5 cm. Hamburg 908. (L. Friederichsen & Co.) nn 4. —
Sonderabdr. aus: „Aus dem Archiv der deut. Seewarte".

Die Bahn des Planeten ⟨279⟩ Thule. Von A. **Wedemeyer.** Hamburg 1908: (St. Geibel & Co. in Altenburg). (56 S.) 4°
= **Archiv,** Aus dem, d. deutschen Seewarte. Jg. 31, No 2. [08. 10604 4]

Definitive Bestimmung der Bahn des Kometen 1891 I (Swift). Von A. Wedemeyer. *Hamburg 1902: Hammerich & Lesser in Altona.* (44 S.) 4°
— Archiv, Aus dem, d. Deutschen Seewarte. Jg. 25, No 3. [03. 5975

Wedemeyer, Adolf: Beiträge zur Kenntnis der Aktinomykose des Menschen. *Göttingen 1897: Dieterich.* (47 S.) 8°
Göttingen, Med. Diss. v. [5. Aug.] 1897

Wedemeyer, A(ugust), a. Schlachtensee in Brandenburg: Die Bahn des Planeten ⟨279⟩ Thule. (Altenburg 1908: Pierer.) (56 S.) 4°
Berlin, Phil. Fak., Ref. Bauschinger, Diss. v. 5. Juni 1908
[Geb. 5. Nov. 67 Pöhlde in Hannover; Wohnort: Schlachtensee; Staatsangeh.: Preußen; Vorbildung: Luisenstädt. Oberrealsch. Berlin Reife M. 04; Studium: Kiel 2, Berlin 7 S.; Rig. 30. Jan. 08.]

Über die Erkenntniss [Erkenntnis] und Behandlung des Typhus in seinem regulären und anomalen Verlaufe. Von G[eorg] Wedemeyer. Halberstadt: Büreau für Literatur und Kunst 1814. XXIII,263 S. 8°

Wedemeyer, G., über die Erkenntniß und Behandlung des Typhus in seinem regulairen und anomalen Verlaufe. 2te Aufl. gr. 8. Halberstadt, Vogler. 819.

— Diss. inaug. de febri petechiali. 4. Götting. 812. Dieterich. 14 gGr.

Georgius Ludovicus Henricus Carolus Wedemeyer [Georg Wedemeyer]: Commentatio historiam patnologicam pilorum corporis humani sistens. Gottingae 1812: Dieterich. 68 S. 4°
Göttingen, Med. Preisschr. v. 15. Nov. 1811

— über den ansteckenden Typhus. 8. Halberst. 814. Vogler in Potsd. 1 Thlr 4 gGr. 2e Aufl. gr. 8. Ebd. 819. Ebd. 21 gGr.

Wedemeyer, G. H. L. C., über den ansteckenden Typhus. 2e Aufl ... Halberstadt ... (Berlin, Bethge.) 1/2 Thlr

— physiolog. Untersuchung über d. Nervensystem u. d. Respiration, u. deren Einfluß auf den menschl. Organismus. gr. 8. Hannov. 818. Hahn. 1 Thlr

Wedemeyer, Georg: Untersuchungen über den Kreislauf des Bluts und insbesondere über die Bewegung desselben in den Arterien und Capillargefässen, mit erklärenden Hindeutungen auf pathologische Erscheinungen. 490 S., gbd.

Hannover: Hahn 1828

JB 1.059

— s. Zungenkrebs.

Wedemeyer, H., die Gesetze über das Grundbuchwesen in der Prov. Hannover, mit Sachregister. gr. 8. (IV, 204 S.) Hannover 874, Meyer.

Wedemeyer, J. H., Leitfaden zur Vorbereitung auf die Postsekretär-Prüfung. (In 3 Hftn.) 1. u. 2. Hft. gr. 8. Hildesheim 900. F. Borgmeyer. n. 3. 75
1. (109 S.) n. 1. 25. — 2. (300 S.) n. 2. 50.

Wedemeyer, J. H. Postführer f. Bremen. gr. 8. (XII, 260 S.) Brem. 891, Heinsius Nachf. * 2 50

Wedemeyer, J. H., Postführer f. Bremen. 2. Ausg. Sommer 1893. gr. 8. (XII, 260 S.) Bremen 893. M. Heinsius Nachf. n. 2. 50

— was werde ich od. der Weg zu den Berufen, zu denen das Gymnasium, das Realgymnasium, die Ober-Realschule, die Realschule u. die höhere Bürgerschule berechtigen. Nach amtl. Quellen zusammengestellt. gr. 8. (64 S.) Ebd. 901. n. 1. —

Wedemeyer, Joa. Just., historia scarlatinae nuper Gottingae grassatae. Diss. inaug. med. 4. Götting. 785. Dieterich. 2 gGr.

Wedemeyer, Karl, Referendar in Hannover: Der Zwangsvergleich auf Grundlage des neuen Reichsrechts. Bonn a. Rh. 1904: S. Foppen. (65 S.) 8°
Leipzig, Jur. Fak., Diss. v. 31. Jan. 1905
[Geb. 5. Okt. 79 Bremke, Han.; Wohnort: Hannover; Staatsangeh.: Preußen; Vorbildung: Gymn. Heiligenstadt Reife O. 00; Studium: München 2, Leipzig 2, Göttingen 2 S.; Rig. 18. Juli 03.]

Wedemeyer, Konr., General-Register, s.: Biedermann's Centralblatt f. Agrikulturchemie.

Wedemeyer, Konrad: Ueber Kondensationen mittelst organischer Basen und Beiträge zur Kenntnis hydroaromatischer Verbindungen. *Heidelberg 1897: J. Hörning.* (39 S.) 8°
Heidelberg, Naturw.-math. Diss. v. [1. Okt.] 1897

Wedemeyer, L. W. v., die ländliche Arbeiterfrage und die unser ganzes Staatsleben corrumpirende Macht des Großkapitals. gr. 8. (103 S.) Berlin 875, [Niendorf's Verlagsh.] Verlagsh. Graf Behr.

—— Rede, gehalten am 22. April 1875 in Friedeberg N/M., zur Berichtigung der Entstellungen, welche sie in den Zeitungen erfahren, nach dem stenograph. Bericht veröffentlicht. gr. 8. (32 S.) Ebendas. 875.

Wedemeyer, L. W. v., Referat an den Ausschuss des Kongresses deutscher Landwirthe über den Bericht der Kommission zur Ermittelung der Lage der ländlichen Arbeiter im Deutschen Reiche, erstattet von Frhr. Th. v. d. Goltz. 8°. Berlin 1875.

Wedemeyer, Otto, staatl. gepr. Bauführer, Betriebsassist. d. Eisengiesserei d. Gutehoffnungshütte, Abt. Sterkrade: Über die Verwendung von Manganerzen als Entschweflungsmittel beim Schmelzen von Gusseisen. 1904. 27 S. 8° ¶ Etwas geändert in: Stahl u. Eisen. Jg. 24, Halbj. 2.
Braunschweig, Dr.-Ing.-Diss. v. 19. 5. 1904

Wedemeyer, Rudolf, bacc. iur a. Bremen: Der Rücktritt vom gegenseitigen Vertrage nach § 326 des BGB. Borna-Leipzig 1906: R. Noske. (IX, 68 S.) 8°
Leipzig, Jur. Fak., Diss. v. 10. Juli 1906.
[Geb. 2. Febr. 82 Bremen; Wohnort: Bremen; Staatsangeh.: Bremen; Vorbildung: Gymn. Bremen Reife M. 01; Studium: München 3, Heidelberg 1, Leipzig 4 S.; Rig. 25. Juli 05.]

Wedemeyer, Theodor, Referendar, Bremen: Teilnahme an dem Vergehen des § 270 StGB. im Verhältnis zu dem Vergehen des § 267 StGB. *Rostock 1903: C. Hinstorff.* (73 S.) 8°
Rostock, Jur. Diss. v. [25. Nov.] 1903

Wedemeyer, Werner, Dr. jur., Gerichtsassessor und Privatdozent in Marburg a. d. Lahn: Der Abschluss eines obligatorischen Vertrages durch Erfüllungs- und Aneignungshandlungen. Göttingen: Vandenhoeck & Ruprecht 1904. (140 S.) 8° [F.]
Marburg, Jur. Hab.-Schr. v. [23. Okt. 1903] 1904
(Nicht für den Austausch)

Wedemeyer, Werner, der Abschluß e. obligatorischen Vertrages durch Erfüllungs- u. Aneignungshandlungen. Habilitationsschrift. (III, 140 S.) gr. 8. Göttingen 904. Vandenhoeck & Ruprecht. n. 3. 60

Wedemeyer, Werner, Gerichtsassessor: Auslegung und Irrtum in ihrem Zusammenhange. Göttingen 1903: E. A. Huth. (67 S.) 8°
Marburg, Jur. Diss. v. [14. Okt.] 1903.

Auslegung und Irrthum in ihrem Zusammenhange. Von Werner **Wedemeyer**, Ger.Ass. Göttingen: Vandenhoeck & Ruprecht 1903. (67 S.) 8° [F.]
[Erschien zuerst als Inaug.-Diss. Marburg 1903.] 106. 674 B

Wedemeyer, u. Jahrmärker, zur Praxis der Entmündigung wegen Geisteskrankheit u. Geistesschwäche. 1. Fragestellung f. Entmündigungsgutachten. 2. Pflegschaft üb. entmündigungsreife Geisteskranke. Nach e. am 26. XI. 1907 in der forensisch-medizin. Vereinigg. zu Marburg geh. Vortrage. (76 S.) gr. 8. Marburg 908. N. G. Elwert's Verl. 1.50

Wedemeyer(-Schönrade), (G. L.) v., Denkschrift, betreffend den § 40 der Verfassung vom 31. Jan. 1850 und die in diesem § beliebte Verwandlung der bestehenden Fideicommisse in freies Eigenthum, nebst einem Gesetzentwurfe, bezweckend: die Erhaltung der bestehenden Fideicommisse, und möglichste Erleichterung neuer fideicommissarischer Stiftungen. 2. Aufl. gr. 8. (23 S.) Berlin 859, F. Schneider. *

Wedemeyer-Schönrade, G. L. v., über Gesetzgebung und Justizorganisation. Im November 1857. Berlin 857. F. Schneider. gr. 8. (2 Bl., 48 S.) n. 10 ngr.

—— über Gesetzgebung und Justizreorganisation. Im November 1857. Lex.-8. (48 S.) Berlin 858, F. Schneider. *

Wedemeyer-Schönrade, v., Rede, geh. am 22. April 1875 in Friedeberg N/M., zur Berichtigg. der Entstellgn., welche sie in den Zeitgn. erfahren, nach dem stenograph. Bericht veröffentlicht. gr. 8. (32 S.) Berlin 875. Niendorf. — 60

Wedemayer-Schönrade. Vide: Toussaint, F. W.: Der landw. Grundbesitz.

Wedemeyer-Schönrade, G. L. v., **über gerechte Vertheilung der Steuerlast, insbesondere über Grundsteuer und Grundsteuer-Ausgleichung.** gr. 8. (29 S.) Berlin 856, [Schneider.] *

Wedemeyer(-Schönrade), (G. L.) v., über gerechte Vertheilung der Steuerlast, insbesondere über Grundsteuer u Grundsteuer-Ausgleichung. 2. bis auf zwei Schlußbemerkungen unveränd. Aufl. Ebend. 859. gr. 8. (30 S.) n. 6 ngr

Wedemeyer-Schönrade, v., Vorschläge zur Hebung der Landes-Pferdezucht durch zweckmäßigere Verwendung der bisher auf dieselbe verwandten Mittel. gr. 8. (IX, 73 S.) Berlin 871, Wiegandt, Hempel und Parey. *

Wedemeyer-Schönrade, v.: Vorschläge zur Hebung der Landes-Pferdezucht durch zweckmässigere Verwendung der bisher auf dieselbe verwandten Mittel. Berlin 1872. IX, 73 S.

Weden, Mor., das landwirtschaftliche Genossenschaftswesen in Deutsch-Böhmen. Vortrag, geh. auf dem II. internationalen Mittelstandskongresse in Wien am 5. X. 1908. (36 S.) Lex. 8. Wien 909. (Prag, G. Neugebauer.) — 90

Weden, Moriz: Die Statuten der landwirtschaftlichen Produktivgenossenschaften. Prag: Verl. des Zentralverbandes der dt. landw. Genossenschaften Böhmens 1905.

Wedensky, N. E., die Erregung, Hemmung u. Narkose. (152 S. m. 83 Fig.) gr. 8. Bonn 904. M. Hager.
Sonderabdruck a.: „Archiv f. d. ges. Physiologie". n. 6. —

Weder d. christl. Religion, noch d. römisch-kathol. Kirche ist d. allein seligmachende. 8. Frankf. (Gosohorsky in Bresl.) 9 gr

Weder d. christl. Religion, nach d. römisch-kathol. Kirche ist die allein seligmachende. 8. Frankf. (Meyer in Breslau.)

Weder einer, noch der andere. Posse. 8. Wien 783. Kurzböck. 3 gr

Weder Journal noch Roman. Königsberg 1789--90. V: *Grüner, Christoph Sigmund.* (Ky)

—Journal noch Roman, (von Cph. S. Grüner). 4 Stücke. 8. Königsb. 789, 90. (Unzer). 1 rß

Weder Protestantismus, noch Romanismus, sondern Katholizismus. Streit- u. Friedensschrift e. orthodoxen Katholiken. 2. Aufl. gr. 8. (52 S.) Berlin 894. C. F. Conrad. — 50

Weder, [Johann Baptist]. Dr. Weber's Austritt aus dem Regierungsrathe [des Cantons St. Gallen] im März 1863 und die liberale Opposition. 8. *o. O.* (1863).

Weder, [Johann Baptist]. Dr. Weder's Austritt aus dem Kantonsschulrath [von St. Gallen], mit einigen Aufklärungen über die Regierungsrathswahlen vom Juni 1859. 8. St. Gallen 1859.

Weder, Karl Otto, s. Weder, Otto

Weder, Otto, Dr.: Die Knotenlinien quadratischer Membranen. *Zittau 1903: R. Menzel Nachf.* (7 S.) 8°
Zittau, Johanneum, Einladungsschr. 1903**

Weder, *Karl* Otto [aus Leipzig]: Die Lichtbewegung in zweiaxigen activen Krystallen ... Stuttgart, E. Schweizerbart, 1896; 2 Bl., 45 S., 1 Bl. 8.
Leipzig, Phil. Fak., Inaug.-Diss. v. [10. Dez.] 1896

Weder, R., Leitfaden des Eisenbetonbaues für Baugewerk- u. Tiefbauschulen sowie zum Gebrauch f. den praktischen Techniker und Baugewerksmeister. (VII, 118 S. m. 213 Abbildgn.) Lex.-8. Leipzig 906. W. Engelmann. Geb. in Leinw. n. 5. —

Weder, R., Leitfaden des Eisenbetonbaues f. Baugewerk- u. Tiefbauschulen, sowie zum Gebrauch f. den praktischen Techniker u. Baugewerksmeister. 2. umgearb. u. erweit. Aufl. (VI, 119 S. m. 218 Abb.) Lex. 8. Leipzig 909. W. Engelmann.
Geb. in Leinw. 5. —

— Der Tiefbau in Städten u. Ortschaften. Bebauungspläne, Strassenbau, Wasserversorgg. u. Entwässerg. v. Städten u. Ortschaften im Unterricht an Tiefbauschulen u. f. mittlere Stadtbaubeamte. (VIII, 174 S. m. 210 Abbildgn.) Lex. 8. Wiesbaden 909. C. W. Kreidel. 4. 20

Weder, Wilhelm

— Magnetotherapie. Der Lebensmagnetismus als Heilmittel. gr. 8. (III, 108 S. m. Bildnis.) Ebd. 892. n. 2. 50

Weder, Wilh., so heilt man Nervenkranke! gr. 8. (27 S.) München 898. Staegmeyer. n. 1. —

Weder, Wilh., der Cholera Ursache, Vorbeugg. u. Heilg. Zur Selbsthilfe f. Jedermann allgemeinverständlich dargestellt nach den Grundsätzen seiner hygien. Heilkunde. 16. (61 S. m. 1 Taf.) Nürnberg 892. W. Weder's Selbstverl. n. — 50

Wederhake, Karl Joseph, Arzt: Aus d. psychiatr. Klinik d. Universität Bonn. Ueber Dormiol. *Bonn 1902: E. Eisele.* (64 S.) 8°
Bonn, Med. Diss. v. 20. Juni 1902

Wederlegging van Ph. W. van Heusde's eerste proeve van wijsgeerige navorschingen in de talen: Hoe komt de mensch tot waarheid? Door een' beoefenaar der wijsbegeerte. gr 8. Groningen 837. van Zweeden. (Bremen, Kaiser) n. 2/3 ß

Wedewer, Herm., Klassisches Altertum u. Christentum, mit besonderer Beziehung auf die Gelehrtenschulen. Frankfurt a. M. 1855, Progr. der Selektenschule.
Recens. Kath. Littztg 1855, S. 175—6.

Wedewer, Herm., Über die Bedeutung des Christentums für die Idee des Schönen und der Kunst. Rede bei der Schulfeier der Selektenschule [zu Frankfurt a. M.] am 28. Dez. 1862.

Wedewer, H., das Christenthum u. die Sprache. Frankfurt a. M. 867. Verlag für Kunst u. Wissenschaft. gr. 8. (43 S.) 7½ ngr.

Wedewer, Hermann, sen., Das Christentum und die neuere Sprachwissenschaft. Frankfurt a. M., 1870, 4°, 23 S., Programm der Selektenschule.

Wedewer, Hermann: Johannes Dietenberger 1475—1537. Sein Leben und Wirken. . . . Freiburg i. Br., Herdersche Verlagsh., 1888; VIII + 499 S. u. 4 Taf. 8°
Münster, Kath.-theol. Fak., Inaug.-Diss. v. 6. Dez. 1888
Nicht für den Austausch)

Wedewer, Herm., Johannes Dietenberger 1475—1537. Sein Leben und Wirken. gr. 8. (VIII, 499 S. mit 4 Taf.) Freiburg i. Br. 888, Herder'sche Verlagsh. *
Ausg. auf Büttenpap. *M 12.—.; geb. *

Wedewer, H. Ueber die Entwicklung der deutschen Gymnasien und Realschulen und ihre gegenwärtige Organisation. Frankfurt a./M., Selectensch., 1862. 67 S. Progr.

Wedewer, Herm., die Erziehung vom katholisch-christlichen Standpunkte betrachtet nebst Vorschlägen zur Umbildung und Erweiterung der Selekten-Schule zu Frankfurt a. M. gr. 8. (44 S.) Frankfurt a. M. 852, Hermann'sche Buchh.

Wedewer, Herm., die Erziehung vom katholisch-christlichen Standpunkte betrachtet nebst Vorschlägen zur Umbildung und Erweiterung der Selekten-Schule zu Frankfurt a. M. 2. Ausg. gr. 8. (44 S.) Prag 870, Tempsky. *

Wedewer, Herm. (sen.), Über den paränetischen Gebrauch der Mythen bei den Griechen. Frankfurt a. M., 1856, Programm der Selektenschule.
Kathol. Littztg 1856, S. 121—2.

Wedewer, Herm., die Gesellschaft Jesu in Wahrheit u. Dichtung. Populär-wissenschaftl. Vortrag, geh. am 30. IV. 1903 im Gesellenhause zu Wiesbaden. (II, 40 S.) gr. 8. Wiesbaden 903. G. Quiel. — 40

Wedewer, Herm., Grundriß der Apologetik für die oberen Klassen höherer Lehranstalten und für gebildete Laien. gr. 8. (VIII, 156 S.) Freiburg i. Br. 880. Herder'sche Verlagsh. *

Wedewer, Hermann, Grundriß der Apologetik, Freiburg, Herder, 1890, gr. 8°, XII, 112 S., 2. neu bearb. Aufl., 1,40 Mk.

Wedewer, Herm., Grundriß der katholischen Kirchengeschichte für die oberen Klassen höherer Lehranstalten. gr. 8. (XII, 152 S. mit 5 eingedr. Holzschn.-Abbild.) Freiburg i. Br. 879, Herder'sche Verlagsh. *

Wedewer, H., Histoire des sept rois de Rome, tirée de l'histoire romaine de Rollin. In engem Anschlusse an die latein. Sprache bearb. und mit einer Einleitung und sprachl. Anmerkungen versehen. 8. (VIII und 236 S.) Frankfurt a. M. 848, Hermannsche Buchh. *

— histoire des sept rois de Rome, tirée de l'histoire Romaine de Rollin. In engem Anschlusse an die Latein. Sprache bearb. u. mit einer Einleitung u. sprachl. Anmerkungen versehen. 8. (VIII u. 236 S.) Ebd. 849. n. 2/3 ß

Wedewer, H., Homer, Virgil, Tasso, oder das befreite Jerusalem in seinem Verhältniß zur Ilias, Odyssee u. Aeneis. 8. Münster 843, Regensberg. 1⅓ ß

—— Lehrbuch für den katholischen Religionsunterricht in den oberen Klassen höherer Lehranstalten. 2 Abthlgn. gr. 8. Ebendas. à Abthl. *M 1,50. *
Inhalt:
Abthl. 1. Grundriß der Kirchengeschichte. 2. Aufl. (XV, 152 S. mit 8 eingedr. Holzschn.-Abbild.) 882.
" 2. Grundriß der Apologetik. (VIII, 156 S.) 880.

Wedewer, Herm. Lehrbuch f. den katholischen Religionsunterricht in den oberen Klassen höherer Lehranstalten. 1. u. 2. Abtl. 8. Freib. i. Br., Herder. * 2 90; geb. ** 3 40
1. Grundriß der Kirchengeschichte. 4. Aufl. (XVI, 108, XX S. m. 8 Abbildgn.) 891. * 1 50; geb. ** 1 75.
2. Grundriß der Apologetik. 2. neu bearb. Aufl. (XII, 112 S.) 890. * 1 40; geb. ** 1 65.
3. Abtl. Ebd. 1885. * 2 —; geb. ** 2 25.

Wedewer, Herm., Lehrbuch f. den katholischen Religionsunterricht in den oberen Klassen höherer Lehranstalten. 1. Abtlg. Grundriß der Kirchengeschichte. 5. Aufl. gr. 8. (XIII, 109 u. XVIII S. m. 8 Abbildgn.) Freiburg i/B. 894. Herder. n. 1. 50; geb. in Halbleinw. n.n. 1. 75

Wedewer, Herm., Lehrbuch für den katholischen Religionsunterricht in d. oberen Klassen höh. Lehranst. 1. Abtlg. Grundriß d. Kirchengeschichte. 6. Aufl. gr. 8. (XIII, 112 u. XX S. m. 8 Abb.) Freiburg i/B. 897. Herder. n. 1. 50; Einbd. in Halbleinw. n.n.n. — 25

Wedewer, Herm., Lehrbuch f. den katholischen Religionsunterricht in den oberen Klassen höherer Lehranstalten. 1. u. 2. Abtlg. gr. 8. Freiburg i/B., Herder. n. 2. 90; Einbde. in Halbleinw à n.n.n. — 25
1. Grundriß der Kirchengeschichte. 7. u. 8. Aufl. (à XIII, 112 u. XX S. m. 8 Abbildgn.) 899. 901. n. 1. 50
2. Grundriß der Apologetik. 3., unveränd. Aufl. (IX, 112 S.) 899. n. 1. 40

— Lehrbuch f. den katholischen Religionsunterricht in den oberen Klassen höherer Lehranstalten. 1. u. 2. Abteilg. 8. Freiburg i/B., Herder. n. 3. 10; geb. n. 3. 80
1. Grundriß der Kirchengeschichte. 10. Aufl. (XIII, 132 S. m. 8 Abbildgn.) 906. n. 1. 60; geb. n. 2. —
2. Grundriß der Apologetik. 4. Aufl. (IX, 112 S.) 904. n. 1. 50; geb. n. 1. 80

Wedewer, Herm., Lehrbuch f. den katholischen Religionsunterricht in den oberen Klassen höherer Lehranstalten. 1.—3. Abtlg. 8. Freiburg i/B., Herder. 5.20; geb. 6. 40
1. Grundriß der Kirchengeschichte. 11. u. 12., neu bearb. Aufl. (XIII, 132 S. m. 8 Abbildgn.) 907. 1.60; geb. 2. —
2. Grundriß der Apologetik. 5. Aufl. (IX, 117 S.) 908. 1.00; geb. 2. —
3. Grundriß der Glaubenslehre. 2., neu bearb. Aufl. (XIII, 145 S.) 907. 2.—; geb. 2. 40

-- die Literatur u. die christliche Jugendbildung, s. a. Broschüren, zeitgemäße.

Wedewer, Herm., Die Litteratur u. die christliche Jugendbildung. Frankfurt a. M., Hamacher, 1868, 8°, 32 S., 20 Pf.
Broschüren-Verein Jahrg. 4 Nr. 1. Bespricht u. empfiehlt in der 1. Hälfte der Broschüre die Lektüre der klass. Schriften der Griechen u. Römer. Vgl. (Bonner) Theol. Littbl. 1869, S. 137—8.

Wedewer, Hermann, Eine Reise nach dem Orient. Mit 1 Stahlstich, 1 Karte d. hl. Landes u. 58 feinen Holzschn. Regensburg. Manz, jetzt Verl.-Anstalt, 1877, 8°, XI und 328 S., 5,40 Mk.

Wedewer, Hermann: Sammlung von Gemälden alter Meister des 15. bis 18. Jahrhunderts. Ausschließlich aus d. Besitze d. Hrn. Prof. Dr. [Hermann] Wedewer, Wiesbaden. Mit 36 Abb. Berlin: Lepke 1908. 20 Taf., 25 S. 4°
(Lepke, Rudolf: [Auktionskatalog]. 1507.)

— u. B. Hüppe, der deutsche Sprachunterricht. Nach seiner Wichtigkeit u. Bedeutung für Realschulen u. Gymnasien, so wie nach seiner Stufenfolge u. Methode dargestellt. Nebst e. Vorworte von B. Sökeland. gr. 8. Coesfeld 842, Riese'sche Buchh. n. 1/3 ₰

Wedewer, H., zur Sprachwissenschaft. Freiburg im Br. 861 Herder. gr. 8. (XX, 134 S.) n. 15 ngr

—— die neuere Sprachwissenschaft und der Urstand der Menschheit. 12. (55 S.) Freiburg im Br. 867, Herder'sche Verlagsh. *

— über die Wichtigkeit und Bedeutung der Sprache für das tiefere Verständniß des Volkscharakters, mit besonderer Berücksichtigung der deutschen Sprache, ein Beitrag zur Völkerpsychologie. (Abgedr. aus dem Programme der Selectenschule.) Frankfurt a. M. 859. (Hermann'sche Buchhdlg.) gr. 8. (42 S.) n. 6 ngr

Wedewer, J., s. Johnson, S., Rasselas.

Wedig, Ernst de

— s. C. Egwid.

Wedig, Er., Gedichte. 8. Zeitz 802. Webel. 20 gr

s.a. Staatskunst, über d. politische.

(de Wedig, Ernst): „Ueber die politische Staatskunst", 2 Teile, Halle 1795 (Reinicke).

Haideblumen. Salon-Walzer f. Pianoforte von J. Wedig, Kgl. Musikdir. Op. 4. Kulm a/W.: J. Klingenberg [1900]. (5 S.) 4° [illegible] 10

Wedig, J., e. Sammlung von Chorälen f. vierstimmigen Männerchor, nach den kirchl. Festzeiten geordnet. Zum Gebrauch f. Seminarien, Gymnasien, Lehrer-Gesangvereine ꝛc. bearb. 8. (IV, 84 S.) Danzig 888. Kafemann. cart. n. 1.—

—— deutsches Schulgesangbuch. Sammlung ein- und mehrstimm. Schul- und Volkslieder. Im Anschluß an die neue Fibel und die Lesebücher von Karassek-Schulz hrsg. 2 Tle. 3. Aufl. 8. Ebendas. *
Inhalt:
Tl. 1. Unterstufe. (18 S.) 887. * 20 Pf.
„ 2. Mittel- und Oberstufe. (IV, 59 S.) cart. * 50 Pf.

Wedig, Johann Hieronymus von (Wittenberg) A. S. 833/3

Dissertatio iuridica qua actionem de recepto aliaque iuris capita adversus dissentientes asserta ... submittet ... Präs. Johann Balthasar Wernher. Wittenberg (Finkel) 3. IV. 1721. 32 S.
35968

Wedig, Johann Hieronymus von U. S. Frankfurt/O. 1738/2

Dissertatio juridica inauguralis de onere probandi negantibus incumbente. Präs. Johann Wolfgang Trier. Frankfurt/O. (Alex) 29. VII. 1738. 20 S.

W. v.: Christifried Ernst Besser. 35969

Wedig, Johann Hieronymus von (Halle) 4° Thl. XV, 218/12

Positionum theologicarum de religionum indifferentismo tricenarius. Präs. Kaspar Loescher. Rec. o. O. 1701. 12 Bl.

Diss. Wittenberg 7. IV. 1692. 35967

Wedig, Annette, Adventszeit und Weihnachtsfreud, s. Jugend-Bibliothek, christliche.

Wedig, A., Bilder aus dem Kinderleben, s.: Jugend-Bibliothek, christliche.

WEDITZ, A. *Lieder-Märchen.* Neue Märchen für Kinder von 8—12 Jahren. Von Annette Weditz. Mit acht colorirten [lithogr.] Bildern. Berlin, Winckelmann und Söhne [ca. 1855]. 1 Bl. 302 S. 8°. Mehrfarb. Or.-Karton. 25.—
Etwas abenteuerliche Märchen, sehr hübsch von G. BARTSCH illustriert. — Einbanddecken bestoßen, Rücken beschädigt.

Wedig, Annette, Lieder-Märchen. Neue Märchen für Kinder von 6—10 Jahren. br. 8. (301 S. mit 8 color. Bildern.) Berlin 872, Winckelmann und Söhne. geb.

Wedig, A., des Lumpensammlers Pflegekind, s. a. Für den Feierabend. 28. 29.

—— des Lumpensammlers Pflegekind. Eine Erzählung für das Volk. 8. (III, 215 S.) Hamburg 880, Agentur des Rauhen Hauses. *

—— der kleine Schatzgräber. Eine Erzählung für die reifere Jugend. 8. (221 S.) Berlin 874, Haupt-Verein für christl. Erbauungs-Schriften. cart.

— aus meinen Träumen. 16. (194 S.) Norden 877. Soltau. n. 2. 50; geb. m. Goldschn. n. 4. —

-- Treue im Kleinen, s.: Volks-Bibliothek, christliche.

Wedkiewicz Stanislaus: Die italienischen Bedingungssätze.
H. 1910 PN 2872 Diss Wien. Univ. 2306

Wedl, Karl

Wedl, C., der Aberglaube u. die Naturwissenschaften. gr. 8. (20 S.) Wien 883. Gerold's Sohn. n. — 50

Wedl K.: [»Afhandlinger om Indvoldsorme«. 8 Særtr. i 1 Vol. Wien 1855–61].
(Helminthologische Notizen. (1855). 40 S. 5 Tvl. — Ueber das Nervensystem d. Nematoden. (1855). 17 S. 1 Tvl. — Charakteristik mehrerer grösstentheils neuer Tänien. (1855). 25 S. 1 Tvl. — Ueber die Mundwerkzeuge v. Nematoden. (1856). 39 S. 3 Tvl. — Ueber einige Nematoden. (1856). 15 S. 1 Tvl. — Anatomische Beobachtungen üb. Trematoden. 1858. 40 S. 4 Tvl. — Zur Helminthenfauna Ägyptens. 1–2. [1861]. (36) S. 5 Tvl. — Indb. hermed er: A. v. Györy: Ueber *Oxyuris spirotheca* (nov. spec.). (1856). 8 S. 1 Tvl.).

Wedl, Carl, und Emil Bock, pathologische Anatomie des Auges. Systematisch bearb. Mit einem Atlas von 33 Lichtdr.-Taf. (gr. 4., cart.). gr. 8. (V, 462 S.) Wien 885, (Gerold's Sohn.)

Wedl, C., Atlas der pathologischen Histologie des Auges. Unter Mitwirkung von C. Stellwag v. Carion hrsg. 4 Lfgn. Imp.-4. (24 Kpfrt. mit 60 S. Text.) Leipzig 860. 61, G. W. gand. à Lfg. * 2 Thlr. 20 Ngr.

—— und M. Heider, Atlas zur Pathologie der Zähne, s. Heider, M.

Über die Bedeutung der in den Schalen von manchen Acephalen und Gasteropoden vorkommenden Kanäle. [illegible] 1.—
Separatabdruck

— über die Bedeutung der in den Schalen von mancher Acephalen und Gasteropoden vorkommenden Canale. Mit 3 (lith.) Taf. (Aus den Sitzungsber. der k. Akad. der Wiss.) Wien 858. Gerold in Comm. gr. 8. (24 S.) n. 10 ngr

—— über die Bedeutung der in den Schalen von manchen Acephalen und Gasteropoden vorkommenden Canäle. Lex.-8. (24 S. mit 3 Stnt.) Wien 859, (Gerold's Sohn.) **

— u. F. Müller, Beiträge zur Anatomie des zweibuckeligen Kameeles, s.a. Müller, Frz.

— und Müller Franz, Dr.: Beiträge zur Anatomie des zweibuckeligen Kameeles (Camelus bactrianus). S. 1. 28 . . . vgr.
— — (mit 5 Taf.). D 3. I. 269 . . . 4 40
Separatabdruck

— Beiträge zur Lehre v. den Hämatozoen, s.a. Denkschriften der k. Akademie der Wissenschaften. Mathematisch-naturwissenschaftl. Classe. I. Bd.

Wedl Karl, Dr.: Beiträge zur Lehre von den Hämatozoen. (Auszug.) S. 2. 177 . . . vgr.
— — (mit 1 Taf.). D 1. II. 15 . . . vgr.
Separatabdruck

— Beiträge zur Pathologie der Blutgefäße. 1. Abteilung (mit 3 Taf.). S. 37. 265 . . . vgr.
Separatabdruck

Beiträge zur Pathologie der Blutgefäße. 2. Abteilung (mit 2 Taf.). 1. Dislokationen der kleinen Blutgefäße. 2. Kolloide Ablagerungen in den Wandungen kleiner Blutgefäße. 3. Verkalkungen. 4. Bindegewebige Wucherungen. 5. Teleangiectasie bei Kranio- und Rhachischisis. Erklärung der Abbildungen. S. 48. I. 384 . . . vgr.
Separatabdruck

— Beiträge zur Pathologie der Blutgefäße. 3. Abteilung (mit 1 Taf.). S. 53. I. 310 . . . vgr.
Separatabdruck

—— Beiträge zur Pathologie der Blutgefässe. Lex.-8. (23 S. mit 3 Stnt.) Wien 859, (Gerold's Sohn.) **

Wedl, C., Beiträge zur Pathologie der Blutgefässe. 2. und 3. Abthl. Lex.-8. Wien 864,66, (Gerold's Sohn.) [2. Abthl. (24 S. mit 2 Stnt. in 4.) * 13 Ngr., 3. Abthl. (45 S. mit 4 Stnt. in 4.) * 28 Ngr.] *

— Anatomische Beobachtungen über Trematoden (mit 4 Taf.). S. 26. 241 . . . 2 —
Separatabdruck

—— anatomische Beobachtungen über Trematoden. Lex.-8. (40 S. mit 4 Stnt. in Lex.-8. und gr. 4.) Wien 858, (Gerold's Sohn.) *

— Charakteristik mehrerer größtenteils neuer Tänien (mit 3 Taf.). S. 18. 5 . . . 1 32
Separatabdruck

— Charakteristik mehrerer grösstentheils neuer Tänien. Mit 3 (lith.) Taf. (in 4.). (Aus den Sitzungsberichten d. k. Akad. d. W.) Wien 855. (Gerold.) gr. 8. (25 S.) n. 15 ngr.

Wedl, Carl, Charakteristik mehrerer grösstentheils neuer Tänien. Lex.-8. (25 S. mit 3 Stnt. in gr. 4.) Wien 856, (Gerold's Sohn.) *

Über ein in den Magen des Rindes vorkommendes Epiphyt. S. 29. 91 . . . — 20
Separatabdruck

—— über ein in den Mägen des Rindes vorkommendes Epiphyt. Lex.-8. (9 S.) Wien 858, (Gerold's Sohn.) *
Diese vier letztern Schriften des Verf. wurden aus: Sitzungsberichte der k. Akademie der Wissenschaften, Jahrg. 1857—59, besonders abgedruckt.

— Über die traubenförmigen Gallengangsdrüsen (mit 1 Taf.). S. 5. 480 . . . — 60
Separatabdruck

Wedl, Carl, über die traubenförmigen Gallengangsdrüsen. [Aus den Sitzungsberichten 1850 der kais. Akad. d. Wissenschaften abgedr.] gr. 8. (10 S. m. 1 lith. Taf. in 4.) Wien 850. (Braumüller.) n. $^1/_6$ ß

—— über die traubenförmigen Gallengangsdrüsen. gr. 8. (10 S. mit 1 Stnt. in 4.) Wien 852, (Gerold's Sohn.) *
Aus: Sitzungsberichte der k. Akademie der Wissenschaften J. 1850, besonders abgedruckt.

Wedl, Carl, Grundzüge der pathologischen Histologie. Mit 203 Holzschn. von Ad. Rosenzweig. Ebd. 53. M. 22.—

—— Grundzüge der pathologischen Histologie. gr. 8. (IV und 826 S. mit 203 eingedr. Holzschn., ausgeführt von Adam Rosenzweig.) Wien 854, Gerold's Sohn. *

— Über die Rautengrubenganglien der einzelnen Rückenmarksnervenpaare (mit 6 Taf.). Aus Dr. Ludwig Türcks literarischem Nachlaß zusammengestellt von Dr. Karl Wedl. D 29. I. 299 . . . vgr.
Separatabdruck

— Zur Helminthenfauna Ägyptens. 1. Abteilung (mit 2 Taf.). S. 44. I. 22 . . . vgr.
— — 2. Abteilung (mit 3 Taf.). S. 44. I. 463 . . . vgr.
Separatabdruck

— Über das Herz von Menopoma alleghaniense (mit 1 Taf.). S. 17. 155 . . . — 40
Separatabdruck

Wedl Karl, Dr.: Über Kapillargefäßsysteme von Gasteropoden (mit 2 Taf.). S. 58. II. 398 K 1 60
Separatabdruck

Wedl, C., über Capillargefässsysteme von Gasteropoden. [Mit 2 (chromolith.) Taff. (in qu. gr. 4.)] [Aus den Sitzungsber. der k. Akad. der Wiss.] Ebend. 868. Lex.-8. (22 S.) n. 16 ngr.

— Histologische Mitteilungen (mit 2 Taf.). 1. Zur Anatomie der Milz. 2. Über die Lymphgefäße der Leberkapsel. 3. Über die Lymphgefäße des Herzens. 4. Über die Einwirkung der Pyrogallussäure auf die roten Blutkörperchen. S. 64. I. 404 . . . 2 30
Separatabdruck

—— histologische Mittheilungen. Lex.-8. (21 S. mit 2 chromolithogr. Taf. in gr. 4.) (Ebendas.) 872. **
Vorstehende zwei Schriften sind aus: Sitzungsberichte der k. Akademie der Wissenschaften, besonders abgedruckt.

Über die Mundwerkzeuge der Nematoden (mit 3 Taf.). S. 19. . . . 1 60
Separatabdruck

— über die Mundwerkzeuge von Nematoden. Mit 3 (lith.) Taf. (in 4.). (Aus den Sitzungsberichten d. k. Akad. d. W.) Wien 856. (Gerold.) gr. 8. (39 S.) n. 16 ngr.

— Über einige Nematoden (mit 1 Taf.). S. 19. 122 . . . 1 32
Separatabdruck

— über einige Nematoden. Mit 1 (lith.) Taf. (in 4.). (Aus den Sitzungsberichten d. k. Akad. d. W.) Wien 856. (Gerold.) gr. 8. (15 S.) n. 5 ngr.

— Über das Nervensystem der Nematoden (mit 1 Taf.). S. 17. 298 . . . vgr.
Separatabdruck

—— über das Nervensystem der Nematoden. Lex.-8. (17 S. mit 1 Stnt. in qu. gr. 4.) Wien 855, (Gerold's Sohn.) *

— Helminthologische Notizen (mit 3 Taf.). S. 16. 371 . . . 2 —
Separatabdruck

—— helminthologische Notizen. Lex.-8. (40 S. mit 5 Stnt. in Lex.-8. und qu. gr. 4.) Wien 855, (Gerold's Sohn.) *
Letztere vier Schriften des Verf. wurden aus: Sitzungsberichte der k. Akademie der Wissenschaften Jahrg. 1855 und 1856, besonders abgedruckt.

— Zur Ovologie und Embryologie der Helminthen (mit 2 Taf.). S. 16. 395 . . . vgr.
Separatabdruck

Wedl, K. Zur Ovologie und Embryologie der Helminthen. 1855.

—— Pathologie der Zähne. Mit besond. Rücksicht auf Anatomie und Physiologie bearb. gr. 8. (VIII, 362 S. mit 102 eingedr. Holzschn.) Leipzig 870, Felix. *

Wedl's, Carl, Pathologie der Zähne. 2. umgearb. Aufl. Hrsg. von Jos. Ritter v. Metnitz u. Gust. Ritter v. Wunschheim. 1. Bd. gr. 8. (210 S. m. 116 Holzschn.) Leipzig 901. A. Felix. n. 5. 60

Wedl's, Carl, Pathologie der Zähne. 2., umgearb. Aufl. Hrsg. von Jos. Ritter v. Metnitz u. Gust. Ritter v. Wunschheim. II. Bd. (XII, 288 S. m. 61 Holzschn.) gr. 8. Leipzig 903. A. Felix. n. 8.40 (Vollst. n. 14. —)

— über ein Pentastom einer Löwin. Mit 1 (lith.) Taf. (Aus den Sitzungsber. der k. Akad. der Wiss.) Ebend. 864. gr. 8. (8 S.) n. 4 *ngr.*

Über einen im Zahnbein und Knochen keimenden Pilz (mit 1 Taf.) S. 50. L. 171 [illegible] ver Separatabdruck

—— über einen im Zahnbein und Knochen keimenden Pilz. Lex.-8. (23 S. mit 1 Stnt. in 4.) Wien 864, (Gerold's Sohn.) *
Vorstehende drei Schriften des Verf. wurden aus: Sitzungsberichte der k. Akademie der Wissenschaften, besonders abgedruckt.

Wedl, Rud., Phraseologie der französischen Sprache im Anschluß an die in höheren Schulen benutzten Phraseologien. Ein Hilfsbuch f. Freunde der neueren französ. Literatur. (VIII, 147 S.) gr. 8. Stuttgart 908. W. Violet. 2. 50

Wedler, Kurt, Referendar: Die Rechtsstellung des Geschäftsführers bei der Gesellschaft m. b. H. Borna-Leipzig 1910: Noske. IX, 109 S. 8°
Leipzig, Jur. Diss. v. 22. Jan. 1910
[Geb. 13. Aug. 87 Wesseling; Wohnort: Eitorf; Staatsangeh.: Preußen; Vorbildung: Gymn. Brühl Reife O. 06; Studium: Bonn 1, Heidelberg 2, Bonn 3 S.; Rig. 22. Jan. 10.] [U 10. 2919

Wedler, Otto, das Athletentum uns. Zeit. Turn. Umschau auf verw. Gebiete. [Aus: „Deutsche Turn-Zeitg."] gr. 8. (40 S. m. 1 Bildn.) Leipzig 897. E. Strauch. n. — 50

Wedler, Otto: Der Ausguck. Seeskizze von [Otto] Wedler. (Berlin: F. Schulze [1907].) (10 S.) 8° [Umschlagt. Text stenogr.]
Zehnpfennigbücher. Schulzes. No 57. [1.]

Wedler, Otto, Die Hilfeleistung beim Gerätturnen, Wörtliche u. bildliche Anleitung z. rascheren Erlernung d. Gerätübungen sow. z. Verhütung etwa dabei vorkommender Unfälle, m. e. Anh.: Erste Hilfe b. Unglücksfällen, m. Abb., Leipzig 1906, 280 S., 8°.

Die Insel Röm und das Nordseebad 'Lakolk'. Handbuch f. Badegäste u. Touristen. Mit Abb. u. Skizzen von Otto **Wedler**. *(Tondern: J. H. N. Thamssen [1901].)* (122 S.) 8° [F.] [o3. 12764

WEDNAMAYER, FRATER PHILIPPUS: Heiliger Creutzweg. Pest 1819: J. Th. Trattner. 64 S. - 8°

(Wedneck.) Wahrhafte Beleuchtung der Lebensgeschichte des Freyherrn v. Trenck wider die Beschuldigungen gegen Friedrich d. Großen. Lausanne 1787.

Wędrowcy, trzej, Chrześciani Zyd i Tureck. Powieść nader powabna i pouczająca młodzież szkólną i rzemieślnicza. Z niem. na polski jezyk przetłumacz etc. przez Tom. Wiśniewskiego. gr. 12. (64 S.) Lissa 848, Günther.

Wędrowcy, trzej, Chrześciani Zyd i Turek. Powieść nader powabna i pouczająca młodzież szkólną i rzemieślniczą. Z niem. na polski jezyk przetłumacz etc. przez Tom. Wiśniewskiego. gr. 12. (64 S.) Lissa 849, Günther. 6 *ngr*

Wedwitz, A., des Lumpensammlers Pflegekind, s. Für den Feierabend.

Weeber's neuer prakt. Lohnrechner. E. nützl. Handbuch f. Gewerbetreibende, welche nach Stunden den Lohn berechnen, insbes. für die Herren vom Baufache. 3. Aufl. schmal gr. 8. (60 S.) München 897. Münchener Handelsdruckerei u. Verlagsanstalt M. Poeßl. n. 1. 25

Weeber, Ant., gründl. Anweisung z. Dampfwäschreinigung nach mehrjähr. eigenen Erfahrung; z. Gebrauche für die k. k. Militär-Spitäler, dann f. sämmtl. Krankenhäuser u. Gefangenhaus-Anstalten, wie auch z. häusl. Gebrauche. Mit Nachweisung von zwei Drittel Ersparniß an Materiale u. sonst. Arbeiten bei diesem neuen Wäschverfahren, im Vergleiche gegen die alte Waschmethode bearb. Lex.-8. (3 B., 19 Abbild. u. 2 Tab.) Wien 846, Dirnböck.

Weeber, Anton, gründliche Anweisung zur Dampfwäschreinigung nach mehrjähriger eigenen Erfahrung; zum Gebrauche für Spitäler u. Gefangenhaus-Anstalten, wie auch zum häuslichen Gebrauche. Mit 19 Abbildgn. Lex. 8. (VIII u. 39 S.) Wien 847, Dirnböck. 24 *ngr*

Weeber, Anton. — Gründliche Anweisung zur Dampfwäschreinigung nach mehrjähriger, eigener Erfahrung zum Gebrauche für Militärspitäler, dann für sämmtliche Krankenhäuser und Gefangenhaus-Anstalten, wie auch zum häuslichen Gebrauche. Von — —. Zweite Ausgabe. Mit 19 Abbildungen. 8. (40 S.) Wien. Druck von A. Pichler's Witwe und Sohn. Verlag von Jak. Dirnböck. 1854.

Weeber, Aug., Abhandlungen aus dem Gebiete vergleichender Strafgesetzkunde, mit besonderer Rücksicht auf die bezüglich des Diebstahls in der Vorzeit bestandenen u. in den Staaten des deutschen Bundes, Frankreich, Rußland u. in der Schweiz geltenden Strafgesetze. Olmütz 861. Hölzel. gr. 8. (XII, 430 S.) n. 1 *rß* 20 *ngr*

— die Grundprinzipien des Strafprozesses nebst dem Entwurfe einer Prozeßordnung, mit Rücksicht auf die in Oesterreich u. in den übrigen Staaten des deutschen Bundes bestehenden Vorschriften über das Strafverfahren behufs Anbahnung einer gemeinschaftlichen Prozeßordnung. Ebend. 861. Lex.-8. (VIII, 321 S.) n. 1 *rß* 15 *ngr*

Weeber's, A., neuer verbesserter Lohnrechner. Ein nützl. Handbuch f. Gewerbetreibende, welche nach Stunden den Lohn berechnen, insbesondere f. die Herren vom Baufache. schmal Fol. (60 S.) München 888. L. Finsterlin. n. 1. —

Weeber, August (Hrsg.), s. Rechtsurkunden der österreichischen Eisenbahnen.

Weeber, Aug., die Rechtsurkunden der österreichischen Eisenbahnen, s: Schuster Edler v. Bonnott, R.

Weeber, Aug., d. Schnell-Lohnrechner. Unentbehrl. Handbuch f. Lohnauszahler jeder Art. Lex.-8. (62 S.) Eilenburg 896. C. W. Offenhauer. 1. 80

Weeber, Aug., der Schnell-Lohnrechner. Unentbehrliches Handbuch f. Lohnauszahler jeder Art. 6.—10. Taus. [Titel-Ausg.] (54 S.) Lex. 8. Eilenburg [896] (907). C. W. Offenhauer. 1. 80

— **dasselbe. Ergänzungsheft, enth. die Lohnsätze von 61 bis 80 Pfg. f. die Stunde. (22 S.) Lex. 8. Ebd. (907). 1. —**

— **dasselbe. (Große Ausg. Lohnsätze 10 bis 80 Pfg. f. die Stunde.) 6. bis 10. Taus. (74 S.) Lex. 8. Ebd. (907). 2. 75**

WEEBER, Ernst (Tirschenreuth): De traditionis principio. (Titel nach der Urkunde) 23.8.1835 - Urk: F 43
Diss. Ingolst.-Landsh.-Mchn.

*Weeber, Gustav: Flora von Friedek und Umgebung. S. 3—53. S. 3—26. 8. Communal-Obergymn. *Friedek* 1901. 1903.
Progr.

Weeber, Heinrich Cesar

Weeber, Heinr. C., Boden und Clima in Beziehung auf Forst- und Landwirthschaft im österreichischen Kaiserstaate. Olmütz 860. Neugebauer. (Grosse.) 12. (120 S.) n. 16 ngr.

WEEBER, Heinrich C.: Meine Erinnerungen. Lebensskizze, gewidmet den Mitgliedern des mährisch-schlesischen Forstvereins. - Brünn 1885. - (Verh. d. Forstwirthe v. Mähren u. Schlesien 1885, H. 1)

—— Forst- und Jagd-Taschenbuch sammt Kalender für 1862. Notiz- und Handbuch für die Herren Waldbesitzer und Forstwirthe des österreichischen Kaiserstaates. Neue Folge des allgemeinen österreich. Forst- und Jagd-Kalender. 16. (191 S.) Brünn 861, Karafiat. geb. *
Vgl.: Forst- und Jagd-Kalender.

Weeber's, (Heinr. Cesar), Forst- und Jagd-Taschenbuch sammt Kalender für 1863. Notiz- und Handbuch für die Herren Waldbesitzer und Forstwirthe des österreich. Kaiserstaates. 16. (160 S. mit eingedr. Holzschn.) Brünn, (Karafiat.) geb. *

—— dass. — für die J. 1864 und 1865. 16. (à 174 S.) Brünn, Rohrer. geb. à Jahrg. *

—— dass. — für das J. 1866. 16. (180 S. mit 1 Stnt.) Wien, Braumüller. geb. *

Weeber, Heinrich C: Der Großgrundbesitz und die Naturalproduction von Mähren und Oesterreichisch-Schlesien, statistisch dargest. (3. Aufl.) — Brünn: Selbstverl. 1877. 147 S. [1. Aufl. 1857.]

Weeber, Heinr. Cesar, die Landguter Mahrens und Schlesiens nach ihren resp. Besitzern u. Cultursflachen. Ein Beitrag zur Statistik beider Lander. Brunn 857. Nitsch u. Grosse. 16. (216 S.) n. 24 ngr.

—— die landtäflichen und Lehengüter, im Markgrafthum Mähren und Herzogthum Schlesien, nach ihren resp. Besitzern, Culturflächen und Grundentlastungs-Capitalien, nebst einer statist., land- und forstwirthschaftl. Uebersicht beider Länder und dem Personalstatus der k. k. mähr. schles. Gesellschaft etc., ihrer Sectionen und Bezirksvereine. 8. (166 S.) Brünn 864, Rohrer.

Weeber, Heinr. C., Leitfaden für den Unterricht und die Prüfung des Forstschutz- und technischen Hilfspersonales in den k. k. österreichischen Staaten. gr. 8. (XII und 299 S. mit eingedr. Holzschn.) Wien 856. Braumüller. *

— Leitfaden für den Unterricht und die Prüfung des Forstschutz- und technischen Hilfspersonals in den k. k. österreichischen Staaten. 2. Aufl. 859. — 3. mit 200 Prüfungsfragen verm. Aufl. Wien 861. Braumüller. gr. 8. (VIII, 326 S.) n. 1 ₰ 10 ngr.

— Leitfaden für den Unterricht u. die Prüfung des Forstschutz- u. technischen Hilfspersonals in den k. k. österreichischen Staaten. 4. Aufl. mit forst-statist. Taf. 200 Prüfungsfragen. Wien 866. Braumüller. gr. 8. (XVI, 307 S.) n. 1 ₰ 10 ngr.

Weeber, Heinr. C., Leitfaden für Unterricht und Prüfung des Forstschutz- und technischen Hilfspersonales in den k. k. österreichischen Staaten. 5. verm. Aufl. gr. 8. (VIII, 327 S.) Wien 874, Braumüller.

Weeber, Heinr. C., Leitfaden für Unterricht u. Prüfung des Forstschutz- u. technischen Hilfspersonales in den k. k. österreichischen Staaten. 6., umgearb. Aufl. Mit statistischen Tafeln, dem Forstgesetze, der Prüfungs-Verordnung, 200 Prüfungsfragen u. Erläuterungen über das metrische Maß u. Gewicht. gr. 8. (VIII, 322 S.) Wien 880. Braumüller. n. 5. —

Weeber, Heinr. C., **Leitfaden f. Unterricht u. Prüfg. d. Forstschutz- u. technischen Hilfspersonals in den k. k.** österreichischen Staaten. Mit statist. Taf., dem Forstgesetze, der Prüfungs-Verordng., 200 Prüfungsfragen u. Erläutergn. üb. das metr. Maß u. Gewicht. 7. Aufl. gr. 8. (VI, 322 S.) Berlin 886. Parey. n. 1. —

Weeber, Heinr. Cesar: Die Landgüter Mährens und Schlesiens nach ihren resp. Besitzern und Kulturflächen. Ein Beitrag zur Statistik beider Länder von ——. Brünn, 1857. Bei Nitsch und Große im Verlage. Dr. von W. Burkart. (215 S. 8.)
Inhalt: Statistischer Nachweis der Area beider Länder, nebst deren Produktivität und Verhältniß zur Gesammt-Monarchie, so wie der Bevölkerung nach den neuesten ämtlichen Erhebungen, tabellarisch zusammengestellt. Hierauf folgt ein tabellarischer Flächenstand aller Kulturgattungen nebst deren reinem Geldertrage, im Jahresdurchschnitte auf Grund der Kataſtral-Berechnungen. Sodann folgt ein schematischer Nachweis der Natural-Produktion und des Brutto-Ertrages der einzelnen Kulturgattungen. Endlich ein alphabetisches Verzeichniß der Landgüter beider Länder, nebst Angabe der Besitzer und der Kreise.

Weeber, Heinrich C.: Das Markgrafthum Mähren nach seinen landwirthschaftl. Verhaltnissen im weiteren Sinne, statist. skizziert im Auftr. des Executiv-Comité der Brünner Landes-Commission für die Weltausstellung 1873 in Wien. Mit 4 Kt. — Brünn: Executiv-Comité der Brünner Landes-Ausstellungs-Commission 1873. 74 S. 4°

Weeber H. C. Verhandlungen der Forst-Sektion für Mähren und Schlesien. 1852. 2 Hefte. 8. Brünn, Nitsch und Große 1852.

Weeber, Joh. Chr., kirchliche Chorgesänge, s. Krauß, Friedr.

Weeber, J. Chr., fünfzig zweistimmige geistliche Gesänge aus älterer und neuerer Zeit. Mit Berücksicht. der Festzeiten für Schule und Haus bearb. Op. 11. 8. (IV und 52 S.) Stuttgart 860. Ebner'sche Kunsth. *

Weeber, J. Chr., Liederbuch für die deutsche Schul-Jugend. Eine Sammlung 2stimmiger Lieder mit besonderer Rücksicht auf einheimische Volksweisen. qu. 16. Stuttgart 846, Wagner. 6 ngl

Weeber, J. Chr., Liederbuch für die deutsche Schul-Jugend. Eine Sammlung zweistimm. Lieder mit besond. Rücksicht auf einheim. Volksweisen gesammelt und bearb. 2., verm. und verb. Aufl. qu. 8. (IV und 91 S.) Stuttgart 848, [Ebner'sche Buchh.] Thlr.

Weeber, J. Chr., Liederbuch für die deutsche Schul-Jugend. Eine Sammlung zweistimmiger Lieder m. besonderer Rücksicht auf einheimische Volksweisen gesammelt u. bearb. 2. verm. u. verb. Aufl. qu. 8. (IV u. 91 S.) Stuttgart 848, Frz. Müller. 6 ngl

—— Liederbuch für die deutsche Schul-Jugend. Eine Sammlung zweistimmiger Lieder, mit besonderer Rücksicht auf einheimische Volksweisen gesammelt und bearb. 3., verm. und verb. Aufl. qu. 8. (IV und 91 S.) Stuttgart 860, Ebner'sche Kunsth.

Weeber, J. Chr., Liederbuch für das deutsche Volk. Vierstimmige Männerchöre. qu. gr. 8. (VIII und 136 S.) Stuttgart 851, Ebner'sche Kunsth. *

Weeber, J. Chr., u. F. **Krauß**, Liedersammlung f. die Schule. 4 Abteilgn., in stufenmäßig geordneter Folge bearb. 1., 2. u. 5. Hft. 8. Stuttgart 890. (Metzler's Verl.) n. — 50
1. 11. Aufl. (24 S.) n. — 10
2. 10. Aufl. (32 S.) n. — 15
5. Anh. f. Knabenschulen, bearb. v. F. K. 45 zwei- u. 3stimm. Lieder enth. 11. Aufl. (98 S.) n. — 25

Weeber, J. Chr., u. Frdr. **Krauß**, Liedersammlung f. die Schule. 4 Abthlgn., in stufenmäßig geordneter Folge bearb. Neu bearb. v. K. Fr. Breuninger. 3. u. 4. Hft. 12. Stuttgart, (J. B. Metzler's Verl.). n. — 55
(1—5. in 1 Bd. geb. n.n. 1. 25)
3. 13. Ster.-Aufl. (68 S.) 893. n. — 25. — 4. 10., bedeutend verm. Aufl. (64 S.) 894. n. — 30.

Weeber, J. Chr., u. Frdr. Krauß, Liedersammlung f. d. Schule. 4 Abtlgn., in stufenmäß. geordn. Folge bearb. 2. u. 3. Hft. 12. Stuttgart (J. B. Metzler's Verl.). n. — 40
2. 53 Lieder enth. 11. Ster.-Aufl. (34 S.) 895. n. — 15
3. 65 Liedchen u. Lieder (69 Texte) enth. 14. Ster.-Aufl. (58 S.) 896. n. — 25

— dasselbe. Anh. Liedersammlg. für d. höh. Klassen der Töchterschulen, bearb v. K. 6. Hft. Drei- u. vierstimm. Gesänge u. rhythm. Choräle. 3. Ster.-Aufl. 12. (96 S.) Stuttgart 886. (J. B. Metzler's Verl.) n. — 30

Weeber, J. Chr., u. Frdr. Krauß, Liedersammlung f. die Schule. 4 Abtlgn., in stufenmäßig geordneter Folge bearb. v. K. Fr. Breuninger. 5 Hfte. u. Erg.-Hft. zu Hft. 1 u. 2. 12. Stuttgart (J. B. Metzler). n. 1.20; in 1 Bd. geb. n. 1.40
1. 63 Liedchen u. Lieder enth. 18. Ster.-Aufl. (24 S.) 899. n. — 10
2. 53 Lieder enth. 19. Ster.-Aufl. (34 S.) 899. n. — 15
3. 65 Liedchen u. Lieder (69 Texte) enth. 15., wiederholt durchgeseh. Ster.-Aufl. (56 S.) 900. n. — 25
4. 49 zwei- u. dreistimmige Lieder (52 Texte) enth. 11. Ster.-Aufl. (64 S.) 899. n. — 30
5. 45 zwei- u. dreistimmige Lieder enth. 13. Ster.-Aufl. (48 S.) 899. n. — 25
Ergänzungsheft zu Hft. I u. II. 2. Aufl. 901. n. — 15

Weeber, J. Chr., u. Frdr. Krauß, Liedersammlung f. die Schule. 4 Abtlgn., in stufenmäßig geordneter Folge bearb. Neu durchgesehen v. K. Fr. Breuninger. 5 Hefte u. Erg.-Heft zum 1. u. 2. Heft. 12. Stuttgart (J. B. Metzler). n. 1.20
I. 64 Liedchen u. Lieder enth. 16. Ster.-Aufl. (25 S.) 906. — 10
II. 58 Lieder enth. Zum Gebrauch in Mittelklassen. 13. verm. Aufl. (38 S.) 901. n. — 15
III. 65 Liedchen u. Lieder (69 Texte) enth. 16., wiederholt durchgeseh. Ster.-Aufl. (56 S.) 901. n. — 25
IV. 49 zwei- u. dreistimmige Lieder (52 Texte) enth. 12. Ster.-Aufl. (64 S.) 903. n. — 30
V. 48 zwei- u. dreistimmige Lieder enth. 15. Aufl. (49 S.) 908. n. — 25
Ergänzungsheft zu Heft I u. II. 3. Aufl. (32 S.) 908. — 15

Weeber, J. Chr., u. Frdr. Krauß, Liedersammlung f. die Schule in stufenmäßig geordneter Folge. Neu bearb. v. K. Fr. Breuninger. 5 Hefte u. Erg.-Heft. kl. 8. Stuttgart, (J. B. Metzler). 1.20
I. 64 Liedchen u. Lieder enth. 16. Ster.-Aufl. (26 S.) 909. nn — 10
II. 58 Lieder enth. 15. Ster.-Aufl. (38 S.) 910. — 15
III. 65 Liedchen u. Lieder (69 Texte) enth. 18. Ster.-Aufl. (58 S.) 909. nn — 25
IV. 49 zwei- u. dreistimmige Lieder (52 Texte) enth. 14. Ster.-Aufl. (66 S.) 910. — 30
V. 48 zwei- u. dreistimmige Lieder enth. 16. Ster.-Aufl. (50 S.) 910. — 25
Ergänzungsheft zu Heft I u. II. 4. Aufl. (32 S.) 910. — 15

Weeber, M(oritz), prakt. Arzt aus Strassburg i. E.: Über uterus bicornis unicollis und seine Beziehungen zu Schwangerschaft und Geburt. *Strassburg 1902: Ch. Mah & Co.* (35 S.) 8°
Strassburg, Med. Diss. v. 1902

Weech, Friedrich von

Weech, von
Verfolgte Alchymisten. Zeitschrift für die Geschichte des Oberrheins, herausgegeben von dem Grossherzoglichen General-Landesarchive zu Karlsruhe. Vol. xxv, pp. 468–470. 1873.
Two original letters, dated 1605 and 1607, showing that Alexander Seton (or Sydon) and George Honauer were hung for their deceptions by order of Duke Frederick I. of Württemberg (1593–1608). An interesting contribution to the history of alchemy.

Weech, Frdr. v., Baden in den J. 1852 bis 1877. Festschrift zum 25jährigen Regierungs-Jubiläum Sr. königl. Hoheit des Großherzogs Friedrich. 8. (112 S. m. Portr. des Großherzogs in Holzschn.) Karlsruhe 877. Bielefeld's Verl. n. — 80

Weech, Friedr. v., Baden unter den Großherzogen Carl Friedrich, Carl, Ludwig 1738—1830. Acht öffentl. Vorträge. 8. (IV und 110 S.) Freiburg im Br. 863, Wagner'sche Buchh. *

v. **Weech,** Frdr. Badische Biographien. 2 Bde. (1050) 8. Heidelberg 1875. 19,80.

Weech, Friedr. v., s. Bibliothek des litterarischen Vereins in Stuttgart LXIV.

Weech, Frdr. v., s.: Biographieen, badische.

— s.: Böckmann, Joh. Lor., e. Schweizerreise des Markgrafen Karl Friedrich v. Baden im Juli 1775.

—— s. Bürster's, Sebastian, Beschreibung des schwedischen Krieges 1630—1647.

— s.: Codex diplomaticus Salemitanus.

— die Deutschen seit der Reformation m. besond. Berücksicht. der Culturgeschichte. Mit vielen Portr. in (eingedr. Holzschn.) nach den besten historisch treuen Originalen u. zahlreichen Vorbildern (Holzschntaf.) v. bewährten Meistern. 1—12. Lfg. 4. (S. 1—192.) Leipzig 876. Lange. à n. — 30

— die Deutschen seit der Reformation mit besonderer Berücksichtigung der Culturgeschichte. Mit zahlreichen Porträts nach den besten historisch treuen Originalen u. mit Vollbildern von bewährten Meistern (in Holzschn.). 13—34. (Schluß-)Lfg. 4. (X u. S. 193—554.) Leipzig 877—79. Teubner. à — 30

Weech, F. v., badische Geschichte. gr. (XII, 648 S.) Karlsruhe 890. A. Bielefeld's Hofbuchhandlg. n. 6. —; einfach geb. n. 7.50; eleg. geb. n. 8. —

— badische Geschichte. Neue billige [Titel-] Ausgabe. 4 Lfgn. gr. 8. (XII, 648 S.) Karlsruhe (880) 896—897. A. Bielefeld's Hofbuchh. à Lfg. n. 1. —

Weech, Friedr. v., Geschichte der badischen Verfassung. Nach amtl. Quellen. Lex.-8. (VII, 202 S.) Carlsruhe 868, Bielefeld's Hofbuchh. *

Weech, Friedrich v.: Karlsruhe. Geschichte d. Stadt u. ihrer Verwaltung. Auf Veranlassung d. Stadtrats bearb. von Friedrich v. Weech. Bd 1–3. (In 25 Lfgen.) Karlsruhe: Macklot 1893(–1904). 4 Bde 8°
1. 1715–1830. 18(93–)95. 2. 1830–1852. 1898.
3, Hälfte 1. 1852–1874. 1904. Hälfte 2. 1875–1900. 1904.

— Karlsruhe. Geschichte der Stadt u. ihrer Verwaltg. Auf Veranlassg. des Stadtrats bearb. (In 10 Lfgn.) 1.—3. Lfg. gr. 8. (S. 1—240 m. 10 Taf. u. 2 Plänen.) Karlsruhe 893. 894. Macklot. à n. 1. —

— Karlsruhe. Geschichte der Stadt u. ihrer Verwaltg. Auf Veranlassg. d. Stadtrats bearb. 4.—12. Lfg. gr. 8. Karlsruhe 895—898. Macklot. à Lfg. n. 1. —
1. Bd. 1715—1830. (XV u. S. 241—531 m. 1 Karte, 15 Bilder- u. 1 Facsim.-Taf.)
2. Bd. (S. 1—400 m. 15 Bilder-Taf. u. 1 Plan.)

Weech, Frdr. v., Karlsruhe. Geschichte der Stadt u. ihrer Verwaltg. Auf Veranlassg. des Stadtrats bearb. 13.—21. Lfg. gr. 8. (2. Bd. XII u. S. 401—463 m. 3 Lichtdr.-Taf. u. 3. Bd. S. 1—640 m. 34 Lichtdr.-Taf. u. 1 Plan.) Karlsruhe 898—902. Macklot. à n. 1. —

— Karlsruhe. Geschichte der Stadt u. ihrer Verwaltg. Auf Veranlassg. des Stadtrats bearb. 22.—25. (Schluß-) Lfg. (3. Bd. 1. Hälfte X S. u. 2. Hälfte VI u. S. 641 bis 925 m. 12 Lichtdr.-Taf.) gr. 8. Karlsruhe 904. Macklot. à n. 1. —

—— Correspondenzen und Actenstücke zur Geschichte der Minister-conferenzen von Carlsbad und Wien in den J. 1819, 1820 und 1834. gr. 8. (XVI und 296 S.) Leipzig 865, Vogel. *

Weech, Friedr. v., Kaiser Ludwig der Bayer und König Johann von Böhmen, mit urkundlichen Beilagen. Inaugural-Dissertation. gr. 8. (X und 136 S.) München 860, Kaiser. *

— Staatsminister Dr. Wilhelm Nokk. (59 S. m. 1 Bildnis.) gr. 8. Heidelberg 904. C. Winter, Verl. n. 1. —

— römische Prälaten am deutschen Rhein 1761—1764, s. a. Neujahrsblätter d. bad. histor. Kommission, 1898.

[F.] Römische Prälaten am Deutschen Rhein. 1761—1764. Von Friedrich v. Weech. *Heidelberg: C. Winter 1898.* (80 S.) 1 Bd 8.
= Neujahrsblätter d. Badischen Histor. Kommission. N. F. H. 1.
[98. 960

Weech, F. v., Das Reissbuch. 1504. Die Vorbereitungen der Burgpfalz zum bairischen Erbfolgekriege. Karlsruhe 1874. 8.

— Rom-Fahrten. 8. (V, 158 S.) Karlsruhe 896. Ch. F. Müller. Geb. n. 3. —

— s. a. **Siegel der badischen Städte.**

Weech, Friedrich v.: Siegel der Badischen Städte in chronologischer Reihenfolge. Hrsg. v. d. Bad. Histor. Kommission. Der erläut. Text v. –. Die Zeichngn v. Fritz Held. H. 1. Heidelberg: C. Winter 1899. 8°

Weech, Friedr. v., Siegel von Urkunden aus dem grossherzoglich badischen General-Landesarchiv zu Karlsruhe. Aufgenommen und in Lichtdr. hergestellt von J. Baeckmann in Karlsruhe. 2. Serie. 3 Lfgn. Fol. (15 Taf. mit III, 8 S. Text.) Frankfurt a. M. 886, Keller. *
1. Serie. Ebendas. 1883. *ℳ 30.–.

—— das Wormser Synodale 1496. gr. 8. (171 S.) Karlsruhe 875, Braun'sche Hofbuchh. *

— badische Truppen in Spanien, s.: Neujahrsblätter, badische.

Weech: 60 Urkunden Kaiser Ludwigs d. Bayern. München 1863.
Schul-/Univ.-Schrift

—— die Zähringer in Baden. Illustrirt von Herm. Götz. gr. 4. (III, 84 S. mit 10 Lichtdr.-Taf. und 12 eingedr. Holzschn.) Karlsruhe 881, Braun'sche Hofbuchh. *ℳ 8.; geb. *
Prachtausg. geb. *

— aus alter u. neuer Zeit. Vorträge u. Aufsätze. gr. 8. (388 S.) Leipzig 878. Duncker & Humblot. n. 8. —

Weech, J., Friedrich von: Reise über England und Portugal nach Brasilien und die vereinigten Staaten des La-Plata-Stromes während den Jahren 1823 bis 1827. Th. 1. 2. — Mchn 1831: Auer. XVIII, 399 und VIII, 293 S.

Weech, J. Fr. v., Reise üb. England u. Portugal nach Brasilien u. d. vereinigten Staaten d. La-Plata-Stromes während d. J. 1823—27. 3 Thle. gr. 8. (60 B.) München 831, (Finsterlin.) 4 Thlr., Vlnp. Thlr.

Weech, J. Friedrich von: Brasiliens gegenwärtiger Zustand und Colonialsystem, bes. in Bezug auf Landbau und Handel, zunächst für Auswanderer. — Hbg: Hoffmann & Campe 1828. VIII, 240 S.

Weecke, Wilhelm [app. Arzt aus Brake]: Aus d. patholog. Institute zu Kiel. Zur Kenntnis des primären Duodenalcarcinoms ... Kiel, Druck v. P. Peters, 1894; 22 S., 1 Bl. 8.
Kiel, Med. Fak., Inaug.-Diss. v. [21. Mai] 1894

Weede, Eduard, Turnen, Leipzig, 22 S., 8°.

Weede, E.: Turnen. Leipzig 1906. S. 606—627. Sonderdr. aus: Handbuch für Lehrer höherer Schulen.

Weede, *Johann Peter Detlev* Eduard [aus Neustadt in Holstein]: Diu wârheit, eine Reimpredigt aus dem 11. Jahrhundert. Textbearbeitg nebst Darstellg d. Sprache u. Verskunst ... Kiel, Druck v. C. Schaidt, 1891; 65 S., 1 Bl. 8.
Kiel, Phil. Fak., Inaug.-Diss. v. [19. Dez.] 1891

Weede, Ed., diu wârhoit, e. Roimpredigt aus dem 11. Jahrh. Textbearbeitg., nebst Darstellg. der Sprache u. Verskunst. Diss. gr. 8. (65 S.) Kiel 891. (Leipzig, G. Fock.) n. 2. —

Weeder, Alois, der Bauernwald. Seine volkswirtschaftl. Bedeutung u. rationellste Bewirtschaftung. Ein Mahnwort an den oberösterreich. Bauern. 8. (30 S.) Wels 900. J. Haas. n. — 25

— der Fischzüchter. Praktisches Hilfsbuch f. Fischzüchter od. solche, die es werden wollen. Unter besond. Berücksicht. der österreich. Alpenländer, größtentheils auf Grund eigener Erfahrgn. u. Beobachtgn. verf. u. hrsg. gr. 8. (VI, 131 S. m. Abbildgn. u. 1 Tab.) Puchheim 900. (Wels, J. Haas.) n. 4. 20

Weeder, Alois, Holzberechnungs- u. Waldtafeln m. gemeinverständlicher Gebrauchsanweisung u. Rechnungs-Beispielen. Unentbehrl. Hilfsbuch für Waldbesitzer, Holzhändler u. Industrielle. 12. (84 S.) Wels 902. J. Haas. n. 1. —

Weeder's, A., Wandtafel f. Fischzucht. 4 Taf. à 60,5 × 47 cm. Wels (J. Haas). n. 2. 50

Weeg. Beiträge zur Literaturgeschichte Irlands. Münster, R.. 1855. Progr

Weeg, Eduard (geb. am 6 Febr. 1860 in Vogelheim Landkr. Essen): Aus d. Laboratorium d. thierphysiol. Instituts in Poppelsdorf. — Ueber Papaïn ... Bonn, Univ.-Buchdr. v. C. Georgi 1885. 39 S. 8.
Bonn, Med. Fak., Diss. v. 9 Mai 1885

Weeg, J[ohannes] P[etrus]: *De litterarum Hibernicarum historiae primordiis. 34 Bl. 4° (2°)
Halle-Wittenberg, Phil. Diss. v. 27. Juli 1855
Geb. [Brüne (Westf.) X. ante Id. Mart. 1820]

Weeg, P., Aufgaben zum Uebersetzen aus dem Deutschen in's Englische, für Schulen und den Privatunterricht bearb. gr. 8. (VIII und 252 S.) Münster 855, Coppenrath'sche Buchh.

—— englische Chrestomathie für die unteren und mittleren Klassen höherer Lehr-Anstalten. gr. 8. (VIII und 440 S.) Münster 856, Coppenrath'sche Buchh. –

Weege, Fridericus, Francofurtensis: Vasculorum Campanorum inscriptiones Italicae. Bonnae 1900: C. Georgi. (42 S.) 8°
Bonn, Phil. Fak., Ref. Loeschcke-Bücheler, Diss. v. 29. Jan. 1906
[Geb. 29. Okt. 80 Frankfurt a. M.; Wohnort: Neu-Isenburg b. Frankfurt a. M.; Staatsangeh.: Preußen; Vorbildung: Lessing-Gymn. Frankfurt a. M. Reife O. 99; Studium: Bonn 3, Berlin 2, Bonn 7 S.; Rig. 8. März 05.]

Weeger, Emil, die Aufzucht der Forelle u. der anderen Salmoniden. 2., verm. Aufl. v.: „Ueber die Aufzucht der Salmonidenbrut u. üb. die Züchtung v. Krustenthieren u. Insectenlarven behufs Beschaffung v. natürlichem Futter f. die Fischbrut". [Archiv f. Landwirthschaft XVII.] gr. 8. (VI, 38 S. m. 1 Taf. m. 66 u. 4 Textabbildgn.) Wien 892. (C. Gerold's Sohn.) n. 1. 20

Weeger, Emil, d. Aufzucht d. Forelle u. d. and. Salmoniden. 3., umgearb. Aufl. von Gust. Ritter v. Gerl. [Archiv für Landwirthschaft. (Beilage z. „Wiener landwirthschaftl. Zeitung".) Hrsg. v. Hugo H. Hitschmann. XVII.] gr. 8. (III, 58 S. m. 26 Abb. u. 6 Taf.) Wien 896. (C. Gerold's Sohn.) n. 2. —

Weeger, Emil, die Aufzucht der Forelle u. der anderen Salmoniden. 4., gänzlich umgearb. u. verm. Aufl. von Gust. Ritter v. Gerl. (Archiv f. Landwirtschaft. [Beilage zur „Wiener landwirtschaftl. Zeitg."] Hrsg. von Rob. Hitschmann u. Hugo Hitschmann. (XVII.) (III, 62 S. m. 18 Abbildgn. u. 6 Taf.) gr. 8. Wien 905. (C. Gerold's Sohn.) n. 2. 50

Weeger, Leop., und Gust. Graf Geldern, Grundzüge der Befestigungskunst. Nach dem im Lehrplane für den k. k. Central-Infanterie-Curs vorgeschriebenen Umfange bearb. 2 Thle. gr. 8. Wien 873, Seidel und Sohn. à Thl. *ℳ 5. *

Inhalt:
Thl. 1. Feldfortification. (IV, 138 S. mit 8 lithogr. Taf. in gr. Fol.)
„ 2. Permanente Fortification und Festungskrieg. (IV, 162 S. mit 7 lithogr. Taf. in gr. Fol.)

Weegmann, Alfred von, Regierungsreferendar a. Cöln: Die Voraussetzungen der Erbunwürdigkeit nach dem Bürgerlichen Gesetzbuch. Borna-Leipzig 1908: R. Noske. (VIII, 92 S.) 8° [F.]
Leipzig, Jur. Fak., Diss. v. 23. Juli 1908
[Geb. 17. Febr. 82 Cöln; Wohnort: Cöln; Staatsangeh.: Preußen; Vorbildung: Kgl. Gymn. an d. Apostelkirche Cöln Reife O. 02; Studium: Bonn 4, Göttingen 4 S.; Rig. 29. Nov. 06.]

Weegmann, G.: Hilfstafeln zur Berechng. der usw. Erbschaftssteuern, s. Siber, Imman.

Weegmann, J., Geschäfts-Aufsätze in faßlicher und kurzer Darstellung als Leitfaden für die Hand der Schüler der dritten Elementarklasse, sowie für Sonntags- und Winterabendschüler bearb. und hrsg. 6. Aufl. gr. 8. (52 S.) Biberach 863, Dorn'sche Buchh. *

Weegmann, Oskar Carl von: Architektur und Plastik der Frührenaissance in Regensburg. Ein Beitr. z. Kunstgeschichte d. beginnenden XVI. Jhs. München: Hans Sachs-Verl. 1909. 133 S. 8°
München, Phil. Diss. v. 4. März 1909, Ref. Riehl, Wolters
[Geb. 15. Jan. 79 Cöln; Wohnort: Cöln; Staatsangeh.: Preußen; Vorbildung: Gymn. an d. Apostelkirche Cöln Reife O. 98; Studium: München 1, Heidelberg 1, München 7 S.; Rig. 4. März 09.] [U 09. 3529

Weegmann, Osk. Carl v., Architektur u. Plastik der Frührenaissance in Regensburg. Ein Beitrag zur Kunstgeschichte des beginn. XVI. Jahrh. Diss. (133 S. m. 6 Taf.) 8. München 909. Hans Sachs-Verlag. 2. -

Weegmann, Rudolf aus Köln: Ueber die Molecularrefraction einiger gebromter Aethane und Aethylene und über den gegenwärtigen Stand der Landolt-Brühl'schen Theorie. Bonn Univ. Buchdr. v. Carl Georgi, 1888; 2 Bl. + 43 + 1 S. ; 1 Bl. u. 5 Taf
Bonn, Phil. Fak., Inaug.-Diss. v. 29. Febr. 1888

UNFEHLBARER WEEG-WEISER zu einem seeligen Tod; und durch diesen in die glückseelige Ewigkeit. Einer löblichen in der königl. freyen Haupt Berg-Stadt Cremnitz unter Anruffung des Heil. Josephi, um eine glückseelige Sterb-Stund aufgerichteten Bruderschaft, das anderlemal zum nothwendigen Gebrauch im Druck befördert. Preßburg 1756. Gedr. bey Joh. Mich. Landerer. 299 S. 1 t. - 160 mm

Week's amusement, her; Ugly Barrington, s.: Collection of British authors.

Weeks, eight, in Germany. Comprising narratives, descriptions, and directions for economical tourists. By the Pedestrian. 18. Frankfort o/M. 843, Jugel. n. 1 Thlr

Van der Weele, Herman Willem. Morphologie und Entwicklung der Gonapophysen der Odonaten. Diss. Phil. Bern. Mit [Figuren und] drei Tafeln. ⟨Overgedrukt uit het Tijdschrift voor Entomologie, Deel 49, 1906.⟩ II + IV S. + S. 99—198. 8. (Amsterdam, Typ. De Roever Kröber & Bakels.)

Weele, H. W. van der, Panorpata u. Planipennia, s.: Fauna, die, Südwest-Australiens. I, 3–5.

Weems, M. L. Lebensbeschreibung des G. Washington. Tr. Phila. 1838; republ. 1844.

Weems, M. L., Lebensbeschreibung des Georg Waschington, mit merkwürdigen Anecdoten begleitet, ehrenvoll für sein Andenken, und der amerikan. Jugend zur Nachahmung aufgezeichnet. 12. (300 S.) Philadelphia 850, (Schäfer und Koradi.) Thlr. *

Weener [Schlagwort]

Weener, Kreis, s.: Aurich, Reg.-Bez.

Weener, s.: Preussen. Messtischblätter.

Weeningh, W., vom heiligen Christ. gr. 16. (132 S.) Paderborn 892. Bonifacius-Druckerei. 1. 50

Weeningh, W., der Sachsenherzog. Drama in 5 Akten. 8. (84 S.) Rheine 895. A. Riefe Ww. n. 1. 50

Weeningh, W., Wittekind. 12. (III, 252 S.) Paderborn 883. Bonifacius Druckerei. 2. 40

— Wittekind. 2. Aufl. 12. (III, 252 S.) Ebd. 891. 2. 40

Weerd, A. H. van der [Arzt, geb. in Driehuizen (Schermer, Holland)]: Ueber einen Fall von Fistula uretero-uterina ... Haarlem, Verl. v. W. H. Woest (1889); 48 S. 8°
Freiburg i. B., Med. Fak., Inaug.-Diss. v. 1889.

Weeren, Iulius ⟨geb. am 9 Jan. 1832 in Hattingen Westf.⟩: Conferuntur quaedam ad berylliam cognoscendam ... Bonnae, form. J. F. Carthausii 1854. 2 Bl., 40 S., 1 Bl. 8. ¶ In deutscher Übers. in Poggendorffs Ann. d. Phys. u. Chem. XCII 1854 S. 91 ff: Einige Beiträge zur Kenntniss d. Beryllerde.
Bonn, Phil. Fak., Diss. v. 17 März 1854

Weeren, Jul. M. [aus Witten in Westfalen]: Atom-Gewichtsbestimmung des Mangans. ... Halle. *Druck v. A. Haack, Berlin,* 1890; 36 S. + 1 Bl. 8°
Halle, Phil. Fak., Inaug.-Diss. v. 8. Jul. 1890

Weeren, J. M: Grund der Schwerlöslichkeit des chemisch reinen Zinkes in Säuren. Berlin 1891

Weerth: Das Auge des Menschen. 26 S. – Detmold, Progr. 1867.

Weerth, C., die Entwicklung der Menschen-Rassen durch Einwirkungen der Außenwelt. gr. 8. Lemgo 842, Meyer'sche Hof-Buchh. 1½ Thlr

—— der Haushalt der Natur, m. vorzugsweiser Berücksichtig. bei Stellung des Menschen in demselben. gr. 8. (21 B.) Lemgo 845 Meyersche Hofbuchh. *

Weerth, Ernst aus'm, das Bad der römischen Villa bei Allenz. Fest-Programm zu Winckelmanns Geburtstage am 9. Decbr. 1861. Hrsg. vom Vorstande des Vereins von Alterthumsfreunden im Rheinlande. gr. 4. (20 S. mit 1 Stnt. in qu. gr. Fol.) Bonn 861, (Marcus.) *

—— die Bronce-Statue von Xanten, gefunden am 16. Febr. 1858. Imp.-4. (16 S. mit 1 Stnt.) Berlin 860, [Franz Duncker.] *

Weerth, Ernst aus'm, die Fälschung der Nenniger Inschriften. hoch 4. (56 S.) Bonn 870, Marcus. *
Aus: Jahrbücher des Vereins von Alterthumsfreunden, besonders abgedruckt.

—— der Grabfund von Wald-Algesheim erläutert. gr. 4. (35 S. mit 6 lithogr. Taf. in gr. 4. und qu. gr. 4. in Tondr. und 4 eingedr. Holzschn.) Ebendas. 870. *

Weerth, E. aus'm, Kunstdenkmäler des christlichen Mittelalters in den Rheinlanden. 1. Abth.: Bildnerei. 1. Bd. Leipzig 857. T. O. Weigel. Roy.-Fol. (20 lith. Bl. u. VI, XXII, 45 S. Text in gr. 4.) n. 18 ℛ.

— **Kunstdenkmäler** des christlichen Mittelalters in den Rheinlanden. 1. Abth.: Bildnerei. 2. Bd. Leipzig 859. T. O. Weigel. Roy.-Fol. (19 lith. Taf. u. 145 S. Text in 4.) n. 18 ℛ

Weerth, Ernst aus'm, Kunstdenkmäler des christlichen Mittelalters in den Rheinlanden. 3—5. Bd. gr. Fol. Leipzig 868. 80. T. O. Weigel. n. 120. — (1—5: n. 200. —)
3. 1. Abth.: Bildnerei. 3. Bd. (23 Steintaf., wovon 2 chromolith., m. III, 105 S. Text in gr. 4.) Herabges. Preis n. 40. —
4. 5. 2. Abth.: Wandmalereien. (55 Steintaf., wovon 8 chromolith., m. V, 21 S. Text.) n. 80. —

ERNST aus'm WEERTH, Der Mosaikboden in St. Gereon zu Cöln restaurirt und gezeichnet von Toni Avenarius nebst den damit verwandten Mosaikböden Italiens. Festschrift des Vereins von Alterthumsfreunden im Rheinlande zu den Geburtstagen Winckelmanns ... 1872 und 1873. Hierzu 2 Farbentafeln, 10 Lithographien und 16 Holzschnitte. ib. 1873. Gedr. auf Kosten des Vereins. gr. fol.

—— der Mosaikboden in St. Gereon in Cöln restaurirt und gezeichnet von Toni Avenarius nebst den damit verwandten Mosaikböden Italiens. Festschrift des Vereins von Alterthumsfreunden im Rheinlande zu den Geburtstagen Winckelmanns am 9. Decbr. 1872 und 1873. gr. Fol. (22 S. mit 2 Farbentaf., 10 Lithogr. und 16 eingedr. Holzschn.) Cöln und Neuss [Düsseldorf] 874, Schwann's Verlag. *

Weerth, Ernst aus'm, das Siegeskreuz der byzantinischen Kaiser Constantinus VII., Porphyrogenitus und Romanus II. und der Hirtenstab des Apostels Petrus. Zwei Kunstdenkmäler byzantin. und deutscher Arbeit des 10. Jahrh. in der Domkirche zu Limburg an der Lahn. gr. Fol. (23 S. mit 4 chromolithogr. Taf. und vielen im Text eingedr. Holzschn.) Bonn 866, Marcus. *

Weerth E aus'm, Wandmalereien des christlichen Mittelalters in den Rheinlanden. (21 S 55 T) fol Leipzig 1880

Weerth, Fd., über d. Elementarschulen im Fürstenthum Lippe, ein histor. Bericht. 8. Duisb. 810. Bädeker. 12 gr.

— Leitfaden für den Religionsunterricht in den Schulen. 12. Lemgo 811. Meyer. 3 gr.

— zwei Predigten in d. Kirche zu Detmold gehalten, nebst einer Zugabe. gr. 8. Lemgo 821. Meyer. 7 gr.

Weerth, Georg [aus Oerlinghausen]: Die Bedeutung des viehschwachen und des viehlosen Betriebes für die Landwirtschaft ... Jena, Frommannsche Hof-Buchdr., 1893; 63 S. 8.
Jena, Phil. Fak., Inaug.-Diss. v. 1893

Weerth, Geo., die Bedeutung des viehschwachen u. des viehlosen Betriebes f. die Landwirtschaft. Diss. gr. 8. (68 S.) Jena 893. (H. Pohle.) n. 1. 20

Weerth, Geo., Leben u. Thaten d. berühmten Ritters Schnapphahnski. 8. (II u. 273 S.) Hamburg 849, Hoffmann & Campe. 1 1/3 ℛ

Weerth, Moritz, aus Elberfeld: Über Lamellentöne. *Rostock 1902: C. Boldt.* (25 S.) 8°
Rostock, Phil. Diss. v. [31. Mai] 1902

Weerth, Otto

Weerth, O., geognostische Beschreibg. d. Fürstent. Lippe u. seiner Umgebg., s.: Wagener, R.

Weerth, *Otto* und *Ernst* Anemüller Bibliotheca Lippiaca. Uebersicht über die landeskundliche und geschichtliche Litteratur des Fürstenthums Lippe. 8 (2 Bl. 88 S.).
Progr G. Leopoldinum u. Rprg. *Detmold* 1886 (zu 615)

Weerth, O., die Fauna d. Neocomsandsteins im Teutoburger Walde, s. a. Abhandlungen, paläontologische.

Weerth, O. Die Fauna des Neokomsandsteins im Teutoburger Walde. Berlin. 1884.

Weerth, Otto Der Hilssandstein des Teutoburger Waldes. 18 S.
Progr. *Detmold* 1880

Weerth O. Ueber eine Classe von Curven, welche die Eigenschaft haben, dass ein Vielfaches der Bogenlänge gleich ist der Differenz der Tangenten. Celle 1874. 4. Diss. Jena.

Weerth, O., die Grafschaft Lippe und der siebenjährige Krieg. 8. (191 S.) Detmold 888, (Hinrichs'sche Hofbuchh.) *

Weerth, O., das Papier u. die Papiermühlen im Fürstent. Lippe. (130 S. m. Abbildgn.) gr. 8. Detmold 904. H. Hinrichs. n. 2. —
Sonderabdr. a.: „Mittlgn. a. d. lipp. Gesch. u. Landeskde. II."

Weerth, *Otto:* Die Veme oder das Freigericht im Bereiche des Fürstentums Lippe. Detmold, Meyersche Hofbuchdr., 1895; 59 S. 8.
Detmold, G Leopoldinum u. RPG, P 1895 (735)

Weerth, O., d. Veme od. d. Freigericht im Bereiche d. Fürstent. Lippe. gr. 8. (59 S.) Detmold 895. (Hans Hinrichs.) n. 1. 20

Die Veme oder das Freigericht im Bereiche des Fürstentums Lippe. Von O[tto] Weerth. *Detmold: Meyersche Hofbuchdr.;* (a. d. Umschl. aufgest.: *Hinrichs'sche Hofbuchh.) 1895.* (59 S.) 1 Bd 8. [97-35-]

de **Weerth,** Wilhelm [Referendar]: Die Inhaberpapiere und der Entwurf des bürgerlichen Gesetzbuchs ... Berlin. Berl. Buchdr.-Actien-Ges., 1888; 31 S. 8°
Göttingen, Jur. Fak., Inaug.-Diss. v. 20. Dez. 1888.

Weerth, W. de, die Inhaberpapiere u. der Entwurf d. bürgerlichen Gesetzbuchs. Inaug.-Diss. 8. (31 S.) Berlin 888. (Göttingen, Vandenhoeck & Ruprecht's Verl.) n. — 80

Weerts, B.: Katechismus. Ein Leitfaden f. d. Religions-Unterricht. Im Auftr. d. Verlagskommission d. Bundes deutscher Baptisten-Gemeinden bearb. von B. Weerts, Prediger. Cassel: Verlagshaus d. deutsch. Baptisten 1899. (72 S.) 8°

Weerts, Hermann, Ref. und baccalaureus iuris in Hannover: Der Einfluß der Todeserklärung im Familienrecht. Nach dem Bürgerlichen Gesetzbuch für das Deutsche Reich. Harburg a. E. 1906: G. Lühmann. (74 S.) 8°
Leipzig, Jur. Fak., Diss. v. 1. Mai 1906
[Geb. 11. Okt. 81 Aurich i. Ostfriesland; Wohnort: Hannover; Staatsangeh.: Preußen; Vorbildung: Gymn. Ulricianum Aurich Reife O. 00; Studium: Tübingen 1, Leipzig 3, Göttingen 2 S.; Rig. 4. Aug. 03.]

Weerts, Johann, a. Großefehn ⟨Hannover⟩: Über die babylonisch punktierte Handschrift Nr. 1546 der II. Firkowitschschen Sammlung ⟨Codex Tschufutkale Nr. 3⟩. Halle a. S. 1905: W. Drugulin, Leipzig. (36 S.) 8° ¶(Aus: Zeitschrift für die alttestamentliche Wissenschaft Jg 26. ⟨1906⟩, H. 1 S. 49—84.)
Halle, Phil. Fak., Ref. Praetorius, Diss. v. 2. Nov. 1905
[Geb. 8. Dez. 73 Großefehn. Hannover; Wohnort: Theeßen b. Burg; Staatsangeh.: Preußen; Vorbildung: Gymn. Leer Reife O. 94; Studium: Theol. Greifswald 4, Halle 2, Berlin 2; Phil. Halle 3 S.; Rig. 8. Mai 05.]

Weerts, Johann Heinrich Theodor, aus Westochtersum: Vergleichende Untersuchung der Religionsphilosophie Kants und Fichtes. *Norden 1898: D. Soltau.* (32 S.) 8°
Erlangen, Phil. Diss. v. 22. Juli 1898

Weerts, Joh. Heinr. Thdr., vergleichende Untersuchung der Religionsphilosopie Kants u. Fichtes. Diss. gr. 8. (32 S.) Norden 898. (Leipzig, Buchh. G. Fock.) n. 1. —

Weertz, G. Heinr., Sirenengesang. Etwas vom Trinken f. junge Leute, s.: Hefte, bunte. 7.

Weertz, Heinrich, Kaplan an St. Maria im Kapitol zu Köln: Die Gotteslehre des Pseudo-Dionysius Areopagita und ihre Einwirkung auf Thomas von Aquin. Köln 1908: H. Theissing. (48 S.) 8°
Bonn, Kath.-theol. Fak., Ref. Esser, Diss. v. 15. Mai 1908
[Geb. 8. März 75 Elmpt (Reg.-Bez. Aachen); Wohnort: Cöln; Staatsangeh.: Preußen; Vorbildung: Gymn. Münstereifel Reife O. 96; Studium: Bonn 8 S.; Rig. 22. Jan. 08.]

Weertz, Heinr., der Kölner Karneval des XX. Jahrh., s.a. Broschüren, Frankfurter zeitgemäße.

Der Kölner Karneval des XX. Jahrhunderts. Kritik u. Reformvorschläge. Von Heinrich **Weertz**. Hamm i. W.: Breer & Thiemann 1906. (28 S.) 8° [𝔉]
= Broschüren, Frankfurter zeitgemäße. N. F. Bd 26, H. 3. [07. 375

— das kathol. Kreuzbündnis zur Bekämpfg. des Alkoholismus. (62 S.) 16. Essen 906. Fredebeul & Koenen. — 25

Weese, Zahlentafeln f. Platten, Balken u. Platten-Balken aus Eisenbeton. Zusammengestellt in Uebereinstimmg. m. den ministeriellen Bestimmgn. vom 24. V. 1907 u. den Leitsätzen des deutschen Betonvereins. I. u. II. Tl. Lex. 8. Berlin, Tonindustrie-Zeitg. Geb. in Leinw. 14. —
I. (65 S.) 907. 8.— II. (55 S. m. 1 Taf.) 908. 6. –.

Weese A.: Die Zeit- und Festrechnung der katholischen Kirche. 55. Weidenau 76.
Progr.

Weese, A., die Zeit- und Festrechnung der katholischen Kirche. gr. 8. (58 S.) Wien 885, (Pichler's Wwe. und Sohn.) *

Weese, Adalbert: Chronik der Kaiser Franz-Josef-Jubiläumskirche zugleich Gymnasialkirche in Weidenau. Erster Teil. (Umschlagtitel: . . . Weidenau.) S. 3—28. 8. Zweiter Teil. Die drei Baujahre 1896—1898. S. 3—55. 8. Dritter Teil. S. 3—27. 8.
Progr. K. k. Staatsgymn. *Weidenau* 1907. 1908. 1909.

Weese, Adalbert: Chronik der Kaiser Franz Josef-Jubiläumskirche in *Weidenau*. T. 1—3. Weidenau '07—09. Weidenau, Staats-G., Jahresb. 1907—09.

Weese, *Adalbert*: Chronologisch-statistischer Rückblick auf die ersten 25 Jahre des k. k. Staatsgymnasiums in Weidenau. 8 (S. 3—70, 1 Tab.).
Progr. K. k. Staats-Oberg. *Weidenau* 1896.

Weese, Alfred, pract. Arzt: Aus d. Conventhospital d. Barmherzigen Brüder in Breslau. ⟨Prof. Dr. med. Partsch.⟩ Über die Behandlung der Oberschenkelfracturen mit Bezug auf das Unfall-Versicherungsgesetz. *Breslau 1899: Bresl. Genossenschafts-Buchdr.* (60 S.) 8°
Breslau, Med. Diss. v. 3. Juli 1899

Weese, Artur [aus Breslau]: Baldassare Peruzzis Anteil an dem malerischen Schmucke der Villa Farnesina. Nebst e. Anh.: „Il taccuino di Baldassare Peruzzi" in d. Communalbibliothek zu Siena . . . Leipzig, K. W. Hiersemann, 1894; 3 Bl., 90 S. 8.
München, Phil. Fak., Inaug.-Diss. v. 1894

Weese, Art., Baldassare Peruzzis Anteil an dem malerischen Schmucke der Villa Farnesina, s.a. Studien u. Forschungen zur Kunstgeschichte.

Weese, Artur. Die Bildnisse Albrecht von Hallers. Veröffentlicht aus Anlass der Enthüllung des Denkmals, das A' von Haller am 200. Gedächtnistage seiner Geburt in Bern gesetzt wurde. (Hrg. im Auftrage des Denkmalkomites. Bearb. unter Mitwirkung von Dr Johannes Bernoulli, Professor Dr Wolfgang Friedrich von Mülinen und Professor Dr Heinrich Türler in Bern. 2 Teile.) Mit Lichtdrucken. 284 S. 4. Bern, A. Francke, 1909. [Subscr. fr. 12. —, im Buchh. 40. —]
(Teil 2: Ikonographie Albrecht von Hallers. Bearb. von Dr Johannes Bernoulli und Dr A' W'.)

Weese, Artur. Die Cäsar-Teppiche im Historischen Museum zu Bern. Hrg. vom Verein zur Förderung des Museums. Bearb. von Dr. A' W'.... Mit vier farbigen Tafeln [in Mappe]. 23 S. fol. Bern, A. Francke, 1911. [fr. 24. —]
Die Mappe u. d. T.: Die Caesarteppiche im hist' M' in Bern, hrg. vom V' zur F' des Museums = Les tapisseries historiées dites de Jules César au musée historique de Berne, publiées par la Société auxiliaire du Musée [Titel illustriert.] Druck = Impr.: Polygraphisches Institut Zürich; Verlag = Libr.: A. Francke Bern.

Weese, Artur. Burgunder Kirchen ⟨Cluny, Autun, Pontigny⟩. Von A' W'-Bern. [Illustriert.] gr.-8.
In: Monatshefte fuer Kunstwissenschaft. Herausgeber: Dr. Georg Biermann.... Jahrg. 1. Heft 3. März 1908. Leipzig, Klinkhardt & Biermann. (M. 2 —.) S. 174—188.

Weese, Art., d. Dom zu Bamberg, s.: Aufleger, Otto, mittelalterl. Kunstdenkmale Bambergs.

Weese, Arthur [Dr. phil.]: Die Bamberger Domsculpturen. E. Beitr. z. Geschichte d. deutschen Plastik d. XIII. Jhs. I. Th. . . . (Erscheint vollst. im gl. Verl.) Strassburg i. E., J. H. E. Heitz, 1897; 34 S. 8.
München, Phil. Fak., Hab.-Schr. v. 1897
(Nicht für den Austausch)

— d. Bamberger Domsculpturen, s.a. Studien z. deutschen Kunstgeschichte, 10. Hft.

Die Bamberger Domsculpturen. E. Beitr. z. Geschichte d. deutschen Plastik d. XIII. Jhs v. Artur **Weese**, Dr. phil. *Strassburg i. E.: J. H. E. Heitz 1897.* (174 S., 1 Bl., 26 Taf.) 1 Bd 8.
= Studien z. deutschen Kunstgeschichte. H. 10. [97. 8150

Weese, Artur. Ferdinand Hodler. Mit einem Vierfarbendruck und dreizehn Autotypien [Tafeln] nach unveröffentlichten Originalen [sowie illustriertem Umschlag]. 76 S. gr.-8. Bern, A. Francke, 1910. [fr. 5. —]
(Der Gedankengang dieser Studie bildete den Inhalt eines am 16. Dezember 1909 ... gehaltenen akademischen Vortrages.)

Weese, Art., der schöne Mensch in der Kunst des Mittelalters u. der Renaissance, s.a. Stil, der, in den bildenden Künsten u. Gewerben.

Weese, Artur: Der schöne Mensch in Mittelalter und Renaissance. Von Dr. Artur Weese. Mit 205 [vielm. 204] Taf. München & Leipzig: Hirth 1900. 53 S. 4°
(Der Stil in d. bildenden Künsten u. Gewerben aller Zeiten. Ser. 1, Bd 2.)

Weese, Art., München, s.a. Kunststätten, berühmte.

Weese, Artur. München. Eine Anregung zum Sehen. Von Dr. phil. A' W', o. ö. Professor ... [in] Bern. Mit 160 Abbildungen. VIII + 248 S. 8. Leipzig, E. A. Seemann, 1906. [cart. M. 4. —]
(Berühmte Kunststätten. Nr. 35.)

Renaissance-Probleme von Artur **Weese**. Bern: Francke 1906. 76 S. 8° [11. 9640 7

— Franz Stuck. gr. Fol. (31 S. m. Abb. u. 3 Heliograv.) Wien 903. Gesellschaft f. vervielfältig. Kunst. n. 12. —
Sonderabdruck aus: „Graphische Künste".

Weese, Ericus Arthur Maximil. (geb. Thorn 14. 1. 1826): De pericarditide. Berolini (1851). (25 S.) 8°
Berlin, Med. Diss. v. 25. Aug. 1851

Weese, Ernst: Zahlentafeln für Platten, Balken und Platten-Balken aus Eisenbeton. Zsgest. in Uebereinstimmung mit d. minist. Bestimmungen v. 24. Mai 1907 u. d. Leitsätzen d. Deutschen Betonvereins von Reg.Baumeister [Ernst] Weese. T. [1.] 2. Berlin: Tonindustriezeitung 1907–08. 4°

Weese, Gust. Albert. (geb. Thorn 14. 8. 1837): De resectione et exstirpatione ossium subperiostali. Berolini (1861). (32 S.) 8°
Berlin, Med. Diss. v. 14. Aug. 1861

Weese, Karl

De cordis Ectopia. Berolini (1818:) Starck. 50 S. 4°

Berlin, Med. Diss. v. 19. Dez. 1818

***Weese*, Karl, de cordis ectopia. Commentatio anatom.-pathol. Accedunt tab. aen. VI. 4maj. Berl. 819. Sander.** 1 ℛ︁ 18 gℓ

Weese, Carl: De cordis ectopia. Berolini (1828). 50 S., 6 Taf. 4°
Berlin, Med. Diss. v. 1828.

Weese, Karl (Übers.):

s.: Lallemand, (Claude) F(rançois): **Anatomisch-pathologische Untersuchungen über das Gehirn und seine zugehörigen Theile. (Recherches anatomico-pathologiques sur l'encéphale et ses dépendances. Dt.) Th.1-2. Leipzig: 1825**

JB 4.519

Weese, Karl (Übers.):

s.: Louis, P(ierre) Ch(arles) A(lexandre): Anatomisch-pathologische Untersuchungen über die Lungenschwindsucht. (Recherches anatomiques, pathologiques et thérapeutiques sur la phthisie. Dt.) Leipzig: 1827

JB 2.474

Weese, Karl, der Weichselzopf. Ein Beitrag zu seiner Statistik und Geschichte. Mit Beziehung auf Dr. Beschorner's Schrift „der Weichselzopf nach statist. u. physiolog. Beziehung dargestellt." (Aus dem Magazin f. die gesammte Heilkunde, LXIV. 1.) gr. 8. Berlin 845, Reimer. ¼ ℛ︁

Weiel, W[ilhelm]. Über das Verhalten der Nierenarterien bei Schrumpfniere. Diss. Med. Genf; No 155. *Kopftitel:* Pathologisches Institut der Universität Genf. 40 S. 8. Genève, J. Studer, 1907.

Wefeld, Jh. Ad., († d. 7. Mai 1806.)

– s. **Schafzucht, über die.**

– s.a. **Veterinarius.**

Wefeld, Joh. Adolph, Veterinarius oder theoret.-prakt. Unterricht von der Behandlung, Kur und Wartung der Pferde und des Hornviehs etc. 2 Tle. gr. 8. Gotha (779.) 780. (Halle, Heynemann.) M. 7.–

Wefeld, Joh. Adolf]: Vollständige Vieharzneykunst für den Landmann. Vom Verf. des Veterinarius. Thl 1. 2. Salzburg 1787.

– – Vollständige Vieharzneikunst für den Landmann. 2 Teile. gr. 8. Salzburg 789. Mayr. M. 3.–

– – Über die Viehverheerungen. gr. 8. Ebd. 788. M. –.60

Weferlingen [Schlagwort]

Weferlingen, s.: Preussen. Messtischblätter.

Wefers, G. J. C., Schleswig-Holstein's Schicksale u. Verhältniß zu Deutschland u. Dänemark. 8. (16 S.) Crefeld 848, Klein. 1½ ngℓ

Wefers, Oskar [pr. Arzt]: Ueber Chloralamid ... Berlin, Buchdr. v. G. Schade, 1891; 24 S. 8.
Jena, Med. Fak., Inaug.-Diss. v. [6. Jan.] 1892

Wefers, O., üb. Chloralamid. Diss. gr. 8. (24 S.) Berlin 891. (Rudolstadt, H. Dabis.) n. — 40

Wefers, Rich., Nirwana. Faust. I. Tl. Ein dramat. Gedicht. (179 S.) 8. Hamburg 907. J. Kriebel Nachf. 3.—

Wefing, Karl

Wefing, Carl, Diesterweg und die nationale Erziehung. 8. (32 S.) Schweinfurt 873, Stoer. *

Einführung in die bremische Heimatkunde und Geschichte. Für d. Unterricht u. z. häusl. Belehrung d. Jugend bearb. von C. **Wefing.** 2., neubearb. Aufl. Bd 1. *Bremen: Kühle & Schlenker 1903.* 8° [F.] [63. 1331]

—— bremische Heimathskunde. Für Schule und Haus. 1. Heft: Die Stadt Bremen. gr. 8. (120 S.) Bremen 874, Tannen. *

Wefing, Carl, bremische Heimathskunde. Für Schule und Haus. 1. und 2. Heft. 2. (Titel-)Ausg. 8. Bremen (874,78)886, Haake. à Heft * M 1.—. *
Inhalt:
Heft 1. Die Stadt Bremen. (120 S.)
„ 2. Das Bremer Gebiet. — Vegesack und Bremerhaven. Das Land an der Unterweser. (152 S.)

Bremische Heimatkunde. Für Schule u. Haus bearb. von C. **Wefing.** 2., völlig umgearb. u. um e. Oberstufe erw. Aufl. *Bremen: Kühle & Schlenker 1903.* (395 S.) 8° [F.]
= **Wefing:** Einführung in d. bremische Heimatkunde u. Geschichte. Bd 1. [63. 1331]

Wefing, C., einsame Herzen. Novelle. 8. (179 S.) Bremen 884, [Kühtmann und Comp.] Heinsius. *

—— und L. Kl. de Boer, deutsches Lesebuch für die Unterstufen höherer Lehranstalten, in Verbindung mit einer Sprachschule. 1. und 2. Tl. gr. 8. Bremen, Kühle und Schlenker. geb. **
Inhalt:
Tl. 1. II. Schulj. (VIII, 210 S.) 884. ** M 2.—.
„ 2. III. Schulj. (VIII, 264 und Anhang 30 S.) 885. ** M 2.40.

Wefing, C., u. L. Kl. de Boer, deutsches Lesebuch f. die Unterstufen höherer Lehranstalten, in Verbindg. m. e. Sprachschule. 1. Tl. 2. Aufl. gr. 8. (X, 230 S.) Bremen 894. Kühle & Schlenker. Geb. n. 2. 50

Wefing, C., u. L. Kl. de Boer, deutsches Lesebuch f. die Unterstufen höh. Lehranstalten, in Verbindg. m. e. Sprachschule. 2. Tl. 2 Aufl. gr. 8. (VIII, 290 u. 33 S.) Bremen 896. Kühle & Schlenker. Geb. n. 2. 60

Wefing, C., u. L. Kl. de Boer, deutsches Lesebuch f. die Unterstufen höherer Lehranstalten in Verbindg. m. e. Sprachschule. I. Tl. 3. Aufl. (X, 231 S.) 8. Bremen 902. Kühle & Schlenker. Geb. nn 2. —

—— **und C. A. Wesche, der Schul- und Spielkamerad. Taschenbuch für Schule, Spiel- und Jugendsport. 16. (96 S.) [Bremen 886, Rocco.] Leipzig, Rauert und Rocco. * cart. * 50 Pf.; geb. ***

– und C. A. Wesche

—— —— Sprachschule für den deutschen Unterricht auf den Unterstufen höherer Lehranstalten. 1. und 2. Heft. gr. 8. Ebendas. geb. à Heft ** 80 Pf. **

Inhalt:
Heft 1. Zweites Schuljahr. (87 S.) 884.
" 2. Drittes Schuljahr. (120 S.) 885.

— — **Sprachschule f. den deutschen Unterricht auf den Unterstufen höherer Lehranstalten. II. Hft. 2. Aufl. gr. 8. (132 S.) Ebd. 897. Geb. n. — 80**

Weg [Sachliches OW]

Weg, der. Wochenschrift für Politik u. Kultur. Hrsg.: Frdr. Hertz, Rich. Charmatz, Red.: Frdr. Hertz. 1. Jahrg. Oktbr. 1905—Septbr. 1906. 52 Hefte (à ca. 16 S.) 4. Wien, Wiener Verlag. n. 10. —

Der Weg (H. 2 ff.: Unser Weg). Blätter f. Gesundheit in Haus u. Familie. Amtl. Organ d. Preuß. Landeszentrale f. Säuglingsschutz. Jg. 1. Berlin: Elsner & Salomon 1910. 4°

Weg, anmuthiger, zur Erlernung der Englischen Sprache mit oder ohne Lehrer. Von dem Herausgeber des Auszuges aus Frau von Staëls Corinne. A. u. d. T.: Ausgewählte Gedichte Ossian's, als Einleitung in das Studium der Englischen Sprache. Für den Schul-, Privat- und Selbstunterricht bearb. Braunschweig 853. Westermann. 8. (XI, 181 S.) n. 15 ngr.

— auch ein, in d. röm.-kathol. Kirche. Ein lehrreiche u. warnende Geschichte. 16. Merseb. 830. Kobitzsch. (Rein in Leipz.) 20 Kr

Weg, e., zur Befreiung d. Arbeiter-Klasse. 1. Zehntaus. gr. 8. (30 S.) Berlin (s.o., Reichenbergerstr. 24) 895. A. Marreck. n. — 10

Weg, der, bergab. Ein Epilog zum Wehrstreite im österreich. Parlamente Decbr. 1879 v. einem Mitgliede d. österr. Abgeordnetenhauses. gr. 8. (66 S.) Leipzig 880. O. Wigand. n. 1. —

Weg, der breite u. der schmale. (2. Aufl.) (7 S.) 8. Striegau (909). Th. Urban. — 03

Weg: Der christliche Weg
v. Solothurner Anzeiger.

— dein, ist heilig, s.: Bilderbuch, c. bibl., I.

Weg, Der, der aus dem tödtlichen Kampf der Kirchen zum belebenden Frieden führt . . . Hamburg 1870. V: *Feddersen, Frdr. Aug.* (Ky)

— der, der aus dem tödtlichen Kampf der Kirchen zum belebenden Frieden führt, angedeutet von einem Greise. (Von Feddersen.) Hamburg 870. Nestler & Melle. 8. (29 S.) 6 ngr.

Weg, Der, durch Russland nach Ostindien. Leipzig 1815. V: *Martell, Ludwig August Wilhelm.* (Ky) (MGT)

— der, durch Rußland nach Ostindien, (von L. A. W. Martell). 8. Leipz. 815.

—— der, durch's Schulamt zum Kirchenamte. Empfohlen Allen, die f. Schule u. Kirche sorgen u. wirken, v. Sacharja Philopatris VI. 12. 8. (3 B.) Leipzig 834, Barth.
Aus „Das Vaterland, hrsg. v. Bülau u. Welcke," abgedruckt.

Weg, Einfältiger und gewisser, für alle Menschen in allen Religionen . . . O. O. 1718. V: *Giezendann, Andr.* (Cat. d. Stadtbibl. Zürich. Zürich 1864—97.)

Weg, Einfältiger und gewisser, für alle Menschen in allen Religionen. O. O. 1718. V: *Gietzendanner, J. U.* (catstbzür 4, S. 781)

— der, zum Einjährig-Freiwilligen u. Reserveoffizier in der k. u. k. Armee. Mit e. Anh., betr. die Modalitäten, unter welchen die Aktivierung v. Einjährig-Freiwilligen, Reserveoffizieren ꝛc. stattfindet. 5. Aufl. (VIII, 138 S. m. 1 Formular.) gr. 8. Wien 905. L. W. Seidel & Sohn. n. 2. —
Bisher bearb. v. Adf. Strobl.

— der, zum Einjährig-Freiwilligen u. Reserveoffizier in der k. u. k. Armee. Mit e. Anh., betr. die Modalitäten, unter welchen die Aktivierg. v. Einjährig-Freiwilligen, Reserveoffizieren usw. stattfindet. 6. Aufl. (VII, 115 S. m. 1 Formular.) gr. 8. Wien 911. L. W. Seidel & Sohn. 2. —

Weg, Der einzige. Was man vom braunschweigischen Landtage erwarten muss. Zeitgemässe Betrachtungen von einem Braunschweiger. Wolfenbüttel 1906. V: *Bruns, Hugo.* (Berlzu 1918, I, 1015)

— der einzige! Was man vom braunschweig. Landtage erwarten muß. Zeitgemäße Betrachtgn. von e. Braunschweiger. (77 S.) gr. 8. Wolfenbüttel 906. J. Zwißler. n. — 50

Weg, Der einzige, zur wahren Glückseligkeit, deren jeder Mensch fähig ist. O. O. 1772. V: *Pütter, Joh. Steph.* (ADB)

Der | einzige Weg zum ewigen | Heile. | Von | J. C. Ryle. | Nr. 614. | Herausgegeben von der Wuppertaler Traktat-Gesellschaft. | Barmen 1878. | Druck von D. B. & T. G. Wiemann.
24 S., 148 × 95.
Priv.-Bes.

— d. einzige, zum glückl. Leben. 8. Götting. 779. Dieterich. 2 Kr

— der einzige, zur Rettung der Selbstständigkeit d. Handwerkerthums. Ein volkswirthschaftl. Rück- u. Ausblick. (Leitsätze u. Erläutergn. üb. die Handwerkerfrage.) (Von Heinr. Schläger.) gr. 8. (24 S.) Dresden 892. (Berlin, G. A. Dewald.) n. — 20

— der einzige, zum Seelenheil der Menschheit, oder: Die Unfehlbarkeit der römisch-kathol. Kirche zur Stärkung der Katholiken im Glauben für diese Zeit. (Von Pet. Baldauf.) Gratz 855. Mühlfeith. 8. (3 Bl., 200 S.) 10 ngr.
Neuer Titel zu: Unfehlbarkeit der römisch-kathol. Kirche ꝛc.

Weg, der, zur Erkenntniß d. göttl. Lehre. A. d. Franz. v. G. M. 12. (9 B.) Nürnberg 830, (Raw.) 18 Gr., hrbgs. Pr.

Weg, Der erste und kürzeste, zur Glückseligkeit. Nebst einer . . . Anweisung zur Orthographie . . . Bern 1798. V: *Rubin, Johann.* (Ky) (MGT)

Weg, Der, zum wahren allein-seligmachenden Evangelium unsers Herrn Jesu Christi. Leipzig 1829. V: *Ziegler, Greg. Thom.* (Gla I, 2, 487)

Weg, der, zum wahren u. allein selig machenden Evangelium uns. Herrn Jesu Christi. 8. (5½ B.) Linz 836, (Haslinger.)

Weg, der, der Feder. Vorschriften. 1s Heft, acht auf beyden Seiten bedrucdte Blätter einzelner Buchstaben, in rother Farbe. 4. Hamburg, Hoffmann und Campe. 819.

— d. Franziskaner nach dem himmlischen Jerusalem. Mit Kpf. 18. Kempt. 793. Kösel. 8 Kr

Weg der Franciskaner in das himmlische Jerusalem . . . Neue Aufl. Ofen 1841. V: *Kirchmayer, Dominik* (Pk) oder *Feistritzer, Raimund.* (KU)

Weg, der, zum Frieden. Ein Lebensbild in Briefen. gr. 8. (29 S.) Wesel 857. [Bochum] Hülsemann. *

Weg, der, zum Frieden. Von A. B.-B. 12. (60 S.) Basel 879, Spittler. *

Weg, Der, zum Frieden. Ein Nachtrag zu dem Buche: »Im Kampfe um die Weltanschauung.« Freiburg i. Br. und Leipzig 1893. V: *Wimmer, Rich.* (Berl) (Ky)

Weg, der, zum Frieden. Ein Nachtrag zu dem Buche: „Im Kampf um die Weltanschauung". (Von Rich. Wimmer.) 1.—4. Aufl. 8. (76 S.) Freiburg i/B. 893. J. C. B. Mohr. n. 1. —; in Skytogen geb. n.n. 1. 50

Weg zum inneren Frieden. Konvertitenbilder. H. 1. Fulda: Actiendr. 1907. 8° [F.] [08. 3715 4]

Weg, der, zu gefallen. Lstspl. s. a. J. G. Dyck, Theater.

Weg, der, zu gefallen. Lustsp. 8. Lpz. Dyk. 785. — 8

Weg, der, ihm zu gefallen, oder die Geschichte der Lady Sedley, aus dem Engl. 2 Theile, 8. Leipzig, 774. Schwickert. 20 sgl.

Weg, der, ihr zu gefallen, od. Geschichte d. Lady Sydley; aus d. Engl. 2 Thle. 8. Leipz. 774. Schwickert. 16 Kr

Weg, Der, zur Gesundheit. Ein Mahnruf zur Verhinderung des körperlichen Niederganges des deutschen Volkes . . . Hagen i. W. 1894. V: *Hirschfeld.* (Berl)

— der, zur Gesundheit. Ein Mahnruf zur Verhinderg. d. körperl. Niederganges d. deutschen Volkes. A. Richtige Ernährg., das Brot. B. Gesamt-Ernährg. C. Alkohol-Mißbrauch u. Statistik. gr. 8. (32 S.) Hagen 894. H. Risel & Co. n. — 40

Der Weg zur Gesundheit durch rationelle Ernährung insbesondere bei Hautleiden, als: Lupus, Lepra, Flechten etc. Hrsg. v. 'Institut Helios'. *Berlin: J. Schneider; Leipzig: F. Hofmeister [1898].* (31 S.) 1 Bd 8. [98. 5426]

— der, zum wahren und allein seligmachenden Glauben an unsern Gott und Heiland Jesus Christus. 8. Linz 828. (Haslinger.) ⅛ Thlr

— der, zum Glücke, oder Glück blühet jedem Stande. Ein Gesellschaftsspiel, mit 12 ill. Kpf., 1 Spielplane u. deutscher, französ. u. italien. Erklärung. Wien, Müller. 1 Thlr 18 Kr

Weg, der, zum Glück. Freundliche Rathschläge f. junge Leute. 2. Aufl. 16. (16 S.) Bremen 884. Verl. d. Tractathauses. — 3

Weg, Der, zum Glück vom Verfasser des Waldröschen. Der verlorene Sohn, deutsche Herzen etc. Niedersedlitz-Dresden 1887. V: *May, Carl.* (Hist. polit. Blätter f. d. kath. Deutschland 129, 535.) (Frankfurter Zeitung Nr. 311. 9. XI. 1901.)

— der, zum Glück eines Dienstboten. Oder: Wie kann aus einem armen Knechtlein ein rechter Mann werden? Ein kurzer Auszug aus der vortrefflichen Volksschrift Uli der Knecht von Jeremias Gotthelf. 3. verb. Aufl. 8. (24 S.) Nürtingen 851. (Schw. Hall, Haspel.) n. 2 Ngr

—— der, zum häusl. Glück. Regeln u. Lehren f. alle Stände, besond. f. Geschäftsleute, Hauswirthe u. Wirthinnen. Seitenstück zum „Reichthum uns. Haushaltung." v. dems. Verf. gr. 12. (10½ B.) Heidelberg 829, Gutmann. (Winter.)

— der, zum wahren Glück. Eine Deklamation f. evang. Jünglingsvereine. 12. (15 S.) Stuttgart 897. Holland & Josenhans. n. — 20

—— der, zur Glückseligkeit. Ein vollständiges Gebet- und Betrachtungsbuch für kathol. Christen, denen es um ihr Seelenheil ernstlich zu thun ist. 16. (534 S. mit 1 Stahlst.) Crefeld 855, Klein. —

Weg, der, zu Gott. Gebetbuch für kathol. Christen, zunächst für die Jugend. Aus den Gebetbüchern von Cardinal Lambruschini, Hauber, Galura, Silbert u. a. m. (Mit Titelbild u. 1 Holzschn.) 12. Luzern 841. (Augsburg, v. Jenisch u. Stage'sche Buchh.) geb. ¼ Thlr

— der, zu Gott. Vollständiges Gebetbüchlein f. kathol. Christen. 48. (288 S. m. 1 Chromolith.) Einsiedeln 883. Benziger. — 25

— der, zu Gott. Gebet- u. Andachtsbuch f. kathol. Christen. Auszug aus d. Gebetbuch Jesus meine Liebe. Ausg. in größerem Druck. 32. (223 S. m. Ziertitel u. Titelbild.) Kevelaer 897. J. Thum. Geb. in Chagrin m. Goldschn. 1.—

Weg, Der, zu Gott. Gebet- und Andachtsbuch für katholische Christen . . . Schärding [1897]. V: *Janssen, Joh.* (Berl)

Der Weg zu Gott. Vollst. Gebetbüchlein f. kath. Christen. *Einsiedeln, Köln: Benziger & Co. [um 1902].* (288 S.) 8° [F.] [03 13.79]

— der, Gottes zur Errettung des Menschen. Von A. M. (40 S.) kl. 8. Leipzig (904). M. Kölz. — 10

Weg, der, zur Gottseligkeit. 2. Aufl., s. Aus der Hölle in den Himmel.

— der, zum Grabe der Homöopathie, kritisch beleuchtet u. allen Freunden der Wahrheit gewidmet von einem praktischen Arzte. 8. Dresden u. Leipzig 834. Arnold. ½ Thlr

— der, zum Grabe der Homöopathie. Dem Volke u. den Regierungen gewidmet von einem practicir. Arzte. gr. 8. Quedlinburg 834. Basse. 5/12 Thlr

Weg' hat Er allerwegen. Fünf Erzählungen. Berlin 1898. V: *Redern, Hedwig v.* (Berl)

— hat Er allerwegen. 5 Erzählgn. von H. v. R(edern). 8. (III, 123 S.) Berlin 898. Deutsche evang. Buch- u. Tractat-Gesellschaft. n. 1. 20

— hat Gott allerwegen, od. wie die Insel Nukulaelae christlich wurde, s.: Missionstraktate, kleine.

— hat Gott allerwegen oder Einführung des Christenthums auf der Insel Nukulälä. 16. (20 S.) Basel 879. Missionsbuchhandlung. n. — 4

—— der, des Heils. Betrachtungen von Thom. a Kempis, Joh. Arnd, Joh. Gerhard, Chr. Scriver 2c., bearb. von Carl Bormann. 1. Aufl. 1859. und 2. Aufl. br. 8. (XII und 196 S.) Berlin 861, Plahn'sche Buchh. geb. *

Weg, der, des Heils. Vollständiges Gebet- und Andachtsbuch für Katholiken. Mit Meßandachten auf die Hauptfestzeiten des kathol. Kirchenjahres und dem Kreuzweg mit Bildern. 16. (VII, 352 S. mit 1 Stahlst. und 1 lithogr. und color. Titelbl.) Einsiedeln 873, Wyß, Eberle und Comp.

— zum Heil, in 8 Briefen kurz u. in großer Einfalt unt. 8 Graden des Glaubens vorgestellt in diesen Tagen v. e. ungenannten Verf. (Erstmals erschienen 1772 zu Solingen.) (144 S.) gr. 16. Stuttgart 903. J. F. Steinkopf. Geb. in Leinw. n. 1. 20

— der, zum Heil d. Seele, als Leitfaden einer Katechese über d. heil. Sakramente d. Buße u. des Altars. 12. Frankf. 827. Andreä. 2 𝒦

— zum Himmel, s.a. Gesang- u. Gebetbuch f. d. kathol. Jugend.

— der, zum Himmel, s.a. Tannenzweige. 18. Hft.

— der, zum Himmel. Kathol. Gebetbuch. 12. Köln ... Rommerskirchen. 4 𝒦

Weg, Der, zum Himmel, oder Andachten der christlichen Kirche. Würzburg 1823. V: *Keller-Schleidheim, Franz Ign. Jos. Freih. von.* (schmal) (Th)

—— der, zum Himmel, od.: Andachten d. christl. Kirche auf alle Tage u. Feste d. Jahres. Ein Gebetb. f. gutgesinnte kathol. Christen. 2., verm. Orig.-Ausg. 828. 20 Gr., Schrbp. 1 Thlr., u. 2., wohlf. O.-Ausg. (à $27\frac{1}{2}$ B. u. 3 Kpfr.) 8. Würzburg 833, [Etlinger.] 10 Gr., Schrbp.

Weg, der, zum Himmel, oder: Beispiele zu einem frommen Leben, für Söhne u. Töchter, vorzüglich für Dienstboten; u. auch für Hausherren u. Hausfrauen, Eheleute u. Eltern zu beherzigen. 2 Thle. In einem Anhange: kurze Lebensregel, oder Pflichten der Dienstboten. 8. Münster 837. Coppenrath. $\frac{1}{6}$ ß — 2e verm. Aufl. 839. $\frac{1}{6}$ ß

— der, zum Himmel. Ein Gebetbuch für katholische Christen. (Mit Titelbild.) 32. Neuburg a. d. D. 841, Prechter. geb. $\frac{1}{8}$ ß

Weg, der, zum Himmel, nach d. Schriften gottsel. Männer dargestellt v. d. Hrsgbr. des Lorenzo. 1. Bdchn. A. u. d. Ttl. Unsere Heiligung durch Leiden. Nach Maria Heinr. Boudon 12. (6 B.) Aachen 845, Fagot.

— der, zum Himmel, nach den Schriften gottseliger Männer dargestellt von dem Herausgeber des Lorenzo. 1. Bdchen. A. u. d. T.: Unsere Heiligung durch Leiden. Nach Maria Hnr. Boudon. 12. Aachen 845, Roschütz'sche Buchh. (P. Fagot.) n. $\frac{1}{6}$ ß.

—— der, z. Himmel! Ein vollständ. Gebetbuch f. kathol. Christen von e. kathol. Seelsorger. 8. ($25\frac{1}{4}$ B. u. 1 Stahlst.) Werl 845, Stein'sche Buchh. (Leipzig, Müller.)

— der, zum Himmel oder Andachten der christlichen Kirche auf alle Tage u. Feste des Jahrs. Nebst Meß-, Beicht- u. Communion-Gebeten 2c. f. fromme Katholiken. 5., verm. Orig.-Ausg. 8. (400 S. m. 3 Stahlst. u. Titel in Stahlst.) Würzburg 847, Etlinger. $\frac{2}{3}$ ß

—— der, zum Himmel. Ein Gebetbuch für kathol. Christen. 3. Aufl. 24. (144 S.) 1847. und 4. Aufl. 32. (120 S. und 1 Stahlst.) Neuburg 851, Prechter.

—— der, zum Himmel. Ein Erbauungsbuch für Christen, welche nach einem vollkommenen Leben streben. Besonders für die Mitglieder des dritten Ordens des heil. Franziskus. 12. (XXXVI und 564 S. mit 1 Stnt.) Warendorf 851. (Münster, Deiters.) *

Weg, der, zum Himmel. Vollständiges Gebet- u. Erbauungsbuch für kathol. Christen aller Stände. Enthltd.: Fünf Messen, acht Litaneien, Vesperandachten 2c. 2—5. Aufl. Passau 863—67. Waldbauer's Buchh. 16. (320 S. mit 1 Stahlst.) 5 *ngr.*

—— zum Himmel, in drei Briefen nach der Kürze und in großer Einfalt unter drei Graden des Glaubens vorgestellet in diesen Tagen von einem unbenannten Autor. Sammt einem Anh.: Kern des Christenthums. Getreu nach der Ausg. von 1772 erneuert. 8. (224 S.) Stuttgart 864, Scheible.

—— der, zum Himmel. Gebetbuch für kathol. Christen. 16. (XV, 496 S. mit Farbendr.-Titel und 1 Stahlst.) Paderborn 878, Junfermann'sche Buchh.

—— dass. — Ausg. in grobem Druck. 16. (576 S. mit 1 Stahlst.) Ebendas. 879.

Der Weg zum Himmel. Erzählung von E. v. W. Mit Bild. *Barmen: Wupperthaler Traktat-Ges. [1903].* (28 S.) 8° [F.]
— Tannenzweige. H. 18, (1.) [04. 1581

— zum Himmel. Katholisches Gebetbuch f. das gläub. Volk. Im Vereine m. zwei Anstaltsgeistlichen hrsg. v. J. H. (III, 319 S. m. Abbildgn. u. 1 Farbdr.) 16. Trier 909. Paulinus-Druckerei. Geb. in Leinw. 1.20; in Ldr. 1.80; in Chagrin m. Goldschn. n 2. 25

— der, zum Himmel, für Kinder. (Zwei religiöse Erzählungen). 32. (Basel 831. Schneider). $1\frac{1}{2}$ 𝒦

Weg zum Himmel in der Verehrung der heiligsten Herzen Jesu und Mariä . . . Innsbruck 1842. V: *Jacobs, Peter.* (Jes)

— zum Himmel, in der Verehrung der heiligsten Herzen Jesu und Mariä, wie auch durch die Anrufung und Nachfolge der Heiligen Gottes. Ein vollständ. kathol. Gebetbuch für gottliebende Seelen aus jedem Stande, Alter und Geschlechte. Geziert mit 6 anmüth. Bildchen. gr. 12. Innsbruck 842. (Regensburg, Manz.) n. $\frac{1}{2}$ ß — 5. verm. Aufl. Mit 4 Bild. 12. Ebend. 846, Rauch. $\frac{3}{8}$ ß

—— zum Himmel, in der Verehrung d. heil. Herzen Jesu u Mariä, u. d. anbetungswürd. Vorsehung Gottes. Ein vollständ. kath. Gebetbuch. 1. Aufl. ($19\frac{1}{4}$ B. u. 6 Bild.) 842. * 15 Ngr. u. 5., verm. Aufl. 12. ($24\frac{1}{3}$ B. u. 4 Bild.) Innsbruck 846, Rauch. (Wagner'sche Buchh.)

—— zum Himmel in der Verehrung der heiligsten Herzen Jesu und Mariä und der anbethungswürd. Vorsehung Gottes, wie auch durch die Anrufung und Nachfolge der Heiligen Gottes. Ein vollständ. kathol. Gebethbuch für gottliebende Seelen. 9. Aufl. 12. (XX und 571 S. mit 5 Stnt.) Innsbruck 853, F. Rauch.

Weg zum Himmel in der Verehrung der heiligsten Herzen Jesu und Maria und der anbethungswürdigen Vorsehung Gottes, wie auch durch die Anrufung und Nachfolge der Heiligen Gottes. Ein vollständiges katholisches Gebetbuch für Gott liebende Seelen. Geziert mit fünf Bildern. Eilfte Auflage. Mit Genehmigung des hochw. fürstbischöfl. Ordinariats Brixen Innsbruck, 1856. Druck und Verlag von Felician Rauch. (XX, 531 S. kl. 8.)

—— zum Himmel in der Verehrung der heiligsten Herzen Jesu und Mariä und der anbethungswürdigen Vorsehung Gottes wie auch durch die Anrufung und Nachfolge der Heiligen Gottes. Ein vollständiges katholisches Gebetbuch für gottliebende Seelen. 12. Aufl. 12. (XX und 531 S. mit 5 lithogr. Bildern.) Innsbruck 859, F. Rauch.

—— der, zur Himmelsthür. Eine poet. Erzählung für Kinder. Mit einem Vorwort von W. Vogeholo. 16. (31 S. mit 3 Holzschntaf.) Berlin 868, (Beck.) *

—— der, zum himmlischen Jerusalem. Ein vollständiges Gebet- und Betrachtungsbuch für Seelen, die ein inneres Leben führen. Bearbeitet von mehreren Priestern des Franziskaner-Ordens. 8. (544 S.) Warendorf, Schnell'sche Buchh. *
geb. *

Weg, der, zum himmlischen Jerusalem. Ein vollständiges Gebet- und Betrachtungsbuch für Seelen, die ein inneres Leben führen, bearbeitet von mehreren Priestern des Franziskanerordens. Warendorf 853. Schnell. (Münster, Aschendorff.) 12. (XII, 418 S. u. 1 Stahlst.) n. 18 ngr.

—— zum himmlischen Jerusalem. Ein katholisches Gebetbüchlein. 32. (404 S. mit 1 Stahlst.) Innsbruck 860, F. Rauch.

—— der, zum himmlischen Jerusalem. Ein vollständiges Gebet- und Betrachtungsbuch für Seelen, die ein inneres Leben führen, bearb. von mehreren Priestern des Franziskanerordens. 16. (XII und 563 S. mit 1 Stnt. in Tondr.) Warendorf 860, Schnell. *

— der, zum himmlischen Jerusalem. Ein vollständiges Gebet- u. Betrachtungsbuch f. Seelen, die ein inneres Leben führen. Bearb. v. mehreren Priestern d. Franziskanerordens. 12. (IV, 589 S. m. 1 Stahlst.) Dülmen 883. Laumann. n. 1. 50; geb. von n. 2. — bis n. 6. —

— der, zu Jesu. In Briefen an die kleine Marie. gr. 16. (112 S. m. eingedr. Holzschn.) Cincinnati 851. (Bremen, Heyse.) n. 7 ngr.

Weg, Der, zur glücklichen Jugend. Ein Wort an junge Männer, Eltern und Erzieher. Von einem Jugendfreund. Wien [1910]. V: *Lányi, Carl von.* (LB)

Weg, der kalte, nach den neuesten engl. Verbesserungen f. Seifenfabrikanten. Ersparniß v. Zeit, geringes Anlage-Capital für Utensilien, gute Ausbeute u. bestes Fabrikat. Hrsg. vom Inhaber der „Fabrik privilegirter Seifen“ in Berlin. 8. Berlin 850. (Springer.) Versiegelt. baar n. n. 1 1/2 ₰

—— der kalte, nach den neuesten englischen Verbesserungen für Seifenfabrikanten. Ersparniß von Zeit, geringes Anlage-Capital für Utensilien, gute Ausbeute und bestes Fabrikat. Hrsg vom Inhaber einer Seifenfabrik in Berlin. 2. Aufl. gr. 8. (11 S.) Berlin 857, Springer's Verlag. * *

— der königliche; oder: Erläuterungen der 10 Gebote. 8. (332 S.) Cleveland, O. 877. (Philadelphia, Schäfer & Koradi.) geb. n. 3. —

— der königl., des Herzens, der einzige, welcher zum himml. Vaterlande führt. Aus dem Lat. Verm. m. den gewöhnl. Andachtsübungen. 16. (384 S. m. 2 Steintaf. Einsiedeln 881. Benziger. — 75

Weg, der königliche, des Kreuzes, der einzige, welcher z. himmlischen Vaterlande führt. Aus dem Italienischen. Vermehrt mit den gewöhnlichen Andachtsübungen. Mit Approbation. Gr. in-18°, 384 S., mit 2 Bildern. Einsiedeln, Gebr. Benziger. 1881.

— des Kreuzes, der, in 14 Anschauungs-Stätten. Zum gottesdienstl. Gebrauche während d. heil. Fastenzeit. 8. Oppeln 844, Wellshäuser. 1/12 ₰

Weg des Kreuzes an dem Calvari Berge. Lintz 1740. V: *Breuer, Christoph.* (SO)

Weg, d. kürzeste, zur Arzneikunst. 8. Leipz. 769. Müller. 4 gr.

—— der kürzeste, zur Vollkommenheit. Zur Belehrung, Erbauung und Beruhigung. Aus dem Latein. übers. und mit Morgen-, Abend-, Meß-, Beicht- und Communion-Gebeten verm. von Fr. X. Birkl. gr. 8. (136 S.) Mannheim 848. Zeiler.

— der, des Lebens. Bilder u. Sprüche aus dem Leben f. das Leben. Der erwachsenen Jugend dargebracht v. einem ihrer Freunde. gr. 16. (43 S.) Grimma 879. Gensel. n. — 50

— der, des Lebens. Naturbilder u. Sprüche in poet. Form. Ein freundl. Wegweiser f. Konfirmanden u. die erwachsene Jugend überhaupt. Von e. Freunde der Jugend. 2. Aufl. 12. (55 S.) Grimma 892. (G. Gensel.) n. — 60

— z. Leben, auf welchem d. evangel. luther. Religion leitet. 8. Jena, Ritter. 734.

— z. Leben u. Reiche Jesu Christi. 12. Altona. 735.

— der, zu einem ruhigen Leben, für d. heranwachsende Jugend. 8. Halle 780. Trampe. (Hahn in Hannov.) 6 gr.

— d. leichte u. sichere, zum Himmel. 8. Augsb. 794. Wolff. 6 gr.

— zum Licht. Illustrierte Halbmonatsschrift zur Förderg. geist. Weltanschaug. Schriftleiter: Casimir Zawadzki. 2. Jahrg. 1910. 24 Nrn. (à ca. 8 S.) 32×24 cm. Leipzig, Theosoph. Verlagshaus Dr. H. Vollrath. 3. —

— zur Liebe Gottes. Gebet- und Erbauungsbuch, größtentheils aus den Werken der Heiligen entnommen und mit einer Vorrede versehen von einem Priester des Bisthums Linz. 854. (2 Bl., 252 S.) — 2. verb. Aufl. Passau 858. Elsässer u. Waldbauer. 32. (2 Bl., 315 S. u. 1 Lithogr.) 5 ngr.

—— zur Liebe Gottes. Gebet- und Erbauungsbuch, größtentheils aus den Werken der Heiligen entnommen und mit einer Vorrede versehen von einem Priester des Bisthums Linz. 2—6., verb. Aufl. 32. (319 S. mit 1 Stnt.) Passau 857—61, Elsässer und Waldbauer. *

—— zur Liebe Gottes. Gebet- und Erbauungsbuch größtentheils aus den Werken der Heiligen entnommen und mit einer Vorrede versehen von einem Priester des Bisthums Linz. 7.—12., verb. Aufl. 32. (336 S. mit 1 Stahlst. und chromolithogr. Titel.) Passau 862—67, Waldbauer's Buchh.

Weg zur Liebe Gottes. Gebet- und Erbauungsbuch. 80. Aufl. 32. (336 S.) Passau 885, Waldbauer's Buchh.

— der, der göttlichen Liebe, gezeigt im hohen Liede. 8. (VI, 138 S.) Paderborn 892. F. Schöningh. n. 1.—

—— der, zur Liebe Jesu in Betrachtung Seiner heiligen fünf Wunden und geheimen Leiden. Mit Morgen-, Abend-, Meß-Andacht ꝛc. und andern Gebeten, Betrachtungen und Andachten, nebst einem Anh. über die Schmerzen der allerseligsten Jungfrau Maria. gr. 16. (496 S. mit 1 Titelstahlst.) Regensburg 867. Pustet.

Weg, Mein, zum Predigtamte ... Breslau 1833. V: *Ramtour, Gustav Frdr.* (Nowack, Schles. Schriftst.-Lex. Bresl. 1836—43. V, 137.)

Weg mit dem Alkohol! Flugblatt der Arbeiterunfallversicherungsanstalt für Niederösterreich in Wien. Wien 1900.

Weg mit dem Branntwein! Ein guter Rat, gar nicht teuer. Wer ihn befolgt, kriegt sogar was zu! Für den lieben Bauersmann; doch tut es auch für den braven Bürgersmann seine Wirkung. Von dem Verfasser des »Wie wird's besser?«. Paderborn 1850. V: *Reckmann, Christ.* (Cramer bkde S. 41)

Weg mit dem Branntwein! Ein guter Rath, gar nicht theuer. Wer ihn befolgt, kriegt sogar was zu! Für den lieben Bauersmann; doch thut er auch für den braven Bürgersmann seine Wirkung. Von dem Verf. des „Wie wird's besser?" 8. (IV und 124 S.) Paderborn 850, Schöningh. *

Mit „Aktenstücken dazu". *

Vgl.: Aktenstücke.

Weg mit dem Concordat! Eine Simultanpetition an den gesunden Menschenverstand. Von einem schlichten Bürger. 8. (40 S.) Wien, Hummel's Verlags-Expedition. 1867. 20 kr.

Weg mit den Packstöcken!!! od. wie schnürt selbst d. Schwächste ohne Packstock u. ohne Presse ein. Ballen eben so fest als dieses nur vermittelst einer Presse möglich ist. Ein verkl. Couvert. (Halle 840, Knapp.)

— mit Manteuffel! Lex. 8. (16 S.) Berlin 850, Hempel. — 2. Aufl. Lex. 8. (16 S.) Ebd. 850. — 3. Aufl. Lex. 8. (16 S.) Ebd. 850. n. 1/12 ℛ

Weg, einzig möglicher, die deutsche Frage zur Ehre Deutschlands wie zur Befriedigung der deutschen Fürsten u. des deutschen Volkes, in echt rationeller Weise gelöst zu sehen. München 862. Lentner. gr. 8. (34 S.) 4 ngr.

Weg nach Oben, der. Ein vollständ. Gebet- u. Erbauungsbuch f. Katholiken aus allen Ständen, welche des Herrn Tage würdig feiern, und somit zum wahren Wege im Frieden gelangen wollen. Mit 1 Titelkupf. 12. Salzburg 846, Mayr'sche Buchh. 3/4 ℛ

Weg, Der natürliche, des Menschen zu Gott. Von dem Autor der »Kritik des Gottesbegriffs in den gegenwärtigen Weltansichten« und von »Gott und seine Schöpfung«. Nördlingen 1858. V: *Rohmer, Friedrich.* H: *Bluntschli, Joh. Casp.* (zu) (ADB)

—— der natürliche, des Menschen zu Gott. Von dem Autor der „Kritik des Gottesbegriffs in den gegenwärtigen Weltansichten" und von „Gott und seine Schöpfung." Lex.-8. (XII und 166 S.) Nördlingen 858, Beck'sche Buchh. *

— der neue. Hrsg. v. der Genossenschaft deutscher Bühnenangehöriger. Schriftleitung: Herwarth Walden. Jahrg. 1909. 52 Hefte. (à ca. 32 S.) 8. Berlin [E. Reiß]. Berlin (S. W. 68, Charlottenstr. 85), Genossenschaft deutscher Bühnenangehöriger. 12.—; viertelj. 3.50

— der neue, der Genossenschaft deutscher Bühnenangehöriger. Ein Protest in Sachen Herwarth Walden v. Pet. Altenberg, Herm. Bahr, Herm. Bang u. a. (24 S.) 8. Berlin O. 34 (909). Druckerei f. Bibliophilen. (Nur direkt.) —30

— dasselbe. Schriftleiter f. den amtl. Tl.: Alb. Osterrieth, f. den literar. Tl.: Hans Winand. 39. Jahrg. 1910. 52 Hefte. (1. Heft. 16, 8, 10, 10 u. 7 S.) 8. Ebd. 15.—; vierielj. 4.—

Ohne Weg. Novelle von W. Weressajew [V. Veresaev]. Aus d. Russ. übers. von Heinrich Harff. Berlin: F. Ledermann 1903. (163 S.) 8° [J.]

— der, zur Pforte, s.: Edelweiß.

Rechte (Der) Weg zu der Hermetischen Kunst, vor die Lehrbegierigen Schüler und Liebhaber dieser Wissenschaft. Nebst verschiedenen Anmerkungen über das betrügliche Verfahren der sogenannten Sophisten und ihrer Irrwege, herausgegeben von Anonymo. Franckfurt und Leipzig, bey Johann Georg Fleischer, 1773. pp. 104, 12mo.

Cf. A B C.

— d. rechte, zu d. hermetischen Kunst, nebst verschied. Anmerk. üb. d. Verfahren d. sogenannten Sophisten. 8. Frkf. Fleischer. (Sommer in Lpz.) 773.

Weg, Der rechte, zum ewigen Leben; gezeigt von der hl. Angela von Foligny ... Regensburg 1835. Ü: *Allioli, Jos. Frz v.* (Vereinsbuchh. in Innsbruck.)

Weg, Der rechte, zum Ziele. Eine vernünftige, vorurteilsfreie, objective Untersuchung über die einzig berechtigte christliche Konfession. Paderborn 1870. V: *Laakmann, J. H.* (Gla I/2 749)

— der rechte, zum Ziele. Eine vernünft., vorurtheilsfreie, objektive Untersuchung über die einzig berechtigte christl. Confession. Paderborn 870. Junfermann. 8. (46 S.) 3 ngr.

— zum Reichthum! Californien's Gold-Reichthum. Eine genaue Beschreibung dieses herrlichen Landes u. dessen bis jetzt nur zum kleinsten Theil bearbeitete Goldläger ꝛc. gr. 8. (29 S.) Leipzig 849, Thenau. 4 ngr

Der Weg zum Reichtum. Eine prakt. Anleitung in 4 Teilen. T. 1–4. Berlin: Psychol. Verl. [1905]. 4 Bde 8°

1 = Stone, G.: Weltbildung u. Menschenkenntnis.
2 = Gerhard, Walter: Die Formen d. guten Gesellschaft.
3 = Stone: Wie man Vermögen erwirbt.
4 = Waldegg, Otto: Prakt. Handeln u. Denken im Kampfe d. Lebens.

Weg, Der, zum Sabbath der Ruhe ... A. d. Engl. Amsterdam [Lüneburg] 1709. N. A. 1723. 1751. V: *Bromley, Thomas.* (Wr)

— zum Sabbath d. Ruhe in d. Seelen Fortgang. 8. Königsb. 751. Hartung. 2 gl.

—— der schmale und der breite. [Matth. 7, 13—14.] gr. 16. (4 S.) Barmen 872,74, (Wiemann.) *

— der, zum Segen u. d. Weg zum Fluch. Eine Predigt, gehalten am Neujahrsmorgen 1822. 8. Leipz. 822. (Weygand). 3 gr.

—— zur Seligkeit. In Frage und Antwort nach Anleitung der heil. Schrift. Nebst einem Liede. 13. Aufl. [Ster.-Ausg.] Hrsg. von der Wupperthaler Traktat-Gesellschaft. gr. 16. (46 S.) Barmen 876, Wiemann. *

— zur Seligkeit. In Frage u. Antwort nach Anleitung der heil. Schrift. Nebst einem Liede. 14. Aufl. 8. (46 S.) Barmen 880. Wiemann. n. — 20

Weg, Der sichere, aus der Finanznot des Reiches. 3. Aufl. Berlin 1909. V: *Winterfeldt, Edmund.* (Berl 1910, S. 759)

— der sichere, zur Seligkeit. Auserwählte kathol. Andachten m. tägl. Besuchgn. d. allerheiligsten Altarssakramentes. Mit (2 lith.) Bildern. 8. (322 S.) Einsiedeln 875 Eberle, Kälin & Co. — 63

Weg, Sicherer, zu Gott für fromme Kinder. Andachts-Übungen, Gebete und Gesänge . . . Grätz 1835. V: *Huber, Joseph.* (Ky)

— sicherer, zu Gott für fromme Kinder. Andachts-Uebungen, Gebete u. Gesänge zum häusl. u. kirchl., vor- u. nachmittägl. Gottesdienste, auf alle Zeiten u. Feste des ganzen Jahres; nebst der heil. Oelbergs- u. Kreuzwegs-Andacht (von J. J. Huber). Mit vielen in Holz geschnitt. Bildern. kl. 12. Grätz 835 Ferstl. $^1/_6$ Thlr — A. u. d. T.: Sicherer Weg zum Himmel. — Sicherer Weg zur Seligkeit rc. (à $^1/_6$ Thlr)

— sicherer, zur Verhütung u. Heilung der Lungen-Tuberkulose. (Angabe e. naturgem., medizinlosen Kur, durch welche ein früher tuberkulös schwer Erkrankter auf einf., bill. Wege wieder völlig gesund geworden ist.) Von * * *. 1.—20. Taus. gr. 8. (36 S.) Leipzig 895. O. Wimmer. n. — 50

— d. geistl. Tertiarien oder Klosterjungfrauen nach d. himml. Jerusalem, begreif. d. 3te Regel d. heil. Franciscí. 12. Köln ... Rommerskirchen. 8 gr.

— Dass., für d. Laienbrüder. 12. Ebd. ... 8 gr.

— Dass., für d. weltl. Tertiarien. 12. Ebd. ... 8 gr.

— der, durch das dunkle Thal. 6. Aufl. Nonnenweier 869. (Barmen, Klein.) 32. (16 S.) 1½ ngr.

— der, zur Tugend. Geistliche Lesg., besonders f. die Mitglieder des 3. Ordens v. e. Priester dieses Ordens. (264 S. m. Titelbild.) 16. Dülmen (910). A. Laumann. Geb. in Leinw. — 75

— d. unfehlbare, Vermögen zu erwerben, oder Grundsätze d. Oekonomie. 8. Karlsr. 766. Macklot. 5 gr.

— unser. Blätter f. Gesundheit in Haus u. Familie. Amtliches Organ der preuß. Landeszentrale f. Säuglingsschutz. Red.: Adf. Grabowsky. 1. Jahrg. Juli—Dezbr. 1910. 12 Nrn. (à ca. 16 S.) 31,5×23 cm. Berlin, Elsner & Dr. Salomon. 6. —

— der, ins Vaterland, e. Gebetbuch f. kathol. Christen. 12. Erfurt, Knick u. Müller. 809.

— der, ins Vaterland, ein Gebetbuch für kathol. Christen. 12. Erfurt 809. 18. (Salzb. 813. a. 823. Mayr). 3 gr.

— der, ins Vaterland. Ein Gebetbuch für kathol. Christen. Mit 1 Steindr. 18. Uri 826. Z'graggen. (Schmidt in Leipz.) 4 gr.

— der, ins Vaterland. Ein Gebethbuch für kathol. Christen. Neue Aufl. 16. Kempten 836. Kösel. $^1/_8$ Thlr — dass. 18. Regensburg 840. Rritmayr. $^1/_{12}$ Thlr

Weg, der, zum Verbrechen. Betrachtt. üb. d. Leben u. Ende eines von d. strafenden Gerechtigkeit ereilten Mörders. Worte d. Wahrheit u. d. Warnung an jedes gefühlvolle Herz. gr. 8. Wien 827. (Tendler). 5 gr.

— der, ihn zu verlieren, od. Geschichte d. Miß Wyndham; aus d. Engl. 8. Leipz. 724. Schwickert. 16 gr.

— der, ihn zu verlieren, oder die Geschichte der Miß Wyndham; aus dem Engl. 8. Daselbst, 774. Derselbe, 20 sgl.

Weg zur Vollkommenheit, der heiligen Katharina von Siena von Gott mitgetheilt, Reuegebete vor dem Bilde des gekreuzigten Heilandes und Anempfehlung an Maria. 3. Aufl. Regensburg o. J. V: *Löcherer, Joseph.* (Russell IX, 622)

—— der wahre, z. Frömmigkeit u. Tugend. Eine Samml. auserles., moral. Erzähln. f. d. mittl. Jugendalter rc. N. d. Französ. frei bearb. v. Friedr. Wilh. u. Frz. Friedr. Herrm. Voigt. 1—4. Bdchn. 12. Stuttgart, [Liesching u. Comp.] à

A. u. d. Ttln.:

Bdchn. 1. Theodor, od. kindl. Liebe. (12¼ B. u. 1 ill. Abbild.) 837.
: 2, 3. Zwei Jahre aus d. Leben e. gefallenen Jünglings u. seine Rückkehr z. Guten durch d. Macht d. Religion. 2 Bdchn. (19½ B. u. 2 ill. Abbild.) 838.
4. Timotheus od. Kraft u. Wunder d. Glaubens. Eine Erzähl. aus d. ersten Jahrh. nach Christus. Von d. Verf. d. „Glocke d. Andacht." (16¼ B. u. Titbild.) 841.

— der wahre, zur christlichen Tugend, s. Leitsterne 3r Bd. 2e Abthl.

—— der Wahrheit, s. (Tersteegen, G.)

— d. Wahrheit, die da ist nach d. Gottseligkeit, bestehend in 12 Traktätlein. 12. Duisb. 753. Fuchs. 6 gr.

— der, zur Wahrheit, zur Freiheit u. zum Frieden in den schleswig-holsteinischen Differenzen mit Dänemark u. Geschichte des deutsch-dänischen Krieges. 1. Lfg. 8. (XX S. u. S. 1—100.) Altona 848, Heilbutt. ½ Thlr

—— der, zur Wahrheit, zur Freiheit und zum Frieden in den schleswig-holstein. Differenzen mit Dänemark und Geschichte des deutsch-dän. Krieges. 1. und 2. Lfg. 8. (XX und S. 1—220.) Altona 851—52, Heilbutt. à Lfg. 15 Ngr.

— d., z. Weisheit. 2 Bände. s. a. Lehren d. Weisheit und Tugend. 2 Bde.

Weg, Der, zur Weisheit; ein Lesebuch für die erwachsene Jugend . . . Bremen 1803. V: *Steudel, Carl.* (Ky) (MGT)

— der, zur Weisheit; ein Lesebuch f. d. erwachsene Jugend, (von K. Steudel). 2 Bde. 8. Gotha 803. Steudel. 1 Thlr 6 gr. (1806 mit d. T.: Lehren d. Weisheit u. Tugend. Ebd.)

— der, zum Wohlstande. Ein Vortrag gehalten im Elbinger Arbeiterverein am 27. Febr. 1866. Elbing 866. Neumann-Hartmann. 8. (12 S.) n. 2 ngr.

— der, zum Wohlstand, e. Ansprache an Arbeiter u. Nichtarbeiter. gr. 16. (16 S.) Barmen 874. (Wiemann.) n. — 10

(F) **Der Weg zum Wohlstand** oder das wahre Goldbuch für jedermann. 4. Aufl. Gr. 8° (220 S.) † K 5.—
Linz: Mareis 1902.

WEG, Der, zur Wolluftgrotte. Von D.P. Amfterdam 1890. 8°. 62 S.
Verb. d. Ldg. Chemnitz II 607/02.

WEG, Der, zur Wolluftgrotte. Von D. P. Madrid, P. Hahn & Möfenfchleim, 1905. Kl. 8°. 62 S.

— **der, göttlicher Zeugnisse. 6 Vorträge. 1. Jahrg. 8. (IV, 23 S.) Elberfeld 900. Buchh. der ev. Gesellschaft.** In Leinw. kart. n. 1. 20

— dasselbe. 2. Jahrg. 6 Hfte. 8. Ebd. 901. à n. — 20
1. Jesaja, der Evangelist des Alten Bundes. Vortrag. Von H. Krafft. (24 S.)
2. Eitelkeit der Eitelkeiten! Vortrag. Von F. Herbst. (16 S.)
3. Bileam. Zum Verständnis seines Berufs u. Charakters. Für denk. Bibelleser. Vortrag. Von H. Rothweiler. (24 S.)
4. Der Glaube nach dem Evangelium des Johannes. Vortrag. Von Fr. Coerper. (32 S.)
5. Mose, der Knecht Gottes. Vortrag. Von W. Löhr. (24 S.)
6. Die Bedeutung der Werke nach der Schrift. Vortrag. Von W. Röhrig. (32 S.)

— dasselbe. III. Jahrg. 6 Hfte. 8. Ebd. 902. à n. -- 20
1. Judas Ischarioth. Vortrag. Von E. Keeser. (12 S.)
2. Samuel, e. Reformatorengestalt aus alter Zeit. Vortrag. Von W. Busch. (16 S.)
3. Der Pfingstgeist, sein Wesen u. sein Wirken. Vortrag. Von W. Löhr. (24 S.)
4. Giebt es e. Entrückung der Gläubigen beim Kommen des Herrn? Vortrag. Von F. Herbst. (16 S.)
5. Der Prophet Amos. Vortrag. Von L. Krielhaus. (24 S.)
6. Paulus als Seelsorger. Vortrag. Von R. Hohagen. (21 S.)

— der, göttlicher Zeugnisse. 6 Vorträge. 4. Jahrg. 6 Hefte. 8. Elberfeld 903. Buchh. der ev. Gesellschaft. à n. — 20; in 1 Leinw.-Bd. n. 1. 20
1. Die rechte Absonderung. Von F. Herbst. (16 S.)
2. Die Verwertung der alttestamentl. Geschichten zu Gleichnissen f. das innere Leben. Von A. Christlieb. (16 S.)
3. Das Blut JEsu Christi. Von F. Coerper. (16 S.)
4. Der Freundschaftsbund zwischen David u. Jonathan. Von E. Buddeberg. (20 S.)
5. Noah. Von M. Huyssen. (20 S.)
6. Das Alte Testament u. die Hoffnung. Von W. Busch. (16 S.)

— dasselbe. 5. Jahrg. 6 Hefte. 8. Ebd. 904. à n. — 20; in 1 Leinw.-Bd. n. 1. 20
1. Naemanns Dienstpersonal. Von A. Christlieb. (8 S.)
2. Die Bergpredigt. Von F. Coerper. (20 S.)
3. Einige Züge aus der Erweckungsbewegung in England zur Zeit Wesleys u. Whitefields. Von J. Haarbeck. (36 S.)
4. Die Taufe. Von F. Herbst. (20 S.)
5. Die Propheten Israels, u. ihre Bedeutung f. unsere Zeit. Von H. Niemöller. (20 S.)
6. Joseph. Von Busch. (24 S.)

Weg, der, göttlicher Zeugnisse. 6 Vorträge. 6. u. 7. Jahrg. (III, 107 u. III, 104 S.) 8. Elberfeld 906. Buchh. der ev. Gesellschaft. Geb. in Leinw. à n. 1. 20
Die Hefte werden einzeln nicht mehr abgegeben.

- der, göttlicher Zeugnisse. 8. u. 9. Bd. Je 6 Vorträge. (III, 84 u. III, 86 S.) kl. 8. Elberfeld 907. 08. Buchh. der ev. Gesellschaft f. Deutschland. Geb. in Leinw. à 1. 20

-- dasselbe. 6 Vorträge. 10. Bd. Der Hl. Geist u. die Gemeinde. (III, 104 S.) kl. 8. Ebd. 909. Geb. in Leinw. 1.20; einz. Hefte -- 20
Buddeberg, Wesen u. Walten des Hl. Geistes. (16 S.) (Nr. 1.)
Busch, Wilh., die Versiegelung m. dem Hl. Geiste. (13 S.) (Nr. 3.)
Christlieb, A., die Versündigungen gegen den Geist Gottes. (9 S.) (Nr. 5.)
Haarbeck, W., die Gaben des Geistes. (23 S.) (Nr. 6.)
Herbst, Fr., die Geistesleitung. (18 S.) (Nr. 4.)
Steubing, die Taufe m. dem Hl. Geist. (Umschlag: Die Geistestaufe.) (25 S.) (Nr. 2.)

Weg, der, göttlicher Zeugnisse. 6 Vorträge. 10. Bd. Mit e. Nachwort: Die moderne Pfingstbewegg. 2. Aufl. (124 S.) kl. 8. Elberfeld 910. Buchh. der ev. Gesellschaft f. Deutschland. — 90; geb. in Leinw. 1. 20

— **dasselbe. 11. Bd. kl. 8. Ebd. Geb. in Leinw. 1. 20**
11. Die 10 Gebote, erklärt. Von F. Herbst. (75 S.)

Weg. Zweyfacher Weeg zum Himel... So Bey Der Ehren-Leich Deß... Herrn Clementis Damiani Weber von Mentzingen Ritter... Alt-Landamman deß Hochlöbl. Stands Zug etc. etc. Zu Rheinaw ... Den 28. May ist vorgetragen worden Von Einem Capitularen deß... Gottes-Hauß allda etc. 4. *o. O.* 1734.

Weg [Verfasser]

Weg, J., Rheiningenieur. Der Einfluss der projectirten Rheindurchstiche bei Diepoldsau und Brugg-Fussach auf die Wasserspiegelhöhe im Bodensee. In-8°. 22 S. St. Gallen, Huber & Co. (E. Fehr). 1892. 1 —
*** Separat-Abdruck aus Band XVIII. der Schweizerischen Bauzeitung.

Weg, Max, das deutsche wissenschaftliche Antiquariat. 1. und 2. Aufl. 8. (22 S.) Leipzig-Reudnitz 884, Rühle und Milkuhn.
Aus: Starke, H., wie ich den Buchhandel erlernte, besonders abgedruckt.

Max Weg, Buchhandlung..., Leipzig.... Antiquariats-Katalog No. 78: Bibliotheca Geologica Alpina. Geologie, Palaeontologie und Petrographie der Alpenländer. Aus den Bibliotheken der † Herren... Prof. Dr. Fr[anz] Lang in Solothurn.... II + 50 S. 8. (Altenburg, Oskar Bonde,) 1901.

Weg, Max: Bibliotheca Kantiana. Nahezu 1000 Werke von u. über Immanuel Kant. Nebst e. Sammlung von fast allen Kant-Porträts. [Jetzt Besitz d. Paulus-Bibliothek d. Stadt Worms.] Von . Leipzig: M. Weg 1893. (29 S.) 8°
(Katalog No 30.)

Weg, Max, s.: **Brockhaus,** der große.

— s.: **Buchhändler-Lehrbuch, das.**

Weg, Max, s.a. **Sekretierung, die, des Börsenblattes.**

Theater d. Börsenvereins Cantate 1903. Die Sekretierung des Börsenblattes. Komödie in 3 Akten. Aufgeführt am 11. Mai 1903 vom Künstler-Personal d. Leipziger Schauspielhauses. Als Ms. gedr. u. nur f. Buchhändler bestimmt. (Verf.: Max Weg.) *Leipzig G. Wigand 1903.* (64 S.) 8° [F]
03. 108. 1 A

Wega; ein poet. Taschenbuch für den Norden; herausg. von Frhrn. U. v. Schlippenbach. 12. Mitau 809.

Wega. Ein poetisches Taschenbuch für den Norden.
Hrsg. v. Ulrich Freiherrn von Schlippenbach. Mit Kupfern [u. Noten].
Mitau: Steffenhagen
(1809.)

Wega, Heinr., Sedaneia oder wahrheitsgetreue und überdies in Verse gebrachte Beschreibung des deutsch-französ. Krieges von seiner ersten Entstehung an bis zur Reise des Kaisers Napoleon nach Wilhelmshöhe. 16. (VIII, 127 S.) Straßburg [Lahr] 872, Schauenburg.

Wege [Sachliches OW]

Wege, die beiden. 12. (6 S.) Hamburg 895. Cassel, Verlagshaus d. dtsch. Baptisten. — 03

Wege, Die, zur Ehe. Bilder aus dem Leben. Wien [1906]. V: *Kilian-Gayrsperg, Hnr.* (EB)

— eigene, s.a Saat u. Ernte, 16. Bdchn.

Wege, Eigene. Vom Verfasser der Schrullen des Adam contra Eva usw. Berlin 1879. V: *Oertzen, Georg von.* (Russell) (Hdschr. Mitth. Fr. Müller-Kiel.)

Wege, eigene. Vom Verf. der Schrullen, d. Adam contra Eva 2c. 8. (XIV, 160 S.) Breslau 879. Trewendt. n. 3. —; geb. n. 4. 50

Wege. – Eigene Wege, s.a. Brockhaus, Wilhelm

Wege, Eigene. Eine Erzählung ... 2. Aufl. Elberfeld [1897]. V: *Brockhaus, Wilhelm.* (Berl)

Wege, Einsame. Leipzig 1881. Neue Folge 1898. V: *Rocholl, Rudolph.* (Erman & Horn, Bibliographie der dtsch. Univ. 1. Leipz. u. Berl. 1904. S. 85.) (Berl) (Ky)

Wege, einsame. 8. (VI, 448 S.) Leipzig 881, J. Naumann. * geb. *

— einsame. (Von R. Rocholl.) 2., erweit. Aufl. 8. (VI, 458 S.) Leipzig 898. A. Deichert Nachf. n. 5. —; geb. n.n. 6 —

— dasselbe. Neue Folge. 8. (VIII, 452 S.) Ebd. 898. n. 5. —; geb. n.n. 6. —

Auf dem Wege zur Eisenbahngemeinschaft? (52 S.) Dresden 1903

Wege zum inneren Frieden. Von G. u. V. 12. (VI u. 205 S.) Berlin 852, J. A. Wohlgemuth. ⅓ ℔

Wege zum inneren Frieden. Von Gr. S. S. Mit einem Vorworte von J. Müllensiefen. 2. Aufl. Berlin 1863. V: *Schwerin, Sophie Gräfin.* (ZU)

Wege zum inneren Frieden. Von Gr. S. S. Mit einem Vorworte von J. Müllensiefen. 2. Aufl. gr. 16. (VI und 194 S.) Berlin 863, J. A. Wohlgemuth.

Wege Gottes. Erzählung v. Siona. 8. (VI, 399 S.) München 892. (A. Buchholz.) Kart. n. 2. —

Wege, Gottes, auf deutscher Erde, s. Baumgarten, Michael

— die, zum Guten und zum Bösen. Beispiele zur Warnung u. Belehrung für Knaben u. Mädchen von 5 bis 8 Jahren, in Reime gestellt von einem Kinderfreunde. Mit 12 color. Kpfrn. u. einem Weihnachtsliede mit leichter Musik. Aschersleben 859. Fokke. gr. 16. (45 S.) n. 20 ngr.

Wege, die, d. Herrn sind eitel Güte u. Wahrheit. 4 Blumen auf Felsen m. Lichtkreuz. Chromolith. 16. Leipzig 883. (Baldamus Exp.-Cto.) n. — 80

— krumme und gerade, von Oesterreich nach Preußen. gr. 8. (47 S.) Berlin 863, Fahlisch.

— die krummen u. geraden, d. Menschen. Vermächtnis e. Vaters an s. Kinder. gr. 8. (66 S.) Stuttgart 898. (G. Geiger.) n. — 50

Wege zu deutscher Kultur. Eine Einführung in die Bücher des Verlages Eugen Diederichs in Jena. Mit Bücherverzeichnis bis Weihnachten 1908. (Mit 17 Nachbildungen alter Kupferstiche von Israhel van Meckenem [wovon 16 Tafeln].) IV + 120 S. 8. (Jena, Eugen Diederichs, 1908.)

Wege zur Kunst. 7 Vorträge zur künstler. Erziehung in der Volksschule. Hrsg. von Sam. Both u. Vict. Roth. (VIII, 63 S.) gr. 8. Hermannstadt 906. W. Krafft. n. — 67

— die, des Lebens, oder was willst du werden? ein encyklopädisches Spiel für d. Jugend, mit 1 Bildertafel. gr. 4. Leipz. 807. Voß. 18 gr

— die, des Lebens. Erzählungen für d. Jugend. Eine Weihnachtsgabe für gute Kinder. Mit 4 ill. Steindr. gr. 12. Düsseld. 830. Stahl. 12 gr

— u. Markirungen in der Umgebung v. San Martino di Castrozza, zusammengestellt durch den Verein der Freunde u. Gönner v. San Martino di Castrozza (Südtirol.) gr. 16. (16 Bl. in Leporelloform m. farb. Wegemarken.) Leipzig (901). (M. Ruhl.) Geb. n. — 60

— u. **Markirungen** in der Umgebung v. San Martino di Castrozza, zusammengestellt durch den Verein der Freunde u. Gönner v. San Martino di Castrozza (Südtirol). 2. stark verm. Aufl. (32 Bl. in Leporelloform m. farb. Wegemarken.) kl. 8. Leipzig 905. (M. Ruhl.) Geb. — 90

Wege, neue. Zeitschrift f. Politik, Wissenschaft, Kunst u. Litteratur. Hrsg.: S. H. Kiebel. Red.: C. Waranitsch. 1. Jahrg. Dezbr. 1899—Novbr. 1900. 36 Nrn. 4. (à ca. 16 S.) Wien, Dr. Walther. n. 10. —

Wege: Neue Wege
① Blätter für die religiöse Arbeit (November 1906—Mai 1941); Blätter für den Kampf der Zeit (ab 1944) ⑤ November 1906 (cont.) ⑥ 8° ⑦ Monatsblatt ⑧ Basel: R. G. Zbinden (November 1906—1919), R. G. Zbinden & Co. (1920—1921); Zürich: Buchdruckerei der Genossenschaft Schweizerischer Sonntagsblätter (1922—1923), Reutimann & Co. (1924—1943), Walter Imbaumgarten AG (1943—1946), Buchdruckerei Stampfenbach AG (1947), Genossenschaftsdruckerei (seit 1948) ⑨ C. L. Lendorff Commissionsverlag (November 1906—1907), R. G. Zbinden (1908—1919), R. G. Zbinden & Co. (1920—1921), Rotapfelverlag Erlenbach-Zürich (1922—1923), Vereinigung »Freunde der Neuen Wege« (1924 cont.) ⑪ Prof. Dr. Leonhard Ragaz (November 1906—1945), Pfr. R. Liechtenhan (November 1906—1911), Pfr. B. Hartmann (November 1906—1909), Lic. J. Matthieu (1912—1920), Pfr. L. Stückelberger (1912—1920), Pfr. Dr. R. Lejeune (1920—1924), Pfr. Paul Trautvetter (1946—August 1948), Dr. Hugo Kramer (1946—September 1948 cont.), Dr. Bruno Balscheit (September 1948 cont.) ⑫ religiöser Sozialismus ⑬ Bs. U.; Be. L. ⑮ Religiöse Zeitschrift, die seit 1911 zum Organ des religiösen Sozialismus wurde. Die Rundschau über die Tagesereignisse wird seit 1921 von L. Ragaz, seit 1946 von H. Kramer verfaßt

Wege, neue. Blätter f. religiöse Arbeit. Red.: R. Liechtenhan, L. Ragaz. 1.—4. Jahrg. 1907—1910. à 12 Hefte. (IV, 328; VI, 384; IV, 400 u. VI, 396 S.) gr. 8. Basel, (Helbing & Lichtenhahn). à Jahrg. 3. 20

Wege, die, des Schicksals, von Aug. Lafontaine. 2 Thle. 8. Halle, Renger'sche Buchhdl. 820. 821.

Wege, Die, der Tugend, oder die Geschichte der Pamela, der Clarissa Harlowe ... a. d. Engl. ... Altenb. 1765. Ü: *Streit, Friedrich Wilhelm.* (ML) (Ky) (GGr)

Wege, die, der Tugend, od. Geschichte d. Pamela, (v. Fr. Wlh. Streit i.) 3 Thle. 8. Altenb. 765. 2e A. 769—76. Richter. 16 gr

Wege, Die wahren, zur Glückseligkeit der Menschen. Augsburg 1794. V: *Erdt, Paulin.* (Th)

Wege, d. wahren, z. Glückseligkeit d. Menschen. 2 Bde. 8. Augsb. 794. Wolff. 20 gr.

— u. Wanderungen v. den Stationen der Karawankenbahn Klagenfurt—Rosenbach—Villach und der Lokalbahn Weizelsdorf—Ferlach. Zusammengestellt vom Gau „Karawanken" der Sektion „Klagenfurt" des Deutschen u. Oesterr. Alpenvereines. (2 S.) 31,5×11 cm. Klagenfurt (907). (J. Heyn.) — 10
Sonderabdruck aus: „Deut. Alpenzeitg."

— nach Weimar. Monatsblätter v. Fritz Lienhard. 1. u. 2. Jahrg. (à 2 Bde.) Oktbr. 1905—Septbr. 1907. à 12 Hefte. (IV, 288 u. IV, 288 S. m. 5 u. 6 Taf. u. IV, 288; IV, 288 S. m. 7 u. 6 Taf.) 8. Stuttgart, Greiner & Pfeiffer. à Bd. (6 Hefte) n. 3. —; geb. n. 3. 50

— nach Weimar. Monatsblätter v. Fritz Lienhard. 3. Jahrg. Oktbr. 1907—Septbr. 1908. 12 Hefte. (2 Bde.) (288 u. 288 S.) 8. Stuttgart, Greiner & Pfeiffer. à Bd. 3. 50
Erscheint nicht mehr. — Vergl. auch: Lienhard, Frdr.

Wege und Werke, Die, Gottes in der Seele . . . Schaffhausen 1735. 1743. 1750. V: *Füssli, Joh. Casp.* (Cat. d. Stadtbibl. Zürich. Zürich 1864—97.)

— die, u. Werke Gottes in der Seele. 8. Berl. Realschulbuchhdl. 761.

— die, u. Werke Gottes in d. Seele. 8. Berl. 761. (Reimer). 3 gr.

— die, u. Werke Gottes in d. Seele, oder wie Gott d. armen Sünder überzeuge. 8. Hamb. 786. Matthiesen. 4 gr.

Wege. Auf dem Wege zum Wohlstand! Haushaltungsbuch von für das Jahr 190 . Auf Vorschlag der Sektion Olten Hrg. vom Verein für Verbreitung guter Schriften, Basel Zur Förderung der Ordnung, Sparsamkeit und Einfachheit. [Mit]... «Anleitung»... ([und] Kalender für das Jahr 1901). 10. Aufl. 64 S. 4. Basel, Verein f. Verbreitung guter Schriften (Buchdr. Emil Birkhäuser). [cart.] fr. —. 40

— wunderbare, s.: Edelweiß.

— wunderbare, s.: Vorsehung u. Menschenschicksale.

Wege Gottes, die wunderbaren. Zwei Erzähign. v. Onkel Wilhelm in Immenthal. gr. 16. (40 u. 42 S.) Hamburg 876 Koch. n. — 50

—— die wunderbaren, Gottes. Zwei Erzählungen von Onkel Wilhelm in Immenthal. 16. (40; 42 S.) Hamburg 879, Koch. cart.

—— wundersame, s. Vorsehung und Menschenschicksale.

Wege u. Ziele. Monatsschrift f. d. christl. Frauenwelt zur Unterhaltg. u. zur Belehrg. üb. ihre verschied. „Arbeitsgebiete". Hrsg. v. Agnes Willms-Wildermuth. Unt. Mitwirkung vieler hervorrag. Kräfte. 1. u. 2. Jahrg. April 1897 bis März 1899. à 12 Hfte. (à ca. 2 Bog.) Lex.-8. Stuttgart. Berlin, Verlag für's deutsche Haus. à Jahrg. n. 4. —
Kann auch vierteljährlich bezogen werden.

— u. Ziele. Monatsschrift f. die christl. Frauenwelt zur Unterhaltg. u. zur Belehrg. üb. ihre verschiedenen „Arbeitsgebiete". Hrsg. v. Agnes Willms-Wildermuth. Unt. Mitwirkg. vieler hervorrag. Kräfte. 3. Jahrg. April 1899 — März 1900. 12 Hfte. Lex.-8. (à ca. 32 S.) Berlin, Verlag für's Deutsche Haus. n. 4. —

Wege und Ziele der Gewerbeschule und ihre Bedeutung für die Bukowina. [Czernowitz 1876.] V: *Přibram, Philipp Richard.* (Polek, Repert der landesk. Litt. in der Bukowina. Czern. 1892. S. 29.)

Wege, zwei, zum Glück, aber nur einer zum Ziel. Von G. W. 8. (135 S.) Zwickau 851, [Verlagsbuchh. des Volksschriften-Vereins.] *

Wege, zwei, zum Licht. Eine Erzählung von der Verf. v. „Tante Hedwig's Erzählgn." Mit einem (lith.) Titelbild. Breslau 871. Trewendt. br. 8. (165 S.) In engl. Einb. 1 gr.

— zweierlei, s.: Immergrün.

Wege [Verfasser]

Wege, Adolf Hermann, s. Wege, Hermann

Wege, Andreas (Wansleben) A. S. 218/30

Dissertatio de odio secundarum nuptiarum, vulgo, Von dem Verdruss, so sich bey anderweitigen Verheyrathungen zu zeigen pfleget. Präs. Peter Müller. Rec. Jena (Heller) 1715. 64 S.

Diss. II. 1679.
W. v.: Präs. August Drachstedt. 35977

Wege, Andreas (Wansleben) A. S. 11/27

Dissertatio iuridica, de odio secundarum nuptiarum, Oder: Von denen rechtlichen Vorfallenheiten, so sich bey anderweitigen Verheyrathungen zu zeigen pflegen. Präs. Peter Müller. Ed. 3. Jena (Heller) 1737. 71 S.

Diss. II. 1679.
W. v.: Präs., August Drachstedt. 35978

Wege, Andreas (Wansleben) A. S. 283/17

Dissertatio iuridica de odio secundarum nuptiarum. Präs. Peter Müller. Wittenberg (Haken) 1747. 62 S.

Diss. II. 1679. 35979

Wege, Bernhard: Der Prozefs Calas im Briefwechsel Voltaires. I. Tl. Berlin, R. Gaertner, 1896; 30 S. 4.
Berlin, Leibniz-G, OP 1896 (60)

Wege, Bernhard [Dr.]: Der Prozefs Calas im Briefwechsel Voltaires. II. Tl. (Schluss d. P-Beil. 1896.) Berlin, R. Gaertner, 1897; 23 S. 4.
Berlin, Leibniz-G, OP 1897 (60)

Wege, Doris: Der soziale Notstand des Kellnerinnenberufs. Ein Hilferuf aus langjährigen Erfahrungen. — Leipzig: R. Kühn 1896. 18 S. 8°

Wege, Doris, der soziale Notstand des Kellnerinnen-Berufs. Ein Hilferuf aus langjähr. Erfahrgn. 1. u. 2. Tauf. 8. (18 S.) Leipzig 896. Verlags-Institut. n. — 60

— dasselbe. 3. u. 4. Tauf. 8. (18 S.) Ebd. 896. n. — 40

Wege, Ernst vom, zwei Welträthsel u. die Möglichkeit ihrer Lösung. Ein paar Aufsätze für Fachgelehrte u. Laien, m. e. Farbentaf. gr. 8. (64 S.) Stuttgart 899. (A. Zimmer.) n. 2. —

Wege, Georg, approb. Arzt aus Wugenfeld: Beitrag zur Casuistik der eingeklemmten Brüche. *Göttingen 1901: L. Hofer.* (45 S.) 8°
Göttingen, Med. Diss. v. [13. Nov.] 1901

Wege, Geo., Beitrag zur Casuistik der eingeklemmten Brüche. Diss. gr. 8. (45 S. m. 2 Tab.) Göttingen 901. (Vandenhoeck & Ruprecht.) n. 1. 60

Wege, *Adolf* Hermann [aus Halle a. S.]: I. Die Einwirkung von Säurechloriden auf Acedoxim und Benzophenonoxim. II. Beitrag zur Kenntnis der Desoxybenzoine. III. Eine neue Bildungsweise der Desaurine ... Halle a. S., Hofbuchdr. v. C. A. Kaemmerer & C., 1892; 26 S., 1 Bl. 8.
Heidelberg, Naturw.-math. Fak., Inaug.-Diss. v. [4. März] 1892

Wege, Otto [pract. Arzt aus Buk i. Posen]: Ueber Hernia inguino- und cruro-properitonaealis .... Halle a. S., Hof-Buchdr. v. C. A. Kaemmerer & Co., 1887; 48 S. + 2 Bl. 8°.
Halle, Med. Fak., Inaug.-Diss. v. 8. Jun. 1887.

Wege, Otto, über Hernia inguino- und cruroproperitonaealis. Diss. Halle 1887, Lippertsche Buchh. 8°. 48 S.

[F.] **Wege,** Wilhelm [aus Halle a. S.]: Verbindungen des Monomethyl β Naphtylamin's ... Wiesbaden, Druck d. Edel'schen Buchdr., 1893; 50 S., 1 Bl. 8.
Erlangen, Phil. Fak., Inaug.-Diss. v. 1893

Wegebau, der, im Lichte unserer Zeit. Ein Versuch zur Anbahng. desselben nach vernünft. Grundsätzen. gr. 8. (150 S.) Freiburg in Schl. 875. Hankel in Comm. n. 1. 80

Wegebauten und Strassenanlagen, Die, im Alterthum zwischen Mosel, Rhein und Maas, insbesondere am linken Niederrhein. Geldern [1902). V: *Müllenmeister, Th.* (Berl)

Wegebau-Zeitung. Fachzeitschrift f. den Straßen-, Wege- u. Wasserbau. Red.: Gust. Ostwald. 4. Jahrg. 1. Viertelj. Jan.—März 1906. 6 Nrn. (52 S. m. Abbildgn.) Lex.-8. Stade, G. Ostwald. n. 1. 25
Fortsetzung, s.: Wasser- u. Wegebau-Zeitschrift.

Wege-Charte, s. Wege-Karte

Wegede, A. zur. Wie fertigt man technische Zeichnungen? Berlin 1887.

Wegeführer in das neueste Berliner Gesangbuch. Nachschlagewerk, um f. jede Art christl. Betrachtungen gemäße Liederstellen zu finden. Handreichung auch dem Ungelehrten. 8. (5½ B.) Berlin 834, Reimer.

Wege-Gesetzgebung, Hannoversche. Mit Genehmigung des Königl. Ministeriums des Innern veranstalteter Druck. Hannover 855. Meyer. gr. 8. (IV, 151 S.) n. 12 ngr.

Wegehaupt, (Gustav) Adolphus (Max) *(geb. Geibsdorf bei Lauban 24. 7. 1842)*: De abortu. Vratislaviae (1866). (34 S.) 8°
Breslau, Med. Diss. v. 15. Dez. 1866

Wegehaupt, C. W. G., s. Wegehaupt, Konrad Wilhelm Gustav

Wegehaupt, Conrad Wilhelm Gustav, s. Wegehaupt, Konrad Wilhelm Gustav

Wegehaupt, Gustav Adolf Max, s. Wegehaupt, Adolf

Wegehaupt, Hans, die Entstehung des Corpus Planudeum v. Plutarchs Moralia. (S. 1030—1046.) Lex. 8. Berlin 909. G. Reimer. 1. —
Sonderabdruck aus: „Sitzungsber. d. preuss. Akad. d. Wiss."

Wegehaupt, Hans: Plutarchstudien in italienischen Bibliotheken. 63 S. 8. **Progr.** Höhere Staatsschule *Cuxhaven* 1906 (905).
Einleitung. I. Bemerkungen zu alten und neuen Handschriften der Moralia Plutarchs. Rom. Neapel. Florenz. Venedig. Anhang: Die Plutarchhandschriften in Brüssel. II. Weitere Beiträge zur Textgeschichte der Moralia. III. Die Überlieferung des Lampriaskatalogs. Nachtrag.

Wegehaupt, Hans, (Dr.): Plutarchstudien in italienischen Bibliotheken. Cuxhaven 1906: G. Rauschenplat & S. (63 S.) 8°
Cuxhaven, h. Staats-S P 1906 (905)

Wegehaupt, Hans, Plutarchstudien in italienischen Bibliotheken. Progr. (63 S.) gr. 8. Cuxhaven 906. (A. Rauschenplat.) n. 2. —

Wegehaupt, Iohannes *Max Emanuel* [Hamburgensis]: De Dione Chrysostomo Xenophontis sectatore ... Gothae, F. A. Perthes, 1896; 3 Bl., 87 S. 8.
Göttingen, Phil. Fak., Inaug.-Diss. v. [18. Dez.] 1896

Wegehaupt, Johs., de Dione Chrysostomo Xenophontis sectatore. Diss. gr. 8. (V, 85 S.) Gotha 896. F. A. Perthes. n. 1. 80

Wegehaupt, Konrad Wilhelm Gustav

Wegehaupt, C. W. G., Festschrift zum 25jährigen Jubiläum des Wilhelm-Gymnasiums zu Hamburg. Beiträge zur Geschichte der Schule. Progr. (63 S. m. 1 Taf. u. 2 Taf. graph. Darstellgn.) Lex.-8. Hamburg 906. (Herold.) n.n. 3. —

Wegehaupt, (W[ilhelm]), Dir. Prof.: Zur Frage der Einheitsschule. *Hamburg 1902: Lütcke & Wulff.* (9 S.) 4°
Hamburg, Wilhelm-G, OP 1902 (815)

Wegehaupt, zur Frage der Einheitsschule. — Hoppe, Edm., ein Beitrag zur Zeitbestimmung Herons von Alexandrien. Progr. gr. 4. (9 u. 9 S.) Hamburg 902. (Herold.) n.n. 2. 50

—: Das Jubiläum der Anstalt. S. 3—10. 4.
Progr. Wilhelm-Gymn. *Hamburg* 1907 (914).

Wegehaupt, Wilhelm [Dir. Prof.]: *Professor Dr. Ernst Reinstorff, gest. am 6. Febr. 1893.* Hamburg, gedr. bei Lütcke & Wulff, 1893; 1—2 S. 4.
Hamburg, Wilhelm-G, P 1893 (730)

Wegehaupt, C[onrad] W[ilhelm] G[ustav], Direktor Prof. Dr.: Wilhelm-Gymnasium zu Hamburg. Beiträge z. Gesch. d. Schule. Festschrift z. 25j. Jubiläum d. Anst. Hamburg (1906): Lütcke & Wulff. (63 S., 2 Taf.) 4°
Hamburg, Wilhelm-G OP 1906 (907)

Wegehaupt, Otto, Geschichte des Turnvereins Hamm, 1859—1909, m. e. Anh., 84 S., 8°.

Wegehaupt, W.

— P. Cornelius Dolabella. 18 S. **Progr.** *München-Gladbach* 1880.

Wegehaupt, W. M. Caelius Rufus. 24 S. **Progr.** Magd. *Breslau* 1878.

Wegehaupt, W., lateinisches Vokabularium im Anschluß an Meirings lateinische Grammatik. 2. verb. Aufl. gr. 8. (46 S.) M.-Gladbach 881, Schellmann's Verlag. cart.

Wegehaupt, Wilhelm, s. Wegehaupt, Konrad Wilhelm Gustav

Wege- und Entfernungskarte des Regierungsbezirks Wiesbaden. 1 : 50 000. Frankfurt (Main) 1894. 15 Bl. c. L.

Wege-Karte durch das Sudwestliche Europa mit den neuesten Grenzen von Deutschland und Preussen, Oesterreich, Italien und Frankreich zufolge des Wiener Congresses, des Pariser Friedens vom 21. November 1815 und der nachherigen Austauschungen gezeichnet von J. M. G. Schmidt. 1816. Berlin bey Sim. Schropp et Comp. 1 : 2,500,000. 9 Bl.

Wege-Charte durch das Westliche Europa von der Elbe bis zum atlantischen Meere, und von der Thames bis zum Ebro. Gezeichnet von J. M. F. Schmidt. Berlin bey Simon Schropp et Comp. Gestochen von Heinrich Kliewer. 1 : 2,500,000. 6 Bl.

Wegekarte der Provinz Hannover. Bearbeitet und hrsg. vom Landes-Directorium. 1 : 100 000. Hannover 1893. 9 Bl. c. 1. Sch.

Wegekarte des Dorpatschen Kreises mit den Kirchspiels- u. Gutsgrenzen. Hrsg. v. Liv. Estländ. Landeskultur-Bureau. 1 : 210000. (Riga) '09. 4°

— [Nach Kirchspielen kol.]
— [Nach Gütern kol.]

Wegekarte des Rigaschen Kreises mit den Kirchspiels- und Gutsgrenzen. Hrsg. vom Liv-Estland. Landeskultur-Bureau auf Grund der im Besitz d. Livländ. Ritterschaft befindl. Kreis-Wegekarte 1902. Maassst. 1:210,000. *Jurjew (Dorpat) 1902. Photolith. von E. Berthelson* (1 Kartenbl. 70×50 cm.) quer-gr. 2° [kol.]

Wegekarte des Wolmarschen Kreises mit den Kirchspiels- und Gutsgrenzen (nebst Namens-Verzeichniß d. Güter ...). Hrsg. vom Liv-Estländ. Landeskultur-Bur. auf Grund der im Besitz d. Livländ. Ritterschaft befindl. Kreis-Wegekarte. Maßst. 1 : 210,000. *(Riga: Jonck & Poliewsky) 1903.* (1 Kartenbl. 41×58 cm.) 8° [kol.] [04. 1603

Wegekarte des Montjoie'r Landes u. Tourenplan f. kleinere u. grössere Ausflüge. Nebst kurzer Geschichte d. Stadt u. d. Schlosses Montjoie. Montjoie: Salzburg (1900). 56 S. 8°

(Max) Leipelt's neue **Wege-Karte** des Riesen-, Iser- u. Jeschkengebirges. Mit Angabe d. Touristenwege u. Wald-Regionen. Maassst. 1:125,000. [Mit 1 Nebenkarte.] (6. Aufl.) *Warmbrunn: M. Leipelt [1909]; E. Gaebler's geogr. Inst., Leipzig.* (1 Kartenbl. 66×33 cm.) 8° [kol.] [09. 5713

Wege-Karte von den Herzogthümern Schleswig, Holstein und Lauenburg, den Fürstenthümern Lübek und Ratzeburg, und den freien und Hansestädten Hamburg und Lübek. Gezeichnet im Schlesw.-Holst. Ober-Landwege-Inspectorat 1847–1848. 1:455 000. o.O. u. J. Kupferst. 1 Bl. Imp.-Fol., 74/56,5 cm.
Das Blatt trägt in der Handschrift v. F. Geerz die Bemerkung: „Vom 4/7. Juni 1852."
— farbig (ohne Titel).
Diese Karten sind nach einer Bemerkung v. F. Geerz die ersten Andrucke seiner Generalkarte von Schleswig-Holstein.

Wegekarte des mährisch-schlesische Sudetengebirges. Gefalzt Freiwaldau: Titze 1897. —.40

Wege-Karte durch den grossten und wichtigsten Theil Europa's, von London bis Moscau und von Stockholm bis Neapel, gezeichnet von J. M. F. Schmidt; die Wege und Orts-Entfernungen eingetragen von W. H. Matthias, die Chausseen von C. Klöden. Berlin bey Simon Schropp et Comp. 1820. Gestochen von Heinrich Kliewer. 1 : 2,500,000. 24 Bl.

Wege-Karte von Breslau's Umgebung. (Maßst. 1:150,000.) [Nebst] Alphab. Ortschaftsverzeichnis. (Schweidnitz: G. Brieger [1906]; Lith. P. Baron, Liegnitz.) (1 Kartenbl. 54×49 cm mit Legende, 16 S.) 8° [Kopft.] [kol.]
[Umschlagt.:] Wege-Karte d. Gegend um Breslau im Umkreise von ca. 8 Meilen. [06. 13846

Wegekarte für die nächste Umgebung von Jena (zum Dr. Leonhardt'schen Führer gehörig). Massst. [ca. 1:20 000]. *(Jena): Doebereiner (1898).* 1 Ktnbl. 4. (8°) [98. 11463

Wegekarte für die nächste Umgebung von Jena (zum Dr. Leonhardtschen Führergehörig). Maßst. 1:37,000. 2. Aufl. *Jena: Doebereiner [1903].* (1 Kartenbl. 30×31 cm.) 8° [kol.]
[Umschlagt.:] Neueste Umgebungskarte von Jena. 2. Aufl. [03. 28378

[Umschlagt.:] [J. u. Ant.] **Wegekarte** v. Oberhof's Umgebung nebst e. Verzeichnis d. empfehlenswertesten Ausflüge ... *Schleusingen; H. Adler [1895].* (2 Bl., 1 Kt. 8) 1 Bd 8. [97. 287

Wege-Karte der Umgegend von Hildesheim. Massstab 1 : 100,000 d. n. L. *Hildesheim: Gebr. Gerstenberg [1899].* (1 Kartenbl. 34×51 cm.) 8° [J. u. Ant.] [00. 11364 7

Wegekarte der Prov. Westfalen in 30 Blättern. 1 : 80,000. Hergestellt im Auftrage d. Landeshauptmanns v. Westfalen auf Grund der Generalstabskarten u. anderer Unterlagen. Berlin. Farbendr. (60,5×75 cm.) Berl. 891, Pasch. à Bl. * 3 —
Kreise: 1. Ahaus. — 2. Beckum. — 3. Borken. — 4. Coesfeld. — 5. Lüdinghausen. — 6. Münster, Stadt u. Land. — 7. Recklinghausen. — 8. Steinfurt. — 9. Tecklenburg. — 10. Warendorf. — 11. Bielefeld, Stadt u. Land, u. Halle. — 12. Büren. — 13. Herford. — 14. Höxter. — 15. Lübbecke. — 16. Minden. — 17. Paderborn. — 18. Warburg. — 19. Wiedenbrück. — 20. Altena. — 21. Arnsberg. — 22. Bochum, Stadt u. Land, Dortmund, Stadt u. Land, Hörde, Gelsenkirchen, Hattingen. — 23. Brilon. — 24. Hagen, Stadt u. Land, Iserlohn, Schwelm. — 25. Hamm. — 26. Lippstadt, Soest. — 27. Meschede. — 28. Olpe. — 29. Siegen. — 30. Wittgenstein.

Wegekarte Wilhelmshaven-Oldenburg. *Wilhelmshaven: Gebr. Ludewigs [1901].* (1 Kartenbl. 48×40 cm.) quer-gr. 2° [01. 5667

Wegele, Carl, s. Wegele, Karl

Wegele, Franz Xaver

Wegele (Hrsg.), s. Abel, Heinrich Friedrich Otto: Kaiser Otto IV u. König Friedrich II (1208-1212).

Wegele, Frz. v. Johannes Aventin, s. a. Bibliothek, bayerische.

Aventin. Wegele F. v., Johannes Aventin. (Bayer. Bibliothek 10) Bamberg 1890

Wegele, F., Götz von Berlichingen und seine Denkwürdigkeiten. Hannover 1874. 8. S.-A.

—— s. Biographie, allgemeine deutsche.

Wegele, Frz. X., Corpus regulae seu Kalendarium domus S. Kiliani Wirceburgensis, saecula IX.—XIV. amplectens. Hrsg. und erläutert. gr. 4. (164 S.) München 877, (Franz'sche Buchh.) **
Aus: Abhandlungen der k. bayer. Akademie der Wissenschaften, besonders abgedruckt.

Wegele, Frz X., Kaiser Friedrich I., Bararossa. Ein Vortrag. gr. 8. (III, 27 S.) Nördlingen 871. Beck. n. — 75

Wegele, Frz. X., Friedrich der Freidige, Markgraf von Meißen, Landgraf von Thüringen und die Wettiner seiner Zeit. [1247—1325.] Ein Beitrag zur Geschichte des deutschen Reiches und der wettin. Länder. gr. 8. (IX, 467 S. mit 2 Tab. in qu. 4.) Nördlingen 870, Beck'sche Buchh. *

Wegele, Frz. X., Fürstbischof Gerhard und der Städtekrieg im Hochstift Wirzburg. Ein Vortrag. Mit Anmerkungen u. urkundlichen Beilagen. Nördlingen 861. Beck. gr. 8. (2 Bl., 62 S.) n. 10 ngr.

Wegele, F. X. v., Geschichte der deutschen Historiographie seit dem Auftreten d. Humanismus, s. a. Geschichte der Wissenschaften.

Geschichte der deutschen Historiographie seit dem Auftreten des Humanismus v. Franz von **Wegele**. München. 1885. 8°

Wegele, Frz. X. v., Geschichte der Universität Würzburg. Im Auftrage des königl. akadem. Senates verf. 2 Tle. gr. 8. (IX, 509; XV, 538 S.) Würzburg 882, Stahel'sche Universitäts-Buchh.

— Göthe als Historiker. gr. 8. (III, 40 S.) Würzburg 876. Stuber n. 2. —

Wegele, F., Graf Otto v. Hennenberg-Botenlauben und sein Geschlecht 1180—1250. Mit Stammtfl. Würzburg 1875. 8.

Der Hof zum Grafen-Eckard zu Wirzburg und Graf Eckard. Mit urkundlichen Beilagen v. Franz Xaver Wegele. Wirzburg. 1860. 8°.

Wegele, Frz. X., Carl August, Großherzog von Sachsen-Weimar. 8. (88 S.) Leipzig 850, Breitkopf und Härtel

—— Kanzler Konrad, s. Taschenbuch, historisches.

Wegele, Frz. X., Dante's Leben u. Werke. Kulturgeschichtlich dargestellt. gr. 8. (VIII u. 463 S.) Jena 852, Mauke. n. 2 ⅙ 8 ngl

Wegele, Frz. X., Dante Alighieri's Leben und Werke. 2., verm. und verb. Aufl. gr. 8. (XVI und 604 S. mit Dante's Bildniß nach Giotto in Stahlst.) Jena 865, Mauke. [Leipzig, Stangel.] *

—— **Dante Alighieri's Leben und Werke. Im Zusammenhange dargestellt. 3. theilweise veränd. und verm. Aufl. Mit 1 (phototyp.) Abbild. des Dante-Denkmals in Florenz. Lex.-8. (XIV, 629 S.) Jena 879, Fischer.** *

—— **zur Literatur und Kritik der Fränkischen Necrologien. Lex.-8. (XI und 75 S.) Nördlingen 864, Beck'sche Buchh.** *

—— **Monumenta Eberacensia. Namens des histor. Vereins für Unterfranken und Aschaffenburg hrsg. Lex.-8. (XVIII und 176 S.) Nördlingen 863, Beck'sche Buchh.**

Wegele: Die Reformation der Universität Würzburg. Würzb. 1863. 4. 27 p. Schul-/Univ.-Schrift

„Die Herzogthümer Schleswig-Holstein und das Königreich Dänemark" (Recension von Franz Xaver Wegele). (Separat-Abzug.) o. O. (1850?) 8°.

—— Arnold von Selenhofen, Erzbischof von Mainz (1153—1160.) gr. 8. (40 S.) Jena 855, Mauke. *

De Adelberti Bremensis vita Dissertatio quam . . . defendet auctor Franciscus Xaverius Wegele. Jenae. (1848.) 8°.

Wegele, F. X. v., Vorträge u. Abhandlungen. Hrsg. v. R. Graf Du Moulin Eckart. gr. 8. (XVII, 398 S.) **Leipzig 898. Duncker & Humblot.** n. 8. 40

Wegele, Hans

Wegele, H., Erd- u. Felsarbeiten, s.: Häseler, E.

— u. Leo v. **Willmann,** Erd-, Strassen-, Eisenbahn- u. Tunnelbau, Stütz-, Futter-, Kai- u. Staumauern, s.: Lehrbuch des Tiefbaues, I.

Wegele, H., u. H. Eggert, die Hauptbahnhofs-Anlagen in Frankfurt a/M., bearb. v. H. W., u. das Empfangsgebäude d. Hauptbahnhofs v. H. E. Mit 19 Kpfrtaf. u. vielen den Text beigegebenen Holzschn. [Aus: „Zeitschr. f. Bauwesen".] gr. Fol. (74 S.) Berlin 892. W. Ernst & Sohn. Kart. n. 32. —

Wegele, Hans, Lehrbuch des Tiefbaues, s.: Esselborn, Karl.

— Lehrbuch des Tiefbaues, s.: Landsberg.

Wegele, Hans: Die Sicherheit im Eisenbahnwesen. Rede z. Feier d. Geburtstages d. Grossh. Ernst Ludwig u. d. Grossherzogin Victoria Melita von Hessen u. bei Rhein 1901 geh. von Prof. –. Darmstadt 1902: G. Otto. (27 S.) 8°

— Vorarbeiten f. Eisenbahnen u. Strassen, s.: Oberschulte, L.

Wegele, Hermann [Rechtspraktikant]: Zur Geschichte der falschen Anschuldigung ... Ansbach, C. Brügel & Sohn, 1892; 2 Bl., 53 S. 8.
Erlangen, Jur. Fak., Inaug.-Diss. v. 1892

Wegele, Herm., zur Geschichte der falschen Anschuldigung. gr. 8. (54 S.) Ansbach 892. C. Brügel & Sohn. 1. 50

Wegele, Karl

Wegele, C., die diätetische Behandlung der Magen-Darmerkrankungen, m. e. Anh.: Die diätet. Küche. gr. 8. (X, 154 S.) Jena 893. G. Fischer. n. 3. —

Die diätetische Behandlung der Magen-Darmerkrankungen m. e. Anh.: Die diätetische Küche. Von Dr. C[arl] Wegele, ... in Bad Königsborn (Westfalen). 2. verb. Aufl. *Jena: G. Fischer 1896.* (X, 168 S.) 1 Bd 8.
= Wegele, C.: Zur Therapie d. Verdauungskrankhtn. T. 1.

Wegele, Carl, neuere Forschungen auf dem Gebiete der intestinalen Antointoxikationen u. ihre Behandlung, s.: Abhandlungen, Würzburger, aus dem Gesamtgebiet der praktischen Medizin. X, 6.

Wegele, Carl: Über einige Fortschritte in der Diagnostik u. Therapie der Magen-Darmerkrankungen, s. Abhandlungen, Würzburger, aus dem Gesamtgebiet der prakt. Medizin. VI, 2.

— Bad Königsborn in Westfalen u. seine Heilmittel. Mit 1 farb. Situationsplan u. 1 Karte. 8. (VIII, 82 S.) Essen 892. G. D. Baedeker. n. 1. 60

Wegele, Carl, die diätetische Küche f. Magen- u. Darmkranke. Nebst genauen Kochrezepten v. Josefine Wegele. 2. Aufl. 8. (VII, 96 S.) Jena 902. G. Fischer. Geb. n. 1. 60
1. Aufl. (V, 88 S.) Ebd. 900. Geb. n. 1. 60.

— die diätetische Küche für Magen- u. Darmkranke. Nebst genauen Kochrezepten von Josefine Wegele. 3. verb. Aufl. (VII, 96 S.) 8. Jena 904. G. Fischer. Geb. n. 1. 60

— Die diätetische Küche f. Magen- u. Darmkranke. Nebst genauen Kochrezepten v. Josefine Wegele. 5. verb. Aufl. (6.—7. Taus.) (VII, 100 S.) kl. 8. Jena 909. G. Fischer. Geb. 1. 60

— die atonische Magenerweiterung u. ihre Behandlung. gr. 8. (28 S.) München 894. J. F. Lehmann's Verl. n. 1. —

Wegele, Carl, über die centrale Natur reflectorischer Athmungshemmung. gr. 8. (18 S. mit 1 lithogr. Curventaf. und 1 eingedr. Xylogr.) Würzburg 882, Stahel'sche Universitäts-Buchh. *
Aus: Verhandlungen der physikalisch-medicinischen Gesellschaft zu Würzburg, besonders abgedruckt.

— das Nordseebad Sylt. Eine Studie. 8. (94 S. m. 1 Karte.) Tondern 891. F. Dröhse. n. 1. 50

— die Therapie der Magen- u. Darmerkrankungen. 3. gänzlich umgearb. Aufl. (VIII, 424 S. m. Abbildgn.) gr. 8. Ebd. 905. n. 7. —; geb. n. 8. —

Wegele, C., zur Therapie der Verdauungskrankheiten. 2 Tle. gr. 8. Jena, G. Fischer. n. 7. —
1. Die diätet. Behandlg. d. Magen-Darmerkrankungen m. e. Anh.: Die diätet. Küche. 2., verb. Aufl. (X, 168 S.) 896. n. 3. — (geb. n. 4. —)
2. Die physikal. u. medicamentöse Behandlg. d. Magen- u. Darmerkrankungen. (VIII, 240 S.) 895. n. 4. —

— über die Wirkungsweise der Soolbäder in Rücksicht auf deren Chlorkaliumgehalt. [Aus: „Allg. med. Centralzeitg."] gr. 8. (6 S.) Berlin 894. O. Coblentz. n. 1. —

— die Wirkungsweise der Sool- u. Seebäder, ihre Indicationen u. Anwendungsweise, s. Bibliothek, medicinische, f. praktische Ärzte.

Wegeleben [Schlagwort]

Wegeleben, s.: Preussen. Messtischblätter.

Maurer-Fragen. Von Wegeler. [Hamburg] o. J. 1 Bl. 8⁰ [Kopftit.]
Lied ohne Noten: „Was ist des Maurers Ziel?"

Wegeler u. Ries, biographische Notizen über Ludwig van Beethoven. Neudr. m. Ergänzgn. u. Erläutergn. von Alfr. Chr. Kalischer. 1. u. 2. Aufl. (XXVIII, 228 S. m. 1 Bildnis u. 3 Fksms.) 8. Berlin 906. Schuster & Loeffler. n. 3. — ; geb. n. 4. —

Wegeler, E. G., Von der Hundswut, siehe: Rougemont.

Wegeler, Franz Gerhard

— kurze Anleitung, den jetzt herrschenden Typhus zu behandeln. 8. Cobl. 814. Pauli. 6 Gr

— Anleit., wie man sich bei ansteckenden Lazarethfieber zu verhalten habe. 8. Bonn 793.

Wegeler, Fr. Gerh., das Buch für Hebammen, mit 3 Fig. gr. 8. Köln 800. (Gnobloch in Leipz.) 2e Aufl. gr. 8. Cobl. 808. 3e A. 812. 4e A. 819. Pauli. 18 Gr

— s. Colladon, Briefe e. Dame.

Wegeler, F. Examen de quatre consultations médico-légales, ayant pour objet de déterminer, si un jeune homme trouvé pendu, a péri par assassinat ou par suicide. Koblenz 1812.

Wegeler, F(ranz Gerhard): Fünf medizinisch-gerichtliche Gutachten über einen erhängt gefundenen Knaben, in Hinsicht auf Mord oder Selbstmord. 34 S., gbd., 1 Taf.

Koblenz: Pauli 1812

JB 5.315

Wegeler, F. G., u. Fd. Ries, biographische Notizen über Ludwig van Beethoven. (Mit dem Schattenriß des 16jähr. Beethoven u. mit lithogr. Brieffragmenten, in gr. 4.) Mit 2 Musikbeilagen. 8. Coblenz 838. Badeker. n. 2/3 ß

— Rede über d. Vortheile, die dem Staate aus einer Schule d. Arzneiwissenschaft entstehen. gr. 8. Bonn 790.

s. Rougemont, Abhandl. u. dessen Versuch.

— einige Worte über d. Mineralquellen zu Tönneßtein. 8. Cobl. 811.

Wegeler, Julius

— s. Analecta medica.

Wegeler, Jul., Beiträge zur Geschichte der Stadt Coblenz. 8. (IV, 152 S. mit 2 lithogr. Taf.) Coblenz 881, Schuth.
—— dass. — 2. verm. Aufl. gr. 8. (IV, 203 S. mit 2 lithogr. Taf.) Ebendas. 882.

Wegeler, Jul., Beiträge zur Specialgeschichte der Rheinlande. Die Schlösser Rheineck und Olbrück, die Burgen zu Burgbrohl, Namedy und Wassenach, die Schweppenburg und Haus Kray. 2. Aufl. gr. 8. (180 S. mit 6 Stnt. und 1 Stahlst.) Coblenz 878, Hergt. *

—— Beiträge zur Specialgeschichte der Rheinlande. 2. (Schluß-) Bd.: Das hohe Domstift zu Trier. — Die Bürgermeisterei Burgbrohl. gr. 8. (255 S. mit 2 lithogr. Taf.) Coblenz 880. Hergt.

Wegeler, Jul., de aurium chirurgica etc. Dissertat. inaug. akiurg. 8 maj. ($2\frac{1}{2}$ B. u. 1 Stnt. gr. 4.) Berolini 829, (Dümmler.)

De aurium Chirurgia. Berolini (1829:) Petsch. 38 S. 8°

Berlin, Med. Diss. v. 3. Sept. 1829

Wegeler, Julius [aus Kreuznach]: Aus d. chirurg. Klinik zu Bonn. Ueber einen Fall von Hirnabscess nach otitis media purulenta chronica ... Bonn, Druck v. J. F. Carthaus, 1892; 42 S., 1 Bl. 8.
Bonn, Med. Fak., Inaug.-Diss. v. [12.] Aug. 1892

—— Richard v. Greiffenclau zu Vollraths, Erzbischof und Kurfürst von Trier. 1511—1531. Ein Beitrag zur Specialgeschichte der Rheinlande. gr. 8. (V, 56 S. mit 1 lithogr. Taf.) Trier 881, Lintz'sche Buchh.

Wegeler, Jul., der Heilbrunnen. Eine alte Quelle in neuer Fassung. 2. Aufl. gr. 8. (26 S.) Koblenz 857, Hölscher. *

Wegeler, Jul., der Heilbrunnen. In Verbindung mit dem Tonnisteiner Brunnen geschildert. 4. Aufl. Mit 1 (lith.) Ansicht. Coblenz 862. Holscher. gr. 8. (32 S.) $7\frac{1}{2}$ ngr.

Wegeler, Jul., der Heilbrunnen. In Verbindung mit dem Tönnisteiner Brunnen geschildert. 4. Aufl. gr. 8. (32 S. mit 1 lithogr. Ansicht.) Coblenz 863, Hölscher's Verlag.

Wegeler, Jul., Coblenz in seiner Mundart u. seinen hervorragenden Persönlichkeiten. 8. (VIII, 256 S.) Coblenz 876. Hergt. n. 2. —

Wegeler, Jul., Coblenz in seiner Mundart u. seinen hervorragenden Persönlichkeiten. 2. Aufl. Im Auftrage der Familie Wegeler bearb. v. Karl Schwarz. (XII, 108 u. 156 S.) 8. Koblenz 906. (F. Hölscher.) 1.60; geb. 2. —

Coblenz in seiner Mundart und seinen hervorragenden Persönlichkeiten. Von Dr. Julius Wegeler. 2. Aufl. Im Auftr. d. Familie Wegeler bearb. von Karl Schwarz, cand. phil. Coblenz: Krabben 1906. (XII, 108, 156 S.) 8° 07. 9197

Wegeler, Jul., das Kloster Laach. Geschichte und Urkundenbuch. Ein Beitrag zur Special-Geschichte der Rheinlande. gr. 8. (IV und 316 S. mit 2 Stnt.) Bonn 854, Henry und Cohen.

—— Lahneck und Oberlahnstein. Ein Beitrag zur Specialgeschichte der Rheinlande. gr. 8. (24 S. mit 1 Stnt.) Ebendas. 881.

Wegeler, Jul., Philosophia patrum versibus praesertim Leonis, rhythmis germanicis adjectis, juventuti studiosae hilariter tradita. — Die Philosophie der Alten in latein. Versen und ihre Uebersetzungen. Edit. altera. gr. 8. (XV, 208 S.) Coblenz 872, Hölscher.

—— dass. — Edit. 3. gr. 8. (XII, 275 S.) Coblenz 874, Denkert und Groos. geb. *

Wegeler, Jul., die Burg Rheineck, ihre Grafen und Burggrafen. Ein Beitrag zur Special-Geschichte der Rheinlande., gr. 8. (VI und 79 S. mit 1 Stahlst. und 2 Stnt.) Coblenz 851(52,) Hölscher's Verlag. Thlr. –

—— die Prämonstratenser-Abtei Rommersdorf. Nach einer Handschrift und Urkunden-Sammlung des Weihbischofs W. A. Günther bearb. gr. 8. (VII, 184 S.) Coblenz 1882, Schuth.

— Versuch einer medicinischen Topographie von Koblenz. Bei Gelegenheit der Versammlung der Naturforscher in Bonn im Herbst 1835. gr. 8. Koblenz 835. Bädeker. 1/3 ℔

—— s. Wörterbuch der Coblenzer Mundart.

Wegeler, Karl

Ein Jahrhundert im rheinischen Weinhandel, dargest. in der Entstehung und Entwickelung der Firma Deinhard & Co., Coblenz. (1794—1894.) (Verf.: Carl Wegeler.) — Düsseldorf (1894) Schwann. 88 S. 8°

Wegeli s.a. Wegelin.

Wegelj, Armin. (Georg. Augustus) (geb. Stettin 6. 4. 1822): De detractionum sanguinis in corpus humanum effectu. Berolini (1845). (36 S.) 8°

Berlin, Med. Diss. v. 27. Sept. 1845

Wegelj, Arth. (geb. Stralsund 22. 6. 1859): Zwölf Fälle von Puerperaleklampsie. Berlin (1883). (32 S.) 8°

Berlin, Med. Diss. v. 3. Nov. 1883

Wegeli, Eugen Rudolf [app. Arzt aus Moritten, Assistenzarzt d. med. Univ.-Klinik zu Marburg a L.]: Aus d. physiolog. Institut zu Marburg. Casuistische Beiträge zur Kenntniss des Diabetes mellitus im Kindesalter ... (Aus: Arch. f. Kinderheilk., Bd. XIX.) Marburg, *Druck d. Union Deutsche Verlagsges. in Stuttgart,* 1895; 67 S., 1 Tab. 8.

Marburg, Med. Fak., Inaug.-Diss. v. 13. Mai 1895

Neuere Bahnen der wissenschaftlichen Pädagogik. Vortrag von J[ohannes] **Wegeli,** Pastor. (Glowitz): Selbstverl. 1905. (15 S.) 8° [Umschlagt. F.] [05. 10916 B

Glowitzer Denkzettel. Dargereicht am 10jähr. Kirchweihfest von J[ohannes] **Wegeli,** Pastor. Glowitz: Selbstverl. 1901. (24 S.) 8° [F. u. Ant.] [05. 11707

Wegeli, J., Kritizismus, e. Gefahr f. d. geistl. Amtswirksamkeit. E. Vortrag, geh. auf d. Hauptversammlg. d. Verbandes deutscher Pfarrvereine in Danzig am 15. IX. 1898. 8. (29 S.) Glowitz (Pommern) 898. Selbstverlag. — 50

[F. u. Ant.] Kritizismus, eine Gefahr für die geistliche Amtswirksamkeit. E. Vortr., geh. auf d. Hauptvers. d. Verbandes deutscher Pfarrervereine in Danzig am 15. Sept. 1898 v. J. **Wegeli,** Pastor ... *(Labes): Selbstv.; (Dr. v. A. Straube) 1898.* (29 S.) 1 Bd 8. [98. 10534 Gr

Wegeli, Rud.: Zwei schweizer. Bilderzyklen aus dem Anfang des XIV. Jahrh., s. Durrer, Rob.

Wegeli, Rudolf. Inschriften auf mittelalterlichen Schwertklingen. Diss. Phil. I. Univ. Zürich. [Illustriert.] 41 S. 4. Leipzig, August Pries, 1904.

Wegeli, Rudolf. Katalog der Waffen-Sammlung im Zeughause zu Solothurn. Verfasst im Auftrage der h. Regierung von S'. [Mit Figuren und 17 Tafeln.] XVI + 116 S. 8. Solothurn, C. Gassmann, 1905. (fr. 1. —)

Wegeli, R[udolf]. Die Truchsessen von Diessenhofen. [Mit Beilagen und 2 Stammtafeln.] Sonderabdruck aus den thurg(auischen) Beiträgen zur vaterländischen Geschichte, Heft 45, 47 und 48. 158 + XXXV S. 8. Frauenfeld, F. Müller, 1908.

Wegeli. Ulrich [von Diessenhofen (Thurgau)]: Ueber die Darstellung von Chlor nach dem Magnesiummanganit-Verfahren von De Wilde und Reychler und dem Magnesia-Verfahren von Mond. Diessenhofen 1898. 56 S. (Mit 4 Tabellen und 2 Tafeln.) 8°.

Zürich. Phil. Diss. II. S. 1897/98.

Wegelin. Dr. Carl W'. Geboren ... 1832. Gestorben den 22. Juli 1878. Ein Lebensbild. 8. St. Gallen 1878.

Wegelin, der Frühling. Poetische Ergießungen und Schilderungen, gesammelt und geordnet als Stoff zum Anschauungs-Unterrichte und zum Gebrauche als Lese- und Lernbuch für die Unter- und Mittelklassen der Volksschulen. Augsburg 853. Kollmann. 12. (IV, 84 S.) n. 4 ngr.

—— der Herbst. Poetische Ergießungen und Schilderungen, gesammelt und geordnet als Stoff zum Anschauungs-Unterrichte und zum Gebrauche als Lese- und Lernbuch für die Unter- und Mittelklassen der Volksschulen. 12. (IV und 68 S.) Augsburg 852, Kollmann'sche Buchh. *

— der Sommer. Poetische Ergießungen und Schilderungen, gesammelt und geordnet als Stoff zum Anschauungs-Unterrichte und zum Gebrauche als Lese- und Lernbuch für die Unter- und Mittelklassen der Volksschulen. Augsburg 854. Kollmann. 12. (IV, 68 S.) n. 4 ngr.

— der Winter. Poetische Ergießungen und Schilderungen, gesammelt und geordnet als Stoff zum Anschauungs-Unterrichte und zum Gebrauche als Lese- und Lernbuch für die Unter- und Mittelklassen der Volksschulen. Augsburg 854. Kollmann. 12. (IV, 68 S.) n. 4 ngr.

Wegelin, Adrian: Observatio anatomica, s. Bernoulli, Dan.

Wegelin, Antonius Theodorus, Sangallensis: Enumeratio stirpium florae helveticae secundum ordines naturales disposita. Tur. typ. Or. Fuessl. et soc. [O. F. Verl.] 1837. VIII, 82 S., 1 Bl. 8.

Zürich. Med. Diss. v. 23. Sept. 1837.

Wegelin, [Anton] Th[eodor]. Enumeratio stirpium florae helveticae secundum ordines naturales disposita. Dissertatio inauguralis auctore Th. W'. 8. Turici 1838.

Wegelin, B., heilsame Wahrheiten in 60 Predigten an Fest- u. Bußtagen, bei Hochzeiten, Leichen u. andern Anlässen vorgetragen. gr. 4. Zürich 755. Orell. 2 ℔

Wegelin, Bartholomaus. Grundtliche Einleitung In die neueste Geographie .... Alles in Fragen und Antworten verfasset durch Bartholome Wegeli ... 4 [Theile]. 2. und vermehrte Aufl. 8. St. Gallen 1750.

([Theil] 1) *u. d. T.:* Einl' In die n' Geogr' Durch alle vier Welt-Theile ... verfasset ... durch Bartholome W' ... 2. und vermehrte Aufl. St. G' 1750.
([Theil] 2) *u. d. T.:* Kurtzer Begriff der Historie Der Land-Charten so vornehmlich aus Hrn. M. Casp. Gottschlings Versuch von einer Hist' der L'-Ch' ausgezogen ... worden ist. Zum zweytenmal aufgelegt. *o. O.* 1742.
([Theil] 3 *u. d. T.:* Anleitung Zu nutzlichem Gebrauch Der Land-Charten ... St. G' 1736.
([Theil] 4) *u. d. T.:* Kurtze Anleitung zu nutzlicher Betrachtung des Globi Armillaris ... Zum zweytenmahl gedruckt. St. G' *o. J.*

Wegelin, C., und **W. Steinlin,** über Errichtung, Bau und Organisation eines St. Gallischen Kantonsspitals, s. Steinlin, W.

Wegelin, Carl, s. Wegelin, Karl

Wegelin, Carl Theodor, s. Wegelin, Karl Theodor

Wegelin, Daniel (St. Gallen) A. S. 808/44

Dissertatio inauguralis quae ea, quae de jure personarum in II. Romanis disponuntur, cum aliarum gentium institutis conferuntur et ad juris divini, nec non aequitatis naturalis normam expenduntur.
Basel (Lüde) 6. I. 1713. 48 S.

Gew.: Lorenz Werder, Heinrich Hiller, Georg Wartmann, Anton Locher, Andreas Wegelin, Andreas Kunckler, Daniel Kunckler. 35982

Wegelin, Dan., Erinnerungen aus Rußland u. dem Orient, aufgezeichnet während seiner Reisen im Norden, in der Türkei, Palästina, Aegypten u. Griechenland. Herausgeg. von H. Leemann. Mit 13 Ansichten u. 2 Plänen. gr. 12. Zürich 845. (Schultheß.) n. 2 ₰ 14 ngl

—— Palästina. Bilder aus d. heil. Lande, aufgezeichnet während seines Aufenthaltes in Jerusalem. Hrsg. v. H. Leemann. gr. 8. (10½ B., 6 Ans. u. 2 Pläne.) Zürich 845, (Schultheß.) *

Wegelin, Eugen. [1.] Zur Kenntnis einiger Natriumwolframate; [2.] Trennung der Vanadinsäure von der Wolframsäure; [3.] Über die quantitative Bestimmung des Eisens neben Zirkon (nach Rivot). Diss. Phil. [II.] Univ. Zürich. [Mit Figuren.] 73 S. 8. Diessenhofen, C. Forrer, 1906.

Wegelin, F. Sur quelques nouvelles triazines dérivées de la chrysoïdine et de l'orthoamidoazotoluène. In-8°. 54 p. Bâle. Thèse. 1896.

Wegelin, Georg Heinrich (Heilbronn) A. S. 746/17

Dissertatio juris publici de jactitata vulgo ord. Cisterciensis libertate ac exemptione a superioritate et advocatia regionum in S. R. G. imperio dominorum. Präs. Johann Nikolaus Hertz.
Giessen (Müller) 1703. 122 S. 35983

Wegelin, Gustav. Kritische Prüfung der wichtigsten Methoden zur Bestimmung der Salpetersäure. Diss. Phil. [II.] Univ. Zürich. [Mit Figuren.] 135 S. 8. Zürich-Selnau, Gebr. Leemann & Co., 1907.

Wegelin, H., Inhalt der wichtigsten Epoche der deutschen Geschichte. gr. 8. Ebend. 767.

Wegelin, H[einrich]. Beitrag zur Insekten-Fauna der Kantone St. Gallen und Appenzell. S.A. 8. [St. Gallen 1896.]

Wegelin, Hier., animadversiones chymico-medicae de phosphoro. 8maj. Götting. 812 Deuerlich. 12 gl

De Phosphoro. Goettingae (1812:) J.C. Baier. 64 S. 8°
Göttingen, Med. Diss. v. 21. Aug. 1812

Wegelin, Jakob (Daniel)

— Beherzigung d. Beherzigungen. 8. Lindau 762.

(—) polit. u. moral. Betrachtungen über d. Spartanische Gesetzgebung d. Lycurgus. 8. Lindau 763.

— Briefe über den Werth d. Geschichte. gr. 8. Berl. 783. Himburg. (Reimer). 20 gl

— caracteres historiques des Empereurs depuis Auguste jusqu'au Maximin. II Tom. 8. Berl. 768. Rottmann. 3 ₰ 8 gl

— considerations sur les principes moraux et caracteristiques des Gouvernemens. 8. Berl. 766. Haude u. Sp. 10 gl

— discours sur les epoques des forces militaires. 8. Berl. 767.

Wegelin, Jak. (Dn.), († d. 7. Sept. 1791.) die letzten Gespräche Sokratis u. seiner Freunde. 8. Zürich 760.

— religiöse Gespräche d. Todten. 8. Lindau 763.

— histoire universelle et diplomatique. VI Vols. in 4. et in 8. Berl. 776—80. Rottmann. 10 ₰ 12 gl

— Dass. 1r, 2r Bd., ins Deutsche übers. von ihm selbst. gr. 8. Berl. 788. Rottmann. 2 ₰ 12 gl

— memoires historiques sur les principales epoques de l'histoire d'Allemagne. 8. Berl. 766.

— plan raisonné d'une histoire universelle et diplomatique de l'Europe depuis Charlemagne jusqu'à l'an 1740. 8. Berl. 769.

— sur la question : S'il eut été possible de prévenir et d'abréger la guerre de 30 ans ? 8. Berl. 782. Rottmann. 12 gl

— republikan. Reden. 8. Lindau 771.

— s. J. R. Tronchin, Rede.

— Vertheidigung des erhabenen moral. Geschmacks in den schönen Wissenschaften, gegen d. Paradoxe, daß er schädlich seyn könne. 8. Lindau 762.

Wegelin, Jh. Cph., Behandlung ertrunkener Personen, um sie wieder zum Leben zu bringen. 8. Lindau 784.

Wegelin, Johann Christoph (Lindau) A. S. 326/24

Dissertatio inauguralis de dominio maris Suevici vulgo lacus Bodamici. Präs. Christian Gottlieb Buder.
Jena (Croeker) 6. VII. 1742. 66 S.

Gew.: Stadt Lindau.
W. v.: Präs. 35986

Wegelin, J. C. [Praes.], s. Isenflamm, Jakob Friedrich: Diss. de physiognomia pathologica.

Wegelin, Jh. Cph., Diss. inaug. (Praes. Isenflamm) de physiognomia pathologica. 8. Erlang. 781.

Wegelin, Johann Christoph (Lindau) F, ze/28

Dissertatio inauguralis medica de physiognomia pathologica. Präs. Jakob Friedrich Isenflamm.
Erlangen (Elrodt) (24.) V. 1782. 47 S.

Gew.: Stadt Lindau.
W. v.: Präs. 35988

Zeugnisse eines elsässischen evangelischen Glaubenshelden. M. Joh. Georg Wegelin (geb. 1647 zu Wolfisheim u. gest. 1711 zu Leutkirch), Pfarrer zu Reitweiler, Ringendorf, an d. Adelphi-Kirche zu Neuweiler u. zu Leutkirch (Württ.). Hrsg. von Paul Rudi, Pfarrer. Strassburg 1910: Elsass-Lothr. Dr. 114 S. 8° [10. 9703]

Wegelin, (Joh. Gottfrd.), der Herbst. Poetische Ergießungen u. Schilderungen, gesammelt u. geordnet als Stoff zum Anschauungs-Unterrichte u. zum Gebrauche als Lese- u. Lernbuch f. die Unter- u. Mittelklassen der Volksschulen. 12. (IV u. 68 S.) Augsburg 852, Kollmann. n. 4 ngl; cart. n. n. ⅙ ₰

Wegelin, Johann Reinhard

[Wegelin, Joh. Reinh.]: Gründlich-historischer Bericht von der Kayserl. und Reichs Landtvogtey in Schwaben wie auch dem Frey Kayserl. Landtgericht auf Leutkircher-Haid u. in der Priß. Th. 1. 2. o. O. 1755.

— s.a. Bericht von d. kaiserl. Landgericht.

Wegelin, J. R., Bericht v. d. Kaiserl. u. Reichs-Landvogtey in Schwaben. 2 Bde. Fol. Augsb. 792.

Wegelin, Jo. Reinhard (Lindau) A. S. 826/8

De magicis personis et artibus, Von zauberischen Leuten und Künsten, dass solche Warhafftig anzutreffen ... Präs. Wilhelm Hieronymus Bruckner. Rec. o. O. 1723. 28 S.

Diss. Jena 9. V. 1712. 35989

s. Jh. L. Kanfweil, schwäb. Geschichte.

— thesaurus dissert. de liberis ac immediatis var. argum. fol. Augsb. 792.

Wegelin, Jh. Rhrd., († d. 11. Jan. 1764.) Thesaurus rerum Suevicarum, seu Dissertationum selectarum IV Voll. Fol. Lindau 756—60. Otto. 16 ℔ 12 ℊ

Wegelin, Johann Reinhard: „Oesterreichisches Wechsel-Recht, Oder Wienerische Wechsel-Ordnung, Allenthalben mit dienlichen und nöthigen Anmerckungen, wie auch vollständigen Registern versehen", Lindau 1719. — Vorh.: Bücherei der Industrie- und Handelskammer Leipzig.

Wegelin, J. Rhrd.: Oesterr. Wechselrecht, od. Wienerische Wechselordn. mit Anmerkk. *Lindau.* 729. 756. 4. (8 Gr.)

— österreich. Wechselrecht. 4. Lindau, Otto. 729.

Wegelin, Karl

Wegelin, Carl. Über das Adenokarzinom und Adenom der Leber. Diss. Med. Bern ... von K' W'.... ([Mit 1 Tafel. Sep.-Abdr. aus:] Virchow's Archiv [für pathologische Anatomie und Physiologie], Bd. 179.) 61 S. 8. Berlin, Georg Reimer, 1905.

Wegelin, Carl. Neue Beiträge zur Geschichte des sogenannten Appenzellerkrieges vom J. 1405 bis 1408. Nach gleichzeitigen, noch unbenutzten Stadt St. Gallischen Quellen bearb. und hrg. von K' W'.... — *A. u. d. T.:* Die Stadt St. Gallen in ihrem politischen Leben und Treiben zu Anfang des 15. Jahrhunderts.... 8. St. Gallen u. Bern 1844.

Wegelin, Carl. Über die Blutknötchen an den Herzklappen der Neugeborenen. (Hierzu die Tafeln 21—24.) Aus dem pathologischen Institut der Universität Bern. Sonderabdruck aus der Frankfurter Zeitschrift für Pathologie. Hrg. von Bernhard Fischer.... Band 2. Heft 4.... II S. + S. 411—437. 8. Wiesbaden, J. F. Bergmann. 1909.

Wegelin, Karl, Geschichte d. Landschaft Toggenburg. 2 Thle. gr. 8. (23 u. 21 B.) St. Gallen 830, 33, (Huber u. Comp.) à 1 Thlr. 8 Gr.

— Ilphons v. Arr Leben, s. Wort, ein, des Andenkens ꝛc.

Wegelin, Carl. Über Rankenneurome. (Mit 4 Abbildungen auf den Tafeln 28/29.) Sonderabdruck aus der Frankfurter Zeitschrift für Pathologie. Hrg. von Bernhard Fischer.... Band 2. Heft 4.... II S. + S. 485—512. 8. Wiesbaden, J. F. Bergmann, 1909.

Wegelin, Carl, die Regesten der Benedictiner-Abtei Pfävers und der Landschaft Sargans, s.a. **Regesten der Archive in der schweizer. Eidgenossenschaft 4. Bd.**

Wegelin, Carl. Die Regesten der Benedictiner-Abtei Pfävers und der Landschaft Sargans. Bearb. von K' W'.... 4. Chur 1850.

Die Regesten der Archive in der schweizerischen Eidgenossenschaft. Band 1, Heft 4.

Wegelin, Karl, die Stadt St. Gallen in ihrem politischen Leben und Treiben zu Anfang des 15. Jahrhunderts. Nach gleichzeitigen Quellen bearb. A. u. d. T.: Neue Beiträge zur Geschichte des sogen. Appenzellerkrieges vom J. 1405 bis 1408. 8. St. Gallen 844, Huber u. Comp. n. 2/3 ℔

—— die Pfarrkirche St. Laurenzen v. ihrem Ursprunge an bis auf uns. Zeiten. Ein dokumentirt. Beitr. zur Beleuchtung d. Kirchen- u. Reformationsgeschichte d. Stadt St. Gallen. gr. 8. (8½ B.) St. Gallen 832, (Huber u. Comp.)

Wegelin, Carl, von St. Gallen: Der Typhus im Canton Zürich. Zür. F. Wahler u. S. Dr. 1854. 53 S. 8°.

Zürich, Med. Diss. v. 2. Sept. 1854.

Wegelin, Karl Theodor

Wegelin, Carl Theod., Dießenhofen. Dissertatio inauguralis medica de vestitu. Basel; med. Diss. 1750.

Wegelin, Kaspar (Diessenhofen) A. S. 1368/43

Dissertatio physico-mathematica de triangulorum resolutione primario matheseos ad physicam applicatae fundamento, cum annexis thesibus physicis. Präs. Johann Gesner. Zürich (Gessner) II. 1757. 28 S. 35990

W(egelin,) P., die Buchdruckereien der Schweiz, s. Buchdruckereien.

Wegelin, Paul, St. Gallen. Dissertatio medica inauguralis de superfoetatione. Basel, med. Diss. 1746.

Wegelin, Philipp Reinhard (Wertheim) A. S. 158/26

Commentatio academica de tortura in caussis civilibus et delictis levioribus regulariter exsule. Präs. Paul Wilhelm Schmid. Jena (Fickelscherr) 19. IV. 1754. 43 S.

W. v.: Präs., Achaz Ludwig Karl Schmid (Opp.), Friedrich Jakob Birckenstock (Opp.), Johann Friedrich Meticke (Opp.). 35991

Wegelin, Sal., technolog. Schriften. 1s Heft, d. Feuerwerkstellen. 2s Heft, d. Feuerordnung. 8. St. Gallen 832. Huber u. Comp. (à Heft 9 ℊ) 18 ℊ

Wegelin, Sal., technolog. Schriften. 1. Hft. — A. u. d. T.: Die Feuerwerkstätte, od.: Anweis. zur gründl. Behandl. d. Metalle. Für Feuerarbeiter beim Schmieden, Schweißen, Feilen ꝛc. 2., verb. Aufl. 8. (5¼ B.) St. Gallen 833, Huber u. Comp.

—— dass. 2. Hft. — A. u. d. T.: Die Feuerordnung, od. allgem. Vorschriften, wie sich Jedermann im Umgange mit Feuer u. Licht sicher stellen u. im Nothfalle helfen u. retten solle. Nebst Angabe zweckmäß. Löschmittel f. Feuer- u. Spritzenarbeiter, Ortsvorsteher u. Häuserbesitzer. 8. (3½ B.) Ebds. 833.

Wegelin, Salomon, technologische Schriften. 3. Hft. — A. u. d. Ttl.: Specielle Technologie, od. allgemein prakt. Anleitung in den vorzügl. Fächern der techn. Gewerbe, mit besond. Anmerkgn. üb. die verschied. mineralischen Produkte f. Feuer- u. Metallarbeiter ꝛc. Mit viel. auf Erfahrung gegründ. Angaben. gr. 12. (8⅔ B.) St. Gallen u. Bern 842, Huber u. Comp.

Wegelin, Sylv. Sam., De parapoplexia. 16 pp. Bas. 4°. 1766

Wogelin, Th., Enumeratio stirpium florae helveticae secundum ordines naturales disposita. Dissert. inaug. 8maj. (5¾ B.) Turici 838, Orelli, Fuesslini et Soc.

Wegelin & Hübner, Maschinenfabrik und Eisengießerei Act.-Ges.: Prospekt über Pumpen aller Art. Halle a. S. (1902?)

Wegelsburg [Schlagwort]

Wegelsburg. Naeher, J., Panorama v. der Wegelsburg im Wasgau. Autogr. 2 Blatt. qu. Fol. Stuttgart 891. J. H. E. Heitz. n. — 80

Wegemann, Georg, stud. math. et rer. nat. aus Itzehoe: Die Oberflächen-Strömungen des nordatlantischen Ozeans nördlich von 50° N-Br. *Altona 1900: Hammerich & Lesser.* (27 S.) 4° ¶(Aus: Archiv d. Deutschen Seewarte.)
Kiel, Phil. Diss. v. [3. März] 1900

Die Oberflächen-Strömungen des nordatlantischen Ozeans nördlich von 50° N-Br. Von Georg **Wegemann**. Hierzu 4 Karten. *Hamburg 1899: Hammerich & Lesser in Altona.* (27 S.) 4°
= Archiv, Aus dem. d. Deutschen Seewarte. Jg. 22, No 4. [00. 9087

Die Veränderung der Ostseeküste des Kreises Hadersleben v. Georg **Wegemann.** Mit 1 Karte. (Taf. 16.) Abdruck aus Petermanns Mitteilungen. Jg. 53, H. 9. Gotha 1907. 4°

Wegemarken, die farbigen, im Riesen-, Iser- u. Jeschken-Gebirge. Verzeichnis der v. den Gebirgsvereinen farbig bezeichneten Touristenwege. Zugleich gedrängte Übersicht der lohnendsten Gebirgs-Touren in diesen Gegenden. Nr. 1—4. à ca. 10,8×7,4 cm. Warmbrunn, M. Leipelt. — 60
1. Riesengebirge, das, einschliesslich des Bober-, Katzbach-, Rehorn- u. Raben-Gebirges. (18 S.) (907.) — 15
2. Isergebirge, das. (6 S.) (907.) — 10
3. Jeschkengebirge, das. (7 S.) (907.) — 10
4. Riesen-, Iser- u. Jeschken-Gebirge, das, einschliesslich des Bober-, Katzbach-, Rehorn- u. Raben-Gebirges. (29 S.) (907.) — 25

Wege-Markirung der Section Hohnstein des Gebirgs-Vereins für die sächsisch-böhm. Schweiz. Lithogr. gr. 8. Pirna 879, (Diller und Sohn.)

Wege-Markirung der östlichen Umgebung von Leisnig zur Orientirung bei Ausflügen. Lithogr. qu. gr. 8. Leisnig 882, Ulrich.

Wegemund, Richard, Med.-Prakt.: Aus d. 2. Inn. Abt. d. städt. Krankenh. am Friedrichshain zu Berlin. (Dir.: Krönig). Welches ist der zuverlässigste und praktischste Kunstgriff, den Patellarreflex auszulösen? Leipzig 1909: Lehmann. 21 S. 8°
Leipzig, Med. Diss. v. 18. Juni 1909, Ref. Curschmann
[Geb. 21. Aug. 83 Malchow, Kr. Niederbarnim; Wohnort: Berlin; Staatsangeh.: Preußen; Vorbildung: Sophien-Gymn. Berlin Reife O. 03; Studium: Berlin 11 S.; Coll. 21. Juni 09; Approb. 10. Aug. 09.] [U 09. 2898

Wegen. — Auf schmalen Wegen. Erudistisches Monatsblatt für Ethik und Kultur. Jg. 1–3. Hamburg (sp. Berlin-Friedenau): Martens 1897–1900. 8°
Hrsg.: Peter Christoph Martens.

Wegener, s.a. Wegner.

Wegener Logica quid debeat grammaticae. ? S.
Arnsberg, Progr. 1849

Wegener, Ratschläge f. den Anbau v. Laub- u. Nadelholz unter Berücksicht. der Bodenverhältnisse. Zum Gebrauch f. Gross- u. Kleingrundbesitzer verf. (31 S.) gr. 8. Neudamm 906. J. Neumann. n. 1.—

Wegener. Eine am Geburtstage Sr. Majestät des Königs Friedrich Wilhelm IV. gehaltene Rede nebst einem Vorwort des Directors Hoegg. 10 S.
Arnsberg, Progr. 1852

Wegener, die Schiffs-Dampfmaschine u. das Manövriren m. Dampfmaschinen, s.: Hahn.

Wegener. De Uno sive Unitate ap. Graec. philosophos. Pr. 1863. 10 S. 4°. 2.—

Wegener, A., Misdroy, Swinemünde, Heringsdorf etc., s. Grieben's Reise-Bibliothek.

Wegener, A., Mittheilungen üb. das St. Petri-(Knaben-) Waisenhaus. Zum Andenken an die Jubelfeier d. 200jähr. Bestehens. 10. Novbr. 1892. 8. (79 S. m. 1 Bild.) Bremen 892. (Rühle & Schlenker.) n. 1. 60

Wegener, A., die Seebäder der Inseln Usedom und Wollin, s. Grieben's Reise-Bibliothek.

Wegener, Albrecht (Henning), Referendar: Über Wirkung und Anfechtbarkeit des Klaganerkenntnisses und des Klagverzichtes. Berlin 1906: W. Pilz. (60 S.) 8°
Heidelberg, Jur. Fak., Ref. v. Lilienthal, Diss. v. 21. Sept. 1906
[Geb. 18. Okt. 83 Berlin; Wohnort: Berlin; Staatsangeh.: Preußen; Vorbildung: Humboldt-Gymn. Berlin Reife M. 01; Studium: Berlin 1, Tübingen 1, Berlin 6 S.; Rig. 6. Aug. 06.]

Wegener, Alfred, Dr.: Danmark-Ekspeditionen til Grønlands Nordøstkyst 1906—1908. Bd 2. Nr. 1. Saertryk af 'Meddelelser om Grønland' 42. Drachen- und Fesselballonaufstiege. København 1909: Luno. 75 S. 4°(8°) [Umschl.-T.:] Die Drachen- und Fesselballon-Aufstiege der Danmark-Expedition.
Marburg, Phil. Hab.-Schr. v. 1909 [U 09. 3232
(Nicht für den Austausch)

Drachen- und Fesselballonaufstiege von Alfred **Wegener**. København 1909: Luno. 75 S. 4°(8°)
Aus: Meddelelser om Grønland. Nr 42.
(Danmark-Ekspeditionen til Grønlands Nordøstkyst 1906–1908. Bd 2, Nr 1.)
[10. 16917 7

Drachen- und Fesselballonaufstiege ausgeführt auf der Danmark-Expedition 1906–1908 von Alfred **Wegener**. (København: Reitzel i Komm. 1909.) 75 S. 4°(8°)
(Meddelelser om Grønland. Bd 42, Nr 1.) [09. 14073

Wegener, Alfred, a. Berlin: Die Alfonsinischen Tafeln für den Gebrauch eines modernen Rechners. (Berlin 1905: E. Ebering.) (63 S.) 8°
Berlin, Phil. Fak., Ref. Bauschinger, Förster, Diss. v. 4. März 1905
[Geb. 1. Nov. 80 Berlin; Heimatsort: Reinickendorf (West); Staatsangeh.: Preußen; Vorbildung: Köllnisches Gymn. Berlin Reife M. 99; Studium: Berlin 1, Heidelberg 1, Berlin 1, Innsbruck 1, Berlin 6 S.; Rig. 24. Nov. 04.]

Wegener, Alfr., die Alfonsischen Tafeln f. den Gebrauch e. modernen Rechners. Diss. (63 S. m. 1 Taf.) gr. 8. Berlin 905. E. Ebering. n. 3.—

Wegener, Armin, Babel u. Bibel, was sie verbindet u. scheidet. Vortrag. (23 S.) gr. 8. Moskau 903. J. Deubner. — 60

Wegener, Armin, die Wunder Jesu. 12. (21 S.) Moskau 900. (J. Deubner.) n. — 50

Wegener, Arnold, appr. Arzt a. Frankfurt a. M.: Aus dem pathologischen Institut zu Gießen. Über das Sarkom des Oesophagus. Gießen 1904: v. Münchow. (30 S.) 8°
Gießen, Med. Fak., Ref. Bostroem, Diss. v. 16. Aug. 1904
[Geb. 30. Mai 79 Überruhr; Wohnort: Frankfurt a. M., Staatsangeh.: Preußen; Vorbildung: Gymn. Brilon i. W. Reife O. 97; Studium: Würzburg 4, Kiel 1, Marburg 1, Gießen 4 S.; Coll. 14. Aug. 02; Approb. 2. Juli 02.]

Wegener, August [aus Zellerfeld]: Erfahrungen über das Koch'sche Mittel bei Lungentuberculose aus dem Sanatorium Michaelis zu Bad Rehburg ... Göttingen, Druck d. Dieterichschen Univ.-Buchdr., 1891; 34 S. 8°
Göttingen, Med. Fak., Inaug.-Diss. v. [5. März] 1891.

Wegener, Aug., Erfahrungen üb. das Koch'sche Mittel bei Lungentuberculose aus dem Sanatorium Michaelis zu Bad Rehburg. Diss. gr. 8. (34 S.) Göttingen 891. (Vandenhoeck & Ruprecht.) n. — 80

Wegener, Bernhard: *Ueber die Begriffe des ἀγαθόν und καλόν bei Platon. 81 S. 2°
Halle-Wittenberg, Phil. Diss. v. 10. Juli 1876
Geb. [Münchehofe b. Wendisch-Buchholz (Kr. Beeskow-Storkow) 18. 2. 1851]

Wegener, C., s. Wegener, K.

Wegener, C. F. W., allgemeiner Namen- u. Wohnungs-Anzeiger von den Staatsbeamten, Gelehrten, Künstlern, Kaufleuten, Fabrikanten, Handel- u. Gewerbetreibenden, Particuliers, Rentiers rc. in Berlin, nach alphabet. Ordnung eingerichtet. gr. 8. Berl. (o. Jahrz.) Wegener. 1 ℛ 2 ℊ Fein P. 1 ℛ 14 ℊ

— immerwährender Straßenanzeiger d. königl. Haupt- u. Residenzstadt Berlin rc. 2e Aufl. 8. Berl. 821. Boike. 14 ℊ 3e, bis 1830 berichtigte Ausg. gr. 8. Ebd. 830. Recht. 8 ℊ

Wegener, C. H., noch einige Worte über Wechselwirthschaft, mit Bezug auf d. Schrift des Hrn. Dr. Zimmermann. 8. Berl. 811. (Nauck). 12 ℊ

Wegener, Carl, s. Wegener, Karl

Wegener, Carl Hans, s. Wegener, Karl Hans

Wegener, Caspar Frederik, s. Wegener, Kaspar Frederik

Wegener, Chr. Friedr., actenmässige Beiträge zur Geschichte Dänemarks im 19. Jahrhundert. Zugleich eine Beleuchtung der von Droysen und Samwer hrsg. augustenburger Schrift. 1. Thl. gr. 8. (508 S.) Copenhagen 851, Reitzel. *

Wegener, Chr. Fr., Dienst-Instruction vom 23. Oktbr. 1817 für die K. Preuß. Regierungen, mit den wichtigsten spätern Gesetzen u. Verordnungen, wodurch dieselbe bis auf d. neueste Zeit abgeändert, deklarirt u. ergänzt worden ist. Nebst Anhang, enthaltend den wörtl. Abdruck der Gesetze, deren Inhalt im Hauptwerke nicht vollständig aufgenommen worden ist. gr. 8. (rest Register u. Anhang.) Berlin 843, Nauck'sche Buchh. n. 5 ℛ

—— kurze und unpartheiische Geschichte des Landes Schleswig. gr. 8. (26 S.) Kopenhagen 851, Reitzel. *
Aus vorstehendem Werke des Verf. besonders abgedruckt.

—— von der Landeshoheit über das alte Rendsburg auf der Eiderinsel. Mit einer früher ungedruckten Chronik (Hans Wieckes) von der Anlegung des neuen Rendsburg. gr. 8. (233 S.) Kopenhagen 850, Reitzel.

Wegener, C. Frdr. Lebensbeschreibung des Herzogs Maximilian Julius Leopold von Braunschweig. 8. Berlin u. Elbing 1785.

Wegener, Chr. Fr., Nachträge zur Ergänzung u. Berichtigung der Dienst-Instruktion vom 23. Oktbr. 1847 für die K. Preuß. Regierungen, enth. I. Die in dem Zeitraume von der Herausgabe des Hauptwerks im J. 1842 bis zum 1. Febr. 1845, u. II. die bis zum Oktober 1845 erschienenen neuen Gesetze u. Verordnungen. gr. 8. (XVI u. 116 S.) Berlin 847, Nauck'sche Buchhandlung. n. ⅔ ℛ (Mit d. Hauptwerk zusammen n. 5 ℛ)

—— sur l'union politique inséparable du Slesvic et du Danemark. gr. 8. (108 S.) Copenhagen 848, Reitzel. *

—— über die unzertrennliche Verbindung Schleswigs mit Daenemark in staatsrechtl. Beziehung. gr. 8. (115 S.) Copenhagen 848, Reitzel. *

—— das Verfahren in polizeigerichtlichen Untersuchungen nach der Verordnung vom 3. Jan. 1849 mit der Geschäfts-Instruktion vom 23. April 1849 für die Polizei-Anwalte, und mit einem Verzeichniß im allgem. Landrecht und in der Gesetz-Sammlung bis zum Anfange des J. 1849 enthaltenen allgem. polizeil. Strafbestimmungen. Ein Handbuch für Polizei-Richter und Polizei-Anwalte. gr. 8. (VI und 193 S.) Berlin 850, C. Heymann.

—— über das wahre Verhältniss des Herzogs von Augustenburg zum holsteinischen Aufruhre. Eine actenmässige Darstellung nebst Beilagen aus den augustenburgischen Papieren. 1. und 2. Aufl. 1849. und 3. Aufl. gr. 8. (237 S.) Kopenhagen 849, Reitzel. *

Wegener, C. F., Vertheidigung des in der lex regia begründeten vollen Erbrechts der dän. Könige und dän. Königshauses, namentlich Prinz Christians und seiner Gemahlin. Ein Mscr. betr. die dem vereinigten Reichstage vorgelegte Botschaft über die Erbfolge. Aus dem Dän. gr. 8. (24 S.) Kiel 852, Schröder und Comp. *

(——) Zeugnisse von Staatsrechtslehrern, Historikern und andern Gelehrten seit dem J. 1721 über die Verbindung Schleswigs mit Dänemark. gr. 8. (16 S.) Kopenhagen 851, Reitzel.

Wegener, Christian Ludwig (Körlin) A. S. 1202/3

Dissertatio inauguralis medica de vestitus ratione ad valetudinem. Präs. Johann Heinrich Schulze. Halle (Hilliger) V. 1737. 28 S.

35992

Wegener, Clemens August, s. Wegener, Klemens August

Wegener, C., Einleit. zu den Welt- u. Staatsgeschichten der vornehmsten sowohl ehemaligen als heutigen Reiche und Staaten, mit einer Vorrede v. J. P. v. Ludewig. 4. Jena, Melchior. (Gabler.) 743.

Wegener, E., u. J. Grüss, Rad-Rundfahrten in Deutschland. Führer f. Radfahrer. Beschreibender Text mit Karten u. Illustr. 1.—10. Hft. 11. Hft 2 Tle. u. 12.—16. Hft. 12. Berlin, F. Ebhardt & Co. Geb. in Leinw. n. 28.75
1. Thüringen I (südöstlicher Tl.) (94 S.) 899. n. 1.85
2. Thüringen II (nordwestlicher Tl.) (83 S.) 899. n. 1.35
3. Harz. (103 S.) 899. n. 1.50
4. Sächsisch-böhmische Schweiz. (83 S.) 899. n. 1.35
5. Mecklenburgische Schweiz. (64 S.) 899. n. — 90
6. Holsteinische Schweiz. (63 S.) 899. n. 1.—
7. Rügen. (58 S.) 899. n. 1.—
8. Weser-Bergland. — Teutoburger Wald. (112 S.) 899. n. 1.50
9. Rhein, Mosel u. Eifel. (130 S.) 899. n. 1.50
10. Der Rhein. — Der Taunus. (XXIV, 89 S.) 899. n. 1.50
11. I. Mark Brandenburg. 1. Tl. (Nördlich Berlins.) (166 S.) (900). n. 1.65
II. Dasselbe 2. Tl. (Südlich Berlins.) (S. 167—294 u. VIII S.) (900.) n. 1.65; (1 u. 2 in 1 Bde. n. 3.—)
12. Ostseestrand-Ostseebäder (Danzig-Lübeck). (115 S.) 899. n. 1.50
13. Odenwald u. Neckarthal. (83 u. II S.) (900.) n. 1.50
14. Der Schwarzwald. (VIII, 87 S.) (900.) n. 1.50
15. Die fränkische Schweiz u. das Fichtelgebirge. (83 S.) (900.) n. 1.50
16. Maingegend. Amtliches Tourenbuch des Gau X Würzburg des D. R. B. (VIII, 84 S.) (900.) n. 1.50

Wegener, Ed., s. van de Linde, die Pflegetochter.

Wegener, Ed., das Patent und Reglement für die Königl. Preußische allgemeine Wittwen-Verpflegungs-Anstalt vom 28. Decbr. 1775, unter Benutzung der Akten dieses Instituts bearb. gr. 8. (VIII und 72 S.) Berlin 862, v. Decker'sche geheime Ober-Hofbuchdruckerei. *

Wegener, Ed., zum Zusammenhang von Sein und Denken. Ein Beitrag zur Theorie einer vierten Raumdimension. gr. 8. (23 S.) Leipzig 879, Mutze.

Wegener, Ed., zum Zusammenhang von Sein u. Denken. Ein Beitrag zur Theorie der 4. Raumdimension. 2. Aufl. gr. 8. (23 S.) Leipzig 899. O. Mutze. n. —50

Wegener, Eduardus: De insufficientia valvularum semilunarium aortae. Halis Saxonum (1864): Orphanotropheum. 29 S. 8°
Halle-Wittenberg, Med. Diss. v. 11. Mai 1864
Geb. Luckow bei Ueckermünde (Pomm). [5. 8. 1837]. V.

Wegener, Emil [aus Potsdam]: De Aeschyli et Sophoclis fabulis ad Herculem spectantibus. . . . Halle a. S., Hofbuchdr. v. C. A. Kaemmerer & Co., 1889; 38 S. + 1 Bl. 8°
Halle, Phil. Fak., Inaug.-Diss. v. 11. Jan. 1890

Wegener, Emil; Feldmann, Ludwig; Flessing, Hans; Festschrift zum 50jähr. Bestehen der Charlottenburger Turngemeinde, Charlottenburg 1908, 66 S., Gr.-8°.

Wegener, Emil, das Russische Stempelpapier in Beziehung auf das bürgerliche Recht. Eine auf Antrag der Juristen-Facultät u. Verfügung des Conseils der Kaiserl. Universität Dorpat gedruckte Candidatenschrift. Mit Tabellen. gr. 8. Dorpat 837. (Severin.) n. ¾ ℛ

Wegener, Ernst, Hell, Kaiser, Dir!, s.: Jugendbühne.

Wegener, Ernst, Jugend-Lieder und Balladen. 16. (139 S.) Berlin 864, Schindler. * 20 Ngr.; geb. mit Goldschn. *

Wegener, F. G. Wilhelm (Hrsg.), s. Hauskalender. Allgemeiner sehr curieuser ...

Wegener, F. H., üb. d. Branntweinbrennen, s. Wagner.

Wegener, F. W. Vom Gebrauche des Accusativ's im Englischen. Königsberg i. P., Löbenicht'sche H. B., 1852. 23 S. 4. **Progr.**

Wegener, Fedor Aler, der entscheidende Augenblick. Socialer Roman. 2 Bde. 8. (209 u. 182 S.) Berlin 850, Simion (jetzt: Leipzig, Voigt & Günther). 2 ℛ

Wegener, Ferdinand, approb. Arzt aus Reinfeld i. Holst.: Über **Knochenbildung** im menschlichen Auge. *Kiel 1900: H. Fiencke.* (33 S.) 8°
Kiel, Med. Diss. v. [19. Juni] 1900

Wegener, Frz. Hnr., († ...) über d. **Branntweinbrennen. 4.** Braunschw. 794. Autor. 3 ℛ 4 gℛ Wohlf. Ausg. 804. Lucius. 12 gℛ Neueste Ausg., ein Werk einzig in seiner Art. Neueste Aufl. 8. Straßb. 800. (André in Leipz.) 16 gℛ

— allgemeine deutsche Fruchtessigsiederei. 8. Brandenb. 801. Leich. (Centr.-Compt. in Leipz.) 12 gℛ

Wegener, Frdr., die Arbeiten des Maurers u. des Zimmermanns, des Tischlers u. Dachdeckers, sowie die Feuerungsanlagen. Ein Nachschlage- u. Vorbereitungsbuch f. die Abgangsprüfg. an Baugewerksschulen u. e. Handbuch f. Maurer-, Zimmermeister u. Architekten, sowie f. die Studierenden des Maschinenbaues, des Straßen- u. Eisenbahnbaues u. der Landwirtschaft bearb. gr. 8. (VIII, 374 S. m. 633 Holzschn.) Fulda u. Leipzig 894. J. J. Arnd. Geb. in Leinw. n. 9. —

Wegener, Frdr., die Arbeiten des Maurers u. Zimmermanns, des Tischlers u. Dachdeckers, sowie die Feuerungsanlagen. Ein Nachschlage- u. Vorbereitungsbuch f. die Abgangsprüfg. an Baugewerkschulen u. e. Handbuch f. Maurer, Zimmermeister u. Architekten. (VIII, 374 S. m. 633 Abbildgn.) Leipzig 903. J. J. Arnd. Geb. in Leinw. n. 9. —

Wegener, Frdr., d. Bautischlerarbeiten. [Aus: „W., Baukonstruktionen".] E. Nachschlage- u. Vorbereitungsbuch für d. Abgangsprüfg. an Baugewerksschulen u. e. Handbuch für Maurer-, Zimmermeister u. Architekten, sow. f. d. Studierenden d. Maschinenbaues, d. Straßen- u. Eisenbahnbaues u. d. Landwirtschaft. gr. 8. (II u. S. 271—299 m. 62 Illustr.) Leipzig 896. J. J. Arnd. n. — 80

Wegener, Frdr., Dornröschen, e. scherzhaft Märlein f. große u. kleine Kinder. Auf's neue erzählt. Mit Buchschmuck versehen durch Wilh. Jordan. gr. 4. (51 S.) Berlin (901). Dr. M. Skarek & Co. Kart. n. 1. 50

Wegener, Frdr., Dornröschen. 901. (KBL 32.) Jetzt: Potsdam, Bonneß & Hachfeld.

Wegener, Friedrich: Dornröschen, ein scherzhaft Märlein für grosse und kleine Kinder. Auf's neu erzählt von —. mit Bildschmuck versehen durch Wilh. Jordan. Berlin: M. Sklarek & Co. [1902]. (48 S.) 4°

Wegener, Friedrich: Die Entwickelung des Bedarfs an Handarbeit in der ostpreußischen Landwirtschaft des 19. Jahrhunderts. Merseburg 1905: F. Stollberg. (56 S.) 8°
¶(Vollst. erschienen in „Landwirtsch. Jahrbücher", Jg. 34, H. 3/4 1905.)
Königsberg, Phil. Fak., Ref. Gerlach, Diss. v. 8. Juni 1905
[Geb. 9. Juli 66 Arnoldsdorf (Jerentowitz) in Westpr.; Wohnort: Berlin; Staatsangeh.: Preußen; Vorbildung: Gymn. Rössel in Ostpr. Reife O. 87; Studium: Halle 1, Königsberg 2, Berlin 2, Königsberg 2 S.; Rig. 27. Juli 04.]

— d. Feuerungsanlagen f. häusl. u. gewerbl. Zwecke. [Aus: „W., Baukonstruktionen".] E. Nachschlage- u. Vorbereitungsbuch f. d. Abgangsprüfg. an Baugewerksschulen u. e. Handbuch für Maurer-, Zimmermeister u. Architekten, sow. f. d. Studierenden des Maschinenbaues, des Straßen- u. Eisenbahnbaues u. d. Landwirtschaft. gr. 8. (II u. S. 300—374 m. 112 Illustr.) Ebd. 896. n. 1. 50

Wegener, Frdr., der Freiheitskampf des Mittelstandes, s. a. Wollen, deutsches.

Der Freiheitskampf des Mittelstandes. Von Dr. Friedrich **Wegener**, Steglitz-Berlin. Prenzlau: A. Mieck 1906. (103 S.) 8° [F.]
= **Wollen**, Deutsches. Bd 3. [06. 934]

Altstädt. Langgasse Nr. 29. Studien z. Gesch. einer Königsberger Buchdruckerei von Friedrich **Wegener**. *Königsberg i. Pr.: Ostpreuss. Dr. u. Verl. Anst. 1901.* (80 S.) 8° [F.] [01. 10146 10

Wegener, Fr., Schillers Lied v. d. Glocke. Für den Schulgebr. bearb. gr. 8. (V, 66 S.) Gotha 897. F. A. Perthes. n. — 80

Wegener, Frdr., jungdeutsche Lieder. gr. 8. (61 S.) Leipzig 895. Arw. Strauch. n. 1. —

Wegener, Friedrich: Lieder aus Ostpreussen von Friedrich Wegener u. Ernst Otto Nodnagel. Op. 31. Königsberg i. Pr.: Ostpr. Zeitungs- u. Verl.-Dr. 1900. (7 S.) 4°

Wegener, Friedrich: Über Markthallen, m. bes. Berücks. d. Königsberger Verhältnisse. Vortrag, geh. ... zu Königsberg i. Pr. v. Friedrich Wegener ... Königsberg: Ostpr. Zeitgs- u. Verl.-Dr. 1899. (23 S.) 1 Bd 8°

Wegener, Frdr., die deutschkonservative Partei u. ihre Aufgaben f. die Gegenwart, s. a. Politik, die. 4. Heft.

Wegener, Friedr., Die deutschkonservative Partei und ihre Aufgaben für die Gegenwart. 3. Aufl. Berlin 1905. 8°.
(= Politik erörtert von Friedr. Wegener. H 4.)

Wegener, Fr., sei getreu bis in den Tod! Das Lebensbild v. zwei Vereins-Veteranen. Für die liebe Jugend kurz erzählt. 8. (16 S. m. 2 Bildnissen.) Elberfeld 900. Buchh. des westdeutschen Jünglingsbundes. n. — 10

Wegener, Frdr. Wilh., das Leben der Thiere. Bilder u. Erzählungen. Nebst einem Vorwort v. (H. G.) Ludw. Reichenbach. gr. 16. (XLVIII u. 212 S. m. eingedr. Holzschn.) Leipzig 851, Weber. In Engl. Einb. n. 1⅓ ℛ

Wegener, G. F. L., Nachricht von den königl. preuß. Dragonerregiment von Werther, seit dessen Stiftung 1717. 8. Königsb. 797. Hartung. 5 gℛ

Wegener, G. H., Briefe an den Pastor C. B. König über das 2. Hft. seines rechten Standpunktes. Ein ruhiges Wort f. die Schrift mit ganz bescheidentlich gegebenen Winken f. König's fernere schriftstellerische Thätigkeit. gr. 8. (3 B.) Magdeburg 844, Falckenberg u. Comp. *

Zur denkwürdigen Erinnerung an den Eintritt Sr. Majestät des Königs Georg V. in den Freimaurerorden. Or. von Hannover, 14. Jan. 1857. [Unterz.: G. H.] **Wegener.** In tiefster Ehrfurcht dargebracht von den Gebr. Jänecke. [Hannover 1857.] 4 Bl. 4° [Umschlagtit.]
Abgedr. in: Wegener, G. H.; Mrische Gedichte. 2. Ausg. 1861 S. 155—157.
Gedicht: „Hört Ihr des Bundes Säulen hell erklingen?"

Die Freiheit des Maurers. [Unterz.: G. H.] **Wegener.** [Hannover 1845.] 1 Bl. 8° [Kopftit.]
Gedicht: „Die Freiheit, die ich meine, die ich liebe, . . .“

[Gedicht.] **Zur Feier des Säcularfestes der St. Johannis-Loge Friedrich zum weissen Pferde zu Hannover. Am 29. Jan. 1846. [Unterz.: G. H.] Wegener. [Hannover 1846]: Jänecke. 2 Bl. 8° [Umschlagtit.]**
Abgedr. in: **Wegener**, G. H.: Mrische Gedichte. 2. Ausg. 1861 S. 68—70.
„Erhab'ner Geist! Du den die Welten preisen, . . .“

[Gedicht.] Dem Br. Georg Phil. Holscher zu dessen 50. Geburtstag und 25. Jahrestag seiner Aufnahme in den Maurerbund von den Mitgliedern der Loge [zur Ceder in Hannover]. Den 10. Nov. 1842. [Unterz.: G. H.] **Wegener.** Hannover [1842]: Jänecke. 2 Bl. 2° [Umschlagtit.]
Abgedr. in: Wegener, G. H.: Mrische Gedichte. 2. Aufl. 1861 S. 71—73.
„Gleich milden Sternen leuchten manche Stunden . . .“

Maurerische Gedichte von G. H. **Wegener.** Hannover: [Selbstverl., Leipzig: Weinedel in Komm.] 1850. 114 S. 8°

[Dasselbe.] 2. verm. Ausg. Hannover: Rümpler 1861. 174 S. 8°
Recens. f. 1. Ausg.: Brblr. 1850 S. 14—15 (H. E. Apel); FZ. 4 (1850) S. 278—279.
f. 2. Ausg.: Bh. 4 (1861) S. 117—118; FZ. 15 (1861) S. 224 (H. W. Sausse).
Tt. 2381.

Gott, Natur, Menschheit. [Unterz.: G. H.] **Wegener.** [Hannover: 1845.] 2 Bl. 8° [Kopftit.]
Abgedr. in: **Wegener**, G. H.: Mrische Gedichte. 1850 S. 1—24; 2. Aufl. 1861 S. 27—31.
Gedicht: „Drei heil'ge Hieroglyphen stehn im Tempel, . . .“

Hymnus an die Maurerei. Beim Johannis-Feste des □ Kränzchens Augusta 1870 vorgetragen. [Von G. H. **Wegener.**] [Augsburg 1870.] 1 Bl. 4°. [Kopftit.]
„Fest der Rosen, Fest der Sonne“ . . .

Lied an die Natur. Vom Br [G. H.] **Wegener.** Hannover 1845: Jänecke. 16 S. 8° [Umschlagtit.]
Gedicht in 3 Gesängen: „Sei mir gegrüsst, Natur im Frühlingsglanze . . .“ 65.

Das Vaterunser des Freimaurers. Gedichtet vom Br [G. H.] **Wegener.** [Hannover] o. J.: Jänecke. 2 Bl. 8° [Kopftit.]

[Dasselbe.] [Ohne Verf.angabe.] Ebendas. o. J. 4 Bl. 8° [Umschlagtit.]
Abgedr. in: A. 11 (1844—1845) S. 213—216; Zd. 10 (1846) S. 3—6; FZ. 57 (1903) S. 123 bis 124; H. 14 (1903) No 6; Führer. 31 (1903 bis 1904) No 11; BayrBbl. 5 (1904—1905) S. 254—257; **Arndt**, W.: Festliche Stunden i. Leben d. Mrs. 1906 S. 1—4.
„Ich rufe Dich!“ 2 Bl. in 25; 4 Bl. in 462.

[Andere Ausg. u. d. Tit.:]
Das Vater unser des Freimaurers. [Von G. H. Wegener. Worms] o. J.: [Boeninger]. 2 Bl. 8° [Kopftit.]
Darin:
Ein Gespräch zwischen Vater und Sohn auf einem Spaziergang nach Zell im Febr. 1875.
Zwei Gedichte: 1. „Ich rufe Dich!“, 2. „Es dröhnt die Erde, es hämmert so laut, . . .“

[Umarb. u. d. Tit.:]
Cantate zum 96. Stiftungsfeste der Loge z. Harmonie [in Chemnitz] am 23. Mai 1895. Das Vater unser der Freimaurer. Gedicht von [G. H.] Wegener. Musik von F[riedr.] **Mejo**, arrang. von J[oh.] G[ottlieb] **Pröhl**. o. O. [1895]. 2 Bl. 8° [Kopftit.]
Ohne Noten: „Wir rufen Dich!“

Wegener, G. W.

— Furcht v. d. Cometen. 4. Berlin, Haude. 744.

Wegener, G. W., spicilegium observation. ad capitulation. Caroli VI. 4. Frcf. 714.

Wegener, Geo., Deutschland im Stillen Ozean, s. a. Land u. Leute.

Deutschland im Stillen Ozean. Samoa, Karolinen, Marshall-Inseln, Marianen, Kaiser-Wilhelms-Land, Bismarck-Archipel u. Salomo-Inseln. Von Georg **Wegener**. Mit 140 Abb. nach photogr. Aufn. u. 1 Karte. *Bielefeld & Leipzig: Velhagen & Klasing 1903.* (156 S.) 4°(8°) [F.]
= Land u. Leute. 15. [04. 3038

Wegener, Geo., zum ewigen Eise. E. Sommerfahrt ins nördl. Polarmeer, u. Begegnung m. Andrée u. Nansen. Mit zahlr. Abb. nach Entwürfen v. Hans W. Wieland u. nach Photographieen nebst 2 (farb.) Karten. 2. Aufl. gr. 8. (XI, 369 S.) Berlin 897. Allgem. Verein für Deutsche Litteratur. n. 6. —; geb. in Leinw. n. 7.50

Wegener, Georg. Die deutschen Eisenbahnen in Schantung. Mit einer Karte der geplanten Bahnlinien. ([S.-A.] Preussische Jahrbücher. Bd. 105. Heft 2. S. 226—240.) Berlin 1901. 15 S. 8°.

Wegener, Georg: Aus d. Zoolog. Mus. d. Univ. zu Königsberg. Die Ektoparasiten der Fische Ostpreussens. 〈Mit 45 Textfig. u. 2 Taf.〉 Königsberg i. P. 1910: Leupold. 96 S. 4°(8°) ¶(Aus: Schriften d. physik.-ökon. Gesellsch. zu Königsberg i. P. Bd 50, H. 3. 1909.)
Königsberg, Phil. Diss. v. 18. April 1910, Ref. Braun
[Geb. 20. Okt. 85 Pillau; Wohnort: Königsberg i. P.; Staatsangeh.: Preußen; Vorbildung: Oberrealsch. Königsberg Reife O. 04; Studium: Königsberg 11 S.; Rig. 26. Juli 09.] [U 10. 2632

Wegener, Georg: Die Entschleierung der unbekanntesten Teile von Tibet und die tibetische Centralkette. ([S.-A.] Festschrift für Ferd. Frhr. v. Richthofen. 1893.) Berlin 1893. 34 S. 8°.

Wegener, Geo., s.: Genthe's, Siegfr., Reisen.

[F.] Herbsttage in Andalusien. Von Georg Wegener. M. 21 Vollb. 2. Aufl. *Berlin: Allg. Ver. f. Deutsche Litt. 1895.* (4 Bl., 322 S., 21 Taf.) 1 Bd 8.
(Allg. Ver. f. Deutsche Litt. Abt. 21. [No 4.]) [96. 253

— Herbsttage in Andalusien. 8. [Titel-] Aufl. gr. 8. (VII, 322 S. m. 21 Vollbild.) Ebd. (895) 896. n. 6. —; geb. in Leinw. n. 7. 50

— s.: Kolonialreich, das deutsche.

Wegener, Geo., zur Kriegszeit durch China 1900/1901. 2. Aufl. gr. 8. (VIII, 405 S. m. Abbildgn. u. 1 farb. Karte.) Berlin 902. Allgemeiner Verein f. deutsche Litteratur. n. 7. 50; geb. n. 9. —

— nach Martinique, s. a. Sammlung belehrender Unterhaltungsschriften f. die deutsche Jugend. 18. Bd.

Nach Martinique. Erlebnisse u. Eindrücke von Georg Wegener. Mit 2 Karten u. 8 Ill. Berlin: H. Paetel 1905. (VIII, 96 S.) 8° [F.]
= Sammlung belehrender Unterhaltungsschriften f. d. deutsche Jugend. Bd 18. [07. 11420

Wegener, Georg: Nord-Tibet und Lob-nur-Gebiet in der Darstellung des Ta-Thsing i Thung yu thu (erschienen zu Wu-tshang-fu 1863), unter Mitwirkung des Herrn Karl Himly in Wiesbaden herausgegeben. Mit einer Tafel. ([S.-A.] Zeitschrift der Gesellschaft für Erdkunde zu Berlin. Bd. 28. 1893.) Berlin 1893. 42 S. 8°.

— deutsche Ostseeküste, s. a. Land u. Leute. VII.

Deutsche Ostseeküste. Von Georg Wegener. M. 150 Abb. u. e. farb. Karte. *Bielefeld & Leipzig: Velhagen & Klasing 1900.* (168 S.) 8°
= Land u. Leute. Monographien z. Erdkunde. 7. [00. 7800 10

Reisen im Westindischen Mittelmeer. Fahrten u. Studien in den Antillen, Colombia, Panama u. Costarica im J. 1903 von Dr. Georg Wegener. Mit Abb. u. 4 Kartenskizzen. 2. Aufl. Berlin: Allgem. Ver. f. Deutsche Lit. 1904. (VI, 302 S.) 8° [F.]
= Verein, Allgemeiner, f. Deutsche Literatur. Bd 31, [1.] [05. 6411

[F.] Der Südpol. Die Südpolarforschg u. d. deutsche Südpolar-Expedition. Von Dr. Georg Wegener. M. Petermann's Karte d. Südpol-Gebiete in 1 : 40 000 000 sowie 1 Kartensk. d. deutsch. Südpolar-Exped. *Berlin: H. Paetel 1897.* (66 S., 2 Kt.) 1 Bd 8. [97. 6153

Wegener, Geo., Tibet u. die engl. Expedition, s. a. Geographie, angewandte.

Wegener, Georg: Tibet und die englische Expedition. Von Dr. —. Mit 2 Karten u. 8 Vollbild. Halle a. S.: Gebauer-Schwetschke 1904. (147 S.) 8°
Geographie, Angewandte. Ser. 2, H. 1.

Wegener, *Karl Friedrich Wilhelm* Georg [Berlin]: Versuch einer Orographie des Kwen-Lun ... M. 2 Ktn. (Aus: Zeitschr. d. Ges. f. Erdk. zu Berlin. Bd. XXVI.) Marburg, Druck v. W. Pormetter in Berlin, 1891; 110 S., 1 Bl., 2 Ktn; 8.
Marburg, Phil. Fak., Inaug.-Diss. v. [18. Aug.] 1891

Wegener, Georg: Der grosse Wall von China. (Vom Fels zum Meer. Jahrg. 13. Heft 8. S. 201—209.) Stuttgart 1894. 9 S. 4°.

Wegener, Georg Friedrich [aus Woldegk (Mecklenburg-Strelitz)]: Ueber Kehlkopfmuskel-Lähmung als Symptom der Tabes dorsalis .... Berlin, Buchdr. v. Gustav Schade (Otto Francke) (1887); 28 S. + 2 Bl. 8°.
Berlin, Med. Fak., Inaug.-Diss. v. 12. März 1887.

Wegener, Georg Friedrich, über Kehlkopfmuskel-Lähmung als Symptom der Tabes dorsalis. Diss. Berlin 1887, Mayer & Müller. 8°. 28 S.

Wegener, Gerhard [app. Arzt aus Luckow (Pomm.)]: Ueber Epididymitis tuberculosa. Anatomische Untersuchung. ... Würzburg, Druck d. F. Röhrl'schen Buchdr., 1890; 34 S. 8°
Würzburg, Med. Fak., Inaug.-Diss. v. 1890

Im steinernen Meer. Roman aus d. Berliner Leben von Gertrud Wegener. Berlin: H. Walther [1906]. (347 S.) 8° [F.] [06. 15084

Wegener, Cf., annotata in Matthaeum. 4. Lips. 705. Rthlr.

— wahres Christenthum, kurz u. gut. 8. Ebend. 715.

— elegantiae stili Corneliani. 8. Custr.n. 705.

— theologia fidei secundum methodum Koenigii tripartita. 8. Lips. 723.

Wegener, H., Lieder für gebildete Söhne u. Töchter, mit Clavierbegleitung. gr. 4. Hannov. 815. Hahn. 1 ₰ 8 gr

— Melodien zu Hoppenstedts Liedern. 2r Thl. 4. Hannov. 818. Hahn. 16 gr

Wegener, Hans

— Eichendorffs „Ahnung u. Gegenwart". (79 S.) gr. 8. Leipzig-Gohlis 909. Raschwitz, B. Volger. 1. 50

Eichendorffs 'Ahnung und Gegenwart'. Von Hanns Wegener. Leipzig-Gohlis: Volger 1909. 79 S. 8° [11. 6638

Wegener, Hanns, Ferdinand Avenarius, s. a. Beiträge zur Literaturgeschichte.

Ferdinand Avenarius, der Dichter. Von Hanns Wegener. Leipzig: Verl. f. Lit., Kunst u. Musik 1908. (34 S.) 8° [F.]
= Beiträge z. Literaturgeschichte. H. 46. [08. 3800

Pfarrer Bourrier in Paris, sein Übertritt und sein Werk. Von H. Wegener, Pastor in Moers. Mit 3 Abb. 3. Aufl. *Düsseldorf: C. Schaffnit 1902.* (40 S.) 8° [F.] [03. 9340 B

— Das nächste Geschlecht. Ein Buch zur Selbsterziehg. f. Eltern. Das sexuelle Problem in der Kindererziehg. 1.—20. Taus. (190 S.) 8. Gießen 909. A. Töpelmann. 2. —; geb. 3. —

— Geschlechtsleben u. Gesellschaft. Das sexuelle Problem u. der soziale Fortschritt. 1.—10. Taus. (209 S.) 8. Hagen (910). O. Rippel. Geb. 2.—; in Leinw. 3. —

Wegener, Hans, der Gustav-Adolf-Verein in der Schule. (IV, 144 S.) gr. 8. Leipzig (904). A. Strauch. n. 1. 50

— wir jungen Männer (Das sexuelle Problem), s. a. Brunnen, der.

Hans Wegener. Wir jungen Männer. Das sexuelle Problem d. gebildeten jungen Mannes vor d. Ehe: Reinheit, Kraft u. Frauenliebe. 1. bis 10. Taus. Düsseldorf & Leipzig: K. R. Langewiesche [1906]. (216 S.) 8°
= Brunnen, Der. Bd 1. [06. 6741

— Morgendämmerung in der Steiermark. Erlebtes u. Erlauschtes aus der Los v. Rom-Bewegg., m. Geleitwort v. Pet. Rosegger. (Neue [Titel-]Ausg.) (IV, 175 S. m. Abb.) 8. Moers [902] 904. A. Steiger. 1. 20

— s.: Reden, drei, zum Gedächtnis des usw. Dr. Johannes Zahn.

Wegener, Hanns, s.: Suchen, das, der Zeit.

— Wir wollen leben! 1.—6. Taus. (108 S.) 8. Hagen (910). O. Rippel. 1. 20

Wegener, Hans Georg, Kammergerichtsrefer.: Setzt dem Begriffe des Tiergartens im Sinne des B.G.B. § 960 Abs. 1 der Umfang des eingehegten Gebietes Schranken? Berlin 1908: Pilz. 53 S. 8°
Heidelberg, Jur. Diss. v. 1908, Ref. Heinsheimer
[Geb. 11. Sept. 82 Berlin; Wohnort: Berlin; Staatsangeh.: Preußen; Vorbildung: Friedrich-Wilhelms-Gymn. Berlin Reife M. 02; Studium: Berlin 1, München 1, Berlin 4 S.; Rig. 5. Aug. 08.] [U 09. 1929

Wegener, Heinr., Fibel zum ersten Leseunterrichte methodisch und streng stufenweise bearb. 8. (48 S.) Göttingen 868, Deuerlich'sche Buchh. geb. *

Wegener, Heinr., Fibel zum ersten Leseunterrichte, methodisch und streng stufenweise bearb. 3. verm. und verb. Aufl. 8. (IV, 82 S.) Göttingen 881, Deuerlich'sche Buchh.

Wegener, H., s.: Hülfsbuch bei dem geograph., geschichtl., naturgeschichtl., physikal. u. deutschen Unterrichte in Volksschulen.

Wegener, H. Römische Kämpfe u. Gelüste. Ein dringl. Mahnruf an das evangel. Deutschland. gr. 8. (29 S.) Hannov.-Linden 889, Manz u. Lange. * — 50

Wegener, H., Lehrbuch für gewerbliche Fortbildungsschulen. gr. 8. (IV, 107 S.) Hannover 887, C. Meyer. cart. *

Wegener, H., deutsche Musterstücke in Poesie, nebst kurzen Nachrichten üb. die bedeutendsten Dichter u. das Notwendigste üb. Metrik u. Poetik. 8. (IV, 199 S.) Hannover 885. Meyer. cart. n. 1. 20

Wegener, H., zur Notlage d. „modernen“ Theologen. E. herzl. Bitte an Gemeinden u. Hirten, veranlaßt durch d. neuesten kirchl. Beweggn. in Hamburg. gr. 8. (22 S.) Hamburg 895. Gebr. Lüdeking. n. — 50

Wegener, H., der Religionsunterricht in concentrischen Kreisen. Ein Hülfsbuch für Kinder in luther. Schulen. 8. (164 S.) Göttingen 879, Spielmeyer. * M. 1.; geb. *

Wegener, Heinr., practische deutsche Sprachlehre für Volksschulen. gr. 8. (VIII und 85 S.) Hildesheim 865, Fincke'sche Buchh.

Wegener, Helene. Die Relationen Napoléons I. zum Königreich Westfalen, im besonderen durch die Mission des kaiserlch. Gesandten, Grafen (Karl Fr[ie]d[rich]) Reinhards am Kasseler Hof. 1807 – 1813. Teil 1. Diss. Phil. Bern. II + 69 S. 8. Breslau, H. Fleischmann, 1905.

Wegener, Hermann

Wegener, H., e. Beitrag zur Rostocker Anlagenflora. [Aus: „Archiv d. Vereins d. Freunde d. Naturgeschichte in Meckl.“] gr. 8. (8 S.) Güstrow 893. (Opitz & Co.) n. — 25

Wegener, Herm., Geschichte der christl. Kirche auf dem Gesellschafts-Archipel nebst ausführl. Schilderung des früheren Zustandes d. Insulaner, nach den Quellen bearb. Mit einem Vorworte von Aug. Neander. 1. Bd., enthaltend die Einleitung u. die Geschichte der Mission bis zum Umsturze des Heidenthums. gr. 8. (Mit 1 lith. Portrait, 1 Facsimile u. 2 lith. Karten.) Berlin 844, Amelang'sche Sort.-Buchh. n. 2 Thlr.

Wegener, Herm., zur Pilzflora der Rostocker Umgebung. [Aus: „Archiv d. Freunde der Naturgesch. in Meckl.“] gr. 8. (28 S.) Güstrow 894. (Opitz & Co.) n. — 40

Wegener, Hermann [app. Arzt aus Göttingen]: „Über Pyosalpinx“ ... Leipzig-Reudnitz, Druck v. M. Hoffmann, 1895; 32 S., 1 Bl. 8.
Würzburg, Med. Fak., Inaug.-Diss. v. 1895

Wegener, Hugo, was ist's m. dem Alkohol?, s.: Volksschriften zur Aufklärung üb. die natürliche Lebensweise. 9. Hft.

Wegener, J. F. W., dreißig Fabeln mit Bildern. Leipzig 858. G. Wigand. 4. (2 Bl., 60 S. mit Holzschn. im Text.) n. 1 Thlr.

—— das Hühner-Buch. Beschreibung aller bekannten Hühnerarten, Anleitung zu ihrer Zucht, Wartung und Pflege, und Belehrung über Erkenntniß und Heilung ihrer Krankheiten. 8. (XII und 244 S. mit 90 nach der Natur gezeichn. Abbild. in eingedr. Holzschn.) Leipzig 861, Weber. *

Wegener, J. F. W., das Hühner-Buch. Beschreibung aller bekannten Hühnerarten u. Anleitg. zu ihrer Zucht, Wartg. u. Pflege. Nebst Anh. üb. sonst. Haus- u. Ziergeflügel. Mit 100 nach der Natur gezeichneten Abbildgn. (in eingedr. Holzschn. u. 1 Tondr.-Bilde.) 2. verm. u. verb. Aufl. gr. 8. (XVI, 358 S.) Leipzig 877. Weber. n. 5. —; geb. n.n. 6. —

Wegener, J. G. W., üb. die erweckende u. tröstende Hoffnung: Wir werden uns wieder sehen ꝛc. Gast- und Abschiedspredigt. gr. 8. Stendal, Franzen und Groß. 812. — 3

Wegener, J. G. W., über d. erweckende u. tröstende Hoffnung: Wir werden uns wieder sehen ꝛc. Gast- u. Abschiedspredigt. gr. 8. Stendal 818. Franzen u. Gr. 3 gGr.

Wegener, J. P. Einleit. zu d. Welt- u. Staatsgeschichte. 4. Jena, Melchior. 743.

Wegener, Joh., Leben des hl. Aloysius, s.: Brockmann, J. H.

Wegener, Johann Jakob (Kiel) A. S. 315/17

Dissertatio II. de testamenti accedente decennii lapsu facta revocatione ad l. XXVII. c. de testam.
Präs. Johann Andreas Hannesen.
Göttingen (Schultz) (28. IX. 1737.) 30 S.
35995

Wegener, Johs., die deutsche oberrheinische Type (M[44]) im 15. u. 16. Jahrh., s.a. Sammlung bibliothekswissenschaftlicher Arbeiten.

Wegener, Johannes. Die deutsche oberrheinische Type ⟨M[44]⟩ im 15. und 16. Jahrhundert. VI + 144 S. 8. Leipzig, Rudolf Haupt, 1909. [M. 12. —]
Sammlung bibliothekswissenschaftlicher Arbeiten, ... hrg. von Prof. Dr. Konrad Haebler ... Heft 26. ⟨Serie II, Heft 9.⟩ ...

Wegener, Johs., die Zainer in Ulm, s.a. Beiträge zur Bücherkunde des XV. & XVI. Jahrh. I. Bd.

Die Zainer in Ulm. Ein Beitrag z. Gesch. d. Buchdrucks im 15. Jh. Von Johannes Wegener. *Straßburg: J. H. E. Heitz 1904.* (70 S.) 4°
= Beiträge z. Bücherkunde d. 15. & 16. Jahrhunderts. Bd 1. [04. 11480

Wegener, K., Geschichte des heiligen Landes und seiner Bewohner, St. Pauli Missionsreisen, nebst einem Anhange über das christl. Kirchenjahr, verfaßt auf Grund der drei Preuß. Regulative für evangel. Schulen. 2. verm. u. verb. Aufl. Mit 1 (in Stahl gest. u. color.) Karte von Palästina (in 4.). Tilsit 857. Gräfe u. Unzer. 8. (IV, 102 S.) 5 ngr.

Wegener, C., Geschichte des heiligen Landes und seiner Bewohner, St. Pauli Missionsreisen, nebst einem Anhang über das christliche Kirchenjahr, verfaßt auf Grund der drei preußischen Regulative für evangelische Schulen. 2., verm. und verb. Aufl. 8. (IV und 102 S. mit 1. in Stahl gest. und ill. Karte von Palästina in gr. 4.) Tilsit 857, [Stauffer.] 5 Ngr.; geb.

Wegener, Karl

Wegener, Carl, Adreßbuch der Stadt Nordhausen, s. Adreßbuch.

Wegener, Karl, das heilige Land, oder lichtvolle Darstellung Palästina's in seiner religiösen Bedeutung bis auf unsere Tage. Für christl. Schulen. gr. 8. (Mit 2 Charten.) Gumbinnen 845, Bönig. n. 1/3 Thlr.

—— Lehre von den Satzzeichnen, ein wissenschaftl. Versuch alle im schriftl. Ausdrucke gebräuchl. Satzzeichen nach ihrer wesentl. Bedeutung u. Bestimmung zu benennen, f. Bürger- u. Landschulen. gr. 8. (1½ B.) Gumbinnen 845, Bönig. *

Wegener, Carl, approb. Arzt aus Schnellenberg ⟨Westfalen⟩: Aus d. gynäcolog. Klinik zu Kiel. Untersuchungen über das spätere Befinden von Kranken, an denen vaginale Adnexoperationen mit oder ohne Erhaltung des Uterus ausgeführt sind. *Kiel 1899: P. Peters.* (38 S.) 8°
Kiel, Med. Diss. v. [27. Mai] 1899

Wegener, Karl, cand. med. aus Osnabrück: Über Cysten an der menschlichen Nachgeburt. *Osnabrück 1899: Meinders & Elstermann.* (38 S.) 8°
Erlangen, Med. Diss. v. (4. März) 1898

Wegener, Karl Friedrich

— Abschiedspredigt von Berlin. 8. Berl. 768.

— s. Blatt, ein, wider d. Langeweile, u. setze hinzu: (von K. F. Wegener).

Wegener, Karl Fr., († d. 20. Juni 1787.) d. Christ in Kriegeszeiten. 8. Berl. 758. auch 763. Birnstiel. 12 ℊ

Die Ehre Gottes unter den Menschen, in einer Dankpredigt über die an dem 9ten des Weinmonates 1762 erfolgete vorteilhafte Wiedereroberung der Festung Schweidnitz . . . . betrachtet von Carl Friederich Wegener. Berlin (1762) 4.

Wegener, Karl Fr., s. Erich u. Florentine.

— vier letzte Ermahnungsreden. 4. Berl. ...

— Gedichte zur Beförderung des Christenthums. 3 Stücke. 8. Berl. 763—65. Birnstiel. 15 ℊ

Wegener, Karl Fr., s. a. Geschichte d. Constantine.

Geschichte

— —, Die, der Constantine, oder die glückliche Waise (von *Carl Friedr. Wegener*). Berlin 1776. 8⁰. (7 ggr.)
Anon.-Lex. II. p. 189 hat (nach Kayser) irrig „Wagner" als Vf.

(—) meine Gesinnungen, ein Lehrgedicht. 8. Berl. 768.

— Lebensbeschreibung des Herzogs M. J. Leopold v. Braunschweig 8. Berl. u. Elbing. 785. Hartmann. 4 ℊ

(—) d. Patriot, e. Wochenschrift. 8. Berl. 778.

s. Plattdütsche, d., e. Wochenschrift, u. setze hinzu: (von K. F. Wegener).

s. a. Raritäten, e. nachgelaß. Werk d. Küsters v. Rummelsburg, u. setze hinzu: (von K. F. Wegener).

* **RARITÄTEN.** Ein hinterlassenes Werk des Küsters von Rummelsburg. Sr. Hochehrwürden dem Herrn Magister Sebaldus Nothanker ganz ergebenst zugeeignet, von *Baldrian Schwarzbuckel* (d. i. *Carl Friedr. Wegener*, 1734—87). 9 Thle. (soviel ersch.). Mit Portr. u. einigen Kpfrn. O. O. (Berlin, Maurer). 1778—1785. 8⁰. (In Berlin cplt.: Yy 6721.) (20 Kr., cplts. Expl. m. 2 Kpfrn., „1777—85", Halm & Goldmann, Wien, 1904; 50 Mk., z. Th. unbeschn. cplts. Expl., E. Frensdorff, 1906; 42 Mk. 50 Pfg., schönes, reines Expl. in 9 alten Hldrbdn., Oscar Rauthe, Friedenau-Berlin, 1908; Th. 1—7, o. O. „1780—85", 12 Mk. Koebner, Breslau, vor 1890.)
Satir. u. schwankhaftes Werk, mit vielen derbkomischen Erzahlungen und Reimen, z. Theil frivol. Cplte. Expll. mit dem 9. Th. gesucht und im Preise steigend!
Vorrede von 1 u. 2 ist von 1776, die zu 3 von 1777 aus Fröhlichshausen (fing.) datirt. Von einzelnen Theilen gibt es verschiedene Drucke.

— — Dasselbe. 9 Thle. O. O. (Berlin) 1785. 8⁰. (12 Kr., nur Th. 1 u. 3 in 4ter Aufl., „1785", mit 1 Portr., br., unbeschn., Halm & Goldmann, Wien, 1907.)
Einige Kapitelüberschriften: Lebenslauf e. Flohes. Die Brautnacht. Kurzer Inbegriff aller Pflichten e. Ehefrau. Unterschied zw. e. Maitresse u. e. Perrüque. Verzeichniss einig. unverheyr. Frauenspersonen, welche noch vor d. Winter in das Ehebett zu steigen wünschen etc. etc.

— d. Religion, d. Seele eines Staats. 8. Berl. 766. Birnstiel. 18 ℊ

THARSANDER (d. i. *F. Georg Wilh. Wegener*, Prediger zu Germendorf u. Nassenheide), Schauplatz vieler ungereimten Meynungen und Erzehlungen, worauf die unter dem Titel der Magiae naturalis so hoch gepriesene Wissenschaften und Künste geprüfet und entdecket werden. 24 Stücke, Berlin, Ambrosius Haude, 1735—42 (soviel ersch.). 8⁰. (26 Mk., schönes Expl. in 3 Prgtbdn., Oskar Rauthe, Friedenau-Berlin, 1908; St. 13—21 u. 24 zus. 8 Mk. Adolf Weigel, 1908.) Selten cplt.!
Handelt u. a. von: Wunderbaren Missgeburten, Creaturen so im Feuer leben, Sympathie u. Antipathie, künstlichem Geständnis, von Zeugung schöner Kinder, vom ewigen Juden, vom Kehrberg. Wunderkinder, v. d. Astrologie, v. Wetterprophezeyungen, Todesvorboten, Blutzeichen, Kometen, Finsternissen, Luftreisen, Gespenstern, Kobolden, Wassernixen vom Bannen der Geister, Schatzgraben, v. Incubis, Succubis u. Wechsel-Balgen, Wahrsagerey, v. d. jüdischen Cabbala, Zauberey, Weer-Wolfen, v. Unsichtbarmachen, v. Riesen u. Zwergen, v. Zigeunern, etc.

— Trauerrede auf den Tod des Herzogs Leopold v. Braunschweig. 8. Berl. 785.

s. Urtheil u. Wahrheit.

VORSCHLAG zu einer Lesebibliothek für junge Frauenzimmer. Ein bibliographisch-erotisches Curiosum vom Jahre 1780 (von *Carl Frdr. Wegener*, 1734—87). Mit Anmerkungen und einem Verzeichniss scherzhafter Cataloge (livres imaginaires) herausgeg. von Hugo Hayn. Borna-Leipzig 1889. 8⁰. (In Amsterdam: Bibl. Gerritsen.)

— der Berlinische Zuschauer. 6 Thle. 8. Berl. 770—76. Birnstiel. 6 ℘

— die Berlinische Zuschauerin. 2 Bde. 8. Ebd. 770, 71. 20 ℊ

— neue Berlin. Zuschauerin. 2 Bde. 8. Ebend. 774.

— d. neueste Berlin. Zuschauer. 2 Thle. 8. Ebend. 776.

Wegener, Karl Hans

Wegener, Carl Hanns, Hans Assmann, Freiherr v. Abschatz, s. a. Forschungen zur neueren Literaturgeschichte. XXXVIII.

Hans Assmann Freiherr von Abschatz. Ein Beitrag z. Geschichte d. deutschen Literatur im 17. Jh. von Dr. Carl Hanns **Wegener.** Berlin: A. Duncker 1910. IX, 84 S. 8°
(Forschungen z. neueren Literaturgeschichte. H. 38.) 10. 18374 2

Wegener, Kasp. Fred., de aula Attalica literarum artiumque fautrice libri sex. Vol. I. (Insunt fragmenta Cratetis Mallotae.) 8 maj. Havniae 836. Reitzel. n. $1^1/_3$ ℘

Actenmaessige Beitraege zur Geschichte Daenemarks im neunzehnten Jahrhundert. Zugleich eine Beleuchtung der von Droysen und Samwer herausgegebenen Augustenburger-Schrift v. Caspar Frederik **Wegener.** Th. 1. Kopenhagen. 1851. 8⁰.

Geschichte von Dännemark. Von F. C. Dahlmann. Dahlmanns Danmarkshistorie. Oversat af v. Jenssen. (Af Caspar Frederik **Wegener.**) Kiøbenhavn. 1841. = Tidsskrift for Litteratur og Kritik. 3. Aarg., 9. Hefte. 8⁰.

Kurze und Unpartheiische Geschichte des Landes Schleswig. (Rev. Separatabdruck aus der Schrift: Caspar Frederik **Wegener.** Actenmässige Beiträge zur Geschichte Dänemarks im 19. Jahrhundert. Th. 1. 1851. Copenhagen. 1851.) 8⁰.

Von der Landeshoheit über das alte Rendsburg auf der Eiderinsel. Mit einer früher ungedruckten Chronik von der Anlegung des neuen Rendsburg. Von Caspar Frederik **Wegener.** Kopenhagen. 1850. 8⁰.

Ueber die unzertrennliche Verbindung Schleswigs mit Daenemark in staatsrechtlicher Beziehung. Von Caspar Frederik **Wegener.** Copenhagen. 1848. 8⁰.

Ueber die unzertrennliche Verbindung Schleswigs mit Dänemark in staatsrechtlicher Beziehung v. Caspar Frederik **Wegener.** Wohlfeile Ausg. Flensburg. 1850. 8⁰

Ueber das wahre Verhaeltniss des Herzogs von Augustenburg zum Holsteinischen Aufruhre. Eine actenmaessige Darstellung nebst Beilagen aus den Augustenburgischen Papieren. Von Caspar Frederik **Wegener.** (1. Aufl.) Copenhagen. 1849. 8°.

Das wahre Verhaeltniss des Herzogs von Augustenburg zum Holsteinischen Aufruhre. Eine actenmässige Darstellung nebst Beilagen aus den Augustenburgischen Papieren. Von Caspar Frederik **Wegener.** 2. Aufl. Copenhagen. 1849. 8°.

Vertheidigung des in der lex regia begründeten vollen Erbrechts der dänischen Könige und des dänischen Königshauses namentlich Prinz Christians und seiner Gemahlin. Ein Manuscript ... v. Caspar Frederik **Wegener.** Aus d. Dän. (Forsvar for Danmarks Kongers ... fulde Arveret etc. vergl. S. 356.) Kiel. 1852. 8°.

Zeugnisse von Staatsrechtslehrern, Historikern und andern Gelehrten seit dem Jahre 1721 über die Verbindung Schleswigs mit Dänemark. (Revidirter Separatabdruck aus der Schrift: Caspar Frederik **Wegener.** über die unzertrennliche Verbindung Schleswigs mit Dänemark in staatsrechtlicher Beziehung. Copenhagen. 1851.) 8°.

Wegener, Klemens August

Wegener, Clemens Augustus: De carcinomate oesophagi. Halis Saxonum (1864): Orphanotropheum. 31 S. 8°
Halle-Wittenberg, Med. Diss. v. 28. Okt. 1864

Wegener, Kurt, a. Berlin: Die gleichzeitigen Drachenaufstiege in Berlin und Hald (Jütland) vom Sommer 1902 bis zum Frühjahr 1903. (Straßburg: K. J. Trübner 1905.) (23 S.) 4° ¶ (Aus: Beiträge zur Physik der freien Atmosphäre, Bd 1.)
Berlin, Phil. Fak., Ref. v. Bezold, Warburg, Diss. v. 6. Mai 1905
[Geb. 3. Apr. 78 Berlin; Heimatsort: Lindenberg bei Beskow; Staatsangeh.: Preußen; Vorbildung: Köllnisches Gymn. Berlin Reife M. 98; Studium: Kiel 2, Charlottenburg T. H. 4, Berlin 6 S.; Rig. 23. Febr. 05.]

Wegener, Leo: Der wirtschaftliche Kampf der Deutschen mit den Polen um die Provinz Posen. *Posen 1903.* (48 S.) 8° ¶ [Erschien vollst. 1903 bei J. Jolowicz in Posen.]
Heidelberg, Phil. Diss. v. 1903

Wegener, Leo, der wirtschaftl. Kampf der Deutschen m. den Polen um die Prov. Posen. Eine Studie. (XVI, 319 S. m. 1 Taf.) gr. 8. Posen 903. J. Jolowicz.
n. 6. —; geb. n. 7. —

Wegener, Ludwig

Wegener, L., Fibel, s. a. Coring.

Wegener, Ludw., Fibel. Nach den Grundsätzen der reinen Schreiblese- u. analytisch-synthet. Methode bearb. u. m. e. Lesebuch f. die Unterstufe versehen. 2. Aufl. 8. (IV, 92 S.) Oldenburg 899. Schulze. Geb. in Halbldr. n.n. — 60

Wegener, L., Lehrbuch d. Pädagogik, s.: Ostermann, W.

Wegener, L., Leitfaden der Pädagogik, s.: Ostermann, W.

— Methodik f. den Leseunterricht auf der Unterstufe, zugleich zur Einführg. der Fibel v. Coring u. Wegener. 8. (VIII, 54 S.) Oldenburg 876. Bültmann & Gerriets.
n. — 60

Wegener, L., Spielplätze, E. Notwendigkeit f. d. Großstädte, insbes. f. Charlottenburg, Vortr. 6. 12. 1906, Charlottenburg 1906, 15 S., 8°.

— Steilschrift-Fibel. Nach den Grundsätzen der reinen Schreiblese- u. Normalwörter-Methode bearb. u. m. e. Lesebuch f. die Unterstufe versehen. 8. (VIII, 88 S.) Oldenburg 893. Schulze. n. — 50; geb. n.n. — 60

Wegener, Max, die steierische Eiskellergemeinde Fürstenfeld, s.: Festschriften f. Gustav-Adolf-Vereine. 24. Hft.

Wegener, Otto Aug., († ...) Beschreib. von der Belagerung d. Stadt Hanau u. ihrem glücklichen Entsatz, nebst den darauf erfolgten Ramsaischen Händeln, mit e. Grundrisse d. Stadt Hanau. gr. 8. Hanau 778.

(—) Beschreib. des hochfürstl. Hessen-Hanauischen Medaillenkabinets. 8. Hanau 783.

— kurzgefaßte Geschichte der Grafschaft Hanau. gr. 8. Hanau 781.

Wegener, Paul, approb. Arzt aus Lippspringe in Westf.: Fünf Fälle von Ulcus ventriculi perforatum. *Kiel 1904: H. Fiencke.* (17 S.) 8°
Kiel, Med. Diss. v. [18. Apr.] 1904

Wegener, Philipp [Dr., Dir.]: Die Altertums-Sammlung des Gymnasiums. Neuhaldensleben, Druck v. C. A. Eyraud, 1897; 1—44 S. 8.
Neuhaldensleben, G, Festschr. 1897

Wegener, Philipp. Antritts-Rede. 4. Mai 1886. (Umschlagtitel: Antrittsrede, gehalten am ...) 1 (11 S.) G. *Neuhaldensleben* 1887 (228).
Progr.

Wegener, Philipp: [Bericht über die Feier des 25jährigen Bestehens der Anstalt.] *Neuhaldensleben 1898: C. A. Eyraud.* (19—20 S.) 4°
Neuhaldensleben, G, P 1898 (253)

Wegener, Phil. Drei mittelniederdeutsche Gedichte des 15. Jahrhunderts mit kritischen Bemerkungen. 42 S. Päd. *Magdeburg* 1878.
Progr.

Wegener, Phpp., drei mittelniederdeutsche gedichte des 15. jarh., mit krit. bemerkungen hrsg. gr. 4. (42 S.) Magdeburg 878, (Baensch Nachf.) *

Wegener, Philipp, Dir. Dr.: Zur Geschichte des Gymnasiums zu Greifswald. T. 1. Eine Schulreform an der Großen Stadtschule in Greifswald auf Grund der Denkschrift des Rektors Mag. Warnekros 1784. Greifswald 1904: F. W. Kunike. (50 S.) 8°
Greifswald, st. G OP 1904 (163)

Wegener, Philipp, Direktor Dr.: Zur Geschichte des Gymnasiums zu Greifswald. T. 2. Eine Schulreform an der Großen Stadtschule in Greifswald auf Grund der Denkschrift des Rektors Mag. Warnekros 1784. Greifswald 1905: F. W. Kunike. (35 S.) 8° ¶ [Forts. d. P-Beil. 1902.]
Greifswald, st. G u. R n. VS OP 1905 (163)

Wegener, Philipp, Direktor Dr.: Zur Geschichte des deutschen Unterrichts. Greifswald 1906: F. W. Kunike. (27 S.) 8°
Greifswald, G u. R OP 1906 (173)

Wegener, Philipp. (geb. Neuhaldensleben 20. 7. 1848): De casuum nonnullorum Graecorum Latinorumque historia. Berolini (1871). (64 S.) 8°
Berlin, Phil. Diss. v. 24. Juni 1871

— volksthümliche Lieder aus Norddeutschland, besonders dem Magdeburger Lande und Holstein, nach eigenen Sammlungen und nach Beiträgen von Carstens und Pröhle hrsg. 2 Hefte. 8. Leipzig 879, C. A. Koch's Verlagsh. à Heft * M. 1,60. *
Inhalt:
Heft 1. Aus dem Kinderleben. (VIII, S. 1—114.)
" 2. Räthsel, Abzählreime, Volksreime. (IV, S. 115—232.)

Wegener, Ph., volksthümliche Lieder aus Norddeutschland, besonders dem Magdeburger Lande und Holstein, nach eigenen Sammlungen und nach Beiträgen von Carstens und Pröhle hrsg. 3. Heft: Spott, Tänze, Erzählungen. 8. (II, S. 233—350.) Leipzig 880, C. A. Koch's Verlagsh.

Wegener, Ph. [Dir. Dr.]: Zur Methodik des Horaz-Unterrichts in der Gymnasial-Prima. I. Teil. Neuhaldensleben, Druck v. A. Besser, 1889; 1 Bl., 37 S. 4°
Neuhaldensleben, G, OP 1889 (231)

Wegener, Philipp [Dir. Dr.]: Zur Methodik des Horaz-Unterrichts in der Gymnasial-Prima. II. Teil. (Forts. d. P-Beil. 1889.) Neuhaldensleben, Druck v. C. A. Eyraud, 1890; S. 1—28; 4°
Neuhaldensleben, G, P 1890

Wegener, Philipp, Dir. Dr.: Zur **Methodik** des Lateinischen und Griechischen Unterrichts. *Greifswald (1899): F. W. Kunike.* (S. 3—24.) 4°
Greifswald, st. G m. Realkl., P 1899 (143)

Wegener, Philipp [Dir. Dr.]: *Kurze Nachrichten über die Entwickelung der Anstalt.* Neuhaldensleben, Druck v. E. Pflanz, 1897; 3—8 S. 4.
Neuhaldensleben, G, P 1897 (251)

Wegener, Philipp [Dir. Dr.]: Prolog und verbindende Dichtung zu den Declamationen bei der Feier des Geburtstages Seiner Majestät des Kaisers 1890. Neuhaldensleben, Druck v. C. A. Eyraud, 1890; S. 29—36; 4°
Neuhaldensleben, G, P 1890

Wegener, Philipp, Dir. Dr.: Zur Sage von den Nibelungen. *Greifswald (1901): F. W. Kunike.* (S. 3—29.) 4° ¶ (Soll fortgesetzt werden.)
Greifswald, st. G m. R, P 1901 (147)

Wegener, Ph., Untersuchungen üb. die Grundfragen d. Sprachlebens. gr. 8. (VIII, 208 S.) Halle 885. Niemeyer. n. 6. —

Wegener, Ph., das Verhältnis der Realschule u. Mittelschule in Preußen. gr. 8. (20 S.) Leipzig 901. B. G. Teubner. n. — 60
Sonderabdruck aus: „Zeitschr. f. lateinlose höhere Schulen".

Wegener, Phil. Verzeichnis der auf der Zeitzer Stiftsbibliothek befindlichen Handschriften. 22 S. **Progr.** *Zeitz* 1876.

Wegener, Ph[ilipp], Dir. Dr.: **Vorwort** über den Wert der lateinlosen Realschulen. *Greifswald (1900): F. W. Kunike.* (S. 1—5.) 4° [Umschlagt.]
Greifswald, st. G m. R, P 1900 (145)

Wegener, Rich., Aufsätze zur Litteratur. 8. (VII, 258 S.) Berlin 882, Wallroth. *
—— dass. — 2. (Titel-)Aufl. 8. (VII, 258 S.) Berlin 884, P. Lentz. *

Wegener, Rich., die Bühneneinrichtung des Shakespeareschen Theaters nach den zeitgenössischen Dramen. Preisgekrönt v. der deutschen Shakespeare-Gesellschaft. (IV, 164 S. m. Abbildgn.) gr. 8. Halle 907. M. Niemeyer. 4. 40

Wegener, Rich., poetischer Fruchtgarten. 8. (V, 186 S.) Cöthen 896. P. Schettler's Erben. n. 1. 50

[J.] A. Ritschls Idee des Reiches Gottes im Licht der Geschichte. Krit. unters. v. Dr. Richard **Wegener,** Pred. . . . in Berlin. *Leipzig: A. Deichert 1897.* (VI, 127 S.) 1 Bd 8. [96. 7428

— **Das Problem** der Theodicee in der Philosophie u. Literatur des XVIII. Jahrh. m. besond. Rücksicht auf Kant u. Schiller. Gekrönte Preisschrift der Walter Simon-Preisaufgabe der Kantgesellschaft. (XII, 223 S.) gr. 8. Ebd. 909. 6. —

Wegener, R., Repetitionsbuch der poetischen Nationallitteratur. 8. Berlin 880, P. Lentz. *

—— Repetitionsbuch der poetischen Nationallitteratur. 8. (V, 56 S.) Berlin 880, Wallroth. cart. *

— Repetitionsbuch der poetischen Nationallitteratur. 2. verb. Aufl. gr. 8. (V, 64 S.) Ebend. 885. n n. — 75; cart. u. durchsch. n. n. 1. 50

Wegener, Richard, cand. theol.: Die Transscendentalphilosophie S. Maimons. Rostock 1909: Boldt. 92 S. 8°
Rostock, Phil. Diss. v. 1. Juli 1908, Ref. Erhardt
[Geb. 3. Aug. 83 Rostock; Wohnort: Rostock; Staatsangeh.: Mecklenburg-Schwerin; Vorbildung: Gymn. Rostock Reife M. 01; Studium: Rostock 3, Berlin 3, Rostock 2 S.; Rig. 29. Juni 08.] [U 09. 3772

Wegener, Ringulph Ed.

Wegener, Rhingulph Ed., Hinaus! Dichtungen. Berlin 859. Janke. 16. (125 S. u. 1 Lithogr.) 18 ngr.

—— —— 2. Aufl. Berlin 861. Sandrog & Co. (Grothe.) 16. (128 S. u. 1 Stahlst.) 22½ ngr.

Wegener, R., die Sprache des Herzens, s. a. Sprache.

Wegener, Ringulph, die Sprache des Herzens. Lieder-Album für Damen. Aus den neuesten deutschen Dichtern gesammelt. 853. (217 S.) n. 20 ngr. — 2. durchweg veränderte u. verm. Aufl. Berlin 857. Janke. 16. (288 S.) 1 ₰.

Wegener, Rhingulph, die Sprache des Herzens. Lieder-Album für Damen. Aus den neuesten deutschen Dichtern gesammelt. 3.—5. Aufl. 16. (256 S.) Berlin 868,69, Grieben. geb. mit Goldschn.

Wegener, Rhingulph, die Sprache des Herzens. Lieder-Album für Damen. Aus den neuesten deutschen Dichtern gesammelt. 4. Aufl. 16. (256 S.) Jena 883, Mauke's Verlag. geb. mit Goldschn.

Wegener, Rhingulph, die Sprache d. Herzens. Lieder-Album f. Damen. Aus den neusten deutschen Dichtern gesammelt. 5. Aufl. gr. 16. (256 S. m. 1 Chromolith.) Jena 887. Leipzig, Fr. Legel. geb. m. Goldschn. n. 2. 50

Wegener, Rhingulph, die Sprache d. Herzens. Lieder-Album f. Damen. Aus d. neuesten deutschen Dichtern gesammelt v. W. 6. Aufl. gr. 16. (256 S. m. farb. Titelbild.) Leipzig 896. Frankfurt a/M., Jaeger's Verl. Geb. in Leinw. m. Goldschn. n. 2. 50

Wegener, Theodor

Wegener, Th., Andacht zur heiligen Anna. Wallfahrtsbüchlein zum Annaberge bei Haltern. 2. Aufl. 16. (160 S.) Dülmen 879, Laumann'sche Verlagsh. * 40 Pf.; geb. *

—— Annabüchlein oder Andacht zur heiligen Anna. 2. Aufl. 16. (160 S.) Ebendas. 879. * 40 Pf.; geb. *

Wegener, Thdr., Annabüchlein oder Andacht zur heil. Anna. 3. Aufl. 16. (175 S.) Dülmen 884, Laumann'sche Verlagsh. * geb. *

Wegener, Theodor, appr. Arzt, a. Kalk bei Cöln a. Rhein: Ueber die Entstehung der freien Gelenkkörper mit besonderer Berücksichtigung der Osteochondritis dissecans König. Leipzig 1900: B. Georgi. (28 S.) 8°
Leipzig, Med. Fak., Ref. Trendelenburg, Diss. v. 31. März 1900
[Geb. 18. Okt. 76 Lautenthal i. Harz; Wohnort: Schöneberg; Staatsangeh.: Preußen; Vorbildung: Gymn. Mühlhausen i. Th. Reife M. 95; Studium: Kaiser Wilh.-Akad. Berlin 9 S.; Coll. [illegible] Approb. 21. Nov. [illegible]]

Wegener, Thom., O. S. Aug., s. a.: Thomas Villanova.

Wegener, Thomas a Villanova, O. S. Aug., Anna Katharina Emmerich u. Clemens Brentano. Zur Orientirg. in e. vielbesprochenen Frage. 8. (VIII, 160 S. m. Titelbild.) Dülmen 900. A. Laumann. n. 1. 50

— geschichtliche Erinnerungen an die gottselige Anna Katharina Emmerich aus der Zeit nach ihrem Tode. Das neue Emmerichhaus. (28 S.) 8. Dülmen 903. J. Horstmann. — 30

Wegener, Thom. a. Villanova, das wunderbare innere u. äußere Leben der Dienerin Gottes Anna Katharina Emmerich aus dem Augustinerorden. 12. (VIII, 328 S. m. 1 Bildnis.) Dülmen 891. A. Laumann. n. 2.—

— dasselbe. 2. Aufl. 8. (VIII, 344 S. m. Bildnis.) Ebd. 893. n. 2.—

— **das wunderbare innere u. äußere Leben der Dienerin Gottes Anna Katharina Emmerich aus dem Augustinerorden.** 3. verm. Aufl. 8. (VIII, 384 S. m. 1 Bildnis.) Ebd. 899. Geb. n. 3.—

Das wunderbare innere und äussere Leben der Dienerin Gottes Anna Katharina Emmerich aus dem Augustinerorden. Von P. Thomas a Villanova **Wegener**, Mitgl. d. Augustiner-Ordens. 4. verm. Aufl. *Dülmen: A. Laumann 1902.* (404 S.) 8° [F.] [03. 4915

— **Lebensbeschreibung der gottseligen Augustinerin Anna Katharina Emmerich.** Im Auszuge behandelt. 16. (80 S. m. 1 Farbdr.) Ebd. 899. Kart. — 30

Wegener, Thom., O. S. Aug., über die Sterbe- u. Begräbnisstelle der hl. Gottesmutter Maria. Dem christl. Volke gewidmet. (54 S.) kl. 8. Dülmen 907. A. Laumann. — 75

— Ueber die Visionen der Dienerin Gottes Anna Katharina Emmerich. Zur Entgegng. der Einwürfe v. Riegler. (99 S.) kl. 8. Ebd. 909. 1.—

Wegener, Thomas à Villan., O. Aug., wo ist d. Grab d. hl. Jungfrau Maria? E. alte Frage, neu untersucht zu Ehren d. hehren Gottesmutter. gr. 8. (57 S. m. 1 Grundriß.) Würzburg 895. A. Göbel. n. — 50

Wegener, Traugott

Wegener, T., Festpredigt u. Weiherede, geh. in den Tagen d. fünfzigjährigen Jubiläums d. Cadettenhauses Bensberg. gr. 8. (10 S.) Stuttgart 890. Greiner & Pfeiffer. n. — 20

Wegener, T., Hülfsbuch f. den Religionsunterricht in den unteren u. mittleren Klassen höherer Lehranstalten. gr. 8. (VII, 193 S.) Berlin 892. E. S. Mittler & Sohn. n. 1. 40; geb. n.u. 1. 75

Wegener, T., Hülfsbuch f. d. Religionsunterr. in d. unt. u. mittl. Klassen höh. Lehranst. Ausg. B. gr. 8. (IX, 201 S.) Berlin 896. E. S. Mittler & Sohn. n. 1. 80; geb. n.n. 2. 10

Wegener, Traugott: Hülfsbuch für den Religionsunterricht in den unteren und mittleren Klassen höherer Lehranstalten. Von T[raugott] Wegener, weil. Kadettenpfarrer. Neu bearb. von O[tto] Leisegang, Pfarrer. 2. verb. Aufl. Berlin: E. S. Mittler & Sohn 1900. (IX, 188 S.) 8⁰

Wegener, T., Hilfsbuch f. den Religionsunterricht in den unteren u. mittleren Klassen höh. Lehranstalten. Ausg. B. Unveränd. Abdr. in neuer Rechtschreibg. (VII, 201 S.) gr. 8. Berlin 904. E. S. Mittler & Sohn. n. 1. 80; geb. n.n. 2. 10

Wegener, T., Hilfsbuch f. den Religionsunterricht in den Voranstalten des königl. preußischen Kadettenkorps u. in den unteren u. mittleren Klassen höherer Lehranstalten. Neu bearb. v. O. Leisegang. 3., verb. Aufl. (X, 190 S.) gr. 8. Berlin 910. E. S. Mittler & Sohn. 1.75; geb. n 2. 20

— **Hilfsbuch f. den Religionsunterricht in den unteren u. mittleren Klassen höherer Lehranstalten.** Ausg. B. Unveränd. Neuabdr. (VII, 201 S.) gr. 8. Ebd. 910. 1.80; geb. 2. 10

Wegener, W., die vortheilhafteste u. anerkannteste Fabrikation des Stärke-Syrups u. des Stärke-Zuckers, sowie des Kraftmehls, des Kartoffelmehls u. des Stärkesagos. Mit 21 lith. Zeichngn. (auf 8 Taf.) gr. 4. (VI u. 61 S.) Berlin 849, C. Heymann. Verklebt. n. 3 ₰

Wegener, W. (I.), die vortheilhafteste und anerkannt beste Fabrikation des Stärke-Syrups und des Stärke-Zuckers, sowie des Kraftmehls, des Kartoffelmehls und des Stärkesagos. Ein Handbuch für Zucker- und Syrups-Fabrikanten. Mit 21 lithogr. Zeichnungen: „Grundrisse, Fabrik-Gebäude, Roßwerke rc. darstellend." gr. 4. Berlin 861, C. Heymann's Verlag. —

Wegener, W., Geschichte der St. Georgen-Kirche u. Gemeinde zu Berlin. Zur Feier d. 200jähr. Bestehens der St. Georgen-Gemeinde im Auftrage der kirchl. Organe dargestellt. Lex.-8. (79 S. m. 3 Lichtdr.-Taf.) Berlin 889. (Th. Fröhlich.) n. 2. 50

Wegener, W., Heiligtumsklänge. Gedichte. 2. Aufl. 12. (IV, 92 S.) Berlin 896. Th. Fröhlich. n. 1.—; geb. n. 2.—

— Predigt zur Jubelfeier d. 200jähr. Bestehens der St. Georgen-Gemeinde zu Berlin am 31. Oktbr. 1889. gr. 8. (10 S.) (Ebd.) 889. — 20

— **Predigt** zur Jubelfeier des 200jähr. Bestehens der St. Georgen-Gemeinde zu Berlin am 31. Oktbr. 1889. gr. 8. (10 S.) Ebd. 890. n. — 20

Wegener, W. (II.), Prolog zur Schiller-Feier, in der Aula der Universität Berlin gehalten. gr. 8. (8 S.) Brandenburg 859, Müller.

Wegener, W. G., Lebensgeschichte des Markgrafen Johannes v. Brandenburg, Landesfürsten in der Neumark, zu Küstrin. gr. 4. Berl. 827. Haude u. Sp. 16 gr

Wegener, W. G., zwei Predigten am 3. Reformationsjubelfeste gehalten. 8. Züllichau 817. Darnmann. 4 gr

— Rede an die Züllichauische Bürgerschaft vor der Wahl ihrer Stadtverordneten, am 1. Febr. 1809. 8. Züllich. 809. Darnmann. 4 gr

— Säcular-Predigt am 1. Jan. 1801; zum Besten d. Armen. 8. Züllich. 801. Darnmann. 4 gr

Wegener, Wilhelm, prakt. Arzt zu Frankfurt a. M.-Eckenheim: Ueber Appendicitis im Bruchsack. Gießen 1907: v. Münchow. (32 S.) 8°

Gießen, Med. Fak., Ref. Poppert, Diss. v. 28. März 1907

[Geb. 19. März 82 Peckelsheim i. Westf.; Wohnort: Frankfurt a. M.-Eckenheim; Staatsangeh.: Preußen; Vorbildung: Gymn. Offenbach a. M. Reife O. 01; Studium: Marburg 1, Würzburg 2, Kiel 1, Gießen 5 S.; Coll. 12. März 07; Approb. 26. Jan. 06.]

[F.] Heiligtumsklänge. Gedichte v. W[ilh.] Wegener. 2. Aufl. *Berlin: Th. Fröhlich 1896.* (IV, 92 S.) 1 Bd 8. 95. 3838

Wegener, *Wilhelm* [aus Hildesheim]: Zur Kenntnis des Poley-Oeles ... Göttingen, Druck d. Univ.-Buchdr. v. E. A. Huth, 1895; 44 S., 1 Bl. 8.

Göttingen, Phil. Fak., Inaug.-Diss. v. [30. Okt.] 1895

Wegener, Wilh., Siegfried u. Chrimhilde. Eine poet. Neugestaltung der Nibelungensage. Brandenburg 867. Müller. gr. 8. (X, 324 S.) 1 ₰ 15 ngr.

Wegener, Wilhelm. Die Tierwelt bei Homer. 4 (40 S.). **Progr.** Städt. Rg. *Königsberg i. Pr.* 1887 (20).

Der Toleranzantrag des Zentrums. Von Superint. [Wilhelm] **Wegener**, Berlin. *(Leipzig: C. Braun [1901].)* (8 S.) 8° [Kopft. F.] [01. 5553 6

Wegener, Wilh., Was können wir thun, um diejenigen, welche bei religiös-sittlichem Ernst doch den kirchlichen Aufgaben der Gegenwart fern bleiben, für dieselben zu gewinnen? Vortrag, gehalten in Berlin am 22. Mai 1883. gr. 8. (25 S.) Halle 883, Strien Verlag. *

Wegener, Wilh. Ant., Dichtungen. 16. (XVI, 276 S.) Potsdam 880, (Schleiermacher.) *

—— Königin Luise. Dichtungen. 16. (VII, 99 S.) Berlin 880, (Schleiermacher.) *

—— märkische Sagen und Gedichte. 16. (V, 68 S.) (Ebendas.) 880. *

Wegenetzlegung, die, im Gebirge. Zur Erinnerg. an Forstmeister u. Taxations-Kommissar Kaiser. Im Jan. 1880. Von N. N. Hrsg. v. O. Kaiser. (16 S.) kl. 8. Neudamm (910). J. Neumann. — 30

Wege-Ordnung f. das Herzogth. Oldenburg. [1861 Juli 12.] 8. (104 S.) Oldenburg 887. Schulze. 1. 20

Die Wegeordnung für die Provinz Posen vom 15. Juli 1907, unter Berücks. d. Wegeordnung f. d. Prov. Sachsen v. 11. Juli 1891 u. f. d. Prov. Westpreußen v. 27. Sept. 1905. Erl. von Dr. Carl Hecht, Geh. OberReg.R. Berlin: Heymann 1909. XII, 396 S. 8°

Wegeordnung f. die Prov. Sachsen. [Gesetz vom 11. Juli 1891.] 12. (28 S.) Merseburg 891. P. Steffenhagen. n.n. — 25

Wegeordnung für die Provinz Westpreußen vom 27. Sept. 1905. Erl. von Otto Just, Geh. Oberreg.R. Berlin: C. Heymann 1906. (XXIV, 151 S.) 8° [F.] [07. 385

Wege-Polizeiverordnung vom 10. VIII. 1906 f. den Umfang des Reg.-Bez. Münster. (24 S.) kl. 8. Dülmen (906). J. Horstmann. n. — 30

Weger, Albert (Königsberg/Pr.) A. S. 24/1

Illustrium controversiarum academicarum, hoc seculo inter excelsa ingenia agitatarum, sylloge legalis. Präs. Johann Jakob Avianus. Rec. Jena (Schill) 1739. 40 S.

Diss. 27. IV. 1665. 36002

Weger, Emil, Die Aufzucht der Forelle und der anderen Salmoniden. 2. vermehrte Auflage. Mit einer Tafel, 66 und vier in den Text gedruckten Abbildungen. Gr.-8. (38 S.) —.60
Wien: Gerold 1891.

WEGER, FELIX. Beiträge zur Kenntniss des specifischen Volumens flüssiger Kohlenstoffverbindungen bei ihren Siedepunkten. Königsberg i. Pr., 1883.

Weger, Gustav Adolf: Wie lässt sich die verschiedene Wirkung von Zigarren mit gleichem Nikotingehalt erklären? Würzburg 1909: Becker. 22 S. 8°
Würzburg, Med. Diss. v. 13. Aug. 1909, Ref. Lehmann
[Geb. 21. Okt. 83 Memmingen; Wohnort: Würzburg; Staatsangeh.: Bayern; Vorbildung: Gymn. Kempten Reife Juli 03; Studium: München 5, Kiel 1, Heidelberg 2, Würzburg 3 S.; Coll. 29. Jan. 09; Approb. 21. Dez. 08.] [U 09. 4149

Weger, H., der Graphit, s.a. Sammlung gemeinverständl. wissenschaftl. Vorträge.

Weger H, der Graphit und seine wichtigsten Anwendungen. (Sammlung gemeinverständlicher wissenschaftlicher Vorträge 160) Berlin 1872

Weger, Heinr., vollständ. Brennstoff- u. Feuerungskunde od. Beschreibung der Eigenschaften, Gewinnung u. Zusammensetzung der verschied. Brennstoffe, so wie Beschreibg. der Heitzung mittelst Luft, Wasser u. Wasserdampf. gr. 8. (16⅝ B. u. 6 Stnt.) Erlangen 846, Enke's Vrlgsh. *

WEGER, Heinrich: Vollständige Brennstoff- und Feuerungskunde oder Beschreibung der Eigenschaften, Gewinnung und Zusammensetzung der verschiedenen Brennstoffe ... - Erlangen 1847. 260 S., 5 Taf.

Weger, Heinrich Dr. „Einiges über die wichtigsten Wärmequellen". pg. 3—36. 4°. Fr. Campe & Sohn.
Nürnberg, Progr. 1859/60

Weger, Heinrich Reinhold A. S. 1292/5

Dissertatio de nonnullorum hominum ephemeridibus, occasione illius triti Ein Calender in den Gliedern, et exinde orta astrologia medicorum iudiciaria. Halle (Hendel) 1722. 29 S.

Diss. Königsberg/Pr. 27. V. 1721. 36004

Weger, Heinrich Reinhold A. S. 1325/58

Par I. lapidum in agro Prussico sine praejudicio contemplandorum. Dissertatio publica. Präs Christian Gabriel Fischer. Königsberg/Pr. (Reusner) 7. V. 1715. 1 Taf., 30 S. 36003

Weger, Herm., märkische Geschichten. 8. (234 S.) Dresden 896. E. Pierson. n. 3. —

Weger, Herm., die Schulmeister in Berlin. Ein Roman in 3 Büchern. 2 Bde. 8. (271 u. 279 S.) Breslau 900. Berlin, E. Trewendt. n. 8. —

— dasselbe. 2 Tle. in 1 Bde. 2. [Titel-]Aufl. 8. (271 u. 279 S.) Ebd. [900]. 902. n. 2. —; geb. in Leinw. n. 3. —

Weger, Josef. [2 Folgen von Tiroler Trachten.] Bozen & Trento [1819—1827]. 10 Bl. in kol. Kupferst. gr 2°.
4 Bl. u. d. T.: Tirols Charakteristik in 4 Bildern. Später erschienen als: Überblick der auffallendsten Eigenthümlichkeiten vom Volke u. Lande Deutsch Tirol. Bozen [1819]—1820. 6 Bl. Trachten aus Welsch Tirol. Trento 1827. 1 Bl. der Kirchtag fehlt.

Weger, Kurt: Über die elektrolytische Reduktion von Chloraten an Eisenkathoden. 1908. 89 S. 8°
Dresden, Dr.-Ing.-Diss. v. 28. 7. 1908

Weger, *Johannes* Max [aus Leipzig]: Über Bromsubstitutionsprodukte der Sebacinsäure, Oxy-derivate derselben und deren Oxydationsprodukte ... Leipzig-R., Druck v. O. Schmidt, 1893; 72 S., 1 Bl. 8.
Leipzig, Phil. Fak., Inaug.-Diss. v. [15. Juni] 1893

Weger, Max, die Sauerstoffaufnahme der Oele u. Harze. gr. 4. (24 S. m. 5 Fig.) Leipzig 899. [E. Baldamus.] G. Schlemminger. n. 3 —
Sonderabdr. a.: „Chem. Revue üb. d. Fett- u. Harzindustrie".

Wegerdt, Alfred, Ref. a. Rosswein: Die Haftung des Rheders im modernen deutschen und englischen Recht. Leipzig 1906: O. Wigand. (70 S.) 8°
Leipzig, Jur. Fak., Diss. v. 2. Aug. 1906
[Geb. 6. Dez. 78 Roßwein i. S.; Wohnort: Dresden; Staatsangeh.: Sachsen; Vorbildung: Gymn. Dresden Reife O. 99; Studium: Lausanne 1, Berlin 2, Leipzig 3 S.; Rig. 17. Juli 06.]

Wegerer, A. v. [† Ernst Norden], Schicksalswechsel, s. Bachem's Novellen-Sammlung.

Wegerer, Agnes v., das Ende vom Liede. Ein Opfer ihrer Zeit, s.a. Kürschner's, Jos., Bücherschatz.

Das Ende vom Liede. Zeit- u. Lebensbild. Den Memoiren e. alten Soldaten entnommen. Ein Opfer ihrer Zeit. Episode aus d. Kriege 1870/71. Von Agnes v. Wegerer. (Hrsg.: Marta v. Wegerer.) Mit Ill. von Braune. *Berlin, Eisenach, Leipzig: H. Hillger [1902].* (124 S.) 8° [F.]
= Bücherschatz. Kürschners. No 290. [03. 228

— Job v. Treuenfels. Die junge Frau Doktorin, s.a. Kürschner's, Jos., Bücherschatz.

Wegerer, Agnes v.: Job von Treuenfels. Novelle aus Luxemburgs Vergangenheit. Die junge Frau Doktorin. Humoreske. Von –. Mit Ill. von A. v. Schrötter. Berlin, Eisenach, Leipzig: H. Hillger [1899]. (125 S.) 8°
Bücherschatz, Kürschners. No 131.

Wegerer, Asta v., Gedichte. (80 S.) 8. Strassburg 906. J. Singer. Kart. 2. —

Wegerhoff, Paul: Zur Umlagerung der Ketoxime. ... Leipzig, *Druck v. Wilhelm Keller in Giessen,* 1889: 2 Bl. + 43 + 1 S. 8°
Leipzig, Phil. Fak., Inaug.-Diss. v. 13. Mai 1889

Wegern, Hugo v., der Bankerott u. andere Erzählungen, s.: Nathusius, Marie.

— Genovefa; Hirlanda, s.: Volksschriften.

— Genovefa u. andere Erzählungen, s.: Schwab, Gust.

Wegern, Willy v., fidele Schdunden fir verhau'ne Kunden. 70 humorist. Vorträge in sächs. Mundart, sowie hochdeutsch. 12. (VIII, 128 S.) Dresden 896. J. G. Seeling. 1. —

Wegerstorfer, Mich., Handelsgeographie, s.: Schlössing, F. H.

Wegeslinie von Rendsburg nach Neumünster, s.a. Harding, Carl Ludw. 1832.

Ueber die Wegeslinie von Rendsburg nach Neumünster, s.a. Warnstedt, Friedr. Emil Georg v. 1832.

Wegeslinie von Rendsburg nach Neumünster ... Hamb. 1832. V: *Harding, Carl Ludwig.* (A I, 320) (Zeitschr. f. Büch. N. F. 15, 1923, 127)

Wegeverordnung für die Herzogthümer Schleswig und Holstein. Veiforordning for Hertugdommene Slesvig og Holsteen. Kopenhagen, den 1ste März 1842. Kopenhagen. (1842.) 4°k.

Wegeverordnung für die Herzogthümer Schleswig u. Holstein. 16. (Mit 11 Holzschnitten.) Oldenburg 842, Fränkel. (Leipzig, Brauns.) 3 *n*

† **Wegführer,** Joh., (... Pfeiffer,) Leben d. Kurfürstin Luise, geb. Prinzessin v. Nassau-Oranien, Gemahlin Friedrich Wilhelm des Gr., Kurfürsten zu Brandenburg ꝛc., treu geschichtl. dargest., zunächst f. religiöse Freundinnen vaterländ. Vorwelt. 8. (16 B., 1 Tab. u. 1 Lith.) Leipzig 838, (Melzer.) Thlr.

Wegge, Der Bergbau in der Standesherrschaft Fürstenstein und im privilegierten Bergbaugebiete des Fürstentums Pleß. Waldenburg, 1892. 40 S. mit 4 Karten.

Wegh, Emerich — Denkwürdigkeiten über die Entstehung des Vicentiner Volksschauspiels La Ruota nebst kurzgefaßter Beschreibung. Von — —. Vincenza, 1856. Bei C. Longo. (19 S. 8.)

Weghardt, A., aus neuer Kraft. Roman aus Nieder-Oesterreich. (348 S.) 8. Wien 910. C. Konegen. 4.—; geb. 5.—

Weghmann, Anton [aus Cleve]: 20 Myomotomien aus der Göttinger Frauenklinik ... Göttingen, Druck d. Dieterich'schen Univ.-Buchdr., 1895; 43 S. 8.
Göttingen, Med. Fak., Inaug.-Diss. v. [19. Juni] 1895

WEGHOFFER, ANDR(EAS:) Danksagungsrede fur die von dem Feldmarschall Ernst Gideon Freyherr von Loudon eroberte Hauptstadt Belgrad in Servien. Am Feste Aller Heiligen Gottes, in der Haupt-Pfarrkirche der Stadt Oedenburg vorgetragen. Wien 1789. Gedr. bey Ignatz Alberti. 16 S. - 120 mm

Węgierski, Kaje., Poezye, s. Biblioteka, klassykow polskich, Tom. 29.

Wegierski, T. K., Poezye, s. **Biblioteka.**

Weg- und Distanz-Karte der Rax-Alpe ... Imst [1909]. V: *Koppensteiner, Josef.* (Margr)

Weg- und Distanzkarte der Raxalpe gefalzt K —.40
Imst: Griessemann 1909.

Wegkarte. – Weg- und Distanzkarte der Raxalpe mit farbiger Wegmarkierung. Wien: Gerold 1910.

Wegkarte von Hamburg und Umgegend. 1 : 100,000. Chromolithogr. gr. Fol. Hamburg 888, (Temps.) * 1 20
Auf Leinw. ** 2 –

Wegkarte von Stuttgart und Umgebung (mit d. farbigen Weg-Bezeichnungen d. Ortsgruppen) hrsg. von d. Ortsgruppe Stuttgart d. Schwäb. Albvereins u. d. Verein f. Fremdenverkehr. Massst. 1:75.000. (Stuttgart: H. Wildt in Komm.) 1902: K. Bormann. (1 Kartenbl. 41 x 37 cm.) 8° [kol.]

Wegkarte der mährisch schlesischen Sudeten. Maßstab 1 : 200.000 (1 *cm* = 2 *km*). Mit rother Bezeichnung der markirten Wege. Unaufgezogen in Umschlag Freiwaldau: Titze 1894. —.40

Wegkarte von Zollikon, Küsnacht, Erlenbach, Zumikon. (Unter Mithilfe d. Verschönerungsvereine.) Maasst. 1:12,500. *Zurich: Hofer & Co. (1900).* (1 Kartenbl. 52 × 45 cm.) 8° [kol.] [02 330

Der Wegkürzer des Martin **Montanus** ⟨1557⟩. (Hrsg.: E. K. Blümml.) Leipzig: Deutsche Verlagsaktienges. 1906. (XIII, 134 S.) 8° [𝔉.]
— Schwänke, Deutsche, d. 16. Jhs. Bd 1.
— **Volksmund,** Der. Bd 2. [06. 8503

Weglau, Car. Ludov. Ferd. (geb. Münster in Westf. 27. 2. 1832): De commotione cerebri. Berolini (1855). (34 S.) 8°
Berlin, Med. Diss. v. 24. Juli 1855

WEGLEINER, Johann (Merkendorf): Ueber Koprostasis.- Würzburg: Becker 1866. 35 S.
23.5.1866 - Urk (Titel: De koprostasi.); F 71
Diss. Ingolst.-Landsh.-Mchn.

Wegleiter. Kurzer W. durch die Stadt Bern. Bern 1876 s. [Kaiser, Jacob]

Wegleiter, Ch., Christus der vortreffliche Lehrmeister. 8. Nrnb. 715.

Wegleitung durch die Gesetze und Verordnungen des Kantons Zürich. Zürich. Zürich 1888. V: *Stüssi, Heinrich.* (Cat. d. Stadtbibl. Zürich. Zürich 1864—97.)

Kurze **Wegleitung** durch die Städtische Altertums-Sammlung zu Göttingen. Nebst e. Pl. Göttingen 1900: E. A. Huth. (19 S.) 8° [𝔉.] [01. 9963

Wegleitung, kurze, durch die städtische Altertums-Sammlung zu Göttingen. 2. Ausg. März 1904. (27 S.) kl. 8. Göttingen (L. Horstmann). n. — 25

Wegleitung zur Wahl eines Berufes. ⟨Bearbeitet vom Lehrlings-Patronat Zürich.⟩ [Mit 1 Tabelle.] 7 [+ *Tabelle* 4] S. 8. Zürich, F. Lohbauer, 1906.

Węglowski, K. Ritter v.: Bericht an den Gemeinderat der Landeshauptstadt Czernowitz über den Vermögensstand der Stadtkommune Czernowitz und der in ihrer Verwaltung stehenden Fonde. Czernowitz: Selbstverl. d. Magistrats 1889.

— Bericht an den löbl. Magistrat der Landeshauptstadt Czernowitz über die Reorganisation des Städtischen Rechnungs- und Cassa-Dienstes. Czernowitz: Selbstverl. d. Magistrats 1889.

Wegmann, Gustav Albert W. von Zürich .... Njbl.s.a.[Hess, Jacob].

Wegmann, Gustav Albert, von Zürich, Architekt. [Zürich 1862.] V: *Hess, Jac.* (Cat. d. Stadtbibl. Zürich. Zürich 1864—97.)

Wegmann. † Karl Gottlieb W.... Zürich 1891 s.a. [Wegmann, Albert].

Wegmann, Karl Gottlieb, Strafhausdirektor in Zürich. Zürich 1891. V: *Wegmann, Albert.* (Cat. der Stadtbibl. Zürich. Zürich 1864—97.)

[Wegmann, Albert.] † Karl Gottlieb Wegmann, Strafhausdirektor in Zürich, geb. ... 1819. gest. 24. April 1891. [SA.] 8. Zürich 1891.

Wegmann, Carl, s. Wegmann, Karl

Wegmann, Carl Gottlieb, s. Wegmann, Karl Gottlieb

Wegmann, Friedrich [aus Zürich]: Die Ratifikation von Staatsverträgen ... [Erschien m. Vorw. 1892.] Berlin, Siemenroth & Worms, 1892; x [vielm. IV], 100 S. 8.
Göttingen, Jur. Fak., Inaug.-Diss. v. [9. Apr.] 1892

Wegmann, Frdr., die Ratifikation v. Staatsverträgen. Insbesondere das Verhältniss der Ratifikation zur parlamentar. Zustimmg. beim Vertragsabschluss. gr. 8. (X, 100 S.) Berlin 892. Siemenroth & Worms. n. 3. —

Wegmann, Fritz. Der ostasiatische Krieg und das Völkerrecht. Beleuchtung einiger Fragen des Völkerrechts im Hinblick auf die Ereignisse in Ostasien. VIII + 58 S. 8. Frauenfeld, Huber & Co., 1905. [fr. 1.50]
(Im wesentlichen Wiedergabe einiger Vorträge, gehalten im Winter 1904/05 in der Gemeinnützigen Gesellschaft Enge-Zürich.)

Wegmann, Heinrich

Wegmann, H., die Durchführung der Arbeiterschutzgesetze in der Schweiz, s.a. Vereinigung, schweizerische, zur Förderung des internat. Arbeiterschutzes.

Wegmann, H[einrich]. Die Durchführung der Arbeiterschutzgesetze in der Schweiz. 32 S. 8. Bern, Genossenschafts-Buchdr., 1907. (fr. —.30)
Schweizerische Vereinigung zur Förderung des internationalen Arbeiterschutzgesetzes (*d. i.* Arbeiterschutzes). Heft 22.

Wegmann, Heinrich. Licht- und Schattenseiten der häuslichen Erziehung. 88 S. 8. Zürich, Orell Füssli, [1905]. [fr. 1.50] N 4127

— Schweizerische Unfallversicherung auf Gegenseitigkeit. 4°. Bern 1897.

Wegmann, Henri, De Lindau, canton de Zurich: Contributions à l'histoire naturelle des Haliotides. ([S. A. aus:] Arch[ives] de Zool. Expl^e et Gén^le. 2e série, Vol. II [S. 289—378]). Paris A. Hennuyer Impr. 1884. 1 Bl., 90 S., 2 Bl., Pl. XV—XIX. 8°.
Zürich, Phil. Diss. [v. 15. Dec. 1884].

Wegmann, Karl

Wegmann, Carl: Theodor Fontane als Übersetzer englischer und schottischer Balladen. Münster i. W. 1910: Westfäl. Vereinsdr. 114 S. 8°
Münster, Phil. Diss. v. 6. Aug. 1910, Ref. Schwering
[Geb. 7. Dez. 84 Münster i. W.; Wohnort: Münster; Staatsangeh.: Preußen; Vorbildung: Realgymn. Münster Reife O. 06; Studium: Münster 8 S.; Rig. 21. Febr. 10.] [U 10. 1816

Wegmann, Karl Gottlieb

W[egmann]. C[arl] G[ottlieb]. Alt Regierungsrath Franz Hagenbuch. Gestorben den 4. Sept. 1888. [SA.] 8. Zürich 1888.

Wegmann, Math., die süddeutschen Münzen und die Reichsmünzen gegenübergestellt. Eine Uebersicht zum Gebrauche für Private, Aemter und Kassen bei Einführung des Reichs-Münzgesetzes. 8. (36 S. mit Abbild. der neuen Reichsmünzen in eingedr. Holzschn.) München 874. Stahl.

Wegmann, M., Tabellen über den Cubikinhalt beschlagener Hölzer mit gewöhnlich vorkommenden Holzstärken, von Zentimeter zu Zentimeter aufsteigend bis zur Länge von 10 Meter und von Decimeter zu Decimeter Länge aufsteigend bis zur Länge von 100 Meter. Ohne Rechnung und vollständig genau. Ein prakt. Hilfsmittel für Geometer, Architekten, Baumeister rc. gr. 8. (63 S.) Stuttgart 878. Moser. cart. *

Wegmann-Ercolani, Bericht über die öffentlichen Versammlungen zur Besprechung der Leichenverbrennungsfrage in Zürich. Nach stenograph. Aufzeichnungen und den Referaten der „Zürcher Presse" im Auftrage des provisor. Komité bearb. 8. (47 S.) Zürich 874. (Schmidt.)

Derselbe. Internationales Korrespondenzblatt zur Förderung der Feuerbestattung. Zürich 1875. Carli-Bodmer. Fol. 12 Nummern.

— über Leichenverbrennung als rationellste Bestattungsart. Eine Abhandlg. dem gesunden Menschenverstande gewidmet. 4. Aufl. Mit e. (lith.) Titelbild u. e. (lith.) Taf. Abbildgn. (in qu. 4.) gr. 8. (68 S.) Ebend. 874. n. 1. 60

Weg-Markirungen in der Umgebung v. Cilli. Hrsg. vom Comité zur Hebg. d. Fremden-Verkehrs. Tabelle. Fol. Cilli 887. (Drexel.) n. — 20

Wegmarkierungs-Karte des Salzkammergutes. Maßst. 1:75,000. (Eigentümer u. Hrsg. Sektion Gmunden d. österr. Touristenklubs. Glogau 1904: C. Flemming.) (1 Kartenbl. 54×60 cm mit Legende.) 8° [Kopft. lith.] [kol.] [05 1792

Wegmarkirungskarte des Oesterr. Touristen-Clubs. Blatt III. (Voralpenkarte: Wiener-Neustadt, Gutenstein, Puchberg.) Maßstab: 1:80.000. Photolithographischer Farbendruck. Gross-Folio Wien: Artaria 1896. * —.36

Wegmarkierungskarte der Umgebung von Wien. 1:75.000. 52 × 57 *cm* † Wien: Lechner 1906. K 2. —, auf Leinen K 3.—

(Distanz- und) **Wegmarkierungskarte** der hohen Veitsch 1982 m. 1:35,000. Hrsg. v. d. alpinen Gesellschaft D'Veitschthaler in Wien. (Wien: R. Lechner) 1898. (1 Kartenbl. 34 x 59 cm) 8°

Wegmayr, S., six grandes Compositions de Fleurs, arrangées et dessinées d'après ses études. Imp.-Fol. Vienne 833. Mansfeld et Comp. (Leipzig, Rud. Weigel.) n. 16 ₰

Wegmesser des Cyclists' Club-Triest f. Triest u. Küste. 2. Aufl. 12. (46 S.) Triest 897. F. H. Schimpff. n. — 80

Wegner, s.a. Wegener.

Wegner, s.: Auf Missionspfaden.

Wegner, die Bedeutung der Kurierfreiheit f. die ländlichen Verhältnisse m. besond. Hinblick auf Zucht, Behandlung u. Pflege v. Tieren, s.: Schriften üb. Wesen u. Bedeutung der Kurierfreiheit. 4. Heft.

— Die Bergdamara in Deutsch-Süd-West-Afrika u. die Arbeit der rheinischen Mission an ihnen, s.: Missions-Schriften, rheinische.

Wegner, allgem. deutsche Fruchtessigsiederey. 8. Brandenb. Leich. 801.

Wegner, ..., Versuch über die Auseinandersetzungen, An- u. Abziehen der Predigerfamilien auf den Pfarren in der Mark. 4. Berl. 795. Nauck. 4 ℳ

Wegner, A., die Behandlung der Thierzucht resp. -Haltung in der Buchführung, s.: Preisschriften u. Sonderabdrücke der „Landwirthschaftlichen Thierzucht".

— kurze Beschreibung der landwirthschaftlichen Verhältnisse d. Zuchtgebietes Ostfriesland. gr. 16. (80 S.) Norden 891. D. Soltau's Verl. n. — 40

Wegner, A., Chemie. Leitfaden f. den Unterricht an niederen landwirthschaftl. Instituten. 1. Lehrstufe. gr. 8. (22 S.) Norden 890. Soltau. n.* — 40

Wegner A.: Kalender f. den buchführenden Landwirth. . . . 1880. (Norden) [1879]. 144 S. m. Skemaer. 4°.

Wegner, A., der buchführende Landwirth. Tabellen zur einfachen Geld- und Natural-Buchung für Wirthschaften geringeren Umfangs, nebst Kalender des buchführenden Landwirths als Zugabe. gr. 4. (136 S.; Kalender 32 S.) Norden 882, Soltau's Verlag. geb. und geh. * Kalender allein

Wegner, A., der buchführende Landwirth. Tabellen zur einfachen Geld- u. Natural-Buchung f. Wirthschaften geringeren Umfangs. 2. Aufl. gr. 4. (136 S.) Norden 884. Soltau. geb. n. 1. 50

Wegner, A., der buchführende Landwirt. Tabellen zur einfachen Geld- und Natural-Buchung für Wirtschaften geringeren Umfangs. 4. verb. Aufl. gr. 4. (IV, 124 S.) Norden 888, Soltau's Verlag. *ℳ 1.50.; geb. *

— der buchführende Landwirt. Tabellen zur einfachen Geld- u. Natural-Buchg. wie zur Ermittelg. d. steuerpflichtigen Einkommens. 5., verb. Aufl. Fol. (IV, 124 S.) Ebd. 892. n. 2. 25; geb. n. 3. —

Wegner, A., d. buchführende Landwirt. Tabellen zur einf. Geld- u. Natural-Buchg., wie zur Ermittelung d. steuerpflicht. Einkommens. 6., verb. Aufl. Fol. (IV, 140 S.) Norden 896. D. Soltau. n.n. 2. 25; geb. n.n. 3. —

Wegner, A., der buchführende Landwirt. Tabellen zur einfachen Geld- u. Natural-Buchg., wie zur Ermittelg. des steuerpflicht. Einkommens. 7., verb. Aufl. Fol. (IV, 140 S.) Norden (900). D. Soltau. nn. 2.25; geb. n.n. 3.—

Wegner, A., der buchführende Landwirt. Tabellen zur einfachen Geld- u. Natural-Buchg., wie zur Ermittelg. des steuerpflicht. Einkommens. 8., verb. Aufl. (IV, 140 S.) gr. 4. Norden (904). D. Soltau. n. 2. 25; geb. n.n. 3. —

— allgemeine Pflanzenkunde. Leitfaden f. den Unterricht an niederen landwirtschaftl. Lehr-Anstalten. gr. 8. (27 S.) Ebd. 889. n. — 50

— die Rindviehschläge Ostfrieslands, auf Veranlassg. der königl. Landwirtschafts-Gesellschaft zu Hannover beschrieben. Nebst 1 (chromolith.) Karte v. Ostfriesland, sowie 4 Abbildgn. in Lichtdr. gr. 8. (IV, 248 S.) Emden 885. Haynel. n. 5. —

—— Schülerheft für landwirthschaftliche Buchführung nach: Der buchführende Landwirt. Tabellen zur einfachen Geld- und Natural-Buchung für Wirtschaften geringeren Umfangs. 2. Aufl. gr. 4. (32 S.) Norden 888, Soltau. *

— Schülerheft f. landwirtschaftliche Buchführung. Tabellen zur einfachen Geld- u. Natural-Buchg. wie zur Ermittelg. d. steuerpflicht. Einkommens. 3., neubearb. Aufl. Fol. (40 S.) Ebd. 892. n. — 60

— Schülerheft f. landwirtschaftl. Buchführg. Tabellen z. einf. Geld- u. Natural-Buchg., wie zur Ermittelg. d. steuerpflicht. Einkommens. 4., neubearb. Aufl. Fol. (40 S.) Ebd. 896. n. — 60

— Schülerheft f. landwirtschaftliche Buchführung. Tabellen zur einfachen Geld- u. Natural-Buchg., wie zur Ermittelg. des steuerpflicht. Einkommens. 5., neubearb. Aufl. Fol. (46 S.) Ebd. (900). n. — 60

Wegner, A. Der Unterricht in der Buchführung in Verbindung m. der Betriebslehre. 8. (27 S.) Norden 892, Soltau. * — 30

Wegner, A. B., Wirthschafts-Reformen. Sieg im Kampf gegen die sinkenden Waarenwerthe durch Verbesserung der Münze, Einführung d. Doppelwährung, systemat. Grundentschuldung (unter Verstaatlichung d. Reichsbank) und wirtschaftliche Organisation d. Berufsstände unter d. Schutze eines rationellen autonomen Zollsystems. gr. 8. (55 S.) Berlin [W. 9, Zimmerstrasse 39—41], im Selbstverlage d. Verfassers. 1. —

Wegner, Alex., Geschichte der Stadt Libau. gr. 8. (V, 153 S. m. 4 Plänen.) Libau 898. R. Puhze. Geb. in Leinw. n. 4. 20

Wegner, Armin T., Gedichte in Prosa. Ein Skizzenbuch aus Heimat u. Wanderschaft. (218 S.) 8. Berlin 910. E. Fleischel & Co. 3.—; geb. 4. —

— Zwischen zwei Städten. Ein Buch Gedichte im Gang e. Entwicklg. (Titelvignette v. Kurt Tuch nach dem Familienwappen des Verf.) (VI, 191 S.) 8. Ebd. (909). 3.—; geb. 4. 50

Wegner, Arno: Die Reportgeschäfte des Börsenverkehrs. Breslau: Fleischmann 1909. 92 S. 8°

Göttingen, Jur. Diss. v. 15. Jan. 1910, Ref. Beyerle

[Geb. 26. Febr. 70 Bromberg; Wohnort: Steglitz; Staatsangeb.: Preußen; Vorbildung: Askan. Gymn. Berlin Reife M. 90; Studium: Berlin 8 S.; Rig. 3. Aug. 08.] [U 10. 1359

Wegner, Augustus (Frid. Bogislaus) (geb. Usedom 16. 3. 1824): De carcinomate. Berolini (1850). (28 S.) 8°

Berlin, Med. Diss. v. 14. Aug. 1850

Wegner, Augustus (Armin.) (geb. Berlin 29. 10. 1819): De glandularum bronchialium tuberculosi. Berolini (1843). (32 S.) 8°

Berlin, Med. Diss. v. 15. Febr. 1843

Wegner, Frau Berta, s.: Wegner-Zell, Berta.

Wegner, Carl Friedrich, s. Wegner, Karl Friedrich

Wegner, Conrad, s. Wegner, Konrad

Wegner, D. R., Ackerscholle u. Steinkohle. Soziale Erzählg. aus dem Ruhrkohlengebiet. (56 S.) 8. Leipzig-Gohlis 909. Raschwitz b. Leipzig, B. Volger. — 60

Wegner, E. Walter

Wegner, E. W., aus Deutsch-Afrika, s.a. Colonialgebiete, die deutschen.

Wegner, E. Walter: Aus Deutsch-Africa. Tagebuch-Briefe eines jungen Deutschen aus Angra-Pequena (1882—1884). Mit Karten und Illustrationen. (Die deutschen Colonialgebiete. No. 1.) Leipzig 1885. 61 S. 8°

Wegner, Ernst, aus der med. Klinik zu Kiel. Zur Casuistik der Hirntumoren. Diss. Kiel 1887, Haeseler-sche Sort.-Buchh. 8°. 20 S. mit einer Taf.

Wegner, Ernst [approb. Arzt aus Kiel]: Aus der med. Klinik zu Kiel. Zur Casuistik der Hirntumoren . . . Kiel, Druck v. Schmidt & Klaunig, 1887; 20 S. + 2 Bl. u. 1 Taf. 8°.
Kiel, Med. Fak., Inaug-Diss. v. 30. Jul. 1887.

Wegner, Frz., vom Himmel gefallen, s.: Teich's Vereinstheater.

Wegner, Franz, a. Charlottenburg: B. Ringwaldts Christliche Warnung des Treuen Eckarts. T. 1. Marburg 1909: (Favorke, Breslau). 56 S. 8° ¶(Ersch. vollst. als: Germanist. Abhandlungen. H. 33.)
Marburg, Phil. Diss. v. 14. April 1909, Ref. Vogt
[Geb. 13. März 83 Obodowo; Wohnort: Lankwitz; Staatsangeh.: Preußen; Vorbildung: Joachimsth. Gymn. Berlin Reife O. 02; Studium: Berlin 2, Marburg 1, Berlin 2, Marburg 2 S.; Rig. 18. Dez. 07.] [U 09. 3223

Wegner, Frz., die „Christliche Warnung des Treuen Eckarts" des Bartholomäus Ringwaldt, s. a. Abhandlungen, germanistische. 33. Heft.

Die 'Christliche Warnung des treuen Eckarts' des Bartholomäus Ringwaldt untersucht v. Franz **Wegner**. Breslau: Marcus 1909. 115 S. 8° (Germanistische Abhandlungen. H. 33.) [09. 10540

Wegner, Frdr., der Lehrer als Samariter. Leitfaden für Samariterkurse an Lehrer-Seminaren. (84 S. m. Abbildgn.) 8. Leipzig 904. Dürr'sche Buchh. n. 1. —

Wegner, Frdr., der Lehrer als Samariter. Leitfaden für Samariterkurse an Lehrer-Seminaren. 2. Aufl. (104 S. m. 88 Abb.) 8. Leipzig 910. [Dürr'sche Buchh.] Berlin, Union, Zweigniederlassg. 1. 30

Wegner, Friedrich [Rektor in Weissensee i. Th.]: Die Verdienste der aristotelischen Ethik um das Prinzip der Persönlichkeit ... Jena, Druck v. A. Kämpfe, 1895; 41 S. 8.
Jena, Phil. Fak., Inaug.-Diss. v. [2. März] 1895

Wegner, Friedrich Rudolf Georg, s. Wegner, Georg

Wegner, G., die mechanische Abwickelung e. geschlossenen Verkehrs. Vorschläge zur weiteren Ausbildung der dem Verkehr dien. Selbstverkäufer. gr. 8. (VII, 38 S. m. 24 Holzschn. u. 1 Taf.) Berlin 894. W. Ernst & Sohn. n. 2. —

— deductio et declaratio sententiae Aug. confess. de die dominico, originem ejusdem non institutioni divinae sed ecclesiae christ. vindicantis. Viteb. 1702. 4.

Wegner, G., de testis mobilibus. Regiom. 1700. 4.

Wegner, G. De lotariis. 8°. Regiomont. 1718.

Wegner, G., de orationibus jaculatoriis, vulgo Stoßgebetlein. Regiom. 708. 4.

Wegner, G., de postillis ecclesiasticis. Regiom. 1700. 4.

Wegner, G., de precibus jaculatoriis. Regiom. 1708. 4.

Wegner, G., de restitutione ablati. Regiom. 1702. 4.

Wegner, G., de risu paschali oratorem sacrum ejusque auditorem minime decente. Regiom. 1705. 4.

Wegner, G.: De sanguine Christi. – Regiom. 1705.

Wegner, G., Dr., Der Südpol. Die Südpol-Forschung und die Deutsche Südpolar-Expedition. Berlin 1897.

— de rhetoricae usu in ecclesia magnaque inter civilem et ecclesiasticam convenientia et differentia. Ibid. 1704. 4.

Wegner, G., de alba veste baptizatorum. Regiom. 1700. 4.

Wegner, Geo., Generalregister zu den Schriften der königl. böhm. Gesellschaft der Wissenschaften 1784—1884. gr. 8. (XVI, 159 S.) Prag 884, (Calve'sche Universitäts-Buchh.) *

Generalregister der Schriften der königl. böhm. Gesellschaft der Wissenschaften 1884–1904. Zsgest. von Georg **Wegner**. Prag: Kgl. böhm. Gesellsch. d. Wiss. 1905. (106 S.) 8° [06. 8881 9

Wegner, (Frid. Rud.) Georg. (geb. Breslau 17. 4. 1843): De iridis nervis vasomotoriis deque atropini in eos vi. Berolini (1866). (31 S.) 8°
Berlin, Med. Diss.
nachgeliefert v. dem am 4. Juni 1866 auf Grund gedruckter Thesen promov. Verf.

Wegner, Georg Wilhelm

Wegners, G. W., philos. Abh. von Gespenstern. Berl. 747. 8.

*— — Gedanken von Gespenstern. Halle 749. 8.

Wegner, G. W., von Gespenstern, nebst einer Nachricht von dem Wustermarkischen Kobold. Berl. 747. 8.

Wegner, Georg Wilhelm: Schau-Platz vieler ungereimter Meynungen und Erzehlungen: worauf die unter dem Titul der Magiae naturalis so hoch gepriesene Wissenschafften und Künste...vorgestellet, geprüfet und entdekket werden. Zur Beförderung der Warheit wie auch zum Unterricht und Warnung...eröffnet. St.5-8, 13-16, 17-20, 21-24, gbd.
Berlin u.Leipzig: 1735 - 1742

JB 2.691

Wegner, Georg Wilhelm, Wiederlegung der Leibnitzischen Monadologie und der Einfachen Dinge.

Wegner, Gottfried [Praes.], s. Linckner, Joh.: De alba veste baptizatorum = Wester Hembd.

Wegner, Gottfried [Praes.], s. Ohm, Gottfried: De imputatione fidei ad justitiam, Ex Roman. IV. V. 5.

Wegner, Gust., Kantlexikon. Ein Handbuch f. Freunde der Kant'schen Philosophie. gr. 8. (IV, 347 S.) Berlin 893. K. G. Wiegandt. n. 6. —

Wegner, H., der Graphit, s.: Sammlung gemeinverständl. wissenschaftl. Vorträge.

Wegner, Karl *Martin* [aus Nusse]: Zur Behandlung der Varicocele ... Berlin, C. Vogt's Buchdr., *1892*; 31 S. 8.
Berlin, Med. Fak., Inaug.-Diss. v. 27. Juli 1892

Wegner, Karl Friedrich

AUS dem Taschenbuche eines Frauenzimmers. 1780. (Aus den „Raritäten" des Küsters von Rummelsburg = *Carl Friedr. Wegner.*)
1. Liste meiner Liebhaber. 2. Namen Derjenigen, welche nichts geben. 3. Namen Derjenigen, welchen ich gebe. 4—6. Verzeichnis meiner Wäsche, Kleidungsstücke und übrigen Sachen. — In: Der Amethyst, Heft 9—10: Aug.—Sept. 1906, 8°, S. 282—286. — Ein früherer Sonderdruck auf Büttenpap., der bald confiscirt wurde, erschien O. O. u. J. (Budapest, Neufeld's Druckerei, Verlag von Franz Teubner in Cöln, 1890).

Wegner, Konrad

Wegner, Conr., die Conditorei in Bildern, mit erläuterndem Texte. qu. gr. 4. (57 S. mit 40 Stnt. in Farben- und Tondr.) Frankfurt a. M. 854, Keller. *

Wegner, L., Stadt u. Land Daber, s.: Dewitz, Werner v.

Wegner, L., Familiengeschichte der von Dewitz. 1. Bd. Naugard 868. Ducherow, Buchh. des Lehrerwaisenhauses. 4. (III, 640 S. mit 13 Steintaff., wovon 3 chromolith. u. 9 in Tondr., mit 8 Tabb. in qu. Fol.) n.n. 5 ₰

Wegner, Lite (M. Olivar), vom Sanderhof, s. a. Welt, alte.

Wegner, Lite: Vom S a n d e r h o f. Eine Erzählung aus Südtirol von Lite Wegner. (M. Olivar.) Berlin: A. Weichert [1900]. (47 S.) 8⁰
Welt, Alle. Bd 15.

Wegner, Marie, die Armen- u. Waisenpflege, s.a. A r b e i t s g e b i e t e der Frauenbewegung. 1. Heft.

Wegner, Marie, Die Armenpflege und Waisenpflege. 8⁰. Leipzig, Teubner, 1907. (Arbeitsgebiete der Frauenbewegung, Heft 1.)

Die Armen- und Waisenpflege von Marie **Wegner**. Leipzig & Berlin: B. G. Teubner 1908. (40 S.) 8°
— Arbeitsgebiete d. Frauenbewegung. H. 1. 1916

Wegner, M., s. Frau, die, im Osten.

Wegner, M., s. Gesetzgebung u. Frauen.

Wegner, Marie, die Lage der Arbeiterinnen, s.: F o r t s c h r i t t, sozialer. Nr. 52. 53.

Wegner, Marie: Die Lage der Landarbeiterinnen. — Leipzig: Dietrich 1905. 32 S. 8⁰ (Sozialer Fortschritt. 52/53.)

— Merkbuch der Frauenbewegung. Hrsg. vom Bunde deutscher Frauenvereine. (IV, 152 S.) 8. Leipzig 908. B. G. Teubner. 2. 40

— s.: S c h r i f t e n des schlesischen Frauenverbandes.

Wegner, Marie, warum wir Schulgärten u. landwirtschaftliche Frauenschulen brauchen. (Teilweise aus: „Neue Bahnen".) (15 S.) gr. 8. Breslau (907). Auguste Favorke (durch das schles. Vereinssortiment). — 20

Wegner, Max: Ueber Derivate des Amidotetramethyl-m-phenylendiamins. *Heidelberg 1898: J. Hörning.* (80 S.) 8°
Heidelberg, Naturw.-math. Diss. v. [28. Febr.] 1898

Wegner, Otto, E t a t s v o r s c h r i f t e n f. die Justizverwaltung vom 12. III. 1908. Nebst dem Etat der Justizverwaltg. nach Kapiteln, Titeln u. Unterabteilgn., Erläuterungen dazu u. vollständ. Sachregister. 8., vollständig umgearb. u. erheblich erweit. Aufl. v. „Böger-Wegner's Etats-Instruktion". (VII, 288 S.) gr. 8. Berlin 908. A. Nauck & Co. 5.—; geb. 6.—

Wegner, Otto, deutsche Gebührenordnung für Zeugen u. Sachverständige, s.a. P e t r i, F.

Wegner, Otto, deutsche Gebührenordnung f. Zeugen u. Sachverständige vom 30. VI. 1878/20. V. 1898 (R.G.Bl. S. 689), nebst den nach §§ 13 u. 14 in Betracht komm. besond. preuß. Taxvorschriften u. Bestimmgn. üb. Tagegelder u. Reisekosten. Mit Gesetzesbegründg., umfangreichen Erläutergn., e. Tabelle u. ausführl. Sachregister hrsg. 3. völlig umgearb. u. erheblich erweit. Aufl. v. „Petri u. Wegner, Gebührenordng. ꝛc.". (VIII, 198 S.) gr. 8. Berlin 905. A. Nauck & Co. n. 3.—; kart. n.n. 3.30

— Deutsche G e b ü h r e n o r d n u n g f. Zeugen u. Sachverständige vom 30. VI. 1878/20. V. 1898 (RGBl. 1898 S. 689) nebst den nach §§ 13, 14 in Betracht kommend. besonderen preuß. Taxvorschriften u. Bestimmungen üb. Reisekosten. Mit Gesetzesbegründg., umfangreichen Erläutergn., 1 Tab. u. ausführl. Sachregister hrsg. 4. völlig umgearb. u. erheblich erweit. Aufl. v. „Petri u. Wegner, Gebührenordng. ꝛc." (VIII, 248 S.) gr. 8. Ebd. 911. 3.60; geb. 4.—

— G e s e t z betr. die Gebühren der Medizinalbeamten vom 14. VII. 1909 nebst Ergänzungsbestimmgn., Erläutergn. u. Sachregister. Zugleich Nachtrag zu „Wegner, Deutsche Gebührenordng. f. Zeugen u. Sachverständige, 3. Aufl." (IV, 41 S.) gr. 8. Ebd. 909. Kart. 1.—
Hauptwerk Ebd. 3.—; kart. 3.30

Wegner, O., Instruktion f. d. Verwaltg. d. Etatfonds bei d. Justizbehörden, s.: B ö g e r, R.

— V e r r e c h n u n g der sächlichen Ausgaben bei der Justizverwaltung nach der allg. Verfügung vom 1. VI. 1907 (J. M. Bl. S. 397). Zugleich Nachtrag zu: Etatsvorschriften. 7. Aufl. (36 S.) gr. 8. Ebd. 907. — 60
Hauptwerk Ebd. 900. 3.20; kart. 3.50

— V o r s c h r i f t e n üb. die Gefangenen-Sammeltransporte auf Eisenbahnen m. den daneben bestehenden bisherigen Bestimmungen üb. Gefangenen-Transporte. Handbuch f. Justiz- u. Verwaltungsbehörden. (IV, 124 S.) kl. 8. Ebd. 907. Kart. 1.—

— Vorschriften f. die Verwaltung der Etatsfonds bei den Justizbehörden. Nebst dem Etat der Justizverwaltg. nach Kapiteln, Titeln u. Unterabtheilgn., Erläuterungen dazu u. vollständ. Sachregister. 7., vollständig umgearb. u. erheblich erweit. Aufl. von „Böger-Wegner's Etats-Instruktion". gr. 8. (VI, 186 S.) Berlin 900. A. Nauck & Co. n. 3. 20; kart. n. 3. 50

Wegner, Otto: Welche Rolle spielt die Nitritreduktion im Stoffwechsel der denitrifizierenden Bakterien? (Berlin 1910: G. Schade.) 41 S. 8°
Berlin, Phil. Diss. v. 13. April 1910, Ref. Schwendener
[Geb. 10. Nov. 80 Berlin; Wohnort: Berlin; Staatsangeh.: Preußen; Vorbildung: Friedrichs-Werdersche Oberrealsch. Berlin Reife O. 00; Studium: Berlin Techn. Hochsch. 5, Univ. 5 S.; Rig. 24. Febr. 10.] [U 10. 278

Wegner, R.

— Beiträge zur Kenntnis südafrikanischer Landwirtschaft. Über die Schafzucht, Wollproduktion u. Handhabung des Wollgeschäftes in Argentinien. Abessinische Sämereien, s.a. B e r i c h t e üb. Landwirtschaft. 8. Heft.

Wegner, R.: B e i t r ä g e zur Kenntnis südafrikanischer Landwirtschaft. Bericht über e. Studienreise durch d. engl.-südafrikan. Kolonien erstattet von Ökon.R. Wegner-Norden. Über d. Schafzucht, Wollproduktion u. Handhabung d. Wollgeschäftes in Argentinien. Abessinische Sämereien. Berlin: Parey 1909. 129 S. 8⁰
(Berichte über Landwirtschaft. H. 8.)

Wegner, R., Geschichte des Schwetzer Kreises. II. Bd. Eine poln. Starostei u. e. preuss. Landrathskreis. Geschichte des Schwetzer Kreises 1466—1873 v. Hans Maercker. (XII, 597 S. m. 1 Taf. u. 1 farb. Karte.) gr. 8. Danzig 886. 888. (Schwetz, W. Moeser.) Geb. n. 7. 50
Sonderabdruck aus: „Zeitschr. d. westpreuss. Gesch.-Ver."

Wegner, R., Grundzüge einer zeitgemäßen Reorganisation des Gemeindewesens, u. im Zusammenhange damit, des Staatsverwaltungssystems. Mit einer einleitenden Darstellung der Geschichte des Landgemeindewesens in Westpreußen. gr. 8. (X u. 142 S.) Berlin 850, G. Reimer. 1/2 ₰

Wegner, Richard, s.a. W e g n e r v. Dallwitz

Wegner, Richard

Wegner, Richard, aus Wollin: Die Angriffswaffen der Angelsachsen. ([T. 1:] Der Speer.) *Königsberg i. Pr. (1899): H. Jaeger.* (VII, 81 S.) 8° ¶ (Die Abhandlungen über d. anderen Angriffswaffen erscheinen an anderen Orten.)
Königsberg, Phil. Diss. v. 28. März 1899

Wegner, Richard, aus Berlin: Über die Einwirkung des Ziehprozesses und von Temperatureinflüssen auf die physikalischen Eigenschaften einiger Metalle. Zürich 1905. 56 S. 8°. [20. VII. 05.]
Zürich, Phil. Diss. II. S. 1904/1905.

Wegner, Richard. Ueber die Einwirkung des Ziehprozesses und von Temperaturflüssen auf die physikalischen Eigenschaften einiger Metalle. Diss. Phil. [II.] Univ. Zürich. [Mit Figuren.] 56 S. 8. Zürich, J. Leemann, 1905.

Wegner, Rich., die preußischen Grundsteuer-Tarife. gr. 4. (IV und 76 S.) Berlin 862, R. Kühn. *

Wegner, R., Grundzüge einer zeitgemäßen Reorganisation des Gemeindewesens, und im Zusammenhange damit, des Staatsverwaltungssystems. Mit einer einleit. Darstellung der Geschichte des Landgemeindewesens in Westpreußen. gr. 8. (IX und 142 S.) Berlin 850, G. Reimer.

Wegner, Rich., ein pommersches Herzogthum und eine deutsche Ordens-Komthurei. Kulturgeschichte des Schwetzer Kreises nach den archival. und anderen Quellen bearb. Ein Beitrag zur urkundl. Geschichte des Deutschthums in Westpreußen, wie auch zur Kenntniß der Alterthümer dieses Landestheils, mit zahlreichen Illustr. und bisher noch ungedr. histor. Dokumenten. 1. Bd., 1. und 2. Thl. bis 1466. gr. 8. (439 S. mit eingedr. Holzschn., 6 Holzschntaf. und 4 Stnt.) Posen 872, (Türf.). *
geb. *

Wegner, Rich. N., über die tertiären Säugetiere Oberschlesiens. (20 S. m. Abbildgn.) 8. Kattowitz (907). (Phönix-Verlag.) 1.—
Sonderabdruck aus: „Kohle u. Erz".

Ueber die tertiären Säugetiere Oberschlesiens. Von Richard N. Wegner. Breslau. Kattowitz [1907]: G. Siwinna. (20 S.) 8°
Aus: Kohle u. Erz. [07. 17903 2

Wegner, Robert [aus Maxkeim Kreis Friedland Ost-Pr.]: Ueber die Molecularrefraction der Haloidsalze des Lithiums, Natriums u. Kaliums. ... Berlin, Buchdr. v. Goedecke & Gallinek (1889); 50 S. + 1 Bl. 8°
Berlin, Phil. Fak., Inaug.-Diss. v. 6. Aug. 1889.

Wegner, Rud., Beiträge zur Gesundheitspflege d. Geistes. I. Das Christenthum vom Standpunkte der Psychohygiene. II. Die Ueberbürdungsfrage auf den höheren Schulen vom Standpunkt der Psychohygiene. gr. 8. (64 S.) Stralsund 884. Bremer. — 75

Wegner, Rud., Einzelzüge aus der Arbeit der rheinischen Mission. Ein Handbuch für Missionsansprachen. Den Zeitschriften unserer Gesellschaft entnommen u. zusammengestellt. gr. 8. (VIII, 373 S.) Gütersloh 900. C. Bertelsmann. n. 3.60; geb. n. 4.—

Wegner, Gedanken üb. Gesundheitspflege d. Geistes. gr. 8. (III, 60 S.) Lissa 897. F. Ebbecke. n. 1.—

— neue Sammlung v. Lebensbildern aus der rhein. Mission, s. a. Missions-Traktate, rhein. 89.

Neue Sammlung von Lebensbildern aus der Rheinischen Mission. Aus d. Missionsschriften unserer Gesellschaft ausgezogen u. zsgest. von P. Rudolf Wegner, Gütersloh. *Barmen: Missionshaus 1899.* (67 S.) 8° [F.]
= Missions-Traktate, Rheinische. No 89. [01. 3707 5

Wegner, Theodor, a. Emsdetten in Westfalen: Die Granulatenkreide des westlichen Münsterlandes I. Geologischer Teil. (Berlin 1905: J. F. Stareke.) (42 S.) 8° (T. 2 ersch. in: Zeitschrift d. Deutschen geolog. Gesellschaft, 1905, H. 2.)
Berlin, Phil. Fak., Ref. Branco, Klein, Diss. v. 29. Juli 1905.
[Geb. 9. Sept. 80 Emsdetten, Kreis Steinfurt i. W.; Heimatsort: Münster; Staatsangeh.: Preußen; Vorbildung: Gymn. Recklinghausen Reife O. 01; Studium: Münster 1, Berlin 5 S.; Rig. 9. Febr. 05.]

Wegner v. Dallwitz, Rich., die Aeroplane u. Luftschrauben der statischen u. dynamischen Luftschiffahrt schwerer u. leichter als Luft. Eine gemeinverständl. Beschreibg. ihrer Anordng. u. Anleitg. zu ihrer Berechng. f. Konstrukteure, Luftschiffer u. Liebhaber. (VIII, 45 S. m. 9 Abb.) gr. 8. Rostock 908. Berlin, C. J. E. Volckmann Nachf. 1.50

Wegner v. Dallwitz. Einführung in die elementäre u. höhere mathematische Behandlung von Problemen der Flugtechnik. gr. 8°. Rostock. 1910 ca. M. 5.—

Wegner, Rich., die Einheit der Naturkräfte in der Thermodynamik. Eine mathematisch-physikalisch-spekulative Ableitg. der chem., elektr. u. rein mechan. Sonderkräfte, einschliesslich der Schwerkraft aus der kinet. Energie bewegter unelast. Körper- u. Aether-Atome. Mit e. Portraitvignette u. zahlreichen Fig. (VIII, 132 S.) gr. 8. Leipzig 904. Veit & Co. n. 4.—

— Die Explosions-Gasturbine als Reaktionsturbine (als einstufiger Schnellläufer!) in Theorie u. Konstruktion. (55 S. m. 8 Abb.) gr. 8. Ebd. 908. 1.50

Wegner v. Dallwitz. Festigkeitslehre f. Flugtechniker. Rostock. 1910 ca. M. 5.—

— Der praktische Flugschiffer. Eine Anleitg. zur Konstruktion v. Gleitfliegern, Schraubenfliegern u. Schaufelfliegern, ihrer Tragdecken, Trag- und Treibschrauben, nebst e. Anh. üb. Luftschiffe. (78 S. m. 37 Abb.) gr. 8. Ebd. 909. 2.—; geb. in Leinw. 3.—

— Der praktische Flugtechniker. Eine Anleitg. z. Konstruktion v. Hand- u. Motordrachen, ihrer Tragdecken, Treibschrauben u. anderen Bauteile, u. von Schrauben- u. anderen Fliegern. Mit vielen Preis- u. Leistungstabellen u. 129 Abb. 2. verm. u. vervollständigte Aufl. (VIII, 161 S.) gr. 8. Ebd. 910. 4.50; geb. in Leinw. 5.50

— Der Gasstromerzeuger. Eine neue Wärmekraftmaschine f. motor. u. Heiz-Zwecke im Motorenbau, in der Kalk- u. Zement-Fabrikation, der keram. und chemisch-techn. Industrie, Metallurgie etc. u. in der Luftschiffahrt. (53 S. m. 7 Abb.) gr. 8. Ebd. 907. 1.50

— eine praktisch-brauchbare Gasturbine! Versuch e. Lösg. des Gasturbinen-Problems m. e. vollständig durchkonstruierten Beispiel. (32 S. m. 6 Abbildgn.) gr. 8. Rostock 907. C. J. E. Volckmann Nachf. n. 1.—

Hilfsbuch für den Luftschiff- und Flugmaschinenbau ... nebst e. Anh.: Die Mechanik d. Gleitbootes von Dr. R. Wegner von Dallwitz, Physiker. Mit 44 Abb. Rostock: C. J. E. Volckmann Nachf. 1909. (VII, 142 S.) 8° [08.18493 7

— Hilfsbuch f. den Luftschiff- u. Flugmaschinenbau. Eine übersichtl. Darstellg. der verschied. Konstruktionen, sowie Anleitg. zum Bau u. zur Berechng. der Leistungen u. des Wirkungsgrades v. Luftschiffen, Flugmaschinen aller Art u. v. Treibschrauben. Für Flugtechniker u. praktische Flugleute. 3. rev. u. vervollständ. Aufl. Mit 210 Abb. (im Text u. auf 1 Taf.) u. vielen Leistungs- u. Preistab. (XIII, 351 S.) gr. 9. Rostock 910. Berlin, C. J. E. Volckmann Nachf. 9.—; geb. in Leinw. 10.—
1. Aufl. (VII, 142 S. m. 44 Abb.) Ebd. 909. 4.—; geb. 5.—

Wegner v. Dallwitz, Rich., Konstruktionsblätter f. Flugtechniker. 1. Bd.: Der Treibschrauben-Konstrukteur. Eine neue elementare u. erschöpfende Theorie der Treibschrauben (Schraubenpropeller f. Luft- u. Wasserfahrzeuge) u. Tragschrauben u. Anleitg. zur Ausführg. v. günstig wirkend. Treib- u. Tragschrauben f. Luftfahrzeuge, Schiffe u. Schlitten. Mit 87 Abb., 4 Konstruktionstaf. u. vielen Tab. (XII, 183 S.) Lex. 8. Rostock 911. Berlin, C. J. E. Volckmann Nachf. 6.—; geb. in Leinw. 7.—

— Der praktische Luftschiffer. Eine geschichtl. u. techn. Übersicht üb. den Stand der Luftschiffahrt u. e. Entwicklg. ihrer physikal. u. techn. Bedinggn. (X, 111 S. m. 42 Abb.) gr. 8. Ebd. 909. 8.—; geb. in Leinw. 4.—

— Die beste Tragdeck-Form u. der Luftwiderstand. Eine leichtfassl. Entwicklung der Luftwirkungs-Gesetze f. Flugtechniker u. Freunde physikal. Naturbetrachtg. (IV, 71 S. m. 47 Abb.) gr. 8. Ebd. 910. 2.25; geb. in Leinw. 3.25

Verbrennungs-Gasturbine oder Explosions-Gasturbine? und Erfahrungen im Gasturbinenbau. Die Dallwitz-Petroleum-Gasturbine. Von Dr. R. Wegner v. Dallwitz, Dipl.-Ing. Rostock: Volkmann 1909. 34 S. 8° [10. 7733]

Wegner, R: Der Wegner-Motor. Britz b. Berlin 1899

Wegner-Zell, Berta, s. a.: Zell, B. W.

Wegner-Zell, Bertha, lebende Bilder. Geschichten f. die Jugend. Mit 4 farb. Vollbildern u. andern Illustr. (VI, 168 S.) 8. Stuttgart (906). Levy & Müller. Geb. in Leinw. n. 3.—

— s.: Herzblättchens Zeitvertreib.

— s.: Töchter-Album.

v. Wegnern, Aug., über die Erklärung der Sechs u. Achtzig in Sachen der Lichtfreunde wider die Evang. Kirchenzeitung. 8. Halle 845, Mühlmann. n. 1/6 ₰

—— evangelisches Gemeindeblatt, s. Gemeindeblatt.

Wegnern, August Friedrich Viktor

***de Wegnern,* A. Fr. V., Manichaeorum indulgentias cum brevi totius Manichaeismi adumbrat. e fontibus descripsit. 8maj. Leipz. 827. Reclam. 1 ₰**

v. **Wegnern,** Aug. Fr. Vict., s. **Theodori** Antiocheni.

de Wegnern, Augustus Frid. Victor: Theses theologicae. Berolini (1829). (2 Bl.) 4°
Berlin, Theol. Thes. v. 1. Apr. 1829

Wegrad, Franz [aus Cottbus (Brandenb.)]: Gastroenterostomie und Enterostomie mit Hilfe des Murphy'schen Knopfes ... Würzburg, P. Scheiner's Buchdr., 1895; 41 S. 8.
Würzburg, Med. Fak., Inaug.-Diss. v. 1895

Wegscheider, E[rnestus] H[einricus] Gustavus: Nonnulla de febrium intermittentium caussa [!] atque natura. Halis (1841): Gebauer. 26 S. 8°
Halle-Wittenberg, Med. Diss. v. 30. März 1841
Geb. Halle a. d. S. 8. 6. 1819. V.
Verf. erlebte die Diplomerneuerung 1891 als Geheimer Sanitätsrat in Berlin, vgl. Anh. Nr. 385.

Wegscheider, Fidelis, (†...) Leitfaden zur Pastoraltheologie. 8. (Tübing.) 777. Mit n. Titelbl. u. e. Vorrede. 8. Freiburg 785.

— s. R. Willan über d. Krankheiten in London.

Wegscheider, Georg, s.a. Wegscheider, Johann Georg Ernst

Wegscheider, Hans, über die normale Verdauung bei Säuglingen. gr. 8. (32 S.) Berlin 875, Hirschwald. *

Ioannes Georgius Ernestus Wegscheider: De Haemorrhoidibus. Helmstadii (1795): Fleckeisen. 33 S. 8°
Helmstedt, Med. Diss. v. 20. Okt. 1795

Wegscheider, Iulius: Dissertatio ... sistens nonnulla de usu atque abusu emeticorum. Halis (1834): Scharre. VIII, 72 S. 8°
Halle-Wittenberg, Med. Diss., nachgeliefert von dem am 24. März 1834 auf Thesen promovierten Verf.
Geb. Hamburg 23. 8. 1812. V.

Wegscheider, Iulius Augustus Ludovicus: Philippi Melanchthonis epistolae XIII ex autographis nunc primum typis descriptae et annotationibus illustratae. Halis Saxonum (1827): Gebauer). X, 22 S. 8° (4°)
Halle-Wittenberg, Progr. mit Glückwunsch d. theol. Fak. z. 50jähr. Dr. u. Doz.-Jubil. v. Aug. Herm. Niemeyer am 18. Apr. 1827

Wegscheider, I[ulius] A[ugustus] L[udovicus]: Philippi Melanchthoni epistolae XI ex autographis nunc primum typis descriptae. Edidit et annotationibus illustravit. Halae: Gebauer 1824. 31 S. 8° (4°)
Halle-Wittenberg, Pfingst-Progr. 1824
Im Buchhandel 1824 bei Schwetschke in Halle.

Wegscheider, Iul(ius) Aug(ustus) Lud(ovicus): Formula renunciationis 10 theologiae doctorum inter sacra secularia ecclesiae Halis emendatae tertia cum precibus prid. Cal. Novembr. a. 1841 pronunciata subiectis annotationibus. Halis 1841: Gebauer. 26 S. 8° (4°)
Halle-Wittenberg, Weihnachts-Progr. 1841

— Ethices Stoicorum receptiorum fundamenta etc. 8. maj. Hamb. Bohn. 797.

— Ethices Stoicorum receptiorum fundamenta etc. 8maj. Hamb. 797. (Campe). 10 gr. Nova Editio. 8maj. Leipz. 818. W. Vogel. 8 gr.

Glückwunsch der philosophischen Fakultät für Jul. Aug. Ludw. Wegscheider in Halle zum 50jährigen Jubiläum seiner Promotion in Helmstedt am 27. Dez. 1846.

— latein. Gratulationsschrift zum 50jähr. Doktor-Jubiläum A. H. Niemeyers. 4. Halle 827. Gebauer. 6 gr.

— Institutiones theologiae christ. dogmaticae. 8maj. Halle 815. Gebauer. 1 ₰ 12 gr. Edit. II. 816. 2 ₰ Ed. III. 820. Ed. IV. 824. Ed. V. 826. Ed. VI. 829. Ed. VII. 833. 2 ₰ 18 gr.

Wegscheider, (J. A. L.) Institutiones theologiae christianae dogmaticae Scholis suis scripsit addita dogmatum singulor. historia et censura. Edit. V. auct. et emend. 8 maj. Halae 826, Gebauer.

Wegscheider, Iul. Aug. Lud., Institutiones theolog. christ. dogmat. Scholis suis scripsit addita dogmat. singulor. histor. et censura. Edit. VI. aucta et emend. (42 B.) 829. 2 Thlr. 6 Gr., E. VII. aucta et emend. (49½ B.) 8 maj. Halae 833, Gebauer.

Wegscheider, Jul. Aug. Lud., Institutiones theologiae christianae dogmaticae. Scholis suis scripsit addita dogmatum singulorum historia et censura. Edit. VIII. aucta et emend. 8maj. (50 B.) Lipsiae 844. [Berlin, Gebauer'sche Buchh.]

— Lehrbuch d. christl. Dogmatik. Nach d. 6. Ausg. übers. v. Frz. Weiß. gr. 8. (42½ B.) Nürnberg 831, Schrag.

— dass. — Nachträge u. Verbessern. d. 7. Orig.-Ausg. gr. 8. (8 B.) Ebds. 834.

s. Litteraturzeitung, allgemeine.

s. Ph. Melanchthon, epistolae.

Wegscheider, J. A. L., de mysteriis Eleusiniis, religioni christianae non obtrudendis. Hal. 1803. 4.

— de Graecorum mysteriis religioni non obtrudendis. 8. maj. Hamb. Hoffmann.

— Diss. de Graecorum mysteriis religioni non obtrudendis. 8maj. Götting. 805. u. Hamburg 805. (Campe). 8 gl

Jul. A. L. **Wegscheider**: de mysteriis Graecorum relig. non obtrudendis. *Gött.*, Röwer. 805. 8° 8gl

— die Pastoralbriefe des Apostels Paulus, neu übersetzt u. erklärt mit einleit. Abhandl. herausgegeben. 1r Thl. (Auch u. d. T.: d. 1e Brief d. Apostel Paulus an den Timotheus.) gr. 8. Götting. 810. Röwer. 16 gl

— sacra Pentecostes celebr. Praemissae sunt Ph. Melanchthonis epistolae XI ex autograph. cum annotat. 4maj. Halle 824. Schwetschke u. S. 6 gl

— Versuch e. vollständ. Einleitung in d. Evangelium des Johannis. gr. 8. Götting. 806. Röwer. 1 rh 4 gl

— Versuch, d. Hauptsätze d. philosoph. Religionslehre in Predigten darzustellen. Nebst e. Abhandl. über Beförderung d. Religionsinteresse durch Predigten. gr. 8. Hamb. 801. (Campe). 8 gl Wohlf. Ausg. gr. 8. Leipz. 818. W. Vogel. 12 gl

— Versuch über die von d. neuesten Philosophie geforderte Trennung d. Moral von d. Religion. gr. 8. Hamb. 801. (Campe). 8 gl (Schupfhase in Altenb.) 7 gl

Jul. A. L. **Wegscheider** üb. d. v. d. neuesten Philosophie geford. Trennung der Moral von Religion. *Hamb.*, Bohn. 804. 8° 7gl

Wegscheider,* Dr. M. S. G. Die hygienische Bedeutung der Feuerbestattung. Erlangen. Theodor Krische. 1905. 8°.

Wegscheider, Max, s.: Aëtios v. Amida, Geburtshülfe u. Gynäkologie.

Wegscheider, Max [aus Berlin]: Ein kyphotisch-querverengtes Becken aus der Sammlung der Göttinger Frauenklinik ... (Aus: Arch. f. Gynäkol. Bd XLII, Heft 2.) Leipzig, Druck v. A. Th. Engelhardt, 1892; 30 S. 8.
Göttingen, Med. Fak., Inaug.-Diss. v. [25. Juli] 1892

Wegscheider, Max. [Ein kyphotisch-querverengtes Becken aus der Sammlung der Göttinger Frauenklinik. gr. 8. (28 S. m. 7 Abbildgn.) Berl. 892, Hirschwald. * 1 —
Aus: Archiv f. Gynäkologie, besonders abgedruckt.

Wegscheider, M., die künstliche Frühgeburt in der Praxis, s.a. Sammlung zwangloser Abhandlungen aus dem Gebiete der Frauenheilkunde u. Geburtshilfe. V, 5.

Die künstliche Frühgeburt in der Praxis. Von M[ax] **Wegscheider**, Frauenarzt, Berlin. *Halle a. S.: C. Marhold 1904.* (27 S.) 8°
= Sammlung zwangloser Abhandlungen aus d. Geb. d. Frauenheilkunde u. Geburtshilfe. Bd 5, H. 5. [04. [illegible] 3

Wegscheider, Rudolf

— Über einige Abkömmlinge der Opiansäure. S. 87. II. [illegible] vgr.
Separatabdruck

— Über die Affinitätskonstanten der Aminosäuren. S. 114. IIb. 80 vgr.
Separatabdruck

Über die Affinitätskonstanten der mehrbasischen Säuren und der Estersäuren. [illegible] IIb. 111 vgr.
Separatabdruck

Wegscheider Rudolf, Dr., und Kaufler Felix. Über die Allotropie des Phosphors. S. 110. IIb. [illegible] vgr.
Separatabdruck

— und Späth E. Über die Anlagerung von Säureanhydriden an Aldehyde und Ketone. S. 118. IIb. [illegible] vgr.
— Über Abkömmlinge des [illegible] und Krotonaldehyds. S. 119. IIb. [illegible] vgr.
Separatabdruck

— Über den Austausch von Brom gegen Chlor in aromatischen Verbindungen. S. 106. IIb. 321 vgr.
Separatabdruck

Bemerkungen zu [illegible] Bestimmung des Kupfers als Sulfür. S. 102. IIb. [illegible] vgr.
Separatabdruck

Über die Bildung von Estersäuren aus Säureanhydriden. S. 106. IIb. [illegible] vgr.
Separatabdruck

Über die Darstellung [illegible] S. 106. IIb. [illegible] vgr.
Separatabdruck

— Über Derivate und Konstitution der Opiansäure und Hemipinsäure. S. 85. II. [illegible] vgr.
Separatabdruck

— und Zmerzlikar Franz. Über Diacetine und andere Glycerinabkömmlinge. S. 122. IIb. [illegible] vgr.
Separatabdruck

— und Gehringer Heinrich. Über Diazomethan. Vorläufige Mitteilung. S. 112. IIb. [illegible] vgr.
— Untersuchungen über die Veresterung unsymmetrischer zwei- und mehrbasischer Säuren. 18. Abhandlung. Veresterung unsymmetrischer zweibasischer Säuren mit Diazomethan. S. 117. IIb. [illegible] vgr.
Separatabdruck

— und Walter Heinrich. Über die Dichten von Soda- und Ätznatronlösungen. S. 114. IIb. [illegible] vgr.
— Über die Existenzbedingungen der Calciumnatriumcarbonate. S. 116. IIb. [illegible] vgr.
Separatabdruck

— Über die Dichten von Soda- und Ätznatronlösungen. 2. Mitteilung. S. 114. IIb. [illegible] vgr.
Separatabdruck

— Über die Dimorphie der α-Hemipinmethylestersäure. S. 106. IIb. [illegible] vgr.
Separatabdruck

— Über die Dissoziation des Chlorwasserstoffmethyläthers (mit 1 Textfigur). S. 108. IIa. 119 — .30
Separatabdruck

WEGSCHEIDER Rudolf
Über die Dissociation des Chlorwasserstoffmethyläthers von Dr. Rud. **Wegscheider**. Mit 1 Textfigur. Aus den Sitzungsberichten der kaiserl. Akademie der Wissenschaften in Wien. Mathem.-naturw. Classe; Bd. CVIII. Abth. II.a. Februar 1899. Wien. 1899. In Comm. Gerold's Sohn. Gr.-8°. 16 S.
fl. —.15

— Über die Dissoziation der Gase bei konstantem Druck und bei Überschuß eines der Dissoziationsprodukte. S. 108. IIa. 69 — .30
Separatabdruck

WEGSCHEIDER Rudolf
Über die Dissociation der Gase bei constantem Druck und bei Überschuss eines der Dissociationsproducte von Dr. Rud. Wegscheider. Aus den Sitzungsberichten der kaiserl. Akademie der Wissenschaften in Wien. Mathem.-naturw. Classe; Bd. CVIII. Abth. II a. Februar 1899. Wien. 1899. In Comm. Gerold's Sohn. Gr.-8°. 13 S. fl. —.15

Wegscheider R[illegible] Dr. Über die stufenweise Dissoziation zweibasischer Säuren. 1. Mitteilung (mit 1 Textfigur). S. 111. IIb. [illegible] vgr.
Separatabdruck

— Über die stufenweise Dissoziation zweibasischer Säuren. 2. Mitteilung. S. 114. IIb. [illegible] vgr.
Separatabdruck

— Über den Einfluß der Konstitution auf die Affinitätskonstanten organischer Säuren. S. 111. IIb. 67 vgr.
Separatabdruck

— Über Ester von [illegible] Struktur. S. 104. IIb. [illegible] vgr.
Separatabdruck

— Über die Esterbildung der Opiansäure. S. 101. IIb. [illegible] vgr.
Separatabdruck

— Über die allgemeinste Form der Gesetze der chemischen Kinetik homogener Systeme (mit 1 Tafel). S. 109. IIa. [illegible] 1.80
Separatabdruck

WEGSCHEIDER, Rud.
Über die allgemeinste Form der Gesetze der chemischen Kinetik homogener Systeme von Rud. Wegscheider. (Mit 1 Tafel.) (Aus den Sitzungsberichten der kaiserl. Akademie der Wissenschaften in Wien. Mathem.-naturw. Classe. Bd. CIX. Abth. II a. Juni 1900.) Wien. 1900. In Comm. Gerold's Sohn. Gr.-8°. 94 S. K 1.80

Wegscheider [illegible] mit kondensierten Benzolkernen [illegible] Holzschnitten. S. 82. II. [illegible] vgr.
Separatabdruck

Wegscheider, Rud, Generalregister, s.: Monatshefte f. Chemie.

— Über simultane Gleichgewichte und die Beziehungen zwischen Thermodynamik und Reaktionskinetik homogener Systeme. S. 110. IIa. [illegible] 1.10
Separatabdruck

WEGSCHEIDER, Rud.
Ueber simultane Gleichgewichte und die Beziehungen zwischen Thermodynamik und Reactionskinetik homogener Systeme von Rud. Wegscheider. (Aus den Sitzungsberichten der kais. Akademie der Wissenschaften in Wien. Mathem.-naturw. Classe. Bd. CX. Abth. IIa. Juni 1901.) Wien. 1901. In Comm. Gerold's Sohn. Gr.-8°. 58 S.

— Über die Grenzen zwischen Polymorphie und Isomerie (mit 2 Textfiguren). S. 110. IIa. [illegible] —.50
Separatabdruck

WEGSCHEIDER, Rud.
Ueber die Grenzen zwischen Polymorphie und Isomerie von Rud. Wegscheider. (Mit 2 Textfiguren.) (Aus den Sitzungsberichten der kaiserl. Akademie der Wissenschaften in Wien. Mathem.-naturw. Classe; Bd CX. Abth. IIa. Juli 1901.) Wien. 1901. In Comm. Gerold's Sohn. Gr.-8°. 22 S. K —.50

— Über [illegible] S. 99. IIb. [illegible] vgr.
Separatabdruck

— Über Isobutylphthalid. Vorläufige Mitteilung. S. 89. II. [illegible] vgr.
Separatabdruck

— Über Isovanillin. S. 86. II. [illegible] vgr.
Separatabdruck

— Über die Konstitution der [illegible] Bemerkungen zu der gleichnamigen Arbeit von H. Walter. S. 116. IIb. [illegible] vgr.
Separatabdruck

— und Süida Hermann: Zur Kenntnis des Terephthalaldehyds und der Terephthalaldehydsäure. S. 121. IIb. [illegible] vgr.
Separatabdruck

— Über die Konstitution der [illegible] in wässeriger Lösung. S. 111. IIb. [illegible] vgr.
Separatabdruck

— Über Lösungs- und Verdünnungswärmen. S. 114. IIb. [illegible] vgr.
Separatabdruck

— Faltis F., Black S. und Huppert O.: Über Methyl[illegible]terephthalsäuren und andere Terephthalsäureabkömmlinge (mit 2 Textfiguren). S. 120. IIb. [illegible] vgr.
Separatabdruck

— und Klemenc Alfons: Über die Nitrierung der Hemipinsäure und ihrer Ester (mit 2 Textfiguren). S. 119. IIb. [illegible] vgr.
— — Über Abkömmlinge der Nitrohemipinsäure. S. 120. IIb. [illegible] vgr.
Separatabdruck

— Müller [illegible] und Chiari E.: Über die Veresterung der Opiansäure [illegible] und Abkömmlinge der Nitroopiansäure. S. 117. IIb. [illegible] vgr.
Separatabdruck

— und Kušy von Dúbrav [illegible]: Über Nitrophthalaldehydsäuren. S. 112. IIb. [illegible] vgr.
Separatabdruck

— Notiz zu der Abhandlung „Theorie der Verseifung der Glyzerinester". S. 117. IIb. 3 vgr.
Separatabdruck

— Notiz über die quantitative Bestimmung des Kupfers. S. 106. IIb. [illegible] vgr.
Separatabdruck

— Über Opiansäure[illegible]. S. 102. IIb. [illegible] vgr.
Separatabdruck

— Über das Pleasy [illegible] und Oxy[illegible]. S. 105. IIb. 2[illegible] vgr.
Separatabdruck

— Über Protokatechualdehyd und dessen Überführung in Piperonal. S. 102. IIb. [illegible] vgr.
Separatabdruck

Wegscheider, Rud. Zur Regelung der Nomenclatur der Kohlenstoffverbindungen. gr. 8. (14 S.) Wien 892, Deuticke. * — 60

Wegscheider, R., über radioaktive Substanzen, s.a. Vorträge des Vereines zur Verbreitg. naturwissenschaftlicher Kenntnisse in Wien. 45. Jbrg. 8. Hft.

Wegscheider, R., Über radioaktive Substanzen. [Vorträge des Vereines zur Verbreitung naturwissenschaftlicher Kenntnisse in Wien 45. Jahrg. Heft 8.] 8°. (39 S.) † K — 80
Wien: Braumüller 1905.

— und Lux Paul: Die Sulfonsäuren und das Ostwaldsche Verdünnungsgesetz. S. 118. IIa. [illegible] vgr.
Separatabdruck

— Theorie der Verseifung der Glyzerinester. S. 116. IIb. [illegible] vgr.
Separatabdruck

— Über die Umlagerung des Cinchonins. Ein Beitrag zur Theorie der katalytischen Wirkung. S. 109. IIb. [illegible] vgr.
Separatabdruck

— Untersuchungen über die Esterbildung. S. 106. IIb. [illegible] vgr.
Separatabdruck

— Untersuchungen über die Hemipinsäure und die Esterbildung. S. 101. IIb. 117 vgr.
Separatabdruck

— Untersuchungen über die Veresterung unsymmetrischer zwei- und mehrbasischer Säuren. 1. Abhandlung: Über die Veresterung der Nitroterephtalsäure I (mit 1 Textfigur). S. 109. IIb. [illegible] vgr.
Separatabdruck

— und Bittner Karl: Untersuchungen über die Veresterung unsymmetrischer zwei- und mehrbasischer Säuren. 2. Abhandlung: Über die Veresterung der Brom- und Oxyterephtalsäure. S. 109. IIb. [illegible] vgr.
Separatabdruck

— und **Lipschitz** Alfred: Untersuchungen über die Veresterung unsymmetrischer zwei- und mehrbasischer Säuren. 3. Abhandlung: Über die Veresterung der 3- und 4-Nitrophtalsäure. S. 100. IIb. [illegible] . . . . vgr.
Separatabdruck

— Untersuchungen über die Veresterung unsymmetrischer zwei- und mehrbasischer Säuren. 1. Abhandlung: Über die Leitfähigkeit einiger Säuren und Estersäuren. S. 111. IIb. 97 . . . . vgr.
— 5. Abhandlung: Über die Konstitution einiger Estersäuren. S. 111. IIb. 134 . vgr.
— 6. Abhandlung. S. 111. IIb. 175 . . . . vgr.
— 8. Abhandlung: Über die Veresterung der Nitroterephtalsäure II. S. 111. IIb. 201 . . . . vgr.
Separatabdruck

— und **Piesen** Richard: Untersuchungen über die Veresterung unsymmetrischer zwei- und mehrbasischer Säuren. 7. Abhandlung: Über die Veresterung der [illegible]. S. 111. IIb. [illegible] . . . . vgr.
Separatabdruck

— und **Furcht** M.: Untersuchungen über die Veresterung unsymmetrischer zwei- und mehrbasischer Säuren. 9. Abhandlung: Über die Veresterung von Sulfosäuren und Sulfocarbonsäuren (mit 1 Textfigur). S. 111. IIb. [illegible] . . . . vgr.
Separatabdruck

— und **Hecht** Josef: Untersuchungen über die Veresterung unsymmetrischer zwei- und mehrbasischer Säuren. 10. Abhandlung: Über Phenylbernsteinsäure und ihre Veresterung (mit 1 Textfigur). S. 112. IIb. 201 . . . . vgr.
Separatabdruck

— und **Rusnov** Peter von: Untersuchungen über die Veresterung unsymmetrischer zwei- und mehrbasischer Säuren. 11. Abhandlung: Verhalten der Hemipinestersäuren gegen Hydrazinhydrat und gegen Thionylchlorid. S. 112. IIb. [illegible] . . . . vgr.
— 21. Abhandlung: Über Nitrohemipinsäure. S. 117. IIb. [illegible] . . . . vgr.
Separatabdruck

— und **Glogau** Artur: Untersuchungen über die Veresterung unsymmetrischer zwei- und mehrbasischer Säuren. 12. Abhandlung: Über die Veresterung der Phtalonsäure und der Homophtalsäure (mit 1 Textfigur). S. 112. IIb. 749 . . . . vgr.
Separatabdruck

— und **Bondi** [illegible]: Untersuchungen über die Veresterung unsymmetrischer zwei- und mehrbasischer Säuren. 13. Abhandlung: Über Estersäuren 4-substituierter Phtalsäuren (mit 2 Textfiguren). S. 114. IIb. [illegible] . . . . vgr.
Separatabdruck

— und **Frankl** E.: Untersuchungen über die Veresterung unsymmetrischer zwei- und mehrbasischer Säuren. 14. Abhandlung: Über inaktive Asparaginsäure. S. 115. IIb. [illegible] . . . . vgr.
— Über isomere Reaktionen, insbesondere bei der Einwirkung von Halogenalkylen auf Salze. S. 116. IIb. [illegible] . . . . vgr.
Separatabdruck

Untersuchungen über die Veresterung unsymmetrischer zwei- und mehrbasischer Säuren. 15. Abhandlung: Notiz über die Veresterung der 4-Nitrophtalsäure. S. 115. IIb. 577 . . . . vgr.
Separatabdruck

— Untersuchungen über die Veresterung unsymmetrischer zwei- und mehrbasischer Säuren. 17. Abhandlung: Über Aminoterephtalestersäure. S. 116. IIb. 721 . . . . vgr.
Separatabdruck

— Untersuchungen über die Veresterung unsymmetrischer zwei- und mehrbasischer Säuren. 19. Abhandlung: Über die Veresterung der Phtalonsäure. S. 117. IIb. [illegible] vgr.
— 20. Abhandlung: Notiz über die 3-Nitrophtalmethylestersäuren (mit 2 Textfiguren). S. 117. IIb. [illegible] . . . . vgr.
Separatabdruck

— und **Strauch** H.: Untersuchungen über die Veresterung unsymmetrischer zwei- und mehrbasischer Säuren. 22. Abhandlung: Über die Isomerie der Nitrohemipinmethylestersäuren. S. 117. IIb. [illegible] . . . . vgr.
Separatabdruck

— **Perndanner** Heinrich Felix und **Auspitzer** Otto: Untersuchungen über die Veresterung unsymmetrischer zwei- und mehrbasischer Säuren. 23. Abhandlung: Über Trimellitsäure. S. 119. IIb. 1017 . . . . vgr.
Separatabdruck

— und **Faltis** F.: Untersuchungen über die Veresterung unsymmetrischer zwei- und mehrbasischer Säuren. 24. Abhandlung: Über die Veresterung der Amino- und Acetaminoterephtalsäure. S. 120. IIb. 1067 . . . . vgr.
Separatabdruck

— und **Black** S.: Untersuchungen über die Veresterung unsymmetrischer zwei- und mehrbasischer Säuren. 25. Abhandlung: Über die Veresterung der Dimethylaminoterephtalsäure. S. 120. IIb. 1081 . . . . vgr.
Separatabdruck

— und **Huppert** O.: Untersuchungen über die Veresterung unsymmetrischer zwei- und mehrbasischer Säuren. 26. Abhandlung: Über die Veresterung der Methylaminoterephtalsäure (mit 2 Textfiguren). S. 120. IIb. 1105 . . . . vgr.
Separatabdruck

— und **Müller** Noe L.: Untersuchungen über die Veresterung unsymmetrischer zwei- und mehrbasischer Säuren. 27. Abhandlung: Über die Nitrohemipinestersäuren. S. 121. IIb. [illegible] . . . . vgr.
Separatabdruck

— und **Joachimowitz** Alice: Untersuchungen über die Veresterung unsymmetrischer zwei- und mehrbasischer Säuren. 28. Abhandlung: Über Phenylthioglykol-o-carbonsäure (mit 2 Textfiguren). S. 123. IIb. [illegible] . . . . vgr.
Separatabdruck

— Über die Veresterung der Kamphersäure. S. 108. IIb. 445 . . . . vgr.
Separatabdruck

— **Kusy von Dubrav** Leo und **Rusnov** Peter von: Über die Veresterung der o-Aldehydsäuren. S. 112. IIb. 623 . . . . vgr.
Separatabdruck

— Über das Verhalten der Opiansäure und ihrer Ester gegen einige Aldehydreaktionen. S. 105. IIb. [illegible] . . . . vgr.
Separatabdruck

Wegscheider-Ziegler, Hildegard

Wegscheider-Ziegler, Frau, die arbeitende Frau u. der Alkohol, s.a. Arbeiter-Abstinenten-Bund, deutscher. No. 4.

Wegscheider-Ziegler, [Hildegard]: Die arbeitende Frau und der Alkohol. ⟨1. Aufl.⟩ — Berlin: Deutscher Arbeiter-Abstinentenbund [1904]. 18 S. 8° (Deutscher Arbeiter-Abstinenten-Bund. No 4.)
— — 9.-15. Tsd. [um 1911]. 16 S. 8°

— **die Frau u. Mutter als Vorkämpferin gegen den Alkoholismus. Vortrag, geh. auf dem III. deutschen Abstinententage in Dresden. (14 S.) kl. 8. Reichenberg i/B. (Schloßgasse 3) 905. Verwaltung des „Alkoholgegner".**
— 09

Wegstein, Friedrich, approb. Arzt: Ein Fall von Lymphosarcombildung der Tonsillen. *Würzburg 1900: Memminger.* (21 S.) 8°
Würzburg, Med. Diss. v. 1900

Wegstetten, s.: Bolger v. Wegstetten.

Weguelin, Jac., Briefe üb. d. Werth d. Geschichte. gr. 8. Berlin, Himburg. 783.

Weguelin, J., Briefe über den Werth der Geschichte. gr. 8. Berlin. 783. Ist jetzt Verlag von Reimer.

— **Caractères** historiques des Empereurs depuis Auguste jusqu'à Maximin à l'usage de l'academie des Gentilshommes. 2 Vol. 8. Berlin, Rottmann. 768.

— **Considérations** sur les Principes moraux et caractéristiques des gouvernemens. 8. Berlin, Spener. 766.

— **allgem. u. diplomat. Geschichte,** welche d. wicht. Begebenheit v. d. Theilung d. Reichs bis auf Pipin d. Kurzen begreift. gr. 8. Berlin, Rottmann. 778.

— **Histoire** universelle diplomatique, cont. les événemens les plus remarquables depuis le partage de l'Empire jusqu'à Pepin le bref. 5 Vol. gr. 4. ibid. 776-80.

— — **le même.** gr. 8. 2 Vol. en 8 parties. ibid. 776-8.

Weguelin, Jacq., Mémoires sur la philosophie de l'histoire. Berlin 786. 8.

— sur la question s'il eût été possible de prévenir et d'abréger la guerre de trente ans. 8. ibid. 782.

Weguelin, N. Discours sur les époques des forces militaires. 8 Berlin 1767

Wegweiser

— oder Neues Taschenbuch für Reisende durch das schlesisch-böhmische Riesengebirge. 3e stark umgearb. u. ganz verm. Aufl., von K. A. Müller. Mit 1 Karte u. 5 Ansichten. 8. Glogau 837. Flemming. 5/6 ₰

— ausführl. Beschreibung v. Sans-Souci, dem Neuen Palais u. Charlottenhof ꝛc. Mit d. Umschlagstitel: Ganz Potsdam für 5 Sgr. 3. verb. Aufl. Mit einem (lith.) Plane (in 4.) 12. (VI u. 68 S.) Berlin 848, Th. Grieben. 1/6 ₰

Der Wegweiser. Leitmeritz: Pohlig 1848–49.

—— der. Organ für die Volksbildung in Deutschland. Hrsg. von Ed. Sack. Redact.: Jul. Berger. (1.) Jahrg. 1869. 52 Nrn. (Bog.) 4. Leipzig, (Vereinsbuchdr.) *

—— dass. — 2. Jahrg. 1870. 52 Nrn. (Bog.) 4. Leipzig, (Friese.) *

Wegweiser, der, ein Volkskalender aus Schwaben für 1889. 4. (52 S.) Stuttgart, Lutz. *

— der, e. Volkskalender aus Schwaben f. 1890. 4. (56 S. m. Illustr.) Stuttgart, R. Lutz. n. — 20

Der Wegweiser: 1892–?

„Erscheint monatlich im Interesse des Reiches Gottes." Edited by Rev. H. C. Schlüter. Printed by Theo. Kroh & Söhne in Baltimore.

Baltimore, MD

Wegweiser, der, e. Volkskalender f. d. J. 1892 u. 1893. 4. (à Jahrg. 56 S. m. Bildern.) Stuttg., (Sulze u. Galler). à Jahrg. * — 20

Frühere Jahrgg. im Verlage v. R. Lutz in Stuttgart.

Wegweiser, der, e. Volkskalender f. d. J. 1895. 4. (64 S. m. Abbildgn.) Stuttgart, (Sulze & Galler). n. — 20

— der, e. Volkskalender f. d. J. 1899. 4. (76 S. m. Abb.) Stuttgart (Sulze & Galler). n. — 20

— der, e. Volkskalender f. d. J. 1903. 4. (74 S. m. Abbildgn.) Stuttgart (Süddeutsches Verlags-Institut). n. — 20

— der, e. Volkskalender f. d. J. 1906. (74 S. m. Abbildgn.) 8. Stuttgart (Süddeutsches Verlags-Institut). n. — 20

Wegweiser, der. Kalender d. deutschen Protestantenvereins 1899. 8. (147 S. m. Abb. u. 2 Bildn.) Hamburg, O. Meißner's Verl. n. — 60

Wegweiser, der. Kalender des deutschen Protestantenvereins 1903. Hrsg. v. M. Christlieb. 8. (139 S. m. Abbildgn.) Hamburg, Grefe & Tiedemann. n. — 60

Wegweiser, der. Kalender des deutschen Protestantenvereins 1906. Hrsg. v. O. Raupp. (138 S. m. Abbildgn.) 8. Berlin, Centralstelle des deutschen Protestantenvereins f. Schriften-Vertrieb. — 60

Der Wegweiser: 1902–? Lapa

Monthly. Subtitle: Evangelisches Monatsblatt

Wegweiser. Der W'. Neues Bernisches Strassenverzeichnis.... Hrg. von Gebr. Kunz, Bern.... [Mit Figuren und einem Plan im Texte.] IV + 48 S. 8. Bern, N. Dürrenmatt-Egger, [1906]. fr. —.20

Wegweiser. Der W'. Neues bernisches Strassenverzeichnis – Führer für Fremde. Ausgabe 1907. Hrg. vom Handel- & Industrie-Verlag A.-G., Bern. [Mit Figuren und 1 Plan.] IV + 48 S. 8. (Bern, Typ. H. Spahr.) fr. —.30

Wegweiser. «Der W'». Neues bernisches Strassenverzeichnis und Führer für Fremde. Ausg. 1910/12. Herausgeber: E[milie] Kientsch & G[ottfried] Burri. [Mit Vignetten und 1 Plan.] IV + 48 S. 8. Bern, E. Kientsch, (1910). fr. —.30

Deutsche Reformirte Gmde. Dayton (Zweite). Wegweiser. Dayton O. 1907.

Wegweiser: Der Wegweiser

① Praktischer Ratgeber und Schweizerisches Annoncenblatt ⑤ Februar 1908 – Dezember 1908 Januar 1909 ⑥ 2° ⑦ Monatsblatt ⑧ Zug: J. J. Speck & Co. ⑩ der Drucker ⑭ Be. L.

Wegweiser für Ackerbau, Viehzucht, Wein- und Rebbehandlung. Mülhausen (Elsass): J. Brinkmann 1886 (1902). 8°

— allgemeiner, oder Post- und Reisebuch d. Deutschland Italien, Frankreich, d. Schweiz ꝛc. m. Karten. gr. 8. Nrnb Schneider u. W. 801.

ohne Karten.

— in hohen geistlichen Anfechtungen. Aus eigenen u. fremden Erfahrungen zusammengestellt von einem aufrichtigen Freunde des Reiches Gottes. Eingeleitet v. Aug. Wildenhahn. 8. (VIII u. 63 S.) Dresden 847, Naumann. n. 4 ngr

— bei Anlage v. Privat-Bibliotheken, sowie bei Auswahl v. Festgeschenken. Weihnachten 1904. (VIII, 124 S. m. Abbildgn. u. 1 Farbdr.) gr. 8. München 904. Th. Ackermann. n.n. — 60

— betr. Anlegung, Genehmigung, Untersuchung u. Betrieb v. Dampfkesseln auf Grund der allgemeinen polizeilichen Bestimmungen vom 3. Juli u. 5. Aug. 1890 [R.-G.-Bl. S. 163] u. der Anweisung vom 16. März 1892 [M.-Bl. f. d. i. V. S. 119]. 8. (32 S.) Berlin 892, C. Heymanns Verl. n. — 50

— f. Arbeiterinnen. Unter Mitarbeit v. Frl. Lili Lannasch, Edith Klausner, K. Lennhof, Frl. Alice Meyer, Alice Salomon, Selig u. Frau Strauß hrsg. vom Komitee zur Errichtg. v. Arbeiterinnenheimen. (24 S.) 8. Grunewald-Berlin 905. Gr. Lichterfelde, Verlag der Arbeiter-Versorgg. A. Troschel. — 10

Wegweiser für (Breslauer) Arbeiterinnen. Unter Mitarb. von Lili Jannasch [u. a.] f. Breslau hrsg. von d. Gruppe f. Arbeiterinnenfürsorge d. Ver. Frauenwohl. Grunewald-Berlin: A. Troschel 1906 (27 S.) 8° [J.] [06. 1195]

— archäologischer, durch Nieder-Oesterreich. I. A. u. d. T.: Archäologischer Wegweiser durch das Viertel unter dem Wiener-Walde von Nieder-Oesterreich. Mit erläut. Text von Ed. Frhrn. v. Sacken. Hersg. vom Alterthums-Vereine zu Wien. Wien 866. (Prandel.) gr. 4. (VII, 60 S. mit eingedr. Holzschn., 25 Holzschntaff., 5 Photolithogr. u. 1 lith. Karte.) n. 2 ₰ 20 ngr.

Wegweiser, archäologischer, durch Nieder-Oesterreich. 2. Bd. A. u. d. T.: Archäologischer Wegweiser durch das Viertel ober dem Wiener Walde von Nieder-Oesterreich. Von Ed. Frhr. v. Sacken. Hrsg. vom Alterthums-Vereine zu Wien. gr. 4. (146 S. mit 4 Taf. und 181 Illustr. im Texte.) Wien 878, (Gerold's Sohn.) *

1. Bd. Ebendas. 1866. * M. 8.

Wegweiser für d. Stadt Augsburg, mit hierzu bearbeitetem Grundrisse, nebst 1 Ansicht. 8. Augsb. 828. Bäumer. (Leipz., Hinrichs). 16 K

Wegweiser 1) durch Augsburg, Ulm u. deren Umgebungen,— 2) um den Bodensee, — 3) durch Frankfurt u. seine Umgebungen, — 4) durch Göttingen, — 5) durch Heidelberg, Manheim, Schwetzingen, Speyer, Worms, die Bergstraße u. Darmstadt. 2e Aufl., — 6) durch Heilbronn, — 7) durch Leipzig, — 8) durch die Rheinaegend rc., — 9) durch Stuttgart, — 10) durch die Taunusbäder, s. Taschenbibliothek für Reisende auf Eisenbahnen.

Wegweiser durch Augsburg mit Umgebungen. 16. Stuttgart 839. Köhler. 7 gl

Ausführlicher Wegweiser durch Königsberg und Umgegend nebst Stadtplan. *Königsberg i. Pr.: Ostpr. Dr. u. Verlagsanst. 1903.* (144 S.) 8° [03. 934] 10

Ausführlicher Wegweiser durch Samland nebst Karte u. kurzem Anh.: Führer durch d. masurische Seengebiet. *Königsberg i. Pr.: Ostpr. Dr. u. Verlagsanst. 1903* (162 S.) 8° [03. 3?4] 10

Ausführlicher Wegweiser durch Samland nebst Karte. Anh.: Führer durch d. masurische Seengebiet. Königsberg i. Pr.: Ostpr. Dr. u. Verlagsanst. 1904. (146, 44 S.) 8°(16°) [Sondert.:] Führer durch das Masurische Seengebiet.

— zur Aussprache d. Englischen rc., s. J. B. Fromm, Anleitung.

Wegweiser nach und in Australien. Seereise-Tagebuch von Hamburg nach Sydney in Australien im J. 1852. Praktischer Rathgeber und Reisehandbuch für deutsche Auswanderer nach Australien, insbesondere nach den Goldminen. A. u. d. T.: Seereise-Tagebuch von Hamburg nach Sydney in Australien im Jahre 1852 mit dem Schiffe Cesar Godeffroy. (Capitain Heinrich Behn.) Mit einer von dem Verf. selbst unter der Linie nach dem Leben aufgenommenen Abbildg. der Neptunstaufe und einer übersichtl. Karte sämmtlicher Reiserouten rc. Potsdam 854. Schmoeck-Smof. gr. 8. (4 Bl., 112 S., 1 Lithogr. in 4. u. 1 lith. Erdkarte.) 18 ngr.

— des Auswanderers nach dem Staate Michigan, s.: Auswanderers, des, Wegweiser.

Wegweiser für Auswanderer nach Nord-Amerika. Mit 1 (chromolithogr.) Spezialkarte der Vereinigten Staaten von Nord-Amerika. gr. 8. (48 S.) Bielefeld 882, Velhagen und Klasing. cart. *

Wegweiser f. Begründer u. Vorsteher von Stadt-, Schul- u. Volksbibliotheken. — Ein Verzeichniß empfehlenswerther, u. sich f. Stadt-, Schul- u. Volksbibliotheken besonders eignender Schriften. 8. ($3\frac{1}{2}$ B.) Sangerhausen 812. [Halle, Coldiß.] *

Wegweiser u. einzelne Belustigungen in dem Belustigungsorte Colosseum in der Brigittenau. Mit 12 lithogr. Ansichten. Gedruckt im tiefen Graben No. 171. O. J. (ca 1840). Quer-8°. (30 Kr., hr., Gillhofer & Ranschburg. 1912.)

Universität Tübingen. Wegweiser für die Benutzung der Universitäts-Bibliothek. Tübingen 1903: G. Schnürlen. (18 S.) 8°

— durch die Strehlener Berge. Hrsg. vom Strehlener Berge-Verein. Mit 1 Karte. gr. 16. (29 S.) Strehlen 889. Asser. cart. n. — 50

— durch die Strehlener Berge, 2. Aufl., s.: Führer durch die Strehlener Berge.

Wegweiser, Berg- und Hüttenmännischer, durch Ober-Schlesien. Ein Handbuch . . . Berlin 1828. V: *Hollunder, Chn Fürchtegott.* (LVS) (Nent) (EngG)

—— berg- u. hüttenmännischer, durch Ober-Schlesien. Ein Handb. sowohl f. gebild. Reisende aller Art, als zum Selbststud. zunächst f. Berg- u. Hüttenleute, besond. v. Eisenhütten-Fache, dann aber auch f. Technologen rc. Nach d. besten, darüber vorhand., größtenth. noch ungedruckten Aufsätzen u. nach eigenen vieljähr. Erfahrn. entworfen. 2 Thle. gr. 8. (38 B. u. 3 Kpfrt. Fol.) Berlin 828, Haude u. Spener.

— durch die Bergstrasse u. den Odenwald. Histor.-topographisch bearb. Mit einer Specialkarte der Bergstrasse u. des Odenwaldes. Weinheim 870. Ackermann. 16. (IV, 80 S. mit einer chromolith. Karte in Fol.) cart. n. 16 ngr.

— durch Berlin mit neuestem (lith.) Plan der Stadt in Farbendr. u. (lith.) Karte der Umgegend (in Imp.-Fol.) 2. Jahrg. 1867. Berlin, G. F. Lenz. gr. 16. (16 S.) $7\frac{1}{2}$ ngr.

—— durch Berlin mit neuestem (lithogr.) Plan der Stadt in Farbendr. und (lithogr.) Karte der Umgegend (auf 1 Taf. in qu. gr. Fol.). 16. (20 S.) Berlin 872, Lentz.

Wegweiser von Bern... Bern 1840 s. H[erzog], J. J.

Wegweiser von Bern um den Thuner- und Brienzersee und den Umgebungen. Bern 1840. V: *Holdenecker, J. J.* (EngG) V: *Herzog, J. J.* (Bibl. d. Schweiz. Landeskde. III.)

—— von Bern um den Thuner- u. Brienzersee u. den Umgebungen. (Excursionen ins Oberland.) Von J. J. H. 16. (11 B.) Bern 840, Fischer.

—— bei der Berufswahl. Zusammenstellung der Berufszweige rücksichtlich der Berechtigungen der Zeugnisse sämmtlicher höherer Lehranstalten. 16. (36 S.) [Breslau 882, Leuckart'sche Sortimentsb.] Leipzig. Violet. cart. *

Wegweiser bei der Berufswahl. Zusammenstellung der Berufszweige rücksichtlich der Berechtiggn. der Zeugnisse sämmtl. höherer Lehranstalten. 2. Ausg. 16. (III, 36 S.) Leipzig 886. Violet. cart. n. — 60

Wegweiser bei der Berufswahl. Zusammenstellung der Berufszweige rücksichtlich der Berechtigungen der Zeugnisse sämtl. höherer Lehranstalten. 2., verb. Aufl. Beigegeben sind: a. Die Anforderungen beim Abiturienten-Examen in obengenannten Anstalten. b. Die Anfordergn. beim Kommissions-Examen f. Einjährig-Freiwillige. c. Die Anfordergn. bei der Fähnrichsprüfg. d. Ein alphabet. Register der Berufszweige. 16. (46 S.) Leipzig 887. Violet. cart. n. — 75

— bei der Berufswahl. Zusammenstellung der Berufszweige rücksichtlich der Berechtiggn. der Zeugnisse sämtl. höherer Lehranstalten. 3., verb. u. verm. Aufl. Beigegeben sind: a. Ordnung der Reifeprüfgn. an obengenannten Anstalten. b. Ordnung der Abschlußprüfg. nach dem 6. Jahrgange der 9stuf. höheren Schulen. c. Die Anfordergn. beim Kommissionsexamen f. Einjährig-Freiwillige. d. Die Anfordergn. bei der Fähnrichsprüfung. e. Ein alphabet. Register der Berufszweige. 16. (46 S.) Leipzig 894. W. Violet. Kart. n. — 75

—— durch Bibel und Gesangbuch zum Gebrauche beim häuslichen Gottesdienste für das Kirchenjahr 1868—1869 (von J. Th. Helmsing). 11. Jahrg. 32. (59 S.) Riga [Eisenach] 868, Bacmeister. *

— durch Bibel u. Gesangbuch zum Gebrauch beim häuslichen Gottesdienste f. das Kirchenj. 1910/1911, begründet v. R. Starck. 53. Jahrg. (52 S.) 16. Riga, R. Kymmel. — 40

Wegweiser der Königlichen öffentlichen Bibliothek in Dresden mit Grundrissen. Dresden 1841. V: *Petzholdt, Julius.* (Bem I, 1, S. 4)

— biblischer, oder alphabet. Anweisung, die merkwürdigen Geschichten, Personen u. Sachen in d. Bibel leicht zu finden. 8. Frankf. 808. Hermann. 5 Ng.

—— biblischer, für das J. 1855. 5. Jahrg. Eine Gabe der Kirche zur häusl. Erbauung allen ihren lieben Gemeinden dargeboten durch die evang.-luther. Prediger-Conferenz der sächs. Oberlausitz. 8. (IV und 52 S.) Budissin 855. (Dresden, Naumann.)

—— biblischer, für die J. 1857—62. Eine Sammlung von Sprüchen der heil. Schrift nebst Lesestellen und Liederversen auf alle Tage im Jahre zur Verbindung der kirchlichen Andacht mit der häuslichen Erbauung ihren lieben Gemeinden dargeboten von den Mitgliedern der oberlausitzer evangel. Prediger-Conferenz. 7—11. Jahrg. 8. (à Jahrg. 38 S.) Bautzen. (Leipzig und Dresden, Naumann.) à Jahrg. *

—— biblischer, für die J. 1863—68. Eine Sammlung von Kernsprüchen der heiligen Schrift nebst Lesestellen auf alle Tage im Jahre, zur Verbindung der kirchl. Andacht mit der häusl. Erbauung, ihren lieben Gemeinden dargeboten von den Mitgliedern der Oberlausitzer evangel. Prediger-Conferenz. 13.—18. Jahrg. 8. (à Jahrg. ca. 48 S.) Bautzen. (Dresden, Naumann.) à Jahrg. *

—— biblischer, für die J. 1869—1875. Eine Sammlung von Sprüchen der heil. Schrift nebst Lesestellen und Liederversen auf alle Tage im Jahre zur Verbindung der kirchl. Andacht mit der häusl. Erbauung ihren lieben Gemeinden dargeboten von den Mitgliedern der Oberlausitzer evangel. Prediger-Conferenz. 19.—25. Jahrg. 8. (à ca. 32—40 S.) Bautzen. (Dresden, Naumann.) à Jahrg. *

—— biblischer, für die J. 1876 und 1877. Eine Sammlung von Sprüchen der heil. Schrift nebst Lesestellen und Liederversen auf alle Tage im Jahre, zur Verbindung der kirchl. Andacht mit der häusl. Erbauung ihren lieben Gemeinden dargeboten von den Mitgliedern der Oberlausitzer evangel. Prediger-Conferenz. 26. und 27. Jahrg. 8. (40; 36 S.) Bautzen. (Dresden, H. J. Naumann.) à Jahrg. *

—— biblischer, für die J. 1878—1885. 28.—35. Jahrg. 8. (à Jahrg. ca. 40 S.) Dresden. (Leipzig, Buchh. des Vereinshauses.) à Jahrg. *

—— biblischer, für die J. 1886 und 1887. 36. und 37. Jahrg. Bearb. von K. A. Richter. 8. (à Jahrg. 40 S.) Dresden. (Leipzig, Buchh. des Vereinshauses.) à Jahrg. *

—— dass. — für die J. 1888 und 1889. 38. und 39. Jahrg. Bearb. von J. A. Mättig. gr. 8. (à Jahrg. 42 S.) (Ebendas.) à Jahrg. *

—— biblischer, f. d. J. 1890—1893. 40.—43. Jahrg. gr. 8. (à Jahrg. ca. 48 S.) Dresd., Verein zur Verbreitg. christl. Schriften. à Jahrg. *
1890 bearb. v. G. A. Geißler, 1891,92 v. M. Rentsch, 1893 v. M. J. Herz.

— biblischer, f. d. J. 1896. 46. Jahrg. Bearb. v. M. Domaschke. gr. 8. (48 S.) Dresden 894. Niederlage d. Vereins zur Verbreitg. christl. Schriften. n. — 12

— biblischer, f. d. J. 1899. Bearb. v. Carl Fridr. Bruno Wagner. 49. Jahrg. gr. 8. (58 S.) Dresden, Niederlage z. Verbreitg. christl. Schriften. n.n. — 15

— biblischer, f. d. J. 1900. Bearb. v. Heinr. Fröhlich. 50. Jahrg. gr. 8. (58 S.) Dresden, Niederlage des Vereins zur Verbreitg. christl. Schriften. n.n. — 15

— dasselbe, f. d. J. 1901. Bearb. v. Gthold. Schanz. 51. Jahrg. gr. 8. (60 S.) Ebd. n.n. — 15

— dasselbe, f. d. J. 1902. Bearb. v. A. E. Laube. 52. Jahrg. gr. 8. (74 S.) Ebd. n.n. — 15

— dasselbe, f. d. J. 1903. Bearb. v. Andr. Mättig. 53. Jahrg. gr. 8. (40 S.) Ebd. n.n. — 15

— biblischer, auf d. J. 1907. 57. Jahrg. Bearb. v. Fdr. Doerne. (44 S.) gr. 8. Dresden, Niederlage des Vereins zur Verbreitg. christl. Schriften. n. — 15

— biblischer, auf d. J. 1911. 61. Jahrg. Bearb. v. E. Resch. (39 S.) 8. Dresden, Niederlage des Vereins zur Verbreitg. christl. Schriften. — 15

—— zur Bildung f. Lehrer, s. Diesterweg, F. A. W.

— zur Bildung für deutsche Lehrer. In Gemeinschaft mit Bormann, Hentschel, Hill, Knebel, Knie, Lüben, Mager, Mädler, (Reinbott) u. Prange bearb. u. herausgeg. von F. A. W. Diesterweg. 3. fortgeführte u. verm. Aufl. 8 Liefg. (oder 2 Bde.) gr. 8. Essen 844, 46, Bädeker. (à $1/2$ ℳ) 4 ℳ

—— billiger practischer, und Plan der Städte Hamburg-Altona und Umgegend. 1. und 2. Aufl. (12 S.) 1869,72; 3. Aufl. (16 S.) 1873; 4. und 5. Aufl. (20 S.) 1874,75; 6. und 7. verm. und verb. Aufl. 16. (14 S. mit lithogr. Plan in qu. Fol.) Hamburg 876,77, Gassmann's Verlag. *

—— um den Bodensee, s. Taschenbibliothek f. Reisende, 10 Bdchn.

Wegweiser um den Bodensee und seine Umgebungen. Mit 3 Ansichten (Tafeln) und einer Karte. 8. Stuttgart 1838.
Taschenbibliothek für Reisende auf Eisenbahnen, Dampfschiffen ... redigirt von Prof. Dr. J. M. Braun. Bändchen 10.

—— durch Bremen u. seine Umgebungen. 16. ($8^1/_2$ B. u. 1 Karte.) Bremen 839, [Schünemann's Verlsbuchh.] *

Weg-Weiser, Breszlauischer, vors Thor, Oder Kurtzer Unterricht, Wo es um Breszlau herum an lustiger Compagnie . . . selten zu mangeln pflege . . . O. O. 1732. V: *Senftleben, Johann Christian.* (Kat. d. Druckschr. üb. Breslau. Breslau 1903. S. 91.) (Nent)

— von Bukarest u. Umgebung. — Guido de Bucarest et environs. (100 S. m. Abbildgn. u. 1 Plan.) schmal 8. Bucarest 906. (Budapest, F. Kilián's Nachf.) n. 1. —

Anonymus, Chiromantischer Wegweiser. Erf. 8°. 1709

— durch die Chorgesanglitteratur. Ratgeber für Männer-, Frauen- u. gemischte Gesangvereine u. Gesangvereinsdirigenten. 1. Jahrg. Oktbr. 1899—Septbr. 1900. 12 Nrn. gr. 4. (à ca. 12 S. u. Musikbeilagen in Lex.-8.) Köln, H. vom Ende. n.n. 1. —

— dasselbe, nebst „Konzertbericht". Ratgeber f. Männer-, Frauen- u. gemischte Gesangvereine u. Gesangvereinsdirigenten. 2. Jahrg. Oktbr. 1900—Septbr. 1901. 12 Nrn. gr. 4. (à ca. 12 S.) Ebd. n. 1. 50

— dasselbe, nebst Beiblatt: Der Sänger. Offizielles Organ des westdeutschen Sängerverbandes u. a. Ratgeber f. Gesangvereine u. Dirigenten. 3. u. 4. Jahrg. Oktbr. 1901—Septbr. 1903. à 12 Nrn. gr. 4. (à ca. 12 S.) Ebd. à Jahrg. n. 1. 50

— durch die Chorgesanglitteratur, nebst Beiblatt: Der Sänger. Offizielles Organ des westdeutschen Sängerverbandes u. a. Ratgeber f. Gesangvereine u. Dirigenten. 5. Jahrgang. Oktbr. 1903—Septbr. 1904. 12 Nrn. (à ca. 12 S.) gr. 4. Köln. Giessen, Klein'sche Buchdr. n. 1. 50
Fortsetzg., s. Chorgesang, der deutsche.

Wegweiser, Chorographischer, oder Abriss des Wissenswürdigsten aus der Länderbeschreibung . . . Hamburg [1837]. V: *Jäger, Friedrich Wilhelm.* (schr)

Wegweiser, der christliche. Ein kleines Gebet-, Erbauungs- und Belehrungsbüchlein für jüngere katholische Christen, namentlich auch für Handwerksgesellen, welche sich unsers Erlösers Nachfolge befleißigen. Von einem Laien. Mit 1 Stahlst. Augsburg 855. Kollmann. 12. (VIII, 150 S.) n. 7½ ngr.

Wegweiser, Der christliche, auf der Bahn der Menschenpflichten. Für alle Stände. Passau 1830. V: *Gemminger, Karl.* **(Greger, Sonnette 2, 143) (Zeitschr. f. Büch. N. F. 15, 1923, 127)**

— der christl., auf der Bahn d. Menschen-Pflichten. Für alle Stände. gr. 12. (3½ B.) Passau 830, Ambrosi.

— christl., für Wanderer in die Ewigkeit. 12. Halle 825. (Waisenh.-B.) 4 gr.

— der christliche, durch die Zeit zur seligen Ewigkeit. Ein Gebetbüchlein für alle Stände, insonderheit für junge Reisende, Auswanderer u. s. w. Zum Druck befördert durch die evangel. Pastoral-Conferenz zu Straßburg. Straßburg 858. (Treuttel u. Würtz.) 32. (95 S.) 6 ngr.

— der christliche, durch die Zeit zur seligen Ewigkeit. Ein Gebetbüchlein f. alle Stände, insonderheit f. junge Reisende, Dienstboten, Auswanderer u. s. w. 2. Aufl. 16. (93 S.) Straßburg 874. (Treuttel & Würtz). geb. n. — 40

— christlicher, zur wahren Religion. 8. Augsb. 786. Doll. 4 gr.

— chronographischer, oder Abriß d. Wissenswürdigsten aus der Länderbeschreibung, bestehend in (10 lithogr. u. illum.) Karten u. 16 Uebersichten z. lehrr. Unterhaltung für d. Jugend. br. 12. (Hamb.) 831. Herold. 1 rß

—— deutscher, durch New-York und Umgegend. 16. (64 S. mit 1 lithogr. Plane von New-York in qu. Fol.) New-York 873. (Hamburg, Boysen.) *

Wegweiser, der, durch Deutschland, s. Bruckbräu.

Wegweiser, Der, durch Deutschland und die angrenzenden Länder, enthaltend 415 ganz vollständige Reiserouten . . . Neue Ausg. München 1831. V: *Bruckbräu, Friedrich Wilhelm.* (EngG)

—— der, durch Deutschland u. d. angrenz. Länder, enthalt. 415 ganz vollständ. Reiserouten in allen Richtungen. Nebst e. auf 100jähr. Erfahrungen gegründ. Witterungskunde, u. einer Erklär. d. verschied. in Deutschland gebräuchl. Münzen, Maße u. Gewichte. Neue Ausg. 8. (6 B.) München 831, Lindauer.
Aus Bruckbräu „Wanderer durch Deutschland" abgedruckt.

—— für den Diensteintritt als Einjährig-Freiwilliger. Genau und übersichtlich nach gesetzl. Bestimmungen zusammengestellt von v. F. 8. (39 S.) Hirschberg 880, (Heilig.) *

—— durch Dresden und die sächsische Schweiz. Ein Rathgeber für Reisende. Mit 66 Vignetten, einem Plane von Dresden, einer Karte der Umgegend von Dresden, einem Panorama der sächsischen Schweiz, einer Höhenkarte und 2 Plänen des königl. Hoftheaters. Hrsg. von J. A. Romberg. gr. Fol. (16 S. mit eingedr. Holzschn.) Leipzig 857, [Schrag's Verlag.] **

Wegweiser: Der Wegweiser in der Eidgenossenschaft
s. a. Der Wegweiser in der Eidgenossenschaft für Schweizer und Schweizerfreunde.

Wegweiser: Der Wegweiser in der Eidgenossenschaft für Schweizer und Schweizerfreunde
① Der Wegweiser in der Eidgenossenschaft (1819) ③ 3. 1. 1816—4. 3. 1817 und 15. 4. 1817—28. 12. 1819 ⑥ 8° ⑦ Wochenblatt ⑧ St. Gallen: Zollikofer & Züblin (3. 1. 1816—4. 3. 1817); Konstanz: Joseph Banhard (15. 4. 1817—28. 12. 1819) ⑨ Fridolin Kaufmann aus Horw /Lu/ ⑬ BGSZ: 1045—1047; Hunkeler J. G. Krauer (1893), p. 3:2 ⑭ Lu: Z. SG. VA (unvollst.); Be. L ⑮ Die Zeitung wurde am 5. März 1817 von der st. gallischen Regierung unterdrückt und erschien nachher in Konstanz. Ende März 1818 wurde sie auch im Kanton Luzern verboten. Der Herausgeber versuchte nun, die Zeitung unter dem Namen »Alpenfeuer« wieder einzuschmuggeln; sie wurde aber als Abdruck des »Wegweisers« erkannt und am 25. Juli 1818 ebenfalls verboten.

—— durch d. schweizer. Eidsgenossenschaft u. d. benachbarten Länder. Nebst genauen Andeutungen d. Entfernungen, Reisewege rc. Neue, wohlf. Ausg. 8. . . . Aarau 830, [Sauerländer, B1½]

— zur Einführung in das Invaliditäts- u. Altersversicherungs-Gesetz. Für die hamburg. Arbeitgeber, Principale, Dienstherrschaften, Arbeiter, Gesellen, Gehülfen u. s. w. Hrsg. v. der Gewerbekammer. 16. (16 S.) Hamburg 890. O. Meißner's Verl. n. — 20

— für Einheimische u. für Fremde in Berlin. Nebst 1 Plan. Berl. ... Krause. 12 gr.

—— für Einheimische und Fremde (durch Leipzig). qu. Fol. Leipzig 868, J. C. Pönicke.

— für die Einzugs-Feierlichkeiten am 16., 17. u. 18. Juni 1871. 8. (13 S.) Berlin 871. Prager. — 20

—— für das auf der Eisenbahn von Berlin bis Paris reisende Publikum, s. Guide.

Wegweiser auf der Grossen Sibirischen Eisenbahn, hrg. vom Ministerium der Wegekommunikationen, unter Redaktion von A. J. Dmitrijew-Mamonow und des Ingenieurs A. F. Zdziarski. Aus dem Russischen von A. Lütsch g. Mit 2 Phototypien, 360 Phototypogravüren [wovon 5 Tafeln], 4 Karten von Sibirien und 3 Stadtplänen. IV + 602 S. gr.-8. St.-Petersburg, Kunstdruckgesellschaft, 1901. (M. 13.—)

Wegweiser für die Eisenbahnen in Oesterreich-Ungarn. Wien 1871. fol.

Wegweiser für Eisenbahnreisende von Wien nach Bruck an der Leitha. Wien 1847. V: *Schmidt, August.* (WBI.)

— für Eisenbahn-Reisende von Wien nach Bruck a. d. Leitha u. seine Umgebung, an dem Neusiedlersee nach Rohrau, Esterház, Eisenstadt, Oedenburg rc. Mit 1 Karte (in 4.) 16. (73 S.) Wien 847, Pfautsch & Voß. ½ rß

—— für junge Elsaß-Lothringer in den Reichs- und Landesdienst, sowie in den deutschen Militärdienst. 8. (64 S.) Straßburg 882, Schultz und Comp. cart.

Wegweiser für Eltern : 1850–1851?
Weekly. Sub-title: Besonders für Mutter bei Erziehung der Kinder. In wöchentlichen Heften. Organ of Baltimorer Lehrer-Verein. Octavo, each issue 8 pages.
Baltimore, MD

—— für Eltern und Vormünder, welche ihre Kinder oder Mündel in eine k. k. Militär-Bildungs- oder sonstige Erziehungs- und Lehranstalt unterbringen wollen. Nach den neuesten Bestimmungen zusammengestellt. Von F. G. N—r. Mit Beilagen als Formulare zu Aufnahms-Gesuchen und dem Verzeichnisse der Stiftungsplätze in den Militär-Bildungs-Anstalten. gr. 8. (III und 76 S.) Wien 865, (Bartelmus.) *

Wegweiser für Emigranten : 1851– . Milwaukee, WI
Appeared about 1851 (Heuse Jensen)

—— evangelischer, für reisende Handwerksleute. Gekrönte Preisschrift. 4. Aufl. 24. (96 S.) Stuttgart 881, Buchh. der Evangel. Gesellschaft.

Wegweiser für die bei Gelegenheit der 12. Versammlung des hessischen Forstvereins zu Gelnhausen am 18. 9. 1883 stattfindende Exkursion in die Königliche Oberförsterei Kassel. - Kassel 1883. 16 S.

Wegweiser für die Excursion der Mitglieder des böhmischen Forstvereins durch einen Theil des Waldstandes der hochfürstl. Fürstenberg'schen Domaine Pürglitz am 7. und 8. August 1854. 8. (16 S.) Prag. Druck von Kath. Gerzabek. 1854.

WEGWEISER DURCH DIE ELEKTROTECHNISCHE FACH-LITTERATUR. Schlagwortkatalog der Bucher und Zeitschriften fur Elektrotechnik und verwandte Gebiete, einschliesslich der auslandischen Litteratur. Zweite vermehrte und verbesserte Auflage. Leipzig, 1896. 8vo.

— f. die elektrotechnische Fachliteratur. Schlagwortkatalog der Bücher u. Zeitschriften für Elektrotechnik u. verw. Gebiete einschliessl. d. hauptsächlichsten ausländ. Literatur. 3., verm. u. verb. Aufl. 12. (83 S.) Leipzig 898. Hachmeister & Thal. n. — 50; geb. n. 1. —

— für die elektrotechnische Fachliteratur. Schlagwortkatalog der Bücher u. Zeitschriften f. Elektrotechnik u. verwandte Gebiete einschliesslich der hauptsächl. ausländ. Literatur. 5. verm. u. verb. Aufl. 12. (91 S.) Leipzig 899. Hachmeister & Thal. n. — 50; geb. n. 1. —

— für Fischer u. Teichwirte. Wirtschafts-Kalender u. Quellen-Nachweis f. den Bezug v. Fischen, sowie aller im Teich- u. Fischereibetrieb, im Fischhandel u. Sport notwend. Bedarfsartikel. 1. Jahrg. 1909. Hrsg. v. Karl Eckstein. (139 S.) 8. Eberswalde, W. Jancke. — 20

—— durch Frankfurt, f. Taschenbibliothek f. Reisende, 9. Bdchn.

— durch d. evangelische Frankfurt. Kirche, inn. Mission, Wohlthätigkeits-Anstalten. 8. (66 S. m. Abb. u. 1 Plan.) Frankfurt a/M. 898. R. Ecklin. n. — 40

— für Fremde, oder Verzeichniß d. Straßen von Basel nach d. vorzügl. Orten d. Schweiz u. d. angrenzenden Länder. 8. Basel 814. Neukirch. 3 gr

Wegweiser für Fremde = Guide de l'Etranger à Bâle. [Mit 1 Tafel.] 4. Zürich *o. J.* [1870/80].

Wegweiser für Fremde = Guide de l'Etranger à Berne. 4. Zurich (1876).

Wegweiser für Fremde = Guide de l'Etranger à Zurich. 4. Zürich *o. J.* [1870/80].

Wegweiser für Fremde. Illustrierter Reiseführer & Katalog. — Guide des Etrangers en Suisse. Catalogue illustré. (Jahrg. 3. Saison 1901.) [Illustriert.] IV + 52 + IV S. 4. Bern, E. Segessenmann & Cie. (Gratis an Hotels etc., fr. —.60 an Private)

Wegweiser für Fremde. Illustrierter Reiseführer & Katalog — Guide des Etrangers en Suisse. Catalogue illustré. (Jahrg. 4. Saison 1902.) II + 52 + IV S. 4. Bern, E. Segessenmann & Cie. [fr. 1. —]

Wegweiser für Fremde. Illustrierter Reiseführer & Katalog = Guide des Etrangers en Suisse. Catalogue illustré. (Jahrg. 5. Saison 1903.) [Mit 1 Karte.] II + 52 + IV S. 4. Bern, E. Segessenmann & Cie. (fr. 1. —)

Wegweiser. Der W. für Fremde in Bern und seinen Umgebungen. 8. Bern.
[1. Aufl.] 1846 s. Anweisung. Kurze A. für Fremde über die sehenswerthesten Merkwürdigkeiten der Stadt Bern.
(2. Aufl.) 1857

Wegweiser, Der, für Fremde **in Bern und seinen Umgebungen. 2. Aufl. Bern 1857. H:** ***Haller, Frdr. Albr.*** **&** ***Carl Jac. Durheim.*** **(BSchwLk III)**

Wegweiser für Fremde bei dem Besuche der Prager Metropolitankirche St. Veit ... Prag 1828. V: *Eichler, Andreas Chrysogon.* (GGr VI/735, Nr. 34/17) (Bibl Port)

Wegweiser für Fremde und Einheimische durch die königlichen Residenzstädte Berlin und Potsdam und die umliegende Gegend ... Berlin u. Stettin 1793. V: *Nicolai, Chph Friedrich.* (MGT) V (Vorrede): *Nicolai, Chph Friedr.* V: *Schmidt, Valentin Heinrich* & *Valentin Schnackenburg.* (Ky) (MS) Berlin 1813. V: *Schmidt, Val. H.* 6. A. 1836. H: *Mila, Wilh.* (EngG)

— für Fremde u. Einheimische, die die Preußische Residenzstadt Berlin u. Potsdam u. die umliegenden Gegenden rc. besuchen wollen (v. B. Schnackenburg u. V. H. Schmidt.) Mit e. Vorrede v. Fr. Nicolai. 8. Berl. 793. 2e A. 798. Nicolai. 21 gr 3e A. 813. 4e A. 816. 5e verb. A. mit Kpf. (v. Val. H. Schmidt). 8. 820. 6e A. 827. Nicolai. 1 rß 16 gr N. A. 828. 1 rß

— — dass. mit 15 Ansichten.

— — dass. in franz. Sprache. 8. Ebend. 813. mit 15 Ansichten.

—— für Fremde u. Einheimische durch Berlin u. Potsdam u. d. umliegende Gegend, enthalt. e. kurze Nachricht v. allen daselbst befindl. Merkwürdigkeiten. In e. bis jetzt fortgesetzten Auszuge d. großen Beschreibung v. Berlin u. Potsdam v. Fr. Nicolai. 6., verm. Aufl. 8. (17¼ B., 2 Kpfr., 1 Grundr. v. Berlin u. 1 Karte d. Gegend um Potsdam.) Berlin 833, Nicolai.

—— für Fremde u. Einheimische durch Berlin u. Potsdam u. die umlieg. Gegend, enth. e. kurze Nachricht von allen daselbst befindl. Merkwürdigkeiten. In ein. bis jetzt fortgesetzten Auszuge d. großen Beschreib. v. Berlin u. Potsdam v. Fr. Nicolai. 6., ganz umgearb. u. verm. Aufl. 8. (17½ B., 2 Kpfrt., 1 Grundr. u. 1 Karte.) Berlin 836, Nicolaische Buchh.

Wegweiser für Fremde in Stuttgart und seinen Umgebungen. Stuttg. 1827. V: *Cronberger, Chn Theod.* (Kat. der ständ. Bibl. Stuttg. 1907. S. 534.)

— f. Fremde in Stuttgart u. seinem Umgebungen. Mit 1 Grundrisse. gr. 8. Stuttg. 827. Steinkopf. 1 ₰ 12 gr

— zum wahren Frieden, oder Anweisung, z. innern Geistesgebet zu gelangen. Gedanken u. Betrachtungen gottseliger Seelen aus d. Vorzeit über diesen Gegenstand. 8. Leipz. 826. Tauchnitz. 3 gr

Wegweiser für Frohsinn, Heiterkeit und Lebenslust : Sept. 1873 - ?
Supplement to Zorns Magazin ...
Milwaukee, WI

—— durch d. Schwetzinger Garten. gr. 8. (2 B. u. 12 Ansichten.) Heidelberg 830, Engelmann.

— in den Gärten zu Wörlitz, u. d. Städten Zerbst u. Dessau. Mit 1 Kpf. 12. Pirna 804. Friese. 8 gr

— gastronomischer, durch die öffentlichen Lokale von Berlin, nämlich durch die Gasthöfe, Conditoreien, Wein- und Delikatessenstuben, Restaurationen, Kaffee- u. Bierhäuser und Concertgärten innerhalb der Stadt und vor den Thoren, von Dr. X. Für Einheimische u. Fremde. Berlin 857. Martens. 8. (VI, 147 S.) 10 ngr.

Wegweiser im Gebiet des Gau VIII Württemberg des Deutschen Radfahrer-Bundes Zone A und B. 2 Teile. 16° Stuttgart 1900. 01

— auf der Salzburg-Tiroler Gebirgsbahn [Giselabahn] m. dem Anschlusse an die Kronprinz Rudolfs-Bahn unter besond. Berücksicht. der im Bereiche dieser Bahnstrecken lieg. Gebirgstouren. Mit e. (lith.) Eisenbahnkärtchen (in 4.) 8. (66 S.) Salzburg 875. Dieter. n. 1. 50

— dasselbe. 2. bericht. u. ergänzte Aufl. gr. 16. (IV, 68 S.) Ebend. 875. n. 1. 20

— auf der Salzburg-Tiroler Gebirgsbahn [Giselabahn] mit dem Anschlusse an die Kronprinz Rudolfs-Bahn, unter besonderer Berücksichtigung der im Bereiche dieser Bahnstrecken liegenden Gebirgstouren. Mit einer (chromolith.) Karte (in qu. 4.), gezeichnet von E. Hettwer. 3., bericht. u. ergänzte Aufl. gr. 16. (IV, 66 S.) Salzburg 877. Dieter. n. 1. 20

— des Gebirgsvereins f. die böhmische Schweiz m. e. Karte u. Fahrplänen der Eisenbahnen u. Dampfschiffe. 32. (36 S.) Tetschen 894. (Prag, H. Dominicus.) n.n. — 50

— der Geburtshelfer, oder d. Meister in d. Kunst die Entbindung der Weiber zu befördern. Mit Kpf. 8. Glog. 770. Chr. Fr. Günther. 12 gr

— durch die umliegenden Gegenden von Dresden, bis Elsterwerda, Bautzen, Schandau, Hubertusburg ꝛc. Mit 1 Karte. 8. Dresd. 804. Arnold. 1 ₰

— in d. vorzügl. Gegend d. Oberlausitz, s. Ed. Fischer.

— geistlicher, der Seele, oder verschiedene Uebungen, Erwägungen u. Gebete, welche einzig zur ewigen Herrlichkeit des allmächtigen Gottes, des Vaters, des Sohnes u. des heiligen Geistes, zur Ehre der allerseligsten Jungfrau Maria u. aller Heiligen, u. zum Wohle des menschlichen Geschlechts dienen mögen. 2 Thle. gr. 8. (XVI u. 796 S. m. 1 Stahlst.) Wien 852, Mechitharisten-Congregations-Buchhandlung. 1⅔ ₰

—— auf dem Gebiete des Geldwesens. Rathgeber für Jeden, der Geld auszugeben und einzunehmen hat. gr. 8. (8 S.) Plauen 862, Hohmann.

—— dass. — Coursblatt für Papiergeld, Münzen ꝛc. Unter Mitwirkung mehrerer Rechnungs- und Kassenbeamten hrsg. von H. A. Hohmann. 1.—5. Jahrg. 1863—67. à Jahrg. 6 Nrn. (½ Bog.) gr. 8. Ebendas. à Jahrg.

Wegweiser auf dem Gebiete des Geldwesens. Coursblatt für Papiergeld, Münzen ꝛc. Unter Mitwirkung mehrerer Rechnungs- u. Kassenbeamten hrsg. von H. A. Hohmann. 3—8. Jahrg. 1865—70. à Jahrg. 6 Nrn. (½—1 Bgn.) Plauen, Hohmann. gr. 8. Jeder Jahrg. 5 ngr

Wegweiser auf dem Gebiete des Geldwesens. Notizblatt für Papiergeld, Münzen, Dividenden ꝛc. Hrsg. von A. Hohmann. 10.—12. Jahrg. 1872—1874. à Jahrg. 6 Nrn. (Bog.) gr. 8. Plauen, Hohmann. 1872 und 1873 à *
1874 *

Vgl.: Hohmann's Wegweiser.

Wegweiser auf dem Gebiete d. Geld- u. Verkehrswesens, s. a. Hohmann, A.

—— auf dem Gebiete des Geld- und Verkehrswesens. Notizblatt für Papiergeld, Münzen, Coupons-, Post- und sonst. Verkehrswesen. Redact.: A. Hohmann. 13.—17. Jahrg. 1875—1879. à Jahrg. 6 Nrn. (Bog.) schmal Fol. Plauen, Hohmann. à Jahrg.

Wegweiser auf dem Gebiete des Geld- und Verkehrswesens. Notizblatt für Papiergeld, Münzen, Coupons-, Post- und sonst. Verkehrswesen. Redact.: A. Hohmann. 18.—22. Jahrg. 1880—1884. à Jahrg. 6 Nrn. (Bog.) schmal Fol. Plauen, Hohmann. à Jahrg.

— auf dem Gebiete d. Geld- u. Verkehrswesens. Notizblatt f. Papiergeld, Münzen, Coupons, Post- u. sonst. Verkehrswesen. Red.: A. Hohmann. 22—24. Jahrg. 1884—1886. à 6 Nrn. (B.) schmal Fol. Plauen Hohmann. à Jahrg. — 75

— auf dem Gebiete d. Geld- u. Verkehrswesens. Notizblatt f. Papiergeld, Münzen, Coupons, Post- u. sonst. Verkehrswesen. Red.: A. Hohmann. 25.—28. Jahrg 1887—1890. à 6 Nrn. (B.) schmal Fol. Plauen, Hohmann. à Jahrg. — 75

Genossenschaftlicher Wegweiser. Zeitschrift für sozialreformatorisches Genossenschaftswesen. Jg. 1, 1890 - 7, 1896. Berlin: A.G. Pionier 1890-96.
Mehr nicht erschienen.

— genossenschaftlicher. Zeitschrift f. sozialreformator. Genossenschaftswesen. Hrsg. im Auftrage der deutschen Central-Genossenschaft. Red.: Fritz Spiethoff. 4. Jahrg. 1893. 24 Nrn. (Bog.) gr. 4. Berlin, A.-G. Pionier. n. 8. —

— dasselbe. Red.: K. Munding. 5. Jahrg. 1894. 24 Nrn. (Bog.) gr. 4. Ebd. n. 8. —

— genossenschaftlicher. Zeitschrift f. sozialreformator. Genossenschaftswesen. Hrsg. im Auftrage der deutschen Central-Genossenschaft. Red.: K. Munding. 6. u. 7. Jahrg. 1895 u. 1896. à 24 Nrn. (Bog.) gr. 4. Berlin, F. v. Verbandt & Co. à Jahrg. n. 8. —

— geograph., durch alle Provinzen d. Königr. Hannover. Zunächst f. inländ. Volksschulen u. d. untern Klassen d. Gymnasien ꝛc. 8. (4½ B.) Clausthal 832, Schweiger.

Wegweiser, Geographisch-topographischer, durch die ganze Österreichische Monarchie. ... Kaschau 1823. V: *Hiersche, Jos. Carl.* (EngG)

— geogr.-topogr., durch die ganze österreich. Monarchie, nebst beigef. Postkarte u. umgängl. nöthige Bemerkk. f. Reisen von J. K. H***. 8. Kaschau 824. Wigand. geb. in Futt. 1 ₰ 12 K

— geograph.-topographischer, durch die ganze österreichische Monarchie. Nebst beigefügter Postkarte u. unumgänglich nöthigen Bemerkk. für Reisende. Von J. K. H... 8. Kaschau 826; Verlag von Heckenast in Pesth. 1½ ₰

— in das evangelische Gesangbuch f. Ost- u. Westpreußen. vornehmlich zum Gebrauch f. Geistliche u. Lehrer. Mit e. Vorwort v. Johs. Schlecht. gr. 8. (IV, 50 S.) Königsberg i/Pr. 893. W. Koch. Kart. n. — 50

Wegweiser für die Geschäftsführung der ländlichen Spar- und Darlehnskassen. Hrsg. v. Verband pommerscher landwirtschaftl. Genossenschaften. T. 1. [2.] Stettin 1904: Pomm. Reichspost. 2 Bde 8° [F.]
[2 u. d. T.:] Muster-Beispiele z. Buchführung f. ländl. Spar- u. Darlehnskassen d. Verbandes pomm. landw. Genossenschaften. [08. 5256 9

Wegweiser, geschichtlicher, durch das Gesangbuch u. Choralbuch der evangelischen Kirche im Großh. Hessen. Bearbeitet im evangel. Prediger-Seminar zu Friedberg. 8. (76 S.) Darmstadt 889. Waitz. n. — 75

— für Geschworene. Eine faßliche und getreue Darstellung der Form und Bedeutung der Schwurgerichte in Württemberg; zur Belehrung für Geschworene und alle welche mit dem Geschwornen-Institut in Berührung kommen. 8. (IV und 32 S.) Blaubeuren 849, (Mangold'sche Buchh.)

— der, der Gesundheit, oder prakt. Erklärung über die Anwendungen u. Wirkungen des frischen Wassers als bestes Diät- u. Heil-Mittel. In 2 Vorträgen: I. Für Gesunde. II. Für Kranke. Verbreitet vom hydropathischen Central-Gesundheits-Verein in München u. Ansbach. Prof. Kirchmayr, Prof. Dr. Oertel, v. Schlemmer. Lex.-8. München 840. (Franz.) ⅙ ₰

— zur Gesundheit v. E. Schlegel. 1. Jahrg. 1. Apr. 1886—März 1887. 24 Nrn. (¼ B.) gr. 8. Tübingen, (Fues' Verl.) n. 2. 40

— zur Gesundheit von E. Schlegel. 2. u. 3. Jahrg. April 1887—März 1889. à 24 Nrn. (¼ B.) gr. 8. Tübingen, (Fues' Verl.) à Jahrg. n. 2. 40

— zur Gesundheit v. E. Schlegel. 4.—6. Jahrg. April 1889—März 1892. à Jahrg. 24 Nrn. (à Nr. ¼ Bog.) gr. 8. Tübingen, (F. Fues). à Jahrg. * 3 —

— der Gewerbehygiene. Rathgeber zur Verhütung v. Gewerbekrankheiten u. Betriebsunfällen. Hrsg. v. E. Golebiewski. Nr. 1—5. 12. Berlin 898. C. Heymann's Verl. n. 3. 60
1. Gesundheitsbuch f. das Bäckergewerbe. Von Carl Moeller. (VIII, 43 S.) n. — 60
2. Gesundheitsbuch f. die Phosphor-Zündwaarenfabrikation mit Berücksicht. d. Hausindustrie. Von Schleben. (VII, 41 S.) n. — 60
3. Gesundheitsbuch f. d. Tuch- u. Buckskinfabrikation. Von Bettmann. (VIII, 100 S. m. Abb.) n. — 60
4. Gesundheitsbuch f. d. Steinkohlenbergbau. Von P. Stolper. (X, 139 S.) n. 1. 20
5. Gesundheitsbuch f. d. Schneidergewerbe. Von Alfr. Adler. (VI, 31 S.) n. — 40

— der Gewerbehygiene. Rathgeber zur Verhütg. von Gewerbekrankheiten u. Betriebsunfällen. Hrsg. von E. Golebiewski. Nr. 6—8. 12. Berlin, C. Heymann's Verlag. à n. — 60
6. Gesundheitsbuch f. das Buchdruckergewerbe. Von Lewitt. (IX, 67 S.) 899.
7. Gesundheitsbuch f. die Kleineisen-Industrie m. besond. Berücksicht. der Hausindustrie u. des Schleifergewerbes. Von G. D. Orthmann. (VII, 64 S.) 899.
8. Gesundheitsbuch für das Handschuhmachergewerbe. Von Alfr. Mode. (X, 48 S.) 899.

— durch die Universitätsstadt Giessen u. ihre Umgebung. Giessener Verkehrshandbuch. Mit Plan der Stadt, Karte der Umgebg., Theaterplan, Eisenbahnkarte, 12 Vollbildern, 4 Aquarelldrucken u. zahlr. Textillustr. (335 S.) 8. Giessen (907). E. Roth. 1.50; geb. 2.—; Luxusausg. 6.—

— auf der Gisela- und Salzkammergutbahn mit den Anschlüssen an die Kronprinz Rudolf- und Südbahn, unter besond. Berücksicht. der im Bereiche dieser Bahnstrecken liegenden Gebirgstouren in Salzburg, Salzkammergut, Tirol und Bayern. Mit 1 (chromolithogr.) Karte, gezeichnet von E. Hettwer. 4. bericht. und ergänzte Aufl. 16. (IV, 81 S.) Salzburg 879, Dieter. *

— auf der Gisela- und Salzkammergutbahn mit den Anschlüssen an die Kronprinz Rudolf- und Südbahn unter besond. Berücksicht. der im Bereiche dieser Bahnstrecken liegenden Gebirgstouren in Salzburg, Salzkammergut, Tirol, Bayern. Mit 1 (chromolithogr.) Karte, gezeichnet von E. Hettwer. 5. bericht. und ergänzte Aufl. 12. (VIII, 88 S.) Salzburg 883, Dieter. *

— auf der Gisela-, Salzkammergut-Local- u. Salzkammergut-Staatsbahn m. d. Anschlüssen an Süd- u. Kronprinz Rudolfbahn unt. bes. Berücksicht. d. im Bereiche dieser Bahnstrecken liegenden Gebirgstouren in Salzburg, Tirol, Steiermark u. Baiern. Mit 1 Karte, gezeichnet v. E. Hettwer. 6., vollst. umgearb. Aufl., besorgt v. Ludw. Purtscheller. (Umschlag: Dieter's Wegweiser Gisela- u. Salzkammergutbahn.) gr. 16. (VI, 77 S.) Salzburg 897. H. Dieter. n. 1. 40

Wegweiser zum häuslichen Glück. Prakt. Leitfaden d. Haushaltungsunterrichts f. Jungfrauen. Hrsg. von e. Kommiss. d. Verbandes Arbeiterwohl. N. Ausg. M. Gladbach 1907. 8°.

Wegweiser zum häuslichen Glück. Prakt. Leitfaden d. Haushaltungsunterr. f. Jungfrauen. Hrsg. von e. Komm. d. Verbandes Arbeiterwohl. Neue Ausg. 201.–220. Taus. M. Gladbach: Volksvereinsverl. 1907. (266 S.) 8° [F.] [07. 11170

— zum häuslichen Glück. Praktischer Leitfaden des Haushaltungsunterrichts f. Jungfrauen. Hrsg. v. e. Kommission des Verbandes Arbeiterwohl. Neue Ausg. 221.—270. Taus. (270 S. m. Abbildgn.) kl. 8. M.-Gladbach 909. Volksvereins-Verlag. Geb. in Leinw. n — 75

— zum häuslichen Glück für Mädchen. Kurze Belehrung über alle Haus- und Handarbeit und Kochen, Gesundheits- und Krankenpflege, zugleich ein prakt. Leitfaden für den Haushaltungsunterricht. Hrsg. von einer Kommission des Verbandes „Arbeiterwohl". 12. (VIII, 238 S. mit 1 Taf.) M.-Gladbach 888, Riffarth. cart. *
geb. * M 1.—; geb. mit Goldschn.

— der, zum häuslichen Glück f. Mädchen. Kurze Belehrung über alle Haus- und Handarbeit u. Kochen, Gesundheits- u. Krankenpflege ꝛc. 7. Aufl. Hrsg. von e. Kommission d. Verbandes „Arbeiterwohl". 12. (VIII, 238 S. m. 1 Taf.) M.-Gladbach 891, A. Riffarth. cart. * — 75; geb. * 1 —; m. Goldschn. * 1 50
Vgl.: Wichterich, Heinr. Verwendung des Buches.

— zum häuslichen Glück f. Mädchen. Kurze Belehrg. üb. alle Haus- u. Handarbeit u. Kochen, Gesundheits- u. Krankenpflege, zugleich e. prakt. Leitfaden f. den Haushaltungsunterricht. 18. Aufl. Hrsg. v. e. Kommission des Verbandes „Arbeiterwohl". gr. 16. (XII, 236 S. m. 1 Taf.) M.-Gladbach 896. A. Riffarth. Kart. n. — 75; geb. n. 1. —; m. Goldschn. n. 1. 50

— zum häuslichen Glück f. Mädchen. Kurze Belehrg. üb. alle Haus- u. Handarbeit u. Kochen, Gesundheits- u. Krankenpflege, zugleich e. prakt. Leitfaden f. den Haushaltungsunterricht. 23. u. 24. Aufl. Hrsg. v. e. Kommission des Verbandes „Arbeiterwohl". gr. 16. (à XII, 236 S. m. 1 Taf.) M. Gladbach (900). A. Riffarth. Kart. n. — 75; geb. n. 1. —; m. Goldschn. n. 1. 50

—— durch Göttingen, s. Taschenbibliothek f. Reisende, 8. Bdchn.

Wegweiser durch Greiz u. Umgebung. Zusammengestellt vom Zweigverein Greiz d. Thür. Waldvereins. 12. (8 S.) Greiz 883. Schlemm. n. — 10

Wegweiser durch Griechenland und die europäische Türkey (Donation Liechtenstein.) kl. 8. München 1832.

— für Groß-Glogau, s. Taschenbuch.

— gründl., für Deutsche, die ohne Unterricht in Zeit von 6 Wochen d. französ. Sprache richtig sprechen u. schreiben lernen wollen. 8. ...811. (Gießen, Krieger). 6 ℳ

—— f. die Grundstückseigenthümer u. die Hypothekeninhaber in der Prov. Schleswig-Holstein. gr. 16. (11 S.) Altona 892, Harder Verlag. * — 35

Wegweiser zur Gründung von Arbeitervereinen, sowie von Büchern und Broschüren für Arbeitervereine. 8°. Prag, Verlag der Socialpolit. Rundschau, s. a.

Wegweiser durch Hamburg und Umgebung. (2. verb. u. verm. Aufl.) (*Hamburg: Ver. z. Förderung d. Fremden-Verkehrs 1901.*) (109 S.) 8°

Wegweiser durch Hamburg u. Umgebung. Hrsg. vom Ver. z. Förderung d. Fremdenverkehrs in Hamburg. (3. umgearb. u. verm. Aufl.) *Hamburg: (Ver. z. Förd. d. Fremdenverkehrs) 1903.* (143 S.) 8° [F.]

— durch Hamburg u. Umgebung. 4. verb. u. verm. Aufl. (61—80,000). Hrsg. vom Verein zur Förderg. des Fremden-Verkehrs in Hamburg. (153 S. m. Abbildgn., 1 Plan u. 1 Karte.) kl. 8. Hamburg (905). (J. Kriebel.) Kart. n. — 60

— durch Hamburg u. Umgebg. Hrsg. vom Verein zur Förderg. des Fremden-Verkehrs in Hamburg. 6. verb. u. verm. Aufl. (100 000—120 000). (168 S. m. Abbildgn., 1 Plan u. 1 Karte.) kl. 8. Hamburg (909). (F. W. Thaden.) 1. —

Wegweiser f. d. österr.-ung. Handel mit d. Orient. Jahrg. 1885—86 Redig. von Dr. Spitzer. gr. 8. (216 S.) Wien, Moritz Perles. 2 fl. 1885.

— für reisende Handwerker. 8. Berl. 803. 2e A. 821. Schöne. 4 ℳ

—— von Harzburg (Neustadt unter der Harzburg) nach dem Brocken und den interessantesten Punkten des Ober- und Unterharzes. Auf Lustreisen von 1, 2 und mehren Tagen berechnet. 16. (24 S.) Quedlinburg 852, Huch.

—— im Haushalte und in der Küche. Eine Sammlung geprüfter Recepte und Rathschläge für junge Hausfrauen. Von M. Gr. v. H. gr. 8. (XXVIII, 528 S.) Hannover 874, Hahn'sche Buchh. ℳ 4.; geb.

— im Haushalte u. in der Küche, 2. Ausg., s. Holtzendorff, Marie Gräfin v.

—— durch Heidelberg, Manheim u. Schwezingen, s. Taschenbibliothek f. Reisende, 1. u. 5. Bdchn.

—— durch Heidelberg, Mannheim, Schwezingen, Rheinbayern, Worms, die Bergstraße und Darmstadt. Neue (Titel-)Ausg. 32. (XV und 318 S. mit dem lithogr. Plane vom schwezinger Garten.) Stuttgart 850, H. Köhler. Mit 3 Stahlst.

— durch Heidelberg u. seine Umgebung, das Neckarthal u. die Bergstrasse. Neu bearb. v. H. Henkenius. 7. Aufl. 12. (82 S. m. 85 Abbildgn. u. 2 farb. Plänen.) Heidelberg 892. E. v. König. — 60

—— durch Heidelberg und seine Umgebungen. 8. (29 S. mit lithogr. Plan von Stadt und Schloss in 4.) Heidelberg 863, K. Gross.

—— durch Heidelberg und seine Umgebungen. 2. Aufl. (52 S.) 1871. 75 Pf., und 3. Aufl. 8. (69 S. mit 2 lithogr. und color. Plänen und 1 chromolithogr. Karte der Umgegend.) Heidelberg 875, K. Groos. *

—— durch Heidelberg und seine Umgebungen. Mit 2 (lithogr. und chromolithogr.) Plänen und 1 (chromolithogr.) Karte der Umgegend. 16. (57 S.) Heidelberg 878, K. Groos. cart.

—— durch Heidelberg und seine Umgebungen. Mit (lithogr. und color.) Plan von Stadt und Schloss. 2.—5. Aufl. 16. (59 S.) Heidelberg 879—82, [K. Groos.] Meder. Mit Karte der Umgegend

— durch Heidelberg u. seine Umgebungen. Mit Plan v. Stadt u. Schloss. 6. Aufl. gr. 16. (56 S.) Heidelberg 888. Meder. — 75

—— durch Heilbronn, s. Taschenbibliothek f. Reisende, 1. u. 5. Bdchn.

Wegweiser zur Heiligung : Jan 7, 1885 - 1910
Organ of Deutsche Methodistenkirche. Octavo, each issue 24 pages. Edited & published by Hermann A. Grentzenberg
Cincinnati, OH

—— zur Heimath. Ein Erbauungsbuch für Wanderer. Hrsg. von der Wupperthaler Traktat-Gesellschaft. gr. 16. (81 S. mit 1 Holzschntaf.) Barmen 873, Wiemann. *

Wegweiser durch die Internationalen Heime und Zufluchtsstätten. Hrsg. v. Bureau d. Deutschen Nationalkomitees z. internat. Bekämpfung d. Mädchenhandels. *(Berlin) 1903: B. Paul.* (33 S.) 8°

—— zum Herzen Gottes. Neue Folge. Sammel-Ausg. des Kalenders für Zeit und Ewigkeit von 1882—1888. 4. (60; 40; 45; 42; 45; 48; 48 S. mit vielen Holzschn.-Bildern.) Freiburg i. Br. 887, Herder'sche Verlagsh. cart. *
Sammel-Ausg. von 1874—1881, s. : Hattler, Frz., Wegweiser.

—— zur Hilfe für alle Kranke, durch den Gebrauch der schwedischen Lebensessenz des Dr. A. D. Werner, welche durch 300jähr. Erfahrungen bestätigt, alle inneren Krankheiten heilt und schon vielfach zu mehr als 100jähr. Lebensdauer geholfen hat. 3. und 4., verm. Aufl. 16. (42 S.) Leipzig 864,65, G. Poenicke.

Wegweiser auf dem Felde unserer Hülfsthätigkeit . . . Frankf. a. M. 1846. V: *May, M.* (FB)

Wegweiser zum Himmel gefunden in den Betrachtungen R. P. Ludovici de Ponte S. J. . . . Cöllen a. Rh. 1721. V: *Kappenstein, Franz.* (Jes) (so)

— der, zum Himmel, oder Weisheitslehren, entnommen aus den Werken heil. Kirchenväter u. einiger alter Philosophen vom Kardinal Bona. Aus dem Latein. ins Deutsche übertragen u. mit einem Zusatze von Morgen-, Abend-, Meß- rc. Gebeten vermehrt von A. Scheuerecker. 8. (Mit 1 Stahlst.) Augsburg 844, Schmid'sche Buchh. 3/8 ₰

— zum Himmel. Vollständiges Gebet- u. Andachtsbuch f. kathol. Christen. Bearb. nach Wilh. Nakatenus u. a. Mit Gedichten v. Gall Morel. Ausg. I. 16. (639 S. m. farb. Titel u. 3 Stahlst.) Einsiedeln 886. Benziger & Co. 1. 30

— zum Himmel. Vollständiges Gebet- u. Andachtsbuch f. kathol. Christen. Bearb. nach Wilh. Nakatenus u. a. Mit Gedichten v. Gall Morel. Ausg. II. 16. (623 S. m. Farbentitel u. 3 Stahlst.) Einsiedeln 886. Benziger & Co. 2. 25

Wegweiser zum Himmel. **Gebet- und Erbauungsbuch . . . 2. Aufl. Kempen a. Rh. [1895].** V: *Bona, Johs.* (Berl)

—— der, zum Himmel für Jung und Alt. 8. (VIII, 192 S.) Bremen 870, Verlag des Tractathauses. geb. *

— der Himmlische, s. J. Annegarn.

— himmlischer, e. kathol. Gebetbuch rc. v. J. B. Lugini umgearb. m. K. 8. Cöln, Rommerskirchen. 809.

— — derselbe in 12. Ebend.

— — derselbe m. K. 8. Cöln, (Münster, Aschendorff.) 804.

— himmlischer, ein kathol. Gebetbuch, worin in 13 Abtheill. Morgens-, Abends-, Meß-, Vesper-, Beicht-, Buß- rc. Gebete enthalten sind. 3e Aufl. von J. B. Lugino umgearbeitet. 8. Cöln 812. J. G. Schmitz. 8 Gr.

— dass. große Schrift. 24. Cöln 817. Mathieux. 4 Gr.

— (himmlischer), ein kathol. Gebetbuch. Mit 1 Kpf. 8. Cöln 821. Rommerskirchen. 16 Gr.

—— himmlischer, oder katholisches Gebetbüchlein, worin Morgen-, Abend-, Meß- rc. Gebete, wie auch Gebete vom Leiden Christi, nebst verschiedenen Litaneien rc. enthalten sind. 32. (256 S. mit 1 Holzschnt.) Paderborn 861, Junfermann'sche Buchh.

— **himmlischer. Ein Gebet- u. Erbauungsbuch f. das liebe Alter. gr. 16. (644 S. m. Titelbild.) Kevelaer (900). Butzon & Bercker. Geb. 1. 40**

— himmlischer, zur Seligkeit, oder kurze Anzeige nach der Lehre der h. Schrift christlich zu leben u. selig zu sterben (v. Frz. Ferd. von Drexel.) 8. Münch. 772. Lentner. 6 Gr.

Wegweiser, Historisch-chronologischer, durch die Geschichte Currätiens und der Republik Graubünden. Chur 1873. V: *Mohr, Conradin v.* (Cat. d. Stadtbibl. Zürich. Zürich 1864—97.)

— histor.-topographischer, in die Umgegend u. auf die Schlachtfelder von Leipzig. Mit 1 Spezialcharte (gestochen von C. u. H. Leutemann). 8. Leipzig 1833. Hinrichs. 144 S.

— historisch-topographischer, in die Umgegend und auf die Schlachtfelder von Leipzig. Nebst ausführl. Beschreibung der großen Völkerschlacht. Mit 1 Specialcharte. 2. verb. u. verm. Aufl. 8. Leipzig 844, Hinrichs'sche B. geb. n. 1/2 ₰

Homöopathischer **Wegweiser**. An alle Freunde u. Anhänger d. Homöopathie. [Nebst] Beilage. 1. Aufl. Charlottenburg: Homöopath. Central-Verl. 1906. (8 S.) 8° [07 3110

—— humoristischer, durch Görlitz. Ein Führer für Fremde und Einhümsche. Hrsg. v. R. — Petit. gr. 16. (30 S.) Görlitz 879, [Neumeister.] Richter. *

Wegweiser, hygienischer. Zeitschrift für Pflanzenheilkunde und Lebenskultur. Chefred.: Herm. Alois Mayer. Red.: Paul Maaß. 1. Jahrg. März 1910—Febr. 1911. 12 Nrn. (à ca. 12 S.) 35×27 cm. Hamburg, A. Mayer. 2. —

—— zum bayrischen Hypothekenrechte, ein Auszug der für Bürger und Bauer, Gläubiger und Schuldner wichtigsten Bestimmungen aus dem bayr. Hypothekengesetze vom 1. Juni 1822, bearb. in allgemein faßl., volksthüml. Sprache, mit Beispielen versehen, in Fragen und Antworten von einem k. b. Beamten 1851. gr. 12. (23 S.) Schrobenhausen 854. (München, Finsterlin.)

Wegweiser, illustrirter, in Berlin, Potsdam und deren Umgebungen. Nach eigener Anschauung und den besten Hilfsquellen bearb. von Theob. Grieben. (Grieben's Reise-Bibliothek. Nr. 6.) 16. Aufl. 1857. und 17., verb. Aufl. gr. 16. (262 S. mit Illustr. in eingedr. Holzschn., lithogr. Plänen von Berlin, Potsdam und Sanssouci, Karten des Thiergartens und der Umgegend von Berlin in 16., 8. und qu. 4.) Berlin 858, [Goldschmidt.] * 15 Ngr.; geb. * —
Vgl.: Grieben's Reise-Bibliothek.

— illustrirter, durch Dresden u. die sächsische Schweiz. Mit 60 Illustr. (in Holzschn.) Dresden 870. Schulbuchhandlung. gr. 16. (54 S.) n. 4 ngr.

— — Mit Plan der Stadt u. Karte der Umgegend. (in Holzschn. u. Fol.) 2. Aufl. Ebend. 870. gr. 16. (54 S.) n. 5 ngr.

—— illustrirter, durch Dresden und die sächsische Schweiz. Ein Führer für Fremde und Einheimische. 1. Aufl. 1870. * 40 Pf.; 2. Aufl. 1870. * 50 Pf., und 3.—5. Aufl. 16. (68 S. mit 60 eingedr. Illustr. in Holzschn. und neuem lithogr. Stadtplan in qu. 4.) Dresden 872—74, Schulbuchh. [Lehmann'sche Buchdruckerei.]

— illustr., durch d. Elster-, Trieb- u. Göltzschthal v. Greiz bis Jocketa, bezw. Mylau u. Netzschkau. Hrsg. v. Gebirgsverein zu Elsterberg. 2. Aufl. gr. 8. (8 S. m. 1 Karte.) Elsterberg 894. (Plauen, Hohmann's Sort.) n. — 10

— illustrirter, durch den Harz in 30 ein- bis dreitägigen Touren. Mit 1 Karte u. 6 Routenkärtchen. 2. Aufl. gr. 16. (32 S.) Leipzig 901. J. Milde. — 30

— illustrierter, durch die österreichischen Kurorte, Sommerfrischen u. Winterstationen. Mit eigener Zentral-Auskunftsstelle f. das In- u. Ausland. 8. Jahrg. gr. 8. Wien (910). „Elbemühl". à Heft — 70
Deutschböhmen. (120 u. 23 S.)
Kärnten. (XXIV, 96, XLVIII u. 32 S.)
Mähren u. Schlesien. (80 u. 34 S.)
Niederösterreich. (XXIV, 196 u. 119 S.)
Oberösterreich. (XXIV, 128, XLVIII u. 64 S.)
Salzburg. (XXII, 88, XLVIII u. 23 S.)
Steiermark. (XXIV, 152 u. 52 S.)
Tirol u. Vorarlberg. (XXIV, 204 u. XLVIII u. 56 S.)
Wien u. Wiener Wald. (XXIV, 61 u. 87 S.)

— illustrierter, durch die Curorte u. Sommerfrischen Oesterreichs. Reich illustr. Schildergn. der österreich. Kurorte, Sommerfrischen, Touristenstationen u. bekannteren Ausflugsorte, m. prakt. Angaben üb. die geograph. u. Höhenlage, Klima, Unterkunfts- u. Verpflegsverhältnisse, Kurmittel, ärztl. Hilfe u. Apotheker, Bade- u. Sportgelegenheiten, Eisenbahn- u. Dampfschiffstationen, Post-, Telegraphen- u. Telephonämter, Zugs- u. Postverbindgn., Fahrpreise, Kurtaxen, Lebensmittel- u. Gasthaus-Durchschnittspreise, Heilanstalten, Hotels u. Gasthöfe, sowie üb. Anzahl u. Grösse der verfügbaren Sommerwohngn. in den einzelnen Kurorten u. Sommerfrischen. Hrsg. u. Red.: Ferd. Heller. IV. Jahrg. Saison 1906/07. 7 Hefte. 4. Wien. (R. Mohr). à Heft — 60
1. Nieder-Oesterreich. Mit besond. Berücksicht. der Wachau. (VIII, 82 S.) — 2. Ober-Oesterreich. (VIII, 44 S.) — 3. Steiermark. (VIII, 52 S.) — 4. Kärnten, Krain, Küstenland, Dalmatien u. Bosnien u. die Herzegowina. (VIII, 52 S.) — 5. Salzburg. (VIII, 30 S.) — 6. Tirol u. Vorarlberg. (VIII, 74 S.) — 7. Böhmen, Mähren, Schlesien u. Galizien. (VIII, 60 S.)

— illustrierter, durch die gesamte neuere photographische Literatur. Hrsg. anläßlich der internationalen photograph. Ausstellg. Dresden 1909. (89 S. m. 20 Taf.) kl. 8. Dresden 909. Holze & Pahl. nnn — 15

— illustrierter praktischer, f. Bayreuther Festspielbesucher 1906. (159 S. m. Abbildgn., Bildnissen, 3 Fksms., 3 Notenbeilagen u. farb. Plan.) 8. Bayreuth, Niehrenheim & Bayerlein. Kart. 1.50

— illustrirter, für Reisende in die Schweiz. Nach eigener Anschauung und den besten Hilfsquellen bearb. von Theob. Grieben. (Grieben's Reise-Bibliothek. Nr. 5.) 7., umgearb. Aufl. gr. 16. (VI und 181 S. mit Illustr. in eingedr. Holzschn. u. lithogr. Karte der Schweiz in gr. 4. und 4 lithogr. Plänen in qu. 4.) Berlin 858, [Goldschmidt.] * 15 Ngr.; geb. * —
Vgl.: Grieben's Reise-Bibliothek.

— illustrirter, in St. Petersburg und dessen Umgebungen. (Grieben's Reise-Bibliothek. Nr. 27.) 7., verb. Aufl. gr. 16. (24 S. mit Illustr. in eingedr. Holzschn. und lithogr. Plan von St. Petersburg in qu. gr. 4.) Berlin 858, [Goldschmidt.] *
Vgl.: Grieben's Reise-Bibliothek.

Wegweiser, Illustrierter, durch Thüringen und das Kyffhäuser-Gebirge. (5. Aufl.) Erfurt [1899]. 6. Aufl. 1901. V: *Bartholomaeus, Frdr.* (Berl)

— illustrierter, durch Thüringen u. das Kyffhäuser-Gebirge. Mit 57 Abb. nach Orig.-Aufnahmen, nebst 1 Touristen- u. Eisenbahnkarte, sowie 5 Specialkarten. 6. verb. u. verm. Aufl. 12. (XX, 166 S.) Erfurt (901). F. Bartholomäus. Kart. n. 1. —

Wien. Illustrirter Wegweiser durch Wien und Umgebungen. Siebente Auflage. Mit 60 Illustrationen, zwei Plänen im Texte, einem Plane von Wien und einer Karte des Semmerings. 8. (VIII, 144 S.) [A. Hartleben's Illustrirter Kronenführer.] Cartonnirt —.50
Wien: Hartleben 1898.

Wegweiser für die keramische, Bronce-, Spiel-, Kurz-, Galanterie- und Papierwaaren-Industrie und verwandte Branchen. Berlin: Wehlack 1886–(1902). 8°

Wegweiser durch die schwab. Industrie-Ausstellung zu Ulm 1871. Stuttgart 1871

Wegweiser der Jugend zum H. Abendmahl, oder kurze Fragstücke für diejenige, so das erstemal zur Beicht und Abendmahl gehen wollen ... O. O. u. J. V: *Feuerlein, Joh. Conr.* (Bibliotheca Norica Williana. Altdorf 1772—78. I, 3, 161 f.)

Der **Wegweiser** für die evangelische Jugend und Familie. Elberfeld: Evangelisches Jünglingsvereinshaus 1884–(1900). 8°
Hrsg.: Fr. Schultz.

— durch die deutsche Jugendlitteratur. Für Erzieher, Jugendfreunde und Vorsteher von Jugendbibliotheken. Im Auftrage des pädagog. Vereins zu Dresden hrsg. von der Kommission zur Beurteilung von Jugendschriften. 1. und 2. Heft. 8. Leipzig, (Klinkhardt.) [1. Heft. (106 S.) 881. * 60 Pf.; 2. Heft. (115 S.) 884. * 80 Pf.] *

— durch die deutsche Jugendlitteratur. Für Erzieher, Jugendfreunde u. Vorsteher v. Jugendbibliotheken. Im Auftrage d. Pädagog. Vereins zu Dresden hrsg. v. der Kommission zur Beurteilg. v. Jugendschriften. 1. u. 2. Hft. 2. Aufl. u. 3. Hft. 8. (90, 115 u. 102 S.) Leipzig 886. 87. Klinkhardt. à n. — 80

— durch die deutsche Jugendlitteratur. Für Erzieher, Jugendfreunde u. Vorsteher v. Jugendbibliotheken. Im Auftrage d. pädagog. Vereins zu Dresden hrsg. v. der Kommission zur Beurteilg. v. Jugendschriften. 2. u. 4. Hft. 8. Leipzig 890. Klinkhardt. n. 1.60
2. 3. Aufl. (115 S.) n. — 80. — 4. (106 S.) n. — 80.

— durch die deutsche Jugendlitteratur. Für Erzieher, Jugendfreunde u. Vorsteher v. Jugendbibliotheken. Im Auftrage d. Pädagog. Vereins zu Dresden hrsg. v. der Kommission zur Beurteilg. v. Jugendschriften. 5. Hft. 8. (70 S.) Leipzig 893. J. Klinkhardt. n. — 80

— der Jugendrettung, s.: Charitas-Schriften.

Wegweiser der Jugendrettung (2. Aufl. des Handbüchleins der Jugendfürsorge), s.: Charitas-Schriften. 10. Hft.

— durch die neuen Justizgesetze mit besond. Rücksichtnahme auf das Königr. Bayern. Uebersichtliche und gedrängte Darstellung des gesammten Civilproceß-, Subhastations-, Konkurs- und Straf-Proceßverfahrens nach den neuen Justizgesetzen und den zu diesen ergangenen Ein- und Ausführungs-Gesetzen behufs Erleichterung des Zurechtfindens in denselben für Praktiker und Laien, namentlich aber für Schöffen und Geschworene, beart. und mit vielen Formularien versehen von einem Juristen. 4 Lfgr. gr. 8. (VIII, 333 S.) Bamberg 879, Buchner'sche Buchh. à Lfg. * ℳ 1. *

— für angehende Käfersammler. Anleitung zum Sammeln, Aufbewahren und zweckmäß. Bestimmen der Käfer. Ein Leitfaden für niedere und höhere Schulen. 8. (IV, 148 S.) Hamburg 872, Lehrmittel-Anstalt. *

— auf dem Felde der Campagne-Reiterei. Lehrbuch zum Gebrauch beim theoret. Reit-Unterricht; sowie zur Selbstbelehrung und Unterhaltung. Practischer Rathgeber für jeden Cavalleristen. gr. 8. (X, 107 S. mit 2 lithogr. Taf.) Berlin 877, (Vossische Buchh.) *

— f. Carlsruhe. Herausg. v. Polizei-Comm. Scholl. 8. Carlsr. 824, Müller.

— durch die Badische Residenzstadt Karlsruhe. 8. Karlsr. 818. Braun. 8 gr Mit Plan 20 gr

— für die Großherz. Residenzstadt Karlsruhe für 1841. 8. Karlsruhe 841, Artist. Institut. 1/2 ℔

-- d. südungar. Karpathenvereins. Wesentl. verm. u. ergänzte deutsche Ausg. Auf Betraug. d. Vereins ausgearb. v. Karl Erdélyi. 12. (XV, 716 S.) Temesvár 895. (Budapest, F. Kilián Nachf.) Geb. in Leinw. n. 6. —

—— für die Katholiken von einem Katholiken. gr. 8. (24 S.) Luxemburg 874, Brück. *

— für Katholiken durch Stuttgart. 1899. 2. Jahrg. 12. (112 S. m. 1 farb. Plan.) Stuttgart, „Deutsches Volksblatt". n.n. — 20

— f. Katholiken durch Stuttgart. 1900. 3. Jahrg. 12. (II, 84 S. m. Abbildgn. u. farb. Stadtplan.) Stuttgart, „Deutsches Volksblatt". n. — 20

— der kaufmännische. Unterrichts- u. Belehrungsblatt f. junge Handlungsbeflissene, sowie f. Gewerbetreibende. Red.: Fr. Kremer. 1. Jahrg. Juni 1892—Mai 1893. 24 Nrn. (Bog.) gr. 4. Düsseldorf, (J. B. Gerlach & Co.). n. 4. 80

Kirchlicher Wegweiser für die evangelischen Einwohner der Stadt Halle a. d. S. Hrsg. v. Kreissynodalvorstande d. Stadtephorie Halle. Halle 1908: Wischan & Burkhardt. 42 S. 8° [illegible]

— kleine. 25 Evangelisations-Traktate Nr. 7—9. (à 16 u. 8 S.) 16. Gotha (905). (Missionsbuchh. P. Ott.) — 60
Nr. 1—6 sind nicht im Handel.

Wegweiser, Der kleine, von Interlaken. Bern 1858. V: *Ober, P.* (BSchwLk III)

Kleine Wegweiser zur goldenen Stadt. Aus d. Engl. übers. von Freiin v. Welck. Lengerich i. W.: Bischof & Klein [1906?]. (76 S.) 8° [illegible]

— kleiner polnischer, für Geschäftsmänner, Aerzte u. Landwirthe, enthaltend polnisch-deutsche Gespräche u. Vokabeln nebst grammat. Andeutungen u. Regeln über die Aussprache. 8. Thorn 841, Lambeck. n. 1/2 ℔

— kleiner, zu den Sehenswürdigkeiten u. Kunstschätzen. Münchens. Mit e. (lith.) Plan (in qu. 4.) 3. Aufl. gr. 16. (52 S.) München 872. Franz. n. — 40

— kleiner, zu den Sehenswürdigkeiten u. Kunstschätzen Münchens. Mit e. (lith.) Plane der Stadt (in qu. 4.) 4. Aufl. 16. (52 S.) München 874. Franz. n. — 48

— kleiner, zu den Sehenswürdigkeiten v. Wien. Rathgeber f. den Fremden. Mit 4 Plänen: Plan v. Wien, v. Schönbrunn, v. Laxenburg, die Semmeringfahrt bis Mürzzuschlag u. e. Ansicht v. Wien in der Vogelperspective. 12. (42 S.) Wien 885. Hartleben. geb. n. — 75

—— kleiner, zu den Sehenswürdigkeiten von Wien. Rathgeber für Fremde und Einheimische. 1. und 2. verb. Aufl. 12. (42 S. mit 4 Plänen: Plan von Wien, von Schönbrunn, von Laxenburg und Karte des Semmeringgebietes und 1 Ansicht von Wien in der Vogelperspective.) Wien 887, Hartleben. geb. *

— kleiner, zu den Sehenswürdigkeiten v. Wien. Rathgeber f. Fremde u. Einheimische. Mit 4 Plänen: Plan v. Wien, v. Schönbrunn, v. Laxenburg u. Karte d. Semmeringgebietes, u. e. Ansicht v. Wien in der Vogelperspective. 3., verb. Aufl. 12. (48 S.) Wien 889. Hartleben. geb. n. — 75

—— kleiner, zu den Sehenswürdigkeiten v. Wien. Mit 5 Plänen u. 1 Ansicht (Vogelpersp.) 4. Aufl. 12. (52 S.) Wien 891, Hartleben. geb. * — 75
Vgl.: Wegweiser, neuester, v. Gross-Wien.

— kleiner, zu den Sehenswürdigkeiten v. Wien. Rathgeber f. Fremde u. Einheimische. Mit 5 Plänen: Plan v. Wien. Plan v. Wien m. allen 19 Bezirken. Plan v. Schönbrunn. Plan v. Laxenburg. Karte d. Semmeringgebietes u. e. Ansicht v. Wien in der Vogelperspective. 5., verb. Aufl. 12. (48 S.) Wien 893. A. Hartleben. Geb. in Leinw. — 75

— kleiner, zu d. Sehenswürdigkeiten v. Wien. Rathgeber f. Fremde u. Einheimische. Mit 8 Plänen u. 1 Karte: Plan v. Wien m. allen 19 Bezirken — Plan v. Schönbrunn — Plan v. Laxenburg — Karte des Semmeringgebietes, u. 1 Ansicht v. Wien in der Vogelperspective. 6., verb. u. verm. Aufl. 12. (III, 60 S.) Wien 896. A. Hartleben. Geb. in Leinw. n. — 75

— kleiner, zu den Sehenswürdigkeiten v. Wien. Rathgeber f. Fremde u. Einheimische. Mit 3 Plänen u. 1 Karte. Plan v. Wien m. allen 20 Bezirken — Plan v. Schönbrunn — Plan v. Laxenburg — Karte des Semmeringgebietes u. 1 Ansicht v. Wien in der Vogelperspective. 7. verb. u. verm. Aufl. (III, 46 u. 16 S.) Wien (902). A. Hartleben. Geb. n. — 75

— kleiner, zu den Sehenswürdigkeiten v. Wien. Ratgeber f. Fremde u. Einheimische. Mit 3 Plänen u. 1 Karte, Plan v. Wien m. allen 21 Bezirken, — Plan v. Schönbrunn — Plan v. Laxenburg, — Karte des Semmeringgebietes u. e. Ansicht v. Wien in der Vogelperspektive. 8. verb. u. verm. Aufl. (III, 47 u. Strassenverzeichnis 16 S.) kl. 8. Wien (909). A. Hartleben. Geb. 1. —

Wegweiser durch Cleve und dessen Umgegend. Cleve 1826. V: *Völker, F. M.* (KGBerlin II, 2649)

— durch die Konfirmations-Litteratur m. Berücksicht. der Passions- u. Osterzeit. gr. 8. (37 S.) Leipzig (902). H. G. Wallmann. — 30

— durch die Konfirmations-Literatur, m. Berücksicht. der Passions- u. Osterzeit. (44 S. m. Abb.) 8. Altenburg (905). (Leipzig, H. G. Wallmann.) n. — 30

— durch die Konfirmationsliteratur m. Berücksicht. der Passions- u. Osterzeit. (Ausg. 1910.) (47 S.) 8. Leipzig, H. G. Wallmann. nn — 25

Kosmosophischer Wegweiser. Forschungsergebnisse auf spiritualist. Grundlage. In zwangloser Folge erscheinend. Hrsg.: Gust. Ferd. Müller, Berlin. Nr 1. Berlin: G. F. Müller 1909. 8° [illegible]

Wegweiser durch das allgemeine Krankenhaus für die Besuchenden. Hamburg 1823: Nestler. 15 S. 8°

Wegweiser für das 6. Deutsch-österreichische Kreisturnfest in Budweis 23.—25. 7. 1892, Budweis, 92 S., Nachtr. 21 S., 8°.

— kritischer, durch das Gebiet der Anschauungs- u. Lehrmittel. Hrsg. vom Ausstellungs-Ausschuß der 12. Generalversammlung des allgem. sächs. Lehrer-Vereins. 12. (V, 103 S. m. 2 Plänen.) Leipzig 899. E. Wunderlich. — 50

Wegweiser, Kritischer, im Gebiete der Landkarten-Kunde . . . Berlin 1829—35. H: *Berghaus, Heinrich Carl Wilhelm.* (EngG) (ABJP) (Rass)

— kritischer, im Gebiete d. Landkartenkunde, nebst andern Nachrichten zur Beförderung d. mathematisch-physikal. Geographie u. Hydrographie. 1r—3r Bd. Mit Karten u. Abbildd. gr. 8. Berl. 829—31. Schropp u. C. (à 3 ℛß) 9 ℛß

— kritischer, im Gebiete der Landkarten-Kunde, nebst andern Nachrichten zur Beförderung der mathematisch-physikal. Geographie u. Hydrographie. 4r—7r Bd. à 12 Stücke, Mit Karten u. Abbildd. gr. 8. Berlin 833—35. Schropp u. C. à 3 ℛß

—— der, f. Kunst, Literatur u. Alterthumskunde, öffentl. u. Privat-Sammlungen, Kabinete u. Anstalten in Stuttgart u. dessen Umgebung. gr. 8. (31 Seit.) Stuttgart 840, Hallberger'sche Vrlsh.

— im Gebiete der Künste u. Wissenschaften, f. Abendzeitung.

Wegweiser zur Kur an der chlornatriumhaltigen Schwefel-Therme von Baden bei Zürich (Schweiz). Hrg. von dem städtischen Kurkomité und dem Aerztecollegium. [Umschlag illustriert.] 8. Baden *o. J.* [ca. 1888].

Wegweiser, kurzer, für die Besucherinnen der Kleinkinderschulen. 2. verm. Ausg. 16. Crefeld 844, Funcke. (Berlin, Grobe.) n. 1/8 ℛß

— kurzer, f. d. Besucherinnen der Kleinkinderschulen. 3., verm. Ausg. 16. (16 S.) Kaiserswerth (896). Buchh. d. Diakonissen-Anstalt. n. — 12

— kurzer, durch Hamburg und Altona nebst Umgegenden. Zunächst für Fremde. In Spaziergängen u. einem alphabetisch geordneten Verzeichnisse des Sehenswerthesten u. Merkwürdigsten. Nach dem größern Werke von H. Meyer. Mit 1 (illum.) Kupfer u. dem Plan der Stadt (Hamburg, mit Angabe der Brandstätte). 16. Hamburg u. Leipzig 842, Schuberth u. Comp. n. 5/8 ℛß — Der Plan allein n. 5/12 ℛß

— kurzer, in der apologetischen Literatur f. gebildete Katholiken aller Stände. (VII, 34 S.) 8. Freiburg i/B. 904. Herder. n. — 20

—— kurzer, durch d. heil. Schrift, mit Angabe d. Wesentlichsten, was von d. sämmtl. Schriften alt. u. neu. Testaments d. Jugend zu wissen nothwendig ist, so wie insbesond. dessen, was aus d. A. T. z. Lesen mit Schülern ausgehoben werden soll. Für lat. Schulen u. f. d. unt. u. mittl. Klassen d. Gymnasien 2c. 8. (16 B.) Sulzbach 838, v. Seidel'sche Buchh.

— kürzester, in Wien. Mit 4 Stahlstichen, dem Plane d. Stadt u. Vorstädte, 1 topograph. Charte der Umgebungen u. alphab. Verzeichniß der Linien, Thore, Straßen, Gassen, Plätze und Basteien. 16. Wien 838. Müller. 2/3 ℛß

— kurzgefaßter, von Nürnberg. Mit 1 (lith.) Plan (in 4.). Nürnberg 853. Riegel u. Wießner. 16. (26 S.) 4 ngr.

Ein Wegweiser längs der Küste, für Pola u. das Innere d. Landes. Mit 1 Karte von Istrien. Triest 1878. 8º. Lwdb. VII—216 S.

—— durch dieses Leben nach der Seligkeit. Ein Buch zur Belehrung und Andachtsübung für jeden um sein Seelenheil besorgten kathol. Christen (von Pirmin Pockstaller). 12. (568 S.) Innsbruck 851, Wagner'sche Buchh.

—— durch dieses Leben nach der Seligkeit. Ein Buch zur Belehrung und Andachtsübung für jeden um sein Seelenheil besorgten kathol. Christen. 2., verm. und verb. Aufl. 8. (XIV und 523 S. mit 1 Stahlst. und chromolithogr. Titel.) Innsbruck 866, Wagner'sche Universitäts-Buchh. *

—— zu einem glücklichen Leben in der Ehe für christliche Braut- und Eheleute aller Stände. Nebst Stammbaum der Familie und Verzeichniß ihrer wichtigsten Gedenktage. gr. 16. (48 S.) Diesdorf 867. (Breslau, Dülfer.) cart. *

— z. göttl. Leben, das in Christo ist, durch d. Weg d. Herzensreinigung u. Heiligung d. Begierden. 8. Prenzlau, Ragoßky. 744.

— für Lehrmittel, Schulausstattung, Sammlungen u. Jugendbeschäftigg. Hrsg. v. Alex. Bennstein. 6. Jahrg. 1898. 12 Nrn. (Bog.) gr. 8. Schönermark. Wilmersdorf-Berlin (W. Wilhelmsaue 101), Alex. Bennstein. n. 2. —

— für Lehrmittel, Schulausstattung, Sammlungen u. Jugendbeschäftigung. Hrsg. v. Alex. Bennstein. 7. Jahrg. 1899. 12 Nrn. gr. 8. (à ca. 16 S.) Dt. Wilmersdorf-Berlin (W. Wilhelmsaue 101), Alex. Bennstein. n. 2. —

— dasselbe. 8. Jahrg. Septbr. 1901—Aug. 1902. 12 Nrn. gr. 8. (à ca. 20 S. m. Abbildgn.) Berlin, G. Winckelmann. n. 2. 50

— dasselbe. 9. Jahrg. Septbr. 1902—Aug. 1903. 12 Nrn. gr. 8. (à ca. 20 S. m. Abbildgn.) Ebd. n. 3. —

— für Lehrmittel, Schulausstattung, Sammlungen u. Jugendbeschäftigung. Schriftleitung: Alex. Bennstein. 10. Jahrg. Septbr. 1903—Aug. 1904. 12 Nrn. (à ca. 20 S. m. Abbildgn.) gr. 8. Berlin, G. Winckelmann & Peters. n. 3. —
Erscheint nicht mehr.

—— durch Leipzig, f. Taschenbibliothek f. Reisende, 6. Bdchn.

Wegweiser der Stadt Leipzig für Fremde. Leipzig 1795. V: *Claudius, Georg Carl.* (Ky)

— der Stadt Leipzig für Fremde (v. G. K. Claudius.) Mit einem Grundr. gr. 8. Leipz. 795. Voß. 12 gl.

—— literarischer. Monatsbeilage zum Bremer Sonntagsblatt, Zeitschrift für Literatur und Kunst. Redact.: Fr. Pletzer. Jahrg. 1864. 12 Nrn. (Bog.) Imp.-4. Bremen, Müller.

— literarischer. Beilage zum Korrespondenzblatt f. kathol. Lehrer. 11. Jahrg. 1905. 12 Nrn. (à ca. 16 S.) gr. 8. Trier, Löwenberg. n. 1. —

— litterarischer, fürs evangelische Pfarrhaus. Hrsg. v. W. Stöckicht. 1. u. 2. Jahrg. 1883 u. 1884. à 4 Nrn. (à $1^1/_2$—2 B.) gr. 8. Wiesbaden, Niedner. à Jahrg. Subscr.-Pr. n. 1. 20; Ladenpr. n. 2. —

—— litterarischer, fürs evangelische Pfarrhaus. Hrsg. von W. Stöckicht. 3.—5. Jahrg. 1885—1887. à Jahrg. 4 Nrn. gr. 8. (109; . . .; 68 S.) Wiesbaden, Niedner. à Jahrg. *

— durch die bautechnische Litteratur. Mit Sachregister. Verzeichnis e. Auswahl d. besten neueren Werke aus d. Gebiete d. Baukunde. 12. (51 S.) Halle 897. L. Hofstetter. — 30

— durch die katholische Litteratur, zugleich Weihnachts-Almanach. Eine Auswahl der hervorragendsten Erscheingn. des kathol. Büchermarktes. Hrsg. unter Mitwirkg. v. verschiedenen Geistlichen u. Litteraturkennern. 6. Jahrg. 4. (88 S. m. Abb.) Steyl 899. Missionsdruckerei. n. — 20

—— durch die pädagogische Literatur. Eine Auswahl der gediegensten Werke aus dem Gebiete der Erziehungs- und Unterrichts-Literatur. Ein Rathgeber bei Zusammenstellung von Bezirks-Lehrerbibliotheken. gr. 8. (68 S.) Wien 874, Pichler's Wwe. und Sohn. **

—— durch die pädagogische Literatur. Hrsg. unter Mitwirkung von Jos. Ambros, C. Baenitz, Otto Delitsch rc. Redact.: F. Pichler jun. 1.—5. Jahrg. 1875—1879. à Jahrg. 12 Nrn. (à 1/2—1 Bog.) gr. 8. Wien, Pichler's Wwe. und Sohn. à Jahrg. *

—— durch die pädagogische Literatur. Hrsg. unter Mitwirkung von Jos. Ambros, A. Bechtel, Mor. Gauster rc. Redact.: F. Pichler jun. 6.—10. Jahrg. 1880—1884. à Jahrg. 12 Nrn. (à Nr. 1/2—1 Bog.) gr. 8. Wien, Pichler's Wwe. und Sohn. à Jahrg. *

—— durch die pädagogische Literatur. Hrsg. unter Mitwirkung von Jos. Ambros, A. Bechtel, Mor. Gauster rc. Redact.: F. Pichler jun. 11.—14. Jahrg. 1885—1888. à Jahrg. 12 Nrn. (à Nr. 1/2—1 Bog.) gr. 8. Wien, Pichler's Wwe. und Sohn. à Jahrg. *

—— durch die pädagogische Literatur. Redact.: F. Pichler jun. 15.—18. Jahrg. 1889—1892. à Jahrg. 12 Nrn. (à Nr. 1/2—1 Bog.) gr. 8. Wien, Pichler's Wwe. u. Sohn. à Jahrg. * 2 —
Auch als Beiblatt zum Oesterreich. Schulboten (s. d.).

— durch die pädagogische Literatur. Hrsg. unter Mitwirkg. v. Jos. Ambros, A. Bechtel, Herm. Bräutigam rc. Red.: Frz. Pichler. 17.—20. Jahrg. 1891—1894. à 12 Nrn. (à 1/2—1 Bog.) gr. 8. Wien, A. Pichler's Wwe & Sohn. à Jahrg. n. 2. —

— durch die pädagogische Literatur. Hrsg. unt. Mitwirkg. v. Jos. Ambros, A. Bechtel, Herm. Bräutigam rc. Red.: Frz. Pichler jun. 21.—24. Jahrg. 1895—1898. à 12 Nrn. (à 8 S.) gr. 8. Wien, A. Pichler's Wwe. & Sohn. à Jahrg. n. 2. —

Wegweiser durch die pädagogische Literatur. Hrsg. unter Mitwirkg. v. Jos. Ambros, A. Bechtel, Herm. Bräutigam u. a. Red.: F. Pichler. 25.—27. Jahrg. 1899—1901. à 12 Nrn. gr. 8. (à ca. 8 S.) Wien, A. Pichler's Wwe. & Sohn. à Jahrg. n. 2. —
Erscheint nicht mehr.

—— auf dem Gebiete der sozial-demokrat. Literatur Deutschlands. 1. Aufl. 1848. und 3., verm. Aufl. (bis Dez. 1848). 8. (10 S.) Leipzig 849, (Weller.)

—— durch London und Umgebungen. Kleinere Ausg. Mit 1 (lithogr.) Plan von London in Farbendr. (in gr. Fol.), (lithogr.) Karte der Umgegend von London (in 4.), 1 (lithogr.) Grundriss des neuen Ausstellungsgebäudes und 2 Stahlst. Zugleich als Führer für die zweite allgemeine Industrie-Ausstellung. 8. (300 S.) Stuttgart [München] 862, Bruckmann. geb. *

— bei einer Lustreise von Quedlinburg nach dem Brocken u. zurück. Auf 2, 3 u. mehre Tage berechnet. Nebst Angabe des Halberst.-Magdeb.-Eisenbahn-Fahrplans rc. 16. (34 S.) Quedlinburg 852, Huch. 1/6 ₰

—— für dienende u. nichtdienende Mädchen, die Gott u. der Welt angenehm werden, u. sich selbst glückl. machen wollen. Hrsg. von e. erfahr. Frau u. Menschenfreundin. 8. (9 B.) München 835, Fleischmann.

Wegweiser der Festung Mainz. Nebst Uebersichtsplan des Mainzer Gartenfeldes. 2 Bl. L.

— Mainzer. 1865. Mit Nachtrag. Mainz, (Wirth.) gr. 8. (III, 223 u. Nachtrag 55 S. mit 2 Steintaff. in gr. Fol.) n. 1 ₰ 10 ngr

Wegweiser durch sämmtliche Malerschulen und Gemäldesammlungen. I. Bd. Stuttgart 1846. V: *Wilhelm Graf von Württemberg.* (Bücher-Samml. d. hist. Ver. v. u. f. Oberbayern. Münch. 1867.) (Tübz. 21, 16)

— des alten Mannes zur Gesundheit u. längern Lebens; aus d. Engl. v. Th. Arnold. 8. Lemgo 761. Meyer. 3 K

— durch d. volkstüml. Missions-Litteratur, unt. Mitwirkg. anderer bearb. v. Eger, hrsg. vom Vorstande d. Missionskonferenz d. Prov. Sachsen. gr. 8. (56 S.) Berlin 895. M. Warneck. n. — 50

Wegweiser, durch das Mittelland, Oberland und den Jura des Kanton Bern. Bern, Genf 1857. V: *Schaub, Charl.* & *Alex. Michod.* (Cat. d. Stadtbibl. Zürich. Zürich 1864—97.)

— durch München. Mit Grundriß. 16. Stuttgart 840. Köhler. 1/3 ₰

Wegweiser durch das Kaiserl. Königl. osterreich. Museum für Kunst und Industrie. Wien 1886

— durch das k. k. österreichische Museum f. Kunst u. Industrie, Stubenring 5. Ausg. im Febr. 1890. 8. (56 S. m. e. Grundriss.) Wien 890. Verl. d. k. k. österr. Museums f. Kunst u. Industrie. n. — 40

—— musikalischer. Die Musik-Literatur Deutschlands in den letzten 10 Jahren (1857—1866). Umfassend Bücher und Zeitschriften auf dem Gesammtgebiete der Musik. Auf Grundlage der Hinrichs'schen und Hofmeister'schen Kataloge systematisch zusammengestellt. 1. Aufl. 1867. und 2., mit den Literatur-Erscheinungen des J. 1867 verm. Ausg. Lex.-8. (30 S.) Leipzig 868, Pfeil. *
Aus: Archiv für Buchhändler, besonders abgedruckt.

—— musikalischer, für Musiker und Musikfreunde. Die Musik-Literatur Deutschlands in den J. 1857—1868. Umfassend Bücher und Zeitschriften auf dem Gesammtgebiete der Musik. Auf Grundlage der Hinrichs'schen und Hofmeister'schen Kataloge systemat. zusammengestellt. 3. wesentlich verm. Aufl. gr. 8. (35 S.) Leipzig 869, Pfeil.

— musikalischer, f. Musiker u. Musikfreunde. Die Musik-Literatur Deutschlands in den J. 1857—1871. Umfassend Bücher u. Zeitschriften auf dem Gesammtgebiete der Musik. Auf Grundlage der Hinrichs'schen u. Hofmeister'schen Kataloge systematisch zusammengestellt. [Aus: „Archiv f. Buchhändler."] 4. wesentlich verm. Aufl. gr. 8. (45 S.) Leipzig 872. Pfeil. — 75

Wegweiser, musikalischer, f. Musiker u. Musikfreunde. Die Musik-Literatur in den letzten fünf Jahren [1867—1871.] [Erweit. Abdr. aus „Archiv f. Buchhändler."] gr. 8. (III, 19 S.) Ebend. 872. — 25

Wegweiser durch das Schloss Nachod. 2. Aufl. Neustadt a. d. M. 1882. V: *Weyhe-Eimke, Arnold Freih. von.* (EB)

Wegweiser durch das Schloss Nachod. 3. verbesserte und stark vermehrte Auflage. 8. Neustadt a. d. Mettau 1890.

Wegweiser, darinnen zu befinden die Nahmen derer in dem Fürstenthum Bresslau . . . gelegenen Dorffschafften . . . [Oelsse 1735.] V: *Gomolcke, Daniel.* (Nent)

National-sozialer Wegweiser. [1. Ausg.] Auf d. J. 1898 hrsg. v. Sekretariat d. national-soz. Vereins in Leipzig. Leipzig 1898: Ackermann & Glaser. 8°

— naturwissenschaftliche. Sammlung gemeinverständl. Darstellgn. Hrsg. v. Kurt Lampert. Serie A. 1.—15. u. 17.—21. Bd. 8. Stuttgart, Strecker & Schröder. à Bd. 1.—; geb. 1.40

Bock, W., die Naturdenkmalpflege. Die Bestrebgn. zur Erhaltg. der Naturdenkmäler u. ihre Durchführg. Mit 8 Taf. u. 17 Textabbildgn. v. geschützten Naturdenkmälern. 1.—6. Taus. (VIII, 109 S.) (910.) (Bd. 10.)

Eckstein, Karl, Tierleben des deutschen Waldes. Beiträge zur Kenntnis heim. Tiere. Mit 4 [3 farb.] Taf. u. 40 Textabbildgn. 1.—6. Taus. (VIII, 128 S.) (909.) (Bd. 3.)

Feucht, Otto, die Bäume u. Sträucher unserer Wälder. Mit 6 Taf. u. 47 Textbildern nach Naturaufnahmen des Verf. u. Zeichngn. nach der Natur v. Hanna Feucht. 1.—6. Taus. (125 S.) (909.) (Bd. 4.)

— Parkbäume u. Ziersträucher. Mit 6 Taf. u. 48 Abbildgn. im Text nach Naturaufnahmen des Verf. u. Orig.-Zeichngn. v. Hanna Feucht. 1.—6. Taus. (VII, 100 S.) (910.) (Bd. 14.)

Geyer, D., die Weichtiere Deutschlands. Eine biolog. Darstellg. der einheim. Schnecken u. Muscheln. Mit 3 [1 farb.] Taf. u. 60 Textabbildgn. 1.—5. Taus. (VIII, 116 S.) (909.) (Bd. 6.)

Graebner, Paul, Heide u. Moor. Mit 8 Taf. u. 32 Textabbildgn. 1.—6. Taus. (VII, 104 S.) (909.) (Bd. 9.)

Hilzheimer, M., die Haustiere in Abstammung u. Entwicklung. Eine natur- u. kulturgeschichtl. Darstellg. 1.—5. Taus. (VIII, 126 S. m. 56 Abbildgn. u. 1 Taf.) (910.) (Bd. 11.)

Kauffmann, Hugo, das Radium u. die Erscheinungen der Radioaktivität. 1.—4. Taus. (VII, 93 S. m. 10 Abbild.) (910.) (Bd. 12.)

Klein, Herm. J., die Welt der Sterne. Allgemeinverständliche Darstellg. der astronom. Forschgn. üb. die Fixsterne u. den Bau des Universums. Mit 5 Taf. 1.—6. Taus. (VII, 111 S.) (908.) (Bd. 1.) 1.—; geb. 1.40

Lampert, Kurt, Bilder aus dem Käferleben. Mit 5 Taf. u. 35 Textabbildgn., nach der Natur gezeichnet v. A. u. L. Kull. 1.—6. Taus. (XI, 113 S.) (909.) (Bd. 2.)

Marzell, Heinr., die Pflanzenwelt der Alpen. Eine Einführg. in die Kenntnis u. die Lebensverhältnisse unserer häufigsten Alpenpflanzen. Mit 2 farb., 3 schwarzen Taf. u. 13 Textabbildgn., nach der Natur gezeichnet v. E. R. Pfenninger, sowie 3 Textabbildgn. nach Photographien. 1.—6. Taus. (VIII, 96 S.) (909.) (Bd. 7.)

Messerschmitt, J. B., Vulkanismus u. Erdbeben. 1.—6. Taus. (VII, 94 S. m. 10 Abb. u. 9 Taf.) (910.) (Bd. 13.)

Migula, W., deutsche Moose u. Farne. Mit 50 Abbildgn., nach der Natur gezeichnet vom Verf. 1.—6. Taus. (VII, 141 S.) (909.) (Bd. 5.)

— Allgemeine Pilzkunde. Einführung in die Kenntnis der wichtigsten Pilzgruppen. Mit 5 Taf. u. 26 Textabbildgn. 1.—6. Taus. (VII, 104 S.) (909.) (Bd. 8.)

— Praktisches Pilz-Taschenbuch. Anleitung zum Sammeln u. Bestimmen unserer wichtigsten eßbaren u. gift. Pilze. Mit 39 Abbildgn. auf 15 Taf. in Vierfarbendr., nach der Natur gemalt vom Verf. 1.—6. Taus. (VIII, 145 S.) (910.) (Bd. 20. 21.) Kart. 2.40

Roßbach, Rob., der Pflanzensammler. Anleitg. zum Sammeln u. Zubereiten v. Pflanzen sowie zur Einrichtg. v. Herbarien u. anderen botan. Sammlgn. 1.—6. Taus. (VIII, 87 S. m. 48 Abb. u. 2 Taf.) (910.) (Bd. 18.)

Schäff, Ernst, unser Flugwild. Mit 4 Taf. u. 27 Abbildgn. im Text, zum größten Teile vom Verf. gezeichnet. 1.—6. Taus. (VII, 105 S.) (910.) (Bd. 19.)

Werner, F., Amphibien u. Reptilien. I. (Körperbau u. Lebensweise.) 1.—6. Taus. (VIII, 105 S. m. 38 Abb. u. 3 [1 Doppel-] Taf.) (910.) (Bd. 15.)

Zimmermann, Rud., die Naturphotographie. Eine kurzgefaßte Anleitg. zur Pflanzen- u. Tierphotographie. Mit 45 Abbildgn. auf 21 Taf. nach Naturaufnahmen des Verf. 1.—6. Taus. (VIII, 90 S.) (910.) (Bd. 17.)

Bd. 16 ist noch nicht erschienen.

Wegweiser, naturwissenschaftliche. Sammlung gemeinverständl. Darstellungen. Hrsg. v. Kurt Lampert. Serie B. 1. u. 2. Bd. 8. Stuttgart, Strecker & Schröder. à Bd. 2.—; geb. 2.80

Buschan, Geo., Menschenkunde. Ausgewählte Kapitel aus der Naturgeschichte des Menschen. Mit 3 Taf. u. 80 Textabbildgn. 1.—7. Taus. (VIII, 265 S.) (909.) (Bd. 2.)

Messerschmitt, J. B., die Erde als Himmelskörper. Eine astronom. Geographie. Mit 5 Taf. u. 140 Textabbildgn. 1.—4. Taus. (XII, 217 S.) 909. (Bd. 1.)

— neuer, durch Berlin u. Vororte, m. e. leicht übersichtl. Karte, d. bequem aufzuschlagen ist. Gesammt-Verzeichniss aller Pferdebahnen, Omnibusse, electr. Bahnen, Dampfschiffe etc. u. e. Zusammenstellg. der 10 Pfg.-Touren f. jede Station d. Stadtbahn, Südring u. Nordring. 12. (68 S.) Berlin-Schöneberg 896. (Berlin, E. Mecklenburg.) —30

J. J. K., Ganz neuer und accurater chiromantischer Wegweiser. Frkf. u. Lpz. 8°. 1706.

Wegweiser, Neuer kleiner, für die Besucher der St. Canzianer Grotten. Triest 1894. V: *Pazze, P. A.* (Bücherverz. d. Zentralbibl. d. D. u. Ö. A. V. München 1906.)

—— neuer und vollständiger, für Reisende in den Harz. 4., vollständig umgearb. und verm. Aufl. 16. (IV und 165 S. mit lithogr. und ill. Reisekarte in Fol.) Berlin 853, Th. Grieben.

Mit dem Umschlagstitel: Der ganze Harz für 12 Sgr.

Wegweiser, Neuer und vollständiger, für Reisende in den Thüringer Wald. Berlin 1853. V: *Grieben, Theobald.* (EngG)

Wegweiser, neuer und vollständiger, für Reisende in den thüringer Wald. 16. (IV und 158 S. mit lithogr. und ill. Reisekarte in Fol.) Berlin 853, Th. Grieben. Thlr.

— neuer zuverlässiger, in Belgien und Paris, s. Grieben's Reise-Bibliothek.

—— neuer zuverlässiger, in Belgien und Paris. Nach eigener Anschauung und den besten Hilfsquellen bearb. (Grieben's Reise-Bibliothek. Nr. 22.) 2., völlig umgearb. Aufl. 8. (107 S. mit 2 lithogr. Plänen in 4. und 1 lithogr. Reisekarte von Belgien und Plan von Paris in 8. und qu. gr. 4.) Berlin 855, Th. Grieben.

—— neuer und zuverlässiger, in München und dessen Umgebung. (Grieben's Reise-Bibliothek. Nr. 19.) 16. (VII und 71 S. mit lithogr. Plan von München in Fol.) Berlin 854, Th. Grieben.

— neuer zuverlässiger, in Paris und dessen Umgebungen, s. Grieben's Reise-Bibliothek.

—— neuer zuverlässiger, in Paris und dessen Umgebungen. Nebst Anhang: Die Reise von Deutschland nach Paris, Führer durch Strassburg, Brüssel, Lüttich und die übrigen auf diesem Wege berührten Ortschaften. Nach eigener Anschauung und den besten Hilfsquellen bearb. (Grieben's Reise-Bibliothek. Nr. 21.) 3, (Tit.-)Aufl. 16. (XV und 236 S. mit illustr. Plan von Paris in qu. 4.) Berlin 855(56,) Th. Grieben.

—— neuer zuverlässiger, für Reisende in die Schweiz. Nach eigener Anschauung und den besten Hilfsquellen bearb. (Grieben's Reise-Bibliothek. Nr. 5.) 3., völlig umgearb. Aufl. 8. (VIII und 172 S. mit neuer lithogr. Reise- und Gebirgskarte in qu. gr. 4.) Berlin 855, Th. Grieben.

—— neuer zuverlässiger, in Salzburg, Tirol und Ober-Italien. Umfasst: München und das südbair. Gebirgsland, den Bodensee, Vorarlberg, Tirol, Salzburg und das Salzkammergut, Steiermark, Kärnthen, Krain etc. Nach eigener Anschauung und den besten Hilfsquellen bearb. (Grieben's Reise-Bibliothek. Nr. 20.) 8. (XII und 195 S. mit lithogr. Reisekarte in qu. gr. 4. und 4 lithogr. Plänen in 4.) Berlin 855, Th. Grieben.

—— neuester, durch Bremen und seine Umgebungen. Mit einem alphabetisch geordn. Verzeichniss der städtischen Institute und Gebäude, aller Sehenswürdigkeiten etc. Nach den besten Quellen und nach eigener Erfahrung bearb. 16. (XI und 88 S. mit 1 neuen lithogr. Plane und 2 in Stahl gest. Blatt Ansichten von Bremen, 1 lithogr. Karte der Weser und Eisenbahn.) Bremen 848, Kühtmann und Comp. *

Wegweiser, Neuester, durch ganz Europa . . . Berlin 1787. V: *Schulz, Joachim Christoph Frdr.* (EngG) (Ky) (R-N)

— neuester, durch ganz Europa, oder ausführl. Anweisung wie die vornehmsten Europäischen Länder zu bereisen sind rc. (v. Fr. Schulz.) 8. Berl. 787. (Sander). 20 K

—— neuester alphabetisch geordneter, durch Potsdam u. seine Umgebungen. (Mit dem Umschlagstitel.: Ganz Potsdam für 5 Silbergroschen) 1. Aufl. (2 B.) 845. u. 2., verb. u. verm. Aufl. 12. (2½ B. u. Plan.) Berlin 847, Morin. à *

—— neuester alphabetisch geordneter, durch Potsdam und seine Umgebungen. Ausführl. Beschreibung von Sans-Souci, dem Neuen Palais und Charlottenhof rc. Mit dem Umschlagstitel: Ganz Potsdam für 5 Sgr. 3., verb. Aufl. 12. (VI und 68 S. mit 1 lithogr. Plane in 4.) Berlin 848, [Grieben.] Thlr.

—— neuester, v. Groß-Wien u. Umgebung. 1892. Verzeichniß sämmtl. Straßen der 19 Bezirke u. Umgebg. Wiens, nebst Plan v. Wien u. Umgebg. Neueste verb. Aufl. 32. (160 S.) Wien. (Lpz., Literar. Anstalt.) cart. * — 30

— neuester, durch Hamburg u. seine Umgebungen. Mit einem alphabetisch geordneten Verzeichniss der städtischen Institute u. Gebäude, aller stabilen Sehenswürdigkeiten etc. Mit dem Umschlagstitel: Ganz Hamburg für 20 Schilling. 2. gänzl. umgearb. Aufl. Im Anh.: Die Insel Helgoland u. das Seebad daselbst. Mit 1 lith. Plane (in Fol.) u. 1 lith. Karte. 16. (126 S.) Berlin 847, Morin. — Nach den besten Quellen u. nach eigener Erfahrung bearb. 3. verb. u. verm. Aufl. Im Anh.: Die Insel Helgoland u. das Seebad daselbst. Mit einem neuen (lith.) Plane von Hamburg (in Fol.) u. einer lith. Karte der Fahrt von Hamburg nach Helgoland. (Mit dem Umschlagstitel: Ganz Hamburg für zwanzig Schillinge.) 16. (138 S.) Berlin 851, Th. Grieben. — 4. verb. u. verm. Aufl. Im Anh.: Die Insel Helgoland u. das Seebad daselbst. [Mit dem Umschlagstitel: Ganz Hamburg für 20 Schilling.] Mit einem neuen (lith.) Plane von Hamburg u. (lith.) Karte der Fahrt von Hamburg nach Helgoland (in Fol.) 16. (144 S.) Ebd. 852. ½ ℳ

Wegweiser, Neuester illustrierter, von Badenweiler. Schopfheim 1884. V: *Thomas, H. J.* (BaBb)

—— neuester, durch Cassel und seine Umgebungen. Mit einem Verzeichniß aller Sehenswürdigkeiten, der städt. Institute und Gebäude, sowie der bemerkenswerth. Privatanstalten, nebst den nöthigsten statistischen und histor. Notizen. 2., verb. Aufl. Im Anhange: Beschreibung der Wilhelmshöhe. A. u. d. T.: Ganz Kassel für 10 Sgr. 8. (104 S.) Cassel 847, J. G. Luckhardt.

Wegweiser. Neuester W' durch die IV Waldstätte Luzern, Unterwalden, Uri und Schwyz. Festgabe zum eidgenössischen Schützenfest in Stans. 1861. Mit einer Abbildung [Tafel, sowie illustriertem Umschlag]. 8. Luzern (1861).

—— neuester, durch die vier Waldstätte Luzern, Unterwalden, Uri und Schwyz. Festgabe zum eidgenöss. Schützenfest in Stans 1861. 8. (VIII und 89 S. mit 1 Abbild. in Stahlst.) Luzern 862, Straube. cart.

Wegweiser, Neuester, durch das Kloster Maulbronn. Stuttgart [1865]. V: *Hartmann, Julius.* (TübZ 12, 26) (Heyd)

— neuester, in München, s. Grieben's Reise-Bibliothek.

—— neuester, durch die königl. bayer. Haupt- und Residenzstadt München. Eine kurzgefaßte Beschreibung der Merkwürdigkeiten und Kunstschätze für Fremde und Einheimische. gr. 16. (IV und 144 S. mit 3 Stahlst.) München 851, Rieger'sche Buchh.

Wegweiser, neuester, durch die königl. bayer. Haupt- und Residenzstadt München. Eine kurzgefaßte Beschreibung der Merkwürdigkeiten und Kunstschätze für Fremde und Einheimische. 2., vielverb. und verm. Aufl. gr. 16. (XVI und 200 S. mit 4 Stahlst. und einem lithogr. Plane der Stadt in Fol.) München 854, Rieger'sche Buchh.

—— neuester, durch die königl. bayer. Haupt- und Residenzstadt München. Beschreibung der Merkwürdigkeiten, Kunstschätze, Anstalten und Umgebungen für Fremde und Einheimische. 4. Aufl. Neu bearb. von Ludw. Hauff. gr. 16. (VI und 351 S. mit Stahlst. und 1 lithogr. Plane der Stadt in gr. Fol.) München 863, Rieger'sche Universitäts-Buchh.

Wegweiser, neuester, durch München und seine Umgebungen für Fremde und Einheimische. Mit einem alphabet. geordneten Verzeichniss der königl. Institute und Gebäude, aller stabilen Sehenswürdigkeiten, der bemerkenswerthen Privatanstalten etc.; dann einem neuen (lithogr.) Plane von München (in gr. Fol.), 1 (lithogr.) Tableau der innern Eintheilung des königl. Hof- und Nationaltheaters (in 4.) und dem (lithogr.) Grundriss der Residenz (in 4.). A. u. d. T.: Ganz München für 48 Kreuzer. 7. Aufl. Nach dem frühern Morin'schen Handbuche neu bearb. von Heinr. Lindemann. 12. (XXXII und 250 S.) München 866, Kaiser. * 15 Ngr.; geb. *

—— neuester, durch München und seine Umgebungen. Die Sehenswürdigkeiten und Sammlungen der baier. Hauptstadt. 8. Aufl. des von Morin begründeten Wegweisers revid. von Th. Trautwein. Mit einem (chromolithogr.) Plane von München und Umgebung (in gr. Fol.), (lithogr.) Tableau der inneren Eintheilung des königl. Hof- und National-Theaters (in 4.) und (lithogr.) Grundriss der Residenz (in qu. 4.), der beiden Pinakotheken und der Glyptothek. 16. (XX, 244 S.) München 870, Kaiser. * ℳ 1,50.; geb. *

—— neuester, durch die Stadt Nürnberg 1853. 12. (IV und 62 S. mit einem lithogr. Plan der Stadt, einer Karte der Umgebungen, 2 Grundplanen der Sebalder- und Lorenzerkirche in 4.) Nürnberg 854, Riegel und Wießner.

—— neuester, durch die Stadt Nürnberg. Mit einer Ansicht (in Stahlst.) und einem Plan der Stadt, und einer Karte der Umgebungen (in Kpfrst.) und 2 (lithogr.) Grundplänen der Sebalder- und Lorenzer-Kirche (in qu. 4. und Fol.). 8. völlig umgearb. Aufl. 16. (XVI, 59 S.) Nürnberg 858, Sichling. cart.

—— neuester, durch die Stadt Nürnberg. Neue verm. Aufl. gr. 16. (IV und 63 S. mit 1 lithogr. Plan der Stadt, 1 lithogr. Karte der Umgebungen, und 2 Grundplanen der Sebalder und Lorenzerkirche in 4.) Nürnberg 861, Mainberger.

— neuester, durch die Stadt Nürnberg. Mit 1 Ansicht (in Stahlst.) u. 1 Plan der Stadt (in Kpfrst.), 1 (lith.) Karte der Umgebungen, 2 (lith.) Grundplänen der Sebalder- u. Lorenzer-Kirche. 8. völlig umgearb. Aufl. Nürnberg 868. Sichling. 16. (XVI, 59 S.) In engl. Einb. n. 10 ngr.

— neuester, durch die Stadt Nürnberg. Mit e. (lith.) Plan der Stadt (in Fol.) u. 2 (lith.) Grundplänen der Sebalder- u. Lorenzer Kirche. 9. verb. Aufl. 16. (XVI, 59 S.) Nürnberg 872. Schrag. geb. 1. 20

— neuester, durch die Stadt Nürnberg. Mit 1 (lithogr.) Plan der Stadt. 10.—12. Aufl. (XIV, 60 S.) 1876—81. 13. verb. Aufl. 12. (XVI, 63 S.) Nürnberg 883, Schrag's Verlag. *

— neuester, durch Nürnberg. Mit e. Plane der Stadt. 14. vollständig umgearb. u. verb. Aufl. 8. (III, 72 S.) Nürnberg 885. J. L. Schrag. n. 1. —

— neuester, durch Potsdam und seine Umgebungen. Ausführliche Beschreibung von Sans-Souci, dem neuen Palais, Charlottenhof aller königl. Schlösser und Gärten etc. (Grieben's Reise-Bibliothek. Nr. 10.) 6., verb. und verm. Aufl. 16. (VI und 50 S. mit einem lithogr. Plan von Potsdam und Umgegend in qu. 4.) Berlin 854, Th. Grieben. *

Wegweiser, Neuester, durch . . . Regensburg . . . Neue Aufl. Regensburg 1836. V: *Weilmayr, Franz Xaver.* (EngG)

— neuester, durch d. Kreis-Hauptstadt Regensburg u. ihre Umgebungen. Neue, gänzl. umgearb. Aufl. 12. (5½ B. u. 2 Stahlst.) Regensburg 836, Manz.

— neuester und vollständigster, durch Hamburg und seine Umgebungen für Fremde u. Einheimische; oder: Wie hat ein Fremder jede Stunde zu benutzen, um in möglichst kurzer Zeit alles Sehenswürdige kennen zu lernen, was Hamburg zur Belehrung, Unterhaltung und zum Vergnügen darbietet? Alphabetisch geordnet. Nach den besten Quellen u. nach eigener Erfahrung bearb. Mit 1 neuen Plan von Hamburg. 16. Berlin 841, Morin. ½ ₰

— neuester, durch Wien und dessen Bezirke. Mit neuer Benennung der Straßen, Gassen u. Plätze in alphabetischer Ordnung u. Angabe der neuen Häusernummern. Wien 863. Brandt. 16. (28 S.) n. 4 ngr.

— neuester, v. Wien, der Vororte u. Umgebung. Verzeichniß sämmtl. Straßen der 10 Bezirke, Vororte u. Umgebg. Wiens. Neueste verm. Aufl. 1891. 32. (158 S.) Wien. (Leipzig, Literar. Anstalt A. Schulze.) Kart. n. —30

Wegweiser, neuester Wiener, u. prakt. Führer durch Wien u. Umgebung m. vollständ. Straßen- u. Gassen-Verzeichnis. 1903/4. (479 S.) gr. 16. Wien, Szelinski & Co. n. — 30

Wegweiser, Neuester Wienerischer, für Freunde und Inländer vom Jahre 1792. Wien 1792. Vom Jahre 1797. Wien 1797. V: *Kurzböck, Joseph von.* (Anton Mayer, Wiens Buchdrucker-Geschichte, Wien 1887, Bd. 2, S. 49) (wrztg 1797, S. 270) (BiblPort)

— neuester Wienerischer f. Fremde und Inländer v. Jahr 1802. od. kurze Beschreib. aller Merkwürdigk. Wiens, mit 1 Prosp. u. Grundr. 8. Wien, Camesina. 802.

— neuester Wienerischer, für Fremde u. Inländer vom J. 1802 oder kurze Beschreibung aller Merkwürdigkeiten Wiens. Mit 1 Prosp. u. Grundr. 8. Wien 802. (Heubner). 1 ₰ 4 ℛ

— neuester, durch die Heilbäder Wiesbaden, Ems, Schwalbach u. Schlangenbad, Weilbach, Kronthal u. Soden, so wie Baden-Baden, Homburg u. Kreuznach. (Mit 1 Stahlstich.) 16. Mainz 842, Wirth. n. $^{7}/_{12}$ ₰

Wegweiser, Neuester, durch Zürich und seine Umgebung. Zürich 1859. V: *Denzler, Joh. Rud.* (Cat. d. Stadtbibl. Zürich. Zürich 1864—97.)

— neu verbess., durch Deutschland u. die angrenz. Länder. Allen Reisenden sehr dienlich u. nothwendig. Mit e. Anh. v. Gebeten u. Gesängen f. Reisende. 12. (4½ B. u. 1 Reisekarte.) Nürnberg 830, Endter.

— neu verbesserter, durch Deutschland u. die angrenzenden Länder. Mit e. Anhange von Gebeten u. Gesängen für Reisende. 18. Nürnb. 831. Endter. Mit 1 K. 4 ℛ ohne K. 2 ℛ

— neu verbess., durch Deutschland u. d. angränz. Länder. Allen Reisenden sehr dienlich u. nothwendig. Mit e. Anh. v. Gebeten u. Gesängen f. Reisende. 7. Aufl. 16. (6¾ B. u. 1 Karte.) Nürnberg 840, Endterische Buchh. *

— durch New-York u. Umgegend. Mit e. (lith.) Plane v. New-York (in qu. Fol.) 16. (64 S.) New-York 873. (Hamburg, Boysen.) n. — 75

— durch Nürnberg. Mit Grundriß. 16. Ebd. 840. ¼ ₰

Der Wegweiser in Obst- und Gartenbau. Nürnberg: Expedition 1893 (1922). 8°

Wegweiser durch das Gebiet der Obstbaumzucht, nebst Rathschlägen bezüglich der Aufbewahrung, Verwendung und Verwerthung des Obstes. Gesammelt und herausgegeben vom Verfasser des Werkes: „Kurze Anleitung zur Obstbaumzucht". 1869. 8. (98 S.) Neutitschein, Enders. 50 kr.

— auf dem Obstmarkt. Kurzer prakt. Ratgeber bei Einkauf, Aufbewahrg. u. Behandlg. des Kernobstes (Äpfel u. Birnen), nebst Sortenverzeichnis m. Angabe der Genußreife, Haltbarkeit u. Verwendbarkeit der Früchte. gr. 16. (40 S.) Dresden 902. C. Heinrich. — 80

Wegweiser, orthographischer, für die Zöglinge der höheren Töchterschule zu Straßburg i. E. Genehmigt vom kaiserl. Ober-Präsidium. 8. (44 S.) Straßburg 877, Schultz und Comp. *

Wegweiser durch Pesth, oder Nachweisung aller Gassen, Märkte, Plätze . . . Pesth 1804. V: *Rath, Paul.* (MGT) (Ky) (EngG)

— durch Pesth, oder Nachweisung aller Gassen, Märkte, Plätze, Kirchen, öffentl. Gebäude u. and. Denkwürdigkeiten in Pesth rc. (v. P. Rath). 8. Pesth. 804.

— zur Philosophie Arthur Schopenhauer's. gr. 8. (52 S.) Chemnitz 879, Schmeitzner. *

— zu dem neusten Plan von Wien. 7. Aufl. 12. (85 S. mit Plan von Wien.) Wien 861, [Gerold's Sohn.]

Wegweiser zu dem neuesten Plan von Wien. 8. Aufl. Mit 1 Plane. 16. (82 S.) Wien, Gerold. 1862. cart. 90 kr.

— zu dem neuesten Plane von Wien. 9 Aufl. Mit 1 Plane. 16. (88 S.) Wien, Gerold. cart. 1863. 1 fl.

— durch Plan u. Umgebung m. 2 (eingedr. farb.) Karten vom Plauer See. (12 S. m. Abb.) 26,5×18,5 cm. Plau (910). L. Hancke. In Leporelloform — 25

Wegweiser, politischer, für das katholische Volk. (Red.: Dr. *L. Lang* in München.) Jahrg. I. Nr. 6—9: 1875; II. Nr. 1—5: 1876. München. Kl. 8°. Cart.
Durchaus ultramontaner Standpunkt! Enth. u. a. biogr. Skizzen über Dan. O'Connell (geb. 6. Aug. 1774, † 15. Mai 1847); Joh. Jos. v. Görres (geb. 25. Jan. 1776, † 29. Jan. 1848), Pius IX (geb. 13. Mai 1792, † 7. Febr. 1878).

Wegweiser, Polnischer, enthaltend eine neu versuchte Aufklärung der polnischen Sprachformen . . . Danzig 1821. V: *Mrongovius, Chph Cölestin.* (EB)

— für den Post-, Eisenbahn-, Telegraphen- und Dampfschiff-Verkehr in Oesterreich-Ungarn. Mit 4 die ganze Monarchie umfassenden (lithogr.) Special-Karten (in qu. Fol. und qu. gr. Fol.). 1871. (IV, 112 S.) und 1872. 8. (167 S.) Teschen, Prochaska. à *
Mit chromolithogr. Karte in Imp.-Fol. *

— durch Potsdam, s. Grieben's Reise-Bibliothek.

— in Prag. Ein unentbehrliches Handbuch für d. Geschäftsmann u. für den Reisenden. Nebst d. Grundrisse d. Stadt u. 1 illum. Ansicht. 12. Prag 832. Enders. 1 ₰ 8 gr.

— in Prag und dessen Umgebungen. Nach eigener Anschauung und den besten Hilfsquellen bearb. (Grieben's Reise-Bibliothek. Nr. 26.) Illustr. Ausg. 16. (264 S. mit eingedr. Holzschn., 1 lithogr. Plan von Prag und 1 lithogr. Theater-Tableau in 4.) Berlin 858, [Goldschmidt.] *
Vgl.: Grieben's Reise-Bibliothek.

Wegweiser, Praktischer, durch die land- und forstwirthschaftliche Ausstellung, sammt Plan. Gef. Wien: Kubasta & Voigt 1890. —.10

— praktischer, durch Bern u. Umgebung f. Fremde u. Einheimische. Kurze Beschreibg. der Stadt u. ihrer Sehenswürdigkeiten. Mit 12 Ansichts-Postkarten in Lichtdr. gr. 16. (34 S.) Bern (901). F. Semminger. n. 1.20

Wegweiser, praktischer, f. Besucher d. Bayreuther Festspiele 1908. (218 S. m. Taf. u. 1 farb. Plan.) kl. 8. Bayreuth, G. Niehrenheim. 2. —

— prakt., f. Bienenzüchter. Zeitschrift f. ration. Bienenzucht. Red.: A. Hinz. 1. Jahrg. April—Dezbr. 1896. 18 Nrn. (Bog. m. Abb.) gr. 4. Oranienburg, E. Freyhoff. 2.25

— dasselbe. 2. u. 3. Jahrg. 1897 u. 1898. à 24 Hfte. (Bog. m. Abb.) gr. 8. Ebd. à Jahrg. 2.50

Wegweiser, praktischer, f. Bienenzüchter. Organ f. den bienenwissenschaftl. Prov.-Verband f. Brandenburg. Offizielles Organ des bienenwirtschaftl. Prov.-Vereins d. Prov. Posen rc. 4. u. 5. Jahrg. 1899 u. 1900. à 24 Hfte. gr. 8. (à ca. 16 S. m. Abbildgn.) Oranienburg, E. Freyhoff. à Jahrg. n. 2.50

— dasselbe. 6. u. 7. Jahrg. 1901 u. 1902. à 24 Hfte. gr. 8. (à ca. 16 S. m. Abbildgn.) Ebd. à Jahrg. n. 3. —

— praktischer, f. Bienenzüchter. Organ des Sonderausschusses f. Bienenzucht der Landwirtschaftskammer f. die Prov. Brandenburg. Offizielles Organ des bienenwirtschaftlichen Prov.-Verbands f. Brandenburg usw. 8. bis 11. Jahrg. 1903—1906. à 24 Hefte. (396, 384, 384 u. 392 S. m. Abbildgn.) gr. 8. Oranienburg, E. Freyhoff. à Jhrg. n. 3. —

— praktischer, f. Bienenzüchter. Organ des Sonderausschusses f. Bienenzucht der Landwirtschaftskammer f. die Prov. Brandenburg, des bienenwirtschaftl. Prov.-Verbands f. Brandenburg usw. 12.—15. Jahrg. 1907—1910. à 24 Hefte. (à ca. 16 S.) gr. 8. Oranienburg, E. Freyhoff. à Jahrg. 3. —

Wegweiser, praktischer, zur Erwerbung von Kapitalien auf die sicherste und reellste Art oder die Zahlenlotterie als rentable Sparkasse. Begründet auf zwölfjährige Erfahrung. 8. verklebt. Pest, Stolp in Comm. 30 kr. 1867.

— praktischer, f. jede Familie. Ausg. B. Red.: Geo. Fritze. 15. Jahrg. 1907. 52 Nrn. (à ca. 16 S. m. Abbildgn.) 32×23,5 cm. Berlin, A. Scherl. nn 1.80
Nicht durch den Buchhandel zu beziehen.

— praktischer, f. Bayreuther Festspielbesucher, m. e. Titelbild Rich. Wagners von Frz. v. Lenbach. Mit Genehmigg. der Verlagsanstalt F. Bruckmann in München. 8. (141 S. m. Abbildgn., Plänen u. 1 farb. Plan.) Bayreuth 902. Niehrenheim & Bayerlein. 1. —

— praktischer, durch Frankfurt am Main und die Patent- und Musterschutz-Ausstellung, enthaltend: Situationsplan des Ausstellungs-Platzes, Stadtplan, Eisenbahn-Fahrplan und Verzeichniss der Bahnhöfe, Trambahn- und Droschken-Tarife etc., Opern- und Schauspielhaus-Eintrittspreise, Beschreibung und Catalog der Ausstellung, Sehenswürdigkeiten der Stadt und Ausflüge in die Umgegend. 8. (15 S.) Frankfurt a. M. 881, (Melbeeck's Verlag.)

— praktischer, zu Pfarrer Seb. Kneipp's Heilmethode. 1.—3. Aufl. 12. (35 S.) Würzb. 892, Göbel. * — 40

— praktischer, zu Pfarrer Sep. Kneipp's Heilmethode. 6. Aufl. 8. (56 S.) Würzburg 894. A. Göbel. n. — 40

— praktischer, zu Pfarrer Seb. Kneipp's Heilmethode. 7. Aufl. gr. 8. (56 S.) Würzburg 895. A. Göbel. n. — 40

— praktischer, für das Bad Kreuznach und im Nahethale, als kurzer Leitfaden hinsichtlich der Orts-, Wohnungs- und Restaurations-Verhältnisse, sowie der Promenaden und Ausflüge in alphabet. Ordnung eingerichtet. (Hierbei ein Register der Badehäuser und Restaurateure in 4.) 16. (30 S.) Kreuznach 851, Gebr. Schnabel.

Wegweiser, Praktischer, durch die Schweiz. Nach der 9. Aufl. des grösseren Reisehandbuches. M. Karten. 16°. Berlin, Goldschmidt. broch. 2 —
*** Grieben's Reisebibliothek, Nro. 24. 1878.

Wegweiser, praktischer, zur Spiritusfabrikation. I. Teil: die Spiritusfabrikation von L. Gumbinner. 3. Auflage. Leipzig 1874; II. Teil: die Branntweinsteuergesetzgebung. Zusammengestellt von Troschke. Leipzig 1874

— praktischer, durch die Volksliteratur, s. Höpfner, H.

— praktischer, durch die christliche Volksliteratur. Herausg. vom Evangelischen Schriftenverein für Rheinland u. Westphalen. Bonn 859. Marcus. gr. 8. (VI, 136 S.) n. 10 ngr.

— praktischer, durch die christliche Volksliteratur. Hrsg. vom Evangel. Schriftenverein für Rheinland und Westphalen. 1. Nachtrag. gr. 8. (IV und 51 S.) Bonn 863, Marcus. *

Pressburger Wegweiser. Ein gemeinnütziger Geschäfts-Kalender, versehen mit einem vollständigen Adressenbuche Pressburgs und mit einem Schematismus aller im Pressburger Verwaltungsgebiete befindlichen k. k. Aemter u. s. w. Achter Jahrgang. *Pressburg.* Gedruckt und zu haben in *Alois Schreiber's* Buchdruckerei. 116 S., 12 Bl. 8°.
INHALT: Denkwürdigkeiten der k. Freistadt Pressburg von ihrem Entstehen bis zur neuesten Zeit. Nach authentischen Quellen zusammengestellt und bearbeitet von Franz Xaver Szláma. (Forts.) — Die Pressburgerinnen. — Glossen.

Wegweiser, Preßburger — auf das Jahr 1854. Ein gemeinnütziger Geschäfts-Kalender für Jedermann und versehen mit einem vollständigen Adressenbuche der k. Freistadt Preßburg. 3. Jahrgang. 8. (72 S.) Preßburg. Gedruckt in Alois Schreiber's Buchdruckerei. 1853.

Wegweiser, Preßburger — auf das Schaltjahr 1856. Ein gemeinnütziger Geschäfts-Kalender für Jedermann. Versehen mit einem vollständigen Adressenbuche Preßburgs und mit einem Schematismus aller im Preßburger und Oedenburger Verwaltungsgebiete befindlichen k. k. Aemter, nebst der Bezirkseintheilung. Fünfter Jahrgang. Preßburg. Gedruckt und zu haben in Alois Schreiber's Buchdruckerei. (104 S. 8.)

Inhalt: Organismus der österr. Staatsverwaltung.

Wegweiser, Preßburger — auf das Jahr 1857. Ein gemeinnütziger Geschäfts-Kalender für Jedermann. Versehen mit einem vollständigen Adressenbuche Preßburgs und mit einem Schematismus aller im Preßburger Verwaltungsgebiete befindlichen k. k. Aemter u. s. w. 6. Jahrg. Preßburg. Gedr. und zu haben in Alois Schreibers Buchdruckerei. (104 S. 10 Bl. 8.)

—— preßburger, auf das Gemeinjahr 1861. Ein gemeinnütziger Geschäfts-Kalender für Jedermann. Mit einem vollständigen Adressenbuche Preßburgs. 11. Jahrg. 8. (109 S.) Preßburg, Schreiber.

—— Preßburger, auf die J. 1862—67. Ein gemeinnütziger Geschäfts-Kalender für Jedermann. Versehen mit einem vollständ. Adressenbuche Preßburgs und mit einem Schematismus der k. k. Finanz-, sowie aller andern Behörden, Schulen rc. 12.—16. Jahrg. Lex.-8. (à Jahrg. ca. 108 S.) Preßburg, (Wigand.) à Jahrg. **

—— Preßburger. Adreß-Kalender für 1885—1888. 8. (à Jahrg. ca. 200 S.) Preßburg, (Steiner.) à Jahrg. *

—— Preßburger, m. Adressenschema. Kalender der Stadt Preßburg-Pozsony u. Umgebg. 37.—41. Jahrg. 1888—1892. gr. 8. (à Jahrg. ca. 300 S.) Preßb., (Heckenast Nachf.). à Jahrg. ** 1 20

— Preßburger. Adreß-Kalender f. 1889. 8. (ca. 200 S.) Preßburg, (Steiner). n. 1. 20

Wegweiser, Pressburger, auf das Gemeinjahr 1893. Ein gemeinnütziger Geschäfts-Kalender für Jedermann. Versehen mit einem vollständigen Adressenbuche Pressburgs. Zweiundvierzigster Jahrgang. Gr.-8. (284 S.) —.60
Pressburg: Heckenast (Drodtleff)

Wegweiser, Preßburger, auf das Gemeinjahr 1894. Ein gemeinnütziger Geschäftskalender für Jedermann. Versehen mit einem vollständigen Adressenbuche Preßburgs 43. Jahrg. Gr.-8. (288 S.) —.75
Pressburg: Heckenast (Drodtleff)

— Preßburger, auf d. J. 1895. Ein gemeinnütz. Geschäfts-Kalender f. Jedermann. Versehen m. e. vollständ. Adressenbuche Preßburgs u. e. Schematismus der hierort. Militär- u. Civilbehörden, Schulen, Anstalten, Vereine rc., sowie aller im Preßburger Comitate befindl. königl. Bezirksgerichte, königl. Steuerämter u. der Communalverwaltgn. der königl. Freistädte rc. 44. Jahrg. gr. 8. (189 S.) Preßburg, (G. Heckenast's Nachf.). n. 1. 60

Preßburger Wegweiser. Geschäftskalender für 1896 m. vollständigem Adreßbuche Preßburgs—Pozsony. 45. Jahrg. Gr.-8. (296 S.) —.80
Pressburg: Heckenast's Nachfolger 1895.

Wegweiser, Preßburger, für das Jahr 1897. Ein gemeinnütziger Geschäfts-Kalender für Jedermann. Versehen mit einem vollständigen Adressenbuche Preßburgs. 46. Jahrg. Gr.-8. (312 S.)
Pressburg: Heckenast (Drodtleff) 1897. —.80

— Preßburger, auf d. J. 1898. Ein gemeinnütz. Geschäfts-Kalender f. Jedermann. Vers. mit e. vollständ. Adressenbuche Preßburgs u. m. e. Schematismus d. hierort. Militär- u. Civilbehörden, Schulen, Anstalten, Vereine u. s. w., sow. aller im Preßburger Comitate befindl. kön. Bezirksgerichte, k. Steuerämter u. der Communalverwaltungen d. k. Freistädte rc. rc. 48. Jahrg. gr. 8. (238 S.) Preßburg (G. Heckenast's Nachf.). n. 2. —

Wegweiser, Preßburger, für das Jahr 1899. Versehen mit einem vollständigen Adressenbuche Preßburgs. Schematismus der Militär- und Civilbehörden der Stadt und des Preßburger Comitates. Gr.-8. (238 u. 12 S.) 1.—
Pressburg: Heckenast 1898.

058 Pressburg
(F) Pressburger Wegweiser auf das Jahr 1900. Ein gemeinnütziger Geschäftskalender für Jedermann. Versehen mit einem vollständigen Adressenbuche Pressburgs und mit einem Schematismus der hierortigen Civil- und Militärbehörden, Schulen, Anstalten, Vereine u. s. w., sowie aller im Pressburger Comitate befindl. kön. Bezirksgerichte, k. Steuerämter und der Communal verwaltungen der k. Freistädte etc. etc. XLIX. Jahrgang. Pressburg. [In Comm. Heckenast Nachf.] Gr.-8°. 120 S. fl. 1.—

(F) Pressburger Wegweiser auf das Jahr 1901. Ein gemeinnütziger Geschäfts-Kalender für Jedermann. Versehen mit einem vollständigen Adressenbuche Pressburgs und mit einem Schematismus der hierortigen Civil- und Militärbehörden, Schulen, Anstalten, Vereine u. s. w. sowie aller im Pressburger Comitate befindl. kön. Bezirksgerichte, k. Steuerämter und der Communalverwaltungen der k. Freistädte etc. etc. L. Jahrgang. Pressburg. [In Comm. Heckenast.] Gr.-8°. 260, 128 S. K 2.—

(F) **Pressburger Wegweiser** für das Jahr 1902. Ein gemeinnütziger Geschäfts-Kalender. 51. Jahrg. Gr.-8°. (260, 136 S.)
G. Heckenast's Nachfolger Rudolf Drodtleff in Pressburg. 1902.

— Preßburger, auf d. J. 1903. Ein gemeinnütz. Geschäfts-Kalender f. Jedermann. Versehen m. e. vollständ. Adressenbuche Preßburgs u. m. e. Schematismus der hierort. Civil- u. Militärbehörden, Schulen, Anstalten, Vereine u. s. w., sowie aller im Preßburger Comitate befindl. kön. Bezirksgerichte, k. Steuerämter u. der Communalverwaltgn. der k. Freistädte rc. rc. 52. Jahrg. gr. 8. (276 S.) Preßburg (G. Heckenast's Nachf.). n. 2. 40

Pressburger Wegweiser für das Schaltjahr 1904. 53. Jahrg. Gr.-8°. (144 S.) Pressburg: Heckenast 1903. K 2.40

Pressburger Wegweiser für das Jahr 1905. Gr.-8°. (446, 148 S.) † Wien: Heckenast 1904. K 3 —

(F) **Pressburger Wegweiser** für das Schaltjahr 1908. 57. Jahrg. Gr.-8°. (VIII, 500, 136 S.) K 4.80
Pressburg: Drodtleff 1908.

Pressburger Wegweiser für Pozsony und Umgebung auf das Jahr 1906. Ein gemeinnütziger Geschäftskalender für jedermann. 55. Jahrg. Gr.-8°. (VI, 120 S.) K 3.—
Pressburg: Rudolf Drodtleff 1905.

— Preßburger, f. Pozsony u. Umgebung auf d. J. 1910. Ein gemeinnütz. Geschäftskalender f. Jedermann. Versehen m. e. vollständ. Adreßbuche Pozsonys (Geschäfts- u. Privat-Adressen) u. m. e. Schematismus der hierort. Zivil- u. Militärbehörden, Schulen, Anstalten, Vereine u. s. w., sowie aller im Pozsonyer Komitate befindl. kön. Bezirksgerichte, k. Steuerämter u. der Kommunalverwaltgn. der k. Freistädte 2c. 2c. 59. Jahrg. (499 u. 96 S.) gr. 8. Pozsony (Preßburg), (G. Heckenast's Nachf.). Kart. 4. 80

— der, bey Prozessen, s. J. C. Siede.

— von Quedlinburg nach den schönsten Partieen des Unterharzes u. des Brockens. Auf eine Reise von 2 bis 3 Tagen berechnet. Nebst Fahrplan d. Magdeb.-Halberst. Eisenbahn 2c. 16. (34 S.) Berlin 851, Huch. 1/6 ₰

— — von Quedlinburg nach den schönsten Partieen des Unterharzes und des Brockens. Auf einer Reise von 2 bis 3 Tagen berechnet. Nebst Fahrplan des Magdeb.-Halberst.-Eisenbahn 2c. 16. (31 S.) Quedlinburg 852, Huch.

Wegweiser und Ratgeber nach und in den VS. Stuttgart 1852

— in d. Kaiserl. freien Reichsstadt Regensburg u. ihrer Gegend. Mit 1 Grundr. 2c. 8. Regensb. 802. Montag u. W. 1 ₰

— der, f. Reisen, Bäder u. Sommerfrischen. Organ der allgemeinen Reiseveeinigg. Mit der Beilage: Die Fremdenpension. Organ des Verbandes der Besitzer v. Fremdenpensionen. 1. Jahrg. Juli—Dezbr. 1906. 26 Nrn. (à ca. 8 u. 4 S. m. Abbildgn.) 4. Göttingen (Nikolausberger Weg 41), Arnold Heller. n. 5. —

Wegweiser für Reisende in Berchtesgaden. Berchtesgaden 1837. V: *Eisenberger, A.* (Wagner, H. F., Literatur über Berchtesgaden-Dürnberg. Wien 1906. Nr. 57.)

— für Reisende durch Dänemark, Norwegen u. Schweden. Mit 2 Postkarten. gr. 8. Kopenh. 806. (Brummer). 16 K

— für Reisende in den Harz, s. Grieben's Reise-Bibliothek.

—— f. Reisende in den Harz. 8. (2 1/4 B. u. 1 Karte vom Harzgebirge.) Berlin 845, Morin.

— für Reisende in den Harz. Mit einer (lith.) Karte vom Harzgebirge (in qu. 4.) 2. verb. u. verm. Aufl. 8. (52 S.) Berlin 848, Morin. 1/3 ₰ — 3. verb. Aufl. [Mit dem Umschlagstitel: Der ganze Harz f. 7 1/2 Sgr.] 8. (52 S.) Berlin 851, Th. Grieben. 1/4 ₰

Wegweiser für Reisende in Norwegen, nebst einer kurzen Beschreibung dieses Landes ... Berlin 1851. V: *Frese.* (EngG)

—— für Reisende in Norwegen, nebst einer kurzen Beschreibung dieses Landes, mit Berücksicht. der schönsten Gegenden desselben. Von einem Wandernden. 8. (IV und 122 S. mit 1 lithogr. Karte.) Berlin 851, Grieben. *

— für Reisende auf und an dem Rheine von Rotterdam bis Basel. 16. (Mit 1 Stahlst. u. 14 Blättern Schreibpapier.) Emmerich 844, Romen. (Leipzig, B. Hermann.) In Leinwand geb. n. 7/12 ₰

— für Reisende in das Riesengebirge, s. Grieben's Reise-Bibliothek.

— — f. Reisende durchs Riesengebirge. Mit 2 Kfrn. 12. Glogau, neue Güntherische Buchhandl. 821.

Wegweiser für Reisende durchs Riesengebirge. 2., verm. Aufl. 8. (3 B. u. 1 Karte.) Glogau 828, [Flemming.] Thlr.

Wegweiser für Reisende durch das schles.-böhm. Riesengebirge. 2. Aufl. Glogau u. Lissa 1828. 3. Aufl. 1838. B: *Müller, Carl Amand.* (Nowack, Schles. Schriftst.-Lex. Bresl. 1836—43. II, 107.) (Nent)

— für Reisende in die Schweiz, s. Grieben's Reise-Bibliothek.

— für Reisende in der Schweiz. Mit 1 Karte. 8. Berlin 846, Morin. 1/2 ₰

— für Reisende in die Schweiz. Mit einer (lith.) Karte von der Schweiz (in 4.) 2. verm. u. verb. Aufl. 8. (95 S.) Berlin 851, Th. Grieben. 1/2 ₰

— für Reisende in den Thüringer Wald, s. Grieben's Reise-Bibliothek.

Wegweiser für den jüdischen Religionsunterricht. Berlin: E. Thiele 1898 1902. 8°

—— durch die Rheingegenden, s. Taschenbibliothek f. Reisende, 4. Bdchn.

— richtiger, durch Deutschland, wie auch andere angrenzenden Ländern. 8. Leipz. ... Dyck. 2 K

Wegweiser, richtiger, z. wahren philosoph. Medicin u. andern Geheimnissen, nebst Erklärung aller in Theophr. Paracelsus vorkommenden verborg. Redensarten 2c. 4. Hof 784. (Grau). 20 K

— richtiger, bequemster Wege u. Straßen durch ganz Deutschland, Italien u. Frankreich. 18. Grätz ... Tusch. 3 K

— der richtigste u. getreueste, z. Leben mit Christo in Gott. 8. Frankf. a. M. 767. Fleischer. 9 K

Wegweiser, Der richtigste und getreueste, zum verborgenen Leben mit Christo in Gott ... O. O. 1799. V: *Doster, Daniel.* (MGT) (Gradmann, Gel. Schwaben. 1802.)

— durch das Preuß. Sachsenland, u. Rahmen zu d. Lebensbildern aus d. Preuß. Sachsenlande des W. Harnisch. 8. Leipz. 827, Hartmann.

— durch das Preußische Sachsenland, u. Rahmen zu d. Lebensbildern aus d. Preußischen Sachsenlande des W. Harnisch. 8. Leipz. 827. (Lehnhold). 6 K

— in Salzburg, s. Grieben's Reise-Bibliothek.

— — durch das k. k. Salzkammergut u. d. nächsten Umgebungen in Oesterreich ob der Enns. 8. Linz, Haslinger. 814.

—— f. Sammler. Central-Organ zur Beschaffg. u. Verwerthg. aller Sammelobjekte. 2.—4. Jahrg. 1890—1892. à Jahrg. 24 Nrn. (Bog.) 4. Lpz., Stefke. à Jahrg. * 1 —

— für Sammler. Central-Organ zur Beschaffg. u. Verwerthg. aller Sammelobjekte. 3.—6. Jahrg. 1891—1894. à 24 Nrn. (Bog.) 4. Leipzig, L. Stefke. à Jahrg. n. 1.—

— für Sammler. Central-Organ zur Beschaffung u. Verwerthung aller Sammelobjekte. Red.: H. J. O. Köller. 7. — 10. Jahrg. 1895 — 1898. à 24 Nrn. (Bog.) 4. Leipzig, Hartmann & Wolf. à Jahrg. n. 3.—

— für Sammler. Central-Organ zur Beschaffg. u. Verwerthg. aller Sammelobjekte. Red.: H. J. O. Koller. 11. Jahrg. 1899. 24 Nrn. gr. 4. (à ca. 8 S.) Leipzig, Hartmann & Wolf. n. 3.—

Physikal.-ökon. Gesellschaft. Wegweiser durch die geologische Sammlung des Ostpreußischen Provinzialmuseums. Königsberg i. Pr. 1900: R. Leupold. (11 S.) 8° [illegible] 10

Wegweiser durch die Sammlungen vorchristlicher und mittelalterlicher Alterthümer des Vereins für mecklenburgische Geschichte und des Grossherzoglichen Antiquariums zu Schwerin. O. O. 1853. V: *Lisch, Gg Chn Frdr.* [?]. (Bachmann, Mecklenburg. Güstrow 1889.)

—— durch die Sammlungen vorchristlicher und mittelalterlicher Alterthümer des Vereins für meklenburg. Geschichte und das grossherzogl. Antiquarium zu Schwerin (von A. Glöckler). gr. 8. (VI und 29 S.) Schwerin 853, (Stiller'sche Hofbuchh.)

Wegweiser durch die Sammlungen des historischen Vereins von Nidwalden. Stans [1898]. V: *Durrer, Rob.* & *Carl Engelberger.* (Zuwachsverz. d. Bibliotheken in Zürich 1898 ff.)

Wegweiser durch die Sammlungen des Königl. Zeughauses in Berlin. Mit Titelbild, 2 Abbild. u. 2 Grundrissen. Berlin, W. Moeser. 1883. 8°. 112 S. Cart.*)

—— durch die Sammlungen des königl. Zeughauses in Berlin. Neue umgearb. und verm. Aufl. 8. (171 S. mit vielen in den Text gedr. Holzschn.) Berlin 885, W. Moeser. **

— Sarajevoer. Versehen m. e. Prachtplan v. Sarajevo u. Umgebg. (16 S.) 16. Sarajevo 904. (Wien, O. Szelinski.) n. 1.35

— durch die Prov. Schleswig-Holstein. (Von Münchow.) Ausg. v. 1. Mai 1892. Mit 4 farb. Karten. 12. (IV, 89 S.) Schleswig, (J. Bergas). n. 1.—

Wegweiser durch die klassischen Schuldramen. Abt. 1. 3. völlig neugestaltete Aufl. Leipzig & Berlin: Teubner 1910. 8° (Aus deutschen Lesebüchern. Bd 5, Abt 1.) [10. 17598

Wegweiser durch die Schweiz. 3. Aufl. 8. Lpzg. Expedition von „Meyer's Reisebücher. cart. 2. 70 1875.

—— durch d. böhm.-sächs. Schweiz, von Einem, der diese Gegend seit mehr. Jahren besucht. 16. (11 B. u. 1 lith. Karte, Fol.) Meißen 831. [Leipzig, Rostosky u. Jackowitz.]

—— dass. 16. (11 B., 1 lith. Karte, Fol., u. 12 Ansichten.) Ebds. 831. 21 Gr., ill.

Wegweiser durch die Sächsisch-Böhmische Schweiz, für Reisende ... Meissen [1831]. V: *Dietrich, Ewald Chn Vict.* (Ky) (EngG)

— durch die sächsisch-böhmische Schweiz, für Reisende; von Einem, der diese Gegend seit mehreren Jahren besuchte (Dr. Dittrich). Mit 1 Reisekarte. 2e, umgearb. u. verm. Aufl. 16. Meißen 836. Gödsche. 1/2 ₰ — Mit 12 Ansichten 7/8 ₰, colorirt 1 3/4 ₰

— durch die Sächsische Schweiz. Mit Kpf. 12. Dresd. 810. Berger. 1 ₰, ohne Kpf. 12 gl.

— der Sehenswürdigkeiten in u. um Dessau. 3 Hefte. Mit Kpf. u. Plan. Dessau 795—98. Tänzer. 4 ₰ 22 gl. d. Plan d. Garten besonders. 16 gl.

Wegweiser durch d. Sehenswürdigkeiten in München u. seine Umgebungen. 16. (2 B. u. 1 Grundriß.) Stuttgart 841, [F. H. Köhler's Verl.] Thlr.

Wegweiser durch die Sehenswürdigkeiten in München u. seinen Umgebungen. 16. (2 B. u. Grundriß.) Stuttgart 842. Köhler, Vrlgsh. Thlr.

—— durch die Sehenswürdigkeiten in Nürnberg u. seinen Umgebungen. 16. (3 B. u. Grundriß.) Stuttgart 842, Köhler, Vrlgsh.

— sicherer, für erfahrene u. unerfahrene Bienenwirthe den Bienenstand in kurzer Zeit stark zu vermehren u. reichlichen Honig zu ernten, oder Anleitung zum gründl. Studium d. Bienennatur u. Bienenzucht rc. Unter Revision d. bisherigen Grundsätze d. Bienenzucht, herausg. v. e. Vereine rationeller Bienenwirthe. 8. Arnstadt 831. (Hildebrandt). 12 gl.

—— sicherer, f. erfahrene u. unerfahrene Bienenwirthe, den Bienenstand in kurzer Zeit stark zu vermehren u. reichlichen Honig zu ernten. Unter Revision d. bisher. Grundsätze üb. d. Bienenzucht hrsg. v. e. Vereine ration. Bienenwirthe. 8. (8 B.) Arnstadt 831, [Meinhardt.]

— sicherer, durch Deutschland, von 12 Hauptplätzen aus, in 900 Reise-Routen, u. zwar in 400 Haupt- u. 500 Zwischen-Routen. Mit einem Anhang von Gebeten u. 1 Münztafel. 16. Reutlingen 843, Fleischhauer u. Spohn. 1/8 ₰ — 2. Aufl. 8. Ebend. 846. 4 ngl

— ein sicherer, zur Hölle. 2 Thle. 8. Leipz. 752—54. Junius. 6 gl.

Wegweiser, sicherster, durch Coln neu bearb. v. J(ustus) K(arl) H(asskarl). 8. (15 S. m. lith. Plan in Fol.) Coln 847, Lengfeld in Comm. n. 1/3 ₰

Wegweiser für die Sommergäste in Längenfeld im Oetzthale. Innsbruck 1891. V: *Walter, W.* (Bücherverz. d. Zentralbl. d. D. u. Ö. A. V. München 1906.)

Wegweiser zum verlornen Sonntagsparadiese für Jedermann. Bern 1853. V: *Oschwald, Joh. Ulr.* (BSchwLK V, 8, 2)

—— zum verlorenen Sonntagsparadiese für Jedermann. Von dem Verf. der ersten gekrönten Preisschrift über die christl. Sonntagsfeier. 8. (8½ S.) Bern 853, Wüterich-Gaudard.

—— der soziale. Volksblatt f. Sozialpolitik u. Genossenschaftswesen. Hrsgbr. u. Redact.: Frz. Stöpel. 1. u. 2. Jahrg. 1889 u. 1890. à Jahrg. 24 Nrn. (à Nr. 1½ Bog.) gr. 4. Berl., Expedition. à Jahrg. * 5 —
Nicht weiter erschienen.

—— durch Speyer, s. Uebersicht.

— durch die St. Gallische Staats- u. Gemeindeverwaltung. Hrsg. v. der Staatskanzlei. (III, 202 S.) 8. St. Gallen 905. (A. & J. Köppel.) n.n. 1.50

Wegweiser durch die St. Gallische Staats- und Gemeindeverwaltung. Hrg. von der Staatskanzlei. IV + 202 S. 8. St. Gallen, Zollikofer, 1905. [fr. 1.50]
(Inhaltsverzeichnis[se]: der 3 Bände der «St. Gallischen Verwaltungsgesetzgebung» [von Othmar Müller und] zu Amtsblatt 1860—1904. [sowie] Übersicht grundsätzlicher oberbehördlicher Entscheidungen 1897—1904.)

— durch 20 württembergische Städte. Mit 19 zweifarb. Stadtplänen (im Text) u. 1 mehrfarb. Stadtplan m. Umgebungskarte v. Stuttgart. (44 S.) 8. Stuttgart (910). J. B. Metzler. 1. —

—— statistisch-topographischer, durch das Königr. Hannover. Mit Berücksichtigung sämmtl. Städte und Flecken Hannovers. Zunächst für Geschäftsreisende bei dem Anschlusse Hannovers an den Zollverein. 32. (31 S.) Nordhausen 854, Büchting.

Wegweiser, Der, durch Steiermark und die nächsten Länder. Grätz 1843. V: *Hofrichter, Joseph Carl.* (Joann. Styr. A.)

— für den Stellenwechsel, s. Schriften des deutschen Werkmeister-Verbandes.

Wegweiser für den Stellenwechsel. Winke u. Ratschläge f. stellensuchende Mitglieder d. Deutschen Werkmeister-Verbandes. Düsseldorf: Werkmeister-Buchh. 1910. 16 S. 8⁰ [Umschlagt.]
(Schriften d. Deutschen Werkmeister-Verbandes. H. 15.)

Wegweiser durch's Gebiet der Steuern. Herausgegeben vom Ausschuß des volkswirthschaftlichen Vereines in Innsbruck. 8. (120 S.) In Comm. 1.—
Innsbruck: Wagner 1890.

— durch's Gebiet der Steuern. Hrsg. vom Ausschuß d. volkswirthschaftl. Vereins in Innsbruck. 2., verm. Aufl. gr. 8. (156 S.) Innsbruck 891. Wagner. n. 1.80

Wegweiser aller merkwürdigsten Strassen der deutschen Schweiz. Auch vieles Merkwürdiges von der Beschaffenheit der Schweiz hier zu finden ist. 8. *o. O.* 1818.

— der vornehmsten u. gebräuchl. Straßen durch Deutschland u. d. angrenzend. Länder, nebst einem Anh. über Münzen, Maß u. Gewicht. 18. Münch. 820. (J. Lindauer). 3 K (Jaquet). 1½ K

— — der vornehmsten und gebräuchl. Straßen d. Deutschland und die angrenz. Länder, nebst einem Anhange über Münzen, Maaß und Gewicht. 12. München, Lindauer. 821.

—— der vornehmsten u. gebräuchlichsten Straßen durch Deutschland u. die angrenz. Länder. Mit Angabe d. Entfernung d. Städte, d. Einwohnerzahl, d. Messen u. Jahrmärkte; sowie Goldkörner, Wandrer-Regeln u. Witterungskunde f. Reisende. Nebst e. Anh. üb. Meilen, Münze, Maaß u. Gewicht. Neueste Aufl. 16. (5 B.) München 836. [Augsburg, Jaquet's Verl.]

—— der vornehmsten u. gebräuchl. Straßen durch Deutschland u. die angrenz. Länder. Nebst e. Anhange üb. Meilen, Münze, Maaß u. Gewicht. 4. Aufl. gr. 12. (3½ B.) München 843. [Augsburg, Jaquet's Verlag.] 3⅓ Ngr. Mit ill. Karte

—— durch Stuttgart, s. Taschenbibliothek f. Reisende, 2. u. 3. Bdchn.

— durch die Haupt- u. Residenzstadt Stuttgart. gr. 8. Tübing. 812. v. Cotta. 1 fl Mit Plänen. 1 fl 12 K

Wegweiser für die Haupt- und Residenzstadt Stuttgart auf das Jahr 1855. 56 von Fr Braun und Fr Epple. Stuttgart 1855. 56

— in den Sudeten m. besond. Berücksicht. d. Tess-, Merta- u. oberen Marchthales. Hrsg. v. der Section „Brünn" d. mähr.-schles. Sudeten-Gebirgs-Vereines. 12. (VI, 22 S. m. 1 chromolith. Karte.) Brünn 885. Knauthe. n. — 60

— durch die mähr.-schles. Sudeten. Mit färb. Markirungszeichen. Fol. (2 S.) Freiwaldau 894. B. Titze. n. — 50

Wegweiser durch das Sudeten-Gebirge. . . . Breslau 1827. V: *Berndt, Johann Chn Gottlieb.* (Nowack, Schles. Schriftst.-Lex. Bresl. 1836—43. I, 11.)

Wegweiser durch das mährisch-schlesische Sudetengebirge. (Geh.) Freiwaldau: Titze 1897. —.30

Wegweiser nach *Süd-Minnesota* u. *Ost-Dakota.* Mit 1 Eisenbahn-Karte. O. O. u. J. (c. 1880?). Gr. 8⁰. 12 S. Cart.*)

— auf Sylt. Nordsee- u. Stahlbäder. Mit besond. Berücksicht. der Badeorte Westerland u. Wenningstedt. Hrsg. v. der Bade-Direktion. Saison 1891. 12. (46 u. 89 S. m. Abbildgn., Plan u. Karte.) Tondern, F. Dröhse. n. 1. —

Wegweiser durch das Seifersdorfer Thal zum Gebrauche für Fremde und Reisende . . . Leipzig 1797. V: *Nicolai, Carl Adolph.* (Hitzig; Ky) (MGT) (Kat. d. stat. Bureaus. Dresden 1890.)

— durch das Seifersdorfer Thal, zum Gebr. für Fremde die dieses Thal besuchen v. C. A. N. (Karl Ad. Nicolai). 12. Leipz. 797. (Nauck). 6 K

— d. d. Seifersdorfer Thal bey Dresden, z. Gebrauche für solche, d. d. romant. Thal besuchen. 12. Leipz. Sommer. 797.

—— durch die Thäler der fränkischen Schweiz als treuer Führer und Rathgeber für Reisende von A. G. 8. (53 S. mit 1 lithogr. Karte in Fol.) Frankfurt a. M. 864, Auffarth. *

Wegweiser für Taubstumme. Rehna i. M.: Press 1900. 8⁰

—— durch die Taunus-Bäder, s. Taschenbibliothek f. Reisende, 2. u. 3. Bdchn.

— am Theetische u. in der Vorrathskammer. Eine Fortsetzg. d. Wegweisers im Haushalte u. in der Küche. Von M. Gr. v. H. gr. 8. (VIII, 122 S.) Hannover 874. Hahn. 1. 50

— am Theetische u. in der Vorrathskammer, 2. Ausg., s.: Holtzendorff, Marie Gräfin v.

THEORETISCH UND PRAKTISCHER WEGWEISER ZUR HÖHERN CHEMIE. Ausgefertiget von einem Liebhaber der geheimen Physik und chemisch-physikalischer Wahrheiten. Bresslau und Leipzig, bey Christian Friedrich Gutsch, 1773. pp. [xviii]-206.

Wegweiser, theoret. prakt., z. höhern Chemie. 8. Bresl Gutsch. (Sommer in Lpz.) 773. Rthlr.

— theosophischer, zur Erlangung der göttlichen Selbsterkenntnis. Monatsschrift zur Verbreitg. einer höheren Weltanschaug. u. zur Verwirklichg. der Idee e. allgemeinen Menschenverbrüderg. auf Grundlage der Erkenntnis der wahren Menschennatur. Organ f. die deutschred. Mitglieder der allgemeinen theosoph. Gesellschaft. Enth. Berichte aus d. Gebiete der occulten Philosophie, Religionswissenschaft, Metaphysik, des Spiritualismus, der höheren Naturwissenschaft u. s. w. Hrsg. v. Arth. Weber. 2.—5. Jahrg. Oktbr. 1899—Septbr. 1903. à 12 Hfte. gr. 8. (à ca. 32 S. nebst „Theosoph. Rundschau" 8 S.) Leipzig, Theosoph. Central-Buchh. à Jahrg. n. 5. —; geb. n. 7. —

— theosophischer, zur Erlangung der göttlichen Selbsterkenntnis. Monatsschrift zur Verbreitung e. höheren Weltanschaug. u. zur Verwirklichg. der Idee e. allgemeinen Menschenverbrüderg. auf Grundlage der Erkenntnis der wahren Menschennatur. Organ f. die deutschred. Mitglieder der allgemeinen theosoph. Gesellschaft. Enth. Mitteilgn. aus dem Gebiete der occulten Wissenschaft u. der Religionsphilosophie des Morgen- u. Abendlandes. Red. u. hrsg. v. Arth. Weber. 6.—9. Jahrg. Oktbr. 1903—Septbr. 1907. à 12 Nrn. (à ca. 36 S.) nebst „Theosoph. Rundschau". 2.—6. Jahrg. (à Jahrg. ca. 48 S.) gr. 8. Leipzig, Verlag d. theosoph. Wegweiser. à Jhrg. n. 5. —; geb. n. 7. —

Wegweiser durch Thüringen. Hildburghausen 1864. 8.

— durch Thüringen m. besond. ausführlicher Beschreibung der Residenzstadt Weimar u. deren Umgebung, nebst sämtl. Eisenbahnfahrplänen Thüringens u. Anschlüssen. 12. (III, 109 S. m. Abbildgn. u. 1 Karte.) Weimar 893. A. Karrer. 1. —

— nach Töplitz u. d. umlieg. Gegenden u. Orten, besonders nach Millschau, Mariaschein rc. m. 1 K. 12. Dresd. Gerlach. (Beyer.) 809.

— nach Töplitz u. d. umliegenden Gegenden u. Orte, besonders nach Millschau, Mariaschein rc. (v. Jh. Wlh. Schwarz). Mit 1 Kpf. u. Plan. 12. Dresd. 802. 2e A. 811. (Beger). 16 gr. (Weygand in Leipz.) 12 gr.

Topographischer Wegweiser durch Hamburg, für Einheimische und Fremde etc. 5. Aufl. (Mit 1 Plan.) Hamburg. 1818. 8º.

—— topograph., durch Hamburg, f. Einheimische u. Fremde, od. Nachweisung, wie alle Gassen, Märkte, Plätze rc. auf d. Grundriß dies. Stadt mittelst e. topograph. Kartennetzes schnell aufzufinden sind. 11., bericht. u. verb. Ausg. mit beigefügten plattdeutschen Namen. 8. (2½ B., 1 Grundr. v. Hamburg, Fol., u. Titkpfr.) Hamburg 834, Herold.

Wegweiser, Topographischer, durch das k. k. Salzkammergut und dessen nächste Umgebungen . . . Linz 1814. N. A. 1820. V: *Steiner, Joseph.* (MGT) V: *Steiner, Johann.* (Ky)

— topograph., durch das k. k. Salzkammergut u. d. nächsten Umgebungen in Oesterreich ob d. Enns (v. Joh. Steiner). 8. Linz 814. Haslinger. 4 gr.

Wegweiser für Touristen im Vereinsgebiete des mährisch-schlesischen Sudetengebirgsvereines. 12. (90 S.) Freiwaldau 892. Verlag des Sudetengebirgs-Vereins. n. — 50

— des schwedischen Touristenvereines. Nr. 8. qu. 8. Stockholm 894. (Leipzig, K. F. Koehler, Barsort.) n. — 50

Schwedens Natur u. Sehenswürdigkeiten. Einige Winke f. Reisende in „das Land der Mitternachtsonne". (68 S. m. 14 eingedr. Autotyp.)

Wegweiser des schwedischen Touristenvereines. Nr. 8—10. Stockholm. (Leipzig, K. F. Koehler's Barsort.) n. 4. —

8. Schweden. Ein. Winke f. Touristen. 2. Aufl. qu. 8. (64 S. m. Abb.) 895. n. — 50
9. E. Rundfahrt m. Dampfer um u. durch d. südliche Schweden. qu. 8. (78 S.) (894.) n. — 50
10. Stockholm, die Hauptstadt Schwedens. Aus d. Schwed. übertr. v. P. Wittmann. qu. 4. (140 S.) 895. n. 3. —

Wegweiser in das Altherzoglich-Bayerische Schloss Trausnitz in Landshut. Landshut 1829. V: *Mussinan, Joseph Anton von.* (Ky) (EngG)

— in das altherzogl. baierische Schloß Trausnitz in Landshut. (Von ... Mussinan.) 12. Landsh. 829. Thomann. 4½ gr.

Wegweiser, Trenchiner — für 1857. Tirnau. Druck von Sigmund Winter. (15 S. 8. Mit einem Kalender.)

Wegweiser, der treue, zu Amt und Gericht für jeden Bürger u. Landmann Bayerns. Ein neues Hand- u. Hülfsbuch für Alle, welche bei den vorgesetzten Stellen u. Behörden Hülfe suchen oder Geschäfte abzumachen haben, zugleich ein Leitfaden für Gemeinde Vorstände, Gemeindeschreiber u. Schullehrer. In alphabetischer Ordnung aus den neuen Straf-, Polizei-, Notariats- rc. Gesetzen u. Anordnungen zusammengestellt von einem bejahrten Fachmanne. Passau 862. Elsässer & Waldbauer. 8. (XVI, 221 S.) 15 ngr

—— leicht übersichtlicher und kurzgefasster, über neues Post-, Mass-, Gewicht- und Münzwesen. 16. (16 S.) Leipzig 875, Stehmann.

Wegweiser durch Ulm mit Umgebungen. 16. Stuttgart 839. Köhler. ¼ ℛ

—— für die Umgebung von Löbau. Hrsg. von der Section Löbau des Gebirgsvereins „Lusatia". 8. (21 S.) Löbau 886, (Oliva's Buchh.) * *

— f. die Umgebung v. Löbau, nebst e. Anh. Hrsg. v. der Section Löbau d. Gebirgsvereins „Lusatia". 12. (32 S.) Löbau i/S. 890. (Oliva. — Waldo.) n.n. — 25

— für d. Umgebg. v. Löbau, nebst e. Anh. Hrsg. v. d. Section Löbau d. Gebirgsvereins „Lusatia". 4. Halbtaus. 12. (39 S.) Löbau i/S. 895. (E. Oliva.) n.n. — 30

Wegweiser durch die nähere und weitere Umgebung der Stadt Kiel mit 47 Karten nach d. Kgl. Landesaufnahme. Hrsg. von d. Kieler Neuesten Nachrichten. (Kiel) 1907. (Handorff). (59 S.) 8° [5.] [c8. 4308 8

Wegweiser durch die nähere und weitere Umgebung der Stadt Kiel. Mit 47 Kt. (Kiel): Kieler Neueste Nachrichten (1910). 60 S. 8° [10. 10636 8

Wegweiser, Der uneigennützige und sichere, für Reisende in Berchtesgaden . . . Berchtesgaden 1837. V: *Eisenberger, A.* (EB)

—— der uneigennützige u. sichere, f. Reisende in Berchtesgaden. Von A. E. 12. (4¼ B. u. 1 Ansicht.) Berchtesgaden 837. (Salzburg, Mayr'sche Buchh.)

Wegweiser durch die Oeffentlichen Unterrichtsanstalten (*Umschlag: W' des öffentl' Unterrichtswesens) in Genf. Mit Abbildungen der hauptsächlichsten Schulgebäude [und 1 Titelvignette]. Hrg. von der Erziehungs-Kommission des Genfer Verkehr-Vereins (*Umschlag: Hrg. vom Verkehrsverein Genf). (4. Aufl.) 32 S. 8. Genf, «Atar» S. A., 1906 (*Umschlag: 1900).

—— in der Verehrung Mariens f. fromme Gläubige, auf alle die 52 Samstage d. Jahres, mit e. Anh. v. Meß-, Kreuzwegandacht u. verschied. Gebeten. Von e. Wallfahrts-Priester z. Besten d. Kirche. 12. (8½ B. u. viele Vign.) Landshut 840, Thomann'sche Buchh.

Wegweiser, Violet's bei der Berufswahl. E. Übersicht üb. d. männl. Berufe auf Grund d. Berechtigungen d. höh. Lehranstalten in Nord- u. Süddeutschland. 5. Aufl. ([Vorr.] G. Jaekel.) Stuttgart, Violet, 1909. 8⁰.

Wegweiser zum Volks-Magazin: 1853 – Milwaukee, WI

— vollständiger, durch Deutschland u. die angrenzenden Länder. 470 Reiserouten enthaltend. Mit 1 Karte. 12. Hanau 829. Edler. 5 ℊ (Aus d. „Handwerker in d. Fremde“ abgedr.)

—— vollständ., durch Deutschland u. die angränz. Länder. Enth. 722 Reiserouten in 260 Nrn. Nebst mehr. Notizen üb. d. Werth d. Geldsorten 2c. 2. u. 3., mit 1 Karte verm. Aufl. gr. 12. (à 3½ B.) Hanau 836, 41, Edler'sche Buchh. à

— zur Vorbereitung auf die Lehrerprüfungen u. zur Weiterbildung im Lehramt. Gesammelte Aufsätze von Wendt, Kabisch, Tesch u. a. u. anderen Schulmännern, hrsg. durch die Red. der „Pädagog. Warte“. (IV, 229 S.) gr. 8. Osterwieck 909. A. W. Zickfeldt. 3.20; geb. n 4. —

Wegweiser für Wähler der österreichischen Rechtspartei. Klgft., St. Hermagoras-Druck., 1873. 40 S.

—— der, zur heil. Wahrheit. 1. Bdchn. gr. 8. (12 B.) Leipzig 833, (Volckmar.)

Wegweiser für Wanderer im Allgäu, Lechthale und Bregenzerwalde. Kempten 1847. V: *Karrer.* (Bücher-Samml. d. hist. Ver. v. u. f. Oberbayern. Münch. 1867.) (Bücherverz. d. Zentralbibl. d. D. u. Ö. A. V. München 1906.)

Wegweiser für Wanderer im Algäu, Lechthale u. Bregrenzerwalde. Mit 1 Karte (4.) 12. (IV u. 124 S.) Kempten 847, Dannheimer. n. ½ ℳ

— für junge Wanderer am Scheidewege, ein Nachruf an die Jugend, die das erste Mal die heil. Kommunion empfing. Mit Kpf. 12. Münch. 815. 2e A. 819. 3e A. 823. Giel. 3 ℊ (Berl., L. Oehmigke). 1½ ℊ

—— f. junge Wanderer am Scheidewege. Ein Nachruf an die eingesegnete Jugend, die zum ersten Male das heil. Abendmahl genoß. 18. Aufl. 8. (1½ B.) Berlin 843, (E. H. Schultze.)

— für junge Wanderer am Scheidewege. Ein Nachruf an die eingesegnete Jugend, die zum erstenmale das heilige Abendmahl genoß. 18. Aufl. 8. Berlin 843. (Wolff u. Comp.) 2 ngl

— des in sein Haus der Ewigkeit eilenden Wanderesmanns. 8. Augsb. 764. Wolf. 8 ℊ

— für sämmtliche v. der Section Innsbruck-Wilten d. österreichischen Touristenclubs ausgeführten Wegmarkirungen. Hrsg. v. der Sectionsleitg. 8. (20 S.) Innsbruck 892. (Wagner.) n. — 30

Wegweiser zum Weihnachtsmarkt arrangiert zum wohlthätigen Zweck im Schützenhaus am 28. u. 29. Nov. 1892. (Königsberg i. Pr. 1892: A. Hausbrand's Nachf.) (1 Bl.) 4⁰ (gr. 2⁰) [Kopft. F.] [os. 4566 10

— durch die Antwerpener Welt-Ausstellung 1894. Mit Plan. 16. (28 S.) Antwerpen 894. O. Forst. — 50

— wie Personen, welche sich durch Wollustsünden, Onanie u. andere Ausschweifungen geschwächt haben, geheilt werden können. 8. Leipz. 806. Jacobäer. (Gnobloch). 12 ℊ

— in d. k. k. Haupt- u. Residenzstadt Wien u. deren Vorstädten in 9 Bl. gezeichn. v. C. A. Zürner. qu. Fol. Wien 805. (Varrentrapp u. W. in Frankf.) 2 ß

—— von Wien und vollständ. Häuser- und Straßen-Schema mit Berücksichtigung der alten Straßen-Benennungen, nebst Angabe der Pfarren, Bezirksgerichte und Polizeibezirks-Kommissariate. 16. (56 S.) Wien 863, Gorischek's Universitäts-Buchh. *
Mit 1 lithogr. Plan von Wien (in 4.). cart. *

— der, in der Residenzstadt Wien; ein für Jedermann nützliches Buch. 2e durchaus sehr verm. u. verb. Aufl. (v. Jos. Bermann). Mit e. vollständigen Plan der Stadt u. der Vorstädte. gr. 12. Wien 840. Bermann u. Sohn. 1 ß

— durch Wien u. die Weltausstellung. Mit 1 Plan der Stadt u. 1 Plan d. Weltausstellungsplatzes (chromolith. gr. Fol. u. qu. 4.) 8. (36 S.) Wien 873. Lehmann & Wentzel. 2. —

— in den mathemat. Wissenschaften, Naturlehre u. Naturbeschreibung z. Gebrauch in Industrieschulen, obern Klassen der Landschulen u. Seminarien. 8. Altenb. 805. (Schnuphase). 12 ℊ Einzeln auch unt. folgend. 2 Titeln: Wegweiser in d. Rechen- u. Erdmeßkunst. 6 ℊ Wegweiser in d. Naturbeschreibung u. Naturlehre. 12 ℊ)

— zur Wochenbetstunde f. d. Kinder u. erwachs. Teilnehmer. 12. (14 S.) Ludwigsburg 898. J. Aigner. n. — 10

— durch die Wohlfahrtseinrichtungen der Stadt Köln f. Katholiken. Hrsg. v. der socialen Konferenz v. Geistlichen der Stadt Köln. 8. (32 S.) Köln (902). J. P. Bachem. — 30

— auf dem Gebiet der Wohltätigkeits- u. Fürsorge-Vereine u. (privaten) Wohlfahrtseinrichtungen in Alt- u. Neu-Leipzig. (71 S.) 8. Leipzig (Schuhmachergasse 11) (910). Zentrale f. private Fürsorge. 1. —

Wegweiser, Der, zum Wunnenstein. Eine Erzählung . . . Besigheim 1842. V: *Keller, Ernst Chn Ed.* (Heyd)

—— für das Königr. Württemberg. Ein nützl. Handbuch für Geschäftsleute jeder Art. Nach den zuverlässigsten Quellen bearb. 2. Ausg. gr. 8. (IV und 244 S.) Stuttgart 862, (Koch.) *

— zum Ziele des Lebensglücks für Gebildete. Von e. vielgeprüften u. erfahrnen Wanderer. gr. 18. Coblenz 829. Hergt. 5 ℊ

— durch den neuen bayerischen Civilprozeß. [Gesetz vom 29. April 1869.] Hersg. von einem prakt. Juristen. München 869. Gummi. br. 8. (206 S.) 15 ngr.

— zum Zukunftstaat. Sozialistische Wochenschrift. Hrsg. u. Red.: Alfr. Jacobsen. Dezbr. 1905. 4 Nrn. (à ca. 8 S.) Lex.-8. Berlin, Phönix-Verlag. à Nr. — 10
Erscheint nicht mehr.

Wegweiser durch Zürich oder ausführliches Gemälde dieser Stadt und ihrer Umgebungen. Zürich 1838. V: *Walcher, S.* (Bibliogr. d. Schweiz. Landeskunde. Bern 1892 ff. III.)

Wegweiser durch den Kanton Zürich; begleitet von statistischen Notizen... Zürich 1857. V: *Schaub, Charl. & Alexander Michod.* (Cat. der Stadtbibl. Zürich. Zürich 1864—97.) (BSchwLk III)

Wegweiser durch Zürich und seine Umgebung. Zürich 1859. V: *Denzler, Johann Rudolph.* (Cat. d. Stadtbibl. Zürich. Zürich 1864—97.)

—— zuverläss., zur Beförderung d. häusl. Wohlstandes, d. Gesundheit, d. Gewerbe u. Künste; od. neuer Haushaltungs- u. Gewerbeschatz ꝛc. Hrsg. v. e. Gesellschaft kenntnißr. Männer. 1. Bd. (13 Hfte.), u. 2. Bd. 1. u. 2. Hft. 8. (31½ B.) Cöslin 829—32, Hendeß. a

Anonym: „Zweckmässiger Wegweiser zur Beförderung des Wohlstandes, der Gesundheit, der Gewerbe und Künste; oder neuer Haushaltungs- und Gewerbsschatz, von einer Gesellschaft kenntnissreicher Männer", 1. Band in 13 Heften, 2. Band in 2 Heften. Köslin 1829—1832 (Hendess).

—— zuverlässiger, für Dresden, dessen Umgebungen und die sächsisch-böhmische Schweiz. Nach eigener Anschauung und den besten Hilfsquellen bearb. (Grieben's Reise-Bibliothek. Nr. 4.) 2., völlig umgearb. Aufl. 16. (IV und 260 S. mit Illustr. in eingedr. Holzschn., lithogr. Plan von Dresden in qu. gr. 4., lithogr. Karte der sächs. Schweiz, Uebersichten des Zwingers und der Gemäldegallerie, sowie 1 lithogr. Theater-Tableau.) Berlin 857, [Goldschmidt.] Thlr. * geb. * -
Vgl.: Grieben's Reise-Bibliothek.

—— zuverlässiger, für Hamburg, dessen Umgebungen und Helgoland. Mit Berücksicht. der Städte Altona und Kiel, sowie der Seebäder Norderney, Wangeroge und Wyck auf der Insel Föhr. Nach eigener Anschauung und den besten Hilfsquellen bearb. (Grieben's Reise-Bibliothek. Nr. 7.) 5., völlig umgearb. Aufl. 16. (XII und 216 S. mit Illustr. in eingedr. Holzschn., lithogr. Plan von Hamburg in qu. 4. und lithogr. Karte der Fahrt von Hamburg nach Helgoland.) Berlin 857, [Goldschmidt.] 15 Ngr.; geb. * -
Vgl.: Grieben's Reise-Bibliothek.

—— zuverlässiger, im Harz und dessen Umgegend. Nach eigener Anschauung und den besten Hilfsquellen bearb. (Grieben's Reise-Bibliothek. Nr. 2.) 5., völlig umgearb. Aufl. 16. (III und 171 S. mit lithogr. und ill. Reisekarte vom Harz in Fol.) Berlin 857, [Goldschmidt.] *
Vgl.: Grieben's Reise-Bibliothek.

—— zuverlässiger, in Potsdam und dessen Umgebungen. Nach eigener Anschauung und den besten Hilfsquellen bearb. von Theob. Grieben. (Grieben's Reise-Bibliothek. Nr. 10.) 7—11., verb. Aufl. gr. 16. (VIII und 48 S. mit Illustr. in eingedr. Holzschn. und 1 lithogr. Plan von Potsdam und Sanssouci in 4.) Berlin 857. 58, [Goldschmidt.] *
Vgl.: Grieben's Reise-Bibliothek.

—— zuverlässiger, für die sächsisch-böhmische Schweiz. Nach eigener Anschauung und den besten Hilfsquellen bearb. (Grieben's Reise-Bibliothek. Nr. 16.) 1. und 2. Aufl. 16. (IV und 79 S. mit Illustr. in eingedr. Holzschn. und 1 lithogr. Karte der sächs. Schweiz.) Berlin 857, [Goldschmidt.]
Vgl.: Grieben's Reise-Bibliothek.

— zuverlässiger, in Wien etc., s. a. Grieben's Reise-Bibliothek.

—— zuverlässiger, in Wien und dessen Umgebungen. Nebst Ausflügen in die Umgebungen zum Semmering, Schneeberg, Wechsel, nach Mariazell und dem Brandhof. Nach eigener Anschauung und den besten Hilfsquellen bearb. (Grieben's Reise-Bibliothek. Nr. 8.) 4., völlig umgearb. Aufl. gr. 16. (VII und 214 S. mit lithogr. Plan von Wien, Karten von Wien's Umgebungen und Laxenburg, Grundriss der Hofburg und des Belvedère sowie 5 Theater-Tableaux in 8. und 4.) Berlin 856, Th. Grieben. *

Wegweiserin, die. Roman v. Marie Madeleine. 4. Taus. (218 S.) 8. Berlin (908). Verlag Continent. 3.50; geb. 4.50

Wegzeichen im Bezirk des Verschönerungs-Vereins Pirmasens u. den angrenzenden Gebieten, nebst (farb.) Karte. (5 S. m. farb. Fig.) 8. Pirmasens 904. (Lützel & Co.) Geb. in Leinw. n.n. 1.20

Wegzeiger auf der Pilgerstraße, s. a. Paulsen, Johs.

Wegzeiger auf der Pilgerstraße in Lektionen auf alle Tage d. J. 1896. Zusammengest. v. Johs. Paulsen. 12. (278 S. m. 1 Plan.) Kropp 895. Buchh. „Eben-Ezer". n. — 40

— dasselbe auf alle Tage des J. 1897. 12. (239 S. m. Abb.) Ebd. 897. n. — 25

— dasselbe auf alle Tage des J. 1898. 24. Jahrg. 12. (206 S. m. Abb. u. 1 Farbdr.) Ebd. 897. — 80; geb. in Leinw. — 80

— dasselbe auf alle Tage des J. 1899. 25. (Jubiläums-) Jahrg. 12. (205 S.) Ebd. 898. — 30

Wegzeiger auf der Pilgerstraße in Lektionen auf alle Tage des J. 1900. Zusammengestellt von Johs. Paulsen. 26. Jahrg. 12. (215 S. m. 2 Taf.) Kropp, Buchh. „Eben-Ezer". n. — 30

Wegzeiger, Kajetan, die 30 Jahre der Landwirthschaft. gr. 8. (60 S.) Wien 894. Manz. n. 1.20

Weh, das grosse, im Leben des Seeoffiziers. Von e. Vize-Admiral. (13 S.) 8. Kiel 910. Lipsius & Tischler. — 60

Wehage, H.: Sachliche Würdigung der in Deutschland ertheilten Patente. Dampfmaschinen-Steuerungen. Klasse 14. Berlin (1881)

Wehber, Jo. Chr., Betrachtung über die Kraft d. heil. Schrift u. die wahren Gränzen d. Natur u. Gnade. 4. Stade 789.

Wehberg, H.

Wehberg, H., die Erlösung der Menschheit vom Fluche des Alkohols. gr. 8. (32 S.) Neuwied 894. Heuser's Verl. — 75

— der Kampf um die Lebensanschauung u. der Arznei-Aberglaube der Ärzte. gr. 8. (51 S.) Neuwied 891. Heuser's Verl. n. 1.50

Wehberg, H., wider den Missbrauch d. Alcoholes, zumal am Krankenbette. Medicinische u. volkswirthschaftl. Betrachtgn. 1. Hft. gr. 8. (18 S.) Neuwied 887. Heuser's Verl. n. — 50

Wehberg, H., wider den Missbrauch d. Alcoholes am Krankenbette. 2. Hft. gr. 8. Neuwied 889. Heuser's Verl. n. 1. —
Die Behandlung der croupösen Lungenentzündung nach den Grundsätzen d. Prof. v. Jürgensen in Tübingen. (24 S.)

Wehberg, Hans, die Abkommen der Haager Friedenskonferenzen der Londoner Seekriegskonferenz nebst Genfer Konvention, s. a. Guttentag's Sammlung deutscher Reichsgesetze.

Die Abkommen der Haager Friedenskonferenzen, der Londoner Seekriegskonferenz nebst Genfer Konvention. Text-Ausg. mit Einl., Anm., Personen- u. Sachreg. von Dr. jur. Hans **Wehberg**. Mit Vorw. von Prof. Dr. [Philipp] Zorn-Bonn. Berlin: Guttentag 1910. XII, 270 S. 8°
(Guttentag'sche Sammlung Deutscher Reichsgesetze. Nr 99.) 10. 10490

Wehberg, Hans: Das Beuterecht im Land- und Seekriege. Tübingen 1909: Laupp. XII, 76 S. 8° ¶ (Ersch. vollst. als: Abhandlungen aus d. Staats-, Verwaltungs- und Völkerrecht. Bd 6, H. 1.)
Münster, Rechts- u. staatsw. Diss. v. 27. Sept. 1909, Ref. v. Savigny, His
[Geb. 15. Juli 85 Düsseldorf; Wohnort: Düsseldorf; Staatsangeh.: Preußen; Vorbildung: Städt. Gymn. Düsseldorf Reife O. 04; Studium: Jena 1, Bonn 4, Göttingen 1 S.; Rig. 12. Dez. 08.] [U 10. 3759

— **Das Beuterecht im Land- u. Seekriege, s. a. Abhandlungen aus dem Staats-, Verwaltungs- u. Völkerrecht. VI, 4.**

Das Beuterecht im Land- und Seekriege. Dargest. unter bes. Berücks. d. modernen Entwicklung d. internat. Handels von Dr. iur. Hans **Wehberg**. Tübingen: Mohr 1909. XII, 135 S. 8°
(Abhandlungen aus d. Staats-, Verwaltungs- u. Völkerrecht. Bd 6, H. 1.)

Wehberg, Hans, Menschheitsleiden. Gedichte. (48 S.) 8. Leipzig 904. Modernes Verlagsbureau. n. 1. —

— **Sind die Ansprüche der Gebrüder Mannesmann nach Treu u. Glauben in vollem Umfange zu rechtfertigen? (III, 34 S.) 8. Tübingen 910. J. C. B. Mohr.** — 60

Wie stellt sich Düsseldorf zu den Reformbestrebungen seines Schauspielhauses? Ein Beitrag z. modernen Decadence u. d. Geistesfreiheit d. kath. Kirche von Hans **Wehberg**. Köln 1907: M. DuMont Schauberg. (27 S.) 8° 06. 16029 B

— wir beide. Eine Dichtung. (38 S.) kl. 8. Ebd. 906. n. 1. —

Wehberg, Heinr., Beiträge zur Entwickelung u. Begründg. des Sozialismus. I. 8. (64 S.) Hagen (898). H. Risel & Co. n. 1. 50

Wehberg, Heinrich, Beiträge zur Entwickelung und Begründung des Sozialismus. I. 8⁰. Hagen, H. Risel u. Co., 1899.

Wehberg, Heinr., d. Enthaltsamkeit v. geist. Getränken e. Konsequenz moderner Weltanschauung, s.: Tages- u. Lebensfragen, Nr. 22

Wehberg, Heinr. Die deutschen Gewerkvereine u. die Arbeiterbewegung. s. a. Tages- u. Lebensfragen.

Wehberg, Heinr., Die deutschen Gewerkvereine und die moderne Arbeiterbewegung. In Form einer Rede als Quintessenz einer grösseren Anzahl vor Gewerkvereinen gehaltenen Vorträgen. (Tages- und Lebensfragen, Nr. 10.) 8⁰. Bremerhaven, Chr. G. Tienken, 1892.

Wehberg, Heinrich (geb. am 26 Sept. 1855 auf Berge bei Volmarstein a. d. Ruhr): Die Salpetersäure im Brunnenwasser ... Bonn, Druck v. P. Neusser 1879. 2 Bl., 31 S., 1 Bl. 8.
Bonn, Med. Fak., Diss. v. 19 Mai 1879

— Der humanistische Sozialismus im Lichte des Freihandels. Zugleich eine Kritik zur nötigen Klärung der Bodenreform. 8⁰. Berlin 1891.

— **die Verstaatlichung der Bergwerke, e. Stück staatserhaltender, organischer Bodenreform, s. a. Tages- u. Lebensfragen.**

Wehberg, Dr. Heinr. Die Verstaatlichung der Bergwerke, ein Stück staatserhaltender, organischer Bodenreform. Tages- und Lebensfragen, No. 2. 8⁰. Bremerhaven, Chr. G. Tienken, 1892.

— welches ist der erste Stand? Beantwortet im Geiste d. humanist. Sozialismus. gr. 8. (72 S.) Berlin 888. Staude. n. 1. 20

— d. Wohnungsfrage, s. a. Tages- u. Lebensfragen, Nr. 20.

Wehberg, Dr. Heinr., Die Wohnungsfrage im Lichte des humanistischen Sozialismus. Vortrag als Protest gegen die Wohnungspolitik der Düsseldorfer Stadtverwaltung. (Tages- und Lebensfragen, Nr. 20.) 8⁰. Bremerhaven 1895.

Wehde, Alb., Ratgeber f. bedrängte Geschäftsleute, Handwerker etc. Ein Wegweiser in allerlei geschäftl. Notlagen. 12. (VII, 166 S.) Oberhausen 885. Spaarmann. 1. 80

WEHDE, Ludwig von (Bissendorf): Ueber die Infectiosität der Luft in Räumen, welche von Phthisikern bewohnt werden.- München: Finsterlin 1884. 23 S.
8.6.1883 - Urk (Titel: De infectiositate aeris locorum in quibus phthisici habitant.); Chr 1882/1883,18
Diss. Ingolst.-Landsh.-Mchn.

Wehde, W. E., Preis- und Paritäts-Tabellen für Caffee, bezogen von den hauptsächlichsten europäischen Hauptmärkten nach dem deutschen Zoll-Verein, unter specieller Berücksicht. der Neuerungen in Währung und Gewicht. gr. 8. (IV, 92 S. mit 2 autogr. Tab. in qu. Fol. und Imp.-Fol.) Leipzig 876, (M. Schäfer.) -

von Wehde, Wilhelm [app. Arzt aus Bissendorf, Hannover]: Ueber Neurome speciell über einen Fall von Amputationsneuromen. ... München, Buchdr. v. M. Ernst, 1889; 26 S. 8°
München, Med. Fak., Inaug.-Diss. v. 1889

Wehdemann, Johann Friedrich (Bremervörde) - A. S. 300/1

Observationes variae in articulum IX. Augustanae confessionis de baptismo.
Präs. Jakob Wilhelm Feuerlein.
In: Feuerlein: Disputationes de observationibus variis et selectis ... Göttingen (Hager) 1742. S. 65 - 72.

Titelbl. fehlt. 36011

Acht „Wehe" der Trunksucht. Ein wohlgemeintes Wort an Jünglinge u. Männer. Augsburg 1896. 16⁰. 16 S.

Wehe, H., 50 Kinderlieder, zum Gebrauch in den Elementarklassen höherer und niederer Schulen. Leipzig 856. Brandstetter. 16. (2 Bl., 44 S.) n. 2 ngr.

Wehe, H., Repertorium der Literatur für Solo-Gesang nach dem Umfange der Stimme geordnet. Ein Leitfaden für Sänger u. Sängerinnen mit Anmerkungen über den Vortrag. Magdeburg 864. Heinrichshofen. 16. (167 S.) 15 ngr.

—— praktische Schreibsingschule, ein Uebungsbuch für das Schreiben und Singen einfacher Tonsätze und Lieder. 1. und 2. Cursus. gr. 8. (IV und 36; II und 88 S.) Magdeburg 856, Heinrichshofen'sche Buchh. [1. Cursus 5 Ngr., 2. Cursus 10 Ngr.]

Wehe, H., praktische Schreibsingschule, ein Uebungsbuch für das Schreiben und Singen einfacher Tonsätze und Lieder. 3. Cursus. gr. 8. (96 S.) Magdeburg 857, Heinrichshofen'sche Buchh.
1. und 2. Cursus. Ebendas. 1856. 15 Ngr.

Wehefritz, Valent., und Fritz Wildner, Gedichte in nürnberger Mundart. 16. (132 S.) Nürnberg 852, (v. Ebner'sche Buch- und Kunsth., Verlags-Conto.) *

Wehefritz, Valentin, Gedichte in Nürnberger Mundart. Neue Ausg. 12. (VII, 210 S.) Nürnberg 894. Heerdegen-Barbeck. Kart. n. 2. —

Wehen [Sachliches OW]

Wehen, die letzten, der Erde, wann sie angefangen u. aufhören; oder: Erklärungen aus den Propheten, Evangelisten u. der heil. Offenbarung Johannis über die Begebenheiten auf der Erde, welche sich in den Jahren 1831 bis 1837 ereignen werden, u. vom tausendjähr. Reiche. 2e Aufl. 8. Landshut 832. Krüll; (Augsb., Kranzfelder). 1½ K

Wehen, die letzten, der Erde, wann sie angefangen u. aufhören; od.: Erklärungen aus d. Propheten, Evangelisten u. d. heil. Offenbarung Johannis üb. d. Begebenheiten auf d. Erde, welche sich in d. J. 1831—1837 ereignen werden, u. vom tausendjähr. Reiche. 2. Aufl. 8. (1 B.) Landshut 832. (Regensburg, Manz.)

Wehen, die letzten, der Erde, wann sie anfangen u. aufhören; od.: Erklärungen aus d. Propheten, Evangelisten u. d. heil. Offenbar. Johannis üb. d. Begebenheiten auf d. Erde, welche sich in d. J. 1831 bis 1840 ereignen werden, u. vom tausendjähr. Reiche. 3. Aufl. 8. (1 B.) Leipzig 838, Vereins-Compt. f. Buchh. ꝛc. (?)

Wehen [Schlagwort]

Wehen, s.: Preussen. Messtischblätter.

Wehinger, Anna, Dornbirner Kochbuch. 800 selbsterprobte Kochrezepte f. gewöhnl. u. besseren Haushalt nebst zwei vierwöchentl. Speisezetteln u. e. Anleitg. zur Erlerng. der Kochkunst. 5., verm. u. verb. Aufl. (319 S.) 8. Dornbirn 908. F. Rusch. Geb. in Leinw. 3. —

Wehinger, Anna, 518 Kochrecepte nebst zwei vierwöchentl. Speisezetteln f. gewöhnlichen u. besseren Mittagstisch. 3., verm. u. verb. Aufl. 12. (226 S.) Dornbirn 899. F. Rusch. Geb. in Leinw. n. 2. —

Wehinger, Anna, s. Kochrecepte, 181.

Wehinger, Anna, 600 Kochrezepte nebst zwei vierwöchentlichen Speisezetteln f. gewöhnlichen u. besseren Mittagstisch. Vers. u. zusammengestellt. 4., verm. u. verb. Aufl. (275 S.) 12. Dornbirn 903. F. Rusch. Geb. in Leinw. 2. 20

Wehinger, Anna, 422 Kochrecepte, nebst 2 vierwöchentl. Speisezetteln, f. gewöhnl. u. besseren Mittagstisch. 2., verm. u. verb. Aufl. 12. (180 S.) Dornbirn 894. F. Rusch. n. 1. 20; geb. 1. 70

WEHKLAGE armseliger Poeten über ihre traurigen Schicksale auf dieser Welt. Ans Licht gestellt durch einen Ihrer unglücklichen Mitbrüder bei der jetzigen hungrigen und durstigen Zeit. Straßburg 1817. 8⁰. 48 S. (4 Mk. 50 Pfg. Hugo Streisand, Berlin, 1908.)
Curiose Schrift. — Rar!

Wehl, Feod., Allerweltsgeschichten. Ein Novellenbuch. Breslau 861. Trewendt. 8. (310 S.) 1 ₰ 7½ ngr.

Wehl, F., Alter schützt vor Thorheit nicht, s. Universal-Bibliothek Nr. 1105.

Wehl, Feod., dramaturgische Bausteine. Gesammelte Aufsätze. Aus dem Nachlasse Wehls hrsg. v. Eug. Kilian. gr. 8. (VII, 173 S.) Oldenburg 891. Schulze. n. 2. 40; geb. n. 3. 40

—— das Buch Berlin. (1. u. 2. Lfg.) 16. (4 B.) Berlin 846, [C. H. Schultze.] à

Wehl, Feodor, das Buch Berlin. (1. u. 2. Liefg.) 16. Berlin 846, Wolff. à 1/12 ₰

— s. Bibliothek, elegante, moderner Novellen.

Wehl, Feod., dunkle Blätter aus der Geschichte Italiens, s. Universal-Bibliothek Nr. 2440.

—— ein Bräutigam, der seine Braut verheirathet, s. Bloch's, E., Dilettanten-Bühne.

Wehl, Feodor, die galanten Damen der Weltgeschichte. [Mit dem Umschlagstitel: Der Unterrock in der Weltgeschichte. — L'histoire en jupon.] 1—3. Bd. gr. 12. (1: 208 S. 2: X u. 210 S. 3: VIII u. 232 S.) Hamburg 847. 49. 51, Berendsohn. (à n. 1 ₰) n. 3 ₰

— neuester Declamator, s. Declamator, neuester.

—— das junge Deutschland. Ein kleiner Beitrag zur Literaturgeschichte unserer Zeit. Mit einem Anhang seither noch unveröffentlichter Briefe von Th. Mundt, H. Laube und K. Gutzkow. 8. (VII, 269 S.) Hamburg 886, [J. F. Richter.] Verlagsanstalt und Druckerei. *

Wehl, Feod., Didaskalien. 8. (III und 219 S.) Leipzig 867, Matthes.

—— Dramen. I—IV. Lustspiele. 8. (IX und 255 S., III und 244 S., III und 268 S., VI und 237 S.) Leipzig 864—68, Matthes. à Bd. 1 Thlr.

—— Dramen. V. Schauspiele. 8. (V, 242 S.) Leipzig 869, Matthes.
I.—IV. Lustspiele. Ebendas. 1864—68. M. 12.

Wehl, Feod., humoristische Erzählungen, s. Hausschatz, humoristischer, fürs deutsche Volk.

— aus dem früheren Frankreich. Kleine Abhandlgn. 8. (VII, 350 S.) Minden 889. Bruns. n. 4. 50

—— der kleine illustrirte Fremdenführer nach und auf Helgoland. 8. (46 S. mit 1 ill. Stnt. und eingedr. Holzschn.) Hamburg 847, Berendsohn. *

—— unheimliche Geschichten. 8. (IV und 247 S.) Dresden 862, Meinhold und Söhne. –

Wehl, Feodor. Ganz Helgoland ... Illustrirter Fremdenführer von Hamburg nach Helgoland und Begleiter auf der Insel in allen ihren Theilen. Hamburg, B. S. Berendsohn 1861.
46 S. m. 18 Holzschn.; 1 Taf. in kol. Lithogr. 8⁰.
Abb. 47

—— vom Herzen zum Herzen. Gedichte. gr. 16. (VI und 225 S. mit 1 Holzschntaf.) Leipzig 867, Matthes. *
geb. mit Goldschn. *

— Herzensgeschichten. Novellen. Göttingen 857. Wigand. 8. (3 Bl., 328 S.) 1 Thlr. 6 ngr.

—— Herzens-Mysterien. gr. 16. Leipzig 870, Licht und Meyer. cart.

—— fünfzehn Jahre Stuttgarter Hoftheater-Leitung. Ein Abschnitt aus meinem Leben. gr. 8. (VII, 554 S. mit dem Portr. des Verf. und 1 Abbild. des Stuttgarter Hoftheaters.) Hamburg 886, [J. F. Richter.] Verlagsanstalt und Druckerei. * geb. *

— und G. Horn, eine glühende Kohle, s. Bloch's, E., Dilettanten-Bühne.

—— der Kunst-Salon, s. Kunst-Salon.

—— Hölderlin's Liebe. Ein dramat. Gedicht nebst einem lyrischen Anhange. 16. (XI und 83 S.) Hamburg 852, Berendsohn. *

Wehl, Feodor, Hamburgs Literaturleben im achtzehnten Jahrhundert. 8. (V und 316 S.) Leipzig 856, Brockhaus. *

— man soll den Teufel nicht an die Wand malen, s.: Bloch's E., Theater-Correspondenz.

—— der Mann der Todten oder Ewige Liebe. Eine Erzählung für sinnige Gemüther. gr. 16. (85 S.) Dresden 866, Wienecke. cart.

— Alfred Meißner, s.: Ottmann's Bücherschatz.

— in Mußestunden. Ernste u. humoristische Essays zum Vorlesen. Leipzig 867. Matthes. 8. (III, 238 S.) 1 Thlr.

—— Novellen. Neue Herzens-Geschichten. 8. (III und 304 S.) Hamburg 860, Expedition der deutschen Schaubühne. (Leipzig, Keil.) *

— Novellen. Neue Herzens-Geschichten. Hamburg 860. Expedition der deutschen Schaubühne. (Leipzig. Leiner.) 8. (2 Bl., 304 S.) n. 1 Thlr. 10 ngr.

— ein Pionir der Liebe. s. Wallners allgemeine Schaubühne.

— Plausch-Geschichtchen. Leipzig 867. Matthes. 8. (III, 251 S.) 1 Thlr.

Wehl, Feod., d. Rache e. Weibes, s.: Köhler's Bibliothek f. Alle.

—— Die Reise nach Glück. Eine weltl. Komödie. 12. (III, 205 S.) Berl. 889, [George u. Fiedler.] Gergonne u. Comp. * 3 — geb. * 3 60

—— s. Repertoirstücke der deutschen Bühne.

— Romeo auf dem Bureau, s. Bloch's Dilettanten-Bühne.

Wehl, Feod., der Ruhm im Sterben. Ein Beitrag zur Legende des Todes. gr. 8. (XVI, 416 S.) Hamburg 886, [J. F. Richter.] Verlagsanstalt und Druckerei. * geb. *

—— fliegender Sommer. Leichte Skizzen. 8. (V und 218 S.) Dresden 862, Meinhold und Söhne.

— Berliner Stecknadeln. 1. Heft. Mit 1 Illustration von J. Böhmer. 8. Berlin 844, Schepeler. n. 1/4 Thlr.

— dass. 2. Heft. 8. (Mit 1 Abbild.) Ebend. 844. n. 1/6 Thlr.

— Theodor Storm. Ein Bild seines Lebens u. Schaffens. Mit Porträts, Facsimiles u. Ansichten. 12. (122 S.) Altona 888. Reher. n. 1. 50; geb. n. 3. —

— die Tante aus Schwaben, s. Bloch's Dilettanten-Bühne.

Wehl, Feod. Vide: Telegraph (Der).

Wehl, Feodor, der Teufel in Berlin. Dramatische Scenen. 1. Hft. 8. Hamburg 845, Verlags-Comptoir. n. 1/3 Thlr.

—— Theater. 1. Bd. 8. (VIII und 184 S.) Hamburg 851, Berendsohn. *
Inhalt: 1. Alter schützt vor Thorheit nicht. — 2. Caprice aus Liebe, Liebe aus Caprice. — 3. Eine Frau, welche die Zeitungen liest. — 4. Man soll den Teufel nicht an die Wand malen.

—— ein modernes Verhängniß, s. Bloch's, E., Dilettanten-Bühnen.

—— zum Vortrage, s. Universal-Bibliothek Nr. 1852.

— „am sausenden Webstuhl der Zeit." 2 Bde. Leipzig 867. Matthes. 8. (III, 257 u. III, 251 S.) 2 Thlr.

—— „Am sausenden Webstuhl der Zeit." 2 Bde. 8. (III, 257; III, 251 S.) Leipzig 869, Matthes.

—— gesammelte dramatische Werke. 1. und 3. Bd. 2. Aufl. 8. (241; 205 S.) Leipzig 882,84, Ph. Reclam jun. à Bd. M 1,50.
2., 4. und 5. Bd. Ebendas. à Bd. M 1,50.; compl. 5 Bde. M 5.

—— gesammelte dramatische Werke. 6. Bd. 8. (249 S.) Leipzig 885, Ph. Reclam jun.
1.—5. Bd. Ebendas. à *M 1.50.; zusammengenommen *M 5.—.

Wehl, F., gesammelte dramatische Werke. 2. Bd. 2. Aufl. 8. (282 S.) Leipzig 889. Ph. Reclam jun. 1. 50

Wehl, Feod., gesammelte dramatische Werke. 1. Bd. 3. Aufl. (240 S.) kl. 8. Leipzig (904). Ph. Reclam jun. n. 1. 50

WEHL, Feodor, Berliner Wespen. Zeitschrift. 5 Hefte (soviel ersch.). Leipzig 1843. 8°. 240 S. Selten! (8 Mk. 75 Pfg. Hugo Streisand, Berlin, 1908.)

— Berliner Wespen. 1.—5. Heft. 16. Leipzig 843, Reclam jun. à n. 1/6 Thlr.

—— berliner Wespen. 1. u. 2. Hft. gr. 8. (7 1/2 B. u. 2 Taf. Rebus.) Berlin 845, Simion. à *

Wehl, Feod., wie man sich irren kann, s.: Universal-Bibliothek.

—— Zeit u. Menschen. Tagebuch-Aufzeichngn. aus den J. 1863—1884. 2 Bde. gr. 8. (III, 332; 315 S.) Altona 889, Reher. à Bd. * 3 60; * 7 20; geb. in 1 Bd. * 9 —

Wehl, Fritz, appr. Arzt a. Celle: Über Neutralisation von Säuren im Magen. Halle a. S. 1906: C. A. Kaemmerer & Co. (21 S.) 8°
Halle, Med. Fak., Ref. v. Mering, Diss. v. 27. Okt. 1906
[Geb. 15. Okt. 81 Celle; Wohnort: Celle; Staatsangeh.: Preußen; Vorbildung: Gymn. Celle Reife O. 00; Studium: Tübingen 1, München 4, Berlin 4, München 1 S.; Coll. 25. Mai 06; Approb. 15. Okt. 06.]

Wehl, Otto, s.: **Eukalyptushonig, der.**

Wehl, Otto [app. Arzt aus Celle]: Über Komplikation von Ileotyphus und Tuberkulose ... Celle, Druck v. Schweiger & Pick, 1897; 52 S. 8.
Leipzig, Med. Fak., Inaug.-Diss. v. 13. März 1897

(Wehla,) Pojdanczka kwobudzenju a kpoljepschenju wutroby sa Sserbow. 16. (101 S.) Bautzen 847, Reichel. *

Wehland, Hans [app. Arzt aus Rethem in Hannover]: Ein seltener Fall von diffusem doppelseitigem Nierensarkom . . . Tübingen, F. Pietzcker, 1895; 20 S., 1 Bl. 8.
Tübingen, Med. Fak., Inaug.-Diss. v. 1895

Wehland, Hans, e. selt. Fall v. diffusem doppelseitigem Nierensarkom. Diss. gr. 8. (20 S.) Tübingen 895. F. Pietzcker. n. — 80

Wehlau [Schlagwort]

Wehlau, s. a. **Deutschland**, Kürschner-Pelp.

Wehlau, Kreis, s.a. Königsberg, Reg.-Bez.

Wehlau, Kreis. Karte des Kreises Wehlau im Reg.-Bez. Königsberg. Hrsg. v. der kartogr. Abteilg. der königl. preuss. Landesaufnahme 1906. Aufgenommen vom königl. preuss. Generalstab 1860—65. Einzelne Nachträge 1904. 1 : 100,000. 46,5×60,5 cm. Farbdr. Berlin (R. Eisenschmidt). n.n. 2. —; ermäss Preis n.n. 1. 50

Wehlau [Verfasser]

Wehlau, A. v. 1909 [Pseud.]
s.a. Grosch, Anny. [illegible]

Wehlau, Anna v. (Anny Grosch). Frau Hede's Eheglück, s.: Bibliothek, bunte, zeitgenössischer Schriftsteller.

— Lebenshunger. Roman. (320 S.) kl. 8. Dresden (909). R. Kraut. 4. —

— **Die Stimme des Blutes.** Roman. (256 S.) 8. Hanau 908. Clauß & Feddersen. 3. — ; geb. in Leinw. 4. —

Wehlau, Ismar, Referendar in Märk.-Friedland: Die Pflicht des Ehemanns zur Sicherheitsleistung. Borna-Leipzig 1907: R. Noske. (XI, 53 S.) 8°
Breslau, Jur. Fak., Ref. Fischer-Leonhard, Diss. v. 20. April 1907
[Geb. 1. Mai 85 Fraustadt i. P.; Wohnort: Fraustadt; Staatsangeh.: Preußen; Vorbildung: Gymn. Fraustadt Reife O. 03; Studium: Breslau 3, Freiburg i. B. 1, Berlin 1, Breslau 2 S.; Rig. 2. Nov. 06.]

Wehle, Alwin: Zum Rechenunterricht in VI, nebst einigen geschichtl. Bemerkungen. Berlin 1908: Trowitzsch. S. 185—206. 8°
Berlin, k. Wilhelms-G, in Festschr. z. 50j. Jubil., P 1908** [S 08. 517

Wehle, C., das Patentwesen in den Vereinigten Staaten von Amerika. Eine Anleitung zur Erlangung und Verwerthung von Patentbriefen in den Vereinigten Staaten. Lex.-8. (14 S.) New-York 857. (Philadelphia, Schäfer und Koradi.) *

Wehle, Ch., der Geist unserer Gesetze, s.a. Vorträge, hrsg. vom gesellig-wissenschaftlichen Vereine von New York.

Wehle, Charles. Der Geist unserer Gesetze. Vortr. NY, 6. Apr. 1881 . . . NY, 1882.

Wehle, Fr. Ludwig

Wehle, F. L., k. preuss. Lieut. von der Armee. Vertraute Briefe über Frankreich und dessen Hauptstadt während der ersten Hälfte des Jahres 1814. Ein Beitrag zur unparteiischen Beurtheilung der neuesten Ereignisse in Frankreich. 8. Leipzig 1815.

Wehle, F. L., **vertraute Briefe üb. Frankreich u. dessen Hauptstadt. 8. Leipz. Gräff. 815.**

Wehle, Fr. Ldw., vertraute Briefe über Frankreich u. dessen Hauptstadt, während der ersten Hälfte d. J. 1814. 8. Leipz. 815. (Wienbrack). 12 gr.

— s. Darstellung d. polit. Betragens d. Generals Carnot.

Wehle, J. H., das Buch. Technik der Schriftstellerei. Versuch eines Handbuches für Autoren. 8. (IV, 236 S.) Wien 879, Hartleben's Verlag.

Wehle, J. H., das Buch. Technik u. Praxis der Schriftstellerei. Handbuch f. Autoren. 2. Aufl. 8. (247 S.) Wien 890. Hartleben. n. 3. —; geb. n. 4. —

Wehle, J. H., Krethi u. Plethi, s.: Bibliothek f. Ost u. West.

— die Reclame. Ihre Theorie und Praxis. Uebersichtliche Darstellung des gesammten Ankündigungswesens. 8. (III, 234 S.) Wien 880, Hartleben's Verlag.

— das Toleranz-Buch. Aufsätze und Aussprüche über die Freiheit der Meinungsäußerung aus dem 17., 18. und 19. Jahrh. gr. 16. (XVI, 242 S.) Wien 879, Waldheim. *

— die Zeitung. Ihre Organisation und Technik. Versuche eines journalist. Handbuches. 8. (IV, 234 S.) Wien 878, Hartleben's Verlag.

— die Zeitung. Ihre Organisation u. Technik. Journalistisches Handbuch. 2. Aufl. 8. (VIII, 309 S.) Wien 883. Hartleben. 3. —

Kschiž a połmėssaz abo Turkojo psched Winom w lècže 1683. Spissał JAN WEHLA. (Das Kreuz und der Halbmond oder die Türken vor Wien im Jahre 1683. Verfasst von JOH. WEHLE.) Budyšin. 1883. Z nakładom Maćicy Serbskeje. 8°.

Wehle, Dr. Paul, Schreibkalender des Campagnejahres 1864—1865 für österreichische Zucker-Fabriken. kl. 8. Prag, Calve'sche Univ.-B. (Fr. Becke.) 1864. geb. 1 fl. 60 kr.

Wehle, R. G., das Auswendigschreiben als Mittel der Sprachbildung Schwachsinniger. Eine Monographie. (23 S.) 4. Braunschweig 903. (H. Wollermann.) n. — 30
Sonderabdruck aus: „Ztschr. für die Behandlg. Schwachsinniger u. Epileptischer".

Wehle, R. G., Pestalozzi-Fibel f. den Schreib-Lese-Unterricht zurückgebliebener Kinder, auf lautsprachl. Grundlage bearb. gr. 8. (112 S.) Braunschweig 900. H. Wollermann. n.n. — 50; geb. n.n. — 65; Begleitwort (16 S.) unentgeltlich.

Wehle, R. G., erster Schreib-Lese-Unterricht schwachsinn. (schwachbefähig.) Kinder. **gr. 8. (104 S.) Berlin 898.** Braunschweig, H. Wollermann. n. 2. 50; erm. Pr. n. 1. 50

— **Vorübungen z.** Schreib-Lese-Unterr. schwachsinniger Kinder. E. Handreichg. f. Schule u. **Haus.** M. zahlr. Abb. **gr. 8. (40 S. m. 1 Taf.) Berlin 897.** Ebd. **n. 1. 80;** erm. Pr. n. 1. 50

Wehle, R. G., Vorübungen zum Schreib-Lese-Unterricht schwachsinniger Kinder. Eine Handreichg. f. Schule u. **Haus. 2. verm. Aufl. (50 S. m. Abb. u. 1 Taf.) 8. Braunschweig 910. H. Wollermann. 1. 50**

Wehle, Sigm., der fertige Buchhalter. Leichtfaßliche Belehrung zur gründlichen Erlernung der kaufmännischen Buchführung über Waaren-, Wechsel- und Börsengeschäfte, nach älteren Coursen und nach denen vom 10. März 1856 theoretisch und praktisch dargestellt und zum Selbstunterrichte eingerichtet. Wien 856. Lechner. gr. 8. (4 Bl., 144 S.) n. 20 ngr.

Wehle, S., der populäre Buchhalter, oder leichtfaßl. Anweisung zur Erlernung d. kaufmännischen Buchführung, theoretisch u. praktisch zum Selbstunterrichte. gr. 8. Preßburg 845, Schaiba. 3/4 rf

Wehle, Sigm., Lehrbuch der kaufmännischen Buchhaltungs-Wissenschaft. Gründliche und leichtfaßl. Belehrung die Bücher auf einfache Art und in doppelten Posten zweckmäßig zu führen. Zum Vortrage und zum Selbstunterrichte theoret. und prakt. dargestellt. gr. 8. (III und 136 S.) Wien 868, (Gerold's Sohn.) *

— **Rechnungsaufgaben** (sammt Auflösungen), Comptoir-Tafeln und Börse-Tabellen. Zur zweckmäßigen Benützung für Comptoirs und industrielle Etablissements, sowie zum Gebrauche an Handelsschulen, und zur Selbstübung für Handelsbeflissene und angehende Comptoiristen. (In 10 Heften.) 1. Heft. Aufgaben über Devisen und Staatspapiere. Wien (858.) (Wendelin.) 16. (35 S.) Preis für 1—3. Heft nn. 24 ngr.

—— 100 Rechnungs-Aufgaben über Staatspapiere und Actien. Nebst einem Anh., enth. 50 Aufgaben über Devisen und Arbitragen sammt Auflösungen. 8. (V und 34 S.) Wien 864, Mayer's Verlags-Expedition.

— der Schnellrechenlehrer, und der systematische Kopfrechner; zum Gebrauche für alle Stände. 1. Bdchn. gr. 8. Preßburg 845. (Wien, Pfautsch u. Co.) 3/4 ₰

—— das Wesen des Wechsels und sein Verhältniß zu anderen Schuldurkunden nach der deutschen Wechselordnung und dem deutschen Handelsgesetzbuche mit besond. Rücksicht auf österreich. Gesetze. Mit einigen Bemerkungen über die Schuldhaft. gr. 8. (51 S.) Wien 867, Manz' Verlag. *

Wehle, Gvilelmvs (geb. 1833 in Arnis Kr. Schleswig): Observationes criticae in Petronivm ... Bonnae, form. C. Georgi (1861). 2 Bl., 64 S., 1 Bl. 8. ¶ Erschien zugleich selbständig bei Cohen & Sohn in Bonn.
Bonn, Phil. Fak., Diss. v. 20 März 1861

Wehle, Wilh., Observationes criticae in Petronium. gr. 8. (III und 64 S.) Bonn 861, [Cohen und Sohn.] *

Wehler, Alb., die Capitalarmuth und Creditnoth der Landwirthe Ungarns, deren Ursachen und Abhülfsmittel. gr. 8. (86 S.) Leipzig 877, (Stauffer.) *

Wehler, Herm., s.a. Geschichte der Markgrafen, Kurfürsten u. Könige in der Sieges-Allee.

Geschichte der Markgrafen, Kurfürsten und Könige in der Sieges-Allee. (Verf.: Hermann Wehler.) *Berlin 1900: Lette-Ver.* (64 S.) 8° [F.] [illegible]

Geschichte der Markgrafen, Kurfürsten u. Könige in der Sieges-Allee. (Verf.: Hermann Wehler.) *Berlin: [Selbstv.] 1900.* (64 S.) 8° [F.] [illegible]

Wehlheiden [Schlagwort]

Wehlheiden, s.: Cassel, Plan.

Wehli, Alb., Kompetenzrechtliche Streitfragen. (22 S.) Lex.-8. Wien 906. Manz. n. — 50
Sonderabdruck aus: „Jurist. Blätter".

Wehli, Ernst —. Festgedicht zur Ankunft Ihrer k. k. Majestäten in der Hauptstadt Prag. Hebraisch verfaßt von — — und auf Ersuchen des Verfassers ins Deutsche übertragen von Dr. S. J. Kaempf. 8. (2 Blätt.) Prag. 1854. Buchdruckerei von M. J. Landau.

Hülskrabben. Plattdütske Döhnkes van H. **Wehling**-Schücking. Münster i. W.: Aschendorff 1910. VII, 118 S. 8° [illegible]

Wehling, Hugo [pr. Arzt in Ichterhausen]: Beitrag zur Kenntniss der periostalen Sarkome ... Jena, Druck v. C. J. Hossfeld, 1894; 34 S. 8.
Jena, Med. Fak., Inaug.-Diss. v. [8. Mai] 1894

Wehling-Schücking, H., s. Wehling, H.

Wehlitz, Hermann [aus Nesselgrund]: Die Congruenz des Participii Praeteriti in activer Verbalconstruction im Französischen (vom Anfang des XIII. bis zum Ende des XV. Jahrhunderts) .... Greifswald, Druck v. Julius Abel, 1887 [sic!]; 2 Bl. + 70 S. 8°
Greifswald, Phil. Fak., Inaug.-Diss. v. 6. März 1888

Wehlitz, Hermann, die Congruenz des Participii Praeteriti in activer Verbalconstruction im Französischen (vom Anfang des XIII. bis zum Ende des XV. Jahrhunderts). Diss. Greifswald 1887. Jul. Bindewald. 8°. 70 S.

Wehlitz, H. Die Congruenz des Participii Praeteriti in activer Verbalconstruction im Französischen (vom Anfang des XIII. bis zum Ende des XV. Jahrhunderts). Diss. Greifswald 1888. 70 S.

Wehlklagen, Gerechtes, über den frühzeitigen und unvermutheten Hintritt des . . . Herrn Gottlieb Ruprecht der Evang. Gemeinde deutscher Nation zu Pösing Seelsorger 1783. Von seinem innigstbetrübten A. M. J. S. Bruder geführet. Pressburg. V: *Semian, Melchior.* (GGr VI/62, Nr. 57) (széchenyi 5/540((Biblport)

Wehln, Richard, aus Altona: Über die Kondensation von Phenacetol mit aromatischen Aldehyden. *Rostock 1903: C. Boldt.* (47 S.) 8°
Rostock, Phil. Diss. v. [12. Jan.] 1903

Wehmann (A. F.), Hortus Caspar Bosianus . . . [Leipzig], 1723. 8°.

Wehmann, Karl, das Infanterie-Regiment Vogel v. Falckenstein (7. westfälisches) Nr. 56 in den ersten 50 Jahren seines Bestehens. (X, 456 u. 53 S. m. Kartenskizzen, 9 Taf. u. 14 [10 farb.] Karten.) gr. 8. Berlin 910. E. S. Mittler & Sohn. 11.—; geb. n 12.50

Wehmann, Max, de ὥστε particulae usu Herodoteo, Thucydideo, Xenophonteo. gr. 8. (60 S.) Strassburg i/E. 891, K. J. Trübner Verl. n. 1 50

Wehmann, Wilh., Geschäftsvorfälle zu dem Lehrgange in der einfachen Buchführung f. Maschinenbauer, e. 2monat. Geschäftsgang e. Maschinenfabrik m. etwa 20 Arbeitern, für den Unterricht an den königl. vereinigten Maschinenbauschulen Elberfeld-Barmen. (16 S.) 8. Elberfeld 904. (J. Fassbender.) n n. — 30

Wehmeier, B., über die Behandlung des Kirchenliedes in der Mittelschule, s. Lehrer-Prüfungs-Arbeiten.

Wehmeier, B., warum u. in welcher Weise muß die Volksschule das Schönheitsgefühl ihrer Schüler bilden?, s.: Lehrer-Prüfungs- u. Informations-Arbeiten. 17. Hft.

Wehmeier, Jeremias, Schulmeister Ernst. Ein Lebensbild aus der Lehrerwelt. Zwickau 868. (Döhner.) 8. (151 S.) n. 5 ngr.

Wehmer's, Spiritusbrennerei-Betrieb, gegründet auf die in seiner langjähr. ausgedehnten Praxis unter verschied. Verhältnissen gemachten Erfahrungen in Brennereien der Neu- u. Altmark, des Herzogthums Posen, der Provinz Pommern u. Sachsen. Mit besonderer Berücksichtigung der 24stünd. u. 36stünd. Grünmalzhefe. Erxleben 869. (Aschersleben, Huch.) 8. (43 S.) n. 1 ₰

Wehmer, R., Enzyklopädisches Handbuch der Schulhygiene. 1. Abt. Gr.-8°. (ill. 400 S.) Wien: Pichler 1903. K 12

Wehmer, Bernhard [app. Arzt aus Frankfurt a. O.]: Aus d. Univ.-Frauenklinik zu Giessen. 14 Fälle von Eclampsia puerperalis ... Giessen, 1891; 22 S., 1 Bl. 8.
Giessen, Med. Fak., Inaug.-Diss. v. 1891

Wehmer, C., s. Wehmer, Karl

Wehmer, C. F., Goldbuch für Geschäftsleute. Nordhausen 860. (Haacke.) 32. (VII, 136 S.) n. 15 ngr.

— Schriften für Geschäftsleute zum Reichwerden. Nordhausen 860. (Büchting.) verklebt n. 1 ngr

Wehmer, C. F., Tabelle zur Ermittelung der Maaße von Spiritus und Branntwein nach Zollgewicht, bei 12½ Grad Réaumur, oder dem Nullpunkte des Greiner'schen Alkoholometers. Nordhausen (858.) Förstemann. (1 Bgn. in Fol.) 2½ ngr.

Wehmer, C. F., und F. A. Schiebler, Taschenbuch für Kaufleute. 3., verm. Aufl. 16. (III und 287 S. mit 1 Tab. in qu. 8.) Leipzig 863, Wilfferodt. cart. *

— Taschenbuch für Zöglinge und Commis des Handels. 853. — 2. unveränd. Aufl. Nordhausen 854. Büchting. 16. (2 Bl., 248 S. u. 1 Tab. in 8.) 15 ngr.

Wehmer, Carl, s. Wehmer, Karl

Wehmer, Carl August Ferdinand, s. Wehmer, Karl August Ferdinand

Wehmer, Aemil. (E. T.) (geb. Biegen in d. Neum. 9. 1. 1824): De fame. Berolini (1840). (31 S.) 8°
Berlin, Med. Diss. v. 22. Aug. 1840

Wehmer, Franz [cand. med. aus Frankfurt a. O.]: Über gleichzeitiges Vorkommen bösartiger Geschwülste des Uterus und des Ovarium ... Würzburg, Becker's Univ.-Buchdr., 1894; 39 S. 8.
Würzburg, Med. Fak., Inaug.-Diss. v. 1894

Wehmer, Karl

Die Pilzgattung Aspergillus in morphol., physiol. u. systemat. Beziehung unter besond. Berücks. d. mitteleurop. Species mit 5 Taf. von Prof. Dr. C[arl] **Wehmer** in Hannover. Genève 1901: Ch. Eggimann & Co. (157 S.) 4°
= **Mémoires** de la Société de Physique et d'Histoire naturelle de Genève. T. 33, P. 2, No 4. 1907. 810 2

Wehmer, C., zur Bakteriologie u. Chemie d. Heringslake, s. a. Abhandlungen d. deutschen Seefischerei-Vereins, III.

Zur Bakteriologie und Chemie der Heringslake. Von Dr. C[arl] Wehmer, Privatdoz. ... zu Hannover. M. 1 lithogr. Taf. *Berlin: O. Salle 1898.* (3 Bl., 23 S., 1 Taf.) 4.
= Abhandlungen d. deutschen Seefischerei-Vereins. Bd III. [II.] 1.
98. 12304

WEHMER, Carl: Bauholzzerstörer. Populäre Darstellung der wichtigsten Hausschwammarten. - Stuttgart 1910

Wehmer, Carl, Beiträge zur Kenntnis einheimischer Pilze. I. gr. 8. Hannover 893. Hahn. n. 4. —
Zwei neue Schimmelpilze als Erreger e. Citronensäure-Gärung. Mit 2 Taf., 1 Holzschn. u. 1 Tab. (VII, 92 S.)

— Beiträge zur Kenntnis einheimischer Pilze. Experiment. Untersuchgn. auf d. Gebiete d. Physiologie, Biologie u. Morphologie pilzl. Organismen. II. gr. 8. Jena 895. G. Fischer. n. 7. — (I. u. II.: n. 11. —)
1. Untersuchungen üb. d. Fäulnis d. Früchte (m. 3 Taf.). — 2. Die physiolog. Ungleichwertigkeit d. Fumar- u. Maleïnsäure, sow. d. antisept. Wirkg. d. letzteren (m. 3 Tab.). — 3. Die Nährfähigkeit v. Natriumsalzen f. Pilze (m. 3 Tab.). — 4. Die in u. auf Lösgn. freier organ. Säuren m. Vorliebe auftret. Pilzformen (m. 3 Abb.). — 5. Zur Frage nach d. Bedeutg. v. Eisenverbindgn. f. Pilze. — 6. Ueber d. Vorkommen d. Champignons auf d. deutschen Nordseeinseln, nebst ein. Bemerkungen üb. d. Pilzflora derselben. (VIII, 184 S.) n. 7. —

Wehmer, Carl [aus Hannover]: Die Bildung von Lävulinsäure, ein Kennzeichen der Glykosen und ein Beweis für die Gegenwart eines „echten" Kohlenhydrats ... Hannover, Druck d. Buchdruckervereins d. Prov. Hannover, E. G., 1886; 54 S. + 1 Bl. 8°
Göttingen, Phil. Fak., Inaug.-Diss. v. 28. Jul. 1886.

Wehmer, Carl, die Bildung der Lävulinsäure, ein Kennzeichen der Glykosen und ein Beweis für die Gegenwart eines „echten" Kohlenhydrats. Inaugural-Dissertation. gr. 8. (54 S.) Hannover 886. (Göttingen, Vandenhoeck und Ruprecht's Verlag.) *

Wehmer, C: Zwei neue Schimmelpilze als Erreger einer Citronensäure-Gärung. Hannover und Leipzig 1893 (Beiträge zur Kenntniß einheimischer Pilze. 1)

Wehmer, Karl August Ferdinand

Wehmer, Carl Aug. Ferd., Rede bei d. Einweihung d. neuen Begräbnißplätze zu Biegen d. 9. Jun. 1834 u. zu Pilgram d. 15. Oct. 1834. gehalt. gr. 8. (1 B.) Frankfurt a. d. O. (Hoffmann.)

Wehmer, Richard

Wehmer, R., Abdeckereiwesen, s.a. Handbuch der Hygiene.

Wehmer, R., Abdeckereiwesen. (Aus: Handb. der Hygiene.) Mit 6 Abbildgn. (S. 103—148.) Jena 93. Fischer. M. 3.50

— Gesammtbericht üb. das Sanitäts- u. Medicinalwesen in der Stadt Berlin, s.: Wernich, A.

Wehmer, Rich. Die häufigsten Gesundheitsstörungen d. Alpinisten, ihre Verhütg. u. erste Behandlg. gr. 8. (26 S.) Wien 889. (Münch., Lindauer.) * 1 —
Aus: Zeitschrift d. deutsch. u. österr. Alpenver., besonders abgedruckt.

Wehmer (R.). Die häufigsten Gesundheitsstörungen der Alpinisten, ihre Verhütung u. erste Behandlung (26 S.) Wien. 1890. M. 1.—

Wehmer, R., s.: Gesundheitswesen, d. öffentliche, im Reg.-Bez. Coblenz.

[F.] Grundriss der Schulgesundheitspflege unter Zugrundelegg der f. Preussen gült. Bestimmgn bearb. v. Dr. R[ich.] **Wehmer,** Reg.- u. Medizinalr. zu Coblenz. M. 17 Abb. *Berlin. R. Schoetz 1895.* (VIII, 159 S.) 1 Bd 8.
(96. 6131)

Wehmer, R., s.: Handbuch, enzyklopädisches, d. Schulhygiene.

— s.: Jahresbericht üb. etc. Hygiene.

— Lehrbuch des öffentlichen Gesundheitswesens, s.: Wernich, A.

Wehmer, R., die neuen Medicinal-Gesetze Preußens. Unter Berücksicht. der neuen Reichsgesetze, der neuen v. Verwaltungsbehörden erlassenen Bestimmgn. u. der gerichtl., sowie verwaltungsgerichtl. Judikatur. Zusammengestellt u. hrsg. gr. 8. (VIII, 557 S.) Berlin 902. A. Hirschwald. n. 10. —

— s.: Medizinal-Kalender.

— üb. Nasenkrankheiten, welche m. Schnupfen verbunden sind, unter besond. Berücksicht. ihrer Behandlung, s.: Sonder-Abdrücke der Deutschen Medizinal-Zeitung.

Wehmer, Ulrich: Aetiologie und Diagnose der Strumitis suppurativa. *München 1897: Schaumberg.* (28 S.) 8°
München, Med. Diss. v. 1897

Wehmeyer, B., s. Wehmeier

Wehmeyer, B. H., Regentensaal, od. tabellar.-chronolog. Uebersicht d. Regentenfolge in d. merkwürdigsten Staaten alter u. neuer Zeit. Zur Erläuterung d. europ. u. asiat. Staatengeschichte, mit reichen histor. Notizen versehen. 4. (17½ B.) Schwerin u. Rostock 829, Stiller.

Bericht zur Feier des 125jähr. Stiftungsfestes der ehrw. Loge Ferdinande Caroline. Stiftungs-Tag 18. Juli 1776 bis 1901. Gefeiert 21. Nov. 1901. H[ugo] **Wehmeyer.** Hamburg [1901]: Rademacher. 42 S. 8⁰
Anderer Bericht in: HL. 34 (1901) S. 3099 bis 3103.
Nebst Verzeichn. der M. v. St. der Loge seit ihrem Bestehen. Vortrag von H. Wehmeyer: Rückblick auf die Gesch. der Loge, von O. Meissner: 25 Janre deutsche Mrei.

Wehmeyer, Johann Friedrich (Rudolstadt) A. S. 1348/44

Dissertatio metaphysica problema utrum doctrina de mentis materialitate hypothesis philosophica possit vocari et quo ostenso an illa probabilior doctrina de simplicitate animi solvens.
Präs. Johann Stephan Müller.
Jena (Marggraf) 23. VI. 1753. 56 S.
36013

Wehmeyer, Ludw., das Marcus-Evangelium u. die Bergpredigt aus Matthäus (Kap. 5—7), f. Schule u. Haus zum leichteren Verständnis bearb. 8. (X, 82 S.) Kassel 898. (E. Hühn.) Kart. n. — 80

Wehmuthslaute eines Früh-Verblichenen . . . Braunschw. 1829. V: *Schmidt, Ernst Friedr.* (JStBbII) (Ky)

Wehmuthslaute eines Früh-Verblichenen (E. Fr. Schmidt). Aus Klamer Schmidt's „literar. Nachlasse" hrsg. u. mit e. Lebensbeschreibung begleitet v. W. W. J. Schmidt. 8. (25 B. u. der Silhouette d. Verblichenen.) Braunschweig 829. (Potsdam, Vogler.)

Wehmuthslaute eines früh Verblichenen (E. Fr. Schmidt). Aus Klamer Schmidt's literar. Nachlasse herausg. u. mit einer Lebensbeschreib. begleitet v. W. W. J. Schmidt. 8. Braunschw. 829. (Leer, Vogler). 1 ℔ 6 K

Wehn, Heinr. Wilh., Erfahrungen u. Bemerkn. üb. d. Wendung. Ein Glückwunsch zur Feier d. 25. Dienstjubiläums d. Hrn. Geh. Medizinalr. Dr. Ferd. Aug. Ritgen. gr. 4. (6½ B.) Giessen 833, Ricker.

(**Wehncke,** H. M.,) Die Schifffahrt auf der Elbe. Hamburg 1841. 8.

Wehnelt, A(rtur): Über die Elektronenemission glühender Metalloxyde und damit zusammenhängende Erscheinungen. Landsberg a. W. 1909: Dermietzel & Schmidt. S. 135—143. 8°
Landsberg a. W., k. G u. R, in Festschr. z. 50j. Jubil. T. 2. OP 1909 (93)* [S 09. 494

Wehnelt, Arthur, Dr. phil.: Strom- und Spannungsmessungen an Kathoden in Entladungsröhren. *Leipzig: S. Hirzel 1901.* (50 S.) 8°
Erlangen, Phil. Hab.-Schr. v. [16. Juli] 1901

Wehnelt, Arth., Strom- u. Spannungsmessungen an Kathoden in Entladungsröhren. Habilitationsschrift. gr. 8. (50 S. m. Fig.) Leipzig 901. S. Hirzel. n. 1. —

Wehnelt, Arthur: Studien ueber den dunklen Kathodenraum. Leipzig: J. A. Barth 1898. (34 S.) 8⁰
Erlangen, Phil. Diss. v. 17. Febr. 1898.

Wehnen, Bau, Leben und Nahrungsstoffe der Kulturpflanze Kurzer Leitfaden für landwirthschaftl. Mittelschulen. gr. 8. (VI, 93 S. mit eingedr. Holzschn.) Berlin 881, Parey. *

—— Boden und Steine. Leitfaden der Mineralogie, Geologie und Bodenkunde zum Gebrauche an Real- und Landwirthschaftsschulen. gr. 8. (VI, 226 S. mit 16 lithogr. Taf.) Ebendas. 882. *

Wehnen, Leitfaden der Chemie m. besond. Berücksicht. der landwirtschaftlichen Gewerbe. Zum Gebrauche an Real- u. Landwirtschaftsschulen bearb. Mit 57 Holzschn. u. 1 Spectraltaf. gr. 8. (VI, 270 S.) Berlin 883. Parey. n. 5. —

Wehnen, Johann (geb. am 3 Nov. 1848 in Wankum Kr. Geldern): Beiträge zur Kenntniss der höher benzylirten Benzole . . . Bonn, Druck v. C. Georgi 1875. 2 Bl. 8. ¶ Nur Titelbl., Vita u. Thesen.
Bonn, Phil. Fak., Thes. v. 19 März 1875

Wehnen, Johann (geb. am 3 Nov. 1848 in Wankum Kr. Geldern): Beiträge zur Kenntniss der höher benzylirten Benzole . . . Bonn, Druck v. C. Georgi 1875. 33 S., 1 Bl. 8.
Bonn, Phil. Fak., Diss. v. 19 März 1875

Wehner, A. (I.). Bad Brückenau bei den Erkrankungen der Harnorgane. 6. Aufl. 8. (32 Seiten mit 3 Holzschn.) Brückenau 892, Wolf. — 50

Wehner, A. (I.), Bad Brückenau und seine Kurmittel. Zum Gebrauch für Kurgäste. Mit 1 (lithogr.) Ansicht und Orientirungskarte (in Aubeldr.). gr. 16. (84 S.) Würzburg 879, Stahel'sche Buchh. cart. *

Wehner, A., Bad Brückenau und seine Kurmittel. Zum Gebrauche für Curgäste. 2. verm. Aufl. 12. (127 S. mit 6 Holzschn. und 1 Karte.) Würzburg 886, Stahel'sche Universitäts-Buchh. cart. *

Wehner, A., Bad Brückenau u. s. Kurmittel. Neuester illustr. Führer f. Kurgäste u. Touristen. Auf Grund 20jähr. Praxis in Bad Brückenau bearb. M. 7 maler. Bade-Ansichten u. 1 Karte v. Brückenau u. Umgebg. 3., verb. Aufl. 8. (VII, 92 S.) Würzburg 895. Stahel'sche Verlagsanstalt. n. 1. —

Wehner, Bad Brückenau u. seine Curmittel bei den Erkrankungen der Harnorgane. IV. Aufl. 12. (28 S. m. 1 Ansicht.) Brückenau 889. E. Wolf. n. — 40

Wehner, A., Bad Brückenau, königl. bayer. Mineralbad, u. seine Kurmittel. Neuester illustr. Führer. 4. umgearb. Aufl. Mit der Ravenstein'schen Rhönkarte. 8. (VI, 90 S.) Würzburg (901). Stahel's Verl. n. 1.—

Wehner, A., Gedicht-Sammlung f. Schulfeierlichkeiten an den vaterländischen Gedenktagen der neuesten Zeit. gr. 8. (104 S.) Hannover 889. C. Meyer. n. 1. 20

Wehner, A., die Glocke, e. Symbol menschl. Vereinigg. Darlegung d. Gedankenzusammenhanges d. Liedes v. d. Glocke nach e. d. philosophisch-ästhet. Anschaugn. Schillers entnomm. Beleuchtg. M. Orig.-Text, sinn- u. zeitgemäß. Erörtergn. vers. gr. 8. (75 S.) Leipzig 896. A. Wehner. n. 1. 60; geb. in Leinw. n. 2. 50

— auserlesene biblische Historien f. evangelische Schulen. Neue Bearbeitg. 15., in schulmäß. Orthographie hergestellte Aufl. gr. 8. (VIII, 344 S. m. 8 Holzschn. u. 6 Karten.) Gütersloh 889. Bertelsmann. n. — 80

Wehner, A., s.: Taschenbuch f. Lehrer.

Wehner, A. (H.), Unterlagen für die Einführung in den Betrieb des Turnunterrichtes im Anschluß an den neuen Leitfaden für den Turnunterricht in den preuß. Volksschulen. gr. 8. (XXIII, 226 S. mit 1 Stnt.) Gütersloh 878, Bertelsmann. *

WEHNER, Anton (Schillingsfürst; München): Die Gerichtsverfassung der Stadt München von der Entstehung bis zum Untergange der Rathsverfassung.- München: Ackermann 1876. XI,105 S.,1 Bl.
25.2.1876 - Urk (Titel: De judiciorum Monacensium ab origine usque ad interitum senatus civium constitutione.); Chr 1875/76,15
Diss.Ingolst.-Landsh.-Mchn.

Wehner, Ant., die Gerichtsverfassung der Stadt München von der Entstehung bis zum Untergange der Rathsverfassung. gr. 8. (XI, 105 S.) München 876. Th. Ackermann. n. 2. —

Wehner, Aug. Friedr., Beantwortung verschiedener Rechtsfragen. 1. Heft. gr. 8. (VI und 66 S.) Grimma 850. [Wurzen,] Verlags-Comptoir. *

Wehner, Bruno, der grüne Philosoph. Gedichte f. kleine u. große Leute. Mit Federzeichnungen von M. Scholle. (46 S.) gr. 8. Leipzig 906. Verlag f. Literatur, Kunst u. Musik. n. 2. 50

Wehner, (C. G.,) theoretisch-prakt. Lehrsystem d. Pianofortespieles. 2 Thle. gr. 4. Meißen 826, Klinkicht. (L., Mittler.)

Wehner, Charlotte, die Kunst, Kahlköpfe zu behaaren, u. die Haare im frischem Wachsthum zu erhalten, nebst andern weibl. Künsten, zum allgemeinen Besten mitgetheilt. 8. Dresd. 826. (Leipz., P. Vogel). 6 K

Wehner, Clemens, s. Wehner, Klemens

Wehner, Edg., Reichsgesetz gegen den unlauteren Wettbewerb, s.: Rosenthal, Alfr.

Wehner, Ewald [aus Stralsund]: Ueber m-Nitrobenzolsulfinsäure . . . Greifswald, Druck v. J. Abel, 1893; 30 S. 8°
Greifswald, Phil. Fak., Inaug.-Diss. v. 29. Apr. 1893.

Wehner, F., e. neue Irrlehre. Randbemerkungen zum medicin. Aberglauben. gr. 8. (13 S.) Leipzig 890. (E. Thiele.) — 15

Wehner, F., Streiflichter auf die Natur- u. Medicin-Heilkunde. Vortrag, geh. im Verein f. Naturfreunde im Jan. 1891. gr. 8. (24 S.) Leipzig 891. (F. Thiele.) — 15

Wehner, Friedrich: Schichtabstand und Schichtpotentialdifferenz in der positiven Glimmentladung. Leipzig: J. A. Barth 1910. 52 S. 8° ¶ (Aus: Annalen d. Physik. F. 4, Bd 32, H. 6.)
Leipzig. Phil. Diss. v. 31. Mai 1910, Ref. Wiener, Des Coudres
[Geb. 30. Juli 83 Sornzig; Wohnort: Pöbl b. Jucketa; Staatsangeh.: Sachsen; Vorbildung: Gymn. Schleiz Reife O. 03; Studium: Kiel 1, Leipzig 11 S.; Rig. 2. Dez. 09.] [U 10. 3206

Wehner, [Friedrich Hermann]: [Bericht über seine Einführung als Direktor der Anstalt.] S. 20–26. 4. Realschule *Bautzen* 1907 (704).
Progr.

Wehner, Friedrich Hermann [aus Mockethal]: Ueber die Reflexion und Brechung des Lichtes an der Grenze unkrystallinischer Medien. . . . Greifswald, Druck v. F. W. Kunike, 1890; 2 Bl., 39 S. 8°
Leipzig, Phil. Fak., Inaug.-Diss. v. [25. Okt.] 1890

Wehner, [Friedrich] Hermann: Untersuchungen über die Grundlagen der Raum- und der Zeitmessung. 33 S. 4.
Städt. Realgymn. mit Realschule u. landwirtschaftl. Oberklasse
Progr. *Plauen* i. V. 1903 (635).

Verzeichnis der von den städtischen Realanstalten zu Plauen i. V. in der Zeit von 1891—1905 mit dem Reifezeugnis oder dem Freiwilligenschein entlassenen Schüler. (Verf.: Prof. Rob. Glass u. Dr. Frdr. Herm. Wehner.) Plauen i. V. 1906: Neupert. (21 S.) 4°
Plauen i. V., st. RG u. R OP 1906 (693)

Wehner, Fridericus (Thomasius) *(geb. Greiffenberg in Schles. 12.2 1838)*: De venae sectione ad partum adhibenda. Vratislaviae (1864). (21 S.) 8°
Breslau, Med. Diss. v. 19 Nov. 1864

Wehner, Fritz, a. Leipzig: Zur Kasuistik der Pneumokokkensepticaemie ohne Pneumonie. Leipzig 1908: B. Georgi. (35 S.) 8°
Leipzig, Med. Fak., Ref. Curschmann, Diss. v. 22. Mai 1908
[Geb. 19. Jan. 83 Leipzig; Wohnort: Leipzig; Staatsangeh.: Sachsen; Vorbildung: Nikolai-Gymn. Leipzig Reife O. 03; Studium: Leipzig 10 S.; Coll. 29. Mai 08; Approb. S.-S. 08.]

Wehner, G., & Co.: Prospekte über Gewächshäuser usw. (1910?) E. Britz bei Berlin

Wehner, Geo., Sächsische Topasen u. Böhmische Granaten. 1e Schnur. Die Handquehle (in der Wiener-Zeitschrift für Literatur rc. 1824 zuerst erschienen). Neue Ausg. Mit 4 Abbildd. in Steindruck. 8. Zwickau 833. Richter. n 1/3 ℔

Wehner, H., u. B. Kiesler, der Hofdichter. Lustspiel in 3 Akten. 8. (36 S.) Düsseldorf 895. A. Schneider. n. — 50

Wehner, H., deutsche Interpunktionslehre f. d. Hand d. Schüler u. z. Selbstunterricht. 8. (44 S.) Salzungen 896. (L. Scheermesser.) n. — 40

Wehner, H., 26 Männerchöre, als Sangesgabe für die deutschen Gesangvereine componirt. qu. gr. 8. (38 S.) Düsseldorf 878, Schwann. *

Wehner, Heinr., das Innere der Erde u. der Planeten. Mathematisch-physikal. Untersuchg. Mit 27 Orig.-Fig. im Text. (IV, 74 S.) gr. 8. Freiburg 908. Craz & Gerlach. 2. 50

Wehner, Heinr., über die Kenntnis der magnetischen Nordweisg. im frühen Mittelalter, s.: Vorträge u. Abhandlungen, hrsg. v. der Zeitschrift „Das Weltall". 11. Hft.

— die Sauerkeit der Gebrauchswässer als Ursache der Rostlust, Bleilösung u. Mörtelzerstörung u. die Vakuumrieslung. (IV, 93 S. m. 6 Abbildgn.) 8. Frankfurt a/M. 904. J. Rohm. Geb. in Leinw. n. 2. –

Wehner, Herm., Leitfaden f. den stereometrischen Unterricht an Realschulen. gr. 8. (VIII, 54 S. m. Fig.) Leipzig 892. B. G. Teubner. Kart. n. — 80

Wehner, Herm., Leitfaden f. den stereometr. Unterricht an Realschulen. 2. verb. Aufl. gr. 8. (V, 65 S. m. 88 Fig.) Leipzig 901. B. G. Teubner. Kart. n. 1. —

Wehner, Hermann, Dr.: Untersuchungen über die Grundlagen der Raum- und der Zeitmessung. *Plauen i. V. 1903: Neupert.* (33 S.) 4°
Plauen i. V., st. RG m. R u. handelswissenschaftlicher Oberklasse, OP 1903 (635)

Wehner, Hugo, s. a.: Reginaldus, Karl.

Wehner, Hugo, d. hl. Kirchenlehrer Augustinus, s.: Jugend-Bibliothek, kathol., 20. Bdchn.

Wehner, Hugo, Bomben u. Granaten zur Verteidigung des katholischen Glaubens f. jung u. alt. Beweise f. das Dasein Gottes. (IV, 182 S.) kl. 8. Paderborn 905. F. Schöningh. n. — 60

Wehner, Hugo, heitere u. ernste Erzählungen, s.: Kinder-Bibliothek, katholische. 51./52. Bdchn.

Wehner, Hugo, die Erziehungsprinzipien Dupanloup's u. unsere modernen Pädagogen, s.: Vorträge u. Abhandlungen, pädagogische.

— die entlarvte Kartenschlägerin. — Eine wahre Begebenheit aus dem Siegkreise, s.: Jugendbibliothek, Laumann'sche. 22.

— das Leben der hl. Elisabeth, s.a. Jugendbibliothek, katholische.

— Das Leben der hl. Elisabeth. Ein Büchlein f. die liebe Jugend. 2. Aufl. (64 S. m. 3 Taf.) 8. Kempten 907. J. Kösel. —60; geb. in Halbleinw. —80

Wehner, Johann Ernst (Wurzen) A. S. 25/23

De felonia ante praestitum fidelitatis commissa.
Präs. Ernst Heinrich Mylius.
Leipzig (Breitkopf) 4. VIII. 1739. 24 S.

Gew.: Stadt Wurzen. 36014

WEHNER, JOH. WILH., s. Christosophisches Gesangbuch. 1819.

Wehner, Johannes, approb. Arzt aus Beirut (Syrien): **Hernienoperationen** nach Biondi-Pfannenstiel. *Leipzig 1903: B. Georgi.* (25 S.) 8°
Leipzig, Med. Diss. v. (24. Apr.) 1903

Wehner, K. In welchen Punkten zeigen sich bei Lactantius de morte persecutorum — die durch den lokalen Standort des Verfassers bedingten Vorzüge in den Berichten über die letzten drei Regierungsjahre Diocletians? 18 S. *Saalfeld* 1885
Progr.

Wehner, Klemens

Wehner, Clem., Verzeichniss d. Fernsprechstellen in Leipzig u. Vororten, nach Nummern geordnet. gr. 8. (IV, 176 S.) Leipzig (Thomasring 5) 898. Geo. Schneider, Nachf. — 75

Wehner, Max, a. Dresden: Die Bedeutung des Experimentes für den Unterricht in der Chemie. Leipzig 1905: B. G. Teubner. (62 S.) 8° ¶(= Sammlung naturwiss.-pädag. Abhandlungen Bd 2, H. 1.)
Leipzig, Phil. Fak., Ref. Volkelt u. Ostwald, Diss. v. 18. Jan. 1905
[Geb. 4. März 77 Dresden; Wohnort: Großbothen; Staatsangeh.: Sachsen; Vorbildung: Seminar Oschatz Wahlfähigkeitsprüf. M. 00; Studium: Leipzig 6 S.; Rig. 14. Juni 04.]

Wehner, Max, die Bedeutung des Experimentes f. den Unterricht in der Chemie, s.a. Sammlung naturwissenschaftlicher-pädagogischer Abhandlungen. II, 1.

Die Bedeutung des Experimentes für den Unterricht in der Chemie. Von Dr. Max Wehner. Leipzig & Berlin: B. G. Teubner 1905. (62 S.) 4°(8°). = Sammlung naturwissenschaftl.-pädag. Abhandlungen. Bd 2. H. 1.

Wehner, Otto [aus Platvitz a/Rügen]: Über zwei Denkschriften Radetzkys aus dem Frühjahr 1813 .... Greifswald, Druck v. Julius Abel, 1887; 2 Bl. + 43 S. 8°
Greifswald, Phil. Fak., Inaug.-Diss. v. 10. Okt. 1887

Wehner, Otto, über zwei Denkschriften Radetzkys aus dem Frühjahr 1813. Diss. Greifswald 1887. Jul. Bindewald. 8°. 43 S.

Wehner, Otto [wiss. Hilfsl. Dr.]: Carl Johann und Bülow in den ersten Tagen nach der Schlacht bei Grossbeeren. (Umschlagt.: ... '(E. Beitr. z. Gesch. d. Nordarmee i. J. 1813.)') Greifswald, Druck d. Buch- u. Steindr. v. F. W. Kunike, *1892;* 3—18 S. 4.
Greifswald, st. G u. RPG, P 1892 (135)

Wehner, Otto [Dr.]: Das zweite stralsundische Stadtbuch ... s. **Reuter,** Christian, Lietz, Paul, & Wehner, Otto: Das zweite ...

Wehner, Otto, s.: Stadtbuch, d. 2. stralsund.

P. Ott. Wehner, Handbuch über das (Preußische) Kassen- und Rechnungswesen. Berlin, 1797. 2. verm. und verb. Aufl. von Symansky. Berlin 1824.

Wehner, Paul, Grundsätze üb. die Verwendung des Frachturkundenstempels im Eisenbahnverkehr in der vom Reichsschatzamt hrsg. Fassung m. e. Übersicht sowie m. Erläuterungen u. Beispielen nebst e. Vorwort u. Anh. (38 S.) kl. 8. Berlin 907. (F. Siemenroth.) —50

Wehner, Paul Matthias

Wehner, P. M., et I. Rüdinger, Observationes practicae et feudales. II Tom. fol. Basel, Schweighäuser. 735.

— practicarum juris Observationum liber singularis cura Schilter. fol. Strasb. Treuttel et W. 735.

Wehner, Robert, prakt. Unterricht in Wiesen-Wässerungs-Anlagen, u. zwar im Kunstwiesenbau, im natürlichen Wiesenbau (ohne Flächenumbau), im Ueberstauungsbau; mit Vorausschickung der Lehre im Nivelliren, in Absicht auf Wiesen-Wässerung. Nebst 86 Zeichnungen (auf 9 Steindrucktaf.) gr. 8. Glogau 844, Flemming. 1 ß

Wehner, Traugott Leberecht (Rothenburg/Laus.)
A. S. 575/80

Specimen continens caput iuris controversum de servitute fundo usufructuario imposita.
Präs. Christian Heinrich Breuning.
Leipzig (Langenheim) 13. VI. 1767. 8 S.
36020

Wehner, W., christosophisches Gesangbuch, s. Gesangbuch.

Wehner, W., zwei Predigten, letztere bei derselben Gelegenheit in der Kirche zu Salzungen u. erstere am 12. Aug. 1821. 8. Hildburgh., Kesselring. 5 K

Wehner, Wilhelm, Gerichts-Accessist in Gießen: Privatrechtliche **Sonderstellung** der hessischen Standesherrn. *Mainz: J. Diemer 1903.* (X, 74 S.) 8° [F.] ¶(Erschien vollst. ebenda.)
Gießen, Jur. Diss. v. 1903

Wehner, Wilh., die privatrechtliche Sonderstellung der hessischen Standesherrn. (X, 248 S.) gr. 8. Mainz 903. J. Diemer. n. 3. —

Wehnert, Adam, Apothekenbesitzer in München: Anatomisch-systematische Untersuchung der Blätter der Gattung „Symplocos". München 1906: V. Höfling. (57 S.) 8°
München, Phil. Fak., Ref. Radlkofer, Diss. v. 5. Juni 1905
[Geb. 11. Okt. 56 Seßlach, Oberfranken; Wohnort: München; Staatsangeh.: Bayern: Vorbildung: Gymn. Bamberg bis einschl. 7. Kl. Aug. 71; Studium: Würzburg 1. München 8 S.; Rig. 5. Juni 05.]

WEHNERT, Albert (Bukarest): De lithotomia et lithotripsia. (Titel nach der Urkunde) 3.4.1843 - Urk; F 66
Diss. Ingolst.-Landsh.-Mchn.

Jesus als Symboliker. Von Dr. Bruno Wehnert, Hamburg. Dortmund: Ruhfus 1909. 153 S. 8° [10. 4426

Regeln für die Anfertigung von deutschen Aufsätzen. Ein Hilfsbuch f. Schüler höh. Lehranst. von Dr. [Bruno] **Wehnert,** Oberl. Dortmund: F. W. Ruhfus 1906. (16 S.) 8° [F.] [07. 7303

Wehnert, Bruno, aus Berlin: Goethes Reim. *Berlin 1899: B. Paul.* (56 S.) 8° ¶(Enthält nur einen Teil d. eingereichten Arbeit.)
Berlin, Phil. Diss. v. 28. Okt. 1899

Wissenschaft, Philosophie, Kunst und Religion. Von B[runo] **Wehnert.** Dortmund: Ruhfus 1910. 392 S. 8° [11. 10037 B

Wehnert, Carl, s. Wehnert, Karl

Wehnert, Ernst, Einführung in die Festigkeitslehre nebst Aufgaben aus dem Maschinenbau u. der Baukonstruktion. Ein Lehrbuch f. Maschinenbauschulen u. andere techn. Lehranstalten sowie zum Selbstunterricht u. f. die Praxis. (XII, 236 S. m. 221 Fig.) gr. 8. Berlin 906. J. Springer. Geb. in Leinw. n. 6. —

Wehnert, Ernst, Einführung in die Festigkeitslehre nebst Aufgaben aus dem Maschinenbau u. der Baukonstruktion. Ein Lehrbuch f. Maschinenbauschulen u. andere techn. Lehranstalten sowie zum Selbstunterricht u. f. die Praxis. 2. verb. u. verm. Aufl. (XII, 268 S. m. 247 Fig.) gr. 8. Berlin 910. J. Springer. Geb. in Leinw. 6. —
1. Aufl. (VIII, 236 S. m. 221 Fig.) 906. Geb. 6. —.

— Zusammengesetzte Festigkeitslehre nebst Aufgaben aus dem Gebiete des Maschinenbaues u. der Baukonstruktion. Ein Lehrbuch f. Maschinenbauschulen u. andere techn. Lehranstalten sowie zum Selbstunterricht u. f. die Praxis. (VIII, 224 S. m. 142 Fig.) gr. 8. Ebd. 908. Geb. in Leinw. 7. —

Wehnert, G., s. Wehnert, Gottlieb Johann Moritz

Wehnert, Gottlieb Joh. Mor.: „Vermischte Abhandlungen aus dem Gebiete des Staatsrechts, der Staatswirthschaft und der Finanzwissenschaft, mit Rücksicht auf die neueste Preußische Gesetzgebung", Berlin 1814 (Nicolai).

G. Wehnert, Ueber die vortheilhafteste Benutzung und den Verkauf der Domainen. Berlin, 1811.

Wehnert, Gli. Jh. Mor. Ueber die vortheilhafte Benutzung und den Verkauf der Domainen. gr. 8°. Berlin, Nicolai, 1812.

Wehnert, Gli. Jh. Mor. Ueber den Geist der neuen französischen Finanzverwaltung, nebst Ideen zu einer zweckmässigen Finanzform der deutschen Staaten. gr. 8°. Berlin, Nicolai, 1812.

Wehnert, über den Geist und Organismus der preuß. Provincial-Verwaltung, und über deren Reformplan nach constitutionellen Staatsmaximen. gr. 8. (VIII und 31 S.) Potsdam 848, Stuhr'sche Buchh. *

Wehnert, üb. den Geist d. preuß. Staatsorganisation u. Staatsdienerschaft. gr. 8. (7¼ B.) Potsdam 833, Riegel.

Wehnert, die Politik d. Civil-Staatsdienstes. gr. 8. (5 B.) Potsdam 830, [Riegel's Vrlsbuchh.]

(——) über d. Reform d. preuß. Städte-Ordnung, s. Ueber.

Wehnert, Gli. J. Mor.: Ueber die Reform der Preuss. Städte-Ordnung. Eine staatswissenschaftl. Abhandl. *Potsdam*, Riegel. 828. 8. (8 Gr.)

Wehnert, H.: Bericht über die Untersuchung von Mergelfunden in Schleswig-Holstein. o. O. u. J. 8° [*Kopfti.*]

Wehnert, Hans: Die Tribrom- und Trichlor-Metaxylole Rostock, C. Boldt'sche Hof-Buchdr., 1892; 40 S. 8. Rostock, Phil. Fak., Inaug.-Diss. v. [3. Aug.] 1892

Wehnert, J. J. M., s. Wehnert, Gottlieb Johann Moritz

Wehnert, Jh. Chr. Mt., († d. 1. Juli 1825.) Mecklenburg. gemeinnütz. Blätter. 1r u. 2r Bd. à 4 Stück. 8. Hamb. 790—92. Hoffmann. (Campe). 2 ℛ 16 gℊ

— meklenb. gemeinn. Blätter, od. meklenb. Provinzialblätter f. d. J. 1802 u. 3. d. Jahrg. à 12 Stck. 8. Neustrelitz, Albanus. (802. 4 Rthlr. 803. 3 Rthlr. 20 gr.)

— Mannigfaltigkeiten für Kinder. 4 Quart. 8. Schwerin 784, 85. Bödner. 2 ℛ. Neue Mannigfaltigkeiten für Kinder für d. J. 1786. 2 Stck. 8. Ebd. 787. 1 ℛ

— Mecklenburg. Provinzialblätter. 5 Bde. à 6 Stck. 8. Neustrel. 801—3. Albanus. A. u. d. T.: Mecklenburg. gemeinnütz. Blätter. 3r—7r Bd. 7 ℛ 20 gℊ

— Schulrede bei der öffentl. Entlassung dreier Jünglinge von d. Schule zur Akademie. gr. 8. Stendal 823. Franzen u. G. 6 gℊ

Wehnert, Johann Georg

Wehnert, J. G.: System.-chronolog. Verz. sämmtl. in d. off. Wochenbl. 1812—17 abgedr. Landesgesz. u. Verordnn. *Wismar*, Oesten. 818. 4.

Wehnert, Jh. Geo., (Bürgermeister), systemat.-chronolog. Verzeichniß sämmtl. in den officiellen Wochenblatte vom Anfange desselben bis zum Schlusse d. J. 1822 abgedruckten Landesgesetze u. Verordnungen, als e. Uebersicht d. Mecklenburg. Gesetzgebung in den neuesten Zeiten. 4. Parchim 823.

Wehnert, Karl

Wehnert, Carl, neue originelle Anwendungen bewährter Verfahrungs-Methoden für Daguerreotypisten, Maler und ganz besonders für Liebhaber dieser Künste. Geprobt und beschrieben. Leipzig 853. F. Voigt. 16. (27 S.) 5 ngr.

Wehnert, Carl, auf Einfachheit u. Sicherheit besonders Anspruch machendes Verfahren, genügende Daguerreotypen zu erzielen u. zu coloriren. 8. (2 B.) Leipzig 845, (Grosse.) *

Wehnert, Stef., altfränkische Chronik in Wort u. Bild. 1908. (8. Jahrg.) (16 S.) 32×18 cm. Würzburg, Prometheus-Verlag. 1. —

— Die Residenz in Würzburg. Ein Beitrag zur Kunstgeschichte des 18. Jahrh. zugleich Führer durch dieselbe. Mit Künstlerverzeichnis, Führer durch die Gemäldegallerie u. beigegebenen Illustr. (62 S.) kl. 8. Ebd. (907). 1. —

— Umgebungs-Führer f. Würzburg. Ausflüge u. Touren der Umgebg. Würzburgs. Mit 1 Kärtchen der Umgebg. Würzburgs. (16 S.) 21×8,5 cm. Ebd. (904). — 20

— Würzburg. Ein neuer Führer durch die Stadt u. Umgebg. f. Fremde u. Einheimische. Mit Beschreibg. aller Sehenswürdigkeiten u. besond. Berücksicht. Würzburgs als Kunststadt. (64 S. m. Abb.) kl. 8. Ebd. (903). — 40

Wehninck, Franz, appr. Arzt a. Barlo (Westfalen): Bildung einer Granulationsgeschwulst an einem eingedrungenen Fremdkörper. Bocholt 1906. J. & A. Temming. (31 S.) 8°
Erlangen, Med. Fak., Ref. Hauser, Diss. v. 29. März 1900
[Geb. 10. Juni 73 Barlo; Wohnort: Steele; Staatsangeh.: Preußen; Vorbildung: Gymn. Münster Reife O. 94; Studium: Würzburg 2, Freiburg i. B. 1, Würzburg 2, Erlangen 3, Heidelberg 2, Erlangen 8 S.; Coll. 27. Jan. 00; Approb. 1. Febr. 04.]

Wehningen, Otto, Goethes Brief an J. G. Herder vom 4. IX. 1788: „Es bleibt wahr: Das Märchen v. Christus (d. h. v. der Gottheit Christi. Der Verf.) ist Ursache, daß die Welt noch 10/m (zehntausend) Jahre stehen kann, u. niemand recht zu Verstand kommt." (Umschlag: Goethe, Christus u. Gottesglaube.) (27 S.) gr. 8. Leipzig 908. Teutonia-Verlag. — 75

Wehnthal. Das W' und ein Wehnthaler. Zürich 1869 s.a.([Surber,] Heinrich).

Wehnthal, Das, und ein Wehnthaler. Zürich 1869. V: *Surber.* (Cat. d. Stadtbibl. Zürich. Zürich 1864—97.)

Wehnthaler: Der Wehnthaler
① Zweiter Jahrgang des Volksblattes von Dielsdorf (1871). Publikationsmittel der Bezirke Regensberg und Bulach. Allgemeines Publikationsorgan für das Zürcher Unterland ③ Volksblatt von Dielsdorf ④ Der Zürichbieter ⑤ 4. 1. 1871—1947 ⑥ 2° ⑦ wochentlich 2 X ⑧ Dielsdorf J Hers (1871). J Stadtmann. Hermann Akeret H Akerets Erben ⑨ Illustriertes Unterhaltungsblatt ⑩ die Drucker ⑪ die Drucker ⑫ demokratisch, freisinnig (seit 1893) ⑬ BGSZ 466 ⑭ Zh Z (unvollständig) ⑮ Mit der Zeitung »Die Glatt« 1923 vereinigt.

Wehofer Rudolf: Kaiser Josefs II. Lehrbuch der Metaphysik. **Diss.** Wien, Univ.
D: Paderborn. 1895
1895 PN 904 67

Wehofer, P. Thom. M., O. Praed., die Apologie Justins d. Philosophen u. Märtyrers in literarhistor. Beziehg., s.a. **Quartalschrift,** röm., f. christl. Alterthumskunde u. f. Kirchengeschichte, 6 Suppl.-Hft.

Die Apologie Justins des Philosophen u. Märtyrers in literarhist. Beziehg z. erstenmal untersucht. E. Vorstudie zur Kirchen- u. Philosophengesch. d. II. Jahrh. v. Dr. P. Thomas M. **Wehofer** ord. Praed., Prof. ... in Rom. *Rom: Spithöver i. Comm.; Freiburg i. B.: Herder i. C. 1897.* (XIV S., 1 Bl., 141 S., 1 Bl.) 1 Bd 8.
← **Quartalschrift,** Römische, f. christl. Alterthumskunde u. f. Kirchengesch. Supplh. 6. [97. 1. 7]

Wehofer, Thomas Maria, die Apostel Chinas. Der sel. Bischof Petrus Sanz u. seine Gefährten. Kreuzesblüten aus der Geschichte der Dominicanermissionen. Im Verein m. mehreren lieben Freunden dargeboten. Mit e. Beigabe der Muse Franz Eicherts 12. (155 S.) Wien 894. Freiburg i/B., Herder. n. 1. 25

— die geistige Bewegung im Anschluss an die Thomas-Encyclica Leo XIII., s.a **Vorträge u. Abhandlungen,** hrsg. v. d. Leo-Gesellschaft, 7. Hft.

Wehofer, Th. M., Die geistige Bewegung im Anschluß an die Thomas-Encyklika Leos XIII. v. 4. Aug. 1879. Wien, Selbstverlag der Leo-Gesellschaft. (Mayer u. Co.) 1897. 26 S., 8°

— **Schwester Marie Madeleine** aus d. 3. Orden d. hl. Dominicus. Sophie Charlotte Herzogin v. Alençon, geb. Herzogin v. Bayern. In Briefen an e. Freund aus demselben 3. Orden geschildert. gr. 8. (168 S. m. 4 Portr.) München 898. J. J. Lentner. n. 2. —

Wehofer Thomas M. Pater, Dr.: Untersuchungen zur altchristlichen Epistolographie S. 143/17 . . . .
Separatabdruck

Wehofer, Thom. M., Untersuchungen zur altchristlichen Epistolographie. gr. 8. (280 S. m. Fig.) Wien 901. (C. Gerold's Sohn.) n. 5. —
Sonderabdruck aus: „Sitzungsber. d. k. Akad. d. Wiss."

— Untersuchungen zum Lied des Romanos auf die Wiederkunft des Herrn. (Aus dem Nachlaß des Verfassers herausgegeben von Albert Ehrhard und Paul Maas.) Mit zwei Anhängen: I. Der literarische Charakter des Hexaemeron-Hymnus. II. Das D. H. Müllersche Gesetz in den Paulus-Briefen und einem Nachwort (Wehofers wissenschaftliche Lebensarbeit). S. 154/5 . . . .
Separatabdruck

Untersuchungen zum Lied des Romanos auf die Wiederkunft des Herrn. Von Thomas M. **Wehofer.** (Aus d. Nachlaß d. Verf. hrsg. v. Albert Ehrhard u. Paul Maas.) Mit 2 Anh.: 1. Der literar. Charakter d. Hexaemeronhymnus (Gen. 1–2, 3. 2. Das D. H. Müllersche Gesetz in d. Paulusbriefen, u. e. Nachw. d. Hrsg. Wien: A. Hölder in Komm. 1907. (199 S.) 8° ¹
— **Sitzungsberichte** d. Kais. Akad. d. Wiss. in Wien. Philos.-hist. Klasse. Bd 154, Abh. 3. [07. 1783]

Wehowski, Else: Die Sprache der Vida de la benaurada sancta Doucelina. Lautstand, Formen und einige syntaktische Erscheinungen: Eine Studie zum Dialekt von Marseille. Berlin 1909: Ebering. 40 S. 8° ¶ (Ersch. vollst. als: Romanische Studien. H. 8.)
Breslau, Phil. Diss. v. 25. März 1909, Ref. Appel
[Geb. 25. Mai 75 Lahn; Wohnort: Breslau; Staatsangeh.: Preußen; Vorbildung: Realgymn. a. Zwinger Breslau Reife O. 06; Studium: Breslau 6 S. als Hospitantin, 5 S. mit Reifezeugnis, 1 S. immatr.; Rig. 16. Jan. 09.] [U 09. 639

Wehowski, Else, die Sprache der Vida de la benaurada sancta Doucelina. Eine Studie zum Dialekt v. Marseille, s.a. **Studien,** romanische. 8. Heft.

Die Sprache der Vida de la benaurada sancta Doucelina. Lautstand, Formen u. einige syntakt. Erscheinungen: e. Studie z. Dialekt von Marseille. Von Dr. Else **Wehowski**. Berlin: Ebering 1910. 178 S. 8°
[Ein T. erschien als Inaug.-Diss. Breslau 1909.]
(Romanische Studien. H. 8.) [10. 730 2

Wehowski, Robert, approb. Arzt aus Mirau, Prov. Posen: Aus d. Universitäts-Augenheilanstalt zu Greifswald. Über **Faltungstrübungen** der Hornhaut. *Greifswald 1901: H. Adler.* (28 S.) 8°
Greifswald, Med. Diss. v. 25. Sept. 1901

Wehr [Sachliches OW]

Die **Wehr**. Organ für Feuerwehr und Rettungswesen. Wien: v. Streitenfels 1889 (1902). 8°
Red.: Alfred v. Streitenfels.

Deutschlands **Wehr**. Deutschlands Ehr. Ill. Unterhaltungsblatt f. Soldaten u. ihre Freunde. Bd 1. *Berlin: Deutschlands Wehr, Deutschlands Ehr (1900).* 4° [3-] [04. 118.6
Red.: Ulrich Meyer

Wehr' Dich. Von A. Becker. Giessen, seit 6. März 1848 wöchentlich 3mal, bis 1. Jan. 1849 als: „Der jüngste Tag".

Wehr u. Ehr. Illustrirte Zeitschrift f. d. deutsche Armee, Marine u. deren Freunde. Hrsg.: v. Sichart. Chefred.: D. Elster. 1. Jahrg. 1898. 36 Nrn. (à ca. 2 Bog.) gr. 4. Berlin, Deutsch patriot. Verlag W. John. n. 7. —
Kann auch vierteljährlich für n. 1. 80 bezogen werden.

Wehr u. Waffe für die Jugend. Red.: H. v. Redern. 8. Jahrg. 1906. 52 Nrn. (à 4 S. m. Abbildgn.) Lex.-8. Berlin, F. Zillessen. n. 1. 60

Wehr u. Waffe f. die Jugend. Red.: Frl. H. v. Redern. 9.—12. Jahrg. 1907—1910. à 52 Nrn. (à Jahrg. 208 S. m. Abb.) Lex. 8. Berlin, [F. Zillessen]. Neumünster, Vereinsbuchh. G. Ihloff & Co. à Jahrg. p 1. 60

Wehr [Schlagwort]

Wehr, s.. Baden. Karte.

Wehr [Verfasser]

Wehr, Alexander Ludwig Ernst, s. Wehr, Ludwig

Wehr, Carl, s. Wehr, Karl

Wehr, Curt, s. Wehr, Kurt

Wehr, Franciscus (geb. 1840 in Andernach): De leuchaemia ... Bonnae, typ. C. Georgi (1867). 2 Bl., 25 S., 1 Bl. 8.
Bonn, Med. Fak., Diss. v. 11 Apr. 1867

Wehr, Geo., aus Volkes Herz u. Mund. Deutsche Volkslieder. Ausgewählt u. getreu nach den ältesten Quellen u. den besten mündl. Ueberliefergn. hergestellt. Hrsg. v. der freien Lehrervereinigg. f. Kunstpflege in Berlin. 1.—5. u. 6.—10. Tausf. (Je 264 S.) 8. Leipzig 910. R. Voigtländer. Geb. in Leinw. 1. 80

— Das deutsche Volkslied, s. a. Volksabende.

Das deutsche Volkslied. Ein Volksabend (Nebent.: Ein Vortrag u. vollst. Ratgeber z. Veranstaltung von Volksliederabenden ...) von Georg **Wehr**. Gotha: F. E. Perthes 1910. 47 S. 8°
(Volksabende H. 20.) [10. 2730

Wehr, Hans, Bericht des Klagenfurter Turnvereins über die Tätigkeit von 1862—1887, Klagenfurt 1887, 51 S., 8°.

Wehr, Hans, Fechtunterricht an Mittelschulen. Beitrag zur körperl. Erziehg. der Jugend. (20 S.) kl. 8. Wien (906). (L. W. Seidel & Sohn.) n. — 80

Wehr, Hans, zur Geschichte d. Turnwesens in Kärnten (1854—1896). Zum VII. Gauturnfeste des süd-österr. Turngaues in St. Veit a. d. Glan verf. 8. (32 S. m. 1 Bildnis.) St. Veit a. d. Glan 896. (Klagenfurt, A. Raunecker.) n.n. — 40

Wehr Hans: Das Princip der reciproken Radien in analytischer Darstellung. 72. Klagenfurt R. 80.
Progr.

Wehr Hans: Die Subjectivität des Raumes und das XI. euclid'sche Axiom. 45. Klagenfurt R. 85.
Progr.

Wehr, Hans, die Subjectivität des Raumes und das XI. euklid'sche Axiom. gr. 8. (45 S. mit Fig.) Wien 885, (Pichler's Wwe. und Sohn.) *

Wehr, Hans: Das Unbewusste im menschlichen Denken. 51 S. Klagenfurt. Progr. 1887.

Wehr, Heinr., Chloral und die Krampfgifte. Inaugural-Dissertation. 8. (27 S.) Heiligenstedt 877. (Göttingen, Vandenhoeck und Ruprecht's Verlag.) *

Wehr, J. H. F., de tunicae vaginalis testiculi hydrocele. 8. Marb. 798. Krieger. 3 ℛ

Wehr, I. H. F., de tunicae vaginalis testiculi hydrocela. 8. Marb. Krieger. 800.

Wehr, Johann Georg (St. Uhlrich/Thür.) A. S. 760/37

Dissertatio juridica de apertura testamentorum. Präs. Wilhelm Hieronymus Bruckner. Jena (Müller) V. 1711. 32 S. 36021

Wehr, Jo. Georg (Sankt Ulrich/Thür.) A. S. 24/8

Dissertatio iuridica de apertura testamentorum, Germanice: Was vor, bey und nach der Eröffnung der mancherley Art Testamenten in Acht zu nehmen ... Präs. Wilhelm Hieronymus Bruckner. Ed. 3. Rec. Jena (Heller) 1740. 32 S.

Diss. V. 1711. 36022

Wehr, Jul., quaestiones Aristophaneae. Pars I. De particularum nonnullarum usu capita duo. Dissertatio inauguralis. Göttingen 869. (Deuerlich.) gr. 8. (85 S.) n. 8 ℳ

Wehr, Karl

Wehr, Carl, die Ehe ohne Kinder. D. besten Mittel zur Beschränkg. d. Kinderzahl. 8. (31 S. m. Abb.) Berlin 895. H. Schmidt. n. — 60

Wehr, Kurt

Wehr, Curt, praktische Kerbschnittmuster nach ausgeführten Arbeiten. 1.—5. Lfg. qu. Fol. (20 Photolith.) Leipzig 893. E. A. Seemann. à n. 1. —

— stylvolle Motive f. Brandmalerei. Practisch erprobte Entwürfe. (In 6 Lfgn.) 1.—3. Lfg. gr. Fol. (à 6 Taf.) Potsdam 894. H. J. Wehr. à 3. —

Wehr, Curt, stylvolle Vorbilder f. Kerb- u. Flachschnitzerei. 6 Lfgn. gr. Fol. (à 6 Taf.) Potsdam 894. Berlin, W. Schultz-Engelhard. à 3. —

Wehr, *Alexander* Ludwig *Ernst* [pr. Arzt aus Stettin]: Ein Fall von primärem Alveolarsarcom der Niere ... Greifswald, Druck v. J. Abel, 1893; 23 S. 8°
Greifswald, Med. Fak., Inaug.-Diss. v. 27. Juli 1893.

Wehr, O., die elektr. Einrichtungen d. Eisenbahnen, s.: Bauer, R.

Wehr, O., die elektrischen Einrichtungen der Eisenbahnen, s.: Prasch, A.

Wehr, Otto, aus Hager: Ueber die Einwirkungsprodukte von Basen auf das Tribromid des Pseudocumenols. *Heidelberg 1899: Ph. Wiese.* (50 S.) 8°
Heidelberg, Naturw.-math. Diss. v. [26. Jan.] 1899

Wehr, Rudolf [aus Berncastel a. d. Mosel]: Ueber p-Tolylessigsäure und einige ihrer Derivate. ... Freiburg i. B., Buchdr. v. Chr. Ströcker, 1891; 38 S., 1 Bl. 8°
Freiburg i. B., Phil. Fak., Inaug.-Diss. v. 1891

Wehr, T. C., de icteri pathologia. 8. Marb. 800. Krieger. 3 ℛ

Wehrbach, Malli Cl., Schüleraufsätze. Aufsatzübungen der Volksschüler. 2 Tle. 8. Minden, C. Marowsky. n. 2. —
1. Unter- u. Mittelstufe. (XII, 56 S.) (903.) n. — 80
2. Oberstufe. (XI, 108 S.) (901.) n. 1. 20

Wehrbein, Wilhelm: Das Sparwesen in der Bayerischen Rheinpfalz. München 1909: Lindl. 71 S. 8°
Heidelberg, Phil. Diss. v. 22. Febr. 1909, Ref. Gothein
[Geb. 28. Juni 80 Neustadt a. H.; Wohnort: Neustadt; Staatsangeh.: Bayern; Vorbildung: Gymn. Neustadt Reife M. 98; Studium: Heidelberg 4, Berlin 1, Heidelberg 2 S.; Rig. 2. März 08.] [U 09. 2029

Wehrbuch für die deutsche Jugend, Halle a. d. S., 82 S., 8°.

Wehrde, Chr. Fr., († d. 5. Oct. 1821.), s. Gesangbuch, Naumburgisches.

Wehrde, Friedrich (Naumburg) Thl. I, 232/(1/8)

Disputatio VIII. de simplicitate in Christo ex 2. Cor. XI, 3. Präs. Gottlieb Wernsdorf.
In: Wernsdorf: Disputationes academicae.
Vol. 1. Wittenberg (Ahlfeld) 1736. S. 196 - 227.

Diss. 28. II. 1711. 36023

Wehrde, Fridericus Gustavus: De monstro rariore humano. Halae (1826): Gebauer. 24 S. 8°
Halle-Wittenberg, Med. Diss. v. 17. Okt. 1826
Geb. Naumburg a. d. Saale [22. 5.] 1803. V.

Wehrdi, Frie[rich]. Politisches Gespräch zwischen Michel Dumm, Christen Treu, Samuel Neu, und einigen ihrer Freunde. Zu Nutz und Frommen seiner Mitburger aufgeschrieben von Friedr. W dem Andern, in Barenfeld. 8. o. O. [1850].

Wehrdich, Michel, s.: **Judenfrage, die, u. der Antisemitismus.**

Wehren, Christian]. Der Amtsbezirk Laupen. Ein statistisch-historisch-topographischer Versuch. 8. Bern 1840.

Wehren, Ch., der Amtsbezirk Laupen. Ein statist. histor. topograph. Versuch. gr. 8. Bern 841, Fischer. n. 5/6 ℔

Wehren, Elia v., Einsamkeiten. Neue Gedichte. (55 S.) kl. 8. Leipzig 906. Verlag f. Literatur, Kunst u. Musik. Kart. 1. 50

Wehren, Elsa v., Eva. Eine Herzensgeschichte. (388 S.) 8. Dresden 913. E. Pierson. n. 4. —; geb. n. 5. —

— Trösteinsamkeit. Gedichte. (87 S.) 8. Leipzig 908. Leipziger Verlags- & Kommissionsbuchh. 3. —

Wehren, Heinrich Ernst Ferdinand von (Duderstadt) A. S. 166/19

Dissertatio inauguralis iuridica de exceptione non adimpleti contractus.
Präs. Johann Justin Weissmantel.
Erfurt (Nonnius) 7. IV. 1790. 26 S.
36024

v. Wehren auch Wehrn, Jh. Gf., über das Alter u. d. Unsterblichkeit der Seele, nach Cicero, frei bearbeitet u. mit Zusätzen vermehrt. 8. Götting. 819. Deuerlich. 6 gl.

— Cicero Cato. — Cicero, Gedanken.

— Taschenbuch für Freunde d. Wahrheit auf d. J. 1825. Beweise aus der Vernunftreligion über d. Daseyn Gottes u. d. Unsterblichkeit d. Seele. gr. 8. Erf., Müller. 12 gl.

— Vorschläge zur Staatsverfassung u. Verwaltung. 8. Ebd. 819. 6 gl.

Wehren, M. v., Zusammengeschmiedet, s.: Weber's moderne Bibliothek. Nr. 74.

Wehrend, F., das Ganze d. Vergoldens f. Buchbinder. Nach d. neuesten französ. Methoden u. sämmtl. durch prakt. Erfahr. erprobt. gr. 8. (ca. 1 B.) Duisburg 841, Schmachtenberg. Verklebt *

Wehrenfennig, s.: Eisenbahn-Technik, die, der Gegenwart, I, 1.

Wehrenfennig, Bernh. Friedrich —. Christus, unsere Kraft bei allen Prüfungen des Lebens. Fastenpredigten nach den gewöhnlichen Evangelien von — —. Linz, 1856. Druck von Josef Wimmer. (90 S. 8.)

Wehrenfennig, Edm., üb. die Untersuchung u. das Weichmachen d. Kesselspeisewassers. [Aus: „Organ f. Eisenbahnwesen".] gr. 4. (15 S. m. 1 Taf. u. 1 Tab.) Wiesbaden 893. C. W. Kreidel. n. 4. —

Wehrenfennig, Edm., über die Untersuchung u. das Weichmachen des Kesselspeisewassers. Unter Mitwirkg. v. Fritz Wehrenfennig. 2., gänzlich umgearb. Aufl. (XII, 185 S. m. 168 Abbildgn. u. 1 lith. Taf.) Lex.-8. Wiesbaden 905. C. W. Kreidel. n. 7. 50

Wehrenfennig, G.

— **das kann ich auch.** Neues Zeichen-Bilderbuch m. Versen. I. u. II. Serie. (à 32 S. m. Abbildgn.) gr. 8. Ebd. (905). Wien: Sallmayer. Kart. à n. 1. 20

Wehrenfennig, G., Il disegnatore principiante. 100 forme oggettivo e naturali sviluppate in disegni progressivi. Fasc. I—V. (à 48 S. Abbildgn.) qu. kl. 8. Triest (906). F. H. Schimpff. Kart. à n. 1. —

— dasselbe. Esercizi elementari. (32 S. Abbildgn.) qu. kl. 8. Ebd. (906). Kart. n. — 60

— neue Tierbilder, s.: Heubach, W.

Wehrenfennig, G., der kleine Zeichner. 100 Lebensformen in entwickelnder Darstellg. Elementarübungen. qu. gr. 8. (32 S.) Triest (901). (Wien, Sallamayer'sche Buchh.) Kart. n.n. — 60

— dasselbe. I. u. II. Hft. qu. gr. 8. (à 48 S.) Ebd. (898. 901). Kart. à n.n. 1. —

— der kleine Zeichner. 100 Lebensformen in entwickelnder Darstellg. Elementarübungen. 2. Aufl. (32 S.) qu. gr. 8. Triest 902. (F. H. Schimpff.) Kart. n.n. — 60

— dasselbe. I.—V. Heft. (à 48 S.) qu. gr. 8. Ebd. Kart. à n.n. 1. —
I. 3. Aufl. 902. II. 2. Aufl. 902. III. 903. IV. 904. V. 905.

Wehrenfennig-Hertlein. Luise. Das Flechten. Eine Weihnachtsgabe für fleißige Kinder im Alter von 5 bis 8 Jahren. 2. Reihenfolge als Fortsetzung des ersten Beschäftigungsmittels. Mit 20 verschiedenen Mustern auf 3 Vorlegetafeln. Flechtblättern, Flechtstreifen u. 1 Nadel. 8. (8 S. Text.) Wien 1863. Lechner. in Heubeit. 1 fl. 75 kr.

Wehrenfennig-Hertlein, Luise, Kommt! laßt uns den Kindern leben. Skizzen weibl. Erziehung u. Frdr. Fröbel's Erziehungs-Idee, nebst einer kurzen Uebersicht der Fröbel'schen Spiel- u. Beschäftigungsgaben. Wien 870. Lechner. gr. 8. (VIII, 68 S.) n. 20 ngr.

Wehrenpfennig, Paul: Aus dem Laboratorium der pharmakognostischen Sammlung in Kiel. Beitrag zur Kenntnis der Wirkung des Cyanzinkcyankalium. *Kiel 1897: A. F. Jensen.* (23 S.) 8°
Kiel, Med. Diss. v. [31. Aug.] 1897

Wehrenpfennig, W., die französische Armee, s. Aus den preuß. Jahrbüchern.

Wehrenpfennig, W. Die Verschiedenheit der ethischen Principien bei den Hellenen und ihre Erklärungsgründe. 63 S.
Berlin, Joach. G., Progr. 1856

Wehrenpfennig, W., die Verschiedenheit der ethischen Prinzipien bei den Hellenen und ihre Erklärungsgründe. gr. 4. (63 S.) Berlin 856, (Dümmler's Verlag.) *

— das diplomatische Vorspiel des Krieges, s. Aus den preuß. Jahrbüchern.

Wehrenpfennig, Guilelmus: 1. Explicatur, quid Schleiermacherus de ratione senserit, quae inter doctrinam dogmaticam intercedat et philosophiam. 2. Grössere Deutsche Abhandlung über dasselbe Thema.
Halle-Wittenberg, Phil. Diss. v. 15. März 1853
Geb. [Blankenburg im Harz (Braunschweig) 25. 3. 1829]
Mss. fehlen.

[Wehrenpfennig, Wilhelm]: Die Gesetzgebung der letzten sechs Jahre im Reich und in Preußen. Dargest. von e. Mitgl. des Centralwahlcomités der nationallib. Partei. Berlin 1876.

Wehrer, Jh. Fr., vollständ. Gesetzes-Lexicon für den badischen Staatsbürger. 1. Bd. gr. 4. Carlsruhe 846, Creuzbauer u. Hasper. 2 ₰ 24 ngl

Wehrer, Joh. Friedr., Handbuch des Verwaltungs-, Kassen- u. Rechnungswesens im Großherz. Baden. Für Staats-, Gemeinde- u. Rentbeamte. Mit viel. Formularien. Wohlf. Ausg. gr. 4. ($38\frac{1}{2}$ B.) Karlsruhe 844. [Mannheim, Bensheimer.] Macklot.

—— Instruction f. Verwaltungs-, Kassen- u. Rechnungsbeamte. Roy.-4. ($38\frac{1}{2}$ B.) Karlsruhe 842. [Mannheim, Bensheimer.]

Wehrer, J. F., die Kameraldomänenadministration nebst dem Kassen- u. Rechnungswesen. Ein Handb. f. Schreibereikandidaten u. Scribenten, mit Formularien. gr. 8. (28 B.) Carlsruhe 833, Groos.

— Real-Repertorium oder vollständiges Sach-Register zu d. Großh. Bad. Staats- u. Regierungs-Blättern von 1803 bis mit 1837. gr. 4. Karlsruhe 838. (u. Freiburg, Herder.) n. 1 ₰

Wehrer, J. F., alphabetisches Real-Repertorium zu den Annalen der Großh. Badischen Gerichte nebst dem Beiblatte enthltd. die Entscheidungen französischer Gerichte, insbesondere des Cassationshofes, über Rechtsfragen aus dem Code civil, I. bis mit XIX. Jahrg. Mannheim 854. Bensheimer. gr. 4. (2 Bl., 117 S.) n. 1 ₰. 15 ngr.

— Repertorium der Gesetze u. Verordnungen u. Erläuterungen über die Bewirthschaftung der Großh. Badischen Kameraldomainen, Gefälle, Rechte u. Lasten, sowie üb. d. Kassen- u. Rechnungswesen, mit Formularen. 8. Freiburg 839. Wagner. 1 ₰

— Repertorium der Gesetze, Verordnungen und Erläuterungen aus den Regierungs- und Kreisverordnungsblättern (soweit dieselben noch Geltung haben) von 1803 bis 1855. Heidelberg 855. (Emmerling.) gr. 4. (2 Bl., 385 S.) n. 2 ₰.

Wehrer, J. F., Repertorium der gesammten Gesezgebung Badens nach ihrem neuesten Stande einschließlich der darauf bezügl. Verordnungen und Erläuterungen bearb. gr. 4. (IV und 478 S.) Heidelberg 866, Emmerling. *

—— dass. — Nachtrag zu jenem von 1866, enth. die seit jener Zeit erlassenen Gesetze und Verordnungen. gr. 4. (III und 89 S.) Ebendas. 868. *

Wehrer, J. F., vollständ. Sammlung der in d. Provinzial- u. Anzeige-Blättern erschien. Verordnn., von d. Entsteh. dieser Blätter, also v. 1803 an bis Ende 1836. Nebst vollständ. alphab. Registern zu jed. Abthl. u. zur ganzen Samml. 6 Bde. gr. 8. Carlsruhe u. Baden, Marx. [1. ($36\frac{1}{4}$ B.) 835. * $1\frac{7}{8}$ Thlr., 2. in 16 Lfgn. u. 3. in 9 Lfgn. ($99\frac{1}{4}$ B.) 835, 36. * 5 Thlr. 5 Gr., 4. in 9 Lfgn. ($36\frac{1}{4}$ B.) 837. * $1\frac{7}{12}$ Thlr., 5. in 23 Lfgn. (95 B.) 836, 37. * $4\frac{1}{6}$ Thlr., 6. in 18 Lfgn. ($66\frac{1}{4}$ B.) 837, 38. * $3\frac{1}{12}$ Thlr.] *

—— dass. — Real-Repertorium od. vollständ. Sach-Register zu d. großh. bad. Staats- u. Regierungs-Blättern v. 1803 bis mit 1837. gr. 4. ($32\frac{1}{2}$ B.) Carlsruhe 838. (Freiburg, Herder'sche Vrlsbuchh.) *

—— Taschenbuch f. Handelsherren, Handelsverwalter, Handlungsdiener u. Handelsreisende. Enthaltend alle auf das Handels- u. Wechselrecht des Grossherz. Baden bezügl. Gesetze u. Verordnungen, so weit solche noch gültig sind. 12. ($3\frac{3}{4}$ B.) Mannheim 845, Bensheimer.

—— das Volksschulwesen in Verbind. mit d. Industrie- u. Gewerbeschulen u. d. Rechtsverhältnisse d. Schullehrer im Großhrzth. Baden. Eine Zusammenstell. aller hierauf bezügl. u. jezt gültigen Gesetze, Verordnn. u. Erläuterungen. gr. 8. ($9\frac{1}{4}$ B.) Carlsruhe u. Baden 837, Marx. Thlr.

Die deutsche Wehrfrage. Von einem deutschen Veteranen. Nürnberg 1863. 8°. (Verm. Jähns.)

Wehrfrage, Die, in Österreich und Ungarn. Pest, Wien und Leipz. 1867. V: *Schweinitz, Joh. Graf.* (Pr) (KA)

Wehrfrage, die, in Oesterreich und Ungarn. Vom Verf. von „Oesterreichs Zukunft und sein Heer". gr. 8. (92 S.) Wien 867, Hartleben's Verlag. *

Wehrfritz, M., u. F. Wehrfritz, die Küche im deutschen Bürgerhause. Ausführlichste Anleitg. f. Anfänger im Kochen, Backen u. Einmachen. 8. (XXI, 477 S.) Bensheim 901. Lehrmittelanstalt J. Ehrhard & Co. Geb. in Leinw. n. 4. —

Wehrfritz, M., u. F. Wehrfritz, die Küche im deutschen Bürgerhause. Ausführliche Anleitg. im Kochen, Backen u. Einmachen. 2. verm. u. verb. Aufl. (XX, 460 S.) 8. Wiesbaden (906). H. Staadt. Geb. in Leinw. n. 4. —

Wehrgesetz. Gesetz vom 11 April 1889, betreffend die Einführung eines neuen Wehrgesetzes, und Gesetz wegen Nichtbefolgung eines Militär-Einberufungs-Befehles ꝛc. 8. (26 S.) .24
Klagenfurt: Heyn 1889.

Wehrgesetz, das, nach dem Abänderungsgesetze vom 2. Octbr. 1882 u. dessen Durchführungsbestimmungen vom 1. Novbr. 1882 ꝛc. Mit einem ausführlichen alphabetischen Sachregister. 2. Aufl. 8. (154 S.) Prag 882. Mercy. n. 1. 20

Das Wehrgesetz für das Großherzogthum Baden vom 12. Februar 1868 nebst den dazu gehörigen Gesetzen und Verordnungen. Amtlich veranstaltete Ausgabe. Karlsr. 1868.

Als handschriftliche Ergänzung: Systematische Zusammenstellung der Gebrechen, welche bei der Beurtheilung der Tauglichkeit . . . in Betracht kommen.

Wehrgesetz, das, für das Königr. Bayern, s. Gesetzbibliothek für den bayerischen Staatsbürger.

Wehrgesetz, das französische, vom 15. Juli 1889, s. Beiheft zum Militär-Wochenblatt, 8.

Das französische Wehrgesetz. Berlin 1889. 8°. (Bh. z. M. W. B.)

Wehrgesetz und Gesetz, womit die Art und Weise der Erfüllung der Wehrpflicht geregelt wird, vom 5. Decbr. 1868, die Militärtaxe, der Militärtaxfond und die Unterstützung der hilfsbedürft. Familien von Mobilisirten nach dem Gesetze vom 13. Juni 1880, Regelung der Personal- und Dienstesverhältnisse von Civilstaatsbediensteten im Falle einer Mobilisirung u. dgl. nach dem Gesetze vom 22. Juni 1878, Gesetz über die Landwehr vom 13. Mai 1869 mit den Abänderungsgesetzen vom 1. Juli 1872 und vom 14. Mai 1874, Statut für die Landwehr nach dem Erlasse des Ministeriums für Landesvertheidigung vom 22. Juli 1870, endlich Heranziehung bürgerl. Berufsarbeiter zu Dienstleistungen für Kriegszwecke nach der Verordnung des Ministeriums für Landesvertheidigung vom 10. Aug. 1877 zu §. 18 des Wehrgesetzes. Mit einem alphabet. Sachregister. 8. (93 S.) Prag 880, Mercy. *

Wehrgesetz für die im Reichsrathe vertretenen Königreiche und Länder, nebst den Gesetz-Entwürfen über Landwehr und Landsturm. 16. 1868. (58 S.) Ebds. 20 kr.

Wehrgesetz für die im Reichsrathe vertretenen Königreiche und Länder nebst den Gesetz-Entwürfen über Landwehr und Landsturm. 4. (II u. 59 S.) Wien, k. k. Hof- und Staatsdruckerei. 1869. 30 kr.
Inhalt: Wehrgesetz für die im Reichsrathe vertretenen Königreiche und Länder. — Wehrgesetz für die Länder der ungarischen Krone. — Gesetz über die Landwehr für die im Reichsrathe vertretenen Königreiche und Länder. — Gesetz für die Länder der ungarischen Krone über die Landwehr und den Landsturm. — Bestimmungen über die Eintheilung und Stellung der Landwehr-Officiere der Länder der ungarischen Krone. — Verfahren mit den Einjährig-Freiwilligen, von ihrem Eintritte in das stehende Heer angefangen bis zu ihrer Uebersetzung in die Reserve. — Erläuterungen über den Anspruch der Zöglinge an der k. k. Akademie der bildenden Künste in Wien auf die Begünstigung des Einjährig-Freiwilligen-Dienstes. — Studien-Zeugnisse der bestandenen Forstschule zu Aussee als Aufnahms-Nachweise für Aspiranten zum Einjährig-Freiwilligen-Dienste giltig. — Weitere Bestimmungen rücksichtlich der Aufnahme Einjährig-Freiwilliger. 4.

Das neue Wehrgesetz. Düsseldorf (1888). 8°. (Verm. Jähns.)

Wehrgesetz, das neue, vom 11. April 1889, s.a. Gesetze, Sep.-Ausg. der neuen oesterreichischen, Nr. 61.

— das neue, vom 11. April 1889. Mit e. Einleitg., Erläutergn. aus den Motiven, Commissionsberichten u. Verhandlgn. beider Häuser d. Reichsrathes, ergänzt durch Tabellen üb. die Fortschritte der körperl. Entwickelg. der stellungspflicht. Jugend, die Entwickelg. d. Standes d. jährl. Rekrutencontingentes u. die Stellungsergebnisse in den J. 1875—1885. Nebst e. ausführl. alphabet. Sachregister. 8. (XII, 76 S.) Prag 889. [Mercy.] Höfer & Klouček. n. 1. 4

Wehrgesetz, das neue deutsche. [Vom 11. Febr. 1888.] 8. (15 S.) Langensalza 888. Wendt & Klauwell. — 15

—— das neue französische. (Beiheft 9 zum Militair-Wochenblatt 1872.) 8. Berlin, Mittler und Sohn. 30 S. *

Wehrgesetz, Das neue, für die österreichisch ungar. Monarchie vom 11. April 1889. Gemeinfaßlich erläutert auf Grund aller einschlägigen Gesetze, Vorschriften, Instructionen und Protokolle von R. B. Potier. (Hartleben's Volksbibliothek der österr. Gesetze. Heft 13.) Mit einem Anhange und einem alphabetischen Register. 3. Auflage. 8. (104 S.) Wien: Hartleben 1889. —.30

Wehrgesetz, Das neue, für die österr.-ungarische Monarchie vom 11. April 1889. Gemeinschaftlich erläutert auf Grund aller einschlägigen Gesetze, Vorschriften, Instructionen und Protokolle von R. B. Potier. Mit einem Anhange und einem alphabetischen Sachregister. 4. Auflage. (Hartleben's Volksbibliothek der österreichischen Gesetze. Heft 13.) 8. (101 S.) Wien: Hartleben 1889. —.30

—— neues, für das Königr. Bayern. 16. (38 S.) München 868, Franz'sche Buchh.

—— dass. — vom 30. Jan. 1868. 8. München 868, Stahl. *

Wehrgesetz, Ein, für das konstitutionelle Österreich sowie Vorschläge zur Reform des Heeres. Wien 1868. V: *Reicher, Joseph.* (Pr) (KA)

Wehrgesetz, Ein, für das constitutionelle Oesterreich sowie Vorschläge zur Reorganisation des Heeres. Wien 1868. V: *Przibram, Ludwig Ritter von.* (Przibram, Ludwig R. v., Erinnerungen eines alten Oesterreichers. Stuttgart u. Leipzig 1910. S. 210.))

—— ein, für das constitutionelle Oesterreich sowie Vorschläge zur Reorganisation des Heeres. gr. 8. (IV, 237 S. mit 1 Tab. in qu. gr. 4.) Wien 868, Tendler und Comp. [Seidel und Sohn.] *

Wehrgesetz, das, (österreichisches), s. Handausgabe der österreich. Gesetze.

— provisorisches, für Bosnien u. die Herzegovina u. Instruction zur Ausführung desselben. gr. 8. (93 S.) Wien 881. k. k. Hof- u. Staatsdruckerei. n. 1. 20

Provisorisches Wehrgesetz für Bosnien und die Herzegowina und Instruction zur Ausführung desselben. (Mit) Nachtr. 1. Wien 1881—98. 8°.

Wehrgesetz sammt Wehrgesetz-Novelle vom Jahre 1882 und Durchführungs-Vorschrift. Wien 1882. 8°. (Officielle Handausgabe der österr. Gesetze. 75.) 164 S.

Wehrgesetz-Debatte, Die, in der französischen National-Versammlung. Beihft. z. Milit.-Zeitschrift die „Vedette". — Wien 1872.

Wehrgesetze und Instruction zur Ausführung derselben. gr. 8. (XLVIII, 584 S.) Wien 886, Hof- und Staatsdruckerei. *

Die österreichisch-ungarischen Wehrgesetze. (Berlin 1880.) 8°. (Bh. z. M. W. B.)

Wehrgesetze, die ungarischen, vom Jahre 1868. Erläutert u. ergänzt mit den Circularverordnungen über die Durchführung derselben; über die Aufnahme u. Ausbildung der Freiwilligen u. dem Amtsunterricht zur Bestimmung der Kriegstauglichkeit. Hülfsbuch für Familienväter, Wehrpflichtige, Studirende etc. Pest 869. Ráth. 8. (IV, 136 S.) n. 20 ngr.

Wehrgesetz-Frage, die. gr. 8. (31 S.) Wien 879, v. Waldheim. *

Wehrgesetzgebung, die, s.a. Taschenausgabe, Manz'sche, der österreichischen Gesetze. 10. I.

(F) **Die Wehrgesetzgebung** nebst den einschlägigen Verordnungen und publizierten Erlässen sowie den Entscheidungen des k. k. Verwaltungsgerichtshofes. 8. Aufl. [Manz'sche Gesetzausgabe. 10. Bd. 1. Abteilung.] 8°. (VII, 768 S.) Wien: Manz 1904. K 6.—, geb. K 7.—

Wehrhahn, Alb.

Wehrhahn, s.: Bericht üb. den Verbandstag der Hilfsschulen Deutschlands.

Wehrhahn, A., die höhere Bürgerschule u. ihre Bedeutung f. die zu erstrebende Reform d. höheren Schulwesens. Vortrag, geh. im hannov. Bürgerverein am 30. April 1890. 8. (29 S.) Hannover-Linden 890. Manz. n. — 40

Wehrhahn, A., Festschrift zu der am 28. Juni 1883 in Oldendorf stattfindenden 250jährigen Gedächnisfeier der Schlacht bei Hessisch-Oldendorf am 28. Juni 1633. Auf Wunsch d. Festkomitees verf. gr. 8. (16 S. m. 1 lith. Plan.) Hannover 883. Brandes. n. — 50

Wehrhahn, Alb., das Volksschulwesen in England, mit besonderer Berücksichtigung seiner gesetzlichen Grundlagen dargestellt. Nebst einem Anhang: Das belgische Volksschulgesetz. gr. 8. (VI, 121 S.) Hannover 876. Brandes. n. 2. —

Wehrhan, Alb., Hessisch-Oldendorf u. seine Schlachtfelder. [Aus: „Zeitschr. d. Ver. f. hess. Geschichte u. Landeskde."] gr. 8. (62 S.) Rinteln 875. Bösendahl in Comm. — 75

Wehrhan auch Werhan, Chr. Fr., († d. 27. April 1808.) Bemerkk. aus seinem Feldpredigerleben im Feldzuge d. Preußen nach Champagne im J. 1792. 8. Liegnitz 802.

— Predigten über alle Sonn- u. Festtage d. Jahres; nach seinem Tode ausgewählt u. herausgegeben. gr. 8. Liegnitz 809.

Wehrhan, Christoph

— die Brautschau, od. d. Kuß d. Schreckens auf d. Burg Nothweiler; ein Mährlein aus d. vogesischen Gebirgen. Mit 1 Kpf. 8. Magdeb. 810. Creutz. 16 gr.

Wehrhan, Cph., Mathilde, die Magdeburgerin. 8. Magdeb. 800. Creutz. 18 gr.

Einige schweizerische Freimaurersagen. Von K[arl] Wehrhan. o. O. 1910. 17 S. 8°.
aus: Schweizer Archiv für Volkskunde. Bd. XIV. S. 290—306.

Wehrhan, Karl, mit Gunst! Sitten, Bräuche u. Feste des deutschen Handwerks, s.: Hillger's, Herm., illustr. Volksbücher.

— Kinderlied u. Kinderspiel, s. a. Handbücher zur Volkskunde. 4. Bd.

Kinderlied und Kinderspiel von Karl Wehrhan. Leipzig: W. Heims 1909. (VIII 189 S.) 8° [J.]
= Handbücher z. Volkskunde. Bd 4.

Wehrhan, K., s.: Lesebuch nebst fachkundlichen Anhängen f. Fortbildungs- usw. Schulen.

— Die Sage, s. a. Handbücher zur Volkskunde.

Die Sage. Von Karl Wehrhan. — Leipzig: Heims 1908. VIII, 162 S. 8°
(Handbücher zur Volkskunde. Bd. 1.)

— Die ungeteilte Unterrichtszeit nach ihrer pädagogischen, hygienischen u. sozial-wirtschaftlichen Bedeutung, s. a. Lehrer-Prüfungs- u. Informations-Arbeiten. 39. Heft.

Die ungeteilte Unterrichtszeit nach ihrer pädagogischen, hygienischen und sozial-wirtschaftlichen Bedeutung. Von K[arl] Wehrhan, Mittelschullehrer. Minden: Hufeland 1909. 52 S. 8°
(Lehrer-Prüfungs- u. Informations-Arbeiten. H. 39.)

— der Volksschullehrer, s.: Was willst du werden? Nr. 10.

Wehrhan, Otto Friedr., Antwort auf die bei Gelegenheit meiner Suspension d. 21. Dec. 1834 v. d. Superint. Müller geh. Rede. Als nothwend. Schutzschrift an meine schles. Amtsbrüder u. Bekannten. gr. 8. ($1\frac{1}{4}$ B.) Dresden 835. (Leipzig, Fr. Fleischer.)

Wehrhan, Otto Friedr., Dresden. Ein Gedicht in 21 Gesängen, (mit angehängten histor.-topograph., zugleich als Cicerone für Stadt u. Umgegend dienenden Erläuterungen.) gr. 8. ($13\frac{1}{2}$ B.) Dresden 845, (Naumann.) *

—— Gutenbergs erster Druck, od. Facsimile d. ersten Seite d. ersten in d. Welt gedruckten Buches. Bei Gelegenheit d. vierten Säcularfeier d. Typendruckes mit e. kurzen geschichtl. Erläuter. hrsg. ½ gr. Fol. (½ B.) Leipzig 840, (Deberich.) *

—— Familienreise nach Frankreich u. Abstecher ins Campanerthal. 8. ($19\frac{1}{4}$ B.) Liegnitz 834, (Kuhlmey.) *

Wehrhan, Otto Fr., Fußreisen zweier Schlesier durch Italien, u. ihre Begebenheiten in Neapel. 8. Bresl. 821. J. F. Korn. 1 Rthl. 8 gr.

— s. Gutenberg's erster Druck.

Wehrhan, O Fr

Meine Kriegsgefangenschaft in Frankreich im Jahre 1814. 13. Aufl.
Leipzig: Selbst-Verlag 1856. 142 S. 8°

Meine Kriegsgefangenschaft in Frankreich im Jahre 1814 v. O. Fr. Wehrhan. 16. Aufl. Coswig. 1858. 8°.

Wehrhan, O. Fr. Meine Kriegsgefangenschaft bei den Franzosen i. J. 1814. 10. Aufl. Leipzig 1854. 142 S. 8.

Wehrhan, Otto Friedr., Lebensbeschreibung St. Anschar's des Apostels des Nordens. 12. (83 S. und 1 lithogr. Portr.) Hamburg 848, Agentur des Rauhen Hauses. *

—— Lebensgeschichte Johann Arndt's, des Verf. vom „wahren Christenthum." 12. (102 S. und 1 lithogr. Portr.) Hamburg 848, Agentur des Rauhen Hauses. *

—— norddeutsche Reise. gr. 12. ($15\frac{1}{4}$ B.) Dresden 842, Naumann. *

—— Sendschreiben an Dr. Herm. Olshausen, veranlaßt durch seine „Erwiederung" auf meine Schrift: „Vertheidigung d. luther. Sache." gr. 8. (2 B.) Meißen 836, (Goedsche.)

—— meine Suspendirung, Einkerkerung u. Auswanderung. Ein Beitr. z. Gesch. d. Kirchenkampfes in Preußen. gr. 12. ($12\frac{3}{4}$ B.) Leipzig 839, Fr. Fleischer.

—— Umschau in Deutschland, Frankreich u. d. Schweiz. gr. 12. ($14\frac{5}{6}$ B.) Leipzig 840, (C. H. Reclam sen.) *

—— Vertheidigung d. luther. Sache geg. Dr. Olshausen's Schrift: „Was ist von den neuesten kirchl. Ereignissen in Schlesien zu halten?" gr. 8. ($3\frac{1}{4}$ B.) Meißen 835, (Goedsche.)

—— Wunderbares u. Seltenes aus der Naturgeschichte. Für Jung u. Alt. 8. ($6\frac{1}{4}$ B.) Dresden 844, Naumann.

Wehrheim, Hermann: Über das kombinatorische Produkt dreier Kollineationen in der Ebene. Giessen 1909: v. Münchow. 45 S. 8°
Gießen, Phil. Diss. v. 8. Nov. 1909, Ref. Pasch
[Geb. 27. Dez. 83 Gießen; Wohnort: Gießen; Staatsangeh.: Hessen; Vorbildung: Gymn. Gießen Reife 04; Studium: Gießen 3, Berlin 1, Gießen 3 S.; Rig. 2. Aug. 09.] [U 10. 1312

Wehrheim, Otto: Über die Oxydation von Ammoniak, Blausäure und Cyan. 1910. 47 S., 1 Taf. 8°
Darmstadt, Dr.-Ing.-Diss. v. 13. 10. 1910

Wehriede, Emil, a. Langen b. Badbergen (Hannover): Die Roherträge der deutschen Landwirtschaft im letzten Menschenalter. Merseburg 1906: F. Stollberg. (86 S.) 8°
Leipzig, Phil. Fak., Ref. Bücher-Kirchner, Diss. v. 10. Dez. 1906
[Geb. 13. Mai 81 Langen b. Badbergen, Hannover; Wohnort: Klein-Eicklingen b. Celle, Hannover; Staatsangeh.: Preußen; Vorbildung: Realgymn. Quakenbrück Reife O. 01; Studium: Landw. Hochsch. Berlin 2, Univ. Leipzig 4 S.; Rig. 17. Juli 05.]

Wehr-Kalender, sächsischer, der Militär-, Krieger- und Veteranen-Vereine verabschiedeter und activer Soldaten und Soldatenfreunde auf die J. 1880—1885. 4. (à Jahrg. 82 S. mit Illustr. und 1 Lichtdr.-Taf.) Pirna, Scholtz. à Jahrg.

Wehr-Kalender, sächsischer, der Militär-, Krieger- u. Veteranen-Vereine verabschiedeter u. activer Soldaten u. Soldatenfreunde auf d. Jahr 1886. 4. (82 S. m. Illustr., 1 Lichtdr. u. 1 Wandkalender.) Pirna, Scholtz. 45

Wehrkalender. Schweizerischer Wehr- und Landsturm-K' von Hauptmann U[lrich] Farner.... [Illustriert.] 4. Grüningen, J. Wirz.
1904—1907. [je IV + 80 S.] Gr' Zürich.... [je fr. —.40]
Jahrg. 12. Schaltjahr 1908. [IV + 80 S.] Gr' (Zürich).... fr. —.40
Jahrg. 13. 1909. [IV + 88 S.] fr. —.40
Jahrg. 14 u. 15. 1910 u. 1911. [IV + 80 u. IV + 88 S.] je fr. —.40
Jahrg. 16. 1912. [IV + 88 S.] Gr' (Zürich).... fr. —.40

Wehr- u. Waffe-Kalender f. d. J. 1903. Hrsg. v. Freundeskreis der Jugendzeitschrift „Wehr u. Waffe". Red.: H. v. Redern. 8. (64 S. m. Abbildgn.) Berlin, B. Ulitius. — 20

Wehr u. Waffe-Kalender f. d. J. 1907. Hrsg. vom Christl. Schriftenbund. Red.: H. v. Redern. (63 S. m. Abbildgn.) 8. Ebd. — 15

Wehr u. Waffe-Kalender f. d. J. 1910. Hrsg. vom Christl. Schriftenbund. Red.: H. v. Redern. (63 S. m. Abbildgn.) 8. Berlin, F. Zillessen. — 15

Daenemarks Wehrkraft gegenüber Deutschland. Berlin 1863. 43 S.

Wehrkraft durch Erziehung. Hrsg. von E[mil] v. Schenckendorff u. Dr. Hermann Lorenz. Im Namen d. Ausschusses z. Förderung d. Wehrkraft durch Erziehung. Leipzig: R. Voigtländer 1904. (IV, 259 S.) 8° [F.] (Schriften d. Zentralaussch. z. Förderung d. Volks- u. Jugendspiele in Deutschl.) (08. 3879

Wehrkraft durch Erziehung. Hrsg. von E. v. Schenckendorff u. Herm. Lorenz. Im Namen des Ausschusses zur Förderg. der Wehrkraft durch Erziehg. (Schriften des Zentralausschusses zur Förderg. der Volks- u. Jugendspiele in Deutschland.) 2. verm. Aufl. (VIII, 267 S. m. 1 Bildnis.) Lex.-8. Leipzig 905. B. G. Teubner. Kart. n. 8. —
Fortsetzg., s.: Jahrbuch f. Volks- u. Jugendspiele.

—— die, der vereinigten Fürstenthümer der Moldau und Walachei, dann Serbien's, Montenegro's und Griechenland's. Im Juli 1871. gr. 8. (VIII, 105 S.) Wien 871, Seidel und Sohn. *

—— die, Italiens im J. 1874. 1. Aufl. (IX, 313 S.) 1874, und 2. Aufl. gr. 8. (IX, 320 S.) Wien 874, k. k. Hof- und Staatsdruckerei. *

Wehrkraft, die, Oesterreich-Ungarns in der zwölften Stunde. gr. 8. (94 S.) Leipzig 886. O. Wigand. 1. 50

— die, Oesterreich-Ungarns in der zwölften Stunde, wie sie ist! Eine sachgemäße Abwehr v. *** gr. 8. (VII, 63 S.) Berlin 887. F. Luckhardt. n. 1. —

Wehrkraft, die, Oesterreich-Ungarns in der zwölften Stunde, wie sie ist. Eine sachgemäße Abwehr v. ***. 2. Ausg. Lex.-8. (VIII, 63 S.) Berlin 888. F. Luckhardt. n. 1. —

Wehrkraft, die, d. deutschen Reiches. Im Februar 1872. gr. 8. (XIV, 278 S.) Wien 872. Seidel & Sohn. n. 5. —

—— die, des osmanischen Reiches und seiner Vasallen-Staaten Egypten, Tunis und Tripolis. Im Mai 1871. gr. 8. (VI, 107 S.) Wien 871, Seidel und Sohn. *

Wehrkraft. – Rußlands Wehrkraft, s.a. Schuler, Eugen.

Wehrkraft, Russlands. Wien 1887. V: *Schuler, Eugen.* (KA)

Wehrkraft, Die, der Schweiz; eine historische Skizze . . . Gotha 1872. V: *Erlach, Rud. v.* (Cat. der Stadtbibl. Zürich. Zürich 1864—97.)

—— die, der Schweiz. Eine histor. Skizze von einem schweizer. Stabsofficier. gr. 8. (VIII, 136 S.) Gotha 872, Schloessmann. *

—— die, der Schweiz und ihre Bedeutung für einen europäischen Krieg. gr. 8. (42 S.) Ebendas. 887. *
—— dass. — 2. Aufl. Mit einem Vorwort. gr. 8. (IV, 40 S.) Ebendas. 888. *
Vgl.: Ehrenberg, A. v., einige Reformvorschläge.

—— die, der Nordamerikanischen Union bei Beginn des Jahres 1868. (Beiheft 4 zum Militair-Wochenblatt 1868.) 8. Berlin, Mittler und Sohn. *

Wehrl, Albin, s.: Bayern's Gesetze u. Gesetzbücher.

Wehrl, Albin, General-Register, s.: Bayern's Gesetze u. Gesetzbücher.

Wehrl, Joh., Predigten zur Feier der ersten heiligen Communion d. Kinder. gr. 8. (6³/₈ B.) Bamberg 844, Literar.-artist. Institut.

Wehrl, Jh. Gttl., († d. 23. Nov. 1805.) Grundriß einer Geographie des Fürstenthums Bamberg. gr. 8. 795. (Palm in Erlang.) 8 gl.

Wehrle, Handbuch f. die Einjährig-Freiwilligen usw. der Fußartillerie, s.: Weigelt.

Wehrle, Adf., die Insel Reichenau, s.: Woerl's Reisehandbücher.

Wehrle, Aloys, Geschichte der Salzsäure, oder zusammenhängende Uebersicht aller Verbindungen derselben u. d. verschiedenen Ansichten für ihre Bestandtheile. gr. 8. Wien 819. Gerold. 8 gl.

Wehrle, Aloys, die Grubenwetter, od. Uebersicht aller in d. Gruben vorkomm. schädl. Gasarten, d. Ursachen ihrer Bildung, d. Mittel, diese zu verhindern, die gebildeten Gasarten zu entfernen od. zu zerstören, u. die in denselben Verunglückten zu retten. Lex.-8. (9 B. incl. 1½ B. Tabn. u. 2 Kpfrt.) Wien 835, [Tendler u. Comp.]

WEHRLE, ALOYS.
Dissertatio inauguralis chemica sistens historiam acidi muriatici. Viennæ, 1819. 8vo.
Geschichte der Salzsäure, oder zusammenhängende Uebersicht aller Verbindungen derselben. . . . Wien, 1819. 8vo.

—— Lehrbuch d. Probier- u. Hüttenkunde, als Leitfaden f. akadem. Vorlesn. 2 Bde. gr. 8. (68³/₄ B., 27 Kpfrt., 2 Blätt. Repertorium u. 1 Tab.) Wien 841, [Gerold's Vrlgh.]

Wehrle, Alois, Lehrbuch der Probier- u. Hüttenkunde als Leitfaden f. akadem. Vorlesungen. 2 Bde. 2. Ausg. Mit e. Hefte v. 27 Kpfrtafeln. (Nebst 1 B. Text.) gr. 8. (68³/₈ B. u. 13 Tab.) Wien 844, Gerold, Verl.

Wehrle, Bernhard [app. Arzt aus Schönenbach bei Furtwangen]: Ein Beitrag zur Aetiologie und Histogenese des Fibromyoma Uteri ... Freiburg i. B., Buchdr. H. Epstein, 1894; 37 S. 8.
Freiburg i. B., Med. Fak., Inaug.-Diss. v. 1894

Wehrle, Heinr., der königl. Hofgarten zu Veitshöchheim bei Würzburg. Beschreibung u. Erklärg. desselben. 8. (158 S. m. Abbildgn. u. 1 Plan.) Würzburg 892. (J. Staudinger.) n. 2. 20

Wehrle, Hugo, a. Freiburg i. B.: Die deutschen Namen der Himmelsrichtungen und Winde. Straßburg: K. J. Trübner 1905. (75 S.) 8° ¶ [Aus: Zeitschrift für deutsche Wortforschung].
Freiburg i. B., Phil. Fak., Ref. Kluge, Diss. v. 1905
[Geb. 11. Nov. 80 Freiburg i. B.; Wohnort: Freiburg i. B.; Staatsangeh.: Baden; Vorbildung: Gymn. Freiburg i. B. Reife Juli 00; Studium: Freiburg i. B. 3, Montpellier 1, Freiburg i. B. 4 S.; Rig. 18. Febr. 05.]

Wehrle, J., projective Abhandlung über Steinschnitt, dargestellt und erläutert durch eine Auswahl der wichtigsten und schwierigsten Constructionen von Mauerflächen, Gewölben und Treppenbau, umfassend 84 Themata in 3 Abschnitten mit 60 lithogr. Taf. in Farbendr. und allegor. Titelblatt. Mit Rücksicht auf die Anforderungen der Neuzeit für Ingenieure, Architecten und Bauhandwerker. 1.—9. Lfg. gr. Fol. (à Lfg. 6 Chromolithogr. und 3 Bl. Text.) Zürich 869—74, (Kraut und Bosshart.) à Lfg. *M. 5. *

Wehrle, J. (I.), projective Abhandlung über Steinschnitt, dargestellt und erläutert durch eine Auswahl der wichtigsten und schwierigsten Constructionen von Mauerflächen, Gewölben und Treppenbau, umfassend 77 Themata in 3 Abschnitten mit 60 lithogr. Taf. in Farbendr. und allegor. Titelblatt mit Rücksicht auf die Anforderungen der Neuzeit für Ingenieure, Architecten und Bauhandwerker. 10. (Schluss-)Lfg. gr. Fol. (6 Chromolithogr. und chromolithogr. Titelbl. mit 11 S. Text.) Zürich 880, (Kraut-Bosshart.) *
1.—9. Lfg. (Ebendas.) 1869—74. à *M. 5.

Wehrle, Johann

Wehrle, J. (II.), Grammaire élémentaire servant d'introduction préparatoire à toute grammaire systématique de la langue française. Lex.-8. (XV, 258 S.) [Eichstätt 880, Krüll'sche Buchh.] Nürnberg, Korn'sche Buchh. *

Wehrle, Joh., Marienlieder d. Mittelalters, aus dem Lat. übers. 12. (77 S.) Eichstätt 884. (Stillkrauth.) n.n. 1. —

Wehrle, Johann „Principes de la grammaire élémentaire pour l'instruction française à l'école réale de Bavière. pg. 3—18. 8°. Karl Brönner. Eichstatt. Progr. 1879/80

—— Principes de la grammaire élémentaire pour l'instruction française à l'école réale de Bavière. 8. (18 S.) Eichstätt 880, [Krüll'sche Buchh.] Stillkrauth. *

Wehrle, R. Die Behandlung der Hypopyonkeratitis an der Basler ophthalmologischen Klinik. Mit 3 Tabellen. In-8°. V, 63 S. Basel. These. 1896.

Wehrli, Johann Jakob W'. Njbl. Winterthur 1890 s. [Morf, Heinrich I].

Wehrli, Johann Jakob, als Armenerzieher und Seminardirektor. Zürich 1871. V: *Hunziker, Otto.* (Cat. d. Stadtbibl. Zürich. Zürich 1864—97.) (Ky)

Wehrli, Joh. Jacob, als Armenerzieher u. Seminardirector v. O. (Hunziker.) gr. 8. (27 S.) Zürich 871, Herzog. — 30

Wehrli, Eugen [pract. med. aus Frauenfeld]: Glaucom nach Neuro-Retinitis Albuminurica (und Neuro-Retinitis Proliferans). Wiesbaden 1898. 57 S. 4 Tafeln. 8°. (S. A. aus Archiv f. Augenheilkunde, Bd. XXXVII.)
Bern. Med. Diss. 1897/98.

Wehrli, Eugen. Über die anatomisch-histologische Grundlage der sog. Rindenblindheit und über die Lokalisation der corticalen Sehsphäre, der Macula lutea und die Projektion der Retina auf die Rinde des Occipitallappens, von Dr. med. E' W', Augenarzt in Frauenfeld. Mit Tafel 10—13 und 3 Figuren im Text. Sonderabdruck aus: «v. Graefe's Archiv für Ophthalmologie» Band 62, Heft 2. III S. + S. 286—375. gr.-8. Leipzig, Wilhelm Engelmann, 1905.

Wehrli, Eugen. Zur Histologie der Keratitis punctata superficialis ⟨Fuchs⟩, Keratitis subepithelialis ⟨Adler⟩. Mit 2 Abbildungen. (Von Dr.) E' W' (Augenarzt in Frauenfeld). Sonder-Abdruck aus Jahrg. 44, 1906 ⟨Neue Folge Band 2⟩ September [von:] Klinische Monatsblätter für Augenheilkunde.... III S. + S. 224—236. 8. Stuttgart, Ferdinand Enke.

Wehrli, Eugen. Über der Mikro- und Makrogyri(e) des Gehirns analoge Entwicklungsstörungen der Retina; mit Besprechung der Epithelrosetten und der Pathogenese des Glioms. Von Dr. E' W', Augenarzt in Frauenfeld. Mit einer Tafel und einer Figur im Text. Sonderabdruck aus: «v. Graefe's Archiv für Ophthalmologie» Band 60, Heft 2. III S. + S. 302—349. 8. Leipzig, Wilhelm Engelmann, 1905.

Wehrli, Eugen. Ueber die mikroskopische Untersuchung eines Falles von Seelen- und Rindenblindheit, mit Berücksichtigung der Lokalisation der Macula. Dazu Demonstration von Gehirnpräparaten. Mit 4 Textfiguren. ([Sep.-Abdr. aus:] 10e Congrès [international] d'Ophtalmologie, Lucerne [13—17 septembre 1904. Compte rendu ...] =) 10. Internationaler Ophthalmologenkongress, Luzern 1904. II S. + S. B 275—B 281. 8. Lausanne Georg(es) Bridel & Cie, [1905].

Wehrli, G. H., Grammaire allemande, particulièrement à l'usage des écoles supérieures de jeunes filles et des écoles moyennes-industrielles. gr. in-8. (15 B.) Lausanne 845. (Genf, Kessmann.) Thlr. *

Wehrli, H., Pferdekenntniss, s. Handbuch für schweizer. Artillerie-Offiziere.

Wehrli, Hans J(acob) [aus Zürich]: Beitrag zur Ethnologie der Chingpaw (Kachin) von Ober-Burma. (S.-A. a. d. Int. Archiv f. Ethnogr. Suppl. zu Bd. 16.) (Mit 6 Tafeln.) Leiden 1904. 83 S. 4°. [28. VI. 04.]-
Zürich. Phil. Diss. II. S. 1903/1904.

Wehrli, Hans J., Beitrag zur Ethnologie der Chingpaw (Kachin) v. Ober-Burma, s.a. Archiv, internationales, f. Ethnographie.

Wehrli, Hans J[acob]. Beitrag zur Ethnologie der Chingpaw ⟨Kachin⟩ von Ober-Burma. Diss. Phil. [II.] Univ. Zürich. ([Mit 1 Karte und 5 Tafeln. Sep.-Ausg. von:] Int[ernationales] Arch[iv] f. Ethnogr[aphie]. Suppl. zu Bd. 16.) XVI + 83 S. 4. Leiden, Buchh. und Druckerei vormals E. J. Brill, 1904.

Wehrli, Hans J[acob], aus Zürich: Zur Wirtschafts- und Siedlungs-Geographie von Ober-Burma und den Nördlichen Shan-Staaten. Mit 12 Tafeln und 4 Karten. Zürich 1906. 130 S. 8°. S.-A. aus „Wissenschaftliche Beilage zum Jahresbericht der Geogr.-Ethnogr. Gesellschaft 1905/1906. [2. V. 07.]
Zürich. Phil. Hab.-Schr. II. S. 1906/1907.

Wehrli, Hans J[acob]. Zur Wirtschafts- und Siedlungs-Geographie von Ober-Burma und den Nördlichen Shan-Staaten. Habilitationsschr. Phil. [II.] Univ. Zürich, ... vorgelegt im Dezember 1906. Mit 12 Tafeln und 4 Karten. (Separatabdruck aus Wissenschaftliche Beilage zum Jahresbericht der Geogr.-Ethnogr. Gesellschaft [in Zürich] 1906/06.) 130 S. 8. Zürich, F. Lohbauer, [1906].

Wehrli, Heinrich, von Höngg b. Zürich. II. Assistenzarzt der medicinischen Klinik in Zürich: Aus der medicinischen Klinik in Zürich. Eine Typhusepidemie in Folge von Brunneninfection. Zür. Zürcher u. Furrer Dr. 1886. 40 S.. 1 Taf. 8°.
Zürich, Med. Diss. [v. 10. März 1886].

[Wehrli, Heinrich.] Der Waffensaal im Leuenhof in Gassen, Zürich. [Mit 1 Vignette und 1 Tafel in Doppelformat.] Njbl. Feuerw. Zürich 1870. 4. Zürich.

Wehrli, J., 10 Unterhaltungen e. Schulmeisters in d. Schulstube, od. Andeutungen, auf welchem Wege d. Kinder mit ihren ersten Schulpflichten vertraut u. wie ihnen d. Schule lieb u. ehrwürdig werden müsse. Lehrern u. Eltern gewidmet. (1. Hft.) 8. (4¼ B.) Bern 833, (Jenni, Sohn.)

—— dass. 2. Hft., einige naturkund. Unterhaltungen e. Schullehrers mit d. 1. u. 2. Elementarklasse, od. Winke, wo d. Stoff zu lehrr. naturkundl. Unterhaltungen herzunehmen, u. wie er zum Theil auch sprachfördernd. zu verarbeiten sey; f. Schullehrer, Väter u. auch f. Mütter, die nie Naturlehre studirt haben rc 8. (6 B.) Ebds. 833.

Wehrli, J. N., s. Wehrli, J. U.

Wehrli, J. U., Anleitung z. Unterricht im Gesange. Für d. Schulen bearb. 8. (1 B.) Zürich 838, Orell, Füßli u. Comp.

Wehrli's, J. R., Anleitung zum Unterricht im Gesange für Schulen. 2. Aufl., verm. u. umgearb. von C. Fr. Baumann. 8. Zürich 843, Orell, Füßli u. Co. 1/12 ℞

Wehrli's, J. U., Anleitung zum Unterricht im Gesange für Schulen. 3. Aufl. durchgeseh. und verm. von Carl Friedr. Baumann. 8. (18 S.) Zürich 850, Orell, Füßli und Comp.

—— dreistimm. Gesänge f. d. reif. Jugend. 1—3. Hft. qu. gr. 8. (.. B.) Zürich 837—39, Orell, Füßli u. Comp.

—sechs zweistimmige Lieder, als Vorbildung zum figurirten Chorgesang. qu. 8. Zürich ... Orell, Füßli u. Comp. 1 ℞

Wehrli, Ioannes Leonhardus, Helveto-Turicensis: De cordis polypis. Tur. typ. Or. Fuessl. et soc. 1835. 19 S. 8°.
Zürich, Med. Diss. v. 25. April 1835.

Wehrli, Jul., der Kindsmord. Dogmatisch-kritische Studie mit Berücksicht. des französ. und schweizer. Rechts. gr. 8. (IV, 162 S.) Frauenfeld 889, Huber. *

Wehrli, Leo, von Küttigen, [Kt.] Aargau: Das Dioritgebiet von Schlans bis Disentis im Bündner Oberland. Geologisch-petrographische Studie mit einer geolog. Karte und 6 Tafeln. S. A. aus: 'Beiträge zur geologischen Karte der Schweiz' hg. v. d. geol. Kommiss. d. schweiz. naturforsch. Ges. Neue Folge, VI. Lieferung, des ganzen Werkes 36. Lieferung. Bern [Schmid Francke Cie] 1896. VI, 1 Bl., 67 S., 1 Karte, 6 Taf. 4°.
Zürich, Phil. Diss. II. S. [v. 30. Sept. 1896]

Wehrli, Leo, d. Dioritgebiet von Schlans bis Disentis im Bündner Oberland, s. a. Beiträge zur geolog. Karte d. Schweiz, 36. Lfg.

Das Dioritgebiet von Schlans bis Disentis im Bündner Oberland. Geol.-petrogr. Studie mit 1 geol. Karte u. 6 Taf. Von Dr. Leo Wehrli. *Bern: Schmid, Francke & Co. in Komm. 1896.* (VI, 67 S.) 4°
= Beiträge z. geolog. Karte d. Schweiz. Lfg. 36. N. F. Lfg. 6.

Wehrli, Leo. Die geologische Entstehung unserer Thonlager. Mit einer Tafel. S. 5—20. 8.
Programm der Höheren Töchterschule der Stadt Zürich. Schuljahr 1905/1906. Beilage.... Zürich, Schulthess & Co., 1906.

Wehrli, Reinh[ard]. Bilder aus der Geschichte von Altstätten, zusammengestellt von Reinh. W'.... 8. Altstätten 1886.

Wehr u. Waffe-Lieder, neue. Gesammelt v. H. v. R. Durchgeseh. u. verm. Aufl. (Umschlag: 2. Aufl.) (52 S.) gr. 8. Neumünster (910). Vereinsbuchh. G. Ihloff & Co. — 50

Wehrlin, Curt, s. Wehrlin, Kurt

Wehrlin, Eduard, Betrachtungen über die britische Zollreform und ihr Einfluß auf Oesterreich. gr. 8. (62 S.) Triest 847, (Favarger.) *

Wehrlin, Ed., Einführung in Goethe's Torquato Tasso. 8. (VII, 94 S.) Riga 884, (Deubner.) n. 2. —

Wehrlin, Ed., deutsche Verslehre zum Gebrauche f. Mittelschulen. gr. 8. (III, 48 S.) Sondershausen 891. F. A. Eupel. n. — 80

Wehrlin, Ed[uard]. Volksunterhaltung und Kunst. Vortrag, gehalten in der Winterversammlung der Gemeinnützigen Gesellschaft des Bezirks Zürich. 1901. [SA. aus: Zürcher Jahrbuch für Gemeinnützigkeit. 1901/1902.] 21 S. 8. [Zürich, Gebr. Leemann & Co., 1902.]

Wehrlin, Kurt

Wehrlin, Curt, med. pract. von Bischofszell, gew. II. Assistenzarzt der Kant. Irrenheilanstalt Burghölzli-Zürich: Über die Assoziationen von Imbezillen und Idioten. Leipzig 1904. 34 S. 8°. S.-A. a. d. Journal f. Psychologie. [26. X. 04.]
Zürich. Med. Diss. 1904/1905.

Wehrlin, Curt. Über die Assoziationen von Imbezillen und Idioten. Diss. Med. Univ. Zürich von K. W'.... [Sep.-Abdr. aus: Journal für Psychologie und Neurologie.] 34 S. 4. [Leipzig, J. A. Barth, 1904.]

Wehrmacht, Die, Bulgariens auf Grundlagen ihrer Entwicklung dargestellt ... Wien 1904. V: *Rasky, Ladislaus.* (KA)

Wehrmacht, die, Bulgariens, auf Grundlage ihrer Entwicklung dargestellt v. R. (VIII, 95 S. m. 1 Karte u. 1 Tab.) gr. 8. Wien 904. (L. W. Seidel & Sohn.) n. 2. 50

Deutschlands koloniale Wehrmacht in ihrer gegenwärtigen Organisation und Schlagfähigkeit. Auf Grund d. neuesten amtl. Dokumente bearb. von e. höh. Offizier. Mit 24 Abb., 2 Karten u. 1 Truppeneinteilungspl. Berlin: R. v. Decker 1906. (143 S.) 4° [F.]

Wehrmacht, Grossbritanniens, und ihre politische Bedeutung. Eine Studie. Wien 1879. V: *Kirchhammer, Alexander.* (KA)

Großbritanniens Wehrmacht und ihre politische Bedeutung. Wien 1879. 33 S.

Sechzig Jahre Wehrmacht 1848–1908. Bearb. im k. u. k. Kriegsarchiv. Wien: K. u. k. Kriegsarchiv 1908. (299 S.) 2°(4°)

— die italienische. Mit 1 Dislokationsskizze u. 3 sonst. Beilagen. (IV, 52 S.) Lex.-8. Ebd. 906. n. 1. 50
Sonderabdruck aus: „Streffleurs österreich. militär. Zeitschr."

Wehrmacht, Die, Rumäniens, ihre Quellen und ihre Bedeutung. Wien 1909. V: *Kuss, Victor.* (FB)

Wehrmacht, die, Rumäniens, ihre Quellen u. ihre Bedeutg. (37 S. m. 1 Tab.) 8. Wien 909. L. W. Seidel & Sohn. 2. 50

Wehrmacht, die türkische, u. die Armeen der Balkanstaaten Bulgarien, Griechenland, Rumänien, Serbien u. Montenegro. Von H. A. gr. 8. (VII, 215 S.) Wien 892. Verlags-Anstalt Reichswehr. n. 4. —

Wehr-Mann, der. Wochenblatt für den schlichten Bürger u. Bauersmann. Red.: J. H. Schöne. 1. Jahrg. 1848 12. Aug.—Decbr. 21 Nrn. 4. (1/2 B.) Langensalza, Bürger. n. 8 1/2 ℞

Wehrmann, der. Illustrirte Zeitschrift für die schweiz. Armee. Redig. von schweizer. Offizieren und Unteroffizieren. 1.—3. Jahrg. 1881—1883. à Jahrg. 26 Nrn. (Bog.) gr. 4. St. Gallen, Wirth. à Jahrg. *

— der, für Stadt u. Land, eine Bürger- u. Bauern-Zeitung. 1. Jahrg. 1848. 23. Mai—Decbr. 128 Nrn. gr. 4. (1/2 B.) Hannover, Schlüter. n. 2 1/3 ℞

Wehrmann, die Eindeichung des Oderbruches. Hierzu 1 (lith. u.) illum. Karte (in Fol.). (Abdr. aus den Annalen der Landwirthschaft.) Berlin 861. Bosselmann. (Wiegandt & Hempel.) gr. 8. (56 S.) n. 12 ngr

Wehrmann, die ersten 5 Jahre des Charitasverbandes f. das kath. Deutschland, s.: **Charitas-Schriften.** 9. Hft.

Wehrmann (II.) und Beschorner, die Notariatspraxis im Königr. Sachsen, s. Beschorner.

Wehrmann Das Wesen und Wirken des Hermes. Ein Beitrag zur Philosophie der Mythologie. 34 S. . .
Magdeburg, Kl., Progr. 1849

Wehrmann. Das Wesen und Wirken des Hermes. Ein Beitrag zur Philosophie der Mythologie. Zweiter Theil. 23 S.
Magdeburg, Kl., Progr. 1852

Wehrmann, A., O'Connell, der größte katholische Volksmann in unserem Jahrhundert. Für das Volk dargestellt. gr. 16. (91 S.) Mainz 874. Kirchheim. n. — 50

Wehrmann, Alex., Gedichte und Erzählungen. 8. (26 S.) Berlin 888, Ißleib. *

Wehrmann, Alex., Leitfaden der Gedächtniskunst. gr. 8. (35 S.) Oppeln 889. Berlin, W. Gronau. n. 1. —

Wehrmann, C., Führer durch Lübeck, nebst e. Ueberblick üb. d. Geschichte v. Lübeck. M. 1 Titelbild: Lübeck v. Petrikirchthurm aus gesehen. gr. 8. (82 S.) Lübeck 897. R. Quitzow. n. 1. 20

Wehrmann, C. Der Memorienkalender [Necrologium] der Marien-Kirche in Lübeck. Namens d. Vereins f. Lübeckische Geschichte u. Alterthumskunde hrsg. gr. 8. (112 S.) Lübeck 889, (Schmersahl). * 2 —

— Ueberblick üb. die Geschichte Lübecks. [Aus: „Lübeck. Festschrift z. Aerztecongress".] gr. 8. (64 S.) Lübeck 895. Lübcke & Hartmann. n.n. 1. 30

Wehrmann, C., die älteren Lübeckischen Zunftrollen. gr. 8. (XII und 526 S.) Lübeck 864, Aschenfeldt. *

Wehrmann, C., die älteren Lübeckischen Zunftrollen. 2. verb. Ausg. gr. 8. (XII, 526 S.) Lübeck 872, Grautoff. *

Wehrmann, E. Beiträge zur Metrik und Poetik der Dichtungen Alfred de Musset's. Diss. Münster 1883. 91 S.
Progr.

Wehrmann, Ed., d. Berggeist d. Harzes. 8. Quedlinb. 824. Basse. 20 gr.

Wehrmann, Ed., bunte Bilder, auf Reisen gesammelt. 8. ($19\frac{1}{4}$ B.) Frankfurt a. d. O. 838, Hoffmann'sche Buchh. *

Wehrmann, Ed., die Brüder d. Todes. Histor.-romant. Erzähl. aus d. ersten Viertel d. 16. Jahrh. 8. ($12\frac{1}{4}$ B.) Berlin 828, [Lüderitz'sche Vrls.-Buchh.]

—— die Drachenburg, od. d. Eremit vom schwarzen Berge. Romant. Erzähl. aus d. Ritterzeit. 2 Thle. 8. ($23\frac{1}{2}$ B.) Frankfurt a. d. O. 838, (Tempel.?)

Wehrmann, Ed., Ernst u. Scherz in bunten Bildern. 2 Thle. Neue Ausg. 8. ($34\frac{1}{8}$ B.) Frankfurt a. O. 842, (Harnecker u. Comp.) *

—— romant. Erzählungen. 8. (18 B.) Frankfurt a. d. Oder 837, (Tempel.?) *

Wehrmann, (Ed.,) Friedrich Wilhelm der Große, Kurfürst von Brandenburg oder Rathenow's Errettung am 15. Juni 1675. Vaterländ. Schauspiel in 4 Aufzügen. 8. Rathenow 826, Flick.

— Friedrich Wilhelm der Große, Churfürst von Brandenburg, oder Rathenow's Errettung. Vaterländisches Schauspiel in 4 Aufzügen. 8. Berlin 826. (H. Schultze.) $^{5}/_{12}$ Thlr.

Wehrmann, E., 50 Gesänge für Freimaurer, s. Gesänge.

Fünfzig Gesänge für Freimaurer. Gesamm. von Edu. Wehrmann. Frankfurt a. O.: Koscky & Co. 1854. VI, 88 S. 8°
Ohne Notenangabe.

——, Hilda, die Räuberbraut, od. die schwarzen Rächer. Romant. Gemälde aus d. Ritterzeit. 8. (11 B.) Quedlinburg 829, Basse.

— — Lieschens Hin- und Herzüge. Berlin u. Landsberg a. W., Enslin, 1826. 8°. (3 Mk. Lehmann & Lutz, Frf. a. M., c. 1885; 3 Mk. 80 Pfg. A. Lorentz. Lpz., 1905.)

— Lieschens Hin- u. Herzüge. Berlin (Volger u. Klein in Landsberg) u. der Preis jetzt $^{5}/_{12}$ Thlr.

—— die Kaffeeschwestern u. die alten Junggesellen. Zwei Humoresken. 8. ($14\frac{3}{4}$ B.) Frankfurt a. d. O. 839, (Tempel.?) *

—— Polterabendscherze u. Glückwünsche zu silbernen u. goldenen Hochzeitfesten. Zugleich auch als Anhang zu der 3. Aufl. der neuen Polterabendschwänke desselben Verfassers. gr. 12. ($2\frac{1}{6}$ B.) Ebds. 842.

Wehrmann, Ed., das Raubschloß auf dem Oybin. Romant. Erzähl. aus d. 14. Jahrh. 8. ($12\frac{1}{2}$ B.) Berlin 829, Lüderitz'sche Vrls.-Buchh.] Thlr.

—— neue Schwänke zur Polterabend-Feier. gr. 12. (6 B. u. 20 ill. Stndr.) Frankfurt a. d. O. 829, Tempel.

— — Neue Schwänke zur Polterabend-Feier. Mit 20 Kpfrn. 2. Auflage. Frankfurt a. d. O., Tempel, 1833. 12°. 4 Bogen.
Citirt Engelmann ohne Angabe der Kupfer. (1/3 Rthl.) — Harpf's (Königsberg i. Pr.) Leihbibl.-Cat. no. 19,138.

—— neue Schwänke z. Polterabend-Feier, nebst Strohkranzreden. 3., verm. Aufl. gr. 12. (6 B. u. col. Ttlbild.) Frankfurt a. d. O. 841, Harnecker u. Comp.

—— die Seeräuber auf Rügen. Histor.-romant. Erzähl. aus d. 12. Jahrh. gr. 12. (13 B.) Frankfurt a. d. O. 834, Tempel.

—— die Seeräuber auf Rügen. Histor.-romant. Erzähl. aus d. 12. Jahrh. 2. Ausg. gr. 12. (13 B.) Frankfurt a. d. O. 836. [Berlin, Danz.]

—— die Sprache d. Blumen. Der Liebe u. Freundschaft geweiht. 32. (128 Seit. u. ill. Ttlkpfr.) Frankfurt a. d. O. 836, (Tempel. ?) *

Wehrmann, Ed., die Sprache der Blumen. Der Liebe u. Freundschaft geweiht. Mit einem Anh.: Die oriental. Bedeutung der Blumen. 2. verm. Aufl. 32. (IV u. 128 S. m. lith. Titel u. 1 lith. u. color. Titelkpfr.) Frankfurt a. d. O. 848, Koscky & Co. cart. m. Goldschn. $^{5}/_{12}$ Thlr. — Mit 3 color. Kpfrn. 3. sehr verm. Aufl. 32. (128 S.) Ebd. 850. geb. m. Goldschn. n. $^{1}/_{3}$ Thlr.

— u. A. F. Oldenburg, nützliches Theaterrequisit, besonders für mittlere u. reisende Bühnen. (1. Theaterreden. 2) Festspiele. 3) Wurstpickenick; e. Vaudeville-Posse, 4) Die Schneiderbraut. 5) Die Verlobung.) 8. Rathenow 826. Flick. 12 gr.

— das Turnier zu Hoheneck, Ritterschausp. in 5 A. 8. Quedl. 825, Basse.

—— poetische Versuche. 12. (5 B.) Frankfurt a. d. O. 828, Tempel.

——, Welf v. Trudenstein, od. die Geheimnisse d. Grabes. Schaudergemälde d. Ritterzeit. 2 Thle. 8. ($22\frac{1}{2}$ B.) Quedlinburg 829, Basse.

Wehrmann, Emil, aus München, Rechtspraktikant am Kgl. Landgericht München I: Das Recht des Freigepäcks. *München 1903: C. Gerber.* (72 S.) 8°
Erlangen, Jur. Diss. v. 27. Juli 1903

Wehrmann, Franz Ritter v., k. k. Oberst. Lehrbuch der Minirkunst. 1. Th. Zum Unterricht der Mannschaft. Verfasst 1848, verbess. 1862. 2. Th. Zum Unterrichte der Unterofficiere. Verfasst 1855, verbess. 1862. 3. Th. Für Officiere der k. k. Genie-Waffe. Verfasst 1860, verbess. 1862. Taf. zum Lehrbuch der Minirkunst. (3 Th. mit je 1 Th. Taf.) (Manuscript.) Fol. 1862.

Wehrmann, Hans, Willi Alten. Einer, der den Frieden fand. Roman. 1. u. 2. Aufl. (à 251 S.) 8. Schwerin 907. F. Bahn. n. 3. 20; geb. n. 4. 20

Wehrmann, Hans, das Licht der Tiefe. Erzählung. 1. u. 2. Aufl. (III, 104 S.) 8. Schwerin 909. F. Bahn. 1.20; geb. 1. 80

Wehrmann, Heinr., s.: Kalender des sächsischen Pestalozzi-Vereins.

Wehrmann, Joh's., Antrittspredigt üb. Apostelgesch. 4, V. 20, geh. bei seiner Amtseinführg. am 2. Sonntag nach Trinitatis, den 9. VI. 1907, in der Friedenskirche zu Hamburg-Eilbeck. (16 S.) 8. Hamburg 907. Herold. — 40

Wehrmann, *Karl* [Dir. Dr.]: Allgemeines über die Realschule. Kreuznach, Buchdr. R. Voigtländer, 1894; 3—15 S. 4.
Kreuznach, st. R, P 1894 (503)

Wehrmann, (Karl): Anleitung zur Abfassung deutscher Aufsätze. 1. 1. Die Bedeutung d. deutschen Aufsatzes. 2. Die Entwicklung u. Darstellung d. Gedanken. 3. Mehr Unbefangenheit bei d. Abfassung d. Aufsätze. 4. Über d. Stil im deutschen Aufsatz. 5. Die Disposition. Bochum 1909: Stumpf. 35 S. 4°
Bochum, st. OR P 1909 (508) [S 09. 495

Wehrmann, Karl, Anleitung zur selbständigen Abfassung deutscher Aufsätze nebst e. Sammlung v. Aufsätzen f. den Selbst- u. Schulunterricht. (VI, 298 S.) gr. 8. Leipzig 910. Quelle & Meyer. 4.60; geb. in Leinw. 5. —

Wehrmann, Karl, Dir. Dr.: Die Ausstellung der Oberrealschule auf der Weltausstellung in St. Louis 1904. Bochum 1904: W. Stumpf. (S. 1—7.) 4° [F.]
Bochum, st. OR P 1904 (411)

Wehrmann, Karl, der Bauer vom Gaisberge. Eine Erzählung aus dem 16. Jahrhundert. 8. St. Gallen 845, Huber u. Comp. 13¾ ngr

Wehrmann, Karl: Beiträge zur Lehre von den Partikeln der Beiordnung im Französischen. (Separat-Abdruck aus den Romanischen Studien herausgegeben von Eduard Boehmer.) Bonn, Eduard Weber's Verlag (Julius Flittner), 1880. 8. S. 383—444. (62 S.)

Wehrmann, Karl, Dir. Dr.: [Bericht über die Feier des 50jährigen Bestehens der Anstalt, der früheren Gewerbeschule, am 17. Nov. 1901.] *Bochum 1902: W. Stumpf.* (S. 41—43.) 4° ¶(Nach d. 'Märkischen Sprecher'.)
Bochum, st. OR, P 1902 (421)

Wehrmann, *Karl August* Bericht über das Schuljahr 1894/95 (mit ausführlichem Lehrplan der Prima). 4 (S. 3—25, 2 unp. S.)
Progr. Städt. Rsch. *Kreuznach* 1895 (512).

Wehrmann, Karl, Dir. Dr.: Einführungsfeier. (Umschlagt.: Reden des ersten Bürgermeisters Graff und des Professors Dr. Peters bei der Einführungsfeier des Direktors.) *Bochum 1901: W. Stumpf.* (S. 3—6.) 4° [F.]
Bochum, st. OR, P 1901 (410)

[F.] **Wehrmann,** *Karl* [Dir. Dr.]: Die Feier der Einweihung des neuen Schulhauses. Kreuznach, Buchdr. F. Wohlleben, 1897; 4—16 S. 4.
Kreuznach, st. R, OP 1897 (520)

Wehrmann, Karl: Die Grundzüge der Oberrealschulbildung. Der neusprachliche Unterricht auf der Oberstufe der Oberrealschule. Bochum 1910: Stumpf. S. 1—17. 4°
Bochum, st. OR P 1910 (511) [S 10. 465

Wehrmann, Karl [*Dr.*]: John Stuart Mill's Lehre von der Erziehung. Kreuznach, *Druck v. R. Voigtländer* (1890); 43 S. 8°
Kreuznach, k. G, OP 1890

Wehrmann, K[arl]: 1. Lehrplan des Deutschen, Englischen und Französischen an der Oberrealschule. 2. Die Lehrpläne der übrigen Fächer. Bochum 1908: Stumpf. 43 S. 4°
Bochum, OR P 1908 (488)** [S 08. 518

[F.] **Wehrmann,** *Karl* [Dir. Dr.]: Lehrplan für den deutschen Unterricht der lateinlosen Realschule. ([Umschlagt.:]... 1) Der Lernstoff d. Deutschen f. d. Klassen III—I. 2) Kurzgefasste Aufsatzregeln.) Kreuznach, Buchdr. F. Wohlleben, 1897; 17—28 S. 4.
Kreuznach, st. R, OP 1897 (520)

Wehrmann, Karl, Lehrplan f. d. deutschen Unterr. d. lateinlosen Realschule. 1) Der Lernstoff des Deutschen f. die Klassen III—I. 2) Kurzgefaßte Aufsatzregeln. Progr. gr. 4. (12 S.) Kreuznach 897. (Leipzig, Buchh. G. Fock.) n. 1. —

Wehrmann, Karl *August*: Wider die Methodenkünstelei im neusprachlichen Unterricht. 4 (12 S.). Städt. Rsch. *Kreuznach* 1899 (529).
Umarbeitung eines Vortrags, gehalten auf der ersten Versammlung der Lehrer höh. Schulen des südl. Rheinlands in Oberstein 1897
Progr.

Wehrmann, Karl, Dir. Dr.: Einführungsrede: 'Die Oberrealschule als modern-humanistische Bildungsanstalt'. *Bochum 1901: W. Stumpf.* (S. 7—14.) 4° [F.]
Bochum, st. OR, P 1901 (410)

Wehrmann, Karl: [Professor Dr. Pein † 8. November 1900.] S. 30—31. 4.
Progr. Städt. Oberrealschule *Bochum* 1901 (410).

Wehrmann, Karl, Dr., Dir.: Realschule und allgemeine Geistesbildung. 1. *Kreuznach 1900: F. Wohlleben.* (32 S.) 8°
Kreuznach, st. R, OP 1900 (535)

Wehrmann, Karl, Realschule u. allgemeine Geistesbildung. I. Progr. gr. 8. (32 S.) Kreuznach 900. (R. Schmithals Nachf.) n. — 70

Wehrmann, Karl, Dir. Dr.: Rede zur Feier des 50jährigen Bestehens der Oberrealschule und früheren Gewerbeschule in Bochum. (Umschlagt.: Ein Rückblick auf das 50jährige Bestehen der Anstalt. Rede, geh. bei d. 50j. Jubiläumsfeier am 18. Nov. 1901.) *Bochum 1902: W. Stumpf.* (S. 3—15.) 4°
Bochum, st. OR, P 1902 (421)

Wehrmann, K[arl], Dir. Dr.: Reden, welche bei seiner Abschiedsfeier gehalten wurden. *Kreuznach 1900: F. Wohlleben.* (S. 8—14.) 4° [Umschlagt.] [F.]
Kreuznach, st. R, P 1900 (535)

Wehrmann, Karl, Dir. Dr.: Schulreform und die lateinlose höhere Schule. Vortrag, geh. auf d. 7. Hauptversammlung d. Vereins zur Förderung d. lateinlosen höh. Schulwesens in Elberfeld. *Bochum 1902: W. Stumpf.* (S. 16—26.) 4°
Bochum, st. OR, P 1902 (421)

Wehrmann, Karl: Der neusprachliche Unterricht auf der Oberstufe der Oberrealschule. S. 9—17. 4.
Progr. Städt. Oberrealschule *Bochum* 1910 (511).

Wehrmann, Karl [Dr., Dir.]: Der erziehliche Wert der französischen und englischen Lektüre. *Kreuznach, 1895;* 66 S. 8. Kreuznach, st. R, OP 1895 (512)

— **d. erziehl. Wert d. französischen u. englischen Lektüre. Progr. gr. 8. (66 S.) Kreuznach 895. Ebd.** n. 1. —

Wehrmann, Karl August, s. Wehrmann, Karl

Ms. zunächst f. Mitgl. d. L. zur Weltkugel [i 1 Lübeck]. Natur, Religion, Stärke. [Von Karl Friedr. Wehrmann.] [Berlin 1897] 13 S. 8° [Kopftit.]
Natur, Religion und Stärke als der Weg zur Gotteserkenntnis.

Wehrmann, Karl Peter Theodor, s. Wehrmann, Peter

Wehrmann, L.: „Herrn H. Meissners Anno 1687 publicirter Arithmetischer Rosen-Krantz, bestehend in 100 arithmetischen Aufgaben, welche gründlich aufgelöset und zum Druck übergeben", Bremen 1727. — Vorh.: Com. Bibl. Hamburg.

Aus dem Leben des Wirklichen Geheimen Rats Otto Wehrmann, ersten vortragenden Rats im Staatsministerium. Blätter d. Erinnerung an das Werden d. Deutschen Reiches. (Verf.: Leo **Wehrmann**, Wirkl. Geh. Rat, Ministerialdir. a. D.) Mit 1 Bildn. Wehrmanns u. 4 Brief-Facs. Stuttgart & Berlin: Cotta 1910. 138 S. 8° [10. 16081 2

Von den Anfängen der Industrie in Pommern. Vortrag 1907 geh. von Prof. Dr. Martin **Wehrmann**. Stettin 1907: H. Susenbeth. (18 S.) 8° [J.]
= **Veröffentlichungen** d. Vereins d. Industriellen Pommerns u. d. benachbarten Gebiete. No 16. [05. 14175 8

Wehrmann, Martinus: De Herodotei codicis Romani auctoritate. Halis Saxonum 1832 [vielmehr:] (1882): Orphanotropheum. 42 S. 8°
Halle-Wittenberg, Phil. Diss. v. 14. Dez. 1882
Geb. Stettin 16. 6. 1861. V.
Im Diplom fälschlich Ludovicus. — Verf. erlebte die Diplomerneuerung 1932 als D. theol., Gymnasialdirektor a. D., Professor in Stargard i. P.

Wehrmann, Mart., die Begründung des evangel. Schulwesens in Pommern bis 1563, s. a. Mitteilungen der Gesellschaft f. deutsche Erziehungs- u. Schulgeschichte. 7. Beiheft.

Die Begründung des evangelischen Schulwesens in Pommern bis 1563. Von M[artin] **Wehrmann**. Berlin: A. Hofmann & Ko. 1905. (72 S.) 8°
= Beiträge z. Geschichte d. Erziehung u. d. Unterr. in Pommern. [1.]
= **Mitteilungen** d. Gesellschaft f. deutsche Erziehungs- u. Schulgeschichte. Beiheft 7. [05. 7254

Wehrmann, Martin: Taddeo Gaddi, ein Florentiner Maler des Trecento. Mit 2 Taf. Stettin 1910: Herrcke & Lebeling. 20 S. 4°
Stettin, k. Marienstifts-G. OP 1910 (210) [S 10. 400

M. WEHRMANN, Geschichte der Bibliothek des Marienstifts-Gymnasiums in Stettin. Separatabdruck aus den Baltischen Studien XLIV. (Dem Königlichen Marienstifts-Gymnasium in Stettin, der ältesten höheren Schule Pommerns, bei der Feier des 350jährigen Jubiläums am 24. September 1894 gewidmet von der Gesellschaft für Pommersche Geschichte und Alterthumskunde.) Stettin. 1894. Druck von F. Hessenland. 8°.

Geschichte des Jageteufelschen Collegiums in Stettin 1399–1899. Festschrift z. 500jähr. Erinnerungsfeier an d. Stiftung d. Colleg. am 7. Sept. 1899. (Verf.: Martin **Wehrmann**.) Stettin 1899: Herrcke & Lebeling. (64 S.) 8° [Umschlagt. J.]
Aus: Baltische Studien. N. F. 3. [07. 7753 0

Wehrmann, *Martin* Geschichte des Königlichen Marienstifts-Gymnasiums (des früheren Herzoglichen Pädagogiums und Königl akademischen Gymnasiums) in Stettin. 1544–1894. [Angehängt: Verzeichnis der Lehrer, welche in den Jahren 1805 bis 1894 an dem Gymnasium thätig gewesen sind.] 4 (2 Bl., 184 S., 1 Abb.).
(*Lehrer der Anstalt*) Verzeichnis der Abiturienten des Königlichen Marienstifts-Gymnasiums in Stettin aus den letzten 50 Jahren sowie der Abiturienten aus früherer Zeit, welche als noch lebend ermittelt sind. 4 (31* S.).
Festschrift z. 350j. Jubiläum des Kgl. Marienstifts-G. *Stettin* 1894
Nicht im Tauschverkehr.
Progr.

Wehrmann, M., aus Pommerns Geschichte. 6 Vorträge, im Stettiner Frauenverein geh. gr. 8. (III, 108 S.) Stettin 902. L. Saunier. n. 1.60

— Geschichte v. Pommern, s. a. Staatengeschichte, allgemeine. III. 5.

Geschichte von Pommern. Von Martin **Wehrmann**. Bd 1. 2. Gotha: F. A. Perthes 1904–06. 2 Bde 8° [J.]
1. Bis z. Reformation (1523). 1904. 2. Bis z. Gegenwart. 1906.
= Landesgeschichten, Deutsche. Werk 5.
= **Staatengeschichte**, Allgemeine. Abt. 3, Werk 5. [06. 1608

MARTIN WEHRMANN, Geschichte der St. Jakobikirche in Stettin bis zur Reformation. Stettin. 1887. Druck von F. Hessenland. — A. u. d. Umschlagtitel: Geschichte der St. Jakobikirche in Stettin bis zur Reformation. Festschrift der Gesellschaft für Pommersche Geschichte und Alterthumskunde zur Feier des 700jährigen Jubiläums der Kirche. Von MARTIN WEHRMANN. Stettin 1887. Druck von Herrcke & Lebeling. 8°.

M. WEHRMANN, Bischof Johann I. von Camin 1343—1370. Ein Beitrag zur Geschichte Pommerns im 14. Jahrhundert. Separatabdruck aus den Baltischen Studien XLVI. (Herrn Professor Dr. Theodor Pyl, dem Vorstande der Rügisch-Pommerschen Abtheilung der Gesellschaft für Pommersche Geschichte in Greifswald, zu seinem siebzigsten Geburtstage am 10. Oktober 1896 gewidmet von der Gesellschaft für Pommersche Geschichte und Alterthumskunde in Stettin.) Stettin. 1896. Druck von Herrcke & Lebeling. 8°.

Wehrmann, M., die pommersche Kirchenordnung v. 1535. Hrsg. v. M. W. 8. (82 S.) Stettin 893. (L. Saunier.) n. 2. —

Wehrmann, Mart., Landeskunde der Prov. Pommern, s. a. Hirts, Ferd., Sammlung v. deutschen Landeskunden.

Wehrmann, M., Landeskunde der Prov. Pommern. Zunächst zur Ergänzg. der Ausg. A u. B der Schulgeographie von E. v. Seydlitz hrsg. gr. 8. (32 S. m. Holzschn.) Breslau 890. F. Hirt. cart. n. — 30

— Landeskunde der Prov. Pommern. Zunächst zur Ergänzg. der Schulgeographie von E. v. Seydlitz hrsg. 2., durchgeseh. Aufl. gr. 8. (32 S. m. Bildern.) Breslau 893. F. Hirt. Kart. n. — 30

Wehrmann, Mart., Landeskunde der Prov. Pommern. Zunächst z. Ergänzg. d. Schulgeographie von E. v. Seydlitz hrsg. 3., durchgeseh. Aufl. gr. 8. (40 S. m. Holzschn.) Breslau 898. F. Hirt. Kart. n. — 40

— Landeskunde der Prov. Pommern. Zunächst zur Ergänzg. der Schulgeographie von E. v. Seydlitz hrsg. 4., durchgeseh. Aufl. (40 S. m. Abbildgn.) gr. 8. Breslau 904. F. Hirt. Kart. n. — 50

Pommersches aus Rom. Vortrag geh. in d. General-Versammlung d. Ges. f. Pomm. Geschichte ... 1904 von M[artin] Wehrmann. Als Ms. gedr. *Stettin 1904: Herrcke & Lebeling.* (20 S.) 8° [F.] [illegible]

Wissenschaftliche Vereinigungen älterer Zeit in Pommern. (Beitrag z. Gesch. d. Wiss. im 17. u. 18. Jh.) Festschrift. Der Kgl. Preuss. Akad. d. Wiss. zu Berlin gewidmet bei d. Jubelfeier ihres 200j. Bestehens von d. Ges. f. Pomm. Gesch. u. Altertumsk. in Stettin. (Von Martin Wehrmann.) *Stettin 1900: Herrcke & Lebeling.* (24 S.) 4° [F.] [illegible]

— aus Pommerns Vergangenheit. Abhandlungen zur pommerschen Geschichte. gr. 8. (VII, 136 S.) Stettin 891. (M. Bosch.) n. 2. —

Vom Vorabend des schmalkaldischen Krieges von M[artin] Wehrmann, Prof. Berlin: C. A. Schwetschke & Sohn 1905. (S. 190–200.) 8° = Archiv f. Reformationsgeschichte. Jg. 2, H. 2, [F.] [illegible]

Wehrmann, Osc., das Eisenbahnfrachtgeschäft nach Buch IV, Titel V des allgemeinen deutschen Handelsgesetzbuchs von 1861. Ein Handbuch für Juristen, Eisenbahnbeamte, Kaufleute, Spediteure, Industrielle ꝛc. gr. 8. (VII, 235 S.) Stuttgart 879. Enke. n. 4. 80

—— Reisestudien über Anlagen und Einrichtungen der englischen Eisenbahnen, insbesondere über die Organisation des Güter-Verkehrs und das Tarifwesen. gr. 8. (VI, 96 S. mit 3 Stnt.) Elberfeld 877, Baedeker'sche Buchh. *

Wehrmann, O., die bayrischen Staatseisenbahnen. Eine gedrängte Skizze der gegenwärt. Verhältnisse derselben. Vortrag, geh. im evangel. Handwerkerverein am 16. Apr. 1893. gr. 8. (45 S.) München 893. Münchner Handelsdruckerei u. Verlagsanstalt, M. Poeßl. n. 1. —

Wehrmann, P[eter]. Antrittsrede. S. 4–5. 4.
Progr. Kgl. Domgymn. u. Realgymn. *Kolberg* 1907 (173)

[F.] **Wehrmann,** *Karl Peter Theodor* [Dir. Dr.]: Antrittsrede *über die Grundsätze der Führung seines Amtes.* Pyritz, Druck d. Backe'schen Buchdr., 1893; 6–11 S. 4.
Pyritz, k. Bismarck-G, OP 1893 (141)

Wehrmann, Petrus, Fasti praetorii ab a. u. 586 ad a. u. 710. gr. 8. (88 S.) Berlin 875, Weidmann'sche Buchh. *

[F.] **Wehrmann,** Peter [Dr., Dir.]: Friedrich der Grosse als Kolonisator in Pommern. Pyritz, Druck d. Backe'schen Buchdr., 1897; 1 Bl., 29 S., 1 Kt. 4.
Pyritz, k. Bismarck-G, OP 1897 (146)

Wehrmann, Peter: Friedrich der Grosse als Kolonisator in Pommern. 2. T. *Pyritz 1898: Backe.* (17 S.) 4° ¶ [Fortsetzung d. P-Beilage 1897.] [F.]
Pyritz, k. Bismarck-G, OP 1898 (149)

Wehrmann, Peter. Zur Geschichte des römischen Volkstribunats
1 (24 S.) **Progr.** König Wilhelms G. *Stettin* 1887 (132)

Wehrmann, P[eter], Direktor Dr.: Kloster Kolbatz und die Germanisierung Pommerns. T. 1. Pyritz 1905: Backe. (25 S.) 4°
Pyritz, k. Bismarck-G OP 1905 (170)

Wehrmann, P[eter]. Patriae inserviendo consumor. Rede bei der Enthullungsfeier des von dem Bildhauer G. Meyer-Steglitz geschenkten Bismarckstandbildes. 22. Mai 1902. (Umschlagtitel: P. i. c. Eine Bismarckrede.) S. 1–7. 4.
Progr. Kgl. Bismarck-Gymn. *Pyritz* 1903 (167).

Wehrmann, Peter, Dr., Dir.: Goldene **Worte** Bismarcks für die deutsche Jugend. *Pyritz 1901: Backe.* (21 S.) 4° [F.]
Pyritz, k. Bismarck-G, OP 1901 (154)

Wehrmann, Rudolf, aus Goslar: **Beiträge** zur Kenntnis der aromatischen Aldehyde. *Heidelberg 1900: K. Rössler.* (35 S.) 8°
Heidelberg, Naturw.-math. Diss. v. 1900

Wehrmann, Rudolf Theodor, s. Wehrmann, Theodor

Wehrmann, Theodor

Wehrmann, Rud. Theod. Antrittsrede des Rectors nebst Nachricht von seiner und des Dr. Langguth Einführung. 17 S.
Zeitz, Progr. 1854

Wehrmann, Theod., Platonis de summo bono doctrina. Ratione et antiquorum sententiarum et Aristotelis judicii habita exposuit atque illustravit. 8maj. (9½ B.) Berolini 843, G. Reimer.

Wehrmann, Th., und Ch. Muff. Entstehungsgeschichte des König Wilhelm-Gymnasiums. (S. 1–3). Bericht über die Eröffnungsfeier. (S. 3–9). **Progr.** Wi. G. *Stettin* 1881.
Statut der Wittwen- und Waisenkasse der Lehrer am Stadtgymnasium zu Stettin. (S. 11–14). **Progr.** St. G. *Stettin* 1877.

Wehrmann, Rud. Theod. Die ältere Geschichte der Stifts-Schule. 14 S.
Zeitz, Progr. 1854

Wehrmann, Thdr., Griechentum und Christentum. Gesammelte Vorträge. gr. 8. (216 S.) Breslau 888, F. Hirt. **

Wehrmann, Rud. Theod. (geb. Väthen in d. Altm. 1819): Introductio in Platonis de summo bono doctrinam. Berolini (1843). (39 S.) 8°
¶ Vollst. ersch. u. d. T.: Platonis de summo bono doctrina. Berolini: G. Reimer 1843.
Berlin, Phil. Diss. v. 21. Juli 1843

Wehrmann, Thd., s. **Platonis de summo bono doctrina.**

[F.] **Wehrmann,** *Theodor* [Geh. Reg.- u. Prov.-Schulr. Dr.]: Rede zur Einführung des Direktors Wehrmann *über die Aufgabe des Gymnasiums.* Pyritz, Druck d. Backe'schen Buchdr., 1893; 4–5 S. 4.
Pyritz, k. Bismarck-G, OP 1893 (141)

Wehrmann, Thdr., über den Wert des menschlichen Lebens. Vortrag. gr. 8. (29 S.) Stettin 880. v. der Nahmer. n. — 60

Wehrmann, Wolfgang, Gerichtsassessor in Frankfurt a. M.: Die Anfechtungsklage gegenüber fehlerhaften Gesellschaftsbeschlüssen im Gebiete der Gesellschaften mit beschränkter Haftung. Borna-Leipzig 1905: R. Noske. (50 S.) 8° [F.]
Breslau, Jur. Fak., Ref. Beyerle, Diss. v. 30. Dez. 1905
[Geb. 28. Aug. 77 Elberfeld; Wohnort: Frankfurt a. M.; Staatsangeh.: Preußen; Vorbildung: König Wilh.-Gymn. Breslau Reife O. 96; Studium: Lausanne 1, Straßburg 1, Bonn 1, Breslau 3 S.; Rig. 19 Juli 99.]

Wehrmänner, an die hessischen, u. d. hessische Volk. 8. Cassel u. Marb. 814. Krieger. 3 gl.

Wehrmanns, des deutschen, Liederbuch, siehe: Liederbuch.

Wehrmanns-Lieder, alte und neue. Mit Bildern und Singweisen. br. 8. (65 S. mit eingedr. Holzschn.) Stuttgart 849, E. Hallberger. Thlr.

— Deutsche, mit Illustr. (in Holzschn.) Mit besond. Berücksichtigung der in verschiedenen Städten eingebürgerten Original- u. anderen Gesänge, nebst ihren Singweisen. 16. (IV u. 108 S. m. 32 lith. S. Melodien.) Nürnberg 848, Lotzbeck. ⅙ ℳ

Wehrmanns-Lieder, Neue. O. O. 1813. V: *Castelli, Ign. Frz.* Vgl. Arnold-Wagner, Achtzehnhundertneun. Wien 1909, S. 350*. (DARP)

Wehrmanns-, Jagd-, Turn- und Volksliederbuch, deutsches. Eine Sammlung von 300 auserlesenen Liedern älterer und neuester Zeit. 1. und 2. Aufl. (XII und 244 S.) 1848 —49. und 3. Aufl. 32. (XII und 244 S.) Reutlingen 851, Fleischhauer und Spohn.

Wehrmeister, Cyrillus, O. S. B., das Geheimnis d. Sonnenpriesters, s. A. Bachem's Jugend-Erzählungen. 11.

Das Geheimnis des Sonnenpriesters. Eine Erzählung aus d. alten Aegypten. Von P. Cyrillus Wehrmeister O. S. B. Mit 4 Bild. von W. Rohm. *Köln: J. P. Bachem [1900].* (160 S.) 8° [F.]
= Jugenderzählungen, Bachems. Bd 11. [01. 3030 B

— **Hermenegild.** Eine Erzählg. aus der Geschichte der Westgoten. Illustriert v. R. E. Kepler. (32 S.) Lex.-8. St. Ottilien (905). Missionsverlag. n. — 30

— die **Jungfrau** v. Orleans. Ihr Leben u. ihre Taten, kurz erzählt. [Aus: „Das Heidenkind".] (63 S. m. Abbildgn.) gr. 8. Ebd. (905). n. — 50

Wehrmeister, Cyrillus, O. S. B., **Licht** u. Leben. (Erzählungen für's Menschenherz.) Der Weg zum hohen Schlosse. Ein Märchen. (Warum? — Kann denn das noch Liebe sein? Kleinmut u. Frevel.) (16, 16, 16 u. 15 S.) kl. 8. St. Ottilien 897. Missionsverlag. n. — 10

— die hl. **Ottilia.** Ihre Legende u. ihre Verehrg. Nach Quellen dargestellt. (XII, 170 S. m. 34 Abbildgn. u. Titelbild.) 8. Ebd. 902. Geb. in Leinw. n. 2. 50

— **Parcival.** Nach der Dichtg. Wolframs v. Eschenbach f. die reifere Jugend bearb. [Aus: „Das Heidenkind".] (59 S. m. Abbildgn.) gr. 8. Ebd. (905). n. — 50

— **Rebus-Büchlein.** Eine Sammlg. von Bilderrätseln u. einigen anderen Rätselarten. Der lieben Jugend gewidmet. qu. gr. 16. (96 S.) St. Ottlien 902. (Augsburg, Literar. Institut v. Dr. M. Huttler.) n. — 75

— die **Sterne des Glücks.** (80 S.) gr. 16. Ebd. 903. n.n. — 50

Vor dem Sturm. Eine Reise durch Deutsch-Ostafrika vor u. bei d. Aufstande 1905. Von P. Cyrillus Wehrmeister, O. S. B. (Mit über 300 Abb.) St. Ottilien: Missionsverl. St. Ottilien 1906. (IV, 256 S.) 4°(8°) [F.] [06. 10578

Wehrmeister, Fr., Leitfaden der allgemeinen Weltgeschichte für Elementar- und Realschulen, nebst einem Anhang, enthaltend die Geschichte von Pommern. 8. (IV und 151 S.) Colberg 854(55,) Post.

Wehrn, Christian Wilhelm

— Diss. inaug. de actione Pauliana. 4. Erf. 781.

Wehrn, Christ. Wilhelm U. S. Erfurt 1786/1

Disquisitio iuridica de cessionario privilegiato ad usum privilegiorum suorum admittendo, nec non de iure pignoris feudalis ...
(Erfurt) (Schlegel) 2. VII. 1786. 39, 36 S.
36025

Wehrn, Chr. Wlh., († d. 18. Dec. 1815.) de cessionario privilegiato ad usum privilegiorum suorum admittendo etc. 4. Erf. 786. Keyser. 6 gl.

— s. Cicero's Geist d. Naturrechts.

— doctrina juris explicatrix principiorum et causarum damni, habita doli mali, culpae, morae, ejusque quod interest, ratione praestandi. 8maj. Leipz. 795. Fritsch. (Hahn). 1 ℛ 12 gl.

Wehrn, Chr. Guil.: De finibus quibus aequitas habita juris interpretationis doctrinalis juridicialisve ratione regenda esse videatur. Progr. Halae Magdeb. 1805.

— patriotische Gedanken über Raub u. Diebstahl. 8. Gotha 786. Ettinger. 8 gl.

— theoret. prakt. **Grundriß** d. Lehre v. gerichtl. **Einwendungen** in bürgerlichen Streitsachen u. nach gemeinen Rechten. gr. 8. Lpz. Fritsch. 790.

— theoret.-prakt. Grundriß d. Lehre von gerichtl. Einwendungen in bürgerlichen, Streitsachen u. nach gemeinen Rechten. gr. 8. Leipz. 790. (Hahn), 10 gl.

— theoret.-prakt. Handbuch der Referirkunst. 4 Bde. gr. 8. Leipz. 800—8. Fritsch. (Hahn). 3 ℛ 6 gl.

— juris antecessoris in Hierana primae lineae juris Romani privati tam ante Justinianum quam ab ipso conditi. 8maj. Erf. 783 Keyser. 12 gl.

— ob u. in wiefern es vernünftig, sittlich u. rechtmäßig sey, auf Anzeigen u. Vermuthungen in Criminalfällen zu strafen? 2c. gr. 8. Leipz. 799. Fritsch. (Hahn). 8 gl.

Wehrn, Chr. Guil.: Progr., quo ius possessionis non iuris in re numero habendum esse evincit. Erfordiae (1781).

— Progr. quo philosophiam justitiae et aequitatis adumbrat. 8maj. Halle 811. Gebauer. 3 gl.

Wehrn, Chr. W.: Ueb. Raub u. Diebstahl. *Gotha*, Ettinger. 787. 8. (8 Gr.)

— üb. d. Strafgerechtigkeit, s. H. C. Rumpel v. d. nothwend. Veränderung d. Gesetze. 4.

v. Wehrn, Jh. Gttfr., s. v. Wehren.

Wehrordnung. München 1875. 1889.
— — 1904: Neuabdr.

Wehr-Ordnung für das Königreich Bayern. Unter Zugrundlage der deutschen Wehr-Ordnung vom 28. September 1875.
1. Theil. Ersatz-Ordnung.
2. „ Kontrol-Ordnung. München 1875. 8.

Wehrordnung f. das Königr. Bayern. gr. 8. (XIII, 358 S.) München 889. (Literarisch-artist. Anstalt.) cart. n. 2. —

Wehrordnung für das Königreich Bayern. (München 1904: E. Huber.) (206 S.) 4° [F.]
= Gesetz- u. Verordnungsblatt f. d. Kgr. Bayern. 1904. No 55, Beil. [05. 4894

Wehr-Ordnung, deutsche. Vom 28. Septbr. 1875. 1. und 2. Aufl. (III, 120 S.) 1875; 3. Aufl. gr. 4. (146 S.) Berlin 876, C. Heymann's Verlag. cart. *
Aus: Centralblatt für das deutsche Reich, besonders abgedruckt.

—— dass. — [Ersatz-Ordnung. — Kontrol-Ordnung.] Anhang: Reichs-Gesetze vom 9. Novbr. 1867, vom 2. Mai 1874, vom 12. Febr. und 15. Febr. 1875. 8. (X, 198 S.) Berlin 875, v. Decker's Verlag. *
Alphabet. Sachregister (31 S.)

—— dass. — Nebst dem Landsturmgesetz vom 12. Febr. 1875, der Disziplinar-Strafordnung, der Uebersicht der Landwehrbezirks-Eintheilung, der Prüfungsordnung zum einjährig-freiwill. Dienst, dem Verzeichniß der höheren Lehranstalten, welche die Berechtigung zur Ausstellung gült. Zeugnisse über die Befähigung zum einjähr. Dienst haben und ausführl. Sachregister. 8. (IV, 223 S.) Berlin 876, Grosser.

Wehrordnung, die deutsche. Nebst dem Landsturmgesetz, der Disziplinar-Strafordnung, der Uebersicht der Landwehrbezirks-Eintheilung, der Prüfungs-Ordnung zum einjährig-freiwilligen Dienst, dem Verzeichniß der höheren Lehranstalten, welche die Berechtigung zur Ausstellung gültiger Zeugnisse über die Befähigung zum einjährigen Dienst haben u. dem Gesetz vom 6. Mai 1880, betr. Ergänzungen u. Aenderungen des Reichs-Militärgesetzes vom 2. Mai 1874. Ergänzt u. abgeändert auf Grund der Allerh. Ordre vom 31. Aug. 1880, sowie mit ausführl. Registern versehen. 2., verm. Aufl. 8. (IV, 223 u. Nachtrag II, 69 S.) Berlin 882. Grosser. n. 2. —

Wehrordnung, deutsche. 8. (XIII, 358 S.) Berlin 888, Mittler und Sohn. *
geb. in Halbleinw. **
geb. in Leinw. **

— deutsche, vom 22. Novbr. 1888. Mit Anlagen u. Mustern. 4. (VII, 166 S.) Berlin 889. C. Heymann's Verl. n. 3. —

Wehrordnung, deutsche. Neuabdr. unter Einfügg. der bis Apr. 1894 erschienenen Deckblätter Nr. 1—70 u. der handschriftlich auszuführ. Berichtiggn. Nr. I—XXIX, sowie 1—50 in den Text. gr. 8. (XIII, 366 S.) Berlin 894. E. S. Mittler & Sohn. n. 1. 60; geb. in Halbleinw. n.n. 1. 85; in Leinw. n.n. 2. —

— dasselbe, s. a. Sammlung von deutschen Reichsgesetzen u. württ. Landesgesetzen.

Wehr-Ordnung, deutsche, vom 22. VII. 1901. Mit Mustern u. Anlagen. (8. [Umschlag-]Aufl.) 4. (VII, 184 S.) Berlin 901. C. Heymann. Kart. n. 1.20

Wehrordnung, deutsche, vom 22. XI. 1888. Neuabdr. unter Berücksicht. der bis April 1904 eingetretenen Aendergn. (D. V. E. No. 141.) (XIV, 420 u. 15 S.) 8. Berlin 904. E. S. Mittler & Sohn. n. 1. 60; kart. n.n. 1. 85; geb. in Leinw. 2. —

Deutsche Wehrordnung vom 22. November 1888. Unter Berücks. d. gelt. Erlasse d. Kgl. preuß. Ministerialinstanz in Ersatzangelegenheiten, sowie unter Feststellung d. neuesten Textes hrsg. von H[ermann] Gugel. 2. f. Preußen umgearb. u. erl. Aufl. Stuttgart: Heß 1908. X, 515 S. 8° 09. 180

— **Control- u. Heerordnung** f. das Königr. Bayern, nebst sämmtl. hiezu ergangenen Vollzugsbestimmgn. 8. (IV, 298 S.) Bamberg 876. Buchner. 4. —

Wehrordnung, Control- und Heerordnung für das Königr. Bayern, nebst den zur Wehrordnung durch Bekanntmachung vom 17. Octbr. 1880 ergangenen Ergänzungen und Abänderungen und sämmtl. Vollzugsbestimmungen. 2. verm. Ausg. 8. (IV, 317 S.) Bamberg 881, Buchner'sche Buchh.
Aus: Bayerns Gesetze und Gesetzbücher, besonders abgedruckt.

— neue deutsche, vom 22. Novbr. 1888, nebst Übergangsbestimmungen, Mustern aller vorgeschriebenen Militär-Papiere, der Landwehr-Bezirkseintheilg., Prüfungsordng. zum einj.-freiwill. Dienste, Vorschriften f. Polizei- u. Gemeindebehörden zur Mitwirkg. bei Ausübg. der militär. Kontrole u. e. ausführl. Sachregister. gr. 8. (107 S.) Düsseldorf 889. Schwann. n. 1. —

— dasselbe, s.: Sachregister, alphabetisches.

— u. **Heerordnung**, die neue, f. das Königr. Bayern. Vollständige Textausg. m. vielen Anmerkgn., in welchen namentlich die in der Wehr- u. Heerordng. allegirten zahlreichen Bestimmgn. der einschläg. Reichs- u. Landesgesetze an treff. Stelle d. Textes in wörtl. Abdrucken wiedergegeben sind. [Aus: „Bayerns Gesetze u. Gesetzbücher".] 2 Abthlgn. 8. Bamberg 889. Buchner. n. 3. 20
1. Wehrordnung vom 19. Jan. 1889. Mit 23 Mustern u. 4 Anlagen. (303 S.) n. 1. 70
2. Heerordnung vom 26. Jan. 1889. (265 S.) n. 1. 50

Wehrpflicht, die allgemeine. Eine kurze Zusammenstellung der im Laufe des Jahres 1867 erlassenen regiminellen Verordnungen. Mit Anh. Schwerin 867. (Stiller'sche Hofbuchh.) gr. 8. (VIII, 88 S.) n. 10 ngr.

Wehrpflicht, die allgemeine christliche, e. Lösung der Juden-Frage. Von e. alten Offizier. gr. 8. (47 S.) Berlin 890. (Buchhandlg. der Berliner Stadtmission). n. — 50

Wehrpflicht, die allgemeine, in Rußland. gr. 16. (66 S.) Dorpat 874, Glaeser. [Schnakenburg.] *

—— dass. — 2. Aufl. 8. (73 S.) Ebendas. 874.

—— und Ersatzgeschäft. Leichtfaßliche, systematische Darstellung der sämmtl. hierauf bezügl. Bestimmungen, wissenschaftlich bearb. von einem prakt. Verwaltungsbeamten. 8. (XII, 120 S.) Erlangen 873, Deichert. (* 90 Pf.) *

—— und Heeres-Ergänzung. Für den Vortrag in Chargenschulen zusammengestellt von Hauptm. R. K.....k. 8. (46 S). Teschen 872, Prochaska. *

Wehr- u. Militärpflicht im Deutschen Reiche, unter Zugrundelegg. der Bestimmgn. der Heer- u. Wehrordng. u. einschläg. Spezialerlasse bearb. v. e. Bezirksoffizier. 8. (VIII, 163 S.) Ansbach 891. Brügel & Sohn. Kart. 1. 50

Wehrpflicht, die, als Staatskraft und Last des Individuums und seiner Familie. Von einem k. k. Stabsofficier in Ruhestand. Raab 856. (Preßburg, Schwaiger.) gr. 8. (35 S.) n. 6 ngr.

Wehrpflicht, die, des Volksschullehrers. Unter besond. Berücksicht. der württemberg. Verhältnisse hrsg. vom württemberg. Volksschullehrerverein. 8. (29 S.) Stuttgart 902. A. Bonz & Co. n. — 20

Wehrpflicht, die, gegenüber der Volljährigkeit des Staatsbürgers. Ein Aufruf an die wehrpflichtige Jugend von einem württemberg. Landwehrpflichtigen. gr. 8. (32 S.) Stuttgart 848, Sonnewald'sche Buchh. *

Wehrpflichtige, der, was er vor seinem Eintritt in das stehende Heer zu thun hat. 16. (16 S.) Karlsruhe 869, Macklot.

Provisorisches Wehrpflichtsgesetz für das Herzogthum Holstein. Schloss Frederiksborg, den 20. November 1852. Kopenhagen. 1852. 4°.

Wehr-Politik, Deutsche, der Zukunft. Von einem Auslanddeutschen. Zürich 1908. V: *Walz, Fritz.* (Berl)

Wehr-Politik, deutsche, der Zukunft. Von einem Auslanddeutschen. (XII, 450 S.) 8. Zürich 908. Zürcher & Furrer. 3. —

Wehr- u. Waffenrüstung, allgem. (auch wol f. ältere noch nöthige u. brauchbare), f. junge Christen aller Confessionen auf der gefahrvollen Reise d. Lebens. Zu e. wahrhaft nützl., f. d. ganze Leben wicht. Weihnachtsgeschenke f. Confirmanden geeignet. Hrsg. v. e. evangel. Geistlichen. 12. (4 B. u. Titelbild.) Neubrandenburg 836, (Oehmigke u. Riemschneider.) *

v. Wehrs, Aug., der Darß u. d. Zingst, ein Beitrag zur Kenntniß von Neuvorpommern. 8. Hannov. 819. Helwing. 12 gr.
148 S.

— Rückerinnerungen, Skizzen u. Bemerkungen während u. nach meiner Gefangenschaft. 8. Ebd. 817. 1 Rthl. 8 gr.

Wehrs, Carl v., s. Wehrs, Karl v.

Wehrs, Georg Fr. v.

Wehrs, G. Fr. von, der Ahornzucker. gr. 8. Hannov. Hellwing. 814.

— Anweisung Früchte, Gemüse u. Fleisch lange Zeit aufzubewahren. gr. 8. Ebend. 814.

Wehrs G. F.: Oekonomische Aufsätze. Schwerin u. Wismar 1791. 582 S.

v. Wehrs, Geo. Fr., († d. 19. Aug. 1818.) ökonomische Aufsätze. gr. 8. Schwerin 794. Bödmer. 1 Thlr. 12 gr.

Wehrs G. F. v.: Ueber Eichenlohesurrogate u. Schnellgerberei. Hann. 1810. 253 S.

— über Eichenlohesurrogate u. Schnellgerberei. gr. 8. Hannov. 810. Hahn. 1 Thlr.

— neue ökonom.-technolog. Entdeckungen u. Aufsätze verschiedenen Inhalts. gr. 8. Hannov. 812. Helwing. 3 Thlr. Daraus sind, so wie auch vorhergeh. Schrift, besonders abgedruckt zu haben: 1) der Ahornzucker. 814. 6 gr. 2) Anweisung Früchte, Gemüse u. Fleisch lange Zeit aufzubewahren. 814. 4 gr. 3) Der Honigsyrup u. Honigzucker auch Syrup- u. Zuckerbereitung aus Zwetschen, Aepfeln, Birnen, Malz u. Mais. 814. 6 gr. 4) vermischte ökonom.-technolog. Nachrichten. 814. 2 gr. 5) der Runkelrübensyrup u. Runkelrübenzucker, Runkelrübensurrogate z. Syrup- u. Zuckerfabrikation. 814. 16 gr. 6) der Saffranbau u. das inländ. Opium. 814. 2 gr. 7) der Traubensyrup u. Traubenzucker. 814. 3 gr. 8) über Tulpen-, Hyazinthen- u. Winterblumenbau. 814. 5 gr. 6) Vorzeichen der Witterung an einigen Thieren, Pflanzen u. leblosen Dingen, — die Blumenuhr — der botan. Kalender u. dessen Nutzen. 814. 9 gr. 10) der Waidindigo u. andere Indigosurrogate. 814. 7 gr. 11) Zitronensaftsurrogate — Etwas über den Lotus — die Blumenbinse — Arakatscha u. peruvianische Kartoffel, wie Brodsurrogate. 814. 3 gr.

— der Honigsyrup u. Honigzucker auch Syrup- u. Zuckerbereitung aus Zwetschen, Aefeln, Birnen, Malz und Mais. gr. 8. Ebend. 814.

Wehrs, G. F. von: „Vermischte ökonomisch-technologische Nachrichten", Hannover 1814 (Helwing).

— v. Papier u. Schreibmassen. 8. Hannov. Ritscher. 779.

— vom Papier u. den vor der Erfindung desselben üblich gewesenen Schreibmassen. 1r. Thl. 8. Hannov. 788. Helwing. 20 gr. N. Aufl. unt. d. T.: vom Papier, den vor d. Erfindung desselben üblich gewes. Schreibmassen u. sonst. Materialien. gr. 8. Halle 789. Gebauer. 3 Thlr. Supplement dazu. gr. 8. Hannov. 790.

— der Runkelrübensyrup u. Runkelrübenzucker, Runkelrübensurrogate z. Syrup- u. Zuckerfabrikation. gr. 8. Ebend. 814.

— der Saffranbau und das inländische Opium. gr. 8. Ebend. 814.

— Samml. einiger Nachrr. von Personen, welche ein ungewöhnl. hohes Alter erreicht haben. 8. Hannov. 787.

— Schreiben vom Papier u. von den Schreibmassen, deren man sich vor der Erfindung desselben bediente. 8. Hannov. 779. Ritscher. 3 gr.

— der Traubensyrup u. Traubenzucker. gr. 8. Ebendas. 814.

Wehrs, Gg. Fr., üb. Tulpen-, Hyazinthen u. Winterblumenbau. (Aus dess.: neue ökonom.-technolog. Entdeckungen etc.) gr. 8. Hannover, 1814. Helwing. — 6¼

— Vorzeigen d. Witterung an einigen Thieren, Pflanzen u. leblosen Dingen. Die Blumenuhr. Der botan. Kalender u. dessen Nutzen. (Aus dess.: neue ökonom.-technolog. Entdeckungen etc.) gr. 8. Ebend. 1814. — 11¼

— der Waidindigo u. andere Indigosurrogate. gr. 8. Ebend. 814.

— Zitronensaftsurrogate — Etwas üb. den Lotus — die Blumenbinse — Arakatscha u. peruvianische Kartoffel, wie Brodsurrogate. gr. 8. Ebend. 814.

Wehrs, Johann Chr. Konrad

— s. Lepage, neue Form d. Civilprocesses.

Wehrs, Jh. Chr. Konr., Unterricht f. diejenigen, welche Kapitalien anleihen, od. sicher verleihen wollen, nach gemeinrechtlichen Grundsätzen; nebst e. Formularen. 8. Götting. 814. Vandenhöck u. R. 4 gr.

Wehrs, Jh. Chr. Konr., Unterricht für Lehnbesitzer in Westphalen die Allodification der Lehne betreff., nebst e. dazu gehörigen Formularen. gr. 8. Götting. 810. Dieterich. 3 gr.

Wehrs, Karl v.

Wehrs, Carl v., die nützlichen Amphibien, Insecten und Spinnenthiere u. die Nothwendigkeit ihrer Pflege u. ihres Schutzes f. Land-, Forst- u. Gartenwirthschaft. 8. (32 S.) Berlin 872. Wiegandt, Hempel & Parey. n. — 50

Wehrs, Carl v., zur Frage der Colonisation im Innern des Landes, allen Vaterlandsfreunden gewidmet. Hannover 858. Kniep jun. gr. 8. (29 S.) 5 ngr.

Wehrsig, Georg, appr. Arzt, a. Hirschberg (Schlesien): Über akute Leukaemie. Halle a. S. 1908: Hohmann. (45 S.) 8°
Halle, Med. Fak., Ref. Eberth, Diss. v. 29. Juli 1908
[Geb. 3. Nov. 83 Hirschberg; Wohnort: Hirschberg; Staatsangeh.: Preußen; Vorbildung: Gymn. Hirschberg Reife O. 02; Studium: Tübingen 1, Leipzig 4, Halle 5 S.; Coll. 22 Juli 08; Approb. 15. Juni 08.]

Wehrspann, Gustav [aus Schellerten (Hannover)]: Ueber einige Nitrosoverbindungen des β-Naphtylamins ... Erlangen, Druck d. Univ.-Buchdr. v. Junge & Sohn, 1888. 31 S. 8°
Erlangen, Phil. Fak., Inaug.-Diss. v. 1888.

Wehrspann, Karl

Wehrspann, K., die Mitwirkung v. Behörden bei Ausübung v. Berufen u. Unternehmungen. Eine alphabetisch geordnete Zusammenstellung aller derjenigen Berufe u. Unternehmgn. etc., zu deren Beginn e. behördl. Genehmigg. bzw. e. vorher. Anzeige an e. Behörde erforderlich ist. (IV, 148 S.) gr. 8. Köln 908. [K. Fulde.] Düsseldorf (Brüderstr. 26), Polizeikommissar Wehrspann. 3. 50

— Taschenbuch f. Kraftfahrzeugbesitzer u. Chauffeure. Bearb. u. hrsg. (159 S.) 8. Düsseldorf (Brüderstr. 26) 910. Polizeikommissar Wehrspann.
Geb. in Leinw. postfrei b 1. 90

Wehrstand, der. Sein Werth, seine Geschichte, sein Recht. Anh.: einige Soldatenlieder. 8. (IV und 84 S.) Zwickau 862, Buchh. des Volksschriften-Vereins.

Wehrsystem, e. neues. Von B. v. d. M. gr. 8. (48 S.) Dresden 891. Pierson. n. 1. —

van der Wehrt, Diss. de catalepsi. Duisb. 4°. 1734.

van der Wehrt, Diss. de catalepsi. Duisb. 4°. 1784.

Wehrt, Anton Heinrich Joseph (Arnsberg) A. S. 14/27

Disputatio juridica inauguralis, ad tit. codicis, comminationes, epistolas, subscriptiones, programmata, vim rei judicatae non habere, flores sparsos exhibens. Marburg (Müller) 1. VIII. 1719. 22 S.

W. v.: Johann Wilhelm Waldtschmiedt.

36026

Wehrt, Aug., **Encyclopädie** der höheren Calligraphie, enthalt.: Musterblätter sämmtl. Schriftarten aller civilisirten Völker d. alten u. neuen Zeit. 1. u. 2. Hft. Moderne Schriftgattungen. gr. Fol. (à 4 Stnt.) Braunschweig 843, 44, Wehrt. à 15 Ngr.

Wehrt, Aug., **Encyclopädie** der höheren Calligraphie, enth.: Musterblätter sämmtl. Schriftarten aller civilisirten Völker der alten und neuen Zeit. 3—5. Heft. (à 4 lithogr. Bl.) gr. Fol. Braunschweig 851, Wehrt. à Heft 15 Ngr.
1. und 2. Heft. Ebendas. 1843, 44. 1 Thlr.

Wehrt, A., Karte der Eisenbahnen Deutschlands, zusammengestellt auf Grund officieller Mittheilungen sämmtlicher Eisenbahnverwaltungen u. herausg. im Auftrage des deutschen Eisenbahnvereins von der braunschweig.-lüneburg. Eisenbahn- und Post-Direction. Braunschweig 1852. . . . .

Wehrt, Aug. Plan von **Braunschweig** mit seinen nächsten Umgebungen. Braunschweig. 1 Bl. c. I.
Desgl. neue Ausgabe. 1 Bl. I.

—— allgem. deutsche Schulvorschriften f. den Unterricht im Schönschreiben. 4 Hfte. qu. 4. (9¼ B.) Braunschweig 846, Wehrt. *

—— engl. Schulvorschriften. 4 Hfte. qu. 4. (à 2¼ B.) Ebend. 846. à * 5 Ngr. *

— s. Silhouetten.

Wehrt, Aug., kaufmännische Vorlegeblätter zum Schönschreiben in Form der gebräuchlichsten schriftl. Comptoirarbeiten für angehende Kaufleute, Comptoiristen, Fabrikanten etc. In zwanglosen Heften. 1. und 2. Heft. Fol. (à 12 lithogr. Bl.) Braunschweig 854. (Leipzig, O. A. Schulz.) à Heft * 20 Ngr. Thlr. *

—— Vorlegeblätter zum Situationszeichnen, nebst Schriftmuster für die Beschreibung der Charten u. Pläne. 1. u. 2. Hft. qu. Lex.-8. (à 9 Stnt.) Braunschweig 843, 44, Wehrt. à

—— Vorlegeblätter zum Situationszeichnen, nebst Schriftmuster für die Beschreibung der Charten und Pläne. 3—7. Heft. qu. Lex.-8. (47 Stnt., wovon 2 ill. und 6 S. Text.) Braunschweig 848—51, Wehrt.
1. und 2. Heft. Ebendas. 1843—44. 1 Thlr. 10 Ngr.

Wehrt, Aug., Vorschriften für den Unterricht im Schönschreiben zum Schul- u. Privatgebrauch. I. Abth. A. 1—5. Hft.: Deutsche Schrift. Suppl. 2. Aufl. qu. 4. (à 8 lith. Bl.) Braunschweig 851, Wehrt. à n. ⅙ ₰

— dass. I. Abth. B. 1. Hft.: Engl. oder latein. Schrift. Suppl. 2. Aufl. qu. 4. (8 lith. Bl.) Ebd. 851. n. ⅙ ₰

Wehrt, E. D., s. Wehrt, Karl Dietrich

Wehrt, Karl Dtr., (†d. 17. Jan. 1811.) mein Abschied von denen, die mir auf dieser Erde theuer u. werth waren. 8. Mitau 811.

— Erklärung an d. Publikum, wegen eines Briefs Stark betrefend. 8. Leipz. 789. Kummer. 8 ℊℊ

— s. Handlungen u. Gebete.

— an d. Publikum. 8. Mitau 790. Kummer in Leipz. 1 ℊℊ

Weh- u. Weckrufe. Schulpolitische Dichtgn. e. deutschen Magisters. (VIII, 72 S.) 8. Danzig 907. A. W. Kafemann. 1. —

Wohrung, Emil [aus Drulingen '(Els.)']: Beitrag zur Statistik über Chloroform-Narkosen ... Erlangen, k. b. Hofbuchdr. v. A. Vollrath, 1892; 68 S. 8.
Erlangen, Med. Fak., Inaug.-Diss. v. 18. Juli 1892

Wehrung, Gaston, a. Rauweiler i. E.: Beitrag zur Lehre von der Korsakoff'schen Psychose mit besonderer Berücksichtigung der pathologischen Anatomie. Ein weiterer Fall. Berlin 1905: L. Schumacher. (49 S.) 8° ¶ Aus: Archiv f. Psychiatrie u. Nervenkrankh. Bd 30, H. 2.
Straßburg, Med. Fak., Ref. Fürstner, Diss. v. 15. Jan. 1905
[Geb. 2. März 81 Rauweiler, U.-E.; Wohnort: Straßburg; Staatsangeh.: Elsaß-Lothringen; Vorbildung: Gymn. Saarburg i. Lothr. Reife M. 99; Studium: Straßburg 10 S.; Coll. 21. Juli 04; Approb. 24. Juni 04.]

Wehrung, Georg: Der geschichtsphilosophische Standpunkt Schleiermachers zur Zeit seiner Freundschaft mit den Romantikern. Straßburg i. Els. 1907: C. Müh & Cie. (141 S.) 8°
Straßburg, Phil. Fak., Ref. Ziegler, Diss. v. 27. April 1907
[Geb. 6. Okt. 80 Dorlisheim, Unt.-Els.; Staatsangeh.: Elsaß-Lothringen; Vorbildung: Gymn. Weißenburg, Buchsweiler Reife Sommer 99; Studium: Straßburg 10, Jena 1, Berlin 1, Straßburg 2 S.]

Wehrung, Geo., der geschichtsphilosophische Standpunkt Schleiermachers zur Zeit seiner Freundschaft m. den Romantikern. Zugleich e. Beitrag zur Entwicklungsgeschichte Schleiermachers in den J. 1787—1800. (140 S.) gr. 8. Stuttgart 907. F. Frommann. 2.50

Wehrung, Gustav, Referendar: Über den Rechtsgrund der Schuldverhältnisse aus Verträgen, ein Beitrag zur Systematik unseres heutigen bürgerlichen Rechts. Straßburg 1904: M. Du Mont Schauberg. (82 S.) 8°
Freiburg i. B., rechts- u. staatsw. Fak., Ref. Eisele, Diss. v. 1904
[Geb. 14. Sept. 78 Rauweiler (Unter-Elsaß); Wohnort: Saarburg i. Lothr.; Staatsangehörigkeit: Elsaß-Lothringen; Vorbildung: Gymn. Saarburg; Studium: Straßburg 3, München 1, Straßburg 2 S.; Rig. 31. Okt. 04.]

Wehrverfassung, alte u. neue, Bürgerbewaffnung u. Volkswehr. Von M. L. 8. (16 S.) Breslau 848, F. Aderholz in Comm. 1/12 ₰

Wehrverfassung, Bayrische

— — Wehrverfassung. Hrsg. v. einem praktischen Beamten. Würzburg 1868. 382 S.

Wehrverfassung, die bayerische, nebst den Verordnungen über die Dienstverhältnisse der Landwehr, Reservisten, Ersatzmannschaften und Beurlaubten, der Eintheilung der Landwehr-Bezirks-Commando's und den Bestimmungen über die Aufnahme und die militär. Dienst-Verhältnisse der einjähr. Freiwilligen. Durch Beispiele und Schemata erläut. und mit einem ausführl. Sachregister versehen. Vom königl. Kriegsministerium autoris. Ausg. gr. 8. (VIII, 117 S.) München 868, Literarisch-artistische Anstalt. [Stuttgart, Cotta'sche Buchh.] *

Wehrverfassung, bayerische. 15—21. Abth. 8. Würzburg 872—76. Stahel. 6. 55
15. Die Geld- u. Natural-Gebühren d. stehenden Heeres u. der Landwehr. (127 S.) 1. 50
16. Militär-Ersatz-Instruktion nebst den Ausführungs-Bestimmgn. u. der Instruktion f. Militär-Aerzte. (263 S.) 2. 25
17. Die Organisation der Landwehr-Behörden f. das Königr. Bayern u. die Dienstverhältnisse der Mannschaften d. Beurlaubtenstandes. (95 S. m. e. Tab. in Fol.) 1. 15
18. Kriegsartikel und Disciplinar-Strafordng. f. das Heer. (28 S.) — 30
19. Die zur Ausstellung v. Zeugnissen f. den einjährig freiwilligen Dienst berechtigten Lehranstalten. Bekanntmachung vom 4. Mai 1874. Nebst e. Nachtrag-Verzeichniß solcher höheren Lehranstalten welche zur Ausstellg. gültiger Zeugnisse üb. die wissenschaftliche Qualifikation zum einjährig freiwilligen Militärdienst berechtigt sind. (S. 263—281.) — 30
20. Die Vollzugs-Instruktion zum Quartierleistungs-Gesetze. [Königl. allerh. Verordng. v. 8. Juli 1875.] Vollzug d. Reichsgesetzes vom 13. Febr. 1875 üb. die Naturalleistgn. f. die bewaffnete Macht im Frieden, hier die Vergütungssätze d. Vorspanns. Verordnung vom 22. Juli 1875. (43 S.) — 45
21. Wehrordnung f. das Königr. Bayern. Königl. allerh. Verordng. vom 21. Novbr. 1875. (172 S.) n. 1. 60

Wehrverfassung, bayerische. 22. Abth. 8. (S. 173—209.) Würzburg 879. Stahel. — 40

Wehrverfassung. Deutsche

— — Wehrverfassung. Ein Vorschlag in Form eines Gesetz-Entwurfs, von einem deutsch. Offizier (v. Bennigsen). Frankfurt a. M. 1848. 30 S.

Die echte Wehrverfassung. Ein Versuch, der auf die neueste für Deutschland entworfene Kriegsverfassung Rücksicht nimmt. Stuttgart 1819. 134 S.

— eine neue. Tübingen 860. Buchhdlg. Zu Guttenberg in Comm. gr. 8. (23 S.) 6 ngr.

Wehrverfassung, die neue bayerische. 16. (64 S.) München 868, Fleischmann'sche Hofbuchh. [A. Ackermann.]

Wehrverfassung. Zur neuen W. (Aaran) s. [Murr, Hans].

Wehrverfassung, Die rechte. Ein Versuch, der auf die neueste . . . Kriegsverfassung Rücksicht nimmt. Stuttg. 1819. V: *Theobald, Joseph von.* (Pr) (Ky) (MGT) (Wa)

Wehrverfassung, die rechte. Ein Versuch, der auf d. neueste für Deutschland entworfene Kriegsverfassung Rücksicht nimmt. (Von J. v. Theobald). gr. 8. Stuttg. 819. Metzler. 14 K

Wehr-Verfassung, die, und die Stell-Vertretung. Ein Wort zur Verständigung in der Militairfrage. Von einem Rheinländer. Elberfeld 863. Friderichs. gr. 8. (72 S.) n. 10 ngr.

Wehrverfassungen, Kriegeslehren u. Friedensideen im Jahrhundert der Industrie von D. v. B. gr. 8. Berlin 843, Mittler. $1^{3}/_{4}$ ₰ 346 S

Wehrverfassungsgesetz, das bayerische, vom 30. Jan. 1868 sammt Instructionen. Nebst Inhaltsverzeichniß, Sachregistern und Anmerkungen. Hrsg. von einem pract. Beamten. 1.—14. Abthl. 8. Würzburg 868,69, Stahel'sche Buchh. [1. Abthl. (S. 1—32.) 30 Pf.; 2. Abthl. (S. 33—90.) 50 Pf.; 3. Abthl. (S. 91—106.) 20 Pf.; 4. Abthl. (S. 107—136.) 20 Pf.; 5. Abthl. (S. 137—160.) 20 Pf.; 6. Abthl. (S. 161—225.) 60 Pf.; 7. Abthl. (S. 226—310.) 50 Pf.; 8. Abthl. (S. 311—354.) 40 Pf.; 9. Abthl. (IV, S. 355—377.) 30 Pf.; 10.—13. Abthl. (S. 378—526.) M. 3.; 14. Abthl. (S. 527—614.) 80 Pf.]

—— dass. — 15.—19. Abthl. 8. Ebendas.

Inhalt:
Abthl. 15. Die Geld- und Natural-Gebühren des stehenden Heeres und der Landwehr. (127 S.) 872. M. 1,50.
" 16. Militär-Ersatz-Instruktion nebst den Ausführungs-Bestimmungen und der Instruktion für Militär-Aerzte. (263 S.) 872. M. 2,25.
" 17. Die Organisation der Landwehr-Behörden für das Königr. Bayern und die Dienstverhältnisse der Mannschaften des Beurlaubtenstandes. (95 S. mit 1 Tab. in Fol.) 872. M. 1,15.
" 18. Kriegsartikel und Disciplinar-Strafordnung für das Heer. (28 S.) 873. 30 Pf.
" 19. Die zur Ausstellung von Zeugnissen für den einjährig freiwilligen Dienst berechtigten Lehranstalten. Bekanntmachung vom 4. Mai 1874. Nebst einem Nachtrag-Verzeichniß solcher höheren Lehranstalten, welche zur Ausstellung gültiger Zeugnisse über die wissenschaftliche Qualifikation zum einjährig freiwilligen Militärdienst berechtigt sind. (S. 263—284.) 874. 30 Pf.

—— dass. — Sammt Instruktionen. br. 8. (109 S.) Bamberg 868, Buchner'sche Buchh.

—— dass. — Mit den königl. Verordnungen vom 6. Febr. 1868. Mit kurzen Erläuterungen und Register bearb. von einem prakt. Juristen. [Volksausg. bayer. Gesetze Nr. 2.] 8. (104 S.) Nördlingen 868, Beck'sche Buchh.

—— 1. und 2. Nachtrag hierzu. (57; 56 S.) Ebendas. 868,69. à Nachtrag

—— dass. — 3. Nachtrag: Gesetz vom 29. April 1869 das Wehrgeld betr. nebst den dazu ergangenen königl. Verordnungen. 8. (20 S.) Ebendas. 869. *

Wehrvorschriften, s. a. Militär-Vorschriften. 17.

Wehrvorschriften. 3. Tl. Evidenzvorschrift, betr. die Personen des Mannschaftsstandes des Heeres u. der Kriegsmarine, s.: Taschenausgabe der Militärvorschriften.

Wehr-Vorschriften, enth. die Durchführungsbestimmungen z. Wehrgesetze. 4 Thle. u. Anhang z. 2. Tl. gr. 8. Wien, Hof- u. Staatsdruckerei. * 6 10
1. Vorschrift üb. die Ergänzg. d. Heeres, der Kriegsmarine und der Landwehr. (XIII, 566 S.) 889. * 2 40.
2. Vorschrift üb. die Erfüllg. der Dienstpflicht im Heere u. in der Kriegsmarine. (VIII, 86 S.) 889. * — 80; Anh. (59 S.) * — 60.
3. Evidenz-Vorschrift, betr. die Personen d. Mannschaftsstandes d. Heeres u. der Kriegsmarine. (VII, 148 S.) 890. * — 80; Anh. (56 S.) * — 50.
4. Evidenzvorschrift, betr. die in e. Rangclasse eingetheilten in der Reserve (Seewehr) befindl. Personen d. Heeres u. der Kriegsmarine. (VI, 128 S.) 892. * 1

— dasselbe, 3. Thl., s.: Militär-Vorschriften, 89. Hft.

Wehrvorschriften, enth. die Durchführungsbestimmgn. zum Wehrgesetze. 4. Thl. gr. 8. Wien 896. (Hof- u. Staatsdruckerei.) n. — 60
Evidenzvorschrift, betr. d. in e. Rangclasse eingetl. Gagisten in d. nichtactiven k. k. Landwehr. (VI, 119 S.)

Wehr-Vorschriften, enth. die Durchführungsbestimmungen zum Wehrgesetze. 2 Tle. gr. 8. Wien 904. (Hof- u. Staatsdruckerei.) n. 7. 60
1. Vorschrift üb. die Ergänzg. des Heeres, der Kriegs-Marine u. der Landwehr. 2. Aufl. (Nachdruck-Ausg. vom J. 1889 m. Berücksicht. der Nachträge 1—6.) (XIV, 592 S.) n. 5.—
2. Vorschrift üb. die Erfüllg. der Dienstpflicht im Heere u. in der Kriegsmarine. 3. Aufl. (Nachdruckausg. vom J. 1859, m. Berücksicht. der Nachträge 1 bis 7.) (X, 222 S.) n. 2.50

— dasselbe, s. a. Taschenausgabe der Vorschriften der k. k. Landwehr.

Wehrvorschriften für die im Reichsr. ttz vertretenen Königreiche und Länder. 1. Das Wehrgesetz vom 5. December 1868. 2. Das Landwehrgesetz vom 13. Mai 1869. 3. Die Uebergangsbestimmungen vom 22. December 1868. 4. Die Durchführungsbestimmungen zum Wehrgesetze. 5. Die neuen, ergänzten Vorschriften über den Dienst der Einjährig-Freiwilligen. 6. Das Gesetz über die Cadeten und Officiersstellvertreter vom 24. Juni 1869. 7. Die Vorschrift über die ärztliche Untersuchung der Recruten und das Verzeichniß der vom Wehrdienst ausschließenden Körpergebrechen. 8. Die Vorschriften über den Wirkungskreis und den Standort a) des Reichskriegsministeriums; b) der General-Festungs- und Platzcommanden; c) der Militärgerichte; d) der Militärcassen; e) der Militär-Intendanzen; f) der Militär-Baudirectionen; g) der Militär-Seelsorge. (In systematischer Ordnung zusammengestellt.) 16. (IV u. 247 S.) Ebds. 60 kr.

— österreichische, s.: Militär-Vorschriften

Wehr- und Schützenwesen, das deutsche, nach den technischen Anforderungen der Gegenwart. Ein militärisches Gutachten für weitere Kreise. Mit 10 in den Text gedr. Illustr. (Holzschn.) Darmstadt 862. Zernin. gr. 8. (VIII, 147 S.) $22^{1}/_{2}$ ngr.

Wehrwolf von Wolfstein, oder der Todtenhügel in den schwarzen Ruinen des Rüdhorstes. Ritterroman aus den Zeiten des 14. Jhdts. Vom Verf. des Adolph v. Bomsen. Ritterschlag Arnulfs von Baar etc. Mannheim 1826. II. V: *Falckh, J.* (DARP) (BiblPort) S. a. I, 819a.

Wehrwolf von Wolfstein, od. d. Todtenhügel in d. schwarzen Ruinen des Rüdhorstes. Ritterroman a. d. Zeiten des 14. Jahrh. Vom Verf. Adolph v. Bomsen ic. 2 Thle. 8. Manh. 826, Löffler.

Wehrzeitung, s. Schützen- und Wehrzeitung, deutsche.

Wehr-Zeitung, Deutsche. Militairische Wochenschrift hrsg. v. einer Gesellschaft deutscher Offiziere u. Militair-Beamten. 1. Jahrg. 1848. Juli–Decbr. 39 Nrn. — (2 u. 3.) Jahrg. 1849 u. 1850. à 104 Nrn. Fol. (1—2 B.) Berlin, Hayn. 1848: n. 2 ℛ 1849 u. 1850: à n. 4 ℛ

— dies. (4.) Jahrg. 1851. 104 Nrn. — Red.: E. R. Brandt. (5.) Jahrg. 1852. 104 Nrn. Fol. (1—2 B.) Potsdam, Riegelsche Buchhandlung. à Jahrg. n. 4 ℛ

Wehrzeitung, deutsche. Herausg. von einer Anzahl von Offizieren unter Mitwirkung von Wilh. Rüstow. Jahrg. 1864. 52 Nrn. (à ½—1 Bgn.) Coburg, Streit. gr. 4. n. 2 ℛ 20 ngr.

Wehrzeitung, deutsche. Hersg. von einer Anzahl von Offizieren in u. außer Dienst. Organ des deutschen Offiziertages. 2. u. 3. Jahrg. 1865 u. 66. à Jahrg. 52 Nrn. (à ½—1 Bgn.) Coburg, Streit's Verl. gr. 4. Jeder Jahrg. n. 2 ℛ 20 ngr.

Wehr-Zeitung, österreichisch-ungarische. „Der Kamerad." 9.—12. Jahrg. 1885—1888. à Jahrg. 104 Nrn. (Bog.) Wien, Reißner und Werthner. à Jahrg.

Wehr-Zeitung, Preußische. Militairische Zeitschrift. Red.: E. R. Brandt. 5. u. 6. Jahrg. 1853 u. 54. à 104 Nrn. (à 1—2 Bgn.). Potsdam, Riegel'sche Buchhdlg. in Comm. Fol. Jeder Jahrg. n. 4 ℛ.

Wehr-Zeitung, preußische. Militairische Zeitschrift. Redakt.: E. R. Brandt. (6. und 7.) Jahrg. 1853 und 1854. à Jahrg. 104 Nrn. (à 1—2 Bog.) Mit Beilagen. Fol. Potsdam, (Riegel'sche Buchh.) à Jahrg. *

Wehsarg, L[udwig] [Leopold] (Wendelsheim)
Mikroscopische und chemische Untersuchungen der Faeces gesunder, erwachsener Menschen.
Giessen: Keller 1853. 67 S. (in △ mit „Thesen")
Diss. med. 22.1.1853. vorh. 26. 7. 11.△.

Wehsarg, Richard, a. Hillesheim: Über die congenitale Subluxation des Kniegelenkes. M. 5 Abb. Wiesbaden: J. F. Bergmann 1905. (18 S.) 4° (8°) ¶ (Archiv f. Orthopädie Bd 3, H. 2.)
Würzburg, Med. Fak., Ref. Schoenborn, Diss. v. 10. Mai 1905
[Geb. 22. Juni 62 Hillesheim; Wohnort: Sommerau; Staatsangeh.: Bayern; Vorbildung: Gymn. Worms Reife O. 80; Studium: Gießen 6, München 5 S.; Coll. 9. März 04; Approb. 8. Mai 89.]

Wehse sen., die Bäder Schlesiens in ihrem therapeutischen Werth u. in ihren Indicationen. Speciell die Bäder: Salzbrunn, Reinerz, Cudowa, Flinsberg, Königsdorf-Jastrzemb, Warmbrunn u. Landeck. gr. 8. (V, 91 S.) Breslau 885. Maruschke & Berendt. n. 1. 50

— Bad Landeck [Preussisch-Schlesien], sommerlicher Haupt-Terrainkurort im Osten v. Deutschland bei Kreislaufsstörungen, Kraftabnahme d. Herzmuskels, ungenüg. Compensation bei Herzfehlern, Fettherz, Fettsucht, Verändergn. im Lungenkreislauf, Emphysem, chron. Lungenphthise, Chlorose etc. [Mit 1 Terrainkarte.] gr. 8. (V, 56 S.) Ebend. 886. n. 2. 50

Wehse, Abraham Christian (Wittenberg) A. S. 740/6

Dissertatio inauguralis de prohibitis testari.
Präs- Samuel Stryk.
(Halle) (Gruner) 26. XI. 1701. 54 S.

Gew.: Andreas Bastineller, Johann Christoph Pflüger.
36027

Wehse, Ferd. (geb. Landeck in Schles. 12. 11. 1833): De diagnosi ac therapia morborum hepatis. Berolini (1860). (32 S.) 8°
Berlin, Med. Diss. v. 4. Febr. 1860

Wehse, Ferd., die Thermen von Landeck in ihrer Heilwirkung bei Krankheiten der Athmungsorgane. gr. 8. (VI und 169 S.) Berlin 867, A. Hirschwald. *

Wehse, Karl (geb. Landeck in Schles. 16. 10. 1842): Zur Diagnose der Brüche des Schädelgrundes. Breslau 1869 (30 S.) 8°
Breslau, Med. Diss. v. 8. Nov. 1869

Wehse, Karl, Herrschaft, Burg und Ruine Karpenstein. Auf Grund echter Urkunden und sonstigen zuverlässigen Quellenmaterials für Kurgäste und andere Besucher des Bades Landeck dargestellt. Mit 1 Plane der Ruine. 12. (IX, 148 S.) Landeck i. Schl. 883, (Bernhard.) *

Wehse, Karl, patentirte Neuerungen an Heizungsanlagen [Rost und Luftcirculation], beschrieben und in einem neuen Zimmerofen vereinigt. 8. (43 S. mit Zeichnungen und Tab.) Landeck i. Schl. 887, Bernhard.

Weib, das, s. compend. Bibliothek 11e Abtheil. Heft 1—4.

— —, Das. Epigramme deutscher Dichter, hrsg. von Rudolph Müldener. Leipzig 1875. 8°.

Weib, das. Ratgeber f. Frauenleiden. Zeitschrift f. Befreig. d. Weibes. 1. Jahrg. 1894. 12 Nrn. (Bog.) gr. 4. Luzern, O. Engel. 12. —: einzelne Nrn. 1

Weib, ein? Psychologisch-biograph. Studie üb. e. Konträrsexuelle. 8. (IV, 253 S.) Leipzig 897. M. Spohr. n. 4. —

EIN Weib? Pfychologifch-biographifche Studie über eine Konträrfexuelle. Leipzig, Max Spohr, o. J. (um 1900). 8°. 253 S.

— das, vom Berge, od. die Felsenmutter im Thale Bogdbaba bei Prag. 8. Wien, K. Haas. 16 Kr.

Weib, Das, des Bibliophilen. Den Teilnehmern am Stiftungsfest des Berliner Bibliophilen-Abend 1909. Von M. B. Friedenau-Berlin 1909. V: *Zobeltitz, Fedor von.* (Berl 1909, S. 124)

WEIB, Ein böses, ein grosses Ubel und ein unerträgliche Hauss-Plag. O. O. u. J. [c. 1700]. 4 Bll. 4°. (12 Mk. der Vorige, c. 1903:)

— das, in der Ehe u. die sociale Frage v. Fere. Nathusius. gr. 8. (41 S.) Frankfurt a/M. 891. F. Koniacl & Co. n. — 50

Weib, Das, vom Manne erschaffen. Bekenntnisse einer Frau. A. d. Norweg. übers. v. Tyra Bentsen. 2. Aufl. Berlin 1904. V: *Garborg, Hulda.* (Berl)

— das, vom Manne erschaffen. Bekenntnisse e. Frau. Aus dem Norweg. übers. v. Tyra Bentsen. 1. u. 2. Aufl. (à III, 136 S.) 8. Berlin 904. B. Cassirer. n. 2. 60; geb. n. 3. 50

Weib, Das In Lastern ersoffene, oder Beschreibung der schändlichen Sitten, falschen und verplauderten Mäuler, unverschämten Gemüther und leichtfertigen Händel, Welche die alten Weiber in der Welt zu machen pflegen. Cölln (= Leipzig). Gedruckt 1732. V: *Gorgias, Johann.* (BGE VIII³, 96)

Weib, das, im natürl. Gewande, od.: die schwere Kunst: das Herz d. Frauen mit freiem Auge zu durchschauen. Ein nothwend. Handbüchl. f. d. Männerwelt überh., insbesond. f. Heiraths-Candidaten. Hrsg. v. Just. Hilarius. 16. (19 B. u. 1 Kpfr.) Meißen 828. [Leipzig, Rostosky u. Jackowitz.]

Ein herzloses Weib. Aus dem Englischen von A. Kretschmar. 3 Bde. 8. (214, 232 und 235 S.) Wien, Last's Verl.-Exped. 1868. 3 fl. 20 kr.

Weib, das hysterische, in Familie u. Gesellschaft. Aerztlich-psycholog. Betrachtgn. zum Falle der Kronprinzessin v. Sachsen. (IV, 32 S.) gr. 8. Dresden 903. E. Pierson.
n. — 60

— dasselbe. 6. Aufl. (36 S.) gr. 8. Ebd. 903. n. — 60

— dasselbe. 11. Aufl., s.: Bottermund, W.

Weib, Das leidende. Ein Trauerspiel. Leipzig 1775. V: *Klinger, Friedrich Maximilian von.* (GGr) (Mn) (MGT) (Rieger, Klinger. Darmstadt 1880—96. I,48.) (Schmidt, E. Lenz u. Klinger. Berl. 1878. 76.)

Weib, das leidende. Trspl. (von J. M. R. Lenz). 8. Leipz. 775. Weygand. 6 gl.

— —, Das, ohne physische Liebe. Eine wahre Geschichte, von ihr selbst geschrieben. Leipzig und Zeitz 1803. 8⁰. 4 u. 348 S. (1 Rthl. Scheible, vor 1885; 8 Mk. Max Harrwitz, 1906.)

Weib, das, ohne physische Liebe. 8. Marb. ... 2e Aufl. 804. Krieger. 16 gl. (Nachdruck von Wilhelm Eberhard 45 Jahre rc.)

Weib, Das, und der Mönch; a. d. Franz. . . . Halle 1789. Ü: *Bispink, Frdr. Hnr.* (MGT)

Weib muthiges

Ein muthiges Weib. Von der Verf. von "John Halifax". 1870

s.a. Mulock, Dinah Maria: [Verf.]

Weib, Ein muthiges. A. d. Englischen von Sophie Verena . . . Leipz. 1870. V: *Craik, Dinah Mary geb. Mulock.* (Russell II/1 S. 135)

Weib, ein muthiges. Von der Verf. von „John Halifax." Aus dem Engl. von Sophie Verena. Autoris. Ausg. 3 Bde. Leipzig 870. E. J. Günther. 8. (213, 220 u. 244 S.) n. 2 ℛ 15 ngr.

— —, Das, als Prostituirte. Mit koloriertem Umschlag und Illustrationen. Dresden, Max Fischer (Zöllnerstr. 38). O. J. 8⁰. (Mk. 1,50.)

— —, Das, des Ringkämpfers oder Manneskraft und Frauenherz. Illustriert. 1907. 8⁰. (Br. Mk. 10—.) (7 Mk. O. Rauthe. Berlin, 1909, ohne Ortsangabe.)

Weib, ein seltsames. Aus dem Engl. v. Ludmilla Frydmann. 3 Bde. 8. (300, 278 u. 270 S.) Elberfeld 874. Lucas. n. 8. —

— das, d. Spielers, s.: Familien-Bibliothek.

Weib, das, die Sünderin (Luc. 7, 36 bis 50): wie wurde sie Christi begnadigte Jüngerin? 12. (36 S.) Straßburg 847, [Berger-Levrault, Witwe und Sohn.]

— —, Das, hinter dem Throne, oder Leben und Ränke der Kaiserinnen des alten Roms. Ein histor. Beitrag zur Charakteristik des weiblichen Geschlechts. Th. 1. (einz.). Erfurt, bei Fr. Aug. Knick. 1805. 8⁰. (2 Mk. Heinr. Lesser, Breslau, 1876; jetzt theurer!)

— d., hinter dem Throne, od. Leben u. Ränke d. Kaiserin d. alten Roms; e. histor. Beytr. z. Charakteristik d. weibl. Geschlechts. 8. Erf. Müller. 805.

— das, hinter dem Throne, od. Leben u. Stärke d. Kaiser des alten Roms. 8. Erfurt 807. Müller. (Leipz., Weygand). 1 ℛ

— das tugendsame, im Lichte des göttlichen Wortes. Spr. Salomonis 31, 10—31. In freier Bearbeitung nach dem Engl. gr. 16. (X, 105 S.) Berlin 869, Rother. *
geb. *ℳ 1,50.; mit Goldschn. *

Weib, das tugendsame, im Lichte d. göttlichen Wortes. Spr. Salomonis 31, 10—31. Mit e. Vorwort v. C. Büchsel. 2. Aufl. 12. (VII, 106 S.) Berlin 883. Hugo Rother. n. 1. —; geb. m. Goldschn. n. 2. —

Ein | Weib als Ungeheuer | oder | Formosa, | die Menschenschlächterin. | Geschehen in London im Jahre 1861. | Verlag von Louis Henneberg in Salzhemmendorf.
Kol.: Druck von C. Schulze u. Co. in Schmiedeberg (Prov. Sachsen).
o. J., 8 S., 188 × 112.
LBO Bänkelsängerlit. II, 18.

— das unglückliche. 2 Bde. 8. Erfurt u. Gotha, Hennings. 1 ℛ 20 gl.

Weib, Das Unglückliche. Ein Gemälde aus der jetzigen Welt. Berlin [Erfurt u. Gotha] 1805. V: *Teubner, Gustav.* (BGE VIII³, 337)

Weib, Das, unleidlicher als die Hölle . . . Franckf. u. Leipzig 1725. V: *Macchiavelli, Nic.* Ü: *Riederer, Joh. Friedr.* (BGE)

Weib, ein, aus dem Volke! Drama in 5 Acten. Frei nach Dennery u. Mallian von Jos. Mendelssohn. 16. (6 B.) Hamburg 846, Berendsohn. *

Weib, Das, wie es ist. Dresden 1800. V: *Schilling, Friedrich Gustav.* (GGr)

— d., wie es ist, von Gustav Schilling. 8. Dresd. Arnold. 810.

Weib, das, wie es ist, v. Gustav Schilling. 3 Thle. 3te verb. Aufl. 8. Dresden, Arnold. 811.

— —, Das, wie es ist. Illustrirt von G. Sieben. (190*.) (Mk. 2—, W. Schindler, Pressburg, 1910.)

Weib, das, im gesunden u. kranken Zustande; s.a. Renard.

Weib, das, im gesunden und kranken Zustande. s.a. Virey.

Weib, das, im gesunden und kranken Zustande. Nach Virey u. Fournier, bearbeitet von Dr. Renard u. Dr. Wittmann. 2. Aufl. 8. Leipzig 845, Hartleben's Verlags-Exped. 1 ℛ

Weibchen, Das schöne. Kleine Romanze. . . . O. O. 1776. V: *Gleim, Johann Wilhelm Ludwig.* (Gleim-Uz, Briefw. Tübingen 1899. S. 519.)

WEIBCHEN, Das, im Walde, oder die Erforschung der Männerherzen durch Talismane. Eine Ritter- und Geistergeschichte. Mit Titelkupfer u. TVign. Leipzig, Liebeskind, 1798. 8⁰. (½ Rthl.) Selten! (3 Mk. 50 Pfg., sauberes Expl., J. Neumann, Magdeb., 1908.)

Weibel, siehe: *Bossard.*

Weibel, s.: Gegen Rom.

Weibel, C., der Riedacher Ruedi od. Berner Landleben. 8. (71 S.) Basel 888. (Schweizer Verlags-Anstalt.) — 90

Weibel, Eman., Holzhandelskunde. Vorträge üb die Holzverwertg. u. den Holzhandel f. Forstschulen u. den prakt. Gebrauch. (VIII, 64 S.) gr. 8. Wien 910. C. Fromme. 1. 25

— Zur Jagdpulverfrage. Anleitung zur richt. Behandlg. des Jagdpulvers, zur Erzielg. grösserer Treffsicherheit u. als Erwiderg. auf die in einzelnen Fachblättern erschienenen ungünst. Urteile üb. das ärar. Pulver. (Jäger merk' dir's!) (III, 56 S. m. Abbildgn.) 8. Ebd. 910. 1. —

Weibel, Hr. v. Segesser und der Kulturkampf. Zwanglose Bemerkungen. 1.—3. Aufl. gr. 8. (56 S.) Aarau 875, Sauerländer's Verlag.

[Weibel, Joseph Leonz.] Die Edelmarder im Kanton Luzern. Ein Beitrag zur Würdigung der Staatsverwaltung im Kt. Luzern. Hrg. anlässlich der Verfassungsrevisionsbewegung im März 1891. SA. 8. Luzern 1891.

[Weibel, Joseph Leonz.] Die Freischarenzüge nach Luzern. Ein Rückblick nach 50 Jahren. Geschichtlich dargestellt im Auftrage des liberalen Zentralkomitees des Kantons Luzern. (Mit einer Karte der Einteilung der Schweiz, wie sie von Konstantin Siegwart-Müller planiert war.) 8. Luzern 1895.

Weibel, J. L., siehe: *Herzog, E.*

Weibel, Jos[eph] Leonz, [von Oberkirch, Kt. Luzern]: Die Correalobligationen im röm. Rechte. Olten Dr. des 'Volksblatt v. Jura' 1873. [Erlangen Deichert 1874]. 103 S., 1 Bl. 8⁰.
Zürich, Jur. Diss. [v. 2. Aug. 1872].

Weibel, Jos. Leonz, d. Correalobligationen im römischen Rechte. Dissertation. gr. 8. (103 S.) Erlangen 874. Deichert. n. 1. 60

Weibel, J. L., Dr. Ueber die Luzerner Maigesetze. Vortrag gehalten am 28. März 1886 in der christkatholischen Genossenschaft. Luzern, A. Gebhardt. 1887. — 50

— Sammlg. der Luzerner Zivil- u. Zivilprozeßgesetze, s.: Bossard.

Weibel, [Joseph Leonz]. Geschichtliche Umrisse der Stadtpfarrei Luzern. Vorlesung, gehalten am 7. Januar 1875. Mit einer Beilage: Der erste Plebaniebrief vom 18. April 1178. 8. Luzern 1876.

[Weibel, Joseph Leonz.] Versprechen und Halten. Ein Neujahrsbüchlein für das Luzerner Volk. 1891. 8. Luzern 1891.

(Weibel, J[oseph] L[eonz].) † Nationalrath Jos[eph] Vonmatt (1815–1894). (SA.) 8. [Luzern 1894.]

Weibel, Josef Lorenz

Weibel, J. L., Rom u. die gemischten Ehen, s.a. Flugschriften d. Evang. Bundes.

[J.] Rom und die gemischten Ehen. Von Dr. J[os.] L[orenz] **Weibel**, Adv. ... in Luzern. *Leipzig: C. Braun 1898.* (40 S.) 1 Bd 8.
= **Flugschriften** d. Evangel. Bundes. [No] 151. 152. (Reihe XIII, 7/8.)
[98 3203]

Abraham Stocker. Ein Lebensbild von Dr. J. L. Weibel. Sep.-Abdr. aus dem „Luzerner Tagblatt". 19 S. mit Portrait. Luzern: A. Gebhardt 1887.

Weibel, Robert, Assistenzarzt am Zieglerspital in Bern: Untersuchungen über den Eiterungs-koëffizienten von Staphylokokkus aureus. (Aus dem Zieglerspital in Bern.) Bern 1909. 24 S. 8°. (23. VI. 09.)
Bern Med. Diss. 1908/09.

Weibel, Robert. Untersuchungen über den Eiterungs-Koëffizienten von Staphylokokkus aureus. Diss. Med. Bern. *Kopftitel:* Aus dem Zieglerspital in Bern. 24 S. 8. Bern, Buchdr. Berner Tagblatt, 1909.

Weibel, Rosa, Gedichte. (IV, 118 S.) kl. 8. Zürich 909. Rascher & Co. 3. —

W(eibel), R(osa). Die Kellnerin. Von R. W. [Sep.-Abdr. aus: Union Helvetia, Jahrg. 18, 1903, Nr. 21—23.] Zu beziehen bei Rosa Weibel, Aminerzwil bei Suberg, Kanton Bern. 19 S. 8. Luzern, H. Keller, 1903. fr. —.60
(*Zu Gunsten eines* Placierungsbureau für Kellnerinnen ... in Zürich.)

Weibel, **S.**, s. a. B. A. *Dunker*, Principes.

Weibel, S., principes pour apprendre à dessiner le paysage d'après nature etc. en planch. Bern, Burgdorfer. Rthlr

Weibel, Walther, aus Luzern: Der Einfluss der Gegenreformation auf die Plastik Lorenzo Berninis. Strassburg 1909. 120 S. 8°. Erschien mit Tafeln unter dem Titel: Jesuitismus und Barockskulptur in Rom als Heft 70 der Serie „Zur Kunstgeschichte des Auslandes". (23. VII. 07.)
Bern Phil. Diss. 1908/09.

Weibel, Walther. Der Einfluss der Gegenreformation auf die Plastik Lorenzo Berninis. Diss. Phil. Bern ... von W. W. aus Luzern. II + 120 S. gr.-8. Strassburg, J. H. Ed. Heitz, 1909.
(... erscheint unter dem Titel «Jesuitismus und Barockskulptur in Rom» mit 10 Lichtdrucktafeln versehen als Heft 70 der Serie «Zur Kunstgeschichte des Auslandes» ....)

Weibel, Walth., Jesuitismus u. Barockskulptur in Rom, s. a. Zur Kunstgeschichte des Auslandes. 70. Heft.

Weibel, Walther. Jesuitismus und Barockskulptur in Rom. Mit 10 Lichtdrucktafeln. VIII + 121 S. gr.-8. Strassburg, J. H. Ed. Heitz, 1909. (M. 6. —)
(Zur Kunstgeschichte des Auslandes. Heft 70.)

[Weibel, Walther.] Italiänischer Sommer. Reiseschilderungen von Hector G. Preconi. 1tes und 2tes Tausend. [Mit 1 Kartenskizze, 16 Tafeln und illustriertem Umschlag.] XXIV + 302 S. 8. Zürich, Rascher & Cie., 1910. [fr. 5. 35, geb. 6. 70]

Weibel, Walth., junge Tannen, s.: Hodel, Rob. Julian.

Weibel, Briquet & Cie. Heizung der Eisenbahnwagen. Genève 1873. 4.

Weiber

— die; oder was thut die Liebe nicht. Lustsp. von Schimann. 8. Prag, Gerle. 777.

Weiber, über die, (v. E. Brandes). 8. Leipz. 787. Weidmann. 12 gr. Holl.-Pap. 20 gr.

— über die. 8. Wien 788. Trattner. 6 gr.

Weiber, die,. Lustsp. in 3 A. bearb. v. L. F. Huber. 8. Lpz. Wolf. (Schmidt.) 797.

Weiber, üb. die, von d. Verfasserin von Gustavs Verirrungen. 8. Heidelb. Mohr u. W. 813.

Weiber, die, Lustspiel in 3 Aufzügen, nach dem Franz. v. L. F. Huber. Neue Aufl. 8. Frankfurt a. M., Sauerländer. 819.

— auch, tragen Hosen, dialogisirte Scene. 8. Const. 788. Bauer. 3 gr.

WEIBER, Die Berliner. Ein originelles Lustspiel in drey Aufzügen. Charlottenburg (Warschau, Wilke) 1790. 8⁰. (6 gr.) (2 Mk. 50 Pfg., G. Priewe, 1905.) Rar!

88 S. (incl. Tit. m. 3 Buchdr.-Stöcken, wovon 1. u. 3. roth gedr., auf d. Rücks. Personen-Verz.). „Die Scene ist unter den Linden, ..., u. dann in Theodorichs Hause." Seltenes Sittengemälde des damaligen Berlins, aber ohne Anstössigkeiten. — Weller, fing.Dr.

Weiber, Die, von allen Seiten betrachtet . . . Leipzig 1803. V: *Grohmann, Joh. Chn Aug.* (Ky)

— die, von allen Seiten betrachtet, durch ein ungefärbtes, scharfes Glas; oder über die Weiber im Allgemeinen u. über das Loos derselben. 12. Leipz. 803. Joachim. 16 gr.

— —, Die bösen. Zur Erweckung des edlen Gefühls für Eheleute. Von Freund Rehhahn (dem Dresdner Original) in Druck gegeben. Lithographie „Streit um die Hosen". Das Mittelbild umgeben 44 kleine Bildchen mit nebenstehend. 4zeil., humorist. Verschen. Verfasst u. gedr. ca. 1828. 30×40 cm. Sehr selten! (6 Mk. 50 Pfg. F. Waldau, Fürstenwalde, 1911.)

O diese Weiber! Allerlei Pikanterien, Witze und Anekdoten über das schöne Geschlecht. Mit 47 Illustrationen. (c. 1900.) (30 Pfg. M. Luck, Berlin, c. 1902, ohne Orts- u. Formatsangabe.)

O diese Weiber!! 50 Illustrationen von C. Köystrand (mit etwas freiem Text). Leipzig. Verlag von Adolph Schumann. O. J. (c. 1900). 4⁰. Illustr. blauer Sarsenetbd. mit Silberbordüre. (2 Mk. Taussig, Prag, c. 1902.)

Weiber, drey, Novelle, a. d. Franz. des de la Tour, v. L. F. Huber. 8. Lpz. Wolf. (Schmidt.) 795.

Velinpap.

— drei; nach d. Französ. (des de Latour) von L. F. Huber. N. A. Frankf. 819. Sauerländer. 1 ₰ 6 gr. Velinp. 1 ₰ 14 gr.

— die gelehrten, Lustspiel in 5 Akten von Moliere, nach d. Franz. vom Freyh. v. Nicolay. gr. 8. Leipzig, Kummer. 817.

Schreibpap.

— die heiligen, aus Palästina. Ein Buch zur Belehrung u. Unterhaltung für edle teutsche Weiber. Gießen 803. (Fr. Fleischer in Leipzig.) 2/3 ₰

— die heiligen, aus Palästina. 1r Thl. 8. Gießen 804. Müller. 16 gr. (A. u. d. T.: Schilder. merkwürd. Frauen. 807. 12 gr.)

Weiber, Die lustigen. Singspiel nach Shakespeare. Mannheim 1795. V: *Roemer, Georg Chn.* (GGr)

BUDAPEST. — Die lustigen Weiber von Budapest. Nach der Natur geschildert von einem Viveur. Budapest, Verlag der Buchhandlung zur »Pannonia«, Sachs & Pollack, Andrassystr. 32, 1896. 8⁰.

[B. I, 496.]

Verb. Beuthen O/S. 16. 2. 10.

BUDAPEST. — Weiber, Die lustigen, von Budapest. Von einem Viveur. (190*.) (2 Mk. 20 Pfg. R. Klinger, Berlin, c. 1905.)

WEIBER, Die lustigen, in Wien. Ein Sittengemählde in vier Aufzügen nach Shakespear's lustigen Weiber von Windsor (von *Joseph Bernhard Pelzel?*). Wien 1794. 8⁰. (Im British Museum.)

Anon.-Lex. IV. p. 383 (nach d. Cat. genannten Museums): Kayser, Schsp.-Verz. 1827 hat p. 238: „Inspruck 1794. (Lpz., Barth). 8⁰. (1/4 Rthlr.)"

— die lustigen in Wien; Sittengemälde in 4 A. nach Shakspeare. 8. Insbr. 794. Wagner. (Leipz., Barth). 6 gr.

Weiber, die lustigen, von Windsor. Komisch-phantast. Oper in 3 Acten mit Tanz. Nach Shakespeare's gleichnam. Lustspiele von S. G. Mosenthal. Musik von Otto Nicolai. (Textbuch.) 8. (48 S.) Wien, Künast. **

— die lustigen, zu Windsor. Lustsp. von Shakespear. 16. Göttingen, Dieterich. 786. *

mit 12 Chodowieckischen Kupf.

— —, Die lustigen, von Wonnedorf. Aus den Annalen einer (Pariser) Liebessekte. Aus dem Französischen übersetzt von Leo Kirchbach. 2 Thle. (1910.) 8⁰. 215 S. (Mk. 20.— od. Kr. 24.—, J. Balogh, Budapest, Dezbr. 1910.)

WEIBER, Die lustigen, von Wonnedorf. Aus den Annalen einer Liebessekte. Aus d. Französ. von Leo Kirchbach. 2 Bde. (1 vol.) Paris 1910. 8⁰. Privatdruck. Lat. Lett. (Mk. 20.—.)

211 fortlaufend beziff. S. (incl. Vor- u. Haupttitel). Dieses tolle, in Paris spielende Sotadicum wurde in einer einmaligen Auflage von 500 numer. Expl. für Subscribenten als Mspt. gedruckt. — Das Opus ist unsinnig, albern und langweilig.

Weiber, Die, machten ihn weiser und —glücklich. Leipz. 1790. V: *Oertel, Friedrich von.* (BGE VIII³, 340)

— machten ihn weiser und — glücklich. 8. Leipz. 790. Weidmann. 1 ₰ 6 gr.

— —, Die — keine Menschen. Kurzer Auszug aus einer Dissertation des Herrn *L.*, der Weltweisheit Doctor anno 1781. 2. Auflage. Leipzig u. Hamburg, Carl Minde (c. 1880). 8⁰. (25 Pfg.) (50 Pfg. G. Priewe, Heringsdorf, 1895.)

Weiber, Die plauderhaften, ein Nachspiel . . . O. O. 1770. V: *Neumann, Carl Gust. Friedrich.* (ML)

Weiber, Die plaudernden, ein Lustspiel in drei Aufzügen. O. O. [1772?]. V (nicht): *Müller-Schröter, J. H. F.* (Zeitschr. f. Büch. 1923, S. 78) Vgl. IV, 11954.

Weiber, Die plaudernden, ein Lustspiel in drei Aufzügen . . . O. O. [1772?]. V: *Nesselrode, F. G. Freih. von.* (Minor, Weisse. Innsbr. 1880. S. 120.) »Lustspiel in drei A. Wien 1771.« V: *Müller (= Schröter), Joh. Hnr. Frdr.* (GGr)

Weiber, die, seynd das Beste u. Aergste in der Welt. Derbkomisches Gedicht aus d. 17. Jahrh. 12. (23 S.) Köln 890. Teubner. n. 1. —

— —, Die sieben, oder die Begebenheiten des Herrn Stolz, von ihm selbst beschrieben. Wien u. Prag 1782. 8⁰. Rar!

Haydinger's Bibl. I. 2. no. 387; fehlt Kayser unter Romanen.

Weiber, Die sieben, des Blaubart. Eine wahre Familiengeschichte . . . Istambul 1212. [Leipzig 1797.] V: *Tieck, Joh. Ludwig.* (BGE)

— die sieben des Blaubart eine wahre Familiengeschichte, herausgegeben von Gottlieb Färber, 8. Istambul, (Berlin) 797. C. Nicolai. 25 sgl.

— die sieben, des Blaubarts; eine wahre Familiengesch., v. G. Färber. (Ludwig Tiek.) 8. Berl. (Sommer in Lpz.) 797.

Weiber, Die, aus Stambul. Schneeberg 1802. V: *Arnold, Ignaz Ferdinand (Theodor Ferdin. Cajetan).* »in Stambul« (Ky)

— die, in Stambul; e. Pröbchen aus d. Erfahrungen eines lustigen Bruders. 8. Lpz. Gräff. 803.

Weiber, die, in Stambul, (v. Th. F. K. Arnold). 8. Leipz. 803. (Wienbrack). 1 Thlr. 8 gr.

— —, Die verwandelten, oder der Teufel ist los. Eine komische Oper in drey Aufzugen (nach *Coffey's* „devil to pay or the wives metamorphosed", von Chrn. Fel. Weisse). — Der lustige Schuster, oder der zweyte Theil vom Teufel ist los. Eine komische Oper in drey Aufzügen (nach *Coffey's* „the merry cobler or the second part of the devil to pay", v. Ch. F. Weisse). Leipzig, in der Dyckischen Buchhandlung. 1768. (Komische Opern. Bd. 2.) 8⁰.

— die verwandelten, oder d. Teufel ist los. Oper (von Chr. Fel. Weiße). 8. Leipz. 770. 2e A. 781. Dyck. 7 gr.

— die, v. Windsor. Singsp. nach Shakespear. 12. Mannh. (Hinrichs in Lpz.) 795.

Weiber, zwey, auf einen Tag; e. Gesch. v. einem Mitgliede d. Gesellschaft in Göttingen. 8. Berl. 753. Ritblr.

Weibercalender, s. Weiberkalender

Weibercanäle, s. Weiberkanäle

Weibercommando, s. Weiberkommando

Weibercomplott, s. Weiberkomplott

Weiberehre. Sittengem. d. 13ten Jahrh. in 5 Akten v. Ziegler. 8. Lpz. Kohler. 793.

— Schausp. v. Ziegler. 8. Wien, Wallishäußer.

Weiberfeind, der,. Schausp. in 1 A. v. K. Koch. 8. Hamb. Kratzsch. 803.

Weiberfeind, der; Schspl. in 1 A. 8. Wien 806. Wallishaußer. 5 gr.

— der, u. die Männerfeindin. 2 Schspte. in 1 A. 8. Altenb. 803. Schnuphase. 12 gr.

WEIBERFEIND, Der neue, und die schöne Jüdinn (!). Lustspiel in 5 Aufzügen. O. O. u. J. (nach 1750). Gr. 8⁰. (In Warmbrunn, Reichsgräfl. v. Schaffgotsch'sche Majoratsbibl.) Rar!

— der neue, u. die schöne Jüdin. Lstsp. v. Stephani. 8. Wien, Ghelen. 774.

Weiberfeinde, die; Lstspl. in 2 A. v. Verf. d. Amerikanerin. 8. Leipz., Solbrig. 12 gr.

WEIBERFEINDE, Die. Ein Lustspiel in 2 Aufzugen. Vom Verfasser der Amerikanerin. Leipzig 1808. 8⁰. (1 Mk. 50 Pfg., unaufgeschn., Max Jaeckel, Potsdam, 1910.)

Weibergeklatsche, s. Chr. F. Weiße.

Weibergeklatsche, oder ein Qui pro Quo. Ein Lustspiel in einem Aufzuge. Leipz. 1769. V: *Weisse, Christian Felix.* (BGE VIII², 343)

Weibergeklatsche; od. ein qui pro quo. Lustsp. 8. Leipz. Dyk. 769.

WEIBERGRÖSZE und Männerschwäche, eine (stellenweise erotische) Rittergeschichte aus den Zeiten des Faustrechts. In zwey Theilen (1 vol.) Leipzig, bey Joh. Gottl. Immanuel Breitkopf und Comp. 1793. 8⁰. (2/3 Rthl.)
Vortit. u. 362 fortlaufend gez. S. (incl. Titel u. 1 Bl. Vorwort, unterz. *C. F. M*), 1 leeres Bl. (Th. 2 beginnt ohne besondern Titel mit S. 161.) — Rar!

Weiber-Herrschaft (Gynecocracy). Die seelischen und körperlichen Erlebnisse des Julian Robinson, Nachmaligem Viscount Ladywood, von ihm selbst niedergeschrieben zu einer Zeit, wo er unter dem Pantoffel stand. Erste und vollständige Übertragung nach der englischen Originalausgabe von Erich von Berini-Bell. 3 Bde. Mit sechs farbigen Zeichnungen von Carl Maria Diez. 8⁰. Ca. 700 S. Büttenpap. In künstlerischen Ganzlederbdn. (Mk. 50—; die ersten 30 Expll. als Luxusausgabe in Ganzpergament à Mk. 100—.)
Privatdruck in 500 in der Presse numer. Expll. Nachdruck absolut ausgeschlossen.

Weiberhuth thut selten gut! Posse in 1 A., nach d. Französ. gr. 8. Berl. 783. (Sander). 2 gr.

Weiberintriguen; Posse. 8. Eisenach 793. Bärecke. (Rauck in Leipz.) 12 gr.

§ WEIBERINTRIGUEN. Posse in fünf Aufzugen. Eisenach, 1793. bey Joh. Georg Ernst Wittekindt. Kl. 8⁰. (In München: P. o. germ. 1557.)
214 S. (incl. Titel), 1 leeres Bl. — Zahm.

Weiberkalender

WEIBER-, Jungfern-, Courtesier-, Galanisir-, Lektion- und Affections-Calender. Gedruckt zu Frauenstadt in Cupido's Hoff-Buchdruckerei, o. J. (c. 1710?). 4⁰. (1 fl. 12 xr. Scheible, vor 1870; jetzt viel theurer!)
Weller, fing. Dr. — Höchst selten!

Weibercanäle, die besten Kanäle, ein Schauspiel nach Krüger's Kandidaten. [Berlin 1783.] V: *Wagenseil, Christian Jacob.* (MGT)

§ WEIBER-KANÄLE sind die besten, oder die Geschichte zweyer Glücksritter. O. O. u. J. (c. 1790?). 8⁰. (In München ex bibl. erot. Krenner.)

Weibercommando, s. a. H. Reinicke.

Weibercommando, Das, ein Lustspiel in fünf Aufzügen. Prag 1786. V: *Reinike, Heinrich.* (ML)

Weibercommando, das; od. guter Wind zur Fahrt. Lstsp. v. Reinicke. 8. Prag, Widtmann. 786.

Weibercomplott, das,. Lustsp. v. Jünger. 8. Leipz. Dyk. 785.

Weiberlaunen u. Männerschwäche. Lustsp. v. Ziegler. 8. Lpz. Voß. 797.

— — dasselbe, aus der Sammlung von Zieglers Schauspielen. 8. Wien, Wallishäußer.

Weiberlist, Lustsp. in 2 Aufz. v. J. F. Jünger. 8. Lpz. Kleins Comt.

WEIBER-LIST, Die (Liebesgeschichte). Aus d. Italiän. übers. von Talandern (Aug. Bohse). Leipzig, Gleditsch, 1697; rep. 1702. 12⁰.
An: Wettstreit (s. d.) der Liebe .... 1702.

WEIBER-LIST, Die. Ein Schauspiel Oder Lustspiel von einer Handlung. Hamburg, Bey J. D. Nottebohm, 1743. 8⁰. Rar! (1 Mk. Ernst Carlebach, Heidelb., 1894; jetzt theurer!)

Weiberlist, die; Lstspl. 8. 753. 1 gl

— Lustsp. v. Jünger. 8. Lpz. Rein. 805.

— geht über alles, s. a. J. A. Rothe, Lustspiele.

Weiberlist geht über Alles. Ein Lustspiel in drei Aufzügen. Prag u. Leipzig 1790. V: *Rothe, J. A.* (MN)

— geht über Alles. Lustsp. in 3 Aufz. 8. Prag, Neureutter. 790.

Weiberlist und Männertreue, Lustspiel in 3 Aufzügen, nach d. Franz. des Etienne bearbeitet von C. Lebrün. 8. Mainz, Kupferberg. 818.

Weiberlist und Weiberrache, ein Seitenstück zum Adel der Weiblichkeit. Berlin 1802. V: *Flittner, Chn Gfr.* (MGT) (KY) (BrMm)

Weiberlist u. Weiberrache, e. Seitenstück zum Adel d. Weiblichkeit (v. Chr. G. Flittner). 8. Berl. 802. Dass. mit neuem Titel, s. A. J. F. v. Berga, Antihymen.

Weiberlist u. Weiberrache, in wahrhaften Begebenheiten aus d. wirkl. Welt. 8. Berl. 802. W. Oehmigke. (Sander). 1 ₰ 4 gl

* Weiberlist u. Weiberrache, in wahrhaften Begebenheiten aus der wirklichen Welt (philosophisch-historisch) dargestellt. Ein Seitenstück zum Buche: Adel der Weiblichkeit rc. 8. Berlin, N. Societätsbuchh. 802. Rthlr.

WEIBER- und Jungfern-Lotterie, Die allerneueste, bestehend in zwey Classen und 212 Loosen. O. O. 1766. 8⁰. Rar! (16 Sgr. Auktion Blenz, Berlin 1844, no. 718; 54 xr. Scheible, vor 1870, jetzt theurer!)

* WEIBER-MESZ-KRAHM, Köstlich und hoch-nothwendiger, das ist: Ein Gespräch von dem Weiber-Regiment, Wie auch deren Regier- Zanck und Hadersucht, samt ihren bösen Sitten, Zwischen Simon und Andrea. Dabey auch viel schöne nützliche Mittel, Präservativen, und approbirte Artzeneyen, wie solchen Regiersüchtigen gifftigen Weibern zu begegnen. — Holzschnitt. — Allen und jeden durch die gantze Welt wohnenden Männern, so von ihren Regimentssüchtigen bösen Weibern gepeinigt, und unter deroselben Regiments-Joch gespannet seyn, zu sonderm Trost: den zänckischen Weibern aber zum Meß-Krahm vorgestellet. O. O. u. J. (c. 1700). Kl. 8⁰. 16 Bll. (In Berlin: Yz 281.) (8 Mk. Jacques Rosenthal, c. 1903.)

WEIBER-NARR, Der, Zu Treuhertziger Wahrnung und Unterricht deren, so der Weiber-List bekandt seyn soll, Auf das Neue in Druck gegeben. Augspurg, Druckts Antoni Maximilian Heiss, Catholischer Buchdrucker. 1725. 8⁰.
Höchst selten!

WEIBER-PARLAMENT, Das von denen meisten Weibs-Bildern in der Welt aufgerichtete, wird denen curieusen Gemüthern hier in einem (fast immer fehlenden) grossen Median-Kupffer (breit-gr. Fol., vorzügl. Abdruck. Joh. Chp. Kolb exc. A[ug.] V[indel.]; Hieron. Mart. Ostertag Sc. ibid.) vor Augen geleget, und in gebundenen Zeilen Gesprächs-Weise vorgestellet. Franckfurt und Leipzig (Augspurg) 1736. 4⁰. (In Amsterdam, Bibl. Gerritsen, wo das Kupfer fehlt.) (4 Mk., ohne das Kpfr., J. Halle, München, c. 1905.)

Weiberpolitik. Lustsp. v. J. F. Schmidt. 8. Brandenb. Leich. 801.

WEIBER-PROBE, Die. (Gesellschafts-Spiel oder Comödie?) O. O. 1725. 8⁰.
Cat. libr. Sim. Böckelmann, Hamb. 1754. Append. p. 96.

Weiber-Procurator, Der lustige, von F. J. R. Cöln [Bremen] 1714. V: *Rottmann, Frdr. Julius.* (WR)

WEIBERRACHE, oder Schauerbilder aus den Kerkerhölen (sic!). Ein (zahmer) Roman aus d. Französ. 2 Thle. Leipzig, bei Carl Berger. 1835. 8⁰. (70 Pfg., geles., Max Götz, München, c. 1903.)
XXII—158 u. 129 SS. — Fehlt Kayser im Roman-Verz. von 1836.

Weiberregiment, das, am Hofe Frankreichs unter Ludwig XIV. u. Ludwig XV., v. *.*. 3. Tausend. (159 S.) 8. Berlin (903). H. Steinitz. n. 2. —

WEIBERREGIMENT, Das, am Wiener Hofe. Berlin 1901. 8⁰. (Mk. 2—.) (1 Mk. 35 Pfg., unaufgeschn., Schaper, Hannover, 1906.)

Weiberregiment, das, an den Höfen Europas in den letzten drei Jahrhunderten. (Umschlag: An den Höfen Europas in den letzten drei Jahrhunderten.) I—XI. 8. Berlin, H. Steinitz. à n. 2. —
I. Das Weiberregiment am Hofe Frankreichs unter Ludwig XIV. u. Ludwig XV. Von Wilh. v. Bülow (Herm. Robolsky). (167 S.) (900.)
II. Am Hofe der Königin Christine v. Schweden. Von Wilh. v. Bülow (Herm. Robolsky). (173 S.) (900.)
III. Erinnerungen Katharina II. nach ihren eigenen Memoiren. Deutsch v. K. v. Alvensleben. (162 S.) (900.)
IV. Am dänischen Hofe unter Königin Caroline Mathilde. Von Erich v. Mettenborn. (149 S.) (901.)
V. Königin Elisabeth v. England. Von K. v. Alvensleben. (184 S.) (900.)
VI. Am Hofe Napoleons III. Von Ernst v. Hellbach. (172 S.) (901.)
VII. Am Madrider Hofe. Von Ernst v. Hellbach. (184 S.) 901.
VIII. An den Höfen der Balkanstaaten. Von Erich v. Mettenborn. (179 S.) (901.)
IX. Am Wiener Hofe. Von Ernst v. Hellbach. (168 S.) 901.
X. An italienischen Höfen. Von K. v. Alvensleben. (167 S.) 902.
XI. An deutschen Höfen. Von K. v. Alvensleben. (159 S.) (902.)

— —, Das, in Pfarrhäusern oder Türkisches im Christenthum. 5. Auflage. München 1901. 8⁰. (70 Pfg. M. Edelmann, Nürnb., c. 1905.)

Weiberregiment, das, in den Pfarrhäusern od. Türkisches im Christentum. (Von C. Lempens.) 7. Aufl. gr. 8. (96 S.) München 902. O. Th. Scholl. 1. —

Weiber-Rock, Der wohlvertheidigte steiffe und weite, für Jene, welche dem hochlöblichen Frauenzimmer so sehr verübeln, dass es mit denen ... Fischbein-Röcken sich so gross und breit machet ... Frauenstadt [Bremen] 1715. V: *Rottmann, Frdr. Julius.* (BGE)

§ WEIBERSCHULE, Die, oder die Kunst den Mann zu quälen. Hamburg 1767. 8⁰.

Die Weiberschule, bey einer Hochzeit in Warschau, in Versen eröffnet. O. O. u. J. (c. 1750). 8⁰. 8 Bll.
Cat. Meissner III. p. 563.

— — Dasselbe. Dresden, Gerlach, 1751. 8⁰.
Beide Drucke Seltenheiten!

Weiberschule, die neue,. Lustsp. v. Moissy. 8. Gotha. Dieterich. 761.

Weiberschule, die neue; Lstspl. 8. Leipz. 762. Junius. (Brockhaus). 2 gl f. auch Moissy.

— — dasselbe. 8. Leipz. Junius. (Gleditsch.) 762.

Die vergrösserte Weiberschule, oder die Kunst, den Mann zu quälen. Durch 60 .... Frauenzimmer-Thorheiten erwiesen .... Köln. O. J. (c. 1770?). Kl. 8⁰. (In Berlin: Db 8891.)

Weiberspiegel, Der. Ein Almanach für 1801. Berlin 1801. V: *Flittner, Christian Gottfried.* (BGE VIII², 348)

Weiberspiegel, Der. Ein angenehmes Lesebuch für die elegante Welt. Berlin 1801. V: *Kind, F. A.* (BGE VIII², 348)

Weiberspiegel, der, ein angenehmes Lesebuch f. d. elegante Welt. 8. Berlin, Wilh. Oehmike. 801.

Weiber-Spiegel. gr. 8. (16 S.) München 894. Wenger's Verl. n. — 10

Weiber-Spiegel, der, od.: Gallerie interessanter, galanter u. berüchtigter Frauen u. Mädchen. (16 S. m. 10 eingedr. Bildnissen.) 8. Chemnitz (904). C. A. Hager. — 15

Weiber-Spiegel, Der, ... welcher durch emblematische Darstellung einiger bekandten Thiere, die Natur und Eigenschafften des Frauenzimmers mit lebendigen Farben praesentirt; Geschliffen von einem der Frölich Juchhey Rufft. 1717. V: *Rottmann, Friedrich Julius* (BGE III², 308)

Weiberstipendien, Die, oder die wohlfeile Miethe der Studenten. Lustspiel in fünf Aufz. Gotha 1750. V: *Ossenfelder, Hnr. Aug.* (GGr)

Weiberstipendien, die; od. d. wohlfeile Miethe der Studenten. Lustsp. 8. Gött. Dieterich. 751.

Weiberstipendien, die, oder die wohlfeile Miethe d. Studenten; Lstspl. 8. Götting. 781. Dieterich. 3 gl

Weibertreue; od. d. Mädchen sind v. Flandern. Singsp. nach Cosi fan tutte von Bretzner. Lpz. Jacobäer. 794.

Weibertreue, die neue. Eine Erzählung, deutschen Frauen u. Jungfrauen gewidmet v. d. Verf. des Wilhelm Tell. 2. Aufl. 12. (2⅔ B. u. 1 Stnt.) Reutlingen 843, Fleischhauer u. Spohn.

Weibertreue, noch seltner als, Lustsp. in 5 Aufz. 8. Wien, Rehm.

Weibertreu und Pfaffengrimm, eine vaterländische Ritterscene aus den Zeiten der Kreuzzüge. [Wien u. Leipzig] 1791. V: *Durach, Joh. Bapt.* (BGE VIII², 348) (KY 8/14a) (GGr V/518, Nr. 24/2) (A. D. Bibl. 106/315) (Journal von und für Deutschland 1792, S. 569) (Hugo Hayn, S. 341) (BiblPort) S. a. IV, 11964.

Weibertreue u. Pfaffengrimm, (v. J. B. Durach). 8. Wien 791. Hohenleitter. 9 gl

Weibertreue und Pfaffenregiment. Eine vaterländische Ritterscene. Wien u. Leipz. 1790. V: *Durach, Johann Baptist.* (MGT) (Kn)

Weibezahn, Confirmationspredigt. gr. 8. (16 S.) Osnabrück 872. Rackhorst in Comm. n. — 60

Weibezahn, August

Weibezahn, Aug., heute ist der Tag d. Heils. Wehe denen, die d. Heil in Christo verschmähen! Zwei Weihnachts-Predigten. gr. 8. (3½ B.) Osnabrück 833, (Rackhorst.)

Weibezahn, A., Confirmationsfeier, in d. Sct. Catharinen-Kirche zu Osnabrück d. 2. April 1837 geh. (Nebst e. ernsten Nachruf d. Liebe an alle in d. frühern Jahren 1831—1836 in der Sct. Catharinen-Kirche Confirmirte.) gr. 8. (2½ B.) Osnabrück 837, (Rackhorst.)

Weibezahn, A., der Segen u. d. Segensquellen d. christl. Hausstandes. Eine Pred. üb. Ev. Joh. 2. V. 1—11. Nebst e. Betracht. üb. dasselbe Evangel., worin d. tiefere Sinn dess. erörtert wird. gr. 8. (2 B.) Osnabrück 837, (Rackhorst.) Thlr. *

Weibezahn, Herm., der Abschluss der deutschen Münzreform. Kritik d. vom Bundesrathe festgestellten Entwurfes e. weiteren Reichs-Münzgesetzes. gr. 8. (19 S.) Leipzig 873. Mayer. n. — 80

—— der Goldgulden als die demnächstige deutsche Rechnungs-Münze. 1. und 2. verm. Ausg. gr. 8. (24 S.) Ebendas. 868.

Weibezahn, Herm., Leitfaden für die Ortsvorstände der Landgemeinden zur selbstständigen Führung ihrer Amtsgeschäfte. gr. 8. (VIII und 298 S.) Rinteln 857, (Bösendahl.) **

—— Mark oder Goldgulden so wie die internationale Seite der deutschen Münzreform. gr. 8. (III, 44 S.) Leipzig 871, Weber. [Moderne Antiquariatsh.] (* 75 Pf.)

—— Deutschlands Münz-Einheit mit Goldwährung. Entwurf eines deutschen Reichs-Münzgesetzes. gr. 8. (XLIV, 74 S. mit 10 Münz-Abbild. auf 3 Taf. in Holzschn. und 1 Münz-Tab.) Ebendas. 871. (*M 1,50.)

—— Thaler, Kronzehntel oder Goldgulden. gr. 8. (VII, 74 S.) [Ebendas.] 871. (*M 1.)

Weibezahn, Herm., Deutschlands Uebergang zur Goldwährung vermöge der französischen Kriegs-Entschädigung. gr. 8. (37 S.) Jena 870, F. Mauke. *
Aus: Hildebrand's Jahrbücher für Nationalökonomie und Statistik besonders abgedruckt.

—— kritische Umschau auf dem Gebiete der Vorschläge zur deutschen Münz-Reform. gr. 8. (VI, 80 S.) Leipzig 870, E. H. Mayer. *

— der Hamburger Währungswechsel. gr. 8. (16 S.) Bremen 872, Heinsius. *
Aus: Bremer Handelsblatt, besonders abgedruckt.

Weibgen, Karl, zur Morphologie der Schilddrüse des Menschen, s. a. **Abhandlungen**, Münchener medicinische.

Weibgen, Karl [app. Arzt aus Braunschweig]: Zur Morphologie der Schilddrüse des Menschen. . . . München, Verl. v. J. F. Lehmann, 1891; 2 Bl., 16 S. 8°
München, Med. Fak., Inaug.-Diss. v. 1891

Weiblein, alte. Neue Folge. Von M. J(osenhans). (99 S. m. Abb.) kl. 8. Stuttgart (908). (Buchh. der ev. Gesellschaft.) Geb. in Leinw. 1. 50

— **meine alten.** Alltagserlebnisse. Von M. J(osenhans). (3. Aufl.) (100 S. m. Abbildgn.) kl. 8. Ebd. (907). Geb. in Leinw. 1. 50

Weiblichkeiten. Ein Beitrag zur Charakteristik des neuesten Zeitalters. Kakogynäkopolis [Berlin] 1781. V: *Eckhardt, Gottlieb Wilhelm.* (BGE) (Ky) (GGr) (MGT)

Weiblichkeiten; ein Beitrag zur Charakteristik des neuesten Zeitalters, (v. Gli. W. Eckhardt). 8. Berl. 781.

WEIBSBILDER, Die, find keine Menfchen. Wird fonnenklar probirt aus der Schrift, und aus der gefunden Vernunft. Ein Grofchenftück auf das Jahr 1782. Nebft zweyen neuen Lobliedern über die Vorzüge des Pariferhuts, und der Kapüfchone. 1782. 4°. 4 S.

Weibsbilder sind keine Menschen wird sonnenklar probirt aus der Schrift und aus der gesunden Vernunft. Wien 1782. 2. Auflage Wien 1782. V: *Ambros, Wilhelm.* (Hch. Wolfg. Behrisch, Die Wiener Autoren. Pressb. 1784, S. 12) (Provinc.-Nachr. 1782, S. 149) (BiblPort)

* **WEIBSBILDER**, Die, und wirkliche Engel, bewiesen, gepfeffert u. gesalzen von einer grundgelehrten Kammerjungfer. (Typogr. Ornam. u. Zierleiste.) O. O. 1784. 8°. 8 S.
S. 6ff: Einwurfe von Seite der Mannsleute. (Sehr komisch.)
— Karl
Vorher. O. O. u. J. (Wien, c. 1780). 4°. 2 Bll. (Haydinger's Bibl. I. 2. no. 982.)

— —. Sorgfältiger, Lamentabel und Sturm bey jetziger Zeit. Flieg. Blatt. qu.-Folio mit satir. Kupfer u. Text in Versen (österr. Dialekt).
Hochst selten! — Haydinger's Bibl. III. no. 1649.

Weibull M.: Ueber die Bestimmung d. Fettes im Käse. Mitteilung aus Alnarps chemischem Laboratorium zu Åkarp. Berl. 1906. (3) S. (Särtr.). 4°.

Weichard, C., das Jenseits eine philosophisch-pract. Betrachtung über das Leben nach dem Tode. gr. 8. (VIII u. 88 S.) Alsfeld 852. (Fulda, Henkel.) n. 1/3 ₰

Weichard, Theodor Thomas, s. Weichardt

Weichardt, C., s. Weichardt, Karl

Weichardt, H

Der Erbe von Bedford. Roman. Von Ellen Lenneck [d.i. H. Weichardt]. Berlin 1875.
In: Roman-Zeitung, Deutsche. Bd 2.3.

Weichardt, J., s.: Goethe's, Joh. Wolfg. v., u. Schiller's Gedankenlyrik.

[F.] **Weichardt,** Julius: Friedrich von Hausen und der ältere deutsche Minnesang. Duisburg, gedr. bei F. H. Nieten, 1894; 24 S. 8.
Duisburg, st. RG, OP 1894 (474)

Weichardt, Karl

Weichardt, Carl, aus Oldenburg i. G.: Die Entwicklung des Naturgefühls in der mittelenglischen Dichtung vor Chaucer (einschliesslich des Gawain-Dichters). Kiel 1900: P. Peters. (96 S.) 8°
Kiel, Phil. Diss. v. [10. März] 1900.

Weichardt, Carl, Motive zu Garten-Architekturen. Eingänge, Veranden, Brunnen etc. 25 (lithogr.) Blatt, enth. 20 Projekte und etwa 100 Skizen in Randzeichnungen, nebst 3 Bogen Details in natürl. Grösse (in Imp.-Fol.). Fol. (2 S. Text.) Weimar 879, B. F. Voigt. In Mappe

Weichardt, C., le palais de Tibère et autres édifices romains de Capri. Traduit par J. A. Simon. hoch 4. (VI, 123 S. m. Abbildgn.) Leipzig (901). K. F. Koehler. Geb. in Leinw. n. 10. —

Weichardt, C., Pompeji vor d. Zerstörung. Reconstructionen d. Tempel u. ihrer Umgebg., entworfen u. ausgeführt v. W. Enth. 12 Foliotaf. nach Aquarellen in Lichtdr., ferner 150 Textillustr. in Zinko- u. Autotypie, darstell. kleinere Reconstructionen, Grundrisse, Ruinen u. Einzelfundstücke d. Tempel, sowie Kopfleisten u. Schlussvignetten. Fol. (VI, 128 S.) Leipzig 897. (K. F. Koehler, Barsort.) Geb. in Leinw. n. 50. —

— **Pompei vor der Zerstörung.** Reconstructionen der Tempel u. ihrer Umgebg. Kleine Ausg. gr. 8. (66 S. m. 40 Abbildgn.) Ebd. (899). n. 3. —; engl. u. französ. Ausg. à n. 3. —

(8) **Weichardt, C.**, Pompeji vor d. Zerstörung. 897. (KBL 30.) — Das Schloss d. Tiberius. 900. (KBL 32.) Jetzt: München, Einhorn-Verlag.

Das Schloss des Tiberius und andere Römerbauten auf Capri dargest. von C[arl] Weichardt. *Leipzig: K. F. Koehler [1900].* (VI, 63 S.) quer-4° (ou. 5206

Weichardt, Karl, die Verein. Staaten von Nord-Amerika u. deren Territorien, nebst einem Blick auf Kanada, dargestellt nach einer Anzahl der neuesten u. besten Reise- u. anderer Werke u. in einer auszüglichen Bearbeitung von J. C. Fremont's Reisen nach dem Felsengebirge, Oregon u. Nord-Californien in den J. 1842—1844. (Abgedr. aus der Weltkunde, hrsg. v. Heinzelmann.) Mit 1 Stahlst. u. 1 (lith.) Karte (in Fol.) gr. 8. (X u. 447 S.) Leipzig 848, Weichardt (jetzt: Fr. Fleischer). 1 1/2 ₰

— **das Stadthaus u. die Villa.** 1. Thl. Entwürfe, enth. Typen von Miethhäusern verschiedener Städte u. Länder, städt. Wohngebäude für einzelne u. mehrere Familien, Häuser m. Ladeneinrichtungen, sowie vorstädt. Wohngebäude. gr. 4. (7 S. m. 30 Steintaf.) Ebend. 878. 7. 50

— dasselbe. 2. Thl., enth. Entwürfe von Landhäusern, Villen, Schweizer- u. Weinbergshäusern etc. 20 (lith.) Taf. mit erläut. Texte. gr. 4. (4 S.) Ebend. 878. 5. —

Weichardt, Carl, das Stadthaus u. die Villa. Entwurfe, enth. Typen v. Miethhäusern verschiedener Städte u. Länder, städt. Wohngebäude f. einzelne u. mehrere Familien, Häuser m. Ladeneinrichtgn., sowie v. vorstädt. Wohngebäuden, Landhäusern, Villen, Schweizer- u. Weinbergshäusern. 50 (lith.) Taf. m. erläut. Texte. 2. Aufl. gr. 4. (6 S.) Weimar 884. B. F. Voigt. 6. —

— **Tiberius's villa and other Roman buildings on the i(s)le of Capri. Expounded and illustr. (Translated by Harry Brett.) gr. 4. (VI, 124 S.) Ebd. (900). Geb. in Leinw. n. 10. —**

Weichardt, Oscar [aus St. Petersburg]: Ueber Derivate des Dichlor-α-naphtochinons. . . . Freiburg i. Baden, Univ.-Buchdr. v. H. M. Poppen & Sohn, 1888; 38 S. + 1 Bl. 8°
Freiburg i. B., Phil. Fak., Inaug.-Diss. v. 1888

Neue Gesichtspunkte zur völligen Bekämpfung der Reblaus und zur Erhaltung unseres heimischen Weinbaues. Von Dr. Oscar **Weichardt.** *Erfurt: Erf. Führer im Gartenbau in Komm. [1904].* (38 S.) 8° [F.] [04.44113

Weichardt, Osc., neue Gesichtspunkte zur völligen Bekämpfung der Reblaus u. zur Erhaltung unseres heimischen Weinbaues. (38 S. m. Abbildgn.) gr. 8. Erfurt (904). (J. C. Schmidt.) n. — 80

Weichardt, Theodor Thomas

—, Conspectus praelectionum pro licentia de superstitione hominum vilioris sortis. 8 pp. Lps. 4°. 1775.

— s. v. Döveren, von den Würmern.

s. Jh. Brnhd. v. Fischer, vom hohen Alter.

s. Chr. G. Ludwig, Anwendung.

— **de pharmacopoliis rite constituendis, commentatio physica. 4. Leipz. 776.**

Weichardt, T. T., Succedaneorum coffeae inveniendorum regulas proponit. 12 pp. Lps. 4°. 1774.

Weichardt, Th. Thom., De somnambulis. Epist. ad Ch. G. *Langium,* data a societate disputatoria Zeuniana. 16 pp. Lps. 4°. 1775.

Weichard, **Thdr. Thom., libellus de superstitione hominum vilioris sortis. 8. Leipz. 775.**

Weichardt, Walt., deutsche Liebeslieder vom 12. bis zum 20. Jahrh., s. a. Taschenbibliothek, deutsche. 4. Bd.

Deutsche Liebeslieder vom zwölften bis zum zwanzigsten Jahrhundert. Ausgew. von Walter **Weichardt**, geschmückt von Hugo Gugg. München & Leipzig: Einhorn-Verl. 1909. 278 S. 8°
(Deutsche Taschenbibliothek. Bd. 4.) [11. 13035 9

Weichardt, Wolfg., über Anaphylaxie (Überempfindlichkeit) im Lichte moderner eiweisschemischer Betrachtungsweisen, s.: Abhandlungen, Würzburger, aus dem Gesamtgebiet der prakt. Medizin. XI, 1.

— Über Ermüdungsstoffe. (VIII, 66 S. m. 5 Kurven.) Lex. 8. Stuttgart 910. F. Enke. 2. —

Weichardt, Wolfg., s.: Jahresbericht üb. usw. Immunitätsforschung.

Weichardt, sterile Impfinstrumente. Vortrag, geh. auf der 12. Hauptversammlg. des preuss. Medicinalbeamten-Vereins zu Berlin am 26. u. 27. Apr. 1895. [Aus: „Allg. med. Centralzeitg."] gr. 8. (5 S. m. 8 Fig.) Berlin 895. O. Coblentz. n. 1. —

Weichardt, Wolfgang, Dr., 1. Assistent des Hygien. bakteriol. Institutes der Universität: Serologische Studien auf dem Gebiete der experimentellen Therapie. Mit 98 Kurven. Stuttgart 1905: Union (60 S.) 8°
Erlangen, Med. Fak., Hab.-Schr. v. 1905

Serologische Studien auf dem Gebiete der experimentellen Therapie von Dr. Wolfgang **Weichardt**. Mit 98 Kurven. Stuttgart: F. Enke 1906. (60 S.) 8° [06. 3091

Weichardt, Wolfgang: Aus d. Kgl. hygien. Institut zu Breslau. Die Verbreitung der Diphtherie durch leblose Objekte. Breslau 1900: Bresl. Genossenschafts-Buchdr. (29 S.) 8°
Breslau, Med. Diss. v. 28. Febr. 1900.

Weichberger, Konr., das Bremer Gastbett. Altes u. Neues, zusammengestellt. (185 S. m. Abbildgn. u. 1 Vollbild.) 8. Bremen 908. F. Leuwer. 2. 50

Weichberger, Konr., Schorlemorle, s.: Reigen, lyrischer. Nr. 9.

Weichberger, Konrad, aus Weimar: Untersuchungen zu Eichendorffs Roman Ahnung und Gegenwart. *Jena 1901: (P. Aderhold, Weida).* (44 S.) 8° [F.]
Jena, Phil. Diss. v. (24. Febr.) 1900

Weichberger, Susanne, s.: Kling-Klang.

Weichbildrecht, das sächsische, herausg. von v. Daniels, s. Buk wichbelde recht, dat.

— — herausg. von v. Daniels und v. Gruben, s. Rechtsdenkmäler des deutschen Mittelalters.

Weichbild-Recht, das sächsische od. magdeburgische. Nach der Pergament-Handschrift einst der Stadt Orlamünda, jetzt zu Gotha, vom J. 1381. Zum ersten Male hrsg., m. e. Glossar v. O. A. Walther. gr. 8. (XXII, 85 S.) Leipzig 871. Brandstetter. n. 1. 60

Weichbrodt, Fel., sittliches Faustrecht. Individuelle Betrachtgn. (58 S.) gr. 8. Berlin 907. A. Pulvermacher & Co. 1. 60

— Ich komme aus Liebe! Psycholog. Studie. (88 S.) 8. Berlin 907. C. Hause. 1. 50

— Kommst du aus Liebe, Weib? Ein Sittenbild unsrer Zeit. Umschlagzeichnung v. Otto Engelhardt. 2. Aufl. (81 S.) 8. Stuttgart 907. (Strecker & Schröder.) 1. —; geb. 1. 80

— Der Korruption e. Gasse. Moderne Kreuzzugsrede gegen alle Unsittlichkeit. 2. [Titel-]Aufl. (v. Der Korruption e. Gasse.) (109 S.) 8. Leipzig [905] (907). E. Maerter. 1. 50

Weichbrodt, Fel., Sünden des 20. Jahrh. od. Es lebe die Korruption. Eine moderne Kreuzzugrede. (100 S.) 8. Werdohl 905. Leipzig, E. Maerter. n.n. 1. 50

Weiche, Kurt, appr. Arzt a. Posen: Hornhauttrübungen durch Faltungen der Bowmanschen Membran. Greifswald 1905: H. Adler. (25 S.) 8°
Greifswald, Med. Fak., Ref. Schirmer, Diss. v. 1. Okt. 1905
[Geb. 9. März 79 Posen; Wohnort: Posen; Staatsangeh.: Preußen; Vorbildung: Friedrich-Wilh.-Gymn. Posen Reife O. 00; Studium: Greifswald 10 S.; Coll. 1. Aug. 05; Approb. 6. Juni 05.]

Weiche, T., Leitfaden für die Knoterei oder das Steppen der rohen Tuche sowie überhaupt für Beseitigung der in denselben vorkomm. Fehler. gr. 8. (16 S. mit 1 Stnt.) Grünberg 873, (Weiß's Nachf.) *

Weichel, Alfred, Tierarzt aus Müttersholz i. Els.: Das Vorkommen von Bakterien der Koli-Typhus-Gruppe (Typhaceen nach Loeffler) bei der Kälberruhr. ⟨Aus der Veterinär-Abteilung des Kaiserl. Gesundheitsamtes zu Berlin.⟩ Strassburg i. E. 1908. 35 S. 8°. [10. VII. 08.]

Bern, Vet.-med. Diss 1908/09

Weichel, Alfred. Das Vorkommen von Bakterien der Koli-Typhus-Gruppe ⟨Typhaceen nach Loeffler⟩ bei der Kälberruhr. Aus der Veterinär-Abteilung des Kaiserl. Gesundheitsamtes zu Berlin. Diss. Vet.-Med. Bern. 35 S. 8. Strassburg i. E., C. & J. Gœller, 1908.

Weichel, Emil (Neustadt i.O.)
Ueber das Ganglion crepitans Acrelii.
Giessen: Keller 1858. 32 S. u. 2 Bl. Thesen.
Diss. med. 13.8.1858. vorh. 26. 7. 11.

Weichel, Hermann [aus Darmstadt]: Zur Casuistik der Wirkung des Erysipels auf bösartige Geschwülste . . . Berlin, Buchdr. v. Gustav Schade (Otto Francke) (1889); 31 + 1 S. 8°
Berlin, Med. Fak., Inaug.-Diss. v. 25. Mai 1889.

Programm und Jahresbericht des k. k. Obergymnasiums zu Laibach. *Laibach* 1858. Druck von *Ign. v. Kleinmayr & Fedor Bamberg*. 32 S. 4°.
INHALT. Beiträge zur Erklärung des Horaz. (Carm. Lib. I. 1.) Vom Gymnasial-Lehrer *Ad. Weichelmann* (S. 3—10).

Weichelt: Uhland als Liederdichter. Vortrag. 14 S. Demmin, Progr. 1870.

Weichelt: Versuch einer Geschichte der Einführung der antiken Metra in die deutsche Poesie. 26 S. Demmin, Progr. 1861

Weichelt, August: Buntpapier-Fabrikation. Berlin 1903

Weichelt, Hans, Nietzsches Mission. Christlich od. modern, s.a. Hefte zur „Christlichen Welt". Nr. 49.

Nietzsches Mission. Christlich oder modern? Von Hans Weichelt. Tübingen & Leipzig: Mohr 1901. 36 S. 8°
(Der moderne Mensch u. d. Christentum. 2.)
(Hefte zur 'Christlichen Welt'. Nr 49.) [01. 340

Weichelt, Hans, Friedrich Nitzsche. Also sprach Zarathustra. Erklärt u. gewürdigt. (VII, 819 S.) gr. 8. Leipzig 910. [Dürr'sche Buchh.] Fel. Meiner. 5.—; geb. 6. 20

Weichelt, Hans, Religion u. Kunst. Vortrag, geh. im Chemnitzer Lehrerinnenverein. (16 S.) gr. 8. Chemnitz 904. G. Ernesti. n. — 40

— **John Ruskin u. die Freude.** gr. 8. (48 S.) Zschopau 902. F. O. König. n. — 80

Weichelt, Herm., die Else vom Sternhof. Eine Erzählg. aus Schwaben. gr. 8. (127 S.) Leipzig 901. A. Stein. 1. 50

Weichelt, Herm., hannoversche Geschichten und Sagen. 1.—5. Buch oder 1. Bd. 8. (248 S.) Celle 877,78. Norden, Soltau's Verlag. à Buch 30 Pf.

Weichelt, Herm., hannoversche Geschichten und Sagen. 6.—15. Buch. 8. (2. und 3. Bd. à IV, 240 S.) Norden 880, Soltau's Verlag. à Buch 30 Pf.
1.—5. Buch oder 1. Bd. Ebendas. 1877,78. à 30 Pf.

[F.] Hannoversche Geschichten und Sagen. Gesammelt u. hrsg. v. Dr. phil. Hermann Weichelt. Bd 1—4. *Norden: D. Soltau [1895].* 4 Bde 8.
1. (IV, 248 S.) 2. (IV, 240 S.) 3. (IV, 240 S.) 4. (VII, 239 S.) [96. 3109

Weichelt, Herm., hannoversche Geschichten u. Sagen. Gesammelt u. hrsg. 4 Bde. 2. [Titel-]Ausg. (IV, 248; IV, 240; IV, 240 u. VII, 239 S.) 8. Leipzig [895] (908). D. Lenz. à 1.—; geb. à 2.—

— s.: **National-Bibliothek, allgemeine.**

Weichelt, Hermann, Bürgermeister: Die Schadensersatzpflicht wegen Verschuldens bei Erfüllung einer Verbindlichkeit. Borna-Leipzig 1909: Noske. IV, 36 S. 8°
Leipzig, Jur. Diss. v. 16. Jan. 1909
[Geb. 30. Mai 80 Braunschweig; Wohnort: Waltershausen; Staatsangeh.: Preußen, Sachsen u. Sachsen-Koburg-Gotha; Vorbildung: Kreuzsch. Dresden Reife M. 99; Studium: Leipzig 7 S.; Rig. 30. Juli 07.] [U 09. 1730

Weichelt, Herm., illustrirtes Weihnachtsbuch für Jung und Alt. 1. Jahrg. gr. 8. (82 S. mit eingedr. Holzschn.) Leipzig 878, [Hartknoch.] Wartig's Verlag.

Weichelt, H., Wunderblumen. Volksmärchen f. Schule u. Haus. Gesammelt u. ausgewählt. Pracht-Ausg. Mit 8 Tondr.-Bildern in photolith. Manier. gr. 8. (160 S.) Prag 887. Reichenberg, Weichelt's Verl. (Berlin, E. Mecklenburg.) geb. n. 5.—

— **dasselbe,** s.a. **National-Bibliothek, deutsch-österreichische.**

Weichelt, Moritz [app. Arzt aus Schlieben (Brandenb.)]: Beitrag zur Kenntniss der cryptogenetischen Septicopyaemie und ihrer Heilung. . . . Wurzburg, A. Boegler'sche Buchdr., 1890; 47 S 8°
Würzburg, Med. Fak., Inaug.-Diss. v. 1890

Weichelt, [illegible] De diathesi haemorrhagica hereditaria. Berolini (1855) (31 S.) 8°
Berlin, Med. Diss. v. 23. März 1855

Weichelt, [illegible] Theologumena Aristotelica. Berlin (1852) (37 S.) 8°
Berlin, Phil. Diss. v. 17. Juni 1852

Weichelt, Paul, appr. Arzt: Ueber Blutungen bei malignen Ovarialtumoren. Leipzig 1910: Lehmann. 27 S. 8°
Leipzig, Med. Diss. v. 18. Mai 1910, Ref. Zweifel
[Geb. 9. Nov. 72 Pirna; Wohnort: Leipzig; Staatsangeh.: Sachsen; Vorbildung: Kgl. Gymn. Dresden-N. Reife O. 93; Studium: Greifswald 1, Leipzig 18 S.; Coll. 3. Juni 10; Approb. 23. Juli 09.] [U 10. 3080

Weichelt, Viktor

Weichelt, V., Kasualreden. In Verbindung m. evang.-luther. Geistlichen hrsg. (In 5 Bdn.) 2. u. 4. Bd. gr. 8. Leipzig, G. Wigand. à n. 3.—
2. Stehet im Glauben. Konfirmationsreden. (VII, 160 S.) 897.
4. Ich bin die Auferstehung u. das Leben. Grabreden. (VIII, 183 S.) 896.
Die Bände 1 u. 3 sind noch nicht erschienen.

Weichelt, V., Kasualreden. In Verbindg. m. evangelisch-luther. Geistlichen hrsg. I, III u. V. gr. 8. Leipzig, G. Wigand. à n. 3.—; geb. à n. 4.—
I. Lasset die Kindlein zu mir kommen. Taufreden. (VIII, 171 S.) 899.
III. Der Gott des Friedens heilige euch durch u. durch. Traureden. (VIII, 187 S.) 899.
V. Lasset euch versöhnen mit Gott. Beichtreden. (VII, 180 S.) 900.

Weichelt, Vict., e. Lection v. christlicher Bildung. Predigt üb. Eph. 5, 15—18, am 20. Sonntag nach Trinitatis in der St. Johanniskirche geh. gr. 8. (10 S.) Chemnitz 890. May. n. — 25

Weichelt, Predigt bei der Jahresversammlung des sächsischen Landesvereins des evangelischen Bundes am 18. X. 1903 zu Chemnitz. (11 S.) gr. 8. Leipzig 903. C. Braun. n.n. — 10

Weichelt, W., General-Register, s.: Jahrbuch der Chemie.

Weichelt, Walth., s.: Friede u. Freude.

— s.: Vereinsleiter, der.

— Die Waldenser, s.: Vereinsbühne.

Weichelt, Wern. Wilh., Casino Coblenz 1808—1908. Ein Gedenkbuch zur Hundertjahr-Feier. (VIII, 292 S. m. Abb. u. Taf.) Lex. 8. Coblenz 908. (W. Groos.) 5. —

WEICHENBERG, Franz. Eine Lektüre für Wollüstlinge. Breslau, Hirschberg, Lissa in Südpreussen, b. Joh. Fr. Korn, dem ältern .... 1796. 8⁰. Höchst selten! (12 Mk. Lesser; 10 Mk. Koebner, vor 1885.)
TKpf., Tit. m. Vign. VIII u. 326 SS. — Vorr. dat. 1794.

Weicher's Architekturbücher Nr. 1. 16. Berlin 909. Heimat- u. Welt, Verlag W. Weicher. — 80
1. Meisterwerke d. spanischen Baukunst. 60 Aufnahmen v. J. Lacoste. Mit kurzen Beschreibgn. der Bauwerke v. S. H. Capper. (94 S.)

Weicher's Kunstbücher. Nr. 1—3. 16. Leipzig, W. Weicher. à n. — 80; Liebhaberausg., geb. in Leder à 2. —
1. Rubens, Meisterbilder. Eine Auswahl von 60 Reproductionen nach F. Hanfstaengls Orig.-Aufnahmen. (72 S.) 905.
2. Dyck, van, Meisterbilder. Eine Auswahl von 60 Reproductionen nach F. Hanfstaengls Orig.-Aufnahmen. (71 S.) 905.
3. Rembrandt, Meisterbilder. Eine Auswahl von 60 Reproductionen nach F. Hanfstaengls Orig.-Aufnahmen. (70 S.) 906.

— Kunstbücher. Nr. 4—38. 16. Ebd. à — 80; Liebhaberausg., geb. in Ldr. à 2. —
Angelico, Fra, Meisterbilder. (1387—1455.) Eine Auswahl v. 60 Reproduktionen nach Orig.-Aufnahmen. (65 S.) Leipzig 908. (Nr. 21.)
Botticelli, Meisterbilder. Eine Auswahl v. 60 Reproduktionen nach Orig.-Aufnahmen. (68 S.) Leipzig 908. (Nr. 20.)
Bronzino, Meisterbilder. Eine Auswahl v. 60 Reproduktionen nach Orig.-Aufnahmen. (65 S.) Leipzig 908. (Nr. 18.)
Carpaccio u. Giorgione, Meisterbilder, v. C. (tätig 1478—1522) u. G. (1478—1510). Eine Auswahl v. 60 Reproduktionen nach Orig.-Aufnahmen. (68 S.) 909. (Nr. 32.)
Correggio, Meisterbilder. Eine Auswahl v. 60 Reproduktionen nach Orig.-Aufnahmen. (66 S.) Leipzig 908. (Nr. 17.)
Dou, Gerard, Meisterbilder (1613—1675). Eine Auswahl v. 60 Reproduktionen nach Orig.-Aufnahmen. (64 S.) 910. (Nr. 38.)
Dürer, Meisterbilder. (1471—1528.) 60 Reproduktionen nach Orig.-Aufnahmen, die des Künstlers Werk am besten charakterisieren. (65 S.) 909. (Nr. 27.)
Gainsborough, Meisterbilder. (1727—1788.) Eine Auswahl v. 60 Reproduktionen nach Orig.-Aufnahmen. (66 S.) 909. (Nr. 28.)
Giotto, Meisterbilder. (1276—1336.) 60 Reproduktionen nach Orig.-Aufnahmen, die des Künstlers Werk am besten charakterisieren. (65 S.) 909. (Nr. 34.)
Goya, Meisterbilder. (1746—1828.) Eine Auswahl v. 60 Reproduktionen nach Photographien der Orig.-Aufnahmen, die am besten des Künstlers Lebenswerk charakterisieren. (66 S.) 909. (Nr. 26.)
Greuze, Meisterbilder. (1725—1805.) 60 Reproduktionen nach Orig.-Aufnahmen, die am besten des Meisters Werk charakterisieren. (66 S.) (909.) (Nr. 31.)
Hals der Ältere, Frans, Meisterbilder. Eine Auswahl v. 60 Reproduktionen nach Franz Hanfstaengls Orig.-Aufnahmen. (66 S.) 907. (Nr. 9.)
Hogarth, Meisterbilder. (1697—1764.) Eine Auswahl v. 60 Reproduktionen nach Orig.-Aufnahmen. (65 S.) 910. (Nr. 33.)
Holbein der Jüngere, Meisterbilder. Eine Auswahl v. 60 Reproduktionen u. Hanfstaenglschen Orig.-Aufnahmen. (64 S.) 907. (Nr. 13.)
Lotto, Meisterbilder. (1480—1556.) Eine Auswahl v. 60 Reproduktionen nach Photographien der Orig.-Aufnahmen, die am besten des Künstlers Lebenswerk charakterisieren. (66 S.) 909. (Nr. 29.)
Luini, Meisterbilder. (c. 1475—1532[?].) Eine Auswahl v. 60 Reproduktionen nach Photographien der Orig.-Aufnahmen, die am besten des Künstlers Lebenswerk charakterisieren. (66 S.) 909. (Nr. 30.)
Meisterbilder, die, der altniederländischen Maler. Eine Auswahl v. 60 Reproduktionen nach Hanfstaenglschen Orig.-Aufnahmen. (71 S.) 907. (Nr. 7.)
Michelangelo, Meisterbilder. (1475—1564.) Eine Auswahl v. 60 Reproduktionen nach Orig.-Aufnahmen. (65 S.) 909. (Nr. 25.)
Moretto da Brescia, Meisterbilder. (ca. 1498 bis ca. 1554.) 60 Reproduktionen v. Orig.-Aufnahmen, die des Künstlers Werke trefflich charakterisieren. (65 S.) 910. (Nr. 35.)
Murillo, Meisterbilder. Eine Auswahl v. 60 Reproductionen nach Franz Hanfstaengls Orig.-Aufnahmen. (66 S.) 906. (Nr. 10.)
Orcagna, Andrea (1308[?]—1368), Lorenzo Monaco (c. 1370—1425) u. Masolino (1384 bis nach 1534), Meisterbilder. Eine Auswahl v. 60 Reproduktionen nach Photographien der Orig.-Aufnahmen, die am besten der Künstler Lebenswerk charakterisieren. (64 S.) 910. (Nr. 37.)
Perugino, Meisterbilder. (1446—1524.) Eine Auswahl v. 60 Reproduktionen nach Orig.-Aufnahmen. (66 S.) 909. (Nr. 24.)
Poussin, Meisterbilder. (1594—1665.) Eine Auswahl v. 60 Reproduktionen nach Orig.-Aufnahmen. (66 S.) 909. (Nr. 23.)
Raeburn, Meisterbilder. Eine Auswahl v. 60 Reproduktionen nach T. & R. Annan & Sons' Orig.-Aufnahmen. (61 S.) 908. (Nr. 15.)
Raffael, Meisterbilder. Eine Auswahl v. 60 Reproduktionen nach Franz Hanfstaengls Orig.-Aufnahmen. (67 S.) 906. (Nr. 4.)
Reynolds, Meisterbilder. Eine Auswahl v. 60 Reproduktionen nach Franz Hanfstaengls Orig.-Aufnahmen. (67 S.) 906. (Nr. 5.)
Romney, Meisterbilder. (1734—1802.) Eine Auswahl v. 60 Reproduktionen nach Orig.-Aufnahmen. (64 S.) 910. (Nr. 36.)
Sarto, Andrea del, Meisterbilder. Eine Auswahl v. 60 Reproduktionen nach Orig.-Aufnahmen. (68 S.) 908. (Nr. 16.)
Teniers der Jüngere, Meisterbilder. Eine Auswahl v. 60 Reproduktionen nach Franz Hanfstaengls Orig.-Aufnahmen. (67 S.) 907. (Nr. 6.)
Tintoretto, Meisterbilder. (1518—1594.) Eine Auswahl v. 60 Reproduktionen nach Orig.-Aufnahmen. (66 S.) Leipzig 908. (Nr. 22.)
Tizian, Meisterbilder. Eine Auswahl v. 60 Reproduktionen, grösstenteils nach Hanfstasnglschen Orig.-Aufnahmen. (67 S.) 907. (Nr. 8.)
Velazquez, Meisterbilder. Eine Auswahl v. 60 Reproduktionen grösstenteils nach Hanfstaenglschen Orig.-Aufnahmen. (67 S.) 907. (Nr. 12.)
Veronese, Meisterbilder. Eine Auswahl v. 60 Reproduktionen nach Orig.-Aufnahmen. (67 S.) 908. (Nr. 14.)
Watteau, Meisterbilder. Eine Auswahl v. 60 Reproduktionen nach Orig.-Aufnahmen. (66 S.) Leipzig 908. (Nr. 19.)
Wouwerman, Meisterbilder. Eine Auswahl v. 60 Reproduktionen nach Franz Hanfstaengls Orig.-Aufnahmen. (66 S.) 907. (Nr. 11.)

Weicher's deutsche Literaturgeschichte. Für höhere Schulen u. zum privaten Studium. I. Tl.: Bis zum Ausgange der klass. Periode. Bearb. v. E. Gutjahr, H. Draheim, O. Küntzel u. Rob. Riemann. (VIII, 228 S. m. 10 Vollbildern.) gr. 8. Leipzig 907. Dieterich. Geb. n. 2. 40

— dasselbe. II. Tl.: Das 19. Jahrh. Zunächst f. Oberprimaner u. Studierende dargestellt v. Rob. Riemann. (VIII, 99 S.) gr. 8. Ebd. 907. Geb. 1.20 (I u. II in 1 Bd. geb. 3.50)

Weicher's deutsche Literaturgeschichte. Für höhere Schulen u. zum privaten Studium. Von E. Gutjahr, H. Draheim, O. Küntzel u. Rob. Riemann. 2. Aufl. (VIII, 261 S. m. 12 Vollbildern.) gr. 8. Leipzig 909. Dieterich. Geb. 2. 40

— Naturbilder. Aufnahmen aus dem Reiche der Natur. (192 S. m. Abb.) 32×26 cm. Berlin (908. 09). Heimat u. Welt-Verlag, W. Weicher. In Leinw.-Mappe: 12. —; auch in 12 Lfgn. à — 80
Brentano, Fritz, lustige Geschichten. Humoresken. (96 S. m. 3 Vollbildern.) (910.) (Bd. 260.)
— Die Rache des Waldes. Novelle. (92 S. m. 3 Vollbildern.) (908.) (Bd. 223.)
Carlos-Duchow, H., die Rivalen. Roman. (90 S. m. 3 Vollbildern.) (908.) (Bd. 230.)
Courths-Mahler, H., untreu. Roman. (96 S. m. 3 Vollbildern.) (907.) (Bd. 204.)
Degen, Alex. v., unsere Mutwilligen. Militär-Humoresken. (96 S.) (908.) (Bd. 212.)
Felben, Karl, gelöste Ketten. Roman. (93 S.) (908.) (Bd. 213.)
— Schicksale e. Mädchenliebe. Roman. (96 S. m. 3 Vollbildern.) (908.) (Bd. 224.)
— Die beiden schönen Schwestern. Roman. (92 S. m. 3 Vollbildern.) (909.) (Bd. 250.)

Gerstäcker, Frdr., Irrfahrten. Humoristische Erzählg. (96 S.) (909.) (Bd. 235.)
— Verhängnisse. Roman. (96 S.) (909.) (Bd. 240.)
Gorki, Maxim., ein Verbrechen u. andere Erzählungen. Ins Deutsche übers. v. Theo. Kroczek. (96 S. m. 3 Vollbildern.) (907.) (Bd. 201.)
Görlitz, Carl, der Klub der Don Juans. Novelle. (104 S.) (908.) (Bd. 221.)
Grieben, F., im Forsthause zu Düsterhort. Roman. Mit 3 Vollbildern. (96 S.) (909.) (Bd. 249.)
Grohmann, Mathilde, Herzenskämpfe. Novelle. (95 S. m. 3 Vollbildern.) (907.) (Bd. 209.)
Hackländer, F. W., der Blaubart u. Anderes. Humoristische Erzählgn. (92 S.) (909.) (Bd. 231.)
— Humoristische Erzählungen. (94 S.) (909.) (Bd. 232.)
— Soldatenleben im Frieden. 2 Bde. (96 u. 95 S.) (909.) (Bd. 236. 237.)
Herzog, L. (M. Eickhausen), er u. ich. Roman. (96 S. m. 3 Vollbildern.) (907.) (Bd. 202.)
— Das Rechte. Novelle. (93 S.) (910.) (Bd. 252.)
— Elsa Nottmann. Roman. (92 S.) (909.) (Bd. 238.)
— Verirrt. Roman. (96 S. m. 3 Vollbildern.) (908.) (Bd. 227.)
Klinkowstroem, A. v., sonderbare Leute. Erzählung. (95 S. m. 3 Vollbildern.) (907.) (Bd. 207.)
Lange, Hedw., Schein u. Sein. Roman. (91 S. m. 3 Vollbildern.) (910.) (Bd. 259.)
Liliencron, A. v., erwacht. Roman. (96 S.) (908.) (Bd. 222.)
— Das Hoffräulein der Kurfürstin. Roman. (96 S.) (908.) (Bd. 215.)
— Schönheitsdurstig. Roman. Mit 3 Vollbildern. (94 S.) (909.) (Bd. 247.)
— Tausendgüldenkraut. Roman. (96 S. m. 3 Vollbildern.) (907.) (Bd. 205.)
— Durch dunkle Tiefen. Roman. (96 S. m. 3 Vollbildern. (909.) (Bd. 243.)
Mancke, Maria, das 2. Gesicht. Erzählungen. (96 S.) (910.) (Bd. 255.)
Marr, E., Prinzeß. Dem Holl. nacherzählt. (95 S. m. 3 Vollbildern.) (909.) (Bd. 212.)
Moser, Ernst, ein Ehetyrann. Roman. (96 S. m. 3 Vollbildern.) (907.) (Bd. 208.)
— Sehnsucht. Roman. (94 S.) (908.) (Bd. 219.)
Mosztau, Jul., wer hätte das gedacht! Eine lust. Geschichte. (95 S. m. 2 Vollbildern.) (908.) (Bd. 225.)
Muusmann, Carl, 13 Trümpfe. Artisten-Erzählung. Berechtigte Uebersetzg. aus dem Dän. v. Bernh. Mann. (96 S.) (908. (Bd. 217.)
Nast, Clara, Frau Strabs auf Sturmen. Roman aus Preuß. Litauen. (96 S.) (910.) (Bd. 253.)
— Gräfin Wasuchow. Eine Erzählg. aus Rußland. (95 S. m. 3 Vollbildern.) (909.) (Bd. 245.)
— Käthchen Heydemann. Erzählung aus Preußisch-Litauen. (96 S.) (908.) (Bd. 220.)
— Madame Narcisse. Roman aus Russisch-Polen. 2 Bde. (96 u. 96 S. m. 3 Vollbildern.) (910.) (Bd. 257. 258.)
— Die Vagabundin. Roman aus Preußisch-Litauen. (96 S. m. 3 Vollbildern.) (909.) (Bd. 241.)
— Windkindchen. Roman aus Russisch-Polen. Mit 3 Vollbildern. (96 S.) (908.) (Bd. 228.)
Navarete, A., gesühnt. Roman. Autoris. Uebersetzg. v. Arth. Mochl. (92 S. m. 3 Vollbildern.) (910.) (Bd. 250.)
Ortmann, Rhold., auf der Brautschau. Roman nach Ch. Sealsfield, frei bearb. (93 S. m. 3 Vollbild.) (907.) (Bd. 206.)
— Die Heirat des Herrn Fabricius. Roman. (96 S.) (910.) (Bd. 251.)
— Im Kampf ums Dasein. Novelle. (96 S. m. 3 Vollbildern.) (907.) (Bd. 211.)
Orzeszko, Elise, der Verehrer der Macht. Roman. Deutsch v. Theo Kroczek. (96 S. m. 3 Vollbildern.) (907.) (Bd. 203.)
Rustige, Carl, im Sturme der Zeit. Roman. (95 S. m. 3 Vollbildern.) (910.) (Bd. 261.)
Schmidt-Cartlow, M., und alles aus Liebe. Roman. (96 S.) (908.) (Bd. 216.)
Schuch, Magda, dies u. das. Erzählungen. (96 S.) (909.) (Bd. 234.)
Seyffert-Klinger, A., Vergeltung. Orig.-Roman. (94 S.) (910.) (Bd. 254.)
Stark, Adf., ein Frauenschicksal. Roman aus unsern Tagen. (95 S.) (908.) (Bd. 218.)
Trystedt, A. v., der Familienschmuck. Kriminal-Novelle. (96 S.) (909.) (Bd. 233.)
Weber-Mainka, J., Klein-Evchen. Roman. (90 S. m. 3 Vollbildern.) (909.) (Bd. 244.)
Zapp, Arth., Graf Almasy. Eine ungar. Geschichte. (96 S. m. 3 Vollbildern.) (909.) (Bd. 248.)
Zschokke, Heinr., Tantchen Rosmarin. Das blaue Wunder. Zwei humorist. Erzählgn. (96 S.) (909.) (Bd. 239.)

Weicherding, Jean: Johann L i n d e n , Dechant in Wiltz, gestorben den 13. August 1872. Beitrag zu einer Lebensskizze. Luxemburg: Brück 1872. 44 S. 8°

Weicherding, J., der St. Pirminsberg, seine Kapelle, Quelle, Einsidelei u. der heil. Pirmin, ein Glaubensbote der Wiltzer Ardennen, e. Gründer, Instaurator u. Reformator verschiedener Klöster im südwestl. Deutschland. Quellenmäßiger Beitrag zur Kirchengeschichte. 8. (IV, 171 S.) Luxemburg 875. Brück. n. 1. 20

—— der heilige Theobald von Provins, der Patron der Handwerker, der Einsiedler von Chiny, von Vettingen [bei Mersch] und von Salanigo in Oberitalien. Quellenmäßiger Beitrag zur luxemburger Legendar-Biographie. gr. 8. (160 S.) Luxemburg 879, Brück.

Weichert's Illustrirter Familienschatz. I. Band. Inhalt: Carl Hartmann-Plön, Haß und Liebe sind eines. Nordfriesischer Criminal-Roman. Mit 3 Vollbildern. 8. (100 S.) —.15
Wien: Derflinger & Fischer 1897.

II. Band. Inhalt: Ludwig Klaus, Der Schatten im Glück. Hochgebirgs-Roman. Mit 3 Vollbildern. 8. (100 S.) —.15
Ebd. 1897.

III. Band. Inhalt: Marco Brociner, In ewiger Nacht. Die Doppel-Verlobung. Zwei Geschichten aus Rumänien. Mit 3 Vollbildern. 8. (94 S.) —.15
Ebd. 1897.

IV. Band. Inhalt: W. Egbert, Der Wolf von Tiefenwald. Roman. Mit 3 Vollbildern. 8. (96 S.) —.15
Ebd. 1897.

V. Band. Inhalt: Georg Höcker, Der neue Koch. Humoristische Erzählung. Mit 3 Vollbildern. 8. (96 S.) —.15
Ebd. 1897.

VI. Band. Inhalt: M. Flachs, Ketten. Roman. Mit 3 Vollbildern. 8. (96 S.) —.15
Ebd. 1897.

VII. Band. Inhalt: Victor Blüthgen, Zigeunerweisen. Der Onkel aus Amerika. Zwei Erzählungen. Mit 3 Vollbildern. 8. (96 S.) —.15
Ebd. 1897.

VIII. Band. Inhalt: Gerhard von Amyntor, Der Armen Doctor und andere Novellen. Mit 3 Vollbildern. 8. (95 S.) —.15
Ebd. 1897.

IX. Band. Inhalt: H. d'Altona, Irrwege des Rechts. Criminal-Roman. Mit 3 Vollbildern. 8. (103 S.) —.15
Ebd. 1897.

X. Band. Inhalt: Marie Fredeking, Der Sträfling. Mit 3 Vollbildern. 8. (91 S.) —.15
Ebd. 1897.

Weichert's Illustrirter Familienschatz. XI. Band. Inhalt: L. Herzog, Die Ehe der Tragödin. Roman. 8. (104 S.) —.15
Ebd. 1897.

XII. Band. Inhalt: Erich Rogn, Wider das eigene Herz. Roman. 8. (95 S.) —.15
Ebd. 1897.

XIII. Band. Inhalt: M. Grabi-Harald, Wir sind Menschen. Roman. 8. (96 S.) —.15
Ebd. 1897.

XIV. Band. Inhalt: W. Egbert, Gestern und heute. Zwei Novellen. 8. (95 S.) —.15
Ebd. 1897.

XV. Band. Inhalt: Marie Flachs, Auf der Schattenseite. Roman. 8. (95 S.) —.15
Ebd. 1897.

XVI. Band. Inhalt: Oscar Georg Berger, Schicksalsdrang. Roman. 8. (96 S.) —.15
Ebd. 1897.

XVII. Band. Inhalt: Theodor Eicke, Die Telegraphistin. Zwei Novellen. 8. (96 S.) —.15
Ebd. 1897.

XVIII. Band. Inhalt: Renate Fischer, Novellenkranz. Zwölf Erzählungen. 8. (96 S.) —.15
Ebd. 1897.

XIX. Band. Inhalt: Josi Petr, Am Kreuzweg. Dorfroman aus dem Böhmischen. 8. (103 S.) —.15
Ebd. 1897.

XX. Band. Inhalt: Gustav Höcker, Galeere und Circus. Erzählung, frei nach dem Amerikanischen. 8. (94 S.) —.15
Ebd. 1897.

Weichert's Illustrirter Familienschatz. XXI. Band. Inhalt: Marie Fredeking, Zwischen zwei Feuern. Zwei Novellen. XXII. Band. Inhalt: C. Kattner, Mußte es sein? Novelle. 8. (95 S.) —.15
Ebd. 1897.

Weichert's Illustrirter Familienschatz. 23. Band. Inhalt: Carl Hallberger, Drum prüfe, wer sich ewig bindet. Roman. 8. (95 S.) —.15
Ebd. 1897.

24. Band. Inhalt: M. Brand, Ein Dämon. Roman. 8. (96 S.) —.15
Ebd. 1897.

25. Band. Inhalt: Alfred Friedmann, Stille Nacht, heilige Nacht und andere Novellen. 8. (94 S.) —.15
Ebd. 1897.

Weichert's Illustrirter Familienschatz. 26. Band. Inhalt: J. Bettelheim, Im Banne der Leidenschaft. Roman aus der Großstadt. Mit drei Vollbildern. 8. (95 S.) —.15

27. Band. Inhalt: M. Flachs, Mutterseelen allein. Roman. 8. (95 S.) —.15
Ebd. 1897.

Weichert's Illustrirter Familienschatz. 28. Band. Inhalt: Das Soldatenweib und andere Humoresken. Mit drei Vollbildern. 8. (96 S.) —.15
Wien: Derflinger & Fischer 1897.

Weichert's Illustrirter Familienschatz. Band 41. Inhalt: E. Fr. Werther, Der Gaukler. Vesta. Zwei römische Geschichten. 8. (96 S.) —.15
Ebd. 1898.

Weichert's Illustrirter Familienschatz. Band 44. Inhalt: Bernhard Grabow, Isa. Sociales Lebensbild. Mit 3 Vollbildern. 8. (92 S.) —.15
Ebd. 1898.

Weichert's Criminal-Bibliothek. 1.—21. Bd. 8. Berlin, A. Weichert. à 1. —

Anders, R. J., Entlarvt. Kriminal-Novelle. (96 S.) 906.) (Bd. 16.)
— 120000 Mk. Depot! Roman nach den hinterlassenen Papieren e. Kriminal-Kommissars. (104 S.) (905.) (Bd. 11.)
Brenckendorf, Loth., um fünf Minuten. Kriminal-Novelle. (96 S.) (905.) (Bd. 2.)
Brentano, Fritz, Exzellenz Polizeimeister. Kriminal-Novelle. (94 S.) (906.) (Bd. 17.)
Carlos-Buchow, H., die Brandstifterin. Orig.-Kriminal-Roman. (96 S.) (906.) (Bd. 18.)
— der Kirchenräuber. Orig.-Kriminal-Roman. (95 S.) (906.) (Bd. 21.)
Cassirer, J., der Mord im Pfarrhause. Kriminal-Roman, aus dem Engl. übers. (96 S.) (905.) (Bd. 13.)
Hellmuth, Wolfg., der Staatsanwalt. Kriminal-Novelle. (104 S.) (905.) (Bd. 9.)
Herrmann, Ferd., ein Brillantenhalsband. Kriminal-Novelle. (104 S.) (905.) (Bd. 6.)
Hose, Max Wilh., der Schlüssel im Schloß. Kriminal-Roman. (95 S.) (906.) (Bd. 20.)
Onslow, Walt., ein weiblicher Geheimpolizist. Kriminal-Roman. (104 S.) (905.) (Bd. 4.)
Ortmann, Rhold., wider das Recht. Kriminal-Novelle. (104 S.) (905.) (Bd. 10.)
— die Schätze des alten Hauses. Kriminal-Erzählg. (95 S.) (905.) (Bd. 7.)
— stumme Verräter. Kriminal-Novelle. (100 S.) (905.) (Bd. 12.)
— zu fein gesponnen. Kriminal-Erzählg. (96 S.) (905.) (Bd. 1.)
Prigge-Brook, Marie, ihre Schuld. Kriminal-Novelle. (103 S.) (905.) (Bd. 3.)
Melchner, C., durch e. Blick. Kriminal-Novelle. (96 S.) (906.) (Bd. 19.)
Speight, T. W., eine verfehlte Spekulation. Kriminal-Erzählg. Aus dem Engl. übers. v. J. Cassirer. (94 S.) (906.) (Bd. 15.)
Thieme, Frdr., u. Rud. Hirschberg-Jura, unter falschem Verdacht. 2 Kriminal-Erzählgn. (104 S.) (905.) (Bd. 8.)
Wolfhardt, Helmuth, Mächte der Finsternis. Kriminal-Roman. (103 S.) (905.) (Bd. 5.)
Zapp, Arth., Verurteilt. Kriminal-Novelle. (96 S.) (905.) (Bd. 14.)

Weichert's Wochen-Bibliothek. Eine Auswahl d. besten Romane u. Erzählgn. aus d. deutschen u. ausländ. Litteratur. 1.—53. Bd. 8. (M. je 3 Bild.) Berlin, A. Weichert. à n. —20

Inhaltsübersicht in alphabetischer Ordnung:

d'Altona, H., Irrwege d. Rechts, Kriminal-Roman. (103 S.) 897. (9. Bd.)
Amyntor, Gerh. v., d. Armen-Doktor u. and. Novellen. (D. Armen-Doktor. Der gerettete Gilka. Ein Liebesabenteuer.) (95 S.) 897. (8. Bd.)
Anders, R. J., Slomann & Sohn. Kriminalroman. (96 S.) 898. (37. Bd.)
Berger, Osc. Geo., Schicksalsdrang. Kriminal-Roman. (96 S.) 897. (16. Bd.)
Bettelheim, J., im Banne d. Leidenschaft. Roman aus d. Großstadt. (95 S.) 897. (26. Bd.)
Bliß, Paul, Aphrodite, s.: Friedmann, Alfr.
Blüthgen, Vict., Zigeunerweisen. Der Onkel aus Amerika. 2 Erzählgn. (96 S.) 897. (7. Bd.)
Brand, M., ein Dämon. Roman. (96 S.) 897. (24. Bd.)
Brentano, Fritz, d. Geheimnis d. Forsthauses. Roman. (88 S.) 898. (40. Bd.)
Brociner, Marco, in ewiger Nacht. Die Doppel-Verlobung. 2 Geschichten aus Rumänien. (94 S.) 897. (3. Bd.)
Brun-Barnow, J. v., Malwe. Roman. (95 S.) 898. (43. Bd.)
Egbert, W., gestern u. heute. 2 Novellen. (1. Familie Just. 2. Des Rechtes Sieg.) (95 S.) 897. (14. Bd.)
— der Wolf v. Tiefenwald. Roman. (96 S.) 897. (4. Bd.)
Eicke, Thdr., Neugeboren. Die Telegraphistin. 2 Novellen. (96 S.) 897. (17. Bd.)
Fischer-Sallstein, Conr., der verlorene Sohn. Roman. (96 S.) 898. (36. Bd.)
Fischer, Renate, Novelletten-Kranz. 12 Erzählgn. (96 S.) 897. (18. Bd.)
Flachs, Marie, in d. Fremde. Erzählg. (96 S.) 898. (60. Bd.)
— Ketten. Roman. (96 S.) 897. (6. Bd.)
— Mutterseelenallein. Roman. (95 S.) 897. (27. Bd.)
— auf d. Schattenseite. Roman. (95 S.) 897. (15. Bd.)
Fredeking, Marie, zwischen zwei Feuern. 2 Novellen. (96 S.) 897. (21. Bd.)
— der Sträfling. Roman. (91 S.) 897. (10. Bd.)
Friedmann, Alfr., d. Erste nicht! Novelle. — Bliß, Paul, Aphrodite. Humoreske. (93 S.) 897. (32. Bd.)
— stille Nacht, heilige Nacht u. and. Novellen. (94 S.) 897. (25. Bd.)
Grabl-Harald, M., wir sind Menschen. Roman nach e. engl. Original. (96 S.) 897. (13. Bd.)

Grabow, Bernh., Isa. Soziales Lebensbild. (92 S.) 898. (44. Bd.)
Hallberger, K., d'rum prüfe, wer sich ewig bindet! Bühnen-Roman. (95 S.) 897. (23. Bd.)
Hartmann-Plön, Carl, Haß u. Liebe sind eines. Nordfries. Kriminal-Roman. (100 S.) 897. (1. Bd.)
Heil, Vict., d. Rache des Toten. Roman. Deutsch v. M. Lehne. (96 S.) 898. (42. Bd.)
Herzog, L., die Ehe der Tragödin. Roman. (104 S.) 897. (11. Bd.)
— die Libelle. Novelle. (100 S.) 898. (48. Bd.)
— durch dunklen Schatten. Novelle. (96 S.) 898. (52. Bd.)
— d. Theaterprinzessin. Novelle. (94 S.) 898. (49. Bd.)
Hirschfeld, Max, Humoresken u. Burlesken. (90 S.) 898. (38. Bd.)
Höcker, Geo., d. neue Koch. Humorist. Erzählg. (96 S.) 897. (5. Bd.)
— kreuzigt ihn! Kriminalroman aus uns. Tagen. (96 S.) 898. (45. Bd.)
— der Tannhäuser. Roman. (96 S.) 898. (50. Bd.)
Höcker, Gust., Galeere u. Circus. Erzählung frei nach dem Amerikan. (94 S.) 897. (20. Bd.)
— Schmuggler u. Rothäute. Roman. (95 S.) 898. (33. Bd.)
Kattner, E., mußte es sein? Roman. (95 S.) 897. (22. Bd.)
— ungelöste Rätsel. Zwei Novellen. (1. Geopfert. 2. Der Zaubertrank.) (96 S.) 898. (35. Bd.)
— in d. Tod gejagt! Vor d. Selbstmord. 2 ernste Erzählgn. (96 S.) 898. (34. Bd.)
Klaus, Ludw., der Schatten im Glück. Hochgebirgs-Roman. (100 S.) 897. (2. Bd.)
Klopfer, Carl Ed., das Soldatenweib u. and. Humoresken. (96 S.) 897. (28. Bd.)
Kronberg, Ernst, Kindesdank. Roman. (95 S.) 897. (31. Bd.)
Liebrecht, A., vor Sonnenuntergang. Novelle. (93 S.) 898. (53. Bd.)
Lilla, Fel., die Tochter des Henkers u. and. Erzählgn. (95 S.) 897. (30. Bd.)
Matthias, E., Komödiantenliebe. Humorist. Erzählg. (96 S.) 898. (47. Bd.)
Petr, Josi, am Kreuzweg. Dorfroman aus d. Böhm. (103 S.) 897. (19. Bd.)
Revel, Hugo Alphonse, d. eigentüml. Prinzeß. Robby. Zwei Novellen. (95 S.) 898. (40. Bd.)
Rogge, Erich, wider d. eigene Herz. Novelle. (95 S.) 897. (12. Bd.)
Schacht, A., geächtet. Erzählg. aus d. Engl. (94 S.) 897. (29. Bd.)
Unger, Curt, des Vaters Opfer u. and. Erzählgn. (96 S.) 898. (51. Bd.)
Werther, E. Fr., der Gaukler. Vesta. 2 röm. Geschichten. (96 S.) 898. (41. Bd.)

Weichert's Wochen-Bibliothek. Eine Auswahl der besten Romane u. Erzählungen aus der deutschen u. ausländ. Litteratur. 54—189. Bd. 8. (Mit je 3 Vollbildern.) Berlin, A. Weichert. à — 20

Inhaltsübersicht in alphabetischer Ordnung:

Alison, getreu bis in den Tod. Roman. (93 S.) 899. (Bd. 61.)
— das Testament. Roman. (Autoris. Übersetzg. v. Luise Koch.) (94 S.) 899. (Bd. 63.)
d'Altona, H., verzweifelte Mittel. Kriminalroman. (94 S.) (902.) (Bd. 134.)
Anders, N. J., Fuldas Lieblinge. Humoristische Erzählung aus der Coulissenwelt. (96 S.) (902.) (Bd. 137.)
— sein Mandat. Rücksichten. Humoristische Novellen. (96 S.) (900.) (Bd. 80.)
— späte Reue. — Sein eigen Blut. Orig.-Novellen. (96 S.) (900.) (Bd. 83.)
— unter Wogen gebettet. — Haidekraut. Novellen. (96 S.) (900.) (Bd. 85.)
Aubert, Elise, Margit. Roman. Autoris. Uebersetzg. aus dem Norweg. von Frdr. v. Känel. (96 S.) (901.) (Bd. 118.)
Beckett, Arth. W. à, Herausgebohrt! Kriminal-Erzählung. Deutsch v. J. Cassirer. (96 S.) (902.) (Bd. 127.)
Behne, M., u. M. Grabi, das Spiel verloren. Roman aus dem Engl. (96 S.) 899. (Bd. 72.)
Belot, A., ein guter Tropfen. — Die unzerbrechl. Puppe, s.: Heichen, Paul.
Berger, William, der Ring des Prinzen (u. Anderes). Erzählungen. (94 S.) (900.) (Bd. 92.)
Bliß, Paul, das böse Blut, s.: Stutzer, A.
Brame, C. M., eine Heldin der Liebe. Roman. (96 S.) 899. (Bd. 64.)
— die Namenlose. Roman. (94 S.) 899. (Bd. 60.)
Braune, Rud., seine Muse. Humoristischer Roman. (96 S.) (902.) (Bd. 121.)
Brentano-Bauck, Anna, die Blinde v. Rotenburg. Roman. (96 S.) 899. (Bd. 78.)
— ein Sonntagskind. Roman. (96 S.) 899. (Bd. 77.)
— das Vermächtnis des Freundes. Roman. (96 S.) (900.) (Bd. 88.)
Brenzlow, Lionel, der Geigenkönig. (Umschlag: Geigerkönig.) Roman. (95 S.) (900.) (Bd. 87.)
Burnett, Frances Hodgson, die hübsche Polly Pemberton. Eine Herzensgeschichte. Deutsch v. Walt. Heichen. (96 S.) (901.) (Bd. 106.)
Butler, Mary, ein goldener Traum. Roman. (96 S.) 899. (Bd. 56.)
Caccianiga, Antonio, Villa Ortensia. Roman. Einzige vom Verf. autoris. Uebersetzg. v. Catharina Brenning. (100 S.) (901.) (Bd. 116.)
Dahl, Konr., die Hoffnung. Erzählung aus dem hohen Norden. Autoris. Uebersetzg. v. Bernh. Mann. (95 S.) (900.) (Bd. 94.)
Dilling, Lars, Begabt. Roman. Aus dem Norweg. v. Bernh. Mann. (100 S.) (902.) (Bd. 122.)
— häusliche Scenen u. Anderes. Aus dem Norweg. von Ida Anders. 1. Häusliche Scenen. — 2. Frauenhände. — 3. Minda. — 4. Weihnachtsgeschenke. (96 S.) (902.) (Bd. 128.)
Ellgau, M. v., Ilona. Roman. (96 S.) 899. (Bd. 74.)
Enckhausen, M., eine stolze Seele. Erzählung. (96 S.) (901.) (Bd. 99.)
Flensburg, Rob., gegen den Strom. Roman. — Turgenjew, Iwan, der Vampyr. Erzählung. (96 S.) (900.) (Bd. 93.)
Forster, William, Heimgefunden. Orig.-Novelle. (96 S.) 899. (Bd. 68.)
— unschuldig angeklagt u. Anderes. Kriminal-Novellen. (96 S.) (900.) (Bd. 86.)
Friedmann, Alfr., Liebe u. Pflicht. Novelle aus der Wiener Gesellschaft. (96 S.) 899. (Bd. 62.)
Geinborg, W. H., auf japanischer Erde. Novelle. (92 S.) (901.) (Bd. 108.)
Goslinski, Herm., Familie Muhlicke u. andere Humoresken. (95 S.) 899. (Bd. 57.)
Grosse, Walt., ein Liebesopfer. Roman. (95 S.) (900.) (Bd. 91.)
— Penelope. Roman. (96 S.) (900.) (Bd. 90.)
Hancke, Osw., erloschene Sterne. Theatererinnerungen, Kulissengeschichten u. andere Humoresken. (96 S.) (902.) (Bd. 133.)
Hedenstjerna, Alfr., die Wildkatze. Roman. Deutsch von Marga Lepehne. (91 S.) (902.) (Bd. 139.)
Heichen, Paul, der Diebstahl im Warenhause. Kriminal-Erzählg. nach e. Belot'schen Roman. — Belot, A., ein guter Tropfen. Erzählung. Deutsch v. Paul Heichen. — Belot, A. die unzerbrechliche Puppe. Deutsch v. Paul Heichen. (96 S. (901.) (Bd. 101.)
Heichen, Walt., ein politischer Pastor. Roman. (96 S.) (901.) (Bd. 105.)
Herrmann, Ferd., auf Trümmern des Glücks. Roman. (87 S.) (901.) (Bd. 112.)
Herzog, L., Eva. Novelle. (95 S.) (901.) (Bd. 98.)
— Tragödie des Lebens. Erzählung. (96 S.) (901.) (Bd. 97.)
— zu spät. Roman. (100 S.) (901.) (Bd. 100.)
Höcker, Geo., Pfeilgift. Roman. (96 S.) 899. (Bd. 66.)
— und vergieb uns unsre Schuld! Roman. (96 S.) 899. (Bd. 54.)
Höcker, Gust., unter blendender Hülle. Kriminalnovelle. — Lechmann-Tharnau, P., die Falschmünzer. Kriminalerzählung. (96 S.) (902.) (Bd. 136.)
Jahnke, Herm., Bühne u. Kanzel. Roman. (93 S.) 899. (Bd. 76.)
Jonas, Emil, Viola. Ein modernes Lebensbild frei nach dem Schwed. (96 S.) (901.) (Bd. 109.)
Kahle, Adf., der Kriminalbeamte. Kriminal-Erzählg. (96 S.) (902.) (Bd. 132.)
— Verbrecherwege. Kriminalroman. (98 S.) (902.) (Bd. 119.)
Köhler, Heinr., die Gouvernante. Erzählung. (96 S.) (901.) (Bd. 114.)
Lay, Max, der Herr Intendant. Roman. (95 S.) (901.) (Bd. 115.)
Lechmann-Tharnau, P., die Falschmünzer, s.: Höcker, G.
Liliencron, A. v., in letzter Minute. Roman. (88 S.) (902.) (Bd. 123.)
Lohde, Clarissa, Leonore. Erzählung. (96 S.) (901.) (Bd. 104.)
Löffel, Gust., die Macht der Liebe u. des Geldes. Roman aus der Gegenwart. (96 S.) (900.) (Bd. 89.)
Mancke, M., in Untreue treu. Orig.-Novelle. (96 S.) (902.) (Bd. 120.)
Nordeck, Erich v., die letzte Beduinenfürstin. Histor. Roman. (96 S.) 899. (Bd. 70.)
Ortmann, Rhold., das Diadem der Marquise. — Unehrlich Volk. 2 Novellen. (96 S.) (902.) (Bd. 131.)
— das goldene Kalb. Roman. (88 S.) (901.) (Bd. 102.)
— Maren v. Westerland. Novelle. (92 S.) (901.) (Bd. 117.)
Ouida, Gardereiter. Roman. Aus dem Engl. übers. v. Arth. Roehl. (87 S.) (902.) (Bd. 125.)
Paulsen, John, ein römisches Abenteuer. Novelle. (95 S.) 899. (Bd. 75.)
Penne, Ouille, ein modernes Aschenbrödel. Roman. (95 S.) 899. (Bd. 59.)
Pierantoni-Mancini, Grazia, Costanza. Roman. Einzige v. der Verf. autoris. Uebersetzg. v. Catharina Brenning. (100 S.) (901.) (Bd. 113.)
Read, Opie, die Familie des Colonel Osbury. Erzählung. (Autoris. Uebersetzg.) (95 S.) 899. (Bd. 69.)
Reskn, Jadwiga v., von Stufe zu Stufe. Roman aus dem engl. Hofleben. (96 S.) (900.) (Bd. 96.)
Robin, H., moderne Evatöchter. Novelle. (96 S.) 899. (Bd. 55.)
Röder, A., Verwaist. Roman. (96 S.) (900.) (Bd. 84.)
Samarow, Greg., der Vetter des Kaisers. — Ein Blatt Papier. 2 histor. Novellen. (96 S.) (902.) (Bd. 126.)
Schiener, Joh. Leop., die schöne Ulrike. — Das Geheimnis des Barons. 2 Kriminal-Erzählgn. (96 S.) (902.) (Bd. 138.)
— auf dunklen Wegen. Roman. (96 S.) (901.) (Bd. 110.)
Schmidt-Cartlow, M., d. Strandprinzessin, s.: Stöckert, F.
Schott, Clara, Frau Kathi. Novelle. (96 S.) (901.) (Bd. 103.)
Senden, Hans, Verdorben. Roman. (96 S.) (902.) (Bd. 135.)
Seyffert, Anna, das Geheimnis derer v. Treßburg. Roman. (96 S.) (899.) (Bd. 79.)
— die Tochter des Kommerzienrates. Roman. (96 S.) 899. (Bd. 67.)
Seyffert-Klinger, A., die Rache der Verschmähten. — Ich will richten! ... Zwei Kriminal-Erzählgn. (96 S.) (902.) (Bd. 130.)
Sheff, Harry, ein Bankdirektor. Kriminal-Erzählung. — „Carly Haul". Eine wahre Geschichte aus Neu-Mexiko. (96 S.) 899. (Bd. 71.)
— der neue Tric. Eine Artisten-Geschichte u. Anderes. (93 S.) 899. (Bd. 65.)
Simson, Arth. Eug., das Waldgeheimnis. Eine Dorfgeschichte. (96 S.) (901.) (Bd. 107.)

Stöckert, F., Zukunftslos u. Anderes. Novelle. — Schmidt-Cartlow, M., die Strandprinzessin. Novelle. (96 S.) (902.) (Bd. 124.)
Stuper, Alb., ist es so leicht? Novelle. — Bliß, Paul, das böse Blut. (96 S.) (900.) (Bd. 95.)
Turgenjew, Iwan, der Vampyr, s.: Flensburg, M.
Walden, J., auf hoher See. Kriminal-Novelle. (96 S.) (900.) (Bd. 82.)
Weißenburg, M. v., am Rande des Abgrundes. Novelle. (96 S.) (900.) (Bd. 81.)
Wilhelmi, Karl, wer ist der Schuldige? Aus dem Franz. (94 S.) 899. (Bd. 56.)
Wingfield, Lewis, die holde Wang. Eine lust. Geschichte aus China. Deutsch v. J. Cassirer. (96 S.) (902.) (Bd. 129.)
Zola, Emile, die vier Tage des Jean Gourdon. — Lebendig begraben. 2 Novellen. Deutsch v. Wilh. Thal. (96 S.) 899. (Bd. 73.)
— der Traum. Roman. Deutsch v. Paul Heichen. (96 S.) (901.) (Bd. 111.)

— Wochen-Bibliothek. 140.—199. Bd. (Mit je 3 Vollbildern.) 8. Ebd. à — 20

d'Aghonne, Mie, in unlösbaren Banden, s.: Zola, Emile, d. Erstürmung d. Mühle.
Anders, R. J., ein unheimlicher Hochzeitsgast. Einer wirkl. Begebenheit nacherzählt. (92 S.) (905.) (Bd. 172.)
Barner-Aagaard, C. v., das Armband. Roman. Autoris. Uebersetzg. aus dem Dän. v. Katharina Aagaard. (95 S.) (904.) (Bd. 158.)
— die Pflegeschwestern. Roman. Autoris. Uebersetzg. aus dem Dän. (96 S.) (903.) (Bd. 155.)
Bergmann, Otto, der Halbgott. Roman. (96 S.) (905.) (Bd. 185.)
— die Mächeln. Roman in 2 Tln. (96 S.) (904.) (Bd. 160.)
Bliß, Paul, leichtes Blut. Erzählung. (96 S.) (906.) (Bd. 191.)
Blumenreich, Paul, harte Köpfe. — Knopp & Sohn. 2 Erzählgn. (104 S.) (905.) (Bd. 178.)
Brentano, Fritz, Schrimmchen u. andere lustige Geschichten. (96 S.) (903.) (Bd. 143.)
Brentano-Bauck, A., eine glänzende Partie. — Die Vergangenheit. 2 Novellen. (96 S.) (904.) (Bd. 159.)
Carlos-Duchow, H., „— wenn sie erwachen!“ Orig.-Roman. (96 S.) (905.) (Bd. 171.)
Classen-Smidt, Dagmar, Irrgänge der Liebe. Roman. (96 S.) (905.) (Bd. 167.)
Cyrill, Eberh., Leidenschaften. 2 Erzählgn. (96 S.) (905.) (Bd. 187.)
Euckhausen, Malwine (L. Herzog), eine Familie. Roman. (96 S.) (903.) (Bd. 145.)
Felden, Karl, Liebesflammen. Roman. (96 S.) (906.) (Bd. 192.)
Fischer-Sallstein, Conr., Duell-Sünden. Roman. (96 S.) (905.) (Bd. 179.)
— Fürstengunst. Roman. (96 S.) (903.) (Bd. 151.)
Forster, William, um Ehre u. Leben. Orig.-Roman. (96 S.) (904.) (Bd. 163.)
— aus verklungenen Tagen. Memoiren e. Sonderlings. Novelle. (95 S.) (903.) (Bd. 150.)
Geinborg, W. H., unter dem Patriarchen. Kriminal-Erzählg aus dem amerikan. Westen. Frei nach Sealsfield. (96 S.) (906.) (Bd. 199.)
Giorgierie-Contri, Cosimo, Begehrt. Roman. Autoris. Uebersetzg. v. Katharina Brenning. (96 S.) (904.) (Bd. 173.)
Goldós, Perez, Marianela. Novelle. Nach dem Span. erzählt v. Emil Jonas. — Kemmerich, Jos., Blitzgestreift. Novelle. (96 S.) (903.) (Bd. 152.)
Grabow, Bernh., der Sieg der Liebe. Roman aus dem Mittelalter. (96 S.) (905.) (Bd. 169.)
Haidheim, L., in bösem Schein. Roman. (104 S.) (905.) (Bd. 181.)
Herrmann, F., Kapitän Herbolds Tochter. Novelle. (96 S.) (906.) (Bd. 188.)
Herzog, L., wie es kam. — Onkel Bernhard. 2 Novellen. (96 S.) (903.) (Bd. 140.)
Hood, Fred, von hier u. dort. Kriminalgeschichten, Abenteuer u. Skizzen. (96 S.) (905.) (Bd. 168.)
Kemmerich, Jos., blitzgestreift, s.: Goldós, P., Marianela.
Krüger, Aug., Frau Kommandant. Roman. (95 S.) (906.) (Bd. 190.)
Liliencron, A. v., Goldfliege. Roman. (94 S.) (906.) (Bd. 195.)
— Wintersonne. Roman. (85 S.) (903.) (Bd. 153.)
Lonlay, Eug. de, ihr erster Roman. Erzählung. Deutsch v. Paul Heichen. — Suensson, Fanny, eine Stiefmutter. Erzählung. (95 S.) (903.) (Bd. 148.)
Merres, Osk., d. treue Dentschick, s.: Ortmann, Rhold., aus d. Wellengrabe.
Moser, Ernst, Vergangenheit. Roman. (96 S.) (905.) (Bd. 166.)
Mozkau, J., wie sie sich fanden u. Anderes. Novellen u. Kriminalgeschichten. (96 S.) (903.) (Bd. 141.)
Muschi, Jean Bernard, der Marquis. Roman. (95 S.) (903.) (Bd. 149.)
Nast, Clara, spätes Glück. Erzählung. (96 S.) (905.) (Bd. 176.)
— Herzensirrungen. Roman. (95 S.) (905.) (Bd. 164.)
— der Mann m. der eisernen Kette. Novelle. (96 S.) (905.) (Bd. 175.)
— Schloß Rotenburg. Roman. (96 S.) (906.) (Bd. 198.)
— die Schwalbe v. Naporow. — Potap der Werwolf. 2 Erzählgn. (95 S.) (903.) (Bd. 142.)
— gefesselte Schwingen. Roman aus Ostpreußen. (96 S.) (906.) (Bd. 193.)
Ortmann, Rhold., Fürstin Baranow. — Der Einbrecher. 2 Novellen. (96 S.) (903.) (Bd. 147.)
— wildes Blut. Roman. (96 S.) (906.) (Bd. 197.)
— der Elsabrunnen. Novelle. (96 S.) (905.) (Bd. 182.)
— der Leibeigene der Steppenräuber. Novelle. (94 S.) (906.) (Bd. 189.)
— harte Herzen. Novelle. (96 S.) (905.) (Bd. 165.)
— blinde Liebe. Roman. (96 S.) (904.) (Bd. 157.)
— moderne Sklavinnen. Roman. (96 S.) (905.) (Bd. 174.)
— Vaterlandsverrat. Roman. (96 S.) (903.) (Bd. 154.)
— aus dem Wellengrabe. Novelle. — Merres, Osk., der treue Dentschick. Erzählung. (96 S.) (906.) (Bd. 194.)
Roehl, Arth., glänzendes Elend. Erzählung. (96 S.) (906.) (Bd. 196.)
Schlener, J. L., d. erste Maskenball, s.: Vertesi, A., leere Herzen.
Schirmacher, Heinr., aus den Tagen der Not. Eine Erzählg. vom Oberrhein. (96 S.) (903.) (Bd. 144.)
Sienkiewicz, Henryk, am sonnigen Gestade. Drei Frauen. 2 Novellen. Deutsch v. Theo Kroczek. (95 S.) (905.) (Bd. 170.)
— Studentenliebe. Roman. Aus dem Poln. übers. v. Theo Kroczek. (96 S.) (904.) (Bd. 161.)
Suensson, Fanny, e. Stiefmutter, s.: Lonlay, Eug. de, ihr erster Roman.
Telmann, Konr., zwischen zwei Herzen. Preisgekrönter Roman. (96 S.) (905.) (Bd. 183.)
Tschechoff, A. P., zum Wahnsinn! Erzählung. (96 S.) (905.) (Bd. 177.)
Turgenjeff, Iwan, der Fatalist. Vor dem Sturme. 2 Erzählgn. Aus dem Russ. übers. v. Wilh. Lange. (96 S.) (905.) (Bd. 184.)
Vertesi, Arnold, leere Herzen. Roman aus dem Ung. Uebers. v. C. Langsch. — Schlener, J. L., der erste Maskenball. Novelle. (96 S.) (904.) (Bd. 156.)
Vilmar, E., von e. Stamme. Nach dem Holl. (96 S.) (901.) (Bd. 162.)
Wild-Queisner, Rob., die neue Religion. Novelle. (96 S.) (905.) (Bd. 180.)
— die Skatratte. Humoreske. (96 S.) (905.) (Bd. 186.)
Zola, Emile, die Erstürmung der Mühle. Das Tanzbüchlein. 2 Erzählgn. — d'Aghonne, Mie, in unlösbaren Banden. Novelle. Deutsch v. Paul Heichen. (91 S.) (903.) (Bd. 146.)

Weichert's Wochen-Bibliothek. 200.—261. Bd. 8. Berlin, A. Weichert. à — 20

Anders, R. J., Gitta. Historischer Roman. (96 S. m. 3 Vollbildern.) (907.) (Bd. 200.)
Barner-Aagaard, C. v., Sieg der Kunst. Roman. Berechtigte Uebersetzg. aus dem Dän. v. Bernh. Mann. Mit 3 Vollbildern. (103 S.) (908.) (Bd. 220.)
— Tante Ulrike. Roman. Autoris. Uebersetzg. aus dem Dän. (96 S. m. 3 Vollbildern.) (907.) (Bd. 210.)
Bauck, E., richtet nicht! Roman. (96 S. m. 3 Vollbildern.) (909.) (Bd. 246.)
Bergmann, Otto, die Erbin v. Hoheneggern. Kriminal-Roman. (95 S. m. 3 Vollbildern.) (908.) (Bd. 226.)
Bliß, Paul, die Plättgräfin. Novelle. (96 S.) (908.) (Bd. 214.)

Weichert, A., s.a. Weichert, Jonathan August

Illustrierter Verlags-Katalog. A. **Weichert**, Verlags-Buchh. u. Buchdr. Ausgegeben im April 1910. (Berlin: Weichert 1910.) 119 S. 8°
(10. 17306

Weichert, Adolf, aus Potsdam: Die **legio XXII** Primigenia. *Trier 1902: J. Lintz.* (40 S.) 8° ¶(Erscheint vollst. in: Westdeutsche Zeitschrift f. Gesch. u. Kunst.)
Erlangen, Phil. Diss. v. 24. Juli 1901

Weichert, Adf., die Legio XXII primigenia. Ein Beitrag zur Geschichte des röm. Heerwesens in den Rheinlanden. (V, 101 S.) gr. 8. Trier 903. J. Lintz. n. 2 25
Sonderabdr. aus: „Westdeut. Ztschr. f. Gesch. u. Kunst“.

Weichert, Alex., christl. Lieder-Strauß f. gemischte Chöre. Nr. 1. (16 S.) gr. 8. Kassel 908. (J. G. Oncken Nachf.) p — 50

Weichert, August, s. Weichert, Jonathan August

Weichert, C., s.: **Arnonis Reichersbergensis apologeticus contra Folmarum.**

Weichert, Fr., literär. Aehrenlese. 2 Bde. 8. Leipz. 825.

Weichert, Georg, Medizinalpraktikant a. Großcotta b. Pirna a. E.: **Aus d. chirurg. Universitätsklinik zu Leipzig.** Beiträge zur Kasuistik der Darm-Aktinomykose. Leipzig 1908: B. Georgi. (34 S.) 8°
Leipzig, Med. Fak., Ref. Trendelenburg, Diss. v. 29. Juli 1908
[Geb. 3. Nov. 81 Großcotta; Wohnort: Leipzig; Staatsangeh.: Sachsen; Vorbildung: Gymn. Bautzen Reife O. 01; Studium: Freiburg i. B. 1, Leipzig 12 S.; Coll. 29. Juli 08; Approb. 25. Jan. 08.]

Weichert, Gerhard: Zur Casuistik der traumatischen Luxationen des Talocruralgelenkes. Leipzig 1910: Lehmann. 32 S. 8°
Leipzig, Med. Diss. v. 17. März 1910, Ref. Trendelenburg
[Geb. 19. Nov. 84 Gr.-Kotta; Wohnort: Leipzig; Staatsangeh.: Sachsen; Vorbildung: Gymn. Bautzen Reife O. 04; Studium: Freiburg i. B. 1, München 1, Leipzig 4, München 2, Leipzig 3 S.; Coll. 19. März 10.] [U 10. 3081

Weichert, H. G. L., de fide historica narrationis H. ss. de Christo in coelos sublato ejusque eventus necessitate. Viteb. 1811. 4.

Weichert, (Pastor M.) Hnr. Glo. Leop., das Bedenken ohne Bedenken. Eine freimüthige u. unparteiische Kritik des Krehlschen Bedenkens über Presbyterien u. Ephoralsynoden. gr. 8. Dresden u. Leipz. 832. Arnold. 6 gr.

Weichert, J.: Turnspiele und Liederreigen für Volksschulen. Danzig 1884. 61 S.

Weichert, J., Turnspiele und Liederreigen für Volksschulen. Nach dem Ministerial-Rescript vom 27. Octbr. 1882 zusammengestellt. 2. Aufl. 8. (IV, 67 S.) Danzig 884, Kafemann. cart. *

Weichert, J., Turnspiele u. Liederreigen f. Volksschulen. Nach dem Ministerial-Reskript vom 27. Oktbr. 1882 zusammengestellt. 3., verm. Aufl. 8. (VIII, 110 S. m. 30 Fig.) Danzig 894. A. W. Kafemann. Kart. n. 1.20

Weichert, J., Turnspiele u. Liederreigen f. Volksschulen. Nach dem Ministerial-Reskript vom 27. X. 1882 entworfen, bezw. zusammengestellt. 5. verm. Aufl. 2 Tle. gr. 8. Danzig 901. A. W. Kafemann. Kart. n. 1.80; in 1 Bd. kart. n. 1.60
1. (VIII, 90 S. m. Fig.) n. 1.—
2. (IV, 54 S. m. Fig.) n. —80
4. Aufl. (VIII, 110 S. m. 30 Fig.) 896. n. 1.20.

Weichert, J., Turnspiele u. Liederreigen f. Volksschulen. Nach dem Ministerial-Erlaß v. 27. X. 1882 entworfen, bezw. zusammengestellt u. f. die Schulen bearb. 6. verm. Aufl. 2 Tle. in 1 Bde. (X, 179 S. m. Fig.) 8. Danzig 909. A. W. Kafemann. Kart. 1.80

Weichert, Jh. Gli., Passionsgedichte über das Leiden Jesu am Oelberge f. gläubige Christen in d. Fastenzeit. 8. Bresl. 797.

Weichert, Jonathan August

— De Turgido Alpino sive Marco Furio Bibaculo, poeta Cremonensi, ad locum Horatii I. satir. 10, 36 explicandum commentatio. Pr. 1822. 19 S. 4°. 1.25

— de turgido Alpino, s. M. Furio Bibaculo, poeta Cremonensi, ad locum Horatii I. satyr. 10, 36 explicandum Commentatio. 4. Meissen 822.

Weichert's, A., Erklärende Anmerkungen zu des Apollonius Argonautica. Meißen 819. Thl. I. 8.

— s. a. Anthologia graeca.

Weichert, (Aug.,) anthologia graeca sive collectio epigrammatum ex antologia graeca palatina. 8. Misenae 823, Gödsche.

— s. Augusti, Imperatoris, Caesar., Scriptorum reliquiae.

Weichert, A., De Cassio Parmensi poeta I u. II. Pr. 1832/34. 33, 48 S. 4°.

Weichert, A., De Domitio Marso poeta. Pr. 1828. 23 S. 4°.

***Weichert*, Jonath. Aug., Epistola critica de C. Valerii Flacci argonauticis ad virum illustr. et doctiss. H. C. A. Eichstaedt. 8maj. Leipz. 812. W. Vogel. 10 gr.**

Weichert, A., Epistola ad Sturzium (de loco Val. Fl. I, 15). Pr. 1824. 25 S. 4°.

— Prolusio I de Q. Horatii Flacci epistolis. Pr. 1826. 34 S. 4°.

— Pr. Commentatio I. II. de Helvio Cinno poeta. 4. Meissen. 822, 23.

Weichert, A., Commentatio I de C. Helvio Cinna poeta. Pr. 1822. 30 S. 4°.
— — Comment. II. Pr. 1829. 13 S. 4°.

s. Homeri Ilias.

Weichert, A., De Hostio poeta ejusque carminum reliquiis. Pr. 1829. 15 S. 4°.

— De Jarbita Timagenis aemulatore ad locum Horatii I. epist. 19. v. 15. explicandum comment. Pr. 1821. 11 S. 4°. 1.—

Weichert, A., Progr. de Jarbita Timagenis aemulatore ad locum Horat. I. Epist. 19, 15. Grimmae 821. 4.

Weichert, A., De Laevio poeta eiusque carminum reliquiis. I. Pr. 1826. 29 S.

— über das Leben u. Gedicht des Apollonius von Rhodus. Eine historisch-kritische Abhandl. 8. Meißen 821. Goedsche. 1 Rthlr 16 gr.

— Lectionum Venusinarum. p. I u. II. Pr. 1832, 1833. 15, 36 S.

—— Lectionum Venusinarum libellus. gr. 8. (8 B.) Grimae 843, Gebhardt. *

Weichert, A., De C. Licinio Calvo, oratore et poeta. Pr. 1825. 42 S. 4°.

s. Mela, Pomp., de situ orbis lib. III.

Weichert, J. A., De Nonno Panopolitano. Diss. 1810. 32 S. 4°.

— de Nonno Panopolitano, dissertatio philologica. 4. Wittenb. 810.

Weichert, A., Commentatio de Q. Horatii Flacci obtrectatoribus. Pr. 1821. 18 S.

— Pr. Commentatio de Qu. Horatii Flacci obtrectationibus. 4. Meissen 821.

— Patri optimo ac dilectissimo, Joh. Glo. Weichert, annum aetatis sexagesimum die 7. Sept. 1813. auspicanti gratulatur. 8maj. Wittenb. 813.

Weichert, Aug., Poetarum Latinorum etc., s. Poetarum.

—— Imperat. Caesaris Augusti scriptorum reliquiae. Post Jan. Rutgersium et Jo. Alb. Fabricium coll., illustr. et c. aliorum tum suis adnotationibus instruxit etc. Fasc. I. 4maj. (S. 1—144.) Grimae 841, Gebhardt. *

Weichert, Aug., Imperatoris Caesaris Augusti scriptorum reliquiae. Post Jan. Rutgersium et Jo. Alb. Fabricium collegit, illustrav. et cum aliorum tum suis adnotationibus instruxit. Vol. I. gr. 4. ($32\frac{1}{2}$ B.) Grimae 846, Gebhardt. *

s. Rostiorum.

Weichert, A. v., De imperatoris Caesaris Augusti scriptis eorumque reliquiis. I. Pr. 1835. 30 S. 4°. 1.50
— — II. Pr. 1836. 50 S. 4°. 1.50

Weichert, Aug., de Imperat. Caesaris Augusti scriptis eorumque reliquiis. Comment. II. 4maj. ($6\frac{1}{4}$ B.) Grimae 836, (Gebhardt.) *
Comment. I. kam nicht in den Buchhandel.

s. Valerius Flacc. Argonanticon.

Weichert, A., De C. Valgio Rufo poeta. Gel. 1827. 28 S. 4°.

Weichert, A., De L. Vario poeta I. II. Pr. 1829—1830. 28 S. u. 35 S. 4°.

Weichert, A., De versu poetarum epicorum hypermetro. Gel. 1819. 27 S.

Weichert, Aug., de versu poetarum epico hypermetro. Comment. I. Progr. Grimmae 822. 4. (28 S.)

—— de Lucii Varii et Cassii Parmensis vita et carminibus. 8maj. (26 B.) Grimae 836, Gebhardt.

Weichert, Leopold

Weichert, L., Grundzüge der Strafvollstreckung nach Reichsrecht. Eine kurze systemat. Darstellg. des gelt. Reichsstrafvollstreckungsrechts m. Einschluß der Rechtshülfe u. Auslieferg. zum Gebrauche f. d. Praxis bearb. gr. 8. (XIV, 178 S.) Leipzig 902. Dieterich. n. 5.—; geb. n. 6.—

Weichert, Max, Assistenzarzt: Aus d. Univ.-Frauenklinik zu Breslau. Die Steißhakenmethode, ihre Technik und Indikation. Groß-Strehlitz: Hübner 1910. 32 S. 8°
Breslau, Med. Diss. v. 10. Juni 1910, Ref. Küstner
[Geb. 27. Nov. 78 Mehlsack; Wohnort: Chemnitz; Staatsangeh.: Preußen; Vorbildung: Gymn. Neustadt O.-S. Reife O. 02; Studium: Breslau 10 S.; Coll. 13. Mai 10; Approb. 4. Juli 08.] [U 10. 589

Weichert, N. A. De discrimine pronominum ***ἀυτοῦ*** **et** ***ἀυτοῦ*****. Pars I., II. 20 u. 24 S.** . . . .
Breslau,E., Progr. 1836, 1838

Weichert, N. A. Quaestionum Lycurgearum specimen 30 S. .
Breslau, Elis., Progr. 1844

Weichert, N. A. **Rede zur Amtsjubelfeier des Rectors Dr. S. G. Reiche. 13 S.**
Breslau, E., Progr. 1841

Weichert, N. A. Zwei Reden am Geburtstag Sr. Majestät des Königs 1844 und 1846 gehalten. 22 S. . .
Breslau, Elis., Progr. 1847

Weichert, Otto, prakt. Arzt, aus Berlin: Ueber einen Fall von Fibroma molluscum mit Hautatrophie. Leipzig 1903: B. Georgi. (37 S.) 8°
Leipzig, Med. Diss. v. (7. Febr.) 1903.

Weichert, Paul: Ueber den Begriff des Selbsteintrittsrechtes des Kommissionärs. Pirna 1898: F. J. Eberlein. (40 S.) 8°
Erlangen, Jur. Diss. v. 26. März 1898.

Weichert, Valentinus: Demetrii et Libanii qui feruntur Τυποι επιστολικοι et επιστολιμαιοι χαρακτηρες. Lipsiae 1910: Teubner. XXXV S. 8° ¶(Ersch. vollst. als Buch ebd.)
Breslau, Phil. Diss. v. 21. Juni 1910, Ref. Förster
[Geb. 24. März 84 Freudenberg, Kr. Rössel; Wohnort: Freudenberg; Staatsangeh.: Preußen; Vorbildung: Gymn. Rössel Reife O. 05; Studium: Breslau 8 S.; Rig. 28. Juli 09.] [U 10. 649

Weichert, Willibald, die Kunst alle Arten weibliche Kleidungsstücke nach der Geometrie zuzuschneiden. Mit 3 lith. Zeichngn. (in Fol.) 8. (VIII u. 16 S.) Doberan 851, Schlesinger. n. 8 ngr

WEICHESMULLER, Jos(ef): Über die Abendmahlsfrage und deren Anwalt M. Jacobellus von Mies bis 1429 (Beitrag zur Geschichte der hussitischen Wirren in Böhmen). — (1906) 70 Bl. 4° (Handschr.) Diss. 918
Diss. Wien, **Univ.**

Weichhardt, Oscar, s. Weichardt

Weichhold, Oskar: Über die Spaltung der Phenylaminoessigsäure in die optisch aktiven Komponenten und über einige Polypeptide der Aminosäure. (Berlin 1909: Walter.) 34 S. 8°
Berlin, Phil. Diss. v. 27. Febr. 1909, Ref. Fischer
[Geb. 10. Dez. 83 Berlin; Wohnort: Berlin; Staatsangeh.: Preußen; Vorbildung: Leibniz-Gymn. Berlin Reife M. 03; Studium: Berlin 10 S.; Rig. 21. Dez. 08.] [U 09. 207

Weichleben, Otto Erich (Leop. Ely), Rosendienstag, s.: Theater-Bibliothek, bunte. 6. Hft.

Weichmann, Christian Friedrich

Weichmann, C. F. (Hrsg.), s. Brockes, B. H.: Ird. Vergnügen in Gott.

Weichmann, C. F., Hamburgs Glückseligkeit, Hamburgs Freude, zwey ehedem gefertigte Serenaden. 4. Braunschwg. Schröder. 746.

Weichmann, Christian Friedrich, & J. P. Kohl [Herausgeber]. Poesie der Nieder-Sachsen, oder allerhand, mehrentheils noch nie gedruckte, Gedichte von den berühmtesten Nieder-Sachsen, und sonderlich ansehnlichen Mit-Gliedern der vormals hieselbst in Hamburg blühenden Teutsch-übenden Gesellschaft . . . auch mit einer ausführlichen Vorrede versehen, darin unter andern die Würde der Teutschen Sprache wider den angemessenen Vorzug der Französischen . . . vertheidiget wird. Welcher noch beygefüget Hrn B. H. B[ROCKES] Untersuchung von den ganz verschiedenen Reim-Ahrten, sonderlich der Ober- und Nieder-Sachsen, und wie man hierin eine Vereinigung treffen könne. 6 Teile in 3 Bdn. 8°. *Mit Titelkupfer im 1. Bande, 5 Titelvignetten und 5 Vignetten im Texte.*

Sehr wichtiges Sammelwerk mit Beiträgen u. Erstdrucken von C. H. AMTHOR, ARNOLD, J. BECCAU, BOYE, H. BOKEMEYER, M. C. BRANDENBURG, FRAU von BRENNER, B. H. BROCKES, J. CARMON, TH. CLAUSEN, I. M. DARNMANN, ANNA E. DIMPFEL, J. H. DUGGE, MAGD. ECCARD, EISENHARDT, N. L. ESSMARCH, B. FEIND, F. C. FEUSTKING, C. J. FRANKE, GERTZ, v. GOLDSTEIN, J. GRUPE, F. v. HAGEDORN, G. J. HOEFFT, P. J. HOPPENHAUPT, J. F. HORN, CHR. G. JACOBI, J. P. KOHL, CHR. KORTHOLT, A. W. KRAUSESTAD, B. F. KRÜGER, J. C. KRUSIKE, A. LANGE, J. G. LEHMANN, LESLE, GRÄFIN LOWENHAUPT, J. H. MAYER, von MELLEN, C. D. MORHOF, J. L. MOSHEIM, H. MUHLIUS, JOH. SAM. MÜLLER, F. CHR. NEUBUR, J. J. NEUDORF, J.-V. PIETSCH, J. S. PILGRIM, C. H. POSTEL, MICH. RICHEY, JOH. RICHEY, NATH. SCHLOT[T], von SCHWICHELT, von SEELEN, T. H. SCHUBART, G. SILLEM, H. E. SIEVERDS, J. J. SURLAND, G. PH. TELEMANN, von TRIEWALD, JOH. VOGT, CHR. WARNECKE (= WERNICKE), WEICHMANN, MADEMOISELLE H. E. WEICHMANN, WEICHMANN junior, M. A. WILKENS, CHR. WOLTERECK, A. J. ZELL, J. J. D. ZIMMERMANN;

insgesamt haben 68 Dichter und Dichterinnen beigetragen, von denen viele sonst kaum bekannt sind. Am meisten vertreten sind Brandenburg (49 Dichtungen), Brockes (46), Hagedorn (26), M. Richey (89), Weichmann (106) und Wilkens (65). Von größeren Werken sind vor allem die vollständigen Abdrucke von POSTELS Singspiel „Die wunderbar errettete Iphigenia", Brandenburgs Oratorien „Jephtah" und „Gideon", Wilkens Passion, Nath. Schlots Lübecker Totentanz und des berühmten Komponisten TELEMANN Singspiel „Omphale" und sein Oratorium „David und Jonathan" zu erwähnen. Außerdem finden sich zahlreiche Kantatentexte zu festlichen oder traurigen Gelegenheiten, wie denn überhaupt die Gelegenheitspoesie einen sehr großen Platz innerhalb dieser Sammlung beansprucht. Auch an Epigrammen fehlt es nicht. Mehrere Gedichte in Plattdeutsch, meist sehr humorvoll. — Jedem Teil, außer dem fünften, geht eine sprach- oder literarwissenschaftliche Abhandlung von BROCKES oder RICHEY (einmal in einer Controverse Fabricius-Richey bestehend) voraus; die Teile I—III sind von Weichmann, IV—VI von Kohl herausgegeben, der dem 6. Teil eine Würdigung des „Bauern-Poeten" HINRICH JANSEN voranstellte. Teil I & II in 2. Auflage.

G. III. 344, 53. Maltzahn III. 117. Cf. FdF. 1354/55. „This third of the great Baroque anthologies was inspired by powerful provincial nationalism; Hamburg was trying to assert itself as a literary center along with Silesia and Saxony. It served as the organ of the Hamburg circle gathered around Brockes . . . At first the Italian style predominates, later the French classical. The ‚Vorbericht' of vol. 3 contains Weichmann's violent attack on Johann Ulrich König and the Diskurse der Mahlern." Weichmann lebte meist in Hamburg und starb 1769 als braunschweigischer Hof- und Konsistorialrat zu Wolfenbüttel.

Weichmann, Christian Friedrich, C. F. Weichmanns // Poesie // der // Nieder-Sachsen, // oder allerhand, // mehrentheils noch nie gedruckte, // Gedichte // von den // berühmtesten Nieder-Sachsen, // und sonderlich // einigen ansehnlichen Mit-Gliedern // der vormals hieselbst in Hamburg blühenden // Teutsch-übenden Gesellschaft // mit deren Genehmhaltung zusammengetragen, und theils aus // den actis MSS. derselben mitgetheilet; // auch mit einer ausführlichen Vorrede versehen, // darin unter andern // die Würde der Teutschen Sprache // wider den angemasseten Vorzug der Französischen // auf Veranlassung des P. Bouhours // vertheydiget wird. // Welcher noch beygefüget // Hrn. B. H. B. Untersuchung // von der ganz verschiedenen Reim-Ahrten, sonderlich der // Ober- und Nieder-Sachsen, und wie man hierin eine // Vereinigung treffen könne. // HAMBURG, 1721. // Bey sel. Benj. Schillers Wittwe und J. Christ. Kißner. - 28 Blatt (nicht paginiert) Titelkupfer, Titelblatt, Widmung und Vorrede. - 382 S. und noch 5 Blatt (nicht paginiert) Register.
B. S. T. 8°.759ª.

2. Band:
C. F. Weichmanns // Poesie // der // Nieder-Sachsen. // Zweyter Theil. // Dem vorgedruckt einige zwischen Herrn Doct. Fabricius // und Herrn Prof. Richey freundlich-gewechselte Streit-Schriften über verschiedene / die Teutsche Sprache // betreffende / Puncte. // HAMBURG, // Bey Johann Christoph Kißner. 1723. - 19 Blatt (nicht paginiert) Titelblatt, Widmung und Vorrede. - 373 S. und noch 4 Blatt (nicht paginiert) Register.
B. S. T. 8°.759ᵇ.

3. Band:
C. F. Weichmanns // Poesie // der // Nieder-Sachsen. // Dritter Theil. // Dem vorgedruckt allerhand zur Teutschen // Sprache und Dicht-Kunst gehörige Anmerkungen S. T. // Hrn. Michael Richeys / aus den Actis MSS. der ehemals in Hamburg blühenden Teutsch-Übenden // Gesellschaft. // Hamburg, // verlegts Joh. Christoph Kißner / 1726. - 8 Blatt (nicht paginiert) Titelblatt, Widmung und Vorrede. - 355 S. und noch 6 Blatt (nicht paginiert) Register.
B. S. T. 8°.759ᶜ.

— **Poesie d. Niedersachsen, od. Samml. allerhand Gedichte berühmter Niedersachsen. 6 Thle. gr. 8. Hamburg, Hertel. 725—38.**

Weichmann, F., das Notwendigste f. Konfirmanden. Kurzgefaßtes Hülfsbuch beim Konfirmanden-Unterricht. 8. (47 S.) Düsseldorf 889. (Halle, Anton.) n. — 40

Weichmann, Frdr., u. Herm. L. **Strack,** das Schächten (Das rituelle Schlachten bei den Juden), s.a. Schriften des Institutum judaicum in Berlin. Nr. 25.

Das Schächten (Das rituelle Schlachten bei den Juden) von Friedr. Weichmann, Pfarrer in Sternberg. Mit e. Vorw. von Prof. D. Dr. Herm. L[eberecht] Strack. *Leipzig: J. C. Hinrichs 1899.* (48 S.) 8° [15.]
— Schriften d. Institutum Judaicum zu Berlin. No 25. [04. 8358]

Weichmann, Joachim 4° Thl. XV, 212/13

Disputatio inauguralis de palma ab angelicis non intervertenda, ex Col. II, 18.
Präs. Johann Georg Neumann. Ed. IV.
Wittenberg (Meyer) 1704. 28 S.

Diss. 15. X. 1692. 36030

Weichmann, Wilhelm *(geb. Kattowitz ...)* Ueber Myotonia intermittens congenita. Breslau 1883. (45 S.) 8°
[Im Buchhandel 1883 bei Köhler in Breslau.]
Breslau, Med. Diss. v. 6. Febr. 1883.

Weichmann, Wilh., üb. Myotonia intermittens congenita. gr. 8. (45 S.) Breslau 883. (Köhler.) n. 1. —

Weichold, C. G., täglicher Zinsberechner von 3 bis 12 Procent unter Annahme des Jahres sowohl zu 360 als zu 365 Tagen. Decimal-Zinsen-Tabelle unter Zugrundelegung der Capital-Einheit. Hülfsmittel zur leichten und raschen, sowie genauen Berechnung der Capitalzinsen auf jede Zeit, zu jedem Zinsfusse und von jedem Capital ohne Unterschied des Zinsfusses. Für Comtoirs, Bureaux und Geschäftsbranchen aller Art. 4. (55 S.) Leipzig 872, Baumgärner's Buchh. cart. *

Weichold, C. G., täglicher Zinsberechner v. 3—12 Prozent unter Annahme des Jahres sowohl zu 360 als zu 365 Tagen. Dezimal-Zinsen-Tabelle unter Zugrundelegg. der Kapital-Einheit. Hilfsmittel zur leichten u. raschen, sowie genauen Berechng. der Kapitalzinsen auf jede Zeit, zu jedem Zinsfusse u. von jedem Kapital ohne Unterschied des Münzfusses. Für Kontors, Bureaus u. Geschäftsbranchen aller Art. 2. Aufl. (55 S.) Lex. 8. Leipzig (910). G. Engel. Geb. in Leinw. 1. 40

Weichold, G.: Ueber symmetrische Riemann'sche Flächen und die Periodicitätsmoduln der zugehörigen Abel'schen Normalintegrale. I. Gattung. 1883. 8°
Diss. Leipzig.

Weichold, G., Lehrbuch der Determinanten u. deren Anwendungen. 1. Tl. Sammlung v. 460 gelösten u. ungelösten Aufgaben, m. den Ergebnissen der letzteren, nebst 226 Erklärgn. Zum Selbststudium u. zum Gebrauch an Lehranstalten bearb. nach System Kleyer. gr. 8. (XVI, 380 S.) Stuttgart 893. J. Maier. n. 10. —

Weichold, R., das Einmaleins von 1—100. Das einfachste u. praktischeste Hilfsbuch bei Multiplikation u. Division f. alle Kontore. (45 S.) 8. Wien 908. M. Perles. 1. 70

Weichs, Friedr. Frhr. v., 50 Jahre Eisenbahn. Denkschrift zum 50jähr. Jubiläum der Locomotiv-Eisenbahn in Oesterreich-Ungarn. gr. 8. (42 S.) Wien 888, Spielhagen und Schurich. *

Weichs-Glon, Frdr. Frhr. zu, **freier Boden!** [Aus: „Die Wahrheit."] gr. 8. (89 S.) München 896. R. Abt. n. — 50

— die **Brotfrage** u. ihre Lösg. gr. 8. (VI, 110 S.) Leipzig 898. Duncker & Humblot. n. 2. 20

— entspricht d. gegenwärt. Organisation d. Staatsbahnverwaltungen d. Zwecken u. Aufgaben des Verkehrswesens? gr. 8. (34 S.) Tübingen 895. H. Laupp. n. — 80

— die **Erhöhung** d. Getreidepreise u. d. Kommunalisierg. d. Brotbäckerei. [Aus: „Die Wahrheit."] gr. 8. (16 S.) München 896. R. Abt. n. — 20

— s.: **Leben,** das.

— das **Localbahnwesen,** seine Organisation u. Bedeutung f. die Weltwirthschaft. 8. (VI, 93 S.) Wien 889. Hartleben. n. 1. 80

— „nach dem **Meere**". Ein Beitrag zur Triester Eisenbahnfrage. gr. 8. (III, 16 S.) Wien 888. Spielhagen & Schurich. n. — 60

— die industrielle Production, ihr Wesen u. ihre Organisation, s.: **Vorträge u. Abhandlungen,** hrsg. v. d. Leo-Gesellschaft, 6. Hft.

— über **Verkehrspolitik,** deren Zwecke u. Inhalt. [Aus: „Jahrbuch d. Leo-Gesellschaft."] gr. 8. (15 S.) Wien 896. (St. Norbertus.) n. — 36

Weichs-Glon, Frdr. Frhr. zu, das finanzielle u. soziale Wesen der modernen Verkehrsmittel. gr. 8. (VII, 252 S.) Tübingen 894. H. Laupp. n. 5. —

Weichs-Glon, Friedr. Freih. zu, Wissenschaft, Kunst u. Religion in ihren Beziehungen zu einander. [Aus: „Die Wahrheit."] München, Abt, 1896, gr. 8°, 15 S., 20 Pf.

Anmerkung. Während in dem vorstehenden § nur jene Schriften aufgeführt wurden, welche das Verhältnis von Religion u. Kunst mehr in principieller Weise erörtern, findet man die weitere Litteratur über christliche Kunst unter „Kirchengeschichte" verzeichnet.

Weichsel [Sachliches OW]

Weichsel, die. Historisch-topographisch, malerisch unter Mitwirkung einer Anzahl von kundigen Männern beschrieben von Frz. Brandstäter. Mit lithogr. Darstellungen der interessantesten Puncte, nach der Natur gezeichnet von A. Mann. 18 Lfgn. Lex.-8. (III und 572 S. mit 36 Stnt. in Tondr.) Marienwerder 852—55. (Danzig, Devrient's Nachfolger. — Berlin, Abelsdorf.) à Lfg. * 10 Ngr. *

Weichsel [Schlagwort]

Weichsel — Der Ausfluss der — mit einem Theile von Pomerellen und dem Danziger Gebiethe. 1 : 28,000. 1 Bl.

Weichsel — Oro - Hydrographische Uebersichtskarte des Landes zwischen der — und dem Aralsee, sorgfältig ausgezogen aus dem zu St. Petersburg in 107 Bl. herausgegebenen Atlasse von Russland, I. Kais. H. der Fr. Gross-Fürstin Maria Paulowna, Erbprinzessin von Sachsen - Weimar etc. ehrfurchtvollst gewidmet von R(uhle) v(on) L(ilienstern.) 1812. Berlin bei S. Schropp et Comp. 1:4,850,000. 4 Bl.

Weichsel [Verfasser]

Weichsel, Ant., Anweisung zur Erteilung des Turn-Unterrichtes an den Volksschulen. Mit einem Anhang, enthaltend Turnlehrproben. gr. 8. (64 S.) Würzburg 884, Stuber's Verlagsh.

Weichsel, Ferdinand Friedrich

Weichsel, Ferd. Friedr, Abhandlungen üb. verschied. prakt.-wichtige Rechtsmaterien, sowohl nach dem gemeinen, als nach d. franz. u. preuß. Rechte; zur Förderung d. materiellen Rechtskunde bearb. 1—3. Abhandl. gr. 8. Magdeburg 829, Heinrichshofen. [1. (5 B.) 6 Gr., 2. u. 3. (2½ B.) 6 Gr.]
Abh. 1. Ueber d. vorzügl. Streitfragen, welche bei Separationen überh. u. besond. in Stadtgemeinden vorzukommen pflegen; erläutert durch e. pract. Beispiel.
" 2. Ein Beitrag zu d. Lehre v. d. Rechtsgültigkeit solcher mündl. Verträge, welche zwar e. schriftl., od. gerichtl. Form erfordern, aber bereits von d. einen Seite vollständ. erfüllt sind, angewendet auf mündl. Ehe- u. Erbfolge-Verträge rc.
" 3. Ueber d. Auslegungs-Regeln in ihrer prakt. Anwendung; zunächst erläut. durch d. Verschiedenheit d. Rechte einer erst nach erricht. Testamente angetrauten Ehefrau, im Vergleiche mit nachgebornen Kindern.

Weichsel, F. F., Ansprache an Uhlich's Freunde über die für ihn u. die bedrängte Glaubens-Freiheit zu nehmenden Schritte. gr. 8. (16 S.) Wolfenbüttel 847, Holle. 1½ ngl

— Beiträge zur Charakteristik des gutsherrlich-bäuerlichen Verhältnisses der Leibeigenschaft ꝛc., s. Weichsel: rechtshistor. Untersuchungen ꝛc.

Weichsel, Ferd. Friedr.: Beiträge z. Characteristik d. gutsherrl.-bäuerl. Verhältnisses d. Leibeigenschaft, d. Reallasten, d. ungemess. Dienste etc. in Deutschl.; nebst e. Anwend. d. neuern preuss. Gesetzgeb. darauf. 2 Lfgn. *Zerbst*, Kummer. 830. gr. 8. (1 Thl. 4 Gr) [s. No. 3296.]

Weichsel, F. F., Beleuchtung des in d. summar. Prozeßsache d. Direction d. Rhein-Weser-Eisenbahn wider d. Kaufmann C. C., v. k. Stadtgericht zu Berlin am 26. Oct. 1838 ausgesproch., Erkenntnisses. Ein Beitr. zu d. Rechts-Lehre üb. Gesellschaften u. Corporationen überh., so wie üb. Actien-Gesellschaften insonderheit. gr. 8. (2¼ B.) Leipzig 839, [T. O. Weigel.] Schumann.

— Deutschlands Einheit u. der Entwurf des deutschen Reichsgrundgesetzes, von d. 17 Männern des öffentlichen Vertrauens überreicht am 26. April 1848. gr. 8. (26 S.) Magdeburg 848, Baensch. 3 ngl

— öffentliches Gericht über die Beschwerden, welche die Rückschritts-Partei in Deutschland von 1815 bis jetzt herbeiführte, nebst den Mitteln zu einer gerechten Abhülfe derselben. gr. 8. (61 S.) Magdeburg 848, Baensch. *

— theoretisch-prakt. Grundsätze über gemeinschaftl. Eigenthum, Gemeinheiten u. Servituten. gr. 8. Magdeb. 824. (Heinrichshofen). 1 ꝛß

— Zusätze u. Erläuterungen mit prakt. Beispielen zu Obigem. gr. 8. Magdeb. 827. Heinrichshofen. 18 gl

— die Gutsherren u. die Bauern auf dem Landtage beleuchtet. gr. 8. (5 B.) Leipzig 845, [T. O. Weigel.] Schumann.

— Commentar zur königl. preuß. Gemeinheitstheilungs-Ordnung v. 7. Juni 1821. 1r Thl. gr. 8. Magdeb. 824. (Heinrichshofen). 16 gl

Weichsel, F. F., die berliner Conferenz u. Wislicenus. Ein offenes Sendschreiben. gr. 8. (2½ B.) Wolfenbüttel 846, Holle'sche Buchh. *

Weichsel, F. F., der Ziegler'sche Prozeß. Verhandlungen in der Untersuchungssache wider den Ober-Bürgermeister Ziegler vor dem Schwurgerichte zu Brandenburg. Mit authent. Belegen versehen und beleuchtet. br. 8. (XII und 76 S.) Magdeburg 850, Baensch. Thlr.

— die Rhein-Weser-Eisenbahn-Actien-Gesellschaft, ihre Wichtigkeit u. rechtl. Beziehungen zu ihren Mitgliedern. Eine Warnungsstimme f. diese u. ähnl. Actien-Gesellschaften. gr. 8. (1¼ B.) Leipzig 838, [T. O. Weigel.] Schumann.

— rechtshistor. Untersuchungen, das gutsherrlich-bäuerl. Verhältniß in Deutschland betreffend, nebst e. Anhange üb. den Abzug an den bäuerl. Leistungen, wegen der westphäl.-preuß. Grundsteuer. gr. 8. Bremen 822, Heyse.

— rechtshistor. Untersuchungen, das gutsherrl.-bäuerl. Verhältniß in Deutschland betreff. 3. Thl. — A. u. d. T.: Beiträge zur Characteristik d. gutsherrl.-bäuerl. Verhältnisses, d. Leibeigenschaft, d. Reallasten, d. ungemess. Dienste ꝛc. in Deutschland; nebst e. Anwend. d. neuern preuß. Gesetzgebung darauf. 2 Lfgn. gr. 8. (24½ B.) Zerbst 830, Kummer.
1. u. 2. Thl. Bremen, Heyse. 1822. 1 Thlr. 18 Gr.

Weichsel, F. F., Das gutsherrlich-bäuerliche Verhältnis in Deutschland. 8°. Bremen 1822.

Weichsel, Fd. Fr., die erwerbende Verjährung. gr. 8. Magdeb. 825. Heinrichshofen. 16 gl

— Zusätze zu Obigem. gr. 8. Magdeb. 827. Heinrichshofen. 8 gl

— die Vorwürfe, welche der preuß. National-Versammlung gemacht sind, so wie die Stellung ihrer Mitglieder zu der Verfassung vom 5. und den Wahlgesetzen vom 6. Decbr. 1848. gr. 8. (70 S.) Magdeburg 849, Baensch.

— die neuen Wahlgesetze und ihre Gefahren. Eine Warnungsstimme. gr. 8. (18 S.) Magdeburg 848, Baensch.

— Zusätze zum Commentar d. Kgl. Preuß. Gemeinheits-Theilungs-Ordnung v. 7. Jun. 1821. gr. 8. (11¼ B.) Magdeburg 827, Heinrichshofen.
Dess. „Commentar" ꝛc. 1. Thl. Ebendas. 1824. 16 Gr.

— Zusätze zum Commentar der königl. preuß. Gemeinheitstheilungs-Ordnung vom 7. Juni 1821. gr. 8. Magdeb. 828. Heinrichshofen. 12 gl

Weichsel, Friedr. Karl (Schönberg, Grafschaft Erbach)
Dissertatio inauguralis juridica de praeteritione justa adjecta causa.
Giessae Febr. 1797: Braun. 32 S. 4°
pro gradu doctoris.
("wurde den 10ten Merz 1797 Doctor allhier" Matrikelbuch.)

Weichsel, Georg, a. Magdeburg: Unterbindung der Nierengefäße zum Studium der fettigen Degeneration. Rudolstadt 1904: F. Mitzlaff. (17 S.) 8°
Tübingen, Med. Fak., Ref. v. Baumgarten, Diss. v. 24. Okt. 1904
[Geb. 28. Apr. 79 Magdeburg; Wohnort: Leipzig; Staatsangeh.: Preußen; Vorbildung: Gymn. Leipzig Reife O. 99; Studium: Tübingen 6, München 2 Kiel 1, Leipzig 1 S.; Coll. 29. Juli 04; Approb. 12. Aug. 04.]

Weichsel, Otto [app. Arzt aus Lichtenberg in Braunschw.]
Beitrag zur Frage von der embryonalen Uebertragbarkeit der Tuberculose ... Jena, G. Neuenhahn, Univ.-Buchdr., 1893: 38 S. 8.
Jena, Med. Fak., Inaug.-Diss. v. [2. Mai] 1893

Weichselbaum, Anton

Weichselbaum, A., über Aetiologie der Cholera, s. Vorträge über Cholera asiatica.

— über die Aetiologie der akuten Meningitis cerebrospinalis. gr. 8. (17 S. mit 1 lithogr. Taf.) Berlin 887, Fischer's medicin. Buchh. *
Aus: Fortschritte der Medicin, besonders abgedruckt.

— Beiträge zur Aetiologie u. patholog. Anatomie der Endocarditis, s.: Beiträge zur patholog. Anatomie u. zur allgem. Pathologie.

Weichselbaum, A., üb. Entstehg. u. Bekämpfg. d. Tuberculose, s. Volksschriften d. österr. Gesellschaft f. Gesundheitspflege, Nr. 1.

Weichselbaum, A., über Entstehung u. Bekämpfung der Tuberkulose, s. Volksschriften der österreichischen Gesellschaft f. Gesundheitspflege. Nr. 17. 18.

Weichselbaum, A., Über Entstehung und Bekämpfung der Tuberkulose. 2. Aufl. [Volksschriften d. österr. Gesellschaft f. Gesundheitspflege. Nr. 17/18.] 8°. (46 S. mit 1 Tafel) K —.40
Wien: Perles 1904.

Weichselbaum, A., Epidemiologie, s. Handbuch der Hygiene. 37. Lfg.

Epidemiologie. Bearb. v. Dr. A[nton] Weichselbaum, o. ö. Prof. ... in Wien. M. 4 Abb. im Text. *Jena: G. Fischer 1899.* (VIII, 227 S.) 8. = Handbuch d. Hygiene. Bd 9. Lfg 3. [99 1093]

Weichselbaum, Ant. Grundriss der pathologischen Histologie m. besond. Berücksicht. der Untersuchungsmethodik. Mit 221 z. Thl. farb. Fig. in Holzschn. u. Zinkogr., sowie 8 Taf. in Lithogr. u. Lichtdr. Lex.-8. (XII, 500 S.) Wien 892, Deuticke.
* 20 —; geb. * 22 —

— Gutachten üb. die Wirksamkeit v. Asbestfiltern zur Gewinnung v. sterilem Wasser, s. Gruber, M.

Parasitologie. Bearb. v. Dr. A[nton] **Weichselbaum,** o. ö. Prof. . . . in Wien. M. 78 Abb. im Text. *Jena: G. Fischer 1898.* (x, 267, 6 S.) 8.
— **Handbuch** d. **Hygiene.** Bd 9. Lfg 2. [98. 3671

— Parasitologie, s. a. Handbuch d. Hygiene, 36. Lfg.

Über Pest. Von Prof. A. Weichselbaum, Dr. H. Albrecht und Dr. A. Ghon. (Separatabdruck aus der Wiener klinischen Wochenschrift. Organ der k. k. Gesellschaft der Aerzte in Wien. Jahrgang 1899. Nr. 50.) Aus dem pathologisch-anatomischen Institute in Wien. Wien und Leipzig. 1899. Braumüller. Gr.-8°. fl. —.36

— Über die Regeneration der Langerhans'schen Inseln im menschlichen Pankreas (mit 3 Taf.). S. 117. III. 211 . . . . „
Separatabdruck

Weichselbaum, A., über die Regeneration der Langerhans'schen Inseln im menschl. Pancreas. (15 S. m. 3 Taf.) gr. 8. Wien 908. A. Hölder. 1. 40

— u. **Henning,** Schädigung lebenswichtiger Organe durch Alkoholgenuss. Hrsg. vom österr. Verein gegen Trunksucht. 105×70 cm. Farbdr. Wien 903. Hof- u. Staatsdruckerei. (Berlin, Mässigkeits-Verlag.) n. 3. 50; Textheft: Die gesundheitsschädl. Wirkgn. des Alkoholgenusses. Von A. Weichselbaum. (5 S.) gr. 8. n. — 20

— der gegenwärtige Stand der Bakteriologie u. ihre Beziehungen zur praktischen Medizin, s.: Zeit- u. Streitfragen, klinische.

— und Kyrle Josef, Dr.: Über die Veränderungen der Hoden bei chronischem Alkoholismus (mit 2 Taf.) S. 121. III. 51 . . . . „
Separatabdruck

— Über die Veränderungen des Pankreas bei *Diabetes melitus* (mit 5 Taf.). S. 119. III 73 . . . . „
Separatabdruck

— Über die Veränderungen des Pankreas bei Diabetes mellitus. (209 S. m. 5 Taf.) gr. 8. Ebd. 910. 6. 50
2 Sonderabdr. aus: „Sitzungsber. d. k. Akad. d. Wiss."

Weichselbaum Anton, Dr.: Die senilen Veränderungen der Gelenke und deren Zusammenhang mit der *Arthritis deformans* (mit 4 Taf.). S. 75. III. 93 . . . .
Separatabdruck

Weichselbaum, A., die senilen Veränderungen der Gelenke und deren Zusammenhang mit der Arthritis deformans. Lex.-8. (51 S. mit 4 lithogr. Taf.) Wien 877, (Gerold's Sohn.) *
Aus: Sitzungsberichte der k. Akademie der Wissenschaften, besonders abgedruckt.

Weichselbaumer, Karl, Abendbilder; e. Samml. romant. Erzählungen. 8. Bamb. 822, Wesché in Frankf. 2 ₰

Weichselbaumer, Carl, dramat. Dichtungen. Mit Unterhaltungen üb. d. dramat. Literatur u. d. Theater. (2 Bde.) 8. Ulm, Stettin.
Bd. 1. Das Fürstenwort. — Dion. — Die Constellation. — Unterhaltungen üb. d. dramat. Literatur. (26 B.) 828. 2 Thlr.
„ 2. Virginia, Trauersp. — Die Barden, Trauersp. — Die Täuschenden, Lustsp. (30 B.) 832. 2 Thlr. 8 Gr.

— Dido, Königin von Karthago. Trspl. in 5 A. 8. Ebd. 821. 1 ₰

Weichselbaumer, Carl, Erzählungen f. die gebildete Jugend. 1. Bd. 8. (Mit 1 Stahlst.) Regensburg 846, Manz. 7/12 ₰

Weichselbaumer, Carl, Erzählungen für die gebildete Jugend. 2. Bd. Mit 1 Stahlst. 8. (222 S.) Regensburg 848, Manz. 7/12 ₰ (2 Bde.: 1 1/6 ₰)

Weichselbaumer, Carl, Gedichte. 16. (VIII und 312 S.) Nürnberg 855, v. Ebner'sche Buchh., Verlags-Conto. *

—— ein deutsches Lied. (Gedicht.) 8. (9 B.) Regensburg 844, Manz.

—— die Longobarden. Ein Trauersp. in 5 Akt. 8. (10 1/4 B.) Düsseldorf 843, Schaub'sche Buchh.

— die Longobarden. Ein Trauerspiel in 5 Akten. 8. Düsseldorf 843, Schaub. Leipzig, O. Klemm. 3/4 ₰

— Niobe, Königin v. Theben; Trspl. in 5 A. Bamb. 821. (Wesché in Frankf.) 16 ℊ

—— historische Novellen. 1—3. Bd. (Oswald der Törringer. — Der Prinzenzwist. — Der Schloßhauptmann von Kufstein.) 8. (962 S.) Nürnberg 856, v. Ebner'sche Buchh., Verlags-Conto. à Bd. 20 Ngr.

Weichselbaumer, Carl, Wladimir's Söhne, ein Trauersp. in 5 Akt. 8. (9 1/4 B.) Düsseldorf 843, Schaub'sche Bh. Thlr.

Weichselbaumer, Carl, Tassilo, e. histor. Trauersp. in 5 Acten u. ein. Vorspiele. 8. (10 1/2 B.) München 835, Literar.-artist. Anstalt.

—— Tutti-Frutti eines Süddeutschen. 1. Bd. 8. (20 1/2 B. u. 2 farb. Stnt.) München 837, Franz.

— dramat. Versuche. (Menökeus. — Oenone). 8. Bamb. 821. Wesché in Frankf. 18 ℊ

— die Vertrauenden; e. Samml. von Erzähll. u. Zwischengesprächen. 2 Bde. gr. 8. Ulm 825, 26, Stettin. 4 ₰ 10 ℊ

Weichselbaumer, Karl, über die Verwandschaft u. Verschiedenheit der Poesie u. Philosophie; e. gekrönte Preisschrift. 8. Münch. 813.

(*Weichselbaumer*, Matthias, Direktor u. Lokal-Schul-Commissär), Jahresbericht üb. d. Zustand d. weiblichen, wie auch d. männlichen Feyertags-Schule in München. Nebst d. Verzeichnisse jener *Feyertags-Schülerinnen*, welche d. 8. Septbr., im Jahre 1822 auf d. Saale d. Munizipalitäts-Gebäudes mit Preisen beschenkt wurden . . . . Im Anhange sind auch die *Gesellen* angezeigt, welche sich dieses Jahr in der männl. Feyertags-Schule ausgezeichnet, dann die *Lehrjungen*, welche sich der Preise-Zeugnisse würdig gemacht . . . . haben. München, d. 8. Septbr., 1822. Aus d. Buchdruckerey d. kgl. Central-Schulbücher-Verlages. 4°. Cart. in Lederpappe.
55 S. — Selten!

Weichselboden [Schlagwort]

Weichselboden, s.: Alpen. Artaria.

Weichselfelder, Jh. Mich., (†...) Leben, Gefängniß u. Tod des Churfürsten Johann Friedrich des Großmüthigen von Sachsen. 8. Frankf. a. M. 754. Andreä. 1 ₰

— Nachr. v. Augsburger Religionsfrieden. 8. Frankf. a. M. 755. Raspe. 4 ℊ

Weichselgartner, Karl, appr. Arzt a. Kraiburg: Ueber die Resultate der Dammplastik bei kompletten Dammrissen. München 1906: C. Wolf & Sohn. (48 S.) 8°
München, Med. Fak., Ref. v. Winckel, Diss. v. 9. März 1906
[Geb. 30. Aug. 76 Kraiburg; Wohnort: München; Staatsangeh.: Bayern; Vorbildung: Wilhelms-Gymn. München Reife Juli 97; Studium: München T.H. 1, Univ. 11 S.; Coll. 9. März 06; Approb. 20. März 05.]

Das **Weichsel-Gebiet** und die östlichen **Schiffahrtstraßen.** Bearb. im Kgl. Preuß. Minist. d. öffentl. Arbeiten. 2. Aufl. *Berlin: Berliner Lith. Inst. 1903.* (IX, 100 S.) 8°
= **Führer** auf d. **Deutschen Schiffahrtstraßen.** T. 6. [04 619

Weichselmann: Balde und Sarbiewski. 14 S. – Laibach, Progr. 1864

Weichselmann: Beiträge zur Erklärung des Horaz. (Carm. I. 1.) 10 S. – Laibach, Progr. 1858

Weichselmann: C. Plinius Caecilius Secundus. I. Leben und Charakter desselben, aus seinen Briefen zusammengestellt. II. Auswahl von Sentenzen aus den Briefen u. der Lobrede desselben. 19 S. – Eger, Progr. 1853.

Weichselmünde [Schlagwort]

Weichselmünde, s.: **Geologische Karten. Preussen 107.**

Weichselmünde, s.: **Preussen. Messtischblätter.**

Weichsel-Niederung [Schlagwort]

Weichsel-Niederung — Karte von der — welche die Danziger, Elbinger und Marienburger Werder enthält. Aus speciellen Messungen und mit Rücksicht auf die hydrotechnischen Anlagen zusammengetragen. Herausgegeben von Ludewig Koppin etc. Elbing im Jahre 1811. 1 : 128,000 1 Bl.

Weichsel-Niederungen, die unteren, und ihre Eisgangsgefahren. Lex.-8. (40 S. mit 2 lithogr. Blatt Plänen in gr. 4. und qu. Fol.) Danzig 877, [Kafemann.] Gruihn's Verlag.

Weicht, A. H., Bau v. Strassen u. Strassenbahnen. Lex.-8. (XI, 192 S. m. 241 Abbildgn.) Steglitz bei Berlin (902). M. Weicht. n. 15.—

Weick, Dr. Fr., s. **Fd. G. Wanker** gesammelte Schriften.

Weick, Geo., s. a.: **Paschali.**

— Heimatkunde (Heimat u. Kreis). Ein Hilfsbüchlein f. den 1. Geographieunterricht. gr. 8. (9 S.) Zabern 894. H. Fuchs. n. — 20

— dasselbe v. Elsaß-Lothringen. gr. 8. (VIII, 57 S. m. Abbildgn.) Ebd. 894. n. — 60

Weick, Geo. (Paschali), Heimatkunde v. Elsaß-Lothringen. 2. Aufl., m. zahlreichen Abbildgn. u. e. Karte v. Elsaß-Lothringen. Ausg. A: m. unterrichtl. Anleitg. gr. 8. (III, 56 S.) Zabern 899. A. Fuchs. n. — 80

— dasselbe. 2. verb. Aufl. m. Abbildgn. u. e. Karte. Ausg. B: ohne unterrichtl. Bemerkgn. gr. 8. (40 S.) Ebd. 899. n.n. — 50

— Heimatkunde v. Elsaß-Lothringen. 3. Aufl. m. zahlreichen **Abbildgn. u. 1** (farb.) Karte v. Elsaß-Lothringen. (III, 89 S.) gr. 8. Zabern 903. A. Fuchs. n. 1. 20

— dasselbe. 3. verb. Aufl., m. 32 Abbildgn., 1 Bilztaf. u. 1 **Karte v.** Elsaß-Lothringen. Ausg. B ohne unterrichtl. **Bemerkgn.** (V, 77 S.) 8. Ebd. 905. n. — 60; geb. n. — 80

— **Heimatkunde v. Elsaß-Lothringen. 4. Aufl., m.** 67 **Abbildgn. u. 1 Karte v. Elsaß-Lothringen. Ausg.** B **ohne unterrichtl. Bemerkgn.** (IV, 96 S.) 8. Zabern 908. A. Fuchs. — 80

Weick, Josephine, causeries pour les enfants. Ein Hilfsbuch f. die Mittelstufe des französ. Unterrichtes an weibl. Lehranstalten. gr. 8. (VIII, 112 S.) Bielefeld 894. Velhagen & Klasing. Kart. n. 1. 50

Weick, Josephine, causeries pour les enfants. E. Hilfsbuch f. **die Mittelstufe** des französ. Unterrichtes an weibl. **Lehranst.** 2., verb. Aufl. gr. 8. (VIII, 112 S.) Bielefeld 896. **Velhagen & Klasing.** Kart. n. 1. 50

Weick, Josephine, causeries pour les enfants. Ein Hilfsbuch f. die Mittelstufe des franz. Unterrichtes an weibl. Lehranstalten. 3. Aufl. gr. 8. (VII, 112 S.) Bielefeld 899. Velhagen & Klasing. Kart. n. 1. 50

Weick, Josephine, Causeries pour les enfants. Ein Hilfsbuch f. die Mittelstufe des französ. Unterrichtes an weibl. Lehranstalten. 4. Aufl. (VIII, 112 S.) gr. 8. Bielefeld 902. Velhagen & Klasing.

Weick, Josephine, causeries pour les enfants. Ein Hilfsbuch f. d. Mittelstufe des französ. Unterrichts an weibl. Lehranstalten. 5. Aufl. (VIII, 112 S.) 8. Bielefeld 906. Velhagen & Klasing. Geb. 1. 60

Weick, Wilderich

— s. **Annalen** d. Geschichte u. Politik.

Weick, Wilderich, Beschreibung d. Straf-Anstalt zu Freiburg im Breisgau. 8. (3¼ B. u. 1 Stndr. qu. gr. Fol.) Freiburg 829, (Gebr. Groos, Vrls.-Expedit.)

Weick, Wilderich, Freiburg im Breisgau u. seine Umgebungen. Mit d. Beiträgen v. Frommherz, Leuckart, Spenner, Werber, Bander u. Müller. 12. (15½ B., 6 Stahlst. u. 1 Karte.) Freiburg 839, Waizenegger. *

s. F. v. **Gentz**, ausgew. Schriften.

— römische Niederlassungen an d. beiden Ufern d. Rheins v. Windisch (Vindonissa helvetica) bis Mainz. Eine acad. Abhdl. mit 1 Karte. 8. Frburg ... Herder. 12 gr.

— s. C. L. **Posselt**, sämmtl. Werke.

—— Reliquien von Ludwig Winter, großherz. bad. Staatsminister ꝛc. Biographie u. Schriften. Vaterländ. Denkmal. gr. 8. (32½ B. u. W's. Portr. in Stahlst.) Freiburg 843, Emmerling. *

Weick, Wilderich, das herzogl. Haus Sachsen-Koburg-Gotha. Seine Geschichte u. gegenwärtige Stellung in Europa. 8. (17¾ B. u. 2 Stamm-Taf.) Karlsruhe 842. [Mannheim, Bensheimer.] 1 Thlr., in gr. 8. 2 Thlr., Prachtausg.

s. F. G. **Wanker's**, gesamm. Schriften.

—— die öffentl. Zustände Badens seit der Regierung des Großherz. Leopold. 8. (6 B.) Freiburg 844, Lippe u. Comp. *

Weick, [illegible] H., and Grebner, C. [illegible] Fibel [illegible] Schulen [illegible] Cincinnati [illegible]

-- and Grebner, C. [illegible] Deutsches erstes Lesebuch [illegible] bis [illegible] Cincinnati [illegible]

Weickard, Mariane

— die seltene Beständigkeit; e. Lstspl. in 2 Aufz. 8. Frankf. 792. Andreä. 4 gr.

Weickard, Mariane, der gereiste Bräutigam; e. Schspl., aus d. Französ. 8. Frankf. a. M. 791.

— die Kriegslist; e. Lstspl. in 1 Aufz. 8. Wien u. Leipz. 794.

— das nächtliche Rendezvous; e. Schspl., aus d. Französ. 8. Frkf. a. M. 791.

— der Vergleich; e. Schspl. 8. Frankf. a. M. 791.

Weickard, Melchior Adam

s. Weikard, Melchior Adam

Weickart, J. E., Sportel-Taxe für sämmtl. Unter-Gerichte in den Königl. Preuß. Staaten (mit Ausnahme der Stadtgerichte in d. großen Städten). In alphabet. Ordnung u. mit sämmtl. Erläuterungen u. Ergänzungen bis auf die neueste Zeit. 2e verm. Ausg. 8. Berlin 840. Hayn. 2/3 ₰
Vgl. Weikart

— dass. für die Landes-Justiz-Kollegia, die sämmtl. Untergerichte u. die Justiz-Kommissarien im Preuß. Staate. In alphabet. Ordnung u. mit sämmtl. Erläuterungen u. Ergänzungen. gr. 8. Berlin 832. Ed. Brandenburg. $1^1/_2$ ₰

Weickart, Johann Heinrich (Leipzig) A. S. 602/38

Dissertatio de eo, quod iure naturali iustum habetur, circa autochyriam. Präs. Christian Heinrich Breuning. Leipzig (Langenheim) 26. X. 1775. 11 S.

W. v.: Präs. 36032

Weickart, L. B., der homöopath. Arzt als Hausfreund; od. kurzgefaßte u. deutl. Anweis., wie man sich bei allen Krankheitsvorfällen sowohl Erwachsener als Kinder nach homöopath. Grundsätzen zu benehmen habe. Aus eigner Erfahrung u. nach d. Studium d. besten Schriftsteller zusammengest. 2c.; nebst e. Uebersicht d. wichtigsten diätet. Vorschriften f. Gesunde u. Kranke. gr. 8. (17 B.) Leipzig 834, Michelsen.

Weickart, L. B., der homöopath. Arzt als Hausfreund; od. kurzgef. u. deutl. Anweis., wie man sich bei allen Krankheitsvorfällen sowohl Erwachsener als Kinder nach homöop. Grundsätzen zu benehmen habe. Nebst e. Anh., enth. die bewährt. homöop. Heilmittel geg. d. am häufigsten vorkomm. inn. u. äußern Pferdekrankheiten. Neue verm. Ausg. gr. 8. ($24^1/_2$ B.) Leipzig 839, Michelsen.

Weicke's Zollbücherei. 1.—4. Bd. Lex. 8. Staßfurt, W. Seegelken. 9. —
Daube, E., die Reisekosten, Tagegelder u. Umzugskosten der preuß. Zollbeamten. (62 S.) 908. (Bd. 2.) 1. 50
Rose, G., die Anstellungs-, Dienst- u. Besoldungsverhältnisse der preuß. Zollbeamten. Eine Sammlg. der hierauf bezügl. Gesetze u. Vorschriften nebst Erläutergn., nach dem neuesten Stande als Diensthandbuch bearb. (III, 304 S.) 909. (Bd. 4.) 3. 50
— Die Vorschriften üb. die Kassenverwaltung u. d. Zahlungswesen bei den preuß. Zollkassen. Zum Handgebrauch f. Zollkassen-Verwalter u. Kuratoren zusammengestellt u. erläutert. (VI, 94 S.) 909. (Bd. 3.) 2. 75

Wie macht man eine angenehme Seereise? Eine Zusammenstellung von Schiffstouren, deren Fahrtdauer, Abfahrtszeiten u. Fahrpreisen von R[ichard] Weicke. *Halle a. S.: L. Nebert [1903].* (60 S.) 8° [F.] 1-3-11693

Weicken, F., Aufsätze f. d. Volksschule. 2 Tle. 8. Paderborn, F. Schöningh. 4. 90
I. Ausg. f. die Mittelstufe, enth. 450 Aufsätze u. 3 Aufsatzthemen, nebst method. Anweisg. (XVI, 177 S.) 909. 2. 20
II. Ausg. f. die Oberstufe, enth. 300 Aufsätze u. 750 Aufsatzthemen, nebst method. Anweisg. (XIX, 218 S.) 910. 2. 70

Weicken, F., Dichter des 19. Jahrh., s. a. Schöningh's Ausgaben deutscher Klassiker. 6. Ergänzgsbd.

Weicken, F. Dichter des 19. Jahrhunderts. Lyrische und epische Gedichte aus der Zeit nach Goethes Tode. Für Schule und Haus hrg. X + 227 S. 8. Paderborn, Ferdinand Schöningh, 1904. (geb. M. 1. 80)
(Ferd.) Schöninghs Ausgaben deutscher Klassiker, mit ausführlichen Erläuterungen. Ergänzungsbände. [Band] 6...
Darin S. 16—21. 58—62. 95—99. 136—142. 159—164: Johann Peter Hebel, Gottfried Koller, Gottfried Kinkel, Konrad Ferdinand Meyer, Joseph Viktor von Scheffel; *s. auch S. 202. 223/7.*

— Heimatkunde des Reg.-Bez. Trier u. der Rheinprovinz. (88 S. m. 15 Abbildgn.) 8. Wittlich (908). G. Fischer. — 25

— Deutsche Literatur, s.: Dürr's deutsche Bibliothek. 7 B.

— Materialien zu pädagog. u. didakt. Aufsätzen, s.: Sommer, W.

— Methodik des Unterrichts im Deutschen in der Volksschule. (IV, 74 S.) 8. Wittlich 905. G. Fischer.
Geb. n.n. 1. 25; Nachtrag. (S. 75—118.) 906. n. — 60

— Methodik des Unterrichts im Deutschen in der Volksschule. 3.—7. Aufl. (VIII, 118 S.) 8. Wittlich 910. G. Fischer. Geb. 1. 75

— Poesie u. Prosa aus dem 16., 17. u. 18. Jahrh., s. a. Schöningh's, Ferd., Ausgaben deutscher Klassiker. 7. Erg.-Bd.

Poesie und Prosa aus dem 16., 17. und 18. Jahrhundert. Ausgewählt u. mit Erl. versehen von F. **Weicken**, Seminarlehrer. Paderborn: F. Schöningh 1906. (XI, 258 S.) 8° [F.]
= **Ausgaben**, Schöninghs, deutscher Klassiker. Erg.Bd 7. 07. 11509

Weicker, Vortrag, s.: Götze, W., aus der Lehrerbildungsanstalt d. deutschen Vereins f. Knabenhandarbeit.

Weicker, Bernhard, aus Stettin: Die **Stellung** der Kurfürsten zur Wahl Karls V. im Jahr 1519. 1: Kurfürst Joachim von Brandenburg. *Berlin (1900): E. Ebering.* (112, XVI S.) 8°
¶ [Erschien vollst. 1901 als: Hist. Studien, H. 22.]
Bonn, Phil. Diss. v. 17. Nov. 1900

Weicker, Bernh., die Stellung der Kurfürsten zur Wahl Karls V. im J. 1519, s. a. **Studien, historische.**

Die Stellung der Kurfürsten zur Wahl Karls V. im Jahr 1519. Von Bernhard **Weicker**. *Berlin: E. Ebering 1901.* (XIV, 409, XVI S.) 8°
= **Studien**, Historische. H. 22. 01. 4596

Weicker, Bernhard: Vom Staatenbund zum Bundesstaat. T. 1. Bilder aus den Tagen deutscher Zerrissenheit. Aschersleben (1910): Felix. 48 S. 4°
Aschersleben, G. Reform-G. i. E. m. R. OP 1910 (326) [S 10. 407

Weicker, C., ein Versuch zur Verständigung als Antwort auf Pastor Brunn's „einfältiges Bekenntniß". gr. 8. (37 S.) Greiffenberg i. P. 864, Gruß. *

Weicker, *Ernst Maximilian: Die Feier des 350jährigen Bestehens des Gymnasiums.* 4 (S. 14—20)
Progr. Kgl. G. *Eisleben* 1897

Weicker, [Ernst Maximilian], Prof., Dir.: Die (a. d. Umschl.: Übersicht über die) am Gymnasium bestehenden **Stiftungen** und Stipendien. *Eisleben 1903: E. Schneider.* (S. 1—31.) 4°
Eisleben, K. G, OP 1903 (272)

Weicker, F. C., kalligraph. Wandfibel d. Currentschrift, in method. Stufenfolge. 20 (lith.) Taf. (mit 5" hoher Schrift), zum Gebr. in Schulen, besond. in Elementarklassen. gr. Fol. Darmstadt 834, Leske.

Weicker, G., Confirmandenbüchlein, d. i. Summa der christl. Lehre, als Glaubensbekenntniß für evangelische, luther. u. reformirte Christen, welche das Jubiläum ihrer Taufe feiern u. alsdann zum ersten Male zum heiligen Nachtmahl kommen wollen, auf Grundlage des Heidelberger Katechismus bearb., zugleich als Vorschlag eines bekenntnißmäßigen, kurzgefaßten Katechismus für die deutsche evangel. Kirche positiver Union. gr. 8. (16 S.) Heidelberg 879. C. Winter in Comm. — 15

Weicker, G. Luther u. Ignatius v. Loyola, s. Flugschriften des Evangelischen Bundes.

Weicker, G., Luther vor und in seinen Thesen, s. Flugschriften des Evangelischen Bundes.

Weicker, Geo., die Natur heilt oder das Wasser und die Pflanzenkost in ihrer Beziehung zur Lebens- und Heilkraft in gesunden und kranken Tagen. gr. 8. (37 S.) Leipzig 884, (Grieben's Verlag.) *

Weicker, Geo., die Natur heilt oder die Wasser- und Diätkur in ihrer Beziehung zur Heilkraft des menschlichen Körpers. Ein Beitrag zur Frage: Was giebt Lebenskraft? Zugleich Wegweiser in der arzneilosen Heilkunde und volksverständl. Gesundheitspflege. Mit Heilerfolgen aus der Praxis versehen. 2. verm. und verb. Aufl. gr. 8. (78 S.) Leipzig 885, (Th. Grieben's Verlag.) *

Der Seelenvogel in der alten Litteratur und Kunst. Eine mythol.-archaeol. Untersuchung von Georg Weicker, Oberl. zu Annaberg im Erzgeb. Mit 103 Abb. *Leipzig: B. G. Teubner 1902.* (VII, 218 S.) 4° [02. 13179

Weicker, *Guilelmus* Georgius [Cygneensis]: De Sirenibus quaestiones selectae ... (Erscheint vollst. in deutscher Sprache u. d. T.: Untersuchungen über d. Typus u. d. Bedeutg d. menschenköpfigen Vogels in d. antiken Kunst u. Litteratur.) Lipsiae, typ. Hessei & Beckeri, 1895; 60 S., 1 Bl. 8.
Leipzig, Phil. Fak., Inaug.-Diss. v. [14. Dez.] 1895

Weicker, Gotthold, a. Zwickau i. S.: Die Haltung Kursachsens im Streite um die unmittelbare Reichsritterschaft in den Jahren 1803—1806. Rudolstadt 1906: F. Mitzlaff. (105 S.) 8° ¶[Erschien vollst. in: Bibliothek d. sächsischen Geschichte u. Landeskunde Bd 1, H. 2.]
Leipzig, Phil. Fak., Ref. Brandenburg, Lamprecht, Diss. v. 9. Juli 1906
[Geb. 25. Juni 79 Zwickau; Wohnort: Leipzig; Staatsangeh.: Sachsen; Vorbildung: Gymn. Zwickau Reife O. 98; Studium: Leipzig 11 S.; Rig. 5 März 06.]

Weicker, Ghold., die Haltung Kursachsens im Streite um die unmittelbare Reichsritterschaft in den J. 1803 - 1806, s.a. Bibliothek der sächs. Geschichte u. Landeskunde. I. 2.

Die Haltung Kursachsens im Streite um die unmittelbare Reichsritterschaft in den Jahren 1803 -1806 von Gotthold **Weicker**. Mit e. Anh.: Statist. Beiträge z. Kenntnis d. Reichsritterschaft. Leipzig: S. Hirzel 1906. (110 S.) 8°
= **Bibliothek** d. sächsischen Geschichte u. Landeskunde. Bd 1, H. 2. [06 12098

Weicker, Gust. Abriſs der Geschichte des Hennebergschen Gymnasiums zu Schleusingen. Erster Teil 65 S *Schleusingen* 1877
Progr.

Weicker, Gustav: [Bericht über die Feier seines 25 jährigen Jubiläums als Direktor der Anstalt.] S. 20—22. 4.
Progr. Kgl. Marienstifts-Gymn. *Stettin* 1904 (173).

— De fragmentis fabularum quae ad primordia artis Sophocleae referuntur. Pr. 1862. 41 S. 4°. 1.—

Weicker, Gust., vom Gemeinsinn in der Noth der Heimath u. d. Vaterlandes. Schul-Rede im Gymnasium zu Schleusingen am 2. Septbr. 1876 geh. gr. 8. (14 S.) Schleusingen 876. Glaser. n.n. — 30

Weicker, Gustav [Dir. Dr.]: Die (350jährige) Jubelfeier des Marienstifts-Gymnasiums am 24. u. 25. Sept. 1894 ([m. Anh.:] Vor 350 Jahren. Histor. Festspiel m. Prolog u. Epilog v. Prof. Dr. *Emil* Walter). Stettin, Druck v. Herrcke & Lebeling. 1895; 3—45 S. 4.
Stettin, k. Marienstifts-G, OP 1895 (145)

Weicker, Gust. Nachricht über die Geschichte der Bibliothek des hennebergischen Gymnasiums zu Schleusingen. 17 S *Schleusingen* 1878.
Progr

Schule und Leben. Reden u. Ansprachen von Dr. Gustav **Weicker**, weil. Gymn.Dir. Aus d. Nachlaß hrsg. Mit Bildn. u. Lebensabriß. Halle: Waisenhaus 1905. (171 S.) 8° [5] [05. ...3

Weicker, Gust., das Schulwesen der Jesuiten nach den Ordensgesetzen dargestellt. gr. 8. (VII und 288 S.) Halle 863, Buchh. des Waisenhauses. *

Weicker, Gustavus: De Sophocle suae artis aestimatore. Halis Saxonum (1862): Gebauer-Schwetschke. 50 S. 8°
Halle-Wittenberg, Phil. Diss. pro impetratis honoribus v. 8. Aug. 1862
Geb. Oppach (Ober-Lausitz) b. Bautzen 23. 1. 1837. V.
Verf. war am 15. 7. 1862 promoviert worden. — Auf dem Titel steht fälschlich: ad summos honores capessendos statt: pro honoribus impetratis. — Die vom Verf. auf S. 36 Anm. 87 b angekündigte Forts. ersch. u. d. T.: De fragmentis fabularum quae ad primordia artis Sophocleae referuntur. Halle 1862: Waisenhaus. 41 S. 8° (4°) Pädagog., Progr.

Weicker, H., bäuerliche Blumengärtchen im Gebirge. Nach e. Vortrage (m. Illustr.) im landwirtschaftl. Verein in Friedland, Kreis Waldenburg. Hrsg. im Auftrage des Deutschen Vereins f. ländl. Wohlfahrts- u. Heimatspflege. (46 S.) 8. Berlin 910. Deutsche Landbuchh. — 60

Weicker, Hans *Eduard* [app. Arzt aus Chemnitz]: Aus d. Laboratorium d. pharmakognost. Sammlung in Kiel. Beitrag zur Kenntnis der Wirkung des Curarin ... Kiel, Druck v. A. F. Jensen, 1891; 14 S., 1 Bl. 8°
Kiel, Med. Fak., Inaug.-Diss. v. [15. Mai] 1891.

Weicker, Hans, Beiträge zur Frage der Volksheilstätten. Mitteilungen aus Dr. Weicker's „Krankenheim". V. gr. 8. (70 S. m. 1 eingedr. Kurve.) Berlin 901. A. Hirschwald. n. 2. —

— dasselbe. (VI). Mitteilungen aus Dr. Weicker's Volkssanatorium „Krankenheim" (Jahresbericht 1900). gr. 8. (38 S.) Leipzig 902. F. Leineweber. n. 1. 50

Weicker, Hans, Beiträge zur Frage der Volksheilstätten. VII. Mitteilungen aus Dr. Weicker's Volkssanatorium „Krankenheim" (Jahresber. 1901). (38 S.) gr. 8. Leipzig 903. F. Leineweber. n. 1. 50

— dasselbe. VIII. Mitteilungen aus Dr. Weicker's Volkssanatorium „Krankenheim" Görbersdorf (Schlesien). (123 S. m. 16 Tab.) gr. 8. Ebd. 903. n. 9. —

Weicker, Fürsorge f. Genesende, s.: Gebhard, H.

Weicker, Hans, Fürsorge f. die schulentlassene männliche Jugend. s.a. **Flugschriften** der Zentralstelle f. Volkswohlfahrt. 3. Heft.

Fürsorge für die schulentlassene männliche Jugend namentl. im Anschluß an d. Fortbildungsschule. Bearb. von Hans **Weicker**. Berlin: Heymann 1910. 44 S. 8°
(Flugschriften d. Zentralstelle f. Volkswohlfahrt. H. 3.) [10. 14067

Weicker, Hans, Kiautschou, das deutsche Schutzgebiet in Ostasien. Mit üb. 145 Illustr. Federzeichnungen v. Frau Marie Gey-Heinze. 2. Aufl. (239 S.) gr. 8. Berlin 908. A. Schall. 4.50; geb. 6. —
1. Aufl. (239 S.) 908. 8. — ; geb. 10. —.
3. Festigkeitslehre u. angewandte Mechanik m. Beispielen d. praktischen Maschinenrechnens in elementarer Darstellung. Bearb. v. W. Mit 61 in den Text gedr. Abb., 192 vollkommen durchgerechneten Beispielen, 94 Übungsbeispielen u. Tabellen. (VIII, 208 S.) 908. 3. — ; geb. 3. 60

Weicker, H., das Tuberkulin in der Hand des prakt. Arztes. Nach e. auf der 79. Versammlung deutscher Naturforscher u. Ärzte in Dresden 1907 geh. Vortrage. (30 S.) gr. 8. Wien 908. M. Perles. 1. —
Sonderabdr. aus: „Wiener med. Wochenschr."

Tuberkulose — Heilstätten — Dauererfolge. Eine krit. Studie. Von Dr. Hans Weicker. *Leipzig: F. Leineweber 1903.* (54 S.) 8° [03. 15841

Weicker, L. C., zwei-, drei- u. vierstimm. Gesänge in Ziffern, f. d. Hand d. Kinder in Volksschulen. 1. Hft. 1. Abthl. 8. (1 B.) Darmstadt 837, [Heyer's Vrlsbuchh.]

—— kalligraph. Wandfibel d. latein. (engl.) Schrift, in method. Stufenfolge f. Volksschulen auf 12 Taf. (Roy.-Fol.), nebst Anleit. z. zweckmäss. Gebr. ders. gr. 8. (1 B.) Darmstadt 836, Leske.

Weicker, M., Beurteilung der „erneuerten Agende der evang. Landeskirche" u. des „Wegweiser" zur Auswahl der Formulare, welche in den Gemeinden luth. Bekenntnisses gebraucht werden sollen, s.a. Altes u. Neues aus der luth. Kirche. 6. Bd.

Beurteilung der 'erneuerten Agende der evang. Landeskirche' und des 'Wegweiser' zur Auswahl der Formulare, welche in d. Gemeinden luther. Bekenntnisses gebraucht werden sollen, durch **M. Weicker**, ev.-luth. Pastor. *Elberfeld: Luther. Büchervererein 1896.* (28 S.) 8° [Ѫ]
= **Altes** u. **Neues** aus d. luther. Kirche. Bdch. 5. [... 5

— Johannes Knipstrow, der erste General-Superintendent Pommerns, wolgastischen Teiles, s.a. Saatkörner a. d. evangel.-luther. Kirche. Nr. 9.

Johannes Knipstrow, der erste General-Superint. Pommerns Wolgastischen Theiles. Kurzer Überblick über das Leben u. Werk eines neuen Zeugen Christi ... Von **M. Weicker**, Pastor u. Superint. *Elberfeld: Luth. Bücherver. [1902].* (40 S.) 8° [F.]
= **Saatkörner** aus d. Evang.-Luth. Kirche. No 9. [03. 3479

Nachrichten aus der evangelisch-lutherischen ⟨Frei-⟩Kirche Pommerns. Seiner Diözese dargeb. von **M. Weicker**, Sup. 2. Aufl. Elberfeld: Luth. Bücherver. 1906. (32 S.) 8° [F. u. Ant.] [06. 8535 B

Weicker, M., bewegte Zeiten. Ein Erinnerungsblatt zum 60jähr. Jubiläum der Parochie Cammin i. P., s.a. Altes u. Neues aus der luth. Kirche. 6. Bdchn.

Bewegte Zeiten. Ein Erinnerungsbl. z. 60jähr. Jubil. d. Parochie Cammin i. P. Seiner Gemeinde gewidmet durch M. Weicker, ev.-luth. Pastor. Elberfeld: Luther. Bücherverein 1897. (58 S.) 8⁰
(Altes u. Neues aus d. luther. Kirche. Bdch. 6.)

Weicker, *Max* [Dir. Prof.]: *Bericht über die Feier des 350-jährigen Bestehens der Anstalt.* Eisleben, Druck v. E. Schneider, 1897; 14—20 S. 4.
Eisleben, k. G, OP 1897 (238)

Weicker, [Max], Prof. Dir.: Der **Lehrplan** der Gymnasien. 1901. *Eisleben 1902: E. Schneider.* (S. 3—28.) 4°
Eisleben, k. G, OP 1902 (257)

Weicker, Th., die bisherigen in Heilstätten erzielten Dauererfolge, s.: Über Heilstätten- u. Tuberkulin-Behandlung.

Weicker, W., Amor Platonicus, qui vocatur, et disserendi ratio Socratica quae necessitudine inter sese contineantur. Pr. 1869. 24 S. 4°. 1.50

Weicker, Wilhelm Georg, s. Weicker, Georg

Weicker, William, Referendar: Die Beistandschaft des Deutschen Bürgerlichen Gesetzbuches. Borna-Leipzig 1910: Noske. VI, 71 S. 8°
Leipzig, Jur. Diss. v. 28. Jan. 1910
[Geb. 9. Juli 79 Chemnitz i. S.; Wohnort: Leipzig; Staatsangeh.: Sachsen; Vorbildung: Gymn. Wurzen Reife O. 01; Studium: Jena 2, Leipzig 9 S.; Rig. 28. Juli 06.] [U 10. 2920

Weicker, William: Zur Beurteilung von Hochspannungs-Freileitungs-Isolatoren, nebst einem Beitrag zur Kenntnis von Funkenspannungen. 1910. 99 S., 2 Taf. 4⁰
¶ Verkürzt in: Mitteilungen über Forschungsarbeiten auf d. Gebiete d. Ingenieurwesens. H. 100. 1911; Ausz. in: Zeitschrift d. Vereines deutscher Ingenieure. Bd 55. 1911, Halbj. 1.
Dresden, Dr.-Ing.-Diss. v. 30. 7. 1910

Weicker, William, und Genossen Übersicht über die Erwerbungen der Zwickauer Ratsschulbibliothek von 1840—1879. 27 S.
Progr. G. *Zwickau* 1880.

Weickersreuter, Adam Heinrich A. S. 98/18

Dissertatio inauguralis de jurisdictione academiarum privilegiaria. Präs. Ludwig Konrad Schmalkalder. Tübingen (Roebel) 10. VII. 1734. 46 S.
36033

Weickersreuter, Johann Philipp (Esslingen) A. S. 206/10

Disquisitio inauguralis juridica de revocatione privilegiorum licita. Präs. Johann Andreas Frommann. Tübingen (Eitel) I. 1704. 74 S. 36035

Weickert, August

Weickert, A. Die Anfertigung der Zeichnungen f. Maschinenfabriken, s. **Weyde**, Joh. Frz.

Arithmetik und Algebra. Eine leichtfassl. Darstellung der f. Maschinenbauer unentbehrl. Gesetze d. Arithmetik u. d. allgem. Buchstabenrechnens. Bearb. von A[ugust] **Weickert**, Ingen. 6., umgearb. u. verm. Aufl. Berlin: A. Seydel 1907. (VII, 120 S.) 8°
= **Weickert**: Prakt. Maschinenrechnen. T. 1. [07. 16585

Festigkeitslehre und Angewandte Mechanik mit Beispielen des prakt. Maschinenrechnens in elementarer Darstellung. Bearb. von A[ugust] **Weickert**, Berlin. 6. umgearb. u. verm. Aufl. Mit 61 Abb., 192 vollkommen durchgerechn. Beispielen, 94 Übungsbeispielen u. Tab. Berlin: A. Seydel 1908. (VIII, 208 S.) 8°
= **Weickert**: Prakt. Maschinenrechnen. T. 3. [08. 16605

—— u. R. **Stolle**. Praktisches Maschinenrechnen. Eine Zusammenstellg. der wichtigsten Erfahrungswerte aus der allgemeinen und angewandten Mechanik in ihrer Anwendg. auf den prakt. Maschinenbau. gr. 8. (VII, 148 S. m. Abbildgn.) Berl. 889, Polytechn. Buchh. * 2 —; geb. * 2 50

— u. R. **Stolle**, praktisches Maschinenrechnen. Eine Zusammenstellg. der wichtigsten Erfahrungswerte aus der allgemeinen u. angewandten Mechanik in ihrer Anwendg. auf den prakt. Maschinenbau. Erläutert durch zahlreiche der Praxis entnommene Beispiele u. eingeleitet durch e. leichtfassl. Darstellg. der f. Maschinenbauer unentbehrl. Gesetze des allgemeinen Buchstabenrechnens. 2., verb. u. verm. Aufl. 4. u. 5. Taus. gr. 8. (VII, 255 S. m. üb. 100 Abbildgn.) Berlin 894. Polytechn. Buchh., A. Seydel. n. 3. —; geb. in Leinw. n. 3. 75

Weickert, A., u. R. Stolle, prakt. Maschinenrechnen. E. Zusammenstellg. d. wichtigsten Erfahrungswerte aus d. allgemeinen u. angew. Mechanik in ihrer Anwendg. auf d. prakt. Maschinenbau. Erläut. durch zahlr. der Praxis entnomm. Beispiele u. eingeleitet durch e. leichtfassl. Darstellg. d. für Maschinenbauer unentbehrl. Gesetze d. allgem. Buchstabenrechnens. M. üb. 100 in d. Text gedr. Abb. 3., verb. u. verm. Aufl. 6. u. 7. Taus. gr. 8. (VII, 262 S.) Berlin 898. Polytechn. Buchh. A. Seydel. n. 3. 50; geb. in Leinw. n. 4. 25

Praktisches Maschinenrechnen. Eine Zusammenstellung d. wichtigsten Erfahrungswerte aus d. allgem. u. angewandten Mechanik in ihrer Anwendung auf d. prakt. Maschinenbau. Erl. durch zahlr. Beispiele u. eingel. durch e. leichtfassl. Darstellung d. Gesetze d. allgem. Buchstabenrechnens. Bearb. von A[ug.] **Weickert** u. R[udolf] **Stolle**, Ingenieure in Berlin. 4. verb. u. verm. Aufl. Mit über 100 Abb. *Berlin: A. Seydel 1901.* (VI, 292 S.) 8° [02. 1163

Praktisches Maschinenrechnen. Eine Zusammenstellung d. wichtigsten Erfahrungswerte aus d. allg. u. angew. Mechanik in ihrer Anwendung auf d. prakt. Maschinenbau. Bearb. von A[ugust] **Weickert** u. R[udolf] **Stolle**, Ing. in Berlin. Mit über 100 Abb. 5. Aufl. *Berlin: A. Seydel 1902.* (VI, 292 S.) 8° [03. 1424

Allgemeine Mechanik. Eine leichtfaßl. Darstellung der f. Maschinenbauer unentbehrl. Gesetze d. allgem. Mechanik als Einführung in d. angewandte Mechanik. Bearb. von A[ugust] **Weickert**, Berlin. 6. umgearb. u. verm. Aufl. Mit 132 Abb., 193 vollkommen durchgerechn. Beispielen u. 155 Übungsbeispielen. Berlin: A. Seydel 1908. (X, 210 S.) 8°
= **Weickert**: Prakt. Maschinenrechnen. T. 2. [08. 16608

***Weickert*, C. F., de Micrometris duplicem objecti imaginem proferentibus. Cum 1 Tab. aen. 4. Leipz. 811. (Kummer). 8 gr.**

Weickert, Carl Louis, s. Weickert, Karl Louis

Weickert, Ed., Günther's Methoden der Aufsuchung der Arterien am menschl. Körper, nebst kurzen topogr.-anatom. Bemerkungen. 16. (6⅜ B.) Leipzig 846, (47,) Renger'sche Bh.

—— oberschlesische Zustände in freien Rasirspiegel-Scenen. 8. (11 B.) Leipzig 843, (Drobisch?)

—— dass. 5 Hfte. 8. (29⅓ B.) Ebds. 844, 45. à * 7½ Ngr. * 1 7/.

Weickert, Frdr., Prüfung elektr. Maschinen u. Transformatoren, s.a. Bibliothek der gesamten Technik.

Prüfung elektrischer Maschinen und Transformatoren. Von Friedrich Weickert. Mit 64 Abb. Hannover: M. Jänecke 1907. (119 S.) 8° = Bibliothek d. gesamten Technik. Bd 50.

Weickert, J., Aus dem Gebiete der Influenz-Elektricität. 8⁰. Leipzig 1879.

Weickert, J. Ch. Explic. locor. aliquot Demosth. aliorumque scriptorum. (Demosth. Mid. Phil. III. orr. Olynth., de pace. Lys. laud. fun. p. 123. Rsk. Thuc. I. 137 sqq. VII. 75. in Isocr. de pace. c. 16. zus. 10 Stellen.) 14 S. . . . .
Luckau, Progr. 1826

Weickert, J. D. Adnot. in Aeneidos libros II. priores. 13 S. . .
Luckau, Progr. 1834

Weickert, J. D. Ueber die Apposition im Deutschen. 29 S. . . . . .
Luckau, Progr. 1829

Weickert, J. D. Zur Erklär. Klopstockischer Oden. 1r Beitrag. (Beurtheilung der Vetterleinschen Bearbeitung der Oden Klopst.) 20 S.
Luckau, Progr. 1840

Weickert, Johannes [Dr.]: Eine konstante Chromsäurebatterie für Unterrichtsversuche. Zittau, Druck v. Neboisa & Bohme, 1889; 8. 1–8, 1 Taf. 4°
Zittau, k. RG, OP 1889 (630)

Weickert, Karl Louis

Weickert, Carl Louis, Eruditio arithmetica, eine Anleitung zur Selbstübung im Zahlenrechnen nach einer auf prakt. Erfahrung u. eignes Forschen gegründeten Methode. 3. verm. u. völlig umgearb. Aufl. 1. u. 2. Lfg. 8. Dresden 845. (Grimm.) à n. 4 ngl

Weickert, Kasp., Bilder aus der deutschen u. bayerischen Geschichte, s.: Klemmert, H.

Weickert, Louis, Vergleichung der Münzen, Maaße u. Gewichte aller Länder im Vergleich zum königl. sächs. Münz- u. französ. Maaß- u. Gewichts-Systeme bearb. 7. (Titel-)Aufl. 12. (IV u. 176 S.) Dresden 852, Türk in Comm. n. 6 ngl

Weickert, Robert

Aus dem Leben meines Großvaters Johann Dankegott Weickert und meines Vaters August Moritz Weickert. Eine Denkschrift zur Feier des 100jähr. Bestehens der Firma J. D. Weickert in Leipzig. 1783–1883. Von Robert Weickert. Neu hrsg. u. erg. von Max Weickert. — Leipzig 1908: (Kreysing). 48 S. 8° 38 A.

Weickert, (G.) Theod. (geb. Luckau in d. Lausitz 28. 9. 1822): Abortus historia, litteratura, pathologia. Berolini (1856). (148 S.) 8°
Berlin, Med. Diss. v. 2. Jan. 1856

Weickert, W., Dürer im Munde seines Volkes. Ein Dialog. 8. (1½ B.) Nürnberg 840, (Winter.)

v. Weickhmann, Leben des Königl. Geh. Ob.-Reg.-Raths, Oberbürgermeisters der Stadt Danzig Joachim Heinrich v. Weickhmann, geb. 1769 den 5. Febr., gestorben 1857 den 28. Octbr. Danzig 858. Devrient in Comm. gr. 8. (46 S.) n. 15 ngr

Weickhmann, v., Leben des königl. geh. Ob.-Reg.-Raths, Oberbürgermeisters der Stadt Danzig Joachim Heinrich v. Weickhmann, geboren 1769 den 5. Febr., gestorben 1857 den 28. Octbr. gr. 8. (46 S.) Danzig 858, (Doubberck.) *

Weickhmann, B., Lebenswege. Ein Familienbild, s. Lebenswege.

Weickhmann, Gabr. Joach., († d. 19. Jan. 1792.) **Commentatio de discordia civili reipublicae capitali. 4. Wittenb. 755.**

— Versuch, in wie weit es e. Staate vortheilhaft ist, die Einwohner durch Fremde zu vermehren. Wittenb. 758.

— **Vicennalia obsidionis Gedanensis. 4. Danz 754.**

Weickhmann, J. E., Aphorismen über d. Methode u. die Lehrmittel E. A. Zellers. 8. Danz. 816. (Ewert). 21 gr (a. Kummer in Leipz.) 21 gr

Weickhmann, J. E., Aphorismen über die Methode und die Lehrmittel E. A. Zellers. 8. Danzig, Krause. 817.

Weickhmannus, Joach.: Apologia, qua justitiam causae suae in controversia de polygamia simultanea, adversus scriptum Sam. Frid. Willenbergii: Iterata praesidia juris divini tuetur. P. 1. Lipsiae 1715.

Weickhmann, Io., Apologia in controvers. de polygamia simultanea. II Ptes. 4. Lps. Junius. 715.

— Apologie, deutsche. 2r Thl. 4. Ebend. 716.

— katechetische Erklärung d. göttlichen Sittengesetzes. 8. Danzig, Knoch. 742.

Weickmannus, D. Joach. („pastor ad D. Mariae, & r. Ministerii, J. A. C. Gedani profitentis, senior"), Justitia causae in controversia de polygamia simultanea .... Sam. Frid. Willenbergio in defensionem vindiciarum Scripturae Sacrae &c., C. append. responsor. theol.-juridicor. Lipsiae 1714. 4⁰. (In Stralsund, Rathsbibl.)

— theolog. Unterricht v. d. Pest. 8. Lpz. Junius. 711.

Weickhmann, Joachim Samuel

Weickhmann, J. S., an Magi fuerint Hispani, ser. Ps. 72, 10. Viteb. 1750. 4.

Weickhmann, Joach. Sam., († d. 18. Oct. 1774.) **Progr. consecrationem templi Hierosolymitani Constantinianam proponit etc. 4maj. Wittenb. 770. (Leipz., Brockhaus). 4 gr**

Weickhmann, Ioach. Sam., consecrationem Templi Hierosolymitani Constantinianam proponit etc. 4 maj. Lpz. Heinsius. (Gleditsch.) 770.

— **Einweihungspredigt der Universitätskirche in Wittenberg etc. gr. 4. Wittenb. 772. (Leipz., Brockhaus). 6 gr**

Weickhmann, Joachim Samuel [Praes.], s. Heller, Jonathan: Caussam sanctissimae religionis contra auctorem cogitationum rationalium de usu methodi scientificae in theologia revelata.

Weickhmann, Joachim Samuel [Praes.], s. Horwein, Jo. Theoph.: De vaticiniis in genere speciatimque de vaticiniis Lutheri memorabilibus.

Weickhmann, J. S., martyres spiritu divino pleni. Viteb. 1746. 4.

— Faustae precationes, quibus saecularem pacis Olivensis memoriam a patria sibi carissima redintegratam prosequitur, praefatus nonnulla de virtutibus majorum hac partione nobilitatis. 4. Danz. 760.

Weickhmann, J. S., silentium liturgiarum priscarum de Sanctorum invocatione ex causis suis erutum. Viteb. 1741. 4.

— s. Phil. Skelton, Predigten.

Weickhmann, Joachim Wilhelm (Danzig) A. S. 135/35

Dissertatio iuris publici qua civitas Gedanensis neque olim in regni Germanici fuisse, neque hodie in imperii Romano-Germanici esse potestate, eiusque formula contineri vincitur.
Wittenberg (Dürr) 19. XII. 1765. 90 S.
36038

Weickhmann, Johann Leonhard (Danzig) A. S. 1115/13

Dissertatio inauguralis medica de ileo.
Wittenberg (Gerdes) VII. 1735. 48 S.

Gew.: Joachim Weickhmann (Vater). 36039

Weickhmann, Sam. Thph., D. Vindiciae doctrinae de suppliciis damnatorum aeternis. Gedan. 774. 4.

[J.] von **Weickhmann,** Wilhelm *Heinrich Alexander* [Kammergerichtsref.]: Die Vielehe deutscher Reichsangehöriger in muhammedanischen Staaten. E. Beitr. z. Casuistik d. internationalen Privat- u. Strafrechts ... Greifswald, Druck v. J. Abel, 1895; 50 S. 8.
Greifswald, Jur. Fak., Inaug.-Diss. v. 1895

Weickl, Rich., kritische Besprechg. d. neuen österreich. Weingesetzes m. einigen Anregungen, die zum allgem. Besten dienen sollen. (14 S.) 8. Wien 908. W. Frick. — 40

Christoph Weickmann

Exoticophylacium Weickmannianum oder Verzeichnus unterschiedlicher Thier, Vögel, Fisch, Meergewächs, Ertz-und Bergarten, edlen und anderen Stain, ausländtschem Holtz und Früchten... so in der Kunst- und Natural-Kammer deß Christoph Weickmanns [Weickmann] zu finden. o.O. 1716. 75 S. 8°

Weickmann, Joachim, s. Weickhmann

Weickmann, Ludw., isoplethäre Darstellg. der solaren Wärmestrahlg. nach den Zahlenwerten v. Angot. Mit e. Anh.: Die Darstellg. period. Flächen in der Form zusammengesetzter Schwinggn. (16 S. m. Abbildgn.) 32,5×25 cm. München 908. A. Buchholz. nn 1. 50
Sonderabdruck aus: „Beobachtgn. d. meteorol. Stationen im Kgr. Bayern".

Klimatologie v. Süddeutschland, s.: Alt, Eug.

Des Maurers höchstes Gebet. [Unterz.:] Georg **Weicksel.** Dresden: Ulrich [ca 1905]. 1 Bl. 50×65 cm. [Lithogr.]

[Dasselbe.] 2. Aufl. Ebendas. [1907]. 1 Bl. 50×65 cm [Lithogr.]

cf. Z. 35 (1904—1905) S. 522; R. 32 (1905) S. 80 (G. Schauerhammer).
Gedicht: „Erkennend die Macht, die hoch über uns waltet, . . ."

Weicksel, Johannes, Medizinalprakt.: Beobachtungen über die gonorrhoische Gelenkaffection nebst Bemerkungen über die Polyarthritis rheumatica, dargestellt an der Hand der Krankengeschichten der Leipziger Universitätsklinik aus den Jahren 1904—1908. Leipzig 1909: Georgi. 26 S. 8°
Leipzig, Med. Diss. v. 4. Mai 1909, Ref. Curschmann
[Geb. 18. Dez. 83 Rothenkirchen i. V.; Wohnort: Leipzig; Staatsangeh.: Sachsen; Vorbildung: Realgymn. Leipzig Reife O. 03; Studium: Gent 1, Leipzig 10 S.; Coll. 13. Mai 09.] [U 09. 2899

Weickum, Carl Franz, s. Weickum, Karl Franz

Weickum, Georg

Weickum, G: Differential-Schraube. Wien 1883

Weickum, Georg. Patentirtes Kugelsystem. Wien 1881.

Weickum, Georg. Verstellbare Schienenstossverbindung. Aut. fol.

Weickum, Karl, beata quae credidisti! O selig, die du geglaubt hast! 31 Betrachtungen üb. das apostol. Symbolum für die Maiandacht zu Ehren der allerseligsten Jungfrau Maria. Nebst den täglichen Gebeten e. kathol. Christen u. e. Auswahl v. Muttergottesliedern. 16. (VII, 384 S.) Paderborn 872. Junfermann in Comm. n. 1. 50

Weickum, Karl, dramatische Bilder. Schauspiele für die reifere Jugend zur geselligen Unterhaltung u. sittlichen Charakterbildung. Mit 1 (lith.) Musikbeilage. Augsburg 861. Rieger. 8. (IX, 270 S.) 21 ngr.

Weickum, Karl, dramatische Bilder. Schauspiele f. gesell. Vereine zur Unterhaltg. u. sittl. Charakterbildg. 2. Aufl. Mit 3 Musik-Beilagen. 8. (XI, 324 S.) Augsburg 884. Rieger. geb. n. 2. 80

Weickum, Karl, Erinnerungsblüthen von Rom. Ein Sonettenkranz, gewunden zur Feier der erreichten 30 Pontifikats-Jahre unseres heil. Vaters Pius IX. 8. (42 S.) Freiburg i. Br. 876, Herder'sche Verlagsh.

Weickum, Karl, der Feuerofen in Babylon. Biblisches Festspiel in 3 Aufzügen. 8. (26 S.) Freiburg i/Br. 879. Herder. n. — 30

—— die Heilung des Blindgebornen. Biblisches Drama in 5 Abthlgn. 8. (VII, 46 S.) Freiburg i. Br. 882, Herder'sche Verlagsh. *

— Columbus. Dramatisches Gemälde in 5 Akten. Aus der Geschichte der Entdeckg. Amerika's. 8. (138 S. m. 2 Musikbeilagen in qu. 4.) Freiburg i/Br. 873. Herder. n. 1. —

Weickum, Karl, Columbus. Dramatisches Gemälde in 5 Acten aus der Geschichte der Entdeckg. Amerika's. 2., rev. Aufl. zur 4. Säcularfeier. 8. (XI, 105 S. m. 4 S. Musikbeilage in qu. 4. u. 1 Titelbild.) Freiburg i/B. 893. Herder. n. 1. 20

Weickum, Karl, das heilige Meßopfer. Dessen Inhalt und Feier in der kathol. Kirche. Ein Handbuch für Prediger und Katecheten so wie zur allgemeinen Erbauung und Belehrung. 8. (XXVIII und 620 S.) Schaffhausen 865, Hurter'sche Buchh.

Weickum, Karl, Petrus und Kornelius. Biblisches Drama. Festgabe zur Feier des 50jähr. Priesterthums des Heiligen Vaters Leo XIII. 8. (VIII, 91 S. mit 1 Titelbild und 1 Musikbeilage.) Freiburg i. Br. 887, Herder'sche Verlagsh. *

— Pius IX., sein Muth u. sein Sieg. Festrede zur Sekundizfeier Papst Pius IX, gehalten in der Metropolitankirche zu Freiburg den 11. April 1869. Freiburg im Br. 869. Herder. gr. 8. (18 S.) 2 ngr.

—— Trauerrede zur Feier des Dreißigers für den in Gott ruhenden, am 3. Aug. d. J. gestorbenen hochwürdigen Hrn. Dr. Lothar v. Kübel, Bischof von Leuca i. p. i., Domdekan des Metropolitan-Kapitels und Erzbisthumsverweser in Freiburg, gehalten den 6. Septbr. 1881 in der Domkirche zu Freiburg. gr. 8. (12 S.) Ebendas. 881. *

—— Weihnachtsspiel. Dramatische Vorstellung der bibl. Mittheilungen über die Geburt Christi, in 2 Abthlgn. [I. Die Berufung der Hirten, in 3 Akten. II. Die Berufung der Heiden, in 2 Akten.] Mit einer Musikbeilage von Johs. Schweitzer. 8. (67 S. mit 1 Chromolithogr.) Ebendas. 880.
Musikbeilage. qu. 4. (28 S.) *

— dasselbe. Musikbeilage. I. Die Berufg. der Hirten. II. Die Berufg. der Heiden. Comp. v. J. Schweitzer. Op. 29. 2. Aufl. Mit e. Nachtr.: III. Die Herrlichkeit d. Herrn in seiner Niedrigkeit. Comp. v. J. Schweitzer u. J. B. Männer. qu. 4. (34 S.) Ebd. 888. 1.25; Nachtrag qu. (5 S.) — 25

— Weihnachtsspiele. Dramatische Vorstellgn. nach den bibl. Mittheilgn. üb. die Geburt Christi. I. Die Berufg. der Hirten in 3 Acten. II. Die Berufg. der Heiden in 2 Acten. III. Die Herrlichkeit d. Herrn in seiner Niedrigkeit in 1 Act. 2. Aufl. m. 1 Titelbild in Farbendr. 8. (IV, 79 S.) Ebd. 890. n. — 90

— Weihnachtsspiele. Musikbeilage dazu. qu. 4. Ebd. 893. 1. 25
I. Die Berufung der Hirten. II. Die Berufung der Heiden. Componirt v. Johs. Schweitzer. Op. 29. 3. Aufl. Mit e. Nachtrag: III. Die Herrlichkeit d. Herrn in seiner Niedrigkeit. Componirt v. Johs. Schweitzer u. J. B. Männer. (34 S.)

Weickum, Karl, Weihnachtsspiele. Dramat. Vorstellgn. nach d. bibl. Mittheilgn. üb. d. Geburt Christi. I. Die Berufg. d. Hirten, in 3 Acten. II. D. Berufg d. Heiden, in 2 Acten. III. D. Herrlichkeit d. Herrn in s. Niedrigkeit, in 1 Act. 3. Aufl. 8. (83 S.) Freiburg i/B. 896. Herder. n. — 90

Weickum, Karl, Weihnachtsspiele. Dramatische Vorstellgn. nach den bibl. Mitteilgn. üb. die Geburt Christi. I. Die Berufg. der Hirten, in 3 Akten. II. Die Berufung der Heiden, in 2 Akten. III. Die Herrlichkeit des Herrn in seiner Niedrigkeit, in 1 Akt. 4. Aufl. (83 S.) 8. Freiburg i/B. 905. Herder. n. 1. 40

Weickum, Karl Franz

Weickum, Carl Frz., Kloster-Reden. 8. (VIII und 182 S.) Schaffhausen 858, Hurter'sche Buchh. Thlr.

Weicmann, Magnus (Nürnberg) A. S. 154/27

Dissertatio inauguralis iuridica, de eo quod iustum est, circa incrementa et decrementa pretiorum, in praediis hereditariis, post confectum inventarium, emergentia, sive, Vom Zu= und Abgang an inventirten, vornemlich unbeweglichen Erbschaffts=Güttern, Altdorf (Meyer) 5. III. 1744. 62 S.

Gew.: Stadt Nürnberg. 36040

Weida [Schlagwort]

Weida. s.: Geologische Karten (Preussen).

Weida, s.: Preussen. Messtischblätter.

Weida. Spangenberg, K., Karte v. Weida u. Umgegend. 33,5 × 34 cm. Farbdr. Mit Text. schmal Fol. (1 Bl.) Weida (880). R. Alander. n. — 60

Weidang, K., Deutschlands Dreigestirn. Episches Gedicht. 8. (59 S.) Dresden 894. R. v. Grumbkow. n. 1.—

— s. a. Wiegand, K.

Weidanz, Oskar

Weidanz, O., praktische Anleitung zur Ausführung des biologischen Eiweissdifferenzierungsverfahrens, s.: Uhlenhuth, P.

Weidanz, Oskar, approb. Arzt aus Grund i. Harz: Aus d. med. Klinik zu Kiel. Über spastische Ösophagusstenosen. *Kiel 1902: Schmidt & Klaunig.* (50 S.) 8°
Kiel, Med. Diss. v. [20. März] 1902

Weidanz, O[skar] u. K. Borchmann: Vergleichende Untersuchungen über die praktische Verwertbarkeit der Präcipitinreaktion und der Komplementbindungsmethode zum Nachweis von Pferdefleisch.
Aus: „Arbeiten aus d. Kaiserlichen Gesundheitsamte". Bd 28, H. 3. 1908.

Weidauer, Arnold, Abschiedsgrüße beim Scheiden v. Amt u. Gemeinde, seinen geistl. Herren Amtsbrüdern in der Ephorie u. seinen lieben Kirchengemeinden in der Stadt Glauchau auf Wunsch im Druck hinterlassen. (35 S.) gr. 8. Glauchau 903. A. Peschke. n. — 50

Weidauer, A., Gedächtnißrede am Sarge d. weil. Hrn. Past. prim., Superint. a. D. Consist.-R. D. Carl With. Otto, vor der Beisetzg. auf dem Friedhof zu Glauchau in der St. Georgkirche daselbst am 5. Mai 1890 geh. gr. 8. (11 S.) Glauchau 890. Peschke. n. — 20

Weidauer, Jubiläumspredigt, s.: Zur Erinnerung an die gottesdienstliche Feier des 350jährigen Jubeltages der Einführung der Reformation in den Schönburgischen Receßherrschaften.

Weidauer, Moriz: Reichserzkanzler und Kardinal Konrad von Wittelsbach (Erzbischof von Mainz als Konrad I. 1161—1165 und 1183 bis 1200 und Erzbischof von Salzburg als Konrad III. 1177—1183.) 1. Teil. 40 S. 4. **Progr.** Kgl. Gymn. *Plauen i. V.* 1904 (633).

Weidauer, Moritz Ferdinand

Weidauer, Mor. Ferd., Festrede zum vierten obererzgebirgischen Männergesangfeste in Buchholz am 20. Aug. 1850. gr. 8. (8 S.) Buchholz 850, Adler. 1½ ngr

Weidauer, Mor. Ferd., Gedichte. Aus seinem Nachlasse herausg. von seinen Söhnen. Zwickau 861. Buchhdlg. des Volksschriften-Vereins. 16. (3 Bl., 166 S.) n. 20 ngr.

—— Grablieder. 1. Aufl. 1850. 9 Ngr. und 2. Aufl. 8. (VI und 178 S.) Buchholz 851, Adler. *

Weidauer, Mor. Ferd., Grablieder. 3. Aufl. br. 8. (IV, 128 S.) Annaberg 870, Graser. *

Weidauer, M. F., Predigt über das Evangelium von der Hochzeit zu Cana am 2. Sonnt. nach dem Feste der Erscheinung Christi zu Buchholz gehalten. gr. 8. (13 S.) Buchholz 853. (Annaberg, Ronne.) *

Allgemeines: Handbuch der Liebesthätigkeit im Königreich Sachsen. Darstellung der kirchlichen Liebesthätigkeit, wohlthätiger gemeinnütziger Anstalten, Vereine und Stiftungen sowie der Fürsorgeanstalten des Staates, der Bezirke und grösserer Gemeinwesen. Nach zuverlässigen Unterlagen bearb. von Rud. **Weidauer.** Dresden: Landesverein für innere Mission 1902. XXXXVII, 508 S. 8°.
Erwähnt S. 329—331 die sächsischen Frmrlogen u. S. 373—374 den Verein Rat u. Tat in Dresden.

Weidauer, Rud., Handbuch der Liebesthätigkeit im Königr. Sachsen. Darstellung der kirchl. Liebesthätigkeit, wohlthät. gemeinnütz. Anstalten, Vereine u. Stiftgn., sowie der Fürsorgeanstalten des Staates, der Bezirke u. größerer Gemeinwesen. Nach zuverläss. Unterlagen bearb. gr. 8. (XLVII, 608 S.) Dresden 902. (Niederlage des Vereins zur Verbreitg. christl. Schriften.) n. 4. 50; geb. in Leinw. n. 5. 50

Weidauer, Rud., die Herberge zur Heimat, s.: Bausteine, kleine.

Weide d. Glaubens an Christo in Reimen. 32. Halle, Waisenh. Buchhdl. 747.

Weide f. die Lämmer. Nach dem Engl. 16. (160 S.) Cleveland 871. (Philadelphia, Schäfer & Koradi.) geb. n. 1. 60

— d. Lämmer u. Schaafe, d. i. Samml. e. geistr. Lieder. 12. Gorlitz, Deinzer. 747.

Weide, Esaias (Augsburg) A. S. 743/37

De autocheiria. Präs. Johann Lorenz Schneemelcher. Wittenberg (Schroedter) 21. VI. 1702. 8 Bl.

36041

Weide, Karl, 60 Jahre auf Habsburgs Kaiserthrone. Ein Gedenkbuch zum Jubiläum der 60jähr. Regierung. (III, 440 S. m. Abbild. u. Taf.) 34×25 cm. Wien (908). J. Deubler. Geb. in Leinw. (urspr. Pr. 20. —)

Weide, Otto, a. Butzbach: Die Materie bei Schopenhauer. Butzbach 1904: C. Schneider. (44 S.) 8°

Gießen, Phil. Fak., Ref. Siebeck, Diss. v. 6. Okt. 1904

[Geb. 31. Dez. 79 Butzbach; Wohnort: Butzbach; Staatsangeh.: Hessen; Vorbildung: Realgymn. Gießen Reife O. 98; Studium: München 2, Gießen 6 S.; Rig. 16. Juli 04.]

[δ.] Die Geschwister oder die Braut des Bruders. Trag.-romant. Märchenoper in 2 Aufz. Frei erfundenes dramat. Gedicht v. Bruno **Weidefeld** ... Textb. m. Regieangabe u. vollst. Scenarium. *Berlin: W. Möller 1898.* (32 S.) 1 Bd 8. [98. 12306

Weidefeld, O., elementare Rechnungen aus der mathematischen Geographie, f. Freunde der Astronomie in ausgewählten Kapiteln gemeinverständlich begründet u. vorgeführt. gr. 8. (64 S. m. 1 Fig.-Taf.) Berlin 894. F. Dümmler's Verl. n. 2. —

Weidegang, Der ungeregelte; eine Ursache des Zerfalles vieler unserer Hochgebirgswälder. O. O. [189?] V: *Eblin, Bernh.* (Zuwachsverz. der Bibl. Zürich 1898 ff.)

Weidehase, Hugo (geb. Berlin 27. 9. 1832): De strabismo. Berolini (1856) (35 S.) 8°

Berlin, Med. Diss. v. 9. Aug. 1856

Weidel, Arno: Zur Kenntnis der symmetrischen, sekundären, fett-aromatischen Hydrazine. Jena 1909: Vopelius. 44 S. 8°

Jena, Phil. Diss. v. 15. Sept. 1909, Ref. Knorr

[Geb. 20. Okt. 83 Dresden-Laugebrück; Wohnort: Dresden-Langebrück; Staatsangeh.: Sachsen; Vorbildung: Dreikönigsch. Dresden-N. Reife O. 03; Studium: Dresden Techn. Hochsch. 2, Jena 10 S.; Rig. 22. Juli 09.] [U 10. 2388

Weidel, Hugo u. E. Roithner: Über den Abbau einiger Säureamide. Separatabdruck aus: Sitzungsber. d. K. Akad. d. Wissensch. in Wien. Bd. 105. IIb. S. 145.

— Beiträge zur Kenntnis der Tetrahydrocinchoninsäure (mit 5 Holzschnitten). S. 85 II. 180 . . . . . vgr.

Separatabdruck

Weidel, H., über das Berberin. [Aus dem Universitätslaboratorium des Prof. v. Barth XVI.] [Mit 2 (eingedr.) Holzschn.] [Aus: „Sitzungsber. d. k. Akad. d. Wiss."] Lex.-8. (13 S.) Wien 878. (Gerold's Sohn.) n.n. — 30

Weidel, Hugo u. M. v. Schmidt

—— über die Bildung der Cinchomeronsäure aus Chinin und deren Identität mit einer Pyridincarbonsäure. [Aus dem Universitätslaboratorium des Prof. v. Barth XXXII.] Lex.-8. (10 S.) (Ebendas.) 879. *

aus: Sitzungsberichte der k. Akademie der Wissenschaften, besonders abgedruckt.

— und Niemilowicz L.: Über die Bildung von Thiazolderivaten aus Harnsäure. S. 101. III. 59 . . . . . vgr.

Separatabdruck

Weidel, H., über das Cinchonin. Lex.-8. (41 S. mit 2 eingedr. Holzschn.) Wien 874, (Gerold's Sohn.) *

—— über das Cinchonin. Lex.-8. (7 S.) (Ebendas.) 875. *
Vorstehende zwei Schriften sind aus: Sitzungsberichte der k. Akademie der Wissenschaften, besonders abgedruckt.

— Über das Cinchonin. I. Abhandlung (mit 2 Holzschnitten). S. 69. II. 743 . . . — 50
— — 2. Abhandlung. S. 72. II. 484 . . . . . — 20

Separatabdruck

Weidel, Hugo u. K. Hazura: Über das Cinchonin. Separatabdruck aus: Sitzungsber. d. K. Akad. d. Wissensch. in Wien. Bd. 86. II. S. 937.

— Über das Cubebin. S. 74. II. 377

Separatabdruck

— und Cobenzl A.: Über Derivate der Cinchoninsäure und des Chinolins (mit 4 Holzschnitten). S. 82. II. 88 . . . . . vgr.

Separatabdruck

— und Wenzel F.: Über das 1. 3. 5-Triresorcin-2. 4. 6-Trimethylbenzol und das Trimethylphloroglucin. S. 107. IIb. 25 . . . . .

Sep.-Abdr.

— u. M. **Gruber**, über die Einwirkung von Brom auf das Triamidophenol bei Gegenwart von Wasser. [Mit 4 (eingedr.) Holzschn.] [Aus: „Sitzungsber. d. k. Akad. d. Wiss."] Lex.-8. (22 S.) Ebend. 877. n. — 40

—— über die Einwirkung der Salzsäure auf das Resorcin, s. Barth, L.

— und Georgievics G. von: Über die Entstehung einiger Phenylchinolinderivate. S. 97. IIb. 101 . . . . . vgr.

Separatabdruck

— Über das γ-Acetacetylchinolin. S. 105. IIb. 38 . . . . . vgr.

Separatabdruck

Weidel, Hugo: Über das Ixolyt. Separatabdruck aus: Sitzungsber. d. K. Akad. d. Wissensch. in Wien. Bd. 74. II. S. 387.

— und Brix R.: Zur Kenntnis der Cinchon- und Pyrocinchonsäure. S. 85. II. 337 . . vgr.

Separatabdruck

— Zur Kenntnis der Dichinoline. S. 84. II. 463 . . . . . vgr.

Separatabdruck

— und Gläser M.: Zur Kenntnis einiger Dichinolylverbindungen. S. 94. II. 150 . . vgr.

Separatabdruck

Weidel, Hugo u. K. Hazura

— — Zur Kenntnis einiger Hydroprodukte der Cinchoninsäure. S. 90. II. 880 . . . vgr.

Separatabdruck

Weidel, Hugo u. Josef Herzig

— — Zur Kenntnis der Isocinchomeronsäure. S. 92. II. 1118 . . . . . vgr.

Separatabdruck

— und Hoppe Eduard, Dr.: Zur Kenntnis der Mesityl- und Mesitonsäure (mit 1 Textfigur). S. 101. IIb. 64 . . . . . vgr.

Separatabdruck

— zur Kenntniss d. Nicotins. [Mit 2 (eingedr.) Holzschn.] [Aus: „Sitzungsber. d. k. Akad. d. Wiss."] Lex.-8. (21 S.) Ebend. 873. n. — 40

— und Pollak J.: Zur Kenntnis der Nitrosoprodukte des Phloroglucindiäthyläthers. S. 106. IIb. 379
Sep.-Abdr.

— und Murmann E.: Zur Kenntnis einiger Nitrosoverbindungen der Pyridinreihe. S. 104. IIb. 698 . . . . vgr.
Separatabdruck

— und Wilhelm J.: Zur Kenntnis der Oxydationsprodukte des *Py* α-*Py* α-Dichinolyls. S. 95. II. 682 . . . . vgr.
Separatabdruck

Weidel, Hugo u. F. Wenzel

— — Über die Kondensation des Homologen Phloroglucin mit Salicylaldehyd. S. 108. IIb. 733
Separatabdruck

— und Strache Heinrich: Zur Konstitution des α-Dichinolins. S. 94. II. 132 . . . . vgr.
Separatabdruck

— Über das Methylphloroglucin. S. 107. IIb. 280 . . . . vgr.
Separatabdruck

Weidel, Hugo u. M. v. Schmidt

— — über eine **Modification** der Sauer'schen Schwefelbestimmungs-Methode. [Mit 1 (eingedr.) Holzschn.] [Aus: „Sitzungsber. d. k. Akad. d. Wiss."] Lex.-8. (5 S.) Ebend. 877. n.n. — 30

Weidel, Hugo u. J. Pollak

— — Über die Nitrosierung des Metoxyphloroglucins. S. 108. IIb. 681 . . . . vgr.
Separatabdruck

— und Russo M.: Studien über das Pyrazin. S. 86. II. 339 . . . . vgr.
Separatabdruck

und Blau F.: Studien über Pyridinabkömmlinge (mit 2 Holzschnitten). S. 92. II. 669 . . . . vgr.
Separatabdruck

Weidel, Hugo: S t u d i e n über Reaktionen des Chinolins. I. Abhandlung. Separatabdruck aus: Sitzungsber. d. K. Akad. d. Wissensch. in Wien. Bd. 95. II. S. 436.

— und Bamberger Max: Studien über Reaktionen des Chinolins. 2. Abhandlung. S. 95. IIb. 64 . . . . vgr.
Separatabdruck

— Studien über stickstofffreie aus den Pyridincarbonsäuren entstehende Säuren. 1. Mitteilung. S. 99. IIb. 4 . . . . vgr.
Separatabdruck

— und Hoff J.: Studien über stickstofffreie aus den Pyridincarbonsäuren entstehende Säuren. 2. Mitteilung (mit 1 Textfigur). S. 101. IIb. 4 . . . . vgr.
Separatabdruck

—— **Studien über Verbindungen aus dem animalischen Theer. I. Picolin. [Aus dem Universitätslaboratorium des Prof. v. Barth XXXI.] Lex.-8. (34 S. mit 16 eingedr. Holzschn.) Wien 879, (Gerold's Sohn.)** **

— u. G. L. **Ciamician,** Studien über Verbindungen aus dem animalischen Theer. II. Die nicht basischen Bestandtheile. [Aus dem Universitäts-Laboratorium des Prof. v. Barth XXXV.] [Aus: „Sitzungsber. d. k. Akad. d. Wiss."] Lex.-8. (33 S.) Ebend. 879. n.n. — 60

Weidel, H., und J. Herzig, Studien über Verbindungen aus dem animalischen Theer. III. Lutidin. [Aus dem Universitätslaboratorium des Prof. v. Barth.] Lex.-8. (47 S.) Wien 879, (Gerold's Sohn.) **
Aus: Sitzungsberichte der k. Akademie der Wissenschaften, besonders abgedruckt.

Weidel, Hugo u. G. L. Ciamician

— — 4. Verhalten des Knochenleims bei der trockenen Destillation (mit 6 Holzschnitten). S. 81. II. 32 . . . . vgr.
Separatabdruck

— und Pick R.: Studien über Verbindungen aus dem animalischen Teer. 5. Kollidin. S. 90. II. 9 . . . . vgr.
Separatabdruck

— Über eine Tetrahydrocinchoninsäure (mit 1 Holzschnitt). S. 83. II. 41 . . . . vgr.
Separatabdruck

Weidel, H., Untersuchung des Sandelholzes. [Aus den Sitzungsber. der k. **Akad.** der Wiss.] Wien 870. (Gerold's Sohn.) Lex.-8. (10 S.) 3 *ngr.*

— und Goldschmiedt Guido, Dr.: Untersuchung des Sauerdings von Ofen in Ungarn. S. 74. II. 80 . . . . — 10
Separatabdruck

Weidel Hugo, Dr.: Über eine der α-Sulfocinchoninsäure isomere Verbindung und Derivate derselben. S. 81. II. 66 . . . . vgr.
Separatabdruck

Weidel, Karl: Kunst und Natur. Magdeburg 1910: Baensch. S. 1—40. 4°
Magdeburg, Pd z. Kloster U. L. Fr. P 1910 (335) [S 10. 468

Weidel, Karl: Kunst und Natur. 40 S. 4.
Progr. Pädagogium z. Kloster U. L. F. *Magdeburg* 1910 (335).

Weidel, Karl, Oberlehrer: **Mechanismus** und Teleologie in der Philosophie Lotzes. *Breslau (1903): O. Gutsmann.* (52 S.) 8° ¶ (Kap. 1 u. 2 einer gekr. Preisschrift. — Erscheint vollst. in: Zeitschrift f. Philos. u. philos. Kritik.)
Breslau, Phil. Diss. v. 30. Dez. 1903

Jesu Persönlichkeit. Eine psycholog. Studie von Dr. Karl **Weidel**. Halle: C. Marhold 1908. (47 S.) 8° 108. 7. 37 3

Weidel, Karl, Pessimismus u. Religion. Vortrag, geh. im Magdeburger Lehrerinnen-Verein. (31 S.) 8. Magdeburg 909. C. E. Klotz. — 50

[F.] **Weidemann,** Arthur *Edmund* [Referendar]: Von welchem Augenblicke an kann der Vermächtnisnehmer die Früchte der ihm vermachten Nachlassache beanspruchen? . . . Greifswald, Druck v. J. Abel, 1897; 48 S. 8.
Greifswald, Jur. Fak., Inaug.-Diss. v. 1897

Weidemann, B[ernhard]: Drei Fälle von Sprachstörungen. Göttingen 1906: Dieterich. (19 S.) 8°
Göttingen, Med. Fak., Diss. v. 19. Sept. 1878

Weidemann, Carl, s. W e i d e m a n n , Karl

Weidemann, Christian Heinrich (Leipzig) A. S. 729/31

Disputatio juridica inauguralis, de epactis solaribus, praecipue vero de XI. dierum ex fastis restitutis, et ad tempora concilij Nicaeni reductis, exemtorum, jure. Präs. Samuel Reyher.
Kiel (Reuther) III. 1702. 62 S. 36043

Weidemann, Christoph Erich

Weidemann, Cph. Erich, († d. 10. Juli 1811.) Geschichte des Klosters Loccum mit Urkunden u. Kupfert., nach Weidemanns Manuscript bearbeitet, fortges. u. herausg. v. F. B. Köster. gr. 4. Gött. 822. (Hannov., Hahn). 2 *rℓ*

Weidemann, Cph. Erich: Versuch e. Darstell. der gemein. Rechte, welche dem Landm. des Churfürstenth. Braunschw.-Lüneburg zu wissen nöthig sind.
1r Bd. f. d. götting.-grubenh. Theil. N. Ausg. *Hannover*, Hahn. (896). 803. 8. (6 Gr.)
2r Bd. f. d. zellischen u. hoyaischen Theil. *Ebend.* 802. 8. (6 Gr.)

Weidemann, C. E., Darstell. d. gemeinen Rechte welche d. Landmanne d. Churfürstenth. Braunschw.-Luneburg zu wissen nöthig sind. 1r. Thl. f. d. Göttingenschen u. Grubenhagenschen Theil. 8. Hannov. Hahn. 802.

— — desselben Buchs 2r Thl. Rechte rc. f. d. Zellischen u. Hoya'schen Theil. 8. Ebend. 803.

— (—) Versuch e. Darstell. d. gemeinen Rechte d. Landmanns.

Weidemann, Eug., der Musikkenner. gr. 8. (32 S.) Riga 880, Helmo. *

Weidemann, F. W. Kurtze Einleitung zu der optischen Perspectiv, nebst deren ersten Grund- und Lehr-Sätzen und wie selbige demonstriret werden. Berlin 1733. 4°. — Dasselbe Werk in 2. Auflage. (Angebunden: Eine kurtze Anweisung was bey einem Academischen und aufgestelleten lebendigen Modelle zu beobachten, ehe und bevor man mit vollkommenem Nutzen selbige nachzeichnen könne. Berlin 1746. 4°.

Weidemann, Franciscus [Ahrensboecensis]: De ira Achillis sive de *μηνιαίνειν* verbo apud Homerum. . . . Marburgi Cattorum, typ. Friederici typogr. acad., 1889; 2 Bl. + 74 S. + 1 Bl. 8°
Marburg, Phil. Fak., Inaug.-Diss. v. [14. Jan.] 1889

Weidemann, Franz [aus Grunefeld bei Nauen]: Die Kropfexstirpationen im Augustahospital zu Berlin während der Jahre 1880—1885. . . . Berlin, Buchdr. v. Gustav Schade (Otto Francke) (1886); 47 + 1 S. 8°.
Berlin, Med. Fak., Inaug.-Diss. v. 28. Mai 1886.

Weidemann, Franz, die Kropfexstirpationen im Augustahospital zu Berlin während der Jahre 1880—1885. Diss. Berlin 1886, Mayer & Müller. 8°. 47 S.

Weidemann, (Gottlob) Friedrich

Weidemann, (Gtlo.) Fr., Algier, s. Volks-Bibliothek, 15. Bdchn.

—— krit. **Beleuchtung** d. schles. Landschafts-Systems, mit besond. **Bezieh. auf Oberschlesien. gr. 16. (7 B.)** Merseburg 835. (Leipzig, Fort. ?)

Weidemann, (Glo.) Fr., kritische Beleuchtung des schlesischen Landschafts-Systems, mit besond. Beziehung auf Oberschlesien. gr. 16. Merseburg 835. Weidemann. 1/2 ℛ

Weidemann, (Gtlo.) Friedr., **Beleuchtung** d. Schrift: Ueber die Umtriebe d. Frömmler in Halle, od. welch' Zeit ist es im preuß. Staate? v. Freimund Lichtfreund. 8. (1½ B. u. eine Nachschrift v. F. Guerike.) Altenburg 830. [Halle, Grunert.] Thlr.

Weidemann, Dr. (Glo.) Fr., Beleuchtung d. Schrift: über die Umtriebe d. Frömmler in Halle, oder Welch Zeit ist es im Preuß. Staate? von Freimund Lichtfreund (u. eine Nachschrift v. F. Guerike.) **8. Altenb. 830.** (Halle, Fr. Ruff). 4 𝒢

Lichtfreund, Freimund (Gottlob Friedrich Weidemann). Bericht über die Umtriebe der Frömmler in Halle oder welche Zeit ist es im preußischen Staate. Altenburg 1830. 52 S. 8.

—— das **Polizeiministerium Brenn** in Preußen. 8. (1 B.) Merseburg 835. (Leipzig, Drobisch?)

—— **Halle's Bürger-Treue.** Festspiel. Musik v. Helmholz. 4. (1½ B.) Merseburg 833. (Leipzig, Fort.)

— Halle's Bürger-Treue. Festspiel zur Vorfeier des Geburtstages des Königes Friedrich Wilhelm III. auf der Bühne zu Halle am 2. August 1833. Musik vom Universitäts-Musiklehrer Helmholz das. 4. Merseburg 833. Weidemann. 1/12 ℛ

—— **Darstellung d. Rechte u. Pflichten d. Bürgers geg. Regierung u. Obrigkeit; mit e. Vorr. v. (Jul.) Schütz u. e. Anh.:** Die Betrügereien bei d. Glücksspielen. **gr. 8. (12 B.)** Altenburg 832. (Leipzig, Fort.)

— Darstellung d. Rechte u. Pflichten d. Bürgers gegen Regierung u. Obrigkeit; mit e. Vorrede d. Prof. Dr. Schütz u. einem Anhange: die Betrügereien bei den Glücksspielen. gr. 8. Merseb. 832. Weidemann. 1 ℛ

— über die neuesten Erscheinungen in d. protestant. Kirche. 8. Frankf. a. M. 829. Guilhaumann. 7 𝒢

Weidemann, (Glo.) Fr., satyrische Erzählungen. 1r Bd. 8. Leipz. 819. (Lehnhold).

—— hat Se. Maj. d. König v. Preußen d. Recht, die Entscheidungen d. Gerichtsbehörden bei Auslegung v. Staatsverträgen von d. Aeußerungen d. Ministeriums d. auswärt. Angelegenheiten abhängig zu machen? Eine polem. affirmativ beantwort. Frage gegen d. negative Behauptung d. Publicisten J. L. Klübers. gr. 8. (2¼ B.) Merseburg 832. (Leipzig, Fort.)

— hat Se. Maj. d. König von Preußen d. Recht, d. Entscheidungen d. Gerichtsbehörden bei Auslegung von Staatsverträgen v. den Aeußerungen d. Ministeriums d. auswärt. Angelegenheiten abhängig zu machen? Eine polemisch affirmativ beantwortete Frage gegen die negative Behauptung des Publicisten J. L. Klübers. gr. 8. Merseb. 832. Weidemann. Velinp. 4 𝒢

— die allgem. christl. Kirche. Keine Sacramente, keine Symbole, kein Glaubensbekenntniß; Freiheit u. Gleichheit in der kirchl. Gemeinde; kein Papst, kein Bischof, keine geweihten od. ordinirten Priester. gr. 8. Leipzig 845, C. Drobisch. 1/6 ℛ

— über d. Lage d. Preuß. ehemals Sächs. Consulenten. 8. Zeitz 817.

— über die veränderte Lage d. Rechts-Consulenten u. Unterrichter im königl. preuß. Herzogthume Sachsen, mit Bezug auf die Justizorganisation vom J. 1821, nebst e. Nekrolog des Dr. Scheuffelhuth. 8. Halle 823. Anton. 6 𝒢

—— **Mehemed Ali**, s. Volks-Bibliothek, 16. Bdchn.

—— **Memoiren** aus meinem Leben. Kein Roman, u. doch e. Roman. 8. (10 B.) Merseburg 834. (Leipzig, Fort.)

— **Memoiren** aus meinem Leben. Kein Roman und doch ein Roman. 8. Merseburg u. Halle 834. (Weidemann.)

—— die rabenschwarze **Nacht**, od. die Mouchards. Posse in 2 Acten. gr. 12. (1½ B.) Altenburg 832. (Merseburg, Weidemann. ?)

—— über d. **Nothwendigkeit** e. geheimen Polizei in Deutschland. Eine staatswissenschaftl. Abhandl. 8. (1 B.) Altenburg 832. (Merseburg, Weidemann. ?)

— **Novellen.** 8. Leipzig 837. **Weidemann'sche Verlags-Expedition** bei Drobisch. 7/12 ℛ

Weidemann, (G.) F., Die Pietisten in Halle in ihrer tiefsten Erniedrigung. Ebd. 1831.
R. Zinke's Dresdner März-Auction 1908, no. 763.

—— die **Pietisten in Halle** in ihrer tiefsten Erniedrigung, od. was wollen d. Pietisten in Preußen? Ein hochwicht. Beitrag zur Religionsgeschichte u. Criminaljustizverfassung in Preußen. 1. Aufl. (9 B.) 831., 2., mit noch ungedruckten Documenten verm. Ausg. (9½ B.) gr. 8. Altenburg 832. [Leipzig, Drobisch.]

— d. Pietisten in Halle u. in ihrer tiefsten Erniedrigung, oder was wollen die Pietisten in Preußen? Ein hochwichtiger Beitrag zur Religionsgeschichte u. Criminaljustizverfassung in Preußen. 2e, mit noch ungedruckten Documenten verm. Ausg. gr. 8. Altenb. 832. (Merseb., Weidmann). 12 𝒢

—— die Pietisten als **Revolutionaire** gegen Staat u. Kirche. Eine kirchl.-polit.-philosoph. Hypothese. 8. (3½ B.) Halle 830. [Leipzig, Drobisch.]

— die Pietisten als Revolutionaire gegen Staat u. Kirche. Eine kirchlich-polit.-philosoph. Hypothese. 8. Halle 830. Hellmuth. 6 𝒢

—— der Erzengel Raphael als blauer Mann, od.: Der Tod Ludwigs XVI. u. die Ruhe Frankreichs im J. 1840, eine Prophezeihung v. Bauer Martin in Gallordon. gr. 16. (2 B.) Halle 834. (Leipzig, Fort.)

— der Erzengel Raphael als blauer Mann, oder: Der Tod Ludwigs XVI. und die Ruhe Frankreichs im Jahre 1840, eine Prophezeihung vom Bauer Martin in Gallordon. gr. 16. Merseburg u. Halle 834. (Weidemann.) ⅛ ℛ

—— Rapports etc., s. Rapports.

— das Recht d. Monarchen, d. Agende vom J. 1822 in d. Preuß. Staaten als evangel. Kirchenges. einzuführen. Ein histor.-jurist. Versuch. gr. 8. Halle 824. Kümmel. 4 ℊ

— Rede beim Eintritt in die Stadtverordneten-Versammlung in Halle. 4. Halle 833. Merseburg, Weidemann.

—— Rede beim Eintritt in d. Stadtverordn.-Versamml., } s. Rede.
—— Rede an seine Mitbürger, }

— Rede an seine geehrten Mitbürger in Halle, am 2. Nov. 1833. 4. Ebd. 833. 1 ℊ

—— kleine Romane u. Erzählungen aus d. Wirklichkeit mit Treff Quarta major in Karten. 8. (12½ B.) Halle 831. (Leipzig, Fort.)

— kleine Romane u. Erzählungen aus der Wirklichkeit mit Treff Quarta major in Karten. 8. Halle 831. Fr. Ruff. 1 ℛ

—— Salina, die zweite, eine Zeitschr., s. Salina.

—— Sellerei, s. Sellerei.

Weidemann, F.: „Die beiden Systeme des Quesnay und Adam Smith kritisch beleuchtet. Aus dem Nachlasse eines berühmten Staatsmannes", Merseburg 1832. — Vorh.: Com. Bibl. Hamburg.

—— die beiden Systeme ꝛc., s. Systeme.

Weidemann, Friedrich, s. Theilung. — Über die Theilung Sachsens.

Weidemann, Dr. (Glo.) Fr., Zuruf an die neupreußischen Sachsen. Leipz. 825. Steinacker. 2 ℊ

— oberschlesische Zustände in freien Rasirspiegel-Scenen. 8. Leipzig 843, Weidemann'sche Verlags-Exped. 1 ℛ — dass. 1844, in 2 Heften. 8. Ebend. (Drobisch.) à n. ¼ ℛ — 3.—5. Heft. 8. Ebend. 844, 45. à n. ¼ ℛ

Weidemann G.: Ueber die Pferderace d. Insel Oesel. (Veter.-)Diss. Dorpat 1853. 52 S. 1 Tvl. P.

Weidemann, Gerhard, aus Brake i. Oldenb.: Roger Ascham als Pädagoge. *Berlin (1900): G. Schade.* (77 S.) 8°
Rostock, Phil. Diss. v. [15. Mai] 1899

Weidemann, H., Geographie f. Schüler in 3 Cursen. 8. (68 S.) Hamburg 874. O. Meißner. n. — 60

Weidemann, H., Lehrbuch der Planimetrie. Für den Schul- und Selbstunterricht. gr. 8. (VIII, 210 S. mit Fig.) Berlin 888, Deubner. *

Weidemann, H. F., Schilderungen für Kinder. 8. Utrecht 779. (Beygang in Leipz.) 4 ℊ

Weidemann, Hedwig: Frauenstimmrecht! Vortrag. — Hamburg: Selbstverl. [zw. 1907 u. 1909]. 8 S. 8°

WEIDEMANN, Hermann (Bockenheim): Die Tonsillen als Eingangspforte für infektiöse Krankheiten.- München: Wolf 1895. 24 S.
28.2.1895 - Chr 1894/95,21; Jv 1894/95,210
Diss. Ingolst.-Landsh.-Mchn.

Weidemann, Hugo, Chr. Friedr. Vogler, Geo. Hoffmann, F. Melchers, Musenklaenge aus dem Süden. Eine Sammlung von Original-Gedichten. 16. (VIII und 176 S.) Charleston, S. C. 858. (Philadelphia, Schäfer und Koradi.) geb. *

WEIDEMANN, J. C. L., Observationes de testamento judiciali secundum jus Romanum atqve Canonicum. Kiliae. 1833. 4. P.

Weidemann, K. A., die neuesten Darstellungen des Lebens Jesu von Renan, Schenkel und Strauß historisch und kritisch beleuchtet. gr. 8. (IV und 191 S.) Gotha 864, F. A. Perthes. *

Weidemann, C. A., Luthers kleiner Katechismus, s. Luther.

— Dr. Luther's kleiner Katechismus. 4. Aufl. 859. — 5. Aufl. Saalfeld 863. Niese. 8. (VI, 202 S.) 6 ngr

—— Dr. Luthers kleiner Katechismus. 5. Aufl. 1863. und 6. Aufl. 8. (IV und 200 S.) Saalfeld 867, Niese.

Weidemann, D. Luthers kleiner Katechismus. 9. Aufl. 8. (IV. 203 S.) Saalfeld 878. Niese. n. — 60

Weidemann, D. Luthers kleiner Katechismus. 14. Aufl. 8. (IV, 204 S.) Saalfeld 896. C. Niese. n. — 60; geb. in Halbleinw. n.n. — 80

Weidemann, neuer thüringischer Kinderfreund, s.: Kühner.

Weidemann, K. A., der deutsch-französische Krieg. 1870—1871. 2 Abthlgn. gr. 8. Saalfeld 871, Niese. à Abthl. 75 Pf.
Inhalt:
Abthl. 1. Von der Entstehung des Krieges bis zur Capitulation von Metz reichend. (IV, S. 1—86.)
» 2. Der Krieg mit der französischen Republik und der Friedensschluß. (S. 87—187.)

Weidemann, C. A., Lateinisches Lesebuch für die obern Classen der Realschulen, enthaltend eine Auswahl von Lesestücken aus Röm. Classikern nebst Einleitungen u. erläut. Anmerkungen. gr. 8. (X u. 406 S.) Jena 852, Frommann. 1⅓ ℛ

—— lateinisches Lesebuch zunächst für Realschulen, enth. eine Auswahl von Lesestücken aus röm. Classikern nebst Einleitungen und erläut. Anmerkungen. 3 Thle. Neue Einzelausg. gr. 8. Jena 862, Fr. Frommann.
Inhalt:
Thl. 1. Auswahl von Stücken aus Cornelius Nepos und Julius Cäsar nebst Vorwort zu allen 3 Thln. (IX und S. 1—137.) 15 Ngr.
» 2. Auswahl von Stücken aus Tacitus, Livius, Salustius, Cicero und Plinius II. (S. 138—323.) 18 Ngr.
» 3. Poetische Stücke aus Phaedrus, Ovidius, Tibullus, Virgilius, Horatius und erklär. Namen- und Sachregister zu allen 3 Thln. (S. 324—406.) 9 Ngr.

—— s. Nitzelnadel, F. A., das Wissenswürdigste aus der Welt- und Kulturgeschichte.

—— Uebersicht der neuesten Ereignisse vom Frieden zu Wien [30. Oktbr. 1864] bis zur Errichtung des norddeutschen Bundes. [24. Juni 1867.] [Ergänzungsheft zu Nitzelnadel: Das Wissenswürdigste aus der Welt- und Kulturgeschichte.] gr. 8. (85 S.) Ebendas. 868. *

Weidemann, Übersicht der deutschen Literaturgeschichte. 8. (59 S.) Hildburghausen 881, Gadow und Sohn. cart.
Aus: Kühner's neuer thüringischer Kinderfreund, besonders abgedruckt.

—— Uebersicht der neuesten Weltereignisse. Von der Errichtung des norddeutschen Bundes bis zum Ausbruch des deutsch-französ. Krieges. 2. Ergänzungsheft zu Nitzelnadel: Das Wissenswürdigste aus der Welt- und Kulturgeschichte. gr. 8. (86 S.) Saalfeld 874, Niese.

— Uebersicht der neuesten Weltereignisse vom Frieden zu Wien [1864] bis zur Aufrichtg. d. deutschen Kaiserthums. [Zugleich Bd. 3 zu Nitzelnadel: Das Wissenswürdigste aus der Welt- und Kulturgeschichte.] gr. 8. (176 S.) Ebend. 874. 2. 25

Weidemann, Carl, a. Hamburg: Morphologische und physiologische Beschreibung einiger Penicillium-Arten. Jena: G. Fischer 1907. (31 S.) 8°
Kiel, Phil. Fak., Ref. Reinke, Diss. v. 12. Nov. 1907
[Geb. 2. Juni 84 Hamburg; Wohnort: Glücksburg; Staatsangeh.: Hamburg; Vorbildung: Oberrealsch. Flensburg Reife O. 03; Studium: Gießen 2, München Techn. Hochsch. 1, Univ. 1, Kiel 4 S.; Rig. 27 Juli 07.]

Weidemann, Karl, Referendar aus Rostock: Verwendungsbegriff und Verwendungsklage mit Berücksichtigung der Lehre von der Actio neg. gest. contr. utilis. *Rostock 1900: Adler's Erben.* (47 S.) 8° [S. u. Ant.]
Rostock, Jur. Diss. v. [2. Aug.] 1900

Weidemann, Karl Albe., Geschichte d. deutschen Bibelübersetzung Luther's, zur Erinnerung an d. 300jähr. Jubiläum derselben im J. 1834. gr. 8. (7 B.) Leipzig 834, Hinrichs.

Weidemann, Karl Er., Beiträge zur Erfahrungsseelenlehre d. gerichtl. Aerzte u. Defensoren. 1s Bdch. gr. 8. Glauchau 823. (Leipz., Herbig.) 14 gr.

— Diss. inaug. de dementia vera et falsa. 4. Jena 815.

— äußerst merkwürdige durch Aktenstücke u. Zeugnisse belegte Geschichte einer Geisterseherin. 8. Glauchau 823. (Leipz., Herbig). 4 gr.

Weidemann, K. Er., s. W. Swaim's Panacee.

Weidemann, Konrad [aus Obervorschütz]: Landgraf Heinrich I. von Hessen und das Erzstift Mainz ... (Aus: Zeitschr. d. Ver. f. hess. Gesch. u. Landesk., N. F. Bd. xx.) Marburg, Druck v. L. Döll in Cassel, 1895; 2 Bl., 72 S., 1 Bl. 8.
Marburg, Phil. Fak., Inaug.-Diss. v. [7. Okt.] 1895

Weidemann, Ludf., Karl Maria Kasch. (Auch e. Leben.) 1.—5. Taus. (177 S.) 8. Hamburg 904. 905. A. Janssen. n. 2. —; geb. in Leinw. n. 3. —

— Wintersturm. Ein Sang v. der Ostsee. (84 S.) 8. Ebd. 905. Geb. in Leinw. n. 3. —

Weidemann, Magnus, Reform der Frauenkleidung als sittliche Pflicht. (51 S. m. Abbildgn.) gr. 8. Kiel 903. Lipsius & Tischer. n. 1. —

— Tuberkulose — Heilstätten — Dauererfolge. Eine krit. Studie. (55 S.) gr. 8. Ebd. 903. n. 1. 50

— dasselbe. VIII. Mitteilungen aus Dr. Weicker's Volkssanatorium „Krankenheim" Görbersdorf (Schlesien). (128 S. m. 16 Tab.) gr. 8. Ebd. 903. n. 9. —

Weidemann, Otto, †(Otto Freudenreich,) Herz u. Gedanken zu e. Liederkranze gewunden. 8. ($1\frac{1}{2}$ B.) Halle 833. (Leipzig, Fort.)

Weidemann, (Freudenreich), Otto, Herz und Gedanken zu einem Liederkranze gewunden. 8. Halle 833. (Merseburg, Weidemann.) n. $\frac{1}{12}$ Thlr.

—— der schöne Wilhelm. Hallisches Volksgemälde in 2 Acten. 8. (3 B.) Halle 833. (Leipzig, Fort.)

Weidemann, R., Die Quellen der ersten Bücher von Tacitus Annalen. 3 Tle. Pr. 1868—73. 49, 21, 24 S. 4°. 7.50

Weidemann: Die Quellen der ersten sechs Bücher von Tac. Annalen. 49 S. — Cleve, Progr. 1868.

Weidemann: Die Quellen der ersten sechs Bücher von Tacitus Annalen. II. Th. 21 S. Cleve G., Progr. 1869.

Weidemann, Rud., geographische Heimatkunde des Kreises Stendal u. der Altmark. Für den Schulgebrauch u. das Haus bearb. (74 S. m. 1 Karte u. 1 farb. Plan.) 8. Stendal 909. Franzen & Grosse. — 80

Weidemann, S. H., Reductions-Tabellen der in den Zollvereinsstaaten vorkommenden Handels-Gewichte berechnet auf Zoll- und preuß. Gewicht. 8. (152 S.) Stettin 849, Effenbart's Erbinn. (Nagel.) *

— Tabelle zur Verwandlung des Preuß. Gewichts in Zollgewicht als auch des Zollgewichts in Preuß. Gewicht. Nach dem in der Allerhöchsten Verordnung vom 31. Octbr. 1839 angegebenen Verhältnisse berechnet. 8. (114 S.) Stettin 850. (Saunier.) baar n. n. $\frac{5}{6}$ Thlr.

Weidemann, S. H., Gewichts-Reductions-Tabellen. 2 Abthlgn. (Reductions-Tabellen fremder Handels-Gewichte auf Zoll- und preuß. Gewicht. — Tabellen zur Reduction des Zoll-Gewichts auf fremde Handels-Gewichte.) Nachtrag: Gewichts-Tafeln für Metallbleche, Quadrateisen, Flacheisen rc. Tabellen zur Vergleichung der Alkoholometer-Grade rc. 2., verm. Ausg. gr. 8. (VI und 247 S.) Stettin 853, (Nagel.) *

Weidemann, Walther, Kammergerichtsref.: Der mittelbare Besitz des Bürgerlichen Gesetzbuchs. *Berlin (1902): E. Ebering.* (72 S.) 8°
Berlin, Jur. Diss. v. 23. Apr. 1902

Die Ursachen der Kriminalität im Herzogtum Sachsen-Meiningen. Von Walter Weidemann. *Berlin: J. Guttentag 1903.* (29 S.) 8°
= Abhandlungen d. kriminalistischen Seminars an d. Univ. Berlin. N. F. Bd 2, H. 1. [2.] [03. 1018] 8

Weidemann, Wilhelm: Uebergehung aus Irrtum ... Hannover, Buchdr. v. J. W. Schmidt, 1896; 62 S. 8°
Göttingen, Jur. Fak., Inaug.-Diss. v. [29. Mai] 1896.

Weidemüller, Otto, Landeskunde des Königr. Sachsen. (48 S. m. 27 Abbildgn. u. 1 farb. Karte.) 8. Leipzig (908). J. Klinkhardt. — 40

[Umschlagt.:] Weidemüller, Otto Reinhard [aus Stollberg]: Die Schwemmlandküsten der Vereinigten Staaten von Nordamerika unter bes. Berücks. ihrer Längen- u. Formverhältnisse ... Hierzu 3 Kärtchen u. 3 Profile. Leipzig, *Druck v. Langer & Winterlich in Riesa,* 1894; 58 S., 1 Bl., 2 Taf. 8.
Leipzig, Phil. Fak., Inaug.-Diss. v. [28. März] 1894

von der Weiden, Otto, Hassan. Ein dramat. Mährchen. 8. Dortmund 836. Krüger. $^2/_3$ ₰

Weiden, Otto von der, die Hunyaden. Ein Trauersp. 8. (12 B.) Dortmund 838, Krüger. Thlr.

Weidenbach, v., Tafel um d. Logarithmen von $\frac{X+1}{X-1}$ zu finden, wenn der Logarithme von X gegeben ist. Mit Vorw. v. (C. F.) Gauss. 12. (1 B.) Copenhagen 829. (Hamburg, Perthes-Besser u. Mauke.)
Bildet auch e. Beilage zu Schumacher's „astronom. Nachrichten."

Weidenbach, A., Abstammung und Genealogie des fürstlichen Hauses Löwenstein-Wertheim. Coblenz 1870. 8. S.-A.

Weidenbach, A., Ansichten aus dem Saal- und Unstrut-Thale, nach der Natur gezeichnet. (4 lithogr. Blätter.) qu.4. Leipzig 837. Pönicke u. Sohn; Naumburg, Franke. n. $^1/_3$ ₰

Weidenbach, A., das maler. u. romant. Saal- u. Unstrut-Thal. Nach d. Natur gezeichnet. 1. Lfg. Roy.-4. (2 lith. Ansichten u. 2 B. Text.) Leipzig 811, [G. Pönicke.] 12 Gr., col.

Weidenbach, A., das malerische u. romantische Saal- u. Unstrut-Thal. 2. u. 3 Lfg. gr. Lex.-8. (4 Stahlst. u. 1½ B. Text.) Leipzig 811, [Gust. Pönicke.] à *
1. Lfg. Ebendas. 1841. 15 Ngr.

Weidenbach, Anton Josef

Weidenbach, A(nt.) J(os.), Bacharach, Stahleck und die Wernerskirche nebst der Legende des heil. Werner, des letzten rhein. Märtyrers. 2., verm. und verb. Aufl. gr. 8. (IV und 108 S. mit 2 Stahlst.) Bonn 854, Habicht. *

Weidenbach, A. J., Bingen u. Kreuznach mit ihren Umgebgn. Ein Führer für Besucher des Rheingaues u. des unteren Nahethals. Mit 1 Stahlst. u. 1 (lith.) Karte (in Fol.) 8. (81 S.) Bonn 852, Habicht. n. $^1/_3$ ₰ m. 8 Stahlst. n. $^2/_3$ ₰

—— Calendarium historico-christianum medii et novi aevi. Chronologische und histor. Tabellen zur Berechnung der Urkundendaten, so wie zur Bestimmung der christl. Feste mittler und neuer Zeit. Nebst einem Verzeichniss der Cardinalstitel und bischöfl. Sitze der kathol. Kirche im 13. Jahrhundert. qu. gr. 4. (XV und 284 S.) Regensburg 855, Manz. *

Weidenbach, A. J., der Führer durch das Ahrthal aufwärts bis Kreuzberg nebst Beschreibung von Remagen und der Apollinariskirche, so wie ein Abstecher nach dem Laacher See. 12. (IV und 109 S. mit 1 Stahlst.) Bonn 864, Habicht. cart. *

Weidenbach, A. J., die Grafen von Are, Hochstaden, Nürburg u. Neuenare. Ein Beitrag zur rhein. Geschichte. Nebst 2 Stammtaf. u. 1 Stahlst. 12. Bonn 845, Habicht. $^2/_3$ ₰

Weidenbach, A. J., das Leben des ehrwürdigen Dieners Gottes Bartholomäus Holzhauser, Pfarrers und Dekans zu Bingen. Zu Holzhauser's zweiter Säkularfeier bearb. gr. 8. (IV und 48 S. mit lithogr. Portr.) Mainz 858, Kirchheim. **

— Mythologie der Griechen, Römer u. nordischen Völker, mit Beweisstellen aus deutschen Dichtern. Für Real- höhere Bürger- u. Töchterschulen, sowie zum Selbstunterricht. 2 Abthlgn. 8. 1. Abth. A. u. d. T.: Mythologie der Griechen u. Römer. (XII u 272 S.) 2. Abth. A. u. d. T.: Mythologie der Skandinavier u. Deutschen. 8. (XVI u. 429 S.) Frankfurt a. M. 850. 51, Brönner. (1 : n. 24 ngr 2 : n. 28 ngr) n. 1 ₰ 22 ngr

Weidenbach, A(nt.) J(os.), Regesta Bingiensia, s. Regesta.

Weidenbach, A. J., nassauische Territorien vom Besitzstande unmittelbar vor der französischen Revolution bis 1866. [Aus „Annalen d. Vereins f. nassauische Alterthumskunde u. Geschichtsforschg."] Nebst e. (chromolith.) Karte d. Herzogth. Nassau nach seinem Territorialbestande (in Imp.-4.) hoch 4. (108 S.) Wiesbaden 871. (Roth.) n. 2. —

—— die Thermen von Neuenahr und dessen Umgebungen mit Bezug auf Natur, Kunst und Geschichte. Ein vollständ. Führer für Curgäste. 12. (X und 180 S. mit 1 Stahlst.) Bonn 864, Habicht. * 20 Ngr.; mit 6 Stahlst. cart. *

—— deutsche Verslehre mit entsprechenden Uebungsaufgaben. Für Real- und höhere Töchterschulen nach Bone's Handbuch für den deutschen Unterricht bearb. 8. (X und 120 S.) Mainz 864, Kirchheim. *

Christoph von Weidenbach

De Tabe dorsuali. Berolini (1817:) Hayn. IV S., S. 6 - 23. 4°
Berlin, Med. Diss. v. 22. März 1817

Weidenbach, Christoph Gottlob

Weidenbach, Cph. Glo., über den Gebrauch des Chorus in der Tragödie, nach ästhet. Principien, nebst einer Einleitung über die Welt d. Kunst v. C. Weiß. 8. Leipz. 805. Reinicke in Halle. 12 gr

Weidenbach, [illegible]
[illegible]
Berlin, Med. Diss. [illegible]

Weidenbach, Karl Fr., († d. 14. Juli 1815.) der Einfluß des Christenthums in die Freiheit u. Glückseligkeit der Menschen. 2 Predigten. gr. 8. (Düsseld.) 791. Schreiner. 7 gr

Weidenbach, K. F., d. Einfluß d. Christenthums in d. Freyheit u. Glückseligkeit d. Menschen, 2 Predigten. gr. 8 Düsseldorf. Schreiner. 791.

Weidenbach, Karl Fr., s. Hiob, D. Buch, v. Müntinghe.

Weidenbach, K. F., Reden unt. dem Druck u. bei d. Befreiung des Vaterlandes gehalten. 8. Siegen. (Leipz. W. Vogel in Comm.) 815.

Weidenbach, Karl Fr., s. Reden, Philosophisch-christliche.

— neues deutsch-holländisches u. holländ.-deutsches Wörterbuch. 2 Thle. gr. 8. Leipz. 803 — 8. Schwickert. 10 ₰ 18 gr (Deutsch-holländ. Theil 4 ₰ 12 gr Anhang zum deutsch-holländischen Wörterbuche 18 gr Holländ.-deutscher Theil. 5 ₰ 12 gr)

Weidenbach, L., Compendium der elektrischen Telegraphie. gr. 8. (VII, 486 S. mit 169 Holzschn. im Text und 47 lithogr. Taf.) Wiesbaden 877, Bischkopff.

Weidenbach, L., Compendium der elektrischen Telegraphie. 2. Ausg. gr. 8. (VIII, 554 S. mit 170 Holzschn. im Text und 48 lithogr. Taf.) Wiesbaden 881, Bischkopff.

Stadt Mülheim a. d. Ruhr (nebst Fahrplan u. erl. Text. Nach amtl. Quellen entw. u. gez. von Max Woidenbach, Geometer). (*Mülheim a. d. R.*): *M. Hegner [1899]*. (1 Kartenbl. 36×28 cm, 30 S.) 8° [kol.]
[Umschlagt.:] Mülheimer Stadtplan ... gez. von Weidenbach.

Mülheimer Stadtplan nebst Fahrplan u. erl. Text. Nach amtl. Quellen entw. u. gez. von **Max Weidenbach**, Geometer. *Mülheim a. d. R.: M. Hegner [1899].* (30 S., 1 Kartenbl. 42 × 30 cm.) 8° [Umschlagt.] [illegible] 5

Weidenbach, Oswald: M e n s c h und Wirklichkeit. Gießen: A. Töpelmann 1907. (80 S.) 8°
Gießen, Phil. Fak., Hab.-Schr. v. 1907.

Weidenbach, Oswald, aus Dresden: Das Sein und seine methodologisch-kritische Bedeutung. *Jena 1900: B. Vopelius.* (67 S.) 8°
Jena, Phil. Diss. v. (15. Juni) 1900

Weidenbach, Paul: Aristoteles und die Schicksalstragödie. (S. III—XV) **Progr.** G. z. h. Kreuz *Dresden* 1887 (497)

Weidenbach, Paul, Aristoteles und die Schicksalstragödie. gr. 4. (15 S.) Dresden 887, (v. Zahn und Jaensch.)

Weidenbach, P., De Catullo Callimachi imitatore. Diss. 1873. 42 S.

Weidenbach, Stefan: Festschrift zur 550jährigen Jubelfeier der St.-Sebastianus-Bruderschaft und Schützengilde zu Andernach. Andernach, 1907, 28 S. und 1 Tafel.

Weidenbach, Stefan: Mitgliederverzeichnis der St.-Sebastianus-Bruderschaft und Schützengilde zu Andernach 1426—1907. Zu dem 550jährigen Jubilaeum. Andernach, 1907, 44 S.

Weidenbach, Wilhelm

Weidenbach, Guilelmus (geb. am 12 März 1828 in Aachen): De chloroformo in feminarum partibus adhibendo ... Bonnae, impr. I. F. Carthaus (1854). 2 Bl., 26 S., 1 Bl. 8.
Bonn, Med. Fak., Diss. v. 21 Aug. 1854

Weidenbaum, Emil: Experimentelle S t u d i e n zur Isolirung des putriden Giftes. Diss. Dorpat. 1867. 8°. 68 pp.

Weidenbaum, Geo., üb. Nervencentren an d. Gebärorganen d. Vögel, Reptilien u. Amphibien. Eine vergleichend. anatom. Studie. Diss. 4. (100 S. m. 2 Taf.) Jurjew (Dorpat) 894. (E. J. Karow). n. 2. 30

Weidenbaum, *Joseph* [aus Vilich-Rheindorf]: '(Aus d. physiolog. Institut in Bonn.)' Ueber die Glykogenbestimmung nach S. Fränkel ... Bonn, Univ.-Buchdr. v. C. Georgi, 1893; 2 Bl., 14 S., 1 Bl. 8.
Bonn, Med. Fak., Inaug.-Diss. v. [28.] Juli 1893

Katalog der Gemälde-Galerie, II. Abth., des Privatgelehrten Herrn **Hans Weidenbusch** zu Wiesbaden. Versteigerung zu Köln 1899 durch J. M. Heberle ... *Köln 1899: M. Dumont Schauberg.* (15 S.) 4° [illegible]

K a t a l o g der ausgewählten, hervorragenden Japan-Sammlung des Privatgelehrten Herrn Hans **Weidenbusch** zu Wiesbaden. Töpfereien, Arbeiten in Glas, Elfenbein u. Email ... Versteig. zu Köln 1900 durch J. M. Heberle (H. Lempertz Söhne). Köln 1900: M. Du Mont Schauberg. (36 S.) 4°

K a t a l o g der Kunstsammlung des verstorbenen Herrn Hans **Weidenbusch**. (Abt. I.) ... Versteigerung 27—29. Apr. 1910 ... (Wien 1910: Maass.) 8°

Weidenbusch, Valentin (Darmstadt)
Ueber die Analyse des Albumins aus Fisch- und Hühnerfleisch und eine neue Bestimmungsmethode des Schwefels.
[In: Annalen d. Chemie u. Pharmacie, Bd 61 (1847) 375.]
Dr. phil. Giessen 4.8.1847.

Weidenbusch, W., Wanderheil. Vaterlands-, Wander-, Turn- u. Volkslieder, f. die deutsche Jugend zusammengestellt. (VII, 114 S.) kl. 8. Frankfurt a/M. (909). M. Diesterweg. Kart. — 40

Weidener, Albr. Joh., Anleitung, alle Arten großer u. kleiner Gärten nach französ., engl. u. deutschem Geschmacke, u. zwar mit Nutzen anzulegen. 8. (16½ B.) Leipzig 838, Hinrichssche Buchh.

Weidener, Albr. Jh., Anleitung, alle Arten **großer und kleiner** Gärten nach franz., engl. u. **deutschem Geschmacke, u. zwar mit** Nutzen anzulegen. 8. Leipzig 839. Hinrichs. 7/8 ß

Weidener, Johann Joachim, s. W e i d n e r, Johann Joachim

[**Weidenfeld**]: Gründliche Entwicklung der Dispens- und Nuntiatur-Streitigkeiten zur Rechtfertigung des Verfahrens der vier deutschen Erzbischöfe wider die Anmaßungen des römischen Hofes. o. O. 1788.

Weidenfeld, Christian Franz (Bergisch Neukirchen)
U.S. Bonn 1782/1

Dissertatio juris ecclesiastici de eo, quod circa decimas novales in Germania ac praecipue in dioecesi, et territorio Coloniensi justum est.
Präs. Philipp Hedderich.
Bonn (Abshoven) 12.IX.1782. 154 S., 8 Bl.
36047

Weidenfeld, J., Versuche üb. die respiratorische Function der Intercostalmuskeln. I. u. II. Abhandlg. [Aus: „Sitzungsber. d. k. Akad. d. Wiss."] Lex.-8. Wien, (F. Tempsky). n. 2. 30
I. Der Einfluss der Intercostalmuskeln auf die Capacität d. Thorax. (22 S. m. 2 Taf.) 892. n. 2. —
II. Sind die Intercostalmuskeln bei der Athmung thätig? (11 S.) 894. n. — 30

Johann Segerus Weidenfeld

Johannis Segeri Weidenfeld De Secretis adeptorum, sive De usu spiritus vini Lulliani libri 4. Opus practicum... Lipsiae:Kraus 1768. 548 S. 8°

***Weidenfeld*, J. S, de secretis adeptorum libri IV. 8. Wien 768. Kraus. 1 ß**

Weidenfeld, Stefan

Weidenfeld, St., Beiträge zur Klinik u. Pathogenese des Pemphigus aus der k. k. Universitäts-Klinik f. Dermatologie u. Syphilis des Hrn. Prof. Riehl in Wien. (106 S.) gr. 8. Wien 904. F. Deuticke. n. 3. —

Weidenfeller, August, Gerichtsreferendar a. Nauort (Hess.-Nassau): Haftet der Mieter nach dem Recht des B.G.B. dem Vermieter gegenüber für den Schaden, welchen seine Familienangehörigen, seine Dienstboten oder sein Logierbesuch der Mietsache schuldhaft zufügen? Limburg a. d. L. 1905: Limburger Vereinsdruckerei. (38 S.) 8°
Freiburg i. B., rechts- u. staatsw. Fak., Ref. Eisele, Diss. v. 1905
[Geb. 29. Dez. 75 Eisenbach (Kr. Limburg; Wohnort: Nauort; Staatsangeh.: Preußen; Vorbildung: Gymn. Rheine (Westfalen); Studium: Freiburg 1, Würzburg 1, Bonn 4 S.; Rig. 14 Febr. 05.]

Weidenhagen, Rud., s.: Jahrbuch, deutsches meteorolog. (Magdeburg).

Weidenhammer, G. Aufgaben betr. die Arbeiter-Versicherungen, s. Böhme's, A., Rechenbücher.

Weidenhammer, G., Aufg. z. Kopfrechnen, s.: Böhme, A.

Weidenhammer, G., Rechenbücher, s.: Böhme, A.

WEIDENHAMMER, Georg Otto: Ueber Verschiedenheiten der Antipyrinwirkung bei Typhus abdominalis, Pneumonia crouposa und Rheumatismus articulorum acutus.- München: Wolf 1885. 31 S.
30.10.1885 - Chr 1885/86,16; Jv 1885/86,161
Diss. Ingolst.-Landsh.-Mchn.

Weidenhammer, Georg Otto, über Verschiedenheiten der Antipyrinwirkung bei Typhus abdominalis, Pneumonia crouposa und Rheumatismus articulorum acutus. Diss. München 1885, A. Buchholz. 8⁰. 31 S.

Weidenhammer, Rudolf

Weidenhammer, Rud., Abriß der Geschichte der Landwirthschaft. Für den Unterricht bearb. gr. 8. (24 S.) Helmstedt 872. (Beyer.) n.n. — 60

Weidenhammer, R., Abriß der Geschichte der Landwirthschaft. Für den Unterricht bearb. 2., verb. Aufl. gr. 8. (26 S.) Helmstedt 879. Richter. n. — 60

Weidenhammer, R., die landwirthschaftliche höhere Bildung und die zur Gewinnung derselben geeigneten Anstalten. gr. 8. (22 S.) Leipzig 864, G. Wigand. *

—— und A. Hosaeus, Grundriß der landwirthschaftlichen Bodenkunde und Mineralogie. Ein Leitfaden für den Unterricht an landwirthschaftl. Lehr-Anstalten. gr. 8. (VII, 51 S.) Leipzig 872, Quandt und Händel.

Weidenhammer, R., Grundriß der landwirthschaftlichen Mineralogie und Bodenkunde, s. Hosaeus, A.

—— die Landwirthschaft im Großherzogth. Hessen. Festschrift zum 50jähr. Jubiläum der landwirthschaftl. Vereine des Großherzogth. Hessen und deren Centralbehörde im J. 1882. gr. 8. (X, 161 S. mit 1 chromolithogr. Bodenkarte.) Darmstadt 882, (Bergsträßer.)

Weidenhammer, R., die Landwirthschafts-Lehre u. der Unterricht. Rede bei der Eröffnung der landwirthschaftl. Schule Marienberg zu Helmstedt am 12. Octbr. 1869. Braunschweig 869. (Helmstedt, Bruhn.) 4. (8 S.) 2½ ngr.

— die Organisation der landwirthschaftlichen Schulen u. die landwirthschaftliche Schule Marienberg zu Helmstedt, Herzogth. Braunschweig. Helmstedt 870. Beyer. gr. 8. (VII, 207 S.) n. 15 ngr.

— Thierproduktionslehre [Zootechnik.] Ein Leitfaden f. den Unterricht an landw. Lehranstalten, so wie f. das Selbststudium prakt. Landwirthe. 8. (VIII, 118 S.) Leipzig 873. Quandt & Händel. n. 2. 40

—— die landwirthschaftliche Thierzucht, als Argument der Darwin'schen Theorie. Eine Studie. gr. 8. (55 S.) Stuttgart 864, Schweizerbart.

— eine moderne Wirthschaft. Landwirthschaftliche Skizze. Mit 5 lith. Taff. Glogau 868. Flemming. gr. 8. (160 S.) n. 20 ngr.

—— Zweck und Organisation der landwirthschaftlichen Lehr-Anstalten und Vorschläge zu deren Reorganisation. gr. 8. (44 S.) Düsseldorf 863, Schaub'sche Buchh.

Weidenhaupt, Alfred, a. Hamm, Referendar am kgl. Amtsgericht zu Kiel: Die Rechtskraft des amtsrichterlichen Strafbefehls. Eine Vertheidigung der Theorie des Reichsgerichts. Borna-Leipzig 1907: R. Noske. (VIII, 75 S.) 8°
Erlangen, Jur. Fak., Ref. Allfeld, Diss. v. 29. April 1907
[Geb. 11. Juni 77 Hamm; Wohnort: Kiel; Staatsangeh.: Preußen; Vorbildung: Gymn. Soest; Studium: Leipzig 2, Freiburg i. B. 2, Kiel 4 S.; Rig. 22. Jan. 07.]

Weidenhaupt, Frz., christliches Heldenbuch, oder: Züge aus dem Leben derjenigen Kriegsleute, welche die katholische Kirche als Heilige verehrt. Ein Büchlein zur erbauenden u. belehrenden Unterhaltung für Jünglinge, welche dem Soldatenstande angehören, oder bald in denselben eintreten werden. Aachen 860. Hensen. 12. (XX, 280 S.) 15 ngr.

Weidenhaupt, Frz., vollständiges Litaneien-Gebetbuch für katholische Christen, enth. 234 Litaneien-Gebete in 7 Abthlgn., für die täglichen Andachtsübungen, u. für die Heiligung aller Sonntage u. Festzeiten des Kirchenjahres 2c. Aus den besten u. bewährtesten christkatholischen Erbauungsbüchern, so wie aus den Schriften frommer u. erleuchteter Männer gesammelt u. hrsg. gr. 12. (XIV u. 708 S. m. 1 Stahlst.) Aachen 850, Hensen & Co. 1 ₰

-- vollständiges Litaneiengebetbuch für katholische Christen, enth. 234 Litaneien-Gebete in 7 Abtheilungen, für die Heiligung aller Sonntage u. Festzeiten des Kirchenjahres, wie auch für die würdige Feier der Feste der allerseligsten Jungfrau u. Gottesmutter Maria 2c. Aus den besten u. bewährtesten christkatholischen Erbauungsbüchern. 2. verm. Ausg. Ebend. 861. 12. (XXIV, 776 S. u. 1 Stahlst.) 22½ ngr.

Weidenhaupt, H(ubert): Luxatio atlanto-occipitalis. Bonn 1905: C. Georgi. (31 S.) 8°
Bonn, Med. Fak., Ref. Bier, Diss. v. [6.] Sept. 1905
[Geb. 3. Nov. 80 Eschweiler bei Aachen; Wohnort: Bonn; Staatsangeh.: Preußen; Vorbildung: Gymn. Bonn Reife O. 00; Studium: Bonn 9 S.; Coll. 4. Aug. 05; Approb. 20. Aug. 05.]

Weidenhaupt, Otto: Über die Bindung des Schwefelkohlenstoffs durch Aminosäuren. Weida i. Th. 1910: Thomas & Hubert. 52 S. 8°
Leipzig, Phil. Diss. v. 20. Juli 1910, Ref. Beckmann, Hantzsch
[Geb. 1. Jan. 81 Horst a. d. Steele; Wohnort: Leipzig-Gohlis; Staatsangeh.: Preußen; Vorbildung: Gymn. Höxter bis Prima; Studium: Leipzig 10 S.; Rig. 14. Juni 10.] (U 10. 3407

Weidenhaupt, P. J., Blätter aus dem Tagebuche e. Pilgers nach Jerusalem im J. 1864. 3. verm. Aufl. gr. 8. (XXI, 255 S.) Aachen 874. Barth in Comm. 1. 50

Weidenheim, Johann Christian (Alsleben) A. S. 1148/29

Dissertatio medica de studio novitatis in anatomia et physiologia. Präs. Peter Gerike. Halle (Hilliger) VI. 1724. 32 S. 36048

Weidenhoffer, Eman., die Lex Kolisko u. ihre Bedeutung. Zur Steuer der Wahrheit! Eine Auseinandersetzg. m. Erz. Dr. Geßmann u. der christlichsozialen Parteiflugschrift „Die Lex Kolisko-Axmann", nebst e. Rück- u. Ausblick als Schlußwort u. e. Anh. (64 S.) 8. Wien 910. C. Vetter. — 20

Weidenkaff, Erich, staatl. gepr. Nahrungsmittel-Chemiker a. Mühlhausen in Thüringen: I. Über die Anwendung der Grignard'schen Reaktion auf Aminosäureester. II. Synthetische Versuche mit d-Gelactonsäure. Erlangen 1907: Junge & Sohn. (54 S.) 8°
Erlangen, Phil. Fak., Ref. Paal-Fischer, Diss. v. 5. Apr. 1907
[Geb. 4. Mai 79 Mühlhausen; Wohnort: Neuenahr; Staatsangeh.: Preußen; Vorbildung: Realprogymn. Mühlhausen Reife (I. Obersek.) Febr. 96; Minist.-Dispens v. Febr. 07; Studium: München 1, Erlangen 8 S.; Rig. 9. März 07.]

Weidenkaff, Karl

Weidenkaff, K.: Nonnulla ad syntaxin Homeri. 7 S. – Wittenberg G., Progr. 1870.

Weidenkaff, Carolus: De usu genitivi apud Homerum. Part. 1. Halis Saxonum (1865): Vorhauer in Mühlhausen. 32 S. 8°
Halle-Wittenberg, Phil. Diss. v. 1. Okt. [vielmehr: 25. Sept.] 1865
Geb. Mühlhausen (Thür.) 14. 8. 1840. V.
Im Buchhandel Halis (Berlin: Calvary) 1866. 34 S. 8°

Weidenkaff, Klaus, a. Dresden: Die Anschauungen der Franzosen über die geistige Kultur der Deutschen im Verlaufe des 18. und zu Beginn des 19. Jahrhunderts. Gotha 1906: F. A. Perthes. (55 S.) 8° ¶ [= Geschichtliche Untersuchungen Bd 3, H. 3.]
Leipzig, Phil. Fak., Ref. Lamprecht, Birch-Hirschfeld, Diss. v. 27. März 1906
[Geb. 17. Sept. 82 Dresden; Wohnort: Dresden; Staatsangeh.: Sachsen; Vorbildung: Wettiner Gymn. Dresden Reife O. 01; Studium: Leipzig 9 S.; Rig. 18. Dez. 05.]

Weidenkeller, Friedrich junior Dr. „Die zu Lichtenhof bei Nürnberg befindliche Landwirthschaftliche Lehranstalt der K. Kreis-Landwirthschafts- und Gewerbsschule für Mittelfranken". pg. 3—10. 4°. Campe'sche Off.
Nürnberg, Progr. 1843/44

Weidenkeller, Johann Jakob

Weidenkeller, Joh. Jak., Anleit. z. Bearbeitung u. Behandlung d. öden Gründe u. Sandwüsten, um solche in fruchtbare Wiesen, Aecker, Gärten etc. umzuschaffen. 8. Nürnberg, 1819. 2. Aufl. 1826. Bauer u. Raspe. — 10

Weidenkeller, (J. J.,) Anleitung z. Bearbeitung u. Behandlung d. öden Gründe u. Sandwüsten, um solche in Wiesen, Aecker, Gärten rc. umzuschaffen. 2e Aufl. 8. Nürnb. 825, Bauer u. R.

Anleitung für das Landvolk, siehe: Willburg, A. C. v.

— Ansichten, Wünsche, gemeinnütz. Vorschläge, Ideen u. Entwürfe zum Besten d. National- u. Staatsökonomien aller Staaten Europens. 8. Altenb. 823. Lit.-Compt. 1 ₰

— Archiv für Pferdekenntniß, s. Archiv.

Weidenkeller, J.J., Beleuchtung der vom königlich bayerischen Kreis- und Stadtgerichtsrath J.B. Greger ausgegebene Recension meines Werkchens über Kolonie-Anlagen usw. Nürnberg 1849

Weidenkeller, Johann Jakob [Hrsg.], s. Blätter, Lichtenhofer.

Weidenkeller, Joh. Jac., Das Brenneisen, oder das englische Feuer, hinsichtlich seiner Wirkungen, seines Nutzens und Gebrauchs in der Tierarzneikunde. Mit 2 Kpfrn. 8. Nürnberg 20. Bauer & Raspe. M. 1.50

Weidenkeller, Johann Jakob: Das Brenneisen oder das englische Feuer hinsichtlich seiner Wirkungen, seines Nutzens und Gebrauchs in der Thierarzneykunde. Mit 2 Kupfertaf. Nürnberg 1820. 108 S.

Weidenkeller sen., Joh. Jacob Dr. „Einiges über Kultivirung öder Gründe". pg. 3—8. 4°. Campe'sche Off.
Nürnberg, Progr. 1848/49

— Einleit. u. prakt. Unterricht in d. Thierarzneikunst, nach Erxleben neu bearbeitet. gr. 8. Nürnb. 824. Geh. 16 gr

Weidenkeller, Johann Jakob: Einleitung und praktischer Unterricht in der Thierarzneikunst nach Erxleben neu bearb. Nürnberg u. Leipzig 1824. 176 S.

Weidenkeller, Johann Jakob: Entwurf zur Errichtung eines techn.-ökonom. Erziehungs-Institutes für ganz arme Knaben. Nürnberg 1818.

— Entwurf zur Errichtung e. Kolonie in Baiern u. zu einer Unterstützungsanstalt für die vaterländischen Fabriken u. Manufakturen. gr. 8. Bamb. 820. Kunz. 8 gr (Literat.-Compt. in Altenb.) 4 gr

— gemeinnütziges Handbuch vom haus- u. landwirthschaftlichen Nutzen unserer Hausthiere. gr. 8. Nürnb. 816 2e A. 817. Campe. 16 gr

Weidenkeller, Johann Jakob [Hrsg.], s. Jahrbuch, Prakt.-polizeiliches, d. gerichtl. Thierarzneikunde.

— Jahresbericht des Industrie- u. Culturvereins im kön. baier. Landgericht Nürnberg. gr. 4. Altenb. 820. Literat.-Compt. 8 gr

Weidenkeller, Johann Jakob: Katechismus für Hirten und Schafzüchter. Nürnberg 1847.

Weidenkeller, J. J.: „Catechismus der Landwirthschaftslehre für alle Zweige der Landwirthschaft", 1. Band (3 Hefte): „Pflanzencultur", Nürnberg 1836, 1837 (Raspe & Bauer).

Weidenkeller, Joh. Jak., Katechismus der Landwirthschaftslehre für alle Zweige der Landwirthschaft. 2. Bd. 2. Heft. A. u. d. T.: Die Lehre vom landwirthschaftl. Haushalt oder landwirthschaftl. Betriebslehre. Nebst einem Anhange über landwirthschaftl. Taxation, Uebernahme und Erwerbung eines Oekonomie-Guts. 12. (143 S.) Nürnberg 849, Bauer und Raspe.
1. Bd. und 2. Bd. 1. Heft. Ebendas. 1836—38.

—— Katechismus von d. Pferdekenntniß, sowie v. d. Zucht, Wartung, Pflege u. Behandl. d. Pferde. Mit besond. Rücksicht auf d. bayer. Landes-Pferdezucht bearb. Hrsg. v. Industrie- u. Kultur-Verein in Nürnberg. gr. 8. (16¼ B.) Nürnberg 831, (Schneider u. Weigel.) Thlr.

Weidenkeller: Katechismus v. der Pferdekenntniss sowie v. der Zucht, Wartung, Pflege u. Behandlung d. Pferde ... Nürnb. 1831. 251 S.

Weidenkeller, Joh. Jac.: Kolonien als die besten Armenbeschäftigungs- und Versorgungs-Anstalten für alle Staaten Europas. Ein Ruf zur gegenwärtigen Zeit an alle, welchen das Wohl, die Ruhe, Ordnung und Sicherheit ihres Vaterlandes, sowie ihrer Mitmenschen am Herzen liegt. – Nürnberg: Selbstverl.; Recknagel in Comm. 1848. XII, 182 S. mit 1 Kupferst.

Weidenkeller, Johann Jakob [Hrsg.], s. Landzeitung. – Baierische Land- u. Dorfzeitung ...

Weidenkeller, Johann Jakob, s. Mayer, Johann Fr.: Das Ganze der Landwirthschaft.

Weidenkeller, Johann Jakob: Von dem Nutzen und der Nothwendigkeit der technisch-ökonomischen Erziehungsinstitute usw. Nürnberg 1839.

— die russ. u. poln. Pferde in d. süddeutschen Staaten rücksichtlich ihrer Lebensdauer, vorzüglichsten Krankheiten u. Gebrechen, thierärztlichen Behandlung u. ihrer Brauchbarkeit zum Militair- u. Civildienst rc. Mit 4 Kpft. gr. 8. Nürnb. 822. Bauer u. R. 1 ₰

Weidenkeller, Johann Jacob: Die russischen und polnischen Pferde in den süddeutschen Staaten ... mit e. Hinblick auf d. inländische Pferdezucht. Mit 4 Kupfertaf. Nürnberg 1822. XVI, 253 S.

Weidenkeller, Joh. Jak., gemeinnütz. Schriften. 1. Bdchn. 1. Hft. — A. u. d. T.: Ueber d. Begründung techn.-ökonom. Armenknaben-Erziehungs-Institute in einem jeden Staate. Mit besond. Berücksicht. des vom Industrie- u. Kultur-Verein begründ. techn.-ökonom. Armenknaben-Erziehungs-Instituts. gr. 8. (6 B.) Nürnberg 834, (Zeh.)

[Weidenkeller, Johann Jakob:] Statuten des techn.-ökonomisch. Knaben-Instituts für das Königreich Bayern. Nürnberg 1837.

— thierärztl. u. landwirthschaftl. Unterhaltungsstunden. 3 Bde. 8. Insbruck u. Bamb. 812—15. Kunz. 2 ℛ

Weidenkeller, Johann Jakob: Thierärztliche und landwirthschaftliche Unterhaltungsstunden. Bd 1—3. Innsbruck 1813—14.
1, H. 1. 2. 1813.
2, H. 1. 2. 1814.
3. H. 1. 2 nebst Anh. 1814.

Weidenkeller J. J.: Thierärztliche u. landwirthschaftliche Unterhaltungsstunden z. Gebrauch f. jedermann ... 3 Bd. à 2 H. (1 Vol.). 1-II Innsbruck, III-3 Bamb. 1813-15. (478) S.

Weidenkeller, J[ohann] J[akob]: Vorträge über die Kenntniss des Aeussern des Pferdes sowie über dessen Zucht, Warth, Pflege, Behandlung und Benützung. Bd 1. Mit mehreren Abb. Nürnberg 1826.

—Vorträge über die Wart, Pflege, Behandlung u. Benützung des Pferdes. 3 Bde. gr. 8. Dinkelsbühl 825—29. Walthr. (Leipz., Centr.-Compt.) 1 ℛ 3 𝒦

—— dass. 3. (letzt.) Bd. u. d. T.: Vorträge üb. Pferdezucht u. Pferdebehandlung. gr. 8. (8½ B.) Ebds. 829.
2. Bd. Ebendas. 1826.

—Vorträge über die Kenntniß des Aeußern des Pferdes, so wie über dessen Zucht, Warth, Pflege, Behandlung u. Benützung. 1r Bd. Mit 8 lithogr. Abbildd. 2e verm. u. verb. Aufl. 8. Dinkelsbühl 833. Walthr. (Leipzig, Central-Comptoir.) 1 ℛ (2r u. 3r Bd. Ebd. 826. u. 829. kosten ¾ ℛ)

— Vorträge über die Kenntnis des Äußern des Pferdes, sowie über dessen Zucht, Wart, Pflege, Behandlung u. Benützung. Bd 1—3. Mit Abb. 2. verm. Aufl. Dinkelsbühl 1826—1833.

Weidenkeller, J. J.: „Wie kann für das allgemeine Beste und ohne Aufopferung von Seiten des Staats am zweckmässigsten eine Armencolonie-Anstalt errichtet werden? Mit genauer Berücksichtigung der Benutzung der sehr vielen zum Verkauf stehenden Landgüter", Nürnberg 1830 (Lit.-Anst.).

Weidenkeller, Jh. Jak., wie u. auf welche Weise kann für das allgemeine Beste Baierns u. ohne Aufopferung von Seiten des Staats am zweckmäßigsten eine Armenkolonieanstalt errichtet werden? Mit genauer Berücksicht. d. Benützung der sehr vielen zum Verkauf feil stehenden Landgüter rc. bearbeitet. 2e unveränd. Aufl. gr. 4. Nürnb. 831. Liter.-Anstalt d. Ind. u. Kultur-Vereins. 6 𝒦

—— wie u. auf welche Weise kann für das allgem. Beste Bayerns u. ohne Aufopferung von Seite d. Staats am zweckmäßigsten eine Armen-Kolonie-Anstalt errichtet werden? Mit genauer Berücksicht. d. Benützung der sehr vielen zum Verkauf feil stehenden Landgüter rc. bearb. 2., unveränd. Aufl. gr. 4. (2½ B.) Nürnberg 831, (Schneider u. Weigel.)

—— wie u. auf welche Weise kann in kürzester Zeit u. am zweckmäßigsten die Pferdezucht in Bayern, ohne vom Staate neue Aufopferungen zu fordern, gehoben u. vervollkommnet werden? Nebst e. Entwurf einer Verfassung d. Landgestüts, u. üb. Vereine zur Beförderung vaterländ. Pferdezucht. gr. 8. (4 B.) Dinkelsbühl 828, Walthr.

— wie u. auf welche Weise kann in kürzester Zeit u. am zweckmäßigsten d. Pferdezucht in Baiern, ohne vom Staate neue Aufopferungen zu fordern, gehoben u. vervollkommnet werden? gr. 8. Dinkelsbühl 828. Walthr. (Leipz., Centr.-Compt.) 6 𝒦

Weidenkeller, Johann Jakob: Wochenblatt für Freunde der Viehzucht und Thierarzneykunde. Nürnberg 1818.

— Wochenblatt d. Viehzucht u. Thierarzneikunde, Reitkunst u. des Thierhandels. Mit Zusätzen u. Beitr. v. S. v. Tennecker. 1r bis 3r Jahrg. 1818—20. gr. 4. Nürnb. (Bauer u. R.) 12 ℛ (Liter.-Compt. in Altenb.) Hbg. Pr. 5 ℛ 4r Jahrg. 1821. 1s u. 2s Heft. gr. 8. Altenb. Weber in Ronneburg.
(Später: Archiv für Pferdekenntnis, Reitkunst, Viehzucht, Thierarzneikunde und Thierhandel.)

Weidenkrantz, Francisc. Ludov., De ss. Scripturarum canone dissertatio-biblico-historica et theologica. Trier, 1754, 4°, 36 S. (Inauguralarbeit.)

Weidenmann, Johann Kaspar W' und seine algerischen Studien. (Njbl.) s. [Hafner, Albert].

Weidenmüller, Anna

Weidenmüller, A. Fides. Eine Dichtg. 12. (103 S.) Lpz. 892, G. Wigand. geb. m. Goldschn. * 2 50

[F.] Ein Glaube. Erzählg v. A[nna] Weidenmüller ... *Barmen: D. B. Wiemann [1895].* (2 Bl., 230 S., 1 kl. Bl.) 1 Bd 8.
= Hausbibliothek, Wiemanns. Bd 2.

Weidenmüller, A., e. Glaube, s. a. Wiemann's Hausbibliothek.

Piz Zupò. Eine Geschichte aus d. Touristenleben d. vornehmen Welt im obern Engadin. Von A[nna] **Weidenmüller**. Hamburg: Rauhes Haus 1898. (228 S.) 8° [F.] [08. 7365]

(B) **Weidenmüller**, A., Piz Zupò. 898. (KVL 30.) Jetzt: Bielefeld, Verlagshandlg. d. Anstalt Bethel.

Weidenmüller, Anna, die letzte Rose. Ein Waldmärchen. 16. (36 S.) Kassel 879. Freyschmidt. n. 1. 60; geb. m. Goldschn. n. 2. 40

Weidenmüller, Anna, Schildheiss. Eine deutsche Sage in 7 Gesängen. gr. 8. (VI, 70 S.) St. Gallen 884. (Kassel, Freyschmidt.) n. 1. —; geb. n. 2. —

Weidenmüller, A., im Steinbachhof. Roman. (809 S.) 8. Hamburg (904). [Agentur des Rauhen Hauses.] Bethel bei Bielefeld, Verlagshandlg. d. Anstalt Bethel. n. 3. —; geb. in Leinw. n. 4. —

Im Steinbachhof. Roman von A[nna] **Weidenmüller**. Hamburg: Agentur d. Rauhen Hauses [1905]. (309 S.) 8° [F.] [08. 7364]

Weidenmüller, C.: Inhaltsbestimmung sphärischer Zwei- und Dreiecke, deren Seiten nicht Bögen grösster Kreise sind. 1864. 8°

Weidenmüller: Über die geometrischen Oerter der Spitze eines Dreiecks von constanter Grundlinie unter verschiedenen Bedingungen. 26 S. und Taf. – Fulda, Progr. 1868.

Weidenmüller, Hans, vom sprachlichen Kunstgewerbe. Eine Arbeit üb. Sprache u. Schrift in unserem öffentl. Leben. (13 S.) 8. Berlin-Schöneberg 908. Fortschritt Buchverlag der Hilfe. — 30

— s.a. Vom sprachlichen Kunstgewerbe.

Weidenmüller, Karl, Flora f. Schulen, s.: Gies, Wilh.

Weidenmüller, Karl Grundzüge der Gesteins- und Formationslehre für die Schüler der Sekunda als Grundlage des Unterrichts bearbeitet. 9 S. **Progr.** G. *Marburg II.* 1882.

WEIDENMÜLLER, Otto (Düsseldorf): Zur Behandlung localer tuberculöser Affectionen mit Jodoforminjection.- München: Lehmann 1891. 1 Bl.,34 S.
27.2.1891 - Chr 1890/91,20; Jv 1891/92,212
Diss. Ingolst.-Landsh.-Mchn.

Weidenmüller, Otto. Zur Behandlung localer tuberculöser Affectionen m. Jodoforminjection, s.a. Abhandlungen, Münchener medicinische.

Weidenmüller, Otto, Das Volksbuch von Wigalois vom Rade. Diss. Göttingen. 1910.

Weidenmüller, Wilhelm [app. Arzt]: Zur Statistik des engen Beckens. '(Aus d. Kgl. Frauenklinik zu Marburg.)' ... Marburg, Buchdr. v. J. Hamel, 1895; 39 S. 8.
Marburg, Med. Fak., Inaug.-Diss. v. 16. Nov. 1895

WEIDENPESCH, Paul (Köln): Die Amputation nach Gritti.- München: Wolf 1908. 55 S.
20.11.1908 - Chr 1908/09,24; U 09.5419
Diss. Ingolst.-Landsh.-Mchn.

Weidenreich, Franz: Zur Anatomie der centralen Kleinhirnkerne der Sänger. Stuttgart: E. Nägele 1899. (56 S.) 8°
[Aus: Zeitschrift f. Morphologie u. Anthropologie, Bd 1, H. 2.]
Strassburg, Med. Diss. v. 1899.

Weidenthal, Baron von; od. d. Laune d. Schicksals. Lstsp. in 5 Aufz. v. Hahn. 8. Linz, Haßlinger. 807. — 6

Weide-Ordnung. Vertragsmäßig zwischen der k. k. Regierung und der osmanischen Pforte vereinbarte — — für die österreichischen Schafhirten in Bulgarien. In deutscher, italienischer und romanischer Sprache, nebst dem türkischen Urtexte. Wien, 1855. Aus der k. k. Hof- und Staatsdruckerei. (23 S. 4.)

Weidert, August [aus München]: Erörterungen über die rechtliche Natur der Klage aus Art. 83 der A. D. W. O. ... München, Buchdr. v. J. Gotteswinter, 1892; 27 S. 8.
Erlangen, Jur. Fak., Inaug.-Diss. v. 1892

Weidert, Ferdinand, approb. Arzt aus Hanau: Ueber den Einfluß der Kohlensäure auf die Magenverdauung. *Erlangen 1903: H. Vollrath.* (30 S.) 8°
Erlangen, Med. Diss. v. 31. März 1903

Weidert, Franz, a. Hanau: Über den Einfluß der Belichtung auf die thermoelektrische Kraft des Selens. Rostock i. M. 1905: Adler. (95 S.) 8°
Rostock, Phil. Fak., Ref. Wachsmuth, Diss. v. 27. Juli 1905
[Geb. 19. Nov. 78 Hanau; Wohnort: Charlottenburg; Staatsangeh.: Preußen; Vorbildung: Gymn. Hanau Reife O. 98; Studium: Darmstadt T.H. 6, Berlin 4 S.; Rig. 24. Juli 05.]

Weidert, Fritz, Erörterungen über die rechtliche Bedeutung des den Betrag der Wechselsumme übersteigenden Accepts. Diss. Erlangen 1886, Th. Blaesing. 8°. 23 S.

Die Weidewirtschaft. Zeitschrift für die Interessen des Viehzüchter- und Gräservereins. (Red. v. Boye Hamkens, vom April 1883 an v. G. Reeder.)
1878. April–September. Garding. 8°
1878. October bis December und 1879. Kiel. 4°
1880ff. Husum. 4°
Die beiden ersten Jahrgänge erschienen auch als Beilage zum „Landwirthschaftlichen Wochenblatt".

[F.] Die **Weidewirtschaft** im Kanton Baselland. Hrsg. v. Schweizer. alpwirtschaftl. Ver. unt. d. Red. v. Prof. A. Strüby, Sekr. d. S. A. V. *Solothurn: Dr. d. Zepfel'schen Buchdr. 1894.* (100 S.) 8.
= **Alpstatistik,** Schweizerische. Lfg 1. [96. 108

Weidgen

—— Bericht über das Emporblühen des Bades Neuenahr, über sein Klima, seine Quellen und die Indicationen für die Anwendung derselben. 8. (28 S.) Ahrweiler 867. Bonn, Habicht. *

Weidgen, Bericht über das Bad Neuenahr in Rheinpreussen nach seinem 5jährigen Bestehen. gr. 8. (16 S.) Ahrweiler 864. (Bonn, Henry.) *

Weidgen, Bad Neuenahr im Ahrthale. Bonn 859. Weber. gr. 8. (VI, 81 S.) n. 15 ngr.

Weidgen, Ioannes Baptista (geb. am 18 März 1808 in Siegburg): De fungo medullari capitis ... Cum tabula lith. ... Bonnae, typ. C. Georgii (1834). 3 Bl., 38 S., 2 Bl., 1 Taf. 4.
Bonn, Med. Fak., Diss. v. 12 Sept. 1834

Weidgen, *Joseph* [Dr., Dir.]: Bericht über die Einweihung *des neuen Schulgebäudes.* Coblenz, Krabben'sche Buchdr., 1895; 4—16 S. 4.
Coblenz, Kaiserin Augusta-G, P 1895 (440)

Weidgen, *Josef* [Dir. Dr.]: **Die Einweihung des neuen Gymnasialgebäudes. Düren, Hamel'sche Buchdr.,** 1892; 3—14 S. 4.
Düren, G, P 1892 (435)

Weidgen, Jos. Miscella critica. S. 33—50. 8. [Thucyd. Soph. Eurip. Horat. Tacit.] **Progr.** G. **Coblenz* 1882

Weidgen, J., Qua ratione Euripides in carminibus melicis Doridem, in anapaestis Atticam dialectum temperaverit. Diss. 1874. 82 S.

Weidgen, J. Quaestiones propertianae. 2 part. 15, 14 SS. **Progr.** G. *Coblenz* 1881. 1882.

Weidgen, *Joseph* De Euripidis Phoen. vv. 793—796, 817—820, 1190—1193. 4 (S. III—XV). **Progr.** Prg. *Prüm* 1888 (425).

Weidhaas, Curt [pr. Arzt]: Historisch-kritischer Beitrag zu der Frage: Inwiefern indicirt enges Becken die Wendung auf die Füsse? ... Jena, Druck v. B. Engau, 1893; 38 S. 8.
Jena, Med. Fak., Inaug.-Diss. v. [18. Juli] 1893

Weidhas, J. F. Die Brandenburger Denare von Heinrich (Koenig der Wenden) bis auf Friedrich I. Kurfürst (aus dem Hause Hohenzollern), und die Brandenburger Groschen und kleinen Münzen bis auf Friedrich Wilhelm IV. Koenig von Preussen. Auf 17 lithographischen Tafeln. Berlin 1855. 4°.

Weidig, Friedrich (Butzbach)
Sophoclis Electra et Antigona cum Oreste et Antigona Victorii Alferii comparatione critica conjunctae.
[lt. Promotionsakte im Manuscript vorgelegt.]
Dr. phil. Giessen 23.12.1822.

Weidig, Friedrich Ludwig

Weidig's, Fr. Ludw., († d. 23. Febr. 1837), Gedichte. Zum Besten der Kinder Weidig's hrsg. von einigen Freunden. 8. (VIII u. 84 S.) Mannheim 847, Hoff. ¼ ₰

Weidig, Friedrich Ludwig. Reliquien. Zum Besten der Wittwe Weidigs herausgegeben von einigen Freunden. Mannheim, Hoff 1838. 132 S. 8.

Reliquien Dr. Fr. L. Weidigs, gew. Pfarrers in Obergleen im Grossherzogthum Hessen. Zum Besten der Wittwe Weidigs hrsg. von einigen Freunden. 2. unveränd. Aufl. 8°. Mannheim, Hoff, 1838.

WEIDIG, HEINRICH. Studien über das Verhalten einiger Naphtalin- und Naphtolderivate. (Bern) Giessen, 1883.

Weidig, M.: Radioaktive Wässer in Sachsen, s. Schiffner, C.

Weidigsstiftung, die, u. die Einweihung des Denkmales Weidig's auf dem Friedhofe zu Darmstadt am 17. Septbr. 1848. gr. 8. (23 S.) **Butzbach 849. (Gießen, Ricker.) n. 4 ngl**

v. Weidingen, Ritter Herrmann; Trspl. 8. Halberst. 796. Groß. 4 gl

v. Weidingen, Ritter Herrmann; oder der Pilger. 8. Leipz. 796. (Rauck). 4 gl

Weidingen, **Ritter Herrmann v., od. d. Pilger. 8. Leipz.** Sommer. 796.

Weidinger, Anton [aus Passau]: Die Schäferlyrik der französischen Vorrenaissance ... München, kgl. Hof- u. Univ.-Buchdr. v. Dr. C. Wolf & Sohn, 1893; IX S., 1 Bl., 67 S. 8.
München, Phil. Fak., Inaug.-Diss. v. 1893

Weidinger, Anton [Dr.]: Die Schäferlyrik der französischen Vorrenaissance. [= Inaug.-Diss. v. München 1893.] München, kgl. Hof- u. Univ.-Buchdr. v. Dr. C. Wolf & Sohn, 1893; 2 Bl., 72 S. 8.
München, k. Luitpold-Kreis-R, P 1893.

Weidinger, Friedrich [app. Arzt aus Eschenau (Bayern)]: Ein Fall von partieller Tuberkulose des Herzbeutels ... Würzburg, Paul Scheiner's Buchdr., 1889; 24 S. 8°
Würzburg, Med. Fak., Inaug.-Diss. v. 1889

Weidinger, G., Waaren-Lexicon der chemischen Industrie und der Pharmacie. 8 Lfgn. gr. 8. (VI, 811 S.) Leipzig 868, Haessel. à Lfg. *M.* 1,50. *

WEIDINGER, G.
Waarenlexicon der chemischen Industrie und der Pharmazie, mit Berücksichtigung der wichtigsten Nahrungs- und Genussmittel. Leipzig, 1868–69. 8vo.
Waarenlexicon der chemischen Industrie und der Pharmacie. Mit Berücksichtigung der wichtigsten Nahrungs- und Genussmittel. Unter Mitwirkung der Herren Joseph Moeller, Hermann Thoms, K. Thümmel, herausgegeben von T. F. Hanausek. Zweite gänzlich verarbeitete Auflage. Leipzig, 1892. pp. iv–1,000, 8vo.

Weidinger's, G., **Waaren-Lexikon der chemischen Industrie und der Pharmacie. Mit Berücksicht. der wichtigsten Nahrungs- u. Genussmittel. Unter Mitwirkg. v. Jos. Moeller, Herm. Thoms u. K. Thümmel hrsg. v. T. F. Hanausek. 2. gänzlich umgearb. Aufl. 12 Lfgn. gr. 8. (IV, 1000 S.) Lpz. 892, H. Haessel.** à Lfg. * 1 —; * 12 —; geb. in Halbfrz. * 14 —

Weidinger, Karl

Weidinger, C., der Flachsbau u. die Flachsbereitung nach dem in Belgien u. Frankreich dabei beobachteten Verfahren dargestellt. 8. (46 S.) Leipzig 848, Spamer. 1/3 rf

Weidinger, C(arl), der Flachsbau und die Flachsbereitung. Nach dem in Belgien und Frankreich dabei beobachteten Verfahren dargestellt. Nebst einer Darlegung der neuesten Wege, das Rösten des Flachses auf chem. oder mechan. Wege zu bewirken und eine Schilderung des Anbaues des Tsching-Ma oder chines. Hanfes. 2., verm. und verb. Aufl. 8. (IV und 77 S.) Leipzig 852. 53, Spamer. Thlr. *

Weidinger, C., der Flachsbau und die Flachsbereitung. Nach dem in Belgien und Frankreich dabei beobachteten Verfahren dargestellt. Nebst einer Darlegung der neuesten Wege, das Rösten des Flachses auf chemischem oder mechanischem Wege zu bewirken u. einer Schilderung des Anbaues des Tsching-Ma oder chinesischen Hanfes. 2. verm. u. verb. Aufl. Leipzig 859. Neumeister. (Hamm, Grote.) 8. (2 Bl., 77 S.) 10 ngr.

Weidinger, Carl, mein Glaube an Gott u. Unsterblichkeit. 8. (96 S.) Zwickau 852, Verein zur Verbreitung v. Volksschriften. 6 ngl

Weidinger, Carl, Andreas Hofer und seine Kampfgenossen oder die Geschichte Tirols im J. 1809. Nebst einem Rückblick auf die ältere Geschichte und einer gedrängten Schilderung von Land und Volk. Nach älteren und neueren Quellen für die reifere Jugend bearb. 853. 1 rf. 15 ngr. — 2. Aufl. Mit 9 color. Stahlst. Leipzig 858. Teubner. 16. (383 S.) 1 rf.

—— Andreas Hofer und seine Kampfgenossen oder die Geschichte Tirols im J. 1809. Nebst einem Rückblick auf die ältere Geschichte und einer gedrängten Schilderung von Land und Volk. Nach älteren und neueren Quellen für die reifere Jugend bearb. 2. Aufl. 1857. und 3., durchgeseh. und vervollständigte Aufl. br. 8. (VII und 404 S. mit Hofer's Portr. in Stahlst. und ill., und Abbildungen seines Denkmals in Stahlst.) Leipzig 861, Teubner.

— das Leben der Katharina von Bora. Nach den Quellen für das protestantische Volk erzählt. Mit dem (lith.) Bildniß der Katharina. Greiz 854. Henning. 8. (37 S.) 3 ngr.

—- **das Leben und Wirken Friedrichs des Großen Königs von Preußen. Vornämlich mit Rücksicht auf die reifere Jugend geschildert. 1. Aufl. 1854. und 2. Aufl. 8. (326 S. mit 12 Stahlst.) Leipzig 856, Teubner.**

— das Leben und Wirken Friedrichs des Großen Königs von Preußen. Vornämlich mit Rücksicht auf die reifere Jugend geschildert. Mit 12 Stahlst. 854. 1 rf. 7½ ngr. — 2. Aufl. Leipzig 857. Teubner. 16. (326 S.) 1 rf.

—— das Leben und Wirken Friedrichs des Großen, Königs von Preußen. Vornämlich mit Rücksicht auf die reifere Jugend geschildert. 3., verb. Aufl. br. 8. (VIII und 354 S. mit 12 Stahlst.) Leipzig 859, Teubner.

Weidinger, Carl, das Leben und Wirken Friedrichs des Großen, Königs von Preußen. Vornämlich mit Rücksicht auf die reifere Jugend geschildert. 4., verb. Aufl. 8. (XIII und 354 S. mit 12 Stahlst.) Leipzig 863, Teubner. cart.

—— Leipzig. Ein Führer durch die Stadt und ihre Umgebungen. 8. (XII und 284 S. mit 72 in den Text gedr. Abbild. in Holzschn., 1 Orientirungsplane in Holzschn. und ill. in 4. und 1 lithogr. und ill. Karte der Umgebungen von Leipzig in 4.) Leipzig 860, Weber. * 20 Ngr.; geb. *

—— **Gotthelf Wanderer, ein Zögling und Helfer der innern Mission. 8. (260 S.) Zwickau 853, Verlagshandlung des Volksschriften-Vereins.** *

Weidl, Fr., was der Erfinder wissen muß! Ein unentbehrl. Hilfsbuch f. Erfinder u. Schutzinhaber, Fabrikanten u. Gewerbetreibende. 2. Aufl. (2.—6. Tauf.) (134 S.) kl. 8. Dresden (908). (Leipzig, Fritzsche & Schmidt.) 1. —

Weidl, Geo., Geschichte der Stadt Plan. gr. 8. (262 S. mit Illustr.) Tachau (885), Holub. *

Weidle, Louis

Die Konkurse, ihre Entstehung und Beseitigung durch Bekämpfung der Rammscher, Schleuderer, Hausirer u. Schein-Ausverkäufer. Mit Sittenbildern d. 19. Jhs. Von [Louis] **Weidle**, Dir. Halle: Selbstverl. 1892. (35 S.) 8° [F.] [07. 7339 2

Weidle. Die Konkurse, ihre Entstehung und Beseitigung durch Bekämpfung der Rammscher, Schleuderer, Hausirer u. Schein-Ausverkäufer. Mit Sittenbildern d. 19. Jahrh. gr. 8. (35 S.) Halle a. S. 892. (Lpz., R. Werther.) * — 40

Jo. Theophil. Weidlen (praes. Bernh. Chr. Otto) de perpetua craniologiae priscae in doctrinis pathologicis dignitate. Francof. ad Viadr. 1805. 8.

Weidler, Gg., der theoretische Unterricht. Ein Hülfs- u. Handbuch für den Soldaten der Infanterie u. Jäger [Pioniere, Fuß-Artillerie u. Train] zur Belehrung über seine Dienstobliegenheiten. 2., vielfach verb. u. verm. Aufl. 8. (XII, 217 u. Anh. VII S.) Germersheim 879. Müller. n.n. 1. —

Weidler, Georg Immanuel: De Dissensu emendatae temporum formae statuum Germ. protest. a kal. Greg. a. 1724, s. Weidler, Johann Friedrich.

Weidler, Georg Immanuel [Praes.], s. Weidler, Johann Gottlob: Animadversiones chronologicae in sententiam Ioannis Harduini de ultimo Christi paschate.

Weidler, Johann Friedrich

Weidler, Jh. Fr., (+ d. 30. Nov. 1755.) Anleit zur unterirdischen Meß- oder Markscheidekunst, aus d. Latein. übers. v. N. Fuxtaller. 8. Wien 764. Trattner. 7 gr.

H. *Johann Friedrich Weidlers* — Anleitung zur unterirdischen Mess- oder Markscheidekunst, aus der Lateinisch-Verbesserten Auflage in das Deutsche übersetzet von *Niklas Fuchsthaler* aus den frommen Schulen, Lehrer der Grössenlehre. Wien, gedruckt bey Joh. Thomas Edlen von Trattnern. — gr. 8. 117 Seiten, 4 Kupfertaf. 1765.

Io[annes] Frider[icus] Weidlerus [Weidler]: Commentatio de aurora boreali. Vitebergae:Gerdes 1730. 71 S. 8°

Wittenberg, Univ.-Schr.v.16.Nov.1729

— bibliographia astronomica. Acced. historiae Astronomiae supplementa. 8. Wittenb. 755. Zimmermann. 8 gr.

Joh. Fr. Weidleri dissertatio de characterib. numerorum vulgaribus et eorum aetatibus, veterum monumentorum fide illustratis. Viteb. 4. 1727.

Weidler, Johann Friedrich [Praes.], s. Daum, Karl Liebmann: De tempestatum varietate et investigandis veris eiusdem rationibus, una cum observationibus barometricis et meteorologicis.

Io[annes] Fridericus Weidlerus [Weidler] et Georgius Immanuel Weidlerus [Weidler]: De Dissensu emendatae temporum formae statuum Germaniae protestantium a kalendario Gregoriano anni 1724. Add. in fine De novo Sidere Ludoviciano brevis commentatio. Vitembergae 1723: Gerdesian. 32 S.8°

Wittenberg, Phil.Disp.v.27.Febr.1723

Io[annes] Fridericus Weidlerus [Weidler]: Experimentorum Newtonianorum de coloribus explicatio nova veteri hypothesi accomodata. [Resp.:] Dethlevus Gottherdus Zwergius. Vitebergae (1720): Gerdes. 40 S. 8°

Wittenberg, Phil.Disp.v.3.Jan.1720

Io[annes] Frider[icus] Weidlerus [Weidler] et Io[annes] Daniel Perlicius: Explicationes Iovilabii Cassiniani. Vitebergae (1727): Gerdes. 32 S. 8°

Wittenberg, Phil.Disp.v.14.Juni 1727

Weidler, Johann Friedrich [Praes.], s. Hermann, Traugott: Defectuum corporis.

— historia astronomiae, s. de ortu et progressu astronomiae liber singularis. 4. Wittenb. Knoch. 741.

Weidler, Johann Friedrich [Praes.], s. Hoener, Jo. Benjamin: Habacuci prophetae de Messia testimonium capitis III, v. XIII. A. R. Isaaci Abarbanelis glossemate liberatum.

Weidler, Johann Friedrich [Praes.], s. Jacobaeer, Karl Heinrich: De origine et natura bonorum censiticorum ex jure Germanico.

— institutiones Astronomiae selectis observationum et calculorum exemplis illustratae. Cum XVI tabb. aen. 4. Wittenb. 754. Zimmermann. 1 ℔ 8 gr.

Jo. Frider. Weidleri Institutiones Geometriae Subterraneae. Cum figuris aeneis. Vitembergae apud Viduam Gerdesiam. In 4. 10 Bogen, 4 Kupfertafeln. 1726. 80 S.
— edit. auct. et emend. 4. 1750.

— institutiones geometriae subterraneae. Cum fig. aen. 4. Wittenb. 726. Ed. alt. aucta et emend. 751. Schwarz. 7 gr.

Weidlerus, J. F.: Institutt. Juris naturae et gentium methodo geometrica digestae collocatoque sparsim jure positivo illustratae. *Vitemb.* 731. 8.

J. Fr. Weidleri institutiones mathematicae XVI. purae mixtaeque matheseos disciplinas complexae accedunt tabulae logarithmorum contractae et index generalis, qui Lexici instar esse possit. Vitemb. sumtib. Sam. Hanaueri. 8. 2 Alph. 8 B. 44 Fig. 1718.
Act. Erud. Lips. 1718. p. 283.
— editio locupletior. Vitemb. ap. G. M. Knoch. 8. 2 Alph. 6 Bog. 12 Kupf. 1725.
Act. Erud. Lips. 1725. p. 469.
— editio secunda auctior et correctior. Vitemb. ap. Sam. Hanauer. 8. 1725.
— edit. nova. Vitemb. sumtib. J. J. Ahlfeldii. 8. 1736.
— Vitemb. 8. 1750.

— institutiones mathematicae decem et sex, purae mixtaeque Matheseos disciplinas complexae. Cum XLIX tabb. aen. 8. Wittenb. 718. Ed. n. 4. 759. Ahlefeld. 1 ℔ 8 gr. Editio VI. selectis observationibus et vita beati auctoris aucta a Jh. Jak. Ebert. Cum 54 fig. 8maj. Lips. 784. (W. Vogel). 1 ℔ 20 gr.

Weidler, Joh. Friedr. Institutiones matheseos. Ed. 5. Witemb. 1759.

— institutiones matheseos in usum praelectionum academicarum edidit, select. observationibus et vitam beati auctori adjecit I. Ebert, c. 54 fig. 8 maj. Lpz. Crusius. (Vogel. 784.

Weidler, Johann Friedrich A.S.95/1

Dissertatio inauguralis. De juribus mathematicorum. Basel (Brandmyller) 24.III.1727. 40 S.
36056

Weidler, Joh.Friedrich: De j u r i b u s mathematicorum (opticorum, architectorum, mechanicorum). 38 S. Basel, Jur.Diss.v. 24.März 1727.

Weidler, Joh. Friedr. De latitudine et longitudine Wittebergae et de Calaegia Ptolemaei. Post viri obitum prop. J. E. Westemann. Vittebergae 1755. 4.

Weidler, Johann Friedrich (Grossneuhausen) A. S. 185/6

Dissertatio historica de legibus cibariis vestiariis Pythagorae earumque causis. Präs. Johann Ludwig Boye.
Jena (Krebs) IX. 1711. 32 S. 36052

Joh. Frid. Weidleri tractatus de machinis hydraulicis toto terrarum orbe maximis Marlyensi et Londinensi et aliis rariorum similibus in quo mensurae prope ipsas machinas notatae describuntur et de viribus earum luculenter differitur. Cum figuris aeri incisis. Vitembergae sumptibus Caroli Sigismundi Henningii. 4. 1727,
Act. Erudit. Lipf. 1728. p. 519.

Weidler, F: Tractatus de machinis hydraulicis. Vitembergae 1728

Weidler, Ioh. Fr., tract. de machinis hydraulicis Marliensi et Londinensi. 4. Wittenberg, Henning. 733. Rthlr.

Weidler, Joh. Friedr. De meteoro lucido a. 1730 m. Octobri conspecto. Vitemb. 1731.

Weidler, Johann Friedrich [Praes.], s. N e e s s, Johann Wilhelm: De usu remedii contra aedificantem ad aemulationem.

Weidler, Joh. Friedr. Origines mathematum. Vitembergae 1715.

Weidler, Jo. Friedrich (Beichlingen) A. S. 1358/38

De philosophia prima in locum et honorem suum restituenda dissertatio. Präs. Jo. Jakob Syrbius. Ed. 2.
Jena (Marggraf) 1723. 40 S.

Diss. XII. 1710. 36054

Weidler, Joh. Friedr. De recursu cometarum probabilitate. Wittembergae 1719. 4.

Weidler, Johann Friedrich (Grossneuhausen) A. S. 1320/40

Propositiones selectissimae de minimis.
Präs. Johann Andreas Planer.
Wittenberg (Kreusig) 25. VI. 1712. 43 S. 36053

Weidler, Joh. Frdr., De sacramentalibus disseret J. C. Zeumerus. Vitembergae 1738. 4. (D.)

Schediasma in quo *Apollonio Pergaeo* doctrinae curvarum promotae gloriam vindicat et generosis nobilissimisque dominis commilitonibus praelectionum mathematicarum publicar. auspicia commendat *J. Fridericus Weidlerus* Math. Prof. P. Extraord. Vitembergae prelo Gerdesianae viduae. 4. 1715.

— Spicilegium observationum ad historiam notarum numeralium pertinentium. Vitemb. 755. 4. (28 S.)

Weidler, Johann Friedrich [Praes.], s. S p i n n e r, Christoph Gottfried: De nova mensura corporum universali.

Weidler, Johann Friedrich A. S. 1203/4

De praesenti specularum astronomicarum statu dissertatio.
Wittenberg (Gerdes) 1727. 24 S. 36055

Weidler, Johann Friedrich [Praes.], s. S t i e b n e r, Elias: De depectis.

Io[annes] Fridericus Weidlerus [Weidler]: De Via curva Mercurii sub sole, in rectam convertenda exemplo transitus Mercurii per solem.. Vitembergae 1748: Eichsfeld. 24 S. 8°
Wittenberg, Phil.Univ.-Schr.v. 1743

Weidler, Joh. Friedr. Vindiciae mathematum. Vitemb. 1713. 4.

Weidler, Johann Friedrich [Praes.], s. W e i d l e r, Johann Gottlob: De traditione rerum collato iure naturali et positivo illustrata.

Weidler, Johann Friedrich [Praes.], s. W e i m a r, Daniel Gottlieb: De lacrymis vitreis et facibus noctu rotundam maioremque figuram mentientibus exercitationes curiosae.

Weidler, Johann Friedrich [Praes.], s. W e r t h e r, Jo. Christoph: De natali solo legis Salicae disquisitio.

Weidler, Johann Friedrich [Praes.], s. W e s t e r h o l t, Georg: De observationibus siderum minorum diurnis dissertatio.

Weidler, Johann Friedrich [Praes.], s. Z w e r g, Detlev Gotthard: Experimentorum Newtonianorum de coloribus explicatio nova veteri hypothesi accommodata.

Weidler, Johann Gottlob A. S. 1382/44

Animadversiones chronologicae in sententiam Ioannis Harduini de ultimo Christi paschate.
Präs. Georg Immanuel Weidler.
Wittenberg (Gerdes) 18. VII. 1727. 16 S. 36057

Weidler, Johann Gottlob [Praes.], s. D o e r i n g, Johann Gottlob: Quaestiones juris criminalis controv. in doctrina de homicidio.

Weidler, Johann Gottlob A. S. 1320/4

Dissertatio meteorologica posterior exhibens drososcopium novum drosometriae curiosae specimen.
Präs. Johann Daniel Perlicius.
Wittenberg (Gerdes) 15. XI. 1727. 1 Taf., 16 S. 36058

Weidler, Johann Gottlob A. S. 351/22

De traditione rerum collato iure naturali et positivo illustrata. Präs. Johann Friedrich Weidler.
Wittenberg (Gerdes) 1. VI. 1729. 54 S. 36059

Weidler, Wilhelm, aus Artern: Das **Verhältnis** von Mrs. Centlivre's 'The Busy Body' zu Molière's 'L'Etourdi' und Ben Jonson's 'The Divell is an Asse'. *Halle a. S. 1900: H. John.* (44 S.) 8°
Halle, Phil. Diss. v. 1900

Anhang zu der Geschäftsordnung für die Preußischen Amtsgerichte von Amtsger.Sekr. **Weidlich**. Königshütte: R. Giebler 1906. (177 S.) 8° [J.]
— **Hilfsbücher** f. d. gerichtl. Sekretariats- u. Kassendienst. Bd 1. (07. 9840 2

Weidlich, die Geschäftsordnung für die Gerichtsschreibereien der preußischen Amtsgerichte, s.: Seiffert.

Weidlich. Winke f. die Ausbildung d. Kavalleristen m. dem Karabiner 88 zum Schul- u. Gefechtsschießen. 1. u. 2. Aufl. 16. (72 S. m. 7 Abbildgn.) Hannov. 890,91, Helwing's Verlag. * 1 —

Weidlich u. v. B., Winke f. die Ausbildung des Kavalleristen m. dem Karabiner 88 zum Schul- u. Gefechtsschießen. 4. Aufl. 12. (112 S. m. Fig.) Leipzig 902. Zuckschwerdt & Co. n. 1.20
3. Aufl. (70 S. m. Fig.) 900. n. —80.

Weidlich, Winke f. die Ausbildung des Kavalleristen m. dem Karabiner 88 zum Schul- u. Gefechtsschießen. Neu bearb. 6. Aufl. (108 S.) 16. Berlin 905. Zuckschwerdt & Co. n. 1.—

Winke für die Ausbildung des Kavalleristen mit dem Karabiner zum Schul- und Gefechtsschießen. Neu bearb. von **Weidlich**, Major, Drag.-Regt Nr. 16. 6. verb. u. verm. Aufl. Berlin: Zuckschwerdt & Co. 1908. (114 S.) 8° [F.] [08. 9691

Weidlich, Winke f. die Ausbildung des Kavalleristen m. dem Karabiner zum Schul- u. Gefechtsschießen. Neu bearb. 8. verb. u. verm. Aufl. (111 S. m. Abbildgn.) 11. 8. Berlin 910. Zuckschwerdt & Co. 1.—

Weidlich, Anastasius v., ein Wort an die oberste Sanitätsbehörde, das Unterrichtsministerium und die legislativen Körperschaften über die stetig zunehmende Degeneration der Bevölkerung in der österr.-ungar. Monarchie. Den Gesunden zur Warnung, den Kranken zur Aufklärung. (Gedruckt nach dem Tode des Verfassers.) 8. (137 S.) Wien 873, Hölder. *

Weidlich, Augustus *(geb. Peterwitz bei Münsterberg in Schles. 22. 2. 1821)*: De gonorrhoea. Vratislaviae (1853). (33 S.) 8°
Breslau, Med. Diss. v. 28. Febr. 1853

Weidlich, Christian Gottfried [Praes.], s. Hickmann, Adam Heinrich: De praescriptione in statu naturali considerata.

Weidlich, Christian Gottfried A. S. 142/20

Dissertatio iuridica inauguralis de acquaestu uxorum. Leipzig (Saalbach) 14. IX. 1741. 24 S.

Gew.: Johann Georg Doehler. 36060

Weidlich, Christoph

Weidlich, Chrph.: Geschichte der jetzlebenden Rechts-Gelehrten in Teutschland, und zum Theil auch ausser demselben, als ein Rechts-Gelehrten-Lexicon in alphab. Ordnung nebst e. Vorr. hrsg. Th. 1. 2. Merseburg 1748. 49.

Weidlich, Chrph.: Lexicon oder kurtzgefaßte Lebensbeschreibungen aller jetztlebenden Rechtsgelehrten in alphab. Ordnung. Halle 1766.

Weidlich, Cph., († d. 18. Mai 1794.) Lexikon, oder kurzgefaßte Lebensbeschreibungen aller jetzt lebenden Gelehrten. 8. Halle 766. Grunert. 8 gr

Weidlich, Chrph.: Biographische Nachrichten von den jetzlebenden Rechts-Gelehrten in Teutschland. M. e. Vorr. von dem gegenw. Zustande der jur. Litteratur in Teutschland. Halle.
Th. 1—4. 1781—85.
Nachträge zu Th. 1—3. 1783.
Fortges. Nachtr. zu Th. 1—3. (1785.)

— biograph. Nachrichten von d. jetzt lebenden Rechtsgelehrten in Deutschland. 4 Thle. u. Nachtr., Zusätze u. Verbess. 8. Halle 781—85. Schwetschke u. S. (1r bis 4r à 18 gr 5r oder Nachträge ꝛc. 18 gr) 3 rß 18 gr

— zuverlässige Nachrichten von den jetzt lebenden Rechtsgelehrten. Mit e. Vorr. v. Dn. Nettelbladt. 6 Thle. 8. Halle 757—61. Kümmel. 3 rß

Weidlich, Chrph.: Zuverläßige Nachrichten von denen ietzlebenden Rechtsgelehrten. Th. 1—6. Halle 1757—65.

Weidlich, Cph.: Vollständ. Verzeichniss aller auf d. Königl. Preuss. Friedrichsuniversität zu Halle, seit ihrer Stiftung bis auf den heutigen Tag herausgekommenen jurist. Disputationen u. Programme, mit literär. Anmerk. Nebst beigefügter Succession aller Rechtsgelehrten dies. berühmten Universität u. deren kurzgef. Biographien. *Halle*, Hendel. 789. gr. 8. (12 Gr.)

Weidlich, E., Anlage v. Fabriken, s.: Teubner's, B. G., Handbücher f. Handel u. Gewerbe. (Haberstroh, H.)

Weidlich, E., Excursionsliederbuch für Studierende an technischen Hochschulen, s.: Pagel, A.

Weidlich, E., Heizung, Lüftung, Beleuchtung, Wasserversorgung, Abwässerbeseitigung und Reinigung der Abwässer in Fabriken. Leipzig, 1907. 111 S. mit 41 Abb.

Weidlich, G., Aliquot loci ex Persarum Aeschyleorum initio cum explicati tum emendati. Pr. 1835. 15 S. 4°.

Weidlich, G. Initii Persar. Aeschyl. explic. et emend. 15 S.
Wittenberg, Progr. 1835

Weidlich, Jos., der Badstuhl, dessen Gebrauch u. Nutzen in verschied. örtlichen Krankheiten, besonders des weiblichen Geschlechts. Mit 2 Kpft. 8. Wien 818. Gerold. 12 gr Schrbp. 16 gr

Weidlich, Jos., der Badstuhl, dessen Gebrauch und Nutzen in verschiedenen örtlichen Krankheiten, besonders des weiblichen Geschlechts. Mit 2 Kupfert. 8. Wien, Gerold. 819.
Schreibpap.

— nöthiger Unterricht für d. Hebammen bei Verrichtung d. Nothtaufe. 8. Arnsberg 178..

Weidlich, Karl: Das Kostenwesen in England, Schottland und Irland. Berlin: Guttentag 1909. 83 S. 8°
(Beiträge z. Reform d. Strafprozesses. Bd 2, H. 5.)

Weidlich, Karl: Die Polizei als Grundlage und Organ der Strafrechtspflege in England, Schottland und Irland. Berlin: Guttentag 1908. 111 S. 8°
(Beiträge z. Reform d. Strafprozesses. Bd 2, H. 3.)

Die englische Strafprozeßpraxis und die deutsche Strafprozeßreform. Von Dr. jur. Karl **Weidlich**. Berlin: J. Guttentag 1906. (78 S.) 8° [F.] [06. 10749

Weidlich, Karl, wann u. warum sehen wir Farben? Ein Beitrag zur Farbenlehre. (44 S. m. Fig.) Lex.-8. Leipzig 904. (J. J. Weber.) n. 2.—

Weidlich, Karl Gottlieb [Praes.], s. Boetticher, Heinr. Mich. Huldreich: De jure principis in regno electivo circa prospiciendum reipubl. successorem.

Weidlich, Karl Gottlieb (Rochlitz) A. S. 580/41a

Dissertatio iuridica inauguralis de custodia rei alienae immobilis non deposito sed mandato. Leipzig (Breitkopf) 30. X. 1732. 34 S.

36062

Weidlich, Max. Der Kampf um das Dasein. Volksstück in 4 Acten. Musik v. Heinr. Kiehaupt. gr. 8. (143 S.) Danz. 890, (Homann). * 2 —

[F.] Ein Komödianten-Scherz. Schwank in 1 Akt v. Max Weidlich. *Berlin: Kühling & Güttner [1893].* (13 S.) 1 Bd 8. = Theater-Specialität, A. Kühling's. No 53. [96. 3636

Weidlich, Max, e. Komödianten-Scherz, s. a. Kühling's, A., Theater-Specialität

Weidlich, Richard, Justizref. in Stuttgart: Die exceptio plurium concumbentium mit besonderer Berücksichtigung der Beweisfrage. *Berlin 1902: (J. Sittenfeld).* (18 S.) 8° [F. u. Ant.] ¶(Aus: Archiv f. bürgerl. Recht, Bd 21.)
Tübingen, Jur. Diss. v. 1902

Weidlich, Richard, Dr. jur., in Höchst a. M.: Über einige Hydrazide zweibasischer Säuren. Borna-Leipzig 1906: R. Noske. (54 S.) 8°
Tübingen, Naturw. Fak., Ref. Wislicenus, Diss. v. 14. Febr. 1906
[Geb. 31. April 78 Maulbronn; Wohnort: Höchst a. M.; Staatsangeh.: Württemberg; Vorbildung: Karlsgymn. Stuttgart Reife M. 90; Studium: Freiburg i. B., Lausanne, Berlin, Tübingen zus. 7, Tübingen 5 S.; Coll. 14. Febr. 06.]

Weidlich, Theodor

Weidlich, über die Behandlung lyrischer Metra der Alten im Obergymnasium. gr. 8. (8 S.) Tübingen 885, Frz. Fues. *
Aus: Korrespondenzblatt für die württembergischen Gelehrten- und Realschulen, besonders abgedruckt.

Weidlich, T., Zur Komposition des XXIV. Buches der Iliade. Pr. 1875. 86 S. 4°.

Weidlich, Theodor [Prof. Dr.]: Die Sympathie in der antiken Litteratur. Stuttgart, k. Hofbuchdr. C. Liebich, 1894; 1—76 S. 4.
Stuttgart, Karls-G, P 1894 (595)

Weidlich, Th., die Sympathie in der antiken Litteratur. Progr. 4. (76 S.) Stuttgart 894. (Leipzig, G. Fock.) n. 1.20

Weidlin, Philipp Ludwig (Haunsheim) A. S. 38/26

Dissertatio iuridica de re funeraria originem sepulturae et sepulturarum veterum atque nostrorum temporum differentiam ius et religionem sistens.
Präs. Christoph Konrad Wilhelm Friderici.
Jena (Schill) 4. X. 1755. 42 S.

Gew.: Den Herren von Racknitz.
W. v.: Präs., Karl August Tittel, Jo. Christoph Dannеberger, Jo. Jakob Scheidemantel. 36064

Weidling, Predigt über Prediger Salom. 1, V. 9—11. Am Reformationsfeste 1845, in der Kirche z. Gerbstädt gehalt. gr. 8. (1 B.) Eisleben 846, Reichardt.

Weidling, Christian [Praes.], s. Dieskau, Carl Christian von: Juris publici Rom. Germanici.

Weidling, Ch., oratorischer Hofmeister. 8. Lpz. Stock 728.

Weidling, Christian. D. Christian Weidlings // Oratorischer Kern/ Der gelehrtesten Englischen Redner // Oder // EXCERPTA // ORATORIA, // Welche aus denen gelehrtesten // Englischen Schrifften // Insonderheit // Des Hochgelehrten Watsons, Tillotsons, Baxters, Boys, Taylors, // Brownrigs, Halls und vieler anderer mehr // Einen unschätzbahren Reichthum der angenehmsten // REALIEN, // Als lehrreiche Meditationes oder Locos Communes, nette Ar- //gumenta Probantia, Amplificantia und Illustrantia, beliebte Formulas // Oratorias, argute Testimonia und Dicta Patrum, schöne // Similia &c. // So wohl geistlichen als Politischen Rednern // in angenehmer Ordnung // praesentiren // Durch deren Assistence auch ein ungeübter Redner in sehr kurtzer Zeit etwas kluges // und gelehrtes vortragen / auch jedweder in seinem Christenthum / angesehen eine geistliche Sitten= //Lehre darinnen enthalten / sich feste setzen könne. // Mit Königl. Pohln. und Churfl. Sächs. gnädigster Privilegio. // Leipzig / bey Martin Theodor Heybeyen / 1700. - 12 Blatt (nicht paginiert) Titelblätter und Titelkupfer (Weidlings Bildnis), Widmung, Vorrede und Catalogus Autorum. - 1188 S. und 123 Blatt (nicht paginiert) Inhaltsverzeichnisse.
Auf dem Vorblatt steht:
Der
deutschen Gesellschaft in
Leipzig
widmet dieses
M. Johann Joachim Schwabe.

— emblematischer Lob= u. Trauerredner. 8. Lpz. Gleditsch 706.

Weidling, Chrn, De mundiburdis. Lencopetrae 1707. Fol.

WEIDLING, CHRISTIAN. Emblematische Schatz-Kammer, Welche Einen sehr grossen Reichthum Der aller angenehmsten Sinn-Bilder ... Geistlichen und Politischen Rednern zum höchst-verlangten Nutz ... praesentiret. Daß Anfänglich zum Grunde erbauliche Moralia oder Loci Communes gestellet, welche nachmahls durch schöne Emblemata oder Sinnbilder erläutert, auch endlich mit einer geschickten Oratorischen Explication und Application versehen werden ... Leipzig, Chr. Heydler, Druck: M. Fulde, 1702. Gr. 4°. *Kupferportrat*, 1 Bl. (Titel rot und schwarz), 3 Bl. Vorrede und Index, 744, 384 S. und 112 Bl. Indices. Pgt. d. Z., die Deckel mit Papier bezogen.
Originalausg. der

— emblematische Schatzkammer. 4. Leipzig, Böttcher 702.

— oratorische Schatzkammer, od. Realconcordanz d. berühmten Kirchenredner. 4 Thle. 4. Frankf. Andreä. 701.

Weidling, Christian [Praes.], s. Schönberg, Gotthelf Friedrich von: De Testamentis, quae parentes ex privilegio novellae 107. inter liberos suos condere possunt.

Weidling, Friedrich [aus Breslau]: Über Johannes Clajus' deutsche Grammatik '(1578.)' ... [Erschien vollst. 1894 u. d. T.: Die deutsche Grammatik d. Joh. Clajus ... hrsg. ... = Ältere deutsche Grammatiken ... hrsg. v. J. Meier. II.] Strassburg, K. J. Trübner, 1894; 2 Bl., XXXII S. 8.
Freiburg i. B., Phil. Fak., Inaug.-Diss. v. 1894

Drei deutsche Psyche-Dichtungen. ⟨Schulze, Psyche. Hamerling, Amor u. Psyche. Meyer, Eros u. Psyche.⟩ Von Dr. Friedrich Weidling. *Jauer: O. Hellmann [1903].* (23 S.) 8° [F.] [03. 15513

Weidling, Julius. Amsoldingen's christliche und römische Alterthümer. Ein populärer Aufsatz von J. W. Oeffentlich von demselben vertheidigt gegen die Angriffe des Hrn. Professor Dr. Hermann Hagen. 8. Bern 1874.

Weidling, Jul., schwedische Geschichte im Zeitalter der Reformation. gr. 8. (VIII, 326 S.) Gotha 882. Schloessmann. n. 6. —

Weidling, Julius. Ursachen und Verlauf der Berner Kirchenreform ⟨bis zum Jahre 1528⟩. ⟨SA.⟩ 8. Bern 1875.

Weidling, Konr., die Haude u. Spenersche Buchhandlung in Berlin in den J. 1614—1890. gr. 8. (VII, 83 S. m. 1 Bildnis.) Berlin 902. Haude & Spener.
Geb. in Leinw. n. 4. —

Weidling, Konr., das buchhändlerische Konditionsgeschäft. Ein Beitrag zum Rechte des deutschen Buchhandels. gr. 8. (III, 144 S.) Berlin 885, Haude und Spener'sche Buchh.

Weidling, L., das Ganze d. Fruchttreiberei, oder: Die Kunst, Ananas, Himbeeren, Weintrauben, Aprikosen, Kirschen, Erdbeeren, Pfirsiche, Pflaumen und Melonen mit dem sichersten Erfolge u. geringsten Kostenaufwande zu treiben. Mit 1 Taf. Abbild. 8. Nordhausen 843, Fürst. 7/12 ℛ︀

Weidling, L., das Ganze der Fruchttreiberei oder: Die Kunst Ananas, Himbeeren, Weintrauben, Aprikosen ꝛc. m. dem sichersten Erfolge u. geringsten Kostenaufwande zu treiben. Nach den besten Quellen u. eigenen Erfahrungen. Mit vielen Abbildungen. 2. (Titel-) Aufl. 8. (168 S. m. 1 lith. Taf. in 4.) Leipzig (847) 850, Hentze. 1/3 ℛ︀

—— das Ganze der Gemüse-Treiberei. 12. (8 B.) Nordhausen 844, Fürst.

— das Ganze der Gemüse-Treiberei. Eine auf Erfahrungen begründete deutliche Belehrung über die Frühgewinnung u. das Treiben der vorzüglichsten Küchengewächse ꝛc. Nebst genauer Anleitung zur Anlegung u. Behandlung der Treibhäuser u. Mistbeete. 2. unveränd. (Titel-) Aufl. 12. (IV u. 188 S.) Plauen (844) 849, Schröter. 1/2 ℛ︀

Weidling, Ludwig: Die Prognose der Geburt bei engem Becken nach statistischen Ergebnissen der Hallenser Klinik und Poliklinik. Halle a. S. 1882: Plötz. 48 S. 8°

Halle-Wittenberg, Med. Diss. v. 5. April 1882

Geb. Gerstewitz (Kr. Weissenfels) 29. 2. 1852. V.

Weidmann [Sachl. OW]

Weidmann, der. Blätter f. Jäger u. Jagdfreunde. Erste illustr. deutsche Jagdzeitg. Officielles Organ d. „Allgemeinen deutschen Jagdschutz-Vereins" etc. Von Freunden des edlen Weidwerks hrsg. unter Mitwirkg. u. hervorrag. Fachmänner u. Jagdschriftsteller. 16—18. Bd. Octbr. 1884—Septbr. 1887. à 52 Nrn. (à 2—3 B. m. eingedr. Holzschn.) Fol. Blasewitz-Dresden, Wolff. à Jahrg. 12. —
cf.: Waldmann, der.

Weidmann, der. Blätter f. Jäger u. Jagdfreunde. Erste illustr. deutsche Jagdzeitg. Officielles Organ d. „Allgemeinen deutschen Jagdschutz-Vereins" etc. Von Freunden d. edlen Weidwerks hrsg. unter Mitwirkg. hervorrag. Fachmänner u. Jagdschriftsteller. 19.—22. Bd. Octbr. 1887—Septbr. 1891. à 52 Nrn. (à 2—3 B. m. eingedr. Holzschn.) Fol. Blasewitz-Dresden, Wolff. à Jahrg. n. 12. —

Weidmann, der. Blätter f. Jäger u. Jagdfreunde. Erste illustr. deutsche Jagdzeitg. Offizielles Organ des „Allgemeinen deutschen Jagdschutz-Vereins" etc. Von Freunden des edlen Weidwerks hrsg. unter Mitwirkg. hervorrag. Fachmänner u. Jagdschriftsteller. Red.: Paul Wolff u. v. Hohenberg. 23.—26. Bd. Oktbr. 1891—Septbr. 1895. à 52 Nrn. (à ca. 2 1/2 Bog.) Fol. Blasewitz-Dresden, P. Wolff. à Jahrg. n. 12. —

Weidmann, der. Blätter f. Jäger u. Jagdfreunde. Erste illustr. deutsche Jagdzeitg. Unt. Mitwirkg. hervorrag. Fachmänner, Jagdschriftsteller u. v. Freunden d. edlen Weidwerks hrsg. Red. von Staats v. Wacquant-Geozelles. 27.—30. Bd. Oktbr. 1895—Septbr. 1899. à 52 Nrn. (à ca. 2 Bog.) Fol. Braunschweig. Charlottenburg, G. Reuter. à Jahrg. n. 6. —
Kann auch halbjährlich bezogen werden. Erschien bis Septbr. 1898 in Dresden-Blasewitz. Der 27. Bd. war von Carl Frhrn. v. Wolff, der 28. von Hegewald u. Frhr. v. Zedlitz herausgegeben.

Weidmann, der. Blätter f. Jäger u. Jagdfreunde. Erste illustr. deutsche Jagdzeitg., seit 1. X. 1899 vereinigt m. der Darmstädter Jagdzeitg. u. der Gratisbeilage des deutschen Gebrauchshund-Stammbuches. Unter Mitwirkung v. hervorrag. Fachmännern, Jagdschriftstellern, Malern u. Freunden des edlen Weidwerks hrsg. Red. v. Fred Vincent. 31. u. 32. Jahrg. Oktbr. 1899—Septbr. 1901. à 52 Nrn. Fol. (à ca. 12 S.) Berlin, Verlag des Weidmann. à Jahrg. n. 5. —
Der 31. Jahrg. ist v. J. Müller-Liebenwalde hrsg.

— dasselbe. Erste illustr. deutsche Jagdzeitg., seit 1. X. 1899 vereinigt m. der Darmstädter Jagdzeitg. u. seit dem 9. VIII. 1901 m. dem „Rheinischen Jäger" in Köln. Unter Mitwirkg. v. hervorrag. Fachmännern, Jagdschriftstellern, Malern und Freunden des edlen Weidwerks hrsg. Red. v. Fred Vincent. 33. Jahrg. Oktbr. 1901—Septbr. 1902. 52 Nrn. Fol. (à ca. 12 S.) Braunschweig, A. Limbach. n. 8. —

— dasselbe. Red. von v. Bause. Verantwortlich f. den jagdl. Tl.: v. Bause, f. den kynolog. Tl.: C. Koch. 34. Jahrg. Oktbr. 1902—Septbr. 1903. 52 Nrn. Fol. (à ca. 16 S.) Ebd. n. 8. —

Weidmann, der. Blätter f. Jäger u. Jagdfreunde. Erste illustr. deutsche Jagdzeitg. Seit 1. X. 1899 vereinigt m. der Darmstädter Jagdzeitg. u. seit 9. VIII. 1901 m. dem „Rheinischen Jäger" in Köln. Unter Mitwirkg. v. hervorrag. Fachmännern, Jagdschriftstellern, Malern u. Freunden des edlen Weidwerks hrsg. Nebst Beilage: Der Jagdhund. 35. u. 36. Jahrg. Oktbr. 1903—Septbr. 1905. à 52 Nrn. (à ca. 12 u. 4 S.) Fol. Braunschweig [A. Limbach]. Berlin-Schöneberg, Verlag Die Jagd. à Jhrg. n. 8. —

— dasselbe. Red.: Ludw. Staby. 37. Jahrg. Oktbr. 1905 bis Dezbr. 1906. 65 Nrn. (à ca. 16 S.) Fol. Berlin-Schöneberg, Verlag Die Jagd. n. 10. —

Weidmann, der. Blätter f. Jäger u. Jagdfreunde. Erste illustr. deutsche Jagdzeitg. Red.: Paul Heinr. Hinz. 38.—41. Jahrg. 1907—1910. à 52 Nrn. (à ca. 16 S.) 32,5×24 cm. Berlin-Schöneberg, Verlag Die Jagd.
Billige Ausg. s.: Jagd, die. à Jahrg. 8. —

Weidmann, der vergnügte und beglückte. 8. Schwabach Enderes. 764.

Weidmann [Verf.]

Weidmann, s. Kalender, Weidmann'scher, für die höheren Lehranstalten.

Verlags-Katalog der Weidmannschen Buchhandlung in Berlin. 1. Jan. 1900. (*Berlin: Weidmann 1900.*) (XXXVIII, 259 S.) 8° [00. 3718

Weidmann, A[rnold]. Handbuch der Eidg. Fabrikinspektion. Übersicht über alle Zweige der Inspektion auf Grund der Berichte von 1890—1901. Separatabdruck aus der «Zeitschrift für schweiz. Statistik» [Jahrg. 40, Band 2, Liefg. 6], 1904. IV + 159 S. 8. Bern, Stämpfli & Cie., 1904. [fr. 3. —]
[Arbeiten aus dem Statistischen Seminar der Universität Bern. Heft 2.]

Weidmann, A[rnold]. Das Kommissionsgeschäft. Systematische Darstellung der Bank- und Waren-Kommission. (2 Teile.) 8. Rostock, Carl Hinstorffs Buchdr.; [Schaffhausen, Selbstverlag des Verfassers,] 1908. [*zus.* M. 8.— = fr. 10.—]
(Teil 1: Das Kommissionsgeschäft im allgemeinen.) II + XVI + 342 S. Teil 2: Das Selbsteintrittsrecht, die Selbsthaftung. II + VI + 235 S. — *Ausg. B von Teil 2; Ausg. A sep.*: Diss. Staatsw. Univ. Zürich.

Weidmann, A., das Kommissionsgeschäft. Systematische Darstellg. der Bank- u. Waren-Kommission. 2 Bde. (S. V—XVI, 342 u. V, 235 S.) gr. 8. Hannover (909). Helwing. 8. —

Weidmann, Arnold. Das Selbsteintrittsrecht des Kommissionärs nach deutschem und schweizer Recht. Diss. Staatsw. Univ. Zürich ... von A' W' aus Zürich. VI + 235 S. 8. Rostock i. M., Carl Hinstorffs Buchdr., 1908.

Ausg. A. — Ausg. B s. W', A'. Das Kommissionsgeschäft... Teil 2...

Weidmann, Carl, s. Weidmann, Karl

Weidmann, Conrad, s. Weidmann, Konrad.

Weidmann, F[elix]. Rede an die zürcherische Volksversammlung bei Schwamendingen, am 29. August 1841, die aargauische Klosterangelegenheit betreffend, gehalten von F. W'... 8. Winterthur.

Weidmann, Fr. Russisches grammatisches Wörterbuch [Deklination, Konjugation, Komparation u. Betonung]. Unentbehrliche Ergänzg. zu allen russ. Wörterbüchern u. Grammatiken. gr. 16. (VII, 88 S.) St. Petersb. 891, (Schmitzdorff). * 1 50

Weidmann, Fr., russisches grammatisches Wörterbuch (Deklination, Konjugation, Komparation u. Betong.). Unentbehrliche Ergänzg. zu allen russ. Wörterbüchern u. Grammatiken. 2. verb. Aufl. 12. (VI, 94 S.) Leipzig 901. C. F. Amelang. Geb. n. 1. 50

Weidmann, Franz

Weidmann, Frz., Ansichten auf d. neuesten Reise nach Rom. gr. 8. (St. Gallen. 821. Huber). 16 K

Weidmann, Frz., 12 farbige Blätter f. den Zeichenunterricht u. zum Selbstunterricht. gr. 4. (Mit 3 Bl. Text.) Bayreuth 890. Heuschmann. In Mappe. n. 7. 50

Weidmann, Fr., Geschichte der Bibliothek von St. Gallen, seit ihrer Gründung um das Jahr 850 bis auf 1841. Aus den Quellen bearbeitet auf die Tausendjährige Jubelfeier. (Mit Titelbild u. lith. Titel mit Vign.) gr. 8. St. Gallen 841. (Huber u. Comp.; Scheitlin u. Zollikofer.) $2^1/_3$ nf

Weidmann, Geschichte der Bibliothek von St. Gallen seit ihrer Gründung um d. J. 830 bis auf 1841. Aus d. Quellen bearb. auf die 1000 jährige Jubelfeier. gr. 8. ($31^5/_8$ B.) St. Gallen 846, (Scheitlin u. Zollikofer.) *

Weidmann, Frz., Geschichte d. ehemal. Stiftes u. d. Landschaft St. Gallen unter d. zween letzten Fürstäbten v. St. Gallen, besond. während den Jahren d. helvet. Revolution bis zur Aufhebung d. Stiftes. Mit Orig.-Aktenstücken, Korrespondenz-Auszügen u. a. Beilagen. gr. 8. (22 B.) St. Gallen 834, (Huber u. Comp.)

— **Lehrgang des Zeichenunterrichts. Ein Leitfaden für Lehrer an Volks- u. Bürgerschulen, sowie an Realschulen u. Gymnasien. M. e. illustr. Abhandlg üb. Ornamentik, Farbenlehre u. Körperzeichnen v. Heinr. Schulze. 3 Tle. Lex.-8. Leipzig 887. T. O. Weigel Nachf.**
in 1 Bd. zusammen n. 3. —

1. Vorwort u. Methodisches nebst Lehrstoff (Fig. 1—57) f. das erste Unterrichtsjahr v. Frz. Weidmann. (14 S.) n. 1. —
2. Lehrstoff (Fig. 58—88) f. das zweite Unterrichtsjahr v. Frz. Weidmann. n. — 50
3. I. Die Elemente der Farbenlehre. II. Ueber Ornamentik, m. besond. Berücksicht. der textilen Kunst. III. Das Körperzeichnen. Von Heinr. Schulze. Mit 33 Textabbildgn. u. 8 lith. Taf. m. Fig. f. Körperzeichnen. (37 S.) n. 1. 80

Weidmann F, 36 Tafeln für den Zeichenunterricht auf Grundlage der gebräuchlichen geometrischen Grundformen. (36 T) 4° Greiz 1888

— Vorlagen-Sammlung für den Zeichenunterricht. 2 Hfte. gr. 4. (à 18 lith. Bl.) Bayreuth 888. Heuschmann. In Mappe. à n. 3. 50

Weidmann, Franz Karl

Weidmann, F. C., Album des Erzherzogthums Oesterreich ob der Enns. Mit Karten, Ansichten der Städte, Gegenden, Denkmale u. Trachten in Farbenbildern, u. Beschreibung der Kreise, nebst Angabe der Grenzen u. des Flächeninhaltes, der Höhen etc. etc.; endlich eine Anleitung zur zweckmäßigen Bereisung in Rücksicht alles Sehenswerthen an Kunst, Alterthum u. Naturschönheit. gr. 4. ($25^1/_2$ B., 25 Chromolithographien u. 5 ill. Karten.) Wien 842, Müller. *

Gesammt-Ausgabe vom pittoresken Oesterreich. — Vgl.: Oesterreich.

Weidmann, Frz. Carl, Album der Westbahn von Wien bis Linz, nebst Ausflügen in den Wienerwald, das Oetschergebiet, das Ennsthal und den grossen Priel. Ansichten nach der Natur von J. Varoni. qu. 4. (101 S. mit 15 Stnt. in Tondr. in qu. 4. und qu. Fol.) Wien 859, [Gerold's Sohn.] geb. *

Weidmann, F. C., die Alpengegenden Niederösterreichs u. Obersteyermarks, im Bereiche der Eisenbahnen von Wien bis Mürzzuschlag. Nebst einer (lith.) Karte der Alpengegenden (in Fol.) 16. (VI u. 258 S.) Wien 851, Tendler & Co. n. 24 ngl

Weidmann, F. C., die Alpengegenden Niederösterreichs und Obersteyermarks im Bereiche der Eisenbahn von Wien bis Mürzzuschlag. 3., verm. Aufl. 8. (VIII und 204 S. mit einer lithogr. Karte der Alpengegenden in gr. Fol.) Wien 855, Tendler und Comp.

Weidmann, F. C., Alpengegenden Niederösterreichs und Obersteyermarks im Bereiche der Eisenbahn von Wien bis Mürzzuschlag. 4., verm., mit 1 (lithogr.) Karte der Alpengegenden verseh. Aufl. 16. (269 S.) Wien 862, Gerold's Sohn. cart. *

Weidmann, F. C., Alpengegenden Niederösterreichs u. Obersteyermarks im Bereiche der Eisenbahn von Wien bis Mürzzuschlag. 5. verb. Aufl. v. Thdr. Gettinger. Mit e. (chromolith.) Karte der Alpengegenden (in gr. Fol.) 16. (XVI, 256 S.) Wien 871. Gerold's Sohn. n. 3. —

—— Andeutungen zu Ausflügen von einem halben Tag bis zu vier Tagen mittelst der beiden von Wien auslaufenden Eisenbahnen. 16. ($8^1/_2$ B. u. 2 ill. Karten.) Wien 842, Müller.

— Clementine v. Aubigny; dramat. Gedicht in 4 Aufz. 8. Wien 816. Wallishausser. 12 K

—— Bilder aus Oesterreich, s. Geiger, P. J. N.

Weidmann, Frz. C., der Brandhof u. d. Fest seiner Einweihung am 24. Aug. 1828. 8. Wien 828. Adolph. 8 K

Weidmann, F. C., gemeinfaßl. kurze Darstellung aller Länder u. Völker d. Erde in Bezieh. auf Lage, Größe, Begränzung d. Meer-, Fluß- u. Gebirgssysteme, d. Gaben d. drei Naturreiche, d. Bevölkerung u. polit. Eintheilung. Als erstes geograph. Unterrichtsb. f. d. Jugend. 16. (9 B. u. 12, zum aufstellen eingericht. Gemälde.) Wien 840, Müller.

Weidmann, F. C., Darstellungen aus d. Steyermärk'schen Oberlande. gr. 8. ($15^1/_2$ B., Tlkpfr. u. 1 Karte, gr. Fol.) Wien 834, Gerold.

Weidmann, F. C., Moriz Graf v. Dietrichstein. Sein Leben u. Wirken aus seinen hinterlass. Papieren dargestellt. Wien 867. (Braumüller.) gr. 8. (III, 106 S. mit lith. Portr. in Tondr.) n. 20 ngr.

Weidmann, Dr. F. C — Ein Festtag im Gebirge. Ländliches Bild in einem Aufzuge. Von — —. Aufgeführt im k. k. priv. Theater in der Josefstadt. Zur Feier des Allerhöchsten Namensfestes Ihrer Majestät der Kaiserin Elisabeth am 18. und 19. November 1855. Wien, 1855. Druck von Anton Schweiger. (27 S. 8.)

Weidmann, Dr. F. C. — Der Festtag in Vorderberg am 29. Mai 1854. Geschildert von — —. 8. (12 S.) Wien. Druck von Anton Schweiger. 1854.

Weidmann, Dr. F. C. — Illustrirter Fremdenführer von Gratz und seinen malerischen Umgebungen von — —. Mit einer Totalansicht von Gratz in Stahlstich, einem Plane der Stadt und vielen Illustrationen. Gratz, 1856. Druck von C. Tanzer. Verlag der Fr. Ferstl'schen Buchhandlung. (VIII. 340 S. 8.)

—— illustrirter Fremdenführer von Graz und seinen malerischen Umgebungen. 16. (VIII und 317 S. mit einer Totalansicht von Graz in Stahlst. und in qu. gr. 4., einem lithogr. Plane der Stadt in Fol. und vielen Illustr. in eingedr. Holzschn.) Graz 856, Ferstl'sche Buchh. *

—— illustrirter Fremdenführer in Wien und durch dessen romant. Umgebungen. 16. (XII und 474 S. mit vielen Illustr. in eingedr. Holzschn., einem lithogr. Plan von Wien in Fol. und einer lithogr. Karte der Umgebungen in gr. 4.) Wien 853, Tendler und Comp. *

Weidmann, Dr. F. C. — Neuester illustrirter Fremdenführer in Wien. Von — —. Vierte vermehrte und verbesserte Auflage. Wien, 1856. Gedruckt bei Karl Ueberreuter. Verlag von Tendler & Komp. (XII. 360 S. 8.)

Weidmann, F. C., illustrirter Fremdenführer in Wien und durch dessen romantische Umgebungen. 4. verm. rc. Aufl. Wien 856. Tendler u. Co. 16. (XII, 360 S. mit Holzschn. im Text u. 1 lith. Plane in Fol.) n. 22½ ngr

—— neuester illustrirter Fremdenführer in Wien. 7., verb. Aufl. 16. (348 S. mit eingedr. Holzschn. und 1 lithogr. Plane der Stadt und Vorstädte in qu. gr. Fol.) Wien 859, [Gerold's Sohn.] *

Weidmann, Dr. F. C., neuester illustrirter Fremdenführer in Wien. 7. verb. Aufl. Mit einem Plane der Stadt u. Vorstädte. 12. (348 S.) Wien. Tendler & Comp. 1860. 1 fl. 50 kr.

—— neuester illustrirter Fremdenführer in Wien. 10. Aufl. 1862. und 11., verb. Aufl. 16. (272 S. mit 1 chromolithogr. Plane der Stadt und Vorstädte in gr. 4. und eingedr. Holzschn.) Wien 866, Gerold's Sohn. cart. * 1 Thlr.; geb. *

neuester illustrirter Fremdenführer in Wien. 11—13. verb. Aufl. Bearb. von Thdr. Oettinger. Wien 866,70. Gerold's Sohn. 16. (284 S. mit 1 chromolith. Plane der Stadt u. Vorstädte in gr. 4. u. eingedr. Holzschn.) cart. n. 1 rß; geb. n. 1 rß 10 ngr

—— der Führer nach, u. um Ischl.. Handb. f. Badegäste u. Reisende. gr. 12. (12½ B.) Wien 834, Gerold.

— der Führer nach u. um Ischl. Handbuch f. Badegäste u. Reisende. 2. verm. u. verb. Aufl. 12. (XXVI u. 550 S.) Wien 849, Gerold. 1 rß

Weidmann, (F. C.) die Geächteten. Schausp. in 4 Aufz. gr. 8. Wien 826, Wallishauser.

— Gedichte. 16. Wien 815. Wallishauser. 16 gr Hbg. Pr. 8 gr

— Gedichte. 2 Bdchn. 16. Wien 816, 17. (Gerold). 1 rß 5 gr

— Handbuch für Reisende durch Tyrol und Voralberg. 3. gänzlich umgearb. Aufl. von J. S. Seidl's Tyrol. Mit 30 Stahlst. Leipzig 854. Haendel. 8. (IV, 308 S.) 2 rß.

—— Handbuch für Reisende durch Tyrol und Vorarlberg. gr. 8. (IV und 308 S. mit 1 Titelstahlst.) Leipzig 858, Haendel.

— Badens Heilquellen in ihrer Anwendung bei der neu erbauten Mineral-, Schwimm- u. Badeanstalt in Nieder-Oesterreich bei Wien. gr. 8. (26 S.) Wien 851, Braumüller in Comm. n. ⅓ rß

Weidmann, Dr. F. C. —. Ischl und seine Umgebung. Taschenbuch für Badegäste und Touristen. Von — —. 8. (XIV, 144 S.) Wien. Gedruckt bei A. Pichler's Witwe und Sohn. Verlag von K. Hölzl. 1854.

Weidmann, F[ranz] C[arl]. Die funfzigjährige Jubelfeier des Erzherzogs Carl Ludwig als Großkreuz des militarischen Maria Theresien-Ordens [Am Ende:] Wien 1843 k. k. Hof- und Staats-Aerarial-Druckerei
Tit., 92 S., 3 Taf., davon 2 in Lithogr., 1 in Stahlst. gr. 2°
Porträt Stahlst. von Benedetti nach Gemälde von Kriehuber, die Lithogr. nach Zeichn. von L. Russ u. R. Alt

Weidmann, Frz. Carl, Maximilian Korn. Sein Leben und künstlerisches Wirken. Ein Beitrag zur Geschichte des k. k. Hofburgtheaters. Nach eigenen Erinnerungen und mit Benützung der zuverlässigsten Quellen zusammengestellt. hoch 4. (XIV und 88 S.) Wien 857, (Braumüller's Sortiment.) Thlr. *

Weidmann, F[ranz] C[arl]. Der Costum-Ball am Schlusse des Carnevals 1826 bey dem k. großbritannischen Bothschafter Sir Henry Wellesley. Geschildert von F. C. Weidmann und besonders abgedruckt aus der Wiener Zeitschrift für Kunst, Literatur, Theater und Mode. Description du bal paré en costume. Wien 1826. Auf Kosten des Herausgebers der gedachten Zeitschrift. Gedruckt bei Anton Strauß
12 S., 13 Taf. in kol. Kupferst. 4°
Zeichner P. v. Stubenrauch, Stecher Fr. Stöber

—— der Kreis an d. Etsch (botzner Kreis), s. Oesterreich, d. pittor., Nr. 12.

—— der Judenburger Kreis, s. Oesterreich, d. pittor., Nr. 6.

—— der troppauer Kreis, s. Oesterreich, d. pittor., Nr. 9.

Weidmann, Franz Karl, s. Miscellen, Dramatische

—— der Mühlkreis rc., s. Oesterreich, d. pittor., Nr. 1.

Weidmann *Dr.* F. C., Panorama vom Kahlenberg. *Wien* herausg. v. *M. Trentsensky. Mechitharisten* Buchdr. 20 S. 4°. (1857/58?)

—— Graf Joh. Mailath u. Jos. v. Dorner, Panorama d. österr. Monarchie rc., s. Panorama.

—— neuestes Panorama v. Wien, s. Panorama.

— Panorama von Wien, oder neueste malerische Ansichten d. vornehmsten u. merkwürdigsten Plätze, Straßen, Paläste, Kirchen, Klöster, Gärten u. a. vorzügl. Gebäude der k. k. Haupt- u. Residenzstadt Wien, nebst derselben Vorstädten u. d. herumliegenden Gegenden. Mit der Beschreibung ihrer Merkwürdigkeiten u. einem Auszuge ihrer Geschichte. Mit 52 in Kpf. gestoch. Ansichten u. Titelkpf. — Auch als Kupferwerk zu jeder Beschreibung u. Geschichte Wiens anwendbar. qu. gr. 8. Wien 832. Sammer. geb. in Futter. 3 rß

—— Reise v. Wien nach Maria-Zell in Steyermark u. dess. Umgebung. — A. u. d. T.: Reise im steyrischen Ober-Lande. Mit besond. Bezieh. auf d. berühmten Wallfahrts-Ort Maria-Zell. Ein belehr. Reisegefährte für Fußgänger u. Fahrende. Mit e. Panorama der Zellergebirge. (2 Ell. 3″ lang u. 8″ breit.) gr. 12. (8 B.) Wien 830, Tendler.

Weidmann, Franz Karl, s. Richomme: Vergnügen u. Zeit.

Weidmann, Frz. C., Sieg, Freiheit u. Friede, e. allegor. Scene. 8. Linz 814. Eurich. (Leipz., Schmidt). 2 Gr.

Weidmann, F. C., Sieg, Freiheit u. Friede, eine allegor. Scene. 8. Linz, Eurich. (Leipz. Schmidt in Comm.) 815.

Weidmann, F. C., *Dr.* Der Tourist auf der Südbahn v. Wien bis Triest. II., verm. u. bericht. Aufl. *Wien* 1858. Verl. v. *Tendler & C.* VI u. 386 S., 16°. Mit 3 Kärtchen.

Weidmann, Franz Karl: Der Tourist auf der Südbahn von Wien bis Triest. 3. Auflage, neu bearbeitet von Theodor Gettinger. Mit 3 Kärtchen. 12. (XVI u. 303 S.) Wien: Gerold. 1868.

—— der Tourist auf der Westbahn von Wien bis Linz nebst Ausflügen in den Wienerwald, das Oetschergebiet, das Ennsthal und an den grossen Priel. 1. Aufl. 1859. und 2. Aufl. 16. (208 S. mit 1 lithogr. Karte der Westbahn in qu. Fol.) Wien 860, [Gerold's Sohn.] *

—— der Tourist auf der Westbahn von Wien bis Linz nebst Ausflügen in den Wienerwald, das Oetschergebiet, das Ennsthal und an den grossen Priel. 3. verb. Aufl. von Thdr. Gettinger. 16. (III, 208 S. mit 1 lithogr. Karte der Westbahn in qu. Fol.) Ebendas. 871. *

— Touristen-Handbuch auf Ausflügen und Wanderungen in Salzburg u. den Hochthälern Pongau's, Lungau's u. Pinzgau's. Nebst einem Anhange: Darstellung Berchtesgaden's. 2 Thle. (1. Thl. Allgem. Uebersicht. Stadt Salzburg, Umgebung der Stadt. Pongau u. Lungau. 2. Thl. Pinzgau. Berchtesgaden.) 12. Wien 845, Gerold. 2 Thlr.

—— der Traunkreis ꝛc., s. Oesterreich, d. pittor., Nr. 2.

— Wien's Umgebungen. Histor.-malerisch geschildert. 1r—10r Ausflug. 16. Wien 824—27. Armbruster. 3 Thlr. 10 Gr. Einzeln à Heft. 10 Gr.

—— die Umgebungen Wien's. Histor.-maler. geschildert. 16. (25⅛ B., 10 gest. Ansichten u. 2 Pläne.) Wien 839, Armbruster. (Gerold's Verlh.)
Nur mit 1 Plane

WEIDMANN, F. C., Die Umgebungen Wiens, historisch-malerisch geschildert. 2 Bdchn. Mit Plan. Wien 1839. 8°. (In Wien, Stadtbibl.) (2 Kr., Plan fehlte, Carl Greif, 1914.)

Weidmann, Dr. F. C. —. Die Umgebungen Wien's. Historisch-malerisch geschildert von — —. Mit einem topographischen Plänchen in Farben. Zweite bis 1853 vermehrte Auflage. 8. (454 S.) Wien. Druck von Anton Schweiger. Verlag von Mayer und Kompagnie. 1853.

Weidmann, Dr., Wiens romantische Umgebungen. Mit Illustrationen und einer Karte der Umgebungen. kl. 8. (134 S.) Wien, Tendler und Komp. 1853.

—— Wien's malerische Umgebungen. 3., verm. und bericht. Aufl. 16. (IV und 136 S. mit Illustr. in eingedr. Holzschn. und 1 lithogr. Karte der Umgebungen in qu. 4.) Wien 863, Gerold's Sohn. cart. *

Weidmann, Dr. F. C., Wien's malerische Umgebungen. 4. umgearbeitete Auflage von Theodor Gettinger. Mit Illustrationen und einer Karte der Umgebungen. 12. (VI u. 154 S.) Wien, Gerold. cart. 1870. 1 fl.

—— Wien's malerische Umgebungen, s. Wien.

— Wegweiser auf Ausflügen u. Streifzügen durch Oesterreich u. Steyermark. 12. Wien 821. Armbruster. 16 Gr.

— Wegweiser auf Streifzügen durch Oesterreich u. Steyermark. 2e durchaus berichtigte u. verm. Ausg. 12. Wien 836. Armbruster. 7/8 Thlr.

—— Wegweiser auf Streifzügen durch Oesterreich u. Steyermark. 2., durchaus bericht., u. verm. Ausg. 12. (12⅚ B.) Wien 836, [Gerold's Verlh.]

Weidmann, Franz Karl, s. Welt-Album, Pittoreskes.

— sämmtliche Werke. 3 Bde. gr. 8. Brünn 821, 22. Traßler. 3 Thlr. 6 Gr. (Einzeln: 1r Bd. Schauspiele. 1 Thlr. 3 Gr. — 2r Bd. Gedichte. 1 Thlr. — 3r Bd. in 2 Theilen: Memorabilien aus meiner Reisetasche. 2 Thle. 1 Thlr. 14 Gr.)

Weidmann, Frz. C., sämmtl. Werke. 3 Bde. gr. 8. Brünn 822. Traßler. 3 Thlr. 6 Gr. (A. u. d. T.: 1r Bd. Schauspiele. Enth.: Erasmus Lueger; röm. Trspl. in 4 A. — Wulfried v. Hohenstein; dramat. Gedicht in 3 A. — Mithribat; Trspl. in 5 A. — Die Belagerung von Solothurn; histor. Drama in 2 A. — Der Verbannte; romant. Schspl. in 4 A. 1 Thlr. 3 Gr. — 2r Bd. Gedichte. — 3r Bd. in 2 Abtheill. Memorabilien aus meiner Reisetasche. 1r u. 2r Thl.)

Weidmann, Franz Karl, s. Wien's Geschichte.

— Worte d. Erinnerung am Feste d. Einweihung d. Brandhofs bei Mariazell in Steiermark. gr. 4. Wien ... Adolph. 2 Gr.

Weidmann, Gustav [aus Coburg]: Ueber den Zusammenhang zwischen elastischer und thermischer Nachwirkung des Glases. Leipzig, Druck v. Metzger & Wittig, 1886. 38 S. u. 1 Taf. 8°.
Jena, Phil. Fak., Inaug.-Diss. v. [Jun.] 1886.

Weidmann, Gustav, über den Zusammenhang zwischen elastischer und thermischer Nachwirkung des Glases. Diss. Jena 1886, G. Neuenhahn. 8°. 38 S. mit einer Taf.

Weidmann, H., Beiträge zur Anwendg. d. physikal. Heilmethoden, s.: Friedlaender, R.

Weidmann, Heinrich, von Embrach, Ct. Zürich: Ueber die Verletzungen des Auges durch Fremdkörper. Zür. Genossenschafts-Buchdr. Dr. 1888. 91 S. 8°.
Zürich, Med. Diss. [v. 1. März 1888].

Weidmann, J., chronolog. Folge d. bibl. Geschichte, von Erschaffung d. Welt bis auf d. Untergang d. jüd. Reiches. Zum Privat- u. Schulgebr. bearb. 4. (3½ B.) Crefeld 833, Schüller.

Weidmann, J., Kurzwaaren-Industrie, s.: Ausstellungs-Bericht, officieller.

Weidmann, Johann Georg [Übers.], s. Pindarus: Carmen Olymp. I. II. (III.) Olymp. Siegsgesang.

Weidmann, Joh(ann) Pet(er): Medizinisch-chirurgische Abhandlung über den Brand der Knochen. (De necrosi ossium. Dt.) Ein nützlicher Unterricht für Wundärzte. 136 S., gbd.

Leipzig: Weygand 1797

J[ohannis] P[etri] Weidmann De Abusu ferri candentis ad separandas partes ossium mortuas adnotatio ulterior. Moguntiae: Grass 1797. 16 S. 8°

Weidmann, J(ohann) P(eter): Annotatio de steatomatibus, additis quinque figuris in aere ductis. 16 S., gbd., 5 Taf.

Maguntiaci: Kupferberg 1817

— comparatio intersectionem Caesaream et dissectionem cartilaginis et ligamentorum pubis. 4. Würzb. 779.

Weidmann, J(ohann) P(eter): Entwurf der Geburtshilfe für seine Vorlesungen. 336 S., gbd.

Mainz: Kupferberg 1808

— Entwurf der Geburtshülfe, für seine Vorlesungen. gr. 8. Mainz 809. Kupferberg. 1 ℛ 12 𝒦

Weidmann, J(ohann) P(eter): De forcipe obstetricio, in quaestionem: An usu ejus in genere utilis sit, an nocivus? responsio revisa cum...duabus annotationibus etiam revisis (de officio obstetricio solis viris concedendo). 68 S., 36 S., gbd., 4 Taf.

Maguntiaci: typ.Zabern 1813

Weidmann, J. P., de forcipe obstetricio in questionem: An usus ejus in genere utilis sit an nocivus? 4maj. Francof. ad M. Schäfer. 815.

— memoria casus rari in gynaeceis praecipue adnotandi: cum uteri antica facie omenti margo ex aliqua parte coaluerat, praegnans facta, medium graviditatis non assecuta, inopinato moritur. Cum fig. Fol. Mainz 818. Kupferberg. 14 𝒦

Weidmann, Joh(ann) Pet(er): Über den Mißbrauch des glühenden Eisens, um brandige Knochenstücke abzusondern . (De abusu ferri candentis ad separandas partes ossium mortuas. Dt.) Übers.mit Zusätzen von Joseph Wenzel und Karl Wenzel. 58 S., gbd., 8 Taf.

Frankfurt am Main: Andreä 1801

Weidmann, J(ohann) Peter: De necrosi ossium. 60 S., gbd., 15 Taf.

Francofurti ad Moenum: Andreae 1793

— de officio artis obstetriciae concedendo solis viris. II Pts. 4maj. Mainz 809. Kupferberg. 4 𝒦

Weidmann, J(ohann) P(eter): De officio obstetricio solis viris concedendo annotationes duo. 36 S., gbd.

Maguntiaci: typ.Zabern 1813
in: Weidmann, J.P.: De forcipe obstetricio In quaestionem: An usu ejus in genere utilis sit, an nocivus? responsio revisa. 1813

— annotatio ulterior. quomodo res ista intra virorum solas manus tradi possit. 4maj. ibid. 808. 6 𝒦

— — — ibidem — Annotatio ulterior: quomodo res ista intra virorum solas manus tradi possit. 4. maj. ibid. 809.

— — Annotatio ultrior: quomodo res ista intra virorum solas manus tradi possit? 4maj. Ibid. 817.

Weidmann, J(ohann) P(eter): In quaestionem ab Ill.Societate Medica Tolosana praemio expositam: Utrum forcipis usus in arte obstetricia utilis sit an nocivus? respondet. 41 S., gbd., 1 Taf.

Magontiaci: Wirth 1806

— in quaestionem ab ill. soc. med. Tolosana praemio expositam: utrum forcipis usus in arte obstetricia utilis sit, an nocivus? Cum fig. ducta in aëre. 4maj. Mainz 807. Kupferberg. 12 𝒦 2e Aufl. u. d. T.: de forcipe obstetricio, in quaestionem: an usus ejus in genere utilis sit an nocivus? 4maj. Frankf. a. M. 815. Schäfer. 1 ℛ 8 𝒦

Weidmann, Josef: Der Dorfbarbier, s.a. Schenk, Joh.

Weidmann, J., der Dorfbarbier, s.: Mode's, G., Operntextbibliothek.

Weidmann, Juliana, geb. Engelhardt, neue Linzer Köchin für die bürgerliche Küche Oesterreichs und Deutschlands. Mit vielen Orig.-Recepten. Nebst einem Anhang über Führung der Hauswirthschaft, Anleitung zum Waschen, Bleichen, Appretiren ꝛc. Mittel zur Erhaltung der Gesundheit, ferner über die erste Hilfeleistung bei Unglücksfällen, sowie über Kinderpflege und Kinderkrankheiten und allgemeine Kosmetik; eine besond. Berücksicht. finden auch der Gemüse-, Kräuter- und Blumengarten und die Vertreibung des Ungeziefers. gr. 8. (899 S. mit 8 Illustr.-Taf.) Wien 887, Daberkow. [*ℳ 4.—.] *
geb. [*ℳ 5.—.] *

— neuestes Muster-Kochbuch f. die bürgerliche Küche Oesterreichs u. Deutschlands, betitelt: die neue Linzer Köchin. Enth. 2018 der erprobtesten Orig.-Recepte. (Neue Titel-Ausg.) 14 Lfgn. gr. 8. (899 S. m. Abbildgn.) Wien 890. Daberkow. à n. — 25

Weidmann, Carl, Eisenbetondecken, Eisensteindecken u. Kunststeinstufen. Bestimmungen u. Rechnungsverfahren nebst Zahlentafeln, zahlreichen Berechnungsbeispielen u. Belastungsangaben. Zusammengestellt u. berechnet. (VIII, 91 S. m. 40 Fig. u. 1 Taf.) 8. Berlin 910. J. Springer. Kart. 2. 80

Zwangläufige Regelung der Verbrennung bei Verbrennungsmaschinen. Von Dipl.-Ing. Carl Weidmann. Mit 35 Textfig. u. 5 Taf. Berlin: J. Springer 1905. (VI, 138 S.) 8° [05. 13101

Weidmann, Carl: Über eine zwangläufige Verbrennung bei Verbrennungsmaschinen. (Berlin: Springer) 1906. 96 S., 4 Taf. 8⁰ ¶ Buchausg. 1905 erw. u. d. T.: Zwangläufige Regelung der Verbrennung bei Verbrennungsmaschinen.
Aachen, Dr.-Ing.-Diss. v. 7. 12. 1906

Weidmann, Carl Wilh. Christian (Weilburg)
Dissertatio inauguralis de leienteria.
Giessae März 1745: Eberh. Henr. Lammers. 36 S. 4°
pro doctoratus gradu

Weidmann, Conr., deutsche Männer in Afrika. Lexicon der hervorragendsten deutschen Afrika-Forscher, Missionare etc. m. 64 Portraits in Lichtdr. gr. 8. (VIII, 194 S. m. 16 Taf.) Lübeck 894. B. Nöhring. n. 6. —; geb. n. 7. —

[WEIDMANN, Meinrad]

Die | Moenche | in | Niederland | und | Kaiser Joseph II. | Ein historisches Trauerspiel | in fünf Aufzügen. | Vom Verfasser des Lustspiels: | Der Zoelibat ist aufgehoben. | [Vignette] | Brüssel und Luxemburg [= Leipzig: Graff]. | 1791. |
11 ungez. Bl., 201 S., kl-8° (175 × 105 mm).

Weidmann, O. J., Descriptio lexicographi latini I. Diss. 1804. 26 S. 4⁰.

Weidmann, Oscar [pr. Arzt]: Ueber Psychosen bei Typhus abdominalis nach Beobachtungen in der städtischen Krankenanstalt zu Königsberg i. Pr. während der Typhusepidemie im Jahre 1888. Königsberg i. Pr., Buch- u. Steindr. E. Erlatis, *1891*: 35 S., 1 Bl. 8⁰
Königsberg, Med. Fak., Inaug.-Diss. v. 1. Aug. 1891

Weidmann, Osc. Über Psychosen bei Typhus abdominalis nach Beobachtgn. in der städtischen Krankenanstalt zu Königsberg i. Pr. während der Typhusepidemie im J. 1888. Diss. gr. 8. (35 S.) Königsb. i. Pr. 891, (Koch). * 1 —

Weidmann, Paul

— Abdalah, oder keine Wohlthat bleibt unbelohnt. Drama in 1 A. 8. Wien.

— Adelheid, oder die Deutschen; Trspl. in 5 A. 8. Ebd. 772.

Weidmann, Almanach d. Liebe. 8. Dessau 783. Gel.-Buchh. 10 kr

Weidmann, Paul, s. Bettelstudent, Der.

Weidmann, Paul, s. Bergknappen, Die.

— Anna Boulen. Trspl. in 5 A. 8. Ebd. 771. 6 kr

— Dido, in 5 Aufz. 8. Ebd. 771. 6 kr

— der Dorfbarbier; Singspl. in 1 A. 8. Ebd. 801. 6 kr

— der Ehrgeizige, der es nicht sein will. Origin.-Lstspl. in 3 Aufz. 8. Wien 774.

— Emanuel u. Rosalie. 8. Leipz. u. Dessau 784. Gelehrten-Handl. 6 kr

Weidmann, K. K. Hofsekretär, moralische Erzählungen, 8. Leipzig, 795. Gräff. 1 Rthl.

Weidmann, Paul, moral. Erzählungen. 8. Leipz. 795. (Wienbrack). 1 ß

— die Erziehung; Lstspl. in 1 A. 8. Wien 775. Wallishausser. 4 kr

— der Esel in d. Löwenhaut, in 5 A. 8. Wien 776.

— d. Eulenspiegel. Schspl. in 3 A. 8. Ebd. 776. Wallishausser. 6 kr

— Stephan Fähdinger, oder d. Bauernkrieg. Drama. 8. Ebd. 6 kr

— die Folter, oder der menschl. Richter. Drama in 1 A. 8. Ebd. 5 kr

— der Fuchs in d. Falle. Lstspl. in 5 Aufz. 8. Wien 776.

— der Gefühllose, in 5 A. 8. Wien 773.

— der Geheimnißvolle, in 5 A. 8. Wien 773.

— Hababah, oder d. Eifersucht im Serail. Trspl. in 5 A. 8. Ebd. 772. 6 kr

— das neue Jerusalem in 10 Gesängen. gr. 8. Dessau 784. Gel.-Buchh. 7 kr

— die Jugendfehler. Origin.-Lstspl. 8. Wien, Wallishausser. 6 kr

— der Kontrast, oder der Geheimnißvolle. Lstspl. in 3 A. 8. Ebd. 6 kr

— der Kuhhirt. Lstspl. in 2 A. 8. Ebd. 775. 5 kr

— Merope, in 5 A. 8. Wien 772.

— der Mißbrauch d. Gewalt. Origin.-Lstspl. in 5 Aufz. 8. Ebd. 6 kr

— der Mißtrauische; Lstspl. in 5 A. 8. Ebd. 772. 6 kr

— Mostodhem, oder d. Fanatismus. Trspl. in 5 A. 8. Ebd. 772. 6 kr

— die Mütter, oder wie soll man euch Mädchen erziehen? Lstspl. in 3 Aufz. 8. Ebd. 773. 6 kr

— Die Nonnenschlacht, ein scherzhaftes Gedicht. Wien 1782. 8⁰.
Goedeke IV, 233, 9, 1—2, ohne Quellenangabe.

Weidmann, Paul, s. Original-Schaubühne.

— die Parodiade; e. scherzh. Heldengedicht in 3 Gesängen. 8. Wien 778.

— Pedro u. Ines. Trspl. in 5 A. 8. Ebd. 771. 6 kr

— Peter der Große. Schspl. in 5 A. 8. Ebd. 6 kr

PFARRERKRIEG, Der, ein Scherzhaftes Heldengedicht in drey Gesängen (von *Paul Weidmann*). Wien 1781.
Anon.-Lex. III. p. 266 (nach d. Jahrb. d. Grillparzer-Ges. XIII.) Sehr rar!

— der Phönix, oder Prüfung des Herzens. 8. Ebd. 6 kr

— Pizarro, oder die Amerikaner. Trspl. in 5 A. Ebd. 772. 6 kr

— der Podagrist. Lstspl. in 5 A. 8. Ebd. 774. 6 kr

— der Räuber, oder die schwere Wahl. Drama in 1 A. 8. Ebd. 5 kr

— Charakteristische Satyren nach den Temperamenten, gesammelt von —. (Motto: „Unde habeas, quærit nemo; sed oportet habere." Juv.) Dessau u. Leipzig, in der Buchhdlg. der Gelehrten, 1784. Gr. 8⁰. (In Berlin: Ym 8⁰ 1178, mit 1 Beibd.)

— der glückliche Schatzgräber. Singspl. in 1 A. 8. Ebd. 4 kr

— die Schule der Freigeister. Lstspl. in 3 A. 8. Ebd. 772. 6 kr

— der Selbstmord, oder das unglückliche Lottospiel. Drama in 1 A. Ebd. 5 kr

Weidmann, Paul, († 18...) Karls Sieg; e. Heldengedicht. 8. Wien 774.

— Soliman vor Wien. Trspl. in 5 A. 8. Ebd. 6 kr

— Dass., als Singspl. in 3 A. 8. Ebd. 6 kr

Weidmann, ..., Songuei, oder die Patrioten in China. 8. Wien 771.

— der Stolze, in 5 A. 8. Wien 770.

— Tai u. Scherick. Lstspl. in 3 A. 8. Ebd. 6 χ

— die dankbare Tochter. Drama in 1 A. 8. Ebd. 4 χ

— die Ueberraschung; Lstspl. in 1 A. 8. Ebd. 5 χ

— die Ungeduldige; Lstspl. in 5 A. 8. Ebd. 773. 6 χ

— Usanqui, oder die Patrioten in Sina. Trspl. in 5 A. 8. Ebd. 6 χ

Weidmann, Paul, sämmtl. theatral. Werke. 8 Bde. 8. Wien, Wallishausser. 6 ₰ 16 χ

WIENERIN, Die schöne. Ein Originallustspiel von fünf Aufzügen (von *Paul Weidmann*). Wien 1776. Ebda
Anon.-Lex. IV. p. 400 (nach d. Jahrb. d. Grillp.Ges. XIII).

WEIDMANN, Paul (1746—1810), Die schöne Wienerin. Lustspiel in 5 Aufzügen. O. O. 1790. 8⁰. (2 Mk. Rich. Bertling, Dresden, 1907.)

Weidmann, Rudolf: Beiträge zur Hämophilie. Königsberg i Pr. 1904: O. Kümmel. (48 S.) 8⁰
Königsberg, Med. Diss. v. 20. Mai 1904.

Weidmann, Ulrich. Ueber die Bestimmung des Schwefels im Eisen. Diss. Phil. Bern. [Mit Figuren.] 37 S. 8. Bern, K. J. Wyss, 1909.

(W[eidmann, Ulrich].) Erlebnisse eines schweizerischen Malers in Strassburg während der Belagerung im Jahre 1870. Als Einleitung: Die Bel' von Gaeta im Jahr 1860. Mit 4 autographirten Illustrationen [Tafeln]. 8. Lausen [1870].

Weidmann's Humor! (112 S. m. Abbildgn.) 8. Budapest 910. F. Sachs. 2. —

Weidmann's, des deutschen, Schußliste. M. e. Anh. f. Ergebnisse v. Treib- u. Gesellschaftsjagden. qu. gr. 4. (161 S. Formulare u. 7 linierte S.) Neudamm 896. J. Neumann. Geb. in Leinw. n. 5. —; in Liebhaberband n.n. 6. 50

Weidmann's Zimmerschmuck. Eine Sammlg. v. 12 Jagdbildern nach Originalen bedeut. Jagdmaler. Imp.-4. (12 Farbdr. auf Karton.) Stuttgart 900. Verlag f. Naturkunde. In Mappe n. 21. —; Passepartout-Ausg. à Blatt 2. —

(B) **Weidmann's** Zimmerschmuck. 900. (KBL 32.) Jetzt: Stuttgart, E. Schweizerbart.

Weidmannsblätter, baltische. Officielles Organ der obrigkeitlich bestätigten Vereine v. Liebhabern der Jagd in den Gouv. Liv-, Est- u. Kurland u. des balt. Vereins von Liebhabern reinblüt. Hunde. Red.: A. Baron Kruedener, A. Martenson. Hrsg.: Alex. Grosset. 1. u. 2. Bd. 1901 u. 1902. à 24 Nrn. Lex.-8. (à ca. 16 S. m. Abbildgn.) Riga (Marstallstr. 1), F. Deutsch. Postfrei à Jahrg. n. 13. 50

Weidmannsblätter, baltische. Officielles Organ der obrigkeitlich bestätigten Vereine v. Liebhabern der Jagd in den Gouv. Liv-, Est- u. Kurland u. des balt. Vereins v. Liebhabern reinblüt. Hunde. Red.: A. Baron Kruedener. Hrsg.: Alex. Grosset. 3. u. 4. Bd. 1903 u. 1904. à 24 Nrn. (à ca. 16 S. m. Abbildgn.) Lex.-8. Riga, F. Deutsch.
Erscheinen nicht mehr. Postfrei à Jhrg. n.n. 13. 50

[F.] Weidmannsbücher ... [Bd 1—3.] *Berlin: P. Parey 1896.* 8. (96.1334

[F.] Das Rebhuhn, seine Naturgeschichte, künstl. Aufzucht, Jagd und Fang v. R. v. Schmiedeberg. M. zahlr. Abb. *Berlin: P. Parey 1896.* (2 Bl., 108 S.) 1 Bd 8.
(Weidmannsbücher. [Bd 1.]) (96. 1334

[F.] Die Waldschnepfe und ihre Jagd v. Edward Czynk. M. 5 Abb. *Berlin: P. Parey 1896.* (4 Bl., 85 S.) 1 Bd 8.
(Weidmannsbücher. [Bd 2.]) (96. 1334

[F.] Anleitung zum Fischen in Waldgewässern. Von Dr. Julius v. Staudinger. M. zahlr. Abb. *Berlin: P. Parey 1896.* (VI, 92 S.) 1 Bd 8.
(Weidmannsbücher. [Bd 3.]) (96. 1334

Weidmanns-Diätetik. Von ein. alten Weidmann. 12. (4½ B.) Nordhausen 840, Fürst.

Weidmanns-Heil. Illustrirte Zeitschrift für Jagd-, Fischerei- u. Schützenwesen in den österr. Alpenländern. 4. I. Jahrg. (cplt. 192 S.) geb. 4 fl. 1880
— — 4. II. Jahrg. (24 Nrn. à 1—2 Bogen) viertelj. 1 fl. 1881
Klagenfurt: Leon sen.

— **illustr. Zeitschrift** f. Jagd, Fischerei u. Schützenwesen. Hrsg. u. red. v. Frdr. Leon. Mitred.: F. C. Keller. 15.—18. Jahrg. 1895—1898. à 24 Nrn. (à ca. 14 S. m. Abb.) Klagenfurt, J. Leon sen. à Jahrg. 8. —
Kann auch vierteljährlich bezogen werden.

— Illustrierte Zeitschrift f. Jagd, Fischerei, Schützen- u. Hundewesen. Hrsg. u. red. v. Frdr. Leon. Mitred.: F. C. Keller. 19.—22. Jahrg. 1899—1902. à 24 Nrn. gr. 4. (à ca. 16 S.) Klagenfurt, J. Leon sen. à Jahrg. 8. —

— Illustrierte Zeitschrift f. Jagd, Fischerei, Schützen- u. Hundewesen. Hrsg. u. red. v. Frdr. Leon. Mitred.: F. C. Keller. 23.—26. Jahrg. 1903—1906. à 24 Nrn. (à ca. 16 S.) gr. 4. Klagenfurt, J. Leon sen. à Jhrg. 8. —

— Illustrierte Zeitschrift für Jagd, Fischerei, Schützen- u. Hundewesen. Hrsg. u. red. v. Frdr. Leon. 27.—30. Jahrg. 1907—1910. à 24 Nrn. (à ca. 16 S.) Lex. 8. Klagenfurt, J. Leon sen. à Jahrg. 8. —

Weidmannsheil! Deutsches Jagdbuch. Hrsg. v. allgem. deutschen Jagdschutz-Verein. Prachtausg. m. Illustr. v. A. Mailick, A. Richter, H. Sperling u. a. gr. 4. (V, 31, Abschußlisten 48, Jagdchronik 24 u. Jagd-Kasse 14 S. m. 2 Lichtdr.-Taf.) Berlin 896. P. Parey. Geb. n. 12. —

Weidmannsheil! Schußbuch f. deutsche Jäger. Mit Zeichn. erster Jagdmaler, Jagdtagebuch, Einnahme u. Ausgabelisten. 2., verm. Aufl. Berlin: P. Parey [1907]. (59 Bl.) 4° [F.] (08. 3333

Weidmannsheil. Mein Schußbuch. Ausg. A. (15 Bog.) gr. 4. Neisse (902). R. Hinze. Geb. in Leinw. n. 2. —; Ausg. B (30 Bog.) n. 8. —; Ausg. C (30 Bog.) geb. in Ldr. n. 5. —

Weidmannsheil! Schuß-Buch. 4. Aufl. (119 S.) Lex. 8. Neisse (908). R. Hinze. Geb. in Leinw. 3. —; in Ldr. 5. —

Weidmannsheil! Die schönsten Jagd- u. Volkslieder. Den deutschen Waidmännern v. Beruf u. Sport gewidmet v. e. sangesfrohen Jäger. (54 S.) 16. Stuttgart (906). A. Lung. Kart. n. — 40

Weldmann's Heil! Forst- u. Jagdkalender f. Bayern, Württemberg & Baden f. d. J. 1907. 2. Jahrg. (XVIII, 180 S. m. 1 Taf.) kl. 8. Nürnberg, C. Koch. Geb. in Leinw. n. 1.30

Weidmann's Heil! Forst- u. Jagdkalender f. d. J. 1911. 6. Jahrg. Hrsg. v. R. Reissinger. (XVI, 279 S. m. 1 Karte.) kl. 8. Nürnberg, C. Koch. Geb. in Leinw. 1.50

-- dasselbe, s.: Jagd-Kalender.

Weidmannskalender, illustrirter, auf das J. 1847. Ein Jahrbuch zur Belehrung und Unterhaltung für Förster, Jäger, Fischer, Jagd- und Naturfreunde, mit besond. Rücksicht auf den Landwirth. Hrsg. von Hackelberg d. J. gr. 8. (115 S.) Adorf 847, Müller's Buchh.

Weidner, Albert [Hrsg.], s. T e u f e l , Der arme.

Aus den Tiefen der Berliner Arbeiterbewegung von Albert **Weidner**. Berlin & Leipzig: H. Seemann Nachf. [1905]. (88 S.) 8° [5.]
= **Großstadt-Dokumente**. Bd 9. [s. 1900 11

Weidner, Andreas

Weidner, Andr. Adversaria plautina. 24 S. G. *Darmstadt* 1882
Progr.

Weidner, *Andreas* Adversaria Sallustiana. 4 (S. 3—10)
Progr. G. *Dortmund* 1886 (328)

Weidner, Andr. Adversaria tulliana. 14 S. [Cat. Mor. Lael Pis. Planc. Sest. Verr.] **Progr.** G. *Dortmund* 1885

Weidner, A. (Bearb.), s. A e s c h i n e s . Socratius: Rede gegen Ktesiphon.

Weidner, Andreas Kritische Beiträge zur Erklärung der griechischen Tragiker. 67 S. 8. **Progr.** G. *Darmstadt* 1883.

Weidner, A., B e i t r ä g e zu lateinischen Stilübungen für die obersten Classen des Gymnasiums. Duisburg 865. (Winterthur, Bleuler-Hausheer & Co.) gr. 8. (V, 271 S.) 24 *ngr.*

Weidner, A.: Commentariolum Horatianum I. II. (Handelt über die Abfassungszeit der 2. Od. des I. B.) Zs. 11 S. – Merseburg, Progr. 1869 und Magdeburg, P., Progr. 1872.

Weidner: Livianae emendationis corollarium. 5 S. 8° –Merseburg, Progr. 1868

Weidner, Andreas Emendationes Iuvenalianae. 4 (S. 3—30).
Progr. G. *Dortmund* 1887 (332).

Weidner, A., De Aeschinis emendatione ad Cobetum epistula. Pr. 1874. 26 S. 4°.

Weidner: Martini Dumiensis F o r m u l a vitae honestae. (Martinus ex Pannonia ortus, archiepiscopus Bragensis in Lusitania. Obiit 580.) 8 S. – Magdeburg, Paed., Progr. 1872.

Weidner: Die Interpolation in Cicero's Officien. S. 18-31. – Magdeburg Paed., Progr. 1872.

Weidner, Andr., C o m m e n t a r zu Vergil's Aeneis Buch I und II. gr. 8. (VIII, 488 S.) Leipzig 869, Teubner. *

— **Zur Kritik der rhetorischen und philosophischen Schriften Cicero's.** S.-A. 1879. 28 S. —.90

Weidner, Andreas *Christoph*: Miscellanea critica. 4 (12 S.)
Progr. G. *Dortmund* 1897
I. Xen. Anab. VII 6 20. Luc. Pisc. 38. II. Interficere aliquem vita. Plaut. Truc. 518. Gell. XII 7. III. Horat. sat. II 3. 300. 304, carm. III 19. 21, ep. I 18. 111, sat. II 6. 108. IV. Thuc. VII 21. V. Liv. XXX 1. 5, 10. 19. VI. Nep. Cim. 4. 2. VII. Luc. Iup. Trag. 18. Symp. 35. 37. 40. 42. Dial. deor. 22. 1; 15; 10. 2; 4. 4; 9. 2. Symp. 46. 24. 19. 5. Tim. 39. 40. 43. 45. 56. Iup. Trag. 47. 11. 19. Tox. 22. 21. Cynic. 14. Tox. 16. 7. 2. 11. 3. Hermot. 9. 27. 74. 34. 61. Pisc. 3. 8. 14. 15. 46. 51. Tim. 7. 23. 27. Somn. 12. Nigr. 38. 26. 23.

Weidner, *Andreas Christoph*: Altera miscellanea critica. 4 (7 S.) **Progr.** G. *Dortmund* 1898
Lucianus. Homeri Ilias. Dio Chrysost. Xenoph. Anab. Alciphron. Aristaenetus. Horatius. Demosthenes.

Weidner, A., Parerga Dinarchea et Thucydidea. Pr. 1875. 24 S. 4°.

Weidner, A., Q u e l l e n b u c h zur röm. Geschichte, s.: Q u e l l e n b u c h zur alten Geschichte etc.

— historisches Q u e l l e n b u c h zur alten Geschichte, s. Q u e l l e n b u c h.

Weidner, Andr., Schüler-Kommentar zu Tacitus' Agricola. 8. (47 S.) Leipzig 896. G. Freytag. n. —30

— dasselbe, zu Tacitus' Germania. 8. (43 S.) Ebd. 896. n. —30

— dasselbe, zu Tacitus' histor. Schriften, s.: Tacitus' histor. Schriften in Auswahl.

Weidner, A., Schulwörterbuch zu A. Weidners Cornelius Nepos. Mit vielen Abbildgn. 8. (IV, 265 S.) Prag 887. Tempsky. — Leipzig, Freytag. n. 1.40

Weidner's Schulwörterbuch zu Cornelius Nepos. Bearb. v. Joh. Schmidt. 2. Aufl. gr. 8. (VI, 192 S. m. 86 Abbildgn.) Leipzig 898. G. Freytag. Geb. in Leinw. n. 2.—

Weidner, Andr. Zur Sedanfeier 1884. S. 15—18. G. *Dortmund* 1885
Progr.

Weidner: Criticarum scriptionum s p e c i m e n . 36 S. (Verbesserungsversuche zu mehreren lat. Schriftstellern, am meisten aber zu Cic., Caes., Liv., Sen., Tac.) – Köln, Fr. W., Progr. 1864

Weidner, Andreas [Hrsg.], s. T a c i t u s : Histor. Schriften in Auswahl.

— **vindiciae Horatianae.** gr. 8. (20 S.) (Berlin 871. Calvary & Co.) **n. 1. —**

Weidner: De C. F. Naegelsbachi vita ac disciplina. 75 S. 8° –Merseburg, Progr. 1868

—— C. F. N a e g e l s b a c h i vita ac disciplina. Accedit: Livianae emendationes corollarium. gr. 8. (80 S.) Leipzig 868, Teubner. *

Weidner, Andreas [Hrsg.], s. X e n o p h o n : Anabasis. – Memorabilien.

Weidner, B., aus 25 Dienstjahren. Gelegenheitsreden zur Erinnerg. an gemeinsame Arbeiten u. Freuden, Kämpfe u. Leiden, wie als Beitrag zur Osnabrücker Lokalgeschichte f. Freunde u. Gemeinde zusammengestellt. gr. 8. (IV, 284 S. m. Bildnis, 2 Taf. u. 1 Bl. Erklärgn.) Osnabrück 902. Rackhorst. n. 3.—; geb. n.n. 4.—

Weidner, Carl, s. W e i d n e r , Karl.

Weidner, Christ. Friedrich (Schulpforta) A. S. 1327/35

De praestantia et usu scholiorum Graecorum in poetas diatribe I. Präs. Johann Martin Chladen.
Wittenberg (Eichsfeld) X. 1732. 32 S.
36067

Weiduer, Edmund: Reduktionsversuche von o-Nitroverbindungen. Weida i. Th. 1910: Thomas & Hubert. 30 S. 8°
Leipzig, Phil. Diss. v. 23. April 1910, Ref. Beckmann, Hantzsch
[Geb. 8 Febr. 83 Nakel a. N.; Wohnort: Posen; Staatsangeh.: Preußen; Vorbildung: Gymn. Nakel bis 01. Disp. 19. Febr. 06; Studium: Leipzig [illegible] S.; Rig. 4 März 10.] [U 10. 3268

Weidner, [illegible]
[illegible] Berolini [illegible] 8.
Berlin, Med. Diss. v. [illegible] Apr. [illegible]

Weidner, Feodor

Weidner, F., kurzgef. Geschichte d. Infanterie-Regiments v. Horn (3. Rhein.) Nr. 29. Unt. Benutzg. d. v. Wellmann verf. Regimentsgeschichte im Auftr. d. Regts. f. d. Unteroffiziere u. Mannschaften bearb. M. 12 Bild., f. d. Regiments-Geschichte entworfen u. gezeichnet von A. v. Roeßler, sow. 5 Kartenskizzen. gr. 8. (IV, 48 S.) Trier 898. F. Lintz. n. — 40

Weidner, F., kurzgefaßte Geschichte des Infanterie-Regiments v. Horn (3. rhein.) Nr. 29. Unter Benutzg. der v. Wellmann verf. Regiments-Geschichte im Auftrage des Regiments f. die Unteroffiziere u. Mannschaften bearb. Mit 12 Bildern, f. die Regiments-Geschichte entworfen u. gezeichnet von A. v. Roeßler, sowie 5 Kartenskizzen. 2., umgearb. Aufl. (IV, 55 S.) 8. Trier 903. F. Lintz. n. — 60

Weidner, Feod., kurzgefaßte Geschichte des Infanterie-Regiments v. Horn (3. rhein.) Nr. 29. Unter Benutzg. der Wellmann'schen Regiments-Geschichte im Auftrage des Regiments f. die Unteroffiziere u. Mannschaften bearb. Mit 12 Bildern von v. Roeßler, 1 Bild des Generals v. Horn, sowie 5 Kartenskizzen. 3. erweit. Aufl. (IV, 58 S.) 8. Trier 910. F. Lintz. — 60

Weidner, Friedrich, a. Gotha: Beiträge zur politischen Geschichte Gothas 1815—1834. Gotha 1907: F. A. Perthes. (84 S.) 8° [F.] ¶ (Erscheint vollst. u. d. T.: „Gotha in d. Bewegung von 1848. Nebst Rückblicken auf d. Zeit von 1815 an.")
Heidelberg, Phil. Fak., Ref. Marcks, Diss. v. 18. Dez. 1907
[Geb. 19 Aug. 82 Gotha; Wohnort: Gotha; Staatsangeh.: Sachsen-Coburg-Gotha; Vorbildung: Gymn. Gotha Reife O. 01; Studium: Leipzig 1, Berlin 3, Heidelberg 5 S.; Rig. 27. Juli 07.]

Weidner, Friedrich [aus Köln a. Rh.]: Aus d. medizin. Klinik zu Bonn. Ueber die Einwirkung schweisstreibender und schweisswidriger Mittel auf den Leukocytengehalt des Blutes beim Menschen ... Bonn, Buchdr. v. A. Henry, 1890; 26 S. 8.
Bonn, Med. Fak., Inaug.-Diss. v. [24. Dez.] 1890

Gotha in der Bewegung von 1848. Nebst Rückblicken auf d. Zeit von 1815 an. Von Friedrich **Weidner**. Gotha: F. A. Perthes 1908. (XIX, 265 S.) 8° [F.] [08 3334

WEIDNER, Fritz (Rötz): 30 Nierenexstirpationen während der letzten zehn Jahre in der Münchener chirurgischen Klinik.- München: Wolf 1902. 64 S.
23.7.1902 - Chr 1902/03,23; Jv 1902/03,318
Diss.Ingolst.-Landsh.-Mchn.

Weidner, G., tägliches Notizbuch für Brennerei-Besitzer, Beamte u. Verwalter. Auf das Jahr 1866. Breslau 865. Kern's Verl. 16. (259 S.) geb. n. 20 ngr.

—— der Spiritus-Berechner. Praktisches Handbuch enth. Tafeln über die Berechnung des Spiritus, dessen Temperatur eine andere als die Normal-Temperatur (12½°) ist, sowie die Verwandlung des geringeren resp. höheren Gehalts desselben auf 80%. Nebst Ausrechnung des Geld-Betrags bei verschied. Preisen. Leichtfaßlich dargestellt für Spiritus-Fabrikanten, Consumenten und Destillateure 2c. gr. 16. (VII und 120 S.) Breslau 864, Kern's Verlag.

Weidner's Spiritus-Berechner. Praktisches Handbuch enth. Taf. üb. die Berechng. d. Spiritus nach Procent-Gehalt u. Geldwerth. Leicht faßlich dargestellt f. Spiritus-Fabrikanten, Consumenten u. Destillateure 2c. Für die jetz. Preisnotirg. umgearb. v. A. Körte. gr. 16. (VI, 130 S.) Breslau 871. Kern's Verl. 2. —

— dasselbe. 3., nach Liter- u. Markrechng. umgearb. Aufl. gr. 16. (VII, 168 S.) Ebend. 875. 2. 25

Weidner, G., Wohin? Vortrag, am 15. Vereinstags-Congress der deutschen Vegetarianer gehalten in Frankfurt a. M. am 24. Aug. 1884. gr. 8. (8 S.) Nordhausen 884. (Rudolstadt, Hartung und Sohn.)
Aus: Thalysia, besonders abgedruckt.

Weidner, Gg., Kriegstagebuch e. Nürnbergers im kgl. bayr. 10. Infanterie-Regiment 1870—71. gr. 8. (139 S.) Nürnberg 895. (M. Edelmann.) 1. 50

[F.] Kriegstagebuch eines Nürnbergers im kgl. bayr. 10. Infanterie-Regiment 1870—71. Von Gg. **Weidner.** *Nürnberg: L. Gross 1895.* (138 S., 1 Bl.) 1 Bd 8. [96. 634

Weidner, Gustav, D. 13. belgische Bundesturnfest am 16.–19. 8. 1880 (S.-Abdr. aus d. Dtsch. Turnztg.). Leipzig 1880. 20 S., M. -8°.

Weidner, (*Johann*) *Gustav* Englisch als erste Fremdsprache der Realschule. 4 (S. 3 –19).
Progr. Stiftungssch. v. 1815 (Rsch.) *Hamburg* 1894 (742).

Weidner, G., der Prosaroman von Joseph v. Arimathia. Mit einer Einleitung über die handschriftl. Ueberlieferung hrsg. gr. 8. (LXV, 148 S.) Oppeln 881, Franck's Buchh.

Weidner, Gustav: Die handschriftliche Ueberlieferung des Joseph von Arimathia. Oppeln, Eugen Franck's Buchhandlung (Georg Maske), 1880. 8. LXV S.

Weidner, E., s.: Zeitschrift f. lateinlose höh. Schulen.

Weidner, H., der Wanderer durch die Welt. Einfache Darstellung von der Erde in zwei Halbkugeln, Europa, Deutschland, Württemberg mit nächster Umgebung, Auswanderungskarte nach Amerika und eine Tabelle über aller Länder Grösse, Einwohner, Hauptstädte etc. qu. gr. 4. (5 lithogr. Karten mit 1 Bl. Text.) Ludwigsburg 860, (Balmer und Riehm.) *

Weidner, Heinr., die Portlandzementfabrik, ihr Bau u. Betrieb. (VII, 227 S. m. Abbildgn.) Lex. 8. Berlin 909. Tonindustrie-Zeitg. Geb. in Leinw. 10. —

Weidner, Henricus Rudolfus *(geb. Breslau 11. 8. 1828)*: De cura herniarum non incarceratarum radicali. Vratislaviae (1852). (48 S.) 8° *[Verf. erlebte die Diplomerneuerung 1902 als Arzt zu Hirschberg in Schles.]*
Breslau, Med. Diss. v. 11. [vielmehr 13.] Aug. 1852

Weidner, Hermann, Med.-Prakt.: Über die Schädigungen des Nervensystems nach Vergiftung mit Kohlenoxyd. Leipzig 1910: Hoffmann. 72 S. 8°
Leipzig, Med. Diss. v. 20. Juni 1910, Ref. Flechsig
[Geb. 27. Dez. 85 Strehlen-Dresden; Wohnort: Leipzig; Staatsangeh.: Sachsen; Vorbildung: Gymn. Chemnitz Reife O. 05; Studium: Leipzig 10 S.; Coll. 20. Juli 10.] [U 10. 3082

Weidner, J. C., deutsche theologia biblica. 4. Leipzig, Weidmann. 722.

Weidner, J. D., Bilder-Fibel zur Erleichterung des Buchstabenlernens. In Holz geschnitten. 2e verb. Aufl. 8. Liegnitz 835. Kronecker. Schreibp. $1^1/_2$ gl — Illum. $1/_{12}$ ℔

— Wand-Bilderfibel z. Erleichterung d. Buchstabenlernens. (In Holzschnn.) Imp.-Fol. (1 B. u. 1 Bl. Gebrauchs-Anweis., 8.) (Liegnitz 835, Kronecker.) 6 Gr., ill.

Weidner, J. G., 6 deutsche Wanderlieder, s. Bahrdt.

Weidner, Johann

Weidner, Joh. Glaubiger Kinder Gottes Kreutz-Schule, Oder: Viertzig Betrachtungen, Sinnbilder, Gebet, Psalmen und Lieder Uber das Leyden und Sterben Jesu Christi ... Die Zweyte Auflage nicht allein an vielen Stellen verbessert, Sondern auch mit Viertzig gantz neuen Passions-Liedern ... vermehret. Augsburg, P. Kühtze, 1719. 8°. *Frontispiz*, 15 Bl. 862 S.; *Frontispiz*, 1 Bl. 198 S. *und 40 Kupfer von J. A. Friedrich.*

— Kreuzschule gläubiger Kinder Gottes, od. Betracht. üb d. Leiden Jesu, m. 40 K. 8. Ebend. 756.

Weidner, J., Passions Kinderlehre. 8. Augsb. Lotter 725.

Weidner, Johann Friedrich

Carl Daniel Turte's Todtenfeier in der St. Johannis-Loge zum Pilgrim [in Berlin] am 16. Nov. 1847. [Hrsg. von Joh. Friedr. **Weidner.**] Als Ms. für die BBr. der Loge zum Pilgrim. Berlin [1847]: Mittler. 30 S. 8⁰ [Umschlagtit.]
Reden von J. Ch. Albers u. H. Rosenthal. 23. 25.

Weidner, Johann Gottfried Amandus

— ausführliche Abhandl. vom Erwiederungs- u. Wiedervergeltungsrechte rc. 8. Götting. 794. Dieterich. 6 gl

— theoret.-prakt. Commentar über J. L. Schmidts Lehrbuch von gerichtlichen Klagen u. Einreden. 4 Bde. gr. 8. Leipz. 803—5. Schwickert. 6 ℔ 12 gl

— d. Lehre v. d. Zahlung u. Angabe an Zahlungsstatt. 8. Jena, Akad.m. Buchhandl. 799. — 12

— die Lehre v. d. Zahlung u. Angabe an Zahlungsstatt. 8. Jena 799. (Hennings in Reiße). 12 gl

— meditationes de confusione jurium et obligationum. 8. Leipz. 791. Schwickert. 2 gl

Weidner, Jh. Gf. Amad., († vor 1806.) Versuch e. ausführl. Abhandl. vom Abzugsgelde, sowohl wenn solches schlechthin als wenn es blos erwiederungsweise erhoben wird. 8. Leipz. 791. Schwickert. 9 gl

Weidner, Joannes Henricus *(geb Seebnitz in Schles. 13 12 1793)*: De augmentis, quae ab initio inde nostri saeculi ad finem usque anni nuper elapsi materiae medicae contigerunt. Vratislaviae (1819). (55 S.) 4°
Breslau, Med Diss. v. 10. Nov. 1819

Weidner, Johann Joachim [Praes.], s. Cammerrath, Balthasar: Jus naturae omnibus congenitum ac insitum cujus jam nomen et genus.

Weidner, I. Io., collegium disputatorium theologicum, de articulis fidei sive XLIX. disputationes theolog. 4. Rostock. 720.

Weidner, J.J.: De communione bonorum. – Rost. 1725.

—— Const. M. signo crucis Christi in nubibus viso ad christianismum inauguratus. Rost. 1703. 4.

—— Const. M. superatis juventae discriminibus legitimus tandem patris Constantii successor. Rost. 1702. 4.

Weidener, J. J., Const. honeste et ex legitimo matrimonio natus. Rost. 1702. 4.

WEIDNER, Joh. Joach. (Director des ehrw. Ministerii zu Rostock), Christbescheidentliche Gegen-Erinnerungen, worinnen der teuflischen Wirkungen halber Nachricht geschehen und zugleich Jac. Brunnemanns Anmerkungen geprüfet und hingeleget seyn. Rostock 1730. 4⁰. (15 Mk., zus. mit Brunnemann [s. ob.], Völcker, 1906.)

Weidner, Johann Joachim [Praes.], s. Göteke, Johann: Constantinum honeste et ex legitimo matrimonio natum contra cl. Arnoldum.

Weidner, J. J., hypallage explosa ex hist. leprosi Matth. 8, 3. Rost. 1708. 4.

Weidner, J. J., de excommunicationis divino instituto nec exterminato nec exterminando. Rost. 1725. 4.

Weidner, Johann Joachim [Praes.], s. Langer, Heinr.: Constantinus M. interitu utriusq. Maximiani, et Herculii et Galerii.

Weidner, Johann Joachim [Praes.], s. Mustert, Joach. Christoph: Imaginis descriptionem. Ejusdem que in essentialem et accidentalem divisionem contra Arnoldum ac Fanaticos succincte considerans.

WEIDENER, J. J., De polygamia .... Rostochii (172*). 4⁰. (3 Mk. Baer, Frf. a. M., 364. (1895.)

— schediasma de scientia falso sic nominata. 4. ibid 726.

Weidner, Johann Joachim [Praes.], s. Simonis, Jo. Joachim: Jus naturae omnibus congenitum ac insitum ex natura et ratione apodictica demonstratione et a priori nec cognitum nec deducendum.

— modesta vindicatio articulorum fidei adv. Irenicos recent. 4. ibid. 725.

Weidner, Carl, über den Mangel an Kirchlichkeit. gr. 8. Leipzig 845, Teubner. 12 ngl

Weidner, Karl: Über das Phosphorsuboxyd. Erlangen 1909: Junge. 32 S. 8°
Erlangen, Phil. Diss. v. 13. März 1909, Ref. Fischer
[Geb. 6. Sept. 80 Euerdorf; Wohnort: München; Staatsangeh.: Bayern; Vorbildung: Realgymn. Karlsruhe Reife 07; Studium: Erlangen 5, Straßburg 1, Heidelberg 1, Karlsruhe 1, Erlangen 3 S.; Rig. 19. Dez. 08.] [U 09. 368

Weidner, Osk., deutsche Geschichtsbilder f. die Jugend. Mit 4 Farbdr.-, 4 Ton- sowie 22 Textbildern v. H. Grobet u. a. (VIII, 223 S.) 8. Stuttgart (906). Loewe.
Geb. in Leinw. 4. —

Weidner, Otto

Weidner, O., Geist u. Stoff. Ein Weltzyklus. Lyrisch-philosoph. Dichtg. (VIII, 116 S.) 8. Dresden 905. E. Pierson. n. 1. 50; geb. n. 2. 50

Weidner, Otto, Waldeinsamkeit. Lyrisch-philosoph. Dichtg. 8. (III, 88 S.) Dresden 902. E. Pierson. n. 1. 50; geb. n. 2. 50

Weidner, Paul: Über eine transportable Vorrichtung zur Speisung des überlebenden Säugetierherzens und einige damit angestellte Versuche. Rostock 1903: H. Winterberg. (44 S.) 8°
Rostock, Med. Diss. v. [24. Dez.] 1903.

Programm über Plus und Minus, v. Phil. Weidner, P. der M. — 1831. — S. 9–30.
Progr. München.

WEIDNER, Robert (Nürnberg): Beitrag zur Diagnose des Volvulus coeci.- Nürnberg: Stich 1910. 21 S.
26.6.1911 - Chr 1910/11,27; U 11.3763
Diss. Ingolst-Landsh -Mchn.

Weidner, Rudolf, Medizinalprakt.: Aus d. II. gynäkol. Klinik zu München. ⟨Vorst.: Amann.⟩ Zur Kasuistik der Extrauteringravidität. München: Steinicke 1910. 23 S. 8°
München, Med. Diss. v. 6. Mai 1910, Ref. Döderlein
[Geb. 7. Dez. 81 Friedrichsroda; Wohnort: München; Staatsangeh.: Sachsen-Koburg-Gotha; Vorbildung: Gymn. Koburg Reife O. 03; Studium: Jura München 1, Med. Berlin 1, München 10 S.; Coll. 6. Mai 10; Approb. 31. März 10.] [U 10. 3000

Willy Weidner. Der gegenwärtige Stand der Zuckerfrage. *Magdeburg & Wien: Schallehn & Wollbrück 1903.* (38 S.) 8°

Willy Weidner. Der gegenwärtige Stand der Zuckerfrage. 2. Aufl. *Magdeburg & Wien: Schallehn & Wollbrück 1903.* (38 S.) 8°

Weidringer, W.: Die Aufzucht des Jungviehs, s. Merkblätter, Landwirtschaftliche.

Weidrod, Etmar, finstere Mächte. Eine Bauerngeschichte. In vereinfachter deutscher Stenographie (System Stolze-Schrey). (72 S.) 8. Berlin (909). Frz. Schulze. Geb. in Leinw. 1.40

Weidt, H. (Red.), s. Warte, Die.

Weidt, Karl. Kärntner-Volkslieder für fünfstimmigen Männerchor. Klgft., Leon, (Eberle in Wien), (1892). Quart. 19 S.

Weidtman, J., billige Frachten auf Eisenbahnen. Ueber Möglichkeit resp. Rentabilität derselben. gr. 8. (32 S.) Köln 860, [Assenheimer und Comp.] *

Weidtman, V., Jahrbuch für den Oberbergamtsbezirk Dortmund. 1.–6. Ausg. (1893. 1894. 1897. 1899. 1900/01). Essen, 1893–1901.

Weidtman, s.a. Jahrbuch f. den Oberbergamtsbezirk Dortmund.

Weidtman, V., Referat zu dem Entwurfe eines Gesetzes, betreffend die Abänderung des 7. Titels des Allgemeinen Berggesetzes vom 24. Juni 1865 [betr. Knappschaftswesen], erstattet in der Sitzung des Vorstandes des Vereins für die bergbaulichen Interessen im Oberbergamtsbezirk Dortmund am 5. Februar 1906, und Beschlüsse des Vorstandes zu den Anträgen des Referenten. Essen-Ruhr. 1906. 15 S.

v. Weidungen, Rudolph, u. seine Tochter, (von J. G. Krebs). 8. Bresl. 796. Gehr. 7 K

Weidwerk, altdeutsches. Eine Sammlg. der hervorragendsten deutschen Jagdliteratur des Mittelalters, des 16. u. 17. Jahrh. Nach den größtentheils ungedruckten Orig.-Quellen im Urtexte hrsg., eingeleitet u. commentiert von E. Ritter v. Dombrowski. 1. Bd. 4. Wien 887. (Gilhofer & Ranschburg.) n.n. 10. —
Meister Eberhard Hicfelt's Aucupatorium Herodiorum. Aus dem 16. Jahrh. (LXXVIII S. m. 1 color. Fcsm.-Taf.)

Weidwerk, das, in Wort u. Bild. Illustr. jagdl. Unterhaltungsblätter zur „Deutschen Jäger-Zeitung". Gemeinschaftl. m. bewährten Fachmännern u. Jagdmalern hrsg. 1.—4. Bd. gr. 8. Neudamm, J. Neumann.
Geb. in Leinw. à n. 3.50
1. 2. Hrsg. v. Hegewald. Red.: Frhr. v. Zedlitz. (IV, 232 u. VI, 248 S.) 891—893.
3. 4. Red.: H. v. Sothen. (VI, 292 u. IV, 316 S.) 893—895.

— dasselbe. Red. von H. v. Sothen. 5. u. 6. Bd. gr. 8. (312 u. IV, 308 S.) Ebd. 896. 897.
Geb. in Leinw. à n. 4.

— dasselbe. 7. Bd. gr. 8. (IV, 320 S.) Ebd. 897. 98. n. 3. —; geb. n. 5. —

Weidwerk, das, in Wort u. Bild. Illustrierte jagdl. Unterhaltungsblätter zur „Deutschen Jäger-Zeitung". Gemeinschaftlich m. bewährten Fachmännern u. Jagdmalern hrsg. Red.: H. v. Sothen. gr. 8. (IV, 300; IV, 300; IV, 308 u. IV, 332 S.) Neudamm 898—902. J. Neumann. à n. 3. —; geb. in Leinw. à n. 5. —

Weidwerk, das, in Wort u. Bild. Illustrierte jagdl. Unterhaltungsblätter zur „Deutschen Jäger-Zeitg." Gemeinschaftlich m. bewährten Fachmännern u. Jagdmalern hrsg. Red.: H. v. Sothen. 12.—15. Bd. (IV, 400; IV, 392; IV, 428 u. IV, 424 S.) Lex.-8. Neudamm 902—906. J. Neumann. à n. 3. —; geb. in Leinw. à n. 5. —

Weidwerk, das, in Wort u. Bild. Illustrierte jagdl. Unterhaltungsblätter zur „Deutschen Jäger-Zeitg." Gemeinschaftlich m. bewährten Fachmännern u. Jagdmalern hrsg. Red.: H. v. Sothen. 16.—19. Bd. (IV, 440; IV, 432; IV, 440 u. IV, 472 S.) Lex. 8. Neudamm 906—10. J. Neumann. à Bd. 3.—; geb. in Leinw. 5. —

Weien, Karl

Weien, C., Berliner Falschmünzer. Schilderungen aus dem Berliner Verbrecher-Leben. Nach den Aufzeichnungen des C. W. 1. und 2. (Titel-)Aufl. 8. (124 S.) Berlin 887,88, Laverrenz. *

Weien, C. Sodom II. III., Schilderungen aus dem Berliner Verbrecher-Leben, s. Unterhaltungs-Bibliothek, naturalistische.

—— Verbrechen u. Verbrecher, s. Klaußmann, A. Osk.

— aus dem Berliner Verbrecherleben. Enthüllungen aus der Praxis. 1.—4. Aufl. 8. (III, 67 S.) Berlin 887. 888. Ißleib. n. 1. 20

Weien, Karl, aus dem Berliner Verbrecherleben. Enthüllungen aus der Praxis. 6., verb. Aufl. (III, 69 S.) 8. Berlin (903). G. Schuhr. n. 1. —

Weier, J. J., Leitfaden u. Uebungsbüchlein für den Unterricht in der Vaterlandskunde in Elementarschulen. Mit besonderer Rücksicht auf die preuß. Rheinprovinz. Linz a. R. 870. (Leipzig, Mayer.) 8. (35 S.) 3 ngr.

—— Uebungsaufgaben mit den neueren für Norddeutschland laut Gesetz vom 17. August 1868 bestimmten Maßen und Gewichten und das Nothwendige über Dezimal-Bruchrechnung. Als Anh. zu jedem älteren Rechenbuche für Elementarschulen. 16. (34 S.) Linz 872, Lithert. *

Weier, J. J., Uebungsbuch für den Rechenunterricht in Elementarschulen. 1. Thl. 8. (32 S.) Linz a. Rhein 849. (Bonn, Wittmann.) n. 4 ngr. — 3. Thl. 8. (80 S.) Linz a. R. 852. (Cöln, Lengfeld.) n. 1/4 ℛ

Weier, P. A., allgemeiner Wohnungs-Anzeiger für Danzig, s. Wohnungs-Anzeiger, allgemeiner, für Danzig.

Weiershausen, Fritz, neue Holzmalereien. gr. Fol. (30 z. Tl. farb. Taf.) Hamburg 900. (Boysen & Maasch.) In Mappe n. 20. —

Weierstrass, Karl, Abhandlungen aus der Functionenlehre. Lex.-8. (VII, 262 S.) Berlin 886. Springer. n. 12. —

Weierstrass, Beitrag zur Theorie der Abel'schen Integrale. (Programm des Braunsberger Gymnasiums 1848/49.) 4°. brosch. (23 S.)

Weierstraß, C. Über die analytischen Facultäten. 17 S.
Deutsch-Crone, Progr. 1843

— Formeln u. Lehrsätze zum Gebrauche der elliptischen Functionen. Nach Vorlesgn. u. Aufzeichngn. bearb. u. hrsg. v. H. A. Schwarz. 1. u. 2. Hft. gr. 4. (90 S.) Göttingen 883—84. (Berlin, Friedländer & Sohn.) n n. 7. 20

—— Formeln und Lehrsätze zum Gebrauche der elliptischen Functionen. Nach Vorlesungen und Aufzeichnungen bearb. und hrsg. von H. A. Schwarz. 2. Heft. gr. 4. (S. 81—96.) Göttingen 885. (Berlin, Friedländer und Sohn.) [**ℳ 1.20.] **
1. Heft. (Ebendas.) 1883,84. [**ℳ 6.—.] **ℳ 6.60.

Weierstrass, K. Formeln u. Lehrsätze zum Gebrauche der elliptischen Functionen. Nach Vorlesgn. u. Aufzeichngn. bearb. u. hrsg. v. H. A. Schwarz. (2. Ausg.) gr. 4. (96 S.) Gött. 892. (Berl., Springer.) ** 10 —

— Formeln u. Lehrsätze zum Gebrauche der elliptischen Functionen. Nach Vorlesgn. u. Aufzeichngn. des Hrn. K. W. bearb. u. hrsg. v. H. A. Schwarz. 2. Ausg. 1. Abth. gr. 4. (XII, 96 S.) Berlin 893. J. Springer. n n. 10. —

— s.: **Journal f. d. reine u. angew. Mathematik.**

Weierstraß, Karl Über die sokratische Lehrmethode und deren Anwendbarkeit beim Schulunterricht. 11 S.
Deutsch-Crone, Progr. 1845

Weierstrass, Ueber die geodätischen Linien auf dem 3achsigen Ellipsoid. 1861. (12 S.) brosch.

Rede zur Gedächtniss-Feier der Friedrich-Wilhelms-Universität zu Berlin gehalten am 3. Aug. 1871 von Carl Theod. Weierstrass, d. Z. Rector. [Über das Universitätswesen in Deutschland.] Berlin 1871. (14 S.) 4°.

Einige auf die Theorie der analytischen Functionen mehrerer Veraenderlichen sich beziehende Saetze. Zusammengestellt und dem mathematischen Verein zu Berlin zur Veroeffentlichung uebergeben von C. WEIERSTRASS. (Autogr. Druck.) (Berlin s. a.) Druck von H. S. Hermann. 4°.

Weierstrass, Carl, Theorie der Abel'schen Functionen. I. Heft. gr. 4. (96 S.) Berlin 856, G. Reimer. *
Aus: Journal für die reine und angewandte Mathematik, besonders abgedruckt.

Weierstrass, K., zur Theorie der eindeutigen analytischen Functionen. gr. 4. (52 S.) Berlin 877, (Dümmler's Verlagsh.) *
Aus: Abhandlungen der k. Akademie der Wissenschaften zu Berlin, besonders abgedruckt.

Weierstrass, Karl, mathematische Werke. Hrsg. unter Mitwirkg. e. v. der königl. preuss. Akademie der Wissenschaften eingesetzten Commission. 1. Bd. Abhandlungen I. gr. 4. (VIII, 356 S.) Berlin 894. Mayer & Müller. n. 21. —; geb. in Halbldr. n.n. 24. —; auf Schreibpap. (nur bei Subskription auf das ganze Werk) geh. n. 28. —

Weierstrass, Karl, mathematische Werke. Hrsg. unt. Mitwirkg. e. v. d. kgl. preuss. Akademie der Wissenschaften einges. Commission. 2. Bd. Abhandlungen II. gr. 4. (VI, 362 S.) Berlin 895. Mayer & Müller. n. 21. —; geb. in Halbldr. n.n. 24. —; auf Schreibpap. (nur bei Subskription auf d. ganze Werk) geh. n. 28. —

Weierstrass, Karl, mathematische Werke. Hrsg. unter Mitwirkg. e. v. der königl. preuss. Akademie der Wissenschaften eingesetzten Commission. III. Bd. Abhandlungen III. Mit Bildniss des Verf. (VIII, 362 S.) gr. 4. Berlin 903. Mayer & Müller. n. 24. —; geb. in Halbfrz. n.n. 27. —; auf Schreibpap., geh. n. 32. — (I.—IV.: n. 106. —; geb. n.n. 118. 60; auf Schreibpap. n. 142.—)

Weierstrass, Karl, mathematische Werke. Hrsg. unter Mitwirkg. e. von der königl. preuss. Akademie der Wissenschaften eingesetzten Commission. IV. Bd. Vorlesungen üb. die Theorie der Abelschen Transcendenten. Bearb. v. G. Hettner u. J. Knoblauch. gr. 4. (XIV, 632 S.) Berlin 902. Mayer & Müller. n. 40. —; geb. in Halbfrz. n.n. 43.60; auf Schreibpap., geh., n. 64.—

Weierstraß, Peter

Weierstrass: Bemerkungen über den Gebrauch des Präsens in den Nebensätzen präteritaler Hauptsätze. 18 S. Deutsch-Crone, Progr. 1865.

Weierstraß, Peter: Bemerkungen über Uebungen im Lateinischsprechen in den unteren und mittleren Klassen des Gymnasiums. 16 S. Deutsch-Crone, Progr. 1859.

Weierstraſs, P. De poësis natura et partitione. Deutsch-Crone, G., 1851. 10 S. 4. Progr.

Weierstraß, Pet.: De origine vocis Edepol. 5 S. Deutsch-Crone, Progr. 1851.

Weifenbach, Fritz: Ueber die Verletzungen des Auges durch glühende Metalle mit besonderer Berücksichtigung der Verletzungen durch glühendes Eisen und Schlacke. Grünberg 1899: H. Robert. (48 S.) 8°
Giessen, Med. Diss. v. 1899.

Weifenbach, H. [Red.], s. Zeitung f. Feuerlöschwesen.

WEIFFENBACH, Heinrich (Alzey): Beitrag zur Anatomie der Baucheingeweide. (Titel nach der Urkunde)
23.7.1887 - Urk; Chr 1887/88,17
Diss. Ingolst.-Landsh.-Mchn.

Weiffenbach, Heinrich (Alzey)
Geschichte der Forschungen über den Geburtsmechanismus während der Jahre 1752 und 1753.
Giessen: Brühl 1857. 62 S. u. 2 Bl. Thesen.
Diss. med. 30.1.1858. vorh. 26. 7. 11.

Weiffenbach, Heinrich Wilhelm, s. Weiffenbach, Wilhelm

Weiffenbach, Julius

Weiffenbach, J., s. a. Bender, Jul.

Weiffenbach, Jul., Einführung in die Militärstrafgerichtsordnung vom 1. XII. 1898. Systematische Darstellg. der Militärgerichtsverfassg. u. d. Militärstrafverfahrens unter Berücksicht. der Ausführungsbestimmgn. gr. 8. (IX, 211 S.) Berlin 900. E. S. Mittler & Sohn. n. 4. —; geb. in Leinw. n. 5. —

Einführung in die Militärstrafgerichtsordnung vom 1. Dezember 1898. System. Darstellung d. Militärgerichtsverfassung u. d. Militärstrafverfahrens unter Berücks. d. Ausführungsbestimmungen. Von Prof. Dr Julius Weiffenbach. 2. Aufl. *Berlin: E. S. Mittler & Sohn 1901.* (IX, 213 S.) 8° [Ꝺ.]

Weiffenbach, J., Einführung in die Militärstrafgerichtsordnung. Handbuch f. Offiziere, Militärjustizbeamte, Vertheidiger etc. Mit e. an das System des Handbuchs sich anschliess. Anlage, enth. Hinweise auf die Rechtsprechg. des Reichsmilitärgerichts u. auf neuere bemerkenswerthe Entscheidgn. des Reichsgerichts. 3. erweit. Aufl. (X, 270 S.) gr. 8. Berlin, E. S. Mittler & Sohn. 1904. 3. —; kart. 3. 60.

Weiffenbach, J., Militärrechtliche Erörterungen. 1. Hft. (V, 63 S.) gr. 8. Berlin, E. S. Mittler & Sohn. 1902. 1. 50; geb. in Leinw. 2. 25.

Handbuch für die Ausübung der niederen Gerichtsbarkeit in Friedenszeiten. Hrsg. von Prof. Dr. Julius **Weiffenbach**, [u.] Friedrich Wolf, Geh. Kriegsr. *Berlin: E. S. Mittler & Sohn 1901.* (VIII, 219 S.) 8° [F.] [01. 3383

Weiffenbach, Jul., das Militair-Strafgesetzbuch für das deutsche Reich nebst dem Gesetz über die Einführung desselben vom 20. Juni 1872. Nach den Motiven sowie den bezügl. Gesetzen, Verordnungen, Erlassen und Instructionen erläut. gr. 8. (VIII, 290 S.) Kassel und Göttingen 873, Wigand.

Weiffenbach, Jul., die besondere rechtliche Stellung der Militärpersonen in Angelegenheiten der bürgerlichen Gerichtsbarkeit. Zusammenstellung der einschlagenden Bestimmungen der Reichsgesetze [insbesondere des Reichs-Militärgesetzes und der Reichs-Justizgesetze]. 16. (31 S.) Kassel 880, Wigand.

—— Strafprozeßordnung nebst Gerichtsverfassungs-Gesetz für das Deutsche Reich. Nach der Rechtsprechung des Reichsgerichts erläutert. 8. (VII, 189 S.) Ebendas. 881.

Weiffenbach, W., kurzer Unterr. in d. bibl. Geschichte d. neuen Testaments, in Fragen u. Antworten. Zum Gebr. in Volksschulen. gr. 12. (3 B.) Mainz 834, Kunze.

Weiffenbach, Wilhelm

Weiffenbach, Wilh., zur Auslegung der Stelle Philipper II, 5—11. Zugleich e. Beitrag zur paulin. Christologie. gr. 8. (78 S.) Karlsruhe 884. Reuther. n. 1. 80

[F.] Denkschrift des evangelischen Prediger-Seminars zu Friedberg für die Jahre 1887 (Frühjahr) bis Ende 1897 hrsg. v. D. Wilhelm Meiffenbach (vielm.: **Weiffenbach**), Prof. u. Dir. M. e. Abh.: Über d. rechte Mannigfaltigkeit d. Predigten v. Geh. Kirchenr. D. [Gustav] Diegel. *Friedberg: Dr. u. Comm. v. C. Bindernagel 1898.* (IV S., 1 Bl., 451 S., 1 Bl.) 1 Bd 8. [98. 8299

— s.a. Denkschrift des evang. Prediger-Seminars zu Friedberg.

Die Frage der Wiederkunft Jesu von D. W(ilhelm) **Weiffenbach**. *Friedberg: C. Bindernagel in Comm. 1901.* (38 S.) 8° [F.]
= Denkschrift d. evangelischen Prediger-Seminars zu Friedberg f. d. J. 1897–1901. [03. 1493

Weiffenbach, W., die Frage der Wiederkunft Jesu, nochmals kurz erörtert. gr. 8. (IV, 38 S.) Friedberg 901. (C. Bindernagel.) n. 1. —
Sonderabdr. aus: „Denkschrift d. ev. Predigersem. zu Friedberg".

Weiffenbach, W., Gemeinde-Rechtfertigung od. Individual-Rechtfertigung, s.: Denkschrift des evangel. Prediger-Seminars zu Friedberg.

Weiffenbach, H. Wilh., das Papias-Fragment bei Eusebius H. E. III, 39, 3—4 eingehend exegetisch untersucht. gr. 8. (VIII, 150 S.) Giessen 874. Ricker. n. 3. —

Weiffenbach, Wilh., die Papias-Fragmente über Marcus und Matthäus eingehend exegetisch untersucht und kritisch gewürdigt, zugleich ein Beitrag zur synopt. Frage. gr. 8. (XII, 135 S.) Berlin 878, Schleiermacher.

[F.] Philipp der Grossmüthige und der Evangelische Bund. Rede geh. bei d. 9. Generalvers. d. Ev. Bundes zu Darmstadt ... v. D. Wilh. **Weiffenbach**, Dir. ... zu Friedberg (Hessen). *Leipzig: C. Braun 1896.* (16 S.) 8.
= **Flugschriften** d. Evangel. Bundes. [No] 130. (Reihe XI, 10.) [97. 4309

Weiffenbach, Wilh., Philipp d. Großmütige u. d. Evang. Bund, s.a. Aus d. Verhandlgn. etc. d. Evang. Bundes.

Weiffenbach, (Henricus) Guilielmus (Bornheim)
Quae Jesu in regno coelesti dignitas sit synopticorum sententia exponitur.
Gissae: Keller 1868. 118 S. u. 2 Bl. Thesen.
Habil. theol. 21.3.1868. vorh. 36.11.

— exegetisch-theologische Studie üb. Jacobus cap. II, v. 14—26. Mit besond. Berücksicht. der Schriften v. Huther u. Wold. Schmidt. gr. 8. (XI, 104 S.) Ebend. 871. n. 2. —

Weiffenbach, W., Hrn. Stade's Wahrheit u. Dichtung. Replik. gr. 8. (38 S.) Braunschweig 894. C. A. Schwetschke & Sohn. n. — 50

—— der Wiederkunftsgedanke Jesu. Nach den Synoptikern kritisch untersucht und dargestellt. gr. 8. (XI, 424 S.) Leipzig 873, Breitkopf und Härtel.

Weigall, A. E. P., die Mastaba des Gem-ni-kai, s.: Bissing, Frdr. Wilh. v.

Weigall, E. P., Weights and balances, s.: Catalogue général des antiquités égyptiennes de musée du Caire.

Weigand, Beschreibung des Mathildenbades zu Wimpfen a. N. (bei Heilbronn) im Großherzogth. Hessen. 16. (19 S. mit 1 Holzschnt.) Heilbronn 855, Scheurlen. *

Weigand, Adam Joseph: Über Person und Sache in der lateinischen Syntax. S. 3–14. Progr. Würzburg 1849.

Neustadt's berühmte Ahnen. — Von Alois Weigand, Stdtpfr. -- 1874. Neustadt, M. J. Mayer. — S. 3—13.
Progr. Neustadt an der Saale (Unterfranken),
Isol. lat. Schule

Weigand, Alois, die Bekehrung des hl. Augustin, in dramat. Form bearb. gr. 8. (117 S.) Würzburg 894. A. Göbel. n. 1. —

Weigand, Antonie. Ausführliches bürgerliches Kochbuch f. die deutsche Haushaltung. 8. (462 S.) Reutl. 891, Bardtenschlager. geb. * 3 —

Weigand, Antonie (Agnes Lucas), ausführl. bürgerliches Kochbuch f. d. deutsche Haushaltg. Enth.: Anweisg. zur Bereitg. aller Arten v. Speisen, Backwerke etc., sow. v. Kranken-Kost, m. bes. Berücksicht. v. Wohlgeschmack u. Billigkeit. Auf Grund vieljähr. Erfahrung gesammelt. 2. Aufl. 8. (462 S.) Reutlingen 897. R. Bardtenschläger. Geb. in Leinw. 3. —

— gute Kost! Ein bürgerl. Kochbuch f. die deutsche Haushaltg. Enth.: Anweisung zur schmackhaften Zubereitg. aller Arten v. Speisen, Backwerk etc. gr. 8. (240 S.) Ebd. 894. Geb. 1. 60

— gute Kost! E. bürgerl. Kochbuch f. d. deutsche Haushaltg. Enth.: Anweisg. zur schmackhaften Zubereitg. aller Arten v. Speisen, Backwerk etc. gr. 8. (240 S.) Ebd. 896. Geb. in Leinw. 2. 60

Weigand, B., der erfahrene Gartenfreund. Eine gemeinfaßl. Anweisung zur Cultur der Gemüse, der Zierpflanzen im freien Lande und in Töpfen, ferner der Blumenzwiebeln und des Beerenobstes. Nebst nützl. Rathschlägen über die Auswahl und Behandlung des Samens, über die Wartung und Pflege der Zimmer- und Fensterpflanzen 2c. gr. 16. (V, 183 S.) Plauen 873, Schröter's Verlag.

Weigand, B., der erfahrene Gartenfreund. Eine gemeinfaßl. Anweisg. zur Cultur der Gemüse, der Zierpflanzen im freien Lande u. in Töpfen, im Zimmer, auf Balkons u. Fensterbrettern, ferner der Blumenzwiebeln u. d. Beerenobstes. Nebst nützl. Rathschlägen üb. die Auswahl u. Behandlg. d. Samens, üb. die Wartg. u. Pflege der Zimmer- u. Fensterpflanzen 2c. 2. Aufl. 8. (188 S.) Ilmenau 883. Schröter. n. 1. 50

Weigand, B., der erfahrene Gartenfreund. Eine gemeinfaßl. Anweisg. zur Kultur der Gemüse, der Zierpflanzen im freien Lande u. in Töpfen, im Zimmer, auf Balkons u. Fensterbrettern, ferner der Blumenzwiebeln u. des Beerenobstes. Nebst nützl. Ratschlägen üb. die Auswahl u. Behandlg. des Samens, üb. die Wartg. u. Pflege der Zimmer- u. Fensterpflanzen u. s. w. 8. Aufl. (160 S. m. Abb.) 8. Ilmenau (907). A. Schröter. Geb. in Leinw. 1. 50

—— neuestes Recepttaschenbuch für Gärtner und Gartenfreunde. Eine Sammlung von bewährten Erfahrungen und Anweisungen für alle in das prakt. Gartenfach einschlag. Geschäftszweige. gr. 8. (VIII, 182 S.) Ebendas. 874.

Weigand, B., neuestes Recepttaschenbuch für Gärtner u. Gartenfreunde. Eine Sammlung von bewährten Erfahrungen u. Anweisungen für alle in das praktische Gartenfach einschlagenden Geschäftszweige. 2. (Titel-)Aufl. 8. (VIII, 182 S.) Plauen (1874) 880. Schröter's Verl. cart. 2. 25

Weigand, Bernhard: Über acute Cocainvergiftungen. Leipzig 1897): Sellmann & Henne. (21 S. mit Tab.) 8°
Leipzig, Med. Diss. v. 9. Dez. 1897.

Weigand, Bruno [Prof. Dr.]: Die physische Erdkunde auf der Oberrealschule des Reichslandes. Vorschläge z. Auswahl u. Verteilg d. Lehrstoffes. Strassburg, Druck v. M. DuMont-Schauberg, 1896; 3—16 S. 4.
Strassburg i. E., OR, MP 1896 (540)

Weigand, Bruno: Die Serpentine der Vogesen. (Aus den Mineralogischen Mittheilungen, gesammelt von G. Tschermak 1875. Heft III.) Wien: Alfred Hölder. 24 S. 8°

Weigand, Chr., u. Philipp Vielhauer, Wohlstandsquellen u. Wohlstandsgefahren, s.: Landmann's, des, Winterabende.

Weigand, E. E.: Erörterungen der wichtigsten Lehren des Criminalrechts, in Zuss. zu *Feuerbachs* Lehrb. *Stuttg.*, Köhler. 836. 8. (1 Thl. 18 Gr.)

Weigand, E. L., Erörterungen d. wichtigsten Lehren d. Kriminal-Rechts. In Zusätzen zu Feuerbachs Lehrbuch d. peinl. Rechts. gr. 8. (26½ B.) Stuttgart 836, [F. H. Köhler's Verl.]

Weigand, Ernst, Anschauungs-System f. Klanghöhe u. Klangdauer. Autogr. Tabelle. gr. Fol. Oppenheim 886. Kern. 1. —

Weigand, Ernst. Die Unhaltbarkeit der bisherigen Tonschrift u. Theorie. gr. 8. (42 autogr. S.) Frankf. a. M. 891. (Mainz, E. Kern.) * 1 50

— Vergleich der alten Notation mit der Neu-Notation [Ernst Weigand's Anschauungssystem f. Klanghöhe]. Autogr. Tabelle. qu. gr. Fol. Ebend. 886. — 50

— die Wurzeln d. musikalischen Ausdrucks. Eine reine Klangtheorie, auf Grund seiner neuen Notation. Mit 9 lith. Taf. 3 Taf. m. Proben aus d. Verf. Clavier-Anfangs-Schule, Anschauungs-System f. Klanghöhe u. Klangdauer. gr. 8. (IV, 30 S.) Ebend. 886. n.n. 3. —

Weigand's, F. A., Auskunftei. Ein Ratgeber üb. alle im tägl. Leben vorkomm. Fragen. Bearb. von G. A. Zimmer u. Kurt Weigand jun. (XIII, 257 S.) 8. Chemnitz 905. F. A. Weigand. Geb. in Leinw. n. 3. —

— „Pilzsammler". Volks- u. Schulausg. m. farb. Abbildgn. essbarer, sowie gift. Pilze nach der Natur aufgenommen, nebst Beschreibg., sowie Anleitg. zum Einsammeln u. zur Zubereitg. derselben. (23 S. m. 9 Taf.) kl. 8. Ebd. (904). n. — 75

Weigand, Friedrich, aus Bad Soden a. Taunus: Beiträge zur Kenntnis des Phenylpropargylaldehyds und des Monobromzimmtaldehyds. *Kiel 1902: G. Grandpierre, Idstein.* (54 S.) 8°
Kiel, Phil. Diss. v. [20. März] 1902

Weigand, Frdr., die mechanischen Vorrichtungen der chemisch-technischen Betriebe. (XIII, 416 S. m. 220 Abbildgn.) 8. Wien 905. A. Hartleben. n. 8. —; geb. n. 8. 80

Weigand F., die mechanischen Vorrichtungen der chemisch-technischen Betriebe. (416 S.) (Bibliothek, Chemisch-technische 284) Wien 1905

Weigand, Friedrich Ludwig Karl

Weigand's, F. L. K., Lebensbild, s.: Bindewald, O.

Weigand, Friedr. Ludw. Karl, Abhandlungen über Val. Ickelsamer, s. Schriften, vier seltene, des 16. Jahrh.

—— s. Grimm, Jak. und Wilh., deutsches Wörterbuch.

Weigand, Friedr. Ludw. Karl: Rede zur Feier d. 25jähr. Bestehens der Realschule. Giessen 1863.
Schul-/Univ.-Schrift

— s. Schlez, J. F., der Kinderfreund.

Weigand, Friedr. Ludw. Carl, kleine deutsche Sprach- u. Styllehre f. Volksschulen. gr. 12. (2¾ B.) Gießen 844, Heyer's Verl.
Aus: Schlez, Denkfreund, 14. Aufl., besond. abgedruckt.

Weigand, Friedr. Ludw. Karl, kurze deutsche Sprachlehre f. Real-, Bürger- u. Volksschulen, u. als Grundriß f. niedere u. mittl. Gymnasialclassen. gr. 8. (8½ B.) Mainz 838, Kupferberg.
In Parthieen f. Schulen nur à * 6 Gr.

Weigand, Friedrich Ludwig Karl (Florstadt)
Versuch einer Unterscheidung sinnverwandter Wörter der deutschen Sprache nach dem gegenwärtigen Stande der deutschen Sprachforschung.
Dr. phil. Giessen 4.1.1837.
[Handschriftlich eingereicht, lt. Otto Bindewald: Zur Erinnerung an Friedrich Ludwig Karl Weigand. (Beigabe zum Osterprogramm der Gr. Realschule Giessen 1879, S. 36.)]

Weigand, Friedr. Ludw. Carl, deutsches Wörterbuch. 3., völlig umgearb. Aufl. von Friedr. Schmitthenner's kurzem deutschen Wörterbuche. 5—8. Lfg. gr. 8. (1. Bd. XVI und S. 641—656 und 2. Bd. 608 S.) Gießen 857—62, Ricker. à Lfg. * 20 Ngr. *
Die 1—4. Lfg. erschienen unter dem Titel: Schmitthenner's kurzes deutsches Wörterbuch. 3. Aufl. Ebendas. 1853—56. * 2 Thlr.

Weigand, Friedr. Ludw. Karl, deutsches Wörterbuch. 3., völlig umgearb. Aufl. von Friedr. Schmitthenner's kurzem deutschen Wörterbuche. 9. und 10. Lfg. gr. 8. (2. Bd. S. 609—928.) Gießen 862, Ricker. à Lfg. * 20 Ngr. *
1.—8. Lfg. Ebendas. 1853—62. * 4 Thlr. 20 Ngr.

Weigand, Friedr. Ludw. Karl, deutsches Wörterbuch. 3. völlig umgearb. Aufl. von Friedr. Schmitthenner's kurzem deutschen Wörterbuche. 11. und 12. Lfg. gr. 8. (2. Bd. V, S. 929—1184.) Gießen 871, Ricker. à Lfg. *M. 2. *
1.—10. Lfg. Ebendas. 1853—68. *M. 18.

—— dass. — 2., verb. und verm. Aufl. [4. Aufl. von Friedr. Schmitthenner's kurzem deutschen Wörterbuch.] 1.—4. Halbbd. 1. Abthl. gr. 8. Ebendas. [1. Halbbd. (S. 1.—480.) 872. *M. 6.; 2. Halbbd. (XIX, S. 481—983.) 873. *M. 7.; 3. Halbbd. (2. Bd. S. 1—480.) 874. *M. 7.; 4. Halbbd. 1. Abthl. (S. 481—960.) 875. *M. 7.]

Weigand, Friedr. Ludw. Karl, deutsches Wörterbuch. 2. verb. und verm. Aufl. [4. Aufl. von Friedr. Schmitthenner's kurzem deutschen Wörterbuch.] 4. Halbbd. 2. Abthl. gr. 8. (2. Bd. XVI, S. 961—1213.) Gießen 876, Ricker. *
1.—3. Halbbd. und 4. Halbbd. 1. Abthl. Ebendas. 1873—75. *M. 27.; compl. *M. 32.

—— dass. — 3. verb. und verm. Aufl. [5. Aufl. von Friedr. Schmitthenners kurzem deutschen Wörterbuch.] 2 Bde. in 4 Halbbdn. gr. 8. (XXIV, 1147; VII, 1213 S.) Ebendas. 877.

—— —— 3. Aufl. Bd. 1. 2. Giessen 1878. 8.

—— deutsches Wörterbuch. 4. Aufl. [6. Aufl. von Friedr. Schmitthenners kurzem deutschen Wörterbuch.] 4 Halbbde. Lex.-8. (1151; XXVIII, 1215 S.) Gießen 881,82, Ricker.

Deutsches Wörterbuch von F[riedrich] L[udwig] K[arl] **Weigand**. 5. Aufl. in d. neusten f. Deutschland, Österr. u. d. Schweiz gült. amtl. Rechtschreibung. Nach des Verf. Tode vollst. neubearb. von Karl v. Bahder, Prof., Herman Hirt, Prof., Karl Kant, Privatgelehrtem. Hrsg. von Herman Hirt. Bd 1. 2. (In 12 Lfgen) Gießen: Töpelmann 19(07—)10. 4°
1. A bis K. 19(07—)09. 2. L bis Z. 19(09—)10. [11. 173

Weigand, Fr. L. Karl, deutsches Wörterbuch. 5. Aufl. in der neusten f. Deutschland, Österreich u. die Schweiz gült. amtl. Rechtschreibg. Nach des Verf. Tode vollständig neu bearb. von Karl v. Bahder, Herm. Hirt, Karl Kant. Hrsg. v. Herm. Hirt. 2 Bde. (XXIII S. u. 1184 Sp. u. IV S. u. 1362 Sp.) Lex. 8. Giessen 907—10. A. Töpelmann. 20.—; geb. in Halbfrz. 25.—; auch in 12 Lfgn. à 1. 60

— Wörterbuch der Deutschen Synonymen. 2 Bde. gr. 8. Mainz 840. Kupferberg. 4 ß

Weigand, Fr. Ldw. Karl, Wörterbuch der deutschen Synonymen. 3. Bd. S—Z, Nachträge u. Register. gr. 8. Mainz 843, Kupferberg. 2 ß (1—3: 6 ß)

Weigand, Frdr. Ludw. Karl, Wörterbuch der deutschen Synonymen. 2. Ausg., mit Verbesserungen u. neuen Artikeln. 1 u. 2. Bd. gr. 8. 1. Bd.: A—G. (XXVIII u. 576 S.) 2. Bd.: H—R. (XII u. 594 S.) Mainz 852, Kupferberg.
3. Bd. S—Z. 1852.

WEIGAND, Georg (Würzburg): Zur Pathologie und Therapie der Haematocele retrouterina.- München: Wolf 1883. 21 S.
30.12.1882 - Urk (Titel: De haematoceles retrouterinae pathologia et therapia.); Chr 1882/83,17
Diss.Ingolst.-Landsh.-Mchn.

Weigand, Georg Heinrich Fr.

Weigand, Geo. Hnr. Fr., Disputatio scenica de restauranda Lutheranos inter et Reformatos concordia. 8. Leipz. 818.

Weigand, Geo. Hnr. Fr., († d. 4. Dec. 1823.) ἑνὸς in nobilissimo Pauli ad Gal. III, 20. effato haud Genitivo, sed Nominativo casu esse positum, examinatis aliorum CCXXXIII Interpretum explicationibus. 8. Erf. 821. Müller. 16 gr (Leipz., Weygand). 8 gr

— Kunst in 2 Monaten Englisch lesen, schreiben u. sprechen zu lernen, mit C. A. L. Kästners Vorrede. gr. 8. Leipz. 809. J. G. H. Richter. 16 gr Wohlf. Ausg. Ebd. 816. Hinrichs. 12 gr 3e von G. Wolbrecht umgearb. Aufl. gr. 8. Ebd. 828. 16 gr

— Kunst in 2 Monaten italienisch lesen, verstehen, schreiben u. sprechen zu lernen, mit C. A. L. Kästners Vorrede, u. nach dessen beliebten Grundsätzen bearbeitet. gr. 8. Leipz. 808. Voß. 16 gr

— Kunst in 2 Monaten russisch lesen, verstehen, schreiben u. sprechen zu lernen. gr. 8. Leipz. 813. 2e Ausg. mit e. Vorrede v. C. A. L. Kästner. 816.

Weigand, Gustav

Weigand, G. Agnès de Méranie, tragédie en vers par Ponsard, übersetzt in jambischen Quinaren. Bromberg, R., 1863. Progr.

Weigand, Gustavus (Adolphus Ferdinandus) *(geb. Brieg 17. 12. 1818)*: De Antipatris Sidonio et Thessalonicensi poetis epigrammaticis. Vratislaviae (1840). (93 S.) 8°
Breslau, Phil. Diss. v. 9. Sept. 1840

Weigand, Gust., die Aromunen. Ethnographisch-philologisch-histor. Untersuchgn. üb. d. Volk d. sogen. Makedo-Romanen od. Zinzaren. 1. Bd. gr. 8. Leipzig 895. J. A. Barth. n. 10.— (1. u. 2.: n. 18.—)
Land u. Leute. Bericht d. Verf. üb. s. Reisen in d. südwestl. Balkanhalbinsel, nebst 3 wissenschaftl. Beilagen, 1 Titelbild, 8 Taf., 8 Holzschn. u. 1 ethnograph. Karte. (XII, 334 S.)

Weigand, Gust., die Aromunen. Ethnographisch-philologisch-histor. Untersuchgn. üb. das Volk der sogenannten Makedo-Romanen od. Zinzaren. 2. Bd. gr. 8. (XVIII, 383 S.) Leipzig 894. J. A. Barth. n. 8.—

[Umschlagt.:] Linguistischer Atlas des dacorumänischen Sprachgebietes. Hrsg. auf Kosten d. rumän. Akad. v. Prof. Dr. Gustav **Weigand**, Leiter d. Instituts f. rumän. Sprache zu Leipzig. Lfg 1. *Leipzig: J. A. Barth 1898.* 2. [98. 1151 Go

Linguistischer Atlas des dacorumänischen Sprachgebietes, hrsg. auf Kosten d. Rumän. Akad. in Bukarest von Prof. Dr. Gustav **Weigand**. Leipzig: Barth 1909. 34 Sp., 67 Kt. gr 2° [09. 11635

[F.] Die nationalen Bestrebungen der Balkanvölker. Vortrag geh. v. Dr. Gustav **Weigand**, Prof. a. d. Univ. Leipzig. *Leipzig: Seele & C. 1898.* (23 S.) 1 Bd 8.
= Hochschul-Vorträge f. Jedermann. II. 9. [98. 7447 Be

— d. Banater Dialekt. gr. 8. (VII, 135 S.) Leipzig 896. J. A. Barth. n. 3.—

Weigand, Gust., die Dialekte der Bukowina u. Bessarabiens. Mit e. Titelbilde u. Musikbeilagen. (VII, 102 u. IV S.) gr. 8. Leipzig 904. J. A. Barth. n. 3.—

Weigand, Gust., die Dialekte d. Moldau u. Dobrudscha. gr. 8. (III, 99 S.) Leipzig 902. J. A. Barth. n. 3.—

— die rumänischen Dialekte der kleinen Walachei, Serbiens u. Bulgariens. gr. 8. (III, 92 S.) Ebd. 899. n. 2.—
Sonderabdruck aus: „Jahresber. d. Instit. f. rumän. Sprache".

— die Dialekte der grossen Walachei. gr. 8. (III, 91 S.) Ebd. 902. n. 2.—

Bulgarische Grammatik von Gustav **Weigand**. Leipzig: J. A. Barth 1907. (IX, 187 S.) 8° [07. 10918

Praktische Grammatik der Rumänischen Sprache von Gustav **Weigand**. *Leipzig: J. A. Barth 1903.* (IX, 242 S.) 8° [F.] [03. 7770

— s.: Jahresbericht des Instituts f. rumänische Sprache (rumänisches Seminar) zu Leipzig.

— s.: Konstantinof's, Alexo, Baj Ganju.

— Körösch- u. Marosch-Dialekte. [Aus: „4. Jahresbericht d. Instituts f. rumän. Sprache zu Leipzig".] gr. 8. (V, 87 S.) Leipzig 897. J. A. Barth. n. 2. —

Land und Leute (der Aromunen). Bericht d. Vfs (Gustav Weigand) üb. s. Reisen in d. südwestl. Balkanhalbinsel nebst drei wissenschaftl. Beilagen. 1 Titelb., 8 Taf., 8 Holzschn. u. 1 ethnogr. Kt. *Leipzig: J. A. Barth 1895.* (XII, 334 S., 9 Taf., 1 Kt.) 1 Bd 8.
= Weigand, G.: Die Aromunen. Ethnogr.-philolog.-histor. Untersuchgn. Bd 1.

— s.: Methode Toussaint-Langenscheidt, rumänisch.

— Rumänen u. Aromunen in Bulgarien. Mit 16 Bildern (auf 8 Taf.) u. e. Karte. (VIII, 104 S.) gr. 8. Leipzig 907. (J. A. Barth.) 3. —
Sonderabdruck aus: „Jahresber. d. Instit. f. rumän. Sprache usw. zu Leipzig".

Weigand, Gustav: Samosch- und Theiss-Dialekte. Leipzig: A. Barth 1898. (2 Bl., 85 S.) 8°

— Samosch- u. Theiss-Dialekte. gr. 8. (III, 86 S.) Leipzig 899. J. A. Barth. n. 2. —

Weigand, Gustav: Die Sprache der Olympo-Walachem. I. Teil. Lautlehre ... Leipzig, Druck v. Metzger & Wittig. 1888; 47 + 1 S. 8°
Leipzig, Phil. Fak., Inaug.-Diss. v. 14. Sept. 1888.

Weigand, Gust., die Sprache der Olympo-Walachen, nebst einer Einleitung über Land und Leute. gr. 8. (VIII, 142 S.) Leipzig 888, Barth. *

Weigand, Gust.: De la versification française. 40 S. Mühlhausen, Progr. 1849.

Weigand, Gust., Traité de versification française. gr. 8. (274 S.) Bromberg 863, Levit. *

Weigand, Gust., Traité de versification française. Nouv. édit. revue et augmentée. gr. 8. (320 S.) Bromberg 871, Mittler's Buchh. *

Weigand, Gustav [Dr.]: Vlacho-Meglen. Eine ethnogr.-philolog. Untersuchg ... (Erschien vollst. m. Abbild. 1892.) Leipzig, J. A. Barth, 1891; 1 Bl., 46 S. 8.
Leipzig, Phil. Fak., Hab.-Schr. v. 30. Okt. 1891

Weigand, Gust. Vlacho-Meglen. Eine ethnographisch-philolog. Untersuchg. gr. 8. (XXXVI, 78 S. m. 4 Lichtdr.-Bildern.) Lpz. 891, Barth. * 3 60

— Vlacho-Meglen. Eine ethnographisch-philolog. Untersuchg. gr. 8. (XXXVI, 78 S. m. 4 Lichtdr.-Bildern.) Leipzig 892. J. A. Barth. n. 3. 60

Volksliteratur der Aromunen, hrsg. m. Unterstützg d. Kgl. Sächs. Ges. d. Wiss. zu Leipzig v. Gustav Weigand. M. 4 Lichtdr. u. 1 Holzschn.-Taf. *Leipzig: J. A. Barth 1894.* (XVIII, 383 S., 5 Taf.) 1 Bd 8.
= Weigand, G.: Die Aromunen. Ethnogr.-philolog.-histor. Untersuchgn. Bd 2.

Weigand, Heinrich

Weigand, H., Geschäfts-Aufsätze der Landwirte. gr. 8. (48 S.) Berlin 894. Trowitzsch & Sohn. Kart. n. — 50

Weigand, H., Geschäfts-Aufsätze der Landwirte. 2., verm. u. verb. Aufl. gr. 8. (48 S.) Berlin 901. Trowitzsch & Sohn. Kart. n. — 60

Weigand, Heinr., Geschäfts-Aufsätze der Landwirte u. Handwerker. Für Lehranstalten u. zum Geschäftsgebrauch bearb. 3. verm. u. verb. Aufl. (55 S.) 8. Berlin 908. Trowitzsch & Sohn. Kart. — 60

— u. A. Tecklenburg, deutsche Geschichte. Nach den Forderungen d. Gegenwart f. Schule u. Haus bearb. 4. u. 5., gleichlaut. Aufl. (10. bis 15. Taus.) gr. 8. (IV, 170 S.) Hannover 897. C. Meyer. Kart. n. — 90

— — dasselbe. 6., erweit. Aufl. (16. bis 18. Taus.) Ausg. A f. vielgliedr. Schulen, Fortbildungsschulen u. z. Selbstunterrichte. gr. 8. (VI, 210 S.) Ebd. 898. Kart. n. 1. —

— — dasselbe. Ausg. B f. wenig geglied. Schulen. gr. 8. (XII, 106 S.) Ebd. 898. n. — 50; geb. n. — 60

— — dasselbe. Ergänzungsheft. Nr. 1—8. gr. 8. Ebd. n. 1. 95
1. Für d. Rheinprovinz, bearb. v. Joh. Bengel. (32 S.) 896. n. — 20
2. Für d. Prov. Hannover, bearb. v. Aug. Tecklenburg. (48 S.) 896. n. — 30
3. Für die Prov. Sachsen, bearb. v. Heinr. Heine. (38 S.) 896. n. — 20
4. Für Ost- u. Westpreußen, bearb. v. J. N. Pawlowski. (37 S.) 897. n. — 25
5. Für d. Großherzogt. Hessen, bearb. v. Phpp. Hartleb. (44 S.) 897. n. — 30
6. Für d. Prov. Posen, bearb. v. H. Rösener. (34 S.) 897. n. — 20
7. Für d. Prov. Brandenburg, bearb. v. Aug. Fels. (36 S.) 897. n. — 20
8. Für d. Prov. Schleswig-Holstein, bearb. v. T. H. Thomsen. (52 S.) 897. n. — 30

Weigand, Heinr., u. A. Tecklenburg, deutsche Geschichte f. Schule u. Haus. Nach den Forderungen der Gegenwart bearb. Ergänzungsheft Nr. 9. gr. 8. Ebd. 900. n. — 30
Für die Prov. Schlesien, bearb. v. Rud. Hanke. (52 S.)

— — dasselbe, für das Königr. Bayern bearb. von Joh. Friedrich. gr. 8. (XVI, 138 S.) Ebd. 899. Kart. n. — 90

— u. A. Tecklenburg, deutsche Geschichte f. Schule u. Haus. Nach den Forderungen der Gegenwart bearb. 9., verb. Aufl. (26.—27. Taus.) Ausg. A f. vielgliedr. Schulen, Fortbildungsschulen u. zum Selbstunterrichte. gr. 8. (VIII, 205 S. m. Titelbild.) Hannover 902. C. Meyer. Kart. n. 1. —

— u. A. Tecklenburg, deutsche Geschichte f. Schule u. Haus. Nach den Forderungen der Gegenwart bearb. 10., veränd. Aufl. (28.—30. Taus.) Ausg. A f. vielgliedr. Schulen, Fortbildungsschulen u. zum Selbstunterrichte. (VII, 216 S.) 8. Ebd. 905. Kart. 1. 20

— u. A. Tecklenburg, deutsche Geschichte f. Schule u. Haus. Nach den Forderungen der Gegenwart bearb. 11. (Ster.-) Aufl. (31.—33. Taus.) Ausg. A f. vielgliedr. Schulen, Fortbildungsschulen u. zum Selbstunterrichte. (VI, 216 S.) 8. Ebd. 908. Kart. 1. 20

Der Geschichts-Unterricht nach den Forderungen der Gegenwart. Ein method. Handb. im Anschl. an d. Deutsche Gesch. von H. Weigand u. A. Tecklenburg bearb. von Heinrich Weigand. T. 1. 2. *Hannover (2: & Berlin): C. Meyer 1897–1900.* 2 Bde 8°
1. 1897. 2. (In 5 Lfgn.) (1899–)1900.
= Bibliothek, Pädagogische. Bd 21. [01. 1596

Der Geschichts-Unterricht nach den Forderungen der Gegenwart. Ein method. Handbuch im Anschl. an d. Deutsche Gesch. von H. Weigand u. A. Tecklenburg bearb. von Heinrich Weigand. 2. verb. Aufl. T. 1. *Hannover [&] Berlin: C. Meyer 1900.* 8° [F.]
= Bibliothek, Pädagogische. Bd 21, T. 1. [01. 725

Gesetzes- und Staaten-Kunde. Nachschlagebuch in Rechtssachen. Enth. Reichs- u. Landesgesetze f. d. Gebiet d. Kgr. Preußen. In d. Wortlaute d. Gesetze bearb. von **Heinrich Weigand**. Mit Sachreg. *Hannover, Berlin: C. Meyer 1903.* (XX, 318 S.) 8° [F.] [03. 8179 7

Weigand, H., Gesetzes- u. Staaten-Kunde f. das Königr. Preussen. Enth. Reichs- u. Landesgesetze. In dem Wortlaute der Gesetze bearb. Mit Sachregister. (XX, 318 S.) gr. 8. Hannover, C. Meyer. 1902. 2 —; geb. 2. 50.

— Merkbuch f. die deutsche Geschichte. (64 S.) gr. 8. Hannover 904. C. Meyer. n. — 80

— Merkbuch f. die deutsche Geschichte. 6.—10. Taus. 2. (Ster.-)Aufl. (64 S.) 8. Hannover 909. C. Meyer. — 30; kart. n — 35

— Nachschlagebuch in Rechtssachen. Enth. Reichs- u. Landesgesetze für das Gebiet des Königr. Preußen. In dem Wortlaute der Gesetze bearb. Mit Sachregister. (Gesetzes- u. Staaten-Kunde.) (XX, 318 S.) gr. 8. Ebd. 903. n. 2. —; geb. n. 2. 50

Stoffverteilungspläne zu den Lesebüchern von Flügge-Dagefördt für Halbtags-, ein- und dreiklassige Schulen. Bearb. von Heinrich **Weigand**. Hannover-List & Berlin: C. Meyer 1908. (103 S.) 8° [F.] [08.16937

Weigand, Heinrich Josef

Weigand, Heinr. Jos., Geschichte der Deutschen, insbesond. d. Treviren (Trierer), d. alten Grafen v. Nassau, d. Grafen v. Sayn u. v. Sayn-Wittgenstein, mit besond. Rücksicht auf Vallendar u. seine Umgebung. Ein Handb. zum Gebr. in d. Schulen, wie auch zur angeneh. Unterhalt. u. Belehr. beim Privatgebr. 2 Bde. gr. 8. Coblenz. (Bonn, Habicht.)

Bd. 1. Von 113 vor Christ. bis 1144 n. Christ., od. von d. ersten uns bekannten deutschen Völkern, d. Cimbern u. Teutonen, bis auf d. ersten uns aus Urkunden bekannten Grafen v. Sayn, Eberhard II. (81¼ B. u. 8 Stndr.) 832. 1 Thlr. 12 Gr.

Bd. 2. Von 1144 bis 1833, od. v. d. ersten uns aus Urkunden bekannten Grafen v. Sayn, Eberhard II. zur Zeit Kaiser Konrad III. bis auf uns. Zeit, mit besond. Hinblick auf d. Provinz Niederrhein. (47 B., 8 Stndr. u. 1 Stammt. ½ gr. Fol.) 833. 1 Thlr. 12 Gr.

Weigand, Heinr. Jos., die Wichtigkeit d. Elementarschule, deren Beaufsichtigung u. das Eine, was ders. Noth thut, z. Beherzig. f. alle deutschen Fürsten rc. gr. 8. (21½ B.) Freiburg 838, Herder'sche Buchh.

Weigand, Hermann, Stadtbaurat: Ueber den Neubau der Anstalt. *Rixdorf 1903: Mier & Glasemann.* (11 S.) 4° Rixdorf, st. Kaiser Friedrich-RG (i. E.) u. R, OP 1903 (150)

Weigand, jun., J., die Freiübungen des deutschen Turnens. 8. (VII und 191 S.) Glauchau 864, Vieweg.

Weigand, Joh., praktische Ratschläge. Ein Hilfsbüchlein f. jeden, auch f. Schüler unentbehrlich. (16 S.) kl. 8. Oberbach 904. (Leipzig, F. Schneider.) n. — 20

Weigand, K., und C. Rose, aus der Kinderwelt. Mit Text von Isabella Braun. 2. Aufl. 8 color. Bilder lithogr. von Thdr. Braun. 4. (16 S.) Stuttgart 873, Risch. [Hofmann und Hohl.]

Verse von Karl Wigo **Weigand**. Berlin-Leipzig: C. Wigand 1910. 67 S. 8° [10. 13996

Weigand's, L., des Matrosen, Erlebnisse während einer fünfjährigen Dienstzeit auf der niederländischen Marine. 8. M. color. Abbild. Dresden s. a.

Weigand, Leonard Philipp, Rechtspr.: Ist Diebstahl an wertlosen Sachen möglich? Göttingen 1909: Dieterich. 78 S. 8°
Göttingen, Jur. Diss. v. 10. März 1909, Ref. v. Bar
[Geb. 12. Aug. 74 Lohr; Wohnort: Lohr; Staatsangeh.: Bayern; Vorbildung: Altes Gymn. Bamberg Reife M. 92; Studium: Würzburg 3, Freiburg i. B. 1, München 4 S.; Rig. 16. März 08.] [U 09. 1296

Weigand, Lothar, Exercierreglement f. die sächsischen Feuerwehren. Hrsg. vom Landesausschuß sächs. Feuerwehren. Im Auftrage bearb. 2. Aufl. 8. (IV, 99 S.) Chemnitz 886. (Bülz.) n.n. — 60

— Handbuch für die sächsischen Feuerwehren. Hrsg. vom Landesausschuß sächs. Feuerwehren. Im Auftrage bearb. 2. Aufl. 8. (XV, 339 S.) Chemnitz 888, (Brunner'sche Buchh.) **

— s. a. Handbuch f. die sächsischen Feuerwehren.

Weigand, Loth., Uebungsordnung f. die sächsischen Feuerwehren. Hrsg. vom Landesausschuß sächs. Feuerwehren. Im Auftrage bearb. 5., verb. Aufl. (VIII, 134 S.) kl. 8. Chemnitz 902. (M. Bülz.) Kart. — 80

Weigand, O., das Medizinalwesen in Elsass-Lothringen, s.: Biedert, Ph.

Weigand, Otto (Darmstadt)
Ueber Veränderungen der Muskeln bei deformirender Gelenkentzündung. (Malum coxae senile.)
Giessen: W. Keller 1865. 31 S. (in △ mit „Thesen")
Diss. med. 29.4.1865. vorh. 26. 7.△

Weigand, Pankraz (Würzburg) **A. S. 1056/16**

Dissertatio medica inauguralis de fluxu sanguinis in gravidis.
Altdorf (Hessel) 6. IV. 1756. 14 S.
36074

Weigand, Thora, hohe Ziele. Erzählg. f. Frauen u. Jungfrauen. gr. 8. (104 S.) Stuttgart 896. G. Weise. Geb. in Leinw. 2. —

Weigand, Walter: Über Kondensationsprodukte aus o-Phenylendiamin und β-Diketonen. Erlangen 1910: Jacob. 47 S. 8°
Straßburg, Math.-naturwiss. Diss. v. 20. Dez. 1909, Ref. Thiele
[Geb. 17. Okt. 84 Kolmar i. E.; Wohnort: Straßburg; Staatsangeh.: Hessen; Vorbildung: Protest. Gymn. Straßburg Reife Sommer 03; Studium: Straßburg 13 S.] [U 10. 4128

Weigand, Wigand, Geschichte d. Fränkischen Cistercienser Abtei Ebrach. gr. 8. (9½ B.) Landshut 834, [Regensburg,] Manz. Thlr

Weigand, Wiegand. Geschichte der Frankischen Cistercienser-Abtei Ebrach. Landshut 1834. H: *Ruland, Anton.* (BrMm)

Weigand, Wilhelm

Weigand, Wilh., der neue Adel. Lustspiel in 4 Akten. 8. (101 S.) München 893. H. Lukaschik. n. 1. 50

Weigand, Wilh., Anselm, der Hartheimer. Streue, s.: Hesse's, Max, Volksbücherei.

Weigand, Wilh., s.: **Bayersdorfer's, Adolph, Leben u. Schriften.**

— s.: Briefe eines Unbekannten.

— moderne Dramen. 1. u. 2. Sammlg. 8. München 900. H. Lukaschik. à n. 3. —
1. Der Wahlcandidat. — Agnes Korn. — Der neue Adel. — Der Vater. (III, 287 S.)
2. Don Juans Ende. — Der Dämon. — Der Einzige. — Der Uebermensch. (311 S.)

— das Elend der Kritik. gr. 8. (126 S.) Ebd. 895. n. 2. 40

Weigand, Wilh., Don Juans Ende. Lustsp. in 1 Akt. 8. (43 S.) München 896. H. Lukaschik. n. — 80

— **der zwiefache Eros.** Erzählgn. 8. (247 S.) Ebd. 896. n. 3. —

Weigand, Wilh. Essays. [Voltaire. — Rousseau. — Taine u. Saint Beuve. — Zur Psychologie der Décadence. — Zur Psychologie des 19. Jahrh.] gr. 8. (323 S.) Münch. 892, Merhoff. * 4 50

— Essays. (Voltaire. Rousseau. Taine u. Sainte-Beuve. Zur Psychologie der Décadence. Zur Psychologie des 19. Jahrh.) Neue (Titel-)Ausg. gr. 8. (323 S.) Ebd. 894. n. 4. 50

— Im Exil. Novellen. gr. 8. (VII, 396 S.) Lpz. 890, (Elischer Nachf.). * 6 —

— der Frankenthaler. Roman. 8. (VI, 369 S.) Ebd. 889. n. 6. —; geb. n. 7. 50

— die Frankenthaler. Roman. 2., umgearb. Aufl. 8. (256 S.) Ebd. 894. n. 3. 50

— **die Frankenthaler. Ein Roman. 8. überarb. Aufl. 9. u. 10. Tauf. 8. (348 S.) Berlin 901. [G. H. Meyer.] München, Geo. Müller. n. 4.—; geb. n. 5.—**

— die Frankenthaler. Ein Roman. 3., überarb. Aufl. 10. Tauf. (Neue [Titel-]Ausg.) (348 S.) 8. München [902] 904. G. Müller. n. 4. —; geb. n. 5. —; in Liebhaberbd. n. 6. —

In der Frühe. Neue Gedichte (1894–1901) von Wilhelm Weigand. *Leipzig & Berlin: G. H. Meyer 1901.* (223 S.) 8° [F.] [01. 1894 II

— **Der Abbé Galiani.** (III, 95 S. m. 1 Bildnis.) gr. 8. München 908. G. Müller. 3. —

— Der verschlossene Garten. Gedichte aus den J. 1901—1909. (158 S.) 8. Leipzig 909. Insel-Verlag. 4.—; geb. in Halbperg. 5. —

— **Gedichte.** 8. (VIII, 215 S.) Ebd. 890. n. 3. —; geb. n. 4. —

— **Gedichte. Auswahl.** (IV, 140 S.) 8. Ebd. 904. n. 1. 50; geb. n. 2. 50; in Liebhaberbd. n. 3. 50

Wilhelm Weigand. Dramatische Gedichte. (Savonarola. Gottfried. Wilbrand.) München: Merhoff 1891 (1892). 328 S. 8° [10. 8911

— dramatische Gedichte. (Savonarola. Gottfried. Wilbrand.) Neue (Titel-)Ausg. gr. 8. (329 S.) Ebd. 894. n. 3. 50

Florian Geyer. Ein deutsches Trauerspiel in 5 Akten von Wilhelm Weigand. *Leipzig & Berlin: G. H. Meyer 1901.* (143 S.) 8° [F.] [01. 1895 II

— **Der Gürtel der Venus. Eine Tragödie in 5 Akten.** (VI, 168 S.) 8. München 908. G. Müller. 3. —

— **Agnes Korn.** Drama in 3 Akten. 8. (100 S.) Ebd. 895. n. 1. 50

— Agnes Korn. Ein Drama in 3 Akten. 2. Aufl. (100 S.) 8. Ebd. 904. n. 2. —

— Lolo. Eine Künstler-Komödie. (94 S.) 8. Ebd. 904. n. 2. —

— **Lorenzino.** Tragödie in 5 Akten. gr. 8. (145 S.) Ebd. 897. n. 1. 60

Wilhelm Woigand. Lustspiele. Der Übermensch. Don Juans Ende. Der neue Adel. Der Wahlkandidat. *München: H. Lukaschik 1899.* (288 S.) 8° [F.] [02. 532

— **zwei Lustspiele.** Der neue Adel. Der Wahlcandidat. 2., umgearb. Aufl. 8. (184 S.) Ebd. 896. n. 2. 40

— **Macht.** Drama in 5 Akten. 8. (112 S.) Ebd. 895. n. 1. 50

— s.: **Monatshefte, süddeutsche.**

Wilhelm Weigand. Montaigne. München & Leipzig: G. Müller (1910). 280 S. 8°

Ersch. zuerst als Bd 8 von: M. de Montaigne, Ges. Schriften ... Hrsg. von O. Flake u. W. Weigand. München & Leipzig 1908 ff. A 12 2513

— Friedrich Nietzsche. Ein psycholog. Versuch. gr. 8. (116 S.) Ebd. 893. n. 2. —

— **Novellen.** 1. u. 2. Bd. 8. Ebd. à n. 4. —; geb. à n. 5. —
1. Michael Schönherrs Liebesfrühling u. andere Novellen. (306 S.) 904.
2. Der Messiaszüchter u. andere Novellen. (V, 273 S.) 906.

— **das Opfer.** Schausp. in 4 Akten. 8. (88 S.) Ebd. 896. n. 1. 50

Wilhelm Weigand. Die Renaissance. Ein Dramencyclus. Bd 1. 2. München: Franz 1899. 8°
1. Tessa-Savonarola. (V, 279 S.) [13. 2911
2. Cäsar Borgia. — Lorenzino. (276 S.)

— die **Renaissance.** Ein Dramencyclus. 4 Tle. 8. à n. 2. 50; geb. à n. 3. 50
I. Tessa. Eine Tragödie in 5 Akten. 2. Aufl. Neue [Titel-]Ausg. (194 S.) [901.] 904.
II. Savonarola. Eine trag. Dichtung in 5 Akten. 2. Aufl. (171 S.) 903.
III. Cäsar Borgia. Eine Bühnendichtg. in e. Vorspiel u. 5 Akten. 2. Aufl. (189 S.) 903.
IV. Lorenzino. Eine Tragödie in 5 Akten. 3. Aufl. Neue [Titel-]Ausg. (162 S.) [901.] 904.

München u. Leipzig: G. Müller.

— Rügelieder. 8. (144 S.) Ebd. 892. * 2 —

Wilhelm Weigand. Rügelieder. 2. Aufl. München: Franz 1894. 141 S. 8° [11. 11516

— Sommer. Neue Gedichte. 8. (210 S.) Ebd. 894. n. 3. —

Stendhal. Von Wilhelm Weigand. *Berlin: Gose & Tetzlaff 1903.* (43 S.) 8° [F.]
= Essays, Moderne. II. 26. [04. 4873

Wilhelm Weigand. Der Vater. Drama in 1 Akt. München: H. Lukaschik 1894. (42 S.) 8° [F.] [06. 10379

— der **Wahlcandidat.** Lustspiel in 3 Akten. 8. (77 S.) Ebd. 893. n. 1. 50

Weigang, Johann Karl Gottlob Wilhelm

— **Geographie in Versen.** 1r Band. 1s Heft. 4. Schweidnitz 796.

Weigang, Jh. Karl Glo. Wlh., geograph. Lied über Schlesien u. die Graffschaft Glatz, zur Wiederholung d. Erdbeschreibung dieser Provinzen. Für die Jugend. 8. Schweidn. 792.

Weigang, Joseph [pr. Arzt]: Über die Bedeutung der Unterbindung der grossen Schenkelgefässe ... Breslau, Druck d. Bresl. Gen.-Buchdr., 1894; 46 S., 1 Bl. 8.
Breslau, Med. Fak., Inaug.-Diss. v. 20 März 1894

Weigang, Jos., üb. die Bedeutung der Unterbindung der grossen Schenkelgefässe. Diss. gr. 8. (46 S.) Breslau 894. (L. Köhler.) n. 1. —

Weigang, Joseph, aus Bad Salzbrunn: Lewis' Monk und Ossian in ihrem Verhältnisse zu Lord Byron. Bad Salzbrunn 1905. 64 S. 8°. [25. VIII. 06.]
Zürich, Phil. Diss. 1. S. 1905/1906

Weigang, Joseph. Lewis' Monki und Ossian in ihrem Verhältnisse zu Lord Byron. Diss. Phil. I. Unv. Zürich. 64 S. 8. Bad Salzbrunn, A. Torzewski, 1905.

Anleitung zum militärischen Planzeichnen, Kartenlesen und Krokieren von **Weigel**, Gen.Major z. D. Mit 6 Taf. als Anh. u. zahlr. Abb. Berlin: Voss 1904. (64 S.) 8° [F.]
= [**Sammlung** militärwissenschaftl. Handbücher. Bd 3.] [06. 8592]

Weigel: 301 Aufgaben a. d. darstell. Geometrie, s. Gubatz.

Dienst-Unterricht des sächsischen Infanteristen bearb. von **Weigel**, Lt. im Schützen-Reg. Nr. 108, u. Becker, Major im Inf.Reg. Nr. 56. Mit Taf. u. zahlr. Abb. Berlin: Voß 1904. (IV, 230 S.) 8° [F.] [05. 13700]

Weigel: Karte von der Mark Brandenburg ... Berlin 1798, s. Schneider, J. F.

Adolf **Weigel**, Buchhandlung und Antiquariat ... in Leipzig.... Antiquariats-Katalog No. 60, enthaltend die umfangreichen Bibliotheken des † Professors Dr. Alb(ert) Jahn, Bern, und des † Hellenisten Dr. C. Ch***, Genf. Bibliotheca Philologica Classica. Abtheilung 1: Scriptores Graeci et Latini. II + 138 S. 8. (Leipzig, Grübel & Sommerlatte, [1901].)

Weigel, Adolf, Führer durch die buchgewerbliche Kollektiv-Ausstellung des deutschen Reiches in Chicago 1893. Herausg. von dem Central-Verein für das gesammte Buchgewerbe. Mit e. Einleitung: Das heutige Buchgewerbe im Deutschen Reiche von G. Thomälen, E. Wiener u. D. Schultz-Henke. Leipzig 1893. 8. . . . . . (LHK.)

Weigel, Adf., s. d. Führer durch die buchgewerbliche Kollektiv-Ausstellung des Deutschen Reichs Chicago 1893.

Weigel, C. Fr., Predigten. gr. 8. Arolsen 830. Speier. 1 ℔ 6 Kr

Weigel, C. J.: Nonnulla de delirii trementis pathologia. D. Lipsiae. 1826.

Weigel, Carl, s. Weigel, Karl

Weigel, Christian Ehrenfried von

v. Weigel, Ritter Chr. Ehrenfr. (Vater), († d. 8. Aug. 1831.) über die Akademie zu Greifswalde, gegen Reichenbach. 8. Berl. 787. (Reimer). 4 Kr

Weigel, Chr. Ehrenfr., üb. d. Akademie zu Greifswalde gegen Reichenbach. 8. Berlin, Lange. 787.

Weigel, Christian Ehrenfried von, s. Aken: Abhandl.

— animadversiones in theoriam combustionis. 4. Greifsw. 805. — Contin. I. ibid. 801.

Weigel, Christian Ehrenfried.
Beiträge zur Geschichte der Luftarten in Auszügen, als ein Nachtrag zu dem historischen kurzen Begriffe elastischer Ausflüsse in Herrn Lavoisier physikalisch-chemischen Schriften, Bd. I, Th. I. Greifswald, 1784. pp. [xvi]–518, 12mo. Folding plate.
The extracts are from the works of Rey, Mayow, Papins, Leeuwenhoeck, Hauksbee, Lowther, Desaguliers, Maud, d'Arguier, Priestley, and many others.

— Beyträge z. Gesch. d. Luftarten in Auszügen, als Nachtrag zu Lavoisier physikal. Schriften 1r. Thl. 8. Greifswalde, Röse. 784.

— Beitrr. zur Geschichte d. Luftarten in Auszügen, als Nachtrag zu Lavoisier physikal. Schriften. 3 Thle. 8. Greifsw. 784 u. 95. (Knobloch in Leipz.) 1r Thl. 1 ℔ 2r, 3r Thl. ...

Weigel, Christian Ehrenfried: Chemisch-mineralogische Beobachtungen. (Observationes chemicae et mineralogicae. Dt.) Übers. von Johann Theodor Pyl. Th. 1 - 2, gbd., Abb.

Breslau: Korn 1779

Weigel, Christian Ehrenfried.
Chemisch-mineralogische Beobachtungen, aus dem lateinischen übersetzt und mit vielen Zusätzen vermehrt von Johann Theodor Pyl. Breslau, 1779. pp. [vi]–182–[ii], 8vo. Ill. 2 folding plates.

Einfluss (Der) chemischer Kenntnisse auf die Oekonomie besonders des Schwedischen Pommerns. Greifswald, 1775. 4to.

Einleitung zur allgemeinen Scheidekunst. Leipzig, 1788–1794. 3 vols., 8vo. Vol. III in two parts. Vol. I, [xiv]–556; II, [xxiv]–920; IIIa, [xxxii]–951; IIIb, [xx]–843.
Stück 1. Vorbegriffe. Anfang der allgemeinen Bücherkunde.
Stück 2–3. Fortsetzung der allgemeinen Bücherkunde. Sammlungen und Zeitschriften.

Weigel, Christian Ehrenfried: Einleitung zur allgemeinen Scheidekunst. St. 2 - 3, gbd.

Leipzig: Crusius 1790

— Einleit. zur allgemeinen Scheidekunst. 1s Stck. Anfang d. Bücherkunde. 2s u. 3s Stück. oder 1e u. 2e Fortsetz. d. allgemeinen Bücherkunde. gr. 8. Leipz. 790—94. (W. Vogel). 9 ℔

Weigel, Christian Ehrenfried von, s. v. Engeström: Beschreibung.

— flora Pomerano-Rügica. 8. Berl. 758. Lange. 12 Kr

Weigel, Christian Ehrenfried von: Flora pomerano-rugica ... Berol. 1769. 8°

Weigel, Christian Ehrenfried.
Grundriss der reinen und angewandten Chemie. Zum Gebrauch academischer Vorlesungen. Greifswald, 1777. 2 vols., 12mo. Folding plates. Vol. I, pp. xl–564; vol. II, xxxii–792–[clix].

Grundriß der reinen und angewandten Chemie. Zum Gebr. academischer Vorlesungen entworfen von Christian Ehrenfried Weigel. Bd 1.2. Greifswald: Röse 1777. 8°

— Grundriß der reinen u. angewandten Chemie. 2 Bde. 8. Greifsw. 777. (Knobloch in Leipz.) 2 ℔ 12 Kr

Weigel, Christian Ehrenfried von, s. G u y t o n - Morveau: Chemie.

Chr[istianus] Ehrenfr[idus] Weigel: Hortum Gryphicum. [Resp.:] Laurentius Timon Grönberg. Gryphiae (1782): Röse. 36 S. 8°

Greifswald, Phil. Diss. v. Aug. 1782

— index seminum et plantarum horti Gryphici systematicus. 8. Greifsw. 773.

— über die Kuhpocken, als Sicherungsmittel gegen die wahren Blattern, für Nichtärzte des hiesigen Landes. 8. Stralf. 802.

Weigel, Christ(ian) Ehrenfr(ied) (Übers.):

s.: Lavoisier, (Antoine Laurent): Physikalisch-chemische Schriften. (Opuscules physiques et chymiques. Dt.) Bd 1. Greifswald: 1783

— Magazin für Freunde d. Naturlehre u. Naturgeschichte, Scheidekunst, Land- u. Stadtwirthschaft, Volks- u. Staatsarzneikunst. 4 Bde. oder 8 Stück. gr. 8. Berl. 794—97. (Reimer). 2 ℛ 18 ℊ

Weigel, Christian Ehrenfried von, s. M a r a t : ... Entdeckung über das Licht ...

Weigel, Christian Ehrenfried von, s. M a r a t : Untersuch. üb. d. Electricität.

Weigel, Christian Ehrenfried von, s. M a r a t : Unters. üb. d. Feuer.

Weigel, Christ(ian) Ehrenfr(ied) (Übers.):

s.: Navier, Pierre Toussaint: Erörterung verschiedener Mittel, das Quecksilber mit dem Eisen innig zu verbinden... (Exposition de différens moyens d'unir intimement le mercur au fer... Dt.) Greifswald: 1782
in: Navier, P.T.: Gegengifte des Arseniks... (Contre-poisons de l'arsénic... Dt.) Übers.von C.E.Weigel. 1782

Weigel, Christ(ian) Ehrenfr(ied) (Übers.):

s.: Navier, Pierre Toussaint: Medicinisch-chemische Forschungen über verschiedene Mittel, das Quecksilber...aufzulösen... (Recherches médico-chymiques sur différens moyens de dissoudre le mercure... Dt.) Greifswald: 1782
in: Navier, P.T.: Gegengifte des Arseniks... (Contre-poisons de l'arsénic... Dt.) Übers.von C.E.Weigel. 1782

Weigel, Christ(ian) Ehrenfr(ied) (Übers.):

s.: Navier, Pierre Toussaint: Gegengifte des Arseniks, ätzenden Sublimats, Spangrüns und Bleies. (Contre-poisons de l'arsénic, du sublime corrosif, du vert-de-gris et du plom. Dt.) Bd 1 - 2. Greifswald: 1782

Weigel, Christ(ian) Ehrenfr(ied) (Übers.):

s.: Navier, Pierre Toussaint: Neue Wahrnehmungen über den Aether... (Nouvelles Observations sur l'ether... Dt.) Greifswald: 1782
in: Navier, P.T.: Gegengifte des Arseniks... (Contre-poisons de l'arsénic... Dt.) Übers.von C.E.Weigel. 1782

-Einladungsschrift von der Nothwendigkeit der Versuche beim Vortrage der Scheidekunst. Nebst einer Anzeige seiner Vorlesungen. Greifswald, 1796. 4to.

— vom Nutzen d. Botanik. 4. Greifsw. 773.

WEIGEL, CHRISTIAN EHRENFRIED.
Vom Nutzen der Chemie insbesondere in Absicht auf Pommern betrachtet. Eine Antritts-Rede. Greifswald, 1774. 4to.

— observationes botanicae. Cum tabb. aen. 4. Greifsw. 772. (Cnobloch in Leipz.) 10 ℊ

Weigel, Christian Ehrenfried (Stralsund) Chem. I, 93

Observationes chemicae et mineralogicae.
Göttingen (Dieterich) 27.III.1771. 78 S., 1 Taf.

Gew.: Hans Heinrich von Liewen.
W. v.: Rudolf August Vogel, Johann Christian Polykarp Erxleben. 36076

Weigel, Observationes chemicae et mineralogicae. Part. I. II. Gottingae et Gryphiae 1771—73. 4.

— observationes chemicae et mineralogicae, dissert. inaug. med. P. I. 4. Gotting. 771. Dieterich. 6 ℊ P. II. 4. Greifsw. 775. (Cnobloch in Leipz.) 12 ℊ

Weigel, Christian Ehrenfried von, s. de R o m é : Versuch.

Weigel, Christian Ehrenfried von, s. S c h e f f e r : Chem. Vorlesungen.

— supplementum florae Pomerano-Rügicae. 8. Greifsw. 773.

v. Weigel, Ritter Chr. Ehrenfr. (Sohn), Diss. inaug. med. de phosphori usu medico. 4. Jena 798.

— vom Vortrag der Chemie auf Akademien. 4. Greifsw. 775.

Weigel, Christian Ehrenfried von, s. W a l l e r i u s : Chemie.

Weigel, Christoph

— Abbildung und Beschreibung derer samtlichen Berg-Wercks-Beamten und Bedienten nach ihrem gewohnlichen Rang und Ordnung ... Nurnberg ... zu finden bey Christoph Weigeln ... Anno 1721
Titelkupfer [illegible] 24 Taf. in Kupferst. [illegible]
Abb. 115

Weigel, Christoff. Abbildung und Beschreibung derer samtlichen Schmeltz-Hutten-Beamten und Bedienten nach ihrem gewohnlichen Rang und Ordnung ... Nurnberg ... zu finden bey Christoph Weigeln ... Anno 1721
Titelkupfer, Tit., 16 S., 24 Taf. in Kupferst. 8
Fruhere Ausgabe um 1710. Erscheint mit der vorangehenden Nr. meist in einem Band
Brunet Suppl. II, 941

— Gedenckswürdigkeiten des jetzt laufenden achtzehenden Jahr-Hunderts ... als eine Fortsetzung Der Welt in einer Nuß in Gedächtnis-[illegible] Bildern [illegible] mit Einer historischen Erklärung [illegible] der Itzt [illegible] lebenden Jugend, nebst Johann David Köhlers P. P. Vorrede. Erster Theil von Ao. 1701. biß 1720. *Mit gefaltetem Frontispiz, B. Decker del., H. [illegible] sc. und 22 gefalteten Kupfertafeln von Chr. Weigel.* Nürnberg, Chr. Weigel [illegible] 1730. [illegible] Bl. [illegible] S. [illegible] Bl. HPgt. d. Z.
[illegible]

WEIGEL, CHRISTOPH. *Die Größe und Mannigfaltigkeit* in den Reichen der Natur und Sitten ... in hundert feinen Kupferstichen und so viel physischen und moralischen Schilderungen nach neuem Geschmack vorgestellt und erläutert, ... herausgegeben und zu haben in des älteren Christoph Weigels Kunsthl. in Nürnberg. [1766]. 4 Bll. (mit dem schönen gestoch. Titel mit ornamentaler Umrahmung) 100 Bl. mit Text u. 100 prachtvollen Kupfern nach CH. LUYKEN. 4°. Einfacher, etw. benutzter Pappbd. d. Z. 115.—
Nagler, Kunstlerlex. XXIV, 48. ★ Erste Ausgabe mit deutschem Text. Die Kupfer zeigen Naturerscheinungen, meist in ihren Auswirkungen auf den Menschen, Tiere in Landschaften etc. Der erläuternde Text, zuvor schon lateinisch erschienen, in Prosa u. Versen.

Historiae Celebriores Veteris Testamenti Iconibus repraesentatae et ad excitandas bonas meditationes selectis Epigrammatibus exornatae in lucem datae a Christophoro Weigelio Noribergae.
Historiae Celebriores Novi Testamenti ... a Christophoro Weigelio ...

Weigel, Christoph. Neues Neh- und Strickbuch ... [illegible] Zeichen ... viele neue Zwickel nebst Buchstaben und Zahlen ... Nürnberg und Leipzig, bey Christoph Weigel und Schneider [Theil II ... verlegts in Nürnberg Christoph Weigel Junior] 1784.
2 Teile 8
[illegible]
Beigefügt sind 14 Taf. (2. Teil)

WEIGEL, Chr., Ein Schock Phantastn in einem Kasten mit Ihrem Portrait gar net in Kupffer gebracht und ausgelacht samt einer Vorred. 66 Kupferstiche u. Titelkpfr. (c. 1700.) Fol. (48 Kr., 1 Kpfst. fehlte, Gilhofer & Ranschburg, Wien, 1909.)

Weigel, Christoph, Junior: Des Neuen Strick-Büchlein Zweyter-Theil ... verlegts in Nürnberg Christoph Weigel, Junior. Mit Tit. 11 Bl. Kupferst. 8°
Haupttit.: Neues Neh- und Strickbuch ... Nürnberg und Leipzig, bey Christoph Weigel und Schneider. 1784.

WEIGEL, CHRISTOPH ... Die Welt in einer Nuß oder die Historien von ... [illegible]

Weigel, Christoph Daniel (Nürnberg) A. S. 329/23

Observationes de fide instrumentorum inprimis publicorum. Präs. Christoph Ludwig Crell.
Wittenberg (Scheffler) (3.)VI. 1738. 23 S.
36077

Weigel, Christoph Daniel (Nürnberg) A. S. 38/11

Dissertatio iuridica de fide instrumentorum inprimis publicorum, Germanis: Von gericht= und aussergerichtlich verfertigten Beweiss=Schriften ...
Präs. Christoph Ludwig Crell. Rec.
Jena (Ritter) 1758. 32 S.

Diss. 6. VI. 1738. 36079

Weigel, Christoph Daniel (Nürnberg) A. S. 302/4

Positiones iuridicae inaugurales de procuratoribus.
Altdorf (Meyer) 15. I. 1755. 15 S.
36078

Weigel, E. (Resp.) Obs. binae de asthmate singulari..., s. Vogel, Rud. Aug. (Praes.)

Weigel, Ed., ollerhand neckſches Geramſel. Erzählungen in ſchleſiſcher Mundart. 8. (III, 144 S.) Berlin 881. Th. Thiele. n. 2. 50; geb. n. 4. —

Weigel, E., ollerhand neckſches Geramſel. Erzählungen in ſchleſ. Mundart. 3. Aufl. 8. (III, 144 S.) Berlin 887. Th. Thiele. n. 2. —; geb. n. 3. —

Weigel, Emil Valentin (geb. Haselbach bei Schmiedeberg in Schles. [illegible]): De canteriis. Vratislaviae (1825). (40 S.) 8°
Breslau, Med. Diss. v. 28. Okt. 1825

Weigel, Erhard

Erhardi Weigelii Conſil. Caeſar. et Palat. Senioris Prof. Publ. Compendium Logiſticae. Praemiſſa Doctrina de tribus Mentis Operationibus in Computando, quibus latens Veritas eruitur, Binis Diſputationibus ventilatum. Jenae. 8. 7 und ein halber Bog. 1766

Weigel, Erhard, Erdſpiegel. 4. Jena, Bilth. 713.

—— Neu erfundener Hauſs-Rath, ſowohl zur Nothdurfft als zur Luſt und Bequemlichkeit zu gebrauchen, nechſt einem unmaſsgeblichen Vorſchlag, wie die gemeinnützigen Kunſt-Erfindungen, und dadurch die Wohlfarth des Landes zu beſördern. Jena druckts Johann Jacob Bauhofer. 4.

WEIGEL, EUGEN: Toxicologisches über das Ortho-Amidophenol. Würzburg, 1890. Diss (35 S.)

Weigel, F., Einleitung in das Waldeck'ſche Landrecht. gr. 8. (8¼ B.) Mengeringhauſen 846. (Arolſen, Speyer.) *

—— zur Reform des Gerichtsweſens der Fürſtenthümer Waldeck u. Pyrmont. gr. 8. (2 B.) Mengeringhauſen 846. (Arolſen, Speyer.) *

— zur Reform des Gerichtsweſens der Fürſtenthümer Waldeck u. Pyrmont. gr. 8. (32 S.) Ebd. 847. n. ⅓ ℛ

— ſ. Zeitſchrift, Waldeckiſche.

Weigel, F., über den gegenwärt. Zuſtand der evangel. Kirche im Fürſtenth. Waldeck. gr. 8. Mengeringhauſen 846. (Arolſen, Speyer.) n. 2 ngl

Weigel, F., üb. den gegenwärtigen Zuſtand der evangel. Kirche im Fürſtenthum Waldeck. gr. 8. (7 S.) Mengeringhauſen 847. Arolſen, Speyer. n. 2 ngl

Collectio Weigeliana. Wertvolle Werke d. Reformationsliteratur aus d. Nachlasse d. verstorbenen Buchhändlers Felix Oswald Weigel. Leipzig: Weigel 1909. 122 S. 8° [Umschlagt.]
(Oswald Weigel, Lagerkatalog. N. F. Nr 138.)

Weigel, Florian: Bemerkungen zu einigen Arten von Anomala in der griechischen und lateinischen Deklination. S. 3–15. 8
Progr. K. k. Staatsgymn. im VIII. Bezirke Wien 1906.

Weigel, Florian, griech. Elementarbuch, s.: Schenkl, Karl.

Weigel, Florian: Katalog der Lehrerbibliothek des k. k. Staatsgymnasiums in Krems. 8. (40 S.) (Schluss.) 8. (S. 41–107.) **Progr.** K. k. Staats-G. *Krems* 1897–1898.

Weigel Florian: Quaestiones de vetustioribus poetis elegiacis Graecis ad syntaxim, copiam, vim verborum pertinentes. **Diss.** Wien Univ.
D: Diss. phil. Vindobonensis, III. Bd., 1891.
1888 PN 538

Weigel, F., Quaestiones de vetustiorum poetarum elegiacorum Graecorum sermone ad syntaxim, copiam, vim verborum pertinentes. Diss. 126 S.

— griechiſche Schulgrammatik, ſ.: Curtius u. v. Hartel.

Weigel, Florian: Zur griechischen Schulgrammatik. S. 50–56. 8.
In: Festschrift zur Feier des 200jährigen Bestandes des k. k.
Progr. Staatsgymn. im VIII. Bezirke *Wien* 1901.
I. Zur Comparation der Adjectiva. II. Zur Bildung der Zeiten von den Mutastammen.

— Uebungsbuch zum Uebersetzen aus d. Deutschen ins Griechische, s.: Schenkl, Karl.

Weigel, Florian Verwertung von Anschauungsmitteln für unsere classische Schullectüre, besonders für Cäsars gallischen Krieg. 8 (21 S.). **Progr.** K. k. Staats-G. im IX. Bezirke *Wien* 1895.

Weigel, Fr. Chr., die gesammte Kartonnagen-Industrie moderner Fabrikation. Memoiren. Bearb. f. alle Interessenten u. verwandte Berufe. 1. Stufe. Die Technologie üb. Zusammenhang, Bedeutg., Erhaltg. u. Betrieb dieser Specialbranche m. Inseraten-Anschluss. gr. 8. (107 S.) Mannheim 898. (A. Schenk.) n. 1. 80; geb. n. 2. 20

WEIGEL, Georg: Über die Harzbalsame von Larix decidua und Abies pectinata. - Leipzig 1900. 160 S. - Diss. Univ. Bern, Phil. Fak. 1900

Toast auf die Schwestern, gehalten von G[eorg] **Weigel** im Or. Bayreuth am 3. Mai 1891 im Sonnensaale, gelegentlich der Jubel-Feier der Grossloge „Zur Sonne". Bayreuth [1891]: Mühl. 2 Bl. 8° [Umschlagtit.] **21.**

Weigel, Georg: Die Wahlkapitulationen der Bamberger Bischöfe. 1328–1693. Eine histor. Untersuchung mit 3 Beil. Aschaffenburg 1909: Werbrun. 140 S. 8° ¶ (Ersch. auch als Buch b. Schmidt, Bamberg.)
Würzburg, Phil. Diss. v. 26. März 1909, Ref. Henner
[Geb. 11. Febr. 77 Bamberg; Wohnort: Rosenheim; Staatsangeh.: Bayern; Vorbildung: Gymn. Speyer Reife Juli 97; Studium: München 7 S.; Rig. 13. Juli 08.] [U 09. 4179

Weigel, Geo., die Wahlkapitulationen der Bamberger Bischöfe. 1328—1693. Eine histor. Untersuchg. (147 S.) gr. 8. Bamberg 909. Schmidt. 1. 85

Weigel, Georg Frid., de aphtharum natura ac diagnosi. Dissertatio inaug. medica. 8maj. (3¼ B.) Marburgi, (libr. universit. Elwert.) 1842.

Weigel, Gottlob: Die italienischen Entwürfe eines Militär-Strafgesetzbuches, einer Militär-Strafprozeßordnung und eines Militär-Gerichtsverfassungsgesetzes. 1900–1907. Berl. 1908. Fol.

Weigel, G., **Kommentar zum Militär-Strafgesetzbuch f. das Deutsche Reich. s.: Koppmann, Clem. v.**

Weigel, Glob., Militärstrafgerichtsordnung v. 1. XII. 1898 nebst dem Einführungsgesetze. Handausg. m. Einleitg. u. Erläutergn. 8. (XXII, 285 S.) München 899. C. H. Beck. Geb. in Leinw. n. 3. 50

Weigel, G., der bayerische Militär-Strafprozeß. Die ihn bild. Gesetze u. Gesetzesteile m. Anmerkgn. gr. 8. (VII, 378 S.) Nürnberg 889. Ballhorn. n. 5. —

Weigel, G., die Zuständigkeitsgrenzen zwischen den Militär- u. Zivilstrafgerichten in Bayern. 16. (VII, 118 S.) München 893. C. H. Beck. Kart. n. 1. 60

Weigel, G., Die Zuständigkeitsgrenzen zwischen Militär- u. Zivilgerichtsbarkeit im Deutschen Reiche. (IX, 360 S.) 8. München, C. H. Beck. Geb. in Leinw. 6. 50.
1902.

Weigel, Gust., was ist der Soldat?, s.: Fiebiger, A.

Weigel, Heinrich [aus Alt-Drossenfeld]: Beitrag zur Casuistik der Syringomyelie ... Erlangen, k. b. Hofbuchdr. v. A. Vollrath, 1897; 34 S., 1 Bl. 8.
Erlangen, Med. Fak., Inaug.-Diss. v. 8. März 1897

Kaleidoskop. Worte aus heiteren u. ernsten Stunden von Hermann **Weigel**. Berlin-Leipzig: C. Wigand 1907. (24 S.) 8° 08. 3086

Weigel, J. J., die Beicht- und Communionwoche. Andächtige Betrachtungen, Gebete u. Seufzer auf alle Tage der Beicht- und Communionwoche für lutherische Christen. Aus Joh. Rosner's Bußrosen gezogen und zusammengestellt. Erlangen 864. Deichert. 8. (VIII, 96 S.) 6 *ngr.*

Weigel, J. J., Gustav Adolf. Ein Festspiel f. ev. Arbeiter- u. Handwerkervereine. 2. Aufl. 8. (68 S.) Rothenburg o/T. 901. (J. P. Peter.) n. — 40

Weigel, J. J., für Kanzel und Haus. Sprüche, Gedanken und Geschichten zu den Sonn- und Festtagsevangelien. 8. (X, 258 S.) Erlangen 872, Deichert. *

Weigel, J., Weihnachten. E. Festsp. f. evang. Arbeiter- u. Jünglings-Vereine. gr. 8. (32 S.) Rothenburg o/T. 897. (C. H. Trenkle.) n.n. — 35

Weigel, Johannes: Das bei der Aufrechnung geltende Prinzip der Gegenseitigkeit der Forderungen; seine Durchbrechungen und Modifikationen. Leipzig 1906: W. Wigand. (118 S.) 8°
Leipzig, Jur. Fak., Diss. v. 7. März 1906.

Weigel, Joh., das bei der Aufrechnug. geltende Prinzip der Gegenseitigkeit der Forderungen; seine Durchbrechungen u. Modifikationen. (118 S.) 8. Leipzig 906. (Buchh. G. Fock.) 2. —

Weigel, Jh., s. Jh. Siebmacher.

Weigel, Johann Adam Valentin

Weigel, Joh. Adam Valentin, evangel. lutheranischer Prediger etc. Geographische, naturhistorische und technologische Beschreibung des souveränen Herzogthumes Schlesien. (10 Bde.) 8. Berlin 1800 1806.

— geographische naturhistor. Beschr. d. souverainen Herzogthums Schlesien. 10 Thle. gr. 8. Berlin, Himburg. 800 — 6. (I. II. 2 Rthlr. III. IV. 1 Rthlr. 12 gr. V. 1 Rthlr. VI. 1 Rthlr. VII. 16 gr. VIII. 16 gr. IX. 20 gr. X. 1 Rthlr. 8 gr.)

— geograph.-naturhistor. Beschreib. des souverainen Herzogth. Schlesiens. 10 Thle. gr. 8. Berl. 800 — 6. (Reimer). 9 ₰ Hbg. Pr. 6 ₰

— Betrachtungen über die Wissenschaften u. schönen Künste des gegenwärtigen Zustandes in Europa. 8. Halle 767. Trampe. (Hahn in Hannov.) 6 gr.

Weigel, Jh. Adm. Val., († im Juni 1806.) andächtiger Christ, in Morgen-, Abend-, Beicht-, Kommunion-, Kranken- u. Sterbensgedanken. 8. Hirschb. 775. 2e A. 788. Gutsch. 8 gr.

— Gebetbuch für Katechumenen, nebst Anhang anderer Gebete. 8. Bresl. ... 3e A. 810. J. F. Korn. 4 gr.

Weigel, Jh. Adm. Val., Intonationen u. Responsorien, nach Anleitung d. Sonn- u. Festtagsevangelien u. Episteln, u. auf besond. Zeiten u. Umstände. 8. Bresl. 784. J. F. Korn. 3 gr.

— geistliche Lieder. 8. Lpz. Böhme. 775.

— geistliche Lieder. 8. Leipz. 775. (Enobloch). 6 gr.

— geistliche Lieder für Kinder. 8. Bresl. 777. J. F. Korn. 4 gr. Schreibp. 5 gr.

— christl. Morgen- u. Abendunterhaltungen auf jeden Tag des Jahres für Kinder von reiferem Alter. 5 Thle. 8. Bresl. 778. J. F. Korn. 3 ₰ 2 gr. Schreibp. 3 ₰ 12 gr.

— auserlesene Stellen der heiligen Schrift auf alle Tage des Jahres, mit Versen aus den neuesten Liederdichtern. 8. Leipz. 775. (W. Nauck). 6 Gr.

— auserles. S t e l l e n d. H. Schr. auf alle Tage d. Jahres, mit Versen a. d. neuesten Liederdichtern. 8. Lpz. Sommer.

— S t e l l e n d. H. Schrift auf d. Sonn- u. Festtage nach Anleit. d. Evangelien u. Episteln. 8. Breslau, Korn d. ält. 784.

— christmoral. Unterhaltungen der Andacht in der Fastenzeit. 8. Neiße 798.

— Unterhaltungen mit Gott in den Abendstunden, auf jeden Tag des Jahres. 2 Thle. gr. 8. Bresl. 785. J. F. Korn. 1 Thlr. 12 Gr.

— Unterhaltungen mit Gott in den Morgenstunden, auf jeden Tag des Jahres. 2 Thle. gr. 8. Bresl. 787. J. F. Korn. 18 Gr.

— die wichtigsten Wahrheiten d. christl. Glaubens- u. Sittenlehre, für Katechumenen. 8. Bresl. 785. 2e Aufl. 795. J. F. Korn. 2 Gr.

— die wichtigsten Wahrheiten d. christl. Religion in Versen. 8. Bresl. 777. J. F. Korn. 5 Gr. Schreibp. 6 Gr.

— die Wortfügung der französ. Sprache in e. Tabelle. 8. Halle 769.

Weigel, Johann August Gottlob

W e i g e l, Joh. Aug. Gtlo., Aehrenlese auf d. Felde d. Kunst, s. A e h r e n l e s e.

Weigel, Jh. Aug. Gottl., s. *Apparatus* literarius sive index librorum lectissimor. etc.

W e i g e l, Io. Aug. G., Apparatus literarius sive index libror. lectissimor etc. 3 Tmi. 8. maj. Lips. Proclam. Weigel. 807 — 9.

W e i g e l, Joh. A. Gottl., apparatus literarius sive Index librorum lectissimorum. Cum indice. 4maj. Lipsiae, Weigel. 821.

Weigel, J. A. G., s. Bibliotheca Dissertationum etc.

— - Index librorum etc., s. I n d e x.

WEIGEL, Joh. Christoph (Kupferstecher). — CENTI-FOLIUM STULTORUM In QUARTO. Oder H u n d e r t A u s b ü n d i g e N a r r e n, In FOLIO. N e u a u f g e w ä r m e t, Und . . . mit . . . Kupffer-Stichen . . . aufgesetzt . . . WIENN, Zu finden bey Johann Carl Megerle, Universitäts-Buchhändler . . . Und Bey *Johann Christoph Weigel*, Kupfferstechern in Nürnberg. Gedruckt bey Christoph Lercher, Universitäts-Buchdruckern. IM LVstIgen Iahr, aLs DIese Narren SChaa (so!) erkohren gar [1709]. 4⁰. (In Berlin: Bibl. Lipperheide no. 3519.) (6 Mk., Expl. in defekt. Prgtbd. m. Schl., Paul Graupe, Berlin, 1909; jetzt theurer!)

[Weigel, Joh. Christoph?]. Viel nützende und erfindungen reichende Sinnbild-Kunst, oder Hieroglyphische Bilder-vorstellung der Tugenden, Laster, Gemüts-bewegungen, Künste und Wissenschafften wodurch Rednern, Poeten, Mahlern, Bau verständigen Bildhauern durch Zeichnungen und einer kurtzen beschreibung Anlaß ihre Gedancken ferner auszuleben gegeben . . . wird. Nürnberg, verlegt und zu finden bey Johann Christoph Weigel, Kunsthändlern [ca. 1700]. 4⁰. *Schöngestoch. Titel mit allegor. Frauenbildern,* 63 S. *und 25 Kupfertafeln.* Etwas benutzter grauer Pbd. d. 18. Jh.
Selten Praz² p. 523.

Weigel, Joh. Christoph. Mvsicalisches Theatrvm, auf welchen alle zu dieser edlen Kunst gehörige Instrumenta in anmuthigen Posituren lebhafft gezeiget und allen Music Liebhabern zu gefälliger belustigung vorgestellet werden. Erster Theil. Nürnberg, zu finden bey Joh. Christoph Weigel [um 1710].
Tit., 16 Taf. in kol. Kupferst. 2⁰.
Der zweite Teil schließt sich ohne eigenen Titel an den ersten an.
Unvollständig.

Dasselbe. Vollständige Folge. Faksimile-Nachdruck hrsg. von Alfred Berner. Kassel usw.: Bärenreiter 1961.
XII S., 36 Taf. 2⁰.
(Documenta Musicologica. Erste Reihe: Druckschriften-Faksimiles 22.)

Weigel, Johann Georg

W e i g e l, I. G., Dictionnaire franc. allem. à l'usage des commençans et des voyageurs, composé et complété selon le vocabulaire anglois allem. de Mr. Arnold. (d. a. d. Tit. vollst. kl. Wörterbuch etc.) gr. 8. Nürnb. Schmidmer. 791.

Weigel, Jh. Geo., Dictionnaire franç.-allem. à l'usage des commençans et des voyageurs, composé et completé selon le vocabulaire anglais-allemand de Msr. Arnold. (A. d. T.: vollständ. kl. Wörterbuch, franzöf. u. deutsch.) gr. 8. Nürnb. 791. (G. Winter). (Enobloch in Leipz.) 1 Thlr.

Weigel, Johann Georg, s. L y t t l e t o n: Gedichte.

Weigel, Johannes, s. W e i g e l, Johann

Die Halskrankheiten bei den alten griechischen und römischen Ärzten. Von Dr. Josef **Weigel**. Leipzig: B. Konegen 1907. (207 S.) 8⁰ [07. 10133

Weigel, Julius Otto [pr. Arzt in Crawinkel '(Gotha)']: Zur Pathogenese und Therapie der Thrombose des sinus transversus ... Jena, G. Neuenhahn Univ.-Buchdr., 1891; 28 S. 8.
Jena, Med. Fak., Inaug.-Diss. v. [6. Jan.] 1892

Weigel, K. W., Einleitung in die Volkswirthschaftslehre für höhere Gewerb- u. Realschulen. gr. 8. Leipzig 843, Fest'sche Verlagsbuchh. 1/3 Thlr.

WEIGEL, Karl (Nürnberg): Zur pathologischen Anatomie der Lebersyphilis. (Titel nach der Urkunde) 24.2.1894 - Urk; Chr 1894/95,20
Diss. Ingolst.-Landsh.-Mchn.

Weigel, Karl [Bearb.], s. L y r a, Justus Wilhelm: Deutsche Weisen.

Weigel, Carl, Studien u. Etuden zur Ausbildung der rechten Hand f. die Zither. gr. 8. (36 S.) Trier 886, P. E. Hoenes. 1. 20

Weigel, Karl Christian Leberecht, s. A r e t a e u s: de pulmonum...

Weigel, Karl Chr. Lebr., italienische, medicin.-chirurgische Bibliothek, s. K. G. Kühn.

Carolus Weigel: De Horrore. Lipsiae (1791:) Loeper. XXX S. 8⁰
Leipzig, Med. Diss. v. 23. Sept. 1791

— λεξίκον γερμάνικον ἁπλορωμαικόν, deutsch-neugriechisches Wörterbuch. gr. 8. Leipz. 804. Schwickert. 5 Thlr.

— λεξίκον ἁπλορωμαικόν, γερμάνικον καὶ ἰταλίκον, neugriechisches deutsch-italien. Wörterbuch. gr. 8. Leipz. 796. Schwickert. 1 Thlr. 20 Gr.

—— (resp. Leop. Reinhold) Aetianarum exercitationum specimen. Lips. 1791. 4.

—. Eximii Aëtii vita exponitur in Aëtianarum exercitationum specimine. Lps. 4°.

1791

Weigel, Karl Christian Leberecht, s. Strambi: Abhandl.

Weigel, Karl Christian Leberecht, s. Versuch, e. französ.-latein.-ital. Nomenclator.

Weigel, M. Bildwerke aus altslavischer Zeit. gr. 4. (VII, 32 S. m. 25 eingedr. Abbildgn.) Braunschw. 892, Vieweg u. Sohn. * 2 50
Aus: Archiv f. Anthropologie, besonders abgedruckt.

Weigel, M., das Gräberfeld v. Dahlhausen, Kreis Ost-Prignitz, Prov. Brandenburg. (Zeit der Völkerwandergn.) [Aus: „Archiv f. Anthropologie".] gr. 4. (31 S. m. 95 Abbildgn.) Braunschweig 893. F. Vieweg & Sohn. n. 3. 50

Weigel, M., Post- u. Telegraphen-Taschenlexikon, s.: Lüdemann, G.

— deutscher Reichs-Post-Katechismus, s.: Lüdemann, Gust.

— Troja 1893, s.: Dörpfeld, Wilh.

Weigel, Martin: Alt-Rothenburg, s. Kempf, Rud.

Weigel, Mart., Führer durch d. Stadt Rothenburg ob. d. Tauber, s.a. Klein, W.

— Führer durch die Stadt Rothenburg ob der Tauber. 4. verb. Aufl. 8. (47 S. m. 12 Ansichten u. 1 Plan.) Rothenburg o/T. 900. C. H. Trenkle. n. — 60

Weigel, Mart., Führer durch die Stadt Rothenburg ob der Tauber. 5. verb. Aufl. Mit 11 Ansichten u. 1 Plan. (47 S.) 8. Rothenburg o/T. 903. C. H. Trenkle. n. — 60

Weigel, Mart., Führer durch Rothenburg o. T. 8., neu bearb. Aufl. (60 S. m. Abbildgn. u. 2 [1 farb.] Plänen.) 8. Rothenburg o/T. (910). C. H. Trenkle. — 60

— Guide to Rothenburg on the Tauber. Bavaria. Latest ed. Translated by Louise Sylge. (45 S. m. Abb. u. 2 [1 farb.] Plänen.) 8. Ebd. (910). 1. —

Weigel, Max: Die Landfriedensverhandlungen unter König Sigmund vor und während der Zeit des Constanzer Concils. Halle a. S. 1884: Plötz. 58 S. 8°
Halle-Wittenberg, Phil. Diss. v. [10. März] 1884
Geb. Glewe bei Rhinow (Mark) 28. 5. 1860. V.

Weigel, Maximilian, Referendar: Die Lehre von der parlamentarischen Disziplin in rechtsvergleichender Darstellung. Annaberg i. Erzgeb. 1909: Schreiber. VIII, 110 S. 8°
Tübingen, Staatsw. Diss. v. 27. April 1909, Ref. Triepel
[Geb. 18. Jan. 81 Geyer; Wohnort: Annaberg i. Erzgeb.; Staatsangeh.: Sachsen; Vorbildung: Gymn. Schneeberg Reife O. 02; Studium: Lausanne 1, Leipzig 7 S.; Coll. 18. Febr. 09.] [U 09. 3992

Weigel, M., die Lehre v. d. parlamentarischen Disziplin in rechtsvergleichender Darstellung. (III—VIII u. 110 S.) gr. 8. Leipzig 909. C. L. Hirschfeld. 2. 50

Weigel, P. Ricard Wenzel, Predigten auf alle Sonntage d. ganzen Jahres. Hrsg. v. Joh. Frast. 2 Thle. gr. 8. (49¾ B.) Wien 836, [Schmidt u. Leo.]

Weigel, Wenzel, Sonntags-Predigten auf das ganze Jahr. Hrsg. v. Joh. Frast. 2. wohlf. Ausg. 4 Lfgn. gr. 8. (1. Thl. VI u. 315 S. 2. Thl. 340 S.) Wien (829) 849, Schmidt & Leo. (à n. 8 ngl) n. 1 ₰ 2 ngl

Weigel, Oskar, a. Bückeburg: Beiträge zur Kenntnis fester unipolarer Leiter. Stuttgart: E. Schweizerbart 1905. (72 S.) 8° ¶ (Aus: N. Jahrbuch f. Mineralogie. Beil.-Bd 21.)
Göttingen, Phil. Fak., Ref. Liebisch, Diss. v. 4. Dez. 1905
[Geb. 23. Sept. 81 Bückeburg; Wohnort: Clausthal; Staatsangeh.: Schaumburg-Lippe; Vorbildung: Gymn. Bückeburg Reife O. 01; Studium: Göttingen 9 S.; Rig. 25. Okt. 05.]

Weigel, Paul: Die Gemeindebetriebe der Stadt Leipzig Leipzig: Duncker & Humblot 1909. VI, 155 S. 8°
(Gemeindebetriebe. Bd 2, T. 7.)
(Schriften d. Vereins f. Socialpolitik. Bd 129, T. 7.)

Weigel, Philipp, a. Raschau im Erzgebirge: Das Sächsische Sibirien. Sein Wirtschaftsleben. Berlin: R. Trenkel 1907. (XVIII, 110 S.) 8°
Leipzig, Phil. Fak., Ref. Stieda-Partsch, Diss. v. 18. Jan. 1908
[Geb. 7. Juli 78 Raschau (Sachsen); Wohnort: Raschau; Staatsangeh.: Sachsen; Vorbildung: Realgymn. Zwickau Reife O. 97; Studium: Techn. Hochsch. Dresden 12, Univ. Leipzig 5 S.]

Weigel, Philipp, das sächsische Sibirien. Sein Wirtschaftsleben. Ein Beitrag zur Würdigg. des Erzgebirges. (XVIII, 111 S.) Lex. 8. Berlin (908). R. Trenkel. 3. —

WEIGEL, Philipp Franz (Kandel): De neuralgiis cerebralibus et spinalibus ad chirurgiam spectantibus.- Monachii: Poesl 1836. 18 S.
17.3.1834 - Univ: F 62
Diss. Ingolst.-Landsh.-Mchn.

Weigel, Rob., Handbuch der Starkstromtechnik. I. Bd. Konstruktion u. Berechng. elektr. Maschinen u. Apparate. Erläutert durch Beispiele. Mit zahlreichen Abbildgn. im Text, 28 Konstruktionstaf. u. 5 Kurventaf. 12 Lfgn. (IV, 267 S.) 4. Leipzig 906. Hachmeister & Thal. à n. 1. 25; in 1 Leinw.-Bd. n. 18. —

Weigel, R., s.a. Handbuch der Starkstromtechnik.

Weigel, Rudolf

— s. Andresen, Andr., der deutsche Peintre-Graveur.

Weigel, Rudolph (Hrsg.), s. Bartsch, Adam: Le peintre graveur. Supplement

Weigel, Rud., Handzeichnungen berühmter Meister, s. Handzeichnungen.

— Holzschnitte berühmter Meister, s.a. Holzschnitte.

Weigel, Rudolph. Holzschnitte berühmter Meister. Eine Auswahl von schönen, charakteristischen und seltenen Original-Formschnitten oder Blättern, welche von den Erfindern Malern und Zeichnern eigenhändig geschnitten worden sind. In treuen Copien von bewährten Künstlern unserer Zeit und als Bildwerk zur Geschichte der Holzschneidekunst herausgegeben. Leipzig, Rudolph Weigel 1851—1857
Tit., 3 Bl., XXXXIV S., S. XLIX—LVI m. 4 Holzschn. 56 Taf. in Holzschn., davon 3 farbig. 2°
Erschienen in 12 Lieferungen

Weigel, Rudo., Kunstkatalog. 1—14. Abthl. — 1—7. Abthl. a. u. d. T.: Catalog von Kunstsachen u. Büchern etc., 8—14. Abthl. a. u. d. T.: R. Weigel's Kunstlagercatalog. gr. 8. Leipzig (834) 838—43, Rudo. Weigel. [1—7. Abthl. (od. 1. Bd. m. Reg.) (45¼ B.) 1¾ Thlr., 8—14. A. (od. 2. Bd. m. Reg.) (42⅝ B.) 2 Thlr.] Thlr.

Weigel, Rud., s.a. Catalog von Kunstsachen und Büchern.

Weigel, Rud., Kunstlager-Catalog. 15. Abth. gr. 8. (6 B.) Leipzig 844, Rud. Weigel.

— dass. 16. Abth. Mit einer wissenschaftl. Uebersicht der in d. 16 Abthlgn. aufgeführten Schriften über die schönen Künste, nebst Anhängen, enthalt. die Bücher mit künstlerischer Ausstattung (Illustrationen) etc. gr. 8. (11 B.) Ebds. 845.

— dass. 17—19. Abth. gr. 8. (à 6—6½ B.) Ebds. 845—47. à 7½ Ngr. —

Weigel's, Rud., Kunstlager-Catalog. 20—24. Abthl. gr. 8. Leipzig, R. Weigel. [20. (64 S.) 21. (V und 70 S.) 22. (IV und 70 S.) 23. (V und 73 S.) 24. (III und 96 S. mit eingedr. Holzschn.) 848—52., 20—23. Abthl. à 7½ Ngr., 24. 15 Ngr.]

—— **Kunstlager-Catalog.** 25. und 26. Abthl. gr. 8. Leipzig, R. Weigel. [25. (III und 86 S.) 853., 26. (VI und 97 S.) 855. à 7½ Ngr.]

—— dass. — 27. Abthl. Enthaltend: I. Schriften über die schönen Künste, Bücher mit künstler. Ausstattung etc. und II. eine grosse Sammlung von Künstler-Portraits in Werken und in einzelnen Blättern von frühester Zeit bis zur Gegenwart. gr. 8. (III und 376 S.) Ebds. 856.

—— Kunstlager-Catalog. 28. Abthl. Mit einem Nachtrag zu der im 27. Catalog enthaltenen Sammlung von Künstler-Portraits, und einem Verzeichniss von J. E. Ridinger's und D. Chodowiecki's Kupferstichen, nach den neuen Catalogen von G. A. W. Thienemann und W. Engelmann geordnet und mit Verkaufspreisen versehen. gr. 8. (VIII und 220 S.) Leipzig 857, R. Weigel.

—— dass. — 29. Abthl. Enthaltend: Schriften über die schönen Künste, Kupferstiche, Radirungen etc., Künstlerportraits etc., Kupferstiche, Lithographien etc. nach neueren deutschen Künstlern. (Fortsetzung zu der 12. Abtheilung.) gr. 8. (235 S.) Ebendas. 859.

—— dass. — 30. Abthl. Enthaltend: Kunstbücher. gr. 8. (III und 64 S.) Ebendas. 860.

—— dass. — 31. Abthl. gr. 8. (III und 98 S.) Ebendas. 861.
1—31. Abthl. * 11 Thlr. 7½ Ngr.

Weigel's, Rud., Kunstlager-Catalog. 32.—35. Abthl. gr. 8. Leipzig, R. Weigel. [32. Abthl. (III und 84 S.) 863. 7½ Ngr., 33. Abthl. (III und 79 S.) 864. 7½ Ngr., 34. Abthl. Enth.: Kunstbücher. (III und 55 S.) 866. 7½ Ngr., 35. Abthl. nebst einem General-Register über alle 35 Abthlgn. in 5 Bdn. (VII und 319 S.) 867. 1 Thlr. 22½ Ngr.)
compl. 13

—— dass. 2. Abthl. 2., bericht. Aufl. gr. 8. (9 B.) Ebds. 843.

—— dass. — 2. Abthl. 3., bericht. Aufl. gr. 8. (III und 152 S.) Ebendas. 860.

—— dass. — 3. Abthl. 2., bericht. Aufl. gr. 8. (III und 108 S.) Ebendas. 861.

—— **die Werke der Maler in ihren Handzeichnungen.** Beschreibendes Verzeichniss der in Kupfer gest., lithogr. und photogr. Facsimiles von Originalzeichnungen grosser Meister. gr. 8. (XVI und 760 S.) Leipzig 865, R. Weigel. *

Weigel, Steph., Neutitscheiner Krippenlieder. Gesammelt u. hrsg. (32 S.) 8. Neutitschein (909). R. Hosch. nn — 85

Weigel, Th., Elisabetta Sirani, s. **Familien-Bibliothek.**

Weigel, Theodor Oswald

Weigel, T. O. Album von Autographen zur zweihundertjährigen Gedächtnissfeier (am 24. October 1848) des westphälischen Friedensschlusses (am 24. October 1648). Mit 47 Tafeln Facsimiles u. 24 Portraits in Holzschnitten. Fol. Leipzig 1849.

Weigel, T. O., und Ad. Zestermann, die Anfänge der Druckerkunst in Bild und Schrift. An deren frühesten Erzeugnissen in der Weigel'schen Sammlung erläutert. 2 Bde. Imp.-4. (XXIV und 830 S. mit 145 Facs. in Kpfrst., Lithogr. und Chromolithogr., vielen in den Text gedr. Holzschn. und Portr. in Stahlst.) Leipzig 866, T. O. Weigel. geb. *

Weigel, Theod. Osw., Bibliotheca Dissertationum etc., s. **Bibliotheca.**

Weigel's, T. O., Bücher-Verzeichniß, s. Catalog einer ausgewählten Samml. v. Büchern.

(Weigel, T. O.) Katalog seltener und kostbarer Bücher aus dem antiquarischen Lager von T. O. Weigel in Leipzig, 1856. gr. 8. (2 Bl., 136 S.) 6 *ngr.*

Katalog einer Sammlung illuminirter Manuscripte und Miniaturen auf Einzelblaettern aus dem Besitze von T. O. **Weigel** in Leipzig. (Vorr.: Dr. Johannes Ficker & Oskar Weigel.) Mit 5 Taf. Die Versteigerung findet ... in Leipzig 1898 ... statt. Leipzig: O. Weigel 1898. (84 S.) 4°(8°)
[Nebent.:] Catalogue d'une collection de Manuscrits enluminés et de miniatures sur feuilles séparées provenant de la succession de feu Mr T. O. Weigel à Leipzig
[c5. 6819

Weigel, T. O., Bibliographische Mittheilungen über die deutschen Ausgaben von De Bry's Sammlungen der Reisen nach dem abend- und morgenländischen Indien. (S.-A. [Serapeum.]) Leipzig 1845. 40 S. 8°.

Weigel, T. O., Verzeichniss der xylographischen Bücher des XV. Jahrhunderts. gr. 8. (10 S.) Leipzig 856, (T. O. Weigel.) *

Weigel's, T. O., systematische Verzeichnisse der Hauptwerke der deutschen Literatur aus den J. 1820—1882. Bearb. v. Fachgelehrten unter Mitwirkg. von Osc. Wetzel. Rechts- u. Staatswissenschaften. Bearb. v. G. Mollat. gr. 4. (VI, 106 S.) Leipzig 886. T. O. Weigel. n. 4. —; cart. n. 4. 80; durchschossene Ausg. (f. Bibliotheken) n. 5. —

Weigel's, T. O., systematische Verzeichnisse der Hauptwerke der deutschen Literatur aus den J. 1820—1882. Bearb. von Fachgelehrten unter Mitwirkg. von Osk. Wetzel. Geschichte u. Geographie. Bearb. von E. Fromm. gr. 4. (VIII, 199 S.) Leipzig 887. T. O. Weigel Nachf. n. 8. —; cart. n. 9. —; durchschossene Ausg. (f. Bibliotheken) n. 10. —

Weigel's, M. Valentin, Leben u. Schriften, s.: **Israel, A.**

Weigel, M. Val., himmlisches Manna, Azoth et Ignis, das ist, güldenes Kleinod, handelt von köstl. Eckstein d. Natur. Nebst e. Anh. von andern Curiositäten von e. Anonymus. 8. Leipz. ... R. A. 787. (Snobloch). 3 *K*

WEIGEL, VALENTIN [?]. Studium Universale, Das ist, Alles dasjenige, So von Anfang der Welt biß an das Ende je gelebet, geschrieben, gelesen, oder gelernet, und noch geschrieben oder gesondieret werden möchte; Was das rechte Studiren und lernen sey; Wie ... die Theologia und alles zu lernen sey, daß wir einig und allein durchs Gebeth alle Dinge ... erlangen und lernen; Desgleichen vom Schulgange oder Studiren aller Menschen. Franckfurt & Leipzig, Sam. Muller, 1700. 12°. *Frontispiz (mystisch-allegor. Kupfer)*, Titel und 51 Bl. [illegible]

Weigel, Wenzel, s. Weigel, Nivard Wenzel

Weigeldt, Karl Otto

— u. H. F. **Richter**, stilistische u. grammatische Aufgaben für die Kinder der unteren Stufe der Mittelclasse. 1—3., durchgeseh. u. verm. Aufl. Chemnitz 865—68. Focke. 8. (64 S.) n. 2½ *ngr.*

— u. H. F. **Richter**, stilistische u. grammatische Aufgaben f. die Kinder der Mittelclasse. 5. durchgeseh. u. verm. Aufl. 8. (65 S.) Chemnitz 872. Focke. n. — 25

—— und H. F. Richter, stilistische und grammatische Aufgaben für die Kinder der Mittelklasse. 6. Aufl. (65 S.) 1875; 7. durchgeseh. und verb. Aufl. 8. (66 S.) [Chemnitz 878, Focke.] Berlin, Hempel.

Weigeldt, Carl Otto, Sammlung von Schulgebeten. 8. (47 S.) [Chemnitz 875, Focke.] Berlin, Hempel. *

Weigeldt, C. O., Sammlung ausgeführter Stilarbeiten, s. Sammlung.

Weigeldt, C. O., und H. F. Richter, Sammlung ausgeführter Stilarbeiten. Ein Hilfsbuch für Lehrer bei Ertheilung des stilist. und sprachl. Unterrichts in Stadt- und Landschulen. 1. Abthl.: Stilarbeiten für die niedere Stufe der Mittelklasse. Nebst einem Anhang grammat. Aufgaben. 6. durchges. und verm. Aufl. 8. (XV, 157 S.) Berlin 880, Hempel.

— Welt im Kleinen, s.: Gerstäcker, Frdr.

Weigeldt, Paul, Bilder aus Russland. Erläuterungen zu geograph. Charakterbildern. (94 S. m. Abbildgn.) gr. 8. Leipzig 908. F. E. Wachsmuth. 1. 20

Weigeldt, Paul, Deutschland. Ein geograph. Handbuch zum Gebrauche für Lehrer und Seminaristen. gr. 8. (IV, 171 S.) Leipzig 884, Brandstetter.

Weigeldt, Paul, aus allen Erdteilen. Kommentar zu Ad. Lehmann's geograph. Charakterbildern. 1. Hft. Aus d. Deutschen Reiche. gr. 8. (146 S. m. Abb.) Leipzig 897. Leipziger Schulbilderverlag v. F. E. Wachsmuth. n. 1. 20

Weigeldt, Paul, aus allen Erdteilen. Kommentar zu Ad. Lehmanns geograph. Charakterbildern. 2. Hft. Aus den Alpen. gr. 8. (113 S. m. Abb.) Leipzig 901. Leipziger Schulbilderverlag v. F. E. Wachsmuth. n. 1. 20

Weigeldt, Paul, aus allen Erdteilen. Kommentar zu Ad. Lehmanns geograph. Charakterbildern. 3. Heft. Aus Europa. (92 S. m. Abbildgn.) gr. 8. Leipzig 903. F. E. Wachsmuth. n. 1. 20

— Aus allen Erdteilen. Kommentar zu Ad. Lehmanns geograph. Charakterbildern. 1. Heft. 2. Abtlg.: Aus dem Deutschen Reiche. 2., verb. u. verm. Aufl. (136 S. m. Abbildgn.) gr. 8. Ebd. 907. 1. 20

— Von den deutschen Kolonien. Eine Beigabe zu F. Bambergs Kolonialkarte. (21 S.) 8. Berlin (908). C. Chun. — 15

—— Leitfaden zu einem methodischen Unterrichte in der Vaterlandskunde des Königr. Sachsen. Nach heuristisch-entwickeln-der Methode bearb. gr. 8. (58 S.) Leipzig 880, Peter's Verlag. cart.

— Nährwort d. Nahrungsmittel. Begleitwort zu d. gleichnam. Wandtafeln. gr. 8. (28 S.) Ebd. 898. n. — 40

— Nährwert der pflanzlichen Nahrungsmittel. Farb. Wandtafel. 59,5×80,5 cm. Ebd. 898. n. — 80; auf doppeltem Pap., m. Leinw.-Rand u. Oesen n.n. 1. —

— Nährwert tierischer Nahrungsmittel. Farbige Wandtafel. 59,5×80,5 cm. Ebd. 898. n. — 80; auf doppeltem Pap., m. Leinw.-Rand u. Oesen n.n. 1. —

Weigeldt, Paul, schulgeographisches Namenbuch, s.: Coordes, G.

— geographisch-statistische Tafeln. 5 Blatt à 60×85 cm. Farbdr. Ebd. 897. à n. — 60; m. Leinw.-Rand u. Oesen à n.n. — 80

1. Grösse u. Bevölkerungsdichte d. Erdteile.
2. Dasselbe d. europ. Staaten.
3. Dasselbe d. deutschen Staaten.
4. Religionsverhältnisse in d. Erdteilen.
5. Dasselbe im deutschen Reiche u. in Europa.

— der geograph. Unterricht, s.: Oberländer, Herm.

Pfändungspfandrecht an Forderungen nach heutigem deutschem Recht. Von Ernst Weigelin, Justizref. in Stuttgart. *Stuttgart: W. Kohlhammer 1899.* (VI, 99 S.) 8°
Erschien auch als Inaug.-Diss. Tübingen 1899. [04. 1450 6

Weigelin, Ernst, Pfändungspfandrecht an Forderungen nach heutigem deutschem Recht. gr. 8. (VI, 100 S.) Stuttgart 900. W. Kohlhammer. n. 2. —

Das Recht zur Aufrechnung als Pfandrecht an der eigenen Schuld. Ein Beitrag z. Lehre von d. Aufrechnung nach deutschem Reichsrechte von Dr. Ernst Weigelin, Justizref. in Stuttgart. *Hannover: Helwing 1904.* (186 S.) 8° [04. 4311

Weigelin, Ferdinand: Untersuchungen über die Alkaloide der Sabadillsamen. Mag. Diss. Dorpat 1871. 8°. 45 pp.

Weigelin, G., der Fermat-Satz u. sein Beweis. 2 Tle. 8. Stuttgart 908. H. Enderlen. 2. 25
1. (15 S.) — 75. — 2. (16 S. m. 1 Taf.) 1. 50.

Weigelin, Sigfrid, a. Stuttgart: Aus der Tübinger Universitäts-Augenklinik. Der Einfluß der Vollkorrektion auf die Progression der Myopie nach dem Material der Klinik. Tübingen: F. Pietzcker 1905. (39 S.) 8°
Tübingen, Med. Fak., Ref.: Schleich, Diss. v. 8. Febr. 1906
[Geb. 29. Juli 81 Biberach; Wohnort: Stuttgart; Staatsangeh.: Württemberg; Vorbildung: Gymn. Stuttgart Reife M. 99; Studium: Tübingen 7, Berlin 2 S.; Coll. 31. Juli 05; Approb. 11. Febr. 06.]

Weigelsperg, Bela Frhr. v., Compendium der auf das Gewerbewesen bezugnehmenden Gesetze, Verordnungen u. sonstigen Vorschriften. Im Auftrage d. k. k. Handels-Ministeriums hrsg. 8. (XIV, 622 S.) Wien 884. Hof- u. Staatsdruckerei. n. 3. —

Weigelsperg, Béla Frhr. v., Compendium der auf das Gewerbewesen bezugnehmenden Gesetze, Verordnungen und sonstigen Vorschriften. Im Auftrage des Handelsministeriums hrsg. 2. erweit. Aufl. gr. 8. (X, 436 S.) Wien 885, Manz'sche Hof-Verlags- und Universitäts-Buchh. cart. *ℳ 6.—.; geb. *

—— dass. — Suppl.-Hefte I—IV. Im Auftrage des Handelsministeriums hrsg. gr. 8. Ebendas.
Inhalt:
Suppl.-Heft I. II. Durchführungsverordnungen zum VI. Hauptstück der Gewerbeordnung und andere auf das Gewerbewesen bezugnehmende neue Gesetze, Verordnungen und sonstige Vorschriften. (47; 40 S.) 885. * 80 Pf. und * 60 Pf.
" III. (48 S.) 886. * 60 Pf.
" IV. 1886.

Weigelsperg, Béla Frhr. v., Compendium der auf das Gewerbewesen bezugnehmenden Gesetze, Verordnungen u. sonstigen Vorschriften. 3., erweit. Aufl. 5 Lfgn. gr. 8. (XI, 742 S.) Wien 890. Manz. n. 9. 60; geb. n. 10. 80

Weigelsperg, Béla Frhr. v., Compendium der auf das Gewerbewesen bezugnehmenden Gesetze, Verordnungen u. sonstigen Vorschriften. I.—IV. Nachtragsheft. gr. 8. (IV, 105 S.) Wien, Manz. n. 4. 80
(Hauptwerk u. I.—IV. Nachtragshft. n. 14. 40)
I. (94 S.) 891. n. 1. 20. — II. (IV, 72 S.) 892. n. 1. 20. — III. (IV, 57 S.) 893. n. 1. —. — IV. (IV, 105 S.) 894. n. 1. 40.

Weigelsperg, Béla Frhr. v., Compendium d. auf d. Gewerbewesen bezugnehm. Gesetze, Verordngn. u. sonst. Vorschriften. V.—VIII. Nachtragshft. gr. 8. Wien, Manz. n. 5. 60;
(Hauptwerk u. I.—VIII. Nachtragshft.: n. 20. —)
V. (II, 70 S.) 895. n. 1. 20. — VI. (II, 51 S.) 896. n. 1. —
VII. M. e. d. sämmtl. bisher erschien. Nachtragshefte umfass. alphabet. Register. (IV, 88 S.) 897. n. 1. 60
VIII. M. e. d. sämmtl. bisher erschien. Nachtragshefte umfass. alphabet. Register. (II, 110 S.) 898. n. 1. 80

Weigelsperg, Béla Frhr. v., Compendium der auf das Gewerbewesen bezugnehmenden Gesetze, Verordnungen u. sonstigen Vorschriften. IX. Nachtragsheft. Mit e. sämmtl. bisher erschienenen Nachtragshefte umfass. alphabet. Register. gr. 8. (IV, 97 S.) Wien 899. Manz. n. 1. 80; (Hauptwerk u. I.—IX. Nachtragsheft n. 21. 80)

Weigelsperg, Bela Frhr. v., Uebersicht der gewerblichen Unterrichtsanstalten in den Königreichen Preussen, Sachsen, Bayern und Würtemberg. gr. 8. Wien 872, k. k. Hof- und Staatsdruckerei. *

Weigelsperg, Béla Frhr. v., Der gewerbliche Unterricht im Kgr. Belgien. gr. 8⁰. Wien, Staatsdruckerei, 1874.

Weigelsperg, F., k. k. Hauptm. Darstellung der Kriegs-Ereignisse im südlichen Frankreich, im Jahre 1814. Mit einer Karte. 8. Wien 1821.

Weigelt, Handbuch f. die Einjährig-Freiwilligen, sowie f. die Reserve- u. Landwehr-Offiziere der Fußartillerie. 2 Lfgn. gr. 8. (XX, 418 S. m. Abbildgn. u 3 Deckblättern.) Berlin 894. E. S. Mittler & Sohn. n. 6. 50; geb. in Leinw. n. 7.—

[F.] Handbuch für die Einjährig-Freiwilligen sowie f. d. Reserve- u. Landwehr-Offiziere d. Fussartillerie. Bearb. v. **Weigelt,** Hauptm. . . . u. Kipping, Hauptm. . . . 2., nach d. neuesten Bestimmgn umgearb. Aufl. M. zahlr. Abb. im Text u. 1 Steindrucktaf. *Berlin: E. S. Mittler & Sohn 1897.* (XX, 434 S., 17 S., 1 Taf.) 1 Bd 8. [97. 2679

Weigelt, Handbuch f. die Einjährig-Freiwilligen sowie für die Reserve- u. Landwehr-Offiziere der Fußartillerie. 1. u. 2. Thl. gr. 8. Berlin 902. E. S. Mittler & Sohn. n. 9. 25; geb. in Leinw. n.n. 10. 25

1. Heereseinrichtung, innerer Dienst u. Ausbildg. zu Fuß. 3., nach den neuesten Bestimmgn. umgearb. Aufl. (XII, 196 S. m. Abbildgn.) n. 3. 25; geb. n.n. 3. 75
2. Munition, Geschütze u. Ausrüstg.; artillerist. Ausbildg.; Felddienst. 3., nach den neuesten Bestimmgn. umgearb. Aufl. Mit zahlreichen Abbildgn. im Text, e. Beilage u. 4 Steindr.-Taf. (XVI, 347 u. 19 S.) n. 6. —; geb. n.n. 6. 50

Weigelt, Handbuch f. die Einjährig-Freiwilligen, Offizieraspiranten u. Offiziere des Beurlaubtenstandes der Fußartillerie. 4., völlig neu bearb. Aufl. Mit 330 Abbildgn. im Text u. auf 7 Taf., sowie m. e. Beilage nebst e. Uebersichtsplan. (XXIV, 639 S.) gr. 8. Berlin 905. E. S. Mittler & Sohn. n. 10.—; geb. n. 11.—

Weigelts Handbuch für die Einjährig-Freiwilligen, Offizier-Aspiranten und Offiziere des Beurlaubtenstandes der Fußartillerie. Neu bearb. von Wehrle, Hauptm. 5. Aufl. Mit 275 Abb. nebst 1 Übersichtspl. Berlin: E. S. Mittler & Sohn 1908. (XXIII, 603 S.) 8° [F.] [08. 2380

Weigelt's Handbuch f. die Einjährig-Freiwilligen, Offizieraspiranten u. Offiziere des Beurlaubtenstandes der Fußartillerie. Neu bearb. v. Wehrle. 6. Aufl. Mit 237 Abb. im Text u. 1 Planskizze f. Schießaufgaben. (XX, 576 S.) 8. Berlin 910. E. S. Mittler & Sohn. 10.—; geb. 11.—

Weigelt, C., Analysen von Elsässer Weinen. [Mittheilungen der kaiserl. landwirthschaftl. Versuchsstation für Elsass-Lothringen in Rufach. I.] gr. 8. (3 S.) Heidelberg 877, C. Winter's Universitäts-Buchh.
S.-A. aus: Annalen der Oenologie.

Weigelt C, Beiträge zur Förderung des naturwissenschaftlichen und landwirtschaftlichen Unterrichts. Erster Bericht über die Thätigkeit der Permanent. Ausstellung landwirtschaftlicher Lehrmittel zu Karlsruhe 1870-71. Karlsruhe 1872

— s.: Jahresbericht, oenologischer.

—— Lüftung, Gerbsäurezusatz zum Most, Erwärmung. [Mittheilung der kaiserl. landwirthschaftl. Versuchsstation für Elsass-Lothringen in Rufach III.] gr. 8. (11 S.) Ebendas. 878.

—— zur Phylloxera-Frage. Kaligehalte amerikan. und europäischer Rebhölzer und Thränen, [Mittheilungen der kaiserl. landwirthschaftl. Versuchsstation für Elsass-Lothringen in Rufach II.] gr. 8. (8 S.) Ebendas. 877.
Vorstehende zwei Schriften sind aus: Annalen der Oenologie, besonders abgedruckt.

Weigelt, Carl, s. Weigelt, Karl

Weigelt, Curt, s. Weigelt, Kurt

Weigelt, G., die Belagerung von Sebastopol 1854—1856. Mit besonderer Berücksichtigung der Thätigkeit der Artillerie bei derselben nach den officiellen französ. und engl. Quellen bearb. Mit 1 (lith.) Plane der Umgegend und 1 (lith.) Plane der Angriffsarbeiten vor Sebastopol (in Fol.). Berlin 861. J. Springer. Lex.-8. (XVII, 369 S.) n. 3 ℛ 15 ngr.

—— die Schiess- und Breschversuche zu Jülich im Septbr. 1860. Für Offiziere aller Waffen bearb. Lex.-8. (VII und 41 S. mit 3 lithogr. Plänen in qu. Fol. und qu. gr. Fol. und 7 lithogr. Ansichten nach photograph. Aufnahme in Tondr.) Berlin 861, Vossische Buchh. Thlr. * -

Weigelt, (G.) Die Versuche im directen Brescheschusse seit 1816. Berlin 1861. 8⁰.

Weigelt, Georg, die Bedeutung der freien Gemeinde für unsere Zeit. Eine Neujahrspredigt. gr. 8. (16 S.) Hamburg 853, (Th. Niemeyer.) *

Weigelt, Geo., die sogenannten Beweise für das Dasein eines Gottes, erläutert in der deutschkathol. Gemeinde zu Hamburg. gr. 8. (78 S.) Hamburg 852, Th. Niemeyer in Comm. n. 12 ngr

— Bibel u. Gegenwart. Predigten, gehalten in der freien christl. Gemeinde zu Hamburg-Altona. gr. 8. (VIII u. 363 S.) Altona 848, Wendeborn. n. 1 ℛ 18 ngr

— Bilder aus der jüdischen Geschichte. Sechs Predigten zum Verständniß des alten Testamentes gehalt. in der deutsch-kathol. Gemeinde zu Hamburg. gr. 8. (92 S.) Hamburg 852, Th. Niemeyer in Comm. n. 12 ngr

—— Vor dem Freiheitskampfe. Eine geschichtl. Predigt gehalten zur angeordneten Feier des 18. Oktbr. in der deutsch-kathol. Gemeinde zu Hamburg. gr. 8. (16 S.) Hamburg 852, (Th. Niemeyer.) *

—— das Gemüth in seinem Verhältniß zum Christenthum und zur Humanität. Sieben Predigten, gehalten in der freien Gemeinde zu Hamburg. gr. 8. (108 S.) Hamburg 852, (Th. Niemeyer.) *

— zur Geschichte der neueren Philosophie. Populäre Vorträge. 1. Hälfte: Imm. Kant. Joh. Gottlieb Fichte. Friedr. Heinr. Jacobi. Arthur Schopenhauer. — 2. Hälfte: F. W. Jos. Schelling. G. W. F. Hegel. L. Feuerbach. Hamburg 854, 55. O. Meißner. gr. 8. (IV, 348 S.) 1 ℛ. 15 ngr.

Weigelt, G., zur Geschichte der neueren Philosophie. 2. Ausg. Hamburg 864. O. Meißner. gr. 8. (IV, 348 S.) 1 ℛ 15 ngr.

Weigelt, G., die nordfriesischen Inseln vormals und jetzt. Eine Skizze des Landes und seiner Bewohner. Zunächst bestimmt für Badegäste in Wyk auf Föhr. 8. (IV und 180 S. mit 1 chromolithogr. Karte der Insel Föhr und der nordfries. Inseln vormals und jetzt in qu. 4. und Fol.) Hamburg 858, O. Meißner's Verlag.

Weigelt, G., die nordfriesischen Inseln vormals und jetzt. Eine Skizze des Landes und seiner Bewohner. 2. umgearb. Aufl. Mit einer (chromolithogr.) Karte der Insel Föhr und der nordfries. Inseln (in hoch 4.). 8. (277 S.) Hamburg 873, O. Meissner. *

Weigelt, G., christliche u. humane Menschenliebe. Zur Erinnerg. an Frau Emilie Wüstenfeld. gr. 8. (110 S. m. 1 Lichtdr.) Hamburg 875. O. Meißner. geb. n. 3. —

— innere Mission. Drei Predigten gehalt. in der freien christl. Gemeinde zu Hamburg-Altona. gr. 8. (48 S.) Hamburg 850. (Niemeyer.) n. 6 ngr

— Neujahrsgötter. Eine Neujahrspredigt. gr. 8. (15 S.) Hamburg 851, (G. W. Niemeyer.) *

— vier Predigten vom Glauben an die Vorsehung. In der freien christl. Gemeinde zu Hamburg-Altona gehalten. 2. Aufl. gr. 8. (56 S.) Hamburg 850, (G. W. Niemeyer.) *

— Religion und Sittlichkeit in ihrem Zusammenhange dargestellt in Predigten. gr. 8. (272 S.) Hamburg 851, (G. W. Niemeyer.) *

— die falsche und wahre Unsterblichkeit der Seele, erläutert in 6 Predigten. gr. 8. (96 S.) Hamburg 849, (G. W. Niemeyer.) *

— die falsche u. die wahre Unsterblichkeit der Seele, erläutert in 6 Predigten. gr. 8. (96 S.) Ebd. 851. n. 12 ngr

— Urchristenthum und freie Gemeinden. Zehn Predigten gehalten in der deutsch-kathol. (freien) Gemeinde zu Hamburg. gr. 8. (VIII und 180 S.) Hamburg 851, (Th. Niemeyer.) *

— Wahrheit und Dichtung im Evangelium. In 5 Predigten. gr. 8. (80 S.) Hamburg 850, (G. W. Niemeyer.) *

— War das ein heiliger Krieg? Eine Predigt zur Feier des 18. Oktbr. 1850 gehalten. gr. 8. (16 S.) Hamburg 850, (G. W. Niemeyer.) *

— die erste und letzte Weihnacht. Zwei Predigten an den beiden Tagen des Weihnachtsfestes gehalten. gr. 8. (24 S.) Hamburg 850, (G. W. Niemeyer.) *

— der Widerspruch in der Charfreitags- und Osterfeier. Zwei Feiertagspredigten. gr. 8. (32 S.) Hamburg 853, (Th. Niemeyer.) *

— Wie Deutschland christlich ward. Beschrieben in sechs geschichtl. Vorträgen. gr. 8. (VI und 90 S.) Hamburg 853, (Th. Niemeyer.) *

Weigelt, Hermine, letzte Reste. Ein Cyclus von Novellen-Skizzen. 16. (VII, 178 S.) Bremen 871, Kühtmann und Comp. *ℳ 2.; geb. *

Weigelt, Hermine. Letzte Reste. Ein Cyclus v. Novellen-Skizzen. 2. (Titel-)Aufl. 12. (VI, 178 S.) Norden 889, Fischer Nachf. * 3 —
1. Aufl. 1872.

Weigelt, Carl, Denksteine in Predigten aus dem Kriegsjahr 1870—1871. 8. (III, 127 S.) Breslau 871, Korn. * geb. *

— Gebete der Bibel. Gebet- und Communionbuch. 8. (VI, 168 S.) Ebendas. 873. *ℳ 2.; geb. * geb. mit Goldschn. *

(**Weigelt**, Carl:) Die Grafen von Hochberg vom Fürstenstein. E. Beitr. z. vaterl. Culturgesch. Breslau: W. G. Korn 1896. (VII, 368 S., 6 Taf., 3 Tab.) 4⁰(8⁰)
Vgl. Hochberg, ...

Weigelt, Carl, aus dem Leben der Kirche in der Geschichte ihrer Lieder. Ein Beitrag zur schles. Kirchen-Geschichte. gr. 8. (VII, 160 S.) Breslau 885. Korn. n. 3. —

Weigelt, Carl. 150 Jahre Schlesische Zeitung 1742—1892. Ein Beitrag zur vaterländischen Cultur-Geschichte. 8. Breslau 1892.

Weigelt, Carl, der rationelle Zwergobstbau nach neuer Richtung, aus der Praxis f. die Praxis. Eine Schrift f. jeden Gärtner u. Obstfreund üb. die Anzucht, Pflege u. Behandlg. der Zwergobstbäume im Hausgarten wie auf Plantagen, nebst e. Anh. üb. die richt. Topfobstzucht v. F. Kunert. Hrsg. v. Weigelt & Co. (2. Aufl.) 128 S. m. Abb.) 8. Erfurt (903). (Leipzig, Fritzsche & Schmidt.) n. 1. 50

Weigelt, Curt, die Abfälle der Seefischerei. Experimentelle Untersuchgn. üb. deren Natur, Menge, Verarbeitg. u. Verwerthg., auf Veranlassg. der Sektion f. Küsten- u. Hochseefischerei d. Deutschen Fischerei-Vereins ausgeführt. (Sonderbeilage zu den Mittheilgn. der Sektion f. Küsten- u. Hochseefischerei.) gr. 8. (VII, 115 S.) Berlin 891. W. Moeser. n. 2. —

Die Abwässer von Textil-Industrien in Langenbielau und der Zustand ihrer Aufnahmegewässer. Ein gerichtl. Gutachten von Prof. Dr. C[urt] **Weigelt**-Berlin. (Veröffentl. unter Zustimmung d. Amtsger. Reichenbach u. E.) *Berlin: C. Heymann 1903.* (32 S.) 4⁰(8⁰) [04. 128]

Weigelt, Kurt, Referendar: Zur rechtlichen Bedeutung des Tarifvertrages. Tübingen 1910: Laupp. VIII, 51 S. 8
Jena, Jur. Diss. v. 9. Aug. 1910, Ref. Rosenthal
[Geb. 4. Juni 84 Berlin; Wohnort: Berlin; Staatsangeh.: Preußen; Vorbildung: Gymn. z. Grauen Kloster Berlin Reife M. 04; Studium: Berlin 1, Freiburg i. B. 1, Berlin 4 S.; Rig. 3. Aug. 09.] [U 10. 2271]

— Unsere natürlichen Fischgewässer wie sie sein sollten und wie sie geworden sind. Stuttgart (1900)

Weigelt, C., unsere natürlichen Fischgewässer, wie sie sein sollten u. wie sie geworden sind, nebst e. Anh., enth. Vorschriften f. die Entnahme v. Wasserproben f. die Untersuchg. Lex.-8. (VIII, 241 S. m. Abbildgn.) Stuttgart (902). E. Ulmer. n. 6. —
Sonderabdruck aus: „Vorschriften zur Entnahme u. Untersuchg. v. Abwässern u. Fischwässern etc."

Weigelt, Curt (Heinrich), Ueber die Patellarsäure, eine neue Flechtensäure und ihr Vorkommen in der Parmelia Scruposa (Patellaria Scrup.). Leipzig, 1869.

— die Schädigung der Fischerei durch Haus- u. Fabrikabwässer. Ein Vortrag. gr. 16. (40 S.) Berlin 892. [W. Grundmann.] Neudamm, J. Neumann. n. — 50

Weigelt, Curt: Vorschriften für die Entnahme und Untersuchung von Abwässern und Fischwässern, aufgestellt von e. wissenschaftlichen Kommission d. Deutschen Fischerei-Vereins nebst Beiträgen z. Beurteilung unserer natürlichen Fischgewässer. Mit 72 Abb. Berlin 1900. VIII, 287 S. 4⁰

Weigelt, C., s.: Zeitschrift f. Fischerei.

Weigelt, M. J., histor.-geograph.-statist.-topographisches Handbuch vom Regierungsbezirke Magdeburg, s. Hermes, J. A. F.

Weigelt, Max, Referendar: Vormerkung und Widerspruch im deutschen Grundbuchrecht. *Breslau 1901: Bresl. Genoss.-Buchdr.* (87 S.) 8⁰
Breslau, Jur. Diss. v. 30. Nov. 1901

Weigelt, R., s.: Leitfaden f. den geograph., geschichtl., naturgeschichtl. u. physikal. Unterricht in Volksschulen.

Weigelt, Robert [aus Jutroschin]: Französisches oi aus ei auf Grund lateinischer Urkunden des zwölften Jahrhunderts .... Halle a. S., Druck v. Ehrhardt Karras, 1887; 26 S. + 1 Bl. 8°.
Halle, Phil. Fak., Inaug.-Diss. v. [28. März] 1887.

Weigelt, Robert, französisches oi aus ei auf Grund lateinischer Urkunden des zwölften Jahrhunderts. Diss. Halle 1887, Lippertsche Buchh. 8°. 26 S.

Weigelt, [illegible]

Weigemeyer, (J. L. F.) eine ganz neue Enträthselung d. göttlich. Offenbarung Johannis. 8. Tübing. 827. (Osiander.) Rthlr.
Vgl. Weigenmaier, J. L. F.

Weigen, A. T., Erörterung d. Rechts d. Natur d. Menschen. üb. d. Kreaturen. 8. Stuttgart, Metzler. 711.

Weigenmaier, J. L. F., eine ganz neue Enträthselung d. göttlich. Offenbarung Johannis. 8. Tübing. 827. (Osiander). 18 gr.
Vgl. Weigemeyer, J. L. F.

Weiger, Josef

Weiger, Jos., Beweise der Unschädlichkeit des Schwefel-Aethers u. der Nachtheile des Chloroform's, nebst Anleitung, die Narkose auf eine leichte u. angenehme Art zu bewerkstelligen, u. Anhang über kupferfreie Platinalegirung in der Zahntechnik. gr. 8. (VI u. 136 S.) Wien 850. (Gerold.) n. 2/3 Rthlr.

Weiger, J., *Dr., k. k. Stadtarmen-Zahnarzt.* Noch ein Wort über die Gefährlichkeit des Chloroforms und die Unschädlichkeit des Schwefeläthers. *Wien. A. Pichler's Witwe & Sohn.* 3 S. 8°.
Separat-Abdr. a. d. »Wiener medic. Wochenschrift« 1858.

Weiger, Jos., der zahnärztliche Rathgeber für Eltern und Erzieher. Eine gemeinfaßliche Anleitung die Zähne von ihrer ersten Entwickelung an entsprechend zu pflegen, gesund und schön zu erhalten und somit vor frühzeitiger Zerstörung zu schützen. Nebst 2 lith. Taf. (in 4.) Wien 860. (Typograph.-literar.-artist. Anstalt.) 16. (112 S.) n. 15 ngr.

Weiger, Karl, a. Oberkochen O.-A. Aalen: Beiträge zur Kenntnis der Spaltenausfüllungen im Weißen Jura auf der Tübinger, Uracher u. Kirchheimer Alb. Stuttgart: (C. Grüninger) 1908. (S. 188—248 u. 1 Taf.) 8° ¶ (Aus: Jahreshefte d. Vereins f. vaterl. Naturkunde in Württemberg, 1908.)
Tübingen, Naturw. Fak., Ref. v. Koken, Diss. v. 15. Febr. 1908
[Geb. 25. Mai 84 Hengen, O.-A. Urach; Wohnort: Tübingen; Staatsangeh.: Württemberg; Vorbildung: Gymn. Ehingen Reife 03; Studium: Tübingen 7 S.; Coll. 15. Febr. 08.]

Weigersdorf [Schlagwort]

Weigersdorf, s.: Sachsen. Karte.

Weigersdorf, s.: Sachsen. Messtischblätter.

Weigersheim, Nathan, die dyscratischen Reproductionsfieber d. letzten Jahrzehends als Weltseuche; nebst einem Hindeuten auf die merkwürd. Ereignisse, welche denselben vorangingen und sie begleiteten, im Vergleiche zu dem hier erwähnten Ereignisse früherer Weltseuchen. Mit 1 Steindrucktaf. gr. 8. Berlin 834. Dümmler. 1 Rthlr.

Weigersheim, Nathan., das kalte Wasser f. immer. Eine Abhandl. mit besond. Berücksichtig. f. höh. u. hohe Behörden als Beschützer, Gebieter u. Beförderer öffentl. Heilanstalten u. Sanitätsmaßregeln, so wie f. Gönner d. Wasserheilkunde etc. 1., u. 2., unveränd. Aufl. gr. 8. (à 5¾ B.) Berlin 839, Fernbach jun. à

Weigert, Alb., der Hippolyt des Euripides u. die Phädra des Racine nebst einer vorausgesandten Würdigung des Euripides. Berlin 869. Calvary & Co. gr. 8. (III, 64 S.) n. 16 ngr.
Diss. Freiburg 1869.

Weigert, Carl, s. Weigert, Karl.

Weigert, F., Untersuchungen üb. die Bildungsverhältnisse d. ocean. Salzablagerungen, s.: Hoff, J. H. van't.

Weigert, Franz

Weigert, Frz., Erfahrungen über die Kindermehle im allgemeinen u. speziell das Kufekesche. (8 S.) gr. 8. Leipzig 903. B. Konegen. n. 1. —
Sonderabdruck aus: „Der Kinderarzt".

Weigert, Franz: Aus der Universitäts-Kinderklinik zu Breslau. Über das Fieber bei den Magendarmerkrankungen im Säuglingsalter. *Breslau: Schletter 1898.* (43 S. mit Taf.) 8°
Breslau, Med. Diss. v. 31. Dez. 1897

Weigert, Frz., an die Landbewohner Niederösterreichs bei den Reichstagswahlen. gr. 8. (15 S.) Wien 848, Beck. 3 ngr.

—— über Patrimonialgerichte und deren Aufhebung in Niederösterreich. gr. 8. (10 S.) Wien 848, Beck'sche Universitäts-Buchh.

Weigert, Fritz, aus Berlin: Zur Kenntnis des aus γ-Chlorbutyronitril entstehenden Körpers $C_8 H_{10} S_8$. *Berlin 1899: A. W. Schade.* (50 S.) 8°
Berlin, Phil. Diss. v. 28. Juni 1899

Weigert, Fritz über umkehrbare photochemische Reaktionen im homogenen System, s.: Luther, Rob.

Weigert, Fritz, Synthese der α, ε-Diaminocapronsäure, s.: Fischer, Emil.

Weigert, Herm., wie kann unserer Manufaktur-Industrie am besten aufgeholfen werden? Beleuchtung u. Lösung dieser Frage vom prakt. Standpunkte aus; begleitet mit technischen u. fabrik-ökonom. Belegen. 8. (6¼ B.) Berlin 844, Amelang, Brlgsh.

Weigert, J., Leitfaden d. Bienenzucht, s.: Lehrmeister-Bibliothek.

Weigert, weisellose u. drohnenbrütige Völker u. deren Behandlung. (48 S.) 8. Leipzig (905). Leipziger Bienenztg. n.n. — 60

Weigert, Jos., s.: Volksschwänke, deutsche, des 16. Jahrh.

Weigert, Julius, Kammergerichtsreferendar: Besitz an gepfändeten Sachen. (Berlin [1907]: L. Borchardt.) (94 S.) 8°
Heidelberg, Jur. Fak., Ref. Heinsheimer, Diss. v. 1907
[Geb. 1. März 85 Berlin; Wohnort: Luckenwalde b. Berlin; Staatsangeh.: Preußen; Vorbildung: Wilhelms-Gymn. Berlin Reife O. 03; Studium: Freiburg i. B. 1, Berlin 2, München 1, Berlin 2 S.; Rig. 12. Juli 07.]

Weigert, Carl, gesammelte Abhandlungen. Unter Mitwirkg. v. Ludwig Edinger u. Paul Ehrlich hrsg. u. eingeleitet v. Rob. Rieder. 2 Bde. (VIII, 584 u. VII, 744 S. m. Bildnis u. 9 Taf.) Lex.-8. Berlin 904. J. Springer. n. 50. —

Carl **Weigert**. Gesammelte Abhandlungen. Unter Mitw. von Ludwig Edinger u. Paul Ehrlich hrsg. u. eingeleitet von Robert Rieder. Mit Taf. Bd 1. 2. Berlin: J. Springer 1906. 2 Bde 4°(8°)
1. Mit d. Bildn. C. Weigerts. [06. 6080 S

Weigert, Carl, anatomische Beiträge zur Lehre v. den Pocken. 1. u. 2. Thl. gr. 8. Breslau 874. 75. Cohn & Weigert. n. 5. 80
1. Die Pocken-Efflorescenz der aeussern Haut. (86 S. m. 2 Steintaf.) n. 4. —
2. Ueber pockenähnl. Gebilde in parenchymatösen Organen u. deren Beziehg. zu Bacterincolonien. (46 S.) n. 1. 80

Weigert, Carl, Beiträge z. Kenntnis d. normalen menschlichen Neuroglia. [Aus: „Abhandlgn. d. Senckenberg. naturforsch. Gesellsch."] gr. 4. (VII, 149 S. m. 13 Taf.) Frankfurt a/M. 895. (M. Diesterweg.) n. 36. —

— s.: Bibliotheca medica.

— s.: Encyklopädie der mikroskopischen Technik.

Weigert, Carl: Ueber pockenähnliche Gebilde in parenchymatösen Organen und deren Beziehung zu Bacteriencolonien. Breslau 1875. (46 S.) 8° *(Forts. eines 1873 auf d. Breslauer Naturf.-Vers. gehalt. Vortrags.) (Erschien unt. d. Tit.: „Anatomische Beiträge zur Lehre von den Pocken v. C. Weigert Th. 2". 1875 bei Cohn & Weigert in Breslau.)*
Breslau, Med. Fak., Hab.-Schr. v. 2. Juni 1875

Weigert, Car. (geb. Munsterberg in Schles. 19. 3. 1845): De nervorum laesionibus telorum ictu effectis. Berolini 1866. (32 S.) 8°
Berlin, Med. Diss.
nachgeliefert v. dem am 16. Juni 1866 auf Grund gedruckter Thesen promov. Verf.

Weigert, C., üb. e. neue Methode zur Färbung von Fibrin u. v. Microorganismen. [Aus: „Fortschritte der Medicin".] gr. 8. (5 S.) Berlin 887. Fischer's med. Buchhandlg. n. — 75

Weigert, C., Ernst Leberecht Wagner's Nekrolog. Nebst Anhang zu Wagner's Nekrolog. gr. 8. (8 S.) Berlin 888, Fischer's medicin. Buchh. *
Vorstehende zwei Schriften sind aus: Fortschritte der Medicin, besonders abgedruckt.

Weigert, C., die Bright'sche Nierenerkrankung vom pathologisch-anatomischen Standpunkte, s. Sammlung klinischer Vorträge.

Weigert, Kurt: Das Verhalten des arteriellen Blutdrucks bei den akuten Infektionskrankheiten. Berlin 1907: A. Seydel u. Co. (44 S.) 8°
Leipzig, Med. Fak., Ref. Curschmann, Diss. v. 6. Juli 1907

Über das Verhalten des arteriellen Blutdrucks bei den akuten Infektionskrankheiten. Von Kurt Weigert, Dresden. Leipzig: Breitkopf & Härtel 1907. (32 S.) 8°
= Sammlung Klinischer Vorträge. No 459. [08. 6503

Weigert, Leopold: Beiträge zur Klärung und Conservirung des Weines mit bes. Berücks. der Anwendung von Kaolin, Salicylsäure und Thymol .... Mit 1 Taf. Wien: Faesy & Frick 1878. 63 S. (Mitteilungen der k.k. chemisch-physiologischen Versuchsstation für Wein- und Obstbau in Klosterneuburg bei Wien. H. 2.) -- 12°

Weigert, L., Beiträge zur Klärung und Conservirung des Weines mit besond. Berücksicht. der Anwendung von Kaolin, Salicylsäure und Thymol, s. a. Mittheilungen der k. k. chemisch-physiologischen Versuchsstation für Wein- und Obstbau in Klosterneuburg bei Wien.

Weigert, L., über den Einfluss der schwefligen Säure auf Most und Wein etc., s. Mittheilungen der k. k. chemisch-physiologischen Versuchsstation für Wein- und Obstbau in Klosterneuburg.

Weigert, Leop., Gedichte. 16. (III, 160 S.) Wien 878, Perles. *

Weigert, Leop., d. Weinbau Österreichs im J. 1896. M. e. Weinbau-Karte. [Aus: „Statist. d. k. k. Ackerbau-Ministeriums pro 1896, 1. Hft."] gr. 8. (54 S.) Wien 897. Hof- u. Staatsdruckerei. n. 1. —

Weigert, Louis, a. Berlin: Grammatische Bemerkungen zur Sprache des Cervantes. Kap. 1 bis 6. (Berlin: Mayer & Müller 1906.) (X, 64 S.) 8° ¶ (Erscheint vollst. in nächster Zeit im gleichen Verlage.)
Berlin, Phil. Fak., Ref. Tobler, Diss. v. 11. Aug. 1906
[Geb. 11. Juni 82 Berlin; Wohnort: Hamburg; Staatsangeh.: Preußen; Vorbildung: Johanneum Hamburg Reife M. 00; Studium: Berlin 11 S.; Rig. 5. Juli 06.]

Weigert, Louis. Die Heissluft-Behandlung der Lungentuberkulose. Bakteriologische u. klin. Beobachtgn. Unter Abdruck e. Vortrages üb. das gleiche Thema v. Ernst Kohlschütter. Mit 1 Lichtdr.-Taf. u. 4 Holzschn. gr. 8. (82 S.) Berl. 889, Fischer's medicin. Buchh. * 2 50

Weigert, Louis. Das neue Schwindsuchts-Heilverfahren. In gemeinverständl. Darstellg. u. m. Erläuterg. d. dabei angewendeten Apparates zur Einathmung hochgradig erhitzter trockner Luft. gr. 8. (15 S.) Berl. 889, (G. Winckelmann). — 50

Untersuchungen zur spanischen Syntax auf Grund der Werke des Cervantes. Von L. Weigert. Berlin: Mayer & Müller 1907. (VII, 241 S.) 8°
Kap. 1–6 erschienen u. d. T.: Grammat. Bemerkungen z. Sprache d. Cervantes als Berliner Inaug.-Diss. [07. 6828 2

Weigert, Martin

Arbeitsnachweis, Einigungsamt und Tarifgemeinschaft im Berliner Braugewerbe, ihre Entwicklungsgeschichte u. Wirksamkeit. Von Martin Weigert. Leipzig: Duncker & Humblot 1907. (XI, 254 S.) 8°
— Forschungen, Staats- u. sozialwissenschaftl. H. 130. [07. 17606

Weigert, Martin, a. Berlin: Die socialpolitischen Einrichtungen im Berliner Braugewerbe, ihre Entwicklungsgeschichte und Wirksamkeit. (Altenburg 1907: Pierer.) (VII, 41 S.) 8° ¶ (Nur d. ersten 4 Kapitel d. eingereichten Arbeit; das Ganze erschien 1907 als „Staats- u. sozialwissenschaftl. Forschungen" H. 130.)
Berlin, Phil. Fak., Ref. Schmoller, Diss. v. 21. Dez. 1907
[Geb. 29. April 84 Berlin; Wohnort: Berlin; Staatsangeh.: Preußen; Vorbildung: Dorotheenstädt. Realgymn. Berlin Reife O. 03; Studium: Heidelberg 1, Berlin 7 S.; Rig. 13. Juni 07.]

Weigert, M., Die Handlungsgehilfenfrage. Grundzüge der Sozialpolitik im deutschen Handelsgewerbe. (XXII, 324 S.) gr. 8. Berlin-Wilmersdorf, W. Rothschild. 1910 6. —

— Die Handlungsgehilfenfrage. Grundzüge der Sozialpolitik im deutschen Handelsgewerbe. (XXII, 324 S.) gr. 8. Berlin(-Wilmersdorf) 911. Dr. W. Rothschild. 6. —

Weigert, Dr. Max, Vom Arbeitslohn. 8°. Tübingen 1865.

Weigert, Max, Differentialzölle und Recht der meistbegünstigten Nation. gr. 8. (22 S.) Berlin 878, Simion. *

— die Erneuerung des deutsch-österreichischen Handelsvertrages u. der Zolltarifentwurf der österreichisch-ungarischen Regierung. Zwei Vorträge. gr. 8. (III, 38 S.) Berlin 877. Simion. n. 1. —

Weigert, Max, die einheitliche Garn-Numerirung. Der gegenwärtige Stand der Frage u. die noch zu lös. Aufgaben. Eine Vorlage f. den 2. internationalen Congreß in Brüssel. gr. 8. (23 S.) Berlin 874. Simion. n. — 75

— Gutachten üb. Betheiligung der Arbeiter am Unternehmergewinn, s.: Schriften d. Vereins f. Socialpolitik.

Weigert, M., die Krisis d. Zwischenhandels, s.: Zeitfragen, volkswirthschaftliche 53.

— das Manufakturwaarengeschäft 2c., s. Bischoff.

— der Musterschutz. Seine theoret. Berechtigg., seine prakt. Nothwendigkeit. Referat, erstattet im Auftr. d. 16. Congresses deutscher Volkswirthe. gr. 8. (63 S.) Berlin 875. Simion. n. 1. 20

Weigert, Max, der volkswirthschaftliche Senat, s.: Zeitfragen, volkswirthschaftliche.8.

— Textil- u. Bekleidungs-Industrie, s.a. Bericht, amtlicher, üb. die Wiener Weltausstellung.

Weigert M, Textil- und Bekleidungsindustrie. Abdruck aus dem amtlichen Bericht über die Wiener Weltausstellung 1873. Braunschweig 1874

— die deutsche Textil-Industrie u. die neue Zollpolitik, s.a. Blätter, freihändlerische.

Weigert, Max, Die Deutsche Textil-Industrie u. die neue Zollpolitik. Berlin 1881. 8.
A. u. d. T.: Mitt. d. Ver. z. Förder. d. Handelsfreiheit. XIV. . . . . (D.)

Weigert, M., die Volksschule u. der gewerbliche Unterricht in Frankreich, s.: Zeitfragen, volkswirthschaftliche.90-91.

Weigert, Nathanus (geb. Rosenberg in Oberschles. 1.9.1815): De idiosomnambulismo. Vratislaviae (1840). (22 S.) 8°
Breslau, Med. Diss. v. 9. Okt. 1840

Weigert, O., Arbeitsnachweise u. Schutz der Arbeitswilligen. gr. 8. (V, 93 S.) Berlin 899. F. Dümmler's Verlag. n. 2. —

Weigert, Otto, an der Wurzel krankt's! Ein Hilferuf aus unserer Volksschule. (16 S.) 8. Karlsruhe 908. J. Lang. — 40

Kleine Unarten. Von Richard Weigert. *Berlin: Harmonie [1902].* (47 S.) 8° [F.]
— Brettl- u. Theater-Bibliothek, Bunte. 13. [04. 3360

Weigert, Richard, approb. Arzt aus Konstadt: (Aus d. chemischen Laboratorium d. physiol. Instituts zu Breslau.) Ueber das Verhalten der in Aether löslichen Substanzen des Blutes bei der Digestion. *Breslau 1900: (Pierer in Altenburg).* (19 S.) 8°
¶ [Aus: Pflügers Archiv f. d. gesamte Physiol.]
Breslau, Med. Diss. v. 26. Sept. 1900

Weigert, S., über die Berechnung der zur Darstellung eines Gewebes erforderl. Garnmenge, nebst Tabellen zur Ermittelung der Kett- u. Schußgarne in Geweben. gr. 4. (5 ½ B. u. 1 Stnt.) Berlin 845, Gropius'sche Buchh. * — 25

Weigert, S., über die Berechnung der zur Darstellung eines Gewebes erforderl. Garnmenge, nebst Tabellen zur Ermittelung der Kett- und Schußgarne in Geweben. gr. 4. (Mit 1 lith. Taf.) Berlin 845, Reimarus. n. 5/6 ß

Weigert, Siegfr., Anleitung zur Debattenschrift [Kammerstenographie], nach der Specialsiegeltabelle von W. Stolze entworfen, weiter ausgeführt u. mit kritischen Bemerkungen versehen. Mit 22 autogr. Taf. 2., unveränd. Aufl. gr. 8. (III, 64 S.) Berlin 882. Hohn. n. 1. 80

Weigert, Walter, a. Brandenburg a. H.: Über magnesiumorganische Verbindungen. (Berlin 1908: A. W. Schade.) (46 S.) 8°
Berlin, Phil. Fak., Ref. Fischer, Diss. v. 8. Febr. 1908
[Geb. 3. März 83 Brandenburg a. H.; Wohnort: Brandenburg; Staatsangeh.: Preußen; Vorbildung: Johanneum Hamburg Reife M. 01; Studium: Berlin 1, München 6, Berlin 5 S.; Rig. 30. Jan. 08.]

Weighardt, E., mathematische Geographie. Leitfaden f. d. Unterricht in d. Obertertia d. Mittelschulen. gr. 8. (44 S. m. Fig.) Bühl 896. Konkordia. n. — 60

Weighardt, E., mathematische Geographie. Leitfaden f. den Unterricht in der Obertertia der Mittelschulen. 2., verb. u. verm. Aufl. (46 S. m. 36 Fig.) 8. Bühl 902. Konkordia. n. — 60

Weighardt, E., mathematische Geographie. Leitfaden f. den Unterricht in der Obertertia der Mittelschulen. 3., verb. u. verm. Aufl. (47 S. m. Fig.) 8. Bühl 908. Konkordia. — 70

— Leitfaden f. den geographischen Unterricht in der untersten Klasse höherer Lehranstalten (Sexta, od. 7. Klasse der höheren Mädchenschulen). (VIII, 46 S.) 8. Weinheim 907. F. Ackermann. — 50

Weigl, Anton

Dissertatio de religione, quantum sit in momenti ad ingenium et pulchri sensum et urbanitatem excolendum. Scrips. Anton. Weigl, P. — 1838. — S. 3—34.
Progr. München.

Weigl, Augustin

Weigl, Aug., Führer durch das Donautal von Melk bis Grein, s.: Enderes, Rud. Ritter v.

Weigl, Augustin, Führer durch das untere Kamptal, s.: Enderes, Rud. Ritter v.

Weigl, Aug., u. Rud. Ritter v. Enderes, Führer durch die Wachau (das Donautal zwischen Krems u. Melk), s.a. Enderes, Rud. Ritter v.

— u. Rud. Ritter v. Enderes, Führer durch die Wachau (das Donautal zwischen Krems u. Melk), m. kurzer Beschreibg. der in derselben gelegenen grösseren Ortschaften. Touristischer Tl. v. W., beschreib. Tl. von v. E. Mit 14 Ansichtspostkarten in feinstem Lichtdr. (27 S.) gr. 16. Krems (903). F. Oesterreicher. n. 1. 20

Die Geschichte des Walzers nebst e. Anh. über d. moderne Operette. Von Bruno Weigl. Langensalza: Beyer 1910. 19 S. 8°
(Musikalisches Magazin. H. 34.) [11. 1144

WEIGL, Eduard: S. Cyrilli Alexandrini doctrina de gratia in connexione cum eiusdem christologiae.
(Titel nach der Urkunde)
15.12.1900 - Urk; Chr 1900/01,17
Diss. Ingolst.-Landsh.-Mchn.

Die Heilslehre des hl. Cyrill von Alexandrien von Dr. Eduard Weigl, Dir. in Passau. Mainz: Kirchheim & Co. 1905. (XIV, 300 S.) 8°
= Forschungen z. Christl. Literatur- u. Dogmengesch. Bd 5, H. 2. 3. [05. 8491

Der väterliche Segen. Ein exegetischer Versuch. — Von Emmeram Weigl, G. P. — 1874. Eichstätt, Mart. Däntler. — S. 3—51.
Progr. Eichstätt, bischöfl. Lyzeum

Weigl, Emmeran, der väterliche Segen. Eine exeget. Versuch. gr. 4. (51 S.) Eichstätt 874. (Krüll). n. 2. —

Weigl, Franz

Weigl, Frz., Anleitung zum Lesen von Handschriften. Zum Gebrauche für Redakteure, Korrektoren, Schriftsetzer etc. 12. (20 S.) Leipzig 888, Waldow. *

Weigl, Franz: Ausbau der Antialkoholbewegung zur Genussgiftbekämpfung in der Jugenderziehung. Langensalza: Beyer 1908. 30 S. 8°
(Pädagogisches Magazin. H. 353.)

— Ausbau der Schulaufsicht in Bayern nach Grundsätzen e. gerechten Schul-, Kirchen- u. Kulturpolitik. (82 S.) 8. München 909. B. Höfling. 1. 20

— Karl Mays pädagogische Bedeutung, s.: Zeitfragen, pädagogische.

Weigl, F.: Erzieher und moderner Nacktkultus. München 1909. 33 S. (Pädagogische Zeitfragen. 5, 25.)

– Erzieher u. moderner Nacktkultus, s.: Zeitfragen, pädagogische.

– Gedächtnis u. Memorieren, s.: Zeitfragen, pädagogische.

– Die pädagogische Hausbibliothek, s.: Zeitfragen, pädagogische.

Weigl, Frz., heilpädagogische Jugendfürsorge in Bayern, s.: Zeitfragen, pädagogische. 1. Hft.

— Geistig minderwertige Kinder auf dem Lande u. in kleinen Städten. Eine Darstellg. ihrer unterrichtl. u. erziehl. Versorgg. (191 S.) 8. Donauwörth 908. L. Auer. 1. 50

— Kurs f. Heilpädagogik u. Schul-Hygiene. Offizieller Bericht, im Auftrag der süddeutschen Gruppe des Vereins f. christl. Erziehungswissenschaft bearb. (400 S.) gr. 8. Ebd. 908. 4. —

– Lesen, Lesenlernen u. Schundlektüre, s.: Zeitfragen, pädagogische.

Die interkonfessionellen Männervereine zur Bekämpfung der öffentlichen Unsittlichkeit. Von Franz **Weigl**, Lehrer. Hamm (Westf.): Breer & Thiemann 1910. 31 S. 8° [Umschlagt.]
(Frankfurter Zeitgemässe Broschüren. Bd 29, H. 4.) (10. 1,01

— zur Orientierung üb. die Grundfragen der Schulbankkonstruktion, s.: Zeitfragen, pädagogische. 2. Hft.

Weigl, Franz: Moderne Schulhygiene, s. Baur, A.

— die Schulzustände Bayerns bei seiner Erhebung zum Königreich, s.: Zeitfragen, pädagogische. II. 7.

– Selbsttätigkeit im Volksschulunterricht, s.: Zeitfragen, pädagogische.

— praktische Volksschulbildung. Historische u. sachl. Beleuchtg. e. grundleg. Schulreformfrage. (VI, 68 S.) 8. Regensburg 904. Verlagsanstalt vorm. G. J. Manz. n. — 75

— Was die Eltern v. der Erziehung geistig schwacher Kinder wissen sollen. (47 S.) kl. 8. Donauwörth 908. L. Auer. — 30

Weigl, Geo., Anleitung zur Vornahme der Gemeindewahlen in magistratischen Städten, Märkten und Landgemeinden, so wie die Wahlen der Kirchen-Verwaltungsmitglieder mit allen hiezu erforderl. Vorarbeiten in den Gebietstheilen des Königr. Bayern diesseits des Rheins auf Grund der gesetzl. Bestimmungen und der bis jetzt zur Oeffentlichkeit gelangten Entschließungen, Vollzugsvorschriften und Anordnungen für Wahlbehörden, Magistrate, Kirchen- und Land-Gemeindeverwaltungen. Mit Formularien. 8. (XVI und 295 S.) Regensburg 857, Manz. *

Weigl, J. B. Leben u. Kriegsleiden des Kammlehrers Matthias Weigl in den Tagen des Tiroler Aufstandes von 1809. Mit 1 Bldn. München 1909. 35 S.

Weigl, Johann Baptist

Weigl, Joh. Bapt., theologisch-chronologische Abhandlung über das wahre Geburts- und Sterbe-Jahr Jesu Christi. 2 Thle. gr. 4. Sulzbach 849, v. Seidel'sche Buchh.
Thl. 1. Theoretischer Theil. (XIII, 148 und LXXX S.) 2 Thlr.
- 2. Praktischer Theil. (VIII und 360 S.) 3 Thlr.

De anno Attico. Scrips. J. Bapt. Weigl, R. L. et P. — 1825. Stadtamhof, Schaupp. — S. 1–4.
Progr. Regensburg.

— s. Bellarmini, R., opuscula ascetica.

Weigl, Johann Baptist, s. Bücher, die vier, v. der Nachfolge Christi.

Weigl, Joh. Bapt., Denkschrift, s. Gregory, G. v.

Weigl's, Joh. Bapt., Gast- und Gelegenheits-Predigten, bei Primizen, Kirchweihfesten, Patrocinien und andern Feierlichkeiten. Herausg. von Ludw. Mehler. 2. (Titel-) Aufl. Regensburg (853.) 855. Manz. gr. 8. (438 S.) 1 ₰. 3 ngr.

— kathol. Gebet- u. Gesangbuch für nachdenkende u. innige Christen, mit besonderer Rücksicht auf die Bedürfnisse der studirend. Jugend, nebst einem Vorworte von Jh. M. Sailer. Mit 1 Kpf. gr. 8. Sulzb. 818. v. Seidel. 1 ₰ weiß Druckp. 1 ₰ 8 g.

—— **Gebete, s. Gebete katholischer Christen.**

Weigl, Johann Baptist, s. Imitatione Christi, De.

— hinterlassene Kanzelvorträge. Herausg. von L. Mehler. 3 Bde. Regensburg 853. Manz. gr. 8. n. 3 ₰.
Inhalt. 1. Bd.: Predigten u. Homilien auf die Sonntage des ganzen Kirchenjahres. (XXIV, 470 S.)
2. Bd.: Predigten auf die Festtage des Herrn, der seligsten Jungfrau und anderer Heiligen. (448 S.)
3. Bd.: Gast- und Gelegenheits-Predigten. (438 S.)

Weigl, J. B., Lehrbuch d. Arithmetik u. Algebra. Mit metrologischen Tafeln üb. Maße, Gewichte und Münzen verschied. Staaten 2c gr. 8. Sulzbach, Seidel. 812.

Weigl, (J. B.,) Lehrbuch d. Arithmetik u. Algebra. Mit meteorol. Tafeln. 2e Aufl. gr. 8. Sulzbach 823, v. Seidel.

—— Lehrbuch d. Arithmetik u. Algebra, zum öffentl. Gebr. u. Selbstunterr. 2 Thle. 3., v. J. B. Wandner umgearb. Ausg. gr. 8. (40 B.) Sulzbach 832, v. Seidel.
A. u. d. Tiln.:
Thl. 1. Lehrbuch d. Arithmetik. Mit Tafeln üb. d. Maße, Gewichte u. Münzen verschied. Staaten, besond. d. Königr. Bayern, u. d. alten Roms u. Griechenlands. 12 Gr.
- 2. Lehrbuch d. allgem. Zahlenlehre u. Algebra. Mit Tafeln d. Quadrat- u. Kubikzahlen, u. d. näml. Wurzeln von 1 bis 1000. 1 Thlr. 8 Gr.

Weigl, Joh. Bapt., Lehrbuch d. Arithmetik u. Algebra z. öffentl. Gebr. u. Selbstunterr. 1. Thl. — A. u. d. T.: Lehrbuch d. Rechenkunst. Mit Tafeln üb. d. Maße, Gewichte u. Münzen verschied. Staaten, besond. d. Königr. Bayern, u. d. alten Roms u. Griechenlands. 4., v. J. B. Wandner umgearb. Ausg. gr. 8. ($12\frac{1}{2}$ B.) Sulzbach 836, v. Seidelsche Buchh.
2. Thl. Ebendas. 1832. 1 Thlr. 8 Gr.

Weigl, J. Bapt., Lehrbuch der Arithmetik und Algebra zum öffentlichen Gebrauche u. Selbstunterricht. Mit metrologischen Tafeln über die Maße, Gewichte u. Münzen verschied. Staaten, besonders d. Königr. Bayern, u. des alten Roms u. Griechenlands. Neue, von J. B. Wandner umgearb. Ausg. 2 Thle. gr. 8. Sulzbach 846, v. Seidel. $1\frac{5}{6}$ ₰

Weigl, J. B., Lehrbuch der Rechenkunst z. Gebr. an latein. u. Gewerbsschulen u. z. Selbstunterr. Mit Tafeln über die Maße, Gewichte u. Münzen verschied. Staaten, besond. des Königr. Bayern, u. des alten Roms u. Griechenlands. 5. Aufl. Zum Drittenmale bearb. u. verm. von Joh. Bapt. Wandner. gr. 8. (15 B.) Sulzbach 846, v. Seidel'sche Buchh.

Weigl, Joh. Bapt., Lehrbuch der Rechenkunst zum Gebrauche an latein. u. Gewerbsschulen rc. Mit Taf. üb. die Maße, Gewichte u. Münzen verschiedener Staaten, besond. des Königr. Bayern u. des alten Roms u. Griechenlands. 6. Aufl. zum viertenmale bearb. u. vielfach verm. v. Joh. Bapt. Wandner. gr. 8. (VIII u. 236 S.) Sulzbach 848, v. Seidel (jetzt: Regensburg, Pustet). 1/2 ₰

Weigl's, J. B., Lehrbuch der Rechenkunst zum Gebrauche an lateinischen und Gewerbsschulen und zum Selbstunterrichte. Mit Tafeln über die Maße und Gewichte auswärt. Staaten, verglichen mit den neueren französ. und bayer., über Eintheilung und Werthbestimmung der Münzen rc. 7. Aufl. Zum fünftenmale bearb. und vielfach verm. von Joh. Bapt. Wandner. gr. 8. (VIII und 244 S.) Sulzbach 858, v. Seidel'sche Buchh.

— Melodien zum kathol. Gebet- u. Gesangbuche. gr. 4. Sulzb. 817. v. Seidel. 2 ₰

Nummus Neronis argenteus Augustissimo Illustrissimo Potentissimo Ludovico I. Bojorum Regi Justo Constanti inter cives suos Ratisbonenses praesenti ea qua par est submissione, devotione oblatus addita brevi commentatione, et figura nummi aere expressa. A Jo. Bapt. Weigl, L. R. — Ratisbonae mense Oct. MDCCCXXX. Typ. Brenckianis. — 6 unpag. S.
Progr. Regensburg.

——, Abt Prechtl, e. biograph. Skizze. Zur Erinnerung an ihn f. seine Freunde verfaßt. gr. 8. (5¼ B. u. P's. Bildn.) Sulzbach 833, v. Seidel.

— Predigt, s. Predigten, acht, bei der Jubelfeier rc.

— Predigten auf die Festtage des Herrn, der seligsten Jungfrau u. anderer Heiligen. Herausg. von Ludw. Mehler. 2. (Titel-)Aufl. Regensburg (853.) 855. Manz. gr. 8. (448 S.) 1 ₰. 3 ngr.

Weigl's, Joh. Bapt., Predigten und Homilien auf die Sonntage des ganzen Kirchenjahres. Hrsg. von Ludw. Mehler. 2. (Titel-)Aufl. gr. 8. (XXIV und 470 S.) Regensburg 853, Manz. Thlr.

— Predigten und Homilien auf die Sonntage des ganzen Kirchenjahres. Herausg. von Ludw. Mehler. 2. (Titel-) Aufl. Ebend. (853.) 855. gr. 8. (XXIV, 470 S.) 1 ₰. 3 ngr.

Weigl, Josef

Weigl, J., das Arsen u. seine therapeutische Verwendung. (35 S.) 8. Leipzig 908. B. Konegen. — 80

— Naturgemäße Ernährung. (70 S. m. 1 Abb.) kl. 8. München (909). Ph. L. Jung. — 30

WEIGL, Josef (Zell): Ein Fall von perniciöser Anaemie.- München: Bickel 1893. 36 S.
13.7.1893 - Chr 1893/94,11; Jv 1892/93,213
Diss. Ingolst.-Landsh.-Mchn.

— Gesundheitspflege f. die Jugend. (59 S.) kl. 8. Ebd. (908). p — 30

— kommunale Gesundheitspflege, s.: Volksbibliothek, gemeinnützige. Nr. 7.

Weigl, Jos., Grundzüge der modernen Schulhygiene. gr. 8. (IV, 72 S.) München 899. (B. Höfling.) n. 1. —

Weigl, J., Jugenderziehung u. Genussgifte, s.: Zeitfragen, pädagogische. 3. Hft.

— der Kaffeegenuss, o. Schädigung der Leistungsfähigkeit. 2. Aufl. (20 S.) 8. München 904. E. Reinhardt. n.n. — 10

Weigl, J[oseph]. Kaffeetrinken und Gesundheit. [Sep.-Abdr. aus: Hygienischer Kalender. Ein Jahrbuch ... auf das Jahr 1905.] II + 16 S. 8. Bern, Administration «Die Gesundheit», [1904].

— Kaffeetrinken u. Gesundheit. 2. Aufl. (16 S.) 8. Ebd. 904. n.n. — 10

— das Koffeïn. (7 S.) 4. Leipzig (905). B. Konegen. Sonderabdr. a.: „Reichs-Medizinal-Anzeiger". n. 1. —

— die Koffeïngefahr. 2. Aufl. (24 S.) 8. München 904. E. Reinhardt. n.n. — 10

Weigl, J., die Schweizerfamilie, s.: Mode's, G., Opern-Text-Bibliothek.

Weigl Karl: Em. Al. Försters Leben. Diss. Wien, Univ.
D: Sammelbände d. Int. Musikgesellschaft Bd. 6, Leipzig, 1904.
1903 PN 1576

Weigl, Karl, Mahlers Symphonien, s.: Meisterführer. (Istel, Edg.)

Weigl, Karl, 20 Jahre Tapeziererorganisation, s.: Grolig, Ant.

Weigl, Ludwig

Weigl, s.: Johannes Kamateros, *εἰσαγωγὴ ἀστρονομίας*.

Weigl, Ludwig: Studien zu dem unedierten astrologischen Lehrgedicht des Johannes Kamateros. *Würzburg 1902: H. Stürtz.* (58 S.) 8° ¶ (Vorarbeit zur Herausgabe d. Autors.)
München, Phil. Diss. v. 1902

Weigl, Ludwig: Studien zu dem unedierten astrologischen Lehrgedicht des Johannes Kamateros. *Würzburg 1902: H. Stürtz.* (58 S.) 8° ¶ (Vorarbeit zur Herausgabe d. Autors.)
Münnerstadt, k. humanist. G, P 1902*

Weigl, Ludw., Studien zu dem unedierten astrologischen Lehrgedicht des Johannes Kamateros. gr. 8. (58 S.) Würzburg 902. (München, A. Buchholz.) n. 1. 60

Weigl, Max. Gedenkbuch des Corps Bavaria an der Universität München, zur Feier seines (50jähr.) Jubiläums in Landshut 1867. Mit Titelbild. (Photogr. mit dem Datum: 16. Novbr. 1816.) München 1868. Kgl. Hofbuchdr. von Dr. C. Wolf & Sohn. 8°. Eleg. blau Hklbldrb. m. Fileten.

VIII+614 S., 1 Bl. Err. Lat. Lett. — Enth. in 2 Abthlgn. I. Ueberblick über die Geschichte des deutschen Studentenlebens auf den hohen Schulen bis zu den ersten Decennien unseres Jahrh. 1. Nationen. 2. Bursen. 3. Universität Ingolstadt. 4. Pennalismus u. Nationalismus. 5. Fahrende Schüler. II. Die Landsmannschaft od. das Corps Bavaria. (S. 189 ff.), nebst 2 Anhängen (S. 504 ff.), deren letzter ein „Verzeichniss sämmtl. Mitglieder des Corps bis z. August 1867" bringt.

Weigle, Kirche, Kirchenverschlimmerung u. Kirchenverbesserung, f. evangel.-christl. Volk u. evangel.-christl. Jugend faßl. dargest. Nebst e. Auszug aus d. Augsburg. Glaubensbekenntnisse. 8. (1½ B.) Stuttgart 830, [Beck u. Fränkel.]

Weigle, ..., Kirche, Kirchenverschlimmerung u. Kirchenverbesserung für evangel.-christl. Volk u. Jugend faßlich dargestellt. 8. Stuttg. 830. Löflund. 2 gr.

Weigle, Alexander: Beiträge zur quantitativen Spektralanalyse. ... Stuttgart: Druck v. A. Lindheimer 1890. 67 S., 3 Taf. 8°
Tübingen, Naturwiss. Fak., Inaug.-Diss. v. 1890.

Weigle's CG, grosse Konzertorgel d. Stuttgarter Liederkranzes. (47 S) Stuttgart (1895)

Weigle, Eugen Über einige Grundvoraussetzungen der Naturwissenschaft. 20 S. Progr. Realanst. *Stuttgart* 1883.

Weigle, Hermann: Rede bei der Beisetzung der Gebeine Max Schneckenburgers, des Dichters der 'Wacht am Rhein' in seinem Heimatort Talheim O/A. Tuttlingen am 18. Juli 1886. Hrsg. von Natalie Weigle. Herisau 1907: Schieß & Zwicki. 24 S. 8° [11.7235] 11

Weigle, Johs., Emanuel Geibels Jugendlyrik. Mit 1 Bildnis Geibels aus dem J. 1838 nach der Orig.-Zeichng. v. Frz. Kugler. (III, 96 S.) gr. 8. Marburg 910. N. G. Elwert's Verl. 2. —

Weigle, Carl, s.: Maler-Journal, deutsches.

Weigle, Carl, s.: Rundschau, architektonische.

Weigle, Natalie (Hrsg.), s. Weigle, Hermann: Rede bei der Beisetzung der Gebeine Max Schneckenburgers, ...

Weigle, Th., s. Bericht üb. die 11. Versammlung der freien Vereinigung bayerischer Vertreter der angewandten Chemie.

Weigle, Wilhelm

Weigle, der Einfluß der Jugendvereine auf die sittliche u. religiöse Entwickelung der männl. Jugend. Hrsg. vom rhein. Prov. Ausschusse f. innere Mission, Langenberg, Rhld. gr. 8. (89 S.) Elberfeld (902). (Buchh. des westdeutschen Jünglingsbundes.) n. — 20

Weigle, W., der Einfluß der Jugendvereine auf die sittliche u. religiöse Entwickelung der männlichen Jugend. 2. Aufl. Hrsg. vom rhein. Prov.-Ausschusse f. innere Mission. Langenberg, Rhld. (37 S.) 8. Barmen (906). (Elberfeld, Westdeutscher Jünglingsbund.) n. — 20; erh. Pr. n. — 25

Weigle, der Einfluß der Jugendvereine auf die sittliche u. religiöse Entwickelung der männlichen Jugend. 2. Aufl. Hrsg. vom rhein. Prov.-Ausschusse f. innere Mission, Langenberg, Rhld. (37 S.) 8. Barmen (907). (Westdeutscher Jünglingsbund.) -- 25

— Enge u. Weite der inneren Mission in der Jugendpflege. Vortrag, geh. auf dem Jahresfest u. Instruktions-Kursus f. innere Mission am 11. X. 1905 zu Bethel. (28 S.) kl. 8. Bethel bei Bielefeld (905). Verlagshdlg. der Anstalt Bethel. n. — 20

— Die moderne Jugendbewegung in ihrer Bedeutung f. Kirche u. Gemeinde, Volk u. Familie, s.: Steine zum Bau. II, 2.

— Die Missionsarbeit an der männlichen Jugend — das dringendste Bedürfnis unserer Zeit. Vortrag, geh. beim Bundesfeste d. bayer. Jünglingsbundes in München am 28. VI. 1908. (15 S.) 8. Mainbernheim (909). Buchh. des bayer. Bundes der christl. Vereine junger Männer u. ev. Jünglingsvereine. — 15

— Nützliches u. Schädliches aus dem Arbeitsgebiete der Jugendvereine, s.: Steine zum Bau! I, 2.

— Die Pflege der konfirmierten Jugend in unseren Vereinen. Ein Vortrag, geh. auf der 5. National-Konferenz der evangel. Jünglingsbündnisse Deutschlands. 2. Aufl. (32 S.) kl. 8. Barmen 907. Westdeutscher Jünglingsbund. — 20

Weiglein, Christ., diätetische Fragmente für Aerzte u. gebildete Laien. 8. Grätz 842, Kienreich. 2/3 ℛ︎

Weiglein, Chr., s. Grätz.

Weiglin, Paul: Gutzkows und Laubes Literaturdramen. (Berlin: Mayer & Müller 1910.) 83 S. 8° ¶(Ersch. vollst. als: Palaestra. Bd 103.)
Berlin, Phil. Diss. v. 13. Juli 1910, Ref. E. Schmidt
[Geb. 26. Sept. 84 Neustrelitz; Wohnort: Friedenau; Staatsangeh.: Mecklenburg-Strelitz; Vorbildung: Gymn. Neustrelitz Reife O. 04; Studium: München 1, Berlin 9 S.; Rig. 17. Febr. 10.] [U 10. 279

Gutzkows und Laubes Literaturdramen. Von Paul **Weiglin**. Berlin: Mayer & Müller 1910. 173 S. 8°
(Palaestra. 103.) [10. 15344

Weiglsperg, I. A.

— repraesentatio regalium ac jurium superioritatis territorialis partiaria. 4. ibid. 743.

Weiglsperg, I. A., selecta ex jure publico. 4. Ulm. 740.

Weiglsperger, Hans, Kirchenlieder. 12. (85 S.) Waidhofen (901). F. M. Kargl's Wwe. n.n. — 50

Weigmann, Anton (*geb. Nimptsch in Schles. 3. 3. 1848*): Ueber Steinrecidive. Breslau 1872. (47 S.) 8°
Breslau, Med. Diss. v. 2. [vielmehr 3] Juli 1872

Weigmann, H., s.: Arbeiten der Versuchsstation f. Molkereiwesen in Kiel.

— Erfahrungen u. Versuche m. den vereln. Butter- u. Knetmaschinen, s.: Schriften d. deutschen milchwirthsch. Vereins.

Jahresbericht der Milchwirthschaftlichen Versuchsstation (u. Lehranstalt) zu Kiel für das Meiereijahr 1878/79—1889/90 v. Max Schrodt. Kiel. 1879—91. 8°
Fortges. u. d. T.:
Jahres-Bericht der milchwirthschaftlichen und bakteriologischen Abtheilung der Landwirthschaftlichen Versuchsstation und der Milchwirthschaftlichen Lehranstalt in Kiel über das Meiereijahr 1890/91—1895/96 v. H. Weigmann. Kiel. 1895—97. 8°
Fortges. u. d. T.:
Jahres-Bericht der Versuchsstation (u. Lehranstalt) für Molkereiwesen der Landwirthschaftskammer für die Provinz Schleswig-Holstein in Kiel über das Meiereijahr ... v. H. Weigmann. Kiel. 8°
1896/97. 1898.
1898/99. 1900.
1899/1900. 1901.

Weigmann, H., die Methoden der Milchconservirung, speciell das Pasteurisiren u. Sterilisiren der Milch. Im Auftrage d. milchwirthschaftl. Vereines hrsg. 8. (IV, 72 S. m. 22 Abbildgn.) Bremen 893. M. Heinsius Nachf. n. 1. 50

— Ueber die Organisation u. Einrichtg. amerikanischer milchwirtschaftlicher Lehranstalten u. Versuchsstationen u. Gedanken zu der vom deutschen milchwirtschaftlichen Verein gegebenen Anregung der Gründung e. Reichsanstalt f. Milchwirtschaft, s.: Schriften des deutschen milchwirtschaftlichen Vereins. Nr. 36.

Weigmann H.: Versuche üb. die Pasteurisierung d. Milch. Leipz. 1903. 155 S.
(Arbeiten d. Versuchsstation f. Molkereiwesen in Kiel. H. 2).

Weigmann, Hermann [aus Fürth in Bayern]: Ueber einige Derivate der Opiansäure und Untersuchung von Magneteisen. ... Münster, Druck d. Coppenrath'schen Buchdr., 1888: 27 S. 8°
Erlangen, Phil. Fak., Inaug.-Diss. v. 1888

Weigmann, Otto, die Lachner-Rolle, s.: Schwind, Mor. v.

— Moritz v. Schwind. (S. 65—110 m. Abbildgn. u. 12 Taf.) gr. 4. München (905). F. Hanfstaengl. n. 8. —
Sonderabdruck aus: „Die Kunst unserer Zeit".

— s.: Schwind, Mor. v., Werke.

Weigmann, Otto Albert, Dr. jur.: Eine Bamberger Baumeisterfamilie um die Wende des 17. Jahrhunderts. Ein Beitrag zur Geschichte d. Dientzenhofer. T. 1. *Strassburg: J. H. E. Heitz 1901.* (45 S.) 8° ¶[Erschien vollst. als: Studien zur Deutschen Kunstgesch., H. 34]
München, Phil. Diss. v. 1901

Eine Bamberger Baumeisterfamilie um die Wende d. 17. Jahrh. Ein Beitr. z. Gesch. d. Dientzenhofer von Otto Albert **Weigmann**. Mit 28 Abb. u. 32 Taf. *Strassburg: J. H. E. Heitz 1902.* (XI, 204 S.) 8°
= Studien z. deutschen Kunstgeschichte. H. 34. [02. 4008

Weigner, Adf. Die 8 mm Handfeuerwaffen in Österreich-Ungarn, deren Entwicklg., ballist. Eigenschaften u. Wirkungsfähigkeit. 2. Aufl. gr. 8. (102 S. m. Taf.) Wien 891, (Seidel u. Sohn). * 3 20
Aus: Mittheilgn. üb. Gegenstände d. Artillerie- u. Geniewesens, bes. abgedr.

Weigner, Karl, kleine Heimatkunde v. Mähren. Ein Wiederholungsbüchlein f. Volksschüler. Mit 4 Kartenskizzen u. 11 Ansichten aus Mähren. (32 S.) 8. Wien 908. A. Pichler's Wwe. & Sohn. — 40

Weigner, Thomas

Weigner Th. Naturstudien und Kompositionen. (22 T) fol Warnsdorf (1906)

Weigner Th. Studien und Flächenmuster entwickelt aus dem Pflanzen- und Tierreiche. (22 T) fol Warnsdorf 1910

Weigner, Thom., Vorlagen-Blätter f. Zeichen- u. Webeschulen, Fabrikanten u. Musterzeichner. gr. Fol. (30 farb. Taf. u. 10 Bl. Stoffmuster m. 2 Bl. Text.) Warnsdorf (891). (Dresden, H. Burdach.) In Mappe n n. 210. —

— Vorlagen-Blätter f. Zeichen- u. Webeschulen, Fabrikanten u. Musterzeichner. 3 Tle. (2. Aufl.) gr. Fol. (80 z. Tl. farb. Taf. m. 4 Bl. Text.) Warnsdorf 897. (Berlin, B. Hessling.) In Mappe n.n. 60. —

Weigold, Hugo: Jahresbericht über den Vogelzug auf Helgoland. 1. (Leipzig: Kittler 1910.) 8⁰
(Journal f. Ornithologie. 1910, Sonderh.)

Weigold, Hugo, Jahresbericht üb. den Vogelzug auf Helgoland, s.a. Journal f. Ornithologie.

– Biolog. Studien an Lyncodaphniden u. Chydoriden. (118 S. m. 52 Abb. u. 3 Taf.) Lex. 8. Leipzig 911. Dr. W. Klinkhardt. 6. —
Sonderabdruck aus: „Internat. Revue d. ges. Hydrobiol. u. Hydrogr."

Weigsdorf [Schlagwort]

Weigsdorf, s.: Sachsen. Karte. Messtischblätter.

Weigt, Eduard: Die Radicaloperation bei Uteruscarcinom. Eine historisch-kritische Untersuchung. Halle 1881: Karras. 40 S. 8⁰
Halle-Wittenberg, Med. Diss. v. 1. Juni 1881
Geb. Poln. Lissa 29. 8. 1857. V.
Verf. erlebte die Diplomerneuerung 1931 als Geheimer Sanitätsrat in Arnswalde.

Weigt, Karl

Weigt, K., Almanach der Feuerbestattung. (38 S. m. Abbildgn.) gr. 8. Hannover 905. (F. Cruse.) n.n. — 50

Almanach der Feuerbestattung ... von Dr. K[arl] **Weigt**. 2. Aufl. Hannover: Selbstverl. 1909. 53 S. 8° [11. 10272 7

Weigt, K., Almanach der Feuerbestattung. (Kurzgefasster Wegweiser durch das gesamte Gebiet der Feuerbestattungs-Bewegg.) Unter Mitwirkg. der bedeutendsten Führer dieser Bewegg. in Deutschland, Oesterreich u. der Schweiz zusammengestellt. 2. Aufl. (53 S. m. Abbildgn. u. 8 Taf.) gr. 8. Hannover 909. (F. Cruse.) — 80

Weigt, Karl: Die politischen und socilaen Anschauungen Schopenhauers. Hannover-Linden 1899: W. Oppermann. (62 S.) 8⁰
Erlangen, Phil. Diss. v. 9. Mai 1899

Weigt, K.: Katechismus der Feuerbestattung. Hannover-Linden: Oppermann 1900.

K. WEIGT, Katechismus der Feuerbestattung. Auskunfts- und Nachschlagebüchlein für Jedermann über alles Wissenswerthe aus dem Gebiete der Feuerbestattung. Im Auftrage des „Vereins für Feuerbestattung zu Frankfurt a. M." und unter Mitwirkung vieler verehrter Freunde unserer Sache bearbeitet. 2. Aufl. 1901. Selbstverlag des Verfassers. Druck von Wilh. Oppermann, Hannover-Linden. 8°.

Weigt, K., Katechismus der Feuerbestattung. Auskunfts- u. Nachschlagebüchlein f. Jedermann üb. alles Wissenswerthe aus dem Gebiete der Feuerbestattg. Im Auftrage des „Vereins f. Feuerbestattg. zu Frankfurt a. M." u. unter Mitwirkg. vieler verehrter Freunde unserer Sache bearb. 2. Aufl. 12. (VIII, 148 S.) Hannover-Linden 901. (Hannover, F. Cruse.) Geb. in Leinw. 1. —

Weigt, Karl, s.: Reforma, la, demando.

Weigt, Konr. Turnerische u. patriotische Dichtungen, enth.: Lieder, Gedichte u. das Festspiel „Deutsche Turner". 12. (VI, 41 S.) Kreuznach 891. Harrach. * — 75

[F.] Liederbuch für Rhein und Mosel. E. Sammlg d. beliebtesten alten u. neuen Lieder. Hrsg. v. Conrad **Weigt** ... *Andernach: C. Weigt [1896?].* (32 S.) 1 Bd S. [96. 635

Weigt, Max *Johann Wilhelm* [Apotheker aus Brieg, Reg.-Bez. Breslau]: Pharmakognostische Studie über Rabelaisiarinde und philippinisches Pfeilgift ... Berlin, Buchdr. v. Mesch & Lichtenfeld, 1895; 30 S., 1 Bl., 2 Taf. 8.
Erlangen, Phil. Fak., Inaug.-Diss. v. 19. Juni 1895

Weih, J. J., kurze Abhandlung üb. d. Roulette- u. Trente-un-Spiele, nebst Abbild. ders., so wie auch mit e. Geldwechsel-Tarif nach d. Gebr. d. Spielbank in Baden (Großhrzgth.) u. in d. verschied. Bädern Deutschlands. Das Ganze schließt mit e. kurzgefaßten Vergleichungstab. franz. u. deutsch. Münzsorten. (Deutsch u. Franz.) 16. (3 B. u. 2 Kpfr.) Baden 829. (Karlsruhe, Marx.)

Weih, J. J., Souvenir de Bade. — Kurze Abhandl. über die Roulette- u. Trente-un-Spiele, nebst Abbildung derselben, so wie auch mit e. Geldwechsel-Tarif nach dem Gebrauch d. Spielbank in Baden rc. Mit 2 Kpf. (Deutsch u. Französisch.) 16. Baden 829. (Karlsr., Marx). 10 K

Weih, Carl: Aus d. pathol. Inst. zu Breslau. Ueber den anatomischen Befund bei kongenitaler Luxation des Hüftgelenks. Stuttgart 1909: Union. 33 S. 8° ¶(Aus: Zeitschrift f. orthopäd. Chirurgie. Bd 24, H. 1/2.)
Breslau, Med. Diss. v. 6. Nov. 1909, Ref. Ponfick
[Geb. 30. Okt. 85 Subl; Wohnort: Sondershausen; Staatsangeb.: Preußen; Vorbildung: Gymn. Schleusingen Reife O. 03; Studium: Freiburg i. B. 1, Halle 9 S.; Coll. 22. Dez. 08; Approb. Juli 09.] [U 10. 590

Weih, Minna, Herzensernte. (119 S.) 8. Straßburg 910. Schlesier & Schweikhardt. 2.—; geb. in Leinw. 2. 50

Weih, Minna, meiner Schwesterseele. Gedichte. (148 S.) 8. Strassburg 906. J. Singer. n. 2. 50

Wéi'hái wéi [Schlagwort]

Wéi 'hái wéi, s.: Tschili.

Weihaltar. Predigten, Confirmations- und Gedächtnißreden, Gebete, Lieder und Parabeln. Zum liebevollen, dankbaren Andenken an die verewigten Herren Prediger Aschenberg, Müller, Zimmermann, Hammerschmidt und Tips, weil. in Hagen. Gesammelt und hrsg. von G. Bormann. gr. 8. (VIII und 159 S.) Hagen 850, (Butz.) *

Weihbischof Feiten. Ein Lebensbild. 8. (12 S.) Trier 887, Paulinusdruckerei.

Die **Weihe.** Gesang für Maurer. o. O. u. J. 2 Bl. 8° [Umschlagtit.]
Gedicht: „Wem in des Busens heil'gen Gründen . . ." 140.

Weihe zur Andacht. Vollständiges Gebet- und Erbauungsbuch für kathol. Christen. Nebst der Bruderschafts-Andacht von Jesus, Maria, Joseph, dem 40stünd. Gebete, der freitäg. Fasten-Andacht ꝛc. Von einem kathol. Geistlichen. 8. (VIII und 352 S. mit 1 Stahlst.) M.-Gladbach 855, Riffarth. fein Pap. mit lithochrom. Titel

Weihe zur Andacht. Vollständiges Gebet- und Andachtsbuch für katholische Christen. Neue verb. Ausg. M.-Gladbach 859. Riffarth. 8. (VIII, 392 S. u. 2 Stahlst.) 15 ngr.; feine Ausg. 20 ngr.

Weihe, die, eines römisch-kathol. Bischofes in ihren Ceremonien ꝛc. 12. Regensburg 829. Kollmann in Augsburg. 1/12 Rthlr.

— die, e. römisch-kathol. Bischofs in ihrer Ceremonie u. mit den dabei üblichen Gebeten. .. Regensb. ... Pustet. 2 gr.

Weihe, die, der Bismarcksäule auf dem Wartenberg bei Eisenach am 19. X. 1902. gr. 8. (24 S.) Eisenach (902). H. Kahle. n. — 40

— die, des deutschen Burschenschafts-Denkmals zu Eisenach am 22. V. 1902. — Das burschenschaftl. Wartburgfest am 23. V. 1902. — Verzeichniss der Theilnehmer an der Denkmalweihe der deutschen Burschenschaft (21.—23. V. 1902.) 2 Thle. gr. 8. (80 u. 78 S. m. 1 Bildnis.) Ebd. (902). 1. 50

Weihe der Dorotheen-Schule zu Mitau, am 28. Junius 1819. Mitau 1819. V: *Gizycki (Gisevius), Bernhard Johann von.* (R-N)

Weihe d. Erinnerung, e. entschlaf. Lehrer: Herr M. Joh. Christph. Dähne, gewes. Prorector an d. Stifts-Gymnasium zu Zeitz, von d. Lehrern u. Schülern d. Gymnasiums. 8. (3 B.) Zeitz 832, Webel.

Weihe und Eröffnung der Loge »Barbarossa zur deutschen Treue« in Kaiserslautern am 2. Oct. 1864, den geliebten Brüdern obiger Loge gewidmet vom »Hrsg. der Bauhütte«. Leipzig 1864. V: *Findel, Joseph Gabriel.* (wolfstieg I, 563)

Weihe und Eröffnung der Loge Barbarossa zur deutschen Treue in Kaiserslautern am 2. October 1864. Leipzig. 8. 16 S.

Weihe, Die, des Eros Uranios. Ein festlicher Aufzug mit Tänzen . . . Leipzig 1819. V: *Hirt, Alois Ldw.* (NN) (MGT) & *Carl Frdr. Mor. Paul Graf v. Brühl.* (Kat. d. Lipperheide'schen Kostümbibl. Berlin 1896ff.)

— der Feierstunden, ein dreiblumiges Herzens-Sträußchen (für d. Jugend). 16 Bdchen. 16—46 Heft. Mit 4 ill. Steindr. 16. Augsb. 823. Schlosser. Subscr.-Pr. 8 gr. In 8. Velinp. 16 gr. Basler Velinp. 1 Rthlr.

Weihe, Die, des neuen Gesellschaftshauses. Zürich 1807. V: *Hess, Dav.* (Cat. d. Stadtbibl. Zürich. Zürich 1864—97.)

Gr. Landes-Loge der Freimaurer von Deutschland zu Berlin. **Weihe** des Hauses am 18. Nov. 1900. [Berlin 1900]: Vogel. 2 Bl. 4° [Umschlagtit.]
8 Gesänge ohne Noten. 137.

Weihe des Johannisfestes 1843. [Unterz.:] P. M. [Braunschweig: 1843.] 1 Bl. 8° [Kopftit.]
Lied ohne Noten: „Festlich sind die Weihestunden, . . ." 65.

Weihe des Johannisfestes 1851. [Unterz.:] F. M. [Braunschweig: 1851.] 1 Bl. 8° [Kopftit.]
Lied ohne Noten: „Wonne athmet jedes Leben, . . ." 65.

Weihe, die, der Jugend. Herr! Aus dem Munde der Kinder hast Du Dir Lob bereitet. Lehren u. Gebete f. die kath. Schuljugend. 12. (5⅝ B.) Soest 846, Nasse'sche Buchh.

— die, e. Kirche u. die Weihe e. Altars außer d. Kirchenweihe nach dem römischen Pontifikal. Hrsg. auf Anordng. des hochw. Hrn. Bischofs Adolf. gr. 16. (IV, 131 S.) Straßburg (901). F. X. Le Roux & Co. n.n. — 50; kart. n.n. — 65; geb. in Leinw. n.n. 1. —

Weihe, die, der heiligen Communion. 8. Frankf. a. M. 820. Jäger. 6 gr.

Weihe d. Kraft, s. Luther.

Weihe, die, des Lebens. Ein Gebetbuch für Vielbeschäftigte. Von einem Priester des Bisthums Basel. Mit bischöflicher Approbation. Kl. in-32°, 240 S., mit 2 Photographien. Einsiedeln, Gebr. Benziger. 1880. — 85

Weihe, die, d. Lebens. Ein Gebetbuch f. Vielbeschäftigte. Von e. Priester d. Bisth. Basel. Ausg. 2. 32. (254 S. m. 1 Stahlst.) Einsiedeln 889. Benziger & Co. geb. m. Goldschn. n. 1. 50

— die, des Lebens. Von e. Priester des Bisth. Basel. 24. (254 S. m. farb. Titelbild.) Einsiedeln 901. Verlagsanstalt Benziger & Co. Geb. von n. — 80 bis n. 2. 80

Die **Weihe** des Lebens. Von e. Priester d. Bisthums Basel. *Einsiedeln, Köln: Benziger & Co. [um 1902].* (254 S.) 8° [F.]

— die, d. Martyrers. Dramatisches Bild in 1 Act. 8. (22 S.) Bonn 888. Hauptmann. n. — 20

Weihe, Die, des Monuments bei Sehestedt am Tage Waldemars II. am 28. Jun. 1822. [Kiel 1822.] V: *Petersen, Georg Peter.* (LS)

Die **Weihe** des Nettelbeck-Gneisenau-Denkmals in Kolberg am 2. Juli 1903. Festbericht nebst e. Anh., enth.: ... (Kolberg 1903: C. F. Post.) (24 S.) 4° [F.] (07. 6372

Zur Weihe der Palaestra Albertina, 22. Oktober 1898. Gedichte von Felix Dahn, Hans Gerschmann, Franz Hirsch, Theodor Preuss, Johanna Thimm, Ernst Wichert. Königsberg i. Pr.: Gräfe & Unzer (1898). (12 S.) 8°

—— der Poesie auf dem Altare der Religion. Eine Festgabe für denkende Christen. Gewidmet von Heinr. Aug. Manitius. 8. (XV und 256 S.) Dresden 855, Adler und Dietze. *

— der Poesie, s. Manitius.

— für Russen und Deutsche ꝛc., (von Aug. Gebauer). 8. Leipzig 814. Joachim. 1/12 ℳ

Des Schotten höhere **Weihe.** Hirschberg i. Schl. o. J.: Oertel. 1 Bl. 8° [Kopftit.] Lied ohne Noten: „Erschall', o Gefühl, in festlicher Stunde . . .“ 28.

— die, d. neuen Schulanstalten in d. Stadt St. Gallen. 8. St. Gallen 824. (Huber u. C.) 4 gl

Weihe z. Spielberg, s. Geheimnisse, die, d. Spielbergs, 5. u. 6. Bd.

Weihe, die, d. Tages. Kathol. Gebetbuch. 16. (336 S. m. 1 Stahlst.) Einsiedeln 894. Verlagsanstalt Benziger & Co. Geb. m. Goldschn. n. — 90

Die **Weihe** des Tages. Kath. Gebetbuch. *Einsiedeln, Köln: Benziger & Co. [um 1902].* (336 S.) 8° [F.]

Weihe, Die, der Universitätskirche zu Göttingen am 29ten Dec. 1822 . . . Göttingen 1823. V: *Pott, David Julius.* (Erman & Horn, Bibliogr. d. dtsch. Universitäten. 2. Leipz. u. Berl. 1904.)

— die, der Universitätskirche zu Göttingen am 29. Dec. 1822. Mit histor. Notizen über die Universitätskirche daselbst. gr. 4. Götting. 823. Dieterich. 8 gl

Weihe, Die, der Unkraft von Fr. Ludw. Zacharias Werner. . . . Deutschland 1814. H & V: *Müchler, Carl Fch.* (GGr)

Weihe, Die, der Zukunft. Eine Allegorisch-dramatische Dichtung Zur Feyer der Zurückkunft Sr. Majestät des Kaisers Franz. Wien 1814. V: *Sonnleithner, Joseph.* Musik: *Weigl, Joseph.* (Zeitschr. f. Büch. N. F. 15, 1923, 127) (Biblport)

Weihe [Verfasser] (Vgl. Weyhe.)

Weihe, A. A., Programm über einen Extract aus der Hofischen Chronica wegen des Geschlechts von Feilitsch. Hof 1714. 4.

Weihe, Augustus: De invaginatione seu intussusceptione canalis intestinalis. Halis Saxonum (1865): Gebauer-Schwetschke. 28 S. 8°
Halle-Wittenberg, Med. Diss. v. 4. Okt. 1865
Geb. Sjörup (Schweden: Län Malmöhus) 6. 11. 1840. V.

Weihe, C. v., wissenschaftl. Bearbeitung des gemeinen deutschen Privatrechts. gr. 8. Göttingen, Vandenhöck u. R. 815.

v. Weihe, Dr. C., wissenschaftl. Bearbeitung des gemeinen deutschen Privatrechts. gr. 8. Götting. 816. Vandenhöck u. R. 2 ℳ 8 gl

Weihe, Ernst, Gedächtnißrede auf Friedr. Heinr. Jacobi, gehalt. vor d. Versamml. seiner akadem. Mitbürger am 10. März 1832. gr. 8. (2¾ B.) Halle, Buchh. d. Waisenhauses.

Weihe, Ernst, die Sagen d. Stadt Stendal in d. Altmark. 2 Bdchn. 3., von Neuem durchges. Aufl. (16¼ B. u. 2 Titbild.) Tangermünde 840, Doeger. * 16 Gr., Blnp. m. Goldschn. *

Weihe, Ernst Martin, (Dr.): Der Einfluß der deutschen Schutzzollpolitik auf die Entwicklung der Industrie und Landwirtschaft. *Hamburg (1902): G. Grünewaldt.* (49 S.) 8° [F.]
Heidelberg, Phil. Diss. v. 1902

Weihe, F. W., Eva im Paradiese, s.: Kühling's, A., Album f. Liebhaberbühnen.

Weihe, Friedrich August

Weihe, Friedr. Aug., kurzgefaßtes Gebet-Büchlein, nebst Liedern. Neue Aufl. 8. (2 B.) Barmen 837, Steinhaus.

Weihe, Friedrich *August* [aus Kl. Rohdau (Westpr.)]: Ueber die Hysteresiswärme bei Eisen in magnetischen Wechselfeldern . . . Berlin, Druck v. E. Ebering, *1897;* 30 S., 1 Bl. 8.
Berlin, Phil. Fak., Inaug.-Diss. v. 20. März 1897

Weihe, Fried. August (geb. Lohne in Westf. 1. 8. 1840): De intoxicatione phosphorica acuta. Berolini (1867). (31 S.) 8°
Berlin, Med. Diss. v. 13. Apr. 1867

Weihe, F. A., Samml. erbaulicher Briefe, vornehmlich Ermunterungen zum Glauben. 2 Thle. 8. Minden 776. Franke. 1 ℳ 8 gl

—— Sammlung erbaul. Briefe, vornehml. Ermunterungen z. Glauben enth., nebst einigen Liedern d. Verfs. Neue Ausg. gr. 16. (28 B.) Berlin 840, [J. A. Wohlgemuth.]

— zwei merkwürdige Briefe, aus obiger Sammlung (üb. Pietismus). 8. Basel... (Neukirch). 1 gl

Weihe, Gust., die Jubelfeier. Eine christl. Idylle. 16. (63 S.) Ducherow 866. Berlin, Beck. *

Weihe, H.

— u. O. **Berndt,** Baggermaschinen, Rammen u. zugehörige Hülfsmaschinen, Wasserhebemaschinen, s.: Handbuch der Ingenieurwissenschaften.

Weihe, H., Gutachten üb. die Erweiterung der Kanalwasser-Pumpstation zu Steglitz, s.: Brix.

Weihe, Justus (geb. Bünde 1808): De filaria medinensi Gmel. commentariolum. Berolini (1832). (25 S.) 8°
Berlin, Med. Diss. v. 17. Dez. 1832

Weihe, Karl, das gute Leben eines rechtschaffenen Dieners Gottes, nach einem alten Gedichte von Jh. Val. Andreä neu bearbeitet. 8. Minden 820. Körber. 4 gl

— der Sohn Gottes auf Erden; Versuch des Lebens Jesu nach den Evangelisten in gereimten Versen. 1e u. 2e Hälfte. gr. 8. Elberfeld 822—24. Schönian. 1 ℳ 4 gl

Weihe, Karl Ernst Aug.: Deutsche G r ä s e r für Botaniker und Oekonomen getrocknet herausg. Samml. 1–15. Lemgo 1817–30. Fol.

—— deutsche Gräser für Botaniker und Oekonomen geordnet und herausgegeben. 1ste — 7te Samml. Fol. Lemgo, Mayer. 818 — 821. à 1 Rthlr. 6 Gr.

— deutsche Gräser, für Botaniker u. Oekonomen, getrocknet. 8e bis 13e Samml., jede v. 25 Arten. Fol. Lemgo 822 — 25, Meyer.

W e i h e, Aug., deutsche Gräser. Für Botaniker u. Oeconomen getrocknet u. hrsg. 14. u. 15. Samml. à 25 Arten. Fol. Lemgo 828, 30, Meyer. à
1 – 13. Samml. Ebendas. 1818 – 25. à 1 Thlr.

Weihe, Karl Ernst August, s. H e r b a r i u m.

Weihe, A., u. N e e s v. E s e n b e c k, Chr. Gfr., Rubi Germanici. Die deutschen B r o m b e e r s t r ä u c h e beschrieben u. dargestellt. Mit deutschem u. latein. Texte u. 53 Kpf. Fol. Elberfeld, 1822 — 27. Friderichs. (Gütersloh, Bertelsmann.) (20. —) 12. —

—— Beschr. d. deutschen Brombeerarten, s. Thr. Gf. Nees v. Esenbeck.

Weihe, Mart., Haideblumen. Leipzig 858. Friese. 16. (Vi, 78 S.) n. 15 ngr.

Weihe, Mart., Haideblumen. 2. veränd. u. reich verm. Aufl. Leipzig 868. Friese. 16. (VII, 203 S.) In engl. Einb. n. 25 ngr.

Weiheact an d. hh. Herz Jesu v. der sel. Marg. Alacoque. 16. (4 S. m. 1 Abb.) Aachen 898. J. Schweitzer. 12 Stück — 15

Weihefest des neuen Hauses der Loge Goethe im Or. Poessneck am 29. Okt. 1893. [Poessneck 1893: Schneider.] 2 Bl. 8⁰ [Kopftit.]
5 Lieder ohne Noten. 157.

Weihefest, das zweihundertjährige, der Kirche zu Johanngeorgenstadt, 15. Febuar 1857. Kamenz 857. Krausche in Comm. gr. 8. (14 S.) n. 2 ngr.
Inhalt: Gebet von Ch. A. Lenk. — Predigt von E. Sulze.

Weiheformel. gr. 16. (2 S.) Straßburg (899). (F. X. Le Roux & Co.) 100 Stück n.n. 1. 20

Weihegabe. Dem bewährten Freunde dargebracht am 22. Febr. 1844, am Tage seiner fünf und zwanzig jährigen Führung des Hammers in der ☐ z. Weltkugel im Or. von Lübeck von v. G. sen. [Lübeck 1844.] 2 Bl. 8⁰ [Umschlagtit.]
Lied ohne Noten: „Die beste Habe, . . ." 193.

Weihegebet an das heiligste Herz Jesu. gr. 16. (1 Bl.) Aachen (900). J. Schweitzer. 100 Stück n. 1. —

Weihegebet zum heiligsten Herzen Jesu. 16. (4 S.) Freiburg i/Br. 875. Herder. pro. 25 Expl. n. — 25

Weihegesang. o. O. u. J. 8⁰.
„Es schwebt der Lieb und Freundschaft Segensgruss" . . . 358 u.

Weihegesang dargebracht dem gel. Br. Herm. Brey 1853—1878 zu seinem silbernen Maurer-Jubiläum in der Festloge am 13. Jan. 1878. [Hamburg 1878]: Adler. 2 Bl. 4⁰ [Umschlagtit.]
Ohne Noten: „Der Wahrheit Keim erblühte..." 193.

Weihegesang. Gewidmet den Manen des sel. Br.·. Siegm. Geisenheimer. [Unterz.:] S. [Frankfurt a. M. 1828: Mahlau & Waldschmidt.] 2 Bl. 8⁰ [Umschlagtit.]
Mit Chor ohne Noten: „Auf! stimmt ein Lied jetzt an dem edlen Meister, . . ." 141.

Weihegesang am drey und vierzigsten Stiftungsfeste der g. v. und v. St. Joh. ☐ zur Ceder. Hannover, am 19ten Sept. 1819. [Hannover 1819.] 4 Bl. 8⁰ [Umschlagtit.]
Ohne Noten. Beigefügt 2 Lieder von W. B l u m e n h a g e n, ohne Noten: 1. Des Maurers Beruf. 2. Lob der Freimaurerey. 216.

Weihegesang am Tage der feyerlichen Eröffnung des anatomischen Theaters . . . Hrn Friedrich Franz . . . zugeeignet . . . Rostock 1790. V: *Kosegarten, Ludwig Gotthard (L. Theobul).* (GGr) (MGT)

Weihegeschenk an unsern geliebten Br. E. [recte: L.] F. H. Jachtmann. Ueberreicht am 29. Oct. 1843 von seinen Stewards-Amtsgenossen. Berlin 1843: Sittenfeld. 2 Bl. 8⁰
Lied ohne Noten. 25.

Weihegottesdienst zur Einweihung der erneuerten Lutherkirche in Plauen i. V. am 17. II. 1901. Weiherede v. Rob. Lieschke. — Ansprache v. Lotichius. — Festpredigt v. Thdr. Weisflog. gr. 8. (20 S.) Plauen (901). A. Kell. n. — 20

Weihe-Gruss dem ersten geliebten Louffton [d. i. Georg Friedr. Karl Hommel] unseres allverehrten Brs. [Georg Wilh. Friedr.] Hommel, gewidmet von treuen Brüdern der ger. und vollk. Loge zur Wahrheit und Freundschaft im Or. zu Fürth. Am Tage der Aufnahme den 14. Nov. 5807. [Fürth 1807.] 2 Bl. 8⁰ [Umschlagtit.]
Gedicht: „Du Liebling der holden Hygäa, . . ." 155.

Weihegruss an unsern Valentin Schippel zu seinem silbernen Maurerjubiläum. Or. Chemnitz am 14. Jan. 1883. [Chemnitz 1883: Geidel.] 2 Bl. 8⁰ [Kopftit.]
Lied v. F. H. Geidel, Festgesang v. J. G. Pröhl ohne Noten. 358.

Weihe-Lied. [Altenburg] o. J. 1 Bl. 38×10 cm. [Kopftit.]
Ohne Noten: „Ehrenwein und Ehrenbecher…" 103.

Weihelied. [Zerbst: 1860.] 1 Bl. 8⁰ [Kopftit.]
Ohne Noten: „Heil'ges Licht, das hoch am Himmel, Sonnen, . . ." 3.

Weihelied zur Enthüllung des Bildes unsers Br. Georg Phil. Holscher am 19. Oct. 1843. [Hannover 1843.] 2 Bl. 8⁰ [Umschlagtit.]
Ohne Noten: „Ostwärts Eure Blicke nun!" 215.

Weihelied zum 1. deutschen Turnfest, v. e. Turnfreund, Coburg 1860, 2 S., 8⁰.

Weihelied an den Br. Wilm, am 27. März 1831. L. und P. »Es thut sich auf, mit goldnen Thoren . . .« Berlin 1831. V: *Leib, H & Petzold* (?). (wolfstieg I, 972)

Weihen, die geistlichen, s. Stapf.

Weihen, die geistlichen, aus dem römischen Pontificalbuche übersetzt, u. mit Einleitungen u. Anmerkk. versehen, zum Gebrauche der Ordinanden, vom Prof. Fr. Ammon. gr. 8. Münch. 832. J. Lindauer. 10 Kr

Weihenmajer, Ed(uard), Prof. Dr.: Zur Geschichte von Akragas. *Reutlingen 1899: E. Hutzler.* (S. 1—64.) 4⁰
Reutlingen, k. G, P 1899 (626)

Weihenmajer, *Eduard* Zur Geschichte des absoluten Partizips im Lateinischen. 4 (12 S.). Kgl. Württemb. G. *Reutlingen* 1891 (583). Progr.

Weihenmajer, Jh. Fr., (†1798) s. a. Erfahrungen u. Bemerkk. e. Landpredigers.

Weihenmajer, J. F., Erfahrungen u. Bemerkungen eines Landpredigers, nach e. Amtsführung v. 17 Jahren. 2 Hefte. 8. Frankf. Gebhardt u. K. 797—98.

Weihenmeyer, J. H., s. Weyhenmeyer.

[*Weihenstephan*. Molkerei-Versuchsstation u. Molkereischule]. (Münch. 1877). 8 S. P.

Weiher-Nimptsch, Freiherr von. Kandidat und Interpellant. Ein Gespräch. — Wähler Martin, ländliche Familienscene. — Brennöls Wahlbericht. Politisches Gespräch. Berlin, Selbstverlag 1849. 15, 16, 10 S. 8.

—— **Kandidat und Interpellant.** Ein Gespräch. Wahlprogramm, geschrieben während des Belagerungszustandes. gr. 8. (15 S.) Berlin 849, (Schneider und Comp.) *

—— **Wähler Martin.** Ländliche Familienscene. gr. 8. (16 S.) Berlin 849, (Schneider und Comp.) *

Weiher-Nimptsch, v., **Brennöl's Wahl-Bericht.** Politisches Gespräch. gr. 8. (10 S.) Berlin 849, (Schneider und Comp.) *

Weihestunden. Ein Blüthenkranz aus Deutschlands Dichtergarten. Dargeboten von Karl Sudhoff. 3. Aufl. Kreuznach 860. Voigtländer. 16. (VIII, 367 S.) n. 1 Thlr 15 ngr.

Weihestunden am Altare des Herrn. Ein evangel.-christl. Beicht- u. Communionbuch f. Erwachsene u. Confirmanden. 8. (Mit 1 Lithogr.) Meißen 840, Goedsche. 9 ngr

Weihestunden am Altare des Herrn. Ein evangelisch-christl. Beicht- u. Communionbuch für Erwachsene u. Confirmanden. 2. verm. Aufl. 8. (IV u. 172 S. m. 1 Lith.) Meissen 851, Goedsche. 9 ngr; in Engl. Einb. n. 17 ngr; m. Goldschn. n. 18 ngr

— für gebildete Christen. Ein Blüthenkranz aus Deutschlands Dichtergarten. Gesammelt, geordnet, mit Anmerkungen u. Nachrichten über die Dichter begleitet von Karl Sudhoff. 16. (XXXII u. 506 S.) Kreuznach 851, Voigtländer. n. 1⅓ Thlr; in Engl. Einb. m. Goldschn. n. 1⅚ Thlr

Weihestunden, christlich-vaterländische. Predigten, Ansprachen und Reden. Gehalten von Emil Frommel, Rud. Kögel, Jul. Müllensiefen, Stahn, Adph. Stöcker u. A. 1. Sammlung. 2 Hefte. gr. 8. (VII, 247 S.) Berlin 877, [Chun.] Klinkhardt.
—— dass. — 2. Sammlung. 2 Hefte. gr. 8. Ebendas. [1. Heft. (VI, 136 S.) 879. * ℳ 3.; 2. Heft. (VIII, 167 S.) 880. * ℳ 1,80.]
1. und 2. Sammlung zusammen

— dasselbe. 2. Sammlung. 2 Hfte. gr. 8. (VI, 136 u. VIII, 107 S.) Ebend. 879. 80. 4. 80

Weihestunden in der Fastenzeit. Oder Betrachtungen über einzelne Stellen der Leidensgeschichte unsers Herrn und Heilandes Jesu Christi. Von e. kathol. Geistlichen. Mit Titelkpfr. gr. 8. Augsburg 834. Kollmann. ½ Thlr

— des Lebens. Ein Andachtsbuch für Christen und solche, die es werden wollen. (Mit Titelkupf.) 8. Freiburg 841, Herder'sche Verlagsh. n. ⅚ Thlr — In gepreßtem Einband mit Goldschn. n. 1⅚ Thlr

Weihe-Stunden der Muse, von der Verf. der Jakobine (Fr. von Wallenrodt) 1r Theil, 8. Neu-Ruppin, 796. Kühne. 18 gl.

— — dess. 2r Thl. (a. unt. d. Tit.: der Steinbruch.) 797.

Weihestunden der Muse, oder die Irrgänge des menschlichen Lebens . . . Ruppin 1797—98. V: *Lohmann, Johanna Friderike geb. Ritter.* (MGT) (Adel) (Schl) (Ky)

Weihestunden der Muse, (v. Jh. Frdrke. Lohmann). 2 Thle. 8. Ruppin 798. (Liebeskind in Leipz.) 3 Thlr

Weihestunden für das Schweizervolk ohne Unterschied des Glaubensbekenntnisses. [Zürich] 18?? V: *Böhner, Aug. Nath.* (Cat. der Stadtbibl. Zürich. Zürich 1864—97.)

Weiheworte bei der Enthüllung des Burschenschafts-Denkmals gesprochen von einer Festjungfrau. [Jena] 1883. V: *Klopfleisch, Fr.* (Erman & Horn, Bibliogr. d. dtsch. Univ. Leipz. u. Berl. 1904. III, 307.)

Weihgesang. [Hamburg: ca 1800.] 1 Bl. 8⁰ [Kopftit.]
Ohne Noten: „Ihr Brüder, auf! das Fest beginnt, . . .“ 193.

Weihgesang bei Eröffnung eines neuen Logensaales für die g. u. v. St. Johannisloge zu den drei Flammen im Or. zu Plauen. [Plauen] o. J.: Wieprecht. 2 Bl. 8⁰
Ohne Noten: „Jubel dir, geweihte Stunde, . . .“ 157.

Weih-Gesang. Zur Eröffnung der Schwester[n]-Loge im Or. zu Weimar, den 11. Junius 1816. [Weimar 1816.] 1 Bl. 8⁰ [Kopftit.]
Ohne Noten: „Sterne leuchten, Strahlen glänzen, . . .

[Dasselbe u. d. Tit.:]
Weihgesang zu Eröffnung der Schwestern-Loge im Or. zu Weimar den 11ten Aug. 1818. [Weimar 1818.] 1 Bl. 8⁰ [Kopftit.]

Weihgesang zur Feier der Ankunft des Fürsten u. Herrn Franz Anton Gindl, Fürstbischof von Gurk. Klgft., v. Kleinmayr, 1841. Quart. 12 S. (Verf.: G. Schellander. — Ferner eine Ode von P. A. Budik.)

Weihgesang bey der feyerlichen Installation der g. und v. St. Johannis-Loge zum schützenden Thore im Or. zu Warendorf am 17. April 1817. [Warendorf 1817.] 2 Bl. 8⁰ [Umschlagtit.]
Ohne Noten: „In des Lichtes erstem Strahle . . .“ 430.

Weihgesang am Morgen des frohen Vermählungstages P. T. Herrn Joh. Merkel mit Fräulein A. M. B. Held dargebracht von einigen Freundinnen und Freunden. Nürnberg am 18. Oct. 1818. [Nürnberg 1818]: M. J. Schmid. 2 Bl. 4⁰ [Umschlagtit.]
Ohne Noten: „Aus dem dunklen Schoos der Träume, . . .“ 193.

Weihgesang Seiner Gnaden dem Hochwürdigsten Herrn Herrn Ernst Ruziczka der Budweiser Diezös Zweytem Bischoffe als selber nach empfangener heiliger bischöfflicher Weihe von Prag nach seinem Sitze zurückkehrte, geweiht von den sämmtlichen Professoren am kk. Gymnasium zu Neuhaus. Neuhaus 1816. V: *Swoboda, Wenzel Alois.* (GGr VI/789, Nr. 186/3) (BiblPort)

Weihgesang am 8ten Sept. 1814 [in der Loge Archimedes zu den drei Reissbretern. Altenburg 1814.] 2 Bl. 8⁰ [Umschlagtit.]
Ohne Noten: „Willkommen Brüder! in des Bundes Hallen . . .“ 193. 358a.

Weihgeschenk. Album für Kunst u. Poesie. Gesammelt aus den Taschenbüchern Rosen u. Vergißmeinnicht. 2. Aufl. 8. (18 S. m. 12 Stahlst.) Leipzig 847, Herm. Fritzsche. Geb. m. Goldschn. n. 5/6 ₰

Weihgeschenk, kleines, in moral.-religiösen Sprüchen, s. Confirmationsbriefe.

— der Universität zu Leipzig bei ihrer 4ten Säcularfeier d. 4. Dec. 1809 dargestellt, unter Am. Wendts Vorsitze. gr. 8. Leipz. 810. Beygang. 6 gr.

Weihmann, Friedrich Otto Walther: Das 1, 1, 3 - Tribenzoyl-phenyl-propan, seine Synthese, seine Aufspaltung und seine Reaktion mit Hydroxylaminchlorhydrat. Leipzig 1902: Metzger & Wittig. (34 S.) 8⁰
Leipzig, Phil. Diss. v. [15. Jan.] 1903.

Weihmayr, Walther: Über lex Plautia de vi und lex Lutatia. Augsburg: Druck v. Ph. J. Pfeiffer 1890. 62 S., 1 Bl.
München, Phil. Fak., Inaug.-Diss. v. 1890.

Weihmayr, Walther Über Lex Plautia de vi und Lex Lutatia. 8 (62 S.). **Progr.** Kath. Studienanst. b. St. Stephan *Augsburg* 1888

Nekrolog auf P. Ottmar Förster, K. Lyzeal- und Gymnasialrektor. (Chronik des Lyzeums.) — Von Dr. P. W. Weihmayr, L.-R. u. G.-R. — 1905, Augsburg, Ph. J. Pfeiffer. — P. 55–56.
Progr. Augsburg bei St. Stephan
K. Lyceum

Weihnacht, deutsche. Mit e. Einführg. v. Arth. Bonus, i.: Fruchtschale, die.

Weihnacht, deutsche. Eine Anthologie deutscher Dichter u. Denker. Mit Illustr. von E. v. Baumgarten. gr. 8. (11 S.) München 900. Ad. Freund. Geb. 2. —

— deutsche. Literarischer Jahresbericht 1910. Hrsg. v. Thdr. Ebner. (106 S. u. 176 Sp. m. Abbildgn.) gr. 8. Stuttgart, Neff & Koehler. nn — 50

Weihnacht, Deutschlands patriotische, Fest-Geschenk f. d. deutsche Volk in sieben Gaben. gr. 8. (1½ B.) Stuttgart 842, Wachendorf's Vrlgsh.

Weihnacht, fröhliche. 12. (4 S.) Barmen 880. Wiemann. — 3

Zur weihnacht 1906. (Husum [1906]: F. Petersen.) (2 Bl.) 8° [Kopft.] [07. 3013

Weihnachten. Interessante u. lehrreiche Mittheilgn. üb. die Entstehg., Bedeutg. u. Feier der Weihnachten, Beschreibg. der dabei herrsch. Sitten u. Gebräuche, sowie der darauf bezügl. Mythe u. Symbolik. Vom Anfang bis auf unsere Zeit. (Eine Festgabe f. Jung u. Alt.) Bearb. u. hrsg. e. e. Nichttheologen. gr. 16. (VIII, 132 S.) Görlitz 876. Doulin. cart. n. 2. —; cart. m. Goldschn. n. 3. —; geb. m. Goldschn. n. 3. 75

Weihnachten. (Ausgestanzt.) gr. 4. (10 S. m. z. Tl. farb. Bildern.) Fürth 894. (Leipzig, W. Opetz.) — 75

Weihnachten. 1. Berlin: Verl. d. Vorstände-Verbandes d. Ev. Jungfrauenver. 1900. 8°

Weihnachten. I—III. gr. 8. Berlin (Buchh. d. ostdeutschen Jünglingsbundes). à n. — 25

I. Das Licht aus Bethlehem. Eine Weihnachts-Erzählung. Von R. Zarnack. (38 S.) 900.
II. Der Neger. Eine Weihnachtserzählung. Von B. Mercator. (32 S.) 902.
III. Bis daß er's findet! Eine Weihnachtserzählung. Von H. v. Redern. (32 S. m. Abbildgn.) 903.

— IV. gr. 8. Berlin (Buchh. des ostdeutschen Jünglingsbundes). n. — 30
Seine unaussprechliche Gnade. Eine Weihnachts-Erzählg. Von R. Zarnack. (32 S.) 903.

Weihnachten. Nr. 1—11. 12. Berlin, Deutsche ev. Buch- u. Tractatgesellschaft. à — 10

1. Euch ist heute der Heiland geboren! (12 S.) (901.)
2. Ehre sei Gott in der Höhe! (12 S.) (901.)
3. Auf Urlaub. Von H. v. R. (12 S.) (901.)
4. Enkelkind, das. Erzählung von H. v. R. (III, 36 S.) (901.)
5. Gehe hin m. Frieden! Erzählung. Von Ottilie Bayer. (36 S.) (901.)
6, 7. Nacht, heilige. Erzählung von H. v. R. (58 S.) (901.)
8. Er heißet „Wunderbar". Von M. v. O. (12 S. m. 1 Abb.) (902.)
9. Erbe, der. Eine Erzählg. v. H. v. R. (12 S. m. 1 Abb.) (902.)
10. Zufall? Erzählung von H. v. R. (16 S. m. 1 Abb.) (902.)
11. Obdachlos! Erzählg. von M. v. O. (16 S. m. 1 Abb.) (902.)

Weihnachten. Nr. 12—16. (16, 16, 15 u. 16 S. m. Abbildgn.) kl. 8. Berlin (902—905). Deutsche ev. Buch- u. Traktat-Gesellschaft. à n. — 10

Weihnachten 1901. Den Lesern der «Züricher Post». IV + 32 S. 8. [Zürich,] Verlag der «Züricher Post».

Weihnachten 1902. Den Lesern der «Züricher Post». IV + 24 S. 8. [Zürich,] Verlag der «Züricher Post».

Weihnachten 1903. Den Lesern der «Züricher Post». II + 32 S. 8. [Zürich,] Verlag «Züricher Post».

Weihnachten 1904. Den Lesern der «Züricher Post». II + 24 S. 8. Zürich, Verlag der «Züricher Post».

Weihnachten 1905. Den Lesern der «Züricher Post». II + 32 S. 8. (Zürich.) Verlag der «Züricher Post».

Weihnachten 1906 u. 1907 u. 1908. Den Lesern der «Züricher Post». II + 24 u. II + 32 u. II + 31 S. 8. [Zürich,] Verlag ... der Genossenschaft Züricher Post.

— Postkarten-Malbuch. (4 farb. u. 4 schwarze perforierte Bl.) Lex.-8. Mainz (906) J. Scholz. n. — 50

Weihnachten, die, Allen denen, die Seine Erscheinung lieb haben. 8. (1½ B. u. Titkpfr.) Nürnberg 830, Raw.

Weihnachten, die. Allen denen, die Seine Erscheinung lieb haben. 2. Aufl. Mit 1 Kpfr. 12. (24 S.) Nürnberg 852, Raw. 2 ngr

— deutsche! Festschrift zum deutschen Weihnachtsfeste in München 1899. Hrsg. von Rud. Lenzer. gr. 8. (40 u. 8 S. m. 1 Fksm.) München 899. J. Kutschera & Co. — 50

Deutsche Weihnachten! Festschr. zum Deutschen Weihnachtsfeste in München 1899. Hrsg. von Rudolf Lenzer. *München: Odin 1899.* (39, 7 S.) 8° [F.] [00. 1470

— in der älteren u. neueren Dichtung, s.: Kinderglocken.

[F.] Drei Weihnachten. E. Erzählg in 3 lebende Bilder gesetzt v. M. W., in Deklamation vf. v. Frl. L. H. Zum Besten f. Erbaug v. Gesellenhäusern. *Paderborn: J. Esser 1897.* (15 S.) 1 Bd 8.
= Sammlung, J. Esser's, leicht aufführb. Theaterstücke. H. 46. [98. 4278

— drei, s. a. Esser's, J., Sammlung leicht aufführbarer Theaterstücke. 46. Heft.

Weihnachten, dreimal. Eine Erzählung, s. Trösteinsamkeit, katholische.

Weihnachten, frohe. (Ausgestanzter Christbaum.) 12. (12 S. m. farb. Abbildgn.) Leipzig 890. Meissner & Buch. n.n. — 75

Weihnachten, fröhliche. Von der Verf. von „Eine Falle um einen Sonnenstrahl zu fangen", „Ankunft zu Hause", „Nur" ꝛc. Frei nach dem Engl. von F. T. 16. (42 S.) Berlin 863, F. Schulze's Buchh. * 5 Ngr.; cart. *

Weihnachten, fröhliche! Eine Weihnachtsunterhaltung mit den Kleinen. Bevorwortet von A. Disselhoff. Mit 4 (lith.) Bildern. Berlin 869. C. Beck. 16. (61 S.) n. 4 ngr.; cart. n. 7½ ngr.

— fröhliche. 16. (14 S. m. farb. Abbildgn.) Ebd. 890. n.n. — 75

— fröhliche. 8. (10 S. m. z. Tl. farb. Bild.) Fürth 895. (Leipzig, W. Opetz.) — 30

— fröhliche! Advents- u. Weihnachtsgedichte, Aufführgn., Liturgien ꝛc., m. Orig.-Beiträgen von Ad. Etmer, Ad. Gründler, A. Himmelmann u. a. m. 2 Bde. 8. Konstanz 903. Zürich, Christl. Buch- u. Kunstverlag C. Hirsch. Geb. à n. 1. —

I. Enth. 105 Weihnachts-Gedichte, Deklamationen für zwei Personen u. Zwiegespräche. (160 S.)
II. Dichtungen u. Gespräche f. mehrere Personen. Aufführungen in Schule u. Haus, sowie Liturgien f. die kirchl. Feiern der Sonntags- u. Kleinkinderschulen. (160 S.)

— fröhliche, u. 7 andere Erzählungen, s.: Blumen u. Sterne.

Ein Weihnachten in französischer Gefangenschaft. Eine wahre Begebenheit. Erzählt von O. P. *Cothen: Ev. Vereinsh. [Berlin: Sonntagsschulbuchh. 1896].* (S. 11—15.) 8° [F.]
— Weihnachts-Rosen. H. 13, 2 [02. 2959

Weihnachten im Hoffnungsbund. Bern: Agentur d. Blauen Kreuzes; Barmen: Buchh. d. Blauen Kreuzes [1907]. (32 S.) 8° [F.] [08. 4066

(U.-Titel:) Weihnachten | kommt! | *(Text)*. (= *Schutzengelbrief, 9*).
Kol.: Druck und Verlag der Buchhandlung L. Auer in Donauwörth.
o. J., 4 S. n. n., 125 × 85, Fig. S. 3: *Jesuskind,* 35 × 27.
Diöz.-B. Rottenburg.

— u. der Krieg, s.: Schillings-Bücher.

Weihnachten in Lied und Bild. Eine Sammlung von Liedern und Gedichten von Clem. Brentano, Melch. v. Diepenbrock, Guido M. Dreves rc., hrsg. von Aug. Meer, illustrirt von Ernst Pezler. Für Gesang mit Klavierbegleitung harmonisirt von Bernh. Kothe. 4. (55 S.) Breslau 888, Wiskott. geb. *

— merkwürdige. 2 theosoph. Weihnachts-Erzählgn. Aus dem Engl. übers. v. Marc. Mossala. (59 S.) 8. Berlin (904). P. Raatz. 1. —; geb. n. 1.75

— u. Neujahr, s.a. Kinder-Glückwünsche.

Weihnachten u. Neujahr. Ausgewählte Festgedichtchen m. Orig.-Beiträgen v. Ottilie Wildermuth. 2. Bdchn. der Kinderglückwünsche. 15. Aufl. 12. (60 S.) Lpz. 889, Siegismund u. Volkening. — 60 cart. — 70

Weihnachten und Ostern. Eine Festgabe in Bild und Wort. 2. Ausg. Berlin 861. Schauer. 4. (26 S. u. 10 photogr. Bl.) 4 ℛ; Ausg. in gr. 4. geb. 8 ℛ

Weihnachtsabend,

— der; od. d. Edelmann u. Bürger. Schausp. in 5 A. v. G. Hagemann. 8. Eisenach, Wittekind. 798.

Weihnachtsabend, der; od. noch war es nicht zu spät. Nachsp. in 2 A. v. A. K. Walder. 8. Freyberg, Craz u. G. 803.

Weihnachtsabend, Der, vom Verfasser des Weibes, wie es ist. Dresden 1805. V: *Schilling, Friedrich Gustav.* (MGT) (NN)

Weihnachtsabend, d., v. Gustav Schilling. 8. Dresden, Arnold. 808.

Weihnachtsabend, der, Lustsp. in 4 Aufz. vom Verf. des gekrönten Preisstücks: der Lügner. 8. Hamb. Vollmer. 811.

Weihnachtsabend, der, von Gust. Schilling. (der sämmtl. Werke 32r Bd.) 2te Aufl. 8. Dresden, Arnold. 816.

Weihnachtsabend, der, eine Erzählung f. Kinder, v. dem Verfass. d. Ostereier. (Chrstph Schmid). 12. Landsh. 825. Krüll. 4 K Postp. 6 K

Der Weihnachtsabend. Erzählung zum Weihnachtsgeschenke für Kinder. Vom Verf. der Ostereyer.
s.a. Schmid, Christof [Verf.]

—— der, e. Erzähl. zum Weihnachtsgeschenke f. Kinder. Von d. Verf. d. „Ostereier" (Chrstph. Schmid). 2. Aufl. gr. 12. (7 B.) Landshut 834. [Regensburg, Manz.]

Weihnachtsabend, Der. Eine Erzählung. Danzig 1834. V: *Bresler, Carl Hnr.* (Ky)

Weihnachtsabend, der, eine Erzähl. (Von Bresler. 1. u. 2. Aufl.) 8. (à 2 B.) Danzig 834, Gerhard. à

Weihnachtsabend, der. Eine Erzählung zum Weihnachtsgeschenke f. Kinder. Von d. Verf. d. Ostereier. 4. Originalaufl. kl. 8. Regensburg 846, Manz. 1/6 ℛ

— der. Gewidmet der deutschen Jugend von Ferd. Schmidt. Mit Beiträgen von Büchmann, A. Böhm, Hertzsprung, Lua, Maßmann rc. (Jahrg. 1850.) In 12 Büchern. hoch 4. (1. Buch 52 S. m. eingedr. Holzschn.) Leipzig 850, O. Wigand. n. 3½ ℛ; einzelne Bücher à n. ⅓ ℛ (Fortsetzung der illustr. Jugendzeitung.)

Weihnachtsabend, der. Eine Erzählung zum Weihnachtsgeschenke für Kinder. Von dem Verf. der Ostereier (Chrstph. v. Schmid). Neue illustr. Orig.-Aufl. Mit (2) Stahlst. u. Holzschn. Regensburg 864. Manz. 8. (139 S.) 12 ngr.

Weihnachtsabend, der. Eine Erzählung zum Weihnachtsgeschenke für Kinder. Von dem Verf. der Ostereier. 8. Orig.-Aufl. gr. 16. (152 S.) Regensburg 876, Manz.

Weihnachts-Abend. 24. (16 S.) Stuttgart 882, Buchh. der Evangel. Gesellschaft.

Weihnachtsabend, der, im Eisenbahnwärterhäuschen. 16. (15 S.) Barmen 873, Wiemann. *

Weihnachtsabend, der heilige, in dem Pfarrhause zu Laubenthal. Eine Christgabe, der lieben Jugend dargereicht. Von Adph. H. (Höltei.) Bremervörde (858.) Peters. 16. (143 S.) n. 5 ngr.

-- der heilige, in dem Pfarrhause zu Laubenthal. Eine Christgabe, der lieben Jugend dargereicht von Adph. H. (Höltei). Bremervörde 859. Peters. 16. (143 S.) n. 5 ngr.

Weihnachtsabende, drei. Eine Erzählung von A. B. (Verf. des „Pfarrhauses im Harz.") 8. (315 S. mit 1 Bilde in Holzschn.) Berlin 866, Wiegandt und Grieben. *

Weihnachtsabende, drei. Eine Erzählung von A. B. [Verf. des „Pfarrhaus im Harz".] 2. Aufl. 8. (307 S. mit 1 Bilde in Holzschn.) Berlin 869, Wiegandt und Grieben. *

Weihnachtabende, drei, der deutschen Hansestadt Dorpat in Livland 1222–1524–1802, s.: Hefte, livländisch-deutsche.

Weihnachtsabende, drei, u. 12 andere Erzählungen, s.: Blumen u. Sterne.

Zwei Weihnachtsabende. *Witten (Ruhr): Stadtmission [1900].* (16 S.) 8° [F.]
= Sonnenstrahlen. 5. [illegible]

Weihnachts-Album. (16 Aquarellen von C. Scheuren, O. Achenbach, H. Mevius, A. Beck, A. Weber, W. Striowsky, Hs. Gude, Th. Hosemann, W. Camphausen, A. Flamm, A. Achenbach.) Düsseldorf (853.) Arnz u. Co. (Elkan, Baumer u. Co.) qu. gr. 4. n. 5 ℛ. 20 ngr.

Weihnachts-Album, illustrirtes. Galerie von Illustrationen aus dem Gebiete der Architektur, Sculptur u. Malerei. Nach Orig. berühmter Meister. 2. Sammlung. Leipzig 868. Weber. Fol. (X, 20 S. mit 56 Holzschntaff.) cart. n. 2 ℛ

Weihnachts-Album, illustrirtes. Salon-Bilder aus dem Gebiete der Architektur, Sculptur u. Malerei nach Originalen berühmter Meister. Fol. (VIII, 22 S. m. 88 Holzschntaf. in Fol. u. gr. Fol.) Leipzig 874. Weber. geb. m. Goldschn. n. 20. —

Weihnachts-Album d. deutschen Rennsports 1892, verf. v. Fedor Freund m. Zeichngn. v. Pet. Geh. Fol. (III, 32 u. 20 S.) Berlin 892. Verlag d. „Sportwelt" u. d. „Sporn". Kart. n. 5. —

Weihnachts-Album, das, der Illustrirten Zeitung. 50 Illustr. (in Holzschn.) nach Gemälden und Originalzeichnungen berühmter Meister. Fol. (IV S.) Leipzig 864, Weber. cart. *

Weihnachtsandacht, liturgische, m. od. ohne Chormitwirkg. Entworfen vom evang.-theolog. Seminar in Herborn. gr. 8. (8 S.) Herborn 890. Buchh. d. Nass. Kolportagevereins. n. — 10

Weihnachts-Anzeiger. Anzeigeblatt für Geschäftsleute und Gewerbetreibende Graubündens. 3 Nummern. 11.—23. Dezember 1901. [je 4 S.] fol. Chur und St. Moritz, Manatschal, Ebner & Cie.

Wird in ... Chur und Umgebung gratis vertragen und dem «Freien Rätier»..., sowie der «Engadiner Post» beigelegt.

Weihnachtsanzeiger. Litterarischer Weihnachts-Anzeiger für die katholische Schweiz. 1902. Hrg. von Hans von Matt & Co. Verlag, Buchhandlung und Antiquariat in Stans. [Illustriert.] II + 32 S. 8.

Weihnachtsanzeiger. Literarischer Weihnachts-Anzeiger für die katholische Schweiz. 1903. Hrg. von Hans von Matt & Co., Verlag, Buchhandlung und Antiquariat in Stans. [Illustriert.] II + 32 S. 8. (Stans, Ad. & P. von Matt.)

Weihnachtsanzeiger. Litterarischer W'-A' für die katholische Schweiz. 1904. Hrg. von Hans von Matt & Co., ... in Stans. [Illustriert.] II + 36 S. 8. (Stans, Ad. & P. von Matt.)

Weihnachtsanzeiger. Literarischer W'-A' für die katholische Schweiz. 1905. Hrg. von Hans von Matt & Co. ... in Stans. [Mit Illustrationen und 1 Tafel.] IV + 32 S. 8. (Stans, Ad. & P. von Matt, 1905.)

Weihnachtsanzeiger. Literarischer W'-A' für die katholische Schweiz. 1906. Hrg. von Hans von Matt & Co. ... in Stans. [Illustriert.] IV + 32 S. 8. (Stans, Ad. & P. von Matt, 1906.)

Weihnachts-Anzeiger (*Nr. 4: Neujahrs-Anzeiger) für die Lorraine-Breitenrain-Spitalacker-Beundenfeld-Wyler-Quartiere. 4 Nrn. Bern, 12—27. Dezember 1902. [je 4 S.] fol. [Bern,] Berger & Albrecht.

Weihnachts- u. Neujahrs-Aufführungen. Nr. 1—9. 8. Berlin, E. Bloch. à n. 1. 50

1. Friede auf Erden! Dramat. Weihnachts-Gedicht in 1 Aufzuge v. Herm. Selle. (27 S.) 895.
2. Christrosen. E. Weihnachtsmärchen v. H. Gamm. Zur Aufführung in Haus, Schulen u. bei Weihnachtsbescheergn. in Vereinen u. dergl. (26 S.) 895.
3. Das Christkind. Weihnachtssp. in 1 Aufz. v. M. Detloff. (17 S.) 895.
4. Das lebende Bilderbuch. Deklamatorisch-pantomim. Märchen-Aufführgn. E. Zusammenstellg. verschied. bekannter Kindermärchen u. Erzählgn., m. leichtfaßl., kindlich gehalt. Text vers., sowohl zu deklamator. Kindervorträgen, wie auch zur scen. Darstellg. bei Weihnachtsfesten in Familien u. Theatern, Schulen, Vereinen u. Kindergärten 2c. geeignet. Verf. u. m. ausführl. Anleitgn. f. d. scen. Aufführg. vers. v. H. Bloch. (40 S.) 896.
5. Der Weihnachtsmann kommt. Weihnachtskomödie f. Kinder in 3 Bildern v. Hans Geßner. (44 S.) 896.
6. Vom Kreuz z. Christbaum. Weihnachts-Festspiel m. Gesängen u. Lichtbild, v. C. Winderlich. (24 u. 4 S.) 896.
7. Weiße Rosen. Lebensbild in 1 Aufz. Von Max Stempel. (33 S.) 897.
8. König Jahres Heimkehr. Weihnachtsaufführg. Von E. Piening. (28 S.) 897.
9. Weihnachtsspiel. Dramat. Dichtg. zur Aufführg. f. Kinder. Von Hans Schmidt. (Umschlag: Knecht Ruprechts Familie.) 2. Aufl. (24 S.) Erfurt 830.

Weihnachts-Aufführungen. Nr. 10 u. 11. 8. Berlin, E. Bloch. à n. 1. 50

10. Christkinds Weihnachtsfahrt. Ein Weihnachtsfestspiel. Von Martha Detloff. (26 S.) (900.)
11. Der Ring des Glücks. Märchen m. 3 Reigen nebst Prolog zu e. Weihnachtsfestspiel. Von L. Berg. (55 S.) Frankfurt a|M. (899.)

Weihnachts-Aufführungen. Nr. 12. 8. Berlin, E. Bloch. n. 1. 50

Die drei Haulemännchen. Weihnachtsmärchen mit Gesang in 3 Aufzügen. Von Osc. Schumm. (48 S.) (903.) — Klavier-Auszug. Musik v. Osc. Schumm. (6 S.) 4. n. 1.50

Fortsetzung u. d. T.:

Weihnachts- u. Neujahrs-Aufführungen. Nr. 13—16. 8. Berlin, E. Bloch. à n. 1. 50

13. Knecht Ruprechts Macht. Weihnachts-Märchenspiel in 3 Aufzügen. Von Else v. Borgstede. (26 S.) (904.)
14. Unterm Christbaum. Volksstück m. Gesang in 1 Akt. Von Olga Steiner. (26 S.) (905.)
15. Weihnachtssegen. Festspiel in 3 Bildern. Von Geo. Tümmler. (24 S.) 906.
16. Zwei Weihnachten. Vaterländisches Weihnachtsspiel in 2 Bildern. Von Paul Knötel. (31 S.) (906.)

Weihnachts- u. Neujahrs-Aufführungen. Nr. 17—19. kl. 8. Berlin, E. Bloch. à 1. 50

Dobillet, Rosa, Gänseliesel. Märchen in 5 Bildern. Musik v. Frz. Neumann. Mit e. Musikbeilage (Kochlied) v. Otto Schwarz. (48 S.) (907.) (Nr. 18.)

— Rumpelstilzchen. Märchen in 4 Bildern. Musik v. Erich Walter. (59 S.) (907.) (Nr. 17.)

Goeritz, Karl, der Fund am Weihnachts-Heiligabend. Volksstück in 1 Akt. (32 S.) (908.) (Nr. 19.)

Weihnachtsbaum. Gaben von alten und jungen, in Thüringen und Franken lebenden Dichtern . . ., einges. v. Friedrich Hofmann.
Hildburghausen: Bibliogr. Inst. 1842—1866. 8°
3 ff. [u. d. T.]: Weihnachtsbaum für arme Kinder. Gaben deutscher Dichter.
Christbesch. 1 [u. d. T.]: Hofmann, Friedrich: Gedichte. 1842.
Christbesch. 25 [u. d. T.]: Jubiläums-Weihnachtsbaum für arme Kinder. 1866.

1: 1842. 47 S.
2: 1843. 126 S., 1 Bl.
3: 1844. 96 S.
4: 1845. 234 S., 2 Bl.
5: 1846. 300 S., 2 Bl.
6: 1847. 331 S., 2 Bl.
7: Gedichte von J[osef] Meyer und Friedrich Hofmann. 1848. 94 S., 1 Bl.
8: 1849. 158 S., 1 Bl.
9: 1850. 134 S., 1 Bl.
10: 1851. 174 S., 1 Bl.
11: 1852. 175 S.
12: 1853. 223 S.
13: 1854. 162 S., 3 Bl., 1 Titelbild.
14: Bes. v. Ludwig Köhler. 1855. 186 S., 3 Bl.
15: Bes. v. Ludwig Köhler. 1856. XVI, 202 S., 3 Bl., 1 Titelbild.
16: 1857. 144 S., 1 Titelbild.
17: 1858. 126 S., 1 Bl., 1 Titelbild.
18: 1859. 158 S., 1 Bl., 1 Titelbild.
19: 1860. 158 S., 1 Bl., 1 Titelbild.
20: 1861. 144 S.
21: 1862. 160 S., 1 Titelbild.
22: 1863. 160 S.
23: 1864. 128 S.
24: 1865. 144 S., 1 Titelbild.
25: 1866. 146 S., 2 Titelbild.

—— der, ein Sittengemälde für fromme Kinder. qu. 16. (32 S. mit 4 Abbildungen.) Erfurt 847, Andreä. **

Weihnachtsbaum, der. Christliches Allerlei für Christenkinder zum Christgeschenke. 3. Gabe d. evangel. Vereins in der Pfalz. 8. (48 S.) Frankfurt a. M. 850, (Heyder &) Zimmer. n. n. 1/12 ℛ

—— ein, angezündet für unsere Armen im Gebirge vom alten getreuen Dorfbarbier in einer Auswahl seiner gelungensten Lieder und Gedichte. A. u. d. T.: Gedichte von Ferd. Stolle. 8. (VIII und 151 S.) Grimma 847. [Wurzen,] Verlags-Comptoir. *

Weihnachtsbaum, der, in der jüdischen Familie. Offenes Sendschreiben an den berliner Correspondenten des „Jeschurun, Monatsblatt von S. R. Hirsch." gr. 12. (22 S.) Hamburg 855, (Nolte und Köhler.) *

Weihnachtsbaum für arme Kinder, s. Weihnachtsbaum. —

Weihnachtsbescherung, die, e. Festgabe z. bildenden u. belehr. Unterhaltung f. Kinder v. 8 bis 12 Jahren. Mit 1 ill. Kpf. 8. Berl. 827. Hasselberg. 1 ℛ 12 𝔤

Weihnachtsbildchen, 100, nach J. Klein, m. Liedertext v. J. M. Holzschn. m. Text auf der Rückseite. 16. Augsburg 884. Literar. Institut v. Dr. M. Huttler. n. 1. —

— dasselbe, nach Ludw. Richter. 16. Ebend. 884. n. 1. —

— dasselbe, nach Martin Schongauer. 16. Ebend. 884. n. 1. —

Weihnachts- und Festbilder, 16, mit Liederversen und Sprüchen. Für Vereine und Sonntagsschulen. qu. gr. 8. (Holzschntaf.) Hamburg 877, Agentur des Rauhen Hauses.

Weihnachts- u. Festbilder, 24, m. Liederversen u. Sprüchen. Für Vereine u. Sonntagsschulen. (Neue verm. Ausg.) gr. 8. Hamburg 886. Agentur d. Rauhen Hauses. 1. 20

Weihnachtsbilder, 20, auf farbigem Cartonpapier. Zum Vertheilen. Hamburg 867. Agentur des Rauhen Hauses. 16. In Couvert n. 7½ ngr

Weihnachtsbilder, 20, auf farbigem Cartonpapier. Zum Vertheilen. 16. (Holzschntaf.) Hamburg 877, Agentur des Rauhen Hauses.

Weihnachtsbilder, 20, auf farbigem Kartonpapier. 16. Hamburg 886. Agentur d. Rauhen Hauses. n. — 60

Weihnachts-Bilderbuch. hoch 4. (8 Chromolith. m. Text.) Wesel 885. Düms. cart. n. — 50

Weihnachts-Bilderbuch f. groß u. klein, allen wird's willkommen sein. 8 hübsche Weihnachtsbilder in Farbendr. (m. untergedr. Text) nebst vielen Weihnachts-Liedern u. Geschichten. (8 S. Text.) 30×20,5 cm. Wesel (907). W. Düms. Kart. — 60; nur m. untergedr. Text auf Lw. 1. 50

Weihnachts-Bilderbuch, neues, f. die Kleinen. Mit 9 Farbendr.-Bildern v. Wilh. Schäfer. 1.—18. Taus. gr. 4. (18 S.) Wesel 893. W. Düms. Kart. — 60

Weihnachts-Bilderbuch, neues. (7 farb. S. ohne Text u. 4 S. Text.) gr. 4. Wesel (903). W. Düms. — 60; auf Pappe, geb. 1. —

Weihnachtsblatt, deutsches. Zum Christfest 1888. Ein Weihnachts-Supplement zu allen deutschen Familienjournalen. Fol. (32 S. m. eingedr. Illustr. u. 8 farb. Taf.) Berlin 888. Grote. n. 2. 50

Weihnachtsblätter: 1890—? San Diego, CA

Weihnachts-Blätter, deutsche. Eine Festgabe f. die deutsche Familie. 1888. Fol. (36 S. m. Illustr. u. Taf. in Holzschnitt, Lichtdr. u. Chromolith.) Berlin, Mückenberger. n. 3. —

Weihnachtsblüthen. Ein Almanach für die christliche Jugend auf die Jahre 1838—1841. 1r—4r Jahrg. In Verbindung mit Andern herausg. von Gustav Plieninger. Mit Stahlst. 12. Stuttgart 837—40. Belser's Buchh. Geb. mit Goldschn. (à n. 1 5/6 ₰) 5 2/3 ₰

Weihnachtsblüthen. Ein Almanach f. d. reifere Jugend a. . . . . Hg.: J. Plieninger.
1839—1864. M. Stahlst. u. Lith.
Stuttgart.

Weihnachtsblüthen. Ein Almanach für die Jugend auf d. J. 1842—1847. In Verbindung mit Andern herausgeg. von Gustav Plieninger. 5.—10. Jahrg. Mit Stahlstich. 16. Stuttgart 841—46, Belser'sche Buchh. 5. u. 6. J. à n. 2/3 ₰ 7.—10. J. à n. 1 ₰

Weihnachtsblüthen. Ein Almanach für die Jugend auf die J. 1848—1852. In Verbindung mit Andern hrsg. v. Gust. Plieninger. 11—15. Jahrg. Mit vielen Bildern. gr. 16. (1848: 326 S. m. 8 Stahlst. 1849: 316 S. m. 9 Stahlst. 1850: 360 S. m. 7 Stahlst. 1851: 328 S. m. 9 Stahlst. 1852: 336 S. m. 9 Lith. u. 1 Stahlst.) Stuttgart, Belser. In Engl. Einb. à n. 1 ₰

Weihnachtsblüthen. Ein Taschenbuch für die Jugend. In Verbindung mit Andern herausg. von Gust. Plieninger. 17—21. Jahrg. 1854—58. Stuttgart, Belser. 16. (17.: 323 S. u. 9 Kpfr.; 18.: 299 S. u. 9 Kpfr.; 19.: 314 S. u. 8 Lithogr. in Farbendr.; 20.: 358 S. u. 8 Lithogr. in Farbendr.; 21.: 294 S. u. 8 Lithogr. in Farbendr.) Jeder Jahrg. n. 1 ₰.

—— dass. — 22—25. Jahrg. à Jahrg. mit 8 (lithogr. und ill.) Bildern (in Tondr.) gr. 16. Stuttgart 859—62, E. Hallberger. [22. Jahrg. (IV und 323 S.) 23. Jahrg. (III und 347 S.) à Jahrg. 1 Thlr., 24. Jahrg. (IV und 322 S.) 25. Jahrg. (III und 322 S.) à Jahrg. 1 Thlr. 10 Ngr.]

Weihnachtsblüthen. Ein Taschenbuch für die Jugend. In Verbindung mit Andern hrsg. von Gust. Plieninger. 26. Jahrg. gr. 16. (III und 320 S. mit 8 lithogr. und ill. Bildern in Tondr.) Stuttgart 863, E. Hallberger. geb.

Weihnachtsblüthen. 10 Geschichtenbüchlein f. Kinder. 1.—6. Sammlung. à 10 Hefte. 12. (à Heft 8—24 S.) Berl. 891,92, Deutsche Evangel. Buch- u. Tractat-Gesellschaft. à Sammlg. * — 50

Weihnachtsblüthen. 10 Geschichten f. Kinder u. Kinderfreunde. (Zum Vertheilen bei Weihnachts-Bescheergn.) 1.—10. Sammlg. 12. (à 10 Nrn. zu ca. 16 S.) Berlin 891—894. Deutsche evangel. Buch- u. Tractat-Gesellschaft. à Sammlung n. — 50

Weihnachtsblüthen. Zehn Geschichten f. Kinder u. Kinderfreunde. (Zum Vertheilen bei Weihnachts-Bescheergn.) 11. Sammlg. 12. (10 Nrn. à ca. 16 S.) Berlin 897. Deutsche evang. Buch- u. Tractat-Gesellschaft. n. — 50

Weihnachts-Bote d. Evang. Gesellschaft Stuttgart. Red.: W. Kopp. gr. 4. (8 S. m. Abb.) Stuttgart 898. Buchh. d. Evang. Gesellschaft. n. — 05

Weihnachts-Bote der Evangelischen Gesellschaft Stuttgart (1902). Red.: Ernst Kalb. gr. 4. (8 S. m. Abbildgn.) Stuttgart, Buchh. der ev. Gesellschaft. n.n. — 05

Weihnachts-Bote der Evangelischen Gesellschaft Stuttgart (1906). Red.: Ernst Kalb. (8 S. m. Abbildgn.) gr. 4. Stuttgart, Buchh. der ev. Gesellschaft. n.n. — 05

Weihnachts-Bote. (Jahrg. 1910.) Red.: A. Hinderer. (8 S. m. Abbildgn.) 31×23 cm. Stuttgart, Verlag der ev. Gesellschaft. p — 05

Weihnachtsbotschaft. Erzählungen f. jung u. alt v. M. Bartz, E. Bauck, Käthe Dorn u. a. Mit (5) Bildern v. Hans Kaufmann. (144 S.) 8. Reutlingen (909). Enßlin & Laiblin. Geb. in Leinw. 1. 20

Weihnachtsbuch, deutsches. II. Tl.: Erzählungen. Im Auftrage der literar. Vereinigg. des Berliner Lehrervereins hrsg. v. Alex. Troll. (96 S.) 8. Berlin (904). J. Räde. Geb. in Leinw. — 60; eih. Pr. n. — 75
Tl. I s. u. d. T.: Weihnachtsbüchlein, deutsches.

Weihnachtsbuch. Deutsches W'. Eine Sammlung der schönsten und beliebtesten Weihnachtsdichtungen in Poesie und Prosa. 416 S. 8. Hamburg-Grossborstel, Verlag der Deutschen Dichter-Gedächtnis-Stiftung, 1906. (geb. M. 2. —, Geschenkband 4. —)
Hausbücherei der Deutschen Dichter-Gedächtnis-Stiftung. Band 20 und 21.

Weihnachtsbuch, deutsches, s. Hausbücherei der deutschen Dichter-Gedächtnis-Stiftung.

Weihnachtsbuch, deutsches, für arme Kinder (ohne Unterschied der Confession). Aus den Orig.-Beiträgen deutscher Schriftsteller hrsg. von Osk. Straß. 8. (VIII und 262 S. mit 8 ill. Stnt.) Berlin 847, Stuhr'sche Buchh. *

Weihnachtsbuch, Hamburger. Mit 140 Bildern. gr. 4. (III, 267 S.) Hamb. 892, O. Meißner's Verlag. geb. * 15 —

Weihnachtsbuch, Hamburger. Mit 140 Bildern. gr. 4. (III, 267 S.) Hamburg 893. O. Meißner's Verl. Geb. in Leinw. n. 15. —

Weihnachtsbuch, immergrünes, für die Jugend. gr. 16. (IV und 190 S. mit eingedr. Holzschn.) Leipzig 850, Wengler. Thlr.

Weihnachtsbuch des Jugend-Bazar. Eine Festgabe für Deutschlands Jugend. Mit Beiträgen der Mitarbeiter des Jugend-Bazar. I. Leipzig 866. Waldow. gr. 8. (IV, 176 S. mit 6 Holzschnttaff. in Buntdr.) cart. n. 22½ ngr.

Weihnachtsbuch für Jung und Alt. Hrsg. von A. W. gr. 8. (196 S.) Prag 871, (Hunger.) [Kosmack und Neugebauer.] *

Weihnachtsbuch für fröhliche Kinder. 16. (32 S. m. 6 color. Lith.) Frankfurt a. M. 851, Lizius. ¼ ₰

Weihnachts-Buch, mein. Christfest-Gabe für artige Kinder in Wort und Bild von C. M. Neu-Ruppin 864. Oehmigke. 4. (16 S. u. 16 lith. u. color. Bl.) 15 ngr.

Weihnachtsbüchlein. Herausg. von F. J. Holzwarth. Mainz 857. Kirchheim. 8. (VIII, 272 S. u. 1 Stahlst.) 22½ ngr.

Weihnachtsbüchlein. Berlin 865. Buchh. des Missions-Vereins. 16. (64 S.) 2¼ ngr.

— Großmutters Weihnachtsabend. Von Fr. R. Ein Sylvesterabend. Von R. R. Vom Scheiden der Menschenkinder. Von Emil Frommel. 12. (28 S.) Barmen 882. Klein. n. — 10

Weihnachtsbüchlein. Enthaltend eine Fest-Liturgie, ein biblisches Festgespräch der Kinder u. einige Gesänge zur Feier des Weihnachtsfestes in der Volksschule. 2. Aufl. 12. (16 S.) Berlin 882. Deutsche evangel. Buch- u. Tractat-Gesellschaft. n. — 7

Weihnachtsbüchlein, das. Ein Bilderbuch für die lieben Kleinen. 32. (24 S.) Reading, Pa. 886, Pilger Buchh. *

Weihnachts-Büchlein. Sammlg. v. Andachtsübgn. währ. d. hl. Weihnachtszeit zu Ehren d. lieben Christkindleins. Entnommen d. Schriften einiger vorzügl. Verehrer desselben, wie: d. hl. Franz v. Sales, d. ehrw. Johannes Chrysostomus Schenk v. Castell, Kapuziner, d. ehrw. Thomas v. Kempis u. a. 3., verm. Aufl. 16. (118 S. m. farb. Titelbild.) Luzern 896. Räber & Co. Geb. in Leinw. n. — 80

Weihnachtsbüchlein. Vom kleinen Elschen. Am hl. Abend. Weihnachten. (Festgrüsschen mit Antiquaschrift IV.) (16 S.) 8. Zürich (905). Buchh. der ev. Gesellschaft. — 20
Fortsetzung, s.: Festgrüsschen m. Antiquaschrift.

[Weihnachtsbüchlein für deutsche Christenkinder. 1.]
Berlin: Deutsche Sonntagsschul-Buchh. 1898. 8⁰

— deutsches, für den Schulgebrauch. Im Auftrage der literar. Vereinigg. des Berliner Lehrervereins hrsg. v. v. Wilh. Kotzde. (64 S. m. Titelbild.) 8. Berlin (904). J. Rade. Geb. in Leinw. — 60; erh. Pr. n. — 75
Tl. I s. u. d. T.: Weihnachtsbuch.

Weihnachtsbüchlein, Goldenes. Guten Kindern zu Freud und Nutz . . . Münster 1863. V: *Grimme, Frdr. Wilh.* (Ky)

—— goldenes. Guten Kindern zu Freud und Nutz und großen Leuten nicht zum Schaden. (Von F. W. Grimme.) 4. (IV und 55 S. mit eingedr. Holzschn. und 8 Chromolithogr.) Münster 863, Aschendorff'sche Buchh. cart. *

Weihnachtsbüchlein für die Jugend. Flensburg 1791. V: *Harries, Heinrich.* (MGT) (Kordes, Schlesw.-holst. u. eutin. Schriftst. Schleswig 1797.)

Weihnachtsbüchlein für artige Kinder. Hrsg. von der Wupperthaler Traktat-Gesellschaft. 8. (24 S. mit eingedr. Holzschn.) Barmen 872, Wiemann.

Weihnachtsbüchlein f. artige Kinder. Hrsg. v. der Wupperthaler-Traktat-Gesellschaft. gr. 16. (24 S.) Barmen 873. Wiemann. — 15

Weihnachts-Bühne. Nr. 1—5. 8. Landsberg a/W., Volger & Klein. à n. 1. 50
1. Weihnachten. Familienbild in 1 Aufzuge. Von R. Benedix. (28 S.) (904.)
2. Friede auf Erden od. Im Felde. Weihnachtsstück in 1 Akt. Von Osc. Weiß. 1. u. 2. Aufl. (20 S.) (904. 906.)
3. Ehre sei Gott in der Höhe od.: Urlaubers Weihnacht. Weihnachtsstück in 1 Akt. Von Adf. Volger (20 S.) (905.)
4. Vor der Bescheerung. Ein Weihnachtsmärchen in 1 Akt. Von Emilie Esser. (15 S.) (905.)
5. Vom Himmel hoch, da komm ich her. Weihnachtsstück in 1 Akt. Von Adf. Volger. (22 S.) (906.)

Weihnachtsbühne. Nr. 6. 8. Landsberg a/W., Volger & Klein. 1. 50
6. Unschuldig verdächtigt. Weihnachtsstück in 1 Akt. Von Ernst Paul. (16 S.) (907.)

Weihnachtsbühne. Nr. 1—9. 8. Leipzig, G. Richter. à 1. 50
Braune, Edm., Tantchen's Weihnachtskiste od. Perle Meier. Weihnachtsbild in 1 Aufzug. (30 S.) (908.) (Nr. 3.)
Frenkel-Norden, Rich., und Friede auf Erden. Weihnachtsbild aus dem Leben in 1 Akt. (21 S.) (909.) (Nr. 7.)
Hohendorff, Hans, des wilden Röschens Weihnachtsgabe. Weihnachts-Lustspiel in 1 Akt. (26 S.) (910.) (Nr. 8.)
Philippi, Siegfr., der Wunschzettel. Weihnachtslustspiel in 1 Akt. (35 S.) (908.) (Nr. 4.)
Reuter, Fel., treue Liebe od. Das Glück am Weihnachtsabend. Orig.-Weihnachts-Komödie in 1 Akt. (13 S.) (908.) (Nr. 1.)
Ruth, Karl, Weihnachtsfeierklänge od. . . . . . u. niemand fragt nach ihnen. Weihnachtsstück in 1 Aufzuge. (16 S.) (909.) (Nr. 6.)
Schmidt, Carl Rob., im Forsthaus zu Talheim. Ein Weihnachtsspiel in 2 Bildern. (19 S.) (909.) (Nr. 5.)
— Der Zwerge Auszug. Ein Weihnachts-Märchenspiel in 3 Bildern. (32 S. m. Fig.) (910.) (Nr. 9.)
Winter-Tymian, Emil, zehn Jahre auf See od. Ein herrl. Weihnachtsabend. Orig.-Weihnachtsstück. (18 S.) (908.) (Nr. 2.)

Weihnachtsdichter, der, s. Fest- u. Gelegenheitsgedichte.

Der Weihnachtsdichter. Declamation in Poesie und Prosa. [„Fest- und Gelegenheitsgedichte". Bd. 9.])110 S.) 8⁰
Linz: Kath. Presseverein 1902.

(F) Der Weihnachtsdichter. 2. Aufl. [Fest- und Gelegenheitsgedichte. 9. Bd.] 8⁰. (114 S.) Ebda 1909. K 1.20

(F) **Der neue Weihnachtsdichter.** [Bd. 16 der Fest- und Gelegenheitsgedichte.] 8°. (106 S.) K 1.20, geb. K 1.60
Ebda. 1907.

Weihnachts-Erinnerungen, s. Salzbrunn, Alice.

Weihnachtsfeier, Die, nach Anleitung des römischen Breviers. München 1819. V: *Mastiaux, Caspar Anton Freih. von.* (Ky)

— die, nach Anleitung des römischen Breviers, (v. Frhrn. v. Mastiaux). gr. 8. Münch. 819. Lentner. 18 gr

Weihnachtsfeier in der Freischule zu Leipzig im Jahr 1797. ... Leipzig 1798. V: *Plato, Christian Carl, Rost & Joh. Chn Dolz.* (Ky)

Weihnachtsfeier, in der Freischule zu Leipzig im J. 1797. 3 katechet. Unterredungen (v. Plato, Rost u. Dolz). 8. Leipz. 798. Barth. 5 gr

Weihnachtsfeier, e. gesegnete, u. andere Erzählungen, s.: O du fröhliche usw. Weihnachtszelt. Nr. 1.

Weihnachtsfeier, die, ein Kinder- u. Familienfest. Begangen in der Georgens'schen weiblichen Bildungsanstalt zu Baden-Baden. gr. 8. (57 S.) Karlsruhe 852, Herder. n. 8 ngr

— im Kindergottesdienst. (4 S.) gr. 8. Lemgo, O. Mai. 100 Stück n. 4. —

[Kopft.:] [F.] Liturgische Weihnachtsfeier. '(Zunächst für Kindergottesdienste, aber auch für Gemeindegottesdienste.)' (Hrsg. v. P. [J.] Freytag in Ilfeld.) (Hannover: H. Feesche) [1898]. (4 S.) 8°. [99 1817]

Weihnachtsfeier, liturgische, für Schule u. Haus, siehe: Nikol, Chr. Gottfr.

Weihnachtsfeier der Loge zur deutschen Burg im O.·. zu Duisburg. Duisburg o. J. Ewich. 12 S. 8° [Umschlagtit.]
Ritual für eine Weihnachtsfeier.

Weihnachtsfeier im Logenhause. 1861. [Hannover] 1861. 1 Bl. 8° [Kopftit.]
3 Liedertexte.

Weihnachts- u. Neujahrsfeier, die, ein Geschenk f. gute Kinder. 12. Bremen 825. Kaiser. 5 gr

Weihnachtsfeier in Sonntagsschulen. Eine Anleitung in Schriftwort, Gesang u. Deklamation von M. v. O. gr. 8. (16 S.) Schwerin 902. F. Bahn. n.n. — 15

Drei Weihnachtsfeiern in Deutsch-Ostafrika. *Berlin: M. Warneck [1900].* (23 S.) 8° [F.]
= Missionsbilder, Ostafrikanische. 2. [06. 10861]

Vier **Weihnachtsfeiern.** Im Keller, im Erdgeschoß, eine Treppe hoch, und im Dachstübchen. Von E. K. Berlin: Deutsche Sonntagsschul-Buchh. [1906]. (32 S.) 8° [F.]
= **Kinderglocken.** H. 21. [06. 5934]

Weihnachtsfest,

— das, ein Weihnachtsgeschenk, welches gute Aeltern ihren Kindern geben können. Mitgetheilt v. J. N. K. 8. Berl. 789.

[Umschlagt.:] Zum Weihnachtsfest. Gespräche u. Gedichte f. d. Sonntagsschule u. Familie. [No] 1. N. S. No 2–5. Hamburg: J. G. Oncken Nachf. (1895–97). 8°

Weihnachtsfest, das, gefeiert in heil. Gesängen f. fromme Aeltern u. fromme Kinder. Mit 1 Vign. 8. Wien 822. Kupfer. 3 gr

Weihnachtsfest, e. gesegnetes, u. andere Erzählungen, s.: „Vergißmeinnicht"-Erzählungen. Nr. 42.

Weihnachtsfest, des fremden Kindes. 5. Aufl. 32. (16 S.) Nonnenweier 869. (Barmen, Klein.)

Weihnachtsfest, des fremden Kindes. 5. Aufl. Nonnenweier 870. (Barmen, Klein.) 32. (16 S.) n. 1½ ngr

Martha's Weihnachtsfest von der Verfasserin von Mathildens Genesung. 2. Aufl. 40 S. 16. Basel, C. F. Spittler. 1876. —. 25

Martha's Weihnachtsfest. 3. Aufl. 16. Basel, C. F. Spittler. 1877.

—— ein, am Nordpol. Für die reifere Jugend, aus dem Französ. frei übertragen. 1. und 2. Aufl. gr. 16. (32 S.) Weimar 868, Kühn. *

Weihnachts-Zeitbilder, 24, (in Holzschn.) m. Liederversen u. Sprüchen. gr. 8. Hamburg 892. Agentur d. Rauhen Hauses. In Umschlag. u. 1. —

Weihnachtsfeste f. jung u. alt. Illustrierte Weihnachtserzählgn. f. die Jugend in buntem Farbendr.-Umschlag. 10 Hefte. (Je 24 S.) 8. Hamburg (910). Agentur des Rauhen Hauses. p — 10

Weihnachtsfestspiel nach dem Bericht des hl. Evangeliums Lukas 2, 1—20 in 6 Bildern. (Von Ludw. Göhrs.) 12. (24 S.) Darmstadt 894. J. Waitz. n.n. — 25

Drei **Weihnachtsfestspiele** für katholische Vereine. Von e. Vereinspräses. Vor der Krippe. Ein Hirtenspiel in 1 Akt. Die heilige Nacht. Ein Hirtenspiel in 1 Akt. Die heiligen drei Könige. Ein Weihnachtsspiel in 4 Akten. Münster i. W.: Aschendorff 1905. (54 S.) 8° [F.] [06 9736]

Weihnachtsfreude, die, eine Predigt für Kinder, von dem Verf. des „Vater Weidemann" (Joh. Friedr. Möller). 8. Erfurt 836. Müller. 1/8 rß

Weihnachtsfreude. Versammlung von Brn Freimaurer mit Schwestern. Sonntag, den 31. Dec. 1848. [Hamburg: 1848.] 1 Bl. 8° [Kopftit.]

[Dasselbe.] den 30. Dec. 1849. Ebendas. 1 Bl. 8°
3 Lieder ohne Noten.

Weihnachts-Freude. Versammlung von Brn Freimaurern mit Schwestern. Sonntag, den 28. Dec. 1851. [Hamburg: 1851.] 1 Bl. 8⁰ [Kopftit.]

3 Lieder ohne Noten: 1. „Vergiss ihn nicht, ...“ 2. „Dem Maurer winkt der Freuden Blick, ...“ 3. „Mitleid, das mit Zauberzügen ...“ 8.

Weihnachtsfreude. Versammlung von Brn Freimaurern mit Schwestern. Sonnabend, den 31. Dec. 1853. [Hamburg: 1853.] 1 Bl. 8⁰ [Kopftit.]

5 Lieder ohne Noten. 193.

Weihnachtsfreude. Versammlung von Brn Freimaurern mit Schwestern. Sonntag, d. 28. Dec. 1856. [Hamburg: 1856.] 2 Bl. 8⁰ [Umschlagtit.]

3 Lieder ohne Noten. 1. „Harre meine Seele, ...“ 2. „Wer auf der Heimath schöner Erde ...“ 3. „Ein Täubchen flog ...“ 3.

Weihnachts-Freude. Versammlung von Brn Freimaurern mit Schwestern, Freitag, den 4. Jan. 1861. [Hamburg 1861: Nobiling.] 2 Bl. 8⁰ [Umschlagtit.]

3 Lieder ohne Noten: 1. „Harre, meine Seele, ...“ 2. „Vergiss ihn nicht, ...“ 3. „Was wär' ein Herz wohl ohne Glauben, ...“ 3.

Weihnachtsfreude. Bilder u. Reime in 12 Blättern. Original-Zeichngn. v. Ferd Beck. Mit Text. 4. (4 S. m. 12 Steintaf.) Weißenburg i/E. 873. Wentzel. n. 1. 40; in Tondr. n. 1. 50

Weihnachtsfreude. Gedichte zur Deklamation bei d. Weihnachts-Feier in Sonntagsschule u. Haus. 1.—3. Hft. 12. (à 16 S.) Witten (895—897). Buchh. d. Stadtmission. à n. — 15

Weihnachtsfreude im Märchen, in Gedichten u. (farb.) Bildern. gr. 8. (18 S.) Leipzig 890. Meißner & Büch. cart. n. 1. —

Weihnachtsfreuden. 12. (12 S. m. z. Tl. farb. Abbildgn.) Stuttgart 893. W. Nitzschke. — 40

Weihnachtsfreund, der. Eine Christgabe f. Jung u. Alt. 16. (VI, 215 S.) Cleveland, O. 875, (Philadelphia, Schäfer & Koradi.) n. 1. 60

Weihnachtsgabe, 16. (41 S. m. eingedr. Holzschn.) Bremen 875. nordwestdeutscher Volksschriften-Verl. n. — 25

Weihnachtsgabe zum Besten d. Brandbeschädigten in Ehrikon Kanton Zürich. Mit Beiträgen v. A. E. Fröhlich, K. R. Hagenbach, W. Wackernagel u. Andern hrsg. v. K. L. Schuster u. S. Vögelin. 16. (16½ B., Titelbild. u. Musikbeil.) Zürich 840, Meyer u. Zeller. *

Fortsetzung, s. Steiger, K., Agape.

— zum Besten der Wasserbeschädigten in der Schweiz. Herausg. von Freunden vaterländischer Dichtung (von K. R. Hagenbach und H. W. Wackernagel). Mit 2 Lithographien. breit 16. Basel 835. Schweighauser. baar 1 Rthlr — 2r Abdruck. Herausg. von A. E. Fröhlich, K. R. Hagenbach, K. H. W. Wackernagel. Mit Titelbild. Ebd. 839. n. 1⅓ Rthlr

—— zum Besten der Wasserbeschädigten in der Schweiz. Hrsg. v. Freunden vaterländ. Dichtung (v. K. R. Hagenbach u. H. W. Wackernagel). 2. Aufl. u. 2. Abdr. 16. (à 18½ B. u. Titlbild.) Basel 835, 39, Schweighauser. à *

Weihnachtsgabe, bibl., f. Jung u. Alt. 12. Hamb. 827. Fr. Perthes. 1 Rthlr in Maroquin 1 Rthlr 18 gr

Weihnachtsgabe für Hamburg. 1842.
Hrsg. v. Abr[aham] Em[anuel] Fröhlich,
Karl Rud[olf] Hagenbach u. Wilh[elm]
Wackernagel.
Basel: Schneider

Weihnachtsgabe für 1842. (Herausgeg. von Wackernagel, Hagenbach u. A.) Zum Besten d. durch Brand verungl. Hamburger. 12. Basel 842. (F. Schneider.) n. 1 Rthlr

Weihnachtsgabe, eine, für Kinder. Die Festtage des Herrn und andere Gebete, aus verschiedenen Schriften gesammelt und bearb. von einer alten Großmutter. 12. (VIII, 103 S.) Riga 888, Stieda's Verlag. cart. *

Weihnachtsgabe für liebe Kinder. 16. (16 S. mit 8 lithogr. und fein ill. Bildern.) Stuttgart 863, Nitzschke. cart.

Weihnachtsgabe für unsere lieben Kinder. Ein Besuch in Wittenberg. Hamburg 1851. V: *Moraht, Adolph.* (schr) (A)

Weihnachtsgabe in Prosa u. Poesie. Hrsg. f. Felsberg von christl. Freunden. 16. (18 B.) Basel 845, Schneider.

Weihnachtsgedichte. Zur Erbaug. u. zum Vortrage am hl. Weihnachtsfeste f. die kathol. Jugend. 16. (24 S.) Wien 892. (Leipzig, Literar. Anstalt A. Schulze.) n. — 40

Weihnachtsgedichte von verschiedenen Autoren. — Eine Weihnachtsgeschichte von Marie Anneler-Beck. [Mit illustrierten Anzeigen des Verlags.] [48 S.] 8. Bern, Verlag Gustav Grunau, [1905].

Weihnachts- u. Neujahrsgedichte. Kinder-Glückwünsche in reicher Auswahl. Ster.-Ausg. 16. (32 S.) Reutlingen 890. Enßlin & Laiblin. n. — 10

Weihnachts- u. Neujahrs-Gedichte. Deklamationen für Erwachsene u. Kinder. Enth.: 1. Des Kindes Weihnachtsgedanken von E. Söhngen. — 2. Stille Nacht! Dunkele Nacht! ***. — 3. Des armen Mannes Weihnachten v. E. Söhngen. — 4. Zum neuen Jahr. Sylvester-Betrachtungen von E. Söhngen. (8 S.) 8. Berlin (904). A. Hoffmann. n. — 30

Weihnachts- u. Neujahrs-Gedichte, die schönsten, f. Kinder. 12. (40 S.) Reutlingen 897. R. Bardtenschlager. — 15

Weihnachtsgesänge. [Oels] 1791. V: *Bockshammer, Johann Chn.* (MGT)

Weihnachtsgeschenk, das; Lstspl. für Kinder, s. Chr. F. Weiße, Schauspiele.

Weihnachtsgeschenk, das,. Lustsp. für Kinder. 8. Leipzig, Crusius. 776.

Weihnachtsgeschenk f. junge Frauenzimmer. Eine Auswahl nützl. u. unterhalt. Aufsätze z. Bildung des Geistes u. des Herzens. 8. Leipz. Sommer. 814.

Hänschens erstes **Weihnachtsgeschenk**. Enttäuscht u. doch beglückt oder: Wie Jim ein fleischernes Herz bekam. Kassel: J. G. Oncken Nachf. [1902]. (16 S.) 8°
= Jugendlust. No 1.

Weihnachtsgeschenk f. d. Jugend, s. Jugendschauplatz ic.

— für die Jugend, s. Schreibepult, das geöffnete.

— für d. Jugend. Enthält e. Samml. kleiner moral. Erzählungen. 8. Braunschw. ... Vieweg. 10 Gr.

Weihnachtsgeschenk für die Jugend. Berlin 1786. V: *Vieweg, Johann Gottfried.* (Ky) (MGT)

— auch ein, f. d. vaterländ. Jugend, s. Otto, Bischof v. Bamberg.

Weihnachtsgeschenk für Kinder, (v. Jh. Cph. Stockhausen). 6 Stücke. 12. Hanau 777—82. 2e Aufl. in 2 Bdchen. 12. Ebd. 784. (Gelehrten Buchh. in Dessau). 10 Gr.

Weihnachtsgeschenk für Kinder. Hanau 1777—82. V: *Stockhausen, Johann Christoph.* (Ky) »Hamburg 1779—84.« *Campe, Joach. Heinr.* (JL)

— für Kinder, von einem ihrer Freunde. 2 Thle. 8. Dessau, Gelehrten Buchhandl. 784.

— für gebildete Kinder. (Auch u. d. T.: Lieder zum neuen Jahre für Jünglinge u. Mädchen). 8. Hannov. 796. Hahn. 4 Gr.

— für gesittete u. fleißige Kinder. 8. Sulzbach 821. v. Seidel. 2 Gr.

— für gute Kinder, in ihren Fähigkeiten angemessenen Erzählungen. 12. Leipz. 811. N. A. 819. (W. Nauck). 12 Gr.

— für Kinder von 6 bis 12 Jahren. 8. Lüneb. 797. Herold u. W. 18 Gr.

— f. kleine Kinder, in angenehmen u. lehrreichen Unterhaltungen. 3 Jahrgg. 8. Hamb. 776—78. Herold. 1 Thlr. 12 Gr.

Weihnachtsgeschenk f. junge Leute, s. Logogryphen

— für Liebhaberinnen d. Stickkunst. qu. Fol. Hamb. 811. (Campe). 8 Thlr.

— magisches für Kinder, s. G. A. Eberhards magische Kunststücke ic.

Weihnachtsgeschenk, neues u. nützliches, f. d. Bürger u. Landmann. Oder: Sammlung v. Erzählungen aus d. Welt- u. Völkergeschichte, merkw. Naturereignissen, interess. Anekdoten und einigen Mitteln v. d. Haus- u. Landwirthschaft. 8. Bresl. 828. Neubourg. 8 Gr.

Weihnachts- u. Neujahrsgeschenk. Ein Lesebuch für Schule und Haus, z. Beförderung religiös-sittlicher Bildung. (2e Ausg. der 2n Aufl. des „deutschen Lesebuchs" ic. v. Diesterweg.) 8. Crefeld 831. 3e Ausg. gr. 12. Ebd. 833. Funkesche Buchh. 16 Gr. (Vergl. Lesebuch, deutsches.)

Weihnachts- u. Neujahrs-Geschenk. Ein Leseb. f. Schule u. Haus, zur Beförderung religiös-sittl. Bildung. (Von Karl Vogel.) 2. u. 3. Ausg. (à 24½ B.) 8. Crefeld 832, 33, Funcke. à
Hat gleichen Inhalt mit: (Vogel, Karl,) deutsches Lesebuch, vgl. dieses.

Weihnachts- u. Neujahrsgeschenk, f. Kinder v. 6—12 Jahren. 8. Lpz. Sommer. 805.

— für Kinder von 6—12 Jahren. 8. Leipz. 803. N. A. 820. (W. Nauck). 1 Thlr. 4 Gr.

Weihnachts- und Neujahrs-Geschenk für Kinder v. 6 — 12 Jahren. Neue Ausgabe. 8. Ebend. 820.

Weihnachtsgeschenk, nützl. u. angenehmes, f. d. Bürger u. Landmann. Oder Samml. v. Erzählungen. ic., Anekdoten ic. 8. Bresl. 827, Neubourg.

Weihnachtsgeschenk, Das praktischste, s. Grothe.

— für Stickerinnen. Fol. Altona 810. Hammerich. 1 Thlr. 21 Gr.

— für junge Zeichner u. Maler, z. Unterricht u. z. Uebung in der Zeichenkunst, mit 20 Kpf. 4. Quedlinb. 794. Ernst. 18 Gr.

DIE WEIHNACHTSGESCHENKE, ferner Packan, oder das gestohlene Kind. Offene Hand, ein goldenes Herz oder Mildthätigkeit machet glücklich und reich. Der Tollpatsch, oder der kleine Ungestümm. [O. O. c. 1840]. Lithogr. Titel mit handkol. Vignette, 144 S. und 3 handkol. Lithographien. 12°. Neuerer Hlwd. 16.—
Französisch beeinflußte hübsche Illustrationen. — Wahrscheinlich fehlt ein gedruckter Titel. Teilw. etw. fleckig.

Weihnachtsgeschichten 1. Glück aus Unglück. 2. Umwege zum Glück. (Berlin: F. Schulze [1906].) (16 S.) 8° [Umschlagt. Text stenogr.]
= **Zehnpfennigbücher**, Schulzes. No 48. [07. 2709

Im **Weihnachts-Glanz**. H. 1. Barmen: E. Müller [1903]. 8° [F.] [08. 3257

Weihnachtsglocke, die. Eine Weckstimme aus Bremerhaven an das Volk in Stadt u. Dorf. gr. 8. (16 S.) Oldenburg 851, Schulze. 3 ngr

Weihnachtsglocke, die. Eine Weckstimme an das Volk in Stadt und Dorf. 2. Aufl. gr. 8. (16 S.) Oldenburg 853, Schulze'sche Buchh.

Weihnachtsglocken, s. Tannenzweige.

Weihnachts-Glocken. Erzählungen f. Jung u. Alt. 1.—12. Hft. 8. (à 16 S. m. Abbildgn.) Berlin 887—890. Buchhandlg. der Berliner Stadtmission. n. 1. 40
1. Im Schnee. Eine Weihnachts-Geschichte v. Martha Eitner [Erich Norden]. n. — 15
2. Der Traum der Witwe. Eine Weihnachts-Geschichte von E. Evers. n. — 15
3. Stille Nacht, heilige Nacht. Eine Weihnachts-Geschichte von Martha Eitner [Erich Norden]. n. — 15
4. Engelsgeleit. Eine Weihnachts-Geschichte v. E. Evers. n. — 15
5. Der Postbeamte u. sein Kind od. Ehre sei Gott in d. Höhe. Eine Weihnachts-Geschichte v. E. Evers. n. — 10
6. Bei d. Großmutter. Eine Weihnachts-Geschichte v. E. Evers.
7. Arm u. Reich. Eine Weihnachts-Geschichte v. E. Evers. n. — 10
8. Unsere Kaiserin. Von E. Evers. n. — 10
9. Friede auf Erden. Von E. Evers. n. — 10
10. Aus dem Tode zum Leben. Eine Erzählg. aus der Zeit Luther's v. E. Evers. n. — 10
11. Kaiserin Augusta. Ein Lebensbild v. E. Evers. n. — 10
12. Ins Paradies. Eine Erzählg. v. E. Evers. n. — 10

Weihnachts-Glocken. Erzählungen f. Jung u. Alt, s. Evers, Ernst.

— Geschichten u. Lieder aus der „fröhl., sel., gnadenbring. Weihnachtszeit". gr. 16. (48 S.) Bremen 889. Verlag d. Tractathauses. n. — 20

Weihnachtsglocken in Tucuman. Jahrgang I, no. 1, 1883 ? Tucuman

Weihnachtsglöcklein. Für fromme u. fröhl. Kinder zum hl. Christfeste. (Von Julie v. Massow, geb. v. Behr.) 16. (30 S. m. 1 Bild.) Augsburg 891. Literar. Institut v. Dr. M. Huttler. n. — 10

Weihnachtsglöcklein. Für fromme u. fröhl. Kinder zum hl. Christfeste. (Von Julie v. Massow, geb. v. Behr.) 2. Aufl. 16. (31 S.) Augsburg 894. Literar. Institut v. M. Huttler. n. — 07

Weihnachtsgruss! Flugblatt mit dem Schluss: „Ein Hoch dem arbeitenden Volke, das seine Ketten bricht." 8°. Hottingen - Zürich, Schweiz. Genoss.-Druckerei, s. a.

Weihnachtsgruß. Gespräche u. Gedichte f. die Weihnachtsfeier in Sonntagsschule u. Familie. Hrsg. v. einigen Freunden der Sonntagsschule. I. 8. (24 Bl.) Bremen 889. Verlag d. Tractathauses. n. — 25

Weihnachtsgruß. Gespräche u. Gedichte f. d. Weihnachtsfeier in Sonntagsschule u. Familie. Hrsg. v. einigen Freunden d. Sonntagsschule. II—VI. 8. (à 24 Bl.) Zürich. Bremen, Verlag des Tractathauses. n. 1. 80 (I—VI.: n. 2. 10)
II. III. 891. à n. — 30. — IV—VI. 892—94. à n. — 40.

Weihnachtsgruss an die Besucher der Evangelischen Kapelle in Baden . . . [Basel] 1902. H: *Burckhardt*, *Rud.* (BBullschw 3, 1903)

Weihnachtsgruß an die lieben Kinder. Hrsg. vom deutschschweizer. Sonntagsschulverein. gr. 16. (48 S.) Basel 873. (Spittler.) *

Weihnachts-Gruß c. Münchnerkindl an Münchner u. andere Kindln, groß u. klein. 12. (45 S. m. Abbildgn. u. Noten.) München 890. Literar. Institut v. Dr. M. Huttler. n. 1. —

Weihnachtsgrüsschen von einem Kranken. Zürich 1903. V: *Schulthess-Meyer*, *Friedrich*. (ZUWZÜR)

Weihnachtshefte. I. u. II. Serie. Je 20 Hefte. 12. (à ca. 24 S.) Hamburg (902). Agentur des Rauhen Hauses. à n. 1. 60; einzelne Hfte. n. — 10

Weihnachtshefte. III. Serie. 20 Hefte. (à ca. 24 S.) 12. Hamburg (903). Agentur des Rauhen Hauses. n. 1. 60;

Weihnachts-Cantilene In Musik gesetzt von J. Fr. Reichardt. Copenhagen 1784. Berlin 1786. V: *Claudius*, *Matthias*. (GGr)

Weihnachtskatalog. –

— siehe: Was sollen unsere Kinder lesen?

Weihnachts-Catalog. Eine Auswahl deutscher Werke, welche sich besonders zu Geschenken eignen. 1. Aufl. (II und 103 S.) 1849., 2. Aufl. (102 S.) 1850. und 3. Aufl. 2 Abthlgn. gr. 8. (104 S.) Leipzig 852, Hinrichssche Buchh. *

Weihnachts-Catalog. Eine Auswahl deutscher Werke welche sich besonders zu Geschenken eignen. 2 Abthlgn. 4. Aufl. gr. 8. (60 S.) Leipzig 854, Hinrichs'sche Buchh. **

—— dass. — 1. Nachtrag 1856. gr. 8. (40 S.) Ebds. 856.**

Weihnachts-Catalog. 1860 und 1861. Eine Auswahl deutscher Werke, welche sich besonders zu Geschenken eignen. 2 Abthlgn. 5. und 6., vollständig ergänzte und verb. Aufl. 4. (32 S.; 36 S.) Leipzig 860. 61, Hinrichs'sche Verlagsbuchh. à Jahrg. **

Weihnachts-Catalog. 1862—67. Eine Auswahl deutscher Werke welche sich besonders zu Geschenken eignen. 2 Abthlgn. 7.—12., verm. und verb. Aufl. 4. (à ca. 40 S.) Leipzig, Hinrichs'sche Verlagsb. à Jahrg.

Weihnachts-Catalog 1868—1875. Eine Auswahl deutscher Werke, welche sich besonders zu Geschenken eignen. 2 Abthlgn. 13.—20. verm. und verb. Aufl. Lex.-8. (16 S.) Leipzig, Hinrichs' Verlag. 1868—1872 à
1873—1875 à

—— für 1876—1879. Eine Auswahl deutscher Werke, welche sich besonders zu Geschenken eignen. à Jahrg. 2 Abthlgn. 21.—24. verm. und verb. Aufl. Lex.-8. (80; 84; 92; 108 S. mit eingedr. Holzschn.) Leipzig, Hinrichs'sche Buchh.

Weihnachts-Katalog 1880—1884. Eine Auswahl deutscher Werke, welche sich besonders zu Geschenken eignen. 25.—29. verm. und verb. Aufl. Lex.-8. (80; 88; 84; 72; 80 S. mit eingedr. Holzschn.) Leipzig, Hinrichs'sche Buchh. à Jahrg. *

Weihnachts-Catalog 1885. Eine Auswahl deutscher Werke, welche sich besonders zu Geschenken eignen. Lex.-8. (80 S. mit eingedr. Holzschn.) Leipzig, Hinrichs'sche Buchh., Verlag. *

—— dass. — 1886—1888. Eine Auswahl deutscher Werke, welche sich besonders zu Geschenken eignen. Je 2 Abthlgn. 31.—33. verm. und verb. Aufl. Lex.-8. (80; 87; 82 S. mit Holzschn.) Ebendas. à Jahrg. *

Weihnachts-Katalog 1889—1892. Eine Auswahl deutscher Werke, welche sich besonders zu Geschenken eignen. 34.—37. Jahrg. Lex.-8. (à Jahrg. 70—80 S. m. Holzschn.) Lpz., Hinrichs' Verlag. 34. u. 35. Jahrg. à * — 50; 36. Jahrg. * — 20; 37. Jahrg. * — 40

Weihnachts-Katalog 1894. Eine Auswahl deutscher Werke, welche sich besonders zu Geschenken eignen. 39. Jahrg. Lex.-8. (88 S. m. Abbildgn.) Leipzig, J. C. Hinrichs' Verl. n. — 40

— 1898. Eine Auswahl deutscher Werke, die sich besonders zu Geschenken eignen. 43. Jahrg. Lex.-8. (50 Sp. u. S. 51—100 m. Abb.) Leipzig 898. J. C. Hinrichs' Verl. n. — 40

Weihnachts-Katalog 1902. Eine Auswahl deutscher Werke, die sich besonders zu Geschenken eignen. (47.) Jahrg. Lex.-8. (50 Sp. u. S. 51—108 m. Abb.) Leipzig, J. C. Hinrich's Verl. n. — 40

Weihnachtskatalog 1906. Katalog e. Auswahl deutscher Werke, welche sich besonders zu Geschenken eignen. (51. Jahrg.) (114 S. m. Abbildgn.) Lex.-8. Leipzig, J. C. Hinrichs' Verl. — 40

Weihnachten 1909. Katalog e. Auswahl deutscher Werke, die sich besonders zu Geschenken eignen. (54. Jahrg.) (104 S. m. Abbildgn.) gr. 8. Leipzig, J. C. Hinrichs' Verl. — 40
Fortsetzg., s.: Bücher, neue, f. Weihnachten.

Weihnachts-Katalog. 1860. Herausg. von R. Hennings. Eine Auswahl der besten Kinder- und Jugendschriften sowie gediegener Fest-Geschenke für Erwachsene. Leipzig, Lehmann. (Wolf.) 4. (28 S.) n. 4 ngr.

—— Verzeichniss über Geschenkliteratur für evangel. Kreise. 1.—5. Jahrg. 8. (à ca. 112 S. mit eingedr. Holzschn.) Leipzig 875—79, Drescher. à Jahrg.

—— für die J. 1877—1879. Eine Auswahl der in katholischen Kreisen beliebtesten deutschen Geschenk-Literatur, welche durch jede Buch- und Kunsthandlung bezogen werden kann. Zusammengestellt von Rud. Barth in Aachen. 1.—3. Jahrg. gr. 8. (à 64 S. mit eingedr. Holzschn.) Aachen, Barth. à Jahrg.

— für das J. 1880. Eine Auswahl der in kathol. Kreisen [beli]ebtesten deutschen Geschenk-Literatur, welche durch jede Buch- [und] Kunsthandlung bezogen werden kann. 4. Jahrg. gr. 8. [...] S. mit eingedr. Holzschn.) Aachen 880, Barth.

— dass. — für die J. 1881—1884. Ein Verzeichniß der in kathol. Kreisen beliebtesten deutschen Geschenk-Literatur. 5.—8. Jahrg. 8. (à Jahrg. ca. 48 S.) Ebendas. à Jahrg.

Weihnachtskatalog. Leipzig: Volckmar 1877—79,
s. Weihnachtskatalog, Illustrierter.

Weihnachts-Katalog 1910. (VIII, 104 S. m. Abb. u. z. Tl. farb. Taf.) 32×23,5 cm. Leipzig, F. Volckmar. nn — 50

—— 1887. 8. (II, 36 S.) Weimar, Weissbach.

—— 1888. Lex.-8. (VIII, 48 S.) Weimar, Weissbach. n. — 35

Weihnachts-Katalog 1897/98. gr. 8. (128 S. m. Abb.) Dresden 897. A. Müller-Fröbelhaus. — 15

Weihnachts-Katalog. Auswahl vorzüglicher Bücher, illustrierter Werke, Atlanten, etc. etc. ... Fehr'sche Buchhandlung, St. Gallen.... Jahrg. 21. Dezember 1900. IV + 107 S. 8. (St. Gallen, Fehr.)

Weihnachts-Katalog. Auswahl vorzüglicher Bücher, illustrierter Werke, Atlanten, etc. etc.... [Hrg. durch die] Fehr'sche Buchhandlung, St. Gallen.... Jahrg. 22. Dezember 1901. IV + 108 S. 8.

Weihnachts-Katalog. Auswahl vorzüglicher Bücher, illustrierter Werke, Atlanten, etc. etc.... [Hrg. durch die] Fehr'sche Buchhandlung, St. Gallen.... Jahrg. 23. Dezember 1902. IV + 105 S. 8.

Weihnachts-Katalog 1903-1904. [Hrg. durch die] Fehr'sche Buchhandlung, St. Gallen. [Illustriert.] *A:* II + 16 + *B:* 88 + LVI [+ *Beilagen* 12] S. 8. ([Zürich, Jacques Bollmann; *etc.*,] Dezember 1903.)
B, S. 1—9: Der Lehrer ... s. Zahn, Ernst.
B = Schweizerischer Weihnachts- und Neujahrs-Katalog.

W'-K' [hrg. durch die] Fehr'sche Buchhandlung..., St. Gallen. Dezember 1904. Jahrg. 25. [Mit illustriertem Umschlag.] IV + IV + 113 S. 8.

[Weihnachtscatalog.] Geschenk-Literatur. (Kat',) Weihnachten 1905 [hrg. durch die] Fehr'sche Buchhandlung..., St. Gallen.... Jahrg. 26. [Mit illustriertem Titel.] IV + 120 S. 8. St. Gallen, Zollikofer.

Weihnachtsk' Dezember 1906. [Hrg. durch die] Fehr'sche Buchhandlung, ... St. Gallen. IV + 128 S. 8. [St. Gallen, Zollikofer & Cie.]

W'-K' 1907. [Hrg. durch die] Fehr'sche Buchhandlung, St. Gallen.... IV + 125 S. 8. [St. Gallen, Zollikofer & Cie.]

W'-K' (*Innentitel:* Bücherkatalog. Auswahl guter Bücher...). [Hrg. durch die] Fehr'sche Buchhandlung, St. Gallen..., Weihnachten 1908. IV + 130 S. 8.

W'-K' (*Innentitel:* Bücher-Katalog. Auswahl guter Bücher...). [Hrg. durch die] Fehr'sche Buchhandlung, St. Gallen.... 1910 [*d. i.* 1909]. [Mit illustriertem Umschlag.] IV + 144 S. 8.

WeihnachtsKatalog. Weihnacht[s](*Rücken:* Illustrierter Weihnachts-) K' 1906. ... (Hrg. von Albert Koch & Co. in Stuttgart. [Mit Illustrationen und 2 Tafeln.]) IV [+ XII] + 172 + LX [+ *Beilagen zus.* 96] S. 8. (Stuttgart, Union Deutsche Verlagsgesellschaft.)
Ueberreicht durch die Evangelische Buchhandlung, Carl Hirsch & Johannes Blanke, Emmishofen (Ct. Thurgau).

— **1906. (1. Jahrg.) (XII, 172 S. m. Abbildgn.) Lex.-8. Stuttgart, A. Koch & Co.** n. — 70
Auch in Sonderausg. f. Darmstadt u. Frankfurt a/M.

—(illustrierter), 1910. (199 S. m. Abb.) Lex. 8. Stuttgart, A. Koch & Co. — 70

Weihnachts-Katalog, erster, eine systematisch geordnete Uebersicht, welche neben den bessern Schriften f. d. Jugend ein Verzeichniß der geachtetsten deutschen Dichter u. Prosaiker in Gesammt-Ausgaben, die gelungensten Uebersetzungen der Klassiker des Auslandes, die beliebtesten Gedichte, Romane u. Schauspiele, die besseren histor., biograph. u. literarhistorischen Werke, Andachtsbücher, Predigten, Kupfer- u. Prachtwerke rc. rc. des In- u. Auslandes enthält. gr. 8. Berlin 842, Alex. Duncker. **.

—— dass. Nachtrag. gr. 8. Ebds. 843.

Weihnachts-Katalog, erster, französischer Werke für die Jugend und Erwachsene. Ein Verzeichniss der anerkannt besten in Frankreich erschienenen Kinderbücher für jedes Alter; ferner elegant ausgestatteter Gebet- und Erbauungsbücher, Classiker, Keepsakes, Albums und illustr. Werke; geograph. Werke, Atlanten, Grammatiken und Wörterbüchern in allen Sprachen etc. sämmtlich zu Festgeschenken sich eignend. Hrsg. von Goetze und Mierisch. 8. (120 S.) Leipzig 853, Michelsen's Buchh.

Weihnachts-Catalog. Auswahl vorzüglicher Bücher, Atlanten, Musikalien, welche in den neuesten Auflagen solid und elegant gebunden in allen Buch- und Musikalien-Handlungen vorräthig oder durch solche ohne Aufenthalt zu beziehen sind. (1.—3. Jahrg.) Lex.-8. (à ca. 156—200 S. mit eingedr. Holzschn.) Leipzig 877—79, Volckmar. à Jahrg.

—— illustrirter, 1880—1884. Auswahl vorzügl. Bücher, Atlanten, Musikalien, welche in den neuesten Auflagen solid und elegant gebunden in allen Buch- und Musikalienhandlungen vorräthig oder durch solche ohne Aufenthalt zu beziehen sind. 4.—8. Jahrg. Lex.-8. (à Jahrg. ca. 200 S. mit eingedr. Holzschn.) Leipzig, Volckmar. à Jahrg.

— illustrirter, 1882. Auswahl vorzüglicher Bücher, Atlanten, Musikalien, welche in den neuesten Auflagen solid u. elegant gebunden in allen Buch- u. Musikalienhandlungen vorräthig oder durch solche ohne Aufenthalt zu beziehen sind. Lex.-8. (152 S. m. eingedr. Holzschn.) Leipzig 882. Volckmar. — 75

—— illustrirter, 1885 und 1886. Auswahl vorzügl. Bücher, Atlanten, Musikalien, welche in den neuesten Auflagen solid und elegant gebunden in allen Buch- und Musikalienhandlungen vorräthig oder durch solche ohne Aufenthalt zu beziehen sind. 9. und 10. Jahrg. Lex.-8. (214; 217 S. mit eingedr. Holzschn.) Leipzig, Volckmar. à Jahrg.
—— dass. — 1887 und 1888. Auswahl vorzügl. Bücher, Atlanten, Musikalien, welche in den neuesten Auflagen solid und elegant gebunden vorräthig oder ohne Aufenthalt zu beziehen sind. 11. und 12. Jahrg. Lex.-8. (196; 197 S. mit eingedr. Holzschn.) Ebendas. à Jahrg.

— illustrirter, 1890. Auswahl vorzügl. Bücher, Atlanten, Musikalien, welche in den neuesten Auflagen solid u. elegant gebunden vorräthig oder ohne Aufenthalt zu beziehen sind. 14. Jahrg. Lex.-8. (LXXII, 136 S. m. eingedr. Holzschn. u. 1 Portr.) Leipzig, Volckmar. — 75

—— illustrirter, 1892. Auswahl vorzügl. Bücher, Musikalien und Atlanten. hoch 4. (80 S.) Lpz., Volckmar.
à Jahrg. * — 50; auf starkem Pap. * — 65
Erscheint jährlich zu denselben Preisen.

— illustrirter, 1894. Auswahl vorzügl. Bücher, Musikalien u. Atlanten. hoch 4. (80 S.) Leipzig, F. Volckmar, Bar-Sort. n.n. — 50; auf starkem Pap. n. — 65

— illustrirter, 1898. Auswahl vorzügl. Bücher u. Atlanten. 22. Jahrg. hoch 4. (100 S.) Leipzig, F. Volckmar. n.n. — 50; auf starkem Pap. (108 S.) n. — 65

— illustrierter, 1902. (26. Jahrg.) hoch 4. (102 S.) Leipzig, F. Volckmar. n.n. — 50; auf starkem Pap. (108 S.) n. — 65

— 1906. (30. Jahrg.) (86 u. 56 S. m. Abbildgn.) 4. Leipzig, F. Volckmar. n.n. — 50; auf stark. Papier n. — 65

— illustrierter, 1910. Weihnachtsheft der Blätter f. Bücherfreunde. (Ausg. in Kronenwährg.) (LXXXIV, 160 S.) 8. Leipzig, F. Volckmar. p — 70

—— illustrirter, für den deutschen Buchhandel. Systematisches Verzeichniss empfehlenswerther Bücher und Bilderwerke. Nebst literar. Jahresbericht von Gust. Wustmann. 1.—5. Jahrg. Lex.-8. (à Jahrg. 38—152 S.) Leipzig 871—75, Expedition des Illustr. Weihnachts-Catalogs. 1. Jahrg. 2.—5. Jahrg. à **

—— illustrirter, für den deutschen Buchhandel. Systematisches Verzeichniss empfehlenswerther Bücher und Bilderwerke. Nebst literar. Jahresbericht von Carl Wustmann. 6. und 7. Jahrg. 1876 und 1877. Lex.-8. (160; 144 S. mit eingedr. Holzschn.) Leipzig, Seemann. à Jahrg.

Weihnachts-Catalog, illustrirter, für den deutschen Buchhandel und literarischer Jahresbericht, hrsg. von E. Dohmke, A. Oppel, O. Seemann. 8. und 9. Jahrg. 1878 und 1879. Lex.-8. (176; 160 S. mit eingedr. Holzschn.) Ebendas. à Jahrg.

Weihnachts-Katalog, illustrirter, für den deutschen Buchhandel und literar. Jahresbericht, hrsg. von E. Dohmke, A. Oppel, O. Seemann. 10.—12. Jahrg. 1880—1882. gr. 8. (156; 144; 128 S. mit eingedr. Holzschn.) Leipzig, Seemann. à Jahrg.
Fortsetzung u. d. T.: Seemann's litterarischer Jahresbericht und Weihnachtskatalog.

— illustrierter, des deutschen Buchhandels, zugleich e. Handbuch f. Bücherfreunde. 1. Jahrg. 1888/89. hoch 4. (38 u. 42 S.) Leipzig, F. Cavael. n. — 35; cart. n. — 40

— illustrierter deutscher, f. 1902. Mitarbeiter: Eva Gräfin v. Baudissin, R. Beck, R. Goette u. a. u. die Jugendschriften-Kommission des pädagog. Vereins zu Dresden. gr. 8. (XVI, 130 S.) Dresden, W. Baensch. n.n. — 50; gekürzte Ausg. (IV, 108 S.) n. — 35

— illustrierter literarischer, 1906. Unter Mitwirkg. v. R. Beck, Art. Brabant, Hugo Dietze u. a. (X, 93 S.) gr. 8. Dresden, W. Baensch. n.n. — 50; gekürzte Ausg. (IV, 77 S.) n. — 40

— illustrierter literarischer, 1910. Unter Mitwirkg. v. R. Beck, A. Brabant, Ottom. Enking u. A. (VIII, 120 S.) gr. 8. Dresden, Buchdr. der Wilh. u. Bertha v. Baensch-Stiftg. p — 60

—— illustrierter, für das katholische Volk. 1886. gr. 8. (98 S.) Breslau, Goerlich.

— illustr., f. die katholische Welt. 1893. gr. 8. (16 S.) Breslau, F. Goerlich. — 15

— illustrirter, englischer u. französischer Werke. 1884. gr. 8. (100 S. m. Holzschn.) Leipzig, A. Twietmeyer. n.n. — 50; auf dünnem Pap. n.n. — 25

—— illustrirter, englischer und französischer Werke. 1885 und 1886. gr. 8. (96; 80 S.) Leipzig, A. Twietmeyer. à Jahrg.

Weihnachts-Catalog, illustrirter, englischer und französischer Werke. 1887 und 1888. gr. 8. (88; 96 S.) Leipzig, A. Twietmeyer. à Jahrg. *

— illustrierter, englischer, französischer u. italienischer Werke, s. e. Twietmeyer's, A., illustr. Katalog empfehlenswerter Werke der ausländischen Literatur.

Weihnachts-Catalog, illustrirter, englischer, französischer u. italienischer Werke. 1890. gr. 8. (124 S.) Leipzig, A. Twietmeyer. n. — 40

—— illustrierter, englischer, französischer u. italienischer Werke, nebst e. Verzeichniss der gelesensten Zeitschriften d. Auslandes. 1892. gr. 8. (136 S.) Lpz., A. Twietmeyer. * — 35
Erscheint jährlich.

— katholischer (zugl. Lagerkatalog f. 1897). Hrsg. v. kathol.-polit. Preßverein, Brixen. Mit 1 Lichtdr. aus Walcheggers „Kreuzgang“, sowie 7 Illustr. im Texte. gr. 8. (52 S.) Brixen 896. Buchh. des kath.-polit. Preßvereins. n. — 40

Weihnachts- und Lager-Katalog. Verzeichnis von Büchern und Atlanten. Jahrg. 1882—1883. gr. 8. (70 S.) Berlin, Neugebauer. * *
Ausg. ohne Inseraten-Anhang. (32 S.)

—— dass. — Jahrg. 1883—1884. Verzeichniss von Büchern und Atlanten, welche zu den beigemerkten Preisen zu beziehen sind. Ausg. A mit Inseratenanhang und auf besserem Pap. gr. 8. (60 S. mit eingedr. Holzschn.) Ebendas. 883. *
Ausg. B ohne Inseratenanhang und auf leichterem Pap. (32 S.)

Weihnachts- und Lager-Catalog 1886—1887. Verzeichniss von Büchern und Atlanten. Ausg. A. mit Inseraten-Anhang. gr. 8. (60 S.) Leipzig, Heitmann. *
Ausg. B. ohne Inseraten-Anhang (36 S.) *

Weihnachts- u. Lager-Catalog. Ausg. 1890/91. gr. 8. (44 S.) Leipzig 890. Lovien. n. — 20

Weihnachts- u. Lager-Katalog. 1891/92 u. 1892/93. gr. 8. (44; 36 S.) Lpz., E. Volkening. à Jahrg. * — 20
Jahrg. 1889—91 erschienen im Verlage von G. Lovien in Leipzig.

Weihnachts- u. Lager-Katalog. Ausg. 1893/94. gr. 8. (42 S.) Leipzig, E. Volkening. — 15

Weihnachts- u. Lager-Katalog 1898/99. Bücherei, Bilder u. Sprüche. 5. Jahrg. gr. 8. (104 S. m. Abb.) Kassel 898, E. Röttger. — 15

Weihnachts- u. Lager-Katalog, Fortsetzung, s.: **Bücherei, Bilder u. Sprüche** f. das christliche Haus.

— der Leipziger **Lehrmittel-Anstalt** v. Dr. Oskar Schneider in Leipzig. gr. 8. (IV, 60; 21, 18, 68, 12, 16 u. 20 S.) Leipzig 889. Leipziger Lehrmittel-Anstalt. geb. n.n. — 50

—— **litterarischer**, 1881—1884. 1.—4. Jahrg. Lex.-8. (à Jahrg. ca. 80 S.) Berlin, Lipperheide. à Jahrg.

—— **literarischer**, 1888. gr. 8. (72 S.) Leipzig, K. F. Köhler, Barsortiment.

— **litterarischer**. 1890. Lex.-8. (XCII, 68 S.) Leipzig, K. F. Koehler's Baar-Sort. n. — 40

—— **litterarischer**, 1892. gr. 8. (116, 44 S. m. Abbildgn.) Lpz., K. F. Koehler, Barsort. * * — 50
Erscheint jährlich. — Frühere Jahrgg. à * — 40.

— **litterarischer**, 1894. gr. 8. (II, 128 S.) Leipzig, K. F. Koehler, Barsort. n.n. — 50

— **litterarischer**, 1898. 11. Jahrg. gr. 8. (128 Sp. u. 56 S. m. Abb.) Leipzig, K. F. Koehler, Barsort. n.n. — 50

Litterarischer Weihnachts-Katalog 1901. Jahrg. 14. [Illustriert.] IV + 75 + 56 S. + 154 Spalten [+ *Beilagen* 26 S.] 8. (Leipzig, Julius Klinkhardt.)

Literarischer Weihnachts-Katalog 1902. Jahrg. 15. [Illustriert.] IV + 78 S. + 164 Spalten + 62 [+ *Beilagen* 36] S. 8. (Leipzig, Graph. Institut Julius Klinkhardt, K. F. Kœhler.)

Literarischer Weihnachts-Katalog 1903. Jahrg. 16. [Illustriert.] IV + 80 S. + 160 Sp. + 52 [+ *Beilagen* 54] S. 8. (Leipzig, Julius Klinkhardt, K. F. Koehler.)

Literarischer W'-K' 1904. Jahrg. 17. [Mit Illustrationen und 1 Tafel.] IV + 88 S. + 168 Sp. + 52 [+ *Beilagen* 38] S. 8. (Leipzig, Julius Klinkhardt *u.* K. F. Koehler.)

Literarischer W'-K'. Jahrg. 18, 1905. [Mit Illustrationen und 1 Karte.] IV + 104 S. + 168 Sp. + 52* [+ *Beilagen* 64] S. 8. (Leipzig, K. F. Koehler.]

Literarischer W'-K'. Jahrg. 19, 1906. [Mit Illustrationen und 1 Tafel.] IV + 116 S. + 184 Sp. + 48* [+ *Beilagen* 104] S. 8. (Leipzig, K. F. Koehler.)

Literarischer Weihnachtsk'. Jahrg. 20, 1907. [Mit Illustrationen und 1 Tafel.] IV + 120 S. + 192 Sp. + 56* + *Beilagen* 90] S. 8. (Leipzig, K. F. Koehler.)

— **literarischer**. 23. Jahrg. 1910. (128 S. m. 214 Sp. m. Abb. u. 3 farb. Taf.) gr. 8. Leipzig, K. F. Koehler, Barsort. nn — 50

— dasselbe, s. a.: **Koehler's** litterar. Weihnachts-Katalog.

— literarischer, des **Kunstwarts** 1899. Hrsg.: Ferd. Avenarius. gr. 8. (49 S.) München, G. D. W. Callwey. — 15
Fortsetzg., s.: **Ratgeber**, literar., hrsg. v. Kunstwart.

— **neuer**, für das Jahr 1882. Ein Verzeichniß der in katholischen Kreisen beliebtesten deutschen Geschenk-Literatur. 8. (49 S.) Aachen 882. Barth. n. — 20

—— **neuer**, für die J. 1886 und 1887. 10. und 11. Jahrg. Ein Verzeichniß der in kathol. Kreisen beliebtesten deutschen Geschenk-Literatur. 8. (à Jahrg. ca. 48 S.) Aachen, Barth. à Jahrg.
Nicht weiter erschienen.

Weihnachts- und Neujahrs-Katalog. In-8°. Olten, Schweiz. Vereinssortiment. 1884 — 25

Weihnachtscatalog. Schweizerischer Weihnachts- & Neujahrskatalog 1900—1901. Verzeichnis empfehlenswerter Werke aus dem Gebiete der Literatur. Kunst u. Wissenschaft. [Hrg. vom Schweizer. Vereins-Sortiment in Olten. Illustriert.] (*zus.* 8 + 136 S.) 8. Zürich, Typ. Jacques Bollmann.

Weihnachtscatalog. Schweizerischer Weihnachts & Neujahrs Katalog 1901-1902. Verzeichniss empfehlenswerter Werke aus dem Gebiete der Literatur, Kunst & Wissenschaft. [Hrg. vom Schweizer. Vereins-Sortiment in Olten. Illustriert.] (*zus.* VIII + 144 S.) 8. (Zürich, Art. Institut Orell Füssli.)
Darin S. 1–6: Wie Sepp... s. Zahn, Ernst.

Weihnachtscatalog. Schweizerischer Weihnachts- & Neujahrs-Katalog 1902-1903. Verzeichnis empfehlenswerter Werke aus dem Gebiete der Litteratur, Kunst & Wissenschaft. [Hrg. vom Schweizer. Vereins-Sortiment in Olten. Illustriert.] [Zürich, Jacques Bollmann, *und* Aarau, H. R. Sauerländer & Co.]
2 *Ausgaben: A.* (IV + *zus.* 8 + 88 *und* 68 S.); — *B.* (*Mit* Partie française. [Publiée par] L. A. Jent, ... Bern. [Bern, H. Jent.] (IV + *zus.* 8 + 88 *und* 68 [+ 20] S.).
S. 1–10: Volkslieder... s. Heer, Jacob] C[hristoph].

Weihnachtscatalog. Schweizerischer Weihnachts- und Neujahrs-Katalog 1903/1904. Verzeichnis empfehlenswerter Werke.... [Hrg. vom Schweizer. Vereins-Sortiment in Olten. Illustriert.] IV + 88 + LVI [+ *Beilagen* 12] S. 8. (Zürich, Jacques Bollmann.)
S. 1–9: Der Lehrer... s. Zahn, Ernst.

Weihnachtscatalog. Schweizerischer Weihnachts- u. Neujahrs-K' 1904/1905. Verzeichnis empfehlenswerter Werke.... [Hrg. vom Schweizer. Vereins-Sortiment in Olten. Illustriert.] IV + 84 + LXIV [+ *Beilagen* 12] S. 8. (Zürich, Jacques Bollmann.)
Darin S. 1–9: Wie's dann so anders kam. Eine Weihnachtsgeschichte von Gertrud Triepel [Berlin].

Weihnachtscatalog. Schweizer. Weihnachts- u. Neujahrs-K' 1905/1906. Verzeichnis empfehlenswerter Werke.... [Hrg. vom Schweizer. Vereins-Sortiment in Olten. Illustriert.] IV + 86 + LXIV [+ *Beilagen* 10] S. 8. (Zürich, Jacques Bollmann.)
S. 1–10: Der Geiss-Christeli ... s. Zahn, Ernst.

Weihnachtscatalog. Schweiz. Weihnachts- & Neujahrs-K'. Verzeichnis empfehlenswerter Werke.... 1906-1907. [Hrg. vom Schweizer. Vereins-Sortiment in Olten. Illustriert.] IV + 80 + LXIV [+ *Beilagen* 16] S. 8. (Zürich, Jacques Bollmann.)
S. 1–4: Nume gspunne! Buredütsches Gschichtli von J[oseph] Roos.

Weihnachtscatalog. Schweizerischer W'- und Neujahrs-K'. Verzeichnis empfehlenswerter Werke.... 1907–1908. [Hrg. vom Schweizer. Vereins-Sortiment in Olten. Illustriert.] IV + 80 + LXIV [+ *Beilagen* 16] S. 8. (Zürich, Jacques Bollmann.)
S. 1–7: Schön, jung, reich, aus guter Familie, gescheit und um keinen Preis fromm. Novelle von Hermann Ooser.

Weihnachts-Katalog, Stuttgarter, 1890 u. 1891. Eine Auswahl der vorzüglichsten Festgeschenke. hoch 4. (196; 192 S. m. Abbildgn.) Stuttg., Neff. à Jahrg. * — 40
Nicht weiter erschienen.

Die **Weihnachtskinder**. *Berlin: Schriftenvertriebsanst. 1898.* (64 S.) 8° [F.]
[ol. 9235

Weihnachts-Klänge. 12. (16 S. mit Bildern.) Leipzig 888, Baldamus, Sep.-Cto. cart. mit Goldschn. *

— Eine Festgabe f. das deutsche Haus. Mit 15 Illustr. Im alten Hause. Eine Weihnachts-Erzählung aus vier Stockwerken v. Hedw. Haberkorn. 12 Weihnachtsgesänge, zweistimmig gesetzt von Ed. v. Welz. (Ausgestanzt.) 4. (31 S.) Dresden 889. Weiske. cart. n. 1. —

Weihnachtsklänge, 12 beliebte Weihnachts-Lieder. 12. (16 S.) Oldenb. 890, Hinzen. * — 20

Weihnachtsklänge. Deutsche Weihnachtslieder. Tonsatz v. Bernh. Scholz. Bildschmuck v. Ernst Liebermann. Aus der Sammlg. „Das deutsche Bilderbuch". (18 S. m. 6 farb. Vollbildern.) 23×30 cm. Mainz (907). J. Scholz. Kart. 2. —

Weihnachts-Klänge geistlicher Lieder. . . . Leipzig 1825. V: *A. & Carl Christian Wolfart.* (GGr) (Brockhaus, J. A. Brockh. in Leipzig. Leipz. 1872. S. 214.) V: *Wolfart, C. C.* (BrVV)

Weihnachtsklänge, geistl. Lieder. Von A. u. W. 8. Leipz. 825. Brockhaus. 1 ₰

Weihnachtskörbchen für die Jugend . . . Hamb. 1794. V: *Goldstein, Augusta Freiin von geb. v. Wallenrodt, gesch. v. Fölsch.* (schl) (MGT) (NN) (GGr) (Nowack, Schles. Schriftst.-Lex. Bresl. 1843—46. V, 51.)

Weihnachtskörbchen, f. d. Jugend, v. e. Dame. 12. Hamburg, Hoffmann. 807.

Weihnachtskörbchen, für die Jugend, von einer Dame. 12. Hamb. 807. (Campe). 12 gr

Weihnachtskränze aus Dichtungen aller christl. Jahrhunderte. Gesammelt u. geordnet von Siegm. Fellöcker. gr. 8. (XXVIII u. 495 S.) Münster 848, Aschendorff. 1⅓ ₰

Weihnachtskränze aus Dichtungen aller christlichen Jahrhunderte. Gesammelt und geordnet von Siegm. Fellöcker. Neue (Titel-)Ausg. gr. 8. (XL und 495 S.) Münster 856, Aschendorff'sche Buchh.

Weihnachtslicht, f.: Blumen u. Sterne. 19. Heft.

Weihnachtslied. Cöln o. J.: Walbeck. 1 Bl. 4° [Kopftit.]
Ohne Noten: „Der Frohsinn lacht, im Glase glänzt der Wein, . . ." 3.

WEIHNACHTSLIED am Geburtstage Jesu Christi. Als Christbaumgeschenke den edlen hochherzigen Müttern und ihren frommen Kindern gewidmet. Gran o. J. (1830). Jos. Beimel. 8 S. - 8°

Ein NEUES Weihnachtslied. Preßburg 1852: C. Fr. Wigand. 2 l. - 8°

Weihnachtslieder. Illustrirt v. A. F. Lydon & E. F. Manning. 12. (32 S.) Hamburg 889. Kempner & Co. n. 1. —

Weihnachtslieder. Dortmund: R. Dreisl 1904. (16 S.) 8° [Umschlagt.] [05 ...]

— **die beliebtesten u. schönsten.** Eltern u. Kindern gewidmet. (31 S.) 16. Reutlingen (904). R. Bardtenschlager. — 10

Weihnachtslieder, deutsche. Eine Festgabe von Karl Simrock. Leipzig 859. T. O. Weigel. 16. (XXXIV, 358 S.) 1 ₰ 15 ngr.

Weihnachtslieder u. Choräle, 50 der beliebtesten, f.: Festspiele f. Schule u. Haus. IV.

Weihnachtslieder für das katholische Haus. Hamm i. W.: Breer & Thiemann [1904]. (20 S.) 8° [Umschlagt. J.] [06. 13037 6

Weihnachtslieder, hundert, m. (eingedr. Holzschn.-)Bildern. Zum Vertheilen bei Christbeschergn. u. in Kindergottesdiensten. gr. 8. (100 Bl.) Dresden 883. H. J. Naumann. n. 4. —

Weihnachts- u. Neujahrslieder u. Gedichte f. Eltern u. Kinder. 12. (47 S.) Mülheim a/d. R. 893. J. Bagel. — 25

Weihnachts- und Neujahrs-Lieder und Gedichte für Eltern und Kinder. *Mülheim a. d. Ruhr: J. Bagel [1900?].* (78 S.) 8° [J.] [...]

Weihnachtslieder u. Neujahrswünsche. 16. (48 S.) Styrum 891. A. Spaarmann. — 20

— **die schönsten u. beliebtesten.** 16. (32 S.) Styrum 890. Spaarmann. n. — 20

Weihnachtslieder, die schönsten, f. jung u. alt. Ster.-Ausg. 16. (32 S.) Reutlingen 895. Enßlin & Laiblin. n. — 10

Weihnachtslieder, 37, zum Gebrauch f. Schule u. Haus. (10 S.) 8. Lemgo (900). O. Mai. 100 Stück n. 3. —

— 27 **der bekanntesten u. beliebtesten.** gr. 8. (15 S. m. 2 Holzschn.) Elberfeld 887. Lucas. — 10

Weihnachtslieder, unsere alten. Mit Federzeichngn. v. Valdemar Nielsen. (63 S.) Lex. 8. Kopenhagen 909. Tillge. 2.—; geb. 3. —

Weihnachtsmann, der. Eine Geschichte f. Kinder v. Agnes Brauer m. vielen feinen Bildern v. Thekla Brauer. (Ausgestanzt.) (23 S.) Eßlingen 889. Schreiber. cart. n. 1. 50

Weihnachts-Mappe, s. Meisterwerke der Holzschneidekunst, N. F.

Weihnachtsmärchen, ein. Illustrirt (m. Holzschn.) v. Ludw. Löffler. 16. (VI u. 98 S.) Leipzig 849, Weber. In Engl. Einb. m. Goldschn. n. ⅔ ₰

Weihnachtsmärchen, e., der deutschen Jugend gewidmet von R. v. E. Mit Bildern versehen v. H. Ungewitter. (Ausgestanzt.) 4. (11 S.) Osnabrück 894. G. E. Lückerdt. n. 1. 20

Weihnachtsmetten, die heiligen, mit Hymnen u. Psalmen; aus d. Latein. 4. Prag 787. Schönfeld. 8 gr

Weihnachtsmorgen, Der, oder das Tintenfässchen. Eine Erzählung . . . V: *Barth, Christian Gottlob.* (Ky)

Weihnachtsmorgen, der, od. das Tintenfäßchen. Eine Erzähl. f. Christenkinder v. Verf. d. „armen Heinrichs" (Chr. Gtl. Barth). gr. 12. (5½ B.) Stuttgart 830, (Steinkopf.) Thlr.

Weihnachtsmorgen, der, oder das Tintenfäßchen. Eine Erzählung f. Christenkinder v. Verf. des „armen Heinrich." 3., verb. Aufl. 12. (5½ B.) Stuttgart 838, J. F. Steinkopf. *

Weihnachtsmorgen, der, oder das Tintenfäßchen. Eine Erzählung für Christenkinder vom Verf. des „Armen Heinrich" (C. G. Barth). 4., verb. Aufl. 12. (128 S. mit eingedr. Holzschn.) Stuttgart 851, J. F. Steinkopf. *

Weihnachtmorgen, der, oder das Tintenfäßchen. Eine Erzählung für Christenkinder vom Verf. des „armen Heinrich" (C. G. Barth). 5. Aufl. Stuttgart 862. J. F. Steinkopf. 16. (112 S.) n. 5 ngr.

Weihnachtmorgen, der, oder das Tintenfäßchen. Eine Erzählung für Christenkinder vom Verf. des „armen Heinrich". (C. G. Barth.) 5. Aufl. Stuttgart 870. J. F. Steinkopf. gr. 16. (112 S.) n. 5 ngr.

Weihnachts-Perlen. Gespräche u. Gedichte zur Weihnachts-Feier f. Kirche, Schule, Sonntags-Schule u. Familie. 1.—3. Serie. 12. (II, 48; 48 u. 48 S.) Zeitz (900—902.) H. Barkemeyer & Co. à — 45; in losen Blättern in doppelter Anzahl à — 65

Weihnachts-Perlen. Gespräche u. Gedichte zur Weihnachts-Feier für Kirche, Schule, Sonntags-Schule u. Familie. 4. Serie. (48 S.) 12. Zeitz (903). [H. Barkemeyer & Co.] Bremen, Buchh. u. Verl. des Traktathauses. — 45; in losen Blättern in doppelter Anzahl. n. — 65

Weihnachtspredigt für die lieben Kinder. 32. (16 S.) Riga 856(57). (Arensburg, Jürgens.) Thlr. *

Weihnachtsreise, der armen Wittwe. Eine Erzählung für Alt und Jung. Hrsg. von der Wupperthaler Traktat-Gesellschaft. gr. 16. (23 S.) Barmen 874, Wiemann. *

Weihnachtsrose, die. Von M. v. W. 12. (8 S. m. 1 Abb. u. 2 Farbendr.) Frankfurt a/M. (892). K. Brechert. n. — 40

Weihnachtsrose, die. Von M. v. W. 3. Aufl. 12. (8 S. m. 1 Bild.) Frankfurt a/M. 892. K. Brechert. n. — 10

Weihnachts-Rosen. 1.—10. Heft. 8. Cöthen, Schriften-Niederlage d. ev. Vereinshauses.
1. I. Fries, R. Das Jaköble mit den lahmen Beinen. — II. Berthold, Helene. Verirrt und wiedergefunden. 1. u. 2. Aufl. (20 S.) 889,92.
2. Boy, Johanna. Ein Weihnachtsröslein. 1. u. 2. Aufl. (23 S.) 889,92.
3. —— Das Fenster nach Jerusalem. (22 S.) 890.
4. I. Berthold, Helene. Der Mutter Weihnachtslicht. — II. Eitner, Martha. Gott vergißt niemand. 1. u. 2. Aufl. (24 S.) 890,92.
5. I. Berthold, Helene. Der blinde Knabe. — II. Rüdiger, M. Das Neujahr der Schifferfamilie. (22 S.) 891.
6. Eitner, Martha. Allzeit fröhlich. (20 S.) 892.
7. Fräulein Jettchen. Eine Weihnachtsgeschichte v. M. Eitner. Freue dich, Israel, seiner Gnaden! Erzählung v. M. Dahnow. (30 S.) 893.
8. Genommen u. gegeben. Eine Erzählung aus der Zeit Luthers v. M. Rüdiger. Im alten Hause. Eine Weihnachtsgeschichte v. Helene Berthold. (24 S.) 893.
9. Das rote Käppchen. Eine Weihnachtsgeschichte v. M. Eitner. (19 S.) 894.
10. Großmutters Trost. Erzählung v. C. Rhlem. (16 S.) 894.

Weihnachts-Rosen. 1.—5. u. 11.—20. Hft. 12. Cöthen. Dessau, Buchh. d. evang. Vereinshauses. à n.n. — 10
1. Das Jaköble m. den lahmen Beinen. Weihnachts-Erzählg. v. R. Fries. 3. Aufl. (20 S.) (895.)
2. Ein Weihnachtsröslein. Weihnachts-Erzählg. von Johanne Boy. 3. Aufl. (23 S.) (895.)
3. I. „Ein echter Marsen." Erzählg. Von M. Dahnow. — II. „Mapule." Eine afrikan. Geschichte. Von A. Merensky. (28 S.) 897.
4. Der Mutter Weihnachtslicht. E. Weihnachtsgeschichte v. Helene Berthold. 3. Aufl. Gott vergißt niemand. E. Weihnachtsgeschichte v. Martha Eitner. 3. Aufl. (24 S.) (895.)
5. Der blinde Knabe. E. ind. Weihnachts-Geschichte v. Helene Berthold. 2. Aufl. Strenge Gerechtigkeit. Eine wahre Geschichte aus alter Zeit, erzählt von Helene Berthold. (19 S.) (895.)
11. I. Der kranke Bertel. Weihnachtserzählg. v. Clara Hagen. II. Auf Gottes Wegen. Erzählg. v. Clara Hagen. (20 S.) 896.
12. Im Försterhaus. Eine Weihnachtsgeschichte v. M. Eitner. Gut verwahrt. Eine wirkl. Geschichte von A. v. K. (24 S. m. 1 Abb.) 896.
13. Zwei Tagespaare aus Bismarcks Leben. Von Hoffmann. E. Weihnachten in französ. Gefangenschaft. E. wahre Begebenheit. Erzählt v. O. P. (16 S. m. 2 Abb.) 896.
14. Der Gesundbrunnen. Erzählg. aus dem Leben von Helene Berthold. (24 S.) 896.
15. Heimgebracht. E. Erzählg. aus d. Zeit d. Kinderkreuzzüge v. M. Rüdiger. (16 S.) 896.
16. Die Erdbeeren waren schuld daran. Von Joh. Boy. (22 S.) 897.
17. Die Geschwister. Von A. de Laïde. (23 S.) 897.
18. Führe uns nicht in Versuchung! Eine Weihnachtsgeschichte z. 7. Gebot. Von Helene Berthold. (27 S.) 897.
19. In des Hirten Arm u. Schoß. Erzählg. Von M. Dahnow. (16 S.) 897.
20. Der Holzhüter Claus. E. Weihnachtserzählg. Von Helene Dalmer. Denn er hat s. Engeln befohlen üb. Dir. Eine Erzählg. Von Helene Berthold. (24 S.) 897.

Weihnachtsschimmer, e., s.: O du fröhliche usw. Weihnachtszeit.

Weihnachtsspiel, Ein, mit Gesang. [Salzburg 1876.] V: *Englmayr, Matthias.* (Hr)

Weihnachtsspiel, ein, aus einer Handschrift des 15. Jahrhunderts unter Benutzung einer Abschrift derselben von Vilmar und mit dessen Anmerkungen zum erstenmale hrsg. von K. W. Piderit. 8. (V, 57 S.) Parchim 869, Wehdemann. *

Weihnachtsspiele, drei, für Kinder. [Die Hirten bei der Krippe. Der bethlehemitische Kindermord. Die heiligen drei Könige.] 8. (80 S.) Amberg 877. Habbel. cart. — 75

Weihnachtsspiele, drei, f. Kinder. 12. Regensburg 890. Habbel. — 75
Die Hirten bei der Krippe. Der bethlehemitische Kindermord. Die heiligen drei Könige. (80 S.)

Weihnachtsspiele, drei, f. Kinder. (Die Hirten bei der Krippe. Der bethlehemit. Kindermord. Die hl. drei Könige.) (2. [Umschlag-] Aufl.) 12. (80 S.) Regensburg (890) 897. J. Habbel. — 75

Weihnacht-Spiele und Lieder aus Süddeutschland und Schlesien. Mit Einleitungen und Erläuterungen von Carl Weinhold. 1. Ausg. 1853. * 2 Thlr. 20 Ngr. und 2. (wohlf.) Ausg. gr. 8. (VIII und 456 S. mit 1 Musikbeilage.) Graz 855, Damian und Sorge. *

Weihnacht-Spiele und Lieder aus Süddeutschland und Schlesien. Mit Einleitgn. u. Erläutrgn. von Dr. *Karl Weinhold* (o. Prof. an d. Univers. Kiel). Neue Ausgabe. Wien, Wilh. Braumüller, 1875. Gr. 8°. Roth. Hfrzb.
Tit., VI, 456 S., 1 Musikbeil. — Vorwort dat.: Graez in Steiermark, Ende Juni 1853.

Weihnachtsspiele, Zwei, mit Gesang. Salzburg 1876. H: *Englmayr, Matthias.* (wagner)

Weihnachtssprüche. 32. (12 chromolith. Karten.) Leipzig 880. Böhme. 1. —

Weihnachtsstern, der. 16. (12 S. m. Chromolith.) Leipzig 888. Baldamus, Sep.-Cto. cart. m. Goldschn. n — 80

Weihnachtstag, ein. 8. (48 S.) Zeitz 853, Garcke'sche Buchh.

Weihnachts-Teppich, der. Eine Familien-Geschichte f. die Jugend u. ihre Freunde. gr. 16. (172 S.) Basel 876. Spittler. n. — 80

Weihnachtsworte aus der Landeskirche an die Landeskirche in ihrer gegenwärtigen Lage. Göttingen 862. Deuerlich. gr. 8. (22 S.) 3 ngr

Weihnachtswunsch, Komischer, des Wiener Nachtwächters. Wien 1795. V: *Richter, Joseph.* (Hans Viktor Pisk: Josef Richter, Diss., Wien 1927, S. 136)

Weihnachts-Wünsche. Eine Sammlg. v. Festgedichten f. Schule u. Haus zum Declamiren u. zu schriftl. Gratulationen, hrsg. v. e. prakt. Schulmanne. 16. (32 S.) Potsdam 876. Rentel. — 30

Weihnachts-Wünsche. Eine Sammlung von Festgedichten für Schule u. Haus zum Declamiren u. zu schriftlichen Gratulationen hrsg. von einem praktischen Schulmanne. 16. (32 S.) Potsdam 877. Rentel's Verl. n. — 30

Weihnachts-Wünsche. Eine Sammlung von Festgedichten für Schule und Haus zum Declamiren und zu schriftl. Gratulationen, hrsg. von einem prakt. Schulmanne. 2. Aufl. 12. (32 S.) Potsdam 885, Rentel's Verlag. *

Weihnachtswünsche für Kinder. O. O. [1772]. V: *Röding, Johann Hinrich.* (schr)

Weihnachtswünsche, Neue, zum Vortrage für Kinder und Schüler am heil. Christabende. Wien [1903]. V: *Neidl, Julius.* (EB)

Weihnachtswünsche u. Neujahrs-Gedichte. Eine Sammlg. v. Festgedichten f. Schule u. Haus zum Deklamieren u. zu schriftl. Gratulationen, hrsg. v. e prakt Schulmanne. 3. Aufl. 8. (32 S.) Potsdam 891. J. Rentel's Verl. — 30

Weihnachts- u. Neujahrswünsche. Eine reiche Auswahl bester Glückwünsche, Lieder, Aufführgn. usw. f. Kinder u. Erwachsene. (48 S.) 8. Leipzig (908). G. Schnurpfeil. — 30

Weihnachtszauber. Ein Märchen von Vater Niclas u. den Heinzelmännchen in 8 (photogr.) Bildern von M. Scherer u. H. Engler. Text von Frz. Wiedemann. gr. 4. (16 S.) Dresden 882. Schwager. geb. 10. —

Weihnachtszeit, o du fröhliche, o du selige, gnadenbringende. 54.—58. Hft. 12. (à 16 S.) Hamburg 896. 97. Evang. Buchh. à n.n. — 05

— dasselbe. Neue Ausg. m. Farbendr.-Bildern (auf d. Umschlag). 69. Hft. 8. (16 S.) Ebd. 898. — 06

Weihnachtszeit, o du fröhliche, o du selige gnadenbringende. Neue Ausg. m. Farbendr.-Bildern (auf dem Umschlag). 60.—64. Hft. 8. (16, 16, 16, 16 u. 8 S.) **Hamburg 898 —900. Ev. Buchh.** à — 06

— dasselbe, s. a.: O du fröhliche 2c.

Weihnachtszeit, die, in Liedern mit Volksweisen für Kinder. Hanau 866. (König's Verlag.) 4. (15 S. mit eingedr. Holzschn.) 3 ngr

Weihnachtszeit, schöne Zeit. Erzählungen u. Gedichte f. die Jugend v. M. Frohmut, W. Hey, R. Reinick, Emil Felden, F. Ewald, E. Halden, F. Tuxen u. a. (80 S. m. Abb. u. 3 Farbdr.) 8. Reutlingen (908). Enßlin & Laiblin. Kart. — 60

— schönste Zeit, s.: Jugend-Bücherei, farbig illustr.

Weihner, Bartel, Contrafactur der stadt Bresslau vom J. 1562. Neue Facs.-Ausg. qu. gr. Fol. (16 Bl.) Breslau 882, Koebner. *

Weihns, W., Bordell-Juden u. Mädchenhandel. Ergänzg. zu der Schrift „Juden-Bordelle". gr. 8. (40 S.) Berlin 892. [P. Heichen.] Elberfeld, Th. Heinrich. n. — 50

Weihns, W.: Bordell-Juden und Mädchenhandel. Ergänzung zu d. Schrift 'Juden-Bordelle.' Berlin: P. Heichen [1899]. (40 S.) 8°

WEIHNS, W. Bordell-Juden und Mädchenhandel. Ergänzung zu der Schrift »Judenbordelle«. Berlin, Paul Heichen, o. J. (um 1905). Gr. 8°. 40 S.

Weihrauch, klarer, bei 12 Schaubroden am reinsten Tisch d. allerheil. Altarsacraments, aus F. von Sales u. Probsts geistreichen Schriften gezogen. 8. Würzb. 769. Stahel. 8 gr

Weihrauch, E., Geschichte des Turn- und Rettungsvereins zu Görlitz, Görlitz 1897, 36 S., 8°.

Weihrauch, Gust., Niederdeutschland. Ein Anh. f. d. Mittelstufe des deutschen Lesebuches v. Karl Hessel. (7., 6. u. 5. Klasse höherer Mädchenschulen.) (IV, 104 S.) 8. Bonn 910. A. Marcus & E. Weber. — 60

Weihrauch, Jh. Jos., **Bemerkk. über die verschied. Arten den Gehalt d. Salzsohlen zu schätzen, u. die Mittel denselben zu finden.** gr. 8. Grätz 782. Simon. 20 gr

Weihrauch, Karl

Weihrauch, K., meteorologische Beobachtungen, s.a. Oettinger, A. v.

——— ——— in den Jahren 1877—80. Jahrg. XII—XV. Bd. III, Heft 2—5. Dorpat 1884.

(Weihrauch, Karl), Meteorologische Beobachtungen, angestellt in Dorpat in den Jahren 1886—90. Jahrgang XXI—XXV. Band V. Dorpat 1892

— Einfluss des Widerstandes auf die Pendelbewegung bei ablenkenden Kräften, mit Anwendung auf das Foucault'sche Pendel. (Sep.-Abdr. aus Exner's Repertorium, Band XXII.) [Wien 1886.]

Weihrauch, Karl: Zehnjährige Mittelwerthe (1866 bis 1875) nebst neunjährigen Stundenmitteln (1867 bis 1875) für Dorpat. (Br. 58° 22′ 47·1″, L. 24° 23′ 14″ = 1° 37′ 33″ östlich von Paris.) Mit 2 lithographirten Tafeln. (Ergänzungsheft zum zweiten Bande der Dorpater meteorologischen Beobachtungen.) Dorpat 1877. 42 S. 8°.

Weihrauch, Karl, zwanzigjährige Mittelwerthe aus den meteorologischen Beobachtungen 1866 bis 1885 für Dorpat, $\varphi = 58° 23'$, $\lambda = 26° 43'$ E. v. Gr., H. = 66·4 m, abgeleitet. Ergänzungsheft zum 4. Bde. der Dorpater meteorolog. Beobachtungen. gr. 8. (72 S.) Dorpat 887. (Leipzig, K. F. Köhler.)
S.-Abdr. aus: Archiv f. d. Naturkunde Liv-, Est- u. Kurlands.

Weihrauch, Karl: Mortalität und Morbidität im Braugewerbe. Ein Beitrag zur Alkoholfrage. München 1905: Kastner & Callwey. (28 S.) 8°
München, Med. Fak., Ref. v. Bollinger, Diss. v. 29. Juli 1905
[Geb. 27. Febr. 82 Dorpat; Wohnort: München; Staatsangeh.: Hessen; Vorbildung: Maximilians-Gymn. München Reife Juli 00; Studium: Jena 4, München 5 S.; Coll. 29. Juli 05; Approb. 17. Juni 05.]

Weihrauch, Karl: Über Pendel-Bewegung bei ablenkenden Kräften. nebst Anwendung auf das Foucault'sche Pendel. [Dorpat 1886.]

—— anemometrische Scalen für Dorpat. Ein Beitrag zur Klimatologie Dorpats. gr. 8. (57 S.) (Ebendas.) 885.
aus: Archiv für die Naturkunde Liv-, Ehst- und Kurlands, besonders abgedruckt.

Weihrauch, Karl. Neue Untersuchungen üb. d. Bessel'sche Formel u. deren Verwendung in der Meteorologie, s.a. Schriften, hrsg. v. der Naturforscher-Gesellschaft bei der Universität Dorpat.

Weihrauch (K.), Neue Untersuchungen über die Bessel'sche Formel und deren Verwendung in der Meteorologie. Dorpat 1888. 4. — Desgl. Fortsetzung der neuen Untersuchungen etc. Dorpat 1890. 4.

Weihrauch, Karl: Ueber die dynamischen Centra des Rotations-Ellipsoids, mit Anwendung auf die Erde. Moskau 1886.

Weihrauch, Ph., s. Wandtafeln, 18, für Volksschulen.

(**Weihrauch, Ph.,**) 18 Wandtafeln f. Volksschulen, nebst Anleit. z. zweckmäß. Gebr. ders. nach d. Lautmethode. 2., verb. Ausg. gr. 8. (1 B. u. 18 B., gr. Fol.) Mainz 835, Kupferberg.

Weihrich, Franz

Weihrich, F., Beiträge z. latein. Grammatik: „prode". Pr. 1877. 35 S.

Weihrich, Frz., die Bibelexcerpte de diuinis scripturis u. die Itala des hl. Augustinus. [Aus: „Sitzungsber. d. k. Akad. d. Wiss."] Lex.-8. (72 S.) Wien 893. (F. Tempsky.) n. 1. 50

Weihrich, Franciscus (Bensheim)
De gradibus comparationis linguarum sanscritae graecae latinae gothicae.
Gissae:Ricker 1869. VII, 108 S.
Diss. phil. 30.1.1869. vorh. 26.

Weihrich, Franz. Res Lusitanae. S. V. XVI, 1 Tab. 8.
Progr. K. k. Franz Joseph-Gymn. *Wien* 1902.

Weihrich, F., Res Lusitanae. Separatabdr. a. d. 28. Jahresberichte des k. k. Franz-Joseph-Gymnasiums in Wien. Gr.-8°. (14 S.) † Wien: Hölder 1902.

Weihrich, F., das Speculum des heil. Augustinus und seine handschriftliche Ueberlieferung. Lex.-8. (34 S.) Wien 883, (Gerold's Sohn.) *
Aus: Sitzungsberichte der k. Akademie der Wissenschaften, besonders abgedruckt.

— **Stammtafel zur Geschichte d. Hauses Habsburg. Imp.-Fol. Mit Text. Lex.-8. (14 S.) Prag 892. F. Tempsky. — Leipzig, G. Freytag. Kart.** n. 2. —

Weihrich, Franz. Stammtafeln zur Geschichte des Hauses Habsburg. gr. 8. Prag, Wien, Leipzig 1893.

Weihrich, Georg

— Ansichten (Die) der neueren Chemie. Programm des grossherzoglichen Gymnasiums zu Mainz, Schuljahr 1871–72. Mainz, 1872. pp. 42, 4to.

Weihrich, G., die Ansichten der neueren Chemie. gr. 8. (64 S.) Mainz 872. Diemer. n. 1. 20

Weihrich, *Georg* Beiträge zur Geschichte des chemischen Unterrichtes an der Universität Giefsen. Mit einem Plan. 4 (S. 3—39).
Progr. Grofsh. Rg. u. Rsch. *Giefsen* 1891 (634).

Weihrich, G., Beiträge zur Geschichte d. chemischen Unterrichts an der Universität Gießen. Fol. (39 S. m. 1 Taf.) Gießen 891. v. Münchow. n. 1. 60

G. Weihrich. Die Hülfsmittel für den physikalischen und chemischen Unterricht. S. 21—31. Weinheim, P 1866

Weihrich, G., zur Organisation des naturgeschichtlichen Unterrichts an unserem Gymnasium. 4. (20 S.) Mainz 879, (Diemer.) *

Weihrich, [Georg], Dir.: Statistische **Uebersicht** über den Besuch des Gymnasiums seit dem Jahre 1850. *Mainz 1901: H. Prickarts.* (S. 7—9.) 4°
Mainz, grossh. Oster-G, OP 1901 (695a)

Weihrich, [Georg]: Verzeichnis der seit 1852 veröffentlichten Programm-Abhandlungen. Mainz 1899: H. Prickarts. (S. 2.) 4° Progr., Großherz. Gymn. Mainz.

Wei'hui fu [Schlagwort]

Wei 'hui fu, s.: Tschili.

Weihwasser, das. Eine Hülfsquelle f. die armen Seelen. 12. (4 S.) Steyl 883. Missionsdruckerei.
pro 50 Explre. — 30

Weihwasser, das. Eine Hilfsquelle f. die armen Seelen. Gebetszettel. 3. Aufl. 12. (4 S.) Nördlingen 895. Th. Reischle. n. — 02

Weihwasser, das, e. Segensquelle f. die Lebenden u. Verstorbenen, s.: Gottesblumen. Nr. 6.

Weik, Hermann, approb. Arzt aus Stuttgart: Aus d. Tübinger Universitäts-Augenklinik. Über **Psychosen** nach Augenoperationen. *Stuttgart 1901: A. Bonz' Erben.* (36 S.) 8°
Tübingen, Med. Diss. v. 1901

Weik, Joh., Californien, wie es ist oder Handbuch von Californien, mit besonderer Berücksichtigung für Auswanderer. Diesem Werke ist beigefügt eine prakt. Anweisung das Gold zu reinigen. 16. (107 S.) Philadelphia 849, Schäfer & Koradi. In Engl. Einb. 1/2 ℳ
Vgl. Weil, Joh.

Weikard, Pfalzgraf v. Stromhausen; e. Sittengemälde der Vorzeit. 8. Leipz. 793. Baumgärtner. 16 K
Vgl. Weikhard...

Weikard, G. F., Bibelkunde oder gründliche Belehrung über die zum richtigen Verstehen der hl. Schrift nötigen Gegenstände. Ein Handbuch zunächst für Schullehrer und Schulpräparanden, dann für jeden gebildeten Christen. Mit 2 Karten. Sulzbach, v. Seidel, 1830, gr. 8°, 37 Bogen, 5 Mk.

WEIKARD, Karl (Donauwörth): Ueber Blutersparung.- München: Wolf 1879. 20 S.
2.4.1879 - Urk (Titel: De sanguini parcendo.); Chr 1878/79,12
Diss.Ingolst.-Landsh.-Mchn.

M[elchior] A[dam] Weikards [Weikard] practische Anweisung zur Heilung örtlicher Krankheiten. Heilbronn am Neckar: Claß 1797. VI, 472 S. 8°

Weikard, M(elchior) A(dam): Practische Anweisung zur Heilung örtlicher Krankheiten. 2...verm.Ausg. 592 S., gbd.

Heilbronn am Neckar: Claß 1799

Philosophische Arzeneykunst [Arzneikunst] oder von Gebrechen der Sensationen, des Verstandes und des Willens. Von M[elchior] A[dam] Weikard. Frankfurt a.M.: Andreä 1799. VIII,510 S. 8°

Weikard, M. A., Der philos. Arzt. 4 St. Frkf. 1773–5.

Weickard, Melch. Adm., (+ d. 25. Juli 1803.) der philosophische Arzt. 4 Stücke. 8. Frankf. a. M. 775—77. N. A. 2 Bde. 790. N. umgearb. Aufl. 4 Thle. 793. Verm. u. verb. Aufl. 3 Bde. gr. 8. Ebd. 798,99. Andreä. 3 rß 20 gr. Holl.-Pap. 5 rß 4 gr. (3r Bd. A. u. d. T.: philosophische Arzneikunst, od. v. Gebrechen der Sensationen des Verstandes u. des Willens. 1 rß 4 gr.)

(Weikard, Melchior Adam): Der philosophische Arzt. Stück 1: 2.verm.Aufl. Stück 1 - 4, gbd.

Frankfurt, Hanau u.Leipzig: {St.1: 1782; St.2-4: 1775-1777}

(Weikard, Melchior Adam): Der philosophische Arzt. 3.Aufl. Stück 1 - 4, gbd.

Linz: typ.v.Trattnern 1787

Der philosophische Arzt. Von M[elchior] A[dam] Weikard. Neue durchaus verm.u.verb. Aufl. Bd 1.2. Frankfurt a.M.: Andreä 1798. 8°

— medicin. Bedenken über das in Deutschland rc. sich äußernde Faulfieber. 8. Fulda 772.

— gemeinnütz. medicin. Beiträge. 8. Frankf. u. Leipz. 770.

— Biographie, von ihm selbst herausg. 8. Berl. 784. 2e A. 787. Nicolai. 8 gr.

— Biographie W. v. Gleichen, genannt Rußworm, mit 1 Kpf. gr. 8. Frankf. a. M. 783. Hermann. 10 gr.

Weikard, M(elchior) A(dam) (Übers.):

s.: Brown, John: Grundsätze der Arzeneylehre. (Elementa medicinae. Dt.) Frankfurt am Main.

Weikard, M(elchior) A(dam) (Übers.):

s.: Cattano, Francesco: Betrachtungen über das System von G.Brown oder neue Classification der örtlichen Krankheiten. Aus dem Italiänischen. Th.1. Heilbronn: 1796
an: Monteggia, G(iovanni Battista): Briefe über Browns Elementa... (Lettera sulle Elementa medicinae. Dt.) Aus dem Italiänischen (übers.und) mit Anmerkungen hrsg.von M.A.Weikard. 1796

— Denkwürdigkeiten seiner Lebensgeschichte, nach seinem Tode zu lesen. Von ihm selbst herausg. gr. 8. Frankf. u. Leipz. 802. Coburg, Sinner. 2 rß 12 gr.

— von der Diät auf d. Gesundbrunnen zu Brückenau. ... 771.

s. Duell, vom.

Weikard, Melchior Adam: Entwurf einer einfachern Arzeneykunst oder Erläuterung und Bestätigung der Brownischen Arzeneylehre. 335 S., gbd.

Frankfurt am Main: Andreä 1795

— Entwurf e. einfacheren Arzeneikunst, oder Erläuter. u. Bestätigung d. Brownischen Arzeneilehre. gr. 8. Frankf. a. M. 796. 2e A. 798. Andreä. 1 rß 4 gr.

Weikard, Melchior Adam: Entwurf einer einfachern Arzeneykunst oder Erl. u. Bestätigung d. Brownischen Arzeneylehre. 2. verm. u. verb. Ausg. Frankfurt a. M. 1797. X, 389 S.

— medicin. Fragmente u. Erinnerungen nebst Nachtr., mit 1 Kpf. Frankf. a. M. 791. Andreä. 18 gr.

s. Jos. Frank, Brief an Brugnatelli.

Weikard, M(elchior) A(dam) (Übers.):

s.: Frank, Joseph: Brief an einen Freund über verschiedene Punkten der Arzneikunst... (Lettera ad un amico sopra diversi punti di medicina... Dt.) Heilbronn: 1796

s. Gedanken üb. geh. Gesellschaften.

Weickard, M. A. Vide: Gedanken eines Weltbürgers.

— der Geist des 19ten Jahrh. in medicin. Hinsicht; den Freunden eines langen Lebens gewidmet. gr. 8. Heilbr. 802. Claß. 8 gr.

Weikard, M(elchior) A(dam) (Übers.):

s.: Geschichte der Brownischen Lehre in drey Aufsätzen. Aus dem Italiänischen. Frankfurt am Main: 1796
an: Monteggia, G(iovanni Battista): Briefe über Browns Elementa... (Lettera sulle Elementa medicinae. Dt.) 1796

Medizinisches- practisches Handbuch auf Brownische Grundsätze und Erfahrung gegründet von M[elchior] A[dam] Weikard. Th.1/2-3. Heilbronn & Rothenburg ob der Tauber: Claß 1796-97. 2 Bde 8°

Th.1/2: 1796.
Th.3: 1797.

— medicin.-prakt. Handbuch auf Brownische Grundsätze u. Erfahrung gegründet; e. Handbuch sowohl für Aerzte u. Nichtärzte. 3 Thle. gr. 8. Heilbr. 797. 2e A. 799. 5e A. 802—4 Claß. 4 ₰ (3r Thl. Auch u. d. T.: systemat. Handbuch der örtl. Krankheiten. 3e A. 804. 1 ₰ 16 gr)

— instructions nouvelles sur les eaux minérales de Brückenau trad. pr. Alix. 12. Frankf. a. M. 776. Andreä. 4 gr

— s.a. Kraft, von d. eigentlichen.

— von der eigentl. Kraft, wodurch Vegetation u. Nahrung geschieht. 8. Frankf. a. M. 786.

— Magazin der theoret. u. prakt. Arzneikunst, für Freunde und Feinde der neuen Lehre. 4 Stücke. gr. 8. Heilbr. 796. Claß. 2 ₰ 16 gr

— le Médecin philosophe, ouvrage, trad. de l'allem. Tom. I. gr. 8. Francf. Andreae.

(—) le Médecin philosophe, ouvrage, trad. de l'allemand. Tom. I. gr. 8. Frankf. a. M. 787. Andreä. 20 gr

— nouveau mémoire sur les eaux minérales de Brückenau trad. de l'allem. 8. Götting. 790. Dieterich. 2 gr

— Méthode médicale simplifiée d'après les principes de Brown etc. 8. ibid. 797.

Weikard, M(elchior) A(dam) (Übers., Comm. u. Hrsg.):

s.: Monteggia, G(iovanni Battista): Briefe über Browns Elementa, oder kurze Übersicht der Brownischen Lehre. (Lettera sulle Elementa medicinae. Dt.) Heilbronn: 1796

— Nachr. von dem Gesundbrunnen zu Brückenau. 8. ... 764. 2e A. 8. ... 790.

— neueste Nachr. v. d. Mineralwasser bei Brückenau im Fuldischen. 8. Götting. 767. N. A. 790. Dieterich. 2 gr

— das Neueste von den Mineralwässern bei Brückenau im Fuldaischen. 12. ... 776.

Weickard, Melch. Adm., observationes medicae. 8. Frkf. 774. Andreä. 8 gr

Observationes medicae quas coll. Melch[ior] Adam Weikard. Francofurti a.M.: Andreae 1775. XV, 175 S. 8°

Weikard, M[elchior] A[dam]: Originale und Uebersetzungen zum Behufe der Verbesserung der Arzeneikunst: oder Abhandl. vom hekt. Fieber, von Viehseuche etc. Heilbronn 1796. 46 S.

— Originale u. Uebersetzungen z. Behufe der Verbesserr. in der Arzneikunst, od. Abhandl. d. hektischen Fieber, von Viehseuche etc. 1s bis 4s Stück enthalt. Cattanio, Frank u. Monteggia. 8. Heilbr. 796. Claß. 16 gr

— Samml. medicin.-prakt. Beobachtt. u. Abhandll. gr. 8. (Ulm). 798. Stettin. 16 gr

— einzeln herausgeg. kleine Schriften verschied. Inhalts, gesamm. u. herausg. v. K. A. Zwierlein. gr. 8. Mannh. 782. Schwan u. G. 18 gr

Weikard, Melchior Adam.
Einzeln herausgehobene Kleine Schriften verschiedenen Inhalts. . . . Mannheim 1782. H: *Zwierlein, Conrad Anton.* (BrMm)

Vermischte medicinische Schriften von M[elchior] A[dam] Weikard. St.1-4. Frankfurt a.M.: Andreä 1778-82. 2 Bde 8°
St.1: 1778.
St.2: 1779.
St.3: 1780.
St.4: 1782.

— vermischte medicin. Schriften. 3 Stücke. gr. 8. Frankf. 778—80. N. Aufl. gr. 8. Frankf. a. M. 793. Andreä. 4 ₰

— s.a. Schwärmerei u. Aufklärung.

Schwärmerey und Aufklärung (von *Melchior Adam Weickard*). Frankfurt und Leipzig 1788.
Anon.-Lex. IV. p. 349 (nach Meusel).

Weikard, M(elchior) A(dam): Toilettenlektüre für Damen und Herren in Rücksicht auf die Gesundheit. Th.1, 272 S., gbd., Abb.

Frankfurt am Main: Andreä 1797

Weikard, M. A. Toilettenlektüre für Damen und Herren in Rücksicht auf die Gesundheit Zweyter Theil. Frankfurt am Main in der Andreäischen Buchhandlung 1797
Tit. S. 277—584 8°

Weikardt, Melchior Adam

s.: Weikard, Melchior Adam

Weikart, J. E., s. Weickart.

Weikart, J. E.: Sportel-Taxe für die Justiz-Kommissarien und Notarien in den Königl. Preußischen Staaten. In alphab. Ordnung, u. mit sämmtl. Erl. u. Erg., wie auch mit e. Anh. Berlin 1832.
— 2. Ausg. 1833.

Weikart, J. E., Sportel-Taxen f. d. Landes-Justiz-Kollegia, die sämmtl. Untergerichte u. d. Justiz-Kommissarien im Preuß. Staate. In alphabet. Ordn. u. mit sämmtl. Erläuterungen u. Ergänzungen. gr. 8. (39½ B.) Berlin 832, [Th. Brandenburg.]
Dieselben auch einzeln u. d. Tln.: Sportel-Taxe f. sämmtl. Landes-Justiz-Kollegia. — S.-T. f. d. Stadt-, auch Land- u. Stadt-Gerichte in den großen Städten (mit 10,000 u. üb. 10,000 Einwohner). — S.-T. f. sämmtl. Unter-Gerichte (mit Ausnahme der Stadtgerichte in d. großen Städten). à 12 Gr. — S.-T. f. d. Justiz-Kommissarien u. Notarien. Mit e. Anh., enth. d. Sportel-Sätze in Kriminal- u. fiskal. Untersuchungs-Sachen. 8 Gr.
Vgl. Gebühren-Taxe.

Weikersreuter, Philipp v.: Nekrolog des kais. kön. Feldmarschall-Lieutenant Maximilian Sigmund Joseph Freiherrn v. Paumgartten. Aus dem 7. Hefte der: „Oesterreichischen militärischen Zeitschrift" 1829 besonders abgedruckt. 8. Wien 1829.

Weikert, s.a. Weickert

Weikert, Felix, neues Narrenschiff, s. Lieblingsbücher, 7. Thl.

WEIKERT, Fel. Neues Narrenschiff in Freud und Leid zu lustiger Kurzweil. Mit 50 Abbildungen auf 30 Tafeln in Holzschnitten von W. Cornelius. Stuttgart 1840. 252 S.

WEIKERT, Felix, Neues Narrenschiff in Freud u. Leid zu lustiger Kurzweil. Mit 60 Abbildgn. in Holzschnitt. Stuttgart 1840. 8°. (4 Mk. A. Buchholz, München, 1908; 2 Mk., gestemp., Isaak St. Goar, Frf. a. M., 1909.)

Weikert, G., Christbaum-Lieder, s.: Reich, Rhold.

Weikert, G., Erinnerungen aus dem Kriege 1870—71. gr. 16. (96 S.) Görlitz [Liegnitz] 872, Wollmann. *

Weikert, G., Grüße aus der Heimath. Eine Freundesgabe, insbesondere für Männer u. Jünglinge. Erzählungen, Briefe 2c. Berlin 868. (W. Schultze.) 16. (112 S.) n. 7½ ngr.; cart. 9 ngr.

Weikert, J. G., geistliche, liebliche Lieder nebst Volks- und Vaterlandsliedern mit ein- u. mehrstimmigen Singeweisen. Im Auftrage des Evangelischen Vereins herausg. 3. Aufl. 859. — 4. [stereot.] Aufl. Berlin 862. W. Schultze in Comm. 16. (XII, 196 S.) n. 12 ngr.

Weikert, G., geistliche, liebliche Lieder nebst Volks- und Vaterlandsliedern mit ein- und mehrstimm. Singeweisen. Im Auftrage des evangel. Vereins hrsg. 4. (ster.) Aufl. gr. 16. (XII und 196 S.) Berlin (861)62, (W. Schultze.) *
Vgl.: Lieder, geistliche, liebliche.

— geistliche, liebliche Lieder nebst Volks- u. Vaterlandsliedern mit ein- u. mehrstimmigen Singeweisen. 6. (stereotyp.) Aufl. Berlin 865. (Matthies.) 16. (IV, 192 S.) n. 12½ ngr.

Weikert, G., geistliche, liebliche Lieder, nebst Volks- und Vaterlandsliedern mit ein- und mehrstimm. Singweisen. 12. [stereotyp.] Aufl. 8. (IV, 192 S.) Berlin 885, Buchh. der Berliner Stadtmission.

—— Predigt zur Eröffnung der 4. ordentlichen Schlesischen Provinzialsynode, gehalten am 12. Novbr. 1884 in der Haupt- und Pfarrkirche zu St. Elisabeth in Breslau. 8. (16 S.) Liegnitz 885. (Breslau, Dülfer's Verlag.)

Weikert, (J.) G., die Weihnachtsfreude wie sie ein Vater seinen Kindern bei der Christbescheerung erklärt. gr. 16. (18 S.) Berlin 859, W. Schultze.

Weikert, H., Lieder den lieben Kleinen vorzusingen. Ein Buch f. Mütter u. deren Stellvertreterinnen, sowie f. Lehrer u. Lehrerinnen an Elementar- u. Kleinkinderschulen. 4. (IV, 40 S. m. eingedr. Holzschn.) Hanau 871. Prior. n. 1. —

Weikert, (Heinr.,) Erklärung d. gebräuchlichsten musikal. Kunstwörter. 8. Hanau 827, Edler.

Weikert, Heinr., Erklärung d. gebräuchlichsten musikal. Kunstwörter. Ein Hilfsb. f. angeh. Tonkünstler. 2., u. 3., verb. u. verm. Aufl. (à 5 B.) 8. Hanau 828, 32, Edler. à

Weikert, Heinr., religiöse Gesänge nach Choral-Melodien, z. Gebr. f. hohe u. nied. Schulanstalten. (Mit 5fachem Anh.) gr. 8. (12¾ B.) Hanau 837, König.

—— Kinder-Gärtlein, e. Buch f. Mütter z. ersten Beschäftig. d. Phantasie d. Kinder, zugleich auch als erstes unterhalt. Lesebuch bearb. 8 Lfgn. 16. (31 B. u. 1 Stahlst.) Hanau (839,)40, König.
s. Kinder-Gärtlein.

—— Liederauszug aus d. religiösen Gesängen (enth. blos d. Schullieder). gr. 8. (.. B.) Hanau 837, König.

Weikert, Heinr., allgem. Liederbuch f. d. Schul- u. Volksleben. (Mit Melodien.) 5. Aufl. gr. 8. (5⅛ B.) Hanau 846, Edler.

Weikert, Heinr., allgem. Liederbuch für das Schul- u. Volksleben. 5. Aufl. 8. (80 S.) Hanau 847, Edler. ⅙ Thlr

— Sammlung zeitgemäßer, vaterländ. Lieder mit mehrstimm. Singweisen für die oberen Klassen der Knabenschulen u. Männergesangvereine. gr. 16. (16 S.) Ebd. 848. n. 2 ngr; die Melodien hierzu n. 2 ngr.

—— Singvögelein, Liederbuch f. Kinder v. 4—9. Jahre. 8. (.. B.) Hanau 841, König.
Melodien hierzu. gr. 8. (.. B.) Ebds. 841. 6 Gr.

Weikert, Johann Karl, s. Dicta classica.

Weikert, Johann Karl, s. F. W. Döring: Anl. z. Uebersetzen.

Weikert, J. K., s. Hülfsbüchlein zum griech. Elementarbuche von Fr. Jacobs. 4r Thl.

Weikert, Johann Karl, s. Materialien zu Religionsvorträgen.

— Predigt bei der Wiedereröffnung der neuen St. Johanniskirche zu Chemnitz den 14ten Sonnt. nach Trin. 1815 gehalten. gr. 8. Chemnitz, Starke. 2 gr

Weikert, Johann Karl, s. Frz. V. Reinhard: Erhebungen.

Weikert, Johann Karl, s. Cph. Schulze: Vorlesungen.

Weikert, Johann Karl, s. Tacitus: Opera.

Weikert, Jh. Karl, († d. 9. Febr. 1820.) histor. Tagebuch der wichtigsten Jahre unsers Lebens, s. Tabellen, chronologische.

Weikert, J. C., histor. Tagebuch d. wichtigsten Jahre unsers Lebens, od. chronolog. Uebersicht d. merkwürdigsten Begebenheiten in den J. 1808—15. 1r Bd. 16. 8. Leipz. Steinacker. 815.
Hat auch d. Titel:
Picot's chronolog. Tabellen. Fortsetzung. 1r Bd. 16. s. Picot.

Weikert's, J. C., histor. Tagebuch der merkwürd. Jahre unsers Lebens, oder chronol. Uebers. d. merkwürd. Begebenheiten in den Jahren 1808—15. 1n Bds. 2te Abth. enth. die Jahre 1812 und 13. (Fortsetz. v. J. Picot's chronolog. Tabellen.) 8. Leipzig, Steinacker und Wagner. 816. — 16

Weikert, Johann Wolfgang

Weikert's, Joh. Wolfg., ausgewählte Gedichte in nürnberger Mundart. Hrsg. und mit einem grammatikal. Abriß und Glossar versehen von Geo. Carl Frommann. 4 Lfgn. 16. (VIII und 352 S. mit Portr. und mit 2 Holzschnt.) Nürnberg 857, J. L. Schmid's Verlag. à Lfg. 5 Ngr.

Weikert's, J. W., ausgewählte Gedichte in Nürnberger Mundart. Neue verm. Ausg. mit mehreren bisher ungedruckten Gedichten. Mit einem Wörterbuch. kl. 8. (260 S. mit Portr.) Nürnberg 886, Heerbegen-Barbeck. geb. **

WEIKERT, Joh. Wolfg. (geb. 14. Juni 1778 in Nürnberg, Schneider, dann Nachtlichterfabrikant, † 19. Novbr. 1856), Gedichte in Nürnberger Mundart. O. O. (Nürnberg) 1814. 8⁰. 40 S.

— Gedichte in Nürnberger Mundart. 1828. 8⁰. 94 S.

— Gedichte in Nürnberger Mundart von *Weikert*. Nürnberg 1834. 8⁰. 62 S.

— Neueste Gedichte. 1836. 8⁰. 90 S.

Weikert, Joh. Wolfg., sämmtl. Gedichte in nürnberger Mundart u. in hochdeutscher Sprache. Mit Anmerkgn. u. e. Wörterbuche neu hrsg. 1. Bd. 8. (13 B.) Koburg 842, Sinner'sche Bh. *

— Gedichte in hochdeutscher Sprache und Nürnberger Mundart. 2.—3. Bdchn. 1830—31. 8⁰. 94 u. 62 S.

— Gedichte in hochdeutscher Sprache und Nürnberger Mundart. Nürnberg 1838. 8⁰. 92 S.

— Scenen, Schwänke und Originalitäten aus dem reichsstädtischen Leben Nürnbergs. Aus Überlieferung und eigener Erfahrung gesammelt von W. Weikert. Nürnberg, Druck und Verlag von Friedrich Campe. 1842. 8⁰.

— Scenen, Schwänke u. Originalitäten aus dem Leben. Zur Unterhaltung u. Kurzweil in Gesellschaften u. auf Reisen. Aus Ueberlieferung u. eigener Erfahrung gesammelt. 2. (Titel-) Aufl. Mit 1 color. Kpfr. 8. (120 S.) Nürnberg (842) 852, Lotzbeck. ¹/₆ ₙ𝔅

Weikert, Thomas Aq., O. S. B., Grammatica linguae hebraicae cum chrestomathia et glossario, studiis academicis accomodata necnon in usum domesticae disciplinae scripsit W. (XIX, 440 S.) gr. 8. Rom 904. Tipographia poliglotta della S. C. de Propaganda fide. n. 9. 60

Weikhard von Stromhausen, Pfalzgraf, ein Sittengemälde der Vorzeit. Weissenfels u. Leipzig 1793. V: *Krebs, Carl Joseph.* (Adel)
Vgl. Weikard...

Weikmann, s. Weichmann.

Weil [Sachl. OW]

Weil den Sechsten Christian salbt und crönet Gottes Segen ... Copenh. [1731]. V: *Frankenau, Gerh. Ernst.* (Bruun, Bibl. Danica III, 344.)

Weil i der Sumsenbacher bin. Wien [1885]. V: *Lorens, Carl.* (EB)

Weil ich Jesu Schäflein bin. Ein Bilderbuch f. große u. kleine Kinder. Mit Text von Freifrau A. v. Holzhausen-Gablenz. Farbendr.-Bilder componirt v. R. E. Kepler. 4 Hfte. Im Winter. — Im Frühling. — Im Sommer. — Im Herbst. gr. 4. (à 19 S.) Lahr 889. Kaufmann. geb. à 1. 25; je 2 in 1 Bd. geb. 2. 50 (cplt. in 1 Bd. geb.: n. 4. 50)

Weil der Stadt [Schlagwort]

Weil der Stadt, s.: Württemberg. Höhenkurvenkarte.

Weil [Verfasser]

Weil, das Privat-Gestüt Sr. Maj. des Königs Wilhelm II. v. Württemberg. Kurze Beschreibg., zusammengestellt v. der Gestütsleitg. Mit Abstammungstafeln, Stammbäumen, e. Lageplan des Gestüts u. 8 Abbildgn. 8. (77 S.) Stuttgart 902. Schickhardt & Ebner. Geb. in Leinw. n. 3. —

Weil, A., die einfache Buchführung, verbunden mit kaufmänn. Rechnen und Wechselkunde zur Selbstbelehrung. Nebst einem Schlüssel zu Selbstbelehrung über Wesen und Nutzen der doppelten Buchführung und einem Anhang zur Berechnung der verschiedenen Konto-Korrente. gr. 8. (85 S.) Dürkheim 881, (Lang's Buchh.)

Weil, A., französ. Elementarbuch, für meine Zöglinge u. Schülerinnen. gr. 8. Cassel 827. (Krieger in Marb.) 3 𝔊𝔯

Weil, A., sichere Schwarmverhinderung u. and. damit verbund. ration. Vorteile behufs größ. Honiggewinnung. M. 3 Abb. gr. 8 (14 S.) Lorsbach i/T. 898. (Oranienburg, E. Freyhoff.) n. — 60

Weil, A., schwierige Uebungsstücke zum Uebersetzen aus dem Deutschen in's Französische. Neueren französischen Autoren entnommen, übers. u. mit Präparationen für die Rück-Uebersetzung versehen. gr. 8. (XII, 88 u. XLIII S.) Berlin 877. Langenscheidt. n. 1. 50; Schlüssel (82 S.) n. 1. 50

Weil, A., schwierige Übungsstücke zum Übersetzen aus dem Deutschen ins Französische. Neueren französ. Autoren entnommen, übers. und mit Präparationen für die Rück-Übersetzung versehen. 3. Aufl. 8. (XII, 131 S.) Berlin 887, Langenscheidt'sche Verlagsb. *ℳ 1.50.; geb. *

—— dass. — Schlüssel. 3. Aufl. gr. 8. (82 S.) Ebendas. 888. geb.

Weil, A. Schwierige Übungsstücke zum Übersetzen aus dem Deutschen ins Französische. Neueren französ. Autoren entnommen, übers. u. m. Präparationen f. die Rück-Übersetzg. versehen. 4. unveränd. Aufl. 8. (XII, 88, XLIII S.) Berl. 890, Langenscheidt. * 2 —; geb. 2 50
Schlüssel dazu. Ebd. 1888. * 1 50; geb. * 1 70.

Weil, A., schwierige Übungsstücke zum Übersetzen aus dem Deutschen ins Französische. Neueren französ. Autoren entnommen, übersetzt u. m. Präparationen f. die Rück-Übersetzg. versehen. 5., unveränd. Aufl. gr. 8. (XII, 88 u. XLIII S.) Berlin 895. Langenscheidt. n. 2. —; geb. 2. 50; Schlüssel. 4. Aufl. (82 S.) 895. 1. 50; geb. n.n. 1. 70

Weil, A., schwierige Uebungsstücke zum Uebersetzen aus dem Deutschen ins Französische. Neueren französ. Autoren entnommen, übers. u. m. Präparationen für die Rück-Uebersetzung versehen. Schlüssel. 6. Aufl. (82 S.) 8. Berlin-Schöneberg 905. Langenscheidt's Verl. n. 1. 50; geb. n. 1. 90
Nur für Lehrer.

Weil, Abrah., Kollabi u. sein Freund, od. Erörterungen einiger d. wichtigsten Lebensfragen. gr. 12. (2¹/₃ B.) Frankfurt a. M. 836, (Krug. ?) Thlr.

Weil, Adolf

Weil, Adf., über die Aufgaben und Methoden des medicinisch-klinischen Unterrichtes. Antritts-Vorlesung, geh. an der K. Russ. Universität Dorpat am 9/IX — 28/VIII 1886. gr. 8. (20 S.) Leipzig 887, F. C. W. Vogel. *
Aus: Deutsches Archiv für klinische Medicin, besonders abgedruckt.

Weil, Adf., die Auscultation der Arterien u. Venen. gr. 8. (VIII, 140 S.) Leipzig 875. F. C. W. Vogel. n. 3. —

Weil, A., die Gewinnung vergrösserter Kehlkopfspiegelbilder nebst einer kurzen Darstellung der Theorie des Kehlkopfspiegels. Lex.-8. (36 S.) Heidelberg 872, Bassermann'sche Verlagsh. (*ℳ 1,40.) *

Weil, Adf., Handbuch u. Atlas der topographischen Percussion. Mit 3 (eingedr.) Holzschn. u. 26 (lith.) Taf. gr. 8. (X, 183 S.) Leipzig 877. F. C. W. Vogel. n. 10. —

Weil, Adf., Handbuch und Atlas der topographischen Percussion, nebst einer Darstellung der Lehre vom Percussionsschall. 2. vielfach verm. und umgearb. Aufl. gr. 8. (XII, 254 S. mit 4 eingedr. Holzschn. und 26 lithogr. Taf.) Leipzig 880, F. C. W. Vogel. *

— zur Lehre vom Pneumothorax, insbesondere vom Pneumothorax bei Lungenschwindsucht. Experimentelle, klinische u. anatomische Untersuchungen. Mit 44 (eingedr.) Holzschn. gr. 8. (VIII, 191 S.) Ebend. 882. n. 4. —

—— zur Pathologie und Therapie des Typhus abdominalis mit besond. Berücksicht. der Recidive, sowie der „renalen" und abortiven Formen. gr. 8. (VII, 122 S. mit 4 Taf.) Ebendas. 885. *

—— die Pilze der Zahnkrankheiten, s. Zur Aetiologie der Infectionskrankheiten mit besond. Berücksicht. der Pilztheorie.

—— über den gegenwärtigen Stand der Lehre von der Vererbung des Syphilis, s. Sammlung klinischer Vorträge.

Weil, Adolph: Der Stenson'sche Versuch. München, Druck der Dr. Wild'schen Buchdruckerei (Gebr. Parcus), 1873. gr. 8⁰ 36 S.

Weil, Adolf: Über das Zustandekommen kleinzelliger Infiltration. Würzburg 1898: Becker. (34 S.) 8⁰
Würzburg, Med. Diss. v. 1898.

Weil, Albert: Zur Kenntniss der Dibrombenzoesäuren und ihrer Nitrile dargestellt aus den entsprechenden Dibromanilinen . . . Freiburg i. B., Druck d. Fr. Wagner'schen Buchdr., 1889; 56 S. + 1 Bl. 8⁰
Freiburg i. B., Phil. Fak., Inaug.-Diss. v. 1889.

Weil, Albert Otto

Weil, A. O. Zur Kenntniss des Pinakolinnatrium. Strassburg, 1899.

Weil, Albert Otto [aus Ingenheim (Rheinland)]: Zur Kenntnis des Pinakolinnitrimins. Strassburg 1898. 83 S. 8⁰.
Basel. Phil. Diss. 1898/99.

Weil, Alb. Otto, zur Kenntnis des Pinakolinnitrimins. Diss. gr. 8. (83 S.) Strassburg 898. J. Singer. n. 1.50

Weil, Alfred: Über die hereditäre Form des Diabetes insipidus. Leipzig: Vogel 1908. 22 S. 8⁰ (Aus: Deutsches Archiv f. klin. Med. Bd 93.)
Heidelberg, Med. Diss. v. 1908, Ref. v. Krehl.

Weil, Arthur, a. Hatten: Die Veziere Aegyptens zur Zeit des „neuen Reiches" (um 1600—1100 v. Chr.). Straßburg 1908: Straßburger Druckerei u. Verlagsanstalt. (S. 57 bis 127.) 4⁰ ¶ (Erscheint vollst. u. d. T.: „Die Veziere des Pharaonenreiches" b. Schlesier & Schweikhardt, Straßburg.)
Straßburg, Phil. Fak., Ref. Spiegelberg-Littmann-Ziegler, Diss. v. 23. Nov. 1907
[Geb. 21. März 80 Hatten i. Els.; Wohnort: Hatten; Staatsangeh.: Elsaß-Lothringen; Vorbildung: Lyzeum Colmar, Gymn. Buchsweiler Reife M. 01; Studium: Berlin 10, Straßburg 2 S.]

Weil, Arth., die Veziere des Pharaonenreiches. Chronologisch angeordnet. (III S. u. 182 S. in Autogr.) 33×25,5 cm. Strassburg 908. [Schlesier & Schweikhardt.] Leipzig, J. C. Hinrichs' Verl. Geb. 20. —

Weil, Bruno, Juden in der deutschen Burschenschaft. Ein Beitrag zum Streit um die konfess. Studentenverbindung. (64 S.) kl. 8 Strassburg 905. J. Singer. n. 1. —

Weil, Bruno, s.: K. C. Jahrbuch 1908.

Weil, Bruno: Die Mitwirkung der Volksvertretung bei Staatsverträgen. Straßburg 1906: J. Singer. (136, III S.) 8⁰
Würzburg, Jur. Fak., Ref. Piloty, Diss. v. 13. Juli 1906.

Die Wohnungsverhältnisse der Stadt Metz. Im Auftr. d. Wohnungskomm. hrsg. von Dr. Bruno **Weil**. Straßburg i. E. & Leipzig: J. Singer 1906. (86 S.) 8⁰ [J. u. Ant.] [06. 9644]

Weil, C., üb. Inductionsströme fein- u. grobdrähtiger Spulen. Diss. gr. 8. (31 S. m. 3 Abbildgn.) Leipzig 891. (Bern, H. Koerber.) n. — 60

Weil, Carl, s. Weil, Karl

Weil, Charlotte: Über p-Dimethylaminozimtsäure. Diss., Prag 1908/1909.

Weil, L.: Über p-Dimethylaminozimtsäure. S. 117. Illb. [illegible] vgr.
Separatabdruck

Weil, E.: Beitrag zur Lehre von den syphilitischen Gelenkkrankheiten. Strassburg, Buchdruckerei von R. Schultz u. Comp., 1876. 8. 52 S.

Weil, E., u. A. Esquiros, der Jardin des Plantes zu Paris. — Die Irrenhäuser zu Paris, s.: Esquiros, A.

Weil, E., üb. Laryngoscopia u. Tracheoscopia inferior. [Aus: „Monatsschr. f. Ohrenheilkunde".] gr. 8. (5 S.) Berlin 893. O. Coblentz. n. 1. —

Weil, E., d. akute, eiterige Mittelohrentzündg. u. ihre Behandlg., s.: Vorträge, klin., aus dem Gebiete d. Otologie u. Pharyngo-Rhinologie, I, 8.

Weil, E., der Scharlach u. das Scharlachdiphtheroid in ihren Beziehungen zum Gehörorgan, s.: Vorträge, klinische, aus dem Gebiete der Otologie etc. III. 5.

Weil, Edmund

Weil, Edm., Lehrbuch f. die Installation der Gas- u. Wasserleitungen. 1. Tl. Die Gasleitgn. (Lehrtexte f. Fach- u. gewerbl. Fortbildungsschulen.) (IV, 133 S. m. 214 Abb. u. 6 Plänen.) 8. Wien 910. A. Hölder. Geb. 1.70

Weil, Emil: Zur Multiplicität primärer Carcinome. (Mit 2 Abbildungen.) München 1905: Kastner & Callwey. (33 S.) 8°
München, Med. Fak., Ref. v. Bollinger, Diss. v. 23. April 1900
[Geb. 12. Jan. 80 München; Wohnort: München; Staatsangeh.: Bayern; Vorbildung: Ludwigs-Gymn. München Reife Juli 99; Studium: München 4, Berlin 2, München 4 S.; Coll. 23. April 06; Approb. 15. April 06.]

Weil, Ernst, a. Karlsruhe: Über die Einwirkung von Thiophenolen auf Chlornitroderivate des Naphtalins. Freiburg i. B.: Speyer & Kaerner 1905. (34 S.) 8°
Freiburg i. B., Phil. Fak., Ref. Gattermann, Diss. v. 20. Febr. 1905
[Geb. 3. Nov. 80 Karlsruhe; Wohnort: Freiburg; Staatsangeh.: Baden: Vorbildung: Gymn. Karlsruhe Reife Juli 99; Studium: Karlsruhe T.H. 1, München 1, Zürich 1, Freiburg 6 S.; Rig. 20. Jan. 05.]

Weil, F., die Fabrikation der Preßhefe ohne Brennerei. Unentbehrlicher Rathgeber für Bäcker, Konditoren und Hefehändler. Auf eigene prakt. Erfahrung begründete deutl. Anweisung, wie jeder im Stande, Preßhefe von vorzügl. Kraft aus Getreide jedoch ohne Brennerei in jedem gewünschten Quantum rasch und billig herzustellen. 8. (21 S.) Leipzig 877, [Mentzel.] A. Krüger. *

(**Weil,** F. W. C. u. **Kamptz,** v.): Zusammenstellung der Strafgesetze auswärtiger Staaten nach der Ordnung des rev. Entwurfs des Strafgesetzbuchs für die Königl. Preußischen Staaten. Berlin.
Th. 1. Von Verbrechen u. deren Bestrafung überhaupt. 1838.
„ 2–5. Von den einzelnen Verbrechen u. deren Strafen. 1838–41.

Weil, Friedrich: Miliartuberkulose nach Abort. Strassburg i. E. 1909: Els.-Lothr. Dr. u. Lith.-Anst. 22 S. 8°
Straßburg, Med. Diss. v. 28. Sept. 1909, Ref. Moritz
[Geb. 10. Mai 85 Ludwigshafen a. Rh.; Wohnort: Straßburg; Staatsangeh.: Bayern; Vorbildung: Gymn. Mannheim Reife Juli 03; Studium: Freiburg i. B. 5, München 1, Berlin 2, Straßburg 2 S.; Coll. 30. April 09; Approb. 5. Dez. 08.] [U 10. 4065

Weil, Georg [pr. Arzt zu Heidesheim b. **Mainz**]: Ueber die Behandlung der Atresia ani sive recti durch Anlegung eines provisorischen Anus artificialis. . . . Jena, Frommannsche Buchdr. (Hermann Pohle), 1889; 1 Bl. + 23 S. 8°
Jena, Med. Fak., Inaug.-Diss. v. [17. Aug.] 1889

Weil, Gotthold: Die Behandlung des Hamza-Alif im Arabischen, besonders nach der Lehre von az-Zamahsari und Ibn al-Anbari. München 1905: F. Straub. (63 S.) 8°
Berlin, Phil. Fak., Ref. Sachau, Delitzsch, Diss. 8. Juli 1905.

Weil, Gustav

Weil, Gust., historisch-kritische Einleitung in den Koran. kl. 8. Bielefeld 844, Velhagen u. Klasing. n. 1/2 ℛ

Weil, Gust., historisch-kritische Einleitung in den Koran. 2. verb. Aufl. gr. 16. (VIII, 135 S.) Bielefeld 878, Velhagen und Klasing. *

Weil, Gust., Geschichte d. Chalifen nach handschriftlichen größtentheils noch unbenützten Quellen bearb. 1. Bd. vom Tode Mohammeds bis zum Untergange d. Omejjaden, mit Einschluß der Geschichte Spaniens, vom Einfalle d. Araber bis zur Trennung vom östlichen Chalifate. gr. 8. Mannheim 846, Bassermann. n. 6 ℛ

Weil, Gust., Geschichte der Chalifen. Nach handschriftl. größtentheils nach unbenützten Quellen bearb. 2. Bd., die Abbasiden bis zur Einnahme von Bagdad durch die Bujiden. gr. 8. (XII und 700 S.) Mannheim 848, Bassermann. *

—— dass. — 3. Bd.: Von der Einnahme von Bagdad durch die Bujiden bis zum Untergange des Chalifats von Bagdad. 334–656 d. H. 945–1258 n. Chr. Mit einem Register zu sämmtl. 3 Bdn. gr. 8. (XLVIII und 488 S., mit Reg. 112 S.) Ebds. 851. *
1. Bd. Ebendas. 1846. * 6 Thlr.

Weil, Gust., Geschichte der Chalifen. Nach handschriftl., größtentheils noch unbenützten Quellen bearb. 4. Bd.: Geschichte des Abbasidenchalifats in Egypten. (In 2 Bdn.) 1. Bd.: Das Chalifat unter den bahritischen Mamlukensultanen von Egypten. 656 — 792 d. H. 1258 — 1390 n. Chr. gr. 8. (XXIV und 576 S.) Stuttgart 860, Metzler'sche Buchh. Verlags-Conto. *
1–3. Bd. Mannheim 1846–51, Bassermann'sche Verlagsh. * 16 Thlr.

Weil, Gust., Geschichte der Chalifen. Nach handschriftl., größtentheils noch unbenutzten Quellen bearb. 5. Bd.: Geschichte des Abbasidenchalifats in Egypten. 2. Bd. Das Chalifat unter den Cirkassischen Mamelukensultanen von Egypten. 792—923 d. H. = 1390—1517 n. Chr. gr. 8. (XVIII und 512 S.) Stuttgart 862, Metzler's Verlag. *
1.–3. Bd. [Heidelberg] 1846–51, Bassermann'sche Verlagsh. (* 16 Thlr.) Ermäßigter Preis * 6 Thlr. — 4. Bd. Stuttgart 1860, Metzler's Verlag. * 4 Thlr. 16 Ngr.

Weil, G., Geschichte der Chalifen. 3 Bde. gr. 8. Wien 879. Leipzig, Greßner und Schramm. * 12 —

—— Geschichte der islamitischen Völker von Mohammed bis zur Zeit des Sultan Selim übersichtlich dargestellt. gr. 8. (VIII und 504 S.) Stuttgart 866, Rieger'sche Verlagsh. *

— Samachscharis goldne Halsbänder, von neuem übersetzt, mit kritischen u. exeget. Noten zur Erklärung der von Hrn. v. Hammer mißverstandenen Stellen, nebst Verbesserung des Textes nach einem in Kahira aufgefundenen Manuscripte. gr. 12 Stuttgart 836. Brodhag. 1 1/2 ℛ

—— Samachscharis goldne Halsbänder, von neuem übers., mit krit. u. exeget. Noten z. Erklär. der von Hrn. v. Hammer mißverstand. Stellen, nebst Verbesser. d. Textes nach ein. in Kahira aufgefund. Manuscripte. gr. 12. (7 1/2 B.) Stuttgart 836, [Scheible, Rieger u. Sattler.]

—— biblische Legenden der Muselmänner. Aus arabischen Quellen zusammengetragen u. mit jüdischen Sagen verglichen. 8. (19 B.) Frankfurt a. M. 845, Literarische Anstalt.

Weil, Gust., die poet. Literatur d. Araber, vor u. unmittelbar nach Mohammed. Eine histor.-krit. Skizze. 8. (6 3/4 B.) Stuttgart u. Tübingen 837, Cotta'sche Buchh.

—— Mohammed der Prophet, sein Leben u. seine Lehre. Aus handschriftl. Quellen u. dem Koran geschöpft u. dargestellt. Mit Beilagen u. 1 Stammtafel. gr. 8. (31 1/8 B.) Stuttgart 843, Metzler'sche Buchh.

Weil, Gustav: Nacht, Tausend und eine s. a. Alf laila wa-laila

— s. a. Nacht, Tausend u. eine.

Weil, Heinrich

Weil, Heinr., das klassische Alterthum f. Deutschlands Jugend. Eine Auswahl aus den Schriften der alten Griechen u. Römer. gr. 8. (21 B.) Berlin 843, Veit u. Comp. –

Weil, Heinrich (Zwingenberg)
Beitrag zur Lehre von der Organisation der Gefäßpfröpfe.
Giessen: W. Keller 1868. 13 S. u. 1 Taf.
Diss. med. 13.2.1868. vorh. 26. 7.

-- Zu Alxingers „Bliomberis". 17. Klosterneuburg 04.
Progr.

— de Tragoediarum graecarum cum rebus publicis conjunctione. 8. Parisiis 844. (Franck.) 1/3 ℛ

Weil Heinrich: Alxingers „Daolin von Mainz" und seine Quellen.
H. 1901 PN 1456 **Diss.** Wien, Univ.

Weil, Heinrich: Ueber Fieber bei Chlorose . . . Würzburg, Druck d. Bonitas-Bauer'schen Buchdr., 1889; 12 S. 8⁰
Würzburg, Med. Fak., Inaug.-Diss. v. 1889.

Weil Heinrich: Die Quellen von Alxingers „Doolin von Mainz". 28. Mödling 02.
Progr.

Weil, Henri, et Louis Benloew, Théorie générale de l'accentuation latine suivie de recherches sur les inscriptions accentuées et d'un examen de vues de M. Bopp sur l'histoire de l'accent. gr. 8. (XI und 383 S.) Paris 855. Berlin, Dümmler's Verlag. *

Weil, Hermann: I. Beiträge zur Kenntnis der Mesitylen-Diketone. II. Über die Kalischmelze des Diphenylindons. *Greifswald 1898: C. Sell.* (35 S.) 8°
Heidelberg, Naturw.-math. Diss. v. [15. Febr.] 1898

Weil, Herm., offner Brief an Se. Hochehrwürden den Hrn. Pastor Haeger zu Slate. gr. 8. (1 B.) Hamburg 846. (Parchim, Hinstorff'sche Hofbh.) *

Weil, Hermann: Über die elektrolytische Reduktion von Titandioxydsalzen zu Verbindungen niedrigerer Oxydationsstufen. Giessen: Häuser & Schmidt 1908. 51 S. 8°
Gießen, Phil. Diss. v. 11. Nov. 1908, Ref. Elbs
[Geb. 9. Mai 82 Homburg i. d. Pfalz; Wohnort: Kalk b. Cöln; Staatsangeh.: Bayern; Vorbildung: Realgymn. Nürnberg Reife M. 02; Studium: München 5, Erlangen 2, Gießen 3 S.; Rig. 28. Nov. 07.] [U 09. 1243

Weil, Hugo. Synthese eines reducirten Pyrrols. (Erlangen) Ansbach, 1885.

Weil, J.

Hundert | Erzählungen | zur | Belehrung und Warnung | für | kleine Kinder. | Sorgsamen Müttern und den Vorsteherinnen der | Klein-Kinderschulen gewidmet | von | Pfarrer J. Weil. | 2. Auflage. | Ausgabe ohne Bilder. | Reutlingen. | Verlag von Enßlin und Laiblin. | (Hebsaker). (= *Reutlinger Volksbücher*, 77).
o. J., 119 S., 162 × 108, U.-Fig.: *Heilige mit einem Buch*, 47 × 34.
LBS d. D. oct K 3267.

Weil, J., 100 Erzählungen zur Belehrung und Warnung für kleine Kinder. 2. Aufl. 1869, und 3. Aufl. 8. (119 S.) Reutlingen 873, Enßlin und Laiblin. [Stuttgart, Neugebauer.] Ausg. mit 6 (lithogr. und) color. Bildern

Weil, J., 100 Erzählungen zur Belehrung und Warnung für kleine Kinder. 5. Aufl. gr. 16. (116 S.) Reutlingen 876, Enßlin und Laiblin's Verlagsb.

—— dass. — 5. Aufl. gr. 16. (116 S. mit 6 color. Stnt.) [Stuttgart 876, Neugebauer und Votteler.] Nürnberg, Neugebauer's Verlagsb. cart.

Weil, hübsche Erzählungen zur Belehrung u. Unterweisg. f. die lieben Kleinen. Sorglichen Müttern u. den Vorsteherinnen der Kleinkinderschulen gewidmet. 8. Aufl. 8. (96 S. m. 4 Farbendr.) Reutlingen 889. Bardtenschlager. geb. n.n. — 60

Weil, hübsche Erzählungen zur Belehrung u. Unterweisung f. die lieben Kleinen. Sorglichen Müttern u. den Vorsteherinnen der Klein-Kinderschulen gewidmet. 9. Aufl. Ster.-Ausg. 12. (72 S. m. 4 Farbdr.) Reutlingen (899). R. Bardtenschlager. Geb. — 60

Weil, J., biblische Geschichte für die Mittelklassen der israelit. Volksschulen. br. 8. (VII, 255 S.) Stuttgart 873, Neff.

Weil, J., über die Nothwendigkeit einer Reform des Conscriptions-Gesetzes in Württemberg. gr. 8. Rottweil 841, Herder'sche Buchh. 1/6 ℛ

Weil, Jakob

Weil, J. Beiträge zur Kenntnis der Chinazoline speciell Isomerienverhältnisse und Synthesen. In-8°. 35 S. Basel. These. 1894.

Weil, J., das junge Deutschland u. d. Juden. gr. 8. (1 B.) Frankfurt a. M. 836, Jägersche Buchh.

Weil, Jac., Fragmente aus dem Talmud u. den Rabbinen, Versuch eines Beitrags zu den Actenstucken für die Beurtheilung dieser Werke. Th. 1. (einz.). Frankfurt a. M. Gedr. bei J. P. Bayrhoffer, o. J. (1809). 8⁰. Saub. Hrsch.
XX—144 S. Lat. Lett. — Vorr. dat. Bockenheim, d. 27. Juni 1809.

Weil, Jak., (Israelit u. Lehrer d. französ. Sprache), Fragmente aus d. Talmud u. Rabbinen. 2 Bde. 8. Frankf. a. M. 809, 11.

Weil, Jacob: Über Frühdiagnose bei progressiver Paralyse. Strassburg i. E. 1899: C. & J. Goeller. (65 S.) 8⁰
Strassburg, Med. Diss. v. 1899.

—— die erste Kammer u. d. Juden in Sachsen. gr. 8. (1 1/4 B.) Hanau 837, König.

Weil, Jac., die alten Propheten und Schriftgelehrten und das Leben Jesu für das deutsche Volk von Dr. Dav. Strauß. gr. 8. (20 S.) Frankfurt a. M. 864, Auffarth.

Weil, Jac., Wagener, Stahl, die Juden und die protestant. Dissidenten. (Mit besonderer Beziehung auf: Wagener, Das Judenthum u. der Staat. Stahl: Rede über christl. Toleranz, u.: Wider Bunsen.) Aus Stein's isr. Volkslehrer abgedr. Frankfurt a. M. 857. Auffarth. gr. 8. (28 S.) n. 4 ngr.

Weil, Ignatius Victor (Friedberg)
Thesen zur Erlangung der medicinischen Doctorwürde. Giessen 1824.
Dr. med. 14.4.1824. 26 Kriegsverlust.

Weil, Johann, s.a. Weik, Johann

Weil, Johann. Californien wie es ist; oder, Handbuch v Cal . . . für Auswanderer. Phila, 1847.

Weil, Josef

Weil, Jos., die Geltendmachung der Coupons der Staatsbahnprioritäten im Auslande u. das österreichische Curatorengesetz. Beitrag zur Theorie d. internationalen Privatrechts. gr. 8. (38 S.) Wien 893. Manz. n. — 80

Weil, Josef, approb. Arzt aus Randegg (Grossh. Baden): **Aus dem pathologischen Institut Zürich. Zur Casuistik der Vulvasarkome (mit einem einschlägigen Fall). Zürich 1905. 26 + 2 S. 8°. [17. I. 06.)**
Zürich. Med. Diss. 1905/1906.

Weil, Josef. Zur Casuistik der Vulvasarkome ⟨mit einem einschlägigen Fall⟩. Diss. Med. Univ. Zürich. *Kopftitel:* Aus dem pathologischen Institut Zürich. 28 S. 8. Zürich, Gebr. Leemann & Co., 1905.

Weil, Julius

Weil, Jul., Elektrizität gegen Feuersgefahr. Handbuch der elektr. Feuerpolizei u. Sicherheitstelegraphie. (VIII, 227 S. m. 270 Abbildgn.) Lex.-8. Leipzig 905. Th. Thomas. n. 7. 50; geb. n. 9. —

Weil, Jul., die Entstehung u. Entwicklung unserer elektrischen Strassenbahnen. In gemeinfassl. Darstellg. gr. 8. (VIII, 92 S. m. 67 Abbildgn.) Leipzig 899. O. Leiner. n. 3. —

Weil, Julius: Über zwei Fälle von hysterisch-traumatischem Tremor ... Erlangen, k. b. Hofbuchdr. v. A. Vollrath. 1895; 24 S. 8°
Erlangen, Med. Fak., Inaug.-Diss. v. 1895.

Weil, Jul., Feuilletonistenfahrten. 8. (III, 219 S.) Breslau 877. Trewendt. n. 3. —

Weil, Julius: Die klugen Frauen. Novelle. Breslau: S. Schottlaender 1899. (169 S.) 8°

Weil, Julius: Die Frauen im Recht. Juristische Unterhaltungen am Damentisch. -- Berlin: Staude 1872. 33 S. 8°

[F.] Nachfolger. Roman v. Julius Weil. *Breslau: S. Schottlaender 1898.* (246 S.) 1 Bd 8. 98 228

Weil, Julius (geb. Steinheim in Westf. 22. 1. 1831): De partu praematuro artificiali. Berolini (1855). (32 S.) 8°.
Berlin, Med. Diss. v. 9. Aug. 1855.

— **das Recht zu lieben u. andere Novellen, s.: Universal-Bibliothek.**

Weil, Jul., unser Rudolf, s.: Eckstein's humoristische Bibliothek.

Weil, Jul., unser Rudolf. Eine heitere Familienchronik. 8. (IV, 188 S.) Berlin 890. Eckstein Nachf. n. 1. 50; geb. n.n. 2. 50

— die Subalternen. Roman. 8. (216 S.) Berlin 899. Deutsches Verlagshaus Bong & Co. n. 3. —; geb. n. 4. 50

Weil, Julius: Töchter. Idyllen. Breslau: S. Schottlaender 1899. (142 S.) 8°

— die goldene Villa. Roman. 8. (250 S.) Dresden 897. E. Pierson. 3. —

—— Waldtraut. Ein Liebessang. 16. (75 S.) Berlin 872, Hausfreund-Expedition. [Posen, Merzbach.] geb. mit Goldschn.

Weil, Jul., zur Weihnachtszeit. Märchen und Geschichten für große Kinder. 8. (151 S.) Leipzig 881, Reißner. *
geb. *

— **Julius Weizsäcker [geb. 13. Febr. 1828, gest. 3. Septbr. 1889]. Rede.** (14 S.) Göttingen 889. Dieterich's Verl. n. 1. —

WEIL, Julius Jakob (Merzig): Uterusruptur in der Kaiserschnittnarbe.- München: Wolf 1909. 24 S.
10.12.1910 - Chr 1910/11,24; U 11.3764
Diss. Ingolst.-Landsh.-Mchn.

Weil, Carl, Beiträge zur Kenntniss der Entwicklung der Knochenfische. [Mit 2 (lith.) Taf. (in 4.)] [Aus: „Sitzungsber. d. k. Akad. d. Wiss."] Lex.-8. (9 S.) Wien 872. (Gerold's Sohn.) n. — 80

Weil, Carl, practische Bemerkungen zur preußischen Ehescheidungs-Gesetzgebung. 1. Abthl.: Das materielle Recht. gr. 8. (112 S.) Berlin 859. [Duans.] *

—— dass. — (Nebst Original-Text der Gesetze.) 2. Abthl.: Das formelle Recht. gr. 8. (140 S.) Ebendas. 859. *

Weil, Carl, practische Bemerkungen zur preußischen Ehescheidungs-Gesetzgebung [nebst Original-Text der Gesetze]. 1. Abth.: Das materielle Recht. — 2. Abth.: Das formelle Recht. Berlin 859. D. Reimer's Sortbdlg. gr. 8. (112; 140 S.) 1.: n. 15 ngr; 2.: n. 12 ngr

Weil, Karl
Rebekka Berry oder Scenen und Charaktere am Hofe Carls des II. Nach dem Englischen der Mrs. Spencer. Th. 1-3.
Stuttgart: Franckh 1827. 8°

Weil, Karl, s. Mrs. Spencer, Rebekka Berry.

Weil, Carl, die Bundesreform und der deutsche Fürstentag. Lex.-8. (79 S.) Wien 863, Gerold's Sohn. *
Aus: Oesterreichische Revue, besonders abgedruckt.

Weil, Karl, deutscher Courier, s. Courier.

Weil, Karl, s. Curier, deutscher. —

Weil, C., üb. den Descensus testiculorum, nebst Bemerkgn. über die Entwickelg. der Scheidenhäute u. d. Scrotums. [Mit 4 lith. Taf.] gr. 8. (64 S.) Prag 885. Tempsky. — Leipzig, Freytag. n. 4. —

Weil, Carl: Gedichte. Gesammelt u zusammengestellt v. Frau W. Weil. Pittsburgh, 1892.

— Glauben und Unglauben. Gewidmet jedem Einzelnen. Berlin 859. W. Schultze. gr. 8. (16 S.) n. 2½ ngr

Weil, Karl, die Burgruine Hohengerhausen (Kefenschloß) bei Blaubeuren. Mit 1 Lageplan u. 2 Ansichten (Rekonstruktionen). (16 S.) gr. 8. Blaubeuren 904. (F. Mangold's Sort.) n.n. — 60

Weil, Carl, konstitutionelle Jahrbücher, s. Jahrbücher.

Weil, K., Lehre von den Verletzungen in gerichtsärztlicher Beziehung, s. Handbuch der gerichtlichen Medicin.

Weil, Dr. Karl, Herr Prof. v. Mohl in Tübingen und die Allgemeine Renten-anstalt zu Stuttgart. Eine Prüfung der Mohl'schen Schrift: „Erörterungen über die Allgemeine Renten-Anstalt zu Stuttgart." gr. 8°. Stuttgart, Neff, 1838.

Weil, C., siehe: Quellen u. Aktenstücke zur deutschen Verfassungsgeschichte.

Weil, Karl [Übers.]
s. Scott, Walter: Redgauntlet. 1826.

Weil, Karl [Übers.]
s. Scott, Walter: Woodstock oder der Ritter. 1826.

Weil, C., Untersuchungen üb. die Schilddrüse, s.: Wander-Vorträge, medicinische.

Weil, Dr. Carl, über die *Zulässigkeit der Juden zum Bürgerrechte.* Bei Gelegenheit der Verhandlungen über diesen Gegenstand in der würtemberg. Ständeversammlung. Nebst beigef. Aktenstücken u. Documenten. Stuttgart, Gebr. Franckh, 1827. 8°. Cart.
48 u. 12 S. — Vf., gemässigter Semit, beleuchtet die Frage besonders in historischer Hinsicht sehr eingehend.

Weil, Dr. E., über die Zulässigkeit d. Juden zum Bürgerrechte. Nebst Aktenstücken u. Dokumenten. gr. 8. Stuttg. 827. (Brodhag). 6 gr

Weil, L., Quartalsbericht über Nierenkrankheiten. (1. Quartal 1904.) (47 S.) gr. 8. Leipzig 904. Verlag der Monatsschrift f. Harnkrankh. n. 1. 80
Sonderabdruck aus: „Monatsschr. f. Harnkrankh. etc."

Weil, Leopold [aus Baden-Baden]: Ueber den Gurjunbalsam. Bern 1903. 80 S. [27. XI. 93.]
Bern. Phil. Diss. 1903/1904.

Weil, Leopold. Ueber den Gurjunbalsam. Diss. Phil. Bern. [Mit Figuren.] 80 S. 8. Bern, Harald Jensen, 1903.

Weil, Leopold: Untersuchungen über die Halogenalkylate der Nitro- und Amidochinaldine. Freiburg i.B. 1899: Ch. Lehmann's Nachf. (43 S.) 8⁰
Freiburg i. B., Phil. Diss. v. 1899.

Weil, Louise, s.a. Weil-Zehnder, Louise

Weil, Louise, aus dem schwäbischen Pfarrhaus nach Amerika, s. Ausland, das belletristische.

Weil, Louise. Aus dem schwäbischen Pfarrhaus nach Amerika: Reiseskizzen. Stuttgart, 1860. UC

Weil, Louise, amerikanische Lebensbilder oder Erlebnisse deutscher Auswanderer in Amerika. Stuttgart 865. Franckh'sche Buchh. gr. 16. (VIII, 260 S.) 1 ₰

Weil, Ludwig: Die Aufreizung zum Klassenkampf. Breslau: Schletter 1905. (72 S.) 8⁰
Wprzburg, Jur. Fak., Ref. Oetker, Diss. v. 24. Okt. 1905.

Die Aufreizung zum Klassenkampf. Von Dr. jur. et rer. pol. Ludwig Weil. Breslau: Schletter 1905. (72 S.) 8°
= Abhandlungen, Strafrechtliche. H. 65. [05. 13727]

Weil, Ludwig, aus Strassburg i. E.: Beiträge zur Kenntniss der Saponinsubstanzen und ihrer Verbreitung. *Strassburg i. E.: J. Singer 1901.* (85 S.) 8°
Strassburg, Math.-naturw. Diss. v. 1901

Weil, Ludwig, Rechtspraktikant a. Speier: Bayrisches Gesinderecht. Amorbach 1907: G. Volkhardt. (78 S.) 8°
Würzburg, Jur. Fak., Ref. Mayer, Diss. v. 10. Juli 1907
[Geb. 20. Okt. 82 Speyer; Wohnort: Miltenberg a. M.; Staatsangeh.: Bayern; Vorbildung: Gymn. Speyer Reife Juli 01; Studium: München 2, Genf 1, Würzburg 4, Berlin 1 S.; Rig. 12. Juni 07.]

Die Herstellung pharmazeutischer Präparate. Von Dr. Ludwig Weil. Mit 20 Abb. Hannover: M. Jänecke 1907. (85 S.) 8°
= Bibliothek d. gesamten Technik. Bd 18. [08. 11016 7

WEIL, Ludwig (Bamberg): Ueber multiple Neuritis.- München, Bamberg: Handels-Druckerei 1899. 26 S.
1.3.1899 - Chr 1898/99,14¹ Jv 1898/99,222
Diss.Ingolst.-Landsh.-Mchn.

Weil, Ludwig: Sarcoma mucosae uteri. *Berlin (1898): G. Schade.* (73 S.) 8°
Berlin, Med. Diss. v. 28. Jan. 1898

Weil, Ludwig Adolph [Dr. med., Holzahnarzt]: Zur Histologie der Zahnpulpa. . . . Leipzig, Druck v. A. Th. Engelhardt (1887); 1 Bl + 43 S u. 1 Taf. 8⁰
München, Med. Fak., Hab.-Schr. v. 1888

Weil LA, die Zahnheilkunde und der Wert der Zähne. (Zeit- u Streitfr. 222) Berlin 1885

Weil, L. A., die Zahnheilkunde. u. der Werth der Zähne f. die Volksgesundheitspflege, s. Zeit- u. Streitfragen, deutsche.

Weil, M. E., Einsegnung eines israelitischen Knabens. 8. Berl. 814. Maurersche Buchh. 6 gr

Weil, Mathilde, Märchen u. Sagen, s.: Jugendbücherei, neue illustrierte. 10/11.

Die operative Behandlung der Hirngeschwülste. Von Nervenarzt Dr. Max Weil in Stuttgart. *Halle a. S.: C. Marhold 1903.* (18 S.) 8°
= Sammlung zwangloser Abhandlungen aus d. Geb. d. Nerven- u. Geisteskrankheiten. Bd 4, H. 4. [03. 5943] 3

Weil, Max [aus Laupheim]: Ein Fall von Tabes incipiens . . . M. e. lithogr. Taf. (Aus: Arch. f. Psychiatr. etc., Bd. XXVI.) Berlin, gedr. bei L. Schumacher, 1894; 27 S., 1 Taf. 8.
Heidelberg, Med. Fak., Inaug.-Diss. v. 23. Febr. 1894

Weil, Oskar

Weil, Osk., Bilderschatz für artige Kinder. Mit Text von Isabella Braun. 1. Aufl. 1871. ℳ 2,25., und 2. Aufl. 8 color. Bilder lithogr. von Thdr. Rothbart. 4. (16 S.) Stuttgart 873, Risch. [Hofmann und Hohl.] geb. *

Weil, Osk., Bilderschatz f. artige Kinder. Mit Text v. Isabella Braun. 2. Aufl. 8 color. Bilder lith. v. Thdr. Rothbart. gr. 4. Stuttgart 873. Eger & Diestler. geb. 1. 60

Weil, Oscar, Referendar: Die staats- und verwaltungsrechtliche Stellung der Domänen, rechtshistorisch und nach geltendem Recht. Leipzig 1909: Hoffmann. 88 S. 8°
Heidelberg, Jur. Diss. v. 24. April 1909, Ref. Jellinek
[Geb. 8. Juli 84 Friedrichstal b. Saarbrücken; Wohnort: Wiesbaden; Staatsangeh.: Preußen; Vorbildung: Gymn. Saarbrücken Reife O. 04; Studium: Heidelberg 3, München 1, Bonn 2 S.; Rig. 19. Dez. 08.] [U 09. 1930

Weil, Osk., die Tages- und Jahreszeiten. 8 color. Bilder lith. von Thdr. Rothbart. Stuttgart 859. Gebr. Scheitlin. qu. Fol. 15 ngr.

Weil, Paul, Rechtsprakt. a. München: Begriff und Bedeutung der Nebensachen und Zutaten im bürgerlichen Recht. München 1907: J. Schweitzer (A. Sellier). (52 S.) 8° [F.]
Erlangen, Jur. Fak., Ref. Siber, Diss. v. 15. Mai 1907
[Geb. 1. März 82 München; Wohnort: München; Staatsangeh.: Bayern; Vorbildung: Ludwigs-Gymn. München Reife 01; Studium: München 8 S.; Rig. 22. Febr. 07.]

Weil, Phil., das Hotel zu den berühmten Nationen, s. Album für Liebhaber-Theater. Neue Folge. 1. Heft.

Weil, R. Vindiciae Ronsardianae. Diss. Marburg 1870. 40 S.

Weil, Richard: Zur Biologie der Milzbrandbacillen. München 1899. 60 S. 8⁰.
Bern. Phil. Diss. 1898/99.

Weil, Richard, a. Schweinfurt: Zur Kenntnis der Oxydationsvorgänge insbesondere mit Ozon. (Berlin 1904: E. Ebering.) (56 S.) 8°
Berlin, Phil. Fak., Ref. Fischer, Landolt, Diss. v. 17. Dez. 1904
[Geb. 3. Okt. 80 Schweinfurt in Bayern; Heimatsort: Kiel; Staatsangeh.: Bayern; Vorbildung: Oberrealsch. Hanau a. M. Reife O. 00; Studium: Würzburg 5, Berlin 4 S.; Rig. 3. Nov. 04.]

Beanspruchung und Durchhang von Freileitungen. Unterlagen f. Projektierung u. Montage. Von Robert Weil, Dipl.-Ing. Mit 42 Textfig. u. 3 Taf. Berlin: Springer 1910. 106 S. 8° [11. 1366

Weil, Robert: Über die Desmoide der Bauchdecken. *Freiburg i. Br. 1898: H. Epstein.* (39, □ S.) 8°
Freiburg i. B., Med. Diss. v. 1898

Robert Weil. Dein Leben abgerungen. *Berlin: H. Costenoble 1902.* (170 S.) 8° [F.]
(Romane u. Novellen neuzeitl. Schriftsteller. Ausg. Costenoble.) [03. 9838

Weil, Rob. (Homunkulus), s.: Wohltätigkeitskomitee, das, u. anderes.

Weil, Rudolf

Weil, Anleitung zur diätetischen Krankenpflege mit besond. Rücksicht auf das homöopath. Heilverfahren. Für Laien. Nebst einer kurzen Uebersicht über die homöopath. Heilmethode. Gotha 869. Thienemann. 8. (VII, 157 S.) 15 ngr.

[F.] Der Apfelwein und die Kur mit Apfelwein und Milch, nach dreissigj. Erfahrg u. Anwendg. Von Dr. Rud. **Weil**, pr. Arzt. *Berlin: K. Siegismund 1895.* (68 S.) 1 Bd 8. [illegible]

Weil, Rud., der Apfelwein u. die Kur m. Apfelwein u. Milch nach 40jähriger Erfahrung u. Anwendung. 2., verm. u. verb. Aufl. (72 S.) 8. Berlin 906. K. Siegismund. n. 1. —

Weil, R.: Das Asklepieion von Naupaktos. S.-A. s. a. 8 S.

Weil, Rud., die Athmungskunde u. die Athmungskunst. Eine hygien. Studie, wie man richtig athmen soll u. muss, zur Verhütg. u. Heilg. v. Krankheiten, besonders der Athmungsorgane. 12. (VII, 45 S. m. Abbildgn.) Berlin 892. K. Siegismund. n. — 60

— die Atmungskunde u. die Atmungskunst. Eine hygien. Studie, wie man richtig atmen soll u. muss, zur Verhütg. u. Heilg. v. Krankheiten, besonders der Atmungsorgane. 2., verm. u. verb. Aufl. (64 S. m. Abbildgn.) 8. Ebd. 905. n. — 80

— die Atmungskur u. d. Wert richt. Atmg., s. a. Licht — Luft — Wasser.

— Die Atmungskur u. der Wert richtiger Atmung, s. a. Möller's Bibliothek f. Gesundheitspflege. 8. Hft.

Die Atmungskur und der Wert richtiger Atmung. Von Dr. Rudolf **Weil**, Berlin. Mit 2 Abb. *Berlin: W. Möller [1903].* (15 S.) 8° [F.]
— **Bibliothek**, Möller's, f. Gesundheitspflege, Erziehung u. Volksaufklärung. H. 8. [03. 9606]

Die Bedeutung der Nährsalze für die Gesundheit. Prakt. Ratschläge f. Gesunde u. Kranke. Von Dr. Rudolf **Weil**, Arzt. Oranienburg bei Berlin: W. Möller [1906]. (32 S.) 8° [F.]
— **Bibliothek**, Möller's, f. Gesundheitspflege, Erziehung u. Volksaufklärung. H. 45. [07. 4414]

— die Bedeutung der Nährsalze f. die Gesundheit, s. a. Möller's, Wilh., Bibliothek f. Gesundheitspflege usw. 45. Hft.

Die sachgemäße Behandlung kleinerer Wunden und Verletzungen, wie dieselben im gewerbl. u. tägl. Leben vorkommen. Von Dr. med. Rudolf **Weil**, Berlin. Oranienburg-Berlin: W. Möller [1905]. (23 S.) 8° [F.]
— **Bibliothek**, Möller's, f. Gesundheitspflege u. Volksaufklärung. H. 37. [06. 1714]

— die sachgemäße Behandlung kleinerer Wunden u. Verletzungen, s. a. Möller's, Wilh., Bibliothek f. Gesundheitspflege usw. 37. Hft.

Weil, Rud. [illegible] De Amphictionum Delphicorum suffragiis capita duo priora. [illegible]
[illegible]
Berlin, Phil. Diss. v. [illegible] Dez. [illegible]

Weil, Rud., de Amphictionum Delphicorum suffragiis capita duo priora. Dissertatio inauguralis philologica. gr. 8. (33 S.) Berlin 872. (Calvary & Co.) n. 1. 20

Weil, (Carl) Rud. (geb. Berlin 28. 8. 1841): De diphtheritide. Berolini (1864). (32 S.) 8°
Berlin, Med. Diss. v. 1. Aug. 1864

Weil, Rud., der Gustav Adolf-Verein in seinem Entwicklungsgang. s.: Festschriften f. Gustav Adolf-Vereine. 33. Hft.

Weil, Rud., homöopathisches Handbuch für Nichtärzte zur gründlichen Heilung aller Krankheiten nebst einem Vorwort über Homöopathie und homöopath. Arzneibereitung sowie einem Anhang: 1. die Behandlung der vener. Krankheiten, 2. die Kur mit Apfelwein und Milch ein diätet. Heilmittel, 3. das Wasserheilverfahren. gr. 8. (215 S.) Leipzig 874, Schneider.

Weil, homöopathisches Handbuch für Freunde der homöopathischen Heilmethode, nebst einem Vorwort und einem Anhang. 3. verm. und verb. Aufl. gr. 8. (224 S.) [Berlin 879.] Leipzig, Grieben's Verlag. *

— Jahresbericht üb. antike Numismatik für 1877—1880. S.-A. 1882. 73 S.

Weil, Rudolf: Ueber Häusliche Krankenpflege. Leicht fassl. Darstellung d. wichtigsten Punkte d. häusl. Krankenpflege u. Krankenbehandlung. Mit 12 Ill. Berlin: W. Müller (1898). (56 S.) 8°
(Buch d. Hausfrau. Bd 2.)

Weil, Rud., die Künstlerinschriften der sicilischen Münzen. 44. Programm zum Winckelmannsfeste der archäolog. Gesellschaft zu Berlin. gr. 4. (31 S. mit eingedr. Fig., 3 Lichtdr.-Taf. und 3 Bl. Erklärungen.) Berlin 884, G. Reimer.

Leitfaden für die Untersuchung des Urines zur rechtzeitigen Erkennung von Krankheiten. Für Laien nach einfachen Methoden zsgest. von Dr. Rud. **Weil**. *Berlin: W. Möller [1901].* (25 S.) 8°
— **Hausbücher** f. Gesundheitspflege. Bd 44. [01. 5827]

Leitfaden für die Untersuchung des Urines zur rechtzeitigen Erkennung von Krankheiten. Für Laien nach einfachen Methoden zsgest. von Dr. Rud. **Weil**. 2. unveränd. Aufl. (Mit 10 Abb.) *Berlin: W. Möller [1901].* (25 S.) 8°
— **Hausbücher** f. Gesundheitspflege. Bd 44. [01. 14573]

Leitfaden für die Untersuchung des Urines zur rechtzeitigen Erkennung von Krankheiten. Für Laien nach einfachen Methoden zsgest. von Dr. Rud. **Weil**. 3. verb. Aufl. *Berlin: W. Möller [1903].* (29 S.) 8° [F.]
— **Hausbücher** f. Gesundheitspflege. Bd 44.

Leitfaden für die Untersuchung des Urines zur rechtzeitigen Erkennung von Krankheiten. Für Laien nach einfachen Methoden zsgest. von Dr. Rud. **Weil**. 4. unveränd. Aufl. (mit 10 Abb. u. 1 Taf.). *Berlin: W. Möller [1903].* (29 S.) 8° [F.]
— **Hausbücher** f. Gesundheitspflege. Bd 44. [04. 1288]

Gesunde Lungen! Die richtige Atmung, d. naturgemässeste u. wichtigste Hilfs- u. Heilmittel bei Erkrankungen d. Atmungsorgane u. gewisser chronischer Krankheitszustände. Von Dr. Rudolph **Weil**, Arzt in Berlin. *Berlin: W. Möller [1901].* (96 S.) 8° [F.]
— **Hausbücher** f. Gesundheitspflege. Bd 45.

Weil, Rudolf: Die Lungenschwindsucht. Ihre Verhütg, Verlauf u. mögliche Heilg. ... Berlin: W. Müller (1899). (69 S., 1 Portr.) 8°
(Hausbucher f. Gesundheitspflege. Bd 42.)

Die Massage der Augen. Von Dr. Rudolf **Weil**, prakt. Arzt. *Berlin: W. Möller [1903].* (15 S.) 8° [F.]
— **Bibliothek**, Möller's, f. Gesundheitspflege, Erziehung u. Volksaufklärung. H. 6. [03. 9604]

— die Massage der Augen, s. a. Möller's Bibliothek f. Gesundheitspflege. 6. Hft.

Weil, R., Arkadische Münzen. S.-A. s. a. 24 S. u. 1 Taf.

Weil, R., Das Münzwesen des Achäischen Bundes. S.-A. s. a. 74 S.

Weil, Rud., s.: Olympia.

Weil, Rud., der Restaurator. Elastischer Kraft- und Muskelstärker für Zimmergymnastiker. Ein Kräftiger der Muskeln, ein Stärker der Lungen, ein Verbesserer der Blutcirculation. Nebst einer Einleitung über Heilgymnastik und gesunde Lebensweise. gr. 8. (46 S. mit Abbild. im Texte.) [Berlin 881.] Leipzig, Grieben's Verlag.

— der Restaurator. Elastischer Kraft- u. Muskelstärker f. Zimmergymnastiker. Nebst e. Einleitg. üb. Heilgymnastik u. gesunde Lebensweise 2., verm. Aufl. gr. 8. (48 S. m. Abbildgn.) Berlin 892. (H. Steinitz' Verl.) n. 1.—

— König Saumakos. S.-A. s. a. 5 S.

— Verhaltungs-Massregeln f. Augenkranke. 12. (10 S.) Berlin (899). W. Möller. n. —20

Verhaltungs-Massregeln für Augenkranke von Dr. [Rudolf] Weil, Augenarzt. *Berlin: W. Möller [1900].* (10 S.) 8° [illegible]

— dasselbe, bei ansteckenden Geschlechtskrankheiten. 12. (7 S.) Ebd. (902). n. —20

Weil, zur Verhütung des Schiefwuchses. Aerztliche gemeinverständl. Anleitung zur Beseitigung von Haltungsfehlern, sowie zur Entwickelung eines gesunden Körpers und einer normalen Figur. gr. 8. (17 S.) Berlin 883, Senff. **

Weil, Siegfried Franz

Weil, Siegfr. Frz., über Asphalt u. verwandte Industrien. Vortrag, geh. am 30. V. 1910 anlässlich des Besuches der k. u. k. Militär-Hochbaukurse in der Fabrik der österreich. Asphalt-Actiengesellschaft. (64 S.) gr. 8. Wien 910. J. Eisenstein & Co. 1.25

Weil, Sigmund, a. Stuttgart: Über Atemregulation. Straßburg i. E. 1905: C. Müh. (31 S.) 8°
Straßburg, Med. Fak., Ref. Schmiedeberg, Diss. v. 30. Sept. 1905
[Geb. 20. April 74 Stuttgart; Wohnort: Stuttgart; Staatsangeh.: Württemberg. Vorbildung: Karlsgymn. Stuttgart Reife S. 99; Studium: Heidelberg 1, München 5, Kiel 1, Berlin 1, Straßburg 4 S.; Coll. 26. Juli 05; Approb. 2[illegible] Febr. 05.]

WEIL, Sigmund (Stuttgart): Über die Behandlung rachitischer Unterschenkel-Verkrümmungen insbesondere über deren Behandlung mittelst des Rizzoli'schen Osteoklasten. - München 1884. 24 S. 2.7.1884 - Urk (Titel: De rationibus curvaturas cruris rachiticas sanandi apparatus Rizzoliani imprimis ratione habita.); Chr 1883/85,19
Diss. Ingolst.-Landsh.-Mchn.

Weil, Simon, Referendar: Die rechtliche Stellung des Empfängers im Frachtgeschäft (unter Ausschluß des Eisenbahn- und Postfrachtrechtes) nach geltendem deutschen Rechte. Straßburg i. E.: J. Singer 1907. (80 S.) 8°
Straßburg, Rechts- u. staatsw. Fak., Ref. Rehm, Diss. v. 18. Dez. 1906
[Geb. 2. Okt. 82 Buchsweiler i. Els.; Wohnort: Buchsweiler; Staatsangeh.: Elsaß-Lothringen; Vorbildung: Gymn. Buchsweiler; Studium: Berlin 1, Straßburg 8 S.]

Weil, Simson (Hrsg.), s. Abraham Ben David Halevi: Das Buch Emunah Ramah oder: Der erhabene Glaube.

Weil, Stanislas [de Ozorkow (Pologne)]: Études sur l'éther cétipique. Fribourg 1900. 105 p. 8°.
Fribourg i. Schw. Math.-naturw. Diss. 1899/1900

Weil, Sylvain [aus Strassburg]: Ueber die Einwirkung von Natronlauge auf Isocytylensäure ... Strassburg, Univ.-Buchdr. v. J. H. E. Heitz, 1893; 30 S., 1 Bl. 8.
Strassburg, Math.-naturw. Fak., Inaug.-Diss. v. 1893

Weil, Thekla E., Thekla. Eine Geisterstimme. Eine Sammlung wahrer selbsterlebter Ahnungen u. Geister-Geschichten. 8. (104 S.) Stuttgart 877. E. Müller. 1.50

Weil, Theodor

Weil Th., die Assanierung von Paris. (62 S. 3 Pl.) (Fortschritte der Ingenieurwissenschaften II, 8) Leipzig 1900

Weil, Th., neuere Bogenlampen, deren Mechanismen u. Anwendungsgebiete. Leitfaden durch das Gebiet der modernen Bogenlampentechnik. In gemeinfassl. Darstellg. gr. 8. (IV, 91 S. m. 120 Abbildgn.) Leipzig 900. O. Leiner. n. 3.50

Die elektrische Bühnen- und Effekt-Beleuchtung. Ein Überblick über d. Methoden u. neuesten Apparate d. elektr. Bühnenbeleuchtung. Von Th[eodor] **Weil**, Dipl. Ing. Mit 205 Abb. *Wien & Leipzig: A. Hartleben 1904.* (VIII, 256 S.) 8°
= Bibliothek, Elektrotechnische. Bd 62. [04. 401] 8

Weil, Theodor [dipl. Elektro-Ingen. aus Frankfurt a. M.]: Ueber die Diathermansie verdünnter Salzlösungen ... Frankfurt a. M., Buch- u. Steindr. v. F. Eichhorn, 1895; 48 S., 1 Bl., 13 Taf. 8.
Rostock, Phil. Fak., Inaug.-Diss. v. [27. Juli] 1895

Weil, W. [Hrsg.], s. Weil, Karl: Gedichte.

Weil, Wilh. *Kinder-Conversations-Lexicon.* 6. umgearb. Aufl. Augsburg, Kranzfelder, 1881. 2 Bl. 893 S. 8°. Or.-Hldr. 12.—
Interess., teilw. sehr amusantes Werk m. vielen Versen, Rätseln etc.

Weil, Hermann W.-Heilbronner, 1837—1906. [Nekrolog ...] s. G[uggenheim], H[ermann].

Weil von Weilen, s. Weilen

Weil-Zehnder, Louise, s. a. Weil, Louise

Weil-Zehnder, Louise. Geläuterte Freuden und Leiden eines Schwabenmädchens in Amerika. Stuttgart, 1891. UC

Weiland, vgl. Weyland.

Weiland, B., Anleitung zum Betriebe des Stoß- u. Hiebfechtens. Für Militärschulen u. Turnanstalten, wie auch zum Selbstunterricht für Liebhaber der Fechtkunst zusammengestellt u. bearb. 24. (VIII, 143 S.) Wiesbaden 879. Limbarth. n. 1.—

Weiland, B., Deutschland zur See. Bau u. Einrichtgn. deutscher Kriegsschiffe nach amtl. Material in (2) zerlegbaren Modellen dargestellt u. m. erklär. Text von W., u. e. Einleitg. von A. v. Müller. qu. Fol. (6 farb. Taf. m. 5 u. 18 S. Text.) Leipzig (901). H. Zieger. Geb. in Leinw. u. geh. n. 6.—

Weiland, B. praktisches Handbuch der Fechtkunst f. Truppen-Schulen, Militär-Bildungs-Anstalten, Turn-Schulen u. Fecht-Vereine, sowie Freunde u. Liebhaber der Fechtkunst. gr. 8. (XV, 211 S.) Wiesbaden 885. Bechtold & Co. n. 3.50

Weiland, C. Fr.

Weiland, C. F., († d. 18. Mai 1847), Africa, berichtigt von H. Kiepert. gr. Fol. Kpfrst. u. col. Weimar 848, Landes-Industrie-Comptoir. — (Neue Aufl.) Ebd. 851. 1/6 ß

Weiland, C. F., das Nordöstliche Africa, oder Aegypten, Nubien, Habesch, Kordofan u. Dar-Fur. Wassersystem des Nil u. Nordostrand von Hoch-Africa. (Mit d. Bei-Kärtchen: Grundriß von Alexandria. — Territorium von Algier. — Die Azoren. — Das Land Wallo. — Die Inseln des grünen Vorgebirges. — Territorium der Freien Colonie Liberia. — Die Insel St. Helena. — Die Halbinsel am Vorgebirge der Guten Hoffnung.) 6 Blätter. Imp.-Fol. Weimar 841, Geograph. Institut. 2 ß

— das nordwestliche Africa, enthaltend die Staaten Fez u. Marokko, Algier, Tunis u. Tripoli, die Sahara, Canarischen u. Azorischen Inseln. Berichtigt 1846 von H. Kiepert. Imp. Fol. Kpfrst. u. col. Ebd. 849. 1/3 ß

— Arabien, völlig umgearb. von H. Kiepert, mit Benutzung v. C. Ritter's Erdkunde. gr. Fol. Ebd. 847. 1/3 ß

Weiland, C. F., Geographisch-statistisch-historischer Atlas der Staaten des Deutschen Bundes. Gezeichnet von C. F. Weiland, mit Beschreibung von G. Hassel. 4 Lfrgn. 16 color. Karten. Weimar, Landes-Industrie-Comptoir, 1824—28. gr. Fol. (6 Rt.)

I. Lfrg. 1) Herzogthum Braunschweig; 2) Herzogthum Gotha; 3) Grossherzogthum Hessen; 4) Herzogthum Nassau. 1821.
II. - 1) Kurfürstenthum Hessen; 2) Herzogthum Holstein-Oldenburg; 3) Grossherzogthum Sachsen-Weimar; 4) Fürstenthum Waldeck. 1821.
III. - 1) Das Herzogthum Altenburg; 2) die Länder der Herzöge von Anhalt; 3) das Herzogthum Coburg-Gotha; 4) das Herzogthum Meiningen-Hildburghausen. 1827.
IV. - 1) Das Grossherzogthum Mecklenburg-Schwerin; 2) das Grossherzogthum Mecklenburg-Strelitz; 3) die Fürstenthümer Lippe-Detmold und Schaumburg-Lippe; 4) die Herzogthümer Holstein und Lauenburg. 1828. . . . . (HFA.)

Weiland, (C. F.,) Compendieuser allgem. Atlas nach den besten Hülfsmitteln entworfen u. zum geogr. Unterricht bei allen Lehrbüchern brauchbar eingerichtet. 30 Kärtchen. 2e Aufl. in gr. qu. Form. Weimar 827, geogr. Instit.
(s. a. Atlas, compendiöser.)

— compendiöser allgemeiner Atlas der ganzen Erde. Nach den besten Hülfsmitteln entworfen und zum Unterrichte bei allen Lehrbüchern brauchbar eingerichtet. 7. verb. u. verm. Aufl. qu. gr. 4. (32 Karten in Kupferst. u. illum., u. Text.) Ebend. 841. 2 ß — 8. verb. u. verm. Aufl. (in 34 Karten mit Text.) qu. Roy.-4. Ebend. 843. 1 1/2 ß

—— und H. Kiepert, compendiöser allgem. Atlas der Erde und des Himmels. Nach den besten Hülfsmitteln entworfen. 9., verb. und verm. Aufl. qu. gr. 4. (34 in Kpfr. gest. und ill. Karten und 4 S. Text.) Weimar 847, Landes-Industrie-Comptoir.
Der Text besonders und einzelne Karten kosten 2 Ngr.

(Weiland, C. F.,) Atlas der alten Welt, s. Atlas.

— das Austral-Continent oder Neu-Holland. Nach Krusenstern, King u. A. in Mercators Projection entworfen, nach den Entdeckungen von Eyre u. Leich(h)ardt vervollständigt v. H. Kiepert. gr. Fol. Kpfrst. u. col. Ebd. 847. — (Neue Aufl.) Ebd. 848. 1/3 ß

Weiland, C. F. Das Königreich Bayern. Weimar 1829 und 1838. Je 1 Bl. c. K. Ft

— das Königr. Baiern. gr. Fol. Kpfrst. u. col. Ebd. 852. 1/6 ß

— dass. Imp. Fol. Kpfrst. u. col. Ebd. 852. 1/3 ß

— dass. Situation und Schrift gest. von H. Eberhardt, die Berge von R. Schmidt. Imp. Fol. Kpfrst. u. col. Ebd. 852. 1/2 ß

—— Bibel-Atlas, s. a. Bibel-Atlas.

—— Bibel-Atlas nach den neuesten u. besten Hülfsmitteln gezeichnet. Erläutert u. C. Ackermann. 2., umgearb. u. verm. Aufl. 4. (19 1/4 B. u. 13 ill. Karten.) Weimar 845, Landes-Industrie-Comptoir. *

Weiland, C. F., Bibel-Atlas, nach den neuesten und besten Hülfsmitteln gezeichnet und erläutert von C. Ackermann. 3., unveränd. (Titel-)Ausg. 4. (13 in Kpfr. gest. und ill. Karten mit VI und 148 S. Text.) Weimar 855, Landes-Industrie-Comptoir.

— das Königr. Böhmen. gr. Fol. Kpfrst. u. col. Ebd. 849. — Nach der neuesten polit. Eintheilg. berichtigt. Imp. Fol. Kpfrst. u. color. Ebd. 850. 1/3 ß

— das Königr. Böhmen. Die neueste polit. Eintheilung eingetragen 1850. gr. Fol. Kpfrst. u. color. Ebd. 850. 1/6 ß

— Preussische Provinz Brandenburg. Berichtigt 1846 von H. Kiepert. Imp. Fol. Kpfrst. u. color. Ebd. 852. 1/3 ß

Weiland, C. F., Cholera-Karte, oder Uebersicht der progressiven Verbreitung der Cholera seit ihrer Erscheinung im Jahr 1817 über Asien, Europa u. Afrika. Mit der Uebersicht der Verbreitung der Cholera in Hindostan u. Decan von ihrer Erscheinung in Jessore 1817 bis zu Ende des Jahres 1820. Lithogr. u. ill. Imp.-Fol. Weimar 832. Geograph.-Institut. 12 gl

Weiland, C. F., und H. Kiepert, grosse Comptoir-Eisenbahnkarte von Deutschland, Oesterreich und der Schweiz. Berichtigt von Gräf. 1 : 1,050,000 9 Sectionen in Kpfrst. mit Farbendr. und Colorit. qu. gr. Fol. Weimar 876, Geograph. Institut. * M 9.; auf Leinw. in Etui ** 13 50
Mit Stäben ** 16 50

Weiland, C. F., königl. preuss. Artillerie-Lieut. Charakteristische Darstellung der k. k. französischen Armee und ihrer Alliirten im Jahre 1807, in illuminirten Kupfern. 4. Weimar 1812.

Weiland, C. F. Darstellung der Stärke und Organisation der Kaiserlich Französischen Armee und ihrer Allnerten im Jahre [1807] und 1812 nebst 148 Kupfern, die Uniformen derselben darstellend, hrsg. von C. F. Weiland. Weimar, im Jahre 1812.
74 Bl. in kol. Aquatinta. 8°
Tit. u. Verzeichnis der Abb. handschriftlich. Unvollständig

— Darstellung d. Stärke u. Organisation d. französ. Armee u. ihrer Alliirten im J. 1812. 4. Weim., Ind.-Compt. (Gotha, Ettinger). 16 gl

Weiland, C. F., Deutschland. Weimar, Landes-Industrie-Comptoir, 1846. Kupferst. u. kolor. Roy.-Fol. (1/6 Rt.)
——, —— Ebda 1853. 1/3 Rt.)
——, —— entw. u. gez. Weimar 1866. . . . . (Br. Mus.)

— Deutschland. gr. Fol. Kpfrst. u. col. Ebd. 848. 1/3 ß

— die Kaiserl. Oesterreichischen Ungarischen Erbstaaten. Nach der neuen polit. Eintheilung berichtigt 1851. gr. Fol. Kpfrst. u. color. Ebd. 851. 1/6 ß

— siehe: Erdglobus.

— Europa, zur leichtern Uebersicht der topischen Verhältnisse dieses Erdtheils entworfen. (Mit Text.) 2 Blätter in qu. gr. 4. Weimar 841, Geograph. Institut. 1/12 ß

— Europa, berichtigt von H. Kiepert. gr. Fol. Kpfrst. u. color. Ebd. 847. — (Neue Aufl.) Ebd. 852. 1/3 ß

Weiland, C. F. Das Osmanische Europa oder die Europäische Türkey. Weimar 1826. 1 Bl. c. K. Ff.

— das Osmanische Europa od. d. Europäische Turkey nebst dem Königr. Griechenland u. den Jonischen Inseln, berichtigt 1846 vorzüglich nach Leake, Boué, Grisebach u. Karaczay von H. Kiepert. gr. Fol. Ebd. 847. 1/3 ß

Weiland, C. F., Fluss-Charte, oder vergleichende Uebersicht der Länge der Hauptflüsse von Deutschland, entworfen. Gravirt von C. Halle. Weimar, Landes-Industr.-Comptoir, 1821. Imp.-Fol. (1/3 Rt.)

— Frankreich. (Mit der Insel Corsica.) Imp.-Fol. Ebend. 841. Kupferst. u. illum. 1/3 ß

— Frankreich. Imp. Fol. Kpfrst. u. col. Ebd. 851. 1/3 ß

— das Königr. Galizien. Imp. Fol. Kpfrst. u. col. Ebd. 849. — Eintheilung berichtigt 1851. Imp. Fol. Kpfrst. u. color. Ebd. 851. 1/3 ß

— dass. Nach der neuesten polit. Eintheilung berichtigt 1851. gr. Fol. Kpfrst. u. color. Ebd. 851. 1/6 ß

— das Lausitzer Gebirge u. d. umliegenden Gegenden vorzüglich für Reisende in dieses Gebirge u. in die sogenannte Sächs. Schweitz nach den besten 1832 vorhandenen Hülfsmitteln entworfen. gr. Fol. Kpfrst. u. color. Ebd. 848. 1/2 ß

Teutschland — General Charte von — nach den vorzüglichsten Hülfsmitteln bearbeitet von C. Fr. Weiland. Weimar im Verlage des geograph. Inst. 1819. 1 : 2,400,000. 1 Bl.

Weiland, C. F., General-Karte v. Deutschland, Preussen u. d. Schweiz, mit Angabe der innern Eintheilung der Staaten u. Provinzen, Regierungsbezirke u. Kreise, sämmtl. Chausseen, vollendeter Eisenbahnen, Poststrassen, Bäder, Universitäten, Schlachtfelder, Zollämter etc. Im Maasstabe von 1 : 1,080.000 entworfen. Imp. Fol. 4 Bl. in Kpfrst. u. color. Weimar 847, Landes-Industrie-Comptoir. — (Neue Ausg.) 5 in Kpfr. gest. u. col. Bl. in gr. Fol. Ebd. 847. 2½ ℛ

Weiland, C. F., Generalkarte von Deutschland nebst der Schweiz. Nach dessen Zeichnung vervollständigt und theilweise berichtigt von H. Kiepert. M. 1:680000. Weimar, L.-Ind.-Compt., 1855. Imp.-Fol. 5 in Kupfer gest. u. ill. Bll.
— — Neue Ausgabe. 5 in Kupfer gest. u. illum. Bll. Ebenda 1858.
— — (Neue Ausg.) 5 Bll. Kupferst. u. kolor. Weimar, Geogr. Inst., 1862. Imp.-Fol.

Weiland, C. F., General-Karte von Deutschland nebst der Schweiz. Vervollständigt und theilweise berichtigt von Gräf. 5 Bl. M. 1 : 1050000. Kpfrst. u. kolor. Weimar, Geogr. Inst., 1866. Imp.-Fol. . . . . (Gr. Ma.)

Weiland, C. F., General-Karte von Deutschland nebst der Schweiz. Vervollständigt und theilweise berichtigt von Gräf. Fol. (5 Bl.) Weimar 872—75, Geograph. Institut. (*ℳ 7,50.) * 9 —
aufgez. in Etui *ℳ 13,50.; mit Stäben * 15 50

Weiland, C. F., und H. Kiepert, General-Karte von Frankreich, Elsass-Lothringen, Piemont, Schweiz, Baden, Würtemberg, Rheinprovinz, Hessen und Belgien. Eisenbahnen, Dampfer, Telegraphenkabel, Consulate des Deutschen Reichs etc. etc. Neu bearb. unter Redact. von F. H. Arnd. 1 : 1,200,000. 4 Bl. in Kpfrst. und Farbendr. Imp.-Fol. Weimar 880, Geograph. Institut. * 8 50
Auf Leinw. in Etui *ℳ 13,50.; auf Leinw. mit Stäben * 14 50

— Generalkarte von dem Oesterreich. Kaiserstaate. Imp. Fol. Kpfrst. u. color. Ebd. 848. — (Neue Ausg.) Imp. Fol. Ebd. 851. ⅓ ℛ

Weiland, C. F., General-Karte vom Europäischen Russland. 1 : 4,218,000. Weimar 1840. 1 Bl. c. K. H.

— General-Karte von dem Preussischen Staate. Imp. Fol. Kpfrst. u. color. Ebd. 851. ⅓ ℛ

Weimar-Eisenach — General Karte von dem Grossherzogthum — nach den besten vorhandenen Hülfsmitteln entworfen und gezeichnet von C. F. Weiland. Weimar im Verlage des Geograph. Instituts 1817. 1 : 200.000. 2 Bl.

— General-Charte von dem Grossherzogth. Weimar-Eisenach nach den besten vorhandenen Hülfsmitteln entworfen u. gezeichnet. Nach der neuen Amtseintheilung berichtigt, 1851. Imp. Fol. 2 color. Bl. in Kpfrst. Ebd. 851. 1½ ℛ

— allgem. Handatlas d. ganzen Erde u. d. Himmels. Roy.-Fol. (70 gest. Karten mit sorgfält. Illum. d. Landes-, Provinz- u. Amtsgränzen.) Weimar 827—40, Geograph. Institut.
Schön gebunden

(Weiland, C. F.,) allgemeiner Hand-Atlas der ganzen Erde nach den besten astronom. Bestimmungen, neuesten Entdeckungen und krit. Untersuchungen entworfen (grossentheils berichtigt von H. Kiepert). gr. Fol. (71 in Kpfr. gest. und ill. Karten.) Weimar 848, Landes-Industrie-Comptoir.

— **Handatlas üb. alle Theile d. Erde. Zunächst f. Bürgerschulen u. Zeitungsleser bestimmt. Roy.-Fol. (61 gest. Karten.) Weimar 828—39, Geograph. Institut.**
Schön gebunden

Einzeln jede Karte 4 Gr.

— das Königr. Hannover nebst dem Grossherzogth. Holstein-Oldenburg, dem Herzogth. Braunschweig, den Fürstenth. Lippe-Detmold u. Schaumburg-Lippe nebst den Gebieten der Freien Städte Bremen, Hamburg u. Lübeck. gr. Fol. Kpfrst. u. color. Ebd. 851. ⅙ ℛ

Weiland, C. F., Heilquellen-Karte oder die Eisen-, Schwefel-, Alkalien-, Bittersalz-Wasser etc., die Kaltwasser-, Gas- u. Schlammbäder, so wie auch die Anstalten für künstliche Mineralwasser- und Molken-Bereitung in Deutschland und der Schweiz. 2. gänzl. umgearb. sehr verm. Ausg. Weimar 1835. 8. . . . . (W.A.)
—, — 3. von R. Froriep umgearb. u. sehr verm. Ausg. Kupferst. Imp.-Fol. Mit: Alphabetische Übersicht sämmtlicher Heilquellen u. Badeörter Deutschlands und der Schweiz. 1 Tabelle in Imp.-Fol. Weimar 1852. 1 ℳ.

— **Heilquellen-Karte** oder die Eisen-, Schwefel-, **Alkalien-, Bittersalz-Wasser** etc., die **Kaltwasser-**, Gas- und Schlammbäder so wie auch die Anstalten für künstl. **Mineralwasser** und **Molken Bereitung** in Deutschland und der Schweiz. 3., von R. Froriep umgearb. und verm. Ausg. Kpfrst. Imp.-Fol. Mit: Alphabetische Uebersicht sämmtlicher Heilquellen und Badeörter Deutschlands und der Schweiz von Rob. Froriep. 1 Bog. in Imp.-Fol. Weimar 852, Landes-Industrie-Comptoir.

— der gestirnte Himmel. Nördliche Halbkugel. Nach Harding's Atlas novus coelestis, Bode, Flamsteed, Haan u. A. entworfen u. nach Argelander's neuer Uranometrie vollständig berichtigt. Imp. Fol. Kpfrst. Ebd. 850. ⅓ ℛ

Weiland, C. F., Höhenkarte, oder bildlich vergleichende Uebersicht der bedeutendsten Berge in Teutschland und der Schweiz, nebst Andeutung der Höhen vieler Städte, Dörfer und Seen. Weimar, Geogr. Inst. 1821. gr. Fol. . . . . . . (Gr. Ma.)

— das Königreich Illyrien u. das Herzogthum Steyermark. (Mit einer statistischen Uebersicht.) Imp.-Fol. Ebend. 840. Kupferstich u. illum. ⅓ ℛ

Weiland, C. F., Balldauf's Charte von dem Fürstenthume Weimar und dem Gebiete von Erfurt. Neu bearbeitet mit Berichtigung der Grenzen nach dem Staats-Vertrage vom 22. September 1815 zwischen Preussen und Weimar. Weimar 1815. 1 Bl. c. K. H.

Weiland, C. F., Karte des Königr. Bayern. 1 : 850,000. Fol. Weimar 869, Geographisches Institut. (ℳ 1,20.) 1 50

— Karte von Deutschland. Fol. Ebendas 869. — 75
In Carton (ℳ 1,20.) 1 50

— Karte von Europa in 4 Blättern. Der südliche u. östl. Theil umgearbeitet von H. Kiepert 1846. Imp. Fol. Kpfrst. u. col. Ebd. 849. 2½ ℛ

Weiland, C. F., Charte von den Grossherzoglich und Herzoglich Sächsischen Ländern nebst den Besitzungen der Fürsten von Schwarzburg und Reuss. Weimar 1821. 1 Bl. c. K. H.

Weiland, C. F., Karte von Nord-America. Berichtigt von H. Kiepert. Weimar 1846. 1 Bl. c. K. H.

— Oro-hydrographische Karte von Deutschland u. der Schweiz, zugleich als Uebersichtskarte der topographisch-militärischen Karte von Deutschland in 204 Blättern. Weimar, Landes-Industrie-Comptoir, 1821. Imp.-Fol. Kpfrst. u. kolor. ⅓ ℛ

Weiland, C. F., Karte v. d. Königl. Preuss. Provinzen Preussen u. Posen, nebst dem Kaiserl. Russ. Königr. Polen. Imp. Fol. Kpfrst. u. color. Weimar 818, Landes-Industrie-Comptoir. — (Neue Ausg.) Ebd. 852. ⅓ ℛ

Weimar — Charte von dem Fürstenthume — und dem Gebiethe von Erfurt nach Originalquellen entworfen von Friedrich Baldauf, mit Berichtigung der Gränzen nach dem Staats-Vertrage vom 22. September 1815 zwischen Preussen und Weimar aufs neue bearbeitet von C. F. Weiland. Weimar im Geogr. Institut. 1815. 1 : 148,000. 1 Bl.

Weiland, C. F., Charte von den Kgl. Preuss. Provinzen Westfalen, Cleve-Berg und Nieder-Rhein, dem Kurfürstenthume Hessen, Grhzgth. Hessen, dem Hzgth. Nassau, Frstth. Waldeck und dem Gebiete der freien Stadt Frankfurt. Weimar 1818. Kupf. kol. . . . . (K.P.A.)

Weiland, C. F. Karte von dem Königreiche Württemberg, dem Grossherzogthum Baden und den Ländern der Fürsten von Hohenzollern. Weimar 182;. 1 Bl. c. K. Ff.

— Karten-Vademecum der Erde und des Himmels. (34 Blätter in Kupferstich, wovon 32 illum. sind.) qu. gr. 8. Ebend. 841. 1 ℛ

Weiland, C. Fr., s. Kiepert, H.: Die Nilländer. – Württemberg.

Weiland, C. F. Das Königreich der Niederlande, das Königreich Belgien und das Grossherzogthum Luxemburg. Weimar 1830 und 1847. Je 1 Bl. c. L. Ft.

— die grossherzogl. u. herzogl. Sachsischen Lander nebst den Besitzgn. der Fürsten von Schwarzburg u. Reuss. Imp. Fol. Kpfrst. u. color. Ebd 847. — (Neue Aufl.) Ebd. 850. ½ ℛ

— die Markgrafschaft Mahren nebst dem osterreich. Herzogth. Schlesien. Imp. Fol. Kpfrst. u. color. Ebd. 850. ⅓ ℛ

— die Markgrafschaft Mahren nebst osterreichisch Schlesien. Die neueste polit. Eintheilung eingetragen 1850. gr. Fol. Kpfrst. u. color. Ebd. 850. ⅙ ℛ

— die Grossherzogthumer Mecklenburg-Schwerin und Mecklenburg-Strelitz nebst den Herzogth. Holstein u. Lauenburg, dem Herzogl. Oldenburg. Fürstenth. Lubeck u. den Gebieten der freien Städte Hamburg u. Lubeck. gr. Fol. Kpfrst. u. color. Ebd 850. ⅙ ℛ

— westliches Mittel-Afrika; Senegambien, Sudan, Ober-Guinea u. einen Theil der Sahara umfassend; berichtigt 1846 von H. Kiepert. gr. Fol. Ebd. 847. ⅓ ℛ

— das Erzherzogthum Oesterreich. Die neue polit. Eintheilung eingetragen 1850. gr. Fol. Kupferst. u. color. Ebd. 850. ⅙ ℛ

— das Erzherzogthum Oesterreich ob- u. unter der Enns. Die Eintheilung berichtigt 1850. Imp. Fol. Kpfrst. u. color. Ebd. 850. ⅓ ℛ

— das Planeten-System der Sonne, zuerst von Copernikus 1543 aufgestellt, durch Keppler u. Newton bewiesen u. durch Albers, Herding, Piazzi, Herschel u. a. erweitert u. berichtigt. 1 illum. Bl. in Imp.-Fol. Weim. 831. Geograph.-Institut. 8 gl

— das Planeten-System der Sonne, zuerst von Copernicus 1543 aufgestellt, durch Keppler u. Newton bewiesen und durch Olbers, Harding, Piazzi, Herschel u. a. erweitert u. berichtigt. qu. gr. 4. Ebd. 835. Kupferstich u. illum. 1/12 ℛ

— s. Planiglob, östlicher u. westlicher.

Weiland, C. F., allgem. *Post-Atlas von Teutschland*, in 60 kleinen Sectionen Taschenformat entworfen. Weimar, im Verlage d. geogr. Instituts. 1820. Als Wandkarte in 2 Theilen auf Lwd. gez., in Etui.
Deutlicher Stich u. gut colorirt.

Weiland, C. F., Postatlas von Deutschland in 60 kolor. Bll. M. 1:900000. Weimar, Landes-Industrie-Comptoir, 1821. qu.-4. (5 ℛ)

— Post- u. Eisenbahnkarte von Deutschland u. den benachbarten Landern nach den besten Quellen entworfen. Imp. Fol. Kpfrst. u. color. Ebd. 847. — Ebd. 848. — Ebd. 851. ¾ ℛ Kleine Ausg. ½ ℛ

—— Post- und Eisenbahnkarte von Deutschland u. den benachbarten Ländern nach den besten Quellen entworfen. M. 1:2400000. Weimar, Landes-Industrie-Comptoir, 1855. Imp.-Fol. Kupferst. u. kolor. (½ ℛ, bez. ¾ ℛ)

Weiland, C. F., Neueste Postkarte von Deutschland und einem Theil der angrenzenden Länder in 2 Bll. Weimar, Landes-Industrie-Comptoir, 1820. Imp.-Fol. (1 ℛ)

Weiland, C. Fr.: Post- und Reise-Karte von Deutschland und den benachbarten Ländern. Weimar 1843. 1 Bl.

— das chinesische Reich mit seinen Schutzstaaten [den Ländern der Mandschu u. Mongolen, Ost-Turkistan u. Tubet] und das Kaiserth. Japan. Berichtigt von H. Kiepert. Imp. Fol. Kpfrst. u. color. Ebd. 847. — (Neue Aufl.) Ebd. 852. ⅓ ℛ

— das Russische Reich in Europa, Asien u. Amerika, berichtigt von H. Kiepert. gr. Fol. Ebd. 847. — (Neue Ausg.) Ebd. 849. ⅓ ℛ

— Reisekarte vom Thüringer Wald, berichtigt von H. Kiepert. gr. Fol. Kpfrst. u. color. Ebd. 851. ½ ℛ; auf Leinw. u. in gr. 8.-Carton n. 24 ngl

— der Rhein von seinem Ursprunge bis zu seiner Mündung. 2 Blätter. Roy.-Fol. Ebend. 841. Kupferst. u. illum. 1 ℛ In Etui 1⅛ ℛ

— das Europaische Russland, berichtigt von H. Kiepert. gr. Fol. Ebd. 847. ⅓ ℛ

Weiland, C. F. Das Königreich Sachsen. Weimar 1832. 1 Bl. c. K. Ft.

— das Konigr. Sachsen. gr. Fol. Kpfrst. u. col. Ebd. 849. — (Neue Ausg.) Ebd. 851. ⅙ ℛ

— das Konigr. Sachsen entworfen u. gezeichnet. Imp. Fol. Kpfrst. u. color. Ebd. 851. ½ ℛ

Weiland, C. F. Königl. Preuss. Provinz Schlesien. Weimar 1833. 1 Bl. c. K. Ft.

— die Herzogth. Schleswig, Holstein u. Lauenburg. Unter Redact. von H. Kiepert berichtigt von C. Ohmann. gr. Fol. Kpfrst. u. color. Ebd. 848. ⅓ ℛ

Weiland, C. F., allgemeiner Schulatlas der ganzen Erde, in 22 ill. Karten. qu. Fol. Weim. 829. Geogr.-Institut. 1 ℛ 12 gl

—— Schulatlas d. ganzen Erde. gr. 4. (23 gest. Karten.) Weimar 839, Geograph. Institut.
Auszug aus: Dessen, compend. allgem. Atlas.

—— Schul-Atlas der ganzen Erde in 23 (ill.) Blättern. 2., verb. Aufl. qu. Roy.-4. Weimar 843, Geogr. Institut.

—— methodischer Schul-Atlas entworfen und zu jedem Lehrbuch brauchbar eingerichtet. 1. und 2. Cursus. (Neue Ausg.) qu. gr. 4. (15 und 30 in Kpfr. gest. und ill. Karten.) Weimar 854, Landes-Industrie-Comptoir. [1. Cursus 15 Ngr., 2. Cursus 1 Thlr.]

— die Schweiz oder helvet. Eidgenossenschaft. Neue berichtigte Ausg. 1851. Imp. Fol. Kpfrst. u. color. Ebd. 851. ⅓ ℛ

Weiland, C. F., und H. Kiepert, Special-, Hand- und Reisekarte von Württemberg, Baden und Hohenzollern. 1:450,000. (11. Aufl.) Lithogr. und color. Imp.-Fol. Weimar 878, Geograph. Institut. * 1 60
Auf Leinw. in Carton * 3 10

— Special-Karte von den Grossherzogthum. Mecklenburg-Schwerin u. Mecklenburg-Strelitz. Imp. Fol. Kpfrst. u. col. Ebd. 850. ⅓ ℛ

— Special-Karte von dem Thüringer-Wald Gebirge u. den umliegenden Gegenden besonders für Reisende in dieses Gebirge grösstentheils nach Originalquellen entworfen u. gezeichnet. Imp. Fol. Kpfrst. u. color. Ebd. 850. 1 ℛ

— der Preussische Staat. gr. Fol. Kpfrst. u. color. Ebd. 851. 1/6 ℛ

— die Vereinigten Staaten von Nord-America mit Ausschluss von Texas u. den westlichen Territorien. Berichtigt von H. Kiepert. Imp. Fol. Kpfrst. u. color. Ebd. 849. 1/3 ℛ

— die k österreich. Kronländer Steiermark, Kärnthen, Krain u. das Küstenland [Görz, Gradisca, Istrien u. Triest]. Nach der neuesten polit. Eintheilung berichtigt. Imp. Fol. Kpfrst. u. col. Ebd. 850. 1/3 ℛ

— die k österreich. Kronländer Steiermark, Kärnthen, Krain u. das Küstenland [Görz, Gradisca, Istrien u. Triest]. Nach der neuesten polit. Eintheilung berichtigt 1850. gr. Fol. Kpfrst. u. color. Ebd. 850. 1/6 ℛ

—— Taschenatlas d. Erde. Mit geograph.-statist. Uebersichten aller Länder u. Staaten. Ein Vademecum d. Geographie u. Statistik. gr. qu. 8. (31 gest. Karten.) Weimar 838, Geograph. Institut.

— Uniformen d. kais. französ. Armee u. deren Alliirten im J. 1812, in 148 ausgemalten Kpf., nebst genauen Angaben d. Stärke u. Organisation d. verschied. Armeen u. Contingente. 4. Weim., (Indust.-Compt.) in Futteral 22 ℛ

Weiland, C. F.: Wein-Karte von Europa [zur] Darstellung derjenigen Länder, Provinzen und einzelnen Orte des grossten Theils von Europa, in welchen der Weinbau vorzüglich getrieben, und die vorzüglichsten Weinsorten gewonnen werden nebst einer generellen Uebersicht der allgemeinen Verbreitung des Weinbaus über die gesammte Erdoberfläche. Weimar Verl. d. geograph. Instituts 1831. – 25'

—— die alte Welt. Zum Gebr. b. d. Unterr. in d. alten Geographie u. Geschichte. qu. gr. 4. (14 ill. Karten, Kpfrst.) Weimar 840, Geograph. Institut.

— Welt-Karte zur Uebersicht der vorzüglichsten Varietäten des Menschen, nach dem Blumenbach'schen Systeme entworfen. Imp.-Fol. Ebd. 836. Illum. 1/2 ℛ

— die Königl. Preuss. Provinzen Westphalen u. Rhein-Provinz nebst dem Kurfürstenth. Hessen, Grossherzogth. Hessen, Herzogth. Nassau, Fürstenth. Waldeck mit dem Gebiete der freien Stadt Frankfurt entworf. u. gezeichnet. Imp. Fol. Kpfrst. u. color. Ebd. 848. — (Neue Ausg.) Ebd. 850. — (Neue Ausg.) Ebd. 852. 1/3 ℛ

— die Königl. Preuss. Provinz Westphalen u. die Rhein-Provinz nebst dem Kurfürstenth. Hessen-Kassel, Grossherzogth. Hessen-Darmstadt, Herzogth. Nassau, Fürstenth. Waldeck, u. dem Gebiete der Stadt Frankfurt. gr. Fol. Kpfrst. u. color. Ebd. 851. 1/6 ℛ

Weiland, C. J., Bericht u. Aktenstücke über einen wissenschaftl. (kirchenrechtlichen) Streit auf d. Hochschule zu München. gr. 8. Münch. 827. (Landsh. Thomann). 7 Kr

Weiland, E.: Die Feuerversicherung der Industrie. Düsseldorf 1903.

Weiland, Ernst, ophthalmologische Bibliographie 1868—1898, s.: Archiv f. Augenheilkunde.

Weiland, Ernst, General-Register, s.: Nord u. Süd.

Weiland, F. A.: Drei Fälle von niedrigen Körpertemperaturen. Inaug.-D. 10 S. Kiel 1869.

Weiland, Ferdinand

Weiland, F., Abrégé d'histoire universelle. I. Part. Histoire de la vie politique, civile et intellectuelle des anciens peuples. gr. in-8. (II B.) Berlin 837, Geo. Reimer.

Weiland, Car. Aug(ustus) Ferd. (geb. Berlin 15. 1. 1812): De bello Marsico. Berolini (1834). (26 S.) 8°
Berlin, Phil. Diss. v. 13. Sept. 1834

Weiland, C. A. F., de bello Marsico. 8maj. Berolini 834. Bechtold et Hartje. n. 1/3 ℛ

Weiland, F., Grammaire Grecque à l'usage du Collège Royal Français. gr. in-8. Berlin 841, Duncker et Humblot. n. 2/3 ℛ

Weiland, F. C. Marii VII. Cos. vita. 24 S.
Berlin, Fr. G., Progr. 1845

WEILAND, Franz (Hannover): Ueber spontane Ruptur des Herzens bei Adipositas cordis.- München: Wolf 1904. 24 S.
11.5.1904 - Chr 1903/04,19; Jv 1903/04,334
Diss. Ingolst.-Landsh.-Mchn.

Weiland, G.

—— Wind und Wetter. Vortrag. 2. Abdr. 8. (VI, 48 S.) Dortmund 868, (Krüger.)

Weiland, G. H., Kriegs-Karte. Nord-Ost-Frankreich, Deutschland, Belgien und Holland nebst den angrenzenden Theilen der benachbarten Länder. Fol. Wien 870, Hölder. * 1 —

Weiland, G. H., Specialkarte der österreichisch-preussischen Grenz-Provinzen und der anstossenden Gebietstheile des Königreichs Sachsen mit bes. Berücksichtigung der Festungen, Flussgebiete etc. M. 1 : 1000000. Wien, Beck'sche Univ.-Buchhdlg., 1866. gr. Fol. Chromolith.

Weiland, G. H.: Specialkarte d. lombardisch-venetianischen Königreichs, Triests und Südtirols, sowie der italienischen Gebietstheile bis Mailand, mit besonderer Rücksicht auf d. Festungs-Viereck und alle strategisch wichtigen Punkte. Wien: Beck 1866. (Kriegskarte Nr. 2.)

Exlibris-Kunst. Von Gadso Weiland. 1. Magdeburg: Loeffel 1910. 8°
[10. 1193]

Weiland, Gadso, s.: Exlibris-Kunst.

Weiland, Georg, approb. Arzt aus Altona: Bericht über 100 in der Würzburger Frauenklinik ausgeführte Ovariotomien. *Würzburg 1902: H. Stürtz.* (46 S.) 8°
Würzburg, Med. Diss. v. 1902

Weiland, Gustav

Weiland, Gust., Besprechungen über pädagogische Fragen zur Verständigung zwischen Elternhaus und Schule. Sechs Programmarbeiten. 8. (IV, 214 S.) Klagenfurt 878, [Bortschinger und Heyn.] Heyn's Buchh. *

Weiland, Gust., Raumlehre. Lehrbuch der elementaren Geometrie. Zum Gebrauch beim Schulunterricht so wie zum Selbstunterricht für reifere Schüler bearb. gr. 8. (XII und 148 S. mit 9 Stnt.) Berlin 858, [Kastner und Comp.] *

Weiland, G., Zahlenlehre. Sachliches und Methodisches für Volksschullehrer. 8. (VI und 146 S.) Bromberg 865, (Carow.) *

—— dass. — 2. Aufl. gr. 8. (IV und 168 S.) Berlin 868, W. Schultze.

—— Schülerhefte zur Zahlenlehre. 3 Hefte. 8. Bromberg 865, (Carow.) *

Inhalt:
Heft 1. Die einfachen Zahlen und der Zahlenraum bis 100. (30 S.) * 2 Ngr.
" 2. Der unbegrenzte Zahlenraum. (40 S.) * 2 1/2 Ngr.
" 3. Bruchrechnung. (42 S.) * 2 1/2 Ngr.

—— dass. — 3. und 4. Heft. 2. Aufl. 8. Berlin 868, W. Schultze. *

Inhalt:

Heft 3. Bruchrechnung. (48 S.) * 4 Ngr.
» 4. Wurzelausziehung. Algebraische Aufgaben, Proportionen. (32 S.) * 2½ Ngr.

Weiland, G., Uebungsbücher zur Zahlenlehre. 2.—4. Thl. 4. Aufl. der älteren Schülerhefte, verm. und der neuen Maß-, Gewichts- und Münz-Ordnung entsprechend geändert. 8. Berlin 874, W. Schultze.

Inhalt:

Thl. 2. Der unbegrenzte Zahlenraum. (103 S.) * 75 Pf.
» 3. Die Bruchrechnungen und deren Anwendung. (103 S.) * 75 Pf.
» 4. Ergänzungen. Die negative Zahl, Potenz, Wurzel und Logarithmus. Gleichungen und Proportionen. Progressionen. Logarithmentafeln. (VIII, 102 S.) * M. 1.

Resultate zum 4. Uebungsbuche. (20 S.) 1875. * M. 40 Pf.
Ist auch in einer Ausg. für Oesterreich erschienen.

Weiland, Heinrich

Weiland, Heinr., Christoph Columbus. Ein Schauspiel. I. Tl. in 5 Akten. (118 S.) gr. 8. Diessen 902. J. C. Huber. n. 2. —

Weiland, Heinrich, Referendar: Struktur und Rechtssphäre der Gesellschaftsschulden und gesellschaftsähnlichen Verbindlichkeiten im Bürgerlichen Gesetzbuch. *Cöln 1902: Th. Quos.* (V, 97 S.) 8° [J.]
Würzburg, Jur. Diss. v. 1902

Weiland, Heinr., Struktur u. Rechtssphäre der Gesellschaftsschulden u. gesellschaftsähnlichen Verbindlichkeiten im bürgerl. Gesetzbuch. gr. 8. (V, 97 S.) Bonn 902. Röhrscheidt & Ebbecke. n. 2. —

Weiland, Hermann

Chronik der vereinigten Johannisloge Minerva zum vaterländischen Verein und Rhenana zur Humanität im Or. Köln 1852—1902. Von Herm. **Weiland.** Ms. f. Brr. [Köln]: Selbstverl. d. Loge [1902]. 132 S. 8⁰

Recens: FZ. 56 (1902) S. 215—216 (K. Pilz); L. 25 (1902) S. 96 (R. Fischer).
cf. Bbl. 16 (1902) S. 510 (G. Diercks); S. 9 (1902) S. 65—66 (J. G. Findel).
Nebst biogr. Notizen üb. verdiente Brr der Loge u. Verzeichn. der Stiftungen. 23.

Weiland, Herm. Über die künstliche Darstellung von Mineralien 18, 15 SS. Progr. OR Cöln 1881. 1882.

[Autogr.] Rede des Br.·. H[erm.] **Weiland,** gehalten am 21. Dec. 1870 in der Trauerloge im Or.·. Cöln a. Rhein. [Köln 1870.] 6 Bl. 4⁰ [Umschlagtit.]
Die Predigt des Sarges ist ein Ruf zum Frieden, zur Hoffnung u. zur Arbeit. 157.

Weiland, Ina, Gedichte. (72 S. m. Bildnis.) 8. Leipzig 906. Modernes Verlagsbureau. n. 1. 50

Weiland, Karl, neue Gedichte: „Aus Welt u. Zeit". (Mit e. Begleitwort v. Schiller's Urenkel Frhr. v. Gleichen-Rußwurm.) (VII, 72 S. m. Bildnis.) kl. 8. Eßlingen (908). W. Langguth. 1. —; geb. 1. 50

— Höhen u. Tiefen des Lebens. Ausgewählte Gedichte. Mit Geleitwort v. Schillers Urenkel Frhr. v. Gleichen-Rußwurm u. 1 Bild des Dichters. (136 S.) kl. 8. Stuttgart (909). C. & A. Ulshöfer. Kart. 1. 50

Lieder eines Arbeiters. Von Karl **Weiland.** 2. Aufl. Mit e. Vorw. von E(mil) Klein. Stuttgart: Strecker & Schröder 1904. (142 S.) 8° [J.]
[05. 16019 8

Weiland, Karl August Ferdinand, s. Weiland, Ferdinand

Gedenkblatt zur Feier des 50jährigen Bestehens der Johannis-Loge Günther zur Eintracht in Rudolstadt am 3. Okt. 1909. [Von Konr. **Weiland.**] [Rudolstadt 1909.] 99 S. 8⁰
cf. BZC. 38 (1909) S. 422—423.
Gesch. der Loge, Verzeichn. der Mitgl., Ehrenmitgl., Beamten u. andere statistische Zsstellungen.

Feier des 125. Stiftungsfestes der Loge zum schwarzen Bär am 18. und 19. März 1899. Nach den Aufzeichnungen des Br. [Louis] **Weiland.** Hannover 1899: Culemann. 28 S. 8⁰
Enth. eine Ansprache von Körting: Die Frmrei ist Religion; sie ist die Religion der Zukunft u. die Festrede von Pfeiffer: Was wir als Maurer unserer Zeit und der Zukunft schuldig sind. 25.

Weiland, Ludw. Die Angeln. Ein Capitel aus der deutschen Alterthumskunde. Lex.-8. (40 S.) Tübingen 889, Laupp. * 1 —
Aus: Festgabe f. Geo. Hanssen, besonders abgedruckt.

Weiland, Ludw., Beiträge zur Kenntniss der literarischen Thätigkeit d. Mathias v. Neuenburg. [Aus: „Abhandlgn. d. k. Gesellsch. d. Wiss."] gr. 4. (29 S.) Göttingen 891. Dieterich's Verl. n. 2. —

Weiland, Ludew., constitutiones et acta publica imperatorum et regum, s. a. Monumenta Germanicae historica.

— s. a. Constitutiones et acta publica imperatorum et regum.

Weiland, Ludwig: Friedrich Christoph Dahlmann. Rede zur Feier seines 100j. Geburtstages am 13. Mai 1885. Göttingen. 1885. 4⁰

Weiland, Ludwig: Entwicklung d. sächs. Herzogthums unter Lothar u. Heinrich dem Löwen. Götting. 1864. 55 p.
Schul-/Univ.-Schrift

Weiland, Ludwig: Festrede im Namen der Georg-Augusts-Universität zur akademischen Preisvertheilung am 4. Jun. 1889. Göttingen, Druck d. Dieterichschen Univ.-Buchdr. W. Fr. Kaestner (1889): 22 S. 4⁰

— die vatikanische Handschrift der Chronik d. Mathias v. Neuenburg. [Aus: „Abhandlgn. der k. Gesellsch. d. Wiss. zu Göttingen".] gr. 4. (62 S.) Göttingen 892. Dieterich's Verl. n. 3. 50

—— Die Wiener Handschrift der Chronik d. Mathias v. Neuenburg. gr. 4. (59 S.) Ebd. 891. * 4 —
aus: Abhandlgn. d. k. Gesellsch. d. Wissensch. zu Göttingen, besonders abgedruckt.

Weiland, Ludw., das sächsische Herzogthum unter Lothar und Heinrich dem Löwen. Beitrag zur deutschen Verfassungsgeschichte im Mittelalter. gr. 8. (VIII und 187 S.) Greifswald 866, Akademische Buchh. *

Weiland, Ludwig, Rede zur Feier des neunzigsten Geburtstages seiner Majestät des Kaisers und Königs am 22. März 1887 im Namen der Georg-Augusts-Universität gehalten. Göttingen 1887, Dieterichsche Univ.-Buchh. 4°. 19 S.

Weiland, Ludwig [pr. Arzt aus Zeith]: Über einige wichtige Todesursachen der in den Irrenanstalten gestorbenen Geisteskranken ... Berlin, Buchdr. v. G. Schade, *1896*; 27 S., 2 Bl. 8.
Berlin, Med. Fak., Inaug.-Diss. v. 17. Juli 1896

Weiland, L., Georg Waitz. Rede geh. in der öffentl. Sitzung der Kgl. Gesellschaft der Wissenschaften am 4. Dec. 1886. gr. 4. (II, 13 S.) Göttingen 886, Dieterich'sche Verlagsh. *
Aus: Abhandlungen der königl. Gesellschaft der Wissenschaften, Bd. 33, besonders abgedruckt.

—— Julius Weizsäcker [geb. 13. Febr. 1828, gest. 3. Septbr. 1889]. Rede, geh. in der öffentl. Sitzg. der K. Gesellschaft der Wissenschaften am 7. Dezbr. 1889. 4. (14 S.) Ebd. 889. * 1 —

Weiland, Richard

Weiland, Rich., Fürst u. Bürger. Historisch-romantisches Schauspiel in 5 Aufzügen. 8. (101 S.) Leipzig 891. R. Claußner. n. 2. —

Weiland, Rich., Kaiser und Papst. Historisches Drama in 5 Aufzügen und einem Vorspiel. 8. (120 S.) Dresden 866, L. Wolf's Buchh. *

Weiland, Rich., des Landstürmers Tochter. Trauerspiel in 5 Aufzügen. br. 8. (96 S. mit 1 Stnt.) Dresden 872, Schulbuchh. [Leipzig, Jenne.] *

Weiland, Th[eodor], Dr.: [Eröffnung und Beschreibung des neuen Gymnasialgebäudes. Mit 2 Bl. Taf.] *Offenburg 1900: A. Reiff & Co.* (S. 3—10.) 4°
Offenburg, grossh. G, MP 1900 (658)

Weiland, Theodor, (Dir.): Grundlinien zur Geschichte des Gymnasiums Offenburg. *Offenburg 1901: A. Reiff & Co.* (38 S.) 4°
Offenburg, grossh. G, MP 1901 (671)

Theodor Weiland. Die Zeit Karls V. im Lichte der politischen Volksdichtung. 42 S. Konstanz. P 1874

Weiland, W., Stadtvogtei-Abenteuer. Bilder aus dem Gefängnisse. 8. (86 S. mit 1 Ttlkpfr.) Grimma 851. [Wurzen,] Verlags-Comptoir.

Weiland, Walther, Arzt a. Dortmund: Ueber den Einfluß von kohlensäurehaltigen Bädern auf die Blutverteilung im menschlichen Körper. Tübingen: F. Pietzcker 1905. (14 S.) 8°
Tübingen, Med. Fak., Ref. Romberg, Diss. v. 7. März 1906
[Geb. 23. Sept. 81 Mülheim a. d. R.; Wohnort: Dortmund; Staatsangeh.: Preußen; Vorbildung: Gymn. Wesel Reife O. 00; Studium: Marburg 5, Würzburg 1, Tübingen 3 S.; Coll. 31. Juli 05; Approb. 15. Febr. 06.]

Weilandt, Heinrich [aus Stettin]: Ueber Destillationen und Sublimationen im Vacuum des Kathodenlichts ... Heidelberg, Univ.-Buchdr. v. Ph. Wiese, 1897; 44 S., 1 Bl., 4 Taf. 8.
Heidelberg, Naturw.-math. Fak., Inaug.-Diss. v. [22. Juni] 1897

Weilandt, Karl

Weilandt, C.: Der Aluminiumdruck (Algraphie). Mainz 1900

Weilandt, Carl, der Aluminiumdruck. (Algraphie.) Seine Einrichtg. u. Ausübg. in der lithograph. Praxis. 8. (VII, 59 S. m. 12 Abbildgn.) Wien (902). A. Hartleben. n. 2. —; geb. n. 2. 80

Weilandt K., der Aluminiumdruck (Algraphie). (60 S) (Bibliothek, Chemisch-technische 258) Wien 1902

Weilandt, Car. Theoph. Ferd. (geb. Konitz 19. 5. 1807): De nonnullis morbis simulatis, medico militari frequenter obvenientibus. Berolini (1835). (22 S.) 8°
Berlin, Med. Diss. v. 2. Febr. 1835

Weilandt, Klemens

Vereinfachte Buchführung für Viehversicherungs-Vereine. Kurzgefaßte Anleitung z. Führung d. Bücher von Vieh-, Schlachtvieh- u. a. Vieh-Versicherungs-Vereinen aller Systeme. Von C[lemens] Weilandt, Red. Mit 6 Muster-Formular-Anl. Berlin: Mitteilungen f. Versich.-Vereine 1908. (17 S.) 8° [F.] [08. 6623]

Weilandt, C., vereinfachte Buchführung f. Viehversicherungs-Vereine. Kurzgefaßte Anleitg. zur Führg. d. Bücher v. Vieh-, Schlachtvieh- u. anderen Vieh-Versicherungs-Vereinen aller Systeme. Mit 6 Muster-Formular-Anlagen. (17 S.) 8. Berlin (N.O. 18, Kniprodestr. 1a) 908. C. Weilandt. 1. 20

— Tier-Kaufs-Vertragsbuch (Schlußschein-Buch). Ein Formular-Vertragsbuch f. den Kauf u. Verkauf v. Tieren aller Art nebst Erläutergn. zu den Viehhandelsrechts-Bestimmgn. Ausgearbeitet. (32 S.) kl. 8. Ebd. (909). p -- 10

Weilandt, C., Die Vieh-Rückversicherung v. Ortsviehversicherungs-Vereinen. Vorschläge zur Reform der Viehversicherg. [Aus: „Mittlgn. f. Versicherungs-Vereine".] (22 S.) 8. Berlin, Selbstverlag 1907. 1. —

Weilandt, C., Wie gründet u. leitet man einen Viehversicherungsverein? Ausg. f. Lebendvieh-Versicherungsvereine. Hrsg. vom deutsch. Landwirtschaftsrat. Aus: „Archiv d. deut. Landw.-Rats". (88 S. m. Abbildgn.) Lex.-8. Berlin (NO 18, Kniprodestr. 1a), Selbstverlag 1910. 2. —

Weilbächer, Paul [aus Weilbach in Nassau]: Wer ist Eigenthümer des Kirchenvermögens nach gemeinem Recht? ... Limburg a. d. Lahn. Druck d. Limburger Vereinsdr. (Jos. A. Baer), 1888, (29) 40 S. 8°
Würzburg, Jur. Fak., Inaug.-Diss. v. 1888

Weilbächer, Paul, wer ist Eigenthümer des Kirchenvermögens nach gemeinem Recht? Diss. Würzburg 1888, Stahelsche Univ.-Buchh. 8°. 40 S.

Weilburg in Geschichte, Sage u. Lied. Mit e. Fremdenführer. 8. (III, 105 S.) Weilburg 883. Appel. cart. n. 1. —

STADT WEILBURG. FESTSCHRIFT. der Stadt Weilburg zur Tausendjahrfeier gewidmet von dem Verein f. nassauische Altertumskunde u. Geschichtsforschung. Wiesbaden: 1906. R. Bechtold & Co. 8°.

Weilburg [Schlagwort]

Weilburg, s.: Deutschland. Kürsonner-Pelp.

Weilburg. s.: Preussen. Messtischblätter.

Weile, Eugen [aus Konitz in Westpr.]: Die Lösung der Placenta ... Würzburg, Druck d. F. Röhrl'schen Buchdr., 1890; 23 S. 8°
Erlangen, Med. Fak., Inaug.-Diss. v. 19. Dez. 1889

Weile, H., Sind Erziehungsanstalten für noch nicht schulpflichtige Kinder Hilfsanstalten für die Familie oder für die Schule? s. Jahresbericht, neunter, über das herzoglich anhaltische Landesseminar zu Cöthen.

Welle, Jens, Hilda v. Einern. Schauspiel in 3 Aufzügen m. e. Vorspiel. 8. (119 S.) Pisa 899. H. Spoerri. n. 2.—

Welle, Jens, Pisa, s.: Bruckmann's illustr. Reiseführer.

Weile, Max: Ein Fall von Sarcom des Nervus radialis . . . Erlangen, Druck d. Univ.-Buchdr. v. E. Th. Jacob, 1888; 19 S. 8°
Erlangen, Med. Fak., Inaug.-Diss. v. Jul. 1887.

WEILEN Pattalon nicht zugeben wollen, dass seine Tochter Isabella einem jungen Kauffmanns Sohn Cynthio genannt zu theil werden sollte, und um ihrer Liebe desto hinderlicher zu seyn Isabella stets eingesperret hielt, so geschah es gleichwohl etc. 12 Blatt Kupferstiche nebst Text. J. J. Schübler del., J. B. Probst sc. Aug. Vind., o. J. (c. 1720). Fol. (10 Mk. Rich. Kaufmann, Stuttgart, 1898; jetzt theurer!)

Weilen, Alexander von

Weil Ritter von Weilen Alexander: Der träumende Bauer. Ein Beitrag zur vergleichenden Literaturgeschichte. H. 1883 PN 312 Diss. Wien, Univ.

Schillers 'Demetrius'. Vortrag geh. in Prag 1905. Von Prof. Dr. Alexander v. Weilen. (Prag: Deutsch. Ver. z. Verbreitung gemeinnütz. Kenntn. 1906.) (S. 53-62.) 8° [Koplt. ℌ.]
— Schiller-Vorträge, Drei. No 1.
= Sammlung Gemeinnütziger Vorträge. No 330. 107. 6549

Weilen, Alex. v., Schiller's „Demetrius", s. Sammlung gemeinnütziger Vorträge Nr. 330—32.

Weilen, Alex. v., Geschichte d. Hofburgtheaters, s.: Theater, die, Wiens. 30.—41. Heft.

Weilen, Alexander von: Geschichte des Wiener Theaterwesens von den ältesten Zeiten bis zu den Anfängen der Hof-Theater. (In 7 Heften.) (Wien: Ges. f. vervielf. Kunst 1899.) (170 S.) 2°(4°)
(Theater, Die, Wiens. Bd 1.)

Weilen, Alex. v., Geschichte d. Wiener Theaterwesens von d. ältesten Zeiten bis zu d. Anfängen der Hoftheater, s. a. Theater, d., Wiens, 17.—19. Hft.

Hamlet auf der deutschen Bühne bis zur Gegenwart von Alexander v. Weilen. Berlin: G. Reimer 1908. (IX, 200 S.) 8°
= Schriften d. Deutschen Shakespeare-Gesellschaft. Bd 3. 108. 16958

Das K. K. Hofburgtheater seit seiner Begründung. Von Oscar Teuber (2,2: von Alexander v. Weilen). (Halbbd. 1. 2, Th. 1. 2.) Wien: Gesellsch. f. vervielfält. Kunst 1896 (1906). 3 Bde 2° [Bildert.]
= Theater, Die, Wiens. Bd 2. Halbbd 1. 2, Th. 1. 2.

Weilen, A. v., der ägyptische Joseph im Drama d. XVI. Jahrh. Ein Beitrag zur vergleich. Litteraturgeschichte. gr. 8. (VIII, 196 S. m. 1 Steintaf.) Wien 887. Hölder. n. 4. —

Jahresbericht der Gesellschaft für Theatergeschichte 1905. Mit dem Festvortrag von ALEXANDER von WEILEN. (Heinrich Laube u. das Burgtheater.) (Buchdruckerei Reitzsch, G. m. b. H., Reitzsch.) 8°

Julie Rettich. Erinnerungsblätter z. Gedächtnisse ihres 100. Geburtstages (17. April 1809). Von Alexander v. Weilen. Wien: Manz 1909. 68 S. 8° 10. 15974

Weilen, Alexander von: Friedrich Hebbel's historische Schriften. Weimar. 1898. 8° Sonderabdruck aus: Forschungen zur neueren Litteraturgeschichte. Festgabe f. R. Heinzel.

Zur Wiener Theatergeschichte. Die vom Jahre 1629 bis z. Jahre 1740 am Wiener Hofe z. Aufführung gelangten Werke theatral. Charakters u. Oratorien. Von Dr. Alexander v. Weilen. Prof. zu Wien. *Wien: A. Hölder 1901.* (140 S.) 8°
(Schriften d. Österr. Vereins f. Bibliothekswesen.) 01. 12290

Weilen, Alex. v., Shakespeares Vorspiel zu „Der Widerspenstigen Zähmung". Ein Beitrag zur vergleich. Litteraturgeschichte. gr. 8. (VII, 93 S.) Frankfurt a. M. 884. Literar. Anstalt. n. 2. —

Weilen, Josef (Ritter von)

Weilen, Jos., der neue Achilles, s.: Universal-Bibliothek.

Weilen, Jos., Daniela, s. Bibliothek für Ost und West.

Weilen, Jos., dramatische Dichtungen. 1—3. Bd. Leipzig, Hartleben's Verlag. gr. 16. Jeder Bd. n. 20 ngr.
1. Bd. Edda. Drama in 4 Aufzügen. 1. Aufl. 1865. u. 2. Aufl. (VI, 95 S.) 868.
2. Bd. Drahomira. Trauspiel in 5 Aufzügen. (VI, 116 S.) 868.
3. Bd. Rosamunde. Trauerspiel in 5 Aufzügen. (96 S.) 870.

— Dolores. Drama in 5 Aufzügen. gr. 8. (148 S.) Stuttgart 874, Cotta'sche Buchh.

— König Erich, s. Universal-Bibliothek Nr. 1480.

Weilen, Jos., Fantasien und Lieder. 32. (IV und 122 S.) Wien 853, [Keck.] *

— Heinrich v. der Aue, s.: Universal-Bibliothek.

Weilen, Josef: Dr. R. Hirsch. Biographisch-kritische Skizze. Wien 1858. Pfautsch & Voss. Gedruckt bei L. Sommer. 43 S. 8°
Separatabdr. aus dem „Album österr. Dichter."

— Graf Horn, s. Universal-Bibliothek.

WEILEN, JOSEF RITTER VON: Huldigung zu Ehren des fünfzigjährigen Priester-Jubiläums des hochw. Herrn Carl Heiller, Titular-Bischof von Budua, Abt, Domherr und Stadtpfarrer. Gedichtet von Josef Ritter von Weilen. Pressburg 1884. Stampfel, Eder u. Comp. 8 S. - 2°

Weilen, Josef —. Männer vom Schwerte. Heldenbilder aus Oesterreich. Von — —. Wien. 1855. Druck und Verlag von J. B. Wallishausser. (160 S. 8.) geh.

Weilen, Josef —. Männer vom Schwerte. Heldenbilder aus Oesterreich. Von — —. 3. Auflage. Wien. 1855. Druck und Verlag von J. B. Wallishausser. (160 S. 8.)

— an der Pforte der Unsterblichkeit. Dramatisches Gedicht. gr. 8. (28 S.) Wien 872, Gerold's Sohn.

Weilen, J., scenischer Prolog zur Eröffnung der k. k. Hof-Burgtheaters am 14. Octbr. 1888. gr. 8. (22 S.) Wien 888. Hölder. n. 1. —

Weilen, J., aus dem Stegreif, s. Theater, neues Wiener.

Weilen, Joseph, Am Tage von Oudenarde. Dramatisches Gedicht in 1 Aufzuge. Am Tage der Enthüllung des Eugen-Monuments, den 18. October 1865, zum ersten Male auf dem Wiener Hofburgtheater aufgeführt. (Den Bühnen gegenüber Manuscript.) 8. (45 S.) Wien, Gerold. 1865

Weilen, Jos., Tristan. Romantische Tragödie in 5 Aufzügen. (Den Bühnen gegenüber als Mscr. gedr.) 8. (VII und 135 S.) Breslau 860, Max und Comp.

—— Tristan. Romantische Tragödie in 5 Aufzügen. [Den Bühnen gegenüber Mscr.] 2. Aufl. 8. (VII, 135 S.) Breslau 872, Mar und Comp. [Stuttgart, Heiß.]

Weilenmann, A[ugust]. [von Knonau. Kt. Zürich. Professor am Gymnasium in Zürich]: Ueber ein abgeändertes Aneroidbarometer und Beziehung zwischen Luftdruck, Temperatur und Höhe in der Atmosphäre. [S.A. aus: Vierteljahrsschrift der Naturforsch. Ges. in Zürich, Bd 20. S. 385—442]. [Zür. Zürcher u. Furrer Dr. 1875]. 58 S. 8°. — Ueber die Luftströmungen, insbesondere die Stürme Europa's. Mit einer Figurentafel. [Neujahrsblatt hg. v. d. Naturforsch. Ges. in Zürich auf das Jahr 1876. N. LXXVIII]. Zür. Zürcher u. Furrer Dr. [S. Höhr Comm.] 1875. 1 Taf., 29 S. 4°. — Ueber den täglichen Gang der Temperatur in Bern. [S. A. aus: Schweizer. meteorol. Beobachtungen: hg. . . . unter Dir. v. Rud. Wolf. Jg. IX. S. XXV—LIII. Tafel I, II]. [Zür. S. Höhr Comm. 1872]. 29 S., 2 Taf. 4°.
Promotion vom 10. Februar 1876.

Weilenmann, Aug.: Über den täglichen Gang der Temperatur in Bern. 1873. 4.

Weilenmann, A[ugust]. Nekrolog auf Prof. Dr. Joh[ann] Rudolf Wolf (1816—1893). Gehalten in der Sitzung der Naturforschenden Gesellschaft vom 29. Januar 1894. [Mit Porträt-Tafel.] SA. 8. Zürich 1894.

Weilenmann, A[ugust]: Der geometrische Unterricht in Mittelschulen. [Zür. Zürcher u. Furrer Dr. 1882]. 27 S., 3 Taf. 4°.
Programm der Kantonsschule in Zürich 1882.

Weilenmann, Aug.: Die Verdunstung des Wassers. Zürich 1877. 4.

Weilenmann, Aug.: Über Versuche mit dem Aneroidbarometer von Goldschmidt. Zürich 1873.

Weilenmann, Aug.: Volumen und Temperatur der Körper, insbesondere der Flüssigkeiten. Zürich 1888.

— Ueber die Wärme-Vertheilung in der Schweiz. Zürich 1872.

Weilenmann, Aug.: Über die Wärmevertheilung in der Schweiz. Zürich 1873. 4.

Woilenmann, A[ugust]. Die elektrischen Wellen und ihre Anwendung zur drahtlosen Strahlentelegraphie nach Marconi. Mit einer Lichtdrucktafel und 8 Figuren im Texte. IV + 25 S. 4. Zürich, Zürcher & Furrer, Komm. Fäsi & Beer, (1903). [fr. 3. —]
Neujahrsblatt der Naturforschenden Gesellschaft in Zürich auf das Jahr 1903. Stück 105.

Weilenmann, Johann Jakob

—— und G. Theobald, die Bäder von Bormio, s. Theobald, G.

Weilenmann, J. J., Berg- und Gletscher-Fahrten, s. Studer, G.

Weilenmann, J. J., eine Ersteigung des Piz Linard im Unter-Engadin. 16. (49 S.) St. Gallen 859, Scheitlin und Zollikofer.

Wollenmann, J. J., aus der Firnenwelt. Gesammelte Schriften. Mit Photogr. d. Verf. u. e. (chromolith.) Karte (in gr. Fol.) 8. (IV, 370 S.) Leipzig 872. Lieheskind. n. 6. —

Weilenmann, J[ohann] J[acob]. Aus der Firnenwelt. Gesammelte Schriften. 3 Bände. 8. Leipzig 1872[—1877].
Band 1. Mit Photographie des Verfassers [Tafel] und einer Karte. 1872. [Band 2.] Neue Folge. [1873.] — Band 3. [1877.]

—— dasselbe. Neue Folge. 8. (378 S.) Ebend. 872. geb. n. 4. 50

Weilenmann, J. J., aus der Firnenwelt. Gesammelte Schriften. 3. Bd. 8. (IV, 422 S.) Leipzig 877, Liebeskind. *
1. und 2. Bd. Ebendas. 1872. *M 10,50.

Weilenmann, J[ohann] J[acob]. Das Gepaatschjoch. Aus dem Kauner-Thale über die Gepaatsch- und Vernagt-Ferner nach dem Rofenthale. [SA.] 8. [Wien 1865.]

Weilepp, Jul., Markgraf Johann von Küstrin. Eine poetische Schilderung als Nachlese zum Reformationsfest. Halle 859. Fricke. 16. (70 S.) 6 ngr.

Weilepp, Richard [app. Arzt aus Ziegelrode (Prov. Sachsen)]: Ein Beitrag zu den Karcinomen des Handrückens, im Anschl. daran e. spec. Fall v. Handrückenkrebs … Freiburg i. B., Buchdr. H. Epstein, 1892; 29 S. 8.
Freiburg i. B., Med. Fak., Inaug.-Diss. v. 1892

Weiler, Doctor; e. tragikom. Geschichte. 2 Bd. 8. Leipz. 804. Joachim. 2 ₰

Weiler u. Louise. Schausp. v. Engelbrecht. 8. Bremen, Förster. (Müller.) 783. Rthlr. — 4

Weiler, Bericht über das Saftgewinnungs-Verfahren (genannt Diffusion) des Herrn Julius Robert in Seelowic. Als Mscr. gedr. gr. 8. (16 S.) Prag 865, Selbstverlag. *

Weiler, Instructio practica moralis confessar. 4. Brixen, Weger. Rthlr.

Weiler, Tafeln zur Berechnung der Zinsen, s.: Münch.

Weiler, A., Leitfaden f. d. Unterr. in d. Geographie v. Palästina f. d. israelit. Schule. 12. (VI, 30 S. m. 1 Karte.) Frankfurt a/M. 896. J. Kauffmann. Geb. n. — 55

Weiler, Adolf: Eine Abbildung des tetraedralen Complexes auf dem Punktraum.

Weiler, Adolf. Neue Behandlung der Parallelprojektionen und der Axonometrie. Leipzig 1889.

Weiler, A., neue Behandlung der Parallelprojektionen u. der Axonometrie. 2., wohlf. (Titel-) Ausg. gr. 8. (VII, 210 S. m. 109 Fig.) Leipzig (889) 896. B. G. Teubner. n. 2. 80

Weiler, Adolf. Einfacher Beweis des Satzes von Desargues. 1879.

Weiler, Adolf. Einfache Erzeugung einer grösseren Anzahl von Complexen 2. Ordnung. 1881.

Weiler, Adolf. Erzeugung einiger Complexe 2. Grades. 1881. 4.

Weiler, Adolf. Erzeugung von Complexen 1. und 2. Grades aus linearen Congruenzen. 1882.

Weiler, Adolf. Über Flächen vierter Ordnung mit Doppel- und mit Cuspidalkegelschnitt. 1885.

Weiler, Adolf. Über einige Flächen, welche Schaaren von Kegelschnitten enthalten. 1885.

Weiler, Adolf: Ueber die verschiedenen Gattungen der Complexe 2. Grad. Leipzig 1874. 8°
Diss. Erlangen.

Weiler, Adolf. Involution auf einer Raumcurve 3. Ordnung. 1879.

Weiler, A., Leitfaden der mathematischen Geographie für den Unterricht an Mittelschulen, sowie zum Selbststudium. gr. 8. (98 S. mit eingedr. Holzschn.) Leipzig 881, Teubner. *

Weiler, Adolphus (geb. am 21 März 1806 in Köln): De durae meningis structura sana et morbosa ... Bonnae, typ. C. Georgii 1836. VIII, 36 S., 2 Bl. 8.
Bonn, Med. Fak., Diss. v. 17 [nach d. Akten v. 16] Aug. 1836

Weiler, Albert, über das Mal perforant du pied. Diss. Würzburg 1886, Stahelsche Univ.-Buchh. 8°. 33 S.

Weiler, August

Die Gleichung der gestörten Ellipse unter zweierlei Gestalten. Von Dr. August **Weiler**, Prof. a. D. Karlsruhe: Braun 1910. 18 S. 4°
(Weiler: Einige Fragmente aus seinen Publikationen. 4.) [10. 17705

Weiler, A., Grundzüge einer neuen Störungstheorie und deren Anwendung auf die Theorie des Mondes. [Publicationen der astronom. Gesellschaft XII.] gr. 4. (VIII, 178 S.) Leipzig 872, Engelmann. *

Weiler, **August** (Mainz)
Integration der linearen Differentialgleichungen zweiter Ordnung mit zwei, drei, vier und mehr Veränderlichen. [1854.]
[In: Crelle. Journal für reine und angewandte Mathematik. Bd 51 (1856), S. 105 - 207.]
Dr. phil. Giessen 20.11.1854. vorh. 61.

Über ein analytisches Paradoxon. Von Dr. phil. August **Weiler**, Prof. a. D. Karlsruhe 1907: Braun. 12 S. 8°
(Weiler: Einige Fragmente aus seinen Publikationen. 1.) [10. 13394 II

Weiler, A., über das Problem der drei Körper im Allgemeinen und insbesond. in seiner Anwendung auf die Theorie des Mondes. (Publication der astronom. Gesellschaft III.) gr. 4. (VI und 90 S.) Leipzig 866, Engelmann. *

Weiler, Aug. Über das Problem der drei Körper. Karlsruhe 1892. 4

Die Störung des elliptischen Elementes eine Funktion zweier Variabelen. Von Dr. phil. August **Weiler**, Prof. a. D. Karlsruhe i. B. 1908: Braun. 13 S. 8°
(Weiler: Einige Fragmente aus seinen Publikationen. 2.) [10. 13395 II

Die säkularen Störungen des Parameters. Von Dr. phil. August **Weiler**, Prof. a. D. Karlsruhe 1909: Braun. 17 S. 8°
(Weiler: Einige Fragmente aus seinen Publikationen. 3.) [10. 13396 II

Weiler, Carl, s. Weiler, Karl

Weiler, Emilie, Hochzeits- u. Polterabend-Theater. Leichte kom. Aufführgn. zu Hochzeits- u. Polterabend-Festen. 12. (80 S.) Styrum 894. A. Spaarmann. n. — 50

Weiler, Felix: Traumatische Phthise. Leipzig 1905: B. Georgi. (28 S.) 8°
Leipzig, Med. Fak., Ref. Hoffmann, Diss. v. 23. Nov. 1905.

Weiler, Ge. Frh. von

— s. Archiv für die Rechtspflege u. Gesetzgebung ꝛc.

v. Weiler, (Geh. Rath), Ritter Frhr. G., die Ergebnisse des Badischen Landtages von 1831 für das öffentliche u. Privatrecht. (Aus d. Archiv für Rechtspflege ꝛc. in Baden abgedr.) gr. 8. Frburg 832. Gebr. Groos. 6 gGr.

v. Weiler, Frhr. G., die Ergebnisse des Badischen Landtags von 1833 für das öffntl. u. Privatrecht. gr. 8. Freiburg 834. Gebr. Groos. 1/4 Thlr.

— Motive zum Entwurfe d. Prozeß-Ordnung in bürgerl. Rechtsstreitigkeiten für das Großherzogth. Baden. gr. 8. Karlsr. 831. Groos. 12 gGr.

—— das Staatsrecht d. deutschen Bundesstaaten, insbesond. d. Großh. Baden, im Verhältnisse zum deutschen Bunde. Nebst e. Anh. üb. d. Bundestagsbeschlüsse v. 28. Juni 1832. gr. 8. (2½ B.) Freiburg 833, [Gebr. Groos, Vrls.-Expedit.]
Aus dem „Archiv f. Rechtspflege ꝛc. in Baden" abgedruckt.

v. Weiler, (Freihr.) üb. Verwaltung u. Justiz, u. üb. d. Gränzlinie zwischen beiden. Ein Beitrag z. Staatswissensch. gr. 8. Manh. 826, Schwan u. G.

—— über Verwaltung u. Justiz, u. üb. d. Gränzlinie zwischen beiden. Ein Beitr. zur Staatswissenschaft. 2. Ausg. nebst Beleuchtung einiger öffentl. Urtheile als Anh. gr. 8. (5½ B.) Mannheim 830, Schwan u. Götz.

— Freiherr Karl von Zyllenhardt, Großherzogl. Bad. Staatsrath ꝛc. in seinem Leben u. Wirken dargestellt. gr. 8. Mannh. 828. Schwan u. G. 6 gGr.

Weiler, Heinr., die Weinrebe u. ihre Kultur unter Glas, s.: Barron, Archib. F.

Weiler, J. Jos., die Stenographie-Duployé [die einfachste und beste Kurzschrift], für die deutsche Sprache bearb. 2. umgearb. und verm. Aufl. (IV, 30 S.) 1881. 75 Pf.; 3. verm. und verb. Aufl. 16. (VI, 18 autogr. S.) Luxemburg 883, (Brück.)

Weiler, Jakobine. Kosmethik des weiblichen Geschlechts oder die geheime Kunst, Schönheit und Gesundheit zu vervollkommnen und bis ins späteste Alter zu erhalten ... Kempten 1833. Druck u. Verlag von Tob. Dannheimer.
XVI — 150 S. 8°

— s. G. J. Weiler, die geschickte Köchin

Weiler, Jean Joseph: Die Stenographie Duployé für die deutsche Sprache bearbeitet. 2. umgearbeitete und vermehrte Auflage. Paris: Duployé 1881. II, 30 S. 12°
BNP: Vp. 20911

— Dass. 3., verm. u. verb. Aufl. Paris: Duployé in Comm.; Luxemburg: Bruck 1883. II, 18 S. 8°

— Dass. 4., verm. Aufl. Sinceny: Duployé 1891. 33 S. 8°

Weiler, Jean Joseph: Schiller's Lied von der Glocke in Stenographie Duployé übertragen. Paris [1890]. 9 S. 12°

Weiler, Joan. Bapt. (geb. Trier 14. 4. 1828): De chlorosi. Berolini (1852). (27 S.) 8°
Berlin, Med. Diss. v. 19. Nov. 1852

Weiler, Ioannes Baptista Theodorus (geb. am 11 Nov. 1835 in Mehring a. d. Mosel): De amenorrhoea ... Bonnae, form. F. Kruegeri (1860). 2 Bl., 31 S., 2 Bl. 8.
Bonn, Med. Fak., Diss. v. 10 Aug. 1860

Weiler, Johann Daniel Gotthf.

— Anrede an junge Mitchristen, sammt e. Liede über Sünde und Gnade. 8. Augsb. 788.

— kürzeste u. leicht. Art, alle regelmäßige u. unregelmäßige Verba der italien. Sprache zu fassen. 8. Augsb. 781. Klett u. Daisenberger. 4 gGr.

Weiler, Jh. Dn. Gtthf., erbaul. Belehrungen f. christl. vernünftige Bibelfreunde über die Geschichte der Israeliten, zu Privatandachten u. häuslichen Vorlesungen. 4 Bde. gr. 8. Leipz. 788 — 92. (Aue in Altona). 2 Thlr.

Weiler, J. D. G., erbaul. Belehrungen f. christl. vernünft. Bibelfreunde üb. d. Geschichte d. Israeliten, zu Privatandachten u. häusl. Vorlesung. 4 Bde. gr. 8. Leipz. Jacobäer. 788 — 92.

— von dem Betragen d. Christen, wie es der Würde seines Amtes gemäß ist; e. Predigt. gr. 8. Ulm 800. Stettin. 3 gr.

— et Joh. Lang, nouveau Dictionnaire raisonné portatif françois-allemand et allemand-françois, rédigé d'après les meilleurs Dictionnaires de deux Langues. II Vol. gr. 8. Ulm, Stettin. 800 — 5. (Vol. I. franç. allem. p. Weiler. 2 Rthlr. Vol. II. allem. franç. p. Lang. 2 Rthlr. 20 gr.)

— — le même Livre Vol. III. voyez Joh. Lang, Dictionnaire universel des Synonymes etc.

— petite Grammaire raisonnée, oder kurze Sprachlehre f. Jedermann rc., der die französ. Sprache bald u. gründlich kennen lernen will. gr. 8. Augsb. 792. Klett. 1 Rthlr. 2e verm. u. verb. Aufl. mit e. Anh. gr. 8. Ulm 815. Stettin. 1 Rthlr. dass. prakt. Theil, mon Calepin, oder französisch-deutsche Monatsschrift. gr. 8. Augsb. 793. Klett. 1 Rthlr.

— petite Grammaire raisonnée, oder kurze Sprachlehre für Jedermann d. d. franz. Sprache bald u. doch gründlich kennen lernen will, m. 1 Anhange. gr. 8. Ulm, Stettin. 805.

— Joseph u. seiner Väter Leben, in Predigten zur Förderung e heitern Frömmigkeit u. Glückseligkeit. 6 Bde. gr. 8. Augsb. 784—87. v. Jenisch u. Stage. 3 Rthlr. 8 gr.

— s. Ph. J. Lieberkühn, essais.

— Parentation auf den Juwelier D. Elias Mayer; nebst dessen Lebenslauf. 4. Augsb. 772.

Weiler, Johann Gottlieb Friedrich (Augsburg) F. zg/24

De caussis phthiseos localis frequentioris occasionalibus commentatio.
Präs. Johann Peter (Werner) Agassiz.
Erlangen (Hilpert) 29. XI. 1781. (korr.: 1791). 30 S.
36088

Weiler, Josef

Weiler, J.: Die Schmetterlinge des Tauferer-Thales. 31 S. – Innsbruck, Progr. 1880.

Weiler, Jos., die Schmetterlinge des Tauferer Thales. Ein Beitrag zur Lepidopteren-Kunde von Tirol. gr. 8. (33 S.) Innsbruck 880, Wagner'sche Universitäts-Buchh. *

Weiler: Zur Schmetterlingskunde. 38 S. – Innsbruck OR., Progr. 1865.

Weiler J.: Verzeichnis der Schmetterlinge von Innsbruck und dessen Umgebung mit Berücksichtigung der nordtirolischen Lepidopteren überhaupt. 35. Innsbruck R. 77.
Progr.

Weiler, Jos., Verzeichniss der Schmetterlinge von Innsbruck und dessen Umgebung mit Berücksicht. der nordtirol. Lepidopteren überhaupt. gr. 8. (37 S.) Innsbruck 877, Wagner'sche Universitäts-Buchh. *

Weiler: Einige Wanderungen im Gebirge. 9 S. – Innsbruck OR., Progr. 1861.

Weiler, Julius

Weiler J.: Die Bildungsanomalien d. Nebennieren u. deren patholog. Bedeutung. Inaug.-Diss. Kiel 1885. 30 S. P.

Weiler, Julius: Ueber die Einwirkung von Methyal auf Toluol, Benzylchlorid und Diphenyl. Bonn, Buchdruckerei von P. Neusser. 1874. 8. 40 S.

Weiler, Carl von, bacc. jur. u. Referendar am Kgl. Landgericht Düsseldorf: 'Der Lagerschein nach dem gegenwärtig geltenden Reichsrechte.' *Krefeld 1903: W. Greven.* (54 S.) 8°
Leipzig, Jur. Diss. v. 1903

WEILER, Karl (Köln): Untersuchung des Kniesehnenreflexes beim Menschen.- Berlin: Springer 1910. 57 S.- S.-Abdr. aus: Zeitschrift für die gesamte Neurologie und Psychiatrie. Originale. Bd. 1. H. 1. 29.3.1910 - Chr 1909/10,24; U 10.3601
Diss. Ingolst.-Landsh.-Mchn.

Weiler, Karl, Untersuchung der Pupille u. der Irisbewegungen beim Menschen. (176 S. m. Abb. u. 3 Taf.) gr. 8. Berlin 910. J. Springer. 6.60
Sonderabdruck aus: „Ztschr. f. d. ges. Neurol. u. Psychiatrie".

Weiler, Karl, was muß man v. der Volkswirtschaftslehre wissen? 8. (90 S.) Berlin 899. H. Steinitz. n. 1. —

Weiler, Louis, drei Reden, geh. am Versöhnungstage des J. 5661 (1900). gr. 8. (18 S.) Frankfurt a/M. 901. A. J. Hofmann. n. — 50

Weiler, Markus Christoph (Bopfingen) A. S. 236/31

Dissertatio inauguralis iuridica de iure intermedii Vom Recht der Mitten.
Altdorf (Kohles) 27. VIII. 1728. 70 S.

W. v.: Johann Balthasar Bernhold, G. H. Linck, A. Pitzler, Johann Balthasar Geiler, I. H. Stecher, G. M. Weiler (Vater), Immanuel Peter Geier, Samuel Wilhelm Serpilius, Friedrich Paul Stoy, Johann Daniel Geibel (Opp.), Julius Dietrich Hesse (Opp.), Georg Wilhelm Dietz. 36089

Weber, Imm. [Präs.] u. Marcus Christoph Weiler (Darmstadt) [Resp.]
Specimen paroemiarum historicarum ad res Germaniae illustrandas comparatarum, ex publicis praelectionibus Imm. Weberi collectum.
Gissae 29. Okt. 1716: Joh. Müller. (4), 32 S. 4°

Weiler, Markus Joseph Ignaz Michael (Köln) · A. S. 566/64

Dissertatio inauguralis juridica theoretico-practica de modo referendi in judiciis civilibus, tum primae, quam secundae instantiae. Präs. Leonhard Carlier.
Würzburg (Kleyer) 20. XI. 1748. 94 S.
36090

Weiler, Math., des Studenten Ave-Gebet. Gedanken, der studier. Jugend gewidmet. Nebst Anh.: Jüngling, betest du noch? (91 S. m. Titelbild.) kl. 8. Trier 908. Paulinus-Druckerei. — 60; geb. n — 90

Weiler, Max [aus Brakel]: I. Über das Isodurol. II. Über die bei der Darstellung des Isodurols entstehenden Nebenprodukte ... Heidelberg, Univ.-Buchdr. v. J. Hörning, 1895; 64 S., 1 Bl. 8.
Heidelberg, Naturw.-math. Fak., Inaug.-Diss. v. [24. Mai] 1895

Weiler, Max [Referendar, aus St. Johann a Saar]: Die Teilung der Dotalfrüchte bei der Auflösung der Ehe ... *Saarbrücken*, Druckerei d. «Neuen Saarbr. Zeitg», *1896*; 62 S., 2 Bl. 8.
Bonn, Jur. Fak., Inaug.-Diss. v. 20. Juni 1896.

WEILER, Otto (ps.), Gemälde und Erzählungen aus dem gesellschaftlichen Leben, ein Gegenstück zu G. W. C. Starke's (zahmen) Gemälden aus dem häuslichen Leben. Königsberg, Unzer, 1800. 8°.
Citirt Heinsius. — War auch im Cat. der Schlesinger'schen Leihbibl. Berlin 1825. p. 234.

Weiler, Otto, das Wesen des Menschen im Lichte der indischen Theosophie. (Die siebenfache Konstitution des Menschen.) (Indische Weisheit.) Anh.: Die zehn Gebote u. die goldenen Regeln der Buddhisten. (16 S.) 8. Schmiedeberg 907. F. E. Baumann. — 30

Weiler, Pet., der Pfarrer v. Konradscheit od.: Undank ist der Welt Lohn. 12. (47 S.) Paderborn 900. (Junfermann). n. — 50

Weiler, Peter Hans. Direkte Staats- und Gemeindesteuern in der Schweiz. Die heutige Belastung physischer Personen durch dir' St'- und Gem' in der Schw', mit besonderer Berücksichtigung der Progression. ([Mit] Anhang.) VIII + 259 + 118 S. 8. Zürich, Orell Füssli, 1910. [fr. 8. —]

Weiler, Sophie Juliane, augsburg. Kochbuch, s. a. Kochbuch.

Weiler, Sophie Juliane, Augsburgisches Kochbuch. 14te einzig rechtmäßige Orig.-Aufl. 8. Augsburg, Wolff. 819.

W(eiler,) Sophie Julie, augsburg. Kochbuch. (1. Th.) Einzig rechtmäß. (17—19.) Orig.-Ausg. (à 43 B. u. Titvign.) 8. Augsburg 829—34, Wolff. (Kollmann; Regensburg, Manz.) à

—— dass. 2. Thl. Aus d. hinterlass. Papieren d. Verfin. ausgearb. v. Jacobine Weiler. 1., u. 2., einzig rechtmäß. Orig.-Aufl. (à 48 B. u. S. J. W's. Bildn.) 8. Landshut 830, 35. [Regensburg, Manz.] à

W(eiler), Sof. Juliana, Augsburgisches Kochbuch. (1r Thl.) Einzig rechtmäß. Original-Ausg. 8. Augsburg 834. (Kollmann.) 1 rf — 2r Thl. Aus den hinterlass. Papieren der Verfasserin ausgearbeitet von ihrer Tochter Jakobina Weiler. Eine Ergänzung des 1n Theiles, zugleich aber auch ein für sich selbstständiges Küchenwerk mit mehr als 700 Recepten u. verschied. Haushaltungsgegenständen. 2e, einzig rechtmäß. Original-Aufl. Mit d. Portrait d. Verf. 8. Regensburg 835. Manz. 1 rf — dass. u. d. T.: Die geschickte u. wohlerfahrne Köchin und Hausfrau rc. (Ohne Portrait.) 8. Ebd. 835. 1 rf — 2e Ausg. Herausg. aus d. hinterlass. Papieren von ihrer Tochter Jakobina Weiler. 8. Ebd. 838. ³/₄ rf

W(eiler), Soph. Juliana, Augsburgisches Kochbuch rc., mit Inbegriff der ältern Vorschriften. 1016 Speisezubereitungen enthaltend. Aus den Papieren der verstorbenen Verfasserin von deren Verwandten zusammengetragen u. herausg., verb. u. verm. von Margar. Johanne Rosenfeld. 5e neue verb. und verm. rechtmäß. Orig.-Ausg. 8. Nördlingen 838. Beck. geb.

Weiler, Sophie Juliane, neuestes augsburg. Kochbuch, mit Inbegriff d. ältern Vorschriften 1016 Speisezubereitungen enth., nebst angehängter Anleit., vielerlei z. Haushalt. nützl. Bedürfnisse zu bereiten. Aus d. Papieren d. verstorb. Verfin. von deren Verwandten zusammengetragen u. hrsg. Verbessert u. verm. v. Margarethe Johanne Rosenfeld. 6., aufs Neue verb. u. verm. rechtmäß. Orig.-Ausg. 8. (46¹/₄ B. u. Titlbild.) Nördlingen 840, Beck'sche Buchh.
Vgl. Kochbuch, augsburgisches.

Weiler, Soph. Juliane, neuestes augsburgisches Kochbuch, 1026 Speisezubereitungen rc. enth. Verb. und verm. von Marg. Joha. Rosenfeld. 8., auf's Neue verm. rechtmäß. Orig.-Ausg. gr. 8. (VIII und 640 S.) Nördlingen 847, Beck'sche Buchh.

Weiler, Sophie Juliana, neuestes augsburgisches Kochbuch enth. 1040 Speise-Zubereitungen nebst beigegebener Anleitung, mannigfache zur Haushaltung nützl. Bedürfnisse, als Hefe, Essig, Wein rc., auf wohlfeile Art gut und selbst zu bereiten. Mit einer Berechnung fremden Maaßes und Gewichtes nach dem bayerischen. Aus den Papieren der verstorbenen Verf. von deren Verwandten zusammengetragen und hrsg. Verb. und verm. durch Margarethe Johanne Rosenfeld. 11., aufs Neue verb. und verm. rechtmäß. Orig.-Ausg. 8. (VIII und 592 S. mit 1 Stnt.) Nördlingen 856, Beck'sche Buchh.

— siehe: Köchin, die sich selbst belehrende.

—— die geschickte u. wohlerfahr. Köchin u. Hausfrau. Ein vollständ. Kochbuch sowohl f. d. bürgerl. als höh. Küche. Enth. mehr als 700 d. ausgesuchtesten Recepte. Hrsg. aus d. hinterlass. Papieren von ihrer Tochter Jacobine Weiler. 1. Aufl. 835. 1 Thlr., u. 2. Ausg. 8. (à 48 B.) Regensburg 838, Manz.
Die 1. Aufl. a. u. d. T.:
Augsburgisches Kochbuch. 2. Thl. — 1. Thl. Ebendas. 1834. 1 Thlr.

Weiler, W., Berechnung e. Gleichstrommaschine f. Beleuchtung, e. Gleichstrommaschine f. Galvanoplastik u. zweier kleiner Elektromotoren von je 10 mkg, s.: Bibliothek, polytechnische. (The three items are grouped together by a brace on the page.)

Weiler, W., Chemie fürs praktische Leben. Populäre Darstellg. u. Anleitg. zur Beobachtg. u. zum Verständnis der tägl. chem. Erscheingn. Zum Selbstunterricht u. Schulgebrauch an der Hand vieler einfacher Versuche. (XX, 494 S. m. 187 Abbildgn.) 8. Ravensburg (905). O. Maier. n. 7. —; geb. n. 7. 80; auch in 10 Lfgn. à n. — 70

Weiler W. Chemie furs praktische Leben. (494 S) Ravensburg (1906)

Weiler, W., die Dynamomaschine, s. a. Bibliothek, polytechnische, Bd. 1.

Weiler, [W.]. Die Dynamomaschine. Elementare Darstellg. der Prinzipien u. Systeme der elektr. Maschinen, sowie Anleitg. zur Selbstanfertigg. u. Berechng. der einzelnen Teile derselben. Mit 1 Taf. u. 70 Fig., Illustr., Skizzen etc. 1. u. 2. unveränd. Aufl. Lex.-8. (26 S.) Magdeb. 890, Faber.

Weiler, W: Die Dynamomaschine. Magdeburg 1892

Die Dynamomaschine. Physikalische Prinzipien, Arten, Teile, Wechselwirkg der Teile u. Konstruktion derselben … Von Prof. W. Weiler. M. 100 Fig. 3., umgearb. u. verm. Aufl. *Magdeburg: Faber'sche Buchdr. 1897.* (XIV S., 1 Bl., 199 S.) 1 Bd 8.
= Bibliothek, Polytechnische. Tl 1. [illegible]

— der praktische Elektriker. Populäre Anleitg. zur Selbstaufertigg. elektr. Apparate u. zur Anstellg. zugehör. Versuche, nebst Schlussfolgergn., Regeln u. Gesetzen. Mit 302 Abbildgn. auf 20 lith. Taf. gr. 8. (X, 338 S.) Leipzig 891. M. Schäfer. n. 5. —

— dasselbe. 2., verm. u. verb. Aufl. 8. (XXIV, 511 S. m. 350 Abbildgn.) Ebd. 893. n. 8. —

— d. prakt. Elektriker. Populäre Anleitg. zur Selbstanfertigg. elektr. Apparate u. zur Anstellg. zugehör. Versuche, nebst Schlussfolgergn., Regeln u. Gesetzen. 3., vielfach umgearb. Aufl. 8. (XXXII, 614 S. m. 466 Fig.) Leipzig 897. M. Schäfer. n. 8. —

Weiler, W., der praktische Elektriker. Populäre Anleitg. zur Selbstanfertigg. elektr. Apparate u. zur Anstellg. zugehör. Versuche, nebst Schlussfolgerungen, Regeln u. Gesetzen. 4., vielfach umgearb. Aufl. gr. 8. (XXXI, 632 S. m. 542 Fig.) Leipzig 900. M. Schäfer. n. 8. —

Weiler, W., der praktische Elektriker. Populäre Anleitg. zur Selbstanfertigg. elektrischer Apparate u. zur Anstellg. zugehör. Versuche nebst Schlussfolgergn., Regeln u. Gesetzen. 5., vielfach umgearb. Aufl. (XLIII, 708 S. m. Bildnis u. 570 Abb.) 8. Leipzig 907. M. Schäfer. 9. — ; geb. n 10. —

— Elektricität u. Magnetismus. Zur Selbstbelehrg. u. f. den Schulunterricht. [Aus: „Physikbuch".] Mit 445 in den Text eingedr. meist farb. Abbildgn. 2., verb. Aufl. (VI, X, 291 u. XIII S.) 8. Eßlingen (906). J. F. Schreiber. Geb. in Leinw. n. 5. —

— physikalisches Experimentier- u. Lese-Buch, s.a. Bibliothek Schreiber, kleine. Nr. 15.

— Physikalisches Experimentier- und Lesebuch. (143 S.) Esslingen (1901)

— Physikalisches Experimentierbuch, m. vielen Freihandversuchen f. den Schulunterricht u. zur Selbstbelehrung bearb. 2. verm. u. verb. Aufl. Mit 272, teils neuen Abb. (X, 165 S.) 8. Eßlingen (908). J. F. Schreiber. Geb. 3. —

Weiler, W., der Hausknecht als Millionär oder der Freier aus Amerika. Mainzer Local-Posse mit Gesang, Tanz und Ballet in 3 Aufzügen. Carnevals Preisstück. Mainz 860. (F. Schott.) 12. (122 S.) 7½ ngr.

— die galvanischen Induktionsapparate. Leichtfassliche Anleitg. zur Anfertigg., Erhaltg. u. Berechng. der Ruhmkorff-, Tesla- u. medizin. Rollen, deren Verwendg. m. Geissler- u. Röntgen-Röhren, in physiolog. u. Hertz'schen Versuchen, Funkentelegraphie, Spektroskopie, Zündgn. etc. 8. (VIII, 216 S. m. 173 Abb.) Leipzig (902). M. Schäfer. n. 3. —; geb. n. 3.5)

Weiler, W., Lehrbuch der Physik, s.: Baenitz, C.

— Leitfaden f. d. Unterricht in d. Physik, s.: Baenitz.

Weiler W, Physikbuch. 1. Magnetismus und Elektrizitat. (290 S.) Esslingen (1901)

Weiler W, Physikbuch. 2. Mechanik. (156 S.) Esslingen (1902)

Weiler W, Physikbuch 3: Schwingungen, Wellen, Akustik. (52 S.) Esslingen (1902)

Weiler W, Physikbuch. 4. Kalorik, Lehre v. der Warme. (88 S.) Esslingen (1902)

Weiler W, Physikbuch. 5. Optik, Lehre vom Licht. (139 S.) Esslingen (1902)

— Physikbuch m. 1074 in den Text eingedr. farb. Abbildgn. Ein Lehrbuch d. Physik zur Selbstbelehrg. u. f. den Schulunterricht. gr. 8. (X, 292, XI: XXII, 435 u. XIV S.) Eßlingen (902). J. F. Schreiber. Geb. in Leinw. n. 12. —

— Physikbuch, m. 1074 in den Text eingedr. farb. Abbildgn. Ein Lehrbuch der Physik zur Selbstbelehrg. u. f. den Schulunterricht. 2., verb. Aufl. (VI, X, 291, XIII; VII, VII, 156; III, II, 52; IV, II, 88; VIII, VI, 139 u. XIV S.) 8. Eßlingen 906. J. F. Schreiber. Geb. in Leinw. n. 12. —

Weiler, W., Physikbuch m. mehr als 1100 in den Text eingedr. meist farb. Abb. Ein Lehrbuch der Physik zur Selbstbelehrg. u. f. den Schulunterricht unter Mitwirkg. namhafter Fachmänner. 2., verb. u. vielfach verm. Aufl. (VIII, X, 291 S.; XIII S., S. V—XIII, 177 S.; IV, 60; IV, 96, VIII, 155 u. XVI S.) 8. Eßlingen (910). J. F. Schreiber. Geb. in Leinw. 12. —

Hieraus einzeln:

Elektrizität u. Magnetismus. 2., verb. Aufl. (VI, X, 291 u. XIII S. m. 445 meist farb. Abb.) Geb. 5. —

Mechanik m. in den Text eingedr. farb. Abb. 2., verb., verm. u. vielfach umgearb. Aufl. (XIII, 177 S.) Kart. 2. 75

Schwingungen u. Wellen; Akustik m. in den Text eingedr. farb. Abb. Unter Mitwirkg. v. J. Wild. 2., verb. u. vielfach verm. Aufl. (V, IV, 60 S.) Kart. 1. 30

Kalorik m. in den Text eingedr. farb. Abb. Unter Mitwirkg. v. Dipl.-Ing. J. Wild. 2., verb. u. vielfach verm. Aufl. (VI, IV, 96 S.) Kart. 1. 60

Optik (Einbd.: Lehre vom Licht) m. in den Text eingedr. farb. Abb. Unter Mitwirkg. v. J. Wild. 2., verb. u. vielfach verm. Aufl. (VI, VIII, 155 u. XVI S.) Kart. 2. 75

— Schaltungsbuch für elektrische Anlagen. 8. (XX, 144 S. m. 828 Abbildgn.) Leipzig 902. M. Schäfer. n. 4. —; geb. n.n. 4. 50

— dasselbe, s.: Bibliothek Schreiber, kleine, 10.

— die Spannungs-Elektrizität, s.a. Bibliothek, polytechnische.

Weiler W, die Spannungs-Elektrizität. Magdeburg 1893

— Wörterbuch d. Elektricität u. d. Magnetismus. E. Hand- u. Nachschlagebuch zur Erklärg., Erläuterg. u. Beschreibg. d. elektr. u. magnet. Ausdrücke, Gesetze, Vorgänge, Apparate, Instrumente u. Maschinen nebst Hilfswissenschaften u. Anwendgn. in Gewerbe, Kunst u. Wissenschaft, m. Formeln, Tabellen, biograph. u. geschichtl. Angaben, deutschen, engl. u. französ. Worterklärgn. u. s. w. M. 816 Abb. Lex.-8. (IV, 632 S.) Leipzig 898. M. Schäfer. n. 12. —; geb. n. 13. 50
Erschien auch in 16 Heften à — 75.

Weiler, Wolf vom, von Nachtigall u. Eule. Gedichte. gr. 16. (107 S.) Freiburg i/B. 901. C. Troemer. n. 1. 80

Weilers, u. seiner Freunde, Gesch. 2 Thle. 8. Lpz. Hilscher. 781. — 12

Weilgert, Paul, die positiven Ziele der Sozialdemokratie u. die Stellung letzterer in der heutigen Gesellschaft. 8. (80 S.) Straßburg i/E. 892. H. Friedemann Nachf. n. — 60

Weilhammer, Hans, Erstlinge. Gedichte. gr. 8. (IV, 54 S.) Frankfurt a/M. 902. Gebr. Knauer n. 1. 50

WEILHAMMER, Jakob (Augsburg): Beiträge zur Statistik und Casuistik des Krankenhauses r.d.Isar.- München: Rieger 1892. 30 S.
26.11.1891 - Chr 1891/92,26; Jv 1891/92,212
Diss. Ingolst.-Landsh.-Mchn.

Weilhammer, Karl, Münchner Kriminalhumoresken. [Aus: „Münchner Neueste Nachrichten".) 8. Aufl. (8. Taus.) 8. (IV, 188 S.) München 895. Druck u. Verlag der „Münchner Neuesten Nachrichten". n. 1. —; geb. in Leinw. n. 1. 50

Weilhammer, Karl, auf den Wendelstein. Ein kurzer Touristenführer. M. 7 Bildern u. 1 Spezialkarte. (2. [Umschlag-]Tausend.) 8. (20 S.) München 898. C. Andelfinger & Co. n. — 50

(F) Aus und um den Weilhardt. Von Lud. Weilhardt Oberöstereich. 1900. Linz. [1900.] Mareis. 8°. 175 S. K 2.40
Der 1. Bogen ist unpaginirt.

Weilhardt, Ludw., aus u. um den Weilhardt. Geschichten u. Erzählgn. aus dem oberösterreich. Volksleben u. Anderes. 2. bedeutend verm. Aufl. (VIII, 323 S.) kl. 8. Burghausen 907. W. Trinkl. (Wien, R. Lechner & Sohn.) 3.20; geb. in Leinw. 4. 20

Weilhart, Oskar: Dorf, Das neue, s. Hafner, Josef.

Weilhart, Osk. (Osk. Gerzer), der Frauencongreß, } s.: Hafner, Jos.

— der Geist ist willig. Liebesdrama in 8 Bildern. 8. (53 S.) Linz (902). Wien, Österreich. Verlagsanst. n. 1.—

Weilhart, Oskar: Die brotlose Kunst, s. Hafner, Josef

Weilhart, Osk. (Osk. Gerzer), u. Jos. Hafner, das Märchen vom zweiten Leben. Schauspiel in 1 Akt. (Neue [Titel-]Ausg.) (27 S.) 8. Linz [899] 904. O.-ö. Buchdruckerei- u. Verlagsgesellschaft. n. — 80

— u. Jos. Hafner, keine Sühne. Schausp. in 5 Akten. 8. (III, 102 S.) Dresden 897. E. Pierson. n. 2.—

Weilheim [Schlagwort]

Weilheim, s.: Deutschland. Karte (Abt. Bayern).

Weilheim, s.: **Deutschland. Kürschner-Pelp.**

Weilheim a. d. Teck, s.: **Württemberg. Höhenkurvenkarte.**

Weilheim [Verfasser]

Weilheim, Adf., Katalog e. Wiener Grillparzer-Sammlung. Mit bibliograph. Anmerkgn., e. Verzeichnis der Bildnisse des Dichters u. Proben aus der Uebersetzungsliteratur. (VI, 110 S.) 8. Wien 905. W. Braumüller. n. 2. 50

Weilhuber, Frz. Ant., deutsches Universal-Kochbuch, oder Inbegriff aller Kochkunst-Vortheile, um gut, wohlfeil u. wohlschmeckend zu kochen. 2 Thle. 8. Pappenh. 823. (Eichstädt, Beyer. 2 ₰

Weilinger, A., zur Belehrung und Erwärmung des Volks. Sechs Predigten, zumeist eingehend auf die gegenwärt. Lage der evangel. Kirche, insbesond. der weimar. Landeskirche. 8. (XVIII, 90 S.) Jena 869, Deistung.

Weilinger, A., m. Herz u. Hand. 5 Vereinsvorträge f. Bienenväter. gr. 8. (VII, 62 S.) Bremen 892. M. Rößler. n. — 50

Weilinger, A., s.: **Kalender der Leipziger Bienen-Zeitung.**

Weilinger, A., das pädagogische Seminar in Jena, seine Geschichte u. Bedeutung. gr. 8. (VIII, 79 S. m. 2 Steintaf. in gr. 8. u. 4.) Jena 878. Fischer. n. 2. 50

— Sonnenschein in der Schule. Ein Scherflein auf den Altar unsres Kinderglückes. Leipzig 869. Friese. gr. 8. (X, 118 S.) n. 10 ngr.

Weilinger, A., warme Worte über und für die Bienenzucht. Vier Vereinsvorträge. 8. (VIII, 53 S.) Leipzig 885, Thomas. *

Weilinger, A., warme Worte über u. für die Bienenzucht. Neue Folge. Fünf Vereinsvorträge. 8. (VII, 61 S.) Leipzig 888. Thomas. n. — 50

Weilinger, Bruno, Referendar a. D.: Besitz- u. Eigentumserwerb bei indirekter Stellvertretung nach Gemeinem Recht und § 164, Abs. 2 des B.G.-B. Eisenach [1908]: Laue. VIII, 50 S. 8°
Heidelberg, Jur. Diss. v. 1908, Ref. Endemann
[Geb. 21. Juli 72 Burgau b. Apolda; Wohnort: Eisenach; Staatsangeh.: Sachsen-Weimar; Vorbildung: Gymn. Jena Reife M. 91; Studium: Jena 6 S.; Rig. 8. Aug. 07.] [U 09. 1931

Weilinger, Karl, aus Dorndorf a. d. Saale: Ueber die Anlagerung von Acetessigester an Carvon. *Jena 1903: G. Neuenhahn.* (29 S.) 8°
Jena, Phil. Diss. v. 15. Nov. 1902

Weilinghaus, Joseph, Ref. am Königlichen Landgerichte zu Düsseldorf: „Der Notstand nach den §§ 228 und 904 des BGB. für das Deutsche Reich". Borna-Leipzig 1906: R. Noske. (VIII, 68 S.) 8°
Leipzig, Jur. Fak., Diss. v. 7. März 1906
[Geb. 22. Juni 79 Düsseldorf; Wohnort: Düsseldorf; Staatsangeh.: Preußen; Vorbildung: Rheinische Ritterakad. Bedburg Reife O. 01; Studium: München 1, Berlin 2, Bonn 3 S.; Rig. 4. Juli 05.]

Weill's, A., graphisches Heft. D. R. G. M. No. 323540. I. u. II. Lex. 8. Gebweiler, J. Boltze. 1. —
I. Mathematik, Naturwissenschaften. 3. Aufl. (42 S. m. Fig. u. 1 Pausbl.) 909.
II. Geographie, Wirtschaftslehre, Statistik. (10 S. m. Fig. u. 1 Pausbl.) (907.)

— Sammlung graphischer Aufgaben für den Gebrauch an höheren Schulen. I. Mathematik. (64 S. m. 5 Taf. u. 1 Oelblatt.) gr. 8. Ebd. 909. 1. 80

Weill, Alexander

Weill, A(lex.), der Bauernkrieg. 8. (XXIV und 388 S.) Darmstadt 847, Leske.

— s. Briefe hervorragender verstorbener Männer an A. W.

Weill, Alex., Esmeralda, s. **Ausland,** das belletristische.

Weill, Alexander. Esmeralda. Stuttgart 1860. Ü: *Herwegh, Emma geb. Siegmund.* (Herwegh, G. Briefwechsel mit seiner Braut. Hsg. von Marcell Herwegh. Stuttgart 1906. S. 107.)

Weill, Alexander
Esmeralda.
Stuttgart: Franckh 1862. 231 S. 8°

Weill, Alex., üb. das Geschlechtsleben d. Menschen. Aus dem Französ. In's Deutsche übers. v. G. Freytag. 8. (VII, 101 S.) Berlin 891. Cassirer & Danziger. n. 1. 50

— Gesetze u. Mysterien der Liebe. Nach „Lois et Mystères de l'Amour". [12. Aufl.] ins Deutsche übertr. v. K. Weissbrodt. 8. (123 S.) Berlin 887. Steinitz' Verl. n. 3. 50

Weill, Alex. Gesetze u. Mysterien der Liebe. Nach „Lois et Mystères de l'Amour" [12. Aufl.] ins Deutsche übertr. v. Karl Weissbrodt. (Neue Ausg.) 12. (155 S.) Berl. 890, Steinitz Verlag. * 3 50

Weill, Alex., Gesetze u. Mysterien d. Liebe. Nach „Lois et Mystères de l'Amour". (13. Aufl.) Ins Deutsche übertr. v. Karl Weissbrodt. (6. u. 7. Taus.) (Volksausg.) 8. (131 S.) Berlin 895. H. Steinitz, Verl. n. 2. —

Gesetze und Mysterien der Liebe. Nach d. 13. Aufl. von (Alexander) Weill's 'Lois et Mystères de l'Amour'. (Angebl. Verf. u. Orig.-T.: Dr Goldschmidt, Arzt in Frankfurt a. M. um 1830: Huqqe we-mistarot ahaba.) Ins Deutsche übertr. von Dr. Karl Weißbrodt. 8. u. 9. Taus. Berlin: H. Steinitz (1903). (132 S.) 8° [05. 4150

Weill, Alexander, aus Neubreisach i. E.: Die Geometrische Interpretation der Gleichung fünften Grades auf Invariantentheoretischer Grundlage. *Strassburg i. E.: J. Singer 1900.* (60 S.) 8°
Strassburg, Math.-naturw. Diss. v. 1900

Weill, Alex., zwei Jugenddramen. I. Alexander der Große. E. Heldendrama in 5 Aufzgn. (In s. 22. Jahre geschrieben.) — II. Haß u. Liebe. Ein Trauerspiel in 5 Aufzgn. (In s. 19. Jahre geschrieben.) 8. (248 S.) Zürich 896. Verlags-Magazin. n. 3. —

— noch zwei Jugend-Theaterstücke. I. Drei Deutsche in Paris unt. d. Juli-Regierung. Lustsp. in 3 Aufzgn. II. E. Ehrenmann. Schausp. in 3 Aufzgn. M. e. Nachwort zu „Haß u. Liebe" (neulich erschienen). 8. (161 S.) Ebd. 896. n. 2. —

Weill, Alex., König u. Präsident. Aus dem Franz. von Geo. Hesekiel. [Abdr. aus der „Neuen Preuß. Zeitung."] gr. 8. (15 S.) Berlin 852. (Schulbuchhandlung). — 2. Aufl. gr. 8. Ebd. 852. n. 1/6 ₰

— Moses und der Talmud. Aus dem Französ. übertragen von W. Obbarius. Berlin 864. Humburg & Co. 8. (302 S.) n. 25 ngr.

WEILL, A., u. Edgar Bauer, Berliner Novellen. Mit 1 Titelvign. Berlin 1843. 8⁰. 2 Bll. u. 328 S. (2 Rthl.) (10 Mk. E. Frensdorff, 1907; 6 Mk., Titelbl. fleckig, Oskar Rauthe, Berlin, 1908.)

Sehr selten! Enthält: Ein Winter in Berlin, von A. Weill. — Es leben feste Grundsätze, von Edgar Bauer.

— u. Edgar Bauer, berliner Novellen. 8. (20¾ B.) Berlin 843, [Stuhr'sche Buchh.]

— s. Novellen-Kränze.

Weill, Alexander. Rothschild und die ungarischen Staaten. Stuttgart, Franckh 1844. 74 S. 8

Weill, Alex., Sittengemälde aus dem elsäßischen Volksleben. Novellen. 1. Aufl. (27½ B. 813. 2 Thlr. u. 2., verm. Aufl. Mit e. Vorw. v. Heinr. Heine. 8. (13¾ B.) Stuttgart 847, Franckh'sche Vrlgsh. Thlr.

Weill, A., **Sittengemälde aus dem elsäss. Volksleben. Novellen. Mit einem Vorwort von Heinr. Heine. 2 Bde. 2. verm. Auflage.** 8. (1: 440 S. 2: VIII u. 252 S.) Stuttgart 847, Franckh. 2 ₰ 6 ngr

Weill, Alex., Skizzenreime meiner Jugendliebe. Alte Jugendgedichte m. e. erlebten Roman: „Meine letzte deutsche Liebe". 8. (122 S.) Zürich 887. Verlags-Magazin. n. 1. 20

— der Staat u. die Industrie. 8. (6 B.) Stuttgart 843, Franckh'sche Vrlgsh.

— Staatsentwürfe über Preussen und Deutschland. 8⁰. Stuttgart, Franckh'sche Buchhdlg., 1843. 8⁰.

Weill, (Alexander). Staatsentwürfe über Preußen und Deutschland. Darmstadt, Leske 1845. XXX 298 S. 8.

Weill, Alex., zehn Monate Volksherrschaft vom 24. Febr. bis zum 10. Dezbr. 1848. Aus dem noch nicht erschienenen Französischen. 8. (III und 136 S.) Frankfurt a. M. 856(57,) Hermann'sche Buchh.

Weill, Alexander. Was ich in der französischen Nationalversammlung gesprochen hätte. Aus dem Franz. von H . . . . D — G. Berlin, Schulbuchhandlung 1848. 15 S. 8.

— **was ich in der Französ. Nationalversammlung gesprochen hätte. Aus dem Französ. von H . . . . D — G. gr. 8. (15 S.) Berlin 848, Stargardt in Comm. n. 3 ngr**

Weill, Bernhard [pr. Arzt aus Strassburg i. E.]: Ueber die Wirkung des Gallanols bei Psoriasis und Ekzem ... Strassburg i. E., Buchdr. Ch. Müh & C., 1896; 26 S., 1 Bl. 8.
Strassburg, Med. Fak., Inaug.-Diss. v. 1896

Weill, Carl, s. Weill, Karl

Weill, E., Einmache-Buch. Anleitung zum Einmachen von Früchten und Gemüsen und zum Conserviren der Fleische, Geflügel, Fische 2c. Nach der Jahreszeit geordnet und nach 30jähr. bewährter Erfahrung niedergeschrieben. 8. (176 S.) Berlin 874, Wiegandt und Grieben.

Weill, E., Einmachebuch. Anleitung zum Einlegen der Früchte, Gemüse u. z. Konservieren v. Fleisch, Geflügel, Fischen 2c. Nach d. Jahreszeit geordnet u. nach 30jähr., bewährter Erfahrg. niedergeschrieben. 2. Aufl. 8. (XVI, 194 S.) Berlin 896. R. Kühn's Verl. n. 1. 60

[F.] Einmachebuch. Anleitg z. Einlegen d. Früchte, Gemüse u. z. Konservieren v. Fleisch, Geflügel, Fischen etc. Nach d. Jahreszeit geordn. u. nach dreissigjähr., bewährter Erfahrg niedergeschr. v. E. **Weill**, s. Z. Fabrikant eingemachter Früchte ... 4. Aufl. *Berlin: R. Kühn [1896]*. (XVI, 194 S.) 1 Bd 8. [98. 713

Weill, Erich: Die Culpakompensation im Bürgerlichen Gesetzbuch. Heidelberg 1904. (IX, 41 S.) 8°
Heidelberg, Jur. Fak., Ref. Schröder, Diss. v. 30. Dez. 1904
[Geb. 17. Febr. 76 Charlottenburg; Wohnort: Charlottenburg; Staatsangeh.: Preußen; Vorbildung: Gymn. Spandau; Studium: Berlin, Halle, Leipzig, Greifswald; Rig. 30. Okt. 04.]

Weill, Ernst [cand. phil.]: Der Commentar des Maimonides zum Tractat Berachoth. Arab. Text m. hebr. Uebs. u. Anm. ... Berlin, Druck v. H. Itzkowski, 1891; 1 Bl., 33, 38 S. 8.
Strassburg, Phil. Fak., Inaug.-Diss. v. 1891

Weill, Ernst. Der Commentar d. Maimonides zum Tractat Berachoth. **Arabischer** Text m. hebräischer Uebersetzg. u. Anmerkgn. gr. 8. (33; 38 S.) Berl. 891, Mayer u. Müller. * 2 —

Weill, Erwin, Tage der Garben. Gedichte. (48 S.) 8. Strassburg 909. J. Singer. Kart. 2. —

Weill, Franz

Das Vater unser | und | dessen Auslegung. | Vorgetragen den 10. Juli auf dem k. k. Theater zu | Innsbruck in einem Deklamatorium. | Dem | hohen, gnädigen Adel! hochlöblichen k. k. | Militär! und den verehrungswürdigsten | Bürgern meiner Vaterstadt | in | tiefster Unterthänigkeit | geweiht von | Franz Weill, Deklamator. | 1826.
o. O. 4 S. n. n., 190 × 111.
Diöz.-B. Rottenburg.

Weill, Friedr., die Arbeiterwohnungsfrage in Straßburg i. E. gr. 8. (16 S. mit 1 Plan der Stadt Straßburg.) Leipzig 886, Duncker und Humblot. *
Aus: Schriften des Vereins für Socialpolitik, XXX, besonders abgedruckt.

Weill, Gaston: Ueber Carcinombildung in der cirrhotischen Leber. Strassburg i. E. 1909: Els.-Lothr. Dr. u. Lith.-Anst. 45 S. 8°
Straßburg, Med. Diss. v. 21. Juli 1909, Ref. Chiari
[Geb. 10. Jan. 85 Oberehnheim; Wohnort: Straßburg; Staatsangeh.: Elsaß-Lothringen; Vorbildung: Gymn. Hagenau Reife M. 03; Studium: Straßburg 5, Freiburg i. B. 2, Straßburg 3 S.; Coll. 28. Mai 09; Approb. 24. Jan. 09.]
[U 10. 4066

Weill, Georg [pr. Arzt aus Strassburg i. E.]: Zur Frage von der Localisation der Bleilähmung ... Strassburg, Buchdr. C. Göller, 1892; 22 S. 8.
Strassburg, Med. Fak., Inaug.-Diss. v. 1892

Weill, Georg: Die Lage der Kanalschiffer in Elsaß-Lothringen. Straßburg i. E. 1905: J. Singer. (X, 191 S.) 8°
Straßburg, Rechts- u. staatsw. Fak., Ref. Knapp, Diss. v. 1905
[Geb. 17. Sept. 82 Straßburg i. E.; Wohnort: Straßburg; Staatsangeh.: Elsaß-Lothringen; Vorbildung: Gymn. Straßburg Reife M. 00; Studium: Paris 2, Straßburg 6 S.; Rig. 20. Dez. 04.]

Weill, Carl, theoretisch-praktisches Lehr- u. Uebungsbuch zur Erlernung der hebräischen Sprache, für den Schul- u. Privat-Unterricht. gr. 8. (VI, 128 S.) Leipzig 879. Baumgärtner in Comm. n. 1. 20

Weill, Carl, theoretisch-praktisches Lehr- und Uebungsbuch zur Erlernung der hebräischen Sprache, für den Schul- und Privat-Unterricht bearb. 2. Aufl. gr. 8. (VI, 128 S.) Leipzig 884, Baumgärtner's Buchh. cart.

Weill, Louis, französische Gesprächs- u. Wiederholungs-Grammatik. Vollkommene Schulg. im Französischen auch ohne Lehrer in 30 Gesprächen m dem Schüler. Methode Dunker-Weil. (In 30 Lfgn.) 1.—11. Lfg. (1.—11 Gespräch.) gr. 8. (S. 1—360.) Stettin 894. Herrcke & Lebeling. a — 75

Weill, Louis, französische Gesprächs- u. Wiederholungs-Grammatik. Vollkomm. Schulg. im Französ. auch ohne Lehrer in 31 Gesprächen m. d. Schüler. Methode Dunker-Bell. 12.—31. (Schluß-) Lfg. (12.—31. Gespräch.) gr. 8. (IV u. 5 S. u. S. 361—1000.) Stettin 895—896. Herrcke & Lebeling. à Lfg. — 75

— dasselbe. Schlüssel. gr. 8. (245 S.) Ebd. 897. 5.25
Erschien auch in 8 Lfgn. à — 75.

Weill, Louis, französische Gesprächs- u. Wiederholungs-Grammatik. Vollkommene Schulg. im Französischen auch ohne Lehrer in 31 Gesprächen m. dem Schüler. (Methode Dunker-Bell.) 2. Aufl. 2 Tle. (VI, 1000 S.) gr. 8. Stettin 897. Berlin, Dr. A. Tetzlaff. n. 18.—; geb. in 2 Leinw.-Bde. n.n. 20.—; auch in 31 Lfgn. à — 75

Weill, Louis, Wörter-Verzeichnis z. französischen Gesprächs- u. Wiederholungs-Grammatik. Methode Dunker-Bell. gr. 8. (159 S.) Stettin (900). Herrcke & Lebeling. Geb. in Leinw. 2.10

WEILL, Nathan Ernst: Die Solidarität der Geldmärkte. Eine Studie über die Verschiedenheit der gleichzeitigen Diskontsätze verschiedener Länder. - Frankfurt a.M.: Sauerländer 1903. X,115 S.- Tl.1 = S.-Abdr.aus: Bankarchiv 1902.
25.7.1902 - Chr 1902/03,21; Jv 1902/03,299 (Prom.-Datum: 1903)
Diss. Ingolst.-Landsh.-Mchn.

Die Solidarität der Geldmärkte. Eine Studie über d. Verschiedenheit d. gleichzeit. Diskontsätze verschiedener Länder. Von Dr. N[athan] E[rnst] **Weill**. Frankfurt a. M., Sauerländer 1903. X, 115 S. 8°
Erschienen auch als staatswiss. Inaug.-Diss. München 1903.

Weill, Sigmund

Weill, S., die gegenwärtigen u. zukünftigen Haftbestimmungen der Eisenbahnen bei Lieferfrist-Ueberschreitungen. Ein Vorschlag zur Vereinfachung des Abrechnungs-Verfahrens. gr. 8. (52 S. m. 1 Tab.) Wien 887. (Spielhagen & Schurich.) n. 1.—

Weill, Sigmund, der Transportdienst der Eisenbahnen. E. Leitfad. z. Studium d. Eisenbahn-Transport Dienstes, insbesondere auf d. österr.-ungar. Eisenbahnen. 8. (264 S.) (Bibliothek d. Eisenbahnwesens. Bd. V.) Wien, A. Hartleben. 1885.

—— der Transportdienst der Eisenbahnen, s. Bibliothek des Eisenbahnwesens.

Weill-Goetz, L., et F. Desor, traitement des eaux ammoniacales et des matières épurantes épuisées provenant des usines à gaz. gr. 8. (251 S. m. 56 Fig.) Strassburg 889. (Berlin, Springer.) n.n. 12.—

Weillenböl, Franz, Biblisches Handwörterbuch zur Erleichterung des Nachschlagens in der Bibel. Für Seelsorger und alle, die sich aus der Bibel erbauen und über ihre Pflichten belehren wollen. Linz, Haslinger, 1827, 8°, 6 Mk.

Weillenböck, F., biblisches Handwörterbuch zur Erleichterung des Nachschlagens für Seelsorger u. für alle, die sich aus d. Bibel erbauen u. über ihre Pflichten belehren wollen. 8. Linz 827. Haßlinger. 1 fl 16 kr

Weiller, Kajetan von

— zum Andenken an Adolph Hnr. Fr. von Schlichtegroll. gr. 8. Münch. 823. Finsterlin. 4 kr

v. Weiller, Kajetan, Anleit. zur freien Ansicht der Philosophie. gr. 8. Münch. 804. Lentner. 1 fl 20 kr

— über die eigentl. Aufgabe d. Erziehung in unsern Tagen. Eine Rede. 8. Münch. 818.

Weiller, Cajetan v. (Pädagog, k. b. wirkl. geh. Rath, beständ. Secretär d. k. Akad. d. Wiss. etc., geb. 2. Aug. 1762 zu München, † ebd. 23. Juni 1826), über die *Aufgabe der Metaphysik u. die Möglichkeit ihrer Auflösung*. München. Gedr. bei M. Lindauer. 1824. 4°. Ppb.
2 Bl., 46 S. Lat. Lett. — Festschrift d. k. b. Akad. d. Wiss. z. Feier d. 25jähr. Regierung König Maximilian Joseph's, d. 16. Febr. 1824.

— über die religiöse Aufgabe unserer Zeit. 8. Frankf. 819. Sauerländer. 6 gr. (a. Lauffer in Leipz.) 7 kr

— Bericht üb. d. Arbeiten d. k. baier. Akademie d. Wissenschaften in München Nov. 1823 — März 1824. 2 Hefte. gr. 4. Münch. 824. Finsterlin. 12 kr

v. Weiller, Kaj., zur Berichtigung mancher Urtheile üb. die Bildung durch die alten Sprachen. Eine Rede. 8. Münch. 826.

— eine Blume auf das Grab unsers Lehrers, des königl. Kreisschulraths. 8. Münch. 813.

— Charakterschilderungen seelengroßer Männer, nebst d. Biographie d. verstorb. Verfassers. 8. Münch. 827. Fleischmann. 8 kr

Weiller, Kajetan von, Das Christentum in seinem Verhältnisse zur Wissenschaft. Eine Rede, vorgelesen in der Akademie der Wissenschaften. München (Finsterlin), 1820, gr. 8°.
Recens. Felders Littztg 1820, Bd. 1 S. 355—66 (rationalistisch verschwommen). Die vorstehende sowie eine frühere Rede Weillers („Über die religiöse Aufgabe unserer Zeit." München 1819, gr. 8°) riefen die Gegenschrift hervor: „Revision des Weillerschen Christentums. Auch ein Wort über Theologei, Philosophei u. Weillerei." München, Lentner, 1819, 8°.

— das Christenthum in seinem Verhältnisse zur Wissenschaft. gr. 8. München, Thienemann. 820.

— Denkrede auf Schlichtegroll. 4. Münch. 823. (G. Franz). 5 kr

— Erbauungsreden für Studirende in höheren Klassen. 3 Thle. 8. Münch. 802—4. Jos. Lindauer. (1r Thl. 9 kr 2r u. 3r Thl. 12 kr) 21 kr

— Erinnerung an den Hauptpunkt der Bildung auf Lyceen. 8. Münch. 805. Lentner. 2 kr

— u. Dr. J. Salat, Erklärungen üb. das Heilige. Eine denkwürd. Einheit u. Verschiedenheit. gr. 8. Ulm 817. Wohler. 6 kr

— über die Ethik als Dynamik. gr. 4. Münch. 821. (G. Franz). 5 kr

Weiller, Kajetan von, Über eine gewöhnlich nicht genug beachtete Form des Unglaubens. Eine Rede. München 1822, 4°.
Recens. Felders Littztg 1822, Bd. 1 S. 133—4.

— Gedächtnißrede auf d. k. baier. Ministerialrath Geo. Frhrn. v. Stengel. 8. Münch. 825.

—— Der Geist des ältesten Katholicismus als Grundlage für jeden spätern. Ein Beitrag zur Religionsphilosophie. Sulzbach, v. Seidel, 1824, gr. 8°, XVI, 120 S., 1,50 (ermäß. 0,75) Mk.
Im Geiste Jakobischer Philosophie, unter andern Wendungen auf dieselben Gedanken hinauslaufend, welche Salat in seiner Religionsphilos. entwickelte, u. auch denselben Mangel an histor., theol. u. ideeller Vertiefung des kath. Bewußtseins kundgebend. Werner, Gesch. &c. S. 323. Felders Littztg 1824, Bd. 3 S. 52—126.

— der Geist der allerneuesten Philosophie der Herren Schelling, Hegel u. C., e. Uebersetz. aus der Schulsprache in die Sprache d. Welt. 2 Thle. gr. 8. Münch. 804, 5. Lentner. 1 fl 16 kr

— mein Glaubensbekenntniß über den Artikel der allein seligmachenden latein. Spache, ein Commentar zu d. B.: üb. die Nothwendigkeit den Eintritt &c. 8. Münch. 801. Jos. Lindauer. 4 kr

Weiller, Kajetan v., Grundlegung zur Ethik als Dynamik zu einer auf die Lehre der Tugendkräfte gegründeten Lehre der Tugendgesetze. Hrsg. von seinem Testaments-Executor (Dettenhofer). gr. 8. (XII und 163 S.) München 850, Palm's Vrlgsh. *

— Grundlegung der Psychologie. gr. 8. Münch. 818. Lentner. 1 ℛ

— Grundlinien eines auf die Natur d. jungen Menschen berechneten Schulplans. gr. 8. Münch. 799. Jos. Lindauer. 9 gr

— Grundriß d. Geschichte d. Philosophie, zunächst f. seine Zuhörer. gr. 8. Münch. 813. Giel. 1 ℛ 4 gr

— über die Hauptgebrechen unserer guten Erziehung, e. Rede. 8. Münch. 817.

— Fr. H. Jacobi, nach seinem Leben, s. Fr. Schlichtegroll.

— Jahresberichte d. Studienanstalt zu München. 4. Münch. 809 —16.

Weiller, Kajetan v., Ideen zur Geschichte der Entwicklung des religiösen Glaubens. 3 Teile. München, 1808—12, gr. 8°. Erster Teil bei Fleischmann, XIV, 224 S. Zweiter u. dritter Teil bei Giel. Recens. Salz. Theol. Ztschr. Bd. 6 (1812), S. 306—10. Felders Littztg. f. kath. Religionsl. Bd. 1 (1810), S. 285—300 (1. Teil). Daselbst Bd. 2 (1815), S. 109—12, 113—25, 129—44 (3. Teil).

Caj. Weiller's Ideen z. Geschichte d. Entwickel. d. relig. Glaubens. 1r Th. *Münch.*, Fleischmann. 808. 8° 1 ℛ 2-3r Th. 811. 1 ℛ 8 gr

— Mutschelle's Leben. gr. 8. Münch. 802. Lentner. 19 gr

— Lebens-Skizze des Mathias v. Flurl. Mit einem Nachworte. 12. Münch. 824. Finsterlin. 3 gr

— u. Dr. J. Salat, Lehren von der Tugend. Eine denkwürd. Einheit u. Verschiedenheit. gr. 8. Ulm 817. Wohler. 6 gr

— über die gegenwärtige u. zukünftige Menschheit; eine Skizze z. Berichtig. unserer Urtheile über die Gegenwart u. unsere Hoffnungen f. d. Zukunft. gr. 8. Münch. 799. J. Lindauer. 16 gr

— über die heutige Mode, Knaben in die Klassen der Männer zu versetzen. Eine Rede. 8. Münch. 793.

— s. S. Mutschelle, Predigten u. Homilien rc.

— kurze Notiz über das Leben des im vorigen Jahre verstorb. Mitglieds von Flurl. Münch. 824. (G. Franz). 3 gr

— über die Nothwendigkeit den Eintritt in die gelehrten Schulen u. den Aufenthalt darin zu erschweren rc. 8. Münch. 801. Jos. Lindauer. 4 gr

— Rede, zum Andenken auf unsern unvergeßlichen Mutschelle rc. 8. Münch. 800. Fleischmann. 3 gr

— Rede über das Verhältniß der Bildung des Herzens zur Bildung des Kopfes. 8. Münch. 804. Lentner. 3 gr

v. Weiller, Kaj., vermischte Reden und Abhandlungen. gr. 8. Passau 825. (Kollmann in Augsburg.) 3/4 ℛ

— über die nächste Rücksicht, welche die Erziehung in unsern Tagen zu nehmen hat; e. Rede. 8. Münch. 821.

— academische Schriften. 1r u. 2r Thl. gr. 8. Münch. 824. Weber. 2 ℛ 5 gr

— kleine Schriften. 2 Bde. gr. 8. Münch. 822, 23. (J. Lindauer). 2 ℛ 4 gr bei (Krüll in Landsh.) 2 ℛ 4 gr (1r Bd. Schulreden. 2r Bd. akadem. Reden u. Abhandlungen) 3r Bd. Auch u. d. T.: vermischte Reden u. Abhandl. gr. 8. Passau 826. Pustet. 18 gr)

v. Weiller, Kaj., Tugend, d. höchste Kunst. Eine Erörterung aus d. Gebiete d. Moralphilosophie u. höhern Physiologie, zur academ. Feier d. Namensfestes d. Königs. gr. 4. Münch. 816. (G. Franz). 5 gr

— neueste Tugendlehre, oder Kritik über des Ritter von Weiller akadem. Erörterung: Tugend, die höchste Kunst. gr. 8. Landshut, Weber. 817.

— neueste Tugendlehre, s. Kritik über des Ritter von Weiller academ. Erörterung: Tugend, die höchste Kunst.

— über die jetzige Uebersättigung d. Jugend an d. Freuden des Lebens. Eine Rede. 8. Mannh. 800.

—— Über den Unglauben, der in unsern Schulen gelehrt wird. München, Lentner, 1802, 8°.

Caj. Weiller üb. d. Verhältn. d. philosoph. Versuche z. Philosophie. *Münch.*, Giel. 812. 8° 4 gr

— üb. das Verhältniß d. philosoph. Versuche z. Philosophie. gr. 8. Münch. 813.

Caj. Weiller: Verstand u. Vernunft. *München*, Lentner. 807. 8° 19 gr

Caj. Weiller's Versuch e. Jugendkunde. *Münch.*, Lindauer. 800. gr 8° 1 ℛ 8 gr

— Versuch eines Lehrgebäudes d. Erziehungskunde. 1r Bd. gr. 8. Münch. 802. Jos. Lindauer. 16 gr 2r Bd. gr. 8. Ebd. 805. Lentner. 1 ℛ 2 gr

— über das menschl. Wahrnehmungsvermögen. gr. 4. Münch. 817. (G. Franz). 8 gr

Weiller, Kajetan von, Was ist Christentum? Rede . . . Nebst einer Andeutung des Verhältnisses der Kunst zum Christentum. München 1819. 8°, 36.
Recens. Felders Littztg. Bd. 1 (1820), S. 50—57.

— üb. das Wesen der Phantasie. gr. 4. Münch. 820. (G. Franz). 4 gr

— ein Wort der Erinnerung an Georg Frhrn. von Stengel. .. Münch. 825. (G. Franz). 3 gr

— über den Zweck d. Erziehung, Fehler unserer heutigen Erziehung, mehr weiche als gute Menschen zu bilden. Eine Rede. 8. Münch. 794.

— über den nächsten Zweck der Erziehung nach Kantischen Grundsätzen. gr. 8. Regensb. 798. Montag u. W. 20 gr

Weiller, Max. Die Innervation der Anal- und Sexualmuskulatur. Diss. Med. Univ. Zürich. [Mit Figuren.] 56 S. 8. Zürich, Gebr. Leemann & Co., 1907.

Weiller, Paul: Die Bleisilikate. Halle: Knapp [1909]. 14 S., 2 Taf. 4°
¶ Vgl. Berichte d. Deutschen Chem. Gessellschaft. Jg. 42.
Berlin, Dr.-Ing.-Diss. v. 14. 5. 1909

(Weiller, Th. L.,) Versuch einer topograph. Geschichte d. Pfarrei Roggenburg 2c., s. Versuch.

Weilmayer, Franz Xaver

Weilmayr, Frz. Xav., Donaureise von Ulm bis Wien. 8. Regensburg 829. (Kollmann in Augsburg.) 2/3 ℛ

Weilmayr, Frz. Xaver, Donaureise von Ulm bis Wien. 8. Regensb. 829. Pustet. 16 gl

— die Gensd'armerie im Königr. Baiern, zum Gebrauche derjenigen, die sich genauer von dies. Staatsanstalt unterrichten wollen. .. Salzb. 814. Mayr. 9 gl

— allgemeines numismatisches Lexikon, oder Münzwörterbuch z. nützl. Gebrauch u. Unterricht eines jeden Standes u. Gewerbes. 2 Thle. Mit 6 Kpft. gr. 8. Salzb. 817. Mayr. 3 ℛ 8 gl

— topograph. Lexikon des Salzachkreises. Aus amtl. Quellen bearbeitet. 2 Thle. gr. 8. Landsh. 812—14. Krüll. 3 ℛ

—— Pfarr-Topographie d. Königr. Bayern in alphabet. Ordn. Ein nützl. Handb. f. d. Gesammt-Clerus, mit steter Hinsicht auf Geographie, Statistik, Rechten, Renten u. Lasten aller Pfarreien u. Benefizien. gr. 8. (23½ B.) Regensburg 830, Pustet.

— Regensburg u. seine Umgebungen. Ein Handb. für Einheimische u. Fremde. Geschichtl., topograph. u. statist. bearbeitet. Mit 1 Steindr. gr. 8. Regensb. 830. Reitmayr. 18 gl Mit 6 Ansichten 1 ℛ 8 gl

— Salzburg, die Hauptstadt des Salzachkreises. Ein Hand- und Addreßbuch f. Jedermann. Geschichtlich, topograph. u. statistisch. bearbeitet. Mit 1 Kpf. 8. Salzb. 813. Mayr. 1 ℛ Schrbp. 1 ℛ 4 gl

(——) kleines türkisches Verdeutschungs-Wörterbuch, s. Verdeutschungs-Wörterbuch.

— kleines türkisches Verdeutschungs-Wörterbuch, oder alphabet. Erklärung aller bei gegenwärtigen Ereignissen vorkommenden fremden Ausdrücke 2c. gr. 8. Regensburg 828. (Kollmann in Augsburg.) 1/2 ℛ

— kleines türkisches Verdeutschungswörterbuch, od. alphabet. Erklärung aller bei gegenwärtig. Ereignissen vorkomm. fremden Ausdrücke, in Beziehung auf die Staats- u. Kirchenverfassung, Geographie u. Geschichte der Türken. gr. 8. Regensb. 828. Pustet. 12 gl

Weilmünster [Schlagwort]

Weilmünster, s.: Preussen. Messtischblätter.

Weilnböck Karl: De Eberhardi Bethuniensis Graecismo.
1893 PN 782 **Diss.** Wien, Univ.

Weilnböck, Carl, Handels- u. Gewerbe-Schematismus. 1865. Wien, F. Klemm. gr. 8. (V, 557 S.) n. 3 ℛ 10 ngr

Weilshäuser, E., hygienisches Allerlei, s.: Gesundheit, Wohlstand u. Glück — Gut, das höchste.

— vegetarianisches Kochbuch, s. Gesundheit, Wohlstand u. Glück. — Gut, das höchste.

Weilshäuser, E., vegetarianisches Kochbuch. Ein Hilfsbuch für Alle, welche sich der blutlosen Diät zugewendet haben oder zu derselben übergehen wollen. 2. Aufl. Durchgesehen und um 205 Rezepte verm. von Carl E. O. Neumann. gr. 8. (XVI, 116 S.) Leipzig 883, Grieben's Verlag.

Weilshäuser's, E., vegetarisches Kochbuch. Ein prakt. Ratgeber f. vegetar. Haushaltgn., Speise- u. Kuranstalten sowie f. alle, welche Vegetarier werden wollen. 3., stark verm. u. verb. Aufl. Mit 645 Rezepten sowie zahlreichen Küchen- u. Speisezetteln. Bearb. v. E. Hering. 8. (XVI, 165 S.) Leipzig 893. Th. Grieben. n. 1. 20

Weilshäuser's, E., illustr., vegetarisches Kochbuch. 4., stark verm. u. verb. Aufl. M. 812 Rezepten sow. zahlr. Küchen- u. Speisezetteln. Bearb. unt. Mithilfe v. Bertha Wachsmann v. E. Hering. 8. (XVI, 189 S.) Leipzig 896. Th. Grieben n. 1. 20; geb. n. 1. 50

Weilshäuser's, E., illustr. vegetarisches Kochbuch. 5. verm. u. verb. Aufl. Mit 826 Rezepten sowie zahlr. Küchen- u. Speisezetteln. Bearb. unter Mithilfe v. Bertha Wachsmann u. E. Hering. Mit 26 Illustr. im Text. 8. (XX, 194 S.) Leipzig 900. Th. Grieben. n. 1.20; geb. n. 1. 50

Weilshäuser's, E., illustriertes vegetarisches Kochbuch. 7., verm. u. verb. Aufl. Mit 880 Rezepten sowie zahlreichen Küchen- u. Speisezetteln. Bearb. unter Mithilfe v. Berta Wachsmann v. E. Hering. (XXIV, 195 S. m. 35 Abbildgn. u. 5 farb. Taf.) 8. Leipzig 906. Th. Grieben. n. 1. 20; geb. n. 1. 50

Weilshäuser's, E., illustriertes vegetarisches Kochbuch. 9. verm. u. verb. Aufl. Mit 914 Rezepten sowie zahlreichen Küchen- u. Speisezetteln. Bearb. unter Mithilfe v. Berta Wachsmann v. E. Hering. (XXIV, 206 S. m. 44 Abb. u. 6 [4 farb.] Taf.) 8. Leipzig 911. Th. Grieben. 1.20; geb. n 1. 50

Weilshäuser, Emil (Vermutl. Verf.). s. a. Ärzte, Weibliche, f. Frauen Mädchen und Kinder.

– weibliche Aerzte f. Frauen, Mädchen u. Kinder, s. a. Gut, nas höchste.

Weimann, A. Feldlazarette od. selbstand. Ambulanzen? Basel 1873.

Wejmann, Aug., der deutsche Satzbau. Zum Gebrauche in den Gymnasien, Realschulen, Lehrerbildungsanstalten und verwandten Schulen. gr. 8. (VIII, 69 S.) Lindau 871, Stettner'sche Buchh.

Weimann, E. A., Beitrag zur Reform des Hypotheken-Wesens. gr. 8. (39 S.) Merseburg 848. [Leipzig, Hebenstreit.] *

Weimann, E. A.: Mittel-Amerika als gemeinsames Auswanderungs-Ziel. — Bln: (Berliner Verein zur Centralisation dt. Auswanderung und Kolonisation 1850). 26 S. (Vorträge, gehalten in den öffentl. Sitzungen des Berliner Vereins zur Centralisation dt. Auswanderung und Kolonisation Nr 1.)

—— **Mittel-Amerika als gemeinsames Auswanderungs-Ziel. Ein Beitrag im Interesse der Centralisation deutscher Auswanderung und Kolonisation. gr. 8. (26 S.) Berlin 850, Hempel. ***

Weimann, Eugen

Heldensagen. 20 Erzählungen aus d. Sagenschatze d. german. Völkerstämme. Nach d. Quellen neu bearb. von **Eugen Weimann**. Bd 1. *Elberfeld: S. Lucas [1900].* 4°(8°) [F.] [illegible] 5

Weimann, Eug., Heldensagen. 20 Erzählungen aus dem Sagenschatze der german. Völkerstämme. Nach d. Quellen neu bearb. Mit 10 Orig.-Illustr. von H. Kley. 1. u. 2. Bd. gr. 4. (VI, 292 u. IV, 322 S.) Elberfeld (901. 902). S. Lucas. Geb. à n. 3.—

Weimann, Eug., Philipp Melanchthons Leben, f. Jung u. Alt erzählt. Zur 400jähr. Jubelfeier. M. e. Vorwort v. Presting. gr. 8. (165 S. m. Bildn.) Elberfeld 897. S. Lucas. n. —50

Weimann, Eugen: Rheingold. Sang u. Sage, Geschichten u. Legenden aus d. Ländern am Rhein. Mit Zeichn. von H. Tiedemann. Bd 1. Elberfeld: Lucas [1909]. 8°

Weimann, Fr., C. Ss. R., der hl. Klemens Maria Hofbauer, s.: Freund, Geo.

Weimann, H., Kuriosa der berittenen Akademie der Künste und Wissenschaften zu Dülken. 2 Bde. Mit Steindr. .. Crefeld ... Schüller. 2 ℳ

Weimann, Hans (Siegfried Hellmuth Bruno): Ein Beitrag zur Prognose der Ellenbogengelenkbrüche ... Halle a. S., Hofbuchdr. v. C. A. Kaemmerer & C., 1897; 23 S., 2 Bl. 8°
Halle, Med. Fak., Inaug.-Diss. v. 9. Aug. 1897.

Weimann, Johann: Über manuelle Placentarlösung bei zeitigen u. frühzeitigen Geburten. Strassburg i. E. 1910: Muh. 49 S. 8°
Straßburg, Med. Diss. v. 16. Aug. 1910, Ref. Fehling
[Geb. 11. Nov. 79 Malbergweich; Wohnort: Straßburg; Staatsangeh.: Preußen; Vorbildung: Friedrich-Wilhelms-Gymn. Trier Reife O. 05; Studium: Freiburg i. B. 5, Straßburg 5 S.; Coll. 16. Juni 10; Approb. 6. Juni 10.]
[U 10. 4067

Weimann, Karl, aus Duisburg a. Rh.: Die sittlichen Begriffe in Gregors von Tours 'Historia Francorum'. *Duisburg a. Rh. 1900: A. Buschmann.* 108 S.) 8° [J. u. Ant.]
Leipzig, Phil. Diss. v. [29. Dez.] 1900

Weimann, Wilibald, Assistenzarzt: Aus d. Knappschaftslaz. zu Zabrze (Chefarzt: Reinhold Altmann). Fremdkörper des Darmes. Beitrag z. Kasuistik d. Obturationsileu durch Fremdkörper in nicht eingeklemmter Schenkelhernie [!]. Breslau 1909: Fleischmann. 37 S. 8°
Breslau, Med. Diss. v. 26. Febr. 1909, Ref. Küttner
[Geb. 18. Febr. 78 Breslau; Wohnort: Zabrze; ... Preußen; Vorbildung: Johannes-Gymn. Breslau Reife ... Breslau 12 S.; Coll. 18. Jan. 09; Approb. 22. Juni 07.]
[U 09. 579

Weimann-Bischoff, Enne, Gedichte. (28 S.) 8. Leipzig 907. Modernes Verlagsbureau. 1.—

Gedichte von Enne Weimann-Bischoff. Berlin: C. Wigand 1907. (28 S.) 8°
[08. 6163

Weimar [Sachl. OW]

Weimar, s.: Woerl's Reisehandbücher.

Weimar. Genio huius loci. [Berlin 1907.] V: *Jahn, Kurt.* (Bresl 31, S. 84)

Weimar. Goethe- u. Schiller-Stätten. 10 Kpfrgravuren. Nach Orig.-Aufnahmen v. Wilh. Thor-Westen u. e. Federzeichng. v. Fritz Reichenbecher, nebst begleit. Text von Guido Schnaubert. (11 Bl.) 36,5×47 cm. Weimar (910). E. Schulte. In Leinw.-Mappe 20.—; einz. Gravuren 2.—; einz. Texte —25

Weimar und Umgebung. Prakt. Reiseführer. Mit Plan. Berlin: Goldschmidt 1910-11. 32 S. 8°
(Grieben's Reiseführer. Bd 139.) A 12. 2845

Weimar und seine Umgebung. Ein Begleiter für Fremde. Weimar 861. Kühn. 16. (VIII, 72 S.) n. 5 ngr.

Weimar in Wort in Bild. E. Sammlg. v. Ansichten u. Bildern, verb. durch Aussprüche u. Gedichte v. Denkern u. Dichtern. qu. gr. 8. (96 S.) Jena (897). Frommann'sche Hofbuchh. Geb. in Leinw. n. 2. 50; Salon-Ausg. 3. 25

Weimar in Wort u. Bild. Eine Sammlg. v. Ansichten u. Bildern, verbunden durch Aussprüche u. Gedichte von Denkern u. Dichtern. 2., verm. Aufl. qu. gr. 8. (101 S.) Jena (899). Frommann'sche Hofbuchh. Geb. in Leinw. n. 2. 50; Salon-Ausg. 3. 25

Weimar in Wort u. Bild. 4. verm. Aufl. Mit Buchschmuck v. Jul. Nitsche. (106 S.) qu. kl. 8. Jena (905). Frommann'sche Hofbuchh. Kart. 3.—

Weimar [Schlagwort]

— s. a.: Preussen. Messtischblätter.

— s. a.: Thüringen. Gräf.

Weimar-Berlin, s.: Automobilkarten. Mittelbach.

Weimar-Frankfurt a. M., s.: Automobilkarten. Mittelbach.

Weimar — Plan von der Fürstl. Sächs. Residenz-Stadt — aufgenommen von F. L. Güssefeld und zu finden bey denen Homänn. Erben in Nürnberg. 1784. 1:5,200. 1 Bl.

Weimar. Güssefeld, F. L., Plan v. der fürstl. saechsischen Residenz-Stadt Weimar, aufgenommen 1784. Hrsg. von K. Trautermann. 2 Blatt à 80×49 cm. Farbdr. Weimar (908). (Dietsch & Brückner). (Nur direkt.) 4.50

Weimar. Ingber, Alfr., Plan der grossherzogl. S. Residenzstadt Weimar nebst nächster Umgebung, nach den neuesten Aufnahmen bearb. im J. 1889. Nach amtl. Quellen 1. Novbr. 1890 durch W. Zimmermann rev. 1:8000. Farbendr. 42×38,5 cm. Weimar 891. Huschke. n. —75

Weimar — Plan der G. H. Residenzstadt — Weimar im Verlage des geograph. Instituts. 1826. Ohne M. 2 Bl.

— Plan der grossherzogl. Haupt- u. Residenzstadt Weimar, neu bearb. v. C. Riemer. 1:10,000. 30,5×21 cm. Farbendr. Weimar 893. Geograph. Institut. —30

Weimar. Poellnitz, B. v., Karte von Weimar u. Umgegend. 1:50,000. Chromolith. gr. Fol. Weimar 888. Geograph. Institut. n. 1.—

— Poellnitz, B. v., Karte v. Weimar u. Umgegend. Neue Ausg., rev. v. O. Weise. 7. Aufl. 1:50,000. 44×41,5 cm. Farbendr. Weimar 894. Geograph. Institut. n. —75

Weimar. Spezial-Karte, neue, der Umgegend von Weimar, reichend von Kahla bis Cölleda, von Erfurt bis Sulza. 1:65,000. 60,5×67 cm. Farbdr. Weimar (902). L. Thelemann. n. 1.—

— Trautermann, K., Karte v. Weimars Umgegend. 1:25,000. 4 Blatt à 46×49 cm. Farbdr. Ebd. (906). Auf Leinw. m. Stäben 10.—

— Trautermann, C., Schichtenkarte v. Weimars Umgegend. 1 : 100,000. Zum Aufkleben f. die Hand des Schülers bearb. qu. 4. (12 Bl. m. 1 Taf. u. 1 Bl. Text.) Weimar 894. (A. Zuckschwerdt.) In Karton. n. — 60; reliefartig aufgezogen n.n. 1. 50

Weimar. Trautermann, K., Schichtenkarte v. Weimars Umgegend. Für die Hand des Schülers bearb. 2. Aufl. 23×24,5 cm. Lith. Mit 12 Papptaf. u. 1 Bl. Text. 8. Weimar (904). L. Thelemann. In Umschlag n. — 80

Weimar [Verfasser]

Weimar, A., Vittoria Accoramboni. Tragödie in 5 Aufzügen. 8. (148 S.) Leipzig 890. Breitkopf & Härtel. n. 2. —; geb. n. 3. —

Weimar, A. (Augusta Götze), Demetrius. Trauerspiel in 5 Acten nach Schiller's Entwurf m. Benutzung v. Scenen d. Gust. Kühne'schen Bearbeitg. 8. (VIII, 151 S.) Dresden 897. E. Pierson. n. 2. 50

Weimar, A., Gesetze u. Verordnungen üb. Besoldungen, Ruhegehalte, Sterbequartale, Hinterbliebenenversorgung, Tagegelder, Reisekosten u. Umzugskosten der hessischen Staatsbeamten. gr. 8. (35 S.) Beerfelden 899. (Groß-Umstadt, K. Zibulski.) n. — 75

— alphabetisches Verzeichniß der Wohnorte u. Gemarkungen Hessens u. deren Eintheilung in Kontrol-, Distrikts-einnehmerei-, Untererheb- u. Amtsgerichts-Bezirke. gr. 8. (30 S.) Ebd. 900. n. — 30

Weimar, A., Die reichsgesetzlichen u. im Grossherzogth. Hessen geltenden Vorschriften üb. die Führung des Vereinsregisters u. die Anmeldungen zu diesem Register systematisch zusammengestellt. gr. 8. (24 S.) Beerfelden 1900. (Gross-Umstadt, K. Zibulski.) —. 40.

Weimar, Ant., die Kindheit unseres Kaisers, s.: Sturmfeder, Baronin Louise v.

Weimar, Dan., Doctrina Accentuationis Hebraeae ex emend. G. Mathesii. 4. Lips. Fritsch. 709.

— usus accentuationis biblicae. 4. Ienae, Cröcker. 736.

Weimar, Daniel Gottlieb (Neuguhrau) A. S. 1314/6

De lacrymis vitreis et facibus noctu rotundam maioremque figuram mentientibus exercitationes curiosae. Präs. Johann Friedrich Weidler. Wittenberg (Finkel) XII. 1714. 38 S.

Gew.: Kaspar Loescher, Gottlieb Wernsdorf.

36092

Weimar, Georg Peter

— vollständ. rein unverfälschtes Choralmelodienbuch, z. Gebrauch d. vorzüglichsten Gesangbücher in Deutschland, mit harm. Begleitung von J. C. Kittel. 4. Gotha 803. Ettinger. 4 ₰ N. Ausg. Erfurt 811. Verfasser. 2 ₰ 16 gr

Weimar, Geo. Pt., († d. 12. Dec. 1800.) Versuch prakt. Uebungsexempel für Schüler, die zu sogenannten Notentreffen angeleitet werden sollen. 4. Leipz. (795.) Breitkopf u. H. 18 gr

Weimar, Gottfried

Weimar, G., über Choralrhythmus. Eine Betrachtg. unserer Melodieen v. der metr. Seite m. dem Versuch e. rationelleren Taktierg. derselben. gr. 8. (III, 78 S.) Giessen 899. J. Ricker. n. 1. 60

Über Choralrhythmus. Von Prof. G[ottfried] **Weimar** in Darmstadt (In 2 F.) (Leipzig: Klinner 1909.) 4° [Kopft.]
Aus: Die Orgel. Jg. 9, H. 3. 4.
(Kirchenmusikal. Archiv. [H. 5.]) [10 17467

— Hülfsagende für jeden Sonn- u. Festtag, Vor- u. Nachmittag zu sämtlichen kirchlichen Feiern u. Kasualien. Zum Gebrauch f. alle Landeskirchen, f. Gemeinden mit u. ohne Liturgie. gr. 8. (VIII, 218 S.) Darmstadt 898. J. Waitz. n.n. 3. 50; geb. n.n. 4. 50

Weimar, G., über Kirchengesang und Kirchengesangvereine. Synodalvortrag, gehalten am 19. Novbr. 1884 zu Alzey. gr. 8. (19 S.) Darmstadt 884, [Würtz'sche Buchh.] Waitz. *

Alttestamentliches Lesebuch für Schule und Haus von G[ottfried] Weimar, Prof., Darmstadt. *Gottingen: Vandenhoeck & Ruprecht 1903.* (VIII, 212 S.) 8° [J.] [03. 14778 7

— geistliches Liederbuch. 187 Schülerchöre, zugleich 2- u. 3 stimmig, f. Kirche, Schule u. Haus in neuer Taktierg. Musikalischer Anh. zu des Verf. Hülfsagende, zugleich 2. Tl. v. dessen Untersuchgn. üb. Choralrhythmus. gr. 8. (XXVIII, 231 S.) Gießen 901. J. Ricker. Geb. in Leinw. n. 2. 50

— geistliches Liederbuch. 187 Schülerchöre, zugleich 2- u. 3stimmig, f. Kirche, Schule u. Haus. 2. wohlf. [Titel-] Ausg. (XXVIII, 231 S.) 8. Gießen [901] 905. A. Töpelmann. Geb. n. 1. --

Weimar, H., die Berechtigung der R. Wagner'schen Musik. Eine krit. Studie. gr. 8. (32 S.) Frankfurt a. M. 880, Boselli'sche Buchh.
Aus: Kleine Chronik, besonders abgedruckt.

Weimar, Otto, Über verschiedene Darstellungen des korrespondierenden Kegelschnitts einer Geraden in Bezug auf ein Kegelschnittbüschel . . . Giessen, Druck v. Wilhelm Keller, 1890; 19 + 1 S. 4°
Giessen, Phil. Fak., Inaug.-Diss. v. 1890.

Weimar, Wilhelm

Weimar, Wilh., 24 Bilder aus Martin Luthers Leben u. Wirken, s.: Baumgärtel, Max, die Martin-Luther-Galerie.

Weimar, Wilh., Blumen-Aufnahmen, nach der Natur photographirt. Fol. (80 Lichtdr.-Taf. m. VII S. Text.) Frankfurt a/M. 901. H. Keller. In Mappe n. 15.—

Weimar, Wilhelm: Monumental-Schriften vergangener Jahrhunderte von 1100—1812 an Stein-Bronze- und Holzplatten. Originalaufnahmen m. erläut. Text. 68 Taf. in Grossfolio. Wien: Gerlach & Schenk (1898). (1 Bl., 16 S., 55 Taf.) gr. 2°

Weimar, Wilh., Monumental-Schriften vergangener Jahrhunderte von ca. 1100—1812 an Stein-, Bronze- u. Holzplatten. Orig.-Aufnahmen m. erläut. Text. gr. Fol. (68 Taf. u. 16 S. Text m. 2 Abbildgn.) Wien 899. Berlin, J. Gnadenfeld & Co. In Mappe n. 45. —

Weimar, Wilh., das Rheingold. Bilder zu Richard Wagners gleichnam. Werke, m. Sang u. Sage v. Hans Paul v. Wolzogen. Imp.-4. (11 farb. Lichtdr. m. 46 S. illustr. Text.) Leipzig 898. G. Wigand.
Geb. in Holzdecken m. Goldschn. n. 45. —; in Kalbldr. n. 70. —

Weimar-Führer, s. Bartels, Adolf

Weimars Album z. 4. Säcularfeier d. Buchdruckerkunst am 24. Juni 1840. gr. Lex.-8. (23½ B. u. 6 Kpfrt.) Weimar 840, (Landes-Indust.-Comptoir.) Thlr. *
Blnp. in fein. Einbd. *

Weimars Festgrüße zum 28. VIII. 1899. (Goethes Vaterstadt u. dem Freien Deutschen Hochstift dargebracht von der großherzogl. Bibliothek, dem Goethe-National-Museum, dem Goethe-Schiller-Archiv.) gr. 8. (117 S.) Weimar 899. H. Böhlau's Nachf. n. 3. —

Weimars Jubelfest am 3. Sept. 825, s. a. Jubelfest.

Weimar's Jubelfest am 3. Sept. 1825, (v. J. P. Eckermann). 1e Abtheil.: die Feier d. Residenzstadt Weimar, mit dessen Inschriften gehalt. Reden u. erschien. Gedichten. 2e Abtheil.: die Feier in den übrigen Städten u. Ortschaften d. Großherzogth. Nebst 5 ill. u. 3 schwarz. Kpft. gr. 8. Weim. 825, 26. Hoffmann. 2 ₰ 12 gGr fein Pap. 3 ₰

Weimarschmieden [Schlagwort]

Weimarschmieden, s.: Bayern, Karte.

Weimer, Georg und Anton, Die Geschichten des Auserwehlten Volcks Gottes, aus göttlicher Schrifft allein zusammengetragen: das ist eine vollständige und Schrifftmäßige Beschreibung alles dessen, so sich mit denen Israeliten seit der Erschaffung der Welt biß zur Geburt des Messias zugetragen. Erstlich in französischer Sprach verfasset durch P. Isaak Joseph Berruyer, der Gesellschaft Jesu Priestern; nachgehends durch weiland P. Georg Weimer, erst gedachter Gesellschaft Priestern, in das Hochteutsche übersetzet; anjetzo aber mit möglichstem Fleiß übersehen u. in Druck verfertiget heraus gegeben durch P. Antonium Weimer, erwähnter Gesellschaft Priestern. Luxemburg, Chevalier, 1753, 4°, 7 Bde.
Das französ. Original: Histoire du peuple de Dieu depuis son origine jusqu' à la venue du Messie tirée des seuls livres saints ou le texte sacré des livres de l'ancient Testament reduit en un corps d'histoire. Par le Père Jsaac Joseph Beruyer. Paris, Pissot, 1728, 4°, 7 vols.

Geschichte der Pädagogik von Dr. H[ermann] **Weimer**, Oberl., Wiesbaden. *Leipzig: G. J. Göschen 1902.* (168 S.) 8° [F.]
(Sammlung Göschen. 145.) [illegible] 0

Geschichte der Pädagogik. Von Dr. Hermann **Weimer**. 3. verm. u. verb. Aufl. Leipzig: Göschen 1910. 155 S. 8°
(Sammlung Göschen. 145.) A 12. 1140 11

Weimer, H., Geschichte d. Pädagogik, s. a. Sammlung Göschen.

Weimer, Hermann: Laurembergs Scherzgedichte, die Art und die Zeit ihrer Entstehung. Marburg 1899: Dr. Soltau in Norden. (44 S.) 8°
(Aus: Jahrbuch d. Vereins f. niederdeutsche Sprachforschung. Bd 25.)
Marburg, Phil. Diss. v. [30. Okt.] 1899.

— **Der Weg zum Herzen des Schülers.** 1. u. 2. unveränd. Abdr. 1.—5. Taus. (VII, 162 S.) 8. München 907. 08. C. H. Beck. Geb. in Leinw. 2. —

***Weimer*, Jh., justa Hierarchiae sacrae idea in subsidium sanctae theolog. candidatorum sanctae Coloniensis etc. 8. Cöln 787.**

Weimer, Karl: Zum Begriff der Suggestion. Giessen 1908: v. Münchow. VI, 76 S. 8°
Gießen, Phil. Diss. v. 24. Okt. 1908, Ref. Groos
[Geb. 25. Jan. 79 Mainz; Wohnort: Friedberg i. H.; Staatsangeh.: Hessen; Vorbildung: Gymn. Gießen Reife O. 98; Studium: Gießen 4, Straßburg 1, Gießen 3 S.; Rig. 15. Mai 08.] [U 09. 1244

Weimersheimer, Moriz, a. Ichenhausen (Bayern): Über den angeborenen Mangel der Patellarreflexe. München 1906: B. Heller. (32 S.) 8°
Würzburg, Med. Fak., Ref. Rieger, Diss. v. 12. März 1906
[Geb. 25. Febr. 80 Ichenhausen; Wohnort: Würzburg; Staatsangeh.: Bayern; Vorbildung: Gymn. München Reife Juli 99; Studium: Würzburg 5, Leipzig 1, München 3, Berlin 1 S.; Coll. 24. März 05; Approb. 28. Febr. 05.]

Kolibri 360 GmbH
Ferdinand-Jühlke-Straße 7
99095 Erfurt, Deutschland
produktsicherheit@kolibri360.de